METHODEN DER
ORGANISCHEN CHEMIE

METHODEN DER ORGANISCHEN CHEMIE

(HOUBEN-WEYL)

VIERTE, VÖLLIG NEU GESTALTETE AUFLAGE

BEGRÜNDET VON
EUGEN MÜLLER †
UND
OTTO BAYER
LEVERKUSEN

BAND IV / 1d

REDUKTION
TEIL II

HERAUSGEBER DIESES BANDES

HEINZ KROPF
HAMBURG

19 GTV 81

GEORG THIEME VERLAG STUTTGART · NEW YORK

REDUKTION

TEIL II

BEARBEITET VON

J. BRACHT · A. HAJÓS · P. HARTTER
FRANKFURT-HOECHST   BUDAPEST   TÜBINGEN

H. MUTH · M. SAUERBIER
STUTTGART/ERLANGEN   MANNHEIM

MIT 1 ABBILDUNG
UND 47 TABELLEN

19 GTV 81

GEORG THIEME VERLAG STUTTGART · NEW YORK

In diesem Handbuch sind zahlreiche Gebrauchs- und Handelsnamen, Warenzeichen u. dgl. (auch ohne besondere Kennzeichnung), Patente, Herstellungs- und Anwendungsverfahren aufgeführt. Herausgeber und Verlag machen ausdrücklich darauf aufmerksam, daß vor deren gewerblicher Nutzung in jedem Falle die Rechtslage sorgfältig geprüft werden muß. Industriell hergestellte Apparaturen und Geräte sind nur in Auswahl angeführt. Ein Werturteil über Fabrikate, die in diesem Band nicht erwähnt sind, ist damit nicht verbunden.

CIP-Kurztitelaufnahme der Deutschen Bibliothek

Methoden der organischen Chemie / (Houben-Weyl).
Begr. von Eugen Müller u. Otto Bayer. – Stuttgart ;
New York : Thieme
    Teilw. mit Erscheinungsort: Stuttgart
NE: Müller, Eugen [Begr.]; Houben, Josef [Begr.];
Houben-Weyl, ...
Bd. 4.
Bd. 4, 1 d → Reduktion

Reduktion / Hrsg. dieses Bd. Heinz Kropf. –
Stuttgart ; New York : Thieme.
NE: Kropf, Heinz [Hrsg.]
Teil 2. Bearb. von J. Bracht ... – 4., völlig
neu gestaltete Aufl. – 1981.
    (Methoden der organischen Chemie ; Bd. 4, 1 c)
NE: Bracht, J. [Mitverf.]

Erscheinungstermin 25. 6. 1981

© 1981, Georg Thieme Verlag, Herdweg 63, Postfach 732, D-7000 Stuttgart 1 – Printed in Germany

Satz und Druck: W. Tutte Druckerei GmbH, 8391 Salzweg-Passau

ISBN 3-13-201104-5

Allgemeines Vorwort

Den bis 1978 erschienenen Bänden des „Houben-Weyl, Methoden der organischen Chemie" – 4. Auflage – ist ein allgemeines Vorwort vorangestellt, das seit dem Erscheinen des ersten Bandes im Jahre 1952 vor allem aus historischen Gründen in den folgenden Bänden unverändert übernommen wurde.

Seit 1952 haben sich jedoch die Verhältnisse sehr stark geändert. So sind die Publikationen über neue Syntheseverfahren zahlenmäßig derart angestiegen, daß mehr als die Hälfte der zitierten Literatur neueren Datums ist. Dies hatte notwendigerweise ein Anschwellen der Zahl und des Inhaltes der Houben-Weyl-Bände zur Folge. Dadurch sind auch die Anforderungen an die Autoren sowohl hinsichtlich der Literaturbeschaffung als auch der kritischen Durchsicht und Auswahl des Stoffes erheblich gewachsen. Die Autoren, die meistens ausgezeichnete Fachkenner ihres Gebietes sind, verdienen für ihre aufopfernde Tätigkeit und ihren Idealismus den Dank der gesamten Fachwelt.

Eine weitere Folge der wachsenden Literaturflut und der damit verbundenen Erschwernisse der Stoffbewältigung war, daß das Herausgebergremium sehr bald schon erweitert werden mußte. Wenn auch die Planung und Herausgabe der Bände vorwiegend durch die Herren Professor Dr. Eugen Müller †, Tübingen, und Professor Dr. Otto Bayer, Leverkusen – unter starker Förderung durch die chemische Industrie, besonders durch die Bayer AG – durchgeführt wurden, so konnte diese umfangreiche Arbeit nur durch das Hinzuziehen weiterer Mitherausgeber bewältigt werden. Besonders Herrn Dr. H.-G. Padeken vom Georg Thieme Verlag sei für seine wertvolle Arbeit als Lektor und Redakteur gedankt. Nach dem Tode von Herrn Professor Eugen Müller (1976), dessen große Verdienste um den „Houben-Weyl" besonders gewürdigt werden müssen, fungierte der Unterzeichnete als Hauptherausgeber.

In wenigen Jahren wird dieses Werk mit einem Generalregister abgeschlossen vorliegen.

Bemerkenswert ist, daß der „Houben-Weyl" mit seinen 63 Einzelbänden nicht durch ein besonders dafür geschaffenes Institut zustande gekommen ist, sondern durch eine freie unternehmerische Zusammenarbeit zwischen Verlag und einer großen Zahl von nur nebenberuflich literarisch tätigen Wissenschaftlern.

Für alle, die am Zustandekommen dieses bedeutenden Werkes mitgewirkt haben, mag es eine große Befriedigung sein, ein internationales Standardwerk geschaffen zu haben, das aus der Laboratoriumspraxis nicht mehr wegzudenken ist.

Otto Bayer

Vorwort zum Bd. IV/1d

Mit dem vorliegenden Band IV/1d erscheint der zweite Teilband über Reduktionsreaktionen in der Organischen Chemie.

Besprochen werden, wie bereits aus dem dem ersten Teilband vorangestellten Inhaltsverzeichnis ersichtlich, Reduktionen mit Metallhydriden bzw. komplexen Hydriden, mit Metall-Salzen, mit Metall-carbonylen und mit Organo-metall-Verbindungen, Reduktionen mit organischen Verbindungen sowie elektrochemische und biochemische Reduktionen. Abgeschlossen wird dieser Teilband mit der gemeinsamen Bibliographie für die Bände IV/1c und IV/1d.

Entsprechend ihrer erheblichen Bedeutung nehmen dabei die Reaktionen mit Metallhydriden und komplexen Hydriden einen besonderen Raum ein. Durchweg wird der Bezug zu den bereits erschienenen Bänden durch Verweise sichergestellt, so daß weitgehend nur die neueste Literatur berücksichtigt zu werden brauchte.

Wir danken den Autoren dieses Bandes, den Herren Dr. J. Bracht (Hoechst), Dr. A. Hajós (Budapest), Priv.-Doz. Dr. P. Hartter (Tübingen), Dr. H. Muth (Stuttgart/Erlangen) und Priv.-Doz. Dr. M. Sauerbier (Mannheim) für die sorgfältige und mühevolle Arbeit und dem Georg Thieme Verlag, Stuttgart, für die gute Zusammenarbeit.

Heinz Kropf

Reduktion

Teil I (Band IV/1 c)

Teil II (Band IV/1 d)

Zeitschriftenliste

Die Abkürzungen entsprechen der Sigelliste des „Beilstein", nur die mit * bezeichneten Abkürzungen sind der 2. Auflage der Periodica Chimica entnommen, die mit ○ bezeichneten den Chemical Abstracts.

A.	LIEBIGS Annalen der Chemie
Abh. dtsch. Akad. Wiss. Berlin, Kl. Chem., Geol. Biol.	Abhandlungen der Deutschen Akademie der Wissenschaften zu Berlin. Klasse für Chemie, Geologie und Biologie, Berlin
Abh. dtsch. Akad. Wiss. Berlin, Kl. Math. allg. Naturwiss.	Abhandlungen der Deutschen Akademie der Wissenschaften zu Berlin. Klasse für Mathematik und Allgemeine Naturwissenschaften (seit 1950)
Abstr. Kagaku-Kenkyū-Jo Hōkoku	Abstracts from Kagaku-Kenkyū-Jo Hōkoku (Reports of the Scientific Research Institute, seit 1950)
Abstr. Rom. Tech. Lit.	Abstracts of Roumanian Technical Literature, Bukarest
Accounts Chem. Res.	Accounts of Chemical Research, Washington
A. ch.	Annales de Chimie, Paris
Acta Acad. Åbo	Acta Academiae Åboensis, Finnland Turku
Acta Biochim. Pol.	Acta Biochimica Polonica, Warszawa
Acta chem. scand.	Acta Chemica Scandinavica, Kopenhagen, Dänemark
Acta chim. Acad. Sci. hung.	Acta Chimica Akademiae Scientiarum Hungaricae, Budapest
Acta Chim. Sinica	Acta Chimica Sinica (Ha Hsüeh Hsüeh Pao; seit 1957), Peking
Acta Cient. Venez.	Acta Cientifica Venezolana, Caracas
Acta crystallogr.	Acta Crystallographica [Kopenhagen] (bis 1951: [London])
Acta crystallogr., Sect. A	Acta Crystallographica, Section A, London
Acta crystallogr., Sect. B	Acta Crystallographica, Section B, London
Acta Histochem.	Acta Histochemica, Jena
Acta Histochem., Suppl.	Acta Histochemica (Jena), Supplementum
Acta Hydrochimica et Hydrobiologica	Acta Hydrochemica et Hydrobiologica, Berlin
Acta latviens. Chem.	Acta Universitatis Latviensis, Chemicorum Ordinis Series, Riga
Acta pharmac. int. [Copenhagen]	Acta Pharmaceutica Internationalia [Copenhagen]
Acta pharmacol. toxicol.	Acta Pharmacologica et Toxicologica, Kopenhagen
Acta Pharm. Hung.	Acta Pharmaceutica Hungarica, Budapest (seit 1949)
Acta Pharm. Suecica	Acta Pharmaceutica Suecica, Stockholm
Acta Pharm. Yugoslav.	Acta Pharmaceutica Yugoslavica, Zagreb
Acta physicoch. URSS	Acta Physicochimica URSS
Acta physiol. scand.	Acta Physiologica Scandinavica
Acta physiol. scand. Suppl.	Acta Physiologica Scandinavica, Supplementum
Acta phytoch.	Acta Phytochimica, Tokyo
Acta polon. pharmac.	Acta Poloniae Pharmaceutica (bis 1939 und seit 1947)
Advan. Alicyclic Chem.	Advances in Alicyclic Chemistry, New York
Advan. Appl. Microbiol.	Advances in Applied Microbiological, New York
Advan. Biochem. Engng.	Advances in Biochemical Engineering, Berlin
Advan. Carbohydr. Chem. and Biochem.	Advances in Carbohydrate Chemistry and Biochemistry, New York
Advan. Catal.	Advances in Catalysis and Related Subjects, New York
Advan. Chem. Ser.	Advances in Chemistry Series, Washington
Advan. Food Res.	Advances in Food Research, New York
Adv. Biol. Med. Phys.	Advances in Biological and Medical Physics, New York
Adv. Carbohydrate Chem.	Advances in Carbohydrate Chemistry
Adv. Chromatogr.	Advances in Chromatography, New York
Adv. Colloid Int. Sci.	Advance in Colloid and Interface Science, Amsterdam
Adv. Drug Res.	Advance in Drug Research, New York
Adv. Enzymol.	Advances in Enzymology and Related Subjects of Biochemistry, New York
Adv. Fluorine Chem.	Advances in Fluorine Chemistry, London

Adv. Free Radical Chem.	Advances in Free Radical Chemistry, London
Adv. Heterocyclic Chem.	Advances in Heterocyclic Chemistry, New York
Adv. Macromol. Chem.	Advances in Macromolecular Chemistry, New York
Adv. Magn. Res.	Advances in Magnetic Resonance, England
Adv. Microbiol. Phys.	Advances in Microbiological Physiology, New York
Adv. Organometallic Chem.	Advances in Organometallic Chemistry, New York
Adv. Org. Chem.	Advances in Organic Chemistry: Methods and Results, New York
Adv. Photochem.	Advances in Photochemistry, New York, London
Adv. Protein Chem.	Advances in Protein Chemistry, New York
Adv. Ser.	Advances in Chemistry Series, Washington
Adv. Steroid Biochem. Pharm.	Advances in Steroid Biochemistry and Pharmacology, London/New York
Adv. Urethane Sci. Techn.	Advances in Urethane Science and Technology, Westport, Conn.
Afinidad	Afinidad [Barcelona]
Agents in Actions	Agents in Actions, Basel
Agr. and Food Chem.	Journal of Agricultural and Food Chemistry, Washington
Agr. Biol.-Chem. (Tokyo)	Agricultural and Biological Chemistry, Tokyo
Agr. Chem.	Agricultural Chemicals Baltimore
Agrochimica	Agrochimica, Pisa
Agrokem. Talajtan	Agrokémia és Talajtan (Agrochemie und Bodenkunde), Budapest
Agrokhimiya	Agrokhimiya i Gruntoznavslvo (Agricultural Chemistry and Soil Science), Kiew
Agron. J.	Agronomy Journal, United States (seit 1949)
Aiche J. (A.I.Ch.E.)	American Institute of Chemical Engineers Journal, New York
Allg. Öl- u. Fett-Ztg.	Allgemeine Öl- und Fett-Zeitung, Berlin (1943 vereinigt mit Seifensieder-Ztg., Abkürzung nach Periodica Chimica)
Am.	American Chemical Journal, Washington
A.M.A. Arch. Ind. Health	A.M.A. Archives of Industrial Health (seit 1955)
Am. Dyest. Rep.	American Dyestuff Reporter, New York
Amer. ind. Hyg. Assoc. Quart.	American Industrial Hygiene Association Quarterly, Chicago
Amer. J. Physics	American Journal of Physics, New York
Amer. Petroleum Inst. Quart.	American Petroleum Institute Quarterly, New York
Amer. Soc. Testing Mater.	American Society for Testing Materials, Philadelphia, Pa.
Amino-acid, Peptide Prot. Abstr.	Amino-acid, Peptide and Protein Abstracts, London
Am. Inst. Chem. Engrs.	American Institute of Chemical Engineers, New York
Am. J. Pharm.	American Journal of Pharmacy (bis 1936) Philadelphia
Am. J. Physiol.	American Journal of Physiology, Washington
Am. J. Sci.	American Journal of Science, New Haven, Conn.
Am. Perfumer	Americ. Perfumer and Essential Oil Reviews (1936–1939: American Perfumer, Cosmetics, Toilet Preparations)
Am Soc.	Journal of the American Chemical Society, Washington
Anal. Abstr.	Analytical Abstracts, Cambridge (seit 1954)
Anal. Biochem.	Analytical Biochemistry, New York
Anal. Chem.	Analytical Chemistry (seit 1947), Washington
Anal. chim. Acta	Analytica Chimica Acta, Amsterdam
Anales Real Soc. Espan. Fis. Quim. (Madrid)	Anales de la Real Sociedad Española de Fisica y Química, Madrid (seit 1936)
Analyst	The Analyst, Cambridge
An. Asoc. quím. arg.	Anales de la Asociación Química Argentina, Buenos Aires
An. Farm. Bioquím. Buenos Aires	Anales de Farmacia y Bioquímica, Buenos Aires
An. Fis.	Anales de la Real Sociedad Española de Fisica y Química, Serie A, Madrid
Ang. Ch.	Angewandte Chemie (bis 1931: Zeitschrift für angewandte Chemie); engl.: Angew. Chem. Intern. Ed. Engl. Angewandte Chemie Internationale Edition in Englisch (seit 1962), Weinheim, New York, London
Angew. Makromol. Chem.	Angewandte Makromolekulare Chemie, Basel
Anilinfarben-Ind.	Анилинокрасочная Промышленность (Anilinfarben-Industrie), Moskau
Ann. Acad. Sci. fenn.	Annales Academiae Scientiarum Fennicae, Helsinki
Ann. Chim. anal.	Annales de Chimie Analytique (1942–1946), Paris
Ann. Chim. anal. appl.	Annales de Chimie Analytique et de Chimie Appliquée (bis 1941), Paris

Ann. Chim. applic.	Annali di Chimica Applicata (bis 1950), Rom
Ann. chim. et phys.	Annales de chimie et de physique (bis 1941), Paris
Ann. chim. farm.	Annali di chimica farmaceutica (1938–1940), Rom
Ann. Chimica	Annali di Chimica (seit 1950), Rom
Ann. Fermentat.	Annales des Fermentations, Paris
Ann. Inst. Pasteur	Annales de l'Institut Pasteur, Paris
Ann. Med. Exp. Biol. Fennicae (Helsinki)	Annales Medicinae Experimentalis et Biologiae Fennicae, Helsinki (seit 1947)
Ann. N. Y. Acad. Sci.	Annals of the New York Academy of Sciences, New York
Ann. pharm. Franç.	Annales Pharmaceutiques Françaises (seit 1943), Paris
Ann. Phys. (New York)	Annals of Physics, New York
Ann. Physik	Annalen der Physik (bis 1943 und seit 1947), Leipzig
Ann. Physique	Annales de Physique, Paris
Ann. Rep. Med. Chem.	Annual Reports in Medicinal Chemistry, New York
Ann. Rep. NMR Spectr.	Annual Reports of NMR Spectroscopy, London
Ann. Rep. Org. Synth.	Annual Reports on Organic Synthesis, New York
Ann. Rep. Progr. Chem.	Annual Reports on the Progress of Chemistry, London
Ann. Rev. Biochem.	Annual Review of Biochemistry, Stanford, Calif.
Ann. Rev. Inf. Sci. Techn.	Annual Review of Information Science and Technology, Chicago
Ann. Rev. phys. Chem.	Annual Review of Physical Chemistry, Palo Alto, Calif.
Ann. Soc. scient. Bruxelles	Annales de la Société Scientifique des Bruxelles, Brüssel
Annu. Rep. Progr. Rubber	Annual Report on the Progress of Rubber Technology, London
Annu. Rep. Shionogi Res. Lab. [Osaka]	Annual Reports of Shionogi Research Laboratory [Osaka]
An. Quím.	Anales de la Real Española de Física y Química, Serie B, Madrid
An. Soc. españ. [A] bzw. [B]	Anales de la Real Española de Fisica y Química (1940–1947 Anales de Física y Química). Seit 1948 geteilt in: Serie A-Física. Serie B-Química, Madrid
An. Soc. cient. arg.	Anales de la Sociedad Cientifica Argentina, Santa Fé (Argentinien)
Antibiot. Chemother.	Antibiotics and Chemotherapy, New York
Antibiotiki (Moscow)	Антибиотики, Antibiotiki (Antibiotika), Moskau
Antimicrob. Agents Chemoth.	Antimicrobial Agents and Chemotherapy, Bethesda, Md.
Appl. Microbiol.	Applied Microbiology, Baltimore, Md.
Appl. Physics	Applied Physics, Berlin
Appl. Polymer Symp.	Applied Polymer Symposia, New York
Appl. scient. Res.	Applied Scientific Research, Den Haag
Appl. Sci. Res. Sect. A u. B	Applied Scientific Research, Den Haag A. Mechanics, Heat, Chemical Engineering, Mathematical Methods B. Electrophysics, Acoustics, Optics, Mathematical Methods
Appl. Spectrosc.	Applied Spectroscopy, Chestnut Hill, Mass.
Ar.	Archiv der Pharmazie (und Berichte der Deutschen Pharmazeutischen Gesellschaft), Weinheim/Bergstr.
Arch. Biochem.	Archives of Biochemistry and Biophysics (bis 1951: Archives of Biochemistry), New York
Arch. des Sci.	Archives des Sciences (seit 1948), Genf
Arch. Environ. Health	Archives of Environmental Health, Chicago (seit 1960)
Arch. Intern. Physiol. Biochim.	Archives Internationales de Physiologie et de Biochimie (seit 1955), Liège
Arch. Math. Naturvid.	Archiv for Mathematik og Naturvidenskab, Oslo
Arch. Mikrobiol.	Archiv für Mikrobiologie (bis 1943 und seit 1948), Berlin
Arch. Pharm. Chemi	Archiv for Pharmaci og Chemi, Kopenhagen
Arch. Phytopath. Pflanzensch.	Archiv für Phytopathologie und Pflanzenschutz, Berlin
Arch. Sci. phys. nat.	Archives des Sciences Physiques et Naturelles, Genf (bis 1947)
Arch. techn. Messen	Archiv für Technisches Messen (bis 1943 und seit 1947), München
Arch. Toxicol.	Archiv für Toxikologie, Berlin, Göttingen, Heidelberg (seit 1954)
Arh. Kemiju	Arhiv za Kemiju, Zagreb (Archives de Chimie) (seit 1946)
Ark. Kemi	Arkiv för Kemi, Mineralogie och Geologi, seit 1949 Arkiv för Kemi (Stockholm)
Arm. Khim. Zh.	Армлнский Химический Журнал Armyanskii Khimicheskii Zhurnal (Armenian Chemical Journal) Erewan. UdSSR
Ar. Pth.	(NUUNYN-SCHMIEDEBERGS) Archiv für Experimentelle Pathologie und Pharmakologie, Berlin-W.
Arzneimittel-Forsch.	Arzneimittel-Forschung, Aulendorf/Württ.

ASTM Bull.	ASTM (American Society for Testing Materials) Bulletin, Philadelphia
ASTM Spec. Techn. Publ.	ASTM (American Society for Testing Materials), Technical Publications, New York
Atti Accad. naz. Lincei, Mem., Cl. Sci. fisiche, mat. natur., Sez. I, II bzw. III	Atti della Accademia Nazionale dei Lincei. Memorie. Classe di Scienze Fisiche, Matematiche e Naturali. Sezione I (Matematica, Meccanica, Astronomia, Geodesia e Geofisica). Sezione II (Fisica, Chimica, Geologia, Paleontologia e Mineralogia). Sezione III (Scienze Biologiche) (seit 1946), Turin
Atti Accad. naz. Lincei, Rend., Cl. Sci. fisiche, mat. natur.	Atti della Accademia Nazionale dei Lincei. Rendiconti. Classe di Scienze Fisiche, Matematiche e Naturali (seit 1946), Rom
Aust. J. Biol. Sci.	Australian Journal of Biological Sciences (seit 1953), Melbourne
Austral. J. Chem.	Australian Journal of Chemistry (seit 1952), Melbourne
Austral. J. Sci.	Australian Journal of Science, Sydney
Austral. J. scient. Res., [A] bzw. [B]	Australien Journal of Scientific Research. Series A. Physical Sciences. Series B. Biological Sciences, Melbourne
Austral. P.	Australisches Patent, Canberra
Azerb. Khim. Zh.	Азербайджанский Химический Журнал Azerbaidschanisches Chemisches Journal

B.

	Berichte der Deutschen Chemischen Gesellschaft; seit 1947: Chemische Berichte, Weinheim/Bergstr.
Belg. P.	Belgisches Patent, Brüssel
Ber. Bunsenges. Phys. Chem.	Berichte der Bunsengesellschaft, Physikalische Chemie, Heidelberg (bis 1952).
Ber. chem. Ges. Belgrad	Berichte der Chemischen Gesellschaft Belgrad (Glassnik Chemisskog Druschtwa Beograd, seit 1940), Belgrad
Ber. Ges. Kohlentechn.	Berichte der Gesellschaft für Kohlentechnik (Dortmund-Eving)
Biochem.	Biochemistry, Washington
Biochem. biophys. Acta	Biochimica et biophysica Acta, Amsterdam
Biochem. Biophys. Research Commun.	Biochemical and Biophysical Research Communications, New York
Biochem. J. (London)	The Biochemical Journal, London
Biochem. J. (Kiew)	Biochemical Journal, Kiew, Ukraine
Biochem. Med.	Biochemical Medicine, New York
Biochem. Pharmacol.	Biochemical Pharmacology, London
Biochem. Prepar.	Biochemical Preparations, New York
Biochem. Soc. Trans.	Biochemical Society Transactions, London
Biochimiya	Биохимия(Biochimia)
Biodynamica	Biodynamica, Normandy, Mo., USA
Biofizika	Биофизика (Biophysik), Moskau
Biopolymers	Biopolymers, New York
Bios Final Rep.	British Intelligence Objectives Subcommittee, Final Report
Bio. Z.	Biochemische Zeitschrift (bis 1944 und seit 1947)
Bitumen, Teere, Asphalte, Peche	Bitumen, Teere, Asphalte, Peche und verwandte Stoffe, Heidelberg
Bl.	Bulletin de la Société Chimique de France, Paris
Bl. Acad. Belgique	Académie Royale de Belgique: Bulletins de la Classe des Sciences, Brüssel
Bl. Acad. Polon.	Bulletin International de l'Académie Polonaise des Sciences et des Lettres, Classe des Sciences Mathématiques et Naturelles, Krakau
Bl. agric. chem. Soc. Japan	Bulletin of the Agricultural Chemical Society of Japan, Tokio
Bl. am. phys. Soc.	Bulletin of the American Physical Society, Lancaster, Pa.
Bl. chem. Soc. Japan	Bulletin of the Chemical Society of Japan, Tokio
Bl. Soc. chim. Belg.	Bulletin de la Société Chimique de Belgique (bis 1944), Brüssel
Bl. Soc. Chim. biol.	Bulletin de la Société de Chimie Biologique, Paris
Bl. Soc. Chim. ind.	Bulletin de la Société de Chimie Industrielle (bis 1934), Paris
Bl. Trav. Pharm. Bordeaux	Bulletin des Travaux de la Société de Pharmacie de Bordeaux
Bol. inst. quím. univ. nal. auton. Mé.	Boletin del instituto de química de la universidad nacional autonoma de México
Boll. chim. farm.	Bolletino chimico farmaceutico, Mailand
Boll. Lab. Chim. Prov. Bologna	Bolletino dei Laboratori Chimici, Provinciali, Bologna
Bol. Soc. quím. Perú	Boletin de la Sociedad Química del Perú, Lima (Peru)
Botyu Kagaku	Bulletin of the Institute of Insect Control (Kyoto), (Scientific Insect Control)

B. Ph. P.	Beiträge zur Chemischen Physiologie und Pathologie
Brennstoffch.	Brennstoff-Chemie (bis 1943 und seit 1949), Essen
Brit. Chem. Eng.	British Chemical Engineering, London
Brit. J. appl. Physics	British Journal of Applied Physics, London
Brit. J. Cancer	British Journal of Cancer, London
Brit. J. Industr. Med.	British Journal of Industrial Medicine, London
Brit. J. Pharmacol.	British Journal of Pharmacology and Chemotherapy, London
Brit. P.	British Patent, London
Brit. Plastics	British Plastics (seit 1945), London
Brit. Polym. J.	British Polymer Journal, London
Bul. inst. politeh. Jasi	Buletinul institutuluí politehnic din Jasi (ab 1955 mit Zusatz [NF])
Bul. Laboratorarelor	Buletinul Laboratorarelor, Bukarest
Bull. Acad. Polon. Sci., Ser. Sci. Chim. Geol. Geograph. bzw. Ser. Sci. Chim.	Bulletin de l'Académie Polonaise des Sciences, Serie des Sciences, Chimiques, Geologiques et Géographiques (seit 1960 geteilt in ... Serie des Sciences Chimiques und ... Serie des Sciences Geologiques et Géographiques), Warschau
Bull. Acad. Sci. URSS, Div. Chem. Sci.	Izwestija Akademii Nauk. SSSR (Bulletin de l'Académie des Sciences de URSS), Moskau, Leningrad (bis 1936)
Bull. Environ. Contamin. Toxicol.	Bulletin of Environmental Contamination and Toxicology, Berlin/New York
Bull. Inst. Chem. Research, Kyoto Univ.	Bulletin of the Institute for Chemical Research, Kyoto University (Kyoto Daigaku Kagaku Kenkyûsho Hôkoku), Takatsoki, Osaka
Bull. Research Council Israel	Bulletin of the Research Council of Israel, Jerusalem
Bull. Research Inst. Food Sci., Kyoto Univ.	Bulletin of the Research Institute for Food Science, Kyoto University (Kyoto Daigaku Shokuryô-Kagaku Kenkyujo Hôkoku), Fukuoka, Japan
Bull. Soc. roy. Sci. Liège	Bulletin de la Société Royale des Sciences de Liège, Brüssel

C.	Chemisches Zentralblatt, Weinheim/Bergstr.
C. A.	Chemical Abstracts, Washington
Canad. chem. Processing	Canadian Chemical Processing, Toronto, Canada
Canad. J. Chem.	Canadian Journal of Chemistry, Ottawa, Canada
Canad. J. Physics	Canadian Journal of Physics, Ottawa, Canada
Canad. J. Res.	Canadian Journal of Research (bis 1950), Ottawa, Canada
Canad. J. Technol.	Canadian Journal of Technology, Ottawa, Canada
Canad. P.	Canadisches Patent
Cancer (Philadelphia)	Cancer (Philadelphia), Philadelphia
Cancer Res.	Cancer Research, Chicago
Can. Chem. Process.	Canadian Chemical Processing, Toronto (seit 1951)
Can. J. Biochem.	Canadian Journal of Biochemistry, Ottawa
Can. J. Biochem. Physiol.	Canadian Journal of Biochemistry and Physiology, Ottawa (seit 1954)
Can. J. Chem. Eng.	Canadian Journal of Chemical Engineering, Ottawa (seit 1957)
Can. J. Microbiol.	Canadian Journal of Microbiology, Ottawa
Can. J. Pharm. Sci.	Canadian Journal of Pharmaceutical Sciences, Toronto
Can. J. Plant. Sci.	Canadian Journal of Plant Science, Ottawa (seit 1957)
Can. J. Soil Sci.	Canadian Journal of Soil Science, Ottawa (seit 1957).
Carbohyd. Chem.	Carbohydrate Chemistry, London
Carbohyd. Chem. Metab. Abstr.	Carbohydrate Chemistry and Metabolism Abstracts, London
Carbohyd. Res.	Carbohydrate Research, Amsterdam
Catalysis Rev.	Catalysis Review, New York
Cereal Chem.	Cereal Chemistry, St. Paul, Minnesota
Česk. Farm.	Čechoslovenska Farmacie, Prag
Ch. Apparatur	Chemische Apparatur (bis 1943), Berlin
Chem. Age India	Chemical Age of India
Chem. Age London	Chemical Age, London
Chem. Age N. Y.	Chemical Age, New York
Chem. Anal.	Organ Komisjii Analitycznej Komitetu Nauk Chemicznych PAN, Warschau
Chem. Brit.	Chemistry in Britain, London
Chem. Commun.	Chemical Communications, London
Chem. Econ. & Eng. Rev.	Chemical Economy and Engineering Review, Tokyo

Chem. Eng.	Chemical Engineering with Chemical and Metallurgical Engineering (seit 1946), New York
Chem. Eng. (London)	Chemical Engineering Journal, London
Chem. eng. News	Chemical and Engineering News (seit 1943) Washington
Chem. Eng. Progr.	Chemical Engineering Progress, Philadelphia, Pa.
Chem. Eng. Progr., Monograph Ser.	Chemical Engineering Progress. Monograph Series, New York
Chem. Eng. Progr., Symposium Ser.	Chemical Engineering Progress. Symposium Series, New York
Chem. eng. Sci.	Chemical Engineering Science, London
Chem. High Polymers (Tokyo)	Chemistry of High Polymers (Tokyo) (Kobunshi Kagaku), Tokio
Chemical Ind. (China)	Chemical Industry [China], Peking
Chemie-Ing.-Techn.	Chemie-Ingenieur-Technik (seit 1949), Weinheim/Bergstr.
Chemie in unserer Zeit	Chemie in unserer Zeit, Weinheim/Bergstr.
Chemie Lab. Betr.	Chemie für Labor und Betrieb, Frankfurt/Main
Chemie Prag	Chemie (Praha), Prag
Chemie und Fortschritt	Chemie und Fortschritt, Frankfurt/Main
Chem. & Ind.	Chemistry & Industry, London
Chem. Industrie	Chemische Industrie, Düsseldorf
Chem. Industries	Chemical Industries, New York
Chem. Inform.	Chemischer Informationsdienst, Leverkusen
Chemist-Analyst	Chemist-Analyst, Philipsburg, New York, New Jersey
Chem. Letters	Chemistry Letters, Tokyo
Chem. Listy	Chemické Listy pro Vědu a Průmysl. Prag (Chemische Blätter für Wissenschaft und Industrie); seit 1951 Chemické Listy, Prag
Chem. met. Eng.	Chemical and Metallurgical Engineering (bis 1946), New York
Chem. N.	Chemical News and Journal of Industrial Science (1921–1932), London
Chemorec. Abstr.	Chemoreception Abstracts, London
Chemosphere	Chemosphere, London
Chem. pharmac. Techniek	Chemische en Pharmaceutische Techniek, Dordrecht
Chem. Pharm. Bull. (Tokyo)	Chemical & Pharmaceutical Bulletin (Toyko)
Chem. Process Engng.	Chemical and Process Engineering, London
Chem. Processing	Chemical Processing, London
Chem. Products chem. News	Chemical Products and the Chemical News, London
Chem. Průmysl	Chemický Průmysl, Prag (Chemische Industrie, seit 1951), Prag
Chem. Rdsch. [Solothurn]	Chemische Rundschau [Solothurn]
Chem. Reviews	Chemical Reviews, Baltimore
Chem. Scripta	Chemical Scripta, Stockholm
Chem. Senses & Flavor	Chemical Senses and Flavor, Dordrecht/Boston
Chem. Soc. Rev.	Chemical Society Reviews, London (formerly Quarterly Reviews)
Chem. Tech. (Leipzig)	Chemische Technik, Leipzig (seit 1949)
Chem. Techn.	Chemische Technik, Berlin
Chem. Technol.	Chemical Technology, Easton/Pa.
Chem. Trade J.	Chemical Trade Journal and Chemical Engineer, London
Chem. Umschau, Gebiete, Fette, Öle, Wachse, Harze (ab 1933: Fettchemische Umschau)	Chemische Umschau auf dem Gebiete der Fette, Öle, Wachse und Harze (bis 1933)
Chem. Week	Chemical Week, New York
Chem. Weekb.	Chemisch Weekblad, Amsterdam
Chem. Zvesti	Chemické Zvesti (tschech.). Chemische Nachrichten, Bratislawa
Chim. anal.	Chimie analytique (seit 1947), Paris
Chim. Anal. (Bukarest)	Chimie Analitica, Bukarest
Chim. Chronika	Chimika Chronika, Athen
Chim. et Ind.	Chimie et Industrie, Paris
Chim. farm. Ž.	Chimiko-farmazevtičeskij Žurnal, Moskau
Chim. geterocikl. Soed.	Химия гетеродиклиьнских соединий (Die Chemie der hetero-cyclischen Verbindungen), Riga
Chimia	Chimia, Zürich
Chimica e Ind.	Chimica e L'Industria, Mailand (seit 1935)
Chim. Therap.	Chimica Therapeutica, Arcueil
Ch. Z.	Chemiker-Zeitung, Heidelberg
CIOS Rep.	Combinde Intelligence Objectives Sub-Committee Report
Clin. Chem.	Clinical Chemistry, New York

Clin. Chim. Acta	Clinica Chimica Acta, Amsterdam
Clin. Sci.	Clinical Science, London
Collect. czech. chem. Commun.	Collection of Czechoslovak Chemikal Communications (seit 1951), Prag
Collect. Pap. Fac. Sci., Osaka Univ. [C]	Collect Papers from the Faculty of Science, Osaka University, Osaka, Series C, Chemistry (seit 1943)
Collect. pharmac. suecica	Collectanea Pharmaceutica, Suecica, Stockholm
Collect. Trav. chim. Tchécosl.	Collection des Travaux Chimiques de Tchécoslovaquie (bis 1939) und 1947–1951; 1939: ... Tschèques), Prag
Colloid Chem.	Colloid Chemistry, New York
Comp. Biochem. Physiol.	Comparative Biochemistry and Physiology, London
Coord. Chem. Rev.	Coordination Chemistry Reviews, Amsterdam
C. r.	Comptes Rendus Hebdomadaires des Séances de l'Académie des Sciences, Paris
C. r. Acad. Bulg. Sci.	Доклады Болгарской Академии Наук (Comptes rendus de l'académie bulgare des sciences)
Crit. Rev. Tox.	Critical Reviews in Toxicology, Cleveland/Ohio
Croat. Chem. Acta	Croatica Chemica Acta, Zagreb
Curr. Sci.	Current Science, Bangalore
Dän. P.	Dänisches Patent
Dansk Tidsskr. Farm.	Dansk Tidsskrift for Farmaci, Kopenhagen
DAS.	Deutsche Auslegeschrift = noch nicht erteiltes DBP. (seit 1.1.1957). Die Nummer der DAS. und des später darauf erteilten DBP. sind identisch
DBP.	Deutsches Bundespatent (München, nach 1945, ab Nr. 800000)
DDRP.	Patent der Deutschen Demokratischen Republik (vom Ostberliner Patentamt erteilt)
Dechema Monogr.	Dechema Monographien, Weinheim/Bergstr.
Delft Progr. Rep.	Delft Progress Report (A: Chemistry and Physics, Chemical and Physical Engineering), Groningen
Die Nahrung	Die Nahrung (Chemie, Physiologie, Technologie), Berlin
Discuss. Faraday Soc.	Discussions of the Faraday Society, London
Dissertation Abstr.	Dissertation Abstracts Ann Arbor, Michigan
Doklady Akad. SSSR	Доклады Академии Наук СССР (Comptes Rendus de l'Académie des Sciences de l'URSS), Moskau
Dokl. Akad. Nauk Arm. SSR	Доклады Академии Наук Армянской ССР / Doklady Akademii Nauk Armjanskoi SSR (Berichte der Akademie der Wissenschaften der Armenischen SSR), Erewan
Dokl. Akad. Nauk Azerb. SSR	Доклады Академии Наук Азербайджанской ССР / Doklady Akademii Nauk Azerbaidshanskoi SSR (Berichte der Akademie der Wissenschaften der Azerbaidschanischen SSR), Baku
Dokl. Akad. Nauk Beloruss. SSR	Д. А. Н. Белорусской ССР / Doklady Akademii Nauk Belorusskoi SSR (Berichte der Akademie der Wissenschaften der Belorussischen SSR), Minsk
Dokl. Akad. Nauk SSSR	Д. А. Н. Советской ССR / Doklady Akademii Nauk Sowjetskoi SSR (Berichte der Akademie der Wissenschaften der Vereinigten SSR), Moskau
Dokl. Akad. Nauk Tadzh. SSR	Д. А. Н. Таджикской ССР / Doklady Akademii Nauk Tadshikskoi SSR (Berichte der Akademie der Wissenschaften der Tadshikischen SSR)
Dokl. Akad. Nauk Uzb. SSR	Д. А. Н. Узбекской ССР / Doklady Akademii Nauk Uzbekskoi SSR (Berichte der Akademie der Wissenschaften der Uzbekischen SSR), Taschkent
Dokl. Bolg. Akad. Nauk	Доклады Болгарской Академии Наук / Doklady Bolgarskoi Akademii Nauk (Berichte der Bulgarischen Akademie der Wissenschaften), Sofia
Dopov. Akad. Nauk Ukr. RSR, Ser. A u. B	Доповиди Академии Наук Украинской РСР / Dopowidi Akademii Nauk Ukrainskoi RSR (Berichte der Akademie der Wissenschaften der Ukrainischen SSR), Kiew Serie A und B
DOS	Deutsche Offenlegungsschrift (ungeprüft)
DRP.	Deutsches Reichspatent (bis 1945)
Drug Cosmet. Ind.	Drug and Cosmetic Industry, New York

Dtsch. Apoth. Ztg.	Deutsche Apotheker-Zeitung (1934–1945), seit 1950: vereinigt mit Süddeutsche Apotheker-Zeitung, Stuttgart
Dtsch. Farben-Z.	Deutsche Farben-Zeitschrift (seit 1951), Stuttgart
Dtsch. Lebensmittel-Rdsch.	Deutsche Lebensmittel-Rundschau, Stuttgart
Dyer Textile Printer	Dyer, Textile Printer, Bleacher and Finisher (seit 1934; bis 1934: Dyer and Calico Printer, Bleacher, Finisher and Textile Review), London
Electroanal. Chemistry	Electroanalytical Chemistry, New York
Endeavour	Endeavour, London
Endocrinology	Endocrinology, Boston, Mass.
Endokrinologie	Endokrinologie, Leipzig (1943–1949 unterbrochen)
Environ. Sci. Technol.	Environmental Science and Technology, England
Enzymol.	Enzymologia (Holland), Den Haag
Erdöl, Kohle	Erdöl und Kohle (seit 1948), Hamburg
Erdöl, Kohle, Erdgas, Petrochem.	Erdöl und Kohle – Erdgas – Petrochemie, Hamburg, (seit 1960)
Ergebn. Enzymf.	Ergebnisse der Enzymforschung, Leipzig
Ergebn. exakt. Naturwiss.	Ergebnisse der exakten Naturwissenschaften, Berlin
Ergebn. Physiol.	Ergebnisse der Physiologie, Biologischen Chemie und Experimentellen Pharmakologie, Berlin
Europ. J. Biochem.	European Journal of Biochemistry, Berlin, New York
Eur. Polym. J.	European Polymer Journal, Amsterdam
Experientia	Experientia (Basel)
Experientia, Suppl.	Experientia, Supplementum, Basel
Farbe Lack	Farbe und Lack (bis 1943 und seit 1947), Hannover
Farmac. Glasnik	Farmaceutski Glasnik, Zagreb (Pharmazeutische Berichte)
Farmacia (Bucharest)	Farmacia (Bucuresti), Bukarest
Farmaco. Ed. Prat.	Farmaco Edizione Pratica, Pavia
Farmaco (Pavia), Ed. sci.	Il Farmaco (Pavia), Edizione scientifica
Farmac. Revy	Farmacevtisk Revy, Stockholm
Farmakol. Toksikol. (Moscow)	Фармакология и Токсикология (Farmakologija i Tokssikologija) Pharmakologie und Toxikologie, Moskau
Farmatsiya (Moscow)	Farmatsiya (Фармация), Moskau
Farm. sci. e tec. (Pavia)	Il Farmaco, scienza e tecnica (bis 1952), Pavia
Farm. Zh. (Kiev)	Фармацевтичний Журнал (Київ), Farmazewtischni Žurnal (Kiew) (Pharmazeutisches Journal, Kiew)
Faserforsch. u. Textiltechn.	Faserforschung und Textiltechnik, Berlin
FEBS Letters	Federation od European Biochemical Societies, Amsterdam
Federation Proc.	Federation Proceedings, Washington, D.C.
Fette, Seifen, Anstrichmittel	Fette, Seifen, Anstrichmittel (verbunden mit „Die Ernährungsindustrie") (früher häufige Änderung des Titels), Hamburg
FIAT Final Rep.	Field Information Agency, Technical, United States Group Control Council for Germany, Final Report
Fibre Chem.	Fibre Chemistry, London
Fibre Sci. Techn.	Fibre Science and Technology, Barking/Essex
Finn. P.	Finnisches Patent
Finska Kemistsamf. Medd.	Finska Kemistsamfundets Meddelanden (Suomen Kemistiseuran Tiedonantoja), Helsingfors
Fiziol. Zh. (Kiev)	Физиологичний Журнал (Київ) Fisiologitschnii Žurnal (Kiew) (Physiologisches Journal (Kiew)
Fiziol. Zh. SSSR im. I. M. Sechenova	Физиологический Журнал СССР имени И. М. Сеченова, (Fisiologitschesskii Žurnal SSSR imeni I. M. Setschenowa, Setschenow Journal für Physiologie der UdSSR, Moskau
Fluorine Chem. Rev.	Fluorine Chemistry Reviews, New York
Food	Food, London
Food Engng.	Food Engineering (seit 1951), New York
Food Manuf.	Food Manufacture (seit 1939 Food Manufacture, Incorporating Food Industries Weekly), London
Food Packer	Food Packer (seit 1944), Chicago
Food Res.	Food Research, Champaign, Ill.
Formosan Sci.	Formosan Science, Taipeh
Fortschr. chem. Forsch.	Fortschritte der Chemischen Forschung, New York, Berlin

Fortschr. Ch. org. Naturst.	Fortschritte der Chemie Organischer Naturstoffe, Wien
Fortschr. Hochpolymeren-Forsch.	Fortschritte der Hochpolymeren-Forschung, Berlin
Frdl.	Fortschritte der Teerfarbenfabrikation und verwandter Industriezweige. Begonnen von P. FRIEDLÄNDER, fortgeführt von H. E. FIERZ-DAVID, Berlin
Fres.	Zeitschrift für Analytische Chemie (von C. R. FRESENIUS), Berlin
Fr. P.	Französisches Patent
Fr. Pharm.	France-Pharmacie, Paris
Fuel	Fuel in Science and Practice; ab 1948: Fuel, London
G.	Gazzetta Chimica Italiana, Rom
Gas Chromat.-Mass.-Spectr. Abstr.	Gas Chromatography – Mass-Spectrometry Abstracts, London
Gazow. Prom.	Газовая Промышленность, Gasowaja Promyschlenost (Gas-Industrie), Moskau
Génie chim.	Génie chimique, Paris
Gidroliz. Lesokhim. Prom.	Гидролизная и Лесохимическая Промышленность / Gidrolisnaja i Lessochimitscheskaja Promyschlennost (Hydrolysen- und Holzchemische Industrie), Moskau
Gmelin	GMELIN Handbuch der anorganischen Chemie, Verlag Chemie, Weinheim
Helv.	Helvetica Chimica Acta, Basel
Helv. phys. Acta	Helvetica Physica Acta, Basel
Helv. Phys. Acta Suppl.	Helvetica Physica Acta, Supplementum, Basel
Helv. physiol. pharmacol. Acta	Helvetica Physiologica et Pharmacologica Acta, Basel
Henkel-Ref.	Henkel-Referate, Düsseldorf
Heteroc. Sendai	Heterocycles Sendai
Histochemie	Histochemie, Berlin, Göttingen, Heidelberg
Holl. P.	Holländisches Patent
Hoppe-Seyler	HOPPE-SEYLERS Zeitschrift für Physiologische Chemie, Berlin
Hormone Metabolic Res.	Hormone and Metabolic Research, Stuttgart
Hua Hsueh	Hua Hsueh, Peking
Hung. P.	Ungarisches Patent
Hydrocarbon. Proc.	Hydrocarbon Processing, England
Immunochemistry	Immunochemistry, London
Ind. Chemist	Industrial Chemist and Chemical Manufactorer, London
Ind. chim. belge	Industrie Chimique Belge, Brüssel
Ind. chimique	L'Industrie Chimique, Paris
Ind. Corps gras	Industries des Corps Gras, Paris
Ind. eng. Chem.	Industrial and Engineering Chemistry, Industrial Edition, seit 1948: Industrial and Engineering Chemistry, Washington
Ind. eng. Chem. Anal.	Industrial and Engineering Chemistry, Analytical Edition (bis 1946), Washington
Ind. eng. Chem. News	Industrial and Engineering Chemistry. News Ediion (bis 1939), Washington
Indian Forest Rec., Chem.	Indian Forest Records. Chemistry, Delhi
Indian J. Appl Chem.	Indian Journal of Applied Chemistry (seit 1958), Calcutta
Indian J. Biochem.	Indian Journal of Biochemistry, Neu Delhi
Indian J. Chem.	Indian Journal of Chemistry
Indian J. Physics	Indian Journal of Physics and Proceedings of the Indian Association for the Cultivation of Science, Calcutta
Ind. P.	Indisches Patent
Ind. Plast. mod.	Industrie des Plastiques Modernes (seit 1949; bis 1948: Industrie des Plastiques), Paris
Inform. Quim. Anal.	Informacion de Quimica Analitica, Madrid
Inorg. Chem.	Inorganic Chemistry
Inorg. Synth.	Inorganic Syntheses, New York
Insect Biochem.	Insect Biochemistry, Bristol
Interchem. Rev.	Interchemical Reviews, New York

Intern. J. Appl. Radiation Isotopes	International Journal of Applied Radiation and Isotopes, New York
Int. J. Cancer	International Journal of Cancer, Helsinki
Int. J. Chem. Kinetics	International Journal of Chemical Kinetics, New York
Int. J. Peptide, Prot. Res.	International Journal of Peptide and Protein Research, Copenhagen
Int. J. Polymeric Mat.	International Journal of Polymeric Materials, New York/London
Int. J. Sulfur Chem.	International Journal of Sulfur Chemistry, London/New York
Int. Petr. Abstr.	International Petroleum Abstracts, London
Int. Pharm. Abstr.	International Pharmaceutical Abstracts, Washington
Int. Polymer Sci. & Techn.	International Polymer Science and Technology, Boston Spa, Wetherby, Yorks.
Intra-Sci. Chem. Rep.	Intra-Science Chemistry Reports, Santa Monica/Calif.
Int. Sugar J.	International Sugar Journal, London
Int. Z. Vitaminforsch.	Internationale Zeitschrift für Vitaminforschung, Bern
Inzyn. Chem.	Inzynioria Chemíczina, Warschau
Ion	Ion (Madrid)
Iowa Coll. J.	Iowa State College Journal of Science, Ames, Iowa
Iowa State J. Sci.	Iowa State Journal of Science, Ames, Iowa (seit 1959)
Israel J. Chem.	Israel Journal of Chemistry, Tel Aviv
Ital. P.	Italienisches Patent
Izv. Akad. Azerb. SSR, Ser. Fiz.-Tekh. Mat. Nauk	Известия Академии Наук Азербайджанской ССР, Серия Физико-Технических и Химических Наук Izvestija Akademii Nauk Azerbaidschanskoi SSR, Sserija Fisiko-Technitscheskichi Chimitscheskich Nauk (Nachrichten der Akademie der Wissenschaften der Azerbaidschanischen SSR, Serie Physikalisch-Technische und Chemische Wissenschaften), Baku
Izv. Akad. SSR	Известия Академии Наук Армянской ССР, Химические Науки (Bulletin of the Academy of Science of the Armenian SSR), Erevan
Izv. Akad. SSSR	Известия Академии Наук СССР, Серия Химическая (Bulletin de l'Académie des Sciences de l'URSS, Classe des Sciences Chimiques, Moskau, Leningrad
Izv. Sibirsk. Otd. Akad. Nauk SSSR	Известия Сибирского Отделения Академии Наук СССР, Серия химических Наук, Izvesstija Ssibirskowo Otdelenija Akademii Nauk SSSR, Sserija Chimetscheskich Nauk (Bulletin of the Sibirian Branch of the Academy of Sciences of the USSR), Nowosibirsk
Izv. Vyssh. Ucheb, Zaved., Neft. Gaz	Известия Высших Учебных Заведений (Баку), Нефть и Газ /Izvestija Wysschych Utschebnych Sawedjeni (Baku), Neft i Gas (Hochschulnachrichten [Baku], Erdöl und Gas), Baku
Izv. Vyss. Uch. Zav., Chim. i chim. Techn.	Известия Высших Учебных заведений [Иваново], Химия и химическая технология (Bulletin of the Institution of Higher Education, Chemistry and Chemical Technology), Swerdlowsk
J. Agr. Food Chem.	Journal of Agricultural and Food Chemistry, Washington
J. agric. chem. Soc. Japan	Journal of the agricultural Chemical Society of Japan. Abstracts (seit 1935) (Nippon Nogeikagaku Kaishi), Tokyo
J. agric. Sci.	Journal of Agricultural Science, Cambridge
J. Am. Leather Chemist's Assoc.	Journal of the American Leather Chemist's Association, Cincinnati (Ohio)
J. Am. Oil Chemist's Soc.	Journal of the American Oil Chemist's Society, Chicago
J. Am. Pharm. Assoc.	Journal of the American Pharmaceutical Association, seit 1940 Practical Edition und Scientific Edition; Practical Edition seit 1961 J. Am. Pharm. Assoc.; Scientific Edition seit 1961 J. Pharm. Sci., Easton, Pa.
J. Anal. Chem. USSR	Журнал Аналитической химии / Shurnal Analititscheskoi Chimii (Journal für Analytische Chemie), Moskau
J. Antibiotics (Japan)	Journal of Antibiotics (Japan)
Japan Analyst	Japan Analyst (Bunseki Kagaku)
Jap. A. S.	Japanische Patent-Auslegeschrift
Jap. Chem. Quart.	Japan Chemical Quarterly, Tokyo
Jap. J. Appl. Phys.	Japanese Journal of Applied Physics, Tokyo
Jap. P.	Japanisches Patent
Jap. Pest. Inform.	Japan Pesticide Information, Tokyo
Jap. Plast. Age	Japan Plastic Age, Tokyo

J. appl. Chem.	Journal of Applied Chemistry, London
J. appl. Elektroch.	Journal of Applied Elektrochemistry, London
J. appl. Physics	Journal of Applied Physics, New York
J. Appl. Physiol.	Journal of Applied Physiology, Washington, D. C.
J. Appl. Polymer Sci.	Journal of Applied Polymer Science, New York
-Jap. Text. News	Japan Textile News, Osaka
J. Assoc. Agric. Chemists	Journal of the Association of Official Agricultural Chemists, Washinton, D. C.
J. Bacteriol.	Journal of Bacteriology, Baltimore, Md.
J. Biochem. (Tokyo)	Journal of Biochemistry, Japan, Tokyo
J. Biol. Chem.	Journal of Biological Chemistry, Baltimore
J. Catalysis	Journal of Catalysis, London, New York
J. Cellular compar. Physiol.	Journal of Cellular and Comparative Physiology, Philadelphia, Pa.
J. Chem. Educ.	Journal of Chemical Education, Easton, Pa.
J. chem. Eng. China	Journal of Chemical Engineering, China, Omei/Szechuan
J. Chem. Eng. Data	Journal of Chemical and Engineering Data, Washington
J. Chem. Eng. Japan	Journal of Chemical Engineering of Japan, Tokyo
J. Chem. Physics	Journal of Chemical Physics, New York
J. chem. Soc. Japan	Journal of the Chemical Society of Japan (bis 1948; Nippon Kwagaku Kwaishi), Tokyo
J. chem. Soc. Japan, ind.	Journal of the Chemical Society of Japan, Industrial Chemistry Section (seit 1948; Kogyo Kagaku Zasshi), Tokyo
J. chem. Soc. Japan, pure Chem. Sect.	Journal of the Chemical Society of Japan, Pure Chemistry Section (seit 1948; Nippon Kagaku Zasshi)
J. Chem. U. A. R.	Journal of Chemistry of the U. A. R., Kairo
J. Chim. physique Physico-Chim. biol.	Journal de Chimie Physique et de Physico-Chimie Biologique (seit 1939)
J. chin. chem. Soc.	Journal of the Chinese Chemical Society
J. Chromatog.	Journal of Chromatography, Amsterdam
J. Clin. Endocrinol. Metab.	Journal of Clinical Endocrinology and Metabolism, Springfield, Ill. (seit 1952)
J. Colloid Sci.	Journal of Colloid Science, New York
J. Colloid Interface Sci.	Journal of Colloid and Interface Science
J. Color Appear.	Journal of Color and Appearance, New York
J. Dairy Sci.	Journal of Dairy Science, Columbus, Ohio
J. Elast. & Plast.	Journal of Elastomers and Plastics, Westport, Conn.
J. electroch. Assoc. Japan	Journal of the Electrochemical Association of Japan (Denkikwagaku Kyookwai-shi), Tokio
J. Electrochem. Soc.	Journal of the Electrochemical Society (seit 1948), New York
J. Endocrinol.	Journal of Endocrinology, London
J. Fac. Sci. Univ. Tokyo	Journal of the Faculty of Science, Imperial University of Tokyo
J. Fluorine Chem.	Journal of Fluorine Chemistry, Lausanne
J. Food Sci.	Journal of Food Science, Champaign, Ill.
J. Gen. Appl. Microbiol.	Journal of General and Applied Microbiology, Tokio
J. Gen. Appl. Microbiol., Suppl.	Journal of General and Applied Microbiology, Supplement, Tokio
J. Gen. Microbiol.	Journal of General Microbiology, London
J. Gen. Physiol.	Journal of General Physiology, Baltimore, Md.
J. Heterocyclic Chem.	Journal of Heterocyclic Chemistry, Albuquerque (New Mexico)
J. Histochem. Cytochem.	Journal of Histochemistry and Cytochemistry, Baltimore, Md.
J. Imp. Coll. Chem. Eng. Soc.	Journal of the Imperial Chemical College, Engineering Society
J. Ind. Eng. Chem.	The Journal of Industrial and Engineering Chemistry (bis 1923)
J. Ind. Hyg.	Journal of Industrial Hygiene and Toxicology (1936–1949), Baltimore, Md.
J. indian chem. Soc.	Journal of the Indian Chemical Society (seit 1928), Calcutta
J. indian chem. Soc. News	Journal of the Indian Chemical Society; Industrial and News Edition (1940–1947), Calcutta
J. indian Inst. Sci.	Journal of the Indian Institute of Science, bis 1951 Section A und Section B, Bangalore
J. Inorg. & Nuclear Chem.	Journal of Inorganic & Nuclear Chemistry, Oxford
J. Inst. Fuel	Journal of the Institute of Fuel, London
J. Inst. Petr.	Journal of the Institute of Petroleum, London
J. Inst. Polytech. Osaka City Univ.	Journal of the Institute of Polytechnics, Osaka City University

J. Jap. Chem.	Journal of Japanese Chemistry (Kagaku-no Ryoihi), Tokio
J. Label. Compounds	Journal of Labelled Compounds, Brüssel
J. Lipid Res.	Journal of Lipid Research, Memphis, Tenn.
J. Macromol. Sci.	Journal of Macromolecular Science, New York
J. makromol. Ch.	Journal für makromolekulare Chemie (1943–1945)
J. Math. Physics	Journal of Mathematics and Physics
J. Med. Chem.	Journal of Medicinal Chemistry, New York
J. Med. Pharm. Chem.	Journal of Medicinal and Pharmaceutical Chemistry, New York
J. Mol. Biol.	Journal of Molecular Biology, New York
J. Mol. Spectr.	Journal of Molecular Spectroscopy, New York
J. Mol. Structure	Journal of Molecular Structure, Amsterdam
J. Nat. Cancer Inst.	Journal of the National Cancer Institute, Washington, D.C.
J. New Zealand Inst. Chem.	Journal of the New Zealand Institute of Chemistry, Wellington
J. Nippon Oil Technologists Soc.	Journal of the Nippon Oil Technologists Society (Nippon Yushi Gijitsu Kyo Laishi), Tokio
J. Oil Colour Chemist's Assoc.	Journal of the Oil and Colour Chemist's Association, London
J. Org. Chem.	Journal of Organic Chemistry, Baltimore, Md.
J. Organometal. Chem.	Journal of Organometallic Chemistry, Amsterdam
J. Petr. Technol.	Journal of Petroleum Technology (seit 1949), New York
J. Pharmacok. & Biopharmac.	Journal of Pharmacokinetics and Biopharmaceutics, New York
J. Pharmacol.	Journal of Pharmacologie, Paris
J. Pharmacol. exp. Therap.	Journal of Pharmacology and Experimental Therapeutics, Baltimore, Md.
J. Pharm. Belg.	Journal de Pharmacie de Belgique, Brüssel
J. Pharm. Chim.	Journal de Pharmacie et de Chemie, Paris (bis 1943)
J. Pharm. Pharmacol.	Journal of Pharmacy and Pharmacology, London
J. Pharm. Sci.	Journal of Pharmaceutical Sciences, Washington
J. pharm. Soc. Japan	Journal of the Pharmaceutical Society of Japan (Yakugakuzasshi), Tokio
J. phys. Chem.	Journal of Physical Chemistry, Baltimore
J. Phys. Chem. Data	Journal of Physical and Chemical Data, Washington
J. Phys. Colloid Chem.	Journal of Physical and Colloid Chemistry, Baltimore, Md.
J. Phys. (Paris), Colloq.	Journal de Physique (Paris), Colloque, Paris
J. Physiol. (London)	Journal of Physiology, London
J. phys. Soc. Japan	Journal of the Physical Society of Japan, Tokio
J. Phys. Soc. Japan, Suppl.	Journal of the Physical Society of Japan, Supplement, Tokio
J. Polymer Sci.	Journal of Polymer Science, New York
J. pr.	Journal für Praktische Chemie, Leipzig
J. Pr. Inst. Chemists India	Journal and Proceedings of the Institution of Chemists, India, Calcutta
J. Pr. Roy. Soc. N.S. Wales	Journal and Proceedings of the Royal Society of New South Wales, Sidney
J. Radioakt. Elektronik	Jahrbuch der Radioaktivität und Elektronik, 1924–1945 vereinigt mit Physikalische Zeitschrift
J. Rech. Centre nat. Rech. sci.	Journal des Recherches du Centre de la Recherche Scientifique, Paris
J. Res. Bur. Stand.	Journal of Research of the National Bureau of Standards, Washington, D.C.
J.S. African Chem. Inst.	Journal of the South African Chemical Institute, Johannesburg
J. Scient. Instruments	Journal of Scientific Instruments (bis 1947 und seit 1950), London
J. scient. Res. Inst. Tokyo	Journal of the Scientific Research Institute, Tokyo
J. Sci. Food Agric.	Journal of the Science of Food and Agriculture, London
J. sci. Ind. Research (India)	Journal of Scientific and Industrial Research (India), New Delhi
J. Soc. chem. Ind.	Journal of the Society of Chemical Industry (bis 1922 und seit 1947), London
J. Soc. chem. Ind., Chem. and Ind.	Journal of the Society of Chemical Industry, Chemistry and Industry (1923–1936), London
J. Soc. chem. Ind. Japan Spl.	Journal of the Society of Chemical Industry, Japan. Supplemental Binding (Kogyo Kwagaku Zasshi, bis 1943), Tokio
J. Soc. Cosmetic Chemists	Journal of the Society of Cosmetic Chemists, London
J. Soc. Dyers Col.	Journal of the Society of Dyers and Colourists, Bradford/Yorkshire, England
J. Soc. Leather Trades' Chemists	Journal of the Society of Leather Trades' Chemists, Croydon, Surrey, England
J. Soc. West. Australia	Journal of the Royal Society of Western Australia, Perth

J. Soil Sci.	Journal of Soil Science, London
J. Taiwan Pharm. Assoc.	Journal of the Taiwan Pharmaceutical Association, Taiwan
J. Univ. Bombay	Journal of the University of Bombay, Bombay
J. Virol.	Journal of Virology (Kyoto), Kyoto
J. Vitaminol.	Journal of Vitaminology (Kyoto)
J. Washington Acad.	Journal of the Washington Academy of Sciences, Washington

Kauch. Rezina	Каучук и Резина / Kautschuk i Rezina (Kautschuk und Gummi), Moskau
Kaut. Gummi, Kunstst.	Kautschuk, Gummi und Kunststoffe, Berlin
Kautschuk u. Gummi	Kautschuk und Gummi, Berlin (Zusatz WT für den Teil: Wissenschaft und Technik)
Kgl. norske Vidensk Selsk., Skr.	Kgl. Norske Videnskabers Selskab. Skrifter
Khim. Ind. (Sofia)	Химия и Индустрия (София), Chimija i Industrija (Sofia), (Chemie und Industrie (Sofia))
Khim. Nauka i Prom.	Химическая Наука и Промышленность, Chimitscheskaja Nauka i Promyschlennost (Chemical Science and Industry)
Khim. Prom. (Moscow)	Химическая Промышленность, Chimitscheskaja Promyschlennost (Chemische Industrie), Moskau (seit 1944)
Khim. Volokna	Химические Волокна, Chimitscheskije Wolokna (Chemiefasern), Moskau
Kinetika i Kataliz	Кинетика и Катализ (Kinetik und Katalyse), Moskau
Kirk-Othmer	Kirk-Othmer, Encyclopedia of Chemical Technology, Interscience Publ. Co., New York, London, Sidney
Klin. Wochenschr.	Klinische Wochenschrift, Berlin, Göttingen, Heidelberg
Koks. Khim.	Кокс и Химия, Koks i Chimija (Koks und Chemie), Moskau
Koll. Beih.	Kolloid-Beihefte (Ergänzungshefte zur Kolloid-Zeitschrift, 1931–1943), Dresden, Leipzig
Kolloidchem. Beih.	Kolloidchemische Beihefte (bis 1931), Dresden u. Leipzig
Kolloid-Z.	Kolloid-Zeitschrift, seit 1943 vereinigt mit Kolloid-Beiheften
Koll. Žurnal	Коллоидный Журнал, Kolloidnyi Žurnal (Colloid-Journal), Moscow
Koninkl. Nederl. Akad. Wetensch.	Koninklijke Nederlandse Akademie van Wetenschappen
Kontakte	Kontakte, Firmenschrift Merck AG, Darmstadt
Kungl. svenska Vetenskaps-akad. Handl.	Kungliga Svenska Vetenskasakademiens Handlingar, Stockholm
Kunststoffe	Kunststoffe, München
Kunststoffe, Plastics	Kunststoffe, Plastics, Solothurn

Labo	Labo, Darmstadt
Labor. Delo	Лабораторное Дело, Laboratornoje Djelo (Laboratoriumswesen), Moskau
Lab. Invest.	Laboratory Investigation, New York
Lab. Practice	Laboratory Practice
Lack- u. Farben-Chem.	Lack- und Farben-Chemie (Däniken)/Schweiz
Lancet	Lancet, London
Landolt-Börnst.	LANDOLT-BÖRNSTEIN-ROTH-SCHEEL: Physikalisch-Chemische Tabellen, 6. Auflage
Lebensm.-Wiss. Techn.	Lebensmittel-Wissenschaften und Technologie, Zürich
Life Sci.	Life Sciences, Oxford
Lipids	Lipids, Chicago
Listy Cukrov.	Listy Cukrovarnické (Blätter für Zuckerraffinerie), Prag

M.	Monatshefte für Chemie, Wien
Macromolecules	Macromolecules, Easton
Macromol. Rev.	Macromolecular Reviews, Amsterdam
Magyar chem. Folyóirat	Magyar Chemiai Folyóirat, seit 1949: Magyar Kemiai Folyóirat (Ungarische Zeitschrift für Chemie), Budapest
Magyar kem. Lapja	Magyar kemikusok Lapja (Zeitschrift des Vereins Ungarischer Chemiker), Budapest

Makromol. Ch.	Makromolekulare Chemie, Heidelberg
Manuf. Chemist	Manufacturing Chemist and Pharmaceutical and Fine Chemical Trade Journal, London
Materie plast.	Materie Plastiche, Milano
Mat. grasses	Les Matières Grasses. – Le Pétrole et ses Dérivés ,Paris
Med. Ch. I. G.	Medizin und Chemie. Abhandlungen aus den Medizinisch-chemischen Forschungsstätten der I. G. Farbenindustrie AG. (bis 1942), Leverkusen
Meded. vlaamse chem. Veren.	Mededelingen van de Vlaamse Chemische Vereniging, Antwerpen
Melliand Textilber.	Melliand Textilberichte, Heidelberg
Mém. Acad. Inst. France	Mémoires de l'Académie des Sciences de France, Paris
Mem. Coll. Sci. Kyoto	Memoirs of the College of Science, Kyoto Imperial University, Tokio
Mem. Inst. Sci. and Ind. Research, Osaka Univ.	Memoirs of the Institute of Scientific and Industrial Research, Osaka University, Osaka
Mém. Poudre	Mémorial des Poudres (bis 1939 und seit 1948), Paris
Mém. Services chim.	Mémorial des Services Chimiques de l'État, Paris
Mercks Jber.	E. MERCKS Jahresbericht über Neuerungen auf den Gebieten der Pharmakotherapie und Pharmazie, Weinheim
Metab., Clin. Exp.	Metabolism. Clinical and Experimental, New York
Methods Biochem. Anal.	Methods of Biochemical Analysis, New York
Microchem. J.	Microchemical Journal, New York
Microfilm Abst.	Microfilm Abstracts, Ann Arbor (Michigan)
Mikrobiol. Ž. (Kiev)	Микробиологичний Журнал (Киёв) /Mikrobiologitschnii Shurnal (Kiew) (Mikrobiologisches Journal), Kiew
Mikrobiologiya	Микробиология / Mikrobiologija (Mikrobiologie), Moskau
Mikrochemie	Mikrochemie, Wien (bis 1938)
Mikrochem. verein. Mikrochim. Acta	Mikrochemie vereinigt mit Mikrochimica Acta (seit 1938), Wien
Mikrochim. Acta (bis 1938)	Mikrochimica Acta (Wien)
Mikrochim. Acta, Suppl.	Mikrochimica Acta, Supplement, Wien
Mitt. Gebiete, Lebensm. Hyg.	Mitteilungen aus dem Gebiete der Lebensmitteluntersuchung und Hygiene, Bern
Mod. Plastics	Modern Plastics (seit 1934), New York
Mod. Trends Toxic.	Modern Trends in Toxicology, London
Mol. Biol.	Молекулярная Биология Molekulyarnaja Biologija, (Molekular-Biologie), Moskau
Mol. Cryst.	Molecular Crystals, England
Mol. Pharmacol.	Molecular Pharmacology, New York, London
Mol. Photochem.	Molecular Photochemistry, New York
Mol. Phys.	Molecular Physics, London
Monatsh. Chem.	Monatshefte Chemie und verwandte Teile anderer Wissenschaften, Leipzig
Nahrung	Nahrung (Chemie, Physiologie, Technologie), Berlin
Nat. Bur. Standards (U.S.), Ann. Rept. Circ.	National Bureau of Standards (U.S.), Annual Report, Circular, Washington
Nat. Bur. Standards (U.S.), Techn. News Bull.	National Bureau of Standards (U.S.), Technical News Bulletin, Washington
Nation. Petr. News	National Petroleum News, Cleveland/Ohio
Natl. Nuclear Energy Ser., Div. I–IX	National Nuclear Energy Series, Division I–IX, New York
Nature	Nature, London
Naturf. Med. Dtschl. 1939–1946	Naturforschung und Medizin in Deutschland 1939–1946 (für Deutschland bestimmte des FIAT-Review of German Science), Wiesbaden
Naturwiss.	Naturwissenschaften, Berlin, Göttingen
Natuurw. Tijdschr.	Natuurwetenschappelijk Tijdschrift, Vennoofschap
Neftechimiya	Нефтехимия(Petroleum Chemistry)
Neftepererab. Neftekhim. (Moscow)	Нефтепереработка и Нефтехимия (Москва) / Neftepererabotka i Neftechimija, Moskau (Erdölverarbeitung und Erdölchemie)
New Zealand J. Agr. Res.	New Zealand Journal of Agricultural Research, Wellington, N. Z.
Niederl. P.	Niederländisches Patent
Nippon Gomu Kyokaishi	Journal of the Society of Rubber Industry of Japan, Tokio
Nippon Nogei Kagaku Kaishi	Journal of the Agricultural Chemical Society of Japan, Tokio

Nitrocell.	Nitrocellulose (bis 1943 und seit 1952), Berlin
Norske Vid. Selsk. Forh.	Kongelige Norske Videnskabers Selskab. Forhandlinger, Trondheim
Norw. P.	Norwegisches Patent
Nuclear Magn. Res. Spectr. Abstr.	Nuclear Magnetic Resonance Spectroscopy Abstracts, London
Nuclear Sci. Abstr. Oak Ridge	U.S. Atomic Energy Commission, Nuclear Science Abstracts, Oak Ridge
Nucleic Acids Abstr.	Nucleic Acids Abstracts, London
Nuovo Cimento	Nuovo Cimento, Bologna
Öl, Kohle	Öl und Kohle (bis 1934 und 1941–1945): in Gemeinschaft mit Brennstoff-Chemie von 1943–1945, Hamburg
Öst. Chemiker-Ztg.	Österreichische Chemiker-Zeitung (bis 1942 und seit 1947), Wien
Österr. Kunst. Z.	Österreichische Kunststoff-Zeitschrift, Wien
Österr. P.	Österreichisches Patent (Wien)
Offic. Gaz., U.S. Pat. Office	Official Gazette, United States Patent Office
Ohio J. Sci.	Ohio Journal of Science, Columbus/Ohio
Oil Gas J.	Oil and Gas Journal, Tulsa/Oklahoma
Organic Mass Spectr.	Organic Mass Spectrometry, London
Organometal. Chem.	Organometallic Chemistry
Organometal. Chem. Rev.	Organometallic Chemistry Reviews, Amsterdam
Organometal. i. Chem. Synth.	Organometallics in Chemical Synthesis, Lausanne
Organometal. Reactions	Organometallic Reactions, New York
Org. Chem. Bull.	Organic Chemical Bulletin (Eastman Kodak), Rochester
Org. Prep. & Proced.	Organic Preparations and Procedures, New York
Org. Reactions	Organic Reactions, New York
Org. Synth.	Organic Syntheses, New York
Org. Synth., Coll. Vol.	Organic Syntheses, Collective Volume, New York
Paint Manuf.	Paint incorporating Paint Manufacture (seit 1939), London
Paint Oil chem. Rev.	Paint, Oil and Chemical Review, Chicago
Paint, Oil Colour J.	Paint, Oil and Colour Journal (seit 1950), London
Paint Varnish Product.	Paint and Varnish Production (seit 1949; bis 1949: Paint and Varnish Production Manager), Washington
Pak. J. Sci. Ind. Res.	Pakistan Journal of Science and Industrial Research, Karachi
Paper Ind.	Paper Industry (1938–1949: … and Paper World), Chicago
Papier (Darmstadt)	Das Papier, Darmstadt
Pap. Puu	Paperi ja Puu – Papper och Trä (Paper and Timbre), Helsinki
P. C. H.	Pharmazeutische Zentralhalle für Deutschland, Dresden
Perfum. essent. Oil Rec.	Perfumery and Essential Oil Record, London
Periodica Polytechn.	Periodica Polytechnica, Budapest
Pest. Abstr.	Pesticides Abstracts, Washington
Pest. Biochem. Phys.	Pesticide Biochemistry and Physiology, New York
Pest. Monit. J.	Pesticides Monitoring Journal, Atlanta
Petr. Eng.	Petroleum Engineer, Dallas/Texas
Petr. Hydrocarbons	Petroleum and Hydrocarbons, Bombay
Petr. Processing	Petroleum Processing, New York
Petr. Refiner	Petroleum Refiner, Houston/Texas
Pharma. Acta Helv.	Pharmaceutica Acta Helvetica, Zürich
Pharmacol.	Pharmacology, Basel
Pharmacol. Rev.	Pharmacological Reviews, Baltimore
Pharmazie	Pharmazie, Berlin
Pharmaz. Ztg. – Nachr.	Pharmazeutische Zeitung – Nachrichten, Hamburg
Pharm. Bull. (Tokyo)	Pharmaceutical Bulletin (Tokyo) (bis 1958)
Pharm. Ind.	Die Pharmazeutische Industrie, Berlin
Pharm. J.	Pharmaceutical Journal, London
Pharm. Weekb.	Pharmaceutisch Weekblad, Amsterdam
Philips Res. Rep.	Philips Research Reports, Eindhoven/Holland
Phil. Trans.	Philosophical Transactions of the Royal Society of London
Photochem. and Photobiol.	Photochemistry and Photobiology, New York
Phosphorus	Phosphorus
Physica	Physica. Nederlandsch Tijdschrift voor Natuurkunde, Utrecht
Physik. Bl.	Physikalische Blätter, Mosbach/Baden

Phys. Rev.	Physical Reviews, New York
Phys. Rev. Letters	Physical Reviews Letters, New York
Phys. Z.	Physikalische Zeitschrift (Leipzig)
Plant Physiol.	Plant Physiology, Lancaster, Pa.
Plaste u. Kautschuk	Plaste und Kautschuk (seit 1957), Leipzig
Plasticheskie Massy	Пластический масы (Soviet Plastics), Moskau
Plastics	Plastics (London)
Plastics Inst., Trans. and J.	The (London) Plastics Institute, Transactions Journal
Plastics Technol.	Plastics Technology
Poln. P.	Polnisches Patent
Polymer Age	Polymer Age, Tenderden/Kent
Polymer Ind. News	Polymer Industry News, New York
Polymer J.	Polymer Journal, Tokyo
Polytechn. Tijdschr. (A)	Polytechnisch Tijdschrift, Uitgave A (seit 1946), Haarlem
Postepy Biochem.	Postepy Biochemii (Fortschritt der Biochemie), Warschau
Pr. Acad. Tokyo	Proceedings of the Imperial Academy, Tokyo
Pr. Akad. Amsterdam	Proceedings, Koninklijke Nederlandsche Akademie von Wetenschappen (1938–1940 und seit 1943), Amsterdam
Pr. chem. Soc.	Proceedings of the Chemical Society, London
Prep. Biochem.	Preparative Biochemistry, New York
Pr. Indiana Acad.	Proceedings of the Indiana Academy of Science, Indianapolis/Indiana
Pr. indian Acad.	Proceedings of the Indian Academy of Sciences, Bangalore/Indien
Pr. Iowa Acad.	Proceedings of the Iowa Academy of Sciences, Des Moines/Iowa (USA)
Pr. irish Acad.	Proceedings of the Royal Irish Academy, Dublin
Pr. Nation. Acad. India	Proceedings of the National Academy of Sciences, India (seit 1936), Allahabad/Indien
Pr. Nation. Acad. USA	Proceedings of the National Academy of Sciences of the United States of America, Washington
Proc. Amer. Soc. Testing Mater.	Proceedings of the American Society for Testing Materials Philadelphia, Pa.
Proc. Analyt. Chem.	Proceeding of the Society for Analytical Chemistry, London
Proc. Biochem.	Process Biochemistry, London
Proc. Egypt. Acad. Sci.	Proceedings of the Egyptian Academy of Sciences, Kairo
Proc. Indian Acad. Sci., Sect. A	Proceedings of the Indian Academy of Science, Section A, Bangalore
Proc. Japan Acad.	Proceedings of the Japan Academy (seit 1945), Tokio
Proc. Kon. Ned. Acad. Wetensh.	Proceedings, Koninklijke Nederlandse Akademie van Wetenschappen, Amsterdam
Proc. Roy. Austral. chem. Inst.	Proceedings of the Royal Australian Chemical Institute, Melbourne
Produits pharmac.	Produits Pharmaceutiques, Paris
Progress Biochem. Pharm.	Progress Biochemical Pharmacology, Basel
Progr. Boron Chem.	Progress in Boron Chemistry, Oxford
Progr. Org. Chem.	Progress in Organic Chemistry, London
Progr. Physical Org. Chem.	Progress in Physical Organic Chemistry, New York, London
Progr. Solid State Chem.	Progress in Solid State Chemistry, New York
Promysl. org. Chim.	Промышленность Органической Химии Promyschlennost Organitscheskoi Chimii (bis 1941: Shurnal Chimitscheskoi Promyschlennosti), (Industrie der Organischen Chemie, Organic Chemical Industry, bis 1940), Moskau
Prostaglandines	Prostaglandines, Los Altos/Calif.
Pr. phys. Soc. London	Proceedings of the Physical Society, London
Pr. roy. Soc.	Proceedings of the Royal Society, London
Pr. roy. Soc. Edinburgh	Proceedings of the Royal Society of Edinburgh, Edinburgh
Przem. chem.	Przemysl Chemiczny (Chemische Industrie), Warschau
Psychopharmacologia	Psychopharmacologia (Berlin), Berlin, Göttingen, Heidelberg
Publ. Am. Assoc. Advan. Sci.	Publication of the American Association for the Advancement of Science
Pure Appl. Chem.	Pure and Applied Chemistry (The Official Journal of the International Union of Pure and Applied Chemistry), London
Quart. J. indian Inst. Sci.	Quarterly Journal of the Indian Institute of Science, Bangalore
Quart. J. Pharm. Pharmacol.	Quarterly Journal of Pharmacy and Pharmacology (bis 1948), London
Quart. J. Studies Alc.	Quarterly Journal of Studies on Alcohol, New Haven, Conn.

Quart. Rev.	Quarterly Reviews, London (seit 1970 Chemical Society Reviews)
Quím. e Ind.	Química e Industria, Sao Paulo (bis 1938 Chimica e Industria)

R.	Recueil des Travaux Chimiques des Pays-Bas, Amsterdam
Radiokhimiya	Радиохимия/Radiochimija (Radiochemie), Leningrad
R. A. L.	Atti della Reale Academia Nazionale dei Lincei, Classe di Scienze Fisiche, Mathematiche e Naturali: Rendiconti (bis 1940)
Rasayanam	Journal for the Progress of Chemical Science, Poona, India
Rend. Ist. lomb.	Rendiconti dell'Istituto Lombardo di Scienze e Lettere. Classe di Scienze Matematiche e Naturali (seit 1944), Mailand
Rep. Government chem. ind. Res. Inst., Tokyo	Reports of the Government Chemical Industrial Research Institute, Tokyo
Rep. Progr. appl. Chem.	Reports on the Progress of Applied Chemistry (seit 1949), London
Rep. sci. Res. Inst.	Reports of Scientific Research Institute (Japan), Kagaku-Kenkyujo-Hokoku, Tokio
Research	Research, London
Rev. Asoc. bioquím. arg.	Reviste de la Asociación Bioquímica Argentina, Buenos Aires
Rev. Chim. (Bucarest)	Revista de Chimie (Bucuresti), Bukarest
Rev. Fac. Cienc. quím.	Revista de la Facultad de Ciencias Químicas, Universidad Nacional de La Plata, La Plata
Rev. Fac. Sci. Istanbul	Revue de la Faculté des Sciences de l'Université d'Istanbul, Istanbul
Rev. Franc. Études Clin. Biol.	Revue Française d'Études Cliniques et Biologiques, Paris
Rev. gén. Matières plast.	Revue Générale des Matières Plastiques, Paris
Rev. gén. Sci.	Revue Générale des Sciences pures et appliquées, Paris
Rev. Inst. franç. Pétr.	Revue de l'Institut Français du Pétrole et Annales des Combustibles Liquides, Paris
Rev. Macromol. Chem.	Reviews in Macromolecular Chemistry, New York
Rev. Mod. Physics	Reviews of Modern Physics
Rev. Phys. Chem. Jap.	Review of Physical Chemistry of Japan, Tokyo
Rev. Plant Prot. Res.	Review of Plant Protection Research, Tokyo
Rev. Prod. chim.	Revue des Produits Chimiques, Paris
Rev. Pure Appl. Chem.	Reviews of Pure and Applied Chemistry, Melbourne
Rev. Quím. Farm.	Revista de Química e Farmácia, Rio de Janeiro
Rev. Roumaine-Biochim.	Revue Roumaine de Biochimie, Bukarest
Rev. Roumaine Chim.	Revue Roumaine de Chimie (bis 1963: Revue de Chimie, Académie de la République Populaire Roumaine), Bukarest
Rev. Roumaine-Phys.	Revue Roumaine de Physique, Bukarest
Rev. sci.	Revue Scientifique, Paris
Rev. scient. Instruments	Review of Scientific Instruments, New York
Ricerca sci.	Ricerca Scientifica, Rom
Roczniki Chem.	Roczniki Chemii (Annales Societatis Chimicae Polonorum), Warschau
Rodd	Rodd's Chemistry of Carbon Compounds, Elsevier Publ. Co., Amsterdam
Rubber Age N.Y.	The Rubber Age, New York
Rubber Chem. Technol.	Rubber Chemistry and Technology, Easton, Pa.
Rubber J.	Rubber Journal (seit 1955), London
Rubber & Plastics Age	The Rubber & Plastics Age, London
Rubber World	Rubber World (seit 1945), New York
Russian Chem. Reviews	Chemical Reviews (UdSSR)

Sbornik Statei obšč. Chim.	Сборник Статей по Общей Химии
	Sbornik Statei po Obschtschei Chimii (Sammlung von Aufsätzen über die allgemeine Chemie), Moskau u. Leningrad
Schwed. P.	Schwedisches Patent
Schweiz. P.	Schweizerisches Patent
Sci.	Science, New York, seit 1951, Washington
Sci. American	Scientific American, New York
Sci. Culture	Science and Culture, Calcutta
Scientia Pharm.	Scientia Pharmaceutica, Wien
Scient. Pap. Bur. Stand.	Scientific Papers of the Bureau of Standards (Washington)
Scient. Pr. roy. Dublin Soc.	Scientific Proceedings of the Royal Dublin Society, Dublin
Sci. Ind.	Science et Industrie, Paris (bis 1934)

Sci. Ind. phot.	Science et Industries photographiques, Paris
Sci. Pap. Inst. Phys. Chem. Res. Tokyo	Scientific Papers of the Institute of Physical and Chemical Research, Tokio (bis 1948)
Sci. Publ., Eastman Kodak	Scientific Publications, Eastman Kodak Co., Rochester/N. Y.
Sci. Progr.	Science Progress, London
Sci. Rep. Tohoku Univ.	Science Reports of the Tohoku Imperial University, Tokio
Sci. Repts. Research Insts. Tohoku Univ., (A), (B), (C) bzw. (D)	The Science Reports of the Research Institutes, Tohoku University, Series A, B, C bzw. D, Sendai/Japan
Seifen-Oele-Fette-Wachse	Seifen-Oele-Fette-Wachse. Neue Folge der Seifensieder-Zeitung, Augsburg
Seikagaku	Seikagaku (Biochemie), Tokio
Sen-i Gakkaishi	Journal of the Society of Textile and Cellulose Industry, Japan (seit 1945)
Separation Sci.	Separation Science, New York
Soc.	Journal of the Chemical Society, London
Soil Biol. Biochem.	Soil Biology and Biochemistry, Oxford
Soil Sci.	Soil Science, Baltimore
Soobshch. Akad. Nauk Gruz. SSR	Сообщения Академии Наук Грузинской ССР / Soobschtschenija Akademii Nauk Grusinskoi SSR (Mitteilungen der Akademie der Wissenschaften der Grusinischen SSR, Tbilissi
South African Ind. Chemist	South African Industrial Chemist, Johannesburg
Spectrochim. Acta	Spectrochimica Acta, Berlin, ab 1947 Rom
Spectrochim. Acta (London)	Spectrochimica Acta, London (seit 1950)
Staerke	Stärke, Stuttgart
Steroids	Steroids an International Journal, San Francisco
Steroids, Suppl.	Steroids an International Journal, Supplements, San Francisco
Stud. Cercetari Biochim.	Studii si Cercetari de Biochemie, (Bucuresti)
Stud. Cercetari Chim.	Studii si Cercetari de Chimie (Bucuresti)
Suomen Kem.	Suomen Kemistilehti (Acta Chemica Fennica), Helsinki
Suomen Kemistilehti B	Suomen Kemistilehti B (Finnische Chemiker-Zeitung)
Suppl. nuovo Cimento	Supplemento del Nuovo Cimento (seit 1949), Bologna
Svensk farm. Tidskr.	Svensk Farmaceutisk Tidskrift, Stockholm
Svensk kem. Tidskr.	Svensk Kemisk Tidskrift, Stockholm
Synthesis	Synthesis, International Journal of Methods in Synthetic Organic Chemistry, Stuttgart, New York
Synth. React. Inorg. Metal-org. Chem.	Synthesis and Reactivity in Inorganic and Metal-organic Chemistry, New York
Talanta	Talanta, International Journal of Analytical Chemistry, London
Tappi	Tappi (Technical Association of the Pulp and Paper Industry), New York
Techn. & Meth. Org., Organometal. Chem.	Techniques and Methods of Organic and Organometallic Chemistry, New York
Tekst. Prom. (Moscow)	Текстил Промышленност Tekstil Promyschlennost (Textil Industrie)
Tenside	Tenside Detergents, München
Teor. Khim. Techn.	Theoretitscheskie Osnovy Chimitscheskoj, Technologie, Moskau
Terpenoids and Steroids	Terpenoids and Steroids, London
Tetrahedron	Tetrahedron, Oxford
Tetrahedron Letters	Tetrahedron Letters, Oxford
Tetrahedron, Suppl.	Tetrahedron, Supplements, London
Textile Chem. Color.	Textile Chemist and Colorist, New York
Textile Prog.	Textile Progress, Manchester
Textile Res. J.	Textile Research Journal (seit 1945), New York
Theor. Chim. Acta	Theoretika Chimica Acta (Zürich)
Tiba	Revue Générale de Teinture, Impression, Blanchiment, Apprêt et de Chimie Textile et Tinctoriale (bis 1940 und seit 1948), Paris
Tidskr. Kjemi, Bergv. Met.	Tidskrift för Kjemi, Bergvesen og Metallurgi (seit 1941), Oslo
Topics Med. Chem.	Topics in Medicinal Chemistry, New York
Topics Pharm. Sci.	Topics in Pharmaceutical Science, New York
Topics Phosph. Chem.	Topics in Phosphorous Chemistry, New York
Topics Stereochem.	Topics in Stereochemistry, New York
Toxicol.	Toxicologie, Amsterdam

Toxicol. Appl. Pharmacol.	Toxicology and Applied Pharmacology, New York
Toxicol. Appl. Pharmacol., Suppl.	Toxicology and Applied Pharmacology, Supplements, New York
Toxicol. Env. Chem. Rev.	Toxicological and Environmental Chemistry Reviews, New York
Trans. Amer. Inst. Chem. Eng.	Transactions of the American Institute of Chemical Engineers, New York
Trans. electroch. Soc.	Transactions of the Electrochemical Society, New York (bis 1949)
Trans. Faraday Soc.	Transactions of the Faraday Society, Aberdeen
Trans. Inst. chem. Eng.	Transactions of the Institution of Chemical Engineers, London
Trans. Inst. Rubber Ind.	Transactions of the Institution of the Rubber Industry, London
Trans. Kirov's Inst. chem. Technol. Kazan	Труды Казанского Химико-Технологического Института им. Кирова / Trudy Kasanskovo Chimiko-Technologitscheskovo Instituta im. Kirova (Transactions of the Kirov's Institute for Chemical Technology of Kazan), Moskau
Trans. Pr. roy. Soc. New Zealand	Transactions and Proceedings of the Royal Society of New Zealand (seit 1952 Transactions of the Royal Society of New Zealand), Wellington
Trans roy. Soc. Canada	Transactions of the Royal Society of Canada, Ottawa
Trans. Roy. Soc. Edinburgh	Transactions of the Royal Society of Edinburgh, Edinburgh
Trav. Soc. Pharm. Montpellier	Travaux de la Société de Pharmacie de Montpellier, Montpellier (seit 1942)
Trudy Mosk. Chim. Techn. Inst.	Труды Московского Химико-Технологического Института им. Д-И. Менделеева / Trudy Moskowskowo Chimiko-Technologitscheskowo Instituta im. D.I. Mendelejewa (Transactions of the Moscow Chemical-Technological Institute named for D. I. Mendeleev), Moskau
Tschechosl. P.	Tschechoslowakisches Patent
Uchenye Zapiski Kazan.	Ученые Записки Казанского Государственного Университета / Utschenye Sapiski Kasanskowo Gossudarstwennowo Universiteta (Wissenschaftliche Berichte der Kasaner staatlichen Universität), Kasan
Ukr. Biokhim. Ž.	Украинский Биохимичний Журнал / Ukrainski Biochimitschni Shurnal (Ukrainisches Biochemisches Journal, Kiew
Ukr. chim. Ž.	Украинский Химический Журнал (bis 1938: Українськкий, Charkau bis 1938, Хемічний Журнал)Ukrainisches Chemisches Journal), Kiew
Ukr. Fiz. Ž. (Ukr. Ed.)	Украинский Физичний Журнал / Ukrainski Fisitschni Shurnal (Ukrainisches Physikalisches Journal), Kiew
Ullmann	Ullmann's Enzyclopädie der technischen Chemie, Verlag Urban und Schwarzenberg, München seit 1971 Verlag Chemie, Weinheim
Umschau Wiss. Techn.	Umschau in Wissenschaft und Technik, Frankfurt
U.S. Govt. Res. Rept.	U.S. Government Research Reports
US. P.	Patent der USA
Uspechi Chim.	Успехи Химии / Uspetschi Chimii (Fortschritte der Chemie), Moskau, Leningrad
USSR. P.	Sowjetisches Patent
Uzb. Khim. Zh.	Узбекский Химический Журнал / Usbekski Chimitscheski Shurnal (Usbekisches Chemisches Journal), Taschkent
Vakuum-Tech.	Vakuum-Technik (seit 1954), Berlin
Vestn. Akad. Nauk Kaz. SSR	Вестник Академии Наук Казахской ССР / Westnik Akademii Nauk Kasachskoi SSR (Nachrichten der Akademie der Wissenschaften der Kasachischen SSR), Alma Ata
Vestn. Akad. Nauk SSSR	Вестник Академии Наук СССР / Westnik Akademii Nauk SSSR (Mitteilungen der Akademie der Wissenschaften der UdSSR), Moskau
Vestn. Leningrad. Univ., Fiz., Khim.	Вестник Ленинградского Университета, Серия Физики и Химии / Westnik Leningradskowo Universsiteta, Serija Fisiki i Chimii (Nachrichten der Leningrader Universität, Serie Physik und Chemie), Leningrad
Vestn. Mosk. Univ., Ser. II Chim.	Вестник Московского Университета, Серия II Химия / Westnik Moskowslowo Universsiteta, Serija II Chimija (Nachrichten der Moskauer Universität, Serie II Chemie), Moskau

Virology	Virology, New York
Vitamins. Hormones	Vitamins and Hormones, New York
Vysokomolek. Soed.	Высокомолекулярные Соединения / Wyssokomolekuljarnye Sojedinenija (High Molecular Weight Compounds)
Werkstoffe u. Korrosion	Werkstoffe und Korrosion (seit 1950), Weinheim/Bergstr.
Yuki Gosei Kagaku Kyokai Shi	Journal of the Society of Organic Synthetic Chemistry, Japan, Tokio
Z.	Zeitschrift für Chemie, Leipzig
Ž. anal. Chim.	Журнал Аналитической Химии / Shurnal Analititscheskoi Chimii (Journal of Analytical Chemistry), Moskau
Z. ang. Physik	Zeitschrift für angewandte Physik
Z. anorg. Ch.	Zeitschrift für Anorganische und Allgemeine Chemie (1943–1950 Zeitschrift für Anorganische Chemie), Berlin
Zavod. Labor.	Заводская Лаборатория / Sawodskaja Laboratorija (Industrial Laboratory), Moskau
Zbl. Arbeitsmed. Arbeitsschutz	Zentralblatt für Arbeitsmedizin und Arbeitsschutz (seit 1951), Darmstadt
Ž. eksp. teor. Fiz.	Журнал экспериментальной и теоретической физики / Shurnal Experimentalnoi i Theoretitscheskoi Fisiki (Physikalisches Journal, Serie A Journal für experimentelle und theoretische Physik), Moskau, Leningrad
Z. El. Ch.	Zeitschrift für Elektrochemie und Angewandte Physikalische Chemie (seit 1952 Zeitschrift für Elektrochemie, Berichte der Bunsengesellschaft für Physikalische Chemie), Weinheim/Bergstr.
Z. Elektrochemie	Zeitschrift für Elektrochemie
Z. fiz. Chim.	Журнал физической Химии / Shurnal Fisitscheskoi Chimii (eng. Ausgabe: Journal of Physical Chemistry)
Z. Kristallogr.	Zeitschrift für Kristallographie
Z. Lebensm.-Unters.	Zeitschrift für Lebensmittel-Untersuchung und -Forschung (seit 1943), München, Berlin
Z. Naturf.	Zeitschrift für Naturforschung, Tübingen
Ž. neorg. Chim.	Журнал Неорганической Химии / Shurnal Neorganitscheskoi Chimii (engl. Ausgabe: Journal of Inorganic Chemistry)
Ž. obšč. Chim.	Журнал Общей Химии / Shurnal Obschtschei Chimii (engl. Ausgabe: Journal of General Chemistry, London)
Ž. org. Chim.	Журнал Органической Химии / Shurnal Organitscheskoi Chimii (engl. Ausgabe: Journal of Organic Chemistry), Baltimore
Z. Pflanzenernähr. Düng., Bodenkunde	Zeitschrift für Pflanzenernährung, Düngung, Bodenkunde (bis 1936 und seit 1946), Weinheim/Bergstr., Berlin
Z. Phys.	Zeitschrift für Physik, Berlin, Göttingen
Z. physik. Chem.	Zeitschrift für Physikalische Chemie, Frankfurt (seit 1945 mit Zusatz N. F.)
Z. physik. Chem. (Leipzig)	Zeitschrift für Physikalische Chemie, Leipzig
Ž. prikl. Chim.	Журнал Прикладной Химии / Shurnal Prikladnoi Chimii (Journal of Applied Chemistry)
Ž. prikl. Spektr.	Журнал Прикладной Спектроскопии / Shurnal Prikladnoi Spektroskopii (Journal of Applied Spectroscopy), Moskau, Leningrad
Ž. strukt. Chim.	Журнал Структурной Химии / Shurnal Strukturnoi Chimii (Journal of Structural Chemistry), Moskau
Ž. tech. Fiz.	Журнал Технической Физики / Shurnal Technitscheskoi Fisiki (Physikalisches Journal, Serie B, Journal für technische Physik), Moskau, Leningrad
Z. Vitamin-, Hormon- u. Fermentforsch. [Wien]	Zeitschrift für Vitamin-, Hormon- und Fermentforschung [Wien] (seit 1947)
Ž. vses. Chim. obšč.	Журнал Всесоюзного Химического Общества им. Д. И. Менделеева Shurnal Wsjesojusnowo Chimitscheskowo Obschtschestwa im. D. I. Mendelejewa (Journal of the All-Union Chemical Society named for D. I. Mendeleev), Moskau
Z. wiss. Phot.	Zeitschrift für Wissenschaftliche Photographie, Photophysik und Photochemie, Leipzig
Z. Zuckerind.	Zeitschrift für die Zuckerindustrie, Berlin

Ж.   Журнал Русского Физикого-Химического Общества
Shurnal Russkowo Fisikowo-Chimitscheskowo Obschtschestwa
(Journal der Russischen Physikalisch-Chemischen Gesellschaft,
Chemischer Teil; bis 1930)

Abkürzungen
für den Text der präparativen Vorschriften
und der Fußnoten[1]

Abb. . . . . Abbildung
abs. . . . . absolut
äthanol . . . . äthanolisch
äther. . . . . ätherische
Amp. . . . . Ampere
Anm. . . . . Anmerkung
Anm. . . . . Anmeldung (nur in Verbindung mit der Patentzugehörigkeit)
API . . . . American Petroleum Institute
ASTM . . . . American Society for Testing Materials
asymm. asymmetrisch
at . . . . technische Atmosphäre
At.-Gew. . . . . Atomgewicht
atm . . . . physikalische Atmosphäre
BASF . . . . Badische Anilin- & Sodafabrik AG, Ludwigshafen/Rhein (bis 1925 und
    wieder ab 1953), BASF AG (seit 1974)
Bataafsche (Shell)⎫   N. V. Bataafsche Petroleum Mij., s'Gravenhage (Holland)
  Shell Develop. ⎰ . . . . Shell Development Co., San Francisco, Corporation of Delaware
Bayer AG . . . . Bayer AG, Leverkusen (seit 1974)
ber. . . . . berechnet
bez. . . . . bezogen
bzw. . . . . beziehungsweise
cal . . . . Calorien
CIBA . . . . Chemische Industrie Basel, AG (bis 1973)
Ciba-Geigy . . . . Fusionierte Firmen ab 1973
cycl. . . . . cyclisch
D, bzw. D^{20} . . . . Dichte, bzw. Dichte bei 20° bezogen auf Wasser von 4°
DAB . . . . Deutsches Arznei-Buch
Degussa . . . . Deutsche Gold- und Silber-Scheideanstalt, Frankfurt a. M.
d. h. . . . . das heißt
Diglyme . . . . 2-(2-Methoxy-äthoxy)-äthanol
DIN . . . . Norm
DK . . . . Dielektrizitäts-Konstante
DMF . . . . Dimethylformamid
DMSO . . . . Dimethylsulfoxid
d. Th. . . . . der Theorie
Du Pont . . . . E. I. du Pont de Nemours & Co., Inc., Wilmington 98 (USA)
E . . . . Erstarrungspunkt
EMK . . . . Elektromotorische Kraft
F . . . . Schmelzpunkt

---

[1] Alle Temperaturangaben beziehen sich auf Grad Celsius, falls nicht anders vermerkt.

Farbf. Bayer	Farbenfabriken Bayer AG, vormals Friedrich Bayer & Co., Leverkusen-Elberfeld (bis 1925), Farbenfabriken Bayer AG, Leverkusen, Elberfeld, Dormagen und Uerdingen (1953–1974)
Farbw. Hoechst	Farbwerke Hoechst AG, vormals Meister Lucius & Brüning, Frankfurt/M.-Höchst (bis 1925 und wieder ab 1953 bis 1974)
g	Gramm
gem.	geminal
ges.	gesättigt
Gew., Gew.-%, Gew.-Tl.	Gewicht, Gewichtsprozent, Gewichtsteil
HMPT	Phosphorsäure-tris-[trimethylamid]
Hoechst AG	Hoechst AG, Frankfurt/M.-Höchst (seit 1974)
I.C.I.	Imperial Chemicals Industries Ltd., Manchester
I.G. Farb.	I.G. Farbenindustrie AG, Frankfurt a.M. (1925–1945)
IUPAC	International Union of Pure and Applied Chemistry
i. Vak.	im Vakuum
$k\,(k_s, k_b)$	elektrolytische Dissoziationskonstanten, bei Ampholyten, Dissoziationskonstanten nach der klassischen Theorie
$K\,(K_s, K_b)$	elektrolytische Dissoziationskonstanten von Ampholyten nach der Zwitterionentheorie
kcal	Kilocalorie
kg	Kilogramm
konz.	konzentriert
korr.	korrigiert
Kp, bzw. Kp$_{750}$	Siedepunkt, bzw. Siedepunkt unter 750 Torr Druck
kW, kWh	Kilowatt, Kilowattstunde
l	Liter
m (als Konzentrationsangabe)	molar
M	Metall (in Formeln)
$[M]_\lambda^t$	molekulares Drehungsvermögen oder Molekularrotation
mg	Milligramm
Min.	Minute
mm	Millimeter
ml	Milliliter
Mol.-Gew., Mol.-%, Mol.-Refr.	Molekulargewicht, Molprozent, Molekularrefraktion
n_λ^t	Brechungsindex
n (als Konzentrationsangabe)	normal
nm	Nanometer
pd · sq. · inch	0,070307 at = 0,068046 Atm
p$_H$	negativer, dekadischer Logarithmus der Wasserstoffionen-Aktivität
prim.	primär
Py	Pyridin
quart.	quartär
racem.	racemisch
s.	siehe
S.	Seite
s.a.	siehe auch
sek.	sekundär
Sek.	Sekunde
s.o.	siehe oben
spez.	spezifisch
sq. · inch	$6,451589 \cdot 10^{-4}\ m^2$
Stde., Stdn., stdg.	Stunde, Stunden, stündig
s.u.	siehe unten
Subl. p.	Sublimationspunkt
symm.	symmetrisch
Tab.	Tabelle
techn.	technisch
Temp.	Temperatur
tert.	tertiär
theor.	theoretisch
THF	Tetrahydrofuran
Tl., Tle., Tln.	Teil, Teile, Teilen
u.a.	und andere

usw.	und so weiter
u. U.	unter Umständen
V	Volt
VDE	Verein Deutscher Elektroingenieure
VDI	Verein Deutscher Ingenieure
verd.	verdünnt
vgl.	vergleiche
vic.	vicinal
Vol., Vol.-%, Vol.-Tl.	Volumen, Volumenprozent, Volumenanteil
W	Watt
Zers.	Zersetzung
∇	Erhitzung
$[a]_\lambda^t$	spezifische Drehung
$\varnothing$	Durchmesser
$\sim$	etwa, ungefähr
μ	Mikron

Reduktion

Teil II

bearbeitet von

J. Bracht · A. Hajós · P. Hartter
Frankfurt-Hoechst   Budapest   Tübingen

H. Muth · M. Sauerbier
Stuttgart/Erlangen   Mannheim

Mit 47 Tabellen
und 1 Abbildung

Literatur berücksichtigt bis 1980

Inhalt

Reduktion

F. Biochemische Reduktion mit Mikroorganismen 704
(bearbeitet von P. Hartter)

III. Reduktion mit Metallhydriden
bzw. komplexen Hydriden[1]

bearbeitet von

DR. ANDOR HAJÓS

Himfy u. 6, Budapest/Ungarn

Allgemeines

Seit 1947/1948 zählen die Hydrid-Reduktionen[2] zu den Standardmethoden der organischen Laboratoriumspraxis. Sie laufen nach einem polaren Mechanismus oder als Radikalkettenreaktionen ab (vgl. S. 45 ff.).

Überragende Bedeutung[3] besitzen die einfachen, komplexen und Organo-metallhydride von Bor und Aluminium vor allem auch als selektive Reduktionsmittel. Die einfachen Hydride dieser Elemente können mit Halogen substituiert oder mit Aminen oder Äthern koordiniert eingesetzt werden. Die aus ihnen abgeleiteten komplexen Hydride reagieren nach Heterolyse als komplexe Anionen, sowie trotz ihres Salzcharakters nach Dissoziation als einfache Hydride[4] (s. S. 382). Das Reduktionsvermögen[5] der komplexen Hydride kann durch Lewis-Säuren oder Übergangsmetallsalze durch Bildung gemischter Hydride modifiziert werden:

1. Komplexes Hydrid und Lewis-Säure
   In der Regel entstehen einfache, u. U. durch Halogen substituierte Hydride. Der relative Überschuß der Lewis-Säure hat in manchen Fällen Einfluß auf den Reduktionsverlauf
2. Komplexes Hydrid und Übergangsmetallsalz
   a) Bildung eines neuen komplexen Hydrids mit dem Übergangsmetall als Kation
   b) Bildung von Übergangsmetallen, Übergangsmetallhydriden bzw. -boriden durch Reduktion. Die zu reduzierende Verbindung kann dabei auch durch den entwickelten Wasserstoff katalytisch hydriert werden. Ähnliche Systeme erhält man durch Zugabe eines Hydrierkatalysators.

---

[1] E. WIBERG u. E. AMBERGER, *Hydrides of the Elements of Main-Group I–IV*, American Elsevier, New York 1971.

[2] R. F. NYSTROM u. W. G. BROWN, Am. Soc. **69**, 1197, 2548 (1947); **70**, 3738 (1948).

[3] E. WIBERG, *Hydride, Ullmanns Enzyklopädie der technischen Chemie*, 3. Auflage, Bd. 8, S. 714, Urban & Schwarzenberg, München-Berlin 1957.

C. E. MESSER, *Saline Hydrides in Preparative Inorganic Reactions*, Interscience Publishers Inc., New York 1964.

[4] N. G. GAYLORD, *Reduction with Complex Metal Hydrides*, Interscience Publishers Inc., New York 1956.

A. HAJÓS, *Komplexe Hydride*, VEB Deutscher Verlag der Wissenschaften, Berlin 1966.

H. C. BROWN, Chem. eng. News **57**, Nr. 10, 24 (1979).

H. C. BROWN u. S. KRISHNAMURTHY, Tetrahedron **35**, 567 (1979).

A. HAJÓS, *Complex Hydrides and Related Reducing Agents in Organic Synthesis*, Elsevier Publishing Comp., Amsterdam 1979.

[5] M. N. RERICK, *The Chemistry of the Mixed Hydrides. Reduction Techniques and Applications in Organic Synthesis*, S. 1, Marcel Dekker Inc., New York 1968.

Das Reduktionspotential der komplexen Lithiumhydride der Elemente der III. Hauptgruppe steigt von Bor zu Aluminium und fällt in der Reihe

Aluminium > Gallium > Indium > Thallium

ab. Es verhält sich Lithium-boranat zu -alanat zu -gallanat im Verhältnis von $\sim 2:6:1$[1]. Die Abstufung des Reduktionsvermögens der Hydride von Gallium, Indium und Thallium wurde jedoch bisher kaum ausgenutzt[2].

Die Reduktionen mit Metallhydriden der I. und II. Hauptgruppe verlaufen heterogen, so daß ihnen geringere Bedeutung zukommt. Nur die Verwendung von Lithium- und Natriumhydrid wird beschrieben[3]. Lithiumhydrid wird meist in Gegenwart von Lithiumalanat eingesetzt.

Von den Organo-metall-hydriden der Elemente der IV. Hauptgruppe werden hauptsächlich Organo-zinn-hydride[4] und -silicium-hydride[5] zu selektiven Reduktionen eingesetzt. In speziellen Fällen hat auch Trichlorsiliciumhydrid Bedeutung. Organo-germanium-hydride[6] und -blei-hydride[7] sind nur wenig untersucht.

Die Hydrid-Komplexe der Übergangsmetalle[8] haben in erster Linie als homogene Hydrierkatalysatoren praktische Bedeutung (s. S. 35 f.). In diesem Abschnitt werden lediglich die Carbonylhydride des Eisens und die komplexen Hydride des Kupfers berücksichtigt, die als selektive Reduktionsmittel eingesetzt werden können.

[1] M. SCHMIDT u. A. NORDWIG, B. **91**, 506 (1958).
[2] A. E. FINHOLT, A. C. BOND u. H. I. SCHLESINGER, Am. Soc. **69**, 1199 (1947).
E. WIBERG u. M. SCHMIDT, Z. Naturf. **6b**, 172 (1951); **12b**, 54 (1957).
E. WIBERG et al., Z. Naturf. **12b**, 56, 62 (1957).
E. WIBERG, O. DITTMANN u. M. SCHMIDT, Z. Naturf. **12b**, 60 (1957).
A. NORDWIG, Naturwiss. **47**, 407 (1960).
J. J. EISCH, Am. Soc. **84**, 3830 (1962).
D. F. SHRIVER et al., Inorg. Chem. **2**, 867 (1963).
N. N. GREENWOOD u. M. G. H. WALLBRIDGE, Soc. **1963**, 3912.
H. SCHMIDBAUR, W. FINDEISS u. E. GAST, Ang. Ch. **77**, 170 (1965).
L. I. SACHARKIN, W. W. GAWRILENKO u. J. N. KARAKSIN, Synth. React. Inorg. Metall-Org. Chem. **1**, 37 (1971); Izv. Akad. SSSR **1971**, 1838.
[3] E. WIBERG, *Hydride, Ullmanns Enzyklopädie der technischen Chemie,* 3. Auflage, Bd. 8, S. 714, Urban & Schwarzenberg, München-Berlin 1957.
C. E. MESSER, *Saline Hydrides in Preparative Inorganic Reactions,* Interscience Publishers Inc., New York 1964.
[4] E. J. KUPCHIK in A. K. SAWYER, *Organotin Hydrides, Organotin Compounds,* Marcel Dekker Inc., New York 1971.
[5] A. D. PETROW, B. F. MIRONOW u. W. A. PONOMARENKO, *Preparation and Reactivity of Organosilicon Compounds,* Consultants Bureau, New York 1964.
V. BAZANT et al., *Handbook of Organosilicon Compounds,* Marcel Dekker Inc., New York 1975.
[6] O. H. JOHNSON u. W. H. NEBERGALL, Am. Soc. **71**, 1720 (1949).
O. H. JOHNSON u. L. V. JONES, J. Org. Chem. **17**, 1172 (1952).
R. FUCHS u. H. GILMAN, J. Org. Chem. **22**, 1009 (1957).
J. SATGÉ, A. ch. **6**, 519 (1961).
R. H. FISH u. H. G. KUIVILA, J. Org. Chem. **31**, 2445 (1966).
K. KÜHLEIN u. W. P. NEUMANN, A. **702**, 17 (1967).
[7] W. E. BECKER u. S. E. COOK, Am. Soc. **82**, 6264 (1960).
E. AMBERGER, Ang. Ch. **72**, 494 (1960).
R. DUFFY u. A. K. HOLLIDAY, Soc. **1961**, 1678.
R. DUFFY, J. FEENEY u. A. K. HOLLIDAY, Soc. **1962**, 1144.
W. P. NEUMANN u. K. KÜHLEIN, Ang. Ch. **77**, 808 (1965).
E. AMBERGER u. R. HÖNIGSCHMID-GROSSICH, B. **99**, 1673 (1966).
[8] M. L. H. GREEN, Ang. Ch. **72**, 719 (1960).
H. D. KAESZ u. R. B. SAILLANT, Chem. Reviews **72**, 231 (1972).

α) Herstellung und Eigenschaften der einfachen, komplexen und Organometallhydride

α₁) *Alkalimetallhydride*

Die **Alkalimetallhydride** werden in erster Linie zur Herstellung der entsprechenden komplexen Metallhydride eingesetzt[1]. Lithium- und Natriumhydrid können auch für Reduktionen eingesetzt werden.

Lithiumhydrid kann sich in gepulvertem Zustand an feuchter Luft entzünden, greift die Schleimhäute sowie die Haut stark an und verursacht allergische Symptome. Das Handelsprodukt ist ein 98%iges Pulver.

Lithiumhydrid/Lithiumalanat wird zur Reduktion von Halogen-Verbindungen und von Sulfonsäureestern (S. 442 f.) verwendet.
Lithiumhydrid/Übergangsmetallsalz wird ebenfalls zu Reduktionen eingesetzt[2].

Lithiumdeuterid zersetzt sich langsam an feuchter Luft unter Bildung von Lithiumhydroxid und Lithiumcarbonat. Das Handelsprodukt ist ein 98%iges blaugraues Pulver.

Natriumhydrid[3] ist in Pulverform gegenüber trockener Luft und trockenem Sauerstoff bis ~ 230° beständig, darüber verbrennt es zu Natriumoxid. An feuchter Luft entzündet es sich. Im Laboratorium werden hauptsächlich Suspensionen in Mineralöl verwendet, die bei einer Korngröße von 1–20 μm mit der Luftfeuchtigkeit langsamer reagieren. Die 25%ige Suspension ist besonders bei größeren Ansätzen vorteilhaft, da sie umgegossen werden kann (vor Gebrauch muß die Dose gut aufgeschüttelt werden).

Die 50%ige Suspension kann ohne Luftausschluß behandelt werden, muß aber gut verschlossen aufbewahrt werden, da sie sich an der Luft langsam in Natriumhydroxid und Natriumcarbonat umwandelt[4]. Natriumhydrid-Suspensionen in Mineralöl sind äußerst reaktionsfähig, reagieren heftig mit Wasser und Alkoholen, entzünden sich aber meist nicht. Ihre Vernichtung geschieht mit 10%iger Lösung von Äthanol in Kohlenwasserstoffen. Das vom Mineralöl befreite Natriumhydrid ist pyrophor und darf nicht mit Luft in Berührung kommen (s. S. 50). Zur Herstellung von Natriumhydrid-Suspensionen in anderen Lösungsmitteln s. ds. Handb. Bd. XIII/4, S. 121.

Natriumhydrid-Pulver und Suspensionen üben auf die Haut eine ätzende Wirkung aus und können Dermatosen verursachen.

Natriumhydrid wird mit Vorteil zu folgenden Reduktionen eingesetzt:

Carbonsäure-halogenide (S. 180)
nicht enolisierbare Ketone (S. 278)
Azide (S. 483)
N-Heteroaromaten (S. 86)
Disulfane (S. 466)
Aryl-jodide (S. 405).

Natriumhydrid/Übergangsmetallsalze werden vorteilhaft zu folgenden Reduktionen eingesetzt:

Aldehyde (S. 278 f.)   Ketone (S. 278 f.)   Halogen-Verbindungen (S. 407)   Alkine/Alkene (S. 49 f.).

Natriumdeuterid ist als 40%ige Suspension in Mineralöl im Handel.

[1] W. M. MUELLER, J. P. BLACKLEDGE u. G. G. LIBOWITZ, *Metal Hydrides,* Academic Press, New York 1968.
[2] E. C. ASHBY u. S. A. NODING, J. Org. Chem. **45**, 1091 (1980).
[3] J. PLEŠEK u. S. HEŘMÁNEK, *Sodium Hydride, Its Use in the Laboratory and in Technology,* Chemical Rubber Co. Press, Cleveland, Ohio, 1968.
Herstellung: Bd. XIII/4, S. 121.
S. LANDA et al., Collect. czech. chem. Commun. **34**, 813 (1969).
[4] J. R. McDERMOTT u. N. L. BENOITON, Chem. & Ind. **1972**, 169.

Kaliumhydrid, als 35%ige Suspension in Mineralöl (Teilchengröße 6–8 μm) im Handel, entzündet sich mit Wasser. **Vorsicht:** Auf der Oberfläche des Kaliumhydrids kann sich **explosives** Kaliumoxid bilden[1].

Zur Anwendung von Magnesiumhydrid s. Lit.[2].

α_2) Einfache Hydride des Bors und des Aluminiums

Die einfachen Hydride des Bors und des Aluminiums reagieren als Lewis-Säuren nach einem anderen Mechanismus als basische komplexe Metallhydride, die positivierte Zentren nucleophil angreifen. Besonders ist der elektrophile Charakter beim Diboran ausgeprägt. Es greift Stellen mit hoher Elektronendichte bevorzugt an (weiteres s. S. 51). Sie ergänzen somit bei selektiven Reduktionen die komplexen Metallhydride.

Infolge des Lewis-Säure-Charakters der Hydride liegen sie in Lösungsmitteln mit Donator-Eigenschaften, z. B. Äthern, als Koordinationsverbindungen vor, die im Folgenden ebenfalls behandelt werden. Weiterhin gehören die gemischten Hydride aus komplexen Metallhydriden und den Lewis-Säuren Aluminiumchlorid bzw. Bortrifluorid aus systematischen Gesichtspunkten in diese Gruppe von Reduktionsmitteln.

Diboran[3] ist ein an der Luft selbstentzündliches Gas, dem eine Wasserstoff-Brückenstruktur mit $B-H-B$-Dreizentren-Bindung zugeschrieben wird[4]. Es reagiert in der Regel als Lewis-Säure, die als solche nicht stabil ist[5], jedoch durch Lewis-Basen stabilisiert wird.

So erleichtern Solventien mit guten Donator-Eigenschaften wie THF und Bis-[2-methoxy-äthyl]-äther die Dissoziation von Diboran durch Koordination mit Boran. Auch Dichlormethan erwies sich als ein gutes Medium. Löslichkeit von Diboran in THF (als Tetrahydrofuran-Boran): 8 g/100 g (20°). Die mit 5 Mol% Natriumboranat stabilisierte molare Lösung ist käuflich. Sie entzündet sich bei 20° nicht an der Luft, doch wird innerhalb ~ 48 Stdn. die Hälfte des Borans zu Borsäure oxidiert[6]. Löslichkeit in Diäthyläther: 1,1 g/100 g (20°). Die Lösung von Diboran in Dimethylsulfan ist eine unter Stickstoff stabile Flüssigkeit[7].

Diboran wird in Wasser schnell und quantitativ zu Borsäure hydrolysiert, während sich in Alkalilauge auch Alkalimetall-boranat bildet[8].

[1] E. C. Ashby, Chem. eng. News **47,** 9 (1969).
  L. Bretherick, Chem. Brit. **11,** 376 (1975).
[2] E. C. Ashby u. J. R. Boone, J. Org. Chem. **41,** 2890 (1976).
  E. C. Ashby u. A. B. Goel, Chem. Commun. **1977,** 169; Am. Soc. **99,** 310 (1977).
  E. C. Ashby, A. B. Goel u. J. J. Lin, Tetrahedron Letters **1977,** 3133.
  E. C. Ashby, J. J. Lin u. A. B. Goel, J. Org. Chem. **43,** 757, 1557, 1560, 1564 (1978).
  E. C. Ashby, S. A. Noding u. A. B. Goel, J. Org. Chem. **45,** 1028 (1980).
[3] Herstellung: Bd. XIII/3.
[4] B. M. Michailow, Uspechi Chim. **31,** 417 (1962).
  W. N. Lipscomb, *Boron Hydrides,* W. A. Benjamin Inc., New York · Amsterdam 1963.
  B. M. Michailow u. M. E. Kuimowa, Uspechi Chim. **35,** 1345 (1966).
  G. R. Eaton u. W. N. Lipscomb, *NMR Studies of Boron Hydrides,* W. A. Benjamin Inc., New York · Amsterdam 1969.
  E. L. Muetterties, *Boron Hydride Chemistry,* Academic Press, New York 1975.
[5] T. P. Fehlner u. W. S. Koski, Am. Soc. **86,** 2733 (1964).
[6] H. C. Brown, P. Heim u. N. M. Yoon, Am. Soc. **92,** 1637 (1970).
[7] A. B. Burg u. R. I. Wagner, Am. Soc. **76,** 3307 (1954).
  H. G. Heal, J. Inorg. & Nuclear Chem. **12,** 255 (1960).
  L. M. Braun et al., J. Org. Chem. **36,** 2388 (1971).
  C. F. Lane, J. Org. Chem. **39,** 1437 (1974).
  C. F. Lane et al., J. Org. Chem. **39,** 3052 (1974).
  H. C. Brown, A. K. Mandal u. S. U. Kulkarni, J. Org. Chem. **42,** 1392 (1977).
  H. C. Brown u. A. K. Mandal, Synthesis **1980,** 153.
  Zur **Explosionsgefahr** beim Lagern der Lösung über 0° s. M. I. Bruce, Chem. Brit. **11,** 237 (1975).
[8] A. Stock u. E. Kuss, B. **47,** 810 (1914).
  R. E. Davis u. J. A. Gottbrath, Chem. & Ind. **1961,** 1961; Am. Soc. **84,** 895 (1962); Inorg. Chem. **4,** 1512 (1965).
  R. E. Davis u. C. G. Swain, Am. Soc. **82,** 5949 (1960).
  R. E. Davis, C. L. Kibby u. C. G. Swain, Am. Soc. **82,** 5950 (1960).
  W. L. Jolly u. T. Schmitt, Am. Soc. **88,** 4282 (1966).

Es ist stark **toxisch** und hat eine schädliche Wirkung auf das zentrale Nervensystem. Das Einatmen von kleinen Mengen verursacht Kopfschmerzen, Müdigkeit, Schwindel und Ohnmachtsanfälle. Der unangenehme, Schwefelkohlenstoff-ähnliche Geruch des Diborans ist erst in einer Konzentration von 2–4 mg/cm^3 erkennbar, während der MAK-Wert nur 0,11 mg/cm^3 beträgt[1]. Die beim Arbeiten mit Boran und Alkyl-boranen zu beachtenden Vorsichtsmaßregeln werden im Bd. XIII/3 ausführlich besprochen (s. a. S. 50 ff.).

Bei der Durchführung von Reduktionen mit Diboran-Lösungen ist zu beachten, daß die zur Reduktion nötige Menge des Hydrids in der Literatur nicht einheitlich, sondern als Diboran, Boran oder in Hydrid-Äquivalenten angegeben wird.

Oftmals muß das benötigte Diboran selbst hergestellt werden. Entweder werden (standardisierte) Diboran-Lösungen eingesetzt, die man durch Einleiten von Diboran z. B. in abs. Tetrahydrofuran und Bestimmung des gebildeten Tetrahydrofuran-Borans erhält (s. S. 163 u. 238 f.), oder das Hydrid wird in der Reduktionslösung in situ entwickelt (s. S. 158). Im letzteren Fall verwendet man häufig Bis-[2-methoxy-äthyl]-äther als Medium.

Die wichtigste Methode für die H e r s t e l l u n g von Diboran im Laboratorium ist die Reaktion von Bortrihalogeniden mit einfachen und komplexen Alkali- bzw. Erdalkalimetallhydriden (s. Bd. XIII/3).

Das Boranat-Anion wird auch durch Protonsäuren gespalten. So kann durch Zugabe einer 1,5 M Lösung von Chlorwasserstoff in abs. THF zu einer Suspension von Natriumboranat in THF bei 0° unmittelbar Tetrahydrofuran-Boran erhalten werden[2, 3].

Analog verläuft die Reaktion mit Lithiumboranat in Diäthyläther[2]. Statt Chlorwasserstoff kann auch wasserfreie Schwefelsäure[2, 4], bei Anwendung von Kaliumboranat auch wasserfreie Phosphorsäure verwendet werden[5].

Im Laboratorium wird Diboran meistens auf folgende Weise gewonnen:

$$3\,Na[BH_4] \ + \ 4\,BF_3 \quad \longrightarrow \quad 2\,B_2H_6 \ + \ 3\,Na[BF_4]$$

Zur Entwicklung von g a s f ö r m i g e m Diboran wird die Lösung von Natriumboranat z. B. in trockenem Bis-[2-methoxy-äthyl]-äther unter Inertgas zur entsprechenden Lösung von frisch destilliertem Bortrifluorid-Ätherat getropft (s. S. 163 u. 238 f.), während bei der Reduktion in situ die Bortrifluorid-Ätherat-Lösung zur Lösung von Natriumboranat und der zu reduzierenden Verbindung getropft wird (s. S. 160 u. 165). Die entsprechende Reaktion mit Lithiumalanat in Diäthyläther wird nur in speziellen Fällen benutzt (s. S. 266):

$$3\,Li[AlH_4] \ + \ 4\,BF_3 \quad \longrightarrow \quad 2\,B_2H_6 \ + \ 3\,LiF \ + \ 3\,AlF_3$$

Bei Anwendung eines großen Bortrifluorid-Ätherat-Überschusses werden gemischte Hydride erhalten (s. S. 150 u. 257), die ein ähnliches Reduktionsvermögen wie Diboran in großem Überschuß besitzen (s. S. 218 f.).

Bortrifluorid-Ätherat soll vor Gebrauch immer über eine Vigreux-Kolonne bei Normaldruck (Kp: 125–126°) oder i. Vak. (Kp$_{10}$: 46°) frisch destilliert werden. Es wird die Zugabe von 2% trockenem Diäthyläther und von einigen Körnchen Calciumhydrid vor der Destillation zum Vermeiden von Siedeverzügen empfohlen[6]. Wegen **Ex-plosions**gefahr muß ein Peroxid-Gehalt unbedingt vermieden werden[7].

Verglichen mit obiger Methode, deren saubere Durchführung einen großen Arbeitsaufwand benötigt (über die Reinigung der Lösungsmittel s. S. 39 f.), hat die Umsetzung von Alkylhalogeniden mit Tetraalkylammonium-boranat in Dichlormethan gewisse Vorteile (vgl. S. 386)[8]:

---

[1] G. J. Levinskas in R. M. Adams, *Toxicology of Boron Compounds; Boron, Metallo-Boron Compounds and Boranes*, S. 693, Interscience Publishers, New York 1964.

[2] H. C. Brown et al., Am. Soc. **82**, 4233 (1960).

[3] H. I. Schlesinger u. H. C. Brown, Am. Soc. **62**, 3429 (1940).
  H. C. Brown et al., Am. Soc. **75**, 192 (1953).
  H. C. Brown u. G. Zweifel, Am. Soc. **81**, 4106 (1959).

[4] H. G. Weiss u. I. Shapiro, Am. Soc. **81**, 6167 (1959).

[5] B. J. Duke, J. R. Gilbert u. I. A. Read, Soc. **1964**, 540.

[6] H. C. Brown u. G. Zweifel, Am. Soc. **83**, 3834 (1961).

[7] R. B. Scott, Chem. eng. News **45**, 7, 51 (1967).

[8] A. Brändström, U. Junggren u. B. Lamm, Tetrahedron Letters **1972**, 3173.
  Die Lösung kann auch als solche zu Reduktionen herangezogen werden: D. J. Raber u. W. C. Guida, J. Org. Chem. **41**, 690 (1976)

$$2\,[(H_9C_4)_4N]\,[BH_4] \;+\; 2\,H_3C\!-\!J \;\;\xrightarrow[-2\,CH_4]{}\;\; B_2H_6 \;+\; 2\,[(H_9C_4)_4N]J$$

Tetrabutylammonium-boranat-Lösung[1]: Unter Rühren tropft man zu einer Suspension von 339,6 g (1 Mol) Tetrabutylammonium-hydrogensulfat in 200 *ml* Wasser bei 20° eine Lösung von 41,7 g (1,2 Mol) Natriumboranat in 100 *ml* Wasser. Man schüttelt mit 500 *ml* Dichlormethan aus, trennt die wäßr. Phase ab und schüttelt sie mit 250 *ml* Dichlormethan aus. Man trennt die organ. Phase ab, vereinigt sie mit dem ersten Auszug und trocknet über Natriumsulfat. Zur Diboran-Entwicklung wird die Lösung durch Abdampfen von 250 *ml* Dichlormethan i. Vak. noch weiter getrocknet. Sie enthält 1 Mol Tetrabutylammonium-boranat und muß innerhalb einiger Stdn. verbraucht werden.

Das Reaktionsprodukt kann durch weiteres Einengen und Umkristallisieren aus Essigsäure-äthylester in reiner Form gewonnen werden.

Reduktion mit in situ hergestellter Diboran-Lösung[1]: Zu einer Lösung von 25,7 g (0,1 Mol) Tetrabutylammonium-boranat in Dichlormethan tropft man unter Rühren in einer Argon-Atmosphäre die Lösung von 0,1 Mol der zu reduzierenden Substanz in 100 *ml* über Phosphor(V)-oxid getrocknetem Dichlormethan. Unter Eiskühlung tropft man vorsichtig 28,4 g (0,2 Mol) Methyljodid zu, rührt 30 Min. bei 20°, zersetzt mit 25 *ml* Äthanol und arbeitet auf. Bei größeren Ansätzen wird statt Methyljodid zweckmäßig 1,2-Dichlor-äthan gebraucht.

Da das Wasserstoff- und Bor-Atom im Diboran leicht ausgetauscht werden, lassen sich markierte Diborane herstellen.

Wird Diboran in der Gasphase mit Deuterium 24 Stdn. bei 75° erhitzt, so erhält man 98%iges **Hexadeuterodiboran**[2]. Das Bor-Atom tauscht sich ähnlich leicht aus[3]. Im Laboratorium werden markierte Diborane mit Hilfe der für die Herstellung von Diboran beschriebenen Reaktionen gewonnen. So kann Hexadeutero-diboran z. B. aus Lithium-tetradeuterido-aluminat und Bortrifluorid-Ätherat[4], Diboran(^{10}B) aus Bortrifluorid(^{10}B)-Ätherat und Lithiumalanat hergestellt werden[3].

Der Anwendungsbereich (Übersicht[5]) von Diboran liegt hauptsächlich in der Reduktion von

Carbonsäuren (S. 147ff.)
Carbonsäure-amiden (S. 238f.) und -hydraziden (S. 259ff.)
Nitrilen (S. 118)
Oxo-Gruppen (S. 278)
Oxime zu Aminen (S. 377f.)
aci-Salzen aliphatischer Nitro-Verbindungen und Oxime zu Hydroxylaminen (s. S. 372, 374)
Hydroborierung von C,C-Mehrfachbindungen (S. 50ff.)
Über selektive Reduktionen s. Tab. 4, S. 39.

Die gemischten Hydride Natriumboranat/Bortrifluorid und Lithiumalanat/Bortrifluorid haben in erster Linie bei der Reduktion von Carbonsäureestern und Lactonen zu den entsprechenden Äthern Bedeutung (s. S. 217f. u. 225). Letzteres Hydrid kann auch zur Reduktion von Thiocarbonsäure-S-estern zu den Sulfiden (s. S. 266) und zur reduktiven Spaltung von Acetalen verwendet werden (s. S. 433).

Zahlreiche Alkyl-borane können zu selektiven Reduktionen eingesetzt werden. Sie besitzen in der Regel ein schwächeres Reduktionsvermögen als Diboran, und sind daher selektiver.

Bis-[3-methyl-butyl-(2)]-boran (Disiamyl-boran[6], Herstellungsvorschrift S. 57) reduziert Lactone selektiv zu Lactolen (Halbacetalen, s. S. 22) und hydroboriert C,C-Mehrfachbindungen regioselektiv (s. S. 57 u. 58).

---

[1] A. Brändström, U. Junggren u. B. Lamm, Tetrahedron Letters **1972**, 3173.
   Die Lösung kann auch als solche zu Reduktionen herangezogen werden: D. J. Raber u. W. C. Guida, J. Org. Chem. **41**, 690 (1976)
[2] A. B. Burg, Am. Soc. **74**, 1340 (1952).
[3] I. Shapiro u. B. Keilin, Am. Soc. **77**, 2663 (1955).
[4] R. E. Davis, E. Bromels u. C. L. Kibby, Am. Soc. **84**, 885 (1962).
[5] A. Pelter, Chem. & Ind. **1976**, 888.
   C. F. Lane, Chem. Reviews **76**, 773 (1976).
   C. F. Lane, *Diborane*, in J. S. Pizey, *Synthetic Reagents*, Vol. 3, S. 1–191, Ellis Horwood Ltd., Chichester 1977.
[6] H. C. Brown et al., Am. Soc. **92**, 7161 (1970).

2,3-Dimethyl-butyl-(2)-boran (Thexyl-boran[1], S. 53) reduziert Carbonsäuren zu Aldehyden (S. 144 f.), ist ein zweizähniges Hydroborierungsmittel (s. S. 56) und kann durch N,N-Diäthyl-anilin stabilisiert werden[2].

Dicyclohexyl-boran (S. 52) wird als selektives Hydroborierungsmittel gebraucht (s. S. 57).

(−)Bis-[4,6,6-trimethyl-bicyclo[3.1.1]heptyl-(3)]-boran (Diisopino-campheyl-boran), (S. 52 f.) dient zu asymmetrischen Reduktionen und zur Herstellung von chiralen komplexen Borhydriden (s. S. 336).

9-Bora-bicyclo[3.3.1]nonan (S. 53) ein stabiles, kristallines Boran reduziert tert. Halogen-alkane zu Kohlenwasserstoffen[3] und kann als at-Komplex eingesetzt werden[4]. Mit (+)-Pinen liefert es ein chirales Reduktionsmittel[5].

Tris-[2-methyl-propyl]-boran (S. 52) und **Benzo-1,3,2-dioxaborol** (S. 53) dienen zu Regioselektiven Hydroborierungen, letzteres ist ein ausgezeichnetes Reduktionsmittel (s. S. 87, 370 f., 466)[6].

Bis-[trifluoracetoxy]-boran (aus Trifluoressigsäure und Diboran)[7] reduziert z. B. Indol zu *2,3-Dihydro-indol* (s. S. 87).

Diäthyläther-Chlorboran (S. 54)[8] ist ein zweizähniges Hydroborierungsmittel (s. S. 56).

Tetrahydrofuran-Dichlorboran[8] reduziert unter Erhaltung der meisten funktionellen Gruppen Sulfoxide selektiv zu Sulfanen (s. S. 465).

Die **Amin-Borane** bilden hinsichtlich des Reduktionsvermögens, das stark strukturabhängig ist, einen Übergang zwischen den nucleophilen komplexen Borhydriden und dem elektrophilen Diboran. Sie sind bei 20° kristallin oder farblose Öle. Am stabilsten sind Trialkylamin-Borane, die sich auch bei 760 Torr unzersetzt destillieren lassen. Infolge ihres aktiven Protons sind Dialkylamin[9] und Alkylamin-Borane[10] weniger stabil.

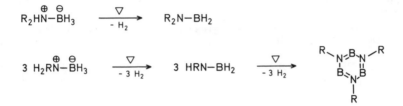

Amin-Borane haben gegenüber den komplexen Borhydriden den Vorteil, daß sie neben Wasser auch in den meisten organischen Lösungsmitteln löslich und nur wenig säureempfindlich sind.

Die Hydrolysegeschwindigkeit der Amin-Borane hängt stark von der Struktur ab. So wird **Trimethylamin-Boran** auch durch starke wäßrige Säuren oder in kochendem Wasser nur langsam hydrolysiert[11]. Amin-Borane sind weniger **toxisch** als Borwasserstoffe. Mit starken konzentrierten Säuren und mit Lewis-Säuren wird Diboran entwickelt!

[1] H. C. Brown, P. Heim u. N. M. Yoon, J. Org. Chem. **37**, 2942 (1972).
   E. Negishi u. H. C. Brown, Synthesis **1974**, 77.
[2] A. Pelter, D. J. Ryder u. J. H. Sheppard, Tetrahedron Letters **1978**, 4715.
[3] Y. Yamamoto et al., Am. Soc. **97**, 2558 (1975).
   H. C. Brown, S. Krishnamurthy u. N. M. Yoon, J. Org. Chem. **41**, 1778 (1976).
[4] Y. Yamamoto et al., Am. Soc. **97**, 2558 (1975); **98**, 1965 (1976); Chem. Commun. **1976**, 672.
[5] M. M. Midland, A. Tramontano u. S. A. Zderic, Am. Soc. **99**, 5211 (1977).
[6] H. C. Brown u. S. K. Gupta, Am. Soc. **97**, 5249 (1975).
   C. F. Lane u. G. W. Kabalka, Tetrahedron **32**, 981 (1976).
   G. W. Kabalka, Org. Prep. & Proced. **9**, 131 (1977).
   G. W. Kabalka, J. D. Baker u. G. W. Neal, J. Org. Chem. **42**, 512 (1977).
[7] B. E. Maryanoff u. D. F. McComsey, J. Org. Chem. **43**, 2733 (1978).
[8] J. Cueilleron u. J.-L. Reymonet, Bl. **1967**, 1367, 1370.
[9] A. B. Burg, Ang. Ch. **72**, 183 (1960).
   F. G. A. Stone, Adv. Inorg. Chem. Radiochem. **2**, 279 (1960).
   K. Niedenzu, I. A. Boenig u. E. F. Rothgery, B. **105**, 2258 (1972).
[10] G. W. Schaeffer u. E. R. Anderson, Am. Soc. **71**, 2143 (1949).
   J. C. Sheldon u. B. C. Smith, Quart. Rev. **14**, 200 (1960).
   L. F. Hohnstedt u. G. W. Schaeffer, Adv. Ser. **32**, 232 (1961).
[11] G. E. Ryschkewitsch, Am. Soc. **82**, 3290 (1960).
   R. E. Davis, Am. Soc. **84**, 892 (1962).

Allgemein werden Amin-Borane[1] durch Umsetzung von Amin-Hydrochloriden mit Alkalimetall- oder Erdalkalimetall-boranat hergestellt[2]:

$$[R_3\overset{\oplus}{N}H]Cl^{\ominus} \ + \ [BH_4]^{\ominus} \quad \xrightarrow[-H_2]{} \quad R_3\overset{\oplus}{N}-\overset{\ominus}{B}H_3 \ + \ Cl^{\ominus}$$

Die Methode ermöglicht auch die Herstellung chiraler Amin-Borane[3,4], die zu asymmetrischen Reduktionen eingesetzt werden können (s. S. 336).

S-(−)-1-Phenyl-äthylamin-Boran[4]:

28,3 g (0,18 Mol) *S*-(−)-α-Phenyl-äthylamin-Hydrochlorid werden unter Rühren und Eiskühlung in trockener Stickstoff-Atmosphäre in abs. 1,2-Dimethoxy-äthan suspendiert und innerhalb 1,5 Stdn. mit einer Lösung von 11 g (0,29 Mol) Natriumboranat in 500 *ml* abs. 1,2-Dimethoxy-äthan versetzt. Man rührt weitere 1,5 Stdn. bei 0°, filtriert vom Natriumchlorid ab und engt das Filtrat i. Vak. ein. Der Rückstand wird mit Petroläther abgesaugt und aus Dichlormethan/Petroläther umkristallisiert; Ausbeute: 19,8 g (82% d. Th.); F: 119–120°; $[\alpha]_D^{25}$: −77,2° (c: 1,84, in Benzol); optische Reinheit: 97,5%.

Statt der Amin-Hydrochloride können auch die freien Amine in Essigsäure[5] oder flüssigem Schwefeldioxid[6] eingesetzt werden.

Trialkylamin-Borane lassen sich durch Hydrierung von Borsäure-estern in einem Trialkylamin in Gegenwart von aktiviertem Aluminium und Aluminiumchlorid als Katalysator herstellen[7] (s. Bd. VI/2, S. 320).

Alkylamin- und **Dialkylamin-Borane** werden vor allem zur Herstellung von Bor-Stickstoff-Verbindungen[8], **Trialkylamin-Borane** zur Hydroborierung verwendet[9]. Als selektive, auch in saurem Medium anwendbare Hydride sind sie aber oft auch zu anders nur schwierig durchführbaren Reduktionen gut geeignet. Dabei wird der Hydrid-Gehalt des Reduktionsmittels meist nur teilweise ausgenützt.

tert.-Butylamin-Boran reduziert Carbonsäure-chloride (s. S. 189) und Oxo-Verbindungen (s. S. 269) zu Alkoholen.

---

[1] Aus den Komponenten:
  H. I. Schlesinger, N. V. Flodin u. A. B. Burg, Am. Soc. **61**, 1078 (1939).
  H. C. Brown, H. I. Schlesinger u. S. Z. Cardon, Am. Soc. **64**, 328 (1942).
  A. B. Burg u. C. L. Randolph, Am. Soc. **71**, 3451 (1949).
  B. M. Michailow u. W. A. Dorochow, Doklady Akad. SSSR **136**, 358 (1960).
  M. F. Hawthorne, Am. Soc. **80**, 4293 (1958).
  H. C. Kelly u. J. O. Edwards, Am. Soc. **82**, 4842 (1960).
  R. E. Lyle, E. W. Southwick u. J. J. Kaminski, Am. Soc. **94**, 1413 (1972).
[2] G. W. Schaeffer u. E. R. Anderson, Am. Soc. **71**, 2143 (1949).
  M. D. Taylor, L. R. Grant u. C. A. Sands, Am. Soc. **77**, 1506 (1955).
  H. Nöth u. H. Beyer, B. **93**, 928 (1960).
[3] J.-C. Fiaud u. H.-B. Kagan, Bl. **1969**, 2742.
  M. F. Grundon, D. G. McCleery u. J. W. Wilson, Tetrahedron Letters **1976**, 295.
  N. Umino, T. Iwakuma u. N. Itoh, Chem. Pharm. Bull. [Tokyo] **27**, 1479 (1979).
[4] R. F. Borch u. S. R. Levitan, J. Org. Chem. **37**, 2347 (1972).
[5] S. Åkerfeldt u. M. Hellström, Acta chem. scand. **20**, 1418 (1966).
  B. P. Robinson, Tetrahedron Letters **1968**, 6169.
  S. Åkerfeldt, K. Wahlberg u. M. Hellström, Acta chem. scand. **23**, 115 (1969).
[6] S. Matsumura u. N. Tokura, Tetrahedron Letters **1968**, 4703.
[7] E. C. Ashby u. W. E. Foster, Am. Soc. **84**, 3407 (1962).
[8] K. Niedenzu u. J. W. Dawson, *Boron-Nitrogen Compounds,* Springer-Verlag, Berlin · Heidelberg 1965.
[9] M. F. Hawthorne, J. Org. Chem. **23**, 1788 (1958); Am. Soc. **83**, 2541 (1961).
  E. C. Ashby, Am. Soc. **81**, 4791 (1959).
  N. N. Greenwood u. J. H. Morris, Soc. **1960**, 2922.
  G. Wilke u. P. Heimbach, A. **652**, 7 (1962).

Dimethylamin-Boran reduziert in Essigsäure auch solche aromatischen Azomethine, die von Natriumboranat nicht angegriffen werden (s. S. 362).

Trimethylamin-Boran reduziert Azomethine in Essigsäure unter gleichzeitiger Acetylierung (S. 362) und Indole in saurer Lösung zu Indolinen (S. 86).

Triäthylamin-Boran reduziert sek. und tert. Halogen-alkane in fl. Schwefeldioxid oder Nitromethan zu Kohlenwasserstoffen (s. S. 388).

Pyridin-Boran reduziert im Gegensatz zu den übrigen Amin-Boranen auch Carbonsäuren (s. S. 149), Oxime (S. 374), Hydrazone (S. 371) bzw. Indole (S. 87) und steht als Poly-4-vinyl-pyridin-Boran auch in polymerer Form zur Verfügung[1].

Über **Aluminiumhydrid** ist nur wenig bekannt[2].

Freies, gasförmiges Alan und Dialan sind nur bei hohen Temp. und niedrigen Drücken existenzfähig und polymerisieren sehr rasch[3]. Auch die Koordinationsverbindungen, die sich beim Lösen von Aluminiumhydrid in Äthern ähnlich dem Diboran bilden, sind nur wenig stabil, so daß die Reduktionslösungen nur begrenzt haltbar sind. Das in Diäthyläther gelöste Aluminiumhydrid polymerisiert meist schnell und fällt nach einiger Zeit aus[vgl. dggn. 4].

Ausreichend konz. Lösungen von Aluminiumhydrid in Tetrahydrofuran lassen sich bei 25° unter Schutzgas einige Wochen ohne größeren Verlust halten[5], an der Luft zersetzen sie sich schnell[6]. Verdünntere Lösungen werden infolge der Spaltung des Lösungsmittels schneller zersetzt[7] (s. a. S. 424). In 100 g Tetrahydrofuran sind bei 19,5° 5 g Aluminiumhydrid löslich[8].

Aluminiumhydrid[9] kann erhalten werden[10, 11]

(a) aus Lithiumalanat mit Aluminiumchlorid (sowie -bromid oder -jodid), wobei nach Absaugen des Lithiumchlorids Lösungen von reinem Aluminiumhydrid anfallen (s. S. 418):

$$3 \, Li[AlH_4] \; + \; AlCl_3 \quad \longrightarrow \quad 4 \, AlH_3 \; + \; 3 \, LiCl$$

Es ist zu beachten (s. auch unten), daß Aluminiumhalogenide mit Äthern äußerst heftig reagieren, so daß die Reaktion unter guter Kühlung, am besten bei −20° durchzuführen ist. Nötigenfalls werden die Aluminiumhalogenide durch Sublimation i. Vak. gereinigt. Stückiges Aluminiumchlorid reagiert weniger heftig als das pulverförmige.

(b) aus Lithiumalanat und Schwefelsäure in THF (s. S. 113, 161):

$$2 \, Li[AlH_4] \; + \; H_2SO_4 \quad \xrightarrow{-2\,H_2} \quad 2 \, AlH_3 \; + \; Li_2SO_4$$

---

[1] M. L. Hallensleben, Z. Naturf. **28b**, 540 (1973).
[2] E. L. Eliel, Record of Chemical Progress **22**, 129 (1961).
 H. Nöth u. E. Wiberg, Fortschr. chem. Forsch. **8**, 321 (1967).
 N. M. Alpatowa et al., Uspechi Chim. **37**, 216 (1968).
 F. M. Brower et al., Am. Soc. **98**, 2450 (1976).
[3] P. Breisacher u. B. Siegel, Am. Soc. **86**, 5053 (1964); **87**, 4255 (1965).
[4] E. C. Ashby et al., Am. Soc. **95**, 6485 (1973).
[5] D. C. Ayres u. R. Sawdaye, Soc. [C] **1971**, 44.
[6] N. M. Yoon u. H. C. Brown, Am. Soc. **90**, 2927 (1968).
[7] W. J. Bailey u. F. Marktscheffel, J. Org. Chem. **25**, 1797 (1960).
[8] E. Wiberg u. W. Gösele, Z. Naturf. **11b**, 485 (1956).
[9] O. Stecher u. E. Wiberg, B. **75**, 2003 (1942).
 B. Siegel, Am. Soc. **82**, 1535 (1960).
[10] H. Clasen, Ang. Ch. **73**, 322 (1961).
[11] A. E. Finholt, A. C. Bond u. H. I. Schlesinger, Am. Soc. **69**, 1199 (1947).
 R. F. Nystrom, Am. Soc. **77**, 2544 (1955).
 E. L. Eliel u. D. W. Delmonte, Am. Soc. **80**, 1744 (1958).
 E. C. Ashby u. J. Prather, Am. Soc. **88**, 729 (1966).
 J. Bousquet, J.-J. Choury u. P. Claudy, Bl. **1967**, 3848, 3852, 3855.

Die geringere Basizität von Aluminiumhydrid hat gegenüber Lithiumalanat besonders bei folgenden Reduktionen Bedeutung:

Carbonsäuren (S. 161)
Carbonsäure-estern (S. 215 f.)
Carbonsäure-amide (S. 239 f., 475)
Nitrilen (S. 113)
Oximen (S. 378)
Carbonyl-Gruppen, die über eine C,C-Mehrfachbindung mit einem aromatischen Ring konjugiert sind (S. 208 f., 300 f.).

Dichlor-aluminiumhydrid (Dichloralan; Herstellungsvorschrift S. 336, 435) und **Chlor-aluminiumhydrid (Chloralan;** Herstellungsvorschrift S. 287 f.) werden ebenfalls aus Lithiumalanat mit Aluminiumchlorid erhalten:

$$Li[AlH_4] \ + \ 3\,AlCl_3 \ \longrightarrow \ 4\,HAlCl_2 \ + \ LiCl$$

$$Li[AlH_4] \ + \ AlCl_3 \ \longrightarrow \ 2\,H_2AlCl \ + \ LiCl$$

Weiterhin werden in der Praxis die Systeme *Lithiumalanat/2* oder *4 Aluminiumchlorid* eingesetzt.

Bei diesen gemischten Systemen nimmt der Lewis-Säure-Charakter mit dem Aluminiumchlorid-Anteil zu, das Reduktionsvermögen dagegen ab. So können abgestufte Ergebnisse erhalten werden. Die Reduktionen verlaufen ähnlich wie bei Diboran und Aluminiumhydrid in der Regel unter Erhaltung der Nitro- und Halogen-Gruppen. Die Zugabe von Aluminiumchlorid erleichtert meist durch Bildung eines Carbokations die Hydrogenolyse der C−O-Bindung, so daß diese in Carbonyl-Verbindungen (S. 287 f.), Alkoholen (S. 409 f.), Äthern (S. 425 f.), Acetalen (S. 430 ff.), Hemithioacetalen (S. 434 ff.) und Barbitursäuren (S. 141) relativ leicht gespalten werden kann. Mit Lithiumalanat/4 Aluminiumchlorid werden sogar Carbonsäureester und Lactone zu Äthern reduziert[1]. Analog verläuft auch die inverse Öffnung des Oxiran-Ringes (S. 417 f.) und die Reduktion der Enamine (S. 78). Daneben lassen sich mit diesem System Ketone unter thermodynamischer Kontrolle stereoselektiv zu den stabileren Alkoholen reduzieren (s. S. 335 f.).

Auch die Koordinationsverbindungen von Aluminiumhydrid und Chlor-aluminiumhydriden mit Trialkylaminen sind einigermaßen stabil. Sie dienen zur Herstellung von Aluminiumhydrid-Derivaten und zu Reduktionen[2].

Weiteres über selektive Reduktionen mit Aluminiumhydrid und gemischten Hydriden s. Tab. 3 (S. 38) und 4 (S. 39).

Das System *Aluminiumchlorid/3 Natriumboranat* in Bis-[2-methoxy-äthyl]-äther besitzt ein erhöhtes Reduktionsvermögen. Es verhält sich wie eine Mischung von Aluminiumhydrid und Diboran[3] (s. S. 51)[s. a.4]. Weitere Lösungsmittel s. S. 87, Äther und 1,4-Dioxan sind nicht geeignet. Die Bereitung der Lösung soll wegen **Explosions**gefahr streng unter Inertgas durchgeführt werden[5].

Das System hat als Hydroborierungsmittel (S. 51) und zur selektiven Reduktion von Carbonsäuren (S. 165 f.) und Carbonsäureestern (S. 199) Bedeutung. Es hat sich besonders bei der sonst nur schwierig durchführbaren Reduktion von Pyridin-dicarbonsäuren bewährt (S. 157 f.).

---

[1] A. M. MAIONE u. I. TORRINI, Chem. & Ind. **1975,** 837.
A. M. MAIONE u. M. G. QUAGLIA, Chem. & Ind. **1977,** 230.
[2] J. K. RUFF u. M. F. HAWTHORNE, Am. Soc. **82,** 2141 (1960); **83,** 535 (1961).
S. CESCA et al., Ann. Chimica **55,** 682, 704 (1965).
E. C. ASHBY u. B. COOKE, Am. Soc. **90,** 1625 (1968).
M. EHEMANN, N. DAVIES u. H. NÖTH, Z. anorg. Ch. **389,** 235 (1972).
S. CACCHI, B. GIANNOLI u. D. MISITI, Synthesis **1974,** 728.
[3] H. C. BROWN u. B. C. SUBBA RAO, Am. Soc. **78,** 2582 (1956).
[4] H. NÖTH, Nachrichten aus Chemie und Technik **1975,** 107.
[5] H. A. P. DE JONGH, Chem. eng. News **55,** Nr. 31, 31 (1977).

Bis-[2-methyl-propyl]-aluminiumhydrid[1] (Herstellungsvorschrift: ds. Handb., Bd.XIII/4, S. 34) ist für selektive Reduktionen das wichtigste substituierte Aluminiumhydrid, obwohl es an der Luft selbstentzündlich ist und das käufliche 98%ige Hydrid nur im Stickstoffkasten gehandhabt werden kann. (Vorsichtsmaßnahmen s. S. 61 sowie ds. Handb., Bd. V/1 b, S. 529 u. Bd. XIII/4, S. 19 ff). Die ebenfalls im Handel befindlichen 20%igen Lösungen in Hexan oder Toluol entzünden sich dagegen in der Regel nicht an der Luft. Da Bis-[2-methyl-propyl]-aluminiumhydrid meistens bei niedrigen Temperaturen umgesetzt wird, ist es oft schwierig, ein entsprechendes Lösungsmittel zu finden (neben Hexan und Toluol sind Pentan, 2,2,4-Trimethyl-pentan, Mineralöl, Benzol, Diäthyläther, Tetrahydrofuran, 1,4-Dioxan, 1,2-Dimethoxy-äthan und Dichlormethan geeignet). Oft wird in Suspension oder ohne Lösungsmittel gearbeitet. Lösungen in trockenen sauerstoff-freien Lösungsmitteln können unter Inertgas auch ohne besondere Vorsichtsmaßnahmen umgegossen werden.

Anwendungsbereich:

Carbonsäuren (S. 146), Carbonsäureester (S. 194), -amide (S. 235) -nitrile (S. 109 f.) zu Aldehyden
Dicarbonsäurediester zu Diolen (S. 202)
α,β-ungesättigte-γ-Lactone zu Furanen (S. 226)
Orthoester zu Acetalen (S. 446)
Acetale zu Äthern (S. 430), die weiter zu Alkanen gespalten werden können (S. 413)
Enoläther zu Olefinen (S. 426)
Sulfone zu Sulfanen (S. 464)
Bei der Reduktion von Aldehyden und Ketonen kann Enolat-Bildung auftreten (S. 362)
Hydroaluminierung von C,N- und C,C-Mehrfachbindungen (s. S. 279 u. 63 f.).

Tris-[2-methyl-propyl]-aluminium (Herstellungsvorschriften: ds. Handb., Bd. XIII/4, S. 30 u. 31) hat ein ähnliches Reduktionsvermögen wie Bis-[2-methyl-propyl]-aluminiumhydrid, nur verläuft die Reaktion durch Hydrid-Transfer vom β-C-Atom unter Bildung von Isobuten[2].

In einigen Fällen können alle Al–C-Bindungen (auch in Bis-[2-methyl-propyl]-aluminiumhydrid) reagieren (s. S. 279).

Diäthyl-aluminiumhydrid und **Triäthyl-aluminium** (Herstellungsvorschriften: ds. Handb., Bd. XIII/4, S. 28 bzw. 29) haben ein ähnliches Reduktionsvermögen (s. S. 65); letzteres wirkt auch alkylierend[3].

Dialkyl-aluminium-chloride[4] und Alkyl-aluminium-dichloride[5] verhalten sich ähnlich.

Chirales Trialkyl-aluminium ist für asymmetrische Reduktionen von Bedeutung[6], und Alkoxy-aluminiumhydrid als selektives Reduktionsmittel[7] (s. S. 337 u. 416).

[1] K. Ziegler, Ang. Ch. **76**, 545 (1964).
  H. Reinheckel, K. Haage u. D. Jahnke, Organometal. Chem. Rev. Sec. A **4**, 47 (1969).
  E. Winterfeldt, Synthesis **1975**, 617.
[2] K. Ziegler, K. Schneider u. J. Schneider, A. **623**, 9 (1959).
  H. Haubenstock u. E. B. Davidson, J. Org. Chem. **28**, 2772 (1963).
[3] D. B. Miller, J. Org. Chem. **31**, 908 (1966).
  E. C. Ashby u. J. T. Laemmle, J. Org. Chem. **40**, 1469 (1975).
[4] A. Alberola, Tetrahedron Letters **1970**, 3471.
[5] H. Pauling, Helv. **58**, 1781 (1975).
[6] G. Giacomelli, R. Menicagli u. L. Lardicci, J. Org. Chem. **38**, 2370 (1973); **39**, 1757 (1974); Am. Soc. **97**, 4009 (1975).
  G. Giacomelli, L. Lardicci u. R. Santi, J. Org. Chem. **39**, 2736 (1974).
[7] N. Nöth u. H. Suchy, Z. anorg. Ch. **358**, 44 (1968).
  B. Cooke, E. C. Ashby u. J. Lott, J. Org. Chem. **33**, 1132 (1968).
  E. C. Ashby, J. P. Sevenair u. F. R. Dobbs, J. Org. Chem. **36**, 197 (1971).
  B. Cásenský, O. Kříž u. H. Kadlecová, Z. **1973**, 436.
  O. Kříž, B. Cásenský u. O. Štrouf, Collect. czech. chem. Commun. **38**, 842 (1973).

Amino-aluminiumhydride sind ebenfalls wertvolle präparative Hilfsmittel und sind nach folgenden Methoden zugänglich (s. a. S. 7)[1-3]:

$$[R_2\overset{\oplus}{N}H_2]Cl^{\ominus} + Li[AlH_4] \xrightarrow[-2H_2]{} R_2N\text{---}AlH_2 + LiCl$$

$$R_2NH + Al + 1,5H_2 \longrightarrow R_2\overset{\oplus}{N}H\text{---}\overset{\ominus}{A}lH_3 \xrightarrow[-H_2]{} R_2N\text{---}AlH_2 \xrightarrow[-H_2]{R_2NH} (R_2N)_2AlH$$

$$2R_2NH + AlH_3 \xrightarrow[-2H_2]{} (R_2N)_2AlH$$

Bis-[4-methyl-piperazino]-aluminiumhydrid dient der selektiven Reduktion von Carbonsäuren, Carbonsäure-estern und -amiden zu Aldehyden[3] (s. S. 146). Chirale Dialkylamino-aluminiumhydride werden zu asymmetrischen Reduktionen verwendet[4] (s. S. 337).

α_3) Komplexe Borhydride und Aluminiumhydride

Alkalimetall-boranate und -alanate liegen in Äthern als Lösungsmittel (z. B. in Tetrahydrofuran) als Ionen, Ionenpaare und in konz. Lösungen als Tripel-Ionen vom Typ I bzw. II vor[5]:

$$\{Li[AlH_4]Li\}^{\oplus} \quad \text{und} \quad \{[AlH_4]Li[AlH_4]\}^{\ominus}$$

$$\text{I} \qquad\qquad\qquad\qquad \text{II}$$

Bei den komplexen Borhydriden nimmt das Reduktionsvermögen mit dem kovalenten Charakter zu[6] (weiteres s. S. 13 ff.).

Die echt kovalenten Borhydride (z. B. Aluminium-[7,8] und Beryllium-borhydrid[7,9]) besitzen trotz ihres starken, dem Diboran analogen Reduktionsvermögens aufgrund ihrer thermischen Instabilität, Selbstentzündlichkeit und **Explosivität** nur theoretisches Interesse. Praktische Bedeutung als Reduktionsmittel haben komplexe Borhydride[10] mit Salz-

[1] J. K. RUFF u. M. F. HAWTHORNE, Am. Soc. **82**, 2141 (1960).

[2] E. C. ASHBY u. R. KOVAR, J. Organometal. Chem. **22**, C34 (1970).

[3] M. MURAKI u. T. MUKAIYAMA, Chemistry Letters **1974**, 1447; **1975**, 215.

[4] G. M. GIONGO et al., Tetrahedron Letters **1973**, 3195.

[5] E. C. ASHBY, F. R. DOBBS u. H. P. HOPKINS, Am. Soc. **95**, 2823 (1973); **97**, 3158 (1975).

[6] A. B. BURG u. H. I. SCHLESINGER, Am. Soc. **59**, 780 (1937).

H. I. SCHLESINGER, R. T. SANDERSON u. A. B. BURG, Am. Soc. **62**, 3421 (1940).

A. B. BURG u. H. I. SCHLESINGER, Am. Soc. **62**, 3425 (1940).

F. M. PETERS, Canad. J. Chem. **42**, 1755 (1964).

J. A. DILTS u. E. C. ASHBY, Inorg. Chem. **9**, 855 (1970).

R. G. BEACH u. E. C. ASHBY, Inorg. Chem. **10**, 1888 (1971).

[7] A. B. BURG u. H. I. SCHLESINGER, Am. Soc. **62**, 3425 (1940).

G. E. COATES et al., Soc. **1954**, 2528; **1964**, 5591; **1965**, 692.

T. H. COOK u. G. L. MORGAN, Am. Soc. **91**, 774 (1969); **92**, 6487, 6493 (1970).

[8] H. I. SCHLESINGER, H. C. BROWN u. E. K. HYDE, Am. Soc. **75**, 209 (1953).

A. ALMENNINGEN, G. GUNDERSEN u. A. HAALAND, Chem. Commun. **1967**, 557; Acta chem. scand. **22**, 328, 859 (1968).

[9] B. D. JAMES u. M. G. H. WALLBRIDGE, Progress in Inorganic Chemistry **11**, 99 (1970).

[10] H. I. SCHLESINGER, R. T. SANDERSON u. A. B. BURG, Am. Soc. **61**, 536 (1939); **62**, 3421 (1940).

A. E. FINHOLT, A. C. BOND u. H. I. SCHLESINGER, Am. Soc. **69**, 1199 (1947).

J. KOLLONITSCH u. O. FUCHS, Nature **176**, 1081 (1955).

P. H. BIRD u. M. G. H. WALLBRIDGE, Soc. **1965**, 3923.

N. A. BAILEY, P. H. BIRD u. M. G. H. WALLBRIDGE, Chem. Commun. **1965**, 438; **1966**, 286.

E. C. ASHBY u. W. E. FOSTER, Am. Soc. **88**, 3248 (1966).

J. C. FAUROUX u. S. J. TEICHNER, Bl. **1966**, 3014; **1967**, 4052; **1968**, 74.

N. DAVIES, P. H. BIRD u. M. G. H. WALLBRIDGE, Soc. [A] **1968**, 2269.

N. DAVIES, C. A. SMITH u. M. G. H. WALLBRIDGE, Soc. [A] **1970**, 342.

N. DAVIES u. M. G. H. WALLBRIDGE, Soc. [Dalton Trans.] **1972**, 1421.

Charakter. Im Laboratorium werden praktisch nur Alkalimetall- und Erdalkalimetall-boranate (z.B. Calciumboranat) eingesetzt. Im Gegensatz zu den komplexen Aluminium-hydriden können sie auch in wäßriger bzw. alkoholischer Lösung eingesetzt werden, zudem reduzieren sie selektiver[1].

Wichtig im Zusammenhang mit der Stabilität von Boranat-Lösungen in Wasser und mit der Zersetzung von Reduktionsmittel-Überschüssen ist der Mechanismus der Hydrolyse. Bei der säurekatalysierten Hydrolyse wird als Zwischenprodukt Boran gebildet, das als Aquo-Komplex vorliegt[2] und mit Aminen als Amin-Boran abgefangen werden kann. Die weitere Hydrolyse des Borans verläuft sehr schnell.

$$H^{\oplus} \; + \; [BH_4]^{\ominus} \quad \Longleftrightarrow \quad H[BH_4]$$

$$H_2O \; + \; [BH_4]^{\ominus} \quad \Longleftrightarrow \quad H[BH_4] \; + \; OH^{\ominus}$$

$$H[BH_4] \quad \longrightarrow \quad BH_3 \; + \; H_2$$

$$BH_3 \; + \; 3\,H_2O \quad \longrightarrow \quad B(OH)_3 \; + \; 3\,H_2$$

$$B(OH)_3 \; + \; OH^{\ominus} \quad \Longleftrightarrow \quad [B(OH)_4]^{\ominus}$$

Bei der Hydrolyse kann sich jedoch Diboran bilden (z.B. bei Lithium- und Magnesium-boranat), und auch bei der Hydrolyse größerer Natriumboranat-Ansätze kann sich der freigesetzte Wasserstoff spontan **entzünden** bzw. **explodieren**[3].

Lithiumboranat[4] bzw. **Lithium-tetradeuterido-borat** können nach folgenden Methoden gewonnen werden[5, 6]:

$$2\,LiH \; + \; B_2H_6 \quad \longrightarrow \quad 2\,Li[BH_4]$$

$$4\,LiH \; + \; BF_3 \quad \longrightarrow \quad Li[BH_4] \; + \; 3\,LiF$$

Im Laboratorium geht man am einfachsten von Natriumboranat bzw. -tetradeuterido-borat und einem Lithiumhalogenid aus[6, 7].

Lithium-tetradeuterido- und **-tetratritierido-borat** können auch aus Lithiumboranat durch direkten Austausch mit Deuterium bzw. Tritium gewonnen werden[8].

Das stark hygroskopische Lithiumboranat (98%ig im Handel) zersetzt sich schnell an der Luft. Unter Ausschluß von Feuchtigkeit und unter Inertgas bleibt es lange unverändert

[1] E. SCHENKER, Angew. Chem. **73,** 81 (1961); *Anwendung von komplexen Borhydriden und von Diboran in der organischen Chemie, Neuere Methoden der präparativen organischen Chemie,* Band IV, S. 173, Verlag Chemie, Weinheim/Bergstr. 1966.
[2] R. E. DAVIS, E. BROMELS u. C. L. KIBBY, Am. Soc. **84,** 885 (1962).
J. A. GARDINER u. J. W. COLLAT, Am. Soc. **86,** 3165 (1964); **87,** 1692 (1965).
M. M. KREEVOY u. J. E. C. HUTCHINS, Am. Soc. **94,** 6371 (1972).
L. M. ABTS, J. T. LANGLAND u. M. M. KREEVOY, Am. Soc. **97,** 3181 (1975).
[3] Chemiearbeit **13,** 43 (1961) Beilage von Chem. Industrie Nr. 6 (1961).
[4] H. I. SCHLESINGER u. H. C. BROWN, Am. Soc. **62,** 3429 (1940).
J. R. ELLIOTT, E. M. BOLDEBUCK u. G. F. ROEDEL, Am. Soc. **74,** 5047 (1952).
[5] K. E. WILZBACH u. L. KAPLAN, Am. Soc. **72,** 5795 (1950).
I. SHAPIRO u. B. KEILIN, Am. Soc. **77,** 2663 (1955).
A. F. C. HOLDING u. W. A. ROSS, J. appl. Chem. **8,** 321 (1958).
[6] J. G. ATKINSON et al., Canad. J. Chem. **45,** 2583 (1967).
[7] J. KOLLONITSCH, O. FUCHS u. V. GABOR, Nature **173,** 125 (1954).
[8] W.G. BROWN, L. KAPLAN u. K.E. WILZBACH, Am. Soc. **74,** 1343 (1952).
N.H. SMITH, K.E. WILZBACH u. W.G. BROWN, Am. Soc. **77,** 1033 (1955).
E.M. HODNETT u. R. GALLAGHER, J. Org. Chem. **24,** 564 (1959).

(das trockene Pulver ist an der Luft **selbstentzündlich**). Beim Umgang mit Lithiumboranat ist daher unter Schutzgas zu arbeiten. Auch beim Berühren z. B. mit cellulosehaltigem Material, Papier oder Tuch kann es entflammen. Wenig Wasser oder konz. Salzsäure verursachen eine heftige Reaktion unter Bildung von Diboran und Entzünden der Reaktionsmasse. Mit Eiswasser hydrolysiert es nur langsam, die Hydrolyse vollzieht sich schnell in Gegenwart von Säuren[1]. Die äthanolischen Lösungen sind unter 0° begrenzt stabil[2], in Methanol zersetzt es sich dagegen rasch[3]. Die Löslichkeit von Lithiumboranat (g/100 g Solvens) beträgt in Diäthyläther 2,5 (19°), in Tetrahydrofuran 22,2 (20°), 28,0 (25°), in 1,4-Dioxan 0,0058 (20°) und in Isopropylamin 3–4 (25°).

Lithiumboranat kann z. B. zu folgenden Reduktionen herangezogen werden

Thiohydantoine zu *2-Mercapto-imidazolen* (S. 252)
Carbonsäureester zu Alkoholen (S. 206)
α-Nitro-olefine zu Nitro-alkanen (S. 80)
Carbonsäure-chloride
Carbonyl-Verbindungen

Lithiumboranat mit Alkyl-Gruppen als Zweitliganden (z. B. **Lithium-trialkyl-hydrido-borate**) sind sehr wertvolle, selektive Reduktionsmittel. Sie zersetzen sich an der Luft und werden meist nicht isoliert. **Lithium-triäthyl-hydrido-borat** wird z. B. auf folgende Weise hergestellt[4] (analog erhält man **Lithium-triäthyl-deuterido-borat**):

$$LiH \ + \ (H_5C_2)_3B \ \longrightarrow \ Li[BH(C_2H_5)_3]$$

Als stark nucleophile Reagentien werden sie in Tetrahydrofuran oder 1,2-Dimethoxyäthan als Lösungsmittel zu folgenden Reduktionen eingesetzt:

regiospezifische Spaltung der Oxirane (S_N2-Mechanismus, S. 421)
Demethylierung quartärer Trimethylammonium-Salze (S. 453 f.)
Hydrogenolyse von Tosylestern und Halogeniden (S. 387 f.)
In Gegenwart von monomerem Aluminium-tri-tert.-butanolat wird die Äther-Bindung in THF gespalten (s. S. 425).

Lithium-trialkyl-hydrido-borate mit größerem effektivem Raumbedarf sind zur stereoselektiven Reduktion von prochiralen Gruppen gut geeignet. Am einfachsten kann **Lithium-tributyl-(2)-hydrido-borat** hergestellt werden[5] (Vorschrift S. 334).

Lithium-9-hydrido-perhydro-9b-borata-phenalen(I)[6] wird zur stereoselektiven Reduktion cyclischer und bicyclischer Ketone herangezogen (weiteres s. S. 335):

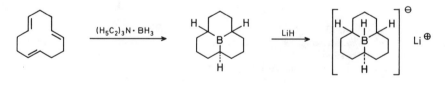

I

[1] W. D. Davis, L. S. Mason u. G. Stegeman, Am. Soc. **71**, 2775 (1949).
    M. Kilpatrick u. C. D. McKinney, Am. Soc. **72**, 5474 (1950).
    W. I. Michejewa u. J. M. Fednewa, Doklady Akad. SSSR **101**, 99 (1955); C. A. **49**, 10109 (1955).
[2] J. Kollonitsch, O. Fuchs u. V. Gabor, Nature **173**, 125 (1954).
[3] H. I. Schlesinger u. H. C. Brown, Am. Soc. **62**, 3429 (1940).
[4] H. C. Brown et al., Am. Soc. **75**, 192 (1953).
    H. C. Brown u. S. Krishnamurthy, Am. Soc. **95**, 1669 (1973).
    H. C. Brown, J. L. Hubbard u. B. Singaram, J. Org. Chem. **44**, 5004 (1979).
    H. C. Brown, S. C. Kim u. S. Krishnamurthy, J. Org. Chem. **45**, 1 (1980).
[5] H. C. Brown u. S. Krishnamurthy, Am. Soc. **94**, 7159 (1972).
[6] H. C. Brown u. W. C. Dickason, Am. Soc. **92**, 709 (1970).

Bezüglich weiterer ähnlicher Verbindungen[1], von denen die mit chiralen Liganden auch zur asymmetrischen Reduktion von prochiralen Gruppen anwendbar sind, vgl. Lit.[2] (Lithium-dialkyl-dihydrido-borate s.[3]).

Beim **Lithium-cyano-trihydrido-borat,** durch Erhitzen von Lithiumboranat mit überschüssiger Blausäure auf 100° unter Druck zugänglich[4], kann keine weitere Cyan-Gruppe eingeführt werden, da die Beweglichkeit der Hydrid-Ionen durch die Cyan-Gruppe herabgesetzt wird.

Lithium-cyano-trihydrido-borat ist bei $p_H \sim 3$ stabil; hier kann mit Deuterium- bzw. Tritiumoxid Isotopen-Austausch eintreten.

Es wird zu folgenden Reduktionen eingesetzt[1]:

Carbonsäure-ester-imide (S. 351)
Oxo-Gruppen (S. 275)
Oxime (S. 375)
Enamine (S. 78)
reduktive Aminierung von Aldehyden und Ketonen (s. S. 359 f., Lit.[5])

Zum Einsatz von Natrium-cyano-trihydrido-borat s. S. 21.

Natriumboranat[6] ist neben Lithiumalanat das am meisten verwendete Reduktionsmittel, sein Reduktionsvermögen ist geringer, seine Handhabung einfacher.

Die wichtigste Methode zur Herstellung ist die Umsetzung von Borsäure-trimethylester[7] mit Natriumhydrid bei 225–275° (Vorschrift s. Bd. VI/2, S. 319)[8]. Aus dem Reaktionsprodukt wird das Natriumboranat mit Isopropylamin oder fl. Ammoniak herausgelöst.

$$4\,NaH \;+\; B(OCH_3)_3 \longrightarrow Na[BH_4] \;+\; 3\,NaOCH_3$$

Eine für das Laboratorium angepaßte Variante ermöglicht die Herstellung in siedendem Tetrahydrofuran; Natriumboranat wird bei der Reaktion abgeschieden, Natrium-tetramethoxy-borat bleibt in Lösung[9]:

$$4\,NaH \;+\; 4\,B(OCH_3)_3 \longrightarrow Na[BH_4] \;+\; 3\,Na[B(OCH_3)_4]$$

Das erhaltene Nebenprodukt kann mit Diboran gleichfalls in Natriumboranat überführt werden[10]:

[1] S. Krishnamurthy u. H.C. Brown, Am. Soc. **98**, 3383 (1976).
C.A. Brown u. S. Krishnamurthy, J. Organometal. Chem. **156**, 111 (1978).
H.C. Brown, S. Krishnamurthy u. J.L. Hubbard, Am. Soc. **100**, 3343 (1978); J. Organometal. Chem. **166**, 271 (1979).
H.C. Brown et al., J. Organometal. Chem. **166**, 281 (1979).
[2] E.J. Corey et al., Am. Soc. **93**, 1491 (1971).
E.J. Corey u. R.K. Varma, Am. Soc. **93**, 7319 (1971).
M.F. Grundon et al., Soc. [C] **1971**, 2557.
J.F. Archer et al., Soc. [C] **1971**, 2560.
E.J. Corey, K.B. Becker u. R.K. Varma, Am. Soc. **94**, 8616 (1972).
[3] H.C. Brown u. E. Negishi, Am. Soc. **93**, 6682 (1971).
J. Hooz et al., Am. Soc. **96**, 274 (1974).
[4] G. Wittig u. P. Raff, A. **573**, 195 (1951); Z. Naturf. **6b**, 225 (1951).
[5] R.F. Borch u. H.D. Durst, Am. Soc. **91**, 3996 (1969).
M.M. Kreevoy u. J.E.C. Hutchins, Am. Soc. **91**, 4329 (1969).
R.F. Borch, M.D. Bernstein u. H.D. Durst, Am. Soc. **93**, 2897 (1971).
[6] E.H. Jensen, *A Study on Sodium Borohydride*, Nyt Nordisk Forlag, Arnold Busck, Copenhagen 1954.
[7] H.I. Schlesinger et al., Am. Soc. **75**, 213 (1953).
H.C. Brown, E.J. Mead u. C.J. Shoaf, Am. Soc. **78**, 3613 (1956).
M.F. Lappert, Chem. Reviews **56**, 959 (1956).
[8] H.I. Schlesinger, H.C. Brown u. A.E. Finnholt, Am. Soc. **75**, 205 (1953).
[9] H.C. Brown u. E.J. Mead, Am. Soc. **78**, 3614 (1956).
H.C. Brown, E.J. Mead u. C.J. Shoaf, Am. Soc. **78**, 3616 (1956).
H.C. Brown, E.J. Mead u. P.A. Tierney, Am. Soc. **79**, 5400 (1957).
[10] H.C. Brown et al., Am. Soc. **75**, 192 (1953).
H.I. Schlesinger et al., Am. Soc. **75**, 199 (1953).
H.C. Brown u. P.A. Tierney, Am. Soc. **80**, 1552 (1958).

$$3\,Na[B(OCH_3)_4] \; + \; 2\,B_2H_6 \quad \longrightarrow \quad 3\,Na[BH_4] \; + \; 4\,B(OCH_3)_3$$

Weitere Herstellungsmethoden s. Lit.[1-4].

Das hygroskopische Natriumboranat kann in geschlossenen Gefäßen mehrere Jahre aufbewahrt werden. Das Bis-hydrat (F: 36,2–37°) geht beim Erhitzen über den Schmelzpunkt in die wasserfreie Verbindung über.

An feuchter Luft zersetzt es sich langsam ohne Entzündung. Nach Erhitzen mit freier Flamme brennt es ruhig ab. Natriumboranat zerfällt erst bei Temp. > 550° in Wasserstoff, Natrium und Spuren Diboran. Bei Berührung mit starken Säuren (konz. Schwefelsäure, Phosphorsäure, Methansulfonsäure usw.) bzw. Lewis-Säuren kann es infolge der Diboran-Bildung zu **Explosionen** kommen.

Die Löslichkeit in Wasser (24°; 1 m = p_H: 10,48; 0,01 m = p_H: 9,56) und anderen polaren Lösungsmitteln ist gut; in Diäthyläther ist es unlöslich, in Polyäthern dagegen in gewissen Temperaturspannen gut löslich (Chelat-Komplex-Bildung). Die Löslichkeit (g/100 g Solvens) von Natriumboranat beträgt in:

Wasser	25(0°); 55 (20°); 88,5 (60°)	fl. Ammoniak 104 (25°)	
Methanol	16,4 (20°) Zers.	Methylamin	27,6 (–20°)
Äthanol	4 (20°)	Äthylamin	20,9 (17°)
Isopropanol	0,25 (20°); 0,37 (25°); 0,88 (60°)	Propylamin	9,7 (28°)
tert.-Butanol	0,11 (25°); 0, 18 (60°)	Isopropylamin	6 (28°)
Tetrahydrofurfurylalkohol	14 (20°)	Butylamin	4,9 (28°)
Tetrahydrofuran	0,1 (20°)	Äthylendiamin	22 (75°)
1,2-Dimethoxy-äthan	2,6(0°); 0,8 (20°)	Pyridin	3,1 (25°); 3,4 (75°)
Bis-[2-methoxy-äthyl]-äther	1,7 (0°); 5,5 (25°); 11 (40°); 7 (45°); 0 (75°)	Morpholin	1,4(25°); 2,5(75°)
1,2-Bis-[2-methoxy-äthoxy]-äthan	8,4 (0°); 8,7 (25°); 8,5 (50°); 6,7 (100°)	Anilin	0,6 (75°)
		Dimethylformamid 18 (20°)	
Bis-[2-(2-methoxy-äthoxy)-äthyl]-äther	8,7 (0°); 9,1 (25°); 8,4 (50°); 8,5 (75°); 4,2 (100°)	Acetonitril	0,9 (28°)
		Dimethylsulfoxid	5,8 (25°)

Die Stabilität von Natriumboranat-Lösungen in Wasser hängt vom Alkali-Gehalt der Lösung ab. Am stabilsten sind konz. Lösungen bei 40° in Gegenwart von 0,2% Natriumhydroxid (s. Tab. 1)[5].

Tab. 1: Stabilität von wäßrig-alkalischen Natriumboranat-Lösungen

Natriumboranat [%]	Natriumhydroxid [%]	Temperatur [°C]	Zersetzungsgeschwindigkeit [% Natriumboranat/Stde.]
9,3	0,0	25	2,50
9,3	0,5	25	0,30
44,0	0,0	40	0,06
44,0	0,1	40	0,01
44,0	0,2	40	0,0
47,0	0,7	50	0,03
47,0	1,0	50	0,02
50,0	0,3	60	0,17
50,0	0,5	60	0,10
50,0	0,7	60	0,03

[1] H. Nöth u. H. Beyer, B. **93**, 928 (1960).
[2] G. Wittig u. P. Hornberger, A. **577**, 11 (1952).
[3] L. I. Sacharkin u. W. W. Gawrilenko, Izv. Akad. SSSR **1962**, 173.
[4] L. I. Sacharkin, L. I. Maslin u. W. W. Gawrilenko, Ž. neorg. Chim. **9**, 1350 (1964).
[5] A. M. Soldate, Am. Soc. **69**, 987 (1947).
  S. W. Chaikin u. W. G. Brown, Am. Soc. **71**, 122 (1949).
  H. I. Schlesinger et al., Am. Soc. **75**, 199 (1953).
  W. H. Stockmayer, D. W. Rice u. C. C. Stephenson, Am. Soc. **77**, 1980 (1955).

Größere Mengen wäßriger Natriumboranat-Lösungen müssen zur Abführung der Hydrolyse-Wärme (~ 64 kcal/Mol) unter Kühlung gelagert werden, da sonst die Temp. auf 93° (Beginn der Zersetzung) ansteigt. Bei 20° sind wäßrige Lösungen bei p_H-Werten > 9 einige Zeit haltbar, bei 100° zersetzen sie sich schnell unter Wasserstoff-Entwicklung:

$$Na[BH_4] \ + \ 2H_2O \ \longrightarrow \ NaBO_2 \ + \ 4H_2$$

Die Hydrolyse von Natriumboranat ist eine Reaktion erster Ordnung bezüglich der Borhydrid- und Wasserstoffionen-Konzentration.

Die Wasserstoff-Atome im Natriumboranat werden unter Bildung von $[BH_{4-n}OH_n]^{\ominus}$ nacheinander ausgetauscht, die erste Stute ist der geschwindigkeitsbestimmende Schritt. Das zunächst gebildete **Natrium-hydroxy-trihydrido-borat** ist ein stärkeres Reduktionsmittel als das Natriumboranat[1]. Die Reaktion wird durch Säuren[2], auch Nickel-, Kobalt-, Eisen- und Kupfer-Salze katalysiert[3]. Nach der Hydrolyse von Natriumboranat in wäßr. Trimethylamin kann Trimethylamin-Boran (1,5% d. Th.) isoliert werden[4].

Die Wasserstoff-Atome im Boranat-Ion werden bei 20° und p_H 12 nicht[5], bei p_H 14 und 70–100° gegen Deuterium ausgetauscht[6]:

$$[BH_4]^{\ominus} \ + \ D_2O \ \longrightarrow \ [BH_3D]^{\ominus} \ + \ HDO$$

In gewissen Solventien kann Protonolyse unter Wasserstoff-Entwicklung eintreten.

Natriumboranat wird in Methanol bei 0° innerhalb 60 Min. zu 80%, bei 60° innerhalb 24 Min. zu 100% und in Äthanol bei 60° innerhalb 4 Stdn. zu 33% zersetzt. Bei 25° ist es in Isopropanol und tert.-Butanol wochenlang stabil[7, 8].

Durch Zugabe von Natriummethanolat wird die Protonolyse in Methanol zurückgedrängt[9]. Der Natriummethanolat-Gehalt des käuflichen Natriumboranats beeinflußt also dessen Stabilität in Methanol. Das Handelsprodukt ist meistens 98–99%ig, nötigenfalls wird es aus Isopropylamin[10] oder Bis-[2-methoxy-äthyl]-äther[8] umkristallisiert.

Mit stark basischen Hydroxy-Anionenaustauschern werden mit Natriumboranat Redoxaustauscher erhalten[11]. Auf Aluminiumoxid niedergeschlagenes Natriumboranat reduziert auch in benzolischer oder ätherischer Suspension[12]. Natriumboranat auf Silicagel ergibt mit Oximen in Benzol Hydroxylamin-Borane[13] (s. S. 375).

---

[1] J. W. Reed u. W. L. Jolly, J. Org. Chem. **42**, 3963 (1977).

[2] J. Goubeau u. H. Kallfass, Z. anorg. Ch. **299**, 160 (1959).

W. L. Jolly u. R. E. Mesmer, Inorg. Chem. **1**, 608 (1962).

J. A. Gardiner u. J. W. Collat, Am. Soc. **86**, 3165 (1964); **87**, 1692 (1965).

M. M. Kreevoy u. J. E. C. Hutchins, Am. Soc. **94**, 6371 (1972).

L. M. Abts, J. T. Langland u. M. M. Kreevoy, Am. Soc. **97**, 3181 (1975).

[3] H. I. Schlesinger et al., Am. Soc. **75**, 215 (1953).

[4] R. E. Davis, E. Bromels u. C. L. Kibby, Am. Soc. **84**, 885 (1962).

R. E. Davis, Am. Soc. **84**, 892 (1962).

[5] P. R. Girardot u. R. W. Parry, Am. Soc. **73**, 2368 (1951).

[6] R. E. Davis u. C. G. Swain, Am. Soc. **82**, 5949 (1960).

W. L. Jolly u. R. E. Mesmer, Am. Soc. **83**, 4470 (1961).

[7] H. C. Brown u. K. Ichikawa, Am. Soc. **83**, 4372 (1961).

[8] H. C. Brown, E. J. Mead u. B. C. Subba Rao, Am. Soc. **77**, 6209 (1955).

[9] H. Shechter, D. E. Ley u. L. Zeldin, Am. Soc. **74**, 3664 (1952).

[10] R. E. Davis u. J. A. Gottbrath, Am. Soc. **84**, 895 (1962).

[11] S. Sansoni u. O. Sigmund, Naturwiss. **48**, 598 (1961).

H. W. Gibson u. F. C. Bailey, Chem. Commun. **1977**, 815.

[12] F. Hodoşan u. N. Şerban, Rev. Roumaine Chim. **14**, 121 (1969).

F. Hodoşan, N. Şerban u. V. Ciurdaru, Rev. Roumaine Chim. **14**, 1303 (1969).

E. Santaniello, F. Ponti u. A. Manzocchi, Synthesis **1978**, 891.

E. Santaniello, C. Farachi u. A. Manzocchi, Synthesis **1979**, 912.

[13] F. Hodoşan u. V. Ciurdaru, Tetrahedron Letters **1971**, 1997.

Natriumboranat auf Aluminiumoxid[1]: 5 g Natriumboranat werden in 10 *ml* Wasser gelöst und mit 100 g neutralem Aluminiumoxid gerührt. Die erhaltene homogene Mischung wird bei 40–50° und 5–10 Torr bis zum konstanten Gewicht getrocknet.

Das Reduktionsvermögen von Natriumboranat hängt stark vom angewendeten Medium ab. Die Reduktionen von Carbonyl-Gruppen laufen in Alkoholen wesentlich schneller als in protonenfreiem Medium ab (weiteres s. S. 46). Bei $p_H < 3$ reduziert dagegen Natriumboranat nicht mehr[2]. Daneben wird das Reduktionsvermögen auch bei der Zugabe von Metall-halogeniden[3] (s. S. 115), Bortrifluorid, Palladium/Kohle und Raney-Nickel stark modifiziert. Bei Reduktionen in Gegenwart von tert. Aminen[4] bzw. in Pyridin (s. S. 194) werden Amin-Borane gebildet. Mit Natriumboranat können auch Photoreduktionen durchgeführt werden (s. S. 140). Der Anwendungsbereich des Reduktionsmittels ist aus Tab. 2 (S. 20 f.) ersichtlich, über selektive Reduktionen s. Tab. 3 (S. 38), 4 (S. 39).

Konzentrierte Lösungen von Natriumboranat in N,N-Dimethyl-formamid dürfen wegen der **Explosions**gefahr nicht erhitzt werden[5].

Eine ges. (20 Gew.%ige) Lösung zersetzt sich nach einer Induktionsperiode von 45 Minuten bei 90° **explosiv.** Halbverdünnte Lösungen zersetzen sich ähnlich nur weniger heftig. Das entwickelte Trimethylamin entzündet sich spontan.

Natriumboranat in Bis-[2-methoxy-äthyl]-äther **entzündet** sich spontan an festem Aluminiumchlorid[6], und Mischungen von Natriumboranat mit Palladium/Kohle sind selbstentzündlich[7].

Markiertes Natriumboranat kann entweder durch direkten Austausch oder aus den markierten Komponenten hergestellt werden (in tritiumhaltigem Wasserstoff bei 350° erhält es eine statistische Isotopenverteilung[8]). **Natrium-tetradeuterido-borat** wird auf folgende Weise erhalten[9,10]:

$$3\,Na[B(OCH_3)_4] \;+\; 2\,B_2D_6 \;\longrightarrow\; 3\,Na[BD_4] \;+\; 4\,B(OCH_3)_3$$

Trimethylamin-Trideuteroboran[10]: Zu einer durch Glaswolle filtrierten Lösung von 400 g (5,5 Mol) Trimethylamin-Boran in 4 *l* abs. Diäthyläther werden unter kräftigem Rühren 500 *ml* 0,5 n Deuteroschwefelsäure in Deuteriumoxid gegeben. Man rührt 24 Stdn. bei 20°, ersetzt die verbrauchte Deuteroschwefelsäure mit 500 *ml* frischer 0,5 n Lösung und rührt weitere 24 Stdn., wobei Deuterium entwickelt wird. Der Austausch wird insgesamt mit 10mal 500 *ml* 0,5 n Deuteroschwefelsäure durchgeführt. Die Äther-Lösung wird mit 200 *ml* Deuteriumoxid gewaschen, über granuliertem Natriumcarbonat getrocknet, durch Glaswolle filtriert und i. Vak. eingedampft; Ausbeute: 240 g (58% d. Th.); F: 94–95°.

Die zum Austausch gebrauchten 500-*ml*-Portionen von Deuteriumoxid können nach Zugabe von 12,4 g 98%iger Deuteroschwefelsäure von neuem eingesetzt werden.

Natrium-tetradeuterido-borat[10]: Eine Mischung von 122 g (1,61 Mol) Trimethylamin-Trideuteroboran, 65 g (1,2 Mol) methanolfreiem Natriummethanolat und 400 *ml* Bis-[2-methoxy-äthyl]-äther (von Natriumboranat

[1] F. Hodoşan u. N. Şerban, Rev. Roumaine Chim. **14**, 121 (1969).
 F. Hodoşan, N. Şerban u. V. Ciurdaru, Rev. Roumaine Chim. **14**, 1303 (1969).
 E. Santaniello, F. Ponti u. A. Manzocchi, Synthesis **1978**, 891.
 E. Santaniello, C. Farachi u. A. Manzocchi, Synthesis **1979**, 912.
[2] H. Shechter, D. E. Ley u. L. Zeldin, Am. Soc. **74**, 3664 (1952).
[3] B. C. Subba Rao u. G. P. Thakar, J. sci. Ind. Research (India) **20 B**, 317 (1961).
[4] H. C. Brown, E. J. Mead u. B. C. Subba Rao, Am. Soc. **77**, 6209 (1955).
 W. M. Jones u. H. E. Wise, Am. Soc. **84**, 997. (1962).
[5] D. A. Yeowell, R. L. Seaman u. J. Mentha, Chem. eng. News **57**, Nr. 39, 4 (1979).
[6] H. A. P. De Jongh, Chem. eng. News **55**, Nr. 31, 31 (1977).
[7] B. Goodwin, Chemistry in Britain **14**, 116 (1978).
[8] W. G. Brown, L. Kaplan u. K. E. Wilzbach, Am. Soc. **74**, 1343 (1952).
 H. Simon, Ang. Ch. **73**, 483 (1961).
[9] R. E. Davis, C. L. Kibby u. C. G. Swain, Am. Soc. **82**, 5950 (1960).
 R. E. Davis, E. Bromels u. C. L. Kibby, Am. Soc. **84**, 885 (1962).
[10] J. G. Atkinson et al., Canad. J. Chem. **45**, 2583 (1967).

i. Vak. frisch destilliert) wird unter Stickstoff gerührt, wobei die Innentemp. von 70 auf 150° erhöht wird. Man erhitzt bis zum Aufhören der Trimethylamin-Entwicklung (~ 4 Stdn.). Die Mischung wird heiß filtriert, das Rohprodukt getrocknet, mit 550 *ml* Propylamin (von Calciumhydrid frisch destilliert) 30 Min. gerührt, zentrifugiert, und das Solvens i. Vak. abgedampft; Ausbeute: 37 g (74% d. Th.); das Produkt hat eine chemische Reinheit von 97% und enthält 98–99 Atom% Deuterium.

Natrium-tetradeuterido-borat wird schneller hydrolysiert als Natriumboranat (inverser Isotopen-Effekt). Das Tetradeuteridoborat-Ion ist basischer und nucleophiler als das Tetrahydridoborat-Ion[1].

Natriumboranat und -tetradeuterido-borat greifen die Schleimhaut an und können Dermatosen verursachen. Die Atmungsorgane und Hände sind darum beim Umgang mit größeren Mengen zu schützen.

In reinen, wasserfreien Carbonsäuren besitzt Natriumboranat ein äußerst hohes Reduktionsvermögen. Es wird angenommen, daß in einem Carbonsäure-Überschuß **Natrium-tria-cyloxy-hydrido-borat**[2], in Tetrahydrofuran, 1,4-Dioxan oder Bis-[2-methoxy-äthyl]-äther in der Gegenwart äquivalenter Carbonsäure **Natrium-acyloxy-trihydrido-borat**[3] als reduzierende Spezies vorliegen.

Die Reaktionen müssen wegen der heftigen Wasserstoff-Entwicklung unter Inertgas durchgeführt werden. Gepulvertes Natriumboranat **entzündet** sich leicht mit Trifluoressigsäure, es wird zweckmäßig Natriumboranat in Tablettenform (Tablettengewicht 0,25 g) angewendet[4].

Natriumboranat in Essigsäure alkyliert reduktiv Oxime (S. 375 f.) und Amine (S. 358 f.), in Trifluoressigsäure werden Diaryl-ketone (S. 289) bzw. Polyaryl-methanole (S. 410 f.) zu Kohlenwasserstoffen reduziert. **Natriumtrifluoracetoxy-boranat** reduziert Amide (S. 240) bzw. Nitrile (S. 115 f.).

Natrium-trialkyl-hydrido-borate haben als Reduktionsmittel eine geringere Bedeutung als die entsprechenden Lithium-Derivate[5] (s. S. 14).

Natrium-triäthyl-hydrido-borat disproportioniert in siedendem Bis-[2-methoxy-äthyl]-äther[6]:

$$4\,Na[BH(C_2H_5)_3] \longrightarrow Na[BH_4] + 3\,Na[B(C_2H_5)_4]$$

Natrium-trimethoxy-hydrido-borat[7] entsteht quantitativ aus Natriumhydrid und siedendem Borsäure-trimethylester (bei 68°; Herstellungsvorschrift s. Bd. VI/2, S. 286).

Es zersetzt sich in eiskaltem Wasser langsam, in Methanol dagegen schnell. Die Löslichkeit von Natrium-trimethoxy-hydrido-borat (g/100 g Solvens) beträgt in:

1,4-Dioxan 1,6 (25°), 4,5 (75°)	Morpholin 0,3 (24°), 2,3 (75°)
Isopropylamin 9,0 (25°)	Äthylendiamin 0,2 (25°), 0,2 (75°)
Pyridin 0,4 (24°), 3,0 (75°)	fl. Ammoniak 5,6 (−33°)

In Bis-[2-methoxy-äthyl]-äther und THF disproportioniert[8] die Trimethoxy-Verbindung, während Natrium-triisopropyloxy- und Natrium-tri-tert.-butyloxy-hydrido-borat stabil sind. Natrium-trimethoxy-hydrido-borat reduziert selektiv Carbonsäure-chloride, -ester, Aldehyde und Ketone zu den Alkoholen (s. S. 201).

---

[1] R.E. Davis et al., Chem. Commun. **1965**, 593.

[2] P. Marchini et al., J. Org. Chem. **40**, 3453 (1975).

[3] N. Umino, T. Iwakuma u. N. Itoh, Tetrahedron Letters **1976**, 763.

[4] G.W. Gribble, R.M. Leese u. B.E. Evans, Synthesis **1977**, 172.
  G.W. Gribble, W.J. Kelly u. S.E. Emery, Synthesis **1978**, 763.

[5] G. Wittig u. A. Rückert, A. **566**, 101 (1950).
  H.C. Brown et al., Am. Soc. **75**, 192 (1953).
  P. Binger, Synthesis **1974**, 190.

[6] J.B. Honeycutt u. J.M. Riddle, Am. Soc. **83**, 369 (1961).

[7] H.C. Brown u. E.J. Mead, Am. Soc. **75**, 6263 (1953).

[8] H.C. Brown u. E.J. Mead, Am. Soc. **78**, 3614 (1956).
  H.C. Brown, E.J. Mead u. C.J. Shoaf, Am. Soc. **78**, 3616 (1956).
  H.C. Brown, E.J. Mead u. P.A. Tierney, Am. Soc. **79**, 5400 (1957).

Tab. 2: Reduktionsvermögen[a] von Natriumboranat

Ausgangsverbindung	Reduktionsprodukt	S.
in wäßrig-alkoholischer Lösung		
Kohlensäure-carbonsäure-Anhydrid	Alkohol, Kohlenwasserstoff	127 f.
Thiocyanat	Thiol	102
Carbonsäure-anhydrid	Lacton	176
(Carbonsäureester)	Alkohol	203, 214 ff.
Enolester	Alkohol	75 f.
(Lacton)	Diol	222 f.
(Lactam)	Amino-alkohol	247
(Imid)	Hydroxymethyl-lactam	253 ff.
Carbonsäure-ester-imide	Amin	114, 349 ff.
Carbonsäure-azid	Alkohol	263 f.
Oxo-Verbindung	Alkohol	271 ff.
Enoläther	Keton	307 f.
(Amino-acetal)	Amin	436 f.
(geminales Diamin)	Amin	451 ff.
(Hydroxymethyl-amin	Amin	428 f.
Halbacetal	Alkohol	427 f.
Peroxid, Hydroperoxid	Alkohol	456
Ozonid	Alkohol	457 ff.
α-Nitro-olefin	Nitro-alkan	80 ff.
Polynitro-aromat	Nitro-cycloalkan	84
β-Nitro-Nitrat	Nitro-alkan	439
Azido- und Diazo-Verbindung	prim. Amin, Kohlenwasserstoff	483, 484
Azomethin	sek. Amin	357 f.
Tosylhydrazon	Kohlenwasserstoff	369 f.
Enamin	Amin	76 f., 371 f.
aktivierter Heteroaromat	cyclisches Amin	87 f.
quartäres Salz	Kohlenwasserstoff	454 ff.
Disulfan	Thiol	467
sek. und tert. Halogenalkan, Sulfonsäureester	Kohlenwasserstoff	386 f., 443 f.
Oxim	Alkohol	455

Ausgangsverbindung	Reduktionsprodukt	Modifizierer	S.
in protonenhaltigem, modifiziertem System			
3-(2-Nitro-phenyl)-propansäureester	cycl. Hydroxamsäure	Palladium/Kohle	476 f.
Nitril	prim. Amin	CoCl₂, Raney-Nickel	115
Nitro-aromat	Azoxy-aromat	CoCl₂	475 f.
Halogen-aromat	Aromat	Palladium/Kohle	407
unges. Carbonsäure	ges. Carbonsäure	Kobaltcyanid-Komplexe	81

Ausgangsverbindung	Reduktionsprodukt	Lösungsmittel	S.
in protonenfreier Lösung bzw. in Carbonsäuren			
Harnstoff	Formamidin	Pyridin	135
Isothiocyanat	Thioformamid	Bis-[2-methoxy-äthyl]-äther	124
Carbonsäurechlorid	prim. Alkohol	1,4-Dioxan	187 f.
cycl. Carbonsäureanhydrid	Lacton	Dimethylformamid	175 ff.
Carbonsäure-Phosphorsäure-Anhydrid	prim. Alkohol	Tetrahydrofuran	175
Carbonsäure-dialkylamid	tert. Amin	Pyridin	240
Nitril	prim. Amin	Bis-[2-methoxy-äthyl]-äther	116 f.
En-on	ges. Keton	Pyridin	299
Nitro-aromat	Azoxy-aromat	Bis-[2-methoxy-äthyl]-äther	475
	Aromat, Azo-aromat	Dimethylsulfoxid	455, 476
	Hydrazo-aromat	Pyridin	476

[a] In Klammern weniger gut verlaufende Reaktionstypen.

Tab. 2 (Fortsetzung)

Ausgangsverbindung	Reduktionsprodukt	Lösungsmittel	S.
Oxim	N-Alkyl-hydroxylamin	Carbonsäure	375 ff.
Imin	Alkyl- bzw. Dialkylamin	Carbonsäure (Aldehyd, Keton)	358 f.
Disulfon-imid	Kohlenwasserstoff	Hexamethyl-phosphor-säure-triamid	452
Halogen-alkan	Kohlenwasserstoff	Sulfolan	386
Aryl-keton, Alkohol	Kohlenwasserstoff	Carbonsäure	289, 410 f.
in protonenfreiem, mit Bortrifluorid modifiziertem System			
Carbonsäure	Alkohol	Tetrahydrofuran	149 f.
Carbonsäureester	Äther	Bis-[2-methoxy-äthyl]-äther	217 f.
Lacton	cycl. Äther	Tetrahydrofuran	225

Natrium-cyano-trihydrido-borat[1-3]: Zu einer Suspension von 80,2 g (2,09 Mol) Natriumboranat in 1 l THF tropft man unter starkem Rühren bei 25° eine Lösung von 58,8 g (2,18 Mol) Cyanwasserstoff in 265 ml THF. Man rührt 1 Stde. bei 25°, erhitzt bis zum Aufhören der Wasserstoff-Entwicklung am Rückfluß, filtriert und dampft i. Vak. ein; Ausbeute: 120 g (91% d. Th.).

Das Rohprodukt wird in 1 l THF gelöst, mit n methanol. Salzsäure auf p_H 9 eingestellt und in 3 l 1,4-Dioxan gegossen. Man saugt den Niederschlag ab, löst unter 2 stdg. Rühren in 3 l Essigsäure-äthylester, filtriert und versetzt das Filtrat unter Umschwenken portionsweise mit 1800 ml 1,4-Dioxan. Der Dioxan-Komplex wird nach Eiskühlung abgesaugt, 4 Stdn. bei ~25° und 4 Stdn. bei 80° getrocknet; Ausbeute: 81 g (61% d. Th.); F: 240–242°; Gehalt >98% (jodometrisch).

Mit dieser Methode können auch Handelspräparate gereinigt werden. Die Umfällung kann auch in Nitromethan mit Tetrachlormethan erfolgen[4].

Das äußerst **toxische** Natrium-cyano-trihydrido-borat ist ein farbloses und äußerst hygroskopisches, meist gut lösliches Pulver, z.B. mit g/100 g Solvens in:

Wasser 212 (29°), 181 (52°), 121 (88°)
Tetrahydrofuran 37,2 (28°), 41,0 (46°), 42,2 (62°)
Bis-[2-methoxy-äthyl]-äther 17,6 (25°).

In Diäthyläther und Kohlenwasserstoffen ist es nicht, in Isopropylamin und Äthanol schlecht, in Methanol dagegen gut löslich. Die Lösungen werden leicht durch die Haut absorbiert.

Als Reduktionsmedium werden ferner Dimethylformamid/Sulfolan[5], HMPT[6], Acetonitril[7] und Essigsäure[8] verwendet.

In saurer Lösung ist es bis p_H 3 stabil, in 12 n Salzsäure hydrolysiert es schnell unter Cyanwasserstoff-Entwicklung[4].

Ein Isotopen-Austausch mit Deuterium- bzw. Tritiumoxid erfolgt leicht bei p_H > 2 bis 3[3].

---

[1] C.F. LANE, Synthesis **1975**, 135.
[2] R.C. WADE et al., Inorg. Chem. **9**, 2146 (1970).
    Zur Reaktion von Natriumcyanid mit Diboran s.: V.D. AFTANDILIAN, H.C. MILLER u. E.L. MUETTERTIES, Am. Soc. **83**, 2471 (1961).
[3] R.F. BORCH, M.D. BERNSTEIN u. H.D. DURST, Am. Soc. **93**, 2897 (1971).
[4] J.R. BERSCHIED u. K.F. PURCELL, Inorg. Chem. **9**, 624 (1970).
[5] R.O. HUTCHINS, C.A. MILEWSKI u. B.E. MARYANOFF, Am. Soc. **95**, 3662 (1973).
    R.O. HUTCHINS, M. KACHER u. L. RUA, J. Org. Chem. **40**, 923 (1975).
[6] R.O. HUTCHINS, B.E. MARYANOFF u. C.A. MILEWSKI, Chem. Commun. **1971**, 1097.
    Nach den neuesten Untersuchungen ist HMPT (Phosphorsäure-tris-[dimethylamid]) **carcinogen**, Nature **257**, 735 (1975).
[7] R.F. BORCH u. A.I. HASSID, J. Org. Chem. **37**, 1673 (1972).
[8] E. BOOKER u. U. EISNER, Soc. [Perkin Trans. I] **1975**, 929.

Natrium-cyano-trihydrido-borat (auch an Anionenaustauschern gebunden[1]) kann zu folgenden selektiven Reduktionen herangezogen werden:

Aldehyde, Ketone (S. 275 f.)	Sulfonsäureester (S. 444)
Oxime (S. 375)	Sulfoxide (S. 466)
Enamine (S. 78)	Halogen-alkane (S. 387)
Tosylhydrazone (S. 369 ff.)	reduktive Aminierung von Aldehyden und Ketonen (S. 359 ff.)

Natrium-trithio-dihydrido-borat[2] kann zur Reduktion und zur Einführung von Schwefel dienen. Seine Struktur ist unbekannt. Die Herstellung erfolgt aus Natriumboranat und Schwefel in Tetrahydrofuran[3] (Vorschrift S. 422). Auf ähnliche Weise sind entsprechende komplexe Hydride mit Selen und Tellur[4] zugänglich.

$$Na[BH_4] \;+\; 3\,S \quad \xrightarrow[-H_2]{} \quad Na[BH_2S_3]$$

Die farblosen bzw. hellgelben Substanzen, bei 20° unter trockenem Stickstoff einige Wochen haltbar, zersetzen sich schnell in Gegenwart von Sauerstoff und Luftfeuchtigkeit. Man bereitet zweckmäßig die Reduktionslösungen ohne Isolierung des Hydrids immer frisch vor dem Gebrauch.

Bei der Reduktion von Aldehyden und Ketonen werden neben den Alkoholen auch Di- und Polysulfane erhalten (s. S. 276), mit aromatischen Nitrilen im Überschuß[5], mit Oxiranen (S. 422) und mit Thiiranen (S. 449) werden Thioamide, Dihydroxy-disulfane oder Polysulfane gebildet. Mit Thiolen entstehen Borsäure-trithioester, die mit Aldehyden und Ketonen Thioacetale ergeben[6]. Prim. Nitro-alkane liefern Nitrile, sek. Ketone und Oxime (S. 472), Nitro-aromaten die entsprechenden Amine (S. 478). Oxime können selektiv zu Hydroxylaminen oder weiter zu Aminen reduziert werden (S. 375).

Natrium-fluoro-trihydrido-borat reduziert Vinyl-halogenide selektiv zu Olefinen (S. 400). Es wird aus Diboran und Natriumfluorid hergestellt.

Kaliumboranat[vgl. 7, 8], aus Natriumboranat und Kalilauge hergestellt[9, 10], ist an feuchter und trockener Luft stabil[9] und thermisch stabiler, weniger löslich und gegen Oxidation beständiger als Natriumboranat (es wird z. B. von Chlor-Gas nicht angegriffen). Lösungen in kaltem Wasser sind relativ stabil, bis 100° zersetzen sie sich kaum, wenn sie mit Alkali stabilisiert sind. Ohne Alkali zersetzen sie sich bei 100° quantitativ[11]. In Diäthyläther ist es praktisch unlöslich.

Weitere Löslichkeitsangaben in g/100 g Lösungsmittel bei (°C):

Wasser		19,3 (20°)	Äthanol (95%ig)	0,25 (25°)
Wasser/Methanol	(4:1)	13,0 (20°)	fl. Ammoniak	20,0 (−30°)
	(3:2)	7,9 (20°)	Äthylendiamin	3,9 (75°)
	(2:3)	4,3 (20°)	1,2-Bis-[2-methoxy-	0,1 (0°); 0,1 (25°)
	(1:4)	1,9 (20°)	äthoxy]-äthan	
Methanol		0,7 (20°)	Dimethylformamid	15,0 (20°)

Kaliumboranat kann durch Behandlung mit Deuterium bei hohen Drücken und Temp. unmittelbar in **Kalium-tetradeuterido-borat** übergeführt werden[12], das auch aus Trimethylamin-Trideuteroboran und Kaliummethanolat zugänglich ist[13] (vgl. S. 18).

---

[1] R. O. Hutchins, N. R. Natale u. I. M. Taffer, Chem. Commun. **1978**, 1088.

[2] J. M. Lalancette et al., Synthesis **1972**, 526.

[3] J. M. Lalancette, A. Frêche u. R. Monteux, Canad. J. Chem. **46**, 2754 (1968).

[4] J. M. Lalancette u. M. Arnac, Canad. J. Chem. **47**, 3695 (1969).

[5] J. M. Lalancette u. J. R. Brindle, Canad. J. Chem. **49**, 2990 (1971).

[6] J. M. Lalancette u. A. Lachance, Canad. J. Chem. **47**, 859 (1969).

[7] Synthesen unreiner Produkte: A. Stock u. E. Kuss, B. **47**, 810 (1914).
   A. Stock u. E. Pohland, B. **59**, 2210 (1926).
   A. Stock u. H. Laudenklos, Z. anorg. Ch. **228**, 178 (1936).

[8] H. I. Schlesinger et al., Am. Soc. **75**, 199 (1953).

[9] M. D. Banus, R. W. Bragdon u. A. A. Hinckley, Am. Soc. **76**, 3848 (1954).

[10] W. S. Fedor, M. D. Banus u. D. P. Ingalls, Ind. eng. Chem. **49**, 1664 (1957).

[11] J. B. Brown u. M. Stevenson, Am. Soc. **79**, 4241 (1957).

[12] R. E. Mesmer u. W. L. Jolly, Am. Soc. **84**, 2039 (1962).

[13] J. G. Atkinson et al., Canad. J. Chem. **45**, 2583 (1967).

Kaliumboranat hat ein ähnliches Reduktionsvermögen wie Natriumboranat, ist aber wegen der schlechteren Löslichkeit beschränkter anwendbar. Es reduziert

aktivierte Carbonsäureester (S. 203, 216f.)
Oxo-Verbindungen (S. 314, 318)
Nitro-aromaten (S. 475)
Enamine (S. 76f.)
quartäre Immoniumsalze (S. 371f.)

Die Kalium-trialkyl-hydrido-borate zersetzen sich an der Luft und werden daher ohne Isolierung eingesetzt. **Kalium-triäthyl-hydrido-borat** ist z.B. aus Kaliumhydrid und Triäthyl-boran erhältlich[1] und hat ein ähnliches Reduktionsvermögen wie Lithium-triäthyl-hydrido-borat (s.S. 14).

Kalium-tributyl-(2)-hydrido-borat-Lösung[2]: Zu 35 mMol (4 g 35%ige ölige Dispersion) Kaliumhydrid werden unter magnetischem Rühren in trockener Argon-Atmosphäre bei 20° 15 ml abs. THF (von Lithiumalanat frisch destilliert) und 6 ml (25 mMol) Tributyl-(2)-boran gegeben. Nach 1 Stde. wird die Mischung zentrifugiert. Die Lösung enthält 25 mMol Kalium-tributyl-(2)-hydrido-borat.

Die Lösung kann zur stereoselektiven Reduktion von Ketonen[2] und zur selektiven Sättigung der C=C-Doppelbindung in Ketonen mit konjugierter Doppelbindung[3] (s.S. 299) angewendet werden.

Aus Borsäure-triisopropylester und Kaliumhydrid wird Kalium-triisopropyloxy-hydrido-borat[4], ein stereoselektives Reduktionsmittel für Ketone[5] (s.S. 333), erhalten.

Kalium-triisopropyloxy-hydrido-borat-Lösung[4]: Eine Suspension von 2 g (50 mMol) Kaliumhydrid (durch Dekantieren der öligen Suspension mit Pentan erhältlich) in 30 ml abs. THF wird unter Stickstoff und Rühren mit 5,8 ml (25 mMol) Borsäure-triisopropylester versetzt. Man rührt 30 Min. bei 20–25° und zentrifugiert. Die erhaltene Lösung enthält 25 mMol des komplexen Hydrids.

Die aus quartären Ammoniumsalzen und Natriumboranat bei 0° in Wasser in nahezu quantitativer Ausbeute zugänglichen Ammoniumboranate[6] besitzen ein ähnliches Reduktionsvermögen wie die komplexen Alkalimetallboranate. Verbindungen mit längeren Kohlenstoff-Ketten am Stickstoff-Atom können in wäßrig-alkoholischer und Kohlenwasserstoff-Lösungen eingesetzt werden[7]. **Tetrabutylammonium-cyano-trihydrido-borat** ist ein äußerst selektives Reagenz.

Tetrabutylammonium-cyano-trihydrido-borat[8, 9]:

$$[(H_9C_4)_4N]HSO_4 + Na[BH_3CN] + NaOH \rightarrow [(H_9C_4)_4N] [BH_3CN] + Na_2SO_4 + H_2O$$

Eine Suspension von 33,95 g (0,1 Mol) Tetrabutylammonium-hydrogensulfat in 50 ml Wasser wird bei 20° unter Rühren mit 35 ml 5 n Natronlauge und danach mit einer Lösung von 6,93 g (0,11 Mol) Natrium-cyano-trihydrido-borat in 40 ml Wasser versetzt. Man rührt 15 Min. weiter, extrahiert 3 mal mit Dichlormethan, wäscht den Auszug mit Wasser und trocknet mit Kaliumcarbonat. Die Lösung wird mit Aktivkohle entfärbt und i. Vak. eingeengt; Ausbeute: 22,2 g (78% d. Th.); F: 144–145° (aus Essigsäure-äthylester).

Die Verbindung reduziert in HMPT Jod-alkane, ohne Alkoxycarbonyl-, Aminocarbonyl- und Oxo-Gruppen anzugreifen, in saurer Lösung werden Aldehyde selektiv neben Ketonen (s.S. 294) reduziert.

---

[1] C.A. BROWN, J. Org. Chem. **39**, 3913 (1974).
[2] C.A. BROWN, Am. Soc. **95**, 4100 (1973).
  Herstellung von Kalium-trialkyl-hydrido-boraten aus Trialkyl-boranen und Kalium-triisopropyloxy-hydrido-boraten s. C.A. BROWN u. J.L. HUBBARD, Am. Soc. **101**, 3964 (1979).
[3] B. GANEM, J. Org. Chem. **40**, 146 (1975).
[4] C.A. BROWN, J. Org. Chem. **39**, 3913 (1974).
[5] C.A. BROWN, S. KRISHNAMURTHY u. S.C. KIM, Chem. Commun. **1973**, 391.
[6] M.D. BANUS, R.W. BRAGDON u. T.R.P. GIBB, Am. Soc. **74**, 2346 (1952).
[7] E.A. SULLIVAN u. A.A. HINCKLEY, J. Org. Chem. **27**, 3731 (1962).
[8] R.O. HUTCHINS u. D. KANDASAMY, Am. Soc. **95**, 6131 (1973).
[9] R.O. HUTCHINS u. D. KANDASAMY, J. Org. Chem. **40**, 2530 .(1975).

Die Herstellung von Erdalkalimetallboranaten in reinem solvatfreiem Zustand ist schwierig, so daß hauptsächlich Reduktionslösungen eingesetzt werden. Diese lassen sich sehr einfach aus einem Erdalkalimetallhalogenid und Natriumboranat durch doppelte Umsetzung gewinnen[1]. Andere Herstellungsmethoden s. Lit.[2].

Neben **Beryllium-** (s. S. 12) hat auch **Magnesiumboranat** einen ausgeprägten kovalenten Charakter. Es zersetzt sich bei $\sim 310°$ und hat ein stärkeres Reduktionsvermögen als Lithiumboranat, da es auch Carbonsäuren und Nitrile reduziert[3].

Als bequemes, neutrales Mittel zur Reduktion von Carbonsäureestern zu Alkoholen (s. S. 212f.) und zur stereoselektiven Reduktion von Ketonen (s. S. 324f.) dient das aus Calciumchlorid und Natriumboranat in Äthanol bei $-20°$ oder in THF bei 23° herstellbare **Calciumboranat**[4]. Es zersetzt sich bei 320°.

Zinkboranat[5] ist bis jetzt das einzige Schwermetallboranat, das als selektives Reduktionsmittel – Oxo-Gruppen in Oxo-lactonen (s. S. 318f.) z.B. bei der Prostaglandin-Synthese[6] – auch eine praktische Bedeutung hat. Folgende doppelte Umsetzung ist zur Herstellung von Reduktionslösungen geeignet[7] (s. S. 318):

$$ZnCl_2 \ + \ 2\,Na[BH_4] \quad \xrightarrow{\ (H_5C_2)_2O\ } \quad Zn[BH_4]_2 \ + \ 2\,NaCl$$

Zur selektiven Reduktion werden vielfach **Übergangsmetall-boranate** eingesetzt[8]; z.B. zur Reduktion von Acylchloriden zu Aldehyden mit **Bis-[triphenylphosphin]-kupfer(I)-boranat** (s. S. 184).

Komplexe Aluminiumhydride

Das Aluminium bildet im Gegensatz zum Bor keine Reihe der homologen flüchtigen Hydride, sondern sättigt sich infolge der max. Koordinationszahl von sechs mit Wasserstoff unter Ausbildung hochmolekularer Gebilde ab. Dieser Vorgang wird von den experimentellen Bedingungen stark beeinflußt, so daß die Reproduktion von Reduktionen auch mit analog hergestellten Aluminiumhydrid-Reduktionslösungen oft auf Schwierigkeiten stößt. Außerdem sind diese Lösungen nur wenig stabil (s. S. 9).

Die gut definierten komplexen Alanate und Aluminate, die Aluminiumhydrid in komplexgebundener, stabiler (aber doch reaktionsfähiger) Form enthalten, sind viel allgemeiner anwendbare Reduktionsmittel als Aluminiumhydrid selbst. Verglichen mit den komplexen Borhydriden sind sie weniger selektiv, und ihr Reduktionsvermögen ist viel stärker, so daß sich die beiden Gruppen der komplexen Metallhydride gut ergänzen.

Die Hydrid-Wasserstoffe der komplexen Aluminiumhydride sind gegenüber dem Bor lockerer gebunden und ihre Zersetzungstemp. liegt niedriger als bei den entsprechenden komplexen Borverbindungen. Nucleophile Reagenzien drängen die Hydrid-Ionen leichter ab, so daß komplexe Aluminiumhydride nicht nur mit Wasser und Alkoholen stürmisch reagieren, sondern auch von Ammoniak und prim. wie sek. Aminen angegriffen werden. Sie reagieren allgemein mit Verbindungen, die aktiven Wasserstoff enthalten, unter Wasserstoff-Entwicklung.

[1] H.C. Brown, E.J. Mead u. B.C. Subba Rao, Am. Soc. **77**, 6209 (1955).
D.R. Schultz u. R.W. Parry, Am. Soc. **80**, 4 (1958).
M. Jones u. H.E. Wise, Am. Soc. **84**, 997 (1962).
W.I. Michejewa u. W.N. Konoplew, Ž. neorg. Chim. **10**, 2108 (1965).
W.N. Konoplew u. W.M. Bakulina, Izv. Akad. SSSR **1971**, 159.
[2] E. Wiberg u. R. Bauer, Z. Naturf. **5b**, 397 (1950); **7b**, 58 (1952); B. **85**, 593 (1952).
E. Wiberg u. R. Hartwimmer, Z. Naturf. **10b**, 290, 292, 294, 295 (1955).
R. Köster, Ang. Ch. **69**, 94 (1957).
R. Bauer, Z. Naturf. **16b**, 839 (1961); **17b**, 277 (1962).
H.D. Batha et al., J. appl. Chem. **12**, 478 (1962).
[3] J. Plešek u. S. Hermánek, Collect. czech. chem. Commun. **31**, 3845 (1966).
[4] J. Kollonitsch, O. Fuchs u. V. Gábor, Nature **173**, 125 (1954); **175**, 346 (1955).
A. Hajós u. O. Fuchs, Acta chim. Acad. Sci. hung. **21**, 137 (1959); **24**, 411 (1960).
A. Hajós, Acta chim. Acad. Sci. hung. **84**, 471 (1975).
[5] G.D. Barbaras et al., Am. Soc. **73**, 4585 (1951).
E. Wiberg u. W. Henle, Z. Naturf. **7b**, 579 (1952).
H. Nöth, E. Wiberg u. L.P. Winter, Z. anorg. Ch. **370**, 209 (1969).
[6] E.J. Corey et al., Am. Soc. **90**, 3245 (1968); **82**, 6074 (1960); **91**, 5675 (1969); **94**, 8616 (1972).
P. Crabbé, A. Guzmán u. M. Vera, Tetrahedron Letters **1973**, 3021.
[7] W.J. Gensler, F. Johnson u. A.D.B. Sloan, Am. Soc. **82**, 6074 (1960).
[8] T.N. Sorrell, Tetrahedron Letters **1978**, 4985.
G.W.J. Fleet u. P.J.C. Harding, Tetrahedron Letters **1979**, 975.
R.O. Hutchins u. M. Markowitz, Tetrahedron Letters **1980**, 813.

Die Handhabung erfolgt ähnlich den Organometall-Verbindungen unter trockenem Inertgas, in peroxidfreien, trockenen Lösungsmitteln.

Die komplexen Aluminiumhydride mit Alkoxy-Gruppen als Zweitliganden sind schwächere bzw. selektivere Reduktionsmittel als die Hydride ohne Zweitliganden.

Im Laboratorium werden von den komplexen Aluminiumhydriden praktisch nur Lithium- und Natriumalanat und ihre Derivate mit Zweitliganden zu Reduktionen eingesetzt. Kaliumalanat wird wegen der schwierigen Herstellbarkeit[1] und Gefährlichkeit[2] nicht verwendet. Von den Erdalkalimetallalanaten[3] ist bisher lediglich das Magnesiumalanat eingesetzt worden[4].

Das im Handel erhältliche **Lithiumalanat** wird nach folgenden Methoden gewonnen:

(1)　　　$4\,LiH\ +\ AlCl_3\ \longrightarrow\ Li[AlH_4]\ +\ 3\,LiCl$

(2)　　　$4\,LiH\ +\ AlBr_3\ \longrightarrow\ Li[AlH_4]\ +\ 3\,LiBr$

(3)[5]　　$LiH\ +\ Al\ +\ 1{,}5\,H_2\ \xrightarrow{\ THF\ }\ \bigcirc\!O\cdot Li[AlH_4]$

(4)[5]　　$Na[AlH_4]\ +\ LiCl\ \xrightarrow{\ (H_5C_2)_2O\ }\ Li[AlH_4]\ +\ NaCl$

Während Methode (1) schwierig durchführbar ist[6], dafür jedoch ein reines Produkt liefert, bleibt bei Methode (2) Lithiumbromid in Lösung[7]. Die erhaltene Lösung verhält sich wie ein gemischtes Hydrid[8] mit einem anderen Reaktionsverhalten.

Das an sich farblose Lithiumalanat[9] wird nach längerem Stehen grau und löst sich dann nur noch teilweise in Diäthyläther. Auch sein Reduktionsvermögen ist verändert. Zur Reinigung wird es in Äther gekocht und von den Zersetzungsprodukten abfiltriert. Gut verschlossen und bei 20° aufbewahrt, ist die Zersetzung $< 1\%$ jährlich.

Lithiumalanat kann aus der Diäthyläther-Lösung durch Verdampfen und Abpumpen des Rückstandes bei 70° solvatfrei erhalten werden. Da das Äther-Solvat sich auch durch Ausfällen mit Benzol spalten läßt, kann man Lithiumalanat auf einfache Weise durch wie-

[1] H. Clasen, Ang. Ch. **73**, 322 (1961).
L.I. Sacharkin u. W.W. Gawrilenko, Izv. Akad. SSSR **1961**, 2246; **1962**, 1146; Doklady Akad. SSSR **145**, 793 (1962); Ž. neorg. Chim. **11**, 977 (1966).
E.C. Ashby, G.J. Brendel u. H.E. Redman, Inorg. Chem. **2**, 499 (1963).
[2] E.C. Ashby, Chem. eng. News **47**, 9 (1969).
[3] H. Clasen, Ang. Ch. **73**, 322 (1961).
W.W. Gawrilenko, J.N. Karaksin u. L.I. Sacharkin, Ž. obšč. Chim. **42**, 1564 (1972).
[4] E. Wiberg u. R. Bauer, Z. Naturf. **7b**, 131 (1952).
J. Plešek u. S. Heřmánek, Collect. czech. chem. Commun. **31**, 3060 (1966).
E.C. Ashby, R.D. Schwartz u. B.D. James, Inorg. Chem. **9**, 325 (1970).
B.D. James, Chem. & Ind. **1971**, 227.
[5] H. Clasen, Ang. Ch. **73**, 322 (1961).
E.C. Ashby, G.J. Brendel u. H.E. Redman, Inorg. Chem. **2**, 499 (1963).
[6] s. unter anderem
K. Ziegler et al., A. **589**, 91 (1954).
W.I. Michejewa et al., Ž. neorg. Chim. **1**, 2440 (1956); **4**, 2436, 2705 (1959).
J.J. Étienne et al., Bl. **1970**, 3786.
[7] E. Wiberg u. M. Schmidt, Z. Naturf. **7b**, 59 (1952).
K.N. Semenenko, N.J. Turowa u. R.N. Urashbaewa, Ž. neorg. Chim. **5**, 508 (1960).
[8] W. Hückel u. K. Thiele, B. **94**, 100 (1961).
[9] W.G. Brown, *Reduction with Lithium Aluminium Hydride*, Org. Reactions **6**, 469 (1951).
V.M. Mićović u. M.L. Mihailović, *Lithium Aluminium Hydride in Organic Chemistry,* Naučna Knjiga, Beograd 1955.
S.S. Pizey, *Synthetic Reagents,* Vol. 1, *Lithium Aluminium Hydride*, S. 101, Ellis Horwood Ltd., Chichester 1974.

derholtes Lösen in Diäthyläther und Fällung mit Benzol reinigen[1]. Aus Lösungen in Tetrahydrofuran, 1,4-Dioxan und Bis-[2-methoxy-äthyl]-äther werden lediglich die entsprechenden Solvate isoliert.

Die ätherischen Lösungen von Lithiumalanat sind thermodynamisch metastabil, so daß sie sich infolge katalytischer Verunreinigungen spontan zersetzen können. Lösungen in Tetrahydrofuran scheinen bis zum Siedepunkt des letzteren stabil zu sein. Für die Herstellung von Standardlösungen ist deshalb letzteres geeigneter. Gut verschlossen, unter trockenem Inertgas können sie längere Zeit gehalten werden. An trockener Luft zersetzen sie sich schnell, molare Lösungen verlieren so in 48 Stdn. 40% ihres Hydrid-Gehaltes[2].

Löslichkeitsangaben in g/100g Lösungsmittel bei (°C):

Diäthyläther	35–40	(25°)	Bis-[2-äthoxy-äthyl]-äther	3	(0°)
Dibutyläther	2	(0°)		4	(25°, 50°)
1,2-Dimethoxy-äthan	5	(0°)		5	(75°)
	7	(25°)		6	(100°)
	10	(50°)	Tetrahydrofuran	13	(25°)
	13	(100°)	1,4-Dioxan	0,1	(25°)

Man kann auch in Kohlenwasserstoff-Suspension arbeiten (s. z. B. S. 207). Das mit zwei Mol THF gebildete Solvat ist in Toluol gut löslich, so daß 3,5 molare Lösungen herstellbar sind.

Die langsame Zersetzung von Lithiumalanat i. Vak. beginnt bei 70° unter Wasserstoff-Entwicklung und Bildung von Aluminium und Trilithium-hexahydrido-aluminat; bei 120–125° tritt rasch Zersetzung ein. Über 130° zerfällt es in Lithiumhydrid und Aluminium[3,4].

Die Hydrolyse von Lithiumalanat ist abhängig von der Menge des verwendeten Wassers, liefert aber stets gleiche Mengen Wasserstoff (2,36 l aus 1 g)[3].

$$Li[AlH_4] \ + \ 4\,H_2O \ \xrightarrow{-4\,H_2} \ LiOH \ + \ Al(OH)_3$$

Auch Alkohole und Phenole, Thiole und Thiophenole, sowie prim. und sek. Amine reagieren unter Wasserstoffentwicklung.

Bei der Umsetzung mit Carbonsäuren, N-unsubstituierten und N-monosubstituierten Carbonsäure-amiden, gewissen Nitrilen, Chinonen, Enolen, Peroxiden, Hydroperoxiden, Ozoniden, Nitro-, Nitroso-, Azo- und Azoxy-Verbindungen, Oximen, Sulfon- und Sulfinsäuren, Sulfochloriden, Sulfonen, Sulfoxiden, Di- und Polysulfanen, Perfluor-alkanen, Perfluor-benzol, Brom- und Jod-benzolen sowie 1-Alkinen wird infolge eines Liganden-Austausches ebenfalls Wasserstoff entwickelt.

Zur analytischen Bestimmung von aktivem Wasserstoff mit Lithiumalanat s. Lit.[5]

[1] W. D. Davis, L. S. Mason u. G. Stegeman, Am. Soc. **71**, 2775 (1949).
  A. E. Finholt u. E. C. Jacobson, Am. Soc. **74**, 3843 (1952).
  E. Wiberg, H. Nöth u. R. Usòn-Lacal, Z. Naturf. **11b**, 487, 490 (1956).
[2] N. M. Yoon u. H. C. Brown, Am. Soc. **90**, 2927 (1968).
  H. Nöth, Z. Naturf. **35b**, 119 (1980).
[3] A. E. Finholt, A. C. Bond u. H. I. Schlesinger, Am. Soc. **69**, 1199 (1947).
[4] F.-G. Brachet et al., Bl. **1970**, 3799.
  J. Bousquet, B. Bonnetot u. P. Claudy, Bl. **1970**, 3839.
[5] J. A. Krynitsky, J. E. Johnson u. A. W. Carhart, Am. Soc. **70**, 486 (1948).
  H. E. Zaugg u. B. W. Horrom, Anal. Chem. **20**, 1026 (1948).
  F. A. Hochstein, Am. Soc. **71**, 305 (1949).
  M. Orchin u. I. Wender, Anal. Chem. **21**, 875 (1949).
  G. A. Stenmark u. F. T. Weiss, Anal. Chem. **28**, 1784 (1956).
  A. F. Colson, Analyst **82**, 358 (1957).
  D. J. Chleck et al., Intern. J. Appl. Radiation Isotopes **7**, 182 (1960).

Die Zahl der zu den Reduktionen mit Lithiumalanat geeigneten Lösungsmittel ist beschränkt. Neben Äthern können Acetale[1] (s. S. 259), Pyridin (S. 295f.) oder Kohlenwasserstoffe, die aber allein nur zur Suspendierung geeignet sind (S. 207), als Medium eingesetzt werden. Das Lösen in Äthern ist ein langsamer Vorgang, der mit Solvat-Bildung verbunden ist, so daß oft eine Aufschlämmung des Hydrids eingesetzt wird.

Lithiumalanat kommt in Blechgefäßen in loser Folie unter Schutzgas eingeschweißt in den Handel und hat einen Gehalt von 95–97%. Die Büchsen dürfen unter dem Taupunkt und oberhalb einer relativen Luftfeuchtigkeit von 35% nicht an der Luft, sondern nur im Inertgas-Kasten geöffnet werden. Wenn die Gesamtmenge nicht gleich aufgelöst wird, so sollte das Hydrid unter Stickstoff in kleinere gläserne Behälter abgefüllt und gut verschlossen aufbewahrt werden. Lithiumalanat ist ferner in geschützter Form, als 50%ige Suspension in Mineralöl erhältlich.

Lithiumalanat kann bei Berührung mit der Haut **allergische Symptome** hervorrufen. Es muß zuerst trocken abgewischt und dann mit viel Wasser abgewaschen werden.

Lithiumalanat **entzündet** sich an der Luft beim Befeuchten mit Wasser und beim Kontakt mit einer großen Zahl von anorganischen bzw. organischen Verbindungen (Säuren, Bortrihalogenide, Verbindungen mit aktivem Wasserstoff usw.). Es kann durch Reibungselektrizität beim Mahlen in einem Porzellanmörser oder durch Schütten des trockenen Pulvers durch einen gläsernen Trichter **explodieren**. Daher sollte es nur in eine Aluminiumfolie eingewickelt mit einem Pistill aus Hartgummi zerdrückt werden. Zum Einfüllen dienen kupferne Pulvertrichter. Verschüttungen müssen mit trockenem Sand sorgfältig abgedeckt werden (Brandgefahr).

Nachstehende **folgenschwere Explosionen** mit Lithiumalanat sind bekannt:

1. Bei der Destillation von Bis-[2-methoxy-äthyl]-äther über Lithiumalanat bei 760 Torr können Explosionen eintreten, die dem hohen Siedepunkt (Kp: 162°, der mit 40° die Zersetzungstemp. von Lithiumalanat überschreitet) und dem Peroxid-Gehalt des Lösungsmittels zugeschrieben werden[2]. Daher Peroxide entfernen und i. Vak. destillieren[3] (zweckmäßig über Natriumalanat).
2. Auch beim Destillieren mit peroxid-haltigem THF über Lithiumalanat[4] können Explosionen eintreten.
3. Bei der Zersetzung eines reduzierten Ansatzes in Diäthyläther mit Essigsäure-äthylester trat heftige Explosion ein. Ursache war die Berührung der Lithiumalanat-Kruste an der Wand des Gefäßes mit Essigsäure-äthylester[5].
4. Unzersetzte Reduktionskomplexe sind oft selbstentzündlich bzw. explosionsgefährlich[6, 7].
5. Nitro-Verbindungen können mit Lithiumalanat mit explosionsartiger Heftigkeit reagieren[7, 8].
6. Fluor-carbonsäuren und deren Amide bilden mit Lithiumalanat äußerst explosive Komplexe[9].
7. Beim Nacharbeiten der Vorschrift zur Reduktion von 3,5-Dibrom-cyclopenten mit Lithiumalanat in Diäthyläther ereignete sich eine heftige Explosion[10] (s. a. S. 398).

[1] J. D. Cox, H. S. Turner u. R. J. Warne, Soc. **1950**, 3167.
  E. Bernatek, Acta chem. scand. **8**, 874 (1954).
[2] R. M. Adams, Chem. eng. News **31**, 2334 (1953).
  H. R. Watson, Chem. & Ind. **1964**, 665.
[3] E. Wenkert, D. B. R. Johnson u. K. G. Dave, J. Org. Chem. **29**, 2534 (1964).
[4] R. B. Moffett u. B. D. Aspergren, Chem. eng. News **32**, 4328 (1954).
[5] K. H. C. Bessant u. J. T. Yardley, Chem. & Ind. **1957**, 432.
[6] G. Barbaras et al., Am. Soc. **70**, 877 (1948).
[7] R. F. Nystrom u. W. G. Brown, Am. Soc. **70**, 3738 (1948).
[8] R. H. Wiley, N. R. Smith u. L. H. Knabeschuh, Am. Soc. **75**, 4482 (1953).
[9] T. S. Reid u. G. H. Smith, Chem. eng. News **29**, 3042 (1951).
  D. R. Husted u. A. Ahlbrecht, Am. Soc. **74**, 5422 (1952).
  W. Karo, Chem. eng. News **33**, 1368 (1955).
  B. S. Marks u. G. C. Schweiker, Am. Soc. **80**, 5792 (1958).
  E. R. Bissell u. M. Finger, J. Org. Chem. **24**, 1256 (1959).
[10] P. D. Bartlett u. M. R. Rice, J. Org. Chem. **28**, 3351 (1963).
  C. R. Johnson u. J. E. Keiser, Tetrahedron Letters **1964**, 3327.

Lithiumalanat reduziert eine große Zahl von polaren funktionellen Gruppen. Es reagiert nur wenig selektiv mit

Kohlensäure- (S. 127ff.) und Carbonsäure-Derivaten (S. 146ff.)
Oxo-Verbindungen (S. 277ff.)
Peroxiden (S. 456ff.)
Stickstoff-Verbindungen (S. 468ff.)
Schwefel-Verbindungen (S. 459ff.)
Halogen-Verbindungen (S. 381ff.;)
Elementorganischen Verbindungen

Die C−O-, C−N- und C−S-Bindungen in Alkoholen, Äthern, Acetalen, Aminen, Thiolen, Sulfanen usw. werden nur wenig angegriffen. Das Reduktionsvermögen kann hauptsächlich durch Bortrifluorid-Ätherat (S. 5, 433) oder Aluminiumchlorid (S. 9f., 287f.) modifiziert werden. Mit Nickel(II)-chlorid werden Allyl-phenyl-äther (S. 414), mit Kupfer(II)-chlorid Sulfane (S. 447), mit Titan(IV)-chlorid Thioacetale (S. 450) und mit Eisen(III)-chlorid Azo-Verbindungen (S. 482) der Reduktion zugänglich.

Aldehyde und Ketone lassen sich durch Lithiumalanat/Titan(III)-chlorid reduktiv dimerisieren (S. 286f.).

Bei der Herstellung von **Lithium-tetradeuterido-aluminat**[1]

$$4\,LiD \;+\; AlBr_3 \;\longrightarrow\; Li[AlD_4] \;+\; 3\,LiBr$$

kann das Lithiumbromid durch Herauslösen des Lithium-tetradeuterido-aluminats mit Bis-[2-äthoxy-äthyl]-äther entfernt werden. Die so erhaltene Lösung läßt sich unmittelbar zu Reduktionen einsetzen[2].

Auf ähnliche Weise erhält man aus Lithiumtritierid und Aluminiumchlorid **Lithium-tetratritierido-aluminat**[3], das auch unmittelbar aus Lithiumalanat durch Neutronen-Bestrahlung erhalten wird[4].

Das im Handel erhältliche 95–98%-ige Lithium-tetradeuterido-aluminat ist farblos bis grau. Es kann sich an der Luft entzünden, reagiert schnell mit der Luftfeuchtigkeit oder Wasser (unter Bildung von Hydrogendeuterid[5]) und wird zweckmäßig in abgeschmolzenen Ampullen aufbewahrt und im Stickstoffkasten gehandhabt.

Lithium-tetradeuterido-aluminat setzt Kohlensäure-diester (S. 126), Carbonsäuren (S. 150), Orthocarbonsäure-triester (S. 445), Carbonsäure-amide (S. 236) und Nitrile (S. 111 und 120) zu deuterierten Reduktionsprodukten um.

Lithium-alkyl-hydrido-aluminate haben als Reduktionsmittel nur geringe Bedeutung[6] (weiteres s. ds. Handb., Bd. XIII/4, S. 57f.).

Die aus Lithiumalanat mit prim. und tert. Alkoholen gebildeten Lithium-trialkoxy-hydrido-aluminate sind stabile Verbindungen und infolge sterischer Hinderung stereoselektivere Reduktionsmittel als Lithiumalanat selbst[7]. Mit sek. Alkoholen werden dagegen weniger stabile Derivate erhalten, die in Lithium-tetraalkoxy-aluminat und Lithiumalanat disproportionieren können[8] (s. a. S. 46f.).

---

[1] A.F. Le C. Holding u. W.A. Ross, J. appl. Chem. **8**, 321 (1958).

[2] M. Corval u. E. Bengsch, Bl. **1967**, 2295.

[3] K.E. Wilzbach u. L. Kaplan, Am. Soc. **72**, 5795 (1950).

[4] C. Mǎntescu u. A. Genunche, Canad. J. Chem. **41**, 3145 (1963).

[5] I. Wender, R.A. Freidel u. M. Orchin, Am. Soc. **71**, 1140 (1949).

[6] K. Ziegler et al., A. **589**, 91 (1954).

L.I. Sacharkin u. W.W. Gawrilenko, Ž. obšč. Chim. **32**, 689 (1962); Izv. Akad. SSSR **1962**, 1146.

[7] E.C. Ashby, J.P. Sevenair u. F.R. Dobbs, J. Org. Chem. **36**, 197 (1971).

H. Haubenstock, J. Org. Chem. **38**, 1765 (1973).

V.V. Gavrilenko et al., Izv. Akad. SSSR **1979**, 1273; C.A. 91, 123027 (1979).

[8] H. Haubenstock u. E.L. Eliel, Am. Soc. **84**, 2363 (1962).

Lithium-methoxy-trihydrido-aluminat (s. S. 72) und **-dimethoxy-dihydrido-aluminat** (s. S. 74) reduzieren selektiv ungesättigte Alkohole. **Lithium-trimethoxy-hydrido-aluminat** ist nur wenig gruppenselektiver, jedoch viel stereoselektiver als Lithiumalanat[1] (s. S. 334). **Lithium-diäthoxy-dihydrido-**[2] und **-dideuterido-aluminat**[3] reduzieren Carbonsäure-dimethylamide (s. S. 234 f.), **Lithium-triäthoxy-hydrido-aluminat**[2, 4] auch Nitrile zu Aldehyden (s. S. 109).

Lithium-tri-tert.-butyloxy-hydrido-aluminat[5, 6]: Zu einer Lösung von 38 g (1 Mol) Lithiumalanat in 2,5 l abs. Diäthyläther werden unter Rühren und unter Stickstoff langsam 231 g (3,15 Mol) tert.-Butanol in 1 l abs. Diäthyläther getropft. Unter Wasserstoff-Entwicklung scheidet sich gegen Ende der Reaktion ein voluminöser Niederschlag ab. Man dekantiert, wäscht mit Diäthyläther und trocknet; Ausbeute: 254 g (100% d. Th.).

Das Rohprodukt kann durch Extraktion mit Benzol gereinigt werden[7].

Die farblose Verbindung sublimiert i. Vak. bei 280° ohne Zersetzung. Durch Luftfeuchtigkeit wird sie langsam hydrolysiert, an der Luft verliert sie innerhalb vier Tagen 25% ihres Hydrid-Gehaltes.

Löslichkeitsangaben in g/100 g Lösungsmittel bei 25°C:

Diäthyläther	2
1,2-Dimethoxy-äthan	4
Bis-[2-methoxy-äthyl]-äther	41
Tetrahydrofuran	36
Acetonitril	0,4

Lithium-tri-tert.-butyloxy-hydrido-aluminat ist ein äußerst selektives Reduktionsmittel[8]. Es reduziert

Isocyanate zu Formamiden (S. 123)
Carbonsäure-chloride (S. 181 ff.) und -phenylester (S. 192 f.) zu Aldehyden
cyclische Carbonsäure-anhydride zu Lactolen (Formyl-carbonsäuren, s. S. 178)

Bei der Reduktion von prochiralen Ketonen werden die sterisch bevorzugten Alkohol-Epimere erhalten (s. S. 333). In Gegenwart von Triäthyl-boran spaltet es reduktiv den Tetrahydrofuran-Ring (s. S. 425).

Die aus Lithiumalanat mit behinderten Phenolen zugänglichen Hydride sind stereoselektive Reduktionsmittel[9]. Beim Lösen von Lithiumalanat in 2-(2-Äthoxy-äthoxy)-äthanol wird ein Hydrid gebildet, womit bei 120° auch Aromaten hydriert werden können (s. S. 83 f.).

Chirale Lithium-alkoxy-hydrido-aluminate (hergestellt aus Lithiumalanat und chiralen Alkoholen) eignen sich zur asymmetrischen Reduktion prochiraler Gruppen. Die optischen Ausbeuten hängen stark von der Struktur des chiralen Alkohols und des Substrats sowie von den experimentellen Bedingungen (z. B. vom Lösungsmittel) ab. Für asymmetrische Induktionen sollten am Aluminium-Atom fest gebundene zweizähnige Liganden wie vic. Diole oder Amino-alkohole vorhanden sein. Bei der Reduktion zweizähniger Substrate genügen dagegen Lithium-alkoxy-hydrido-aluminate aus monofunktionellen Alkoholen.

[1] H. C. Brown u. P. M. Weissman, Am. Soc. **87**, 5614 (1965).

[2] H. C. Brown u. A. Tsukamoto, Am. Soc. **81**, 502 (1959); **86**, 1089 (1964).

[3] M. Grdinic, D. A. Nelson u. V. Boekelheide, Am. Soc. **86**, 3357 (1964).

[4] O. Schmitz-Dumont u. V. Habernickel, B. **90**, 1054 (1957).
H. C. Brown, C. J. Shoaf u. C. P. Garg, Tetrahedron Letters **1959**, Nr. 3, 9.
H. C. Brown u. C. P. Garg, Am. Soc. **86**, 1085 (1964).

[5] H. C. Brown u. R. F. McFarlin, Am. Soc. **78**, 252 (1956); **80**, 5372 (1958).

[6] H. C. Brown u. B. C. Subba Rao, Am. Soc. **80**, 5377 (1958).

[7] M. Hilal, Tetrahedron Letters **1969**, 2301.

[8] H. C. Brown u. P. M. Weissman, Israel J. Chem. **1**, 430 (1963).
J. Málek u. M. Černý, Synthesis **1972**, 217.

[9] H. Haubenstock, J. Org. Chem. **40**, 926 (1975).
H. Haubenstock u. N.-L. Yang, J. Org. Chem. **43**, 1463 (1978).

Das aus (−)-Menthol hergestellte chirale Hydrid liefert in erster Linie mit zweizähnigen Substraten [β-Amino-ketone, En-(2)-in-(4)-ole (s. S. 74)] gute optische Ausbeuten[1]. Als chirale vic. Diole werden Zucker-[2, 3] und Terpen-Derivate wie cis- und trans-Pinandiol-(2,3)[4] verwendet. Von den Zucker-Derivaten hat sich der Komplex mit 3-O-Benzyl-1,2-O-cyclohexyliden-α-D-glucofuranose am besten bewährt[2, 5] (Vorschrift S. 74).

Bei Anwendung von Amino-alkoholen als Liganden sind tert. Amino-Gruppen wirksam, die sich koordinativ an das zentrale Aluminium-Atom binden können. Chirale 2-Amino-alkohole dieser Gruppe stehen in den China-Alkaloiden zur Verfügung[6]. Zu ähnlichen Zwecken dienen auch chirale 3-Hydroxymethyl-4,5-dihydro-1,2-oxazole[7] und (+)-(2S, 3R)-4-Dimethylamino-3-methyl-1,2-diphenyl-butanol-(2) (Darvon)[8] mit analoger Struktur.

Die aus (+)-(R,R)- bzw. -(−)-(S,S)-Weinsäure-bis-[dimethylamid][9] erhältlichen 1,4-Bis-[dimethylamino]-(2S,3S)- bzw. -(2R,3R)-butandiole-(2,3) haben vier bindungsfähige Gruppen und liefern optische Ausbeuten bis zu 75%.

Lithium-{(−)-1,4-bis-[dimethylamino]-(2S,3S)-butandiol-(2,3)}-dihydrido-aluminat[10]: Unter Rühren werden zu einer Lösung von 51,5 g (1,35 Mol) Lithiumalanat in 1,7 l abs. Diäthyläther unter Stickstoff portionsweise innerhalb 3–5 Stdn. 61 g (0,3 Mol) (+)-(R,R)-Weinsäure-bis-[dimethylamid] gegeben. Anschließend wird mindestens 24 Stdn. unter Rückfluß erhitzt und die Lösung unter Kühlung im Eisbad mit 100 ml (5,5 Mol) Wasser vorsichtig hydrolysiert. Zur vollständigen Zers. rührt man 12 Stdn. bei 20° und engt ein. Der Rückstand wird in einem Heißextraktor 2–3 Wochen mit siedendem Diäthyläther extrahiert und der Auszug destilliert. Ausbeute: 40,5 g (77% d. Th.); $Kp_{0,5}$: 70°; $[\alpha]_D^{20}$: −34,8° (c: 3,5, in Benzol), das man in 1 l abs. Diäthyläther löst und unter Stickstoff und Eiskühlung zu einer gerührten Suspension von 8,3 g (0,22 Mol) Lithiumalanat in 620 ml abs. Diäthyläther gibt. Nach 12stdg. Rühren ist das Reagenz fertig; $[\alpha]_D^{24}$: −76,5 (c: 6, in Diäthyläther).

Über die Reduktion von prochiralen Ketonen s. S. 321 ff.

Prochirale Ketone werden mit dem aus (+)-Campher erhältlichen **Lithium-bis-[(−)-iso-**

[1] O. Červinka, Collect. czech. chem. Commun. **26**, 673 (1961); **30**, 2403 (1965).
R. J. D. Evans, S. R. Landor u. J. P. Regan, Chem. Commun. **1965**, 397; Soc. [Perkin I] **1974**, 552.
O. Červinka u. O. Bělovský, Collect. czech. chem. Commun. **32**, 3897 (1967).
A. Horeau, H.-B. Kagan u. J.-P. Vigneron, Bl. **1968**, 3795.
R. Andrisano, A. S. Angeloni u. S. Marzocchi, Tetrahedron **29**, 913 (1973).
[2] S. R. Landor, B. J. Miller u. A. R. Tatchell, Pr. chem. Soc. **1964**, 227; Soc. [C] **1966**, 1822, 2280; **1967**, 197.
S. R. Landor u. J. P. Regan, Soc. [C] **1967**, 1159.
S. R. Landor et al., Chem. Commun. **1966**, 585; Soc. [Perkin Trans. I] **1974**, 557.
[3] O. Červinka u. A. Fábryová, Tetrahedron Letters **1967**, 1179; Z. **9**, 426 (1969).
N. Baggett u. P. Stribblehill, Soc. [Perkin Trans. I] **1977**, 1123.
[4] H. J. Schneider u. R. Haller, A. **743**, 187 (1971).
R. Haller u. H. J. Schneider, B. **106**, 1312 (1973).
E. D. Lund u. P. E. Shaw, J. Org. Chem. **42**, 2073 (1977).
[5] R. C. Hockett, R. E. Miller u. A. Scattergood, Am. Soc. **71**, 3072 (1949).
[6] O. Červinka, Collect. czech. chem. Commun. **30**, 1684 (1965).
O. Červinka, V. Suchan u. B. Masař, Collect. czech. chem. Commun. **30**, 1693 (1965).
O. Červinka u. O. Bělovský, Collect. czech. chem. Commun. **30**, 2487 (1965); **32**, 3897 (1967); Z. **9**, 448 (1969).
O. Červinka et al., Collect. czech. chem. Commun. **30**, 2484 (1965); Z. **11**, 109 (1971).
R. C. Schulz u. H. Mayerhöfer, Ang. Ch. **80**, 236 (1968).
O. Červinka u. O. Křiž, Collect. czech. chem. Commun. **38**, 294 (1973).
O. Červinka u. J. Fusek, Collect. czech. chem. Commun. **38**, 441 (1973).
O. Červinka, P. Maloň u. H. Procházková, Collect. czech. chem. Commun. **39**, 186 (1974).
[7] A. I. Meyers u. P. M. Kandall, Tetrahedron Letters **1974**, 1337.
A. I. Meyers, G. Knaus u. K. Kamata, Am. Soc. **95**, 268 (1974).
[8] S. Yamaguchi, H. S. Mosher u. A. Pohland, Am. Soc. **94**, 9254 (1972).
S. Yamaguchi u. H. S. Mosher, J. Org. Chem. **38**, 1870 (1973).
C. J. Reich, G. R. Sullivan u. H. S. Mosher, Tetrahedron Letters **1973**, 1505.
K. Kabuto, H. Shindo u. H. Ziffer, J. Org. Chem. **42**, 1742 (1977).
[9] D. Seebach et al., Ang. Ch. **81**, 1002 (1969).
M. Schmidt et al., B. **113**, 1691 (1980).
[10] D. Seebach u. H. Daum, B. **107**, 1748 (1974).

bornyloxy]-dihydrido-aluminat[1] erst nach Zugabe von Aluminiumchlorid asymmetrisch (Meerwein-Ponndorf-Verley-Reaktion) reduziert[2].

Zur Anwendung von Lithiumalanat-Derivaten mit dissymmetrischen Liganden s. Lit.[3].

Das im Handel befindliche 98%ige **Natriumalanat**[4-6] ist salzartiger, polarer und stabiler als Lithiumalanat. An der Luft verliert es den Hydrid-Wasserstoff erst innerhalb einiger Tage. Es ist schwer entzündlich.

Mit Natriumalanat darf nur in scharf getrockneten Lösungsmitteln gearbeitet werden.

In Diäthyläther ist es unlöslich, in THF zu 3 Mol/l, in Bis-[2-methoxy-äthyl]-äther zu 2,2 Mol/l und in 1,2-Bis-[2-methoxy-äthoxy]-äthan zu 2,8 Mol/l löslich. Infolge Solvatbildung läuft der Lösungsvorgang langsam ab. THF wird von Natriumalanat nicht wesentlich stärker gebunden als Diäthyläther von Lithiumalanat, doch kann ein solvatfreies Produkt durch Ausfällung mit Diäthyläther leichter als durch Abpumpen hergestellt werden[7]. Auch in Kohlenwasserstoff-Suspension ist Natriumalanat anwendbar (s. S. 112).

Natriumalanat zersetzt sich bei 178–184° nur langsam, bei 290–298° werden Natriumhydrid, Aluminium und Wasserstoff erhalten[8].

Da Natriumalanat thermisch stabiler ist und ein ähnliches Reduktionsvermögen wie Lithiumalanat hat[9], kann es das letztere oft vorteilhaft ersetzen. Der stärkere polare Charakter von Natriumalanat fördert allerdings Additionen und Kondensationen bei der Reduktion von einigen Carbonsäuren (s. S. 148f.) und Estern (s. S. 197f.); Carbonsäure-dimethylamide (s. S. 235) und aromatische Nitrile werden mit Vorteil zu Aldehyden (s. S. 108) reduziert.

Natrium-alkyl-hydrido-aluminate (hauptsächlich aus Natriumhydrid und Organo-aluminium-Verbindungen hergestellt[10]) reduzieren Carbonsäureester (s. S. 193) und aromatische Nitrile selektiv zu Aldehyden. Zu Natrium-diäthyl-dihydrido-aluminat als Reduktionsmittel s. Lit.[11].

Natrium-alkoxy-hydrido-aluminate[12] sind sehr selektive Reduktionsmittel[13].

Natrium-triäthoxy-hydrido-aluminat[14] reduziert z. B. Carbonsäure-dimethylamide (s. S. 231, 234) und aromatische Nitrile (s. S. 108f.).

Natrium-tri-tert.-butyloxy-hydrido-aluminat[12] reduziert Carbonsäure-chloride zu Aldehyden (s. S. 183).

[1] A. A. Bothner-By, Am. Soc. **73**, 846 (1951).
  P. S. Portoghese, J. Org. Chem. **27**, 3359 (1962).
[2] D. Mea-Jacheet u. A. Horeau, Bl. **1966**, 3040.
  D. Nasipuri u. P. K. Bhattacharya, Synthesis **1975**, 701.
[3] R. Noyori, I. Tomino u. Y. Tanimoto, Am. Soc. **101**, 3129 (1979).
  H. Suda et al., Tetrahedron Letters **1979**, 4565.
  M. Nishizawa u. R. Noyori, Tetrahedron Letters **1980**, 2821.
[4] A. E. Finholt et al., J. Inorg. & Nuclear Chem. **1**, 317 (1955).
  L. I. Sacharkin u. V. V. Gavrilenko, Izv. Akad. SSSR **1961**, 2246.
  V. V. Gavrilenko, M. I. Winnikowa u. L. I. Sacharkin, Ž. obšč. Chim. **49**, 82 (1979); engl.: 78.
[5] L. I. Sacharkin u. W. W. Gavrilenko, Izv. Akad. SSSR **1962**, 1146; Ž. neorg. Chim. **11**, 977 (1966).
[6] H. Clasen, Ang. Ch. **73**, 322 (1961).
  L. I. Sacharkin u. V. V. Gavrilenko, Doklady Akad. SSSR **145**, 793 (1962).
  E. C. Ashby, Chem. & Ind. **1962**, 208.
  E. C. Ashby, G. J. Brendel u. H. E. Redman, Inorg. Chem. **2**, 499 (1963).
[7] H. Clasen, Ang. Ch. **73**, 322 (1961).
[8] T. N. Dymowa, N. G. Jelisejewa u. M. S. Seliwochina, Doklady Akad. SSSR **148**, 589 (1963).
[9] A. E. Finholt et al., Am. Soc. **77**, 4163 (1955).
  M. Ferles, Collect. czech. chem. Commun. **24**, 2829 (1959).
[10] H. E. Podall, H. E. Petree u. J. R. Zietz, J. Org. Chem. **24**, 1222 (1959).
  L. I. Sacharkin u. V. V. Gavrilenko, Izv. Akad. SSSR **1960**, 2245; **1962**, 1146; **1965**, 644; **1966**, 142; Ž. obšč. Chim. **32**, 689 (1962).
  V. V. Gavrilenko et al., Izv. Akad. SSSR **1979**, 1273; C. A. **91**, 123027 (1979).
[11] J. E. McMurry et al., J. Org. Chem. **43**, 3249 (1978).
[12] L. I. Sacharkin, D. N. Maslin u. V. V. Gavrilenko, Ž. obšč. Chim. **36**, 200 (1966); Ž. org. Chim. **2**, 2197 (1966).
[13] J. Málek u. M. Černý, Synthesis **1972**, 217.
[14] O. Schmitz-Dumont u. V. Habernickel, B. **90**, 1054 (1957).
  O. Schmitz-Dumont u. G. Bungard, B. **92**, 2399 (1959).
  G. Hesse u. R. Schrödel, Ang. Ch. **68**, 438 (1956); A. **607**, 24 (1957).

Natrium-bis-[2-methoxy-äthoxy]-dihydrido-aluminat[1] ist in aromatischen Kohlenwasserstoffen und Äthern gut, in Alkanen und Cycloalkanen nicht löslich. Im Handel sind 70 Gewicht%ige Lösungen in Benzol erhältlich, worin das Hydrid assoziiert vorliegt[2].

Die Lösung entzündet sich nicht an der Luft, beim Berühren mit einem trockenen Tuch oder cellulosehaltigem Material kann sie dagegen **entflammen**. Die Reduktionen können von der Luftfeuchtigkeit geschützt bis 170° durchgeführt werden. Für Reduktion bei höheren Temperaturen wird das Benzol z. B. gegen Xylol ausgetauscht (s. S. 171).

Das mit äquimol. Wasser gebildete Hydrolyseprodukt bleibt im Benzol gelöst:

$$Na[AlH_2(OCH_2-CH_2-OCH_3)_2] + H_2O \xrightarrow[-2H_2]{} Na[AlO(OCH_2-CH_2-OCH_3)_2]$$

Bei völliger Hydrolyse wird 2-Methoxy-äthanol gebildet.

Infolge seiner thermischen Stabilität liegt die Anwendung des Hydrids in erster Linie bei der Durchführung von Reduktionen bei höheren Temperaturen; z. B.:

Carbonsäuren (S. 170f.), Carbonsäure-Salze (S. 173f.), Carbonsäureester (S. 220), Aldehyde, Ketone (S. 286), Alkohole (S. 409) zu Kohlenwasserstoffen
Reduktive Spaltung von Sulfonamiden (S. 462)
Carbonsäureester (S. 193f.), N-Acyl-saccharine (S. 265) und Nitrile[3] zu Aldehyden
Phthalimide zu Isoindolen (S. 258)
Nitrobenzole zu Hydrazobenzolen (S. 475)
α-Nitro-olefine zu gesättigten Aminen (S. 79f.)

α_4) Organo-siliciumhydride und Trichlor-siliciumhydrid[4]

Organo-siliciumhydride erhält man allgemein durch Reduktion der entsprechenden Chlor- und Alkoxy-siliciumhydride mit Lithiumalanat[5] oder durch Alkylierung von Organo-metallen mit Halogen-siliciumhydriden[6].

Trichlor-siliciumhydrid[7]. Es ist eine farblose, sehr leicht bewegliche und an der Luft **leicht entzündliche** Flüssigkeit, so daß die Reduktionen unter Inertgas durchgeführt werden müssen. An der Luft raucht es stark und hydrolysiert schon in kaltem Wasser. Die Verbrennung von Trichlor-siliciumhydrid verläuft **explosionsartig** unter einer eigenartigen Lichterscheinung.

Achtung: Bei der Reduktion von Diphenyl-sulfoxid mit Trichlor-siliciumhydrid in Acetonitril trat eine heftige **Explosion** auf[8] (s. S. 466).

Es reduziert Carbonsäuren zu Kohlenwasserstoffen[9] (s. S. 171f.), Carbonsäureester (S. 219), Lactone (S. 225f.) und Acetale (S. 434) zu Äthern. Auch Halogen-alkane werden hydriert (S. 393).

Das am meisten verwendete **Triäthyl-siliciumhydrid**[10] ist in Wasser unlöslich, in den meisten organischen Lösungsmitteln löslich und gegenüber Säuren und Basen stabil.

[1] B. Cásenský, J. Macháček u. K. Abraham, Collect. czech. chem. Commun. **36**, 2648 (1971); **37**, 1178, 2537 (1972).
    J. Macháček u. B. Čásenký, Collect. czech. chem. Commun. **43**, 1441 (1978).
[2] I. Véle, J. Fusek u. O. Štrouf, Collect. czech. chem. Commun. **37**, 3063 (1972).
[3] I. Stibor, M. Janda u. J. Šrogl, Z. **10**, 342 (1970).
[4] S. a. ds. Handb., Bd. XIII/5.
[5] A. E. Finholt et al., Am. Soc. **69**, 2692 (1947).
    H. Gilman et al., Am. Soc. **73**, 3404, 4640 (1951).
    H. J. Emeléus u. L. E. Smythe, Soc. **1958**, 610.
    R. A. Benkeser et al., Am. Soc. **74**, 648, 5414 (1952); **83**, 3716 (1961).
    L. H. Sommer u. O. F. Bennett, Am. Soc. **81**, 251 (1959).
    O. W. Steward u. O. R. Pierce, Am. Soc. **83**, 4932 (1961).
    J. D. Citron, J. E. Lyons u. L. H. Sommer, J. Org. Chem. **34**, 638 (1969).
[6] M. Weidenbruch u. W. Peter, Ang. Ch. **87**, 670 (1975).
[7] F. C. Whitmore, E. W. Pietrusza u. L. H. Sommer, Am. Soc. **69**, 2108 (1947).
[8] R. A. Benkeser, Chem. eng. News **56**, Nr. 32, 107 (1978).
[9] J. Šrogl et al., Z. **1971**, 421.
[10] C. A. Kraus u. W. K. Nelson, Am. Soc. **56**, 195 (1934).
    F. C. Whitmore, E. W. Pietrusza u. L. H. Sommer, Am. Soc. **69**, 2108 (1947).
    J. W. Jenkins et al., J. Org. Chem. **13**, 862 (1948); **15**, 556 (1950).
    C. Eaborn, Soc. **1949**, 2755; **1950**, 3077; **1955**, 2517.

$$Cl_3SiH \quad + \quad 3H_5C_2\text{—}MgCl \quad \longrightarrow \quad (H_5C_2)_3SiH \quad + \quad 3MgCl_2$$

Polymethyl-hydrido-siloxan (s. S. 389) entsteht bei der Hydrolyse des Methyl-dichlor-siliciumhydrids[1].

Lediglich aktivierte Organo-siliciumhydride können zu Reduktionen verwendet werden. Am einfachsten laufen die Umsetzungen von ionisierbaren Gruppen in starken Säuren ab, da der Hydrid-Transfer vom Organo-siliciumhydrid auf ein ausgebildetes Carbokation erfolgt[2]. Auf diese Weise können reduziert werden:

Oxo-carbonsäuren zu Lactonen (s. S. 313)
Aldehyde, Ketone (S. 280, 285 f.), Chinone zu Alkoholen bzw. Kohlenwasserstoffen
Alkohole (S. 411 f.), Äther (S. 414) zu Kohlenwasserstoffen
Aldehyde, Ketone (S. 282 f.), Acetale (S. 434) zu Äthern
α,β-ungesättigte Ketone (S. 301 f.), Azomethine (S. 362), Thiophene (S. 99), Olefine (S. 67 ff.) selektiv an der C=C-Doppelbindung und C=N-Doppelbindung
Disulfane zu Thiolen[3]

Die Reduktionen lassen sich durch Katalyse von Übergangsmetallen, deren Salzen und durch Radikal-Bildner beeinflussen.

Hydrogenolytische Spaltung von Carbamidsäure- (s. S. 131) bzw. Carbonsäure-benzylestern[4]
Carbonsäure-chloride zu Aldehyden (S. 185)
Carbonsäure-fluoride zu Carbonsäureestern (S. 189) (die Alkohol-Komponente entstammt dem Acyl-fluorid)
Aromatische Aldehyde zu Kohlenwasserstoffen (S. 285)
Nitro-aromaten zu Aminen (S. 478)
Olefine zu Alkanen[5] (s. S. 67)
Alkyl- und Aryl-chloride bzw. -bromide zu Kohlenwasserstoffen[6] (s. a. S. 391 ff.)
Auch die Hydrolyse[7] und Alkoholyse[8] von Trialkyl-siliciumhydrid läuft in Gegenwart von Übergangsmetall-Katalysatoren glatt

Die Reaktionen verlaufen mit **Trialkyl-silicium-deuteriden** analog (s. S. 69).

Triäthyl-silizium-deuterid[9]: Zu einer Aufschlämmung von 1 g (23 mMol) Lithium-tetradeutero-aluminat (96% D) in 60 ml abs. Äther werden unter Rühren, unter Stickstoff innerhalb 30 Min. 12,3 g (82 mMol) Chlor-triäthyl-silan getropft. Man erhitzt 2 Stdn. am Rückfluß, versetzt mit Äther und 5 g Eis und danach vorsichtig mit 50 ml eiskalter 25%iger Schwefelsäure. Die Äther-Schicht wird abgetrennt, die wäßr. Schicht 2 mal mit 20 ml Äther extrahiert, die vereinigten Äther-Phasen werden mit 20 ml 25%iger Schwefelsäure, 10%iger Natronlauge und Wasser gewaschen und über Magnesiumsulfat getrocknet. Man fraktioniert über eine 10-cm-Vigreux-Kolonne; Ausbeute 5,52 g (57% d. Th.); Kp: 105–106,5°.

Triäthyl-silizium-tritierid[10]: 88 mg (4 mMol) Lithium-tetratritio-boranat (Aktivität: 1 Ci/mMol) werden unter Stickstoff in 4 ml absol. THF bei 50° mit 0,6 g (4 mMol) Chlor-triäthyl-silan versetzt. Das Produkt wird i. Vak. in eine auf −70° gekühlte Vorlage destilliert; Ausbeute: 0,47 g (98% d. Th.); Aktivität: 0,2 Ci/mMol.

α_5) Organo-zinnhydride[11]

Die Herstellungen von **Triphenyl-** (Bd. XIII/6, S. 257; weitere Methoden mit Vorschrift s. Bd. XIII/8, S. 264), **Triäthyl-** (Bd. XIII/6, S. 258, 259, 260, 262), **Trimethyl-** (Bd. XIII/6, S. 263) und **Tributyl-zinnhydrid** (Bd. XIII/6, S. 256, 260, 262) werden in diesem Handb., Bd. XIII/6 besprochen, so daß hier nicht weiter darauf eingegangen wird.

---

[1] S. Nitzsche u. M. Wick, Ang. Ch. **69**, 96 (1957).
[2] D. N. Kursanow, S. N. Parnes u. N. M. Loim, Synthesis **1974**, 633.
[3] M. I. Kalinkin, S. N. Parnes u. D. N. Kursanow, Doklady Akad. SSSR **180**, 1370 (1968).
[4] H. Sugiyama, S. Tsuchiya u. S. Seto, Tetrahedron Letters **1974**, 3291.
[5] J. Lipowitz u. S. A. Bowman, J. Org. Chem. **38**, 162 (1973).
[6] J. D. Citron, J. E. Lyons u. L. H. Sommer, J. Org. Chem. **34**, 638 (1969).
[7] G. H. Barnes u. N. E. Daughenbaugh, J. Org. Chem. **31**, 885 (1966).
[8] L. H. Sommer u. J. E. Lyons, Am. Soc. **89**, 1521 (1967).
[9] M. P. Doyle, C. C. McOsker u. C. T. West, J. Org. Chem. **41**, 1393 (1976).
[10] G. Guillerm et al., J. Org. Chem. **42**, 3776 (1977).
[11] S. a. ds. Handb., Bd. XIII/6.

Auch **Diphenyl-zinn-dihydrid** (Herstellung s. ds. Handb. Bd. XIII/6, S. 258 u. S. 451) und auf Polystyrol auf-
getragenes **Dibutyl-zinn-dihydrid**[1] wird zu Reduktionen eingesetzt.
Zur Herstellung **markierter** Organo-zinnhydride s. Lit.[2].

Organo-zinnhydride sind autoxidabel, so daß die Reduktionen unter Inertgas durchgeführt werden müssen.

Unter Schutzgas bei 0° halten sich Monohydride praktisch unbegrenzt, Dihydride mehrere Monate, während
Trihydride schon nach 2–3 Tagen in polymere Produkte übergehen. Beim Destillieren der Di- und Trihydride
sollte die Badtemp. nicht über 50° steigen, da sonst plötzliche Zersetzungen eintreten können. Bei 0° werden die
Organo-zinnhydride nur langsam hydrolysiert.

Bei der Handhabung muß auch die **Toxizität** berücksichtigt werden[3]. Vor einem Kontakt sollen die Hände, vor den Dämpfen die Atmungsorgane sorgfältig geschützt werden.

Die Sn−H-Bindung ist schwächer und weniger polar als die B−H- und Al−H-Bindun-
gen und kann sowohl unter Wasserstoff-Transfer ohne Metallierung als auch unter Hydrostannierung reagieren[4]. Die Reaktionen laufen hauptsächlich radikalisch ab, so daß
sie thermisch, photochemisch oder durch Radikal-Bildner, initiiert werden können. Zu
den Reduktionen werden hauptsächlich Monohydride, in einigen Fällen, z.B. bei Oxo-
Verbindungen auch Dihydride mit stärkerem Reduktionsvermögen angewendet.

Organo-zinnhydride sind in erster Linie als selektive Reduktionsmittel für Halogenide von Bedeutung (s.S. 388ff.):

Halogen-ester (S. 396f.), -amide, -nitrile, -ketone (S. 396) usw. werden selektiv dehalogeniert
Chlorameisensäureester zu Ameisensäureestern (S. 126)
Isocyanate zu Formamiden (S. 123)
Isonitrile zu Kohlenwasserstoffen (S. 101)
Carbonsäure-chloride zu Aldehyden (unter Bildung von Carbonsäureestern) (s.S. 184f., 189)
Carbonsäureester zu Kohlenwasserstoffen (S. 221)
Oxo-Verbindungen zu Alkoholen (S. 280ff.)
Azomethine zu Aminen (S. 362)
Disulfane zu Thiolen (S. 467)
Nitro-Gruppen werden nur in gewissen Fällen angegriffen[5]
α,β-ungesättigte Ketone selektiv an der C=C-Doppelbindung (S. 302)
Hydrostannierung bei ungesättigten Estern und Nitrilen, sowie bei Alkinen und Alkenen

Zu analogen Reduktionen mit **Organo-zinn-deuteriden** s.S. 82f.

---

[1] N.M. WEINSHENKER, G.A. CROSBY u. J.Y. WONG, J. Org. Chem. **40**, 1966 (1975).
[2] K. KÜHLEIN, W.P. NEUMANN u. H. MÖHRING, Ang. Ch. **80**, 438 (1968).
  G.M. WHITESIDES u. J. SAN FILIPPO, Am. Soc. **92**, 661 (1970).
  H. PARNES u. J. PEASE, J. Org. Chem. **44**, 151 (1979).
  S. ds. Handb., Bd. XIII/6, S. 264f.
[3] P. SMITH u. L. SMITH, Chem. Brit. **11**, 208 (1975).
  A.R. BYRNE, Chem. Brit. **11**, 376 (1975).
  S. ds. Handb., Bd. XIII/6, S. 196f.
[4] W.P. NEUMANN, Ang. Ch. **76**, 849 (1964).
  H.G. KUIVILA, Synthesis **1970**, 499.
[5] J.G. NOLTES u. G.J.M. VAN DER KERK, Chem. & Ind. **1959**, 294.
  H.C. KUIVILA u. O.F. BEUMEL, Am. Soc. **83**, 1246 (1961).
  W. TROTTER u. A.C. TESTA, Am. Soc. **90**, 7044 (1968).
  S. ds. Handb., Bd. XIII/6, S. 451ff.

α_6) Hydrid-Komplexe der Übergangsmetalle

Die Hydrid-Komplexe der Metalle der IV–VIII.-Nebengruppe[1] sind als Katalysatoren für homogene Hydrierungen von Bedeutung[2,3].

Zum Einsatz von Übergangsmetallhydrid-Kluster-Komplexen s. Lit.[4].

Kalium-tetracarbonyl-hydrido-ferrat kann in Form einer einfach herstellbaren Reduktionslösung vielseitig angewendet werden[5,6].

Kalium-tetracarbonyl-hydrido-ferrat-Reduktionslösung[6]: 1,5 *ml* (11 mMol) Pentacarbonyleisen (**toxisch**), 33 *ml* n Kaliumhydroxid-Lösung in Äthanol und 17 *ml* Äthanol werden unter Kohlenmonoxid oder Stickstoff 2 Stdn. bei 20° gerührt. Man erhält eine braune Lösung mit farblosem Niederschlag (Kaliumcarbonat), der aber nicht stört. Zur Herstellung einer trockenen Lösung wird i. Vak. eingeengt und der Rückstand in 50 *ml* abs. Äthanol gelöst.

Zum Einsatz an einem Anionenaustauscherharz gebunden s. Lit.[7].

Es reduziert Oxo-Gruppen nur langsam, so daß es zur reduktiven Aminierung von Aldehyden und Ketonen angewendet werden kann[8,9] (s. S. 362). Selektiv werden Brom-ketone zu Ketonen reduziert (S. 396), α,β-ungesättigte Ketone zu gesättigten Ketonen (S. 302) und Thioketone zu Kohlenwasserstoffen (S. 346). Enamine[8,10] (s. S. 78), Nitro- und Nitroso-Gruppen werden zu Aminen und Azobenzol zu Anilin[11] reduziert. Oxirane werden aufgespalten[6] bzw. zu Olefinen desoxygeniert[12].

Tetramethylammonium-tetracarbonyl-hydrido-ferrat(0) (Herstellungsvorschrift S. 185) reduziert Carbonsäure-chloride selektiv zu Aldehyden (S. 185).

[1] M. L. H. GREEN, L. PRATT u. G. WILKINSON, Soc. **1959**, 3753.
M. L. H. GREEN, Ang. Ch. **72**, 719 (1960).
A. DAVISON, M. L. H. GREEN u. G. WILKINSON, Soc. **1961**, 3176.
L. VASKA, Am. Soc. **83**, 756 (1961).
J. L. THOMAS, Am. Soc. **97**, 5943 (1975).
H. D. KAESZ u. R. B. SAILLANT, Chem. Reviews **72**, 231 (1972).
R. R. SCHROCK u. J. A. OSBORN, Am. Soc. **98**, 2134, 2143 (1976).
A. ZASK u. P. HELQUIST, J. Org. Chem. **43**, 1619 (1978).
[2] Y. M. Y. HADDAD et al., Pr. chem. Soc. **1964**, 361.
J. TROCHA-GRIMSHAW u. H. B. HENBEST, Chem. Commun. **1968**, 757.
H. B. HENBEST u. T. R. B. MITCHELL, Soc. [C] **1970**, 785.
E. L. ELIEL et al., Org. Synth. **50**, 13 (1970).
R. J. KINNEY, W. D. JONES u. R. G. BERGMAN, Am. Soc. **100**, 635 (1978).
[3] R. G. HAYTER, Am. Soc. **83**, 1259 (1961).
M. F. SLOAN, A. S. MATLACK u. D. S. BRESLOW, Am. Soc. **85**, 4014 (1963).
J. A. OSBORN et al., Soc. [A] **1966**, 1711.
I. JARDINE u. F. J. McQUILLIN, Tetrahedron Letters **1966**, 4871.
G. W. PARSHALL, Inorg. Synth. **15**, 45 (1974).
[4] H. D. KAESZ, Chem. Brit. **9**, 344 (1973).
G. SCHMID, Ang. Ch. **90**, 417 (1978).
J. P. COLLMAN et al., Am. Soc. **100**, 1119 (1978).
T. ITOH, T. NAGANO u. M. HIROBE, Tetrahedron Letters **1980**, 1343.
[5] P. KRUMHOLZ u. H. M. A. STETTINER, Am. Soc. **71**, 3035 (1949).
H. W. STERNBERG, R. MARKBY u. I. WENDER, Am. Soc. **79**, 6116 (1957).
[6] Y. TAKEGAMI et al., Bl. chem. Soc. Japan **40**, 1456 (1967).
[7] G. CAINELLI, F. MANESCALCHI u. A. UMANI-RONCHI, J. Org. Chem. **43**, 1598 (1978).
[8] T. MITSUDO et al., Bl. chem. Soc. Japan **44**, 302 (1971).
[9] Y. WATANABE et al., Tetrahedron Letters **1974**, 1879; Chemistry Letters **1974**, 1265; **1975**, 699.
G. P. BOLDRINI, M. PANUNZIO u. A. UMANI-RONCHI, Synthesis **1974**, 733.
[10] T. MITSUDO et al., Bl. chem. Soc. Japan **48**, 1506 (1975).
[11] Y. WATANABE et al., Bl. chem. Soc. Japan **48**, 1478 (1975).
[12] Y. TAKEGAMI et al., Bl. chem. Soc. Japan **41**, 158 (1968); **42**, 202 (1969).

Organo-kupfer-Verbindungen[1] und komplexe Kupfer(I)-hydride[2, 3] werden hauptsächlich zur Reduktion von Sulfonsäureestern (s. S. 444) und Halogen-Verbindungen (S. 388) zu den Kohlenwasserstoffen und zur selektiven Sättigung der C=C-Doppelbindung in α,β-ungesättigten Carbonyl-Verbindungen (s. S. 302) eingesetzt.

β) Arbeitsmethodik

Das Reduktionsvermögen und die damit verbundene Selektivität der Hydride werden stark von den experimentellen Bedingungen beeinflußt.

Komplexe Metallhydride greifen gesättigte und ungesättigte Kohlenwasserstoffe, sowie C−O- und C−N-Bindungen in Alkoholen, Äthern, Acetalen und Aminen nur ausnahmsweise an, ähnlich werden Fluor-Atome durch Hydride nur in speziellen Fällen hydrogenolytisch abgespalten (s. z. B. S. 132;). Aus Tab. 3 (S. 38) ist das Reduktionsvermögen der gebräuchlichsten Hydride ersichtlich, die analogen Verbindungen haben meist ein ähnliches, oft (z. B. bei den komplexen Aluminiumhydriden) selektiveres Reduktionsvermögen. Die in der Tab. angegebenen Zeichen sind nur mit Einschränkungen gültig (spezielle Fälle, wenn die vorliegenden Gruppen z. B. durch Konjugation in Wechselwirkung stehen, wurden nicht aufgenommen).

Neben den Standard-Reduktionen sind Partial- oder Halbreduktionen und Total- oder Vollreduktionen bekannt. In einer Standard-Reduktion wird das normale Reduktionsprodukt z. B. aus einem Carbonsäureester der entsprechende Alkohol, in der milderen Partialreduktion der Aldehyd und in der strengeren Totalreduktion der Kohlenwasserstoff erhalten. Vollreduktionen werden weniger exakt auch als Reduktionen aller reduzierbaren Gruppen in einem Molekül bezeichnet. Eine Reduktion kann regioselektiv (chemoselektiv) und stereo- bzw. enantioselektiv ablaufen (s. S. 321 u. 336). Regioselektiv verläuft z. B. die Halbreduktion von Carbonsäure-anhydriden (S. 175 ff.) und von Dicarbonsäure-imiden (S. 253 f.) an der höher substituierten Carbonyl-Gruppe ab. Dicarbonsäuren (S. 152), Dicarbonsäure-diester (S. 201), Diketone (S. 295 ff.), Dihalogenide (S. 390, 393, 402) und Diene (S. 61 f.) können ebenfalls regioselektiv reduziert werden. Die selektive Reduktion von verschiedenen funktionellen Gruppen wird als Gruppenselektivität bezeichnet.

Die zur Reduktion notwendige Hydrid-Menge hängt nicht nur von der Struktur der zu reduzierenden Gruppe, sondern auch vom Reaktionsmechanismus ab. Bei selektiven Re-

---

[1] R. Heck, Adv. Organometallic Chem. **4**, 243 (1966).
H. O. House u. M. J. Umen, J. Org. Chem. **38**, 3893 (1973).
[2] S. A. Bezman et al., Am. Soc. **93**, 2063 (1971).
S. Masamune, P. A. Rossy u. G. S. Bates, Am. Soc. **95**, 6452 (1973).
R. K. Boeckman u. R. Michalak, Am. Soc. **96**, 1623 (1974).
S. Masamune, G. S. Bates u. P. E. Georghiou, Am. Soc. **96**, 3686 (1974).
T. Yoshida u. E. Negishi, Chem. Commun. **1974**, 762.
E. C. Ashby, T. F. Korenowski u. R. D. Schwartz, Chem. Commun. **1974**, 157.
M. F. Semmelhack u. R. D. Stauffer, J. Org. Chem. **40**, 3619 (1975).
E. C. Ashby u. J. J. Lin, Tetrahedron Letters **1975**, 4453.
E. C. Ashby, J. J. Lin u. R. Kovar, J. Org. Chem. **41**, 1939 (1976).
E. C. Ashby, A. B. Goel u. J. J. Lin, Tetrahedron Letters **1977**, 3695.
M. F. Semmelhack, R. D. Stauffer u. A. Yamashita, J. Org. Chem. **42**, 3180 (1977).
E. C. Ashby, J. J. Lin u. A. B. Goel, J. Org. Chem. **43**, 183, 757 (1978).
T. N. Sorrell u. R. J. Spillane, Tetrahedron Letters **1978**, 2473.
[3] G. M. Whitesides et al., Am. Soc. **91**, 6542 (1969).
E. Wiberg u. W. Henle, Z. Naturf. **7b**, 250 (1952).
R. G. R. Bacon u. H. A. O. Hill, Soc. **1964**, 1112.
J. A. Dilts u. D. F. Shriver, Am. Soc. **90**, 5769 (1968).
G. M. Whitesides u. J. San Pilippo, Am. Soc. **92**, 6611 (1970).
M. A. Kasankowa et al., Ž. obšč. Chim. **42**, 2133 (1972); engl.: 2119.

duktionen ist es meistens zweckmäßig, bei niedrigen Temperaturen invers zu arbeiten, um einen Überschuß an Reduktionsmittel zu vermeiden[1].

Natrium- und Kaliumboranat können als Pulver gefahrlos zur Reaktionsmischung gegeben werden; Lithiumalanat, Diboran und Bis-[2-methyl-propyl]-aluminiumhydrid werden als Lösung zugetropft oder mit einer Injektionsspritze eingegeben (s.z.B. S. 226 u. S. 233).

Stickstoff als Inertgas sollte nur hochgereinigt eingesetzt werden. Weiteres über das Arbeiten unter Ausschluß von Sauerstoff und Luftfeuchtigkeit s.ds. Handb., Bd. I/2, S. 326ff. sowie Literatur[2], über die Vorsichtsmaßnahmen bei der Arbeit mit den erwähnten Hydriden s.S. 5, 11 und 27, sowie ds. Handb., Bd. I/2, S. 397ff., 887ff. und XIII/4 19ff.

Der Einfluß des Lösungsmittels ist besonders bei Reduktionen mit Natriumboranat ausgeprägt (s. Tab. 2, S. 20). Auch Diboran kann z.B. Halogen-alkane, die es sonst nicht angreift, in Nitromethan reduzieren (s.S. 388). Bei der Reduktion von Zuckersäure-lactonen mit Natriumboranat in wäßriger Lösung werden beim $p_H 3-4$ Aldosen, beim $p_H 8$ Zuckeralkohole gebildet (s.S. 222f. u. 224f.). In Methanol können sich in Gegenwart von Natriumboranat aus Oxo-Verbindungen Acetale[3] oder Methyläther[4] bilden, Äthylester werden leicht zu den Methylestern umgeestert (s.S. 317). Die Reaktion kann bei Anwendung von Triäthyl-siliciumhydrid zur Herstellung von Äthern auch präparativ ausgenützt werden[5] (weiteres s.S. 282f.).

Weitere Nebenreaktionen laufen bei Reduktionen sauerstoffhaltiger Gruppen zu Olefinen und Äthern mit Lithiumalanat unter Eliminierung von Metallhydroxid bzw. -oxid ab[6]. Erstere werden hauptsächlich von β-Dicarbonyl-Verbindungen gebildet (s.S. 204 u. 296). Spaltung einer C−C-Bindung mit komplexen Metallhydriden tritt dann auf, wenn die Bildung eines Carbanions durch elektronenanziehende Gruppen gefördert wird (s.S. 204 u. 472f.). Präparative Bedeutung hat die reduktive Fragmentierung (s.S. 443). Da Umlagerungen mit Lithiumalanat in der Literatur zusammenfassend beschrieben sind[7], sei an dieser Stelle lediglich auf die präparativ wichtigen reduktiven Umlagerungsreaktionen verwiesen:

Oxirane (S. 418)   Nitro-cycloalkane (S. 471)   Phenacyl-halogenide (S. 308f.)
Enoläther von β-Diketonen (S. 306ff.)   Oxime (S. 378ff.)

Auch bei Reduktionen mit Natriumboranat (S. 143) und Lithiumboranat (S. 212) werden Umlagerungen beobachtet. Einige Verbindungen neigen bei der Reduktion mit Lithiumalanat zur Dimerisierung[8].

---

[1] Als normale oder direkte Zugabemethode wird in Analogie zur Grignard-Reaktion die Zugabe der zu reduzierenden Verbindung zur Reduktionslösung bezeichnet, als inverse die Zugabe der Reduktionslösung zur Lösung der zu reduzierenden Substanz.

[2] W.S. Johnson u. W.P. Schneider, Org. Synth., Coll. Vol. IV, 132 (1963).
  D.F. Shriver, *The Manipulation of Air-Sensitive Compounds*, McGraw-Hill Book Company, New York 1969.
  H.C. Brown, *Organic Syntheses Via Boranes*, John Wiley & Sons, Inc./Interscience Publishers, Inc., New York 1975.

[3] D. Baxendale et al., Soc. [C] **1971**, 2563.

[4] T.A. Mashburn u. C.R. Hauser, J. Org. Chem. **26**, 1671 (1961).
  F.C. Uhle, J. Org. Chem. **26**, 2998 (1961).
  E. Schreier, Helv. **46**, 2940 (1963).
  B.J. Bergot u. L. Jurd, J. Heterocyclic Chem. **1**, 158 (1964).
  R.K. Murray u. K.A. Babiak, Tetrahedron Letters **1974**, 311.

[5] M.P. Doyle, D.J. DeBruyn u. D.A. Kooistra, Am. Soc. **94**, 3659 (1972).

[6] L. Schieler u. R.D. Sprenger, Am. Soc. **73**, 4045 (1951).
  A.T. Blomquist u. A.G. Cook, Chem. & Ind. **1960**, 873.
  E. Buchta u. F. Andree, A. **639**, 9 (1961).

[7] S. Chen, Synthesis **1974**, 691.

[8] L.W. Trevoy u. W.G. Brown, Am. Soc. **71**, 1675 (1949).
  E.L. Eliel, Am. Soc. **71**, 3970 (1949).
  E.D. Bergmann et al., Bl. **1951**, 661; **1952**, 268.
  L.M. Soffer u. M. Katz, Am. Soc. **78**, 1705 (1956).
  Y. Arata, H. Kato u. T. Shioda, J. pharm. Soc. Japan **88**, 614 (1968).

Tab. 3: Reduktion mit Hydriden (und anschließender Protonolyse der hydrometallierten Gruppen)

Reduktion	Li[AlH₄]	Li[AlH₄]/4AlCl₃	Na[BH₄]ˣ	Na[BH₄]/AlCl₃	Na[BH₃CN]	Na[BH₂S₃]	Li[BH(C₂H₅)₃]	B₂H₆	AlH₃	a	(H₅C₂)₃SiH	(H₉C₄)₃SnH	b
R–COOH → R–CH₂OH	+	+	–	+	–	–		+	+	+	–	–	3
R–COONa → R–CH₂–OH	+	+	–	–	–	–		–	+	+	–	–	2
R–COCl → R–CH₂–OH	+	+	+	+	–	–		±	+	+	+	+	2
R–COOR¹ → R–CH₂–OH+R¹–OH	+	+	±	+	–	–	+	±	+	+	±	±	2
R–CON(R¹)₂ → R–CH₂–N(R¹)₂	+	+	±	+	–	–	+	+	+	+	±	–	2
R–CN → R–CH₂–NH₂	+	+	±	+	+	+	–	+	+	+	–	–	1
R–CHO → R–CH₂–OH	+	+	+	+	+	+	–	+	+	+	+	+	1
R₂CO → R₂CH–OH	±	±	+	+	+	+	+	±	–	+	+	±	2
R–OH → R–H	±	±	–	–	–	+	+	±	±	±	±	–	
R–O–R¹ → R–OH + R¹–H	±	±	–	–	–	+	+	±	+	±	±	–	1
R₂C(–O–)CR₂ (Epoxid) → R₂CH–CR₂–OH	+	+	±	+	–	+	+	+	+	+	±	–	
R–CH(OR¹)₂ → R–CH₂–OR¹	–	+	–	–	–	–	–	+	±	+	+	+	
R₂C(OR¹)–SR² → R₂CH–SR²	–	+	–	–	–	–	–	+	±	+	+	+	
R₂C(OR¹)–N(R¹)₂ → R₂CH–N(R¹)₂	+	+	+	+	+	+	+	+	+	+	+	+	
R₂C(OH)–OR¹ → R₂CH–OH	+	+	+	+	+	+	+	+	+	+	+	+	
R–O–OH → R–OH	+	+	+	+	+	+	+	+	+	+	+	+	
R–O–OR¹ → R–OH + R¹–OH	+	+	+	+	+	+	+	+	+	+	+	+	
R–O–O–R → 2 R₂CH–OH													
R–NO₂ → R–NH₂	+	–	±	–	–	±	+	–	±	±	±	±	6
R₂C=N–OH → R₂CH–NH–OH	+	+	±	+	+	±		+	+	+	+	+	
R₂C=N–R¹ → R₂CH–NH–R¹	+	±	+	+	+	+	+	+	+	+	+	+	1
R–CH=CH–N(R¹)₂ → R–CH₂–CH₂–N(R¹)₂	–	+	+	+	+	–	+	+	+	+	+	+	
RO–SO₂R¹ → R–H (R–OH)	+	+	+	+	+	+	+	–	±	+	–	±	
R–S–S–R¹ → R–SH + R¹–SH	+	±	+	+	+	–	+	±	+	+	+	+	2
R–Cl (–Br, –J) → R–H	+	+	+	±	+	–	+	±	–	–	+	+	1
R₂C=CR₂ → R₂CH–CHR₂	±	±	±	+	±	–	+	+	±	±	+	+	

+ reduzierbar
– nicht reduzierbar
± gelegentlich bzw. langsam reduzierbar

x   das Reduktionsvermögen von Natriumboranat hängt vom Medium ab (s. Tab. 2, S. 20)
a   ((H₃C)₂CH–CH₂)₂AlH
b   verbrauchte Hydrid-Äquivalente (nur gültig bei Alkalimetall-alanaten)

Tab. 4: Selektive Reduktionen mit Hydriden

zu reduzierende Gruppe	neben	mit	zu	Vorschrift S.
$-CO-O-CO-OR$	$-CO-NH-$	$Na[BH_4]$	$-CH_2-OH$	127
$-NH-CO-O-CH_2-C_6H_5$	$-COOH$	$(H_5C_2)_3SiH$	$-NH_2$	131
$-COOH$	$-COOR$	B_2H_6	$-CH_2-OH$	153
	$-COOR$	$HSiCl_3$	$-CH_3$	172
	$-CO-NH-$	B_2H_6	$-CH_2-OH$	163 f.
	$-CN$	B_2H_6	$-CH_2-OH$	154
	$-NO_2$	B_2H_6	$-CH_2-OH$	165
	$-NO_2$	$Na[BH_4]/AlCl_3$	$-CH_2-OH$	165 f.
	$-Cl$	AlH_3	$-CH_2-OH$	161
	$-J$	B_2H_6	$-CH_2-OH$	160
$-COCl$	$-COOR$	$Na[BH_4]$	$-CH_2-OH$	188
	$-NO_2$	$Li\{AlH[OC(CH_3)_3]_3\}$	$-CHO$	182
	$-F$	$Li\{AlH[OC(CH_3)_3]_3\}$	$-CHO$	183
	$-Cl$	$Li[AlH_4]$	$-CH_2-OH$	186
	$-Br$	$Li[AlH_4]/AlCl_3$	$-CH_2-OH$	187
$-COOR$	$-O-NH-COOR$	$Li[AlH_4]$	$-CH_2-OH$	133
	$-COOH$	$Na[BH(OCH_3)_3]$	$-CH_2-OH$	201
	$-COOR$	$Li[AlH_4]$	$-CH_2-OH$	201
	$-CN$	$Li[BH_4]$	$-CH_2-OH$	206
	$-NO_2$	AlH_3	$-CH_2-OH$	214
	$-NO_2,-F$	$Na[BH_4]$	$-CH_2-OH$	211
	$-Br$	$Li[AlH_4]/AlCl_3$	$-CH_2-OH$	210 f.
$-CO-N\langle$	$\rangle N-COOR$	B_2H_6	$-CH_2-N\langle$	239
	$-COOR$	B_2H_6	$-CH_2-N\langle$	238
$-CO-\overset{\shortmid}{N}-N\langle$	$-COOR$	B_2H_6	$-CH_2-\overset{\shortmid}{N}-N\langle$	261
$-CO-N_3$	$-CO-NH-$	$Na[BH_4]$	$-CH_2-OH$	264
	$-NO_2;-CO-NH-$	$Na[BH_4]$	$-CH_2-OH$	264
$-CN$	$-CO-\overset{\shortmid}{N}-N\langle$	$Li[AlH_4]$	$-CH_2-NH_2$	117
	$-Cl$	$Na[AlH(OC_2H_5)_3]$	$-CHO$	109
$-CHO$	$-COONa$	$K[BH_4]$	$-CH_2-OH$	315
	$-NO_2$	$Na[BH_4]$	$-CH_2-OH$	310
$\rangle C=O$	$-COOH$	$Na[BH_4]$	$\rangle CH-OH$	312, 313 f.
	$-COOH$	$(H_5C_2)_3SiH$	$\rangle CH_2$	313
	$-COONa$	$Na[BH_4]$	$\rangle CH-OH$	315
	$-COOR$	$Na[BH_4]$	$\rangle CH-OH$	318
	$-Cl$	$Na[BH_4]$	$\rangle CH-OH$	309 f.
$\rangle C=N-NH-Tos$	$-COOR$	$Na[BH_3CN]$	$\rangle CH_2$	369
$\overset{R}{\underset{R}{\diagdown}}\diagup_O$	$-Cl$	$Li[AlH_4]$	$R_2C(OH)-CH_3$	417
	$-Cl$	AlH_3	R_2CH-CH_2-OH	418
$-NO$	$-Cl$	B_2H_6	$-NH_2$	478
$-Br$	$-Br$	$(H_9C_4)_3SnH$	$-H$	402
$-C\equiv C-$	$-CH=CH-$	a	$-CH=CH-$	58

a $[(H_3C)_2CH-CH(CH_3)-]_2BH/H_3C-COOH$

Da sich auch die in protonenhaltiger Lösung anwendbaren komplexen Borhydride und Organo-siliciumhydride durch Spuren von Verunreinigungen katalytisch zersetzen, sollten grundsätzlich beim Arbeiten mit einfachen und komplexen Hydriden nur hochreine Lösungsmittel eingesetzt werden. Die allgemeinen Richtlinien zum Reinigen von Lösungsmitteln sind in ds. Handb., Bd. I/2, S. 765 ff. gegeben. An dieser Stelle werden daher lediglich ergänzende Hinweise gegeben.

Tetrahydrofuran:

Peroxidhaltiges THF wegen **Verpuffungs- und Explosionsgefahr** nie einengen[1], bei höherem Peroxid-Gehalt am besten verwerfen. Peroxid-Spuren werden mit Kupfer(I)-chlorid oder Eisen(II)-sulfat bzw. Kochen mit Natriumalanat und Destillation in einem Umlaufdestillations-Apparat unter Stickstoff entfernt. Peroxid-Zerstörung und Entwässerung mit festem Natrium- und Kaliumhydroxid oder 50%iger Natronlauge (früher empfohlene Standard-Methode)[2] kann beim Kochen des noch Peroxid enthaltenden Lösungsmittels **Explosionen** auslösen[3]. Der Peroxid-Gehalt darf nur $< 0,05$ Gew.$\%$ liegen und auch dann muß das THF sehr vorsichtig und in kleinen Portionen mit Alkalimetallhydroxid behandelt werden[4] (ein Peroxid-Gehalt von $> 0,5$ Gew.$\%$ kann mit Alkalimetallhydroxid schon zu schweren **Explosionen** führen). Die Anwendung von Calciumhydrid für die Reinigung ist wegen der **Explosions**gefahr streng verboten[4,5]. THF wird durch Luft und Licht schnell oxidiert. Es absorbiert außerdem Feuchtigkeit. Man bewahrt es gut verschlossen in braunen Flaschen auf und stabilisiert mit $0,025\%$ 4-Methyl-2,6-di-tert.-butyl-phenol oder $0,01\%$ Natriumboranat gegen Oxidation.

Lithiumalanat (im Gemisch mit Aluminiumchlorid)[6] und Diboran[7] greifen THF langsam an. Mit Wasser bildet sich ein Azeotrop mit 94 Gewichts-$\%$ Tetrahydrofuran.

Diäthyläther; 1,2-Dimethoxy-äthan:

Vorentwässerung mit Calciumchlorid und Natriumdraht. Restentwässerung durch Destillation über Lithiumalanat unter Stickstoff[8].

Bis-[2-methoxy-äthyl]-äther; 1,2-Bis-[2-methoxy-äthoxy]-äthan:

Trocknen mit Calciumchlorid, Destillation i. Vak. über Natriumalanat (s.a.S. 31). Lagerung über Molekularsieb (4–5 Å).

Zur Entfernung von Peroxiden aus Äthern wird ferner aktiviertes Aluminiumoxid empfohlen[9]. Niedrigsiedende Äther (z.B. Diäthyläther, Tetrahydrofuran, 1,2-Dimethoxy-äthan und 1,4-Dioxan können durch Kochen über Benzophenon-ketyl-natrium in trockener Stickstoff- oder Argon-Atmosphäre äußerst effektiv getrocknet und von Peroxiden befreit werden[10].

Äther, getrocknete; allgemeine Arbeitsvorschrift[10]: In einem 5-l-Dreihalskolben werden unter Inertgas zu 3 l des zu trocknenden Äthers 30 g Benzophenon und 5 g metallisches Natrium in kleinen Stücken gegeben. Nach Erhitzen unter Rückfluß erscheint die blaue Farbe von Benzophenon-ketyl oder die Purpurfarbe seines Dianions. Die Destillation unter Inertgas ergibt einen äußerst reinen, trockenen, Sauerstoff- und Peroxid-freien Äther, der an der Luft schnell Peroxid bildet. Durch weitere Zugabe von Natrium und Benzophenon zur Reaktionsmischung können ~ 10–20 l Äther gereinigt werden, bevor ein neuer Ansatz angelegt werden muß (Ausbleiben der purpurnen Farbe).

1,2-Dimethoxy-äthan sollte vor dieser Reinigung über Natrium destilliert werden.

HMPT:

Polares, protonenfreies Medium für komplexe Borhydride. Wegen **Carcinogenität** sorgfältiger Umgang erforderlich[11].

Über eine Apparatur zur Aufbewahrung und Entnahme standardisierter Hydrid-Lösungen (s. S. 233, 238f., 250f.) unter trockenem Stickstoff, s. Literatur[12].

---

[1] H. REIN, Ang. Ch. **62**, 120 (1950).
    R. CRIEGEE, Ang. Ch. **62**, 120 (1950).
    J. SCHURZ u. H. STÜBCHEN, Ang. Ch. **68**, 182 (1956).
[2] H. Feuer u. C. SAVIDES, Am. Soc. **81**, 5826 (1959).
    G. WILKINSON, Org. Synth., Coll. Vol. IV, 474 (1963).
    L. SKATTEBØL, E.R.H. JONES u. M.C. WHITING, Org. Synth., Coll. Vol. IV, 794 (1963).
    Merkblatt der BASF, Nr. M 2048d, August 1964.
    H.A. STAAB u. K. WENDEL, Org. Synth., Coll. Vol. V, 203 (1973).
[3] Org. Synth., Coll. Vol. V, 976 (1973).
[4] J.S. COATES, Chem. eng. News **56**, Nr. 6, 3 (1978).
[5] R. HALONBRENNER u. W. KLÄUI, Chem. eng. News **56**, Nr. 6, 3 (1978).
[6] W.J. BAILEY u. F. MARKTSCHEFFEL, J. Org. Chem. **25**, 1797 (1960).
[7] J. KOLLONITSCH, Am. Soc. **83**, 1515 (1961).
[8] D. SEYFERTH u. M.A. WEINER, Org. Synth., Coll. Vol. V, 454 (1973).
    D.E. BUBLITZ, W.E. McEWEN u. J. KLEINBERG, Org. Synth., Coll. Vol. V, 1002 (1973).
[9] E.S. HANSON, Chem. eng. News **56**, Nr. 24, 88 (1978).
[10] A.M. SCHWARTZ, Chem. eng. News **56**, Nr. 24, 88 (1978).
[11] Nature **257**, 735 (1975).
[12] J.F. KING u. R.G. PEWS, Canad. J. Chem. **42**, 1294 (1964).

Aufarbeitung der Reduktionsgemische

Reduktionen mit Hydriden verlaufen entweder als Hydrometallierungen oder unter unmittelbarer Bildung des Reduktionsproduktes. Im ersten Fall muß das Addukt vor der Aufarbeitung zerlegt werden. Die Spaltung erfolgt zumeist bei Zugabe von Wasser, wobei auch der Überschuß an Reduktionsmittel unter Wasserstoff-Entwicklung zerstört wird; bei Organo-boranen müssen in der Regel energischere Bedingungen angewendet werden (s. S. 54 ff.).

Bei der Reduktion mit einfachen und komplexen Aluminiumhydriden ist die Aufarbeitung infolge der Bildung voluminöser Niederschläge oft schwierig. Die berechnete Menge Wasser [gute Kühlung und wirksames Rühren (heftige Reaktion!)] genügt meist nicht, da unumgesetztes Hydrid in der Mischung verbleiben kann. Ein zu großer Überschuß erschwert dagegen die Bildung eines gut filtrierbaren Niederschlages. Der Endpunkt der Zersetzung kann dadurch erkannt werden, daß keine weitere Erwärmung und keine weitere wahrnehmbare Abscheidung mehr stattfindet. Beim Lithiumalanat schlägt die Farbe des Niederschlages von grau nach weiß um.

Zur besseren Trennung der Phasen wird ein Zusatz von Natronlauge empfohlen, wodurch ein körniger und leichter filtrierbarer Niederschlag anfallen soll[1,2] (s. z. B. S. 356 f. u. 363).

Zur Zersetzung des Reduktionsgemisches werden auch wäßrige Äther (Diäthyläther, Tetrahydrofuran, 1,4-Dioxan) verwendet. Eine Alkoholyse verläuft oft unvollständig (s. S. 211). Essigsäure-äthylester bildet mit Lithiumalanat **explosive Gemische**, so daß Lithiumalanat nur mit Diäthyläther/Essigsäure-äthylester-Gemischen zerlegt werden darf (s. S. 109, 234). Diese Zersetzungsweise führt mit den Reduktionskomplexen primärer Alkohole zu Umesterungen[3].

Gemische mit acylierbaren Gruppen werden mit Essigsäureanhydrid zerstört. Man filtriert die Acetate der Kationen ab und erhält durch Einengen des Filtrats die Acetyl-Verbindung[4] (s. S. 202).

Flüchtige Verbindungen werden durch Zerstören des Komplexes mit hochsiedenden Alkoholen und Herausdestillieren des Reduktionsprodukts erhalten (s. S. 111 u. 126).

Die weitere Isolierung des Reduktionsprodukts erfolgt i. a. durch Einengen der organischen Phase. Bei Polyolen, Aminen, Amino-alkoholen usw. sollte der Niederschlag extrahiert werden (s. S. 182). Sind die Reduktionsprodukte wasserlöslich, kocht man den Niederschlag mit Wasser aus und fällt das gelöste Lithiumhydroxid mit Kohlendioxid als Carbonat[5]. Basen werden wegen der unterschiedlichen Löslichkeiten der Lithiumpikrate[6] und -oxalate[7] besser als Pikrate gefällt. In Säure unlösliche, in Wasser schwer lösliche und gegen Säure unempfindliche Verbindungen können nach Lösen des Niederschlags mit 10%iger Schwefelsäure durch Ausschütteln isoliert werden.

Die direkte Zersetzung von Reaktionsgemischen der Alanate durch Zugabe von Mineralsäuren dagegen **ist äußerst gefährlich.**

Bei der Reduktion mit komplexen Borhydriden bzw. Boranen werden leicht filtrierbare anorganische Niederschläge erhalten. Die gebildeten Komplex-Salze bzw. Bor-Stick-

---

[1] L. H. AMUNDSEN u. L. S. NELSON, Am. Soc. **73**, 242 (1951).

[2] V. M. MIĆOVIĆ u. M. L. MIHAILOVIĆ, J. Org. Chem. **18**, 1190 (1953).

[3] P. R. STAPP u. N. RABJOHN, J. Org. Chem. **24**, 1799 (1959).

[4] W. J. BAILEY u. M. J. STANEK, Ang. Ch. **67**, 350 (1955).
   W. H. PUTERBAUGH u. M. S. NEWMAN, Am. Soc. **79**, 3470 (1957).
   S. WARWEL, G. SCHMITT u. F. ASINGER, Synthesis **1971**, 309.

[5] S. FALLAB, Helv. **35**, 215 (1952).

[6] M. ERNE u. F. RAMIREZ, Helv. **33**, 912 (1950).

[7] P. KARRER, P. PORTMANN u. M. SUTER, Helv. **32**, 1156 (1949).

stoff-Verbindungen sind dagegen oft auffallend stabil und bedürfen einer energischen sauren Hydrolyse (s. S. 250f. u. 261). Polyhydroxy-Verbindungen können gelegentlich in Form gut kristallisierbarer einfacher oder komplexer Borsäure-ester-Salze isoliert werden[1] (s.z.B. S. 323f., 455).

Zur Zerlegung von Borhydrid-Reaktionsmischungen verwendet man zumeist verdünnte Salzsäure oder Schwefelsäure, bei säureempfindlichen Verbindungen saure Salze (z.B. Natriumdihydrogenphosphat[2]) oder Essigsäure (s.S. 222). Essigsäure sollte bei aliphatischen Alkoholen nicht zur Zersetzung verwendet werden, da sie die Bildung von Borsäure-triestern katalysiert[3]. Der Natriumboranat-Überschuß kann auch mit Kohlendioxid vernichtet werden[4], wobei Natrium-triformyloxy-hydrido-borat gebildet wird (s.S. 122). Leicht hydrolisierbare Komplexe zerfallen bereits in der alkalischen, wäßrig-alkoholischen Reaktionsmischung. Gut kristallisierbare Verbindungen können direkt (s. S. 476), nach Neutralisieren (s.S. 367) oder Einengen (s.S. 254) abgesaugt werden, während man ölige Ausscheidungen durch Ausschütteln aus dem wäßrigen Gemisch isoliert (s.z.B. S. 203 u. 254). Wasserunlösliche Feststoffe, die bei der sauren Aufarbeitung direkt anfallen, werden nach dem Abfiltrieren zur Entfernung von Borsäure-Verunreinigungen mit warmem Wasser ausgewaschen. Wasserlösliche und schwer kristallisierbare Produkte sind meist erst nach Entionisieren durch Eindampfen zu isolieren. Die gebräuchlichsten Ionenaustauscherharze sind:

für Kationen: Amberlite IR-100-H[5,6] und IR-120-H[7,8]; Dowex 50[9]
für Anionen: Amberlite IR-4-B[5,10], IRA-400[11], MB-3[7,12]; Dowex 1-X1[13]; Duolite A-4[7,14]

Hydrolysierbare Gruppen werden von starken Kationenaustauschern zumeist angegriffen[3].

Stabile Bor-Komplexe werden mit methanolischer Salzsäure zerlegt (s.z.B. S. 158 u. 203). Der entstehende Borsäure-trimethylester wird quantitativ abdestilliert. Das Ende der Reaktion läßt sich durch das Ausbleiben der grünen Flammenfärbung des Destillats erkennen. Die Methode ist nicht anwendbar, wenn auch das Reduktionsprodukt einen flüchtigen Borsäureester liefert.

[1] A. Weissbach, J. Org. Chem. 23, 329 (1958).
 J. Dale, Soc. 1961, 910, 922.
 T. Posternak, E.A.C. Lucken u. A. Szente, Helv. 50, 326 (1967).
 K.H. Bell, Austral. J. Chem. 23, 1415 (1970).
[2] G.E. Arth et al., Am. Soc. 76, 1720 (1954).
[3] A.K. Mitra u. A.S. Perlin, Canad. J. Chem. 37, 2047 (1959).
[4] H.L. Frush u. H.S. Isbell, Am. Soc. 78, 2844 (1956).
 J. Defaye, Bl. 1964, 2686.
[5] M.L. Wolfrom u. H.B. Wood, Am. Soc. 73, 2933 (1951).
 M.L. Wolfrom u. K. Anno, Am. Soc. 74, 5583 (1952).
[6] P.W. Feit, B. 93, 116 (1960).
 M. Urquiza u. N.N. Lichtin, Tappi 44, 221 (1961).
[7] H.B. Wood u. H.G. Fletcher, J. Org. Chem. 26, 1969 (1961).
[8] E.J.C. Curtis u. J.K.N. Jones, Canad. J. Chem. 38, 1305 (1960).
 H. Hitome et al., Chem. Pharm. Bull. (Tokyo) 9, 541 (1961).
 B. Cuxon u. H.G. Fletcher, Am. Soc. 86, 922 (1964).
[9] V.C. Barry et al., Nature 166, 303 (1950).
[10] J.K.N. Jones u. W.W. Reid, Canad. J. Chem. 33, 1682 (1955).
[11] M. Abdel-Akher, J.K. Hamilton u. F. Smith, Am. Soc. 73, 4691 (1951).
 J. Baddiley, J.G. Buchanan u. B. Carss, Soc. 1957, 1875.
 S.A. Barker et al., Soc. 1958, 2225.
[12] M.L. Wolfrom u. Z. Yosizawa, Am. Soc. 81, 3477 (1959).
[13] H. Weidmann et al., A. 694, 183 (1966).
[14] M.L. Wolfrom u. K. Anno, Am. Soc. 75, 1038 (1953).
 H. Noll et al., Biochem. biophys. Acta 20, 299 (1956).

Bor-Komplexe können ferner durch Überführung in einen stabileren Bor-Komplex gespalten werden, z.B. durch Behandlung mit Alkalimetall-fluoriden[1] oder mit Mannit in sehr verdünnter Schwefelsäure[2]. Diese milden Methoden werden hauptsächlich bei der Aufarbeitung der Reaktionsgemische aus der Reduktion von Naturstoffen angewendet.

Die bei der Reduktion von stickstoffhaltigen funktionellen Gruppen mit Diboran gebildeten Bor-Stickstoff-Verbindungen lassen sich alkalisch spalten (s.S. 372, 374 u. 478). Hydrazino-borane werden durch Einleitung von trockenem Chlorwasserstoff (s.S. 366), Organo-borane durch Erhitzen mit Carbonsäuren (s.S. 55ff. u. 386) zerlegt.

Größere Boranat- bzw. Diboran-Überschüsse werden ohne Wasserstoff-Entwicklung mit Aceton beseitigt.

Zur Aufarbeitung zinnhaltiger Reaktionsmischungen, werden i.a. spezielle Methoden benötigt[3].

Gehaltsbestimmung von Hydriden und Hydrid-Lösungen

Die älteste und einfachste Methode zur Gehaltsbestimmung von Hydriden ist die volumetrische Messung des entwickelten Wasserstoffes nach Hydrolyse mit Wasser, wäßrigem 1,4-Dioxan, wäßriger Säure usw.[4]:

$$H^{\ominus} + H_2O \longrightarrow H_2 + OH^{\ominus}$$

Volumetrische Bestimmung von Hydriden: In einem Zerewitinoff-Apparat wird in das eine Gefäß des Ansatzes die zu untersuchenden Substanz oder deren Lösung, in das andere das hydrolysierende Agens gefüllt und die Umsetzung unter Kühlung durch Kippen des Gefäßes durchgeführt. Nach Nivellieren wird das Wasserstoff-Volumen abgelesen. Mit dieser Methode kann auch der Hydrid-Verbrauch verfolgt werden.

Die Methode ist nur bei solchen Hydriden durchführbar, die schnell und quantitativ zerlegt werden (s.S. 17, 26, 32). Diboran in Tetrahydrofuran wird mit wäßrigem Glycerin, Natriumboranat mit verd. Säure zersetzt[5]. Alkalimetall-alanate, die mit Wasser stürmisch reagieren, hydrolysiert man in einem hochsiedenden Lösungsmittel bei entsprechender Verdünnung[6]. Dialkyl-aluminiumhydride werden unter Schutzgas durch Solvolyse mit 2-Äthyl-hexanol oder N-Methyl-anilin zerlegt (s. ds. Handb., Bd. XIII/4, S. 289f., 294), wobei nach der ersteren Methode auch zwei Mol-Äquiv. Alkan gebildet werden. Weiteres über die Durchführung der Methode s.ds. Handb., Bd. II, S. 715ff.

Zur genaueren Gehaltsbestimmung von Hydriden dienen zumeist titrimetrische Methoden. Alkalimetall-boranate können acidimetrisch (Indikator Methylrot) titriert werden, während sich die gebildete Borsäure als Mannit-borsäure alkalimetrisch (Indikator Phenolphthalein) bestimmen läßt[7]:

[1] C.A. BUEHLER, J.W. ADDLEBURG u. D.M. GLENN, J. Org. Chem. **20**, 1350 (1955).
M.S. NEWMAN u. W.B. LUTZ, Am. Soc. **78**, 2469 (1956).
[2] A. HUNGER u. T. REICHSTEIN, B. **85**, 635 (1952).
J. SCHMIDLIN u. A. WETTSTEIN, Helv. **36**, 1241 (1953).
R. TSCHESCHE, M.E. RÜHSEN u. G. SNATZKE, B. **88**, 692 (1955).
S. BECKMANN, H. GEIGER u. M. SCHABER-KIECHLE, B. **92**, 2419 (1959).
[3] J.E. LEIBNER u. J. JACOBUS, J. Org. Chem. **44**, 449 (1979).
J.M. BERGE u. S.M. ROBERTS, Synthesis **1979**, 471.
[4] A. STOCK, *Hydrides of Boron and Silicon,* Cornell University Press, Ithaca 1933.
A.E. FINHOLT, A.C. BOND u. H.I. SCHLESINGER, Am. Soc. **69**, 1199 (1947).
[5] S.W. CHAIKIN u. W.G. BROWN, Am. Soc. **71**, 122 (1949).
W.D. DAVIS, L.S. MASON u. G. STEGEMAN, Am. Soc. **71**, 2775 (1949).
[6] J. MAHÉ, J. ROLLET u. A. WILLEMART, Bl. **1949**, 481.
H. FELKIN, Bl. **1951**, 347.
[7] W.D. DAVIS, L.S. MASON u. G. STEGEMAN, Am. Soc. **71**, 2775 (1949).
J.R. ELLIOTT, E.M. BOLDEBUCK u. G.F. ROEDEL, Am. Soc. **74**, 5047 (1952).
H.I. SCHLESINGER et al., Am. Soc. **75**, 199 (1953).

$$[BH_4]^\ominus \ +\ 2\,H_2O \xrightarrow[-4\,H_2]{} [BO_2]^\ominus \xrightarrow{H_3O^\oplus} B(OH)_3$$

$$B(OH)_3 \ +\ NaOH \longrightarrow Na[Ba(OH)_4]$$

Diboran läßt sich ebenfalls nach Hydrolyse zu Borsäure als Mannit-borsäure titrieren[1]. Schwer hydrolysierbare Bor-Verbindungen (Amin-borane und Organo-borane) werden oxidativ aufgeschlossen und erst danach als Mannit-borsäure titriert[2]. Borsäure kann mit Hilfe ihrer Farbreaktionen auch photometrisch[3], Mannit-borsäure auch polarimetrisch bestimmt werden[4]. Natrium- und Kaliumboranat werden ferner in aprotischem polarem Medium (Dimethylformamid und Dimethylsulfoxid) acidimetrisch titriert[5].

Weitere volumetrische Methoden für die Bestimmung von Borhydrid-Ionen beruhen auf der Oxidation mit Natriumhypochlorit[6] und Kaliumpermanganat[7] bzw. auf der Reduktion von Silbernitrat zu Silber[8].

Die exakte Bestimmung kleiner Mengen Alkalimetall-boranate erfolgt jodometrisch[9]:

$$[BH_4]^\ominus \ +\ 4\,J_2 \ +\ 10\,H_2O \longrightarrow B(OH)_3 \ +\ 8\,J^\ominus \ +\ 7\,H_3O^\oplus$$

Jodometrische Bestimmung von Alkalimetall-boranaten[9]: Zur Natrium- oder Kaliumboranat-Lösung in Wasser wird eine Kaliumjodat-Maßlösung und Kaliumjodid im Überschuß gegeben, danach säuert man vorsichtig unter Kühlung mit 4 n Schwefelsäure an und titriert den Jod-Überschuß mit Thiosulfat-Meßlösung zurück. Fehlergrenze: $\pm 0,06\%$.

Die unmittelbare Titration mit einer Jod-Lösung bei $p_H 7$ ist nicht genau, da die Alkalimetallboranate bei diesem p_H-Wert unter Wasserstoff-Entwicklung zersetzt werden.

Die Methode dient auch zur Bestimmung der schwer hydrolysierbaren Alkalimetall-cyano-trihydrido-borate[10] und Amin-borane[11]. Die Reaktion läuft in organischen Lösungsmitteln unter Wasserstoff-Entwicklung ab[12]. In ätherischer Lösung oder benzolischer Suspension werden komplexe Aluminiumhydride (z.B. Lithiumalanat[13]) mit Jod titriert (die Methode ist für Gehaltsbestimmung von 0,1–1 m Lösungen geeignet):

$$2\,Li[AlH_4] \ +\ 4\,J_2 \xrightarrow[-4\,H_2]{} LiJ \ +\ Li[Al_2J_7]$$

Jodometrische Bestimmung komplexer Aluminiumhydride[14]: In einem Erlenmeyer-Kolben mit Glasstopfen wird eine 0,4 n benzolische Jod-Lösung in großem Überschuß (~ 4 Mol-Äquiv.; zu 1 mMol Lithiumalanat-Lösung nimmt man z.B. 20 ml 0,4 n benzolische Jod-Lösung) vorgelegt, wozu man unter Inertgas und guter Küh-

[1] H.C. Brown u. B.C. Subba Rao, Am. Soc. **81**, 6428 (1959).
[2] R. Wickbold u. F. Nagel, Ang. Ch. **71**, 405 (1959).
    R.D. Strahm u. M.F. Hawthorne, Anal. Chem. **32**, 530 (1960).
    R.C. Rittner u. R. Culmo, Anal. Chem. **34**, 673 (1962); **35**, 1268 (1963).
[3] D.F. Kuemmel u. M.G. Mellon, Anal. Chem. **29**, 378 (1957).
    M. Briska u. W. Hoffmeister, Microchem. verein. Microchim. Acta **1974**, 815.
[4] D.D. DeFord, A.S. Blonder u. R.S. Braman, Anal. Chem. **33**, 471 (1961).
[5] K.N. Motschalow et al., Ž. anal. Chim. **27**, 1877 (1972).
[6] S.W. Chaikin, Anal. Chem. **25**, 831 (1953).
[7] T. Freund u. N. Nuenke, Am. Soc. **83**, 3378 (1961).
[8] H.C. Brown u. A.C. Boyd, Anal. Chem. **27**, 156 (1955).
[9] D.A. Lyttle, E.H. Jensen u. W.A. Struck, Anal. Chem. **24**, 1843 (1952).
[10] M.M. Kreevoy u. J.E.C. Hutchins, Am. Soc. **91**, 4329 (1969).
    R.F. Borch, M.D. Bernstein u. H.D. Durst, Am. Soc. **93**, 2897 (1971).
[11] M.F. Hawthorne, Am. Soc. **80**, 4291, 4293 (1958).
    H. Nöth u. H. Beyer, B. **93**, 928 (1960).
    G.E. Ryschkewitsch, Am. Soc. **82**, 3290 (1960).
[12] F. Klanberg u. H.W. Kohlschütter, B. **94**, 786 (1961).
[13] F. Klanberg u. H.W. Kohlschütter, B. **94**, 781 (1961).
[14] H. Felkin Bl. **1951**, 347.

lung die Hydrid-Lösung gibt. Es erfolgt eine heftige Reaktion unter Wasserstoff-Entwicklung. Nach Beendigung der Reaktion wird der Kolben abgeschlossen und das Gemisch 2 Min. kräftig durchgeschüttelt. Danach versetzt man mit Kaliumjodid, säuert an und verdünnt mit Wasser (zur obigen Menge wird 1,6 g Kaliumjodid, 16 *ml* 0,4 n Schwefelsäure und 80 *ml* Wasser genommen). Man titriert unter kräftigem Schütteln gegen 0,5%ige Stärke-Lösung mit 0,1 n Natrium-thiosulfat. Der Hydrid-Gehalt ergibt sich aus dem Unterschied des Natrium-thiosulfat-Verbrauchs der Jod-Lösung und der Probe.

Lithium-tri-tert.-butyloxy-hydrido-aluminat wird ähnlich jodometrisch bestimmt[1].

In Aluminiumhydriden kann der Aluminium-Gehalt acidimetrisch bestimmt[2] werden.

Dialkyl-aluminiumhydride lassen sich als Lewis-Säuren auch mit Lewis-Basen titrieren[3]. Ähnlich wird Lithiumalanat als Lewis-Base mit schwachen Lewis-Säuren potentiometrisch bestimmt[4]. Über die Gehaltsbestimmung von Organo-zinnhydriden s. Lit.[5].

Von den physikalisch-chemischen Meßmethoden werden hauptsächlich die IR-Spektrometrie zur quantitativen Bestimmung von Diboran und Chlor-boranen[6], die Gaschromatographie neben dieser auch zur Untersuchung von Organo-boranen angewendet[7].

Für Lithiumalanat und -boranat werden die folgenden qualitativen Nachweisreaktionen verwendet (auch bei anderen Hydriden anwendbar)[8]:

Chinon-Test: Chinon wird in äther. Lösung zu Hydrochinon reduziert, das mit überschüssigem Chinon unter grünblauer Färbung reagiert (Chinhydron).

Indikator-Test: beim Versetzen mit dest. Wasser wird bei Bromthymolblau ein Farbumschlag von orange nach blau hervorgerufen.

Wasserstoff-Test: Blasen-Entwicklung beim Versetzen mit Wasser.

Nitrobenzol-Test (für komplexe Aluminiumhydride): mit Nitrobenzol wird ein rotbrauner Niederschlag von Azobenzol gebildet.

Trübungs-Test: ätherische Lösungen geben mit wenig Wasser Trübungen infolge anorg. Abscheidungen.

γ) Mechanismus

Die Reduktionen mit Hydriden laufen nach einem polaren oder radikalischen Mechanismus ab (genauere Untersuchungen stehen jedoch noch aus). Sie sind in der Regel keine Gleichgewichtsreaktionen, so daß kein großer Reduktionsmittel-Überschuß notwendig ist. Bei der stereoselektiven Reduktion von Ketonen mit Lithiumalanat/4 Aluminiumchlorid ist es dagegen möglich, in Gegenwart eines Reduktionsmittel-Unterschusses eine Epimerisierung durch reversible Oxidation und Reduktion zu erreichen (s. S. 335f.).

Bei der Reduktion von Ketonen wird angenommen, daß die Reaktion nicht nach einem allgemein gültigen Mechanismus abläuft, sondern daß er dem Reduktionsmittel, der Struktur des reduzierten Ketons und den Reaktionsbedingungen entsprechend verschieden sein kann.

[1] D. Wigfield u. F. W. Gowland, Canad. J. Chem. **55**, 3616 (1977).
[2] J. K. Ruff u. M. F. Hawthorne, Am. Soc. **83**, 535 (1961).
[3] D. F. Hagen u. W. D. Leslie, Anal. Chem. **35**, 814 (1963).
   W. L. Everson u. E. M. Ramirez, Anal. Chem. **37**, 806 (1965).
[4] T. Higuchi u. T. A. Zuck, Am. Soc. **73**, 2676 (1951).
[5] H. G. Kuivila u. O. F. Beumel, Am. Soc. **83**, 1246 (1961).
   W. P. Neumann, K. Rübsamen u. R. Sommer, B. **100**, 1063 (1967).
   S. ds. Handb., Bd. XIII/6, S. 509 ff.
[6] H. G. Nadeau u. D. M. Oaks, Anal. Chem. **32**, 1480 (1960).
[7] R. F. Putnam u. H. W. Myers, Anal. Chem. **34**, 486 (1962).
   H. W. Myers u. R. F. Putnam, Anal. Chem. **34**, 664 (1962).
   L. I. Sacharkin u. A. I. Kowredow, Izv. Akad. SSSR **1966**, 748.
[8] M. Schmidt u. A. Nordwig, B. **91**, 506 (1958).

mit Natriumboranat in alkoholischer Lösung:

(1) Es liegt keine einheitliche reduzierende Spezies vor, es bilden sich stufenweise Alkoxy-borhydride wahrscheinlich mit dem Lösungsmittel. Es kann angenommen werden, daß das Lösungsmittel durch Protonierung des Substrates an der Reaktion teilnimmt. Eine Disproportionierung der Alkoxy-borhydride scheint keine wesentliche Rolle in der Reduktion zu spielen[1]:

$$R_2C=O + R^1-OH + [BH_4]^\ominus \xrightarrow[-R_2CHOH]{} [BH_3(OR^1)]^\ominus$$

$$\xrightarrow[-R_2CHOH]{R_2C=O/R^1-OH} [BH_2(OR^1)_2]^\ominus \xrightarrow[-R_2CHOH]{R_2C=O/R^1-OH} [BH(OR^1)_3]^\ominus$$

$$\xrightarrow[-R_2CHOH]{R_2C=O/R^1-OH} [B(OR^1)_4]^\ominus$$

(2) Alle vier Hydrid-Liganden beteiligen sich in gleicher Weise an der Reaktion, doch ist der erste Schritt der geschwindigkeitsbestimmende[2].

(3) Die Reaktion scheint nach einem acyclischen push-pull Mechanismus zu verlaufen[3]:

$$R^1-O^\ominus \cdots \overset{\ominus}{B}H_3 \cdots H \cdots \underset{R}{\overset{R}{C}}=O \cdots H \cdots O-R^1$$

(4) es kann ein Produkt-ähnlicher Übergangszustand angenommen werden (weiteres s. S. 327)[4].

(5) Es liegt die kinetische Evidenz einer Stabilitätskontrolle vor (weiteres s. S. 326)[5].

(6) Das Kation spielt keine Rolle in der Reduktion, da bei der Maskierung des Natrium-Ions mit Kryptaten die Reaktion analog abläuft[6].

Die Reduktionen in aprotischer Lösung verlaufen nach einem anderen Mechanismus[7].

mit Lithiumalanat in ätherischer Lösung:

(1) Es liegt eine einheitliche reduzierende Spezies vor, da die gebildeten Alkoxy-aluminiumhydride disproportionieren[8]:

[1] D.C. WIGFIELD u. F.W. GOWLAND, Tetrahedron Letters **1976**, 3373; Canad. J. Chem. **56**, 786 (1978).
   D.C. WIGFIELD, Tetrahedron **35**, 449 (1979).
[2] E.R. GARRETT u. D.A. LITTLE, Am. Soc. **75**, 6051 (1953).
   H.C. BROWN, O.H. WHEELER u. K. ICHIKAWA, Tetrahedron **1**, 214 (1957).
   H.C. BROWN u. K. ICHIKAWA, Am. Soc. **83**, 4372 (1961); **84**, 373 (1962).
   R.E. DAVIS u. J. CARTER, Tetrahedron **22**, 495 (1966).
   H.C. BROWN u. J. MUZZIO, Am. Soc. **88**, 2811 (1966).
   H.C. BROWN et al., Am. Soc. **89**, 370 (1967).
   B. RICKBORN u. M.T. WUESTHOFF, Am. Soc. **92**, 6894 (1970).
   D.C. WIGFIELD u. D.J. PHELPS, Canad. J. Chem. **50**, 388 (1972); Soc. [Perkin Trans. II] **1972**, 680; Am. Soc. **96**, 543 (1974); J. Org. Chem. **41**, 2396 (1976).
   M. FIORENZA et al., Soc. [Perkin Trans. II] **1978**, 1232.
[3] D.C. WIGFIELD u. F.W. GOWLAND, J. Org. Chem. **42**, 1108 (1977).
[4] D.J. PASTO u. B. LEPESKA, Am. Soc. **98**, 1091 (1976).
   R.D. BURNETT u. D.N. KIRK, Soc. [Perkin Trans. II] **1976**, 1523.
   J.-C. PERLBERGER u. P. MÜLLER, Am. Soc. **99**, 6316 (1977).
   D.C. WIGFIELD, Tetrahedron **35**, 449 (1979).
   D.C. WIGFIELD u. F.W. GOWLAND, Tetrahedron Letters **1979**, 2209.
[5] W.G. DAUBEN, G.J. FONKEN u. D.S. NOYCE, Am. Soc. **78**, 2579 (1956).
   W.G. DAUBEN et al., Am. Soc. **78**, 3752 (1956).
   D.C. WIGFIELD u. D.J. PHELPS, Chem. Commun. **1970**, 1152; Canad. J. Chem. **50**, 388 (1972).
[6] J.-L. PIERRE u. H. HANDEL, Tetrahedron Letters **1974**, 2317.
   H. HANDEL u. J.-L. PIERRE, Tetrahedron **31**, 997 (1975).
[7] J.-L. PIERRE u. H. HANDEL Tetrahedron Letters **1974**, 2317.
   D.C. WIGFIELD, S. FEINER u. F.W. GOWLAND, Tetrahedron Letters **1976**, 3377.
   C. ADAM, V. GOLD u. D.M.E. REUBEN, Chem. Commun. **1977**, 182; Soc. [Perkin Trans II] **1977**; 1466, 1472.
   D.C. WIGFIELD u. R.T. PON, Chem. Commun. **1979**, 910.
[8] H. HAUBENSTOCK u. E.L. ELIEL, Am. Soc. **84**, 2363 (1962).

$$R_2CO \ + \ Li[AlH_4] \quad \longrightarrow \quad Li[AlH_3(O{-}CHR_2)]$$

$$4\,Li[AlH_3(O{-}CHR_2)] \quad \longrightarrow \quad Li[Al(O{-}CHR_2)_4] \ + \ 3\,Li[AlH_4]$$

② Alle vier Hydrid-Liganden beteiligen sich in gleicher Weise in der Reaktion, doch ist der erste Schritt der schnellste[1].

③ Der nähere Reaktionsmechanismus ist unbekannt.

④ Für die Reduktion wird ein Reagenz-ähnlicher Übergangszustand angenommen (weiteres s. S. 327)[2].

⑤ Es liegt keine kinetische Evidenz für eine Stabilitätskontrolle vor (weiteres s. S. 326).

⑥ Das Kation spielt eine wesentliche Rolle bei der Reaktion, da bei der Maskierung des Lithium-Ions mit Kryptaten keine Reduktion eintritt[3].

Zum Mechanismus der Reduktionen mit anderen komplexen Borhydriden[4] bzw. Aluminiumhydriden[5] s. Lit.

Die Reaktion von Ketonen mit Diboran läuft über einen intra- bzw. intermolekularen Hydrid Transfer ab[6]:

$$R_2C{=}OBH_3 \quad \longrightarrow \quad R_2CH{-}O{-}BH_2 \quad \xrightarrow{R_2C=O} \quad (R_2CH{-}O)_2BH$$

$$\xrightarrow{R_2C=O} \quad (R_2CH{-}O)_3B$$

Die durch elektronenziehende Gruppen polarisierte C=C-Doppelbindung kann neben der Carbonyl-Gruppe selektiv gesättigt werden[7]. Mit Natrium-tetracarbonyl-hydrido-ferrat verläuft die Reaktion wie folgt ab[8]:

$$H_2C{=}CH{-}CO{-}R \ + \ Na\left[FeH(CO)_4\right] \quad \longrightarrow \quad Na\left[\begin{array}{c} H_3C{-}CH{-}CO{-}R \\ | \\ Fe(CO)_4 \end{array}\right]$$

Die nucleophilen komplexen Metallhydride (z. B. Natriumboranat, Lithiumalanat) reagieren unter Addition mit polarisierbaren funktionellen Gruppen und bilden ein Komplex-Salz mit Metall-Heteroatom-Bindung, wobei in der Regel alle Hydrid-Liganden ausgetauscht werden. Die gebildeten Zwischenprodukte haben ein anderes Reduktionsvermögen als das eingesetzte Hydrid, so daß die einzelnen Schritte mit verschiedener Geschwindigkeit ablaufen (die Reaktionskinetik wird ferner dadurch kompliziert, daß die Komplexe disproportionieren können, s. S. 19).

---

[1] E. C. ASHBY u. J. R. BOONE, Am. Soc. **98**, 5524 (1976).

   K. E. WIEGERS u. S. G. SMITH, Am. Soc. **99**, 1480 (1977); J. Org. Chem. **43**, 1126 (1978).

[2] E. C. ASHBY u. S. A. NODING, Am. Soc. **98**, 2010 (1976); J. Org. Chem. **42**, 264 (1977).

   D. C. WIGFIELD u. F. W. GOWLAND, Tetrahedron Letters **1979**, 2209.

[3] J.-L. PIERRE u. H. HANDEL, Tetrahedron Letters **1974**, 2317.

   H. HANDEL u. J.-L. PIERRE, Tetrahedron **31**, 997 (1975).

   J.-L. PIERRE, H. HANDEL u. R. PERRAUD, Tetrahedron **31**, 2795 (1975).

   A. LOUPY u. J. SEYDEN-PENNE, Tetrahedron Letters **1978**, 2571; Tetrahedron **36**, 1937 (1980).

   . J. P. CORRIU, J. M. FERNANDEZ u. C. GUERIN, Tetrahedron Letters **1978**, 3391.

[4] J. KLEIN u. E. DUNKELBLUM, Tetrahedron **23**, 205 (1967).

   E. A. HILL u. S. A. MILOSEVICH, Tetrahedron Letters **1976**, 3013.

[5] D. C. WIGFIELD u. F. W. GOWLAND, Tetrahedron Letters **1979**, 2205, 2209; J. Org. Chem. **45**, 653 (1980).

[6] H. C. BROWN u. B. C. SUBBA RAO, Am. Soc. **82**, 681 (1960).

   H. C. BROWN u. W. KORYTNYK, Am. Soc. **82**, 3866 (1960).

   J. KLEIN u. E. DUNKELBLUM, Tetrahedron **23**, 205 (1967).

   D. J. PASTO, V. BALASUBRAMANIYAN u. P. J. WOJTKOWSKI, Inorg. Chem. **8**, 594 (1969).

[7] F. A. HOCHSTEIN u. W. G. BROWN, Am. Soc. **70**, 3484 (1948).

   W. J. BAILEY u. M. E. HERMES, J. Org. Chem. **29**, 1254 (1964).

   J. A. MARSHALL u. R. D. CARROLL, J. Org. Chem. **30**, 2748 (1965).

   S. B. KADIN, J. Org. Chem. **31**, 620 (1966).

   S. HACINI, R. PARDO u. M. SANTELLI, Tetrahedron Letters **1979**, 4553.

[8] J. P. COLLMAN et al., Am. Soc. **100**, 1119 (1978).

Organo-siliciumhydride reagieren in der Regel nur dann nach einem polaren Mechanismus, wenn die zu reduzierende Verbindung unter den Reaktionsbedingungen ein Carbokation liefert, das nach Hydrid-Transfer gleich das Reaktionsprodukt ergibt:

$$R_2C{=}O \xrightarrow{\ H^{\oplus}\ } R_2\overset{\oplus}{C}{-}OH \xrightarrow{\ (H_5C_2)_3SiH\ } R_2CH{-}OH \ + \ (H_5C_2)_3Si^{\oplus}$$

Bei polaren funktionellen Gruppen mit gesättigtem Charakter erfolgt nucleophile Substitution, die unmittelbar das Reduktionsprodukt ergibt:

$$H_5C_6{-}J \xrightarrow{\ NaH\ } H_6C_6 \ + \ NaJ$$

Komplexe Metallhydride addieren sich als Lewis-Basen unter normalen Bedingungen nur dann an C,C-Mehrfachbindungen, wenn diese polarisiert sind, Hydride von Elementen mit leeren d-Orbitalen werden dagegen addiert.

Die Reduktionen mit Hydriden können nötigenfalls auch katalysiert werden (s. S. 131). Beim radikalischen Ablauf der Reaktion wird bei ungenügender Thermolyse mit Radikal-Bildnern oder durch Belichtung initiiert (s. S. 388 ff.).

Das Reduktionsvermögen eines Hydrids hängt in erster Linie von der Struktur (kovalente und Salz- bzw. Komplexsalz-Struktur) also auch von den Zweitliganden bzw. Substituenten ab, was auch ihre Aktivität als Lewis-Basen oder Säuren beeinflußt. Letztere kann durch Zugabe von starken Lewis-Säuren noch erhöht werden. Zweitliganden bzw. Substituenten üben auch durch sterische Hinderung eine Wirkung auf die Reduktionsfähigkeit aus.

Die verschiedenen Reaktionsgeschwindigkeiten der funktionellen Gruppen bei der Reduktion mit Hydriden ermöglichen die Aufteilung letzterer in nucleophile und elektrophile Hydride. Die wichtigsten Verbindungsklassen werden durch das nucleophile Lithiumalanat in der folgenden Reihenfolge reduziert:

Carbonsäure-halogenide > Aldehyde > Ketone > Carbonsäureester > Nitrile > Carbonsäuren > Oxirane > Olefine

Die Reaktivität nimmt gegenüber dem elektrophilen Diboran in etwa der entgegengesetzten Richtung ab[1]:

Carbonsäuren > Olefine > Aldehyde > Ketone > Nitrile >̶8̶0̶Oxirane > Carbonsäureester > Carbonsäure-halogenide

Die Zusammenstellungen dienen lediglich der Orientierung, da die Reaktivitäten stark von den Nachbargruppen beeinflußt werden (s. z.B. S. 181). Weiteres über die relativen Reaktionsgeschwindigkeiten von funktionellen Gruppen gegenüber Hydriden s. S. 143 f. sowie Tab. 3 u. 4 (S. 38 u. 39).

Die Einführung der elektronenanziehenden Cyan-Gruppe als Zweitligand in die Alkalimetall-boranate vermindert die Reaktivität des anionisch gebundenen Wasserstoffes, so daß sehr selektive Reduktionsmittel erhalten werden (weiteres s. S. 15 u. 21).

Bei den komplexen Borhydriden nimmt die Reduktionsfähigkeit unter ähnlichen Bedingungen in Richtung der elektronegativeren Kationenmetalle (Kalium → Lithium) zu, der Unterschied zwischen dem Reduktionsvermögen von Lithium- und Natriumalanat ist dagegen nicht so ausgeprägt. Relative Reduktionsvermögen können auf Grund der Reaktionsgeschwindigkeit abgeschätzt werden[2] (s. S. 2).

[1] H. C. Brown u. W. Korytnyk, Am. Soc. **82**, 3866 (1960).
[2] M. Schmidt u. A. Nordwig, B. **91**, 506 (1958).

Der Mechanismus der Hydrid-Reduktionen kann auch vom Lösungsmittel beeinflußt werden. In diesen Fällen sind nicht nur die Löslichkeitsverhältnisse ausschlaggebend, sondern das Lösungsmittel nimmt unmittelbar an der Reaktion teil.

Das Eingreifen des Lösungsmittels kann durch Liganden-Austausch, Solvatation, Beeinflussung der Dissoziation, Koordination und Chelat-Bildung geschehen. Dieser Einfluß ist besonders bei Reduktionen mit Natriumboranat ausgeprägt, das die Oxo-Gruppen nur in protonenhaltiger Lösung schnell reduziert. In Bis-[2-methoxyäthyl]-äther ist der Unterschied in der Reduktionsgeschwindigkeit von Aldehyden und Ketonen so groß, daß erstere unter Erhaltung der letzteren selektiv reduziert werden können[1]. Der Lösungsmittel-Effekt in protonenhaltiger Lösung wurde früher als elektrophile Katalyse gedeutet[2] (s. S. 272 f.). Andererseits wird das Reduktionsvermögen von Natriumboranat gegenüber anderen funktionellen Gruppen durch protonenfreie Lösungsmittel stark erhöht, was auf einen unterschiedlichen Mechanismus hindeutet. Diboran reduziert unter normalen Bedingungen überhaupt erst nach Koordination mit Äthern oder Aminen als Boran-Solvens-Komplex.

Die ältere Auffassung, daß komplexe Aluminiumhydride nur in Äthern, der folgenden Gleichung entsprechend, reagieren können[3]:

$$Li[AlH_4] \ + \ O(C_2H_5)_2 \ \longrightarrow \ Li^{\oplus} \ + \ H^{\ominus} \ + \ (H_5C_2)O : AlH_3$$

wurde von den experimentellen Resultaten widerlegt, da die Reduktionen auch in Kohlenwasserstoffen durchführbar sind.

Durch Beeinflussung des effektiven Raumbedarfes des Hydrids spielen Lösungsmittel beim stereochemischen Ablauf der Reduktionen eine ausschlaggebende Rolle[4] (s. S. 327).

a) am C-Atom in der C−C-Bindung

1. in Alkinen bzw. Alkenen

Die Reduktion von C−C-Mehrfachbindungen mit Hydriden verläuft in der Regel in zwei Schritten
① Hydrometallierung der C=C-Doppel- bzw. C≡C-Dreifachbindung (elektrophile Addition)
② Spaltung der C-Metall-Bindung

Wichtigste Methoden der Hydrometallierung sind die Hydroborierung (s. Bd. XIII/3), Hydroaluminierung (Bd. XIII/4, S. 25, 35), Hydrostannierung (Bd. XIII/6, S. 239 ff.) und Hydrosilylierung (Bd. XIII/5, S. 51, 68, 87). Über die Hydrometallierung von Olefinen und Acetylenen s. a. ds. Handb., Bd. V/1 b, S. 960 ff., S. 585 ff., 788 ff., Bd. VI/1a1, S. 494 ff., 554 ff., 562, 563.

Während die C−Al-Bindungen leicht hydrolysieren, sind die anderen C-Metall-Bindungen meist hydrolysebeständig und werden am einfachsten in gegebenem Falle durch Protonolyse mit niederen Fettsäuren gespalten.

α) in reinen Alkinen bzw. Alkenen

α₁) mit Natriumhydrid/Übergangsmetallsalz-Systemen

Alkine und Alkene lassen sich mit Natriumhydrid in Gegenwart eines Übergangsmetallsalzes in Tetrahydrofuran zu den gesättigten Kohlenwasserstoffen reduzieren; z. B.[5]:

[1] H.C. Brown, E.J. Mead u. B.C. Subba Rao, Am. Soc. 77, 6209 (1955).
[2] C.D. Ritchie, Tetrahedron Letters 1963, 2145.
P.T. Lansbury, R.E. MacLeay u. J.O. Peterson, Tetrahedron Letters 1964, 311.
[3] N.L. Paddock, Nature 167, 1070 (1951); Chem. & Ind. 1953, 63.
[4] A.H. Beckett et al., Tetrahedron 6, 319 (1959).
[5] T. Fujisawa, K. Sugimoto u. H. Ohta, Chem. Letters 1976, 581.

Äthyl-benzol[1]: 0,39 g (8 mMol) 50%iges Natriumhydrid in Öl werden mit absol. THF ausgewaschen und unter Argon in 15 ml absol. THF suspendiert. Zur Mischung gibt man unter Rühren bei 0° 0,51 g (4 mMol) Eisen(II)-chlorid, rührt 15 Min., versetzt mit einer Lösung von 0,212 g (2 mMol) Styrol in 2 ml THF und rührt 24 Stdn. bei 0–5°. Man zersetzt mit Wasser, extrahiert mit Äther und arbeitet die Äther-Phase destillativ auf; Ausbeute: 85% d. Th.

Analog erhält man mit einem 20fachen Hydrid-Überschuß aus:

Octen-(1)	→	*Octan;*	96% d. Th.
trans-1-Phenyl-propen	→	*Propyl-benzol;*	93% d. Th.
Octin-(3)	→	*Octan;*	65% d. Th.
1-Phenyl-propin	→	*Propyl-benzol;*	90% d. Th.

Innenständige Olefine werden schwieriger reduziert. Bei Zugabe eines tert. Alkohols genügen niedrigere Hydrid-Überschüsse.

Systeme wie Natriumhydrid/Nickel(II)-acetat[2] und Eisen(III)-chlorid[3] werden bei den letzteren Varianten angewendet. Ungesättigte Ketone werden durch Natriumhydrid/Natrium-tert.-butanolat/Eisen(III)-chlorid selektiv an der C=C-Doppelbindung angegriffen[3].

α_2) *Hydroborierung und Protonolyse*

Die Hydroborierung und ihre Folgereaktionen haben sich zu einer der leistungsfähigsten Methoden der organischen Synthese entwickelt[4]. Die bekannteste Folgereaktion ist die Oxidation des gebildeten Organo-borans mit alkalischem Wasserstoffperoxid zum Alkohol (s. S. 81, sowie ds. Handb. Bd. VI/1a/1, S. 494ff.). Die Oxidation mit neutralem Wasserstoffperoxid führt dagegen zu dimeren Kohlenwasserstoffen[5]. Achtung: Bei der Destillation des Produktes von der Hydroborierung-Oxidation des 2-Methyl-3-[tetrahydropyranyl-(2)-oxy]-propens traten heftige **Explosionen** auf[6].

Da die Hydroborierung ausführlich im Bd. XIII/3 besprochen wird und die oxidative Spaltung der B–C-Bindung zum Alkohol im Bd. VI/1a/1 (S. 494ff.), soll an dieser Stelle nicht näher auf die Problematik dieser Arbeitsweisen eingegangen werden.

Als Hydroborierung im engeren Sinn wird die Reaktion der Bor-H-Bindung mit C=C-Doppel- und C≡C-Dreifachbindungen unter 1,2-Addition bezeichnet. Im weite-

[1] T. Fujisawa, K. Sugimoto u. H. Ohta, Chem. Letters **1976**, 581.

[2] J.J. Brunet et al., Tetrahedron Letters **1977**, 1069.

[3] J.J. Brunet u. P. Caubère, Tetrahedron Letters **1977**, 3947.

    P. Gallois, J.J. Brunet u. P. Caubère, J. Org. Chem. **45**, 1946 (1980).

[4] H.C. Brown, Tetrahedron **12**, 117 (1961).

    H.C. Brown, *Hydroboration,* W.A. Benjamin, Inc., New York 1962.

    G. Zweifel u. H.C. Brown, *Hydration of Olefins, Dienes and Acetylenes via Hydroboration*, Org. Reactions, **13**, 1ff. (1963).

    H.C. Brown, Accounts Chem. Res. **2**, 65 (1969).

    M. Grassberger, *Organische Borverbindungen,* Chemische Taschenbücher, Nr. 15, S. 39ff., Verlag Chemie GmbH, Weinheim/Bergstr. 1971.

    H.C. Brown, Chemistry in Britain **7**, 458 (1971).

    H.C. Brown u. M.M. Rogič, Organometall. Chem. Synthesis **1**, 305 (1972).

    H.C. Brown u. M.M. Midland, Ang. Ch. **84**, 702 (1972).

    H.C. Brown, *Boranes in Organic Chemistry,* S. 255ff., Cornell University Press, Ithaca · London 1972.

    H. Kono u. J. Hooz, Org. Synth. **53**, 77 (1973).

    E. Negishi u. H.C. Brown, Synthesis **1974**, 77.

    Ds. Handb., Bd. XIII/3.

[5] D.B. Bigley u. D.W. Payling, Chem. Commun. **1968**, 938.

[6] A.I. Meyers u. S. Schwartzman, Tetrahedron Letters **1976**, 2417.

ren Sinn gehören hierher auch alle 1,2-Additionen von Boranen an Kohlenstoff-Hetero-atom-Mehrfachbindungen (s.S. 47, 113f.). In Gegenwart von Lewis-Basen verläuft die Reaktion infolge von Spaltung der B−H−B-Dreizentrenbindung von Diboran bzw. Alkyl-boranen und Bildung von Boran-Koordinationskomplexen bereits bei 20° quantitativ ab. Ohne Mithilfe von Lewis-Basen können Olefine z.B. in der Gasphase nur unter äußerst energischen Bedingungen hydroboriert werden[1].

Die Hydroborierung mit Natriumboranat/Aluminiumchlorid verläuft unter Bildung von Aluminiumhydrid[2] (s.S. 10). Eine einfache Hydroborierungsmethode ist die Umsetzung mit Natrium-boranat in Essigsäure/Tetrahydrofuran[3]; Amin-Borane reagieren erst bei höheren Temperaturen, wenn durch Dissoziation freies Boran entsteht. Das gebildete Amin wirkt als Lewis-Base[4].

Die Monohydroborierung von Acetylenen zu Alken-(1)-yl-boranen ist eine stereoselektive cis-Addition und verläuft schneller als die der Olefine, so daß C≡C-Dreifachbindungen neben C=C-Doppelbindungen selektiv hydroboriert werden können. Dagegen hat die Bis-[hydroborierung] von Alkinen keine Bedeutung erlangt, da die Reaktion nicht einheitlich verläuft[5]. Mit Diboran selbst können nur mittelständige Acetylene selektiv monohydroboriert werden[6].

Substituierte Borane monohydroborieren dagegen auch endständige Alkine selektiv, so daß in der Praxis hauptsächlich diese eingesetzt werden. Acetylen selbst bildet mit Diboran in einer elektrischen Entladungsröhre Carborane[7].

Die Hydroborierung von Olefinen mit Diboran verläuft stufenweise. Im ersten Schritt kommen hauptsächlich elektronische Effekte zur Geltung, das Bor tritt überwiegend an das elektronenreichere C-Atom der Doppelbindung[8]:

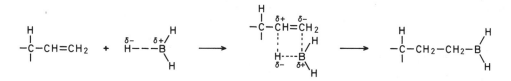

[1] D.T. Hurd, Am. Soc. **70**, 2053 (1948).
R.S. Brokaw, E.J. Badin u. R.N. Pease, Am. Soc. **72**, 1793 (1950).
R.S. Brokaw u. R.N. Pease, Am. Soc. **72**, 3237 (1950).
A.T. Whatley u. R.N. Pease, Am. Soc. **76**, 835 (1954).
A.F. Shigatsch, W.H. Sirjatskaja u. I.S. Antonow, Ž. obšč. Chim. **30**, 227 (1960).
J.M. Birchall, R.N. Haszeldine u. J.F. March, Chem. & Ind. **1961**, 1080.
[2] H.C. Brown u. B.C. Subba Rao, Am. Soc. **78**, 5694 (1956); **81**, 6423 (1959).
H. Nöth, Nachrichten aus Chemie und Technik **23**, 107 (1975).
[3] J.A. Marshall u. W.S. Johnson, J. Org. Chem. **28**, 595 (1963).
V. Hach, Synthesis **1974**, 340.
[4] R. Köster, Ang. Ch. **69**, 684 (1957).
E.C. Ashby, Am. Soc. **81**, 4791 (1959).
M.F. Hawthorne, Am. Soc. **83**, 2541 (1961).
N.N. Greenwood u. J.C. Wright, Soc. **1965**, 448.
[5] T.J. Logan u. T.J. Flautt, Am. Soc. **82**, 3446 (1960).
H.C. Brown u. G. Zweifel, Am. Soc. **83**, 3834 (1961).
A. Hassner u. B.H. Braun, J. Org. Chem. **28**, 261 (1963).
D.J. Pasto, Am. Soc. **86**, 3039 (1964).
G. Zweifel u. H. Arzoumanian, Am. Soc. **89**, 291 (1967).
[6] H.C. Brown u. G. Zweifel, Am. Soc. **81**, 1512 (1959); **83**, 3834 (1961).
A.C. Cope et al., Am. Soc. **82**, 6370 (1960).
[7] R.N. Grimes, Am. Soc. **88**, 1895 (1966).
[8] H.C. Brown u. B.C. Subba Rao, Am. Soc. **81**, 6428 (1959).
H.C. Brown u. G. Zweifel, Am. Soc. **82**, 4708 (1960).
D.J. Pasto et al., Am. Soc. **94**, 6083, 6090 (1972).

Endständige Olefine werden also i.a. endständig boryliert:

$$6\,R\!-\!CH\!=\!CH_2 \;+\; B_2H_6 \quad\longrightarrow\quad 2\,(R\!-\!CH_2\!-\!CH_2)_3B$$

Allerdings sind die Hydroborierungen mit Alkyl- bzw. Dialkyl-boranen wegen sterischer Wechselwirkung langsamere Prozesse.

Diese Tatsache hat in erster Linie bei der Hydroborierung mittelständiger Olefine Bedeutung[1]. So werden tri- und tetrasubstituierte Äthylene mit unverzweigten Seitenketten durch Diboran bei 20° genügend rasch nur in Di- bzw. Monoalkyl-borane überführt[2].

Die Reaktion läuft entgegen Markownikow wahrscheinlich nach einem Vierzentren-Mechanismus ab (allerdings wird eine C−B−C-Dreizentren-Zweielektronen-Bindung vorgeschlagen)[3]. Diese Vorstellung wird dadurch unterstützt, daß die entsprechenden Alkene[4], Cycloalkene[5] und Alkine[6] stereoselektiv, unter cis-Addition reagieren. Weiteres s. ds. Handb., Bd. V/1b, S. 793.

Zur selektiven Hydroborierung werden i.d. Regel Dialkyl-borane eingesetzt; z.B. Bis-[3-methyl-butyl-(2)]-boran[7,8], das neben der regioselektiven Hydroborierung von Alkenen und Cycloalkenen auch zur selektiven Monohydroborierung von Dienen angewendet werden[9] kann, sowie Dicyclohexyl-boran[10].

Anstelle der Dialkyl-borane können auch solche Trialkyl-borane eingesetzt werden, die bei höheren Temp. unter Dehydroborierung reversibel in Olefin und Dialkyl-boran zerfallen bzw. in einer Verdrängungsreaktion mit Olefinen und Acetylenen unter Austausch ihrer Alkyl-Gruppen reagieren[11]. Am besten hat sich Tris-[2-methyl-propyl]-boran bewährt, das bei 150–170° zur Hydroborierung eingesetzt wird (s. Bd. V/1b, S. 794f., Bd. XIII/3).

(−)-Bis-{2,6,6-trimethyl-bicyclo[3.1.1]heptyl-(3)}-boran (Diisopino-campheyl-boran) mit der absoluten Konfiguration 1R:2S:3R:5R[12,vgl.13]

[1] T.J. Logan u. T.J. Flautt, Am. Soc. **82**, 3446 (1960).
[2] H.C. Brown u. A.W. Moerikofer, Am. Soc. **84**, 1478 (1962).
[3] S. Dasgupta, M.K. Datta u. R. Datta, Tetrahedron Letters **1978**, 1309.
[4] G.W. Kabalaka u. N.S. Bowman, J. Org. Chem. **38**, 1607 (1973).
[5] H.C. Brown u. G. Zweifel, Am. Soc. **81**, 247 (1959); **83**, 2544 (1961).
   A. Hassner u. C. Pillar, J. Org. Chem. **27**, 2914 (1962).
   W. Cocker, P.V.R. Shannon u. P.A. Staniland, Tetrahedron Letters **1966**, 1409; Soc. [C] **1967**, 485.
   D.J. Pasto u. F.M. Klein, J. Org. Chem. **33**, 1468 (1968).
[6] H.C. Brown u. G. Zweifel, Am. Soc. **83**, 3834 (1961).
[7] H.C. Brown u. G. Zweifel, Am. Soc. **82**, 3222 (1960); **83**, 1241 (1961).
[8] G. Zweifel, K. Nagase u. H.C. Brown, Am. Soc. **84**, 190 (1962).
[9] H.C. Brown u. A.W. Moerikofer, Am. Soc. **83**, 3417 (1961); **85**, 2063 (1963).
   H.C. Brown u. G. Zweifel, Am. Soc. **83**, 1241 (1961).
   G. Zweifel, K. Nagase u. H.C. Brown, Am. Soc. **84**, 190 (1962).
[10] G. Zweifel, N.R. Ayyangar u. H.C. Brown, Am. Soc. **85**, 2072 (1963).
[11] H. Meerwein et al., J. pr. [2] **147**, 226 (1937).
   R. Köster, Ang. Ch. **68**, 383 (1956); A. **618**, 31 (1958).
   H.C. Brown u. B.C. Subba Rao, Am. Soc. **81**, 6434 (1959).
   R. Köster, W. Larbig u. G.W. Rotermund, A. **682**, 21 (1965).
[12] G. Zweifel u. H.C. Brown, Am. Soc. **86**, 393 (1964).
[13] Zur Herstellung von Diisopino-campheyl-boran (vgl. S. 52).
   H.C. Brown u. N.M. Yoon, Am. Soc. **99**, 5514 (1977); Israel J. Chem. **15**, 12 (1977).
   H.C. Brown, N.M. Yoon u. A.K. Mandal, J. Organometal. Chem. **135**, C 10 (1977).
   H.C. Brown, A.K. Mandal u. S.U. Kulkarni, J. Org. Chem. **42**, 1392 (1977).
   H.C. Brown u. A.K. Mandal, Synthesis **1978**, 146.
   B. Singaram u. J.R. Schwier, J. Organometal. Chem. **156**, Cl (1978).
   H.C. Brown, J.R. Schwier u. B. Singaram, J. Org. Chem. **43**, 4395 (1978).
   A. Pelter et al., Tetrahedron Letters **1979**, 4777.

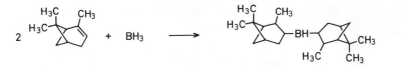

kann als chirales Organo-boran zur Reduktion polarer funktioneller Gruppen unter asymmetrischer Induktion eingesetzt werden[1]. Es dient ferner der Herstellung chiraler komplexer Borhydride, die einen ähnlichen Anwendungsbereich haben[2] (weiteres s. S. 336).

Isopino-campheyl-borane reagieren besonders mit *cis*-Alkenen mit mittelständiger Doppelbindung und mit *cis*-Cycloalkenen schnell und stereoselektiv unter Bildung optisch aktiver Organoborane, die verschiedene asymmetrische Synthesen ermöglichen.

Auch *9-Bora-bicyclo[3.3.1]nonan*[3] ist ein ausgezeichnetes Hydroborierungsmittel, das ohne besondere Vorsichtsmaßnahmen lagerfähig ist[4]:

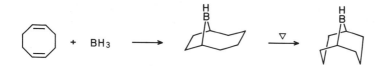

Als Hydroborierungsmittel werden ferner eingesetzt:

Benzo-1,3,2-dioxaborol[5,6] (für Olefine ohne Lösungsmittel bei 100°; vgl. a. Bd. V/1 b, S. 585 ff., 790 ff.).
2,3-Dimethyl-butyl-(2)-boran[7] (bei −20° reagiert es mit einem Mol-Äquivalent eines endständigen Olefins[8], bei 0° in einigen Stdn. mit einem zweiten Mol[1]. Ferner ist es zur cyclischen Hydroborierung von Dienen[7,9] und zur selektiven Hydroborierung von *cis*-Olefinen in *cis-trans*-Isomerengemischen und von unbehinderten Olefinen in Gemischen behinderter und unbehinderter Olefine geeignet[7]). Da das Hydroborierungsmittel beim längeren Stehen isomerisiert, muß es mit N,N-Diäthyl-anilin stabilisiert werden[10].

[1] H. C. Brown u. D. B. Bigley, Am. Soc. **83**, 3166 (1961).
  H. C. Brown u. V. Varma, Am. Soc. **88**, 2871 (1966); J. Org. Chem. **39**, 1631 (1974).
  K. R. Varma u. E. Caspi, Tetrahedron **24**, 6365 (1968).
  H. Hirowatari u. H. M. Walborsky, J. Org. Chem. **39**, 604 (1974).
[2] M. F. Grundon et al., Soc. [C] **1971**, 2557, 2560.
  E. J. Corey et al., Am. Soc. **93**, 1491 (1971).
  E. J. Corey u. R. K. Varma, Am. Soc. **93**, 7319 (1971).
[3] E. F. Knights u. H. C. Brown, Am. Soc. **90**, 5280 (1968).
[4] E. F. Knights u. H. C. Brown, Am. Soc. **90**, 5281 (1968).
  C. G. Scouten u. H. C. Brown, J. Org. Chem. **38**, 4092 (1973).
  L. Brener u. H. C. Brown, J. Org. Chem. **42**, 2702 (1977).
  R. Liotta u. H. C. Brown, J. Org. Chem. **42**, 2836 (1977).
  H. C. Brown, R. Liotta u. L. Brener, Am. Soc. **99**, 3427 (1977).
  H. C. Brown, R. Liotta u. G. W. Kramer, Am. Soc. **101**, 2966 (1979).
[5] H. C. Brown u. S. K. Gupta, Am. Soc. **93**, 1816 (1971).
[6] H. C. Brown u. S. K. Gupta, Am. Soc. **93**, 4062 (1971); **94**, 4370 (1972); **97**, 5249 (1975).
  C. F. Lane u. G. W. Kabalka, Tetrahedron **32**, 981 (1976).
  C. W. Kabalka, J. D. Baker u. G. W. Neal, J. Org. Chem. **42**, 512 (1977).
[7] G. Zweifel u. H. C. Brown, Am. Soc. **85**, 2066 (1963).
[8] E. Negishi u. H. C. Brown, Synthesis **1974**, 77.
[9] H. C. Brown u. C. D. Pfaffenberger, Am. Soc. **89**, 5475 (1967).
  H. C. Brown u. E. Negishi, Am. Soc. **89**, 5477 (1967); **94**, 3567 (1972).
[10] A. Pelter, D. J. Ryder u. J. H. Sheppard, Tetrahedron Letters **1978**, 4715.

Diäthyläther · Monochlorboran[1] (für Olefine in Diäthyläther[2] regioselektiver als in THF[3]).

Die bei der Hydroborierung anfallenden Triorgano-borane sind in der Regel hydrolysebeständig, lediglich bei speziellen Derivaten werden bei der Aufarbeitung in Gegenwart von Wasser direkt die Kohlenwasserstoffe erhalten. Ausgehend von konjugierten cyclischen Dienen[4,5] und Allenen[5,6] werden so über die leicht hydrolysierbaren Allyl-borane[7] nach Aufarbeitung Cycloalkene gewonnen (vgl. Bd. V/1b, S. 611f.). Interessanterweise liefert Allen selbst mit Diboran in der Gasphase neben 42% *1,2-(Propan-1,3-diyl)-diboran* 13% *Propyl-diboran*[8]:

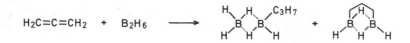

$$H_2C=C=CH_2 \ + \ B_2H_6 \ \longrightarrow$$

Auch in Dibenzofulven-Derivaten wird die semicyclische C=C-Doppelbindung durch Diboran unmittelbar abgesättigt[9]; in 2-Diphenylmethylen-2H-imidazol kann sie bereits mit Natriumboranat in Äthanol gesättigt werden[10].

Die Hydroborierungsprodukte von *cis*- und *trans*-2,3-Diphenyl-buten-(2) lassen sich alkalisch direkt zu *erythro*- (69% d. Th.) bzw. *threo-2,3-Diphenyl-butan* (71% d. Th.) hydrolysieren[11]:

$$H_5C_6-\underset{\underset{H_3C}{|}}{C}=\underset{\underset{CH_3}{|}}{C}-C_6H_5 \quad \xrightarrow[\text{2.OH}^\ominus]{\text{1.B}_2\text{H}_6} \quad H_5C_6-\underset{\underset{H_3C}{|}}{CH}-\underset{\underset{CH_3}{|}}{CH}-C_6H_5$$

Die Hydrolyse mit wäßrigen Mineralsäuren ergibt in der Regel nur partiell desalkylierte Produkte. Tributyl-boran liefert z. B. mit 48%iger Bromwasserstoffsäure nur 20% *Butan* neben 80% Tetraäthyl-diboroxan[12]:

$$2\,(H_9C_4)_3B \ + \ H_2O \ \xrightarrow{\ H^\oplus\ } \ (H_9C_4)_2B-O-B(C_4H_9)_2 \ + \ C_4H_{10}$$

Carbonsäuren spalten dagegen, wahrscheinlich infolge eines Koordinationskomplexes mit der Carbonyl-Gruppe, Trialkyl-borane viel leichter[13,14]:

$$(R-CH_2-CH_2)_3B \ + \ 3R^1-COOH \ \longrightarrow \ 3R-CH_2-CH_3 \ + \ (R^1-COO)_3B$$

[1] H. C. Brown u. N. Ravindran, Am. Soc. **94**, 2112 (1972).
[2] H. C. Brown u. N. Ravindran, J. Org. Chem. **38**, 182 (1973).
[3] G. Zweifel, J. Organometal. Chem. **9**, 215 (1967).
  D. J. Pasto u. P. Balasubramanian, Am. Soc. **89**, 295 (1967).
  D. J. Pasto u. S. Z. Kang, Am. Soc. **90**, 3797 (1968).
[4] M. Nussim, Y. Mazur u. F. Sondheimer, Pr. chem. Soc. **1959**, 314; J. Org. Chem. **29**, 1131 (1964).
[5] D. S. Sethi u. D. Devaprabhakara, Canad. J. Chem. **46**, 1165 (1968).
[6] D. Devaprabhakara u. P. D. Gardner, Am. Soc. **85**, 1458 (1963).
  D. S. Sethi, G. C. Joshi u. D. Devaprabhakara, Canad. J. Chem. **46**, 2632 (1968); **47**, 1083 (1969).
[7] B. M. Michailow u. F. B. Tutorskaja, Doklady Akad. SSSR **123**, 479 (1958); C. A. **53**, 6990 (1959).
[8] H. H. Lindner u. T. Onak, Am. Soc. **88**, 1886 (1966).
[9] M. Rabinovitz, G. Salemnik u. E. D. Bergmann, Tetrahedron Letters **1967**, 3271.
[10] W. Rohr u. H. A. Staab, Ang. Ch. **77**, 1077 (1965).
  W. Rohr, R. Swoboda u. H. A. Staab, B. **101**, 3491 (1968).
[11] A. J. Weinheimer u. W. E. Marsico, J. Org. Chem. **27**, 1926 (1962).
[12] J. R. Johnson, H. R. Snyder u. M. G. van Campen, Am. Soc. **60**, 115 (1938).
[13] H. Meerwein et al., J. pr. [2] **147**, 251 (1937).
  J. Goubeau et al., Ang. Ch. **67**, 710 (1955).
[14] H. C. Brown u. K. Murray, Am. Soc. **81**, 4108 (1959).
  G. W. Kabalka, R. J. Newton u. J. Jacobus, J. Org. Chem. **44**, 4185 (1979).

Endständige Borane reagieren am leichtesten. Bei 20° werden durch Carbonsäuren nur zwei, in siedender Propansäure alle drei Alkyl-Gruppen abgespalten[1, 2]. Mittelständige Alkyl- und Cycloalkyl-borane erleiden nur schwer Protonolyse[3]. Erstere werden deshalb zweckmäßig vorher durch Erhitzen zu endständigen Boranen isomerisiert[1]. Die Reaktion verläuft unter Erhalt der Konfiguration[4]. Hexen-(1) liefert z. B. mit Diboran und anschließender Behandlung mit Propansäure 91% d. Th. *Hexan*[1]:

$$3\,H_9C_4—CH{=}CH_2 \xrightarrow{\;BH_3\;} (H_9C_4—CH_2—CH_2)_3B$$

$$\xrightarrow{\;H_5C_2—COOH\;} 3\,H_9C_4—CH_2—CH_3$$

Hexan[5]: Zu einer Lösung von 16,8 g (0,2 Mol) Hexen-(1) und 2,1 g (0,055 Mol) Natriumboranat in 55 *ml* abs. Bis-[2-methoxy-äthyl]-äther werden unter Rühren und unter Stickstoff innerhalb 1,5 Stdn. bei 0° 10,6 g (0,075 Mol) Bortrifluorid-Ätherat gegeben. Nach 1 Stde. wird die Mischung mit 300 *ml* Propansäure versetzt und 2 Stdn. bei Rückflußtemp. (141°) am absteigenden Kühler erhitzt. Das Produkt destilliert mit wenig Äther ab. Es wird mit Natriumhydrogencarbonat-Lösung und Wasser gewaschen, getrocknet und über eine Mikrokolonne destilliert; Ausbeute: 15,6 g (91% d. Th.); Kp$_{738}$: 68–69°.

Analog erhält man z. B. aus:

Octen-(1)	→ *Octan*	95% d. Th.
2,4,4-Trimethyl-penten-(1)	→ *2,4,4-Trimethyl-pentan*	82% d. Th.
Phenyl-äthylen (Styrol)	→ *Äthyl-benzol*	88% d. Th.
Cyclohexen	→ *Cyclohexan*	76% d. Th.

Hexen-(2) wird zur Isomerisierung vor der Protonolyse 3 Stdn. auf 160° erhitzt und liefert 85% d. Th. *Hexan*. Ähnlich läßt sich auch Hepten-(2) in 1,2-Bis-[2-methoxy-äthoxy]-äthan vor der Protonolyse isomerisieren und man erhält 90% d. Th. *Heptan*.

Natriumboranat in Trifluoressigsäure reduziert 1,1-Diphenyl-äthylen in einem Schritt zu *1,1-Diphenyl-äthan* (93% d. Th.)[6]:

$$(H_5C_6)_2C{=}CH_2 \xrightarrow{\;Na[BH_4]/F_3C—COOH\;} (H_5C_6)_2CH—CH_3$$

Lithium-triäthyl-hydrido-borat hydroboriert in siedendem Tetrahydrofuran aromatisch konjugierte Alkene zu Lithium-tetraalkyl-boraten, die leicht zu Aryl-äthanen hydrolysiert werden können[7].

Trialkyl-borane können unter energischen Bedingungen durch Wasserstoff zu Alkan und Diboran hydriert werden[8]. Die Methode hat im Laboratorium nur geringe Bedeutung, allerdings beruht die Anwendung von Trialkyl-boranen als homogene Hydrierkatalysatoren für Olefine auf dieser Reaktion[9, 10] (vgl. a. Bd. XIII/3).

[1] H. C. Brown u. K. Murray, Am. Soc. **81**, 4108 (1959).
  G. W. Kabalka, R. J. Newton u. J. Jacobus, J. Org. Chem. **44**, 4185 (1979).
[2] G. Zweifel u. H. C. Brown, Am. Soc. **86**, 393 (1964).
[3] S. P. Acharya u. H. C. Brown, Am. Soc. **89**, 1925 (1967).
  H. C. Brown u. A. Suzuki, Am. Soc. **89**, 1933 (1967).
[4] H. C. Brown u. K. J. Murray, J. Org. Chem. **26**, 631 (1961).
[5] H. C. Brown u. K. Murray, Am. Soc. **81**, 4108 (1959).
[6] G. W. Gribble u. R. M. Leese, Synthesis **1977**, 172.
[7] H. C. Brown u. S. C. Kim, J. Org. Chem. **42**, 1482 (1977).
[8] R. Köster, Ang. Ch. **68**, 383 (1956); Öst. Chemiker-Ztg. **57**, 136 (1956).
  R. Klein et al., Am. Soc. **83**, 4131 (1961).
[9] F. L. Ramp, E. J. DeWitt u. L. E. Trapasso, J. Org. Chem. **27**, 4368 (1962).
  R. Köster, Chimia **23**, 1 (1969).
[10] R. Köster, G. Bruno u. P. Binger, A. **644**, 1 (1961).

Trialken-(1)-yl-borane werden mit Carbonsäuren leichter als Trialkyl-borane protoniert. So ist die Reaktion in Essigsäure bei 20° in einigen Stunden beendet. 1-Alkine werden mit Alkyl-boranen selektiv monohydroboriert; z.B.[1]:

$$2\ H_9C_4-C{\equiv}CH\ +\ (H_3C)_2CH-\overset{\overset{\displaystyle CH_3}{|}}{\underset{\underset{\displaystyle CH_3}{|}}{C}}-BH_2 \longrightarrow (H_9C_4-CH{=}CH)_2B-\overset{\overset{\displaystyle CH_3}{|}}{\underset{\underset{\displaystyle CH_3}{|}}{C}}-CH(CH_3)_2$$

$$\xrightarrow{\ 2\ H_3C-COOH\ } 2\ H_9C_4-CH{=}CH_2\ +\ (H_3C-COO)_2B-\overset{\overset{\displaystyle CH_3}{|}}{\underset{\underset{\displaystyle CH_3}{|}}{C}}-CH(CH_3)_2$$

Die Monohydroborierung mittelständiger Acetylene führt in stereoselektiver Reaktion zu *cis*-Alken-(1)-yl-boranen. Da die Protonolyse unter Erhalt der Konfiguration verläuft, können stereochemisch einheitliche *cis*-Olefine erhalten werden[2].

Hexen-(1)[1]: Eine Lösung von 10 mMol 2,3-Dimethyl-butyl-(2)-boran in 20 *ml* abs. Bis-[2-methoxy-äthyl]-äther wird unter kräftigem Rühren und unter Stickstoff bei −15° innerhalb 10 Min. zu einer Lösung von 1,64 g (20mMol) Hexen-(1) in 20 *ml* abs. Bis-[2-methoxy-äthyl]-äther gegeben. Man rührt 2 Stdn. bei 0–3°, verdünnt mit 10 *ml* Essigsäure, hält 3 Stdn. bei 20–25° und arbeitet auf. Gaschromatographisch bestimmt werden 91% Hexen-(1) gebildet.

Entsprechend erhält man aus Hexin-(2) *cis-Hexen-(2)* (86% d.Th.).

Diäthyläther-Monochlorboran ist ebenfalls zur Monohydroborierung endständiger und mittelständiger Acetylene geeignet. Die gebildeten stabilen Chlor-divinyl-borane können isoliert werden. So erhält man z.B. aus Hexin-(3) über das Chlor-bis-[*cis*-hexen-(3)-yl-(3)]-boran (88% d.Th.) 92% d.Th. *cis-Hexen-(3)*[3]:

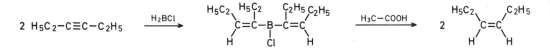

cis-Hexen-(3):
Chlor-bis-[*cis*-hexen-(3)-yl-(3)]-boran[3]: Zu einer Lösung von 100 mMol Hexin-(3) in 15 *ml* abs. Diäthyläther werden unter Rühren und unter Stickstoff bei 0° 50 mMol Chlorboran-Ätherat in 37 *ml* Diäthyläther gegeben. Man rührt 2 Stdn. weiter, engt ein und destilliert unter Stickstoff; Ausbeute: 88% d. Th.; Kp$_{0,1}$: 66–68°.
cis-Hexen-(3)[1]: Eine Lösung von 4 mMol Chlor-bis-[*cis*-hexen-(3)-yl-(3)]-boran in 2 *ml* abs. Tetrahydrofuran wird mit 2 *ml* Essigsäure 3 Stdn. bei 25° gerührt, äthert aus und trocknet die äther. Lösung über Magnesiumsulfat. Danach wird destilliert; Ausbeute: 92% d.Th.; Kp$_{754}$: 67°.

Von den monofunktionellen Boranen wird zur Monohydroborierung von Acetylenen meist Bis-[3-methyl-butyl-(2)]-boran eingesetzt. Wenn die bei der Protonolyse gebildete O-Acetyl-bis-[3-methyl-butyl-(2)]-borinsäure bei der Destillation des Endproduktes stört, wird sie oxidiert[4].

Über die Protonolyse säureempfindlicher, substituierter Alken-(1)-yl-borane mit Silber-diammin-nitrat s.S. 60.

Dialkyl-[alken-(1)-yl]-borane werden nach Überführung mit Alkyl-lithium in die Lithium-trialkyl-[alken-(1)-yl]-borate bereits mit 6 n Natronlauge bei 20° hydrolysiert[5].

[1] G. Zweifel u. H.C. Brown, Am. Soc. **85**, 2066 (1963).
[2] H.C. Brown u. G. Zweifel, Am. Soc. **81**, 1512 (1959); **83**, 3834 (1961).
[3] H.C. Brown u. N. Ravindran, J. Org. Chem. **38**, 1617 (1973).
[4] H.C. Brown u. G. Zweifel, Am. Soc. **83**, 3834 (1961).
[5] E. Negishi u. K.-W. Chiu, J. Org. Chem. **41**, 3484 (1976).

Ammoniak und prim. Amine spalten Trialkyl-borane nur bei hohen Temp. zu Kohlenwasserstoffen und Amino-boranen[1]. Zur Protonolyse von Trialkyl-boranen ist Platin(II)-acetat ebenfalls geeignet[2].

Die Reduktion von C,C-Mehrfachbindungen durch Hydroborierung und Protonolyse kann auf zwei Gebieten, wo die katalytische Hydrierung meist versagt oder nur mit Schwierigkeiten durchgeführt werden kann, erfolgreich eingesetzt werden:

1. selektive Markierungen mit Wasserstoff-Isotopen
2. selektive Hydrierung einer von mehreren C,C-Mehrfachbindungen

Die selektive Markierung wird in erster Linie bei Alkinen angewendet. Wie aus den folgenden Beispielen hervorgeht, kann sie in verschiedenen Stellungen durchgeführt werden. Hexin-(1) ergibt z.B. nach Hydroborierung mit Bis-[3-methyl-butyl-(2)]-boran und Deuterolyse mit Essigsäure-O-D 52% d.Th. *trans-1-Deutero-hexen-(1)*.

trans-1-Deutero-hexen-(1)[3]: Eine Suspension von Bis-[3-methyl-butyl-(2)]-boran wird aus 100,8 g (1,44 Mol) 2-Methyl-buten-(2), 20,4 g (0,54 Mol) Natriumboranat und 102,2 g (0,72 Mol) Bortrifluorid-Ätherat in 300 *ml* abs. Bis-[2-methoxy-äthyl]-äther hergestellt und bei 0° unter Rühren und Stickstoff zu 49,2 g (0,6 Mol) Hexin-(1) gegeben. Man rührt 3 Stdn. bei 20°, versetzt mit 250 *ml* Essigsäure-O-D (hergestellt aus 99,8%-igem Deuteriumoxid und Essigsäure-anhydrid), läßt 2 Stdn. bei 20° stehen und gießt in Eiswasser. Die obere Phase wird abgetrennt, mit verd. Natronlauge und ges. Natriumchlorid-Lösung gewaschen und destilliert. Die unter 80° siedende Fraktion wird mit Natriumchlorid gesättigt, die obere Phase abgetrennt, mit Kaliumcarbonat getrocknet und über eine Mikrokolonne fraktioniert; Ausbeute: 26,4 g (52% d.Th.); Kp: 63–64°.

Analog erhält man nach Tritiolyse mit Essigsäure-O-T *trans-1-Tritio-hexen-(1)*[4].

1-Deutero-hexin-(1) liefert nach Hydroborierung mit Bis-[3-methyl-butyl-(2)]-boran und Protonolyse 57% d.Th. *cis-1-Deutero-hexen-(1)*[3].

Nach Tritioborierung von Hexin-(1) mit Tritio-bis-[3-methyl-butyl-(2)]-boran und Protonolyse erhält man allerdings ein Gemisch von *2-Tritio-hexen-(1)* und *1,2-Ditritio-hexen-(1)*, da das saure Wasserstoff-Atom des Alkins teilweise gegen Tritium ausgetauscht wird[4].

Auch Dicyclohexyl-boran hydroboriert regio- und stereoselektiv endständige und mittelständige Acetylene, nur reagiert es infolge seines geringeren effektiven Raumbedarfs besonders mit behinderten Dreifachbindungen wesentlich schneller. Aus Phenylacetylen erhält man z.B. nach Hydroborierung und Deuterolyse *trans-2-Deutero-1-phenyl-äthylen* (93% d.Th.)[5].

Analog erhält man aus Octin-(1) *trans-1-Deutero-octen-(1)* (94% d.Th.). Über die Deuterierung von Alkinen mit Benzo-1,3,2-dioxaborol/Essigsäure-O-D s. Lit.[6].

Cyclodecin ergibt nach Deuteroborierung mit Hexadeutero-diboran und Deuterolyse mit Essigsäure-O-D 43% deuteriertes Produkt, das 81% *cis-1,2-Dideutero-cyclodecen* enthält[7]:

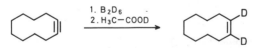

Die selektive Reduktion von C,C-Mehrfachbindungen nebeneinander durch Hydroborierung/Protonolyse kann prinzipiell auch bei Polyenen, Eninen und Polyinen

[1] D. Ulmschneider u. J. Goubeau, B. **90**, 2733 (1957).
[2] H. Yatagai, Y. Yamamoto u. K. Maruyama, Chem. Commun. **1978**, 702.
[3] H.G. Kuivila u. R. Sommer, Am. Soc. **89**, 5616 (1967).
[4] N.H. Nam, A.J. Russo u. R.F. Nystrom, Chem. & Ind. **1963**, 1876.
[5] G. Zweifel, G.M. Clark u. N.L. Polston, Am. Soc. **93**, 3395 (1971).
[6] H.C. Brown u. S.K. Gupta, Am. Soc. **94**, 4370 (1972).
[7] A.C. Cope et al., Am. Soc. **82**, 6370 (1960).

durchgeführt werden. Die selektive Reduktion konjugierter Diene wurde bisher wenig untersucht[1] (vgl. S. 61f.).

Für die Monohydroborierung konjugierter Diine zu *cis*-Eninen hat sich Bis-[3-methyl-butyl-(2)]-boran bewährt, während zur Dihydroborierung zu dihydroborylierten *cis,cis*-Dienen Dicyclohexyl-boran besser geeignet ist. Die Monohydroborierung von *cis*-Eninen zu *cis-cis*-Dienen kann mit beiden oben erwähnten Dialkyl-boranen selektiv durchgeführt werden.

Die Protonolyse von konjugiert-ungesättigten Boranen mit Essigsäure ist schwieriger als bei den nicht-konjugierten, so daß sie bei 55–60° durchgeführt wird. Die gebildete O-Acetyl-borinsäure wird vor der Aufarbeitung zweckmäßig durch Oxidation mit alkalischem Wasserstoffperoxid beseitigt.

2,7-Dimethyl-cis,cis-octadien-(3,5)[2]: Zu einer Lösung von 6,85 g (50 mMol) 2,7-Dimethyl-octen-(*cis*-3)-in-(5) in 30 *ml* abs. THF wird unter Rühren und Stickstoff bei −5 bis 0° eine Lösung von 55 mMol Bis-[3-methyl-butyl-(2)]-boran gegeben. Man rührt 3 Stdn. bei 0–5°, versetzt mit 12,5 *ml* Essigsäure und erhitzt 5 Stdn. bei 55–60°. Danach wird bei 30–35° durch Zugabe von 45 *ml* 6 n Natriumhydroxid-Lösung und 13 *ml* 30%igem Wasserstoffperoxid oxidiert, 30 Min. bei 20° gerührt und mit Natriumchlorid gesättigt. Man trennt die obere Phase ab, extrahiert die untere wäßr. mit Pentan, trocknet die vereinigten organ. Phasen mit Magnesiumsulfat und engt ein. Der Rückstand wird über eine Drehbandkolonne destilliert; Ausbeute: 5,42 g (78% d. Th.); Kp_{35}: 68°.

Analog werden folgende Diene bzw. Enine erhalten[2]:

$(H_3C)_3C{-}CH{=}CH{-}C{\equiv}C{-}C(CH_3)_3$ → *2,2,7,7-Tetramethyl-cis,cis-octadien-(3,5)*; 75% d. Th.; Kp_{10}: 67°
$(H_3C)_2CH{-}C{\equiv}C{-}C{\equiv}C{-}CH(CH_3)_2$ → *2,7-Dimethyl-octen-(cis-3)-in-(5)*; 77% d. Th.; Kp_{90}: 84°
$(H_3C)_3C{-}C{\equiv}C{-}C{\equiv}C{-}C(CH_3)_3$ → *2,2,7,7-Tetramethyl-octen-(cis-3)-in-(5)*; 75% d. Th.; Kp_{13}: 62°

3-Methyl-buten-(3)-in-(1) liefert mit Dicyclohexyl-boran und Deuterolyse *3-Methyl-1-deutero-butadien-(trans-1,3)* (92% d. Th.) bzw. 1-Äthinyl-cyclohexen *trans-2-Deutero-1-[cyclohexen-(1)-yl]-äthylen* (87% d. Th.)[3]. Die Reduktionen sind auch mit [2,3-Dimethyl-butyl-(2)]-boran durchführbar.

Die analoge Umsetzung mit Dicyclohexyl-boran mit folgender Protonolyse und Oxidation mit alkalischem Wasserstoffperoxid verläuft beim nicht-konjugierten Hexen-(5)-in-(1) wegen auftretender Dihydroborierung nicht einheitlich[3].

Aus 2-Methyl-dodecadiin-(3,5) erhält man mit zwei Mol-Äquivalenten Dicyclohexyl-boran und Protonolyse *2-Methyl-cis,cis-dodecadien-(3,5)*[2] (74% d. Th.; Kp_3: 80°). (Weiteres über die Reaktion s. ds. Handb., Bd. V/1b, S. 799ff.):

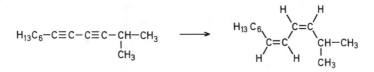

Die reduktive Homologisierung ermöglicht die Herstellung von *trans*-Alkenen aus 1-Halogen-alkinen und Dialkyl-boranen. Die Dehalogenierung des gebildeten *cis*-[1-Halogen-alken-(1)-yl-(2)]-borans verläuft unter Wanderung der Alkyl-Gruppe vom Bor an das benachbarte ungesättigte Kohlenwasserstoff-Atom. Dieser Vorgang ist mit Inversion verbunden, so daß als Endprodukt *trans*-Olefine erhalten werden.

In einer Variante wird das Hydroborierungsprodukt aus Alkin und Dialkyl-boran in alkalischem Milieu der Halogenolyse unterworfen. Hierdurch ersetzt eine Alkyl-Gruppe (vom Bor) das austretende Bor, nimmt aber am ungesättigten Kohlenstoff-Atom die entgegengesetzte sterische Lage an. Da während der Reaktion kein Proton,

[1] L. Caglioti, G. Cainelli u. G. Maina, Tetrahedron **19**, 1057 (1963).
[2] G. Zweifel u. N. L. Polston, Am. Soc. **92**, 4068 (1970).
[3] G. Zweifel, G. M. Clark u. N. L. Polston, Am. Soc. **93**, 3395 (1971).

sondern nur eine Alkyl-Gruppe in das Hydroborierungsprodukt eingeführt wird, enthält z. B. das aus einem 1-Alkin gebildete Olefin die beiden Wasserstoff-Atome in *cis*-Stellung[1,2] (näheres s. Bd. V/1 b, S. 795 ff.).

Das aus 2,3-Dimethyl-butyl-(2)-boran mit *trans*-Hexen-(3) erhaltene Dialkyl-boran reagiert mit 1-Brom-hexin-(1) unter *cis*-Addition zum [2,3-Dimethyl-butyl-(2)]-hexyl-(3)-[1-brom-hexen-(1)-yl]-boran, das mit Natriummethanolat unter selektiver Wanderung der sek. Alkyl-Gruppe vom invertierenden Bor an das ungesättigte Kohlenstoff-Atom dehalogeniert und danach zu *trans-3-Propyl-nonen-(4)* protonolysiert wird[3]:

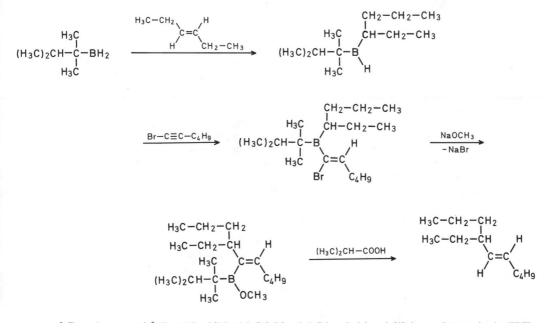

trans-3-Propyl-nonen-(4)[3]: Zu 14,7 *ml* (30 mMol) 2,05 m 2,3-Dimethyl-butyl-(2)-boran-Lösung in abs. THF werden unter Rühren in trockener Stickstoff-Atmosphäre bei −25° der Reihe nach innerhalb 1 Stde. 2,52 g (30 mMol) *trans*-Hexen-(3), nach 1 Stde. 4,83 g (30 mMol) 1-Brom-hexin-(1) und danach nach 5 Min. 2,43 g (45 mMol) Natriummethanolat in 30 *ml* abs. Methanol gegeben. Man rührt 1 Stde. bei 25°, destilliert innerhalb 1 Stde. die unter Kp_{15}: 25° siedenden Anteile ab, versetzt mit 30 *ml* 2-Methyl-propansäure, erhitzt 1 Stde. am Rückfluß, kühlt ab, gießt in 100 *ml* Wasser und extrahiert 3mal mit je 50 *ml* Pentan. Der Auszug wird 2mal mit je 50 *ml* Wasser und 2mal mit je 50 *ml* ges. Kaliumcarbonat-Lösung gewaschen, mit Magnesiumsulfat getrocknet und eingeengt. Der Rückstand wird i. Vak. destilliert; Ausbeute: 3,93 g (78% d. Th.); $Kp_{0,4}$: 49–51°.

Analog werden folgende Olefine mit 1-Brom-hexin-(1) homologisiert (Ausbeuten gaschromatographisch):

2-Methyl-buten-(2)	→	*trans-2,3-Dimethyl-nonen-(4)*	86% d. Th.
2-Methyl-penten-(1)	→	*trans-4-Methyl-undecen-(6)*	94% d. Th.
Cyclohexen	→	*trans-1-Cyclohexyl-hexen-(1)*	85% d. Th.

Die Protonolyse eines Methoxy-[2,3-dimethyl-butyl-(2)]-alken-(1)-yl-borans wird entweder mit 2-Methyl-propansäure bei 155° oder (besonders bei Anwesenheit einer säureempfindlichen Gruppe) mit wäßriger Silber-diammin-nitrat-Lösung durchgeführt. Im Folgenden wird diese Methode am Beispiel einer Prostaglandin-Modellsynthese vorgestellt.

---

[1] G. Zweifel et al., Am. Soc. **93**, 6309 (1971).

[2] G. Zweifel, H. Arzoumanian u. C.C. Whitney, Am. Soc. **89**, 3652 (1967).
   G. Zweifel, N.L. Polston u. C.C. Whitney, Am. Soc. **90**, 6243 (1968).
   G. Zweifel u. R.P. Fischer, Synthesis **1972**, 557; **1975**, 376.
   E. Negishi, G. Lew u. T. Yoshida, J. Org. Chem. **39**, 2321 (1974).

[3] E. Neghishi, J.-J. Katz u. H.C. Brown, Synthesis **1972**, 555.

trans-3-[Tetrahydropyranyl-(2)-oxy]-1-cyclohexyl-octen-(1)[1]:

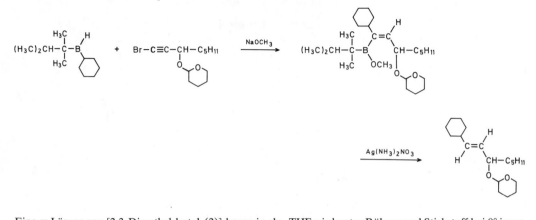

Eine m Lösung von [2,3-Dimethyl-butyl-(2)]-boran in abs. THF wird unter Rühren und Stickstoff bei 0° innerhalb 1 Stde. mit 1 Äquivalent Cyclohexen versetzt. Zur Mischung gibt man bei 0° 1 Äquivalent 1-Brom-3-[tetrahydropyranyl-(2)-oxy]-octin-(1), rührt 2,5 Stdn. bei 25° weiter und versetzt innerhalb 5 Min. mit 1,5 Äquivalenten Natriummethanolat in abs. Methanol bei 0°. Danach rührt man 3 Stdn. bei 25°, neutralisiert mit einer Lösung von Essigsäure in Äthanol (5 mg/*ml*) und rührt 8 Stdn. mit 5 Äquivalenten 2 m Silber-diammin-nitrat-Lösung bei 75–80°. Die Mischung wird eingeengt, mit Wasser verdünnt und mit Pentan extrahiert und der Auszug an Kieselgel chromatographiert; Ausbeute: 65% d. Th.

Modifiziertes Natriumboranat [z. B. Natriumboranat/Aluminiumchlorid[2] bzw. /Essigsäure[3]/Kobalt(II)-chlorid[4]] kann ebenfalls zur Hydroborierung bzw. Reduktion verwendet werden. Alkene liefern nach Reaktion mit Natriumboranat/Zinn(IV)-chlorid in Tetrahydrofuran und Zersetzung des Adduktes mit Wasser die entsprechenden Alkohole[5]:

$$
\underset{H_5C_6}{\overset{H}{}} C=C \underset{H}{\overset{C_6H_5}{}} \quad \xrightarrow[\text{2. } H_2O]{\text{1. } Na[BH_4]/SnCl_4} \quad H_5C_6-CH_2-\overset{OH}{\underset{}{CH}}-C_6H_5
$$

1,2-Diphenyl-äthanol; 53% d. Th.

Die Reaktion verläuft analog mit Natriumboranat/Titan(IV)-chlorid[6].

α₃) *durch Hydroaluminierung und Protonolyse*

1-Alkine und 1-Alkene lassen sich mit einfachen und komplexen Aluminiumhydriden in der Regel nur bei höheren Temperaturen hydroaluminieren. Da sich auch die gebildeten C−Al-Bindungen an C,C-Mehrfachbindungen addieren, kann als Nebenreaktion Oligomerisierung eintreten[7].

Aluminiumhydrid selbst hydrometalliert nur α-Olefine mit einem Kp von 60–70° ohne Lösungsmittel bei Rückflußtemperatur unter Bildung von Trialkyl-alanen. Die erhaltenen Trialkyl-alane werden im Gegensatz zu den Trialkyl-boranen bereits in der Kälte

[1] E. COREY u. T. RAVINDRANATHAN, Am. Soc. **94**, 4013 (1972).
[2] H. C. BROWN u. B. C. SUBBA RAO, Am. Soc. **81**, 6423 (1959).
[3] V. HACH, Synthesis **1974**, 340.
[4] S.-K. CHUNG, J. Org. Chem. **44**, 1014 (1979).
[5] S. KANO, Y. YUASA u. S. SHIBUYA, Chem. Commun. **1979**, 796.
[6] S. KANO, Y. TANAKA u. S. HIBINO, Chem. Commun. **1980**, 414.
[7] K. ZIEGLER, et al., A. **629**, 1 (1960).
   K. ZIEGLER, *Organo-Aluminium-Compounds*, in *Organometallic Chemistry*, Hrsg.: H. ZEISS, S. 1944ff., Reinhold Publishing Corp., New York 1960.

äußerst schnell zu den entsprechenden gesättigten Kohlenwasserstoffen[1] (weiteres s. ds. Handb., Bd. XIII/4, S. 24) hydrolysiert.

Zur Reduktion von Alkenen, Dienen und Acetylenen werden auch Kombinationen von Lithiumalanat bzw. anderen komplexen Aluminiumhydriden mit Übergangsmetallsalzen eingesetzt[2].

Dialkyl-aluminiumhydride mit stärkerem Reduktionsvermögen reduzieren in der Regel nicht aktivierte C,C-Mehrfachbindungen schneller als Aluminiumhydrid, allerdings langsamer als Borhydride. Ihr weiterer Nachteil ist die gefährlichere Handhabung. Die Vorsichtsmaßnahmen, die bei der Arbeit mit Alkyl-aluminium-Verbindungen einzuhalten sind, werden an anderen Stellen des Handbuches ausführlich behandelt (s. Bd. V/1b, S. 529 u. Bd. XIII/4, S. 19ff.).

Die Zersetzung der Reaktionsgemische soll unter guter Kühlung und äußerst vorsichtig durchgeführt werden. Da die an der Luft selbstentzündlichen Organo-aluminiumhydride mit Wasser **explosions**artig unter heftiger Entwicklung von Wasserstoff und Kohlenwasserstoff reagieren, wird die verdünnte Reaktionsmischung durch Zugabe von Alkohol oder wäßrigem 1,4-Dioxan zersetzt. Kleinere Mengen kann man unter Stickstoff in Eiswasser gießen.

Dialkyl-aluminiumhydride und Trialkyl-aluminium hydroaluminieren nicht nur endständige, sondern auch mittelständige Olefine, letztere nur bei 110° und in Gegenwart katalytischer Mengen von Verbindungen verschiedener Übergangsmetalle, so von Titan(IV)- und Zirkon(IV)-Salzen[3].

Diene können mit Bis-[2-methyl-propyl]-aluminiumhydrid sowohl mono- als auch dihydroaluminiert werden[4,5]. Monohydroaluminierte Diene gehen leicht intramolekulare Cycloadditionen ein. Nach Hydrolyse erhält man also Cycloalkane[5,6]. Bis-[2-methyl-propyl]-aluminiumhydrid reduziert selektiv die semicyclische Doppelbindung in Fulvenen; z.B.[7]:

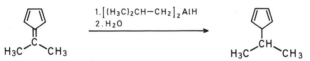

[1] K. ZIEGLER et al., A. **589**, 91 (1954).
[2] P. W. CHUM u. S. E. WILSON, Tetrahedron Letters **1976**, 15.
   F. SATO, S. SATO u. M. SATO, J. Organometal. Chem. **122**, C25 (1976); **131**, C26 (1977).
   K. ISAGAWA, K. TATSUMI u. Y. OTSUJI, Chem. Letters **1976**, 1145.
   K. ISAGAWA et al., Chem. Letters **1977**, 1017.
   E. C. ASHBY u. J. J. LIN, Tetrahedron Letters **1977**, 4481; J. Org. Chem. **43**, 2567 (1978).
   E. C. ASHBY u. S. A. NODING, Tetrahedron Letters **1977**, 4579.
   F. SATO, H. KODAMA u. M. SATO, Chem. Letters **1978**, 789.
   F. SATO, K. OGURO u. M. SATO, Chem. Letters **1978**, 805.
   F. SATO, S. HAGA u. M. SATO, Chem. Letters **1978**, 999.
   F. SATO, et al., Tetrahedron Letters **1979**, 3745.
[3] F. ASINGER, B. FELL u. R. JANSSEN, B. **97**, 2515 (1964).
   F. ASINGER u. B. FELL, Erdöl Kohle **19**, 406 (1966).
   F. ASINGER, B. FELL u. F. THEISSEN, B. **100**, 937 (1967).
   B. FELL, S. WARWEL u. F. ASINGER, B. **103**, 855 (1970).
   F. ASINGER, B. FELL u. R. OSBERGHAUS, B. **104**, 1332 (1971).
[4] R. RIENÄCKER u. G. OHLOFF, Ang. Ch. **73**, 240 (1961).
   J. J. EISCH u. G. R. HUSK, J. Organometal. Chem. **4**, 415 (1965).
   L. I. SACHARKIN u. L. A. SAWINA, Izv. Akad. SSSR **1967**, 78.
   R. RIENÄCKER u. G. GOETHEL, Ang. Ch. **79**, 862 (1967).
   S. WARWEL u. W. LAARZ, A. **1975**, 642.
   M. MONTURY u. J. GORÉ, Tetrahedron Letters **1980**, 51.
[5] G. HATA u. A. MIYAKE, J. Org. Chem. **28**, 3237 (1963).
[6] J. J. EISCH u. G. R. HUSK, J. Org. Chem. **31**, 3419 (1966).
[7] L. I. SACHARKIN et al., Izv. Akad. SSSR **1960**, 1518.

5-Isopropyl-cyclopentadien[1]: Zu 24 g (0,17 Mol) Bis-[2-methyl-propyl]-aluminiumhydrid gibt man unter Rühren in trockener Stickstoff-Atmosphäre bei 65–75° innerhalb 1 Stde. 16,5 g (0,155 Mol) 5-Isopropyliden-cy-clopentadien. Die Mischung wird abgekühlt, in Diäthyläther gelöst und vorsichtig auf Eiswasser gegossen. Der Niederschlag wird filtriert und mit Diäthyläther gewaschen. Das Filtrat wird getrocknet und eingeengt, der Rückstand wird destilliert; Ausbeute: 11,5 g (68% d. Th.); Kp_{38}: 38°.

Weiteres über die Hydroaluminierung von Monoolefinen s. ds. Handb., Bd. XIII/4, S. 29 ff., 35 ff., von Dienen S. 146 ff.

Bei endständigen Olefinen besteht in der Additionsfähigkeit eine völlige Parallelität zwischen der Al−H- und der Al−C-Bindung; erste Umsetzung gelingt bei 60–80°, die zweite bei 100–120°.

1-Alkene addieren Lithiumalanat nur bei 110–120° in ätherischer Lösung unter Druck. Man kann auch ohne Lösungsmittel mit Lithiumalanat-Pulver arbeiten. Die Reaktion führt bei genügend 1-Alken zu Lithium-tetraalkyl-aluminat, mit Isobuten und unsymmetrisch disubstituierten Äthylenen zu Lithium-trialkyl-hydrido-aluminaten, die nach Hydrolyse die entsprechenden Alkane liefern. Alkene mit mittelständiger Doppelbindung werden beim Erhitzen mit Lithiumalanat zersetzt[2] (weiteres über die Reaktion s. Bd. XIII/4, S. 24 f.). In Gegenwart von Trialkyl-siliciumhydrid als Katalysator kann die Reduktion auch mit Natriumalanat in Dodecan durchgeführt werden[3].

Diene ergeben unter ähnlichen Bedingungen meist Gemische; z. B.[4]:

$$H_3C-CH=CH-CH=CH-CH_3 \quad \xrightarrow[\substack{2.\ H_2O \\ \overline{82\%\ d.\ Th.}}]{\substack{1.\ Li[AlH_4],\,130° }}$$

$$H_5C_2-CH=CH-C_2H_5 \quad + \quad H_3C-CH=CH-C_3H_7 \quad + \quad C_6H_{14}$$

3-Hexen   *2-Hexen*   *Hexan;* 1%
trans: 35%   *trans:* 24%
cis: 15%   *cis:* 25%

Während Cyclopentadien von komplexen Alkalimetall-alanaten metalliert wird[5], wird bei Fulvenen unter Ausbildung des Cyclopentadienyl-Anions die semicyclische C=C-Doppelbindung einfach abgesättigt[6]; z. B.[7]:

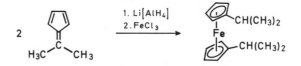

[1] L. I. SACHARKIN et al., Izv. Akad. SSSR **1960**, 1518.
[2] K. ZIEGLER et al., A. **589**, 91 (1954).
[3] L. I. SACHARKIN, W. W. GAWRILENKO u. W. K. GOLUBJEW, Izv. Akad. SSSR **1966**, 142; engl.: 117; C. A. **64**, 12711 (1966).
[4] E. F. MAGOON u. L. H. SLAUGH, Tetrahedron **23**, 4509 (1967).
[5] L. I. SACHARKIN u. W. W. GAWRILENKO, Ž. obšč. Chim. **33**, 3112 (1963).
[6] I. GOODMAN, Soc. **1951**, 2209.
   D. LAVIE u. E. D. BERGMANN, Bl. **1951**, 250.
   K. ZIEGLER et al., A. **589**, 91 (1954).
   C. H. SCHMIDT, B. **91**, 28 (1958).
[7] G. R. KNOX u. P. L. PAUSON, Soc. **1961**, 4610.

1,1'-Diisopropyl-ferrocen[1]: Eine Lösung von 2,12 g (0,02 Mol) 5-Isopropyliden-cyclopentadien in 25 *ml* abs. Diäthyläther wird unter Rühren und unter Stickstoff bei 20° zu einer Aufschlämmung von 0,19 g (0,02 Mol) Lithiumalanat in 10 *ml* abs. Diäthyläther gegeben. Nach 15 Min. wird eine Lösung von 1,625 g (0,01 Mol) trockenem Eisen(III)-chlorid in 40 *ml* abs. Diäthyläther zugetropft, die gebildete blaue Mischung weitere 12 Stdn. bei 20° gerührt und in mit 100 g Eis verrührte Titan(III)-chlorid-Lösung gegossen. Die organ. Phase wird abgetrennt, die wäßr. Phase 3 mal mit je 100 *ml* Diäthyläther extrahiert. Die vereinigten organ. Lösungen werden über Calciumcarbonat getrocknet, eingeengt und an Aluminiumoxid chromatographiert; Ausbeute: 2 g (74% d. Th.); Kp$_{0,025}$: 91°.

Auf ähnliche Weise sind zugänglich:

Cyclohexyliden-cyclopentadien	→	*1,1'-Dicyclohexyl-ferrocen*[1]; 77% d. Th.; F: 42,5°
Diphenylmethylen-cyclopentadien	→	*1,1'-Bis-[diphenylmethyl]-ferrocen*[2]; 45% d. Th.; F: 162–163,5°
5-(α-Hydroxy-benzyliden)-1- benzoyl-cyclopentadien	→	*1,1',2,2'-Tetrabenzyl-ferrocen*[3]; 13% d. Th.; F: 154,5–155,5°

Auch Natrium-trimethoxy-hydrido-borat kann zu diesen Reduktionen verwendet werden[2].

1,3-Diphenyl-inden wird durch Lithiumalanat in siedendem Diäthyläther/Benzol in 85%iger Ausbeute zu *1,3-Diphenyl-indan* reduziert[4]:

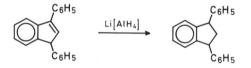

Lithiumalanat in siedendem Bis-[2-methoxy-äthyl]-äther reduziert 1,1-Diaryl-äthylene bei gleichzeitiger Methylierung durch das Lösungsmittel[5] (Diphenyl-methan-Derivate werden ebenfalls methyliert[6]). Natrium-bis-[2-methoxy-äthoxy]-aluminiumhydrid reduziert und methyliert selbst 1,1-Diphenyl-äthylen (in Kohlenwasserstoff-Lösung)[7] und Arene[8].

1-Alkine reagieren mit Dialkyl-aluminiumhydriden nur in speziellen Fällen unter Addition[9], mit komplexen Alkalimetall-alanaten werden die entsprechenden Alkin-(1)-yl-Derivate gebildet[10, 11].

Alkalimetall-trialkyl-hydrido-aluminate reagieren dagegen hauptsächlich unter Monohydroaluminierung zu Alken-(1)-yl-aluminiumhydriden[12] (weiteres s. ds. Handb., Bd. XIII/4, S. 159ff.).

Mit Bis-[2-methyl-propyl]-aluminiumhydrid gelingt die Monohydroaluminierung mittelständiger Acetylene bei 40–80° stereoselektiv unter *cis*-Addition[13] zu *cis*-Alken-(1)-

[1] G. R. Knox u. P. L. Pauson, Soc. **1961**, 4610.
[2] W. F. Little u. R. C. Koestler, J. Org. Chem. **26**, 3247 (1961).
[3] W. F. Little u. R. C. Koestler, J. Org. Chem. **26**, 3245 (1961).
[4] A. Mustafa et al., J. Org. Chem. **27**, 4201 (1962).
[5] I. Granoth et al., J. Org. Chem. **41**, 3682 (1976).
[6] R. Alkabets u. I. Granoth, Soc. [Perkin Trans. I] **1976**, 2380.
[7] J. Málek u. M. Černý, J. Organometal. Chem. **84**, 139 (1975).
[8] M. Černý u. J. Málek, Collect. czech. chem. Commun. **41**, 119 (1976).
[9] J. R. Surtees, Austral. J. Chem. **18**, 14 (1965).
[10] G. B. Smith et al., Am. Soc. **82**, 3560 (1960).
   S. K. Podder, T.-M. Hu u. C. A. Hollingsworth, J. Org. Chem. **28**, 2144 (1963).
[11] L. L. Iwanow, W. W. Gawrilenko u. L. I. Sacharkin, Izv. Akad. SSSR **1964**, 1989; engl.: 1893; Ž. obšč. Chim. **35**, 1676 (1965); engl.: 1677.
[12] L. I. Sacharkin, B. A. Palei u. W. W. Gawrilenko, Izv. Akad. SSSR **1969**, 2480.
[13] G. Wilke u. H. Müller, B. **89**, 444 (1956); A. **618**, 267 (1958); A. **629**, 222 (1960).
   S. Warwel u. H.-P. Hemmerich, Tetrahedron Letters **1970**, 3185.
   G. Zweifel u. W. Lewis, J. Org. Chem. **43**, 2739 (1978).
   R. B. Miller u. G. McGarvey, J. Org. Chem. **43**, 4424 (1978).

yl-aluminiumhydriden, die bei höheren Temperaturen zu den *trans*-Verbindungen isomerisieren[1]. Zur Isolierung der *cis*-Olefine wird bei möglichst niedrigen Temperaturen gearbeitet und hydrolysiert, was aber oft zu niedrigen Ausbeuten führt. Die Methode hat gegenüber der Hydroborierung den Vorteil, daß das Organo-aluminiumhydrid durch Hydrolyse leicht gespalten werden kann.

cis-Cyclododecen[2]: In einem sorgfältig getrockneten, mit Stickstoff gespülten Kolben läßt man unter Rühren unterhalb von 40° 48 g (0,34 Mol) Bis-[2-methyl-propyl]-aluminiumhydrid langsam zu 33 g (0,2 Mol) Cyclododecin tropfen. Danach hält man 3–4 Stdn. auf 45°. Nach Abkühlen im Eisbad wird mit Hexan verdünnt und vorsichtig mit 35 *ml* Methanol zersetzt. Dabei entweicht Isobutan. Das ausgefallene Aluminiummethanolat löst man unter Kühlung mit verd. Schwefelsäure und trennt die organ. Phase ab. Die wäßr. Phase wird ausgeäthert, die vereinigten organ. Lösungen mit Calciumchlorid getrocknet, eingeengt und an einer Drehbandkolonne destilliert; Ausbeute: 23 g (Kp_{13}: 121°) (88% *cis*-Cyclododecen, 12% Cyclododecin). Die Trennung gelingt chromatographisch an Aluminiumoxid mit Isooctan.

Vor der Zers. des Reaktionsproduktes mit Methanol muß mit Hexan stark verdünnt werden, da sonst durch Ausfallen von Aluminiummethanolat die Methanolyse unvollständig bleibt, was bei der nachfolgenden Hydrolyse zu **explosions**artigen Umsetzungen führen kann.

Selektive Protonolyse der Dialkyl-[alken-(1)-yl]-aluminium-Verbindungen wird durch Zugabe einer Kohlenwasserstoff-Lösung (z. B. Toluol) von Pentandion-(2,4) bei −30° bis 0° erreicht[3]:

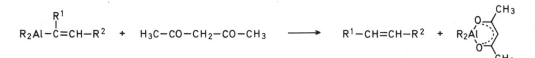

Das freigesetzte Olefin wird durch Destillation von der metall-organischen Komponente abgetrennt. Mit dieser Methode kann die, oft lästige, hydrolytische Spaltung der C−M-Bindungen vermieden werden. Sie ist auch zur Protonolyse von Trialkyl-boranen anwendbar[4].

Bei der Hydroaluminierung von Alkinen tritt die Oligomerisierung oft bereits bei niedrigeren Temperaturen in den Vordergrund. So erhält man z. B. aus 3,3-Dimethyl-1-phenyl-butin (I) und Bis-[2-methyl-propyl]-aluminiumhydrid (1 : 1) bei 50° 94% d. Th. *cis-3,3-Dimethyl-1-phenyl-buten-(1)* (II)[5] neben 6% d. Th. *trans,trans-2,2,7,7-Tetramethyl-4,5-diphenyl-octadien-(3,5)* (III):

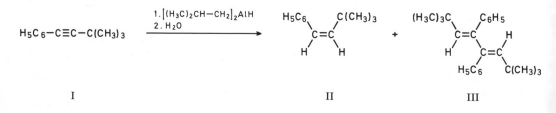

Mit einem 100%igen Überschuß an Alkin I werden bereits 33% d. Th. Dimeres III gebildet.

[1] J. J. Eisch u. W. C. Kaska, Am. Soc. **85**, 2165 (1963); **88**, 2213 (1966).
F. Asinger, B. Fell u. G. Steffan, B. **97**, 1555 (1964).
J. J. Eisch u. M. W. Foxton, J. Org. Chem. **36**, 3520 (1971).
[2] W. Ziegenbein u. W. M. Schneider, B. **98**, 824 (1965).
[3] B. Bogdanovic, Ang. Ch. **77**, 1010 (1965).
[4] B. M. Michailow u. J. N. Bubnow, Izv. Akad. SSSR **1960**, 1883.
M. F. Hawthorne u. M. Reintjes, J. Org. Chem. **30**, 3851 (1965).
[5] J. J. Eisch u. R. Amtmann, J. Org. Chem. **37**, 3410 (1972).

Die Reaktion läßt sich in entsprechend modifizierter Form zu reduktiven Homologisierungen verwenden[1] (vgl. S. 58 ff.).

Konjugierte Enine werden an der C≡C-Dreifachbindung durch Bis-[2-methyl-propyl]-aluminiumhydrid in Abhängigkeit von der Struktur hydrometalliert oder metalliert[2].

Ausgehend von 1-Alkinen können auch 1-Deutero-*trans*-alkene erhalten werden[3,4]; die Ausbeuten sind aufgrund der Bildung von 1-Deutero-alkinen schlechter als beim Arbeiten mit Boranen.

trans-1-Deutero-hexen-(1)[3]: Zu 38,6 g (0,47 Mol) Hexin-(1) werden unter Rühren bei 35–45° innerhalb 3 Stdn. in trockener Stickstoff-Atmosphäre 8,9 g (0,1 Mol) Diäthyl-aluminiumhydrid gegeben. Man rührt 1,5 Stdn. bei 35–45°, destilliert das unumgesetzte Hexin-(1) (28,5 g) bei 50° (Badtemp.) und 2,5 Torr ab und gießt die Mischung unter Rühren und unter Stickstoff innerhalb 2 Stdn. in eine Emulsion von 12,5 g (0,63 Mol) Deuteriumoxid in 200 *ml* Mineralöl. Aus letzterem wird das Produkt bei 90° (Ölbadtemp.) und 10 Torr herausdestilliert, in wenig Dodecan aufgenommen, getrocknet und fraktioniert; Ausbeute: 4,69 g; Kp: 63–64°.

Das Rohprodukt enthält 79% 1-Deutero-hexen-(1) und 21% 1-Deutero-hexin-(1), das durch Schütteln mit ammoniakalischer Silbernitrat-Lösung entfernt wird.

1-Deutero-hexin-(1) liefert nach Monohydroaluminierung mit Diäthyl-aluminiumhydrid und Hydrolyse in 44,6%iger Ausbeute *cis-1-Deutero-hexen-(1)*, das 2% *1-Deutero-hexin-(1)* enthält[3] und Hexin-(1) liefert mit Diäthyl-aluminiumdeuterid und Hydrolyse ein Rohprodukt, das 92% *2-Deutero-hexen-(1)* enthält[4].

Zur Reduktion von Acetylenen zu Olefinen durch Monohydroaluminierung mit Dialkyl-aluminiumhydriden bzw. Trialkyl-silicium-Verbindungen[5] und nachfolgender Protonolyse s. ds. Handb., Bd. V/1b, S. 587f., 802ff.; Bd. XIII/4, S. 135ff., 141f.

Lithiumalanat liefert mit mittelständigen Alkinen in Bis-[2-methoxy-äthyl]-äther bei 125–138°, mit 1,2-Diaryl- und 1-Aryl-1-alkinen bereits bei 66° in Tetrahydrofuran im Gegensatz zu den Dialkyl-aluminiumhydriden nach Hydrolyse hauptsächlich *trans*-Olefine[6,7]. Aus Hexin-(3) erhält man z.B. nach der ersten Arbeitsweise bei 96,5%igem Umsatz ein Gemisch aus 96,1% *trans*- und 3,9% *cis-Hexen-(3)*[7].

Die Reaktion verläuft wahrscheinlich nicht nach einem Vierzentren-Mechanismus, sondern unter Angriff des Hydrid-Ions, wobei bei längerer Reaktionsdauer der Anteil am *cis*-Isomeren zunimmt. In Kohlenwasserstoff-Lösung, z.B. in siedendem Toluol, ist die Reaktion weniger selektiv. Es werden hauptsächlich gesättigte Kohlenwasserstoffe und mehr *cis*-Olefine erhalten (s. hierzu Bd. V/6, S. 788f.).

Konjugierte Polyine reagieren mit Lithiumalanat bereits unter Standardbedingungen; z.B.[8]:

$$(H_3C)_3C-(C≡C)_4-C(CH_3)_3 \xrightarrow{\text{Li}[\text{AlH}_4],\ 20°} (H_3C)_3C-(C≡C)_3-CH=CH-C(CH_3)_3$$

2,2,11,11-Tetramethyl-dodecen-(3)-triin-(5,7,9)[8]: 10 *ml* einer 0,4 m äther. Lithiumalanat-Lösung (4 mMol) werden unter Rühren und Stickstoff zu 0,2804 g (0,134 mMol) 2,2,11,11-Tetramethyl-dodecatetrain-(3,5,7,9) in 25 *ml* abs. Diäthyläther gegeben. Man rührt 75 Min., läßt den Ansatz in 150 *ml* Methanol/Salzsäure (50:1) einlaufen, verdünnt mit Wasser und extrahiert mit Diäthyläther. Der Auszug wird getrocknet und eingeengt, der Rückstand mit Petroläther an saurem Aluminiumoxid der Aktivitätsstufe I (Woelm) chromatographiert. Das Produkt wird i. Hochvak. destilliert; Ausbeute: 0,235 g (84% d. Th.); $Kp_{0,001}$: 70–75° (Badtemp.).

[1] G. WILKE u. H. MÜLLER, A. **629**, 222 (1960).
   J.J. EISCH u. W.C. KASKA, Am. Soc. **88**, 2213 (1966).
   G. ZWEIFEL, N.L. POLSTON u. C.C. WHITNEY, Am. Soc. **90**, 6243 (1968).
   J.J. EISCH, R. AMTMANN u. M.W. FOXTON, J. Organometal. Chem. **16**, P55 (1969).
   G. ZWEIFEL u. R.L. MILLER, Am. Soc. **92**, 6678 (1970).
   R.A. LYND u. G. ZWEIFEL, Synthesis **1974**, 658.
[2] W.W. MARKOWA, W.A. KORMER u. A.A. PETROW, Ž. obšč. Chim. **35**, 447 (1965); **37**, 226 (1967).
[3] P.S. SKELL u. P.K. FREEMAN, J. Org. Chem. **29**, 2524 (1964).
[4] G. WILKE u. H. MÜLLER, A. **618**, 267 (1958); dort auch Herstellung von *cis-1,2-Dideutero-hexen-(1)*.
[5] G. WILKE u. H. MÜLLER, A. **629**, 222 (1960).
[6] L.S. SLAUGH, Tetrahedron **22**, 1741 (1966).
[7] E.F. MAGOON u. L.H. SLAUGH, Tetrahedron **23**, 4509 (1967).
[8] F. BOHLMANN, E. INHOFFEN u. J. POLITT, A. **604**, 207 (1957).

α₄) *durch Hydrostannierung und Protonolyse*

Die Hydrostannierung von Alkenen und Alkinen dient in erster Linie zur Synthese von Organo-zinn-Derivaten (vgl. Bd. XIII/6, S. 239ff.).

Die Hydrostannierung von Olefinen verläuft in der Regel regioselektiv entgegen Markownikow.

Konjugierte Diene werden in der Regel zu einem Gemisch von 1,2- und 1,4-Addukten hydrostanniert, deren Verhältnis von den experimentellen Bedingungen und von der Struktur des Diens bzw. des Organo-zinnhydrids abhängt[1-3].

Alkine werden leichter hydrostanniert als die entsprechenden Alkene. Die gebildeten Alken-(1)-yl-stannane können, allerdings deutlich abgestuft, ein zweites Mol-Äquivalent Organo-zinnhydrid addieren. Die Monohydrostannierung verläuft bei tiefer Temperatur unter *cis*-Addition, wobei leicht Umlagerung in die *trans*-Verbindung eintritt[4].

Die Hydrostannierung konjugierter Enine[5,6] verläuft teilweise unter Metallierung und Oligomerisierung. Nach Protonolyse mit Trifluoressigsäure werden als monomere Produkte Diene, Acetylene und Allene erhalten[5].

Allene lassen sich mit Trimethyl-zinnhydrid zu Vinyl- und Allyl-zinn-Derivaten umsetzen, die mit Trifluoressigsäure die entsprechenden Olefine ergeben[7]; z.B. *Buten-(2)* ausgehend von Butadien-(1,2):

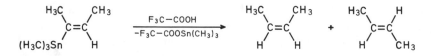

cis-Buten-(2)[7]: In einem mit Serumkappe und Gasableitungsrohr versehenen Mikrokolben werden 0,1337 g (0,61 mMol) (*E*)-3-Trimethylstannyl-buten-(2) vorgelegt. Man versetzt mit Hilfe einer Injektionsspritze durch die Serumkappe mit 0,06 g (0,61 mMol) Trifluoressigsäure. Es scheidet sich Trimethylzinn-trifluoracetat (F: 122–124°) ab (exotherme Reaktion). Die entweichenden Gase werden in einer mit Kohlendioxid/Aceton gekühlten Falle aufgefangen. Das Produkt enthält (gaschromatographisch bestimmt) 94% *cis*-Buten-(2) und 6% *trans*-Buten-(2).

Neben Trifluoressigsäure kann die Protonolyse im Fall von aktivierten C−Sn-Bindungen auch mit Methanol durchgeführt werden (weiteres s.S. 82f.).

Allyl-zinn-Verbindungen werden besonders leicht durch Essigsäure[8,9], Chlorwasserstoffsäure[9,10] oder Bromwasserstoffsäure[11] unter Allyl-Umlagerung gespalten, wobei die Zusammensetzung des Produktes von den experimentellen Bedingungen abhängt.

Die Methode kann z.B. zur Herstellung von Penten-(1)-Derivaten aus den entsprechenden Vinyl-cyclopropanen angewendet werden; z.B.[11]:

[1] W.P. Neumann u. R. Sommer, Ang. Ch. **76**, 52 (1964); A. **701**, 28 (1967).
[2] D.J. Cooke, G. Nickless u. F.H. Pollard, Chem. & Ind. **1963**, 1493.
    H.C. Clark u. J.T. Kwon, Canad. J. Chem. **42**, 1288 (1964).
[3] H.G. Kuivila et al., J. Org. Chem. **36**, 2083 (1971).
[4] W.P. Neumann u. R. Sommer, A. **675**, 10 (1964).
[5] M.L. Poutsma u. P.A. Ibarbia, Am. Soc. **95**, 6000 (1973).
[6] J.N. Malzewa et al., Ž. obšč. Chim. **38**, 203 (1968).
    J.N. Malzewa, W.S. Sawgorodni u. A.A. Petrow, Ž. obč. Chim. **39**, 152, 159 (1969); **40**, 1769 (1970).
    J.N. Malzewa u. W.S. Sawgorodni, Ž. obšč. Chim. **40**, 1773, 1780, 2060 (1970).
[7] H.G. Kuivila, W. Rahman u. R.H. Fish, Am. Soc. **87**, 2835 (1965).
[8] J. Iyoda u. I. Shiihara, J. Org. Chem. **35**, 4267 (1970).
[9] J.A. Verdone et al., Am. Soc. **97**, 843 (1975).
[10] S.J. Hannon u. T.G. Traylor, Chem. Commun. **1975**, 630.
[11] M. Ratier u. M. Pereyre, Tetrahedron Letters **1976**, 2273.

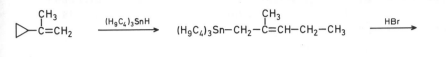

2-Methyl-penten-(1)[1]: Eine Mischung von 10,5 g (36 mMol) Tributyl-zinnhydrid und 3 g (36 mMol) Isopropenyl-cylopropan wird in einem Pyrex-Kolben bei 20° 1 Stde. mit einer UV-Lampe bestrahlt, das gebildete Addukt in Äthanol gelöst und mit einer Lösung von 2,6 g Bromwasserstoffsäure in 65 *ml* Äthanol versetzt. Nach einer schwach exothermen Reaktion wird destilliert; Ausbeute: 87% d. Th.; Kp: 61°.

Analog erhält man z.B. aus:

Vinyl-cyclopropan   →   *Hexen-(1)*; 84% d. Th.
1-Methyl-1-isopropenyl-cyclopropan   →   *2,3-Dimethyl-penten-(1)*; 81% d. Th.

α_5) *durch Triäthyl-siliciumhydrid/Trifluoressigsäure*

Die Hydrosilylierung von Alkenen, Dienen und Alkinen, die in erster Linie zur Herstellung organischer Silicium-Verbindungen dient (s.Bd. XIII/5, S. 51 ff., 68 ff., 80), ist analog der Hydrostannierung eine Radikalkettenreaktion, die meist mit Trialkyl-[2], Triphenyl-[3] und Trichlor-siliciumhydrid[2, 4−8] durchgeführt wird. Als Katalysatoren werden für Olefine Peroxide[3, 4] und Komplexe der Metalle der VIII. Nebengruppe[2, 5], sowie für Olefine[6] und auch für Acetylene[7] Palladium/Kohle eingesetzt.

Mit Polymethyl-hydrido-siloxan in Gegenwart von Palladium/Kohle lassen sich endständige Olefine und mittelständige *cis*-Olefine in äthanolischer Lösung unmittelbar zu den gesättigten Kohlenwasserstoffen hydrieren, während *trans*-Olefine nicht angegriffen werden[9]. Auch andere Siliciumhydride können zur Hydrierung mit solvolytisch entwickeltem Wasserstoff eingesetzt werden[10].

Da Organo-siliciumhydride in Gegenwart von Carbonsäuren unter Standardbedingungen beständig sind, kann in diesem Fall der übliche Reaktionsgang der Hydrometallierung und Protonolyse vereinfacht und in einem Schritt durchgeführt werden (Allyl-silane lassen sich besonders leicht spalten[11]). Die Methode ermöglicht die Reduktion von an der C=C-Doppelbindung verzweigten Alkenen und Cycloalkenen mit Triäthyl-siliciumhydrid in Trifluoressigsäure als Medium und Protonenquelle. Das primär entstehende Car-

[1] M. RATIER u. M. PEREYRE, Tetrahedron Letters **1976**, 2273.
[2] A.J. CHALK u. J.F. HARROD, Am. Soc. **87**, 16 (1965).
 S. TAKAHASHI, T. SHIBANO u. N. HAGIHARA, Chem. Commun. **1969**, 161.
 J. TSUJI, M. HARA u. K. OHNO, Chem. Commun. **1971**, 247; Tetrahedron **30**, 2143 (1974).
[3] H. GILMAN u. J. EISCH, J. Org. Chem. **20**, 763 (1955).
 R. FUCHS u. H. GILMAN, J. Org. Chem. **22**, 1009 (1957).
 H. GILMAN et al., J. Org. Chem. **24**, 219 (1959).
[4] L.H. SOMMER, E.W. PIETRUSZA u. F.C. WHITMORE, Am. Soc. **69**, 188 (1947).
 C.A. BURKHARD u. R.H. KRIEBLE, Am. Soc. **69**, 2687 (1947).
[5] J.C. SAAM u. J.L. SPEIER, Am. Soc. **80**, 4104 (1958).
[6] J.L. SPEIER, J.A. WEBSTER u. G.H. BARNES, Am. Soc. **79**, 974 (1957).
[7] R.A. BENKESER u. R.A. HICKNER, Am. Soc. **80**, 5298 (1958).
 R.A. BENKESER et al., Am. Soc. **83**, 4385 (1961).
[8] S. WINSTEIN u. F.H. SEUBOLD, Am. Soc. **69**, 2916 (1947).
[9] J. LIPOWITZ u. S.A. BOWMAN, J. Org. Chem. **38**, 162 (1973).
[10] G.H. BARNES u. N.E. DAUGHENBAUGH, J. Org. Chem. **31**, 885 (1966).
 L.H. SOMMER u. J.E. LYONS, Am. Soc. **89**, 1521 (1967).
[11] L.H. SOMMER, L.J. TYLER u. F.C. WHITMORE, Am. Soc. **70**, 2872 (1948).
 D. GRAFSTEIN, Am. Soc. **77**, 6650 (1955).

benium-Ion reagiert zwar rasch, aber reversibel mit dem Trifluoracetat-Anion zum entsprechenden Ester, die Hydrid-Übertragung ist jedoch irreversibel und gibt in thermodynamisch kontrollierter Reaktion das Alkan (vgl. S. 285)[1]:

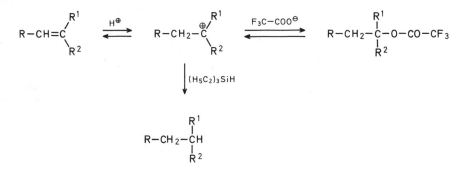

Wie aus dem Mechanismus hervorgeht, sind so auch **selektive Markierungen** mit Deuterium bzw. Tritium möglich. Die Reduktion von an der C=C-Doppelbindung verzweigten Alkenen und Cycloalkenen wird in der Regel bei −10° bis +50° durchgeführt. An der Doppelbindung stehende elektronenliefernde Substitutenten erleichtern, elektronenanziehende Gruppen erschweren die Reduktion[2]. Alken-(1)-yl-cyclopropane werden manchmal reduktiv aufgespalten[3].

Bei einigen Ringsystemen, z. B. in ungesättigten Steroiden, verläuft die Reaktion stereoselektiv unter *trans*-Addition. In der Regel werden jedoch Gemische von *cis*- und *trans*-Isomeren erhalten[4].

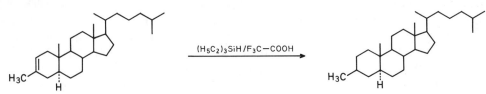

3β-Methyl-cholestan[5]: 1 *ml* (4 mMol) Trifluoressigsäure wird unter Rühren zu einer Lösung von 0,15 g (0,39 mMol) 3-Methyl-cholesten-(2) und 0,058 g (0,5 mMol) Triäthyl-siliciumhydrid in 5 *ml* Dichlormethan gegeben. Man rührt 16 Stdn. bei 20°, versetzt mit 20 *ml* Dichlormethan und 30 *ml* ges. Natriumhydrogencarbonat-Lösung, trennt die organ. Phase ab, trocknet sie mit Magnesiumsulfat und engt ein. Der Rückstand wird aus Äthanol kristallisiert; Ausbeute: 0,0991 g (66% d. Th.); F: 90,5–92°; $[\alpha]_D^{25}$: +27,9° (in Chloroform).

Die Stereochemie der Reduktion von Cycloalkenen mit Organo-siliciumhydriden wird von sterischen Faktoren bestimmt, da bei Zunahme des Raumbedarfes des Organo-silans das Reagens von der weniger behinderten Seite angreift, dabei wird das thermodynamisch weniger stabile Cycloalkan bevorzugt gebildet[6].

[1] D. N. KURSANOW et al., Doklady Akad. SSSR **202**, 874 (1972); C. A. **77**, 4595 (1972).
  H. C. BROWN u. K.-T. LIU, Am. Soc. **97**, 2469 (1975).
  M. P. DOYLE u. C. C. McOSKER, J. Org. Chem. **43**, 693 (1978).
  J. L. FRY u. M. G. ADLINGTON, Am. Soc. **100**, 7641 (1978).
  G. I. BOLESTOVA et al., Izv. Akad. SSSR **1979**, 798; C. A. **91**, 38981 (1979).
[2] S. N. PARNES, G. I. BOLESTOWA u. D. N. KURSANOW, Izv. Akad. SSSR **1972**, 1987; C. A. **78**, 28811 (1973).
[3] S. N. PARNES et al., Izv. Akad. SSSR **1972**, 901; C. A. **77**, 87932 (1972).
[4] T. A. SEREBRJAKOWA et al., Izv. Akad. SSSR **1969**, 725; **1972**, 1679; **1973**, 1916, 1917; C. A. **71**, 50315 (1969);
  77, 126921 (1972); **79**, 146727, 146728 (1973).
  G. A. CHOTIMSKAJA et al., Izv. Akad. SSSR **1972**, 1989; C. A. **78**, 42534 (1973).
  S. N. PARNES et al., Ž. org. Chim. **8**, 2564 (1972); C. A. **78**, 84176 (1973).
[5] F. A. CAREY u. H. S. TREMPER, J. Org. Chem. **36**, 758 (1971).
[6] M. P. DOYLE u. C. C. McOSKER, J. Org. Chem. **43**, 693 (1978).

2-Phenyl-bicyclo[2.2.1]hepten-(2) liefert unter Angriff des Hydrids von der *exo*-Seite her das *endo-2-Phenyl-bicyclo[2.2.1]heptan*[1]:

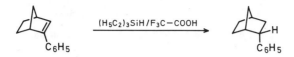

endo-2-Phenyl-bicyclo[2.2.1]heptan[1]: 0,51 *ml* (2 mMol) Trifluoressigsäure werden zu einer Lösung von 0,17 g (1 mMol) 2-Phenyl-bicyclo[2.2.1]hepten-(2) und 0,139 g (1,2 mMol) Triäthyl-siliciumhydrid in 4 *ml* Dichlormethan gegeben. Man rührt 30 Min. bei 25°, neutralisiert mit Natriumcarbonat, filtriert, dampft i. Vak. ein, nimmt den Rückstand in Pentan auf, chromatographiert an Aluminiumoxid, eluiert mit Pentan und destilliert; Ausbeute: 60–63% d. Th.; Kp$_{0,4}$: 115° (Badtemp.).

Analog erhält man z. B. aus:

2-Methyl-hexen-(1)	→ *2-Methyl-hexan*[2]	80% d. Th.
1-Äthyl-cyclohexen	→ *Äthyl-cyclohexan*[2]	80% d. Th.
2-Methyl-1-phenyl-propen	→ *(2-Methyl-propyl)-benzol*[3]	97% d. Th.
Isopropenyl-cyclopropan	→ *Isopropyl-cyclopropan*[4]	78% d. Th.
Bicyclo[4.4.0]decen-(1^{10})	→ *cis-Dekalin*[5]	57% d. Th.
	+ *trans-Dekalin*[5]	32% d. Th.

Diese Methode eignet sich auch zur Herstellung von an der Verzweigung markierten Alkanen; z. B.[6]:

$$\triangleright\!\!-\!\!\underset{\underset{CH_3}{|}}{C}\!\!=\!\!CH_2 \quad \xrightarrow{(H_5C_2)_3SiD/F_3C-COOH} \quad \triangleright\!\!-\!\!CD(CH_3)_2$$

2-Cyclopropyl-2-deutero-propan[6]: 5 g (46 mMol) Trifluoressigsäure werden unter Rühren bei −10° zu einer Mischung von 1,9 g (23 mMol) Isopropenyl-cyclopropan und 2,7 g (23 mMol) Triäthyl-siliciumdeuterid gegeben. Nach 30 Min. versetzt man mit Eiswasser, neutralisiert und isoliert das Produkt mit präparativer Gaschromatographie; Ausbeute: 1,58 g (80% d. Th.).

Entsprechend erhält man z. B. aus:

2-Methyl-buten-(2)	→ *2-Methyl-2-deutero-butan*	90% d. Th.
1-Methyl-cyclopenten	→ *1-Methyl-1-deutero-cyclopentan*	60% d. Th.
1-Methyl-cyclohexen	→ *1-Methyl-1-deutero-cyclohexan*	80% d. Th.

In verzweigten konjugierten Dienen werden auch die unverzweigten C=C-Doppelbindungen hydriert[7], in nicht-konjugierten Dienen nur die verzweigten[7]:

$$\bigcirc\!\!-\!\!CH\!\!=\!\!CH\!\!-\!\!CH_3 \quad \xrightarrow{(H_5C_2)_3SiH/F_3C-COOH} \quad \bigcirc\!\!-\!\!CH_2\!\!-\!\!CH_2\!\!-\!\!CH_3$$

1-Cyclohexyl-propan; 70% d. Th.

---

[1] F. A. CAREY u. H. S. TREMPER, J. Org. Chem. **34**, 4 (1969).
[2] G. I. BOLESTOWA u. S. N. PARNES, Synthesis **1974**, 635.
[3] W. A. ZYRJAPKIN et al., Ž. org. Chim. **8**, 2342 (1972); C. A. **78**, 70987 (1973).
[4] S. N. PARNES et al., Izv. Akad. SSSR **1972**, 901; C. A. **77**, 87932 (1972).
[5] F. A. CAREY u. H. S. TREMPER, J. Org. Chem. **36**, 758 (1971).
[6] S. N. PARNES et al., Izv. Akad. SSSR **1971**, 1562; C. A. **75**, 109902 (1971).
[7] D. N. KURSANOW, S. N. PARNES u. G. I. BOLESTOWA, Doklady Akad. SSSR **181**, 1132 (1968); C. A. **69**, 105969 (1968).

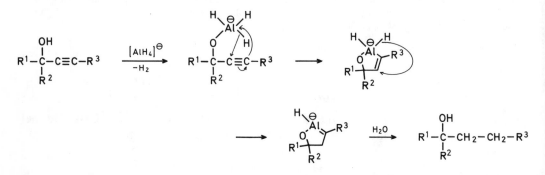

4-Cyclohexyl-1-buten; 65% d. Th.

Wenn die C=C-Doppelbindungen durch eine Methylen-Gruppe getrennt sind, verlaufen beide Reaktionen parallel. Allyl-cyclohexen liefert so z. B. 15% d. Th. *Propyl-cyclohexan* und 55% d. Th. *Allyl-cyclohexan*[1]:

α_6) *durch Hydrozirkonierung und Protonolyse*

Eine einfache Methode zur Reduktion empfindlicher Alkene, Diene und Alkine ist die Hydrozirkonierung-Protonolyse. Die Hydrozirkonierung ist in Benzol mit Bis-[cyclopentadienyl]-zirkon(IV)-chlorid-hydrid bei 20° in einigen Stunden beendet. Die gebildeten Alkyl-zirkon-Verbindungen sind nur wenig luftempfindlich und werden bei 0° mit verdünnten Säuren äußerst schnell zersetzt[2] (s. Bd. VI/1a/1, S. 562).

β) in funktionell substituierten Alkenen bzw. Alkinen[3]

β_1) *in Allyl- bzw. Propargylalkoholen*[4]

α,β-ungesättigte Alkohole werden durch Lithiumalanat zu gesättigten Alkoholen reduziert[5, 6]:

---

[1] D. N. KURSANOW, S. N. PARNES u. G. I. BOLESTOWA, Doklady Akad. SSSR **181**, 1132 (1968); C. A. **69**, 105969 (1968).

[2] B. KANTZNER, P. C. WAILES u. H. WEIGOLD, Chem. Commun. **1969**, 1105.
P. C. WAILES, H. WEIGOLD u. A. P. BELL, J. Organometal. Chem. **43**, C32 (1972).
D. W. HART u. J. SCHWARTZ, Am. Soc. **96**, 8115 (1974).
J. SCHWARTZ u. J. A. LABINGER, Ang. Ch. **88**, 402 (1976).
A. W. MESSING et al., Tetrahedron Letters **1978**, 3635.

[3] Zur Reduktion von Vinyl-sulfonen bzw. -sulfoxiden s. S. 464f.

[4] Zur Reduktion von En-ol-halbacetalen s. S. 429.

[5] F. BOHLMANN, R. ENKELMANN u. W. PLETTNER, B. **97**, 2118 (1964).
W. T. BORDEN, Am. Soc. **90**, 2197 (1968); **92**, 4898 (1970).
J. GORE u. R. BAUDOUY, Tetrahedron Letters **1974**, 3743.

[6] B. GRANT u. C. DJERASSI, J. Org. Chem. **39**, 968 (1974).
S. a. H. V. THOMPSON u. E. McPHERSON, J. Org. Chem. **42**, 3350 (1977).

Der Ablauf der Reduktionen hängt stark von den experimentellen Bedingungen (Lösungsmittel, Hydrid-Überschuß, Zugabemethode und Reaktionstemperaturen ab, s. a. S. 49, 272). So fördern schwache Lewis-Basen (Diäthyläther, Diisopropyläther) die *cis*-, stärkere (THF, 1,4-Dioxan) die *trans*-Reduktion von 3-Hydroxy-heptin-(1)[1]. Propargylalkohole mit endständiger Hydroxy-Gruppe addieren Lithiumalanat vorwiegend in *trans*-Richtung (zur *cis*-Addition s. Lit.[2]; vgl. a. Bd. V/1 b, S. 784 ff.; s. a. Lit.[3]). Lithiumalanat/Aluminiumchlorid wird vorwiegend *cis*-addiert[4]. Natriummethanolat beschleunigt die Reduktion und fördert die *cis*-Addition von Lithiumalanat. Mit einem großen Überschuß an Lithiumalanat gehen ω-Hydroxy-alkine in Bis-[2-methoxyäthyl]-äther bei 140°/48–55 Stdn. stereoselektiv in hohen Ausbeuten in *ω-Hydroxy-E-alkene* über[5].

Allylalkohole werden durch Lithiumalanat in der Regel nur dann gesättigt, wenn die C=C-Doppelbindung durch flankierende elektronenanziehende Gruppen genügend polarisiert ist[6, 7].

3-Phenyl-propanol[6]: 27,5 g (0,205 Mol) Zimtalkohol werden unter Rühren in 75 *ml* abs. Diäthyläther gelöst und unter Stickstoff zu einer Lösung von 4,82 g (0,127 Mol) Lithiumalanat in 80 *ml* abs. Diäthyläther gegeben. Man erhitzt 2 Stdn. unter Rückfluß, kühlt ab, versetzt mit Wasser und verd. Schwefelsäure. Danach wird wie üblich aufgearbeitet; Ausbeute: 26 g (93% d. Th.); Kp_{21}: 132°.

Triäthyl-zinnhydrid hydrostanniert Allylalkohol zu 89% d. Th.[8] bzw. Propargylalkohol zu 70% d. Th.[9].

Selektiv gelingt die Reduktion einer C=C-Doppelbindung mit Lithiumalanat im 7-Hydroxy-bicyclo[2.2.1]heptadien zum *anti-7-Hydroxy-bicyclo[2.2.1]hepten* (~100% d. Th.)[3]:

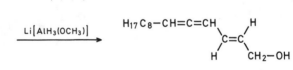

bzw. von *syn*-7-Hydroxy-bicyclo[2.2.1]hepten-(2) zum *7-Hydroxy-bicyclo[2.2.1]heptan* (~100% d. Th.) (zur Sättigung der C=C-Doppelbindung ist eine *syn*-ständige Hydroxy-Gruppe nötig).

Mit Lithium-alkoxy-hydrido-aluminaten gelingt es z. B. aus 1-Hydroxy-tetradecadien-(4,5)-in-(2) *1-Hydroxy-trans-tetradecatrien-(2,4,5)* herzustellen[5]:

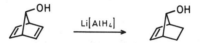

[1] B. GRANT u. C. DJERASSI, J. Org. Chem. **39**, 968 (1974).
    S. a. H. V. THOMPSON u. E. McPHERSON, J. Org. Chem. **42**, 3350 (1977).
[2] s. z. B.:
    H. H. INHOFFEN u. D. ERDMANN, A. **598**, 62 (1956).
    E. F. JENNY u. J. DRUEY, Helv. **42**, 401 (1959).
    K. EITER, E. TRUSCHEIT u. H. OEDIGER, Ang. Ch. **72**, 955 (1960).
    E. J. COREY u. E. K. W. WAT, Am. Soc. **89**, 2757 (1967).
    J. FRIED, M. M. MEHRA u. W. L. KAO, Am. Soc. **93**, 5594 (1971).
    J. FRIED et al., Am. Soc. **94**, 4342, 4343 (1972).
    B. GRANT u. C. DJERASSI, J. Org. Chem. **39**, 968 (1974).
[3] B. FRANZUS u. E. I. SNYDER, Am. Soc. **87**, 3423 (1965).
    D. E. CANE u. R. IYENGAR, Tetrahedron Letters **1979**, 2871.
[4] E. J. COREY, J. A. KATZENELLENBOGEN u. G. H. POSNER, Am. Soc. **89**, 4245 (1967).
    E. J. COREY et al., Tetrahedron Letters **1971**, 1821.
[5] R. BAUDOUY u. J. GORE, Synthesis **1974**, 573.
    R. ROSSI u. A. CARPITA, Synthesis **1977**, 561.
[6] F. A. HOCHSTEIN u. W. G. BROWN, Am. Soc. **70**, 3484 (1948).
[7] E. I. SNYDER, J. Org. Chem. **32**, 3531 (1967); Am. Soc. **91**, 2579 (1969).
[8] W. P. NEUMANN, H. NIERMANN u. R. SOMMER, A. **659**, 27 (1962).
    W. P. NEUMANN u. J. PEDAIN, Tetrahedron Letters **1964**, 2461.
    W. P. NAUMANN u. E. HEYMANN, A. **683**, 24 (1965).
[9] A. J. LEUSINK, J. W. MARSMAN u. H. A. BUDDING, R. **84**, 689 (1965).

1-Hydroxy-trans-tetradecatrien-(2,4,5)[1]: Zu 20 *ml* (0,01 Mol) 0,5 m Lithiumalanat-Lösung in abs. THF werden unter Rühren und Eiskühlung in reiner Stickstoff-Atmosphäre 0,32 g (0,01 Mol) Methanol getropft. Man versetzt mit einer Lösung von 2,06 g (0,01 Mol) 1-Hydroxy-tetradecadien-(4,5)-in-(2) in 6 *ml* abs. THF, rührt 90 Min. bei 70°, kühlt ab, hydrolysiert mit 10 *ml* Wasser und arbeitet auf. Das Rohprodukt wird auf einer Silicagel-Säule mit Äther/Petroläther (15 : 85) chromatographiert; Ausbeute: 1,6 g (80% d. Th.); UV (Hexan): λ_{max}: 222 nm; ε: 14 000.

In Gegenwart einer austretenden Gruppe bleibt die Reduktion von Alkinolen meist nicht bei der Allylalkohol-Stufe stehen. In einzelnen Fällen tritt die Hydroxy-Gruppe unter Bildung von Allen selbst aus[2], was bei Überführen in den Tosylester zur Hauptreaktion werden kann[3] (weiteres s. S. 441). Die Reduktion von α-Hydroxy-alkinen zu gesättigten Alkoholen wird lediglich in Einzelfällen erreicht[4].

α,α'-Dihydroxy-acetylenen werden auch zu α-Hydroxy-allenen reduziert; z.B.[5]:

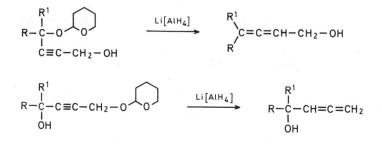

Während die Reduktion von Butin-(2)-diolen i.a. bis zu den *trans,trans*-Butadienen-(1,3) führt („Whiting-Reaktion"[6] s. Bd. V/1c, S. 402), erhält man aus 1,4-Dihydroxy-butin-(2) neben 98% *1,4-Dihydroxy-buten-(2)* nur 2% *1-Hydroxy-butadien-(2,3)*[7].

Sollen α-Hydroxy-allene Ziel der Reduktion sein, so ist es günstig, die Hydroxy-Gruppe, die entfernt werden soll, mit 5,6-Dihydro-4H-pyran zu acetalysieren[8]. Die gewünschten α-Hydroxy-allene fallen in Ausbeuten von 73–95% d. Th. an[9]:

[1] R. BAUDOUY u. J. GORE, Synthesis **1974**, 573.
[2] L. A. VAN DIJCK, K. H. SCHÖNEMANN u. F. J. ZEELEN, R. **88**, 254 (1969).
   A. CLAESSON u. L.-I. OLSSON, Am. Soc. **101**, 7302 (1979).
   J. W. BLUNT et al., Chem. Commun. **1980**, 820.
[3] W. T. BORDEN u. E. J. COREY, Tetrahedron Letters **1969**, 313.
[4] E. B. BATES, E. R. H. JONES u. M. C. WHITING, Soc. **1954**, 1854.
   J. GORE u. R. BAUDOUY, Tetrahedron Letters **1974**, 3743.
[5] A. C. DAY u. M. C. WHITING, Soc. [B] **1967**, 991.
[6] P. NAYLER u. M. C. WHITING, Soc. **1954**, 4006.
   D. MARSHALL u. M. C. WHITING, Soc. **1956**, 4082.
   O. ISLER et al., Helv. **39**, 449 (1956).
   K. SCHLÖGL u. A. MOHAR, M. **92**, 219 (1961); **93**, 861 (1962).
   L. I. SMITH u. J. J. BALDWIN, J. Org. Chem. **27**, 1770 (1962).
   R. E. LUTZ, R. G. BASS u. D. W. BOYKIN, J. Org. Chem. **29**, 3660 (1964).
   R. KUHN u. B. SCHULZ, B. **98**, 3218 (1965).
[7] J. S. COWIE, P. D. LANDOR u. S. R. LANDOR, Chem. Commun. **1969**, 541.
[8] H. B. HENBEST, E. R. H. JONES u. I. M. S. WALLS, Soc. **1950**, 3646.
   D. N. ROBERTSON, J. Org. Chem. **25**, 931 (1960).
[9] J. S. COWIE, P. D. LANDOR u. S. R. LANDOR, Chem. Commun. **1969**, 541.
   L. I. OLSSON, A. CLAESSON u. C. BODENTOFT, Acta chem. scand [B] **28**, 765 (1974).

Durch Reduktion der aus einem Propargylalkohol, Dimethylamino-methanol und Methyljodid erhaltenen quartären Ammonium-Salze mit Natrium-bis-[2-methoxy-äthoxy]-dihydrido-aluminat werden ebenfalls α-Hydroxy-allene erhalten; z. B.[1]

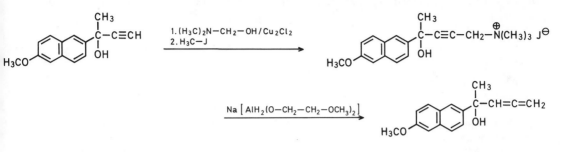

4-Hydroxy-4-[6-methoxy-naphthyl-(2)]-pentadien-(1,2)[1]:
4-Hydroxy-4-[6-methoxy-naphthyl-(2)]-1-trimethylammoniono-pentin-(2)-jodid[1]: 292 g (1,29 Mol) rohes 3-Hydroxy-3-[6-methoxy-naphthyl-(2)]-butin-(1) werden in 4 l abs. 1,4-Dioxan gelöst und unter Rühren mit 25 g (0,126 Mol) Kupfer(I)-chlorid und 152 g (2,34 Mol) Dimethylamino-methanol versetzt. Man rührt 45 Min. bei 25°, gibt Wasser zu, extrahiert mit Dichlormethan und engt ein. Der Rückstand wird in 5 l Dichlormethan mit 220 g (1,55 Mol) Methyljodid 18 Stdn. bei 5° gerührt und mit 10 l Diäthyläther versetzt; Ausbeute: 290 g (53% d. Th.); F: 114–117°.
4-Hydroxy-4-[6-methoxy-naphthyl-(2)]-pentadien-(1,2)[1]: Zu einer Suspension von 281 g (0,66 Mol) 4-Hydroxy-4-[6-methoxy-naphthyl-(2)]-1-trimethylammoniono-pentin-(2)-jodid in 1900 ml abs. THF werden unter Rühren bei 20–30° innerhalb 30 Min. 265 g (1,32 Mol) Natrium-bis-[2-methoxy-äthoxy]-dihydrido-aluminat in 2900 ml abs. THF unter reinem Stickstoff gegeben. Man rührt 2 Stdn. bei 25° und versetzt unter Kühlung mit 1100 ml 2 n Natriumhydroxid-Lösung. Vom erhaltenen zweiphasigen Gemisch wird die obere Phase i.Vak. eingeengt, die untere 3mal mit je 700 ml Benzol extrahiert und der Auszug mit dem Rückstand der oberen THF-Phase vereinigt. Man wäscht die Lösung 3mal mit je 250 ml Wasser, trocknet mit Natriumsulfat und dampft i.Vak. ein; Ausbeute: 134 g (84% d. Th.); F: 52–54°.

Eine weitere wichtige Reaktion ungesättigter Alkohole ist die Reduktion von 1-Hydroxy-en-(2)-inen-(4) zu β-Hydroxy-allen[2]. Die entsprechenden O-Acetyl-Derivate werden besonders bei sterisch gehinderten Derivaten allerdings bedeutend schneller und mit besseren Ausbeuten reduziert[3]. Aus *trans*-1-Hydroxy-undecen-(2)-in-(4) wird z. B. durch Reduktion mit Lithiumalanat in 73%-iger Ausbeute *1-Hydroxy-undecadien-(3,4)* erhalten[4]:

$$H_{13}C_6-C\equiv C-CH=CH-CH_2-OH \xrightarrow{Li[AlH_4]} H_{13}C_6-CH=C=CH-CH_2-CH_2-OH$$

1-Hydroxy-undecadien-(3,4)[4]: Zu einer Lösung von 12 g (0,03 Mol) Lithiumalanat in 60 ml abs. Diäthyläther wird unter Rühren und unter Stickstoff eine Lösung von 3,3 g (0,02 Mol) *trans*-1-Hydroxy-undecen-(2)-in-(4) in 20 ml abs. Diäthyläther getropft. Man erhitzt die Mischung 3 Stdn. unter Rückfluß, kühlt ab, gibt 10 ml Wasser zu, filtriert, trocknet das Filtrat mit Magnesiumsulfat, engt ein und destilliert; Ausbeute: 2,4 g (73% d. Th.); Kp$_{0,005}$: 58°.

Entsprechend erhält man z. B. aus

HC≡C–CH=CH–CH$_2$–OH	→ *5-Hydroxy-pentadien-(1,2)*[5]	83% d. Th.; Kp$_{16}$: 57–58°
HC≡C–CH=CH–CH(OH)–CH$_3$	→ *5-Hydroxy-hexadien-(1,2)*[5]	67% d. Th.; Kp$_{14}$: 54–55°
H$_5$C$_6$–C≡C–CH=CH–CH$_2$–OH	→ *5-Hydroxy-1-phenyl-pentadien-(1,2)*[4]	55% d. Th.; Kp$_{0,005}$: 98–100°

[1] E. Gálantay, I. Bacsó u. R. V. Coombs, Synthesis **1974**, 344.
[2] K. R. Bharucha u. B. C. L. Weedon, Soc. **1953**, 1584.
[3] W. Oroshnik, Am. Soc. **77**, 4048 (1955).
    M. Santelli u. M. Bertrand, Bl. **1973**, 2331.
[4] S. R. Landor, E. S. Pepper u. J. P. Regan, Soc. [C] **1967**, 189.
[5] E. B. Bates, E. R. H. Jones u. M. C. Whiting, Soc. **1954**, 1854.

Die Reaktion kann auch zur Herstellung konjugierter Bis-allene angewendet werden[1].

In Gegenwart konjugierter Dreifachbindungen wird zweckmäßig mit Lithiumalkoxy-hydrido-aluminaten gearbeitet, da Lithiumalanat diese unter Bildung von Allenen angreift.

1-Hydroxy-8,8-dimethyl-nonadien-(3,4)-in-(6)[2]:

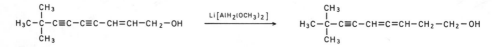

Eine Lösung von 2,76 g (0,086 Mol) abs. Methanol in 20 *ml* abs. Diäthyläther wird unter Stickstoff und kräftigem Rühren innerhalb 1 Stde. zu einer Lösung von 1,64 g (0,043 Mol) Lithiumalanat in 100 *ml* abs. Diäthyläther getropft. Danach gibt man eine Lösung von 3,5 g (0,022 Mol) *trans*-1-Hydroxy-8,8-dimethyl-nonen-(2)-diin-(4,6) in 60 *ml* abs. Diäthyläther zu und erhitzt 4,5 Stdn. unter Rückfluß, kühlt ab, versetzt mit 10 *ml* Wasser, filtriert, trocknet das Filtrat mit Magnesiumsulfat, engt ein und destilliert; Ausbeute: 1,9 g (54% d. Th.); $Kp_{0,005}$: 70–75°.

Wenn zur Herstellung des Reduktionsmittels ein chiraler Alkohol eingesetzt wird, so bilden sich infolge asymmetrischer Reduktion optisch aktive Hydroxy-allene[3-5]. Als Alkohol-Komponente ist besonders 1,2-O-Cyclohexyliden-3-O-benzoyl-α-D-glucofuranose geeignet, die als zweizähniger Ligand stabile Komplexe bildet[6] (weiteres s. S. 29f.).

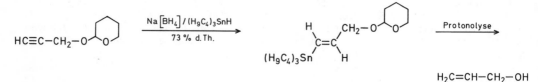

(-)-6-Hydroxy-hexadien-(2,3)[4]: Eine Lösung von 47 g (0,134 Mol) 1,2-O-Cyclohexyliden-3-O-benzoyl-α-D-glucofuranose in 120 *ml* abs. Diäthyläther wird unter Stickstoff und unter Rühren zu einer Suspension von 7 g (0,184 Mol) Lithiumalanat in 240 ml abs. Diäthyläther getropft. Man erhitzt die Mischung 90 Min. unter Rückfluß, gibt eine Lösung von 3,2 g (0,033 Mol) 1-Hydroxy-hexen-(2)-in-(4) in 50 *ml* abs. Diäthyläther innerhalb 30 Min. zu und erhitzt 4 Stdn. unter Rückfluß. Der Ansatz wird abgekühlt, mit 50 *ml* Wasser versetzt, durch Kieselgur filtriert, das Filtrat mit Magnesiumsulfat getrocknet und eingedampft. Der Rückstand wird i.Vak. fraktioniert; Ausbeute: 1,5 g (46% d. Th., vorwiegend *R*-Enantiomeres); Kp_2: 46–48°: $[\alpha]_D^{20}$: −10° (unverdünnt).

Zur Reduktion von Alkin-al-dialkylacetalen mit Lithiumalanat zu Allylalkoholen s. Lit.[7], 2-[Propin-(2)-yloxy]-tetrahydropyran wird durch das System Natriumboranat/Trialkyl-zinnhydrid in Äthanol leicht hydrostanniert, z. B.[8]:

$$H_2C=CH-CH_2-OH$$

[1] R. Baudouy u. J. Gore, Tetrahedron Letters **1974**, 1593.
[2] S. R. Landor, E. S. Pepper u. J. P. Regan, Soc. [C] **1967**, 189.
[3] R. J. D. Evans, S. R. Landor u. J. P. Regan, Chem. Commun. **1965**, 397.
   Zur Herstellung racemischer Hydroxy-allene:
   F. Bohlmann, P. Herbst u. H. Gleinig, B. **94**, 948 (1961).
   S. R. Landor, E. S. Pepper u. J. P. Regan, Soc. [C] **1967**, 189.
[4] S. R. Landor et al., Chem. Commun. **1966**, 585; Soc. [Perkin I] **1974**, 557.
[5] R. J. D. Evans, S. R. Landor J. P. Regan, Soc. [Perkin I] **1974**, 552.
[6] S. R. Landor, B. J. Miller u. A. R. Tatchell, Soc. [C] **1966**, 1822
[7] W. Zajac u. K. J. Byrne, J. Org. Chem. **40**, 530 (1975).
[8] E. J. Corey u. J. W. Suggs, J. Org. Chem. **40**, 2554 (1975).

β_2) von En-ol-estern

Während offenkettige Carbonsäure-vinylester mit Lithiumalanat lediglich reduktiv verseift werden, erhält man aus 1-Acyloxy-cycloalkenen mit Alkalimetall-boranaten die epimeren Alkohole. Mit Lithiumalanat erhält man auch hier z. Tl. Ketone[1].

2-Acetoxy-1,7,7-trimethyl-bicyclo[2.2.1]hepten-(2) ergibt z. B. mit Lithiumalanat in großem Überschuß hauptsächlich *endo-2-Hydroxy-1,7,7-trimethyl-bicyclo[2.2.1]heptan (Borneol)* und wenig Keton[2], während sich aus 2-Oxo-1,7,7-trimethyl-bicyclo[2.2.1]heptan infolge Hinderung durch die geminalen Methyl-Gruppen 97% *exo-* und nur 3% *endo-2-Hydroxy-1,7,7-trimethyl-bicyclo[2.2.1]heptan* bilden kann[3] (weiteres s. S. 332). Auch aus Steroid-enol-acetaten wird bei der Reduktion mit Lithiumalanat mehr axiales Isomeres gebildet als bei der Reduktion der entsprechenden freien Ketone[4-7].

Die Reduktion verläuft bei inverser Zugabe eines großen Überschusses an Natriumboranat in protonenhaltigen Lösungsmitteln einheitlicher, da aus unbehinderten En-ol-estern hauptsächlich die äquatorialen Isomere gebildet werden[8]. Diese Reaktion ermöglicht die Reduktion vinyloger alicyclischer Ketone zu Alkoholen unter Verschiebung der C=C-Doppelbindung; z. B.[9]:

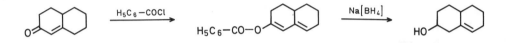

9-Hydroxy-bicyclo[4.4.0]decen-(1)[9]: 22 g (0,087 Mol) 9-Benzoyl-bicyclo[4.4.0]decadien-(1,9) werden in 800 *ml* Äthanol gelöst, auf −3° abgekühlt und unter Rühren 20 g (0,58 Mol) Natriumboranat in 450 *ml* 70%igem Äthanol innerhalb 6 Stdn. unter 5° dazugegeben. Man kocht auf, kühlt ab, versetzt mit 490 *ml* 5%iger Natriumhydroxid-Lösung, engt ein, versetzt mit verd. Salzsäure, extrahiert mit Diäthyläther, wäscht mit verd. Natriumcarbonat-Lösung und Wasser aus, trocknet mit Magnesiumsulfat und destilliert den Rückstand; Ausbeute: 7,99 g (61,5% d. Th.); Kp$_3$: 101−107°.

Analog erhält man z. B. aus:

3-Acetoxy-cholestadien-(3,5)	→ *3β-* und *3α-Hydroxy-cholesten-(5)*[10, 11]; 70% d. Th.; F: 146−148° bzw. 7,4% d. Th.; F: 140−142°
3-Acetoxy-5α-cholesten-(3)	→ *3β-* und *3α-Hydroxy-5α-cholestan*[12]; 84% d. Th.; F: 141−142° bzw. 13% d. Th.; F: 181−183°
3,17β-Diacetoxy-androstadien-(3,5)	→ *3β,17β-* und *3α,17β-Dihydroxy-androsten-(5)-(4-^{14}C)*[13]; 35% d. Th.; F: 175−178°

[1] K. ALDER, H. BETZING u. R. KUTH, A. **620**, 86 (1959).
[2] Y. HEYA u. Y. WATANABE, J. chem. Soc. Japan, pure Chem. Sect. **80**, 915 (1959); C. **1961**, 4708.
[3] W. HÜCKEL u. G. MEINHARDT, B. **90**, 2034 (1957).
[4] H.M.E. CARDWELL et al., Soc. **1953**, 361.
[5] C.W. SHOPPE u. G.H.R. SUMMERS, Soc. **1950**, 687.
[6] W.G. DAUBEN u. J.F. EASTHAM, Am. Soc. **73**, 3260 (1951).
[7] M.M. ROGIĆ, Tetrahedron **21**, 2823 (1965).
[8] H.V. ANDERSON et al., Am. Soc. **76**, 743 (1954).
    L. EHMANN et al., Helv. **42**, 2548 (1959).
[9] W.J.A. VANDENHEUVEL u. E.S. WALLIS, J. Org. Chem. **27**, 1233 (1962).
[10] B. BELLEAU u. T.F. GALLAGHER, Am. Soc. **73**, 4458 (1951).
[11] W.G. DAUBEN u. J.F. EASTHAM, Am. Soc. **73**, 4463 (1951).
[12] W.G. DAUBEN, R.A. MICHELI u. J.F. EASTHAM, Am. Soc. **74**, 3852 (1952).
[13] M. GUT u. M. USKOKOVIČ, J. Org. Chem. **24**, 673 (1959).

Die Reaktion hat hauptsächlich in der Steroid-Chemie Bedeutung. Neben Natriumboranat[1] können auch Kalium-[2] und Lithiumboranat[3] eingesetzt werden.

Zum Einsatz von Lithiumalanat/Aluminiumchlorid[4] bzw. Diboran[5, 6] s. Lit.

β₃) in En- bzw. In-aminen

Enamine werden durch Lithiumalanat in der Regel nicht angegriffen, so daß sie bei Reduktionen mit diesem Hydrid als geschützte Formen von Oxo-Verbindungen dienen können[7]. En-ammonium-Salze lassen sich dagegen nach Umlagerung in die Immonium-Salze zu den entsprechenden Aminen reduzieren[8] (vgl. a. S. 371 ff.).

Natriumboranat in Essigsäure/THF, das Olefine ohne Diboran-Bildung hydroborieren kann (s. S. 50 ff.), reduziert Enamine zu den entsprechenden Aminen.

Im Gegensatz zur älteren Auffassung[9] wird die C=C–Doppelbindung nicht hydroboriert, vielmehr läuft die Reaktion über das Immonium-Salz ab[10, 11]. Da sich Immonium-Ionen aus Enaminen auch in alkoholischer Lösung bilden, lassen sich die Reduktionen mit Natrium-[11, 12] und Kaliumboranat[13] in Methanol oder Äthanol meist

[1] W. G. Dauben et al., Am. Soc. **75**, 3255 (1953).
  J. A. Zderic et al., Am. Soc. **80**, 2596 (1958).
  Z. T. Glazer u. M. Gut, J. Org. Chem. **26**, 4725 (1961).
  P. F. Beal, R. W. Jackson u. J. E. Pike, J. Org. Chem. **27**, 1752 (1962).
  M. Chaykowsky u. R. E. Ireland, J. Org. Chem. **28** 748 (1963).
  W. R. Nes et. al., Tetrahedron **19**, 299 (1963).
  K. Schreiber, A. Walther u. H. Rönsch, Tetrahedron **20**, 1939 (1964).
  G. H. Whitman u. J. A. F. Wickramasinghe, Soc. **1964**, 1655; Soc. [C] **1968**, 338.
[2] L. Velluz et al., Bl. **1957**, 1290; **1961**, 2169.
  S. O. Brien u. D. C. C. Smith, Soc. **1963**, 2907.
[3] H. V. Anderson et al., Am. Soc. **76**, 743 (1954).
  P. N. Rao u. L. R. Axelrod, J. Org. Chem. **26**, 1607 (1961).
[4] B. R. Brown, Soc. **1952**, 2756.
  B. R. Brown, P. W. Trown u. J. M. Woodhouse, Soc. **1961**, 2478.
[5] F. S. Alvarez u. M. Arreguin, Chem. & Ind. **1960**, 720.
  L. Caglioti u. G. Cainelli, Tetrahedron **18**, 1061 (1962).
  L. Caglioti et al., G. **92**, 309 (1962).
  H. C. Brown u. R. L. Sharp, Am. Soc. **90**, 2915 (1968).
  A. Suzuki, K. Ohmori u. M. Itoh, Tetrahedron **25**, 3707 (1969).
[6] B. C. Uff et al., Soc. [Perkin I] **1974**, 586.
[7] F. W. Heyl u. M. E. Herr, Am. Soc. **75**, 1918 (1953).
  G. B. Spero et al., Am. Soc. **78**, 6213 (1956).
  N. J. Leonard u. F. P. Hauck, Am. Soc. **79**, 5279 (1957).
  N. A. Nelson, J. E. Ladbury u. R. S. P. Hsi, Am. Soc. **80**, 6633 (1958).
  D. R. Eckroth, Chem. & Ind. **1967**, 920.
[8] G. Opitz u. W. Merz, A. **652**, 139 (1962).
  G. Opitz, A. Griesinger u. H. W. Schubert, A. **665**, 91 (1963).
  G. Opitz u. A. Greisinger, A. **665**, 101 (1963).
[9] G. Stork u. G. Birnbaum, Tetrahedron Letters **1961**, 313.
[10] W. S. Johnson, V. J. Bauer u. R. W. Franck, Tetrahedron Letters **1961**, 72.
  J. A. Marshall u. W. S. Johnson, J. Org. Chem. **28**, 421 (1963).
[11] Z. Horii et al., Chem. Pharm. Bull. (Tokyo) **14**, 1227 (1966).
[12] K. Schenker u. J. Durey, Helv. **46**, 1696 (1963).
  N. J. Leonard u. F. P. Hauck, Am. Soc. **79**, 5290 (1957).
  J. Schmitt et al., Bl. **1963**, 798, 807.
  A. de Savignac, M. Bon u. A. Lattes, Bl. **1972**, 3426.
  M. F. Schostakowski, B. V. Minbaew u. L. P. Krasnomolowa, Izv. Akad. SSSR **1980**, 117; C. A. **92**, 214 998 (1980).
[13] A. P. Shroff, J. Med. Chem. **8**, 881 (1965).

gut durchführen. Allerdings ist der stereochemische Ablauf der Reaktion in essigsaurer Lösung anders als in alkoholischer[1]. Statt der freien Enamine können auch En-ammonium-Salze eingesetzt werden[2].

Enamine geeigneter Struktur liefern mit elektrophilen Hydriden unterschiedliche Menge *Olefine*. Aus 2-Nitro-1-dimethylamino-1-phenyl-äthylen wird z. B. mit Lithiumboranat in Pyridin-Lösung in 48%iger Ausbeute ω-*Nitro-styrol* erhalten[3]:

$$(H_3C)_2N-\underset{\underset{C_6H_5}{|}}{C}=CH-NO_2 \xrightarrow{Li[BH_4]/Pyridin} H_5C_6-CH=CH-NO_2$$

Besonders aus Enaminen heterocyclischer Basen mit exocyclischer Doppelbindung können mit guten Ausbeuten Olefine hergestellt werden, z. B. mit Bis-[2-methyl-propyl]-aluminiumhydrid[4] 88–97% d. Th.

Diboran hydroboriert in THF Enamine unter Bildung von Organo-boranen, die mit alkalischem Wasserstoffperoxid hauptsächlich vicinale Amino-alkohole[5], nach Protonolyse mit Methanol[6,7], Äthanol[7,8] oder Essigsäure[9] dagegen Amine liefern. Der Protonen-Donator kann schon während der Hydroborierung zum Reaktionsgemisch gegeben werden[10]. En-amine mit cyclischer C=C-Doppelbindung lassen sich in siedendem Bis-[2-methoxy-äthyl]-äther mit Propansäure zu den Olefinen umsetzen. Aus 1-Piperidino-cyclohexen erhält man z. B. in 88%iger Ausbeute *Cyclohexen*[11]:

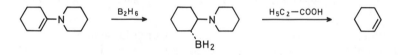

Cyclohexen[11]: Zu 3,14 g (19 mMol) 1-Piperidino-cyclohexen gibt man bei 0° unter Rühren in reiner Stickstoff-Atmosphäre 54 *ml* (57 mMol) 1,05 m Boran-Lösung in abs. THF, läßt 48 Stdn. bei 20° stehen, engt i.Vak. ein, löst in 50 *ml* abs. Bis-[2-methoxy-äthyl]-äther und versetzt mit 6,3 g (85 mMol) Propansäure. Die Mischung wird 4 Stdn. am Rückfluß erhitzt, abgekühlt und nach Zugabe von 150 *ml* Wasser 5mal mit je 40 *ml* Diäthyläther ausgeschüttelt. Die vereinigten Auszüge werden mit 50 *ml* ges. Natriumhydrogencarbonat-Lösung und 5mal mit je 40 *ml* Eiswasser ausgeschüttelt, mit Magnesiumsulfat getrocknet und eingeengt. Ausbeute: 1,37 g (88% d. Th.); Kp: 83°.

Entsprechend erhält man z. B. aus

1-Pyrrolidino-6-butyl-cyclohexen	→ *3-Butyl-cyclohexen*	98% d. Th.
1-Pyrrolidino-6-phenyl-cyclohexen	→ *3-Phenyl-cyclohexen*	88% d. Th.
1-Pyrrolidino-cyclooocten	→ *cis-Cyclooocten*	98% d. Th.

[1] Z. Horii et al., Chem. Pharm. Bull. (Tokyo) **14**, 1227 (1966).
[2] P. R. Brook u. P. Karrer, Helv. **40**, 260 (1957).
  G. Opitz u. W. Merz, A. **652**, 139 (1962).
  A. L. Logothetis, J. Org. Chem. **29**, 1834 (1964).
  F. Bohlmann u. O. Schmidt, B. **97**, 1354 (1964).
  F. Bohlmann et al., B. **96**, 1792 (1963).
[3] T. Severin, J. Loske u. D. Scheel, B. **102**, 3909 (1969).
[4] L. I. Sacharkin u. L. A. Sawina, Izv. Akad. SSSR **1964**, 1695.
[5] I. L. Borowitz u. G. J. Williams, J. Org. Chem. **32**, 4157 (1967).
  J.-J. Barieux u. J. Gore, Bl. **1971**, 1649, 3978; Tetrahedron **28**, 1555 (1972).
[6] J. Gore u. J. J. Barieux, Tetrahedron Letters **1970**, 2849.
[7] J.-J. Barieux u. J. Gore, Tetrahedron **28**, 1537 (1972).
[8] J. Schmitt et al., Bl. **1963**, 807.
[9] J. A. Marshall u. W. S. Johnson, J. Org. Chem. **28**, 421 (1963).
  Z. Horii et al., Chem. Pharm. Bull. **14**, 1227 (1966).
[10] N. Kinoshita u. T. Kawasaki, J. pharm. Soc. Japan **83**, 120 (1963).
  T. Kudo u. A. Nose, J. pharm. Soc. Japan **94**, 1475 (1974).
[11] J. W. Lewis u. A. A. Pearce, Tetrahedron Letters **1964**, 2039; Soc. [B] **1969**, 863.

Enamine obiger Struktur reagieren mit Lithiumalanat/Aluminiumchlorid-Mischungen unter gleichzeitiger Bildung gesättigter Amine und Olefine. Mit dem Gehalt an Lewis-Säure im gemischten Hydrid wächst die Menge des gebildeten Amins und nimmt die Menge des Olefins ab[1]. 2,5-Dihydro-pyrazol-Derivate können durch Lithiumalanat/3 Aluminiumchlorid, mit Natriumboranat in THF/Essigsäure[2] und mit Lithiumalanat/Jod[3] zu Pyrazolidinen reduziert werden.

Natrium-cyano-trihydrido-borat reduziert Enamine in Methanol oder Methanol/Tetrahydrofuran (1 : 4) bei p_H5 (15–30 Min., 20°) zu gesättigten Aminen. Die konjugierten Carbonyl-Gruppen in vinylogen Carbonsäure-amiden setzen die Reaktionsgeschwindigkeit herab.

3-Morphilino-butansäure-äthylester[4]: Zu einer Lösung von 0,4 g (2 mMol) 3-Morpholino-buten-(2)-säureäthylester in 4 *ml* abs. Methanol werden unter Rühren bei 25° ein Tropfen Bromkresolgrün-Lösung und soviel 2 n abs. methanol. Salzsäure gegeben, bis die Farbe nach gelb umschlägt. Man versetzt mit 0,13 g (2 mMol) Natrium-cyano-trihydrido-borat und hält durch weitere Zugabe von methanol. Salzsäure den p_H-Wert bei 5. Die Mischung wird 1 Stde. bei 25° gerührt, in 5 *ml* 0,1 n Natriumhydroxid gegossen, mit Natriumchlorid gesättigt und 3mal mit je 10 *ml* Diäthyläther ausgeschüttelt. Man trocknet den Auszug mit Magnesiumsulfat, engt i.Vak. ein, löst den Rückstand in 10 *ml* n Salzsäure und schüttelt 2mal mit je 10 *ml* Diäthyläther aus. Die wäßr. Schicht wird mit 6 n Kaliumhydroxid auf p_H > 9 eingestellt, mit Natriumchlorid gesättigt und 3mal mit je 10 *ml* Diäthyläther extrahiert. Man trocknet die Äther-Lösung mit Magnesiumsulfat und engt i. Vak. ein; Ausbeute: 0,26 g (65% d. Th.); F: 124–126° (Pikrat).

Auf gleiche Weise gewinnt man aus 1-Morpholino-cyclopenten *Morpholino-cyclopentan* (81% d. Th.).

Auch Kalium-tetracarbonyl-hydrido-ferrat reduziert Enamine in Äthanol bei 30° zu den gesättigten Aminen[5].

Propargylamine werden durch Lithiumalanat/Aluminiumchlorid bzw. Bis-[2-methylpropyl]-aluminiumhydrid mit guten Ausbeuten zu Allylaminen reduziert[6].

β_4) in 1-Nitro-1-alkenen bzw. -alkinen

Die Reduktion von α-Nitro-olefinen mit komplexen Metallhydriden verläuft infolge des starken −M-Effektes der Nitro-Gruppe analog der entsprechenden Reaktion ungesättigter Nitrile mit konjugierter Doppelbindung (s. S. 82 f.). Die Sättigung der C=C−Doppelbindung neben der funktionellen Gruppe kann also auch hier selektiv durchgeführt werden mit dem Unterschied, daß Lithiumalanat in α-Nitro-olefinen immer die C=C−Doppelbindung schneller reduziert[7,8].

Die Reduktion wird durch inverse Zugabe eines kleinen Lithiumalanat-Überschusses bei −40 bis −50° durchgeführt. Die reduzierten Ansätze werden zweckmäßig neutral aufgearbeitet, da prim. und sek. Nitro-Verbindungen in saurem Medium eine Nef-Reaktion zum Aldehyd bzw. Keton eingehen können. Die Methode ermöglicht die einfache Herstellung von Nitro-alkanen aus den relativ leicht zugänglichen konjugierten Nitro-olefinen.

[1] J. Sansoulet u. Z. Welvart, Bl. **1962**, 77.
   J. W. Lewis u. P. P. Lynch, Pr. chem. Soc. **1963**, 19.
   J. M. Coulter u. J. W. Lewis, Tetrahedron Letters **1966**, 3715.
   J. M. Coulter, J. W. Lewis u. P. P. Lynch, Tetrahedron **24**, 4489 (1968).
[2] J.-L. Aubagnac, J. Elguero u. R. Jacquier, Bl. **1969**, 3302.
[3] J. Elguero, R. Jacquier u. D. Tizane, Bl. **1970**, 1121, 1129.
[4] R. F. Borch, M. D. Bernstein u. H. D. Durst, Am. Soc. **93**, 2897 (1971).
[5] T. Mitsuido et al., Bl. chem. Soc. Japan **44**, 302 (1971); **48**, 1506 (1975).
[6] R. I. Kruglikowa et al., Ž. org. Chim. **10**, 956 (1974).
   W. Granitzer u. A. Stütz, Tetrahedron Letters **1979**, 3145.
[7] R. T. Gilsdorf u. F. F. Nord, Am. Soc. **72**, 4327 (1950); **74**, 1837 (1952).
[8] H. Shechter, D. E. Ley u. E. B. Roberson, Am. Soc. **78**, 4984 (1956).

$$H_5C_6-CH=\overset{\overset{\displaystyle NO_2}{|}}{C}-CH_3 \xrightarrow{\text{Li}[AlH_4]} H_5C_6-CH_2-\overset{\overset{\displaystyle NO_2}{|}}{CH}-CH_3$$

2-Nitro-1-phenyl-propan[1]: Zu einer Lösung von 12,2 g (0,075 Mol) 2-Nitro-1-phenyl-propen in 300 *ml* abs. Diäthyläther wird unter Rühren und unter Stickstoff bei −40 bis −50° eine Lösung von 0,855 g (0,0225 Mol) Lithiumalanat in 100 *ml* abs. Diäthyläther gegeben. Man läßt die Mischung auf 15° erwärmen, hydrolysiert mit 20%iger Natrium-kalium-tartrat-Lösung und arbeitet destillativ auf; Ausbeute: 4,7 g (38% d. Th.); Kp$_4$: 103–104°.

Analog erhält man z. B. aus:

$H_5C_6-CH=CH-NO_2$ →   *2-Nitro-1-phenyl-äthan*[2]; 47% d. Th.: Kp$_{0,5}$: 73–74,5°

$F_7C_3-CH=C(NO_2)-C_2H_5$ →   *5,5,6,6,7,7,7-Heptafluor-3-nitro-heptan*[3]; 69% d. Th.; Kp$_9$: 60°

In siedendem Diäthyläther oder THF werden unter Sättigung der C=C-Doppelbindung prim. Amine gebildet[4, 5]. Die Methode dient hauptsächlich zur Herstellung von 2-Phenyl-äthylaminen[6] und (2-Amino-äthyl)-furanen[5, 7], -thiophenen[8] bzw. -indolen[9] aus den entsprechenden β-Nitro-vinyl-Derivaten. Ausführliche Arbeitsvorschriften werden in ds. Handb., Bd. XI/1, S. 449 angegeben. Nicht konjugierte Nitro-olefine werden bei der Reduktion mit Lithiumalanat in der Regel nicht gesättigt[10]. Die C=C-Doppelbindung wird meistens nur dann angegriffen, wenn sie durch eine elektronenanziehende Nachbargruppe aktiviert ist[11].

Schwer reduzierbare konjugierte Nitro-olefine, z. B. phenolische 2-Nitro-1-phenyl-propen-Derivate, werden zweckmäßig mit Natrium-bis-[2-methoxy-äthoxy]-dihydrido-aluminat zu den 2-Amino-1-phenyl-propanen umgesetzt[12]:

$$H_5C_6-CH=\overset{\overset{\displaystyle NO_2}{|}}{C}-CH_3 \xrightarrow{\text{Na}[AlH_2(O-(CH_2)_2-OCH_3)_2]} H_5C_6-CH_2-\overset{\overset{\displaystyle NH_2}{|}}{CH}-CH_3$$

2-Amino-1-phenyl-propan-Derivate; allgemeine Herstellungsvorschrift[12]: Eine Lösung von 1 mMol 2-Nitro-1-phenyl-propen in abs. Benzol wird bei 20° unter Stickstoff zu einer benzolischen Lösung von 8–10 mMol Natrium-bis-[2-methoxy-äthoxy]-dihydrido-aluminat gegeben und 2–17 Stdn. unter Rückfluß erhitzt. Man kühlt ab, hydrolysiert mit Wasser, filtriert und engt das Filtrat ein. Bei Aminoalkyl-phenol-äthern wird das Rohprodukt durch Destillation, bei Aminoalkyl-phenolen durch Säulenchromatographie gereinigt.

[1] R. T. Gilsdorf u. F. F. Nord, Am. Soc. **74**, 1837 (1952).
[2] H. Shechter, D. E. Ley u. E. B. Roberson, Am. Soc. **78**, 4984 (1956).
[3] D. J. Cook, O. R. Pierce u. E. T. McBee, Am. Soc. **76**, 83 (1954).
[4] C. W. Shoppee, D. E. Evans u. G. H. R. Summers, Soc. **1957**, 97.
   T. R. Govindachari, K. Nagarajan u. V. N. Sundararajan, Tetrahedron **15**, 60 (1961).
   E. Profft u. F. Kasper, A. **647**, 61 (1961).
[5] A. Dornow u. M. Gellrich, A. **594**, 177 (1955).
[6] M. Erne u. F. A. Ramirez, Helv. **33**, 912 (1950).
   F. A. Ramirez u. A. Burger, Am. Soc. **72**, 2781 (1950).
   A. Dornow u. G. Petsch, Ar. **284**, 160 (1951).
   F. Benington u. R. D. Morin, Am. Soc. **73**, 1353 (1951).
   R. H. Wiley, N. R. Smith u. L. H. Knabeschuh, Am. Soc. **75**, 4482 (1953).
   R. Grewe, E. Nolte u. R.-H. Rotzoll, B. **89**, 600 (1956).
   L. H. Klemm, R. Mann u. C. D. Lind, J. Org. Chem. **23**, 349 (1958).
   J. R. Merchant u. A. J. Mountwala, J. Org. Chem. **23**, 1774 (1958).
   T. R. Govindachari, K. Nagarajan u. B. R. Pai, B. **91**, 2053 (1958).
   T. Kappe u. M. D. Armstrong, J. Med. Chem. **8**, 368 (1965).
[7] W. C. McCarthy u. R. J. Kahl, J. Org. Chem. **21**, 1118 (1956).
[8] R. T. Gilsdorf u. F. F. Nord, J. Org. Chem. **15**, 807 (1950).
[9] E. H. P. Young, Soc. **1958**, 3493.
[10] D. V. Nightingale, M. Maienthal u. J. A. Gallagher, Am. Soc. **75**, 4852 (1953).
   W. J. Bailey u. H. R. Golden, Am. Soc. **79**, 6516 (1957).
[11] M. Mousseron et al., Bl. **1952**, 1042.
   A. Dornow u. W. Sassenberg, A. **602**, 14 (1957).
[12] J. R. Butterick u. A. M. Unrau, Chem. Commun. **1974**, 307.

Nach dieser Methode erhält man u. a. aus:

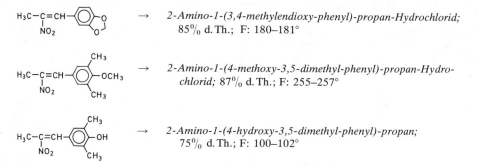

→ *2-Amino-1-(3,4-methylendioxy-phenyl)-propan-Hydrochlorid;*
  85% d. Th.; F: 180–181°

→ *2-Amino-1-(4-methoxy-3,5-dimethyl-phenyl)-propan-Hydro-*
  chlorid; 87% d. Th.; F: 255–257°

→ *2-Amino-1-(4-hydroxy-3,5-dimethyl-phenyl)-propan;*
  75% d. Th.; F: 100–102°

α-Nitro-olefine können durch Lithiumalanat unter kontrollierten Bedingungen zu Oximen[1,2] bzw. Hydroxylaminen[1] reduziert werden. Aus 2-Nitro-1-pyridyl-(3)-propen erhält man z. B. in 85%iger Ausbeute *2-Hydroximino-1-pyridyl-(3)-propan*[3]:

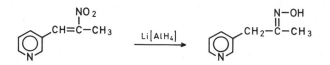

Bei der Reduktion mit den basischeren komplexen Borhydriden tritt als Nebenreaktion Michael-Addition des gebildeten Nitro-alkan-Komplexsalzes mit unumgesetzten Nitro-olefin unter Bildung von Dimeren auf[4]. Die Nebenreaktion wird durch Arbeiten in wäßrigem Acetonitril unter schwach sauren Bedingungen (p_H 3–6) bei aliphatisch substituierten und heterocyclischen konjugierten Nitro-olefinen vermieden[5].

$$H_3C-(CH_2)_5-CH=CH-NO_2 \xrightarrow{\text{Na}[BH_4]} H_3C-(CH_2)_5-CH_2-CH_2-NO_2$$

1-Nitro-octan[5]: Zu einer Lösung von 0,733 g (4,7 mMol) 1-Nitro-octen-(1) in 20 *ml* Acetonitril wird unter Rühren bei 0° innerhalb 30 Min. eine Lösung von 0,733 g (19 mMol) Natriumboranat und 0,1 *ml* 40%ige Natronlauge in 14 *ml* Wasser gegeben. Der p_H-Wert der Lösung wird durch Eintropfen von 3 n Salzsäure bei 3–6 gehalten. Man rührt 1,5 Stdn. bei 0–5°, versetzt mit 100 *ml* Wasser, extrahiert mit Dichlormethan, trocknet und engt den Auszug ein; Ausbeute: 0,62 g (85% d. Th.); λ film: 6,45, 6,93, 7,22μ.

Entsprechend gewinnt man z. B. aus:

1-Nitro-penten	→ *1-Nitro-pentan*	68% d. Th.
2-Nitro-penten	→ *2-Nitro-pentan*	70% d. Th.
2-(2-Nitro-vinyl)-pyridin	→ *2-(2-Nitro-äthyl)-pyridin*	55% d. Th.
2-(2-Nitro-vinyl)-indol	→ *2-(2-Nitro-äthyl)-indol*	30% d. Th.

Da die Vorteile obiger Methode nur beschränkt sind, wird die Reduktion mit Natriumboranat meist in alkoholischer bzw. wäßrig-alkalischer Lösung durchgeführt[6].

[1] R. T. Gilsdorf u. F. F. Nord, Am. Soc. **74**, 1837 (1952).

[2] V. Kesavan u. N. Arumugam, Curr. Sci. **36**, 573 (1967); C.A. **68**, 21726 (1968).

[3] A. Burger, M. L. Stein u. J. B. Clements, J. Org. Chem. **22**, 143 (1957).

[4] H. Shechter, D. E. Ley u. E. B. Roberson, Am. Soc. **78**, 4984 (1956).

[5] A. I. Meyers u. J. C. Sircar, J. Org. Chem. **32**, 4134 (1967).

[6] R. B. Woodward et al., Am. Soc. **82**, 3800 (1960); Ang. Ch. **72**, 651 (1960).
 T. R. Govindachari, K. Nagarajan u. V. N. Sundararajan, Tetrahedron **15**, 60 (1961)
 A. Hassner u. C. Heathcock, J. Org. Chem. **29**, 1350 (1964).
 I. Baxter u. G. A. Swan, Soc. [C] **1968**, 468.
 H. H. Baer u. W. Rank, Canad. J. Chem. **50**, 1292 (1972).

5,5,6,6,7,7,7-Heptafluor-3-nitro-heptan[1]**:** Eine Lösung von 15,36 g (0,057 Mol) 5,5,6,6,7,7,7-Heptafluor-3-nitro-hepten-(3) in 25 *ml* abs. Diäthyläther wird unter Rühren bei −60° innerhalb 4 Stdn. zu einer Lösung von 0,62 g (0,0285 Mol) Lithiumboranat in 125 *ml* abs. Diäthyläther und 50 *ml* THF gegeben. Man rührt 4 Stdn. bei −60°, säuert durch Zugabe von verd. Essigsäure unter 0° innerhalb 45 Min. an, sättigt mit Natriumchlorid, äthert aus, trocknet den Auszug, engt ein und destilliert; Ausbeute: 14,08 g (91% d. Th.); $Kp_{24,5-25}$: 79–79,5°.

Selektiv werden Nitro-olefine auch von Natrium-cyano-trihydrido-borat in salzsaurem Äthanol bei 20° zu Nitro-alkanen reduziert[2].

β₅) in ungesättigten Aldehyden, Ketonen, Carbonsäuren und deren Derivaten

Da bei ungesättigten Aldehyden und Ketonen je nach Reduktionsmittel die C=O- bzw. C=C-Bindung oder beide Bindungen gleichzeitig angegriffen werden, wird diese Klasse zusammenhängend auf S. 297–305 besprochen (vgl. Lit.[3]).

In ungesättigten Carbonsäuren kann die C=C-Doppelbindung selektiv unter Erhaltung der Carboxy-Gruppe mit Bis-[3-methyl-butyl-(2)]-boran reduziert werden[4]. Durch Protonolyse der hydroborierten Carbonsäure wird die gesättigte Carbonsäure[5], durch Oxidation mit alkalischem Wasserstoffperoxid die Hydroxy-carbonsäure erhalten[6].

11-Hydroxy-undecansäure[7]**:** 4,6 g (25 mMol) Undecen-(10)-säure werden in 100 *ml* THF unter Stickstoff mit 50 mMol Bis-[3-methyl-butyl-(2)]-boran in THF versetzt. Es entwickeln sich 24 mMol Wasserstoff. Man rührt 30 Min. und versetzt mit 20 *ml* 3 n Natriumlauge und 15,5 *ml* (170 mMol) 33%igem Wasserstoffperoxid. Das erhaltene Rohprodukt wird aus Wasser kristallisiert; Ausbeute: 4,13 g (82% d. Th.); F: 68–69°.

Auch Natriumboranat reduziert selektiv C,C-Mehrfachbindungen in 2,3-ungesättigten Carbonsäuren in Gegenwart von Cobaltcyanid-Komplexen[8].

Derivate der Meldrum-Säure werden mit Natrium-boranat in Äthanol selektiv an der C=C-Doppelbindung reduziert[9]:

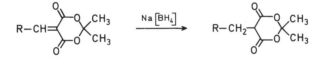

4,6-Dioxo-2,2-dimethyl-5-alkyl-1,3-dioxane

Konjugierte Alkensäureester bzw. an der C=C-Doppelbindung funktionell-substituierte Alkensäureester werden durch Lithiumalanat an der C=C-Doppelbindung reduziert. Da die Reduktion oft, je nach Wahl der Reaktionsbedingungen, auch zu ungesättigten Alkoholen führen kann, werden sie der Übersicht halber auf S. 207 besprochen.

Alkinsäureester werden je nach Reaktionsbedingungen zu Alkensäureestern, Alkinolen bzw. Alkansäureestern reduziert (s. S. 208f.).

Während Tropon durch Lithiumalanat zu *6-Oxo-cycloheptadien-(1,3)* (58% d. Th.) reduziert wird, erhält man aus Tropolon *4,5-Dioxo-cyclohepten* (62% d. Th.)[10].

[1] H. SHECHTER, D. E. LEY u. E. B. ROBERSON, Am. Soc. **78**, 4984 (1956).
[2] R. O. HUTCHINS et al., J. Org. Chem. **41**, 3328 (1976).
[3] E. J. COREY u. T. RAVINDRANATHAN, Am. Soc. **94**, 4013 (1972).
[4] H. C. BROWN et al., Am. Soc. **92**, 7161 (1970).
[5] H. C. BROWN u. K. MURRAY, Am. Soc. **81**, 4108 (1959); J. Org. Chem. **26**, 631 (1961).
[6] H. C. BROWN u. M. K. UNNI, Am. Soc. **90**, 2902 (1968).
[7] H. C. BROWN u. D. B. BIGLEY, Am. Soc. **83**, 486 (1961).
[8] A. KASAHARA u. T. HOMGU, Yanagata Daigaku Kiyo, Shizen Kagaku **6**, 263 (1965); C.A. **65**, 2120 (1966).
[9] A. D. WRIGHT, M. L. HASLEGO u. F. X. SMITH, Tetrahedron Letters **1979**, 2325.
[10] D. I. SCHUSTER, J. M. PALMER u. S. C. DICKERMANN, J. Org. Chem. **31**, 4281 (1966).

Ungesättigte Lactame werden durch Diboran hydroboriert. In 2-Oxo-3-alkyliden-2,3-dihydro-indol-Derivaten ist die C=C-Doppelbindung stark elektrophil, so daß sie mit Natriumboranat selektiv gesättigt werden kann[1]:

2-Oxo-3-cyclohexyl-2,3-dihydro-indol[1]: Zu einer heißen Lösung von 0,75 g (3,5 mMol) 2-Oxo-3-cyclohexyliden-2,3-dihydro-indol in 40 *ml* Methanol und 5 *ml* Wasser werden unter Rühren 0,3 g (8 mMol) Natriumboranat gegeben. Man kocht 15 Min. unter Rückfluß, dampft das Methanol ab, verdünnt mit Wasser und filtriert; Ausbeute: 0,71 g (94% d. Th.); F: 165–167°; aus Methanol umkristallisiert F: 168–169°.

α, β-Ungesättigte Nitrile werden von Lithiumalanat je nach Reaktionsbedingungen und Struktur an der C=C-Doppelbindung[2, 3], und/oder an der C≡N-Bindung[4] reduziert (vgl. a. S. 118 f.). Aus Acrylnitril entsteht neben *Propylamin* ein polymeres Derivat[5].

Dagegen werden α, β-ungesättigte Nitrile mit Organo-zinnhydriden selektiv an der C=C-[4, 6, 7] bzw. C≡C-Dreifachbindung[8] hydrostanniert. Lediglich Alkyliden-malonsäure-dinitrile können zusätzlich unter 1,4-Addition an der C≡N-Gruppe angegriffen[9] werden.

Bei Nitrilen mit konjugierter Doppelbindung wird in polarer Lösung selektiv das α-Addukt erhalten, das durch Protonolyse (in Methanol) in das gesättigte Nitril übergeführt werden kann[10]; z. B.[11]:

$$H_3C-CH=CH-CN \xrightarrow{(H_9C_4)_3SnH} \underset{(H_9C_4)_3Sn}{H_3C-CH_2-CH-CN} \xrightarrow[-(H_9C_4)_3Sn-OCH_3]{CH_3OH} H_3C-CH_2-CH_2-CN$$

Butansäure-nitril[10]: 13,4 g (0,2 Mol) Buten-(2)-säure-nitril und 29,1 g (0,1 Mol) Tributyl-zinnhydrid werden in 30 g (0,937 Mol) Methanol 20 Stdn. unter Rückfluß erhitzt, danach wird der Ansatz fraktioniert; Ausbeute: 6,2 g (90% d. Th.); Kp: 117–118°.

Acrylsäure-nitril liefert bei entsprechender Behandlung *Propansäure-nitril* (70% d. Th.). Bedeutung besitzt diese Methode zur Herstellung **markierter Nitrile**[11]:

[1] I. W. ELLIOTT u. P. RIVERS, J. Org. Chem. **29**, 2438 (1964).
[2] A. DORNOW, G. MESSWARB u. H. H. FREY, B. **83**, 445 (1950).
   M. MOUSSERON et al., Bl. **1952**, 1042.
   E. A. BRAUDE u. O. H. WHEELER, Soc. **1955**, 320.
   R. L. SHIVALKAR u. S. V. SUNTHANKAR, Am. Soc. **82**, 718 (1960).
   D. J. COLLINS u. J. J. HOBBS, Austral. J. Chem. **27**, 1731, 1743 (1974).
[3] H. LEMOAL, R. CARRIE u. M. BARGAIN, C. r. **251**, 2541 (1960).
[4] W. P. NEUMANN, H. NIERMANN u. R. SOMMER, A. **659**, 27 (1962).
   W. P. NEUMANN u. J. PEDAIN, Tetrahedron Letters **1964**, 2461.
   W. P. NEUMANN u. E. HEYMANN, A. **683**, 24 (1965).
   F. BOHLMANN, E. INHOFFEN u. J. POLITT, A. **604**, 207 (1957).
[5] L. M. SOFFER u. E. W. PARROTTA, Am. Soc. **76**, 3580 (1954).
[6] G. J. M. VAN DER KERK, J. G. NOLTES u. J. G. A. LUIJTEN, Chem. & Ind. **1956**, 352; J. appl. Chem. **7**, 356 (1957).
   G. J. M. VAN DER KERK u. J. G. NOLTES, J. appl. Chem. **9**, 106 (1959).
[7] A. J. LEUSINK u. J. G. NOLTES, Tetrahedron Letters **1966**, 335.
[8] A. J. LEUSINK, J. W. MARSMAN u. H. A. BUDDING, R. **84**, 689 (1965).
[9] W. P. NEUMANN, R. SOMMER u. E. MÜLLER, Ang. Ch. **78**, 545 (1966).
[10] M. PEREYRE, G. COLIN u. J. VALADE, Tetrahedron Letters **1967**, 4805; Bl. **1968**, 3358.
[11] M. PEREYRE u. J. VALADE, Tetrahedron Letters **1969**, 489.

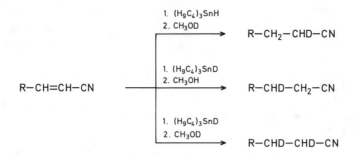

α,β-Ungesättigte Nitrile werden von Lithium[1]-, Natrium[2]- bzw. Kalium-boranat[1] sowie Natrium-cyano-trihydrido-borat[3] rasch zu gesättigten Nitrilen reduziert. Mit Natriumboranat/Kobalt(II)-chlorid wird dagegen die Cyan-Gruppe angegriffen (s. S. 115).

Als vinyloger Carbonsäure-imid-ester wird 1-Äthoxy-3-benzylimino-cyclohexen mit Natriumboranat oder Lithiumalanat unter 1,4-Addition in 80%iger Ausbeute ausschließlich zu *1-Äthoxy-3-benzylimino-cyclohexan* reduziert[4]:

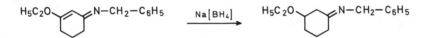

Alkin-(2)-säure-nitrile können dagegen mit Lithiumalanat in Äther bei 20° selektiv zu Alken-*(trans*-2)-säure-nitrilen in Ausbeuten von 75–98% d.Th. reduziert werden[5]; Alken-(2)-säure-nitrile werden dagegen in der Regel nicht mehr selektiv[6] an der C=C-Doppelbindung reduziert (s. S. 118f.).

2. in Aromaten bzw. carbocyclischen π-Systemen

Benzol wird durch Hydride unter normalen Bedingungen nicht angegriffen. Dagegen werden höherkondensierte Aromaten durch Lithiumalanat (über den Zersetzungspunkt des Hydrids erhitzt) partiell reduziert; so liefert z. B. Anthracen bei 220–230° 48% d.Th. *9,10-Dihydro-anthracen*. Unter ähnlichen Bedingungen wird auch Phenanthren angegriffen[7]. In 2-(2-Äthoxy-äthoxy)-äthanol kann Acenaphthylen durch das gebildete Lithium-tris-[2-(2-äthoxy-äthoxy)-äthoxy]-hydrido-aluminat bei 100° zu *Acenaphthen* reduziert werden[8]:

[1] H. Le Moal, R. Carrië u. M. Bargain, C.r. **251**, 2541 (1960).
[2] J. A. Meschino u. C. H. Bond, J. Org. Chem. **28**, 3129 (1963).
   J. A. Marshall u. R. D. Carroll, J. Org. Chem. **30**, 2748 (1965).
   J. Knabe, P. Herbort u. N. Ruppenthal, Ar. **299**, 534 (1966).
   F. Toda u. M. Kanno, Bl. chem. Soc. Japan **49**, 2643 (1976).
   Y. Pépin, H. Nazémi u. D. Payette, Canad. J. Chem. **56**, 41 (1978).
   S.S. Kulp u. C.B. Caldwell, J. Org. Chem. **45**, 171 (1980).
[3] R. O. Hutchins et al., J. Org. Chem. **41**, 3328 (1976).
[4] S. W. Breuer u. P. Yates, Tetrahedron Letters **1969**, 3587.
[5] H. Westmijze, H. Kleijn u. P. Vermeer, Synthesis **1979**, 430.
[6] A. Dornow, G. Messwarb u. H. H. Frey, B. **83**, 445 (1950).
   M. Mousseron et al., Bl. **1952**, 1042.
   E. A. Braude u. O. H. Wheeler, Soc. **1955**, 320.
   R. L. Shivakar u. S. V. Sunthakar, Am. Soc. **82**, 718 (1960).
[7] J. R. Sampey u. J.M. Cox, Am. Soc. **71**, 1507 (1949).
   I. Goodman, Soc. **1951**, 846.
[8] I. Goodman, Soc. **1951**, 2209.

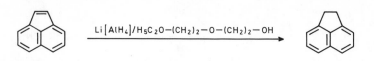

Acenaphthen[1]: Zu 50 *ml* trockenem 2-(2-Äthoxy-äthoxy)-äthanol wird unter Rühren und Stickstoff portionsweise und sehr vorsichtig 1 g (26,5 mMol) fein gepulvertes Lithiumalanat gegeben. Beim Erwärmen des Gemisches beginnt bei 95° eine heftige Reaktion und die Innentemp. steigt auf 120°. Man kühlt ab, versetzt mit 1 g (6,6 mMol) Acenaphthylen, erhitzt 15 Min. auf 100°, kühlt ab und hydrolysiert; Ausbeute: 0,85 g (83,6% d. Th.); F: 88–93° (aus Äthanol).

Natriumboranat greift nur aktivierte Benzol-Kohlenwasserstoffe unter Sättigung des aromatischen Ringes an. Mit Diboran kann der Benzol-Ring in einigen Benzo-[c]-acridinen hydriert werden[2].

Die Photoreduktion mit Lithiumalanat[3], Natriumboranat[3,4] und Tributyl-zinnhydrid[5] ermöglicht ebenfalls partielle Hydrierung aromatischer Kohlenwasserstoffe[5].

Bei anwesenden Cyan-Gruppen wird der aromatische Ring i. d. Regel leichter reduziert. So erhält man z. B. aus 1,3,5-Tricyan-benzol und Natriumboranat 45% d. Th. *1,3,5-Tricyan-cyclohexen*[6]:

1-Cyan-naphthalin wird in wäßrig alkalischer Acetonitril-Lösung durch Natriumboranat unter Belichtung in 24%iger Ausbeute zu *5-Cyan-1,4-dihydro-naphthalin* photoreduziert[4].

Polynitro-aromaten werden in erster Stufe mit schwachen Hydrid-Donatoren zu den Meisenheimer-Komplexen[7] hydriert (s. S. 90), die dann durch Natriumboranat zu Polynitro-cycloalkanen[8] weiterreduziert werden können (s. S. 88ff.) (s. a. Bd. X/1, S. 128). Mit Natriumboranat werden direkt die entsprechenden *aci*-Nitro-cycloalkene oder -cycloalkane erhalten[8] (Die Nitro-Gruppe wird kaum angegriffen).

Mit Natrium-(bis-[2-methoxy-äthoxy]-dihydrido-aluminat werden aus sterisch gehinderten Nitro-aromaten partiell hydrierte Oxime erhalten[9].

Cyclopropenylium-Salze werden durch Lithiumalanat[10,11] und Natriumboranat[11,12] zu Cyclopropenen umgesetzt.

[1] I. GOODMAN, Soc. **1951**, 2209.
[2] M. CHAYKOVSKY u. A. ROSOWSKY, J. Org. Chem. **36**, 3067 (1971).
[3] D. H. PASKOVICH, A. H. REDDOCH u. D. F. WILLIAMS, Chem. Commun. **1972**, 1195.
[4] J. A. BARLTROP u. R. J. OWERS, Chem. Commun. **1972**, 592.
[5] I. FUJIHARA et al., Bl. chem. Soc. Japan **44**, 3495 (1971).
   D. R. G. BRIMAGE u. R. S. DAVIDSON, Chem. Commun. **1971**, 281.
[6] J. KUTHAN, M. ICHOVÁ u. V. SKÁLA, Chem. Commun. **1971**, 250.
   J. KUTHAN et al., Collect. czech. chem. Commun. **39**, 1872 (1974).
[7] R. P. TAYLOR, Chem. Commun **1970**, 1463.
   C. PAULMIER et al., Tetrahedron Letters **1973**, 1123.
   L. A. KAPLAN u. A. R. SIEDLE, J. Org. Chem. **36**, 937 (1971).
[8] W. A. SOKOLOWA, M. D. BOLDIREW u. B. W. GIDASNOW, Ž. org. Chim. **8**, 770 (1972).
[9] L. R. C. BARCLAY, I. T. McMASTER u. J. K. BURGESS, Tetrahedron Letters **1973**, 3947.
[10] J. CIABATTONI u. J. P. KOCIENSKI, Am. Soc. **93**, 4902 (1971).
[11] W. J. GENSLER et al., J. Org. Chem. **35**, 2301 (1970); Am. Soc. **92**, 2472 (1970).
[12] J. L. WILLIAMS u. D. S. SGOUTAS, J. Org. Chem. **36**, 3064 (1971).
   N. E. PAWLOWSKI, D. J. LEE u. R. O. SINNHUBER, J. Org. Chem. **37**, 3245 (1972).

1,2-Diphenyl-cyclopropen[1]: Eine Lösung von 0,5 g (1,8 mMol) 1,2-Diphenyl-cyclopropenylium-tetrafluoroborat in Acetonitril wird unter Rühren innerhalb 2 Stdn. zu einer Lösung von 0,091 g (2,4 mMol) Natriumboranat in Acetonitril gegeben. Nach 2 Stdn. engt man ein, extrahiert den Rückstand mit Diäthyläther, trocknet den Auszug und dampft i. Vak. ein. Das Rohprodukt wird in Cyclohexan durch präparative Dünnschichtchromatographie an Silicagel gereinigt; Ausbeute: 0,275 g (79% d. Th.); F: 42−47°.

Lithiumalanat reduziert in Diäthyläther auf ähnliche Weise 1,2,3-Triphenyl-cyclopropenylium-bromid mit 60–70%iger Ausbeute zu *1,2,3-Triphenyl-cyclopropen*[2]. 1,2-Dipropyl-cyclopropenylium-perchlorat ergibt dagegen mit Lithiumalanat in Diäthyläther bei 0° neben 27% d. Th. *Octin-(4)* 3% d. Th. *1,2-Dipropyl-cyclopropen*[3]:

$$H_3C_7 \diagdown \diagup C_3H_7 \quad ClO_4^{\ominus} \quad \xrightarrow{Li[AlH_4]} \quad H_7C_3-C\equiv C-C_3H_7 \quad + \quad H_7C_3 \diagdown \diagup C_3H_7$$

Das Cyclopentadienyl-Anion wird infolge seiner negativen Ladung durch Hydride nicht angegriffen (weiteres s. S. 62 f.). Cycloheptatrienylium-(Tropylium-) Salze lassen sich durch einfache, komplexe und Organo-metallhydride zu Cycloheptatrienen umsetzen[4].

Cycloheptatrien[5]: Eine Lösung von 9,5 g (50 mMol) Cycloheptatrienylium-perchlorat in 250 *ml* Wasser wird unter Rühren und Eiskühlung zu 2 g (53 mMol) Natriumboranat in 20 *ml* Wasser getropft. Die Reaktionslösung wird mit Diäthyläther extrahiert, der Auszug getrocknet und eingedampft; Ausbeute: 3,7 g (80% d. Th.); n_D^{20}: 1,5259.

1,4,7-Trimethyl-phenalenium-perchlorat wird durch Lithiumalanat in Diäthyläther mit 93%iger Ausbeute zu *3,6,9-Trimethyl-phenalen* reduziert[6].

3. in Heteroaromaten[7]

Heteroaromaten mit überschüssigen π-Elektronen (z. B. Pyrrol) werden i. a. nicht durch Metallhydride bzw. komplexe Hydride hydriert, während elektronenarme Ringsysteme (z. B. Pyridin) angegriffen werden können, wobei kernständige Substituenten die Reduzierbarkeit des Ringes beeinflussen.

α) Azaaromaten

Pyridine werden durch Lithiumalanat zu *1,2-* und *1,4-Dihydro-pyridinen*[8], mit Aluminiumhydrid zu *Tetrahydropyridinen*[9] und mit Lithiumalanat bei höheren Temperaturen

[1] D. T. Longone u. D. M. Stehower, Tetrahedron Letters **1970**, 1017.
[2] R. Breslow u. P. Dowd, Am. Soc. **85**, 2729 (1963).
[3] W. J. Gensler u. J. J. Langone, Tetrahedron Letters **1972**, 3765.
[4] S. N. Parnes, M. E. Wolpin u. D. N. Kursanow, Tetrahedron Letters **1960**, 20.
    K. Hafner u. H. Pelster, Ang. Ch. **72**, 781 (1960).
    K. Conrow, Am. Soc. **83**, 2343 (1961).
    A. E. Borisow, A. N. Abramowa u. S. N. Parnes, Izv. Akad. SSSR **1964**, 941.
[5] E. Müller u. H. Fricke, A. **661**, 38 (1963).
[6] D. H. Reid u. R. G. Sutherland, Soc. **1963**, 3295.
[7] M. Natsume et al., Tetrahedron Letters **1973**, 2335.
    Übersicht s. R. E. Lyle u. P. S. Anderson, Adv. Heterocycl. Chem. **5**, 45 (1966).
[8] F. Bohlmann, B. **85**, 390 (1952).
    F. Bohlmann u. M. Bohlmann, B. **86**, 1419 (1953).
    F. Bohlmann et al., B. **88**, 1831 (1955).
    P. T. Lansbury u. J. O. Peterson, Am. Soc. **83**, 3537 (1961); **84**, 1756 (1962); **85**, 2236 (1963).
[9] M. Ferles, M. Havel u. A. Tesarova, Collect. czech. chem. Commun. **31**, 4121 (1966).
    H. C. Brown u. N. M. Yoon, Am. Soc. **88**, 1464 (1966).

auch zu *Piperidinen* reduziert[1]. Von Diboran wird Pyridin nicht angegriffen[2]. Chinoline und Isochinoline ergeben mit Natriumhydrid in HMPT[3], mit Lithiumalanat[4] und mit Dialkyl-aluminiumhydriden[5] hauptsächlich *1,2-Dihydro*-Verbindungen. Chinolin wird durch Bis-[2-methyl-propyl]-aluminiumhydrid bei höherer Temperatur zu *1,2,3,4-Tetrahydro-chinolinen*, bei noch energischeren Bedingungen unter Ringsprengung zu *2-Amino-1-propyl-benzol* reduziert (weiteres s. ds. Handb., Bd. XIII/4, S. 222 f.).

Eine einfache Methode zur Herstellung von *1,2,3,4-Tetrahydro-chinolin* aus Chinolin besteht in der Reduktion mit Natrium-cyano-trihydrido-borat in Essigsäure (N-Alkylierung tritt dabei nicht auf)[6]:

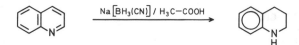

1,2,3,4-Tetrahydro-chinolin[7]: Zu einer Lösung von 1,02 g (7,9 mMol) Chinolin in 20 *ml* Essigsäure werden unter Stickstoff und Rühren bei 20° portionsweise 2 g (32 mMol) Natrium-cyano-trihydrido-borat gegeben. Man rührt 2 Stdn. bei 20°, erhitzt 1 Stde. bei 50°, rührt 12 Stdn. bei 20°, kühlt ab, versetzt mit 50 *ml* Wasser und stellt mit 50%iger Natronlauge stark alkalisch. Die Mischung wird mit Dichlormethan extrahiert, der Auszug mit ges. Natriumchlorid-Lösung gewaschen, getrocknet, eingeengt und destilliert; Ausbeute: 0,74 g (71% d.Th.); Kp$_{0,4}$: 64°.

Aus Isochinolin kann analog *1,2,3,4-Tetrahydro-isochinolin* hergestellt werden.

Mit Pyridin-Boran in Essigsäure erhält man bei 20° ähnliche Resultate, bei Rückflußtemp. wird aus Chinolin 63% *1-Äthyl-1,2,3,4-tetrahydro-chinolin* und 15% *1-Acetyl-1,2,3,4-tetrahydro-chinolin* gebildet[7].

Diboran reduziert Indole über Immonium-Salze zu 2,3-Dihydro-Verbindungen[8]. Die Reaktion gelingt auch mit Natrium-cyano-trihydrido-borat oder Natriumboranat in Essigsäure. Das letztere System alkyliert gleichzeitig das Stickstoff-Atom. Aus Indol selbst wird z. B. in 86%iger Ausbeute *1-Äthyl-2,3-dihydro-indol* erhalten[9]. Die Reduktion ist mit Trimethylamin-Boran, das auch in stark saurem Milieu stabil ist, am bequemsten durchführbar[10]. 2,3-Dimethyl-indol wird mit Triäthyl-silan zu *2,3-Dimethyl-2,3-dihydro-indol* reduziert[11].

2,3-Dihydro-indol[10]: Zu einer Lösung von 7,3 g (0,1 Mol) Trimethylamin-Boran und 2,92 g (0,025 Mol) Indol in 25 *ml* 1,4-Dioxan tropft man unter Rühren 5 *ml* 10,5 n Salzsäure. Die Mischung wird 30 Min. am Rückfluß erhitzt, abgekühlt, mit 20 *ml* 6 n Salzsäure versetzt, 15 Min. unter Rückfluß gekocht und i. Vak. eingeengt. Der Rückstand wird mit 150 *ml* Wasser verdünnt und mit Diäthyläther ausgeschüttelt. Die wäßr. Phase wird mit Natronlauge alkalisch gestellt und mit Diäthyläther extrahiert. Man wäscht die Äther-Lösung mit Wasser, trocknet mit Kaliumcarbonat, engt i. Vak. ein und destilliert den Rückstand; Ausbeute: 2,4 g (80% d. Th.); Kp$_{0,5}$: 55–58°.

[1] P. De Mayo u. W. Rigby, Nature **166**, 1075 (1950).
[2] H. C. Brown, P. Heim u. N. M. Yoon, Am. Soc. **92**, 1637 (1970).
[3] M. Natsume et al., Tetrahedron Letters **1973**, 2335.
  Übersicht s. R. E. Lyle u. P. S. Anderson, Adv. Heterocycl. Chem. **5**, 45 (1966).
[4] K. W. Rosenmund u. F. Zymalkowski, B. **86**, 37 (1953).
  K. W. Rosenmund, F. Zymalkowski u. N. Schwarte, B. **87**, 1229 (1954).
  W. Hückel u. G. Graner, B. **90**, 2022 (1957).
  A. Richardson u. E. D. Amstutz, J. Org. Chem. **25**, 1138 (1960).
[5] E. Bonitz, B. **88**, 742 (1955).
  W. P. Neumann, Ang. Ch. **69**, 730 (1957); A. **618**, 90 (1958); **629**, 23 (1960); **667**, 1, 12 (1963).
[6] G. W. Gribble u. P. W. Heald, Synthesis **1975**, 650.
[7] Y. Kikugawa, K. Saito u. S. Yamada, Synthesis **1978**, 447.
[8] K. M. Biswas u. A. H. Jackson, Tetrahedron **24**, 1145 (1968).
  S. A. Monti u. R. R. Schmidt, Tetrahedron **27**, 3331 (1971).
[9] G. W. Gribble et al., Am. Soc. **96**, 7812 (1974).
[10] J. G. Berger, Synthesis **1974**, 508.
[11] S. N. Parnes et al. Ž. org. Chim. **8**, 2564 (1972); C.A. **78**, 84176 (1973).
  A. E. Lanzilotti et al., J. Org. Chem. **44**, 4809 (1979).

Die Reduktion kann auch mit Bis-[trifluoracetoxy]-boran[1], Benzo-1,3,2-dioxaborol[1], Pyridin-Boran[2] oder Natrium-cyano-trihydrido-boranat/Essigsäure oder Trifluoressigsäure[3] bzw. Natriumboranat/Aluminiumchlorid in Pyridin[4] durchgeführt werden.

N-Acyl-tryptophan-ester und auch die freien Aminosäure-ester werden durch Pyridin-boran in 20%igem salzsaurem Äthanol oder besser in Trifluoressigsäure zu den 2,3-Dihydro-Derivaten reduziert[5].

Chinoxaline lassen sich mit Lithiumalanat zu den *1,2,3,4-Tetrahydro-chinoxalinen* reduzieren[6]. 3-Hydroxy-cinnolin wird zu *1,2,3,4-Tetrahydro-cinnolin*[7], 3-Hydroxy-4-phenyl-cinnolin dagegen zu *4-Phenyl-1,4-dihydro-cinnolin* umgesetzt[8]. Bei der Reduktion heteroaromatischer Ringe mit mehreren Heteroaromaten durch Lithiumalanat[9, 10] und auch durch Natriumboranat[10, 11] besteht die Gefahr einer Ringspaltung. In Tab. 5 sind weitere Beispiele der selektiven Sättigung von Heteroaromaten mit komplexen Metallhydriden aufgeführt.

Tab. 5: Reduktion von N-Heteroaromaten mit komplexen Metallhydriden

Heteroaromat	Reaktions-bedingungen	Reduktionsprodukt	Ausbeute [% d. Th.]	F [°C]	Literatur
H_5C_6–N–C_6H_5 / N–N / C_6H_5	Li[AlH₄]; THF	*2,4,6-Triphenyl-1,2-dihydro-1,3,5-triazin*	86	175–177	12
(chinazolin)	Na[BH₄]; Wasser	*3,4-Dihydro-chinazolin*	18	121–124	13
	Na[BH₄]; F₃C–COOH/ THF, 20°	*1,2-Dihydro-chinazolin*	85		14
	Na[BH₄]; Methanol	*1,2,3,4-Tetrahydro-chinazolin*	51	180–181 (Pikrat)	13
(chinoxalin)	Na[BH₄]/ F₃C–COOH/ THF, 20°	*1,2,3,4-Tetrahydro-chinoxalin*	90		14

[1] B. E. Maryanoff u. D. F. McComsey, J. Org. Chem. **43**, 2733 (1978).
[2] Y. Kikugawa, J. Chem. Research [S] **1977**, 212.
  Y. Kikugawa, K. Saito u. S. Yamada, Synthesis **1978**, 447.
[3] G. W. Gribble u. J. H. Hoffman, Synthesis **1977**, 859.
[4] Y. Kikugawa, Chem. Pharm. Bull. [Tokyo] **26**, 108 (1978).
[5] Y. Kikugawa, J. Chem. Research [S] **1978**, 184.
[6] R. F. Smith, W. J. Rebell u. T. N. Beach, J. Org. Chem. **24**, 205 (1959).
  R. C. DeSelms u. H. S. Mosher, Am. Soc. **82**, 3762 (1960).
  J. Hamer u. R. E. Holliday, J. Org. Chem. **28**, 2488 (1963).
[7] D. E. Ames u. H. Z. Kucharska, Soc. **1962**, 1509.
[8] D. E. Ames, R. F. Chapman u. H. Z. Kucharska, Soc. **1964**, 5659.
[9] N. G. Gaylord u. D. J. Kay, Am. Soc. **78**, 2167 (1956).
  R. A. LaForge, C. E. Cosgrove u. A. D'Adamo, J. Org. Chem. **21**, 988 (1956).
  A. Hetzheim, H. Haack u. H. Beyer, Z. **6**, 218 (1966).
  R. F. Smith et al., J. Heterocyclic Chem. **2**, 157 (1965).
[10] P. Truitt u. L. Truitt Creagh, J. Org. Chem. **28**, 1910 (1963).
[11] C. Grundman u. H. Ulrich, J. Org. Chem. **24**, 272 (1959).
[12] H. L. Nyquist, J. Org. Chem. **31**, 784 (1966).
[13] R. F. Smith et al., J. Heterocyclic Chem. **2**, 157 (1965).
[14] R. C. Bugle u. R. A. Oosteryoung, J. Org. Chem. **44**, 1719 (1979).
  A. Nose u. T. Kudo, J. Pharm. Soc. Japan **99**, 1240 (1979).

Tab. 5 (Fortsetzung)

Heteroaromat	Reaktions-bedingungen	Reduktionsprodukt	Ausbeute [% d. Th.]	F [°C]	Lite-ratur
F_3C (Struktur)	Na[BH$_4$]; Essigsäure	6-Trifluormethyl-1,2,3,4-tetrahydro-chinoxalin	52	123–124	1
(Struktur) Br	Li[AlH$_4$]; Äther	7-Brom-1,2,3,4-tetrahydro-⟨pyrido-[2,3-b]-pyrazin⟩	62	135	2
H_5C_6 ... H_5C_6 (Struktur) Br	Li[AlH$_4$]; Äther	7-Brom-2,3-diphenyl-5,6-dihydro-⟨pyrido-[2,3-b]-pyrazin⟩	69	215 (Zers.)	2
(Struktur) OH	K[BH$_4$]; Wasser	2-Hydroxy-3,4-dihydro-pteridin	55	250 (Zers.)	3
HOOC ... HO (Struktur) NH–C$_2$H$_5$	Na[BH$_4$]; Wasser	2-Äthylamino-7-hydroxy-6-carboxy-5,6-dihydro-pteridin	45	281 (Zers.)	4
H_3C (Struktur) OH	K[BH$_4$]; Wasser	4-Hydroxy-6-methyl-5,6,7,8-tetrahydro-pteridin	60	217–218	5
Cl ... Cl ... Cl (Struktur) Cl	Li[AlH$_4$]; Tetrahydro-furan	2,4-Dichlor-5,6,7,8-tetra-hydro-pteridin	96	210	6
(Struktur)	Li[AlH$_4$]; Äther	5,6-Dihydro-phenanthridin	74	123–125	7
C_6H_5 CH_2 (Struktur)	Li[AlH$_4$]; Äther	12-Benzyl-7,12-dihydro-⟨benzo-[a]-acridin⟩	75	138–140	8

Eine Cyan-Gruppe erhöht z. B. die Reaktionsfähigkeit elektrophiler heteroaromatischer Systeme gegenüber dem nucleophilen Angriff, so daß sie durch komplexe Metallhydride teilweise abgesättigt werden. Mit Natriumboranat werden z. B. aus Cyan-pyridinen in Abhängigkeit vom Lösungsmittel verschiedene Reduktionsprodukte erhalten.

[1] K. V. Rao u. D. Jackman, J. Heterocyc. Chem. 10, 213 (1973).
[2] N. Vinot u. P. Maitte, Bl. 1973, 3100.
[3] A. Albert u. S. Matsuura, Soc. 1961, 5131.
[4] W. Pfleiderer u. E.C. Taylor, Am. Soc. 82, 3765 (1960).
[5] A. Albert u. S. Matsuura, Soc. 1962, 2162.
[6] E.C. Taylor u. W.R. Sherman, Am. Soc. 81, 2464 (1959).
[7] W.C. Wooten u. R.L. McKee, Am. Soc. 71, 2946 (1949).
[8] W.A. Waters u. D.H. Watson, Soc. 1959, 2082.

Tab. 6: Reduktion von Cyan-pyridinen, -chinolinen und -isochinolinen
mit Natriumboranat

Nitril	Lösungsmittel (Zugabemethode)	Reduktions-produkte	Ausbeute [% d. Th.]	F [°C]	Literatur
(3,5-Dicyanpyridin)	Äthanol (invers)	3,5-Dicyan-1,4-dihydro-pyridin	62	205–206	[1]
(2-Methyl-3,5-dicyanpyridin)	Äthanol (invers)	2-Methyl-3,5-dicyan-1,4-dihydro-pyridin	71	210–211	[2]
(2-Methyl-4-äthyl-3,5-dicyanpyridin)	Äthanol (invers)	2-Methyl-4-äthyl-3,5-dicyan-1,4-dihydro-pyridin	28	126–127	[2]
		6-Methyl-4-äthyl-3,5-dicyan-1,2-dihydro-pyridin	26	121–122	
(3-Cyan-chinolin)	Äthanol (normal)	3-Cyan-1,4-di-hydro-chinolin	95	130–131,5	[3]
(4-Cyan-chinolin)	Äthanol (normal)	4-Cyan-1,2,3,4-tetrahydro-chinolin	48	(Kp₆: 155°)	[4]
(6-Cyan-chinolin)	Bis-[2-methoxy-äthyl]-äther/Äthanol (normal)	6-Cyan-1,2,3,4-tetra-hydro-chinolin	39,5	(Kp₄: 105–108°)	[3]
(1-Cyan-isochinolin)	Pyridin/ Äthanol (normal)	1-Aminocarbonyl-1,2,3,4-tetrahydro-isochinolin	34	178–180	[4]
(4-Cyan-isochinolin)	Pyridin (normal)	4-Cyan-1,2-dihydro-isochinolin	86	101,5–103,5	[3]

Während 3-Cyan-pyridine i. a. am heteroaromatischen Ring angegriffen werden[5] erhält man aus 2- und 4-Cyan-pyridin *2-* bzw. *4-Aminomethyl-pyridin* bzw. die Umsetzungsprodukte der entsprechenden Zwischenstufen[6].

3-Cyan-1,4-dihydro-pyridin[3]: Eine Lösung von 5,2 g (0,05 Mol) 3-Cyan-pyridin und 5,7 g (0,15 Mol) Natriumboranat in 150 ml abs. Pyridin werden 8 Stdn. unter Rückfluß erhitzt. Man kühlt ab, engt i. Vak. unter Stickstoff ein, versetzt mit Wasser, extrahiert mit Chloroform, wäscht den Auszug mit ges. Natriumchlorid-Lösung und trocknet mit Natriumsulfat. Der Rückstand wird an einer Kieselgel-Säule mit Essigsäure-äthylester chromatographiert; Ausbeute: 2,67 g (52% d. Th.); F: 74–75°.

In Äthanol erhält man aus 3-Cyan-pyridin 60% d. Th. *5-Cyan-1,2,3,4-tetrahydro-pyridin* neben 15% d. Th. *3-Aminomethyl-pyridin*[3]. In Tab. 6 sind weitere Beispiele aufgeführt.

[1] J. Kuthan u. E. Janečková, Collect. czech. chem. Commun. **29**, 1654 (1964).
[2] J. Kuthan u. E. Janečková, Collect. czech. chem. Commun. **30**, 3711 (1965).
[3] Y. Kikugawa et al., Chem. Pharm. Bull. (Tokyo) **21**, 1914 (1973).
[4] Y. Kikugawa et al., Chem. Pharm. Bull. (Tokyo) **21**, 1927 (1973).
[5] S. Yamada u. Y. Kikugawa, Chem. & Ind. **1966**, 2169.
[6] S. Yamada u. Y. Kikugawa, Chem. & Ind. **1967**, 1325.
    S. Yamada, M. Kuramoto u. Y. Kikugawa, Tetrahedron Letters **1969**, 3101.

Analog verlaufen die Reduktionen mit komplexen Aluminiumhydriden[1].

Durch elektronenanziehende Substituenten bzw. durch einen elektronenarmen Hetero-ring aktivierte Nitro-N-heteroaromaten werden von komplexen Borhydriden an den elektrophilen Stellen des Ringes unter Hydrierung angegriffen. Das Produkt des ersten Teilschrittes, der Meisenheimer-Komplex kann bei der Reduktion von Polynitro-hetero-aromaten mit schwachen Hydrid-Donatoren (Tetramethylammonium-boranat[2], Tetrame-thylammonium-octahydrido-triborat[3]) abgefangen werden. Der Meisenheimer-Komplex wird durch Natriumboranat unter Sättigung des heteroaromatischen Ringes weiterredu-ziert[4].

Die Reaktion kann zur selektiven Ringhydrierung heteroaromatischer Nitro-Verbin-dungen angewendet werden. In Pyridinen wird der heteroaromatische Ring nur dann an-gegriffen, wenn sich in diesem mindestens eine Nitro-Gruppe in m-Stellung zum Hetero-atom befindet; z. B.[5]:

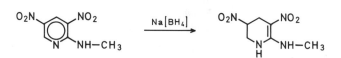

3,5-Dinitro-6-methylamino-1,2,3,4-tetrahydro-pyridin[5]: Zu einer Suspension von 0,1 g (0,5 mMol) 3,5-Di-nitro-2-methylamino-pyridin in 10 *ml* abs. Äthanol werden unter kräftigem Rühren 0,08 g (2,1 mMol) Natrium-boranat gegeben. Nach 30 Min. stellt man den p_H-Wert der Lösung auf 5–6 ein, saugt den Niederschlag ab, wäscht mit abs. Äthanol und Diäthyläther und kristallisiert aus 95%igem Äthanol um; Ausbeute: 0,094 g (94% d. Th.); F: 245–246°.

Analog erhält man z. B. aus:

3-Nitro-pyridin	→ *3-Nitro-piperidin*[6]	42% d. Th.; Kp_{14}: 95–98°
5-Nitro-isochinolin	→ *5-Nitro-1,2-dihydro-isochinolin*[7];	74% d. Th.; F: 140–144°

Der Mechanismus obiger Reaktion wurde ausführlich untersucht[8]. Auch 5-Nitro-pyrimidine werden durch Natriumboranat zu *5-Nitro-1,4,5,6-tetrahydro-pyrimidinen* reduziert[8].

Das Reduktionsvermögen von Natriumboranat kann durch Essigsäure als Medium er-höht werden, da sich in diesem Fall Immonium-Salze bilden können, und es wird auch ein energischeres Reduktionssystem erhalten (weiteres s. S. 86). Damit sind weitere selektive Reduktionen von Nitro-N-heteroaromaten, die sich in alkoholischer Lösung nicht durch-führen lassen[7], möglich.

Hydrierte N-Heteroaromaten durch Reduktion mit Natriumboranat in Essigsäure; allgemeine Arbeitsvor-schrift[7]: Zu einer eiskalten Lösung von 0,3 g Nitro-N-heteroaromat in 10 *ml* Essigsäure gibt man unter Rühren so viel Natriumboranat, bis sich in der Mischung durch Dünnschichtchromatographie kein Ausgangsmaterial mehr nachweisen läßt. Danach wird mit 75 *ml* Wasser verdünnt und 2mal mit Chloroform extrahiert. Der Auszug wird mit Wasser gewaschen, mit Natriumsulfat getrocknet, eingeengt und der Rückstand kristallisiert.

---

[1] F. Bohlmann u. M. Bohlmann, B. **86**, 1419 (1953).
  J. Kuthan u. E. Janečková, Collect. czech. chem. Commun. **29**, 1654 (1964).
  J. Kuthan J. Procházková u. E. Janečková, Collect. czech. chem. Commun. **33**, 3558 (1968).
  J. Kuthan, A. Kohoutová u. L. Helešic, Collect. czech. chem. Commun. **35**, 2776 (1970).
  R. S. Shadbolt u. T. L. V. Ulbricht, Soc. [C] **1968**, 733, 1203.
[2] R. P. Taylor, Chem. Commun. **1970**, 1463.
  C. Paulmier et al., Tetrahedron Letters **1973**, 1123.
[3] L. A. Kaplan u. A. R. Siedle, J. Org. Chem. **36**, 937 (1971).
[4] W. A. Sokolowa, M. D. Boldirew u. B. W. Gidasnow, Ž. org. Chim. **8**, 770 (1972).
[5] A. Signor u. E. Bordignon, Tetrahedron **24**, 6995 (1968).
[6] S. Yamada u. Y. Kikugawa, Chem. & Ind. **1966**, 2169; **1967**, 1325.
  Y. Kikugawa et al., Chem. Pharm. Bull. (Tokyo) **21**, 1914, 1927 (1973).
[7] K. V. Rao u. D. Jackman, J. Heterocyclic Chem. **10**, 213 (1973).
[8] E. Bordignon et al., Soc. [B] **1970**, 1567.

U. a. werden so erhalten:

5-Nitro-chinolin	→	5-Nitro-		77% d.Th.; F: 90–91°
6-Nitro-chinolin	→	6-Nitro-		90% d.Th.; F: 154–155°
7-Nitro-chinolin	→	7-Nitro-	*1,2-dihydro-chinolin*	67% d.Th.; F: 88–89°
8-Nitro-chinolin	→	8-Nitro-		71% d.Th.; F: 93–94°
5-Nitro-isochinolin	→	5-Nitro-1,2,3,4-tetrahydro-isochinolin		65% d.Th.; F: 56–58°
5-Nitro-chinoxalin	→	5-Nitro-1,2,3,4-tetrahydro-chinoxalin		87% d.Th.; F: 127–128°

Die hydrierten Nitro-N-heteroaromaten gehen bei Einwirkung von Säuren weitere Reaktionen ein: z. B. Abspaltung der Nitro-Gruppe im Form von Salpetrigersäure unter Rearomatisierung oder Nef-Reaktion unter Bildung von Oxo-Verbindungen. Das Reduktionsprodukt von Pikrinsäure erleidet mit Säuren eine Ringspaltung zu *1,3,5-Trinitro-pentan*[1].

1,3-Benzoxazole reagieren mit Diboran in 1,2-Dimethoxy-äthan bei 25° unter Amin-Boran-Bildung, nachfolgender Umlagerung und Verseifung der 2,3-Dihydro-⟨benzo-1,3,2-oxazaborole⟩, mit Salzsäure zu den entsprechenden o-Amino-phenolen[2]:

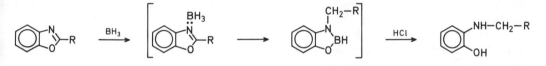

Die entsprechenden Schwefel- und Selen-Derivate reagieren analog.

β) von quartären Azaaromaten

Die Reduktion heteroaromatischer quartärer Immonium-Salze mit komplexen Metallhydriden ermöglicht die *partielle* oder *völlige Sättigung* von heteroaromatischen Ringen. Durch Quaternisierung wird die Reduzierbarkeit der elektrophilen Ringsysteme weiter erhöht, so daß sie sich auf diese Weise auch durch komplexe Borhydride mit schwächerem Reduktionsvermögen hydrieren lassen. Bei der Reaktion wird zuerst die Imin-Bindung angegriffen. Das Enamin-System kann erst nach Umlagerung in das Immonium-Salz reduziert werden.

Pyridinium-Salze werden mit Natrium- und Kaliumboranat in protonenhaltiger Lösung nach folgendem Mechanismus zu den 1,2- und 1,4-Dihydro- sowie 1,2,3,6- und 1,2,3,4-Tetrahydro-pyridinen bzw. zu den Piperidinen reduziert[3]:

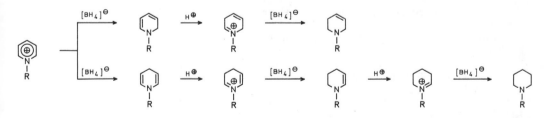

[1] T. Severin u. M. Adam, B. **96**, 448 (1963).
  T. Severin, R. Schmitz u. H.-L. Temme, B. **96**, 2499 (1963).
  T. Severin, J. Hufnagel u. H.-L. Temme, B. **101**, 2468 (1968).
[2] K. K. Knapp, P. C. Keller u. J. V. Rund, Chem. Commun. **1978**, 971.
[3] R. E. Lyle, D. A. Nelson u. P. S. Anderson, Tetrahedron Letters **1962**, 553.
  P. S. Anderson u. R. E. Lyle, Tetrahedron Letters **1964**, 153.
  P. S. Anderson, W. E. Krueger u. R. E. Lyle, Tetrahedron Letters **1965**, 4011.
  F. Liberatore, V. Carelli u. M. Cardellini, Tetrahedron Letters **1968**, 4735.
  U. Eisner u. J. Kuthan, Chem. Reviews **72**, 1 (1972).

Liegt keine sterische Hinderung vor und sind die 2-,4- und 6-Positionen nicht substituiert, werden infolge der Nähe des quartären Stickstoff-Atoms die positivierten 2- bzw. 6-Stellungen angegriffen. Bei sterischer Hinderung werden 1,4-Dihydro-pyridine gebildet, die sich weiter zu den Piperidinen reduzieren lassen. Die Dihydropyridine mit Dien-amin-Struktur werden nach Protonierung zu 1,2,3,6- bzw. 1,2,5,6-Tetrahydro-pyridin reduziert. Die Weiterreduktion wird in erster Linie durch Besetzung dieser Stellung verhindert, aber auch das Arbeiten in stark alkalischem Milieu wirkt der Umlagerung zum Immonium-Salz durch Protonierung und damit der Reduktion entgegen[1].

Diese Zusammenhänge können auf die Reduktion anderer heteroaromatischer quartärer Immonium-Salze mit komplexen Borhydriden ausgedehnt werden. Die Reduktion mit komplexen Aluminiumhydriden verläuft in der Regel selektiver, da die Dien-amin-Stufe in protonenfreiem Medium nur schwierig angegriffen wird[2] (weiteres s. S. 95).

Auch die am Stickstoff-Atom mit Gruppen von großem Raumbedarf quaternisierten Pyridinium-Salze ergeben mit Natriumboranat hauptsächlich *1,2-Dihydro*-pyridine[3], während die am meisten untersuchten in 3-Stellung substituierten Abkömmlinge, z. B. die Nicotinsäure-Derivate, vorwiegend *1,6-Dihydro*-pyridine[4], manchmal aber auch *1,2*- und *1,4-Dihydro-pyridine* liefern[5].

Mit einem großen Natriumboranat-Überschuß (zwei bis vier Mol-Äquivalente) und in neutraler bzw. schwach saurer Lösung werden bei entsprechender Struktur des zu reduzierenden quartären Salzes *Tetrahydropyridine* erhalten[6-8], die oft auch unter kontrollierten Bedingungen gebildet werden[9]. In solchen Fällen reduziert man selektiv in saurer Lösung in Gegenwart von Cyanid-Ionen, die sich an die Imin-Gruppe addieren, und alkalisch oder

[1] J. PANOUSE, C.r. **233**, 260, 1200 (1951); Bl. **1953**, 53D, 60D.
   N. KINOSHITA u. T. KAWASAKI, J. pharm. Soc. Japan **83**, 126 (1963).
[2] E. M. FRY, J. Org. Chem. **28**, 1869 (1963).
[3] K. WALLENFELS u. W. KUMMER, Ang. Ch. **69**, 506 (1957).
   K. WALLENFELS u. H. SCHÜLY, A. **621**, 215 (1959).
   M. SAUNDERS u. E. H. GOLD, J. Org. Chem. **27**, 1439 (1962).
   R. E. LYLE u. C. B. BOYCE, J. Org. Chem. **39**, 3708 (1974).
[4] M. B. MATHEWS, J. Biol. Chem. **176**, 229 (1948).
   M. B. MATHEWS u. E. E. CONN, Am. Soc. **75**, 5428 (1953).
   P. R. BROOK et al., Helv. **39**, 667 (1956).
   Y. PAISS u. G. STEIN, Soc. **1958**, 2905.
   W. TRABER u. P. KARRER, Helv. **41**, 2066 (1958).
   K. SCHENKER u. J. DRUEY, Helv. **42**, 1960 (1959).
   K. WALLENFELS, H. SCHÜLY u. D. HOFMANN, A. **621**, 106 (1959).
   N. KINOSHITA, M. HAMANA u. T. KAWASAKI, Chem. Pharm. Bull. (Tokyo) **10**, 753 (1962); J. pharm. Soc. Japan **83**, 115 (1963).
   N. KINOSHITA u. T. KAWASAKI, J. pharm. Soc. Japan **83**, 123 (1963).
   N. KINOSHITA u. K. OYAMA, J. pharm. Soc. Japan **83**, 207 (1963).
   W. HANSTEIN u. K. WALLENFELS, Tetrahedron **23**, 585 (1967).
   A. C. LOVESEY u. W. C. J. ROSS, Soc. [B] **1969**, 192.
[5] T. SEVERIN, H. LERCHE u. D. BÄTZ, B. **102**, 2163 (1969).
[6] R. C. ELDERFIELD, B. A. FISCHER u. J. M. LAGOWSKI, J. Org. Chem. **22**, 1376 (1957).
   R. E. LYLE, R. E. ADEL u. G. G. LYLE, J. Org. Chem. **24**, 342 (1959).
   E. M. FRY u. E. L. MAY, J. Org. Chem. **26**, 2592 (1961).
   J. H. AGER u. E. L. MAY, J. Org. Chem. **27**, 245 (1962).
   S. E. FULLERTON, J. H. AGER u. E. L. MAY, J. Org. Chem. **27**, 2554 (1962).
   M. FERLES, M. KOVARIK u. Z. VONDRACKOVA, Collect. czech. chem. Commun. **31**, 1348 (1966).
   P. P. SARIN, E. S. LAWRINOWITSCH u. A. K. AREN, Chim. geterocikl. Soed. **1974**, 104.
   E. E. KNAUS u. K. REDDA, J. Heterocyclic Chem. **13**, 1237 (1976).
[7] M. FERLES, Collect. czech. chem. Commun. **23**, 479 (1958).
[8] M. FERLES, Collect. czech. chem. Commun. **24**, 2221 (1959).
   M. FERLES u. M. PRYSTAS, Collect. czech. chem. Commun. **24**, 3326 (1959).
   F. E. ZIEGLER u. J. G. SWEENEY, J. Org. Chem. **32**, 3216 (1967).
[9] A. R. KATRITZKY, Soc. **1955**, 2586.

sauer wieder abgespalten werden. Isoliert werden *1,2-Dihydro-pyridine*, die jedoch auch in situ weiter verarbeitet werden können[1]. *Piperidine* werden meist nur als Nebenprodukte gebildet[2-5].

Die bei der Reduktion mit Natriumboranat gebildeten 1,2-Dihydro-pyridine können als Dien-amine zu Diels-Alder-Addukten dimerisieren[6].

Mit Lithiumalanat werden aus quartären Pyridinium-Salzen *Di-*[7] und *Tetrahydro-pyridine*[8,3], mit Aluminiumhydrid[3], Natriumalanat[4,9,10], Natrium-bis-[2-methoxy-äthoxy]-dihydrido-aluminat[10] und Pyridin-Boran[11] in unterschiedlichen Mengen auch *Piperidine* erhalten.

Die Reduktion mit Hydriden ist also in erster Linie für die Herstellung partiell hydrierter Pyridine geeignet[12]. So bildet z. B. 1-Phenyl-pyridinium-chlorid als Hauptprodukt *1-Phenyl-1,2-dihydro-pyridin* und daneben *1-Phenyl-1,4-dihydro-pyridin*[13]:

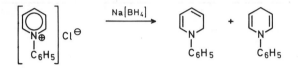

1-Phenyl-1,2-dihydro-pyridin[13]: Zu einer Lösung von 7,4 g (0,039 Mol) 1-Phenyl-pyridinium-chlorid und 4,6 g (0,082 Mol) Kaliumhydroxid in 1 *l* Wasser gibt man unter Rühren auf einmal eine Lösung von 0,584 g (0,0155 Mol) Natriumboranat in 50 *ml* Wasser. Man rührt 16 Stdn. unter Stickstoff, filtriert das Rohprodukt, das ~20% 1-Phenyl-1,4-dihydro-pyridin enthält, ab (6,4 g; F: 77–80°) und kristallisiert nach Trocknen 3mal aus Methanol um. Danach wird die Substanz bei 60°/0,1 Torr sublimiert; Ausbeute: 3,9 g (70% d.Th.); F: 82,5–83,5°.

In einer verbesserten Ausführungsform wird zur Entfernung des labilen Reduktionsproduktes in einem Zweiphasensystem (z. B. wäßr. Methanol/Äther) gearbeitet. Unter diesen Bedingungen werden hauptsächlich 1,2-Dihydro-pyridine erhalten[14].

Mit Natrium-cyano-trihydrido-borat in protischer Lösung werden dagegen 1,2,5,6-Tetrahydro-pyridine erhalten[15].

Bei der Reduktion quartärer 2,4-, 2,5- und 2,6-Dialkyl-pyridinium-Salze mit Lithium-

[1] E. M. FRY, J. Org. Chem. **29**, 1647 (1964).
E. M. FRY u. J. A. BEISLER, J. Org. Chem. **35**, 2809 (1970).
[2] M. FERLES, Collect. czech. chem. Commun. **23**, 479 (1958).
[3] M. HOLIK u. M. FERLES, Collect. czech. chem. Commun. **32**, 3067 (1967).
[4] M. FERLES u. O. KOCIAN, Collect. czech. chem. Commun. **39**, 1210 (1974).
[5] G. N. WALKER, M. A. MOORE u. B. N. WEAVER, J. Org. Chem. **26**, 2740 (1961).
K. STACH, M. THIEL u. F. BICKELHAUPT, M. **93**, 1090 (1962).
[6] F. LIBERATORE, A. CASINI u. V. CARELLI, Tetrahedron Letters **1971**, 2381, 3829.
P. P. SARIN et al., Chim. geterocikl. Soed. **1974**, 115.
F. LIBERATORE et al., J. Org. Chem. **40**, 559 (1975).
A. CASINI et al., Tetrahedron Letters **1978**, 2139.
[7] L. KUSS u. P. KARRER, Helv. **40**, 740 (1957).
[8] M. FERLES, Collect. czech. chem. Commun. **24**, 2221 (1959).
M. FERLES u. M. PRYSTAS, Collect. czech. chem. Commun. **24**, 3326 (1959).
F. E. ZIEGLER u. J. G. SWEENEY, J. Org. Chem. **32**, 3216 (1967).
[9] M. FERLES, O. KOCIAN u. A. SILHANKOVA, Collect. czech. chem. Commun. **39**, 3532 (1974).
[10] M. FERLES, A. ATTIA u. A. SILHANKOVA, Collect. czech. chem. Commun. **38**, 615 (1973).
[11] P. P. SARIN, E. S. LAWRINOWITSCH u. A. K. AREN, Chim. geterocikl. Soed. **1974**, 108.
[12] K. SCHENKER, Ang. Ch. **72**, 638 (1960).
[13] M. SAUNDERS u. E. H. GOLD, J. Org. Chem. **27**, 1439 (1962).
[14] E. M. FRY u. J. A. BEISLER, J. Org. Chem. **35**, 2809 (1970).
J. P. KUTNEY, R. GREENHOUSE u. V. E. RIDAURA, Am. Soc. **96**, 7364 (1974).
A. CASINI et al., Tetrahedron Letters **1978**, 2139.
[15] R. O. HUTCHINS u. N. R. NATALE, Synthesis **1979**, 281.

alanat[1] und Aluminiumhydrid[2] (mit Natriumalanat auch bei unsubstituierten Derivaten[3,4]) werden unter Ringsprengung auch 5-Alkylamino-pentadien-(1,3)-Derivate erhalten.

Quartäre Chinolinium- und Isochinolinium-Salze liefern mit Lithiumalanat[5,6] hauptsächlich 1,2-Dihydro-, mit Natrium[6,7] und Kaliumboranat[8] vorwiegend 1,2,3,4-Tetrahydro-Derivate (weiteres s. ds. Handb., Bd. XI/1, S. 722f.).

Bei der Reduktion von Chinolizinium-bromid mit Lithiumalanat in THF erhält man unter Ringsprengung cis-1-Pyridyl-(2)-butadien-(1,3), mit Natriumboranat in THF dagegen 1-Pyridyl-(2)-buten-(2) und mit Natriumboranat in Äthanol ringhydrierte Produkte[9]. Ähnlich können auch andere quartäre Immonium-Salze mit Stickstoff als Brückenkopf-Atom durch komplexe Metallhydride reduziert werden[10].

Obige Reaktionen sind zur Herstellung partiell hydrierter Derivate von Alkaloiden mit Isochinolin-, Benzo-[a]-chinolizin-, Dibenzo-[a;g]-chinolizin-, Benzo-[g]-indolo-[2,3-a]-chinolizin- und Pyrido-[4,3-b]-carbazol-Gerüst vorteilhaft anwendbar[11].

Großes Interesse besteht an der reduktiven Cyclisierung von 2-[2-Indolyl-(3)-äthyl]- bzw. 2-[2-Oxo-2-indolyl-(3)-äthyl]-isochinolinium- oder -pyridinium-Salzen und

[1] M. Ferles, J. Janouskova u. O. Fuchs, Collect. czech. chem. Commun. 36, 2389 (1971).
[2] A. Silhankova, M. Holik u. M. Ferles, Collect. czech. chem. Commun. 33, 2494 (1968).
[3] M. Ferles u. O. Kocian, Collect. czech. chem. Commun. 39, 1210 (1974).
   M. Ferles, O.Kocian u. A. Silhankova, Collect. czech. chem. Commun. 39, 3532 (1974).
[4] M. Ferles, A. Attia u. A. Silhankova, Collect. czech. chem. Commun. 38, 615 (1973).
[5] H. Schmid u. P. Karrer, Helv. 32, 960 (1949).
   A. R. Battersby, R. Binks u. P. S. Uzzell, Chem. & Ind. 1955, 1039.
   K. Sutter-kostic u. P. Karrer, Helv. 39, 677 (1956).
   P. R. Brook u. P. Karrer, Helv. 40, 260 (1957).
   E. A. Braude, J. Hannah u. R. Linstead, Soc. 1960, 3249.
   A. R. Battersby et al., Tetrahedron 14, 46 (1961).
   S. F. Dyke u. M. Sainsbury, Tetrahedron Letters 1964, 1545.
[6] R. C. Elderfield u. B. H. Wark, J. Org. Chem. 27, 543 (1962).
[7] R. Mirza, Soc. 1957, 4400.
   K. Wallenfels u. W. Kummer, Ang. Ch. 69, 506 (1957).
   J. W. Huffman, Am. Soc. 80, 5193 (1958).
   X. Lusinchi, S. Durmand u. R. Delaby, C.r. 248, 426 (1959).
   S. Durmand, X. Lusinchi u. R. C. Moreau, Bl. 1961, 270.
   F. Bohlmann u. R. Mayer-Mader, Tetrahedron Letters 1965, 171.
   T. Severin, D. Bätz u. H. Lerche, B. 101, 2731 (1968).
[8] R. Torossian, C.r. 235, 1312 (1952).
   R. Torossian u. C. Sannie, C.r. 236, 824 (1953).
   G. Thuillier et al., Bl. 1967, 4770.
[9] T. Miyadera u. Y. Kishida, Tetrahedron Letters 1965, 905; Tetrahedron 25, 209, 397 (1969).
   T. Miyadera u. R. Tachikawa, Tetrahedron 25, 5189 (1969).
   J. Szychowski, A. Leniewski u. J. T. Wrobel, Chem. & Ind. 1978, 273.
[10] N. J. Leonard et al., J. Org. Chem. 21, 344 (1956).
   M. Fraser u. D. H. Reid, Soc. 1963, 1421.
   E. E. Glover u. M. Yorke, Soc. [C] 1971, 3280.
[11] B. Witkop, Am. Soc. 75, 3361 (1953).
   H. B. MacPhillamy et al., Am. Soc. 77, 1071, 4335 (1955).
   S. Bose, J. indian chem. Soc. 32, 450 (1955); C.A. 50, 10 748 (1956).
   R. Mirza, Soc. 1957, 4400.
   W. Awe, H. Wichmann u. R. Buerhop, B. 90, 1997 (1957).
   R. C. Elderfield et al., J. Org. Chem. 23, 435 (1958).
   H. Kaneko, J. Org. Chem. 23, 1970 (1958).
   E. Wenkert u. D. K. Roychaudhuri, Am. Soc. 80, 1613 (1958).
   R. B. Woodward et al., Tetrahedron 2, 1 (1958).
   G. B. Marini-Bettolo u. J. Schmutz, Helv. 42, 2146 (1959).
   W. Awe, J. Thum u. H. Wichmann, Ar. 293, 907 (1960).
   W. Awe u. R. Buerhop, Ar. 294, 178 (1961).
   K. W. Bentley u. A. W. Murray, Soc. 1963, 2487, 2497.
   M. Gerecke u. A. Brossi, Helv. 47, 1117 (1964).
   T. Kametani et al., J. Org. Chem. 42, 3040 (1977).

verwandten Verbindungen mit komplexen Metallhydriden durch elektrophilen Angriff des protonierten Dien-amins auf die nucleophile 2-Stellung des elektronenreichen Indol-Ringes[1]. In der Praxis wird meist Lithiumalanat benutzt, wodurch die Dihydro-Stufe selektiv erhalten und die leichter zugängliche Oxo-Verbindung eingesetzt werden kann[2,3]. Mit Natriumboranat kann die Reaktion nur unter kontrollierten Bedingungen durchgeführt werden[4]. Zur selektiven Reduktion des quartären Salzes ist auch Lithium-tri-tert.-butyloxy-hydrido-aluminat geeignet[5]. Der Ringschluß erfolgt erst nach der Reduktion bei der sauren Aufarbeitung. Die Reaktion verläuft ähnlich auch bei den entsprechenden Lactamen[6].

1,2,3,4,5,7,8,13,13b,14-Decahydro-⟨benzo-[g]-indolo-[2,3-a]-chinolizin⟩ ($\Delta^{15(20)}$ **-Yohimben**)[3]:

2,4 g (7,6 mMol) 2-[2-Oxo-2-indolyl-(3)-äthyl]-5,6,7,8-tetrahydro-isochinolinium-chlorid werden unter Stickstoff in kleinen Portionen unter Rühren zu einer Suspension von 1 g (25 mMol) Lithiumalanat in 150 ml abs. THF gegeben. Man erhitzt 3 Stdn. unter Rückfluß, kühlt ab, zersetzt mit kristallwasserhaltigem Natriumsulfat, saugt unter Stickstoff ab, säuert das Filtrat mit verd. Salzsäure an, engt i. Vak. ein, stellt den Rückstand mit Kalilauge alkalisch und extrahiert mit Diäthyläther. Der Auszug wird mit Natriumsulfat getrocknet, eingeengt, der Rückstand auf 10 g Aluminiumoxid adsorbiert und auf eine Säule von 80 g Aluminiumoxid gegossen. Man eluiert mit je 200 ml Benzol/Petroläther (1:1), vereinigt die Fraktionen 2,3 und 4 und engt ein; Ausbeute: 1,42 g (67% d. Th.); F: 196–197° (Zers.).

1,3-Thiazolium-Salze werden mit Lithiumalanat[7], Natrium-trimethoxy-hydrido-borat[8] und Natriumboranat unter kontrollierten Bedingungen[9] zu *2,3-Dihydro-1,3-thiazol*-Derivaten, mit einem Natriumboranat-Überschuß in wäßriger Lösung[8,10], und mit Lithium-cyano-trihydrido-borat in Methanol[11] zu *1,3-Thiazolidinen* reduziert. 5-Methylphenanthridinium-jodid liefert mit Lithiumalanat *5-Methyl-5,6-dihydro-phenanthridin*[12], 4-Methyl-4,7-phenanthrolinium-jodid mit Natriumboranat *4-Methyl-3,4-dihydro-phenanthrolin*[13]. Quartäre **Pteridine** und **Purine** lassen sich durch Natrium-boranat

[1] J. H. Supple, D. A. Nelson u. R. E. Lyle, Tetrahedron Letters **1963**, 1645.
[2] B. Belleau, Chem. & Ind. **1955**, 229.
   K. T. Potts u. R. Robinson, Soc. **1955**, 2675.
   R. C. Elderfield u. B. A. Fischer, J. Org. Chem. **23**, 332, 949 (1958).
   J. W. Huffman, Am. Soc. **80**, 5193 (1958).
   J. W. Huffman u. E. G. Miller, J. Org. Chem. **25**, 90 (1960).
   C. Ribbens u. W. T. Nauta, R. **79**, 854 (1960).
   D. R. Liljegren u. K. T. Potts, Pr. chem. Soc. **1960**, 340; J. Org. Chem. **27**, 377 (1962).
   K. T. Potts u. I. D. Nasri, J. Org. Chem. **29**, 3407 (1964).
   K. T. Potts u. H.-G. Shin, Chem. Commun. **1966**, 857.
[3] K. T. Potts u. D. R. Liljegren, J. Org. Chem. **28**, 3066 (1963).
[4] E. Wenkert u. B. Wickberg, Am. Soc. **84**, 4914 (1962).
   E. M. Fry u. J. A. Beisler, J. Org. Chem. **35**, 2809 (1970).
[5] E. Wenkert, R. A. Massy-Westropp u. R. G. Lewis, Am. Soc. **84**, 3732 (1962).
[6] P. L. Julian u. A. Magnani, Am. Soc. **71**, 3207 (1949).
[7] P. Karrer u. H. Krishna, Helv. **33**, 555 (1950); **35**, 459 (1952).
   P. Karrer, Helv. **40**, 2476 (1957).
[8] G. E. Bonvicino u. D. J. Henessy, Am. Soc. **79**, 6325 (1957).
[9] H. Hirano, J. pharm. Soc. Japan **78**, 1387 (1958).
[10] G. M. Clarke u. P. Sykes, Chem. Commun. **1965**, 370; Soc. [C] **1967**, 1269, 1411.
[11] R. F. Borch u. H. D. Durst, Am. Soc. **91**, 3996 (1969).
[12] P. R. Brook et al., Helv. **39**, 676 (1956).
[13] W. Traber, M. Hubmann u. P. Karrer, Helv. **43**, 265 (1960).

Tab. 7: Reduktion von heteroaromatischen quartären Immonium-Salzen mit Natrium-boranat

Immonium-Salz	Reduktionsprodukt	Ausbeute [% d. Th.]	Kp [°C]	Kp [Torr]	Literatur
1,3-Dimethyl-4-phenyl-imidazolidin	*1,3-Dimethyl-4-phenyl-imidazolidin*	77	120	20	1
1,2-Dimethyl-3-phenyl-pyrazolidin	*1,2-Dimethyl-3-phenyl-pyrazolidin*	73	140	21	1
4-Methyl-3-benzyl-1,3-thiazolidin	*4-Methyl-3-benzyl-1,3-thiazolidin*	78	85	0,2	2
1,4-Dimethyl-5-phenyl-4,5-dihydro-1H-tetrazol	*1,4-Dimethyl-5-phenyl-4,5-dihydro-1H-tetrazol*	89,5	(F: 53–53,5°)		1
3,5-Dimethyl-1-benzyl-piperazin	*3,5-Dimethyl-1-benzyl-piperazin*	61	100–103	1,6	3
2-Methyl-1,2-dihydro-phthalazin	*2-Methyl-1,2-dihydro-phthalazin*	75	129–130	17	4
2-Methyl-1,2,3,4-tetrahydro-9H-⟨pyrido-[3,4-b]-indol⟩	*2-Methyl-1,2,3,4-tetrahydro-9H-⟨pyrido-[3,4-b]-indol⟩*	89	(F: 216–217°)		5

im quaternisierten Ring sättigen[6]. Weitere Beispiele für Reduktionen heteroaromatischer quartärer Immonium-Salze mit Natriumboranat sind in Tab. 7 zusammengestellt.

Die sich aus Chinazolinium-Salzen[7] und 1,3-disubstituierten Imidazolium-Salzen[8] bei der Reduktion mit Natriumboranat bildenden gem. Diamine werden in situ reduktiv aufgespalten. Quartäre Basen lassen sich mit komplexen Metallhydriden ähnlich reduzieren wie die entsprechenden quartären Salze[9].

s-Triazolium-chloride werden in guten Ausbeuten durch Natriumboranat/Methanol/Dimethylformamid/Wasser zu s-Triazolinen reduziert[10].

[1] T. ISIDA et al., Bl. chem. Soc. Japan **46**, 1250 (1973).
[2] G.M. Clarke u. P. SYKES, Soc. [C] **1967**, 1269.
[3] R.E. LYLE u. J.J. THOMAS, J. Org. Chem. **30**, 1907 (1965).
[4] R.F. SMITH u. E.D. OTREMBA, J. Org. Chem. **27**, 879 (1962).
[5] I.W. ELLIOTT, J. Heterocyc. Chem. **3**, 361 (1966).
[6] Z. NEIMAN, Soc. [C] **1970**, 91.
[7] R.F. SMITH, P.C. BRIGGS u. R.A. KENT, J. Heterocyc. Chem. **2**, 157 (1965).
[8] E.F. GODEFROI, J. Org. Chem. **33**, 860 (1968).
[9] D.E. AMES, R.F. CHAPMAN u. D. WAITE, Soc. [C] **1966**, 470.
[10] G. DOLESCHALL, Tetrahedron **32**, 2549 (1976).

Die Reduzierbarkeit meso-ionischer Verbindungen mit Hydriden ist ebenfalls strukturabhängig. Sydnone werden z. B. durch Natriumboranat nicht angegriffen[1]; 1,3-Thiazon-(4)-Derivate reagieren dagegen unter Bildung von 4-Oxo-1,3-thiazolidinen[2].

4-Oxo-2,3,5-triphenyl-1,3-thiazolidin[2]:

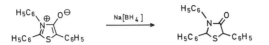

Eine Suspension von 1 g (3,3 mMol) 2,3,5-Triphenyl-1,3-thiazon-(4) in 40 ml Äthanol wird mit 0,2 g (5,3 mMol) Natriumboranat 15 Min. am Rückfluß gekocht. Man kühlt ab, zersetzt den Hydrid-Überschuß mit 1 ml 10%iger Essigsäure und engt i. Vak. ein. Ausbeute: 0,95 g (94% d. Th.); F: 138–139,5° (aus Methanol).

γ) von Pyrylium-, Flavylium- bzw. 1,3-Benzoxathiolium-Salzen

Mono- und polycyclische Pyrylium-Salze werden durch komplexe Metallhydride zu 2H- und 4H-Pyranen reduziert. Das Verhältnis der beiden Isomeren hängt in erster Linie von der Struktur der reduzierten Verbindung ab. Monocyclische Pyrylium-Salze setzt man zweckmäßig mit Natriumboranat in einer Mischung von Wasser und Diäthyläther um, damit das Reduktionsprodukt gleich in die Äther-Schicht übergeht und vor der weiteren Zersetzung bewahrt wird (die gebildeten 4H-Pyrane werden sonst leicht zu 1,5-Dionen hydrolysiert). 2H-Pyrane können nicht isoliert werden. Sie ergeben nach Ringspaltung konjugierte Dienone[3,4]:

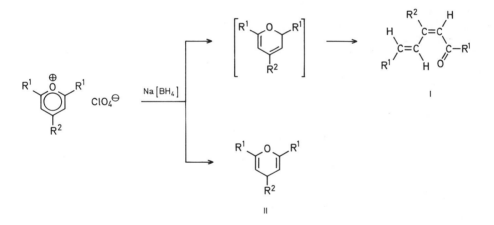

Konjugierte Dienone und 4H-Pyrane aus Pyrylium-perchloraten; allgemeine Arbeitsvorschrift[4]: 0,1 Mol Pyrylium-perchlorat werden in der Mischung von 200 ml Wasser und 100 ml Diäthyläther suspendiert und unter Rühren bei 0° langsam mit 4–5 g (1,05–1,3 Mol) Natriumboranat versetzt. Man rührt 1 Stde., wäscht die Äther-Phase mit Wasser, trocknet mit Natriumsulfat, engt ein und fraktioniert. Die weitere Reinigung kann durch präparative Gaschromatographie erfolgen.

[1] K. Masuda u. T. Okutani, Tetrahedron **30**, 409 (1974).
[2] Z. Takayanagi, H. Kato u. M. Ohta, Bl. chem. Soc. Japan **40**, 2930 (1967).
[3] A. T. Balaban, G. Mihai u. C. D. Nenitzescu, Tetrahedron **18**, 257 (1962).
[4] A. Safieddine, J. Royer u. J. Dreux, Bl. **1972**, 2510.

Nach dieser Methode erhält man z. B.:

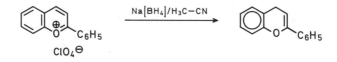

R¹	R²	Produkte	Ausbeute [%] (rel. Ausb.)	Kp	
				[°C]	[Torr]
CH_3	H	6-Oxo-heptadien-(2,4) +2,6-Dimethyl-4H-pyran	88 (30:70)	63	40
	CH_3	6-Oxo-4-methyl-heptadien-(2,4) +2,4,6-Trimethyl-4H-pyran	91 (88:12)	90–95 65	40 40
C_4H_9	CH_3	9-Oxo-7-methyl-tridecadien-(5,7) +4-Methyl-2,6-dibutyl-4H-pyran	95 (95:5)	72 65	3 3
$C(CH_3)_3$	CH_3	7-Oxo-2,2,5,8,8-pentamethyl-nonadien-(3,5)	100	70–75 (F: 42°)	3

Aus Flavylium-Salzen werden mit Lithiumalanat hauptsächlich 4H-Flavene gebildet[1]. Natriumboranat ergibt in niedrigeren Alkoholen Dimerisierungsprodukte, in Acetonitril oder tert.-Butanol liefert es ebenfalls die 4H-Flavene; z. B.[2]:

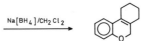

4H-Flavene[2]: Zu einer Lösung von 5 g (0,0162 Mol) 2-Phenyl-⟨1-benzopyrylium⟩-perchlorat in 100 ml Acetonitril wird unter Rühren in kleinen Portionen 1 g (0,0264 Mol) Natriumboranat gegeben. Man verdünnt die Lösung mit wenig Wasser und engt im Rotationsverdampfer ein. Der Rückstand wird mit Diäthyläther extrahiert, der Auszug mit Magnesiumsulfat getrocknet, eingedampft und der Rückstand aus Methanol kristallisiert; Ausbeute: 2,6 g (77% d. Th.); F: 54–55°.

Entsprechend erhält man u. a. aus

7,8,9,10-Tetrahydro-6H-⟨dibenzo-[b;d]-pyran⟩[3]; 80% d. Th.; Kp_{0,1}: 100–120°

3-Phenyl-1H-⟨naphtho-[2,1-b]-pyran⟩[2] 70% d. Th.; F: 186–187°

[1] P. Karrer u. A. Seyhan, Helv. **33**, 2209 (1950).
W. E. Elstow u. B. C. Platt, Chem. & Ind. **1950**, 824.
J. W. Gramshaw, A. W. Johnson u. T. J. King, Soc. **1958**, 4040.
K. G. Marathe, E. M. Philbin u. T. S. Wheeler, Chem. & Ind. **1962**, 1793.
[2] G. A. Reynolds u. J. A. Vanallan, J. Org. Chem. **32**, 3616 (1967).
[3] B. D. Tilak, R. B. Mitra u. Z. Muljiani, Tetrahedron **25**, 1939 (1969).

Bei der Reduktion von 4-Alkyl-⟨naphtho-[2,1-b]-pyrylium⟩-Salzen mit Natriumboranat werden hauptsächlich 4H-⟨Naphtho-[2,1-b]-pyrane⟩ gebildet[1]. 2-Benzo-[c]-pyrylium-Salze werden durch Lithiumalanat zu 1H-⟨Benzo-[c]-pyranen⟩ reduziert[2].

Die aus Carbonsäuren und 2-Mercapto-phenol mit Perchlorsäure/Phosphoroxychlorid zugänglichen 1,3-Benzoxathiolium-perchlorate werden durch Lithiumalanat zu 1,3-Benzoxathiolen reduziert. Auf diese Weise gelingt es in einfacher Weise Carbonsäuren in Aldehyde zu überführen[3].

δ) von Thiophenen

Eine einfache Methode zur Sättigung von Thiophenen zu Tetrahydro-thiophenen stellt die Reduktion mit Triäthyl-siliciumhydrid in Trifluoressigsäure dar. Thiophen selbst wird nur sehr langsam gesättigt und ergibt ein Gemisch von *Dihydro-* und *Tetrahydro-thiophen*. 2-Alkyl-, 3-Aryl- und 2,5-Dialkyl-thiophene reagieren dagegen glatt zu den entsprechenden Tetrahydro-thiophenen. 3-Methyl-thiophen wird wesentlich langsamer reduziert als 2-Methyl-thiophen. Elektronenanziehende Substituenten in 2-Stellung wie Carboxy-, Alkoxycarbonyl- und auch Halogen-Gruppen behindern die Reaktion. Wenn die Substituenten nicht kernständig sind, haben sie keinen Einfluß auf die Reaktionsgeschwindigkeit; auch werden sie durch das Hydrid nicht angegriffen. 2-Acetyl- und 2-Benzoyl-thiophen lassen sich dagegen zu *2-Äthyl-* und *2-Benzyl-tetrahydrothiophen* reduzieren. 2,5-Diphenyl-thiophen reagiert bei 50° nicht. Zur Reaktion sind zwei Hydridbzw. Mol-Äquivalente notwendig[4].

6-Tetrahydrothienyl-(2)-hexansäure-methylester[4]:

Zu einer Mischung von 4,24 g (0,02 Mol) 6-Thienyl-(2)-hexansäure-methylester und 4,65 g (0,04 Mol) Triäthyl-siliciumhydrid werden unter Rühren 21,6 g (0,19 Mol) Trifluoressigsäure getropft. Man erhitzt 36 Stdn. bei 50°, gießt in Wasser, neutralisiert mit Natriumcarbonat-Lösung, schüttelt mit Diäthyläther aus, trocknet den Auszug, engt ein und destilliert; Ausbeute: 2,8 g (65% d. Th.); Kp_{17}: 170–172°.

Unter ähnlichen Bedingungen erhält man z. B. aus

3-Methyl-thiophen	80 Stdn. →	*3-Methyl-tetrahydro-thiophen*	60% d. Th.
2,5-Dimethyl-thiophen	25 Stdn. →	*2,5-Dimethyl-tetrahydro-thiophen*	80% d. Th.
3-Phenyl-thiophen	20 Stdn. →	*3-Phenyl-tetrahydro-thiophen*	75% d. Th.
2-Formyl-thiophen	25 Stdn. →	*Bis-[tetrahydro-thienyl-(2)-methyl]-äther*	70% d. Th.
2-Benzoyl-thiophen	30 Stdn. →	*2-Benzyl-tetrahydro-thiophen*	60% d. Th.
2-Methyl-⟨benzo-[b]-thiophen⟩	1,75 Stdn. →	*2-Methyl-2,3-dihydro-⟨benzo-[b]-thiophen⟩*	70% d. Th.
3-Methyl-⟨benzo-[b]-thiophen⟩	1,75 Stdn. →	*3-Methyl-2,3-dihydro-⟨benzo-[b]-thiophen⟩*	85% d. Th.
1,6-Dithienyl-(2)-hexan	70 Stdn. →	*1,6-Bis-[tetrahydro-thienyl-(2)]-hexan*[4]	70% d. Th.

[1] Z. MULJIANI u. B. D. TILAK, Indian J. Chem. **7**, 28 (1969); C. A. **70**, 87449 (1969).
[2] A. MÜLLER, M. LEMPERT-SRETER u. A. KARCZAG-WILHELMS, J. Org. Chem. **19**, 1533 (1954).
[3] L. COSTA et al., J. Heterocyclic Chem. **11**, 943 (1974).
[4] S. N. PARNES et al., Izv. Akad. SSSR **1973**, 1918; C. A. **80**, 14800 (1974).
  D. N. KURSANOW, S. N. PARNES u. N. M. LOIM, Synthesis **1974**, 647.

4. in Alkanen bzw. Cycloalkanen

Aliphatische Nitro-Verbindungen mit flankierenden elektronenanziehenden Gruppen (z. B. Oxo, Alkoxycarbonyl, Nitro, Nitroso usw.) unterliegen bei der Reduktion mit Lithiumalanat oft einer $C_{NO_2}C_x$-Spaltung (s. S. 472f.).

Der Cyclopropan-Ring wird selektiv von komplexen Borhydriden aufgespalten[1], weniger geeignet sind Lithium-[1-3], Natriumalanat[1] und komplexe Aluminiumhydride[4] (milde Bedingungen[1]). Vinyl-cyclopropan-Derivate werden infolge einer Homoallyl-Umlagerung auch durch Diboran in THF reduktiv aufgespalten[5]. In Trifluoressigsäure öffnet auch Triäthyl-siliciumhydrid den Cyclopropan-Ring[6].

b) am C-Atom der C–Y-Mehrfachbindung

1. am sp–C-Atom

α) des Typs –C≡Y

α₁) *in Kohlenmonoxid*

Kohlenmonoxid wird durch Lithiumalanat in THF und nach Alkoholyse des gebildeten Organometall-Komplexes zu *Methanol* (43% d. Th.) und *Methan* (57% d. Th.) reduziert[7]. Mit Bis-[2-methyl-propyl]-aluminiumhydrid in Gegenwart von Zirkon-Komplexen wird Kohlenmonoxid zu linearen Alkoholen polymerisiert[8].

In THF gelöst wird Kohlenmonoxid bei 20° durch Diboran und Natriumboranat als Katalysator zu *Trimethyl-boroxol* reduziert (vgl. Bd. XIII)[9].

Die entsprechende Reaktion mit Trialkyl-boranen ist im allgemeinen zur Carbonylierung von Organo-boranen geeignet. Nach Oxidation der Umsetzungsprodukte mit Wasserstoffperoxid in alkalischer Lösung werden Aldehyde[10], Ketone[11] (s. a. ds. Handb., Bd. VII/2a, S. 553ff.) und Alkohole[12] (s. Bd. VI/1a 2, S. 1463ff.) erhalten.

Zur Formylierung von 1-Alkenen mit Kohlenmonoxid in Gegenwart von Organo-silanen s. Lit.[13].

[1] C. L. Bumgardner, E. L. Lawton u. J. G. Carver, J. Org. Chem. **37**, 407 (1972).
[2] C. F. H. Tipper u. D. A. Walker, Chem. & Ind. **1957**, 730.
    R. Baird u. S. Winstein, Am. Soc. **79**, 4238 (1957).
    C. G. Overberger u. A. E. Borchert, Am. Soc. **82**, 4896 (1960).
[3] H. J. Brabander u. W. B. Wright, J. Org. Chem. **32**, 4053 (1967).
[4] J. A. Carbon, W. B. Martin u. L. R. Swett, Am. Soc. **80**, 1002 (1958).
    D. H. Kursanow, M. E. Wolpin u. J. D. Koreschkow, Ž. obšč. Chim. **30**, 2877 (1960).
    H. Goldwhite, M. S. Gibson u. C. Harris, Tetrahedron **20**, 1613 (1964).
[5] P. Pesnelle u. G. Ourisson, J. Org. Chem. **30**, 1744 (1965).
    W. Cocker, P. V. R. Shannon u. P. A. Staniland, Soc. [C] **1967**, 915.
    D. Dopp, B. **102**, 1081 (1969).
    E. Breuer et al., J. Org. Chem. **37**, 2242 (1972).
[6] G. A. Chotimskaya et al., Izv. Akad. SSSR **1972**, 1989; C.A. **78**, 42543 (1973).
[7] A. B. Burg u. H. I. Schlesinger, Am. Soc. **59**, 780 (1937).
[8] L. I. Shoer u. J. Schwartz, Am. Soc. **99**, 5831 (1977).
[9] M. W. Rathke u. H. C. Brown, Am. Soc. **88**, 2606 (1966).
[10] H. C. Brown, R. A. Coleman u. M. W. Rathke, Am. Soc. **90**, 499 (1968).
    H. C. Brown, E. F. Knights u. R. A. Coleman, Am. Soc. **91**, 2144 (1969).
    H. C. Brown et al., Am. Soc. **91**, 2150 (1969).
    H. C. Brown u. R. A. Coleman, Am. Soc. **91**, 4606 (1969).
[11] H. C. Brown u. M. W. Rathke, Am. Soc. **89**, 2738, 4528 (1967).
    H. C. Brown, G. W. Kabalka u. M. W. Rathke, Am. Soc. **89**, 4530 (1967).
    H. C. Brown u. E. Negishi, Am. Soc. **89**, 5285 (1967).
[12] H. C. Brown u. M. W. Rathke, Am. Soc. **89**, 2737 (1967).
    M. W. Rathke u. H. C. Brown, Am. Soc. **89**, 2740 (1967).
    E. F. Knights u. H. C. Brown, Am. Soc. **90**, 5283 (1868).
    H. C. Brown u. W. C. Dickason, Am. Soc. **91**, 1226 (1969).
    E. Negishi u. H. C. Brown, Synthesis **1972**, 197.
[13] Y. Seki et al., Ang. Ch. **89**, 919 (1977).

α_2) in Isonitrilen

Isonitrile werden durch Lithiumalanat in Äther mit guten Ausbeuten zu Methyl-al-kyl(aryl)-aminen reduziert; z. B. Phenyl-isonitril zu *N-Methyl-anilin* (79% d. Th.)[1]. Mit Bis-[2-methyl-propyl]-aluminiumhydrid wird das Isonitril bis zur Imino-Stufe reduziert, und man erhält nach Hydrolyse prim. Amine und Formaldehyd[2]:

$$R{-}N{\equiv}C \;+\; [(H_3C)_2CH{-}CH_2]AlH \longrightarrow [(H_3C)_2CH{-}CH_2]_2Al{-}\overset{\cdot}{C}H{=}N{-}R$$

$$\xrightarrow[\substack{-Al(OH)_3 \\ -(H_3C)_3CH}]{4\,H_2O} \quad HCHO \;+\; R{-}NH_2$$

Mit Diboran entsteht dagegen aus Phenyl-isonitril in der Kälte das cyclische Dimere des *(Phenylimino-methyl)-borans*[3]:

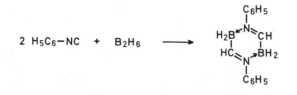

$$2\;H_5C_6{-}NC \;+\; B_2H_6 \longrightarrow$$

Während mit Trialkyl-zinnhydriden unter Spaltung der R–N-Bindung die entsprechenden Kohlenwasserstoffe[4] erhalten werden,

$$R{-}NC \;+\; (H_9C_4)_3SnH \xrightarrow[-(H_9C_4)_3Sn-CN]{} RH$$

$R = C(CH_3)_3$; *Isobutan*; 45% d. Th.
$R = C_6H_{11}$; *Cyclohexan*; 47% d. Th.
$R = 4\text{-}CH_3{-}C_6H_5$; *Toluol*; 97% d. Th.

reduzieren Trialkyl-siliciumhydride Isonitrile in Gegenwart von Kupfer(II)-Salzen nur zu *Iminomethyl-trialkyl-silicium*[5]:

$$R^1{-}NC \;+\; R_3Si{-}H \xrightarrow{CuCl_2} R^1{-}N{=}CH{-}SiR_3$$

α_3) in Thiocyanaten

Thiocyanate werden durch Lithiumalanat bei nachfolgender Hydrolyse zu Thiolen reduziert[6]:

[1] E. LARSSON, Chalmers Tekn. Högskolas Handl. **94**, 15 (1950); C.A. **45**, 1494 (1951).
[2] H. HOBERG u. P. BUKOWSKI, A. **1975**, 1124
[3] J. CASANOVA u. R. E. SCHUSTER, Tetrahedron Letters **1964**, 405.
  S. BRESADOLA et al., Tetrahedron Letters **1964**, 3185.
  J. TANAKA u. J. C. CARTER, Tetrahedron Letters **1965**, 329.
  S. BRESADOLA, F. ROSSETTO u. G. PUOSI, Tetrahedron Letters **1965**, 4775.
[4] T. SAEGUSA et al., Am. Soc. **90**, 4182 (1968).
  D. I. JOHN, E. J. THOMAS u. N. D. TYRRELL, Chem. Commun. **1979**, 345.
[5] T. SAEGUSA et al., Am. Soc. **89**, 2240 (1967).
[6] R. POHLOUDEK-FABINI u. D. SCHULZ, Ar. **297**, 649 (1964).

$$2\,R\!-\!SCN \;+\; Li[AlH_4] \xrightarrow[-2\,H_2]{} Li[Al(SR)_2(CN)_2]$$

$$\xrightarrow[Li[AlO_2]]{2\,H_2O} \quad 2\,R\!-\!SH \;+\; HCN$$

Mit Natriumboranat in Alkohol entwickelt sich Cyanwasserstoff infolge Liganden-Austausches schon während der Komplexbildung[1, 2] (Arbeiten unter Abzug!):

$$Na[B(SR)_2(CN)_2] \;+\; 2\,R^1OH \xrightarrow[-2HCN]{} Na[B(S\!-\!R)_2(OR)_2]$$

$$\xrightarrow[-Na[BO(OR)_2]]{H_2O} \quad 2\,R\!-\!SH$$

Zur Reduktion wird meist ein großer Hydrid-Überschuß eingesetzt. Die Methode eignet sich besonders in der Steroid-Reihe.

3β-Mercapto-cholesten-(4)[3]: Eine Lösung von 5 g (12 mMol) 3β-Thiocyanato-cholesten-(4) in 50 *ml* abs. Äther wird unter Rühren innerhalb 2 Stdn. zu einer Aufschlämmung von 1 g (26 mMol) Lithiumalanat in 50 *ml* abs. Äther getropft. Man rührt 12 Stdn., zersetzt mit Wasser, löst den Niederschlag durch Zugabe von 50 *ml* 6 n Salzsäure auf, wäscht die organ. Phase mit Wasser aus, trocknet und dampft ein. Der Rückstand wird aus Äthanol/Essigsäureäthylester kristallisiert; Ausbeute: 4,2 g (95% d. Th.); F: 96–97°.

Analog erhält man z. B.:

4-Methyl-thiophenol[4]	94% d. Th.	F: 43–44°
5-Methoxy-2-methylmercapto-1,3-dimethyl-benzol[5]	74% d. Th.	Kp₂: 102–103°
(nach Methylierung)[5]		
2-Amino-5-methylmercapto-1,3-dimethyl-benzol[6]	63% d. Th.	Kp₃: 138–140°
(nach Methylierung)		
2-Methyl-3-äthyl-5-[2-mercapto-propyl-(2)]-furan[7]	93% d. Th.	Kp₁₀: 88°
6-Mercapto-α-tocopherol[8]	90% d. Th.	F: –
3β-Mercapto-24-methyl-cholestatrien-(5,7,22)[9]		F: 135–136°
3α-Hydroxy-2β-mercapto-cholestan[10]	70% d. Th.	F: 122–124°
2β-Hydroxy-3α-mercapto-cholestan[10]		F: 118–120°

Es ist ratsam, die empfindlichen Thiole ohne Isolierung gleich weiter zu verarbeiten, z. B. durch Methylierung mit Dimethylsulfat[5, 6] oder durch Oxidation zum Disulfan[1] (in alkalischem Medium mit Luft oder Wasserstoffperoxid); z. B.:

Bis-[4-benzylamino-phenyl]-disulfan	44% d. Th.	F: 92–93°
(nach Oxidation)		
Bis-[4-(2-hydroxy-benzylamino)-phenyl]-disulfan	30% d. Th.	F: 120–121°
(nach Oxidation)		

[1] R. POHLOUDEK-FABINI u. D. SCHULZ, Ar. **297**, 649 (1964).
[2] R. K. OLSEN u. H. R. SNYDER, J. Org. Chem. **30**, 184 (1965).
[3] G. L. O'CONNOR u. H. R. NACE, Am. Soc. **75**, 2118 (1953).
[4] J. STRATING u. H. J. BACKER, R. **69**, 638 (1950).
[5] H. KLOOSTERZIEL u. H. J. BACKER, R. **72**, 185 (1953).
[6] H. KLOOSTERZIEL u. H. J. BACKER, R. **72**, 655 (1953).
[7] R. W. GLAZEBROOK u. R. W. SAVILLE, Soc. **1954**, 2094.
[8] O. HROMATKA u. I. KIRNIG, M. **85**, 235 (1954).
[9] J. A. KEVERLING-BUISMAN u. P. WESTERHOF, R. **71**, 925 (1952).
[10] K. TAKEDA u. T. KOMMENO, Chem. & Ind. **1962**, 1793.
    K. TAKEDA et al., Tetrahedron **21**, 329 (1965).

Aus vicinalen Bis-thiocyanaten können sich bei der Reduktion Thiirane bilden. 1,2-Bis-[thiocyano]-cyclohexan liefert z. B. neben 10% d. Th. *1,2-Dimercapto-cyclohexan* 70% d. Th. *7-Thia-bicyclo[4.1.0]heptan*[1]:

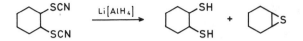

α₄) *in Cyanamiden*

Disubstituierte Cyanamide werden durch Lithiumalanat hydrogenolytisch zu den entsprechenden sekundären Aminen und Methylamin gespalten; als Nebenprodukte fallen geminale Diamine an:

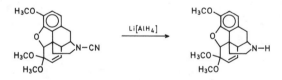

Die Reaktion wird zweckmäßig unter Sauerstoff-Ausschluß durchgeführt, da sich sonst auch Oxidationsprodukte bilden. Prinzipiell sind vier Hydrid-Äquivalente notwendig, in der Praxis wird aber meistens ein fünf- bis zehnfacher Überschuß eingesetzt.

Diese Methode dient zur Überführung heterocyclischer tertiärer Amine über die mit der von Braun-Reaktion erhältlichen Cyanamide in die sekundären Amine, besonders in der Alkaloidchemie zur Herstellung von Nor-Verbindungen[2,3] und zur Aufspaltung des Spiran-Gerüstes in Erythrina-Alkaloiden[4]; z. B.:

Nor-codeinon-dimethylacetal[3]: 2,59 g (7,3 mMol) N-Cyan-nor-codeinon-dimethylacetal werden in 150 *ml* abs. THF gelöst und unter trockenem Stickstoff zu einer Suspension von 1,5 g (40 mMol) Lithiumalanat in 150 *ml* THF getropft. Man erhitzt 3 Stdn. unter Rückfluß, läßt 12 Stdn. bei 20° stehen, versetzt mit 20 *ml* Essigsäure-äthylester, danach mit 35 *ml* ges. Kalium-natrium-tartrat-Lösung, dampft die organ. Phase i. Vak. ein und kristallisiert den Rückstand aus Äther/Petroläther; Ausbeute: 1,81 g (75% d. Th.); F: 117–118° (aus Äther/Petroläther).

[1] M. Mousseron et al., Bl. **1952**, 1042.
[2] M. F. Bartlett, D. F. Dickel u. W. I. Taylor, Am. Soc. **80**, 126 (1958).
  S. Mizukami, Tetrahedron **11**, 89 (1960).
  A. Ogisso u. I. Iwai, Chem. Pharm. Bull. (Tokyo) **12**, 820 (1964).
  G. Roblot u. X. Lusinchi, C.r. **267**, 159 (1968).
  Y. Inubushi, H. Furukawa u. M. Ju-Ichi, Chem. Pharm. Bull. (Tokyo) **18**, 1951 (1970).
  J. P. Ferris, C. B. Boyce u. R. C. Briner, Am. Soc. **93**, 2942 (1971).
  J. P. Ferris, R. C. Briner u. C. B. Boyce, Am. Soc. **93**, 2953 (1971).
  L. Lábler, J. Hora u. V. Černy, Collect. czech. chem. Commun. **28**, 2015 (1963).
[3] H. Rapoport et al., Am. Soc. **89**, 1942 (1967).
[4] V. Prelog et al., Helv. **39**, 498 (1956).

Analog erhält man folgende Amine:

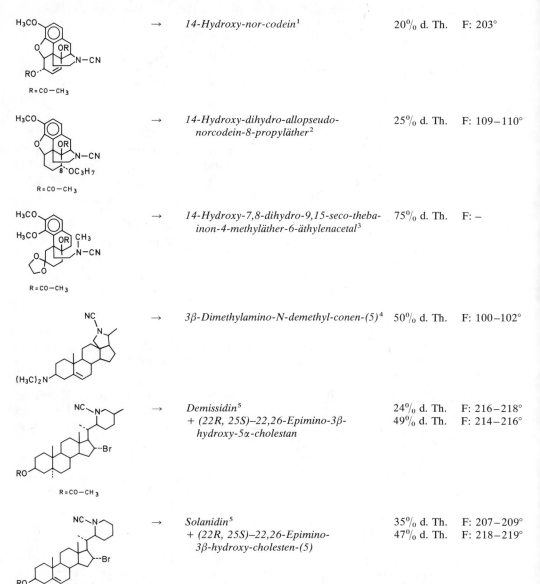

→	*14-Hydroxy-nor-codein*[1]	20% d. Th.	F: 203°
→	*14-Hydroxy-dihydro-allopseudo-norcodein-8-propyläther*[2]	25% d. Th.	F: 109–110°
→	*14-Hydroxy-7,8-dihydro-9,15-seco-theba-inon-4-methyläther-6-äthylenacetal*[3]	75% d. Th.	F: –
→	*3β-Dimethylamino-N-demethyl-conen-(5)*[4]	50% d. Th.	F: 100–102°
→	*Demissidin*[5] + *(22R, 25S)–22,26-Epimino-3β-hydroxy-5α-cholestan*	24% d. Th. 49% d. Th.	F: 216–218° F: 214–216°
→	*Solanidin*[5] + *(22R, 25S)–22,26-Epimino-3β-hydroxy-cholesten-(5)*	35% d. Th. 47% d. Th.	F: 207–209° F: 218–219°

N-Cyan-nor-conanin wird bei 20° und inverser Zugabe des Reduktionsmittels zum geminalen Diamin (s. S. 103) *N-Methylen-bis-nor-conanin*, in siedendem Tetrahydrofuran dagegen zur gewünschten Nor-Verbindung *Nor-conanin* reduziert. Bei der in Gegenwart von Sauerstoff durchgeführten Reduktion entstehen auch N-Hydroxy- und ungesättigte Verbindungen (Pyrroline)[6]:

[1] A.C. Currie, G.T. Newbold u. F.S. Spring, Soc. **1961**, 4693.
[2] I. Seki u. H. Takagi, Chem. Pharm. Bull. (Tokyo) **17**, 1555 (1969).
[3] I. Seki u. H. Takagi, Chem. Pharm. Bull. (Tokyo) **18**, 1104 (1970).
[4] V. Černy, L. Dolejš u. F. Šorm, Collect. czech. chem. commun. **29**, 1591 (1964).
[5] J.A. Beisler u. Y. Sato, Soc. [C] **1971**, 149.
[6] A. Picot u. X. Lusinchi, Bl. **1972**, 1097.

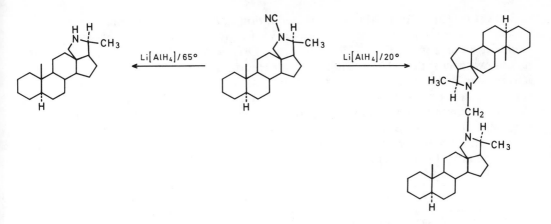

N-Methylen-bis-nor-conanin[1]: Zu einer Lösung von 0,3 g (0,92 mMol) N-Demethyl-N-cyan-conanin in 15 *ml* THF wird unter Stickstoff 0,15 g (4 mMol) Lithiumalanat gegeben. Nach 4 Stdn. bei 20° gießt man die Lösung zu 50 g Kaliumhydroxid in 100 *ml* Eiswasser. Die Extraktion mit Äther liefert ein einheitliches Rohprodukt; Ausbeute: 0,28 g (100% d. Th.); F: 170° (aus Äthanol).

Nor-conanin[1]: Zu einer klaren Lösung von 0,2 g (5,3 mMol) Lithiumalanat in 10 *ml* THF wird unter Stickstoff 0,3 g (0,92 mMol) N-Demethyl-N-cyan-conanin in 3 *ml* THF gegeben. Man erhitzt 1 Stde. unter Rückfluß, kühlt ab, versetzt mit einer Lösung von 25 g Kaliumhydroxid in 50 *ml* Wasser und extrahiert mit Äther. Nach Abdampfen des Lösungsmittels erhält man ein einheitliches farbloses Harz; Ausbeute: 0,28 g (100% d. Th.).

N-Cyan-aziridine werden durch Lithiumalanat zu Aziridinen reduziert[2,3].

Bei der Reduktion von *trans-* und *cis-*(1,2-Dimethyl-cyclohexyl)-cyanamid mit Lithiumalanat werden überraschend als Hauptprodukte *trans-* bzw. *cis-1-Methylamino-1,2-dimethyl-cyclohexan gebildet*[3]:

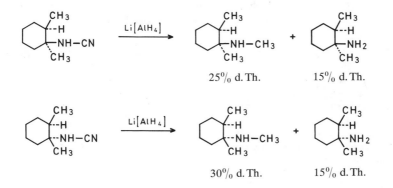

Analoge Reduktionen werden mit Natriumboranat beschrieben[4].

α_5) in Carbonsäure-nitrilen

Carbonsäure-nitrile können durch Hydride zu Aldehyden bzw. Aldiminen oder prim. Aminen reduziert werden. Bei α-Amino-nitrilen gelingt es, die Cyan-Gruppe hydrogenolytisch abzuspalten.

[1] A. PICOT u. X. LUSINCHI, Bl. **1972**, 1097.
[2] K. PONSOLD u. W. IHN, Tetrahedron Letters **1970**, 1125.
[3] A. G. ANASTASSIOU, H. E. SIMMONS u. F. D. MARSH, Am. Soc. **87**, 2296 (1965).
[4] M. SUGIURA u. Y. HAMADA, J. pharm. Soc. Japan **99**, 556 (1979).

Stark nucleophile Hydride sind zur Reduktion unverzweigter aliphatischer Nitrile nur beschränkt geeignet, da sie mit den aciden Wasserstoff-Atomen unter Wasserstoff-Entwicklung reagieren und über die gebildeten Organometall-Verbindungen bzw. Carbanion-Zwischenstufen Dimere liefern[1]. Der Hydrid-Verbrauch (theoretisch ein Äquivalent bei der Reduktion bis zum Aldehyd, zwei Äquivalente bis zum Amin) kann deshalb sehr verschieden sein[2]. Durch Änderung der Reaktionstemperatur, der Zugabe-Methode, des Lösungsmittels, des Reduktionsmittel-Überschusses usw. können z. Tl. eindeutigere Ergebnisse erzielt werden[3]. Lithium[3]- und Natriumalanat[4] sowie komplexe Aluminium-hydride mit Zweitliganden (z. B. Natrium-bis-[2-methoxy-äthoxy]-dihydrido-aluminat[5] bzw. -triäthoxy-hydrido-aluminat[6]) sollten daher nur zur Reduktion aromatischer Nitrile zu Aldehyden verwendet werden.

Der mit komplexen Aluminiumhydriden freigesetzte Wasserstoff läßt meist keine quantitativen Rückschlüsse auf die vorhandenen aktiven Wasserstoff-Atome im Nitril zu[7], da seine Menge auch von den Reaktionsbedingungen und der Methode abhängt. Durch Aldol-Typ-Addition und nachfolgende Reduktion werden als Neben- oder Hauptprodukte 1,3-Diamine gebildet:

$$R-CH_2-C\equiv N \xrightarrow[-H_2]{[AlH_4]^\ominus} R-\overset{\ominus}{C}H-C\equiv N:AlH_3 \xrightarrow{R-CH_2-C\equiv N/[AlH_4]^\ominus/H_2O} \begin{array}{l} R-CH_2-CH-NH_2 \\ \quad\quad\quad\quad | \\ R-CH-CH_2-NH_2 \end{array}$$

Die aus Nitrilen und Lithiumalanat gebildeten Komplexe **entzünden** sich an der Luft[8]. Einige Nitrile sind unter normalen Bedingungen durch Lithiumalanat nicht zu reduzieren[8,9].

Elektrophile Hydride können nur zur Reduktion bis zum Amin eingesetzt werden. Natriumboranat reduziert Nitrile nur in einigen Fällen, Organo-zinnhydride überhaupt nicht, so daß sich ungesättigte Nitrile selektiv hydrostannieren lassen.

$\alpha\alpha_1$) zu Aldehyden

Lithiumalanat reduziert Nitrile mit einem Hydrid-Äquivalent zu Aldiminen, die bei der Aufarbeitung zu den Aldehyden verseift werden[10]:

$$R-C\equiv N \xrightarrow{Li[AlH_4]} R-CH=NH \xrightarrow{H_2O} R-CHO + NH_3$$

[1] L. M. Soffer u. M. Katz, Am. Soc. **78**, 1705 (1956).
  L. M. Soffer, J. Org. Chem. **22**, 998 (1957).
[2] L. H. Amundsen u. L. S. Nelson, Am. Soc. **73**, 242 (1951).
  H. E. Zaugg u. B. W. Horrom, Am. Soc. **75**, 292 (1953).
[3] Eingehende Beschreibung: A. Hajós, *Komplexe Hydride*, S. 180 ff., 300, 338, VEB Deutscher Verlag der Wissenschaften, Berlin 1966.
[4] L. I. Žakharkin, D. N. Maslin u. V. V. Gavrilenko, Izv. Akad. SSSR **1964**, 1511; C. A. **64**, 17463 (1966).
[5] M. Černý et al., Collect. czech. chem. Commun. **34**, 1033 (1969).
[6] G. Hesse u. R. Schrödel, Ang. Ch. **68**, 438 (1956); A. **607**, 24 (1957).
[7] H. E. Zaugg u. B. W. Horrom, Anal. Chem. **20**, 1026 (1948).
  L. M. Soffer u. E. W. Parrotta, Am. Soc. **76**, 3580 (1954).
[8] R. F. Nystrom u. W. G. Brown, Am. Soc. **70**, 3738 (1948).
[9] F. A. Hochstein, Am. Soc. **71**, 305 (1949).
  P. Reynaud u. J. Matti, Bl. **1951**, 612.
[10] M. Yandik u. A. A. Larsen, Am. Soc. **73**, 3534 (1951).
  L. I. Smith u. E. R. Rogier, Am. Soc. **73**, 4047 (1951).
  M. Mousseron et al., Bl. **1952**, 1042.
  H. O. Huisman et al., R. **71**, 899 (1952).
  T. D. Perrine u. E. L. May, J. Org. Chem. **19**, 773 (1954).
  P. H. Gore, Soc. **1959**, 1616.
  W. E. Parham, C. D. Wright u. D. A. Bolon, Am. Soc. **83**, 1751 (1961).
  E. Wenkert et al., Canad. J. Chem. **41**, 1924 (1963).
  M. E. Wolff u. T. Jen, J. Med. Chem. **6**, 726 (1963).
  H. C. Brown u. C. J. Shoaf, Am. Soc. **86**, 1079 (1964).

Tab. 8: Reduktion von Carbonsäure-nitrilen mit Hydriden

Hydrid	Reduktionsprodukte	Literatur
Lithiumalanat	Aldehyd, Amin	[1,2]
Lithium-trimethoxy-hydrido-aluminat	Aldehyd, Amin	[2,3]
Lithium-triäthoxy-hydrido-aluminat	Aldehyd, Amin	[2,4]
Natriumalanat	Aldehyd, Amin	[5,6]
Natrium-triäthoxy-hydrido-aluminat	Aldehyd, Amin	[7]
Natrium-bis-[2-methoxy-äthoxy]-dihydrido-aluminat	aromatisches Amin	[8]
Natrium-tris-[2-dimethylamino-äthoxy]-tetrahydrido-dialuminium	aromatisches Amin	[9]
Natrium-bis-[2-methyl-propyl]-dihydrido-aluminat	Aldehyd, Amin	[10,11]
Magnesiumalanat	Amin	[12]
Natriumboranat	Amin	[13]
Natrium-trithio-dihydrido-borat	Amin, (Thioamid)	[14]
Aluminiumboranat	Amin	[15]
Diboran	Amin	[16]
Bis-[3-methyl-butyl-(2)]-boran	Amin	[17]
2,3-Dimethyl-butyl-(2)-boran	Aldehyd	[18]
9-Bora-bicyclo[3.3.1]nonan	Amin	[19]
Dimethylsulfan-Boran	Amin	[20]
Aluminiumhydrid	Amin	[21]
Bis-[2-methyl-propyl]-aluminiumhydrid	Aldehyd, Amin	[22]
Lithiumalanat/Aluminiumchlorid	Amin	[23]
Natriumboranat/Metallsalz	Amin	[24]
Natriumboranat/Aluminiumchlorid	Amin	[25]
Natriumboranat/Zinn(IV)-chlorid	Amin	[26]
Triäthyl-siliciumhydrid	Aldehyd	[27]

[1] R. R. Nystrom u. W. G. Brown, Am. Soc. **70**, 3738 (1948).
[2] H. C. Brown u. C. J. Shoaf, Am. Soc. **86**, 1079 (1964).
[3] H. C. Brown u. P. M. Weissman, Am. Soc. **87**, 5614 (1965).
[4] H. C. Brown u. C. P. Garg, Am. Soc. **86**, 1085 (1964).
[5] A. E. Finholt et al., Am. Soc. **77**, 4163 (1955).
[6] L. I. Žakharkin, D. N. Maslin u. V. V. Gavrilenko, Izv. Akad. SSSR **1964**, 1511; C. A. **64**, 17 463 (1966).
[7] G. Hesse u. R. Schrödel, A. **607**, 24 (1957).
[8] M. Černý et al., Collect. czech. chem. Commun. **34**, 1033 (1969).
[9] O. Kříž, J. Macháček u. O. Štrouf, Collect. czech. chem. Commun. **38**, 2072 (1973).
[10] L. I. Žakharkin u. I. M. Khorlina, Izv. Akad. SSSR **1964**, 465.
[11] L. I. Žakharkin u. V. V. Gavrilenko, Izv. Akad. SSSR **1960**, 2245.
[12] E. Wiberg u. R. Bauer, Z. Naturf. **7b**, 131 (1952).
[13] S. E. Ellzey, J. S. Wittman u. W. J. Connick, J. Org. Chem. **30**, 3945 (1965).
[14] J. M. Lalancette u. J. R. Brindle, Canad. J. Chem. **49**, 2990 (1971).
[15] J. Kollonitsch u. O. Fuchs, Nature **176**, 1081 (1955).
[16] H. C. Brown, P. Heim u. N. M. Yoon, Am. Soc. **92**, 1637 (1970).
[17] H. C. Brown et al., Am. Soc. **92**, 7161 (1970).
[18] H. C. Brown, P. Heim u. N. M. Yoon, J. Org. Chem. **37**, 2942 (1972).
[19] H. C. Brown, S. Krishnamurthy u. N. M. Yoon, J. Org. Chem. **41**, 1778 (1976).
[20] L. M. Braun et al., J. Org. Chem. **36**, 2388 (1971).
[21] N. M. Yoon u. H. C. Brown, Am. Soc. **90**, 2927 (1968).
[22] K. Ziegler, K. Schneider u. J. Schneider, A. **623**, 9 (1959).
[23] R. F. Nystrom, Am. Soc. **77**, 2544 (1955).
[24] B. C. Subba Rao u. G. P. Thakar, J. sci. Ind. Research (India) **20B**, 317 (1961).
[25] H. C. Brown u. B. C. Subba Rao, Am Soc. **78**, 2582 (1956).
[26] S. Kano, Y. Yuasa u. S. Shibuya, Chem. Commun. **1979**, 796.
[27] J. L. Fry, Chem. Commun. **1974**, 45.

Als Nebenprodukte werden prim. Amine[1], Imine[1,2] und sek. Amine[3] isoliert:

$$R-C{\equiv}N \longrightarrow R-CH{=}NH \begin{array}{c} \longrightarrow R-CH_2-NH_2 \longrightarrow \\ \\ \longrightarrow R-CHO \longrightarrow \end{array} \longrightarrow R-CH{=}N-CH_2-R \longrightarrow R-CH_2-NH-CH_2-R$$

Da die Imin-Stufe i. a. rasch zum Amin weiterreduziert wird, ist das Imin nur dann Endstufe der Reduktion, wenn entsprechende stereochemische oder elektronische Voraussetzungen gegeben sind.

So werden z. B. die aromatischen Aldehyd-imine durch den aromatischen Substituenten stabilisiert und zugleich auch deren Bildung erleichtert[4]. Die Umsetzung wird in der Kälte, durch inverse Zugabe der theoretischen Menge Lithiumalanat in Diäthyläther oder Tetrahydrofuran durchgeführt. Sterisch stark behinderte Nitrile werden bei Rückflußtemperatur auch mit einem großen Reduktionsmittel-Überschuß nur bis zum Aldimin reduziert[1]. Aromatische Nitrile ergeben bei 0° gute Ausbeuten an Imin. Bei der Reduktion von Trifluor-acetonitril wird der Aldimin-Komplex durch den starken −I-Effekt der Fluor-Atome stabilisiert[5]:

$$F_3C-CN \xrightarrow[\text{2. } H_2O]{\text{1. } Li[AlH_4]} F_3C-CH(OH)_2 \xrightarrow{P_2O_5} F_3C-CHO$$

Trifluor-acetaldehyd[5]: Zu 22 g (0,23 Mol) frisch destilliertem Trifluor-acetonitril, das mit Trockeneis/Aceton auf −78° gekühlt wird, tropft man unter kräftigem Rühren in trockener Stickstoff-Atmosphäre eine Lösung von 2,3 g (0,06 Mol) Lithiumalanat in 70 ml abs. Diäthyläther. Die Mischung wird vorsichtig auf 20° erwärmt, mit Wasser und bis zur Lösung des Niederschlages mit konz. Salzsäure versetzt, 48 Stdn. mit Diäthyläther kontinuierlich extrahiert, die Äther-Lösung eingeengt, der Rückstand in 15 g Phosphor(V)-oxid getropft, erhitzt und destilliert; Ausbeute: 10,5 g (46% d. Th.); F: 150–151° (Phenylhydrazon).

Natriumalanat, selektiver als Lithiumalanat, kann in Tetrahydrofuran bei 0° vorteilhaft nur zur Reduktion aromatischer Nitrile zu Aldehyden eingesetzt werden[6,7].

1-Formyl-naphthalin[7]: Eine Lösung von 1,3 g (0,024 Mol) Natriumalanat in 18 ml abs. THF wird unter Rühren innerhalb 1 Stde. bei 0° unter Stickstoff zu 12,5 g (0,082 Mol) 1-Cyan-naphthalin in 25 ml abs. THF getropft. Man rührt 1,5 Stdn. bei 20°, versetzt unter Eiskühlung mit 25 ml ges. Natriumhydrogensulfit-Lösung, rührt weitere 3 Stdn., filtriert und wäscht den Niederschlag mit Äthanol und Diäthyläther. Der Aldehyd wird aus der Hydrogensulfit-Verbindung durch verd. Schwefelsäure freigelegt, mit Diäthyläther ausgeschüttelt, der Auszug mit Natriumsulfat getrocknet, eingeengt und destilliert; Ausbeute: 8,5 g (68% d. Th.); Kp$_{10}$: 146–148°.

Auf ähnliche Weise erhält man aus 2-Chlor-benzonitril 65% d. Th. *2-Chlor-benzaldehyd* (Kp: 211–212°).

Natrium-triäthoxy-hydrido-aluminat[8,9] reduziert praktisch nur aromatische, das entsprechende Lithium-Derivat[4,10] (das Lithium-Kation koordiniert mit dem Ald-

---

[1] C. D. Gutsche u. H. E. Johnson, Am. Soc. **76**, 1776 (1954).
  W. Nagata et al., A. **641**, 196 (1961).
  W. Nagata, Tetrahedron **13**, 287 (1961).
[2] L. M. Soffer u. M. Katz, Am. Soc. **78**, 1705 (1956).
[3] A. Dornow u. K. J. Fust, B. **87**, 985 (1954).
[4] H. C. Brown u. C. P. Garg, Am. Soc. **86**, 1085 (1964).
[3] A. L. Henne, R. L. Pelley u. R. M. Alm, Am. Soc. **72**, 3370 (1950).
[6] A. E. Finholt et al., Am. Soc. **77**, 4163 (1955).
[7] L. I. Žakharkin, D. N. Maslin u. V. V. Gavrilenko, Izv. Akad. SSSR **1964**, 1511; C. A. **64**, 17463 (1966).
[8] G. Hesse u. R. Schrödel, Ang. Ch. **68**, 438 (1956); Transactions of the Bose Research Institute Calcutta **22**, 127 (1958); C.A. **54**, 22311 (1960).
[9] G. Hesse u. R. Schrödel, A. **607**, 24 (1957).
[10] H. C. Brown, C. J. Shoaf u. C. P. Garg, Tetrahedron Letters **1959**, Nr. 3, 9.

imin-Stickstoff und schützt den Aldimin-Komplex vor einer weiteren Reduktion) auch in Diäthyläther aliphatische Nitrile zu Aldehyden.

4-Chlor-benzaldehyd[1]: 5 g (37 mMol) 4-Chlor-benzonitril werden unter Rühren mit 45 *ml* einer Lösung von 14 g (75 mMol) Natrium-triäthoxy-hydrido-aluminat in THF versetzt. Der Ansatz erwärmt sich auf 40° und nimmt sofort eine tiefrote Farbe an. Unter Durchleiten von reinem Stickstoff erhitzt man 45 Min. zum Sieden, kühlt ab und gießt in eiskalte, verd. Schwefelsäure. Der Bodensatz wird abfiltriert und 2mal mit Methanol ausgekocht. Die Auszüge werden mit dem Filtrat vereinigt und i.Vak. vom Lösungsmittel befreit. Durch Ausäthern erhält man ein gelbes Öl, das bald erstarrt und 2mal aus wäßr. Methanol umkristallisiert wird; Ausbeute: 3,4 g. (66% d.Th.); F: 45–46°.

Auf analoge Weise wird *4-Methyl-benzaldehyd* (72,5% d. Th.; Kp: 200–202°) erhalten.

2,2-Dimethyl-propanal[2]: Zu einer Lösung von 11,4 g (0,3 Mol) Lithiumalanat in 300 *ml* abs. Diäthyläther werden unter Rühren unter Stickstoff innerhalb 75 Min. bei 3–7° 39,5 g (0,45 Mol) Essigsäure-äthylester getropft. Man rührt 30 Min., versetzt innerhalb 5 Min. mit 24,9 g (0,3 Mol) 2,2-Dimethyl-propansäure-nitril, wobei die Innentemp. auf 10° steigt. Man rührt 1 Stde. bei 0° und gibt vorsichtig 300 *ml* 5 n Schwefelsäure zu. Die Äther-Schicht wird abgetrennt und die wäßr. Schicht 3mal mit je 50 *ml* Diäthyläther ausgeschüttelt. Die Äther-Lösung wird zum Entfernen von Äthanol mit ges. Natriumhydrogencarbonat-Lösung und 8mal mit je 30 *ml* kaltem Wasser gewaschen. Man trocknet den Auszug mit Natriumsulfat und fraktioniert durch eine Kolonne; Ausbeute: 25,8 g (74% d.Th.); Kp_{747}: 70–72,5°.

Entsprechend erhält man z. B. aus

Cyan-cyclohexan	→ *Formyl-cyclohexan*[2]; 71% d.Th.; Kp_{23-24}: 63–66°
8-Chlor-5-methoxy-4,4-äthylendioxy-2-cyan-methyl-tetralin	→ *8-Chlor-5-methoxy-4,4-äthylendioxy-2-formyl-methyl-tetralin*[3]; 64% d.Th.; F: 112–115°
3,3-Äthylendioxy-5α-cyan-cholestan	→ *3,3-Äthylendioxy-5α-formyl-cholestan*[4]; 42% d.Th. F: 115–117°
4-Chlor-benzonitril[2,5]	→ *4-Chlor-benzaldehyd;* 83,5% d.Th.; F: 47–47,5°
3-Methyl-5-cyan-1,2-thiazol[6]	→ *3-Methyl-5-formyl-1,2-thiazol;* 23% d.Th.; Kp_{20}: 105–107°

Bis-[2-methyl-propyl]-aluminiumhydrid ist infolge seines großen effektiven Raumbedarfes ebenfalls zur Reduktion aliphatischer (sowie aromatischer) Nitrile zu Aldehyden geeignet[7,8].

Die Reaktion wird durch inverse Zugabe des Hydrids in kleinem Überschuß zur Äther- oder Kohlenwasserstoff-Lösung aliphatischer Nitrile bei 15–20°, aromatischer bei 25–50° durchgeführt. Im ersten Fall liegen die Ausbeuten bei ~50–85% d.Th., bei Nitrilen der Benzol- und Naphthalin-Reihe erreicht man ~90% d.Th., bei heteroaromatischen Nitrilen liegen sie niedriger.

3,4-Diformyl-furan[9]: Unter Rühren werden zu einer Lösung von 6 g (51 mMol) 3,4-Dicyan-furan in 150 *ml* abs. Benzol unter Stickstoff 21 *ml* (114 mMol) Bis-[2-methyl-propyl]-aluminiumhydrid getropft. Die Mischung erwärmt sich auf 50°. Man rührt 2 Stdn. bei 20° und versetzt vorsichtig mit Methanol, Eiswasser und verd. Schwefelsäure bis zur Auflösung des Niederschlages. Die wäßr. Phase wird 4mal mit je 200 *ml* Diäthyläther extrahiert,

---

[1] G. Hesse u. R. Schrödel, A. **607**, 24 (1957).

[2] H. C. Brown, C. J. Shoaf u. C. P. Garg, Tetrahedron Letters **1959**, Nr. 3, 9.

[3] H. Muxfeldt, W. Rogalski u. K. Striegler, Ang. Ch. **72**, 170 (1960).
  H. Muxfeldt, E. Jacobs u. K. Uhlig, B. **95**, 2901 (1962).

[4] W. Nagata et al., A. **641**, 196 (1961).

[5] Mit Lithium-trimethoxy-hydrido-aluminat als Reduktionsmittel.

[6] D. Buttimore et al., Soc. **1963**, 2032.

[7] L. I. Sacharkin u. I. M. Chorlina, Doklady Akad. SSSR **116**, 422 (1957).

[8] P. Pastour, P. Savalle u. P. Eymery, C.r. **260**, 6130 (1965).
  M. P. L. Caton, E. C. J. Coffee u. G. L. Watkins, Tetrahedron Letters **1974**, 585.
  J. A. Marshall, N. H. Andersen u. P. C. Johnson, J. Org. Chem. **35**, 186 (1970).
  J. A. Marshall, N. H. Andersen u. J. W. Schlicher, J. Org. Chem. **35**, 858 (1970).

[9] S. Trofimenko, J. Org. Chem. **29**, 3046 (1964).

der Auszug mit der Benzol-Lösung vereinigt, mit Magnesiumsulfat getrocknet, eingedampft und der Rückstand aus Tetrachlormethan umkristallisiert; Ausbeute: 3,5 g (56% d. Th.); F: 76–78°.

Auf gleiche Weise erhält man u. a. aus:

Hexansäure-nitril	→ *Hexanal*[1]; 87% d. Th.; F: 104° (2,4-Dinitro-phenylhydrazon)
6,6-Dichlor-hexen-(5)-säure-nitril	→ *6,6-Dichlor-hexen-(5)-al*[1]; 48% d. Th.; Kp$_4$: 82°
Vitamin-A-säure-nitril	→ *Vitamin-A-aldehyd (Retinal)*[2]; 47% d. Th.; F: 56–57°
1-Cyan-naphthalin	→ *1-Formyl-naphthalin*[1]; 87% d. Th.; F: 98° (Oxim)
3,4-Dicyan-thiophen	→ *3,4-Diformyl-thiophen*[1]; 23% d. Th.; F: 78–80°

Zur Arbeitsvorschrift zur Herstellung von *Butanal* mittels Diisobutyl-aluminiumhydrid in Äther s. Bd. XIII/4, S. 221.

Ist bei Cyanhydrinen die Hydroxy-Gruppe als Acetal geschützt so ist es möglich mit Natrium-bis-[2-methoxy-äthoxy]-dihydrido-aluminat selektiv die 2-Hydroxy-aldehyde zu erhalten[3]:

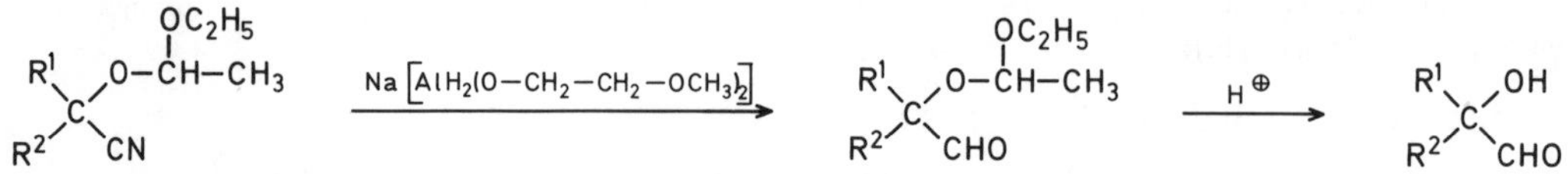

$\alpha\alpha_2$) zu Aminen

i$_1$) von Mono- und Dinitrilen

Carbonsäure-nitrile verbrauchen theoretisch zur Reduktion mit Lithiumalanat zum primären Amin zwei Hydrid-Äquivalente[4], in der Praxis werden jedoch mindestens vier Hydrid-Äquivalente eingesetzt[4,5], da infolge Bildung eines linearen Hydrid-haltigen Polymeren lediglich die Hälfte des vorliegenden Hydrids ausgenützt werden kann[6]:

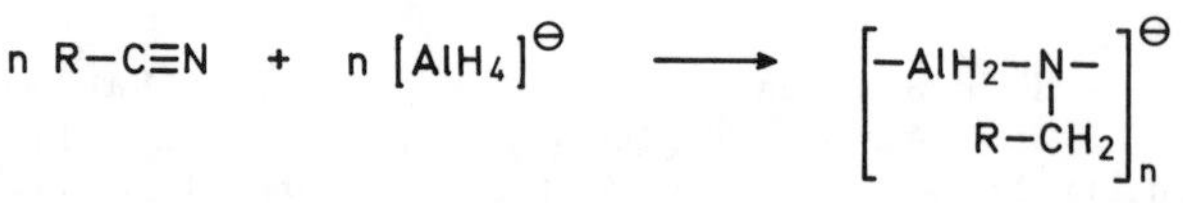

Aliphatische Nitrile mit einem α–H-Atom entwickeln zusätzlich Wasserstoff (s. a. S. 106), so daß auch hier zwei Mol-Äquivalente Lithiumalanat verwendet werden sollten[7].

---

[1] L. I. Žakharkin u. I. M. Khorlina, Doklady Akad. SSSR **116**, 422 (1957); C.A. **52**, 8040 (1958).
[2] A. E. G. Miller, J. W. Biss u. L. H. Schwartzman, J. Org. Chem. **24**, 627 (1959).
[3] M. Schlosser u. Z. Brich, Helv. **61**, 1903 (1978).
[4] R. F. Nystrom u. W. G. Brown, Am. Soc. **70**, 3738 (1948).
[5] L. H. Amundsen u. L. S. Nelson, Am. Soc. **73**, 242 (1951).
[6] H. C. Brown u. C. P. Garg, Am. Soc. **86**, 1085 (1964).
[7] H. E. Zaugg u. B. W. Horrom, Am. Soc. **75**, 292 (1953).
   A. W. Fort u. J. D. Roberts, Am. Soc. **78**, 584 (1956).
   C. R. Hauser u. D. N. van Eenam, Am. Soc. **79**, 5520 (1957).
   E. F. Elslager, E. A. Weinstein u. D. F. Worth, J. Med. Chem. **7**, 493 (1964).
   M. Frankel et al., Soc. [C] **1966**, 379.

Die Reduktion wird meist in Diäthyläther oder Tetrahydrofuran durchgeführt. Ihr wichtigster Anwendungsbereich ist die Reduktion aromatischer und heteroaromatischer Nitrile[1].

Tryptamin[2]:

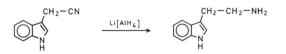

Zu 20 g (0,53 Mol) Lithiumalanat in 900 *ml* abs. Diäthyläther wird unter Rühren und Eiskühlung bei 15° in trockener Stickstoff-Atmosphäre eine Lösung von 35,9 g (0,23 Mol) Indolyl-(3)-acetonitril in 250 *ml*. abs. Diäthyläther eingetropft. Man kocht 2 Stdn. unter Rückfluß, versetzt unter guter Kühlung mit 60 *ml* Wasser, filtriert den Niederschlag, wäscht mit Diäthyläther und Äthanol und engt die Äthanol-Lösung separat ein. Der Rückstand wird mit der Äther-Lösung vereinigt, die man danach mit 0,5 n Salzsäure ausschüttelt. Der saure Auszug wird mit 2 n Natronlauge alkalisch gestellt, mit Diäthyläther extrahiert, das Solvens getrocknet, unter Stickstoff i. Vak. abgedampft und der Rückstand destilliert; Ausbeute: 25,70 g (70% d. Th.); $Kp_{0,01-0,02}$: 121°.

Analog erhält man *5-Benzyloxy-3-(2-amino-äthyl)-indol* als Oxalat[3] (81% d.Th.; F: 162°, Zers.) bzw. *5-Benzyloxy-3-(2-amino-äthyl)-indazol-Bis-hydrochlorid*[4] (30% d. Th.; F: 265°).

Weitere Arbeitsvorschriften s. ds. Handb., Bd. XI/1, S. 550ff.

Bei der Reduktion aliphatischer Nitrile in Bis-[2-äthoxy-äthyl]-äther mit einem Mol-Äquivalent Lithiumalanat oder Lithium-tetradeuterido-aluminat bei 100° werden meist befriedigende Ausbeuten an Amin erhalten. Die Zersetzung des Komplexes wird mit 2-Butyloxy-äthanol vorgenommen. Die ähnlich wie bei Carbonsäuren ablaufende Reaktion (s. S. 150) dient hauptsächlich zur Herstellung markierter primärer Amine[5]; z. B.:

1. mit Lithiumalanat:

H_3C-CD_2-CN	→ *1-Amino-2,2-dideutero-propan*	55% d. Th.
D_3C-CH_2-CN	→ *3-Amino-1,1,1-trideutero-propan*	50% d. Th.
$H_3C-CH_2-CD_2-CN$	→ *1-Amino-2,2-dideutero-butan*	86% d. Th.
$D_3C-CH_2-CH_2-CN$	→ *4-Amino-1,1,1-trideutero-butan*	82% d. Th.
1-Cyan-cyclopropan	→ *1-Aminomethyl-cyclopropan*	75% d. Th.

2. mit Lithium-tetradeuterido-aluminat:

$(H_3C)_2CH-CN$	→ *1-Amino-2-methyl-1,1-dideutero-propan*	83% d. Th.
$H_3C-CH_2-CH_2-CN$	→ *1-Amino-1,1-dideutero-butan*	67% d. Th.

Dinitrile können mit Lithiumalanat selektiv zu Amino-nitrilen reduziert werden; z. B.[6]:

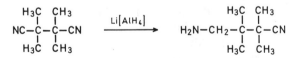

4-Amino-2,2,3,3-tetramethyl-butansäure-nitril; 60% d. Th.

[1] W. Herz, Am. Soc. **73**, 351 (1951).
 V. Boekelheide et al., Am. Soc. **75**, 3243 (1953).
 M. W. Bullock, J. J. Hand u. E. L. R. Stockstad, Am. Soc. **78**, 3693 (1956).
[2] S. De Groot u. J. Strating, R. **80**, 121 (1961).
[3] C. D. Nenitzescu u. D. Raileanu, B. **91**, 1141 (1958).
[4] C. Ainsworth, Am. Soc. **79**, 5245 (1957).
[5] L. Friedman u. A. T. Jurewicz, J. Org. Chem. **33**, 1254 (1968).
[6] A. Dornow u. K. J. Fust, B. **90**, 1769 (1957).

Bei entsprechender Kettenlänge werden dagegen cyclische Amidine erhalten; z.B.:

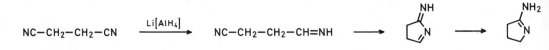

2-Amino-4,5-dihydro-3H-pyrrol[1]: Zu einer Suspension von 26 g (0,72 Mol) Lithiumalanat in 1,6 l Diäthyläther/THF (6:1) wird eine Lösung von 26 g (0,325 Mol) Bernsteinsäure-dinitril in 250 ml Diäthyläther/THF (4:1) unter Stickstoff getropft. Nach 2stdg. Rühren bei 20° wird das Gemisch nacheinander mit 25 ml Wasser, 25 ml 20%iger Natriumhydroxid-Lösung und 75 ml Wasser versetzt und die filtrierte Lösung mit Kaliumcarbonat getrocknet. Man engt ein, saugt das Rohprodukt ab und reinigt es durch Vakuum-Destillation; Ausbeute: 8 g (30% d. Th.); Kp$_{0,1}$: 65°; F: 77–79°.

Analog erhält man aus Phthalsäure-dinitril *3-Amino-1H-isoindol* (45% d. Th.; Kp$_1$: 125°; F: 110–112°).

Bei längerkettigen Dinitrilen sind die Ausbeuten schlechter.

Malonsäure-dinitrile und deren Monosubstitutions-Produkte werden zu 3-Imino-propansäure-nitrilen reduziert, die sich zu *3-Amino-acrylnitrilen* isomerisieren. So erhält man z.B. aus Malonsäure-dinitril selbst 40% d. Th. *cis-* und *trans-3-Amino-acrylnitril* neben 7% d. Th. *2-Amino-3-cyan-pyridin* (bei langer Reaktionsdauer und Lithiumalanat-Überschuß auch 2% d. Th. *3-Cyan-pyridin*)[1]:

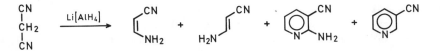

Natriumalanat reduziert auch aliphatische Nitrile in Kohlenwasserstoff-Suspension mit guten Ausbeuten zu primären Aminen.

Pentylamin[2]: Zu einer Suspension von 2,8 g (0,052 Mol) Natriumalanat in 40 ml abs. Xylol werden unter Stickstoff 6,5 g (0,0785 Mol) Pentansäure-nitril gegeben. Man rührt 3 Stdn. unter Rückfluß, kühlt ab, zersetzt mit 10%iger Salzsäure, wäscht die wäßr. Phase mit Diäthyläther und stellt mit Natriumhydroxid-Lösung alkalisch. Das Amin wird mit Diäthyläther extrahiert, getrocknet, eingeengt und destilliert; Ausbeute: 5,1 g (75% d. Th.); Kp: 103–104°.

Analog erhält man aus 4-Methyl-benzoesäure-nitril *4-Methyl-benzylamin* (63% d. Th.).

Bis-[2-methyl-propyl]-aluminiumhydrid und Tris-[2-methyl-propyl]-aluminium reduzieren Nitrile zu primären Aminen[3,4] (z.B. *Benzylamin* s. Bd. XIII/4, S. 221), Dinitrile zu 1,ω-Diamino-alkanen (z.B. *1,12-Diamino-dodecan* s. Lit.[3]).

Mit dem weniger basischen Lithiumalanat/Aluminiumchlorid werden in der Regel bessere Ausbeuten an Amin erzielt, da die aciden α-Wasserstoff-Atome kaum angegriffen werden (geringe Wasserstoff-Entwicklung)[5,6]. Disubstituierte α-Cyan-acetamide, die durch Lithiumalanat eine partielle Abspaltung der Cyan-Gruppe erleiden (s.a.S. 120) liefern die entsprechenden Diamine zu 50–80% d. Th.[7]:

[1] H. U. SIEVEKING u. W. LÜTTKE, Ang. Ch. **81**, 432 (1969).
[2] L. I. ŽAKHARKIN, D. N. MASLIN u. V. V. GAVRILENKO, Izv. Akad. SSSR **1964**, 561; C. A. **60**, 15 758 (1964).
[3] K. ZIEGLER, K. SCHNEIDER u. J. SCHNEIDER, A. **623**, 9 (1959).
[4] L. I. ŽAKHARKIN u. I. M. KHORLINA, Izv. Akad. SSSR **1959**, 550; engl: 523; C.A. **53**, 21 734 (1959).
[5] R. F. NYSTROM, Am. Soc. **77**, 2544 (1955).
[6] G. LE NY u. Z. WELVART, C.r. **245**, 434 (1957).
   H. KOMRSOVÁ u. J. FARKAŠ, Collect. czech. chem. Commun. **23**, 1121 (1958).
   S. L. SHAPIRO, V. A. PARRINO u. L. FREEDMAN, Am. Soc. **81**, 3728 (1959).
   N. A. NELSON u. R. S. P. HSI, J. Org. Chem. **26**, 3086 (1961).
[7] G. S. SKINNER, R. H. HALL u. P. V. SUSI, Am. Soc. **79**, 3786 (1957).

$$R^1\!\!-\!\!C(\!-\!CN)(\!-\!CO\!-\!NH_2)\!-\!R^2 \xrightarrow{\text{Li}[\text{AlH}_4]\,/\text{AlCl}_3} R^1\!\!-\!\!C(\!-\!CH_2\!-\!NH_2)(\!-\!CH_2\!-\!NH_2)\!-\!R^2$$

2,2-Disubstituierte 1,3-Diamino-propane; allgemeine Herstellungsvorschrift[1]: Unter Rühren wird zu einer Lösung von 20 g (0,528 Mol) Lithiumalanat in 150 *ml* abs. Diäthyläther unter trockenem Stickstoff eine Lösung von 70,5 g (0,528 Mol) Aluminiumchlorid in 350 *ml* abs. Diäthyläther eingetropft. Man rührt 5 Min. und versetzt mit einer Lösung von 0,1 Mol disubstituiertem α-Cyan-acetamid in 150 *ml* abs. Diäthyläther/60 *ml* abs. THF. Man kocht 18–24 Stdn. unter Rückfluß, versetzt unter Kühlung tropfenweise mit 20 *ml* Wasser, 700 *ml* 6 n Salzsäure und 500 *ml* Wasser und läßt über Nacht stehen. Die Äther-Phase wird abgetrennt und die wäßr. Phase 4 mal mit je 100 *ml* Diäthyläther extrahiert. Man versetzt die wäßr. Schicht mit 380 g Kaliumtartrat und danach mit soviel festem Natriumhydroxid, bis sich der Niederschlag aufgelöst hat. Die alkalische Lösung wird 6 mal mit je 200 *ml* Diäthyläther ausgeschüttelt, der Auszug mit Natriumsulfat getrocknet, eingeengt und destilliert.

U. a. werden so erhalten

CN | R^1—C—CO—NH$_2$ | R^2		Diamin	Ausbeute [% d. Th.]	Kp	
R^1	R^2			[°C]	[Torr]
CH$_3$	CH(CH$_3$)$_2$	*1-Amino-2,3-dimethyl-2-aminomethyl- butan*	51	90–92	13
C$_2$H$_5$	C$_2$H$_5$	*3,3-Bis-[aminomethyl]-pentan*	77	88–89	16
CH$_3$	C$_6$H$_5$	*1,3-Diamino-2-methyl-2-phenyl-propan*	80	108–109	0,75
C$_2$H$_5$	C$_6$H$_5$	*1-Amino-2-aminomethyl-2-phenyl-butan*	74	113–114	0,65

Auch Phenyl- und Diphenyl-acetonitril werden vorteilhaft mit Lithiumalanat/Aluminiumchlorid[2] (s. ds. Handb., Bd. XI/1, S. 551) oder Aluminiumhydrid reduziert[3,4]. Letzteres wird besonders in Tetrahydrofuran bei 0° zur selektiven Reduktion ungesättigter Nitrile eingesetzt.

2,2-Diphenyl-äthylamin[4]: Zu einer mit Eis gekühlten Lösung von 10,65 g (0,266 Mol) 95%igem Lithiumalanat in 500 *ml* abs. THF werden unter Rühren und unter Stickstoff innerhalb 15 Min. 13,03 g (7,1 *ml*) 100%ige Schwefelsäure getropft. Man rührt 1 Stde. und versetzt dann innerhalb 30 Min. mit einer Lösung von 38,64 g (0,2 Mol) Diphenyl-acetonitril in 50 *ml* abs. THF. Es werden 5,6 mMol (2,8% d. Th.) Wasserstoff entwickelt. Man rührt 30 Min., zersetzt mit 50 *ml* THF/Wasser (1:1) und mit der Lösung von 15 g Natriumhydroxid in 150 *ml* Wasser. Die THF-Lösung wird dekantiert und die zurückgebliebene Masse 2 mal mit je 100 *ml* Diäthyläther extrahiert. Die vereinigten Solventien werden mit Kaliumcarbonat getrocknet und eingedampft; Ausbeute: 32,55 g (82% d. Th.); F: 43–44,5°.

Mit Lithiumalanat/Aluminiumchlorid werden 91% d. Th. erhalten[2].

Das Reduktionssystem Lithiumalanat/Aluminiumchlorid (3:1) in Diäthyläther, worin ebenfalls Aluminiumhydrid das wirkende Agens ist (s. S. 9), ergibt meist geringere Ausbeuten als Aluminiumhydrid in THF.

Diboran reduziert Nitrile schneller als Epoxide und Carbonsäure-ester, aber langsamer als Ketone, Olefine und Carbonsäuren, so daß selektive Reduktionen möglich sind (s. S. 48). Da aus Nitrilen mit Diboran die stabilen N,N,N-Trialkyl-borazole gebildet

[1] G. S. Skinner, R. H. Hall u. P. V. Susi, Am. Soc. **79**, 3786 (1957).

[2] R. F. Nystrom, Am. Soc. **77**, 2544 (1955).

[3] M. Ferles, Z. **6**, 224 (1966).

[4] N. M. Yoon u. H. C. Brown, Am. Soc. **90**, 2927 (1968).

werden, wird das Reaktionsgemisch mit konzentrierter Salzsäure oder durch Einleiten von Chlorwasserstoff aufgearbeitet[1,2]:

$$3\ R\!-\!CN\ +\ 3\ BH_3\ \longrightarrow\ \underset{\substack{\\ \text{(Ringsystem)}}}{} \xrightarrow[-3\ H_2]{9\ H_2O}\ 3\ R\!-\!CH_2\!-\!NH_2\ +\ 3\ B(OH)_3$$

Diboran kann besonders dann zur Reduktion von Nitrilen mit Erfolg eingesetzt werden, wenn Lithiumalanat und auch Lithiumalanat/Aluminiumchlorid nicht die gewünschten Resultate zeigen. Aus tert.-Butyl-malonsäure-dinitril erhält man z.B. nur durch Reduktion mit Diboran *1-Amino-3,3-dimethyl-2-aminomethyl-butan* (36–48% d. Th.)[2].

Die Cyan-Gruppe wird durch Alkalimetallboranate bei 20° meist nicht angegriffen[3-5]. Mit Lithium-tri-tert.-butyloxy-hydrido-aluminat[4] und Lithiumalanat[5] kann die Oxo-Gruppe selektiv neben der Cyan-Gruppe reduziert werden.

Natriumboranat in Bis-[2-methoxy-äthyl]-äther reduziert normalerweise nur durch elektronenanziehende Substituenten aktivierte Nitrile[6] (weiteres s. S. 116f.). Da Natriumboranat in alkoholischer Lösung die Bildung von hauptsächlich aromatischen bzw. heteroaromatischen Imidsäure-estern katalysiert[7], wird angenommen, daß die Reduktion von Nitrilen zu prim. Aminen über eine solche Zwischenstufe abläuft (vgl. a. S. 349 ff.)[8,9]:

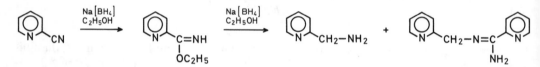

2-Aminomethyl-pyridin bzw. Pyridin-2-carbonsäure-[pyridyl-(2)-methylimid]-amid[9]:
Pyridin-2-carbonsäure-äthylester-imid[9]: Eine Lösung von 6 g (58 mMol) 2-Cyan-pyridin und 2,9 g (76 mMol) Natriumboranat in 50 *ml* Äthanol wird 30 Min. unter Rückfluß erhitzt, abgekühlt, das Äthanol unter Stickstoff i. Vak. entfernt und der Rückstand mit Wasser versetzt. Man extrahiert mit Diäthyläther, wäscht die Äther-Lösung mit ges. Natriumchlorid-Lösung, trocknet über Natriumsulfat, engt ein und destilliert; Ausbeute: 3,4 g (40% d. Th.); Kp$_{16}$: 98–100°.
2-Aminomethyl-pyridin und Pyridin-2-carbonsäure-[pyridyl-(2)-methylimid]-amid[9]: 1,5 g (10 mMol) Pyridin-2-carbonsäure-äthylester-imid und 1,9 g (50 mMol) Natriumboranat werden in 30 *ml*

[1] H. J. EMELEUS u. K. WADE, Soc. **1960**, 2614.
   H. C. BROWN u. B. C. SUBBA RAO, Am. Soc. **82**, 681 (1960).
   H. C. BROWN u. W. KORYTNYK, Am. Soc. **82**, 3866 (1960).
   H. C. BROWN, P. HEIM u. N. M. YOON, Am. Soc. **92**, 1637 (1970).
   F. J. MARSHALL, R. E. McMAHON u. W. B. LACEFIELD, J. Labelled Compounds **8**, 461 (1972).
[2] R. O. HUTCHINS u. B. E. MARYANOFF, Org. Synth. **53**, 22 (1973).
[3] H. M. KISSMAN, A. S. HOFFMAN u. M. J. WEISS, J. Org. Chem. **27**, 3168 (1962).
   C. BAERD u. A. BURGER, J. Org. Chem. **27**, 1647 (1962).
   F. UCHIMURU, Chem. Pharm. Bull. (Tokyo) **9**, 304 (1961).
   C. H. EUGSTER, L. LEICHNER u. E. JENNY, Helv. **46**, 543 (1963).
   A. ASAI, J. pharm. Soc. Japan **83**, 471 (1963).
   J. BLAKE, C. D. WILLSON u. H. RAPOPORT, Am. Soc. **86**, 5293 (1964).
   R. E. SCHAUB, H. M. KISSMAN u. M. J. WEISS, J. Org. Chem. **29**, 2775 (1964).
   E. E. SMISSMAN, J. F. MUREN u. N. A. DAHLE, J. Org. Chem. **29**, 3517 (1964).
[4] M. JULIA u. A. ROUAULT, Bl. **1959**, 1833.
[5] F. C. UHLE u. L. S. HARRIS, Am. Soc. **79**, 102 (1957).
[6] J. A. MESCHINO u. C. H. BOND, J. Org. Chem. **28**, 3129 (1963).
[7] H. WATANABE, Y. KIKUGAWA u. S. YAMADA, Chem. Pharm. Bull. (Tokyo) **21**, 465 (1973).
[8] S. YAMADA u. Y. KIKUGAWA, Chem. & Ind. **1967**, 1325.
   Y. KIKUGAWA et al., Chem. Pharm. Bull (Tokyo) **21**, 1914 (1973).
[9] Y. KIKUGAWA et al., Chem. Pharm. Bull. (Tokyo) **21**, 1927 (1973).

Äthanol gelöst und 4 Stdn. unter Rückfluß erhitzt. Man dampft unter Stickstoff i.Vak. ein, zersetzt mit Wasser und extrahiert die obere Schicht mit Diäthyläther. Die Äther-Lösung wird mit ges. Natriumchlorid-Lösung gewaschen, über Natriumsulfat getrocknet und eingedampft. Man saugt das kristalline Amidin ab und wäscht es mit kaltem Benzol. Ausbeute: 0,23 g (20% d. Th.); F: 126–127° (aus Benzol/Hexan). Die Mutterlauge wird eingeengt, das Amin unter Stickstoff i. Vak. destilliert; Ausbeute: 0,33 g (31% d. Th.); Kp_{17}: 85°.

2- bzw. 4-Cyan-pyridin ergeben mit Natriumboranat in siedendem Äthanol 43 bzw. 53% d. Th. *2-* und *4-Aminomethyl-pyridin*.

In protonenfreien Lösungsmitteln werden dagegen z.B. aus 2-Cyan-pyridin in siedendem Pyridin 10% d. Th., in Bis-[2-methoxy-äthyl]-äther bei 100° 20% d. Th. *2,4,5-Tris-[pyridyl-(2)]-imidazol* erhalten[1]:

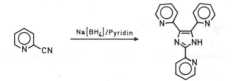

Die Reduktion von Nitrilen zu prim. Aminen mit Natrium- oder Kaliumboranat wird durch Übergangsmetall-Salze katalysiert[2–4]. Zur Reduktion wird allerdings sehr viel Hydrid verbraucht. Aus Benzonitril erhält man z.B. in Gegenwart von Kobalt(II)-chlorid-Hexakis-hydrat 72% d. Th. *Benzylamin*[5].

Benzylamin[5]: 5 g (0,05 Mol) Benzonitril und 23,8 g (0,1 Mol) Kobalt(II)-chlorid-Hexakis-hydrat werden in 300 *ml* 99%igem Methanol gelöst. Unter Rühren werden bei 20° in kleinen Portionen 19 g (0,5 Mol) Natriumboranat zugegeben. Es bildet sich unter heftiger Wasserstoff-Entwicklung ein schwarzer Niederschlag. Man rührt 1 Stde. bei 20°, versetzt mit 100 *ml* 3 n Salzsäure und rührt die Mischung, bis sich der Niederschlag aufgelöst hat. Dann entfernt man das Methanol i. Vak., schüttelt mit Diäthyläther aus, macht die wäßr. Phase mit konz. Ammoniak alkalisch und extrahiert 3 mal mit je 50 *ml* Diäthyläther. Die vereinigten Auszüge werden mit ges. Natriumchlorid-Lösung gewaschen, mit Natriumsulfat getrocknet, eingedampft und destilliert; Ausbeute: 3,6 g (72% d. Th.); Kp_{11}: 90°.

Entsprechend erhält man z.B. aus

4-Hydroxy-phenyl-acetonitril	→ *2-(4-Hydroxy-phenyl)-äthylamin*[5]	70% d. Th.
3-Hydroxy-2-äthyl-3,3-diphenyl-propansäure-nitril	→ *2-Aminomethyl-1,1-diphenyl-butanol*[6]	74% d. Th.
Octansäure-nitril	→ *Octylamin*[5]	80% d. Th.
2-Cyan-furan	→ *2-Aminomethyl-furan*[5]	75% d. Th.

Mit Nickel(II)-, Osmium(IV)-, Iridium(III)- und Platin(II)-chlorid werden ähnliche Ergebnisse erzielt. In Gegenwart von Raney-Nickel genügt ein 100%iger Natriumboranat-Überschuß[3].

Auch Natrium-trifluoracetoxy-trihydrido-borat reduziert Nitrile in Tetrahydrofuran in guten Ausbeuten selektiv zu den entsprechenden Aminen[7].

Benzylamin-Hydrochlorid[7]: Unter kräftigem Rühren werden zu einer Suspension von 1,9 g (50 mMol) Natriumboranat in 30 *ml* abs. THF unter Stickstoff innerhalb 10 Min. bei 20° 5,7 g (50 mMol) Trifluoressigsäure in

[1] S. Yamada, M. Kuramoto u. Y. Kikugawa, Tetrahedron Letters **1969**, 3101.

[2] M. Pesez u. J. F. Burtin, Bl. **1959**, 1996.

[3] R. A. Egli, Helv. **53**, 47 (1970).

[4] H. C. Brown et al., Am. Soc. **75**, 215 (1953).
    R. Paul, P. Buisson u. N. Joseph, C.r. **232**, 627 (1951).
    H. C. Brown u. C. A. Brown, Am. Soc. **84**, 1493–1495, 2827–2829 (1962); **85**, 1003, 1004 (1963); Tetrahedron (Suppl. 8, Part I) **1966**, 149; J. Org. Chem. **31**, 3989 (1966).
    C. A. Brown, J. Org. Chem. **35**, 1900 (1970).

[5] T. Satoh et al., Tetrahedron Letters **1969**, 4555.

[6] T. Satoh, Y. Suzuki u. S. Suzuki, J. pharm. Soc. Japan **90**, 1553 (1970).

[7] N. Umino, T. Iwakuma u. N. Itoh, Tetrahedron Letters **1976**, 2875.

5 *ml* abs. THF gegeben. Man gibt 1,03 g (50 mMol) Benzonitril in 50 *ml* THF zu, rührt 4 Stdn. bei 20°, zersetzt vorsichtig mit Wasser unterhalb 10°, engt i. Vak. ein und extrahiert mit Dichlormethan. Der Auszug wird mit Wasser gewaschen, über Natriumsulfat getrocknet, mit Chlorwasserstoff-Gas gesättigt, eingedampft und der Rückstand aus Methanol/Äther kristallisiert; Ausbeute: 1,19 g (82% d. Th.); F: 256–258°.

Analog erhält man u.a. aus

Diphenyl-acetonitril	→ *2-Amino-1,1-diphenyl-äthan*	70% d. Th.
4-Nitro-benzonitril	→ *4-Nitro-benzylamin*	75% d. Th.
4-Chlor-phenylacetonitril	→ *2-Amino-1-(4-chlor-phenyl)-äthan*	70% d. Th.
4-Methoxycarbonyl-benzonitril	→ *4-Aminomethyl-benzoesäure-methylester*	89% d. Th.

i₂) von Halogen-nitrilen

In aliphatischen[1] und aromatischen[2] Halogen-nitrilen wird durch Lithiumalanat meist nur die Cyan-Gruppe unter Bildung von **Halogen-aminen** reduziert. Mit **Lithium-alanat/Lithiumhydrid** (weiteres zur Methode s. S. 442f.) wird in geringem Maße auch die C–Cl-Bindung hydrogenolytisch gespalten[3]; z.B.:

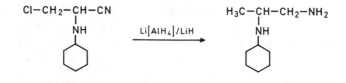

α-Halogen-nitrile werden dagegen durch **Lithiumalanat** mit guten Ausbeuten zu **Aziridinen** cyclisiert; z.B.[4]:

$$H_7C_3-CH-CN \xrightarrow{Li[AlH_4]} H_7C_3-\underset{NH}{\overset{}{\triangleleft}}$$
$$\quad\quad\quad\underset{Cl}{|}$$

2-Propyl-aziridin[4]: Zu einer gekühlten Lösung von 50,6 g (1,3 Mol) Lithiumalanat in abs. Diäthyläther tropft man unter Rühren und unter Stickstoff bei −5 bis 0° eine äther. Lösung von 117,5 g (1 Mol) 2-Chlor-pentansäu-re-nitril. Nach Ende der exothermen Reaktion läßt man 12 Stdn. stehen, zersetzt mit verd. Natronlauge, äthert aus, trocknet die äther. Phasen über Magnesiumsulfat und destilliert; Ausbeute: 69 g (82% d. Th.); Kp: 114–118°.

Analog erhält man z.B. aus:

3-Methyl-butansäure-nitril	→ *2-Isopropyl-aziridin*	72% d. Th.	Kp: 104–106°
Octansäure-nitril	→ *2-Hexyl-aziridin*	62% d. Th.	Kp₄₀: 100°
3-Phenyl-propansäure-nitril	→ *2-Benzyl-aziridin*	58% d. Th.	Kp₂₂: 117,5–118°

Natriumboranat reduziert perfluorierte Nitrile zu **Aminen**[5].

2,2,3,3,4,4,4-Heptafluor-butylamin-Hydrochlorid[5]: Eine Mischung von 25 g (0,117 Mol) Perfluor-butansäu-re-amid und 50 g (0,35 Mol) Phosphor(V)-oxid wird 1,5 Stdn. bei 140–170° erhitzt. Das gebildete Nitril wird mit einem trockenen Stickstoffstrom in zwei mit Trockeneis/Aceton gekühlte Fallen geblasen und danach so bei 25°

[1] J. D. Sculley u. C. S. Hamilton, Am. Soc. **75**, 3400 (1953).
F. L. M. Pattison, W. C. Howell u. R. W. White, Am. Soc. **78**, 3487 (1956).
M. Sander, M. **95**, 608 (1964).
A. Roedig, K. Grohe u. G. Märkl, B. **99**, 121 (1966).
[2] C. H. Amundsen u. L. S. Nelson, Am. Soc. **73**, 242 (1951).
[3] T. Wagner-Jauregg, Helv. **44**, 1237 (1961).
[4] K. Ichimura u. M. Ohta, Bl. chem. Soc. Japan **40**, 432 (1967); **43**, 1443 (1970).
[5] S. E. Ellzey, J. S. Wittman u. W. J. Connick, J. Org. Chem. **30**, 3945 (1965).

zu einer magnetisch gerührten Suspension von 8,85 g (0,234 Mol) Natriumboranat in 140 ml abs. Bis-[2-methoxy-äthyl]-äther getropft, daß die Innentemp. 32° nicht übersteigt. Man versetzt die Mischung mit 150 ml Eiswasser und 10 ml 50%iger Natronlauge, destilliert mit Wasserdampf 450 ml Lösung ab, extrahiert mit Diäthyläther und sättigt den Auszug mit Chlorwasserstoff; Ausbeute: 12,33 g (46,1% d. Th.); F: 310–314° (Zers.).

Mit Natriumhydroxid wird das freie Amin erhalten; Kp: 69°.

Auf die gleiche Weise erhält man aus Perfluor-octansäure-nitril *1H,1H-Pentadecafluor-octylamin* (73% d. Th.; Kp$_{50}$: 75–75,5°) und aus 9H-Hexadecafluor-nonansäure-nitril *1H,1H,9H-Hexadecafluor-nonylamin-Hydrochlorid* (62% d. Th.; F: 264–266°, Zers.).

Mit Organo-zinnhydriden werden Halogen-nitrile selektiv zu halogenfreien Nitrilen reduziert (s.S. 396).

i₃) von Amino-, Oxo-, Carboxy- bzw. Hydroxy-nitrilen

Da Lithiumalanat die Benzoyl-hydrazin-Gruppe nur schlecht reduziert, gelingt es selektiv gleichzeitig anwesende Cyan-Gruppen zu Aminen zu reduzieren; z.B.:

$$NC-CH_2-CH_2-NH-NH-CO-C_6H_5$$

$$\xrightarrow{\text{Li[AlH}_4]} \quad H_2N-CH_2-CH_2-CH_2-NH-NH-CO-C_6H_5$$

2-(3-Amino-propyl)-1-benzoyl-hydrazin-Bis-hydrochlorid[1]: Zu einer auf 0° abgekühlten Suspension von 2,2 g (58 mMol) Lithiumalanat in 120 ml abs. THF läßt man unter Rühren und unter Stickstoff langsam eine Lösung von 6 g (32 mMol) 2-(2-Cyan-äthyl)-1-benzoyl-hydrazin so zutropfen, daß die Temp. +10° nicht übersteigt. Darauf wird das Reaktionsgemisch 1,5 Stdn. zum Sieden unter Rückfluß erhitzt. Nach Abkühlen gibt man unter weiterem Rühren 4 ml Wasser und 16 ml 5%ige wäßr. Natronlauge zu und rührt anschließend 15 Min. bei 20°. Sodann wird filtriert, der Filter-Rückstand mehrmals gut mit abs. THF ausgewaschen und das Filtrat i. Vak. zur Trockne verdampft. Der Rückstand wird in wenig abs. Methanol aufgenommen und mit methanol. Salzsäure versetzt; Ausbeute: 5,8 g (69% d. Th.); F: 221–224° (Zers.).

2-Oxo-nitrile werden mit einem großen Lithiumalanat-Überschuß zu 2-Hydroxy-aminen reduziert[2]. Mit unterschüssigem Lithiumalanat wird dagegen nur die Oxo- zur Hydroxy-Gruppe reduziert, das erhaltene Cyan-hydrin wird jedoch während der Aufarbeitung zu Aldehyd und Cyanwasserstoff gespalten.

Wird Phenyl-glyoxylsäure-nitril mit überschüssigem Lithiumalanat bei −10° reduziert, so erhält man infolge Acylierung des entstehenden 2-Amino-1-phenyl-äthanols *2-Benzoylamino-1-phenyl-äthanol*[3]:

$$H_5C_6-CO-CN \xrightarrow{\text{Li[AlH}_4]} H_5C_6-\overset{\overset{\displaystyle OH}{|}}{C}H-CH_2-NH_2$$

$$\xrightarrow{\text{H}_5\text{C}_6-\text{CO}-\text{CN}} H_5C_6-\overset{\overset{\displaystyle OH}{|}}{C}H-CH_2-NH-CO-C_6H_5$$

Zur Herstellung von *2-Amino-1-phenyl-äthanol* s.Bd. XI/1, S.552.

Cyan-carbonsäuren werden durch Lithiumalanat zu ω-Amino-alkoholen reduziert[4]. Bei der 4-Cyan-butansäure wird durch anschließende Cyclisierung *Piperidin* erhalten[4].

---

[1] A. Ebnöther et al., Helv. **42**, 533 (1959).
[2] A. Burger u. E. D. Hornbaker, Am. Soc. **74**, 5514 (1952).
[3] A. Dornow u. H. Theidel, B. **88**, 1267 (1955).
[4] V. C. Barry et al., Am. Soc. **71**, 1710 (1950).

Mit äquivalenten Mengen Diboran wird dagegen die Cyan-Gruppe selektiv hydriert, so erhält man z.B. aus Phenyl-glyoxylsäure-nitril 61% d.Th. *ω-Amino-acetophenon*[1] (s.S.159):

$$H_5C_6-CO-CN \xrightarrow{B_2H_6} H_5C_6-CO-CH_2-NH_2$$

2-Hydroxy-nitrile (Cyanhydrine) werden am besten mit Diboran reduziert; z.B.[2]:

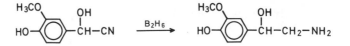

2-Amino-1-(4-hydroxy-3-methoxy-phenyl)-äthanol-Hydrochlorid[2]: Eine Lösung von 63 g (0,35 Mol) (4-Hydroxy-3-methoxy-phenyl)-glykolsäure-nitril in 300 *ml* abs. THF wird unter Stickstoff langsam unter Rühren zu 500 *ml* (0,35 Mol) 0,7 m Diboran-Lösung in abs. THF getropft. Die Reaktion ist stark exotherm. Man versetzt den erstarrten Komplex mit 650 *ml* abs. THF, kocht 1 Stde. unter Rückfluß und läßt 12 Stdn. bei 20° stehen. Der Diboran-Überschuß wird durch langsame Zugabe von 160 *ml* Äthanol zerstört, das Rohprodukt durch Einleiten von trockenem Chlorwasserstoff gefällt, filtriert, gewaschen und getrocknet. Man kristallisiert aus Äthanol/Methanol (7:1) und Methanol/Diäthyläther (1:1) um; Ausbeute: 32 g (42% d.Th); F: 192–194° (Zers.).

Auf gleiche Weise erhält man z.B:

2-Amino-1-(3-chlor-5-hydroxy-4-methoxy-phenyl)-äthanol-Hydrochlorid; 69% d.Th.; F: 195°
2-Amino-1-(3-jod-5-hydroxy-4-methoxy-phenyl)-äthanol-Hydrochlorid; 47% d.Th.; F: 195–196,5°

Cyanhydrine können auch mit Natriumboranat/Kobalt(II)-chlorid zu den 2-Hydroxy-aminen reduziert werden (s.S.115). Aus Phenyl-glykolsäure-nitril werden so z.B. 80% d.Th. *2-Amino-1-phenyl-äthanol erhalten*[3].

Aus 2-Trimethylsilyloxy-nitrilen erhält man in glatter Reaktion mit Lithiumalanat ebenfalls 2-Hydroxy-amine[4] und aus 2-Sulfonyloxy-nitrilen mit Lithiumalanat/Titan(III)-chlorid unter Cyclisierung Aziridine[5] (zur selektiven Reduktion von Cyanhydrinen zu 2-Hydroxy-aldehyden s.S.110)

i₄) unter gleichzeitiger Reduktion von C=C-Doppelbindungen in Cyan-alkenen bzw. -aromaten

Die Cyan-Gruppe aktiviert infolge ihres starken –M-Effektes, besonders in Gegenwart weiterer elektronenanziehender Nachbargruppen, eine mit ihr konjugierte C=C-Doppelbindung, so daß diese durch Lithiumalanat, Lithium-, Natrium- und Kaliumboranat meist schnell gesättigt wird (s.a. S. 83). Lithiumalanat reduziert dagegen meist auch die Cyan-Gruppe, in manchen Fällen nur diese[6] (vgl.S. 111), je nach Reaktionsbedingungen auch ausschließlich die C=C-Doppelbindung[7].

Acrylsäure-nitril wird durch Lithiumalanat in Diäthyläther unter Bildung von Ammoniak und wenig Propylamin polymerisiert und teilweise zersetzt[8], während es mit Natriumboranat/Kobalt(II)-chlorid in 70%iger Ausbeute *Allylamin* ergibt[3].

---

[1] B. C. Subba Rao u. G. P. Thakar, Curr. Sci. **32**, 404 (1963).
[2] M.-L. Anhoury et al., Soc. [Perkin I] **1974**, 1015.
s. a. J. S. Fowler et al., J. Med. Chem. **17**, 246 (1974).
[3] T. Satoh et al., Tetrahedron Letters **1969**, 4555.
[4] D. A. Evans, G. L. Carroll u. L. K. Truesdale, J. Org. Chem. **39**, 914 (1974).
[5] J.-M. Bourgeois, Helv. **57**, 2553 (1974).
[6] H. O. Huisman et al., R. **71**, 899 (1952).
H. Lettre u. K. Wick, A. **603**, 189 (1957).
F. Bohlmann, E. Inhoffen u. J. Politt A. **604**, 207 (1957).
[7] s.S. 83.
[8] L. M. Soffer u. E. W. Parrotta, Am. Soc. **76**, 3580 (1954).

Bei der Reaktion von ungesättigten Nitrilen mit Organo-zinnhydriden werden selektiv die C=C-Doppel- und C≡C-Dreifachbindung hydrostanniert. Nur in Alkyliden-malonsäure-dinitrilen wird unter 1,4-Addition eine Cyan-Gruppe angegriffen[1].

Cyan-pyridine werden ebenfalls i. a. zu Cyan-dihydro-pyridinen reduziert (s. S. 89). Lediglich 2- und 4-Cyan-pyridin liefern mit Natriumboranat *2-* und *4-Aminomethyl-pyridin* (s. S. 115).

i_5) unter Abspaltung der Cyan-Gruppe

In α-Amino-nitrilen wird die Cyan-Gruppe durch Lithiumalanat, Lithiumalanat/Aluminiumchlorid und Natriumboranat reduktiv abgespalten, wenn die elektronenliefernde Amino-Gruppe die Bildung eines Iminium-carbenium-Ions ermöglicht[2]:

$$R_2N-CH_2-CN \longrightarrow [R_2\overset{\oplus}{N}=CH_2]\,[CN]^\ominus \xrightarrow{\text{Li[AlH}_4]} R_2N-CH_3$$

Die Tendenz zur Abspaltung wächst i. a. mit der Zahl der Substituenten in α-Stellung, besonders wenn diese Elektronen abzugeben vermögen [z. B. die N-Indolyl-(3)-Gruppe[3]]. α-Phenyl-Gruppen wirken dagegen der Hydrogenolyse entgegen[3,4]. In α-Stellung unsubstituierte α-Amino-nitrile liefern meist die entsprechenden Diamine[5], Anilino-acetonitrile dagegen hauptsächlich N-Methyl-aniline[6].

Die Umsetzung verläuft bei α,α-disubstituierten α-Amino-nitrilen auch dann in Richtung Hydrogenolyse, wenn der eine Substituent eine Phenyl-Gruppe ist; z. B.[4]:

$$\begin{array}{c} C_6H_5 \\ | \\ H_5C_2-C-CN \\ | \\ N(CH_3)_2 \end{array} \xrightarrow{\text{Li[AlH}_4]} \begin{array}{c} C_6H_5 \\ | \\ H_5C_2-C-H \\ | \\ N(CH_3)_2 \end{array}$$

1-Dimethylamino-1-phenyl-propan[4]: Zu einer Suspension von 5,9 g (0,15 Mol) Lithiumalanat in 200 ml abs. Diäthyläther wird unter Rühren und unter Stickstoff eine Lösung von 28,2 g (0,15 Mol) 2-Dimethylamino-2-phenyl-butansäure-nitril in 75 ml abs. Diäthyläther gegeben. Man rührt 7 Stdn. bei 20° und arbeitet auf; Ausbeute: 22 g (90% d. Th.); $Kp_{0,7}$: 43–44°.

Da α-Amino-nitrile leicht nach Strecker-Tiemann bzw. Knoevenagel-Bucherer zugänglich sind, erschließt die Methode einen einfachen Weg zur Alkylierung sekundärer und tertiärer Amine mit Aldehyden bzw. Ketonen[3,7], z. B. zur Herstellung heterocyclischer Amine[8]:

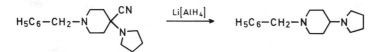

4-Pyrrolidino-1-benzyl-piperidin[8]: Zu einer gekühlten Suspension von 8,4 g (0,22 Mol) Lithiumalanat in 150 ml abs. Diäthyläther werden unter Rühren und unter Stickstoff bei −5° 53,8 g (0,2 Mol) 1-Pyrrolidino-1-ben-

[1] W. P. NEUMANN, R. SOMMER u. E. MÜLLER, Ang. Ch. **78**, 545 (1966).
[2] Z. WELVART, C.r. **233**, 1121 (1951); **238**, 2536 (1954); **239**, 1299 (1954).
   G. CHAUVIÈRE, B. TCHOUBAR u. Z. WELVART, Bl. **1963**, 1428.
[3] P. RAJAGOPALAN u. B. G. ADVANI, Tetrahedron Letters **1965**, 2197.
[4] G. F. MORRIS u. C. R. HAUSER, J. Org. Chem. **27**, 465 (1962).
[5] J. H. BIEL, W. K. HOYA u. H. A. LEISER, Am. Soc. **81**, 2527 (1959).
   G. LE NY u. Z. WELVART, C.r. **245**, 434 (1957).
[6] C. BENKO u. M. TISLER, Croat. Chem. Acta **30**, 243 (1958); C.A. **54**, 2221 (1960).
   N. J. LEONARD, G. W. LEUBNER u. E. H. BURK, J. Org. Chem. **15**, 979 (1950).
[7] C. VAN DE WESTERINGH et al., J. Med. Chem. **7**, 916 (1964).
[8] B. HERMANS et al., J. Med. Chem. **9**, 49 (1966).

zyl-4-cyan-piperidin in 500 *ml* abs. Diäthyläther gegeben. Man rührt 1 Stde. bei −5°, 2,5 Stdn. bei 20°, zersetzt mit 7,5 *ml* Wasser, 6,4 *ml* 20%iger Natronlauge und 30 *ml* Wasser. Der Niederschlag wird abgesaugt, mit Diäthyläther gewaschen, das Filtrat getrocknet, eingedampft, der Rückstand in 100 *ml* Diisopropyläther gelöst und auf −20° abgekühlt; Ausbeute: 43 g (90% d. Th.); F: 44–45°.

Nach dieser Vorschrift erhält man u. a. aus:

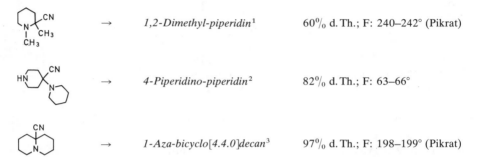

	→	*1,2-Dimethyl-piperidin*[1]	60% d. Th.; F: 240–242° (Pikrat)
	→	*4-Piperidino-piperidin*[2]	82% d. Th.; F: 63–66°
	→	*1-Aza-bicyclo[4.4.0]decan*[3]	97% d. Th.; F: 198–199° (Pikrat)

Durch Reduktion von α-Amino-nitrilen mit Lithium-tetradeuterido-aluminat lassen sich deuterierte Verbindungen herstellen[4].

6-Deuterio-1-aza-bicyclo[4.4.0]decan[4]:

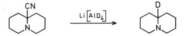

Zu einer Suspension von 1,025 g (0,0244 Mol) Lithium-tetradeuterido-aluminat in 200 *ml* abs. Diäthyläther werden unter Rühren und unter Stickstoff 4 g (0,0244 Mol) 6-Cyan-1-aza-bicyclo[4.4.0]decan gegeben. Man erhitzt 2 Tage zum Rückfluß, kühlt ab und versetzt mit 120 *ml* 40%iger Natronlauge. Die Äther-Phase wird abgetrennt, die wäßr. Phase 5mal mit je 100 *ml* Diäthyläther extrahiert. Die Auszüge werden getrocknet, eingeengt und destilliert; Ausbeute: 2,9 g (85% d. Th.); Kp$_{21}$: 76–77°.

Entsprechend liefert 1,2-Dimethyl-2-cyan-pyrrolidin[5] *1,2-Dimethyl-2-deuterio-pyrrolidin* (72% d. Th.; Kp: 94–95°).

Auch mit Lithiumalanat/Aluminiumchlorid wird die Cyan-Gruppe bevorzugt abgespalten[6].

Während disubstituierte Cyan-acetamide durch Lithiumalanat unter Abspaltung der Cyan-Gruppe hydriert werden, wird dies durch Lithiumalanat/Aluminiumchlorid verhindert[7] (s. a. S. 112 f.). Die Spaltungen treten infolge der basischen Eigenschaften des Reduktionsmittels ein und sind eher mit den C−C-Spaltungen (Fragmentierungen) verwandt[8] (s. S. 472 f.).

Auch mit Natriumboranat gelingt die Hydrogenolyse der Cyan-Gruppe in α-substituierten α-Amino-nitrilen. So erhält man z. B. aus 2-Acetylamino-3-phenyl-propansäure-nitril in Bis-[2-methoxy-äthyl]-äther bei 100° 85% d. Th. *Essigsäure-2-phenyl-äthyl-amid*[9]:

[1] N. J. Leonard u. F. P. Hauck, Am. Soc. **79**, 5279 (1957).
[2] B. Hermans et al., J. Med. Chem. **9**, 49 (1966).
[3] N. J. Leonard u. A. S. Hay, Am. Soc. **78**, 1984 (1956).
[4] N. J. Leonard u. R. R. Sauers, Am. Soc. **79**, 6210 (1957).
[5] E. J. Corey u. W. R. Hertler, Am. Soc. **82**, 1657 (1960).
[6] G. Le Ny u. Z. Welvart, C.r. **245**, 434 (1957).
[7] G. S. Skinner, R. H. Hall u. P. V. Susi, Am. Soc. **79**, 3786 (1957).
[8] P. Reynod u. J. Matti, Bl. **1951**, 612.
[9] S. Yamada u. H. Akimoto, Tetrahedron Letters **1969**, 3105.

$$\underset{\underset{H_5C_6-CH_2-CH-NH-CO-CH_3}{|}}{CN} \xrightarrow{\text{Na[BH}_4]} H_5C_6-CH_2-CH_2-NH-CO-CH_3$$

Entsprechend gibt 2-Dimethylamino-3-phenyl-propansäure-nitril in Äthanol bei 35° 93% d. Th. *Dimethyl-(2-phenyl-äthyl)-amin*[1].

Auch 2-Cyan-chinoline bzw. 3-Cyan-isochinoline werden infolge der Ausbildung eines α-Amino-nitrils zu *1,2,3,4-Tetrahydro-chinolin* (39% d. Th.) bzw. *1,2,3,4-Tetrahydro-isochinolin* (34% d. Th.) reduziert[2].

4-Cyan-chinolin ergibt in Pyridin, das als Lewis-Base mit starken komplexbildenden Eigenschaften die Heterolyse der C—C-Bindung fördert, 25% d. Th. *Chinolin* neben 6% d. Th. *1,2,3,4-Tetrahydro-chinolin*[2].

2-Methyl-3-cyan-1,2,3,4-tetrahydro-isochinolin liefert in Äthanol bei 35° 92% d. Th. *2-Methyl-1,2,3,4-tetrahydro-isochinolin*[1] (die Reaktion kann bei der Synthese von Isochinolin- und Indol-Alkaloiden eingesetzt werden[1]):

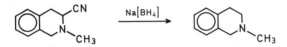

Demgegenüber wird 2-Benzoyl-1-cyan-1,2-dihydro-isochinolin durch Natriumboranat zu *Isochinolin* und *Benzylalkohol* reduziert[3]:

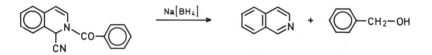

1-Alkyl-isochinoline; allgemeine Arbeitsvorschrift[3]: Eine Suspension von 5 mMol 1-Alkyl-2-benzoyl-1-cyan-1,2-dihydro-isochinolin und 0,95 g (25 mMol) Natriumboranat in 50 *ml* Äthanol wird unter Rühren 15 Stdn. unter Rückfluß erhitzt. Man kühlt ab, engt i. Vak. ein, versetzt mit 20 *ml* Wasser, extrahiert 3 mal mit je 30 *ml* Chloroform, wäscht den Auszug mit ges. Natriumchlorid-Lösung und trocknet mit Natriumsulfat. Das Solvens wird abgedampft, der Rückstand in Benzol gelöst, mit 10%iger Salzsäure ausgeschüttelt, die saure Lösung mit 10%iger Natronlauge alkalisch gestellt, mit Chloroform extrahiert, der Auszug mit ges. Natriumchlorid-Lösung gewaschen, mit Natriumsulfat getrocknet, eingeengt und destilliert.

U. a. werden nach dieser Methode erhalten:

Isochinolin	73% d. Th.
1-Butyl-isochinolin	72% d. Th.
1-Benzyl-isochinolin	42% d. Th.

α₆) in N-Alkyl-nitrilium-Salzen

Sollen Nitrile selektiv zu Aldehyden reduziert werden, so gelingt dies u. a. indem man die Nitrile in N-Alkyl-nitrilium-Salze überführt und diese dann mit Triorgano-silanen zu Iminen reduziert[4]:

$$R-C\equiv N + [(H_5C_2)_3O]^\oplus [BF_4]^\ominus \longrightarrow [R-\overset{\oplus}{C}=N-C_2H_5] [BF_4]^\ominus$$

$$\xrightarrow{(H_5C_2)_3SiH} R-CH=N-C_2H_5 \xrightarrow{H_2O} R-CHO$$

[1] S. YAMADA u. H. AKIMOTO, Tetrahedron Letters **1969**, 3105.
[2] Y. KIKUGAWA et al., Chem. Pharm. Bull. (Tokyo) **21**, 1927 (1973).
[3] I. SAITO, Y. KIKUGAWA u. S. YAMADA, Chem. Pharm. Bull. (Tokyo) **22**, 740 (1974).
[4] J. L. FRY, Chem. Commun. **1974**, 45.

Aldehyde aus N-Alkyl-nitrilium-Salzen; allgemeine Herstellungsvorschrift[1]: 1 Mol Nitril und 2 Mol Triäthyl-oxonium-tetrafluoroborat[2] werden in 500 *ml* Dichlormethan unter Rühren in trockener Stickstoff-Atmosphäre 48 Stdn. unter Rückfluß gekocht. Die erhaltene N-Äthyl-nitrilium-tetrafluoroborat-Lösung wird bei 20° schnell zu einer Lösung von 1,2 Mol Triäthyl-siliciumhydrid in Dichlormethan gegeben. Man rührt 0,5–6 Stdn., versetzt mit Wasser, destilliert mit Wasserdampf und isoliert die Aldehyde als 2,4-Dinitro-phenylhydrazone.

U. a. werden so erhalten:

2-Methyl-propanal (85% d. Th.)   *1-Formyl-adamantan* (83% d. Th.)
2,2-Dimethyl-propanal (61% d. Th.)   *Phenyl-acetaldehyd* (41% d. Th.)
Formyl-cyclopropan (79% d. Th.)   *1-Formyl-naphthalin* (84% d. Th.)

β) des Typs $Y^1 = C = Y^2$

β_1) in Kohlendioxid

Kohlendioxid wird durch Lithiumalanat je nach Stöchiometrie zu *Methanol*[3], *Formaldehyd*[3,4] oder *Ameisensäure*[5] reduziert. Präparatives Interesse besitzt die Reaktion lediglich zur Herstellung von ^{13}C- und ^{14}C-markiertem Methanol[6-8].

Achtung, beim Eindampfen Kohlendioxid-haltiger Lithiumalanat-Lösungen können **Explosionen** auftreten[9].

Mit komplexen Borhydriden wird *Ameisensäure*[10] (Herstellung von ^{14}C-*Ameisensäure*) bzw. *Formaldehyd*[11] erhalten.

β_2) in Isocyanaten
(s. Bd. XI/1, S. 600 ff.)

Isocyanate werden durch Lithiumalanat in meist heftig verlaufenden Reaktionen zu sekundären Methylaminen reduziert[12-14]:

$$4\,R\text{—NCO} + 3\,Li[AlH_4] \xrightarrow[-\,LiAlO_2]{} Li[Al(\text{—}N(R)\text{—}CH_3)_4]$$

$$\xrightarrow{+\,4\,H_2O} 4\,R\text{—NH—}CH_3 + Li[Al(OH)_4]$$

N-Methyl-amine aus Isocyanaten; allgemeine Arbeitsvorschrift[13,14]: 0,1 Mol des frisch hergestellten oder destillierten Isocyanats in der 5–10fachen Menge abs. Äther oder THF werden tropfenweise unter Stickstoff und heftigem Rühren zu einer gekühlten Lösung von 1,1–1,5 Mol Lithiumalanat in der ähnlich gewählten Menge des Lösungsmittels gegeben. Meistens setzt eine heftige Reaktion ein, ein farbloser Niederschlag scheidet sich ab. Danach kocht man einige Stdn. unter Rückfluß, versetzt mit Wasser bis zum Aufhören der Gasentwicklung, danach mit 30%iger Natronlauge zur Auflösung des Niederschlages, destilliert den Äther ab und hydrolysiert im

[1] J. L. Fry, Chem. Commun. **1974**, 45.
[2] H. Meerwein, Org. Synth., Coll. Vol. V, 1080 (1973).
[3] R. F. Nystrom, W. H. Yanko u. W. G. Brown, Am. Soc. **70**, 441 (1948).
[4] F. Weygand u. H. Linden, Ang. Ch. **66**, 174 (1954).
[5] A. E. Finholt u. E. C. Jacobson, Am. Soc. **74**, 3943 (1952).
[6] J. D. Cox, H. S. Turner u. R. J. Warne, Soc. **1950**, 3167.
[7] K. B. Wiberg, T. M. Shryne u. R. R. Kintner, Am. Soc. **79**, 3160 (1957).
[8] G. I. Feklischow, Izv. Akad. SSSR **1953**, 587; C.A. **48**, 12666 (1954).
[9] G. Barbaras et al., Am. Soc. **70**, 877 (1948).
[10] T. Wartik u. R. K. Pearson, Am. Soc. **77**, 1075 (1955); J. Inorg. & Nuclear Chem. **7**, 404 (1958).
   H. C. Brown et al., Am. Soc. **75**, 192 (1953).
[11] J. G. Burr, W. G. Brown u. H. E. Heller, Am. Soc. **72**, 2560 (1950).
[12] F. Wessely u. W. Swoboda, M. **82**, 621 (1951).
[13] W. Ried u. F. Müller, B. **85**, 470 (1952).
[14] A. E. Finholt, C. D. Anderson u. C. L. Agre, J. Org. Chem. **18**, 1338 (1953).
   S. Gronowitz u. P. Pedaja, Tetrahedron **34**, 587 (1978).

siedenden Wasserbad, bis sich der Niederschlag vollständig aufgelöst hat. Danach extrahiert man mit Äther und destilliert bzw. kristallisiert den Rückstand.

Es können auch direkt rohe Isocyanate aus dem Curtius-Carbonsäureazid-Abbau eingesetzt werden[1-3]. Folgende N-Methyl-amine werden u.a. nach dieser Vorschrift erhalten:

N-Methyl-anilin[4]	86% d. Th.	Kp_{17}: 86,5°
1-Methylamino-naphthalin[4]	90% d. Th.	Kp_{15}: 167–167,5°
3β-Hydroxy-6-methyl-6-aza-cholestan[5]	71% d. Th.	F: 155–159°
1-Methylamino-dehydro-abietan-Hydrochlorid[2]	81% d. Th.	F: 199–202°
2,3-Bis-[methylamino]-pleiadan[3]		F: 63–67°

Perfluoralkyl-isocyanate liefern Perfluor-1-methylamino-1H,1H-alkane[6]. Lithium-tri-tert.-butyloxy-hydrido-aluminat reduziert Isocyanate gezielt zu Formamiden. Es wird meist mit einem 50%igen Hydrid-Überschuß und – wegen der Di- bzw. Trimerisierung von Isocyanaten im schwach basischen Milieu – unter Kühlung gearbeitet[7, 8]:

$$R-NCO \xrightarrow[\text{2. } H_2O]{\text{1. Li}\{AlH[O-C(CH_3)_3]_3\}} R-NH-CHO$$

N-(1-Methyl-2,2-diphenyl-cyclopropyl)-formamid[8]: 16,6 g (0,066 Mol) N-(1-Methyl-2,2-diphenyl-cyclopropyl)-isocyanat werden in 100 *ml* abs. THF gelöst und unter Rühren innerhalb 3 Stdn. bei –15° zu einer Lösung von 25 g (0,1 Mol) Lithium-tri-tert.-butyloxy-hydrido-aluminat in 150 *ml* THF gegeben. Man rührt 2 Stdn. bei –15°, versetzt mit 50 *ml* 50%iger Ameisensäure, verd. mit Äther, wäscht mit verd. Salzsäure und ges. Natriumcarbonat-Lösung aus und destilliert nach Trocknen die Lösungsmittel ab. Der Rückstand wird aus Chloroform/Hexan kristallisiert; Ausbeute: 14,2 g (85% d. Th.); F: 114–114,5°.

Analog erhält man u.a.:

(E)-N-(1,2-Diphenyl-vinyl)-formamid	94% d. Th.; F: 109–110°
(R)-(−)-N-(1-Methyl-2,2-diphenyl-cyclopropyl)-formamid	80% d. Th.; F: 138–140°
Bei 25° bildet sich das Dimere:	
(R)-(−)-N,N'-Bis-[1-methyl-2,2-diphenyl-cyclopropyl]-N-formyl-carbamid	83% d. Th.; F: 177,5–179,5°

Während Natriumboranat mit Isocyanaten Produktgemische[9] liefert, erhält man mit Trialkyl-zinnhydriden bei einem Mol-Verhältnis von 2:1 Formamide[10], mit äquimolaren Mengen Hydrostannierungsprodukte, die zu Formamiden gespalten werden können[11].

Formanilid[10]: Eine Mischung von 2,4 g (0,02 Mol) Phenyl-isocyanat und 16 g (0,043 Mol) Triphenyl-zinnhydrid wird 4 Stdn. auf 100° erhitzt. Man kühlt ab, extrahiert über Nacht kontinuierlich mit Wasser, engt den Auszug i. Vak. ein und kristallisiert den Rückstand aus Diäthyläther/Pentan um; Ausbeute: 1,35 g (55% d. Th.); F: 45,4–47°.

Analog erhält man *N-Napthyl-(1)-formamid* (41% d. Th.; F: 137,8–138,5°).

[1] G. Stork, S. S. Wagle u. P. C. Mukharji, Am. Soc. **75**, 3197 (1953).
[2] H. H. Zeiss u. W. B. Martin, Am. Soc. **75**, 5935 (1953).
[3] V. Boekelheide u. G. V. Vick, Am. Soc. **78**, 653 (1956).
[4] A. E. Finholt, C. D. Anderson u. C. L. Agre, J. Org. Chem. **18**, 1338 (1953).
   S. Gronowitz u. P. Pedaja, Tetrahedron **34**, 587 (1978).
[5] L. Knof, A. **670**, 88 (1963).
[6] R. L. Dannley, R. G. Taborsky u. M. Lukin, J. Org. Chem. **21**, 1318 (1956).
   Herstellung von *Perfluor-1-methylamino-1H-propan*: ds. Handb., Bd. V/3, S. 498.
[7] H. C. Brown u. P. M. Weissman, Israel J. Chem. **1**, 430 (1963).
[8] H. M. Walborsky u. G. E. Niznik, J. Org. Chem. **37**, 187 (1972).
[9] S. E. Ellzey u. C. H. Mack, J. Org. Chem. **28**, 1600 (1963).
[10] D. H. Lorenz u. E. I. Becker, J. Org. Chem. **28**, 1707 (1963).
[11] J. G. Noltes u. M. J. Janssen, R. **82**, 1055 (1963).
   A. J. Leusink u. J. G. Noltes, R. **84**, 585 (1965).
   A. J. Leusink, H. A. Budding u. J. G. Noltes, R. **85**, 151 (1966).

β_3) *in Isothiocyanaten*

Isothiocyanate (Senföle) werden durch drei Hydrid-Äquivalente Lithiumalanat analog den Isocyanaten (s.S. 122f.) zu sek. N-Methyl-aminen reduziert[1,2]:

$$4\,R\!-\!NCS + 3\,Li[AlH_4] \longrightarrow Li\{Al[N(R)CH_3]_4\} \xrightarrow[\substack{-4\,H_2S \\ -3\,Li[Al(OH)_4]}]{\substack{+2\,Li[AlS_2] \\ +12\,H_2O}} 4\,R\!-\!NH\!-\!CH_3$$

N-Methyl-anilin[1]: Zu 2,2 g (58 mMol) Lithiumalanat in 100 *ml* Äther wird unter Rühren innerhalb 40 Min. eine Lösung von 4,3 g (32 mMol) Phenyl-isothiocyanat in 50 *ml* abs. Äther zugetropft. Man erhitzt 30 Min. unter Rückfluß, versetzt unter Außenkühlung mit 50 *ml* Wasser, löst den Niederschlag durch Zugabe von 40 *ml* konz. Salzsäure und 60 *ml* Wasser auf, trennt die Äther-Schicht ab, stellt die wäßr. Schicht mit verd. Natronlauge alkalisch, äthert aus, dampft ein und destilliert; Ausbeute: 2,66 g (78% d. Th.); Kp: 193–195°.

Zur Herstellung von *Methyl-allyl-amin* aus Allyl-isothiocyanat s. ds. Handb., Bd. XI/1, S. 601.

N-Alkyl-dimethyl-amine können in einem Eintopfverfahren aus Isothiocyanaten mit Lithiumalanat und nachfolgendes Kochen mit Ameisensäure-äthylester erhalten werden (s.a. S. 242f.)[3]:

$$R\!-\!NCS \xrightarrow[\text{2. HCOOC}_2\text{H}_5]{\text{1. LiAlH}_4} R\!-\!N(CH_3)_2$$

Mit unterschüssigem Natriumboranat werden in der Kälte Thioformamide[4] erhalten:

$$4\,R\!-\!NCS + Na[BH_4] \longrightarrow Na\{B[-N(R)-CHS]_4\}$$

$$\xrightarrow[-Na[BO_2]]{+2\,H_2O} 4\,R\!-\!NH\!-\!CHS$$

Thioformanilid[4]: Unter Rühren und Eiskühlung werden zu einer Suspension von 0,95 g (25 mMol) Natriumboranat in 15 *ml* Bis-[2-methoxy-äthyl]-äther bei 10–15° innerhalb 15 Min. 6,75 g (50 mMol) Phenyl-isothiocyanat zugetropft. Man rührt 1,5 Stdn. bei 10°, gießt auf 250 *ml* Eiswasser, säuert mit 8 *ml* 6 n Salzsäure an, erwärmt auf 70° und kühlt ab; Ausbeute: 4,80 g (70% d. Th.); F: 137°; aus Wasser umkristallisiert F: 139–140°.

Beim Einsatz von vier Hydrid-Äquivalenten erhält man bei 25° 49% d. Th. *Thioformanilid*, bei 90° 6% d. Th. *Anilin* und 74% d. Th. *N-Methyl-anilin*.

Mit Organo-zinnhydriden werden lediglich Produktgemische erhalten[5,6]; z.B. aus Phenylisothiocyanat und überschüßigem Triphenyl-zinnhydrid bei 90° ein Gemisch von *Anilin, N-Methyl-anilin* und *Phenyl-isonitril*[5]:

$$H_5C_6\!-\!NCS \xrightarrow{(H_5C_6)_3SnH} H_5C_6\!-\!NH_2 + H_5C_6\!-\!NH\!-\!CH_3 + H_5C_6\!-\!NC$$

[1] W. RIED u. F. MÜLLER, B. **85**, 470 (1952).
[2] A. E. FINHOLT, C. D. ANDERSON u. C. L. AGRE, J. Org. Chem. **18**, 1338 (1953).
[3] M. J. O. ANTEUNIS et al., Am. Soc. **100**, 4050 (1978).
[4] S. E. ELLZEY u. C. H. MACK, J. Org. Chem. **28**, 1600 (1963).
[5] D. H. LORENZ u. E. I. BECKER, J. Org. Chem. **28**, 1707 (1963).
[6] J. G. NOLTES u. M. J. JANSSEN, R. **82**, 1055 (1963).
    A. J. LEUSINK, H. A. BUDDING u. J. G. NOLTES, R. **85**, 151 (1966).

β_4) *in Carbodiimiden*

Carbodiimide werden mit Natriumboranat in Isopropanol zu Formamidinen reduziert; z.B.[1]:

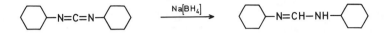

N,N'-Dicyclohexyl-formamidinium-pikrat[1]: Eine Mischung von 0,136 g (3,6 mMol) Natriumboranat und 0,619 g (3 mMol) N,N'-Dicyclohexyl-carbodiimid in 25 *ml* Isopropanol werden 4 Stdn. bei 50° gerührt. Man engt ein, gibt 10 *ml* Wasser zu, extrahiert 3 mal mit 20 *ml* Benzol, trocknet, destilliert das Lösungsmittel ab und versetzt mit 0,824 (3,6 mMol) Pikrinsäure in Äthanol; Ausbeute: 0,518 g (40% d.Th.); F: 220–222°.

Analoge Resultate werden mit Triäthyl-zinnhydrid erhalten[2].

β_5) *in Ketenen*

Diphenyl-keten wird durch Lithiumalanat zum *Diphenyl-acetaldehyd*[3] (93% d.Th.) reduziert:

$$(H_5C_6)_2C{=}C{=}O \xrightarrow{\quad Li[AlH_4] \quad} (H_5C_6)_2CH{-}CHO$$

Mit Diboran bzw. Bis-[3-methyl-butyl-(2)]-boran in THF werden bei −5 bis 0° 43–52 bzw. 74% d.Th. *Diphenyl-acetaldehyd* erhalten[4].

Mit einem Hydrid-Überschuß verläuft die Reduktion bis zur Alkohol-Stufe. So erhält man aus 2,4-Dichlor-phenoxy-keten mit Lithiumalanat 85% d.Th. *(2,4-Dichlor-phenoxy)-äthanol*[5].

Keten-imine werden durch Lithiumalanat in der Regel an der C=N-Doppelbindung angegriffen[6].

2. am sp²-C-Atom

α) in der C=O-Bindung

α_1) *von Kohlensäure-Derivaten*

Neben Phosgen (mit Lithiumalanat)[7] wird auch in Kohlensäure-diestern bzw. gemischten Anhydriden die Carbonyl-Gruppe durch komplexe Hydride zu *Methanol* reduziert. Kohlensäure-amide erleiden dagegen meist Hydrogenolyse zu den entsprechenden N-Methyl-Verbindungen.

Harnstoffe liefern entweder geminale Diamine (meist nur im Fall von cyclischen Verbindungen stabil), Formamidine bzw. unter Aufspaltung des Moleküls Formamide oder N-Methyl-amine.

---

[1] K. Kaji et al., Chem. Pharm. Bull (Tokyo) **26**, 2246 (1978).
[2] W. P. Neumann u. E. Heymann, A. **683**, 24 (1965).
[3] V. M. Mićović, M. M. Rogić u. M. L. Mihailović, Tetrahedron **1**, 340 (1957).
[4] D. S. Sethi, I. Mehrotra u. D. Devaprabhakara, Tetrahedron Letters **1970**, 2765.
[5] C. M. Hill et al., Am. Soc. **81**, 3372 (1959).
[6] C. L. Stevens u. R. J. Gasser, Am. Soc. **79**, 6057 (1957).
[7] W. F. Edgell u. L. Parts, Am. Soc. **77**, 5515 (1955).

Tab. 9: Reduktion von Kohlensäure-Derivaten mit komplexen Hydriden

Ausgangsverbindung	Reduktionsmittel	Reduktionsprodukte	Seite
RO–CO–Cl	$(H_9C_4)_3SnH;(H_7C_3)_3SiH$	$RH + RO–CHO$	126
RO–CO–OR	Lithiumanalat	$2 R–OH+H_3COH$	126
R–CO–O–CO–OR^1	Lithium- oder Natriumboranat	$R–CH_2OH + H_3COH + HO–R^1$	127f.
R\\N–CO–OR^2\\R^1/	Lithiumalanat	R\\N–CH$_3$ + HO–R^2\\R^1/	128ff.
R R\\ /\\N–N\\R^{1}O–OC CO–OR^1	Lithiumalanat	R R\\ /\\N–N + 2 R^1–OH\\H$_3$C CH$_3$	133ff.
R–NH–CO–NH–R^1	Natriumboranat/Pyridin	$R–NH–CH=N–R^1$	135
R H\\ /\\N–CO–N\\R^1 R^2	Lithiumalanat	R\\N–CH=N–R^2\\R^1/	135f.
	Natriumboranat/ Pyridin	R\\NH + OHC–HN–R^2\\R^1/	136

$\alpha\alpha_1$) von Kohlensäure-ester-chloriden

Kohlensäure-ester-chloride werden durch Tributyl-zinnhydrid mit Azo-bis-isobutan-säure-dinitril initiiert radikalisch zu einem Gemisch von Ameisensäureester und Kohlenwasserstoff reduziert[1]. Mit Tripropyl-siliciumhydrid bei 140° durch Di-tert.-butyl-peroxid initiiert lassen sich dagegen aus ihnen in ausgezeichneten Ausbeuten ausschließlich Kohlenwasserstoffe erhalten[2].

$\alpha\alpha_2$) von Kohlensäure-diestern

Kohlensäure-diester spalten mit drei Hydrid-Äquivalenten reduktiv die Alkoxy-Gruppen ab und aus der Carbonyl-Gruppe bildet sich *Methanol*; mit Lithium-tetradeuterido-aluminat *Trideutero-methanol*[3]; z.B.:

$$H_3C\diagdown O\diagup{=}O \xrightarrow{Li[AlD_4]/R–OH} H_3C–CH–CH_2–OH + D_3C–OH$$
$$\quad\quad\quad\quad\quad\quad\quad\quad\quad\quad OH$$

Trideutero-methanol[3]: Zu einer Aufschlämmung von 17,3 g (0,412 Mol) Lithium-tetradeuterido-aluminat in 200 g Bis-[2-äthoxy-äthyl]-äther wird unter trockenem Stickstoff bei 45–55° innerhalb 4 Stdn. und Rühren eine Lösung von 51 g (0,5 Mol) 2-Oxo-4-methyl-1,3-dioxolan in 93 g Bis-[2-äthoxy-äthyl]-äther getropft. Man erhöht die Innentemp. in weiteren 4 Stdn. auf 73°, kühlt auf 4° ab und versetzt in 30 Min. mit 389 g (2,4 Mol) 2-(2-Butyloxy-äthoxy)-äthanol. Die Mischung wird am absteigenden Kühler bei 90–100° mit trockenem Stickstoff durchgeblasen und das Kondensat destilliert. Nach einem Vorlauf von 0,4 g Deuteroformaldehyd destilliert das Rohprodukt bei 58–64,4° über. Nach Fraktionieren erhält man eine Ausbeute von 15,7 g (89,6% d. Th.); Kp: 64,4°.

[1] H. G. KUIVILA u. E. J. WALSH, Am. Soc. **88**, 571 (1966).
    P. BEAK u. S. W. MOJE, J. Org. Chem. **39**, 1320 (1974).
[2] N. BILLINGHAM, R. A. JACKSON u. F. MALEK, Chem. Commun, **1977**, 344.
    R. A. JACKSON u. F. MALEK, Soc. [Perkin Trans. I] **1980**, 1207.
[3] W. F. EDGELL u. L. PARTS, Am. Soc. **77**, 5515 (1955).

Mit Natriumboranat/Bortrifluorid gelingt es nicht, die Kohlensäure-diester-Funktion zu reduzieren[1].

$\alpha\alpha_3$) von Carbonsäure-Kohlensäure-anhydriden

In Carbonsäure-Kohlensäure-anhydriden (leicht herstellbar aus Carbonsäure und Chlorameisensäure-estern) werden mit komplexen Hydriden (bevorzugt Boranate) beide Säure-Funktionen zur Alkohol-Gruppe reduziert. Bedeutung besitzt die Reaktion allerdings lediglich für die Carbonsäure-Komponente vor allem zur selektiven Überführung der Carboxy-Gruppe unter Erhalt einer Acylamino-Gruppe in die Hydroxymethyl-Gruppe in empfindlichen Naturstoffen; z. B.[2]:

$$H_3C-CH-CH_2-CH-CO-O-CO-OC_2H_5 \xrightarrow{\text{Li}[BH_4]} H_3C-CH-CH_2-CH-CH_2-OH$$

$$\overset{|}{CH_3} \quad \overset{|}{HN-CO-CH_3} \qquad\qquad \overset{|}{CH_3} \quad \overset{|}{HN-CO-CH_3}$$

2-Acetylamino-4-methyl-pentanol

Aus dem gemischten Anhydrid des N-Benzoyl-DL-phenylalanins wird in ähnlicher Weise *2-Benzoylamino-3-phenyl-propanol* erhalten. Das mildere Reduktionsmittel Natriumboranat wird z. B. zur Herstellung des amorphen *6-Phenylacetamino-penicillanyl-alkohols*[3] eingesetzt.

6-Phenylacetylamino-penicillanyl-alkohol[3]: 10,9 g (25 mMol) Benzylpenicillin-triäthylammonium-Salz werden unter Stickstoff in 75 *ml* abs. THF suspendiert. Unter kräftigem Rühren gibt man 2,7 g (25 mMol) frisch destillierten Chlor-ameisensäure-äthylester in 15 *ml* abs. THF bei −10° tropfenweise in 10 Min. zu. Danach wird die Mischung noch 2 Stdn. bei −8° gerührt, 1,9 g (50 mMol) Natriumboranat werden in kleinen Portionen innerhalb 5 Min. eingetragen, man rührt noch weitere 25 Min. ohne Kühlung nach, verdünnt mit 125 *ml* Wasser, extrahiert mit Dichlormethan und dampft die getrockneten Auszüge i. Vak. ein; Ausbeute: 7,5 g (94% d. Th.) eines zerbrechlichen Schaumes.

Nach folgender Standardmethode können Carbonsäuren über die Anhydride mit Kohlensäure-ester-chloriden selektiv in die entsprechenden Alkohole übergeführt werden[4].

Alkohole durch Reduktion von Carbonsäure-Kohlensäure-anhydriden mit Natriumboranat; allgemeine Herstellungsvorschrift[4]: Zu einer Lösung von 0,02 Mol Carbonsäure und 2,8 *ml* (0,02 Mol) Triäthylamin in 30 *ml* abs. THF gibt man unter Rühren bei −5° innerhalb 15–30 Min. eine Lösung von 1,9 *ml* (0,02 Mol) frisch destilliertem Chlor-ameisensäure-äthylester in 5 *ml* abs. THF. Man rührt weitere 30 Min., saugt das Triäthylammoniumchlorid ab, wäscht mit 10 *ml* THF und tropft das Filtrat bei 10–15° innerhalb 30 Min. zu einer Lösung von 1,9 g (0,05 Mol) Natriumboranat in 20 *ml* Wasser. Während der Zugabe wird heftig Gas entwickelt. Man rührt 2–4 Stdn. bei 20°, säuert mit verd. Salzsäure an, trennt die THF-Phase ab, schüttelt die wäßr. Schicht mit Äther, wäscht die vereinigten organ. Lösungen mit 10%iger Natronlauge und Wasser, trocknet mit Natriumsulfat und dampft ein. Der Rückstand wird destilliert bzw. kristallisiert.

Auf diese Weise erhält man u. a. aus

Zimtsäure	→ *Zimtalkohol*[4]; 80% d. Th.; F: 32–34°
Hexandisäure-äthylester	→ *6-Hydroxy-hexansäure-äthylester*[4]; 75% d. Th.; Kp$_{16}$: 134°
3-Oxo-2-carboxymethyl-2,3-dihydro-indol	→ *2-Oxo-3-(2-hydroxy-äthyl)-2,3-dihydro-indol*[5]; 52% d. Th.; F: 107–110°

Analoge Reaktionen können auch mit Kaliumboranat durchgeführt werden[6].

---

[1] G. R. Pettit u. W. J. Evers, Canad. J. Chem. **44**, 1293 (1966).

[2] K. Heyns u. K. Stange, Z. Naturf. **10b**, 252 (1955).

[3] Y. G. Perron et al., J. Med. Chem. **7**, 483 (1964).

[4] K. Ishizumi, K. Koga u. S. Yamada, Chem. Pharm. Bull. (Tokyo) **16**, 492 (1968).

[5] F. J. McEvoy u. G. R. Allen, J. Org. Chem. **38**, 3350 (1973).

[6] J. A. Vida, Chem. & Ind. **1966**, 1344.

s. a. K. Ishizumi, K. Koga u. S. Yamada, Chem. Pharm. Bull. (Tokyo) **16**, 492 (1968).

Carbonsäure-Kohlensäure-alkylester-anhydride aromatischer o-Hydroxy-carbonsäuren werden durch Natriumboranat in wäßriger Lösung zu den entsprechenden o-Kresolen reduziert; z.B.[1]:

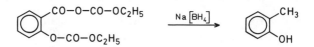

o-Kresol[1]: 12 g (0,11 Mol) Chlorameisensäure-äthylester werden bei 0° innerhalb von 1 Stde. unter Rühren zu einer Lösung von 7,9 g (0,057 Mol) Salicylsäure und 11,1 g (0,11 Mol) Triäthylamin in 75 ml THF gegeben und 45 Min. weitergerührt. Der Niederschlag wird abgesaugt und das Filtrat bei 5° innerhalb 1 Stde. unter Rühren zu einer Lösung von 7,9 g (0,2 Mol) Natriumboranat in 75 ml Wasser getropft. Man rührt 2 Stdn. bei 20°, säuert an, verdünnt mit Wasser und extrahiert mit Äther. Die Äther-Lösung wird mit 10%iger Natronlauge ausgeschüttelt, die alkalische Lösung angesäuert und mit Äther extrahiert. Man wäscht, trocknet und engt ein; Ausbeute: 4,2 g (71% d. Th.); F: 31°.

Auf analoge Weise erhält man u.a. aus den entsprechenden O,O'-Bis-[äthoxycarbonyl]-Derivaten der o-Hydroxy-arencarbonsäure

2,5-Dimethyl-phenol	72% d. Th.
4-Methoxy-2-methyl-phenol	77% d. Th.
1-Hydroxy-2-methyl-naphthalin	62% d. Th.
2-Hydroxy-1-methyl-naphthalin	43% d. Th.

$\alpha\alpha_4$) von N-Carboxy-α-amino-carbonsäure-anhydriden

N-Carboxy-α-amino-carbonsäure-anhydride (Leuchs-Anhydride, 2,4-Dioxo-tetrahydro-1,3-oxazole) werden durch Lithiumalanat reduktiv zu 2-Amino-alkoholen (neben wenig N-Formyl-aminosäure) aufgespalten; z.B.[2]:

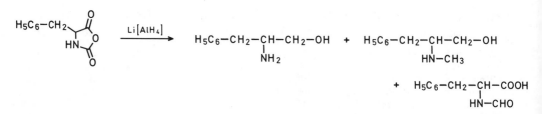

$\alpha\alpha_5$) von Carbamidsäureestern

Die Reduktion von Carbamidsäureestern (Urethanen) mit Lithiumalanat führt zu sek. und tert. Methylaminen. Da die Carbamidsäureester z.T. leicht zugänglich sind, ist dieser Weg der Reduktion von Formamiden vorzuziehen (s.S. 236ff.).

N-Monosubstituierte Carbamidsäureester verbrauchen vier Hydrid-Äquivalente, N,N-disubstituierte dagegen drei. In der Praxis wird meist ein größerer Überschuß an Reduktionsmittel genommen. Als Medium dienen Äther oder Tetrahydrofuran, in denen die Reaktion oft außerordentlich stürmisch abläuft. Die Trennung der Reduktionsprodukte macht meist keine Schwierigkeiten (vgl. Tab. 10, S. 130).

N-Methyl-anilin[3]:

$$H_5C_6-NH-COOCH_3 \xrightarrow[\text{2. H}_2\text{O}]{\text{1. Li[AlH}_4]} H_5C_6-NH-CH_3$$

[1] N. Minami u. S. Kijima, Chem. Pharm. Bull. (Tokyo) **27**, 816 (1979).
[2] F. Wessely u. W. Swoboda, M. **82**, 621 (1951).
[3] G. A. Haggis u. L. N. Owen, Soc. **1953**, 389.

5 g (33 mMol) N-Phenyl-carbamidsäure-methylester in 20 *ml* abs. Äther werden unter Stickstoff zu einer Lösung von 1,8 g (47 mMol) Lithiumalanat in 100 *ml* abs. Äther getropft. Nach dem Abklingen der Reaktion kocht man die Lösung 2 Stdn. unter Rückfluß, kühlt ab, versetzt mit Wasser, löst den Niederschlag mit Natronlauge, trennt die Äther-Phase ab, trocknet, dampft ein und destilliert den Rückstand; Ausbeute: 3,1 g (88% d. Th.); Kp: 193–195°.

Diese Methode eignet sich insbesondere zur Herstellung sauerstoffempfindlicher Verbindungen, z. B. von *3-Dimethylamino-thiophen*[1]:

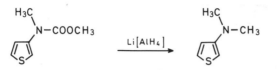

3-Dimethylamino-thiophen[1]: Eine Lösung von 3 g (17,5 mMol) 3-(Methyl-methoxycarbonyl-amino)-thiophen in 25 *ml* THF wird unter Stickstoff und kräftigem Rühren zu einer Lösung von 2 g (52,5 mMol) Lithiumalanat in 50 *ml* abs. THF getropft. Die Lösung wird 24 Stdn. unter Rückfluß gekocht und nach Abkühlen mit Wasser versetzt. Man filtriert den Niederschlag unter Stickstoff, wäscht mit Äther aus und dampft das Filtrat ein. Das erhaltene rohe Amin läßt sich durch präparative Gaschromatographie in einem Beckman-GC-2-Gerät bei 100° durch eine 3 m lange QF-1-(Fluorkohlenstoff-Silicon)-Säule reinigen. Als Trägergas wird Helium angewendet; F (3-Trimethylammonio-thiophen-jodid): 211–212°.

Auf ähnliche Weise sind *5-Benzylmercapto-3-(2-methylamino-alkyl)-* bzw. *-3-(2-dimethylamino-alkyl)-indole* (durch andere Methoden nur schwierig zu erhalten) zugänglich.

5-Benzylmercapto-3-(2-methylamino-propyl)-indol[2]:

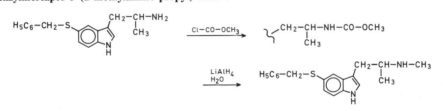

5-Benzylmercapto-3-(2-methoxycarbonylamino-propyl)-indol: Zu einer Lösung von 5 g (15 mMol) 5-Benzylthio-3-(2-amino-propyl)-indol in 150 *ml* Chloroform wird unter Rühren eine Lösung von 4 g (0,1 Mol) Natriumhydroxid in 150 *ml* Wasser gegeben. Man tropft unter Kühlung mit Eiswasser 2,77 g (30 mMol) Chlor-ameisensäure-methylester zu, rührt 1 Stde. unter Eiskühlung, säuert mit 6 n Salzsäure an und rührt 30 Min. bei 25°. Die wäßr. Schicht wird abgetrennt und mit Chloroform ausgeschüttelt. Die vereinigten Chloroform-Lösungen werden mit Wasser gewaschen, getrocknet und eingedampft. Man erhält 4,4 g Rohprodukt, das ohne Reinigung weiter verarbeitet wird.

5-Benzylthio-3-(2-methylamino-propyl)-indol: Zur Suspension von 3,8 g (0,1 Mol) Lithiumalanat in 100 *ml* THF gibt man unter Rühren eine Lösung von 4,4 g (0,0124 Mol) 5-Benzylthio-3-(2-methoxycarbonylamino-propyl)-indol in 100 *ml* THF. Die Mischung wird 24 Stdn. unter Rückfluß gekocht, danach abgekühlt, mit ges. Ammoniumchlorid-Lösung versetzt, i. Vak. eingedampft, mit Butanol/Wasser extrahiert, der Butanol-Auszug mit Wasser gewaschen, getrocknet und eingedampft. Der Rückstand wird in verd. Salzsäure gelöst, die Lösung filtriert, mit Natronlauge alkalisch gestellt und mit Äther ausgeschüttelt. Nach Trocknen dampft man den Äther i. Vak. ab; Ausbeute (Hydrochlorid): 4,3 g (~100% d. Th.); freies Amin: Kp$_{0,2}$: 200°.

Bei N-Aryl-carbamidsäureestern werden dagegen die N-Hydroxymethyl-amine erhalten; z. B.[3]:

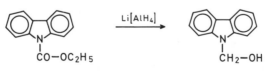

9-Hydroxymethyl-carbazol; 80% d. Th.

[1] J. B. SULLIVAN u. W. C. McCARTHY, J. Org. Chem. **30**, 662 (1965).
[2] J. K. HORNER u. W. A. SKINNER, Canad. J. Chem. **44**, 315 (1966).
[3] J. KNABE, Ar. **288**, 469 (1955).

Tab. 10: Reduktion von Carbamidsäureestern zu N-Methyl-aminen mit Lithiumalanat

$R^3O-CO-N{<}^{R^1}_{R^2}$

R^1	R^2	R^3	N-Methyl-amin	Ausbeute [% d. Th.]	Kp [°C]	Torr	Literatur
H	$CH_2-C_6H_5$	C_2H_5	*Methyl-benzyl-amin (Hydrochlorid)*	79	(F: 174–177°)	–	1
	$CH_2-COOC_2H_5$	$CH_2-C_6H_5$	*2-Methylamino-äthanol*	93	159	747	2
	C_3F_7	C_2H_5	*2,2,3,3,3-Pentafluor-1-methylamino-propan*	60	61–62	760	3
			+ N-(2,2,3,3,3-Pentafluor-propyl)-carbamidsäure-äthylester	10	63–66	2	
	$C_{11}H_{23}$	CH_3	*Methyl-undecyl-amin*	84,5	(F: 150–154°)	–	4
	$-CH-CH_2-OH$ / $CH-OH$ / $CH=CH-C_{13}H_{27}$	$CH_2-C_6H_5$	*2-Methylamino-1,3-dihydroxy-octadecen-(4) (N-Methyl-sphingosin)*	76	(F: 62–65°)	–	5
	(bicyclo-Struktur)	CH_3	*5-Methylamino-bicyclo[2.2.2]octen-(2) (Hydrojodid)*	96	(F: 234–236°)	–	6
CH_3	CH_2-COOH	CH_3	*2-Dimethylamino-äthanol*	87	(F: 196–198°)	–	1
	C_6H_5	CH_3	*N,N-Dimethyl-anilin*	96	76,7–77,9	13	7
C_4H_9	C_4H_9	C_2H_5	*Methyl-dibutyl-amin (Pikronolat)*	85	156–157	757	7
	$-(CH_2)_5-$	C_2H_5	*1-Methyl-piperidin*	98	105–106	760	8
$-CH_2-CH_2-N-CH_2-CH_2-$ / $-N-(CH_2)_3$ (phenothiazinyl)		C_2H_5	*1-(4-Methyl-piperazino)-3-[phenothiazinyl-(10)]-propan*	80	(F: 51–53°)	–	9

1 F. WESSELY u. W. SWOBODA, M. **82**, 621 (1951).
2 P. KARRER u. B. J. R. NICOLAUS, Helv. **35**, 1581 (1952).
3 R. L. DANNLEY u. R. G. TABORSKY, J. Org. Chem. **22**, 77 (1957).
4 E. MAGNIEN u. R. BALTZLY, J. Org. Chem. **23**, 2029 (1958).
5 B. WEISS, J. Org. Chem. **30**, 2483 (1965).
6 C. A. GROB, H. KNY u. A. GAGNEUX, Helv. **40**, 130 (1957).
7 R. L. DANNLEY, M. LUKIN u. J. SHAPIRO, J. Org. Chem. **20**, 92 (1955).
8 J. KNABE, Ar. **288**, 469 (1955).
9 O. HROMATKA, G. STEHLIK u. F. SAUTER, M. **91**, 107 (1960).

Bei der Reduktion von Carbamidsäureestern mit Lithiumalanat wird der Ester als Alkohol abgespalten, so daß umgekehrt die Diäthylaminocarbonyl-Gruppe als Schutzgruppe für Alkohole eingesetzt werden kann. Sie wird durch N,N-Diäthyl-carbamidsäure-chlorid in Pyridin eingeführt[1]; z.B.:

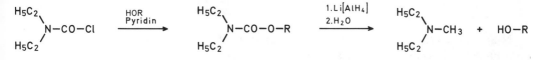

Die N-Benzyloxycarbonyl-Gruppe dient bei Peptid-Synthesen als Schutzgruppe für die Amino-Gruppe und läßt sich mit Lithiumalanat[2] oder Lithiumalanat/Aluminiumchlorid[3] zur N-Methyl-Gruppe reduzieren. Meist werden dabei auch die Peptid-Bindungen angegriffen; die Reaktion ist also nur beschränkt anzuwenden[4]; z.B.[2]:

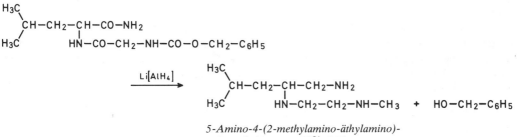

5-Amino-4-(2-methylamino-äthylamino)-
2-methyl-pentan; 80% d. Th.

Die Abspaltung der N-Benzyloxycarbonyl-Gruppe von Aminosäure- und Peptid-Derivaten gelingt dagegen mit Triäthyl-siliciumhydrid in Gegenwart von wenig Triäthylamin und Palladium(II)-chlorid als Katalysator, auch bei schwefelhaltigen Aminosäuren, wo die katalytische Hydrierung meist versagt[5]:

$$R-CH-COOH \atop HN-CO-O-CH_2-C_6H_5 \xrightarrow[-H_2]{(H_5C_2)_3SiH/PdCl_2} {R-CH-COOSi(C_2H_5)_3 \atop HN-CO-O-CH_2-C_6H_5} \xrightarrow[-H_5C_6-CH_3]{(H_5C_2)_3SiH/PdCl_2 \atop -CO_2}$$

$$R-CH-COOSi(C_2H_5)_3 \atop HN-Si(C_2H_5)_3 \xrightarrow{2\ H_3C-OH} {R-CH-COOH \atop NH_2} + 2\ (H_5C_2)_3Si-OCH_3$$

Aminosäuren und Peptide aus den entsprechenden Benzyloxycarbonyl-Derivaten; allgemeine Arbeitsvorschrift[5]: 0,01 Mol N-Benzyloxycarbonyl-aminosäure bzw. -peptid und 0,04 Mol Triäthyl-siliciumhydrid werden nach Zugabe von 4 Tropfen Triäthylamin und 0,05 g Palladium(II)-chlorid 3 Stdn. am Rückfluß gekocht. Man filtriert und versetzt das Filtrat mit Methanol. Nötigenfalls wird das Produkt mit Aceton ausgefällt; Ausbeute: 80% d. Th.

Aus N-monosubstituierten Carbamidsäureestern können in einem Eintopfverfahren durch reduktive Alkylierung mit Lithiumalanat und einem Ester (s. S. 242f.) tertiäre Methylamine hergestellt werden. Der Carbamidsäureester wird dabei mit überschüssigem Lithiumalanat reduziert und anschließend mit dem entsprechenden Ester versetzt. So

[1] J. R. Bartels-Keith u. D. W. Hills, Soc. [C] **1967**, 434.
[2] P. Karrer u. B. J. R. Nicolaus, Helv. **35**, 1581 (1952).
[3] H. Zahn u. M. Heinz, A. **652**, 76 (1962).
[4] P. Jollès u. C. Fromageot, Bl. **1951**, 862.
[5] L. Birkofer, E. Bierwirth u. A. Ritter, B. **94**, 821 (1961).
   vgl. a. Bd. XV/1, S. 54.

erhält man z.B. aus N-(2-Phenyl-äthyl)-carbamidsäure-methylester und Essigsäure-äthylester *Methyl-äthyl-(2-phenyl-äthyl)-amin* in 74%iger Ausbeute[1]:

$$H_5C_6-CH_2-CH_2-NH-COOCH_3 \xrightarrow[\text{2. H}_3\text{CCOOC}_2\text{H}_5]{\text{1. LiAlH}_4} H_5C_6-CH_2-CH_2-\underset{\underset{C_2H_5}{|}}{N}-CH_3$$

N-Substituierte Carbamidsäureester, die eine Äther-Gruppe enthalten, werden in einigen Fällen bei höherer Temperatur unter gleichzeitiger Äther-Spaltung reduziert[2].

In N-Perfluoralkyl-carbamidsäureestern werden die beiden Fluor-Atome in Nachbarstellung zum Stickstoff-Atom schneller gegen Wasserstoff ausgetauscht, als die Urethan-Gruppe reduziert wird[3,4]. So werden dehalogeniertes N-Methyl-amin und dehalogeniertes Urethan nebeneinander isoliert[3,4] (s.a. ds. Handb., Bd. V/3, S. 498ff.).

Carbamidsäureester werden durch komplexe Borhydride oder Diboran nicht angegriffen, so daß sie zur selektiven Reduktion funktioneller Gruppen unter Erhalt der Urethan-Struktur[5,6] verwendet werden können.

Monosubstituierte Carbamidsäureester lassen sich dagegen in 1,4-Dioxan durch Natrium-acetoxy-trihydrido-borat in Ausbeuten von 65–80% d.Th. zu den entsprechenden sekundären Aminen reduzieren (s.S. 240)[7]. Die Reduktion mit Natriumboranat in Äthanol ist dagegen über die entsprechenden Kohlensäure-imid-ester-Tetrafluoroborate möglich (s.S. 350f.)[8].

Carbamidsäureester werden mit Trichlorsilan/Triäthylamin reduktiv zu den entsprechenden Alkoholen verseift[9].

Cyclische Carbamidsäureester werden durch Lithiumalanat analog den offenkettigen Verbindungen reduziert; z.B.[10]:

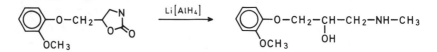

3-Methylamino-1-(2-methoxy-phenoxy)-propanol-(2)[10]: Eine Aufschlämmung von 37,9 g (1 Mol) Lithiumalanat in 200 *ml* Äther und 800 *ml* abs. THF wird 1,5 Stdn. unter Stickstoff gerührt und unter Rückfluß gekocht. Danach gibt man 112 g (0,5 Mol) 2-Oxo-5-(2-methoxy-phenoxymethyl)-1,3-oxazolidin portionsweise zur siedenden Lösung zu, rührt 2 Stdn., kühlt ab, versetzt mit Wasser und danach mit 1 *l* Chloroform, filtriert ab, engt das Filtrat ein und fällt mit 800 *ml* trockenem Äther aus; Ausbeute: 56 g (53% d.Th.); F: 77,5–78°.

2-Oxo-2,3-dihydro-⟨benzo-1,3-oxazole⟩ werden durch Lithiumalanat zu den entsprechenden 2-Methylamino-phenolen aufgespalten. Aus 2-Oxo-2,3-dihydro-⟨benzo-1,3-oxazol⟩ selbst erhält man *2-Methylamino-phenol* zu 57% d.Th.[11]. 2-Oxo-3-chlorme-

[1] H. L. HOLLAND u. G. B. JOHNSON, Tetrahedron Letters **1979**, 3395.
[2] F. BICKELHAUPT, K. STACH u. M. THIEL, M. **95**, 485 (1964).
   F. v. BRUCHHAUSEN u. J. KNABE, Ar. **287**, 601 (1954).
   F. v. BRUCHHAUSEN u. C. SCHÄFER, Ar. **290**, 357 (1957).
[3] R. L. DANNLEY u. R. G. TABORSKY, J. Org. Chem. **22**, 77 (1957).
[4] R. L. DANNLEY u. D. YAMASHIRO, J. Org. Chem. **27**, 599 (1962).
[5] H. C. BEYERMAN u. P. BOEKE, R. **78**, 648 (1959).
   K. A. SCHELLENBERG, J. Org. Chem. **28**, 3259 (1963).
   E. J. COREY, K. B. BECKER u. R. K. VARMA, Am. Soc. **94**, 8616 (1972).
[6] W. V. CURRAN u. R. B. ANGIER, J. Org. Chem. **31**, 3867 (1966).
[7] N. UMINO, T. IWAKUMA u. N. ITOH, Tetrahedron Letters **1976**, 763.
[8] R. F. BORCH, Tetrahedron Letters **1968**, 61.
[9] W. H. PIRKLE u. J. R. HAUSKE, J. Org. Chem. **42**, 2781 (1977).
[10] C. D. LUNSFORD et al., Am. Soc. **82**, 1166 (1960).
[11] N. G. GAYLORD u. D. J. KAY, Am. Soc. **78**, 2167 (1956).

thyl-2,3-dihydro-⟨benzo-1,3-oxazol⟩ ergibt unter gleichzeitiger Hydrogenolyse der C−Cl-Bindung *2-Dimethylamino-phenol* (71% d.Th.)[1]:

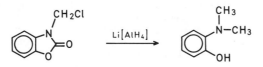

2-Methylaminomethyl-2-phenyl-butanol[2]:

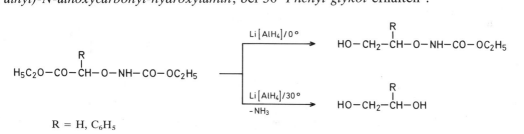

In einem 1-*l*-Kolben mit Innenthermometer, Tropftrichter, Rührer und Rückflußkühler werden unter Stickstoff 4 g (0,105 Mol) Lithiumalanat in 100 *ml* abs. Äther vorgelegt und unter kräftigem Rühren und Kühlen 7,5 g (0,034 Mol) 2,4-Dioxo-5-äthyl-5-phenyl-1,3-oxazinan in 300 *ml* abs. Äther unter Feuchtigkeits-Ausschluß innerhalb 1 Stde. vorsichtig eingetropft. Danach wird das Gemisch 4 Stdn. unter Rückfluß gekocht und 12 Stdn. stehen gelassen. Man zersetzt mit 100 *ml* 10%iger Ammoniumchlorid-Lösung, filtriert den Niederschlag ab, wäscht mit Äther aus, engt das Filtrat auf 250 *ml* ein, schüttelt 2mal mit 50 *ml* 10%iger Salzsäure aus, stellt den sauren Extrakt alkalisch, schüttelt mit Äther aus, dampft die Äther-Lösung ein und destilliert den Rückstand i. Vak. Die Fraktion vom Kp$_4$: 102° wird beim Stehen kristallin; Ausbeute: 3,1 g (47% d.Th.); F: 41–42°.

$\alpha\alpha_6$) von Hydroxylamin- bzw. Hydrazin-N-carbonsäureestern

O-Äthoxycarbonylmethyl-hydroxylamin-N-carbonsäureester können durch Lithiumalanat nicht zu N-Methyl-hydroxylaminen reduziert werden. In der Kälte wird die Urethan-Gruppe nicht angegriffen, bei 30° wird sie abgespalten. Aus O-Äthoxycarbonylmethyl-N-äthoxycarbonyl-hydroxylamin erhält man so bei 0° *O-(2-Hydroxy-äthyl)-N-äthoxycarbonyl-hydroxylamin* (46% d.Th.), bei 30° *Glykol*[3]. Analog wird aus O-(α-Äthoxy-carbonyl-benzyl)-N-äthoxycarbonyl-hydroxylamin bei 0° *O-(2-Hydroxy-1-phenyl-äthyl)-N-äthoxycarbonyl-hydroxylamin*, bei 30° *Phenyl-glykol* erhalten[4]:

R = H, C$_6$H$_5$

O-(2-Hydroxy-1-phenyl-äthyl)-N-äthoxycarbonyl-hydroxylamin[4]: Zu einer Aufschlämmung von 38,4 g (1,01 Mol) Lithiumalanat in 1800 *ml* abs. Äther wird bei 0° eine Lösung von 180,5 g (0,68 Mol) O-(α-Äthoxy-carbonyl-benzyl)-N-äthoxycarbonyl-hydroxylamin in 360 *ml* abs. Äther unter Rühren gegeben. Man rührt 4 Stdn. bei 0°, zersetzt die Mischung durch Zugabe von etwas festem Kohlendioxid und der eben nötigen Menge Wasser und filtriert ab. Die äther. Lösung wird eingedampft, und das zurückbleibende Öl i. Vak. destilliert; Ausbeute: 100 g (66% d.Th.); Kp$_{0,6}$: 160–165°.

Hydrazin-N,N′-dicarbonsäure-diester werden durch Lithiumalanat zu 1,2-Dimethyl-hydrazinen reduziert. N,N-Unsubstituierte Diester verbrauchen zur Reduktion

[1] H. Zinner u. H. Herbig, B. **90**, 1550 (1957).
[2] E. Testa et al., J. Org. Chem. **24**, 1928 (1959).
[3] B. J. R. Nicolaus, G. Pagani u. E. Testa, Helv. **45**, 365 (1962).
[4] B. J. R. Nicolaus, G. Pagani u. E. Testa, Helv. **45**, 1381 (1962).

acht, disubstituierte sechs Hydrid-Äquivalente. In der Praxis wird ein Überschuß von 30–50% eingesetzt.

Tetramethyl-hydrazin[1]: Zu 19 g (0,5 Mol) Lithiumalanat in 500 ml abs. Äther werden unter Rühren 51 g (0,25 Mol) 1,2-Dimethyl-hydrazin-1,2-dicarbonsäure-diäthylester so schnell getropft, daß der Äther mäßig unter Rückfluß siedet. Es wird 1 Stde. bei 35° gerührt und dann der Überschuß an Lithiumalanat unter Stickstoff vorsichtig mit Wasser zerstört. Nach Zugabe von halbkonz. Salzsäure unter Eiskühlung bis zum vollständigen Auflösen des Niederschlages wird das Reaktionsgemisch i. Vak. zu einer viskosen Flüssigkeit eingeengt (vollständige Entfernung von Äther und Äthanol). Nun wird in einer Destillationsapparatur eine Lösung von 100 g Natriumhydroxid in 100 ml Wasser auf 100° erhitzt und dazu unter Rühren das erhaltene Reaktionsprodukt getropft, wobei das in Freiheit gesetzte Tetramethyl-hydrazin abdestilliert. Das bis 100° übergehende Destillat wird unter Kühlung mit Natriumhydroxid gesättigt, die obere Phase abgetrennt und durch mehrstündiges Sieden über Bariumoxid getrocknet; Ausbeute: 15,8 g (72% d. Th.); Kp: 72,5–73°.

Auf ähnliche Weise wird aus Hydrazin-1,2-dicarbonsäure-diäthylester 72% d. Th. *1,2-Dimethyl-hydrazin* erhalten[2].

N-Monosubstituierte Derivate werden nicht einheitlich reduziert. So liefert Fluorenyl-(9)-hydrazin-N,N'-dicarbonsäure-diäthylester *1-Methyl-1-fluorenyl-(9)-hydrazin-2-carbonsäure-äthylester* (I; 77% d. Th.)[3], während 7α-(1,2-Dimethoxycarbonyl-hydrazino)-4,4-dimethyl-$\Delta^{5(6),8(9)}$-steroide II unter Aromatisierung fragmentiert und z. Tl. dimerisiert werden. Bei den entsprechenden $\Delta^{5(6),8(14)}$-Steroiden tritt die Dimerisierung in den Vordergrund[4].

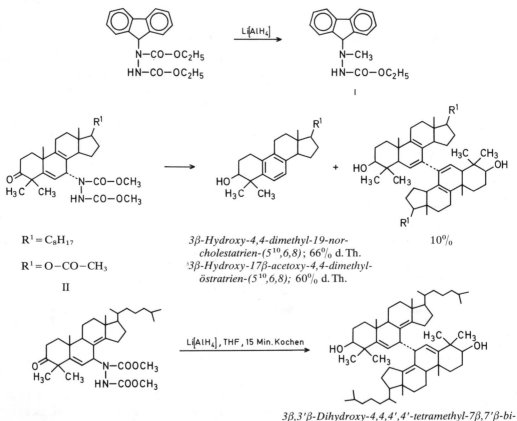

R[1] = C$_8$H$_{17}$ *3β-Hydroxy-4,4-dimethyl-19-nor-*   10%
                            cholestatrien-(5^{10},6,8); 66% d. Th.

R[1] = O–CO–CH$_3$ *3β-Hydroxy-17β-acetoxy-4,4-dimethyl-*
                            östratrien-(5^{10},6,8); 60% d. Th.

II

3β,3'β-Dihydroxy-4,4,4',4'-tetramethyl-7β,7'β-bi-cholestadien-(5,8^{14})-yl; 74% d. Th.

[1] K.-H. LINKE, R. TURLEY u. E. FLASKAMP, B. **106**, 1052 (1973).
[2] R. L. HINMAN, Am. Soc. **78**, 1645 (1956).
[3] R. HUISGEN et al., A. **590**, 1 (1954).
[4] H. DE NIJS u. W. N. SPECKAMP, Tetrahedron Letters **1973**, 3631.

1,2-Diäthoxycarbonyl-hexahydro-pyridazin wird im wesentlichen zu *1,2-Dimethyl-hexahydro-pyridazin* reduziert[1]:

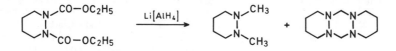

1,2-Dimethyl-hexahydro-pyridazine; allgemeine Arbeitsvorschrift[1]: 1 Mol 1,2-Dialkoxycarbonyl-hexahydro-pyridazin in Äther wird zu 3 Mol Lithiumalanat in Äther gegeben. Man rührt 2 Stdn., versetzt mit Wasser, filtriert den Niederschlag, wäscht ihn mit Äther aus, dampft das Filtrat ein und destilliert den Rückstand.

U.a. werden auf diese Weise erhalten:

1,2-Dimethyl-hexahydro-pyridazin	88% d.Th.; Kp: 140–141°
1,2,4-Trimethyl-hexahydro-pyridazin	71% d.Th.; Kp$_{20}$: 41–41,5°
2,3-Dimethyl-2,3-diaza-bicyclo[2.2.1]heptan	70% d.Th.; Kp$_{24}$: 45–45,5°

Hydrazin-carbonsäureester werden ähnlich den Carbamidsäureestern durch Lithiumalanat mit niedrigen Ausbeuten zu den entsprechenden N-Methyl-hydrazinen reduziert[2]; z.B. 2,2-Dimethyl-hydrazin-1-carbonsäure-äthylester zu *Trimethyl-hydrazin* (10% d.Th.).

αα$_7$) von Harnstoffen

i$_1$) offenkettige

Während N,N'-disubstituierte Harnstoffe von Lithiumalanat nicht angegriffen werden, erhält man mit Natriumboranat in siedendem Pyridin mit mittleren Ausbeuten die entsprechenden N,N'-disubstituierten Formamidine. N,N'-Dialkyl-harnstoffe liefern die besten Ausbeuten, N,N'-Diaryl-harnstoffe die schlechtesten[3].

N,N'-Dicyclohexyl-formamidin[3]: 11,22 g (50 mMol) N,N'-Dicyclohexyl-harnstoff und 2,27 g (60 mMol) Natriumboranat werden in 125 *ml* abs. Pyridin gelöst. Man kocht die Lösung 25 Stdn. unter Rückfluß, dampft sie i. Vak. ein, löst den Rückstand in 50 *ml* Wasser, extrahiert mit Benzol, destilliert nach Trocknen das Lösungsmittel ab und kristallisiert den Rückstand aus Cyclohexan; Ausbeute: 6,95 g (66,8% d.Th.); F: 100–102°.

Auf analoge Weise erhält man u.a.

N-Butyl-(2)-N'-cyclohexyl-formamidin	56% d.Th.; F: 70°
N-Isopropyl-N'-cyclohexyl-formamidin	65% d.Th.; F: 70°

Trisubstituierte Harnstoffe werden von Lithiumalanat zu Formamidinen (30–60% d.Th.) und sek. Methylaminen als Nebenprodukte (infolge Weiterreduktion) reduziert[4, 5].

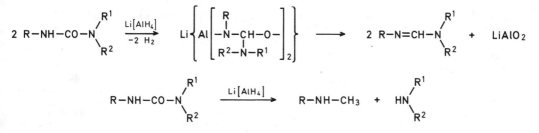

In der Praxis werden statt der theoretisch nötigen zwei vier bis sechs Hydrid-Äquivalente eingesetzt.

[1] H. R. SNYDER u. J. G. MICHELS, J. Org. Chem. **28**, 1144 (1963).
[2] R. L. HINMAN, Am. Soc. **78**, 1645 (1956).
[3] Y. KIKUGAWA et al., Tetrahedron Letters **1969**, 699.
[4] W. RIED u. F. MÜLLER, B. **85**, 470 (1952).
[5] A. LARIZZA, G. BRANCACCIO u. G. LETTIERI, J. Org. Chem. **29**, 3697 (1964).

Trisubstituierte Formamidine; allgemeine Arbeitsvorschrift[1]:

Methode ①: 0,02 Mol trisubstituierter Harnstoff werden in 150 *ml* abs. Benzol gelöst, und die Lösung unter Rühren zu einer Suspension von 0,03 Mol Lithiumalanat in 150 *ml* abs. Äther getropft. Man kocht die Mischung 14 Stdn. unter Rückfluß, kühlt ab, versetzt mit 1 *ml* Wasser, 1 *ml* 15%iger Natronlauge und schließlich mit 3,5 *ml* Wasser, rührt 20 Min. kräftig nach, filtriert den Niederschlag ab und wäscht ihn mit Äther aus. Das Filtrat wird mit konz. Weinsäure-Lösung durchgeschüttelt, die wäßr. Phase mit Kaliumcarbonat alkalisch gemacht und mit Äther ausgeschüttelt. Nach Trocknen wird der Äther abgedampft und der Rückstand i. Vak. destilliert.

Methode ②: Wie unter Methode ①, nur werden pro 0,02 Mol Harnstoff 0,02 Mol Lithiumalanat verwendet.

Methode ③: Wie unter Methode ①, nur wird 4 Stdn. unter Rückfluß gekocht.

Methode ④: Eine Lösung von 0,05 Mol Harnstoff in 100 *ml* abs. Toluol wird unter Rühren zu einer Aufschlämmung von 0,05 Mol Lithiumalanat in 100 *ml* Dibutyläther gegeben. Man kocht 5 Stdn. unter Rückfluß. Die Aufarbeitung geschieht nach Methode ①.

U. a. werden auf diese Weise erhalten:

N,N'-Diäthyl-N-phenyl-formamidin	57% d. Th. nach ①	Kp$_{15}$: 143–144°
N,N'-Dipropyl-N-phenyl-formamidin	62% d. Th. nach ①	Kp$_{15}$: 154–155°
N,N'-Dipropyl-N-butyl-formamidin	48% d. Th. nach ④	Kp$_{14}$: 92–94°
N,N'-Dimethyl-N-phenyl-formamidin	26% d. Th. nach ①	Kp$_{15}$: 128–131°
	29% d. Th. nach ②	
	28% d. Th. nach ③	

N,N'-Dialkyl-N-phenyl-harnstoffe werden in meist guten Ausbeuten nach Methode ① reduziert, Trialkyl-harnstoffe nach Methode ④. Bei Hydrogenolyse-empfindlichen Harnstoffen (z. B. bei N-Aminocarbonyl-aza-heterocyclen) werden die milden Methoden ② und ③ eingesetzt.

N,N-disubstituierte N'-Phenyl-harnstoffe werden dagegen mit sehr guten Ausbeuten ausschließlich zu sek. Aminen reduziert; z. B. erhält man aus 1-Anilinocarbonyl-imidazol 70% d.Th. *N-Methyl-anilin* neben 92% d.Th. *Imidazol*[2].

Im Gegensatz hierzu liefern trisubstituierte Harnstoffe in Pyridin mit Natriumboranat Formamide und sek. Amine[3]:

Dicyclohexyl-amin und N-Cyclohexyl-formamid[3]: 9,2 g (30 mMol) Tricyclohexyl-harnstoff und 1,36 g (36 mMol) Natriumboranat werden in 75 *ml* abs. Pyridin gelöst. Man erhitzt die Lösung 20 Stdn. unter Rückfluß, zersetzt das ausgeschiedene Addukt mit 100 *ml* Wasser, filtriert, säuert das Filtrat mit konz. Salzsäure auf p$_H$ = 4 an und setzt aus dem ausgefallenen *Dicyclohexyl-amin-Hydrochlorid* die Base in Freiheit; Ausbeute: 3,81 g (70% d. Th.); Kp$_{40}$: 145°.

Die Mutterlauge wird mit Benzol ausgeschüttelt, und der Rückstand des Auszuges i. Vak. destilliert; Ausbeute: 2,31 g (64% d. Th.) *N-Cyclohexyl-formamid;* Kp$_3$: 117°.

2-(N-Morpholinocarbonyl-anilino)-2-phenyl-acetaldehyd (Enol-Form) liefert mit Lithiumalanat unter Abspaltung der Morpholinocarbonyl-Gruppe und C=C-Reduktion *2-Anilino-2-phenyl-äthanol*[4], mit Natriumboranat wird dagegen *2-Oxo-3,4-diphenyl-1,3-oxazolidin* (55% d. Th.) gebildet[4]:

[1] A. Larizza, G. Brancaccio u. G. Lettieri, J. Org. Chem. **29**, 3697 (1964).
[2] K. Schlögl u. H. Woidich, M. **87**, 679 (1956).
[3] Y. Kikugawa et al., Tetrahedron Letters **1969**, 699.
[4] M. F. Saettone u. A. Marsili, Tetrahedron Letters **1966**, 6009.

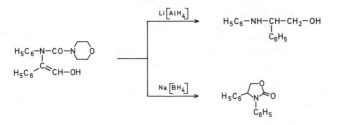

N-Nitroso-N-alkyl-harnstoffe reagieren in alkalischem Medium mit Natriumboranat zu den entsprechenden Kohlenwasserstoffen[1]:

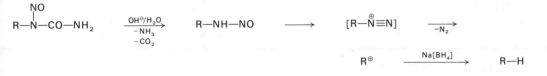

$$R-\overset{NO}{\overset{|}{N}}-CO-NH_2 \xrightarrow[-NH_3,\ -CO_2]{OH^{\ominus}/H_2O} R-NH-NO \longrightarrow [R-\overset{\oplus}{N}\equiv N] \xrightarrow{-N_2} R^{\oplus} \xrightarrow{Na[BH_4]} R-H$$

i$_2$) cyclische

Cyclische Harnstoff-Derivate mit einer Carbonyl-Gruppe werden durch Lithiumalanat oft unter Ringspaltung zu Diaminen reduziert; z.B.:

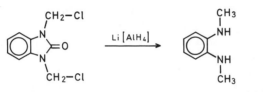

1,2-Bis-[methylamino]-benzol[2]; 59% d. Th.

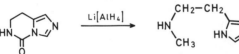

N-Methyl-histamin[3]; 56% d. Th.

aber:

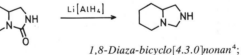

1,8-Diaza-bicyclo[4.3.0]nonan[4]; 52% d. Th.

Zur Reduktion von 2-Imidazolonen mit Organo-silanen in Trifluoressigsäure s. Lit.[5].

Bei cyclischen Harnstoff-Derivaten mit zwei Carbonyl-Funktionen werden entweder eine oder beide Carbonyl-Gruppen reduziert. Wird nur eine Carbonyl-Gruppe reduziert, so ist es in der Regel die Carbonsäure-amid-Funktion, die Harnstoff-Gruppe bleibt erhalten. Folgende Regeln sind zu beachten:

[1] W. Kirmse u. H. Schütte, A. **718**, 86 (1968).
[2] H. Zinner u. B. Spangenberg, B. **91**, 1437 (1958).
[3] K. Schlögl u. H. Woidich, M. **87**, 679 (1956).
[4] K. Winterfeld u. H. Schüler, Ar. **293**, 203 (1960).
[5] G. Guillerm et al., J. Org Chem. **42**, 3776 (1977).

① Die Reduktion der 4-Oxo-Gruppe zur Methylen-Gruppe gelingt in 2,4-Dioxo-imidazolidinen (mit Lithiumalanat oder Natrium-[bis-(2-methoxy-äthoxy)-aluminiumhydrid]), in 2,4-Dioxo-1,2,3,4-tetrahydro-pyrimidinen (mit Lithiumalanat) und in Barbitursäuren (mit einem kleinen Überschuß an Natriumboranat/Bortrifluorid). Natriumboranat reduziert zuerst die 4-Oxo-Gruppe selektiv nur bis zur Hydroxylmethylamin-Stufe, bei weiterer Einwirkung wird das Molekül meistens reduktiv aufgespalten.

② Die 2-Oxo-Gruppe in 2,4-Dioxo-imidazolinen bzw. Barbitursäuren wird in N-alkylierten Derivaten durch Natriumboranat meistens zur Methylen-Gruppe reduziert. Mit Lithiumalanat werden alle Carbonyl-Gruppen reduziert.

③ In N,N'-disubstituierten Barbitursäuren werden die Oxo-Gruppen in 4- und 6-Stellung durch Lithiumalanat bzw. mit einem großen Überschuß an Natriumboranat/Bortrifluorid reduziert. In N-Alkyl-barbitursäuren können die 4,6-Oxo-Gruppen selektiv mit Lithiumalanat/Aluminiumchlorid unter Erhaltung der 2-Oxo-Gruppe reduziert werden.

2-Oxo-4-propyl-4-phenyl-imidazolidin[1]: Zu 11,4 g (0,3 Mol) Lithiumalanat in 600 *ml* abs. Äther gibt man unter Rühren 21,8 g (0,1 Mol) 2,4-Dioxo-5-propyl-5-phenyl-imidazolidin. Die Mischung wird 30 Stdn. unter Rückfluß erhitzt, danach mit 44 *ml* Wasser und 11 *ml* 15%-iger Natriumhydroxid-Lösung hydrolysiert und filtriert. Man kocht den Niederschlag mit Äthanol aus, filtriert, dampft die Solventien ab und kristallisiert das Rohprodukt aus verd. Äthanol um; Ausbeute: 8,9 g (48% d. Th.); F: 207–209°.

Analog erhält man z. B. ferner:

2-Oxo-4-diphenyl-imidazolidin	38% d. Th.; F: 250–252°
2-Oxo-4-methyl-4-(2-methyl-propyl)-imidazolidin	91% d. Th.; F: 99–101°
2-Oxo-4-methyl-4-nonyl-imidazolidin	92% d. Th.; F: 91–92°
2-Oxo-4-bis-[2-methyl-propyl]-imidazolidin	63% d. Th.; F: 176–178°
2-Oxo-4-diisopropyl-imidazolidin	82% d. Th.; F: 131–133°

Im Gegensatz dazu führt die Reduktion mit einem großen Natriumboranat-Überschuß unter Ringspaltung zu *2-Ureido-äthanol*[2].

2,4-Dioxo-3-alkyl-imidazolidine werden mit Lithiumalanat in der Hitze zu *3-Alkyl-imidazolidinen* reduziert; z. B. 2,4-Dioxo-3-methyl-5-phenyl-imidazolidin zu *1-Methyl-4-phenyl-imidazolidin* (43% d. Th.); bei 23° und inverser Zugabe wird dagegen (vgl. S. 252) *2-Hydroxy-1-methyl-4-phenyl-imidazol* (66% d. Th.) erhalten, das sich unter energischen Bedingungen zum *1-Methyl-4-phenyl-imidazol* (25% d. Th.) reduzieren läßt[3]:

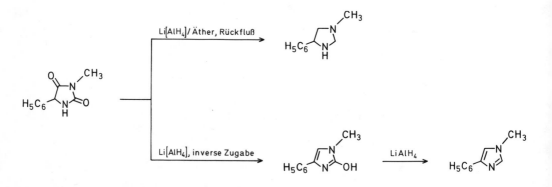

Komplexbildende (NH-, OH-) Gruppen in der 3-Alkyl-Gruppe verändern den normalen Reaktionsablauf; z. B.:

[1] F. J. MARSHALL, Am. Soc. **78**, 3696 (1956).
[2] Y. KONDO u. B. WITKOP, J. Org. Chem. **33**, 206 (1968).
[3] I. J. WILK u. W. J. CLOSE, J. Org. Chem. **15**, 1020 (1950).

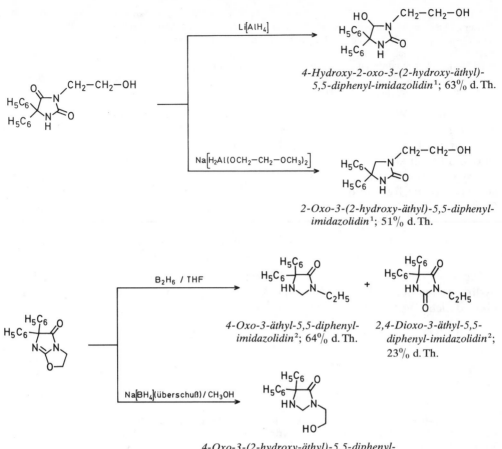

4-Hydroxy-2-oxo-3-(2-hydroxy-äthyl)-5,5-diphenyl-imidazolidin[1]; 63% d. Th.

2-Oxo-3-(2-hydroxy-äthyl)-5,5-diphenyl-imidazolidin[1]; 51% d. Th.

4-Oxo-3-äthyl-5,5-diphenyl-imidazolidin[2]; 64% d. Th.

2,4-Dioxo-3-äthyl-5,5-diphenyl-imidazolidin[2]; 23% d. Th.

4-Oxo-3-(2-hydroxy-äthyl)-5,5-diphenyl-imidazolidin[2]; 89% d. Th.

Weitere Beispiele s. Lit.[2].

In 2,4-Dioxo-1,2,3,4-tetrahydro-pyrimidinen (Uracilen) wird durch Lithium-alanat nur die 4-Oxo-Gruppe reduziert (*2-Oxo-1,2,3,4-tetrahydro-pyrimidin*; s. S. 141, 252f.), von Natriumboranat werden die Oxo-Gruppen unter gewöhnlichen Bedingungen nicht angegriffen[3]; 2,4-Dioxo-hexahydro-pyrimidin wird dagegen zu *3-Ureido-propanol* reduziert[4]:

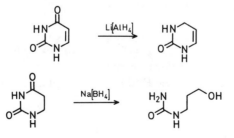

[1] V. E. Marquez et al., J. Org. Chem. **37**, 2558 (1972).
[2] V. E. Marquez et al., J. Heterocyclic Chem. **9**, 1145 (1972).
[3] B. W. Langley, Am. Soc. **78**, 2140 (1956).
  s. a. S. J. Hannon et al., Tetrahedron Letters **1980**, 1105.
[4] P. Cerutti et al., Am. Soc. **90**, 771 (1968).
  P. Cerutti u. N. Miller, J. Mol. Biol. **26**, 55 (1967).

3-Ureido-propanol[1]**:** Zu einer Lösung von 1,647 g (14,4 mMol) 2,5-Dioxo-hexahydro-pyrimidin in 110 *ml* Wasser gibt man unter Rühren 1,082 g (28,8 mMol) Natriumboranat. Man rührt 2 Stdn. bei 20°, versetzt mit wenig Aceton und läßt die Lösung durch eine Amberlite-IRC-50 (Säureform/Säule/20 mal 120 mm) fließen. Das Aceton wird i. Vak. abdestilliert und die wäßr. Lösung gefriergetrocknet (lyophilisiert). Vom Rückstand wird 3 mal Methanol abgedampft, und das erhaltene Öl auf einer Silicagel-Säule (24 mal 300 mm) chromatographiert und mit Chloroform-Methanol (8 : 2) eluiert. Es werden Fraktionen von 6 *ml* aufgefangen. Die Fraktionen 49–61 dampft man i. Vak. ein und destilliert den Rückstand; Ausbeute: 1,407 g (82% d. Th.); $Kp_{0,2}$: 190°; F: 61–62°.

Auf ähnliche Weise wird 2,4-Dioxo-5-methyl-hexahydro-pyrimidin zu *3-Ureido-2-methyl-propanol* reduziert[2]. Die Nucleoside Uridin und Thymidin werden bei Belichtung ihrer wäßrigen Lösung vom $p_H = 9,5–10$ in Gegenwart von Natriumboranat bei 50° selektiv zu den 5,6-Dihydro-Derivaten reduziert. *5,6-Dihydro-uridin [2,4-Dioxo-1-(β-D-ribofuranosyl)-hexahydro-pyrimidin]* ist durch die Photoreduktion in 47%iger Ausbeute erhältlich. Die weitere Reduktion zum *N-(β-D-Ribofuranosyl)-N-(3-hydroxy-propyl)-carbamid* (20% d. Th.) läuft ohne Belichtung analog dem 2,4-Dioxo-hexahydro-pyrimidin[3] ab.

Bei der Photoreduktion von Uridin wird als Nebenprodukt durch Photohydratation *6-Hydroxy-2,4-dioxo-1-(β-D-ribofuranosyl)-hexahydro-pyrimidin* gebildet. Die Photoreduktion von Thymidin mit Natriumboranat verläuft langsamer und kann nicht vom zweiten, Licht-unabhängigen Schritt abgegrenzt werden[2].

Die C=C-Doppelbindung der 2,4-Dioxo-5-[2-hydroxy-pyrimidyl-(4)]-1,2,3,4-tetrahydro-pyrimidine und deren En-amin-Verbindungen wird durch Natriumboranat auch ohne Belichtung reduziert; z. B.[4]:

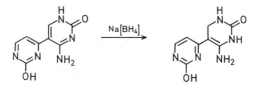

4-Amino-2-hydroxy-5-[2-hydroxy-pyrimidyl-(4)]-3,6-dihydro-pyrimidin[4]**:** 16,8 mg (0,075 mMol) 4-Amino-2-hydroxy-5-[2-hydroxy-pyrimidyl-(4)]-pyrimidin werden in 7 *ml* 0,14 n Salzsäure gelöst und zur Lösung von 150 *ml* Wasser (unter Stickstoff destilliert) gegeben. Unter kräftigem Rühren tropft man unter Stickstoff 1 *ml* n Natriumhydroxid und 1 *ml* wäßr. n Natriumboranat-Lösung ein, rührt 45 Min. bei 20°, kühlt ab, versetzt mit 1 *ml* Aceton, filtriert und wäscht den Niederschlag; Ausbeute: 11,8 mg (76% d. Th.); F: >340° (Zers.).

Auf ähnliche Weise werden ferner erhalten:

2,4-Dioxo-5-[2-hydroxy-pyrimidyl-(4)]-hexahydro-pyrimidin	73% d. Th.
2-Oxo-4-thiono-5-[2-hydroxy-pyrimidyl-(4)]-hexahydro-pyrimidin	71% d. Th.

In Barbitursäuren wird mit Natriumboranat/Bortrifluorid selektiv eine Carbonsäure-amid-Gruppe reduziert, mit Lithiumalanat bzw. überschüssigem Natriumboranat/Bortrifluorid werden beide Carbonsäure-amid-Gruppen angegriffen; alle drei Carbonyl-Gruppen werden nur in N-alkylierten Derivaten mit Lithiumalanat zu Methylen-Gruppen reduziert.

5-Äthyl-5-phenyl-barbitursäure liefert durch Reduktion mit einem kleinen Überschuß an Natriumboranat/Bortrifluorid *2,4-Dioxo-5-äthyl-5-phenyl-hexahydro-pyrimidin*. Zum Gelingen der Reaktion muß der reduzierte Ansatz mit alkalischem Wasserstoffperoxid oxidiert werden (s. S. 58, 81). Die Reduktion gelingt meist nur bei 5-Phenyl-barbitursäuren[5].

---

[1] P. Cerutti et al., Am. Soc. **90**, 771 (1968).
  P. Cerutti u. N. Miller, J. Mol. Biol. **26**, 55 (1967).
[2] G. Ballé, P. Cerutti u. B. Witkop, Am. Soc. **88**, 3946 (1966).
  Y. Kondo u. B. Witkop, Am. Soc. **90**, 764 (1968).
[3] P. Cerutti, K. Ikeda u. B. Witkop, Am. Soc. **87**, 2505 (1965).
  P. Cerutti et al., Am. Soc. **90**, 771 (1968).
[4] D. E. Bergstrom u. N. J. Leonard, Am. Soc. **94**, 6178 (1972).
[5] E. E. Smissman, A. J. Matuszak u. C. N. Corder, J. Pharm. Sci **53**, 1541 (1964).

2,4-Dioxo-5-äthyl-5-phenyl-hexahydro-pyrimidin[1]: Zu einer Lösung von 2,8 g (0,073 Mol) Natriumboranat in 85 ml Bis-[2-methoxy-äthyl]-äther werden unter Rühren und unter Stickstoff 23,2 g (0,1 Mol) 5-Äthyl-5-phenyl-barbitursäure und danach innerhalb 40 Min. tropfenweise 8 g (0,056 Mol) Bortrifluorid-Ätherat in 15 ml Bis-[2-methoxy-äthyl]-äther gegeben. Die Mischung wird 2,5 Stdn. bei 20°, 1 Stde. bei 100° gerührt, abgekühlt und mit 20 ml Wasser in Anteilen von 5 ml versetzt. Zu der schäumenden Lösung werden 4,8 g Natriumhydroxid in 40 ml Wasser und 40 ml 30%iges Wasserstoffperoxid gegeben, die ausgeschiedenen Kristalle nach 12 Stdn. abgesaugt, in 5%iger Natronlauge gelöst und mit 5%iger Salzsäure ausgefällt; Ausbeute: 6,24 g (28,6% d. Th.); F: 268–269°.

Mit einem 50%igen Überschuß an Reduktionsmittel werden 27% d. Th. *2-Oxo-5-äthyl-5-phenyl-hexahydro-pyrimidin*[1] erhalten.

2-Oxo-5-äthyl-5-phenyl-hexahydro-pyrimidin[2]: Zu 15,2 g (0,4 Mol) Lithiumalanat in 600 ml abs. Äther werden unter Rühren portionsweise 23,2 g (0,1 Mol) 5-Äthyl-5-phenyl-barbitursäure gegeben. Man kocht die Mischung 44 Stdn. unter Rückfluß, versetzt mit Wasser und mit 15 ml 15%iger Natriumhydroxid-Lösung, saugt den Niederschlag ab, kocht ihn mit 4mal 250 ml Äthanol aus, destilliert die Solventien ab und kristallisiert das ausgefallene Rohprodukt aus Chloroform-Äthanol um; Ausbeute: 9 g (44% d. Th.); F: 195–196,5°.

Analog erhält man u. a.:

2-Oxo-5-äthyl-5-(3-methyl-butyl)-hexahydro-pyrimidin   63% d. Th.; F: 144–146°
2-Oxo-5-pentyl-(2)-5-allyl-hexahydro-pyrimidin   53% d. Th.; F: 114–116°

Mit Natriumboranat in wäßrigem Äthanol werden N-unsubstituierte Barbitursäuren mit niedrigen Ausbeuten zu Propandiolen-(1,3) und Harnstoffen hydrogenolytisch gespalten[3].

Während N-alkylierte Barbitursäuren mit Lithiumalanat die Hexahydro-pyrimidine nur in geringen Ausbeuten liefern, erhält man mit Lithiumalanat/Aluminiumchlorid selektiv 2-Oxo-hexahydro-pyrimidine[4].

2-Oxo-1-methyl-5-äthyl-5-phenyl-hexahydro-pyrimidin[4]: 3 g (12 mMol) 1-Methyl-5-äthyl-5-phenyl-barbitursäure werden nach und nach in eine äther. Lösung von 2 g (53 mMol) Lithiumalanat und 6,4 g (46 mMol) Aluminiumchlorid eingetragen und 48 Stdn. unter Rückfluß erhitzt. Nach Zers. mit Eiswasser und Alkalisieren mit Natriumcarbonat-Lösung wird mit Äther ausgeschüttelt, und die äther. Lösung nach Trocknen i. Vak. eingedampft. Das anfallende Öl kristallisiert rasch und wird aus Äther-Petroläther umkristallisiert; Ausbeute: 1,65 g (62% d. Th.); F: 112–114°.

Analog erhält man *2-Oxo-1,5-dimethyl-5-[cyclohexen-(1)-yl]-hexahydro-pyrimidin* (62% d. Th.; F: 106–107°).

Natriumboranat reduziert dagegen N-Alkyl-barbitursäuren unter Ringspaltung, so wird z. B. aus 1,3-Dimethyl-5,5-dibenzyl-barbitursäure über die N-Hydroxymethyl-ureido-Zwischenstufe das *3-Phenyl-2-benzoyl-propanol* erhalten[5].

1,3,7,8-Tetramethyl-alloxazin wird durch Lithiumboranat in Gegenwart von Sauerstoff in 4-Stellung zu *4-Hydroxy-2-oxo-1,3,7,8-tetramethyl-1,2,3,4-tetrahydro-⟨benzo-pteridin⟩ (1,3,7,8-Tetramethyl-4,4-dihydro-alloxazin)* (87% d. Th.), unter anaeroben Bedingungen dagegen zu *2,4-Dioxo-1,3,7,8-tetramethyl-1,2,3,4,5,10-tetrahydro-⟨benzo-pteridin⟩ (1,3,7,8-Tetramethyl-5,10-dihydro-alloxazin)* reduziert[6] (Zum Arbeiten unter aeroben und anaeroben Bedingungen s. Lit.[7, 8]). Die Reduktion der Ureidocarbonyl- zur N-Hydroxymethyl-ureido-Struktur

$$-NH-CO-NH-CO- \longrightarrow -NH-CO-NH-CH(OH)-$$

[1] E. E. Smissman, A. J. Matuszak u. C. N. Corder, J. Pharm. Sci 53, 1541 (1964).
[2] F. J. Marshall, Am. Soc. 78, 3696 (1956).
[3] Y. Kondo u. B. Witkop, J. Org. Chem. 33, 206 (1968).
  M. Rautio, Acta Chem. scand. B33, 770 (1979).
[4] J. Knabe, W. Geismar u. C. Urbahn, Ar. 302, 468 (1969).
[5] K. H. Dudley et al., J. Org. Chem. 35, 147 (1970).
[6] F. Müller u. K. H. Dudley, Helv. 54, 1487 (1971).
[7] K. H. Dudley u. P. Hemmerich, J. Org. Chem. 32, 3049 (1967).
[8] K. H. Dudley et al., Helv. 47, 1354 (1964).

mit komplexen Borhydriden ist auch bei Isoalloxazinen[1] (Flavinen) und gewissen Flavoproteinen möglich[2]. Diese Methode scheint also bei cyclischen Harnstoff-Derivaten allgemein anwendbar zu sein.

Der Uracil-Ring wird in 1,3,10-Trimethyl-flavinium-perchlorat durch Reduktion mit Natriumboranat in Wasser zu dem Hydantoin-Ring umgelagert[3].

2,5-Dioxo-1,3-dimethyl-tetrahydro-imidazol-⟨4-spiro-2⟩-4,6,7-trimethyl-1,2,3,4-tetrahydro-chinoxalin[3]:

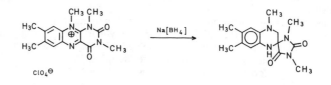

Zu einer Suspension von 0,9 g (2,33 mMol) 2,4-Dioxo-1,3,7,8,10-pentamethyl- 1,2,3,4- tetrahydro- ⟨benzo-[g]- pteridin⟩-ium- perchlorat in 50 ml Wasser wird unter kräftigem Rühren in kleinen Portionen soviel Natriumboranat gegeben, bis $p_H = 6$ erreicht ist. Gleichzeitig wird tropfenweise mit 30 ml Äthanol versetzt. Während der Zugabe verschwindet die orange Farbe der Lösung, und es scheiden sich farblose Kristalle aus. Von der Beendigung der Reaktion überzeugt man sich zweckmäßig durch mikroskopische Untersuchung einiger Tropfen der Suspension, die homogen sein soll. Man versetzt mit 30 ml Wasser, läßt 1 Stde. bei 0° stehen, saugt ab und kristallisiert aus 12 ml Methanol. Ausbeute: 0,35 g (52,5% d. Th.); F: 202–203°.

2,6-Dioxo-4,8-diphenyl-1,3,5,7-tetraaza-bicyclo[3.3.0]octan läßt sich durch Lithiumalanat in *5-Hydroxy-3- phenyl- 1,2,4- triazolidin* (14% d. Th.), *N-Methyl- benzylamin* aufspalten[4]:

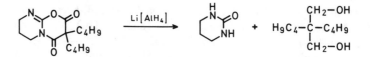

Bei Verwendung eines großen Überschusses von Lithiumalanat wird 2,4-Dioxo-3,3- dibutyl-3,4,7,8- tetrahydro-2H,6H- ⟨pyrimido-[2,1-b]-1,3-oxazin⟩ mit einem diacylierten Isoharnstoff-Gerüst in *5,5-Bis-[hydroxymethyl]-nonan* (66% d. Th.) und *2-Oxo-hexahydro-pyrimidin* zerlegt[5]:

![Reaktionsschema]

$$\text{(N-O-C=O Struktur mit } C_4H_9 \text{)} \xrightarrow{\text{Li[AlH}_4]} \text{(Pyrimidin)} + H_9C_4-\overset{CH_2-OH}{\underset{CH_2-OH}{C}}-C_4H_9$$

αα₈) von Guanidinen

Acyl-Guanidine werden durch Lithiumalanat zu Alkyl-guanidinen reduziert (s. S. 258).

[1] F. MÜLLER et al., Europ. J. Biochem. **9**, 392 (1962).
[2] V. MASSEY et al., J. Biol. Chem. **243**, 1329 (1968).
[3] K. H. DUDLEY u. P. HEMMERICH, J. Org. Chem. **32**, 3049 (1967).
[4] M. HÄRING u. T. WAGNER-JAUREGG, Helv. **40**, 852 (1957).
[5] J. GMÜNDER u. A. LINDENMANN, Helv. **47**, 66 (1964).

α_2) *von Carbonsäuren und Carbonsäure-Derivaten mit einer C=O-Doppelbindung*

Die Reduktion von Carbonsäuren und Carbonsäure-Derivaten mit Hydriden gehört zu den wichtigsten Methoden. Die wenig selektive katalytische Hydrierung von Carbonsäuren, -estern und -amiden kann z. B. meist nur bei Anwendung von hohem Druck und hoher Temperatur durchgeführt werden. Dagegen steht für beinahe jede Carbonsäure und jedes Carbonsäure-Derivat ein geeignetes Hydrid als Reduktionsmittel zur Verfügung (s. a. Tab. 4, S. 39; Tab. 12, S. 145).

Bei der Auswahl des Reduktionsmittels muß in erster Linie der Elektronenzug der zu reduzierenden funktionellen Gruppen berücksichtigt werden. Ordnet man diese nach den steigenden -I- bzw. -M-Werten, so erhält man gleichzeitig die Abstufung ihrer Reaktivität gegenüber nucleophilen komplexen Metallhydriden:

$$-COO^{\ominus} \ < \ -COOH \ < \ -CO-NR_2 \ < \ -CN \ < \ -COOR \ < \ -CO-X$$

Die komplexen Borhydride mit echt salzartiger Struktur (z. B. Kalium-, Natrium-boranat) haben ein geringeres Reduktionsvermögen und reduzieren von obigen Gruppen meist nur Carbonsäure-halogenide und in gewissen Fällen Carbonsäureester, während die komplexen Aluminiumhydride (z. B. Lithiumalanat, Natrium-bis-[2-methoxy-äthoxy]-hydrido-aluminat) auch Carbonsäure-Salze reduzieren.

Tab. 11: Reduktion von Carbonsäuren bzw. Carbonsäure-Derivaten mit einer C=O-Doppelbindung mit komplexen Hydriden

Ausgangsverbindung	Reduktionsprodukte
R–COOH	R–CHO + R–CH$_2$–OH + R–CH$_3$
R–COO$^{\ominus}$	R–CH$_2$–OH + R–CH$_3$
R–CO-Hal	R–CHO + R–CH$_2$–OH

R–CO–OR^1	R–CHO + R–CH$_2$–OH + R–CH$_3$
	+ R^1–OH + R–CH–OH + R–CH$_2$–OR^1
	$\qquad\qquad$ OR^1

R–CO–NH$_2$	R–CH$_2$–NH$_2$
R–CO–NH–R^1	R–CH$_2$–NH–R^1
R–CO–NR$_2^1$	R–CHO + R–CH$_2$–OH + HNR$_2^1$
R–CO–NH–NR$_2^1$	R–CH$_2$–NH–NR$_2^1$
R–CO–N$_3$	R–CH$_2$–OH

R–CH$_2$–NH$_2$

Bei Anwendung elektrophiler Reduktionsmittel (z. B. von Diboran) steigt die Reaktivität in entgegengesetzter Richtung:

$$-COOH > -CONR_2 > -CN > -COOR > -COX$$

Während die aus Carbonsäuren und Diboran im ersten Schritt gebildeten Triacyl-borane I gegenüber Diboran äußerst reaktionsfähig sind, werden die aus Carbonsäure-Salzen und Diboran primär gebildeten Koordinationskomplexe vom Typ II durch das Reduktionsmittel nicht weiter angegriffen:

$$(R-CO-O)_3B \qquad\qquad \underset{R}{\overset{NaO}{\diagdown}}C=\overset{\oplus}{O}-\overset{\ominus}{B}H_3$$

I   II

Auch der die funktionelle Gruppe tragende substituierte Kohlenwasserstoff-Rest modifiziert die Reduzierbarkeit.

Carbonsäuren und Carbonsäure-Derivate können auch stufenweise reduziert werden.

Die aus Carbonsäuren und deren Derivaten mit Hydriden erhältlichen Reduktionsprodukte sind in Tab. 11 (S. 143) aufgeführt.

$\alpha\alpha_1$) von Carbonsäuren

Hydride reagieren meist schnell und quantitativ mit Carbonsäuren. Die Reduktion tritt nur mit stark nucleophilen bzw. gering elektrophilen Reagenzien ein. Daraus folgt, daß die meisten polaren funktionellen Gruppen mit dem entsprechenden Hydrid unter Erhalt der Carboxy-Gruppe, die notfalls geschützt werden muß (S. 204f.), oder umgekehrt die Carboxy-Gruppe neben anderen Gruppen selektiv reduziert werden können.

Bei der Reduktion von Carbonsäuren mit Hydriden sind drei Reduktionsstufen möglich: unter Verbrauch von zwei Hydrid-Äquivalenten werden Aldehyde, mit drei Hydrid-Äquivalenten Alkohole und mit vier Kohlenwasserstoffe erhalten, wovon ein Hydrid-Äquivalent nicht zur Reduktion verwendet, sondern vom aktiven Wasserstoff-Atom der Carboxy-Gruppe unter Wasserstoff-Entwicklung verbraucht wird.

Das Reduktionsvermögen der wichtigsten Hydride gegenüber Carbonsäuren ist aus Tab. 12 (S. 145) ersichtlich.

i_1) zu Aldehyden

Carbonsäuren werden in langsamer Reaktion durch einen Überschuß von 2,3-Dimethyl-butyl-(2)-boran (Thexyl-boran) (2,5 Mol pro Mol Carbonsäure) zu Aldehyden reduziert[1]; man gibt die Carbonsäure bei $-20°$ zum Reduktionsmittel in THF und erhitzt 36 Stdn. unter Rückfluß:

$$R-COOH + 2 H_2B-R^1 \xrightarrow{-H_2} R-CH(-O-BH-R^1)_2 \xrightarrow{H_2O} R-CHO$$

$$R^1 = (H_3C)_2CH-\overset{\overset{\textstyle CH_3}{|}}{\underset{\underset{\textstyle CH_3}{|}}{C}}-$$

Benzaldehyd-2,4-dinitro-phenylhydrazon[1]: In einem 100-ml-Kolben mit Rückflußkühler, Magnetrührer und Thermometer werden unter Stickstoff 22,5 ml Hydrid-Lösung in THF mit einem Gehalt von 1,225 g (12,5 mMol) 2,3-Dimethyl-butyl-(2)-boran vorgelegt. Die Lösung kühlt man auf $-20°$ ab und tropft langsam unter kräftigem Rühren eine auf $-20°$ vorgekühlte Lösung von 0,61 g (5 mMol) Benzoesäure in 2,5 ml THF ein. Man rührt 10

---

[1] H. C. Brown, P. Heim u. N. M. Yoon, J. Org. Chem. **37**, 2942 (1972).

Tab. 12: Reduktionsvermögen von Hydriden gegenüber Carbonsäuren

normalerweise reduzierbar	normalerweise **nicht** reduzierbar durch

zu Aldehyden durch

2,3-Dimethyl-butyl-(2)-boran[1]   Kaliumboranat
Bis-[2-methyl-propyl]-aluminiumhydrid[2]   Natriumboranat
   (Lithiumalanat)[3]
Bis-[4-methyl-piperazino]-aluminiumhydrid[4]   Calciumboranat

zu Alkoholen durch

Diboran[5]   Natrium-trimethoxy-hydrido-borat
Dimethyl-sulfan-Boran[6]   Lithium-tri-tert.-butyloxy-hydrido-aluminat
Pyridin-Boran[3]   Lithium-(tetrakis-[N-dihydropyridyl]-aluminat)
Lithiumalanat[7]
Natrium-(bis-[2-methoxy-äthoxy]-dihydrido-   Natrium-dithio-dihydrido-borat
   aluminat)[8]
Lithium-trimethoxy-hydrido-aluminat[9]   Lithium-cyano-trihydrido-borat
Natriumalanat[10]   Natrium-cyano-trihydrido-borat
Aluminiumhydrid[11]   Bis-[3-methyl-butyl-(2)]-boran
Bis -[2-methyl-propyl]-aluminiumhydrid[2]   Organo-zinnhydride
Aluminium-sesqui-(2-methoxy-äthoxy)-hydrid[12]   Organo-silane
   (Lithiumboranat)   Natriumhydrid
Lithiumalanat/Bortrifluorid[13]   Lithiumhydrid
Natriumboranat/Aluminiumchlorid[14]
Natriumboranat/Bortrifluorid[13]
Natriumboranat/Kupfer(I)-chlorid[15]
Natriumboranat/Zinn(IV)-chlorid[16]

zu Kohlenwasserstoffen durch

Lithiumalanat[15]
Natrium-bis-[2-methoxy-äthoxy]-dihydrido-
   aluminat[13]
Lithiumalanat/Aluminiumchlorid[17]
Trichlorsilan[18]

[1] H.C. BROWN, P. HEIM u. N.M. YOON, J. Org. Chem. **37**, 2942 (1972).
[2] A.E.G. MILLER, J.W. BISS u. L.H. SCHWARTZMAN, J. Org. Chem. **24**, 627 (1959).
   L.I. SACHARKIN u. I.M. CHORLINA, Ž. obšč. Chim. **34**, 1029 (1964).
[3] R.F. NYSTROM u. W.G. BROWN, Am. Soc. **69**, 2548 (1947).
   L.H. CONOVER u. D.S. TARBELL, Am. Soc. **72**, 3586 (1950).
[4] M.MURAKI u. T.MUKAIYAMA, Chem. Letters **1974**, 1447.
[5] N.M. YOON et al., J. Org. Chem. **38**, 2786 (1973).
[6] C.F. LANE et al., J. Org. Chem. **39**, 3052 (1974).
[7] R.P. BARNES, H.J. GRAHAM u. M.D. TAYLOR, J. Org. Chem. **23**, 1561 (1958).
[8] M.ČERNÝ et al., Collect. czech. chem. Commun. **34**, 1025 (1969).
   M.ČERNÝ u. J. MALEK, Collect. czech. chem. Commun. **35**, 1216, 2030, 3079 (1970).
[9] H.C. BROWN u. P.M. WEISSMAN, Am. Soc. **87**, 5614 (1965).
[10] J.PIŤHA, S.HEŘMÁNEK u. J. VÍT, Collect. czech. chem. Commun. **25**, 736 (1960).
[11] N.M. YOON u. H.C. BROWN, Am. Soc. **90**, 2927 (1968).
[12] O.KŘÍŽ, B.ČÁSENSKÝ u. O.ŠTROUF, Collect. czech. chem. Commun. **38**, 842 (1973).
[13] A.G. ANDERSON, R.G. ANDERSON u. T.S. FUJITA, J. Org. Chem. **27**, 4535 (1962).
[14] H.C. BROWN u. B.C. SUBBA RAO, Am. Soc. **78**, 2582 (1956).
[15] B.C. SUBBA RAO u. G.P. THAKAR, J. sci. Ind. Research [India] **20B**, 317 (1961).
[16] S.KANO, Y. YUASA u. S.SHIBUYA, Chem. Commun. **1979**, 796.
   S. KANO et al., Synthesis **1980**, 695.
[17] R.F. NYSTROM u. C.R.A. BERGER, Am. Soc. **80**, 2896 (1958).
   R.F. NYSTROM, Am. Soc. **81**, 610 (1959).
[18] R.A. BENKESER u. J.M. GAUL, Am. Soc. **92**, 720 (1970).
   R.A. BENKESER et al., Am. Soc. **92**, 3232 (1970).
   R.A. BENKESER u. D.F. EHLER, J. Org. Chem. **38**, 3660 (1973).

Min. bei −20° und erhitzt dann zum Rückfluß. Während der Reaktion kühlt man die Lösung in bestimmten Zeitpunkten auf 0° ab und entnimmt 5-*ml*-Portionen, in denen der gebildete Aldehyd als 2,4-Dinitro-phenylhydrazon bestimmt wird.

Die Bestimmung läßt sich folgendermaßen durchführen: 0,4 g (2,4-Dinitro-phenyl)-hydrazin werden in 3 *ml* Wasser und 2 *ml* konz. Schwefelsäure gelöst, zur Lösung gibt man 5 *ml* Methanol und 5 *ml* Reduktionslösung. Das 2,4-Dinitro-phenylhydrazon kristallisiert schnell aus. Man versetzt nach 15 Min. mit 10 *ml* Wasser, saugt den Niederschlag nach 1 Stde. ab, wäscht mit 2 n Salzsäure und Wasser/Methanol (3 : 1) aus und trocknet ihn.

Auf diese Weise erhält man innerhalb 12 Stdn. 0,197 g (70% d. Th.), innerhalb 24 Stdn. 0,232 g (82% d. Th.) Benzaldehyd-2,4-dinitro-phenylhydrazon, dessen Menge auch innerhalb 36 Stdn. konstant bleibt.

Auf ähnliche Weise erhält man aus Hexansäure (0°) innerhalb 36 Stdn. 98% d. Th. *Hexanal-2,4-dinitro-phenylhydrazon.*

Während Bis-[2-methyl-propyl]-aluminiumhydrid (−78 bis −70°, Äther, 8–10 Stdn.) Carbonsäuren lediglich mit mittleren Ausbeuten zu Aldehyden reduziert[1], erhält man mit Bis-[4-methyl- piperazino]- aluminiumhydrid[2] in siedendem THF selektiv die entsprechenden Aldehyde[2].

Hexadecanal[2]:

Zu 97 *ml* (69 mMol) 0,71 m Aluminiumhydrid-Lösung in abs. THF (s. S. 161) werden unter Rühren und Eiskühlung in trockener Argon-Atmosphäre innerhalb 15 Min. 14,1 g (141 mMol) 1-Methyl-piperazin gegeben. Man rührt 2 Stdn. bei 20° und gibt 23 *ml* (12 mMol) der erhaltenen 0,52 m Bis-[4-methyl-piperazinyl]-aluminiumhydrid-Lösung unter Rühren und Eiskühlung innerhalb 5 Min. zu 0,785 g (3,1 mMol) Hexadecansäure in abs. THF. Die Mischung wird 6 Stdn. am Rückfluß erhitzt, mit 0,7 *ml* Wasser zersetzt, der Niederschlag abgesaugt, mit THF gewaschen, das Filtrat eingeengt, der Rückstand in Diäthyläther aufgenommen, mit Wasser gewaschen, getrocknet, eingeengt und an Silicagel chromatographiert; Ausbeute: 0,56 g (77% d. Th.); F: 32–34°.

Analog erhält man z. B. aus

3-Phenyl-propansäure	→	*3-Phenyl-propanal*	70% d. Th.
4-(4-Methyl-phenyl)-pentansäure	→	*4-(4-Methyl-phenyl)-* *pentanal*	68% d. Th.
Pyridin-3-carbonsäure	→	*3-Formyl-pyridin*	75% d. Th.

Einige Carbonsäuren lassen sich auch mit Lithiumalanat zu den Aldehyden reduzieren; z. B.[3]:

Oxalsäure	→	*Glyoxal*	50% d. Th.
Salicylsäure	→	*2-Hydroxy-benzaldehyd*	10% d. Th.
2-Hydroxy-3-carboxy-naphthalin	→	*2-Hydroxy-3-formyl-* *naphthalin*	20% d. Th.

Zur Reduktion von Carbonsäuren über 1,3-Benzoxathiolium-perchlorate s. S. 99.

Die Reduktion von Perfluor-carbonsäuren mittels Lithiumalanat (zweckmäßig mit inverser Zugabe und kleinem Lithiumalanat-Überschuß[4]) führt zu durch den starken −I-Effekt der Fluor-Atome stabilisierten Aldehyd-Hydraten [aus denen durch Erhitzen mit konz. Schwefelsäure und Phosphor(V)-oxid die Aldehyde erhalten werden[5−7]] und Alkoholen (als Nebenprodukte). Wegen **Explosions**gefahr sollte die Reduktion nur unter trockenem Stickstoff und hinter einem Schutzschild durchgeführt werden. Bei der Zersetzung des Komplexes sollen bei der tropfenweise Zugabe des Wassers die Tropfen direkt in

[1] L. I. Sacharkin u. I. M. Chorlina, Ž. obšč. Chim. **34**, 1029 (1964); engl.: 1022.
[2] M. Muraki u. T. Mukaiyama, Chemistry Letters **1974**, 1447.
[3] F. Weygand et. al., Ang. Ch. **65**, 525 (1953).
[4] M. Braid, H. Iserson u. F. E. Lawlor, Am. Soc. **76**, 4027 (1954).
[5] R. N. Haszeldine, Soc. **1953**, 1748.
[6] E. T. McBee, J. F. Higgins u. O. R. Pierce, Am. Soc. **74**, 1387 (1952).
[7] D. R. Husted u. A. Ahlbrecht, Am. Soc. **74**, 5422 (1952).

die Reaktionsmischung und nicht an die Wand des Gefäßes gelangen, da sich der Komplex in trockenem Zustand an die Wand des Gefäßes als Kruste entzünden und **explodieren** kann[1] (s. a. S. 27).

Trifluor-acetaldehyd[2]: Zu einer Lösung von 114 g (1 Mol) Trifluor-essigsäure in 1 l abs. Diäthyläther wird unter Rühren bei −5° vorsichtig unter trockenem Stickstoff innerhalb 1,5 Stdn. eine Lösung von 21,5 g (0,57 Mol) Lithiumalanat in 750 ml abs. Diäthyläther getropft. Man rührt 1 Stde. bei −5°, versetzt tropfenweise mit 40 ml Wasser und danach mit einer Lösung von 80 ml konz. Schwefelsäure in 200 ml Wasser, extrahiert die wäßr. Phase 3mal mit Diäthyläther, destilliert den Äther ab und fraktioniert den Rückstand. Bei 68–85° destillieren 21 g (21% d. Th.) *2,2,2-Trifluor-äthanol* über. Der Destillationsrückstand (110 g) besteht aus *Trifluoracetaldehyd-Hydrat* (F: 69–70°).

50 g Trifluoracetaldehyd-Hydrat werden unter Rühren bei 85–90° in eine Mischung von 21,6 g Phosphor(V)-oxid und 83 ml 96,7%iger Schwefelsäure getropft. Das gebildete Gas wird durch Tiefkühlung kondensiert; Ausbeute: 34,5 g (77,5% d. Th.); Kp_{746}: −19 bis −18°.

Bei Anwendung der normalen Zugabemethode werden nur 26% d. Th. Trifluoracetaldehyd erhalten[1, 3].

Analog erhält man u. a.

Pentafluor-propanal   60% d. Th.; Kp_{746}: 2°
Heptafluor-butanal   64% d. Th.; Kp_{740}: 28–29°

i₂) zu Alkoholen

Zur selektiven Reduktion von Carbonsäuren zu Alkoholen ist am besten Diboran geeignet, das die Carboxy-Gruppe sehr schnell, weitere polare funktionelle Gruppen dagegen langsam oder gar nicht reduziert. Nitro-, Halogen- und Sulfonyl-Gruppen enthaltende Carbonsäuren können auch mit einem Diboran-Überschuß reduziert werden, während die mit den reaktionsfähigeren Aminocarbonyl-, Alkoxycarbonyl-, Oxo- und Cyan-Gruppen substituierten Carbonsäuren zweckmäßig mit der theoretischen Menge des Reduktionsmittels behandelt werden sollten. Da die C,C-Mehrfachbindungen als Lewis-Basen mit der starken Lewis-Säure Diboran ähnlich rasch reagieren, sind in diesem Fall keine selektiven Reduktionen möglich. Dazu müssen basischere Hydride, z. B. Lithiumalanat eingesetzt werden. Zur selektiven Reduktion von Nitro- und Halogen-carbonsäuren sind ferner Aluminiumhydrid, Lithiumalanat/Aluminiumchlorid und Natriumboranat/Aluminiumchlorid, von Dicarbonsäure-monoestern Natriumboranat/Kupfer(I)-chlorid und Pyridin-boran geeignet.

ii₁) von unsubstituierten Carbonsäuren, Dicarbonsäuren bzw. Dicarbonsäure-Monoderivaten

iii₁) von Monocarbonsäuren

Diboran reduziert Monocarbonsäuren in THF oder 1,2-Dimethoxy-äthan, mit dem Lösungsmittel als Boran koordiniert, in zwei Schritten. Zuerst wird bei −20° schnell und quantitativ Triacyloxy-boran gebildet, im zweiten langsameren Schritt (25°, ∼1 Stde.) Trialkoxy-boroxol, das nach Hydrolyse den gewünschten Alkohol liefert[4].

[1] D. R. HUSTED u. A. AHLBRECHT, Am. Soc. **74**, 5422 (1952).
[2] M. BRAID, H. ISERSON u. F. E. LAWLOR, Am. Soc. **76**, 4027 (1954).
[3] E. T. McBEE, O. R. PIERCE u. C. G. HSU, Proc. Indiana Acad. Sci. **64**, 108 (1954); C.A. **50**, 5519 (1956).
[4] H. C. BROWN u. B. C. SUBBA RAO, Am. Soc. **82**, 681 (1960).
   N. M. YOON et al., J. Org. Chem. **38**, 2786 (1973).
   H. C. BROWN u. T. P. STOCKY, Am. Soc. **99**, 8218 (1977).

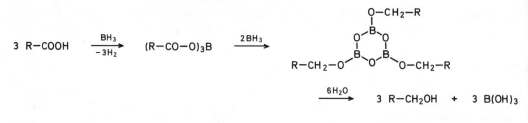

Aliphatische Carbonsäuren werden schneller reduziert als aromatische; die Einführung von elektronenanziehenden Substituenten (z. B. Halogen-Atome in α-Stellung) vermindert die Reaktionsgeschwindigkeit: Trichlor-essigsäure wird z. B. innerhalb 48 Stdn. mit einem 33%igen Überschuß Reduktionsmittel nur zu 61% d. Th. zu *2,2,2-Trichlor-äthanol* reduziert.

Bei Anwendung der theoretischen Menge Diboran läuft die Reduktion über das durch Disproportionierung gebildete Carbonsäureanhydrid und Bis-[diacyloxy-boryl]-oxid[1-3]:

$$2\,(R{-}COO)_3B \longrightarrow (R{-}CO)_2O + [(R{-}COO)_2B]_2O$$

Die Triacycloxy-borane längerkettiger aliphatischer Carbonsäuren disproportionieren besonders schnell, während Benzoesäure nur in Benzol/THF (7 : 1) dismutiert wird. In reinem THF entwickelt sie ohne Dismutation nur zwei Mol Wasserstoff, was auf eine Reduktion über das Dibenzoyloxy-boran hinweist.

Das sterisch behinderte 1-Carboxy-adamantan wird mit Diboran in 95%iger Ausbeute zu *1-Hydroxymethyl-adamantan* reduziert[4].

1-Hydroxymethyl-adamantan[4]: Zu 4,57 g (25 mMol) 1-Carboxy-adamantan in 10 *ml* abs. THF werden innerhalb 15 Min. bei 0° unter magnetischem Rühren und Einleiten von trockenem Stickstoff 14,3 *ml* (33,3 mMol) einer 2,33 m Boran-Lösung in THF zugetropft. Es entwickeln sich 24,5 mMol Wasserstoff. Man rührt 1 Stde. bei 25°, versetzt mit 10 *ml* wäßr. THF (1 : 1), sättigt die wäßr. Phase mit Kaliumcarbonat, trennt die organ. Phase ab, extrahiert die wäßr. Lösung mit 3mal 20 *ml* Äther, trocknet die vereinigten organ. Phasen über Magnesiumsulfat und destilliert die Lösungsmittel ab; Ausbeute: 3,926 g (95% d. Th.); F: 114,4–115°.

Dagegen verlaufen die Reduktionen mit Lithiumalanat in siedendem Diäthyläther oft nicht befriedigend, da das primär gebildete Salz im Lösungsmittel nur schlecht löslich ist und sehr langsam reduziert wird. In solchen Fällen ist es zweckmäßiger, in THF zu arbeiten[5]. So werden z. B. Hexansäure und Benzoesäure (0°, 6 Stdn., THF) quantitativ zu *Hexanol* bzw. *Benzylalkohol* reduziert.

2-Phenyl-äthanol[6]: Zu einer Lösung von 4,75 g (0,125 Mol) Lithiumalanat in 180 *ml* abs. Diäthyläther werden unter Rühren und unter Stickstoff 13,6 g (0,1 Mol) Phenyl-essigsäure in 150 *ml* abs. Diäthyläther getropft. Die siedende Lösung wird 15 Min. unter Rückfluß erhitzt, abgekühlt, mit Wasser und danach mit 150 *ml* 10% iger Schwefelsäure versetzt, die Äther-Phase getrocknet, eingedampft und der Rückstand destilliert; Ausbeute: 11,8 g (92% d. Th.); Kp$_{18}$: 112°.

Natriumalanat hat ein ähnliches Reduktionsvermögen. Während z. B. Triphenylessigsäure durch Lithiumalanat bei 25° in Diäthyläther nicht reduziert wird[6], erhält man mit Natriumalanat in siedendem THF 56% d. Th. *2,2,2-Triphenyl-äthanol*[7].

[1] T. Ahmad u. M. J. Khundkar, Chem. & Ind. **1954**, 284.
[2] W. Gerrard u. E. F. Mooney, Chem. & Ind . **1958**, 227.
[3] A. Pelter et al., Chem. Commun. **1970**, 347.
[4] N. M. Yoon et al., J. Org. Chem. **38**, 2786 (1973).
[5] H. C. Brown, P. M. Weissman u. N. M. Yoon, Am. Soc. **88**, 1458 (1966).
[6] R. F. Nystrom u. W. G. Brown, Am. Soc. **69**, 2548 (1947).
[7] J. Pitha, S. Hermanek u. J. Vit, Collect. czech. chem. Commun. **25**, 736 (1960).

3,3-Diphenyl-propanol[1]:

$$(H_5C_6)_2CH{-}CH_2{-}COOH \xrightarrow{\text{Na[AlH}_4]} (H_5C_6)_2CH{-}CH_2{-}CH_2{-}OH$$

Zur Lösung von 1,944 g (0,036 Mol) Natriumalanat in 50 *ml* abs. THF werden unter Rühren und Kühlen 9,051 g (0,04 Mol) feste 3,3-Diphenyl-propansäure in kleinen Portionen zugesetzt. Nach kurzer Zeit wird das Reaktionsgemisch homogen. Sodann wird unter Rühren 2 Stdn. unter Rückfluß gekocht und nach Abkühlen das Reaktionsgemisch mit 5 *ml* Wasser zersetzt. Man destilliert den Großteil des THF i.Vak. ab, versetzt mit 30 *ml* 20%iger Schwefelsäure, extrahiert mit Diäthyläther, schüttelt die Äther-Lösung mit 10%iger Natriumcarbonat-Lösung aus, trocknet und destilliert den Äther ab; Ausbeute: 7,245 g (85% d. Th.); $n_D^{20} = 1,5854$.

Natriumalanat fördert jedoch infolge seines polaren Charakters besonders bei C−H-aciden Verbindungen Additions- und Kondensationsreaktionen. Aus Phenyl-essigsäure wird z. B. in siedendem THF bei Anwendung eines 20%igen Alanat-Überschusses neben 43% d. Th. *2-Phenyl-äthanol* 4% d. Th. *3-Hydroxy-2,4-diphenyl-butansäure* erhalten[1].

Bis-[2-methyl-propyl]-aluminiumhydrid kann neben Äthern auch in Kohlenwasserstoffen als Lösungsmittel eingesetzt werden.

Benzylalkohol[2]: 64 g (0,45 Mol) Bis-[2-methyl-propyl]-aluminiumhydrid werden unter Stickstoff und unter Rühren innerhalb 3 Stdn. zu einer Lösung von 18,3 g (0,15 Mol) Benzoesäure in 200 *ml* Benzol gegeben. Die Temp. steigt auf 45°, es wird 8 Stdn. bei dieser Temp. gerührt. Zur abgekühlten Lösung tropft man vorsichtig 44,8 g (1,4 Mol) Methanol in 45 *ml* Benzol und danach 24,3 g (1,35 Mol) Wasser in 25 *ml* Methanol. Es werden 0,18 Mol Wasserstoff und 0,69 Mol Isobutan entwickelt. Die Mischung wird filtriert und das Filtrat destilliert; Ausbeute: 11,7 g (72% d. Th.); Kp$_{18,5}$: 100°.

Auch mit Natrium-bis-[2-methoxy-äthoxy]-dihydrido-aluminat in Benzol oder Toluol bei 80° mit 100%igem Hydrid-Überschuß werden Alkohole erhalten; z. B. aus Nonansäure *Nonanol*[3] (30 Min.; 92% d. Th.)[3].

Alkohole; allgemeine Arbeitsvorschrift[3]: Zu einer Lösung von 2,4 Mol Natrium-bis-[2-methoxy-äthoxy]-dihydro-aluminat in abs. Benzol oder Toluol werden unter kräftigem Rühren und unter Stickstoff 0,8 Mol der Monocarbonsäure im gleichen Lösungsmittel suspendiert oder gelöst langsam zugetropft. Es wird meist eine homogene Lösung erhalten. Man rührt 0,5–1,5 Stdn. bei 80°, kühlt ab, versetzt mit 10−20%iger Schwefelsäure oder Salzsäure, extrahiert die wäßr. Phase mit Benzol oder Äther, dampft nach Trocknen die Solventien ab und destilliert den Rückstand.

Lithium-trimethoxy-hydrido-aluminat[4] reduziert Monocarbonsäuren in THF quantitativ zu Alkoholen; z. B. Hexansäure (25°, 3 Stdn.) zu *Hexanol* oder Benzoesäure (25°, 3 Stdn.) zu *Benzylalkohol*[4].

In Kohlenwasserstoffen als Lösungsmittel einsetzbar ist auch Pyridin-Boran (ev. vorhandene Ester-Gruppen bleiben unverändert); die Alkohol-Ausbeuten sind infolge auftretender Polymerisation nicht befriedigend. Auch das nach der Hydrolyse frei werdende Pyridin stört bei der Aufarbeitung und muß mit Säure ausgeschüttelt werden[5].

Gemischte Hydride greifen Nitro- und Halogen-Gruppen nicht an, sind also auch zur selektiven Reduktion entsprechender Carbonsäuren geeignet (s. S. 165f. u. S. 161). Azulenyl-(1)-essigsäure läßt sich z. B. mit Natriumboranat/Bortrifluorid in nahezu quantitativer Ausbeute zu *1-(2-Hydroxy-äthyl)-azulen* reduzieren[6] (mit Lithiumalanat sind die Ausbeuten geringer[7]):

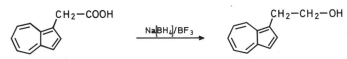

[1] J. Pitha, S. Hermanek u. J. Vit, Collect. czech. chem. Commun. **25**, 736 (1960).
[2] A. E. G. Miller, J. W. Biss u. L. H. Schwartzman, J. Org. Chem. **24**, 627 (1959).
[3] M. Černy et al., Collect. czech. chem. Commun. **34**, 1025 (1969).
[4] H. C. Brown u. P. M. Weissman, Am. Soc. **87**, 5614 (1965).
[5] R. P. Barnes, H. J. Graham u. M. D. Taylor, J. Org. Chem. **23**, 1561 (1958).
[6] A. G. Anderson, R. G. Anderson u. Th. S. Fujita, J. Org. Chem. **27**, 4535 (1962).
[7] W. Treibs, B. **92**, 2152 (1959).

1-(2-Hydroxy-äthyl)-azulen[1]: 0,228 g (6 mMol) Natriumboranat werden unter Rühren und unter Stickstoff zu einer Lösung von 0,147 g (0,79 mMol) Azulenyl-(1)-essigsäure in 25 *ml* abs. THF gegeben. Danach gibt man innerhalb 20 Min. eine Lösung von 3 *ml* (23 mMol) Bortrifluorid-Diäthylätherat in 20 *ml* THF zu, rührt 1,5 Stdn., gibt 20 *ml* 5%iger Salzsäure und 100 *ml* Wasser hinzu, extrahiert mit Äther, wäscht die Äther-Lösung mit 5% iger Natriumhydrogencarbonat-Lösung und mit Wasser, trocknet und engt ein. Der Rückstand wird an basischem Aluminiumoxid chromatographiert und mit Methanol eluiert, das erhaltene blaue Öl noch einmal an Kieselgel chromatographiert und mit Dichlormethan eluiert; Ausbeute: 0,133 g (97,8% d.Th.); F: 59–60°.

Das gemischte Hydrid Natriumboranat/Kupfer(I)-chlorid reduziert Carbonsäuren unter Erhalt von Ester-, Cyan- und Nitro-Gruppen zu den Alkoholen[2]. Komplexe Borhydride reduzieren Carbonsäuren äußerst langsam[3]. Dimethylsulfan-Boran reduziert Carbonsäuren mit hohen Ausbeuten zu Alkoholen[4].

Die Tab. 13 (S. 151) gibt einen Überblick über einige durch Reduktion mit Hydriden aus Monocarbonsäuren hergestellten Alkohole.

Markierte Alkohole, die in der Hydroxylmethyl-Gruppe Wasserstoff enthalten, können durch Reduktion markierter Monocarbonsäuren mit Hydriden, in erster Linie mit Lithiumalanat gewonnen werden; z. B. *2,2,2-Trideutero-äthanol*[5]:

$$D_3C{-}COOD \quad \xrightarrow[\text{93\% d. Th.}]{\text{Li[AlH}_4]} \quad D_3C{-}CH_2{-}OH$$

Mit markiertem Lithiumalanat erhält man in der Hydroxymethyl-Gruppe markierte Alkohole. Zur Herstellung niedrigsiedender markierter Alkohole führt man die Reduktion mit Lithiumalanat in einem hochsiedenden Äther und die Zersetzung mit einem hochsiedenden Alkohol durch (s. a. S. 111).

Als Lösungsmittel werden Bis-[2-äthoxy- bzw. -methoxy- bzw. -butyloxy-äthyl]-äther, als Zersetzungsmittel 2-(2-Äthoxy-äthoxy)-äthanol oder 2-Butyloxy-äthanol verwendet. Nachteilig ist die Verunreinigung der Reduktionsprodukte[6].

Markierte Alkohole (Kp unter 117°); allgemeine Arbeitsvorschrift[6]: Unter starkem Rühren wird zu einer Lösung von 38 g (1 Mol) Lithiumalanat oder 42 g (1 Mol) Lithium-tetradeuterido-aluminat in 500 *ml* Bis-[2-äthoxy-äthyl]-äther unter Außenkühlung innerhalb 0,5–1 Stde. 1 Mol Carbonsäure getropft. Man erhitzt die Mischung 1 Stde. auf 100°, kühlt ab, versetzt bei 0–10° mit 360 g (3 Mol) 2-Butyloxy-äthanol und destilliert.

Auf diese Weise erhält man z. B. aus

Tetradeutero-essigsäure	→ *2,2,2-Trideutero-äthanol*	80–90% d. Th.
2,2-Dideutero-propansäure	→ *2,2-Dideutero-propanol*	76% d. Th.

iii₂) von Dicarbonsäuren

Zur Reduktion von Dicarbonsäuren zu Diolen ist stets die doppelte Menge Hydrid im Vergleich zu Monocarbonsäuren erforderlich. Bei der Reduktion mit Diboran genügt es statt der theoretisch notwendigen sechs, acht Hydrid-Äquivalente einzusetzen. Auf diese Weise gelingt es Hexandisäure quantitativ zu *Hexandiol-(1,6)*[7] zu reduzieren.

Hexandiol-(1,6)[7]: Unter Rühren werden bei 0° zu einer Suspension von 3,65 g (25 mMol) Hexandisäure in 15 *ml* abs. THF unter Stickstoff 27 *ml* (64,5 mMol) einer 2,39 m Boran-Lösung in THF getropft. Es entwickelt sich 50,9 mMol Wasserstoff. Man rührt die Mischung 6 Stdn. bei 25°, versetzt sie mit 15*ml* wäßr. THF (1:1), sättigt

[1] A. G. ANDERSON, R. G. ANDERSON u. TH. S. FUJITA, J. Org. Chem. **27**, 4535 (1962).
[2] B. C. SUBBA RAO u. G. P. THAKAR, J. sci. Ind. Research [India] **20 B**, 317 (1961).
[3] S. W. CHAIKIN u. W. G. BROWN, Am. Soc. **71**, 122 (1949).
   R. J. NYSTROM, S. W. CHAIKIN u. W. G. BROWN, Am. Soc. **71**, 3245 (1949).
[4] C. F. LANE et al., J. Org. Chem. **39**, 3052 (1974).
   J. F. W. KEAND, E. M. BERNARD u. R. B. ROMAN, Synthetic Communications **8**, 169 (1978).
[5] I. P. GRAGEROW et al., Ž. obšč. Chim. **31**, 1113 (1961).
[6] L. FRIEDMAN u. A. T. JUREWICZ, J. Org. Chem. **33**, 1254 (1968).
[7] N. M. YOON et al., J. Org. Chem. **38**, 2786 (1973).

Tab. 13: Alkohole durch Reduktion von Monocarbonsäuren mit Hydriden

Monocarbonsäure	Hydrid	Alkohol	Ausbeute [% d. Th.]	Kp		Literatur
				[°C]	[Torr]	
$H_3C-(CH_2)_3-COOH$	Li[AlH$_4$]	Pentanol	–	135,5	760	1
$H_3C-(CH_2)_7-COOH$	a	Nonanol	92	213	760	2
$(H_5C_6)_2CH-COOH$	Na[AlH$_4$]	2,2-Diphenyl-äthanol	61	190–192	12	3
$H_5C_6-CH_2-CH_2-COOH$	Na[AlH$_4$]	3-Phenyl-propanol	81	120	12	3
$H_3C-\langle\bigcirc\rangle-CH_2-CH_2-COOH$	Li[AlH$_4$]	3-(4-Methyl-phenyl)-propanol	96	248–250	741	4
$(H_5C_6)_3C-CH_2-COOH$	Na[AlH$_4$]	3,3,3-Triphenyl-propanol	71	(F: 104–105°)		3
H_5C_6-COOH	B$_2$H$_6$	Benzylalkohol	89	204,7	760	5
[3-Methyl-benzoesäure Struktur]	Li[AlH$_4$]	3-Methyl-benzylalkohol	78	217,5–219,5	743	6
[2,4,6-Trimethyl-benzoesäure Struktur]	Li[AlH$_4$]	2,4,6-Trimethyl-benzyl-alkohol	41	140–141	15	7
[Dimethyl-cyclopentan-carbonsäure Struktur]	Li[AlH$_4$]	trans-2,cis-3-Dimethyl-1-hydroxymethyl-cyclopentan	91	91,5–92,5	21	8
[Cyclobutan-carbonsäure Struktur]	Li[AlH$_4$]	Cyclobutyl-methanol	76	142–143,5	760	9
[Cyclohexan-carbonsäure Struktur]	Li[AlH$_4$]	Cyclohexyl-methanol	56	181–182	740	10
[4-Methyl-cyclohexan-carbonsäure Struktur]	Li[AlH$_4$]	cis-4-Methyl-1-hydroxy-methyl-cyclohexan	90	90–91	12	11
[Decalin-carbonsäure Struktur]	Li[AlH$_4$]	9-Hydroxymethyl-cis-decalin	83	(F: 84,2–84,6°)		12
[Bicyclo-Struktur]	Li[AlH$_4$]	3,3-Dimethyl-2-endo-hydroxymethyl-bicyclo[2.2.1]heptan (Iso-camphenilanol)	95	(F: 58–60°)		13

^{a} Na[AlH$_2$(O–CH$_2$–CH$_2$–OCH$_3$)$_2$]

[1] H. Pines, A. Rudin u. V.N. Ipatieff, Am. Soc. **74**, 4063 (1952).
[2] M. Cerny et al., Collect. czech. chem. Commun. **34**, 1025 (1969).
[3] J. Pitha, S. Hermanek u. J. Vit, Collect. czech. chem. Commun. **25**, 736 (1960).
[4] C.J. Collins, Am. Soc. **73**, 1038 (1951).
[5] N.M. Yoon et al., J. Org. Chem. **38**, 2786 (1973).
[6] J.K. Kochi u. G.S. Hammond, Am. Soc. **75**, 3443 (1953).
[7] I. Wender et al., Am. Soc. **74**, 4079 (1952).
[8] V.N. Ipatieff, W.D. Huntsman u. H. Pines, Am. Soc. **75**, 6222 (1953).
[9] H. Pines, H.G. Rodenberg u. V.N. Ipatieff, Am. Soc. **75**, 6065 (1953).
[10] P.A.S. Smith u. D.R. Baer, Am. Soc. **74**, 6135 (1952).
[11] H. van Bekkum et al., R.**80**, 595 (1961).
[12] A.S. Hussey, H.P. Liao u. R.H. Baker, Am. Soc. **75**, 4727 (1953).
[13] W.R. Vaughan u. R. Perry, Am. Soc. **74**, 5355 (1952).

die wäßr. Phase mit 8–10 g Kaliumcarbonat, schüttelt 2mal mit 15 *ml* THF aus, trocknet die vereinigten organ. Phasen mit Magnesiumsulfat und destilliert das Solvens ab; Ausbeute: 3 g ($\sim 100\%$ d. Th.); F: 41–42°.

Analog erhält man aus Phthalsäure *1,2-Bis-[hydroxymethyl]-benzol* (95% d. Th.; F: 97°)[1].

Lithiumalanat muß dagegen in großem Überschuß eingesetzt werden[2].

cis-1,4-Bis-[hydroxymethyl]-cyclohexan[2]: Eine Lösung von 10 g (0,058 Mol) *cis*-Cyclohexan-1,4-dicarbonsäure in 300 *ml* trockenem Äther wird unter kräftigem Rühren und unter Stickstoff innerhalb ~ 1 Stde. tropfenweise zu einer Aufschlämmung von 6,5 g (0,171 Mol) Lithiumalanat (3facher Überschuß) in 150 *ml* trockenem Diäthyläther getropft. Man kocht 2 Stdn. am Rückfluß, kühlt ab, versetzt mit Wasser, löst den Niederschlag mit 4 n Schwefelsäure, extrahiert die wäßr. Phase 4mal mit 50 *ml* Diäthyläther, wäscht die Äther-Phase mit 2 n Kaliumhydroxid und Wasser, trocknet mit Magnesiumsulfat, dampft ein und destilliert den Rückstand i. Vak.; Ausbeute: 7,38 g (88% d. Th.); Kp_2: 136–137°; F: 41,5–42,5°; aus Aceton-Petroläther umkristallisiert F: 42–43°.

Analog erhält man z. B.:

Decandiol-(1,10)[3]	97% d. Th.;	Kp_{15}: 179°;	F: 72–73°
Hexandiol-(1,6)[4]	78% d. Th.;	Kp: 250°;	F: 42°
trans-1,2-Bis-[hydroxymethyl]- *cyclopentan*[5]	$78,5\%$ d. Th.;	$Kp_{0,6}$: 117–118°	
(-)-trans-1,2-Bis-[hydroxymethyl]- *cyclopentan*[6]	76% d. Th.;	$Kp_{0,5}$: 117–118°	

2-Äthyl-2-butyl-pentandisäure liefert mit überschüssigem Lithiumalanat neben 11% d. Th. *4-Hydroxymethyl-4-äthyl-octanol* 32% d. Th. *2-Äthyl-2-butyl-5-pentanolid*[7]:

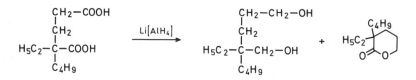

Weitere Beispiele zur regioselektiven Reduktion mit Lithiumalanat s. Lit.[8].

Zur selektiven Reduktion von Dicarbonsäuren zu Hydroxy-carbonsäuren bzw. Lactonen wird auf S. 158 verwiesen.

iii₃) von Dicarbonsäure-monoestern

Diboran reduziert im Gegensatz zu den komplexen Metallhydriden die Carboxy-Gruppe schneller als die Ester-Gruppe, so daß selektive Reduktionen möglich sind. Die Reduktion ergibt nur dann gute Resultate, wenn die theoretische Menge des Reduktionsmittels invers bei $\sim -15°$ zugegeben und das Reaktionsgemisch nur langsam auf 20° erwärmt wird. Als Lösungsmittel sind am besten THF und Bis-[2-äthoxy-äthyl]-äther geeignet[1,9]. Mit dieser Methode kann z. B. aus Hexandisäure-monoäthylester in 75%iger Ausbeute *6-Hydroxy-hexansäure-äthylester* hergestellt werden[1]:

[1] N. M. Yoon et al., J. Org. Chem. **38**, 2786 (1973).
[2] H. van Bekkum et al., R. **80**, 588 (1961).
[3] R. F. Nystrom u. W. G. Brown, Am. Soc. **69**, 2548 (1947).
[4] E. Bernatek, Acta chem. scand. **8**, 874 (1954).
[5] J. O. Halford u. B. Weissmann, J. Org. Chem. **17**, 1276 (1952).
[6] S. F. Birch u. R. A. Dean, Soc. **1953**, 2477.
[7] D. S. Noyce u. D. B. Denney, Am. Soc. **72**, 5743 (1950).
[8] M. M. Kayser u. P. Morand, J. Org. Chem. **44**, 1338 (1979).
[9] H. C. Brown u. B. C. Subba Rao, Am. Soc. **82**, 681 (1960).
   H. C. Brown u. W. Korytnyk, Am. Soc. **82**, 3866 (1960).
   H. C. Brown, P. Heim u. N. M. Yoon, Am. Soc. **92**, 1637 (1970); J. Org. Chem. **37**, 2942 (1972).

$$HOOC-CH_2-CH_2-CH_2-CH_2-COOC_2H_5 \xrightarrow{\ B_2H_6\ }$$

$$HO-CH_2-CH_2-CH_2-CH_2-CH_2-COOC_2H_5$$

6-Hydroxy-hexansäure-äthylester[1]: Zu einer Lösung von 4,36 g (25 mMol) Hexandisäure-monoäthylester in 12,5 *ml* abs. THF werden innerhalb 19 Min. bei −18° unter Rühren und unter Stickstoff 10,5 *ml* (25 mMol) 2,39 m Boran-Lösung in abs. THF zugetropft. Es entwickeln sich 25,3 mMol Wasserstoff. Das Reaktionsgemisch, dessen Temp. 25° nur stufenweise erreichen soll, wird 16 Stdn. gerührt. Man hydrolysiert bei 0° mit 15 *ml* Wasser, versetzt mit 6 g Kaliumcarbonat, extrahiert die wäßr. Phase mit 3mal 150 *ml* Diäthyläther, wäscht die vereinigten organ. Phasen mit 30 *ml* ges. Natriumchlorid-Lösung aus und trocknet mit Magnesiumsulfat. Nach Eindampfen erhält man 3,5 g (88% d. Th.) Rohsubstanz, die i.Vak. destilliert wird; Ausbeute: 2,98 g (75% d. Th.); Kp$_{0,7}$: 79°.

Analog erhält man z.B. aus:

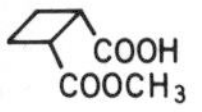

→ *cis-2-Hydroxymethyl-1-methoxycarbonyl-cyclobutan*[2]; 70% d. Th.; Kp$_1$: 75–76°

→ *cis-2-Hydroxymethyl-1-methoxycarbonyl-cyclopropan*[2];   90% d. Th. (als Lacton)

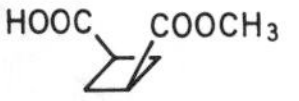

→ *cis-3-Hydroxymethyl-1-methoxycarbonyl-cyclobutan*[3];   50–60% d. Th.; Kp$_3$: 110–111°

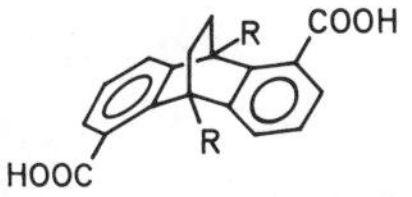

→ *2,7-Bis-[hydroxymethyl]-1,6-dimethoxycarbonyl-⟨dibenzo-bicyclo [2.2.2]octadien⟩*(R = COOCH$_3$)[4]; 71,5% d. Th.; F: 141–143°

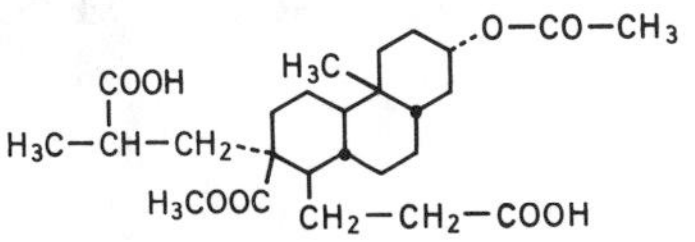

→ DL-*7α-Acetoxy-4bβ-methyl-1β-(3-hydroxy-propyl)-2α-(3-hydroxy-2-methyl-propyl)-2β-methoxycarbonyl-4αα,8αβ,10αβ-perhydrophenanthren*[5]; F: 98,5–100°

Die beschriebene selektive Reduktion gibt nicht immer befriedigende Resultate. So wird z. B. Tetra-O-acetyl-D-galaktarsäure (Tetra-O-acetyl-D-schleimsäure) durch Diboran teilweise desacetyliert, so daß das Reduktionsprodukt in einheitlicher Form erst nach Acetylierung des Komplexes als Hexa-O-acetyl-D-*galaktit* in 75 % iger Ausbeute isoliert werden kann[6]:

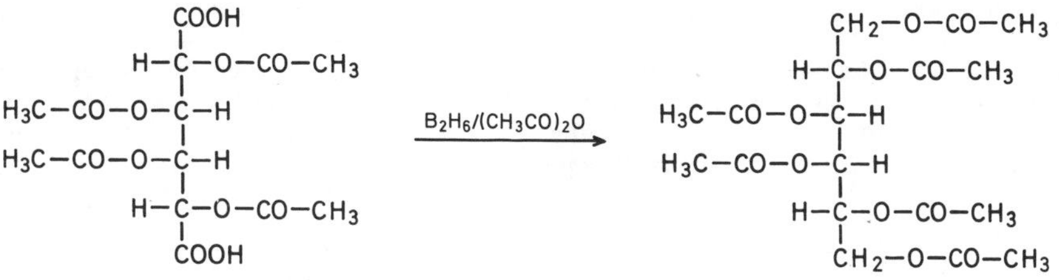

Acetoxy-9,10-anthrachinon-carbonsäuren lassen sich durch Diboran in Bis-[2-methoxy-äthyl]-äther bzw. 1,2-Dimethoxy-äthan unter Erhaltung der Oxo- und Ester-Gruppen zu den *Acetoxy-hydroxymethyl-9,10-anthrachinonen* reduzieren:

[1] N. M. YOON et al., J. Org. Chem. **38**, 2786 (1973).
[2] C. C. SHROFF et al., J. Org. Chem. **36**, 3356 (1971).
[3] N. L. ALLINGER u. L. A. TUSHAUS, J. Org. Chem. **30**, 1945 (1965).
[4] S. HAGISHITA u. K. KURIYAMA, Tetrahedron **28**, 1435 (1972).
[5] W. S. JOHNSON et al., Tetrahedron Supplement No. **8**, Part II, 541 (1966).
[6] F. SMITH u. A. M. STEPHEN, Tetrahedron Letters **1960**, Nr. 7, 17.

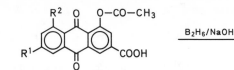 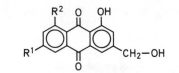

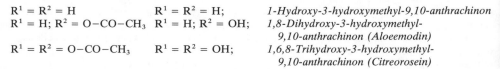

R¹ = R² = H   R¹ = R² = H;   *1-Hydroxy-3-hydroxymethyl-9,10-anthrachinon*
R¹ = H; R² = O–CO–CH₃   R¹ = H; R² = OH;   *1,8-Dihydroxy-3-hydroxymethyl-*
                                                                   9,10-anthrachinon (Aloeemodin)
R¹ = R² = O–CO–CH₃   R¹ = R² = OH;   *1,6,8-Trihydroxy-3-hydroxymethyl-*
                                                                   9,10-anthrachinon (Citreorosein)

Beim Einleiten von Diboran-Gas in das Reaktionsgemisch kann die Beendigung der Reaktion durch den Farbumschlag von Rot nach Blaugrün erkannt werden (bei weiterem Einleiten wird die Chinon-Gruppe reduziert). Bei alkalischer Aufarbeitung werden die Ester-Gruppen unter Bildung der Hydroxy-hydroxymethyl-anthrachinone verseift[1].

Die selektive Reduktion der Carboxy-Gruppe mit Diboran hat in der Naturstoff-Chemie große Bedeutung. So wird z. B. acetyliertes Heparin in Bis-[2-methoxy-äthyl]äther/N,N-Dimethyl-formamid (4:1) durch Diboran selektiv an den Carboxy-Gruppen reduziert. Nach Hydrolyse erhält man D-*Glucose* und *2-Amino-2-desoxy-α-*D-*glucose*[2] (das Polysaccharid ist also aus letzterem Aminozucker und aus D-Glucuronsäure aufgebaut). Weitere Beispiele s. S. 168f.

Dagegen reduzieren komplexe Metallhydride Ester-Gruppen schneller als Carboxy-Gruppen, so daß selektive Reduktionen mit diesen Reduktionsmitteln unter Bildung von Hydroxy-carbonsäuren bzw. Lactonen möglich sind. Bei Anwendung von Lithiumalanat, das auch die Carboxy-Gruppe relativ schnell reduziert, ist die selektive Reduktion nur in speziellen Fällen, z. B. bei Phthalsäure-Derivaten, möglich (s. S. 199).

iii₄) von Dicarbonsäure-mononitrilen

Da die Cyan-Gruppe mit Diboran langsamer als die Carboxy-Gruppe reagiert, können Cyan-carbonsäuren selektiv zu den Cyan-alkoholen reduziert werden[3]; z. B.[4]:

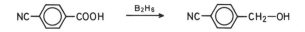

4-Cyan-benzylalkohol[4]: Zu einer Suspension von 3,68 g (25 mMol) 4-Cyan-benzoesäure in 30 *ml* abs. THF werden unter Rühren und unter Stickstoff bei −15° innerhalb 20 Min. 10,5 *ml* (25 mMol) Boran-Lösung in THF zugetropft. Man rührt 12 Stdn. und erhöht inzwischen die Temp. des Reaktionsgemisches stufenweise auf 25°. Danach wird bei 0° mit 15 *ml* Wasser versetzt, die wäßr. Phase mit 6 g Kaliumcarbonat gesättigt, die THF-Phase abgetrennt, die wäßr. Lösung mit 3mal 50 *ml* Diäthyläther extrahiert und der Auszug mit 30 *ml* ges. Natriumchlorid-Lösung gewaschen. Man trocknet die Solventien mit Magnesiumsulfat, engt ein und destilliert den Rückstand; Ausbeute: 2,73 g (82% d. Th.); Kp₀,₃₅: 108–109°; F: 39–41°.

Mit Lithiumalanat erhält man dagegen Amino-alkohole und aus Glutarsäure-mononitril Piperidine[5] (vgl. S. 117).

[1] F. SMITH u. A. M. STEPHEN, Tetrahedron Letters **1960**, Nr. 7, 17.
[2] M. L. WOLFROM, J. R. VERCELLOTTI u. G. H. S. THOMAS, J. Org. Chem. **26**, 2160 (1961).
[3] H. C. BROWN u. W. KORYTNYK, Am. Soc. **82**, 3866 (1960).
[4] N. M. YOON et al., J. Org. Chem. **38**, 2786 (1973).
[5] V. C. BARRY et al., Am. Soc. **71**, 1710 (1949).

ii_2) von ungesättigten Carbonsäuren

iii_1) von Alken- bzw. Alkin-säuren

Die Carboxy-Gruppe kann in ungesättigten Carbonsäuren, abgesehen von einigen Ausnahmen, unter Erhalt der C=C-Doppel- und C≡C-Dreifachbindung durch komplexe Aluminiumhydride bzw. Aluminiumhydrid selektiv reduziert werden. Obwohl Lithiumalanat infolge Bildung unlöslicher Komplexe nicht in jedem Fall verwendet werden kann[1, 2], wird es in vielen Fällen zur Reduktion verschiedener ungesättigter Carbonsäuren herangezogen; z. B.[2]:

$$\underset{H_3C}{\overset{H_3C}{>}}C=CH-(CH_2)_2-\underset{CH_3}{\overset{|}{C}}=CH-CH_2-COOH \xrightarrow{Li[AlH_4]} \underset{H_3C}{\overset{H_3C}{>}}C=CH-(CH_2)_2-\underset{CH_3}{\overset{|}{C}}=CH-CH_2-CH_2-OH$$

9-Hydroxy-2,6-dimethyl-nonadien-(2,6)[2]: Eine Lösung von 25 g (0,137 Mol) 4,8-Dimethyl-nonadien-(3,7)-säure in 300 *ml* abs. Diäthyläther wird unter Rühren bei 20° unter Stickstoff zu einer Lösung von 7,5 g (0,2 Mol) Lithiumalanat in 400 *ml* abs. Diäthyläther gegeben. Man rührt 21 Stdn., versetzt portionsweise mit 15 *ml* Wasser, saugt den Niederschlag ab, kocht ihn mit Diäthyläther aus, trocknet die Lösung und destilliert den Äther ab. Der Rückstand wird i. Vak. destilliert; Ausbeute: 21,5 g (93% d. Th.); Kp_{17}: 124–127°.

Analog erhält man aus den entsprechenden ungesättigten Carbonsäuren bzw. Dicarbonsäuren:

Allylalkohol[3]	68,3% d. Th.	Kp: 96–99°
1,4-Dihydroxy-trans-buten-(2)[3]	78% d. Th.	
1-Hydroxy-cis-2-methyl-buten-(2)[4]	70% d. Th.	Kp: 137–138°
5-Hydroxy-pentadien-(1,3)[5]	35% d. Th.	
1-Hydroxy-cis -buten-(2)[6]	65% d. Th.	
5-Hydroxy-4-methyl-pentin-(1)[7]	68% d. Th.	
1-Hydroxymethyl-cyclohepten[8]	85% d. Th.	Kp_{10}: 93,5–95°
1-Hydroxy-1-hexadien-(2,4)[9]	92% d. Th.	

Diese Methode eignet sich ebenfalls zur Reduktion der empfindlichen Polyen-carbonsäuren zu Polyen-alkoholen[10].

Aluminiumhydrid ist zu selektiven Reduktionen besonders geeignet, da es C,C-Mehrfachbindungen unter normalen Bedingungen auch dann nicht angreift, wenn diese bereits durch Lithiumalanat reduziert werden (s. S. 208f., 300f.)[11].

C,C-Mehrfachbindungen werden zusätzlich zur Carboxy-Gruppe durch Lithiumalanat bzw. andere gleichwertige komplexe Hydride reduziert, wenn sie infolge Konjugation mit der Carboxy-Gruppe den Charakter einer Lewis-Base verlieren und elektrophil werden.

---

[1] E. Buchta u. F. Andree, A. **639**, 9 (1961).
[2] J. W. Cornforth, R. H. Cornforth u. K. K. Mathew, Soc. **1959**, 2539.
[3] G. E. Benedict u. R. R. Russell, Am. Soc. **73**, 5444 (1951).
[4] L. F. Hatch u. P. R. Noyes, Am. Soc. **79**, 345 (1957).
[5] A. D. Mebane, Am. Soc. **74**, 5227 (1952).
[6] L. F. Hatch u. S. S. Nesbitt, Am. Soc. **72**, 727 (1950).
[7] E. Buchta u. H. Schlesinger, A. **598**, 1 (1956).
[8] E. Buchta u. J. Krauz, A. **601**, 175 (1956).
[9] R. F. Nystrom u. W. G. Brown, Am. Soc. **69**, 2548 (1947).
[10] V. Petrow u. O. Stephenson, Soc. **1950**, 1310.
    S. P. Ligthelm, E. von Rudolff u. D. A. Sutton, Soc. **1950**, 3187.
    N. L. Wender et al., Am. Soc. **73**, 719 (1951).
    A. Mondon u. G. Teege, B. **91**, 1014 (1958).
[11] M. J. Jorgenson, Tetrahedron Letters **1962**, 559.
    F. A. Hochstein u. W. G. Brown, Am. Soc. **70**, 3484 (1948).

So erhält man z. B. aus *trans*-Zimtsäure mit Lithiumalanat in Äther 85% d. Th. *3-Phenyl-propanol*[1]:

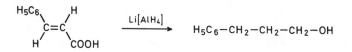

Dagegen werden die C=C-Doppelbindungen in *trans*- und *cis*-2,3-Diphenyl-acrylsäure praktisch nicht angegriffen, und man erhält *trans*- bzw. *cis-2,3-Diphenyl-allylalkohol*, die bei saurer Aufarbeitung zum *1,2-Diphenyl-allylalkohol* umlagern[2]:

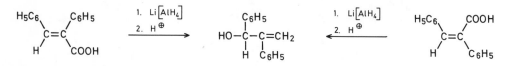

Obwohl *trans*-Octadecen-(2)-säure zu *Octadecanol*[3] (41% d. Th.) reduziert wird, werden in Alken-(2)-säuren i. a. nur die Carboxy-Gruppen angegriffen (s. S. 155).

Alkin-(2)-säuren werden durch Lithiumalanat stets zu den entsprechenden *trans*-Allylalkoholen reduziert, bei den anderen Alkinsäuren werden unter Erhalt der C≡C-Dreifachbindung Alkin-ole erhalten[4]:

$$HOOC—C≡C—COOH \xrightarrow{Li[AlH_4]} HO—CH_2—CH=CH—CH_2—OH$$

1,4-Dihydroxy-buten-(2); 84% d. Th.

$$HC≡C—COOH \xrightarrow{Li[AlH_4]} H_2C=CH—CH_2—OH$$

Allylalkohol; 85% d. Th.

1,4-Dihydroxy-trans-buten-(2)[4]: Zu einer Lösung von 19,5 g (0,52 Mol) Lithiumalanat in 750 *ml* abs. Diäthyläther werden unter Rühren und unter Stickstoff 22,8 g (0,2 Mol) Butin-disäure in 250 *ml* abs. Diäthyläther getropft. Man rührt 16 Stdn. bei 20°, versetzt vorsichtig mit Wasser und 20%iger Schwefelsäure, trennt die Äther-Schicht ab und extrahiert die wäßr. Phase mit Diäthyläther. Man trocknet die vereinigten Äther-Lösungen mit Natriumsulfat, danach mit Kaliumcarbonat, dampft ein und destilliert den Rückstand; Ausbeute: 15,7 g (89% d. Th.); Kp: 128–130°.

Im Allen-System wird durch Lithiumalanat neben der Carboxy-Gruppe eine C=C-Doppelbindung abgesättigt. So erhält man z. B. aus Butadien-(2,3)-säure *Buten-(3)-säure* (Hauptprodukt) neben *4-Hydroxy-buten-(1)*[5]:

$$H_2C=C=CH—COOH \xrightarrow{Li[AlH_4]} H_2C=CH—CH_2—COOH + H_2C=CH—CH_2—CH_2—OH$$

Mit Natrium-bis-[2-methoxy-äthoxy]-dihydrido-aluminat wird Undecen-(10)-säure in Benzol bei 80° selektiv an der Carboxy-Gruppe zu *11-Hydroxy-undecen-(1)* (94% d. Th.) reduziert[6]:

---

[1] R. F. Nystrom u. W. G. Brown, Am. Soc. **69**, 2548 (1947).
[2] R. E. Lutz u. E. H. Rinker, Am. Soc. **77**, 366 (1955).
   H. E. Zimmermann, L. Singer u. B. S. Thyagarajan, Am. Soc. **81**, 108 (1959).
   B. R. Brown u. P. E. Brown, Tetrahedron Letters **1963**, 191.
   J. H. Brewster u. H. O. Bayer, J. Org. Chem. **29**, 105 (1964).
   T. Axenrod, E. Bierig u. L. H. Schwartz, Tetrahedron Letters **1965**, 2181.
[3] E. F. Jenny u. C. A. Grob, Helv. **36**, 1942 (1953).
[4] G. E. Benedict u. R. R. Russell, Am. Soc. **73**, 5444 (1951).
[5] G. Eglinton et al., Soc. **1954**, 3197.
[6] M. Černý et al., Collect. czech. chem. Commun. **34**, 1025 (1969).

$$H_2C=C-(CH_2)_8-COOH \xrightarrow{\text{Na}[\text{AlH}_2(O-CH_2-CH_2-OCH_3)_2]} H_2C=CH-(CH_2)_8-CH_2-OH$$

Diboran greift als starke Lewis-Säure C,C-Mehrfachbindungen etwa gleich schnell wie die Carboxy-Gruppe an[1], wobei die C=C-Doppelbindungen *cis*-hydroboriert werden. Nach Oxidation mit alkalischem Wasserstoffperoxid werden die entsprechenden *trans*-Diole erhalten (weiteres s. S. 50ff.)[2].

Komplexe Borhydride reduzieren bevorzugt die Oxo-Gruppe, so daß ungesättigte Oxo-carbonsäuren zu den entsprechenden Hydroxy-carbonsäuren bzw. Lactonen reduziert werden; z. B.[3]:

$$H_2C=CH-CH_2-CH_2-CO-(CH_2)_3-COOH \xrightarrow{\text{Na}[\text{BH}_4]} H_2C=CH-CH_2-CH_2\begin{smallmatrix}\end{smallmatrix}$$

Nonen-(8)-5-olid[3]: 12,7 g (75 mMol) 5-Oxo-nonen-(8)-säure werden in schwach natronalkalischer Lösung mit 0,9 g (24 mMol) Natriumboranat versetzt. Nach kurzer Zeit erwärmt sich die Lösung stark. Sie wird 12 Stdn. stehen gelassen, dann mit verd. Salzsäure angesäuert, kurz aufgekocht und 4mal ausgeäthert. Nach Trocknen über Natriumsulfat und Abziehen des Diäthyläthers wird i. Vak. destilliert; Ausbeute: 7,5 g (65% d. Th.); Kp_{11}: 136–137°.

Analog erhält man die folgenden Lactone und Hydroxy-carbonsäuren aus den entsprechenden ungesättigten Oxo-carbonsäuren:

Decen-(8)-5-olid[3]	81% d. Th.;	Kp_{11}: 157°
Dodecen-(8)-5-olid[3]	71,5% d. Th.;	Kp_{12}: 177–178°
Pentadecen-(8)-5-olid[3]	78% d. Th.;	Kp_{10}: 200°
3-(2-Phenyl-vinyl)-hexan-5-olid[4]	52% d. Th.;	$Kp_{1,5}$: 188°
9-Hydroxy-octadecin-(12)-säure[5]	50% d. Th.;	F: 38–42°
12-Hydroxy-octadecin-(9)-säure[6]	85% d. Th.;	F: 53–53,5°
trans-9-Hydroxy-decen-(2)-säure[7]		F: 43–45°
3β,20β-Dihydroxy-16α-carboxy-pregnen-(5)[8]	60% d. Th.;	F: 283–286°

Zur selektiven Reduktion von C=C-Doppelbindungen bzw. Oxo-Gruppen neben der Carboxy-Gruppe s. S. 80, 311 ff.

iii₂) von Heteroaren-carbonsäuren

Carboxy-azaarene lassen sich am besten durch das System Natriumboranat/Aluminiumchlorid zu den entsprechenden Alkoholen reduzieren. Bei den Hydroxy-pyridin-carbonsäuren ist die Zugabemethode von großer Bedeutung; bei normaler Zugabe (Carbonsäure zur Natriumboranat/Aluminiumchlorid-Lösung) liegen die Ausbeuten bei 10–15%, bei der inversen (Lösung von Natriumboranat zur Lösung der Carbonsäure und von Aluminiumchlorid) bei 25–30%, bei modifizierter Zugabemethode (zur Lösung des Natriumboranats und der Carbonsäure setzt man die Aluminiumchlorid-Lösung zu) bei 70–80% d. Th. So erhält man z. B. aus 3-Hydroxy-2-methyl-pyridin-4,5-dicarbonsäure in 73%-iger Ausbeute *3-Hydroxy-2-methyl-4,5-bis-[hydroxymethyl]-pyridin-Hydrochlorid (Vitamin-B₆-Hydrochlorid; Pyridoxin-Hydrochlorid)*[9]:

---

[1] H. C. Brown u. W. Korytnyk, Am. Soc. **82**, 3866 (1960).

[2] A. W. Burgstahler u. J. N. Marx, Tetrahedron Letters **1964**, 3333.

[3] K.-W. Rosenmund u. H. Bach, B. **94**, 2401 (1961).

[4] R. G. Ames u. W. Davey, Soc. **1958**, 911.

[5] J. Kennedy et al., Soc. **1961**, 4945.

[6] L. Crombie u. A. G. Jacklin, Soc. **1955**, 1740.

[7] K. Eiter, A. **658**, 91 (1962).

[8] M. Heller, S. M. Stolar u. S. Berstein, J. Org. Chem. **27**, 2673 (1962).

[9] R. K. Blackwood et al., Am. Soc. **80**, 6244 (1958).

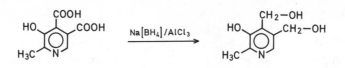

3-Hydroxy-2-methyl-4,5-bis-[hydroxymethyl]-pyridin-Hydrochlorid[1]: 8 g (0,21 Mol) Natriumboranat werden unter Stickstoff in 120 *ml* abs. Bis-[2-methoxy-äthyl]-äther (Wasser-Gehalt < 0,07%) gelöst. Unter Rühren gibt man portionsweise zwischen 30–45° 11,8 g (0,06 Mol) 3-Hydroxy-2-methyl-pyridin-4,5-dicarbonsäure zu, zur gebildeten orangefarbenen Reaktionsmischung innerhalb 10 Min. eine Lösung von 9 ,3 g (0,07 Mol) Aluminiumchlorid in 70 *ml* abs. Bis-[2-methoxy-äthyl]-äther. Die Innentemp. erhöht sich auf 68°. Man erhitzt 15 Min. auf 135°, kühlt die nunmehr farblose Lösung ab, versetzt tropfenweise mit 250 *ml* bei 50° ges. methanol. Salzsäure und destilliert den gebildeten Borsäure-trimethylester ab. Bis zu einer negativen Flammenfarbreaktion müssen ∼ 75 *ml* Lösungsmittel abdestilliert werden. Das ausgeschiedene Natriumchlorid wird abgesaugt und 2mal mit 50 *ml* warmem Methanol gewaschen. Man destilliert das Methanol vom Filtrat ab, versetzt mit 15 *ml* methanolischer Salzsäure, läßt 2,5 Tage im Kühlschrank stehen, saugt den Niederschlag ab und wäscht ihn mit Methanol. Das Rohprodukt wird aus 95%igem Äthanol umkristallisiert; Ausbeute 9 g (73% d.Th.); F: 204–206°.

Nach dieser Vorschrift werden u. a. aus den entsprechenden Dicarbonsäuren erhalten:

3-Amino-2-methyl-4,5-bis-[hydroxymethyl]-pyridin-Hydrochlorid   71% d.Th.; F: 197–199°
6-Chlor-3-amino-2-methyl-4,5-bis-[hydroxymethyl]-pyridin-Hydrochlorid   44% d.Th.; F: 270°

Mit neun Hydrid-Äquivalenten Diboran erhält man als Hauptprodukt *3-Hydroxy-2-methyl-4-hydroxymethyl-pyridin-5-carbonsäure-4'-lacton*[2]:

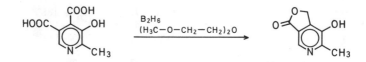

3-Hydroxy-2-methyl-4-hydroxymethyl-pyridin-5-carbonsäure-4'-lacton[2]: Zu einer Lösung von 0,0424 g (1,12 mMol) Natriumboranat in 1,5 *ml* abs. Bis-[2-methoxy-äthyl]-äther werden unter Stickstoff 0,0985 g (0,5 mMol) 3-Hydroxy-2-methyl-pyridin-4,5-dicarbonsäure gegeben. Nach 3–4 Min. wird unter Rühren eine Lösung von 0,189 *ml* (1,5 mMol) frisch destilliertem Bortrifluorid-Diäthylätherat in 1 *ml* abs. Bis-[2-methoxyäthyl]-äther zugetropft und mit 0,5 *ml* Lösungsmittel nachgespült. Man rührt 1,5 Stdn., versetzt mit wenig Äthanol und mit 20 *ml* Wasser, dampft i. Vak. ein, destilliert vom Rückstand zur Zerstörung des Komplexes 3mal 80 *ml* Methanol und 8 *ml* konz. äthanol. Salzsäure ab, stellt den Rückstand mit Natriumhydrogencarbonat-Lösung auf p_H = 7 ein und verdampft zur Trockene. Der Rückstand wird mit warmem Äthanol ausgezogen, die Äthanol-Lösung eingedampft, der kristalline Rückstand abgesaugt und mit Äthanol gewaschen; Ausbeute: 0,0504 g (70% d. Th.); F: 270° (Zers.); aus Äthanol umkristallisiert; F: 278° (Zers.).

Aus der Mutterlauge erhält man nach Zugabe von Salzsäure 0,0129 g (14% d.Th.) *3-Hydroxy-2-methyl-4,5-bis-[hydroxymethyl]-pyridin-Hydrochlorid.*

Auch bei der Reduktion von 3-Hydroxy-2-methyl-pyridin-4,5-dicarbonsäure-dimethylester mit Natriumboranat/Aluminiumchlorid bei 20° in Gegenwart eines Aluminiumchlorid-Überschusses wird in 57%iger Ausbeute *3-Hydroxy-2-methyl-4-hydroxymethyl-pyridin-5-carbonsäure-4'-lacton* erhalten[3].

Lithiumalanat eignet sich ebenfalls zur Reduktion von Carboxy-O- und -S-aromaten bzw. von nicht kernständigen (Carboxy-alkyl)-heteroaromaten zu Alkoholen[4]. Carboxy-N-heteroaromaten werden dagegen erst unter schärferen Bedingungen in Gegenwart von überschüssigem Reduktionsmittel angegriffen, wobei allerdings als Hauptprodukt das

[1] R. K. BLACKWOOD et al., Am. Soc. **80**, 6244 (1958).
[2] R. A. FIRESTONE, E. E. HARRIS u. W. REUTER, Tetrahedron **23**, 943 (1967).
[3] H. M. WUEST et al., R. **78**, 244 (1959).
[4] A. TREIBS u. H. DERRA-SCHERER, A. **589**, 188 (1954).

entsprechende Methyl-Derivat erhalten wird[1]. Hydroxy-carboxy-pyridine werden nur nach dem Schutz der Hydroxy-Gruppe angegriffen[2,3].

ii₃) von funktionell substituierten Carbonsäuren

iii₁) von Oxo-carbonsäuren

Die selektive Reduktion der C=O-Doppelbindung in Oxo-carbonsäuren zu Oxo-alkoholen gelingt mit Diboran nur bei Keton- bzw. Chinon-carbonsäuren, da Aldehyd-Gruppen mit Diboran wie auch komplexen Metallhydriden bevorzugt reagieren. Da jedoch die Reaktivitätsunterschiede zwischen Keto- und Carboxy-Gruppe gegenüber Diboran klein sind, hängt es von der Struktur der zu reduzierenden Verbindung und oft auch von den Reaktionsbedingungen ab, welche Gruppe zunächst reduziert wird[4].

Oxo-alkohole; allgemeine Herstellungsvorschrift[4]: In eine Lösung von 1 Mol Oxo-carbonsäure in abs. THF oder Bis-[2-methoxy-äthyl]-äther werden unter Rühren bei −10° 0,5 Mol Diboran (aus Bortrifluorid-Ätherat und Natriumboranat entwickelt, s. S. 163) mit trockenem Stickstoff eingeleitet. Nach 3 Stdn. wird methanol. Salzsäure zugegeben, eingedampft und der Rückstand destilliert.

Nach dieser Methode erhält man z. B. aus

4-Benzoyl-benzoesäure	→ *4-Benzoyl-benzylalkohol*	59% d. Th.; F: 48°
4-Oxo-4-phenyl-butansäure	→ *4-Oxo-4-phenyl-butanol*	60% d. Th.; Kp₃: 63–64°
Phenyl-glyoxylsäure	→ *ω-Hydroxy-acetophenon* (2-Oxo-2-phenyl-äthanol)	50% d. Th.; Kp₁₀: 111–112°
4-Oxo-pentansäure	→ *4-Oxo-pentanol*[vgl. 5]	64,3% d. Th.; Kp₃₀: 100°

Soll die Carboxy-Gruppe mit Lithiumalanat selektiv hydriert werden, so muß die Keto-Gruppe geschützt werden. Bei ungeschützter Keto-Gruppe werden mit überschüssigem Lithiumalanat normalerweise unter Verbrauch von vier Hydrid-Äquivalenten Diole erhalten:

Phenyl-glyoxylsäure	→ *Phenyl-glykol*[6]	80% d. Th.; F: 67–68°
4-Oxo-4-phenyl-butansäure	→ *4-Phenyl-butandiol-(1,4)*[7]	80% d. Th.; F: 68–69°
4-Oxo-4-(4-methyl-phenyl)-butansäure	→ *4-(4-Methyl-phenyl)-butandiol-(1,4)*[7]	80% d. Th.; F: 57–58°
2-Benzoyl-benzoesäure	→ *Phenyl-(2-hydroxy-methyl-phenyl)-methanol*[7]	80% d. Th.; F: 76°
2-(4-Methyl-benzoyl)-benzoesäure	→ *(2-Hydroxymethyl-phenyl)-(4-methyl-phenyl)-methanol*[7]	80–90% d. Th.; F: 98°

---

[1] G. Frangatos, G. Kohan u. F. L. Chubb, Canad. J. Chem. **38**, 1021 (1960).
  R. Lukeš u. Z. Veselý, Collect. czech. chem. Commun. **24**, 2318 (1959).
  K. Eiter u. O. Svierak, M. **83**, 1453 (1952).
  E. Sherman u. E. D. Amstutz, Am. Soc. **72**, 2195 (1950).
  R. Gaertner, Am. Soc. **74**, 766, 2185 (1952).
[2] R. P. Mariella u. A. J. Havlik, Am. Soc. **74**, 1915 (1952).
  R. P. Mariella u. E. P. Belcher, Am. Soc. **74**, 4049 (1952).
[3] R. C. Jones u. E. C. Kornfeld, Am. Soc. **73**, 107 (1951).
  A. Cohen, J. W. Haworth u. E. G. Hughes, Soc. **1952**, 4374.
  H. M. Wuest et al., R. **78**, 226 (1959).
  B. van der Wal et al., R. **80**, 221, 228 (1961).
[4] B. C. Subba Rao u. G. P. Thakar, Curr. Sci. **32**, 404 (1963); C.A. **60**, 438 (1964).
[5] J. A. Hirsch u. F. J. Cross, Synthetic Communications **1**, 19 (1971); bei 20° und Einleitung von Diboran in die Lösung der 4-Oxo-pentansäure in Diglyme soll *4-Pentanolid* (44% d. Th.) entstehen.
[6] R. F. Nystrom u. W. G. Brown, Am. Soc. **69**, 2548 (1947).
[7] A. Pernot u. A. Willemart, Bl. **1953**, 321.

Während überschüssiges Natrium-bis-[2-methoxy-äthoxy]-dihydrido-aluminat 4-Oxo-pentansäure zu *Pentandiol-(1,4)* (67% d. Th.; 80°, Toluol) reduziert, erhält man mit 1,1-Moläquivalenten Reduktionsmittel *4-Pentanolid* (57% d. Th.; bei −20°, inverse Zugabe)[1].

Zur selektiven Reduktion von Oxo-carbonsäuren zu Hydroxy-carbonsäuren s. S. 311 ff.

iii₂) von Halogen-carbonsäuren

Die selektive Reduktion der Halogen-carbonsäuren zu Halogen-alkoholen kann mit Diboran, Aluminiumhydrid und gemischten Hydriden durchgeführt werden. Mit Lithiumalanat werden nur bei aromatischen Halogen-carbonsäuren befriedigende Resultate erhalten[2], da in anderen Fällen u. a. Halogen-freie Alkohole gebildet werden[3].

Bei der Reduktion von Fluor-carbonsäuren[4] mit Lithiumalanat können **Explosionen** auftreten[5,6].

Das Reduktionsmittel der Wahl zur selektiven Überführung von Halogen-carbonsäuren in die entsprechenden Alkohole ist Diboran, mit dem nahezu quantitative Ausbeuten erreicht werden.

2-Jod-benzylalkohol[7]: 6,2 g (25 mMol) 2-Jod-benzoesäure werden in einem 25-*ml*-Rührkolben mit magnetischem Rührwerk unter Stickstoff vorgelegt und bei 0° innerhalb 15 Min. unter kräftigem Rühren mit 14,5 *ml* (33,3 mMol) Boran-Lösung in THF versetzt. Man rührt 1 Stde. nach, tropft 15 *ml* wäßr. THF (1:1) zu und sättigt die wäßr. Phase mit 5–6 g Kaliumcarbonat. Die THF-Phase wird abgetrennt und die wäßr. Phase mit 4mal 25 *ml* Diäthyläther ausgeschüttelt. Die vereinigten organ. Lösungen werden mit Magnesiumsulfat getrocknet und eingedampft; Ausbeute: 5,34 g (92% d. Th.); F: 89–90°, aus Petroläther umkristallisiert, F: 90°.

Auf analoge Weise erhält man z. B.:

2-Chlor-äthanol	100% d. Th.
11-Brom-undecanol	91% d. Th.
2-Brom-benzylalkohol	93% d. Th.

4-Chlor-benzylalkohol[8]: 31,3 g (0,2 Mol) 4-Chlor-benzoesäure werden unter Rühren und unter Stickstoff zu einer Lösung von 6,85 g (0,18 Mol) Natriumboranat in 180 *ml* abs. Bis-[2-methoxy-äthyl]-äther gegeben. Danach tropft man innerhalb 1 Stde. die Lösung von 34,1 g (0,24 Mol) Bortrifluorid-Diäthylätherat in 50 *ml* abs. Bis-[2-methoxy-äthyl]-äther ein. Man rührt 3 Stdn. bei 20° nach, gießt die Reaktionsmischung auf Eis, saugt den Niederschlag ab und trocknet ihn; Ausbeute: 27,7 g (92% d. Th.); F: 73–75°.

---

[1] M. Černý et al., Collect. czech. chem. Commun. **34**, 1025 (1969).
[2] J. K. Kochi u. G. S. Hammond, Am. Soc. **75**, 3443 (1953).
   C. E. Sroog et al., Am. Soc. **71**, 1710 (1949).
   R. Riemschneider, H. Gallert u. P. Andres, M. **92**, 1075 (1961).
   K. Freudenberg u. W. Lwowski, A. **597**, 141 (1955).
   A. T. Bottini, V. Dev u. M. Stewart, J. Org. Chem. **28**, 156 (1963).
[3] E. L. Eliel u. J. P. Freeman, Am. Soc. **74**, 923 (1952).
   E. L. Eliel, C. Hermann u. J. T. Traxler, Am. Soc. **78**, 1193 (1956).
   E. L. Eliel u. J. T. Traxler, Am. Soc. **78**, 4049 (1956).
   E. L. Eliel u. T. J. Prosser, Am. Soc. **78**, 4045 (1956).
[4] E. T. McBee, C. W. Roberts u. G. Wilson, Am. Soc. **79**, 2323 (1957).
   E. T. McBee, J. F. Higgins u. O. R. Pierce, Am. Soc. **74**, 1387 (1952).
   P. Tarrant u. R. E. Taylor, J. Org. Chem. **24**, 1888 (1959).
[5] T. S. Reid u. G. H. Smith, Chem. eng. News **29**, 3042 (1951).
   D. R. Husted u. A. Ahlbrecht, Am. Soc. **74**, 5422 (1952).
   M. Braid, H. Iserson u. F. E. Lawlor, Am. Soc. **76**, 4027 (1954).
[6] A. Hajós, *Komplexe Hydride*, S. 131, 227, 349 ff, VEB Deutscher Verlag der Wissenschaften, Berlin 1966.
[7] N. M. Yoon et al., J. Org. Chem. **38**, 2786 (1973).
[8] H. C. Brown u. B. C. Subba Rao, Am. Soc. **82**, 681 (1960).

Auch Aluminiumhydrid (zweckmäßig im Reaktionsgemisch selbst aus Lithiumalanat und konz. Schwefelsäure hergestellt) kann zur selektiven Reduktion herangezogen werden; z. B.[1]:

$$Cl-CH_2-CH_2-COOH \xrightarrow{\quad AlH_3 \quad} Cl-CH_2-CH_2-CH_2-OH$$

3-Chlor-propanol[1]: In einem 1-*l*-Dreihalskolben mit Rückflußkühler, der mit einer Gasbürette verbunden ist, Tropftrichter, Rührer, Innenthermometer und einer Öffnung, die mit einer Serumkappe verschlossen ist, werden unter Feuchtigkeitsausschluß 500 *ml* abs. THF vorgelegt. Man spült die Apparatur mit trockenem Stickstoff und gibt unter Rühren 16 g (0,4 Mol) Lithiumalanat in 5 Anteilen zu. Nach 1stdgm. Rühren werden innerhalb 20 Min. unter Kühlung mit Eis-Kochsalz-Gemisch durch die Serumkappe mit Hilfe einer Injektionsspritze 19,6 g (10,7 *ml*) 100%-ige Schwefelsäure eingeführt. Es werden 408 mMol Wasserstoff entwickelt. Man rührt 1 Stde. unter Kühlung und tropft innerhalb 30 Min. eine auf 0° gekühlte Lösung von 21,7 g (0,2 Mol) 3-Chlor-propansäure in 50 *ml* abs. THF zu. Die Innentemp. wird dabei <2° gehalten. Es entwickeln sich 204 mMol Wasserstoff. Man rührt 15 Min., versetzt vorsichtig mit 50 *ml* wäßr. THF (1 : 1), dann mit Wasser, saugt den Niederschlag ab, wäscht 2mal mit 100 *ml* THF aus, trocknet die vereinigten THF-Lösungen zuerst mit Natriumsulfat, danach mit Magnesiumsulfat und dampft sie ein. Der Rückstand wird i. Vak. destilliert; Ausbeute: 11,5 g (61% d. Th.); Kp$_9$: 59–60°.

Analog erhält man:

2-Chlor-äthanol	69% d. Th.
3-Brom-butanol	87% d. Th.

Die Reduktion von Halogen-carbonsäuren mit Lithiumalanat/Aluminiumchlorid in Äther ergibt wahrscheinlich wegen der ungünstigen Lösungsverhältnisse schlechtere Resultate[2].

Mit Natriumboranat/Aluminiumchlorid in Bis-[2-methoxy-äthyl]-äther kann 4-Chlor-benzoesäure mit 64%iger Ausbeute zu *4-Chlor-benzylalkohol* reduziert werden (weiteres s. S. 157f.)[3]. Zur selektiven Reduktion der Halogen-carbonsäuren unter Erhalt der Carboxy-Gruppe sind die Organo-zinnhydride geeignet (s. S. 396).

iii$_3$) von Aminosäuren und deren Derivaten

Zur Reduktion von Aminosäuren mit freier Amino-Gruppe zu Amino-alkoholen durch Diboran sind acht Hydrid-Äquivalente notwendig. Die Carboxy-Gruppe verbraucht drei, die Amino-Gruppe fünf Hydrid-Äquivalente, von denen zwei von den aktiven Wasserstoff-Atomen unter Wasserstoff-Entwicklung, drei zur Bildung eines Amin-Boran-Koordinationskomplexes verbraucht werden (s. a. S. 7ff.). Das koordinativ gebundene Boran steht dabei nur in einigen Fällen (z. B. im Pyridin-Boran, s. S. 149) zur Reduktion der Carboxy-Gruppe zur Verfügung.

4-Amino-benzylalkohol[4]: Unter Rühren wird zu einer Lösung von 3,43 g (25 mMol) 4-Amino-benzoesäure in 12,5 *ml* abs. THF unter Stickstoff bei 0° 31,9 *ml* (75 mMol) 2,35 m Boran-Lösung in abs. THF getropft. Man rührt 4,5 Stdn. bei 25° nach, kühlt auf 0°, versetzt mit 15 *ml* 3 n Natriumhydroxid-Lösung und hydrolysiert 12 Stdn. bei 25° den Amin-Boran-Komplex. Die Lösung wird mit konz. Natronlauge auf p$_H$ = 11 eingestellt, die wäßr. Phase mit Kaliumcarbonat gesättigt, die THF-Phase abgetrennt und die wäßr. Phase mit 5mal 30 *ml* Diäthyläther extrahiert. Die vereinigten organ. Auszüge werden getrocknet und eingedampft; Ausbeute: 2,46 g (80% d. Th.); F: 60–63°.

---

[1] N. M. Yoon u. H. C. Brown, Am. Soc. **90**, 2927 (1968).
[2] R. F. Nystrom, Am. Soc. **81**, 610 (1959).
[3] H. C. Brown u. B. C. Subba Rao, Am. Soc. **78**, 2582 (1956).
[4] N. M. Yoon, J. Org. Chem. **38**, 2786 (1973).

Während 4-Amino-benzoesäure mit Lithiumalanat nur 20% d.Th. *4-Amino-benzylalkohol*[1] liefert, erhält man aus 2-Amino-benzoesäure nach der Soxhlet-Methode (s. S. 178, 219) ~100% d.Th. *2-Amino-benzylalkohol*[2]:

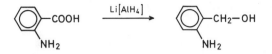

2-Amino-benzylalkohol[2]: 13,7 g (0,1 Mol) 2-Amino-benzoesäure werden in eine Extraktionshülse gefüllt und in einem Soxhlet-Extraktor durch eine siedende Lösung von 9,1 g (0,24 Mol) Lithiumalanat in 600 *ml* trokkenem Diäthyläther in Reaktion gebracht. Nach dem Auflösen der Substanz wird die Reaktionsmischung abgekühlt, vorsichtig mit wenig Wasser, danach mit 250 *ml* 10%iger Natronlauge versetzt, die Äther-Phase abgetrennt, die wäßr. Phase mit 2mal 200 *ml* Diäthyläther extrahiert. Man trocknet die vereinigten Äther-Phasen über Natriumsulfat und destilliert den Äther ab; Ausbeute: 12 g (97% d.Th.); F: 82°.

3-Amino-benzoesäure wird durch Lithiumalanat dagegen nur in Dibutyläther bei 85° mit einem zweifachen Reduktionsmittel-Überschuß (11 Tage) zu *3-Amino-benzylalkohol* (72% d.Th.) reduziert[3]. Dieselbe Ausbeute wird mit einem 140%igen Überschuß von Natrium-bis-[2-methoxy-äthoxy]-dihydrido-aluminat (3 Stdn. in Xylol bei 142°) erreicht[4] (s. a. S. 168):

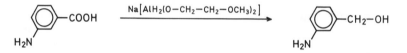

Die aliphatischen Amino-carbonsäuren werden durch Lithiumalanat in siedendem THF im Gegensatz zu den aromatischen innerhalb einiger Stunden zu den entsprechenden Amino-alkoholen reduziert[5].

Amino-alkohole; allgemeine Arbeitsvorschrift[5]: Zur Lösung von 95 g (2,5 Mol) Lithiumalanat in 2 *l* abs. THF werden unter Stickstoff 2,2 Mol trockene Aminosäure in kleinen Anteilen gegeben. Man kocht 2–5 Stdn. unter Rückfluß, kühlt ab, versetzt mit dem gleichen Vol. Diäthyläther und mit wenig Wasser, saugt den Niederschlag ab und kocht ihn mehrmals mit Methanol aus. Nach dem Abdampfen der Solventien wird der Rückstand in Äthanol aufgenommen, mit Äther verdünnt, ausgeschiedenes Carbonsäuresalz abfiltriert, das Filtrat eingedampft und der Rückstand i. Vak. destilliert.
Die nach dieser Vorschrift hergestellten Aminoalkohole sind in Tab. 14 (S. 163) aufgeführt.
Auch Diäthyläther kann als Lösungsmittel verwendet werden[6].

Natürliche Aminosäuren werden in der Regel ohne merkliche Racemisierung zu Amino-alkoholen reduziert[7]. Zur Reduktion von Osmium(VI)-estern der α-Amino-säuren mit komplexen Hydriden s. Lit.[8].

[1] A. P. Phillips u. A. Maggiolo, J. Org. Chem. **15**, 659 (1950).
[2] R. F. Nystrom u. W. G. Brown, Am. Soc. **69**, 2548 (1947).
[3] L. H. Conover u. D. S. Tarbell, Am. Soc. **72**, 3586 (1950).
[4] M. Černý u. J. Málek, Collect. czech. chem. Commun. **35**, 1216 (1970).
[5] O. Vogl u. M. Pöhm, M. **83**, 541 (1952); **84**, 1097 (1953).
[6] B. I. Kurtev, N. M. Mollov u. A. S. Orahovats, M. **95**, 64 (1964).
[7] G. S. Poindexter u. A. I. Meyers, Tetrahedron Letters **1977**, 3527.
[8] E. Herranz u. K. B. Sharpless, J. Org. Chem. **43**, 2544 (1978).
    D. W. Patrick et al., J. Org. Chem. **43**, 2628 (1978).

Tab. 14: Amino-alkohole durch Reduktion von Aminosäuren mit Lithiumalanat[1]

Aminosäure	Amino-alkohol	Ausbeute [% d.Th.]	Kp	
			[°C]	[Torr]
NH_2 $H_3C-\overset{\underset{\mid}{NH_2}}{C}-COOH$ $\underset{\mid}{H}$	L(+)-2-Amino-propanol	75	85	10
$(H_3C)_2CH-CH_2-\overset{\underset{\mid}{NH_2}}{C}-COOH$ $\underset{\mid}{H}$	L(+)-2-Amino-4-methyl-pentanol	79	100–105	10
$H_3C-\overset{\underset{\mid}{NH_2}}{C}-COOH$ $\underset{\mid}{CH_3}$	2-Amino-2-methyl-propanol	88	90–95	10
$H_3C-(CH_2)_3-\overset{\underset{\mid}{NH_2}}{CH}-COOH$	2-Amino-hexanol	92	115–120	10
$H_2N-CH_2-CH_2-COOH$	3-Amino-propanol	75	85–90	10
$H_3C-S-CH_2-CH_2-\overset{\underset{\mid}{NH_2}}{CH}-COOH$	2-Amino-4-methylthio-butanol	91	115–120	12
$H_5C_6-CH_2-\overset{\underset{\mid}{NH_2}}{CH}-COOH$	2-Amino-3-phenyl-propanol	74	115	0,1

Aus Amino-alkansäuren mit N-Alkyl- oder N-Aryl-Substituenten werden leichter lösliche Komplexe erhalten[2]. 4-Alkylamino-butansäuren[3] werden durch Lithiumalanat relativ leicht zu den entsprechenden Pyrrolidinen cyclisiert. Zur selektiven Reduktion der Carboxy-Gruppe von N-acylierten Aminosäuren ist Diboran geeignet[4,5]; z.B.[6]:

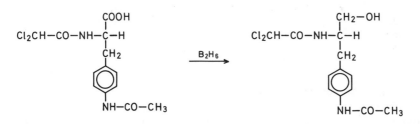

L-2-(Dichloracetyl-amino)-3-(4-acetylamino-phenyl)-propanol[6]: 0,3 g (11 mMol) Diboran werden durch langsames Zutropfen von 0,627 g (16,5 mMol) Natriumboranat in 15 ml abs. Bis-[2-methoxy-äthyl]-äther in eine Lösung von 7,1 ml (56,5 mMol) Bortrifluorid-Diäthylätherat in 15 ml abs. Bis-[2-methoxy-äthyl]-äther entwickelt. Mit einem langsamen, trockenen Stickstoffstrom wird das Diboran in 60 ml abs. THF eingeleitet und die Lösung unter Rühren bei 0° mit 0,67 g (2 mMol) L-2-(Dichloracetyl-amino)-3-(4-acetylamino-phenyl)-propansäure versetzt. Man rührt 2 Stdn., gibt 5 ml Aceton und 20 ml Wasser zu, dampft i. Vak. ein, reinigt das Roh-

[1] O. VOGL u. M. PÖHM, M. 83, 541 (1952); 84, 1097 (1953); dort zahlreiche weitere Beispiele.
[2] M. LORA-TAMAYO, R. MADROÑERO u. G. G. MUÑOZ, B. 94, 208 (1961).
   O. VOGL u. M. PÖHM, M. 84, 1097 (1953).
[3] E. J. COREY u. W. R. HERTLER, Am. Soc. 82, 1657 (1960).
[4] H. C. BROWN, P. HEIM u. N. M. YOON, Am. Soc. 92, 1637 (1970).
[5] M. SIDDIQUEULLAH et al., Canadian Journal of Biochemistry 45, 1881 (1967).
   A. V. EMES u. L. C. VINING, Canadian Journal of Biochemistry 48, 613 (1970).
   Y.-Y. LIU, E. THOM u. A. A. LIEBMAN, Canad. J. Chem. 56, 2853 (1978).
[6] C. K. WAT, V. S. MALIK u. L. C. VINING, Canad. J. Chem. 49, 3653 (1971).

produkt durch präparative Dünnschichtchromatographie und kristallisiert es aus Wasser; Ausbeute: 0,12 g (19%) d. Th.); Doppel-F: 166° und 179,5°.

Auch die endständigen Carboxy-Gruppen in Peptiden bzw. Eiweißen werden durch Diboran reduziert[1].

Lithiumalanat und -boranat sind ungeeignet, da sie auch die Peptid-Bindung angreifen. Lithiumboranat reduziert zudem die Carboxy-Gruppe nur unter scharfen Bedingungen unter Bildung schwer hydrolysierbarer Bor-Komplexe[2].

Da Diboran mit Zwitterionen nicht reagiert, muß das Peptid vor der Reduktion mit Trifluoressigsäure protoniert werden. Carboxy-endständiges-Glycin wird nur schwierig oder nicht reduziert[1]. Trotzdem gilt diese Methode als die beste zur Reduktion endständiger Carboxy-Gruppen in Proteinen. Bei −10° ist die Selektivität am größten, wobei auch ein Diboran-Überschuß nicht störend wirkt. Da bei −10° jedoch nicht alle Carboxy-Gruppen angegriffen werden, muß gegebenenfalls bei höherer Temperatur reduziert werden, wobei damit gerechnet werden muß, daß auch andere Peptid-Bindungen angegriffen werden.

Amino-alkohole durch Reduktion C-endständiger Aminosäuren; allgemeine Arbeitsvorschrift[1]: 2–5 mg Peptid werden in 0,5 ml Wasser gelöst oder suspendiert und unter Rühren mit 2 Tropfen Trifluoressigsäure versetzt. Die erhaltene klare Lösung wird gefriergetrocknet (lyophilisiert), unter Stickstoff werden 0,5 ml 1 m Diboran-Lösung in THF zugegeben, man rührt 2 Stdn. bei 0°, dampft ein, versetzt mit einer Lösung von einigen Tropfen Trifluoressigsäure in 2 ml Methanol, dampft zur Trockene ein. Zum Rückstand gibt man 2mal 2 ml Methanol, dampft 2mal zur Trockne ein, hydrolysiert mit Säure und bestimmt die Aminosäuren im Aminosäure-Analysator.

U. a. werden folgende Resultate erzielt:

Peptid	Reduzierte C-terminale Aminosäure [% d. Th.]	Regenerierte N-terminale Aminosäure [% d. Th.]
Leucyl-tyrosin	93,0	92,9
Leucyl-phenylalanin	100,0	80,7
Seryl-glycin	34,5	99,9
Glycyl-asparaginsäure	61,7	101,7
Glycyl-prolin	21,9	98,3
Phenylalanyl-arginin	98,8	96,4
Leucyl-tryptophan	99,9	93,1
Glycyl-leucyl-glycin	0,0	97,3

Mit Lithiumalanat werden dagegen i. a. Carboxy- und Aminocarbonyl-Gruppe gleichschnell reduziert.

Selektive Reduktionen der Carboxy-Gruppe hängen von der Struktur der Aminocarbonyl-Gruppe ab und sind nur selten möglich[3]. In der Regel werden also Amino-alkohole erhalten[4]; z. B.:

[1] A. F. Rosenthal u. M. Z. Atassi, Biochem. biophys. Acta **147**, 410 (1969).
    M. Z. Atassi u. A. F. Rosenthal, Biochem. J. **111**, 593 (1969).
[2] C. Fromageot et al., C.r. **230**, 1905 (1950); Biochem. biophys. Acta **6**, 283 (1950).
    M. Jutisz et al., Bull. Soc. Chim. biol. **36**, 117 (1954).
    M. Jutisz, D. M. Meyer u. L. Penasse, Bl. **1954**, 1087.
    D. M. Meyer u. M. Jutisz, Bl. **1957**, 1211.
[3] H. C. Brown, P. M. Weissman u. N. M. Yoon, Am. Soc. **88**, 1458 (1966).
    A. H. Sommers, Am. Soc. **78**, 2439 (1956).
[4] H. W. Bersch, K. H. Fischer u. A. v. Mletzko, Ar. **290**, 353 (1957).

2-[2-(Dimethylamino-methyl)-phenyl]-benzylalkohol[1]: 10 g (37 mMol) 2'-Carboxy-2-(dimethylamino-carbonyl)-biphenyl werden unter Rühren zu einer Suspension von 4,1 g (108 mMol) Lithiumalanat in 200 ml abs. Diäthyläther gegeben. Man erhitzt die Mischung 8 Stdn. unter Rückfluß, zersetzt mit wenig Wasser, filtriert, kocht den Niederschlag mit Diäthyläther aus, trocknet und dampft die Äther-Lösung ein. Der Rückstand wird aus Äthanol kristallisiert; Ausbeute: 8,1 g (91% d. Th); F: 79,5°.

Analog erhält man z. B.:

2-Methylamino-2-phenyl-äthanol[2]	42% d. Th.;	F: 187° (Oxalat)
2-Benzylamino-äthanol[3]	35% d. Th.;	Kp$_{0,5}$: 106–107°
2-Benzylamino-3-methyl-butanol[3]	70% d. Th.;	Kp$_{0,01}$: 93–94°
L-2-Benzylamino-3-phenyl-propanol[3]	–	F: 60–61°
2-Äthylamino-äthanol[4]	84% d. Th.;	Kp$_{10}$: 90–95°
2-Äthylamino-4-methylthio-butanol[5]	85% d. Th.;	F: 129–130° (Oxalat)

iii$_4$) von Nitro-carbonsäuren

Zur selektiven Reduktion von Nitro-carbonsäuren zu Nitro-alkoholen sind Diboran[6], Dimethylsulfan-Boran, Aluminiumhydrid[7] und gemischte Hydride (Lithiumalanat/Aluminiumchlorid, Lithiumalanat/Bortrifluorid, Natriumboranat/Aluminiumchlorid, Natriumboranat/Bortrifluorid) geeignet. Am selektivsten reduziert das elektrophile Diboran, das die Nitro-Gruppe als sehr schwache Lewis-Base nicht reduziert[6].

2-(4-Nitro-phenyl)-äthanol[8]: Zu einer Lösung von 4,53 g (25 mMol) (4-Nitro-phenyl)-essigsäure in 12,5 ml abs. THF werden unter Rühren und unter Stickstoff 14,2 ml (33,3 mMol) 2,3 m Boran-Lösung in abs. THF gegeben. Es entwickeln sich 26 mMol Wasserstoff. Man rührt 2 Stdn. bei 20°, zersetzt den Hydrid-Überschuß vorsichtig mit 15 ml Wasser, sättigt die wäßr. Phase mit 5 g Kaliumcarbonat, trennt die THF-Phase ab und extrahiert die wäßr. Phase 3mal mit 25 ml Diäthyläther. Nach Trocknen werden die vereinigten Solventien im Rotationsverdampfer abdestilliert; Ausbeute: 3,94 g (94% d. Th.); F: 63–64°.

4-Nitro-benzylalkohol[9]: 33,4 g (0,2 Mol) 4-Nitro-benzoesäure werden unter Stickstoff vorsichtig in eine Lösung von 6,85 g (0,18 Mol) Natriumboranat in 180 ml Bis-[2-methoxy-äthyl]-äther eingerührt. Nach Bildung einer klaren Lösung tropft man innerhalb 1 Stde. unter Kühlung 34,1 g (0,24 Mol) Bortrifluorid-Diäthylätherat in 50 ml Bis-[2-methoxy-äthyl]-äther zu (Diboran-Erzeugung), rührt 3 Stdn. bei 20° nach, gießt auf ein Gemisch von Eis und Salzsäure, filtriert den Niederschlag ab und schüttelt das Filtrat mit Diäthyläther aus. Der getrocknete Niederschlag und der Rückstand der Äther-Phase ergeben 24,1 g (79% d. Th.) Rohsubstanz (F: 91–93°), die in Wasser gelöst, die Lösung mit Aktivkohle geklärt und abgekühlt wird. Ausbeute: 22 g (72% d. Th.); F: 92–93°.

Mit Dimethylsulfan-Boran steigt die Ausbeute auf 97% d. Th.[10].

Von den gemischten Hydriden sind Lithiumalanat/Aluminiumchlorid[11] und Natriumboranat/Aluminiumchlorid zur selektiven Reduktion am besten geeignet[12].

2-(2-Nitro-phenyl)-äthanol[13]: 6 g (32 mMol) (2-Nitro-phenyl)-essigsäure und 3 g (80 mMol) Natriumboranat werden in 62 ml abs. Bis-[2-methoxy-äthyl]-äther gelöst. Zu dieser Lösung gibt man langsam eine Lösung von 1,5 g (11 mMol) Aluminiumchlorid in 8 ml Bis-[2-methoxy-äthyl]-äther. Das Reaktionsgemisch wird 3 Stdn. auf 50 bis 60° erwärmt, abgekühlt, mit kalter verd. Salzsäure versetzt und mit Diäthyläther ausgeschüttelt. Die verei-

---

[1] H. W. Bersch, K. H. Fischer u. A. v. Mletzko, Ar. **290**, 353 (1957).

[2] A. Dornow, G. Messwarb u. H. H. Frey, B. **83**, 445 (1950).

[3] J. H. Hunt u. D. McHale, Soc. **1957**, 2073.

[4] O. Vogl u. M. Pöhm, M. **84**, 1097 (1953).

[5] M. Pöhm, M. **91**, 363 (1960).

[6] H. C. Brown, P. Heim u. N. M. Yoon, Am. Soc. **92**, 1637 (1970).

[7] H. C. Brown u. N. M. Yoon, Am. Soc. **88**, 1464 (1966).
 N. M. Yoon u. H. C. Brown, Am. Soc. **90**, 2927 (1968).

[8] N. M. Yoon et al., J. Org. Chem. **38**, 2786 (1973).

[9] H. C. Brown u. B. C. Subba Rao, Am. Soc. **82**, 681 (1960).

[10] C. F. Lane et al., J. Org. Chem. **39**, 3052 (1974).

[11] R. F. Nystrom, Am. Soc. **77**, 2544 (1955).

[12] H. C. Brown u. B. C. Subba Rao, Am. Soc. **77**, 3164 (1955); **78**, 2582 (1956).

[13] R. O. C. Norman u. G. K. Radda, Soc. **1961**, 3030.

nigten organ. Lösungen werden über Natriumsulfat getrocknet und eingedampft. Der Rückstand wird i. Vak. destilliert; Ausbeute: 5,1 g (92% d. Th.); Kp$_{0,3}$: 133°.

Analog erhält man *4-Nitro-benzylalkohol*[1] (82% d. Th.; F: 92–93°).

Komplexe Aluminiumhydride (z.B. Lithiumalanat) reduzieren die Nitro- und Carboxy-Gruppen simultan (weiteres s.S. 471ff.)[2].

iii$_5$) von Hydroxy-, Alkoxy- bzw. Epoxy-carbonsäuren

Zur Reduktion von Hydroxy-carbonsäuren zu Diolen sind vier Hydrid-Äquivalente notwendig. Während der Reaktion werden – den zwei aktiven Wasserstoff-Atomen entsprechend – zwei Mol Wasserstoff entwickelt. Bei Polyhydroxy-carbonsäuren wird entsprechend je Hydroxy-Gruppe ein weiteres Hydrid-Äquivalent benötigt.

Zur Reduktion von Phenol-carbonsäuren zu *Hydroxy-benzylalkoholen* ist Diboran besonders geeignet[3].

2-Hydroxy-benzylalkohol[3]: Zu einer Lösung von 3,45 g (25 mMol) Salicylsäure in 10 *ml* abs. THF werden bei 0° unter Rühren und unter Stickstoff 18 *ml* (42 mMol) 2,33 m Boran-Lösung in THF tropfenweise gegeben. Es werden 49,8 mMol Wasserstoff entwickelt. Man rührt 3 Stdn. bei 25°, versetzt mit Wasser und mit 30 *ml* 3 n Natriumhydroxid-Lösung, rührt weitere 15 Min., trennt die wäßr. Phase ab und dampft die THF-Phase ein. Der Rückstand wird mit der wäßr. Phase vereinigt, die erhaltene Lösung bei 0° mit verd. Essigsäure auf p$_H$= 6,7 eingestellt, 6 mal mit 20 *ml* Diäthyläther ausgeschüttelt, mit Magnesiumsulfat getrocknet und eingedampft; Ausbeute: 2,84 g (92% d. Th.); F: 78–80°.
Aus Benzol umkristallisiert: 1,97 g; F: 85–86°, nach dem Einengen der Mutterlauge erhält man weitere 0,47 g; F: 82–84° (insgesamt 79% d. Th.).

Mit Lithiumalanat in Äther[4,5] sowie bei der Reduktion von Polyphenol-carbonsäuren mit Diboran bildet die phenolische Hydroxy-Gruppe mit dem Reduktionsmittel unlösliche Komplexe. Wenn die Hydroxy-Gruppe in o- oder p-Stellung zur Carboxy-Gruppe steht, erhöht sie außerdem deren Elektronendichte und vermindert damit die Reaktivität der Carbonsäure gegenüber dem nucleophilen komplexen Hydrid[6]. So werden z.B. 4-Hydroxy-benzoesäure, 2-Hydroxy-isophthalsäure und 3,5-Dihydroxy-benzoesäure durch Lithiumalanat nicht reduziert[4,5]. Aus Podocarpinsäure erhält man erst nach vier Tagen *Podocarpinol* zu 56% d. Th.[7]:

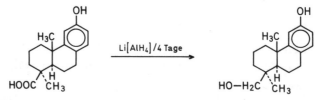

Diese Nachteile können durch Methylierung[4,7] bzw. Acetylierung[8] der phenolischen Hydroxy-Gruppe überwunden werden. Die Tab. 15 (S. 167) gibt einen Überblick über einige aus Hydroxy-, Methoxy- und Mercapto-carbonsäuren durch Reduktion mit Lithiumalanat hergestellten Alkohole.

[1] H. C. Brown u. B. C. Subba Rao, Am. Soc. **78**, 2582 (1956).
[2] R. F. Nystrom u. W. G. Brown, Am. Soc. **70**, 3738 (1948).
   H. C. Brown, P. M. Weissman u. N. M. Yoon, Am. Soc. **88**, 1458 (1966).
[3] N. M. Yoon et al., J. Org. Chem. **38**, 2786 (1973).
[4] K. R. Hargreaves, Chem. & Ind. **1954**, 578.
[5] E. G. Peppiatt u. R. J. Wicker, Chem. & Ind. **1954**, 932.
[6] B. C. Subba Rao u. G. P. Thakar, Curr. Sci. **29**, 389 (1960).
[7] H. H. Zeiss, C. E. Slimowicz u. V. Z. Pasternak, Am. Soc. **70**, 1981 (1948).
[8] J. H. Freeman, Am. Soc. **74**, 6257 (1952).

Tab .15: Alkohole durch Reduktion von Hydroxy-, Methoxy- und Mercapto-carbonsäuren mit Lithiumalanat

Carbonsäuren	Alkohol	Ausbeute [% d. Th.]	F [°C]	Literatur
(Struktur: Benzolring mit OH und COOH)	2-Hydroxy-benzylalkohol	82	86	1
(Struktur: Naphthalin mit COOH und OH)	3-Hydroxy-2-hydroxymethyl-naphthalin	23	190–191	2
(Struktur: Naphthalin mit OH, H_3CO, H_3CO, COOH, $CH(CH_3)_2$)	1-Hydroxy-6,7-dimethoxy-3-hydroxymethyl-5-isopropyl-naphthalin	93	207–209	3
(Struktur: zwei Benzolringe mit OH, HOOC, CH_2–CH_2)	2-(2-Hydroxy-phenyl)-1-(2-hydroxymethyl-phenyl)-äthan	76	109,5	4
(Struktur: Benzolring mit COOH, CH, zwei Phenyl-OH)	2-(Bis-[4-hydroxy-phenyl]-methyl)-benzylalkohol	76–81	201–202	5
(Struktur: H_3CO—Benzolring—COOH)	3-Methoxy-benzylalkohol	74	(Kp$_{734}$: 243–244°)	6
(Struktur: H_3CO, H_3CO—Benzolring—COOH)	3,5-Dimethoxy-benzylalkohol	93	46	7
(Struktur: OCH_3, H_3CO, H_3CO—Benzolring—CH_2—COOH)	2-(2,4,5-Trimethoxy-phenyl)-äthanol	–	75–76	8
H_3CO–$(CH_2)_{20}$–COOH	21-Methoxy-heneicosanol	88	69–69,5	9
HS–$(CH_2)_2$–COOH	3-Mercapto-propanol	–	(Kp$_{15}$: 85–90°)	10
H_5C_6–CH_2–CH(SH)–COOH	2-Mercapto-3-phenyl-propanol	76	(Kp$_{0,1}$: 98–99°)	11

[1] E. G. Peppiatt u. R. J. Wicker, Chem. & Ind. **1954**, 932.
[2] W. T. Smith u. L. Campanaro, Am. Soc. **74**, 1107 (1952).
[3] J. D. Edwards u. J. L. Cashaw, Am. Soc. **79**, 2283 (1957).
[4] W. Baker, W. D. Ollis u. T. S. Zealley, Soc. **1952**, 1447.
[5] M. H. Hubacher, Am. Soc. **74**, 5216 (1952).
[6] J. K. Kochi u. G. S. Hammond, Am. Soc. **75**, 3443 (1953).
[7] R. Adams, M. Harfenist u. S. Loewe, Am. Soc. **71**, 1624 (1949).
[8] G. Büchi et al., Soc. **1961**, 2843.
[9] R. E. Bowman u. R. G. Mason, Soc. **1952**, 4151.
[10] C. Djerassi u. M. Gorman, Am. Soc. **75**, 3704 (1953).
[11] M. P. Mertes u. O. Gisvold, J. Pharm. Sci. **50**, 475 (1961).

Phenol-carbonsäuren können auch mit dem thermisch stabilen Natrium-bis-[2-methoxy-äthoxy]-dihydri-do-aluminat bei 142° in siedendem Xylol reduziert werden (ähnlich verhalten sich die entsprechenden Methoxy-benzoesäuren); z.B.[1]:

3-Hydroxy-benzoesäure   →   *3-Hydroxy-benzylalkohol*; 74% d. Th.; F: 70–71°
2-Hydroxy-3-naphthoesäure   →   *2-Hydroxy-3-hydroxymethyl-naphthalin;* 86% d. Th.;
                                  F: 191,5–192°

Verbindungen mit Substituenten in o- und p-Stellung, die die Hydrogenolyse erleichtern, werden zumeist zu den Kohlenwasserstoffen weiterreduziert (s. S. 170 f.).

Die Reduktion von Dihydroxy-carbonsäuren und Hydroxy-dicarbonsäuren mit Diboran bzw. Lithiumalanat ergibt die entsprechenden Triole[2].

Alkan-1,2,3-triole; allgemeine Herstellungsvorschrift[3]: 0,02 Mol reinste 2,3-Dihydroxy-alkansäure wird in 100 *ml* abs. Diäthyläther suspendiert. Dazu wird eine Lösung von 1,5 g (0,04 Mol) Lithiumalanat in 60 *ml* abs. Diäthyläther innerhalb 2 Stdn. unter Rühren und Eiskühlung tropfenweise zugegeben. Man rührt 1 Stde. bei 20°, versetzt mit 2 *ml* Methanol, 50 *ml* Wasser und zuletzt mit verd. Salzsäure bis zur Auflösung des Niederschlages. Die Äther-Schicht wird abgetrennt, mit verd. Natriumhydroxid-Lösung gewaschen, getrocknet und eingeengt. Der kristalline Rückstand wird aus Essigsäure-äthylester bei –17°, bei den höheren Homologen aus Wasser, umkristallisiert.

Nach dieser Vorschrift lassen sich z.B. herstellen:

Decantriol-(1,2,3)   F: 65,5–67,5°
Dodecantriol-(1,2,3)   F: 75–76,8°
Tetradecantriol-(1,2,3)   F: 83–84°
Hexadecantriol-(1,2,3)   F: 87–88,5°

Die bei der Reduktion von 2,3-Dihydroxy-alkansäuren mit Lithiumalanat gebildeten Alkyl-glycerine sind wahrscheinlich die *erythro*-Racemate[3].

Die mit mehreren Hydroxy-Gruppen substituierten Carbonsäuren sollten vor der Reduktion mit Diboran acetyliert werden, um ihre Löslichkeit in Äthern zu erhöhen und die Bildung unlöslicher Komplexe zu verhindern[4].

Besonders bei der Reduktion der Uronsäure-Gruppen in Polysacchariden ist vorheriges Acetylieren erforderlich. Nur so gelingt es z.B. die Carboxy-Gruppen in 4-O-Methyl-glucuronoxylan ohne Depolymerisierung in die Hydroxy-methyl-Gruppen zu überführen (nach Verseifung fallen 81% d. Th. *4-O-Methyl-glucoxylan* an)[5].

Analog verhalten sich Polyuronsäuren aus Pektinstoffen und Holzgummi[6,7]. Die aus Algen erhältliche Alginsäure wird zweckmäßig als O,O-Dipropionat eingesetzt[7,8]. Bei Anwendung eines zehnfachen Diboran-Überschusses werden 90% der Carboxy-Gruppen in die Hydroxymethyl-Gruppen übergeführt, 5% der Ester-Gruppen werden dagegen zum Äther reduziert (s.a. S. 217 ff.)[8].

O,O-Dipropanoyl-alginol[8]:
O,O-Dipropanoyl-alginsäure: 20 g Alginsäure werden in 150 g Dimethylformamid gelöst und innerhalb 30 Min. bei 30° unter Rühren 200 g Pyridin zugegeben, danach innerhalb 4 Stdn. 200 g Propansäureanhydrid. Man rührt 4 Stdn., läßt 12 Stdn. stehen, gießt in 5 *l* n Salzsäure und 500 g Eis, filtriert, trocknet den Niederschlag und wiederholt die Operation mit 300 g Pyridin und 50 g Propansäureanhydrid. Nach einer Woche wird die Lösung in 1,5 *l* Petroläther gegossen; Ausbeute: 28 g; $[\alpha]_D = -166°$ (c = 0,5 in Pyridin).

[1] M. Černý u. J. Malek, Tetrahedron Letters **1969**, 1739; Collect. czech. chem. Commun. **35**, 2030, 3079 (1970).

[2] E. Caspi u. S. N. Balasubrahmanyam, Tetrahedron Letters **1963**, 745.
   E. Caspi, Y. Shimizu u. S. N. Balasubrahmanyam, Tetrahedron **20**, 1271 (1964).

[3] S. Ulagay, Istanbul Üniversitesi Fen Fakültesi Mecmuasi **22** [C], 28 (1957); C. **1961**, 10904.

[4] B. C. Subba Rao u. G. P. Thakar, Curr. Sci. **29**, 389 (1960); C.A. **55**, 9362 (1961).

[5] S. C. McKee u. E. E. Dickey, J. Org. Chem. **28**, 1561 (1963).

[6] G. O. Aspinall u. R. S. Fanshawe, Soc. **1961**, 4215.

[7] F. Smith u. A. M. Stephen, Tetrahedron Letters **1960**, Nr. 7, 17.

[8] E. L. Hirst, E. Percival u. J. K. Wold, Soc. **1964**, 1493.

O,O-Dipropanoyl-alginol: Zu 12 g O,O-Dipropionyl-alginsäure werden unter Stickstoff 20 g (0,525 Mol) Natriumboranat in 100 *ml* Bis-[2-methoxy-äthyl]-äther gegeben. Innerhalb 2 Stdn. tropft man unter Rühren 100 g (0,7 Mol) Bortrifluorid-Diäthylätherat in 250 *ml* Bis-[2-methoxy-äthyl]-äther zu. Nach 2 Tagen wird mit 400 *ml* Eiswasser versetzt, mit Natriumhydroxid-Lösung neutralisiert, i. Vak. zu 150 *ml* eingeengt, mit 150 *ml* n Natriumhydroxid-Lösung alkalisch gemacht, 2 Stdn. bei 60–70° verseift, eingedampft, durch Abdampfen von Methanol die Borsäure entfernt und das neutrale Polysaccharid durch Eingießen in 900 *ml* Äther/Methanol (1:3) ausgefällt. Ausbeute: 4,9 g; $[\alpha]_D = -87,5°$ (c = 4 in 0,1 n Natronlauge).

Die mühsame Veresterung kann bei der Reduktion von Methyl-glykosiden zumeist vermieden werden; z.B.[1]:

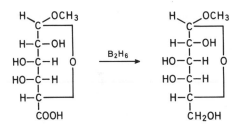

Methyl-α-D-galaktopyranosid[1]: 0,9 mMol Methyl-α-D-galaktopyranosid-uronsäure werden in Bis-[2-methoxy-äthyl]-äther mit 2,6 mMol Natriumboranat und 3,5 mMol Bortrifluorid-Diäthyl-Ätherat 3 Stdn. unter Stickstoff gerührt, 12 Stdn. stehen gelassen, mit Eiswasser verdünnt und durch Ionenaustauscherharz entionisiert. Die erhaltene Lösung wird i. Vak. eingeengt. Aufgrund der spezifischen Drehung des Rohproduktes ist die Konversion 48% d. Th. Die Substanz isoliert man als Hydrat, F: 106°.

Analog erhält man z.B. aus:

Methyl-2,3,4-tri-O-methyl- α-D-galaktosid-uronsäure	→ *Methyl-2,3,4-tri-O-methyl- α-D-galaktosid*[1]	56% d. Th.
Methyl-2,3,4-tri-O-methyl- β-D-glucopyranosid-uronsäure	→ *Methyl-2,3,4-tri-O-methyl- β-D-glucopyranosid*[2]	85% d. Th.; F: 92°

Die mit Hydroxy-, Mercapto- und den entsprechenden Äther-Gruppen substituierten Dicarbonsäuren[3], Dicarbonsäure-monoester[4] und Oxo-carbonsäuren[5] reagieren mit Hydriden ähnlich den entsprechenden unsubstituierten Verbindungen, doch muß mit einem Mehrverbrauch an Reduktionsmittel gerechnet werden. Aus 3-Hydroxy-3-methyl-pentandisäure kann z. B. durch selektive Reduktion mit Lithium-tetratritierido-aluminat *5,5-Ditritium-3,5-dihydroxy-3-methyl-pentansäure* erhalten werden[3]:

$$
\begin{array}{ccc}
CH_2-COOH & & CH_2-CT_2-OH \\
| & Li[AlT_4] & | \\
H_3C-C-OH & \xrightarrow{\hspace{1.5cm}} & H_3C-C-OH \\
| & & | \\
CH_2-COOH & & CH_2-COOH
\end{array}
$$

Da Oxiran-Gruppen durch Diboran wesentlich langsamer als Carboxy-Gruppen reduziert werden, gelingt es Epoxy-carbonsäuren selektiv in Epoxy-alkohole zu überführen[6]. (Zur selektiven Öffnung des Oxiran-Ringes s. S. 415 ff.).

[1] F. SMITH u. A. M. STEPHEN, Tetrahedron Letters **1960**, Nr. 7, 17.
[2] G. O. ASPINALL u. R. S. FANSHAWE, Soc. **1961**, 4215.
[3] B. H. AMDUR, H. RILLING u. K. BLOCH, Am. Soc. **79**, 2646 (1957).
[4] E. SEOANE, I. RIBAS u. G. FANDIÑO, Chem. & Ind. **1957**, 490.
[5] W. COCKER u. T. B. H. McMURRAY, Soc. **1956**, 4549.
   L. L. CHINN et al., J. Org. Chem. **27**, 1733 (1962).
   A. F. WAGNER et al., Am. Soc. **77**, 5140 (1955).
[6] H. C. BROWN u. W. KORYTNYK, Am. Soc. **82**, 3866 (1960).
   H. C. BROWN, P. HEIM u. N. M. YOON, Am. Soc. **92**, 1637 (1970).

Mit Lithiumalanat werden dagegen unter normalen Bedingungen Diole erhalten. Von welcher Seite her Ringöffnung erfolgt wird von der räumlichen Umgebung am C^1 und C^2 des Oxiran-Ringes bestimmt. So erhält man z. B. aus *cis*-9,10-Epoxy-octadecansäure in 80%iger Ausbeute ein 1:1-Gemisch aus *Octadecandiol-(1,9)* und *Octadecandiol-(1,10)*[1,2]. In *trans*-9,10-Epoxy-octadecansäure wird der stark behinderte Oxiran-Ring nur in siedendem THF geöffnet (auch hier entsteht ein 1:1 Gemisch), während in Äther *trans-9,10-Epoxy-octadecanol* (80% d.Th.) gebildet wird[2]:

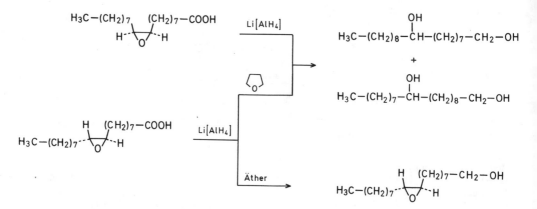

Octadecandiol-(1,9) und -(1,10)[1,2]: Zu einer Lösung von 18 g (0,06 Mol) *cis*-9,10-Epoxy-octadecansäure in 200 *ml* abs. Diäthyläther wird unter Rühren eine Lösung von 3,4 g (0,09 Mol) Lithiumalanat in 35 *ml* abs. Diäthyläther getropft. Man kocht 4 Stdn. unter Rückfluß, versetzt mit wenig Wasser, säuert mit 0,1 n Schwefelsäure an, wäscht die Äther-Phase aus, trocknet und dampft ein. Der Rückstand wird aus Äthanol und danach aus Petroläther kristallisiert; Ausbeute: 14,4 g (80% d.Th.); F: 69–69,5°.

Analog erhält man z. B. aus:

cis-6,7-Epoxy-octadecansäure	→ *Octadecandiol-(1,6)* und *-(1,7)*	65% d.Th.; F: 69–70°
trans-6,7-Epoxy-octadecansäure	→ *trans-6,7-Epoxy-octadecanol*	85% d.Th.; F: 56–58°

i₃) zu Kohlenwasserstoffen

Die mit Hydroxy- und Amino-Gruppen substituierten aromatischen Carbonsäuren werden durch Lithiumalanat[3] und mit besseren Ausbeuten durch Natrium-bis-[2-methoxy-äthoxy]-dihydrido-aluminat[4] bei Anwendung schärferer Bedingungen (insbesondere bei o- und p-substituierten Verbindungen) zu den entsprechenden **Kohlenwasserstoffen** reduziert. Man nimmt an, daß die Reaktion über ein Carbenium-Ion verläuft, das durch Elektronendonator-Gruppen stabilisiert wird (s. S. 219).

4-Amino-benzoesäure wird z. B. mit zehn Hydrid-Äquivalenten Lithiumalanat (29 Stdn., 65°) zu *4-Amino-toluol*[3] (47% d.Th.) reduziert.

Hydroxy-benzoesäuren verbrauchen fünf Hydrid-Äquivalente[4] Natrium-bis-[2-methoxy-äthoxy]-dihydrido-aluminat und zur Reduktion von Amino-benzoesäuren zu **Methyl-anilinen** sind sechs Hydrid-Äquivalente notwendig[4] (in der Praxis setzt man jedoch die doppelte Menge ein).

[1] G. W. Pigulewski u. A. E. Sokolowa, Ž. obšč. Chim. **31**, 652 (1961); **34**, 1647, 1651 (1964); C. A. **55**, 22 120 (1961); **61**, 5501, 5502 (1964).
[2] F. J. Julietti et al., Soc. **1960**, 4514.
[3] L. H. Conover u. D. S. Tarbell, Am. Soc. **72**, 3586 (1950).
[4] M. Černý u. J. Málek, Tetrahedron Letters **1969**, 1739; Collect. czech. chem. Commun. **35**, 1216, 2030, 3079 (1970).

Phenole bzw. Arylamine; allgemeine Arbeitsvorschrift[1]: Zu einer mit Xylol verd. 69–70%igen benzolischen Hydrid-Lösung mit einem Gehalt von 5–6 mMol Natrium-bis-[2-methoxy-äthoxy]-dihydrido-aluminat wird unter Rühren 1 mMol Hydroxy- bzw. Amino-carbonsäure als Substanz oder in Lösung zugefügt. Das Lösungsmittelgemisch wird so lange abdestilliert, bis die Temp. des Reaktionsgemisches den Siedepunkt von Xylol erreicht. Die Hydrid-Konz. soll ~25–35 Gew.% betragen. Unter Einleiten von Stickstoff wird der absteigende Kühler gegen einen Rückflußkühler ersetzt, und das Reaktionsgemisch 5–6 Stdn. unter Rückfluß (141–143°) erhitzt. Man kühlt es danach auf 20° ab, verdünnt mit Diäthyläther, versetzt bei 0° mit 20%iger Schwefelsäure, trennt die Lösungsmittelschicht ab, äthert die wäßr. Phase mehrmals aus, wäscht die vereinigten Solventien mit 20%iger Natronlauge und Wasser, trocknet sie mit Natriumsulfat und destilliert sie i. Vak. ab. Der Rückstand wird kristallisiert oder destilliert.

Auf diese Weise erhält man z. B. aus:

2-Hydroxy-benzoesäure	→	*2-Methyl-phenol*	88% d. Th.
4-Hydroxy-benzoesäure	→	*4-Methyl-phenol*	91% d. Th.
2-Hydroxy-1-naphthoesäure	→	*2-Hydroxy-1-methyl-naphthalin*	95% d. Th.
2-Amino-benzoesäure	→	*2-Amino-toluol*	92% d. Th.
4-Amino-benzoesäure	→	*4-Amino-toluol*	94% d. Th.

3-Hydroxy-benzoesäure ergibt unter diesen Bedingungen *3-Hydroxy-benzylalkohol* (74% d. Th.).

Mit Lithiumalanat/Aluminiumchlorid gelingen die Hydrogenolysen unter sehr milden Bedingungen; so erhält man z. B. aus 2-Amino-benzoesäure in Diäthyläther 50% d. Th. *2-Methyl-anilin* (weiteres s. S. 220, 287 f.)[2].

Bei Hydroxy-benzoesäuren wird durch trockene Destillation des mit Lithiumalanat hergestellten Komplexes auch die Hydroxy-Gruppe hydrogenolysiert; z. B. (s. a. S. 408 f.)[3] Salicylsäure zu *Toluol:*

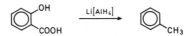

Elektronenreiche Carboxy-N-heteroarene erleichtern ebenfalls die Hydrogenolyse (anwesende Alkoxycarbonyl- bzw. Formyl- oder Acyl-Gruppen werden mitreduziert). Pyrrol-carbonsäuren werden z. B. durch Lithiumalanat in Diäthyläther oder THF zu den entsprechenden **Methyl-pyrrolen** reduziert[4,5]; z. B.[4]:

Tetramethyl-pyrrol; 60% d. Th.; F: 110°

Aromatische Carbonsäuren werden durch Trichlorsilan in Acetonitril und Tripropylamin wahrscheinlich über das Carbonsäureanhydrid zu den **Benzyl-trichlorsilanen** silyliert, die zu den **Kohlenwasserstoffen** gespalten werden können[6]:

$$Ar{-}COOH \xrightarrow{\text{SiHCl}_3/\text{H}_3\text{CCN}} (Ar{-}CO)_2O \xrightarrow{\text{SiHCl}_3/\text{R}_3\text{N}}$$

$$Ar{-}CH_2{-}SiCl_3 \xrightarrow{\text{KOH}} Ar{-}CH_3$$

[1] M. Černý u. J. Málek, Tetrahedron Letters **1969**, 1739; Collect. czech. chem. Commun. **35**, 1216, 2030, 3079 (1970).

[2] R. F. Nystrom u. C. R. A. Berger, Am. Soc. **80**, 2896 (1958).

[3] T. Severin u. I. Ipach, Synthesis **1973**, 796.

[4] A. Treibs u. H. Derra-Scherer, A. **589**, 188 (1954).

[5] R. L. Hinman u. S. Theodoropulos, J. Org. Chem. **28**, 3052 (1963).

[6] R. A. Benkeser et al., Am. Soc. **92**, 3232 (1970).

1,3,5-Trimethyl-benzol[1]: 0,6 Mol Trichlor-silan und 0,1 Mol 3,5-Dimethyl-benzoesäure werden in 80 *ml* Acetonitril 1 Stde. unter Rückfluß gekocht. Man kühlt ab und versetzt unter 15° mit 0,264 Mol Tripropyl-amin, kocht weitere 16 Stdn. unter Rückfluß, kühlt ab, verdünnt mit 850 *ml* Diäthyläther, filtriert das Tripropyl-ammoniumchlorid ab und dampft das Filtrat ein. Der Rückstand wird mit 50 *ml* Methanol versetzt und 1 Stde. unter Rückfluß gekocht. Danach wird langsam eine Lösung von 1 Mol Kaliumhydroxid in 95 *ml* Methanol und 25 *ml* Wasser zugegeben, 19 Stdn. unter Rückfluß erhitzt, mit 600 *ml* Wasser verdünnt und mit Pentan extrahiert. Man wäscht den Auszug mit 50 *ml* 2 n Salzsäure, trocknet und dampft das Lösungsmittel ab und destilliert den Rückstand; Ausbeute 0,082 Mol (82% d. Th.).

Analog erhält man z. B. aus:

4-Chlor-benzoesäure	→ *4-Chlor-toluol*	94% d. Th.
4-Brom-benzoesäure	→ *4-Brom-toluol*	94% d. Th.
Phthalsäure	→ *o-Xylol*	64% d. Th.

Aromatische Carbonsäuren mit Elektronendonator-Gruppen lassen sich auch mit Triäthyl-silan in Trifluoressigsäure/Trifluoressigsäure-anhydrid zu den entsprechenden Kohlenwasserstoffen reduzieren[2].

Toluole; allgemeine Herstellungsvorschrift[2]: Zu 0,2 g (∼ 1,5 mMol) Benzoesäure werden 1 *ml* Trifluoressigsäure und 0,5 *ml* Trifluoressigsäureanhydrid gegeben. Man erwärmt 5–30 Min. bis zur Lösung, versetzt mit 1 *ml* (0,74 g, 6,4 mMol) Triäthyl-silan, rührt 5 Stdn. bei 50–60° und arbeitet wie oben beschrieben auf.
Nach dieser Methode erhält man u. a. aus:

4-Methoxy-benzoesäure	→ *4-Methoxy-toluol*	97% d. Th.
4-Methyl-benzoesäure	→ *1,4-Dimethyl-benzol*	45% d. Th.

Ester-Gruppen werden durch Trichlor-silan nicht angegriffen, so daß diese Methode zur selektiven Reduktion der Carboxy-Gruppe geeignet ist. Terepthalsäure-monoäthylester wird z. B. über Trichlor-(4-äthoxycarbonyl-benzyl)-silicium zu *4-Methyl-benzoesäure-äthylester* reduziert[3]:

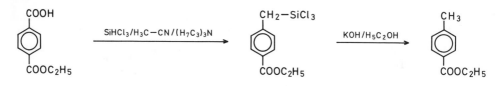

4-Methyl-benzoesäure-methylester:
Trichlor-(4-äthoxycarbonyl-benzyl)-silicium[3]: Zu einer Lösung von 10 g (52 mMol) Terephthalsäure-monoäthylester in 40 *ml* Acetonitril werden 32 *ml* (320 mMol) Trichlor-silan gegeben. Man kocht 1 Stde. unter Rückfluß, kühlt auf 0° ab, versetzt schnell mit 30 *ml* (160 mMol) Tripropyl-amin, kocht weitere 16 Stdn., kühlt ab, gibt 500 *ml* Diäthyläther zu, kühlt, saugt den Niederschlag ab, dampft ein und destilliert den Rückstand; Ausbeute: 13,4 g (79% d. Th.); Kp$_{0,85}$: 110–115°; F: 72–73°.
4-Methyl-benzoesäure-äthylester[3]: 9,4 g (30 mMol) Trichlor-(4-äthoxycarbonyl-benzyl)-silicium werden in 100 *ml* Äthanol 1 Stde. unter Rückfluß erhitzt. Zur siedenden Lösung gibt man innerhalb 15 Min. unter Chlorwasserstoff-Entwicklung 2,2 g (33 mMol) Kaliumhydroxid in 50 *ml* Äthanol. Man macht die Lösung mit weiteren 4,1 g (62 mMol) Kaliumhydroxid alkalisch, kocht 30 Min., dekantiert und filtriert sie. Das Filtrat wird mit 500 *ml* Wasser verdünnt, viermal mit Diäthyläther extrahiert, der Auszug getrocknet, eingedampft und der Rückstand destilliert; Ausbeute: 3,7 g (75% d. Th.); Kp$_{1,9}$: 75°.

Auf ähnliche Weise erhält man z. B. aus:

2-Carboxy-6-methoxycar-bonyl-naphthalin	→ *2-Methyl-6-carboxy-naphthalin*	37% d. Th.
2-Carboxy-5-methoxycar-bonyl-thiophen	→ *5-Methyl-2-carboxy-thiophen*	26% d. Th.

[1] R. A. BENKESER et al., Am. Soc. **92**, 3232 (1970).
[2] D. N. KURSANOW et al., Izv. Akad. SSSR **1978**, 2413; C. A. **90**, 121134 (1979).
[3] R. A. BENKESER u. D. F. EHLER, J. Org. Chem. **38**, 3660 (1973).

3,3-Diphenyl-propen-(2)-säure wird durch Lithiumalanat in 57–62%iger Ausbeute zu *1,1-Diphenyl-cyclopropan* cyclisiert[1]:

Diese Methode läßt sich auf alle Zimtsäure-Derivate, Zimtaldehyde und 3-Aryl-allylalkohole übertragen[2] (s. S. 219, 304).

αα₂) von Carbonsäure-Metallsalzen
(vgl. a. Bd. VI/1b)

Carbonsäure-Metallsalze werden lediglich durch Lithiumalanat und Natrium-bis-[2-methoxy-äthoxy]-dihydrido-aluminat zu Alkoholen reduziert. Andere gezielte Reduktionen gelingen nicht. Die Methode hat gegenüber der Reduktion von Carbonsäuren den Vorteil, daß keine Hydrid-Äquivalente unter Wasserstoff-Entwicklung verloren gehen.

Die Reduktion mit Lithiumalanat hängt von der Löslichkeit der Metallsalze im angewendeten Lösungsmittel ab. Bei Natriumsalzen kann in den üblichen Lösungsmitteln durch zwei Hydrid-Äquivalente reduziert werden[3,4], Natrium-octanoat und Natrium-benzoat z. B. in Tetrahydrofuran (quantitative Ausbeute an *Octanol* bzw. *Benzylalkohol*)[4].

Da auch Halogenmagnesium-Salze, die aus Grignard-Verbindungen mit Kohlendioxid zugänglich sind, durch Lithiumalanat in Diäthyläther reduziert werden, kann man auf diese Weise aus Alkylhalogeniden Alkohole herstellen[5]:

$$R-X \xrightarrow{Mg} R-Mg-X \xrightarrow{CO_2} R-CO-OMgX$$

$$\xrightarrow{Li[AlH_4]} R-CH_2-OH$$

Alkohole; allgemeine Arbeitsvorschrift[5]: 13,4 g (0,55 Mol) Magnesium-Späne werden mit 100 *ml* abs. Diäthyläther bedeckt und 0,5 Mol Alkylhalogenid in 300 *ml* abs. Diäthyläther vorsichtig zugetropft. Nach dem Abklingen der Reaktion kocht man 1 Stde. unter Rückfluß, kühlt auf −20 bis −30° ab, leitet unter Rühren 75 g Kohlendioxid in die Reaktionsmischung, versetzt unter Stickstoff mit einer Lösung von 19 g (0,5 Mol) Lithiumalanat in 200 *ml* abs. Diäthyläther, kocht 3 Stdn. unter Rückfluß, kühlt auf 0° ab und gibt Wasser und 20%ige Schwefelsäure zu. Die Alkohole werden aus der wäßrigen Lösung entweder durch Extraktion oder durch Destillation gewonnen.

So erhält man z. B. ausgehend von

Methyl-jodid	→ *Äthanol*	74% d. Th.
Äthyl-bromid	→ *Propanol*	78% d. Th.
1-Chlor-2-methyl-propan	→ *3-Methyl-butanol*	75% d. Th.
2-Brom-octan	→ *2-Methyl-octanol*	73% d. Th.

Bei Einsatz von Natrium-bis-[2-methoxy-äthoxy]-dihydrido-aluminat wird in der Regel Benzol als Lösungsmittel verwendet. Zur Reduktion einer Carboxylat-Gruppe sind 1,5–2,5 Mol-Äquivalente Reduktionsmittel notwendig[4].

[1] M. J. JORGENSON u. A. F. THACHER, Org. Synth., Coll. Vol. V, 509 (1973).
[2] M. J. JORGENSON u. A. W. FRIEND, Am. Soc. **87**, 1815 (1965).
[3] R. OSTWALD, P. T. ADAMS u. B. M. TOLBERT, Am. Soc. **74**, 2425 (1952).
  J. T. KUMMER u. P. H. EMMETT, Am. Soc. **75**, 5177 (1953).
[4] M. ČERNÝ u. J. MÁLEK, Collect. czech. chem. Commun. **36**, 2394 (1971).
[5] A. P. MATHERS u. M. J. PRO, Am. Soc. **76**, 1182 (1954).

Alkohole; allgemeine Arbeitsvorschrift[1]: Zu einer Suspension von 1 Mol eines Natriumsalzes einer Carbonsäure in Benzol werden unter Rühren und unter Stickstoff 1,5–2,5 Mol (bei der Reduktion von dicarbonsaurem Natrium das doppelte) Natrium-bis-[2-methoxy-äthoxy]-dihydrido-aluminat in Benzol gegeben. Die Konzentration des Hydrids soll im Reaktionsgemisch ~ 20% sein. Danach wird 2–3 Stdn. unter Rückfluß gekocht. Man kühlt die Mischung ab, verdünnt mit Diäthyläther, säuert mit 20%iger Schwefelsäure an, extrahiert die wäßr. Phase mit Diäthyläther, wäscht die Äther-Lösung aus, trocknet, engt ein und destilliert oder kristallisiert den Rückstand.

Nach dieser Methode reagieren z. B.:

Natrium-octanoat	→ *Octadecanol*	96% d. Th.; F: 57,5–58°
Natrium-undecen-(10)-oat	→ *Undecen-(10)-ol*	97,5% d. Th.; Kp_{11}: 127–128°
Dinatrium-phthalat	→ *1,2-Bis-[hydroxy-methyl]-benzol*	82% d. Th.; F: 63,5–64°
Natrium-4-amino-benzoat	→ *4-Amino-1-methyl-benzol*	38% d. Th.
Natrium-2-hydroxy-3-naphthoat	→ *2-Hydroxy-3-hydr-oxymethyl-naphthalin*	81% d. Th.; F: 190–191°

$\alpha\alpha_3$) von Carbonsäure-anhydriden

i_1) acyclische

Acyclische Carbonsäure-anhydride können zu Aldehyden bzw. Alkoholen reduziert werden. Bis-[3-methyl-butyl-(2)]-[2] und Bis-[2,3-dimethyl-butyl-(2)]-boran[3] reduzieren z. B. Essigsäure-anhydrid unter Verbrauch von zwei Hydrid-Äquivalenten selektiv zum *Acetaldehyd*.

Lithiumalanat ist dagegen zur selektiven Reduktion zum Aldehyd nicht geeignet.

Während man aus Trifluoracetanhydrid ein Gemisch aus Alkohol, Ester, Säure und Aldehyd erhält, wird Benzoesäure-anhydrid einheitlich zu *Benzylalkohol* (87% d. Th.) reduziert[4,5].

Alkohole erhält man ferner mit Natrium-triäthoxy-hydrido-aluminat[6], Natrium-bis-[2-methoxy-äthoxy]-dihydrido-aluminat[7], Lithium-trimethoxy-hydrido-aluminat[8], Aluminiumhydrid[9], Diboran[10], Natriumboranat/Zinn(IV)-chlorid[11] bzw. Triäthyl-silan/Trifluoressigsäure[12]:

$$(H_5C_6{-}CO)_2O \ + \ Li[AlH_4] \longrightarrow Li[AlO(O{-}CH_2{-}C_6H_5)_2]$$

$$\xrightarrow{3\,H_2O} \quad 2\,H_5C_6{-}CH_2{-}OH \ + \ Li[Al(OH)_4]$$

Mit Natriumboranat in THF werden die Anhydride z. Tl. reduktiv zu Alkohol und Carbonsäure gespalten[13].

[1] M. Černý u. J. Málek, Collect. czech. chem. Commun. **36**, 2394 (1971).
[2] H. C. Brown et al., Am. Soc. **92**, 7161 (1970).
[3] H. C. Brown, P. Heim u. N. M. Yoon, J. Org. Chem. **37**, 2942 (1972).
[4] R. H. Groth, J. Org. Chem. **24**, 1709 (1959).
[5] R. F. Nystrom u. W. G. Brown, Am. Soc. **69**, 1197 (1947).
[6] G. Hesse u. R. Schrödel, A. **607**, 24 (1957).
[7] M. Černý et al., Collect. czech. chem. Commun. **34**, 1025 (1969).
[8] H. C. Brown u. P. M. Weissman, Am. Soc. **87**, 5614 (1965).
[9] H. C. Brown u. N. M. Yoon, Am. Soc. **88**, 1464 (1966).
[10] H. C. Brown, P. Heim u. N. M. Yoon, Am. Soc. **92**, 1637 (1970).
[11] S. Kano, Y. Yuasa u. S. Shibuya, Chem. Commun. **1979**, 796.
[12] M. I. Kalinkin et al., Izv. Akad. SSSR **1976**, 1903; C.A. **85**, 192 164 (1976).
G. D. Kolomnikowa et al., Izv. Akad. SSSR **1978**, 1681; C.A. **89**, 129 011 (1978).
D. N. Kursanow et al., Izv. Akad. SSSR **1978**, 2413; C.A. **90**, 121 134 (1979).
[13] M. Lischewski u. G. Adam, Tetrahedron Letters **1975**, 3691.

Die Reduktion der gemischten Anhydride von Carbonsäuren mit Kohlensäure-mono-estern (s. S. 127f.) und Phosphorsäure-diphenylester führt ebenfalls zu den entsprechen-den Alkoholen; z. B.[1]:

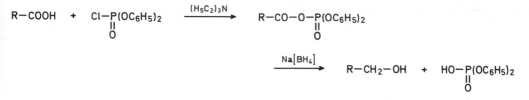

Alkohole; allgemeine Arbeitsvorschrift[1]: 10 mMol Carbonsäure werden in 75 *ml* abs. THF gelöst und mit 10 mMol Triäthylamin unter Rühren versetzt. Man tropft eine Lösung von 10 mMol Phosphorsäure-diphenyl-ester-chlorid in 75 *ml* abs. THF, rührt die Mischung 2,5 Stdn., filtriert das Triäthylammoniumchlorid ab und ver-setzt das Filtrat mit 15–20 mMol Natriumboranat. Die Suspension wird 2 Stdn. bei 20° kräftig gerührt, mit verd. Salzsäure zersetzt und mit Diäthyläther extrahiert. Man wäscht die Äther-Lösung mit Kaliumcarbonat-Lösung und Wasser aus, trocknet mit Natriumsulfat und dampft ein. Der Rückstand wird destilliert bzw. kristallisiert.

Mit dieser Methode erhält man z. B.:

Decanol	68% d. Th.
Hexadecanol	77% d. Th.
3-Phenyl-propanol	64% d. Th.
4-Methoxy-benzylalkohol	62% d. Th.
4-Nitro-benzylalkohol	65% d. Th.; F: 92–93°
2-Acetylamino-3-indolyl-(3)-propanol	58% d. Th.; F: 137–138°

Optisch aktive 2-Amino-carbonsäuren werden nicht racemisiert.

i₂) cyclische

Cyclische Dicarbonsäure-anhydride werden entweder zu Lactonen, Diolen oder cy-clischen Äthern reduziert. Während sich zur Herstellung von Lactonen Natriumboranat neben Lithiumalanat am besten eignen, erhält man Diole mit Lithiumalanat erst bei höhe-ren Temperaturen und langen Reaktionszeiten, ferner sind auch Diboran und Natriumbo-ranat/Aluminiumchlorid geeignet. Cyclische Äther werden lediglich durch Sekundärreak-tionen erhalten. Zur Herstellung von Lactolen mit Lithium-tri-tert.-butyloxy-hydri-do-aluminat s. Lit.[2,3].

Insgesamt werden cyclische Anhydride rascher angegriffen als die offenkettigen.

ii₁) zu Lactonen

Charakteristisch für die Reduktion mit komplexen Metallhydriden ist der Angriff auf die stärker behinderte Carboxy-Gruppe, sofern die weniger behinderte zur Komplex-Bil-dung befähigt ist und somit durch Koordination blockiert wird (weiteres s. S. 36)[4].

Mit Natriumboranat erhält man selektiv die Lactone[5] (auch Natrium-trimethoxy-hydri-do-borat ist geeignet[5,6]).

[1] T. Koizumi, N. Yamamoto u. E. Yoshii, Chem. Pharm. Bull. [Tokyo] **21**, 312 (1973).

[2] D. Taub et al., Tetrahedron **24**, 2443 (1968); *3-Hydroxy-5,7-dimethoxy-phthalid (4,6-Dimethyl-phthal-2-al-dehyd-1-säure;* 33% d. Th.; F: 193–196°) aus 3,5-Dimethoxy-phthalsäureanhydrid.

[3] M. E. Birckelbaw, P. W. Le Quesne u. C. K. Wocholski, J. Org. Chem. **35**, 558 (1970).
 D. E. Burke u. P. W. Le Quesne, J. Org. Chem. **36**, 2397 (1971).

[4] Zum Mechanismus s. a. M. M. Kayser u. P. Morand, Canad. J. Chem. **56**, 1524 (1978); Tetrahedron Letters **1979**, 695; Canad. J. Chem. **58**, 2484 (1980).

[5] D. M. Bailey u. R. E. Johnson, J. Org. Chem. **35**, 3574 (1970).

[6] H. C. Brown u. E. J. Mead, Am. Soc. **75**, 6263 (1953).

1,4-Lactone; allgemeine Arbeitsvorschrift[1]: Zu 2 g (0,05 Mol) Natriumboranat in 10 *ml* THF oder Dimethylformamid werden unter Rühren und Eiskühlung 0,05 Mol Carbonsäure-anhydrid in 40 *ml* THF oder Dimethylformamid innerhalb 5 Min. gegeben. Man rührt 1 Stde. ohne Kühlung, versetzt mit 20 *ml* 6 n Salzsäure, engt ein, verdünnt mit 100 *ml* Wasser und extrahiert mit 50 *ml* Diäthyläther. Der Äther-Auszug wird mit Natriumsulfat getrocknet, eingedampft und der Rückstand destilliert.

U. a. werden die folgenden Lactone erhalten:

a) in THF:

   3,3-Dimethyl-4-butanolid[1]   74% d. Th. Kp_{13}: 79–82°

76% d. Th. Kp_{13}: 123–125°

   7-Oxo-8-oxa-bicyclo[4.3.0]nonan[1]

80% d. Th. Kp_{13}: 120–123°

   7-Oxo-1-methyl-8-oxa-cis-bicyclo[4.3.0]nonan[1]

b) in Dimethylformamid:

   4-Butanolid[1]   51% d. Th.   Kp: 184–194°
   Phthalid[1]   97% d. Th.   F: 71–73°

73% d. Th. $Kp_{2,8}$: 128–130°

   7-Oxo-8-oxa-bicyclo[4.3.0]nonen-(3)[2]

71% d. Th.   F: 91–92°

   3-Oxo-4,10-dioxa-exo-tricyclo[5.2.1.0²,⁶]decen-(8)[3]

Die Reduktion kann auch in Tetrahydrofuran/Methanol[4], 1,4-Dioxan[5], Bis-[2-methoxy-äthyl]-äther[6] und Isopropanol[7–9] durchgeführt werden; z. B.[7]:

cis-2-Oxo-3-oxa-bicyclo[3.2.0]heptan[7]: 1,8 g (0,047 Mol) Natriumboranat werden mit 60 *ml* Isopropanol 30 Min. gerührt, danach tropft man 4,3 g (0,034 Mol) *cis*-Cyclobutan-1,2-dicarbonsäure-anhydrid in 40 *ml* Isopropanol gelöst zu, erhitzt 2,5 Stdn. unter Rückfluß, dampft i. Vak. ein und versetzt den Rückstand mit kalter verd. Salzsäure. Die Mischung wird 1 Stde. gerührt, am siedenden Wasserbad 30 Min. erhitzt, abgekühlt und mit Diäthyläther extrahiert. Der Auszug wird mit Natriumhydrogencarbonat-Lösung und Wasser gewaschen, getrocknet, eingedampft und der Rückstand i. Vak. destilliert; Ausbeute: 2,4 g (63% d. Th.); Kp_1: 63–64°.

[1] D. M. BAILEY u. R. E. JOHNSON, J. Org. Chem. **35**, 3574 (1970).
[2] B. BELLEAU u. J. PURANEN, Canad. J. Chem. **43**, 2551 (1965).
[3] T. A. EGGELTE, H. DE KONING u. H. O. HUISMAN, Tetrahedron **29**, 2445 (1973).
[4] B. E. CROSS, R. H. B. GALT u. J. R. HANSON, Soc. **1963**, 5052.
[5] M. E. BIRCKELBAW, P. W. LE QUESNE u. C. K. WOCHOLSKI, J. Org. Chem. **35**, 558 (1970).
   D. E. BURKE u. P. W. LE QUESNE, J. Org. Chem. **36**, 2397 (1971).
[6] J. F. BUNNETT u. C. F. HAUSER, Am. Soc. **87**, 2214 (1965).
   E. WENKERT, D. B. R. JOHNSTON u. K. G. DAVE, J. Org. Chem. **29**, 2534 (1964).
[7] C. C. SHROFF et al., J. Org. Chem. **36**, 3356 (1971).
[8] W. R. VAUGHAN et al., Am. Soc. **85**, 2282 (1963).
[9] K. ISHIZUMI, K. KOGA u. S.-I. YAMADA, Chem. Pharm. Bull. [Tokyo] **16**, 492 (1968).

Analog erhält man z. B. *3-Oxo-2-exo-methyl-4-oxa-endo-tricyclo[5.2.1.0²·⁶]decan* (83% d.Th.; F: 136–137°).

Mit Lithiumalanat bleibt die Reduktion cyclischer Anhydride lediglich bei milden Reaktionsbedingungen auf der Stufe der Lactone stehen[1]. Zum Erreichen guter Ausbeuten wird in THF mit einem nur kleinen Überschuß an Lithiumalanat bei −55° gearbeitet[2].

1,4-Lactone; allgemeine Arbeitsvorschrift[2]: Zu 200 *ml*, über Lithiumalanat frisch destilliertem THF, werden unter Rühren 2,2 g (0,056 Mol) Lithiumalanat gegeben. Man kocht die Mischung 30 Min. unter Stickstoff, kühlt sie auf −55° ab, tropft innerhalb 30 Min. bei −60 bis −50° eine Lösung von 0,1 Mol Carbonsäure-anhydrid in 150 *ml* abs. THF zu, erhöht die Innentemp. innerhalb 1,5 Stdn. auf 0°, rührt 10–20 Min. bei 0°, kühlt auf −15° ab und versetzt innerhalb 5–15 Min. mit 40 *ml* 6 n Salzsäure. Die Mischung wird weitere 10–20 Min. ohne Kühlung gerührt, die wäßr. Phase abgetrennt und mit Diäthyläther ausgeschüttelt. Nach Trocknen mit Natriumsulfat dampft man die Solventien ab und destilliert den Rückstand.

U. a. werden die folgenden γ-Lactone erhalten:

	7-Oxo-1-methyl-8-oxa-cis-bicyclo[4.3.0]nonan	82% d.Th.; $Kp_{0,07}$: 51–61°
	7-Oxo-1-methyl-8-oxa-cis-bicyclo[4.3.0]nonen-(3)	88,6% d.Th.; $Kp_{0,1}$: 68–72°
	9-Oxo-8-oxa-cis-bicyclo[4.3.0] nonen-(2)	75% d.Th.; $Kp_{0,1}$: 85°
	11-Oxo-12-oxa-tricyclo[4.4.3.0¹·⁶] tridecadien-(3,8)	82,7% d.Th.; F: 80,6–81,8°
	2-Oxo-3-oxa-bicyclo[3.2.0] heptan	70,4% d.Th.; Kp_{15}: 109–113°

[1] C. Papineau-Couture, E. M. Richardson u. G. A. Grant, Canad. J. Res. [B] **27**, 902 (1949).
F. Weygand, K. G. Kinkel u. D. Tietjen, B. **83**, 394 (1950).
J. Tirouflet, C.r. **238**, 2246 (1954).
E. Buchta u. G. Loew, A. **597**, 123 (1955).
V. Parrini, G. **87**, 1147 (1957).
R. Granger u. H. Techer, C.r. **250**, 142 (1960).
B. van der Wal, T. J. de Boer u. H. O. Huisman, R. **80**, 203 (1961).
F. Dallacker, K.-W. Glombitza u. M. Lipp, A. **643**, 67 (1961).
K. Nagarajan et al., Helv. **46**, 1212 (1963).
B. E. Cross, R. H. B. Galt u. J. R. Hanson, Soc. **1963**, 5052.
E. Wenkert, D. B. R. Johnston u. K. G. Dave, J. Org. Chem. **29**, 2534 (1964).
J. F. Bunnett u. C. F. Hauser, Am. Soc. **87**, 2214 (1965).
D. G. Farnum u. J. P. Snyder, Tetrahedron Letters **1965**, 3861.
H. Christol, A. Donche u. F. Plenat, Bl. **1966**, 2535.
B. E. Cross u. J. C. Stewart, Tetrahedron Letters **1968**, 3589.
M. E. Birckelbaw, P. W. Le Quesne u. C. K. Wocholski, J. Org. Chem. **35**, 558 (1970).
D. E. Burke u. P. W. Le Quesne, J. Org. Chem. **36**, 2397 (1971).
J. Cason, D. M. Lynch u. A. Weiss, J. Org. Chem. **38**, 1944 (1973).
M. M. Kayser u. P. Morand, Canad. J. Chem. **56**, 1524 (1978); Tetrahedron Letters **1979**, 695.
[2] J. J. Bloomfield u. S. L. Lee, J. Org. Chem. **32**, 3919 (1967).

Auch Lithium-tri-tert.-butyloxy-hydrido-aluminat reduziert cyclische Carbonsäure-anhydride zu den Lactonen[1] bzw. Hydroxy-lactonen (Lactanolen) (s. S. 229)[2]; z. B.:

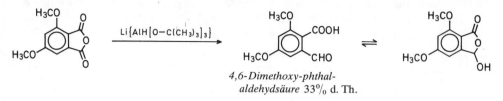

4,6-Dimethoxy-phthal-aldehydsäure 33% d. Th.

Die Reduktion mit Triäthyl-siliciumhydrid/Zinkchlorid führt zu Carbonsäureestern; z. B.[3]:

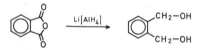

HOOC—(CH$_2$)$_3$—O—CO—(CH$_2$)$_2$—COOH

Bernsteinsäure-3-carboxy-propylester

Zur Reduktion substituierter Phtalsäure-anhydride mit Natriumboranat in THF zu Phthaliden s. Lit.[4].

ii$_2$) zu Diolen

Cyclische Carbonsäure-anhydride können mit Lithiumalanat, Diboran und Natriumboranat/Aluminiumchlorid zu Diolen reduziert werden. Mit Lithiumalanat werden längere Reaktionszeiten und oft auch höhere Temperaturen benötigt. Als Lösungsmittel dienen THF, Diäthyl- oder Dibutyl-äther (Soxhlet-Methode).

1,2-Bis-[hydroxymethyl]-benzol[5]:

16,8 g (0,113 Mol) Phthalsäure-anhydrid werden aus einer trockenen Soxhlet-Hülse unter Stickstoff mit einer siedenden Lösung von 4,5 g (0,12 Mol) Lithiumalanat in 500 *ml* abs. Diäthyläther in Reaktion gebracht. Nachdem der Hülseninhalt restlos extrahiert ist, tauscht man den Thielepape-Aufsatz gegen einen Rückflußkühler aus und zersetzt den Kolbeninhalt vorsichtig unter Rühren mit wenig Wasser. Die Mischung wird in 200 *ml* Eiswasser gegossen, mit 300 *ml* 10%iger Schwefelsäure angesäuert, mit 500 *ml* Diäthyläther 1 Tag kontinuierlich extrahiert, die Äther-Lösung getrocknet; i. Vak. eingedampft und der Rückstand aus Petroläther kristallisiert; Ausbeute: 13,6 g (87% d. Th.); F: 64°.

2,3-Bis-[hydroxymethyl]-naphthalin[6]: 0,6 g (16 mMol) Lithiumalanat und 80 *ml* abs. Diäthyläther werden in einen mit Rührer und Extraktionsapparat versehenen 250-*ml*-Rundkolben gegeben; in die trockene Soxhlet-Hülse bringt man 1,5 g (7,5 mMol) Naphthalin-2,3-dicarbonsäure-anhydrid und erhitzt unter Rückfluß. Nach 6 Stdn. ist die Substanz aus der Hülse herausgelöst. Nach Zerlegen mit Eis und 10%iger Schwefelsäure entzieht man das gebildete Diol der wäßr. Lösung durch Extraktion mit Diäthyläther. Nach Verdampfen des Äthers sublimiert man den Rückstand i. Vak.; Ausbeute: 0,80 g (56% d. Th.); F: 158°.

Analog erhält man z. B.:

in Diäthyläther:
cis-1,2-Bis-[hydroxymethyl]-cyclopropan[7, vgl. a. 8]   68% d. Th.; Kp$_5$: 107–109°

[1] H. C. BROWN u. P. M. WEISSMAN, Israel J. Chem. **1**, 430 (1963).
[2] D. TAUB et al., Tetrahedron **24**, 2443 (1968).
[3] E. FRAINNET u. J. CAUSSE, C.r. **265**, 574 (1967).
[4] A. J. McALLES, R. McCRINDLE u. D. W. SNEDDOW, Soc. [Perkin Trans I] **1977**, 2037.
[5] R. F. NYSTROM u. W. G. BROWN, Am. Soc. **69**, 1197 (1947).
[6] F. WEYGAND, K. G. KINKEL u. D. TIETJEN, B. **83**, 394 (1950).
[7] E. VOGEL, K.-H. OTT u. K. GAJEK, A. **644**, 172 (1961).
[8] H. CHRISTOL, A. DONCHE u. F. PLENAT, Bl. **1966**, 2535; *trans-4,5-Bis-[hydroxymethyl]-cyclohexen*.

in Diäthyläther-Tetrahydrofuran:
1,2-Bis-[hydroxymethyl]-naphthalin[1] — 45% d. Th.; F: 122–123°

in Tetrahydrofuran:
4,5-Methylendioxy-1,2-bis-[hydroxymethyl]-benzol[2] — 80% d. Th.; F: 112,5°
7-Methyl-1,2-bis-[hydroxymethyl]-naphthalin[3] — 71,5% d. Th.; F: 99–101°

in Dibutyläther:
1,2-Bis-[hydroxymethyl]-naphthalin[4] — 63% d. Th.; F: 126°

Bei saurer Aufarbeitung der Diole, besonders in einem mit wäßr. Säure mischbaren Medium und bei Butandiol-(1,4)-Derivaten, kann sich ein Gleichgewicht mit dem entsprechenden cyclischen Äther (Tetrahydrofuran) einstellen[5]. In solchen Fällen ist es vorteilhafter, die etwas umständlichere neutrale bzw. alkalische Aufarbeitung zu wählen, die hier bessere Resultate ergibt.

4-Methyl-cis-4,5-bis-[hydroxymethyl]-cyclohexen[6]: 365 g (2,2 Mol) 4-Methyl-cyclohexen-(1)-*cis*-4,5-dicarbonsäure-anhydrid werden unter Stickstoff und unter Rühren innerhalb 45 Min. zu einer Lösung von 106 g (2,8 Mol) Lithiumalanat in 1500 *ml* abs. THF gegeben. Man rührt 42 Stdn. unter Rückflußkochen, kühlt ab, versetzt mit 400 *ml* Wasser, filtriert, engt das Filtrat ein, wäscht den Niederschlag mit THF und mit 2 *l* Diäthyläther. Nach Abdampfen der Solventien erhält man ein hellgelbes Öl, das aus 150 *ml* Benzol und 300 *ml* Petroläther kristallisiert wird; Ausbeute: 315 g (91,9% d. Th.); F: 64,8–68,4°.

Auf diese Weise erhält man z. B.:

in Tetrahydrofuran:
4-Methyl-cis-4,5-bis-[hydroxymethyl]-cyclohexen[6] — 83–92% d. Th.; Kp$_{0,1}$: 107–108°
1,2,3-Tris-[hydroxymethyl]-benzol[7] — {% d. Th.; F: 134–135°

in Diäthyläther:
3-Hydroxy-2-methyl-4,5-bis-[hydroxymethyl]-
pyridin-Hydrochlorid (Vitamin B$_6$)[8] — 49% d. Th.; F: 202–205°

in Diäthyläther-Benzol:
1,8-Bis-[hydroxymethyl]-naphthalin[9] — 74% d. Th.; F: 157–158°

Auch mit Diboran[1] und Natriumboranat/Aluminiumchlorid[10] werden Diole erhalten.

ii$_3$) zu cyclischen Äthern

Die Bildung cyclischer Äther bei der Reduktion cyclischer Carbonsäure-anhydride mit Lithiumalanat wird der sauren Aufarbeitung zugeschrieben (s. S. 203)[11, 1]. In Ausnahmefällen werden auch mit Natriumboranat in Hydroxyl-Gruppen-freiem Medium cyclische Äther[7] erhalten. Während Naphthalin-1,2-dicarbonsäure-anhydrid mit Diboran ausschließlich zum *1,2-Bis-[hydroxymethyl]-naphthalin* (63% d. Th.) reduziert wird, erhält man aus Naphthalin-1,8-dicarbonsäure-anhydrid nur *1H,3H-⟨Naphtho-[1,8a,8-c,d]-pyran⟩* (40% d. Th.)[1]:

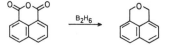

1H,3H-⟨Naphtho-[1,8a,8-c,d]-pyran⟩[1]: Zu einer Lösung von 1,36 g (36 mMol) Natriumboranat in 37 *ml* abs. Bis-[2-methoxy-äthyl]-äther werden unter Rühren und unter Stickstoff bei 20° portionsweise 3,96 g (20 mMol)

[1] J. Cason, D. M. Lynch u. A. Weiss, J. Org. Chem. **38**, 1944 (1973).
[2] F. Dallacker, K.-W. Glombitza u. M. Lipp, A. **643**, 67 (1961).
[3] E. Buchta u. F. Güllich, B. **92**, 1366 (1959).
[4] F. Weygand, K. G. Kinkel u. D. Tietjen, B. **83**, 394 (1950).
[5] H. Christol, A. Donche u. F. Plenat, Bl. **1966**, 2535; *trans-4,5-Bis-[hydroxymethyl]-cyclohexen*.
[6] J. J. Bloomfield u. S. L. Lee, J. Org. Chem. **32**, 3919 (1967).
[7] E. Wenkert, D. B. R. Johnston u. K. G. Dave, J. Org. Chem. **29**, 2534 (1964).
[8] H. M. Wuest, R. **78**, 226 (1959).
[9] V. Boekelheide u. G. K. Vick, Am. Soc. **78**, 653 (1956).
[10] H. C. Brown u. B. C. Subba Rao, Am. Soc. **78**, 2582 (1956).
[11] E. L. Anderson u. F. G. Holliman, Soc. **1950**, 1037.
  H. Christol, A. Donche u. F. Plenat, Bl. **1966**, 2535.

Naphthalin-1,8-dicarbonsäure-anhydrid gegeben. Zu der rot gefärbten Mischung tropft man innerhalb 30 Min. eine Lösung von 6,8 g (48 mMol) Bortrifluorid-Diäthyläther in 15 *ml* abs. Bis-[2-methoxy-äthyl]-äther, rührt 2 Stdn. bei 20°, versetzt mit 100 *ml* Eiswasser, filtriert den Niederschlag ab und kristallisiert ihn nach Trocknen aus Hexan; Ausbeute: 1,36 g (40% d. Th.); F: 76–80°.

Analog erhält man z. B. *6-Nitro-5-methoxy-1H,3H-⟨naphtho-[1,8a,8-c,d]-pyran⟩*[1] (40% d. Th.; F: 141–142°).

αα₄) von Carbonsäure-halogeniden

Carbonsäure-halogenide werden durch fast alle Metallhydride bzw. komplexen Hydride zu Aldehyden bzw. Alkoholen reduziert. Mit Trialkylzinn- und -silicium-hydriden werden Carbonsäureester erhalten. Als Lösungsmittel dienen meist Äther, bzw. es wird ohne Lösungsmittel gearbeitet. Die Reaktion verläuft mit nucleophilen Hydriden schneller.

Tab. 16 gibt einen Überblick über die Möglichkeiten der Carbonsäure-halogenid-Reduktion.

Die Geschwindigkeit der lange umstrittenen Reduzierbarkeit der Carbonsäure-halogenide durch Diboran[2] hängt stark vom Lösungsmittel und von der Struktur der zu reduzierenden Verbindung ab. Da elektronenanziehende Gruppen die Reaktionsgeschwindigkeit erhöhen[3], wird aufgrund von Leitfähigkeitsmessungen angenommen, daß beim Diboran z. B. in THF nach asymmetrischer Ionisierung das nucleophile Boronium-borhydrid das eigentliche Agenz ist[4].

Tab. 16: Reduktion von Carbonsäure-halogeniden

zu **Aldehyden:**

Lithiumhydrid[5]	Bis-[triphenylphosphin]-kupfer(I)-Boran[11]
Natriumhydrid[5]	Tetramethylammonium-hydrido-tetracarbonyl-eisen[12]
Calciumhydrid[5]	Natriumboranat/Cadmiumchlorid[13]
Tribenzyl-siliciumhydrid[6]	

zu **Aldehyden und Alkoholen:**

Lithium-diäthoxy-dihydrido-aluminat[7]	Natrium-trimethoxy-hydrido-borat[14]
Natrium-tri-tert.-butyloxy-hydrido-aluminat[8]	

zu **Aldehyden und Carbonsäureestern:**

Trimethyl-zinnhydrid[9]	Triphenyl-zinnhydrid[15]
Tributyl-zinnhydrid[10]	Triäthyl-siliciumhydrid[16]

[1] J. Cason, A. Weiss u. S. A. Monti, J. Org. Chem. **33**, 3404 (1968).
[2] H. C. Brown, H. I. Schlesinger u. A. B. Burg, Am. Soc. **61**, 673 (1939).
   H. C. Brown u. B. C. Subba Rao, Am. Soc. **82**, 681 (1960).
[3] S. L. Ioffe, W. A. Tartakowski u. S. S. Nowikow, Izv. Akad. SSSR **1964**, 622; C.A. **61**, 8154 (1964).
[4] W. J. Wallace, Dissertation Abstr. **22**, 425 (1961).
[5] P. Brandt, Acta chem. scand. **3**, 1050 (1949).
   A. Rödig u. G.Märkl, A. **659**, 1 (1962).
[6] J. W. Jenkins u. H. W. Post, J. Org. Chem. **15**, 556 (1950).
[7] A. Meisters u. P. C. Wailes, Austral. J. Chem. **13**, 347 (1960).
[8] L. I. Žakharkin, D. N. Maslin u. V. V. Gavrilenko, Ž. org. Chim. **2**, 2197 (1966); C.A. **66**, 85572 (1967).
[9] E. J. Walsh et al., J. Org. Chem. **34**, 1156 (1969).
[10] H. G. Kuivila u. E. J. Walsh, Am. Soc. **88**, 571 (1966).
   E. J. Walsh u. H. G. Kuivila, Am. Soc. **88**, 576 (1966).
   F. Guibe, P. Four u. H. Rivière, Chem. Commun. **1980**, 432.
[11] G. W. J. Fleet u. P. J. C. Harding, Tetrahedron Letters **1979**, 975.
[12] T. E. Cole u. R. Pettit, Tetrahedron Letters **1977**, 781.
[13] R. A. W. Johnstone u. R. P. Telford, Chem. Commun. **1978**, 354.
   I. D. Entwistle et al., Soc. [Perkin Trans I] **1980**, 27.
[14] H. C. Brown u. E. J. Mead, Am. Soc. **75**, 6263 (1953).
[15] G. J. M. van der Kerk, J. G. Noltes u. J. G. A. Luijten, J. appl. Chem. **7**, 356 (1957).
   E. J. Kupchik u. R. J. Kiesel, J. Org. Chem. **29**, 3690 (1964).
[16] J. D. Citron, J. Org. Chem. **34**, 1977 (1969); **36**, 2547 (1971).

Tab. 16 (Fortsetzung)

zu **Aldehyden, Alkoholen und Carbonsäureestern:**
Lithium-tri-tert.-butyloxy-hydrido-aluminat[1]

zu **Alkoholen:**

Aluminiumhydrid[2]	Lithiumboranat[10]
Lithiumalanat[3]	Natriumboranat[11]
Lithium-trimethoxy-aluminat[4]	Kaliumboranat[12]
Natriumalanat[5]	tert.-Butylamin-Boran[13]
Natrium-triäthoxy-hydrido-aluminat[6]	Dimethylamin-Boran[13]
Natrium-bis-[2-methoxy-äthoxy]-	1,2-Diamino-äthan-Boran[14]
dihydrido-aluminat[7]	Pyridin-Boran[15]
Sesqui-(2-methoxy-	Lithiumalanat/Aluminiumchlorid[16]
äthoxy)-aluminiumhydrid[8]	Natriumboranat/Aluminiumchlorid[17]
Diboran[9]	

Diboran kann zur selektiven Reduktion der Halogencarbonyl-Gruppe neben einer Alkoxycarbonyl-Gruppe herangezogen werden; z. B.[18]:

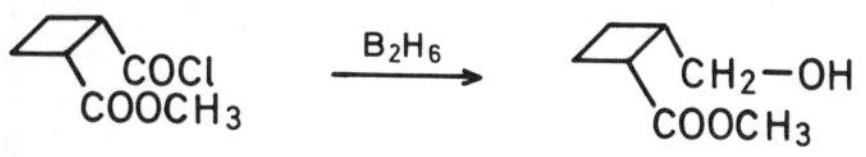

cis-2-Hydroxymethyl-1-methoxycarbonyl-
cyclobutan; 60% d. Th.

Oft sind die Reduktionsmittel nicht selektiv genug, so daß verschiedene Reduktionsstufen nebeneinander auftreten.

i₁) zu Aldehyden

Das Mittel der Wahl zur Reduktion von Carbonsäure-chloriden zu Aldehyden ist Lithium-tri-tert.-butyloxy-hydrido-aluminat[2,19]:

[1] H. C. Brown u. R. F. McFarlin, Am. Soc. **80**, 5372 (1958).
  H. C. Brown u. B. C. Subba Rao, Am. Soc. **80**, 5377 (1958).
[2] H. C. Brown u. N. M. Yoon, Am. Soc. **88**, 1458 (1966).
  N. M. Yoon u. H. C. Brown, Am. Soc. **90**, 2927 (1968).
[3] R. F. Nystrom u. W. G. Brown, Am. Soc. **69**, 1197 (1947).
[4] H. C. Brown u. P. M. Weissman, Am. Soc. **87**, 5614 (1965).
[5] J. Pitha, S. Heřmánek u. J. Vít, Collect. czech. chem. Commun. **25**, 736 (1960).
[6] G. Hesse u. R. Schrödel, Ang. Ch. **68**, 438 (1956); A. **607**, 24 (1957).
[7] M. Černý et al., Collect. czech. chem. Commun. **34**, 1025 (1969).
[8] O. Kriz, B. Casensky u. O. Strouf, Collect. czech. chem. Commun. **38**, 842 (1973).
[9] H. C. Brown, P. Heim u. N. M. Yoon, Am. Soc. **92**, 1637 (1970).
[10] W. Fuchs, B. **88**, 1825 (1955).
[11] S. W. Chaikin u. W. G. Brown, Am. Soc. **71**, 122 (1949).
[12] W. von E. Doering u. M. J. Goldstein, Tetrahedron **5**, 53 (1959).
[13] H. Nöth u. H. Beyer, B. **93**, 1078 (1960).
[14] H. C. Kelly u. J. O. Edwards, Am. Soc. **82**, 4842 (1960).
[15] R. P. Barnes, J. H. Graham u. M. D. Taylor, J. Org. Chem. **23**, 1561 (1958).
[16] R. F. Nystrom, Am. Soc. **81**, 610 (1959).
[17] H. C. Brown u. B. C. Subba Rao, Am. Soc. **78**, 2582 (1956).
[18] C. C. Shroff et al., J. Org. Chem. **36**, 3356 (1971).
[19] H. C. Brown u. R. F. McFarlin, Am. Soc. **78**, 252 (1956).

$$R-CO-Cl \; + \; Li\{AlH[O-C(CH_3)_3]_3\} \longrightarrow \left\{R-\underset{\underset{Cl}{|}}{CH}-O-Al[O-C(CH_3)_3]_3\right\}Li$$

$$\longrightarrow \; R-CHO \; + \; LiCl \; + \; Al[O-C(CH_3)_3]_3$$

Die Reduktion wird durch inverse Zugabe der stöchiometrischen Menge Reduktionsmittel bei -75 bis $-80°$ in Bis-[2-methoxy-äthyl]-äther oder THF durchgeführt. Aromatische Carbonsäure-chloride geben meist bessere Ausbeuten als aliphatische. Mit der Carboxy-Gruppe konjugierte C=C-Doppelbindungen und Ester-Gruppen werden nicht angegriffen.

Die Reduktion von 4-Nitro-benzoylchlorid ergibt *4-Nitro-benzaldehyd*[1]:

$$O_2N-\!\!\bigcirc\!\!-COCl \; \xrightarrow{\;Li\{AlH[O-C(CH_3)_3]_3\}\;} \; O_2N-\!\!\bigcirc\!\!-CHO$$

4-Nitro-benzaldehyd[1]: Zu einer Lösung von 37,1 g (0,2 Mol) 4-Nitro-benzoylchlorid in 100 *ml* abs. Bis-[2-methoxy-äthyl]-äther wird unter Stickstoff und unter Rühren bei $-78°$ innerhalb 1 Stde. eine Lösung von 50,8 g (0,2 Mol) Lithium-tri-tert.-butyloxy-hydrido-aluminat in 200 *ml* abs. Bis-[2-methoxy-äthyl]-äther gegeben. Man läßt das Reaktionsgemisch 1 Stde. ohne Kühlung bei 20° stehen, gießt auf Eiswasser, filtriert den Niederschlag, kocht ihn mehrmals mit 95%igem Äthanol aus und dampft die Äthanol-Lösung ein. Der Rückstand wird aus Wasser kristallisiert; Ausbeute: 20,3 g (67% d. Th.); F: 104–105°.

Analog erhält man z. B.:

4-Cyan-benzaldehyd[1]	68% d. Th.	F: 92–93°
3,4,5-Trimethoxy-benzaldehyd[2]	79,5% d. Th.	F: 76–77°
2-Trifluormethyl-benzaldehyd[3]	20% d. Th.	$Kp_{0,3-0,6}$: 28–38°
2,5-Diacetoxy-benzaldehyd[4]	15–19% d. Th.	F: 79–80°
4-Hydroxy-benzaldehyd-[Carbonyl-^{14}C][5]	41% d. Th.	–
Isophthaldialdehyd[1]	80% d. Th.	F: 89–90°
8-Chlor-4,5-dimethoxy-1-methyl-2-formyl-naphthalin[6]	61% d. Th.	F: 176–177°
4-Chlor-3-aminosulfonyl-benzaldehyd[7]	53% d. Th.	F: 165–167°
4-Nitro-zimtaldehyd[8]	84% d. Th.	F: 141–142°
3-Methoxy-4-acetoxy-zimtaldehyd[9]	50% d. Th.	F: 97–98°
3,5-Dimethoxy-4-acetoxy-zimtaldehyd[10]	40% d. Th.	F: 134–135°
3-Methyl-3-(4-methyl-phenyl)-butanal[11]	38% d. Th.	$Kp_{0,4}$:76–77°
4-Phenoxy-butanal-(2,4-dinitro-phenylhydrazon)[12]	40% d. Th.	F: 95–95,5°
anti-7-Formyl-bicyclo[2.2.1]hepten-(2)-(2,4-dinitro-phenyl-hydrazon)[13]	50% d. Th.	F: 150–151°
1-Methyl-1-formylmethyl-indan[14]	30% d. Th.	Kp_{10}: 130°
Di-O-acetyl-L-threuronsäure-methylester[15]	47% d. Th.	F: 85–86°
3-Formylmethyl-2,4,10-trioxa-adamantan[16]	25% d. Th.	F: 87°
4-Formyl-1,2-dihydro-cinnolin (Semicarbazon)[17]	32% d. Th.	F: 228–229°
4-Brom-3-methyl-5-formyl-1,2-thiazol[18]	44% d. Th.	F: 62–64°

[1] H. C. BROWN u. B. C. SUBBA RAO, Am. Soc. **80**, 5377 (1958).
[2] D. C. AYRES, B. C. CARPENTER u. R. C. DENNEY, Soc. **1965**, 3578.
[3] L. G. HUMBER, J. Med. Chem. **7**, 826 (1964).
[4] H. YEE u. A. J. BOYLE, J. Org. Chem. **27**, 2929 (1962).
[5] H. GRISEBACH u. L. PATSCHKE, B. **93**, 2326 (1960).
[6] H. MUXFELDT, B. **92**, 3122 (1959).
[7] E. JUCKER, A. LINDENMANN u. E. SCHENKER, Arzneimittel-Forsch. **13**, 269 (1963).
[8] W. N. WHITE u. W. K. FIFE, Am. Soc. **83**, 3846 (1961).
[9] I. A. REARL u. S. F. DARLING, J. Org. Chem. **22**, 1266 (1957).
[10] I. A. REARL, J. Org. Chem. **24**, 736 (1959).
[11] C. RÜCHARDT, B. **94**, 2609 (1961).
[12] L. H. SLAUGH, Am. Soc. **83**, 2734 (1961).
[13] J. W. WILT u. A. A. LEVIN, J. Org. Chem. **27**, 2319 (1962).
[14] J. W. WILT u. C. A. SCHNEIDER, J. Org. Chem. **26**, 4196 (1961).
[15] H. J. BESTMANN u. R. SCHMIECHEN, B. **94**, 751 (1961).
[16] F. BOHLMANN u. W. SUCROW, B. **97**, 1839 (1964).
[17] R. N. CASTLE u. M. ONDA, J. Org. Chem. **26**, 4465 (1961).
[18] D. BUTTIMORE et al., Soc. **1963**, 2032.

Diese Methode ermöglicht die einfache Herstellung auch sonst schwierig herzustellender Aldehyde[1]. 2-Fluor-aldehyde können z. B. ohne Hydrogenolyse der C–F-Bindung aus den entsprechenden 2-Fluor-carbonsäure-chloriden erhalten werden[2].

2-Fluor-aldehyde; allgemeine Arbeitsvorschrift[2]: Unter Rühren gibt man zu einer Lösung von 0,1 Mol 2-Fluor-carbonsäure-chlorid in 100 *ml* abs. THF unter Stickstoff bei −70 bis −80° 25,4 g (0,1 Mol) Lithium-tri-tert.-butyloxy-hydrido-aluminat in 100 *ml* abs. THF. Man läßt danach die Reaktionsmischung auf 20° kommen, gießt in eine Lösung von 2,4-Dinitro-phenylhydrazin in 2 n Salzsäure und kühlt ab.

So werden u. a. erhalten[2]:

Fluor-acetaldehyd-2,4-dinitro-phenylhydrazon	52% d. Th.	F: 150°
2-Fluor-propanal-2,4-dinitro-phenylhydrazon	60% d. Th.	F: 135°
2-Fluor-butanal-2,4-dinitro-phenylhydrazon	65% d. Th.	F: 108°

Bei der Reduktion von 2-Chlorcarbonyl-pyrazin werden neben 20% d. Th. *2-Formyl-pyrazin* bereits 55% d. Th. *2-[Pyrazyl-(2)-methoxycarbonyl]-pyrazin* gebildet[3]:

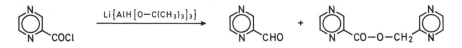

Bei 0° wird mit einem Hydrid-Überschuß ausschließlich das *2-Hydroxymethyl-pyrazin* erhalten (s. S. 187).

Anstelle des Lithium-Salzes kann auch das Natrium-tri-tert.-butyloxy-hydrido-aluminat zur selektiven Reduktion eingesetzt werden; so erhält man z. B. aus 4-Chlor-benzoylchlorid 68% d. Th. *4-Chlor-benzaldehyd*[4].

Mit Natrium-trimethoxy-hydrido-boranat kann nur unter kontrollierten Bedingungen die Aldehyd-Stufe abgefangen werden[5].

Dagegen werden funktionell-substituierte Carbonsäure-chloride von Natriumboranat/Cadmiumchlorid/Acetonitril/HMPT bei 0° in aprotischen Lösungsmitteln selektiv zu den entsprechenden Aldehyden reduziert[6] (erhalten bleiben die Alkoxycarbonyl-, Cyan-, Nitro- und Halogen-Funktionen sowie C,C-Mehrfachbindungen).

Aldehyde aus Carbonsäure-chloriden mit modifiziertem Natriumboranat; allgemeine Herstellungsvorschrift[6]: Cadmiumchlorid wird aus trockenem Dimethylformamid umkristallisiert. 1,25 mMol des erhaltenen Salzes werden mit einer Lösung von 2 mMol Natriumboranat in 10 *ml* Acetonitril und 0,5 *ml* HMPT 5 Min. bei −5 bis 0° gerührt. Die Lösung ist bei 0° ~ 4 Tage stabil. Man versetzt schnell mit 2 mMol Carbonsäure-chlorid in 2–3 *ml* Acetonitril, rührt 5 Min. weiter, zersetzt langsam mit verd. Salzsäure, extrahiert mit Äther, trocknet, engt ein und destilliert bzw. kristallisiert. Als Nebenprodukt wird wenig Alkohol (~ 10%) gebildet.

Mit dieser Methode erhält man (als 2,4-Dinitro-phenylhydrazon isoliert) u. a.:

Nonanal	56% d. Th.
trans-2-Butenal	54% d. Th.
trans-Zimtaldehyd	71% d. Th.
4-Methoxy-benzaldehyd	63% d. Th.
2-Chlor-benzaldehyd	74% d. Th.
4-Nitro-benzaldehyd	71% d. Th.
2-Methoxycarbonyl-benzaldehyd	52% d. Th.

[1] D. A. COVIELLO u. W. H. HARTUNG, J. Org. Chem. **24**, 1611 (1959).
  T. H. COFFIELD, K. G. IHRMAN u. W. BURNS, Am. Soc. **82**, 1251 (1960).
[2] E. D. BERGMANN u. A. COHEN, Tetrahedron Letters **1965**, 1151.
[3] H. RUTNER u. P. E. SPOERRI, J. Org. Chem. **28**, 1898 (1963).
[4] L. I. ŽAKHARKIN, D. N. MASLIN u. V. V. GAVRILENKO, Ž. org. Chim. **2**, 2197 (1966); C. A. **66**, 85 572 (1967).
[5] H. C. BROWN u. E. J. MEAD, Am. Soc. **75**, 6263 (1953).
  W. FUCHS, B. **88**, 1825 (1955).
  R. GREWE u. H. BÜTTNER, B. **91**, 2452 (1958).
[6] R. A. W. JOHNSTONE u. R. P. TELFORD, Chem. Commun. **1978**, 354.

Ein für analoge Reduktionen geeignetes Übergangsmetallborhydrid ist Bis-[triphe-nylphosphin]-kupfer(I)-boranat[1] in Aceton in Gegenwart von überschüssigem Tri-phenylphosphin[2-4]:

$$R-CO-Cl \xrightarrow{[(H_5C_6)_3P]_2CuBH_4/(H_5C_6)_3P} R-CHO$$

3,4-Dimethoxy-benzaldehyd-2,4-dinitro-phenylhydrazon:

Bis-[triphenylphosphin]-kupfer(I)-boranat[4]: Zu einer Lösung von 216 g (0,82 Mol) Triphenyl-phos-phin in 1500 ml Chloroform werden unter Rühren innerhalb 5 Min. 40 g (0,4 Mol) fein gepulvertes Kupfer(I)-chlorid gegeben. Man rührt 15 Min. (klare Lösung), versetzt mit 15,2 g Natriumboranat suspendiert in 150 ml Äthanol, rührt 15 Min. und gibt 300 ml Wasser zu. Die Chloroform-Phase wird 2mal mit 250 ml Wasser gewa-schen, mit Magnesiumsulfat getrocknet und mit 2000 ml Äther versetzt. Das ausgeschiedene Produkt wird abge-saugt und mit Äther gewaschen; Ausbeute: 225 g (93% d. Th.); F: 172–174°.

3,4-Dimethoxy-benzaldehyd-2,4-dinitro-phenylhydrazon[2]: Eine Lösung von 1,14 g (5,7 mMol) 3,4-Dimethoxy-benzoyl-chlorid in 100 ml abs. Aceton wird mit 3,04 g (11,6 mMol) Triphenylphosphin versetzt. Zur Lösung gibt man bei 20° 3,47 g (5,8 mMol) Bis-[triphenylphosphin]-kupfer(I)-boranat und rührt 45 Min. weiter. Man filtriert den Niederschlag {Tris-[triphenylphosphin]-kupfer(I)-chlorid} und engt das Filtrat ein. Der Rückstand wird in 100 ml Äther aufgenommen und das ungelöste Triphenylphosphin-Boran abgesaugt. Die Äther-Lösung wird eingedampft, der Rückstand in 60 ml Chloroform gelöst und zur Entfernung des Triphenyl-phosphin-Überschusses mit 1 g Kupfer(I)-chlorid gerührt. Man engt ein, verrührt mit Methanol und saugt den Tri-phenylphosphin-Kupfer(I)-chlorid-Komplex ab. Das Filtrat wird mit 2,4-Dinitro-phenylhydrazin-sulfat-Lösung versetzt und das Produkt abgesaugt; Ausbeute: 1,66 g (86% d. Th.); F: 269–271°.

Analog erhält man u. a.

Decanal[4]	79% d. Th.
3-Nitro-benzaldehyd[2]	75% d. Th.
4-Methyl-benzaldehyd[3]	79% d. Th.
3,4-Dichlor-benzaldehyd[3]	63% d. Th.

Dimethylsulfan-Boran reduziert 4-Nitro-benzoylchlorid zu *4-Nitro-benzaldehyd* (60% d. Th.)[5].

Die Zusammensetzung des Reduktionsproduktes mit Organo-silicium- und -zinnhydri-den (radikalische Reduktion) als Reduktionsmittel hängt von der Struktur der Reaktions-partner und von den Reaktionsbedingungen ab. So erhält man aus Benzoylchlorid mit Tributyl-zinnhydrid in Diäthyläther 54% d. Th. *Benzaldehyd*, ohne Lösungsmittel hauptsächlich *Benzoesäure-benzylester*[6], mit Triphenyl-zinnhydrid auch in Diäthyläther oder Benzol ausschließlich *Benzoesäure-benzylester*[7].

Carbonsäure-bromide werden durch Tributyl-zinnhydrid hauptsächlich zu Aldehy-den, durch Trimethyl-zinnhydrid zu Estern reduziert[8].

Dagegen wird Butandisäure-dichlorid durch Tributyl-zinnhydrid selektiv zu *4-Chlor-butan-4-olid* (80% d. Th.) reduziert[9]:

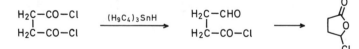

[1] J. M. Davidson, Chem. & Ind. **1964**, 2021.
  F. Cariati u. L. Naldini, G. **95**, 3 (1965).
[2] G. W. J. Fleet, C. J. Fuller u. P. J. Harding, Tetrahedron Letters **1978**, 1437.
[3] T. N. Sorrell u. R. J. Spillane, Tetrahedron Letters **1978**, 2473.
[4] G. W. J. Fleet u. P. J. C. Harding, Tetrahedron Letters **1979**, 975.
[5] E. Mincione, J. Org. Chem. **43**, 1829 (1978).
[6] H. G. Kuivila, Adv. Organometallic Chem. **1**, 47 (1964).
[7] E. J. Kupchik u. R. J. Kiesel, J. Org. Chem. **29**, 3690 (1964).
[8] E. J. Walsh et al., J. Org. Chem. **34**, 1156 (1969).
[9] H. G. Kuivila, J. Org. Chem. **25**, 284 (1960).

während Phthalsäure-dichlorid bis zum *Phthalid* reduziert wird (s. S. 189).

Eindeutig verläuft dagegen die Palladium-katalysierte Reduktion von Carbonsäure-chloriden mit Triäthyl-siliciumhydrid[1].

Octanal[1]: In einem 25-*ml*-Erlenmeyer-Kolben werden 0,1 g 10%-ige Palladium-Kohle, 4,25 *ml* (25 mMol) Octansäure-chlorid und 4,8 *ml* (30 mMol) Triäthyl-siliciumhydrid vorgelegt. Innerhalb 2 Min. steigt die Innentemp. auf 100°. Man kühlt ab, läßt 1 Stde. stehen, filtriert, schüttelt im Scheidetrichter vorsichtig mit 20 *ml* Diäthyläther, 20 *ml* Wasser und 0,21 g Natriumhydrogencarbonat zusammen, wäscht die Äther-Phase mehrmals bis zum Neutralen aus, trocknet mit Natriumsulfat und destilliert i. Vak.; Ausbeute: 1,63 g (51% d. Th.); Kp$_{0,6}$: 31°.

Analog erhält man u. a.

(isoliert als 2,4-Dinitro-phenylhydrazone):

2-Methoxy-benzaldehyd	38% d. Th.
4-Methoxy-benzaldehyd	39% d. Th.
Isophthaldialdehyd	75% d. Th.

Mit Tetramethylammonium-hydrido-tetracarbonyl-ferrat(0) in Dichlormethan werden Acylchloride ebenfalls zu Aldehyden reduziert[2], wobei anwesende Nitro-Gruppen und C=C-Doppelbindungen mit reduziert werden (s. a. S. 302, 311):

$$2R\text{—}CO\text{—}Cl \ + \ 3[(H_3C)_4\overset{\oplus}{N}][FeH(CO)_4]^{\ominus} \xrightarrow[-2[H_3C)_4N]Cl]{CH_2Cl_2}$$

$$2R\text{—}CHO \ + \ [(H_3C)_4\overset{\oplus}{N}][Fe_3H(CO)_{11}]^{\ominus}$$

Aldehyde; allgemeine Arbeitsvorschrift[2]:

Tetramethylammonium-hydrido-tetracarbonyl-ferrat(0)[2]: 7 g (5 *ml*, 35,8 mMol) Pentacarbonyleisen werden unter Argon und unter Rühren zu einer Lösung von 7 g (125 mMol) Kaliumhydroxid und 7,5 g (48,8 mMol) Tetramethylammoniumbromid in 40 *ml* Wasser gegeben. Man rührt 24 Stdn. unter Argon, filtriert das hellbraune Produkt unter Inertgas, wäscht mit 300 *ml* Sauerstoff-freiem Wasser und trocknet i. Vak.; Ausbeute: 5,7 g (66% d. Th.). Das Produkt wird unter Inertgas aufbewahrt.

Aldehyde[2]: 2 mMol Carbonsäure-chlorid in 8 *ml* trockenem Dichlormethan werden unter Argon zu 4 mMol Tetramethylammonium-hydrido-tetracarbonyl-ferrat(0) gegeben. Man rührt magnetisch 1–4 Stdn. bei 20°, engt i. Vak. bei −10° ein, extrahiert mit Äther und isoliert.

Nach dieser Methode erhält man u. a. aus:

2-Methyl-propansäure-chlorid	→	*2-Methyl-propanal*	82% d. Th.
2,2-Dimethyl-propansäure-chlorid	→	*2,2-Dimethyl-propanal*	80% d. Th.
4-Brom-benzoylchlorid	→	*4-Brom-benzaldehyd*	75% d. Th.

Zur analogen Reduktion mit Dinatrium-tetracarbonylferrat(0)/Essigsäure[3] bzw. anderen Übergangsmetall-carbonyl-hydriden[4] s. Lit.

i$_2$) zu Alkoholen
(vgl. a. Bd. VI/1b)

ii$_1$) zu reinen Alkoholen

Komplexe Metallhydride reduzieren Carbonsäure-halogenide zu Alkoholen[5,6]:

$$2R\text{–}CO\text{–}X \ + \ Li[AlH_4] \ \longrightarrow \ Li[AlX_2(O\text{—}CH_2\text{—}R)_2]$$

$$2R\text{—}CO\text{—}X \ + \ Na[BH_4] \ \longrightarrow \ Na[BX_2(O\text{—}CH_2\text{—}R)_2]$$

[1] J. D. CITRON, J. Org. Chem. **34**, 1977 (1969).
[2] T. E. COLE u. R. PETTIT, Tetrahedron Letters **1977**, 781.
[3] Y. WATANABE et al., Bl. chem. Soc. Japan **44**, 2569 (1971).
[4] R. J. KINNEY, W. D. JONES u. R. G. BERGMAN, Am. Soc. **100**, 635 (1978).
[5] R. F. NYSTROM u. W. G. BROWN, Am. Soc. **69**, 1197 (1947).
[6] S. W. CHAIKIN u. W. G. BROWN, Am. Soc. **71**, 122 (1949).

Zur Reduktion sind zwei Hydrid-Äquivalente notwendig, praktisch wird i.a. in Äther mit überschüssigem Hydrid reduziert. Aliphatische Carbonsäure-halogenide reagieren bei 20°, aromatische benötigen höhere Temperaturen und einen größeren Hydrid-Überschuß. Bei Anwendung von zwei Mol-Äquivalenten Lithiumalanat können aus Methyl-, Methoxy- und Halogen-substituierten Benzoylchloriden die entsprechenden Alkohole mit $\sim 90\%$ d.Th. Ausbeute erhalten werden[1]:

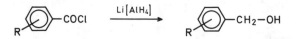

Substituierte Benzylalkohole; allgemeine Arbeitsvorschrift[1]: 0,2 Mol Carbonsäure-chlorid werden in 100 *ml* abs. Diäthyläther gelöst. Bei $-10°$ gibt man unter Rühren eine Suspension von 15,2 g (0,4 Mol) Lithiumalanat in 300 *ml* abs. Diäthyläther portionsweise zu. Man erhitzt die Mischung 2 Stdn. unter Rückfluß, kühlt auf $-10°$ ab, versetzt mit 50 *ml* nassem Diäthyläther und Wasser, säuert mit 5%iger Schwefelsäure an, wäscht die Äther-Phase mit 10%iger Natriumhydrogencarbonat-Lösung und Wasser, trocknet mit Natriumsulfat und dampft ein. Der Rückstand wird destilliert, bzw. kristallisiert.

U. a. erhält man auf diese Weise:

2-Methyl-benzylalkohol	90% d. Th.
4-Methoxy-benzylalkohol	94% d. Th.
2-Chlor-benzylalkohol	96% d. Th.
3-Brom-benzylalkohol	92% d. Th.
2-Jod-benzylalkohol	90% d. Th.

2,4,6-Trimethyl-benzylalkohol[2]: Eine Lösung von 45,7 g (0,25 Mol) 2,4,6-Trimethyl-benzoylchlorid in 500 *ml* abs. Diäthyläther wird unter Rühren und unter Stickstoff zu einer Suspension von 9,5 g (0,25 Mol) Lithiumalanat in 700 *ml* abs. Diäthyläther getropft. Nach 12 stdgm. Stehen und Hydrolyse wird in gewohnter Weise aufgearbeitet; Ausbeute: 37,1 g (99% d. Th.); F: 86,5–87,5°.

2,2-Dichlor-äthanol[3,4]: Zu einer Suspension von 13,6 g (0,36 Mol) Lithiumalanat in 275 *ml* abs. Diäthyläther werden unter Rühren und unter Stickstoff innerhalb 2,5 Stdn. 88,6 g (0, 60 Mol) Dichlor-acetylchlorid getropft. Man rührt 30 Min. nach, zersetzt unter Kühlung mit Wasser, säuert mit 500 *ml* 10%iger Schwefelsäure an, trennt die Äther-Phase ab, schüttelt die wäßr. Phase 2mal mit Diäthyläther aus, trocknet die Äther-Lösung mit Magnesiumsulfat, dampft den Äther ab und fraktioniert den Rückstand; Ausbeute: 44 g (63% d. Th.); Kp_6: 37–38,5°.

Analog erhält man z. B.:

Hexadecanol[5]	99% d. Th.	F: 46–48°
2,2,2-Trichlor-äthanol[3]	64% d. Th.	Kp_{737}: 151°
2,2,2-Trifluor-äthanol[6]	85% d. Th.	Kp: 74°
2,3,3-Trichlor-allylalkohol[7]	65% d. Th.	Kp: 185–186°
1-Hydroxy-3-trifluormethyl-buten-(2)[8]	70% d. Th.	Kp: 141–146°
L-*(+)-2-Chlor-propanol*[9]	67% d. Th.	Kp: 70,3–70,5°
trans-4,5-Bis-[hydroxy-methyl]-cyclohexen[10]	85% d. Th.	$Kp_{0,1}$: 106°
Vitamin A[11]	100% d. Th.	

[1] B. O. Field u. J. Grundy, Soc. **1955**, 1110.
[2] C. R. Hauser u. D. N. van Eenam, Am. Soc. **79**, 5512 (1957).
[3] C. E. Sroog et al., Am. Soc. **71**, 1710 (1949).
[4] C. E. Sroog u. H. M. Woodburn, Org. Synth., Coll. Vol. IV, 271 (1963).
[5] R. F. Nystrom u. W. G. Brown, Am. Soc. **69**, 1197 (1947).
[6] A. L. Henne, R. M. Alm u. M. Smook, Am. Soc. **70**, 1968 (1948).
[7] A. Roedig u. E. Degener, B. **86**, 1469 (1953).
[8] P. Tarrant u. R. E. Taylor, J. Org. Chem. **24**, 1888 (1959).
[9] W. Fickett, H. K. Garner u. H. J. Lucas, Am. Soc. **73**, 5063 (1951).
[10] J. J. Bloomfield u. S. L. Lee, J. Org. Chem. **32**, 3919 (1967).
[11] H. O. Huisman et al., R. **75**, 977 (1956).

Zimtsäure-chloride können durch inverse Zugabe der theoretischen Menge Lithium-alanat bei −15° selektiv zu den Zimtalkoholen reduziert werden[1]. Glyoxylsäure-chloride werden zu substituierten Äthanolen reduziert; z. B.[2]:

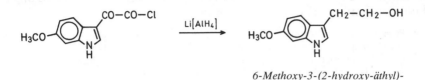

6-Methoxy-3-(2-hydroxy-äthyl)-indol; 79% d. Th.

Bei der Reduktion von Carbonsäure-halogeniden mit Lithium-tetradeuterido-aluminiumat erhält man in der Hydroxymethyl-Gruppe deuterierte Alkohole[3].

Halogen-carbonsäure-halogenide werden i. a. durch das elektrophile Lithiumalanat/Aluminiumchlorid mit besseren Ausbeuten reduziert als mit Lithiumalanat, zudem hängen die Ausbeuten nicht von der Zugabemethode ab[4,5].

3-Brom-propanol[5]: 13,3 g (0,1 Mol) stückiges Aluminiumchlorid werden in 100 *ml* abs. Diäthyläther vorsichtig gelöst und unter Stickstoff und unter Rühren zu einer Lösung von 3,8 g (0,1 Mol) Lithiumalanat in 100 *ml* abs. Diäthyläther gegeben. Die Äther-Lösung des gemischten Hydrids tropft man unter Rühren zu 17,1 g (0,1 Mol) 3-Brom-propanoylchlorid in 150 *ml* abs. Diäthyläther. Die Mischung soll dabei leicht sieden. Nach 30 Min. wird mit 100 *ml* Wasser und 100 *ml* 6 n Schwefelsäure versetzt, die Äther-Phase abgetrennt und die wäßr. Schicht 48 Stdn. mit Diäthyläther kontinuierlich extrahiert. Die Äther-Lösungen werden getrocknet, eingedampft, und der Rückstand wird i. Vak. destilliert; Ausbeute: 12 g (86% d. Th.); Kp₁₀: 70–72°.

Lithium-tri-tert.-butyloxy-hydrido-aluminat, das bei tiefen Temperaturen Carbonsäure-chloride zu Aldehyden reduziert (s. S. 181 ff.), liefert bei 0° im Überschuß eingesetzt die entsprechenden Alkohole[6,7]. Z. B. können α, β-ungesättigte Carbonsäure-chloride zu ungesättigten Alkoholen reduziert werden. So erhält man z. B. aus 1,2-Diphenyl-3-chlorcarbonyl-cyclopropen mit 4 Mol-Äquivalenten bei 0° in 78%iger Ausbeute *3-Hydroxymethyl-1,2-diphenyl-cyclopropen*[7] (mit Lithiumalanat wird auch die C=C-Doppelbindung angegriffen):

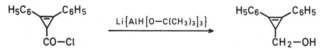

Das selektiver wirkende Natriumboranat ist bei Einsatz eines großen Überschusses meist vorteilhafter als Lithiumalanat. Als Reaktionsmedium werden 1,4-Dioxan[8,9], Di-

[1] K. Kratzl u. G. Billek, M. **85**, 845 (1954).

[2] R. C. Elderfield u. B. A. Fischer, J. Org. Chem. **23**, 332 (1958).

[3] R. D. Schuetz u. F. W. Millard, J. Org. Chem. **24**, 297 (1959).
  M. Farina u. M. Peraldo, G. **90**, 973 (1960).

[4] R. F. Nystrom u. C. R. A. Berger, Am. Soc. **80**, 2896 (1958).

[5] R. F. Nystrom, Am. Soc. **81**, 610 (1959).

[6] H. J. Bestmann u. R. Schmiechen, B. **94**, 751 (1961).

[7] R. Breslow, J. Lockhart u. A. Small, Am. Soc. **84**, 2793 (1962).

[8] S. W. Chaikin u. W. G. Brown, Am. Soc. **71**, 122 (1949).

[9] A. F. Wagner et al., Am. Soc. **78**, 5079 (1956).

äthyläther[1], THF[2], Bis-[2-methoxy-äthyl]-äther[3] und Pyridin[4] verwendet. Aromatische Carbonsäure-chloride werden langsamer reduziert als aliphatische, Elektronen-anziehende Substituenten am Aromaten beschleunigen die Reduktion.

Von Vorteil ist, daß Natriumboranat die Chlorcarbonyl-Gruppe selektiv neben einer Alkoxycarbonyl-Gruppe reduziert, dagegen bleibt die konjugierte C=C-Doppelbindung nicht intakt, gelegentlich tritt Acyl-Wanderung auf[5].

3-Hydroxy-2-methyl-2-phenyl-propansäure-äthylester[6]: Zu einer Suspension von 13,4 g (0,35 Mol) Natriumboranat in 135 ml abs. 1,4-Dioxan wird unter Rühren und Kühlung eine Lösung von 57,5 g (0,24 Mol) 2-Methyl-2-phenyl-malonsäure-äthylester-chlorid in 250 ml abs. 1,4-Dioxan innerhalb 1 Stde. gegeben. Man erhitzt 2,5 Stdn. unter Rückfluß, kühlt ab, gießt in 500 ml Eiswasser, säuert mit verd. Salzsäure auf $p_H = 4$ an und extrahiert 4mal mit 200 ml Diäthyläther. Die Äther-Lösung wird ausgewaschen, getrocknet, i. Vak. eingedampft und der Rückstand destilliert; Ausbeute: 36 g (72% d. th.); Kp_2: 130–132°.

Analog erhält man z. B.:

Hexadecanol[5]	87% d. Th.	F: 47,5–49°
10-Hydroxy-decansäure-äthylester[7]	36% d. Th.	Kp_4: 153–154,5°
trans-3-(2-Hydroxymethyl-cyclohexyl)-propansäure-äthylester[8]	42% d. Th.	$Kp_{0,07}$: 86°
8-Acetoxy-6-mercapto-octansäure-äthylester (nach Acyl-Wanderung)[1]		$Kp_{0,003}$: 112–116°
7-Hydroxymethyl-phthalid[9]	87% d. Th.	F: 111–113°
2-(2-Nitro-3 4-dimethoxy-phenyl)-äthanol[2]	81% d. Th.	$Kp_{0,05}$: 147°
4-Hydroxymethyl-2-phenyl-1,3-oxazol[10]	68% d. Th.	F: 80–82°

Diese Reduktionsmethode eignet sich auch zur Bestimmung carboxy-endständiger Aminosäuren in Peptiden[11].

Dagegen wird Trifluor-acetylchlorid mit Lithiumalanat, nicht aber mit Natriumboranat zu *2,2,2-Trifluor-äthanol* reduziert (s. S. 186)[12].

Auch mit dem stärkeren Reduktionsmittel Natrium-trimethoxy-hydrido-borat werden Alkohole erhalten[13]; z. B.[14]:

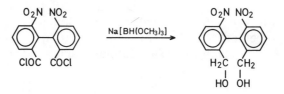

*(+)-6,6'-Dinitro-2,2'-bis-
[hydroxymethyl]-biphenyl;*
56% d. Th.

[1] E. Walton et al., Am. Soc. **77**, 5144 (1955).
[2] P. K. Banerjee u. D. N. Chaudhury, J. Org. Chem. **26**, 4344 (1961).
[3] K. Nagarajan et al., Helv. **46**, 1212 (1963).
E. Wenkert, D. B. R. Johnston u. K. G. Dave, J. Org. Chem. **29**, 2534 (1964).
[4] F. E. King u. J. W. W. Morgan, Soc. **1960**, 4738.
[5] S. W. Chaikin u. W. G. Brown, Am. Soc. **71**, 122 (1949).
[6] A. Vecchi u. G. Melone, J. Org. Chem. **24**, 109 (1959).
[7] G. F. Endres u. J. Epstein, J. Org. Chem. **24**, 1497 (1959).
[8] L. A. Paquette u. N. A. Nelson, J. Org. Chem. **27**, 2272 (1962).
[9] E. Wenkert, D. B. R. Johnston u. K. G. Dave, J. Org. Chem. **29**, 2534 (1964).
[10] A. B. A. Jansen u. M. Szelke, Soc. **1961**, 405.
[11] F. Wessely, K. Schlögl u. G. Korger, Nature **169**, 708 (1952).
[12] A. L. Henne, R. L. Pelley u. R. M. Alm, Am. Soc. **72**, 3370 (1950).
[13] E. T. McBee, O. R. Pierce u. D. D. Smith, Am. Soc. **76**, 3725 (1954).
R. Grewe, H. Büttner u. G. Burmeister, Ang. Ch. **69**, 61 (1957).
C. W. Muth, J. C. Ellers u. O. F. Folmer, Am. Soc. **79**, 6500 (1957).
[14] D. C. Iffland u. H. Siegel, Am. Soc. **80**, 1947 (1958).

Unter geeigneten Bedingungen werden Aldehyde erhalten[1,2] (s.S. 183).

Während Diboran Carbonsäure-halogenide nur langsam (s.S. 180f.) reduziert und eine konjugierte C=C-Doppelbindung mitangreift[3], erhält man mit Monoalkylamin-Boranen aus Alkansäure-chloriden die entsprechenden Alkohole[4,5]:

$$2\,R\!-\!H_2N\!-\!BH_3 \;+\; R^1\!-\!CO\!-\!Cl \xrightarrow{(H_5C_2)_2O} R^1\!-\!CH_2\!-\!O\!-\!BH_2 \;+\; [H_2B(NH_2\!-\!R)_2]Cl$$

$$R^1\!-\!CH_2\!-\!O\!-\!BH_2 \;+\; 3\,H_2O \longrightarrow R^1\!-\!CH_2\!-\!OH \;+\; B(OH)_3 \;+\; 2\,H_2$$

Auf diese Weise erhält man u.a. mit Butylamin-Boran ($R = C_4H_9$) 92% d.Th. *Benzylalkohol* ($R^1 = C_6H_5$).

ii₂) zu Carbonsäure-estern (Alkohol-Komponente)

Carbonsäure-fluoride und -chloride werden durch Organo-zinnhydride und Organo-siliciumhydride zu Carbonsäure-estern umgesetzt[6,7].

Pentansäure-pentylester[7]: In einem Teflon-Kolben werden unter Stickstoff 9,9 g (95 mMol) Pentansäure-fluorid und 15 ml (94 mMol) Triäthyl-siliciumhydrid 24 Stdn. bei 110–115° gerührt. Der reduzierte Ansatz wird abgekühlt und destilliert. Als Vorlauf erhält man 12,8 g (89% d.Th.) Triäthyl-silicium-fluorid (Kp: 107–108,5°); Ausbeute: 5,8 g (71% d.Th.); Kp: 200–204,5°.

Benzoesäure-benzylester[8]: 82 g (0,205 Mol) Triphenyl-zinnhydrid und 28,9 g (0,205 Mol) Benzoylchlorid werden bei 20° verrührt und 24 Stdn. stehen gelassen. Die erhaltene dicke Masse wird mit 100 ml Petroläther verrührt und abgesaugt [71 g (89,7% d.Th.) Triphenyl-zinn-chlorid; F: 103–105°]. Das Filtrat wird eingedampft und der Rückstand i.Vak. destilliert; Ausbeute: 18,8 g (87% d.Th.); $Kp_{0,02}$: 114–116°.

Analog erhält man z.B.:

Phenylessigsäure-2-phenyl-äthylester[9]	90% d.Th.	$Kp_{0,05}$: 135–137°
1-{Bicyclo[2.2.1]heptyl-(1)-oxycarbonyl}-	80% d.Th.	$Kp_{0,05}$: 103°
bicyclo[2.2.1]heptan[9]		

Phthalsäure-dichlorid wird unter hydrogenolytischer Abspaltung des Chlor-Atoms mit zwei Mol-Äquivalenten Tributyl-zinnhydrid zu *Phthalid* reduziert, während bei Bernsteinsäure-dichlorid die Reduktion auf der Stufe des Acetal-chlorids stehen bleibt (S. 184).:

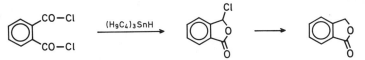

Mit Hilfe von Organo-zinndeuteriden können aus Carbonsäure-halogeniden deuterierte Carbonsäureester bzw. Aldehyde hergestellt werden[10].

Weiteres über die Reaktion s. S. 281f.

[1] H. C. Brown u. E. J. Mead, Am. Soc. **75**, 6263 (1953).
R. Grewe u. H. Büttner, B. **91**, 2452 (1958).
I. A. Pearl, J. Org. Chem. **24**, 740 (1959).
[2] W. Fuchs, B. **88**, 1825 (1955).
[3] K. Kratzl u. P. Claus, M. **94**, 1140 (1963).
[4] H. Nöth u. H. Beyer, B. **93**, 1078 (1960).
[5] R. P. Barnes, J. H. Graham u. M. D. Taylor, J. Org. Chem. **23**, 1561 (1958).
[6] E. J. Walsh et al., J. Org. Chem. **34**, 1156 (1969).
[7] J. D. Citron, J. Org. Chem. **36**, 2547 (1971).
[8] E. J. Kupchik u. R. J. Kiesel, J. Org. Chem. **29**, 3690 (1964).
[9] E. J. Kupchik u. R. J. Kiesel, J. Org. Chem. **31**, 456 (1966).
[10] K. Kühlein, W. P. Neumann u. H. Mohring, Ang. Ch. **80**, 438 (1968).

$\alpha\alpha_5$) von Carbonsäure-estern

i_1) von Carbonsäure-alkylester bzw. -arylestern

Carbonsäure-ester werden durch Hydride zu Aldehyden (Halbacetalen), Alkoholen, Äthern und Kohlenwasserstoffen reduziert. Die Alkohol-Komponente wird bei der Reaktion frei, kann jedoch auch zum Kohlenwasserstoff reduziert werden. Alkalimetall- und Erdalkalimetallhydride, Amin-Borane[1], Lithium-tetrakis-[1,2-dihydro-pyridino]-aluminat[2], Natrium-dithio-dihydrido-borat[3] und Bis-[3-methyl-butyl-(2)]-boran[4] reduzieren Carbonsäureester praktisch nicht. Alkalimetallalanate, Erdalkalimetallboranate und Aluminium-borhydrid mit kovalenter Struktur reduzieren Carbonsäureester wesentlich schneller als die salzartigen Alkalimetallboranate und das elektrophile Diboran.

Natriumboranat/Aluminiumchlorid wird hauptsächlich zur selektiven Reduktion von Carbonsäureestern gebraucht, die neben der Alkoxycarbonyl-Gruppe noch eine Carboxy-Gruppe (in Form des Natrium-Salzes), eine unsubstituierte Amino-carbonyl-Gruppe, eine Nitro- oder Halogen-Gruppe enthalten.

Der Ablauf der Reduktionen mit Natriumboranat/Aluminiumchlorid (3:1) ist nicht völlig geklärt[5].

Die Lösungen sind an der Luft beständig und können ohne merklichen Verlust umgegossen werden. Zur Herstellung der Lösungen wird meist Bis-[2-methoxy-äthyl]-äther angewendet (weitere Lösungsmittel s. S. 87). Äther und 1,4-Dioxan sind unbrauchbar.

Tab. 17: Reduktion von Carbonsäureestern mit Hydriden

zu Aldehyden:
Lithium-tri-tert.-butyloxy-hydrido-alanat[6] (nur aus Phenylestern)
Bis-[4-methyl-piperazino]-aluminiumhydrid[7]

zu Aldehyden und Alkoholen:
Natriumalanat[8], Natrium-bis-[2-methyl-propyl]-dihydrido-aluminat[9], Natriumboranat[10], Bis-[2-methyl-propyl]-aluminiumhydrid[11]

zu Aldehyden, Alkoholen und Kohlenwasserstoffen:
Lithiumalanat[12], Natrium-bis-[2-methoxy-äthoxy]-dihydrido-aluminat[13]

[1] H. C. KELLY u. J. O. EDWARDS, Am. Soc. **82**, 4842 (1960).
[2] P. T. LANSBURY u. J. O. PETERSON, Am. Soc. **83**, 3537 (1961).
[3] J. M. LALANCETTE et al., Synthesis **1972**, 526.
[4] H. C. BROWN et al., Am. Soc. **92**, 7161 (1970).
[5] H. NÖTH, Nachrichten aus Chemie und Technik **23**, 107 (1975).
[6] P. M. WEISSMAN u. H. C. BROWN, J. Org. Chem. **31**, 283 (1966).
[7] M. MURAKI u. T. MUKAIYAMA, Chem. Letters **1975**, 215.
[8] L. I. ŽAKHARKIN et al., Tetrahedron Letters **1963**, 2087.
   A. E. FINHOLT et al., Am. Soc. **77**, 4163 (1955).
   J. PÍHA, S. HERMÁNEK u. J. VÍT, Collect. czech. chem. Commun. **25**, 736 (1960).
[9] L. I. ŽAKHARKIN u. I. M. KHORLINA, Izv. Akad. SSSR **1964**, 465.
[10] M. E. HILL u. L. O. ROSS, J. Org. Chem. **32**, 2595 (1967).
   M. S. BROWN u. H. RAPOPORT, J. Org. Chem. **28**, 3261 (1963).
[11] L. I. ŽAKHARKIN u. I. M. KHORLINA, Tetrahedron Letters **1962**, 619.
   K. ZIEGLER, K. SCHNEIDER u. J. SCHNEIDER, A. **623**, 9 (1959).
[12] H. RUTNER u. P. E. SPOERRI, J. Org. Chem. **28**, 1898 (1963).
   R. F. NYSTROM u. W. G. BROWN, Am. Soc. **69**, 1197 (1947).
   H. C. BROWN, P. M. WEISSMAN u. N. M. YOON, Am. Soc. **88**, 1458 (1966).
   L. H. CONOVER u. D. S. TARBELL, Am. Soc. **72**, 3586, 5221 (1950).
[13] M. ČERNÝ et al., Collect. czech. chem. Commun. **34**, 1025 (1969).

Tab. 17 (Fortsetzung)

zu Alkoholen:
Lithium-trimethoxy-hydrido-aluminat[1], Natrium-triäthoxy-hydrido-aluminat[2], Magnesiumalanat[3], Lithiumboranat[4], Natrium-trimethoxy-hydrido-borat[5], Kaliumboranat[6], Quaternäre Ammonium-boranate[7], Calciumboranat[8], Aluminiumboranat[9], Diboran[10], [2,3-Dimethyl-butyl-(2)]-boran[11], Dimethylsulfan-Boran[12], Aluminiumhydrid[13], Sesqui-(2-methoxy-äthoxy)-aluminium-hydrid[14], Natriumboranat/Aluminiumchlorid[15]

Alkohole und Äther:
Lithiumalanat/Bortrifluorid[16], Natriumboranat/Bortrifluorid[17]

Alkohole und Kohlenwasserstoffe
Lithiumalanat/Aluminiumchlorid[18]

Äther:
Trichlor-siliciumhydrid[19]

Kohlenwasserstoffe (aus der Alkoxy-Gruppe):
Tributyl-zinnhydrid[20], Triäthyl-siliciumhydrid/Zinkchlorid, Nickel(II)-chlorid[21]

ii₁) zu Aldehyden

Die Reduktionen von Carbonsäure-estern zu Aldehyden mit komplexen Metallhydriden (z. B. Lithiumalanat) verlaufen unter Verbrauch eines Hydrid-Äquivalents über die nur in Einzelfällen isolierbaren Halbacetale[22]:

$$4\ R{-}CO{-}OR^1 + Li[AlH_4] \longrightarrow Li\left[Al\left(O{-}\underset{OR^1}{\overset{OR^1}{CH}}{-}R\right)_4\right] \xrightarrow{H_2O} R{-}\underset{OR^1}{\overset{OR^1}{CH}}{-}OH$$

$$\longrightarrow R{-}CHO + R^1{-}OH$$

[1] H. C. Brown u. P. M. Weissman, Am. Soc. **87**, 5614 (1965).
[2] G. Hesse u. R. Schrödel, A. **607**, 24 (1957).
[3] E. Wiberg u. R. Bauer, Z. Naturf. **7b**, 131 (1952).
   J. Plešek u. S. Heřmánek, Collect. czech. chem. Commun. **31**, 3060 (1966).
   B. D. James, Chem. & Ind. **1971**, 227.
[4] R. F. Nystrom, S. W. Chaikin u. W. G. Brown, Am. Soc. **71**, 3245 (1949).
[5] H. C. Brown u. E. J. Mead, Am. Soc. **75**, 6263 (1953).
[6] L. Berlinguet, Canad. J. Chem. **33**, 1119 (1955).
[7] E. A. Sullivan u. A. A. Hinckley, J. Org. Chem. **27**, 3731 (1962).
[8] J. Kollonitsch, O. Fuchs u. V. Gabor, Nature **173**, 125 (1954); **175**, 346 (1955).
[9] J. Kollonitsch u. O. Fuchs, Nature **176**, 1081 (1955).
[10] H. C. Brown u. B. C. Subba Rao, Am. Soc. **82**, 681 (1960).
   H. C. Brown, P. Heim u. N. M. Yoon, Am. Soc. **92**, 1637 (1970).
[11] H. C. Brown, P. Heim u. N. M. Yoon, J. Org. Chem. **37**, 2942 (1972).
[12] L. M. Braun et al., J. Org. Chem. **36**, 2388 (1971).
[13] H. C. Brown u. N. M. Yoon, Am. Soc. **88**, 1464 (1966).
   N. M. Yoon u. H. C. Brown, Am. Soc. **90**, 2927 (1968).
[14] O. Kříž, B. Cǎsensky u. O. Strouf, Collect. czech. chem. Commun. **38**, 842 (1973).
[15] H. C. Brown u. B. C. Subba Rao, Am. Soc. **77**, 3164 (1955); **78**, 2582 (1956).
[16] G. R. Pettit u. T. R. Kasturi, J. Org. Chem. **25**, 875 (1960).
[17] G. R. Pettit et al., J. Org. Chem. **26**, 1685 (1961).
[18] R. F. Nystrom, Am. Soc. **81**, 610 (1959).
   D. C. Wigfield u. K. Taymaz, Tetrahedron Letters **1973**, 4841.
[19] J. Tsurugi, R. Nakao u. T. Fukumoto, Am. Soc. **91**, 4587 (1969).
[20] L. E. Khoo u. H. H. Lee, Tetrahedron Letters **1968**, 4351.
[21] E. Frainnet u. M. Paul, C.r. **265**, 1185 (1967).
[22] P. Coutrot, J. Villieras u. J.-C. Combret, C.r. **274**, 1531 (1972).

Meist sind Temperaturen von -80 bis $-50°$ erforderlich; da hierbei nur die mit unverzweigten kurzkettigen Alkoholen veresterten Carbonsäuren genügend schnell reagieren, werden bevorzugt die Methyl- und Äthylester eingesetzt.

Die Tieftemperatur-Reduktion zu Aldehyden mit Lithiumalanat ist nur beschränkt anwendbar; so z. B. bei den Perfluor-[1] (s. S. 146 f., 236) und Halogen-carbonsäureestern[2,3] (–I-Effekt der Halogen-Atome stabilisiert die entsprechenden Halbacetale). Ebenso werden Alkoxycarbonyl-N-heteroaromaten mit einem elektronenanziehenden Heteroring zu Aldehyden reduziert[4]. Aus Dicarbonsäure-diestern können Dialdehyde[5], aus Malonsäure-diestern dagegen Formyl-essigsäure-ester[6] und Propanal-Derivate[7] (s. S. 204) erhalten werden. Cyclische 2,3-ungesättigte Carbonsäure-ester liefern bei höherer Temp. gesättigte Aldehyde[8].

Als einziges Lithium-aluminiumhydrid-Derivat mit Zweitliganden kann mit gutem Erfolg Lithium-tri-tert.-butyloxy-hydrido-aluminat bei $0°$ in THF zur Reduktion aliphatischer und alicyclischer Phenylester zu den entsprechenden Aldehyden eingesetzt werden[9].

Bei Temperaturen $<$ oder $>0°$ sind die Ausbeuten meist geringer. Cyclopropancarbonsäure-phenylester wird nicht reduziert, Benzoesäure-phenylester ergibt nur den Alkohol. Ein Nachteil der Methode ist, daß zuerst die Phenylester (am einfachsten durch Verschmelzen des Carbonsäure-chlorids mit Phenol[10]) hergestellt werden müssen.

Formyl-cyclohexan[9]: Zu einer Lösung von 51,1 g (0,25 Mol) Cyclohexancarbonsäure-phenylester in 30 *ml* abs. THF wird unter Rühren bei $0°$ unter Stickstoff innerhalb 20 Min. eine Lösung von 64 g (0,25 Mol) Lithium-tri-tert.-butyloxy-hydrido-aluminat in 200 *ml* abs. THF gegeben. Man rührt die Mischung 5 Stdn. bei $0°$, gießt sie in einen Scheidetrichter, der mit Eis und 200 *ml* Pentan beschickt ist, versetzt portionsweise unter Umschütteln mit 200 *ml* eiskalter 5 n Schwefelsäure, trennt die organ. Phase ab, extrahiert die wäßr. Phase mit 100 *ml* Pentan, wäscht die vereinigten Pentan-Lösungen mit 100 *ml* Wasser, schüttelt mit festem Natriumhydrogencarbonat und 4 mal mit 100 *ml* Wasser. Das Solvens wird mit Magnesiumsulfat getrocknet, abgedampft und der Rückstand i. Vak. fraktioniert; Ausbeute: 16,3 g (58% d. Th.); Kp$_{19,5}$: $56°$.

Analog erhält man z. B.:

2,2-Dimethyl-propanal	67% d. Th.
Chlor-acetaldehyd	67% d. Th.
Zimtaldehyd	60% d. Th.

[1] O. R. Pierce u. T. G. Kane, Am. Soc. **76**, 300 (1954).
[2] P. Coutrot, J. Villieras u. J.-C. Combert, C. r. **274**, 1531 (1972).
[3] A. Roedig u. G. Märkl, A. **659**, 1 (1962).
  A. Roedig, F. Hagedorn u. G. Märkl, B. **97**, 3322 (1964).
  A. Roedig, H.-G. Kleppe u. G. Märkl, A. **692**, 74 (1966).
  A. Roedig et al., A. **692**, 83 (1966); B. **107**, 1136 (1974).
[4] P. Kornmann, Bl. **1958**, 730.
 H. Rutner u. P. E. Spoerri, J. Org. Chem. **28**, 1898 (1963).
 G. Queguiner u. P. Pastour, C.r. **258**, 5903 (1964).
 J. L. Wong, M. S. Brown u. H. Rapoport, J. Org. Chem. **30**, 2398 (1965).
 C. V. Greco u. F. Pellegrini, Soc. [Perkin I] **1972**, 720.
[5] F. Weygand et al., Ang. Ch. **65**, 525 (1953).
 C. V. Greco u. F. C. Pellegrini, Synthetic Communications **1**, 307 (1971).
[6] C. Szántay u. M. Bárczai-Beke, Tetrahedron Letters **1968**, 1405; B. **102**, 3963 (1969).
[7] J. A. Marshall, N. H. Andersen u. A. R. Hochstetler, J. Org. Chem. **32**, 113 (1967).
 P. Desaulles u. J.-P. Fleury, Bl. **1967**, 1849.
[8] J. Brüesch u. P. Karrer, Helv. **38**, 905 (1955).
 C. L. Zirkle et al., J. Org. Chem. **27**, 1269 (1962).
 F. Bohlmann, D. Schumann u. O. Schmidt, B. **99**, 1652 (1966).
 J. D. Albright, L. A. Mitscher u. L. Goldman, J. Heterocyclic Chem. **7**, 623 (1970).
[9] P. M. Weissman u. H. C. Brown, J. Org. Chem. **31**, 283 (1966).
[10] G. G. S. Dutton et al., Canad. J. Chem. **31**, 837 (1953).

Bei normaler Zugabe (4–5 Stdn./0°) erhält man ähnliche Resultate.

Gute Ausbeuten werden auch mit Natriumalanat in THF oder THF/Pyridin bei −65 bis −45° erzielt. Die Reduktion aliphatischer Carbonsäure-ester erfordert 1–3 Stdn., die aromatischer Carbonsäure-ester 5–7 Stdn.[1].

Hexanal[1]: Unter Rühren wird zu einer Lösung von 14,3 g (0,11 Mol) Hexansäure-methylester in 80 ml abs. THF unter Stickstoff bei −45 bis −55° eine Lösung von 1,52 g (0,028 Mol) Natriumalanat in 25 ml abs. THF zugetropft. Man rührt 1 Stde. bei dieser Temp., versetzt mit 100 ml Diäthyläther und 4 ml Wasser, filtriert den Niederschlag ab, wäscht mit Diäthyläther, trocknet das Filtrat mit Magnesiumsulfat, dampft die Solventien ab und destilliert den Rückstand; Ausbeute: 8,6 g (78% d. Th.); Kp: 129–130°.

Analog erhält man aus den

Carbonsäure-methylestern:

2-Chlor-benzaldehyd	43% d. Th.
3-Phenyl-propanal	88% d. Th.
Decandial	74% d. Th.
cis-Octadecen-(9)-al	66% d. Th.

Carbonsäure-äthylestern:

Dodecanal	76% d. Th.
2,2,6-Trichlor-hexanal	66% d. Th.
Undecen-(10)-al	60% d. Th.
3-Formyl-pyridin	81% d. Th.

Etwas selektiver als Natriumalanat ist Natrium-bis-[2-methyl-propyl]-dihydrido-aluminat (bei −75 bis −70° in Äther). Vor allem aromatische Carbonsäure-ester liefern in höheren Ausbeuten die entsprechenden Aldehyde.

Infolge seiner guten Löslichkeit in Kohlenwasserstoffen und Äthern auch bei niedrigen Temperaturen ist Natrium-bis-[2-methoxy-äthoxy]-dihydrido-aluminat für Tieftemperatur-Reduktionen besonders geeignet. Die Reduktionen sind bei −70 bis −50° meist in 4–8 Stdn. beendet. Bei schlecht löslichen Estern sind längere Reaktionszeiten notwendig, die evtl. durch Mahlen mit Glasperlen verkürzt werden können. Aromatische Carbonsäure-ester sind nach dieser Methode schwer zu reduzieren[2].

Aldehyde; allgemeine Arbeitsvorschrift[2]: Eine Lösung von 0,1 Mol Carbonsäure-ester in 100–150 ml Lösungsmittel (Toluol, Diäthyläther oder THF) wird unter Stickstoff auf −70° abgekühlt. Wenn der Ester auskristallisiert, gibt man 100 ml Glasperlen mit einem ∅ von 3 mm zu. Danach versetzt man unter Rühren mit 0,05 Mol Natrium-bis-[2-methoxy-äthoxy]-dihydrido-aluminat in 70%iger benzolischer Lösung (∼ 15 ml), das mit 25 ml Lösungsmittel (s. o.) verdünnt ist. Das Gemisch wird so lange bei −70° gerührt, bis das Hydrid verbraucht ist. Man versetzt bei dieser Temp. mit 100 ml verd. Schwefelsäure (1:5), läßt auf 0 bis 10° erwärmen, trennt die organ. Phase ab, extrahiert die wäßr. Phase, wäscht die organ. Phase mit Natriumcarbonat-Lösung aus und rührt 12 Stdn. mit 12 g (0,115 Mol) Natriumhydrogensulfit in 18 ml Wasser. Die Bisulfit-Verbindung wird abgesaugt, mit wenig Wasser und Lösungsmittel gewaschen und getrocknet. Der freie Aldehyd wird durch Ansäuern einer wäßr. Lösung des Bisulfits mit 5–10 ml verd. Schwefelsäure, oder durch Erwärmen mit 10 g Natriumcarbonat erhalten.

Mit dieser Methode können aus den Methylestern nach Ablauf der angegebenen Reaktionsdauer die Hydrogensulfit-Verbindungen folgender Aldehyde erhalten werden:

Octanal	8 Stdn.	84% d. Th.
Decanal	8 Stdn. unter Mahlen	82% d. Th.
cis-Octadecen-(9)-al	24 Stdn. unter Mahlen	70% d. Th.
Phenyl-acetaldehyd	8 Stdn.	78% d. Th.
Diphenyl-acetaldehyd	36 Stdn.	49% d. Th.

Phenylester und tert.-Butylester lassen sich nur sehr langsam reduzieren. Schwer lösliche Carbonsäure-ester werden zweckmäßig in die 2-Methoxy-äthylester übergeführt.

---

[1] L. I. Žakharkin et al., Tetrahedron Letters **1963**, 2087.
L. I. Žakharkin, V. V. Gavrilenko u. D. N. Maslin, Izv. Akad. SSSR **1964**, 926; C.A. **61**, 5505 (1964).
[2] J. Vit, Eastman Organic Chemical Bulletin **42**, Nr. 3, 6 (1970); C.A. **74**, 99073 (1971).

Auch mit N-Methyl-piperazin modifiziertes Natrium-bis-[2-methoxy-äthoxy]-dihydrido-aluminat reduziert Carbonsäureester mit hohen Ausbeuten zu Aldehyden[1].

Beim Bis-[2-methyl-propyl]-aluminiumhydrid[2,3] ist inverse Zugabe äquimolarer Mengen zur Carbonsäure-ester-Lösung in Toluol oder Hexan bei -75 bis $-70°$ erforderlich (Vermeidung der Claisen-Tischtschenko-Reaktion sowie der Rückbildung des Esters).

Aliphatische Carbonsäureester werden besser reduziert als aromatische; die Ausbeuten sind z. Tl. sehr gut[4].

Bis-[4-methyl-piperazino]-aluminiumhydrid reduziert Carbonsäure-ester ähnlich den entsprechenden Carbonsäuren (s. S. 146) auch im Überschuß selektiv zu Aldehyden. Mit zwei Mol-Äquivalenten erhält man u.a. (THF, 6 Stdn., 66°) aus[5]:

$H_{11}C_5-COOC_2H_5$	$\rightarrow$ *Hexanal*	78% d. Th.
$H_{31}C_{15}-COOC_2H_5$	$\rightarrow$ *Hexadecanal*	80% d. Th.
$H_5C_6-COOCH_3$	$\rightarrow$ *Benzaldehyd*	72% d. Th.
$H_5C_6-CH_2-CH_2-COOCH_3$	$\rightarrow$ *3-Phenyl-propanal*	76% d. Th.

Die als Zwischenprodukte gebildeten Halbacetale sind nur in wenigen Fällen isolierbar. Z.B. bildet Difluor-nitro-essigsäure-isopropylester mit Natriumboranat in 1,2-Dimethoxy-äthan das durch die stark elektronenanziehenden Substituenten stabilisierte Halbacetal[6]:

$$O_2N-CF_2-CO-O-CH(CH_3)_2 \xrightarrow{\ Na[BH_4]\ } O_2N-CF_2-\overset{\overset{\displaystyle OH}{|}}{C}H-O-CH(CH_3)_2$$

Difluor-nitro-acetaldehyd-isopropyl-halbacetal[6]: Unter Rühren gibt man zu einer Suspension von 4 g (0,107 Mol) Natriumboranat in 80 *ml* 1,2-Dimethoxy-äthan bei 20–25° innerhalb 10 Min. 21,96 g (0,12 Mol) Difluor-nitro-essigsäure-isopropylester. Man rührt weitere 30 Min., gießt das Gemisch in 100 *ml* Eiswasser und extrahiert 2mal mit 75 *ml* Diäthyläther. Die Äther-Lösung wird mit Magnesiumsulfat getrocknet, eingedampft und der Rückstand i. Vak. destilliert; Ausbeute: 9,95 g (45% d. Th.); Kp$_{32}$: 60–62°.

In wäßr. Lösung erhält man dagegen *2,2-Difluor-2-nitro-äthanol* (s. S. 211).

Die Carbonsäure-Methansulfonsäure-diester vicinaler Diole, zweckmäßig von *meso*-Butandiol-(2,3), werden durch Natriumboranat in Pyridin reduktiv zu den 1,3-Dioxolanen cyclisiert, die sich zu den Aldehyden verseifen lassen[7]:

Auch die Acyl-malonsäure-diester werden mit Natriumboranat in Methanol zunächst durch die infolge Ester-Spaltung entstehenden Carbonsäure-methylester zu Aldehyden reduziert[8]:

---

[1] J. Vit, Eastman Organic Chemical Bulletin **42**, Nr. 3, 6 (1970); C.A. **74**, 99073 (1971).
   R. Kanazawa u. T. Tokoroyama, Synthesis **1976**, 526.
[2] L. I. Žakharkin u. I. M. Khorlina, Tetrahedron Letters **1962**, Nr. 14, 619; Izv. Akad. SSSR **1962**, 538; **1963**, 316; C.A. **57**, 14924 (1962).
   L. I. Žakharkin u. L. P. Sorokina, Ž. obšč. Chim. **37**, 561 (1967); engl.: 558.
[3] C. Szántay, L. Töke u. P. Kolonits, J. Org. Chem. **31**, 1447 (1966).
   P. Duhamel, L. Duhamel u. P. Siret, C.r. **270**, 1750 (1970).
[4] L. I. Žakharkin u. I. M. Khorlina, Izv. Akad. SSSR **1963**, 316; dort zahlreiche Beispiele.
[5] M. Muraki u. T. Mukaiyama, Chemistry Letters **1975**, 215.
[6] M. E. Hill u. L. O. Ross, J. Org. Chem. **32**, 2595 (1967).
[7] M. R. Johnson u. B. Rickborn, Org. Synth. **51**, 11 (1971).
[8] H. Muxfeldt, W. Rogalski u. G. Klauenberg, B. **98**, 3040 (1965).

$$R{-}CO{-}CH(COOC_2H_5)_2 \xrightarrow[-H_2C(COOC_2H_5)_2]{Na[BH_4]/H_3COH} R{-}COOCH_3 \xrightarrow{Na[BH_4]} R{-}CHO$$

Diese Reaktion eignet sich gut zur Überführung von Carbonsäuren in Aldehyde, da aus den Kohlensäure-Carbonsäure-anhydriden und Magnesium-malonsäure-diester die Acyl-malonsäure-diester einfach zugänglich sind[1, 2]:

Die Reaktion wird mit 3 Mol-Äquivalenten Natriumboranat durchgeführt (mit 1,5 Mol-Äquivalenten erhält man Carbonsäure-methylester, mit 11,5 Mol-Äquivalenten Alkohole; s. a. S. 196). (2-Chlor-benzoyl)-malonsäure-diäthylester wird nicht angegriffen[1].

Aldehyde durch reduktive Spaltung von Acyl-malonsäure-diäthylestern mit Natriumboranat; allgemeine Arbeitsvorschrift[1]: Man löst 3 g Acyl-malonsäure-diäthylester in 75 ml Methanol, kühlt die Lösung auf −5° und versetzt sie unter Rühren innerhalb 20 Min. mit 3 Mol-Äquivalenten Natriumboranat. Dann wird die Lösung 30 Min. bei −5° gerührt, mit verd. Salzsäure angesäuert, mit Wasser verdünnt und mit Benzol/Diäthyläther (1 : 1) extrahiert. Den über Natriumsulfat getrockneten Extrakt dampft man i. Vak. ein und chromatographiert die benzolische Lösung des Rückstandes an Kieselgel.

Mit dieser Methode erhält man u. a.

Dodecanal (2,4-Dinitro-phenylhydrazon)	81% d. Th.	F: 105–106°
4-Nitro-benzaldehyd	85% d. Th.	F: 105–107°
2-Formyl-naphthalin (Semicarbazon)	79% d. Th.	F: 235–240°
4-Formyl-azobenzol	79% d. Th.	F: 121–122°

Bei der Reduktion von Oxo-carbonsäureestern mit Natriumboranat werden unter geeigneten Bedingungen semicyclische Acetale gebildet[3]:

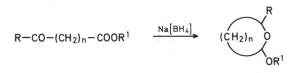

$$R{-}CO{-}(CH_2)_n{-}COOR^1 \xrightarrow{Na[BH_4]}$$

ii₂) zu Alkoholen

Die präparativ bedeutende Reduktion von Carbonsäure-estern zu Alkoholen mit Hydriden verläuft gut und ohne Nebenreaktionen auch in den Fällen, wo die klassischen Methoden (metallisches Natrium in Alkohol nach Bouveault-Blanc, katalytische Druckhydrierung) versagen, z.B. bei Halogen-, Hydroxy-, Nitro- und Amino-carbonsäure-estern, bei Polyen-carbonsäure-estern und bei enolisierbaren Carbonsäure-estern.

Die Aluminiumhydride sind zu den Reduktionen allgemeiner anwendbar, doch weniger selektiv, die Borhydride, hauptsächlich Natrium- und Kalium-boranat, beschränkter anwendbar, obgleich viel selektiver und einfacher zu handhaben.

Auch bei der Reaktion nicht-enolisierbarer Carbonsäure-ester mit Natriumhydrid in protonenfreien polaren Lösungsmitteln werden Alkohole gebildet[4].

Einfache und komplexe Aluminiumhydride reduzieren Carbonsäure-ester meist zu den Alkoholen (s. Tab. 17, S. 190f.). Die Reduktionen werden in wasserfreien Äthern oder Kohlenwasserstoffen unter Feuchtigkeitsausschluß in einer inerten Atmosphäre durchgeführt.

[1] H. Muxfeld, W. Rogalski u. G. Klauenberg, B. **98**, 3040 (1965).
[2] D. S. Tarbell u. J. R. Price, J. Org. Chem. **21**, 144 (1956); **22**, 245 (1957).
[3] E. C. Pesterfield u. D. M. S. Whheeler, J. Org. Chem. **30**, 1513 (1965).
[4] P. Caubere u. J. Moreau, Bl. **1971**, 3276.

Die Organo-zinnhydride sind zur selektiven Reduktion von Halogen- und ungesättigten Carbonsäure-estern unter Erhaltung der Alkoxycarbonyl-Gruppe anwendbar. Bei Propiolsäure-estern ist die Methode weniger anwendbar, da keine einheitlichen Hydrostannierungsprodukte erhalten werden[1]. Auch mit komplexen Kupfer(I)-hydriden kann die konjugierte Doppelbindung in ungesättigten Estern selektiv reduziert werden[2]. Zur selektiven Reduktion von C=C-Doppelbindungen in ungesättigten Carbonsäure-estern mit Alkyl-boranen s.S. 81.

Die lange für Ester-Reduktionen für ungeeignet gehaltenen Hydride[3] Natrium- und Kaliumboranat haben gegenüber Aluminiumhydriden, besonders bei größeren Ansätzen, den Vorteil, daß sie in wäßriger oder alkoholischer Lösung ohne besondere Vorsichtsmaßnahmen verwendet werden können.

Folgende Faktoren erhöhen die Reduzierbarkeit mit Natrium- und Kaliumboranat:

① Elektronenanziehende Substituenten in α-Stellung der Carbonsäure-Komponente in der Reihenfolge[4, 5]:

$$NO_2 > CN > F > Cl > Br > J > OR > OH > NH—CO—R > NH—R > NH_2$$

② Komplexbildende Funktionen der Carbonsäure-Komponente (Hydroxy-, Amino-, Oxo-Gruppen, stickstoffhaltige heteroaromatische Ringe), die eine intramolekulare Reduktion der Alkoxycarbonyl-Gruppe ermöglichen[4, 6].
③ Eine elektronegative Gruppe z.B. eine Trifluor-äthyl-Gruppe in der Alkohol-Komponente des Ester[7].
④ Ein sehr großer (20 facher) Überschuß an Reduktionsmittel[8].
⑤ Ein alkoholisches Medium, worin die Möglichkeit der Bildung von Alkoxy-borhydriden mit höherem Reduktionsvermögen besteht[6].
⑥ Höhere Reaktionstemp. und längere Reaktionsdauer[5, 8].

Bei obigen Reaktionsbedingungen werden auch Benzoesäure-, Phenyl-essigsäure- und 3-Phenyl-propansäure-ester mit guten Ausbeuten zu den entsprechenden Alkoholen reduziert[5, 8]. Die mit der Alkoxy-carbonyl-Gruppe konjugierte C=C-Doppelbindung reagiert mit Natriumboranat in den Verbindungen obigen Typs unter 1,4-Addition meist schneller als die Ester-Gruppe[8, 9] (s.S. 206).

Die Reduktion mit Lithiumboranat wird in Äthanol bei $-10°$, oder zweckmäßiger in THF bzw. Bis-[2-methoxy-äthyl]-äther bei höheren Temp. durchgeführt. Statt Lithiumboranat ist auch ein Gemisch von Natrium- oder Kaliumboranat mit einem Lithiumhalogenid in diesen Lösungsmitteln anwendbar[9-11]. Carboxy- (s.S. 200), Aminocarbonyl-[12], Lactam-[13], Nitril-[12], Epoxy[14], Nitro-[9] und Halogen-Gruppen[10] reagieren nur langsam oder gar nicht mit Lithiumboranat, so daß mit diesen Gruppen substituierte Carbonsäu-

[1] A. J. Leusink et al., R. **84**, 567 (1965).
[2] R. K. Boeckman u. R. Michalak, Am. Soc. **96**, 1623 (1974).
[3] S. W. Chaikin u. W. G. Brown, Am. Soc. **71**, 122 (1949).
  H. C. Brown, E. J. Mead u. B. C. Subba Rao, Am. Soc. **77**, 6209 (1955).
[4] E. Schenker, Ang. Chem. **73**, 81 (1961).
  E. Schenker, *Anwendung von komplexen Borhydriden und von Diboran in der organischen Chemie*, in W. Foerst, *Neuere Methoden der präparativen organischen Chemie*, Band. IV, S. 173, Verlag Chemie, Weinheim/Bergstr. 1966.
[5] H. Seki, K. Koga u. S. Yamada, Chem. Pharm. Bull. (Tokyo) **15**, 1948 (1967).
[6] E. C. Pesterfield u. D. M. S. Wheeler, J. Org. Chem. **30**, 1513 (1965).
[7] S. Takahashi u. L. A. Cohen, J. Org. Chem. **35**, 1505 (1970).
[8] M. S. Brown u. H. Rapoport, J. Org. Chem. **28**, 3261 (1963).
[9] J. Kollonitsch, O. Fuchs u. V. Gabor, Nature **173**, 125 (1954).
[10] H. C. Brown, E. J. Mead u. B. C. Subba Rao, Am. Soc. **77**, 6209 (1955).
[11] R. Paul u. N. Joseph, Bl. **1952**, 550; **1953**, 758.
[12] L. Berlinguet, Canad. J. Chem. **33**, 1119 (1955).
[13] F. Bohlmann et al., Tetrahedron **19**, 195 (1963).
  A. W. Burgstahler u. Z. J. Bithos, Am. Soc. **82**, 5466 (1960).
[14] D. C. Bishop u. W. R. N. Williamson, Soc. [C] **1967**, 1827.

reester selektiv reduzierbar sind. Da es Peptid-Bindungen nicht angreift, hat es für die Endgruppenbestimmung in Peptiden Interesse gefunden[1]. Ein Nachteil von Lithiumboranat ist die Bildung oft schwer hydrolysierbarer Komplexe.

iii₁) von Monocarbonsäure-estern

Lithiumalanat reduziert Monocarbonsäure-ester unter Verbrauch von zwei Hydrid-Äquivalenten zu Alkoholen[2]:

$$2\,R\text{—}COOR^1 \;+\; Li[AlH_4] \longrightarrow Li[(R\text{—}CH_2\text{—}O)_2 Al(O\text{—}R^1)_2]$$

$$\xrightarrow{4\,H_2O} 2\,R\text{—}CH_2\text{—}OH \;+\; 2\,R^1\text{—}OH \;+\; Li[Al(OH)_4]$$

Besonders gut eignet sich als Reduktionsmedium THF, in dem die Reaktionen bei 0° in ~ 30 Min. quantitativ ablaufen[3] (Arbeitsvorschriften s. S. 201 f., 207 ff., sowie Lit.[4]). Substituierte Benzylalkohole lassen sich mit sehr hohen Ausbeuten in Diäthyläther herstellen[5] (Arbeitsvorschrift analog der Reduktion von Carbonsäure-chloriden s. S. 186).

Da bei der Reduktion von Carbonsäure-estern mit Lithiumalanat die Alkohol-Komponente der Alkoxycarbonyl-Gruppe zurückgewonnen wird, kann diese Methode zur reduktiven Verseifung solcher Ester eingesetzt werden, die sich i. a. bei anderen Verseifungsmethoden zersetzen oder racemisieren[6].

Mit Lithium-tetradeuterido-aluminat und Lithium-tetratritierido-aluminat werden aus Monocarbonsäure-estern markierte Alkohole gewonnen[7] (Herstellungsvorschrift s. ds. Handb., Bd. V/1 a, S. 621).

3-Phenyl-propanol[8]: Unter Rühren wird zu einer Lösung von 1,62 g (0,03 Mol) Natriumalanat in 80 *ml* abs. THF unter Stickstoff innerhalb 15 Min. eine Lösung von 8,21 g (0,05 Mol) 3-Phenyl-propansäure-methylester in 50 *ml* abs. THF getropft. Man kocht 1,5 Stdn. unter Rückfluß, versetzt mit 5 *ml* Wasser, destilliert das Lösungsmittel i. Vak. ab, säuert den Rückstand mit 25 *ml* 20%iger Schwefelsäure an, extrahiert 16 Stdn. kontinuierlich mit Diäthyläther, wäscht die Äther-Lösung 3mal mit 10 *ml* 10%iger Natriumcarbonat-Lösung, trocknet mit Magnesiumsulfat und destilliert den Diäthyläther ab; Ausbeute: 6,52 g (95,7% d. Th.); Kp₁₄: 116,5°.

---

[1] J. L. BAILEY, Biochem. J. **60**, 170, 173 (1955).
    J. C. CRAWHALL u. D. F. ELLIOTT, Nature **175**, 299 (1955); Biochem. J. **61**, 264 (1955).
    W. GRASSMANN, H. HÖRMANN u. H. ENDERS, B. **86**, 1477 (1953); **88**, 102 (1955).
    W. GRASSMANN, H. ENDERS u. A. STEBER, Z. Naturf. **9 b**, 513 (1954).
    H. HÖRMANN et al., B. **89**, 933 (1956).
    D. M. MEYER u. M. JUTISZ, Bl. **1957**, 1211.
    D. L. SWALLOW u. E. P. ABRAHAM, Biochem. J. **72**, 327 (1959).
[2] R. F. NYSTROM u. W. G. BROWN, Am. Soc. **69**, 1197 (1947).
[3] H. C. BROWN, P. M. WEISSMAN u. N. M. YOON, Am. Soc. **88**, 1458 (1966).
[4] R. B. MOFFETT, Org. Synth. Coll. Vol, IV, 834 (1963).
    J. E. MCMURRY, Org. Synth. **53**, 70 (1973).
[5] B. O. FIELD u. J. GRUNDY, Soc. **1955**, 1110.
[6] J. ENGLISH u. V. LAMBERTI, Am. Soc. **74**, 1909 (1952).
    W. STUMPF u. G. RUMPF, A. **599**, 59 (1956).
    H. L. HERZOG et al., J. Org. Chem. **22**, 1416 (1957).
    H. L. GOERING u. R. E. DILGREN, Am. Soc. **81**, 2560 (1959).
[7] J. K. KICE u. F. M. PARHAM, Am. Soc. **82**, 6174 (1960).
    V. FRANZEN, H. J. SCHMIDT u. C. MERTZ, B. **94**, 2942 (1961).
    L. KAPLAN, Am. Soc. **76**, 4647 (1954).
[8] J. PŘÍHA, S. HEŘMANEK u. J. VIT, Collect. czech. chem. Commun. **25**, 736 (1960).

Analog erhält man u.a. aus den entsprechenden Methylestern

2,2,2-Triphenyl-äthanol[1]	93% d.Th.	F: 102,5–104°
3,3-Diphenyl-propanol[1]	95% d.Th.	Kp₁: 144–146°
1,3,5,7-Tetrakis-[hydroxymethyl]-adamantan[2]	87,2% d.Th.	F: 231–232°

bzw. aus Benzoesäure-äthylester *Benzylalkohol* (91% d.Th.; Kp: 205–207°)[3].

Bei der Reduktion von Phenylessigsäure-methylester in Tetrahydrofuran wird neben 74% d.Th. *2-Phenyl-äthanol* auch wenig 2,4-Diphenyl-butandiol-(1,3) erhalten (s.a.S. 148)[1].

Zur Reduktion kann auch eine Suspension von Natrium-[4] oder Lithiumalanat (s.S. 207)[4,5] in Kohlenwasserstoffen verwendet werden.

Hexanol[4]: Unter kräftigem Rühren wird zu einer Suspension von 3,1 g (0,058 Mol) Natriumalanat in 80 *ml* abs. Hexan unter Stickstoff bei 20° 13 g (0,1 Mol) Hexansäure-methylester eingetropft. Die Zugabe wird so geregelt, daß die Innentemp. auf 30–40° steigt. Man rührt 30 Min., kühlt ab, versetzt mit Wasser und mit 100 *ml* 10%iger Schwefelsäure, trennt die wäßr. Phase ab, extrahiert sie mit 3 mal 50 *ml* Diäthyläther, trocknet, dampft die vereinigten Solventien ab und destilliert den Rückstand; Ausbeute: 9,2 g (90% d.Th.); Kp₇₄₅: 157–157,5°.

Natrium-bis-[2-methoxy-äthoxy]-dihydrido-aluminat reduziert Carbonsäure-ester in siedendem Benzol meist in einigen Minuten zu Alkoholen[6].

Oft wird ein Reduktionsmittel-Überschuß von 10–20%, bei schwer reduzierbaren Verbindungen (Hydroxy- und Amino-benzoesäure-estern) entsprechend mehr benötigt (s.S. 170f.). So erhält man z.B. aus Nicotinsäure (inverse Zugabe) 82% d.Th. *3-Hydroxymethyl-pyridin*[6] bzw. aus Dodecansäure 98% d.Th. *Dodecanol*[6].

Zur Reduktion von Carbonsäure-estern mit Dialkyl-aluminiumhydriden zu Alkoholen s.ds. Handb., Bd. XIII/4, S. 217ff.

Carbonsäure-ester werden mit drei Mol-Äquivalenten Natriumboranat (20 Stdn. in siedendem THF) in Gegenwart von vier Mol-Äquiv. Äthandithiol-(1,2) zu den Alkoholen reduziert[7].

Analog lassen sich Carbonsäure-ester mit 1,5- Mol-Äquiv. Natriumboranat in Gegenwart von 1 Mol-Äquiv. Benzanilid in 2-Methyl-pyridin bei 100° in 5–6 Stdn. zu Alkoholen reduzieren[8] [z.B. Herstellung von *Octanol* (74% d.Th.), *Nonanol* (87% d.Th.) und *4-Cyano-benzylalkohol* (89% d.Th.)].

Die Reduktion heterocyclischer Carbonsäure-ester wurde bis jetzt nur wenig untersucht. Kernständige Carbonsäure-ester der Pyridin-Reihe ergeben mit einem größeren Reduktionsmittel-Überschuß meist in guten Ausbeuten die entsprechenden Carbinole, während in Isochinolinen zusätzlich auch der Heteroring reduziert werden kann, was bei Chinolinen oft zur Hauptreaktion wird (s.S. 86)[9].

Auch Lithiumboranat kann für Reduktion von Alkoxycarbonyl-heteroarenen eingesetzt werden, so z.B. zur Herstellung von *4-Hydroxymethyl-2,4'-bi-1,3-thiazolyl* (80% d.Th.; F: 155–158°) aus dem entsprechenden Methylester[10].

---

[1] J. Piťha, S. Heřmanek u. J. Vit, Collect. czech. chem. Commun. **25**, 736 (1960).

[2] S. Landa u. Z. Kamýček, Collect. czech. Chem. Commun. **24**, 4004 (1959).

[3] A. E. Finholt et al., Am. Soc. **77**, 4163 (1955).

[4] L. I. Žakharkin, D. N. Maslin u. V. V. Gavrilenko, Izv. Akad. SSSR **1964**, 561.

[5] E. I. Snyder, J. Org. Chem. **32**, 3531 (1967).

[6] M. Černy et al., Collect. czech. chem. Commun. **34**, 1025 (1969).

[7] Y. Maki et al., Tetrahedron Letters **1975**, 3295.

[8] Y. Kikugawa, Chemistry Letters **1975**, 1029.

[9] R. C. Elderfield u. B. A. Fischer, J. Org. Chem. **23**, 949 (1958).

M. S. Brown u. H. Rapoport, J. Org. Chem. **28**, 3261 (1963).

J. L. Wong, M. S. Brown u. H. Rapoport, J. Org. Chem. **30**, 2398 (1965).

Y. Kikugawa et al., Chem. Pharm. Bull. (Tokyo) **21**, 1914, 1927 (1973).

[10] P. Brookes et al., Soc. **1960**, 925.

Natriumboranat/Aluminiumchlorid reduzieren Carbonsäure-ester selektiv zu Alkoholen. Die Reduktion verläuft mit einem 25%igen Hydrid-Überschuß bei 75° in 1 Stde., mit einem 100%igen Überschuß bei 25° in 3 Stdn. quantitativ ab[1]. Die selektiven Reduktionen können auch in komplizierten Strukturen durchgeführt werden[2] (s. a. S. 211, 214).

Octadecanol[1]: Unter Rühren wird zu einer Lösung von 8,5 g (0,25 Mol) Natriumboranat in 250 *ml* abs. Bis-[2-methoxy-äthyl]-äther unter Stickstoff 125 g (0,4 Mol) Octadecansäure-äthylester und danach 42 *ml* einer 2 m Aluminiumchlorid-Lösung (0,084 Mol) in abs. Bis-[2-methoxy-äthyl]-äther gegeben, wobei man die Innentemp. unter 50° hält. Dann wird das Gemisch noch 1 Stde. bei 20° gerührt und 1 Stde. am Dampfbad erhitzt. Man kühlt ab, gießt auf eine Mischung von 500 g Eis und 50 *ml* konz. Salzsäure, saugt den Niederschlag ab, wäscht mit Eiswasser aus, trocknet und kristallisiert aus wäßr. Äthanol um; Ausbeute: 98,2 g (91% d. Th.); F: 58–59°.

Carbonsäureester mit Donor-Atomen fangen das intermediär entstehende Diboran ab und lassen sich dann nur schwer reduzieren, z. B. 4-Äthoxycarbonyl-pyridin[3].

Zur Reduktion mit Natriumboranat/Gallium(III)-, Titan(IV)- oder Zinn(IV)-chlorid in Bis-[2-methoxy-äthyl]-äther bei 75°[4] bzw. mit Natriumboranat/Tellur(IV)- oder Thallium(IV)-chlorid bei 25° s. Lit.[5].

iii₂) von Dicarbonsäure-mono- und diestern, deren Salzen und -amiden

Dicarbonsäure-monoester können in einigen speziellen Fällen (z. B. bei Phthalsäure-monoestern) mit Lithiumalanat selektiv an der Ester-Funktion zu Lactonen reduziert werden. Ist eine Lacton-Bildung nicht möglich, so muß die freie Carboxy-Gruppe geschützt werden (als cyclische Carbonsäure-ester-imide, s. S. 204 f.). Zur Reduktion von Lactonen s. S. 224. So erhält man z. B. aus 3-Chlor-phthalsäure-1-methylester (auch aus 3-Chlor-phthalsäure) mit einem 100%igen Überschuß Reduktionsmittel mit guten Ausbeuten (80 bzw. 70% d. Th.) selektiv *7-Chlor-phthalid*[6] (erst unter extremen Bedingungen und in Gegenwart von 5 Molen Alanat wird das Diol erhalten):

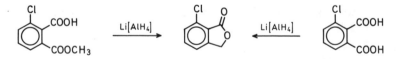

Dagegen wird 3-Chlor-phthalsäure-2-methylester zu *3-Chlor-1,2-bis-[hydroxymethyl]-benzol* (85% d. Th.) reduziert.

Phthalsäure-monomethylester läßt sich nur unter kontrollierten Bedingungen, in der Kälte, bei inverser Zugabe des Reduktionsmittels und nur in THF zu *Phthalid* reduzieren. Das Reduktionsprodukt wird vor der Isolierung zweckmäßig mit Salzsäure lactonisiert[6, 7].

Phthalid[7]: Unter kräftigem Rühren wird eine Lösung von 18 g (0,1 Mol) Phthalsäure-monomethylester in 250 *ml* trockenem THF bei −30° unter Stickstoff zu 75 *ml* (0,075 Mol) einer 1 m äther. Lithiumalanat-Lösung getropft. Man setzt wenig Essigsäure-äthylester, 100 *ml* Wasser und 150 *ml* 10%ige Schwefelsäure zu, extrahiert mit Diäthyläther, trocknet die Äther-Phase und destilliert den Äther ab. Der Rückstand wird 1 Stde. mit 50 *ml* 20%iger Natriumhydroxid-Lösung gekocht, die Lösung mit Äther ausgeschüttelt, filtriert, mit konz. Salzsäure angesäuert, 1 Stde. gekocht und abgekühlt. Es scheiden sich blaßgelbe Kristalle aus; Ausbeute: 9,62 g (72% d. Th.); F: 58–65°; aus Wasser umkristallisiert, F: 71,5–73°.

[1] H. C. BROWN u. B. C. SUBBA RAO, Am. Soc. **77**, 3164 (1955); **78**, 2582 (1956).
[2] K. KOEHLER et al., Am. Soc. **80**, 5779 (1958).
   J. DEGRAW et al., J. Org. Chem. **24**, 1632 (1959).
[3] J. A. BIGOT, T. J. DE BOER u. F. L. J. SIXMA, R. **76**, 996 (1957).
[4] H. C. BROWN u. B. C. SUBBA RAO, Am. Soc. **78**, 2582 (1956).
[5] B. C. SUBBA RAO u. G. P. THAKAR, J. sci. Ind. Research (India) **20**[B], 317 (1961).
[6] G. PAPINEAU-COUTURE, E. M. RICHARDSON u. G. A. GRANT, Canad. J. Res. **27 B**, 902 (1949).
[7] E. L. ELIEL et al., Am. Soc. **77**, 5092 (1955).

Analog erhält man aus 3-Acetoxy-phthalsäure-2-methylester mit 0,13 Mol Lithiumalanat *4-Hydroxy-phthalid* (68% d. Th.; F: 252–254°).

Auch die selektive Reduktion von Lacton-carbonsäuren unter Erhalt der Carboxy-Gruppe mit Lithiumalanat ist möglich, obgleich meist Triole gebildet werden[1].

Zur selektiven Reduktion von Ester-Gruppen neben Carboxy-Gruppen sind komplexe Borhydride am besten geeignet, da sie die Carboxy-Gruppen nur sehr langsam reduzieren[2]. Natriumboranat kann dabei allerdings nur bei Zucker-Derivaten eingesetzt werden[3]; so erhält man z. B. aus 3-O-Methyluronido-β-D-glucopyranosyl)-2-amino-2-desoxy-D-gluconsäure *3-O-β-D-Glucopyranosyl-2-amino-2-desoxy-D-gluconsäure*.

Besser geeignet ist Lithiumboranat, das z. B. Pentadecandisäure-monoäthylester in THF zu *15-Hydroxy-pentadecansäure* reduziert[4, 5]:

$$\text{HOOC–(CH}_2)_{13}\text{–COOC}_2\text{H}_5 \quad \xrightarrow{\text{Li[BH}_4]} \quad \text{HOOC–(CH}_2)_{13}\text{–CH}_2\text{OH}$$

threo-9,10-Dihydroxy-octadecandisäure-monomethylester wird zu *threo-9,10,18-Tri-hydroxy-octadecansäure* (F: 104°)[6] reduziert:

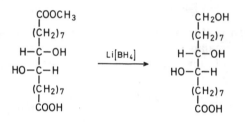

und aus *erythro*-9,10-Dihydroxy-octadecandisäure-monomethylester wird *erythro-9,10,18-Trihydroxy-octadecansäure* (F: 133°) erhalten[6].

Stehen die Carboxy- und Alkoxycarbonyl-Gruppe günstig zu einander, so werden Lactone erhalten; z. B.[4]:

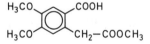 Li[BH$_4$] / (H$_3$CO–CH$_2$–CH$_2$)$_2$O $\longrightarrow$

6,7-Dimethoxy-1-oxo-3,4-dihydro-1H-⟨benzo-[c]-pyran⟩;
87% d. Th.; F: 140–141°

[1] J. STRUMZA u. D. GINSBURG, Soc. **1961**, 1514.
[2] S. W. CHAIKIN u. W. G. BROWN, Am. Soc. **71**, 122 (1949).
  P. A. J. GORIN u. A. S. PERLIN, Canad. J. Chem. **34**, 693 (1956).
  R. F. NYSTROM, S. W. CHAIKIN u. W. G. BROWN, Am. Soc. **71**, 3245 (1949).
  Auch Natriumboranat/Zinn (IV)-chlorid ist geeignet.
  S. KANO, Y. YUASA u. S. SHIBUYA, Chem. Commun. **1979**, 796.
  S. KANO et al., Synthesis **1980**, 695.
[3] B. WEISSMANN u. K. MEYER, Am. Soc. **76**, 1753 (1954).
[4] R. F. NYSTROM, S. W. CHAIKIN u. W. G. BROWN, Am. Soc. **71**, 3245 (1949).
  R. PAUL u. N. JOSEPH, Bl. **1952**, 550; **1953**, 758.
  J. KOLLONITSCH, O. FUCHS u. V. GABOR, Nature **173**, 125 (1954).
  H. C. BROWN, E. J. MEAD u. B. C. SUBBA RAO, Am. Soc. **77**, 6209 (1955).
[5] B. B. GHATGE et al., Chem. & Ind. **1960**, 1334.
[6] E. SEOANE, I. RIBAS u. G. FRANCHINO, Chem. & Ind. **1957**, 490.

Ähnliche Eigenschaften wie Lithiumboranat besitzt auch Natrium-trimethoxy-hydrido-borat[1], mit dem z.B. bei 4α,9β-Dimethyl-8β-carboxymethyl-4β,7α-dimethoxycarbonyl-dekalin in 1,2-Dimethoxy-äthan bei 85° die sekundäre Methoxycarbonyl-Gruppe selektiv unter Bildung von *4α,9β-Dimethyl-7α-hydroxymethyl-8β-carboxymethyl-4β-methoxycarbonyl-dekalin* (98% d.Th.) reduziert wird[2]:

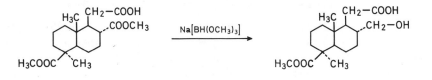

4α,9β-Dimethyl-7α-hydroxymethyl-8β-carboxymethyl-4β-methoxycarbonyl-dekalin[2]: Man tropft eine Lösung von 0,5 g (1,47 mMol) 4α,9β-Dimethyl-8β-carboxymethyl-4β,7α-dimethoxycarbonyl-dekalin in 50 *ml* 1,2-Dimethoxy-äthan unter Stickstoff und Rühren zu einer Lösung von 2,25 g (5,85 mMol) Natrium-trimethoxy-hydrido-borat in 50 *ml* 1,2-Dimethoxy-äthan. Die Mischung wird 75 Min. unter Rückfluß erhitzt, abgekühlt, in Eiswasser gegossen, mit 2 n Schwefelsäure angesäuert und mit Benzol extrahiert. Man wäscht die Benzol-Lösung mit Wasser aus, trocknet und dampft i. Vak. ein; Ausbeute: 0,45 g (98% d.Th.).

Nach Umkristallisieren aus Hexan/Essigsäure-äthylester wird das δ-Lacton gebildet; F: 136–137°.

Aus den Natriumsalzen der Dicarbonsäure-monoester können mit Natriumboranat/Aluminiumchlorid je nach Wahl der Reaktionsbedingungen Diole[3] bzw. Hydroxy-carbonsäuren[4] erhalten werden.

Dicarbonsäure-diester werden durch Lithiumalanat normalerweise zu Diolen reduziert[5] (Arbeitsvorschrift s.ds. Handb., Bd. V/1c, S. 256). Mit Lithium-tetradeuterido-aluminat erhält man deuterierte Diole[6].

Auch eine selektive Reduktion zu Hydroxy-carbonsäureestern[7] oder Lactonen[8] ist möglich; z.B.[7]:

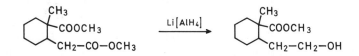

(Z)-1-Methyl-2-(2-hydroxy-äthyl)-cyclohexan-1-carbonsäure-methylester[7]: Zu einer Lösung von 0,15 g (4 mMol) Lithiumalanat in 15 *ml* abs. Diäthyläther wird unter Rühren bei −60° unter Stickstoff eine Lösung von 1,8 g (7,9 mMol) (Z)-1-Methyl-2-methoxycarbonylmethyl-cyclohexan-1-carbonsäure-methylester in 10 *ml* abs. Diäthyläther getropft. Man rührt 5 Stdn. bei −60°, läßt 3 Stdn. bei 20° stehen, säuert vorsichtig an, wäscht mit ges. Natriumchlorid-Lösung, trocknet, dampft ein und destilliert den Rückstand; Ausbeute: 0,83 g (53% d.Th.); Kp$_{0,4}$: 70–80°.

[1] H. C. BROWN u. E. J. MEAD, Am. Soc. **75**, 6263 (1953).
[2] R. A. BELL u. M. B. GRAVESTOCK, Canad. J. Chem. **47**, 2099 (1969).
[3] H. C. BROWN u. B. C. SUBBA RAO, Am. Soc. **78**, 2582 (1956).
[4] A. BURGER u. A. HOFSTETTER, J. Org. Chem. **24**, 1290 (1959).
[5] A. C. COPE u. A. FOURNIER, Am. Soc. **79**, 3896 (1957).
R. K. SUMMERBELL u. G. J. LESTINA, Am. Soc. **79**, 3878 (1957).
J. V. ČERNY u. J. HORA, Collect. czech. chem. Commun. **25**, 711 (1960).
E. BUCHTA u. W. THEUER, A. **666**, 81 (1963).
A. STEPHEN u. F. WESSELY, M. **98**, 184 (1967).
W. S. LINDSAY et al., Am. Soc. **83**, 943 (1961).
[6] A. STREITWIESER, Am. Soc. **77**, 195 (1955).
H. O. HOUSE, R. C. CORD u. H. S. RAO, J. Org. Chem. **21**, 1487 (1956).
[7] W. E. BACHMANN u. A. S. DREIDING, Am. Soc. **71**, 3222 (1949).
[8] B. VAN DER WAL, T. H. DE BOER u. H. O. HUISMAN, R. **80**, 228 (1961).

Eine vorteilhafte Methode zur Herstellung von Diolen ist die Reduktion von Dicarbonsäure-diestern mit Natrium- oder Lithiumalanat in einem Kohlenwasserstoff[1].

1,2-Bis-[hydroxymethyl]-benzol[1]: Unter Rühren werden zu einer Suspension von 2,16 g (0,04 Mol) Natriumalanat in 80 ml Xylol unter Stickstoff innerhalb 15 Min. bei 90–100° 9,6 g (0,0346 Mol) Phthalsäure-bis-[2-methyl-propyl]-ester getropft. Man kocht 2 Stdn. unter Rückfluß, kühlt ab, versetzt mit Wasser und verd. Schwefelsäure und extrahiert 12 Stdn. kontinuierlich mit 250 ml Diäthyläther. Nach Trocknen wird das Solvens abgedampft und der Rückstand aus Petroläther kristallisiert; Ausbeute: 3,7 g (78% d. Th.); F: 63,5°.

Analog erhält man aus Decandisäure-dimethylester in Heptan *Decandiol-(1,10)* (84% d. Th.) und aus Hexandisäure-dibutylester in Hexan mit Lithiumalanat *Hexandiol-(1,6)* (79% d. Th.)[1].

Nicht enolisierbare disubstituierte Malonsäure-diester ergeben mit Lithiumalanat 2,2-disubstituierte 1,3-Propandiole; z.B.[2]:

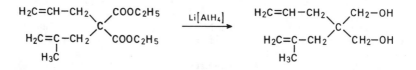

2-Allyl-2-(2-methyl-allyl)-propandiol-(1,3)[2]: Unter Rühren wird zu einer Lösung von 22,5 g (0,59 Mol) Lithiumalanat in 554 ml abs. Diäthyläther unter Stickstoff bei 25° innerhalb 3 Stdn. eine Lösung von 100 g (0,4 Mol) Allyl-(2-methyl-allyl)-malonsäure-diäthylester in 246 ml abs. Diäthyläther getropft. Man läßt das Reaktionsgemisch 12 Stdn. bei 20° stehen, versetzt mit einer Mischung von 66 ml Diäthyläther und 27,2 ml Methanol, danach mit 31,2 ml Wasser und 15,6 ml 50%igem Methanol, saugt den Niederschlag ab, wäscht mit Diäthyläther aus, engt das Filtrat ein und destilliert den Rückstand; Ausbeute: 55 g (81,8% d. Th.); Kp_{14-15}: 151–156°.

Analog erhält man z.B.:

2-Methyl-2-(2-methyl-allyl)-propandiol-(1,3)   92,3% d. Th.; Kp_{27-30}: 137–143°
2-Propyl-2-(2-methyl-allyl)-propandiol-(1,3)   87,8% d. Th.; Kp_{15-16}: 151–154°

Auch Bis-[2-methyl-propyl]-aluminiumhydrid reduziert Dicarbonsäureester in Kohlenwasserstoffen zu Diolen[3]. Die mühsame Extraktion kann hier durch Acetylierung des gebildeten Aluminium-alkanolates umgangen werden[4]:

$$R^1OOC-(CH_2)_n-COOR^1 \ + \ 4\,HAIR_2 \ \xrightarrow[-2R^1-OAIR_2]{} \ R_2AIO-(CH_2)_{n+2}-OAIR_2$$

$$\xrightarrow{(H_3C-CO)_2O} \ H_3C-CO-O-(CH_2)_{n+2}-O-OC-CH_3$$

Diole; allgemeine Arbeitsvorschrift[4]: Zu einer Lösung von 2,2 Mol Bis-[2-methyl-propyl]-aluminiumhydrid in 1000 ml abs. Octan läßt man bei 0–5° unter Rühren und unter Argon-Atmosphäre eine Lösung von 0,5 Mol Dicarbonsäure-diester in 400 ml abs. Octan tropfen. Anschließend wird das Gemisch 1 Stde. auf 60–65° erwärmt. Nach dem Abkühlen läßt man das Gemisch in 13,2 Mol siedendes Essigsäureanhydrid eintropfen und kocht dann über Nacht unter Rückfluß. Das dabei entstehende, Keten enthaltende Gas wird in den Abzug geleitet. Das ausgefallene feinkörnige Aluminiumacetat wird abfiltriert und mit wenig trockenem Diäthyläther gewaschen. Das Filtrat wird destilliert. Dabei gehen bei Normaldruck das Lösungsmittel sowie überschüssiges Essigsäureanhydrid und i. Wasserstrahl-Vak. das gewünschte Acetat über.

---

[1] L. I. Žakharkin, D. N. Maslin u. V. V. Gavrilenko, Izv. Akad. SSSR **1964**, 561.
[2] K. Wasson et al., Canad. J. Chem. **39**, 923 (1961).
[3] K. Ziegler, K. Schneider u. J. Schneider, A. **623**, 9 (1959).
  C. V. Greco u. F. Pellegrini, Soc. [Perkin I] **1972**, 720.
[4] S. Warwel, G. Schmitt u. F. Asinger, Synthesis **1971**, 309.

Diese Methode ist auch bei Oxo-carbonsäure-estern anwendbar (s. S. 214 ff.).
Auf diese Weise erhält man u. a. aus

Pentandisäure-dimethylester → *1,5-Diacetoxy-pentan;* 76% d. Th.; Kp_{10}: 115°
Hexandisäure-dimethylester → *1,6-Diacetoxy-hexan;* 81% d. Th.; Kp_{11}: 132–134°
Terephthalsäure-dimethylester → *1,4-Bis-[acetoxymethyl]-benzol;* 83% d. Th.; Kp_9: 172–174°

Obige Arbeitsweise ist auch bei Reduktionen mit Lithiumalanat vorteilhaft[1], besonders zur Isolierung von Diolen, die bei saurer Aufarbeitung cyclisieren (s. a. S. 179)[2].

Polycarbonsäure-polyester werden durch Lithiumalanat in siedendem Tetrahydrofuran zu den entsprechenden Polyolen reduziert[3].

Auch mit Lithiumboranat werden Diole erhalten; z. B. *Decandiol-(1,10)* (aus dem Diäthylester; 60% d. Th.; F: 73–74°)[4].

In Acylamino-malonsäure-diestern wird nur die eine Alkoxycarbonyl-Gruppe reduziert, was z. B. die Synthese von *Serin* ermöglicht[5]:

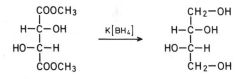

5-Oxo-2-hydroxymethyl-2-äthoxycarbonyl-3-pyridyl-(3)-pyrrolidin[6]: 0,4 g (1,3 mMol) 5-Oxo-2,2-diäthoxycarbonyl-3-pyridyl-(3)-pyrrolin, in 13 *ml* Methanol und 9 *ml* Wasser gelöst, werden unter Eiskühlung und Rühren portionsweise mit 0,5 g (13,2 mMol) Natriumboranat versetzt und 24 Stdn. bei 20° gerührt. Danach wird mit Chloroform ausgeschüttelt, der Auszug getrocknet und i. Vak. eingedampft; Ausbeute: 0,27 g (83% d. Th.); aus Äthanol, Aceton und Petroläther kristallisiert F: 131–133°.

Mit Natriumboranat/Aluminiumchlorid sollen 1,2- und 1,3-Dicarbonsäure-diester selektiv zu Lactonen reduziert[7] werden können; Terephthalsäure-dimethylester wird zu *1,4-Bis-[hydroxymethyl]-benzol* (70% d. Th.; F: 113–115°) reduziert[8].

L-*Threit* kann durch Reduktion mit Kaliumboranat aus dem leicht zugänglichen L-Weinsäure-dimethylester hergestellt werden[9]:

$$
\begin{array}{ccc}
\text{COOCH}_3 & & \text{CH}_2-\text{OH} \\
\text{H}-\text{C}-\text{OH} & \xrightarrow{\text{K[BH}_4]} & \text{H}-\text{C}-\text{OH} \\
\text{HO}-\text{C}-\text{H} & & \text{HO}-\text{C}-\text{H} \\
\text{COOCH}_3 & & \text{CH}_2-\text{OH}
\end{array}
$$

L-**Threit**[9]: Zu einer Suspension von 5,1 g (90 mMol) Kaliumboranat in 40 *ml* Äthanol gibt man unter kräftigem Rühren bei 20° langsam eine Lösung von 5,6 g (32 mMol) L-Weinsäure-dimethylester in 40 *ml* Äthanol. Man rührt die Mischung 6,5 Stdn. bei 70°, verdünnt mit 150 *ml* Methanol, säuert mit 10%iger methanolischer Salzsäure an, destilliert den Borsäure-methylester ab, filtriert das Kaliumchlorid und versetzt die Mutterlauge mit Äthanol. Das ausgefallene Produkt wird abgesaugt und mit Äthanol gewaschen; Ausbeute: 2,7 g (71% d. Th.); F: 88°.

---

[1] W. J. BAILEY u. M. J. STANEK, Ang. Chem. **67**, 350 (1955).
  W. H. PUTERBAUGH u. M. S. NEWMAN, Am. Soc. **79**, 3470 (1957).
  H. L. COHEN, D. G. BORDEN u. L. M. MINSK, J. Org. Chem. **26**, 1274 (1961).
[2] A. T BLOMQUIST u. A. G. COOK, Chem. & Ind. **1960**, 873.
[3] E. BUCHTA u. K. GREINER, B. **94**, 1311 (1961).
  R. C. SCHULZ u. P. ELZER, Die makromolekulare Chemie **42**, 205 (1961).
[4] R. F. NYSTROM, S. W. CHAIKIN u. W. G. BROWN, Am. Soc. **71**, 3245 (1949).
[5] L. BERLINGUET, Canad. J. Chem. **33**, 1119 (1955).
[6] P. PACHALY, B. **101**, 2176 (1968).
  Vgl. a. S. YAMADA u. K. ACHIWA, Chem. Pharm. Bull. (Tokyo) **12**, 1525 (1964).
[7] H. M. WUEST et al., R. **78**, 244 (1959).
[8] H. C. BROWN u. B. C. SUBBA RAO, Am. Soc. **78**, 2582 (1956).
[9] P. W. KENT, K. R. WOOD, u. V. A. WELCH, Soc. **1964**, 2493.

Analog erhält man aus:

meso-Weinsäure-dimethylester	→	*Erythrit*[1]	67% d. Th.; F: 121°
Tetronsäure-methylester-(1-C^{14})	→	DL-*Erythrit-(1-C^{14})*[2]	33% d. Th.; F: 121°
(Gemisch)		+ DL-*Threit-(1-C^{14})*	F: 72°
Äpfelsäure-dimethylester	→	*Butantriol-(1,2,4)*[3]	25% d. Th.; $Kp_{0,007}$: 114°

Monosubstituierte Natrium-malonsäure-diester werden mit Lithiumalanat je nach Struktur des Ausgangsmaterials zu den schwer trennbaren[4] Alkoholen I und II reduziert[5] (vgl. a. S. 228, 296).

Da nur der Allylalkohol I mit Mangan(IV)-oxid oxidiert wird, können auf diese Weise α-substituierte Acroleine erhalten werden; z. B.[6]:

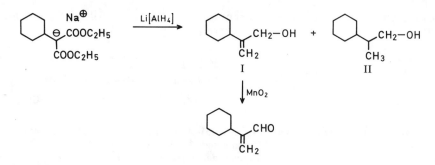

2-Cyclohexyl-acrolein[6]: Unter Rühren wird zu einer Suspension von 12 g (0,25 Mol) 50%iger Natriumhydrid-Mineralöl-Dispersion in 340 *ml* abs. 1,2-Dimethoxy-äthan unter Stickstoff 50 g (0,23 Mol) Cyclohexyl-malonsäure-diäthylester gegeben. Die Mischung wird 6 Stdn. unter Rückfluß erhitzt, nach Abkühlen mit 20,5 g (0,54 Mol) Lithiumalanat versetzt und nach dem Abklingen der Reaktion 3 Stdn. unter Rückfluß gekocht. Die abgekühlte Mischung verdünnt man mit 1 *l* Äther, versetzt mit 110 *ml* Wasser, filtriert, dampft das Filtrat ein und destilliert den Rückstand. Die Fraktion mit Kp_{25-15}: 90–100° (25,2 g) besteht aus 71% 2-*Cyclohexyl-allylalkohol* 26% 2-*Cyclohexyl-propanol* und 1% 2-Cyclohexyl-propanal.

Das Reaktionsprodukt wird in 1700 *ml* Chloroform gelöst und 5,5 Stdn. mit 200 g aktiviertem Mangan(IV)-oxid gerührt. Man filtriert, wäscht mit Diäthyläther und destilliert; Ausbeute: 10,9 g (39% d. Th.); Kp_{12}: 74–75°.

Analog reagieren u. a.[7]

Benzyl-malonsäure-diäthylester	→	2-*Benzyl-acrolein;* 32% d. Th.
Allyl-malonsäure-diäthylester	→	2-*Methylen-penten-(4)-al;* 37% d. Th.
Penten-(2)-yl-(4)-malonsäure- diäthylester	→	3-*Methyl-2-methylen-hexen-(4)-al;* 39% d. Th.

Zur selektiven Reduktion der Ester-Gruppe neben einer Carboxy-Gruppe mit Lithiumalanat ist es zweckmäßig, letztere durch eine Schutzgruppe (z. B. als 4,5-Dihydro-1,3-oxazole[8]) zu blockieren.

[1] P. W. KENT, K. R. WOOD, u. V. A. WELCH, Soc. **1964**, 2493.

[2] P. W. KENT u. K. R. WOOD, Soc. **1964**, 2812.

[3] J. E. G. BARNETT u. P. W. KENT, Soc. **1963**, 2743.

[4] J. A. MARSHALL u. N. COHEN, J. Org. Chem. **30**, 3475 (1965).

   J. A. MARSHALL, M. T. PIKE u. R. D. CARROLL, J. Org. Chem. **31**, 2933 (1966).

[5] E. ROMANN et al., Helv. **40**, 1900 (1957).

[6] J. A. MARSHALL, N. H. ANDERSEN u. A. R. HOCHSTETLER, J. Org. Chem. **32**, 113 (1967).

[7] W. SUCROW, Ang. Ch. **80**, 44 (1968).

   W. SUCROW u. W. RICHTER, B. **103**, 3771 (1970).

[8] A. I. MEYERS u. D. L. TEMPLE, Am. Soc. **92**, 6644 (1970).

   I. J. BURNSTEIN, P. E. FANTA u. B. S. GREEN, J. Org. Chem. **35**, 4084 (1970).

   C. U. PITTMAN u. S. P. MCMANUS, J. Org. Chem. **35**, 1187 (1970).

   T. A. FOGLIA, L. M. GREGORY u. G. MAERKEL, J. Org. Chem. **35**, 3779 (1970).

   A. I. MEYERS et al., J. Org. Chem. **39**, 2787 (1974).

5,5-Dimethyl-2-(5-hydroxy-pentyl)-4,5-dihydro-1,3-oxazol[1]:

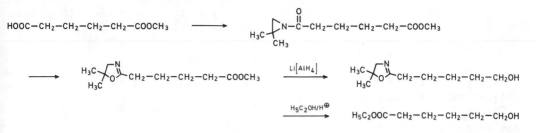

10,7 g (0,05 Mol) 5,5-Dimethyl-2-(4-methoxycarbonyl-butyl)-4,5-dihydro-1,3-oxazol werden in 100 *ml* Äther mit der Lösung von 2,1 g (0,055 Mol) Lithiumalanat in 40 *ml* Diäthyläther unter Rühren und Kühlung versetzt. Man rührt 2 Stdn. bei 25° nach, kühlt mit Eiswasser ab, zersetzt die Mischung mit wenig Wasser, filtriert, wäscht den Niederschlag gründlich mit Äther aus, trocknet die Äther-Lösung und destilliert den Äther ab; Ausbeute: 7 g (75% d. Th.); $Kp_{0,3}$: 60°.

Mit Lithiumboranat in Bis-[2-methoxy-äthyl]-äther[2] werden Dicarbonsäure-ester-amide selektiv an der Ester-Gruppe angegriffen; z. B.[2]:

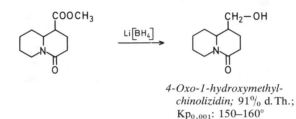

4-Oxo-1-hydroxymethyl-
chinolizidin; 91% d. Th.;
$Kp_{0,001}$: 150–160°

mit Diboran in THF dagegen an der Amid-Gruppe[3] (s. S. 238); z. B.:

$$(H_3C)_2N{-}CO{-}COOC_2H_5 \xrightarrow{B_2H_6/THF} (H_3C)_2N{-}CH_2{-}COOC_2H_5$$

Dimethylamino-essigsäure-äthylester;
70% d. Th.; Kp_{27}: 76–80°

So erhält man z. B. *1-Benzyl-pyrrolidin-3-carbonsäure-methylester* zu 54% d. Th. ($Kp_{0,18}$: 98–98,5°).

iii₃) von Cyan-carbonsäure-estern

Cyan-carbonsäureester werden mit Lithiumalanat zu den **Amino-alkoholen** reduziert[4]; z. B.[5]:

$$NC{-}CH_2{-}COOC_2H_5 \xrightarrow{Li[AlH_4]} H_2N{-}CH_2{-}CH_2{-}CH_2{-}OH$$

3-Amino-propanol[5]: 4,55 g (120 mMol) Lithiumalanat werden unter Stickstoff in 170 *ml* abs. Diäthyläther 20 Min. zum Sieden erhitzt. Man kühlt ab und tropft unter starkem Rühren bei 20° innerhalb 1 Stde. 3,046 g (27

[1] D. Haidukewych u. A. I. Meyers, Tetrahedron Letters **1972**, 3031.
    A. I. Meyers et al., J. Org. Chem. **39**, 2787 (1974).
[2] F. Bohlmann et al., Tetrahedron **19**, 195 (1963).
[3] M. J. Kornet, P. A. Thio u. S. I. Tau, J. Org. Chem. **33**, 3637 (1968).
[4] A. Dornow, G. Messwarb u. H. H. Frey, B. **83**, 445 (1950).
    A. Dornow u. K. J. Fust, B. **87**, 985 (1954).
    E. Testa et al., A. **639**, 166 (1961).
[5] K. H. Schweer, B. **95**, 1799 (1962).

mMol) Cyan-essigsäure-äthylester in 130 *ml* abs. Diäthyläther zu. Nach Beendigung der Zugabe wird 30 Min. bei 20° gerührt, weitere 30 Min. zum Sieden erhitzt und nach Abkühlung mit 15 *ml* Wasser versetzt. Man saugt den Niederschlag ab, extrahiert 48 Stdn. im Soxhlet mit Diäthyläther, trocknet die vereinigten Äther-Lösungen über Natriumsulfat, dampft das Solvens ab und destilliert den Rückstand; Ausbeute: 1,109 g (54,7% d. Th.); Kp$_{20}$: 112–113°.

Das Verfahren dient auch zur Herstellung von *3-Amino-propanol-(1-^{14}C)*.

Lithiumboranat (sowie Calciumboranat) reduziert dagegen nur die Alkoxycarbonyl-Gruppe, und man erhält ω-Hydroxy-nitrile.

Die Selektivität des Reduktionsmittels ermöglicht die Herstellung von α-*Methyl-serin* aus 2-Acetylamino-2-cyan-propansäure-äthylester[1]:

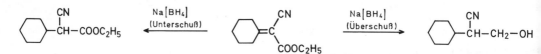

α-**Methyl-serin**[1]: Eine Lösung von 3,6 g (0,02 Mol) 2-Acetylamino-2-cyan-propansäure-äthylester und 0,42 g (0,02 Mol) Lithiumboranat in 50 *ml* abs. THF wird 2 Stdn. unter Rückfluß erhitzt, abgekühlt, mit Methanol verdünnt und eingedampft. Vom Rückstand wird zur Entfernung des Borsäure-trimethylesters noch 2mal Methanol abdestilliert. Man hydrolysiert mit 6 n Salzsäure 8 Stdn. unter Rückfluß, dampft ein, nimmt den Rückstand in Wasser auf, entsalzt mit Dowex-2, entfernt das Wasser i. Vak. und kristallisiert den Rückstand aus wäßr. Äthanol; Ausbeute: 2 g (84% d. Th.); F: 253° (Zers.).

2-Cyan-alken-(2)-säure-ester werden zunächst unter Reduktion der C=C-Doppelbindung mit Natrium- bzw. Kaliumboranat ebenfalls zu Hydroxy-nitrilen reduziert[2]; z. B.[3]:

3-Hydroxy-2-cyclohexyl-propansäure-nitril[3]: Zu 2,5 g (0,065 Mol) Natriumboranat in 25 *ml* Äthanol wird unter Rühren bei 0° eine Lösung von 12 g (0,065 Mol) Cyclohexyliden-cyan-essigsäure-äthylester in 25 *ml* Äthanol getropft. Man rührt 18 Stdn. bei 20° nach, verdünnt mit ges. Natriumchlorid-Lösung, extrahiert mit Diäthyläther und Benzol, dampft nach Trocknen die Solventien ab und destilliert den Rückstand; Ausbeute: 5 g (54% d. Th.); Kp$_{0,5}$: 115–117°.

Analog erhält man u. a. in Bis-[2-methoxy-äthyl]-äther oder Isopropanol[4]:

3-Phenyl-2-cyan-acrylsäure-äthylester	→ *3-Hydroxy-2-benzyl-propansäure-nitril*	50% d. Th.; Kp$_{0,1}$: 90°
3,3-Diphenyl-2-cyan-acrylsäure-äthylester	→ *2-Hydroxymethyl-3,3-diphenyl-propansäure-nitril*	80% d. Th.; F: 104–105°
3-(4-Methoxy-phenyl)-2-cyan-acrylsäure-äthylester	→ *3-Hydroxy-2-(4-methoxy-benzyl)-propansäure-nitril*	90% d. Th.; F: 43,5–44,5°

Zur entsprechenden Reduktion mit Lithiumalanat s. Lit.[5].

[1] J. M. Stewart, J. Org. Chem. **26**, 3360 (1961).
[2] L. Berlinguet, Canad. J. Chem. **33**, 1119 (1955).
    G. W. K. Cavill u. F. B. Whitfield, Austral. J. Chem. **17**, 1260 (1964).
[3] J. A. Marshall u. R. D. Carroll, J. Org. Chem. **30**, 2748 (1965).
[4] J. A. Meschino u. C. H. Bond, J. Org. Chem. **28**, 3129 (1963).
[5] H. Le Moal, R. Carrie u. M. Bargain, C. r. **251**, 2541 (1960).

iii₄) von ungesättigten Carbonsäure-estern

Da nicht in jedem Fall bei ungesättigten Carbonsäure-estern eine selektive Hydrierung der Ester- oder der Olefin-Funktion möglich ist, vielmehr oft fließende Übergänge beobachtet werden, wird die Reduktion dieser Verbindungsklasse an dieser Stelle geschlossen abgehandelt.

Ungesättigte Carbonsäure-ester werden bei der Reduktion mit Lithiumalanat im allgemeinen nicht an der C=C-Doppelbindung hydriert[1], was besonders in der Reihe der Polyen-carbonsäure-ester eine große präparative Bedeutung hat[2]. Dagegen werden die C=C-Doppelbindungen angegriffen, wenn sie mit der Alkoxycarbonyl-Gruppe konjugiert sind und elektrophilen Charakter besitzen[3], C≡C-Dreifachbindungen, wenn zu ihnen in Propargyl-Stellung eine potentielle Hydroxy-Gruppe steht (s.S. 208f.).

Die Reduktion dieser Verbindungen mit komplexen Metallhydriden kann nach zwei Mechanismen verlaufen: unter 1,4-Addition, wobei zuerst die Doppelbindung und erst danach die Alkoxycarbonyl-Gruppe reduziert wird oder unter 1,2-Addition, wo sich der Vorgang umgekehrt abspielt. Diese Mechanismen, die von der Elektronenverteilung des ungesättigten Esters abhängen, ermöglichen also verschiedene selektive Reduktionen, die durch die experimentellen Bedingungen weiter beeinflußt werden können. Die Sättigung der C=C-Doppelbindung spielt sich über ein Organometall-Zwischenprodukt ab[4] (s.a.S. 219).

Zimtsäure-methylester reagiert in Äther bei −25° nach dem zweiten Mechanismus unter Bildung von *Zimtalkohol*, während bei 0° und bei 20° nur *3-Phenyl-propanol* erhalten wird. Die Sättigung der C=C-Doppelbindung verläuft nicht stereospezifisch. In Kohlenwasserstoffen wird Zimtalkohol auch bei höherer Temperatur nicht weiterreduziert[5]:

$$H_5C_6-CH=CH-COOCH_3 \xrightarrow{\text{Li[AlH}_4]} H_5C_6-CH=CH-CH_2-OH$$

Zimtalkohol[5]: Unter Rühren wird in einer Suspension von 0,7 g (21 mMol) Lithiumalanat in 45 ml abs. Benzol unter Stickstoff 2,9 g (20 mMol) Zimtsäure-methylester gegeben. Man rührt 14,5 Stdn. bei 59–60°, kühlt ab, versetzt mit 5 ml Methanol, 2 ml Wasser und 25 ml 5%iger Salzsäure, extrahiert die wäßr. Phase mit 25 ml Chloroform, trocknet und dampft die Solventien ab; Ausbeute: 1,95 g (73% d. Th.); F: 34–35°.

Mit Natriumalanat in Hexan erhält man dagegen nur in 68%iger Ausbeute *Zimtalkohol*[6].

Substituierte Zimtsäure-ester werden durch Lithiumalanat in Äther in Abhängigkeit von der Struktur des Ausgangsmaterials und den experimentellen Bedingungen entweder

[1] L. F. Hatch u. R. H. Perry, Am. Soc. **77**, 1137 (1955).
  R. Lukeš u. V. Dudek, Collect. czech. chem. Commun. **24**, 2484 (1959).
  K. Heyns, K. Molge u. W. Walter, B. **94**, 1015 (1961).
  E. Buchta u. F. Andree, A. **640**, 34 (1961).
[2] P. Karrer, K. P. Karanth u. J. Benz, Helv. **32**, 436 (1949).
  H. Bader, B. C. L. Weedon u. R. J. Woods, Soc. **1951**, 3099.
  B. C. L. Weedon u. R. J. Woods, Soc. **1951**, 2687.
  K. R. Bharucha u. B. C. L. Weedon, Soc. **1953**, 1571, 1578.
  C. D. Robeson et al., Am. Soc. **77**, 4111 (1955).
  H. H. Inhoffen, U. Schwieter u. G. Raspe, A. **588**, 117 (1954).
  G. Lowe, F. G. Torto u. B. C. L. Weedon, Soc. **1958**, 1860.
  U. Schwieter et al., Helv. **45**, 528, 541 (1962).
[3] E. F. Jenny u. C. A. Grob, Helv. **36**, 1936 (1953).
  M. Vidal u. P. Arnaud, Bl. **1972**, 675.
  W. R. Jackson, J. W. Norman u. I. D. Rae, Tetrahedron Letters **1978**, 2061.
[4] F. A. Hochstein u. W. G. Brown, Am. Soc. **70**, 3484 (1948).
  A. Dornow u. W. Bartsch, B. **87**, 633 (1954).
  A. Dornow, G. Winter u. W. Vissering, B. **87**, 629 (1954).
[5] E. I. Snyder, J. Org. Chem. **32**, 3531 (1967).
[6] L. I. Žakharkin, D. N. Maslin u. V. V. Gavrilenko, Izv. Akad. SSSR **1964**, 561.

zu den entsprechenden Zimtalkoholen[1] oder 3-Phenyl-propanolen[2] reduziert. Nitro- und Cyan-Gruppen in α-Stellung werden in letzterem Fall in die Amino-Gruppen übergeführt[3].

Aluminiumhydrid reduziert Zimtsäure-ester nur zu den Zimtalkoholen[4]. In siedendem 1,2-Dimethoxy-äthan werden mit Lithiumalanat Phenyl-cyclopropane gebildet (s. S. 219)[5].

Zur selektiven Reduktion der Alkoxycarbonyl-Gruppe neben einer konjugierten C=C–Doppelbindung wird auch das Lithium-äthoxy-trihydrido-aluminat empfohlen[6].

Alkyliden-malonsäure-diester[7,8] werden mit Lithiumalanat zuerst unter 1,4-Addition an der C=C-Doppelbindung gesättigt. Auch andere Strukturen können nach diesem Mechanismus reagieren[9]. Benzyliden-malonsäure-diäthylester ergibt z. B. in Äther bei 0° 80% d. Th. *Benzyl-malonsäure-diäthylester*, in 1,4-Dioxan bei 100° wird das für Malonsäure-diester charakteristische Substanzgemisch erhalten (s. S. 204)[8,10], das hauptsächlich den entsprechenden Allylalkohol enthält[10,11]. Äthyliden-malonsäure-diäthylester liefert unter milden Bedingungen *Äthyl-malonsäure-diäthylester*[12]:

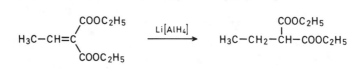

Äthyl-malonsäure-diäthylester[12]: Unter Rühren wird zu einer gekühlten Suspension von 2,36 g (62,5 mMol) Lithiumalanat in 100 *ml* abs. Diäthyläther unter Stickstoff bei 15° 23,2 g (125 mMol) Äthyliden-malonsäure-diäthylester in 50 *ml* abs. Diäthyläther getropft. Man rührt 1 Stde., gießt auf ein Gemisch von Eis und Salzsäure, trennt die wäßr. Phase ab, extrahiert 2mal mit je 50 *ml* Diäthyläther, trocknet die organ. Lösung mit Magnesiumsulfat, dampft ein und destilliert den Rückstand; Ausbeute: 11,1 g (46% d. Th.); Kp₄: 70°.

Phenyl-propiolsäure-methylester wird mit der theor. Menge des Reduktionsmittels bei −78° zum *Phenyl-propargylalkohol* (96% d. Th.), bei 20° zum *trans-Zimtalkohol* (83% d. Th.) reduziert[13]:

[1] K. Freudenberg u. R. Dillenburg, B. **84**, 67 (1951).
  K. Freudenberg u. G. Gehrke, B. **84**, 443 (1951).
  K. Freudenberg, R. Kraft u. W. Heimberger, B. **84**, 472 (1951).
  K. Freudenberg u. G. Wilke, B. **85**, 78 (1952).
  K. Freudenberg u. H. H. Hübner, B. **85**, 1181 (1952).
  K. Freudenberg u. H. G. Müller, A. **584**, 40 (1953).
  K. Freudenberg u. W. Heel, B. **86**, 190 (1953).
  K. Freudenberg u. F. Bittner, B. **86**, 158 (1953).
  J. R. Catch, H. P. W. Huggill u. A. R. Somerville, Soc. **1953**, 3028.
  K. Freudenberg u. W. Eisenhut, B. **88**, 626 (1955).
  T. A. Girard u. R. J. Moshy, J. Org. Chem. **23**, 1942 (1958).
[2] P. Karrer u. P. Banerjea, Helv. **32**, 1692 (1949).
  A. Dornow u. W. Bartsch, B. **87**, 633 (1954).
[3] A. Dornow, G. Messwarb u. H. H. Frey, B. **83**, 445 (1950).
  A. Dornow u. M. Gellrich, A. **594**, 177 (1955).
[4] M. J. Jorgenson, Tetrahedron Letters **1962**, 559.
[5] M. J. Jorgenson u. A. W. Friend, Am. Soc. **87**, 1815 (1965).
[6] R. S. Davidson et al., Soc. **1964**, 4907.
  C. P. Casey u. D. F. Marten, Synthetic Communications **3**, 321 (1973).
[7] H. le Moal, R. Carrie u. M. Bargain, C.r. **251**, 2541 (1960).
[8] A. Dornow u. W. Bartsch, B. **87**, 633 (1954).
[9] R. B. Woodward et al., Am. Soc. **74**, 4223 (1952).
  K. Freudenberg u. T. Kempermann, A. **602**, 193 (1957).
[10] P. Desaulles u. J.-P. Fleury, Bl. **1967**, 1849.
[11] W. F. Gannon u. E. A. Steck, J. Org. Chem. **27**, 4137 (1962).
[12] W. J. Bailey u. M. E. Hermes, J. Org. Chem. **29**, 1254 (1964).
[13] E. B. Bates, E. R. H. Jones u. M. C. Whiting, Soc. **1954**, 1854.

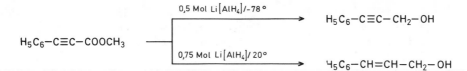

Phenyl-propargylalkohol[1]: Unter Rühren wird zu einer Lösung von 1,15 g (31 mMol) Lithiumalanat in 60 ml abs. Diäthyläther unter Stickstoff bei −78° 10 g (62 mMol) Phenyl-propiolsäure-methylester getropft. Nach 5 Min. versetzt man die Mischung mit 5 ml Wasser und läßt sie auf 20° erwärmen. Der Niederschlag wird abgesaugt, mit Diäthyläther gewaschen, die Äther-Lösung getrocknet, eingedampft und der Rückstand destilliert; Ausbeute: 7,9 g (96% d. Th.); $Kp_{1,5}$: 103–105°.

trans-Zimtalkohol[1]: Zu 1,78 g (47 mMol) Lithiumalanat in 100 ml abs. Diäthyläther werden bei 20° innerhalb 15 Min. 10 g (62 mMol) Phenyl-propiolsäure-methylester gegeben. Man arbeitet wie oben auf; Ausbeute: 6,9 g (83% d. Th.); $Kp_{0,5}$: 78°.

In Heptadiin-(2,6)-säure-äthylester wird neben der Äthoxycarbonyl-Gruppe nur die konjugierte C≡C–Dreifachbindung reduziert[2]:

$$HC\equiv C-CH_2-CH_2-C\equiv C-COOC_2H_5 \quad \xrightarrow{Li[AlH_4]} \quad HC\equiv C-CH_2-CH_2-CH=CH-CH_2-OH$$

7-Hydroxy-hepten-(5)-in-(1)[2]: Unter Rühren wird zu einer Suspension von 3,5 g (92 mMol) Lithiumalanat in 240 ml abs. Diäthyläther unter Stickstoff eine Lösung von 3,9 g (26 mMol) Heptadiin-(2,6)-säure-äthylester in 10 ml abs. Diäthyläther gegeben. Man kocht die Mischung 4,5 Stdn. unter Rückfluß, versetzt mit Eis und verd. Schwefelsäure, trennt die organ. Phase ab, wäscht mit Wasser, trocknet, dampft ein und destilliert den Rückstand; Ausbeute: 2,65 g (94% d. Th.); Kp_{14}: 106° (Badtemp.).

Alkoxycarbonyl-Gruppen in Propargyl-Stellung können mit Aluminiumhydrid in Äther bei 20° selektiv zu den Hydroxymethyl-Gruppen reduziert werden[3]. Heteroaryl-acrylsäure-ester werden von Natriumboranat selektiv zu Heteroaryl-propansäure-ester reduziert[4].

Ölsäure- und Zimtsäure-äthylester werden durch Natriumboranat/Aluminiumchlorid hydroboriert[5], so daß durch Protonolyse gesättigte Alkohole hergestellt werden können[6] (s. S. 54ff.).

Die Alkoxycarbonyl-Gruppe wird durch Diboran nur langsam angegriffen[7].

Die selektive Reduktion der C=C-Doppelbindung wird durch inverse Zugabe von Natriumboranat in der Kälte durchgeführt. In Alkyliden-malonsäure-diestern und α-Phenyl-acrylsäure- bzw. α-Phenyl-zimtsäure-estern wird die olefinische Doppelbindung ebenfalls leicht, die Alkoxycarbonyl-Gruppe dagegen nur in manchen Fällen reduziert. In Isopropyliden-malonsäure-diäthylester wird bei 40° nur die C=C-Doppelbindung angegriffen[8]:

[1] E. B. Bates, E. R. H. Jones u. M. C. Whiting, Soc. **1954**, 1854.

[2] B. L. Shaw u. M. C. Whiting, Soc. **1954**, 3217.

[3] M. J. Jorgenson, Tetrahedron Letters **1962**, 559.

[4] R. C. Elderfield u. B. A. Fischer, J. Org. Chem. **23**, 949 (1958).
   M. S. Brown u. H. Rapoport, J. Org. Chem. **28**, 3261 (1963).
   J. L. Wong, M. S. Brown u. H. Papoport, J. Org. Chem. **30**, 2398 (1965).
   Y. Kikugawa et al., Chem. Pharm. Bull. (Tokyo) **21**, 1914, 1927 (1973).

[5] H. C. Brown u. B. C. Subba Rao, Am. Soc. **78**, 2582 (1956).

[6] H. C. Brown u. K. Murray, Am. Soc. **81**, 4108 (1959); J. Org. Chem. **26**, 631 (1961).

[7] W. G. Dauben u. R. M. Coates, Am. Soc. **86**, 2490 (1964).
   H. C. Brown u. K. A. Keblys, Am. Soc. **86**, 1795 (1964).
   H. C. Brown u. M. K. Unni, Am. Soc. **90**, 2902 (1968).
   H. C. Brown, P. Heim u. N. M. Yoon, Am. Soc. **92**, 1637 (1970).

[8] E. C. Pesterfield u. D. M. S. Wheeler, J. Org. Chem. **30**, 1513 (1965).

$$\underset{H_3C}{\overset{H_3C}{>}}C=C\underset{COOC_2H_5}{\overset{COOC_2H_5}{<}} \quad \xrightarrow{Na[BH_4]} \quad H_3C-\underset{\underset{CH_3}{|}}{CH}-CH-COOC_2H_5$$

Isopropyl-malonsäure-diäthylester[1]: Unter Rühren wird zu einer Lösung von 13 g (0,065 Mol) Isopropyliden-malonsäure-diäthylester in 30 *ml* Äthanol eine Lösung von 2,6 g (0,065 Mol) Natriumboranat in 30 *ml* Äthanol so schnell zugetropft, daß die Reaktionstemp. bis 40° ansteigt. Man rührt 3,5 Stdn., verdünnt mit ges. Natriumchlorid-Lösung und extrahiert mit Diäthyläther. Der Auszug wird mit Natriumsulfat getrocknet, i. Vak. eingedampft und der Rückstand fraktioniert; Ausbeute: 9,3 g (72% d. Th.); $Kp_{0,3}$: 49–50°.

Analog erhält man z. B.:

Benzyl-malonsäure-diäthylester[2]   69% d. Th.; Kp_{15}: 170–173°
2-Phenyl-propansäure-äthylester[1]   80% d. Th.; Kp_{10}: 104–106°
3-Phenyl-2-(4-nitro-phenyl)-2-deuterio-   76% d. Th.; F: 58–59° (hydrolysiert mit D_2O)
propansäure-methylester[3]

Zur Reduktion von Alkyliden-malonsäure-alkylestern s. S. 81 sowie Lit.[4,5]

Zur selektiven Sättigung der C=C-Doppelbindung sind auch Alkyl-borane {Bis-[3-methyl-butyl-(2)]-boran[6], Diisopinocampheyl-boran[7] sowie das Natrium-cyano-trihydrido-borat (vgl. S. 81)[4] geeignet. Die Protonolyse der gebildeten Organo-borane zu den gesättigten Verbindungen ergibt besonders bei endständigen Trialkyl-boranen gute Resultate[8] (s. S. 54 ff.).

Zur Sättigung der konjugierten C=C-Doppelbindung in ungesättigten Carbonsäureestern werden letztere mit Tributyl-zinnhydrid hydrostanniert, die erhaltenen Organo-stannane durch Protonolyse mit Methanol in die gesättigten Ester übergeführt[9]. Die Methode ist besonders zur Herstellung markierter Carbonsäureester geeignet[10] (näheres s. S. 82). Manchmal wird aber auch die Alkoxycarbonyl-Gruppe durch Organo-zinnhydride angegriffen[11] (s. S. 221).

iii₅) von Halogen-carbonsäureestern

Die Reduktion der Halogen-carbonsäureester mit Lithiumalanat verläuft, ähnlich den Halogen-carbonsäuren (s. S. 160) oft nicht einheitlich[12]. Zur selektiven Reduktion werden deshalb die weniger nucleophilen Hydride **Lithiumalanat/Aluminiumchlorid** und **Aluminiumhydrid** eingesetzt (ersteres reduziert z. B. 3-Brom-propansäure-methylester bei −75° in 90%iger, bei 35° in 78%iger Ausbeute zu *3-Brom-propanol*)[13].

3-Brom-propanol[13]: Unter Rühren werden zu einer Lösung von 3,8 g (0,1 Mol) Lithiumalanat in 100 *ml* abs. Diäthyläther unter Stickstoff eine Lösung von 13,3 g (0,1 Mol) stückigem Aluminiumchlorid in 100 *ml* abs. Diäthyläther getropft. Man kühlt die Mischung auf −75° ab, gibt 16,7 g (0,1 Mol) 3-Brom-propansäure-methylester in 150 *ml* abs. Diäthyläther zu, rührt 30 Min., versetzt tropfenweise mit dem Gemisch von 20 *ml* Methanol

[1] E. C. Pesterfield u. D. M. S. Wheeler, J. Org. Chem. **30**, 1513 (1965).
[2] S. B. Kadin, J. Org. Chem. **31**, 620 (1966).
[3] J. H. Schauble, G. J. Walter u. J. G. Morin, J. Org. Chem. **39**, 755 (1974).
[4] R. O. Hutchins et al., J. Org. Chem. **41**, 3328 (1976).
[5] A. D. Wright, M. L. Haslego u. F. X. Smith, Tetrahedron Letters **1979**, 2325.
[6] W. G. Dauben u. R. M. Coates, J. Org. Chem. **28**, 1698 (1963).
     W. Herz et al., J. Org. Chem. **30**, 1873 (1965).
[7] K. Sisido, K. Utimoto u. T. Isida, J. Org. Chem. **29**, 3361 (1964).
[8] H. C. Brown u. K. Murray, J. Org. Chem. **26**, 631 (1961).
[9] M. Pereyre, G. Colin u. J. Valade, Bl. **1968**, 3358.
[10] M. Pereyre u. J. Valade, Tetrahedron Letters **1969**, 489.
[11] U. Pommerenk, H. Sengewein u. P. Welzel, Tetrahedron Letters **1972**, 3415.
[12] E. L. Eliel u. J. P. Freeman, Am. Soc. **74**, 923 (1952).
     E. L. Eliel, C. Herrmann u. J. T. Traxler, Am. Soc. **78**, 1193 (1956).
     A. Bowers et al., Soc. **1953**, 2548; **1954**, 3070.
     E. T. McBee, O. R. Pierce u. D. D. Smith, Am. Soc. **76**, 3725 (1954).
     H. Machleidt u. W. Grell, A. **690**, 79 (1965).
[13] R. F. Nystrom, Am. Soc. **81**, 610 (1959).

und 20 *ml* Diäthyläther und läßt auf 20° erwärmen. Nach der Zugabe von 100 *ml* Wasser und 100 *ml* 6 n Schwefelsäure wird die wäßr. Phase abgetrennt und 48 Stdn. kontinuierlich mit Diäthyläther extrahiert. Man trocknet die vereinigten Äther-Lösungen, dampft sie ein und destilliert den Rückstand; Ausbeute: 12,5 g (90% d. Th.); Kp_{10}: 71–72°.

Mit Lithiumboranat erhält man aus 4-Chlor-benzoesäure-äthylester in 85%iger Ausbeute *4-Chlor-benzylalkohol* (48% d. Th.)[1] und Difluor-nitro-essigsäure-benzylester wird mit Natriumboranat zu *2,2-Difluor-2-nitro-äthanol* reduziert[2]:

$$O_2N—CF_2—COO—CH_2—C_6H_5 \xrightarrow{\text{Na[BH}_4\text{]}} O_2N—CF_2—CH_2—OH$$

2,2-Difluor-2-nitro-äthanol[2]: Zu 60 g (0,252 Mol) Difluor-nitro-essigsäure-benzylester in 150 *ml* THF und 90 *ml* Wasser wird unter Rühren bei 10–12° innerhalb 20 Min. eine Lösung von 9,8 g (0,259 Mol) Natriumboranat in 60 *ml* Wasser getropft (exotherme Reaktion). Nach 15 Min. wird zweimal mit je 300 *ml* Diäthyläther ausgeschüttelt, die Extrakte über Magnesiumsulfat getrocknet, eingedampft und der Rückstand destilliert; Ausbeute: 22,7 g (70% d. Th.); Kp_{22}: 59–61°.

Auch Natriumboranat/Aluminiumchlorid kann als selektives Reduktionsmittel eingesetzt werden[3], während Aluminiumhydrid besonders bei höherer Temperatur und längerer Reaktionsdauer weniger selektiv[4] ist.

iii$_6$) von Amino-, Nitro- bzw. Hydroxy- und Alkoxy-carbonsäureestern

Bei der Reduktion von Hydroxy- und Amino-carbonsäure-estern muß mit einem Mehrverbrauch von ein bzw. zwei Hydrid-Äquivalenten gerechnet werden[5]. Amino-carbonsäuren lassen sich in größerem Maßstab als Silylester bequem mit Lithiumalanat reduzieren[6]. Oxiran-carbonsäure-ester ergeben meistens Diole[7], sie können aber auch selektiv in die Hydroxymethyl-oxirane übergeführt werden[8].

Auch in α-Amino-[9-11] bzw. α-Acylamino-carbonsäure-estern[11, 12] (auch cyclische[13]; s. a. S. 205), und in Peptid-estern[14] wird die Alkoxycarbonyl-Gruppe mit Natriumboranat selektiv zur Hydroxymethyl-Gruppe reduziert (auch Lithiumalanat ist geeignet). Im ersteren Fall werden als Ausgangsmaterialien die Ester-Hydrochloride eingesetzt.

L-**2-Amino-3-phenyl-propanol**[10]: Zu einer Lösung von 3,5 g (92 mMol) Natriumboranat in 50 *ml* 50%igem Äthanol wird unter Rühren eine Lösung von 5 g (22 mMol) L-Phenyl-alanin-äthylester-Hydrochlorid in 50 *ml*

[1] H. C. Brown, E. J. Mead u. B. C. Subba Rao, Am. Soc. **77**, 6209 (1955).
[2] M. E. Hill u. L. O. Ross, J. Org. Chem. **32**, 2595 (1967).
[3] H. C. Brown u. B. C. Subba Rao, Am. Soc. **78**, 2582 (1956).
[4] D. Brown u. R. Stevenson, J. Org. Chem. **30**, 1759 (1965).
  N. M. Yoon u. H. C. Brown, Am. Soc. **90**, 2927 (1968).
[5] A. T. Blomquist u. J. Wolinsky, Am. Soc. **79**, 6028 (1957).
  P. Karrer, P. Portmann u. M. Suter, Helv. **31**, 1617 (1948).
  L. Birkofer u. L. Erlenbach, B. **91**, 2383 (1958).
  K. N. F. Shaw u. S. W. Fox, Am. Soc. **75**, 3417 (1953).
[6] P. S. Venkateswaran u. T. J. Bardos, J. Org. Chem. **32**, 1256 (1967).
[7] J. D. Billimoria u. N. F. MacLagan, Soc. **1951**, 3067.
  M. Mousseron et al., Bl. **1952**, 1042.
  H. M. Walborsky u. M. E. Baum, Am. Soc. **80**, 187 (1958).
  H. M. Walborsky u. C. Colombini, J. Org. Chem. **27**, 2387 (1962).
[8] L. W. Sokolowa, G. A. Frangujan u. N. N. Suworow, Ž. obšč. Chim. **26**, 3399 (1956).
[9] S. Yamada, K. Koga u. H. Matsuo, Chem. Pharm. Bull. (Tokyo) **11**, 1140 (1963).
[10] H. Seki et al., Chem. Pharm. Bull. (Tokyo) **13**, 995 (1965).
[11] H. Seki, K. Koga u. S. Yamada, Chem. Pharm. Bull. (Tokyo) **15**, 1948 (1967).
[12] L. Berlinguet, Canad. J. Chem. **33**, 1119 (1955).
  A. Hajós, Acta chim. Acad. Sci. Hung. **84**, 471 (1975).
[13] S. de Groot u. J. Strating, R. **80**, 121 (1961).
[14] O. Yonemitsu, T. Hamada u. Y. Kanaoka, Tetrahedron Letters **1968**, 3575; Chem. Pharm. Bull. (Tokyo) **17**, 2075 (1969).
  T. Hannada, M. Suzuki u. O. Yonemitsu, Chem. Pharm. Bull. (Tokyo) **20**, 994 (1972).

50%igem Äthanol getropft. Man kocht die Mischung 4,5 Stdn. unter Rückfluß, dampft i. Vak. das Äthanol ab, extrahiert die wäßr. Lösung mit Essigsäure-äthylester, wäscht den Auszug mit ges. Natriumchlorid-Lösung, trocknet mit Natriumsulfat und dampft i. Vak. ein; Ausbeute: 2,8 g (84% d. Th.); F: 85–92°, aus Äther F: 91–93°.

Analog erhält man aus L-2-Amino-3-methyl-pentansäure-äthylester bzw. aus substituierten 2-Amino-propansäure-äthylestern:

L-*threo-2-Amino-3-methyl-pentanol*[1]	63% d. Th. Kp_{10}: 87–89°
2-Benzylamino-3-phenyl-propanol[2]	29% d. Th. F: 64–67°
2-Acetylamino-3-phenyl-propanol[2]	76% d. Th. F: 93,5–94,5°
2-Acetylamino-3-(3,4-dimethoxy-phenyl)- *propanol*[2]	62% d. Th. F: 85–86°

Mit Lithiumboranat erhält man u. a. aus

L-2-Benzyloxycarbonylamino-   → L-2-*Benzyloxycarbonylamino-propanol*[3]; 75% d. Th.; F: 75–78°
propansäure-äthylester

D-threo-2-Amino-3-hydroxy-3-   → D-*threo-2-Amino-1-(4-nitro-phenyl)-propan-diol-(1,3)*[4];
(4-nitro-phenyl)-propansäure-   33% d. Th.; F: 162–163°
äthylester

Die Reduktion von Glycidsäure-estern zu Hydroxymethyl-oxiranen[5] und von α-Hydroxy-carbonsäure-estern zu Polyalkoholen[6] ist ebenfalls ein wichtiges Anwendungsgebiet von Natrium- und Kaliumboranat. Auch wenn die α-Hydroxy-Gruppe in einen Lacton-Ring eingebaut ist, wird die Alkoxycarbonyl-Gruppe daneben selektiv reduziert[7].

Aus Salicylsäure-estern werden in polarer aprotischer Lösung mit Natriumboranat die 2-Hydroxy-benzylalkohole mit guten Ausbeuten erhalten[8].

2-(4-Nitro-phenoxy)-2-methyl-propansäure-äthylester erleidet bei der Reduktion mit Lithiumboranat eine Smiles-Umlagerung unter Bildung von *1-(4-Nitro-phenoxy)-2-methyl-propanol-(2)*[9]:

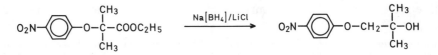

1-(4-Nitro-phenoxy)-2-methyl-propanol-(2)[9]: Eine Mischung von 0,82 g (21,7 mMol) Natriumboranat, 0,93 g (22 mMol) Lithiumchlorid und 15 *ml* abs. Bis-[2-methoxy-äthyl]-äther wird unter Stickstoff 1 Stde. bei 110° gerührt. Man tropft eine Lösung von 5,5 g (21,7 mMol) 2-(4-Nitro-phenoxy)-2-methyl-propansäure-äthylester in 10 *ml* abs. Bis-[2-methoxy-äthyl]-äther innerhalb 15 Min. zu und rührt weitere 2 Stdn. bei 110°. Man kühlt ab, versetzt mit 10 *ml* Wasser, gießt die Mischung in 100 *ml* Wasser, extrahiert mit Diäthyläther, wäscht die Äther-Lösung mit 0,1 n Salzsäure und 0,1 n Natriumhydroxid-Lösung, trocknet mit Magnesiumsulfat, entfernt den Äther und destilliert den Rückstand; Ausbeute: 3,3 g (70% d. Th.); $Kp_{0,007}$: 107–111°.

Calciumboranat hat ein ähnliches Reduktionsvermögen wie Lithiumboranat, hat jedoch den Vorteil, daß seine Lösungen praktisch neutral reagieren. Es wird in der Reaktionsmischung selbst aus Natriumboranat und dem nicht hygroskopischen Calciumchlorid-Bis-hydrat hergestellt. Man reduziert in Alkohol bei −20° oder THF bei höheren

[1] H. Seki et al., Chem. Pharm. Bull. (Tokyo) **13**, 995 (1965).
[2] H. Seki, K. Koga u. S. Yamada, Chem. Pharm. Bull. (Tokyo) **15**, 1948 (1967).
[3] M. P. V. Mijović u. J. Walker, Soc. **1960**, 909.
[4] A. Hajós u. J. Kollonitsch, Acta chim. Acad. Sci. hung. **15**, 175 (1958).
[5] S. Corsano u. G. Piancatelli, Chem. Commun. **1971**, 1106.
[6] R. Kuhn u. K. Kum, B. **95**, 2009 (1962).
[7] K. Koga, M. Taniguchi u. S. Yamada, Tetrahedron Letters **1971**, 263.
[8] H. Asakawa et al., Chem. Pharm. Bull. (Tokyo) **27**, 522 (1979).
[9] M. Harfenist u. E. Thom, Chem. Commun. **1969**, 730; J. Org. Chem. **36**, 1171 (1971).

Temperaturen[1]. Die Reaktion gelingt auch bei sterisch behinderten, schwierig reduzierbaren Estern[2] (Nitro-Gruppen werden dabei nicht angegriffen); z. B.:

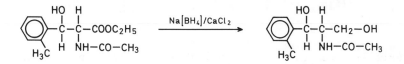

threo-2-Acetylamino-1-(2-methyl-phenyl)-propandiol-(1,3)[3]: Zu einer Lösung von 2,2 g (15 mMol) Calciumchlorid-Bis-hydrat in 75 *ml* abs. Äthanol wird unter Rühren bei −50° eine auf 0° vorgekühlte Lösung von 1 g (26,3 mMol) Natriumboranat in 75 *ml* abs. Äthanol getropft. Zur Mischung gibt man 2,65 g (10 mMol) *threo*-2-Acetylamino-3-hydroxy-3-(2-methyl-phenyl)-propansäure-äthylester, rührt 7 Stdn. bei −20°, läßt 12 Stdn. im Kühlschrank stehen, saugt das ausgeschiedene Natriumchlorid ab, dampft das Filtrat i. Vak. ein und verrührt den Rückstand mit 20 *ml* n Salzsäure. Das ausgeschiedene Rohprodukt wird abgesaugt, mit Wasser und Äthanol gewaschen und aus Äthanol umkristallisiert; Ausbeute: 2,05 g (92% d. Th.); F: 203–204°.

In THF bei 20° durchgeführt ergibt die Reduktion ähnliche Resultate.

Analog erhält man u. a.:

$H_3C-CH-COOC_2H_5$ (NH$_2$)	→ *2-Amino-propanol*[4]	73% d. Th.; Kp: 160–161°
O$_2$N— C—C—COOC$_4$H$_9$ (HO H / H NH$_2$)	→ D-*threo-2-Amino-1-(4-nitro-phenyl)-propan-diol-(1,3)*[5]	87% d. Th.; F: 163–164°
H$_3$COOC COOCH$_3$ / O$_2$N— —NO$_2$	→ *4,4'-Dinitro-2,2'-bis-[hydroxymethyl]-biphenyl*[2]	51% d. Th.; F: 159–161°
COOC$_2$H$_5$ (HN / S) —NO$_2$	→ *2-Thiono-4-hydroxymethyl-5-(4-nitro-phenyl)-1,3-thiazo-lidin*[6]	91% d. Th.; F: 139–143°

Amino- und Hydroxy-carbonsäure-ester werden mit überschüssigem Natrium-bis-[2-methoxy-äthoxy]-dihydrido-aluminat in siedendem Benzol innerhalb einiger Minuten reduziert[7].

4-Hydroxy-benzylalkohol[7]: Unter Rühren wird zu einer Lösung von 16,7 g (82,5 mMol) Natrium-bis-[2-methoxy-äthoxy]-dihydrido-aluminat in 80 *ml* abs. Benzol unter Stickstoff eine heiße Lösung von 6,08 g (36,3 mMol) 4-Hydroxy-benzoesäure-äthylester in 80 *ml* abs. Benzol rasch zugetropft. Man kocht die Mischung 15 Min. unter Rückfluß, kühlt ab, versetzt mit 15 *ml* Wasser, trennt die Benzol-Phase ab, rührt die viskose wäßr. Phase 1 Stde. mit 85 *ml* Wasser, neutralisiert durch Einleiten von Kohlendioxid und extrahiert das verbliebene breiige Gemisch dreimal mit je 200 *ml* Diäthyläther. Die vereinigten organ. Phasen werden mit Natriumsulfat getrocknet und i. Vak. eingedampft. Man kristallisiert den Rückstand aus Wasser; Ausbeute: 3,2 g (70% d. Th.); F: 109,5–110,5°.

Analog erhält man *2-Hydroxy-benzylalkohol*[7] (87% d. Th.).

Die Reduktion von Acylamino-carbonsäure-estern mit Diboran ist strukturabhängig. So erhält man z. B. aus Hippursäure-methylester neben 85% *2-Benzylamino-äthanol* 11% *Benzylamino-essigsäure-methylester*[8]:

---

[1] J. KOLLONITSCH, O. FUCHS u. V. GABOR, Nature **173**, 125 (1954).
[2] L. V. DVORKEN, R. B. SMYTH u. K. MISLOW, Am. Soc. **80**, 486 (1958).
[3] A. HAJÓS, Acta chim. Acad. Sci. hung. **84**, 471 (1975).
[4] J. KOLLONITSCH, O. FUCHS u. V. GABOR, Nature **175**, 346 (1955).
[5] A. HAJÓS u. O. FUCHS, Acta chim. Acad. Sci. hung. **24**, 411 (1960).
[6] G. WINTERS, G. NATHANSOHN u. E. TESTA, G. **94**, 1419 (1964).
[7] M. ČERNY u. J. MÁLEK, Collect. czech. chem. Commun. **35**, 2030 (1970); Synthesis **1972**, 217.
[8] M. J. KORNET, P. A. THIO u. S. I. TAN, J. Org. Chem. **33**, 3637 (1968).

$$H_5C_6-CO-NH-CH_2-COOCH_3 \xrightarrow{\quad B_2H_6 \quad} H_5C_6-CH_2-NH-CH_2-CH_2-OH \; +$$

$$H_5C_6-CH_2-NH-CH_2-COOCH_3$$

Bei höheren Temperaturen und längerer Reaktionsdauer, sowie mit einem größeren Diboran-Überschuß wird lediglich *2-Benzylamino-äthanol* erhalten[1].

Zur Reduktion von α-Alkoxycarbonylaminoxy-carbonsäure-estern zu Glykolen s. S. 133.

5-Methyl-2-phenyl-4-äthoxycarbonyl-1,5-dihydro-1,3-oxazol wird je nach Menge Lithiumalanat entweder selektiv zum Alkohol reduziert oder man erhält unter Ringspaltung *2-Benzylamino-3-hydroxy-butandiol-(1,3)* (s. S. 347).

Die Nitro-Gruppe bleibt bei der Reduktion von Nitro-carbonsäure-estern mit Lithiumalanat nur unter sorgfältig kontrollierten Bedingungen erhalten[2]. α-Nitro-carbonsäure-ester werden durch Lithiumalanat oder Dialkyl-aluminiumhydride infolge der elektronenanziehenden Wirkung der Nitro-Gruppe unter C–C-Spaltung (s. S. 472f.) hauptsächlich in Amino-alkane übergeführt[2,3], während sich α-Oximino-carbonsäure-ester und -dicarbonsäure-diester mit Lithiumalanat zu Amino-alkoholen bzw. -diolen reduzieren lassen[3,4].

Zur selektiven Reduktion von Nitro-carbonsäure-estern zu Nitro-alkoholen können Aluminiumhydrid, Lithiumalanat/Aluminiumchlorid sowie Lithium- oder Calciumboranat (s. S. 212f.) und Natriumboranat/Aluminiumchlorid[5] dienen.

4-Nitro-pentanol[6]: Unter Rühren wird zu einer Lösung von 0,3 g (10 mMol) Aluminiumhydrid in 15 *ml* abs. THF unter Stickstoff bei −10° innerhalb 5 Min. eine Lösung von 0,806 g (5 mMol) 4-Nitro-pentansäure-methylester in 5 *ml* abs. THF getropft. Die viskose Reaktionsmischung wird 3 Stdn. bei 0° gerührt, mit einer Lösung von 0,4 g Harnstoff in 5 *ml* 20%iger Phosphorsäure versetzt, die wäßr. Phase abgeschieden und 2mal mit je 10 *ml* Diäthyläther extrahiert. Man trocknet die Solventien mit Natriumsulfat, dampft sie ab und destilliert den Rückstand; Ausbeute: 0,53 g (80% d. Th.); Kp₁: 89–92°.

Analog erhält man aus 4-Nitro-benzoesäure-äthylester *4-Nitro-benzylalkohol* (68% d. Th.)[5] (mit Natriumboranat/Aluminiumchlorid 77% d. Th.)[6]. Mit Lithiumalanat/Aluminiumchlorid erzielt man ähnliche Resultate[7].

iii₇) von Oxo-carbonsäure-estern

Formyl-carbonsäure-ester werden bei geschützter Formyl-Gruppe (Acetal) mit Natriumboranat selektiv zum entsprechenden Hydroxy-aldehyd-acetal reduziert. Es ist

[1] F. J. McEvoy u. G. R. Allen, J. Org. Chem. **38**, 3350 (1973).
[2] A. Dornow u. M. Gellrich, A. **594**, 177 (1955).
   H. Hellmann u. D. Starck, Ang. Ch. **70**, 271 (1958).
   H. Reinheckel, D. Jahnke u. G. Tauber, M. **100**, 1881 (1969).
[3] H. Reinheckel u. D. Rankoff, B. **95**, 876 (1962).
[4] N. Fischer, Chem. & Ind. **1952**, 130.
   W. Treibs u. H. Reinheckel, B. **89**, 58 (1956).
   O. M. Friedman u. E. Boger, Am. Soc. **78**, 4659 (1956).
[5] H. C. Brown u. B. C. Subba Rao, Am. Soc. **78**, 2582 (1956).
[6] N. M. Yoon u. H. C. Brown, Am. Soc. **90**, 2927 (1968).
[7] P. Newman, P. Rutkin u. K. Mislow, Am. Soc. **80**, 465 (1958).

die beste Methode zur Herstellung höherer Alkohole aus Uronsäure-[1] und Zucker-säure-estern[2]; z. B.:

Methyl-α-D-galactopyranosid-Monohydrat[3]: 0,5 g (2,1 mMol) Methyl-α-D-galactopyranosid-uronsäure-me-thylester-Monohydrat in 5 *ml* Wasser werden in 5 Min. bei 25–35° zu 0,20 g (5,3 Mol) Natriumboranat in 3 *ml* Wasser getropft. Man rührt 10 Min., säuert mit verd. Essigsäure an, verd. mit dem 2fachen Vol. Wasser und läßt durch Amberlite-IR-100-H und -IR-4-B-Säulen laufen. Der Durchlauf wird i. Vak. eingedampft, der Rückstand in 10 *ml* Wasser gelöst und mit 20 *ml* 0,2 n̄ Bariumhydroxid-Lösung versetzt. Man läßt 4 Stdn. bei 28–30° stehen, entionisiert mit Amberlite-IR-100-H und -IR-4-B, dampft den Durchlauf i. Vak. ein und kristallisiert den Rück-stand aus abs. Äthanol und Diäthyläther; Ausbeute: 0,27 g (61% d. Th.); F: 104–106°.

Analog erhält man aus den entsprechenden Uronsäure-methylestern:

Methyl-β-D-galactopyranosid[3]   64% d. Th.; F: 175–176°
Methyl-α-D-glucopyranosid[3]   37% d. Th.; F: 164–165°
Methyl-α-L-lyxofuranosid[4]   89% d. Th.; F: 93°

Zur Herstellung markierter Derivate s. Lit.[5].

Oxo-carbonsäure-ester ergeben mit Lithiumalanat Diole[6]. Auch hier sind stufen-weise Reduktionen möglich[7]. Soll die Oxo-Gruppe nicht angegriffen werden, so muß sie geschützt werden[8].

Die selektive Reduktion der Oxo-Gruppe neben der Alkoxycarbonyl-Gruppe wird zweckmäßig mit Lithium-tri-tert.-butyloxy-hydrido-aluminat[9] oder mit Natrium- bzw. Kalium-boranat (s. S. 217, 317 ff.) durchgeführt.

Ähnlich wie enolisierbare β-Dioxo-Verbindungen, die bei der Reduktion mit Lithium-alanat infolge der Bildung von Olefin aus dem Enol-Metallsalz kein einheitliches Reak-tionsprodukt ergeben (s. S. 228, 296), reagieren auch enolisierbare β-Oxo-carbon-säureester und Malonsäure-diester (s. S. 204). Aus 2-Oxo-cyclohexancarbon-säure-äthylester wird z. B. 50–52% *2-Methylen-cyclohexanol*, 18–21% *Cyclohexen-(1)-yl-methanol* und 11% *2-Hydroxymethyl-cyclohexanol* erhalten[10].

Der Ablauf der Reaktion ist einheitlicher, wenn man direkt vom Natriumenolat aus-geht[11].

Während monosubstituierte Acetessigester isomere Allylalkohole[12] liefern, erhält man aus den enolisierbaren β-Oxo-carbonsäure-estern einheitliche Reaktionsprodukte, wenn sie zuerst mit dem elektrophileren Aluminiumhydrid zu den über einen Chelat-

[1] B. Weissmann u. K. Meyer, Am. Soc. **76**, 1753 (1954).
 E. A. Davidson u. K. Meyer, Am. Soc. **77**, 4796 (1955).
 A. K. Chatterjee u. S. Mukherjee, Am. Soc. **80**, 2538 (1958).
 M. L. Wolfrom u. B. O. Juliano, Am. Soc. **82**, 1673 (1960).
[2] V. Brocca u. A. Dausi, G. **86**, 87 (1956).
[3] M. L. Wolfrom u. K. Anno, Am. Soc. **74**, 5583 (1952).
[4] R. K. Hulyalkar u. M. B. Perry, Canad. J. Chem. **43**, 3241 (1965).
[5] S. v. Schuchting u. G. H. Fryl, J. Org. Chem. **30**, 1288 (1965).
[6] E. Rudloff, Canad. J. Chem. **36**, 486 (1958).
 U. Bertocchio, R. Longeray u. J. Dreux, Bl. **1964**, 60.
[7] W. Treibs, B. **92**, 2152 (1959).
[8] W. Swoboda, M. **82**, 388 (1951).
 E. J. Corey u. D. J. Beames, Am. Soc. **95**, 5829 (1973).
[9] J. Joska, J. Fajkoš u. F. Šorm, Collect. czech. chem. Commun. **25**, 1086, 2341 (1960).
 K. Heusler, P. Wieland u. C. Meystre, Org. Synth. Coll. Vol. V, 692 (1973).
[10] A. S. Dreiding u. J. A. Hartman, Am. Soc. **75**, 939 (1953).
[11] E. Romann et al., Helv. **40**, 1900 (1957).
[12] J. A. Marshall u. S. B. Litsas, J. Org. Chem. **37**, 1840 (1972).

Komplex gebildeten β-Oxo-alkoholen und danach mit Natriumboranat zum Diol reduziert werden. Im ersten Schritt wird hier kein Olefin gebildet. Aus 2-Äthoxycarbonyl-cyclopentanon erhält man z. B. mit dieser Methode in 82,5%-iger Ausbeute *2-Hydroxymethyl-cyclopentanol*[1]:

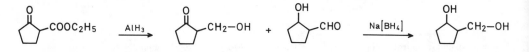

2-Hydroxymethyl-cyclopentanol[1]: Unter Rühren wird zu einer Lösung von 0,30 g (10 mMol) Aluminiumhydrid in 15 *ml* abs. THF unter Stickstoff bei 0° eine Lösung von 0,78 g (5 mMol) 2-Äthoxycarbonyl-cyclopentanon in 5 *ml* abs. THF getropft. Man rührt 30 Min., hydrolysiert mit wäßr. THF (1 : 1) und versetzt mit 0,19 g (5 mMol) Natriumboranat in 5 *ml* 3 n Natriumlauge. Man läßt die Lösung 1 Stde. bei 20° stehen, hydrolysiert mit 2 n Schwefelsäure/THF (1 : 1), sättigt die wäßr. Phase mit Kaliumcarbonat und extrahiert mit THF. Der Auszug wird eingedampft und der Rückstand destilliert; Ausbeute: 0,48 g (82,5% d. Th.); Kp$_2$: 102–103°.

2-Oxo-1-methoxycarbonyl-cyclopentan ergibt mit Lithiumalanat 25% d. Th. *2-Hydroxymethyl-cyclopentanol*[2].

Mit Natrium- und Kaliumboranat werden Diole erhalten[3-9]:

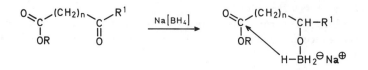

Die Ausbeute an Diol nimmt unter identischen Reaktionsbedingungen bei einfachen aliphatischen Verbindungen in Richtung γ- < β- < α-Oxo-carbonsäure-ester zu[9].

Zur selektiven Reduktion der Oxo-Gruppe s. S. 317 ff.

Halogen-oxo-carbonsäureester werden leicht zu Diolen[9,10] reduziert (zur selektiven Reduktion der Oxo-Gruppe s. S. 318 f.); z. B.:

$$FH_2C-CO-CHF-COOC_2H_5 \xrightarrow[70°]{K[BH_4]} FH_2C-\underset{\underset{OH}{|}}{CH}-CHF-CH_2-OH$$

[1] N. M. YOON u. H. C. BROWN, Am. Soc. **90**, 2927 (1968).
[2] A. S. DREIDING u. J. A. HARTMAN, Am. Soc. **75**, 939 (1953).
[3] D. M. S. WHEELER u. M. M. WHEELER, J. Org. Chem. **27**, 3796 (1962).
   E. C. PESTERFIELD u. D. M. S. WHEELER, J. Org. Chem. **30**, 1513 (1965).
[4] J. POLONSKY u. E. LEDERER, Bl. **1954**, 504.
[5] C. DAESSLÉ u. H. SCHINZ, Helv. **40**, 2270 (1957).
   H. O. HOUSE et al., J. Org. Chem. **27**, 4141 (1962).
   T. L. JACOBS u. R. B. BROWNFIELD, Am. Soc. **82**, 4033 (1960).
   E. SCHREIER, Helv. **46**, 75 (1963).
[6] L. LÉVAI u. K. RITVAY-EMANDITY, B.*92, 2775 (1959).
   K. KRATZL u. G. E. MIKSCHE, M. **94**, 530 (1963).
[7] E. M. ROBERTS, M. GATES u. V. BOEKELHEIDE, J. Org. Chem. **20**, 1143 (1955).
   N. L. LEONARD, K. CONROW u. R. W. FULMER, Am. Soc. **22**, 1445 (1957).
   V. BOEKELHEIDE u. R. J. WINDGASSEN, Am. Soc. **81**, 1456 (1959).
   E. C. TAYLOR u. E. S. HAND, Am. Soc. **85**, 770 (1963).
   K. ADANK et al., Helv. **46**, 1030 (1963).
   M. VISCONTINI u. H. A. PFENNINGER, Helv. **47**, 1240 (1964).
   J. L. WONG, M. S. BROWN u. H. RAPOPORT, J. Org. Chem. **30**, 2398 (1965).
[8] J. A. BERSON u. M. A. GREENBAUM, Am. Soc. **81**, 6456 (1959).
[9] J. E. G. BARNETT u. P. W. KENT, Soc. **1963**, 2743.
[10] H. TOBIAS, Helv. **46**, 159 (1963).
   A. ROEDIG, H. AMAN u. E. FAHR, A. **675**, 47 (1964).
   P. W. KENT u. J. E. G. BARNETT, Soc. **1964**, 2497.

2,4-Difluor-butandiol-(1,3)[1]: 4 g (23 mMol) 2,4-Difluor-3-oxo-butansäure-äthylester werden mit 1,8 g (33 mMol) Kaliumboranat in 50 *ml* Äthanol 30 Min. bei 0° gerührt, danach 5 Stdn. auf 70° erhitzt. Man versetzt mit 150 *ml* Methanol und säuert mit methanol. Salzsäure an, dampft ein, saugt das Kaliumchlorid mit Chloroform ab, entfernt das Lösungsmittel i. Vak. und destilliert den Rückstand; Ausbeute: 2,1 g (66% d. Th.); Kp$_{0,005}$: 54,5°.

Bei 0° wird dagegen *2,4-Difluor-3-hydroxy-butansäure-äthylester* (66% d. Th.) erhalten (s. S. 318).

Analog erhält man aus 2-Fluor-3-oxo-butandisäure-diäthylester *erythro-2-Fluor-butantriol-(1,3,4)* (39% d. Th.); F: 69–70°.

Die Reduktion enolisierbarer β-Oxo-carbonsäure-ester mit Natriumboranat ergibt bessere Resultate als mit Lithiummalanat, da kein Olefin gebildet wird (s. S. 215). Aus 4-Oxo-1-benzyl-3-äthoxycarbonyl-pyrrolidin erhält man z. B. das Diol mit Natriumboranat in 72%iger, mit Lithiummalanat in 51%iger Ausbeute. Die selektive Reduktion zum Hydroxy-carbonsäure-ester liefert schlechtere Ergebnisse[2]:

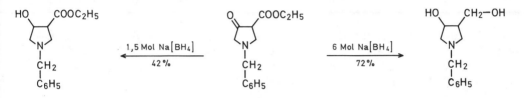

4-Hydroxy-3-hydroxymethyl-1-benzyl-pyrrolidin[2]: Unter kräftigem Rühren werden zu einer Lösung von 123,5 g (0,5 Mol) 4-Oxo-1-benzyl-3-äthoxycarbonyl-pyrrolidin in 1 *l* Methanol innerhalb 30 Min. portionsweise 114 g (3 Mol) Natriumboranat gegeben. Man rührt 12 Stdn. bei 25°, dampft das Methanol ab, löst den Rückstand in 500 *ml* Wasser, läßt 1 Stde. stehen, extrahiert 3mal mit je 250 *ml* Chloroform, entfernt das Chloroform i. Vak. und löst den Rückstand in 400 *ml* 10%iger Salzsäure. Nach 1 Stde. wird die Lösung stark alkalisch gestellt, mit Chloroform extrahiert, der Auszug mit Magnesiumsulfat getrocknet, abgedampft und der Rückstand destilliert; Ausbeute: 74,6 g (72,1% d. Th.); Kp$_{0,03}$: 150–160°.

Analog erhält man aus 4-Oxo-1-benzyl-3-äthoxycarbonyl-piperidin *4-Hydroxy-3-hydroxymethyl-1-benzyl-piperidin* (41,7% d. Th.; Kp$_{0,03}$: 142–146°).

Weitere Beispiele sind in Tab. 22 (S. 319f.) angeführt.

α-Oxo-carbonsäure-ester werden mit chiralen Lithium-alkoxy-hydrido-aluminaten[3] (s. S. 29ff.) bzw. mit Diphenyl-silan in Gegenwart von chiralen Rhodium(I)-Komplexen[4] zu optisch aktiven α-Hydroxy-carbonsäure-estern reduziert. Ähnlich werden die mit optisch aktiven Alkoholen gebildeten Carbonsäure-ester der Phenylglyoxylsäure mit Lithiummalanat zu chiralem *Phenyl-glykol* reduziert[5].

ii$_3$) zu Äthern

Sterisch gehinderte Carbonsäure-ester mit einer basischen Carbonyl-Gruppe und Lactone (s. S. 225) werden durch Lithiummalanat/Bortrifluorid oder besser Natriumboranat/Bortrifluorid zu Äthern reduziert[6, 7]:

[1] J. E. G. BARNETT u. P. W. KENT, Soc. **1963**, 2743.
[2] E. JAEGER u. J. H. BIEL, J. Org. Chem. **30**, 740 (1965).
[3] A. HOREAU, H. B. KAGAN u. J. P. VIGNERON, Bl. **1968**, 3795.
[4] I. OJIMA, T. KOGURE u. Y. NAGAI, Tetrahedron Letters **1974**, 1889.
    K. YAMAMOTO, T. HAYASHI u. M. KUMADA, J. Organometal. Chem. **46** [C] 65 (1972).
    I. OJIMA, T. KOGURE u. Y. NAGAI, Chemistry Letters **1973**, 541.
    K. YAMAMOTO, T. HAYASHI u. M. KUMADA, J. Organometal. Chem. **54** [C] 45 (1973).
    I. OJIMA u. Y. NAGAI, Chemistry Letters **1974**, 223.
[5] V. PRELOG, M. WILHELM u. D. B. BRIGHT, Helv. **37**, 221 (1954).
    J. A. BERSON u. M. A. GREENBAUM, Am. Soc. **81**, 6456 (1959).
    M. J. KUBITSCHECK u. W. A. BONNER, J. Org. Chem. **26**, 2194 (1961).
[6] G. R. PETTIT u. W. J. EVERS, Canad. J. Chem. **44**, 1097 (1966).
[7] G. R. PETTIT u. T. R. KASTURI, J. Org. Chem. **26**, 4557 (1961).

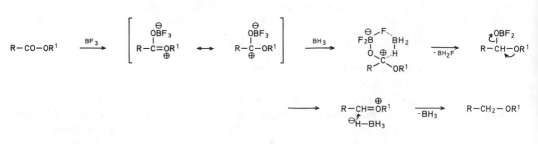

Die Halbacetal-Stufe kann bei der Reduktion von Lactonen mit Diboran isoliert werden[1, 2] (s. S. 221 ff.). Zu den mit Lithiumalanat/Bortrifluorid[3, 4] in Diäthyläther durchzuführenden Reduktionen eignet sich nur frisches, farbloses Lithiumalanat, so daß Natriumboranat auch hier den großen Vorteil der gleichbleibenden Qualität hat.

Die Reduktion gelingt nur bei größeren Molekülen, wo die Alkohol- bzw. Carbonsäure-Komponente ein Steroid[4-6], ein höheres Terpen[4, 7], ein Polysaccharid[8] oder ein Alkaloid[9] sein kann. Ferner sind nur Ester verzweigter Carbonsäuren bzw. Alkohole zur Reduktion geeignet, da die Ausbeuten in Richtung

$$C_\alpha = \text{tertiär} \ > \ \text{sekundär} \ > \ \text{primär}$$

abnehmen[4]. Benzoesäure-[5] und Kohlensäure-ester[6] werden zu den Alkoholen bzw. gar nicht reduziert. Bei der Standard-Methode wird Natriumboranat in Bis-[2-methoxy-äthyl]-äther gelöst und die Lösung der zu reduzierenden Substanz und von Bortrifluorid-Ätherat zugetropft. Statt Natriumboranat kann auch eine Diboran-Lösung in THF genommen werden[6].

24-tert.-Butyloxy-5β-cholan[4]: Unter Rühren wird zu einer gekühlten Lösung von 0,37 g (9,8 mMol) Natriumboranat in 25 ml abs. Bis-[2-methoxy-äthyl]-äther unter Stickstoff innerhalb 15–20 Min. eine Lösung von 2 g (4,8 mMol) 5β-Cholan-24-säure-tert.-butylester und 21 g (148 mMol) Bortrifluorid-Ätherat in 70 ml abs. THF getropft. Man rührt 1 Stde. unter Eiskühlung, erhitzt 1 Stde. unter Rückfluß, kühlt ab, versetzt vorsichtig mit 50 ml 2 n Salzsäure und Wasser und extrahiert mit Diäthyläther. Der Rückstand wird in Petroläther gelöst, an aktiviertem Aluminiumoxid chromatographiert und mit Petroläther eluiert; Ausbeute: 1,47 g (76% d. Th.); F: 87–89° (aus Essigsäure-äthylester/Methanol und Aceton, F: 95–95,5°).

Das entsprechende *24-Butyl-(2)-oxy-* oder *24-Butyloxy-5β-cholan* entsteht nur zu 41 bzw. 7% d. Th. 5α-Pregnan-20-S-carbonsäure-tert.-butylester wird zu *20-S-tert.-Butyl-oxymethyl-5α-pregnan* (68% d. Th.; F: 121–122°) reduziert.

Manchmal verläuft die Reaktion mit einem großen Diboran-Überschuß von allein ab; z. B.:

---

[1] G. R. Pettit u. T. R. Kasturi, J. Org. Chem. **26**, 4557 (1961).
[2] G. R. Pettit et al., J. Org. Chem. **26**, 4773 (1961).
[3] G. R. Pettit u. T. R. Kasturi, J. Org. Chem. **25**, 875 (1960); **26**, 986, 4553 (1961).
  G. R. Pettit et al., Tetrahedron **18**, 953 (1962).
[4] G. R. Pettit u. D. M. Piatak, J. Org. Chem. **27**, 2127 (1962).
[5] G. R. Pettit et al., Canad. J. Chem. **44**, 1283 (1966).
[6] G. R. Pettit u. W. J. Evers, Canad. J. Chem. **44**, 1293 (1966).
[7] G. R. Pettit et al., J. Org. Chem. **26**, 1685 (1961).
[8] E. L. Hirst, E. Percival u. J. K. Wold, Soc. **1964**, 1493.
[9] J. H. Manning u. J. W. Green, Soc. [C] **1967**, 2357.
  J. P. Ferris, C. B. Boyce u. R. C. Briner, Am. Soc. **93**, 2942 (1971).

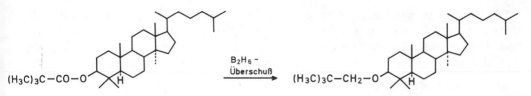

3β-(2,2-Dimethyl-propyloxy)-5α-lanostan[1]: 0,69 g (1,33 mMol) 3-(2,2-Dimethyl-propanoyloxy)-5α-lano-stan werden in 3,6 *ml* abs. THF unter Stickstoff mit 5 *ml* m Boran-Lösung in THF (5 mMol) 3 Tage bei 20° stehen gelassen. Man versetzt mit 40 *ml* Methanol, dampft ein und reinigt den Rückstand durch präparative Dünn-schichtchromatographie mit Ligroin als mobile Phase. Die erhaltenen 2 Zonen werden mit Diäthyläther eluiert. Untere Zone: 0,053 g (9% d. Th.) *3β-Hydroxy-5α-lanostan*. Die obere Zone ergibt den gewünschten Äther; Ausbeute: 0,53 g (79% d. Th.); F: 183–184°.

Für analoge Reduktionen ist auch Lithiumalanat/Aluminiumchlorid (1:4) geeignet[2].

Zur Reduktion von Carbonsäure-estern mit Trichlorsiliciumhydrid in Gegenwart von Licht oder γ-Strahlen zu Äthern s. Lit.[3].

ii₄) zu Kohlenwasserstoffen

Die mit Elektronendonator-Gruppen substituierten aromatischen Carbonsäure-ester können analog den entsprechenden Carbonsäuren (s. S. 170) mit Lithiumalanat, Na-trium-bis-[2-methoxy-äthoxy]-dihydrido-aluminat, Lithiumalanat/Aluminiumchlorid und in gewissen Fällen auch mit Diboran zu Kohlenwasserstoffen reduziert werden.

4-Methyl-phenylhydrazin-nitrat[4]: 1,66 g (10 mMol) 4-Methoxycarbonyl-phenylhydrazin werden unter Stick-stoff aus einer Soxhlet-Hülse mit einer siedenden Lösung von 2 g (53 mMol) Lithiumalanat in 180 *ml* abs. Di-äthyläther extrahiert (~ 40 Min.). Man kocht weitere 19 Stdn. unter Rückfluß, kühlt ab, versetzt mit 5 *ml* ges. Na-triumchlorid-Lösung, saugt den Niederschlag ab, wäscht nach, dampft das Filtrat nach Trocknen i.Vak. ein, ver-setzt den Rückstand mit verd. Salpetersäure, filtriert das ausgeschiedene Rohprodukt ab und kristallisiert es nach Auswaschen aus Methanol/Chloroform um; Ausbeute: 0,76 g (41% d. Th.); F: 149–152°.

Allgemein anwendbar ist die Methode zur Herstellung von Cyclopropanen aus den entsprechenden Zimtsäure-, Zimtsäure-ester-, Zimtaldehyd- und Zimtalkohol-Derivaten bei Zugabe der Lösung des Carbonsäure-esters in Tetrahydrofuran zu 1,5-Mol-Äquiva-lenten Lithiumalanat in Tetrahydrofuran[5]:

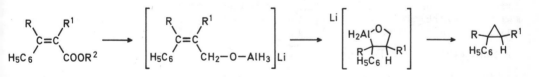

Die Reduktion der Alkoxycarbonyl-Gruppe zur Methyl-Gruppe verläuft auch bei der Reaktion enolisierbarer β-Dicarbonyl-Verbindungen mit Lithiumalanat[6] (s. S. 204).

[1] G. R. Pettit u. J. R. Dias, Chem. Commun. **1970**, 901.
 J. R. Dias u. G. R. Pettit, J. Org. Chem. **36**, 3485 (1971).
[2] A. M. Maione u. I. Torrini, Chem. & Ind. **1975**, 837.
[3] J. Tsurugi, R. Nakao u. T. Fukumoto, Am. Soc. **91**, 4587 (1969).
 Y. Nagata, T. Dohmaru u. J. Tsurugi, J. Org. Chem. **38**, 795 (1973).
 S. W. Baldwin u. S. A. Haut, J. Org. Chem. **40**, 3885 (1975).
[4] R. B. Kelly, E. G. Daniels u. J. W. Hinman, J. Org. Chem. **27**, 3229 (1962).
[5] M. J. Jorgenson u. A. W. Friend, Am. Soc. **87**, 1815 (1965).
[6] A. Dornow u. K. J. Fust, B. **87**, 985 (1954).
 K. Alder, H. Betzing u. R. Kuth, A. **620**, 86 (1959).
 J. A. Marshall, N. H. Andersen u. A. R. Hochstetler, J. Org. Chem. **32**, 113 (1967).
 P. Desaulles u. J.-P. Fleury, Bl. **1967**, 1849.

Die mit Elektronendonator-Gruppen substituierten Benzoesäure-ester werden durch Natrium-bis-[2-methoxy-äthoxy]-dihydrido-aluminat in siedendem Xylol innerhalb 1–2 Stdn. fast quantitativ zu den entsprechenden Toluolen reduziert. Die Reaktion wird wie bei den Carbonsäuren durchgeführt[1] (s. S. 170f.). So erhält man z. B. aus

2-Hydroxy-benzoesäure-methylester	→	*2-Methyl-phenol*	96% d. Th.
4-Hydroxy-benzoesäure-äthylester	→	*4-Methyl-phenol*	92% d. Th.
2-Amino-benzoesäure-äthylester	→	*2-Methyl-anilin*	88% d. Th.
4-Amino-benzoesäure-äthylester	→	*4-Methyl-anilin*	93% d. Th.

4-Methoxy-zimtsäure-äthylester wird mit Lithiumalanat/Aluminiumchlorid in Diäthyläther quantitativ zu einem Gemisch von *4-Methoxy-1-propenyl-* und *4-Methoxy-1-allylbenzol* (2:1) reduziert[2]:

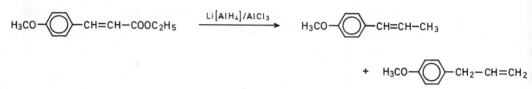

Die Reduktion von 2-Methoxy-zimtsäure-äthylester liefert ähnliche Resultate, während aus 4-Amino-zimtsäure-äthylester das Gemisch von *4-Allyl-* und *4-Propenyl-anilin* nur in schlechter Ausbeute erhalten wird.

Kernständige heteroaromatische Carbonsäure-ester mit einem elektronenliefernden Heteroring der Pyridin-[3], Pyrimidin-[4], Indol-[5], Thiophen-[6] und 1,3-Thiazol-Reihe[7] werden mit Lithiumalanat zu den Methyl-Derivaten reduziert. Pyrrol-carbonsäure-ester lassen sich in Tetrahydrofuran oder Diäthyläther meist leichter zu den Methyl-pyrrolen reduzieren als die entsprechenden Carbonsäuren (s. S. 171). Die N-Alkoxycarbonyl-Gruppe wird während der Reaktion abgespalten (vgl. S. 237).

2,3-Dimethyl-pyrrol[8]:

6,8 g (45 mMol) 2-Methyl-3-äthoxycarbonyl-pyrrol werden in 100 *ml* abs. THF mit 3,4 g (90 mMol) Lithiumalanat unter Stickstoff 12 Stdn. am Rückfluß gekocht. Man kühlt die Mischung ab, zersetzt mit wenig Wasser, saugt den Niederschlag ab, wäscht mit Diäthyläther nach, trocknet das Filtrat mit Magnesiumsulfat, dampft ein und destilliert den Rückstand; Ausbeute: 2,55 g (61% d. Th.); Kp_{65}: 97°.

Analog erhält man z. B. aus

2,4-Dimethyl-3-äthoxycarbonyl-pyrrol	→	*2,3,4-Trimethyl-pyrrol*[8]	90% d. Th.; Kp_{11}: 70–75°
2,4-Dimethyl-3-äthyl-5-äthoxycarbonyl-pyrrol	→	*2,4,5-Trimethyl-3-äthyl-pyrrol*[9]	70% d. Th.; F: 68°
1,3,4-Trimethoxycarbonyl-pyrrol	→	*3,4-Dimethyl-pyrrol*[8]	50% d. Th.; Kp_{16}: 66–67°

[1] M. ČERNÝ u. H. MÁLEK, Tetrahedron Letters **1969**, 1739; Collect. czech. chem. Commun. **35**, 1216, 2030 (1970).
[2] D. C. WIGFIELD u. K. TAYMAZ, Tetrahedron Letters **1973**, 4841.
[3] R. G. JONES u. E. C. KORNFELD, Am. Soc. **73**, 107 (1951).
[4] R. S. SHADBOLT u. T. L. V. ULBRICHT, Soc. [C] **1968**, 733.
[5] E. LEETE u. L. MARION, Canad. J. Chem. **31**, 775 (1953).
[6] W. CARPENTER u. H. R. SNYDER, Am. Soc. **82**, 2592 (1960).
[7] L. H. CONOVER u. D. S. TARBELL, Am. Soc. **72**, 5221 (1950).
[8] R. L. HINMAN u. S. THEODOROPULOS, J. Org. Chem. **28**, 3052 (1963).
vgl. a. E. CAMPAIGNE u. G. M. SRUTSKE, J. Heterocycl. Chem. **12**, 317 (1975).
[9] A. TREIBS u. H. DERRA-SCHERER, A. **589**, 188 (1954).

Auch Diboran reduziert in gewissen Fällen kernständige heteroaromatische Carbon-säure-ester unter Hydrogenolyse der Alkoxycarbonyl-Gruppe. Pyrrol-carbonsäure-ester werden durch Diboran im allgemeinen nur sehr langsam angegriffen[1], Pyrrol-2-carbon-säure-methylester und besonders die im Ring bromierten Derivate ergeben dagegen die entsprechenden 2-Methyl-pyrrole[2]. Indol-3-carbonsäure-äthylester liefert mit einem großen Diboran-Überschuß quantitativ *3-Methyl-indol* (*Skatol*)[3].

Tributyl-zinnhydrid[4,5] und auch Trialkyl-siliciumhydride[6] greifen Carbonsäu-re-ester unter schärferen Bedingungen radikalisch unter Bildung von Kohlenwasser-stoffen an.

i₂) von Lactonen

Lactone werden durch Hydride meist langsamer reduziert als Carbonsäuren, so daß die Reaktionen selektiver sind. Lactone lassen sich ferner unter Erhalt der Carboxy-Gruppe und Hydrogenolyse der Äther-Bindung aufspalten. Dieser Reduktionstyp kommt beson-ders bei Enol-lactonen vor (s. S. 229, 444f.)[7].

Als Reduktionsprodukte werden semicyclische Halbacetale, Diole, cyclische Äther und Kohlenwasserstoffe (s.S. 228) erhalten.

Gegen den Angriff nucleophiler komplexer Metallhydride können Lactone durch Überführung mit 1,2-Bis-[dimethyl-aluminium-mercapto]-äthan in die ortho-Dithiosäure-triester geschützt werden[8]:

$$(H_2C)_n \overset{\diagup}{\underset{O}{\diagdown}} C{=}O \quad \xrightarrow{(H_3C)_2Al{-}S{-}CH_2{-}CH_2{-}S{-}Al(CH_3)_2} \quad (H_2C)_n \overset{\diagup}{\underset{O}{\diagdown}} \overset{S}{\underset{S}{\diagup\diagdown}}$$

Beständig ist die Lacton-Funktion gegenüber Zinkboranat (s. S. 318 u. 321) bzw. Li-thiumalanat/Pyridin-Äther (s. S. 284 u. 295f.).

ii₁) zu Halbacetalen

Zur Reduktion von Lactonen zu Halbacetalen sind mehrere Hydride geeignet, wobei Bis-[3-methyl-butyl-(2)]-boran selektiv wirkt.

Lithiumalanat kann in stereochemisch günstigen Fällen, oft nur bei inverser Zugabe und niedriger Temp., zur Halbreduktion eingesetzt werden[9]; z. B. bei Aldonsäure-lacto-

[1] K. M. Biswas u. A. H. Jackson, Tetrahedron **24**, 1145 (1968).
   P. E. Sonnet, J. Heterocyclic Chem. **7**, 1101 (1970).
[2] P. E. Sonnet, J. Heterocyclic Chem. **9**, 1395 (1972).
[3] R. Littell u. G. R. Allen, J. Org. Chem. **38**, 1504 (1973).
[4] L. E. Khoo u. H. H. Lee, Tetrahedron Letters **1968**, 4351.
[5] L. E. Khoo u. H. H. Lee, Tetrahedron **26**, 4261 (1970).
[6] E. Frainnet u. M. Paul, C.r. **265**, 1185 (1967).
[7] M.-J. Brienne u. J. Jacques, Tetrahedron **26**, 5087 (1970).
   W. J. Gensler, F. Johnson u. A. D. B. Sloan, Am. Soc. **82**, 6074 (1960).
[8] E. J. Corey u. D. J. Beames, Am. Soc. **95**, 5829 (1973).
[9] G. E. Arth, Am. Soc. **75**, 2413 (1953).
   R. L. Letsinger u. P. T. Lansbury, Am. Soc. **81**, 935 (1959).
   H. M. Crawford, J. Org. Chem. **28**, 3082 (1963).

nen[1], Steroid-[2] und Terpenoid-Lactonen[3] sowie 2H-Pyronen. Als Lösungsmittel eignet sich ein THF/Pyridin-Gemisch[1] (Arbeitsvorschrift s. ds. Handb., Bd. VI/4, S. 386).

Mit Natriumalanat[1,4], Lithium-triäthoxy-hydrido-aluminat[5], Lithium-tri-tert.-butyloxy-hydrido-aluminat[6] (nur bei Lactonen von Phenol-carbonsäuren anwendbar, vgl. S. 192f.), Bis-[2-methyl-propyl]-aluminiumhydrid[7], Diboran[8], Kalium- und Natriumboranat[9] werden nur in manchen Fällen Halbacetale erhalten.

Natriumboranat wird hauptsächlich zur Reduktion von Aldonsäure-lactonen zu Aldosen eingesetzt[10], doch wird die Reaktion durch die Verseifung des Lactons im wäßrig-alkalischen Milieu zum nicht reduzierbaren Aldonsäure-Natriumsalz gestört, so daß der p_H-Wert der Lösung am besten mit Puffer auf 4–5 eingestellt wird (Arbeitsvorschrift s. ds. Handb. VI/2, S. 766). Die Reaktion gelingt, wenn sie schnell durchgeführt wird, auch ohne Ansäuern[11]; z. B.:

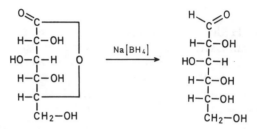

D-Glucose[11]: Zu einer frisch bereiteten Lösung von 99,8 g (0,56 Mol) vorgekühltem D-Gluconsäure-δ-lacton in 1 l Eiswasser wird innerhalb 3 Min. eine eiskalte Lösung von 5,1 g (0,135 Mol) Natriumboranat in 100 ml Wasser gegeben. Man rührt 20 Min. bei 0°, zersetzt mit 10 ml 50%iger Essigsäure (keine Gasentwicklung!), läßt durch eine 62,5 × 3,3 cm Amberlite-IR-120-Säule laufen, wäscht 4mal mit je 500 ml Wasser, läßt danach durch eine 75 × 3 cm Duolite-A-4-Säule fließen, wäscht 7mal mit je 500 ml Wasser und dampft die Lösungen i.Vak. ein. Der Rückstand wird in 500 ml Methanol gelöst, das Methanol i.Vak. entfernt und die Operation noch 2mal

[1] J. Němec u. J. Jarý, Chem. Commun. **1968**, 1222; Collect. czech. chem. Commun. **34**, 843, 1611 (1969).
[2] J. Schmidlin et al., Experientia **11**, 365 (1955); Helv. **40**, 1034, 2291 (1957).
  K. Heusler et al., Helv. **40**, 787 (1957); Experientia **16**, 21 (1960).
  W. S. Johnson et al., Am. Soc. **80**, 2585 (1958).
  P. Wieland, K. Heusler u. A. Wettstein, Helv. **41**, 1657 (1958); **44**, 2121 (1961).
  K. Heusler u. A. Wettstein, Helv. **45**, 347 (1962).
  J. Schmidlin u. A. Wettstein, Helv. **45**, 331 (1962).
[3] M. Hinder u. M. Stoll, Helv. **37**, 1866 (1954).
  J. W. Steele, J. B. Stenlake u. W. D. Williams, Soc. **1959**, 3296.
  M. Šuchy, V. Herout u. F. Šorm, Collect. czech. chem. Commun. **25**, 507 (1960).
  L. Novotny, V. Herout u. F. Šorm, Collect. czech. chem. Commun. **25**, 1492 (1960).
  M. M. Mehra et al., Tetrahedron **23**, 2469 (1967).
[4] J. Kitchin u. R. J. Stoodley, Soc. [Perkin I] **1973**, 22.
[5] F. J. McQuillin u. R. B. Yeats, Soc. **1965**, 4273.
[6] W. E. Parham u. L. D. Huestis, Am. Soc. **84**, 813 (1962).
[7] J. Schmidlin u. A. Wettstein, Helv. **46**, 2799 (1963).
  J. S. Baran, J. Org. Chem. **30**, 3564 (1965).
  J. J. Partridge, N. K. Chadha u. M. R. Uskoković, Am. Soc. **95**, 7172 (1973).
[8] G. R. Pettit u. T. R. Kasturi, J. Org. Chem. **26**, 4557 (1961).
  G. R. Pettit et al., J. Org. Chem. **26**, 4773 (1961).
  G. R. Pettit, J. C. Knight u. W. J. Evers, Canad. J. Chem. **44**, 807 (1966).
  J. R. Dias u. G. R. Pettit, J. Org. Chem. **36**, 3485 (1971).
[9] R. Hanna u. G. Ourisson, Bl. **1961**, 1945.
  F. Korte, U. Claussen u. K. Göhring, Tetrahedron **18**, 1257 (1962).
  D. Lavie, E. Glotter u. Y. Shvo, Tetrahedron **19**, 1377 (1963).
  E. C. Pesterfield u. D. M. S. Wheeler, J. Org. Chem. **30**, 1513 (1965).
[10] M. L. Wolfrom u. H. B. Wood, Am. Soc. **73**, 2933 (1951).
  H. L. Frush u. H. S. Isbell, Am. Soc. **78**, 2844 (1956).
  H. B. Wood u. H. G. Flechter, J. Org. Chem. **26**, 1969 (1961).
[11] M. Urquiza u. N. N. Lichtin, Tappi **44**, 221 (1961).

mit je 200 *ml* Methanol wiederholt. Man kristallisiert den Rückstand aus 150 *ml* Methanol; Ausbeute: 84,57 g (86% d. Th.); F: 147–151°.

γ-Lactone werden mit schlechteren Ausbeuten zu den Zuckern reduziert. Beide Methoden sind besonders zur Herstellung markierter Zucker geeignet[1,2].

Die selektive Reduktion von Uronsäure-lactonen ist viel schwieriger[3].

Das Mittel der Wahl ist jedoch Bis-[3-methyl-butyl-(2)]-boran, da Weiterreduktion nicht möglich ist[4] (s. a. ds. Handb., Bd. VI/2, S. 766). So können Aldonsäure-lactone zu Zuckern reduziert werden. Die Methode ist besonders zur Herstellung sonst nur schwierig zugänglicher, acylierter Aldofuranosen geeignet[5,6]. Freie Aldonsäure-lactone verbrauchen für jede freie Hydroxy-Gruppe noch ein zusätzliches Hydrid-Äquivalent[7].

2,3,5,6-Tetra-O-benzoyl-ᴅ-gulofuranose[5]:

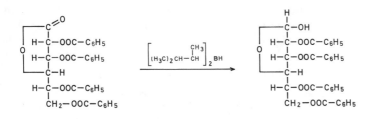

Unter Rühren wird zu einer Lösung von 0,125 Mol Bis-[3-methyl-butyl-(2)]-boran in 75 *ml* abs. THF unter Stickstoff langsam 17,8 g (0,03 Mol) ᴅ-Gulonsäure-γ-lacton-tetrabenzoat in 50 *ml* abs. THF gegeben. Man läßt 12 Stdn. bei 20° stehen, versetzt mit 10 *ml* Wasser, kocht 30 Min. unter Rückfluß, kühlt auf 0° ab, gibt 20 *ml* 30%ige Wasserstoffperoxid-Lösung zu, wobei man den p_H-Wert mit 3 n Natronlauge bei 7–8 hält, engt ein, extrahiert mit Chloroform, wäscht mit Wasser, trocknet mit Calciumchlorid und dampft ein; Ausbeute: 17,2 g (97% d. Th.); F: 156–157° (nach Umkristallisieren des Rohproduktes).

Analog erhält man z. B. aus (als Tetrabenzoate):

ᴅ-Galaktonsäure-γ-lacton → ᴅ-*Galaktose*[7] 72% d. Th.
ᴅ-Erythronsäure-γ-lacton → ᴅ-*Erythrose*[7] 60% d. Th.

Neben der Anwendung in der Zucker-Chemie[8], werden ähnliche Halbreduktionen auch bei alicyclischen Lactonen erfolgreich durchgeführt[9].

Als Reduktionsmittel kann auch Natrium-bis-[2-methoxy-äthoxy]-dihydrido-aluminat, mit einem Mol Äthanol modifiziert, eingesetzt werden[10].

---

[1] M. Urquiza u. N.N. Lichtin, Tappi **44**, 221 (1961).

[2] H. L. Frush et al., J. Res. Bur. Stand. **69** [A], 535 (1965).

[3] D. L. MacDonald u. H. O. L. Fischer, Am. Soc. **78**, 5026 (1956).

[4] H. C. Brown u. D. B. Bigley, Am. Soc. **83**, 486 (1961).
   H. C. Brown et al., Am. Soc. **92**, 7161 (1970).

[5] P. Kohn, R. H. Samaritano u. L. M. Lerner, Am. Soc. **86**, 1457 (1964); **87**, 5475 (1965); J. Org. Chem. **31**, 1503 (1966).

[6] P. Kohn et al., Carbohydrate Research **7**, 21 (1968).

[7] T. A. Giudici u. A. L. Fluharty, J. Org. Chem. **32**, 2043 (1967).

[8] H. Grisebach, W. Hofheinz u. N. Doerr, B. **96**, 1823 (1963).

[9] W. R. Vaughan et al., Am. Soc. **85**, 2282 (1963).
   G. Büchi et al., Am. Soc. **88**, 4534 (1966).
   R. W. Kierstead u. A. Faraone, J. Org. Chem. **32**, 704 (1967).

[10] R. Kanazawa u. T. Tokoroyama, Synthesis **1976**, 526.

ii$_2$) zu Diolen

Lactone werden durch **Lithiumalanat** in der Regel in glatter Reaktion zu **Diolen** reduziert[1] (Arbeitsvorschriften s. ds. Handb., Bd. VI/2, S. 764ff) (Ausnahmen s. S. 199f.) (Zur Reduktion von Thiollactonen zu **Hydroxy-thiolen** s. Lit.[2]). Bei der Reduktion werden die mit der Lacton-Carbonyl-Gruppe konjugierten C=C-Doppelbindungen, wenn sie genügend elektrophil sind, mitreduziert[3].

Die Reduktion mit **Kalium**- bzw. **Natriumboranat** scheint nicht so stark strukturbedingt zu sein wie die der entsprechenden Carbonsäure-ester[4] (vgl. S. 196). Allerdings wird der Buten-(2)-4-olid- und Pentandien-(2,4)-5-olid-Ring bei Cardenoliden und Bufadienoliden nur in Ausnahmefällen angegriffen[5, 6] (vgl. aber S. 226f.!). Die wichtigsten Anwendungsgebiete sind in diesem Fall die **Aldonsäure**-[7] und **Uronsäure-lactone**[8] (auch zur Herstellung von markierten Verbindungen geeignet[9]). Da auch hier die Gefahr der Bildung des entsprechenden Carbonsäure-Salzes vorliegt, muß entweder die Reduktion bis zum Erreichen der Aldose-Stufe in schwach saurer Lösung (Zugabe von Puffern) und danach zur Beschleunigung der Mutarotation des gebildeten Lactols in alkalischem Medium durchgeführt werden (s. S. 222f.), oder man muß in alkalischem Medium schnell reduzieren. Deshalb wird bei der zweiten Methode im Gegensatz zur ersten die Lösung des Lactons zur Reduktionsmittel-Lösung gegeben. Als Beispiel für die zweistufige Methode wird die Reduktion unter Kohlendioxid-Einleitung angeführt[10].

Zuckeralkohole aus Aldonsäure-lactonen; allgemeine Arbeitsvorschrift[10]**:** In eine Lösung von 1 mMol Aldonsäure-lacton in 5 *ml* Wasser wird unter Eiskühlung Kohlendioxid eingeleitet und danach eine Lösung von 1 mMol Natriumboranat in 10 *ml* Wasser eingetropft. Man stellt den Kohlendioxid-Strom ab und versetzt mit 3 mMol Natriumboranat in 10 *ml* Wasser. Danach versetzt man mit Natronlauge bis p$_H$ 8,5–9 und läßt 12 Stdn. stehen. Die Isolierung geschieht wie in der folgenden Vorschrift.

Folgende Zuckeralkohole (Ausbeuten titrimetrisch bestimmt) werden so erhalten aus:

D-Mannonsäure-γ-lacton-1-C^{14}	→ D-*Mannit-1*-C^{14}	98% d. Th.
D-Gluconsäure-γ-lacton	→ D-*Sorbit*	90% d. Th.
D-Galaktonsäure-γ-lacton	→ *Dulcit*	90% d. Th.

[1] R. F. Nystrom u. W. G. Brown, Am. Soc. **70**, 3738 (1948).
   H. C. Brown, P. M. Weissman u. N. M. Yoon, Am. Soc. **88**, 1458 (1966).
   E. Buchta u. G. Loew, A. **597**, 123 (1955).
   E. Testa et al., A. **619**, 47 (1958).
   E. Biekert, D. Hoffmann u. F. J. Meyer, B. **94**, 1676 (1961).
   J. Baddiley, J. G. Buchanan u. F. E. Hardy, Soc. **1961**, 2180.
   K. W. Bentley u. A. W. Murray, Soc. **1963**, 2491.
   V. Boekelheide u. G. R. Wenzinger, J. Org. Chem. **29**, 1307 (1964).
[2] R. Benassi, U. Folli u. D. Iarossi, Synthesis **1974**, 735.
[3] F. A. Hochstein, Am. Soc. **71**, 305 (1949).
   F. Ramirez u. M. B. Rubin, Am. Soc. **77**, 2905, 3768 (1955).
[4] W. Cocker u. T. B. H. McMurry, Soc. **1956**, 4549.
   N. W. Atwater, Am. Soc. **83**, 3071 (1961).
   R. Kuhn u. K. Kum, B. **95**, 2009 (1962).
   L. J. Chinn et al., J. Org. Chem. **27**, 1733 (1962).
[5] M. Frérejacque, H. P. Sigg u. T. Reichstein, Helv. **39**, 1900 (1956).
   R. Tschesche u. U. Dölberg, B. **91**, 2512 (1958).
   C. Tamm, Helv. **43**, 338 (1960).
[6] A. Hunger u. T. Reichstein, B. **85**, 635 (1952); Helv. **35**, 1073 (1952).
[7] M. L. Wolfrom u. H. B. Wood, Am. Soc. **73**, 2933 (1951).
   M. L. Wolfrom u. K. Anno, Am. Soc. **74**, 5583 (1952).
[8] D. D. Phillips, Am. Soc. **76**, 3598 (1954).
[9] G. Moss, Arch. Biochem. **90**, 111 (1960).
[10] H. L. Frush u. H. S. Isbell, Am. Soc. **78**, 2844 (1956).

Die einstufige Methode soll am folgenden Beispiel erläutert werden[1]:

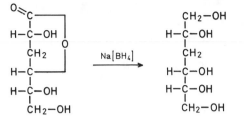

3-Desoxy-D-ribo-hexit[1]: Eine Lösung von 1 g (6,2 mMol) 3-Desoxy-D-ribo-hexonsäure-γ-lacton in 40 *ml* Wasser wird unter Rühren in 30 Min. zu einer Lösung von 0,7 g (18 mMol) Natriumboranat in 20 *ml* Wasser getropft. Man rührt 30 Min., läßt die Lösung durch eine Amberlite-IR-120-H$^{\oplus}$-Säule (3 × 25 cm) fließen, dampft i.Vak. ein, entfernt die Borsäure durch Abdampfen von Methanol, löst den Rückstand in 50 *ml* Wasser, läßt durch eine Amberlite-MB-3-Säule fließen, entfärbt mit Aktivkohle und dampft ein; Ausbeute: 0,72 g (70% d. Th.); F: 170–171° (Pentabenzoat).

Analog kann aus 3-Desoxy-D-arabino-hexonsäure-γ-lacton *3-Desoxy*-D-*arabino-hexit* (84% d. Th.; F des Pentabenzoats: 105–106°) hergestellt werden.

ii₃) zu cyclischen Äthern

Lactone werden ähnlich den Carbonsäure-estern mit Lithiumalanat/Bortrifluorid[2,3] bzw. /Aluminiumchlorid[4], Lithiumboranat/Bortrifluorid[3], Natriumboranat/Bortrifluorid[3,5,6], Natriumboranat/Bortrichlorid[6] oder mit einem großen Überschuß Diboran[7] zu Äthern reduziert. Die Reaktion ist wie bei den Carbonsäureestern nur bei sterisch geschützten Äther-Bindungen möglich (Diol-Bildung).

14α-Methyl-4-oxa-5β-cholestan[8]: Unter Rühren wird zu einer Lösung von 0,09 g (2,3 mMol) Natriumboranat in 2 *ml* Bis-[2-methoxy-äthyl]-äther unter Stickstoff die Lösung von 0,2 g (0,5 mMol) 3-Oxo-14α-methyl-4-oxa-5β-cholestan und 2 *ml* (16 mMol) Bortrifluorid-Ätherat in 2 *ml* abs. THF getropft. Man rührt 30 Min. bei 20°, erhitzt 2 Stdn. am Rückfluß, kühlt ab, versetzt mit 3 *ml* Wasser und ges. Natriumcarbonat-Lösung. Man schüttelt mit 12 *ml* Diäthyläther aus, wäscht mit 20 *ml* Wasser und 20 *ml* ges. Natriumchlorid-Lösung, dampft ein und reinigt den Rückstand durch präparative Dünnschichtchromatographie mit Benzol als mobile Phase. Die oberste Zone wird mit Äther eluiert; Ausbeute: 0,15 g (75% d. Th.); F: 53–59°.

Analog erhält man mit Lithiumalanat/Bortrifluorid aus 17β-Hydroxy-3-oxo-4-oxa-5α-androstan *17β-Hydroxy-4-oxa-5α-androstan*[9] (55% d. Th.; F: 104–105°)[9]. Mit Diboran geht 1-Oxo-1H,3H-⟨naphtho-[1,8-c,d]-pyran⟩ in *1H,3H-Naphtho-[1,8-c,d]-pyran*[10] (80% d. Th.; F: 80–83°) über.

Auch einfache aliphatische Lactone werden radikalisch nach Initiierung mit γ-Strahlen oder mit photoinduzierter Zersetzung von Di-tert.-butyl-peroxid durch Trichlor-siliciumhydrid zu cyclischen Äthern reduziert[11]:

[1] H. B. Wood u. H. G. Fletcher, J. Org. Chem. **26**, 1969 (1961).
[2] G. R. Pettit u. T. R. Kasturi, J. Org. Chem. **26**, 986, 4557 (1961).
  G. R. Pettit et al., Tetrahedron **18**, 953 (1962).
[3] G. R. Pettit et al., J. Org. Chem. **26**, 1685 (1961).
  G. R. Pettit u. D. M. Piatak, J. Org. Chem. **27**, 2127 (1962).
[4] A. M. Maione u. M. G. Quaglia, Chem. & Ind. **1977**, 230.
[5] G. R. Pettit, J. C. Knight u. W. J. Evers, Canad. J. Chem. **44**, 807 (1966).
  J. P. Ferris, C. B. Boyce u. R. C. Briner, Am. Soc. **93**, 2942 (1971).
[6] G. R. Pettit u. W. J. Evers, Canad. J. Chem. **44**, 1097 (1966).
[7] G. R. Pettit u. J. R. Dias, Chem. Commun. **1970**, 901.
  J. R. Dias u. G. R. Pettit, J. Org. Chem. **36**, 3485 (1971).
  W. C. Still u. D. J. Goldsmith, J. Org. Chem. **35**, 2282 (1970).
[8] J. R. Dias u. G. R. Pettit, J. Org. Chem. **36**, 3485 (1971).
[9] G. R. Pettit u. T. R. Kasturi, J. Org. Chem. **26**, 4557 (1961).
[10] J. Cason, D. M. Lynch u. A. Weiss, J. Org. Chem. **38**, 1944 (1973).
[11] R. Nakao, T. Fukumoto u. J. Tsurugi, J. Org. Chem. **37**, 76 (1972).

$$(H_2C)_n \overset{\displaystyle C=O}{\underset{\displaystyle O}{|}} \; + \; 2\; Cl_3SiH \; \longrightarrow \; (H_2C)_n \overset{\displaystyle CH_2}{\underset{\displaystyle O}{|}} \; + \; Cl_3Si-O-SiCl_3$$

Äther aus Lactonen; allgemeine Arbeitsvorschrift[1]: 4 mMol Trichlor-siliciumhydrid und 1 mMol Lacton bzw. das Gemisch von 1 mMol Lacton und 0,05 Mol Di-tert.-butyl-peroxid werden in einer evakuierten Glasröhre durch γ-Strahlen aus einer ⁶⁰Co-Quelle bzw. mit UV-Licht aus einer Quecksilber-Mitteldruck-Lampe bei 20° bestrahlt.

So erhält man z. B. aus:

		Ausbeute [% d. Th., GC]	
		γ-Strahlen	Peroxid
Pentan-4-olid	→ *2-Methyl-tetrahydrofuran*	62	88
Hexan-4-olid	→ *2-Äthyl-tetrahydrofuran*	89	37
Hexan-6-olid	→ *Oxepan*	86	96

Bicyclische Lactone liefern mit Trichlorsilan ebenfalls Äther[2].

α,β-Ungesättigte γ-Lactone werden durch Bis-[2-methyl-propyl]-aluminiumhydrid, Lithiumalanat, Lithium- und Natriumboranat zu Furanen reduziert[3,4]. Diese Methode ermöglicht die einfache Herstellung substituierter Furane; z. B.[3]:

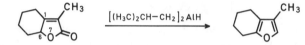

3-Methyl-4,5,6,7-tetrahydro-⟨benzo-[b]-furan⟩[3]: 2,1 *ml* (1,1 Mol-Äquivalent) einer 19,8%igen Lösung von Bis-[2-methyl-propyl]-aluminiumhydrid in abs. THF werden bei −20 bis −25° unter Rühren und trockenem Stickstoff zu einer Lösung von 0,4 g 8-Oxo-9-methyl-7-oxa-bicyclo[4.3.0]nonen-(1⁹) in 1 *ml* abs. THF getropft. Man rührt 1 Stde. bei dieser Temp., versetzt mit 0,5 *ml* 10%iger Schwefelsäure und extrahiert mit Diäthyläther oder Pentan. Der Auszug wird auf aktiviertem Aluminiumoxid chromatographiert; Ausbeute: 0,164 g (45% d. Th.); Kp₈: 55° (Badtemp.).

Phenolphthaleine werden mit Lithiumalanat in glatter Reaktion zu Diaryl-phthalanen reduziert[5].

Zur Reduktion von δ-Lactonen mit Lithiumalanat s. Lit.[6].

i₃) von Enol-lactonen einschl. Cumarinen

δ-Enol-lactone werden durch Lithiumalanat meist zu Hydroxy-ketonen reduziert (vgl. S. 444). So reagieren z. B. 2-Oxo-3,4-dihydro-2H-pyrane zu 5-Oxo-alkoholen[7]:

$$\underset{H_3C}{\overset{H_3C}{\diagdown}}\; \xrightarrow{\;Li[AlH_4]\;}\; H_3C-CO-\overset{\displaystyle CH_3}{\underset{}{C}H}-CH_2-CH_2-CH_2-OH$$

5-Oxo-alkohole; allgemeine Herstellungsvorschrift[7]: Unter Rühren werden zu einer Lösung von 0,04 Mol 2-Oxo-3,4-dihydro-pyran in 100 *ml* abs. Diäthyläther unter Stickstoff 0,025 Mol Lithiumalanat gegeben. Man

[1] R. NAKAO, T. FUKUMOTO u. J. TSURUGI, J. Org. Chem. **37**, 76 (1972).
[2] S. W. BALDWIN, R. J. DOLL u. S. A. HAUT, J. Org. Chem. **39**, 2470 (1974).
[3] H. MINATO u. T. NAGASAKI, Chem. Commun. **1965**, 377; Chem. & Ind. **1965**, 899; Soc. [C] **1966**, 377.
[4] N. BOEGMAN, F. DURING u. C. F. GARBERS, Chem. Commun. **1966**, 600.
K. L. MUNSHI et al., Indian. J. Chem. **12**, 836 (1974); Soc. [Perkin Trans I] **1977**, 1087.
S. W. PELLETIER et al., Tetrahedron **31**, 1659 (1975).
[5] O. E. SCHULTZ u. J. SCHNEKENBURGER, Ar. **291**, 362 (1958).
Z. G. ŽEMSKOWA et al., Izv. Akad. SSSR **1979**, 686; C.A. **91**, 5055 (1979).
[6] R. BRYANT, C. H. HASSALL u. J. WEATHERSTON, Soc. **1964**, 4941.
[7] N. P. SCHUSCHERINA, I. S. TRUBNIKOW u. R. J. LEWINA, Ž. obšč. Chim. **31**, 1076 (1961); engl.: S. 944.

kocht 24 Stdn. unter Rückfluß, kühlt ab, versetzt mit 4 *ml* Methanol und 50 *ml* 10%iger Schwefelsäure, trennt die Äther-Schicht ab, sättigt die wäßr. Phase mit Natriumchlorid und schüttelt 10mal mit Diäthyläther aus. Das Solvens wird getrocknet, abgedampft und der Rückstand destilliert.

Aus 2-Oxo-5,6-dimethyl-3,4-dihydro-2H-pyran erhält man so *5-Oxo-4-methyl-hexanol* (Kp_{10}: 104–106°) in 42%iger Ausbeute[1].

1-Oxo-1H-⟨benzo-[c]-pyran⟩ (Isocumarin) und die im Benzol-Ring substituierten Derivate ergeben die entsprechenden (2-Hydroxymethyl-phenyl)-acetaldehyde[2]; z. B.:

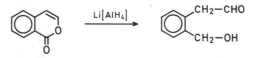

Bei entsprechender Reaktionsführung können Enol-halbacetale erhalten werden[3].

Die Reduzierbarkeit der 2H-Pyrone hängt stark von ihrer Struktur ab. Während 6-Carboxy-2H-pyron z.B. in der Kälte mit Lithiumalanat selektiv zu *2-Hydroxy-6-carboxy-2H-pyran* (100° d. Th.) reduziert wird[4], erhält man i. a. aus 2H-Pyronen ungesättigte Carbonsäuren (s. S. 444).

Auch Natriumboranat greift bei 2H-Pyronen die Äther-Bindung an (s. S. 445), während 6-Trichlormethyl-2H-pyrone zu Diolen reduziert werden[5]. Bei der Reduktion polycyclischer δ-Enol-lactone mit komplexen Methallhydriden tritt oft Umlagerung ein[6].

γ-Enol-lactone liefern bei der Reduktion mit Lithiumalanat hauptsächlich 4-Oxo-alkohole[7]; z. B.[8]:

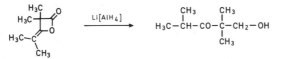

4-Oxo-pentanol; 65% d. Th.

β-Enol-lactone (Keten-Dimere) ergeben zumeist 3-Oxo-alkohole[9, 10], während Aryloxy-alkyl-keten-Dimere Diole liefern[11].

3-Oxo-2,2,4-trimethyl-pentanol[9]:

[1] N. P. Schuscherina, I. S. Trubnikow u. R. J. Lewina, Ž. obšč. Chim. **31**, 1076 (1961); engl.: 944.
[2] J. N. Chatterjea, B. **91**, 2636 (1958).
 J. N. Chatterjea, B. K. Banerjee u. H. C. Jha, B. **98**, 3279 (1965).
[3] R. Semet u. R. Longeray, Bl. **1978** II, 185.
[4] L. R. Morgan, J. Org. Chem. **27**, 343 (1962).
[5] E. Dunkelblum, M. Rey u. S. Dreiding, Helv. **54**, 6 (1971).
[6] J. Martin, W. Parker u. R. A. Raphael, Soc. **1964**, 289.
 J. Martin et al., Soc. [C] **1967**, 101.
 G. I. Fujimoto u. J. Pavlos, Tetrahedron Letters **1965**, 4477.
 J. W. Clark-Lewis u. D. C. Skingle, Austral. J. Chem. **20**, 2169 (1967).
 J. W. Clark–Lewis, E. W. Della u. M. M. Mahandru, Austral. J. Chem. **22**, 2389 (1969).
[7] F. Ramirez u. M. B. Rubin, Am. Soc. **77**, 2905, 3768 (1955).
 R. Filler u. E. J. Piasek, J. Org. Chem. **28**, 3400 (1963).
[8] F. A. Hochstein, Am. Soc. **71**, 305 (1949).
[9] R. H. Hasek et al., J. Org. Chem. **27**, 60 (1962).
[10] A. S. Spriggs, C. M. Hill u. G. W. Senter, Am. Soc. **74**, 1555 (1952).
[11] C. M. Hill et al., Am. Soc. **81**, 3372 (1959).

Unter Rühren wird zu einer Lösung von 140 g (1 Mol) 3-Hydroxy-2,2,4-trimethyl-penten-(3)-säure-lacton in 300 *ml* abs. Diäthyläther unter Stickstoff langsam eine Suspension von 30 g (0,79 Mol) Lithiumalanat in 1 *l* abs. Diäthyläther gegeben. Die Innentemp. wird durch Eiskühlung unter 30° gehalten. Man kocht 30 Min. unter Rückfluß, kühlt ab, versetzt vorsichtig mit 100 *ml* Methanol und 100 *ml* 10%iger Schwefelsäure, trennt die Äther-Phase ab, wäscht mit Wasser aus, trocknet über Magnesiumsulfat, dampft ein und destilliert den Rückstand; Ausbeute: 102 g (82% d. Th.); Kp_{30}: 108–110°.

Analog erhält man aus 2-Äthyl-hexen-(3)-3-olid *3-Oxo-2-äthyl-hexanol* (55% d. Th.; Kp_1: 70–76°)[1].

Lactone mit einer **enolisierbaren** β-**Oxo-Gruppe** ergeben mit Lithiumalanat ähnliche Reduktionsprodukte wie die entsprechenden Carbonsäure-ester; z. B.[2]:

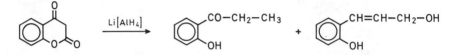

In Cumarinen kann die Carboxy-Gruppe mit Diboran bis zum Kohlenwasserstoff reduziert werden[3]:

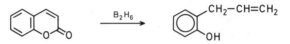

2-Allyl-phenol; 90% d. Th.

i₄) von Azlactonen

Azlactone werden durch komplexe Metallhydride unter Erhalt der Aminocarbonyl-Gruppe zu Acylamino-alkoholen reduziert[4]; z. B.:

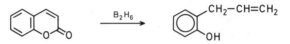

2-Phenylacetylamino-2-methyl-propanol[5]: Zu einer Lösung von 0,5 g (2,46 mMol) 5-Oxo-4,4-dimethyl-2-benzyl-4,5-dihydro-1,3-oxazol in einem Gemisch von 15 *ml* THF, Äthanol und Wasser (1:1:1) werden unter Rühren in kleinen Portionen 0,05 g (1,3 mMol) Natriumboranat gegeben. Man läßt 20 Stdn. bei 20° stehen, säuert an, engt ein, extrahiert mit Diäthyläther, trocknet, entfernt die Solventien i. Vak. und kristallisiert den Rückstand aus Diäthyläther; Ausbeute: 0,47 g (91% d. Th.); F: 75–76°.

Analog erhält man aus 5-Oxo-2-phenyl-4,5-dihydro-1,3-oxazol *2-Benzoylamino-äthanol*[5] (88% d. Th.) und mit Lithiumalanat aus 5-Oxo-4-methyl-2-benzyliden-2,5-dihydro-1,3-oxazol *2-Phenylacetylamino-propanol* (30% d. Th.)[6]. Calciumboranat reduziert 5-Oxo-2-phenyl-4-benzyliden-4,5-dihydro-1,3-oxazol zu α-*Benzoylamino-zimtalkohol*[7].

[1] R. L. Wear, Am. Soc. **73**, 2390 (1951).
[2] J. P. Freeman u. M. F. Hawthorne, Am. Soc. **78**, 3366 (1956).
[3] K. M. Biswas u. A. H. Jackson, Soc. [C] **1970**, 1667.
  W. C. Still u. D. J. Goldsmith, J. Org. Chem. **35**, 2282 (1970).
[4] É. Baltazzi u. R. Robinson, Chem. & Ind. **1953**, 541, 868.
  A. Mondon, A. **628**, 123 (1959).
  A. Mustafa et al., J. Org. Chem. **26**, 1779 (1961).
  É. Baltazzi, C. r. **254**, 2375 (1962).
[5] P. Truitt u. J. Chakravarty, J. Org. Chem. **35**, 864 (1970).
[6] R. Filler u. E. J. Piasek, J. Org. Chem. **29**, 2205 (1964).
[7] J. Kollonitsch, O. Fuchs u. V. Gabor, Nature **175**, 346 (1955).

4-Oxo-4H-⟨benzo-[d]-1,3-oxazine⟩ werden durch Lithiumalanat unter Bildung der 2-Acylamino-benzylalkohole aufgespalten[1]. Mit Natriumboranat bilden sich dagegen ähnlich wie bei den 2H-Pyronen (s. S. 445) auch die entsprechenden 2-Alkylamino-benzoesäuren; z. B.[2]:

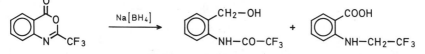

2-Trifluoracetylamino-benzylalkohol und 2-(2,2,2-Trifluor-äthylamino)-benzoesäure[2]: Zu einer Lösung von 1 g (26 mMol) Natriumboranat in 25 *ml* kaltem Methanol werden unter Rühren innerhalb 3 Min. 3 g (14 mMol) 4-Oxo-2-trifluormethyl-4H-⟨benzo-[d]-1,3-oxazin⟩ gegeben. Man läßt 4 Stdn. bei 20° stehen, verdünnt mit 50 *ml* Wasser, engt ein und saugt ab; Ausbeute des Alkohols: 2,2 g (74% d. Th.); F: 61–62° (aus Petroläther).

Das Filtrat wird angesäuert und der Niederschlag abgesaugt; Ausbeute an Säure: 0,66 g (22% d. Th.); F: 151–154° (aus wäßr. Methanol).

i₅) von Lactonolen und Lacton-äthern

Lactonole sind mit den Oxo-carbonsäuren isomere Verbindungen und können dementsprechend mit **Lithiumalanat** zu **Diolen**, mit **Natriumboranat** zu Lactonen reduziert werden (s. a. S. 311 ff.). Letzteres ist eine sehr häufig angewendete Methode[3, 4].

17β-Benzoyloxy-3-oxo-4-oxa-5α-androstan[4]:

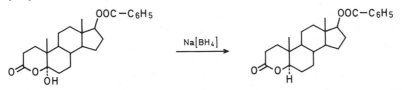

1,38 g (3,3 mMol) 5α-Hydroxy-17β-benzoyloxy-3-oxo-4-oxa-androstan werden in 150 *ml* Äthanol gelöst und unter Rühren mit der Lösung von 0,54 g (14 mMol) Natriumboranat in 60 *ml* Wasser versetzt. Man rührt 3 Stdn. bei 20°, gießt in Wasser, säuert mit Salzsäure an und extrahiert mit Diäthyläther. Die Äther-Lösung wird mit Wasser ausgewaschen, getrocknet und eingedampft. Man kristallisiert den erhaltenen Rückstand aus Methanol um; Ausbeute: 0,79 g (59% d. Th.); F: 200–205°.

Lactonol-äther werden durch **Lithiumalanat** zu Diolen reduziert[5, 6]; z. B.[6]:

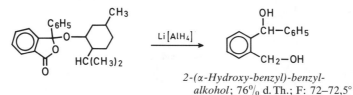

2-(α-Hydroxy-benzyl)-benzyl-alkohol; 76% d. Th.; F: 72–72,5°

[1] B. WITKOP. J. B. PATRICK u. H. M. KISSMAN, B. **85**, 949 (1952).
[2] I. W. ELLIOTT, F. HAMILTON u. D. K. RIDLEY, J. Heterocyclic Chem. **5**, 707 (1968).
[3] J. H. BOOTHE et al., Am. Soc. **79**, 4564 (1957).
  D. ARIGONI et al., Helv. **40**, 1732 (1957).
  K. WEINBERG et al., Helv. **43**, 236 (1960).
  R. PAPPO u. C. J. JUNG, Tetrahedron Letters **1962**, 365.
  R. HIRSCHMANN, N. G. STEINBERG u. R. WALKER, Am. Soc. **84**, 1270 (1962).
  D. LAVIE, E. GLOTTER u. Y. SHVO, Tetrahedron **19**, 1377 (1963).
  Z. HORII et al., Chem. Pharm. Bull. (Tokyo) **12**, 495 (1964).
  D. M. PIATAK u. E. CASPI, J. Org. Chem. **31**, 4255 (1966).
[4] N. W. ATWATER u. J. W. RALLS, Am. Soc. **82**, 2011 (1960).
[5] M. S. NEWMAN u. H. S. WHITEHOUSE, Am. Soc. **71**, 3664 (1949).
  G. M. BADGER et al., Soc. **1950**, 2326.
[6] W. A. BONNER, Am. Soc. **85**, 439 (1963).

Bei der Reduktion mit Natriumboranat in Isopropanol wird als Hauptprodukt *3-Phenyl-phthalid* neben wenig Diol erhalten.

Zur Reduktion von 4-Oxo-dioxolanen und -1,3-dioxanen mit Lithiumalanat s. Lit.[1].

$\alpha\alpha_6$) von Carbonsäure-amiden

i_1) offenkettige

Carbonsäure-amide werden mit Hydriden zu Aldehyden, Alkoholen, prim., sek. und tert. Aminen reduziert.

Bei der Reduktion zu Aldehyd und Alkohol, die nur bei N-mono- und N,N-disubstituierten Carbonsäure-amiden abläuft, wird die Amin-Komponente frei. Es vollzieht sich also eine reduktive Desacylierung. Diese Reduktion ist eine der wichtigsten Methoden zur Herstellung von Aldehyden. Allerdings sind nur manche N-mono- und N,N-disubstituierte Carbonsäure-amide geeignet, die zweckmäßig in der Kälte unter inverser Zugabe eines kleinen Überschusses von einem einfachen oder komplexen Aluminiumhydrid reduziert werden.

Mit komplexen Hydriden können auch Alkohole und Amine erhalten werden, vorteilhafter ist das selektivere Diboran. Komplexe Borhydride reduzieren Carbonsäure-amide nur in einigen Fällen.

Eine einfache Methode zur Herstellung tert. Amine ist die reduktive Alkylierung eines sekundären Amins mit einem Carbonsäure-ester und Lithiumalanat.

Chirale Carbonsäure-amide, bei denen das Chiralitätszentrum der Aminocarbonyl-Gruppe benachbart ist, werden durch Natriumboranat racemisiert[2], durch Lithiumalanat dagegen nicht[3] (s. a. S. 321, 456, 471, 482) (zum Mechanismus s. Lit.[4]).

Die Amide werden durch nucleophile Metallhydride oft nur sehr schwer angegriffen, einige sind auch mit Lithiumalanat nicht zu reduzieren[5].

Bei den Reduktionen mit Lithiumalanat in Äther oder THF[6] bzw. Natriumboranat in Bis-[2-methoxy-äthyl]-äther oder Pyridin[7] entstehen aus N-unsubstituierten Carbonsäure-amiden mit zwei Hydrid-Äquivalenten statt der nötigen vier Nitrile.

[1] N. G. Gaylord u. J. A. Snyder, Chem. & Ind. **1954**, 1234.
   N. G. Gaylord u. J. R. Benzinger, J. Org. Chem. **19**, 1991 (1954).
   N. G. Gaylord u. D. J. Kay, Am. Soc. **77**, 6641 (1955).
[2] W. A. Bonner, Am. Soc. **85**, 439 (1963).
[3] P. Pratesi et al., Soc. **1958**, 2069.
   C. Schöpf u. W. Wüst, A. **626**, 150 (1959).
[4] F. Weygand et al., Ang. Ch. **65**, 525 (1953).
   H. C. Brown u. A. Tsukamoto, Am. Soc. **83**, 4549 (1961).
   B. L. Fox u. R. J. Doll, J. Org. Chem. **38**, 1136 (1973).
[5] H. Dahn, U. Solms u. P. Zoller, Helv. **35**, 2117 (1952).
   F. Bohlmann u. M. Bohlmann, B. **86**, 1419 (1953).
   A. R. Katritzky, Soc. **1955**, 2586.
   T. Nishiwaki u. F. Fujiyama, Synthesis **1972**, 569.
[6] H. Komrsova u. J. Farkas, Collect. czech. chem. Commun. **23**, 1121 (1958).
   M. S. Newman u. T. Fukunaga, Am. Soc. **82**, 693 (1960).
   L. G. Humber u. M. A. Davis, Canad. J. Chem. **44**, 2113 (1966).
[7] S. E. Ellzey, C. H. Mack u. W. J. Connick, J. Org. Chem. **32**, 846 (1967).
   Y. Kikugawa, S. Ikegami u. S. Yamada, Chem. Pharm. Bull. (Tokyo) **17**, 98 (1969).
   Y. Kikugawa et al., Chem. Pharm. Bull. (Tokyo) **21**, 1914 (1973).

Tab. 18: Reduktion von Carbonsäure-amiden mit Hydriden

Hydrid	Reduktionsprodukte	Literatur
Lithiumalanat	Aldehyd, Alkohol, Amin	[1,2]
Lithium-triäthyl-hydrido-aluminat	Alkohol	[3]
Lithium-trimethoxy-hydrido-aluminat	Aldehyd, Amin	[4,5]
Lithium-diäthoxy-dihydrido-aluminat	Aldehyd, Amin	[5]
Lithium-triäthoxy-hydrido-aluminat	Aldehyd, Amin	[5]
Natriumalanat	Aldehyd, Alkohol, Amin	[6,7]
Natrium-trimethoxy-hydrido-aluminat	Aldehyd, Amin	[7]
Natrium-triäthoxy-hydrido-aluminat	Aldehyd, Amin	[7]
Natrium-[bis-(2-methoxy-äthoxy)]-dihydrido-aluminat	Aldehyd, Alkohol, Amin	[8]
Natrium-bis-[2-methyl-propyl]-dihydrido-aluminat	Aldehyd, Amin	[9,10]
Magnesiumalanat	Amin	[11]
Lithiumboranat	Aldehyd, Alkohol, Amin	[2,12]
Natriumboranat in Pyridin	Amin	[13]
Natrium-trithio-dihydrido-borat	Amin, Thioamid	[14]
Diboran	Amin	[15]
Bis-[3-methyl-butyl-(2)]-boran	Aldehyd	[16]
9-Bora-bicyclo[3.3.1]nonan	Alkohol	[17]
2,3-Dimethyl-butyl-(2)-boran	Aldehyd, Amin	[18]
Aluminiumhydrid	Amin	[19]
Bis-[2-methyl-propyl]-aluminiumhydrid	Aldehyd, Amin	[20]
Bis-[4-methyl-piperazino]-aluminiumhydrid	Aldehyd	[21]
Lithiumalanat/Aluminiumchlorid	Amin	[22]
Natriumboranat/Aluminiumchlorid	Amin	[23]
Natriumboranat/Zinn(IV)-chlorid	Amin	[24]

[1] R. F. Nystrom u. W. G. Brown, Am. Soc **70**, 3738 (1948).
[2] G. Wittig u. P. Hornberger, A. **577**, 11 (1952).
[3] H. C. Brown u. S. C. Kim, Synthesis **1977**, 635.
[4] H. C. Brown u. P. M. Weissman, Am. Soc. **87**, 5614 (1965).
[5] H. C. Brown u. A. Tsukamoto, Am. Soc. **86**, 1089 (1964).
[6] M. Ferles, Collect. czech. chem. Commun. **24**, 2829 (1959).
[7] L. I. Žakharkin, D. N. Maslin u. V. V. Gavrilenko, Tetrahedron **25**, 5555 (1969).
[8] M. Černý et al., Collect. czech. chem. Commun. **34**, 1033 (1969).
[9] L. I. Žakharkin u. I. M. Khorlina, Izv. Akad. SSSR **1964**, 465.
[10] L. I. Žakharkin u. V. V. Gavrilenko, Izv. Akad. SSSR **1960**, 2245.
[11] B. D. James, Chem. & Ind. **1971**, 227.
[12] M. Bory u. M. Mentzer, Bl. **1953**, 814.
 M. Davis, Soc. **1956**, 3981.
 L. A. Corpino et al., Am. Soc. **82**, 2728 (1960); J. Org. Chem. **29**, 2824 (1964).
[13] Y. Kikugawa, S. Ikegami u. S. Yamada, Chem. Pharm. Bull. (Tokyo) **17**, 98 (1969).
[14] J. M. Lalancette u. J. R. Brindle, Canad. J. Chem. **49**, 2990 (1971).
[15] H. C. Brown, P. Heim u. N. M. Yoon, Am. Soc. **92**, 1637 (1970).
[16] H. C. Brown et al., Am. Soc. **92**, 7161 (1970).
[17] H. C. Brown, S. Krishnamurthy u. N. M. Yoon, J. Org. Chem. **41**, 1778 (1976).
[18] H. C. Brown, P. Heim u. N. M. Yoon, J. Org. Chem. **37**, 2942 (1972).
[19] H. C. Brown u. N. M. Yoon, Am. Soc. **88**, 1464 (1966).
 N. M. Yoon u. H. C. Brown, Am. Soc. **90**, 2927 (1968).
[20] L. I. Žakharkin u. I. M. Khorlina, Izv. Akad. SSSR **1959**, 2146.
[21] M. Muraki u. T. Mukaiyama, Chem. Letters **1975**, 875.
[22] R. F. Nystrom u. C. R. A. Berger, Am. Soc. **80**, 2896 (1958).
 B. L. Fox u. R. J. Doll, J. Org. Chem. **38**, 1136 (1973).
[23] H. C. Brown u. B. C. Subba Rao, Am. Soc. **78**, 2582 (1956).
 R. P. Mull et al., Am. Soc. **80**, 3769 (1958).
 E. R. Bissell u. M. Finger, J. Org. Chem. **24**, 1256 (1959).
[24] S. Kano, Y. Yuasa u. S. Shibuya, Chem. Commun. **1979**, 796.
 S. Kano et al., Synthesis **1980**, 695.

ii₁) zu Aldehyden

Lithiumalanat reduziert N,N-disubstituierte Carbonsäure-amide unter Verbrauch eines Hydrid-Äquivalents zu Aldehyden:

$$4\ R^1-CONR_2\ +\ Li[AlH_4]\ \longrightarrow\ Li\left[Al\!\left(O-\!\!\overset{\displaystyle NR_2}{\underset{\displaystyle H}{\underset{|}{\overset{|}{C}}}}-R^1\right)_4\right]\ \xrightarrow[-Li[Al(OH)_4]]{4\ H_2O}\ 4\ R^1-CHO\ +\ 4\ R_2NH$$

$$\text{I}$$

Um die Reduktion selektiv zu halten, muß die Bildung der Zwischenstufe I schnell, die Weiterreduktion zu Amin und Alkohol dagegen langsam ablaufen. Die erste Bedingung kann durch Erhöhen der Reaktivität infolge Einführung von elektronenanziehenden Substituenten am Aminocarbonyl-Stickstoffatom[1], die zweite durch selektivere Reduktionsmittel erreicht werden.

Die Reduktion aliphatischer und aromatischer Carbonsäure-amide zu Aldehyden verläuft etwa gleich gut. Als Reaktionsmedium hat sich besonders THF bewährt, in dem z. B. Carbonsäure-dimethylamide durch Lithiumalanat besser zu Aldehyden reduziert werden als in Diäthyläther[2, 3].

Das wenig selektive Lithiumalanat reduziert nur aktivierte Carbonsäure-amide mit guten Ausbeuten zu Aldehyden. Für einfache Dialkylamide müssen selektivere Hydride eingesetzt werden. Besonders geeignet ist die Kombination eines aktivierten Carbonsäure-amids mit einem selektiven Hydrid.

Die bestaktivierten Carbonsäure-amide sind wahrscheinlich die leicht zugänglichen N-Methyl-anilide, die mit Lithiumalanat gute, mit den selektiveren Hydriden sehr gute Resultate ergeben[3, 4]. Da ihre selektive Reduktion zum Aldehyd in ds. Handb., Bd. VII/1, S. 304 ff. bereits ausführlich abgehandelt ist, genügt hier die Angabe der Literatur, die sich auf Reduktionen mit Lithiumalanat bezieht[5, 6]. Ebendort sind auch die Reduktionen der weniger wichtigen N-Acyl-carbazole beschrieben[6, 7].

[1] G. Wittig u. P. Hornberger, A. **577**, 11 (1952).
[2] F. Weygand u. D. Tietjen, B. **84**, 625 (1951).
L. Birkofer u. A. Birkofer, B. **85**, 286 (1952).
H. C. Brown u. A. Tsukamoto, Am. Soc. **83**, 2016, 4549 (1961).
[3] H. C. Brown u. A. Tsukamoto, Am. Soc. **86**, 1089 (1964).
L. I. Žakharkin, D. N. Maslin u. V. V. Gavrilenko, Tetrahedron **25**, 5555 (1969).
[4] L. I. Žakharkin u. I. M. Khorlina, Izv. Akad. SSSR **1959**, 2146.
[5] F. Weygand u. G. Eberhardt, Ang. Ch. **64**, 458 (1952).
F. Weygand et al., Ang. Ch. **65**, 525 (1953).
F. Weygand u. H. Linden, Ang. Ch. **66**, 174 (1954).
F. Weygand u. R. Mitgau, B. **88**, 301 (1955).
J. F. K. Wilshire u. F. L. M. Pattison, Am. Soc. **78**, 4996 (1956).
E. Hardegger u. H. Furter, Helv. **40**, 872 (1957).
R. Jaunin u. T. Baer, Helv. **41**, 104 (1958).
J. Meinwald u. P. C. Lee, Am. Soc. **82**, 699 (1960).
G. Gaudiano u. L. Merlini, G. **91**, 400 (1961).
C. W. Whitehead et al., J. Org. Chem. **26**, 2814 (1961).
D. Leaver, J. Smolicz u. W. H. Stafford, Soc. **1962**, 740.
W. Ried u. G. Neidhardt, A. **666**, 148 (1963).
P. W. Kent u. J. E. G. Barnett, Nature **197**, 492 (1963).
E. Elkik, Bl. **1964**, 2254.
B. Eistert, W. Schade u. H. Selzer, B. **97**, 1470 (1964).
P. Duhamel, L. Duhamel u. P. Siret, C. r. **270**, 1750 (1970).
B. L. Fox u. R. J. Doll, J. Org. Chem. **38**, 1136 (1973).
[6] L. Birkofer u. E. Frankus, B. **94**, 216 (1961).
[7] G. Wittig u. P. Hornberger, A. **577**, 11 (1952).
H. P. Kaufmann u. H. Kirschnek, Fette, Seifen, Anstrichmittel **55**, 851 (1953).
V. M. Mićović u. M. L. Mihailović, J. Org. Chem **18**, 1190 (1953).

Zur selektiven Reduktion zum Aldehyd sind auch N-Acyl-aza-aromaten geeignet. In der Praxis werden 3,5-Dimethyl-1-acyl-pyrazole[1,2], 1-Acyl-imidazole[1,2] und 3-Acyl-2-oxo-1,3-thiazolidine (s. S. 235) eingesetzt; z. B.[1,2]:

4-Methyl-phenyl-acetaldehyd[1]: 2,3 g (0,01 Mol) 3,5-Dimethyl-1-(4-methyl-phenylacetyl)-pyrazol in 80 ml abs. Diäthyläther werden unter Rühren bei 0° mit 0,13 g (0,0033 Mol) Lithiumalanat portionsweise versetzt. Nach 10stdg. Rühren bei 0° hydrolysiert man mit 20 ml 2 n Schwefelsäure. Die äther. Phase wird abgetrennt und die wäßr. Phase 2mal mit 30 ml Diäthyläther extrahiert. Die vereinigten Äther-Auszüge werden über Natriumsulfat getrocknet. Nach dem Abziehen des Äthers erhält man ein Öl; Ausbeute: 1 g (76% d. Th.); F: des 2,4-Dinitro-phenylhydrazons: 131° (Zers.).

Analog erhält man z. B. die 2,4-Dinitro-phenylhydrazone der folgenden Aldehyde:

Pentandial[1]	75% d. Th.; F: 178° (Zers.)
Nonadecanal[1]	85% d. Th.; F: 82°
erythro-9,10-Dihydroxy-octadecanal[3]	87% d. Th.; F: 114°
9,10,12-Trihydroxy-octadecanal[3]	48% d. Th.; F: 138°
2,6-Diformyl-pyridin[4]	80% d. Th.; F: 302°
2,3-Diformyl-chinolin[4]	63% d. Th.; F: 296°

Bei der Herstellung von Aldehyden über die 1-Acyl-imidazole wird die Carbonsäure mit 1-[Imidazolyl-(1)-carbonyl]-imidazol umgesetzt und das erhaltene Imidazol-Derivat ohne Isolierung zum Aldehyd reduziert[5]:

$$R{-}COOH \ + \ \underset{}{N{=}}{N}{-}CO{-}N{\overset{N}{}} \ \longrightarrow \ R{-}CO{-}N{\overset{N}{}} \ \xrightarrow{\text{Li[AlH}_4]} \ R{-}CHO$$

4-Methoxy-benzaldehyd-2,4-dinitro-phenylhydrazon[5]: 0,76 g (5 mMol) 4-Methoxy-benzoesäure werden zusammen mit 0,85 g (5,25 mMol) 1-[Imidazolyl-(1)-carbonyl]-imidazol in reiner Stickstoff-Atmosphäre 30 Min. in 40 ml abs. THF unter Rückfluß erhitzt; nach dem Abkühlen wird etwas THF i. Vak. abgezogen. Darauf wird auf −20° abgekühlt und unter starkem Rühren werden 30,5 ml (2,63 mMol) 0,34 n Lithiumalanat, mit 20 ml abs. Diäthyläther verdünnt, zugetropft. Nach 30 Min. wird auf 20° erwärmt und weitere 15 Min. gerührt. Man versetzt mit Methanol, dampft ein, nimmt in methanol. Schwefelsäure auf und fällt mit 2,4-Dinitro-phenylhydrazin in methanolischer Schwefelsäure; Ausbeute: 1,58 g (79% d. Th.); F: 248°.

Analog erhält man u. a. die 2,4-Dinitro-phenylhydrazone der folgenden Aldehyde aus:

4-tert.-Butyl-benzoesäure	→	*4-tert.-Butyl-benzaldehyd*	67% d. Th.; F: 247°
4-Nitro-benzoesäure	→	*4-Nitro-benzaldehyd*	77% d. Th.; F: 305–306°
Zimtsäure	→	*Zimtaldehyd*	41% d. Th.; F: 246° (Zers.)
Vitamin-A-säure	→	*Vitamin-A-aldehyd*	56% d. Th.; F: 206–207° (Zers.)
Pyridin-4-carbonsäure	→	*4-Formyl-pyridin*	67,5% d. Th.; F: 275° (Zers.)

Da auch in den 1-Acyl-aziridinen die Mesomerie zwischen dem Stickstoff-Atom und der Carbonyl-Gruppe eingeschränkt ist, lassen sie sich mit Lithiumalanat zu den Aldehyden reduzieren. Sie werden als hitzeempfindliche Substanzen zweckmäßig nicht isoliert.

[1] W. RIED, G. DEUSCHEL u. A. KOTEŁKO, A. **642**, 121 (1961).
[2] H. KHATRI u. C. H. STAMMER, Chem. Commun. **1979**, 79.
[3] H. P. KAUFMANN u. H. JANSEN, B. **92**, 2789 (1959).
[4] W. RIED u. G. NIEDHARDT, A. **666**, 148 (1963).
[5] H. A. STAAB u. H. BRÄUNLING, A. **654**, 119 (1962).

Formyl-cyclopropan[1]: Unter Rühren werden zu einer mit Eis/Kochsalz-Mischung gekühlten Lösung von 17,5 g (0,4 Mol) Aziridin und 40 g (0,4 Mol) Triäthylamin in 200 ml abs. Diäthyläther innerhalb 1 Stde. 42,2 g (0,4 Mol) Cyclopropan-carbonsäure-chlorid gegeben. Man rührt 30 Min. nach, filtriert das ausgeschiedene Triäthylamin-Hydrochlorid ab und wäscht es mit 100 ml Diäthyläther. Zur Äther-Lösung werden danach bei 0° unter Rühren und unter Stickstoff innerhalb 30 Min. 80 ml (0,1 Mol) einer 1,25 m Lithiumalanat-Lösung in Diäthyläther getropft. Man rührt 1 Stde., versetzt vorsichtig mit kalter 5 n Schwefelsäure, trennt die Äther-Phase ab und schüttelt die wäßr. Phase mit Diäthyläther aus. Die vereinigten Äther-Lösungen werden mit Wasser, Natriumhydrogencarbonat-Lösung und Wasser ausgewaschen, mit Natriumsulfat getrocknet und eingedampft. Das erhaltene Rohprodukt wird i. Vak. destilliert; Ausbeute: 16,8 g (66% d. Th.); Kp_{740}: 97–100°.

Analog erhält man aus:

2-Äthyl-butansäure-chlorid	→ *2-Äthyl-butanal*[1]	69% d. Th.; Kp_{740}: 116–119°
2,2-Dimethyl-propansäure-chlorid	→ *2,2-Dimethyl-propanal*[1]	54% d. Th.; Kp_{740}: 73–75°
2-Methoxymethyl-butan-säure-chlorid	→ *2-Methoxymethyl-butanal*[2]	70% d. Th.; Kp_9: 41–42°
Pentamethoxy-benzoesäure-chlorid	→ *Pentamethoxy-benzaldehyd*[3]	70% d. Th.; Kp_1: 122–124°
4,5,5-Trichlor-2,3-dibrom-pentadien-(2,4)-säure-chlorid	→ *4,5,5-Trichlor-2,3-dibrom-pentadien-(2,4)-al*[4]	34% d. Th.
7,7-Dimethyl-1-chlorcar-bonyl-tricyclo[2.2.1.0^{2,6}]heptan	→ *7,7-Dimethyl-1-formyl-tricyclo[2.2.1.0^{2,6}]heptan*[5]	87% d. Th.; F: 89°

Carbonsäure-dimethylamide werden durch selektiv wirkende Hydride zu Aldehyden reduziert; z. B. durch Lithium-diäthoxy-dihydrido-aluminat[6] bzw. Lithium-triäthoxy-hydrido-aluminat[6].

Diese Reduktionsmittel sind Gemische verschiedener Lithium-äthoxy-hydrido-aluminate mit einem bestimmten Hydrid-Gehalt. In der Praxis wird das modifizierte Hydrid meist mit 1 Mol-Äquivalent Essigsäure-äthylester hergestellt, da in diesem Fall kein Wasserstoff entwickelt wird und weniger Hydrid verloren geht.

Undecen-(10)-al[7]:

$$H_2C{=}CH{-}(CH_2)_8{-}CO{-}N(CH_3)_2 \xrightarrow{\ Li[AlH_2(OC_2H_5)_2]\ } H_2C{=}CH{-}(CH_2)_8{-}CHO$$

Zu 220 ml (0,275 Mol) mit Eiswasser gekühlter 1,25 m Lithiumalanat-Lösung in Diäthyläther werden unter Rühren in reiner Stickstoff-Atmosphäre innerhalb 2 Stdn. 24,45 g (0,275 Mol) Essigsäure-äthylester getropft. Die erhaltene Mischung wird unter Rühren innerhalb 30 Min. bei 0° zu einer Lösung von 105,2 g (0,5 Mol) Undecen-(10)-säure-dimethylamid in 100 ml abs. Diäthyläther gegeben. Man rührt 1 Stde. bei 0°, versetzt unter Kühlung mit 200 ml 3 n Schwefelsäure, schüttelt die wäßr. Phase 2mal mit je 100 ml Diäthyläther aus, wäscht die Äther-Lösung mit Wasser, Natriumhydrogencarbonat-Lösung und Wasser, trocknet mit Magnesiumsulfat, engt ein und destilliert; Ausbeute: 58,4 g (69,3% d. Th.); Kp_{10}: 100°.

Nach dieser Methode erhält man u. a. aus folgenden Dimethylamiden:

2,2-Dimethyl-propansäure-...	→ *2,2-Dimethyl-propanal*[7]	63% d. Th.; Kp_{747}: 70–72,5°
Dodecansäure-...	→ *Dodecanal*[7]	62% d. Th.; Kp_{15}: 123–125°
Cyclohexan-carbonsäure-...	→ *Formyl-cyclohexan*[7]	72% d. Th.; Kp_{18}: 76,5–77,5°
4-Chlor-benzoesäure-...	→ *4-Chlor-benzaldehyd*[8]	78% d. Th.; F: 46–47°
3,4,5-Trimethoxy-benzoe-säure-...	→ *3,4,5-Trimethoxy-benzaldehyd*[9]	60% d. Th.; F: 73–74°

Cycloalken-(2)-yl-acetaldehyde werden nur mit niedrigen Ausbeuten erhalten[8]. Carbonsäure-dimethylamide mit konjugierter C=C-Doppelbindung liefern praktisch

[1] H. C. Brown u. A. Tsukamoto, Am. Soc. **83**, 2016, 4549 (1961).
[2] F. Zymalkowski u. A. W. Frahm, Ar. **297**, 219 (1964).
[3] F. Dallacker, A. **665**, 78 (1963).
[4] A. Roedig et al., A. **692**, 83 (1966).
[5] F. Dallacker, K. Ulrichs u. M. Lipp, A. **667**, 50 (1963).
[6] H. C. Brown u. C. J. Shoaf, Am. Soc. **86**, 1079 (1964).
[7] H. C. Brown u. A. Tsukamoto, Am. Soc. **81**, 502 (1959); Am. Soc. **86**, 1089 (1964).
[8] C. W. Whitehead et al., J. Org. Chem. **26**, 2814 (1961).
[9] T. J. Perun et al., J. Org. Chem. **28**, 2937 (1963).

keinen Aldehyd[1]. Empfindliche Aldehyde werden zweckmäßig nicht isoliert, sondern in Lösung weiter verarbeitet[2]. Die Methode ist gut zur Herstellung markierter Aldehyde geeignet[3].

Bei der Reduktion mit dem selektiveren Lithium-triäthoxy-hydrido-aluminat sind die Ausbeuten etwas besser, auch kann die normale Zugabemethode angewendet werden[1].

Formyl-cyclohexan[1]: Zu 0,375 Mol mit Eis gekühlter 1,25 m Lithiumaluminat-Lösung in abs. Diäthyläther werden unter Rühren und unter Stickstoff innerhalb 2 Stdn. 0,563 Mol frisch destillierter Essigsäure-äthylester gegeben. Man rührt 30 Min. bei 0° und gibt möglichst schnell 58,2 g (0,375 Mol) Cyclohexancarbonsäure-dimethylamid zu. Der Äther soll bei der Zugabe nicht allzu heftig sieden. Man rührt 1 Stde. bei 0°, zersetzt mit 5 n Schwefelsäure, extrahiert die wäßr. Phase 2mal mit je 100 ml Diäthyläther, wäscht die Äther-Lösung mit Wasser, Natriumhydrogencarbonat-Lösung und Wasser, trocknet mit Natriumsulfat und dampft ein. Der Rückstand wird i. Vak. destilliert; Ausbeute: 32,8 g (78% d. Th.); Kp_{20}: 74–78°.

Analog erhält man u. a. aus den Dimethylamiden von

2,2-Dimethyl-propansäure	→ *2,2-Dimethyl-propanal*	74% d. Th.; Kp_{740}: 70–70,5°
Undecen-(10)-säure	→ *Undecen-(10)-al*	53% d. Th.; Kp_{10}: 99–102°
4-Chlor-benzoesäure	→ *4-Chlor-benzaldehyd*	88% d. Th.; F: 46,5–47°
Naphthalin-1-carbonsäure	→ *1-Formyl-naphthalin*	81% d. Th.; F: 62,4–63°

Lithium-dimethoxy-dihydrido-[4] und -trimethoxy-hydrido-aluminat[1] reduzieren Carbonsäure-dimethylamide mit schlechteren Ausbeuten zu den Aldehyden als die entsprechenden Äthoxy-Derivate.

Dagegen werden 2-Oxo-3-acyl-1,3-thiazolidine mit Lithium-tri-tert.-butyloxy-hydrido-aluminat bzw. Bis-[2-methyl-propyl]-aluminiumhydrid selektiv zu Aldehyden reduziert[5].

Mit Natriumalanat, das selektiver als Lithiumalanat wirkt, können Carbonsäure-dimethylamide in THF bei 0° mit guten Ausbeuten zu Aldehyden reduziert werden. Konjugierte C=C-Doppelbindungen werden meist angegriffen. Aus aromatischen Carbonsäure-amiden werden auch Alkohole gebildet (z. B. aus Benzoesäure-dimethylamid 9% d. Th. *Benzylalkohol* neben 76% d. Th. *Benzaldehyd*[6]).

Bis-[2-methyl-propyl]-aluminiumhydrid[7] und Natrium-bis-[2-methyl-propyl]-dihydrido-aluminat[8] reduzieren Carbonsäure-dimethylamide nur mit mittleren Ausbeuten zu Aldehyden.

Zum Einsatz von Bis-[4-methyl-piperazino]-aluminiumhydrid[9] bzw. Bis-[3-methyl-butyl-(2)]-boran[10] s. Lit.

Bei der Reduktion N-monosubstituierter Carbonsäure-amide zu Aldehyden ist der Raumbedarf des Substituenten von Bedeutung, da sich hier die Aldehyd-Stufe als Aldimin stabilisieren kann. Bei N,N-disubstituierten Carbonsäure-amiden haben raumerfüllende Substituenten zur Folge, daß das Hydrid die Aminocarbonyl-Gruppe nicht angreifen kann. So reagieren z. B. Carbonsäure-diisopropylamide mit Lithiumalanat bei 0° nicht[11], während -dimethylamide schnell reduziert werden[11, 12].

---

[1] H. C. Brown u. A. Tsukamoto, Am. Soc. **86**, 1089 (1964).
[2] J. G. Topliss et al., J. Org. Chem. **26**, 3842 (1961).
[3] M. Grdinic, D. A. Nelson u. V. Boekelheide, Am. Soc. **86**, 3357 (1964).
  E. Renk et al., Am. Soc. **83**, 1987 (1961).
[4] R. Nicoletti u. L. Baiocchi, Ann. Chimica **50**, 1502 (1960).
[5] T. Izawa u. T. Mukaiyama, Chem. Letters **1977**, 1443; Bl. chem. Soc. Japan **52**, 555 (1979).
[6] L. I. Žakharkin, D. N. Maslin u. V. V. Gavrilenko, Tetrahedron **25**, 5555 (1969).
[7] L. I. Žakharkin u. I. M. Khorlina, Izv. Akad. SSSR **1959**, 2146.
[8] L. I. Žakharkin u. V. V. Gavrilenko, Izv. Akad. SSSR **1960**, 2245.
  L. I. Žakharkin u. I. M. Khorlina, Izv. Akad. SSSR **1964**, 465.
[9] M. Muraki u. T. Mukaiyama, Chemistry Letters **1975**, 875.
[10] H. C. Brown et al., Am. Soc. **92**, 7161 (1970).
[11] H. C. Brown u. A. Tsukamoto, Am. Soc. **83**, 2016, 4549 (1961).
[12] F. Weygand u. D. Tietjen, B. **84**, 625 (1951).

Aus 4-Methoxy-benzoesäure-tert.-butylamid wird mit Lithium-tetradeuterido-aluminat *4-Methoxy-benzaldehyd-(Carbonyl-D)* erhalten[1].

4-Methoxy-benzaldehyd-(Carbonyl-D)[1]: Zu einer Suspension von 1,26 g (0,03 Mol) Lithium-tetradeuterido-aluminat in 100 *ml* abs. Diäthyläther werden unter Rühren und unter Stickstoff innerhalb 30 Min. 5,18 g (0,025 Mol) 4-Methoxy-benzoesäure-tert.-butylamid in 150 *ml* abs. Diäthyläther gegeben. Man kocht 15 Stdn. unter Rückfluß, kühlt ab, versetzt vorsichtig mit 5 *ml* Wasser und 3 *ml* 10%iger Natriumhydroxid-Lösung, dampft i. Vak. ein, rührt den öligen Rückstand 30 Min. mit 60 *ml* 5%iger Salzsäure bei 70°, schüttelt mit 75 *ml* Diäthyläther aus, wäscht den Auszug mit 5%iger Natriumhydroxid-Lösung und Wasser, trocknet mit Natriumsulfat, engt ein und destilliert; Ausbeute: 1,96 g (57% d. Th.); $Kp_{0,6}$: 76°.

Als einziges unsubstituiertes Carbonsäure-amid konnte Heptafluor-butansäure-amid mit Lithiumalanat zum *Heptafluor-butanal-Hydrat* (s. a. S. 108, 146f.) reduziert werden[2].

ii$_2$) zu Aminen

iii$_1$) normale Reduktion

Carbonsäure-amide werden durch Lithiumalanat und komplexe Aluminiumhydride mit analogem Reduktionsvermögen zu Aminen reduziert:

$$2R^1-CO-NH_2 + 2Li[AlH_4] \longrightarrow Li[Al(N-CH_2-R^1)_2] + LiAlO_2 + 4H_2$$

$$4R^1-CO-NH-R + 3Li[AlH_4] \longrightarrow Li\{Al[N(R)-CH_2-R^1]\}_4 + 2LiAlO_2 + 4H_2$$

$$2R^1-CO-NR_2 + Li[AlH_4] \longrightarrow 2R^1-CH_2-NR_2 + LiAlO_2$$

N,N-Disubstituierte Carbonsäure-amide werden in siedendem Äther durch einen 25–30%igen Lithiumalanat-Überschuß innerhalb einiger Stunden quantitativ, N-monosubstituierte und N-unsubstituierte Carbonsäure-amide dagegen erst mit einem 200–250%igen Überschuß in 12–20 Stdn. reduziert[3]. In THF verlaufen die Reduktionen schneller[4]. Lithium-trimethoxy-hydrido-aluminat[5] und Natrium-bis-[2-methoxy-äthoxy]-dihydrido-aluminat[6] reduzieren Carbonsäure-amide meist schneller als Lithiumalanat, während Lithium-tri-tert.-butyloxy-hydrido-aluminat diese nicht angreift[7].

N,N-Disubstituierte Carbonsäure-amide können manchmal durch komplexe Aluminiumhydride nicht selektiv zu den tertiären Aminen reduziert werden, da unter Spaltung der C–N-Bindung der Aminocarbonyl-Gruppe Alkohole (und auch Aldehyde) gebildet werden[3]:

$$4R^1-CO-NR_2 + 2Li[AlH_4] \longrightarrow Li[Al(OCH_2-R^1)_4] + Li[Al(NR_2)_4]$$

$$\xrightarrow{8H_2O} 4HO-CH_2-R^1 + 4HNR_2 + 2Li[Al(OH)_4]$$

[1] T. Axenrod, L. Loew u. P. S. Pregosin, J. Org. Chem. **33**, 1274 (1968).

[2] D. R. Husted u. A. H. Ahlbrecht, Am. Soc. **74**, 5422 (1952).

[3] R. F. Nystrom u. W. G. Brown, Am. Soc. **70**, 3738 (1948).
    V. M. Mićović u. M. L. Mihailovic, J. Org. Chem. **18**, 1190 (1953).

[4] H. C. Brown, P. M. Weissman u. N. M. Yoon, Am. Soc. **88**, 1458 (1966).

[5] H. C. Brown u. P. M. Weissman, Am. Soc. **87**, 5614 (1965).

[6] M. Černý et al., Collect. czech. chem. Commun. **34**, 1033 (1969).

[7] V. Černý u. F. Šorm, Collect. czech. chem. Commun. **25**, 2841 (1960).
    A. Kasal, V. Černý, u. F. Šorm, Collect. czech. chem. Commun. **25**, 2849 (1960).

Die Abspaltung des Amins verläuft besonders glatt bei den Amiden aromatischer Carbonsäuren[1-3] und den N-Acyl-Derivaten stickstoffhaltiger heterocyclischer Verbindungen (außer den schon auf S. 233f. genannten Verbindungen bei N-Acyl-pyrrolen[4,5], -pyrrolidinen[5], -piperidinen[4-6], -indolen[4], -benzotriazolen[7], -perhydro-acridinen[8] usw.). Die Heteroringe können neben Stickstoff auch andere Heteroatome, z. B. Schwefel enthalten[9].

Bei den Reduktionen mit Lithiumalanat treten als Nebenreaktionen die Hydrierung von konjugierten C=C-Doppelbindungen[10], Dimerisierung und Polymerisierung von α,β-ungesättigten Carbonsäure-amiden[11], Dehalogenierung[12,13] und C–C-Spaltung[12,14] auf.

Die Reduktion von Perfluor-carbonsäure-amiden mit einem größeren Lithiumalanat-Überschuß zu Aminen ist äußerst **explosions**gefährlich[15], die Explosionen treten bei der Zersetzung des Komplexes ein[15]. Mit Diboran können solche Reduktionen gefahrlos durchgeführt werden.

Über die Reduktion von Carbonsäure-amiden und Lactamen zu Aminen mit Lithiumalanat s. ds. Handb., Bd. XI/1, S. 576ff., wo zahlreiche Arbeitsvorschriften aufgeführt sind[16].

Wegen der genannten Unzulänglichkeiten der komplexen Aluminiumhydride werden besser die elektrophilen Hydride Diboran[17] und Aluminiumhydrid[18] verwendet, da diese

---

[1] R. F. Nystrom u. W. G. Brown, Am. Soc. **70**, 3738 (1948).
  V. M. Mičovič u. M. L. Mihailović, J. Org. Chem. **18**, 1190 (1953).
[2] M. Černý et al., Collect. czech. chem. Commun. **34**, 1033 (1969).
[3] L. I. Žakharkin, D. N. Maslin u. V. V. Gavrilenko, Tetrahedron **25**, 5555 (1969).
[4] V. M. Mičovič u. M. L. Mihailović, J. Org. Chem. **18**, 1190 (1953).
[5] H. C. Brown u. A. Tsukamoto, Am. Soc. **83**, 2016, 4549 (1961).
[6] L. I. Smith u. E. R. Rogier, Am. Soc. **73**, 4047 (1951).
  F. Weygand u. D. Tietjen, B. **84**, 625 (1951).
  M. Mousseron et al., Bl. **1952**, 1042.
[7] N. G. Gaylord, Am. Soc. **76**, 285 (1954).
[8] N. Bărbulescu u. F. Potmischil, A. **735**, 132 (1970).
[9] I. A. Kaye u. C. L. Parris, J. Org. Chem. **17**, 737 (1952).
[10] A. Uffer u. E. Schlittler, Helv. **31**, 1397 (1948).
[11] H. R. Snyder u. R. E. Putnam, Am. Soc. **76**, 33, 1893 (1954).
[12] H. J. Brabander u. W. B. Wright, J. Org. Chem. **32**, 4053 (1967).
[13] H. Böhme et al., B. **92**, 1599 (1959).
  R. Littell u. G. R. Allen, J. Org. Chem. **38**, 1504 (1973).
[14] C. Kaiser et al., J. Org. Chem. **27**, 768 (1962).
[15] T. S. Reid u. G. H. Smith, Chem. eng. News. **29**, 3042 (1951).
  D. R. Husted u. A. H. Ahlbrecht, Am. Soc. **74**, 5422 (1952).
  W. Karo, Chem. eng. News **33**, 1368 (1955).
  B. S. Marks u. G. C. Schweiker, Am. Soc. **80**, 5789 (1958).
  E. R. Bissel u. M. Finger, J. Org. Chem. **24**, 1256 (1959).
  M. Sander, M. **95**, 608 (1964).
[16] A. C. Cope u. E. Ciganek, Org. Synth. Coll. Vol. IV, 340 (1963).
  C. V. Wilson u. J. F. Stenberg, Org. Synth. Coll. Vol. IV, 564 (1963).
  G. P. Schiemenz u. H. Engelhard, B. **92**, 862 (1959).
  T. Kralt et al., R. **80**, 313 (1961).
  M. Sander u. D. Burmeister, B. **95**, 964 (1962).
[17] H. C. Brown, P. Heim u. N. M. Yoon, Am. Soc. **92**, 1637 (1970).
  P. S. Portoghese u. J. G. Turcotte, J. Med. Chem. **14**, 288 (1971).
  R. J. Schultz, W. H. Staas u. L. A. Spurlock, J. Org. Chem. **38**, 3091 (1973).
  W. T. Collwell et al., J. Med. Chem. **17**, 142 (1974).
  W. H. Staas u. L. Spurlock, J. Org. Chem. **39**, 3822 (1974).
  C. L. Stevens, K. J. TerBeek u. P. M. Pillai, J. Org. Chem. **39**, 3943 (1974).
  A. Chatterjee u. K. M. Biswas, J. Org. Chem. **40**, 1257 (1975).
[18] H. C. Brown u. N. M. Yoon, Am. Soc. **88**, 1464 (1966).
  B. Ho u. N. Castagnoli, J. Med. Chem. **23**, 133 (1980).

die C–N-Bindung der Aminocarbonyl-Gruppe nicht angreifen. Ferner werden selten unlösliche Komplexe mit den ev. vorliegenden aktiven Wasserstoff-Atomen gebildet.

Bei der Reduktion mit Diboran verbrauchen unsubstituierte Carbonsäure-amide sieben, monosubstituierte sechs und disubstituierte fünf Hydrid-Äquivalente. Die gegenüber
den komplexen Metallhydriden mehr verbrauchten Hydrid-Äquivalente werden vom
Amin-Stickstoff-Atom als Amin-Boran ($R_3N:BH_3$, s. S. 7 ff.) gebunden. Man führt die
Reaktion in siedendem THF oder in Bis-[2-methoxy-äthyl]-äther durch. Mono- und disubstituierte Carbonsäure-amide werden in einer Stunde, unsubstituierte aliphatische in
zwei, aromatische in acht Stunden reduziert[1].

Dimethyl-(2,2-dimethyl-propyl)-amin[1]:

$$(H_3C)_3C\text{—}CO\text{—}N(CH_3)_2 \xrightarrow{\ B_2H_6\ } (H_3C)_3C\text{—}CH_2\text{—}N(CH_3)_2$$

Zu 200 *ml* (334 mMol) einer 1,67 m Boran-Lösung in abs. THF wird bei 0° unter Rühren und unter Stickstoff
innerhalb 15 Min. eine Lösung von 25,8 (200 mMol) 2,2-Dimethyl-propansäure-dimethylamid in 100 *ml* abs.
THF getropft. Man erhitzt die farblose Lösung 1 Stde. unter Rückfluß, kühlt ab, versetzt langsam mit 50 *ml* 6 n
Salzsäure, engt ein, stellt mit Natriumhydroxid-Lösung alkalisch und extrahiert 3mal mit je 100 *ml* Diäthyläther.
Der Auszug wird mit Natriumsulfat getrocknet, eingeengt und destilliert; Ausbeute: 18,2 g (79% d. Th.); Kp:
95–96°.

Auf ähnliche Weise erhält man z. B. aus

4-Nitro-benzoesäure- dimethylamid	→	*Dimethyl-(4-nitro-phenyl)-amin*[2]	84% d. Th.; $Kp_{1,5}$: 96–98°
Benzoesäure-diiso- propylamid	→	*Diisopropyl-benzyl-amin*[1]	98% d. Th.

Die Reduktion kann selektiv, unter Erhalt der Alkoxycarbonyl-Gruppe durchgeführt
werden[3, 4]; z. B.:

$$(H_3C)_2NOC\text{—}COOC_2H_5 \xrightarrow{\ B_2H_6/THF\ } (H_3C)_2N\text{—}CH_2\text{—}COOC_2H_5$$

*Dimethylamino-essigsäure-
äthylester;* 70% d. Th.;
Kp_{27}: 76–80°

Amino-carbonsäureester; allgemeine Herstellungsvorschrift[3]: Unter Rühren wird zu einer gekühlten Diboran-Lösung in THF mit einem Gehalt von 0,15 Mol Boran (also 150 *ml* einer m Lösung) unter Stickstoff 0,1 Mol
Aminocarbonyl-carbonsäureester in 100 *ml* abs. THF getropft. Man kocht 1 Stde. unter Rückfluß, kühlt ab, versetzt mit 75 *ml* äthanol. Salzsäure (bei Methylestern mit methanol. Salzsäure), kocht 1 Stde. unter Rückfluß,
dampft ein, wiederholt die Operation, löst den Rückstand in 15 *ml* Wasser und extrahiert mit 25 *ml* Diäthyläther
oder Chloroform. Die wäßr. Phase wird mit 40%iger Natriumhydroxid-Lösung alkalisch gestellt, 2 mal mit je 50
ml Lösungsmittel extrahiert, das Solvens i. Vak. entfernt und der Rückstand destilliert oder kristallisiert.

Dies wird zur selektiven Reduzierung der N-Formyl-Gruppe bei N-Formyl-dipeptid-
estern ausgenutzt[5]. Auch die Reduktionen von Halogen-carbonsäure-amiden verlaufen
selektiv.

2-Fluor-äthyl-amin-Hydrochlorid[6]: Zu einer Lösung von 197 g (1,4 Mol) frisch destilliertem Bortrifluid-
Ätherat in 280 *ml* abs. Bis-[2-methoxy-äthyl]-äther wird innerhalb 3 Stdn. eine Lösung von 38 g (1 Mol) Natriumboranat in 860 *ml* abs. Bis-[2-methoxy-äthyl]-äther getropft. Das entwickelte Diboran (0,66 Mol) wird

[1] H. C. Brown u. P. Heim, Am. Soc. **86**, 3566 (1964); J. Org. Chem. **38**, 912 (1973).
[2] H. C. Brown u. P. Heim, J. Org. Chem. **38**, 912 (1973).
[3] M. J. Kornet, P. A. Thio u. S. I. Tan, J. Org. Chem. **33**, 3637 (1968).
[4] P. L. Russ u. E. A. Caress, J. Org. Chem. **41**, 149 (1976).
  R. W. Roeske et al., J. Org. Chem. **41**, 1260 (1976).
  R. C. Northrop u. P. L. Russ, J. Org. Chem. **42**, 4148 (1977).
[5] R. C. Northrop u. P. L. Russ, J. Org. Chem. **42**, 4148 (1977).
[6] Z. B. Papanastassiou u. R. J. Bruni, J. Org. Chem. **29**, 2870 (1964).

mit einem langsamen trockenen Stickstoff-Strom in die Lösung von 23 g (0,3 Mol) Fluor-acetamid in 250 *ml* abs. Bis-[2-methoxy-äthyl]-äther geleitet. Es wird ein zylindrisches Reaktionsgefäß mit Gaseinleitungsrohr verwendet, die Lösung wird mit einem magnetischen Rührer gemischt. Die austretenden Gase werden durch 400 *ml* Aceton geführt. Die Reaktion ist anfänglich exotherm, es ist aber keine äußerliche Kühlung notwendig. Die Mischung wird unter leichtem Durchblasen von Stickstoff 12 Stdn. stehen gelassen, mit 100 *ml* abs. Äthanol versetzt und durch Einleiten von trockenem Chlorwasserstoff angesäuert. Man läßt 12 Stdn. bei 0° stehen und saugt den ausgeschiedenen Niederschlag ab; Ausbeute: 20 g (67% d. Th.); F: 187–189°.

4-Trifluoracetyl-1-äthoxycarbonyl-piperazin wird unter Erhalt der Urethan-Gruppe zu *4-(2,2,2-Trifluor-äthyl)-1-äthoxycarbonyl-piperazin* reduziert[1]:

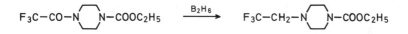

4-(2,2,2-Trifluor-äthyl)-1-äthoxycarbonyl-piperazin[1]: Zu 350 *ml* (0,35 Mol) m Boran-Lösung in abs. THF wird unter Rühren bei 0° in trockener Stickstoff-Atmosphäre eine Lösung von 50 g (0,208 Mol) 4-Trifluoracetyl-1-äthoxycarbonyl-piperazin in 200 *ml* abs. THF langsam zugetropft. Man kocht 2 Stdn. unter Rückfluß, kühlt ab, versetzt vorsichtig mit 50 *ml* 6 n Salzsäure, engt ein, macht mit Natriumhydroxid-Lösung alkalisch und extrahiert 3mal mit je 200 *ml* Diäthyläther. Der Auszug wird mit Magnesiumsulfat getrocknet, eingeengt und destilliert; Ausbeute: 39,5 g (80% d. Th.); $Kp_{0,15}$: 62,5–65°.

Analog erhält man u. a. die folgenden Amine bzw. Amin-Hydrochloride:

Propansäure-amid	→ *Propylamin-Hydrochlorid*[2]	51,5% d. Th.; F: 142–145°
3-(2-Acetylamino-äthyl)-indol	→ *3-(2-Äthylamino-äthyl)-indol*[3]	54% d. Th.; F: 81–82°
Trifluoressigsäure-methylamid	→ *Methyl-2,2,2-trifluor-äthyl-amin*[4]	53% d. Th.; Kp: 47°
Trifluoressigsäure-dimethylamid	→ *Dimethyl-2,2,2-trifluor-äthyl-amin*[4]	64,7% d. Th.; Kp: 47°
Bis-[fluoracetyl]-amin	→ *Bis-[2-fluor-äthyl]-amin-Hydrochlorid*[2]	76% d. Th.; F: 187–189°

Auch Aluminiumhydrid reduziert Carbonsäure-amide ohne Nebenreaktionen zu **Aminen.** Es kann vorteilhaft zur selektiven Reduktion ungesättigter Verbindungen angewendet werden, da es im Gegensatz zu Diboran C,C-Mehrfachbindungen unter den üblichen Reaktionsbedingungen nicht angreift.

Diisopropyl-benzyl-amin[5]: Unter Rühren wird zu einer Lösung von 0,4 g (13,3 mMol) Aluminiumhydrid in 30 *ml* abs. THF bei 0° unter Stickstoff 2,05 g (10 mMol) Benzoesäure-diisopropylamid in 10 *ml* abs. THF gegeben. Man rührt 30 Min. bei 0°, hydrolysiert mit 5 *ml* THF/Wasser (1:1), verrührt mit einer Lösung von 1 g Natriumhydroxid in 30 *ml* Wasser, dekantiert vom Aluminiumhydroxid ab, schüttelt zweimal mit Diäthyläther aus, trocknet, engt ein und destilliert den Rückstand; Ausbeute: 1,68 g (88% d. Th.); Kp_{25}: 100–102°.

Analog erhält man u. a. aus:

Zimtsäure-dimethylamid	→ *3-Dimethylamino-1-phenyl-propen*[5]	73% d. Th.
1,2,4,5-Tetrakis-[dimethylaminocarbonyl]-benzol	→ *1,2,4,5-Tetrakis-[dimethylamino-methyl]-benzol*[6]	89% d. Th.
2,5-Dihydroxy-terephthalsäure-bis-[dimethylamid]	→ *2,5-Dihydroxy-1,4-bis-[dimethyl-amino-methyl]-benzol*[6]	93% d. Th.
3-Hydroxy-naphthalin-2-carbonsäure-dimethylamid	→ *3-Hydroxy-2-dimethylamino-methyl-naphthalin*[6]	91% d. Th.

[1] W. V. Curran u. R. B. Angier, J. Org. Chem. **31**, 3867 (1966).
[2] Z. B. Papanastassiou u. R. J. Bruni, J. Org. Chem. **29**, 2870 (1964).
[3] K. M. Biswas u. A. H. Jackson, Tetrahedron **24**, 1145 (1968).
[4] E. R. Bissell u. M. Finger, J. Org. Chem. **24**, 1256 (1959).
[5] N. M. Yoon u. H. C. Brown, Am. Soc. **90**, 2927 (1968).
[6] H. Schindlbauer, M. **100**, 1413 (1969).

Unsubstituierte aromatische Carbonsäure-amide werden durch 2 Mol Aluminiumhydrid in THF bei 25° in 12 Stdn. mit ~80%iger Ausbeute reduziert[1].

Natriumboranat reduziert N,N-disubstituierte Carbonsäure-amide in siedendem Pyridin zu den **tertiären Aminen**. Die Ausbeuten sind stark strukturabhängig. Monosubstituierte Carbonsäure-amide reagieren nicht, unsubstituierte werden zum Nitril dehydratisiert[2].

tert.-Amine; allgemeine Arbeitsvorschrift[3]: Zu einer Lösung von 0,03 Mol Natriumboranat in 20–30 *ml* abs. Pyridin werden 0,01 Mol N,N-disubstituiertes Carbonsäure-amid gegeben. Man kocht die Mischung 10–20 Stdn. am Rückfluß, entfernt das Solvens i. Vak. und säuert mit 10%iger Salzsäure an. Die Lösung wird 10–30 Min. gekocht, abgekühlt, mit Diäthyläther ausgeschüttelt, mit 10%iger Natriumhydroxid-Lösung alkalisch gemacht, mit Diäthyläther extrahiert, der Auszug mit ges. Natriumchlorid-Lösung gewaschen, mit Natriumsulfat getrocknet, eingeengt und destilliert.

Mit dieser Methode erhält man u. a.[3-5]:

1-Benzyl-piperidin	51% d. Th.
Dimethyl-(2-phenyl-äthyl)-amin	51% d. Th.
1-(2-Phenyl-äthyl)-piperidin	71% d. Th.
2-Amino-3-piperidino-1-phenyl-propan	62% d. Th.
2-Methylamino-3-dimethylamino-1-phenyl-propan	45% d. Th.

Unsubstituierte [vgl. a.6] und N-monosubstituierte Carbonsäure-amide können mit **Natriumboranat** in Gegenwart von Essigsäure, N,N-disubstituierte Carbonsäure-amide in Gegenwart von Trifluoressigsäure zu den entsprechenden **Aminen** reduziert werden (Ausbeuten bis zu 90% d. Th.)[7]; z. B.:

$$H_5C_6-CO-NH_2 \xrightarrow{\text{Na[BH}_4]/H_3C-COOH} H_5C_6-CH_2-NH_2$$

Benzylamin; 85% d. Th.

Zur Reduktion entsprechender Carbamidsäure-ester s. S. 350f. 4-Nitro-benzamide werden mit Aluminiumhydrid zu 4-Amino-benzylaminen reduziert (s. S. 475).

Von 1-Acetyl-1,4-dihydro- und -1,2,3,4-tetrahydro-pyridinen wird die N-Acetyl-Gruppe durch Natriumboranat in Methanol reduktiv abgespalten[8].

Die Reduktion von Diacylamino-carbonsäure-estern mit Lithiumalanat liefert **tert.-Amine**[9].

2-Diäthylamino-äthanol[9]: Unter Rühren werden zu einer Lösung von 5,68 g (0,15 Mol) Lithiumalanat in 100 *ml* abs. Diäthyläther bei 2–8° unter Stickstoff innerhalb 4 Stdn. 9,35 g (0,05 Mol) (Diacetyl-amino)-essigsäure-äthylester in 50 *ml* abs. Diäthyläther gegeben. Man rührt 2 Stdn. bei 2–25°, versetzt mit Äthanol und Wasser, trennt die Äther-Schicht ab, extrahiert die wäßr. Phase mit Diäthyläther, trocknet, dampft ein und destilliert den Auszug; Ausbeute: 2,5 g (42,8% d. Th.); Kp: 159–161°.

N,N-Diacetyl-anilin ergibt infolge des Elektronenzugs des aromatischen Ringes *N-Äthyl-anilin*[8].

[1] N. M. Yoon u. H. C. Brown, Am. Soc. **90**, 2927 (1968).

[2] S. Yamada, Y. Kikugawa u. S. Ikegami, Chem. Pharm. Bull. (Tokyo) **13**, 394 (1965).

[3] Y. Kikugawa, S. Ikegami u. S. Yamada, Chem. Pharm. Bull. (Tokyo) **17**, 98 (1969).

[4] Y. Kikugawa, Chem. Letters **1975**, 1029; Chem. Pharm. Bull. (Tokyo) **24**, 1059 (1976).
   Y. Kikugawa u. Y. Yokoyama, Chem. Pharm. Bull. (Tokyo) **24**, 1939 (1976).

[5] I. Saito, Y. Kikugawa u. S. Yamada, Chem. Pharm. Bull. (Tokyo) **18**, 1731 (1970).

[6] In siedendem THF mit Natriumboranat/Äthandithiol-(1,2) oder Thiophenol : Y. Maki et al. Chem. & Ind. **1976**, 322.

[7] N. Umino, T. Iwakuma u. N. Itoh, Tetrahedron Letters **1976**, 763.

[8] B. Witkop u. J. B. Patrick, Am. Soc. **74**, 3855 (1952).

[9] R. H. Wiley, O. H. Borum u. L. L. Bennett, Am. Soc. **71**, 2899 (1949).

Auch die im aromatischen Ring substituierten Derivate werden ähnlich reduziert[1].

N,N'-Dialkyl-oxalsäure-diamide werden durch Lithiumalanat zu 1,2-Bis-[alkylamino]-äthanen reduziert[2].

1,2-Bis-[alkylamino]-äthane; allgemeine Herstellungsvorschrift[2]: Zu einer Lösung von 15 g (0,395 Mol) Lithiumalanat in 600 *ml* abs. Diäthyläther wird unter Rühren und unter Stickstoff eine Suspension von 30 g N,N'-Dialkyl-oxalsäure-diamid in abs. Diäthyläther gegeben. Man kocht die Mischung 4 Stdn. unter Rückfluß, zersetzt vorsichtig mit Wasser, rührt 1 Stde., filtriert den Niederschlag ab, wäscht 3mal mit je 50 *ml* Diäthyläther, trocknet das Filtrat mit Kaliumhydroxid, engt ein und destilliert unter Zugabe einer Pastille Kaliumhydroxid.

Mit dieser Methode erhält man u. a. *1,2-Bis-[butylamino]-äthan* (63% d.Th.; Kp$_3$: 73–78°).

Aus Glyoxylsäure-amiden können mit Hydriden Glykolsäure-amide, 2-substituierte 2-Hydroxy-äthylamine und Äthylamine erhalten werden. Glykolsäure-amide werden mit Natrium- oder Kaliumboranat erhalten (s. S. 321)[3].

Lithiumalanat reduziert Glyoxylsäure-amide meist zu 2-Hydroxy-äthylaminen[4]. Elektronenliefernde Gruppen (z. B. Indol-Ring) fördern die Hydrogenolyse zu *Äthylaminen*, so daß die untersuchten Indolyl-(3)-glyoxylsäure-amide, von einigen Ausnahmen abgesehen[5], nur unter milden Bedingungen selektiv zu den 2-Hydroxy-äthylaminen reduziert werden[5, 6]. Als Beiprodukte werden Glykolsäure-amide gebildet[7].

2-(2-Hydroxy-2-phenyl-äthylamino)-butanol[7]:

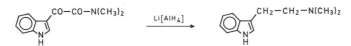

$$H_5C_6-CO-CO-NH-CH-CH_2-OH \xrightarrow{Li[AlH_4]} H_5C_6-CH-CH_2-NH-CH-CH_2-OH$$

Eine Aufschlämmung von 2 g (10 mMol) fein gepulvertem Phenyl-glyoxylsäure-1-hydroxy-butyl-(2)-amid in 100 *ml* abs. Diäthyläther läßt man unter Stickstoff langsam unter Rühren zu einer Suspension von 1,3 g (34 mMol) Lithiumalanat in 40 *ml* abs. Diäthyläther tropfen. Man erhitzt 30 Stdn. unter Rückfluß, kühlt ab, hydrolysiert vorsichtig mit 4 *ml* Wasser und gibt 50 *ml* 15%ige Natronlauge zu. Danach wird ausgeäthert, mit wenig Wasser gewaschen, über Magnesiumsulfat getrocknet und eingedampft; Ausbeute: 1,25 g (66% d. Th.); F: 115° (aus Benzol).

Die Reduktion von Indolyl-(3)-glyoxylsäure-amiden in siedendem Tetrahydrofuran oder 1,4-Dioxan ist eine wichtige Methode zur Herstellung von Tryptamin-Derivaten[8, 3]. Auch Indolyl-(3)-glykolsäure-amide werden unter diesen Bedingungen durch Lithiumalanat zu Tryptaminen reduziert[3].

3-(2-Dimethylamino-äthyl)-indol[9]:

[1] B. WITKOP u. J. B. PATRICK, Am. Soc. **74**, 3855 (1952).
[2] L. M. RICE et al., Am. Soc. **75**, 1750 (1953).
[3] F. V. BRUTSCHER u. W. D. VANDERWERFF, J. Org. Chem. **23**, 146 (1958).
[4] D. E. AMES, T. F. GREY u. W. A. JONES, Soc. **1959**, 620.
   J. B. WRIGHT u. E. S. GUTSELL, J. Org. Chem. **24**, 265 (1959).
   F. MICHEEL, R. AUSTRUP u. A. STRIEBECK, B. **94**, 132 (1961).
[5] R. LITTELL u. G. R. ALLEN, J. Org. Chem. **38**, 1504 (1973).
[6] A. F. AMES et al., Soc. **1959**, 3388.
[7] E. BIEKERT u. J. SONNENBICHLER, B. **95**, 1451 (1962).
[8] A. HOFMANN et al., Helv. **42**, 1557 (1959).
   F. TROXLER, F. SEEMANN u. A. HOFMANN, Helv. **42**, 2073 (1959).
   A. F. AMES et al., Soc. **1959**, 3388.
   M. JULIA u. P. MANOURY, Bl. **1964**, 1953.
   F. BENINGTON, R. D. MORIN u. L. C. CLARK, J. Org. Chem. **25**, 1542 (1960).
[9] H. MORIMOTO u. H. OSHIO, A. **682**, 212 (1965).

Einer Lösung von 4,4 g (0,02 Mol) Indolyl-(3)-glyoxylsäure-dimethylamid in 50 *ml* abs. 1,4-Dioxan wird unter Stickstoff eine Suspension von 4 g (0,105 Mol) Lithiumalanat in 50 *ml* abs. 1,4-Dioxan tropfenweise zugesetzt. Das Gemisch wird 13 Stdn. unter Rückfluß gerührt, abgekühlt und das überschüssige Reduktionsmittel vorsichtig mit Wasser zerstört. Nach dem Filtrieren des Niederschlages wird das Filtrat mit Diäthyläther ausgeschüttelt, der Auszug über Natriumsulfat getrocknet, eingeengt, aus Benzol/Petroläther und anschließend aus Petroläther kristallisiert; Ausbeute: 3,1 g (81,6% d. Th.); F: 49°.

Analog erhält man die Hydrochloride der folgenden Basen:

3-(2-Amino-äthyl)-indol (Tryptamin)[1]	57,6% d. Th.; F: 250–252°
5-Benzyloxy-3-(2-dibenzylamino-äthyl)-indol[2]	92% d. Th.; F: 232–233°
5-Methoxy-3-(2-dimethylamino-äthyl)-indol[3]	91% d. Th.; F: 145–146°

Die Reduktion mit Diboran bietet meist keine Vorteile, da als Nebenprodukte Amin-Borane[4,5] und in gewissen Fällen unter Sättigung der En-amin-Doppelbindung Indoline[5,6] gebildet werden (s. S. 86).

Dagegen wird Diboran angewendet, wenn im Molekül durch Lithiumalanat reduzierbare Gruppen vorliegen[5] (z. B. Trifluormethyl-Gruppe).

Lithiumalanat reduziert 1-Alkyl-indolyl-(3)-glyoxylsäure-amide nur zu den 3-(2-Amino-1-hydroxy-äthyl)-1-alkyl-indolen (vgl. a. S. 241), während mit Diboran die völlige Reduktion der Seitenkette möglich ist. Allerdings werden meist Gemische gebildet; z. B.[5]:

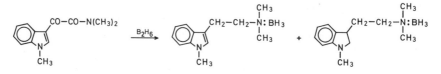

iii₂) durch reduktive Alkylierung

Sek. Amine werden nach Metallieren mit Lithiumalanat durch Carbonsäure-ester oder Carbonsäuren in die Carbonsäure-amide übergeführt, die danach vom Reduktionsmittel-Überschuß zu den tert.-Aminen reduziert werden[7]:

$$4\,R_2NH \;+\; Li[AlH_4] \quad \xrightarrow[-4\,H_2]{} \quad Li[Al(NR_2)_4] \quad \xrightarrow{+\,4\,R^1\!-\!COOR^2}$$

$$Li[Al(OR^2)_4] \;+\; 4\,R^1\!-\!CO\!-\!NR_2 \quad \xrightarrow{+\,2\,Li[AlH_4]} \quad 4\,R^1\!-\!CH_2\!-\!NR_2$$

tert.-Amine durch reduktive Alkylierung sek. Amine; allgemeine Herstellungsvorschrift[8]: Zu einer Lösung von 7,6 g (0,2 Mol) Lithiumalanat in 250 *ml* abs. THF wird unter Rühren und unter Stickstoff eine Lösung von 0,1 Mol sek. Amin in THF getropft. Man rührt 15–30 Min., erhitzt auf Rückflußtemp., gibt in 1 Stde. 0,3 Mol Carbonsäureester in der 2fachen Menge abs. THF tropfenweise zu, erhitzt 18 Stdn. unter Rückfluß, kühlt ab, ver-

[1] F. V. Brutcher u. W. D. Vanderwerff, J. Org. Chem. **23**, 146 (1958).
[2] M. E. Speeter u. W. C. Anthony, Am. Soc. **76**, 6208 (1954).
[3] F. Benington, R. D. Morin u. L. C. Clark, J. Org. Chem. **23**, 1977 (1958).
[4] K. M. Biswas u. A. H. Jackson, Tetrahedron **24**, 1145 (1968).
[5] R. Littell u. G. R. Allen, J. Org. Chem. **38**, 1504 (1973).
[6] S. A. Monti u. R. R. Schmidt, Tetrahedron **27**, 3331 (1971).
[7] A. Segre, R. Viterbo u. G. Parisi, Ann. Chimica **47**, 1177 (1957).
  A. Segre u. R. Viterbo, Experientia **14**, 54 (1958).
  W. B. Wright, J. Org. Chem. **25**, 1033 (1960).
  A. P. Gray u. D. E. Heitmeier, J. Org. Chem. **34**, 3253 (1969).
  J. M. Khanna, V. M. Dixit u. N. Anand, Synthesis **1975**, 607.
  W. J. Rodewald u. J. W. Morzycki, Tetrahedron Letters **1978**, 1077.
  H. L. Holland u. G. B. Johnson, Tetrahedron Letters **1979**, 3395.
[8] W. B. Wright, J. Org. Chem. **27**, 1042 (1962).

setzt mit 8 *ml* Wasser, 24 *ml* 15%iger Natriumhydroxid-Lösung und 24 *ml* Wasser, filtriert den Niederschlag ab und wäscht mit THF. Das Filtrat wird mit 20 *ml* konz. Salzsäure angesäuert, eingeengt, mit Wasser verdünnt, mit Diäthyläther ausgeschüttelt, alkalisch gemacht, mit Diäthyläther extrahiert, der Auszug getrocknet, eingeengt und destilliert.

Mit dieser Methode erhält man z. B. aus:

Piperidin + Essigsäure-äthylester	→ *1-Äthyl-piperidin*; 80% d. Th.; Kp: 126–130°
Piperidin + Benzoesäure-äthylester	→ *1-Benzyl-piperidin*; 85% d. Th.; Kp_{14}: 120–124°
1-Phenyl-piperazin + Benzoesäure-äthylester	→ *4-Phenyl-1-benzyl-piperazin*; 63% d. Th.; Kp_1: 160–170°
Piperidin+ Propiolacton	→ *3-Piperidino-propanol*; 48% d. Th.; Kp_{12}: 102–105°

Die Methode eignet sich in erster Linie zur Alkylierung heterocyclischer Amine, da diese schnell metalliert und acyliert werden[1].

1,3-Diäthyl-3-phenyl-azetidin[2]:

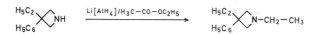

In eine Suspension von 3 g (79 mMol) Lithiumalanat in 30 *ml* abs. Diäthyläther tropft man unter Rühren und unter Stickstoff langsam eine Mischung von 10 g (62 mMol) 3-Äthyl-3-phenyl-azetidin und 6,3 g (72 mMol) frisch destilliertem Essigsäure-äthylester in 50 *ml* abs. Diäthyläther. Es wird 2,5 Stdn. unter Rückfluß gekocht, dann auf 0° abgekühlt und mit 5 *ml* 10%iger Ammoniumchlorid-Lösung langsam versetzt. Die graue Suspension wird abgenutscht und der Filterkuchen mehrmals mit Diäthyläther gewaschen. Die Äther-Auszüge werden über Natriumsulfat getrocknet, eingeengt und i. Vak. destilliert; Ausbeute: 9 g (77% d. Th.); $Kp_{0,7}$: 75–80°.

Analog erhält man z. B.:

1-Äthyl-3-cyclohexyl-azetidin[3]	60% d. Th.; Kp_{10}: 96–98°
1-Äthyl-3-phenyl-azetidin[4]	56% d. Th.; Kp_8: 110–115°
1-(3-Phenyl-allyl)-3-phenyl-azetidin[4]	30% d. Th.; $Kp_{0,6}$: 155–160°
1,2-Diäthyl-2-phenyl-azetidin[5]	75% d. Th.; $Kp_{2,5}$: 87–88°
3-Äthyl-1-propyl-3-phenyl-azetidin[2]	99% d. Th.; $Kp_{0,04}$: 90–95°

Die reduktive Alkylierung kann auch intramolekular durchgeführt werden[6]. Aus 2,4-Dipiperidyl-(2)-butansäure-äthylester wird neben *2,4-Dipiperidyl-(2)-butanol* 34% d. Th. *3-Piperidyl-(2)-1-aza-bicyclo[4.4.0]decan* erhalten[7]:

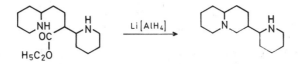

Prim. Amine können auf diese Weise nicht reduktiv alkyliert werden, da der Carbonsäure-ester schneller reduziert, als das Amin acyliert wird. Allerdings lassen sich in Gegenwart von 0,25 Mol-Äquiv. Lithiumalanat, das zur Metallierung der Amino-Gruppe nötig ist, N-monosubstituierte Carbonsäure-amide isolieren[8].

---

[1] O. HROMATKA, G. PRÖSTLER u. F. SAUTER, M. **91**, 590 (1960).
  D. E. AMES u. H. Z. KUCHARSKA, Soc. **1964**, 283.
[2] E. TESTA et al., A. **633**, 56 (1960).
[3] E. TESTA et al., A. **647**, 92 (1961).
[4] E. TESTA et al., A. **639**, 157 (1961).
[5] E. TESTA, L. FONTANELLA u. V. ARESI, A. **673**, 60 (1964).
[6] V. C. BARRY et al., Nature **166**, 303 (1950).
  W. J. RODEWALD u. J. W. MORZYCKI, Tetrahedron Letters **1978**, 1077.
[7] K. WINTERFELD, G. WALD u. M. RINK, A. **588**, 125 (1954).
[8] W. B. WRIGHT, J. Org. Chem. **27**, 1042 (1962).

In Gegenwart von Natriumboranat erleiden auch sek. Amine nur Acylierungen (hauptsächlich Ringschlußreaktionen), unter Lactam-Bildung[1].

Bei der Behandlung von Gemischen aus **Lacton und sek. Amin** mit Lithiumalanat erzielt man hauptsächlich reduktive Alkylierung. Wird jedoch das Gemisch zuerst erhitzt, so wird das Carbonsäure-amid ohne Einwirkung von Lithiumalanat gebildet; diese Variante ist zur Herstellung von N,N-disubstituierten Aminen mit Hydroxy-Substituenten und von Diaminen geeignet; z. B.[2]:

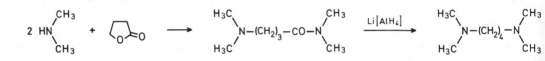

1,4-Bis-[dimethylamino]-butan[2]: 172 g (2 Mol) 4-Butanolid und 180 g (4 Mol) Dimethyl-amin werden im Bombenrohr 4 Stdn. bei 200° erhitzt. Die Mischung wird danach bis zur Entfernung des Wassers i. Vak. bei 125° gehalten, abgekühlt, in Diäthyläther gelöst und unter Rühren und unter Stickstoff zu einer Lösung von 125 g (3,3 Mol) Lithiumalanat in 1500 ml abs. Diäthyläther gegeben. Man kocht 1 Stde. am Rückfluß, zersetzt vorsichtig mit Wasser, filtriert den Niederschlag, wäscht mit Diäthyläther aus, trocknet und dampft das Filtrat ein. Der Rückstand wird destilliert; Ausbeute: 86 g (30% d. Th.); Kp_{28}: 78–80°.

Analog erhält man aus 4-Butanolid mit Piperidin *1,4-Bis-[piperidino]-butan* (56% d. Th.; $Kp_{0,3}$: 117–118°).

ii₃) zu Alkoholen

N,N-Dialkyl-amide können z. B. mit Lithium-triäthyl-hydrido-boranat in THF zu den entsprechenden Alkoholen reduziert werden[3]; z. B.:

$$H_3C-CH_2-CH_2-CO-N\langle\text{pyrrolidin}\rangle \xrightarrow[\substack{- HN\langle\text{pyrrolidin}\rangle}]{\substack{Li[(H_5C_2)_3BH]\,/\,Benzol \\ 0°,\,32\,Stdn.}} H_3C-CH_2-CH_2-CH_2-OH$$

Butanol-(1); 62% d. Th.

Die Reaktion verläuft analog auch mit 9-Bora-bicyclo[3.3.1]nonan[4].

i₂) von Lactamen

Lactame ergeben mit Hydriden den Carbonsäure-amiden ähnliche Reduktionsprodukte (s. S. 230). Der cyclischen Struktur entsprechend werden cyclische α-Hydroxy-amine und Amine, sowie unter Aufspaltung des Lactam-Ringes ω-Amino-aldehyde und ω-Amino-alkohole erhalten, wobei es wegen der Tautomerie von der Konstitution des Reduktionsproduktes abhängt, welche Form im Gleichgewicht überwiegt.

---
[1] I. JIRKOVSKÝ u. M. PROTIVA, Collect. czech. chem. Commun. **28**, 3096 (1963).
   I. ERNEST u. M. PROTIVA, Collect. czech. chem. Commun. **28**, 3106 (1963).
   E. C. TAYLOR, A. McKILLOP u. R. E. ROSS, Am. Soc. **87**, 1990 (1965).
[2] C. D. LUNSFORD, R. S. MURPHEY u. E. K. ROSE, J. Org. Chem. **22**, 1225 (1957).
[3] H. C. BROWN u. S. C. KIM, Synthesis **1977**, 635.
[4] H. C. BROWN, S. KRISHNAMURTHY u. N. M. YOON, J. Org. Chem. **41**, 1778 (1976).

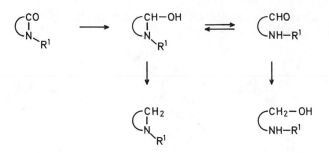

Die Reduktionen werden ähnlich wie bei den Carbonsäure-amiden durchgeführt. Wie Amide werden auch einige Lactame durch Lithiumalanat nicht reduziert[1].

Lactame mit cyclischer Acyl-harnstoff-Struktur (z. B. 2,4-Dioxo-imidazolidin, S. 138f., 252f., 2,4-Dioxo- bzw. 2,4,6-Trioxo-hexahydropyrimidine) werden in der Regel an der Lactam-Struktur angegriffen, während die Carbonyl-Funktion der Harnstoff-Gruppe nur z. Tl. reduziert wird (s. S. 135ff.).

ii₁) zu cyclischen α-Hydroxy-aminen bzw. zu ω-Amino-aldehyden

Cyclische α-Hydroxy-amine und die entsprechenden offenkettigen ω-Amino-aldehyde werden aus N-Alkyl-lactamen durch Reduktion mit Lithiumalanat[2] und in gewissen Fällen auch mit Natriumboranat[3] erhalten. Ihre Bildung ist stark strukturabhängig. Da sie leicht polymerisieren, ist ihre Isolierung nur bei manchen Verbindungen möglich[4-7]. Meist werden sie ohne Isolierung weiter verarbeitet; z. B.[5]:

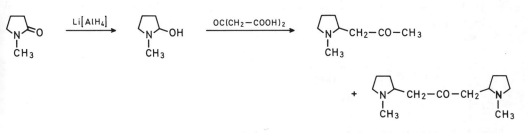

[1] V. Boekelheide u. J. P. Lodge, Am. Soc. **73**, 3681 (1951).
W. Langenbeck et al., J. pr. [4] **25**, 301 (1964).
J. Rigaudy u. J. Baranne-Lafont, Bl. **1969**, 2765.
J. Elguero et al., Bl. **1970**, 1974.
R. P. Mariella u. E. P. Belcher, Am. Soc. **74**, 4049 (1952).
F. Bohlmann et al., B. **89**, 792 (1956).
[2] F. Galinovsky u. R. Weiser, Experientia **6**, 377 (1950).
F. Galinovsky, O. Vogl u. R. Weiser, M. **83**, 114 (1952).
J. A. King, V. Hofmann u. F. H. McMillan, J. Org. Chem. **16**, 1100 (1951).
[3] P. Sinaÿ u. J.-M. Beau, Carbohydrate Research **24**, 95 (1972).
[4] A. L. Morrison, R. F. Long u. M. Königstein, Soc. **1951**, 952.
W. Schneider u. B. Müller, A. **615**, 34 (1958).
G. A. Swan u. J. D. Wilcock, Soc. [Perkin I] **1974**, 885.
C. Weissmann et al., Helv. **43**, 1165 (1960).
K. Kratzl, R. Weinstock u. H. Ruis, M. **96**, 1592 (1965).
E. Ziegler et al., M. **93**, 26 (1962).
S. C. Bell, C. Gochman u. S. J. Childress, J. Org. Chem. **28**, 3010 (1963).
J. C. Sheehan u. I. Lengyel, J. Org. Chem. **31**, 4244 (1966).
[5] F. Galinovsky, A. Wagner u. R. Weiser, M. **82**, 551 (1951).
[6] F. Galinovsky u. H. Zuber, M. **84**, 798 (1953).
[7] R. Lukeš et al., Collect. czech. chem. Commun. **24**, 2433 (1959).

Diese Methode eignet sich zur Herstellung sonst nur schwierig zugänglicher hetero-cyclischer Aldehyde; z. B.[1]:

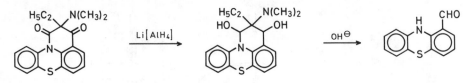

Das gleichzeitig gebildete vic. und gem. Diamino-diol wird bei der alkalischen Aufarbeitung unter Retro-al-dol-Addition zum Aldehyd aufgespalten.

1-Formyl-phenothiazin[1]: Eine Lösung von 4,95 g (14,6 mMol) 2-Dimethylamino-1,3-dioxo-2-äthyl-2,3-di-hydro-1H-⟨pyrido-[3,2,1-k,l]-phenothiazin⟩ in 100 ml abs. Diäthyläther wird unter Stickstoff und unter Rühren zu einer Lösung von 1,3 g (34 mMol) Lithiumalanat in 50 ml abs. Diäthyläther getropft. Man kocht die Mischung 75 Stdn. unter Rückfluß, läßt 1 Tag bei 20° stehen, versetzt mit 2,5 ml Wasser, saugt den Niederschlag ab und wäscht mit Äthanol und Diäthyläther. Das Filtrat wird mit Wasser, 4 n Salzsäure, n Natronlauge und Wasser ge-waschen, mit Magnesiumsulfat getrocknet und eingedampft; Ausbeute: 2,9 g (88% d. Th.); F: 65–72°; aus Ätha-nol/Wasser umkristallisiert F: 80–81°.

Analog erhält man z. B.:

1-Formyl-phenoxazin	58% d. Th.	F: 112–114°
1-Formyl-carbazol	21% d. Th.	F: 146–146,5°

ii₂) zu ω-Amino-alkoholen

Die Bildung von ω-Amino-alkoholen aus N-Alkyl-lactamen mit Lithiumalanat ist strukturabhängig. α- und β-N-Alkyl-lactame werden zu 2- bzw. 3-Amino-alkoholen aufgespalten; z. B.[2]:

$$H_3C-\underset{\underset{C(CH_3)_3}{N}}{\overset{\overset{CH_3}{\underset{|}{C}}}{C}}=O \xrightarrow{Li[AlH_4]} H_3C-\underset{\underset{H_3C}{|}}{\overset{\overset{H_3C}{|}}{C}}-NH-\underset{\underset{CH_3}{|}}{\overset{\overset{CH_3}{|}}{C}}-CH_2-OH$$

2-tert.-Butylamino-2-methyl-propanol[2]: Zu einer Lösung von 1,14 g (30 mMol) Lithiumalanat in 300 ml abs. THF tropft man unter Rühren und unter Stickstoff bei 0° eine Lösung von 2,83 g (20 mMol) 3-Oxo-2,2-dime-thyl-1-tert.-butyl-aziridin in 20 ml abs. THF. Man rührt 1 Stde. bei 20° und 3 Stdn. unter Rückfluß, kühlt ab, ver-setzt mit 1,5 ml Wasser und rührt nochmals 1 Stde. Vom Niederschlag wird filtriert, mit THF gewaschen und das Filtrat destilliert; Ausbeute: 2,2 g (76% d. Th.); Kp₂,₅: 55–58°.

2-Oxo-1-alkyl-azetidine werden durch Lithiumalanat[3,4] sowie Diboran[5] zu 3-Ami-no-propanolen aufgespalten, während viergliedrige Lactame mit einer NH-Gruppe von beiden Hydriden zu den Azetidinen reduziert werden[5,6] (s. a. S. 250) (2-Oxo-azetidi-ne[4,5] werden z. B. unter weiterer Spaltung reduziert).

[1] M. Harfenist, J. Org. Chem. **27**, 4326 (1962).

[2] J. C. Sheehan u. I. Lengyel, J. Org. Chem. **31**, 4244 (1966).

[3] M. E. Speeter u. W. H. Maroney, Am. Soc. **76**, 5810 (1954).

E. Testa, L. Fontanella u. G. F. Cristiani, A. **626**, 114 (1959).

[4] C. Metzger, B. **104**, 59 (1971).

[5] J. N. Wells u. O. R. Tarwater, J. Pharm. Sci. **60**, 156 (1971).

[6] E. Testa et al., A. **639**, 157 (1961).

E. Testa, L. Fontanella u. M. Bovara, A. **671**, 97 (1964).

E. Testa u. L. Fontanella, A. **671**, 106 (1964).

3-Benzylamino-2-phenyl-propanol[1]:

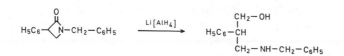

Unter Rühren wird zu einer Lösung von 0,19 g (5 mMol) Lithiumalanat in 30 *ml* abs. Diäthyläther unter Stickstoff eine Lösung von 1,2 g (5 mMol) 2-Oxo-3-phenyl-1-benzyl-azetidin in 50 *ml* abs. Diäthyläther getropft. Man kocht die Mischung 24 Stdn. unter Rückfluß, kühlt ab, versetzt mit 0,5 *ml* Wasser, rührt 4 Stdn., filtriert, trocknet das Filtrat mit Magnesiumsulfat und engt ein. Der Rückstand wird aus Diäthyläther/Petroläther kristallisiert; Ausbeute: 0,9 g (75% d. Th.); F: 52–54°.

Analog erhält man mit Diboran aus 2-Oxo-1,4-diphenyl-azetidin *3-Anilino-3-phenyl-propanol*[2] (53,8% d. Th.; F: 88,5–89,5°).

Auch die an einen aromatischen Ring gebundene endocyclische Aminocarbonyl-Gruppe läßt sich durch Lithiumalanat unter Bildung eines ω-Amino-alkohols aufspalten[3]. Natriumboranat reduziert Zucker-lactame in Wasser zu Amino-alkoholen[4]. N-Sulfonyl-lactame, die infolge der elektronenanziehenden Gruppen eine verminderte Basizität haben, ergeben mit Lithiumalanat Hydroxy-sulfonamide[5] (s.a. S. 244).

Einige schwefelhaltige Lactam-Ringe werden durch Hydride aufgespalten; z. B.[6, 7]:

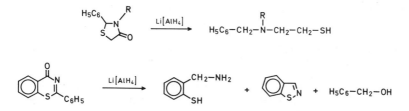

Bei der Reduktion von 3-Oxo-2,3-dihydro-4H-⟨benzo-1,4-thiazinen⟩ mit Lithiumalanat bleibt dagegen der heterocyclische Ring erhalten[8].

Imino-isatine werden durch Natriumboranat in siedendem Äthanol zu 2-(1-Amino-2-hydroxy-äthyl)-anilinen gespalten[9]:

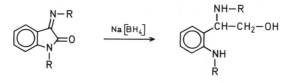

[1] F. F. BLICKE u. W. A. GOULD, J. Org. Chem. **23**, 1102 (1958).
[2] J. N. WELLS u. O. R. TARWATER, J. Pharm. Sci. **60**, 156 (1971).
[3] N. VINOT, Bl. **1964**, 245.
   J. ARIENT, L. HAVLÍČKOVÁ u. J. ŠLOSAR, Collect. czech. chem. Commun. **29**, 3115 (1964).
   J.-L. AUBAGNAC, J. ELGUERO u. R. ROBERT, Bl. **1972**, 2868.
[4] P. SINAŸ u. J.-M. BEAU, Carbohydrate Research **24**, 95 (1972).
[5] L. M. RICE, C. H. GROGAN u. E. E. REID, Am. Soc. **75**, 4304 (1953).
   Z. PRAVDA u. J. RUDINGER, Collect. czech. chem. Commun. **20**, 1 (1955).
   B. J. NICOLAUS, E. BELLASIO u. E.TESTA, Helv. **45**, 717 (1962).
[6] I. R. SCHMOLKA u. P. E. SPOERRI, Am. Soc. **79**, 4716 (1957).
[7] D. BOURGOIN-LAGAY u. R. BOUDET, C. r. **264**, 1304 (1967).
[8] C. ANGELINI, G. GRANDOLINI u. L. MIGNINI, A. ch. **46**, 235 (1956).
[9] J. ASHBY u. E. M. RAMAGE, J. Heterocycl. Chem. **15**, 1501 (1978).

ii₃) zu offenkettigen Aminen

Während 4-Oxo-1,4-dihydro-chinazoline mit Natriumboranat entweder unter Erhalt der Lactam-Struktur reduziert oder reduktiv gespalten werden (s. S. 352 f.), erhält man aus 4-Oxo-1-phenyl-1,2,3,4-tetrahydro-chinazolin mit Lithiumalanat *2-(Methylamino-methyl)-N-phenyl-anilin* (84% d. Th.).

2-Methylaminomethyl-N-phenyl-anilin[1]: 1,5 g (6,7 mMol) 4-Oxo-1-phenyl-1,2,3,4-tetrahydro-chinazolin werden unter Stickstoff mit 0,75 g (20 mMol) Lithiumalanat in 15 ml abs. Diäthyläther 4 Stdn. unter Rückfluß erhitzt. Man kühlt ab, versetzt mit 0,8 ml Wasser, 0,8 ml 15%iger Natriumhydroxid-Lösung und 2,5 ml Wasser, filtriert und wäscht mit Diäthyläther, trocknet das Filtrat mit Magnesiumsulfat, engt ein und destilliert; Ausbeute: 1,2 g (84% d. Th.); F: 96–97° (Acetyl-Derivat).

ii₄) zu cyclischen Aminen

Die Reduktion von Lactamen mit Hydriden zu cyclischen Aminen ist eine wichtige Methode zur Herstellung stickstoffhaltiger heterocyclischer Verbindungen bzw. von Alkaloiden. Bis zur Einführung von Diboran wurde meist Lithiumalanat verwendet, mit dem längere Reaktionsdauer, höhere Temperatur und ein großer Reduktionsmittel-Überschuß nötig sind.

Die Reaktion verläuft in siedendem Diäthyläther[2], THF[3], 1,4-Dioxan[4], Dibutyläther[5] und N-Methyl-morpholin[6]. Die Reaktionsdauer (meist 30 Min.[7] bis mehrere Tage[8]) ist von der Struktur des Lactams und der Reaktionstemp. abhängig.

2,5-Dioxo-piperazine ergeben in THF erst nach einer Rückflußdauer von 165 Stdn., also nach einer Woche, die besten Ausbeuten an Piperazinen[9]. Cyclische Oligamide werden meist nur langsam reduziert[10].

Beispiele für die Lactam-Reduktionen mit Lithiumalanat sind die Synthesen von Pyrrolidinen aus 2-Oxo-pyrrolidinen[11], von Piperidinen aus 2-Oxo-piperidinen[12], von

---

[1] W. J. IRWIN, Soc. [Perkin I] **1972**, 353.
[2] G. R. CLEMO, R. RAPER u. H. J. VIPOND, Soc. **1949**, 2095.
K. SUTTER-KOSTIČ u. P. KARRER, Helv. **39**, 680 (1956).
R. F. SMITH, W. J. REBEL u. T. N. BEACH, J. Org. Chem. **24**, 207 (1959).
R. C. ELDERFIELD u. E. T. LOSIN, J. Org. Chem. **26**, 1703 (1961).
[3] F. BOHLMANN u. N. OTTAWA, B. **88**, 1828 (1955).
O.-E. SCHULTZ u. J. SCHNEKENBURGER, Ar. **294**, 261 (1961).
[4] G. M. BADGER u. J. H. SEIDLER, Soc. **1954**, 2329.
O. E. EDWARDS u. L. MARION, Am. Soc. **71**, 1696 (1949).
[5] P. DE MAYO u. W. RIGBY, Nature **166**, 1075 (1950).
[6] H. L. COHEN u. L. M. MINSK, J. Org. Chem. **24**, 1404 (1959).
[7] B. R. BAKER, R. E. SCHAUB u. J. H. WILLIAMS, J. Org. Chem. **17**, 116 (1952).
[8] A. BERTHO, B. **90**, 29 (1957).
A. H. REES, Soc. **1959**, 3115.
[9] W. LANGENBECK et al., J. pr. [4] **25**, 301 (1964).
[10] E. SURY u. K. HOFFMANN, Helv. **36**, 1815 (1953).
H. ZAHN u. H. SPOOR, B. **89**, 1296 (1956).
H. ZAHN u. H. DETERMANN, B. **90**, 2176 (1957).
H. ZAHN, P. MIRO u. F. SCHMIDT, B. **90**, 1411 (1957).
H. STETTER u. J. MARX, A. **607**, 59 (1957).
H. STETTER u. K.-H. MAYER, B. **94**, 1410 (1961).
[11] F. MICHEEL u. W. FLITSCH, B. **89**, 132 (1956).
P. L. SOUTHWICK et al., J. Org. Chem. **21**, 1094 (1956).
Y.-H. WU et al., J. Org. Chem. **26**, 1524 (1961).
H. PLIENINGER u. U. LERCH, A. **698**, 196 (1966).
[12] D. E. AMES u. R. E. BOWMAN, Soc. **1952**, 1057.
H. K. HALL, Am. Soc. **79**, 5446 (1957).

Chinolizidinen aus 4-Oxo-chinolizidinen[1] und von verschiedenen Alkaloiden[2]. Elektrophile C=C-Doppelbindungen werden in ungesättigten Lactamen gesättigt[3]. Aus 2-Oxo-1,2-dihydro-pyridinen werden mit Lithiumalanat sowie Lithiumalanat/Aluminiumchlorid 1,2,5,6-Tetrahydro-pyridine erhalten[4] (Arbeitsvorschriften s. ds. Handb., Bd. XI/1, S. 581, Bd. XI/2, S. 581, sowie Lit.[5]). Zum Einsatz von Lithiumalanat in Toluol s. Lit.[6].

Natriumalanat[7], Natrium-bis-[2-methoxy-äthoxy]-dihydrido-aluminat[8] und Dialkyl-aluminiumhydride reduzieren Lactame ähnlich wie Lithiumalanat zu cyclischen Aminen. Mit den beiden letzteren Hydriden kann auch in Benzol/Kohlenwasserstoff gearbeitet werden. Eine Arbeitsvorschrift zur Herstellung von *Azepan* aus ε-Caprolactam durch Reduktion mit Diäthyl-aluminiumhydrid ist in ds. Handb., Bd. XIII/4, S. 220, mit Bis-[2-methyl-propyl]-aluminiumhydrid in der Lit. angegeben[9].

N-substituierte Phthalimidine werden mit Natrium-bis-[2-methoxy-äthoxy]-dihydrido-aluminat in Benzol bereits bei 20° zu Isoindolen reduziert[10] (mit Lithiumalanat in Diäthyläther im Bombenrohr erst bei 100°)[11].

Natriumboranat greift normalerweise Lactame nicht an[12]. In siedendem Pyridin[13] bzw. nach Überführen in die Carbonsäure-ester-imidium-tetrafluoroborate[14] werden dagegen cyclische Amine erhalten (s. S. 350f.).

Im Gegensatz zu den Carbonsäure-amiden werden in siedendem Pyridin auch Lactame mit NH-Gruppen reduziert; z. B.[15]:

[1] K. Winterfeld u. E. Schneider, A. **581**, 66 (1953).
   H. R. Lewis u. C. W. Shoppee, Soc. **1956**, 313.
   F. Bohlmann, B. **91**, 2157 (1958).
[2] P. L. Julian u. A. Magnani, Am. Soc. **71**, 3207 (1949).
   P. Karrer, C. H. Eugster u. P. Waser, Helv. **32**, 2381 (1949).
   S. P. Findlay, Am. Soc. **73**, 3008 (1951).
   B. Belleau, Am. Soc. **75**, 5765 (1953); Chem. & Ind. **1955**, 229; **1956**, 410; Canad. J. Chem. **35**, 651 (1957).
   A. Bertho u. H. Bosch, A. **584**, 23 (1953).
   G. R. Clemo, B. W. Fox u. R. Raper, Soc. **1954**, 2693.
   F. Bohlmann et al., B. **89**, 792 (1956); **90**, 661 (1957).
   H. McKennis et al., Am. Soc. **80**, 1634 (1958).
   A. Mondon, A. **628**, 123 (1959); B. **92**, 1461, 1472 (1959).
   H. R. Arthur, W. H. Hui u. Y. L. Ng, Soc. **1959**, 1840.
   P. J. Scheuer, Am. Soc. **82**, 193 (1960).
   A. Mondon, J. Zander u. H.-U. Menz, A. **667**, 126 (1963).
   V. Boekelheide u. M. Y. Chang, J. Org. Chem. **29**, 1303 (1964).
[3] B. R. Baker, R. E. Schaub u. J. H. Williams, J. Org. Chem. **17**, 116 (1952).
   M. Shamma u. P. D. Rosenstock, J. Org. Chem. **26**, 718 (1961).
   Y.-H. Wu, J. R. Corrigan u. R. F. Feldkamp, J. Org. Chem. **26**, 1531 (1961).
[4] M. Ferles u. M. Holík, Collect. czech. chem. Commun. **31**, 2416 (1966).
[5] R. B. Moffett, Org. Synth., Coll. Vol. IV, 355 (1963).
[6] W. M. Welch, J. Org. Chem. **41**, 2031 (1976).
[7] M. Ferles, Collect. czech. chem. Commun. **24**, 2829 (1959).
   Y.-H. Wu u. R. F. Feldkamp, J. Org. Chem. **26**, 1519 (1961).
   J. O. Jílek et al., Collect. czech. chem. Commun. **30**, 445 (1965).
[8] V. Bažant et al., Tetrahedron Letters **1968**, 3303.
   M. Černý et al., Collect. czech. chem. Commun. **34**, 1033 (1969).
   D. R. Julian u. Z. S. Matusiak, J. Heterocyclic Chem. **12**, 1179 (1975).
   T. Kametani et al., J. Org. Chem. **42**, 3605 (1977).
[9] K. Ziegler, K. Schneider u. J. Schneider, A. **623**, 9 (1959).
[10] D. L. Garmaise u. A. Ryan, J. Heterocyclic Chem. **7**, 413 (1970).
[11] G. Wittig, G. Closs u. F. Mindermann, A. **594**, 89 (1955).
[12] K. Winterfeld u. H. Michael, B. **93**, 61 (1960).
   P. L. Southwick u. E. F. Barnas, J. Org. Chem. **27**, 98 (1962).
   I. W. Elliott, F. Hamilton u. D. K. Ridley, J. Heterocyclic Chem. **5**, 707 (1968).
[13] Y. Kikugawa, S. Ikegami u. S. Yamada, Chem. Pharm. Bull. (Tokyo) **17**, 98 (1969).
[14] R. F. Borch, Tetrahedron Letters **1968**, 61.
[15] K. Masuzawa, M. Kitagawa u. H. Uchida, Bl. chem. Soc. Japan **40**, 244 (1967).

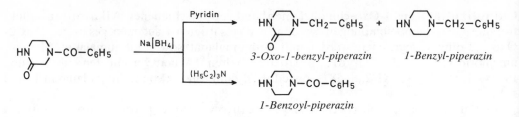

Durch Natriumboranat/Aluminiumchlorid werden Lactame je nach Struktur reduziert[1] oder nicht angegriffen[2].

Die elektrophilen Hydride Diboran, Aluminiumhydrid und Lithiumalanat/Aluminiumchlorid (1:1) reduzieren Lactame meist schneller und selektiver als Lithiumalanat. Die Reduktion mit Diboran ist ähnlich wie bei den Carbonsäure-amiden[3] in siedendem THF in einigen Stunden[4] unter Erhalt der Alkoxycarbonyl-[5] und Sulfo-Gruppen[6] beendet (s. a. S. 238 f., 242).

7-Methoxy-1,2,4,5-tetrahydro-3H-⟨3-benzazepin⟩-Hydrochlorid[7]:

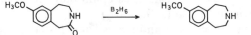

Zu einer Lösung von 0,245 g (1,28 mMol) 2-Oxo-7-methoxy-1,2,4,5-tetrahydro-3H-⟨3-benzazepin⟩ in 25 ml abs. THF werden unter Stickstoff 2,6 ml (2,6 mMol) einer m Boran-Lösung in abs. THF gegeben. Man kocht 2 Stdn. unter Rückfluß, kühlt ab, versetzt mit 5 ml 6 n Salzsäure und kocht weitere 2 Stdn., engt i. Vak. auf 5 ml ein, versetzt mit 10 ml 5 n Natronlauge und extrahiert mit Chloroform, Die Auszüge werden mit Wasser gewaschen, über Natriumsulfat getrocknet und eingedampft. Man löst den Rückstand in 30 ml Diäthyläther, filtriert und sättigt das Filtrat bei 0° mit trockenem Chlorwasserstoff; Ausbeute: 0,2 g (73,3% d. Th.); F: 235–240° (Zers.) nach Umkristallisieren aus Äthanol.

Analog erhält man z. B. aus (s. a. S. 246)[8]:

2-Oxo-4-phenyl-azetidin	→ 2-Phenyl-azetidin	81% d. Th.
3-Azido-2-oxo-4-(4-chlor-phenyl)-azetidin	→ 3-Amino-2-(4-chlor-phenyl)-azetidin	73% d. Th.

Bei der gleichzeitigen Reduktion von Lactam- und Alkoxycarbonyl-Gruppen müssen schärfere Bedingungen angewendet werden. Da sich letztere durch Diboran nur schwer reduzieren lassen, ist zur vollständigen Reduktion ein großer Reduktionsmittel-Überschuß und eine lange Reaktionsdauer nötig[9].

5,6-Dimethoxy-3-(2-hydroxy-äthyl)-2,3-dihydro-indol[9]:

[1] R. P. Mull et al., Am. Soc. **80**, 3769 (1958).
[2] E. Cohen, B. Klarberg u. J. R. Vaughan, Am. Soc. **82**, 2731 (1960).
[3] H. C. Brown u. P. Heim, Am. Soc. **86**, 3566 (1964); J. Org. Chem. **38**, 912 (1973).
[4] D. L. Trepanier u. P. E. Krieger, J. Heterocyclic Chem. **7**, 1231 (1970).
J. I. DeGraw u. W. A. Skinner, Canad. J. Chem. **45**, 63 (1967).
T. Doornbos u. J. Strating, Synthetic Communications **1**, 11 (1971).
K. Ishizumi, S. Inaba u. H. Yamamoto, J. Org. Chem. **37**, 4111 (1972).
B. Dietrich et al., Tetrahedron **29**, 1629 (1973).
D. L. Coffen et al., J. Org. Chem. **40**, 894 (1975).
[5] M. J. Kornet, P. A. Thio u. S. I. Tan, J. Org. Chem. **33**, 3637 (1968).
[6] H. Zinnes, R. A. Gomes u. J. Shavel, J. Heterocyclic Chem. **5**, 875 (1968).
[7] O. Yonemitsu et al., Am. Soc. **90**, 776 (1968).
[8] J. N. Wells u. O. R. Tarwater, J. Pharm. Sci **60**, 156 (1971).
[9] F. J. McEvoy u. G. R. Allen, J. Org. Chem. **38**, 3350 (1973).

Zu einer mit Eis gekühlten Lösung von 1,95 g (7 mMol) 5,6-Dimethoxy-2-oxo-3-äthoxycarbonylmethyl-2,3-dihydro-indol in 100 *ml* abs. THF werden unter Rühren und unter Argon 40 *ml* (40 mMol) m Boran-Lösung in abs. THF gegeben. Man rührt 15 Stdn. bei 20°, kocht 18 Stdn. unter Rückfluß, engt i.Vak. ein, erhitzt mit 100 *ml* n Salzsäure auf 100°, kühlt ab, schüttelt mit Essigsäure-äthylester aus, und stellt unter Eiskühlung mit Natriumhydroxid-Lösung alkalisch. Die Lösung wird mit Essigsäure-äthylester ausgeschüttelt, der Auszug mit ges. Natriumchlorid-Lösung gewaschen, getrocknet und eingedampft; Ausbeute: 1,23 g (79% d.Th.); F: 148–150° (N-Acetyl-Derivat).

Die Reduktion von 2-Oxo-1-methyl-2,3-dihydro-indol liefert 45° d.Th. *1-Methyl-indol* neben 15% d.Th. *1-Methyl-2,3-dihydro-indol*[1]. 2-Oxo-2,3-dihydro-indole und auch Isatine lassen sich dagegen bei tiefer Temperatur durch Diboran in guter Ausbeute zu den entsprechenden Indolen reduzieren. Mit Lithiumalanat erhält man, von der Struktur des Ausgangsmaterials abhängig, nur in manchen Fällen Indole. Reduktion von 2-Oxo-2,3-dihydro-pyrrolen mit Lithiumalanat zu Pyrrolen ist nur bei Polyaryl-Derivaten möglich[2].

Indole; allgemeine Arbeitsvorschrift[3]: 0,1 Mol 2-Oxo-2,3-dihydro-indol- oder Isatin-Derivat werden in ~ 250 *ml* abs. THF gelöst. Im Fall der Isatine kühlt man die Lösung auf −78° ab; im Fall der 2-Oxo-2,3-dihydro-indole arbeitet man von Anfang an bei 0°. Zu der gekühlten Lösung gibt man unter trockenem Stickstoff portionsweise eine ~ 0,6 m Boran-Lösung (insgesamt 200 *ml*) in abs. THF und läßt das Reaktionsgemisch 3–12 Stdn. (2-Oxo-2,3-dihydro-indole) bzw. 24 Stdn. (Isatine) bei 0° stehen. Zur Aufarbeitung wird das Gemisch in viel Wasser gegossen, schwach angesäuert und das Indol-Derivat mit Diäthyläther extrahiert. Zur Reinigung wird aus einem geeigneten Lösungsmittel umkristallisiert oder an Aluminiumoxid (Brockmann) mit Petroläther/Diäthyläther chromatographiert.

Bei der Reduktion von 2-Oxo-2,3-dihydro-indolen liegen die Ausbeuten über 80% d.Th. Das 3-Methyl-Derivat ergibt z. B. quantitativ *3-Methyl-indol (Skatol)*[3]. Aus den Isatinen erhält man die entsprechenden Indole in 45–80%iger Ausbeute. Isatin selbst liefert 72% d.Th. *Indol*[3]. Zur Herstellung von 3,3-Bi-indolen aus den entsprechenden Lactamen s. Lit.[4].

Ungesättigte Lactame werden durch Diboran an der C=C-Doppelbindung angegriffen (s. S. 82), nicht jedoch durch Aluminiumhydrid[5]. Dagegen greift Lithiumalanat/Aluminiumchlorid (1:1)[6] gleichzeitig die konjugierte C=C-Doppelbindung an (als Lösungsmittel wird Diäthyläther verwendet, da THF angegriffen wird)[7]; z. B.[8]:

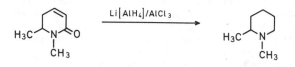

1,2-Dimethyl-piperidin[8]: Zu einer Lösung von 3,8 g (0,1 Mol) Lithiumalanat in 100 *ml* abs. Diäthyläther wird vorsichtig unter Rühren und unter Stickstoff eine Lösung von 13,3 g (0,1 Mol) stückigem Aluminiumchlorid in 100 *ml* abs. Diäthyläther getropft. Zur Mischung gibt man eine Lösung von 10 g (0,08 Mol) 2-Oxo-1,6-dimethyl-1,2,5,6-tetrahydro-pyridin in 75 *ml* abs. Diäthyläther so zu, daß die Mischung mäßig siedet. Man rührt 18 Stdn. bei 20°, versetzt mit 100 *ml* Wasser, filtriert den Niederschlag, wäscht mit Diäthyläther aus, trocknet das Filtrat mit Calciumsulfat und destilliert; Ausbeute: 8 g (91% d.Th.); Kp$_{748}$: 125–128°.

Aus 2-Oxo-1,2-dihydro-pyridinen werden dagegen zumeist Gemische isomerer Tetrahydro-pyridine mit Piperidinen als Nebenprodukte erhalten[9].

---

[1] H. Plieninger et al., A. **680**, 69 (1964).
[2] J. Rigaudy u. J. Baranne-Lafont, Bl. **1969**, 2765.
[3] H. Sirowej, S. A. Khan u. H. Plieninger, Synthesis **1972**, 84.
[4] H. Gossler u. H. Plieninger, A. **1977**, 1953.
[5] A. E. Finholt, A. C. Bond u. H. I. Schlesinger, Am. Soc. **69**, 1199 (1947).
[6] E. Wiberg u. M. Schmidt, Z. Naturf. **6b**, 333, 460 (1951).
[7] W. J. Bailey u. F. Marktscheffel, J. Org. Chem. **25**, 1797 (1960).
[8] M. Shamma u. P. D. Rosenstock, J. Org. Chem. **26**, 718 (1961).
[9] M. Ferles u. M. Holík, Collect. czech. chem. Commun. **31**, 2416 (1966).
  M. Holík, A. Tesařová u. M. Ferles, Collect. czech. chem. Commun. **32**, 1730 (1967).
  M. Holík u. M. Ferles, Collect. czech. chem. Commun. **32**, 228 (1967).

Auch cyclische Acyl-thioharnstoffe vom 4-Oxo-2-thiono-imidazolidin- bzw. -tetra(hexa)hydro-pyrimidin-Typ lassen sich selektiv an der Carbonyl-Gruppe zu den entsprechenden 2-Thiono- (mit Lithiumalanat) bzw. 4-Hydroxy-2-thiono-Verbindungen (mit Alkalimetallboranat) reduzieren; z. B.:

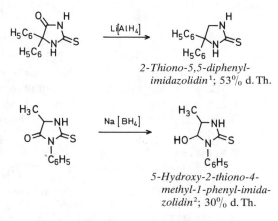

2-Thiono-5,5-diphenyl-imidazolidin[1]; 53% d. Th.

5-Hydroxy-2-thiono-4-methyl-1-phenyl-imidazolidin[2]; 30% d. Th.

Die erhaltenen Hydroxy-thiono-imidazolidine gehen leicht unter Wasser-Abspaltung in 2-Mercapto-imidazole über, die durch entsprechende Arbeitsvarianten auch direkt erhalten werden können.

2-Mercapto-imidazole; allgemeine Arbeitsvorschrift:

Reduktion mit Lithiumboranat: Zur 5%igen Suspension von Lithiumboranat in 1,4-Dioxan wird unter Rühren bei 37° die 10%ige Lösung des 4-Oxo-2-thiono-tetrahydro-imidazols (2-Thiono-hydantoin) in 1,4-Dioxan gegeben (1 g 2-Thio-hydantoin zu 1 g Lithiumboranat). Nach 30−60 Min. setzt man 2 Mol 10%ige wäßr. Essigsäure pro Mol Lithiumboranat zu, kocht 5−10 Min. und stellt mit Natriumcarbonat-Lösung auf $p_H = 10$ ein. Nach Abkühlen auf 4° scheiden sich die 2-Mercapto-imidazole meist aus. Nötigenfalls werden sie mit Äther extrahiert.

Reduktion mit Natriumboranat: Die 2%ige wäßr. Lösung von Natriumboranat wird bei 20° zur Lösung des 2-Thiono-hydantoins in Bis-[2-methoxy-äthyl]-äther gegeben (2−3 Mol Natriumboranat pro Mol 2-Thiohydantoin). Die Konz. der Lösung wird so eingestellt, daß sich das 2-Thiono-hydantoin während der Reduktion nicht ausscheidet. Nach 30−120 Min. stellt man den p_H-Wert der Lösung mit konz. Salzsäure auf 0,5 ein. Nach einigen Stdn. fällt das 2-Mercapto-imidazol meist aus.

Nach dieser Methode erhält man u. a. folgende Verbindungen[2]:

2-Mercapto-...-imidazol	Borhydrid	Ausbeute [% d. Th.]	F [°C]
...-1-phenyl-...	Li[BH₄]	30	178−181
...-4-(2-methyl-propyl)-...	Li[BH₄]	70	186−187
...-1,4-dimethyl-...	Na[BH₄]	63	209−210
...-1-methyl-4-phenyl-...	Li[BH₄]	72	210−212
...-4-(3-carboxy-propyl)-1-phenyl-...	Na[BH₄]	65	190

In 4-Hydroxy-2-mercapto-pyrimidinen (2-Thio-uracilen) wird durch Lithiumalanat analog die Oxo-Gruppe zur Methylen-Gruppe reduziert; z. B.[1]:

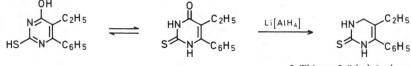

2-Thiono-5-äthyl-6-phenyl-1,2,3,4-tetrahydro-pyrimidin; 23% d. Th.

[1] F. J. MARSHALL, Am. Soc. **78**, 3696 (1956).
[2] J. E. SCOTT u. G. HENDERSON, Biochem. J. **109**, 209 (1968).

Die entsprechenden 2-Thio-barbitursäuren werden analog den Barbitursäuren in den Stellungen 4 und 6 reduziert[1]; z. B.[2]:

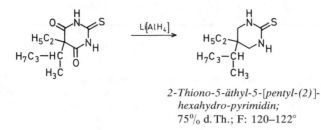

2-Thiono-5-äthyl-5-[pentyl-(2)]-
hexahydro-pyrimidin;
75% d.Th.; F: 120–122°

In 9-Oxo-7-thiono-8-(4-brom-phenyl)-1,6,8-triaza-bicyclo[4.3.0]nonen-(3) wird durch 2 Mol-Äquivalente Lithiumalanat (16 Stdn., siedendes Diäthyläther/Benzol) nur die Aminocarbonyl-Gruppe {42% d.Th. *9-Thiono-8-(4-brom-phenyl)-1,6,8-triaza-bicyclo[4.3.0]nonen-(3)*} mit 4 Mol-Äquivalenten Lithiumalanat die Aminocarbonyl- und Thioharnstoff-Gruppe {50% d.Th. *8-(4-Brom-phenyl)-1,6,8-triaza-bicyclo[4.3.0]nonen-(3)*} reduziert[3] (s. S. 345).

Zur Herstellung cyclischer Amine aus Lactamen über die Vilsmeier-Komplexe s. S. 354 f.

i₃) von Dicarbonsäure-imiden

Dicarbonsäure-imide ergeben als cyclische sekundäre Carbonsäure-amide mit Hydriden die verschiedensten Reduktionsprodukte, z. B. Hydroxy-lactame, Lactame, cyclische Amine, ω-Hydroxy-carbonsäureamide und ω-Amino-alkohole[4].

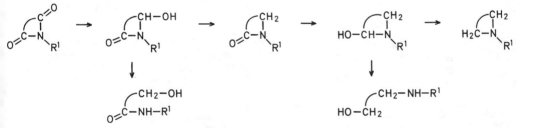

In der Praxis hat die Reduktion mit Lithiumalanat oder Diboran zu cyclischen Aminen die größte Bedeutung, wobei allerdings mit Lithiumalanat infolge der zur intramolekularen Reaktion fähigen funktionellen Gruppen Umlagerungen auftreten.

ii₁) zu Hydroxy-lactamen

Die selektive Reduktion zu Hydroxy-lactamen ist struktur- und lösungsmittelabhängig. Hauptsächlich wird Natriumboranat verwendet (Lithiumalanat ist ungeeignet[5]), wobei im Gegensatz zu den Lactamen auch N-unsubstituierte Dicarbonsäure-imide selektiv reduziert werden.

[1] F. J. MARSHALL, Am. Soc. **78**, 3696 (1956).
[2] J. KNABE, W. GEISMAR u. C. URBAHN, Ar. **302**, 468 (1969).
[3] J. S. SCHABAROW, A. P. SMIRNOWA u. R. J. LEWINA, Ž. obšč. Chim. **34**, 390 (1964).
[4] W. E. ROSEN, V. P. TOOHEY u. A. C. SHABICA, Am. Soc. **80**, 935 (1958).
  A. P. GRAY u. D. E. HEITMEIER, J. Org. Chem. **34**, 3253 (1969).
  Q. AHMED et al., Helv. **56**, 1646 (1973).
[5] V PARRINI, G. **87**, 1147 (1957).
  J. TROJÁNEK et al., Collect. czech. chem. Commun. **26**, 2921 (1961).

3-Hydroxy-1-oxo-2,3-dihydro-1H-⟨isoindol⟩[1]**:** Zu einer Suspension von 147 g (1 Mol) Phthalimid in 1 *l* 90%igem Methanol wird unter Rühren bei 25–30° innerhalb 30 Min. eine Lösung von 76 g (2 Mol) Natriumboranat in 1,5 *l* Methanol getropft. Man rührt 10 Stdn. bei 25–30° nach, läßt 12 Stdn. bei 20° stehen, säuert mit Essigsäure an, engt i.Vak. ein, verdünnt mit Wasser und filtriert. Das Rohprodukt wird aus Wasser umkristallisiert; Ausbeute: 98 g (66% d. Th.); F: 179°.

Analog erhält man *3-Hydroxy-1-oxo-2-phenyl-2,3-dihydro-1H-isoindol*[2] (40% d. Th.; F: 171–172°).

5-Hydroxy-2-oxo-1-(N,4-dimethyl-anilinomethyl)-pyrrolidin[3]**:** Zu einer warmen Lösung von 11,6 g (0,05 Mol) N-(N,4-Dimethyl-anilinomethyl)-bernsteinsäure-imid in 20 *ml* Dimethylsulfoxid werden unter Rühren 1,9 g (0,05 Mol) Natriumboranat gegeben. Die Innentemp. steigt bis 85°. Man rührt 30 Min., gießt die Lösung in kaltes Wasser, extrahiert dreimal mit Dichlormethan, trocknet und dampft ein; Ausbeute: 8 g (70% d. Th.); 121–122° (aus Benzol).

Zur Reduktion von Arylaminomethyl-bernsteinsäure-imiden zu aromatischen N-Methyl-aminen s. S. 452 f.

In stark saurer Lösung wird bei Bernsteinsäure-imiden die höher substituierte Carbonyl-Gruppe regio- und stereoselektiv zur Hydroxy-Gruppe reduziert[4].

ii₂) zu ω-Hydroxy-carbonsäure-amiden

Phthalimide werden durch einen großen Natriumboranat-Überschuß (am besten mit vier Mol-Äquivalenten) zu 2-Hydroxymethyl-benzoesäure-amiden aufgespalten, wobei zumeist als Nebenprodukt Phthalid gebildet wird.

2-Hydroxymethyl-benzoesäure-isopropylamid[5]**:**

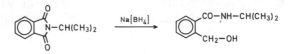

Eine Lösung von 0,378 g (2 mMol) N-Isopropyl-phthalimid und 0,312 g (8 mMol) Natriumboranat in 50 *ml* Isopropanol und 10 *ml* Wasser wird 18 Stdn. bei 25° gerührt. Man versetzt mit 2 *ml* 6 n Salzsäure, dampft ein, verdünnt mit Wasser und extrahiert mit Diäthyläther. Die Äther-Schicht wird mit verd. Ammoniak und Wasser gewaschen, getrocknet und eingeengt. Man kristallisiert den Rückstand aus Dichlormethan/Petroläther; Ausbeute: 0,3 g (78% d. Th.); F: 111–113°.

Auf diese Weise erhält man aus N-Phenyl-phthalimid *2-Hydroxymethyl-benzoesäureanilid* (92% d. Th.; F: 144°)[2]. Bei der Reduktion von Phthalimid in wäßrigem Isopropanol wird *Phthalid* gebildet[5]:

[1] Z. Horii, C. Iwata u. Y. Tamura, J. Org. Chem. **26**, 2273 (1961).
[2] S. J. Huang, Chem. Commun. **1968**, 245.
[3] S. B. Kadin, J. Org. Chem. **38**, 1348 (1973).
[4] E. Winterfeldt u. J. M. Nelke, B. **103**, 1174 (1970).
  J. C. Hubert, W. N. Speckamp u. H. O. Huisman, Tetrahedron Letters **1972**, 4493.
  J. B. P. A. Wijnberg, W. N. Speckamp u. H. E. Schoemaker, Tetrahedron Letters **1974**, 4073.
  J. C. Hubert, J. B. P. A. Wijnberg u. W. N. Speckamp, Tetrahedron **31**, 1437 (1975).
  J. B. P. A. Wijnberg u. W. N. Speckamp, Tetrahedron Letters **1975**, 3963, 4035; Tetrahedron **34**, 2399, 2579 (1978).
  J. J. J. de Boer u. W. N. Speckamp, Tetrahedron Letters **1975**, 4039.
  J. Dijkink u. W. N. Speckamp, Tetrahedron Letters **1975**, 4047.
  J. B. P. A. Wijnberg, H. E. Schoemaker u. W. N. Speckamp, Tetrahedron **34**, 179 (1978).
  R. E. Rosenfield u. J. D. Dunitz, Helv. **61**, 2176 (1978).
[5] F. C. Uhle, J. Org. Chem. **26**, 2998 (1961).
  T. Watanabe; F. Hamaguchi u. S. Ohki, Chem. Pharm. Bull. [Tokyo] **26**, 530 (1978).

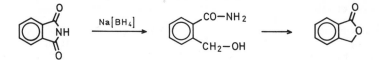

Mit einem kleineren Natriumboranat-Überschuß kann sich neben 3-Hydroxy-1-oxo-2,3-dihydro-1H-isoindolen und 2-Hydroxymethyl-benzoesäure-amiden ebenfalls *Phthalid* bilden[1,2].

Bernsteinsäure-imide werden zu 4-Hydroxy-butansäure-amiden reduziert[2,3], wobei auch hier 4-Butanolide anfallen[2].

Auch mit Lithiumalanat tritt manchmal Spaltung zum ω-Hydroxy-carbonsäure-amid ein[4] (vgl. a. S. 230).

ii₃) zu Lactamen

Dicarbonsäure-imide werden durch Lithiumalanat manchmal zu Lactamen reduziert; z. B.[5]:

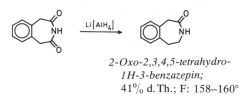

2-Oxo-2,3,4,5-tetrahydro-
1H-3-benzazepin;
41% d.Th.; F: 158–160°

Auch Diboran bzw. Dimethylsulfan-Boran sind zur partiellen Reduktion geeignet[6].

ii₄) zu ω-Amino-alkoholen

ω-Amino-alkohole[7] werden meist mit Lithiumalanat neben cyclischen Aminen[8] erhalten[7]. So erhält man z. B. aus N-Diphenylmethyl-bernsteinsäure-imid in THF 36% d.Th. *4-(Diphenylmethyl-amino)-butanol* neben 48% d.Th. *1-Diphenylmethyl-pyrrolidin*[7]:

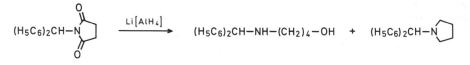

4-(Diphenylmethyl-amino)-butanol und Diphenylmethyl-pyrrolidin[7]: Zu einer Suspension von 9 g (0,24 Mol) Lithiumalanat in 100 *ml* abs. THF wird unter Rühren und unter Stickstoff eine Lösung von 26,5 g (0,1 Mol) N-Diphenylmethyl-bernsteinsäure-imid in 200 *ml* abs. THF so getropft, daß die Mischung mäßig siedet. Man kocht 72 Stdn. unter Rückfluß, kühlt ab, zersetzt mit 9 *ml* Wasser, 9 *ml* 15%iger Natriumhydroxid-Lösung und 27 *ml* Wasser, filtriert vom Niederschlag ab, wäscht mit THF und engt das Filtrat i.Vak. ein. Der Rückstand wird mit Diäthyläther extrahiert, die Äther-Lösung über Kaliumhydroxid-Pastillen getrocknet, abgedampft und das Reaktionsprodukt i.Vak. fraktioniert; Ausbeute des Amino-alkohols: 9,2 g (36% d.Th.); Kp₁: 201–205°; des Pyrrolidins: 11,4 g (48% d.Th.); F: 84–85°.

---

[1] F. C. UHLE, J. Org. Chem. **26**, 2998 (1961).
   T. WATANABE; F. HAMAGUCHI u. S. OHKI, Chem. Pharm. Bull. [Tokyo] **26**, 530 (1978).
[2] Z. HORII, C. IWATA u. Y. TAMURA, J. Org. Chem. **26**, 2273 (1961).
[3] S. B. KADIN, J. Org. Chem. **38**, 1348 (1973).
[4] A. H. SOMMERS, Am. Soc. **78**, 2439 (1956).
   K. C. SCHREIBER u. V. P. FERNANDEZ, J. Org. Chem. **26**, 1744 (1961).
[5] J. O. HALFORD u. B. WEISSMANN, J. Org. Chem. **17**, 1646 (1952).
[6] R. SÜSS, Helv. **60**, 1650 (1977).
[7] K. C. SCHREIBER u. V. P. FERNANDEZ, J. Org. Chem. **26**, 1744 (1961).
[8] A. P. GRAY u. D. E. HEITMEIER, J. Org. Chem. **34**, 3253 (1969).
   Q. AHMED et al., Helv. **56**, 1646 (1973).

Entsprechend ergeben:

N-Phenyl-bernsteinsäure-imid	→	*1-Phenyl-pyrrolidin*	57% d. Th.; $Kp_{0,45}$: $81°$
		+ 4-Anilino-butanol	10% d. Th.; $Kp_{0,7}$: $134°$
N-tert.-Butyl-bernsteinsäure-imid	→	*1-tert.-Butyl-pyrrolidin*	78% d. Th.; F: $146°$
(in Äther)		*+ 4-tert.-Butylamino-butanol*	1% d. Th.; F: 41–$42°$

ii₅) zu cyclischen Aminen

Zur Reduktion zu cyclischen Aminen wird neben Lithiumalanat auch Natrium-bis-[2-methoxy-äthoxy]-dihydrido-aluminat[1], Diboran[2], Aluminiumhydrid[3] und Lithiumalanat/Aluminiumchlorid[4] eingesetzt. N-Unsubstituierte Imide verbrauchen fünf, N-alkylierte vier Hydrid-Äquivalente. Mit Diboran werden infolge von Amin-Boran-Bildung acht bzw. sieben Hydrid-Äquivalente verbraucht. Die Reaktion verläuft in siedendem Diäthyläther oder THF meist innerhalb 2–20 Stdn. bei einem Reduktionsmittel-Überschuß von 50–200%. Die Reduktion mit Lithiumalanat wird hauptsächlich zur Herstellung von Azetidinen[5], Pyrrolidinen[6], Piperidinen[7,8], von bicyclischen Homologen des Pyrrolidins[9], Piperidins[10] und Piperazins[11] sowie von Isoindolinen[12] angewendet.

Die selektive Reduktion von Cyan-dicarbonsäure-imiden unter Erhalt der Cyan-Gruppen ist mit Lithiumalanat nicht durchzuführen[8]. Die Methode ist zur Herstellung von Ringsystemen mit Stickstoff als Brückenkopf-Atom (z. B. Pyrrolizidin, Indolizidin) besonders geeignet[13].

1,4,4-Trimethyl-piperidin[14]: Der Lösung von 57 g (1,5 Mol) Lithiumalanat in 1200 *ml* abs. Diäthyläther läßt man in trockener Stickstoff-Atmosphäre unter Rühren innerhalb 6 Stdn. eine Lösung von 157,5 g (1,02 Mol) 3,3-Dimethyl-pentandisäure-methylimid in 300 *ml* abs. Diäthyläther zutropfen und kocht 18 Stdn. unter Rückfluß. Darauf wird unter Kühlen und Rühren vorsichtig tropfenweise mit 200 *ml* Wasser zerlegt, die Äther-Schicht abgetrennt, die wäßr. Phase mit 1200 *ml* 30%iger Kaliumhydroxyd-Lösung alkalisch gestellt und mit Wasser-

[1] M. ČERNÝ et al., Collect. czech chem. Commun. **34**, 1033 (1969).
[2] J. ALTMAN et al., Tetrahedron (Suppl. 8, Part I) **1966**, 279.
[3] M. FERLES, Z. **6**, 224 (1966).
[4] A. HASSNER u. J. LARKIN, Am. Soc. **85**, 2181 (1963).
[5] E. TESTA et al., Helv. **42**, 2370 (1959).
[6] L. M. RICE, E. E. REID u. C. H. GROGAN, J. Org. Chem. **19**, 884 (1954).
   R. LUKEŠ, M. FERLES u. O. ŠTROUF, Collect. czech. chem. Commun. **24**, 212 (1959).
   R. LUKEŠ, J. PLESEK u. J. TROJANEK, Collect. czech. chem. Commun. **24**, 1987 (1959).
   K. C. SCHREIBER u. V. P. FERNANDEZ, J. Org. Chem. **26**, 1744 (1961).
   M. JULIA u. J. BAGOT, Bl. **1964**, 1924.
[7] D. E. AMES u. R. E. BOWMAN, Soc. **1952**, 1057.
   H. HOCH u. P. KARRER, Helv. **37**, 397 (1954).
   G. BADDELEY, J. CHADWICK u. H. T. TAYLOR, Soc. **1956**, 455.
   R. LUKES u. J. PLIML, Collect. czech. chem. Commun. **26**, 471 (1961).
[8] A. A. LIEBMAN u. F. E. DIGANGI, J. Pharm. Sci **52**, 276 (1963).
[9] C. S. MARVEL, R. M. NOWAK u. J. ECONOMY, Am. Soc. **78**, 6171 (1956).
   L. M. RICE u. C. H. GROGAN, J. Org. Chem. **22**, 1100 (1957).
   L. M. RICE, J. Org. Chem. **24**, 1520 (1959).
   R. GRIOT, Helv. **42**, 67 (1959).
   S. M. GADEKAR et al., J. Org. Chem. **26**, 468 (1961).
[10] E. SURY u. K. HOFFMANN, Helv. **36**, 1815 (1953).
   L. M. RICE u. C. H. GROGAN, J. Org. Chem. **22**, 185 (1957).
[11] G. CIGNARELLA u. G. NATHANSOHN, J. Org. Chem. **26**, 1500 (1961).
[12] A. UFFER u. E. SCHLITTLER, Helv. **31**, 1397 (1948).
   L. M. RICE, E. E. REID u. C. H. GROGAN, J. Org. Chem. **19**, 884 (1954).
   N. RABJOHN, M. F. DRUMM u. R. L. ELLIOT, Am. Soc. **78**, 1631 (1956).
   R. A. BARNES u. J. C. GODFREY, J. Org. Chem. **22**, 1038 (1957).
   R. T. MAJOR u. R. J. HEDRICK, J. Org. Chem. **30**, 1270 (1965).
[13] R. LUKEŠ u. M. JANDA, Collect. czech. chem. Commun. **24**, 599, 2717 (1959); **25**, 1612 (1960).
[14] R. LUKEŠ u. J. HOFMAN, B. **93**, 2556 (1960).

dampf destilliert. Das Destillat (4 *l*) wird mit Salzsäure neutralisiert und i.Vak. eingeengt. Aus dem Rückstand wird die Base mit Kalilauge freigesetzt und mit Diäthyläther extrahiert. Der Äther-Auszug wird mit der oben abgetrennten Äther-Schicht vereinigt und über Kaliumhydroxid getrocknet. Man destilliert das Lösungsmittel über eine Kolonne ab. Der abdestillierte Äther wird mit 5,5 n Salzsäure ausgeschüttelt und der Auszug wie oben aufgearbeitet; Ausbeute: 102 g (80% d. Th.); Kp_{740}: 142°.

Analog erhält man z. B. aus

2-Hydroxy-butandisäure-propyl-imid	→ *3-Hydroxy-1-propyl-pyrrolidin*[1]; 88,65% d. Th.; Kp_{14}: 97–98°
Hexafluor-pentandisäure-imid	→ *3,3,4,4,5,5-Hexafluor-piperidin*[2]; 48,5% d. Th.; Kp_{760}: 124–126°

Aus Phthalimiden oder Cyclohexan-1,2-dicarbonsäure-imiden werden die entsprechenden **hydrierten Isoindol-Derivate** erhalten.

2-[Propin-(2)-yl]-2,3-dihydro-1H-isoindol[3]:

33 g (0,18 Mol) N-Propin-(2)yl-phthalimid in 450 *ml* abs. THF werden unter Rühren und unter Stickstoff innerhalb 1 Stde. zu einer Aufschlämmung von 20 g (0,53 Mol) Lithiumalanat in 300 *ml* abs. THF gegeben. Man kocht 2 Stdn. unter Rückfluß, kühlt ab, versetzt tropfenweise mit 100 *ml* Wasser, filtriert, wäscht mit Diäthyläther, trocknet, engt das Filtrat i.Vak. ein und destilliert den Rückstand; Ausbeute: 15,7 g (56% d. Th.); $Kp_{0,4}$: 80°.

Analog erhält man aus Cyclohexen-(4)-1,2-dicarbonsäure-phenylimid[4] *8-Phenyl-8-aza-bicyclo[4.3.0]nonen-(3)* (32% d. Th.).

Als Beispiel für die Reduktion eines tertiären Carbonsäure-amids mit Lithiumalanat sei die Herstellung von *2-Äthyl-2,3-dihydro-1H-isoindol* erwähnt[5, s. a. 6]:

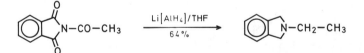

Das System Natriumboranat/Bortrifluorid-Ätherat in Bis-[2-methoxy-äthyl]-äther bei 0–20° eignet sich vorzüglich zur selektiven Reduktion cyclischer N-Aryl-imide (Imid: Reagenz = 1:2) mit aromatisch gebundenen Äther-, Ester-, Nitro-, Amino-, Hydroxy-, Cyan-, Aminosulfonyl- und Halogen-Gruppen in Ausbeuten von 60–94% d. Th. in die entsprechenden cyclischen Amine[7]:

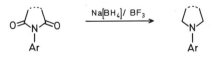

[1] R. Lukeš u. M. Pergál, Collect. czech. chem. Commun. **27**, 1387 (1962).

[2] M. T. Chaudhry et al., Soc. **1964**, 874.

[3] D. H. Moore et al., J. Med. Chem. **12**, 45 (1969).

[4] H. Daniel u. F. Weygand, A. **671**, 111 (1964).

[5] N. Rabjohn, M. F. Drumm u. R. L. Elliot, Am. Soc. **78**, 1631 (1956).

[6] G. D. Khandelwal, G. A. Swan u. R. B. Roy, Soc. [Perkin I] **1974**, 891.

G. Wittig, G. Closs u. F. Mindermann, A. **594**, 84 (1955).

W. M. Welch, J. Org. Chem. **41**, 2031 (1976).

[7] W. Merkel, D. Mania u. D. Bormann, A. **1979**, 461.

Natriumboranat/Aluminiumchlorid, Zinn(IV)-chlorid und Titan(IV)-chlorid reduzieren ebenfalls Dicarbon-säure-imide während Diboran auch bei großem Überschuß und höheren Temp. nur schlechte Ausbeuten liefert.

N-substituierte Phthalimide und Phthalimidine ergeben mit Natrium-bis-[2-methoxy-äthoxy]-dihydro-aluminat im Gegensatz zum Lithiumalanat neben Isoindolinen als Hauptprodukt mit mäßigen Ausbeuten Isoindole[1].

i₄) von Acyl-guanidinen

Da die Guanidin-Gruppe von Lithiumalanat in der Regel nur langsam angegriffen wird, kann die Carbonsäure-amid-Gruppierung in Acyl-guanidinen selektiv neben der Guanidin-Gruppe zu Alkyl-guanidinen reduziert werden; z.B.[2]:

$$H_{23}C_{11}-CO-N=C(NH_2)_2 \xrightarrow[\text{33 Stdn.}]{\text{LiAlH}_4/\text{THF, 20°}} H_{23}C_{11}-CH_2-N=C(NH_2)_2 \; +$$

Dodecyl-guanidin; 60% d. Th.

$$+ \; H_{23}C_{11}-CH_2-NH_2$$

Dodecylamin; 15% d. Th.

αα₇) von Carbonsäure-hydraziden
i₁) offenkettiger

Acyclische Carbonsäure-hydrazide werden mit Lithiumalanat bzw. Diboran (die mit einem Diboran-Überschuß entstehenden Hydrazin-Borane sind allerdings erst unter energischen Bedingungen zu spalten) zu Hydrazinen reduziert (s. ds. Handb., Bd. X/2, S. 49f.). Die Reduzierbarkeit hängt ähnlich wie bei den entsprechenden Carbonsäure-amiden von der Zahl und Lage der vorhandenen aktiven Wasserstoff-Atome ab. Die Verbindungen des Typs $R^1-CO-NH-NR_2$ werden wegen Bildung eines schwer reduzierbaren Komplexes[3] meist schwierig oder gar nicht, die Derivate des Typs $R^1-CO-NR-NH_2$ dagegen leichter reduziert.

Nicht reduzierbar sind 1,1-Dialkyl-2-benzoyl-hydrazine und 1,2-Diformyl-hydrazin.

Die Reduktionen werden meist mit einem großen Überschuß an Reduktionsmitteln in Diäthyläther, THF, Dimethoxymethan und Dibutyläther durchgeführt. Zur Reduktion einer Hydrazinocarbonyl-Gruppe sind zwei, zur Bindung eines aktiven Wasserstoff-Atoms ein Hydrid-Äquivalent notwendig.

Trimethyl-hydrazin[4]: Unter Rühren werden zu einer Lösung von 10 g (0,26 Mol) Lithiumalanat in 200 *ml* abs. Diäthyläther unter Argon 20,7 g (0,24 Mol) 1,1-Dimethyl-2-formyl-hydrazin in 150 *ml* abs. Diäthyläther getropft. Man rührt 2 Stdn. bei 20°, zersetzt mit 20 *ml* Essigsäure-äthylester und 250 *ml* 6 n Salzsäure, trennt die wäßr. Schicht ab, engt sie i. Vak. auf ~ 125 *ml* ein und tropft das Konzentrat in eine heiße Mischung von 280 g Natriumhydroxid und 75 *ml* Wasser, wobei das gebildete Produkt durch Tiefkühlung kondensiert wird. Das Destillat wird unter Kühlung (max. 30°) mit festem Natriumhydroxid gesättigt, die organ. Phase abgetrennt, über frischem Natriumhydroxid getrocknet und mit Hilfe einer Vigreux-Kolonne fraktioniert; Ausbeute: 9,06 g (63,8% d. Th.); Kp: 59–61°.

Analog erhält man aus Trimethyl-formyl-hydrazin *Tetramethyl-hydrazin* (55% d. Th.; Kp: 71–72°). Die Reduktion von 1,2-Dimethyl-1,2-diformyl-hydrazin ergibt nur 15% d. Th. *Tetramethyl-hydrazin*[5] (zur Arbeitsvorschrift s. ds. Handb., Bd. X/2, S. 50).

[1] D. L. Garmaise u. A. Ryan, J. Heterocycl. Chem. **7**, 413 (1970).
[2] J. F. Stearns u. H. Rapoport. J. Org. Chem. **42**, 3608 (1977).
[3] R. L. Hinman, Am. Soc. **78**, 1645, 2463 (1956).
   M. E. Landis u. J. C. Mitchell, J. Heterocycl. Chem. **16**, 1637 (1979).
[4] R. T. Beltrami u. E. R. Bissell, Am. Soc. **78**, 2467 (1956).
[5] J. B. Class, J. G. Aston u. T. S. Oakwood, Am. Soc. **75**, 2937 (1953).

In Dimethoxymethan wird z. B. 2-[1-Dimethylamino-propyl-(2)]-1-acetyl-hydrazin zu *2-Äthyl-1-[1-dimethylamino-propyl-(2)]-hydrazin* (17% d. Th.) reduziert[1,2] und 2-Phenyl-1-acetyl-hydrazin zu *2-Äthyl-1-phenyl-hydrazin* (89% d. Th.)[3]:

$$(H_3C)_2N\text{—}CH_2\text{—}\overset{\overset{\textstyle CH_3}{|}}{CH}\text{—}NH\text{—}NH\text{—}CO\text{—}CH_3 \quad \xrightarrow{\text{Li[AlH}_4]} \quad (H_3C)_2N\text{—}CH_2\text{—}\overset{\overset{\textstyle CH_3}{|}}{CH}\text{—}NH\text{—}NH\text{—}C_2H_5$$

Die schwere Reduzierbarkeit von einfachen Benzoyl-hydrazinen mit Lithiumalanat ermöglicht die selektive Reduktion anderer funktioneller Gruppen (z. B. der Cyan-Gruppe) in diesen Verbindungen (s. S. 117).

1,2-Diphenyl-1-acyl-hydrazine werden durch Lithiumalanat in siedendem Dibutyläther bei 142° zu den 2-Alkyl-1,2-diphenyl-hydrazinen und unter Spaltung der N–N-Bindung (s. S. 484) zu den N-Alkyl-anilinen reduziert[4]:

$$H_5C_6\text{—}NH\text{—}\overset{\overset{\textstyle C_6H_5}{|}}{N}\text{—}CO\text{—}R \quad \xrightarrow{\text{Li[AlH}_4]} \quad H_5C_6\text{—}NH\text{—}\overset{\overset{\textstyle C_6H_5}{|}}{N}\text{—}CH_2\text{—}R \quad + \quad H_5C_6\text{—}NH\text{—}CH_2\text{—}R$$

Auch die Reduzierbarkeit der N,N'-Diacyl-hydrazine hängt stark von ihrer Struktur ab. Die Reduktionen werden in siedendem THF oder Äther durchgeführt.

1,2-Dimethyl-1,2-diäthyl-hydrazin[5]: Unter Rühren gibt man zu einer Lösung von 2,5 g (70 mMol) Lithiumalanat in 75 ml abs. THF unter Stickstoff 7 g (50 mMol) 1,2-Dimethyl-1,2-diacetyl-hydrazin in 75 ml abs. THF. Man kocht 2 Stdn. unter Rückfluß, zersetzt mit 2,5 ml Wasser, 2,5 ml 15%iger Natriumhydroxid-Lösung und 7,5 ml Wasser. Der Niederschlag wird filtriert, mit THF gewaschen, das Filtrat mit Natriumsulfat getrocknet und eingedampft. Man destilliert den Rückstand zweimal von Bariumoxid ab; Ausbeute: 3,3 g (57% d. Th.); Kp$_{752}$: 93–94°.

Zur Reduktion von 1,2-Dimethyl-1,2-dibenzoyl-hydrazin zu *1,2-Dimethyl-1,2-dibenzyl-hydrazin* (40% d. Th.) *1,2-Dimethyl-1-benzyl-hydrazin* (8% d. Th.) und *Benzylalkohol* s. Lit.[5].

Aus 1,2-Diäthyl-1,2-diacetyl-hydrazin erhält man so 68% d. Th. *Tetraäthyl-hydrazin*[6] und aus 1,1-Diacyl-hydrazinen lediglich Produkt-Gemische[7].

Diboran reduziert offenkettige 1,2-Diacyl-hydrazine in Bis-[2-methoxy-äthyl]-äther auch mit 50%igem Überschuß erst bei 130–135° in guten Ausbeuten zu den entsprechenden 1,2-Dialkyl-hydrazinen. Als Nebenreaktion kann die Spaltung der N,N-Bindung auftreten (s. S. 484).

1,2-Dipropyl-hydrazin[8]: Zu einer Lösung von 4,32 g (30 mMol) 1,2-Dipropanoyl-hydrazin in 240 ml abs. Bis-[2-methoxy-äthyl]-äther werden unter Rühren und unter Stickstoff bei 0° 44 ml (274 mMol Hydrid-Äquivalente) 6,25 n Boran-Lösung in abs. THF gegeben. Man rührt 15 Min. bei 0–5°, läßt auf 20° erwärmen, erhitzt 24 Stdn. auf 134°, kühlt ab, engt i. Vak. ein, versetzt den Rückstand bei 0° mit 30 ml 10%iger Salzsäure und kocht 1 Stde. am Rückfluß. Die Lösung wird mit Natriumhydroxid-Pastillen alkalisch gemacht, mit Diäthyläther extrahiert, der Auszug mit Magnesiumsulfat getrocknet, eingeengt und destilliert; Ausbeute: 2,27 g (65% d. Th.); Kp: 149–151°.

[1] E. BERNATEK, Acta chem. scand. **8**, 874 (1954).
[2] A. EBNÖTHER et al., Helv. **42**, 533 (1959).
[3] K. KRATZL u. K. P. BERGER, M. **89**, 83 (1958).
[4] K. BERG-NIELSEN u. E. BERNATEK, Acta chem. scand **26**, 4130 (1972).
[5] R. L. HINMAN, Am. Soc. **78**, 1645 (1956).
[6] G. SMITH u. G. A. SWAN, Soc. **1962**, 886.
[7] R. L. HINMAN, J. Org. Chem. **21**, 1177 (1956).
 s. a. M. E. LANDIS u. J. C. MITCHELL, J. Heterocycl. Chem. **16**, 1637 (1979).
[8] H. FEUER u. F. BROWN, J. Org. Chem. **35**, 1468 (1970).

1,2-Dibenzoyl-hydrazine werden bei 149°/24 Stdn. nur zu 2-Benzyl-1-benzoyl-hydrazinen reduziert; z. B.:

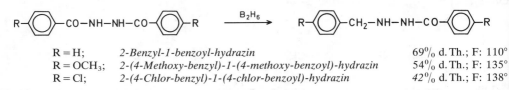

R = H;	2-Benzyl-1-benzoyl-hydrazin	69% d. Th.; F: 110°
R = OCH₃;	2-(4-Methoxy-benzyl)-1-(4-methoxy-benzoyl)-hydrazin	54% d. Th.; F: 135°
R = Cl;	2-(4-Chlor-benzyl)-1-(4-chlor-benzoyl)-hydrazin	42% d. Th.; F: 138°

1,2-Dialkyl-1,2-diacyl-hydrazine, selbst Benzoyl-Derivate, lassen sich dagegen bereits in siedendem THF gut zu den Tetraalkyl-hydrazinen reduzieren. In geringem Umfang können sich auch Monoacyl-hydrazine und Amine bilden. So erhält man z. B. aus 1,2-Dimethyl-1,2-dipropanoyl-hydrazin neben 82% d. Th. *1,2-Dimethyl-1,2-dipropyl-hydrazin* 14% d. Th. *1,2-Dimethyl-2-propyl-1-propanoyl-hydrazin*[1] bzw. aus 1,2-Dimethyl-1,2-dibenzoyl-hydrazin neben 60% d. Th. *1,2-Dimethyl-1,2-dibenzyl-hydrazin* 28% d. Th. *Methyl-benzyl-amin*[1].

i₂) cyclischer

Cyclische Carbonsäure-hydrazide werden durch Lithiumalanat zu cyclischen Hydrazinen reduziert; z. B.[2]:

1,6-Diaza-bicyclo[4.3.0]nonan[2]: In einen Dreihalskolben mit Rührer, Tropftrichter und Rückflußkühler gibt man 8 g (0,21 Mol) Lithiumalanat und 170 *ml* abs. THF. Hierzu läßt man unter Rühren und Kochen unter Rückfluß in reiner Stickstoff-Atmosphäre innerhalb 6 Stdn. eine Lösung von 8 g (0,052 Mol) 2,5-Dioxo-1,6-diazabicyclo[4.3.0]nonan in 200 *ml* abs. THF tropfen und rührt unter Erhitzen weitere 40 Stdn. Nach dem Erkalten zersetzt man das überschüssige Lithiumalanat mit der ber. Menge Wasser unter Eiskühlung. Der Niederschlag wird abgesaugt, zweimal mit THF ausgekocht und die vereinigten Filtrate über eine Kolonne destilliert; Ausbeute: 4,2 g (65% d. Th.); Kp₂₅: 71–73°.

Analog erhält man u. a.:

1,6-Diaza-bicyclo[4.4.0]decan[2]	82% d. Th.; Kp₁₈: 79–80°
1,2-Diphenyl-1,2-diazocan[3]	33,5% d. Th.; F: 51–53°
1,1'-Bi-pyrrolidinyl	48% d. Th.; Kp₁₂: 75–76°

Analoge Reduktionen können auch mit Diboran durchgeführt werden[4].

Bei der Reduktion der präparativ wichtigen 3-Oxo-pyrazolidine und 3-Oxo-2,3-dihydro-pyrazole durch Lithiumalanat erhält man in Abhängigkeit von der Menge des Reduktionsmittels und vom Lösungsmittel ein Gemisch von Reduktionsprodukten wechselnder Zusammensetzung[5,6].

[1] H. FEUER u. F. BROWN, J. Org. Chem. **35**, 1468 (1970).
[2] H. STETTER u. H. SPANGENBERGER, B. **91**, 1982 (1958).
[3] G. WITTIG u. J. E. GROLIG, B. **94**, 2148 (1961).
[4] J. C. HINSHAW, J. Org. Chem. **40**, 47 (1975).
[5] R. E. BOWMAN u. C. S. FRANKLIN, Soc. **1957**, 1583.
    R. L. HINMAN, R. D. ELEFSON u. R. D. CAMPBELL, Am. Soc. **82**, 3988 (1960).
    T. WAGNER-JAUREGG u. L. ZIRNGIBL, A. **668**, 30 (1963).
    H. STETTER u. K. FINDEISEN, B. **98**, 3228 (1965).
    C. W. BIRD, Tetrahedron **21**, 2179 (1965).
    C. DITTLI, J. ELGUERO u. R. JACQUIER, Bl. **1969**, 4469.
    J. ELGUERO, R. JACQUIER u. D. TIZANÉ, Bl. **1970**, 1936.
[6] P. BOUCHET, J. ELGUERO u. R. JACQUIER, Tetrahedron **22**, 2461 (1966).

Mit Diboran werden dagegen lediglich Pyrazolidine erhalten. So erhält man z. B. aus 5-Oxo-1,2-diäthyl-3-äthoxycarbonyl-pyrazolidin unter Erhalt der Äthoxycarbonyl-Gruppe 60% d. Th. *1,2-Diäthyl-3-äthoxycarbonyl-pyrazolidin*[1]:

1,2-Diäthyl-2-äthoxycarbonyl-pyrazolidin[1]: Zu 150 *ml* (0,15 Mol) m Boran-Lösung in abs. THF werden unter Rühren bei 0° unter Stickstoff tropfenweise 21,4 g (0,1 Mol) 5-Oxo-1,2-diäthyl-3-äthoxycarbonyl-pyrazolidin in 100 *ml* abs. THF gegeben. Man kocht 1 Stde. unter Rückfluß, kühlt ab, versetzt mit 75 *ml* äthanol. Salzsäure und erhitzt 1 Stde. unter Rückfluß. Die Lösung wird i. Vak. zur Trockene verdampft, der Rückstand in 75 *ml* äthanol. Salzsäure gelöst und 1 Stde. unter Rückfluß gekocht. Man entfernt das Lösungsmittel und den gebildeten Borsäure-triäthylester i. Vak., versetzt den Rückstand mit 15 *ml* Wasser und schüttelt mit 25 *ml* Chloroform aus. Die wäßr. Schicht wird unter Eiskühlung mit 40%iger Natriumhydroxid-Lösung alkalisch gestellt, 2mal mit je 50 *ml* Chloroform ausgeschüttelt, der Auszug mit Magnesiumsulfat getrocknet, eingeengt und destilliert; Ausbeute: 11,9 g (60% d. Th.); Kp_9: 91–92°.

Sind C=C-Doppelbindungen vorhanden, so werden diese zunächst reduziert (s. S. 50ff.)[2].

i₃) von Carbonsäure-alkylidenhydraziden

N-Acyl-hydrazone werden durch Lithiumalanat zu 1,2-Dialkyl-hydrazinen und Acyl-hydrazinen reduziert[3]:

$$R-CO-NH-N=C\begin{smallmatrix}R^1\\ \\R^2\end{smallmatrix} \xrightarrow{Li[AlH_4]} R-CH_2-NH-NH-\overset{R^1}{\underset{}{C}}H-R^2 \;+\; R-CO-NH-NH-\overset{R^1}{\underset{}{C}}H-R^2$$

Die Reduktion zur 1,2-Dialkyl-hydrazin-Stufe benötigt vier Hydrid-Äquivalente, doch wird meist ein großer Reduktionsmittel-Überschuß eingesetzt. Die Reduktion kann in siedendem THF[3] oder Äther[4] durchgeführt werden. Aliphatische Carbonsäure-hydrazone ergeben hauptsächlich 1,2-Dialkyl-hydrazine, aromatische Acyl-hydrazine. Aus 2-Benzyliden-1-butanoyl-hydrazin erhält man z. B. 30% d. Th. *2-Butyl-1-benzyl-hydrazin* und 28% d. Th. *2-Benzyl-1-butanoyl-hydrazin*[3]:

$$H_7C_3-CO-NH-N=CH-C_6H_5 \xrightarrow{Li[AlH_4]}$$

$$H_7C_3-CH_2-NH-NH-CH_2-C_6H_5 \;+\; H_7C_3-CO-NH-NH-CH_2-C_6H_5$$

2-Butyl-1-benzyl-hydrazin und 2-Benzyl-1-butanoyl-hydrazin[3]: Zu einer Lösung von 7,6 g (0,2 Mol) Lithiumalanat in 150 *ml* abs. THF wird unter Rühren und unter Stickstoff eine Lösung von 14,2 g (0,075 Mol) 2-Butanoyl-1-benzyliden-hydrazin in 150 *ml* abs. THF gegeben. Man kocht 48 Stdn. unter Rückfluß, kühlt ab, zersetzt mit 8 *ml* Wasser, 8 *ml* 15%iger Natriumhydroxid-Lösung und 24 *ml* Wasser, filtriert den Niederschlag ab, wäscht mit THF aus, trocknet das Filtrat mit Magnesiumsulfat und dampft ein. Der Rückstand wird fraktioniert. Als niedriger siedende Fraktion erhält man zuerst das 1,2-Dialkyl-hydrazin; Ausbeute. 4 g (30% d. Th.); $Kp_{0,9}$: 96–99°. Die höher siedende Fraktion mit $Kp_{0,85}$: 100–140°, wird aus Benzol/Petroläther (1:4) kristallisiert; Ausbeute: 4 g (28% d. Th.); F: 66–67°.

---

[1] M. J. Kornet, P. A. Thio u. S. I. Tan, J. Org. Chem. **33**, 3637 (1968).
[2] U. Wrzeciono, A. **1975**, 2293.
[3] R. L. Hinman, Am. Soc. **79**, 414 (1957).
[4] L. Spialter et al., J. Org. Chem. **30**, 3278 (1965).

Cyclische N-Acyl-hydrazone mit einer *endo*-Hydrazinocarbonyl-Gruppe ergeben ähnlich den entsprechenden Carbonsäure-hydraziden keine einheitlichen Reduktionsprodukte. Im Gegensatz zu den acyclischen Acyl-hydrazonen werden hauptsächlich cyclische Hydrazone gebildet. 5-Oxo-3,4,4-trimethyl-1-phenyl-4,5-dihydro-pyrazol ergibt z. B. 50% d. Th. *3,4,4-Trimethyl-1-phenyl-4,5-dihydro-pyrazol* und 20% d. Th. *5-Hydroxy-3,4,4-trimethyl-1-phenyl-4,5-dihydro-pyrazol*[1]:

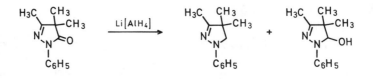

3-Oxo-2,3,4,5-tetrahydro-pyrazine[2,3], 1-Oxo-1,2-dihydro-phthalazine[4,5] und 5-Oxo-4,5-dihydro-1,2,4-triazole[6] ergeben ebenfalls hauptsächlich die cyclischen Hydrazone. Erstere können durch Lithiumalanat in siedendem Toluol abgesättigt werden[3], während sich die Phthalazine in gewissen Fällen zu Diaminen aufspalten lassen[5]. In 3-Oxo-3,4-di-hydro-cinnolin-Derivaten wird die C=N-Doppelbindung zum größten Teil gesättigt[7].

1-Acyl-4,5-dihydro-pyrazole mit *exo*-cyclischer Carbonyl-Gruppe werden zu 1-Alkyl-4,5-dihydro-pyrazolen reduziert, mit Ausnahme der 1-Formyl-Derivate, die 2-Methyl-pyrazolidine bilden (z. B. *2-Methyl-4-äthyl-3-propyl-pyrazolidin*; 81% d. Th.)[8].

3,5,5-Trimethyl-1-äthyl-4,5-dihydro-pyrazol[8]:

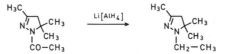

Zu einer Lösung von 4,93 g (0,13 Mol) Lithiumalanat in 100 *ml* abs. Diäthyläther wird unter Rühren und unter Stickstoff vorsichtig eine Lösung von 10 g (0,05 Mol) 3,5,5-Trimethyl-1-acetyl-4,5-dihydro-pyrazol in 20 *ml* abs. Diäthyläther gegeben. Man kocht 1 Stde. unter Rückfluß, kühlt ab, versetzt mit Wasser, saugt ab, wäscht mit Diäthyläther, trocknet das Filtrat mit Kaliumcarbonat und engt ein. Der Rückstand wird i. Vak. destilliert; Ausbeute: 5,2 g (60% d. Th.); Kp$_{20}$: 63–64°.

Analog erhält man aus den entsprechenden 1-Acetyl-Derivaten

4,4-Dimethyl-1-äthyl-5-isopropyl-4,5-dihydro-   67% d. Th.; Kp$_7$: 70–72°
pyrazol
3-Methyl-1-äthyl-5-phenyl-4,5-dihydro-pyrazol   73% d. Th.; Kp$_{20}$: 125–126°

3-Phenyl-1-propanoyl-4,5-dihydro-pyrazol liefert *1-Propyl-3-phenyl-4,5-dihydro-pyrazol* (68% d. Th.; Kp$_{22}$: 163–165°).

1-Alkyl-4,5-dihydro-pyrazole werden bei höherer Temp. z. B. in siedendem Toluol durch Lithiumalanat an der N–N-Bindung aufgespalten (s. S. 484).

[1] P. Bouchet, J. Elguero u. R. Jacquier, Tetrahedron **22**, 2461 (1966).
[2] F. J. Marshall, Am. Soc. **78**, 3696 (1956).
    S. Wawzonek u. R. C. Gueldner, J. Org. Chem. **30**, 3031 (1965).
    G. Leclerc u. C.-G. Wermuth, Bl. **1967**, 1307.
[3] J. S. Schabarow et al., Doklady Akad. SSSR **135**, 879 (1960); Ž. obšč. Chim. **33**, 1206 (1963).
    J.-L. Aubagnac et al., Bl. **1972**, 2859.
[4] J. S. Schabarow, N. I. Wasilew u. R. J. Lewina, Ž. obšč. Chim **31**, 2478 (1961).
[5] P. Aeberli u. W. J. Houlihan, J. Org. Chem. **34**, 2715 (1969).
[6] J. Daunis et al., Bl. **1971**, 3296.
[7] D. E. Ames u. H. Z. Kucharska, Soc. **1963**, 4924.
    J. Daunis, M. Guerret-Rigail u. R. Jacquier, Bl. **1972**, 1994.
[8] A. N. Kost et al., Ž. org. Chim. **5**, 752 (1969).

Im Pyrazol-Derivat I wird der Lactam-Ring unter Bildung von *4-(3-Hydroxy-propyl)-3-phenyl-pyrazol* gesprengt (s. a. S. 246f.)[1]:

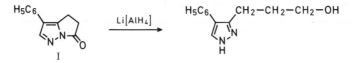

Mit Natriumboranat kann dagegen selektiv die C=N-Doppelbindung reduziert werden (s. S. 366f.).

i₄) von Carbonsäure-tosylhydraziden

2-Tosyl-1-acyl-hydrazine werden durch Lithiumalanat in einer den p-Tosyl-hydrazonen ähnlichen (s. S. 368ff.) Reaktion zu Kohlenwasserstoffen reduziert[2]:

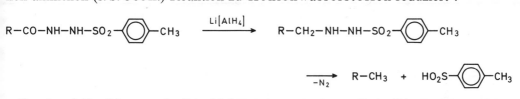

Hexadecan[2]: Eine Lösung von 1 g (2,3 mMol) Hexadecansäure-2-p-tosylhydrazid in 40 *ml* abs. 1,4-Dioxan wird unter Stickstoff mit 1 g (26 mMol) Lithiumalanat versetzt und 24 Stdn. unter Rückfluß gekocht. Man kühlt ab, zersetzt mit feuchtem Diäthyläther und Wasser, schüttelt mit verd. Schwefelsäure aus, trennt die Äther-Phase ab, trocknet mit Natriumsulfat und engt ein; Ausbeute: 0,27 g (52% d. Th.); F: 16–18°.

αα₈) von N-Nitroso-carbonsäure-amiden

Die aus Alkyl-acyl-aminen durch Nitrosierung leicht zugänglichen N-Nitroso-N-alkyl-carbonsäure-amide[3] lassen sich bei 25° mit Natriumboranat in 1,2-Dimethoxy-äthan zu prim. Alkoholen (40–80% d. Th.) reduzieren[4]; mit Lithiumalanat werden dagegen die entsprechenden Aldehyde erhalten[5].

αα₉) von Carbonsäure-aziden

Aliphatische Carbonsäure-azide, die zur Reduktion frisch herzustellen sind, werden durch Natriumboranat zu Alkoholen reduziert; z. B.[6]:

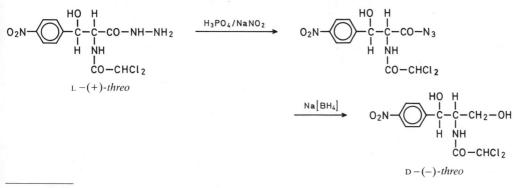

[1] A. MORIMOTO et al., Tetrahedron Letters **1968**, 5707.
[2] L. CAGLIOTI, P. GRASSELLI u. G. ZUBIANI, Chimia e Ind. **47**, 62 (1965).
  L. CAGLIOTI, Tetrahedron **22**, 487 (1966).
[3] R. HUISGEN u. H. REIMLINGER, A. **599**, 161 (1956).
[4] J. E. SAAVEDRA, J. Org. Chem. **44**, 860 (1979).
[5] M. NAKAJIMA u. J.-P. ANSEIME, J. Org. Chem. **45**, 3673 (1980).
[6] G. EHRHART, W. SIEDEL u. H. NAHM, B. **90**, 2088 (1957).

20*

D–(–)-threo-2-Dichloracetylamino-1-(4-nitro-phenyl)-propandiol-(1,3) (Chloramphenicol)[1]**:** Zu 1500 *ml* 40%iger Orthophosphorsäure gibt man 350 g (1 Mol) L–(+)-*threo*-2-Dichloracetylamino-3-hydroxy-3-(4-nitro-phenyl)-propansäure-hydrazid, rührt 20 Min. mit einem Vibromischer und zentrifugiert vom Ungelösten ab. Die anfallende klare Lösung verdünnt man mit 1500 *ml* Wasser und läßt nach Kühlen auf 4° eine Lösung von 105 g (1,5 Mol) Natriumnitrit und 100 g Harnstoff in 500 *ml* Wasser zutropfen. Bei starkem Schäumen werden 2 *ml* Siliconöl zugesetzt. Das ausgeschiedene Azid wird nach 1,5 Stdn. abzentrifugiert und schließlich solange mit Wasser behandelt, bis das abfließende Waschwasser einen pH-Wert von 5 hat. Das Azid wird nun in 2500 *ml* Essigsäure-äthylester gelöst. Nach Abtrennung des ausgeschiedenen Wassers läßt man unter gutem Rühren und Kühlen auf −10° langsam eine Lösung von 42 g (1,1 Mol) Natriumboranat in 200 *ml* Wasser so zutropfen, daß die Temp. auch am Ende der Reaktion nicht über 5° steigt, rührt eine weitere Stde. und trennt den Essigsäure-äthylester von der wäßr. Schicht ab, die 2mal mit je 100 *ml* Essigsäure-äthylester extrahiert wird. Die vereinigten Lösungen werden mit 100 *ml* Wasser ausgeschüttelt und bei 40–50° i. Vak. völlig abgedampft. Der Rückstand wird aus siedendem Wasser unter Zusatz von wenig Tierkohle kristallisiert, die Mutterlaugen arbeitet man auf; Ausbeute: 197 g (64% d. Th.); F: 150°; $[\alpha]_D^{21}$: + 19,8 ± 1° (c: 0,5 g in 10 *ml* abs. Äthanol).

Der amorphe *6-Phenylacetylamino-penicillanylalkohol* (78% d. Th.) wird ähnlich aus Benzylpenicillin-triäthylammonium-Salz über das Kohlensäure-Carbonsäure-Anhydrid, Reaktion mit Natriumazid und Reduktion des Azids mit Natriumboranat hergestellt[2], wobei die Aminocarbonyl-Gruppen durch das Reduktionsmittel nicht angegriffen werden.

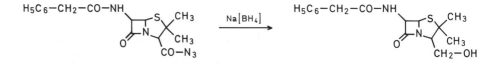

6-Phenylacetylamino-penicillanyl-alkohol[2]**:** Zu einer Suspension von 43,5 g (0,1 Mol) Benzylpenicillin-triäthylammonium-Salz in 300 *ml* THF wird unter Rühren bei −10° eine Lösung von 10,8 g (0,1 Mol) Chlorameisensäure-äthylester in 50 *ml* THF getropft. Man rührt 2 Stdn. bei −10°nach und versetzt innerhalb 30 Min. mit der Lösung von 6,5 g (0,1 Mol) Natriumazid in 50 *ml* Wasser. Man verdünnt die Mischung mit 100 *ml* Eiswasser und gibt in 30 Min. bei 0–5° portionsweise 7,4 g (0,2 Mol) Natriumboranat zu. Der p_H-Wert wird durch Eintropfen von Essigsäure bei 6–8 gehalten. Am Ende der Zugabe-Periode stellt man auf p_H = 6 ein, verdünnt mit 500 *ml* Wasser und schüttelt 3mal mit je 250 *ml* Dichlormethan aus. Der Auszug wird mit Natriumsulfat getrocknet, i. Vak. eingeengt, der Rückstand in 300 *ml* abs. Essigsäure-äthylester aufgenommen, filtriert und i. Vak. zur Trockene eingedampft; Ausbeute: 25 g (78% d. Th.).

$\alpha\alpha_{10}$) **von Hydroxamsäuren bzw. N-Hydroxy(Mercapto)-dicarbonsäure-imiden**

Hydroxamsäuren werden durch Lithiumalanat zu prim. Aminen reduziert[3]. Die Reduktion verläuft schwieriger und mit geringeren Ausbeuten als die der entsprechenden Carbonsäure-amide[3, 4].

Bessere Ausbeuten erhält man mit O-Acyl-hydroxamsäuren[3]; z. B.:

$$H_5C_6-CO-NH-O-OC-C_6H_5 \xrightarrow{\text{Li[AlH}_4]} H_5C_6-CH_2-NH_2 + HO-CH_2-C_6H_5$$

Benzylamin[3]**:** Unter Rühren gibt man zu einer gekühlten Lösung von 1,3 g (34 mMol) Lithiumalanat in 50 *ml* abs. THF unter Stickstoff 3,6 g (15 mMol) O-Benzoyl-benzhydroxamsäure in 75 *ml* abs. THF. Man erhitzt 15 Stdn. unter Rückfluß, zersetzt bei −5° mit 25 *ml* 30%iger Natronlauge, zentrifugiert, dampft die organ. Phase ein, löst in Diäthyläther und schüttelt mit verd. Salzsäure aus. Der saure Auszug wird i. Vak. eingeengt, mit 10 *ml* 25%iger Natriumhydroxid-Lösung versetzt, mit Diäthyläther extrahiert, die Äther-Lösung getrocknet, eingeengt und der Rückstand destilliert; Ausbeute: 1,2 g (80% d. Th.); Kp$_{20}$: 85°.

Aus der ausgeschüttelten Äther-Phase erhält man 1,4 g *Benzylalkohol* (90% d. Th.); Kp$_{25}$: 98–100°.

---

[1] G. Ehrhart, W. Siedel u. H. Nahm, B. **90**, 2088 (1957).

[2] Y. G. Perron et al., J. Med. Chem. **7**, 483 (1964).

[3] F. Winternitz u. C. Wlotzka, Bl. **1960**, 509.

[4] W. Kajumow et al., Ž. vses. Chim. obšč. **18**, 342 (1973); C.A. **79**, 78516 (1973).

Aus 2-Phenyl-O-benzoyl-acethydroxamsäure werden zusätzlich Umlagerungsprodukte erhalten. Zur Reduktion von Hydroximsäuren s. S. 354.

N-Hydroxy-dicarbonsäure-imide können durch Lithiumalanat mit guten Ausbeuten zu cyclischen N-Hydroxy-aminen reduziert werden; z. B.[1]:

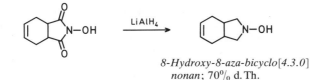

8-Hydroxy-8-aza-bicyclo[4.3.0]
nonan; 70% d. Th.

N,N-Diacyl-thiohydroxylamine werden durch Natrium-bis-[2-methoxy-äthyl]-dihydrido-aluminat in Benzol mit guten Ausbeuten zu Aldehyden reduziert. Mit Hilfe von 3-Oxo-2,3-dihydro-⟨benzo-[d]-1,2-thiazol⟩-1,1-dioxid gelingt es auf diese Weise Carbonsäure-chloride auf einfache Weise in Aldehyde zu überführen; z. B.[2]:

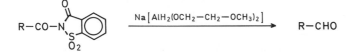

Aldehyde; allgemeine Arbeitsvorschrift[2]: Zu einer Suspension von 1 Mol 3-Oxo-2-acyl-2,3-dihydro-⟨benzo-[d]-1,2-thiazol⟩-1,1-dioxid in abs. Benzol wird unter Rühren und unter Stickstoff eine Lösung von 0,5 Mol Natrium-bis-[2-methoxy-äthoxy]-dihydrido-aluminat in abs. Benzol bei 0–5° innerhalb 5–10 Min. in kleinen Portionen gegeben. Man rührt 2 Stdn. bei dieser Temp., versetzt mit Wasser, saugt den Niederschlag ab, wäscht mit Benzol nach, schüttelt die wäßr. Phase mit Benzol aus, und dampft nach Trocknen die Benzol-Lösungen ein. Der Rückstand wird destilliert bzw. kristallisiert.

Mit dieser Methode erhält man u. a.:

Formyl-cyclohexan	75% d. Th.; Kp: 66°
4-Chlor-benzaldehyd	72% d. Th.; Kp: 212°
4-Nitro-benzaldehyd	75% d. Th.; F: 103°
Zimtaldehyd	77% d. Th.; Kp: 253°

$\alpha\alpha_{11}$) von Thiocarbonsäuren bzw. deren S-Ester

Thiocarbonsäuren ergeben mit Lithiumalanat in Diäthyläther ein Gemisch der entsprechenden Thiole und Alkohole in 86–100%iger Ausbeute[3]:

$$2 R—CO—SH \xrightarrow{\text{Li[AlH}_4]} R—CH_2—OH + R—CH_2—SH$$

Durch Einsatz elektrophiler Hydride (Diboran, Natriumboranat/Aluminiumchlorid) wird die Hydrogenolyse der C–O-Bindung erleichtert, so daß sich in schneller Reaktion hauptsächlich das Thiol isolieren läßt[3].

Mit Lithiumalanat in siedendem Äther ist die Reduktion in 15, mit Natriumboranat/Aluminiumchlorid in Bis-[2-methoxy-äthyl]-äther bei 75° in 30 Min. beendet. Bei der Reduktion von Thiobenzoesäure mit einem Lithiumalanat-Unterschuß wird auch Benzaldehyd erhalten[4].

Thiocarbonsäure-S-ester werden durch Hydride entweder zu Sulfanen oder zu einem Gemisch aus Thiol und Alkohol reduziert. Während Natriumboranat nur in gewissen

[1] G. ZINNER u. E. DUEERKOP, Ar. **301**, 776 (1968).
H. DINEL u. F. WEYGAND, A. **671**, 111 (1964).
[2] N. S. RAMEGOWDA et al., Tetrahedron **29**, 3985 (1973).
[3] G. E. HEASLEY, J. Org. Chem. **36**, 3235 (1971).
[4] K. A. LATIF u. P. K. CHAKRABORTY, Tetrahedron Letters **1967**, 971.

Fällen die S-Ester reduziert[1⁻3], erhält man mit Lithiumalanat in rascher Reaktion das entsprechende Thiol/Alkohol-Gemisch; z. B.[4]:

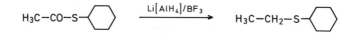

Benzylthiol[1]: Eine Lösung von 14 g (0,0615 Mol) Thiobenzoesäure-S-benzylester in 50 *ml* abs. Diäthyläther wird unter Rühren und unter Stickstoff zu einer Suspension von 3 g (0,079 Mol) Lithiumalanat in 250 *ml* abs. Diäthyläther gegeben. Man rührt 5 Stdn. bei 20°, zersetzt vorsichtig mit Wasser, säuert mit verd. Salzsäure an, wäscht neutral, trocknet und destilliert die Äther-Lösung; Ausbeute: 6,5 g (85% d. Th.); Kp: 192–194°.

Analog erhält man z. B. aus:

Thiobenzoesäure-S-butylester	→ *Butanthiol*	45% d. Th.
Thiobenzoesäure-S-4-methoxy-benzylester	→ *4-Methoxy-benzylthiol*	96% d. Th.

Mit Lithiumalanat/Aluminiumchlorid[5] oder besser Lithiumalanat/Bortrifluorid[6] werden Sulfane erhalten; z. B.:

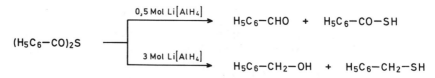

Äthyl-cyclohexyl-sulfan[6]: Zu einer Lösung von 8 g (0,05 Mol) Thioessigsäure-S-cyclohexylester in 1500 *ml* abs. Diäthyläther werden unter Rühren 107 g (0,75 Mol) Bortrifluorid-Ätherat getropft. Unter Rühren und Eiskühlung versetzt man unter Stickstoff mit einer Lösung von 3,8 g (0,1 Mol) Lithiumalanat in 100 *ml* abs. Diäthyläther. Man rührt 45 Min. bei 5°, erhitzt 2 Stdn. unter Rückfluß, kühlt ab, versetzt mit Wasser und 10%iger Salzsäure, trennt die Äther-Schicht ab und extrahiert die wäßr. Schicht mit Diäthyläther. Die vereinigten Äther-Lösungen werden mit Wasser, ges. Natriumhydrogencarbonat-Lösung und ges. Natriumchlorid-Lösung gewaschen, mit Kaliumcarbonat getrocknet und eingeengt. Der Rückstand wird i. Vak. destilliert; Ausbeute: 5,8 g (80% d. Th.); Kp₁₀: 74–76°.

Analog erhält man z. B. *(2-Methyl-propyl)-cyclohexyl-sulfan* (73% d. Th.; Kp$_{2,5}$: 74–76°).

Benzoesäure-thioanhydrid ergibt mit einem Lithiumalanat-Unterschuß 60–70% *Benzaldehyd* und 70–75% *Thiobenzoesäure*, mit einem Überschuß 60–65% *Benzylalkohol* und 65–70% *Benzylthiol*[7]:

(H₅C₆—CO)₂S

$\xrightarrow{\text{0,5 Mol Li[AlH}_4]}$ H₅C₆—CHO + H₅C₆—CO—SH

$\xrightarrow{\text{3 Mol Li[AlH}_4]}$ H₅C₆—CH₂—OH + H₅C₆—CH₂—SH

Aus Phthalsäure-thioanhydrid wird mit Aluminiumhydrid oder Diboran nahezu quantitativ *1,3-Dihydro-⟨benzo-[c]-thiophen⟩*, mit einem Lithiumalanat-Überschuß *2-Hydr-*

[1] P. A. BOBBIO, J. Org. Chem. **26**, 3023 (1961).
[2] M. W. BULLOCK et al., Am. Soc. **76**, 1828 (1954).
C. G. OVERBERGER u. A. LEBOVITS, Am. Soc. **77**, 3675 (1955); **78**, 4792 (1956).
I. NAKANO u. M. SANO, J. pharm. Soc. Japan **75**, 1296 (1955).
I. NAKANO, J. pharm. Soc. Japan **76**, 1207 (1956).
[3] M. W. BULLOCK, J. G. HAND u. E. L. R. STOCKSTAD, Am. Soc. **79**, 1975 (1957).
[4] M. S. NEWMAN, M. W. RENOLL u. I. AUERBACH, Am. Soc. **70**, 1023 (1948).
H. HAUPTMANN u. P. A. BOBBIO, B. **93**, 280 (1960).
E. P. ADAMS et al., Soc. **1960**, 2649.
C. V. GRECO u. F. PELLEGRINI, Soc. [Perkin I] **1972**, 720.
[5] D. E. BUBLITZ, J. Organometal. Chem. **6**, 436 (1966); J. Org. Chem. **32**, 1630 (1967).
[6] E. L. ELIEL u. R. A. DAIGNAULT, J. Org. Chem. **29**, 1630 (1964).
[7] K. A. LATIF u. P. K. CHAKRABORTY, Tetrahedron Letters **1967**, 971.

oxymethyl-benzylmercaptan, mit 1 Mol-Äquivalent *o-Phthalaldehyd* in 50–70%iger Ausbeute und mit Natriumboranat in Benzol/Methanol *Phthalid* in 80%iger Ausbeute erhalten[1]:

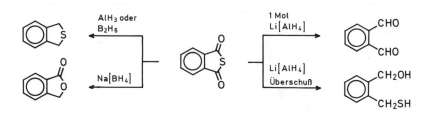

Dibenzoyl-disulfan wird mit einem Lithiumalanat-Unterschuß in 80–90%iger Ausbeute zu *Thiolbenzoesäure*, mit einem Überschuß zu 80–90% *Benzylthiol* reduziert[1]:

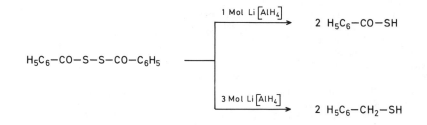

Ähnlich liefert Bis-[thiobenzoyl]-disulfan 75–90% *Dithiobenzoesäure* bzw. 70–80% *Benzylthiol*[2].

α_3) *von Aldehyden bzw. Ketonen*

Das Problem der einfachen und schnell durchführbaren Reduktion von Oxo-Verbindungen zu Alkoholen konnte erst durch Anwendung der Hydride gelöst werden. Im Laboratorium wird die Reduktion meist mit Natriumboranat durchgeführt. Die Reaktion läuft in wäßrig-alkoholischer Lösung in der Regel rasch ab und die Aufarbeitung bereitet kaum Schwierigkeiten (s. S. 271 ff.).

Auch die Reduktion zu Kohlenwasserstoffen bzw. Äthern ist mit Hydriden bequem durchführbar. Mit Triäthyl-siliciumhydrid in Carbonsäuren werden Carbonsäureester, in Acetonitril N-substituierte Acetamide erhalten (s. S. 279 f., 284). Bei der Reduktion mit Natrium-trithio-dihydrido-borat können auch Disulfane gebildet werden (s. S. 276). Zur reduktiven Aminierung mit Carbonyl-Verbindungen sowie zur C-Alkylierung s. S. 293.

Selektive Reduktionen unter Erhalt der Oxo-Gruppe lassen sich nur in gewissen Fällen durchführen (s. S. 294 ff., 302), so daß der Maskierung letzterer große präparative Bedeutung zukommt.

---

[1] R. H. SCHLESSINGER u. I. S. PONTICELLO, Chem. Commun. **1969**, 1013.
[2] K. A. LATIF u. P. K. CHAKRABORTY, Tetrahedron Letters **1967**, 971.

Bei selektiven Reduktionen mit Diboran[1], Natriumboranat[2,3] und Lithiumalanat[3,4] werden als geschützte Verbindungen meist Acetale eingesetzt. Thioacetale werden analog hauptsächlich in der Zucker-Reihe bei Reduktionen mit Lithiumalanat[5], Lithium-[6], Natrium-[6] und Kaliumboranat[7] angewendet, während Hemithioacetale als geschützte Verbindungen nur selten eingesetzt werden[8]. Enoläther[9], Thioenoläther[10], Enol-Metallsalze[11] und Enamine[12] sind nur gegenüber Lithiumalanat und verwandten komplexen Aluminiumhydriden stabil. Bei Reduktionen mit Alkalimetallboranaten können auch Oxime[13] und Semicarbazone[13,14] als geschützte Verbindungen benützt werden.

[1] A. Bowers et al., J. Org. Chem. 27, 361 (1962).
    R. F. Church u. R. E. Ireland, J. Org. Chem. 28, 17 (1963).
    K. Takeda, H. Minato u. M. Ishikawa, Soc. 1964, 2591.
[2] R. M. Evans et al., Soc. 1958, 1529.
    P. Wieland et al., Helv. 41, 416 (1958).
    P. Wieland, K. Heusler u. A. Wettstein, Helv. 41, 1657 (1958).
    S. A. Szpilfogel et al., R. 77, 157 (1958).
    G. S. Fonken, J. Org. Chem. 23, 1075 (1958).
    A. Bowers u. H. J. Ringold, Am. Soc. 81, 3710 (1959).
    S. Bernstein u. R. Littell, J. Org. Chem. 24, 429 (1959).
    S. Bernstein et al., Am. Soc. 81, 4956 (1959).
    K. Heusler et al., Helv. 44, 179 (1961).
[3] P. Wieland et al., Helv. 41, 74 (1958).
    S. Karády u. M. Sletzinger, Chem. & Ind. 1959, 1159.
    K. Heusler et al., Experientia 16, 21 (1960).
[4] W. Swoboda, M. 82, 388 (1951).
    C. S. Marvel u. H. W. Hill, Am. Soc. 73, 481 (1951).
    J. C. Sheehan u. B. V. Bloom, Am. Soc. 74, 3825 (1952).
    R. Antonucci et al., J. Org. Chem. 18, 70 (1953).
    S. Bernstein, M. Heller u. S. M. Stolar, Am. Soc. 76, 5674 (1954); 77, 5327 (1955).
    R. K. Callow u. V. H. T. James, Soc. 1956, 4744.
    J. B. Wright, Am. Soc. 79, 1694 (1957).
    A. Segre, R. Viterbo u. G. Parisi, Am. Soc. 79, 3503 (1957).
    M. J. Gentles et al., Am. Soc. 80, 3702 (1958).
    Y. Mazur, N. Danieli u. F. Sondheimer, Am. Soc. 82, 5889 (1960).
    R. E. Beyler et al., J. Org. Chem. 26, 2424 (1961).
    D. H. R. Barton u. J. M. Beaton, Am. Soc. 83, 750 (1961).
    J. Schmidlin u. A. Wettstein, Helv. 45, 331 (1962).
    H. Rapoport et al., Am. Soc. 89, 1942 (1967).
    F. Sweet u. R. K. Brown, Canad. J. Chem. 46, 707 (1968).
[5] H. Zinner, K. Wessely u. H. Kristen, B. 92, 1618 (1959).
    H. Zinner u. H. Wigert, B. 92, 2893 (1959).
    H. Zinner u. W. Thielebeute, B. 93, 2791 (1960).
    H. Zinner u. H. Schmandke, B. 94, 1304 (1961).
[6] H. Zinner u. C.-G. Dassler, B. 93, 1597 (1960).
[7] C. Sannié, C. Neuville u. J. J. Panouse, Bl. 1958, 635.
[8] J. Romo, G. Rosenkranz u. C. Djerassi, Am. Soc. 73, 4961 (1951).
[9] S. Bernstein, R. H. Lenhard u. J. H. Williams, J. Org. Chem. 18, 1166 (1953).
[10] G. Rosenkranz, S. Kaufmann u. J. Romo, Am. Soc. 71, 3689 (1949).
     J. H. Sperna Weiland u. J. F. Arens, R. 75, 1358 (1956); 79, 1293 (1960).
[11] D. H. R. Barton et al., Chem. Commun. 1969, 1497; 1972, 1017.
     M. Tanabe u. D. F. Crowe, Chem. Commun. 1969, 1498.
[12] F. W. Heyl u. M. E. Herr, Am. Soc. 75, 1918 (1953).
     J. A. Hogg et al., Am. Soc. 77, 4436 (1955).
     G. B. Spero et al., Am. Soc. 78, 6213 (1956).
[13] S. G. Brooks et al., Soc. 1958, 4614.
[14] N. L. Wendler, Huang-Minlon u. M. Tishler, Am. Soc. 73, 3818 (1951).
     H. L. Slates u. N. L. Wendler, J. Org. Chem. 22, 498 (1957).
     D. Taub et al., Am. Soc. 80, 4435 (1958).
     P. N. Rao u. L. R. Axelrod, J. Org. Chem. 26, 1607 (1961).

Tab. 19: Reduktion von Aldehyden und Ketonen mit Hydriden

Hydrid	Reaktionsprodukte	Literatur
Natriumhydrid	Alkohol	1
Diboran	Alkohol	2
Diboran/Bortrifluorid	Alkohol, Kohlenwasserstoff	3
Bis-[3-methyl-butyl-(2)]-boran	Alkohol	4
2,3-Dimethyl-butyl-(2)-boran	Alkohol	5
9-Bora-bicyclo[3.3.1]nonan	Alkohol	6
Benzo-1,3,2-dioxaborol	Alkohol	7
Äther-Chlorborane	Alkohol	8
Dimethylsulfan-Boran	Alkohol	9
Amin-Borane	Alkohol	10–14
Trimethylamin-boran	Alkohol	13
Lithiumboranat	Alkohol	15
Lithium-triäthyl-hydrido-borat	Alkohol	16
Lithium-tributyl-(2)-hydrido-borat	Alkohol	17
Lithium-13-hydrido-13-bora-tricyclo [7.3.1.0^{4,13}]tridecan	Alkohol	18
Lithium-cyano-trihydrido-borat	Alkohol	19
Natriumboranat	Alkohol, Äther	20
Natriumboranat/Aluminiumchlorid	Alkohol	21
Natriumboranat/Trifluoressigsäure	Kohlenwasserstoff	22
Natrium-trimethoxy-hydrido-borat	Alkohol	23
Natrium-triisopropyloxy-hydrido-borat	Alkohol	24
Natrium-cyano-trihydrido-borat	Alkohol	25
Natrium-trithio-dihydrido-borat	Alkohol, Disulfan, Tetrasulfan	26
Kaliumboranat	Alkohol	27

[1] F. W. Swamer u. C. R. Hauser, Am. Soc. **68**, 2647 (1946).
[2] H. C. Brown, P. Heim u. N. M. Yoon, Am. Soc. **92**, 1637 (1970).
[3] E. Breuer, Tetrahedron Letters **1967**, 1849.
[4] H. C. Brown u. D. B. Bigley, Am. Soc. **83**, 486 (1961).
  H. C. Brown et al., Am. Soc. **92**, 7161 (1970).
  R. Fellous, R. Luft u. A. Puill, Bl. **1972**, 1801.
[5] H. C. Brown, P. Heim u. N. M. Yoon, J. Org. Chem. **37**, 2942 (1972).
[6] H. C. Brown, S. Krishnamurthy u. N. M. Yoon, J. Org. Chem. **41**, 1778 (1976).
[7] G. W. Kabalka, J. D. Baker u. G. W. Neal, J. Org. Chem. **42**, 512 (1977).
[8] H. C. Brown u. P. A. Tierney, J. Inorg. & Nuclear Chem. **9**, 51 (1959).
[9] L. M. Braun et al., J. Org. Chem. **36**, 2388 (1971).
  E. Mincione, J. Org. Chem. **43**, 1829 (1978).
[10] H. Nöth u. H. Beyer, B. **93**, 1078 (1960).
[11] H. C. Kelly u. J. O. Edwards, Am. Soc. **82**, 4842 (1960).
[12] S. S. White u. H. C. Kelly, Am. Soc. **90**, 2009 (1968); **92**, 4203 (1970).
[13] W. M. Jones, Am. Soc. **82**, 2528 (1960).
[14] R. P. Barnes, J. H. Graham u. M. D. Taylor, D. Org. Chem. **23**, 1561 (1958).
[15] R. F. Nystrom, S. W. Chaikin u. W. G. Brown, Am. Soc. **71**, 3245 (1949).
[16] H. C. Brown u. S. Krishnamurthy, Chem. Commun. **1972**, 868.
[17] H. C. Brown u. S. Krishnamurthy, Am. Soc. **94**, 7159 (1972).
[18] H. C. Brown u. W. C. Dickason, Am. Soc. **92**, 709 (1970).
[19] R. F. Borch u. H. D. Durst, Am. Soc. **91**, 3996 (1969).
[20] S. W. Chaikin u. W. G. Brown, Am. Soc. **71**, 122 (1949).
  E. H. Jensen, *A Study on Sodium Borohydride*, Nyt Nordisk Forlag, Arnold Busck, Copenhagen 1954.
[21] H. C. Brown u. B. C. Subba Rao, Am. Soc. **78**, 2582 (1956).
[22] G. W. Gribble, W. J. Kelly u. S. E. Emery, Synthesis **1978**, 763.
[23] H. C. Brown u. E. J. Mead, Am. Soc. **75**, 6263 (1953).
[24] H. C. Brown, E. J. Mead u. C. J. Shoaf, Am. Soc. **78**, 3616 (1956).
[25] R. F. Borch, M. D. Bernstein u. H. D. Durst, Am. Soc. **93**, 2897 (1971).
[26] J. M. Lalancette u. A. Frêche, Canad. J. Chem. **47**, 739 (1969); **48**, 2366 (1970).
[27] M. D. Banus, R. W. Bragdon u. A. A. Hinckley, Am. Soc. **76**, 3848 (1954).

Tab. 19 (1. Forts.)

Hydrid	Reaktionsprodukte	Literatur
Kalium-tributyl-(2)-hydrido-borat	Alkohol	[1,2]
Kalium-triisopropyloxy-hydrido-borat	Alkohol	[2,3]
Trimethyl-cetyl-ammonium-boranat	Alkohol	[4]
Tetrabutylammonium-cyano-hydrido-borat	Alkohol	[5]
Magnesiumboranat	Alkohol	[6]
Calciumboranat	Alkohol	[6]
Zinkboranat	Alkohol	[7]
Aluminiumhydrid	Alkohol	[8]
Diäthyl-alan	Alkohol	[9]
Bis-[2-methyl-propyl]-alan	Alkohol	[9]
Triäthyl-aluminium	Alkohol	[10]
Tris-[2-methyl-propyl]-aluminium	Alkohol	[9]
Lithiumalanat	Alkohol, Kohlenwasserstoff	[11]
Lithiumalanat/Aluminiumchlorid	Alkohol, Kohlenwasserstoff	[12]
Lithium-trimethoxy-hydrido-aluminat	Alkohol	[13]
Lithium-tri-tert.-butyloxy-hydrido-aluminat	Alkohol	[14]
Lithium-tetrakis-[1,2-dihydro-pyridyl-(1)]-aluminat	Alkohol	[15]
Natriumalanat	Alkohol, Kohlenwasserstoff	[16]
Natrium-bis-[2-methyl-propyl]-dihydrido-aluminat	Alkohol	[17]
Natrium-triäthoxy-hydrido-aluminat	Alkohol	[18]
Natrium-bis-[2-methoxy-äthoxy]-dihydrido-aluminat	Alkohol, Kohlenwasserstoff	[19]
Magnesiumalanat	Alkohol	[20]

[1] C. A. Brown, Am. Soc. 95, 4100 (1973).
[2] C. A. Brown, J. Org. Chem. 39, 3913 (1974).
[3] C. A. Brown, S. Krishnamurthy u. S. C. Kim, Chem. Commun. 1973, 391.
[4] E. A. Sullivan u. A. A. Hinckley, J. Org. Chem. 27, 3731 (1962).
[5] R. O. Hutchins u. D. Kandasamy, Am. Soc. 95, 6131 (1973).
[6] J. Kollonitsch, O. Fuchs u. V. Gábor, Nature 173, 125 (1954).
[7] W. J. Gensler, F. Johnson u. A. D. B. Sloan, Am. Soc. 82, 6074 (1960).
[8] H. C. Brown u. N. M. Yoon, Am. Soc. 88, 1464 (1966).
   N. M. Yoon u. H. C. Brown, Am. Soc. 90, 2927 (1968).
[9] K. Ziegler, K. Schneider u. J. Schneider, A. 623, 9 (1959).
[10] H. Meerwein et al., J. pr. [2], 147, 226 (1937).
[11] R. F. Nystrom u. W. G. Brown, Am. Soc. 69, 1197 (1947).
   H. C. Brown, P. M. Weissman u. N. M. Yoon, Am. Soc. 88, 1458 (1966).
   L. H. Conover u. D. S. Tarbell, Am. Soc. 72, 3586 (1950).
[12] B. R. Brown u. A. M. S. White, Soc. 1957, 3755.
   R. F. Nystrom u. C. R. A. Berger, Am. Soc. 80, 2896 (1958).
   E. L. Eliel u. M. N. Rérick, Am. Soc. 82, 1367 (1960).
[13] H. C. Brown u. P. M. Weissman, Am. Soc. 87, 5614 (1965).
[14] H. C. Brown u. P. M. Weissman, Israel J. Chem. 1, 430 (1963).
[15] P. T. Lansbury u. J. O. Peterson, Am. Soc. 83, 3537 (1961); 84, 1756 (1962).
[16] A. E. Finholt et al., Am. Soc. 77, 4163 (1955).
[17] L. I. Žakharkin u. V. V. Gavrilenko, Izv. Akad. SSSR 1960, 2245.
[18] G. Hesse u. R. Schrödel, A. 607, 24 (1957).
[19] M. Čapka et al., Collect. czech. chem. Commun. 34, 118 (1969).
   M. Černý u. J. Málek, Collect. czech. chem. Commun. 35, 1216, 2030, 3079 (1970).
[20] E. Wiberg u. R. Bauer, Z. Naturf. 7b, 131 (1952).
   J. Plešek u. S. Heřmánek, Collect. czech. chem. Commun. 31, 3060 (1966).
   B. D. James, Chem. & Ind. 1971, 227.

Tab. 19 (2. Forts.)

Hydrid	Reaktionsprodukte	Literatur
Triäthyl-silan	Alkohol, Äther, Carbonsäureester (in Carbonsäuren), N-substituiertes Acetamid (in Acetonitril), Kohlenwasserstoff	[1,2]
Triäthyl-silan/Bortrifluorid	Kohlenwasserstoff	[3]
Poly-(methyl-hydrido-siloxan)	Alkohol, Kohlenwasserstoff	[4]
Diphenyl-siliciumdihydrid	Alkohol, Kohlenwasserstoff	[5]
Butyl-siliciumtrihydrid	Alkohol, Äther	[2]
Trichlor-siliciumhydrid	Alkohol, Kohlenwasserstoff	[6]
Tributyl-zinnhydrid	Alkohol	[7]
Triphenyl-zinnhydrid	Alkohol	[7]
Dibutyl-zinndihydrid	Alkohol	[7,8]
Diphenyl-zinndihydrid	Alkohol	[7]
Butyl-zinntrihydrid	Alkohol	[7]
Phenyl-zinntrihydrid	Alkohol	[7]
Lithium-butyl-hydrido-cuprat(I)	Alkohol	[9]

$\alpha\alpha_1$) mit einer Oxo-Gruppe

i_1) zu Alkoholen (bzw. Sulfanen)[10]

Das gebräuchlichste Reduktionsmittel ist in diesem Fall Natriumboranat. Die Reaktion läuft in protonenfreier Lösung in vier Teilschritten (zur Kinetik s. Lit.[11-13]) unter Bildung von Natrium-tetraalkoxy-borat als Endprodukt ab (über den Mechanismus in protonenhaltiger Lösung S. 46):

$$R_2CO + Na[BH_4] \rightarrow Na[BH_3(O–CHR_2)] \quad ①$$
$$R_2CO + Na[BH_3(O–CHR_2)] \rightarrow Na[BH_2(O–CHR_2)_2] \quad ②$$
$$R_2CO + Na[BH_2(O–CHR_2)_2] \rightarrow Na[BH(O–CHR_2)_3] \quad ③$$
$$R_2CO + Na[BH(O–CHR_2)_3] \rightarrow Na[B(O–CHR_2)_4] \quad ④$$

[1] D. N. Kursanow et al., Tetrahedron **23**, 2235 (1967).
  M. P. Doyle, D. J. DeBruyn u. D. A. Kooistra, Am. Soc. **94**, 3659 (1972).
  C. T. West et al., J. Org. Chem. **38**, 2675 (1973).
[2] M. P. Doyle et al., J. Org. Chem. **39**, 2740 (1974).
  M. P. Doyle u. C. T. West, J. Org. Chem. **40**, 3821, 3829, 3835 (1975).
[3] J. L. Fry et al., J. Org. Chem. **43**, 374 (1978).
[4] S. Nitzsche u. M. Wick, Ang. Ch. **69**, 96 (1957).
  J. Lipowitz u. S. A. Bowman, J. Org. Chem. **38**, 162 (1973).
  S. N. Parnes et al., Ž. org. Chim. **9**, 1704 (1973).
[5] H. Gilman u. J. Diehl, J. Org. Chem. **26**, 4817 (1961).
  I. Ojima, T. Kogure u. Y. Nagai, Chemistry Letters **1975**, 985.
[6] R. Calas et al., C.r. **247**, 2008 (1958).
  R. A. Benkeser u. W. E. Smith, Am. Soc. **91**, 1556 (1969).
[7] H. G. Kuivila u. O. F. Beumel, Am. Soc. **83**, 1246 (1961).
[8] R. Knocke u. W. P. Neumann, A. **1974**, 1486.
[9] S. Masamune, G. S. Bates u. P. E. Georghiou, Am. Soc. **96**, 3686 (1974).
[10] Zur Reduktion von Oxo-sulfonen zu Hydroxy-sulfoxiden s. S. 464f.
[11] M. T. Wuesthoff, Tetrahedron **29**, 791 (1973).
[12] E. R. Garrett u. D. A. Little, Am. Soc. **75**, 6051 (1953).
  H. C. Brown, O. H. Wheeler u. K. Ichikawa, Tetrahedron **1**, 214 (1957).
  H. C. Brown u. K. Ichikawa, Am. Soc. **83**, 4372 (1961).
  R. E. Davis u. J. Carter, Tetrahedron **22**, 495 (1966).
  M. T. Wuesthoff, Tetrahedron **29**, 791 (1973).
[13] T. Freund u. N. Nuenke, Am. Soc. **84**, 873 (1962).

Die Reduktionen werden vorteilhaft in 0,1 n Natronlauge bei p_H 13 bzw. in einer mit Natriumalkanolat stabilisierten alkoholischen Lösung durchgeführt[1].

Die Reduzierbarkeit in protonenfreier Lösung ist stark strukturabhängig, so daß unter den oben erwähnten Bedingung praktisch nur Aldehyde und leicht reduzierbare Ketone (z. B. Cyclohexanon)[2] angegriffen werden.

Unter normalen, aprotischen Bedingungen in Pyridin oder in Gegenwart eines tert. Amins setzt sich Natriumboranat nur bis zur Amin-Boran-Stufe[3, 4] um; z. B.:

$$R_2CO + Na[BH_4] + (H_5C_2)_3N \longrightarrow R_2CH-ONa + (H_5C_2)_3N \cdot BH_3$$

In Acetonitril, Pyridin, Dimethylformamid und Bis-[2-methoxy-äthyl]-äther reagieren bei 0° Aceton und verwandte aliphatische und aromatische Ketone nur in Gegenwart von Wasser, Alkoholen oder Lithium-Salzen[3, 5].

Bei der Reduktion sterisch behinderter Ketone mit Natrium-tetradeuterido-borat ist ein inverser Isotopen-Effekt festzustellen[6].

Aldehyde werden in protonenhaltiger Lösung normalerweise äußerst schnell innerhalb einiger Minuten und mit quantitativer Ausbeute zu Alkoholen reduziert. Mit stark elektronenliefernden Gruppen substituiert (z. B. 2- oder 4-Methoxy- bzw. 4-Hydroxy-3-methoxy-benzaldehyd), läuft dagegen die Reaktion nur sehr langsam, bei 2,4-Dihydroxy- und 3,4,5-Trimethoxy-benzaldehyd gar nicht ab[7]. Substituierte Aldehyde lassen sich in protonenhaltiger Lösung unter Erhalt der meisten funktionellen Gruppen mit Natriumboranat leicht selektiv reduzieren[8] (s. Tab. 3, S. 37).

Ketone reagieren wesentlich langsamer als die entsprechenden Aldehyde. Das reaktionsfähige Cyclohexanon wird z. B. fünfmal langsamer reduziert als Benzaldehyd, und zur quantitativen Reduktion von Aceton zu *Isopropanol* ist mehr als eine Stunde notwendig[9, 10]. Aufgrund der in Isopropanol gemessenen Geschwindigkeitskonstanten nimmt die

[1] R. E. Davis u. J. A. Gottbrath, Am. Soc. **84**, 895 (1962).
[2] T. Matsuda u. K. Koida, Bl. chem. Soc. Japan **46**, 2259 (1973); in Toluol und in Gegenwart eines Kronenäthers.
[3] C. D. Ritchie, Tetrahedron Letters **1963**, 2145.
  C. D. Ritchie u. A. L. Pratt, Am. Soc. **86**, 1571 (1964).
  P. T. Lansbury, R. E. MacLeay u. J. O. Peterson, Tetrahedron Letters **1964**, 311.
[4] W. M. Jones u. H. E. Wise, Am. Soc. **84**, 997 (1962).
[5] H. C. Brown, E. J. Mead u. B. C. Subba Rao, Am. Soc. **77**, 6209 (1955).
  H. C. Brown u. K. Ichikawa, Am. Soc. **83**, 4372 (1961).
[6] R. E. Davis, E. Bromels u. C. L. Kibby, Am. Soc. **84**, 885 (1962).
  P. Geneste u. G. Lamaty, Bl. **1968**, 669.
  D. C. Wigfield u. D. J. Phelps, Canad. J. Chem. **50**, 388 (1972).
[7] D. C. C. Smith, Nature **176**, 927 (1955).
  J. P. Critchley, J. Friend u. T. Swain, Chem. & Ind. **1958**, 596.
  J. H. Biel et al., Am. Soc. **81**, 2805 (1959).
  E. Cochran u. C. A. Reynolds, Anal. Chem. **33**, 1893 (1961).
  M. Brink, Acta Universitatis Lundiensis, Sectio II, Nr. **16**, 1 (1965); C.A. **64**, 9620 (1966).
[8] I. L. Finar u. G. H. Lord, Soc. **1959**, 1819.
  M. L. Wolfrom u. Z. Yosizawa, Am. Soc. **81**, 3477 (1959).
  S. Goodwin, J. N. Shoolery u. E. C. Horning, Am. Soc. **81**, 3736 (1959).
  K. Winterfeld u. H. Michael, B. **93**, 61 (1960).
  J. Defaye, Bl. **1964**, 2686.
  G. Kresze, D. Sommerfeld u. R. Albrecht, B. **98**, 601 (1965).
[9] H. C. Brown, O. H. Wheeler u. K. Ichikawa, Tetrahedron **1**, 214 (1957).
[10] H. C. Brown u. K. Ichikawa, Tetrahedron **1**, 221 (1957).

Reduktionsgeschwindigkeit von Alkyl- und Aryl-ketonen in der folgenden Richtung ab[1,2]:

$$H_5C_6-CH_2-CO-CH_3 > H_3C-CO-CH_3 > H_3C-CO-C_2H_5 > H_3C-CO-CH(CH_3)_2$$

$$> H_5C_6-CO-CH_3 > H_5C_6-CO-C_6H_5 > H_5C_2-CO-C_2H_5 > H_3C-CO-C(CH_3)_3 >$$

$$> H_5C_6-CO-C_2H_5 > H_7C_3-CO-C_3H_7 > (H_3C)_2CH-CO-CH(CH_3)_2$$

Elektronenanziehende Substituenten am aromatischen Ring erhöhen, elektronenliefernde vermindern die Reaktivität der Keton-Gruppe[3], wobei Aryl-ketone mit stark elektronenabstoßenden Substituenten sich nicht mehr reduzieren lassen[4]. Bei der Reduktion von substituierten Fluorenonen konnten ähnliche Zusammenhänge gefunden werden, allerdings wird Fluorenon selbst etwa fünfmal schneller reduziert als Benzophenon[5]. Sterisch behinderte Keton-Gruppen werden durch Natriumboranat oft schwer oder gar nicht angegriffen[6] (weiteres s. S. 295 f.).

Die Reaktivität gesättigter cyclischer Ketone hängt auch von der Ringgröße bzw. von der Ringspannung ab[7-9]:

Bei größeren Ringen nimmt die Reaktionsgeschwindigkeit in der Richtung 7->8->10-gliedrige Ringe ab, nähert sich dann den Werten der entsprechenden offenkettigen Ketone. Heterocyclische Ketone werden rascher reduziert als die entsprechenden Cyclohexanone[10].

Alkali-empfindliche Verbindungen werden zweckmäßig zur Boranat-Lösung gegeben (normale Zugabe), während schlecht lösliche Verbindungen in der Hitze (gelöst oder suspendiert) mit Natriumboranat versetzt (inverse Zugabe) werden.

[1] H. C. Brown, O. H. Wheeler u. K. Ichikawa, Tetrahedron 1, 214 (1957).
[2] H. C. Brown u. K. Ichikawa, Am. Soc. 84, 373 (1962).
 H. C. Brown, R. Bernheimer u. K. J. Morgan, Am. Soc. 87, 1280 (1965).
 H. C. Brown et al., Am. Soc. 89, 370 (1967).
 P. Geneste, G. Lamaty u. B. Vidal, Bl. 1969, 2027.
[3] P. T. Lansbury, R E. MacLeay u. J. O. Peterson, Tetrahedron Letters 1964, 311.
 K. Bowden u. M. Hardy, Tetrahedron 22, 1169 (1966).
 G. T. Bruce, A. R. Cooksey u. K. J. Morgan, Soc. [Perkin Trans II] 1975, 551.
[4] A. Kamal et al., Tetrahedron 19, 111 (1963).
 G. Kresze, D. Sommerfeld u. R. Albrecht, B. 98, 601 (1965).
 F. Zymalkowski u. J. Gelberg, Ar. 299, 545 (1966).
[5] H. L. Pan u. T. L. Flechter, J. Org. Chem. 23, 799 (1958).
 G. G. Smith u. R. P. Bayer, Tetrahedron 18, 323 (1962).
 J. A. Parry u. K. D. Warren, Soc. 1965, 4049.
 K. D. Warren u. J. R. Yandle, Soc. 1965, 5518.
 F. Dewhurst u. P. K. J. Shah, Chem. & Ind. 1969, 1428.
[6] T. G. Halsall, R. Hodges u. E. R. H. Jones, Soc. 1953, 3019.
 R. E. Lutz et al., J. Org. Chem. 20, 218 (1955).
 R. E. Lutz u. J. O. Weiss, Am. Soc. 77, 1817 (1955).
 R. L. Letsinger u. P. T. Lansbury, Am. Soc. 81, 938 (1959).
 R. Adams, S. Miyano u. M. D. Nair, Am. Soc. 83, 3326 (1961).
[7] H. C. Brown u. K. Ichikawa, Tetrahedron 1, 221 (1957).
[8] D. C. Wigfield u. D. J. Phelps, Am. Soc. 96, 543 (1974).
[9] O. H. Wheeler u. J. L. Mateos, Canad. J. Chem. 36, 1049 (1958).
 H. Kwart u. T. Takeshita, Am. Soc. 84, 2833 (1962).
 H. C. Brown u. J. Muzzio, Am. Soc. 88, 2811 (1966).
 B. Rickborn u. M. T. Wuesthoff, Am. Soc. 92, 6894 (1970).
[10] P. Geneste et al., J. Org. Chem. 44, 1971 (1979).

3-Hydroxymethyl-indol[1]:

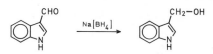

1,45 g (0,01 Mol) 3-Formyl-indol werden in 20 ml siedendem Äthanol gelöst. In der Hitze werden 0,76 g (0,02 Mol) Natriumboranat zugegeben. Man läßt 1 Stde. bei 20° stehen, dampft i. Vak. bei 25° ein, versetzt den Rückstand mit 10 ml 0,1 n Natronlauge und äthert aus. Der Auszug wird getrocknet und eingeengt; Ausbeute: 1,40 g (95,3% d. Th.); F: 98–101°; aus Äthanol, F: 100–101°.

Analog erhält man aus 2-(4-Dimethylamino-phenyl)-glyoxal-diäthylacetal *2-Hydroxy-2-(4-dimethylamino-phenyl)-acetaldehyd-diäthylacetal*[2] (95% d. Th.; $Kp_{0,01}$: 106°). In Methanol als Solvens werden u. a. folgende Alkohole erhalten:

Dicyclohexylketon	→ *Dicyclohexyl-carbinol*[3]	88% d. Th.; F: 62°
Benzophenon	→ *Benzhydrol*[4]	94% d. Th.; F: 67–67,5°
2-Formyl-pyrrol	→ *2-Hydroxymethyl-pyrrol*[5]	71% d. Th.; Kp_2: 81–83°
1-Methyl-2-formyl-pyrrol	→ *1-Methyl-2-hydroxymethyl-pyrrol*[6]	61% d. Th.; Kp_{11}: 98–100°
3-Methyl-2-formyl-thiophen	→ *3-Methyl-2-hydroxymethyl-thiophen*[7]	51% d. Th.; Kp_{13}: 103–104

In polyfunktionellen Verbindungen mit einer Keton-Gruppe läßt sich letztere in protonenhaltiger Lösung durch Natriumboranat meist selektiv reduzieren (s. S. 217, 309 f. u. 312 ff.).

Tropon wird zu *6-Hydroxy-cycloheptadien-(1,3)* reduziert[8, 9]:

6-Hydroxy-cycloheptadien-(1,3)[9]: Zu einer Lösung von 3 g (0,028 Mol) Tropon in 60–70 ml Methanol und 10 ml Wasser werden unter kräftigem Rühren portionsweise 2 g (0,053 Mol) Natriumboranat gegeben. Unter Wasserstoff-Entwicklung rührt man 2 Stdn. weiter, zersetzt durch tropfenweise Zugabe und 10 ml Essigsäure, neutralisiert mit Natriumhydrogencarbonat und extrahiert 3mal mit je 30 ml Diäthyläther. Der Auszug wird mit Magnesiumsulfat getrocknet, eingeengt und der Rückstand i. Vak. destilliert; Ausbeute: 1,9 g (65% d. Th.); Kp_4: 50–55°.

Reproduzierbare Ergebnisse werden nur bei Einhalten der beschriebenen Aufarbeitung erhalten.

Während Tropon mit Lithiumalanat zu 6-Oxo-cycloheptadien-(1,3) (s. oben) und Tropolon zu 4,5-Dioxo-cyclohepten reduziert wird erhält man aus α-Tropolon-methyläther unter Ringkontraktion *Benzaldehyd*[10]:

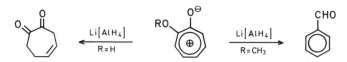

[1] J. THESING, B. **87**, 692 (1954).

[2] R. B. MOFFETT et al., Am. Soc. **79**, 1687 (1957).

[3] S. W. CHAIKIN u. W. G. BROWN, Am. Soc. **71**, 122 (1949).

[4] R. E. DAVIS u. J. A. GOTTBARTH, Am. Soc. **84**, 895 (1962).

[5] R. M. SILVERSTEIN, E. E. RYSKIEVICZ u. S. W. CHAIKIN, Am. Soc. **76**, 4485 (1954).

[6] E. E. RYSKIEVICZ u. R. M. SILVERSTEIN, Am. Soc. **76**, 5802 (1954).

[7] H. E. WINBERG et al., Am. Soc. **82**, 1428 (1960).

[8] O. L. CHAPMAN, D. J. PASTO u. A. A. GRISWOLD, Am. Soc. **84**, 1213 (1962).

A. P. TER BORG u. H. KLOOSTERZIEL, R. **82**, 1189 (1963).

[9] D. I. SCHUSTER, J. M. PLAMER u. S. C. DICKERMAN, J. Org. Chem. **31**, 4281 (1966).

[10] J. W. COOK, R. A. RAPHAEL u. A. I. SCOTT, Soc. **1952**, 4416.

P. AKROYD, R. D. HAWORTH u. P. R. JEFFERIES, Soc. **1954**, 286.

Benztropone werden zu *5-Hydroxy-5H-⟨benzocycloheptatrienen⟩* reduziert; z. B.[1]:

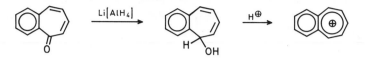

Kaliumboranat reduziert die Oxo-Gruppe ähnlich wie Natriumboranat zur Alkohol-Gruppe, nur werden die Reduktionen wegen der schlechten Löslichkeit des Hydrids in Alkoholen möglichst in Wasser bzw. in wäßrig-organischer Lösung durchgeführt[2] (s. S. 217 u. 315). Mit **Lithiumboranat**[3] werden Aldehyde und Ketone am besten in Äthanol bei niedrigeren Temp. reduziert[4], die Reaktion kann auch in THF[5, 6], Bis-[2-methoxy-äthyl]-äther[6, 7], Dimethylformamid, Dimethylsulfoxid und Pyridin durchgeführt werden[8].

Lithium-[9], **Natrium-**[10] und **Tetrabutylammonium-cyano-trihydrido-borat**[11] reduzieren Aldehyde und Ketone praktisch nur in saurer Lösung[10-12] (Reduktion der protonierten Oxo-Gruppe):

$$3\,R_2CO + H^\oplus + [BH_3CN]^\ominus + 3\,H_3C{-}OH \xrightarrow[-HCN]{} 3\,R_2CH{-}OH + B(OCH_3)_3$$

Wegen der **Cyanwasserstoff-Entwicklung** muß unter einem gut ziehenden Abzug gearbeitet werden! Der saure p_H-Wert der Lösung wird während der Reduktion durch Zugabe von Säure in Gegenwart eines Indikators aufrecht erhalten. In organischem Medium verwendet man Mischungen von konz. Salzsäure und Methanol bzw. THF. Leicht reduzierbare Verbindungen, wie Aldehyde und unbehinderte aliphatische und alicyclische Ketone,

[1] A. Eschenmoser u. H. H. Rennhard, Helv. **36**, 290 (1953).
   H. H. Rennhard, E. Heilbronner u. A. Eschenmoser, Chem. & Ind. **1955**, 415.
   W. Schaeppi et al., Helv. **38**, 1874 (1955).
   D. Meuche, H. Strauss u. E. Heilbronner, Helv. **41**, 2220 (1958).
   D. Meuche, W. Simon u. E. Heilbronner, Helv. **42**, 452 (1959).
   G. Naville, H. Strauss u. E. Heilbronner, Helv. **43**, 1221 (1960).
   J. Schreiber et al., Helv. **44**, 565 (1961).
[2] M. D. Banus, R. W. Bragdon u. A. A. Hinckley, Am. Soc. **76**, 3848 (1954).
   D. G. Brook u. J. C. Smith, Soc. **1957**, 2732.
   C. H. Eugster et al., Helv. **40**, 2464 (1957); **41**, 205 (1958).
   K. D. Hardy u. R. J. Wicker, Am. Soc. **80**, 640 (1958).
   G. Büchi et al., Soc. **1961**, 2843.
   L. Crombie et al., Soc. **1961**, 2876.
   G. Berti, F. Bottari u. B. Macchia, Tetrahedron **20**, 545 (1964).
   J. E. G. Barnett u. P. W. Kent, Soc. **1963**, 2743.
   J. Cousseau u. M. Lamant, Bl. **1967**, 4702.
[3] H. C. Brown u. K. Ichikawa, Am. Soc. **83**, 4372 (1961).
[4] J. Kollonitsch, O. Fuchs u. V. Gabor, Nature **173**, 125 (1954).
   F. Weygand et al., B. **91**, 1043 (1958).
   H. Baganz u. H.-J. May, B. **99**, 3766, 3771 (1966).
[5] R. F. Nystrom, S. W. Chaikin u. W. G. Brown, Am. Soc. **71**, 3245 (1949).
[6] O. R. Vail u. D. M. S. Wheeler, J. Org. Chem. **27**, 3803 (1962).
[7] W. M. Jones u. H. E. Wise, Am. Soc. **84**, 997 (1962).
[8] C. D. Ritchie, Tetrahedron Letters **1963**, 2145.
   C. D. Ritchie u. A. L. Pratt, Am. Soc. **86**, 1571 (1964).
   P. T. Lansbury, R. E. MacLeay u. J. O. Peterson, Tetrahedron Letters **1964**, 311.
[9] R. F. Borch u. H. D. Durst, Am. Soc. **91**, 3996 (1969).
[10] R. F. Borch, M. D. Bernstein u. H. D. Durst, Am. Soc. **93**, 2897 (1971).
   B. A. Otter, E. A. Falco u. J. J. Fox, J. Org. Chem. **43**, 481 (1978).
[11] R. O. Hutchins u. D. Kandasamy, Am. Soc. **95**, 6131 (1973).
[12] M.-H. Boutigue u. R. Jacquesy, C. r. **276**, 437 (1973).
   M.-H. Boutigue, R. Jaquesy u. Y. Petit, Bl. **1973**, 3062.

werden mit Natrium-cyano-trihydrido-borat (Bromkresolgrün als Indikator) bei p_H4, aromatische und behinderte Ketone (Methylorange) bei p_H3 umgesetzt.

So erhält man z. B. bei p_H4 aus Cyclohexanon 88% d. Th. *Cyclohexanol*[1] und aus Aceto-phenon bei p_H3 91% d. Th. *1-Phenyl-äthanol*[1].

Die Methode ist besonders für die Reduktion alkali-empfindlicher Oxo-Verbindungen, die Nebenreaktionen (z. B. Cannizzaro-Reaktion, Benzilsäure-Umlagerung) eingehen können, für spezielle selektive Reduktionen (z. B. für die Reduktion der Aldehyd-Gruppe in substituierten Thiocarbonsäure-S-estern[2]) und zur Markierung von Alkoholen geeignet.

3,3-Dimethyl-2-deutero-butanol-(2)[1]: 0,3 g (3 mMol) 3,3-Dimethyl-butanon-(2), 0,19 g (3 mMol) Natrium-cyano-trideuterido-borat und eine Spur Methylorange werden in einem Gemisch von 0,1 *ml* Deuteriumoxid und 2 *ml* THF bei 25° gerührt. Die rote Farbe der Lösung wird durch Zugabe einer Mischung von 2 *ml* THF, 0,3 *ml* Acetylchlorid und 0,3 *ml* Deuteriumoxid aufrechterhalten. Nach ~ 5 Min. bleibt die Farbe konstant. Man rührt weitere 2 Stdn., gießt in 100 *ml* Wasser, sättigt mit Natriumchlorid und schüttelt 3 mal mit je 10 *ml* Diäthyläther aus. Die vereinigten Auszüge werden mit Magnesiumsulfat getrocknet und eingeengt; Ausbeute: 0,265 g (84% d. Th.); Deuterium-Gehalt > 96% d. Th.

Analog erhält man z. B. aus:

H_5C_6—CO—CH_3 $\xrightarrow{\ p_H = 3\ }$ *1-Phenyl-1-deutero-äthanol*   88% d. Th.

H_5C_6—CO—C_6H_5 $\xrightarrow{\ p_H = 3/24\ \text{Stdn.}\ }$ *Diphenyl-deutero-methanol-O-D*   67% d. Th.

H_5C_6—CHO $\xrightarrow{\ p_H = 4\ }$ *Benzylalkohol-α-D*   85% d. Th.

Natrium-trithio-dihydrido-borat reduziert Aldehyde und Ketone in THF bei 20° in guten Ausbeuten zu Alkoholen, während bei Siedetemperatur aus Aldehyden und offenkettigen Ketonen auch Disulfane, aus cyclischen Ketonen auch Tetrasulfane gebildet werden[3]; z. B.:

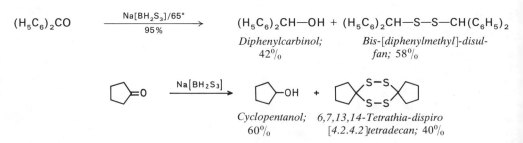

Mit Lithiumalanat werden meist auch schwer reduzierbare Oxo-Verbindungen schnell und quantitativ zu Alkoholen umgesetzt[4]. Als Hydrid mit starkem Reduktions-

[1] R. F. BORCH, M. D. BERNSTEIN u. H. D. DURST, Am. Soc. **93**, 2897 (1971).
[2] J. DOMAGALA u. J. WEMPLE, Tetrahedron Letters **1973**, 1179.
[3] J. M. LALANCETTE u. A. FRÊCHE, Canad. J. Chem. **47**, 739 (1969); **48**, 2366 (1970).
   V. M. S. RAMANUJAM u. N. M. TRIEFF, Soc. [Perkin Trans. II] **1976**, 1811.
[4] S. J. CRISTOL u. R. K. BLY, Am. Soc. **82**, 6155 (1960).
   G. WITTIG, H. G. REPPE u. T. EICHER, A. **643**, 47 (1961).

vermögen kann es auch mit solchen Oxo-Verbindungen erfolgreich umgesetzt werden[1], die sich durch Natriumboranat[2] nicht reduzieren lassen. Mit Einschränkungen können selektive Reduktionen substituierter Oxo-Verbindungen durchgeführt werden[3].

Dagegen werden Arylketone z. Tl. nicht reduziert[4]. Als Lösungsmittel wird THF[5] oft vorteilhafter als Diäthyläther[6] eingesetzt.

Zur Herstellung **markierter Alkohole** sind Lithium-tetradeuterido-aluminat[7] und Lithium-tetratritierido-aluminat[8] in Lösungsmitteln vom Äther-Typ geeignet.

Prochirale Ketone werden z. Tl. stereoselektiver als mit Natriumboranat reduziert, da die Reaktion unter Disproportionierung abläuft und somit stets Lithiumalanat das wirkende Agens bleibt[9]:

$$R_2CO \ + \ Li[AlH_4] \longrightarrow Li[AlH_3(O-CHR_2)]$$

$$4\,Li[AlH_3(O-CHR_2)] \longrightarrow Li[Al(O-CHR_2)_4] \ + \ 3\,Li[AlH_4]$$

Keine Disproportionierung wird bei der Reduktion von Aldehyden beobachtet.

Heptanol[10, vgl. a. 11]: Zu einer Lösung von 19 g (0,5 Mol) Lithiumalanat in 600 ml abs. Diäthyläther werden unter Rühren und unter trockenem Stickstoff 200 g (1,75 Mol) Heptanal so zugetropft, daß die Mischung schwach siedet. Nach 10 Min. wird unter starkem Kühlen mit Wasser zersetzt, in 200 ml Eiswasser gegossen, mit 1 l 10% iger Schwefelsäure angesäuert, die Äther-Schicht abgetrennt und die wäßr. Phase 2 mal mit je 100 ml Diäthyläther extrahiert. Die vereinigten Äther-Lösungen werden getrocknet, eingeengt und der Rückstand fraktioniert; Ausbeute: 175 g (86% d. Th.); Kp: 175–175,5°.

Analog werden u. a. hergestellt:

1-Hydroxymethyl-azulen[12]	90% d. Th.
4,6,8-Trimethyl-1-hydroxymethyl-azulen[12]	93% d. Th.

---

[1] E. L. May u. E. Mosettig, J. Org. Chem. **13**, 663 (1948).
V. A. Slabey u. P. H. Wise, Am. Soc. **71**, 3252 (1949).
K. Hayes u. G. Drake, J. Org. Chem. **15**, 873 (1950).
E. L. May u. N. B. Eddy, J. Org. Chem. **17**, 1210 (1952).
J. English u. V. Lamberti, Am. Soc. **74**, 1909 (1952).
H. G. Boit u. L. Paul, B. **87**, 1859 (1954).
[2] J. H. Biel et al., Am. Soc. **81**, 2805 (1959).
G. Kresze, D. Sommerfeld u. R. Albrecht, B. **98**, 601 (1965).
[3] R. E. Lutz, R. L. Wayland u. H. G. France, Am. Soc. **72**, 5511 (1950).
S. Trippett, Soc. **1957**, 1929.
W. F. Barthel u. B. H. Alexander, J. Org. Chem. **23**, 1013 (1958).
H. Zinner u. W. Thielebeule, B. **93**, 2791 (1960).
G. Büchi et al., Soc. **1961**, 2843.
W. F. Beljajew, W. I. Gruschewitsch u. W. P. Prokopowitsch. Ž. org. Chim. **12**, 32 (1976).
[4] K. N. Campbell, J. F. Ackerman u. B. K. Campbell, J. Org. Chem. **15**, 337 (1950).
H. Smith, Soc. **1953**, 803.
E. G. Peppiatt u. R. J. Wicker, Chem. & Ind. **1954**, 932.
A. Kamal et al., Tetrahedron **19**, 111 (1963).
[5] H. C. Brown, P. M. Weissman u. N. M. Yoon, Am. Soc. **88**, 1458 (1966).
[6] M. Schmidt u. A. Nordwig, B. **91**, 506 (1958).
[7] F. A. Loewus, F. H. Westheimer u. B. Vennesland, Am. Soc. **75**, 5018 (1953).
A. Streitwieser u. W. D. Schaeffer, Am. Soc. **79**, 6237 (1957).
G. S. Hammond u. J. Warkentin, Am. Soc. **83**, 2557 (1961).
S. Winstein u. J. Sonnenberg, Am. Soc. **83**, 3244 (1961).
E. Bengsch et al., Bl. **1973**, 1788.
[8] L. Kaplan, Am. Soc. **77**, 5469 (1955).
B. D. Kohn u. P. Kohn, J. Org. Chem. **28**, 1040 (1963).
[9] H. Haubenstock u. E. L. Eliel, Am. Soc. **84**, 2363 (1962).
[10] C. Benard, M. T. Maurette u. A. Lattes, C.r. **273**, 426 (1971); Tetrahedron Letters **1973**, 2763.
R. Andrisano, A. S. Angeloni u. S. Marzocchi, Tetrahedron **29**, 913 (1973).
[11] R. F. Nystrom u. W. G. Brown, Am. Soc. **69**, 1197 (1947).
[12] K. Hafner u. C. Bernhard, A. **625**, 108 (1959).

Cyclopentanol[1]	62% d. Th.; Kp: 139–140°
1-Cyclopropyl-äthanol[2]	76% d. Th.; Kp: 120–122°
1-(2,4,6-Trimethyl-phenyl)-äthanol[1]	100% d. Th.; F: 68–69°
1-Hydroxy-5,6-dimethyl-acenaphthen[3]	80% d. Th.; F: 192–193°
9-Hydroxy-fluoren[4]	99% d. Th.; F: 153–154°
2-Hydroxy-propanal-diäthylacetal[5]	84% d. Th.; Kp_{13}: 63°
1-Furyl-(3)-heptanol[6]	71,5% d. Th.; Kp_1: 90–92°

Zur Reduktion mit Lithium-tri-tert.-butyloxy-hydrido-aluminat[7], Aluminiumhydrid[8] und Trihydrido-tris-[2-methoxy-äthoxy]-dialuminat[9] s. Lit.

Mit Diboran werden unter Standardbedingungen Dialkoxy-borane erhalten[10]:

$$4\,R_2CO + B_2H_6 \longrightarrow 2\,(R_2CH{-}O)_2BH \xrightarrow[-2\,H_2]{6\,H_2O} 4\,R_2CH{-}OH + 2\,B(OH)_3$$

Bei der Reduktion wird der Hydrid-Gehalt nur teilweise ausgenützt (zum Mechanismus s. Lit.[11], praktisch wird Diboran zur Herstellung von Kohlenwasserstoffen angewendet s. S. 288, 290, 292, 305).

Auch Amin-Borane können mit Ketonen in protonenfreier Lösung in Abhängigkeit von der Struktur selektiv zu Dialkoxy-boranen reagieren[12–14] (Ausbeuten bis zu 90% d. Th.).

Die Reduktion mit Natriumhydrid zu Alkoholen hat lediglich bei nicht-enolisierbaren Ketonen praktische Bedeutung[15, 16].

Natriumhydrid ist in der Gegenwart von Übergangsmetallsalzen allgemeiner zur Reduktion von Aldehyden und Ketonen anwendbar[17].

Das Reduktionssystem (wahrscheinlich ein Übergangsmetallhydrid) zersetzt sich allerdings schnell unter Wasserstoff-Entwicklung, so daß ein großer Hydrid-Überschuß genommen werden muß.

[1] R. F. Nystrom u. W. G. Brown, Am. Soc. **69**, 1197 (1947).
[2] V. A. Slabey u. P. H. Wise, Am. Soc. **71**, 3252 (1949).
[3] G. Wittig, H. G. Reppe u. T. Eicher, A. **643**, 47 (1961).
[4] F. A. Hochstein, Am. Soc. **71**, 305 (1949).
[5] J. B. Wright, Am. Soc. **79**, 1694 (1957).
[6] P. Grünanger u. A. Mantegani, G. **89**, 913 (1959).
[7] J. Klein u. E. Dunkelblum, Tetrahedron Letters **1968**, 6127.
[8] E. Wiberg u. A. Jahn, Z. Naturf. **7b**, 581 (1952).
  D. C. Ayres u. R. Sawdaye, Chem. Commun. **1966**, 527.
  H. C. Brown u. N. M. Yoon, Am. Soc. **88**, 1464 (1966).
  N. M. Yoon u. H. C. Brown, Am. Soc. **90**, 2927 (1968).
  D. C. Ayres, D. N. Kirk u. R. Sawdaye, Soc. [B] **1970**, 1133.
[9] O. Kříž, B. Čásenský u. O. Štrouf, Collect. czech. chem. Commun. **38**, 842 (1973).
  O. Kříž, P. Trška u. B. Čásenský, Collect. czech. chem. Commun. **39**, 2559 (1974).
  O. Kříž et al., Chem. & Ind. **1975**, 86.
[10] H. C. Brown, H. I. Schlesinger u. A. B. Burg, Am. Soc. **61**, 673 (1939).
  H. C. Brown u. B. C. Subba Rao, Am. Soc. **82**, 681 (1960).
  H. C. Brown u. W. Korytnyk, Am. Soc. **82**, 3866 (1960).
  H. C. Brown, P. Heim u. N. M. Yoon, Am. Soc. **92**, 1637 (1970).
  A. Brändström, U. Junggren u. B. Lamm, Tetrahedron Letters **1972**, 3173.
[11] J. Klein u. E. Dunkelblum, Tetrahedron **23**, 205 (1967).
  H. C. Brown u. F. G. M. Vogel, A. **1978**, 695.
[12] H. Nöth u. H. Beyer, B. **93**, 1078 (1960); mit tert.-Butylamin-Boran 91% d. Th. *Benzylalkolkohol*.
[13] S. S. White u. H. C. Kelly, Am. Soc. **90**, 2009 (1968); **92**, 4203 (1970).
[14] R. P. Barnes, J. H. Graham u. M. D. Taylor, J. Org. Chem. **23**, 1561 (1958); mit Pyridin-Boran z. B. *4-Brom-benzylalkohol* (94% d. Th.), *1,3-Diphenyl-allylalkohol* (84% d. Th.).
[15] F. W. Swamer u. C. R. Hauser, Am. Soc. **68**, 2647 (1946).
[16] G. E. Lewis, J. Org. Chem. **30**, 2433 (1965).
  J.-L. Pierre u. P. Arnaud, Bl. **1967**, 2107.
  J. S. McConaghy u. J. J. Bloomfield, J. Org. Chem. **33**, 3425 (1968).
  P. Caubère u. J. Moreau, Bl. **1971**, 3270, 3276.
  H. Duddek, H.-T. Feuerheim u. G. Snatzke, Tetrahedron Letters **1979**, 829.
[17] T. Fujisawa, K. Sugimoto u. H. Ohta, J. Org. Chem. **41**, 1667 (1976).

Alkohole; allgemeine Arbeitsvorschrift[1]: 2,02 g (42 mMol) 50%iges Natriumhydrid in Öl werden mit abs. THF ausgewaschen und unter Argon in 5 *ml* abs. THF suspendiert. Zur Mischung tropft man unter Rühren eine Lösung von 2,27 g (14 mMol) Eisen(III)-chlorid (bei 100° i. Vak. getrocknet und unter Inertgas aufbewahrt) in 20 *ml* abs. THF. Es bildet sich unter Wasserstoff-Entwicklung eine gelbe Suspension. Man rührt 4 Stdn. bei 20°, versetzt mit einer Lösung von 2 mMol Aldehyd oder Keton in 2 *ml* abs. THF und rührt weitere 24–40 Stdn., bis sich die schwarze Farbe der Mischung nicht mehr ändert. Danach zersetzt man mit wäßr. Ammoniumchlorid-Lösung und extrahiert mit Äther.

Nach dieser Methode erhält man u. a.

Octanol-(1)	79% d. Th.	*Cyclohexanol*	75% d. Th.
Octanol-(2)	75% d. Th.	*1-Phenyl-äthanol*	82% d. Th.

En-one werden nach dieser Methode nur teilweise gesättigt[2].

Nicht-enolisierbare aromatische Ketone sind gegen das System Natriumhydrid/Eisen(II)-chlorid (s. S. 50) inert[3].

Enolisierbare Ketone lassen sich auch mit Natriumhydrid(Nickel/II)-acetat in der Gegenwart eines aktivierenden tert. Alkohols reduzieren (weiteres s. S. 407).[4].

Bis-[2-methyl-propyl]- und Diäthyl-aluminiumhydrid sowie Triäthyl- und Tris-[2-methyl-propyl]-aluminium reduzieren in den meisten Fällen Aldehyde und Ketone unter Ausnützung einer Aluminium-Valenz zu den entsprechenden Alkoholen[5].

Bei Aldehyden und Ketonen mit elektronenanziehenden Substituenten nehmen besonders in den 2-Methyl-propyl-aluminium-Verbindungen alle drei Aluminium-Valenzen an der Reduktion teil.

Bei Cyclohexanon und Acetophenon wird im Fall eines Keton-Überschusses Enolat-Bildung beobachtet. Weiteres über die Methode s. S. 109f. sowie ds. Handb., Bd. XIII/4, S. 216f. und 244ff.

Organo-siliciumhydride addieren sich nur nach Aktivierung an Aldehyde und Ketone unter Bildung von Silyläthern. Als Katalysatoren werden Organozinn-ester[6, 7] und Lewis-Säuren [Zinkchlorid[8], Rhodium(I)-Komplexe[9]] verwendet. Als Nebenprodukte können sich symmetrische Äther bilden (weiteres s. S. 282f.). In Gegenwart von Palladium-Kohle läuft eine katalytische Hydrierung ab[7]. Die Reaktion wird auch durch Säuren katalysiert. In Carbonsäuren werden jedoch Carbonsäure-ester gebildet, aus denen der Alkohol freigesetzt werden muß[10−12].

[1] T. Fujisawa, K. Sugimoto u. H. Ohta, J. Org. Chem. **41**, 1667 (1976).
[2] T. Fujisawa, K. Sugimoto u. H. Ohta, Chem. Letters **1976**, 581.
[3] G. E. Lewis, J. Org. Chem. **30**, 2433 (1965).
  J.-L. Pierre u. P. Arnaud, Bl. 1967, 2107.
  J. S. Mc Conaghy u. J. J. Bloomfield, J. Org. Chem. **33**, 3425 (1968).
  P. Caubère u. J. Moreau, Bl. 1971, 3270, 3276.
  H. Duddek, H.-T. Feuerheim u. G. Snatzke, Tetrahedron Letters **1979**, 829.
[4] J. J. Brunet et al., Tetrahedron Letters **1977**, 1069.
  J. J. Brunet, P. Gallois u. P. Caubère, Tetrahedron Letters **1977**, 3955.
  J. J. Brunet, L. Mordenti u. P. Caubère, J. Org. Chem. **43**, 4804 (1978).
  P. Gallois, J. J. Brunet u. P. Caubère, J. Org. Chem. **45**, 1946 (1980).
[5] H. Meerwein et al., J. pr. [2] **147**, 226 (1973).
  K. Ziegler, K. Schneider u. J. Schneider, Ang. Ch. **67**, 425 (1955); A. **623**, 9 (1959).
  A. E. G. Miller, J. W. Biss u. L. H. Schwartzman, J. Org. Chem. **24**, 627 (1959).
  H. H. Haeck u. T. Kralt, R. **85**, 343 (1966).
[6] D. L. Alleston et al., Soc. **1963**, 5469.
[7] J. Lipowitz u. S. A. Bowman, J. Org. Chem. **38**, 162 (1973).
[8] R. Calas, E. Frainnet u. J. Bonastre, C.r. **251**, 2987 (1960).
  I. I. Lapkin, T. N. Powarnizyna u. L. A. Kostarjewa, Ž. obšč. Chim. **38**, 1578 (1968).
[9] I. Ojima, M. Nihonyanagi u. Y. Nagai, Chem. Commun. **1972**, 938.
[10] D. N. Kursanow, S. N. Parnes u. N. M. Loim, Izv. Akad. SSSR **1966**, 1289.
  D. N. Kursanow et al., Doklady Akad. SSSR **179**, 1106 (1968).
  S. N. Parnes et al., Ž. org. Chim. **9**, 1704 (1973).
  M. P. Doyle et al., J. Organometal. Chem. **17**, 129 (1976); J. Org. Chem. **42**, 1922 (1977).
  M. P. Doyle u. C. T. West, J. Org. Chem. **40**, 3821, 3829, 3835 (1975).
[11] M. P. Doyle et al., J. Org. Chem. **39**, 2740 (1974); dort zahlreiche weitere Beispiele mit Triäthyl-siliciumhydrid in Acetonitril (bis ∼ 100% d. Th.).
[12] D. N. Kursanow, S. N. Parnes u. N. M. Loim, Synthesis **1974**, 641.

1-Phenyl-propanol-(2)[1]: Unter Rühren tropft man zu einer Mischung von 2,5 g (0,019 Mol) 1-Phenyl-aceton und 4,5 g (0,038 Mol) Triäthyl-siliciumhydrid 10,7 g (0,076 Mol) Trifluoressigsäure. Man erhitzt 10 Stdn. bei 60°, hydrolysiert mit 2 n Kaliumhydroxid-Lösung und extrahiert mit Diäthyläther. Der Auszug wird mit Magnesiumsulfat getrocknet, eingeengt und der Rückstand destilliert; Ausbeute: 2,4 g (94% d. Th.); Kp_9: 121°.

In Gegenwart wäßriger Mineralsäure und in einem neutralen Lösungsmittel fällt direkt der gewünschte Alkohol an (die Äther-Bildung wird zurückgedrängt). Mit Triäthyl-siliciumhydrid wird zweckmäßig in Acetonitril oder Sulfolan, mit Butyl-siliciumtrihydrid in Diäthyläther gearbeitet.

Cyclooctanol[2]:

Butyl-siliciumtrihydrid: Zu einer mit Eiswasser gekühlten Suspension von 36 g (0,95 Mol) Lithiumalanat in 350 *ml* Dibutyläther werden unter Rühren innerhalb 1,5 Stdn. 192 g (1 Mol) Butyl-siliciumtrichlorid getropft. Man rührt 1 Stde. bei 20° und destilliert das Produkt über eine Vigreux-Kolonne; Ausbeute: 80,5 g (91% d. Th.); Kp: 55–58°.

Cyclooctanol: Zu einer Lösung von 6,3 g (50 mMol) Cyclooctanon und 2,2 g (25 mMol) Butyl-siliciumtrihydrid in 6 *ml* Diäthyläther werden 3,5 *ml* 73%ige wäßr. Schwefelsäure gegeben. Man rührt 12 Stdn. bei 20°, neutralisiert mit 10%iger Natronlauge und extrahiert 4mal mit je 20 *ml* Diäthyläther. Der Auszug wird mit Kaliumhydroxid getrocknet, eingeengt und der Rückstand i. Vak. destilliert; Ausbeute: 4,9 g (78% d. Th.); Kp_{23}: 92–93°.

Entsprechende Reduktionen mit Trichlor-siliciumhydrid haben keine präparative Bedeutung[1] (s. Tab. 19, S. 271).

Mit Triorgano-zinnhydriden werden Aldehyde und Ketone ohne merkliche Hydrometallierung unmittelbar in die entsprechenden Alkohole übergeführt, so daß die hydrolytische Spaltung der Zinn-Sauerstoff-Bindung wegfällt[3]. Im ersten Reaktionsschritt (je nach Bedingungen radikalisch oder polar) wird die Oxo-Gruppe hydrostanniert, im zweiten, wahrscheinlich polar verlaufenden Schritt, erleidet das gebildete Organo-zinnalkanolat eine Hydrostannolyse[4]:

$$\begin{array}{c}\diagup \\ \diagdown\end{array}C{=}O \;+\; R_3SnH \;\longrightarrow\; \begin{array}{c}\diagup \\ \diagdown\end{array}CH{-}O{-}SnR_3 \;\xrightarrow{R_3SnH}\; \begin{array}{c}\diagup \\ \diagdown\end{array}CH{-}OH \;+\; R_3Sn{-}SnR_3$$

Die Reaktion läßt sich auch als Zweistufen-Verfahren durchführen. Die Hydrostannierung wird radikalisch durch Belichtung[5, 6], Radikal-Bildner oder thermisch[7], polar durch Zinkchlorid[7] und polare Lösungsmittel wie Nitrile[8] beschleunigt. In Methanol wird meist durch gleichzeitige Methanolyse das Reduktionsprodukt erhalten[7, 9]. Sonst muß das erhaltene Organo-zinnalkanolat durch Hydrolyse[9] oder Protonolyse mit Essigsäure[6, 10] in den gewünschten Alkohol überführt werden.

[1] D. N. Kursanow, S. N. Parnes u. N. M. Loim, Synthesis **1974**, 641.

[2] M. P. Doyle et al., J. Org. Chem. **39**, 2740 (1974); dort zahlreiche weitere Beispiele mit Triäthyl-siliciumhydrid in Acetonitril (bis ~ 100% d. Th.).

[3] H. G. Kuivila u. O. F. Beumel, Am. Soc. **80**, 3798 (1958); **83**, 1246 (1961).

G. J. M. van der Kerk u. J. G. Noltes, J. appl. Chem. **9**, 106 (1959).

J. G. Noltes u. G. J. M. van der Kerk, Chem. & Ind. **1959**, 294.

J. Valade, R. Calas u. M. Pereyre, Bl. **1961**, 2213; C.r. **253**, 1216 (1961).

S. Weber u. E. I. Becker, J. Org. Chem. **27**, 1258 (1962).

M. Pereyre et al., Organometal. Chem. Synth. **1**, 269 (1971).

R. Knocke u. W. P. Neumann, A. **1974**, 1486.

[4] W. P. Neumann u. B. Schneider, Ang. Ch. **76**, 891 (1964).

A. K. Sawyer, Am. Soc. **87**, 537 (1965).

H. M. J. C. Creemer u. J. G. Noltes, R. **84**, 1589 (1965).

[5] R. Calas, J. Valade u. J.-C. Pommier, C.r. **255**, 1450 (1962).

M. Pereyre u. J. Valade, C.r. **258**, 4785 (1964); **260**, 581 (1965).

[6] J.-C. Pommier u. J. Valade, Bl. **1965**, 975.

[7] W. P. Neumann u. E. Heymann, Ang. Ch. **75**, 166 (1963); A. **683**, 11 (1965).

[8] A. J. Leusink, H. A. Budding u. J. W. Marsman, J. Organometal. Chem. **13**, 155 (1968).

A. J. Leusink, H. A. Budding u. W. Drenth, J. Organometal. Chem. **13**, 163 (1968).

[9] J.-P. Quintard u. M. Pereyre, Bl. **1972**, 1950.

[10] J. Valade u. M. Pereyre, C.r. **254**, 3693 (1962).

Die unmittelbare Reduktion ist die einfachere Methode, obgleich dazu die doppelte Menge Tributyl-zinnhydrid notwendig ist. Die Reaktion läuft ohne Lösungsmittel bei 140–150° glatt und mit guten Ausbeuten ab[1, 2].

Acetyl-cylopropan wird durch Tributyl-zinnhydrid unter Belichtung zu *Pentanon-(2)* (51% d. Th.), in siedendem Methanol (polare Reaktion) zu *1-Cyclopropyl-äthanol* (70% d. Th.) reduziert[3]:

$$H_7C_3-CO-CH_3 \xleftarrow{h\nu/(H_9C_4)_3SnH} \triangleright-CO-CH_3 \xrightarrow{(H_9C_4)_3SnH} \triangleright-\underset{\underset{OH}{|}}{CH}-CH_3$$

Ungereinigte Dibutyl- und Diphenyl-zinndihydrid-Reduktionslösungen, die durch Reduktion der entsprechenden Dichloride mit Lithiumalanat in Diäthyläther gewonnen werden, reagieren wahrscheinlich infolge katalytisch wirkender Verunreinigungen meist schnell und exotherm[2, 4]. Die aus Dibutyl-zinnoxid und Poly-(methyl-hydrido-siloxan) hergestellten Reduktionsgemische haben ein ähnliches Reduktionsvermögen[5].

cis- und trans-4-Methyl-cyclohexanol[5]: Zu einer Lösung von 30 g (0,12 Mol) Dibutyl-zinnoxid in 35 *ml* abs. Toluol wird unter Rühren und unter Stickstoff bei 25° ein Gemisch von 11,2 g (0,1 Mol) 4-Methyl-cyclohexanon und 18 g (0,3 Äquivalente) Poly-(methyl-hydrido-siloxan) getropft. Man rührt 3 Stdn. bei 25° weiter und destilliert; Ausbeute: 8,4 g (75% d. Th.); Kp_{20}: 55°.

Weiteres über die Reduktion mit nicht isoliertem Organo-zinnhydrid s. S. 389.

In reinem Zustand hergestelltes Dibutyl-zinndihydrid (s. S. 34) wird am besten in Gegenwart eines Katalysators mit Oxo-Verbindungen umgesetzt. Die Methode ermöglicht selektive Reduktionen, wobei Halogen-ketone allerdings meist enthalogeniert (vgl. S. 396) werden[6].

Sek. Alkohole aus Ketonen mit Dibutyl-zinndihydrid; allgemeine Arbeitsvorschrift[6]: Das frisch destillierte Keton wird unter Argon in Hexan oder ohne Lösungsmittel mit 3 Mol% Dibutyl-zinn-diacetat auf 30° gebracht und mit der stöchiometrischen Menge Dibutyl-zinndihydrid versetzt (Molverhältnis 1 : 1). Sobald keine Carbonyl-Bande mehr im IR zu erkennen ist (1–3 Stdn.), wird der entstandene Alkohol bei 150° (Badtemp.)/10^{-3} Torr über eine kurze Brücke in eine mit flüssigem Stickstoff gekühlte Falle destilliert.

Auf diese Weise erhält man u. a. aus

4-Hydroxy-pentanon-(2)	$\longrightarrow$	*Pentandiol-(2,4)*	98% d. Th.
3-Oxo-butansäure-äthylester	$\xrightarrow{0,5 \ Mol(H_9C_4)_2SnH_2}$	*3-Hydroxy-butansäure-äthylester*	76% d. Th..
4-Chlor-aceto-phenon	$\xrightarrow{1,5 \ Mol(H_9C_4)_2SnH_2}$	*1-Phenyl-äthanol*	92% d. Th.
1-Acetyl-cyclohexen	$\longrightarrow$	*1-Cyclohexen-(1)-yl-äthanol*	93% d. Th.
4-Acetyl-pyridin	$\longrightarrow$	*1-Pyridyl-(4)-äthanol*	95% d. Th.

In Gegenwart von Carbonsäure-chloriden bzw. -fluoriden werden Aldehyde bzw. Ketone mit Triphenyl-zinnhydrid zu Carbonsäure-estern umgesetzt[7]:

[1] J.-C. Pommier u. J. Valade, Bl. **1965**, 975.
[2] H. G. Kuivila u. O. F. Beumel, Am. Soc. **83**, 1246 (1961).
[3] M. Pereyre u. J.-Y. Godet, Tetrahedron Letters **1970**, 3653.
[4] H. G. Kuivila, A. K. Sawyer u. A. G. Armour J. Org. Chem. **36**, 1426 (1961).
[5] G. L. Grady u. H. G. Kuivila, J. Org. Chem. **34**, 2014 (1969).
[6] R. Knocke u. W. P. Neumann, A. **1974**, 1486.
[7] L. Kaplan, Am. Soc. **88**, 4970 (1966).

$$R_3Sn—H \longrightarrow R_3Sn^{\bullet} + H^{\bullet}$$

$$R_3Sn^{\bullet} + R^1—CO—X \longrightarrow R_3Sn—X + R^1—\overset{\bullet}{C}=O$$

$$R^1—\overset{\bullet}{C}=O + R^2—CO—R^3 \longrightarrow R^1—CO—O—\overset{\bullet}{\underset{R^3}{C}}—R^2$$

$$R^1—CO—O—\overset{\bullet}{\underset{R^3}{C}}—R^2 + R_3Sn—H \longrightarrow R^1—CO—O—\overset{}{\underset{R^3}{CH}}—R^2 + R_3Sn^{\bullet}$$

Die Umsetzungen verlaufen mit nahezu quantitativen Ausbeuten; z. B. erhält man aus Acetylchlorid und Acetophenon und Triphenyl-zinnhydrid 96% d. Th. *Essigsäure-phenyl-ester*[1].

Essigsäure-1-phenyl-äthylester[1]:

$$H_3C—CO—Cl + H_5C_6—CO—CH_3 \xrightarrow{(H_5C_6)_3SnH} H_3C—CO—O—CH(CH_3)C_6H_5$$

Eine Lösung von 0,0311 g (0,396 mMol) Acetylchlorid, 0,0492 g (0,41 mMol) Acetophenon und 0,1482 g (0,528 mMol) Triphenyl-zinnhydrid in 0,148 g Benzol wird 30 Min. bei 20° stehen gelassen. Durch Gaschromatographie bestimmt bildet sich das Produkt nahe quantitativ.

Das Keton wird unter obigen Bedingungen vom Reduktionsmittel nicht angegriffen.

Kalium-tetracarbonyl-hydrido-ferrat reduziert Oxo-Gruppen nur sehr langsam, so daß es zur selektiven Reduktion unter Erhalt der Oxo-Gruppen geeignet ist (weiteres s. S. 302).

i_2) zu Äthern und weiteren Folgeprodukten

Die wichtigste Folgereaktion bei der Reduktion von Aldehyden und Ketonen mit Hydriden ist die Bildung von Äthern. Intermolekular können sich bei der Reduktion mit Lithiumalanat[2] und Lithiumalanat/Aluminiumchlorid[3] symm. Äther, intramolekular bei Reduktionen mit Lithiumalanat[4] und Natriumboranat[5] cyclische Äther bilden. Bei geeigneter Struktur der Oxo-Verbindung lassen sich mit Natriumboranat in Alkohol die durch Solvolyse gebildeten Acetale[6] und asymm. Äther[7] isolieren. Bei Anwendung von Organo-siliciumhydriden ist die Reaktion auch präparativ zur Herstellung von Äthern anwendbar. Aldehyde bilden durch Zinkchlorid katalysiert in einem Schritt symm. Äther[8], in Trifluoressigsäure reagieren so auch Ketone. Als Nebenprodukte wer-

[1] L. Kaplan, Am. Soc. **88**, 4970 (1966).

[2] R. C. Shah, A. B. Kulkarni u. C. C. Joshi, J. sci. Ind. Research (India) **13 B**, 186 (1954).

[3] K. Schlögl u. H. Egger, M. **94**, 376 (1963).

[4] L. Schieler u. R. D. Sprenger, Am. Soc. **73**, 4045 (1951).

J. K. Stille u. R. T. Foster, J. Org. Chem. **28**, 2703 (1963).

[5] F. Nerdel, H. Kaminiski u. D. Frank, Tetrahedron Letters **1967**, 4973.

F. Nerdel et al., A. **718**, 115 (1968).

L. Jurd, Tetrahedron **24**, 4449 (1968).

[6] H. Irie, Y. Tsuda u. S. Uyeo, Soc. **1959**, 1446, 1457.

D. Baxendale et al., Soc. [C] **1971**, 2563.

[7] T. A. Mashburn u. C. R. Hauser, J. Org. Chem. **26**, 1671 (1961).

E. Schreier, Helv. **46**, 2940 (1963).

B. J. Bergot u. L. Jurd, J. Heterocyclic Chem. **1**, 158 (1964).

M. Iwata u. S. Emoto, Bl. chem. Soc. Japan **46**, 2908 (1973).

R. K. Murray u. K. A. Babiak, Tetrahedron Letters **1974**, 311.

[8] I. I. Lapkin, T. N. Powarnizyna u. T. J. Anwarowa, Ž. obšč. Chim **35**, 1835 (1965).

N. E. Glushkowa u. N. P. Charitonow, Izv. Akad. SSSR **1967**, 88.

I. I. Lapkin u. T. N. Powarnizyna, Ž. obšč. Chim **38**, 643 (1968).

den Alkohole gebildet[1]. Zur Reduktion von Ketonen zu Äthern wird am besten Butyl-siliciumtrihydrid (s. S. 280) in wasserfreiem Medium angewendet; z. B.[2]:

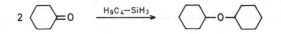

Dicyclohexyl-äther[2]: Zu einer Mischung von 3,92 g (40 mMol) Cyclohexanon und 1,78 g (20 mMol) Butyl-siliciumtrihydrid werden unter Rühren bei $-35°$ 8,55 g (75 mMol) Trifluoressigsäure gegeben. Man hält die Mischung 70 Stdn. bei $-15°$ und destilliert; Ausbeute: 2,91 g (80% d. Th.); Kp_{18}: 119–121°.

Alkanale und Aryl-aldehyde lassen sich ebenfalls mit äquimolaren Mengen Triäthyl-siliciumhydrid (Trifluoressigsäure, 20°) in symm. Äther überführen; z. B.[2]:

$H_3C-(CH_2)_5-CHO$	$\xrightarrow{\text{45 Min.}}$	*Diheptyl-äther*	90% d. Th.
H_5C_6-CHO	$\xrightarrow{\text{30 Min.}}$	*Dibenzyl-äther*	87% d. Th.
$4-Cl-H_4C_6-CHO$	$\xrightarrow{\text{10 Stdn.}}$	*Bis-[4-chlor-benzyl]-äther*	80% d. Th.

Asymm. Äther werden aus der Oxo-Verbindung mit Triäthyl-siliciumhydrid in Gegenwart eines entsprechenden Alkohols und eines starken Protonen-Donators (konz. Schwefelsäure, Trifluoressigsäure) erhalten; z. B.[3, 4]:

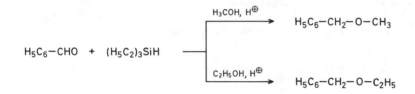

Methyl-benzyl-äther[3]: 1 *ml* 97%ige Schwefelsäure wird unter Rühren bei 0° zu einer Lösung von 5 mMol Benzaldehyd und 5,5 mMol Triäthyl-siliciumhydrid in 2,5 *ml* Methanol getropft. Man rührt 1 Stde. bei 20°, versetzt mit Pentan und ges. Natriumchlorid-Lösung, trennt die wäßr. Schicht ab und schüttelt sie mit Pentan aus. Die Pentan-Lösungen werden getrocknet, eingeengt und der Rückstand destilliert; Ausbeute: 87% d. Th.

Analog erhält man z. B. aus

$H_3C-(CH_2)_5-CHO$	$\xrightarrow{\text{H}_3\text{C}-\text{OH}}$	*Methyl-heptyl-äther*	87% d. Th.
Cyclohexanon	$\xrightarrow{\text{H}_5\text{C}_2-\text{OH}}$	*Äthyl-cyclohexyl-äther*	44% d. Th.
$(H_5C_6)_2CO$	$\xrightarrow{\text{H}_3\text{C}-\text{OH/1 Woche}}$	*Methyl-diphenylmethyl-äther*	43% d. Th.

Äthyl-benzyl-äther[4]: Zu einer Lösung von 4,3 g (0,04 Mol) Benzaldehyd in 3,7 g (4,7 *ml*; 0,08 Mol) Äthanol werden unter Rühren und Kühlung 18,2 g (0,16 Mol) Trifluoressigsäure und danach langsam 6,96 g (0,06 Mol) Triäthyl-siliciumhydrid gegeben. Man erhitzt 4 Stdn. auf 50°, neutralisiert mit Natriumcarbonat-Lösung und schüttelt die organ. Phase mit Diäthyläther aus. Man trocknet den Auszug, engt ein und fraktioniert den Rückstand; Ausbeute: 4,8 g (90% d. Th.); Kp: 187–189°.

Analog erhält man z. B. aus:

$H_3C-(CH_2)_2-CHO$	$\xrightarrow{\text{H}_5\text{C}_2-\text{OH}}$	*Äthyl-butyl-äther*[4]	78% d. Th.
$H_3C-(CH_2)_5-CHO$	$\xrightarrow{\text{H}_5\text{C}_6-\text{CH}_2-\text{OH}}$	*Heptyl-benzyl-äther*[3]	49% d. Th.
Cyclohexanon	$\xrightarrow{\text{H}_3\text{C}-\text{OH}}$	*Methyl-cyclohexyl-äther*[3]	88% d. Th.

[1] D. N. KURSANOW, S. N. PARNES u. N. M. LOIM, Izv. Akad. SSSR **1966**, 1289.
 D. N. KURSANOW et al., Doklady Akad. SSSR **179**, 1106 (1968).
 S. N. PARNES et al., Ž. org. Chim. **9**, 1704 (1973).
[2] M. P. DOYLE et al., J. Org. Chem. **39**, 2740 (1974).
[3] M. P. DOYLE, D. J. DEBRUYN u. D. A. KOOISTRA, Am. Soc. **94**, 3659 (1972).
[4] N. M. LOIM et al., Ž. org. Chim. **8**, 896 (1972).

Aromatische Aldehyde und Ketone sowie alicyclische Ketone ergeben in wäßrigem Acetonitril in Gegenwart von konz. Schwefelsäure die entsprechenden N-Alkyl-acet-amide; z.B.:

$$H_5C_6—CHO \xrightarrow{(H_5C_2)_3SiH/H_3C—CN,\ 74\ Stdn.,\ 20°} H_3C—CO—NH—CH_2—C_6H_5$$

N-Benzyl-acetamid; 80% d. Th.

N-Alkyl-acetamide aus Aldehyden bzw. Ketonen und Acetonitril; allgemeine Herstellungsvorschrift[1]: Eine Lösung von 60 mMol Aldehyd oder Keton und 66 mMol Triäthyl-siliciumhydrid in 15 *ml* Acetonitril wird mit 3 *ml* Wasser und danach unter Eiskühlung mit 9 *ml* konz. Schwefelsäure versetzt. Man rührt 48 bis 74 Stdn. bei 20°, gibt 30 *ml* 50%ige Natronlauge zu und extrahiert 3 mal mit je 50 *ml* Dichlormethan. Der Auszug wird mit Magnesiumsulfat getrocknet, eingeengt und der Rückstand destilliert bzw. mit Pentan abgesaugt und aus Äther kristallisiert.

Nach dieser Vorschrift können u. a. hergestellt werden:

2-Oxo-bicyclo[2.2.1]heptan	$\xrightarrow{65\ Stdn.}$	*exo-2-Acetylamino-bicyclo[2.2.1]heptan*	78% d. Th
Acetophenon	$\xrightarrow{72\ Stdn.}$	*N-(1-Phenyl-äthyl)-acetamid*	85% d. Th.
Benzophenon	$\xrightarrow{48\ Stdn.}$	*N-Diphenylmethyl-acetamid*	63% d. Th.

Eine häufig vorkommende Folgereaktion bei der Reduktion von Aryl-ketonen mit Lithiumalanat ist die Spaltung des Moleküls neben der gebildeten Hydroxy-Gruppe unter Eliminierung eines Aldehyds, der meist als Alkohol isoliert werden kann[2].

Pyridin mit seiner hohen Dielektrizitätskonstante ist ein geeignetes Lösungsmittel (Zur Ausführung der reduktiven C,C-Spaltung als Hauptreaktion). Triphenylmethyl-phenyl-keton liefert z.B. unter diesen Bedingungen 72% *Triphenyl-methan* und *Benzylakohol*[3]:

$$H_5C_6—CO—C(C_6H_5)_3 \xrightarrow{Li[AlH_4]/Pyridin} H_5C_6—CH_2—OH\ +\ CH(C_6H_5)_3$$

Analoge C—C-Spaltungen wurden auch mit Natriumboranat in alkoholischer Lösung bei polycyclischen Homoaromaten[4] sowie in der Indol-[5] und Indolizin-Reihe[6] beobachtet.

[1] M. P. DOYLE et al., J. Org. Chem. **39**, 2740 (1974).
[2] P. REYNOD u. J. MATTI, Bl. **1951**, 612.
   M. VISCONTINI, Helv. **35**, 1803 (1952).
   M. VISCONTINI u. K. ADANK, Helv. **35**, 1342 (1952).
   D. G. MANLY et al., J. Org. Chem. **23**, 373 (1958).
   P. RONA u. U. FELDMAN, Soc. **1958**, 1737.
   R. B. JOHNS u. K. B. MARKHAM, Soc. **1962**, 3712.
   M. PLAT et al., Bl. **1962**, 1082.
   J. TROJÁNEK et al., Collect. czech. chem. Commun. **29**, 433, 444 (1964).
   R. BAR-SHAI u. D. GINSBURG, Soc. **1963**, 2561.
   H. SCHMIDT, M. MÜHLSTÄDT u. P. SON, B. **99**, 2736 (1966).
   M. MOKOTOFF, J. Org. Chem. **33**, 3556 (1968).
   W. METLESICS et al., J. Org. Chem. **35**, 3136 (1970).
   R. LITTELL u. G. F. ALLEN, J. Org. Chem. **38**, 1504 (1973).
[3] P. T. LANSBURY, Chem. & Ind. **1960**, 151; Am. Soc. **83**, 429 (1961).
   P. T. LANSBURY, J. R. ROGOZINSKI u. F. L. COBLENTZ, J. Org. Chem. **26**, 2277 (1961).
[4] O.-E. SCHULTZ u. H.-H. SCHULTZE-MOSGAU, Ar. **298**, 313 (1965).
[5] A. HASSNER u. M. J. HADDADIN, J. Org. Chem. **28**, 224 (1963).
   J. I. DEGRAW, J. G. KENNEDY u. W. A. SKINNER, J. Heterocyclic Chem. **3**, 9 (1966).
   J. SZUMSZKOVICZ et al., J. Med. Chem. **9**, 527 (1966).
[6] I. DAINIS, Austral. J. Chem. **25**, 2013 (1972).

i₃) zu Kohlenwasserstoffen

Die direkte Reduktion von Aldehyden und Ketonen mit Hydriden zu Kohlenwasserstoffen ist nur mit Einschränkungen möglich. Die Reaktion kann prinzipiell nur bei solchen Verbindungen ablaufen, die unter den Versuchsbedingungen ein Carbokation liefern, das vom Hydrid-Ion in einer S_N1-Reaktion angegriffen wird (diese Voraussetzungen liegen auch bei der Hydrogenolyse von Carbonsäuren, s. S. 170ff., Carbonsäure-estern, s. S. 219ff. und Alkoholen s. S. 408ff. vor). Praktisch können also nur Aryl-, Heteroaryl- sowie vinyloge Oxo-Verbindungen (vgl. S. 302ff.) zu Kohlenwasserstoffen hydriert werden. Da sich aliphatische, alicyclische und aromatische Aldehyde und Ketone als Tosylhydrazone mit Natrium-cyano-trihydrido-borat zu den Kohlenwasserstoffen reduzieren lassen[1] (s. S. 369ff.), ergänzen sich die beiden Methoden recht gut.

Aromatische Oxo-Verbindungen werden am einfachsten in einem stark ionisierenden Medium (z. B. Trifluoressigsäure) mit zwei Hydrid-Äquivalenten Triäthyl-siliciumhydrid zu aromatischen Kohlenwasserstoffen reduziert[2, 3]:

$$Ar{-}CO{-}R \ + \ 2(H_5C_2)_3SiH \ + \ 2F_3C{-}COOH \quad \xrightarrow[-H_2O]{}$$

$$Ar{-}CH_2{-}R \ + \ 2(H_5C_2)_3Si{-}O{-}CO{-}CF_3$$

Je nach Bedingungen kann auch Hexaäthyl-disiloxan entstehen. Die bei 20° ablaufende Reaktion ist stark strukturabhängig. Elektronenliefernde Substituenten fördern, elektronenanziehende erschweren die Reduktion. So wird 4-Nitro-benzophenon z. B. erst innerhalb 47 Stdn. zu *4-Nitro-diphenylmethan* reduziert, während 4-Nitro-benzaldehyd und -acetophenon nicht bis zu Kohlenwasserstoffen reduziert werden.

4-Nitro-diphenylmethan[3]: 1,14 g (5 mMol) 4-Nitro-benzophenon werden unter Rühren zu 1,4 g (12 mMol) Triäthyl-siliciumhydrid gegeben. Die Mischung versetzt man unter Kühlung mit 2,5 *ml* Trifluoressigsäure, läßt 47 Stdn. bei 20° stehen und destilliert; Ausbeute: 1,03 g (96% d. Th.); Kp$_{0,05}$: 114–115°.

Entsprechend können u.a. hergestellt werden:

4-Methoxy-benzaldehyd	$\xrightarrow{30\ Min.}$ *4-Methoxy-1-methyl-benzol*	76% d. Th.
1,6-Dioxo-1,6-diphenyl-hexan	$\xrightarrow{19\ Stdn.}$ *1,6-Diphenyl-hexan*	72% d. Th.
1-Oxo-tetralin	$\xrightarrow{2,5\ Stdn.}$ *Tetralin*	71% d. Th.

Als Lösungsvermittler können gegebenenfalls auch Tetrachlormethan, Acetonitril oder Nitromethan angewendet werden.

Benzoyl-cyclopropan erleidet mit Triäthyl-siliciumhydrid partielle Ringspaltung (zum *1-Phenyl-butan*), Benzoyl-cyclobutan (zum *Phenyl-cyclopenten*) Ringerweiterung. Zur Reduktion von Oxo-carbonsäuren mit Triäthyl-siliciumhydrid zu Carbonsäuren s. S. 313. Aromatische Oxo-Verbindungen sind mit Poly-(methyl-hydrido-siloxan) in Gegenwart von Palladium-Kohle[4] und Trichlor-siliciumhydrid in tert. Aminen[5] analog reduzierbar.

Gute Ausbeuten werden auch bei Einsatz des Triäthyl-silan-Bortrifluorid-Adduktes[6, 7]

---

[1] R. O. Hutchins, C. A. Milewski u. B. E. Maryanoff, Am. Soc. **95**, 3662 (1973).

[2] D. N. Kursanow, S. N. Parnes u. N. M. Loim, Izv. Akad. SSSR **1966**, 1289.

D. N. Kursanow et al., Tetrahedron **23**, 2235 (1967); Doklady Akad. SSSR **179**, 1106 (1968).

S. N. Parnes et al., Ž. org. Chim. **9**, 1704 (1973).

M. P. Doyle et al., J. Org. Chem. **39**, 2740 (1974).

[3] C. T. West et al., J. Org. Chem. **38**, 2675 (1973).

[4] J. Lipowitz u. S. A. Bowman, J. Org. Chem. **38**, 162 (1973).

[5] R. A. Benkeser u. W. E. Smith, Am. Soc. **91**, 1556 (1969).

[6] M. P. Doyle et al., J. Organometal. Chem. **117**, 129 (1976).

[7] J. L. Fry et al., J. Org. Chem. **43**, 374 (1978).

erzielt, wobei aromatische Aldehyde und Ketone mit stark elektronenziehenden Gruppen (z.B. Cyan, Nitro) lediglich bis zur Alkohol-Stufe reduziert werden (s.S. 280).

Auch Lithiumalanat reduziert die o- und p-ständig mit elektronenliefernden Gruppen (z.B. Amino, Dialkylamino, Methoxy) substituierten aromatischen Aldehyde und Ketone meist nur unter energischen Bedingungen zu Kohlenwasserstoffen (z.B. in Dibutyläther mehrere Tage bei 80–90°). Formyl- und Acyl-phenole werden nicht reduziert[1].

Mit Natrium-bis-[2-methoxy-äthoxy]-dihydrido-aluminat können in siedendem Xylol Hydroxy-benzaldehyde und -acetophenone innerhalb weniger Stunden zu Alkyl-phenolen reduziert werden (Vorschrift S. 171); z.B.[2]:

4-Hydroxy-benzaldehyd	→ *4-Hydroxy-1-methyl-benzol*	85% d. Th.
4-Dimethylamino-benzaldehyd	→ *4,N,N-Trimethyl-anilin*	95% d. Th.
2,4-Dihydroxy-benzaldehyd	→ *2,4-Dihydroxy-1-methyl-benzol*	81% d. Th.
3-Methoxy-4-hydroxy-benzaldehyd	→ *4-Hydroxy-3-methoxy-1-methyl-benzol*	85% d. Th.
2,4-Dihydroxy-benzophenon	→ *2,4-Dihydroxy-diphenylmethan*	83% d. Th.
2-Hydroxy-1-formyl-naphthalin	→ *2-Hydroxy-1-methyl-naphthalin*	96% d. Th.
1-Hydroxy-2-acetyl-naphthalin	→ *1-Hydroxy-2-äthyl-naphthalin*	91% d. Th.

Die Methoxy-Gruppe kann bei der Reaktion hydrogenolytisch gespalten werden.

Bei höheren Temperaturen wird die gebildete Benzyl-Gruppe sowohl durch Lithiumalanat als auch durch Natrium-bis-[2-methoxy-äthoxy]-dihydrido-aluminat metalliert und geht organometallische Folgereaktionen ein (z.B. arylierte Äthane)[3]. In Gegenwart von Titan(III)-chlorid läuft mit Lithiumalanat in einer allgemein anwendbaren Reaktion Dimerisierung zum symm. Olefin ab[4,5].

Tetraphenyl-äthylen[4]:

$$2\,H_5C_6\!-\!CO\!-\!C_6H_5 \xrightarrow{\text{Li[AlH}_4\text{]/TiCl}_3} (H_5C_6)_2C\!=\!C(C_6H_5)_2$$

Zu einer Aufschlämmung von 2-Äquiv. Titan(III)-chlorid in abs. THF wird unter Stickstoff und unter Rühren 1 Äquiv. Lithiumalanat gegeben. Die Mischung reagiert heftig unter Gas-Entwicklung und wird dunkel. Man versetzt mit einer Lösung von 1 Äquiv. Benzophenon in abs. THF, erhitzt 4 Stdn. unter Rückfluß und arbeitet auf; Ausbeute: 95% d. Th.; F: 220–221°.

[1] L. H. Conover u. D. S. Tarbell, Am. Soc. **72**, 3586 (1950).
   H. J. Backer, J. Strating u. J. Drenth, R. **70**, 365 (1951).
   J. Arient u. J. Dvořak, Chem. Listy **48**, 1581 (1954).
   A. Dornow u. K. J. Fust, B. **87**, 985 (1954).
   E. G. Peppiatt u. R. J. Wicker, Chem. & Ind. **1954**, 932.
   D. A. Shirley u. W. C. Sheehan, Am. Soc. **77**, 4606 (1955).
   D. A. Shirley, S. S. Brody u. W. C. Sheehan, J. Org. Chem. **22**, 495 (1957).
   D. C. Ayres, D. N. Kirk u. R. Sawdaye, Soc. [B] **1970**, 1133.
[2] M. Černý u. J. Málek, Tetrahedron Letters **1969**, 1739; Collect. czech. chem. Commun. **35**, 1216, 2030, 3079 (1970).
[3] E. D. Bergmann et al., Bl. **1951**, 668.
   H. Reimlinger et al., B. **97**, 349 (1964).
   K. C. Schreiber u. W. Emerson, J. Org. Chem. **31**, 95 (1966).
   M. Černý u. J. Malek, Tetrahedron Letters **1972**, 691; Collect. czech. chem. Commun. **39**, 842 (1974).
   J. Malek u. M. Černý, Synthesis **1973**, 53.
[4] J. E. McMurry u. M. P. Fleming, Am. Soc. **96**, 4708 (1974).
[5] J. E. McMurry u. M. P. Fleming, J. Org. Chem. **41**, 896 (1976).
   A. Ishida u. T. Mukaiyama, Chemistry Letters **1976**, 1127.
   D. Lenoir, Synthesis **1977**, 553.
   J. E. McMurry u. K. L. Kees, J. Org. Chem. **42**, 2655 (1977).
   J. E. McMurry et al., J. Org. Chem. **43**, 3255 (1978).
   G. R. Newkome u. J. M. Roper, J. Org. Chem. **44**, 502 (1979).

Auf gleiche Weise liefert Benzaldehyd *trans-Stilben* (85°/₀ d. Th.) und Cycloheptanon *Bi-cycloheptyliden* (95°/₀ d. Th.). *β-Carotin* ist mit 85°/₀ aus Retinal zugänglich.

Auch bei Reduktionen mit Lithiumalanat und Lithiumalanat/Aluminiumchlorid-Mischungen können sich aus Aryl-alkyl-ketonen unter Eliminierung Olefine bilden[1].

Die analoge Reduktion mit Lithiumalanat/Wolfram(VI)-chlorid in Tetrahydrofuran[2] verläuft über die Pinakol-Stufe, die isoliert werden kann[3]. Bei der reduktiven intramolekularen Kopplung von Diketonen werden Cycloalkene erhalten; z. B.[4]:

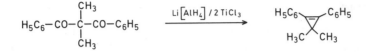

3,3-Dimethyl-1,2-diphenyl-cyclopropen[4]: Zu einer Lösung von 5,7 g (37 mMol) Titan(III)-chlorid (frisch destilliert) in 250 *ml* abs. THF werden unter Rühren und unter Stickstoff 0,6 g (16 mMol) Lithiumalanat gegeben. Man erhitzt die schwarz gefärbte Mischung 15 Min. unter Rückfluß, versetzt mit 2 g (8 mMol) 1,3-Dioxo-2,2-dimethyl-1,3-diphenyl-propan in wenig THF innerhalb 30–60 Min. und erhitzt 6 Tage unter Rückfluß (in 1,2-Dimethoxy-äthan genügt eine Rückflußdauer von 2 Tagen). Man gießt die abgekühlte Mischung in Petroläther, zersetzt mit Wasser, wäscht die organ. Phase mit Wasser, trocknet und engt ein. Das Rohprodukt wird an Aluminiumoxid mit Petroläther/Dichlormethan chromatographiert; Ausbeute: 0,8 g (46°/₀ d. Th.); F: 34–37°.

Analog erhält man z. B. aus[4,5]:

1,4-Dioxo-1,4-diphenyl-butan → *1,2-Diphenyl-cyclobuten;* 61°/₀ d. Th.
1,5-Dioxo-1,5-diphenyl-pentan → *1,2-Diphenyl-cyclopenten;* 62°/₀ d. Th.
1,6-Dioxo-1,6-diphenyl-hexan → *1,2-Diphenyl-cyclohexen;* 60°/₀ d. Th.

Mit den elektrophilen Chlor-aluminiumhydriden wird dagegen die Hydrogenolyse beschleunigt, so daß man z. B.[6,7] aus 2,4-Dimethyl-acetophenon in siedendem Diäthyläther 90°/₀ d. Th. *2,4-Dimethyl-1-äthyl-benzol*[7] erhält:

$$H_3C-\underset{CH_3}{\overset{}{\underbrace{}}}-CO-CH_3 \xrightarrow{Li[AlH_4]/AlCl_3} H_3C-\underset{CH_3}{\overset{}{\underbrace{}}}-CH_2-CH_3$$

2,4-Dimethyl-1-äthyl-benzol[7]: Zu einer mit Eiswasser gekühlten Lösung von 3,8 g (0,1 Mol) Lithiumalanat in 91 *ml* abs. Diäthyläther wird unter Rühren und unter Inertgas eine Lösung von 13,3 g (0,1 Mol) stückigem Aluminiumchlorid in 100 *ml* abs. Diäthyläther eingetropft. Nach 5 Min. gibt man eine Lösung von 15,8 g (0,1 Mol) 2,4-Dimethyl-acetophenon in 200 *ml* abs. Diäthyläther so zu, daß die Mischung gelinde siedet. Nach 30 Min. versetzt man unter Kühlung mit 20 *ml* Wasser und danach mit 50 *ml* 6 n Schwefelsäure. Die wäßr. Phase wird abgetrennt und 4mal mit je 100 *ml* Diäthyläther extrahiert. Man trocknet den Auszug, engt ein und fraktioniert den Rückstand; Ausbeute: 13 g (90°/₀ d. Th.); Kp₁₂: 68°.

[1] E. D. Bergmann et al., Bl. **1951**, 661.
E. D. Bergmann u. Z. Pelchowicz, Bl. **1953**, 809.
J. Broome u. B. R. Brown, Chem. & Ind. **1956**, 1307.
K. T. Potts u. D. R. Liljergren, J. Org. Chem. **28**, 3202 (1963).
S. I. Goldberg u. M. L. McGregor, J. Org. Chem. **33**, 2568 (1968).
[2] Y. Fujiwara et al., J. Org. Chem. **43**, 2477 (1978).
[3] E. J. Corey, R. L. Danheiser u. S. Chandrasekaran, J. Org. Chem. **41**, 260 (1976).
[4] A. L. Baumstark, C. J. McCloskey u. K. E. Witt, J. Org. Chem. **43**, 3609 (1978).
[5] A. L. Baumstark, E. J. H. Bechara u. M. J. Semigran, Tetrahedron Letters **1976**, 3265.
[6] B. R. Brown u. A. M. S. White, Soc. **1957**, 3755.
J. Blackwell u. W. J. Hickinbottom, Soc. **1961**, 1405; **1963**, 366.
J. H. Brewster, J. Org. Chem. **29**, 121 (1964).
[7] R. F. Nystrom u. C. R. A. Berger, Am. Soc. **80**, 2896 (1958).

Analog erhält man mit Lithiumalanat/Aluminiumchlorid $(1:1)$[1]:

4-Dimethylamino-acetophenon	→ *4-Dimethylamino-1-äthyl-benzol*	84% d. Th.
3,4-Dimethyl-acetophenon	→ *3,4-Dimethyl-1-äthyl-benzol*	53% d. Th.
2-Benzoyl-thiophen	→ *2-Benzyl-thiophen*	94% d. Th.
mit Lithiumalanat/AlCl₃(1:2)		
3,4-Dimethyl-acetophenon	→ *3,4-Dimethyl-1-äthyl-benzol*[1]	75% d. Th.
3,4-Dimethoxy-acetophenon	→ *3,4-Dimethoxy-1-äthyl-benzol*[2]	87% d. Th.
1-Acetyl-naphthalin	→ *1-Äthyl-naphthalin*[1]	90% d. Th.
4-Jod-benzophenon	→ *Phenyl-(4-jod-phenyl)-methan*[3]	88% d. Th.
2'-Fluor-4-chlor-benzophenon	→ *2'-Fluor-4-chlor-diphenylmethan*[3]	90% d. Th.
4-Methoxy-benzaldehyd	→ *4-Methoxy-1-methyl-benzol*[4]	78% d. Th.

Mit steigendem Aluminiumchlorid-Anteil nimmt das Reduktionsvermögen zu (s. S. 410), jedoch treten besonders unter energischen Bedingungen leicht Umlagerungen ein[5].

So erhält man z. B. aus 1,1-Diphenyl-aceton (Lithiumalanat: Aluminiumchlorid 1:2,8; 68°, 4,5 Tage) 88% d. Th. *1,2-Diphenyl-propan*[5].

Formyl- und Acyl-ferrocene werden mit Lithiumalanat/Aluminiumchlorid in glatter Reaktion zu Alkyl-ferrocenen reduziert[6] (auch Triphenyl-zinnhydrid in Gegenwart von Acetylchlorid ist geeignet[7]).

Aromatische Aldehyde und Ketone lassen sich auch durch Diboran unter elektrophiler Katalyse von Bortrifluorid-Ätherat zu Kohlenwasserstoffen reduzieren[8]. Die Methode ist z. B. besonders zur Herstellung von Benzyl-cyclopropanen geeignet, die auf andere Weise nur schlecht zugänglich sind[9].

Benzyl-cyclopropane aus Cyclopropyl-phenyl-ketonen; allgemeine Herstellungsvorschrift[9]: 25 mMol Keton werden unter Stickstoff in 10 *ml* abs. THF gelöst und bei 0° mit 12,5 *ml* m Diboran-Lösung in THF versetzt. Man rührt 1 Stde. bei 20°, gibt 0,31 *ml* (2,5 mMol) Bortrifluorid-Ätherat zu, rührt einige Stdn. weiter und arbeitet wie üblich auf.

So können z. B. hergestellt werden:

Benzyl-cyclopropan	75% d. Th.	Kp₂₀: 76–80°
4-Methoxy-benzyl-cyclopropan	70% d. Th.	Kp₂₅: 120–122°
4-Chlor-benzyl-cyclopropan	72% d. Th.	Kp₂₅: 112–114°
Dicyclopropyl-methan	80% d. Th.	Kp₆₉₀: 95–97°

Aromatische Ketone lassen sich, meist nur bei Vorhandensein phenolischer Hydroxy-Gruppen, auch durch Natriumboranat zur Kohlenwasserstoff-Stufe reduzieren[10, 11] (s. a. S. 409, 465); z. B.[11]:

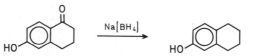

[1] R. F. NYSTROM u. C. R. A. BERGER, Am. Soc. **80**, 2896 (1958).

[2] K. T. POTTS u. D. R. LILJEGREN, J. Org. Chem. **28**, 3202 (1963).

[3] J. BLACKWELL u. W. J. HICKINBOTTOM, Soc. **1961**, 1405.

[4] B. R. BROWN u. A. M. S. WHITE, Soc. **1957**, 3755.

[5] J. H. BREWSTER et al., J. Org. Chem. **29**, 121 (1964).

[6] K. L. RINEHART et al., Am. Soc. **82**, 4112 (1960).
  K. SCHLÖGL, A. MOHAR u. M. PETERLIK, M. **92**, 921 (1961).
  K. SCHLÖGL u. H. EGGER, M. **94**, 376 (1963).
  K. SCHLÖGL u. M. FRIED, M. **95**, 558 (1964).
  K. SCHLÖGL, M. FRIED u. H. FALK, M. **95**, 576 (1964).

[7] H. PATIN u. R. DABARD, Tetrahedron Letters **1969**, 4971.

[8] K. M. BISWAS, L. E. HOUGHTON u. A. H. JACKSON, Tetrahedron Suppl. **7**, 261 (1966).
  K. M. BISWAS u. A. H. JACKSON, Soc. [C] **1970**, 1667.

[9] E. BREUER, Tetrahedron Letters **1967**, 1849.

[10] R. E. MOORE et al., J. Org. Chem. **31**, 3638 (1966).
  I. ITO u. T. UEDA, Tetrahedron **30**, 1027 (1974).

[11] K. H. BELL, Austral. J. Chem. **22**, 601 (1969).

6-Hydroxy-tetralin[1]: Zu einer Lösung von 0,162 g (1 mMol) 6-Hydroxy-1-oxo-tetralin in 1,64 *ml* (2 mMol) 1,22 n Natriumhydroxid-Lösung und 5 *ml* Wasser gibt man unter Rühren 0,079 g (2 mMol) Natriumboranat und erhitzt 1 Stde. unter Rückfluß. Man säuert mit 5 n Salzsäure an und saugt das ausgefallene Produkt ab; Ausbeute: 0,142 g (96% d. Th.); F: 59–60° (aus Petroläther).

Analog lassen sich 2- und 4-Hydroxy-, 2,4-Dihydroxy- und 2,4,6-Trihydroxy-aceto-phenon zu den entsprechenden Äthyl-phenolen reduzieren [3-(2,4-Dihydroxy-ben-zoyl)-propansäure wird dagegen nicht angegriffen[1, 2]] (vgl. a. S. 273); (Acyloxy-phenyl)-ketone reagieren ähnlich; z.B.[3]:

3-Hydroxy-4-butyl-acetanilid; 90% d. Th.

Ähnlich gute Ausbeuten werden mit den Kohlensäureestern der Acyl-phenole erzielt; z.B.[4]:

2-Hydroxy-propiophenon	→	*2-Propyl-phenol;* 90% d. Th.
2'-Hydroxy-chalcon	→	*1-Phenyl-3-(2-hydroxy-phenyl)-propen;* 88% d. Th.
5-Chlor-2-hydroxy-benzophenon	→	*4-Chlor-2-benzyl-phenol;* 97% d. Th.
2-Hydroxy-1-formyl-naphthalin	→	*2-Hydroxy-1-methyl-naphthalin;* 83% d. Th.

Natriumboranat in Trifluoressigsäure reduziert Diaryl-ketone bei 20–25° in guten Ausbeuten zu Diaryl-methanen[5]:

$$Ar^1—CO—Ar^2 \xrightarrow{Na[BH_4]/F_3CCOOH} Ar^1—CH_2—Ar^2$$

Carboxy-, Ester-, Aminocarbonyl-, Cyan- und Nitro-Gruppen werden nicht angegriffen. Die Reduktion sollte unter Stickstoff mit Natriumboranat-Tabletten durchgeführt werden, da sich pulverförmiges Natriumboranat mit Trifluoressigsäure entzünden kann.

Diaryl-methane; allgemeine Herstellungsvorschrift[5]: Zu 50 *ml* frisch destillierter Trifluoressigsäure werden unter magnetischem Rühren in trockener Stickstoff-Atmosphäre bei 0–5° innerhalb 30 Min. 2,3 g (60 mMol, 10 Tabletten) trockenes Natriumboranat gegeben. Zur Mischung tropft man bei 15° in 30 Min. eine Lösung von 10 mMol Diaryl-keton in 30 *ml* trockenem Dichlormethan. Man rührt 15–30 Stdn. bei 20–25° bis zur völligen Lösung der Tabletten, verdünnt mit Wasser, stellt mit Natriumhydroxid-Pastillen unter Eiskühlung alkalisch, extrahiert mit Äther, wäscht, trocknet und engt ein.

Nach dieser Methode erhält man u. a.:

4-Benzyl-phenol	90% d. Th.	*4-Benzoylamino-diphenylmethan*	93% d. Th.
4-Benzyl-benzoesäure-methylester	93% d. Th.	*4-Nitro-diphenylmethan*	43% d. Th.

Bei inverser Zugabe von Natriumboranat erhält man aus Anthron 91% d. Th. *9,10-Dihydro-anthracen.*

Die Reduktion polycyclischer Aryl-ketone gelingt bereits mit Lithiumalanat[6], Natrium-bis-[2-methoxy-äthoxy]-dihydrido-aluminat[7] und bei schwieriger hydrogenolysier-

[1] K. H. Bell, Austral. J. Chem. **22**, 601 (1969).

[2] F. Zymalkowski u. J. Gelberg, Ar. **299**, 545 (1966).

[3] B. J. McLoughlin, Chem. Commun. **1969**, 540.

[4] N. Minami u. S. Kijima, Chem. Pharm. Bull. [Tokyo] **27**, 1490 (1979).

[5] G. W. Gribble, W. J. Kelly u. S. E. Emery, Synthesis **1978**, 763.

   s. a. Y. Kikugawa u. Y. Ogawa, Chem. Pharm. Bull. (Tokyo) **27**, 2405 (1979).

[6] V. Boekelheide u. C. E. Larrabee, Am. Soc. **72**, 1245 (1950).

   E. D. Bergmann et al., Bl. **1951**, 661.

   A. Müller, M. Lempert-Sréter u. A. Karczag-vilhelms, J. Org. Chem. **19**, 1533 (1954).

   H. E. Zieger u. J. A. Dixon, Sm. Soc. **82**, 3702 (1960).

   P. T. Lansbury, Am. Soc. **83**, 429 (1961).

[7] M. Černý u. J. Málek, Collect. czech. chem. Commun. **39**, 842 (1974).

baren Verbindungen mit Diboran in Gegenwart von Bortrifluorid[1, 2], Lithiumalanat/Aluminiumchlorid-Mischung[3-5]. Bis-[2-methyl-propyl]-aluminiumhydrid[6], 9-Bora-bicyclo[3.3.1]nonan[6] und Triäthyl-siliciumhydrid in Trifluoressigsäure[7] (s. S. 285). Ist Aromatisierung möglich, so tritt sie als Neben- oder Hauptreaktion auf; z. B.[2]:

9-Benzyl-anthracen; 65% d. Th.

Dimethylsulfan-Boran reduziert 9,10-Anthrachinon zu *Anthracen* (70% d. Th.)[8].

Alkanoyl-heteroaromaten mit elektronenlieferndem Heterocyclus lassen sich mit Hydriden meist leicht zu Alkyl-heteroaromaten reduzieren. Die Methode wird hauptsächlich in der Pyrrol- und Indol-Reihe angewendet. Formyl- und Acyl-pyrrole werden analog den entsprechenden Carbonsäuren (s. S. 171) und Carbonsäure-estern (s. S. 220) mit Ausnahme der N-alkylierten Derivate bereits mit Lithiumalanat in die Alkyl-pyrrole überführt[9, 10]; z. B.:

2-Formyl-pyrrol	→ *2-Methyl-pyrrol*[10]	63% d. Th.
2,5-Dimethyl-3-formyl-pyrrol	→ *2,3,5-Trimethyl-pyrrol*[10]	81% d. Th.
2-Acetyl-pyrrol	→ *2-Äthyl-pyrrol*	33% d. Th.
	+ *2-(1-Hydroxy-äthyl)-pyrrol*[11]	23% d. Th.

Mit Diboran verläuft die Reaktion in THF oder Bis-[2-methoxy-äthyl]-äther ähnlich[12, 13]. Mit dieser Methode können auch N-Methyl-Verbindungen hydrogenolytisch umgesetzt werden (2-Formyl-pyrrol polymerisiert[13]); z. B.:

3,5-Dimethyl-4-äthyl-2-formyl-pyrrol	→ *2,3,5-Trimethyl-4-äthyl-pyrrol*[13]	49% d. Th.
2,3,5-Trimethyl-4-acetyl-pyrrol	→ *2,3,5-Trimethyl-4-äthyl-pyrrol*[13]	80% d. Th.
1,3,5-Trimethyl-2-formyl-4-äthoxycarbonyl-pyrrol	→ *1,2,4,5-Tetramethyl-3-äthoxycarbonyl-pyrrol*[13]	93% d. Th.

Lithiumalanat reduziert auch 3-Formyl- und 3-Acyl-indole zu den Alkyl-indolen, wenn das Stickstoff-Atom nicht methyliert ist[14, 15]; z. B.:

[1] G. P. THAKAR u. B. C. SUBBA RAO, J. sci. Ind. Research (India) **21 B**, 583 (1962).

[2] M. RABINOVITZ u. G. SALEMNIK, J. Org. Chem. **33**, 3935 (1968).

[3] B. R. BROWN u. A. M. S. WHITE, Soc. **1957**, 3755.

R. F. NYSTROM u. C. R. A. BERGER, Am. Soc. **80**, 2896 (1958).

[4] R. M. PAGNI u. C. R. WATSON, Tetrahedron **29**, 3807 (1973); *Phenalen*.

[5] J. E. SIMPSON u. G. H. DAUB, J. Org. Chem. **44**,1340 (1979); *Phenalen* (92% d. Th.).

[6] P. BOUDJOUK u. P. D. JOHNSON, J. Org. Chem. **43**, 3479 (1978); *Phenalen* (85% d. Th.)

[7] C. T. WEST et al., J. Org. Chem. **38**, 2675 (1973).

[8] E. MINCIONE, J. Org. Chem. **43**, 1829 (1978).

[9] A. TREIBS u. J. DERRA-SCHERER, A. **577**, 139 (1952); **589**, 188 (1954).

[10] R. L. HINMAN u. S. THEODOROPULOS, J. Org. Chem. **28**, 3052 (1963).

[11] W. HERZ u. C. F. COURTNEY, Am. Soc. **76**, 576 (1954).

[12] J. A. BALLANTINE et al., Tetrahedron Suppl. **7**, 241 (1966).

K. M. BISWAS, L. E. HOUGHTON u. A. H. JACKSON, Tetrahedron Suppl. **7**, 261 (1966).

[13] K. M. BISWAS u. A. H. JACKSON, Tetrahedron **24**, 1145 (1968).

[14] E. LEETE u. L. MARION, Canad. J. Chem. **31**, 775 (1953).

E. D. ROSSITER u. J. E. SAXTON, Soc. **1953**, 3654.

R. ADAMS u. W. P. SAMUELS, Am. Soc. **77**, 5375 (1955).

J. SZMUSZOVICZ, Am. Soc. **82**, 1180 (1960).

[15] W. E. NOLAND u. C. REICH, J. Org. Chem. **32**, 828 (1967).

5-Brom-3-methyl-indol[1]: Eine Suspension von 19 g (0,5 Mol) Lithiumalanat in 100 *ml* abs. THF wird unter Rühren und unter Stickstoff mit einer Lösung von 56 g (0,25 Mol) 5-Brom-3-formyl-indol in 350 *ml* abs. THF so versetzt, daß die Mischung gelinde siedet. Man erhitzt 4 Stdn. unter Rückfluß, läßt 24 Stdn. bei 20° stehen, zersetzt vorsichtig mit ~ 100 *ml* Wasser, gießt vom Niederschlag ab und wäscht durch Dekantieren mit 2 *l* Diäthyläther. Die Lösung wird auf ~ 300 *ml* eingeengt, die wäßr. Schicht abgetrennt, die Äther-Phase getrocknet, eingedampft und der Rückstand aus Petroläther kristallisiert; Ausbeute: 40,8 g (78% d. Th.); F: 75–79°.

Auf ähnliche Weise erhält man u. a.

2-Methoxy-3-formyl-indol	→ *3-Methyl-indol*[2]	65% d. Th.; F: 92–93°
4-Benzyloxy-3-formyl-indol	→ *4-Benzyloxy-3-methyl-indol*[3]	93% d. Th.; F: 83–84°
3-(3-Dimethylamino-propanoyl)-indol	→ *3-(3-Dimethylamino-propyl)-indol*[4]	97% d. Th.; F: 90–96°
3-(4-Dimethylamino-benzoyl)-indol	→ *3-(4-Dimethylamino-benzyl)-indol*[5]	83,4% d. Th.; F: 142–144,5°

3-Formyl- bzw. 3-Acyl-indole werden manchmal durch Natriumboranat[6] und Natriumboranat/Palladium-Kohle[3] auch unter Abspaltung der Seitenkette[6, 7] hydrogenolytisch angegriffen. Die Hydrogenolyse der N-Alkyl-3-formyl- und N-Alkyl-3-acyl-indole zu 1,3-Dialkyl-indolen gelingt mit Lithiumalanat/3–4 Aluminiumchlorid[8, 9]. Mit Diboran (durch Bortrifluorid katalysiert) lassen sich auch am Stickstoff-Atom substituierte 3-Acyl-indole in guten Ausbeuten zu 1,3-Dialkyl-indolen reduzieren (vgl. a. S. 242), 2- und 3-Formyl-indole werden dagegen hauptsächlich oligomerisiert[9]. Der am Stickstoff-Atom nicht substituierte Indol-Ring wird durch Diboran leicht angegriffen[9, 10] (Weiteres s. S. 86f.). Auch Lithiumboranat reduziert 3-Acetyl-indol in 40%iger Ausbeute zu *3-Äthyl-indol*[11].

3-Acetyl-indolizin liefert mit Lithiumalanat *3-Äthyl-indolizin*[12, vgl. a. 13]:

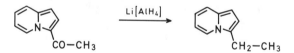

Zur Herstellung von 2-Benzyl-thiophen s. S. 288.
Benzokondensierte S/O-Heteroaromaten mit konjugierter Oxo-Gruppe werden oft be-

[1] W. E. Noland u. C. Reich, J. Org. Chem. **32**, 828 (1967).
[2] E. Wenkert, J. H. Udelhofen u. N. K. Bhattacharyya, Am. Soc. **81**, 3763 (1959).
[3] R. A. Heacock u. O. Hutzinger, Canad. J. Chem. **42**, 514 (1964).
[4] J. Szmuszkovicz, Am. Soc. **82**, 1180 (1960).
[5] J. Thesing, H. Mayer u. S. Klüssendorf, B. **87**, 901 (1954).
[6] J. I. DeGraw, J. G. Kennedy u. W. A. Skinner, J. Heterocyclic Chem. **3**, 9 (1966).
[7] J. Szmuszkovicz et al., J. Med. Chem. **9**, 527 (1966).
[8] K. T. Potts u. D. R. Liljegren, J. Org. Chem. **28**, 3202 (1963).
[9] K. M. Biswas u. A. H. Jackson, Tetrahedron **24**, 1145 (1968).
[10] S. A. Monti u. R. R. Schmidt, Tetrahedron **27**, 3331 (1971).
[11] D. E. Ames et al., Soc. **1956**, 1984.
[12] E. D. Rossiter u. J. E. Saxton, Soc. **1953**, 3654.
[13] F. M. Miller, Ang. Ch. **71**, 436 (1959).

reits mit Lithiumalanat zu Kohlenwasserstoffen reduziert[1]. Lithiumalanat/Aluminium-chlorid-Mischungen[2] und Diboran[3,4] sind jedoch die Mittel der Wahl; z.B.[2]:

2-Phenyl-chroman; 88% d. Th.

Xanthen[4]: 1 g (5,2 mMol) Xanthon wird in 20 ml abs. THF unter Stickstoff bei 0° mit 5 ml (9,5 mMol) 1,9 m Diboran-Lösung in THF versetzt. Man rührt 1,5 Stdn. bei 0°, zersetzt mit Eiswasser, verdünnt mit dem gleichen Vol. Wasser, dampft das THF i. Vak. ab und filtriert den Niederschlag; Ausbeute: 0,93 g (100% d. Th.); F 100,5–101,5°.

Mit Natriumboranat tritt in der Regel Reduktion[5] bis zum Alkohol ein, der dann unter Wasser-Abspaltung in den Heteroaromaten übergeht (in der Regel bei der sauren Aufarbeitung). Die Methode wird in erster Linie zur Herstellung ringhomologer Thiophene ausgenutzt; z.B.[6]:

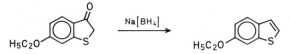

6-Äthoxy-⟨benzo-[b]-thiophen⟩[6]: Eine Lösung von 14,2 g (73 mMol) 6-Äthoxy-3-oxo-2,3-dihydro-⟨benzo-[b]-thiophen⟩ in 300 ml Methanol und 50 ml 10%iger Natronlauge wird unter Rühren mit einer Lösung von 2,54 g (65 mMol) Natriumboranat in 50 ml Methanol und 15 ml 10%iger Natronlauge versetzt. Man erhitzt 13 Stdn. unter Rückfluß, engt auf 200 ml ein, säuert mit 10%iger Schwefelsäure an und verdünnt mit 700 ml Wasser. Das Produkt wird mit Benzol extrahiert, der Auszug eingeengt, der Rückstand in Hexan gelöst, das teerige Material abfiltriert und das Filtrat destilliert. Ausbeute: 10,5 g (81% d. Th.); Kp6: 138–140°; F: 41–42°.

Entsprechend können u.a. hergestellt werden:

→ *Benzo-[b]-thiophen*[7]   80% d. Th.; F: 31–31,5°

→ *4H-Thieno-[3,2-b]-pyrrol*[8]   80% d. Th.; F: 25–28°

→ *4-Benzyl-4H-⟨thieno-[3,2-b]-pyrrol⟩*[9]   84% d. Th.; F: 48–51°

[1] G. M. Badger, J. H. Seidler u. B. Thomson, Soc. **1951**, 3207.
   A. Mustafa u. M. K. Hilmy, Soc. **1952**, 1343.
   W. S. Johnson u. B. G. Buell, Am. Soc. **74**, 4517 (1952).
   R. C. Shah, A. B. Kulkarni u. C. G. Joshi, J. sci. Ind. Research (India) **13 B**, 186 (1954).
   A. Mustafa, W. Asker u. M. E. El-din, Am. Soc. **77**, 5121 (1955).
   A. Mustafa u. O. H. Hismat, J. Org. Chem. **22**, 1644 (1957).
   A. B. Kulkarni u. C. G. Joshi, J. sci. Ind. Research (India) **16 B**, 249 (1957).
   L. J. Dolby u. D. L. Booth, J. Org. Chem. **30**, 1550 (1965).
[2] M. M. Bokadia et al., Soc. **1962**, 1658.
[3] G. P. Thakar u. B. C. Subba Rao, J. sci. Ind. Research (India) **21 B**, 583 (1962).
[4] W. J. Wechter, J. Org. Chem. **28**, 2935 (1963).
[5] J. B. Miller, J. Org. Chem. **31**, 4082 (1966).
[6] E. Campaigne u. W. E. Kreighbaum, J. Org. Chem. **26**, 363 (1961).
[7] N. Kucharczyk u. V. Horák, Chem. & Ind. **1964**, 976; Collect. czech. chem. Commun. **33**, 92 (1968).
[8] D. S. Matteson u. H. R. Snyder, J. Org. Chem. **22**, 1500 (1957).
[9] A. D. Josey, R. J. Tuite u. H. R. Snyder, Am. Soc. **82**, 1597 (1960).

Mit Lithiumalanat verläuft die analoge Reaktion sowohl in der Thiophen-[1] wie in der Indol-Reihe[2].

In glatter Reaktion werden Formyl- bzw. Acyl-thiophene mit Triäthyl-siliciumhydrid in Trifluoressigsäure zu Alkyl-tetrahydro-thiophenen reduziert (s. S. 99).

Formaldehyd und Kalium-tetracarbonyl-hydrido-ferrat bewirken bei Dialkyl- und Alkyl-aryl-ketonen eine Methylierung in α-Stellung zur Oxo-Gruppe, wenn in Äthanol oder Wasser 4–5 Stdn. erhitzt wird. Phenyl-aceton liefert z.B. 80% d.Th. *3-Oxo-2-phenyl-butan*[3]:

$$H_5C_6-CH_2-CO-CH_3 \xrightarrow{\text{K[FeH(CO)}_4]/\text{HCHO}} H_5C_6-\overset{\overset{\displaystyle CH_3}{|}}{CH}-CO-CH_3$$

Propanoyl-benzol ergibt 85% d.Th., Acetophenon mit einem Formaldehyd-Überschuß 90% d.Th. *(2-Methyl-propanoyl)-benzol*[3]:

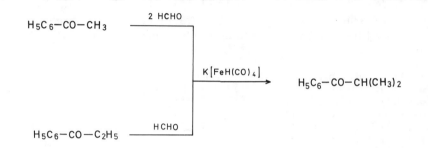

Analog liefert Cyclohexanon in 70%iger Ausbeute *2,6-Dimethyl-cyclohexanon*[3]. Aliphatische und aromatische Aldehyde alkylieren auch den Indol-Ring in 3-Stellung unter ähnlichen Bedingungen[4].

$\alpha\alpha_2$) mit mehreren Oxo-Gruppen

Die Vollreduktion von Verbindungen mit mehreren Oxo-Gruppen kann besonders bei Poly-(oxo-alkenen) Schwierigkeiten bereiten.

Polymere Ketone [z.B. Poly-(methyl-vinyl-keton), Styrol/Methyl-vinyl-keton-Copolymere] werden durch Natriumboranat in Bis-[2-methoxy-äthyl]-äther bei 60–90° nur zu 40–60%, in N-Methyl-morpholin bei 115° durch Lithiumalanat dagegen völlig reduziert[5] und Poly-(chalkone) mit Natriumboranat in Bis-[2-methoxy-äthyl]-äther ebenfalls quantitativ[6]. Die Reduktion von Poly-acrolein zum *Poly-allylalkohol* gelingt mit Kaliumboranat in Wasser[7].

Natrium- und Kaliumboranat werden häufig zur Reduktion von Dialdehyden angewendet, die durch Oxidation von Zucker-Derivaten erhalten werden. Methylglykoside der Hexapyranoside ergeben nach oxidativer Abspaltung von 1 Mol Ameisensäure und an-

---

[1] E. Campaigne u. W. E. Kreighbaum, J. Org. Chem. **26**, 363 (1961).
  F. Challanger, B. Fishwick u. J. L. Holmes, Chem. & Ind. **1952**, 519.
  F. Challanger u. J. L. Holmes, Soc. **1953**, 1837.
[2] P. L. Julian u. H. C. Printy, Am. Soc. **71**, 3206 (1949).
  B. Witkop u. J. B. Patrick, Am. Soc. **73**, 713 (1951).
  E. Giovannini u. T. Lorenz, Helv. **40**, 1553, 2287 (1957); **41**, 113 (1958).
[3] G. Cainelli, M. Panunzio u. A. Umani-Ronchi, Tetrahedron Letters **1973**, 2491.
[4] G. P. Boldrini, M. Panunzio u. A. Umani-Ronchi, Chem. Commun. **1974**, 359.
[5] H. L. Cohen u. L. M. Minsk, J. Org. Chem. **24**, 1404 (1959).
[6] G. L. Southard, G. S. Brooke u. J. M. Pettee, Tetrahedron **27**, 2701 (1971).
[7] R. C. Schulz, Kunststoffe-Plastics (Solothurn) **6**, Nr. 1, 32 (1959).
  R. C. Schulz, P. Elzer u. W. Kern, Chimia **13**, 237 (1959).

schließender Reduktion das Acetal I, Glykoside der Pentapyranoside entsprechend Acetal II[1]:

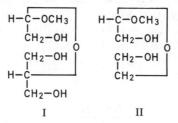

I   II

Die selektive Reduktion der Aldehyd- neben der Keto-Funktion ist prinzipiell mit den meisten Hydriden möglich, da letztere normalerweise viel langsamer reagiert[2]. Bei den komplexen Borhydriden kann der Unterschied der Reaktionsgeschwindigkeit zusätzlich durch entsprechende Versuchsbedingungen erhöht werden. Ketone werden im Gegensatz zu den Aldehyden in Bis-[2-methoxy-äthyl]-äther[3] und Essigsäure[4] in der Regel durch Natriumboranat nur sehr langsam angegriffen. Tetrabutylammonium-cyano-trihydrido-borat reduziert in 0,1 bis 0,12 n saurer Lösung Aldehyde praktisch quantitativ, Ketone dagegen kaum[5].

[1] M. ABDEL-AKHER et al., Am. Soc. **74**, 4970 (1952); Nature **171**, 474 (1953).
C. E. BALLOU u. H. O. L. FISCHER, Am. Soc. **75**, 3673 (1953).
M. VISCONTINI, D. HOCH u. P. KARRER, Helv. **38**, 642 (1955).
M. VISCONTINI et al., Helv. **38**, 646 (1955).
M. VISCONTINI, O. LEUTENEGGER u. P. KARRER, Helv. **38**, 909 (1955).
A. S. PERLIN u. C. BRICE, Canad. J. Chem. **34**, 550 (1956).
P. A. J. GORIN u. A. S. PERLIN, Canad. J. Chem. **34**, 693 (1956).
J. K. HAMILTON u. F. SMITH, Am. Soc. **78**, 5907, 5910 (1956).
J. E. CADOTTE et al., Am. Soc. **79**, 691 (1957).
I. J. GOLDSTEIN u. F. SMITH, Am. Soc. **79**, 1188 (1957).
J. M. CHRISTENSEN u. F. SMITH, Am. Soc. **79**, 4492 (1957).
I. J. GOLDSTEIN, J. K. HAMILTON u. F. SMITH, Am. Soc. **79**, 6469 (1957).
F. SMITH u. H. C. SRIVASTAVA, Am. Soc. **81**, 1715 (1959).
J. K. HAMILTON, G. W. HUFFMAN u. F. SMITH, Am. Soc. **81**, 2173, 2176 (1959).
M. L. WOLFROM u. Z. YOSIZAWA, Am. Soc. **81**, 3477 (1959).
P. A. J. GORIN u. J. F. T. SPENCER, Cand. J. Chem. **37**, 501 (1959).
A. B. FOSTER et al., Soc. **1960**, 2587; **1961**, 5005.
J. BADDILEY, J. G. BUCHANAN u. F. E. HARDY, Soc. **1961**, 2184.
P. A. J. GORIN, J. F. T. SPENCER u. D. W. S. WESTLAKE, Canad. J. Chem. **39**, 1067 (1961).
S. A. BARKER et al., Soc. **1963**, 4161.
A. ROSENTHAL u. H. J. KOCH, Canad. J. Chem. **42**, 2025 (1964).
O. P. BAHL, T. L. HULLAR u. F. SMITH, J. Org. Chem. **29**, 1076 (1964).
W. D. ANNAN, E. HIRST u. D. J. MANNERS, Soc. **1965**, 885.
R. BELCHER, G. DRYHURST u. A. M. G. MacDONALD, Soc. **1965**, 4553.
[2] A. S. HOLT, Plant Physiology **34**, 310 (1959).
R. GÖSCHKE, E. WEISS u. T. REICHSTEIN, Helv. **44**, 1031 (1961).
W. A. REMERS, R. H. ROTH u. M. J. WEISS, Am. Soc. **86**, 4612 (1964).
L. J. DOLBY u. S. SAKAI, Am. Soc. **86**, 5392 (1964).
C. S. SELL, Austral. J. Chem. **28**, 1383 (1975).
S. I. MUROHASHI et al., Am. Soc. **98**, 1965 (1976).
H. C. BROWN u. S. U. KULKARNI, J. Org. Chem. **42**, 4169 (1977).
M M. MIDLAND, A. TRAMONTANO u. S. A. ZDERIC, J. Organometal. Chem. **134**, C 17 (1977); Am. Soc. **99**, 5211 (1977).
M. M. MIDLAND u. A. TRAMONTANO, J. Org. Chem. **43**, 1470 (1978).
N. Y. M. FUNG et al., J. Org. Chem. **43**, 3977 (1978).
G. C. ANDREWS, Tetrahedron Letters **1980**, 697.
P. A. RISBOOD u. D. M. RUTHVEN, J. Org. Chem. **44**, 3969 (1979).
[3] H. C. BROWN, E. J. MEAD u. B. C. SUBBA RAO, Am. Soc. **77**, 6209 (1955).
[4] G. W. GRIBBLE u. D. C. FERGUSON, Chem. Commun. **1975**, 535.
[5] R. O. HUTCHINS u. D. KANDASAMY, Am. Soc. **95**, 6131 (1973).

Die selektive Reduktion von Diketonen und höheren Oxo-Verbindungen ist ohne Schutzgruppen nur dann durchführbar, wenn sie durch sterische bzw. elektronische Faktoren ermöglicht wird.

Da solche Wechselwirkungen in polyfunktionellen Verbindungen relativ häufig auftreten, ist die selektive Reduktion der Keto-Gruppe unter Bildung von Ketolen mit Natrium[1]- und Kaliumboranat[2], Natrium-cyano-trihydrido-borat[3], Lithiumalanat[4], Lithium-tri-tert.-butyloxy-hydrido-aluminat[5] und Diboran[6] zu beobachten.

Besonders ausgeprägt ist die selektive Reduzierbarkeit von Dioxo-steroiden mit Natriumboranat[7] (weiteres s.S. 329, 331f.), während symmetrische Diketone nur als Mono-(2-dimethylamino-äthoxyimine) selektiv zu Hydroxy-ketonen reduziert werden[8]. Benzil kann mit Triäthyl-siliciumhydrid durch Zinkchlorid katalysiert selektiv zu *Benzoin* reduziert werden[9]:

$$H_5C_6-CO-CO-C_6H_5 \xrightarrow{(H_5C_2)_3SiH/ZnCl_2} H_5C_6-\overset{\displaystyle OH}{\overset{|}{C}H}-CO-C_6H_5$$

Ein gutes Beispiel für die Selektivität der komplexen Metallhydride bei der partiellen Reduktion von Diketonen ist die Reaktion von 4-(2-Oxo-butyl)-benzophenon. Mit Lithiumalanat in Pyridin (s.S. 284) wird hauptsächlich die aromatische, mit Natriumboranat die aliphatische Oxo-Gruppe angegriffen; z.B.[10]:

[1] A. Bowers et al., Soc. **1953**, 2548.
  K. W. Bentley u. A. F. Thomas, Soc. **1956**, 1863.
  R. B. Woodward et al., Am. Soc. **78**, 2023 (1956); Tetrahedron **2**, 1 (1958).
  J. D. Cocker u. T. G. Halsall, Soc. **1957**, 3441.
  M. S. Newman et al., J. Org. Chem. **26**, 727 (1961).
  D. M. S. Wheeler u. M. Wheeler, Chem. & Ind. **1961**, 463; J. Org. Chem. **27**, 3796 (1962).
[2] E. P. Oliveto, C. Gerold u. E. B. Hershberg, Am. Soc. **76**, 6111 (1954).
  J. J. Panouse u. C. Sannié, Bl. **1955**, 1036.
[3] M.-H. Boutigue u. R. Jacquesy, C.r. **276**, 437 (1973).
[4] L. W. Trevoy u. W. G. Brown, Am. Soc. **71**, 1675 (1949).
  W. Hückel u. W. Kraus, B. **95**, 233 (1962).
  P. Bey u. R. Hanna, Tetrahedron Letters **1970**, 1299.
[5] J. Fajkoš, Collect. czech. chem. Commun. **24**, 2284 (1959).
  H. L. Herzog et al., Am. Soc. **83**, 4073 (1961)
[6] M. Stefanovič u. S. Lajšič, Tetrahedron Letters **1967**, 1777.
[7] H. Heymann u. L. F. Fieser, Am. Soc. **73**, 5252 (1951).
  E. Elisberg, H. Vanderhaeghe u. T. F. Gallagher, Am. Soc. **74**, 2814 (1952).
  E. P. Oliveto u. E. B. Hershberg, Am. Soc. **75**, 488 (1953).
  O. Mancera et al., Am. Soc. **75**, 1286 (1953).
  E. R. Garrett u. D. A. Little, Am. Soc. **75**, 6051 (1953).
  J. K. Norymmbersky u. G. F. Woods, Soc. **1955**, 3426.
  J. L. Mateos, J. Org. Chem. **24**, 2034 (1959).
  D. Kupfer, Tetrahedron **15**, 193 (1961).
  A. Hajós u. O. Fuchs, Acta chim. Acad. Sci. hung. **21**, 137 (1959).
[8] M. Nazir, W. Kreiser u. H. H. Inhoffen, Synthesis **1977**, 466.
[9] J. Bonastre, E. Frainnet u. R. Calas, Bl. **1962**, 1533.
[10] P. T. Lansbury, Am. Soc. **83**, 429 (1961).
  P. T. Lansbury u. J. O. Peterson, Am. Soc. **83**, 3537 (1961); **84**, 1756 (1962); **85**, 2236 (1963).
  P. T. Lansbury u. R. E. MacLeay, Am. Soc. **87**, 831 (1965).

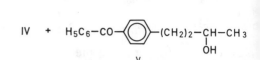

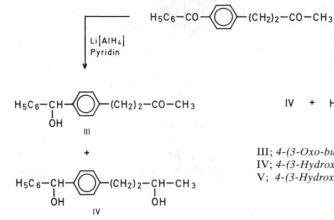

III; *4-(3-Oxo-butyl)-diphenylmethanol*;   56% d. Th.
IV; *4-(3-Hydroxy-butyl)-diphenylmethanol*; 34% d. Th.
V; *4-(3-Hydroxy-butyl)-benzophenon*;   46% d. Th.

Die Reduktion enolisierbarer β-Dioxo-Verbindungen mit Lithiumalanat verläuft, ähnlich wie bei den entsprechenden β-Oxo-carbonsäure-estern (s. S. 204), in der Regel unter Eliminierung zu *trans*-Allylalkoholen[1-5]; z.B.[1]:

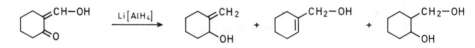

Die Keto- und Enol-Formen von 1,3-Dioxo-2-methyl-1,3-diphenyl-propan liefern verschiedene Reduktionsprodukte[4]:

2-Methyl-1,3-diphenyl-propandiol-(1,3); 96% d. Th.

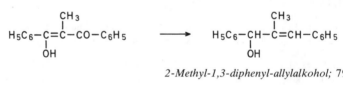

2-Methyl-1,3-diphenyl-allylalkohol; 79% d. Th.

Aus α-Hydroxymethylen-ketonen werden α,β-ungesättigte Aldehyde erhalten[6]. Analog lassen sich aus manchen β-Diketonen[7] bzw. Diketon-Bortrifluorid-Komplexen[8] mit Natriumboranat α,β-ungesättigte Ketone herstellen.

[1] A. S. Dreiding u. J. A. Hartman, Am. Soc. **75**, 939 (1953).
[2] J. W. Frankenfeld u. W. E. Tyler, J. Org. Chem. **36**, 2110 (1971).
[3] K. Pihlaja u. M. Ketola, Acta chem. scand. **23**, 715 (1969).
[4] A. S. Dreiding u. J. A. Hartman, Am. Soc. **75**, 3723 (1953).
[5] E. Molenaar u. J. Strating, R. **86**, 1047 (1967).
[6] G. S. Guschakowa u. N. A. Preobrashenski, Doklady Akad. SSSR **101**, 1061 (1955).
    L. A. Pohoryles, S. Sarel u. R. Ben-Shosan, J. Org. Chem. **24**, 1878 (1959).
    L. H. Knox u. E. Velarde, J. Org. Chem. **27**, 3925 (1962).
    R. E. Counsell u. P. D. Klimstra, J. Med. Chem. **6**, 736 (1963).
    W. S. Johnson, W. H. Lunn u. K. Fitzi, Am. Soc. **86**, 1972 (1964).
    J.-C. Richer u. J.-M. Hachey, Canad. J. Chem. **46**, 1572 (1968).
[7] H. Zinnes et al., J. Org. Chem. **30**, 2241 (1965).
[8] E. Winterfeldt, J. M. Nelke u. T. Korth, B. **104**, 802 (1971).

Bei enolisierbaren α-Diketonen wird mit Lithiumalanat infolge von Enol-Bildung nur eine Keton-Gruppe reduziert, so daß als Reaktionsprodukte hauptsächlich α-Hydroxy-ketone isoliert werden[1,2]; z.B.[1]:

2-Hydroxy-1-oxo-cyclohexan;
41% d. Th.

Enolisierbare α- und β-Diketone werden mit Natriumboranat in protischer Lösung zu den entsprechenden Diolen reduziert; zur Zurückdrängung der Enolat-Bildung muß in schwach alkalischer Lösung gearbeitet werden. Von den gebildeten Diastereoisomeren ergeben interessanterweise nur die *threo*-1,2- und *erythro*-1,3-Diole stabile komplexe Borsäureester[3] (weiteres s.S. 323f.).

Über die Reduktion von Diketonen zu den Kohlenwasserstoffen s.S. 285.

αα₃) mit C,C-Mehrfachbindungen

i₁) von ungesättigten Aldehyden und Ketonen

Ungesättigte Aldehyde und Ketone mit isolierten C,C-Mehrfachbindungen werden durch komplexe Metallhydride in der Regel zu ungesättigten Alkoholen reduziert, während die mit der Oxo-Gruppe konjugierte und dadurch polarisierte C=C-Doppelbindung ebenfalls angegriffen werden kann, so daß unter 1,4-Addition gesättigte Oxo-Verbindungen, unter Vollreduktion gesättigte Alkohole und besonders in Gegenwart elektrophiler Hydride ungesättigte und gesättigte Kohlenwasserstoffe erhalten werden. Zur Reduktion von 3-Oxo-cyclopenten mit verschiedenen Aluminium- und Borhydriden s. Tab. 20 (S. 298), Tab. 28 (S. 334).

Die selektive Reduktion ungesättigter Oxo-Verbindungen zu ungesättigten Alkoholen läßt sich zumeist bereits mit Natriumboranat[4] in protischer Lösung durchführen[5-7], wobei bei konjugierten Ketonen mit der Bildung gesättigter Alkohole gerechnet werden

[1] L. W. Trevoy u. W. G. Brown, Am. Soc. **71**, 1675 (1949).
[2] C. H. Snyder, J. Org. Chem. **31**, 4220 (1966).
    P. Bey u. R. Hanna, Tetrahedron Letters **1970**, 1299.
    C. H. Robinson, L. Milewich u. K. Huber, J. Org. Chem. **36**, 211 (1971).
[3] J. Dale, Soc. **1961**, 910, 922.
    A. J. Hubert, B. Hargitay u. J. Dale, Soc. **1961**, 931.
[4] In Gegenwart von Lanthaniden-Salzen tritt lediglich eine 1,2-Addition ein:
    J.-L. Luche, L. Rodriguez-Hahn u. P. Crabbé, Chem. Commun. **1978**, 601.
    J.-L. Luche, Am. Soc. **100**, 2226 (1978).
[5] S. W. Chaikin u. W. G. Brown, Am. Soc. **71**, 122 (1949).
[6] O. H. Wheeler u. J. L. Mateos, Chem. & Ind. **1957**, 395; Canad. J. Chem. **36**, 1049 (1958).
    F. Bohlmann et al., B. **94**, 958, 3193 (1961).
    A. Holý u. A. Vystrcil, Collect. czech. chem. Commun. **27**, 1861 (1962).
    P. S. Venkataramani et al., Tetrahedron **22**, 2021 (1966).
    S. Görög, J. Pharm. Sci. **57**, 1737 (1968).
    W. Sucrow u. W. Richter, B. **103**, 3771 (1970).
    A. F. Cockerill u. D. M. Rackham, Soc. [Perkin Trans. II] **1972**, 2076.
[7] M. R. Johnson u. B. Rickborn, J. Org. Chem. **35**, 1041 (1970).

Tab. 20: Reduktion von 3-Oxo-cyclopenten mit Bor- und Aluminiumhydriden[1]

Reduktionsbedingungen	Zusammensetzung des Reduktionsproduktes (gaschromatographisch bestimmt)			
	O	OH	O	OH
9-BBN; THF; 0°	0,0	100,0	0,0	0,0
Na[BH$_4$]; Äthanol; 78°	0,0	0,0	0,0	100,0
AlH$_3$; THF, 0°	0,0	90,0	6,1	3,9
[(H$_3$C)$_2$CH–CH$_2$]$_2$AlH; Benzol; 0°	0,5	99,0	0,0	0,5
LiAlH$_4$; THF; 0°	0,0	14,0	2,5	83,5
Li{AlH[OC(CH$_3$)$_3$]$_3$}; THF 0°	0,0	0,0	11,2	88,8

muß[2,3]. Zimtaldehyd liefert z.B. in Methanol in 97%iger Ausbeute *Zimtalkohol*[4], während 4-Oxo-2-methyl-penten-(2) in 50%igem Äthanol mit 89%iger Ausbeute ein Gemisch von 92% *4-Hydroxy-2-methyl-penten-(2)* und 8% *4-Methyl-pentanol-(2)*[2,4] liefert:

$$(H_3C)_2C=CH-CO-CH_3 \xrightarrow{Na[BH_4]} (H_3C)_2C=CH-\overset{OH}{\underset{|}{CH}}-CH_3 + (H_3C)_2CH-CH_2-\overset{OH}{\underset{|}{CH}}-CH_3$$

Gesättigte Alkohole bilden sich besonders bei cyclisch konjugierten Ketonen. Der Anteil der 1,4-Additionsprodukte kann durch Anwendung von Glykoläthern als Lösungsmittel oder vorteilhafter durch Reduktion in Gegenwart einer organischen Base (z.B. Pyridin) erhöht werden[5,6]:

---

[1] Brown u. H.M. Hess, J. Org. Chem. **34**, 2206 (1969).
  K.E. Wilson, R.T. Seidner u. S. Masamune, Chem. Commun. **1970**, 213.
  S. Krishnamurthy u. H.C. Brown, J. Org. Chem. **40**, 1864 (1975).
[2] M.R. Johnson u. B. Rickborn, J. Org. Chem. **35**, 1041 (1970).
[3] F. Sondheimer et al., Chem. & Ind. **1954**, 1482.
  R. Albrecht u. C. Tamm, Helv. **40**, 2216 (1957).
  R. Denss et al., Helv. **42**, 1191 (1959).
  T.L. Jacobs u. R.B. Brownfield, Am. Soc. **82**, 4033 (1960).
  H.L. Goering, R.W. Greiner u. M.F. Sloan, Am. Soc. **83**, 1391 (1961).
  N.W. Arwater, Am. Soc. **83**, 3071 (1961).
  K. Yamada, Bl. chem. Soc. Japan **35**, 1334 (1962).
  P.L. Southwick u. E.F. Barnas, J. Org. Chem. **27**, 98 (1962).
  G.P. Thakar, N. Janaki u. B.C. Subba Rao, Indian J. Chem. **3**, 74 (1965).
  L. Jurd, Chem. & Ind. **1967**, 2175.
  J.A. Waters u. B. Witkop, Am. Soc. **90**, 758 (1968).
  J.W. De Leeuw et al., Tetrahedron Letters **1973**, 2191.
  M. Cussac u. A. Boucherie, Bl. **1974**, 1437.
  H. Handel u. J.L. Pierre, Tetrahedron **31**, 2799 (1975).
  M.-T. Langin-Lantéri, Y. Infarnet u. A. Accary, C. r. **288**, 283 (1979).
[4] S.W. Chaikin u. W.G. Brown, Am. Soc. **71**, 122 (1949).
[5] D. Kupfer, Tetrahedron **15**, 193 (1961).
  K. Adank et al., Helv. **46**, 1030 (1963).
  W.R. Jackson u. A. Zurqiyah, Soc. **1965**, 5280.
  H. Wamhoff, G. Schorn u. F. Korte, B. **100**, 1296 (1967).
  H. Wamhoff u. F. Korte, B. **101**, 772 (1968).
  K. Iqbal u. W.R. Jackson, Soc. [C] **1968**, 616.
  J.W. Lewis u. M.J. Readhead, Tetrahedron **24**, 1829 (1968).
  H.J. Williams, Tetrahedron Letters **1975**, 1271.
[6] S.B. Kadin, J. Org. Chem. **31**, 620 (1966).

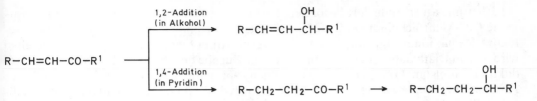

Je nach Hydrid-Überschuß können sowohl gesättigte Ketone, als auch gesättigte Alkohole erhalten werden; z. B.[1]:

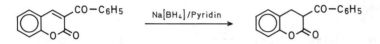

2-Oxo-3-benzoyl-chroman[1]: Eine Lösung von 12,5 g (0,05 Mol) 3-Benzoyl-cumarin in 75 ml Pyridin wird unter Rühren mit 1,89 g (0,05 Mol) Natriumboranat versetzt. Die Mischung erwärmt sich auf 50°. Dann kühlt man mit Eiswasser ab und gießt nach 30 Min. in 600 ml kalte 2 n Salzsäure ein. Das Produkt wird abgesaugt und aus Äthanol umkristallisiert; Ausbeute: 10 g (79% d. Th.); F: 100–101°.

Analoge Reduktionen werden auch mit Kaliumboranat in wäßrig-methanolischem Triäthylamin durchgeführt[2]. Die Reduktion konjugierter Aldehyde und Ketone mit Natrium- und Tetrabutylammonium-cyano-trihydrido-borat in salzsaurem Methanol und THF oder schwefelsaurem HMT verläuft wie die entsprechende Reaktion mit Natriumboranat in protischer Lösung, nur bilden sich aus Oxo-Verbindungen, in denen die C=C-Doppelbindung von einer Phenyl-Gruppe flankiert ist, auch ungesättigte Kohlenwasserstoffe (vgl. S. 303f.), in Methanol Methyl-allyl-äther[3].

Die sterisch behinderten Lithium[4]- und Kalium-trialkyl-hydrido-borate[5] reduzieren konjugierte Ketone äußerst selektiv an der α,β−C=C-Doppelbindung; z. B.:

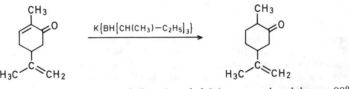

3-Oxo-4-methyl-1-isopropenyl-cyclohexan; 98% d. Th.

Die in β-Stellung substituierten Ketone ergeben mit dieser Methode infolge sterischer Hinderung hauptsächlich ungesättigte Alkohole.

Das Ausmaß der 1,4-Addition nimmt in der folgenden Richtung ab:

Natriumboranat/Pyridin > Lithium-tetrakis-[1,2-dihydro-pyridyl-(1)]-aluminat > Natriumboranat/Alkohol > Lithium-tri.-tert.-butyloxy-hydrido-aluminat > Lithiumalanat > Lithium-trimethoxy-hydrido-aluminat > Aluminiumhydrid > Bis-[2-methyl-propyl]-aluminiumhydrid

[1] S. B. KADIN, J. Org. Chem. **31**, 620 (1966).
[2] C. H. EUGSTER, Helv. **40**, 2462 (1957).
   C. H. EUGSTER et al., Helv. **41**, 205, 583 (1958).
   G. LE GUILLANTON, Bl. **1963**, 611.
[3] R. F. BORCH, M. D. BERNSTEIN u. H. D. DURST, Am. Soc. **93**, 2897 (1971).
   M.-H. BOUTIGUE, R. JACQUESY u. Y. PETIT, Bl. **1973**, 3062.
   R. O. HUTCHINS u. D. KANDASAMY, J. Org. Chem. **40**, 2530 (1975).
[4] E. J. COREY, K. B. BECKER u. R. K. VARMA, Am. Soc. **94**, 8616 (1972).
   B. GANEM u. J. M. FORTUNATO, J. Org. Chem. **40**, 2846 (1975); **41**, 2194 (1976).
   W. G. DAUBEN u. J. W. ASHMORE, Tetrahedron Letters **1978**, 4487.
[5] B. GANEM, J. Org. Chem. **40**, 146 (1975).

Lithiumalanat[1] reduziert besonders leicht die mit einem aromatischen Ring konjugierte C,C-Mehrfachbindung. Unter kontrollierten Bedingungen können jedoch auch selektive Reduktionen zum **ungesättigten Alkohol** durchgeführt werden. Zimtaldehyd wird z. B. in Diäthyläther bei $-10°$ und inverser Zugabe der theoretischen Menge des Reduktionsmittels in 90%iger Ausbeute, Phenyl-propargylaldehyd bei 35° in 60%iger Ausbeute zu *Zimtalkohol* reduziert[2]. Mit einem Hydrid-Überschuß erhält man ausschließlich *3-Phenyl-propanol*.

Während i. a. ungesättigte Ketone zu Allylalkoholen reduziert werden[3], erhält man aus Vinyl-aryl-ketonen unter 1,4-Addition (Enol-Bildung) gesättigte Ketone; z. B.[4]:

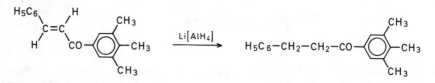

4-Hydroxy-2-methyl-penten-(2)[5]: Zu einer Lösung von 98 g (1 Mol) 4-Oxo-2-methyl-penten-(2) in 250 *ml* abs. Diäthyläther gibt man unter Rühren und unter Stickstoff eine Lösung von 19 g (0,5 Mol) Lithiumalanat in 250 *ml* abs. Diäthyläther so zu, daß die Mischung gelinde siedet. Man zersetzt vorsichtig mit Eiswasser, verdünnt mit 500 *ml* Wasser, dekantiert die Äther-Lösung von der wäßr. Suspension und extrahiert letzere durch Zusammenschütteln und Dekantieren dreimal mit je 250 *ml* Diäthyläther. Die organ. Lösung wird gewaschen, getrocknet, eingeengt und der Rückstand i. Vak. destilliert; Ausbeute: 75 g (75% d. Th.); Kp$_{15}$: 44,5–45°.

Bei saurer Aufarbeitung tritt Allyl-Verschiebung ein.

Aluminiumhydrid reduziert im Gegensatz zu Lithiumalanat Zimtaldehyd auch in großem Überschuß bei 20° nur zum *Zimtalkohol*[6].

3-Hydroxy-1-methyl-cyclopenten[7]:

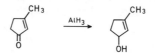

---

[1] Bei Maskierung des Lithium-Ions mit Kryptaten tritt hauptsächlich 1,4-Addition ein: A. LOUPY u. J. SEYDEN-PENNE, Tetrahedron Letters **1978**, 2571; Tetrahedron **36**, 1937 (1980).
s. a. S. TERASHIMA, N. TANNO u. K. KOGA, Tetrahedron Letters **1980**, 2753.
[2] F. A. HOCHSTEIN u. G. W. BROWN, Am. Soc. **70**, 3484 (1948).
F. WILLE u. F. KNÖRR, B. **85**, 841 (1952).
A. DORNOW, G. WINTER u. W. VISSERING, B. **87**, 629 (1954).
M. J. JORGENSON, Tetrahedron Letters **1962**, 559.
H. MORIMOTO et al., A. **715**, 146 (1968).
[3] R. E. LUTZ u. J. S. GILLESPIE, Am. Soc. **72**, 2002 (1950).
R. E. LUTZ u. D. F. HINKLEY, Am. Soc. **72**, 4091 (1950).
C. S. RONDESTVEDT, Am. Soc. **73**, 4509 (1951).
E. D. BERGMANN et al., Bl. **1951**, 661.
N. O. V. SONNTAG et al., Am. Soc. **75**, 2283 (1953).
A. DORNOW u. W. BARTSCH, B. **87**, 633 (1954).
R. E. LUTZ et al., J. Org. Chem. **20**, 218 (1955).
R. E. LUTZ u. E. H. RINKER, Am. Soc. **77**, 366 (1955).
H. H. WASSERMANN u. N. E. AUBREY, Am. Soc. **77**, 590 (1955).
A. P. PHILLIPS u. J. MENTHA, Am. Soc. **78**, 140 (1956).
H. O. HOUSE u. D. J. REIF, Am. Soc. **79**, 6491 (1957).
E. A. BRAUDE u. P. H. GORE, Soc. **1959**, 41.
R. C. FUSON u. J. J. LOOKER, J. Org. Chem. **27**, 3357 (1962).
T. HASE, Acta chem. scand. **22**, 2845 (1968).
H. HANDEL u. J. L. PÍERE, Tetrahedron **31**, 2799 (1975).
[4] R. E. LUTZ u. J. O. WEISS, Am. Soc. **77**, 1814 (1955).
[5] M. E. CAIN, Soc. **1964**, 3532.
[6] M. J. JORGENSON, Tetrahedron Letters **1962**, 559.
[7] H. C. BROWN u. H. M. HESS, J. Org. Chem. **34**, 2206 (1969).

Zu einer Lösung von 10 g (104 mMol) 3-Oxo-1-methyl-cyclopenten in 400 *ml* abs. THF werden unter Rühren und unter Stickstoff bei 0° innerhalb 15 Min. 90 *ml* (69,3 mMol) einer 0,77 m Aluminiumhydrid-Lösung in abs. THF getropft. Man rührt 30 Min. bei 0°, hydrolysiert durch Zugabe von 2,1 *ml* Wasser, 2,1 *ml* 15%iger Natronlauge und 6,3 *ml* Wasser, sättigt mit Natriumcarbonat, trennt die wäßr. Schicht ab, schüttelt mit Diäthyläther aus, wäscht die organ. Lösungen mit ges. Natriumhydrogencarbonat-Lösung, trocknet mit Kaliumcarbonat, engt ein und destilliert den Rückstand; Ausbeute: 7,8 g (76,2% d.Th.); Kp$_{12}$: 70–71°.

Entsprechend wird *endo-5-Hydroxy-3-methyl-endo-tricyclo[5.2.1.0^{2,6}]decen-(3)* (89% d.Th.; F: 79,4–79,9°) erhalten.

Äußerst selektive 1,2-Reduktionsmittel sind Bis-[2-methyl-propyl]-aluminiumhydrid[1], Tris-[2-methyl-propyl]-aluminium[2], Natrium-bis-[2-methyl-propyl]-dihydrido-aluminat[3] und besonders 9-Bora-bicyclo[3.3.1]nonan[4] (9-BBN, S. 7). Letzteres ergibt zuerst ein Alkoxy-boran, das zweckmäßig mit 2-Amino-äthanol gespalten wird.

3-Hydroxy-cyclopenten[4]: Unter kräftigem Rühren werden zu einer Lösung von 8,21 g (8,35 *ml*, 100 mMol) 3-Oxo-cyclopenten in 25 *ml* abs. THF unter Stickstoff innerhalb 2 Stdn. bei 0° 171,7 *ml* (103 mMol) 0,6 m 9-BBN-Lösung in abs. THF getropft. Man rührt 4 Stdn. bei 0° und 2 Stdn. bei 25°, versetzt mit 0,5 *ml* Methanol, engt i.Vak. ein und gibt 100 *ml* abs. Pentan sowie 6,3 g (6,4 *ml*; 103 mMol) 2-Amino-äthanol zu. Es fällt der schwer filtrierbare 2-Amino-äthanol-Komplex von 9-BBN aus. Die Mischung wird zentrifugiert, die Lösung dekantiert und der Niederschlag dreimal mit je 30 *ml* Pentan unter Dekantieren gewaschen. Man engt die Pentan-Lösung ein und destilliert den Rückstand; Ausbeute: 7,12 g (85% d.Th.); Kp$_{59}$: 78°.

Auf ähnliche Weise erhält man z.B. aus

6-Oxo-1-methyl-3-äthoxycarbonyl-cyclohexen	→ *6-Hydroxy-1-methyl-3-äthoxycarbonyl-cyclohexen*	86% d.Th.
o-Nitro-zimtaldehyd	→ *o-Nitro-zimtalkohol*	76% d.Th.

Zur 1,2-Reduktion mit Dimethylsulfan-Boran[5] s.Lit. Während α,β-ungesättigte Ketone mit Natriumhydrid/Natrium-2-methyl-pentanolat-(2)/Nickel(II)-acetat (THF; 20°) in hohen Ausbeuten Alkanone liefern[6], erhält man mit Natriumhydrid/Zinkchlorid Allylalkohole[6].

Triäthyl-siliciumhydrid in Trifluoressigsäure reduziert konjugierte Ketone äußerst selektiv zu gesättigten Ketonen[7,8].

1-Oxo-1,3-diphenyl-propan[7]: Zu einer Lösung von 3,12 g (15 mMol) Chalcon und 1,77 g (15 mMol) Triäthyl-siliciumhydrid in 5 *ml* Chloroform gibt man unter Rühren 5,1 g (45 mMol) Trifluoressigsäure. Nach exothermer Reaktion erhitzt man 7 Stdn. bei 60° und destilliert; Ausbeute: 2,5 g (80% d.Th.); Kp$_{10}$: 182°; F: 69–70°.

Analog erhält man z.B. aus:

H$_2$C=CH–CO–CH$_3$	→ *Butanon-(2)*	94% d.Th.
4-F–H$_4$C$_6$–CO–CH=CH–C$_6$H$_5$	→ *1-Oxo-3-phenyl-1-(4-fluor-phenyl)-propan*	75% d.Th.

In 1,3-Dioxo-2-(4-methyl-benzyliden)-indan werden die Oxo-Gruppen auch von einem großen Triäthyl-siliciumhydrid-Überschuß nicht angegriffen[9].

---

[1] K. E. Wilson, R. T. Seidner u. S. Masamune, Chem. Commun. **1970**, 213.

[2] K. Ziegler, K. Schneider u. J. Schneider, A. **623**, 9 (1959).

[3] L. I. Žakharkin u. V. V. Gavrilenko, Izv. Akad. SSSR **1960**, 2245.

[4] S. Krishnamurthy u. H. C. Brown, J. Org. Chem. **40**, 1864 (1975).
  H. C. Brown, S. Krishnamurthy u. N. M. Yoon, J. Org. Chem. **41**, 1778 (1976).
  S. Krishnamurthy u. H. C. Brown, J. Org. Chem. **42**, 1197 (1977).

[5] E. Mincione, J. Org. Chem. **43**, 1829 (1978).

[6] L. Mordenti, J. J. Brunet u. P. Caubère, J. Org. Chem. **44**, 2203 (1979).

[7] S. N. Parnes et al., Ž org. Chim. **7**, 2066 (1971).
  D. N. Kursanow et al., Synthesis **1973**, 420.

[8] E. Yoshii u. M. Yamasaki, Chem. Pharm. Bull. (Tokyo) **16**, 1158 (1968).

[9] D. N. Kursanow et al., Izv. Akad. SSSR **1974**, 843.

1,3-Dioxo-2-(4-methyl-benzyl)-indan[1]: 11,4 g (0,1 Mol) Trifluoressigsäure wird unter Rühren langsam zu einer Lösung von 2,49 g (0,01 Mol) 1,3-Dioxo-2-(4-methyl-benzyliden)-indan und 2,34 g (0,02 Mol) Triäthyl-siliciumhydrid in 5 ml Tetrachlormethan gegeben. Man rührt 8 Stdn. bei 50–55° weiter, kühlt ab, schüttelt mit Wasser aus und engt ein. Der Rückstand wird mit ges. Natriumcarbonat-Lösung verrührt, mit Salzsäure angesäuert, das Rohprodukt filtriert und aus Äthanol umkristallisiert; Ausbeute: 1,88 g (75% d. Th.); F: 103,5–105°.

Mit größerem Überschuß an Reduktionsmittel (2–3 Mol-Äquiv.) werden aus 3-Oxo-1-alkenen gesättigte Alkohole, aus Chalkonen gesättigte Kohlenwasserstoffe[2] erhalten; z. B.:

$H_2C=CH-CO-CH_3$	→ Butanol-(2)	70% d. Th.
$(H_3C)_2C=CH-CO-CH_3$	→ 4-Methyl-pentanol-(2)	90% d. Th.
$(H_5C_6-CH=CH)_2CO$	→ 1,5-Diphenyl-pentanol-(3)	90% d. Th.
$H_5C_6-CH=CH-CO-C_6H_5$	→ 1,3-Diphenyl-propan	80% d. Th.

Die Herstellung von Allylalkoholen mit Organo-siliciumhydriden gelingt nur in Gegenwart von Edelmetall-Komplexsalzen oder Bis-[dibutyl-acetoxy-zinn]-oxid[3].

Mit Triäthyl-siliciumhydrid/Titan(IV)-chlorid in Dichlormethan wird die C=C-Doppelbindung selektiv reduziert[4].

Organo-zinnhydride reduzieren konjugierte Aldehyde und Ketone entgegen den früheren Behauptungen[5] hauptsächlich unter 1,4-Addition[6, 7]. Neben den gesättigten Oxo-Verbindungen können sich auch verschiedene Hydrostannierungsprodukte bilden. Die Reduktion von 4-Oxo-2-methyl-penten-(2) verläuft jedoch ausschließlich unter Bildung von 4-Oxo-2-methyl-pentan[7].

Hauptanwendungsgebiete dieser Reduktion sind die Herstellung deuterierter Ketone[8] (vgl. S. 82f.) und selektive Reduktionen in der Steroid-Reihe[9].

Auch komplexe Kupfer(I)-hydride reduzieren hauptsächlich unter 1,4-Addition (Bildung gesättigter Aldehyde und Ketone)[10]. Einfacher ist die Reduktion mit Natrium- bzw. Kalium-tetracarbonyl-hydrido-ferrat einfacher En-one in wäßrigem Methanol; z. B. 3-Oxo-1-phenyl-butan (90% d. Th.) aus 3-Oxo-1-phenyl-buten[11] bzw. von 2-Alkyliden-1,3-dionen in Äthanol[12]:

$$R-CH=C\begin{matrix} CO-CH_3 \\ \\ CO-CH_3 \end{matrix} \xrightarrow{K[FeH(CO)_4]/C_2H_5-OH} R-CH_2-CH_2-CO-CH_3$$

[1] D. N. Kursanow et al., Izv. Akad. SSSR **1974**, 843.

[2] S. N. Parnes et al., Ž org. Chim. **7**, 2066 (1971).
   D. N. Kursanow et al., Synthesis **1973**, 420.

[3] S. I. Sadych-Sade u. A. T. Petrow, Doklady Akad. SSSR **121**, 1 (1958); Ž. obšč. Chim. **29**, 3194 (1959).
   I. Ojima, T. Kogure u. Y. Nagai, Tetrahedron Letters **1972**, 5035; Chemistry Letters **1975**, 985.
   J. Lipowitz u. S. A. Bowman, J. Org. Chem. **38**, 162 (1973).

[4] E. Yoshii et al., Chem. Pharm. Bull. [Tokyo] **25**, 1468 (1977).

[5] H. G. Kuivila u. O. F. Beumel, Am. Soc. **80**, 3798 (1958); **83**, 1246 (1961).
   J. G. Noltes u. G. J. M. van der Kerk, Chem. & Ind. **1959**, 294.

[6] A. J. Leusink u. J. G. Noltes, Tetrahedron Letters **1966**, 2221.

[7] M. Pereyre u. J. Valade, C. r. **260**, 581 (1965); Bl. **1967**, 1928.

[8] M. Pereyre u. J. Valade, Tetrahedron Letters **1969**, 489.

[9] E. Yoshii u. M. Yamasaki, Chem. Pharm. Bull. (Tokyo) **16**, 1158 (1968).
   T. Nambara, K. Shimada u. S. Goya, Chem. Pharm. Bull. (Tokyo) **18**, 453 (1970).
   U. Pommerenk, H. Sengewein u. P. Welzel, Tetrahedron Letters **1972**, 3415.

[10] R. K. Boeckman u. R. Michalak, Am. Soc. **96**, 1623 (1974).
   S. Masamune, G. S. Bates u. P. E. Georghiou, Am. Soc. **96**, 3686 (1974).
   H. O. House u. J. C. DuBose, J. Org. Chem. **40**, 788 (1975).
   M. F. Semmelhack u. R. D. Stauffer, J. Org. Chem. **40**, 3619 (1975).
   E. C. Ashby u. J. J. Lin, Tetrahedron Letters **1975**, 4453.

[11] R. Noyori, I. Umeda u. T. Ishigami, J. Org. Chem. **37**, 1542 (1972); dort zahlreiche Beispiele (96–98% Ausbeute).

[12] M. Yamashita et al., Bl. chem. Soc. Japan **51**, 835 (1978).

In Enamino-ketonen wird im Gegensatz zu den Enaminen (s.S. 76) die C=C-Doppel-bindung auch mit Lithiumalanat[1], Lithium-triäthoxy-hydrido-aluminat[2] und Natrium-bis-[2-methoxy-äthoxy]-dihydrido-aluminat[3] gesättigt. Die elektronenliefernden, flan-kierenden Amino-Gruppen der α,β-ungesättigten-β-Amino-ketone und -aldehyde akti-vieren die Carbonyl-Gruppe (vinyloge Carbonsäure-amide), so daß z.B. mit Lithium-alanat über ein stabilisiertes Allyl-Kation z.B. En-amine[4] und z.T. unter Verschiebung der Doppelbindung Schiff'sche-Basen[5], Allyl-[6] und Buten-(3)-yl-amine[6] er-halten werden; z.B.:

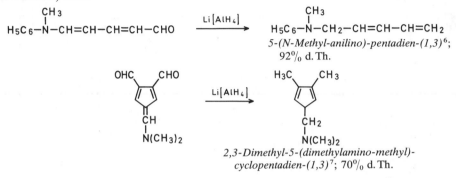

5-(N-Methyl-anilino)-pentadien-(1,3)[6];
92% d. Th.

2,3-Dimethyl-5-(dimethylamino-methyl)-cyclopentadien-(1,3)[7]; 70% d. Th.

Dagegen werden die α,β-ungesättigten α-Amino ketone zu Vinyl-aminen reduziert; z.B.[8]:

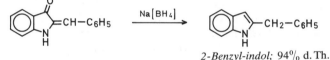

2-Benzyl-indol; 94% d. Th.

Mit Trifluoressigsäure protonierte Enaminone werden mit Natriumboranat in Isopro-panol zu den entsprechenden α,β-ungesättigten Ketonen reduziert[9] und β-Dialkylami-no-enone ergeben mit Natriumboranat/Eisen(III)-chlorid gesättigte Amino-alkohole[10]. Zur Reduktion von Aryl-, Methoxy- usw. Enamino-ketonen s.Lit.[11].

[1] F. SONDHEIMER u. A. MEISELS, J. Org. Chem. **23**, 762 (1958).
  E. WINTERFELDT, B. **97**, 2463 (1964).
[2] Y. TAMURA et al., Chem. & Ind. **1972**, 168.
[3] W. W. WESELOWSKI u. A. M. MOISEJENKOW, Synthesis **1974**, 58.
[4] B. EISTERT u. H. WURZLER, A. **650**, 157 (1961).
  D. E. AMES et al., Soc. [C] **1969**, 796.
[5] C. F. KOELSCH u. D. L. OSTERCAMP, J. Org. Chem. **26**, 1104 (1961).
  H. REINSHAGEN, Ang. Ch. **76**, 994 (1964).
[6] R. GREWE u. W. VON BONIN, B. **94**, 234 (1961).
[7] K. HAFNER et al., A. **661**, 52 (1963).
[8] M. HOOPER u. W. N PITKETHLY, Soc. [Perkin I] **1972**, 1607.
[9] L. NILSSON, Acta chem. scand. [B] **33**, 547 (1979).
[10] C. KASHIMA u. Y. YAMAMOTO, Chem. Letters **1978**, 1285.
[11] E. D. BERGMANN et al., Bl. **1951**, 661.
  E. A. BRAUDE u. J. A. COLES, Soc. **1952**, 1425.
  N. O. V. SONNTAG et al., Am. Soc. **75**, 2283 (1953).
  R. B. BRANDBURY u. D. E. WHITE, Soc. **1953**, 871.
  R. C. SHA, A. B. KULKARNI u. C. G. JOSHI, J. sci. Ind. Research (India) **13 B**, 186 (1954).
  A. B. KULKARNI u. C. G. JOSHI, J. sci. Ind. Research (India) **16 B**, 249 (1957).
  H. JÄGER u. W. FÄRBER, B. **92**, 2492 (1959).
  K. G. MARATHE, E. M. PHILBIN u. T. S. WHEELER, Chem. & Ind. **1962**, 1793.
  A. J. WARING u. H. HART, Am. Soc. **86**, 1454 (1964).
  A. C. WAISS u. L. JURD, Chem. & Ind. **1968**, 743.
  G. MARIO u. M. CHARIFI, C. r. **268**, 1960 (1969); Bl. **1970**, 3585, 3593.
  W. T. BORDEN u. M. SCOTT, Chem. Commun. **1971**, 381.

Durch Pyrolyse der aus Zimtaldehyd oder den (2-Aryl-vinyl)-alkyl- bzw. -aryl-ketonen mit Lithiumalanat erhältlichen Komplexe werden **Phenyl-cyclopropane** erhalten (vgl. S. 173 u. 219). Als Nebenprodukte bilden sich gesättigte und ungesättigte offenkettige Kohlenwasserstoffe.

Phenyl-cyclopropan[1]:

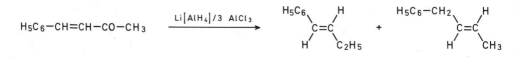

$$H_5C_6-CH=CH-CHO \quad \xrightarrow{\nabla/Li[AlH_4]} \quad H_5C_6-\triangleleft$$

Zu einer Lösung von 1,6 g (42 mMol) Lithiumalanat in 45 ml abs. Diäthyläther tropft man unter Rühren und unter Stickstoff eine Lösung von 6 g (45,5 mMol) Zimtaldehyd in 15 ml abs. Diäthyläther. Man kocht 30 Min. unter Rückfluß, engt ein und erhitzt den Rückstand bei 200–210° und 7–8 Torr, wobei das Produkt abdestilliert; Ausbeute: 3,1 g (60% d. Th.); Kp: 172–173°.

Konjugierte Aldehyde und Ketone werden durch **Lithiumalanat/Aluminiumchlorid-Mischungen** neben Dienen und Alkanen hauptsächlich zu **Olefinen** reduziert[2-4], die aufgrund der intermediären Bildung des Allyl-Kations nicht einheitlich sind. So erhält man z.B. aus 3-Oxo-1-phenyl-buten-(1) 46% *trans-1-Phenyl-buten-(1)* und 23,5% *trans-1-Phenyl-buten-(2)*[5]:

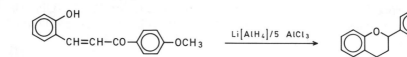

Die Methode ist in der Steroid-Reihe von Bedeutung[2, 6]. So erhält man z.B. aus 3-Oxo-cholesten-(4) neben wenig Cholestan 85% d. Th. *Cholesten-(4)*[2, 7].

Aus 2-Hydroxy-4'-methoxy-chalkon wird in Gegenwart eines großen Aluminiumchlorid-Überschusses *4'-Methoxy-flavan* erhalten[3]:

Mit **Diboran** wird in der Regel die Oxo-Gruppe reduziert und die C=C-Doppelbindung hydroboriert[8-10].

[1] L. I. ŽAKHARKIN u. L. A. SAVINA, Izv. Akad. SSSR **1965**, 1508; Ž. obšč. Chim. **37**, 2565 (1967).

[2] J. BROOME u. B. R. BROWN, Chem. & Ind. **1956**, 1307.

   J. BROOME et al., Soc. **1960**, 1406.

[3] M. BOKADIA et al., Soc. **1962**, 1658.

[4] N. BASU et al., Tetrahedron **21**, 2641 (1965).

   J. H. BREWSTER u. J. E. PRIVETT, Am. Soc. **88**, 1419 (1966).

   T. HASE, Acta chem. scand. **22**, 2845 (1968); **23**, 2403, 2409 (1969).

   W. RIED, W. MERKEL u. H. J. HERRMANN, A. **750**, 91 (1971).

   H. J. WILLIAMS, Tetrahedron Letters **1975**, 1271.

[5] J. H. BREWSTER u. H. O. BAYER, J. Org. Chem. **29**, 116 (1964).

[6] P. ZIEGLER u. J. C. GRIVAS, Canad. J. Chem. **46**, 1574 (1968).

   J. E. BRIDGEMAN et al., Chem. Commun. **1967**, 898; Soc. [C] **1970**, 244.

[7] O. H. WHEELER u. J. L. MATEOS, Chem. & Ind. **1957**, 395; Canad. J. Chem. **36**, 1431 (1958).

[8] L. CAGLIOTI u. G. CAINELLI, Atti Accad. naz. Lincei, Rend., Cl. Sci. fisiche, mat. natur. **29**, 555 (1960); **30**, 224 (1961).

   L. CAGLIOTI et al., G. **92**, 309 (1962).

[9] Y. CHRÉTIEN-BESSIÈRE, Bl. **1964**, 2182.

[10] J. KLEIN u. E. DUNKELBLUM, Tetrahedron **24**, 5701 (1968).

Reduktionen zum ungesättigten Alkohol[1, 2], zum gesättigten Keton[3] und zum gesättigten Alkohol[4] treten selten ein. Flavon wird durch Diboran unter energischeren Bedingungen an der Äther-Gruppe aufgespalten[5].

Cyclische konjugierte En-one lassen sich durch Hydroborierung und Acetolyse in Olefine überführen[6, 7]. Analog reagieren die entsprechenden Enolester[6]. Die Reduktion verläuft bei 3-Oxo-Δ^4-steroiden nach Acetolyse des intermediären Organo-borans mit Essigsäureanhydrid stereospezifisch unter 1,2-Eliminierung und Verschiebung der C=C-Doppelbindung; z. B.[8]:

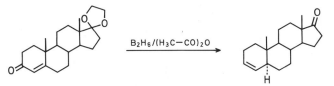

17-Oxo-5α-androsten-(3)[8]: 0,5 g (1,52 mMol) 17,17-Äthylendioxy-3-oxo-androsten-(4) werden in 20 *ml* abs. Bis-[2-methoxy-äthyl]-äther unter Stickstoff 1 Stde. bei 20° mit einem großen Diboran-Überschuß behandelt, 40 Min. bei 20° stehen gelassen, mit 10 *ml* Essigsäureanhydrid 1 Stde. am Rückfluß gekocht, i. Vak. eingedampft und in Wasser gegossen. Man extrahiert die Mischung mit Diäthyläther, wäscht den Auszug mit 10%iger Natronlauge und Wasser, trocknet mit Natriumsulfat und engt ein. Der Rückstand wird an 30 g Aluminiumoxid (Woelm II) mit Benzol chromatographiert; Ausbeute: 0,35 g (85% d. Th.); F: 125–126°.

Diphenyl-cyclopropenon ergibt nach Reaktion mit Diboran und Protonolyse mit Butansäure in 45%iger Ausbeute *cis-1,2-Diphenyl-cyclopropan*[9]:

$$H_5C_6 \overset{\overset{O}{\parallel}}{\diagdown} C_6H_5 \quad \xrightarrow{B_2H_6/H_7C_3-COOH} \quad H_5C_6 \diagup C_6H_5$$

Konjugierte Ketone reagieren mit **nucleophilen Hydriden** wie Natriumboranat, Lithiumalanat und Lithium-tri-tert.-butyloxy-hydrido-aluminat in der Regel langsamer[10], mit elektrophilen Hydriden wie z. B. Diboran dagegen schneller[2] als gesättigte Ketone. Die Reaktivität der nicht-konjugierten En-one liegt zwischen den beiden Werten. Diese Tatsache ermöglicht die selektive Reduktion der nicht-konjugierten Keton-Gruppe neben der konjugierten und umgekehrt in En-dionen und Dien-dionen (s. a. S. 332).

---

[1] J. Klein u. E. Dunkelblum, Tetrahedron **24**, 5701 (1968).
[2] M. Stefanović u. S. Lajšić, Tetrahedron Letters **1967**, 1777.
[3] P. L. Southwick et al., J. Org. Chem. **31**, 1 (1966).
[4] R. Bognár et al., Tetrahedron **18**, 135 (1962).
[5] G. P. Thakar, N. Janaki u. B. C. Subba Rao, Indian J. Chem. **3**, 74 (1965).
   W. C. Still u. D. J. Goldsmith, J. Org. Chem. **35**, 2282 (1970).
   K. M. Biswas u. A. H. Jackson, Soc. [C] **1970**, 1667.
[6] L. Caglioti u. G. Cainelli, Atti Accad. naz. Lincei, Rend., Cl. Sci. fisiche, mat. natur. **29**, 555 (1960); **30**, 224 (1961).
   L. Caglioti et al., G. **92**, 309 (1962).
[7] L. Caglioti, G. Cainelli u. A. Selva, Chimica e Ind. **44**, 36 (1962).
   K. Bailey u. T. G. Halsall, Soc. [C] **1968**, 679.
   F. J. Scmitz u. C. A. Peters, Soc. [C] **1971**, 1905.
   I. Midgley u. C. Djerassi, Tetrahedron Letters **1972**, 4673.
[8] L. Caglioti et al., Tetrahedron **20**, 957 (1964).
[9] E. Dunkelblum, Tetrahedron **28**, 3879 (1972).
[10] O. H. Wheeler u. J. L. Mateos, Canad. J. Chem. **36**, 1049 (1958).
   J. L. Mateos, J. Org. Chem. **24**, 2034 (1959).
   J. Fajkoš, Collect. czech. chem. Commun. **24**, 2284 (1959).
   H. L. Herzog et al., Am. Soc. **83**, 4073 (1961).
   D. Kupfer, Tetrahedron **15**, 193 (1961).
   H. Haubenstock, J. Org. Chem. **37**, 656 (1972).
   H. Haubenstock u. P. Quezada, J. Org. Chem. **37**, 4067 (1972).

i₂) von α-Oxo-enoläthern

Eine präparativ wichtige Methode zur Herstellung monocyclischer[1, 2], bicyclischer[3] und heterocyclischer[4] **ungesättigter Ketone** mit konjugierter C=C-Doppelbindung besteht in der Reduktion von Enoläthern enolisierbarer β-Diketone mit komplexen Metallhydriden und nachfolgender saurer Aufarbeitung des gebildeten Hydroxy-enoläthers unter Allyl-Umlagerung[5, 6]. So erhält man z.B. aus 1-Äthoxy-3-oxo-cyclohexen bei alkalischer Aufarbeitung des mit **Lithiumalanat** reduzierten Ansatzes 79% d.Th. *3-Hydroxy-1-äthoxy-cyclohexen*[6], bei saurer Aufarbeitung 62–75% d.Th. *3-Oxo-cyclohexen*[7]:

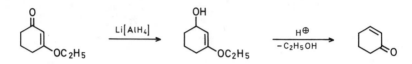

3-Hydroxy-1-äthoxy-cyclohexen[6]: 28 g (0,2 Mol) 1-Äthoxy-3-oxo-cyclohexen werden unter Rühren und unter Stickstoff zu einer Lösung von 2,5 g (0,068 Mol) Lithiumalanat in abs. Diäthyläther gegeben. Man erhitzt 30 Min. unter Rückfluß, versetzt mit 5 *ml* Wasser und 4,5 *ml* 10%iger Natronlauge, rührt 2 Stdn., filtriert, trocknet das Filtrat und destilliert; Ausbeute: 22,4 g (79% d.Th.); Kp₀,₆: 65–66°.

3-Oxo-2,4-diphenyl-cyclohexen[2]:

10 g (0,036 Mol) 2-Methoxy-6-oxo-1,3-diphenyl-cyclohexen in 250 *ml* abs. Diäthyläther werden unter Stickstoff langsam unter Rühren zu 50 *ml* (0,037 Mol) einer auf 0° gekühlten 2,8%igen Lithiumalanat-Lösung in abs. Diäthyläther gegeben. Man erhitzt die Mischung 1,5 Stdn. unter Rückfluß, kühlt ab und zersetzt mit ges. Ammoniumchlorid-Lösung. Die Äther-Schicht wird abgetrennt, die wäßr. Phase mit Diäthyläther ausgeschüttelt, die vereinigten Äther-Lösungen getrocknet und eingeengt. Der Rückstand wird i. Vak. destilliert; Ausbeute: 8 g (89% d.Th.); Kp₀,₅: 167–168°.

Analog erhält man z.B. aus:

    → *3-Oxo-5-methyl-cyclohexen*[8]; 92% d.Th.; Kp₈: 60°

    → *3-Oxo-5-isopropyl-cyclohexen*[9]; 64% d.Th.; Kp₁₃: 104–108°

[1] E. E. VAN TAMELEN u. G. T. HILDAHL, Am. Soc. **78**, 4405 (1956).
[2] B. E. BETTS u. W. DAVEY, Soc. **1961**, 3340.
[3] R. B. WOODWARD et al., Am. Soc. **74**, 4225 (1952).
  A. J. SPEZIALE, J. A. STEPHENS u. Q. E. THOMPSON, Am. Soc. **76**, 5011 (1954).
  H. CONROY u. E. COHEN, J. Org. Chem. **23**, 616 (1958).
  W. F. KUTSCHEROW, L. N. IWANOWA u. T. A. SEWERINA, Izv. Akad. SSSR **1961**, 1348.
[4] I. K. KOROBIZINA u. K. K. PIWNIZKI, Ž. obšč; Chim. **30**, 4016 (1960).
[5] M. STILES u. A. LONGROY, Tetrahedron Letters **1961**, 337.
[6] M. STILES u. A. LONGROY, J. Org. Chem. **32**, 1095 (1967).
[7] W. F. GANNON u. H. O. HOUSE, Org. Synth., Coll. Vol. V, 294 (1973).
[8] J. P. BLANCHARD u. H. L. GOERING, Am. Soc. **73**, 5863 (1951).
[9] R. L. FRANK u. H. K. HALL, Am. Soc. **72**, 1645 (1950).

→ *3-Oxo-2-phenyl-cyclohexen*[1]; 50% d.Th.; Kp: 95–96°

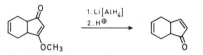 → *6-Oxo-3,3-dimethyl-1-phenyl-cyclohexen*[1]; 30% d.Th.; F: 172–174°
(2,4-Dinitro-phenylhydrazon)

9-Oxo-cis-bicyclo[4.3.0]nonadien-(3,7)[2]:

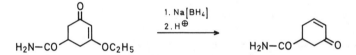

Zu einer Lösung von 68 g (0,414 Mol) 7-Methoxy-9-oxo-*cis*-bicyclo[4.3.0]nonadien-(3,7) in 200 *ml* abs. Diäthyläther werden unter Rühren bei 0° und unter Stickstoff 6,5 g (0,17 Mol) Lithiumalanat in 250 *ml* abs. Diäthyläther gegeben. Man erhitzt 1 Stde. unter Rückfluß, kühlt ab, versetzt mit 25 *ml* Wasser, gießt in 10%ige Schwefelsäure und trennt die Äther-Phase ab. Die wäßr. Phase wird mit Diäthyläther ausgeschüttelt, die vereinigten Äther-Lösungen mit Natriumhydrogencarbonat-Lösung und Wasser gewaschen, getrocknet und destilliert. Das Rohprodukt wird an einer Drehbandkolonne fraktioniert; Ausbeute: 17,51 g (32,4% d.Th.); Kp$_{20}$: 118–119°.

Aus 2-Methoxy-4-oxo-4-phenyl-buten-(2) erhält man auf analoge Weise 92% d.Th. *3-Oxo-1-phenyl-buten*[3]. Sind weitere mit Lithiumalanat reduzierbare Gruppen vorhanden, so wird vor allem Natriumboranat eingesetzt; z.B.[4]:

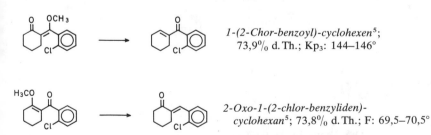

3-Oxo-5-aminocarbonyl-cyclohexen[4]: Zu einer mit Eis gekühlten Suspension von 0,5 g (2,7 Mol) 1-Äthoxy-3-oxo-5-aminocarbonyl-cyclohexen in 20 *ml* Methanol werden unter Rühren 0,5 g (13 mMol) Natriumboranat (in Portionen von 0,1 g verteilt) innerhalb 2,5 Stdn. gleichmäßig zugegeben. Man läßt 20 Stdn. bei 20° stehen, gießt in eine Mischung von 10 *ml* Eiswasser und 4 *ml* konz. Schwefelsäure, neutralisiert mit Natriumhydrogencarbonat und engt i. Vak. ein. Der Rückstand wird mit Chloroform ausgezogen, der Auszug eingeengt und der Rückstand abgesaugt; Ausbeute: 0,26 g (68% d.Th.); F: 120–122° (nach Sublimation und Umkristallisieren aus Benzol/Chloroform).

Analog erhält man z.B. aus:

1-(2-Chor-benzoyl)-cyclohexen[5];
73,9% d.Th.; Kp$_3$: 144–146°

2-Oxo-1-(2-chlor-benzyliden)-
cyclohexan[5]; 73,8% d.Th.; F: 69,5–70,5°

[1] H. Born, R. Pappo u. J. Szmuszkovicz, Soc. **1953**, 1779.
[2] H. O. House u. G. H. Rasmusson, J. Org. Chem. **28**, 27 (1963).
[3] B. Eistert, W. Reiss u. H. Wurzler, A. **650**, 133 (1961).
[4] M. E. Kuehne u. B. F. Lambert, Am. Soc. **81**, 4278 (1959).
[5] R. D. Campbell u. H. H. Gilow, Am. Soc. **82**, 2389 (1960).

Die Reduktion von 2-Oxo-1-alkoxymethylen-cyclohexanen mit Lithiumalanat[1] bzw. Natriumboranat[2] ver läuft meist nicht einheitlich, da 1,2- und 1,4-Additionen parallel ablaufen. Die Methode hat daher nur be schränkte Bedeutung. Auch erfolgt die Allyl-Umlagerung bei dem gebildeten Hydroxy-enoläther nur schwierig[3]

$\alpha\alpha_4$) mit Halogen-Gruppen

Die selektive Reduktion von Halogen-aldehyden und Halogen-ketonen zu Halo gen-alkoholen ist unter geeigneten Bedingungen mit komplexen Metallhydriden (z.B Lithiumalanat[4], vorteilhafter Natriumboranat[5]) infolge der unterschiedlichen Reaktions fähigkeit beider Gruppen meist gut durchführbar, sofern möglichen Folgereaktionen vor gebeugt wird. Auch Diboran ist geeignet[6].

Bei Reduktionen mit Lithiumalanat muß ein Hydrid-Überschuß vermieden werden da sich dehalogenierte Produkte bilden können. So erhält man z.B. aus ω,4-Dibrom-ace tophenon mit der theoretischen Menge Lithiumalanat 69% d.Th. *2-Brom-1-(4-brom phenyl)-äthanol*[7], mit einem Überschuß 85% d.Th. *1-(4-Brom-phenyl)-äthanol*[8]:

Br—⬡—CH—CH$_2$—Br $\xleftarrow{\text{Li[AlH}_4]}$ Br—⬡—CO—CH$_2$—Br $\xrightarrow[\text{Überschuß}]{\text{Li[AlH}_4]}$ Br—⬡—CH—CH$_3$
       |OH |OH

In (α-Halogen-acyl)-aromaten und -heteroaromaten wandert der stark elektronenlie fernde aromatische Ring unter gleichzeitiger Dehalogenierung in die Nachbarstellung[9].

Die praktische Bedeutung der Reaktion soll durch die Synthese von 3-(2-Hydroxy-al kyl)-indolen aus 3-(α-Halogen-acyl)-indolen veranschaulicht werden[10]:

[1] P. Seifert u. H. Schinz, Helv. **34**, 728 (1951).
 R. Vonderwahl u. H. Schinz, Helv. **35**, 2368 (1952).
 A. S. Dreiding u. S. N. Nickel, Am. Soc. **76**, 3965 (1954).
 J.-C. Richer u. R. Clarke, Tetrahedron Letters **1964**, 935.
[2] R. F. Church, R. E. Ireland u. J. A. Marhall, Tetrahedron Letters **1961**, 34.
[3] J.-C. Richer u. W. A. MacDougall, Canad. J. Chem. **46**, 3703 (1968).
[4] H. Schlenk u. B. Lamp, Am. Soc. **73**, 5493 (1951).
 M. Geiger, E. Usteri u. C. Gränacher, Helv. **34**, 1335 (1951).
 C. W. Shoppee u. G. H. R. Summers, Soc. **1952**, 1786, 1790.
 R. N. Haszeldine, Soc. **1953**, 1748.
 E. T. McBee, C. E. Hathaway u. C. W. Roberts, Am. Soc. **78**, 4053 (1956).
 E. D. Bergmann et al., Am. Soc. **79**, 4178 (1957).
 A. Roedig u. E. Klappert, A. **605**, 126 (1957).
 W. F. Barthel u. B. H. Alexander, J. Org. Chem. **23**, 1012 (1958).
 C. Schaal, Bl. **1969**, 3648.
[5] S. W. Chaikin u. W. G. Brown, Am. Soc. **71**, 122 (1949).
 G. Carrara et al., Am. Soc. **76**, 4391 (1954).
 A. Iliceto, Ann. Chimica **47**, 20 (1957).
 R. Fuchs u. G. J. Park, J. Org. Chem. **22**, 993 (1957).
 F. Kögl, H. C. Cox u. C. A. Salemink, A. **608**, 81 (1957).
 G. F. Grillot et al., J. Org. Chem. **23**, 386 (1958).
 L. L. Smith et al., Am. Soc. **84**, 1265 (1962).
 V. Rosnati, F. De Marchi u. D. Misti, G. **92**, 1025 (1962).
 A. M. Ahsan u. W. H. Linnell, Soc. **1963**, 3928.
 E. Tobler u. D. J. Foster, J. Org. Chem. **29**, 2839 (1964).
 J. Engler, D. Bánfi u. A. Hajós, Acta chim. Acad. Sci. hung. **59**, 411 (1969).
[6] A. Brändström, U. Junggren u. B. Lamm, Tetrahedron Letters **1972**, 3173.
[7] R. E. Lutz, R. L. Wayland u. H. G. France, Am. Soc. **72**, 5511 (1950).
[8] L. W. Trevoy u. W. G. Brown, Am. Soc. **71**, 1675 (1949).
[9] W. W. Jerschow, A. A. Wolodkin u. N. W. Portnych, Izv. Akad. SSSR **1966**, 1681; **1967**, 1391.
 L. H. Schwartz u. R. V. Flor, Chem. Commun. **1968**, 1129; J. Org. Chem. **34**, 1499 (1969).
 L. H. Schwartz, R. V. Flor u. V. P. Gullo, J. Org. Chem. **39**, 219 (1974).
[10] J. Bergman u. J. E. Bäckvall, Tetrahedron **31**, 2063 (1975).

$$Ar-CO-\underset{\underset{R^2}{|}}{\overset{\overset{R^1}{|}}{C}}-X \xrightarrow{Li[AlH_4]} Ar-\underset{\underset{R^2}{|}}{\overset{\overset{R^1}{|}}{C}}-CH_2-OH$$

3-(2-Hydroxy-alkyl)-indole aus 3-(α-Halogen-acyl)-indolen; allgemeine Arbeitsvorschrift[1]: Zu einer Lösung von 0,152 (4 mMol) Lithiumalanat in 20 *ml* abs. Äther werden unter Stickstoff und unter Rühren in 5 Anteilen 1,5 mMol 3-(α-Halogen-acyl)-indol gegeben. Man rührt 45 Min. bei 20°, erhitzt 5 Stdn. am Rückfluß, kühlt ab, zersetzt mit Wasser und arbeitet auf.
So erhält man u. a. aus

3-Chloracetyl-indol	→ *3-(2-Hydroxy-äthyl)-indol;* 73% d. Th.; F. 57–58°
3-(2-Brom-propanoyl)-indol	→ *3-[1-Hydroxy-propyl-(2)-indol;* 67% d. Th.; F.: 187–188°
3-(Chlor-phenyl-acetyl)-indol	→ *3-(2-Hydroxy-1-phenyl-äthyl)-indol;* 73% d. Th.; F.: 120°

Bei der Reduktion von Halogen-ketonen, in erster Linie von α-Brom-ketonen mit Natriumboranat oder anderen Alkalimetall-boranaten in alkalischer Lösung können als Nebenprodukte halogenfreie Ketone[2] und Alkohole[3] sowie Epoxide[4] auftreten (letztere bilden sich auch bei Reduktionen mit Lithiumalanat[5]). Gegebenenfalls treten mit Natriumboranat auch Dehydrohalogenierungen und Allyl-Umlagerungen des Hydroxy-olefins auf[6].

Muß mit obigen Nebenreaktionen gerechnet werden, so wird als Lösungsmittel wäßriger Diäthyläther[7] bzw. 1,4-Dioxan/Wasser[8] verwendet (Natriumboranat wirkt so weniger basisch).

cis-2,2-Dichlor-1,3-dihydroxy-cyclopentan[9]:

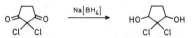

[1] J. Bergman u. J. E. Bäckvall, Tetrahedron **31**, 2063 (1975).
[2] E. J. Corey, Am. Soc. **75**, 4832 (1953).
  E. B. Reid u. J. R. Siegel, Soc. **1954**, 525.
  H. B. Henbest et al., Soc. **1955**, 2477.
  H. O. House, Am. Soc. **77**, 3070 (1955).
  D. H. R. Barton, D. A. Lewis u. J. F. McGhie, Soc. **1957**, 2907.
  C. W. Shoppee et al., Soc. **1959**, 630.
  T. Goto u. Y. Kishi, Tetrahedron Letters **1961**, 513.
[3] N. L. Wendler, R. P. Graber u. G. G. Hazen, Tetrahedron **3**, 144 (1958).
  J. Fajkoš, Soc. **1959**, 3966.
  R. C. Elderfield et al., J. Org. Chem. **26**, 2827 (1961).
  D. J. Goldsmith u. R. C. Joines, Tetrahedron Letters **1965**, 2047.
  C. Schaal, Bl. **1969**, 3648.
[4] H. O. House, Am. Soc. **77**, 5083 (1955).
  E. C. Kornfeld et al., Am. Soc. **78**, 3087 (1956).
  R. Fuchs, Am. SVoc. **78**, 5612 (1956).
  D. Taub, R. D. Hoffsommer u. N. L. Wendler, Am. Soc. **79**, 452 (1957).
  P. A. Diassi et al., Am. Soc. **83**, 4249 (1961).
  U. M. Teotino et al., Farmaco (Pavia), Ed. sci **17**, 252 (1962).
  H. Tobias, Helv. **46**, 159 (1963).
  P. Somani et al., J. Med. Chem. **9**, 823 (1966).
  M. L. Lewbart, J. Org. Chem. **33**, 1695 (1968).
  A. Hajós, Z. Huszti u. M. Fekete, Acta chim. Acad. Sci. hung. **73**, 113 (1972).
  F. Gaedke u. F. Zymalkowski, Ar. **312**, 767 (1979).
[5] H. B. Henbest u. T. I. Wrigley, Soc. **1957**, 4596.
[6] H. Conroy, Am. Soc. **77**, 5960 (1955).
  F. Krausz u. T. Rüll, Bl. **1960**, 2148.
  J. W. Huffman, J. Org. Chem. **26**, 1470 (1961).
  M. Gates u. M. S. Shepard, Am. Soc. **84**, 4125 (1962).
  Y. Houminer, J. Org. Chem. **40**, 1361 (1975).
[7] P. W. Feit, B. **93**, 116 (1960).
[8] H. Haubenstock u. C. Vanderwerf, J. Org. Chem. **29**, 2993 (1964).
[9] J. R. Beckwith u. L. P. Hager1, J. Org. Chem. **26**, 5206 (1961).

Zu einer eiskalten Lösung von 0,029 g (0,76 mMol) Natriumboranat in 5 *ml* Wasser und 5 *ml* Isopropanol werden unter Rühren 0,1 g (0,6 mMol) 2,2-Dichlor-1,3-dioxo-cyclopentan gegeben. Man versetzt nach 20 Min. mit Wasser, extrahiert 3mal mit Diäthyläther, trocknet den Auszug, engt ein und kristallisiert den Rückstand aus Chloroform; Ausbeute: 0,075 g (75% d.Th.); F: 135,5°.

Auf ähnliche Weise erhält man z.B.

$(H_3C)_3C-CO-CH_2-Br$	→	*1-Brom-3,3-dimethyl-butanol-(2)*[1]; 54% d.Th.; Kp$_4$: 45–46°
$Br-CH_2-CO-CO-CH_2-Br$	→	*meso-1,4-Dibrom-butandiol-(2,3)*[2]; 44% d.Th.; F: 135–137°

H_5C_6 ⬠=O (Cl) → *2-Chlor-3-hydroxy-1-phenyl-cyclobuten*[3];
 70–80% d.Th.; F: 76–78°

bicyclo=O (Cl) → *endo-3-Chlor-endo-2-hydroxy-bicyclo[2.2.1]heptan*[4];
 86% d.Th.; F: 96–97°

Zur selektiven Reduktion von Halogen-ketonen zu Ketonen s.S. 396.

$\alpha\alpha_5$) mit Nitro- bzw. Azido-Gruppen

Das Mittel der Wahl zur selektiven Reduktion von Nitro-aldehyden und -ketonen zu Nitro-alkoholen ist Natriumboranat, das zweckmäßig in protischer Lösung eingesetzt wird[5, 6]. Auch Lithium[7]- und Kaliumboranat[8] sind für diesen Zweck geeignet. Alkali-empfindliche Verbindungen werden in schwach saurer Lösung bzw. bei inverser Zugabe reduziert.

4,4-Dinitro-pentanol-(1)[5]: Eine Lösung von 0,795 g (0,021 Mol) Natriumboranat in 10 *ml* Wasser, die mit 1 Tropfen 6 n Natronlauge versetzt wird, gibt man innerhalb 15 Min. zu einer mit Eiswasser gekühlten Lösung von 7,27 g (0,0413 Mol) 4,4-Dinitro-pentanal in 25 *ml* Methanol und 10 *ml* Wasser. Die Mischung wird zuerst mit 10 *ml* einer wäßr. Lösung von 0,028 m Harnstoff in Essigsäure bis p$_H$6 und danach mit 2 *ml* 18 n Schwefelsäure bis bis p$_H$3 angesäuert. Man extrahiert die Lösung mit Diäthyläther, trocknet den Auszug mit Natriumsulfat, engt ein und destilliert den Rückstand; Ausbeute: 4,97 g (67,6% d.Th.); Kp$_{1,2}$: 114–118°.

Entsprechend erhält man u.a. aus:

4-Nitro-zimtaldehyd	→	*4-Nitro-zimtalkohol*[9]	84% d.Th. F: 124,5–126°
5-Nitro-pentanon-(2)	→	*5-Nitro-pentanol-(2)*[5]	86% d.Th.; Kp$_2$: 101–102,5°
3-Nitro-benzaldehyd	→	*3-Nitro-benzylalkohol*[10]	82% d.Th.; F: 30,5°

Vic. Nitro-ketone erleiden mit Natriumboranat leicht Eliminierung zum α-Nitro-olefin; z.B.[11]:

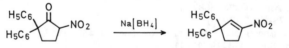

1-Nitro-3,3-diphenyl-cyclopenten

[1] S. H. Hurst u. J. M. Bruce, Soc. **1963**, 1321.

[2] P. W. Feit, B. **93**, 116 (1960).

[3] S. L. Manatt et al., Am. Soc. **86**, 2645 (1964).

[4] E. Tobler, D. E. Battin u. D. J. Foster, J. Org. Chem. **29**, 2834 (1964).

[5] H. Shechter, D. E. Ley u. L. Zeldin, Am. Soc. **74**, 3664 (1952).

[6] P. L. Southwick u. S. E. Cremer, J. Org. Chem. **24**, 753 (1959).

    T. R. Govindachari, K. Nagarajan u. V. N. Sundarajan, Tetrahedron **15**, 60 (1961).

    P. Somani et al., J. Med. Chem. **9**, 823 (1966).

[7] Y. Hirata et al., Tetrahedron **14**, 252 (1961).

[8] G. Berti A. Da Settimo, G. **91**, 728, 737 (1961).

[9] W. N. White u. W. K. Fife, Am. Soc. **83**, 3846 (1961).

[10] S. W. Chaikin u. W. G. Brown, Am. Soc. **71**, 122 (1949).

[11] A. Hassner, J. M. Larkin u. J. E. Dowd, J. Org. Chem. **33**, 1733 (1968).

Bei stark saurer Aufarbeitung kann die aliphatische Nitro-Gruppe infolge Nef-Reaktion gegen die Oxo-Gruppe ausgetauscht werden[1,2].

Mit Lithiumalanat[3] werden zumeist Amino-alkohole erhalten[4].

Trialkyl-zinnhydride greifen bei niedrigeren Temperaturen aromatische Nitro- und Keton-Gruppen nur langsam an, so daß daneben Halogen-Atome selektiv gegen Wasserstoff ausgetauscht werden können[5] (weiteres s.S. 396). Die reaktiveren Diaryl-zinn-dihydride reduzieren dagegen die aromatische Nitro-Gruppe rascher als die Oxo-Gruppe (s.S. 478).

Zur Reduktion von Nitro-ketonen zu Nitro-kohlenwasserstoffen s.S. 285.

Auch Kalium-tetracarbonyl-hydrido-ferrat(0) reduziert in Äthanol 2-Nitro-acetophenon selektiv zu *2-Amino-acetophenon*; 2-Nitro-zimtaldehyd wird in quantitativer Ausbeute reduktiv zu *Chinolin* cyclisiert[6]:

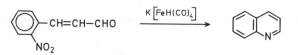

Die Methode ist in erster Linie zur Herstellung substituierter Chinoline geeignet.

Einige α-Azido-ketone können durch Natriumboranat zu 2-Amino-alkoholen[7] reduziert werden; z.B. auch in der Zuckerreihe[8].

$\alpha\alpha_6$) von Oxo-carbonsäuren, und deren Derivaten

Zur selektiven Reduktion von Oxo-carbonsäuren zu Hydroxy-carbonsäuren eignen sich besonders komplexe Borhydride, die die Carboxy-Gruppen äußerst langsam oder nicht angreifen. Um Hydrid-Verlust durch Wasserstoff-Bildung zu verhindern, kann man die Oxo-carbonsäure in wäßrigem Alkali lösen und diese wäßrig-alkalische Lösung mit einem Hydrid-Äquivalent Kalium- oder Natriumboranat (s.S. 314ff.) versetzen. Trotz des Hydrid-Verlustes wird jedoch meist die freie Säure reduziert (s.u.).

Ob bei der Reduktion Hydroxy-carbonsäuren, Lactone oder Gemische aus beiden anfallen, hängt von der Struktur (4- und 5-Oxo-carbonsäuren neigen zu starker Lactonisierung; Gemische aus Hydroxy-carbonsäure und Lacton werden durch konz. Salzsäure völlig lactonisiert[9]), vom Lösungsmittel, von der Reaktionstemperatur und von der Aufarbeitung (saure Bedingungen führen zu Lactonen) ab[10].

Meist wird die freie Oxo-carbonsäure, gelöst in Methanol, Äthanol und cyclischen Äthern, reduziert. Kaliumboranat eignet sich wegen seiner geringen Löslichkeit in organi-

[1] A. Hassner, J. M. Larkin u. J. E. Dowd, J. Org. Chem. **33**, 1733 (1968).

[2] S. V. Kessar, Y. P. Gupta u. A. L. Rampal, Tetrahedron Letters **1966**, 4319.

[3] W. F. Beljajew, W. I. Gruschewitsch u. W. P. Prokopowitsch, Ž. org. Chim. **12**, 32 (1976).

[4] N. G. Gaylord u. J. A. Snyder, R. **72**, 1007 (1953).

O. Moldenhauer et al., A. **583**, 50 (1953).

T. R. Govindachari, K. Nagarajan u. V. N. Sundararajan, Tetrahedron **15**, 60 (1961).

[5] K. Kühlein, W. P. Neumann u. H. Mohring, Ang. Ch. **80**, 438 (1968).

[6] Y. Watanabe et al., Bl. chem. Soc. Japan **48**, 1478 (1975); **51**, 3397 (1978).

[7] J. I. De Graw, J. G. Kennedy u. W. A. Skinner, J. Heterocyclic Chem. **3**, 9 (1966).

J. H. Boyer u. S. E. Ellzey, J. Org. Chem. **23**, 127 (1958).

[8] L. Goodman u. J. E. Christensen, J. Org. Chem. **28**, 158 (1963); **29**, 1787 (1964).

J. E. Christensen u. L. Goodman, J. Org. Chem. **28**, 2995 (1963).

G. Casini u. L. Goodman, Am. Soc. **86**, 1427 (1964).

K. Ponsold, J. pr. [4] **36**, 148 (1967).

[9] M. P. Cava et al., Tetrahedron **18**, 397 (1962).

[10] E. E. van Tamelen et al., Am. Soc. **91**, 7359 (1969).

L. L. Chinn et al., J. Org. Chem. **27**, 1733 (1962).

J. A. Hirsch u. F. J. Cross, Synthetic Communications **1**, 19 (1971).

schen Lösungsmitteln nur selten als Reduktionsmittel[1]. Obwohl Natriumboranat Carbonyl-Gruppen an sich vor allem in protonenaktiven Lösungsmitteln reduziert[2] (s. S. 272 ff.), eignet es sich (wohl unter dem Einfluß der Carboxy-Gruppe) zur Reduktion der Oxo-carbonsäuren auch in Lösungsmitteln des Äther-Typs. Endprodukte der Reduktion sind meist Lacton-Gruppen[3,4]. Im Falle von Dioxo-carbonsäuren werden meist beide Oxo-Gruppen reduziert, doch werden auch selektive Reduktionen beobachtet[5].

Lactone aus Oxo-carbonsäuren und Natriumboranat; allgemeine Arbeitsvorschrift[6,7]: 1 Mol Oxo-carbonsäure, gelöst in der 10 bis 15 fachen Gewichtsmenge Methanol, Äthanol oder 1,4-Dioxan wird unter Rühren bei 0° zu 0,56–0,62 Mol Natriumboranat in 150–200 ml des entsprechenden Lösungsmittels tropfenweise zugefügt, und das Reaktionsgemisch auf dem Wasserbad 15 Min., in 1,4-Dioxan 5 Stdn. auf 50–60° erhitzt. Man säuert an, destilliert das Lösungsmittel i. Vak. ab, verdünnt mit Wasser, äthert aus, trocknet und verdampft den Äther. Der Rückstand wird falls notwendig i. Vak. destilliert.

So reagieren u. a.:

5-Oxo-dodecansäure	→	*Dodecan-5-olid*[6]; 42% d. Th.; Kp$_8$: 140–145°
5-Oxo-tridecansäure	→	*Tridecan-5-olid*[6]; 59% d. Th.; Kp$_{0,4}$: 122°
5-Oxo-pentadecansäure	→	*Pentadecan-5-olid*[6]; 46% d. Th.; Kp$_{0,4}$: 126°
4-Oxo-decansäure	→	*Decan-4-olid*[7]
4,7-Dioxo-tridecansäure	→	*7-Hydroxy-tridecan-4-olid*[7]
5,8-Dioxo-tetradecansäure	→	*8-Hydroxy-tetradecan-5-olid*[7]

→ *3-Oxo-4,4-dimethyl-2-oxa-bicyclo[3.3.0]octan*[8]; 45% d. Th.

→ *exo-4,exo-9-Dihydroxy-exo-1-methyl-endo-5-(2-carboxy-äthyl)-trans-bicyclo[4.3.0]nonan*[8]; 70% d. Th.; F: 154–155,5°

Gelegentlich wird auch Lithiumboranat als Reduktionsmittel eingesetzt. 4-Oxo-4-phenyl-butansäure liefert z. B. in Tetrahydrofuran *4-Phenyl-butan-4-olid* (78% d. Th.)[9].

Einige alicyclische Oxo-carbonsäuren werden durch Borhydride nicht reduziert[5,10,11] (z. B. *cis*-8-Oxo-1α-carboxy-dekalin durch Natriumboranat[10] bzw. 3-Oxo-1-carboxy-cyclopentan durch Diboran[11]). Dieser Effekt wird als elektrostatische Abschirmung der Oxo-Gruppe durch das Carboxylat-Anion gegenüber dem Angriff des Boranat-Ions gedeutet[10], doch scheint im Gegensatz zu dieser Erklärung die Carboxy-Gruppe die Stereochemie der Keton-Reduktionen nicht zu beeinflussen[12].

[1] H. Eggerer et al., A. **608**, 71 (1957).
[2] H. C. Brown, E. J. Mead u. B. C. Subba Rao, Am. Soc. **77**, 6209 (1955).
[3] M. P. Cava et al., Tetrahedron **18**, 397 (1962).
[4] V. P. Arya u. B. G. Engel, Helv. **44**, 1650 (1961).
    P. M. Bourn et al., Soc. **1963**, 154.
[5] R. B. Woodward et al., Am. Soc. **78**, 2023 (1956); Tetrahedron **2**, 1 (1958).
[6] R. Lukeš, S. Doležal u. K. Čápek, Collect. czech. chem. Commun. **27**, 2408 (1962).
[7] F. Bohlmann et al., B. **94**, 3193 (1961).
[8] D. C. Aldridge et al., Soc. **1963**, 143.
[9] R. F. Nystrom, S. W. Chaikin u. W. G. Brown, Am. Soc. **71**, 3245 (1949).
[10] D. M. S. Wheeler u. M. M. Wheeler, Chem. & Ind. **1961**, 463; J. Org. Chem. **27**, 3796 (1962).
[11] J. A. Hirsch u. F. J. Cross, Synthetic Communications **1**, 19 (1971).
[12] H. O. House et al., J. Org. Chem. **27**, 4141 (1962).

Mit Lithiumalanat werden dagegen in der Regel Gemische aus Diol und Hydroxy-carbonsäure[1] bzw. mit Natrium-bis-[2-methoxy-äthoxy]-dihydrido-aluminat je nach Menge des Reduktionsmittels mehr Diole oder Lactone[2] erhalten.

Die säureunempfindlichen Lithium- und Natrium-cyano-trihydrido-borate sind dagegen zur selektiven Reduktion freier Oxo-carbonsäuren sehr gut geeignet. In protonenaktiven Lösungsmitteln (insbesondere Methanol) reduzieren sie bei p_H = 3–4 (verbrauchte Säure im Verlauf der Reduktion ersetzen) in ~ 1 Stde. bei 25° unter Cyanwasserstoff-Entwicklung (**Abzug! Vorsicht!**) die Oxo-Gruppe selektiv zur Hydroxy-Gruppe[3] (s. S. 275f.).

Mit Triäthylsilan in Trifluoressigsäure erhält man zumeist Carbonsäuren, in gewissen Fällen die entsprechenden Lactone (s. a. S. 279f.). So wird z. B. aus 4-Oxo-4-phenyl-butansäure in 73%iger Ausbeute *4-Phenyl-butan-4-olid* erhalten[4]:

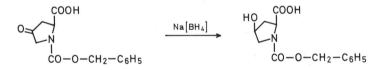

Mit 2,2 Mol-Äquvalenten Triäthyl-silan entstehen dagegen 86% d. Th. *4-Phenyl-butan-4-olid* neben 14% d. Th. *4-Phenyl-butansäure* (dieses Verhältnis der Produkte ändert sich auch bei einem größeren Reduktionsmittel-Überschuß nicht[4]).

4-Phenyl-butan-4-olid[4]: 1,78 g (10 mMol) 4-Oxo-4-phenyl-butansäure werden unter Rühren zu einer Lösung von 1,62 g (14 mMol) Triäthyl-silan in 5 *ml* Trifluoressigsäure gegeben. Man rührt 4 Stdn. bei 23° nach, neutralisiert mit einer ges. Natriumhydrogencarbonat-Lösung, extrahiert 3 mal mit Diäthyläther, trocknet die vereinigten Auszüge über Natriumsulfat und destilliert den Äther ab. Der Rückstand besteht aus 2 Phasen, die untere wird aus Heptan kristallisiert; Ausbeute: 1,2 g (73% d. Th.); F: 34–35°.

Analog erhält man aus 2-Benzoyl-benzoesäure *3-Phenyl-phthalid* (74% d. Th.) und aus 4-Benzoyl-benzoesäure 96% d. Th. *4-Benzyl-benzoesäure*.

5-Oxo-5-phenyl-pentansäure und 6-Oxo-6-phenyl-hexansäure werden mit Triäthylsilan zu *5-Hydroxy-5-phenyl-pentansäure* bzw. *6-Hydroxy-6-phenyl-hexansäure* reduziert.

Auch heterocyclische Oxo-carbonsäuren werden durch komplexe Borhydride selektiv zu Hydroxy-carbonsäuren bzw. Lactonen reduziert[5]. Bei der Ausbildung eines neuen Chiralitätszentrums ist der Ablauf der Reaktion oft stereospezifisch; z. B.[6]:

N-Benzyloxycarbonyl-allo-4-hydroxy-L-prolin[6]: Eine Lösung von 0,575 g (15 mMol) Natriumboranat in 2 *ml* Wasser wird unter Rühren bei 0° zu einer Lösung von 1 g (3,8 mMol) L-4-Oxo-2-carboxy-1-benzyloxycarbonyl-pyrrolidin in 30 *ml* Methanol gegeben. Man läßt die Lösung 12 Stdn. bei 5° stehen, destilliert das Methanol ab, versetzt den Rückstand mit 15 *ml* 3 n Natriumhydroxid, läßt 30 Min. bei 20° stehen, kühlt auf 0° ab, säuert mit konz. Salzsäure an und extrahiert mit Essigsäure-äthylester. Der Auszug wird 2 mal mit ges. Natriumchlorid-Lö-

[1] A. DORNOW, G. WINTER u. V. KISSERING, B. **87**, 629 (1954).
[2] M. CERNY et al., Collect czech. chem. Commun. **34**, 1025 (1965).
[3] R. F. BORCH u. H. D. DURST, Am. Soc. **91**, 3996 (1969).
   M. M. KREEVOY u. J. E. C. HUTCHINS, Am. Soc. **91**, 4329 (1969).
   R. F. BORCH, M. D. BERNSTEIN u. H. D. DURST, Am. Soc. **93**, 2897 (1971).
[4] C. T. WEST et al., J. Org. Chem. **38**, 2675 (1973).
[5] E. E. VAN TAMELEN et al., Am. Soc. **91**, 7359 (1969).
   F. L. WEISENBORN u. H. E. APPLEGATE, Am. Soc. **78**, 2021 (1956).
[6] A. A. PATCHETT u. B. WITKOP, Am. Soc. **79**, 185 (1957).

sung gewaschen, über Magnesiumsulfat getrocknet, mit Aktivkohle geklärt, eingeengt und mit Petroläther versetzt; Ausbeute: 0,781 g (77% d. Th.); F: 108–110°.

Analog erhält man z. B.:

allo-4-Hydroxy-2-carboxy-pyrrolidin[1]	50% d. Th.; F: 236–237° (Zers.)
(allo-4-Hydroxy-DL-prolin)	
allo-5-Hydroxy-2-carboxy-1-benzyloxycarbonyl-piperidin[2]	89% d. Th.
L-*allo-5-Hydroxy-2-carboxy-1-benzyloxycarbonyl-piperidin*[3]	85% d. Th.

Ungesättigte Oxo-carbonsäuren können mit Kaliumboranat selektiv an der Oxo-Gruppe reduziert werden. So erhält man z. B. aus 12-Oxo-octadecin-(9)-säure in wäßrigem Methanol *12-Hydroxy-octadecin-(9)-säure* (I; 85% d. Th.), in stark alkalischer Lösung unter Hydratation der C≡C-Dreifachbindung *12-Hydroxy-10-oxo-octadecansäure* (II; 40% d. Th.)[4]:

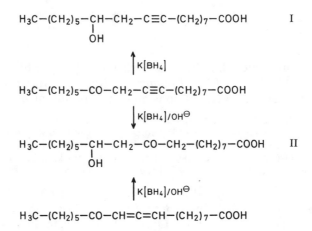

$$H_3C-(CH_2)_5-\underset{\underset{OH}{|}}{CH}-CH_2-C\equiv C-(CH_2)_7-COOH \qquad I$$

$$\uparrow K[BH_4]$$

$$H_3C-(CH_2)_5-CO-CH_2-C\equiv C-(CH_2)_7-COOH$$

$$\downarrow K[BH_4]/OH^{\ominus}$$

$$H_3C-(CH_2)_5-\underset{\underset{OH}{|}}{CH}-CH_2-CO-CH_2-(CH_2)_7-COOH \qquad II$$

$$\uparrow K[BH_4]/OH^{\ominus}$$

$$H_3C-(CH_2)_5-CO-CH=C=CH-(CH_2)_7-COOH$$

Da komplexe Alkalimetallboranate Carbonsäure-Metallsalze nicht reduzieren, können sie zur selektiven Reduktion von Oxo-carbonsäure-Metallsalzen in wäßriger oder wäßrig-alkoholischer Lösung zu Hydroxy-carbonsäuren[5], Lactonen[6] bzw. zum Gemisch beider[7] angewendet werden (s. a. S. 311 ff.). Meist wird die freie Oxo-carbonsäure in Alkali gelöst und das dem Kation entsprechende Hydrid (Natrium- bzw. Kaliumboranat) invers zugegeben. Zur Kondensation neigende Verbindungen, z. B. Brenztraubensäure, werden dagegen nur unter normaler Zugabe reduziert[8, 9]:

$$NaOOC-CO-COONa \xrightarrow{Na[BH_4]/H^{\oplus}} HOOC-\underset{\underset{OH}{|}}{CH}-COOH$$

[1] H. C. Beyerman, R. **80**, 556 (1961).
[2] H. C. Beyerman u. P. Boeke, R. **78**, 648 (1959).
[3] B. Witkop u. C. M. Foltz, Am. Soc. **79**, 192 (1957).
[4] L. Crombie u. A. Y. Jacklin, Soc. **1955**, 1740.
[5] S. Beckmann, H. Geiger u. M. Schaber-Kiechle, B. **92**, 2419 (1959).
　　C. S. Marvel u. B. D. Wilson, J. Org. Chem. **23**, 1483 (1958).
[6] W. Cocker u. T. B. H. McMurry, Soc. **1956**, 4549.
　　W. Cocker et al., Soc. **1957**, 3416.
　　C. D. Gutsche et al., Am. Soc. **83**, 1404 (1961).
　　H. O. House et al., Am. Soc. **84**, 2614 (1962).
　　W. Nagata et al., Chem. Pharm. Bull. [Tokyo] **11**, 845 (1961).
[7] L. L. Chinn et al., J. Org. Chem. **27**, 1733 (1962).
　　J. A. Hirsch u. F. J. Cross, Synth. Commun. **1**, 19 (1971).
[8] S. W. Chaikin u. W. G. Brown, Am. Soc. **71**, 122 (1949).
[9] E. B. Reid u. J. R. Siegel, Soc. **1954**, 520.

Tartronsäure (Hydroxy-malonsäure)[1]: Zu einer Lösung von 8 g (54 mMol) Natrium-mesoxalat in 500 ml Wasser gibt man unter Rühren 0,55 g (14 mMol) Natriumboranat in 20 ml Wasser. Man rührt 0,5 Stde. nach, engt i. Vak. ein, neutralisiert den Rückstand und versetzt mit 4%iger methanol. Salzsäure. Der gebildete Borsäuremethylester wird abgedampft, der Rückstand mit 10%iger Natronlauge versetzt, 2 Stdn. unter Rückfluß erhitzt, abgekühlt, neutralisiert und mit einer Lösung von 11 g (53 mMol) Bariumchlorid in 25 ml Wasser versetzt. Man erhält 9 g Barium-tartronat, das in 140 ml Wasser mit 1,9 ml konz. Schwefelsäure 30 Min. geschüttelt wird. Das ausgeschiedene Bariumsulfat filtriert man ab und dampft das Filtrat ein; Ausbeute: 52,5% d. Th.; F: des Diamids 195–196°.

3,5-Dihydroxy-3-methyl-pentansäure-1,2-Bis-[benzylammonio]-äthan-Salz[2]: 1,04 g (2 mMol) Bariumsalz der 3-Hydroxy-5,5-dimethoxy-3-methyl-pentansäure werden in 3 ml Wasser gelöst und mit 5 ml 2,4 n Salzsäure versetzt. Nach 5 Min. bei 20° wird mit 6 ml 2 n Natriumhydroxid neutralisiert, die Lösung unter Eiskühlung zu 0,108 g (2 mMol) Kaliumboranat in 2 ml Wasser getropft, 1 Stde. bei 20° gehalten, mit Eis gekühlt, mit 2 ml 5 n Salzsäure angesäuert, mit Natriumchlorid ges. und 7 Stdn. mit Diäthyläther perforierend extrahiert. Der Äther-Auszug (~ 50 ml) wird mit 2 ml Methanol versetzt und getrocknet. Nach Abziehen der Solventien i. Vak. wird der Rückstand 5 mal mit 5 ml Methanol abgedampft. Das zurückbleibende Lacton wird in 3 ml Wasser gelöst und mit 0,4 n Bariumhydroxid bei 40° gegen Phenolphthalein titriert. Laugenverbrauch: 9,3 ml (93% d. Th.). Nach Einleiten von Kohlendioxid trägt man in die Lösung 0,63 g (1,86 mMol) 1,2-Bis-[benzylammonio]-äthan-sulfat in 10%iger wäßr. Lösung ein, zentrifugiert vom Bariumsulfat und wäscht mit Wasser nach. Die vereinigten Filtrate und Waschwässer werden i. Vak. eingeengt, der kristalline Rückstand in 5 ml Methanol gelöst und erneut i. Vak. zur Trockene gebracht. Das Rohprodukt wird in 2 ml Methanol gelöst und mit 18 ml Diäthyläther versetzt; Ausbeute: 0,83–0,86 g (77,5–80% d. Th.); F: 123–124°.

In Tab. 21 (S. 316) sind weitere präparativ interessante Reduktionen von Oxo-carbonsäure-Metallsalzen aufgeführt.

Uronsäuren können durch selektive Reduktion der Carbonsäure-Metallsalze mit Alkalimetallboranaten in Wasser in Aldonsäuren übergeführt werden. Allerdings lactonisieren letztere leicht bei saurer Aufarbeitung. Die Reaktion wird zur Verhinderung der Weiterreduktion bei schwach alkalischem p_H-Wert durchgeführt (s. S. 222). Als Ausgangsmaterial wird meist Natrium- oder Calcium-uronat eingesetzt[3].

L-**Gulono-γ-lacton**[3]:

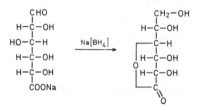

Eine Lösung von 0,6 g (16 mMol) Natriumboranat in 15 ml Wasser wird unter Rühren innerhalb 10 Min. bei 25–35° zu einer Lösung von 3 g (13 mMol) Natrium-D-glucuronat-Monohydrat in 25 ml Wasser gegeben. Man hält den p_H-Wert der Lösung durch Zugabe von n Salzsäure bei 7–8. Nach 10 Min. wird mit n Salzsäure neutralisiert, mit weiteren 10 ml n Salzsäure angesäuert, i. Vak. bei 80–90° zur Trockene eingedampft, der Rückstand in Wasser gelöst, von neuem zur Trockene eingedampft, das Lacton aus dem Rückstand mit Äthanol extrahiert, die Äthanol-Lösung eingeengt, das erhaltene Rohprodukt in 50 ml Wasser gelöst und die Lösung durch Amberlite-IR-100-H und Amberlite-IR-4-B Ionenaustauscherharze desionisiert. Man engt den Durchlauf i. Vak. ein und kristallisiert den Rückstand aus abs. Äthanol. Ausbeute: 0,68 g (30% d. Th.); F: 178–180°; aus abs. Äthanol umkristallisiert F: 183–185°.

Analog erhält man z. B. aus

| Natrium-calcium-D-galacturonat | → | L-*Galactono-γ-lacton*[3] | 24% d. Th.; F: 132–133° |
| Natrium-D-araburonat | → | D-*Lyxono-γ-lacton*[4] | F: 108–110° |

[1] E. B. REID u. J. R. SIEGEL, Soc. **1954**, 520.
[2] H. EGGERER et al., A. **608**, 71 (1957).
[3] M. L. WOLFROM u. K. ANNO, Am. Soc. **74**, 5583 (1952).
[4] P. A. J. GORIN u. A. S. PERLIN, Canad. J. Chem. **34**, 693 (1956).

Tab. 21: Hydroxy-carbonsäuren bzw. deren Lactone aus Oxo-carbonsäure-Alkalimetall-salzen und Alkalimetallboranaten

Oxo-carbonsäure-Alkalimetallsalz	Hydroxy-carbonsäure bzw. Lacton	Ausbeute [% d. Th.]	Kp [°C]	[Torr]	Literatur
$H_3C-CO-COONa$	2-Hydroxy-propansäure (Milchsäure)	61	122	14	1
$H_3C-CO-(CH_2)_3-COONa$	Hexan-5-olid	46	97	8	2
$H_3C-(CH_2)_7-CO-(CH_2)_8-COOK$	10-Hydroxy-octadecan-säure	80	(F: 79–80°)		3
$H_5C_6-CO-COONa$	Phenyl-glykolsäure (Mandelsäure)	76	(F: 118°)		1
⟨COONa / CO–C₆H₅⟩	3-Phenyl-phthalid	87	(F: 115°)		4
$H_5C_6-CO-(CH_2)_3-COOK$	5-Phenyl-pentan-5-olid	80	(F: 74–76°)		5
(cyclohexanone)$-CH_2-CH_2-COONa$	3-Oxo-2-oxa-bicyclo[4.4.0]decan	85	93–94,5	0,3	6
CH_3 / (cyclohexanone)$-CH_2-CH_2-COONa$	3-Oxo-6-methyl-2-oxa-bicyclo[4.4.0]decan	82	102–104	0,8	7
(indanone)$-CH_2-COONa$	1-Hydroxy-2-carboxyme-thyl-indan	76	(F: 139–140°)		6
	+ 1-Hydroxy-2-carboxy-methyl-indan-lacton	20	(F: 65–66°)		
					8
$H_5C_2O-(CH_2)_3-CO$ / $(CH_2)_3-COONa$	2-Hydroxy-hexandisäure		(F: 101–103°)		
$H_5C_2O-CH_2-CO-(CH_2)_5-COONa$	8-Äthoxy-octan-5-olid	61	130–131	1	9
$H_5C_6-CO-CH_2-CH-COONa$ / NH_2	2-Amino-4-hydroxy-4-phenyl-butansäure	85	(F: 233°; Zers.)		10
$H_3C-CO-CHF-(CH_2)_2-COOK$	4-Fluor-hexan-5-olid	63	48–49	0,05	11
$H_3C-CO-(CH_2)_5-CH=CH-COONa$	trans-9-Hydroxy-decen-(2)-säure	87			12

[1] E. B. Reid u. J. R. Siegel, Soc. 1954, 520.
[2] R. Lukeš, S. Doležal u. K. Čapek, Collect. czech. chem. Commun. 27, 2408 (1962).
[3] R. A. Dytham u. B. C. L. Weedon, Tetrahedron 8, 246 (1960).
[4] M. S. Newman, J. Org. Chem. 26, 2630 (1961).
[5] M. Julia u. A. Rouault, Bl. 1959, 1833.
[6] H. O. House et al., J. Org. Chem. 27, 4141 (1962).
[7] H. O. House u. M. Schellenbaum, J. Org. Chem. 28, 34 (1963).
[8] R. Griot, Helv. 41, 2236 (1958).
[9] A. Campbell, Soc. 1955, 4218.
[10] G. Drefahl u. H.-H. Hörhold, B. 97, 159 (1964).
[11] H. Machleidt, A. 667, 24 (1963).
[12] M. Barbier u. M.-F. Hügel, Bl. 1961, 951.

Calcium-L-sorburonat wird durch Natriumboranat zum Gemisch der beiden diastereoisomeren Aldonsäuren D-*Gluconsäure* (11% d. Th.) und L-*Idonsäure* (16% d. Th.) reduziert, die als Phenylhydrazin-Salze isoliert werden[1].

Mit Natrium- und Kaliumboranat werden Oxo-carbonsäure-ester u. a. zu Diolen reduziert (s. S. 215 ff.), als weitere Nebenreaktion tritt Verseifung und Umesterung auf, so daß zur selektiven Reduktion der Oxo-Gruppe zu Hydroxy-carbonsäure-estern folgende Vorsichtsmaßnahmen zu treffen sind:

① Inverse Zugabe der zur Reduktion der Oxo-Gruppe notwendigen Reduktionsmittel-Menge in der Kälte. Da die Borhydride in Alkoholen, besonders in Methanol relativ schnell zersetzt werden, nimmt man meist einen 100%-igen Überschuß, also zwei Hydrid-Äquivalente
② Arbeiten in dem der Alkoxycarbonyl-Gruppe entsprechenden Alkohol[2]
③ In wäßr. Medium Aufarbeitung bei $p_H = 5–6$
④ Zugabe des entsprechenden Essigsäure-esters[3]
⑤ Verseifung der Alkoxycarbonyl-Gruppe und Reduktion der freien Oxo-carbonsäure, wobei aber mit der Bildung von Lacton gerechnet werden muß[4] (s. a. S. 311 ff.)

α-Oxo-carbonsäure-ester werden mit Natriumboranat in THF in Gegenwart von Aminen zu α-**Alkylamino-carbonsäure-estern** reduktiv aminiert[5] (s. S. 357 f.). Die Umesterung kann zur Desacetylierung[6] bzw. Debenzoylierung[7] schwer verseifbarer Carbonsäure-ester angewendet werden. In wäßrig-alkalischer Lösung besteht die Gefahr der Verseifung[8], der eine Lactonisierung folgen kann[9]. Aus Oxo-di- und -tricarbonsäure-di(tri)ester können sich ebenfalls **Lactone** bilden[10]. Dioxo-carbonsäure-ester lassen sich nicht nur zu den **Dihydroxy-carbonsäure-estern**[11], sondern in manchen Fällen auch zu **Hydroxy-oxo-carbonsäure-estern** reduzieren[12].

Bei Ausbildung eines neuen Chiralitätszentrums werden **epimere Hydroxy-carbonsäureester** gebildet, deren Verhältnis von der Art des Lösungsmittels abhängt[13]. Auch nach Meerwein-Ponndorf nicht-reduzierbare Oxo-carbonsäure-ester können mit Natriumboranat in Reaktion gebracht werden[14].

2-Oxo-1-methyl-cyclohexan-carbonsäure-äthylester wird unter milden Bedingungen zu *2-Hydroxy-1-methyl-cyclohexan-carbonsäure-äthylester* reduziert[15]:

[1] J. K. HAMILTON u. F. SMITH, Am. Soc. **76**, 3543 (1954).
[2] E. B. REID u. J. R. SIEGEL, Soc. **1954**, 520.
N. F. TAYLOR u. P. W. KENT, Soc. **1956**, 2150.
H. M. WALBORSKY u. M. E. BAUM, Am. Soc. **80**, 187 (1958).
K. HOHENLOHE-OEHRINGEN et al., M. **92**, 313 (1961).
[3] W. W. ZORBACH, Am. Soc. **75**, 6344 (1953).
[4] H. HEYMANN u. L. F. FIESER, Am. Soc. **73**, 5252 (1951).
C. S. MARVEL u. B. D. WILSON, J. Org. Chem. **23**, 1483 (1958).
[5] K. HARADA u. J. OH-HASHI, Bl. chem. Soc. Japan **43**, 960 (1970).
[6] A. L. CLINGMAN u. N. K. RICHTMYER, J. Org. Chem. **29**, 1782 (1964).
[7] F. SONDHEIMER u. D. ELAD, Am. Soc. **80**, 1967 (1958).
B. K. CASSELS u. V. DEULOFEU, Tetrahedron Suppl. **8** [II] 485 (1966).
[8] G. N. WALKER, Am. Soc. **75**, 3393 (1953).
R. A. MICHELI u. C. K. BRADSHER, Am. Soc. **77**, 4788 (1955).
[9] T. A. GEISSMAN u. A. C. WAISS, J. Org. Chem. **27**, 139 (1962).
[10] R. GELIN u. M. CHIGUAC, C. r. **258**, 3313 (1964).
R. H. B. GALT, Soc. **1965**, 3143.
[11] D. G. BROOKE u. J. C. SMITH, Soc. **1957**, 2732.
G. T. CHAPMAN et al., Soc. **1963**, 4010.
[12] C. DJERASSI, G. H. THOMAS u. H. MONSIMER, Am. Soc. **77**, 3579 (1955).
[13] R. GREWE u. J.-P. JESCHKE, B. **89**, 2080 (1956).
K. W. MERZ u. R. HALLER, Ar. **296**, 829 (1963).
R. HALLER, Tetrahedron Letters **1965**, 4347; Ar. **300**, 119 (1967).
T. NAKATA u. T. OISHI, Tetrahedron Letters **1980**, 1641.
R. S. GLASS, D. R. DEARDORFF u. K. HENEGAR, Tetrahedron Letters **1980**, 2467.
[14] C. D. HURD u. A. TOCKMAN, Am. Soc. **81**, 116 (1959).
[15] J. S. MOFFATT, Soc. **1963**, 4010.

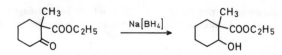

2-Hydroxy-1-methyl-cyclohexan-carbonsäure-äthylester[1]: 5 g (27 mMol) 2-Oxo-1-methyl-cyclohexan-carbonsäure-äthylester werden in 25 *ml* Äthanol gelöst und unter Rühren bei 0° portionsweise mit 0,52 g (14 mMol) Natriumboranat versetzt. Man rührt 3 Stdn. bei 20°, kühlt auf 0° ab, zersetzt mit 5 *ml* 5 n Salzsäure und dampft ein. Der Rückstand wird in Wasser gelöst, mit Diäthyläther extrahiert, der Auszug mit Natriumhydrogencarbonat-Lösung und Wasser gewaschen, getrocknet, eingeengt und destilliert; Ausbeute: 4,08 g (81% d. Th.); Kp_{13}: 108–113°.

Oxo-carbonsäure-ester mit benachbarten Halogen-Atomen werden leicht zu Diolen reduziert[2,3], jedoch sind auch selektive Reduktionen möglich; z. B.[3]:

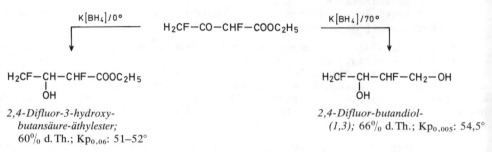

2,4-Difluor-3-hydroxy-
butansäure-äthylester;
60% d. Th.; $Kp_{0,06}$: 51–52°

2,4-Difluor-butandiol-
(1,3); 66% d. Th.; $Kp_{0,005}$: 54,5°

Zur Reduktion von 4-Oxo-1-benzyl-3-äthoxycarbonyl-pyrrolidin s. S. 217.

Oxo-lactone werden am besten mit Zinkboranat selektiv zu Hydroxy-lactonen reduziert[4,5]; mit Natriumboranat wird zusätzlich die Lacton-Gruppe reduktiv gespalten; z. B.[4]:

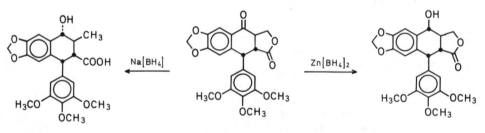

Podophyllotoxin[4]:
Zinkboranat[4]: 4 g (29 mMol) Zinkchlorid werden in 50 *ml* abs. Diäthyläther unter Rückflußkochen gelöst. Die abgekühlte Lösung gibt man bei 20° unter Rühren zu einer Aufschlämmung von 2,7 g (70 mMol) Natriumboranat in 150 *ml* abs. Diäthyläther. Man rührt 12 Stdn. und zentrifugiert die Lösung ab, die bei 5° in geschlossenen Gefäßen aufbewahrt wird.

Podophyllotoxin[4]: Eine Lösung von 0,24 g (2,4 mMol) Zinkboranat in 15 *ml* abs. Diäthyläther wird unter Rühren zu einer Lösung von 0,1 g (0,24 mMol) Podophyllotoxon in 5 *ml* abs. Benzol und 20 *ml* abs. Diäthyläther

[1] J. S. Moffatt, Soc. **1963**, 4010.
[2] H. Tobias, Helv. **46**, 159 (1963).
   H. Roedig, W. Amann u. E. Fahr, A. **675**, 47 (1964).
   P. W. Kent u. J. E. G. Barnett, Soc. **1964**, 2497.
[3] J. E. G. Barnett u. P. W. Kent, Soc. **1963**, 2743.
[4] W. J. Gensler, F. Johnson u. A. D. B. Sloan, Am. Soc. **82**, 6074 (1960).
[5] W. J. Gensler u. F. Johnson, Am. Soc. **85**, 3670 (1963).
   E. J. Corey, K. B. Becker u. R. K. Varma, Am. Soc. **94**, 8616 (1972).
   D. C. Baker et al., J. Org. Chem. **41**, 3834 (1976).
   M.-T. S. Hsia u. F. S. Chu, Experientia **33**, 1132 (1977).

Tab. 22: Hydroxy-carbonsäureester aus Oxo-carbonsäureestern und Natrium- und Kalium-borhydrid

Ausgangsverbindung	Hydrid	Hydroxy-carbonsäure-ester	Ausbeute [% d. Th.]	Kp [°C]	Kp [Torr]	Litera-tur
$Cl_2C=CCl-C-CCl_2-COOCH_3$ ($=O$)	$Na[BH_4]$	2,2,4,5,5-Pentachlor-3-hydroxy-penten-(4)-säure-methylester	44	101–103	0,05	1
$BrCH_2-CH_2-C-(CH_2)_4-COOC_2H_5$ ($=O$)	$Na[BH_4]$	8-Brom-6-hydroxy-octansäure-äthylester	64	132–134	0,5	2
$ClCH=CH-C-(CH_2)_4-COOCH_3$ ($=O$)	$Na[BH_4]$	8-Chlor-6-hydroxy-octen-(7)-säure-methylester	64	137	0,5	3
$H_5C_2OOC-CH_2-CF-C-COOC_2H_5$ (COOC₂H₅, $=O$)	$K[BH_4]$	3-Fluor-2-hydroxy-3-äthoxycarbonyl-gluarsäure-diäthylester	34	135–140	0,75	4
$H_3C-C=CH-(CH_2)_2-C=CH-CH_2-C-COOC_2H_5$ (H₃C, H₃C; H₃C–C=O)	$Na[BH_4]$	2,5,9-Trimethyl-2-(1-hydroxy-äthyl)-decadien-(4,8)-säure-äthylester	83	132	0,2	5
$H_3C-C=O$ — benzene — $COOC_2H_5$	$Na[BH_4]$	4-(1-Hydroxy-äthyl)-benzoesäure-methylester	73	134	3	6
cyclohexyl-O–CO–C=O–benzene (CH₃, CH(CH₃)₂)	$Na[BH_4]$	Mandelsäure-5-methyl-2-isopropyl-cyclohexylester	92	(F: 82,5–84°)		7

[1] A. ROEDIG, H. AMAN u. E. FAHR, A. **675**, 47 (1964).
[2] L. J. REED u. C. I. NIU, Am. Soc. **77**, 416 (1955).
[3] D. S. ACKER, J. Org. Chem. **28**, 2533 (1963).
[4] L. K. GOTTWALD u. E. KUN, J. Org. Chem. **30**, 877 (1965).
[5] L. RE u. H. SCHINZ, Helv. **41**, 1717 (1958).
[6] E. D. BERGMANN u. J. BLUM, J. Org. Chem. **24**, 549 (1959).
[7] M. J. KUBITSCHECK u. W. A. BONNER, J. Org. Chem. **26**, 2194 (1961).

Tab. 22 (Fortsetzung)

Ausgangsverbindung	Hydrid	Hydroxy-carbonsäure-ester	Ausbeute [% d. Th.]	Kp [°C]	Kp [Torr]	Literatur
	Na[BH₄]	*3-Hydroxy-cyclooctan-carbonsäure-methylester*	99			1
	Na[BH₄]	*10-Hydroxy-1,6-di-methyl-2-methoxycarbonyl-bicyclo[4.4.0]decan*	91	(F: 71–74°)		2
	K[BH₄]	*3-Hydroxy-8-methyl-trans-6,7-diacetoxy-8-aza-bicyclo[3.2.1]octan*	84			3

[1] J. A. HIRSCH u. F. J. CROSS, Synthetic Communications **1**, 19 (1971).
[2] D. M. S. WHEELER u. M. M. WHEELER, J. Org. Chem. **27**, 3796 (1962).
[3] K. ZEILE u. A. HEUSNER, B. **90**, 1869 (1957).

gegeben. Nach 24 Stdn. Stehen bei 20° gibt man 4 *ml* Wasser und danach 1,5 *ml* Eisessig in 4 *ml* Wasser zu. Die organ. Schicht wird abgetrennt und die mit weiterem Wasser auf 30 *ml* verd. wäßr. Phase mit Chloroform ausgezogen. Die organ. Phasen werden vereinigt, mit Wasser ausgewaschen, getrocknet und eingedampft. Der Rückstand wird in 3 *ml* Benzol gelöst und mit 1 *ml* mit Wasser ges. Diäthyläther ausgefällt; Ausbeute: 0,094 g (82% d. Th.); F: 109–116° (Zers.).

1-Phenylazo-2-oxo-cycloalkancarbonsäure-ester werden durch Natriumboranat in Äthanol an der Keto-Gruppe unter C_1-C_2-Spaltung zu 2-Phenylhydrazono-ω-hydroxy-alkansäure-estern gespalten[1]; z.B.:

2-Phenylhydrazono-6-hydroxy-hexansäure-äthylester; 62% d. Th.

Die Reaktion stellt eine Variante der Japp-Klingemann-Reaktion dar.

Als Beispiel der Reduktion eines Glyoxylsäure-amids an der Keto-Gruppe mag die Reduktion von Indolyl-(3)-glyoxylsäure-amid mit Natriumboranat zum *Indolyl-(3)-glykolsäure-amid* dienen[2]:

Indolyl-(3)-glykolsäure-amid[2]: Zu einer Lösung von 3,76 g (0,2 Mol) Indolyl-(3)-glyoxylsäure-amid in 350 *ml* abs. Äthanol werden unter Rühren 3,78 g (0,1 Mol) Natriumboranat gegeben. Man rührt 2 Stdn. bei 20°, versetzt mit 20 *ml* Essigsäure, engt ein, filtriert und wäscht den Niederschlag; Ausbeute: 3,8 g (98% d. Th.); F: 175,5–177° (Zers.) nach Umkristallisieren aus Äthanol.

Analog erhält man durch Reduktion mit Kaliumboranat aus 1-Methyl-2-phenyl-indolyl-(3)-glyoxylsäure-dimethylamid *1-Methyl-2-phenyl-indolyl-(3)-glykolsäure-dimethylamid* (F: 137–139°)[3].

$\alpha\alpha_7$) von diastereotopen Keto-Gruppen

Die Hydrid-Reduktion von Ketonen mit einem Chiralitätszentrum eignet sich gut zur Herstellung diastereomerer Alkohole. Aus Diketonen mit enantiotopen Gruppen bilden sich diastereomere Diole. Die Reaktion verläuft unter asymmetrischer Induktion, so daß meist das eine Isomere als Hauptprodukt gewonnen werden kann. Wenn an die Keton-Gruppe ein Asymmetriezentrum gebunden ist, wird dieses bei der Reduktion nur manchmal in Mitleidenschaft gezogen. Racemisierung infolge von Enol-Bildung läßt sich also praktisch ausschließen. Optisch aktive Ketone führen so ohne Verlust an optischer Reinheit zu den Alkoholen[3]. Zur Reduktion werden vorwiegend achirale Hydride eingesetzt.

[1] A. P. Kozikowski u. W. C. Floyd, Tetrahedron Letters **1978**, 19.
[2] F. V. Brutscher u. W. D. Vanderwerff, J. Org. Chem. **23**, 146 (1958).
[3] R. K. Callow u. V. H. T. James, Soc. **1956**, 4744.
  L. Lévai et al., B. **93**, 387 (1960).
  D. N. Kirk u. V. Petrow, Soc. **1961**, 2091.
  S. Bernstein, E. W. Cantrall u. J. P. Dusza, J. Org. Chem. **26**, 269 (1961).
  D. Djerassi et al., J. Org. Chem. **26**, 1192 (1961).
  W. Hückel u. O. Fechtig, A. **652**, 81 (1962).

Eine Epimerisierung wird bei der Reduktion von (+)-Thujon-(3), (−)-Isothujon-(3) und Menthon mit Natriumboranat in abs. Alkoholen oder Bis-[2-methoxy-äthyl]-äther, nicht jedoch in wasserhaltiger Lösung beobachtet[1].

Ähnlich lassen sich auch Benzyl-ketone infolge des stark sauren α-Wasserstoff-Atoms mit Natriumboranat in alkoholischer Lösung racemisieren[2], weil die Enol-Bildung schneller als die Reduktion verläuft.

Epimerisierung wird mit Lithiumalanat nur in Gegenwart von Aluminiumhalogeniden beobachtet[3].

Der Mechanismus der Hydrid-Reduktion diastereotoper Keton-Gruppen kann wegen der großen Zahl der beeinflußenden Faktoren noch nicht befriedigend interpretiert werden[4].

i_1) in acyclischen Ketonen

Die asymmetrische Induktion bei der Reduktion acyclischer Ketone mit einem Chiralitätszentrum in der Nähe der Keton-Gruppe läßt sich am einfachsten durch die Regeln von Cram deuten, wonach der Hydrid-Angriff vorwiegend von der weniger behinderten Seite her erfolgt[5]. Die sterische Lage wird von der Konformation des Übergangszustandes bestimmt. Sie wird aufgrund der Struktur der Ausgangsverbindung durch drei Modelle veranschaulicht[6]:

① Offenkettiges Modell[5, 7]: Im Fall einer apolaren Nachbargruppe, z.B. einer Alkyl-Gruppe, hängt die Konformation von der effektiven Größe bzw. von der sterischen Wechselwirkung der Liganden und von der Torsionsspannung (Pitzer-Spannung) ab

② Cyclisches (starres) Modell[5, 8]: Im Fall einer polaren Nachbargruppe, die mit dem Hydrido-metall eine Bindung zu bilden vermag, z.B. einer Hydroxy- bzw. Amino-Gruppe, kann sich die Konformation durch Chelat-Bildung des zweizähnigen Ligand-Moleküls stabilisieren

③ Dipolares Modell[9]: Im Fall einer polaren Nachbargruppe, die keinen Chelat-Ring bildet, z.B. einer Halogen-Gruppe, müssen bei der Bestimmung der Konformation nicht nur die Torsionsspannung, sondern neben den sterischen auch die elektrostatischen Wechselwirkungen, also auch die Dipolmomente der Gruppen berücksichtigt werden

Die nach dem cyclischen Modell reduzierbaren Verbindungen ergeben infolge des stabilisierten Übergangszustandes meist ein Diastereomeres als Hauptprodukt. Man erhält hauptsächlich *erythro-* (*meso-*) Diastereomere mit derselben Konfiguration beider Asymmetriezentren und in geringerem Maß *threo-*Diastereomere. Der Mechanismus sei

---

[1] V. Hach, E. C. Fryberg u. E. McDonald, Tetrahedron Letters **1971**, 2629.

[2] W. F. Erman u. T. J. Flautt, J. Org. Chem. [3] W. Hückel et al., A. **616**, 46 (1958).

W. Hückel u. C. Z. Khan Cheema, B. **91**, 311 (1958).

W. Hückel, H. Feltkamp u. S. Geiger, A. **637**, 1 (1960).

[4] H. O. House, *Modern Synthetic Reactions*, 2nd Edition, S. 54, W. A. Benjamin Inc., Menlo Park, California 1972.

[5] D. J. Cram u. F. A. Abd Elhafez, Am. Soc. **74**, 5828 (1952).

T. J. Leitereg u. D. J. Cram, Am. Soc. **90**, 4011, 4019 (1968).

[6] D. J. Cram u. D. R. Wilson, Am. Soc. **85**, 1245 (1963).

G. J. Karabatsos, Am. Soc. **89**, 1367 (1967).

N. T. Anh u. O. Eisenstein, Tetrahedron Letters **1976**, 155.

[7] M. Chérest, H. Felkin u. N. Prudent, Tetrahedron Letters **1968**, 2199.

M. Chérest u. H. Felkin, Tetrahedron Letters **1968**, 2205.

M.-J. Brienne, C. Ouannès u. J. Jacques, Bl. **1968**, 1036.

P. Geneste, G. Lamaty u. J.-P. Roque, Tetrahedron Letters **1970**, 5007.

O. Štrouf, J. Fusek u. O. Červinka, Collect. czech. chem. Commun. **39**, 1044 (1974).

C. Zioudrou, I. Moustakali-Mavridis u. P. Chrysochou, Tetrahedron **34**, 3181 (1978).

M. Chérest u. N. Prudent, Tetrahedron **36**, 1599 (1980).

[8] D. J. Cram u. K. R. Kopecky, Am. Soc. **81**, 2748 (1959).

J. H. Stocker et al., Am. Soc. **82**, 3913 (1960).

[9] J. W. Cornforth, R. H. Cornforth u. K. K. Mathew, Soc. **1959**, 112.

H. Bodot, J.-A. Braun u. J. Fediére, Bl. **1968**, 3253.

N. T. Anh et al., Am. Soc. **95**, 6146 (1973).

H. Handel u. J.-L. Pierre, Tetrahedron Letters **1976**, 741.

an der Reduktion von Benzoin mit Lithiumalanat zu *meso-Hydrobenzoin* veranschaulicht[1]. Die Keton-Gruppe wird durch den Chelat-Ring zwischen dem kleinsten und dem mittleren Substituenten in gestaffelter Lage stabilisiert und vom Hydrid-Ion von der am wenigsten behinderten Seite angegriffen:

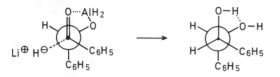

Analog werden mit Bor- und Aluminiumhydriden aus acyclischen 2-Hydroxy-ketonen[2], 1,2-Diketonen[3], 2-[4,5], 3-[5,6] und 4-Amino-ketonen[7] sowie von α,β-Epoxy-[8] und α-Aziridinyl-ketonen[9] vorwiegend *erythro* (bzw. *meso-*) Diastereomere erhalten. Substituierte Amino-Gruppen (Alkylamino-, Acylamino- und Dicarbonsäure-imino-Gruppen) beeinflussen stark den stereochemischen Ablauf.

Der dipolare Mechanismus liefert dagegen mehr *threo*-Diastereomere, aus 2-Chlor-ketonen erhält man z.B. *threo*-Chlorhydrine als Hauptprodukte[10].

Bei der Reduktion von 1,2- und 1,3-Diketonen mit Natriumboranat bilden sich der Böeseken-Regel entsprechend[11] aus racemischen (*threo-*) 1,2-Diolen und *meso-* (*erythro*) 1,3-Diolen stabile komplexe Borsäure-halbester-Natriumsalze, was ihre einfache Trennung von den entsprechenden Diastereomeren ermöglicht[12, 13]. Bei saurem Aufarbeiten erhält man Borate, aus Pentandion-(2,4) z.B. *meso-*Pentandiol-(2,4)-borat[12], das hydrolysiert 90% *meso-* und 2% DL-*Pentandiol-(2,4)* liefert.

[1] L. H. Pohoryles, S. Sarel u. R. Ben-Shoshan, J. Org. Chem. **24**, 1878 (1959).
[2] J. A. Katzenellenbogen u. S. A. Bowlus, J. Org. Chem. **38**, 627 (1973); **39**, 3309 (1974).
[3] P. W. Feit, B. **93**, 116 (1960).
  J. Dale, Soc. **1961**, 910.
[4] A. Iliceto u. G. Patron, Ann. Chimica **46**, 267 (1956).
  A. Iliceto, Ann. Chimica **47**, 20 (1957).
  J. van Dijk u. H. D. Moed, R. **78**, 22 (1959).
  G. Vita u. F. Dal Conte, Farmaco (Pavia), Ed. sci. **17**, 127 (1962).
  H. K. Müller u. H. G. Werchan, A. **689**, 127 (1965).
  H. K. Müller u. E. Müller, A. **689**, 134 (1965).
  H. K. Müller, E. Müller u. H. Baborowski, J. pr. **313**, 1 (1971).
  H. K. Müller et al., J. pr. **315**, 449 (1973).
  H. K. Müller, J. Schuart u. H. Baborowski, J. pr. **315**, 1045 (1973).
[5] S. Yamada u. K. Koga, Tetrahedron Letters **1967**, 1711.
[6] G. Drefahl u. H.-H. Hörhold, B. **94**, 1641 (1961).
  M. J. Brienne, C. Fouquey u. J. Jacques, Bl. **1969**, 2395.
  R. Andrisano u. L. Angiolini, Tetrahedron **26**, 5247 (1970).
  L. Angiolini u. M. Tramontini, J. Org. Chem. **39**, 2056 (1974).
  M. J. Lyapova u. B. J. Kurtev, B. **102**, 3739 (1969).
[7] R. Haller u. R. Rümmler, Ar. **306**, 408, 431, 510, 524 (1973).
  R. Haller u. H. J. Schneider, Ar. **306**, 450 (1973).
[8] J. L. Pierre u. P. Chautemps, Tetrahedron Letters **1972**, 4371.
[9] J. L. Pierre, H. Handel u. P. Baret, Tetrahedron **30**, 3213 (1974).
[10] R. E. Lutz, R. L. Wayland u. H. G. France, Am. Soc. **72**, 5511 (1950).
  H. Felkin, C.r. **231**, 1316 (1950).
  H. Bodot, E. Dieuzeide u. J. Jullien, Bl. **1960**, 1086.
  H. Bodot, J.-A. Braun u. J. Fedière, Bl. **1968**, 3253.
  H. Handel u. J.-L. Pierre, Tetrahedron Letters **1976**, 741.
[11] J. Böeseken, Adv. Carbohydrate Chem. **4**, 189 (1949).
[12] J. Dale, Soc. **1961**, 910, 922.
[13] A. J. Hubert, B. Hargitay u. J. Dale, Soc. **1961**, 931.

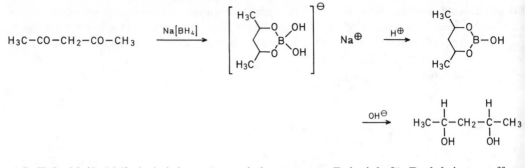

In Tab. 23 (S. 325) sind einige präparativ interessante Beispiele für Reduktionen offenkettiger Ketone mit komplexen Metallhydriden unter asymmetrischer Induktion zu diastereomeren Alkoholen zusammengestellt.

Die wirkungsvolle Beeinflussung der asymmetrischen Induktion bei unbefriedigender Stereoselektivität durch Änderung des Lösungsmittels und des Reduktionsmittels gelingt im Gegensatz zu den cyclischen Ketonen bei den offenkettigen Verbindungen seltener[1]. Calcium-[2] und Zinkboranat[3,4] sind in den meisten Fällen lediglich gruppenselektiver als Natriumboranat[5]. Am besten haben sich bisher Lithium-trialkyl-hydrido-borate mit großem effektivem Raumbedarf bewährt[4] (Weiteres s.S. 334f.). Oft ist auch die Meerwein-Ponndorf-Verley-Reduktion vorteilhaft anwendbar (s.S. 326).

Die Reduktion von Phenyl-glyoxylsäure-estern chiraler Alkohole mit komplexen Metallhydriden verläuft unter asymmetrischer Induktion zu optisch aktivem *Phenyl-glykol*[6]. Bei der Reduktion von 4-Benzoyl-benzoesäure-(−)-menthylester mit Lithiumalanat bildet sich dagegen nur racemisches *4-Hydroxymethyl-benzhydrol*[7].

i₂) in cyclischen Ketonen

Die Hydrid-Reduktion diastereotoper Keton-Gruppen in Acyl-cycloalkanen verläuft analog den offenkettigen Ketonen. Bei cyclischen Ketonen wird dagegen der Reaktionsablauf von der Flexibilität des Ringsystems mit beeinflußt. Die ringständigen und die an Seitenketten stehenden Oxo-Gruppen in Oxo-pregnanen können mit Natrium-[8] und Calciumboranat[9] sowie mit Diboran[10] selektiv reduziert werden. Da der Reduktionsablauf bei cyclischen Ketonen in viel höherem Ausmaß von sterischen Einflüssen und experimentellen Bedingungen abhängt als bei den acyclischen Ketonen, ist er auch besser steuerbar. Die

[1] H. HANDEL u. J.-L. PIERRE, Tetrahedron Letters **1976**, 741.
  S. IGUCHI et al., J. Org. Chem. **44**, 1363 (1979).
[2] L. LÉVAI et al., B. **93**, 387 (1960).
[3] E. J. COREY et al., Am. Soc. **90**, 3245 (1968).
  E. J. COREY et al., Am. Soc. **91**, 5675 (1969).
  P. CRABBÉ, A. GUZMÁN u. M. VERA, Tetrahedron Letters **1973**, 3021.
[4] E. J. COREY et al., Am. Soc. **93**, 1491 (1971).
  E. J. COREY, K. B. BECKER u. R. K. VARMA, Am. Soc. **94**, 8616 (1972).
[5] E. J. COREY et al., Am. Soc. **90**, 3247 (1968).
[6] V. PRELOG et al., Helv. **37**, 221 (1954).
  J. A. BERSON u. M. A. GREENBAUM, Am. Soc. **81**, 6456 (1959).
  S. P. BAKSHI u. E. E. TURNER, Soc. **1961**, 168.
  J. A. DALE u. H. S. MOSHER, J. Org. Chem. **35**, 4002 (1970).
[7] M. J. KUBITSCHECK u. W. A. BONNER, J. Org. Chem. **26**, 2194 (1961).
[8] O. MANCERA et al., Am. Soc. **75**, 1286 (1953).
  A. H. SOLOWAY, A. S. DEUTSCH u. T. F. GALLAGHER, Am. Soc. **75**, 2356 (1953).
[9] A. HAJÓS u. O. FUCHS, Acta chim. Acad. Sci. hung. **21**, 137 (1959).
[10] M. STEFANOVIĆ u. S. LAJŠIĆ, Tetrahedron Letters **1967**, 1777.

Tab. 23: Reduktion von acyclischen Ketonen unter asymmetrischer Induktion zu diastereomeren Alkoholen

Keton	Alkohol	Hydrid	Ausbeute [% d. Th.]	F [°C]	Literatur
$H_3C-CO-CH-COOC_2H_5$ $\quad\quad NH-CO-CH_3$	threo-2-Amino-3-hydroxy-butansäure	$Na[BH_4]$	71	215	1
$(H_3C)_3C-CO-CH-CH_3$ $\quad\quad\quad Cl$	threo-4-Chlor-2,2-dimethyl-pentanol-(3)	$Li[AlH]_4$	53	–	2
$(H_3C)_3C-CO-CO-C(CH_3)_3$	meso-2,2,5,5-Tetra-methyl-hexandiol-(3,4)	$Na[BH_4]$	62	125	3
$H_5C_6-CO-CH-CH_3$ $\quad\quad NH_3^\oplus\ Cl^\ominus$	erythro-2-Amino-1-phenyl-propanol-Hydrochlorid	$Na[BH_4]$	85	191	4
$H_5C_6-CO-CH-CH_3$ $H_7C_3-N-CH_3$	erythro-2-(N-Methyl-N-propyl-amino)-1-phenyl-propanol-Hydrochlorid	$Na[BH_4]$	85	148–149	5
$H_5C_6-CO-CH-CH_2-OC_2H_5$ $\quad\quad NH_3^\oplus\ Cl^\ominus$	erythro-2-Amino-3-äthoxy-1-phenyl-propanol	$Na[BH_4]$	94	55–57	6
$O_2N-\langle\bigcirc\rangle-CO-CH-CH_2-OH$ $\quad\quad\quad NH-CO-CH_3$	threo-2-Acetylamino-1-(4-nitro-phenyl)-propandiol-(1,3)	$Ca[BH_4]_2$	70	164–166	7
$O_2N-\langle\bigcirc\rangle-CO-CH-COOC_2H_5$ $\quad\quad\quad NH-CO-\langle\bigcirc\rangle$ $\quad\quad\quad\quad\quad HOOC$	erythro-2-(2-Carboxy-benzoylamino)-1-(4-nitro-phenyl)-propandiol-(1,3)	$Na[BH_4]$	84	187–188	8
$H_5C_6-CO-CO-C_6H_5$	meso-1,2-Diphenyl-äthandiol	$Li[AlH_4]$	90	134–136	9
$H_5C_6-CO-CH-C_6H_5$ $\quad\quad OH$	meso-1,2-Diphenyl-äthandiol	$Li[AlH_4]$	90	134–136	10
$H_3CO-\langle\bigcirc\rangle-CO-CO-\langle\bigcirc\rangle-OCH_3$	meso-1,2-Bis-[4-methoxyphenyl]-äthandiol	$Li[AlH_4]$	41	168–170	11

---

[1] U. ALBANESI et al., Ann. Chimica **47**, 1293 (1957).
[2] H. BODOT, J.-A. BRAUN u. J. FEDIÈRE, Bl. **1968**, 3253.
[3] J. DALE, Soc. **1961**, 910.
[4] H. K. MÜLLER, E. MÜLLER u. H. BABOROWSKI. J. pr. **313**, 1 (1971).
[5] H. K. MÜLLER u. E. MÜLLER, A. **689**, 134 (1965).
[6] T. MATSUMOTO, T. NISHIDA u. H. SHIRAHAMA, J. Org. Chem. **27**, 79 (1962).
[7] L. LÉVAI et al., B. **93**, 387 (1960).
[8] L. LÉVAI u. K. RITVAY-EMANDITY, B. **92**, 2775 (1959).
[9] L. W. TREVOY u. W. G. BROWN, Am. Soc. **71**, 1675 (1949).
[0] L. H. POHORYLES, S. SAREL u. R. BEN-SHOSHAN, **24**, 1878 (1959).
[1] T. D. GREENE, W. ADAM u. J. E. CANTRILL, Am. Soc. **83**, 3461 (1961).

Deutung des stereochemischen Ablaufes ist dagegen wegen der verwickelteren konformationellen Verhältnisse schwieriger. Für die stereoselektiven Reduktionen gelten folgende empirische Regeln:

(1) In der Cycloalkanon-Reihe werden aus unbehinderten Ketonen mit unbehinderten Hydriden hauptsächlich stabile äquatoriale Alkohole, aus behinderten Ketonen instabile axiale Alkohole erhalten. Aus unbehinderten und behinderten Cycloalkanonen werden mit behinderten Hydriden gleichfalls instabile axiale Alkohole erhalten. Mit wachsendem Raumbedarf des Reduktionsmittels nimmt also die Menge des instabilen axialen Isomeren zu[1]

Einige Ausnahmen von dieser Regel sind bekannt[2].

Stabile äquatoriale Alkohole aus behinderten Cycloalkanonen müssen also durch Meerwein-Ponndorf-Verley-Reduktion oder durch Epimerisierung des instabilen axialen Alkohols in einem Schritt mit Lithiumalanat/4 Aluminiumchlorid (S. 335 f.) hergestellt werden[3].

(2) In verbrückten Ringsystemen, z.B. in der Campher-Reihe, erhält man aus behinderten Ketonen hauptsächlich stabile äquatoriale exo-Alkohole[4,5], aus unbehinderten Ketonen instabile axiale endo-Alkohole[5,6]. Mit wachsender Raumerfüllung des Reduktionsmittels nimmt die Menge des instabilen Isomeren zu.

Die stabilen Alkohole können hier ebenfalls durch Meerwein-Ponndorf-Verley-Reduktion hergestellt werden[7].

Nach dem heutigen Stand der Theorie beeinflußt hauptsächlich die Struktur des Reduktionsmittels den Mechanismus[8] (es gibt also keinen einheitlichen Mechanismus unter Annäherungs-[9, 10] und Stabilitäts-Kontrolle[11]) wobei die Torsionsspannung, die Flexibilität des Ringes und die elektrostatischen und orbitalen Wechselwirkun-

[1] D. H. R. Barton, Soc. 1953, 1027, 1029.
   W. G. Dauben, G. J. Fonken u. D. S. Noyce, Am. Soc. 78, 2579 (1956).
   W. G. Dauben et al., Am. Soc. 78, 3752 (1956).
   D. M. S. Wheeler u. J. W. Huffman, Experientia 16, 516 (1960).
   D. M. S. Wheeler u. M. Wheeler, Chem. & Ind. 1961, 463.
   O. R. Vail u. D. M. S. Wheeler, J. Org. Chem. 27, 3803 (1962).
   A. V. Kamernitzky u. A. A. Akhrem, Tetrahedron 18, 705 (1962).
[2] D. C. Wigfield u. S. Feiner, Canad. J. Chem. 56, 789 (1978).
[3] E. L. Eliel u. H. Haubenstock, J. Org. Chem. 26, 3504 (1961).
   H. Haubenstock u. E. L. Eliel, Am. Soc. 84, 2363 (1962).
   E. L. Eliel u. S. H. Schroeter, Am. Soc. 87, 5031 (1965).
[4] L. W. Trevoy u. W. G. Brown, Am. Soc. 71, 1675 (1949).
   D. S. Noyce u. D. B. Denney, Am. Soc. 72, 5743 (1950).
   A. A. Bothner-By, Am. Soc. 73, 846 (1951).
   O. H. Wheeler u. J. L. Mateos, Canad. J. Chem. 36, 1431 (1958).
[5] W. Hückel u. G. Meinhardt, B. 90, 2025 (1957).
   H. C. Brown u. H. R. Deck, Am. Soc. 87, 5620 (1965).
[6] S. Beckmann u. R. Mezger, B. 89, 2738 (1956); 90, 1559 (1957).
   C. H. DePuy u. P. R. Story, Am. Soc. 82, 627 (1960).
[7] C. F. Wilcox, M. Sexton u. M. F. Wilcox, J. Org. Chem. 28, 1079 (1963).
[8] E. C. Ashby u. J. R. Boone, J. Org. Chem. 41, 2890 (1976).
   M. P. Doyle et al., J. Organometal. Chem. 117, 129 (1976); J. Org. Chem. 42, 1922 (1977).
   D. C. Wigfield, Tetrahedron 35, 449 (1979).
[9] W. G. Dauben, G. J. Fonken u. D. S. Noyce, Am. Soc. 78, 2579 (1956).
   W. G. Dauben et al., Am. Soc. 78, 3752 (1956).
[10] J.-C. Richer, J. Org. Chem. 30, 324 (1965).
   J.-C. Jacquesy, R. Jaquesy u. J. Levisalles, Bl. 1967, 1649.
   J. Klein et al., Tetrahedron Letters 1968, 6127.
   E. L. Eliel u. Y. Senda, Tetrahedron 26, 2411 (1970).
   D. C. Wigfield u. D. J. Phelps, Chem. Commun. 1970, 1152; Canad. J. Chem. 50, 388 (1972).
[11] H. Kwart u. T. Takeshita, Am. Soc. 84, 2833 (1962).
   P. Geneste, G. Lamaty u. J.-P. Roque, Tetrahedron Letters 1970, 5007.
   G. Lamaty et al., Bl. 1972, 4567.
   D. C. Wigfield et al., Am. Soc. 97, 897 (1975).
   J.-C. Perlberger u. P. Müller, Am. Soc. 99, 6316 (1977).
   M.-H. Rei, J. Org. Chem. 44, 2760 (1979).

gen sowie die Konformation der zur Oxo-Gruppe benachbarten Wasserstoff-Atome und Substituenten berücksichtigt werden müssen[1].

Während bei unbehinderten Ketonen äquatoriale Alkohole aus einem Übergangszustand mit der kleinsten Torsionsspannung[1] herausgebildet werden

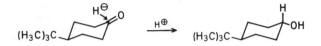

erhält man aus behinderten Ketonen beispielsweise infolge axialer Substituenten in Stellung 3 bzw. 5 einen Übergangszustand mit Torsionsspannung, so daß axiale Alkohole erhalten werden[2]; z.B.:

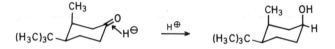

Die Menge des axialen Alkohols nimmt bei behinderten Ketonen mit komplexen Metallhydriden bei abnehmender Temperatur meist zu, bei unbehinderten Ketonen dagegen ab. Auch mit steigender Solvatationswirkung des Lösungsmittels nimmt der Anteil des axialen Alkohols zu (Tab. 24 u. 25, S. 329, 330)[3].

Diese Regelmäßigkeiten erlauben jedoch nur eine grobe Orientierung. So ändert sich im Verlauf der Reduktion mit Natriumboranat der stereochemische Ablauf, da sich als neue reduzierende Spezies Natrium-alkoxy-hydrido-borate bilden (s. S. 46)[4]. Weiterhin können in flexiblen Ringen verschiedene Konformere gleichzeitig reagieren, was ebenfalls

[1] M. Chérest u. H. Felkin, Tetrahedron Letters 1968, 2205.
J. Klein, Tetrahedron 30, 3349 (1974).
J.-C. Richer, D. Perelman u. N. Baskevitch, Tetrahedron Letters 1975, 2627.
J. Huet et al., Tetrahedron Letters 1976, 159.
W. T. Wipke u. P. Gund, Am. Soc. 98, 8107 (1976).
D. C. Wigfield u. D. J. Phelps, J. Org. Chem. 41, 2396 (1976).
D. C. Wigfield et al., Canad. J. Chem. 54, 3536 (1976).
C. Agami, A. Kazakos u. J. Levisalles, Tetrahedron Letters 1977, 4073.
J. Royer, Tetrahedron Letters 1978, 1343.
C. Agami et al., Tetrahedron 35, 969 (1979).
[2] M. Balasubramanian u. A. D'Souza, Tetrahedron 24, 5399 (1968).
E. L. Eliel u. Y. Senda, Tetrahedron 26, 2411 (1970).
J.-C. Richer, D. Perelman u. N. Baskevitch, Tetrahedron Letters 1975, 2627.
[3] A. H. Beckett et al., Chem. & Ind. 1957, 663; Tetrahedron 6, 319 (1959).
W. Hückel u. A. Hubele, A. 613, 27 (1958).
W. Hückel et al., A. 616, 46 (1948).
W. Hückel u. C. Z. Khan Cheema, B. 91, 311 (1958).
W. Hückel u. G. Näher, B. 91, 792 (1958).
W. Hückel u. R. Neidlein, B. 91, 1391 (1958).
D. Kupfer, Tetrahedron 15, 193 (1961).
H. Haubenstock u. E. L. Eliel, Am. Soc. 84, 2368 (1962).
O. R. Vail u. D. M. S. Wheeler, J. Org. Chem. 27, 3803 (1962).
P. T. Lansbury u. R. E. MacLeay, J. Org. Chem. 28, 1940 (1963).
D. V. Banthorpe u. H. S. Davies, Soc. [B] 1968, 1356.
G. V. Baddeley u. W. L. Shao, Tetrahedron 24, 6513 (1968).
D. C. Ayres, D. N. Kirk u. R. Sawdaye, Soc. [B] 1970, 505.
Y. Senda et al., Bl. chem. Soc. Japan 44, 2737 (1971).
J.-C. Richer u. A. Rossi, Canad. J. Chem. 50, 438 (1972).
J. J. Cawley u. D. V. Petrocine, J. Org. Chem. 40, 1184 (1975); 41, 2608 (1976).
H. Haubenstock u. S.-J. Hong, Tetrahedron 34, 2445 (1978).
[4] B. Rickborn u. M. T. Wuesthoff, Am. Soc. 92, 6894 (1970).
D. C. Wigfield u. F. W. Gowland, Tetrahedron Letters 1976, 3373.

der Stereoselektivität entgegenwirkt[1]. In der Cyclopentan-[2], Cycloheptan-[3], Cyclodecan-[4] und heterocyclischen Reihe[5] ändert sich infolge der verschiedenen konformationellen Verhältnisse ebenfalls der stereochemische Ablauf. Aus 2-Oxo-1-isopropyl-cyclopentan erhält man z. B. mit Lithiumalanat in Diäthyläther bei $-20°$ ein Reaktionsprodukt mit einem Gehalt von 34% d. Th. *trans-1-Hydroxy-2-isopropyl-cyclopentan*[6], aus 2-Oxo-1-isopropyl-cyclohexan von 61% d. Th. *trans-1-Hydroxy-2-isopropyl-cyclohexan*[7].

Der stereochemische Ablauf der Reduktionen wird ferner durch polare Substituenten (z. B. Oxo-[8], Hydroxy-[9], Amino-[10], Halogen-Gruppen[11]) beeinflußt, da sich cyclische Übergangszustände ausbilden bzw. elektrostatische Wechselwirkungen auftreten. Analoge stereoelektronische Einflüsse wirken auch bei der Reduktion α,β-ungesättigter Cyclohexanone[12] und 2-Cyclopropyl-cyclohexanone[13].

Zur Berechnung der Menge der gebildeten Stereoisomeren s. Lit.[14].

[1] D. N. KIRK, Tetrahedron Letters **1969**, 1727.
  R. S. MONSON, D. PRZYBYCIEN u. A. BARAZE, J. Org. Chem. **35**, 1700 (1970).
  D. C. WIGFIELD u. D. J. PHELPS, Am. Soc. **96**, 543 (1974).
  D. C. WIGFIELD, S. FEINER u. D. J. PHELPS, J. Org. Chem. **40**, 2533 (1975).
  R. O. HUTCHINS, J. Org. Chem. **42**, 920 (1977).
  Y. TOBE et al., Bl. chem. Soc. Japan **52**, 639 (1979).
[2] J. B. UMLAND u. B. W. WILLIAMS, J. Org. Chem. **21**, 1302 (1956).
  G. V. BADDELEY u. W. L. SHAO, Tetrahedron **24**, 6513 (1968).
  Y. SENDA et al., Bl. chem. Soc. Japan **44**, 2737 (1971).
  M. J. BRIENNE, D. VARECH u. J. JACQUES, Tetrahedron Letters **1974**, 1233.
[3] J. W. HUFFMAN u. J. E. ENGLE, J. Org. Chem. **26**, 3116 (1961).
  D. D. ROBERTS, J. Org. Chem. **30**, 4375 (1965).
[4] A. C. COPE, P. T. MOORE u. W. R. MOORE, Am. Soc. **82**, 1744 (1960).
[5] C. L. ZIRKLE et al., J. Org. Chem. **26**, 395 (1961).
  T. RÜLL, Bl. **1962**, 1337.
  K. W. MERZ, E. MÜLLER u. R. HALLER, B. **98**, 3613 (1965).
  R. HALLER u. J. EBERSBERG, Ar. **303**, 53 (1970).
  R. NOYORI, Y. BABA u. Y. HAYAKAWA, Am. Soc. **96**, 3336 (1974).
[6] W. HÜCKEL u. G. NÄHER, B. **91**, 792 (1958).
[7] W. HÜCKEL u. R. NEIDLEIN, B. **91**, 1391 (1958).
[8] W. HÜCKEL u. W. KRAUS, B. **95**, 233 (1962).
  J. DALE, Soc. **1961**, 910.
  P. T. LANSBURY, J. F. BIERON u. M. KLEIN, Am. Soc. **88**, 1477 (1966).
  J.-M. BEC u. J. HUET, Bl. **1972**, 1627, 1636.
[9] D. REYMOND, Helv. **40**, 492 (1957).
  A. WEISSBACH, J. Org. Chem. **23**, 329 (1958).
  N. Ž. STANAČEV u. M. KATES, J. Org. Chem. **26**, 912 (1961).
  H. B. HENBEST u. J. McENTEE, Soc. **1961**, 4478.
  H. RIVIÈRE, Bl. **1964**, 97.
  M. AKHTAR u. S. MARSH, Soc. [C] **1966**, 937.
[10] E. HARDEGGER u. N. HALDER, Helv. **50**, 1275 (1967).
  C. BENARD, M. T. MAURETTE u. A. LATTES, Tetrahedron Letters **1973**, 2763; Tetrahedron **30**, 3695 (1974); Bl. **1976**, 145.
  C. L. STEVENS, K. T. TERBEEK u. P. M. PILLAI, J. Org. Chem. **39**, 3943 (1974).
[11] D. N. KIRK, Tetrahedron Letters **1969**, 1727.
  G. MOREAU, Bl. **1972**, 2814.
[12] C. ARNAUD et al., Bl. **1974**, 1063, 1067.
[13] F. ROCQUET, A. SEVIN u. W. CHODKIEWICZ, Tetrahedron Letters **1971**, 1049; Bl. **1974**, 895.
[14] H. B. BÜRGI et al., Tetrahedron **30**, 1563 (1974).
  H. B. BÜRGI, J. M. LEHN u. G. WIPFF, Am. Soc. **96**, 1956 (1974).
  J. E. BALDWIN, Chem. Commun. **1976**, 738.
  D. C. WIGFIELD, Canad. J. Chem. **55**, 646 (1977).

Tab. 24: Hydrid-Reduktion des ungehinderten 4-Oxo-1-tert.-butyl-cyclohexans unter asymmetrischer Induktion zu trans- und cis-4-Hydroxy-1-tert.-butyl-cyclohexan

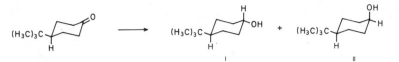

Reduktionsbedingungen	Zusammensetzung[a] des Reduktionsproduktes [%]		Lite-ratur
	I (stabiles Diastereomere)	II (instabiles Diastereomere)	
Li[AlH₄]/4AlCl₃; Äther; 35°			
(thermodynamische Kontrolle)	99–100	0–1	1
(kinetische Kontrolle)	81–82	18–19	1
Li[AlH₄]; Äther, 0°	90–91	9–10	2
Li{AlH[OC(CH₃)₃]₃}; THF; 0°	90	10	2
Li[AlH(OCH₃)₃]; THF; 0°	59	41	2
Na[BH₄]; Methanol; 0°	85–86	14–15	2
–40°	88	12	3
Na[BH₄]; Isopropanol; 0°	83	17	2
Na[BH(OCH₃)₃]; Methanol; 0°	75–76	24–25	2
Na{BH[OCH(CH₃)₂]₃}; Isopropanol; 0°	75–80	20–25	2
B₂H₆; THF; 0°	82	18	4
B₂H₆; Bis-[2-methoxy-äthyl]-äther; 0°	91,5	8,5	5
[(H₃C)₂CH–(H₃C)CH]BH; THF; 0°	92	8	4
(H₃C)₃N:BH₃; Bis-[2-methoxy-äthyl]-äther			
100°	83,5–84,5	15,5–16,5	5
0°	53,5–54	46–46,5	5, 6
AlH₃; THF; 0°	87	13	7
(H₉C₄)₃SnH; 80° (Radikalreaktion)	87	13	8
(H₉C₄)SnH; Methanol; 65° (polare Reaktion)	69	31	8
(H₉C₄)₂SnH₂; Äther; 35°	88	12	9
H₉C₄SnH₃; 75°	92	8	9

[a] Gaschromatographisch bestimmt

Bei den Steroid-ketonen werden aus den ungehinderten Keton-Gruppen überwiegend *äquatoriale*, aus den gehinderten *axiale* Hydroxy-Gruppen aufgebaut (s. Tab. 26, S. 331)[10]. Die Reduktion kann bei Di- und Triketonen mit Natrium-[11] oder Calciumboranat[12],

[1] E. L. Eliel u. M. N. Rerick, Am. Soc. **82**, 1367 (1960).
[2] E. L. Eliel u. Y. Senda, Tetrahedron **26**, 2411 (1970).
[3] P. T. Lansbury u. R. E. MacLeay, J. Org. Chem. **28**, 1940 (1963).
[4] H. C. Brown u. V. Varma, J. Org. Chem. **39**, 1631 (1974).
[5] W. M. Jones, Am. Soc. **82**, 2528 (1960).
[6] W. M. Jones u. H. E. Wise, Am. Soc. **84**, 997 (1962).
[7] N. M. Yoon u. H. C. Brown, Am. Soc. **90**, 2927 (1968).
[8] J.-P. Quintard u. M. Pereyre, Bl. **1972**, 1950.
[9] H. G. Kuivila u. O. F. Beumel, Am. Soc. **83**, 1246 (1961).
[10] D. H. R. Barton, Soc. **1953**, 1027, 1029.
[11] J. K. Norymbersky u. G. F. Woods, Soc. **1955**, 3426.
N. L. Wendler, R. P. Graber u. G. G. Hazen, Tetrahedron **3**, 144 (1958).
J. L. Mateos, J. Org. Chem. **24**, 2034 (1959).
H. J. E. Loewenthal, Tetrahedron **6**, 269 (1959).
D. Taub, R. D. Hoffsommer u. N. L. Wendler, Am. Soc. **81**, 3291 (1959).
D. Kupfer, Tetrahedron **15**, 193 (1961).
E. J. Agnello et al., J. Org. Chem. **28**, 1531 (1963).
[12] J. Kollonitsch, O. Fuchs u. V. Gábor, Nature **173**, 125 (1954).
A. Hajós u. O. Fuchs, Acta chim. Acad. Sci. hung. **21**, 137 (1959).
C. Kaneko et al., Tetrahedron **30**, 2701 (1974).

Tab. 25: Hydrid-Reduktion des gehinderten 5-Oxo-1,1,3-trimethyl-cyclohexans unter asymmetrischer Induktion zu cis- und trans-5-Hydroxy-1,1,3-trimethyl-cyclohexan

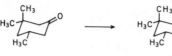

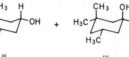

Reduktionsbedingungen	Zusammensetzung[a] des Reduktionsproduktes [%]		Lite-ratur
	III (stabiles Diastereomere)	IV (instabiles Diastereomere)	
LiAlH$_4$/4AlCl$_3$; Äther; 35°			
thermodynamische Kontrolle	100	0	1
kinetische Kontrolle	14–15	85–86	1
[H$_3$C)$_2$CH–CH$_2$]$_3$Al; Benzol; 41°	99,7	0,3	2
thermodynamische Kontrolle			
kinetische Kontrolle	3,8	96,2	2
AlH$_3$; Äther; −70° (0°)	15, (21)	85, (79)	3
LiAlH$_4$; Äther; −40° (0°; 30°)	38,5 (42; 45)	61,5 (58; 55)	1,4
Li{AlH[OC(CH$_3$)$_3$]$_3$}; THF; 0°	4	96	5
Li AlH(OCH$_3$)$_3$; THF; 0°	2	98	5
Na AlH$_2$(O–CH$_2$–CH$_2$–OCH$_3$)$_2$; Benzol; 25°	41–45	55–59	6
THF; 25°	32	68	7
Na[BH$_4$]; Methanol; −40° (0°; 27°)	2 (14; 19,5)	98 (86; 80,5)	4
Na[BH$_4$]; Isopropanol; 0° (27°)	38, 42,5	62, 57,5	4
Na[BH(OCH$_3$)$_3$]; Methanol; 0°	19	81	5
Na{BH[OCH(CH$_3$)$_2$]$_3$}; Isopropanol; 0°	17–20	80–83	5
B$_2$H$_6$; THF; 25°	34	66	8
B$_2$H$_6$/BF$_3$; THF; 25°	15	85	8
(H$_9$C$_4$)$_3$SnH; 80° (Radikalreaktion)	54	46	9
(H$_9$C$_4$)$_3$SnH; Methanol; 65°	7	93	9
(polare Reaktion)			
katalytische Hydrierung;			
PtO$_2$/Essigsäure; 25°	0	100	10
Meerwein-Ponndorf-Verley-	94	6	10
Reduktion			
(Aluminium-isopropylat/Isopropanol; 83°)			

[a] Gaschromatographisch bestimmt

[1] H. Haubenstock u. E. L. Eliel, Am. Soc. **84**, 2363 (1962).
[2] H. Haubenstock u. E. B. Davidson, J. Org. Chem. **28**, 2772 (1963).
[3] D. C. Ayres u. R. Sawdaye, Chem. Commun. **1966**, 527; Soc. [B] **1967**, 581.
   D. C. Ayres, D. N. Kirk u. R. Sawdaye, Soc. [B] **1970**, 505.
[4] P. T. Lansbury u. R. E. MacLeay, J. Org. Chem. **28**, 1940 (1963).
[5] E. L. Eliel u. Y. Senda, Tetrahedron **26**, 2411 (1970).
[6] O. Štrouf, Collect. czech. chem. Commun. **36**, 2707 (1971).
[7] O. Štrouf, Collect. czech. chem. Commun. **37**, 2693 (1972).
[8] J. Klein u. E. Dunkelblum, Tetrahedron **23**, 205 (1967).
[9] J.-P. Quintard u. M. Pereyre, Bl. **1972**, (1950).
[10] E. L. Eliel u. H. Haubenstock, J. Org. Chem. **26**, 3504 (1961).

Tab. 26: Reduktion von Oxo-steroiden mit komplexen Metallhydriden zu Hydroxy-steroiden

Stellung der Keton-Gruppe	Reihe	Behinderung	Konfiguration u. Konformation des Hauptproduktes		Literatur
1	5α	stark	1α	axial	[1]
1	5β	stark	1α	äquatorial	[2]
2	5α	mittel	2β	axial	[3]
3	5α	schwach	3β	äquatorial	[4,5]
3	5β	schwach	3α	äquatorial	[4]
$3-\Delta^4$	–	sehr schwach	$3\beta-\Delta^4$	pseudoäquatorial	[4,6]
$3-\Delta^5$	–	schwach	$3\beta-\Delta^5$	äquatorial	[4]
4	5α	stark	4β	axial	[7]
6	5α	stark	6β	axial	[8]
6	5β	stark	6β	axial	[9]
7	5α	mittel	7α	axial	[3]
7	5β	mittel	7α	axial	[10]
11	–	sehr stark	11β	axial	[11]
12	–	mittel	12β	äquatorial	[12]
15	14α	mittel	15β	–	[13]
15	14β	mittel	15α	–	[14]
16	–	mittel	16β	–	[15]
17	14α	schwach	17β	äquatorial	[16]
17	14β	schwach	17α	äquatorial	[17]
17 a	14α	schwach	$17\alpha\beta$	äquatorial	[18]
20	–	mittel	20β	–	[19]
			20α und 20β	–	[20]

[1] H. B. Henbest u. R. A. L. Wilson, Soc. **1956**, 3289.
[2] W. Schlegel u. C. Tamm Helv. **40**, 160 (1957).
[3] W. G. Dauben et al., Am. Soc. **78**, 3752 (1956).
[4] W. G. Dauben, R. A. Micheli u. J. F. Eastham, Am. Soc. **74**, 3852 (1952).
[5] A. L. Nussbaum et al., Am. Soc. **81**, 1228 (1959).
[6] M. Gut, J. Org. Chem. **21**, 1327 (1956).
[7] C. W. Shoppee et al., Soc. **1959**, 630.
[8] C. W. Shoppee et al., Soc. **1959**, 2786.
[9] D. N. Jones u. G. H. R. Summers, Soc. **1959**, 2594.
  A. T. Rowland, J. Org. Chem. **29**, 222 (1964).
[10] E. H. Mosbach, W. Meyer u. F. E. Kendall, Am. Soc. **76**, 5799 (1954).
  H. B. Kagan u. J. Jacques, Bl. **1960**, 871.
[11] R. M. Evans et al., Soc. **1958**, 1529.
[12] J. Elks et al., Soc. **1956**, 4330.
  A. Bowers et al., Soc. **1961**, 1859.
[13] M. S. Ragab, H. Linde u. K. Meyer, Helv. **45**, 1794 (1962).
  E. W. Cantrall, R. Littell u. S. Bernstein, J. Org. Chem. **29**, 64 (1964).
[14] M. Okada u. Y. Saito, Chem. Pharm. Bull. (Tokyo) **21**, 388 (1973).
[15] S. Bernstein, M. Heller u. S. M. Stolar, Am. Soc. **77**, 5327 (1955).
[16] B. Ellis, D. Patel u. V. Petrow, Soc. **1958**, 803.
  J. Fajkoš u. F. Šorm, Collect. czech. chem. Commun. **24**, 3115 (1959).
[17] T. Nambara u. J. Fishman, J. Org. Chem. **26**, 4569 (1961).
  L. J. Chinn, J. Org. Chem. **27**, 54 (1962); **30**, 4165 (1965).
[18] E. P. Oliveto et al., Am. Soc. **79**, 3594 (1957).
[19] Reduktion mit Natriumboranat: S. Bernstein, E. W. Cantrall u. J. P. Dusza, J. Org. Chem. **26**, 269 (1961).
[20] Reduktion mit Lithiumalanat: W. R. Benn, J. Org. Chem. **28**, 3557 (1963).

Natrium-trithio-dihydrido-borat[1]   und   Lithium-tri-tert.-butyloxy-hydrido-aluminat[2] nicht nur stereoselektiv sondern auch regioselektiv durchgeführt werden. Die Reduktionsgeschwindigkeit der einzelnen Keton-Gruppen nimmt entsprechend ihrer Lage normalerweise in folgender Reihe ab:

3-Oxo-en-(5) > 3-Oxo-en-(8^{14}) > 3-Oxo-5β > 3-Oxo-5α > 6-Oxo- > 7-Oxo- > 3-Oxo-en-(4) > 12-Oxo > 17-Oxo > 20-Oxo > 11-Oxo

Die Reduktionsgeschwindigkeiten der Oxo-Gruppen in den Stellungen 2, 1 bzw. 4 und 16 entsprechen den Reaktivitäten in den Stellungen 3, 6 und 17. Die Reihenfolge wird durch Nachbargruppen und durch die Solvatationswirkung des Lösungsmittels stark beeinflußt. Progesteron- und Testosteron-Derivate lassen sich mit Organo-siliciumhydriden stereoselektiv unter 1,4-Addition zu 3-Oxo-5β-pregnanen und 3-Oxo-5β-androstanen reduzieren[3].

Behinderte Ringketone mit einem starren Molekülgerüst, z. B. verbrückte Systeme, liefern im Vergleich zu den entsprechenden flexibleren Strukturen (s. Tab. 27, S. 333) einheitlichere Reduktionsprodukte. Campher ergibt z. B. mit Lithiumalanat in 80%iger Ausbeute ein Gemisch von 89% *exo-2-Hydroxy-1,7,7-trimethyl-bicyclo[2.2.1]heptan (Isoborneol)* und 11% der *endo*-Verbindung *(Borneol)*[4]:

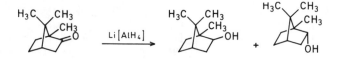

exo-2-Hydroxy-1,7,7-trimethyl-bicyclo[2.2.1]heptan[4]: Zu einer siedenden Aufschlämmung von 7,5 g (0,198 Mol) Lithiumalanat in 330 *ml* abs. Diäthyläther tropft man unter Rühren in einer Stickstoff-Atmosphäre innerhalb 1 Stde. eine Lösung von 25 g (0,165 Mol) Campher in 85 *ml* abs. Diäthyläther. Man erhitzt 16 Stdn. unter Rückfluß, kühlt ab, säuert mit verd. Salzsäure an, trennt die Äther-Schicht ab, wäscht mit Wasser aus, trocknet mit Magnesiumsulfat und engt ein. Der Rückstand wird aus Pentan kristallisiert; Ausbeute: 20 g (80% d. Th.); F: 192–194°. Gehalt (gaschromatographisch bestimmt): 89% Isoborneol und 11% Borneol.

In diesem Fall ist durch die Methyl-Gruppe am Brückenkohlenstoff-Atom der Angriff des Hydrid-Ions in die *exo*-Stellung versperrt, so daß es hauptsächlich in die *endo*-Stellung tritt und die Hydroxy-Gruppe in *exo*-Stellung dirigiert. Unbehinderte bicyclische Monoterpen-ketone mit unsubstituiertem Brückenkohlenstoff-Atom liefern dagegen mit Hydriden vorwiegend die *endo*-Formen der zugehörigen Alkohole; z. B.[5]:

2-Hydroxy-bicyclo[2.2.1]heptan
endo-81% d. Th.   *exo*- 8% d. Th.

[1] J. M. LALANCETTE et al., Synthesis **1972**, 526.
[2] J. FAJKOŠ, Collect. czech. chem. Commun. **24**, 2284 (1959).
  V. ŠANDA u. J. FAJKOŠ, Collect. czech. chem. Commun. **26**, 2734 (1961).
  W. F. JOHNS, J. Org. Chem. **29**, 1490 (1964).
  K. HEUSLER, P. WIELAND u. C. MEYSTRE, Org. Synth. Coll. Vol. V, 692 (1973).
  A. CALVET u. J. LEVISALLES, Tetrahedron Letters **1972**, 2157.
[3] T. A. SEREBRJAKOWA et al., Izv. Akad. SSSR **1972**, 1679.
[4] C. F. WILCOX, M. SEXTON u. M. F. WILCOX, J. Org. Chem. **28**, 1079 (1963).
[5] K. ALDER, H. WIRTZ u. H. KOPPELBERG, A. **601**, 138 (1956).

Behinderte Terpen-Ketone der Campher-Reihe ergeben mit komplexen Metallhydriden hauptsächlich *exo*-Alkohole[1], unbehinderte bicyclische Ketone in der Regel *endo*-Alkohole[2].

Tab. 27: Reduktion von Campher und Norcampher mit Hydriden unter asymmetrischer Induktion

Reduktionsbedingungen[a]	Gehalt[b] des Alkohols[%]		Lite-ratur
	exo-2-Hydroxy-1,7,7-tri-methyl-bicyclo[2.2.1]heptan	*endo-2-Hydroxy-bicyclo[2.2.1]heptan*	
B_2H_6	52	98	3
$[(H_3C)_2CH–(H_3C)CH]_2BH$	65	92	3
$(H_{11}C_6)_2BH$	93	94	3
AlH_3	90	93	4
$Li[AlH_4]$	92	89	5
$Li[AlH_4]/4\ AlCl_3$; Äther; 25°(kinetische Kontrolle)	73	96	6
$Li[AlH_4]/4\ AlCl_3$; Äther; 35° (thermodynamische Kontrolle)	–	11	6
$Li\{AlH[OC(CH_3)_3]_3\}_3$	93	93	5
$Li[AlH(OCH_3)_3]$	99	98	5
$Na[BH_4]$; Isopropanol; 0°	86	86	7
$K\{BH[OCH(CH_3)_2]_3\}$		98	8

[a] Wenn nicht anders angegeben, wird in THF bei 0° reduziert   [b] gaschromatographisch bestimmt

Hydride mit großer effektiver Raumerfüllung erhöhen in der Regel die Stereoselektivität der Reduktion. Bei unbehinderten Cycloalkanonen mit flexibler Struktur wird dagegen der stereochemische Ablauf unter Zunahme der Menge des instabilen axialen Alkohols umgekehrt (s. Tab. 28, S. 334). Bei entsprechender Auswahl des Reduktionsmittels können so beide Diastereomere in genügender Reinheit erhalten werden. Bei der Beurteilung des Raumbedarfes muß die eigentlich reduzierende Spezies berücksichtigt werden. Z. B. reagiert Lithium-trimethoxy-hydrido-aluminat in THF infolge von Assoziation stereoselektiver als Lithium-tri-tert.-butyloxy-hydrido-aluminat[5, 9]; z. B.[5]:

[1] W. HÜCKEL u. O. FECHTIG, A. **652**, 81 (1962).
R. A. CHITTENDEN u. G. H. COOPER, Soc. [C] **1970**, 49.
O. ŠTROUF, Collect. czech. chem. Commun. **36**, 2707 (1971).
A. DANIEL u. A. A. PAVIA, Bl. **1971**, 1060.
J.-C. RICHER u. A. ROSSI, Canad. J. Chem. **50**, 1376 (1972).
Y. BESSIÈRE-CHRÉTIEN, G. BOUSSAG u. M. BARTHÉLÉMY, Bl. **1972**, 1419.
[2] S. BECKMANN u. R. MEZGER, B. **89**, 2738 (1956); **90**, 1559 (1957).
W. HÜCKEL u. G. MEINHARDT, B. **90**, 2025 (1957).
W. HÜCKEL u. G. GELCHSHEIMER, Suomen Kem. **B31**, 13 (1958).
A. A. YOUSSEF, M. E. BAUM u. H. M. WALBORSKY, Am. Soc. **81**, 4709 (1959).
C. H. DePUY u. P. R. STORY, Am. Soc. **82**, 627 (1960).
P. D. BARTLETT u. W. P. GIDDINGS, Am. Soc. **82**, 1240 (1960).
W. HÜCKEL, D. S. NAG u. R. ZEISBERGER, A. **645**, 101 (1961).
H. KRIEGER u. K. MANNINEN, Suomen Kem. **B38**, 175 (1965).
A. COULOMBEAU u. A. RASSAT, Bl. **1965**, 3338.
[3] H. C. BROWN u. V. VARMA, J. Org. Chem. **39**, 1631 (1974).
[4] N. M. YOON u. H. C. BROWN, Am. Soc. **90**, 2927 (1968).
[5] H. C. BROWN u. H. R. DECK, Am. Soc. **87**, 5620 (1965).
[6] E. L. ELIEL u. D. NASIPURI, J. Org. Chem. **30**, 3809 (1965).
[7] H. C. BROWN u. J. MUZZIO, Am. Soc. **88**, 2811 (1966).
[8] C. A. BROWN, S. KRISHNAMURTHY u. S. C. KIM, Chem. Commun. **1973**, 391.
[9] J.-C. RICHER, J. Org. Chem. **30**, 324 (1964).
H. C. BROWN u. P. M. WEISSMAN, Israel J. Chem. **1**, 430 (1963); Am. Soc. **87**, 5614 (1965).
E. C. ASHBY, J. P. SEVENAIR u. F. R. DOBBS, J. Org. Chem. **36**, 197 (1971).
J. MÁLEK u. M. ČERNÝ, Synthesis **1972**, 217.
H. HAUBENSTOCK, J. Org. Chem. **38**, 1765 (1973); **40**, 926 (1975).

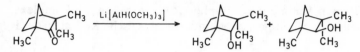

2-endo-Hydroxy-1,3,3-trimethyl-bicyclo[2.2.1]heptan[1]: Zu einer Lösung von 11,4 g (0,3 Mol) Lithiumalanat in 560 ml abs. THF werden unter Rühren und unter Stickstoff bei 0° vorsichtig 28,8 g (36,3 ml; 0,9 Mol) Methanol getropft. Man versetzt danach bei 0° mit 35 g (0,25 Mol) 2-Oxo-1,3,3-trimethyl-bicyclo[2.2.1]heptan (Fenchon), rührt 1 Stde. bei 0°, gibt Wasser zu und schüttelt in einem Scheidetrichter mit Diäthyläther und ges. Natrium-kalium-tartrat-Lösung aus. Die organ. Phase wird abgetrennt, die wäßr. Phase mit Diäthyläther extrahiert und der Auszug über Magnesiumsulfat getrocknet. Man engt ein und destilliert den Rückstand; Ausbeute: 30,7 g (80% d. Th.); Kp₁: 43–45°. Gehalt: 97% endo- und 3% exo-Alkohol (α- und β-Fenchol).

Zur Herstellung von axialen Alkoholen aus unbehinderten Cycloalkanonen werden hauptsächlich Lithium-trialkyl-hydrido-borate angewendet[2,3] (vgl. a. Tab. 28):

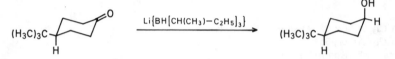

cis-4-Hydroxy-1-tert.-butyl-cyclohexan[3]: Zu 5 ml (5 mMol) m Lithium-trimethoxy-hydrido-aluminat-Lösung in abs. THF werden unter Stickstoff 1,25 ml (5 mMol) Tributyl-(2)-boran gegeben. Man rührt 30 Min. bei 20°, kühlt auf − 78° ab und versetzt mit 1,25 ml (2,5 mMol) einer 2 m Lösung von 4-Oxo-1-tert.-butyl-cyclohexan in abs. THF. Man rührt 3 Stdn. weiter, hydrolysiert bei 25° und oxidiert mit alkalischem Dihydrogenperoxid. Das Produkt enthält (gaschromatographisch bestimmt) 96,5% cis- und 3,5% trans-4-Hydroxy-tert.-butyl-cyclohexan.

Tab. 28: Reduktion von 2-Oxo-1-methyl-cyclopentan und -cyclohexan mit Hydriden unter asymmetrischer Induktion

Reduktionsbedingungen[a]	Gehalt[b] des instabilen, axialen Alkohols [%]		Literatur
	cis-2-Hydroxy-1-methyl-cyclopentan	cis-2-Hydroxy-1-methyl-cyclohexan	
Na[BH₄]; Wasser; 25° bzw. Isopropanol; 0°	26	31	4
Li[AlH₄]; 0°	21–24	24–26	1
Li{AlH[OC(CH₃)₃]₃}; 0°	28	30	1
Li[AlH(OCH₃)₃]; 0°	44	69	1
B₂H₆; 0°	25	26	5
[(H₃C)₂CH–(H₃C)CH]₂BH; 0°	78	79	5
Li[BH(C₂H₅)₃]; 0°		75	6
Li[BH(C₄H₉)₃]; 0°	67	85	7
K{BH[CH(CH)₃–C₂H₅]₃}; 0°		>99	8
K{BH[OCH(CH₃)₂]₃}; −23°	73	95,5	8

[a] Wenn nicht anders angegeben, wird in Tetrahydrofuran reduziert.
[b] Gaschromatographisch bestimmt

[1] H. C. Brown u. H. R. Deck, Am. Soc. **87**, 5620 (1965).
[2] H. C. Brown u. W. C. Dickason, Am. Soc. **92**, 709 (1970).
   J. Hooz et al., Am. Soc. **96**, 274 (1974).
   S. Krishnamurthy u. H. C. Brown, Am. Soc. **98**, 3383 (1976).
   S. W. Wunderly u. E. Brochmann-Hanssen, J. Org. Chem. **42**, 4277 (1977).
[3] H. C. Brown u. S. Krishnamurthy, Am. Soc. **94**, 7159 (1972).
[4] J. B. Umland u. B. W. Williams, J. Org. Chem. **21**, 1302 (1956).
   H. C. Brown u. J. Muzzio, Am. Soc. **88**, 2811 (1966).
[5] H. C. Brown u. V. Varma, Am. Soc. **88**, 2871 (1966); J. Org. Chem. **39**, 1631 (1974).
[6] H. C. Brown u. S. Krishnamurthy, Chem. Commun. **1972**, 868.
[7] H. C. Brown u. W. C. Dickason, Am. Soc. **92**, 709 (1970).
[8] C. A. Brown, Am. Soc. **95**, 4100 (1973); J. Org. Chem. **39**, 3913 (1974).
   C. A. Brown, S. Krishnamurthy u. S. C. Kim, Chem. Commun. **1973**, 391.

Analog kann eine Vielzahl von Cycloalkanonen reduziert werden.

Lithium-perhydro-9b-borata-phenalen reduziert Cyclohexanone weniger ste-eoselektiv[1,2], mit Prostaglandin E_2 liefert es dagegen in 98%iger Ausbeute (weit selekti-'er als z. B. mit Natriumboranat[3]) *Prostaglandin $F_2\alpha$ (PGF$_2\alpha$)*[4]:

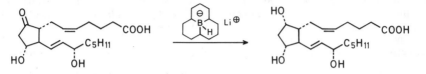

Prostaglandin $F_2\alpha$[4]: Man rührt eine Lösung von 0,03 g (0,08 mMol) Prostaglandin E_2 in 0,5 *ml* abs. THF un-er Inertgas bei −78° und gibt innerhalb 3 Min. eine Lösung von 0,36 mMol Lithium-perhydro-9b-borata-phena-en in 0,9 *ml* abs. THF zu. Die Mischung wird 20 Min. weiter gerührt, mit wenig Wasser versetzt und stehen gelas-en, bis sie sich auf 20° erwärmt hat. Man schüttelt mit Essigsäure-äthylester aus, säuert auf $p_H = 3,5$ an und chüttelt von neuem aus. Der saure Auszug wird über Magnesiumsulfat getrocknet und eingeengt; Ausbeute:),0296 g (98,7% d. Th.); $[\alpha]_D^{25}$: +23,9° (c: 0,955; in THF).

Einen analogen Anwendungsbereich haben Kalium-tributyl-(2)- und Kalium-triiso-ropyloxy-hydrido-borat[5] (s. Tab. 28, S. 334) sowie Bis-[3-methyl-butyl-(2)]-boran[6] (s. Tab. 24, 27, 28, S. 329, 330, 334). Mit letzterem erhält man z. B. aus 2-Oxo-1-phenyl-cy-lopentan 73% d. Th. *2-Hydroxy-1-phenyl-cyclopentan*[6].

Die Epimerisierung von Cycloalkanonen[7] zu den thermodynamisch stabilen Alkoholen vird zweckmäßig mit Lithiummalanat/4 Aluminiumchlorid durchgeführt, wobei das unter inetischer Kontrolle erhaltene Isomeren-Verhältnis in Gegenwart eines Keton-Über-chusses durch reversible Oxidation und Reduktion über das entsprechende Dichloralu-ninium-alkanolat unter thermodynamischer Kontrolle in Richtung des stabileren Isome-'en verschoben wird[8,9] (s. a. Tab. 24, 25, 27, S. 329, 330, 334):

$$\text{\Large\textsf{(Reaktionsgleichung)}}$$

Die Zersetzung des Hydrid-Überschusses geschieht mit tert.-Butanol, das die Verschie-bung des Gleichgewichts nicht stört.

Mit Tris-[2-methyl-propyl]-aluminium läuft die Reaktion analog ab[10] (s. Tab. 25, S. 330).

[1] H. C. Brown u. W. C. Dickinson, Am. Soc. **92**, 709 (1970).

[2] R. E. Ireland, D. R. Marshall u. J. W. Tilley, Am. Soc. **92**, 4754 (1970).

[3] J. E. Pike, F. H. Lincoln u. W. P. Schneider, J. Org. Chem. **34**, 3552 (1969).

[4] E. J. Corey u. R. K. Varma, Am. Soc. **93**, 7319 (1971).

[5] C. A. Brown, Am. Soc. **95**, 4100 (1973); J. Org. Chem. **39**, 3913 (1974).
C. A. Brown, S. Krishnamurthy u. S. C. Kim, Chem. Commun. **1973**, 391.

[6] H. C. Brown u. V. Varma, J. Org. Chem. **39**, 1631 (1974).

[7] W. Hückel et al., A. **616**, 46 (1958).
W. Hückel u. C. Z. Khan Cheema, B. **91**, 311 (1958).
W. Hückel u. G. Näher, B. **91**, 792 (1958).
W. Hückel u. J. Kurz, B. **91**, 1290 (1958).
W. Hückel u. R. Neidlein, B. **91**, 1391 (1958).
W. Hückel, H. Feltkamp u. S. Geiger, A. **637**, 1 (1960).
W. Hückel u. K. Thiele, B. **94**, 96 (1961).

[8] O. H. Wheeler u. J. L. Mateos, Chem. & Ind. **1957**, 395; Canad. J. Chem. **36**, 1431 (1958).
E. L. Eliel u. M. N. Rerick, Am. Soc. **82**, 1367 (1960).
J.-C. Richer u. E. L. Eliel, J. Org. Chem. **26**, 972 (1961).
H. Haubenstock u. E. L. Eliel, Am. Soc. **84**, 2363 (1962).
E. L. Eliel, R. J. L. Martin u. D. Nasipuri, Org. Synth. Coll. Vol. V, 175 (1973).

[9] E. L. Eliel u. D. Nasipuri, J. Org. Chem. **30**, 3809 (1965).

[10] H. Haubenstock u. E. B. Davidson, J. Org. Chem. **28**, 2772 (1963).

trans-4-Hydroxy-1-tert.-butyl-cyclohexan[1]: Zu einer mit Eiswasser gekühlten Lösung von 76 g (0,5 Mol Aluminiumchlorid in 500 *ml* abs. Diäthyläther wird unter Rühren und unter Stickstoff eine Aufschlämmung vor 5,5 g (0,13 Mol) Lithiumalanat in 140 *ml* abs. Diäthyläther gegeben. Man rührt ohne Kühlung 30 Min. weite und versetzt so mit einer Lösung von 77,5 g (0,5 Mol) 4-Oxo-1-tert.-butyl-cyclohexan in 500 *ml* abs. Di äthyläther, daß die Mischung gelinde siedet. Danach erhitzt man 2 Stdn. unter Rückfluß, versetzt mit 10 *m* tert.-Butanol, kocht weitere 30 Min., gibt eine Lösung von 3 g (19,4 mMol) 4-Oxo-1-tert.-butyl-cyclohexan ii 20 *ml* abs. Diäthyläther zu und erhitzt 4 Stdn. unter Rückfluß. Die Mischung wird abgekühlt und vorsichtig zuers mit 100 *ml* Wasser und danach mit 250 *ml* 10%iger Schwefelsäure zersetzt, die Äther-Schicht abgetrennt, mi Wasser gewaschen, mit Natriumsulfat getrocknet und eingeengt; der Rückstand wird aus Petroläther kristalli siert; Ausbeute: 61 g (78% d. Th.); F: 75–78°. Weitere Reinigung ist durch Sublimation möglich (F: 82,5–83°[1])

Analog erhält man die Gemische[2] von *trans-* und *cis-4-Hydroxy-1-methyl-* (91% bzw 9%) sowie *trans-* und *cis-4-Hydroxy-1-phenyl-cyclohexan* (97,7 bis 98,1% bzw 1,9–2,3%).

Die gebildeten Dichloraluminium-alkanolate sind ähnlich wie bei der Meerwein-Ponndorf-Verley-Reduktior ebenfalls zum Hydrid-Transfer geeignet[3]:

$$R_2CH\text{—}OAlCl_2 \; + \; R_2^1CO \; \rightleftharpoons \; R_2CO \; + \; R_2^1CH\text{—}OAlCl_2$$

wobei mit chiralen Dichloraluminium-alkanolaten enantiotope Keton-Gruppen asymmetrisch reduziert werden Die Stereoselektivität der Reduktion läßt sich bei Cycloalkanonen, die einen Benzol-Ring enthalten, auch durch Überführen in einen leicht spaltbaren Metall-π-Komplex mit großem effektivem Raumbedarf erhöhen[4]

Bei der Reduktion diastereotoper Keton-Gruppen mit markierten Hydriden erhält mar leicht an der Alkohol-Gruppe markierte diastereomere Alkohole[5].

$\alpha\,\alpha_8$) von enantiotopen Keton-Gruppen

Die Reduktion enantiotoper Keton-Gruppen mit chiralen Hydriden unter Bildung op tisch aktiver Alkohole hat sich zu einer Standardmethode entwickelt[6]. Als asymmetri sche Reduktionsmittel werden (−)- und (+)-Diisopino-campheyl-boran[7] (s. S. 7), Mono isopino-campheyl-borane[8] (die eine höhere chirale Induktion aufweisen), chirale Amin Borane[9] (s. S. 8), chirale β-Hydroxy-sulfoximin-Borane[10], Natriumboranat unter Pha-

[1] E. L. Eliel u. D. Nasipuri, J. Org. Chem. **30**, 3809 (1965).

[2] E. L. Eliel u. M. N. Rerick, Am. Soc. **82**, 1367 (1960).

[3] E. L. Eliel u. D. Nasipuri, J. Org. Chem. **30**, 3809 (1965).

   D. Nasipuri u. P. K. Bhattacharya, Synthesis **1975**, 701.

   D. Nasipuri et al., Soc. [Perkin I] **1976**, 321.

[4] B. Caro u. G. Jaouen, Tetrahedron Letters **1974**, 1229, 2061.

   G. Jaouen u. R. Dabard, Bl. **1974**, 2009.

[5] A. Streitwieser u. W. D. Schaeffer, Am. Soc. **79**, 6233 (1957).

   D. S. Noyce u. B. N. Bastian, Am. Soc. **82**, 1246 (1960).

   S. Winstein u. J. Sonnenberg, Am. Soc. **83**, 3235, 3244 (1961).

   P.-E. Schulze, L. Pitzel u. M. Wenzel, B. **101**, 3655 (1968).

[6] T. D. Inch, Synthesis **1970**, 466.

   J. D. Morrison u. H. S. Mosher, *Asymmetric Organic Reactions*, S. 202, Prentice-Hall, Engelwood Cliffs. N. J 1971.

[7] K. R. Varma u. E. Caspi, Tetrahedron **24**, 6365 (1968).

   H. C. Brown u. A. K. Mandal, J. Org. Chem. **42**, 2996 (1977).

[8] H. C. Brown u. N. M. Yoon, Am. Soc. **99**, 5514 (1977); Israel J. Chem. **15**, 12 (1977).

   H. C. Brown, A. K. Mandal u. S. U. Kulkarni, J. Org. Chem. **42**, 1392 (1977).

   H. C. Brown, J. R. Schwier u. B. Singaram, J. Org. Chem. **43**, 4395 (1978).

   H. C. Brown u. A. K. Mandal, Synthesis **1978**, 146.

   A. Pelter et al., Tetrahedron Letters **1979**, 4777.

[9] R. F. Borch u. S. R. Levitan, J. Org. Chem. **37**, 2347 (1972).

   M. F. Grundon, D. G. McCleery u. J. W. Wilson, Tetrahedron Letters **1976**, 295.

   N. Umino, T. Iwakuwa u. N. Itoh, Chem. Pharm. Bull. [Tokyo] **27**, 1479 (1979).

[10] C. R. Johnson u. C. J. Stark, Tetrahedron Letters **1979**, 4713.

entransfer-Katalyse eines chiralen quartären Ammonium-Salzes[1] bzw. in Gegenwart einer zur Bildung von chiralen Aggregaten befähigten Verbindung[2], (Rinderserum-Albumin, Natriumcholat-Mizelle, β-Cyclodextrin, Zucker usw.), chirale Derivate des 9-Borabicyclo[3.3.1]nonans[3], Trialkyl-[4] sowie Amino-aluminiumhydride[5] (s. S. 11f.), komplexe Aluminiumhydride mit am Zentralatom fest gebundenen chiralen Liganden[6] (s. S. 29f.) und durch chirale Übergangsmetall-Komplexe katalysierte Organo-siliciumhydride[7] (s. S. 32f.) eingesetzt.

Die chiralen Hydride liefern jedoch nur mittlere optische Ausbeuten, die besten Resultate werden bei der asymmetrischen Reduktion von Aryl-ketonen erhalten; z. B.:

$$R-CO-R^1 \xrightarrow{\ (-)\text{-DBD/Lithiumalanat}\ } R-\overset{\displaystyle H}{\underset{\displaystyle OH}{C}}-R^1$$

(S)-Alkohole aus prochiralen Ketonen durch Reduktion mit (−)-DBD/Lithiumalanat-Komplex; allgemeine Arbeitsvorschrift[8]: Zur Suspension des chiralen Komplexes ⟨Lithium-{(−)-1,4-bis-[dimethylamino]-(2,S,3,S)-butandiol-(2,3)}-dihydrido-aluminat⟩ in Diäthyläther (Herstellung s. S. 30) gibt man unter Rühren tropfenweise mit einer Spritze unter Inertgas die zu reduzierende Verbindung (pur oder im selben Lösungsmittel). In den meisten Fällen genügt zur vollständigen Reduktion 100% Überschuß Hydrid je Keton-Gruppe und eine Reaktionszeit von 4 Stdn. bei 20°; zur Aufarbeitung wird das Reaktionsgemisch in einem Scheidetrichter auf das gleiche Vol. verd. Salzsäure gegossen und so lange geschüttelt, bis sich die wäßr. Phase vom Äther klar absetzt. Die wäßr. Phase trennt man ab und schüttelt sie noch 3mal mit Pentan oder Dichlormethan aus. Die vereinigten organ. Lösungen werden 1mal mit verd. Säure und 2- bis 3mal mit Wasser oder ges. Natriumchlorid-Lösung gewaschen, über Natriumsulfat getrocknet und eingeengt. Soweit nötig werden die erhaltenen Alkohole durch Destillation, Kugelrohrdestillation oder gaschromatographisch gereinigt.

[1] S. Colonna u. R. Fornasier, Synthesis **1975**, 531; Soc. [Perkin Trans. I] **1978**, 371.

J. P. Massé u. E. R. Parayre, Chem. Commun. **1976**, 438; Bl. **1978**, II-395.

J. Balcells, S. Colonna u. R. Fornasier, Synthesis **1976**, 266.

S. Colonna, R, Fornasier u. U. Pfeiffer, Soc. [Perkin I] **1978**, 8.

[2] L. Horner u. W. Brich, A. **1978**, 710.

T. Sugimoto et al., Chem. Commun. **1978**, 926.

N. Baba, Y. Matsumura u. T. Sugimoto, Tetrahedron Letters **1978**, 4281.

A. Hirao et al., J. Org. Chem 44, 1720 (1979); Chem. Commun. **1979**, 807.

[3] S. Krishnamurthy, F. Vogel u. H. C. Brown, J. Org. Chem. 42, 2534 (1977).

M. M. Midland, A. Tramontano u. S. A. Zderic, Am. Soc. 99, 5211 (1977).

M. M. Midland et al., Am. Soc. 101, 2352 (1979).

[4] G. Giacomelli, R. Menicagli u. L. Lardicci, J. Org. Chem. 38, 2370 (1973); 39, 1757 (1974); Am. Soc. 97, 4009 (1975).

[5] G. M. Giongo et al., Tetrahedron Letters **1973**, 3195.

S. Cacchi, B. Giannoli u. D. Misiti, Synthesis **1974**, 728.

[6] S. R. Landor, B. J. Miller u. A. R. Tatchell, Soc. [C] **1966**, 1822, 2280.

S. R. Landor u. J. R. Regan, Soc. [C] **1967**, 1159.

S. Yamaguchi u. H. S. Mosher, J. Org. Chem. 38, 1870 (1973).

S. Yamada, M. Kitamoto u. S. Terashima, Tetrahedron Letters **1976**, 3165.

S. Yamaguchi, F. Yasuhara u. K. Kabuto, J. Org. Chem. 42, 1578 (1977).

E. D. Lund u. P. E. Shaw, J. Org. Chem. 42, 2073 (1977).

T. Mukaiyama et al., Chem. Letters **1977**, 783.

R. S. Brinkmeyer u. V. M. Kapoor, Am. Soc. 99, 8339 (1977).

M. Asami et al., Bl. chem. Soc. Japan 51, 1869 (1978).

T. H. Johnson u. K. C. Klein, J. Org. Chem. 44, 461 (1979).

R. Noyori, I. Tomino u. Y. Tanimoto, Am. Soc. 101, 3129 (1979).

H. Suda et al., Tetrahedron Letters **1979**, 4565.

[7] I. Ojima, T. Kogure u. Y. Nagai, Tetrahedron Letters **1974**, 1889; Chem. Letters **1975**, 985.

I. Ojima, T. Kogure u. M. Kumagai, J. Org. Chem. 42, 1671 (1977).

[8] D. Seebach u. H. Daum, B. **107**, 1748 (1974).

Mit dieser Methode erhält man mit folgenden optischen Ausbeuten aus:

$H_5C_6-CO-CH_3$ →   *(–)-(S)-1-Phenyl-äthanol*   42% d. Th.

$H_5C_6-CO-C_2H_5$ →   *(–)-(S)-1-Phenyl-propanol*   44% d. Th.

$(H_3C)_2CH-CH_2-CO-CH_3$ →   *(+)-(S)-4-Methyl-pentanol-(2)*   16% d. Th.

⬡—CO—CH₃   →   *(+)–(S)-1-Cyclohexyl-äthanol*   20% d. Th.

Mit (+)-DBD/Lithiumalanat werden *(R)*-Alkohole erhalten.

Der Komplex aus Lithiumalanat, (–)- bzw. *(+)*-N-Methyl-ephedrin und 3,5-Dime thyl-phenol reduziert unverzweigte Alkyl-aryl-ketone in Ausbeuten über 90% und opti schen Ausbeuten von 62 bis 80% zu den (+)-*(R)*- bzw. *(–)* -*(S)*-1-Phenyl-alka nolen[1].

α-Oxo-alkine lassen sich nach dieser Methode in optischen Ausbeuten von 75–90% zu den entsprechenden chiralen Propargylalkoholen reduzieren[2].

Bei der Reduktion mit chiralen Lithium-trialkyl-hydrido-boraten kann man im günstigen Fall auch aus alipha tischen Ketonen mit enantiotoper Keton-Gruppe mittlere optische Ausbeuten erhalten[3].

Die Reduktion chiraler β-Oxo-sulfoxide mit Lithiumalanat verläuft unter Transfer der Chiralität auf die Al kohol-Gruppe[4].

α₄) von Chinonen

Chinone werden durch Hydride in der Regel zu den entsprechenden Hydrochinoner reduziert[5,6]. Die Reaktion kann aber auch unter partieller Sättigung des aromatischer Ringes[7] und unter Bildung aromatischer Kohlenwasserstoffe verlaufen[8]. Bei Reduktior von Chinon mit Hydriden zu 1,4-Hydrochinon wird Wasserstoff entwickelt, z. B.[9]:

[1] J. Jacquet u. J. P. Vigneron, Tetrahedron Letters **1974**, 2065.

[2] J.-P. Vigneron u. V. Bloy, Tetrahedron Letters **1979**, 2683.

[3] M. F. Grundon et al., Soc. [C] **1971**, 2557.

    S. Krishnamurthy, F. Vogel u. H. C. Brown, J. Org. Chem. **42**, 2534 (1977).

[4] R. Annunziata, M. Cinquini u. F. Cozzi, Soc. [Perkin I] **1979**, 1687.

[5] R. F. Nystrom u. W. G. Brown, Am. Soc. **70**, 3738 (1948).

    A. A. Bothner-By, Am. Soc. **75**, 728 (1953).

    B. Lindberg u. J. Paju, Svensk kem. Tidskr. **65**, 9 (1953).

    G. S. Panson u. C. E. Weill, J. Org. Chem. **22**, 120 (1957).

    H. Nöth u. H. Beyer, B. **93**, 1078 (1960).

    H. C. Brown u. P. M. Weissman, Am. Soc. **87**, 5614 (1965).

    H. C. Brown, P. M. Weissman u. N. M. Yoon, Am. Soc. **88**, 1458 (1966).

    H. C. Brown u. N. M. Yoon, Am. Soc. **88**, 1464 (1966).

    H. C. Brown et al., Am. Soc. **92**, 7161 (1970).

    H. C. Brown, P. Heim u. N. M. Yoon, J. Org. Chem. **37**, 2942 (1972).

    J. Lipowitz u. S. A. Bowman, J. Org. Chem. **38**, 162 (1973).

[6] H. C. Brown, P. Heim u. N. M. Yoon, Am. Soc. **92**, 1637 (1970).

[7] J. Booth, E. Boyland u. E. Turner, Soc. **1950**, 1188.

    E. J. Moriconi, F. T. Wallenberger u. W. F. O'Connor, J. Org. Chem. **24**, 86 (1959).

    Y. Lepage, Bl. **1961**, 991.

    N. G. Kundu, Soc. [Perkin I] **1980**, 1920.

[8] W. Davies, Q. N. Porter u. J. R. Wilmhurst, Soc. **1957**, 3366.

    W. Davies u. Q. N. Porter, Soc. **1957**, 4967.

    A. C. Craig u. C. F. Wilcox, J. Org. Chem. **24**, 1619 (1959).

    D. S. Babat et al., Tetrahedron Letters **1960**, 15.

    W. Davies u. J. R. Wilmhurst, Soc. **1961**, 4079.

    C. J. Sanchorawala et al., Indian J. Chem. **1**, 19 (1963).

    E. J. Moriconi, L. Salce u. L. B. Taranko, J. Org. Chem. **29**, 3297 (1964).

[9] H. C. Brown, P. Heim u. N. M. Yoon, Am. Soc. **92**, 1637 (1970).

1,4-Hydrochinon[1]: Zu einer Lösung von 8,3 mMol Diboran (16,6 mMol Boran bzw. 50 mMol Hydrid-Äquiv.) in 45 *ml* abs. THF werden unter Rühren bei 0° unter Stickstoff 1,351 g (12,5 mMol) Chinon gegeben. In 48 Stdn. werden unter Wasserstoff-Entwicklung 2 Hydrid-Äquiv. verbraucht. Man hydrolysiert durch Zugabe von Wasser, versetzt mehrmals mit Methanol, dampft wiederholt zur Entfernung der Borsäure ein, saugt das Produkt ab und kristallisiert aus Wasser um; Ausbeute: 1,12 g (82% d. Th.); F: 170–171°.

Mit Trialkyl-boranen werden 2,5-Dihydroxy-1-alkyl-benzole[2] erhalten. 9,10-Anthrachinon wird durch Diboran nur langsam angegriffen, so daß 9,10-Anthrachinon-carbonsäuren selektiv an der Carboxy-Gruppe reduziert werden können (s. S. 153f.). Auch bei weiteren Chinonen sind selektive Reduktionen unter Erhalt der Oxo-Gruppen möglich[3].

Durch Bortrifluorid katalysiert, reduziert Diboran Chinone zu aromatischen Kohlenwasserstoffen (60–70% d. Th.) (vgl. S. 288ff.); z. B. 9,10-Anthrachinon zu *Anthracen* (73% d. Th.)[4].

Chinoide Verbindungen wie Chinole, Chinonacetale, Chinon-methide usw. werden hauptsächlich zu Phenolen reduziert[5].

β) in der C=S-Bindung

β₁) von Thiokohlensäure-Derivaten[6]

ββ₁) von Dithiokohlensäure-O,S-diestern (Xanthogensäureestern)

Dithiokohlensäure-O,S-diester werden durch Lithiumalanat analog den Kohlensäurediestern (s. S. 126) unter hydrogenolytischer Abspaltung der Alkylthio- und Alkoxy-Gruppen zu Thiolen, Alkoholen und *Methylmercaptan* reduziert. Es wird zweckmäßig ein 100%-iger Überschuß an Lithiumalanat eingesetzt:

$$R^1\text{—S—CS—O}R^2 \quad \xrightarrow[2.\,H_2O]{1.\,Li[AlH_4]} \quad R^1\text{—SH} + H_3C\text{—SH} + HO\text{—}R^2$$

[1] H. C. Brown, P. Heim u. N. M. Yoon, Am. Soc. **92**, 1637 (1970).
[2] M. F. Hawthorne u. M. Reintjes, Am. Soc. **87**, 4585 (1965).
   G. W. Kabalka, Tetrahedron **29**, 1159 (1973).
[3] A. J. Birch et al., Soc. **1963**, 2209.
   H. Morimoto, I. Imada u. M. Sasaki, A. **690**, 115 (1965).
   S. Matsueda, Y. Fujimatsu u. S. Mitsui, Chem. & Ind. **1965**, 88.
   A. Rashid u. G. Read, Soc. [C] **1969**, 2053.
[4] D. S. Bapat et al., Tetrahedron Letters **1960**, Nr. 5, 15.
[5] C. D. Cook u. B. E. Norcross, Am. Soc. **78**, 3797 (1956).
   C. Martius u. H. Eilingsfeld, A. **607**, 159 (1957).
   M. Kharasch u. B. S. Joshi, J. Org. Chem. **22**, 1439 (1957).
   S. Goodwin u. B. Witkop, Am. Soc. **79**, 179 (1957).
   R. Baird u. S. J. Winstein, Am. Soc. **79**, 4238 (1957).
   E. Müller et al., A. **645**, 66 (1961).
   M. P. Cava, D. R. Napier u. R. J. Pohl, Am. Soc. **85**, 2076 (1963).
   R. Magnusson, Acta chem. scand. **20**, 2215 (1966).
   J. Ficini u. A. Krief, Tetrahedron Letters **1967**, 2497.
[6] Zur Reduktion von O,O-Thiocarbonyl-zuckern mit Tributyl-zinnhydrid zu Desoxyzuckern
   s. D. H. R. Barton u. R. Subramanian, Chem. Commun. **1976**, 867.
   s. a. S. 346.

Die Arbeitsweise eignet sich zum Ersatz eines Halogen-Atoms durch die Mercapto-Gruppe über Dithiokohlensäure-O,S-diester (gleichzeitig anwesende Oxo-Gruppen in anderen Molekülteilen werden zu Hydroxy-Gruppen reduziert):

$$H_5C_6-CH_2-CH_2-Cl \ + \ K^{\oplus\ \ominus}S-\overset{\overset{\displaystyle S}{\|}}{C}-OC_2H_5 \ \longrightarrow \ H_5C_6-CH_2-CH_2-S-\overset{\overset{\displaystyle S}{\|}}{C}-OC_2H_5$$

$$\xrightarrow{\ \text{LiAlH}_4\ } \qquad H_5C_6-CH_2-CH_2-SH$$

2-Phenyl-äthylmercaptan[1]: 33,9 g (0,14 Mol) Dithiokohlensäure-O-äthyl-S-(2-phenyl-äthylester) in 100 ml abs. Äther wird unter Stickstoff und unter kräftigem Rühren innerhalb 30 Min. zu einer Aufschlämmung von 8 g (0,21 Mol) Lithiumalanat in 150 ml abs. Äther getropft. Man erhitzt die Mischung 4 Stdn. unter Rückfluß, setzt wenig Aceton zu, säuert mit 6 n Schwefelsäure bis zum Auflösen des Niederschlages an, trennt die Äther-Phase ab, extrahiert mit 10%iger Kalilauge und versetzt den alkalischen Auszug mit Salzsäure. Das Mercaptan wird mit Äther ausgeschüttelt, die organ. Phase ausgewaschen, getrocknet und eingedampft, der Rückstand i. Vak. destilliert; Ausbeute: 18,5 g (88,5% d. Th.); Kp$_{55}$: 133–140°.

Analog werden bei gleichzeitiger Reduktion der Oxo-Gruppen Mercapto-alkohole erhalten:

Dithiokohlensäure-S-(2-oxo-2-phenyl-äthylester)-O-benzylester	→ 2-Mercapto-1-phenyl-äthanol[1]	85% d. Th.; Kp$_3$: 93–95°
Dithiokohlensäure-O-äthylester-S-(2-oxo-3-phenyl-propylester)	→ 3-Mercapto-1-phenyl-propanol-(2)[1]	75% d. Th.; Kp$_{0,3}$: 84–87°
2β-(Äthoxythiocarbonylmercapto)-3-oxo-cholestan	→ 3β-Hydroxy-2β-mercapto-cholestan[2]	90% d. Th.; F: 118–121°

Auf diese Weise können auch a r o m a t i s c h e A m i n e über die Diazoniumsalze in Thio-phenole übergeführt werden[1,3].

2-Mercapto-phenol[1]:
D i t h i o k o h l e n s ä u r e - O - ä t h y l e s t e r - S - (2 - h y d r o x y - p h e n y l e s t e r): 54 g (0,5 Mol) 2-Amino-phenol in 600 ml Eiswasser und 125 ml konz. Salzsäure diazotiert man mit einer Lösung von 35 g (0,5 Mol) Natriumnitrit in 340 ml Wasser bei 0°, tropft die Diazoniumsalz-Lösung langsam unter Rühren zu der Lösung von 480 g (3 Mol) Kalium-O-äthyl-dithiocarbonat in 375 ml Wasser bei 75°, läßt 12 Stdn. stehen, extrahiert mit Äther, wäscht die organ. Phase mit Wasser und Natriumcarbonat-Lösung aus, trocknet über Natriumsulfat und destilliert den Äther ab.
2 - M e r c a p t o - p h e n o l[1]: Der rohe Ester wird wie in der vorigen Vorschrift mit 38 g (1 Mol) Lithiumalanat reduziert und aufgearbeitet; Ausbeute: 40 g (64% d. Th.); Kp$_8$: 88–90°.

Analog erhält man u. a. die *2-Methyl-thiophenol* (89% d. Th.; Kp$_{48}$: 104°) bzw. *2-Mercapto-biphenyl* (84% d. Th.; Kp$_{0,5}$: 105°)[3].

Natriumboranat greift i. a. die Dithiokohlensäure-O,S-diester nicht an[4,5], in stark alkalischem Medium tritt lediglich Verseifung ein. Dagegen erhält man aus 2β-(Äthoxythiocarbonylmercapto)-3-oxo-cholestan *Cholesten-(2)* (38% d. Th.; wahrscheinlich über das Episulfid) neben *3α-Hydroxy-* (30% d. Th.) und *3β-Hydroxy-2α-(äthoxythiocarbonylmercapto)-cholestan* (32% d. Th.), wobei das 3β-Hydroxy-2α-(äthoxythiocarbonylmercapto)-cholestan bei der weiteren Behandlung mit Natriumboranat *2α,3α-Epithio-cholestan* (73% d. Th.) liefert 3α-Hydroxy-2α-(äthoxythiocarbonylmercapto)-cholestan wird dagegen unter Ringschluß durch intramolekulare Umesterung zu *2α(S), 3α(O)-Dithiocarbonato-cholestan* (59% d. Th.) umgesetzt. Die sterische Lage der Substituenten scheint also den Ablauf der Reaktion in hohem Maße zu beeinflussen[4].

---

[1] C. Djerassi et al., Am. Soc. **77**, 568 (1955).
[2] M. P. Mertes u. O. Gisvold, J. Pharm. Sci. **50**, 475 (1961).
[3] E. Campaigne u. S. W. Osborn, J. Org. Chem. **22**, 561 (1957).
[4] D. A. Lightner u. C. Djerassi, Chem. & Ind. **1962**, 1236; Tetrahedron **21**, 583 (1965).
[5] C. G. Overberger u. A. Lebovits, Am. Soc. **77**, 3675 (1955); **78**, 4792 (1956).

Natriumboranat/Bortrifluorid ist dagegen ein vorzügliches Reduktionsmittel, das die Dithiokohlensäure-diester-Gruppierung selektiv neben einer Kohlensäure-diester-Funktion reduziert[1].

Dithiokohlensäure-S-methylester lassen sich mit Tributyl-zinnhydrid zu den entsprechenden Kohlenwasserstoffen reduzieren[2]:

$$RO-CS-S-CH_3 \ + \ (H_9C_4)_3SnH \quad \xrightarrow[-COS]{} \quad R-H \ + \ (H_9C_4)_3Sn-S-CH_3$$

Die Reaktion wird hauptsächlich zur Herstellung von Desoxyzuckern angewendet (s. a. S. 346).

$\beta\beta_2$) von Trithiokohlensäure-diestern

Die Hydrid-Reduktion von Trithiokohlensäure-diestern wird im wesentlichen dazu verwendet, um 2-Thiono-1,3-dithiacyclane in $1,\omega$-Dithiole[3] zu überführen, wobei die Thiocarbonyl-Gruppe als Methylmercaptan abgespalten wird. Mittel der Wahl ist Lithiumalanat, das allerdings auch vorhandene C=C-Doppelbindungen angreift[4]:

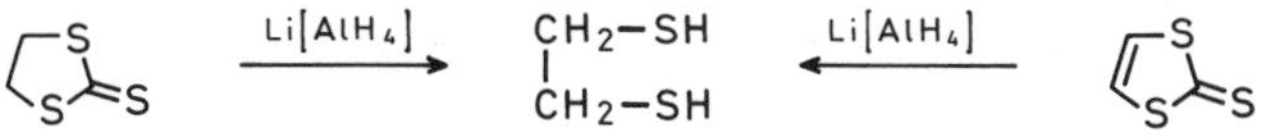

Die Methode ist besonders zur Herstellung vicinaler, sekundärer Dithiole geeignet, die auf andere Weise schwer zugänglich sind (s.a. Tab. 29, S. 342).

Äthandithiol-(1,2)[3]: 20 g (0,147 Mol) 2-Thiono-1,3-dithiolan in 100 *ml* abs. THF wird unter Stickstoff und unter Rühren zu einer Aufschlämmung von 9 g (0,235 Mol) Lithiumalanat in 75 *ml* abs. Äther getropft (exotherme Reaktion; Endpunkt: Verschwinden der gelben Farbe). Man kühlt die Mischung auf 0° ab, setzt Wasser zu, löst den Niederschlag mit eiskalter 6 n Salzsäure auf und extrahiert sofort mit Äther. Die vereinigten organ. Phasen werden mit Natriumhydrogencarbonat-Lösung ausgewaschen, über Natriumsulfat getrocknet und i.Vak. eingedampft; Ausbeute: 12 g (86% d.Th.); Kp$_{24}$: 68–70°.

Die Tatsache, daß chirale Verbindungen während der Reduktion nicht racemisiert werden, macht diese Methode zur Herstellung von Mercapto-zuckern wertvoll.

$\beta\beta_3$) von Thiokohlensäure-amiden

i$_1$) von Monothiokohlensäure-O-ester-amiden

Monothiocarbonsäure-O-ester-amide werden analog den Carbamidsäure-estern (s. S. 128ff.) durch Lithiumalanat zu N-Methyl-aminen, Alkoholen und Schwefelwasserstoff reduziert:

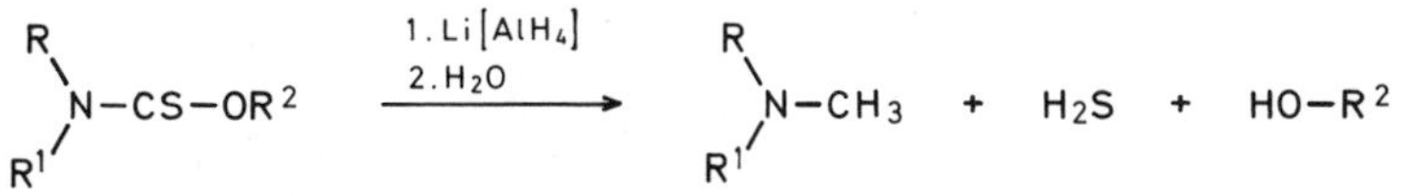

---

[1] G. R. Pettit u. W. J. Evers, Canad. J. Chem. **44**, 1293 (1966).
[2] D. H. R. Barton u. S. W. McCombie, Soc. [Perkin Trans. I] **1975**, 1574.
   C. Copeland u. R. V. Stick, Austral. J. Chem. **30**, 1269 (1977).
   J. J. Patroni u. R. V. Stick, Chem. Commun. **1978**, 449; Austral. J. Chem. **32**, 411 (1979).
   Y. Ueno, H. Sano u. M. Okawara, Tetrahedron Letters **1980**, 1767.
[3] S. M. Iqbal u. L. N. Owen, Soc. **1960**, 1030.
[4] F. Challenger et al., Soc. **1953**, 292.

Tab. 29: Dithiole aus 2-Thiono-1,3-dithiocyclanen durch Reduktion mit Lithiumalanat

Ausgangs-verbindung	Dithiol	Ausbeute [% d. Th.]	Kp		Litera-tur
			[°C]	[Torr]	
	Propandithiol-(1,3)	37	76	24	1
	DL-Butantetrathiol-(1,2,3,4)	42	131–132	0,6	2
	1-Phenyl-äthandithiol-(1,2)	90	98–100	5	3
	meso-1,2-Diphenyl-äthandithiol-(1,2)	49	(F: 220,5–222,5°)		2
	trans-Cyclopentandithiol-(1,2)	65	102–103	30	4
	trans-Cyclohexandithiol-(1,2)	90	104–106	18–19	1
	trans-4,5-Dimercapto-cyclohexen	80	70–72	8	4
	1,3;2,4-Bis-O-[äthyliden]-5,6-dimercapto-5,6-didesoxy-L-idit	88	(F: 80–81°)		1
	1,2;5,6-Bis-O-[isopropyliden]-3,4-dimercapto-3,4-didesoxy-D-mannit	51	(F: 133–135°)		1
	3,4-O-Isopropyliden-1,2,5,6-tetramercapto-1,2,5,6-tetradesoxy-L-idit	66	140–143	0,0006	1

[1] S. M. Iqbal u. L. N. Owen, Soc. 1960, 1030.
[2] C. G. Overberger u. A. Drucker, J. Org. Chem. 29, 360 (1964).
[3] H. Hauptmann u. F. O. Bobbio, B. 93, 2187 (1960).
[4] M. Kyaw u. L. N. Owen, Soc. 1965, 1298.

Die Methode wird hauptsächlich zur Reduktion cyclischer Monothiocarbamidsäure-O-ester eingesetzt; z. B.[1]:

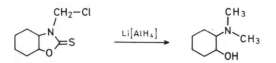

DL-**trans-2-Dimethylamino-cyclohexanol**[1]: Zu einer Aufschlämmung von 2,05 g (10 mMol) DL-8-Thiono-9-chlormethyl-7-oxa-9-aza-*trans*-bicyclo[4.3.0]nonan in 14 *ml* Diäthyläther gibt man unter Rühren innerhalb 30 Min. eine Lösung von 0,5 g (13 mMol) Lithiumalanat in 50 *ml* Äther, kocht anschließend 2 Stdn. unter Rückfluß, kühlt ab, gibt langsam 10 *ml* Wasser hinzu, gießt die äther. Lösung ab, trocknet mit Natriumsulfat und dampft zu einem Öl ein; Ausbeute: 1,04 g (72% d. Th.); Kp: 198°.

Zur Herstellung von 2-Dimethylamino-phenolen braucht nicht invers gearbeitet zu werden.

2-Dimethylamino-phenol[2]: Zu 1 g (26 mMol) Lithiumalanat in 50 *ml* Diäthyläther gibt man unter Rühren in kleinen Anteilen innerhalb 20 Min. eine Aufschlämmung von 1,99 g (10 mMol) 2-Thiono-3-chlormethyl-2,3-dihydro-⟨benzo-1,3-oxazol⟩ in 100 *ml* Äther, erhitzt 4 Stdn. unter Rückfluß, zersetzt unter Kühlen mit 10 *ml* Wasser und neutralisiert mit 5 n Salzsäure. Die wäßr. Schicht wird mit Diäthyläther ausgeschüttelt, der Auszug getrocknet und unter Stickstoff eingedampft; Ausbeute: 1,1 g (80% d. Th.); F: 44° (aus Petroläther).

Analog erhält man z. B. aus

2-Mercapto-⟨benzo-1,3-oxazol⟩	→ *2-Methylamino-phenol*[3]	61% d. Th.; F: 84–86°
2-Thiono-7-oxa-9-aza-trans-bicyclo[4.3.0] nonan	→ *trans-2-Methylamino-cyclo-hexanol*[1]	66% d. Th.; F: 24–25°
Bis-[⟨benzo-1,3-oxazol⟩-yl-(2)-mercapto]-methan	→ *2-Methylamino-phenol*[2]	81% d. Th.; F: 83–86°

i₂) von Dithiokohlensäure-amiden

Die Lithiumalanat-Reduktion der aus sekundären Aminen und Schwefelkohlenstoff leicht herstellbaren Dithiocarbamidsäuren und ihrer in Wasser schwer, aber in Äthern gut löslichen innerkomplexen Metallsalze stellt eine einfache Methode zur Methylierung von sekundären Aminen[4] dar:

$$R \backslash_{R'} NH \xrightarrow{CS_2} R \backslash_{R'} N-CS-SH \xrightarrow[2.\,H_2O]{1.\,Li[AlH_4]} R \backslash_{R'} N-CH_3 + 2\ H_2S$$

Als Nebenprodukt wird oft das durch Hydrogenolyse der C–N-Bindung zurückgebildete sekundäre Amin isoliert; z. B.[4]

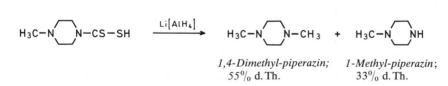

1,4-Dimethyl-piperazin;   *1-Methyl-piperazin;*
55% d. Th.   33% d. Th.

[1] H. ZINNER u. W. SCHRITT, J. pr. [4] **14**, 150 (1961).
[2] H. ZINNER, H. HÜBSCH u. D. BURMEISTER, B. **90**, 2246 (1957).
[3] N. G. GAYLORD u. D. J. KAY, Am. Soc. **78**, 2167 (1956).
[4] O. HROMATKA, G. STEHLIK u. F. SAUTER, M. **91**, 107 (1960).

N,N-Dimethyl-anilin[1]: 6,2 g (29 mMol) Nickel-(N-Methyl-anilino)-dithiocarbonat werden portionsweise zu 2,1 g (55 mMol) Lithiumalanat in 300 ml abs. Diäthyläther gegeben und 4 Stdn. unter Rückfluß erhitzt. Man versetzt die Mischung mit feuchtem Diäthyläther, Wasser und verd. Salzsäure und macht nach Zugabe von 10 g Weinsäure die wäßr. Phase alkalisch. Die ausgeschiedene Base wird mit Diäthyläther extrahiert; Ausbeute: 3,34 g (95% d. Th.); Kp: 193°.

i₃) von Dithiokohlensäure-ester-amiden

N,N-disubstituierte Dithiokohlensäure-ester-amide werden durch Lithiumalanat analog den Carbamidsäure-estern (s. S. 128 ff.) zu tertiärem N-Methyl-amin, Thiol und Schwefelwasserstoff reduziert. Auf diesem Wege gelingt es, aus sekundärem Amin, Schwefelkohlenstoff und Alkylhalogenid über die Dithiocarbamidsäure-ester innerhalb weniger Stunden in siedendem Tetrahydrofuran quantitativ disubstituierte Methylamine und Thiole herzustellen[2]:

$$4\ \underset{R'}{\overset{R}{>}}NH\ +\ 4\ CS_2\ +\ 4\ R^2X\ \longrightarrow\ 4\ \underset{R'}{\overset{R}{>}}N-CS-SR^2\ \xrightarrow{3\ Li[AlH_4]}$$

$$4\ \underset{R'}{\overset{R}{>}}N-CH_3\ +\ Li[Al(SR^2)_4]\ +\ 2\ Li[AlS_2]$$

Thiole; allgemeine Arbeitsvorschrift[2,3]: Zu einer Aufschlämmung von 200 mg (5,2 mMol) Lithiumalanat in 10 ml abs. THF wird unter Stickstoff 100–200 mg N,N-Dimethyl-dithiocarbamidsäure-ester gegeben. Nach mehrstdgm. Kochen am Rückfluß versetzt man das Gemisch mit 10 ml Wasser, entfernt das Trimethylamin durch Kochen unter Einleiten von Stickstoff und hydrolysiert die Metallsalze mit 20 ml Pyridin/Schwefelsäure-Lösung (230 ml Wasser, 20 ml konz. Schwefelsäure und 250 ml Pyridin) bei 80°. Nachdem sich kein Schwefelwasserstoff mehr entwickelt, wird der Rückstand in 10 ml 0,4 n Silbernitrat und 10 ml Pyridin destilliert, das ausgeschiedene Silbermercaptid abgesaugt, mit Wasser pyridinfrei gewaschen, in 4 ml Thioharnstoff-Lösung (10 ml Wasser, 1,5 ml konz. Schwefelsäure, 3,5 g Thioharnstoff und 38 ml Tetrahydrofuran) unter Schütteln gelöst und das Thiol mit Petroläther extrahiert.

Auf diese Weise werden u. a. *1-Mercapto-2-methyl-* und *4-Mercapto-2-methyl-penten-(2)* gewonnen.

Aminothiocarbonyl-disulfane liefern unter ähnlichen Bedingungen neben Thiol das tertiäre Methylamin; z. B.:

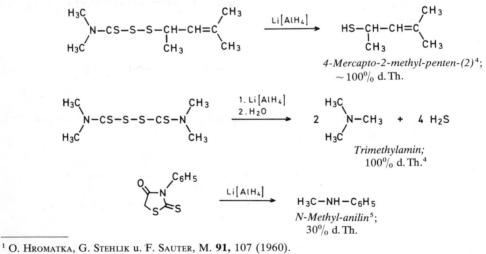

4-Mercapto-2-methyl-penten-(2)[4]; ~100% d. Th.

Trimethylamin; 100% d. Th.[4]

N-Methyl-anilin[5]; 30% d. Th.

[1] O. Hromatka, G. Stehlik u. F. Sauter, M. **91**, 107 (1960).
[2] A. A. Watson, Soc. **1962**, 4717.
[3] M. Porter, B. Saville u. A. A. Watson, Soc. **1963**, 346.
[4] A. A. Watson, Soc. **1964**, 2100.
[5] C. W. Schimmelpfennig, J. Org. Chem. **27**, 3323 (1962).

$\beta\beta_4$) von Thioharnstoff-Derivaten

Die Reduktionen von Thioharnstoff-Derivaten mit Hydriden verläuft analog den Harnstoffen. So erhält man z. B. aus Tetramethyl-thioharnstoff mit Lithiumalanat nach Hydrolyse des Aminoacetals *Dimethylamin* (73% d.Th.)[1]:

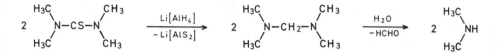

2-Mercapto-benzimidazole[2] werden im Gegensatz zu den entsprechenden Hydroxy-Verbindungen (s. S. 137) nicht angegriffen, während beim 2-Thiono-1,3-bis-[chlormethyl]-2,3-dihydro-benzimidazol nur die beiden Chlormethyl-Gruppen durch Lithiumalanat unter Bildung von *2-Thiono-1,3-dimethyl-1,3-dihydro-benzimidazol* (39% d.Th.) reduziert werden[3]. Die Reduktion von Zapotidin (I) ergibt dagegen unter Aufspaltung der Thioureido-Gruppe *4-(2-Dimethylamino-äthyl)-imidazol*[4]:

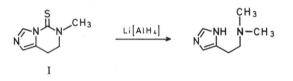

I

Acyl-thioharnstoffe vom Typ des 4-Oxo-2-thiono-imidazolidins bzw. -hexahydro- oder tetrahydro-pyrimidins werden von komplexen Hydriden in der Regel an den Acyl-Gruppen reduziert (s. S. 252f.).

Thionoharnstoffe des Typs II werden dagegen je nach Menge des Lithiumalanats an der Carbonyl-Funktion bzw. an der Carbonyl- und Thiono-Funktion reduziert[5]:

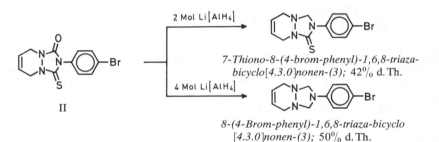

7-Thiono-8-(4-brom-phenyl)-1,6,8-triaza-bicyclo[4.3.0]nonen-(3); 42% d.Th.

8-(4-Brom-phenyl)-1,6,8-triaza-bicyclo[4.3.0]nonen-(3); 50% d.Th.

II

β_2) *von Thiocarbonsäure-O-estern bzw. -amiden*

Im folgenden werden lediglich die Thiocarbonsäure-O-ester und -amide besprochen, da nur in diesem Fall eine echte C=S-Doppelbildung reduziert wird (zur Reduktion von Thiocarbonsäuren bzw. deren -S-ester s. S. 265f.).

[1] A. A. Watson, Soc. 1962, 4717.
[2] N. G. Gaylord u. D. J. Kay, Am. Soc. 78, 2167 (1956).
[3] H. Zinner et al., B. 90, 2852 (1957).
[4] R. Mechoulam et al., Am. Soc. 83, 2022 (1961).
    R. Mechoulam u. A. Hirshfeld, Tetrahedron 23, 239 (1967).
[5] Y. S. Shabarov, A. P. Smirnova u. R. J. Levina, Ž. obšč. Chim. 34, 390 (1964).

Thiobenzoesäure-O-ester werden durch Tributyl-zinnhydrid zu Kohlenwasserstoffen und Benzylthiol reduziert. Dieses ermöglicht die Überführung sek. Alkohole in Kohlenwasserstoffe[1]; z. B.:

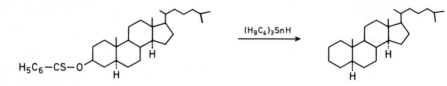

5α-Cholestan[1]: Eine Lösung von 0,51 g (1 mMol) 3β-Thiobenzoyloxy-5α-cholestan in 25 ml abs. Toluol wird unter Argon zu einer siedenden Lösung von 0,45 g (1,5 mMol) Tributyl-zinnhydrid in 20 ml abs. Toluol gegeben. Man erhitzt 1,5 Stdn. unter Rückfluß, engt i.Vak. ein und chromatographiert an Aluminiumoxid mit Petroläther als Eluierungsmittel; Ausbeute: 0,27 g (73% d. Th.); F: 78,5–79,5°.

Thioamide[2], Thiohydrazide[3] und Thiolactame[4] werden durch Lithiumalanat analog den entsprechenden Carbonsäure-Derivaten reduziert. Thiobenzamid ergibt z. B. mit einem Hydrid-Überschuß neben wenig Benzonitril 64% d.Th. *Benzylamin*[2]:

$$H_5C_6{-}CS{-}NH_2 \xrightarrow{\text{Li[AlH}_4]} H_5C_6{-}CN \; + \; H_5C_6{-}CH_2{-}NH_2$$

β₃) *von Thioketonen*

Thioketone werden durch Hydride in der Regel zu Thiolen reduziert[5]. Aryl-thioketone lassen sich ähnlich wie Aryl-ketone (s. S. 286) mit Lithiumalanat in Kohlenwasserstoffe überführen[6]. Letztere Reaktion ist mit Kalium-tetracarbonyl-hydrido-ferrat in siedendem 1,2-Dimethoxy-äthan auch bei aliphatischen Thioketonen durchführbar.

Bis-[4-methyl-phenyl]-methan[7]:

$$H_3C{-}\bigcirc{-}CS{-}\bigcirc{-}CH_3 \xrightarrow{\text{K[FeH(CO)}_4]} H_3C{-}\bigcirc{-}CH_2{-}\bigcirc{-}CH_3$$

Eine Mischung von 3 ml (22,1 mMol) Pentacarbonyl-eisen, 3,69 g (66 mMol) Kaliumhydroxid und 6 ml Wasser wird in 90 ml 1,2-Dimethoxy-äthan 1,5 Stdn. unter Stickstoff gekocht. Zur Lösung gibt man 1,21 g (5,35 mMol) 4,4'-Dimethyl-thiobenzophenon in 20 ml 1,2-Dimethoxy-äthan und erhitzt 10 Stdn. unter Rückfluß. Man kühlt ab, filtriert und engt i.Vak. ein. Der Rückstand wird in 200 ml Diäthyläther gelöst, die Lösung filtriert, mit Wasser gewaschen, mit Magnesiumsulfat getrocknet, durch Florisil filtriert und eingeengt; Ausbeute: 0,69 g (61% d.Th.); Kp$_{12}$: 160°.

Analog erhält man u. a. aus:

4,4'-Bis-[dimethylamino]-thiobenzophenon	→ *4,4'-Bis-[dimethylamino]-diphenylmethan*	81% d.Th.
Adamantan-thion	→ *Adamantan*	74% d.Th.

Ähnliche Ergebnisse werden mit Kalium-tetracarbonyl-deuterido-ferrat erzielt:

4,4'-Dimethoxy-thiobenzophenon	→ *Bis-[4-methoxy-phenyl]-dideutero-methan*	74% d.Th.
Adamantan-thion	→ *2,2-Dideutero-adamantan*	78% d.Th.

[1] D. H. R. Barton u. S. W. McCombie, Soc. [Perkin Trans. I] **1975**, 1574.
[2] M. W. Cronyn u. J. E. Goodrich, Am. Soc. **74**, 3936 (1952).
[3] C. Dittli, J. Elguero u. R. Jacquier, Bl. **1969**, 4466, 4474.
[4] F. Asinger et al., M. **97**, 792 (1966).
[5] R. Bourdon, Bl. **1958**, 722.
[6] A. Mustafa u. M. K. Hilmy, Soc. **1952**, 1343.
[7] H. Alper, J. Org. Chem. **40**, 2694 (1975).

γ) in der C=N-Bindung

γ₁) von Dithiokohlensäure-imid-estern

2-Acylthio-4,5-dihydro-1,3-thiazole werden durch Bis-[2-methyl-propyl]-aluminiumhydrid mit guten Ausbeuten zu Aldehyden reduziert[1].

γ₂) von Carbonsäure-imid-estern, -amidinen sowie Formazanen und Carbonsäure-imid-chloriden bzw. -hydroximid-chloriden

Carbonsäure-imid-ester oder deren Salze werden durch Natriumboranat in neutralem Medium zu O,N-Acetalen (s. S. 436f.) (bzw. Aldehyden) oder Aminen reduziert. Amidine und Imid-chloride gehen in Amine über, Formazane in Amid-hydrazone.

γγ₁) von Carbonsäure-imid-estern

i₁) zu O,N-Acetalen (s. S. 436f.) (Aldehyden)

Cyclische Imid-ester werden in der Regel zu O,N-Acetalen (s. S. 436f.) reduziert, die nach der Verseifung Amino-alkohole und Aldehyde ergeben.

4,5-Dihydro-1,3-oxazole werden durch Lithiumalanat meist nur sehr schwer angegriffen, so daß sie als Schutzgruppe für Carbonsäuren[2] (s. S. 204f.) bzw. zur Herstellung chiraler Reduktionsmittel[3] (s. S. 29f.) benutzt werden können. Die selektive Reduktion von 4-Alkoxycarbonyl-4,5-dihydro-oxazolen zu den 4-Hydroxymethyl-4,5-dihydro-1,3-oxazolen mit Lithiumalanat hat bei der Synthese einiger Naturstoffe Bedeutung[4]. 4,5-Dihydro-1,3-oxazole können aber ähnlich den 1,3-Oxazolen (S. 343) und 1,3-Oxazolidinen (S. 436) mit Lithiumalanat in gewissen Fällen auch aufgespalten werden[5,6]; z. B.[6]:

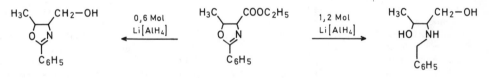

threo-5-Methyl-4-hydroxymethyl-2-phenyl-4,5-dihydro-1,3-oxazol[6]: Zu einer Lösung von 1,14 g (30,2 mMol) Lithiumalanat in abs. Diäthyläther werden unter Rühren bei 0° unter Stickstoff schnell 12,3 g (52,7 mMol) *threo*-5-Methyl-2-phenyl-4-äthoxycarbonyl-4,5-dihydro-1,3-oxazol gegeben. Man läßt die Mischung auf 20° erwärmen und rührt 1,5 Stdn. Man versetzt mit feuchtem Diäthyläther und wenig Wasser, trennt die Äther-Phase ab, schüttelt die wäßr. Schicht 3mal mit je 75 *ml* Diäthyläther aus, trocknet die Äther-Lösungen mit Natriumsulfat, dampft ein und filtriert den Rückstand; Ausbeute: 8,8 g (88% d. Th.); F: 81–83°.

Eine inverse Arbeitsweise erscheint hier zweckmäßig.

threo-2-Benzylamino-butandiol-(1,3)[6]: Zu 1,85 g (48,6 mMol) Lithiumalanat in Diäthyläther werden unter Rühren bei 0° in trockner Stickstoff-Atmosphäre 9,46 g (40,5 mMol) *threo*-5-Methyl-2-phenyl-4-äthoxycarbonyl-4,5-dihydro-oxazol gegeben. Man kocht 2 Stdn. unter Rückfluß, zersetzt mit feuchtem Diäthyläther und wenig Wasser, filtriert, wäscht mit Äthanol, dampft das Filtrat ein und destilliert; Ausbeute: 6,58 g (84% d. Th.); Kp₀,₄: 132–135°.

[1] Y. Nagao, K. Kawabata u. E. Fujita, Chem. Commun. **1978**, 330.
[2] D. Haidukewych u. A. I. Meyers, Tetrahedron Letters **1972**, 3031.
[3] A. I. Meyers u. P. M. Kendall, Tetrahedron Letters **1974**, 1337.
  A. I. Meyers, G. Knaus u. K. Kamata, Am. Soc. **96**, 268 (1974).
[4] I. Elphimoff-Felkin et al., Bl. **1952**, 252.
  I. Elphimoff-Felkin, H. Felkin u. Z. Welvart, C. r. **234**, 1789 (1952).
  D. Shapiro, H. M. Flowers u. S. Spector-Shefer, Am. Soc. **81**, 3743, 4360 (1959).
[5] J. Beger u. W. Höbold, J. pr. **311**, 760 (1969).
[6] C. L. Stevens, B. T. Gillis u. T. H. Haskell, Am. Soc. **81**, 1435 (1959).

Die Reduktion der 5,6-Dihydro-4H-1,3-oxazine wird dazu ausgenutzt, um auf einfache Weise aus Acetonitrilen nach Alkylierung Aldehyde zu erhalten:

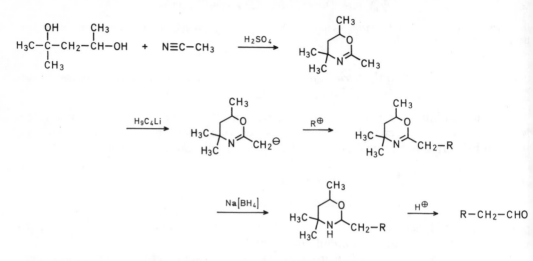

Die Reduktion muß unter kontrollierten Bedingungen durchgeführt werden, da sonst der Tetrahydro-oxazin-Ring reduktiv zum Amino-alkohol aufgespalten wird[1,2].

Durch Reduktion mit Natrium-tetradeuterido-borat können in C−1-Stellung deuterierte Aldehyde hergestellt werden.

Aldehyde; allgemeine Arbeitsvorschrift[2]:

4,4,6-Trimethyl-2-alkyl-5,6-dihydro-4H-1,3-oxazin: In einem mit Gummi-Kappe und magnetischem Rührwerk versehenen Rührkolben werden unter Stickstoff 100 *ml* abs. THF und 14,1 g (0,1 Mol) 2,4,4,6-Tetramethyl-5,6-dihydro-4H-1,3-oxazin vorgelegt. Unter Rühren kühlt man die Lösung mit Trockeneis/Aceton-Kühlmischung auf −78° ab und spritzt durch die Gummi-Kappe unter strengem Feuchtigkeitsausschluß mit einer Injektionsspritze innerhalb 1 Stde. 69 *ml* (0,11 Mol) einer 1,6 m Lösung von Butyl-lithium in Hexan ein. Danach wird innerhalb 30 Min. die Lösung von 0,11 Mol eines elektrophilen Alkylierungsmittels (z. B. Halogenid, Oxiran oder Oxo-Verbindung) in 25 *ml* abs. THF durch die Kappe eingespritzt. Man läßt die Mischung langsam auf 20° erwärmen, gießt auf 100 *ml* Eiswasser, stellt mit 9 n Salzsäure auf p_H 2–3 ein, schüttelt 3mal mit je 75 *ml* Pentan aus, stellt die wäßr. Schicht unter Kühlung mit 40%iger Natriumhydroxid-Lösung alkalisch, extrahiert 3mal mit je 75 *ml* Diäthyläther, trocknet den Auszug mit Kaliumcarbonat und dampft ein; Rohausbeute: 90–98% d. Th.

4,4,6-Trimethyl-2-alkyl-1,3-oxazan: Der vorab erhaltene Rückstand wird in einer Mischung aus 100 *ml* THF und 100 *ml* 95%igem Äthanol gelöst und unter Rühren bei −35 bis −40° mit 9 n Salzsäure auf p_H 7 eingestellt. Danach werden parallel aus 2 Büretten eine Lösung von 3,78 g (0,1 Mol) Natriumboranat in 5 *ml* Wasser, die mit einem Tropfen einer 40%igen Natriumhydroxid-Lösung versetzt wird, und 9 n Salzsäure eingetropft. Der p_H-Wert wird bei 6–8, die Innentemp. bei −35 bis −45° gehalten. Man rührt 1 Stde., gießt in 100 *ml* Wasser, stellt mit 40%iger Natriumhydroxid-Lösung alkalisch, trennt das ausgeschiedene Öl ab und extrahiert die wäßr. Phase 3mal mit je 75 *ml* Diäthyläther. Man wäscht die vereinigten organ. Phasen mit 100 *ml* ges. Natriumchlorid-Lösung, trocknet mit Kaliumcarbonat und dampft ein; Rohausbeute: 90–99% d. Th.

Aldehyd: Der erhaltene, rohe Rückstand wird zu einer Lösung von 50,4 g (0,4 Mol) Oxalsäure-Bis-hydrat in 150 *ml* Wasser gegeben und die Mischung 2 Stdn. unter Rückfluß erhitzt. Man kühlt ab, extrahiert mit Diäthyläther, Pentan oder Dichlormethan, wäscht den Auszug mit 5%iger Natriumhydrogencarbonat-Lösung und trocknet über Natriumsulfat. Man engt ein und gewinnt durch Destillation oder Kristallisation des Rückstandes den Aldehyd.

[1] A. I. Meyers u. A. Nabeya, Chem. Commun. **1967**, 1163.

   A. I. Meyers et al., Am. Soc. **91**, 763, 764, 765 (1969).

   H. W. Adickes, I. R. Politzer u. A. I. Meyers, Am. Soc. **91**, 2155 (1969).

   J. M. Fitzpatrick et al., Organic Preparations and Procedures **1**, 193 (1969).

[2] A. I. Meyers et al., J. Org. Chem. **38**, 36 (1973).

U. a. werden so erhalten:

Alkylierungsmittel	Aldehyd	Ausbeute [% d. Th.]
H₃C–CH₂–CH₂–CH₂–Br	*Hexanal*	65
H₂C=CH–CH₂–Br	*Penten-(4)-al*	51
H₅C₂–O–CH₂–CH₂–Br	*4-Äthoxy-butanal*	54
Cl–CH₂–CH₂–Br[a]	*Formyl-cyclopropan*	69
Cl–CH₂–CH₂–CH₂–Br	*5-Chlor-pentanal*	51
Br–CH₂–CH₂–CH₂–CH₂–Br[a]	*Formyl-cyclopentan*	38
3-Brom-cyclohexen	*Cyclohexen-(2)-yl-acetaldehyd*	50
Oxiran	*4-Hydroxy-butanal*	64
H₃C–CH₂–CH₂–CHO	*Hexen-(2)-al*	61
H₅C₆–CHO	*Zimtaldehyd*	64
H₅C₂–CO–C₂H₅	*3-Äthyl-penten-(2)-al*	62
Cyclopentanon	*Cyclopentyliden-acetaldehyd*	63

[a] Alkylierung nach Zugabe von 2 Äquivalenten Butyl-lithium

Es kann ferner von Phenyl-acetonitril, Cyanessigsäure-äthylester und Acrylsäure-nitril ausgegangen werden. Im letzteren Fall wird die Homologisierung durch Michael-Addition einer C–H-aciden Verbindung an das erhaltene 4,4,6-Trimethyl-2-vinyl-5,6-dihydro-4H-1,3-oxazin durchgeführt[1].

O-Alkylierte Imide werden durch Natriumboranat in der Regel nur zu Alkoxy-lactamen reduziert[2]:

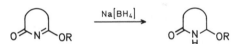

Alkoxy-lactame; allgemeine Herstellungsvorschrift[2]: 1 Mol O-Alkyl-imid wird in Äthanol gelöst, mit 3 Mol Natriumboranat portionsweise versetzt, 3 Stdn. bei 20° gerührt und nach Zugabe von Wasser und Essigsäure mit Butanol extrahiert. Man erhält auf diese Weise in quantitativer Ausbeute aus:

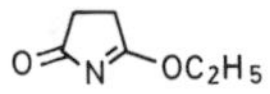

→   *5-Oxo-2-äthoxy-pyrrolidin;* Kp₃: 100°

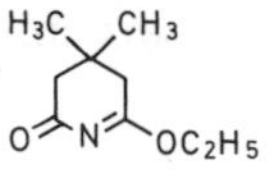

→   *6-Äthoxy-2-oxo-4,4-dimethyl-piperidin;* Kp₇: 114°

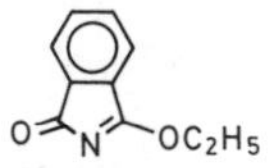

→   *3-Äthoxy-1-oxo-2,3-dihydro-1H-isoindol;* F: 98–111°

Die weitere Reduktion zum Lactam verläuft auch mit einem großen Natriumboranat-Überschuß in siedendem Äthanol nur sehr langsam. Mit Lithiumalanat in Äther bei 20° wird meist ein Gemisch von Lactam und cyclischem Amin erhalten.

i₂) zu Aminen

Wie auf S. 347 erwähnt, können Carbonsäure-imid-ester mit Natriumboranat auch zu Aminen reduziert werden. Wird von Nitrilen ausgegangen, so werden sek. Amine erhalten[3,4]:

[1] I. R. Politzer u. A. I. Meyers, Org. Synth. **51**, 24 (1971).
[2] K. Matoba u. T. Yamazaki, Chem. Pharm. Bull. (Tokyo) **22**, 2999 (1974).
[3] H. Meerwein et al., B. **89**, 209 (1956).
   H. Meerwein, Org. Synth. Coll. Vol. V, 1080, 1096 (1973).
[4] R. F. Borch, Chem. Commun. **1968**, 442; J. Org. Chem. **34**, 627 (1969).

$$H_9C_4-CN \quad + \quad [(H_5C_2)_3O]^{\oplus}[BF_4]^{\ominus} \quad \longrightarrow \quad [H_9C_4-\overset{\oplus}{C}=N-CH_2-CH_3][BF_4]^{\ominus}$$

$$\overset{\text{I}}{\underset{}{}}$$

$$\xrightarrow{C_2H_5OH} \quad \underset{\underset{H_9C_4-C=N-CH_2-CH_3}{|}}{OC_2H_5} \quad \xrightarrow{Na[BH_4]} \quad H_9C_4-CH_2-NH-CH_2-CH_3$$

Je nach Einsatz entsprechend substituierter Amide entstehen sek. und tert. Amine (N-unsubstituierte Acyl-amine gehen in Nitrile über)[1].

Ausgehend von Nitrilen werden N-Äthyl-iminium-Derivate I am besten mit dem Triäthyloxonium-Ion, andere N-Alkyl-Verbindungen mit Dialkoxycarbenium-Ionen hergestellt[2, 3].

Äthyl-pentyl-amin-Hydrochlorid[3]**:** Eine Lösung von 0,94 *ml* (9 mMol) Pentansäure-nitril und 3,45 g (18 mMol) Triäthyloxonium-fluoroborat in 5 *ml* Dichlormethan wird 48 Stdn. unter Rückfluß erhitzt. Man kühlt auf 0°, versetzt mit 1 *ml* Äthanol, dampft i.Vak. ein und löst den Rückstand in 25 *ml* Methanol. Unter Rühren werden bei 0° vorsichtig in kleinen Portionen 2 g (53 mMol) Natriumboranat zugegeben. Während der Zugabe entwickelt sich heftig Wasserstoff. Man rührt 1 Stde. bei 0°, stellt mit 6 n Salzsäure auf p_H 1 ein und entfernt das Methanol i.Vak. Der Rückstand wird in 20 *ml* Wasser gelöst, mit 6 n Natronlauge auf p_H 10 eingestellt, mit Natriumchlorid gesättigt und 4mal mit je 10 *ml* Diäthyläther extrahiert. Der Auszug wird mit Magnesiumsulfat getrocknet, über eine 15 cm lange Vigreux-Kolonne eingeengt, der Rückstand in 25 *ml* abs. Diäthyläther gelöst und Chlorwasserstoff eingeleitet; Ausbeute: 1,04 g (76% d. Th.); F: 196–197°.

Entsprechend erhält man u. a. aus:

H_5C_6-CN	→	*Äthyl-benzyl-amin*	69% d. Th.
$H_5C_6-CH_2-CN$	→	*Äthyl-(2-phenyl-äthyl)-amin*	72% d. Th.
$(H_5C_6)_2CH-CN$	→	*Äthyl-(2,2-diphenyl-äthyl)-amin*	49% d. Th.
$(H_3C)_3C-CN$	→	*Äthyl-(2,2-dimethyl-propyl)-amin-Hydrochlorid*	74% d. Th.

Isopropyl-benzyl-amin-Hydrochlorid[3]**:** Eine Lösung von 0,74 *ml* (7,3 mMol) Benzonitril und 2,40 g (11,4 mMol) Diisopropyloxy-carbenium-tetrafluoroborat in 3 *ml* Dichlormethan wird 1 Stde. bei 20° gerührt. Man kühlt auf 0°, versetzt mit 1 *ml* abs. Äthanol, gießt in 10 *ml* eiskalte 3 n Natronlauge und extrahiert 4mal mit je 10 *ml* Diäthyläther. Die Auszüge werden mit Magnesiumsulfat getrocknet und i.Vak. eingeengt. Der rohe Imidsäure-ester wird zu einer Lösung von 1 g (26 mMol) Natriumboranat in 15 *ml* Äthanol gegeben und 18 Stdn. bei 25° gerührt. Die Lösung wird i.Vak. eingeengt, der Rückstand in 10 *ml* Wasser suspendiert und 4mal mit je 10 *ml* Diäthyläther extrahiert. Man trocknet die vereinigten Auszüge mit Magnesiumsulfat und leitet trockenen Chlorwasserstoff ein; Ausbeute: 1,21 g (89% d. Th.); F: 192–194°.

Mit dieser Variante erhält man aus Benzonitril je nach Dialkoxy-carbenium-fluoroborat:

Methyl-benzyl-amin-Hydrochlorid	73% d. Th.
Äthyl-benzyl-amin-Hydrochlorid	68% d. Th.
Allyl-benzyl-amin	72% d. Th.

In vielen Fällen erbringt jedoch die Reaktionsfolge ausgehend von einem Carbonsäure-amid bzw. Lactam bessere Ausbeuten[1, 4]; allerdings muß in diesem Fall das Acyl-amin bereits die gewünschten N-Alkyl-Gruppen enthalten.

Diäthyl-benzyl-amin[1]**:** Eine Lösung von 6,64 g (35 mMol) Triäthyloxonium-tetrafluoroborat und 5,73 g (32,5 mMol) Benzoesäure-diäthylamid werden in 25 *ml* trockenem Dichlormethan 20 Stdn. bei 25° gerührt. Man entfernt das Solvens i.Vak., löst den Rückstand in 30 *ml* abs. Äthanol, gibt unter Rühren bei 0° zur Lösung portionsweise 3 g (79 mMol) Natriumboranat, rührt 18 Stdn. bei 25°, gießt in 250 *ml* Wasser und extrahiert 3mal mit 30 *ml* Diäthyläther. Die vereinigten Auszüge werden mit Wasser gewaschen, mit Magnesiumsulfat getrocknet, eingeengt und destilliert; Ausbeute: 3,96 g (75% d. Th.); Kp$_{0,3}$: 50–53°.

---

[1] R. F. BORCH, Tetrahedron Letters **1968**, 61.

[2] H. MEERWEIN et al., A. **632**, 38 (1960).

[3] R. F. BORCH, Chem. Commun. **1968**, 442; J. Org. Chem. **34**, 627 (1969).

[4] A. RAHMAN et al., Tetrahedron Letters **1976**, 219.

  M. E. KUEHNE u. P. J. SHANNON, J. Org. Chem. **42**, 2002 (1977).

  S. RAUCHER u. P. KLEIN, Tetrahedron Letters **1980**, 4061.

Mit dieser Methode erhält man u. a. aus:

Pentansäure-äthylamid	→ *Äthyl-pentyl-amin*	83% d. Th.
Pentansäure-diäthylamid	→ *Diäthyl-pentyl-amin*	94% d. Th.
Kohlensäure-äthylester-benzylamid	→ *Methyl-benzyl-amin*	81% d. Th.

Auch N-unsubstituierte Imidsäure-ester können nach einer leicht veränderten Arbeitsmethodik mit Natriumboranat in 1,2-Dimethoxy-äthan in Gegenwart von Zinn(IV)-chlorid-Diätherat zu entsprechenden prim. Aminen reduziert werden[1].

Zur Reduktion von Pyridin-2-carbonsäure-imid-äthylester zum 2-Aminomethyl-pyridin s. S. 114.

N-Acyl-imine werden durch Lithiumalanat zu Acyl-aminen[2] bzw. Aminen reduziert[3].

Mit Lithium-cyano-trihydrido-borat werden in wasserfreiem Methanol bei p_H 5–6 ebenfalls Amine erhalten; z. B.[4]:

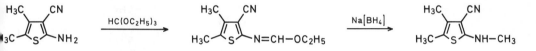

Propyl-benzyl-amin; 74% d. Th.

Zur Herstellung N-substituierter aromatischer bzw. heteroaromatischer Amine geht man man vom Amino-aren bzw. -heteroaren und Orthocarbonsäure-triestern aus[5]; z. B.:

2-Methylamino-4,5-dimethyl-3-cyan-thiophen[5]:

2-Äthoxymethylenamino-4,5-dimethyl-3-cyan-thiophen: Eine Aufschlämmung von 7,61 g (0,05 Mol) 2-Amino-4,5-dimethyl-3-cyan-thiophen in 40 *ml* Orthoameisensäure-triäthylester wird unter Rühren 5 Stdn. am Rückfluß erhitzt. Man engt ein und saugt den kristallinen Rückstand mit Petroläther ab; Ausbeute: 9,15–10,2 g (88–98% d. Th.); F: 58,5–59,5°.

2-Methylamino-4,5-dimethyl-3-cyan-thiophen: Eine Lösung von 2,08 g (0,01 Mol) 2-Äthoxymethylenamino-4,5-dimethyl-3-cyan-thiophen in 50 *ml* abs. Äthanol wird unter Rühren innerhalb 4 Min. unter Eiskühlung mit 0,44 g (0,012 Mol) Natriumboranat versetzt. Man rührt weitere 2 Stdn. bei 20°, engt ein, löst den Rückstand in Essigsäure-äthylester, wäscht mit Wasser, trocknet, dampft ein und kristallisiert aus Cyclohexan; Ausbeute: 1,46–1,58 g (88–95% d. Th.); F: 132–133°.

Ohne Isolierung des Imidsäure-esters erhält man u. a. aus:

	→ *2,4-Dichlor-N-methyl-anilin*	75–85% d. Th.; F: 24–26°
	→ *2-Methylamino-4,5-dimethyl-3-cyan-pyrrol*	80% d. Th.; F: 149–150°
	→ *2-Methylamino-1,3-thiazol-Hydrochlorid*	61–76% d. Th.; F: 77–78°

[1] Y. Tsuda, T. Sano u. H. Watanabe, Synthesis **1977,** 652.

[2] A. Mustafa u. M. Kamel, Am. Soc. **75,** 2939 (1963).

[3] I. A. Kaye u. C. L. Parris, J. Org. Chem. **17,** 737 (1952).

[4] R. L. Hinman, Am. Soc. **78,** 2463 (1956).

O. Cervinka, Collect. czech. chem. Commun. **24,** 1146 (1959).

R. F. Borch u. H. D. Durst, Am. Soc. **91,** 3996 (1969).

[5] R. A. Crochet u. C. D. Blanton, Synthesis **1974,** 55.

2-Äthoxy-3-alkyl-3H-indole ergeben mit Natriumboranat in Essigsäure Indole (in Äthanol erfolgt keine Reduktion)[1]:

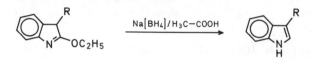

$\gamma\gamma_2$) von Amidinen bzw. Formazanen

Amidine lassen sich durch Lithiumalanat nur sehr schwer zu Aminen reduzieren[2, 3].

3-Phenyl-1,4-diaza-bicyclo[4.3.0]nonen-(4) mit Imidazolin-Struktur wird durch Natriumboranat zu *2-Piperidino-1-phenyl-äthylamin* aufgespalten[4]:

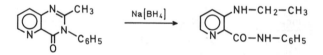

Cyclische N-Acyl-amidine werden dagegen mit guten Ausbeuten über die N,N-Acetale zu Aminen gespalten; z. B.[5]:

3-Äthylamino-pyridin-2-carbonsäure-anilid[5]: 1 g (3,6 mMol) 4-Oxo-2-methyl-3-phenyl-3,4-dihydro-⟨pyrido-[3,2-d]-pyrimidin⟩ und 0,65 g (17 mMol) Natriumboranat werden in 20 *ml* Isopropanol bei 20° 20 Stdn. gerührt. Man verdünnt mit Wasser, schüttelt mit Chloroform aus und kristallisiert den Rückstand aus Petroläther; Ausbeute: 0,71 g (72% d. Th.); F: 65–66°.

In 1-Aryl-substituierten 4-Oxo-1,4-dihydro-chinazolinen und verwandten Ringsystemen wird z. B. der Pyrimidin-Ring durch Lithiumalanat und manchmal auch durch Natriumboranat reduktiv aufgespalten. Im letzteren Fall wird die Aminocarbonyl-Gruppe nicht reduziert[6, 7]. In 4-Oxo-1-phenyl-1,4-dihydro-chinazolin wird z. B. durch Natriumboranat nur die C=N-Doppelbindung unter Bildung von *4-Oxo-1-phenyl-1,2,3,4-tetrahydro-chinazolin* gesättigt (weitere Reduktionen s. Lit.[8]). Weitere Reaktion mit Lithiumalanat liefert *2-Methylaminomethyl-N-phenyl-anilin*[5]:

[1] [2] N. Aimi et al., Tetrahedron **29**, 2015 (1973).
[2] H. U. Sieveking u. W. Lüttke, Ang. Ch. **81**, 431 (1969).
[3] R. T. Gilsdorf u. F. F. Nord, Am. Soc. **74**, 1855 (1952).
[4] H. Möhrle u. S. Mayer, Tetrahedron Letters **1967**, 5173.
[5] W. J. Irwin, Soc. [Perkin I] **1972**, 353.
[6] J. Druey u. A. Hüni, Helv. **35**, 2301 (1952).
    A. R. Osborn u. K. Schofield, Soc. **1956**, 3977.
    E. Cohen, B. Klarberg u. J. R. Vaughan, Am. Soc. **82**, 2731 (1960).
    K. H. Hauptmann, Arzneimittel-Forsch. **15**, 610 (1965).
    I. W. Elliott, F. Hamilton u. D. K. Ridley, J. Heterocyclic Chem. **5**, 707 (1968).
[7] K. Okumura et al., J. Med. Chem. **11**, 348 (1968); **15**, 518 (1972).
    I. R. Gelling, W. J. Irwin u. D. G. Wibberley, Chem. Commun. **1969**, 1138.
    I. R. Gelling u. D. G. Wibberley, Soc. [C] **1971**, 780.
    S. C. Pakrashi u. A. K. Chakravarty, J. Org. Chem. **37**, 3143 (1972).
[8] Y. Maki, Chem. Pharm. Bull. (Tokyo) **24**, 235 (1976).

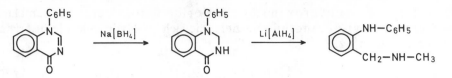

4-Oxo-1-phenyl-1,2,3,4-tetrahydro-chinazolin[1]: 1 g (3,76 mMol) 4-Oxo-1-phenyl-1,4-dihydro-chinazolin und 0,65 g (17 mMol) Natriumboranat werden in 20 *ml* Isopropanol 18 Stdn. bei 20° gerührt. Man verdünnt mit 30 *ml* Wasser und extrahiert mit Chloroform; Ausbeute: 0,82 g (81% d. Th.); F: 198–199° (aus 2-Äthoxy-äthanol).

Die Amid-oxim-Gruppe wird nach den bisherigen Erfahrungen durch Lithiumalanat nicht angegriffen[2].

Bei der Reduktion von Triphenyl-formazan mit Lithiumalanat wird in 50%iger Ausbeute N^2-*Phenyl-benzamid-hydrazon* als Pikrat erhalten[3]:

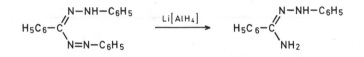

$\gamma\gamma_3$) von Carbonsäure-imid-chloriden (einschließlich Vilsmeier-Komplexen) bzw. -hydroximid-chloriden

Carbonsäure-imid-chloride lassen sich lediglich mit Lithium-tri-tert.-butyloxy-hydrido-aluminat selektiv bis zu der Imin-Stufe reduzieren[4]. Die Ausbeuten betragen 60–85% d. Th. Allgemein jedoch erhält man mit den anderen Hydriden die entsprechenden Amine; z. B. mit Natriumboranat. Man geht dabei z. B. von N-monosubstituierten aromatischen Carbonsäure-amiden aus, die in siedendem Chloroform mit Phosphor(V)-chlorid in die Imid-chloride übergeführt werden und dann ohne Isolierung mit 3–4 Mol-Äquivalenten Natriumboranat in Äthanol die entsprechenden Amine (80–90% d. Th.) liefern[5]:

$$Ar-CO-NH-R \xrightarrow{PCl_5} Ar-\overset{\overset{\displaystyle Cl}{|}}{C}=N-R \xrightarrow{Na[BH_4]} Ar-CH_2-NH-R$$

Geht man von N-unsubstituierten Amiden aus, so werden die entsprechenden Nitrile erhalten.

Imidsäure-chloride werden durch Lithiumalanat zu Aminen reduziert[6]; aus N-(β-Chlor-alkyl)-imidsäure-chloriden werden auch Aziridine erhalten[6]:

$$R-\overset{\overset{\displaystyle Cl}{|}}{C}=N-\overset{\overset{\displaystyle R^1}{|}}{C}H-CH_2-Cl \xrightarrow{Li[AlH_4]} R-CH_2-NH-\overset{\overset{\displaystyle R^1}{|}}{C}H-CH_3 \quad + \quad R-CH_2-N\overset{R^1}{\underset{}{\triangleleft}}$$

Praktische Bedeutung hat auch die Reduktion endo-cyclischer Carbonsäure-imid-chloride mit Lithiumalanat[6] (s. z. B. zur Reduktion von Cyanursäure-chlorid, S. 407).

---

[1] W. J. IRWIN, Soc. [Perkin I] **1972**, 353.
[2] R. P. MULL et al., Am. Soc. **80**, 3769 (1958).
   M. TAVELLA u. G. STRANI, Ann. Chimica **51**, 361 (1961).
   G. D'ALO u. P. GRÜNANGER, Farmaco (Pavia), Ed. sci. **21**, 346 (1966).
   H. BRACHWITZ, Z. **14**, 268 (1974).
[3] W. RIED u. F. MÜLLER, B. **85**, 470 (1952).
[4] S. KARADY et al., Tetrahedron Letters **1978**, 403.
[5] A. RAHMAN et al., Tetrahedron Letters **1976**, 219.
[6] J. BEGER u. W. HÖBOLD, J. pr. **311**, 760 (1969).

2-Oxo-2-aryl-äthanhydroxamsäure-chloride werden durch Lithiumalanat zu den 2-Amino-1-aryl-äthanolen reduziert, die sich als Hydrochloride in kristalliner Form isolieren lassen[1]; z. B.:

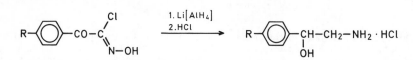

2-Amino-1-aryl-äthanol-Hydrochloride; allgemeine Herstellungsvorschrift[1]: 0,1 Mol 2-Oxo-2-aryl-äthan hydroxamsäure-chlorid werden in abs. äther. Lösung in trockener Stickstoff-Atmosphäre innerhalb 3 Stdn. zu einer Suspension von 0,3 Mol Lithiumalanat in abs. Diäthyläther unter Rühren gegeben. Man erhitzt 1 Stde. unter Rückfluß, kühlt ab, versetzt mit Wasser, filtriert, wäscht mit Diäthyläther, trocknet das Filtrat und sättigt es mit trockenem Chlorwasserstoff.

Auf diese Weise sind u. a. zugänglich

2-Amino-1-phenyl-äthanol	72% d. Th.	F: 136–137°
2-Amino-1-(4-methyl-phenyl)-äthanol	84% d. Th.	F: 140–141°

Bei funktionell substituierten Aryl-Derivaten sinkt die Ausbeute ab.

Eine allgemeiner anwendbare Methode besteht in der Reduktion der isolierten Vilsmeier-Komplexe I (s. ds. Handb. Bd. VII/1, S. 29ff.)[2,3]; z. B.[2]:

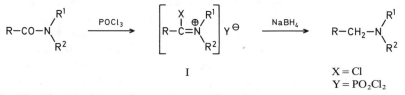

$R = H_5C_6$; $R^1 = R^2 = CH_3$; *Dimethyl-benzyl-amin*; 89% d. Th.
$R^1 = H$; $R^2 = CH_3$; *Methyl-benzyl-amin*; 87% d. Th.
$R = 4\text{-}COOCH_3\text{-}C_6H_4$; $R^1 = R^2 = CH_3$; *4-(Dimethylamino-methyl)-benzoesäure-methylester*; 75% d. Th.
$R = 3\text{-Cyclohexenyl}$; $R^1 = H$; $R^2 = CH_3$; *3-(Methylamino-methyl)-cyclohexen*; 76% d. Th.

Ester- und Nitril-Gruppen sowie C=C-Doppelbindungen werden nicht angegriffen. Die Reaktion wird in 1,2-Dimethoxy-äthan mit 2–3 Mol-Äquivalenten Natriumboranat bei 20° (30–60 Min.) durchgeführt. Zur Reaktion muß frisches oder aus Bis-[2-methoxy-äthyl]-äther umkristallisiertes Natriumboranat[4] verwendet werden.

Da sich aus Phosphoroxychlorid und Natriumboranat[4] Diboran bilden kann, arbeitet man zweckmäßig in äthanolischer Lösung. Als Nebenprodukte können sich, falls möglich, über En-amine Dimere bilden.

N-Aryl-amide liefern infolge Desalkylierung und Transalkylierung niedrigere Ausbeuten.

Auch N-substituierte Lactame können über Vilsmeier-Komplexe mit Natriumboranat zu den entsprechenden cyclischen Aminen reduziert werden[3]; z. B.:

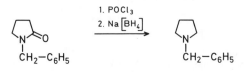

[1] H. Brachwitz, Z. **14**, 268 (1974).
[2] A. Rahman et al., Tetrahedron Letters **1976**, 219.
[3] M. E. Kuehne u. P. J. Shannon, J. Org. Chem. **42**, 2082 (1977).
[4] H. C. Brown, E. J. Mead u. B. C. Subba Rao, Am. Soc. **77**, 6209 (1955).

N-Benzyl-pyrrolidin[1]: Zu 8,4 g (5 *ml*, 54,8 mMol) Phosphoroxychlorid werden unter Rühren bei 20° 0,81 g (4,7 mMol) N-Benzyl-pyrrolidon gegeben. Man rührt 15 Min. und dampft den Phosphoroxychlorid-Überschuß zuerst bei 20° und 10 Torr und danach i. Hochvak. ab. Der Rückstand wird in 20 *ml* abs. 1,2-Dimethoxy-äthan gelöst und unter Rühren und Eiskühlung mit 0,56 g (15 mMol) frisch kristallisiertem Natriumboranat versetzt. Man arbeitet zweckmäßig unter Inertgas. Die Mischung wird 1 Stde. bei 20° gerührt und unter Eiskühlung mit 10 *ml* 10%iger Salzsäure tropfenweise versetzt. Das 1,2-Dimethoxy-äthan wird i. Vak. abgedampft, der Rückstand auf 30 *ml* mit Wasser verdünnt und die Mischung zur Hydrolyse des gebildeten Amin-Borans 20 Min. gekocht. Man kühlt ab, schüttelt mit Äther aus, stellt mit 3 g Natriumhydroxid alkalisch und extrahiert mit Äther. Die basischen Auszüge werden über Kaliumcarbonat getrocknet und eingeengt; Ausbeute: 84% d. Th. (gaschromatographisch bestimmt).

Auf analoge Weise erhält man z. B. aus

N-(2-Cyan-äthyl)-pyrrolidon	→	*3-Pyrrolidino-propansäure-nitril*	66% d. Th.
N-(2-Äthoxycarbonyl-äthyl)-pyrrolidon	→	*3-Pyrrolidino-propansäure-äthylester*	71% d. Th.
N-Benzyl-2-piperidon	→	*1-Benzyl-piperidin*	70% d. Th.

γ_3) *von Thiocarbonsäure-imid-estern*

5,6-Dihydro-4H-1,3-thiazine werden durch Natriumboranat bei 0–10° in schwach saurer äthanolischer Lösung zu den Tetrahydro-1,3-thiazinen reduziert (vgl. S. 348)[2]; z. B.:

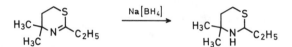

4,4-Dimethyl-2-äthyl-tetrahydro-1,3-thiazin[2]: Eine Lösung von 4,7 g (0,03 Mol) 4,4-Dimethyl-2-äthyl-5,6-dihydro-4H-1,3-thiazin in 30 *ml* 3 n Salzsäure und 15 *ml* Äthanol wird mit 6 n Natriumhydroxid-Lösung auf p_H 6 eingestellt und auf 0–5° gekühlt. Innerhalb 1,5 Stdn. tropft man unter Rühren eine Lösung von 1,7 g (0,045 Mol) Natriumboranat in 20 *ml* Wasser, der man einen Tropfen 10%ige Natronlauge zusetzt, ein. Die Innentemp. wird unter 10°, der p_H-Wert durch Zugabe von 3 n Salzsäure bei 5–7 gehalten. Man rührt 1 Stde. bei 0–5° nach, stellt stark alkalisch (p_H 10–12), extrahiert mit Diäthyläther, trocknet den Auszug, engt ein und destilliert; Ausbeute: 3,86 g (81% d. Th.); $Kp_{0,5}$: 54–55°.

Auf gleiche Weise erhält man u. a.:

2-Äthyl-tetrahydro-1,3-thiazin[2]	66% d. Th.; $Kp_{1,2}$: 45°
4,4-Dimethyl-2-äthoxycarbonylmethyl-...[3]	87% d. Th.; $Kp_{0,6}$: 91–92°
4,4-Dimethyl-2-(2-methoxycarbonyl-äthyl)-...[3]	76% d. Th.; $Kp_{1,5}$: 122–124°

Bei Reduktion mit Natriumboranat in alkalischem Milieu wird der 5,6-Dihydro-4H-1,3-thiazin-Ring aufgespalten[4].

γ_4) *von Iminen bzw. Azomethinen*

Die Reduktion von Iminen mit Hydriden ist eine einfache Methode zur Herstellung aliphatischer und aromatischer Amine, in denen das Stickstoff-Atom auch Bestandteil eines heterocyclischen Ringes sein kann. Diese Reaktion ist zur Herstellung von N-Benzyl-aminen besser geeignet als die katalytische Hydrierung, die auch die N-Benzyl-Gruppe hydrogenolytisch angreift. Eine wichtige Variante ist die reduktive Alkylierung prim. Amine mit Oxo-Verbindungen, die meist intermolekular durchgeführt wird,

[1] M. E. KUEHNE u. P. J. SHANNON, J. Org. Chem. **42**, 2082 (1977).
[2] J. C. GETSON, J. M. GREENE u. A. I. MEYERS, J. Heterocyclic Chem. **1**, 300 (1964).
[3] A. I. MEYERS u. J. M. GREENE, J. Org. Chem. **31**, 556 (1966).
[4] D. M. GREENE et al., Soc. **1964**, 766.

aber auch intramolekular unter Ringschluß ablaufen kann[1]. Zur reduktiven Alkylierung sind am besten die Alkalimetall-cyano-hydrido-borate geeignet, die bei schwach saurem p_H das gebildete Immonium-Salz schneller als die Oxo-Gruppe reduzieren. Auch sek Amine können reduktiv alkyliert werden.

$$\gamma\gamma_1)\ \text{acyclische}$$

Imine bzw. Azomethine werden durch Lithiumalanat nach folgenden allgemeinen Gleichungen reduziert[2]:

$$2\,R-CH=NH\ +\ Li[AlH_4]\ \xrightarrow{-2\,H_2}\ Li[Al(N-CH_2-R)_2]$$

$$\xrightarrow{4\,H_2O}\ 2\,R-CH_2-NH_2\ +\ Li[Al(OH)_4]$$

$$4\,R-CH=N-R^1\ +\ Li[AlH_4]\ \longrightarrow\ Li[Al(NR^1-CH_2-R)_4]$$

$$\xrightarrow{4\,H_2O}\ 4\,R-CH_2-NH-R^1\ +\ Li[Al(OH)_4]$$

Imine liefern unter Verbrauch von zwei Hydrid-Äquivalenten die entsprechenden prim. Amine[3]. Lithium-alkoxy-hydrido-aluminat aus Lithiumalanat und chiralen Alkoholen ergeben mit Iminen optisch aktive prim. Amine[4]. Schiff'sche Basen verbrauchen ein Hydrid-Äquivalent, doch wird meistens das Doppelte bis Vierfache eingesetzt. Die Reaktion läuft in siedendem Äther innerhalb ~ 1 Stde. ab[5]. Einige Schiff'sche Basen werden wahrscheinlich wegen Überwiegens der En-amin-Form von Lithiumalanat nicht angegriffen[6]. In N-Cyclopropyl-iminen wird auch der Ring aufgespalten[7].

α-Brom-azomethine lassen sich durch Lithiumalanat zu Aziridinen cyclisieren[8].

Aziridine aus α-Brom-azomethinen; allgemeine Arbeitsvorschrift[8]:

$$\underset{R^1-CH-CH=N-R^2}{\overset{Br}{|}}\ \xrightarrow{Li[AlH_4]}\ \underset{R^2}{\overset{R^1}{\underset{|}{N}}}$$

Unter kräftigem Rühren wird zu einer Suspension von 0,4 g (0,0105 Mol) Lithiumalanat in 15 ml abs. Diäthyläther unter Stickstoff bei 0° eine Lösung von 0,01 Mol α-Brom-azomethin in 20 ml abs. Diäthyläther gege-

[1] P. J. Islip u. A. C. White, Soc. **1964**, 1201.
  C. L. Stevens, K. G. Taylor u. M. E. Munk, J. Org. Chem. **29**, 3574 (1964).
  M. M. Robinson et al., J. Org. Chem. **31**, 3220 (1966).
[2] R. F. Nystrom u. W. G. Brown, Am. Soc. **70**, 3738 (1948).
[3] I. Elphimoff-Felkin, C.r. **236**, 387 (1953).
  S. L. Shapiro, H. Soloway u. L. Freedman, J. Org. Chem. **24**, 129 (1959).
  M. R. V. Sahyun, Canad. J. Chem. **42**, 2925 (1964).
[4] O. Červinka et al., Collect. czech. chem. Commun. **30**, 2484 (1965).
  S. R. Landor, O. O. Sonola u. A. R. Tatchell, Soc. [Perkin I] **1978**, 605.
[5] E. D. Bergmann, D. Lavie u. S. Pinchas, Am. Soc. **73**, 5662 (1951).
  A. Dornow u. M. Gellrich, A. **594**, 177 (1955).
  W. D. Emmons, Am. Soc. **79**, 5739 (1957).
  R. Lukeš et al., Collect. czech. chem. Commun. **25**, 492 (1960).
  A. H. Sommers u. S. E. Aaland, J. Org. Chem. **21**, 484 (1956).
  R. Haro-Ramos et al., Tetrahedron Letters **1979**, 1355.
[6] M. Mousseron et al., Bl. **1952**, 1042.
  J. H. Billman u. K. M. Tai, J. Org. Chem. **23**, 535 (1958).
[7] C. L. Bumgardner, E. L. Lawton u. J. G. Carver, J. Org. Chem. **37**, 407 (1972).
[8] L. Duhamel u. J.-Y. Valnot, Tetrahedron Letters **1974**, 3167.

)en. Man läßt 12 Stdn. bei 20° stehen, zersetzt mit 20%iger Natronlauge, dekantiert und wäscht 2mal mit je 50 *ml* Diäthyläther. Die Äther-Lösung wird mit 50 *ml* Wasser gewaschen, getrocknet und destilliert. U. a. erhält nan auf diese Weise:

$R^1 = H$;	$R^2 = C(CH_3)_3$	*1-tert.-Butyl-aziridin*	60% d. Th.; Kp: 118–119°
	$R^2 = C_6H_{11}$	*1-Cyclohexyl-aziridin*	44% d. Th.; Kp_{42}: 98°
$R^1 = CH(CH_3)_2$;	$R^2 = C(CH_3)_3$	*2-Isopropyl-1-tert.-butyl-aziridin*	47% d. Th.; Kp_{16}: 41–42°
$R^1 = C(CH_3)_3$;	$R^2 = CH_3$	*1-Methyl-2-tert.-butyl-aziridin*	48% d. Th.; Kp: 80–82°

Die Reaktion kann auch mit Natriumboranat in Äthanol durchgeführt werden.

Analog reagieren α,α-Dichlor-imine mit Lithiumalanat[1].

Die Reduktionen von Azomethinen verlaufen auch mit Natriumalanat[2, 3] bzw. komplexen Borhydriden[3–5] in der Regel analog. Auch die Stereochemie ist entsprechend. Und zwar wird eine ähnliche Stereoselektivität bei asymmetrischer Induktion beobachtet wie bei der Reduktion von Ketonen[5, 6] (weiteres s. S. 322ff.).

Die Reduktion von Azomethinen mit Natriumboranat zu Aminen ist eine ähnliche Standardmethode, wie die Reaktion der entsprechenden Oxo-Verbindungen. Sie verläuft besonders in Methanol sehr schnell. Deshalb müssen wegen der schnellen Zersetzung des Hydrids in diesem Lösungsmittel zwei Mol-Äquivalente, also ein Achtfaches des theoretischen Wertes, eingesetzt werden.

Zur Azomethin-Lösung wird zuerst unter Kühlung das Natriumboranat in Substanz oder noch besser in Methanol gelöst zugegeben und danach am Rückfluß kurz erhitzt, bis die Wasserstoff-Entwicklung beendigt ist[7, 8]. Bei der Reduktion aromatischer Schiff'scher Basen mit o-Hydroxy-Gruppen treten infolge von Chelatbildung Schwierigkeiten auf[8, 9]. Weiteres über die Reduktion von Azomethinen mit Lithiumalanat und Natriumboranat s. ds. Handb., Bd. XI/1, S. 669f.

Mit Hilfe von Natriumboranat ist auch die reduktive Aminierung von Oxo-Verbindungen einfach durchführbar, wenn diese nicht allzu schnell reduziert werden oder die Schiff'sche Base schon im Reaktionsgemisch ausgebildet wird. Man vermischt das prim. Amin und die Oxo-Verbindung in Methanol[10], Wasser[11] oder Essigsäure[12, 13] und gibt, wenn möglich nach Bildung der Schiff'schen Base, Natriumboranat in großem Überschuß zu. Mit Formaldehyd werden in Essigsäure aus prim. Aminen N,N-Dimethyl-amine[13], in Methanol aus sek. Aminen die entsprechenden N-Methyl-Derivate

[1] N. De Kimpe et al., Synthetic Communications **5**, 269 (1975).

[2] M. Ferles, Collect. czech. chem. Commun. **24**, 2829 (1959).

[3] C. L. Bumgardner, E. L. Lawton u. J. G. Carver, J. Org. Chem. **37**, 407 (1972).

[4] H. Kano u. Y. Makisumi, J. Pharm. Soc. Japan **76**, 1311 (1956); C. **1961**, 8658.

R. Pohloudek-Fabini u. D. Schulz, Ar. **297**, 649 (1964).

N. Singh, J. S. Sandhu u. S. Mohan, Chem. & Ind. **1969**, 585.

[5] N. Hirowatari u. H. M. Walborsky, J. Org. Chem. **39**, 604 (1974).

[6] A. De Savignac, M. Bon u. A. Lattes, Bl. **1972**, 3426.

[7] Z. I. Horii, T. Sakai u. T. Inoi, J. pharm. Soc. Japan **75**, 1161 (1955); C. A. **50**, 7756 (1956).

L. E. Clougherty, J. A. Sousa u. G. M. Wyman, J. Org. Chem. **22**, 462 (1957).

E. H. Fischer et al., Am. Soc. **80**, 2906 (1958).

H. L. Pan u. T. L. Fletcher, J. Org. Chem. **23**, 799 (1958).

G. N. Walker u. M. A. Moore, J. Org. Chem. **26**, 432 (1961).

G. N. Walker, M. A. Moore u. B. N. Weaver, J. Org. Chem. **26**, 2740 (1961).

K. Schenker u. J. Druey, Helv. **46**, 1696 (1963).

H. Seeboth u. A. Rieche, A. **671**, 77 (1964).

[8] J. H. Billman u. A. C. Diesing, J. Org. Chem. **22**, 1068 (1957).

[9] T. Tanaka et al., Bl. chem. Soc. Japan **45**, 630 (1972).

[10] J. Weichet, J. Hodrová u. L. Bláha, Collect. czech. chem. Commun. **26**, 2040 (1961).

J. Schmitt et al., Bl. **1963**, 798, 816.

[11] P. Quitt, J. Hellerbach u. K. Vogler, Helv. **46**, 327 (1963).

L. Benoiton, Canad. J. Chem. **42**, 2043 (1964).

[12] K. A. Schellenberg, J. Org. Chem. **28**, 3259 (1963).

[13] H.-P. Husson, P. Potier u. J. Le Men, Bl. **1965**, 1721; **1966**, 948.

H.-P. Housson et al., Bl. **1966**, 3379.

erhalten[1]. Die Reaktion wird durch Bildung eines Immonium-Salzes ermöglicht. Auf analoge Weise erhält man aus 2-Oxo-alkansäure-Salzen und Ammoniak mit Natrium-tetradeuteridoboranat 2-Deutero-2-amino-alkansäuren[2].

Prim. und sek. aliphatische Amine lassen sich mit Carbonsäuren und Natriumboranat reduktiv zu tert. Aminen alkylieren[3, 4]. Die Reduktion wird zweckmäßig bei 50–55° mit Natriumboranat in Tablettenform unter Stickstoff durchgeführt. Als Verdünnungsmittel können Tetrahydrofuran oder Bis-[2-methoxy-äthyl]-äther verwendet werden. Sekundäre Amine lassen sich bei niedrigeren Temperaturen in der Gegenwart der entsprechenden Ketone herstellen[3, 5]; z. B.:

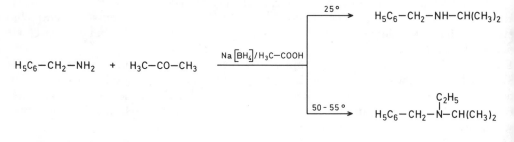

$$H_5C_6-CH_2-NH_2 \; + \; H_3C-CO-CH_3 \xrightarrow{\;Na[BH_4]/H_3C-COOH\;}$$

$$\xrightarrow{\;25°\;} H_5C_6-CH_2-NH-CH(CH_3)_2$$

$$\xrightarrow{\;50-55°\;} H_5C_6-CH_2-\underset{\underset{C_2H_5}{|}}{N}-CH(CH_3)_2$$

Isopropyl-benzyl-amin[3]: Unter Rühren gibt man zu einer Lösung von 0,83 g (7,7 mMol) Benzylamin in 15 *ml* Essigsäure bei 25° unter Stickstoff 1,3 g (22 mMol) Aceton. Man rührt 1 Stde. bei 25°, versetzt innerhalb 15 Min. mit 0,51 g (13 mMol, 2 Tabletten) Natriumboranat, rührt 1,5 Stdn. weiter, gibt 50 *ml* Eiswasser zu, stellt mit Natriumhydroxid-Pastillen alkalisch und extrahiert 7mal mit 30 *ml* Dichlormethan. Man trocknet über Kaliumcarbonat und engt ein. Das Rohprodukt wird i. Vak. destilliert; Ausbeute: 0,97 g (84% d. Th.); Kp$_{0,35}$: 36–42°

Äthyl-isopropyl-benzylamin[3]: Zu einer Lösung von 0,59 g (5,5 mMol) Benzylamin in 15 *ml* Essigsäure werden bei 25° unter Rühren und unter Stickstoff 1,3 g (22 mMol) Aceton gegeben. Man rührt 1 Stde. bei 25° und versetzt innerhalb 15 Min. mit 0,49 g (13 mMol, 2 Tabletten) Natriumboranat, rührt 1,5 Stdn., erhitzt auf 50–55°, gibt innerhalb 20 Min. 1,1 g (26 mMol, 4 Tabletten) Natriumboranat zu und rührt weitere 21 Stdn. bei 50–55°. Man versetzt mit weiterem 0,51 g (13 mMol) Natriumboranat und nach 22 Stdn. mit 5 *ml* Essigsäure. Man rührt 45 Stdn. bei 50–55°, zersetzt mit Wasser, stellt alkalisch, extrahiert mit Dichlormethan, wäscht mit Natriumchlorid-Lösung, trocknet mit Kaliumcarbonat und engt ein. Das Rohprodukt wird i. Vak. destilliert; Ausbeute: 0,80 g (82% d. Th.); Kp$_{0,65}$: 52–54°.

In reinen Carbonsäuren werden prim. Amine dialkyliert. Mit Ameisensäure reagiert Natriumboranat äußerst heftig, die Reaktion ist schlecht kontrollierbar. Sek. Amine lassen sich ähnlich alkylieren, sterisch behinderte Amine werden schlecht alkyliert.

1-Äthyl-pyrrolidin[3]: Zu einer Lösung von 2 g (28,1 mMol) Pyrrolidin in 50 *ml* Essigsäure werden unter Stickstoff und unter Rühren innerhalb 1 Stde. 5,1 g (130 mMol, 20 Tabletten) Natriumboranat gegeben. Man rührt 12 Stdn. bei 55°, kühlt ab, zersetzt mit Wasser, stellt mit Natriumhydroxid-Pastillen stark alkalisch, extrahiert 5mal mit Äther, engt ein und destilliert; Ausbeute: 2,05 g (74% d. Th.); Kp: 102–105°.

Analog erhält man z. B. aus

Dimethylamin	+ Nonansäure	→ *Dimethyl-nonyl-amin*; 78% d. Th.
Diäthylamin	+ Octansäure	→ *Diäthyl-octyl-amin*; 70% d. Th.
Bis-[2-methyl-propyl]-amin	+ Essigsäure	→ *Äthyl-bis-[2-methyl-propyl]-amin*; 60% d. Th.
Dibenzylamin	+ Essigsäure	→ *Äthyl-dibenzyl-amin*; 84% d. Th.

[1] F. BICKELHAUPT, K. STACH u. M. THIEL, M. **95,** 485 (1964); B. **98,** 685 (1965).
  T. KAMETANI et al., Chem. Pharm. Bull. (Tokyo) **16,** 1625 (1968).
[2] K.-H. DOLLING et al., J. Org. Chem. **43,** 1634 (1978).
[3] G. W. GRIBBLE et al., Synthesis **1978,** 766.
[4] P. MARCHINI et al., J. Org. Chem. **40,** 3453 (1975).
[5] D. R. JULIAN u. Z. S. MATUSIAK, J. Heterocyclic Chem. **12,** 1179 (1975).

Prim. und sek. aromatische Amine werden durch Carbonsäuren in Gegenwart von Natriumboranat ebenfalls reduktiv alkyliert. Die Reaktion gelingt auch bei Indol, da zuerst die Enamin-Doppelbindung gesättigt wird.

Man nimmt an, daß die Carbonsäure zuerst zum Aldehyd reduziert wird, der mit dem Amin und dem Carbonsäure-Überschuß ein Immoniumsalz bildet.

Sek. und tert. Amine durch reduktive Alkylierung mit Natriumboranat in Carbonsäuren; allgemeine Herstellungsvorschrift[1]: 5 bis 20 mMol Amin werden in 30–150 ml trockener Carbonsäure gelöst und bei 15–20° unter Rühren portionsweise mit 20–200 mMol Natriumboranat versetzt. Man rührt 12 Stdn. bei 55°, kühlt ab, zersetzt mit Wasser, stellt mit Natriumhydroxid-Pastillen stark alkalisch, extrahiert 5mal mit Äther, engt und destilliert; Ausbeute: 50–90% d. Th.

Die Schiff'schen Basen aus chiralen 1-Amino-1-phenyl-alkanen und 2-Oxo-alkansäure-benzylestern lassen sich in situ mit Natriumboranat in THF zu den optisch aktiven N-Arylalkyl-aminosäure-benzylestern reduzieren, die durch katalytische Hydrogenolyse chirale Aminosäuren ergeben[2].

Die Spaltung der Azomethin-Bindung bei Reduktionen mit Natriumboranat ist selten[3]. Natriumboranat/Aluminiumchlorid reduziert Azomethine in Bis-[2-methoxy-äthyl]-äther zu den entsprechenden A m i n e n[4].

Die Methode der Wahl zur r e d u k t i v e n A m i n i e r u n g von Aldehyden und Ketonen mit Ammoniak, bzw. prim. oder sek. Aminen besteht in der Reaktion ihrer Gemische mit Lithium[5, 6] oder Natrium-cyano-trihydrido-borat[6, 7] bei p_H 6 (in Methanol bei 20° einige Tage):

$$R_2CO + HNR_2^1 \xrightarrow{-OH^\ominus} R_2C=\overset{\oplus}{N}R_2^1 \xrightarrow{[H_3BCN]^\ominus} R_2CH-NR_2^1$$

Sterisch gehinderte aliphatische Ketone und Diarylketone reagieren kaum. Aromatische Ketone mit verzweigter Seitenkette, z. B. (2-Methyl-propanoyl)-benzol, werden durch sek. Amine nur sehr langsam aminiert. Die Methode ermöglicht Mono- und Dialkylierung: bei Monoalkylierung wird ein fünf- bis sechsfacher Amin-Überschuß, bei Dialkylierung ein dreifacher Keton-Überschuß genommen. Aus Cyclooctanon und Methylamin erhält man so *N-Methyl-cyclooctylamin*[6]:

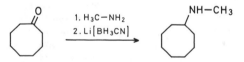

N-Methyl-cyclooctylamin-Hydrochlorid[6]: Zu einer Lösung von 1,9 g (60 mMol) Methylamin in 25 ml abs. Methanol werden unter Rühren 4 ml (20 mMol) 5 n methanol. Salzsäure, 1,26 g (10 mMol) Cyclooctanon und 0,3 g (6 mMol) Lithium-cyano-trihydrido-borat gegeben. Man rührt 72 Stdn. bei 25°, säuert mit konz. Salzsäure auf $p_H < 2$ an und dampft i. Vak. ein. Der Rückstand wird in 10 ml Wasser gelöst und 3mal mit je 20 ml Diäthyläther extrahiert. Man trocknet den Auszug mit Magnesiumsulfat, engt ein, löst den Rückstand in Methanol und leitet Chlorwasserstoff ein. Das Hydrochlorid wird abfiltriert; Ausbeute: 0,973 g (56% d. Th.); F: 144–147°.

[1] G. W. Gribble et al., Am. Soc. **96**, 7812 (1974).
[2] K. Harada u. J. Oh-Hashi, Bl. chem. Soc. Japan **43**, 960 (1970).
[3] H. Smith, Soc. **1953**, 803.
[4] R. L. Hinman u. K. L. Hamm, J. Org. Chem. **23**, 529 (1958).
G. W. Stacy, A. J. Papa u. S. C. Ray, J. Org. Chem. **26**, 4779 (1961).
G. W. Stacy et al., J. Org. Chem. **29**, 607 (1964).
[5] R. F. Borch u. H. D. Durst, Am. Soc. **91**, 3996 (1969).
[6] R. F. Borch, M. D. Bernstein u. H. D. Durst, Am. Soc. **93**, 2897 (1971).
[7] J. Bastide, C. Coste u. J.-L. Marty, C. r. **287**, 471 (1978).
P. D. Hoagland, P. E. Pfeffer u. K. M. Valentine, Carbohydrate Research **74**, 135 (1979).
E. Röder u. P. Focken, Ar. **312**, 623 (1979).
C. M. Harris u. T. M. Harris, Tetrahedron Letters **1979**, 3905.

Auch die Alkylierung sek. Amine wird in Gegenwart eines großen Amin-Überschusses durchgeführt[1].

Dimethyl-(1-phenyl-äthyl)-ammonium-pikrat[1]: Zu einer Lösung von 2,7 g (60 mMol) Dimethylamin in 25 ml Methanol werden unter Rühren 4 ml (20 mMol) 5 n methanol. Salzsäure, 1,2 g (10 mMol) Acetophenon und 0,33 g (7 mMol) Lithium-cyano-trihydrido-borat gegeben. Man rührt 72 Stdn. und arbeitet wie oben auf. Das Rohprodukt wird zu einer ges. Pikrinsäure-Lösung in Äthanol gegeben. Der Niederschlag wird abgesaugt und aus Äthanol umkristallisiert; Ausbeute: 2,38 g (75% d. Th.); F: 140–141°.

Auf ähnliche Weise erhält man aus Dimethylamin und Cyclohexanon *N,N-Dimethyl-cyclohexylamin*[2] (52% d. Th.).

Die reduktive Aminierung von α-Oxo-carbonsäuren zu α-Aminosäuren wird zweckmäßig in neutraler Lösung durchgeführt und dient in erster Linie zur Herstellung von ^{15}N-Aminosäuren. Da die Amino-Gruppe der gebildeten Aminosäure nur schwach nucleophil ist und nicht weiter reagiert, genügt ein geringer Überschuß an Aminierungs-reagenz.

Tryptophan-[15]N[1]:

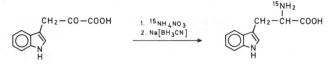

Zu einer Lösung von 0,205 g (1 mMol) Indolyl-(3)-brenztraubensäure und 0,095 g (1,2 mMol) Ammonium-nitrat ([15]NH$_4$) (95% [15]N) in 15 ml abs. Methanol werden unter Rühren 0,19 g (3 mMol) Natrium-cyano-trihy-drido-borat gegeben. Man stellt den p_H-Wert auf 7 ein, rührt 36 Stdn. bei 25°, versetzt mit 5 ml konz. Salzsäure, rührt 1 Stde. weiter und engt i. Vak. ein. Der Rückstand wird in 3 ml Wasser gelöst, auf eine Dowex-50-Säule in Wasserstoff-Form der Kapazität von 100 Mol-Äquivalenten gegossen, mit 500 ml Wasser gewaschen, mit 300 ml Ammoniak eluiert und das Eluat i. Vak. eingedampft; Ausbeute: 0,047 g (23% d. Th.); [15]N > 47% (mas-senspektroskopisch bestimmt; bez. auf Gesamtstickstoff).

Analog lassen sich u. a. herstellen:

$H_3C-CO-COOH$	+	NH_4Br	→ *Alanin*	50% d. Th.
$OHC-(CH_2)_3-CHO$	+	H_2N-CH_3	→ *1-Methyl-piperidin*	43% d. Th.
$H_{11}C_5-CO-C_3H_7$	+	$HN(CH_3)_2$	→ *Dimethyl-nonyl-(4)-amin*	77% d. Th.
$H_5C_6-CO-CH_3$	+	$H_4NOOC-CH_3$	→ *1-Phenyl-äthylamin*	78% d. Th.
$H_5C_6-CO-CH((CH_3)_2$	+	H_2N-CH_3	→ *Methyl-(2-methyl-1-phenyl-propyl)-amin*	90% d. Th.

Die Oxo-Gruppe wird bereits bei p_H 3–4 schnell reduziert, in schwach alkalischem Mi-lieu können dagegen die Enolsalze reduktiv aminiert werden. Das Gleichgewicht wird in diesem Fall durch ein wasserbindendes Molekularsieb in Richtung des Immonium-Salzes verschoben[3,4].

2-Dimethylaminomethyl-4-butanolid[3]:

Zu einer Suspension von 0,275 g (2 mMol) 2-Formyl-4-butanolid-Natriumsalz, 0,325 g (4 mMol) Dimethyl-amin-Hydrochlorid und 0,25 g Linde 3A Molekularsieb gibt man 0,13 g (2 mMol) Natrium-cyano-trihydrido-borat und rührt 24 Stdn. Danach filtriert man über Celite, wäscht mit 10 ml Methanol und säuert das Filtrat mit

[1] R. F. Borch, M. D. Bernstein u. H. D. Durst, Am. Soc. **93**, 2897 (1971).
[2] R. F. Borch, Org. Synth. **52**, 124 (1972).
[3] A. D. Harmon u. C. R. Hutchinson, Tetrahedron Letters **1973**, 1293; J. Org. Chem. **40**, 3474 (1975).
[4] C. R. Hutchinson, J. Org. Chem. **39**, 1854 (1974).

konz. Salzsäure unter Kühlung auf p_H 2 an. Die Mischung wird i. Vak. eingeengt, der Rückstand in 15 *ml* Wasser aufgenommen und 2mal mit je 20 *ml* Dichlormethan ausgeschüttelt. Die wäßr. Phase wird zuerst mit festem Natriumcarbonat auf p_H 8,5 eingestellt, 3mal mit je 25 *ml* Essigsäure-äthylester ausgeschüttelt, danach mit festem Kaliumhydroxid auf p_H 10 eingestellt und von neuem mit 3mal je 25 *ml* Essigsäure-äthylester extrahiert. Die vereinigten Auszüge werden mit Natriumsulfat getrocknet, i. Vak. eingedampft und destilliert; Ausbeute: 0,231 g (81% d. Th.); $Kp_{0,05}$: 72–73°.

Analog erhält man u. a.[1]:

2-Dimethylaminomethyl-5-pentanolid   64% d. Th.
2-Dimethylaminomethyl-3-(2-hydroxy-phenyl)-propansäure-methylester   72% d. Th.

Neben Amino-estern und Amino-lactonen[2,3] können auch Amino-ketone[4], Amino-oxirane[5] und Amino-nitroxide (freie Radikale)[6] gewonnen werden. Die Methode kann ferner mit Vorteil eingesetzt werden zur Herstellung heterocyclischer Amine aus Dioxo-Verbindungen und Ammoniak bzw. prim. Aminen (reduktiver Ringschluß)[7,8]. β-Diamine bzw. β-Amino-alkohole sind durch reduktive Aminierung α,β-ungesättigter Aldehyde bzw. Ketone mit Methylamin und Natriumboranat bzw. Natrium-cyano-trihydridoboranat in Methanol zugänglich[9].

Die reduktive Methylierung von Aminen mit Formaldehyd ist (im Gegensatz zur entsprechenden Reaktion mit Natriumboranat) mit Natrium-cyano-trihydrido-borat nicht in Methanol, sondern in Acetonitril durchzuführen. Aliphatische Amine reagieren meist heftig, aromatische langsamer[10,11]; z. B.:

$$H_5C_6-CH_2-NH-C_2H_5 \xrightarrow{\begin{array}{c}1.\,HCHO\\2.\,Na[BH_3CN]\end{array}} H_5C_6-CH_2-\underset{\underset{CH_3}{|}}{N}-C_2H_5$$

Methyl-äthyl-benzyl-ammonium-pikrat[10]: Zu einer Lösung von 0,675 g (5 mMol) Äthyl-benzyl-amin und 2 *ml* (25 mMol) 37%iger wäßr. Formaldehyd-Lösung in 15 *ml* Acetonitril gibt man unter Rühren 0,5 g (8 mMol) Natrium-cyano-trihydrido-borat. Nach Abklingen der heftigen Reaktion rührt man 15 Min., neutralisiert mit Essigsäure, rührt 45 Min. unter Zugabe weiterer Essigsäure, um den p_H-Wert bei 7 zu halten, und engt i. Vak. ein. Der Rückstand wird mit 20 *ml* 2 n Kalilauge versetzt und 3mal mit je 20 *ml* Diäthyläther extrahiert. Der Auszug wird mit 20 *ml* 0,5 n Kalilauge gewaschen und 3mal mit je 10 *ml* n Salzsäure ausgeschüttelt. Die salzsaure Lösung neutralisiert man mit festem Kaliumhydroxid und schüttelt 3mal mit je 20 *ml* Diäthyläther aus. Man trocknet die Äther-Lösung mit Kaliumcarbonat, engt i. Vak. ein und versetzt den Rückstand mit einer Lösung von 1,5 g Pikrinsäure in Äthanol; Ausbeute: 1,61 g (85% d. Th.); F: 110–112°.

Auf ähnliche Weise erhält man z. B. aus:

2-Amino-heptan   → *2-Dimethylamino-heptan*   82% d. Th.
N-Propyl-anilin   → *N-Methyl-N-propyl-anilin*   83% d. Th.
3-Chlor-anilin   → *3-Chlor-N,N-dimethyl-anilin*   86% d. Th.

[1] A. D. HARMON u. C. R. HUTCHINSON, J. Org. Chem. **40**, 3474 (1975).
[2] A. D. HARMON u. C. R. HUTCHINSON, Tetrahedron Letters **1973**, 1293.
[3] C. R. HUTCHINSON, J. Org. Chem. **39**, 1854 (1974).
[4] M.-H. BOUTIGUE u. R. JACQUESY, C. r. **276**, 437 (1973); Bl. **1973**, 750.
    A. S. KENDE et al., Am. Soc. **96**, 4332 (1974).
[5] A. PADWA, P. CIMILUCA u. D. EASTMAN, J. Org. Chem. **37**, 805 (1972).
[6] G. M. ROSEN, J. Med. Chem. **17**, 358 (1974).
[7] R. F. BORCH, M. D. BERNSTEIN u. H. D. DURST, Am. Soc. **93**, 2897 (1971).
[8] G. W. GRIBBLE, J. Org. Chem. **37**, 1833 (1972).
[9] M. G. ANDREWS u. J. A. MOSBO, J. Org. Chem. **42**, 650 (1977).
[10] R. F. BORCH u. A. I. HASSID, J. Org. Chem. **37**, 1673 (1972).
[11] F. J. McEVOY u. G. R. ALLEN, J. Med. Chem. **17**, 281 (1974).
    D. R. JULIAN u. Z. S. MATUSIAK, J. Heterocycl. Chem. **12**, 1179 (1975).

Zur analogen Dimethylierung in Methanol s. Lit.[1].

Zur reduktiven Aminierung von Oxo-Verbindungen mit Hilfe von Kalium-tetracarbonyl-hydrido-ferrat s. Lit.[2,3].

Auch Bis-[2-methyl-propyl]-aluminiumhydrid[4] (s. a. ds. Handb., Bd. XIII/4, S. 222) und Diboran[5] reduzieren Azomethine in Benzol bzw. THF oder Bis-[2-methoxy-äthyl]-äther zu den entsprechenden Aminen. Mit letzterem Hydrid können unter kontrollierten Bedingungen Azomethin-borane als wahrscheinliche Zwischenprodukte isoliert werden[6]. Mit Dimethylamino-boran läuft die Reaktion in Essigsäure ab[7]. Schiff'sche Basen lassen sich durch Trimethylamin-boran in Gegenwart der entsprechenden Carbonsäure reduktiv acylieren[8].

N-(4-Chlor-phenyl)-N-(4-chlor-benzyl)-acetamid[8]:

Zu einer Suspension von 25 g (0,1 Mol) 4-Chlor-N-(4-chlor-benzyliden)-anilin in 50 ml Essigsäure tropft man unter Rühren eine Lösung von 9,8 g (0,113 Mol) Trimethylamin-boran in 30 ml Essigsäure. Die Mischung wird 12 Stdn. unter Rückfluß erhitzt, abgekühlt, mit 200 ml 6 n Natriumhydroxid-Lösung versetzt und 3mal mit je 50 ml Diäthyläther ausgeschüttelt. Man trocknet den Auszug über Drierite, engt i. Vak. ein, löst den Rückstand in wenig Äthanol am Rückflußkühler, klärt mit Norit und kühlt ab; Ausbeute: 19,52 g (66% d. Th.); F: 104–105°.

Entsprechend wird 4-Hydroxy-N-benzyliden-anilin durch Essigsäure in *4-Hydroxy-N-benzyl-acetanilid* (88% d. Th.) überführt.

Triäthyl- und Tributyl-zinnhydrid hydrostannieren Azomethine und auch Dicyclohexyl-carbodiimid in Cyclohexan bei 80° in Gegenwart eines Radikalbildners. Die erhaltenen Addukte werden leicht zu den Aminen hydrolysiert[9]. Triphenyl-zinnhydrid reduziert Schiff'sche Basen thermisch initiiert analog bei 124°[10].

Da Triäthyl-siliciumhydrid in Trifluoressigsäure nur aromatische und aliphatisch-aromatische Schiff'sche Basen angreift, ist es für selektive Reduktionen geeignet[11].

Durch Reduktion von N-Halogenmagnesium-iminen (Grignard-Nitril-Addukte) mit Lithiumalanat können homologe prim. Amine mit verzweigter Kohlenstoffkette hergestellt werden, die mit anderen Methoden wesentlich schwieriger zugänglich sind[12]. Mit einem Lithiumalanat-Unterschuß werden Imine erhalten[12]:

[1] H. Kapnang et al., Tetrahedron Letters **1977**, 3469.
[2] Y. Watanabe et al., Tetrahedron Letters **1974**, 1879; Chemistry Letters **1974**, 1265.
    G. P. Boldrini, M. Panunzio u. A. Umani-Ronchi, Synthesis **1974**, 733.
    Y. Watanabe et al., Tetrahedron Letters **1974**, 1879; Chem. Letters **1974**, 1265; **1975**, 995; Tetrahedron **35**, 1433 (1979).
[3] P. Krumholz u. H. M. A. Stettiner, Am. Soc. **71**, 3055 (1949).
[4] E. Bonitz, B. **88**, 742 (1955).
    W. P. Neumann, Ang. Ch. **69**, 730 (1957); A. **618**, 90 (1958); **667**, 1 (1963).
[5] J. Schmitt et al., Bl. **1963**, 816.
    D. Burn et al., Tetrahedron **21**, 569 (1965).
    S. Ikegami u. S. Yamada, Chem. Pharm. Bull. (Tokyo) **14**, 1389 (1966).
    R. F. Borch, Chem. Commun. **1968**, 442.
    N. Hirowatari u. H. M. Walborsky, J. Org. Chem. **39**, 604 (1974).
[6] S. Yamada u. S. Ikegami, Chem. Pharm. Bull. (Tokyo) **14**, 1382 (1966).
    I. Pattison u. K. Wade, Soc. [A] **1968**, 842.
[7] J. H. Billman u. J. W. McDowell, J. Org. Chem. **26**, 1437 (1961).
[8] J. H. Billman u. J. W. McDowell, J. Org. Chem. **27**, 2640 (1962).
[9] W. P. Neumann u. E. Heymann, Ang. Ch. **75**, 166 (1963); A. **683**, 24 (1965).
[10] D. H. Lorenz u. E. I. Becker, J. Org. Chem. **28**, 1707 (1963).
[11] N. M. Loim, Izv. Akad. SSSR **1968**; C. A. **69**, 96127 (1968).
[12] A. Pohland u. H. R. Sullivan, Am. Soc. **75**, 5898 (1953).

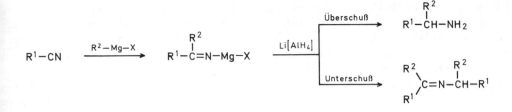

1-Phenyl-propylamin[1]: Zu 7,2 g (0,3 Mol) Magnesiumspänen in 50 *ml* abs. Diäthyläther gibt man unter Rühren einige Tropfen von insgesamt 47 g (0,3 Mol) Brombenzol. Nach dem Anspringen der Reaktion wird das restliche Brombenzol, gelöst in 250 *ml* abs. Diäthyläther, zugesetzt. Wird die Reaktion zu heftig, so kühlt man mit Eiswasser. Nach der Zugabe erhitzt man am Wasserbad, bis alles Magnesium gelöst ist. Zur Grignard-Lösung wird unter Rühren und Kühlen 13,8 g (0,25 Mol) Propansäure-nitril getropft und die Mischung 2 Stdn. am Rückfluß gekocht. Danach wird abgekühlt und unter Einleiten von trockenem Stickstoff 11,4 g (0,3 Mol) Lithiumalanat in 100 *ml* abs. THF langsam zugegeben. Man erhitzt 18 Stdn. unter Rückfluß, kühlt ab, versetzt vorsichtig mit 12 *ml* Wasser, 9 *ml* 20%iger Natriumhydroxid-Lösung und 42 *ml* Wasser. Der Niederschlag wird abgesaugt, mit Diäthyläther gewaschen, das Filtrat mit Magnesiumsulfat getrocknet, eingeengt und destilliert; Ausbeute: 27,1 g (80% d. Th.); Kp_7: 78–80°.

Analog erhält man u. a. aus:

$H_5C_6-CH_2-MgBr + NC-C_2H_5$ →   *2-Amino-1-phenyl-butan*[1]; 71% d. Th.;
                                                     $Kp_{9,5}$: 96–97°

$4-(H_3C)_3Si-H_4C_6-CH_2-MgBr + NC-CH_3$ →   *2-Amino-1-(4-trimethylsilyl-phenyl)-propan*[2];
                                                     48% d. Th.; Kp_6: 122°

$H_5C_6-MgBr + NC-(CH_2)_2-CH(OC_2H_5)_2$ →   *4-Amino-4-phenyl-butanal-diäthylacetal*[3];
                                                     53% d. Th.; $Kp_{0,3}$: 103–107°

$H_5C_6-MgBr + NC-(CH_2)_3-N-(C_2H_5)_2$ →   *4-Diäthylamino-1-phenyl-butylamin*[1];
                                                     62% d. Th.; $Kp_{0,8}$: 115–116°

Optisch aktive N-Alkyliden-sulfinsäure-amide werden unter asymmetrischer Induktion durch Lithiumalanat an der C=N-Doppelbindung reduziert[4]:

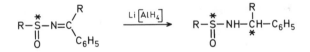

γγ₂) cyclische

Die Reduktion cyclischer Schiff'scher Basen mit Hydriden verläuft ähnlich den acyclischen Verbindungen zu **Aminen**. Azirine werden durch Lithiumalanat zu den **Aziridinen** reduziert, mit Natriumboranat in Methanol erfolgt dagegen Solvolyse zum **Methyl-aminomethyl-äther**[5]. 4,5-Dihydro-3H-pyrrol-Derivate lassen sich mit Lithiumalanat[6] und Natriumboranat[7] zu **Pyrrolidinen** reduzieren. Ähnlich können auch **Pipe-**

[1] A. POHLAND u. H. R. SULLIVAN, Am. Soc. **75**, 5898 (1953).
[2] M. FRANKEL et al., Soc. [C] **1966**, 379.
[3] J. H. BURCKHALTER u. J. H. SHORT, J. Org. Chem. **23**, 1278 (1958).
[4] M. CINQUINI u. F. COZZI, Chem. Commun. **1977**, 723.
[5] D. J. CRAM u. M. J. HATCH, Am. Soc. **75**, 33 (1953).
   A. HASSNER u. F. W. FOWLER, Am. Soc. **90**, 2869 (1968).
[6] R. BONNETT et al., Soc. **1959**, 2087.
   P. J. A. DEMOEN u. P. A. J. JANSSEN, Am. Soc. **81**, 6281 (1959).
[7] F. C. UHLE u. F. SALLMANN, Am. Soc. **82**, 1190 (1960).
   A. I. MEYERS u. W. Y. LIBANO, J. Org. Chem. **26**, 1682, 4399 (1961).
   A. I. MEYERS u. H. SINGH, J. Org. Chem. **33**, 2365 (1968).

ridine erhalten werden[1]. Die Reduktion von 3H-Indolen mit Lithiumalanat[2], Natrium-[3] und Kaliumboranat[4] ergibt 2,3-Dihydro-indole. Zur Reduktion partiell hydrierter Chinoline und Isochinoline mit C=N-Doppelbindung wird Lithiumalanat weniger angewendet[5], da Nebenreaktionen auftreten können[6]. Statt dessen werden besser Natrium-[7] oder Kaliumboranat[8]eingesetzt.

In Pterinen läßt sich die C=N-Doppelbindung in 7- und 8-Stellung durch Natriumboranat selektiv reduzieren[9]. Auch mit Lithiumalanat kann man Ringsysteme mit mehreren Azomethin-Gruppen selektiv sättigen[10]. 1,2,4-Thiadiazine werden mit Natriumboranat in die 3,4-Dihydro-Derivate umgesetzt[11], mit Lithiumalanat wird der Ring aufgespalten[12].

Sterisch behinderte C=N-Doppelbindungen werden durch Natriumboranat nur schwer angegriffen[13]. Auch Lithiumalanat reduziert z. B. 6-Phenyl-2,3,4,5-tetrahydro-pyridazin nur in siedendem Toluol zu *3-Phenyl-piperidazin* (50% d. Th.)[14]. Nötigenfalls kann auch Natriumboranat/Aluminiumchlorid mit stärkerem Reduktionsvermögen zur Sättigung von cyclischen Schiff'schen Basen angewendet werden[15]. Die Reduktion von cyclischen Azomethinen mit chiralen komplexen Borhydriden ermöglicht die Herstellung optisch aktiver heterocyclischer Basen[16].

In Tab. 30 (S. 365) sind einige präparativ interessante Reduktionen mit Natriumboranat aufgeführt.

γγ₃) von Nitriminen

Nitrimine werden durch Kaliumboranat in wäßrigem Äthanol zu Nitraminen reduziert[17]; z. B.:

[1] A. I. MEYERS, J. SCHNELLER u. N. K. RALHAN, J. Org. Chem. **28**, 2944 (1963).
[2] G. F. SMITH u. J. T. WRÓBEL, Soc. **1960**, 792.
   G. STORK u. J. E. DOLFINI, Am. Soc. **85**, 2872 (1963).
[3] R. B. WOODWARD et al., Am. Soc. **76**, 4749 (1954).
   J. B. HENDRICKSON u. R. A. SILVA, Am. Soc. **84**, 643 (1962).
[4] D. SCHUMANN u. H. SCHMID, Helv. **46**, 1996 (1963).
[5] Y. OKAJIMA, J. pharm. Soc. Japan **74**, 784 (1954); C. A. **49**, 11659 (1955).
   A. BURGER u. R. D. FOGGIO, Am. Soc. **78**, 4419 (1956).
   H. LETTRÉ u. L. KNOF, B. **93**, 2860 (1960).
   L. KNOF, A. **670**, 88 (1963).
[6] P. CERUTTI u. H. SCHMID, Helv. **47**, 203 (1964).
[7] J. A. WEISBACH u. B. DOUGLAS, J. Org. Chem. **27**, 3738 (1962).
   C. FERRARI u. V. DEULOFEU, Tetrahedron **18**, 419 (1962).
   R. GREWE u. H. FISCHER, B. **96**, 1520 (1963).
   R. TSCHESCHE et al., Tetrahedron **20**, 1435 (1964).
   H. CORRODI u. N. Å. HILLARP, Helv. **47**, 911 (1964).
   A. BROSSI, M. BAUMANN u. R. BORER, M. **96**, 25 (1965).
[8] J. GARDENT, Bl. **1960**, 118.
   A. R. BATTERSBY, G. C. DAVIDSON u. J. C. TURNER, Soc. **1961**, 3899.
[9] M. VISCONTINI u. H. STIERLIN, Helv. **45**, 2479 (1962).
[10] W. METLESICS, R. TAVARES u. L. H. STERNBACH, J. Org. Chem. **31**, 3356 (1966).
[11] L. H. WERNER et al., Am. Soc. **82**, 1161 (1960).
   J. G. TOPLISS et al., J. Org. Chem. **26**, 3842 (1961).
   H. M. GILOW u. J. JACOBUS, J. Org. Chem. **28**, 1994 (1963).
   R. WEINSTOK u. K. KRATZL, M. **96**, 1586 (1965).
   K. KRATZL u. H. RUIS, M. **96**, 1603 (1965).
[12] O. HROMATKA u. G. HOFINGER, M. **92**, 935 (1961).
[13] J. O. JILEK et al., Collect. czech. chem. Commun. **30**, 445, 463 (1965).
[14] J. S. SCHABAROW et al., Ž. obšč. Chim. **33**, 1206 (1963).
[15] E. COHEN, B. KLARBERG u. J. R. VAUGHAN, Am. Soc. **82**, 2731 (1960).
   C. W. WHITEHAED et al., J. Org. Chem. **26**, 2814 (1961).
[16] J. F. ARCHER et al., Soc. [C] **1971**, 2560.
[17] J. P. FREEMAN, Chem. & Ind. **1961**, 1624; J. Org. Chem. **26**, 4190 (1961).

Tab. 30: Reduktion von cyclischen Azomethinen mit Natriumboranat in alkoholischer Lösung

Cyclisches Azomethin	Reduktions-Produkt	Ausbeute [% d. Th.]	Kp		Literatur
			[°C]	[Torr]	
	2,3-Diphenyl-piperidin	88	129–130	0,3	1
	2,2-Dimethyl-3-phenyl-1-acetyl-piperazin-Hydrochlorid	90	(F: 237–238°)		2
	3,3-Dimethyl-2-phenyl-2,3-dihydro-indol	95	(F: 89–91°)		3
	1,3,3-Trimethyl-1,2,3,4,5,6,7,8-octahydro-isochinolin	96	70	0,8	4

$$\underset{(H_3C)_3C-\overset{\displaystyle ||}{C}-CH_3}{N-NO_2} \quad \xrightarrow{\ K|BH_4|\ } \quad \underset{(H_3C)_3C-CH-CH_3}{\overset{\displaystyle |}{NH}-NO_2}$$

3,3-Dimethyl-butyl-(2)-nitramin[5]: Eine Lösung von 5 g (0,0347 Mol) 2-Nitrimino-3,3-dimethyl-butan in 15 ml Äthanol wird unter Eiskühlung innerhalb 1 Stde. zu einer Lösung von 2 g (0,036 Mol) Kaliumboranat in 15 ml Wasser gegeben. Man versetzt mit 10 ml Wasser, sättigt mit Kaliumcarbonat, schüttelt mit Dichlormethan aus, trocknet und engt den Auszug ein. Der Rückstand wird i. Vak. destilliert; Ausbeute: 2,7 g (53% d. Th.); Kp$_2$: 80–82°.

Die Reaktion kann auch mit Natriumboranat in 1,4-Dioxan/Äthanol in Gegenwart von wenig Essigsäure bei 0° durchgeführt werden[6].
Die Reduktion läuft auch mit Lithiumalanat in siedendem Tetrahydrofuran nur bis zur Nitramin-Stufe.

γ_5) von Azinen bzw. Hydrazonen

Azine lassen sich mit Lithiumalanat zu Hydrazinen[7] (s. a. ds. Handb., Bd. X/2, S. 43) und Hydrazonen[8] reduzieren. Auch hier kann wie bei der Reduktion von Nitrosaminen (s. S. 479f.) eine Eliminierung von Stickstoff eintreten[9].
Cyclische Azine ergeben mit Lithiumalanat die entsprechenden cyclischen Hydrazine[10].

---

[1] R. F. Parcell u. F. P. Hauck, J. Org. Chem. **28**, 3468 (1963).
[2] C. L. Stevens, K. G. Taylor u. M. E. Munk, J. Org. Chem. **29**, 3574 (1964).
[3] F. J. Evans et al., J. Org. Chem. **27**, 1553 (1962).
[4] A. I. Meyers et al., J. Heterocyclic Chem. **1**, 13 (1964).
[5] J. P. Freeman, Chem. & Ind. **1961**, 1624; J. Org. Chem. **26**, 4190 (1961).
[6] M. J. Haire, J. Org. Chem. **42**, 3446 (1977).
[7] R. Renaud u. L. C. Leitch, Canad. J. Chem. **32**, 545 (1954).
[8] S. Seltzer, Am. Soc. **85**, 14 (1963).
D. M. Lemal A. J. Fry, J. Org. Chem. **29**, 1673 (1964).
N. Eda, M. Minabe u. K. Suzuki, Bl. chem. Soc. Japan **51**, 2431 (1978).
[9] S. G. Cohen u. C. H. Wang, Am. Soc. **77**, 2457 (1955).
[10] C. G. Overberger u. J. J. Monagle, Am. Soc. **78**, 4470 (1956).

Hydrazone werden durch Lithiumalanat viel schwieriger reduziert als Schiff'sche Basen (die katalytische Hydrierung führt bei diesen Verbindungen meist nicht zum Ziel). In siedendem Diäthyläther, THF oder 1,4-Dioxan ist die Reduktion erst nach längerer Rückflußdauer beendet (weiteres s. ds. Handb., Bd. X/2, S. 407)[1]. Die Reduzierbarkeit von Hydrazonen mit Natriumboranat ist stark strukturabhängig, sie gelingt in erster Linie bei substituierten Hydrazonen, die keine sauren Wasserstoff-Atome mehr enthalten[2]. Aus diesem Grund werden Semicarbazone durch komplexe Borhydride nicht angegriffen[3]. In α-Phenylhydrazono-ketonen und verwandten Verbindungen läßt sich nur die Oxo-Gruppe reduzieren[4], mit Lithiumalanat kann eine C–C-Spaltung eintreten[5].

Azine und Hydrazone lassen sich auch mit Bis-[2-methyl-propyl]-aluminiumhydrid[6], Natrium-cyano-trihydrido-borat[7] und Diboran[8] zu Hydrazinen reduzieren. Natrium-cyano-trihydrido-borat ist besonders zur reduktiven Alkylierung von Hydrazinen und Hydrazonen in Acetonitril mit Hilfe von Oxo-Verbindungen geeignet. Es werden tetrasubstituierte Hydrazine erhalten[7]. Die Durchführung ist ähnlich der reduktiven Alkylierung von Aminen (s. S. 359ff.).

Bei der Reduktion mit Diboran werden Hydrazino-Borane gebildet, die mit trockenem Chlorwasserstoff gespalten werden und ein Gemisch der Hydrazin-Mono- und Bis-hydrochloride ergeben. Die Reaktion kann auch als reduktive Alkylierung durchgeführt werden, wie die Herstellung von *1-Methyl-2-benzyl-hydrazin-Hydrochlorid* zeigt[8]:

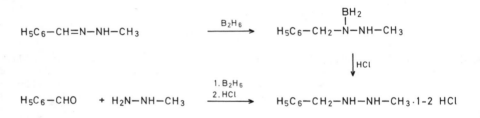

2,4-Dinitro-phenylhydrazone werden durch Diboran in der Regel nicht angegriffen, so daß sie bei Reduktionen als geschützte Form von Oxo-Verbindungen dienen können[9].

[1] J. B. Class u. J. G. Aston, Am. Soc. **73**, 2359 (1951).
   J. B. Class, J. G. Aston u. T. S. Oakwood, Am. Soc. **75**, 2937 (1953).
   S. G. Cohen u. C. H. Wang, Am. Soc. **77**, 2457, 3628 (1955).
   J. Thesing u. C. H. Willersinn, B. **89**, 1195 (1956).
   K. Kratzl u. K. P. Berger, M. **89**, 83 (1958).
   A. Ebnöther et al., Helv. **42**, 533 (1959).
   J. H. Biel, W. K. Hoya u. H. A. Leiser, Am. Soc. **81**, 2527 (1959).
   E. F. Eislager, E. A. Weinstein u. D. F. Worth, J. Med. Chem. **7**, 493 (1964).
   H. El Khadem, Z. M. El-Shafei u. M. El Sekeili, J. Org. Chem. **37**, 3523 (1972).
[2] G. N. Walker, M. A. Moore u. B. N. Weaver, J. Org. Chem. **26**, 2740 (1961).
   W. Schulze, G. Letsch u. H. Fritzsche, J. pr. [4], **33**, 96 (1966).
   J. R. Nulu u. J. Nematollahi, Tetrahedron Letters **1969**, 1321.
[3] R. Joly, G. Nominé u. D. Bertin, Bl. **1956**, 1459.
   D. Taub, R. D. Hoffsommer u. N. L. Wendler, Am. Soc. **79**, 452 (1957).
[4] R. E. Bowman u. C. S. Franklin, Soc. **1957**, 1583.
   M. Rosenblum et al., Am. Soc. **85**, 3874 (1963).
[5] M. Viscontini, Helv. **35**, 1803 (1952).
[6] W. P. Neumann, R. Sommer u. H. Lind, A. **688**, 14 (1965).
[7] S. F. Nelson u. G. R. Weisman, Tetrahedron Letters **1973**, 2321.
[8] J. A. Blair u. R. J. Gardner, Soc. [C] **1970**, 1714.
[9] J. E. McMurry, Chem. Commun. **1968**, 433; Am. Soc. **90**, 6821 (1968).

Die Reduzierbarkeit cyclischer Hydrazone mit Hydriden ist stark strukturabhängig[1]. 7,8-Dihydro-⟨1,3,4-triazolo-[4,3-b]-pyridazin⟩ (I) und auch 1,3,4-Triazolo-[4,3-b]-pyridazin (II) werden durch 10 Mol-Äquivalente Natriumboranat in siedendem Äthanol mit guten Ausbeuten unter Sättigung des Pyridazin-Rings zu ,6,7,8-Tetrahydro-⟨1,3,4-triazolo-[4,3-b]-pyridazin⟩ reduziert[2]:

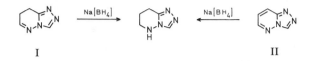

I   II

α-Imino-enoläther werden durch Natriumboranat ausschließlich an der C=C-Doppelbindung reduziert (s. S. 83).

Die C=N-Doppelbindung in Acylhydrazonen wird dagegen mit Natriumboranat unter Bildung der entsprechenden Carbonsäure-hydrazide selektiv gesättigt[3,4] (vgl. a. S. 366); z. B.[3]:

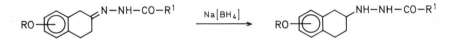

Alkoxy-2-(N-acyl-hydrazino)-1,2,3,4-tetrahydro-naphthalin; allgemeine Herstellungsvorschrift[3]: Eine Lösung von 33 mMol Alkoxy-2-(N-acyl-hydrazono)-tetralin in 600 ml abs. Äthanol wird bei 0° unter Rühren zu 1,7 g (45 mMol) Natriumboranat in 150 ml abs. Äthanol getropft. Man rührt die Lösung 2 Stdn. bei 0°, läßt 12 Stdn. bei 20° stehen, säuert mit 14 ml Essigsäure in 50 ml Wasser an und gießt in 1 l Eiswasser. Das ausgeschiedene Rohprodukt wird abgesaugt, mit Wasser gewaschen und aus wäßr. Äthanol umkristallisiert.

Mit dieser Methode erhält man u. a. folgende Tetraline:

7-Methoxy-2-benzoylhydrazino-tetralin	52% d.Th.; F: 138–139°
7-Methoxy-2-[thienyl-(2)-carbonylhydrazino]-tetralin	72% d.Th.; F: 127–129°
8-Methoxy-2-(2-amino-benzoylhydrazino)-tetralin	90% d.Th.; F: 184–185°
8-Methoxy-2-[pyridyl-(4)-carbonylhydrazino]-tetralin	91% d.Th.; F: 160–161°

Die Reaktion läßt sich auch in wäßrig-alkoholischer Lösung durchführen[5].

Die Reduktion von Tosyl-hydrazonen mit Hydriden zu Kohlenwasserstoffen stellt eine präparativ vorteilhafte Variante der Wolff-Kishner-Reduktion dar. Diese Methode ermöglicht durch geeignete Wahl des Reduktionsmittels die selektive Reduktion von p-Tosyl-hydrazonen unter Erhalt von Alkoxycarbonyl-, Aminocarbonyl-, Cyan- und Nitro-Gruppen. Zur Reaktion ist manchmal auch ein Gemisch der Oxo-Verbindung mit Tosyl-hydrazin[6] anwendbar. Die Reaktion verläuft ähnlich wie bei den Diazonium-Salzen (s. S. 484) über das entsprechende Diazen[7,8]:

[1] A. MUSTAFA et al., J. Org. Chem. **28**, 3519 (1963).
[2] P. K. KADABA, B. STANOVNIK u. M. TIŠLER, Tetrahedron Letters **1974**, 3715.
[3] D. EVANS u. T. E. GREY, Soc. **1965**, 3006.
[4] J. R. NULU u. J. NEMATOLLAHI, Tetrahedron Letters **1969**, 1321.
[5] J. BERNSTEIN et al., Am. Soc. **81**, 4433 (1959).
  T. S. GARDNER, E. WENIS u. J. LEE, J. Med. Pharm. Chem. **2**, 133 (1960); **3**, 241 (1961).
  D. LIBERMANN u. J.-C. DENIS, Bl. **1961**, 1952.
  C. B. TORSI u. M. VUAT, G. **91**, 1461 (1961); **92**, 1290, 1301 (1962).
  E. SCHREIER, Helv. **46**, 2940 (1963).
[6] L. FRIEDMAN, R. L. LITLE u. W. R. REICHLE, Org. Synth., Coll. Vol. V, 1055 (1973).
[7] L. CAGLIOTI, Tetrahedron **22**, 487 (1966).
[8] S. CACCHI, L. CAGLIOTI u. G. PAOLUCCI, Bl. chem. Soc. Japan **47**, 2323 (1974).

$$R_2C=N-NH-SO_2-\langle\bigcirc\rangle-CH_3 \xrightarrow{+H^{\ominus}} R_2CH-\overset{\ominus}{N}-NH-SO_2-\langle\bigcirc\rangle-CH_3$$

$$\xrightarrow[-^{\ominus}SO_2-\langle\bigcirc\rangle-CH_3]{} R_2CH-N=NH \xrightarrow{-N_2} R_2CH$$

Die Reduktion läßt sich

mit Lithiumalanat in THF[1] und 1,4-Dioxan[2]
mit Natriumboranat in Methanol[3,4], THF[5], 1,4-Dioxan[2,3,6] und Bis-[2-methoxy-äthyl]-äther[7]
mit Kaliumboranat[8] in Methanol
mit Diboran in Bis-[2-methoxy-äthyl]-äther[9,7,10]
mit Natrium-cyano-trihydrido-borat in Dimethylformamid/Sulfolan[11,12] oder THF[13]
mit Natriumboranat in Essigsäure[14]
mit Benzo-1,3,2-dioxaborol[15]
mit Pyridin-Boran[16]

durchführen. Die Umsetzung erfolgt meist nur bei höheren Temperaturen und bei längerem Rückflußkochen unter Eliminierung von Toluolsulfinsäure, aus der sich Bis-[4-methyl-phenyl]-sulfoxid bilden kann[17].

Die Tosyl-hydrazone aromatischer Oxo-Verbindungen werden mit Lithiumalanat zu den entsprechenden Kohlenwasserstoffen reduziert[18], sterisch gehinderte alicyclische Tosyl-hydrazone liefern in einer Bamford-Stevens-Reaktion[19] (Eliminierung von Toluolsulfinsäure ohne Reduktion) als Neben- oder Hauptprodukte die entsprechenden Olefine [18,20,21].

Alkalimetallhydride reduzieren nicht. Man isoliert ausschließlich Olefine[22]. Bei der Umsetzung von Cyclohexanon-N-phenyl-N-tosyl-hydrazon mit Lithiumhydrid erhält man die Azo-Stufe der Bamford-Stevens-Reaktion unter Bildung von Phenylazo-cyclohexen[23].

[1] L. CAGLIOTI u. M. MAGI, Tetrahedron Letters 1962, 1261; Tetrahedron 19, 1127 (1963).
[2] M. FISCHER et al., B. 98, 3236 (1965).
[3] L. CAGLIOTI u. P. GRASSELLI, Chem. & Ind. 1964, 153.
[4] L. CAGLIOTI u. P. GRASSELLI, Chimica e Ind. 46, 1492 (1964).
    L. CAGLIOTI, Org. Synth. 52, 122 (1972).
    M. WEISSENBERG, D. LAVIE u. E. GLOTTER, Tetrahedron 29, 353 (1973).
[5] G. ROSINI, G. BACCOLINI u. S. CACCHI, Synthesis 1975, 44.
[6] L. CAGLIOTI u. P. GRASSELLI, Chimica e Ind. 46, 799 (1964).
    G. SNATZKE, B. ZEEH u. E. MÜLLER, Tetrahedron 20, 2937 (1964).
[7] S. CACCHI, L. CAGLIOTI u. G. PAOLUCCI, Bl. chem. Soc. Japan 47, 2323 (1974).
[8] A. N. DE BELDER u. H. WEIGEL, Chem. & Ind. 1964, 1689.
[9] L. CAGLIOTI, Tetrahedron 22, 487 (1966).
[10] L. CAGLIOTI, P. GRASSELLI u. G. MAINA, Chimica e Ind. 45, 559 (1963).
    L. CAGLIOTI, Ricerca sci., Parte I, 34, 41 (1964).
    O. ATTANASI et al., Tetrahedron 31, 341 (1975).
[11] R. O. HUTCHINS, B. E. MARYANOFF u. C. A. MILEWSKI, Am. Soc. 93, 1793 (1971).
[12] R. O. HUTCHINS, C. A. MILEWSKI u. B. E. MARYANOFF, Am. Soc. 95, 3662 (1973).
    A. G. SCHULTZ et al., Am. Soc. 100, 2150 (1978).
[13] V. NAIR u. A. K. SINHABABU, J. Org. Chem. 43, 5013 (1978).
    G. ROSINI, A. MEDICI u. M. SOVERINI, Synthesis 1979, 789.
[14] R. O. HUTCHINS u. N. R. NATALE, J. Org. Chem. 43, 2299 (1978).
[15] G. W. KABALKA u. J. D. BAKER, J. Org. Chem. 40, 1834 (1975).
    G. W. KABALKA, D. T. C. YANG u. J. D. BAKER, J. Org. Chem. 41, 574 (1976).
    G. W. KABALKA u. J. H. CHANDLER, Synthetic Communications 9, 275 (1979).
[16] Y. KIKUGAWA u. M. KAWASE, Synthetic Communications 9, 49 (1979).
[17] A. BHATI, Soc. 1965, 1020.
[18] L. CAGLIOTI u. M. MAGI, Tetrahedron 19, 1127 (1963).
[19] W. R. BAMFORD u. T. S. STEVENS, Soc. 1952, 4735.
[20] M. FISCHER et al., B. 98, 3236 (1965).
[21] T. NAMBARA u. K. HIRAI, Chem. Pharm. Bull. (Tokyo) 12, 836 (1964).
    F. Y. EDAMURA u. A. NICKON, J. Org. Chem. 35, 1509 (1970).
[22] L. CAGLIOTI, P. GRASSELLI u. A. SELVA, G. 94, 537 (1964).
    W. KIRMSE, B.-G. VON BÜLOW u. H. SCHEPP, A. 691, 41 (1966).
[23] L. CAGLIOTI, P. GRASSELLI u. G. ROSINI, Tetrahedron Letters 1965, 4545.

Bei der Reduktion von α-Acetoxy-alkanon-N^2-tosyl-hydrazonen mit Natriumboranat n Methanol werden in 70–80%iger Ausbeute Kohlenwasserstoffe und in 15–20%iger Ausbeute Alkohole erhalten[1]:

$$\text{C}-\!\!\bigcirc\!\!-\text{SO}_2-\text{NH}-\text{N}=\overset{R}{\underset{|}{\text{C}}}-\overset{R^1}{\underset{|}{\text{CH}}}-\text{O}-\text{CO}-\text{CH}_3 \xrightarrow{\text{Na[BH}_4]} \text{R}-\text{CH}_2-\text{CH}_2-\text{R}^1 \; + \; \text{R}-\text{CH}_2-\underset{\underset{\text{OH}}{|}}{\text{CH}}-\text{R}^1$$

Da das eine Wasserstoff-Atom von der Tosyl-hydrazono-Gruppe, das andere vom Hydrid stammt, eignet sich diese Methode zur Herstellung markierter Kohlenwasserstoffe[2]:

$$\text{R}_2\text{C}=\text{N}-\text{NH}-\text{SO}_2-\!\!\bigcirc\!\!-\text{CH}_3 \xrightarrow{\text{Na[BD}_4]} \text{R}_2\text{CHD}$$

Zur Reduktion von Tosyl-hydrazonen mit Natriumboranat in Methanol, sowie über die Herstellung von deuterierten Kohlenwasserstoffen s. ds. Handb., Bd. V/1a, S. 267f. bzw. S. 601 ff.

β-(Tosyl-hydrazono)-sulfone erleiden unter ähnlichen Bedingungen leicht Solvolyse zu α-Methoxy-tosylhydrazon[3].

Zur selektiven Reduktion aliphatischer und alicyclischer Aldehyde und Ketone zu Kohlenwasserstoffen über die Tosyl-hydrazone eignet sich am besten Natrium-cyano-trihydrido-borat. Die Reaktion wird mit vier Mol-Äquivalenten Reduktionsmittel in Dimethylformamid/Sulfolan bei 100–105° in schwach saurem Milieu, das durch Zugabe von Toluolsulfonsäure-Monohydrat gesichert werden kann, durchgeführt. Die Tosyl-hydrazone unbehinderter Oxo-Verbindungen werden ohne Isolierung in situ reduziert, während die entsprechenden Derivate behinderter Oxo-Verbindungn wegen ihrer langsamen Bildung nur in isoliertem Zustand zu den Kohlenwasserstoffen reduzierbar sind.

Hexansäure-octylester[4]: Zu einer Lösung von 1,45 g (6 mMol) 5-Oxo-hexansäure-octylester, 1,42 g (7,5 mMol) Tosyl-hydrazin und 0,15 g Toluolsulfonsäure-Monohydrat in 30 ml abs. Dimethylformamid/Sulfolan (1:1) werden unter Rühren bei 100° 1,51 g (24 mMol) Natrium-cyano-trihydrido-borat gegeben. Man erhitzt 2 Stdn. bei 100–105°, kühlt ab, verdünnt mit 70 ml Wasser und schüttelt 3mal mit Cyclohexan aus. Die Cyclohexan-Lösung wird 2mal mit Wasser gewaschen, im Rotationsverdampfer eingeengt und der Rückstand i. Vak. destilliert; Ausbeute: 1,1 g (80% d. Th.); $Kp_{0,8}$: 98–99°.

Analog erhält man z. B. aus:

3-Oxo-cholestan	→ *Cholestan*	88% d. Th.
4-Oxo-1-tert.-butyl-cyclohexan	→ *tert.-Butyl-cyclohexan*	77% d. Th.

Die folgenden sterisch behinderten Ketone werden nur in Form der isolierten Tosyl-hydrazone reduziert:

3-Oxo-2,2-dimethyl-heptan	→ *2,2-Dimethyl-heptan*	65% d. Th.
3-Oxo-2,2,4,4-tetramethyl-pentan	→ *2,2,4,4-Tetramethyl-pentan*	43% d. Th.
2-Oxo-bicyclohexyl	→ *Bicyclohexyl*	90% d. Th.
2-Oxo-adamantan	→ *Adamantan*	82% d. Th.
2-Oxo-1,7,7-trimethyl-bi-cyclo[2.2.1]heptan	→ *1,7,7-Trimethyl-bicyclo[2.2.1]heptan*	39% d. Th.

[1] K. L. Mikolajczak u. C. R. Smith, Chem. & Ind. **1967**, 2150.
[2] M. Fischer et al., B. **98**, 3236 (1965).
[3] H. O. House u. J. K. Larson, J. Org. Chem. **33**, 61 (1968).
[4] R. O. Hutchins, C. A. Milewski u. B. E. Maryanoff, Am. Soc. **95**, 3662 (1973).

In Tosyl-hydrazonen ungesättigter, konjugierter Oxo-Verbindungen wird bei Hy
drid-Reduktionen die C=C-Doppelbindung ähnlich wie bei den Enoläthern von β-Dike
tonen (s. S. 306f.) verschoben[1]. Z. B. erhält man aus den Tosyl-hydrazonen der folgende
ungesättigten Oxo-Verbindungen mit Natrium-cyano-trihydrido-borat unter Allyl-Um
lagerung Olefine; z.B.:

$H_5C_6-CH=CH-CHO$	→ *3-Phenyl-propen*	98% d. Th.
$H_5C_6-CH=CH-CO-CH_3$	→ *1-Phenyl-buten-(2)*	71% d. Th.
1-Acetyl-cyclohexen	→ *Äthyliden-cyclohexan*	79% d. Th.

Zum Mechanismus s. Lit.[1,2].

Mit Natriumboranat in Methanol werden aus konjugierten Tosyl-hydrazonen Me
thyl-allyl-äther und Pyrazole erhalten[3], in Essigsäure bei 70° werden dagegen glatt di
entsprechenden ungesättigten Kohlenwasserstoffen isoliert; z. B.[4]:

$$H_5C_6-CH=CH-CH=N-NH-Ts \xrightarrow{\text{NaBH}_4/\text{H}_3\text{C}-\text{COOH}} H_5C_6-CH_2-CH=CH_2$$

Allyl-benzol; 42% d. Th.

Weniger elektrophile Tosyl-hydrazone (auch aromatische) lassen sich besser unte
energischen Bedingungen und inverser Zugabe von Natriumboranat-Tabletten reduzie
ren.

Zucker-(tosyl-hydrazone) werden mit Natrium-cyano-trihydrido-borat in Tetrahydro
furan/Methanol in Desoxyzucker übergeführt[5].

Eine milde Methode stellt die Reduktion mit Benzo-1,3,2-dioxaborol in Chloroforn
oder Dichlormethan dar. Hierbei werden die Tosyl-hydrazone aliphatischer Ketone zu
nächst hydroboriert und das Addukt mit Natriumacetat zersetzt[6]:

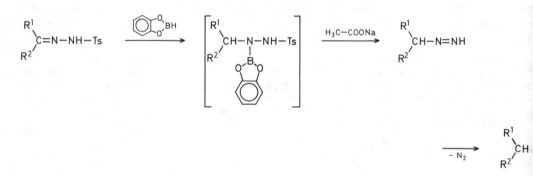

Konjugierte Tosyl-hydrazone werden unter Verschiebung der C=C-Doppelbindung
reduziert[7].

Octan[6]: Zu einer Lösung von 15,64 g (52,7 mMol) Octanon-(2)-(tosyl-hydrazon) in 105 *ml* Chloroform wer
den unter Rühren bei −10° und unter Stickstoff 6,31 *ml* (58 mMol) Benzo-1,3,2-dioxaborol gegeben. Man läß
20 Min. (bei konjugierten p-Tosylhydrazonen 2 Stdn.) bei 20° stehen, versetzt mit 21,1 g (155 mMol) Natrium
acetat-Trihydrat, erhitzt 1 Stde. am Rückfluß, engt ein und destilliert; Ausbeute: 4,78 g (81% d.Th.); Kp
124–127°.

[1] R.O. HUTCHINS, M. KACHER u. L. RUA, J. Org. Chem. **40**, 923 (1975).
[2] E.J. TAYLOR u. C. DJERASSI, Am. Soc. **98**, 2275 (1976).
[3] R. GRANDI et al., J. Org. Chem. **41**, 1755 (1976); **42**, 1352 (1977).
[4] R.O. HUTCHINS u. N.R. NATALE, J. Org. Chem. **43**, 2299 (1978).
[5] V. NAIR u. A.K. SINHABABU, J. Org. Chem. **43**, 5013 (1978).
[6] G.W. KABALKA u. J.D. BAKER, J. Org. Chem. **40**, 1834 (1975).
[7] G.W. KABALKA, D.T.C. YANG u. J.D. BAKER, J. Org. Chem. **41**, 574 (1976).

Analog erhält man aus den Tosyl-hydrazonen der folgenden Ketone[1,2] folgende Kohlenwasserstoffe:

Cyclohexanon	→	*Cyclohexan*	92% d. Th.
Mesityloxid	→	*4-Methyl-penten-(2)*	65% d. Th.
1-Acetyl-cyclohexen	→	*Äthyliden-cyclohexan*	77% d. Th.
3-Oxo-1-phenyl-buten-(1)	→	*1-Phenyl-buten-(2)*	72% d. Th.

Zur Zersetzung des Adduktes wird auch Tetrabutyl-ammonium-acetat empfohlen, das in der Reaktionsmischung gut löslich ist[3].

Da Tosyl-hydrazone aromatischer Aldehyde und Ketone ohne elektronenschiebende Gruppen nur schwach elektrophil sind, müssen sie entweder vor der Reduktion mit Natrium-cyano-trihydrido-boranat in Tetrahydrofuran in die Quecksilber-Verbindung I

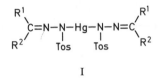

I

übergeführt werden[4], oder man arbeitet in stark saurer Lösung bei p_H 3,5[5]. Die zunächst anfallenden stabilen Addukte können durch Erhitzen mit methanolischer Alkalilauge in Kohlenwasserstoffe übergeführt werden[4,5].

Aliphatische und aromatische Tosyl-hydrazone lassen sich auch mit Pyridin-Boran in salzsaurem Äthanol/1,4-Dioxan in Ausbeuten von über 90% d. Th. zu den Tosyl-hydrazinen reduzieren[6].

γ_6) *von quartären Immonium-Salzen*

(Vilsmeier Komplexe s. S. 354f.)

Acyclische quartäre Immonium-Salze werden durch komplexe Metallhydride zu Aminen reduziert. Bei der Ausbildung eines neuen Chiralitätszentrums erhält man ein Isomerengemisch, dessen Zusammensetzung im Gegensatz zur Reaktion der entsprechenden Ketone mit Lithiumalanat (vgl. S. 322ff.) auch vom Reduktionsmittel-Überschuß abhängt[7].

Cyclische quartäre Immonium-Salze lassen sich ähnlich zu cyclischen tert. Aminen reduzieren. Die Reaktion wird mit komplexen Aluminiumhydriden in ätherischer oder mit komplexen Borhydriden in alkoholischer bzw. wäßriger Lösung durchgeführt. Die zweite Methode ist vorteilhafter, da die Reduktion selektiver ist und in homogener Lösung erfolgt. Um schnelle Hydrid-Zersetzung zu vermeiden, wird zweckmäßig die inverse Zugabemethode angewendet.

Bei nicht-aromatischen Verbindungen wird die C=N-Doppelbindung vor allem in quartären Immonium-Salzen partiell hydrierter Pyrrole[8], Imidazole[9], Pyrazole[10],

[1] G. W. Kabalka u. J. D. Baker, J. Org. Chem. **40**, 1834 (1975).
[2] G. W. Kabalka, D. T. C. Yang u. J. D. Baker, J. Org. Chem. **41**, 574 (1976).
[3] G. W. Kabalka u. J. H. Chandler, Synthetic Communications **9**, 275 (1979).
[4] G. Rosini u. A. Medici, Synthesis **1976**, 530.
[5] G. Rosini, A. Medici u. M. Soverini, Synthesis **1979**, 789.
[6] Y. Kikugawa u. M. Kawase, Synthetic Communications **9**, 49 (1979).
[7] D. Cabaret, G. Chauvière u. Z. Welvart, Tetrahedron Letters **1966**, 4109.
[8] R. Lukeš, V. Dienstbierová u. O. Červinka, Collect. czech. chem. Commun. **24**, 428 (1959).
[9] P. R. Farina, L. J. Farina u. S. J. Benkovic, Am. Soc. **95**, 5409 (1973).
[10] W. J. Houlihan u. W. J. Theuer, J. Org. Chem. **33**, 3941 (1968).

1,3-Oxazole[1], 1,2-Oxazole[2], Chinolizine[3], Isochinoline[4] sowie in Alkaloid-immonium Salzen[5] mit Lithiumalanat, Natrium- und Kaliumboranat reduziert. Quartäre Salze von 4,5-Dihydro-3H-pyrrol[6] und 2,3,4,5-Tetrahydro-pyridin-Derivate[7] ergeben mit chiralen Lithium-alkoxy-hydrido-aluminaten optisch aktive Pyrrolidine bzw. Piperidine.

Zur Reduktion von En-aminen zu Aminen, die über die intermediären Immonium Salze verläuft, s. S. 76 ff.

γ_7) von aci-Nitro-Verbindungen

Alkalimetall-Salze prim. und sek. aci-Nitro-Verbindungen werden durch Diboran unter Verbrauch von drei Hydrid-Äquivalenten ohne Wasserstoff-Entwicklung zu den entsprechenden Hydroxylaminen reduziert. In der Praxis werden meist Lithium-, Kalium- und Ammonium-Salze verwendet. Nitro-Gruppen selbst werden durch Diboran nicht angegriffen.

N-Cyclohexyl-hydroxylamin[8]:

Zu 3,34 g (20 mMol) Kalium-aci-nitro-cyclohexan werden unter Rühren bei 0° in reiner Stickstoff-Atmosphäre 23 ml (50 mMol) 2,18 m Boran-Lösung in abs. THF so zugetropft, daß die Innentemp. unter 10° bleibt Man rührt weitere 20 Stdn. bei 20°, engt i. Vak. ein und versetzt sehr vorsichtig (exotherme Reaktion!) bei 0–5 mit 10 ml 10%iger Kalilauge. Die Mischung wird 1 Stde. unter Rückfluß erhitzt und 90 Stdn. mit Pentan kontinu ierlich extrahiert. Der Auszug wird im Stickstoff-Strom eingeengt und der Rückstand bei 60° und 0,1 Torr subli miert; Ausbeute: 1,16 g (50,3% d. Th.); F: 140°.

Manche Hydroxylamine, z. B. N-Benzyl-hydroxylamin, werden durch Basen zum Amin und Oxim disproportioniert. In solchen Fällen hydrolysiert man unter sauren Bedingungen.

N-Benzyl-hydroxylamin[8]: Zu 3,5 g (20 mMol) Kalium-aci-nitro-phenyl-methan werden bei 0° unter Rühren in reiner Stickstoff-Atmosphäre 14 ml (24 mMol) 1,7 m Boran-Lösung in abs. THF gegeben. Die Mischung wird durch Eiskühlung unter 10° gehalten. Man rührt weitere 24 Stdn. bei 20°, engt i. Vak. ein, versetzt bei 0–5° mit 10 ml 20%iger Salzsäure, erhitzt 1 Stde. unter Rückfluß, macht bei 0° alkalisch und extrahiert kontinuierlich 7 Stdn. mit Pentan. Der Auszug wird im Stickstoff-Strom eingeengt und der Rückstand bei 20°/0,2 Torr sublimiert Ausbeute: 1,18 g (48,1% d. Th.); F: 57°.

Entsprechend erhält man z. B.:

N-Butyl-(2)-hydroxylamin	49% d. Th.; F: 67°
N-Cyclohexylmethyl-hydroxylamin	62% d. Th.; F: 62°
N-(2-Phenyl-äthyl)-hydroxylamin	39% d. Th.; F: 83°

[1] I.C. NORDIN, J. Heterocyclic Chem. **3**, 531 (1966).
[2] A. CERRI, C. DE MICHELI u. R. GANDOLFI, Synthesis **1974**, 710.
[3] N.J. LEONARD et al., Am. Soc. **77**, 439 (1955).
   F. BOHLMANN, E. WINTERFELDT u. D. SCHUMANN, B. **93**, 1948 (1960).
   E. TOROMANOFF, Bl. **1966**, 3357.
[4] W.M. WHALEY u. C.N. ROBINSON, Am. Soc. **75**, 2008 (1953).
   M. LORA-TAMAYO, R. MADROÑERO u. M. STUD, B. **95**, 2176 (1962).
   W. SCHNEIDER u. R. MENZEL, Ar. **297**, 65 (1964).
[5] B. WITKOP u. J.B. PATRICK, Am. Soc. **75**, 4474 (1953).
   L. BLAHA et al., Collect. czech. chem. Commun. **25**, 237 (1960).
   F. BOHLMANN, E. WINTERFELDT u. G. BOROSCHEWSKI, B. **93**, 1953 (1960).
   H. HELLMANN u. W. ELSER, A. **639**, 77 (1961).
   I. JIRKOVSKÝ u. M. PROTIVA, Collect. czech. chem. Commun. **28**, 2577 (1963).
   I. ERNEST u. B. KAKÁČ, Collect. czech. chem. Commun. **29**, 2663 (1964).
[6] O. ČERVINKA, Collect. czech. chem. Commun. **30**, 2403 (1965).
[7] O. ČERVINKA, Collect. czech. chem. Commun. **26**, 673 (1961).
[8] H. FEUER et al., J. Org. Chem. **30**, 2880 (1965).

Die Reaktion läuft wahrscheinlich über das Oxim; so wird z. B. aus Kalium-9-*aci*-nitro-fluoren in 39%iger Ausbeute *Fluorenon-oxim*[1] erhalten.

Salze von *aci*-Nitro-Verbindungen werden durch Lithiumalanat zu den entsprechenden Aminen reduziert[2].

γ_8) *von Nitronen*

Nitrone werden durch Lithiumalanat[3], Natrium-[4] und Kaliumboranat[5] in der Regel unter Verbrauch eines Hydrid-Äquivalents zu den entsprechenden Hydroxylaminen reduziert:

$$R_2C{=}N{-}R^1 \;\xrightarrow{\text{Li}[\text{AlH}_4]}\; R_2CH{-}N{-}R^1$$
$$\quad\downarrow\qquad\qquad\qquad\qquad\;\;|$$
$$\quad O\qquad\qquad\qquad\qquad\;\;OH$$

Der Ablauf der Reaktion hängt stark von der Struktur des Ausgangsmaterials und vom Reduktionsvermögen des Hydrids ab. Pyridin- und 4-Methyl-pyridin-N-oxid verbrauchen z. B. bei der Reduktion mit Natriumboranat/Aluminiumchlorid ein[6], mit Lithiumalanat[7], Lithium-trimethoxy-hydrido-aluminat[8] und Bis-[3-methyl-butyl-(2)]-boran[9] zwei, mit Diboran drei[10] und mit Aluminiumhydrid vier Hydrid-Äquivalente[11], da die Reduktion bis zur Amin-Stufe fortschreitet und der heterocyclische Ring in verschiedenem Maße angegriffen werden kann. Auch werden unterschiedliche Mengen Wasserstoff entwickelt. In erster Linie lassen sich bei der Reduktion heteroaromatischer N-Oxide Amine[12,13] und kernhydrierte Derivate[13] isolieren. Die Reaktivität der Nitrone gegenüber den komplexen Metallhydriden ist abgestuft: Die mit Natriumboranat nicht reduzierbaren Verbindungen kann man meist mit Lithiumalanat umsetzen[14]. Nur selten sind Nitrone durch Lithiumalanat überhaupt nicht reduzierbar[15]. Weiteres über die Reaktion sowie Arbeitsvorschriften s. ds. Handb., Bd. X/1, S. 1165 ff. und Bd. X/4, S. 433 f.

[1] H. Feuer et al., J. Org. Chem. **30**, 2880 (1965).
[2] R. V. Heinzelmann et al., J. Org. Chem. **25**, 1548 (1960).
[3] O. Exner, Collect. czech. chem. Commun. **20**, 202 (1955).
   W. D. Emmons, Am. Soc. **78**, 6208 (1956); **79**, 5739 (1957).
   J. Thesing u. W. Sirrenberg, B. **92**, 1748 (1959).
   M. C. Kloetzel et al., Am. Soc. **83**, 1128 (1961).
   L. H. Sternbach u. E. Reeder, J. Org. Chem. **26**, 1111 (1961),
   H. E. De La Mare u. G. M. Coppinger, J. Org. Chem. **28**, 1068 (1963).
   T. S. Sulkowski u. S. J. Childress, J. Org. Chem. **28**, 2150 (1963).
   W. Metlesics, G. Silverman u. L. H. Sternbach, J. Org. Chem. **28**, 2459 (1963).
   G. Zinner u. B. Geister, Ar. **306**, 898 (1973).
[4] F. Field, L. H. Sternbach u. W. J. Zaily, Tetrahedron Letters **1966**, 2609.
[5] R. F. C. Brown, V. M. Clark u. A. Todd, Pr. chem. Soc. **1957**, 97; Soc. **1959**, 2105.
   R. Bonnett et al., Soc. **1959**, 2094.
   R. F. C. Brown et al., Soc. **1959**, 2116.
[6] H. C. Brown u. B. C. Subba Rao, Am. Soc. **78**, 2582 (1956).
[7] H. C. Brown, P. M. Weissman u. N. M. Yoon, Am. Soc. **88**, 1458 (1966).
[8] H. C. Brown u. P. M. Weissman, Am. Soc. **87**, 5614 (1965).
[9] H. C. Brown et al., Am. Soc. **92**, 7161 (1970).
[10] H. C. Brown, P. Heim u. N. M. Yoon, Am. Soc. **92**, 1637 (1970).
[11] H. C. Brown u. N. M. Yoon, Am. Soc. **88**, 1464 (1966).
[12] R. F. Evans u. H. C. Brown, J. Org. Chem. **27**, 1665 (1962).
   A. R. Forrester u. R. H. Thomson, Soc. **1965**, 1224.
[13] Y. Kawazoe u. M. Tachibana, Chem. Pharm. Bull. (Tokyo) **13**, 1103 (1965).
   Y. Kawazoe u. M. Araki, Chem. Pharm. Bull. (Tokyo) **16**, 839 (1968).
   M. J. Haddadin, H. N. Alkaysi u. S. E. Saheb, Tetrahedron **26**, 1115 (1970).
[14] V. Boekelheide u. R. Windgassen, Am. Soc. **81**, 1456 (1959).
[15] J. Thesing u. H. Mayer, B. **89**, 2159 (1956).

γ_9) von Oximen

Diboran reduziert Oxime bei 20° zu Hydroxylaminen, bei höherer Temperatur zu prim. Aminen. Oxim-äther und -ester werden bereits bei niedrigeren Temperaturen in die entsprechenden Amine umgesetzt. Mit Lithiumalanat liefern sie neben dem prim. Amin manchmal, wahrscheinlich durch Sextett-Umlagerung des gebildeten Nitrens („reduktive Beckmann-Umlagerung"), auch sek. Amine und durch Ringschluß Aziridine. Analoge Reaktionen treten mit Pyridin-Boran, 9-Bora-bicyclo[3.3.1]nonan, Natriumboranat in Essigsäure, Natrium-trifluoracetoxy-trihydrido-borat und Natrium-cyano-trihydrido-borat ein.

In wäßrig-alkalischer Lösung lassen sich unkonjugierte Oxime mit Natriumboranat zu Alkoholen umsetzen.

$\gamma\gamma_1$) zu Hydroxylaminen

Diboran reduziert Oxime meistens bereits bei 20° unter Verbrauch von zwei Hydrid-Äquivalenten zu den entsprechenden Hydroxylaminen[1]:

$$3R_2C{=}N{-}OH \ + \ B_2H_6 \ \xrightarrow[-3H_2]{6H_2O} \ 3R_2CH{-}NH{-}OH \ + \ 2B(OH)_3$$

Die Hydrolyse wird bei aliphatischen Oximen im alkalischen, bei Aryl-aldoximen und -ketoximen wegen der alkalisch auftretenden Disproportionierung zum Amin und Oxim (s. a. S. 372) im sauren durchgeführt. Einige, z. B. Diaryl-ketoxime, werden nur bei höherer Temperatur reduziert.

N-Cyclohexyl-hydroxylamin[1]: Zu 2,26 g (20 mMol) Cyclohexanon-oxim werden unter Rühren in trockener Stickstoff-Atmosphäre bei 0° 17 ml (34 mMol) 2 m Boran-Lösung in abs. THF gegeben. Man rührt 4 Stdn. weiter, dampft i. Vak. ein, versetzt vorsichtig unter 0° mit 10 ml 10%iger Natronlauge (exotherme Reaktion!), erhitzt 1 Stde. unter Rückfluß, extrahiert kontinuierlich 90 Stdn. mit Pentan, engt im Stickstoff-Strom ein und sublimiert den Rückstand bei 60° und 0,1 Torr; Ausbeute: 1,89 g (82% d. Th.); F: 140°.

Analog werden u. a. erhalten:

N-Butyl-(2)-hydroxylamin	91% d. Th.	F: 67°
N-Octyl-hydroxylamin	87% d. Th.	F: 73,5°

N-Benzyl-hydroxylamin[1,2]: Zu 2,42 g (20 mMol) Benzaldehyd-oxim tropft man unter Rühren bei 0° 16 ml (3? mMol) 2 m Boran-Lösung in abs. THF. Man rührt 12 Stdn. bei 20° unter Stickstoff, engt i. Vak. ein, versetzt bei 0° mit 10 ml 20%iger Salzsäure, erhitzt 1 Stde. unter Rückfluß und stellt bei 0° mit 10%iger Kalilauge alkalisch. Die Mischung wird 90 Stdn. mit Pentan kontinuierlich extrahiert, im Stickstoff-Strom eingeengt und der Rückstand bei 20°/0,2 Torr sublimiert; Ausbeute: 1,28 g (52% d. Th.); F: 57°.

Entsprechend wird N-(4-Nitro-benzyl)-hydroxylamin (68% d. Th.; F: 127°) bzw. N-(1-Phenyl-äthyl)-hydroxylamin (54% d. Th.; F: 91°) erhalten.

Benzophenon-oxim und Dicyclohexylketon-oxim werden in Bis-[2-methoxy-äthyl]-äther bei 105–110° 1,3-Diphenyl-propanon-(2)-oxim in 1,4-Dioxan bei 85–90° durch Diboran zu den Hydroxylaminen reduziert[3]

Pyridin-Boran reduziert Oxime, deren Äther und Ester in Äthanol/Salzsäure selektiv und in guten Ausbeuten zu Hydroxylaminen. Ester-, Aminocarbonyl-, Cyan-, Nitro- und Halogen-Gruppen werden nicht angegriffen[4]. Die selektiven Reduktionen gelingen ebenfalls mit 9-Bora-bicyclo[3.3.1]nonan in Tetrahydrofuran[5].

[1] H. FEUER u. B.F. VINCENT, Am. Soc. **84**, 3771 (1962).
[2] H. FEUER, B.F. VINCENT u. R.S. BARTLETT, J. Org. Chem. **30**, 2877 (1965).
[3] H. FEUER u. D.M. BRAUNSTEIN, J. Org. Chem. **34**, 1817 (1969).
[4] Y. KIKUGAWA u. M. KAWASE, Chem. Letters **1977**, 1279.
   M. KAWASE u. Y. KIKUGAWA, Soc. [Perkin I] **1979**, 643.
   J.D.M. HERSCHEID u. H.C.J. OTTENHEIJM, Tetrahedron Letters **1978**, 5143.
[5] H.C. BROWN, S. KRISHNAMURTHY u. N.M. YOON, J. Org. Chem. **41**, 1778 (1976).

Natrium-cyano-trihydrido-borat ermöglicht die Herstellung N-substituierter Hydroxylamine aus einem Gemisch von Aldehyd bzw. Keton und Hydroxylamin in wäßrig-alkoholischer Lösung, da die Reaktion in schwach saurer Lösung durchgeführt werden kann. Bei $p_H = 4$ werden aus Aldehyden N-Dialkyl-, aus Ketonen N-Alkyl-, bei $p_H = 3$ aus Aldehyden N-Alkyl-hydroxylamine erhalten[1].

N-Cyclopentyl-hydroxylamin[1]: Zu einer Lösung von 0,35 g (5 mMol) Hydroxylamin-Hydrochlorid in 1 *ml* Wasser wird unter Rühren 1 Tropfen Bromkresolgrün-Lösung gegeben. Man versetzt mit einer Lösung von 0,335 g (4 mMol) Cyclopentanon in 2 *ml* Methanol und mit soviel 6 n Kaliumhydroxid-Lösung bis die Farbe von gelb nach grün überschlägt ($p_H 4$). Man gibt portionsweise 0,13 g (2 mMol) Natrium-cyano-trihydrido-borat zu und rührt 3 Stdn. bei 25°. Dabei wird der p_H-Wert durch tropfenweise Zugabe salzsauren Methanols bei 4 gehalten. Die Lösung wird in 5 *ml* Wasser gegossen, mit 6 n Kaliumhydroxid-Lösung auf $p_H > 10$ eingestellt, mit Natriumchlorid gesättigt und 5mal mit je 5 *ml* Chloroform ausgeschüttelt. Der Auszug wird mit Magnesiumsulfat getrocknet, eingeengt und der Rückstand aus Petroläther umkristallisiert; Ausbeute: 0,265 g (66% d. Th.); F: 94–96°.

Entsprechend erhält man u. a. aus:

Cyclohexanon	→ *N-Cyclohexyl-hydroxylamin*	66% d. Th.; F: 138–139°
Heptanal	→ *N,N-Diheptyl-hydroxylamin*	57% d. Th.; F: 72–73°

Analog werden bei $p_H 3$ hergestellt:

Benzaldehyd	→ *N-Benzyl-hydroxylamin*	79% d. Th.; F: 58–59°
Heptanal	→ *N-Heptyl-hydroxylamin*	53% d. Th.; F: 60–61°

Aromatische O-Alkyl-oxime ergeben in ähnlicher Weise mit Natrium-cyano-trihydrido-borat die entsprechenden O,N-Dialkyl-hydroxylamine; z. B.[2]:

$H_5C_6-CH=N-O-CH_3$	→ *O-Methyl-N-benzyl-hydroxylamin*	58% d. Th.; F: 163°
$H_5C_6-CH=N-O-C(CH_3)_3$	→ *O-tert.-Butyl-N-benzyl-hydroxyl-amin*	67% d. Th.; F: 158°
$H_5C_6-CH=N-O-CH_2-C_6H_5$	→ *O,N-Dibenzyl-hydroxylamin*	56% d. Th.; F: 170°
$4-Cl-H_4C_6-CH=N-O-CH_3$	→ *O-Methyl-N-(4-chlor-benzyl)-hydroxylamin*	32% d. Th.; F: 160°

Bei der Reduktion von Oximen mit Natrium-trithio-dihydrido-borat werden meist Gemische von Hydroxylamin und prim. Amin gebildet[3]. Natriumboranat/Silicagel reduziert Oxime in Benzol-Lösung zu Hydroxylamin-Boranen, die durch Salzsäure in die N-Alkyl-hydroxylamin-Hydrochloride übergeführt werden[4].

Oxime lassen sich mit Natriumboranat in Carbonsäuren bei 40° reduktiv zu N,N-Dialkyl-hydroxylaminen alkylieren; z. B.[5]:

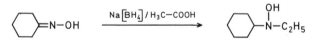

N-Äthyl-N-cyclohexyl-hydroxylamin[5]: 40 *ml* frisch destillierte Essigsäure werden bei 30° unter Stickstoff gerührt und mit 1 g (26 mMol) Natriumboranat versetzt. Zur Lösung gibt man 3,39 g (30 mMol) Cyclohexanonoxim und 1 g Natriumboranat, erwärmt auf 40° und versetzt mit 1 g Natriumboranat. Danach rührt man 5 Stdn. bei 40°, kühlt ab, stellt mit 50%iger Natronlauge alkalisch und extrahiert mit Äther. Der Auszug wird getrocknet, eingeengt und destilliert; Ausbeute: 2,19 g (51% d. Th.); $Kp_{0,35}$: 65–67°.

[5] R. F. Borch, M. D. Bernstein u. H. D. Durst, Am. Soc. **93**, 2897 (1971).

[2] C. Bernhart u. C.-G. Wermuth, Tetrahedron Letters **1974**, 2493.
Zur selektiven Reduktion neben anderen funktionellen Gruppen s.
A. Ahmad, Bl. chem. Soc. Japan **47**, 1819 (1974).
B.L. Moller, I.J. McFarlane u. E.E. Conn, Acta chem. scand. [B] **31**, 343 (1977).

[3] J.M. Lalancette u. J.R. Brindle, Canad. J. Chem. **48**, 735 (1970).

[4] F. Hodosan u. V. Ciurdaru, Tetrahedron Letters **1971**, 1997.

[5] G.W. Gribble, R.W. Leiby u. M.N. Sheehan, Synthesis **1977**, 856.

Auf ähnliche Weise erhält man z. B. aus

Aceton-oxim + Propansäure → *N-Propyl-N-isopropyl-hydroxylamin;* 68% d. Th.
Cyclohexanon-oxim+ Propansäure → *N-Propyl-N-cyclohexyl-hydroxylamin;* 87% d. Th.
Benzaldehyd-oxim + Essigsäure → *N-Äthyl-N-benzyl-hydroxylamin;* 56% d. Th.

Unter milderen Bedingungen (bei 25°) oder mit Natrium-cyano-trihydrido-borat tritt keine N-Alkylierung ein.

Bei Anwendung von einem Hydrid-Äquivalent reduziert Diboran in Tetrahydrofuran O-Acyl-hydroxylamine selektiv, unter O→N−Acyl-Wanderung zu Hydroxamsäuren (die Hydroborierung der C=N-Bindung wird in der Kälte, die Umlagerung bei Rückfluß-temperatur durchgeführt):

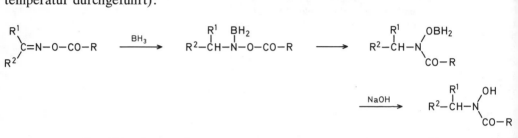

R = CH$_3$; R^1 = H; R^2 = C$_6$H$_{13}$;   *N-Heptyl-N-acetyl-hydroxylamin;* 45% d. Th.
R = R^1 = CH$_3$; R^2 = C$_6$H$_{13}$;   *N-Octyl-(2)-N-acetyl-hydroxylamin;* 60% d. Th.
R = CH$_3$; R^1−R^2 =−(CH$_2$)$_5$−;   *N-Cyclohexyl-N-acetyl-hydroxylamin;* 45% d. Th.
R = R^1 = CH$_3$; R^2 = C$_6$H$_5$;   *N-(1-Phenyl-äthyl)-N-acetyl-hydroxylamin;* 55% d. Th.

$\gamma\gamma_2$) zu primären Aminen

Oxime werden mit Lithiumalanat in siedendem Diäthyläther oder THF zu prim. Aminen reduziert[2]. Bei der Bildung eines neuen Chiralitätszentrums entstehen meist Epimeren-Gemische, deren Zusammensetzung in erster Linie von sterischen Faktoren be-stimmt wird[3]. Mit dem Lithiumalanat-3-O-Benzyl-1,2-O-cyclohexyliden-α-D-glucofura-nose-Komplex (s. S. 74) können optisch aktive Amine von mehr als 56%iger optischer Reinheit erhalten werden[4]. Bei der Reduktion von Oximen mit Lithiumalanat treten z. Tl. Umlagerungen zum sek. Amin (s. S. 378f.) und Ringschluß zum Aziridin (s. S. 379f.) auf. Weiteres über die Reaktion s. ds. Handb., Bd. XI/1, S. 502ff.

Mit Natriumalanat[5], Natrium-bis-[2-methoxy-äthoxy]-dihydrido-aluminat[6], Magne-

[1] B. GANEM, Tetrahedron Letters **1976**, 1951.
[2] F.A. HOCHSTEIN, Am. Soc. **71**, 305 (1949).
   D.R. SMITH, M. MAIENTHAL u. J. TIPTON, J. Org. Chem. **17**, 294 (1952).
   C.R. WALTER, Am. Soc. **74**, 5185 (1952).
   A. MUSTAFA u. M. KAMEL, Am. Soc. **76**, 124 (1954).
   M. KOPP, Bl. **1954**, 628.
   E. PFEIL u. H. BARTH, A. **593**, 81 (1955).
   W. TREIBS u. H. REINHECKEL, B. **89**, 58 (1956).
   A. LÜTTRINGHAUS u. H. PRINZBACH, A. **624**, 79 (1959).
   Y. POCKER, Chem. & Ind. **1959**, 195.
[3] D.E. EVANS u. G.H.R. SUMMERS, Soc. **1956**, 4821.
   C.W. SHOPPEE, D.E. EVANS u. G.H.R. SUMMERS, Soc. **1957**, 97.
   W. HÜCKEL u. G. UDE, B. **94**, 1026 (1961).
   N. ARUMUGAM u. P. SHENBAGAMURTHI, Tetrahedron Letters **1972**, 2251.
   W. ZIRIAKUS u. R. HALLER, Ar. **305**, 493 (1972).
[4] S.R. LANDOR, O.O. SONOLA u. A.R. TATCHELL, Soc. [Perkin I] **1974**, 1902.
[5] M. FERLES, Collect. czech. chem. Commun. **24**, 2829 (1959).
[6] M. ČERNÝ et al., Collect. czech. chem. Commun. **34**, 1033 (1969).

siumalanat[1], Natriumboranat/Aluminiumchlorid[2] und Lithiumboranat bei höheren Temperaturen[3] werden ebenfalls prim. Amine erhalten. α-Chlor-oxime ergeben mit Lithiumalanat halogenfreie Amine [4]. O-Alkyl- und O-Acyl-oxime lassen sich in das prim. Amin und den entsprechenden Alkohol spalten[5]. 4,5-Dihydro-1,2-oxazole werden durch Lithiumalanat analog zu 3-Amino-alkoholen geöffnet[6].

Da bei der Reduktion von Oximen und Oxim-Derivaten mit Diboran und Aluminiumhydrid reduktive Umlagerungen, besonders im ersteren Fall, praktisch nicht ablaufen, eignen sie sich besonders zur Herstellung prim. Amine. Die Reduktion von Oximen mit Diboran führt selbst in Bis-[2-methoxy-äthyl]-äther bei 105–110° nicht immer zur Amin-Stufe[7] (s. S. 374).

Cyclohexylamin-Dihydrooxalat[7]: Zu einer Lösung von 2,26 g (20 mMol) Cyclohexanon-oxim in 50 *ml* abs. Bis-[2-methoxy-äthyl]-äther wird unter Stickstoff bei 0° eine Lösung von 0,42 g (15,2 mMol) Diboran in abs. THF gegeben. Man erhitzt 20 Stdn. bei 105–110°, kühlt auf 0° ab und versetzt vorsichtig mit 10 *ml* 20%iger Kalilauge. Die Mischung wird 1 Stde. am Rückfluß gekocht und 24 Stdn. kontinuierlich mit Pentan extrahiert. Der Auszug wird mit einer ges. Oxalsäure-Lösung in Diäthyläther versetzt und abgekühlt. Das Rohprodukt wird abgesaugt und aus Äthanol umkristallisiert; Ausbeute: 2,72 g (70% d. Th.); F: 229–230°.

Analog erhält man z. B. *1,3-Diphenyl-propyl-(2)-amin* (74% d. Th.) und *4-Nitro-benzylamin* (73% d. Th.).

O-Alkyl-oxime werden durch Diboran in siedendem THF[7] oder langsamer bei 20°[7, 8] durch zwei Hydrid-Äquivalente in Amin und Alkohol gespalten.

$$R_2C\!=\!N\!-\!OR^1 \quad \xrightarrow{\;B_2H_6\;} \quad R_2CH\!-\!NH_2 \; + \; HO\!-\!R^1$$

Benzylamin[7]: Zu einer Lösung von 3,713 g (27,5 mMol) O-Methyl-benzylaldehyd-oxim in 20 *ml* abs. THF werden unter Stickstoff bei 0° 0,39 g (14 mMol) Diboran in abs. THF gegeben. Man erhitzt 2 Stdn. unter Rückfluß, versetzt bei 0° mit 10 *ml* Wasser und 10 *ml* 20%iger Kalilauge, kocht 1 Stde. am Rückfluß, extrahiert 24 Stdn. kontinuierlich mit Pentan, engt den Auszug ein und destilliert; Ausbeute: 2,7 g (92% d. Th.); Kp₁₄: 73°.

Entsprechend erhält man u. a. aus

H₃CO—⬡—C—⬡—OCH₃ (N—OCH₃)	→ *(Bis-[4-methoxy-phenyl]-methyl)-amin*	71% d. Th.
[Indol] CH=N—OCH₃ ... CH₃	→ *1-Methyl-3-aminomethyl-indol*	72% d. Th.
H₅C₆—C—CH₂—C—C₆H₅ (H₃CO—N N—OCH₃)	→ *1,3-Diamino-1,3-diphenyl-propan*	90% d. Th.

[1] B.D. James, Chem. & Ind. **1971**, 227.
[2] C.S. Franklin u. A.C. White, Soc. **1963**, 1335.
[3] J.H. Boyer u. S.E. Ellzey, Am. Soc. **82**, 2525 (1960).
[4] R. Biela et al., J. pr. [4] **33**, 282 (1966).
[5] O. Exner, Collect. czech. chem. Commun. **20**, 202, 1360 (1955).
  G.B. Bachman u. T. Hokama, Am. Soc. **81**, 4220 (1959).
  E. Müller et al., A. **645**, 1 (1961).
[6] G.W. Perold u. F.V.K. von Reiche, Am. Soc. **79**, 465 (1957).
  E.E. van Tamelen u. J.E. Brenner, Am. Soc. **79**, 3839 (1957).
  N. Barbulescu u. A. Quilico, G. **91**, 342 (1961).
  R. Paul u. S. Tchelitcheff, Bl. **1962**, 2215.
  V. Jäger u. V. Buss, A. **1980**, 101.
[7] H. Feuer u. D.M. Braunstein, J. Org. Chem. **34**, 1817 (1969).
[8] H. Feuer, B.F. Vincent u. R.S. Bartlett, J. Org. Chem. **30**, 2877 (1965).

Natrium-trifluoracetoxy-trihydrido-borat reduziert O-Alkyl-oxime in siedendem Tetrahydrofuran zu prim. Aminen. So erhält man z. B. aus O-Methyl-acetophenon-oxim *1-Phenyl-äthylamin* zu 90% d. Th.[1].

Auch aus O-Acyl-oximen werden mit Diboran unter Verbrauch von vier Hydrid-Äquivalenten prim. Amine und Alkohole erhalten[2]:

$$R_2C{=}N{-}O{-}CO{-}R^1 \xrightarrow{\ B_2H_6\ } R_2CH{-}NH_2 \ + \ HO{-}CH_2{-}R^1$$

Mit chiralen Carbonsäuren sollen optisch aktive Amine entstehen[3].

4-Nitro-benzylalkohol und Cyclohexylamin-Hydropikrat[2]**:** Zu 2,802 g (10,7 mMol) O-[4-Nitro-benzoyl]-cyclohexanon-oxim werden unter Stickstoff 0,39 g (14 mMol) Diboran in abs. THF gegeben. Man rührt 20 Stdn. bei 20°, versetzt bei 5° mit 5 *ml* Wasser, engt i. Vak. ein, erhitzt den Rückstand mit 20 *ml* 10%iger Salzsäure am Rückfluß, extrahiert 24 Stdn. kontinuierlich mit Diäthyläther, engt den Auszug ein und kristallisiert den Rückstand aus Äthanol/Wasser (1:8); Ausbeute: 1,2 g (80,6% d. Th.) *4-Nitro-benzyl-alkohol*; F: 92–93°.

Die wäßr. Phase wird mit 20 *ml* 20%iger Kalilauge alkalisch gestellt, 24 Stdn. mit Diäthyläther kontinuierlich extrahiert und der Auszug i. Vak. eingeengt. Man löst den Rückstand in Wasser und versetzt mit ges. Pikrinsäure-Lösung in Äthanol; Ausbeute: 2,39 g (67,4% d. Th.) *Cyclohexylamin-Hydropikrat*; F: 156–157°.

Unter entsprechenden Versuchsbedingungen erhält man aus 9-Acetoximino-fluoren *9-Amino-fluoren*[4] (75% d. Th.) und aus 10-Acetoximino-thioxanthen-5,5-dioxid *10-Amino-thioxanthen-5,5-dioxid*[5] (69% d. Th.).

Aluminiumhydrid reduziert Oxime schneller zu prim. Aminen als Diboran, jedoch werden in geringerem Maß auch sek. Amine gebildet[6,7] (s. S. 379).

Furazane (1,2,5-Oxadiazole) und Furoxane (Furazan-oxide) werden als Anhydride von 1,2-Dioximen bzw. als die entsprechenden N-Oxide durch Lithiumalanat zu 1,2-Diaminen reduziert; z. B.[8]:

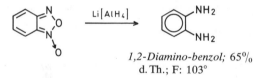

1,2-Diamino-benzol; 65% d. Th.; F: 103°

Dialkyl- und Diaryl-furazane und -furoxane (letztere wesentlich schneller) erleiden mit Lithiumalanat eine C–C-Ringspaltung zu den entsprechenden Aminen (vgl. S. 472 f.)[8,9]. So liefert z. B. 4,5,6,7-Tetrahydro-benzfuroxan *1,6-Diamino-hexan*.

Natriumboranat spaltet Furoxane reduktiv zu 1,2-Dioximen[10].

$\gamma\gamma_3$) zu sekundären Aminen

Die Reaktion von Oximen mit Lithiumalanat zu sek. Aminen verläuft nicht stereospezifisch[11,12] (sek. Amine entstehen wahrscheinlich durch Umlagerung eines Nitrens zum

[1] N. Umino et al., Chem. Pharm. Bull. [Tokyo] **26**, 2897 (1977).
[2] H. Feuer u. D. M. Braunstein, J. Org. Chem. **34**, 1817 (1969).
[3] U. Busser u. R. Haller, Tetrahedron Letters **1973**, 231.
[4] A. Hassner u. P. Catsoulacos, Chem. Commun. **1967**, 590.
[5] P. Catsoulacos, J. Heterocyclic Chem. **4**, 645 (1967).
[6] M. Ferles, Z. **6**, 224 (1966).
[7] N. M. Yoon u. H. C. Brown, Am. Soc. **90**, 2927 (1968).
[8] A. Dornow, K. J. Fust u. H. D. Jordan, B. **90**, 2124 (1957).
[9] C. R. Meloy u. D. A. Shirley, J. Org. Chem. **32**, 1255 (1967).
[10] J. H. Boyer u. S. E. Ellzey, Am. Soc. **82**, 2525 (1960).
[11] M. N. Rerick et al., Tetrahedron Letters **1963**, 629.
[12] A. E. Petrarca u. E. M. Emery, Tetrahedron Letters **1963**, 635.

[min). Reduziert werden Aryl-ketoxime[1-3], alicyclische Ketoxime mit Ringspannung[1,4] und Acyl-ferrocen-oxime[5,6]. Entstehen als Nebenprodukte prim. Amine, so kann die Ausbeute an sek. Amin durch Zugabe von mindestens einem Mol-Äquivalent Aluminiumchlorid zur Lithiumalanat-Lösung erhöht werden[1,6]. Bei der Reduktion der Oxime von Acyl-aromaten nimmt die Menge des sek. Amins mit dem Raumbedarf der Alkyl-Gruppe[7] und mit der Zahl der elektronenliefernden Substituenten des an den Stickstoff wandernden aromatischen Ringes zu[1,8].

7-Hydroxy-14-aza-dispiro[5.1.5.2]pentadecan[9]:

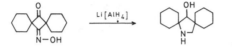

Zu einer Lösung von 7 g (0,184 Mol) Lithiumalanat in 200 ml abs. THF werden unter Rühren und unter Stickstoff bei 0° 24 g (0,1 Mol) 7-Oxo-14-hydroximino-dispiro[5.1.5.1]tetradecan in 200 ml abs. THF getropft. Nach 4stdg. Erhitzen unter Rückfluß wird bei −10° tropfenweise mit 14 g 20%iger Natronlauge versetzt, vom Niederschlag abgesaugt und dieser mehrmals mit Benzol ausgekocht. Das Filtrat und die Benzol-Lösung werden vereinigt, getrocknet und eingedampft; Ausbeute: 18,9 g (85% d. Th.); F: 164°.

Analog erhält man z. B. aus:

2-Hydroximino-1,1,3,3-tetra-   → *2,2,4,4-Tetramethyl-pyrrolidin*[10]; 53% d. Th.
methyl-cyclobutan

2,4-Bis-[hydroximino]-1,1,3,3-   → *3-Amino-1-isopropylamino-2,2-dimethyl-*
tetramethyl-cyclobutan   *propan*[11]; 37% d. Th.
                                     + 3-Amino-2,2,4,4-tetramethyl-pyrrolidin; 28% d. Th.

4-Methoxy-acetophenon-oxim   → *4-Methoxy-N-äthyl-anilin*[1]; 76% d. Th.

Chromanon-oxim   → *2,3,4,5-Tetrahydro-⟨benzo-[b]-1,4-oxazepin⟩*[12]; 61% d. Th.

Bei der Reduktion können sich neben den sek. Aminen auch Aziridine bilden[13]. O-Alkyl-[14] und O-Acyl-oxime[15] mit analoger Struktur werden durch Lithiumalanat ähnlich umgelagert. Durch Zugabe von Titan(IV)- oder Eisen(III)-chlorid kann die Umlagerung zum sek. Amin unterdrückt werden[16].

γγ₄) zu Aziridinen

1-Aryl- und 1,3-Diaryl-aceton-oxime, Aryl-acetaldoxime, ungesättigte Oxime mit konjugierter C=C-Doppelbindung und deren O-Alkyl- und O-Acyl-Derivate sowie 3-Phe-

[1] M.N. RERICK et al., Tetrahedron Letters **1963**, 629.
[2] E. LARSSON, Svensk kem. Tidskr. **61**, 242 (1949); C.A. **44**, 1898 (1950).
  D.R. SMITH, M. MAIENTHAL u. J. TIPTON, J. Org. Chem. **17**, 294 (1952).
  M. HARFENIST u. E. MAGNIEN, Am. Soc. **80**, 6080 (1958).
  O. HROMATKA, H. JIRKU u. F. SAUTER, M. **91**, 682 (1960).
  N. INOUE et al., Bl. chem. Soc. Japan **41**, 2078 (1968).
[3] R.E. LYLE u. H.J. TROSCIANEC, J. Org. Chem. **20**, 1757 (1955).
[4] A.T. BLOMQUIST, B.F. HALLAM u. A.D. JOSEY, Am. Soc. **81**, 678 (1959).
[5] K. SCHLÖGL u. M. FRIED, M. **95**, 558 (1964).
[6] K. SCHLÖGL u. H. MECHTLER, M. **97**, 150 (1966).
[7] S.H. GRAHAM u. A.J.S. WILLIAMS, Tetrahedron **21**, 3263 (1965).
[8] R.E. LYLE u. H.J. TROSCIANEC, J. Org. Chem. **20**, 1757 (1955).
[9] C. METZGER, B. **102**, 3235 (1969).
[10] F. LAUTENSCHLAEGER u. G.F. WRIGHT, Canad. J. Chem. **41**, 863 (1963).
[11] H.K. HALL, J. Org. Chem. **29**, 3139 (1964).
[12] W.A. SAGOREWSKI u. N.W. DUBYKINA, Ž. obšč. Chim. **33**, 322 (1963); **34**, 2282 (1964).
[13] G. RICART, D. COUTURIER u. C. GLACET, C.r. **277**, 519 (1973).
  G. RICART, Bl. **1974**, 615.
[14] W.A. SAGOREWSKI, N.W. DUBYKINA u. L.M. MESTSCHERJAKOWA, Ž. org. Chim. **5**, 1709 (1969).
[15] O. EXNER, Collect. czech. chem. Commun. **20**, 1360 (1955).
[16] L.M. MESTSCHERYAKOVA, V.A. ZAGOREVSKII u. E.K. ORLOVA, Chim. geterocikl. Soed. **1978**, 1694; C.A. **90**, 87 194 (1979).

nyl-4,5-dihydro-1,2-oxazole lassen sich mit 2–3 Mol-Äquivalenten Lithiumalanat in siedendem THF zu *cis*-Aziridinen reduzieren (zum Mechanismus s. Lit.[1,2]). Als Nebenprodukte werden die entsprechenden prim. Amine gebildet[3,4].

cis-3-Phenyl-2-benzyl-aziridin[5]:

$$H_5C_6-CH_2-\underset{\substack{\|\\ N-OH}}{C}-CH_2-C_6H_5 \quad\xrightarrow{Li[AlH_4]}\quad H_5C_6-CH_2\underset{\substack{N\\H}}{\diagdown}C_6H_5$$

Zu einer Suspension von 3,8 g (0,1 Mol) Lithiumalanat in 350 *ml* abs. THF wird unter Rühren und unter Stickstoff bei 20° innerhalb 10 Min. eine Lösung von 11,27 g (0,05 Mol) 1,3-Diphenyl-aceton-oxim in 80 *ml* abs. THF getropft. Man erhitzt 3 Stdn. unter Rückfluß, kühlt ab, versetzt bei 20° mit 12 *ml* Wasser, filtriert den Niederschlag, wäscht mit 400 *ml* Diäthyläther, trocknet die vereinigten organ. Lösungen und engt i.Vak. ein. Der Rückstand wird in 100 *ml* Petroläther (Kp: 30–60°) gelöst und an 75 g Silicagel mit Petroläther/Benzol chromatographiert. Die Fraktionen Petroläther/Benzol (1 : 1, 1 : 3 und 0 : 1) werden vereinigt und eingeengt. Das Rohprodukt wird aus Petroläther umkristallisiert; Ausbeute: 7,8 g (74% d. Th.); F: 44–45°.

Entsprechend erhält man aus[1]:

3-Hydroximino-2,3-diphenyl-propen   → *(Z)-2-Methyl-2,3-diphenyl-aziridin;* 90% d. Th.
3,5-Diphenyl-4,5-dihydro-1,2-oxazol   → *cis-3-Phenyl-2-benzyl-aziridin;* 31% d. Th.

Die Reaktion verläuft nur in gut solvatisierenden Lösungsmitteln. Die Ausbeuten sind stark strukturabhängig, können aber durch Anwendung von Natrium-bis-[2-methoxy-äthoxy]-dihydrido-aluminat in THF/Benzol erhöht werden[2]. Zur Trennung des Aziridins vom prim. und evtl. sek. Amin sind meistens chromatographische Methoden notwendig.

Aziridine sind auch einer „reduktiven Neber-Umlagerung" zugänglich. Aus 10-Hydroximino-10,11-dihydro-5H-⟨dibenzo-[a;d]-cyclohepten⟩ erhält man z. B. mit Lithiumalanat in siedendem Tetrahydrofuran 38% d. Th. *9-Aminomethyl-9,10-dihydro-anthracen[6]:*

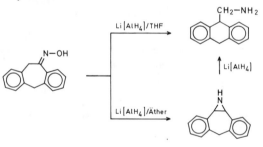

In siedendem Diäthyläther wird in 69%iger Ausbeute *Dibenzo-8-aza-bicyclo[5.1.0]octadien-(2,5)* gebildet, das durch Lithiumalanat ebenfalls zum prim. Amin (38% d. Th.) umgelagert werden kann.

[1] K. KOTERA u. K. KITAHONOKI, Organic Preparations and Procedures **1**, 305 (1969); Org. Synth. Coll. Vol. V, 83 (1973).
[2] S. R. LANDOR, O. O. SONOLA u. A. R. TATCHELL, Soc. [Perkin Trans I] **1974**, 1294.
[3] G. RICART, D. COUTURIER u. C. GLACET, C.r. **277**, 519 (1973).
G. RICART, Bl. **1974**, 615.
[4] K. KOTERA et al., Tetrahedron Letters **1965**, 1059; **1968**, 5759; Tetrahedron **24**, 1727, 3681 (1968); **26**, 539 (1970).
M. Y. SHANDALA, M. D. SOLOMON u. E. S. WAIGHT, Soc. **1965**, 892.
K. KOTERA, T. OKADA u. S. MIYAZAKI, Tetrahedron Letters **1967**, 841; Tetrahedron **24**, 5677 (1968).
K. KITAHONOKI, A. MATSUURA u. K. KOTERA, Tetrahedron Letters **1968**, 1651.
K. KITAHONOKI, Y. TAKANO u. H. TAKAHASHI, Tetrahedron **24**, 4605 (1968).
J. R. DIMMOCK et al., Canad. J. Chem. **51**, 427 (1973).
H. TANIDA, T. OKADA u. K. KOTERA, Bl. chem. Soc. Japan **46**, 934 (1973).
L. FERRERO, M. DECOUZON u. M. AZZARO, Tetrahedron Letters **1973**, 4151.
J. C. PHILIPS u. C. PERIANAYAGAM, Tetrahedron Letters **1975**, 3263.
A. L. KHURANA u. A. M. UNRAU, Canad. J. Chem. **53**, 3011 (1975).
G. CHIDICHINO et al., Am. Soc. **102**, 1372 (1980).
[5] K. KOTERA et al., Tetrahedron **24**, 6177 (1968).
[6] J. FOUCHÉ, Bl. **1970**, 1376.

γ_{10}) *von Diazo-Verbindungen*

Die Diazo-Gruppe wird durch Lithiumalanat in die Amino-Gruppe übergeführt[1, 2]; beim 3-Oxo-2-diazo-3-phenyl-propansäure-methylester zerfällt das Molekül unter Bildung von Hydrazin[3]. Diazo-methan reagiert mit Diboran unter Bildung von *Polymethylen*[4], mit Dialkyl-aluminiumhydriden unter Kettenverlängerung einer oder mehrerer Methylen-Gruppen[5].

c) am C-Atom der C–X-Einfachbindung

1. der C–Hal-Bindung

Organo-halogen-Verbindungen werden durch Hydride unter geeigneten Bedingungen meist glatt und in guten Ausbeuten zu Kohlenwasserstoffen reduziert. Die Reaktion kann mit Alkalimetallhydriden, komplexen Metallhydriden, Dialkyl-aluminiumhydriden, Organo-stannanen und -silanen sowie mit Amin-boranen bzw. Diboran durchgeführt werden. Die selektive Reduktion funktioneller Gruppen unter Erhalt von Halogen-Atomen (s. die entsprechenden Abschnitte) sowie die selektive Reduktion der C–Hal-Bindung in Gegenwart anderer funktioneller Gruppen ist unter entsprechenden Versuchsbedingungen möglich.

Im allgemeinen werden die Reduktionen mit Lithiumalanat durchgeführt, die vereinfacht folgendermaßen ablaufen[6]:

$$4\,R{-}X \;+\; Li[AlH_4] \longrightarrow 4\,R{-}H \;+\; Li[AlX_4]$$

Tatsächlich verläuft nur der erste Schritt der Reaktion schnell, wobei nach älterer Auffassung ein Viertel[7] nach neuerer ein Achtel des Hydrid-Gehaltes ausgenützt wird[8]:

$$R{-}X \;+\; Li[AlH_4] \longrightarrow R{-}H \;+\; LiX \;+\; AlH_3$$

$$R{-}X \;+\; 2\,Li[AlH_4] \longrightarrow R{-}H \;+\; LiX \;+\; Li[Al_2H_7]$$

In ähnlicher Weise verläuft die Reduktion mit Natriumboranat in protonenfreier Lösung[9] ab:

$$R{-}X \;+\; 2\,Na[BH_4] \longrightarrow R{-}H \;+\; NaX \;+\; Na[B_2H_7]$$

Natrium-heptahydrido-diborat (NaBH$_4$...BH$_3$) kann als hydroborierende Spezies in Reaktion gebracht werden[10] (s. z. B. S. 10). Die weitere Ausnützung des eingesetzten Hydrids ist stark strukturabhängig.

---

[1] W. Gruber u. H. Renner, M. **81**, 751 (1950).
  W. Ried u. F. Müller, B. **85**, 470 (1952).
[2] K. Clusius u. F. Endtinger, Helv. **41**, 1823 (1958).
[3] R. Pfleger u. F. Reinhardt, B. **90**, 2404 (1957).
[4] G.H. Dorion, S.E. Polchlopek u. E.H. Sheers, Ang. Ch. **76**, 495 (1964).
[5] H. Hoberg, A. **695**, 1 (1966).
[6] R.F. Nystrom u. W.G. Brown, Am. Soc. **70**, 3738 (1948).
[7] J.E. Johnson, R.H. Blizzard u. H.W. Carhart, Am. Soc. **70**, 3664 (1948).
  D.J. Malter, J.H. Wotiz u. C.A. Hollingsworth, Am. Soc. **78**, 1311 (1956).
[8] H.C. Brown u. S. Krishnamurthy, J. Org. Chem. **34**, 3918 (1969).
[9] H.C. Brown u. P.A. Tierney, Am. Soc. **80**, 1552 (1958).
[10] H. Nöth, Nachrichten aus Chemie und Technik **23**, 107 (1975).

Aus nachfolgenden Gleichungen geht hervor, daß Lithiumalanat lediglich als Wasserstoff-Überträger fungiert, während Lithiumhydrid verbraucht wird, das sich aus dem komplexen Metallhydrid durch Rückspaltung bildet. Somit gelingen die Reduktionen auch mit Lithiumhydrid in Gegenwart katalytischer Mengen Lithiumalanat[1], da letzteres im Reaktionsmedium zurückgebildet wird[2,3]:

$$LiH \ + \ AlH_3 \qquad \longrightarrow \qquad Li[AlH_4]$$

$$LiH \ + \ Li[Al_2H_7] \qquad \longrightarrow \qquad 2\,Li[AlH_4]$$

Auch Brückenkopf-Halogen-Atome sowie Halogen-aromaten, Vinyl-halogenide usw. werden mit überschüssigem Lithiumalanat bei genügend hohen Reaktionstemperaturen zu Kohlenwasserstoffen reduziert[4].

Der Reaktionsmechanismus hängt von der Struktur der zu reduzierenden Verbindung, vom Reduktionsmittel und von den experimentellen Bedingungen ab. Prim. und sek. Halogen-alkane werden durch Lithiumalanat in der Regel nach dem S_N2-Mechanismus reduziert[5], so daß die Hydrogenolyse mit einem deuterierten Hydrid an einem Chiralitätszentrum unter Walden-Umkehr abläuft[6,7]. Aus D-(+)-2-Brom-butan wird z. B. 82% L-(+)-2-Deutero-butan erhalten[8]:

Leicht ionisierbare sek. Halogenide gehen dagegen eine S_N1-Reaktion ein[9]. In manchen Fällen wird die Bildung eines Carbanions infolge des Angriffes des Hydrid-Ions an das Halogen-Atom angenommen[4,10]. Die Bildung dimerer Koppelungsprodukte weist auf eine radikalische Wurtz-ähnliche metallorganische Synthese hin[5,6]. Allerdings entstehen bei der Reduktion von Halogen-alkanen mit Lithiumalanat in der Regel keine Kohlenwasserstoff-Metall-Bindungen[11] (s. dagegen S. 405).

Bei der Hydrogenolyse aromatischer Halogenide[12] und bei der selektiven Reduktion alicyclischer geminaler Dihalogen-Verbindungen[13] wird ein Vierzentren-Mechanismus angenommen.

[1] C.D. SHACKLETT u. H.A. SMITH, Am. Soc. 73, 766 (1951).
G.K. HELKAMP, C.D. JOEL u. H. SHERMAN, J. Org. Chem. 21, 844 (1956).
T. WAGNER-JAUREGG, Helv. 44, 1237 (1961).
[2] J.E. JOHNSON, R.H. BLIZZARD u. H.W. CARHART, Am. Soc. 70, 3664 (1948).
D.J. MALTER, J.H. WOTIZ u. C.A. HOLLINGSWORTH, Am. Soc. 78, 1311 (1956).
[3] H.C. BROWN u. S. KRISHNAMURTHY, J. Org. Chem. 34, 3918 (1969).
[4] C.W. JEFFORD, D. KIRKPATRICK u. F. DELAY, Am. Soc. 94, 8905 (1972).
[5] L.W. TREVOY u. W.G. BROWN, Am. Soc. 71, 1675 (1949).
[6] E.L. ELIEL, Am. Soc. 71, 3970 (1949).
[7] W.H. McFADDEN u. A.L. WAHRHAFTIG, Am. Soc. 78, 1572 (1956).
D.J. CRAM u. B. RICKBORN, Am. Soc. 83, 2178 (1961).
[8] G.K. HELMKAMP u. B. RICKBORN, J. Org. Chem. 22, 479 (1957).
[9] P. STORY, Am. Soc. 83, 2174 (1961).
P. STORY u. M. SAUNDERS, Am. Soc. 84, 4876 (1962).
H.C. BROWN u. H.M. BELL, Am. Soc. 85, 2324 (1963).
L.A. PAQUETTE u. P.C. STORM, J. Org. Chem. 35, 3390 (1970).
H. HOGEVEEN u. P.W. KWANT, Tetrahedron Letters 1973, 1351.
[10] C.W. JEFFORD et al., Tetrahedron Letters 1973, 2483.
[11] L.M. SOFFER, J. Org. Chem. 22, 998 (1957).
[12] H.C. BROWN u. S. KRISHNAMURTHY, J. Org. Chem. 34, 3918 (1969).
S.R. ADAPA et al., J. Org. Chem. 45, 3343 (1980).
[13] H. YAMANAKA et al., Chem. Commun. 1971, 380.
J. HATEM u. B. WAEGELL, Tetrahedron Letters 1973, 2023.

Natriumboranat reduziert prim. und sek. Halogenide in protonenfreier Lösung nach dem S_N2-Mechanismus u Kohlenwasserstoffen[1], während sek. und tert. Halogenide in protonenhaltiger Lösung hauptsächlich eine $_N1$-Reaktion eingehen[2]. Tert. Halogenide mit geeigneter Struktur lassen sich dagegen mit Natriumboranat in ;ulfolan bei 100° unter Eliminierung zum Olefin und Hydroborierung des letzteren reduzieren[3]. Die Reaktion erläuft ähnlich auch in Dimethylsulfoxid und ist bei optisch aktiven Verbindungen, in denen das Halogen am chialen Kohlenstoff-Atom gebunden vorliegt, mit Racemisierung verbunden[4]. Aromatische Halogen-Verbindun-,en werden durch Natriumboranat in wäßrigem Acetonitril bei Belichtung radikalisch zu Aromaten redu-iert[5,6].

Tert. und sek. Benzylhalogenide werden durch Triäthylamin-Boran in flüssigem Schwefeldioxid[7] bei 25° •der mit Diboran in Nitromethan[8] bei 15° nach dem S_N1-Mechanismus in guten Ausbeuten reduziert. Auch)rgano-zinnhydride reduzieren Halogen-Verbindungen in einer Radikalkettenreaktion[9] (vgl. S. 388ff.).

Die Neben- bzw. Folgereaktionen verlaufen im großen und ganzen analog den Sul-onsäureestern. Alkohole werden in der Regel nur bei der Reduktion mit Natriumboranat n wäßrigem Medium unter solvolytischen Bedingungen gebildet[10]. Oxygenolyse kommt)ei den Reduktionen mit Lithiumalanat selten vor[11]. Eine Eliminierung zum Olefin kann lagegen besonders bei tert. Monohalogen- und bei vicinalen Dihalogen-Verbindungen ;owohl mit Lithiumalanat[12] als auch mit Natriumboranat[10,13] eintreten.

1,3-Dihalogen-alkane lassen sich durch Lithiumalanat relativ leicht zu Cyclopropa-ren cyclisieren[14]. Auch andere geeignete Nachbargruppen liefern bei entsprechenden ste-rischen Bedingungen reduktive Ringschlüsse. Durch Lithiumalanat[15,16] oder Na-

[1] H.M. Bell, C.W. Vanderslice u. A. Spehar, J. Org. Chem. **34**, 3923 (1969).
   M. Volpin, M. Dvolaitzky u. I. Levitin, Bl. **1970**, 1526.
[2] H.C. Brown u. H.M. Bell, J. Org. Chem. **27**, 1928 (1962); Am. Soc. **86**, 5006 (1964).
   S. Winstein, A.H. Lewin u. K.C. Pande, Am. Soc. **85**, 2324 (1963).
   P.S. Story u. S.R. Fahrenholtz , Am. Soc. **86**, 527 (1964).
   H.M. Bell u. H.C. Brown, Am. Soc. **86**, 5007 (1964); **88**, 1473 (1966).
[3] R.O. Hutchins et al., Tetrahedron Letters **1969**, 3495.
   R.O. Hutchins, R.J. Bertsch u. D. Hoke, J. Org. Chem. **36**, 1568 (1971).
[4] J. Jacobus, Chem. Commun. **1970**, 338.
[5] J.A. Barltrop u. D. Bradbury, Am. Soc. **95**, 5085 (1973).
[6] J.T. Groves u. K.W. Ma, Am. Soc. **96**, 6527 (1974).
[7] S. Matsumura u. N. Tokura, Tetrahedron Letters **1968**, 4703.
[8] S. Matsumura u. N. Tokura, Tetrahedron Letters **1969**, 363.
[9] H.G. Kuivila, L.W. Menapace u. C.R. Warner, Am. Soc. **84**, 3584 (1962).
   L.W. Menapace u. H.G. Kuivila, Am. Soc. **86**, 3047 (1964).
   D.J. Carlsson u. K.U. Ingold, Am. Soc. **90**, 1055, 7047 (1968).
[10] H.C. Brown u. H.M. Bell, J. Org. Chem. **27**, 1928 (1962).
   H.M. Bell u. H.C. Brown, Am. Soc. **88**, 1473 (1966).
[11] J.D. Cotman, Am. Soc. **77**, 2790 (1955).
[12] L.W. Trevoy u. W.G. Brown, Am. Soc. **71**, 1675 (1949).
   E.T. McBee, O.R. Pierce u. D.D. Smith, Am. Soc. **76**, 3725 (1954).
   T.D. Newitt u. G.S. Hammond, Am. Soc. **76**, 4125 (1954).
   R.L. Letsinger u. P.T. Lansbury, Am. Soc. **81**, 939 (1959).
   R.E. Lyle u. H.J. Troscianec, J. Org. Chem. **24**, 333 (1959).
   R.E. Lyle, R.E. Adel u. G.G. Lyle, J. Org. Chem. **24**, 342 (1959).
   J.F. King u. R.G. Pews, Canad. J. Chem. **42**, 1294 (1964).
   H. Schmidt, M. Mühlstädt u. P. Son, B. **99**, 2736 (1966).
   G. Stork, M. Nussim u. B. August, Tetrahedron Suppl. 8/I, 105 (1966).
   M.S. Baird u. C.B. Reese, Soc. [C] **1969**, 1808.
[13] R.C. Krug, G.R. Tichelaar u. F.E. Didot, J. Org. Chem. **23**, 212 (1958).
   J.F. King, A.D. Allbutt u. R.G. Pews, Canad. J. Chem. **46**, 805 (1968).
[14] M.S. Newman et al., Am. Soc. **86**, 868 (1964).
   H. Goldwhite, M.S. Gibson u. C. Harris, Tetrahedron **20**, 1613 (1964).
[15] G.M. Badger et al., Soc. **1950**, 2326.
   E.L. Eliel u. D.W. Delmonte, Am. Soc. **80**, 1744 (1958).
[16] P. Aeberli u. W.J. Houlihan, J. Org. Chem. **34**, 2715 (1969).

triumboranat[1, 2] können in Gegenwart von Hydroxy-Gruppen cyclische Äther[1, 3] und
bei gleichzeitiger Reduktion von C=N-Doppelbindungen stickstoffhaltige heterocycli
sche Ringe gebildet werden[2, 4]. Aus α-Halogen-nitrilen[5] und N-(β-Chlor-alkyl)-amiden
lassen sich mit Lithiumalanat, aus α-Halogen-carbonsäure-amiden mit Aluminiumhydrid
die entsprechenden Aziridine gewinnen.

Benzyl- und Allyl-halogenide werden durch Lithiumalanat/Chrom(III)-, Vanadium(III)-, Titan(III)- und
Wolfram(VI)-chlorid-Systeme zu substituierten Äthanen, geminale Dihalogenide zu substituierten Äthylene
gekoppelt, vicinale Dibromide zu Alkenen debromiert[8].

Reduktive Umlagerungen über Carbenium-Ionen unter Änderung des Gerüstei
(Wagner-Meerwein-Typ)[9] sowie reduktive Fragmentierungen[10] kommen bei Umset
zungen mit Lithiumalanat vor. Daneben treten bei ungesättigten Halogen-Verbindunge
mit C=C-Doppelbindungen in Allyl- bzw. Homoallyl-Stellung durch Natriumboranat[11, 1]
und Lithiumalanat[13, 14] auch Allyl-[11, 13] und Homoallyl-Umlagerungen ein[12, 14].

α) von Halogen-alkanen und -cycloalkanen

α_1) *ohne weitere funktionelle Gruppen*

Die Reaktivität der Halogen-alkane nimmt gegenüber den komplexen Metallhydride
im Falle einer S_N2-Reaktion in der angegebenen Reihenfolge ab:

---

[1] U.M. Teotino et al., Farmaco (Pavia), Ed. Sci. **17**, 252 (1962).
    H. Tobias, Helv. **46**, 159 (1963).
    D.J. Goldsmith u. R.C. Joines, Tetrahedron Letters **1965**, 2047.
    F. Nerdel, H. Kaminski u. D. Frank, Tetrahedron Letters **1967**, 4973.
    A. Hajós, Z. Huszti u. M. Fekete, Acta chim. Acad. Sci. hung. **73**, 113 (1972).
[2] A.I. Meyers u. W.Y. Libano, J. Org. Chem. **26**, 1682 (1961).
[3] G.M. Badger et al., Soc. **1950**, 2326.
    E.L. Eliel u. D.W. Delmonte, Am. Soc. **80**, 1744 (1958).
[4] P. Aeberli u. W.J. Houlihan, J. Org. Chem. **34**, 2715 (1969).
[5] K. Ichimura u. M. Ohta, Bl. chem. Soc. Japan **40**, 432 (1967); **43**, 1443 (1970).
[6] J. Beger u. W. Höbold, J. pr. **311**, 760 (1969).
[7] Y. Langlois, H.P. Husson u. P. Potier, Tetrahedron Letters **1969**, 2085.
[8] G.S. Olah u. G.K.S. Prakash, Synthesis **1976**, 607.
    T.-L. Ho u. G.A. Olah, Synthesis **1977**, 170.
    Y. Okude, T. Hiyama u. H. Nozaki, Tetrahedron Letters **1977**, 3829.
    Y. Fujiwara, R. Ishikawa u. S. Teranishi, Bl. chem. Soc. Japan **51**, 589 (1978).
[9] M. Mousseron et al., Bl. **1952**, 1042.
    A.C. Cope, E.S. Graham u. D.J. Marshall, Am. Soc. **76**, 6159 (1954).
    H. Kwart u. G. Null, Am. Soc. **81**, 2765 (1959).
    D.J. Collins u. J.J. Hobbs, Austral. J. Chem. **18**, 1049 (1965).
    D.J. Collins, J.J.Hobbs u. R.J. Rawson, Chem. Commun. **1967**, 135.
    W.G. Dauben u. J.L. Chitwood, Am. Soc. **90**, 3835 (1968).
    L.H. Schwartz u. R.V. Flor, Chem. Commun. **1968**, 1129; J. Org. Chem. **34**, 1499 (1969); **39**, 219 (1974)
[10] W. Kraus et al., Ang. Chem. **84**, 643 (1972).
[11] H. Conroy, Am. Soc. **77**, 5960 (1955).
    S. Okuda, K. Tsuda u. S. Yamaguchi, J. Org. Chem. **27**, 4121 (1962); Chem. Pharm. Bull. (Tokyo) **13**, 1092
    (1965).
    K. Abe, M. Onda u. S. Okuda, Chem. Pharm. Bull. (Tokyo) **17**, 1847 (1969).
[12] H.C. Brown u. H.M. Bell, Am. Soc. **85**, 2324 (1963).
    S. Winstein, A.H. Lewin u. K.C. Pande, Am. Soc. **85**, 2324 (1963).
[13] F. Krausz u. T. Rüll, Bl. **1960**, 2151.
    C.W. Jefford et al., Tetrahedron Letters **1965**, 2333.
[14] P.R. Story, Am. Soc. **83**, 3347 (1961).
    P.R. Story u. M. Saunders, Am. Soc. **84**, 4876 (1962).
    R.J. Roth u. T.J. Katz, Am. Soc. **94**, 4770 (1972).

$$R\text{—}J > R\text{—}Br > R\text{—}Cl > R\text{—}F$$

$$C_{prim}\text{—}X > C_{sek}\text{—}X > C_{tert}\text{—}X > C_{tert}\text{—}CH_2\text{—}X$$

$$H_3C\text{—}X > H_3C\text{—}CH_2\text{—}X > H_3C\text{—}CH_2\text{—}CH_2\text{—}X > (H_3C)_2CH\text{—}X$$

Lithiumalanat reduziert prim. Alkylbromide und -jodide bereits in siedendem Diäthyläther[1], während prim. Alkylchloride nur in siedendem THF reduziert werden[2]. Fluor-alkane werden dagegen nur ausnahmsweise durch Lithiumalanat angegriffen[3]. Sek. Halogen-alkane werden etwas langsamer als prim. in siedendem THF reduziert. In der alicyclischen Reihe läuft die Reaktion besonders bei tert. Halogen-Derivaten nur schwierig ab[4]. 1-Brom-adamantan ergibt z. B. in siedendem Diäthyläther erst nach 18 Stdn. in 80% ger Ausbeute *Adamantan* und 1-Brom-triptycen nach 48 Stdn. in siedendem 1,2-Dimethoxy-äthan bei 85° ~ 80% d. Th. *Trypticen* (bei diesen Umsetzungen überwiegt wahrscheinlich schon der S_N1-Mechanismus)[5].

Eine an einem tert.-C-Atom gebundene Halogenmethyl-Gruppe[6] läßt sich ebenfalls schwer reduzieren. Da auch Fluor-Atome an gesättigten alicyclischen Ringen in der Regel durch Lithiumalanat nicht angegriffen werden, lassen sich andere Halogen-Atome selektiv hydrogenolysieren[7, 8]. In geminalen Dihalogen-Verbindungen sind dagegen infolge der verschiedenen sterischen Lage der Substituenten auch bei identischen Halogen-Atomen selektive Reduktionen möglich[5, 8, 9]; unter energischeren Bedingungen werden beide Halogen-Atome gegen Wasserstoff ausgetauscht[10]. Weiteres über die Reduktion von Halogen-alkanen mit Lithiumalanat s. ds. Handb., Bd. V/1 a, S. 583, über die Reduktion mit Lithium-tetradeuterido-aluminat zu deuterierten Kohlenwasserstoffen s. S. 382, 403 f.

In analoger Weise reduzieren auch Natrium-alanat[11], -triäthoxy-hydrido-aluminat[12] und -bis-[2-methoxy-äthoxy]-dihydrido-aluminat[13] sowie Lithiumalanat/Übergangsmetall-Kombinationen in Tetrahydrofuran (quantitative Ausbeute)[14] Halogen-alkane zu Kohlenwasserstoffen. Mit dem letzteren Hydrid kann auch die selektive Umsetzung geminaler Dihalogen-cyclopropane zu Monohalogen-Derivaten durchgeführt werden. Aktiviertes Natriumhydrid[15] bzw. Natriumhydrid/Natrium-tert.-pentanolat in THF und

[1] R.F. Nystrom u. W.G. Brown, Am. Soc. 70, 3738 (1948).
  A.T. Blomquist u. C.J. Buck, Am. Soc. 81, 672 (1959).
[2] J.E. Johnson, R.H. Blizzard u. H.W. Carhart, Am. Soc. 70, 3664 (1948).
[3] W.F. Edgell u. L. Parts, Am. Soc. 77, 5515 (1955).
  M. Hauptschein, A.J. Saggiomo u. C.S. Stokes, Am. Soc. 78, 680 (1956).
  R.L. Dannley, R.G. Taborsky u. M. Lukin, J. Org. Chem. 21, 1318 (1956).
  R.L. Dannley u. R.G. Taborsky, J. Org. Chem. 22, 77 (1957).
  R.L. Dannley u. D. Yamashiro, J. Org. Chem. 27, 599 (1962).
  R.S. Dickson u. G.D. Sutcliffe, Austral. J. Chem. 25, 761 (1972).
[4] G. Laber, A. 544, 79 (1954).
[5] C.W. Jefford, D. Kirkpatrick u. F. Delay, Am. Soc. 94, 8905 (1972).
[6] J.A. Marshall u. R.A. Ruden, J. Org. Chem. 36, 594 (1971).
[7] J.A. Oliver u. R. Stephens, Soc. 1965, 5491.
  W.J. Feast u. R. Stephens, Soc. 1965, 5493.
  H. Yamanaka et al., Chem. Commun. 1971, 380.
[8] C.W. Jefford et al., Tetrahedron Letters 1973, 2483.
  L.K. Sydnes u. L. Skattebøl, Acta chem. scand. [B] 32, 632 (1978).
[9] J. Hatem u. B. Waegell, Tetrahedron Letters 1973, 2023.
[10] E. Funakubo et al., Tetrahedron Letters 1962, 539.
[11] A.E. Finholt et al., Am. Soc. 77, 4163 (1955).
[12] G. Hesse u. R. Schrödel, A. 607, 24 (1957).
[13] M. Čapka u. V. Chvalovský, Collect. czech. chem. Commun. 34, 2782 (1969).
  L. Sydnes u. L. Skattebøl, Tetrahedron Letters 1974, 3703; Acta chem. scand. [B] 32, 632 (1978).
[14] E.C. Ashby u. J.J. Lin, Tetrahedron Letters 1977, 4481; J. Org. Chem. 43, 1263 (1978).
[15] S. Bank u. M.C. Prislopski, Chem. Commun. 1970, 1624.

Natriumhydrid in Hexamethyl-phosphorsäure-triamid[1] reduzieren Benzylhalogenide z**
Methylbenzolen bzw. 1,2-Diphenyl-äthanen und geminale Dihalogen-cyclopro**
pane zu Monohalogen-cyclopropanen. Triäthyl-aluminium, Diäthyl- und Bis-[2-me**
thyl-propyl]-aluminiumhydrid reagieren mit Halogen-alkanen ebenfalls unter Bildung de**
entsprechenden dehalogenierten Produkte[2, 3].

Die Umsetzung von Tetrachlormethan mit Triäthyl-aluminium und Diäthyl-aluminiumhydrid kann zu hefti**
gen **Explosionen** führen (radikalischer Mechanismus)[2].

Natriumboranat reduziert prim. und sek. Halogen-alkane in Bis-[2-methoxy-äthyl]
äther bei 25–45°, in Dimethylsulfoxid bei 15–85° und Sulfolan bei 100° nach dem S_N2-Me**
chanismus in einigen Stunden zu Kohlenwasserstoffen. Die Reduktion prim. Halogenid**
wird mit zwei, die sek. mit drei Mol-Äquivalenten Natriumboranat durchgeführt[4, 5]. Ter**
Halogen-alkane, die Halogenwasserstoff abspalten können, werden bei der Umsetzun**
mit Natriumboranat in Sulfolan bei 100–120° zuerst zum Olefin eliminiert, das durch di**
gebildete hydroborierende Spezies in das Trialkyl-boran überführt wird. Letzteres ergib**
erst nach Protonolyse den gesättigten Kohlenwasserstoff[5, 6].

3-Äthyl-heptan[6]: Eine Lösung von 2,27 g (0,0139 Mol) 3-Chlor-3-äthyl-heptan und 1,07 g (0,0282 Mol) N**
triumboranat in 50 *ml* über Calciumhydrid destilliertem Sulfolan wird unter magnetischem Rühren in trockene**
Stickstoff-Atmosphäre 2,5 Stdn. auf 120° (Ölbadtemp.) erhitzt. Man tropft 30 *ml* (28,2 g; 0,282 Mol) Pentan**
säure vorsichtig zu, kocht weitere 18 Stdn. bei 190–200° Ölbadtemp., kühlt ab, gießt in 250 *ml* Wasser und schü**
telt mit Cyclohexan aus. Der Auszug wird mit Wasser und 10%iger Natriumcarbonat-Lösung gewaschen, m**
Magnesiumsulfat getrocknet, eingeengt und destilliert; Ausbeute: 1,1 g (62% d. Th.); Kp: 135–136°.

Analog erhält man z. B. aus:

3-Chlor-3-methyl-octan	→ *3-Methyl-octan*	74% d. Th.
2-Chlor-2-phenyl-propan	→ *Isopropyl-benzol*	78% d. Th.
1-Chlor-1-butyl-cyclohexan	→ *Butyl-cyclohexan*	89% d. Th.

Chlor-triphenyl-methan wird mit sechs Mol-Äquivalenten Natriumboranat in Dime**
thylsulfoxid bei 85° in 90%iger Ausbeute unmittelbar zum *Triphenylmethan* reduziert.

Diphenylmethyl-halogenide können durch Natriumboranat in Sulfolan hydrogenolysiert werden.

Zur Reduktion sek. und tert. Halogen-alkane zu Kohlenwasserstoffen in protonen
haltiger Lösung unter solvolytischen Bedingungen (hauptsächlich S_N1-Mechanismus) sin**
am besten Halogen-Derivate geeignet, die stabile Carbenium-Ionen liefern, da in diesen**
Fall das Ausmaß der Nebenreaktionen geringer ist. Unter Standardbedingungen wird di**
Reaktion mit acht Mol-Äquivalenten 4m Natriumboranat-Lösung, in 65 Vol.-%ige**
wäßrig-alkalischem Bis-[2-methoxy-äthyl]-äther bei 50° durchgeführt. Alkylbromid**
werden schneller reduziert als Alkylchloride[7]. Bei der Reduktion von 2-Chlor-2-phenyl**
propan wird z. B. neben 81% *Isopropyl-benzol* auch 8% 2-Phenyl-propen und 7% 2-Phe**
nyl-propanol-(2) gebildet[7]:

[1] P. Caubère u. J. Moreau, C.r. **269**, 165 (1969); Tetrahedron **25**, 2469 (1969); **26**, 2637 (1970).
    J. Moreau u. P. Caubère, Tetrahedron **27**, 5741 (1971).
[2] H. Reinheckel, Ang. Ch. **75**, 1205, 1206 (1963); Tetrahedron Letters **1964**, 1939.
    H. Reinheckel u. R. Gensike, J. pr. [4] **37**, 214 (1968).
[3] Y. Kobayashi, I. Kumadaki u. S. Taguchi, Chem. Pharm. Bull. (Tokyo) **20**, 823 (1972).
[4] H.C. Brown u. P.A. Tierney, Am. Soc. **80**, 1552 (1958).
    H.C. Brown et al., Am. Soc. **82**, 4233 (1960).
    H.M. Bell, C.W. Vanderslice u. A. Spehar, J. Org. Chem. **34**, 3923 (1969).
[5] R.O. Hutchins et al., Tetrahedron Letters **1969**, 3495; J. Org. Chem. **43**, 2259 (1978).
[6] R.O. Hutchins, R.J. Bertsch u. D. Hoke, J. Org. Chem. **36**, 1568 (1971).
[7] H.C. Brown u. H.M. Bell, J. Org. Chem. **27**, 1928 (1962).
    H.M. Bell u. H.C. Brown, Am. Soc. **88**, 1473 (1966).

$$H_5C_6-\underset{\underset{CH_3}{|}}{\overset{\overset{CH_3}{|}}{C}}-Cl \xrightarrow{Na[BH_4]} H_5C_6-\underset{\underset{CH_3}{|}}{\overset{\overset{CH_3}{|}}{C}}H \ + \ H_5C_6-\underset{\underset{H_2C}{\|}}{\overset{\overset{CH_3}{|}}{C}} \ + \ H_5C_6-\underset{\underset{CH_3}{|}}{\overset{\overset{CH_3}{|}}{C}}-OH$$

Isopropyl-benzol[1]: Zu einer Lösung von 15,1 g (0,4 Mol) Natriumboranat und 4 g (0,1 Mol) Natriumhydroxid in 65 *ml* Bis-[2-methoxy-äthyl]-äther und 35 *ml* Wasser werden unter Rühren bei 50° 7,74 g (0,05 Mol) 2-Chlor-2-phenyl-propan gegeben. Man rührt 1 Stde., kühlt ab, versetzt mit 20 *ml* Wasser, trennt die obere Schicht ab, schüttelt die untere Phase 4mal mit je 15 *ml* Petroläther, wäscht den Auszug mit Wasser, trocknet; Ausbeute: ~81% d. Th.

Bei entsprechender Behandlung erhält man z. B. aus:

Chlor-diphenyl-methan	→ *Diphenylmethan*	99% d. Th.
Chlor-triphenyl-methan	→ *Triphenylmethan*	96% d. Th.

Tetrabrom-methan läßt sich in wäßrigem Methanol mit 74%iger Ausbeute zu *Tribrom-methan* reduzieren. Letzteres wird im Gegensatz zu Trijod-methan, das mit Natriumboranat in 85%iger Ausbeute *Dijod-methan* ergibt, nicht weiter angegriffen[2]. Vicinale Dibromide werden zu Alkenen reduziert[3].

Aktivierte Halogen-Atome lassen sich auch durch Natriumboranat/Aluminiumchlorid in Bis-[2-methoxy-äthyl]-äther[4] und durch Lithiumboranat in Diäthyläther[5] hydrogenolytisch abspalten.

Natrium-cyano-trihydrido-borat reduziert prim. und sek. Brom- und Jod-alkane in HMPT bei 50–100° in guten Ausbeuten zu den entsprechenden Kohlenwasserstoffen. Die prim. Chlor-C-Bindung wird bei 100° so langsam reduziert, daß gleichzeitig anwesende Brom- und Jod-Atome selektiv abgespalten werden können[6] (s. Tab. 31, S. 392) (noch selektiver wirkt Tetrabutylammonium-cyan-trihydrido-borat). Prim. Jod-alkane werden wesentlich schneller als die entsprechenden Brom-Verbindungen reduziert[7].

Die starken nucleophilen Alkalimetall-trialkyl-hydrido-borate[8] reduzieren prim. und sek. Halogen-alkane bzw. -cycloalkane nach dem S_N2-Mechanismus sehr schnell zu Kohlenwasserstoffen; tert. Alkylhalogenide werden nur langsam, besonders unter Bildung von Olefinen, angegriffen. Lithium-triäthyl-hydrido-borat reduziert 1-Brom-octan bei 20° innerhalb zwei Min. quantitativ zum *Octan*. Das sonst nur sehr schwierig reduzierbare 1-Brom-2,2-dimethyl-propan liefert innerhalb 3 Stdn. in siedendem THF in 96%iger Ausbeute *2,2-Dimethyl-propan*[9].

Sek. Alkyl- und Cycloalkyl-halogenide reagieren zunehmend schlechter in der Folge:

[1] H.C. Brown u. H.M. Bell, J. Org. Chem. **27**, 1928 (1962).
H.M. Bell u. H.C. Brown, Am. Soc. **88**, 1473 (1966).
[2] M.M. Nad u. K.A. Kotscheschkow, Izv. Akad. SSSR **1957**, 1122; C. **1959**, 757.
[3] J.K. King, A.D. Allbutt u. R.G. Pews, Canad. J. Chem. **46**, 805 (1968).
N.G. Kundu, Chem. Commun. **1979**, 564.
[4] F.A. McGinn et al., Am. Soc. **80**, 476 (1958).
[5] H. Zinner u. B. Spangenberg, B. **91**, 1437 (1958).
H. Zinner u. W. Nimmich, J. pr. **14**, 139 (1961).
[6] R.O. Hutchins, B.E. Maryanoff u. C.A. Milewski, Chem. Commun. **1971**, 1097.
R.O. Hutchins et al., J. Org. Chem. **42**, 82 (1977).
F. Borchers et al., Am. Soc. **99**, 6359 (1977).
[7] R.O. Hutchins u. D. Kandasamy, Am. Soc. **95**, 6131 (1973).
[8] H.C. Brown et al., Am. Soc. **75**, 192 (1953).
J.B. Honeycutt u. J.M. Riddle, Am. Soc. **83**, 369 (1961).
P. Binger et al., A. **717**, 21 (1968).
[9] H.C. Brown u. S. Krishnamurthy, Am. Soc. **95**, 1669 (1973).
H.C. Brown, A. Khuri u. S. Krishnamurthy, Am. Soc. **99**, 6237 (1977).
S. Krishnamurthy u. H.C. Brown, J. Org. Chem. **45**, 849 (1980).

Cyclopentyl- > acyclisches Alkyl- > Cycloheptyl- > Cyclooctyl/Cyclohexyl- >

> *exo*-Norbornyl-(2)-

Brom-cycloheptan wird z. B. innerhalb 3 Stdn. bei 25° quantitativ zu *Cycloheptan* reduziert[1].

Die Reaktion kann auch mit Lithiumhydrid in Gegenwart katalytischer Mengen Triäthyl-boran durchgeführt werden. Bei 1,1-Dibrom-cyclopropanen tritt Ringspaltung zu Allenen ein; z. B.[2]:

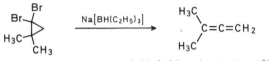

3-Methyl-butadien-(1,2); 42% d. Th.

Komplexe Kupferhydride reduzieren ebenfalls prim., sek. und tert. Halogen-alkane und -cycloalkane mit guten Ausbeuten zu den entsprechenden Kohlenwasserstoffen[3] (weiteres s. S. 400).

Diboran greift in der Regel unter Standardbedingungen Halogen-alkane mit Ausnahme der prim. Jod-alkane nicht an[4]. In Nitromethan werden dagegen leicht ionisierbare sek. und tert. Benzyl-halogenide durch Einleitung von Diboran (bei 15° S_N1-Reaktion) mit guten Ausbeuten zu Kohlenwasserstoffen reduziert. Als Medium können nur nucleophile Lösungsmittel mit hoher Dielektrizitätskonstante verwendet werden[5]. Die Reaktionsgeschwindigkeit nimmt mit abnehmender Stabilität des entsprechenden Carbenium-Ions ab:

$$(H_5C_6)_3C{-}Cl \; > \; (H_5C_6)_2CH{-}Cl \; > \; H_5C_6{-}C(CH_3)_2{-}Cl$$

tert.-Butyl-chlorid und Benzylchlorid reagieren nicht. Ein ähnliches Reduktionsvermögen besitzt Triäthylamin-Boran in flüssigem Schwefeldioxid[6].

Halogen-alkane und -cycloalkane lassen sich mit Triorgano-zinnhydrid in einer Radikalkettenreaktion sehr selektiv zu Kohlenwasserstoffen umsetzen[7-10] (vgl. a. S. 282). Die Reaktivität steigt in folgender Reihe[9, 11]:

$$C_{prim}{-}X \; < \; C_{sek}{-}X \; < \; C_{tert}{-}X$$

$$R{-}F \; < \; R{-}Cl \; < \; R{-}Br \; < \; R{-}J$$

Alkyl-bromide und -jodide reagieren mit dem am meisten gebrauchten Tributyl-zinnhydrid spontan, während Chlor-alkane nur in der Hitze oder durch Kettenstarter wie Azo-bis-isobutansäure-nitril bzw. Belichtung initiiert reduziert werden. Fluor-alkane werden nicht angegriffen.

[1] H. C. Brown u. S. Krishnamurthy, Am. Soc. **95**, 1669 (1973).
    H. C. Brown, A. Khuri u. S. Krishnamurthy, Am. Soc. **99**, 6237 (1977).
    S. Krishnamurthy u. H. C. Brown, J. Org. Chem. **45**, 849 (1980).
[2] P. Binger, Synthesis **1974**, 190.
[3] R. G. R. Bacon u. H. A. O. Hill, Soc. **1964**, 1112.
    S. Masamune, P. A. Rossy u. G. S. Bates, Am. Soc. **95**, 6452 (1973).
    S. Masamune, G. S. Bates u. P. E. Georghiou, Am. Soc. **96**, 3686 (1974).
[4] G. R. Pettit, S. K. Gupta u. P. A. Whitehouse, J. Med. Chem. **10**, 692 (1967).
[5] S. Matsumura u. N. Tokura, Tetrahedron Letters **1969**, 363.
[6] S. Matsumura u. N. Tokura, Tetrahedron Letters **1968**, 4703.
[7] G. J. M. van der Kerk, J. G. Noltes u. J. G. A. Luijten, J. appl. Chem. **7**, 356 (1957).
[8] J. G. Noltes u. G. J. M. van der Kerk, Chem. & Ind. **1959**, 294.
[9] H. G. Kuivila, L. W. Menapace u. C. R. Warner, Am. Soc. **84**, 3584 (1962).
    H. G. Kuivila u. L. W. Menapace, J. Org. Chem. **28**, 2165 (1963).
[10] K. Kühlein, W. P. Neumann u. H. Mohring, Ang. Ch. **80**, 438 (1968).
[11] L. W. Menapace u. H. G. Kuivila, Am. Soc. **86**, 3047 (1964).
    D. J. Carlsson u. K. U. Ingold, Am. Soc. **90**, 1055, 7047 (1968).

Die Organo-zinnhydride werden wegen ihrer Instabilität (s. S. 33 f.) nach mehreren Methoden meist in situ hergestellt. Eine Tributyl-zinnhydrid-Reduktionslösung kann z. B. aus Polymethyl-hydrido-siloxan und Bis-[tributyl-zinn]-oxid erhalten werden[1,2]:

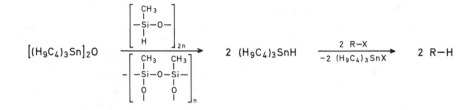

Kohlenwasserstoffe aus Halogen-Verbindungen und Polymethyl-hydrido-siloxan/Bis-[tributyl-zinn]-oxid; allgemeine Arbeitsvorschrift[2]: Zu 0,2 Mol Halogen-Verbindung und 18 g (0,3 Äquivalente) Polymethyl-hydrido-siloxan (MH 15; Bayer AG, Leverkusen) werden unter Rühren in trockener Stickstoff-Atmosphäre bei 0° 57,2 g (0,112 Äquivalente) Bis-[tributyl-zinn]-oxid getropft. Man rührt bei der nötigen Reaktionstemp. weiter und destilliert.

U. a. werden so erhalten:

1,1-Dibrom-*trans*-2,3-dimethyl-cyclopropan	$\xrightarrow{0°/1,5 \text{ Stdn.}}$	*1-Brom-trans-2,3-di-methyl-cyclopropan*	85% d. Th.
1-Brom-heptan	$\xrightarrow{50°/1 \text{ Stde.}}$	*Heptan*	70% d. Th.
2-Chlor-octan	$\xrightarrow{110°/16 \text{ Stdn.}}$	*Octan*	63% d. Th.
(2-Brom-äthyl)-benzol	$\xrightarrow{110°/4 \text{ Stdn.}}$	*Äthyl-benzol*	69% d. Th.

Auch Lithiumalanat liefert mit Trialkyl- und Triaryl-zinnhalogeniden Organo-zinnhydride[3], die ohne Isolierung eingesetzt werden können[4]. Mit den analog zugänglichen Organo-zinndeuteriden können in guten Ausbeuten deuterierte Kohlenwasserstoffe erhalten werden[5,6] (zur Reduktion mit Lithium-tetradeuterido-aluminat/Tributyl-zinnchlorid s. ds. Handb., Bd. V/1a, S. 604).

Eine einfache Methode ist die Reduktion mit Natriumboranat in Gegenwart katalytischer Mengen (0,1–0,3 Äquivalent) Trialkyl-zinnhalogenid. Die Reaktion kann durch Belichtung mit einer UV-Lampe beschleunigt werden[7]:

$$2 R_3Sn\text{—}Cl + 2 NaBH_4 \xrightarrow[-2NaCl]{-B_2H_6} 2 R_3SnH \xrightarrow{2R^1\text{—}Cl} 2 R^1\text{—}H + 2 R_3Sn\text{—}Cl$$

Der Gleichung entsprechend verbraucht 1 Mol Halogen-Verbindung 1 Mol Natriumboranat, in der Praxis wird vom letzteren ein 10–20%iger Überschuß genommen. Die Reaktion wird in Äthanol durchgeführt, wodurch das gebildete Diboran abgefangen wird.

[1] T. K. Hayashi, J. Iyoda u. I. Shiihara, J. Organometal. Chem. **10,** 81 (1967).
[2] G. L. Grady u. H. G. Kuivila, J. Org. Chem. **34,** 2014 (1969).
[3] A. E. Finholt et al., Am. Soc. **69,** 2692 (1947).
   G. Wittig, F. J. Meyer u. G. Lange, A. **571,** 167, 195 (1951).
   H. Gilman u. J. Eisch, J. Org. Chem. **20,** 763 (1955).
   G. J. M. Van der Kerk, J. G. Noltes u. J. G. A. Luijten, J. Appl. Chem. **7,** 366 (1957).
   H. G. Kuivila u. O. F. Beumel, Am. Soc. **83,** 1246 (1961).
[4] H. G. Kuivila u. L. W. Menapace, J. Org. Chem. **28,** 2165 (1963).
   J. P. Oliver, U. V. Rao u. M. T. Emerson, Tetrahedron Letters **1964,** 3419.
[5] H. W. Whitlock u. M. W. Siefken, Am. Soc. **90,** 4929 (1967).
[6] K. Kühlein, W. P. Neumann u. H. Mohring, Ang. Ch. **80,** 438 (1968).
   E. Müller u. U. Trense, Tetrahedron Letters **1967,** 4979.
   F. D. Greene u. N. N. Lowry, J. Org. Chem. **32,** 882 (1968).
   G. M. Whitesides u. J. San Filippo, Am. Soc. **92,** 6611 (1970).
[7] E. J. Corey u. J. W. Suggs, J. Org. Chem. **40,** 2554 (1975).
   J. T. Groves u. S. Kittisopikul, Tetrahedron Letters **1977,** 4291.
   H. Parnes u. J. Pease, J. Org. Chem. **44,** 151 (1979).

Ester-, Lacton- und Aminocarbonyl-Gruppen werden nicht angegriffen. Die Methode ist auch zur Durchführung von Hydrostannierungen geeignet (s. S. 66f.). Die Isolierung der Reduktionsprodukte von den zinnhaltigen Reaktionsmischungen bereitet häufig Schwierigkeiten[1].

Die Reaktivität von Chlor-methanen gegenüber Triphenyl-zinnhydrid ist umgekehr wie beim Lithiumalanat. Tetrachlor-methan reagiert heftig bei 20° unter Bildung von *Chloroform*, das seinerseits erst unter Rückfluß zu *Dichlormethan* reduziert wird. Letzteres wird ebenso erst unter Rückfluß zu *Chlormethan* hydrogenolysiert[2]. Auf ähnliche Weise können selektiv aus Trichlormethyl-benzol mit Tributyl-zinnhydrid stufenweise *Dichlormethyl-* und *Chlormethyl-benzol* sowie *Toluol* in guten Ausbeuten erhalten werden[3]. Benzylhalogenide und Homologe in α-Stellung reagieren oft äußerst heftig mit Organo-zinnhydriden[4].

Diese selektiven Reduktionen haben in erster Linie bei den Umsetzungen von geminalen Dihalogen-Verbindungen der alicyclischen Reihe[5] (hauptsächlich geminale Dihalogen-cyclopropane[6]) eine praktische Bedeutung.

1-Fluor-2,2,3,3-tetramethyl-cyclopropan[7]: Eine Mischung von 30,12 g (0,2 Mol) 1-Fluor-1-chlor-2,2,3,3-tetramethyl-cyclopropan, 66,7 g (0,23 Mol) Tributyl-zinnhydrid und einer katalytischen Menge Azo-bis-isobuttersäure-nitril wird unter Stickstoff 10 Stdn. bei 80–85° gerührt und danach destilliert; Ausbeute: 16,5 g (66%/ d. Th.); Kp: 80–82°.

Analog erhält man aus 2,2-Dijod-1,1-dimethyl-cyclopropan *2-Jod-1,1-dimethyl-cyclopropan* (65% d. Th.; Kp_{20}: 40–41°)[8]. Weiteres über die Reaktion s. S. 402, sowie das Handb., Bd. IV/3, S. 203ff.

Brom-Atome an einem Brückenkopf-C-Atom werden mit Triphenyl-[9] und Tributyl-zinnhydrid[10] nur selten mit guten Ausbeuten hydrogenolysiert.

Vicinale Dibrom-alkane ergeben mit Tributyl-zinnhydrid unter *anti*-Eliminierung die entsprechenden **Olefine**, während vicinale Chlor-brom- und Dichlor-alkane **Monochlor-alkane** liefern[11, 12].

[1] J. E. Leibner u. J. Jacobus, J. Org. Chem. **44**, 449 (1979).
  J. M. Berge u. S. M. Roberts, Synthesis **1979**, 471.
[2] D. H. Lorenz u. E. I. Becker, J. Org. Chem. **27**, 3370 (1962).
  A. E. Borisow u. A. N. Abramowa, Izv. Akad. SSSR **1964**, 844.
[3] H. G. Kuivila, L. W. Menapace u. C. R. Warner, Am. Soc. **84**, 3584 (1962).
[4] E. J. Kupchik u. R. E. Connolly, J. Org. Chem. **26**, 4747 (1961).
  H. G. Kuivila u. L. W. Menapace, J. Org. Chem. **28**, 2165 (1963).
[5] B. B. Jarvis u. J. B. Yount, Chem. Commun. **1969**, 1405.
  B. B. Jarvis, J. B. Yount u. T.-H. Yang, J. Org. Chem. **37**, 797 (1972).
  J. San Filippo u. G. M. Anderson, J. Org. Chem. **39**, 473 (1974).
[6] D. Seyferth, H. Yamazaki u. D. L. Alleston, J. Org. Chem. **28**, 703 (1963).
  J. P. Oliver, U. V. Rao u. M. T. Emerson, Tetrahedron Letters **1964**, 3419.
  S. J. Cristol, R. M. Segueira u. C. H. DePuy, Am. Soc. **87**, 4007 (1965).
  E. Vogel, W. Grimme u. S. Korte, Tetrahedron Letters **1965**, 3625.
  W. Rahman u. H. G. Kuivila, J. Org. Chem. **31**, 772 (1966).
  T. Ando et al., Am. Soc. **89**, 5719 (1967); Bl. chem. Soc. Japan **42**, 2013 (1969); J. Org. Chem. **35**, 33 (1970).
  W. E. Barnett u. R. F. Koebel, Chem. Commun. **1969**, 875.
  J. Hatem u. B. Waegell, Tetrahedron Letters **1973**, 2019.
  L. Sydnes u. L. Skattebøl, Tetrahedron Letters **1974**, 3703; Acta chem. scand. [B] **32**, 632 (1978).
  M. A. McKinney u. S. C. Nagarajan, J. Org. Chem. **44**, 2233 (1979).
[7] T. Ando et al., J. Org. Chem. **35**, 33 (1970).
[8] J. P. Oliver u. U. V. Rao, J. Org. Chem. **31**, 2696 (1966).
[9] E. J. Kupchik u. R. J. Kiesel, Chem. & Ind. **1962**, 1654; J. Org. Chem. **29**, 764 (1964).
[10] H. W. Whitlock u. M. W. Siefken, Am. Soc. **90**, 4929 (1968).
  T. Luh u. L. M. Stock, J. Org. Chem. **42**, 2790 (1977).
  R. C. Fort u. J. Hiti, J. Org. Chem. **42**, 3968 (1977).
[11] H. G. Kuivila u. L. W. Menapace, J. Org. Chem. **28**, 2165 (1963).
[12] R. J. Strunk et al., Am. Soc. **92**, 2849 (1970).

Beim Angriff von Organo-zinnhydriden auf ein Chiralitätszentrum wird normaler-weise infolge des radikalischen Verlaufes der Reaktion ein racemisches Reduktionspro-dukt erhalten[1,2]. Bei der Reduktion von Halogen-cyclopropanen bleibt dagegen die Kon-figuration wegen der größeren Stabilität des pyramidalen Cyclopropyl-Radikals zumeist erhalten[3]. Der stereochemische Ablauf der Reaktion wird auch von der Struktur des Halo-gen-cyclopropans, der Reaktionstemperatur und vom Reduktionsvermögen, effektivem Raumbedarf und Konzentration des Organo-zinnhydrids beeinflußt. So wird z. B. (S)-1-(+)-Brom-1-methyl-2,2-diphenyl-cyclopropan in reinem Triphenyl-zinnhydrid infolge sterischer Hinderung unter Inversion, durch Dibutyl-zinndihydrid mit geringerem Raum-bedarf und stärkerem Reduktionsvermögen in Kohlenwasserstoff-Lösung unter Renten-ion zum *2-Methyl-1,1-diphenyl-cyclopropan* reduziert[4]:

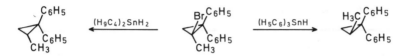

Dialkyl-zinndihydride werden aufgrund ihrer geringeren Selektivität zur Reduktion von Halogen-Ver-bindungen nur selten angewendet (s. S. 402f.)[5].

Das aus dem (α-Halogen-alkyl)-cyclopropan-System mit Organo-zinnhydriden gebildete Radikal kann sich zum entsprechenden Allyl-Radikal umlagern, oder es stellt sich ein Gleichgewicht ein; z. B.[6]:

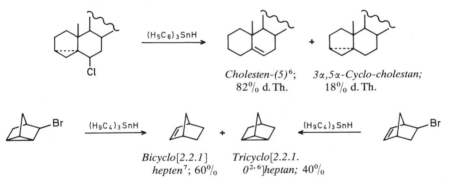

Cholesten-(5)[6];   *3α,5α-Cyclo-cholestan;*
82% d. Th.   18% d. Th.

Bicyclo[2.2.1]   *Tricyclo[2.2.1.*
hepten[7]; 60%   *0*[2,6]*heptan;* 40%

Triäthyl-siliciumhydrid reduziert Halogen-alkane bei Aluminiumchlorid-Katalyse nach einem polaren Mechanismus zu Kohlenwasserstoffen. So erhält man z. B. aus 1-Chlor-hexan 57% d.Th. *Hexan,* aus 1-Chlor-2,2-dimethyl-propan unter Umlagerung 36% d.Th. *2-Methyl-butan* bzw. aus 4-Chlor-2,2-dimethyl-butan 50% d.Th. *2,3-Dime-hyl-butan*[8].

In Gegenwart von ~5 Mol% Aluminiumchlorid läuft die Reduktion prim., sek. bzw. tert. Halogenide meistens auch unter Eiswasser-Kühlung schnell und exotherm ab. Durch

H. G. Kuivila, L. W. Menapace u. C. R. Warner, Am. Soc. **84**, 3584 (1962).

F. D. Greene u. N. N. Lowry, J. Org. Chem. **32**, 882 (1967).

F. R. Jensen u. D. B. Patterson, Tetrahedron Letters **1966**, 3837.

T. Ando et al., Am. Soc. **89**, 5719 (1967); J. Org. Chem. **35**, 33 (1970).

L. J. Altman u. B. W. Nelson, Am. Soc. **91**, 5163 (1969).

L. J. Altman u. T. R. Erdman, Tetrahedron Letters **1970**, 4891.

H. G. Kuivila u. L. W. Menapace, J. Org. Chem. **28**, 2165 (1963).

S. J. Cristol u. R. V. Barbour, Am. Soc. **90**, 2832 (1968).

C. R. Warner, R. J. Strunk u. H. G. Kuivila, J. Org. Chem. **31**, 3381 (1966).

F. C. Whitmore, E. W. Pietrusza u. L. H. Sommer, Am. Soc. **69**, 2108 (1947).

Deuterolyse primärer Alkyl-halogenide wurde bewiesen, daß vor der Reduktion eine Um‌lagerung zum stabileren Carbokation eintritt[1].

Alkane; allgemeine Arbeitsvorschrift[1]: 12 mMol Organo-silan und 0,05 g (0,4 mMol) wasserfreies Alumini‌umchlorid werden unter Stickstoff gerührt und unter Eiskühlung mit 10 mMol Halogen-alkan tropfenweise ver‌setzt. Als Lösungsmittel kann nötigenfalls Pentan angewendet werden. Man erhitzt bei 40° bis die Reaktion be‌endet ist (~ 1 Stde.). Danach zersetzt man mit 0,2 g Natriumcarbonat und arbeitet auf.

Mit Triäthyl-silan erhält man aus:

1-Chlor-heptan	→ *Heptan*	73% d.Th.
Brom-cyclopentan	→ *Cyclopentan*	71% d.Th.
Cyclohexylmethyl-bromid	→ *Methyl-cyclohexan*	52% d.Th.
Chlor-diphenyl-methan	→ *Diphenyl-methan*	100% d.Th.
2-Brom-adamantan	→ *Adamantan*	84% d.Th.

Mit Triäthyl-deutero-silan erhält man aus:

1-Brom-hexan	→ *1-Deutero-hexan*
Cyclohexylmethyl-bromid	→ *1-Deutero-1-methyl-cyclohexan*

Als Nebenreaktionen können Umlagerungen und Friedel-Crafts-Alkylierungen eintreten.

Organo-siliciumhydride reduzieren, ähnlich den Organo-zinnhydriden durch einen Kettenstarter initiiert, Halogen-alkane auch radikalisch[2]. Infolge des schwächeren Reduktionsvermögens der Siliciumhydride besteh‌en jedoch Unterschiede. So verläuft die selektive Reduktion geminaler Fluor-brom-cyclopropane mit Tributyl-sili‌ciumhydrid zu Fluor-cyclopropanen nicht stereoselektiv, mit dem reaktionsfähigeren Dibutyl-siliciumdihy‌drid bleibt dagegen die Konfiguration größtenteils erhalten[3].

Tab. 31 Alkane bzw. Cycloalkane durch selektive Reduktion von Halogen-Verbindungen mit Hydriden

Halogen-Verbindung	Reduktionsbedingungen	Produkt	Ausbeute [% d. Th.]	Lite-ratur
H_5C_2–Br	Na[BH$_4$]; DMSO; 25°; 2 Stdn.	*Äthan*	95	4
(H$_3$C)$_2$CH–Br	Na[BH$_4$]; DMSO; 45°; 8 Stdn.	*Propan*	71	4
H$_{11}$C$_6$–Cl	(H$_9$C$_4$)$_3$SnH; 120°; 0,75 Stdn.	*Cyclohexan*	36	5
H$_{11}$C$_5$–CH(CH$_3$)–Br	Li[AlH$_4$]; THF; 65°; 1 Stde.	*Heptan*	76	6
H$_{15}$C$_7$–CH$_2$–Br	Li[AlH$_4$]; THF; 65°; 1 Stde.	*Octan*	96	6
H$_{13}$C$_6$–CH(CH$_3$)–Cl	Na[BH$_4$]; DMSO; 85°; 48 Stdn.	*Octan*	67	7
H$_{13}$C$_6$–CH(CH$_3$)–Br	18 Stdn.	*Octan*	72	7
H$_{13}$C$_6$–CH(CH$_3$)–J	1 Stde.	*Octan*	82	7
H$_{19}$C$_9$–CH$_2$–Br	1,5 Stdn.	*Decan*	94	7
H$_{23}$C$_{11}$–CH$_2$–J	Na[BH$_3$–CN]; HMPA; 25°; 3,5 Stdn.	*Dodecan*	91	8
(H$_5$C$_6$)$_2$CH–Cl	B$_2$H$_6$; Nitromethan; 15°; 6 Stdn.	*Diphenylmethan*	90	9
	Na[BH$_4$]; Sulfolan; 100°, 1 Stde.	*Diphenylmethan*	94	7
(H$_5$C$_6$)$_3$C–Cl	(H$_9$C$_4$)$_3$SnH; Benzol; 25°; 2,5 Stdn.	*Triphenylmethan*	75	5
H$_5$C$_6$–CH(CH$_3$)–Cl	(H$_9$C$_4$)$_3$SnH; 100°; 17 Stdn.	*Äthyl-benzol*	77	5
H$_5$C$_6$–C(CH$_3$)$_2$–Cl	B$_2$H$_6$; Nitromethan; 15°; 6 Stdn.	*Isopropyl-benzol*	82	9
H$_5$C$_6$–CH$_2$–C(CH$_3$)$_2$–CH$_2$–CH$_2$–Br	Li[AlH$_4$]; THF; 65°; 7 Stdn.	*2,2-Dimethyl-1-phenyl-butan*	65	10

[1] M. P. Doyle, C. C. McOsker u. C. T. West, J. Org. Chem. **41**, 1393 (1976).

[2] Y. Nagai et al., J. Organometal. Chem. **9**, 21 (1967).

[3] T. Ando et al., Bl. chem. Soc. Japan **46**, 3513 (1973).

[4] H. M. Bell, C. W. Vanderslice u. A. Spehar, J. Org. Chem. **34**, 3923 (1969).

[5] H. G. Kuivila u. L. W. Menapace, J. Org. Chem. **28**, 2165 (1963).

[6] J. E. Johnson, R. H. Blizzard u. H. W. Carhart, Am. Soc. **70**, 3664 (1948).

[7] R. O. Hutchins et al., Tetrahedron Letters **1969**, 3495.

[8] R. O. Hutchins, B. E. Maryanoff u. C. A. Milewski, Chem. Commun. **1971**, 1097.

[9] S. Matsumura u. N. Tokura, Tetrahedron Letters **1969**, 363.

[10] G. L. Goerner, J. Org. Chem. **24**, 888 (1959).

Die Reduktion kann auch durch Palladium/Aktivkohle katalysiert werden[1]. Trichlor-siliciumhydrid reduziert Halogenide bei Belichten nach einem radikalischen Mechanismus[2].

Die Tab. 31 (S. 392) gibt einen Überblick über die Reduktion von Halogen-alkanen mit Hydriden.

α_2) in Gegenwart weiterer funktioneller Gruppen

Halogen-Verbindungen mit zusätzlichen Hydroxy- und Äther-Gruppen im Molekül werden in der Regel durch Lithiumalanat selektiv hydrogenolysiert[3]. Besonders leicht tritt die Reaktion bei α-substituierten Derivaten ein, so daß es gelingt, gleiche Halogen-Atome stufenweise durch ein Wasserstoff-Atom zu ersetzen; z. B.[4]:

$$\underset{\text{Cl}}{H_5C_2O-\overset{\text{Cl}}{\overset{|}{C}H}-CH_2-Cl} \xrightarrow{Li[AlH_4]} H_5C_2O-CH_2-CH_2-Cl$$

2-Chlor-1-äthoxy-äthan;
53% d. Th.

2,3-Dichlor-tetrahydrofuran und -tetrahydropyran liefern in ähnlicher Weise *3-Chlor-tetrahydrofuran* bzw. *-tetrahydropyran*[5]. Diese Halogenacetal-Gruppierung liegt auch in acetylierten Glykopyranosyl-bromiden[6] und Glykofuranosyl-chloriden[7] vor, die deshalb durch Reduktion mit Lithiumalanat leicht in die entsprechenden 1,5- bzw. 1,4-Anhydro-zuckeralkohole überführbar sind.

Bromhydrine können mit Lithiumalanat/Titan(III)-chlorid (1:4) in siedendem Tetrahydrofuran in guten Ausbeuten in die entsprechenden Olefine übergeführt werden[8, 9]:

$$\underset{\underset{R^2\ R^4}{|\ \ \ |}}{\overset{\overset{Br\ OH}{|\ \ \ |}}{R^1-C-C-R^3}} \xrightarrow{Li[AlH_4]/4\ TiCl_3} \underset{R^2}{\overset{R^1}{}}C=C\underset{R^4}{\overset{R^3}{}}$$

Die Reaktion verläuft nicht stereospezifisch.

Olefine aus Bromhydrinen; allgemeine Herstellungsvorschrift[9]: Zu einer Mischung von 2,3 g (15 mMol) Titan(III)-chlorid in 70 *ml* absol. THF werden unter Rühren und unter Stickstoff 0,142 g (3,75 mMol) Lithiumalanat gegeben. Man rührt 10 Min., versetzt mit 5 mMol Bromhydrin in 10 *ml* absol. THF, erhitzt 16 Stdn. unter Rückfluß, kühlt ab und arbeitet destillativ auf.

Auf diese Weise erhält man u. a. aus:

2-Brom-decanol	→ *Decen-(1)*	74% d. Th.
2-Brom-dodecanol	→ *Dodecen-(1)*	91% d. Th.
erythro-5-Brom-decanol-(6)	→ *Decen-(5)*	91% d. Th.
	(*trans:cis* 80:20)	

[1] J. D. CITRON, J. E. LYONS u. L. H. SOMMER, J. Org. Chem. **34**, 638 (1969).
[2] J. A. KERR et al., Soc. [A] **1968**, 510.
[3] E. L. ELIEL u. T. J. PROSSER, Am. Soc. **78**, 4045 (1956).
E. L. ELIEL u. J. T. TRAXLER, Am. Soc. **78**, 4049 (1956).
E. L. ELIEL u. D. W. DELMONTE, Am. Soc. **80**, 1744 (1958).
B. J. BOLGER et al., Tetrahedron **23**, 341 (1967).
T. NAMBARA, H. HOSODA u. T. SHIBATA, Chem. Pharm. Bull. (Tokyo) **17**, 2599 (1969).
[4] L. W. TREVOY u. W. G. BROWN, Am. Soc. **71**, 1675 (1949).
[5] L. CROMBIE et al., Soc. **1956**, 136.
[6] R. K. NESS, H. G. FLETCHER u. C. S. HUDSON, Am. Soc. **72**, 4547 (1950).
R. K. NESS u. H. G. FLETCHER, Am. Soc. **75**, 2619 (1953).
[7] R. K. NESS, H. G. FLETCHER u. C. S. HUDSON, Am. Soc. **73**, 3742 (1951).
[8] J. E. MCMURRY u. T. HOZ, J. Org. Chem. **40**, 3797 (1975).
[9] J. E. MCMURRY et al., J. Org. Chem. **43**, 3249 (1978).

threo-5-Brom-decanol-(6)	→ *Decen-(5)* (*trans:cis* 70:30)	82% d. Th.
trans-2-Brom-1-hydroxy-cyclooctan	→ *Cycloocten*	96% d. Th.
trans-1-Brom-2-hydroxy-indan	→ *Inden*	93% d. Th.
6β-Brom-3β,5α-dihydroxy-cholestan	→ *3β-Hydroxy-chole-sten-(5) (Cholesterin)*	79% d. Th.

Mit Natriumboranat gelingt es z. B. 3-Brommethyl-2-phenyl-oxiran (HMPT/70°, 12 Stdn.) zum *3-Methyl-2-phenyl-oxiran* (63% d. Th.) zu reduzieren[1].

Zur Reduktion von α-Nitroso-chloriden zu N-Alkyl-hydroxylaminen s. S. 472.

Vicinale[2] und geminale[3] Halogen-nitro-Verbindungen werden durch Natriumboranat zu Nitro-Verbindungen reduziert. Die Reaktion ermöglicht die Überführung der Oximino-Gruppe in die Nitro-Gruppe. Das Oxim wird mit N-Brom-succinimid zur geminalen Brom-nitroso-Verbindung umgesetzt, die man danach zum geminalen Brom-nitro-Derivat oxidiert und selektiv zur Nitro-Verbindung reduziert.

Die Synthese hat mehrere Varianten, in ihrer einfachsten Ausführungsform wird das Oxim mit einem großen N-Brom-succinimid-Überschuß in einem Schritt bromiert und oxidiert. Aus 3β-Acetoxy-17-hydroximino-androsten-(5) erhält man auf diese Weise in 55%iger Ausbeute die Nitro-Verbindung[4]:

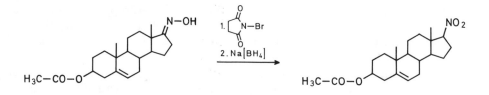

17β-Nitro-3β-acetoxy-androsten-(5)[4]: Zu einer Suspension von 39,2 g (0,22 Mol) fein gepulvertem N-Brom-succinimid in 125 *ml* Wasser und 125 *ml* 1,4-Dioxan werden unter kräftigem Rühren 21,8 g (0,218 Mol) Kaliumhydrogencarbonat in 125 *ml* Wasser und 25 g (0,0725 Mol) 3β-Acetoxy-17-hydroximino-androsten-(5) in 250 *ml* 1,4-Dioxan gegeben. Man rührt die Mischung 2 Tage kräftig bei 20°, versetzt mit Wasser, extrahiert mit Diäthyläther, wäscht den Auszug mit Wasser und verd. Eisen(II)-sulfat-Lösung und dampft ein. Der Rückstand wird in 425 *ml* THF und 85 *ml* Wasser gelöst und unter Rühren innerhalb 15 Min. portionsweise mit 8,5 g (0,224 Mol) Natriumboranat versetzt. Die Mischung erwärmt sich auf Rückflußtemp. Man rührt noch 1 Stde. bei 20° und gibt weitere 2,5 g (0,066 Mol) Natriumboranat zu. Nach weiteren 1,5 Stdn. säuert man mit einer Lösung von 50 g (0,72 Mol) Hydroxylamin-Hydrochlorid in Wasser an, schüttelt mit Diäthyläther aus, wäscht, trocknet und dampft den Auszug ein und kristallisiert den Rückstand aus Essigsäure-äthylester; Ausbeute: 12,65 g (55% d. Th.); F: 210–212°; [α]$_D$: −29,7° (c: 0,47 in 1,4-Dioxan).

Ähnlich werden folgende Umsetzungen durchgeführt:

3-Methyl-2-hydroximino-butan[5]	→ *3-Nitro-2-methyl-butan*	48% d. Th.
1-Brom-1-nitro-cyclohexan[6]	→ *Nitro-cyclohexan*	80% d. Th.
1-Brom-1-nitro-cycloheptan[6]	→ *Nitro-cycloheptan*	76% d. Th.
2-Brom-2-nitro-3-methoxy-propansäure-methylester[7]	→ *2-Nitro-3-methoxy-propansäure-methylester*	70% d. Th.

[1] R. O. Hutchins, B. E. Maryanoff u. C. A. Milewski, Chem. Commun. **1971**, 1097.
[2] A. Hassner u. C. Heathcock, J. Org. Chem. **29**, 1350 (1964).
[3] K. Klager, J. Org. Chem. **20**, 646 (1955).
   A. T. Nielsen, J. Org. Chem. **27**, 1993 (1962).
[4] A. A. Patchett et al., J. Org. Chem. **27**, 3822 (1962).
[5] D. C. Iffland u. T.-F. Yen, Am. Soc. **76**, 4083 (1954).
[6] D. C. Iffland u. G. X. Criner, Am. Soc. **75**, 4047 (1953).
[7] K.-D. Gundermann u. H.-U. Alles, Ang. Ch. **77**, 812 (1965).

Aryl-nitro-Gruppen bleiben mit Natrium-boranat[1] bzw. Triorgano-zinn-hydriden[2] (Ausnahme: überschüssiges Triphenyl-zinnhydrid[3]) erhalten.

2-Thiono-1,3-bis-[chlormethyl]-2,3-dihydro-benzimidazol wird von Lithiumalanat unter Erhalt der C=S-Doppelbindung zu *2-Thiono-1,3-dimethyl-2,3-dihydro-benzimidazol* (39% d.Th.) reduziert[4]:

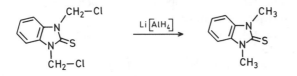

α-Brom-ketone werden infolge des beweglichen Halogen-Atoms leicht durch Natriumboranat in wäßrig-alkoholischer Lösung dehalogeniert. Die Brom-Abspaltung verläuft

① unter Bildung halogenfreier Alkohole über die Bromhydrine und wahrscheinlich meist über die aus diesen gebildeten halogenfreien Ketone[5]

② unter Bildung von Oxiranen, deren Bildungsgeschwindigkeit in erster Linie von der Basizität des Mediums abhängt (die Oxirane werden durch Natriumboranat in der Regel nicht weiter angegriffen[6], s. a. S. 420f.).

$$R-CO-\underset{\underset{R^1}{|}}{C}H-Br$$

$$\downarrow Na[BH_4]$$

$$\underset{R-\underset{\underset{R^1}{|}}{C}H-\underset{\underset{R^1}{|}}{C}H-Br}{\overset{HO}{}} \xrightarrow{-HBr}$$

$$R\underset{O}{\diagdown\diagup}R^1$$

$$R-\underset{\underset{OH}{|}}{C}=CH-R^1 \rightleftarrows R-\underset{\underset{O}{||}}{C}-CH_2-R^1 \xrightarrow{Na[BH_4]} R-\underset{\underset{OH}{|}}{C}H-CH_2-R^1$$

[1] H. M. BELL, C. W. VANDERSLICE u. A. SPEHAR, J. Org. Chem. **34**, 3933 (1969); *4-Nitro-1-methyl-benzol* (94% d.Th.) aus 4-Nitro-benzylchlorid.

[2] K. KÜHLEIN, W. P. NEUMANN u. U. MOHRING, Ang. Ch. **80**, 438 (1968); *4-Nitro-acetophenon* (71% d.Th.) aus ω-Brom-4-nitro-acetophenon mittels Triäthyl-zinnhydrid.

[3] J. G. NOLTES u. G. J. M. VAN DER KERK, Chem. & Ind. **1959**, 294.

[4] U. ZINNER et al., B. **90**, 2852 (1957).

[5] N. L. WENDLER, R. P. GRABER u. G. G. HAZEN, Tetrahedron **3**, 144 (1958).

J. FAJKOŠ, Soc. **1959**, 3966.

R. C. ELDERFIELD et al., J. Org. Chem. **26**, 2827 (1961).

D. J. GOLDSMITH u. R. C. JOINES, Tetrahedron Letters **1965**, 2047.

[6] H. O. HOUSE, Am. Soc. **77**, 5083 (1955).

E. C. KORNFELD et al., Am. Soc. **78**, 3087 (1956).

R. FUCHS, Am. Soc. **78**, 5612 (1956).

P. A. DIASSI et al., Am. Soc. **83**, 4249 (1961).

U. M. TEOTINO et al., Farmaco (Pavia), Ed. sci. **17**, 252 (1962).

H. TOBIAS, Helv. **46**, 159 (1963).

A. HAJÓS, Z. HUSZTI u. M. FEKETE, Acta chim. Acad. Sci. hung. **73**, 113 (1972).

F. GAEDCKE u. F. ZYMALKOWSKI, Ar. **312**, 767 (1979).

③ Manchmal, bei sterischer Hinderung, unter Bildung von Ketonen, die bei stabiler Enol-Form nicht weiter reduziert werden[1] (Blei-Ionen wirken katalytisch[2]).

α,α-Dibrom-ketone werden durch Natriumboranat zu Bromhydrinen reduziert[3].
Der selektive Erhalt der Oxo-Gruppe kann auch mit Kalium-tetracarbonyl-hydrido-ferrat durchgeführt werden, die erhaltenen Ketone fallen dabei mit guten Ausbeuten an (gleichzeitig vorhandene Aryl-Br-Gruppen werden nicht reduziert)[4]. Die Reaktion verläuft nach dem S_N2-Mechanismus stereospezifisch unter Inversion der Konfiguration (vgl. S. 382) und wird bei 20° in 1,2-Dimethoxy-äthan/Äthanol oder wäßrigem 1,2-Dimethoxy-äthan durchgeführt.

Auch in Halogen-carbonsäuren, deren Ester und Nitrilen gelingt es, mit Natriumboranat bzw. Natrium-cyano-trihydrido-borat selektiv das Halogen abzuspalten; z. B.:

$$Br-(CH_2)_{10}-COOH \xrightarrow[\text{25 Stdn., 25°}]{\text{Na[BH}_4\text{], DMSO,}} \textit{Undecansäure}[5]; 98\% \text{ d.Th.}$$

$$H_9C_4-CH(Br)-COOC_2H_5 \xrightarrow[\text{45 Min., 15°}]{\text{Na[BH}_4\text{], DMSO,}} \textit{Hexansäure-äthylester}[5]; 86\% \text{ d.Th.}$$

$$Br-(CH_2)_6-CN \xrightarrow[\text{3 Stdn., 150°}]{\text{Na[H}_3\text{B–CN], HMPH,}} \textit{Hexansäure-nitril}[6]; 85\% \text{ d.Th.}$$

Triorgano-zinnhydrid hydrogenolysiert unter Standardbedingungen C–Hal-Bindungen selektiv neben Alkoxycarbonyl-[7,8], Cyan-[9,7], Oxo-[10,9] und Aryl-Nitro-Gruppen (s. o.) sowie C–C-Mehrfachbindungen[10-12]. So erhält man z. B. aus ω-Brom-acetophenon mit Tributyl-zinnhydrid 98% d.Th. *Acetophenon*[9]. In situ erzeugtes Triorgano-zinnhydrid aus Natriumboranat und katalytischen Mengen Trialkyl-zinn-halogenid verhält sich ähnlich selektiv (vgl. a. S. 389)[13].

Carbonsäure-β- und -γ-chlor-alkylester werden durch Tributyl-zinnhydrid radikalisch zu den halogenfreien Carbonsäure-alkylestern reduziert. Die Reaktion kann thermisch, durch Belichtung oder mit einem Radikalbildner initiiert werden; z. B.:

[1] E. J. COREY, Am. Soc. **75**, 4832 (1953).
  E. B. REID u. J. R. SIEGEL, Soc. **1954**, 525.
  H. B. HENBEST et al., Soc. **1955**, 2477.
  H. O. HOUSE, Am. Soc. **77**, 3070 (1955).
  D. H. R. BARTON, D. A. LEWIS u. J. F. McGHIE, Soc. **1957**, 2907.
  C. W. SHOPPEE et al., Soc. **1959**, 630.
[2] T. GOTO u. Y. KISHI, Tetrahedron Letters **1961**, 513.
[3] C. W. SHOPPEE, R. H. JENKINS u. G. R. H. SUMMERS, Soc. **1958**, 3038.
[4] H. ALPER, Tetrahedron Letters **1975**, 2257.
  G. CAINELLI, F. MANESCALCHI u. A. UMANI-RONCHI, J. Org. Chem. **43**, 1598 (1978).
[5] R. O. HUTCHINS et al., Tetrahedron Letters **1969**, 3495.
[6] R. O. HUTCHINS, B. E. MARYANOFF u. C. A. MILEWSKI, Chem. Commun. **1971**, 1097.
[7] G. L. GRADY u. H. G. KUIVILA, J. Org. Chem. **34**, 2014 (1969).
[8] E. J. COREY et al., Am. Soc. **93**, 1491 (1971).
[9] K. KÜHLEIN, W. P. NEUMANN u. H. MOHRING, Ang. Ch. **80**, 438 (1968).
[10] H. G. KUIVILA, L. W. MENAPACE u. C. R. WARNER, Am. Soc. **84**, 3584 (1962).
  H. G. KUIVILA u. L. W. MENAPACE, J. Org. Chem. **28**, 2165 (1963).
[11] G. J. M. VAN DER KERK, J. G. NOLTES u. J. G. A. LUITJIN, J. appl. Chem. **7**, 356 (1957).
[12] J. G. NOLTES u. G. J. M. VAN DER KERK, Chem. & Ind. **1959**, 294.
[13] E. J. COREY u. J. W. SUGGS, J. Org. Chem. **40**, 2554 (1975).
  J. T. GROVES u. S. KITTISOPIKUL, Tetrahedron Letters **1977**, 4291.
  H. PARNES u. J. PEASE, J. Org. Chem. **44**, 151 (1979).

$$H_3C{-}CO{-}O{-}CH_2{-}CH_2{-}Cl \xrightarrow[\text{91\% d. Th.}]{hv/(C_9H_4)_3SnH} H_3C{-}CO{-}O{-}CH_2{-}CH_3$$

Essigsäure-äthylester

6-Desoxy-1,2,3,4-tetra-O-acetyl-D-glucopyranose[1]:

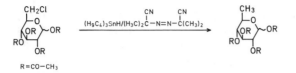

R=CO—CH₃

1,5 g (4,1 mMol) 6-Chlor-6-desoxy-1,2,3,4-tetra-O-acetyl-D-glucopyranose werden in 10 *ml* abs. Toluol gelöst und unter Stickstoff mit 2 g (7 mMol) Tributyl-zinnhydrid und 15 mg α,α'-Azo-bis-isobutansäure-nitril versetzt. Die Mischung wird 12 Stdn. bei 80–90° gerührt, eingedampft, der Rückstand abgesaugt und mit Ligroin gewaschen. Man kristallisiert das Rohprodukt aus Methanol um; Ausbeute: 1,3 g (95% d. Th.); F: 141,5–142,5°.

Analog erhält man z. B. aus:

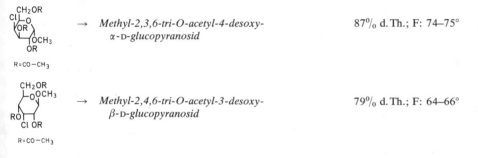

→ *Methyl-2,3,6-tri-O-acetyl-4-desoxy-*   87% d. Th.; F: 74–75°
  α-D-glucopyranosid

R=CO—CH₃

→ *Methyl-2,4,6-tri-O-acetyl-3-desoxy-*   79% d. Th.; F: 64–66°
  β-D-glucopyranosid

R=CO—CH₃

Geminale Dihalogen-aziridine werden durch Tributyl-zinnhydrid selektiv zu Halogen-aziridinen reduziert[2].

β) von Halogen-Atomen in Halogen-alkenen, -alkinen und -allenen

Halogen-olefine können mit Lithiumalanat in der Regel zu Olefinen dehalogeniert werden[3]. Besonders leicht lassen sich Jod-, Brom- und Chlor-Atome in Allyl-Stellung gegen Wasserstoff austauschen. Die prim. Allyl-halogenide werden schon mit einem Hydrid-Äquivalent unter Erhalt der Lage und Geometrie der C=C-Doppelbindung in guten Ausbeuten reduziert[4, 5] (Allyl-bromid ergibt z. B. in siedendem Diäthyläther mit 85%iger Ausbeute *Propen*[3]). Da Chlor-Atome in Vinyl-Stellung mit Lithiumalanat in der Regel nicht reagieren, gelingt es selektiv, Allyl-ständige Halogen-Atome zu reduzieren[6]; z. B.[7]:

H. Arita, M. Ueda u. Y. Matsushima, Bl. chem. Soc. Japan **45,** 567 (1972).
H. Yamanaka et al., J. Org. Chem. **41,** 3794 (1976).
K. Alder u. W. Roth, B. **88,** 407 (1955).
R. Criegee et al., A. **599,** 108 (1956).
R. F. Nystrom u. W. G. Brown, Am. Soc. **70,** 3738 (1948).
G. Ohloff, H. Tarnow u. G. Schade, B. **89,** 1549 (1956).
D. A. Semenow, E. F. Cox u. J. D. Roberts, Am. Soc. **78,** 3221 (1956).
J. W. Cornforth, R. H. Cornforth u. K. K. Mathew, Soc. **1959,** 112.
L. D. Huestis u. L. J. Andrews, Am. Soc. **83,** 1963 (1961).
L. F. Hatch u. R. H. Perry, Am. Soc. **71,** 3262 (1949).
L. F. Hatch, J. J. D'Amico u. E. V. Ruhnke, Am. Soc. **74,** 123 (1952).
L. F. Hatch u. K. E. Harwell, Am. Soc. **75,** 6002 (1953).
L. F. Hatch u. S. D. Zimmerman, Am. Soc. **79,** 3091 (1957).
L. F. Hatch, P. D. Gardner u. R. E. Gilbert, Am. Soc. **81,** 5943 (1959).
L. F. Hatch u. R. H. Perry, Am. Soc. **77,** 1136 (1955).

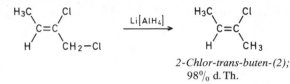

2-Chlor-trans-buten-(2);
98% d. Th.

Die Reduktion sek. Allyl-halogenide verläuft meist nach dem S_N2'-Mechanismus unter Allyl-Verschiebung. Als Nebenreaktion tritt unter *trans*-Eliminierung von Halogenwasserstoff Dien-Bildung ein. Der Ablauf der Reaktion ist nur dann stereospezifisch, wenn in Nachbarstellung zum sek. gebundenen Halogen-Atom ein weiteres Halogen-Atom steht[1,2]; z. B.:

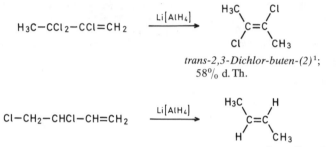

trans-2,3-Dichlor-buten-(2)[1];
58% d. Th.

trans-Buten-(2)[3]; 100% d. Th.

3-Chlor-buten-(1) liefert dagegen ein Gemisch von 18% *trans*- und 5% *cis-Buten-(2)* sowie von 69% *Buten (1)* und 8% *Butadien-(1,3)*[3].

3-Halogen-1-cycloalkene reagieren analog[4], wobei aus sterischen Gründen die Allyl-Verschiebung ausbleiben kann[5]. Bei der Reduktion von 3,5-Dibrom-cyclopenten zum *4-Brom-cyclopenten* können schwere **Explosionen** eintreten[6].

Chlor-Atome in Vinyl-Stellung werden praktisch nicht[7,8], Brom-Atome meist nur schwierig[9] oder gar nicht[10] mit Lithiumalanat gegen Wasserstoff ausgetauscht. 1-Brom-2-phenyl-äthylen ergibt z. B. erst nach 19 Stdn. in siedendem THF in 49%-iger Ausbeute *Phenyl-äthylen(Styrol)*[9], während 1,9-Dibrom-cyclononadien-(1,5) in Diäthyläther bei

[1] L. F. Hatch u. J. J. D'Amico, Am. Soc. **73**, 4393 (1951).
[2] L. F. Hatch, P. D. Gardner u. R. E. Gilbert, Am. Soc. **81**, 5943 (1959).
[3] L. F. Hatch u. R. E. Gilbert, J. Org. Chem. **24**, 1811 (1959).
[4] G. Stork u. F. H. Clarke, Am. Soc. **78**, 4619 (1956).
    F. Krausz u. T. Rüll, Bl. **1960**, 2151.
    L. F. Hatch u. G. Bachmann, B. **97**, 132 (1964).
    C. W. Jefford et al., Tetrahedron Letters **1965**, 2333; Org. Synth. **51**, 61 (1971).
    C. W. Jefford, A. Sweeney u. F. Delay, Helv. **55**, 2214 (1972).
    W. Kraus et al., Synthesis **1972**, 485.
[5] E. T. McBee u. D. K. Smith, Am. Soc. **77**, 389 (1955).
    K. Takeda, K. Kotera u. S. Mizukami, Am. Soc. **80**, 2562 (1958).
    R. Criegee u. K. Noll, A. **627**, 1 (1959).
    R. Criegee et al., B. **96**, 2362 (1963).
[6] P. D. Barlett u. M. R. Rice, J. Org. Chem. **28**, 3351 (1963).
    C. R. Jóhnson u. J. E. Keiser, Tetrahedron Letters **1964**, 3327.
[7] A. Roedig u. H. J. Becker, B. **89**, 1726 (1956).
    A. Roedig u. R. Kloss, A. **612**, 1 (1958).
    A. Hart u. G. Levitt, J. Org. Chem. **24**, 1261 (1959).
    R. Riemschneider, H. Gallert u. P. Anders, M. **92**, 1075 (1961).
[8] T. Mill et al., J. Org. Chem. **28**, 836 (1963).
[9] L. W. Trevoy u. W. G. Brown, Am. Soc. **71**, 1675 (1949).
[10] L. F. Hatch u. K. E. Harwell, Am. Soc. **75**, 6002 (1953).
    R. W. Rosenthal u. L. H. Schwartzman, J. Org. Chem. **24**, 836 (1959).

20° unter Eliminierung von Bromwasserstoff *Cyclononatrien-(1,2,6)*[1] (50% d. Th.) liefert:

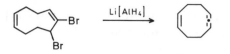

Aktivierte C=C-Doppelbindungen (s. S. 62f.) können auch in Vinyl-halogeniden hydriert werden, wodurch vinylständige Halogen-Atome der Hydrogenolyse zugänglich werden[2,3].

Fluor-Atome in Vinyl-Stellung in Polyfluor-cycloolefinen werden wahrscheinlich nach einem Additions-Eliminierungs-Mechanismus gegen Wasserstoff ausgetauscht[2,4] (gilt auch für Vinyl-bromide[5]); z. B.[6]:

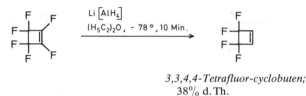

3,3,4,4-Tetrafluor-cyclobuten;
38% d. Th.

Die Reaktion bleibt jedoch zumeist nicht bei der Hydrogenolyse der vinylständigen Fluor-Atome stehen, so daß oft Gemische erhalten werden.

1,1,2-Trifluor-3-hydroxy-1-alkene werden als Lithium-alkanolate durch Lithiumalanat in siedendem Äther in Ausbeuten von 76–82% d. Th. zu 1,2-Difluor-3-hydroxy-1-alkenen reduziert[7]:

$$R^2-\underset{\underset{OLi}{|}}{\overset{\overset{R^1}{|}}{C}}-CF=CF_2 \xrightarrow{\ Li[AlH_4]\ } R^2-\underset{\underset{OH}{|}}{\overset{\overset{R^1}{|}}{C}}-CF=CFH$$

Weiteres über die Reduktion von Halogen-olefinen mit Lithiumalanat s. ds. Handb., Bd. V/1b, S. 625f. und Bd. V/3, S. 499.

Mit Lithiumalanat/Übergangsmetallsalzen in Tetrahydrofuran werden Allyl-halogenide reduktiv dimerisiert[8].

Natriumboranat ergibt mit Halogen-olefinen in Polyäther-Lösung infolge der Bildung von Diboran bzw. einer hydroborierenden Spezies (s. S. 381) Dialkyl-diborane. Aus Vinyl-bromid wird z. B. *Diäthyl-diboran*,

[1] M. S. Baird u. C. B. Reese, Soc. [C] **1969**, 1808.
[2] T. Mill et al., J. Org. Chem. **28**, 836 (1963).
[3] F. Toda, K. Kumada u. K. Akagi, Bl. chem. Soc. Japan **43**, 2275 (1970).
   F. Toda et al., Bl. chem. Soc. Japan **43**, 3535 (1970).
[4] J. A. Godsell, M. Stacey u. J. C. Tatlow, Tetrahedron **2**, 193 (1958).
   E. Nield u. J. C. Tatlow, Tetrahedron **8**, 38 (1960).
   E. Nield, R. Stephens u. J. C. Tatlow, Soc. **1960**, 3800.
   D. E. M. Evans et al., Soc. **1963**, 4828.
   W. J. Feast u. R. Stephens, Soc. **1965**, 3502.
   W. J. Feast, D. R. A. Perry u. R. Stephens, Tetrahedron **22**, 433 (1966).
[5] C. C. Lee u. U. Weber, J. Org. Chem. **43**, 2721 (1978).
[6] G. Fuller u. J. C. Tatlow, Soc. **1961**, 3198.
[7] R. Sauvêtre et al., Synthesis **1978**, 128.
[8] G. A. Olah u. G. K. S. Prakash, Synthesis **1976**, 607.
   T.-L. Ho u. G. A. Olah, Synthesis **1977**, 170.
   Y. Okude, T. Hiyama u. H. Nozaki, Tetrahedron Letters **1977**, 3829.
   Y. Okude et al., Am. Soc. **99**, 3179 (1977).
   Y. Fujiwara, R. Ishikawa u. S. Teranishi, Bl. chem. Soc. Japan **51**, 589 (1978).

aus Allyl-bromid *Dipropyl-diboran* erhalten. Die Reaktion kann bis zur Trialkyl-boran-Stufe fortgesetzt werden[1].

Natriumboranat reduziert Polyfluor-cycloolefine mit vinyl-ständigen Halogen-Atomen in Bis-[2-methoxy-äthyl]-äther mit besseren Ausbeuten und selektiver als Lithiumalanat.

2-Chlor-hexafluor-1H-cyclopenten[2]:

Zu einer Lösung von 22,8 g (100 mMol) 1-Chlor-heptafluor-cyclopenten in 25 *ml* von Lithiumalanat frisch destilliertem Bis-[2-methoxy-äthyl]-äther tropft man unter Rühren und unter Stickstoff bei 0° 34,3 *ml* (33,3 mMol) einer 0,97 m Natriumboranat-Lösung in Bis-[2-methoxy-äthyl]-äther. Man rührt 30 Min. bei 0°, hydrolysiert durch vorsichtige Zugabe von Wasser, gießt in 50 *ml* Eiswasser, trennt die organ. Phase ab, trocknet und fraktioniert über eine 90–cm–Drehbandkolonne; Ausbeute: 18,3 g (88% d. Th.); Kp$_{746}$: 77,5°.

Entsprechend erhält man z. B. aus Tetrafluor-1,2-dichlor-cyclobuten *Tetrafluor-2-chlor-1H-cyclobuten* (83% d. Th.; Kp$_{744}$: 59,5°).

1,2-Dibrom-3,4-bis-[diphenylmethylen]-cyclobuten wird in siedendem Äthanol zu *1-Brom-3,4-bis-[diphenylmethylen]-cyclobuten* reduziert[3]:

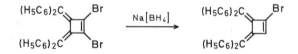

Die Reduktion von Allyl-halogeniden mit Natriumboranat unter solvolytischen Bedingungen ergibt infolge Bildung von Allyl-carbenium-Ionen Gemische[4].

Zur selektiven Enthalogenierung mit komplexen Kupfer(I)-hydriden[5] bzw. Lithium-trimethoxy-hydrido-aluminat/Kupfer(I)-jodid[6] s. Lit.

Mit **Diboran** tritt in erster Linie Hydroborierung der C=C-Doppelbindung ein[7]. In Folgereaktionen können die Halogen-Atome abgespalten werden. **Polyfluor-olefine** reagieren (besonders bei höheren Temperaturen) in der Gasphase mit Diboran **explosionsartig**[8]. In Bis-[2-methoxy-äthyl]-äther wird bei 0° die C=C-Doppelbindung nicht angegriffen. Diese Tatsache ermöglicht den selektiven Austausch von Halogen-Atomen in Vinyl-Stellung gegen Wasserstoff in Polyfluor-cycloolefinen durch Einwirkung von Diboran in der Gegenwart von Alkalimetallfluoriden[9, 10]. Die reduzierende Spezies ist wahrscheinlich Kalium- bzw. Natrium-fluoro-trihydrido-borat[11]. Natrium-fluoro-trihydrido-borat reduziert z. B. Hexafluor-1,2-dichlor-cyclopenten in 66%iger Ausbeute zu *Hexafluor-2-chlor-1H-cyclopenten*[9]:

[1] T. WARTIK u. R. K. PEARSON, J. Inorg. & Nuclear Chem. **5**, 250 (1958).
[2] D. J. BURTON u. R. L. JOHNSON, Am. Soc. **86**, 5361 (1964).
[3] F. TODA, M. HIGASHI u. K. AKAGI, Chem. Commun. **1969**, 1219.
[4] H. M. BELL u. H. C. BROWN, Am. Soc. **88**, 1473 (1966).
[5] T. YOSHIDA u. E. NEGISHI, Chem. Commun. **1974**, 762.
[6] S. MASAMUNE, P. A. ROSSY u. G. S. BATES, Am. Soc. **95**, 6452 (1973).
[7] s. ds.Handb., Bd. XIII/3; Bd. VI/1a/1, S. 494 ff.
[8] F. G. A. STONE u. W. A. G. GRAHAM, Chem. & Ind. **1955**, 1181.
    B. BARTOCHA, W. A. G. GRAHAM u. F. G. A. STONE, J. Inorg. & Nuclear Chem. **6**, 119 (1958).
    J. R. PHILIPS u. F. G. A. STONE, Soc. **1962**, 94.
[9] R. L. JOHNSON u. D. J. BURTON, Tetrahedron Letters **1965**, 4079.
[10] D. J. BURTON u. F. J. METILLE, Inorg. & Nuclear Chem. Letters **4**, 9 (1968).
[11] V. D. AFTANDILIAN, H. C. MILLER u. E. L. MUETTERTIES, Am. Soc. **83**, 2471 (1961).

Bei der Hydroborierung von Allyl-chloriden und -bromiden mit endständiger Doppelbindung wird die Additionsrichtung durch elektronische Effekte bestimmt. Es erfolgen also hauptsächlich β-Hydrierung und γ-Borylierung entgegen der Markownikow-Regel (s. a. S. 50ff.). Die Umsetzung der erhaltenen (γ-Halogen-organo)-borane mit Basen liefert unter Eliminierung von Halogen-boran Cyclopropane[1,2]; z. B.[1]:

$$6\ H_2C{=}\underset{\underset{CH_3}{|}}{C}{-}CH_2{-}Cl \xrightarrow{B_2H_6} 2\ B(CH_2{-}\underset{\underset{CH_3}{|}}{C}H{-}CH_2{-}Cl)_3 \xrightarrow[-2\ BCl_3]{NaOH} 6\ H_3C{-}\triangleleft$$

Methyl-cyclopropan[1]: Man löst 45,3 g (0,5 Mol) 3-Chlor-2-methyl-propen in 100 *ml* abs. Bis-[2-methoxy-äthyl]-äther und leitet unter Stickstoff und Rühren bei 0° aus 10,1 g (0,26 Mol) Natriumboranat und 52 g (0,366 Mol) Bortrifluorid-Ätherat entwickeltes Diboran ein. Man läßt 1 Stde. bei 0° stehen, bläst Stickstoff durch die Lösung und tropft ohne Kühlung eine Lösung von 48 g (1,2 Mol) Natriumhydroxid in 200 *ml* Wasser so zu, daß sich die Mischung auf 50° erwärmt. Das abdestillierende Produkt wird in einer mit Trockeneis/Aceton auf −80° gekühlten Kühlfalle kondensiert; Ausbeute: 20 g (72% d. Th.); Kp: 4–5°.

Analog erhält man u. a. aus:

2-Chlormethyl-penten-(1)	→ *Propyl-cyclopropan*	61% d. Th.; Kp$_{755}$: 69–70°
3-Chlor-2-phenyl-propen	→ *Phenyl-cyclopropan*	55% d. Th.; Kp$_{45}$: 86°
3-Chlor-2-benzyl-propen	→ *Benzyl-cyclopropan*	45% d. Th.; Kp$_{40}$: 98–100°

Vinyl-chlorid reagiert mit Diboran äußerst heftig zu Tris-[2-chlor-äthyl]-boran, das sofort in *2-Chlor-äthyl-bordichlorid* und *Äthylen* zerfällt[3] (näheres s. Bd. XIII/3).

Diese 1,2-Eliminierung von Halogen-boran aus (β-Halogen-organo)-boranen ist charakteristisch für letztere Verbindungen, die auch aus Allyl-halogeniden mit mittelständiger Doppelbindung infolge des induktiven Effektes der Halogen-Atome gebildet werden[4] (näheres s. Lit.[5,6]).

Tab. 32: Cycloalkane durch radikalische Cyclisierung von Bromalkenen mit Tributyl-zinnhydrid

Brom-alken	Cyclisierungsprodukt	Ausbeute [% d. Th.]	Literatur
Br–(CH$_2$)$_4$–CH = CH$_2$	*Methyl-cyclopentan*	78	7
Br–(CH$_2$)$_2$–O–CH$_2$–CH = CH$_2$	*3-Methyl-tetrahydrofuran*	84	7
⬠–CH$_2$–CH$_2$–Br	*Bicyclo[2.2.1]heptan*	–	8
⬡–(CH$_2$)$_4$–Br	*Spiro[4.5]decan* + *trans-Bicyclo[4.4.0]decan* + *cis-Bicyclo[4.4.0]decan*	36 24 4	9

[1] M. F. Hawthorne, Am. Soc. **82**, 1886 (1960).
[2] M. F. Hawthorne u. J. A. Dupont, Am. Soc. **80**, 5830 (1958).
P. Binger u. R. Köster, Tetrahedron Letters **1961**, 156.
R. Köster et al., A. **672**, 1 (1964).
H. C. Brown u. S. P. Rhodes, Am. Soc. **91**, 2149, 4306 (1969).
[3] M. F. Hawthorne u. J. A. Dupont, Am. Soc. **80**, 5830 (1958).
[4] J. G. Sharefkin u. S. H. Pohl, J. Org. Chem. **29**, 2050 (1964).
H. C. Brown u. O. J. Cope, Am. Soc. **86**, 1801 (1964).
G. Zweifel, H. Arzoumanian u. C. C. Whitney, Am. Soc. **89**, 3652 (1967).
H. C. Brown u. R. M. Gallivan, Am. Soc. **90**, 2906 (1968).
H. C. Brown u. E. F. Knights, Am. Soc. **90**, 4439 (1968).
[5] D. J. Pasto u. R. Snyder, J. Org. Chem. **31**, 2773 (1966).
D. J. Pasto u. J. Hickman, Am. Soc. **89**, 5608 (1967); **90**, 4445 (1968).
D. J. Pasto, J. Hickman u. T.-C. C eng, Amh o monh **90**, 6259 (1968).
[6] H. C. Brown u. R. L. Sharp, Am. Soc. **90**, 2915 (1968).
J. G. Noltes u. G. J. M. Van der Kerk, Chem. & Ind. **1959**, 294.
[7] C. Walling et al., Am. Soc. **88**, 5361 (1966).
[8] J. W. Wilt, S. N. Massie u. R. B. Daber, J. Org. Chem. **35**, 2803 (1970).
[9] D. L. Struble, A. L. J. Beckwith u. G. E. Gream, Tetrahedron Letters **1968**, 3701.

Halogen-olefine können durch Reduktion mit Organo-zinnhydriden in den meisten Fällen selektiv zu Olefinen enthalogeniert werden. Die Reaktion von Brom-alkenen mit Tributyl-zinnhydrid verläuft in gewissen Fällen unter radikalischer Cyclisierung (s. Tab 32, S. 401). Triphenyl-zinnhydrid reagiert mit Allyl-bromid unter Bildung von *Propen* (∼100% d.Th.).

Bei der Reduktion von homologen Allyl-bromiden werden dagegen mit Triphenyl-zinnhydrid infolge Bildung mesomerer Radikale Produktgemische erhalten[2,3].

Bei der selektiven Reduktion geminaler Dibrom-alkyliden-cyclopropane mit Tributyl-zinnhydrid zu Monobrom-Derivaten wird die C=C–Doppelbindung nicht verschoben, aber ein Stereoisomeren-Gemisch erhalten[4]:

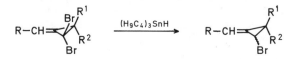

3-Brom-2,2-dialkyl-1-alkyliden-cyclopropane; allgemeine Herstellungsvorschrift[4]: Zu einer gekühlten Lösung von 250 mMol 3,3-Dibrom-2,2-dialkyl-1-alkyliden-cyclopropan in 250 *ml* abs. Diäthyläther gibt man unter Rühren und unter Stickstoff 73 g (250 mMol) Tributyl-zinnhydrid so zu, daß die Innentemp. 30–35° nicht übersteigt. Man rührt bei 35°, bis das Tributyl-zinnhydrid verbraucht ist, engt ein und destilliert.

Auf diese Weise erhält man u. a. aus den entsprechenden gem. Dibromiden

3-Brom-2-methyl-2-äthyl-1-methylen-cyclopropan   58% d. Th.; Kp_{17}: 51–52°
3-Brom-2-methyl-2-isopropyl-1-methylen-cyclopropan   56% d. Th.; Kp_9: 52°

Die Reaktion kann auch ohne Lösungsmittel durchgeführt werden[5]:

3-Brom-2,2-dimethyl-1-methylen-cyclopropan   68% d. Th.; Kp_{18}: 25–26°
3-Brom-2,2-dimethyl-1-äthyliden-cyclopropan   70% d. Th.; Kp_{10}: 47°

Die weitere Reduktion der erhaltenen 3-Brom-1-alkyliden-cyclopropane kann ähnlich durchgeführt werden[5]:

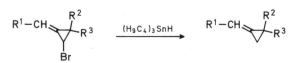

$R^1 = R^2 = R^3 = CH_3$; *2,2-Dimethyl-1-äthyliden-cyclopropan;* 60% d. Th.; Kp: 76–76,5°
$R^1 = H$; $R^2 = R^3 = CH_3$; *2,2-Dimethyl-1-methylen-cyclopropan;* 53% d. Th.; Kp: 48–48,5°
$R^1 = R^2 = CH_3$; $R^3 = H$; *2-Methyl-1-äthyliden-cyclopropan;* 85% d. Th.; Kp: 66–67°

Vinyl-halogenide lassen sich in der Regel mit Organo-zinnhydriden nur schwierig dehalogenieren[6,7].

Polyfluor-alkene werden durch Dialkyl-zinndihydride hydrostanniert[8] bzw. stufenweise reduziert[9]; z. B.:

[1] G. J. M. VAN DER KERK, J. G. NOLTES u. J. G. A. LUIJTEN, J. Appl. Chem. **7**, 356 (1957).
[2] H. G. KUIVILA, L. W. MENAPACE u. C. R. WARNER, Am. Soc. **84**, 3584 (1962).
    L. W. MENAPACE u. H. G. KUIVILA, Am. Soc. **86**, 3047 (1964).
[3] L. A. PAQUETTE u. G. H. BIRNBERG, Chem. Commun. **1973**, 129.
[4] G. LEANDRI, H. MONTI u. M. BERTRAND, Tetrahedron **30**, 283 (1974).
[5] W. RAHMAN u. H. G. KUIVILA, J. Org. Chem. **31**, 772 (1966).
[6] H. G. KUIVILA u. L. W. MENAPACE, J. Org. Chem. **28**, 2165 (1963).
[7] E. J. KUPCHIK u. R. J. KIESEL, J. Org. Chem. **29**, 764 (1964).
[8] C. G. KRESPAN u. V. A. ENGELHARDT, J. Org. Chem. **23**, 1565 (1958).
    C. BARNETSON, H. C. CLARK u. J. T. KWON, Chem. & Ind. **1964**, 458.
    M. AKHTAR u. H. C. CLARK, Canad. J. Chem. **46**, 633 (1968).
[9] H. C. CLARK, S. G. FURNIVAL u. J. T. KWON, Canad. J. Chem. **41**, 2889 (1963).

$$F_2C=CHF \xrightarrow{(H_3C)_2SnH_2,\ h\nu,\ 25-50°} HFC=CFH \xrightarrow{(H_3C)_2SnH_2} H_2C=CHF$$

Weiteres über die Reduktion von Vinyl- und Allyl-halogeniden mit Triphenyl- und Tributyl-zinnhydrid s. ds. Handb., Bd. V/1b, S. 624f..

Chlor- und Brom-acetylene werden durch Lithiumalanat in der Regel zu Acetylenen reduziert. So erhält man z. B. aus Chlor-phenyl-acetylen in siedendem Diäthyläther 47% d.Th. *Phenyl-acetylen*[1].

Propargyl-chloride und -bromide reagieren dagegen ihrer Struktur entsprechend auch (S_N2'-Reaktion) unter Umlagerung zu Allenen[2]. Als Folgereaktion kann die Sättigung der Mehrfachbindung eintreten.

Die Zusammensetzung des Reduktionsproduktes hängt ferner von der Aufarbeitung ab. Werden die Kohlenwasserstoffe ohne Hydrolyse abdestilliert, bleiben in der Lösung die durch Lithiumalanat metallierten Produkte zurück[3]. Meist wird die Reaktion in einem hochsiedenden Lösungsmittel durchgeführt. Nach Hydrolyse destilliert man die Reduktionsprodukte heraus und trennt die Komponenten nötigenfalls durch präparative Gaschromatographie. Zur Reduktion wird ein halbes bis ein Mol-Äquivalent Lithiumalanat eingesetzt. Diese Methode eignet sich in erster Linie zur Herstellung endständiger Allene.

Prim. Propargyl-halogenide reagieren in den meisten Fällen überwiegend nach dem S_N2-Mechanismus, so daß als Hauptprodukt Acetylene erhalten werden; z. B.[4]:

$$HC\equiv C-CH_2-Cl \xrightarrow{Li[AlH_4]\ (H_5C_2O-CH_2-CH_2)_2O,\ 100°} HC\equiv C-CH_3 + H_2C=C=CH_2$$

Propin; 38% d.Th.   *Allen;* 14% d.Th.

Sek. Propargyl-halogenide mit endständiger Methin-Gruppe reagieren hauptsächlich unter Bildung von Allenen; z. B. 3-Chlor-hexin-(1) zum *Hexadien-(1,2)* (67% d.Th.)[5]:

$$H_3C-(CH_2)_2-\overset{\overset{\displaystyle Cl}{|}}{CH}-C\equiv CH \xrightarrow{Li[AlH_4]} H_3C-(CH_2)_2-CH=C=CH_2$$

Tert.-Propargyl-chloride mit endständiger Methin-Gruppe lassen sich ebenfalls zu Allenen reduzieren. Die Reaktion kann auch in einem Eintopfverfahren durch Behandeln des entsprechenden tert. Acetylen-alkohols mit konzentrierter Salzsäure und nachfolgende Reduktion, ohne Isolierung des tert. Propargyl-chlorids, durchgeführt werden[5, 6]. Die entsprechenden Propargyl-bromide ergeben bessere Ausbeuten, doch ist ihre Herstellung schwieriger[7]. Die Reaktion dient z. B. als Standardmethode zur Herstellung von *3-Methyl-butadien-(1,2)*[5, 6, 8]:

$$(H_3C)_2C=C=CH_2 \xleftarrow{Li[AlH_4]} (H_3C)_2\overset{\overset{\displaystyle Cl}{|}}{C}-C\equiv CH \xrightarrow{Li[AlD_4]} (H_3C)_2C=C=CHD$$

3-Methyl-butadien-(1,2)[5]: Zu einer Suspension von 5,7 g (0,15 Mol) Lithiumalanat in 150 *ml* über Lithiumalanat frisch destilliertem Bis-[2-äthoxy-äthyl]-äther tropft man unter Rühren und unter Kühlung mit einem

---

[1] H. G. Viehe, B. **92**, 3064 (1959).
[2] J. H. Wotiz, Am. Soc. **73**, 693 (1951).
[3] O. R. Sammul, C. A. Hollingsworth u. J. H. Wotiz, Am. Soc. **75**, 4856 (1953).
[4] A. A. Morton, J. Org. Chem. **21**, 593 (1956).
[5] G. B. Smith et al., Am. Soc. **82**, 3560 (1960).
[6] T. L. Jacobs u. R. D. Wilcox, Am. Soc. **86**, 2240 (1964).
[7] J. K. Crandall, D. J. Keyton u. J. Kohne, J. Org. Chem. **33**, 3655 (1968).
[8] W. J. Bailey u. C. R. Pfeifer, J. Org. Chem. **20**, 95 (1955).
[9] T. L. Jacobs u. W. L. Petty, J. Org. Chem. **28**, 1360 (1963).
[10] T. L. Jacobs, E. G. Teach u. D. Weiss, Am. Soc. **77**, 6254 (1955).

Eis-Kochsalz-Gemisch in trockener Stickstoff-Atmosphäre 30,9 g (0,30 Mol) 3-Chlor-3-methyl-butin-(1). Die Mischung läßt man unter Rühren innerhalb 15 Stdn. auf 25° erwärmen, versetzt sie tropfenweise mit 23 ml Wasser und destilliert das flüchtige Produkt (Kp: 38–55°) ab. Das Destillat wird über eine 12-cm-Vigreux-Kolonne fraktioniert; Ausbeute: 9,6 g (47% d. Th.); Kp: 39,5–41°.

Mit Lithium-tetradeuterido-aluminat kann in ähnlicher Weise 96%iges *3-Methyl-1-deutero-butadien-(1,2)* zu 55% d.Th. erhalten werden.

Analog der Vorschrift erhält man z. B. aus:

Cl–CH$_2$–C≡C–CH$_2$–OH   →   *4-Hydroxy-butadien-(1,2)*[1]   68% d.Th.; Kp$_{45}$: 68–69°

H$_3$C–(CH$_2$)$_2$–CHCl–C≡CH   →   *Hexadien-(1,2)*[2]   42% d.Th.; Kp: 75–76°

H$_3$C–CHCl–C≡C–CH$_2$–OH   →   *1-Hydroxy-pentadien-(2,3)*[3]   72% d.Th.; Kp$_{20}$: 56–58°

Bei 1,4-Dihalogen-butinen-(2) läuft die Reaktion in zwei verschiedenen Richtungen[1,4]. Aus 2,5-Dichlor-2,5-dimethyl-hexin-(3) wird der Whiting-Reaktion analog (s. S. 72) 53% *2,5-Dimethyl-hexadien-(2,4)* und nu 14% *2,5-Dimethyl-hexadien-(2,3)* erhalten[1].

Halogen-allene bilden mit Lithiumalanat je nach Reaktionstemperatur in verschiedenem Verhältnis Acetylene und deren Reduktionsprodukte[5]. So erhält man z. B. aus Brom-allen in Bis-[2-äthoxy-äthyl]-äther mit 1,2 Mol-Äquivalenten Hydrid bei 100° 9% d.Th. *Propin* und 37% *Propan*, bei 25° dagegen 60% d.Th. *Propin*[6]:

$$H_2C=C=CH—Br \xrightarrow{\text{Li[AlH}_4]} H_3C—C≡CH + H_3C—CH_2—CH_3$$

Aus 1-Brom-3-methyl-butadien-(1,2) erhält man mit zwei Hydrid-Äquivalenten neben *3-Methyl-butin-(1)* wenig *3-Methyl-buten-(1)*[7]:

$$(H_3C)_2C=C=CH—Br \xrightarrow{\text{Li[AlH}_4]} (H_3C)_2CH—C≡CH + (H_3C)_2CH—CH=CH_2$$

3-Methyl-butin-(1)[7]: Zu einer Suspension von 1,9 g (0,05 Mol) Lithiumalanat in 60 ml abs. Bis-[2-äthoxy-äthyl]-äther gibt man unter Rühren und unter Stickstoff und Kühlung mit Eis-Kochsalz 14,7 g (0,1 Mol) 1 Brom-3-methyl-butadien-(1,2). Man läßt die Mischung in 15 Stdn. auf 25° erwärmen, versetzt mit 8 ml Wasser und destilliert; Ausbeute: 4,9 g (72% d.Th.); Kp: 30–35° [verunreinigt mit 10% 3-Methyl-buten-(1)].

Diese Methode besitzt zur Herstellung deuterierter Acetylene Bedeutung. Deuterium wird in prim. Allen-halogeniden dem S$_N$2'-Mechanismus zufolge in 3-Stellung eingebaut. Aus 1-Brom-3-methyl-butadien-(1,2) wird so in 59%iger Ausbeute *3-Methyl-3-deutero-butin-(1)* gewonnen[7].

Halogen-alkine werden durch Organo-zinnhydride i.a. zu Alkinen reduziert. Mit Tributyl-zinnhydrid tritt in gewissen Fällen radikalische Cyclisierung ein; z. B.[8]:

$$H_5C_6—C≡C—(CH_2)_n—Br \xrightarrow{\text{(H}_9\text{C}_4)_3\text{SnH}} (CH_2)_n=CH—C_6H_5$$

n = 4; *Benzyliden-cyclopentan;* 99% d.Th.
n = 5; *Benzyliden-cyclohexan;* 50% d.Th.

[1] W. J. Bailey u. C. R. Pfeifer, J. Org. Chem. 20, 1337 (1955).

[2] T. L. Jacobs, E. G. Teach u. D. Weiss, Am. Soc. 77, 6254 (1955).

[3] P. D. Landor, S. R. Landor u. E. S. Pepper, Soc. [C] 1967, 185.

[4] R. Kuhn u. B. Schulz, B. 98, 3218 (1965).

[5] T. L. Jacobs u. W. L. Petty, J. Org. Chem. 28, 1360 (1963).

[6] T. L. Jacobs u. R. D. Wilcox, Am. Soc. 86, 2240 (1964).

[7] J. K. Crandall, D. J. Keyton u. J. Kohne, J. Org. Chem. 33, 3655 (1968).

[8] J. K. Crandall u. D. J. Keyton, Tetrahedron Letters 1969, 1653.

Aus Propargyl-chloriden und Chlor-allenen wird mit Tributyl-zinnhydrid infolge Bildung mesomerer Radikale ein Gemisch aus Acetylenen und Allenen gewonnen[1, 2].
Zur selektiven Enthalogenierung von Halogen-alkinen mit komplexen Kupfer(I)-hydriden[3] bzw. Lithium-trimethoxy-hydrido-aluminat/Kupfer(I)-jodid[4] s. Lit.

γ) von Halogen-aromaten bzw. -heteroaromaten

Nicht aktivierte aromatische Halogen-Verbindungen sind gegenüber Hydriden weniger reaktiv als Halogen-alkane. Heteroaromatische Halogenide werden in der Regel nur durch Alkalimetallhydride, komplexe Aluminiumhydride, Organo-zinnhydride und katalysiertes Natriumboranat reduziert. Diese Tatsache ermöglicht die selektive Reduktion weiterer funktioneller Gruppen in aromatischen Halogen-Verbindungen (s. z.B. S. 160f. u. 199).

Bei der Reduktion von Halogen-aromaten mit komplexen Aluminiumhydriden[5] können auch unter Wasserstoff-Entwicklung Organometall-Verbindungen gebildet werden.

Die Reaktion tritt bei Polyfluor-halogen-aromaten in THF ein, wobei auch Fluor-Atome hydrogenolytisch abgespalten werden. Aufgrund der Wasserstoff-Entwicklung verläuft die Reduktion in kleinerem Ausmaß auch ohne Komplex-Bildung.

$$C_6F_6 \;+\; Li[AlH_4] \;\xrightarrow{-H_2}\; Li[H_2AlF(C_6F_5)]$$

$$C_6F_6 \;+\; Li[AlH_4] \;\longrightarrow\; F_5C_6H \;+\; Li[AlH_3F]$$

Somit kann eine partielle Hydrogenolyse von Polyfluor- bzw. Polyfluor-halogen-aromaten durchgeführt werden[6, 7]. Auch bei Aryl-bromiden und -jodiden können Komplexe auftreten[7]:

$$Ar{-}X \;+\; 2M[AlH_4] \;\xrightarrow{-H_2}\; M[AlH_3Ar] \;+\; M[AlH_3X]$$

Bei Aryl-chloriden verläuft die Reaktion interessanterweise ohne Komplex-Bildung, wahrscheinlich nach einem Vierzentren-Mechanismus[8].

Die Reaktivität der Aryl-halogenide gegenüber den Hydriden nimmt ähnlich den Alkyl-halogeniden in folgender Reihe ab:

$$Ar{-}J \;>\; Ar{-}Br \;>\; Ar{-}Cl \;>\; Ar{-}F$$

Aryl-jodide können z.B. bereits durch Natriumhydrid in THF zu Aromaten reduziert werden. 1-Jod-naphthalin ergibt z.B. 88% d.Th. *Naphthalin*[9].

H. G. KUIVILA, L. W. MENAPACE u. C. R. WARNER, Am. Soc. **84**, 3584 (1962).
R. M. FANTAZIER u. M. L. POUTSMA, Am. Soc. **90,** 5490 (1968).
T. YOSHIDA u. E. NEGISHI, Chem. Commun. **1974,** 762.
S. MASAMUNE, P. A. ROSSY u. G. S. BATES, Am. Soc. **95,** 6452 (1973).
Zur Reduktion von Chlor-phenolen zu Aromaten s. S. 408f.
D. J. ALSOP, J. BURDON u. J. C. TATLOW, Soc. **1962,** 1801.
G. M. BROOKE, J. BURDON u. J. C. TATLOW, Soc. **1962,** 3253.
L. A. WALL et al., J. Res. Bur. Stand **67 A,** 481 (1963).
G. M. BROOKE et al., Pr. chem. Soc. **1963,** 213.
B. R. LETCHFORD, C. R. PATRICK u. J. C. TATLOW, Soc. **1964,** 1776.
J. BURDON, C. J. MORTON u. D. F. THOMAS, Soc. **1965,** 2621.
J. BURDON, W. B. HOLLYHEAD u. J. C. TATLOW, Soc. **1965,** 5152.
J. BURDON u. W. B. HOLLYHEAD, Soc. **1965,** 6326.
L. I. ZAKHARKIN, V. V. GAVRILENKO u. A. F. RUKASOV, Doklady Akad. SSSR **205,** 93 (1972).
H. C. BROWN u. S. KRISHNAMURTHY, J. Org. Chem. **34,** 3918 (1969).
R. B. NELSON u. G. W. GRIBBLE, J. Org. Chem. **39,** 1425 (1974).

Die Reduktion von Aryl-bromiden und -chloriden verläuft mit einem kleinen Lithi umalanat-Überschuß nur langsam ab, so daß Jod-Atome selektiv entfernt werden kön nen[1]. Bei einem aktivierten Ring lassen sich auch Brom- und Chlor-Atome leicht abspal ten (Aktivierung durch elektronenanziehende Gruppen[2]).

Die Nitro-Gruppe aktiviert z. B. den Ring in hohem Maße, wird jedoch selbst angegriffen[3]. Die stark aktivie rende Trifluormethyl-Gruppe[2] wird besonders in Gegenwart elektronenliefernder Substituenten bzw. Hetero ringe in Homo-[4] und Heteroaromaten[5, 6] durch Lithiumalanat[4, 5] und Natriumboranat[5, 6] zur Methyl-Gruppe re duziert. Auch die zur Komplex-Bildung befähigten Nachbargruppen wie Hydroxy- und potentielle Hydroxy Gruppen (z. B. Carboxy-Gruppen) erleichtern die Hydrogenolyse der Halogen-Atome durch intramolekulare Angriff der gebildeten Lithium-alkoxy-hydrido-aluminate[3, 7]. Nach einem ähnlichen Mechanismus werden o Halogen-methoxy-benzole teilweise demethyliert[2].

Nicht aktivierte Aryl-jodide und -bromide werden durch ein Mol-Äquivalent Li thiumalanat in Bis-[2-methoxy-äthyl]-äther (100°, 24 Stdn.[2]) oder durch zwei—vie Mol-Äquivalente (THF, 6–24 Stdn., 25–65°) reduziert. Aus 4-Brom-biphenyl erhält mar z. B. 88% d. Th. *Biphenyl*[8].

Die Reduktion von Chlor-benzolen mit Lithiumalanat verläuft sehr langsam[9].

Die Reduzierbarkeit von Halogen-heteroaromaten mit Lithiumalanat ist starl strukturabhängig[10]. So ergibt Pentachlor-pyridin in Diäthyläther bei 20° über eine Orga nometall-Zwischenstufe als Hauptprodukt 90% d. Th. *2,3,6-Trichlor-pyridin*. Bei der Re duktion mit Aluminiumhydrid, Natriumboranat und am besten durch Lithiumboranat ir Tetrahydrofuran werden dagegen 95% d. Th. *2,3,5,6-Tetrachlor-pyridin* erhalten[11]:

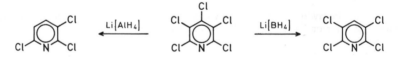

2-Chlor-furane und -thiophene erleiden analog den entsprechenden gesättigten Äthern (s. S. 393) mit Lithiumalanat unter Hydrierung der C=C-Doppelbindungen leicht selek tive Hydrogenolyse[12, 13]; z. B.[12]:

[1] J. E. JOHNSON, R. H. BLIZZARD u. H. W. CARHART, Am. Soc. 70, 3664 (1948).
L. W. TREVOY u. W. G. BROWN, Am. Soc. 71, 1675 (1949).
M. ERNE u. F. RAMIREZ, Helv. 33, 912 (1950).
[2] G. J. KARABATSOS, R. L. SHONE u. S. E. SCHEPPELE, Tetrahedron Letters 1964, 2113.
G. J. KARABATSOS u. R. L. SHONE, J. Org. Chem. 33, 619 (1968).
V. GOLD, A. Y. MIRI u. S. R. ROBINSON, Soc. Perkin [Trans. II] 1980, 243.
[3] J. F. CORBETT u. P. F. HOLT, Soc. 1961, 5029; 1963, 2385.
H. A. B. LINKE, R. BARTHA u. D. PRAMER, Naturwiss. 55, 444 (1968).
[4] H. J. BRABANDER u. W. B. WRIGHT, J. Org. Chem. 32, 4053 (1967).
N. W. GILMAN u. L. H. STERNBACH, Chem. Commun. 1971, 465.
[5] Y. KOBAYASHI, I. KUMADAKI u. S. TAGUCHI, Chem. Pharm. Bull. (Tokyo) 20, 823 (1972).
[6] Y. KOBAYASHI et al., J. Org. Chem. 39, 1836 (1974).
[7] B. GAUX u. P. LE HENAFF, Bl. 1974, 505.
[8] H. C. BROWN u. S. KRISHNAMURTHY, J. Org. Chem. 34, 3918 (1969).
[9] P. OLAVI, I. VIRTANEN u. P. JAAKKOLA, Tetrahedron Letters 1969, 1223.
[10] G. M. BADGER, J. H. SEIDLER u. B. THOMSON, Soc. 1951, 3207.
B. VAN DER WAL, T. J. DE BOER u. H. O. HUISMAN, R. 80, 228 (1961).
[11] R. E. BANKS et al., Soc. 1965, 575.
W. T. FLOWERS, R. N. HASZELDINE u. S. A. MAJID, Tetrahedron Letters 1967, 2505.
F. BINNS, S. M. ROBERTS u. H. SUSCHITKY, Chem. Commun. 1969, 1211; Soc. [C] 1970, 1375.
[12] M. F. ANSELL u. S. S. BROWN, Soc. 1957, 1788.
[13] G. M. BROOKE u. R. KING, Tetrahedron 30, 857 (1974).

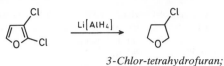

3-Chlor-tetrahydrofuran;
81% d. Th.

2,4,6-Trichlor-1,3,5-triazin wird mit Lithiumalanat zu *2,4-Dichlor-1,3,5-triazin* und durch Folgereaktionen zu *4,6-Dichlor-2-dimethylamino-1,3,5-triazin* hydrogenolysiert[1]:

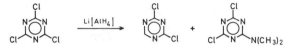

Mit Lithiumalanat/Titan(IV)-chlorid (2:1) werden Arylchloride rasch[2], mit Natrium-alanat in Bis-[2-methoxy-äthyl]-äther[3] bei 160° langsam in guten Ausbeuten zu Aromaten reduziert. Mit Lithiumalanat in Tetrahydrofuran in der Gegenwart katalytischer oder stöchiometrischer Mengen Eisen(II)-, Kobalt(II)- oder Titan(III)-chlorid werden quantitativ die entsprechenden Aromaten erhalten[4].

Zur Reduktion von Halogen-arenen mit Natriumhydrid/Natrium-2-methyl-butanolat-(2)/Übergangsmetall-salz in THF oder 1,2-Dimethoxy-äthan s. Lit.[5].

Natrium-triäthoxy-hydrido-aluminat[6] und Natrium-bis-[2-methoxy-äthoxy]-dihydrido-aluminat[7] sind hauptsächlich zur Reduktion von Aryl-jodiden und -bromiden geeignet. Durch Bis-[phenyl-cyano]-palladium(II)-chlorid katalysiert greift letzteres auch Aryl-chloride und -fluoride an[8]. Auch durch Palladium-Kohle katalysiertes Natriumboranat eignet sich zur Reduktion von Aryl-halogeniden[9, 10]:

Durch Reduktion von Halogen-aromaten mit Natrium-tetradeuterido-borat/Palladium(II)-chlorid in Methanol-O-D können deuterierte Aromaten hergestellt werden. Der Deuterium-Gehalt der letzteren ist höher als 95%[11]:

4-Chlor-benzoesäure   → *4-Deutero-benzoesäure*   83% d. Th.
3,4-Dichlor-benzoesäure → *3,4-Dideutero-benzoesäure* 55% d. Th.
4-Chlor-1-nitro-benzol → *4-Deutero-anilin*   70% d. Th.
3-Brom-⟨benzo-[b]-thiophen⟩ → *3-Deutero-⟨benzo-[b]-thiophen⟩* 70% d. Th.
5-Brom-indol   → *5-Deutero-indol*   85% d. Th.

Zum Einsatz von komplexen Kupfer(I)-hydriden s. Lit.[12].

[1] A. Burger u. E. D. Hornbaker, Am. Soc. **75**, 4579 (1953).
   C. Grundmann u. E. Beyer, Am. Soc. **76**, 1948 (1954).
[2] T. Mukaiyama, M. Hayashi u. K. Narasaka, Chemistry Letters **1973**, 291.
[3] L. I. Zakharkin, V. V. Gavrilenko u. A. F. Rukasov, Doklady Akad. SSSR **205**, 93 (1972).
[4] E. C. Ashby u. J. J. Lin, Tetrahedron Letters **1977**, 4481; J. Org. Chem. **43**, 1263 (1978).
[5] G. Guillaumet, L. Mordenti u. P. Caubère, J. Organometal. Chem. **92**, 43 (1975).
   B. Loubinoux, R. Vanderesse u. P. Caubère, Tetrahedron Letters **1977**, 3951; **1978**, 91.
   J. J. Brunet, R. Vanderesse u. P. Caubère, J. Organometal. Chem. **157**, 125 (1978).
[6] G. Hesse u. R. Schrödel, A. **607**, 24 (1957).
[7] M. Čapka u. V. Chvalovský, Collect. czech. chem. Commun. **34**, 2782 (1969).
   M. Kraus, Collect. czech. chem. Commun. **37**, 3052 (1972).
[8] I. Simůnek u. M. Kraus, Collect. czech. chem. Commun. **38**, 1786 (1973).
[9] R. A. Egli, Helv. **51**, 2090 (1968).
[10] R. A. Egli, Z. anal. Chem. **247**, 39 (1969).
[11] T. R. Bosin, M. G. Raymond u. A. R. Buckpitt, Tetrahedron Letters **1973**, 4699.
[12] R. G. R. Bacon u. H. A. O. Hill, Soc. **1964**, 1112.
   S. Masamune, P. A. Rossy u. G. S. Bates, Am. Soc. **95**, 6542 (1973).
   S. Masamune, G. S. Bates u. P. E. Georghiou, Am. Soc. **96**, 3686 (1974).
   T. Yoshida u. E. Negishi, Chem. Commun. **1974**, 762.

Aryl-jodide und -bromide werden auch durch das stärkere Reduktionsmittel Triphenyl-zinnhydrid ohne Katalyse nur bei höheren Temp. (meist bei ~ 150°) in guten Ausbeuten enthalogeniert. Elektronen-anziehende Substituenten beschleunigen die Reaktion[1]. Durch einen Kettenstarter[2] oder durch Belichtung[3, 4] initiiert verläuft die Reaktion auch mit Trialkyl-zinnhydriden bei 25–40°.

Mit Triäthyl-zinndeuterid werden deuterierte Aromaten erhalten[4].

Quartäre Diphenyl-jodonium-Salze lassen sich mit Lithiumalanat bzw. Kaliumboranat zu Jod-benzolen reduzieren[5].

2. der C−O-Einfachbindung

Durch Reduktion ungesättigter Alkohole mit komplexen Hydriden werden manchmal die Mehrfachbindungen partiell oder völlig mit großer Selektivität gesättigt (s. S. 70ff.)

Aus methodischen Gründen werden auch die Stickstoff-Analogen der Acetale, die sich besonders leicht reduzieren lassen, hier behandelt.

α) von Alkoholen bzw. Phenolen

Hydride reagieren je nach Struktur unterschiedlich rasch mit Alkoholen bzw. Phenolen unter Wasserstoff-Entwicklung. Die Reduktion zu Kohlenwasserstoffen ist nur in manchen Fällen möglich; wichtig ist dagegen die Epimerisierung von Gemischen chiraler Alkohole[6−8].

Lithiumalanat reduziert Alkohole nur dann zu den Kohlenwasserstoffen, wenn die Hydrogenolyse (wie bei den Carbonsäure- und Oxo-Derivaten) durch elektronenliefernde Substituenten gefördert wird[9]. In Gegenwart von Titan(IV)-chlorid werden Hydroxy-ketone selektiv zu Ketonen reduziert[10].

Zimtalkohole werden ähnlich den Zimtsäuren und Zimtsäureestern bei schärferen Bedingungen durch 1,3-Eliminierung des Organometall-Komplexes mit Lithiumalanat in Phenyl-cyclopropane übergeführt (s. S. 219). In Lösungsmitteln wie Tetrahydrofuran und 1,2-Dimethoxy-äthan, die eine gute Solvatation des Reduktionsmittels sichern, wird der Komplex schneller gebildet[11].

Phenolische Hydroxy-Gruppen können unter normalen Bedingungen nur von einzelnen heteroaromatischen Verbindungen reduktiv abgespalten werden[12]. Durch trockene De

[1] L. A. ROTHMAN u. E. I. BECKER, J. Org. Chem. **24,** 294 (1959); **25,** 2203 (1960).
D. H. LORENZ et al., J. Org. Chem. **28,** 2332 (1963).
A. E. BORISOW u. A. N. ABRAMOWA, Izv. Akad. SSSR **1964,** 844.
[2] H. G. KUIVILA u. L. W. MENAPACE, J. Org. Chem. **28,** 2165 (1963).
[3] G. L. GRADY u. H. G. KUIVILA, J. Org. Chem. **34,** 2014 (1969).
[4] W. P. NEUMANN u. H. HILLGÄRTNER, Synthesis **1971,** 537; z.B. *Fluor-benzol* aus 3-Fluor-1-brom-benzol zu 95% d. Th.
[5] F. M. BERINGER et al., Am. Soc. **75,** 2708 (1953).
F. M. BERINGER u. I. LILLIEN, Am. Soc. **82,** 725 (1960).
[6] E. L. ELIEL u. M. N. RERICK, Am. Soc. **82,** 1367 (1960).
E. L. ELIEL u. T. J. BRETT, Am. Soc. **87,** 5039 (1965).
[7] E. L. ELIEL u. T. J. BRETT, J. Org. Chem. **28,** 1923 (1963).
[8] M. D. KASHIKAR u. A. B. KULKARNI, Curr. Sci. **30,** 142 (1961).
H. M. SAAYMAN u. D. G. ROUX, Chem. & Ind. **1964,** 1761.
[9] L. H. CONOVER u. D. S. TARBELL, Am. Soc. **72,** 3586 (1950).
H. BADER u. W. OROSHNIK, Am. Soc. **81,** 163 (1959).
L. J. DOLBY u. D. L. BOOTH, J. Org. Chem. **30,** 1550 (1965).
G. RIO u. J. MION-COATLEVEN, Bl. **1966,** 3774.
G. RIO u. M. CHARIFI, Bl. **1970,** 3593.
W. T. BORDEN u. M. SCOTT, Chem. Commun. **1971,** 381.
[10] T. MUKAIYAMA, T. SATO u. J. HANNA, Chem. Letters **1973,** 1041.
J. E. McMURRY et al., J. Org. Chem. **43,** 3249 (1978).
[11] R. T. UYEDA u. D. J. CRAM, J. Org. Chem. **30,** 2083 (1965).
M. J. JORGENSON u. A. W. FRIEND, Am. Soc. **87,** 1815 (1965).
M. J. JORGENSON u. A. F. THACHER, Chem. Commun. **1968,** 973; **1969,** 1290.
[12] C. M. ATKINSON u. C. J. SHARPE, Soc. **1959,** 2858.

tillation des mit Lithiumalanat gebildeten Komplexes werden dagegen aus Phenolen, Phenoläthern und Arylaminen die entsprechenden Kohlenwasserstoffe erhalten. Formyl-, Keton- oder Carboxy-Gruppen werden durch Methyl- bzw. Methylen-Gruppen, Halogen-Atome durch Wasserstoff ersetzt[1].

Triphenole lassen sich in gewissen Fällen mit Natriumboranat in protonenhaltiger Lösung partiell dehydroxylieren[2,3]. Pyrogallol und 1,2,4-Trihydroxy-benzol werden nicht angegriffen, Phloroglucin wird dagegen in 90%iger Ausbeute zu *Resorcin* reduziert[2]:

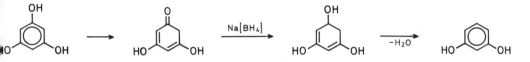

Resorcin[2]: Eine Lösung von 2,3 g (14,2 mMol) Phloroglucin-Bis-hydrat in 100 *ml* Wasser wird unter Rühren innerhalb 30 Min. zu einer Lösung von 3,1 g (82 mMol) Natriumboranat in 20 *ml* Wasser getropft. Man rührt 1,5 Stdn., versetzt mit verd. Salzsäure, dampft i. Vak. ein und extrahiert den Rückstand kontinuierlich mit Benzol; Ausbeute: 1,4 g (90% d. Th.); F: 100–107°; aus Benzol F: 109–110°.

Natrium-bis-[2-methoxy-äthoxy]-dihydrido-aluminat reduziert in siedendem Xylol in 3–6 Stdn. 2- und 4-Hydroxy- bzw. -Amino-benzylalkohol sowie die entsprechenden Naphthalin-Derivate zu den entsprechenden **Methyl-phenolen** bzw. **-anilinen**[4] (weiteres s. S. 170f.); z. B.:

2-Hydroxy-benzylalkohol	→ *2-Methyl-phenol*	85% d. Th.
4-Hydroxy-benzylalkohol	→ *4-Methyl-phenol*	95% d. Th.
2-Amino-benzylalkohol	→ *2-Methyl-anilin*	95% d. Th.
1-Hydroxy-2-(1-hydroxy-äthyl)-naphthalin	→ *1-Hydroxy-2-äthyl-naphthalin*	93% d. Th.

Die Zugabe von Aluminiumchlorid zur Reaktionsmischung erleichtert die Ausbildung eines Carbenium-Ions und damit auch die Hydrogenolyse des Alkohols zum Kohlenwasserstoff. Das Ausmaß der Hydrogenolyse hängt von der Menge des zugesetzten Aluminiumchlorids ab. **Lithiumalanat/Aluminiumchlorid** reduziert z. B. sek. und tert. Benzylalkohole wie Benzhydrol und Triphenyl-methanol[5] sowie α-Hydroxy-alkyl-ferrocene[6] zu den Kohlenwasserstoffen und 7-Hydroxy-7-phenyl-bicyclo[2.2.1]hepten selektiv zu *7-Phenyl-bicyclo[2.2.1]hepten*[7], während Benzylalkohol selbst und 1-Phenyl-äthanol nicht angegriffen werden. Letztere werden dagegen unter schärferen Bedingungen durch 4 Mol-Äquivalente **Lithiumalanat/3 Aluminiumchlorid** (Dichlor-alan, Dichlor-aluminiumhydrid, s. S. 10) zu den Kohlenwasserstoff-Gemischen reduziert[8-10].

Mit zunehmender Verzweigung der Seitenkette in Phenyl-alkanolen entstehen größere Mengen Olefin. Sek. und tert. aliphatische Alkohole ergeben überwiegend Olefine, prim. reagieren nicht. Als Standardmethode kann die Reduktion mit Lithiumalanat/2 Alumini-

[1] T. Severin u. I. Ipach, Synthesis **1973**, 796.

[2] G. I. Fray, Tetrahedron **3**, 316 (1958).

[3] R. E. Moore et al., J. Org. Chem. **31**, 3638 (1966).

[4] M. Černý u. J. Málek, Tetrahedron Letters **1969**, 1739; Collect. czech. chem. Commun. **35**, 1216, 2030, 3079 (1970).

[5] R. F. Nystrom u. C. R. A. Berger, Am. Soc. **80**, 2896 (1958).

[6] K. Schlögl, M. Fried u. H. Falk, M. **95**, 576 (1964).
    K. Schlögl u. M. Fried, M. **95**, 558 (1964).
    M. J. A. Habib u. W. E. Watts, Soc. [C] **1969**, 1469.

[7] D. C. Kleinfelter u. G. Sanzero, J. Org. Chem. **42**, 1944 (1977).

[8] J. H. Brewster, H. O. Bayer u. S. F. Osman, J. Org. Chem. **29**, 110 (1964).

[9] J. H. Brewster et al., J. Org. Chem. **29**, 121 (1964).

[10] J. H. Brewster u. H. O. Bayer, J. Org. Chem. **29**, 105 (1964).

umchlorid (s. S. 10) dienen, womit weniger Nebenprodukte zu erwarten sind[1]. Diphenyl-carbinole ergeben z. B. so in 89–91%iger Ausbeute die entsprechenden Diphenylme-thane[2]:

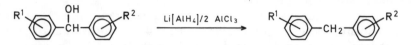

Diphenylmethane; allgemeine Arbeitsvorschrift[2]: Eine Lösung von 46,7 g (0,35 Mol) Aluminiumchlorid in 100 *ml* abs. Diäthyläther wird unter Stickstoff und unter Rühren zu einer Suspension von 6,6 g (0,175 Mol) Lithiumalanat in 10 *ml* abs. Diäthyläther gegeben. Man tropft die Lösung des Diphenylmethanols (0,1 Mol) in abs. Diäthyläther innerhalb 10 Min. zu, erhitzt 30 Min. unter Rückfluß, kühlt ab, zersetzt mit Wasser und gießt in 20%ige Schwefelsäure. Die Äther-Schicht wird gewaschen, getrocknet, eingeengt und der Rückstand i. Vak. destilliert.

Nach dieser Methode erhält man u. a.:

4-Methyl-1-benzyl-benzol	Kp_{11}: 140°
3-Methoxy-1-benzyl-benzol	Kp_{13}: 165°
4-Fluor-1-benzyl-benzol	Kp_{14}: 132°
4-Methoxy-1-(4-chlor-benzyl)-benzol	Kp_{14}: 191°

Auf ähnliche Weise erhält man ferner aus dem entsprechenden Cyclohexyl-(subst.-phenyl)-carbinol[3]

2-Methoxy-1-cyclohexylmethyl-benzol	Kp_{24}: 159–161°
4-Methoxy-1-cyclohexylmethyl-benzol	$Kp_{0,4}$: 109°

Allylalkohole[4, 5] (z. B. Zimtalkohole[5–7]) werden durch gemischte Hydride unter teilweiser Isomerisierung reduziert (z. B. $R^1 = R^2$; *1-Phenyl-propen,* 44% d. Th.; *3-Phenyl-propen,* 20% d. Th.):

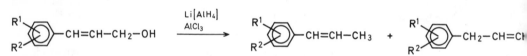

Zur dimerisierenden Reduktion s. S. 412f.

Diaryl- und Triaryl-methanole lassen sich mit Natriumboranat in Trifluoressigsäure bei 0–30° in hohen Ausbeuten zu den entsprechenden Kohlenwasserstoffen reduzieren. Die Reaktion kann entweder durch Zugabe einer Mischung des Substrates mit Natriumboranat zur Trifluoressigsäure bei 0°, oder durch Zugabe des Substrates (ungelöst oder in Dichlormethan) zu einer Mischung von Natriumboranat-Pastillen in Trifluoressigsäure bei 15–25° durchgeführt werden. Die Tabletten haben den Vorteil, daß sie sich im Medium relativ langsam lösen. Die Reaktionsmischung ist selbstentzündlich und infolge des entwickelten Wasserstoffes **explosions**gefährlich, so daß die Reduktion unter Inertgas durchgeführt werden muß. In gewissen Fällen können infolge des stark sauren Mediums Nebenreaktionen (z. B. Dimerisierungen) auftreten. Nach der ersten Arbeitsweise erhält man z. B. aus Triphenyl-methanol *Triphenyl-methan* in 94%iger Ausbeute[8]:

$$(H_5C_6)_3C{-}OH \xrightarrow{\text{Na}[BH_4]/F_3CCOOH} (H_5C_6)_3CH$$

Triphenyl-methan[8]: Eine Mischung von 0,5 g (19 mMol) Triphenyl-methanol und 0,72 g (19 mMol) gepulvertem Natriumboranat wird unter Stickstoff bei 0° innerhalb 2 Min. unter starkem Rühren portionsweise zu 15 *ml*

[1] B. R. BROWN u. A. M. S. WHITE, Soc. **1957**, 3755.
[2] J. BLACKWELL u. W. J. HICKINBOTTOM, Soc. **1961**, 1405.
[3] J. BLACKWELL u. W. J. HICKINBOTTOM, Soc. **1963**, 366.
[4] J. H. BREWSTER u. H. O. BAYER, J. Org. Chem. **29**, 105 (1964).
[5] J. H. BREWSTER u. H. O. BAYER, J. Org. Chem. **29**, 116 (1964).
[6] A. J. BIRCH u. M. SLAYTOR, Chem. & Ind. **1956**, 1524.
[7] D. C. WIGFIELD u. K. TAYMAZ, Tetrahedron Letters **1973**, 4841.
[8] G. W. GRIBBLE u. R. M. LEESE, Synthesis **1977**, 172.

Trifluoressigsäure gegeben. Man rührt 5 Min. bei 0°, engt i. Vak. ein, versetzt mit 5 *ml* Eiswasser, stellt mit ges. Natriumhydrogencarbonat-Lösung alkalisch und saugt das ausgeschiedene Produkt ab; Ausbeute: 0,44 g (94% d. Th.); F: 88–90°.

Analog erhält man z. B. aus:

1,1-Diphenyl-äthanol   →   *1,1-Diphenyl-äthan*   97% d. Th.
1,2-Diphenyl-äthanol   →   *1,2-Diphenyl-äthan*
                               + 1,2,3,4-Tetraphenyl-buten-(1) (7:3)

Nach der zweiten Arbeitsweise erhält man aus Benzhydrol 93% d. Th. *Diphenyl-methan*[1].

Diphenyl-methan[1]: 50 *ml* Trifluoressigsäure werden bei 15–20° unter Stickstoff gerührt und mit 1,75 g (46 mMol, 7 Tabletten von 0,25 g) Natriumboranat in Tablettenform innerhalb von 30 Min. versetzt. Zur Mischung gibt man bei 15–20° innerhalb 15 Min. 2 g (10,9 mMol) Benzhydrol, rührt 12 Stdn. bei 20°, verdünnt mit Wasser, stellt mit Natriumhydroxid-Pastillen alkalisch und extrahiert mit Äther. Der Auszug wird gewaschen, getrocknet, eingeengt und destilliert; Ausbeute: 1,7 g (93% d. Th.); Kp$_{0,4}$: 63–64°.

Analog erhält man mit Dichlormethan als Lösungsmittel u. a.

2,4,6-Trimethyl-1-benzyl-benzol   90% d. Th.
1-Benzyl-naphthalin   86% d. Th.
Dinaphthyl-(1)-methan   94% d. Th.

Auch mit Natriumboranat/Bortrifluorid (s. S. 5) werden aus Alkoholen Kohlenwasserstoffe erhalten; z. B.[2]:

$$(H_5C_6)_3C{-}OH \xrightarrow{\text{Na[BH}_4]/\text{BF}_3} (H_5C_6)_3CH$$

Triphenylmethan; 70% d. Th.

Bei anderen Alkoholen werden wie beim Lithiummalanat/Aluminiumchlorid mehr oder weniger große Mengen Olefin gebildet (s. S. 409).

Da Silicium elektropositiver als Kohlenstoff ist, übergeben Organo-siliciumhydride leicht ein Hydrid-Ion an Carbenium-Ionen[3]. Als Protonenquelle wird Trifluoressigsäure eingesetzt. Tert. aliphatische Alkohole, tert. und sek. Benzylalkohole, prim. Benzyl-alkohole mit stark elektronenliefernden Substituenten und α-substituierte Hydroxyme-thyl-cyclopropane werden so durch Organo-siliciumhydride in Trifluoressigsäure mit Ausbeuten von 70–95% zu Kohlenwasserstoffen reduziert[4,5]. Der Cyclopropan-Ring wird bei der Reduktion teilweise geöffnet[5]. Tert. Alkohole, die stabile Carbenium-Ionen liefern, können in Essigsäure eingesetzt werden.

9-Phenyl-xanthen[6]:

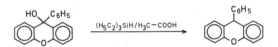

[1] G. W. GRIBBLE u. R. M. LEESE, Synthesis **1977**, 172.
[2] G. R. PETTIT et al., Pr. chem. Soc. **1962**, 357.
[3] D. N. KURSANOW et al., Doklady Akad. SSSR **202**, 874 (1972); **205**, 104 (1972); C. A. **77**, 4595, 113 858 (1972).
    V. V. BASHILOV, V. I. SOKOLOV u. O. A. REUTOV, Izv. Akad. SSSR **1978**, 1081; C. A. **89**, 108389 (1978).
    J. L. FRY u. M. G. ADLINGTON, Am. Soc. **100**, 7641 (1978).
[4] F. A. CAREY u. H. S. TREMPER, Tetrahedron Letters **1969**, 1645.
    F. A. CAREY u. C.-L. WANG HSU, J. Organometal. Chem. **19**, 29 (1969).
    W. A. ZYRJAPKIN et al., Ž. org. Chim. **8**, 2342 (1972); C. A. **78**, 70987 (1973).
    L. I. KASAKOWA et al., Ž. obšč. Chim. **43**, 2306 (1973); C. A. **80**, 94949 (1974).
[5] F. A. CAREY u. H. S. TREMPER, Am. Soc. **91**, 2967 (1969).
[6] F. A. CAREY u. H. S. TREMPER, Am. Soc. **90**, 2578 (1968).

Eine Lösung von 0,274 *ml* (1 mMol) 9-Hydroxy-9-phenyl-xanthen und 0,5 *ml* (3,2 mMol) Triäthyl-silicium-hydrid in 3 *ml* Essigsäure wird 48 Stdn. bei 25° gehalten und danach mit 40 *ml* Wasser versetzt. Der Niederschlag wird filtriert und aus 95%igem Äthanol kristallisiert; Ausbeute: 0,1975 g (77% d.Th.); F: 142,5–144,5°.

Auf ähnliche Weise wird *Tris-[2,6-dimethoxy-phenyl]-methan* (95% d. Th.) aus dem entsprechenden Carbinol erhalten[1].

Zur Bildung und Reduktion von Carbenium-Ionen niedrigerer Stabilität wird als Medium Trifluoressigsäure/Dichlormethan angewendet; z.B.:

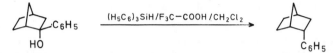

endo-2-Phenyl-bicyclo[2.2.1]heptan[2]: Zu einer Lösung von 1 g (5,3 mMol) *endo*-2-Hydroxy-2-phenyl-bicyclo[2.2.1]heptan und 1,66 g (6,36 mMol) Triphenyl-siliciumhydrid in 21 *ml* Dichlormethan werden 0,8 *ml* (10,6 mMol) Trifluoressigsäure gegeben. Man rührt 30 Min. bei 25°, versetzt mit festem Natriumcarbonat, filtriert und dampft das Filtrat ein. Der Rückstand wird in Pentan aufgenommen, auf eine Säule mit 25 g aktivem Aluminium-oxid gegossen und mit 60 *ml* Pentan eluiert; Ausbeute: 0,602 g (65% d.Th.); $Kp_{0,4}$: 115° (Badtemp.).

Entsprechend liefert 3-Hydroxy-3-äthyl-pentan *3-Äthyl-pentan*[3] (78% d.Th.) bzw. 2-Hydroxy-2-methyl-adamantan *2-Methyl-adamantan*[3] (41% d.Th.).

Eine allgemeiner anwendbare energischere Methode ist die Reduktion mit Triäthyl-silan in Dichlormethan unter Einleitung von reinem Bortrifluorid-Gas (s. a. S. 423; als Nebenprodukt wird Fluor-triäthyl-silan erhalten)[4]:

Octan[4]: In eine Lösung von 0,43 g (3,3 mMol) Octanol-(2) und 1,27 g (10,9 mMol) Triäthyl-silan in 15 *ml* trockenem Dichlormethan wird bei 20° für 30 Min. ein langsamer Strom von Bortrifluorid-Gas eingeleitet. Das Gas wird nötigenfalls durch Waschen mit einer Lösung von Boroxid in konz. Schwefelsäure vom Fluorwasserstoff befreit[5]. Man wäscht mit Wasser, trocknet und destilliert; Ausbeute: 0,19 g (50% d.Th.); Kp: 126°.

Analog erhält man aus:

2-(4-Nitro-phenyl)-butanol-(2)	→	*2-(4-Nitro-phenyl)-butan*	100% d. Th.
1-Hydroxy-adamantan	→	*Adamantan*	86% d. Th.

Primäre Alkohole können leicht über Phenyl-selenide durch Reduktion mit Triphenyl-zinnhydrid in Kohlenwasserstoffe übergeführt werden[6].

Allyl- und Benzylalkohole lassen sich mit Lithiumalanat/3 Titan(III)-chlorid in siedendem 1,2-Dimethoxy-äthan inter- oder intramolekular zu den entsprechenden Kohlenwasserstoffen dimerisieren[7-9], Diole werden cyclisiert:

$$2 \ \underset{R^2-CH-OH}{\overset{R^1}{|}} \quad \xrightarrow{\text{Li[AlH}_4]/ \ 3 \ \text{TiCl}_3} \quad \underset{R^2-CH-CH-R^1}{\overset{R^1 \quad R^2}{| \quad |}}$$

Als Nebenreaktionen können Hydrogenolyse der Hydroxy-Gruppe bzw. Allyl-Umlagerungen auftreten.

Kohlenwasserstoffe durch reduktive Dimerisierung von Allyl- und Benzylalkoholen; allgemeine Arbeitsvorschrift[9]: Zu einer Mischung von 2,3 g (15 mMol) Titan(III)-chlorid in 70 *ml* abs. 1,2-Dimethoxy-äthan werden unter Rühren und Stickstoff 0,19 g (5 mMol) Lithiumalanat gegeben. Man rührt die erhaltene schwarze Suspen-

[1] F. A. CAREY u. H. S. TREMPER, Am. Soc. **90**, 2578 (1968).
[2] F. A. CAREY u. H. S. TREMPER, J. Org. Chem. **34**, 4 (1969).
[3] F. A. CAREY u. H. S. TREMPER, J. Org. Chem. **36,** 758 (1971).
[4] M. G. ADLINGTON, M. ORFANOPOULOS u. J. L. FRY, Tetrahedron Letters **1976**, 2955.
[5] R. LOMBARD u. J.-P. STEPHAN, Bl. **1958**, 1369.
[6] D. L. J. CLIVE, G. CHITTATTU u. C. K. WONG, Chem. Commun. **1978**, 41.
[7] J. E. McMURRY u. M. SILVESTRI, J. Org. Chem. **40**, 2687 (1975).
[8] A. L. BAUMSTARK et al., Tetrahedron Letters **1977**, 3003.
[9] J. E. McMURRY et al., J. Org. Chem. **43**, 3249 (1978).

ion 10 Min., versetzt mit 5 mMol Äthanol in 10 *ml* abs. 1,2-Dimethoxy-äthan, erhitzt 16 Stdn. unter Rückfluß, ühlt ab und arbeitet auf. So erhält man u. a. aus[1, 2]

3-Hydroxy-cyclohepten	→ *3,3'-Bi-cycloheptenyl*	82% d. Th.
1-Phenyl-äthanol	→ *2,3-Diphenyl-butan*	68% d. Th.
2-Phenyl-propanol-(2)	→ *2,3-Dimethyl-2,3-diphenyl-butan*	95% d. Th.
1,3-Diphenyl-propandiol-(1,3)	→ *1,2-Diphenyl-cyclopropan*	61% d. Th.

β) von Äthern

Die Äther-Bindung wird in Äthern und Acetalen durch elektrophile Hydride meist eicht gespalten, während sterisch unbehinderte Epoxide auch mit komplexen Alumini-∎mhydriden ohne weiteres geöffnet werden können.

β₁) *von offenkettigen Äthern*

Die Reduktion acyclischer Äther mit Hydriden verläuft analog der Hydrogenolyse von Alkoholen.

Bis-[2-methyl-propyl]-aluminiumhydrid reduziert Äther zu Kohlenwasserstof-en[3]; z. B. Äthyl-benzyl-äther zu *Toluol* (92% d. Th.).

Addukte von 3-Alkoxy-2(3)-alkyl-alkenen-(1) mit Bis-[2-methyl-propyl]-aluminium-ıydrid ergeben nach Pyrolyse die entsprechenden Cyclopropane[4]:

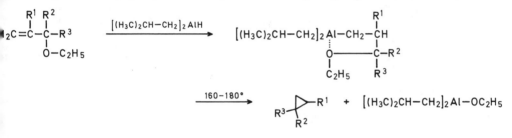

Alkyl-cyclopropane aus 3-Äthoxy-alken-(1)-en; allgemeine Arbeitsvorschrift[4]: Eine äquimolare Mischung on 3-Äthoxy-alken-(1) und Bis-[2-methyl-propyl]-aluminiumhydrid wird unter Stickstoff 6–8 Stdn. bei 85–90° m Rückfluß und danach 1–2 Stdn. bei 160–180° am absteigenden Kühler erhitzt. Als Rückstand erhält man Äthoxy-bis-[2-methyl-propyl]-aluminium.

Nach dieser Methode erhält man u. a. aus:

3-Äthoxy-penten-(1)	→ *Äthyl-cyclopropan*	81% d. Th.; Kp: 36–37°
3-Äthoxy-hexen-(1)	→ *Propyl-cyclopropan*	85% d. Th.; Kp: 69–70°
3-Äthoxy-3-methyl-buten-(1)	→ *1,1-Dimethyl-cyclopropan*	58% d. Th.; Kp: 20,2–20,8°

Da einfache Äther gegen Lithiumalanat resistent sind, können sie auch als Lösungs-∎nittel verwendet werden, bei gewissen Strukturen tritt dagegen die Hydrogenolyse der Äther-Bindung schon mit Lithiumalanat ein[5] (zur Reduktion von Alkyl-aryl-äthern bzw.

A. L. BAUMSTARK et al., Tetrahedron Letters **1977**, 3003.
J. E. MCMURRY et al., J. Org. Chem. **43**, 3249 (1978).
L. I. ZAKHARKIN u. I. M. KHORLINA, Izv. Akad. SSSR **1959**, 2255; engl.: 2156.
L. I. ZAKHARKIN u. L. A. SAVINA, Izv. Akad. SSSR **1963**, 1693.
K. FREUDENBERG u. G. WILKE, B. **85**, 78 (1952).
K. FREUDENBERG u. H. G. MÜLLER, A. **584**, 40 (1953).
L. M. SOFFER u. E. W. PARROTTA, Am. Soc. **76**, 3580 (1954).
L. M. SOFFER, M. KATZ u. E. W. PARROTTA, Am. Soc. **78**, 6120 (1956).
W. M. CORBETT, Soc. **1961**, 2926.
N. R. RAULINS u. L. A. SIBERT, J. Org. Chem. **26**, 1382 (1961).
W. AWE u. W. WIEGREBE, Ar. **295**, 817 (1962).
Y. TSUDA u. L. MARION, Canad. J. Chem. **41**, 3055 (1963).
R. J. OWELLEN, J. Org. Chem. **39**, 69 (1974).
J. F. CARROLL et al., Chem. Commun. **1980**, 507.

Methoxy-benzaldehyd s.S. 286, 406). Aryl-benzyl- sowie Vinyl- und Allyl-aryl-äther werden durch gemischte Hydride aus Lithiumalanat/Übergangsmetall-Salze (z.B. Nickelchlorid) reduktiv gespalten[1, 2].

Phenole aus Allyl-aryl-äthern; allgemeine Herstellungsvorschrift[2]: 5 g Allyl-aryl-äther werden in 50 *ml* ab THF unter Stickstoff mit 0,2 g Nickel(II)-chlorid und mit einer Lösung von 2 Mol-Äquiv. Lithiumalanat in ab THF versetzt. Man erhitzt die Mischung 24 Stdn. unter Rückfluß, kühlt ab, gibt Wasser und 50 *ml* 18%ige Sal säure zu, trennt die THF-Phase ab, und extrahiert die wäßr. Phase mit Diäthyläther. Die organ. Phasen werde vereinigt und aufgearbeitet.

So erhält man u.a. aus (Propyl-phenyl-äther wird praktisch nicht angegriffen):

Allyl-(2-methyl-phenyl)-äther	→ *2-Methyl-phenol*	73% d.Th.
Allyl-(2-chlor-phenyl)-äther	→ *2-Chlor-phenol*	87% d.Th.
Allyl-naphthyl-(1)-äther	→ *1-Hydroxy-naphthalin*	76% d.Th.
Benzyl-naphthyl-(2)-äther	→ *2-Hydroxy-naphthalin*	65% d.Th.

Manche Äther werden ähnlich den Alkoholen auch von Mischungen aus Lithiumala nat/Aluminiumchlorid angegriffen. So läßt sich z.B. Bis-[4-methoxy-benzyl]-äthe durch Lithiumalanat/2 Aluminiumchlorid in 83%iger Ausbeute zu *4-Methoxy-1-me thyl-benzol* reduzieren[3]. Dibenzyläther wird dagegen nicht reduziert. Zur Reduktion mi Lithiumalanat/Titan(IV)-chlorid[4] bzw. Natrium-bis-[2-methoxy-äthoxy]-dihydrido-alu minat[5] s.Lit.

Diboran greift Äther in ähnlicher Weise an. Bis-[2-methoxy-äthyl]-äther wird schon bei 20° langsam zu *2 (2-Methoxy-äthoxy)-äthanol* gespalten[6].

Diboran und die komplexen Borhydride ergeben mit Jod ein sehr kräftiges Mittel zur Äther-Spaltung Ähnlich reagiert auch Pyridin-Jodboran mit Äthern[8].

Die Reduktion von Äthern mit Organo-siliciumhydriden verläuft langsamer als di der entsprechenden Alkohole (s.S. 411f.).

1,2,3-Triphenyl-cyclopropen[9]:

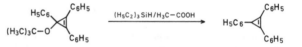

Eine Lösung von 0,5 g (1,45 mMol) tert.-Butyl-(1,2,3-triphenyl-cyclopropenyl)-äther und 0,5 *ml* (3,2 mMo Triäthyl-siliciumhydrid in 3 *ml* Essigsäure wird 20 Stdn. bei 25° gehalten. Man verdünnt mit 20 *ml* Wasser un schüttelt mit Dichlormethan aus. Der Auszug wird mit ges. Natriumhydrogencarbonat-Lösung gewaschen, m Kaliumcarbonat getrocknet und eingeengt; Ausbeute: 0,29 g (80% d.Th.); F: 109–110° (aus wäßr. Äthanol

Analog erhält man durch Reduktion in Trifluoressigsäure[10] aus Äthyl-tert.-butyl-äthe oder Bis-[diphenylmethyl]-äther *Isobutan* (60% d.Th.) bzw. *Diphenylmethan* (60° d.Th.).

[1] P. KARRER u. O. RÜTTNER, Helv. **33**, 812 (1950).
  V. L. TWEEDIE u. B. G. BARRON, J. Org. Chem. **25**, 2023 (1960).
[2] V. L. TWEEDIE u. M. CUSCURIDA, Am. Soc. **79**, 5463 (1957).
[3] B. R. BROWN u. G. A. SOMMERFIELD, Pr. chem. Soc. **1958**, 7.
  M. M. BOKADIA et al., Soc. **1962**, 1658.
[4] H. ISHIKAWA u. T. MUKAIYAMA, Chem. Letters **1976**, 737.
[5] T. KAMETANI et al., J. Org. Chem. **41**, 2545 (1976).
[6] R. E. LYLE u. C. K. SPICER, Chem. & Ind. **1963**, 739.
[7] G. F. FREEGUARD u. L. H. LONG, Chem. & Ind. **1964**, 1582.
  L. H. LONG u. G. F. FREEGUARD, Chem. & Ind. **1965**, 223; Nature **207**, 403 (1965).
[8] G. E. RYSCHKEWITSCH u. W. W. LOCHMAIER, Am. Soc. **90**, 6260 (1968).
[9] F. A. CAREY u. H. S. TREMPER, Am. Soc. **90**, 2578 (1968).
[10] W. I. SHDANOWITSCH, R. W. KUDRJAWZEW u. D. N. KURSANOW, Doklady Akad. SSSR **182**, 593 (1968); C. A
  70, 3424 (1969).

β_2) von cyclischen Äthern

$\beta\beta_1$) von Oxiranen

i$_1$) zu Alkoholen
(vgl. a. Bd. VI/1a, S. 388ff.)

Von den verschiedenen cyclischen Äthern werden Oxirane durch Hydride in der Regel am leichtesten reduziert, wobei sie nach zwei verschiedenen Mechanismen unter Verbrauch eines Hydrid-Äquivalents zu Alkoholen aufgespalten werden.

Nach einem S$_N$2-Mechanismus reduzieren nucleophile Hydride (z.B. Lithiumalanat[1]) unsymmetrisch substituierte Oxirane hauptsächlich an dem weniger substituierten Kohlenstoff-Atom unter Bildung der höher substituierten Alkohole (normale Oxiran-Öffnung; reduktive Ringspaltung nach Markownikow):

$$R^2-\overset{\displaystyle R^1}{\underset{\displaystyle O}{\triangle}}R^3 \xrightarrow{\text{Li[AlH}_4]} R^2-\underset{\displaystyle OH}{\overset{\displaystyle R^1}{\underset{|}{\overset{|}{C}}}}-CH_2-R^3$$

Nach einem zweiten Mechanismus (inverse Oxiran-Öffnung; reduktive Ringspaltung entgegen Markownikow) werden die niedriger substituierten Alkohole gebildet.

Im ersten Schritt koordiniert ein elektrophiles Hydrid mit dem Sauerstoff-Atom, wonach die Aufspaltung zum Carbenium-Ion am höher substituierten Kohlenstoff-Atom erfolgt. Das Carbenium-Ion ist inter- und intramolekular gleichfalls reduzierbar. Das durch Koordination gebildete Oxonium-Ion kann sich dagegen auch unter einer anionotropen Hydrid-Verschiebung bzw. unter Wanderung der Alkyl-Gruppe als Oxo-Derivat stabilisieren. Durch Reduktion bildet sich im ersten Fall der niedriger substituierte Alkohol, im zweiten das entsprechende Umlagerungsprodukt[2]:

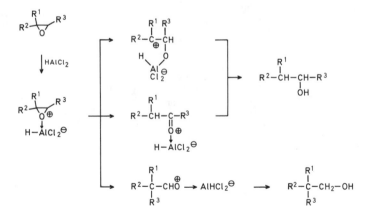

L. W. Trevoy u. W. G. Brown, Am. Soc. **71**, 1675 (1949).

E. L. Eliel u. D. W. Delmonte, Am. Soc. **80**, 1744 (1958).

E. L. Eliel u. M. N. Rerick, Am. Soc. **82**, 1362 (1960).

M. N. Rerick u. E. L. Eliel, Am. Soc. **84**, 2356 (1962).

P. T. Lansbury u. V. A. Pattison, Tetrahedron Letters **1966**, 3073.

P. T. Lansbury, D. J. Scharf u. V. A. Pattison, J. Org. Chem. **32**, 1748 (1967).

E. C. Ashby u. J. Prather, Am. Soc. **88**, 729 (1966).

E. C. Ashby u. B. Cooke, Am. Soc. **90**, 1625 (1968).

B. Cooke, E. C. Ashby u. J. Lott, J. Org. Chem. **33**, 1132 (1968).

W. E. Fristad, T. R. Bailey u. L. A. Paquette, J. Org. Chem. **43**, 1620 (1978).

s. a. A. Chollet u. P. Vogel, Helv. **61**, 732 (1978).

Zur Veranschaulichung obiger Regelmäßigkeit ist die Reduktion von Phenyl-oxiran mit verschiedenen Hydriden in Tab. 33 zusammengestellt. Die besten Ausbeuten der höher substituierten Alkohole werden durch die langsam verlaufende Reduktion mit Lithium-alkoxy-hydrido-aluminaten erhalten. Zur Herstellung der niedriger substituierten Alkohole ist am besten Natriumboranat/Bortrifluorid geeignet. Auch Chloraluminiumhydride liefern hauptsächlich die niedriger substituierten Alkohole.

Tab. 33: Alkohole durch Reduktion von Phenyl-oxiran mit verschiedenen Hydriden

$$H_5C_6\text{—oxiran} \longrightarrow H_5C_6\text{—}CH\text{—}CH_3 \ (OH) \ + \ H_5C_6\text{—}CH_2\text{—}CH_2\text{—}OH$$

I; *1-Phenyl-äthanol*   II; *2-Phenyl-äthanol*

Hydrid	Lösungs-mittel	Reaktions-bedingungen	Ausbeute [% d. Th.]	I [%]	II [%]	Lite-ratur
Li{[(H₃C)₃C–O]₃AlH}	THF	0°/24 Stdn.	97	100	–	[1]
Li[(H₃CO)₃AlH]	THF	25°/3 Stdn.	97	99	1	[2,3]
Li[AlH₄]	THF	25°/1 Stde.	98,5	98	2	[3,4,5]
	THF/	0°/30 Min.	92	96	4	[3,4,5]
	(H₅C₂)₂O	35°/2 Stdn.	82	90–95	5–10	[6]
	Benzol	25°	52	73,5	26,5	[7]
Na[(H₃CO–CH₂–CH₂–O)₂AlH₂]	Benzol	0°	47	98	2	[7]
		80°	63	97	3	[7]
(H₃C)₂CH–O–AlH₂	THF	25°/2 Stdn.	53	85	15	[8]
[(H₃C)₃C–O]₂AlH	THF	25°/2 Stdn.	76	80	20	[8]
(H₃C)₃C–O–AlH₂	THF	25°/2 Stdn.	97	79	21	[8]
AlH₃	THF	0°/1 Stde.	98	76	24	[5]
		25°/1 Stde.	100	73	27	[5]
Li[BH₄]	(H₅C₂)₂O	25°/12 Stdn.	100	73,7	26,3	[9]
Na[BH₄]/BF₃	a	25°/1 Stde.	71	26,5	73,5	[10]
[(H₃C)₂CH–CH₂]₂AlH	Benzol	10–40°/1–2 Stdn.	95	21	79	[11]
ClAlH₂	THF	25°/2 Stdn.	75	10	90	[8]
Cl₂AlH	THF	0°/1 Stde.	92,5	9,2	90,8	[5]
Cl₂AlH/AlCl₃	(H₅C₂)₂O	35°/2 Stdn.	71	2–5	95–98	[6]
B₂H₆	THF	25°/6 Stdn.	28	–	100	[12]
B₂H₆/BF₃	THF	0°/30 Min.	98	–	100	[13]

a Bis-[2-methoxy-äthyl]-äther

[1] H. C. Brown u. P. M. Weissman, Israel J. Chem. **1**, 430 (1963).
[2] H. C. Brown u. P. M. Weissman, Am. Soc. **87**, 5614 (1965).
[3] H. C. Brown u. N. M. Yoon, Am. Soc. **88**, 1464 (1966).
[4] H. C. Brown, P. M. Weissman u. N. M. Yoon, Am. Soc. **88**, 1458 (1966).
[5] N. M. Yoon u. H. C. Brown, Am. Soc. **90**, 2927 (1968).
[6] E. L. Eliel u. D. W. Delmonte, Am. Soc. **78**, 3226 (1956); **80**, 1744 (1958).
[7] T. K. Jones u. J. H. J. Peet, Chem. & Ind. **1971**, 995.
[8] B. Cooke, E. C. Ashby u. J. Lott, J. Org. Chem. **33**, 1132 (1968).
[9] R. Fuchs u. C. A. Vanderwerf, Am. Soc. **76**, 1631 (1954).
[10] H. C. Brown u. B. C. Subba Rao, Am. Soc. **82**, 681 (1960).
[11] L. I. Sacharkin u. I. M. Chorlina, Izv. Akad. SSSR **1965**, 862; engl.: 834.
[12] H. C. Brown, P. Heim u. N. M. Yoon, Am. Soc. **92**, 1637 (1970).
[13] H. C. Brown u. N. M. Yoon, Chem. Commun. **1968**, 1549.

Die Mechanismen sind lediglich Idealfälle[1,2]. So zeigt Lithiumalanat besonders in tert. Aminen oder Kohlenwasserstoffen ausgeprägte elektrophile Eigenschaften[3] (s. a. Tab. 33, S. 416). Elektronenliefernde Substituenten am α-Kohlenstoff-Atom des Oxiran-Ringes erhöhen, elektronenanziehende vermindern den Angriff des Hydrid-Ions an dieser Stelle, so daß vom entsprechenden β-Alkohol mehr bzw. weniger gebildet wird[4]. Zur relativen Reduktionsgeschwindigkeit s. Lit.[5].

Die Aufspaltung zum niedriger substituierten Alkohol ist nicht bei allen Oxiranen möglich. Äthyl-oxiran ergibt z. B. auch mit elektrophilen Hydriden nur *Butanol-(2)*[6]:

$$H_5C_2\text{—}\triangle\!\!\!\!\!\square_O \quad \xrightarrow{\text{AlH}_3/2 \text{ AlCl}_3} \quad H_3C\text{—}CH_2\text{—}\underset{\underset{OH}{|}}{CH}\text{—}CH_3$$

2,2-Dimethyl-oxiran wird dagegen unter ähnlichen Bedingungen in 55%iger Ausbeute zu einem Alkohol-Gemisch reduziert, das 5–7% *tert.-Butanol* und 93–95% *2-Methyl-propanol* enthält[7]:

$$\underset{H_3C}{\overset{H_3C}{>}}\!\!\triangle\!\!\!\!\!\square_O \quad \xrightarrow{\text{Li}[\text{AlH}_4]/4 \text{ AlCl}_3} \quad (H_3C)_3C\text{—OH} \;+\; (H_3C)_2CH\text{—}CH_2\text{—}OH$$

Um einen prim. Alkohol zu erhalten, muß also das α-Kohlenstoff-Atom des aliphatischen Epoxids tertiär sein[8]. Bei aromatisch substituierten Oxiranen (z. B. Phenyl-oxiran) genügt ein Substituent. Als Beispiele dienen die Reduktionen von 2-Äthyl-2-(4-chlorphenyl)-oxiran mit Lithiumalanat oder Aluminiumhydrid[9]:

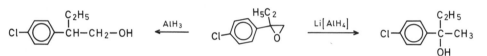

2-(4-Chlor-phenyl)-butanol-(2)[9]: Zu einer Suspension von 6 g (0,158 Mol) Lithiumalanat in 150 ml abs. Diäthyläther wird unter Rühren und unter Stickstoff eine Lösung von 15 g (0,082 Mol) 2-Äthyl-2-(4-chlor-phenyl)-oxiran in 50 ml abs. Diäthyläther getropft. Man erhitzt 1 Stde. unter Rückfluß, zersetzt mit Wasser und arbeitet auf; Ausbeute: 12 g (80% d. Th.); Kp_{10}: 120–121°.

[1] J. D. PARK, F. E. ROGERS u. J. R. LACHER, J. Org. Chem. **26**, 2089 (1961).
B. RICKBORN u. J. QUARTUCCI, J. Org. Chem. **29**, 3185 (1964).
B. RICKBORN u. W. E. LAMKE, J. Org. Chem. **32**, 537 (1967).
B. RICKBORN u. S. LWO, J. Org. Chem. **30**, 2212 (1965).
P. T. LANSBURY u. V. A. PATTISON, Tetrahedron Letters **1966**, 3073.
P. T. LANSBURY, D. J. SCHARF u. V. A. PATTISON, J. Org. Chem. **32**, 1748 (1967).
R. S. BLY u. G. B. KONIZER, J. Org. Chem. **34**, 2346 (1969).
D. K. MURPHY, R. L. ALUMBAUGH u. B. RICKBORN, Am. Soc. **91**, 2649 (1969).
É. LAURENT u. P. VILLA, Bl. **1969**, 249.
[2] N. A. LEBEL u. G. G. ECKE, J. Org. Chem. **30**, 4316 (1965).
[3] H. KWART u. T. TAKESHITA, J. Org. Chem. **28**, 670 (1963).
Y. CHRÉTIEN-BESSIÈRE, H. DESALBRES u. J.-P. MONTHÉARD, Bl. **1963**, 2546.
J.-P. MONTHÉARD u. Y. CHRÉTIEN-BESSIÈRE, Bl. **1968**, 336.
[4] R. FUCHS u. C. A. VANDERWERF, Am. Soc. **74**, 5917 (1952).
R. FUCHS u. C. A. VANDERWERF, Am. Soc. **76**, 1631 (1954).
A. FELDSTEIN u. C. A. VANDERWERF, Am. Soc. **76**, 1626 (1954).
R. FUCHS, Am. Soc. **78**, 5612 (1956).
G. J. PARK u. R. FUCHS, J. Org. Chem. **21**, 1513 (1956).
[5] M. J. MIHAILOVIĆ et al., Helv. **59**, 2305 (1976).
[6] N. M. YOON u. H. C. BROWN, Am. Soc. **90**, 2927 (1968).
[7] E. L. ELIEL u. D. W. DELMONTE, Am. Soc. **80**, 1744 (1958).
[8] E. L. ELIEL u. M. N. RERICK, Am. Soc. **82**, 1362 (1960).
M. N. RERICK u. E. L. ELIEL, Am. Soc. **84**, 2356 (1962).
[9] M. KULKA, Canad. J. Chem. **42**, 2797 (1964).

2-(4-Chlor-phenyl)-butanol[1]: 7 g (0,053 Mol) stückiges Aluminiumchlorid werden vorsichtig unter Rühren und unter Stickstoff zu einer Suspension von 5 g (0,13 Mol) Lithiumalanat in 100 *ml* abs. Diäthyläther gegeben Man rührt die Mischung 15 Min., tropft eine Lösung von 15 g (0,082 Mol) 2-Äthyl-2-(4-chlor-phenyl)-oxiran in 50 *ml* abs. Diäthyläther zu, erhitzt 30 Min. unter Rückfluß und versetzt mit nassem Diäthyläther und verd. Salz säure. Die Äther-Schicht wird mit Wasser gewaschen, getrocknet, eingeengt und der Rückstand destilliert; Aus beute: 12 g (80% d. Th.); Kp_{13}: 140–142°.

Analog erhält man mit Lithiumalanat aus:

Trifluormethyl-oxiran[2]	→ *1,1,1-Trifluor-propanol-(2)*	80% d. Th.; Kp: 76°
2,2,3,3,3-Pentafluor-propyl-oxiran[3]	→ *4,4,5,5,5-Pentafluor-pentanol*	40% d. Th.; Kp_{632}: 102,5°
2-Methyl-2-trifluorme-thyl-oxiran[4]	→ *2-Trifluormethyl-propanol-(2)*	44% d. Th.; Kp: 78–81°
2,2-Diphenyl-oxiran[5]	→ *1,1-Diphenyl-äthanol*	91,5% d. Th.; F: 80–81°

Triphenyl-oxiran ergibt mit Aluminiumhydrid *1,2,2-Triphenyl-äthanol*, mit Lithiumalanat/4 Aluminiumchlorid (Dichlor-aluminiumhydrid/Aluminiumchlorid) unter Umlagerung als Hauptprodukt *2,2,2-Triphenyl-äthanol*[6]:

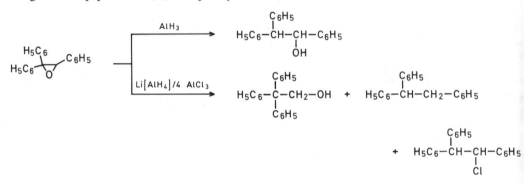

Tetraphenyl-oxiran wird durch Lithiumalanat und Lithiumalanat/4 Aluminiumchlorid nicht angegriffen[7].

In THF reduziert ein Mol-Äquivalent Lithiumalanat unbehinderte Oxirane bei 0° in ~ 30 Min.[8]. Reduktionen mit Lithium-tetradeuterido-aluminat zu markierten Alkoholen werden in THF[9], Diäthyl-[10] oder Bis-[2-äthoxy-äthyl]-äther[11] durchgeführt.

Die Stereochemie der Oxiran-Reduktionen mit Lithiumalanat entspricht dem S_N2-Mechanismus. Chirale Oxirane werden unter Walden-Umkehr aufgespalten. So erhält man z. B. aus D(+)-2,3-Dimethyl-oxiran mit Lithium-tetradeuterido-aluminat in 86%-iger Ausbeute D(−)-*erythro-3-Deutero-butanol-(2)*[12].

[1] M. KULKA, Canad. J. Chem. **42**, 2797 (1964).
[2] E. T. McBEE, C. E. HATHAWAY u. C. W. ROBERTS, Am. Soc. **78**, 3851 (1956).
[3] J. D. PARK, F. E. ROGERS u. J. R. LACHER, J. Org. Chem. **26**, 2089 (1961).
[4] R. H. GROTH, J. Org. Chem. **25**, 102 (1960).
[5] E. L. ELIEL u. D. W. DELMONTE, Am. Soc. **80**, 1744 (1958).
   Mit Lithiumalanat/4 Aluminiumchlorid bildet sich *2,2-Diphenyl-äthanol* (76% d. TH.; F: 60–62°).
[6] M. N. RERICK u. E. L. ELIEL, Am. Soc. **84**, 2356 (1962).
[7] E. L. ELIEL u. M. N. RERICK, Am. Soc. **82**, 1362 (1960).
[8] H. C. BROWN, P. M. WEISSMAN u. N. M. YOON, Am. Soc. **88**, 1458 (1966).
[9] A. C. COPE et al., Am. Soc. **82**, 6366 (1960).
[10] A. STREITWIESER u. C. E. COVERDALE, Am. Soc. **81**, 4275 (1959).
   E. S. LEWIS, W. C. HERNDON u. D. C. DUFFEY, Am. Soc. **83**, 1959 (1961).
   O. GAWRON, A. J. GLAID u. T. P. FONDY, Am. Soc. **83**, 3634 (1961).
[11] E. E. BENGSCH u. M. CORVAL, Bl. **1963**, 1867.
[12] G. K. HELMKAMP, C. D. JOEL u. H. SHARMAN, J. Org. Chem. **21**, 844 (1956).
   G. K. HELMKAMP u. B. F. RICKBORN, J. Org. Chem. **22**, 479 (1957).
   G. K. HELMKAMP u. N. SCHNAUTZ, J. Org. Chem. **24**, 529 (1959).

Alicyclische Epoxide werden der Fürst-Plattner-Regel entsprechend diaxial (*trans*-koplanar) geöffnet[1]. Abweichungen können meist der Nachbargruppen-Beteiligung zugeschrieben werden[2]. Die Gültigkeit der Fürst-Plattner-Regel ist besonders bei Steroiden nachweisbar[3]. Einige stark behinderte Steroid-Epoxide (z.B. $9\alpha,11\alpha$-[4], $7\beta,8\beta$-[5], $18,20\beta$-Epoxide[6]) werden nicht angegriffen.

Bei der Reduktion von 5-Oxa-bicyclo[2.1.0]pentanen wird infolge Ringspannung teilweise auch der alicyclische Ring aufgespalten[7].

Ein wichtiges Anwendungsgebiet der Oxiran-Reduktionen ist die Synthese von Desoxyzuckern aus Anhydrozuckern durch Lithiumalanat. Aus 2,3-Epoxiden erhält man je nach Struktur des Anhydrozuckers entweder 2-Desoxy-[8] oder 3-Desoxyzucker[9]. Es entstehen meist Reduktionsprodukte, in denen die neu gebildete Hydroxy-Gruppe in axialer Konstellation zum Pyranosid-Ring steht. 1,2-Anhydro-zucker liefern 1-Desoxy-Verbindungen[10], 5,6-Anhydro-zucker 6-Methyl-osen[11]. Aus 5,6-Anhydro-1,2-O-isopropyliden-D-glucofuranose erhält man z.B. in 55%iger Ausbeute *6-Desoxy-1,2-O-isopropyliden-D-glucofuranose*[11]:

---

[1] A. Fürst u. P. A. Plattner, Helv. **32**, 275 (1949).
    R. M. Bowman, A. Chambers u. W. R. Jackson, Soc. [C] **1966**, 612.
    J.-C. Richer u. P. Belanger, Canad. J. Chem. **44**, 2057 (1966).
    J.-C. Richer u. C. Freppel, Canad. J. Chem. **46**, 3709 (1968).
[2] E. Glotter, S. Greenfield u. D. Lavie, Tetrahedron Letters **1967**, 5261.
    Y. Bessière-Chrétien et al., Bl. **1971**, 4391.
    B. C. Hartman u. B. Rickborn, J. Org. Chem. **37**, 4246 (1972).
[3] H. Mühle u. C. Tamm, Helv. **46**, 268 (1963).
    A. Fürst u. P. A. Plattner, Helv. **32**, 275 (1949).
    K. Morita, Chem. Pharm. Bull. (Tokyo) **5**, 494 (1957).
    A. Fürst u. R. Scotoni, Helv. **36**, 1332 (1953).
    B. Camerino u. D. Cattapan, Farmaco (Pavia), Ed. sci. **13**, 39 (1958).
    P. A. Plattner, H. Heusser u. M. Feurer, Helv. **32**, 587 (1949).
    P. A. Mayor u. G. D. Meakins, Soc. **1960**, 2792.
    E. J. Corey u. R. A. Sneen, Am. Soc. **78**, 6269 (1956).
    E. J. Corey, Am. Soc. **76**, 175 (1954).
    R. Hirschmann et al., Am. Soc. **76**, 4013 (1954).
    P. Hofer, H. Linde u. K. Meyer, Helv. **43**, 1955 (1960).
    P. Wieland, K. Heusler u. A. Wettstein, Helv. **41**, 1561 (1958).
    J. Fishman u. W. R. Biggerstaff, J. Org. Chem. **23**, 1192 (1958).
    R. O. Clinton et al., Am. Soc. **80**, 3389 (1958).
[4] L. F. Fieser u. S. Rajagopalan, Am. Soc. **73**, 118 (1951).
[5] E. R. H. Jones, G. D. Meakins u. J. S. Stephenson, Soc. **1958**, 2156.
[6] R. Pappo, Am. Soc. **81**, 1009 (1959).
[7] A. C. Cope u. R. W. Gleason, Am. Soc. **84**, 1928 (1962).
    L. A. Paquette, A. A. Youssef u. M. L. Wise, Am. Soc. **89**, 5246 (1967).
[8] H. Hauenstein u. T. Reichstein, Helv. **32**, 22 (1949).
    H. R. Bolliger u. P. Ulrich, Helv. **35**, 93 (1952).
    H. R. Bolliger u. M. Thürkauf, Helv. **35**, 1426 (1952).
    H. R. Bolliger u. T. Reichstein, Helv. **36**, 302 (1953).
    T. Golab u. T. Reichstein, Helv. **44**, 618 (1961).
[9] D. A. Prins, Am. Soc. **70**, 3955 (1948).
    R. Allerton u. W. G. Overend, Soc. **1951**, 1480.
    G. Charalambous u. E. Percival, Soc. **1954**, 2443.
    J. W. Pratt u. N. K. Richtmyer, Am. Soc. **79**, 2597 (1957).
    G. Rembarz, B. **93**, 622 (1960).
[10] L. F. Wiggins u. D. J. Wood, Soc. **1950**, 1566.
    A. B. Foster u. W. G. Overend, Soc. **1951**, 1132.
[11] E. J. Reist, R. R. Spencer u. B. R. Baker, J. Org. Chem. **23**, 1753 (1958).

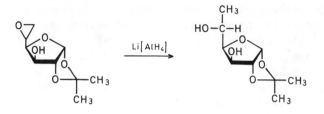

6-Desoxy-1,2-O-isopropyliden-D-glucofuranose[1]: Zu einer Suspension von 5,12 g (0,183 Mol) Lithiumalanat in 130 *ml* abs. Diäthyläther werden unter Rühren und unter Stickstoff innerhalb 4 Min. 2,22 g (11 mMol) 5,6-Anhydro-1,2-O-isopropyliden-D-glucofuranose gegeben. Man erhitzt 3 Stdn. unter Rückfluß, kühlt ab, zersetzt mit Wasser, gibt 47 *ml* 10%ige Natronlauge zu, dekantiert die organ. Phase, extrahiert den wäßr. Teil 3 mal mit je 30 *ml* Essigsäure-äthylester, trocknet die vereinigten organ. Lösungen mit Magnesiumsulfat, engt ein und destilliert; Ausbeute: 1,23 g (55% d.Th.); $Kp_{0,005}$: 87–88°; F: 76–79°; $[\alpha]_D^{25}$: −21,3° (c: 2 in Chloroform).

Lithium-tri-tert.-butyloxy-hydrido-aluminat, das Oxirane normalerweise nur sehr langsam angreift, bildet nach Zugabe einer katalytischen Menge Triäthyl-boran augenblicklich unter normaler Spaltung den entsprechenden Alkohol[2]. So erhält man aus 7-Oxa-bicyclo[4.1.0]heptan in THF bei 25° innerhalb 15 Min. 4% d.Th., in Gegenwart von 0,1-Mol-Äquivalenten Triäthyl-boran innerhalb 30 Sekunden ∼100% d.Th. *Cyclohexanol*[3] (weiteres s.S. 425):

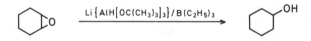

Natrium-bis-[2-methoxy-äthoxy]-dihydrido-aluminat reduziert Monoalkyl-oxirane unter teilweiser Kettenverkürzung. Aus Äthyl-oxiran wird z.B. neben *Butanol-(2)* auch *Propanol* erhalten[4]. Zur Reduktion von Oxiranen mit Diisobutyl-aluminiumhydrid s.ds. Handb., Bd. XIII/4, S. 220f.

Auch einige komplexe Borhydride sind zur reduktiven Oxiran-Spaltung verwendbar. Lithiumboranat ergibt in Äther oder THF hauptsächlich das normale Spaltprodukt[5]. Natriumboranat greift Oxirane in der Regel nicht an[6, 7]. In methanol. Lösung kann dagegen Solvolyse zum Methoxy-alkohol ablaufen[8]. 2-Nitro-ox

[1] E. J. REIST, R. R. SPENCER u. B. R. BAKER, J. Org. Chem. **23,** 1753 (1958).

[2] H. C. BROWN u. S. KRISHNAMURTHY, Chem. Commun. **1972,** 868.

[3] H. C. BROWN, S. KRISHNAMURTHY u. R. A. COLEMAN, Am. Soc. **94,** 1750 (1972).

[4] T. K. JONES u. J. H. J. PEET, Chem. & Ind. **1971,** 995.

[5] R. FUCHS u. C. A. VANDERWERF, Am. Soc. **76,** 1631 (1954).

R. FUCHS, Am. Soc. **78,** 5612 (1956).

C. L. STEVENS u. T. H. COFFIELD, J. Org. Chem. **23,** 336 (1958).

O. EXNER, Collect. czech. chem. Commun. **26,** 1 (1961).

J. F. McGHIE et al., Chem. & Ind. **1962,** 1980.

A. T. BOTTINI, V. DEV u. M. STEWART, J. Org. Chem. **28,** 156 (1963).

[6] H. LINDE u. K. MEYER, Helv. **42,** 807 (1959).

N. H. CROMWELL u. R. E. BAMBURY, J. Org. Chem. **26,** 997 (1961).

O. DANN u. H. HOFMANN, B. **96,** 320 (1963).

J. M. COXON, M. P. HARTSHORN u. D. N. KIRK, Soc. **1964,** 2461.

S. CORSANO u. G. PIANCATELLI, Chem. Commun. **1971,** 1106.

A. DEFOIN u. J. RIGAUDY, Bl. **1979** II, 110.

[7] W. J. ADAMS et al., Soc. **1954,** 1825.

J. M. ROSS et al., Am. Soc. **78,** 4675 (1956).

M. BHARUCHA et al., Helv. **42,** 1395 (1959).

T. WIELAND u. A. FAHRMEIR, A. **736,** 95 (1970).

[8] M. NAKAJIMA, N. KURIHARA u. T. OGINO, B. **96,** 619 (1963).

M. WEISSENBERG, D. LAVIE u. E. GLOTTER, Tetrahedron **29,** 353 (1973).

M. WEISSENBERG, P. KRINSKY u. E. GLOTTER, Soc. [Perkin I] **1978,** 565.

M. WEISSENBERG u. E. GLOTTER, Soc. [Perkin I] **1978,** 568.

-ane werden in Äthanol zu 2-Nitro-alkoholen reduziert[1]. Auch Natriumboranat/Aluminiumchlorid redu-
iert Epoxide zu Alkoholen[2].

Mit Lithium-triäthyl-hydrido-borat werden auch sterisch behinderte Epoxide
chnell nach dem S_N2-Mechanismus angegriffen; z.B.[3]:

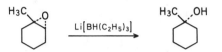

1-Methyl-cyclohexanol[3]: Zu 25 *ml* (37,5 mMol) 1,5 m Lithium-triäthyl-hydrido-borat-Lösung in abs. THF
-erden bei 25° unter kräftigem Rühren in Stickstoff-Atmosphäre 2,8 g (3,1 *ml*; 25 mMol) 1-Methyl-7-oxa-bicy-
-lo[4.1.0]heptan gegeben. Die Reaktion ist in 2 Min. beendet. Man versetzt mit Wasser, verd. Natronlauge und
0%igem. Dihydrogenperoxid, sättigt mit Kaliumcarbonat und extrahiert die wäßr. Schicht 2 mal mit je 20 *ml*
)iäthyläther. Die vereinigten organ. Phasen werden mit Kaliumcarbonat getrocknet und eingeengt, der Rück-
-tand wird i. Vak. destilliert; Ausbeute: 2,34 g (82% d. Th.); Kp$_{21}$: 67°.

Auf gleiche Weise erhält man z.B. aus:

2-Methyl-2-propyl-oxiran $\xrightarrow{\text{5 Min.}}$ *2-Methyl-pentanol-(2)*
Tetramethyl-oxiran $\xrightarrow{\text{12 Stdn.}}$ *2,3-Dimethyl-butanol-(2)*

Mit reinem Diboran reagieren Oxirane uneinheitlich und langsam, jedoch schneller als
-arbonsäureester, aber langsamer als Nitrile, Ketone, Carbonsäuren und Olefine[4].

Unter Mehrverbrauch von Hydrid wird das Lösungsmittel angegriffen. Auch werden Organo-borane gebil-
-et[5].
Während Phenyl-oxiran hauptsächlich invers geöffnet wird, reagieren Monoalkyl-oxirane ähnlich wie mit ge-
-ischten Aluminiumhydriden hauptsächlich nach Markownikow[6].

Oxiran-Reduktionen werden durch Diboran/Alkalimetallboranate katalysiert.
-Iach Zugabe von 0,2 Mol-Äquiv. Natriumboranat wird Äthyl-oxiran in THF innerhalb
-iner Stunde bei 25° zu *Butanol-(2)* (95% d. Th.) reduziert[7]. Das sterisch stark behinderte
-Methyl-6-oxa-bicyclo[3.1.0]hexan ergibt z.B. mit dieser Methode in 88%iger Aus-
-eute ein Gemisch von 72,4% *cis-2-Methyl-cyclopentanol* und 27,6% *1-Methyl-cyclopen-
-anol*[7]:

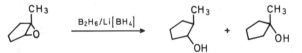

Mit Diboran/Bortrifluorid erhält man zum Teil ausschließlich inverse Ringöffnun-
-en; Nebenprodukte entstehen nicht.

2-Phenyl-äthanol[8]: In einem trockenen Rührkolben werden unter Stickstoff 23 *ml* abs. THF, 5,8 *ml* (10
-Mol) 1,74 m Boran-Lösung in abs. THF und 1,26 *ml* (10 mMol) Bortfluorid-Ätherat gemischt. Die Lösung
-ird auf 0° gekühlt und unter Rühren werden 1,2 g (10 mMol) Phenyl-oxiran in 10 *ml* abs. THF zugegeben. In 30

H. H. BAER u. C. B. MADUMELU, Carbohydrate Research **39**, C 8 (1975); Canad. J. Chem. **56**, 1177 (1978).
H. C. BROWN u. B. C. SUBBA RAO, Am. Soc. **78**, 2582 (1956).
B. CAMERINO u. D. CATTAPAN, Farmaco (Pavia), Ed. sci. **13**, 39 (1958).
K. C. MURDOCK u. R. B. ANGIER, Am. Soc. **84**, 3748 (1962).
S. KRISHNAMURTHY, R. M. SCHUBERT u. H. C. BROWN, Am. Soc. **95**, 8486 (1973).
A. CHOLLET u. P. VOGEL, Helv. **61**, 732 (1978).
H. C. BROWN u. W. KORYTNYK, Am. Soc. **82**, 3866 (1960).
P. A. MARSHALL u. R. H. PRAGER, Austral. J. Chem. **30**, 141, 151 (1977).
D. J. PASTO, C. C. CUMBO u. J. HICKMAN, Am. Soc. **88**, 2201 (1966).
H. C. BROWN, P. HEIM u. N. M. YOON, Am. Soc. **92**, 1637 (1970).
H. C. BROWN u. N. M. YOON, Am. Soc. **90**, 2686 (1968).
H. C. BROWN u. N. M. YOON, Chem. Commun. **1968**, 1549.

Min. wird 1 Hydrid-Äquiv. verbraucht. Die Mischung wird mit Wasser zersetzt, die wäßr. Phase mit Kaliumcar bonat gesättigt und das gebildete Produkt in der organ. Phase durch Gaschromatographie bestimmt; Ausbeute 98% d. Th.

Analog ergibt 2-Methyl-2-phenyl-oxiran *2-Phenyl-propanol* (100% d. Th.) und *trans*-3-Methyl-2-phenyl-oxiran *1-Phenyl-propanol-(2)* (97% d. Th.).

Vinyl-oxirane werden mit Diboran unter Allyl-Verschiebung zu Allylalkoholen re duziert[1].

Mit substituierten Boranen werden Oxirane zu substituierten Alkoholen reduziert 7-Oxa-bicyclo[4.1.0]heptan liefert z. B. mit Phenylmercapto-boran 69% d. Th. *trans-2 Phenylmercapto-cyclohexanol* neben 8% d. Th. *Cyclohexanol*[2]:

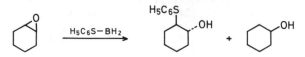

cis-2,3-Dimethyl-oxiran reagiert mit Dichlor-boran in THF mit 45%iger Ausbeute zu *threo-3-Chlor-bu tanol-(2)*[3].

Oxirane ergeben mit Natrium-trithio-dihydrido-borat Bis-[2-hydroxy-alkyl]-di sulfane, die mit Lithiumalanat zu 2-Hydroxy-thiolen gespalten werden; z. B.[4]:

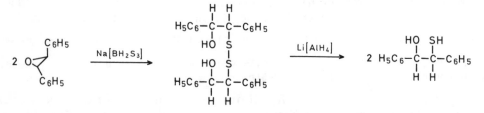

erythro-Bis-[2-hydroxy-1,2-diphenyl-äthyl]-disulfan[4]: 1,9 g (50 mMol) Natriumboranat und 4,8 g (0,15 Mol Schwefel werden gut vermischt. Unter Rühren und Kühlen werden bei 25–30° 40 *ml* abs. THF schnell zugetropft Die unter Wasserstoff-Entwicklung ablaufende exotherme Reaktion ist durch Kühlung mit Eiswasser leicht unte Kontrolle zu halten. Nach beendeter Wasserstoff-Entwicklung setzt man 4,9 g (25 mMol) *trans*-2,3-Diphe nyl-oxiran zu und erhitzt 34 Stdn. unter Rückfluß. Die Mischung wird abgekühlt, mit 50 *ml* 10%iger Natron lauge versetzt, mit Chloroform extrahiert, der Auszug getrocknet, eingeengt und der Rückstand aus Cyclohexa kristallisiert; Ausbeute: 5,4 g (94% d. Th.); F: 104°.

Epoxy-carbonsäuren werden vor allem durch Lithium-boranat[5], Lithium-hydrido-tri äthyl-borat[6] und Lithium-hydrido-tri-tert.-butyl-aluminat selektiv am Oxiran-Ring ange griffen. Weniger gut geeignet sind Lithiumalanat[7] und Aluminiumhydrid[8].

i₂) zu Kohlenwasserstoffen

Oxirane werden durch Lithiumalanat zu Olefinen reduziert. Allerdings tritt diese Reduktion seltener ein al bei den entsprechenden Thiiranen (s. S. 447 f.)[9]. Die Reduktion kann bei 5,6-Epoxy-carotinoiden in äther. Lö sung durch Überhitzung der Gefäßwand mit IR-Strahlung in Richtung der Cycloolefine verschoben werden[10]

[1] M. ZAIDLEWICZ, A. UZAREWICZ u. R. SARNOWSKI, Syntheses 1979, 62.
[2] D. J. PASTO, C. C. CUMBO u. P. BALASUBRAMANIYAN, Am. Soc. 88, 2187 (1966).
 D. J. PASTO, C. C. CUMBO u. J. FRASER, Am. Soc. 88, 2194 (1966).
[3] D. J. PASTO u. V. BALASUBRAMANIYAN, J. Org. Chem. 32, 453 (1967).
[4] J. M. LALANCETTE u. A. FRÊCHE, Canad. J. Chem. 49, 4047 (1971).
[5] R. FUCHS u. C. A. VAN DER WERF, Am. Soc. 76, 1631 (1954).
 R. FUCHS, Am. Soc. 78, 5613 (1956).
[6] S. KRISHNAMURTHY, R. M. SCHUBERT u. H. C. BROWN, Am. Soc. 95, 8486 (1973).
[7] H. C. BROWN, P. M. WEISSMAN u. N. M. YOON, Am. Soc. 88, 1458 (1966).
[8] H. C. BROWN u. N. M. YOON, Am. Soc. 88, 1464 (1966); 90, 2927 (1968).
[9] Y. BESSIÈRE-CHRÉTIEN et al., Bl. 1971, 4391.
[10] L. CHOLNOKY, J. SZABOLCS u. G. TÓTH, A. 708, 218 (1967).

Eine allgemein anwendbare Methode besteht in der Umsetzung der Oxirane mit Lithiumalanat/4 Titan(III)-chlorid in siedendem Tetrahydrofuran. Es wird angenommen, daß die reagierende Spezies zweiwertiges Titan ist[1]:

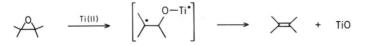

Die Reaktion verläuft nicht stereospezifisch.

Olefine; allgemeine Herstellungsvorschrift[1]: Unter kräftigem Rühren werden zu einer Aufschlämmung von 3,08 g (20 mMol) trockenem Titan(III)-chlorid in 60 ml abs. THF bei 20° unter Stickstoff in kleinen Anteilen 0,2 g (5 mMol) Lithiumalanat gegeben. Es bildet sich eine schwarze Suspension, bestehend aus einer Titan(II)-Verbindung, die weitere 15 Min. gerührt wird. Man versetzt mit 10 mMol Oxiran in 10 ml abs. THF, erhitzt 3 Stdn. unter Rückfluß, kühlt ab, verdünnt mit 60 ml Wasser, extrahiert mit Äther, wäscht, trocknet mit Magnesiumsulfat und engt ein.

Auf diese Weise erhält u.a. aus (Ausbeuten mittels GC):

Octyl-oxiran	→ Decen-(1)	67% d.Th.
cis-1,2-Dibutyl-oxiran	→ Decen-(5) (21:79 = cis/trans)	70% d.Th.
trans-1,2-Dibutyl-oxiran	→ Decen-(5) (18:82 = cis/trans)	70% d.Th.
1,2-Epoxy-cyclohexan	→ Cyclohexen	69% d.Th.
1,2-Epoxy-cyclooctan	→ Cycloocten	53% d.Th.
3β-Hydroxy-5α,6α-epoxy-cholestan	→ 3β-Hydroxy-cholesten-(5)	79% d.Th.
1-Methyl-1-phenyl-oxiran	→ 2-Phenyl-propen	36% d.Th.

Ähnliche Resultate erhält man mit Lithiumalanat/Wolfram(VI)-chlorid in THF[2], Kalium-tetracarbonyl-hydrido-ferrat(0) in äthanolischer Lösung[3] und mit Pentacarbonyl-eisen in Tetramethyl-harnstoff bei 145°[4].

Dagegen werden mit Triäthyl-silan/Bortrifluorid (s.S. 412) gesättigte Kohlenwasserstoffe erhalten. Allerdings ist die Reaktionsgeschwindigkeit stark strukturabhängig. So erhält man z.B. aus 1,2-Epoxy-cyclohexan bei 20° erst nach mehreren Wochen *Cyclohexan* und aus 2,3-Diphenyl-oxiran innerhalb einer Woche bei 20° quantitativ *1,2-Diphenyläthan*[5].

ββ₂) von Oxetanen

Mono- und disubstituierte Oxetane werden durch Lithiumalanat in siedendem THF[6,7] besser als in Diäthyläther[7,8] insgesamt aber schwieriger als Oxirane zwischen dem Sauerstoff-Atom und dem am wenigsten substituierten α-Kohlenstoff-Atom gespalten. Die Öffnungsrichtung kann durch Einsatz eines gemischten Hydrids umgekehrt werden[9]. 2-Phenyl-oxetan liefert z.B. mit Lithiumalanat in THF 70% d.Th. *1-Phenyl-propanol*[7], mit Dichlor-aluminium-hydrid in Diäthyläther ausschließlich *3-Phenyl-propanol*[9]:

$$H_5C_6-CH_2-CH_2-CH_2-OH \xleftarrow{HAlCl_2} H_5C_6-\langle O \rangle \xrightarrow{Li[AlH_4]} H_5C_6-\underset{OH}{CH}-CH_2-CH_3$$

J. E. McMurry u. M. P. Fleming, J. Org. Chem. **40**, 2555 (1975).
J. E. McMurry et al., J. Org. Chem. **43**, 3249 (1978).
Y. Fujiwara et al., J. Org. Chem. **43**, 2477 (1978).
Y. Takegami et al., Bl. chem. Soc. Japan **41**, 158 (1968); **42**, 202 (1969).
H. Alper u. D. Des Roches, Tetrahedron Letters **1977**, 4155.
J. L. Fry u. T. J. Mraz, Tetrahedron Letters **1979**, 849.
C. H. Issidores u. N. S. Aprahamian, J. Org. Chem. **21**, 1534 (1956).
R. C. Elderfield et al., J. Org. Chem. **24**, 1296 (1959).
R. F. Nassar u. C. H. Issidores, J. Org. Chem. **24**, 1832 (1959).
J. Cheymol et al., C. r. **255**, 1951 (1962); Bl. **1965**, 694.
S. Searles, K. A. Pollart u. E. F. Lutz, Am. Soc. **79**, 948 (1957).
A. Rosowsky u. D. S. Tarbell, J. Org. Chem. **26**, 2255 (1961).
J. Seyden-Penne u. C. Schaal, Bl. **1969**, 3653.

Tri- und tetrasubstituierte Oxetane werden durch Lithiumalanat in der Regel nicht angegriffen[1,2].

1-Methyl-1-hydroxymethyl-cyclopropan[3]:

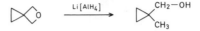

Zu einer Lösung von 2,51 g (0,066 Mol) Lithiumalanat in 100 *ml* abs. THF werden unter Rühren und unter Stickstoff 11 g (1,31 Mol) 2-Oxa-spiro[3.2]hexan in 50 *ml* abs. THF gegeben. Man erhitzt 7 Stdn. unter Rückfluß und arbeitet destillativ auf; Ausbeute: 7,4 g (66% d. Th.); Kp: 122–125°.

Analog erhält man z. B. aus[1]:

2,2-Dimethyl-oxetan	$\xrightarrow{13 \text{ Stdn.}}$	*2-Methyl-butanol-(2)* 55% d. Th.
3-Äthyl-2-propyl-oxetan	$\xrightarrow{37 \text{ Stdn.}}$	*3-Methyl-heptanol-(4)* 72% d. Th.

$\beta\beta_3$) von Tetrahydrofuranen und 3,4-Dihydro-2H-pyranen

Lithiumalanat[4] und Aluminiumhydrid[5] greifen Tetrahydrofuran nicht, Diboran langsam[1] an, so daß es als Lösungsmittel für Reduktionen eingesetzt werden kann. 2-Methyl-tetrahydrofuran wird dagegen mit Lithiumalanat[6,7] zu *Pentanol-(2)* aufgespalten[4]:

$$\underset{O}{\overset{}{\bigcirc}}\!\!-CH_3 \xrightarrow{\text{Li[AlH}_4]} H_3C-CH_2-CH_2-\underset{\underset{OH}{|}}{CH}-CH_3$$

Durch Lithiumalanat/Aluminiumchlorid-Mischungen wird auch das THF relativ schnell zersetzt, so daß man in diesen Fällen in Diäthyläther reduziert[8].

Furan-Ringe werden in verschiedenen Naturstoffen durch Hydride aufgespalten; so die Äther-Brücke in Morphin-Alkaloiden mit Lithiumalanat[9], mit Lithiumalanat unter UV-Bestrahlung[10] und mit Lithiumalanat

---

[1] S. SEARLES, K. A. POLLART u. E. F. LUTZ, Am. Soc. **79**, 948 (1957).
[2] G. BÜCHI, C. G. INMAN u. E. S. LIPINSKY, Am. Soc. **76**, 4327 (1954).
   W. S. ALLEN et al., Am. Soc. **77**, 4784 (1955).
   R. PAPPO, Am. Soc. **81**, 1009 (1959).
[3] S. SEARLES u. E. F. LUTZ, Am. Soc. **81**, 3674 (1959).
[4] D. GAGNAIRE u. A. BUTT, Bl. **1961**, 312.
[5] J. SEYDEN-PENNE u. C. SCHAAL, Bl. **1969**, 3653.
[6] H. C. BROWN u. N. M. YOON, Am. Soc. **88**, 1464 (1966).
   N. M. YOON u. H. C. BROWN, Am. Soc. **90**, 2927 (1968).
[7] J. KOLLONITSCH, Am. Soc. **83**, 1515 (1961).
[8] W. J. BAILEY u. F. MARKTSCHEFFEL, J. Org. Chem. **25**, 1797 (1960).
[9] H. SCHMID u. P. KARRER, Helv. **33**, 863 (1950); **34**, 1948 (1951).
   G. STORK, Am. Soc. **73**, 504 (1951); **74**, 768 (1952).
[10] W. FLEISCHHACKER u. F. VIEBÖCK, M. **96**, 1512 (1965).

at/Aluminiumchlorid-Mischung[1]; in Podophyllotoxin-Derivaten mit Natriumboranat/Bortrifluorid[2] und in fu-anoiden 5,8-Epoxy-carotinen mit Lithiumalanat, wobei unter IR-Bestrahlung Cycloolefine gebildet werden[3].

Zur Spaltung von Tetrahydrofuran-Ringen kann auch Lithium-tri-tert.-butyl-oxy-hydrido-aluminat/Triäthyl-boran verwendet werden. Die Reaktion wird in Tetrahydropyran durchgeführt, das vom Reagens nur langsam angegriffen wird.

Bei der Reaktion wird Lithium-triäthyl-hydrido-borat und monomeres Aluminium-tert.-butanolat gebildet, das durch Koordination die Aufspaltung des Ringes katalysiert[4].

Mit Lithium-trimethoxy-hydrido-aluminat/Triäthyl-boran gelingt die Reaktion nicht.

Cyclohexanol[5]: Zu einer Lösung von 2,54 g (10 mMol) Lithium-tri-tert.-butyloxy-hydrido-aluminat in 2,6 ml abs. Tetrahydropyran werden unter kräftigem Rühren und unter trockenem Stickstoff bei 25° 0,5 ml (2,5 mMol) einer 5 m Lösung von 7-Oxa-bicyclo[2.2.1]heptan in abs. Tetrahydropyran, 0,5 ml (1 mMol) einer 2 m Lösung von Tridecan in abs. Tetrahydropyran als Standard und 1,42 ml (10 mMol) Triäthyl-boran gegeben. Man rührt 3 Stdn., versetzt mit einer Mischung von Wasser und Diäthyläther und sättigt die wäßr. Phase mit Kaliumcarbonat. Die Äther-Phase wird abgetrennt, getrocknet und gaschromatographisch analysiert; Ausbeute: 97% d.Th.

Unter den gleichen Bedingungen gewinnt man z.B. aus:

2-Methyl-tetrahydrofuran $\xrightarrow{\text{6 Stdn.}}$ *Pentanol-(2)* 95% d.Th.

2,5-Dihydro-furan $\xrightarrow{\text{2 Stdn.}}$ *cis-Buten-(2)-ol* 95% d.Th.

Zur Spaltung von Tetrahydrofuran mit Lithium-bis-[2,6-di-tert.-butyl-phenoxy]-dihydrido-aluminat s. Lit.[6].

Im Phenyl-Kern mit elektronenliefernden Funktionen substituierte Flavane werden durch Lithiumalanat/Aluminumchlorid-Mischungen aufgespalten; z.B.[7]:

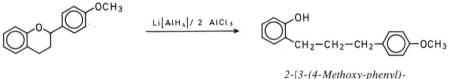

2-[3-(4-Methoxy-phenyl)-propyl]-phenol; 55% d.Th.

In Gegenwart einer Hydroxy-Gruppe an C-3 wird neben dem 1,3-Diaryl-propanol-(2) unter 1,2-Umlagerung auch 2,3-Diaryl-propanol gebildet[8]; z.B.[9]:

[1] K. W. Bentley, J. W. Lewis u. J. B. Taylor, Soc. [C] **1969**, 1945.
[2] G. R. Pettit et al., Pr. chem. Soc. **1962**, 357.
D. C. Ayres u. P. J. S. Pauwels, Soc. **1962**, 5025.
[3] L. Cholnoky, J. Szabolcs u. G. Tóth, A. **708**, 218 (1967).
[4] H. C. Brown u. S. Krishnamurthy, Chem. Commun. **1972**, 868.
H. C. Brown et al., J. Organometal. Chem. **166**, 281 (1979).
S. Krishnamurthy u. H. C. Brown, J. Org. Chem. **44**, 3678 (1979).
[5] H. C. Brown, S. Krishnamurthy u. R. A. Coleman, Am. Soc. **94**, 1750 (1972).
[5] H. Haubenstock u. N.-L. Yang, J. Org. Chem. **43**, 1463 (1978).
[7] B. R. Brown u. G. A. Somerfield, Pr. chem. Soc. **1958**, 7.
M. M. Bokadia, Soc. **1962**, 1658.
[8] B. R. Brown u. G. A. Somerfield, Pr. chem. Soc. **1958**, 236.
J. W. Clark-Lewis, Pr. chem. Soc. **1959**, 388; Soc. **1960**, 2433.
M. M. Bokadia, B. R. Brown u. G. A. Somerfield, Pr. chem. Soc. **1960**, 280.
M. M. Bokadia et al., Soc. **1962**, 1658.
K. Weinges u. F. Nader, Ang. Ch. **78**, 826 (1966).
[9] K. Weinges, F. Toribio u. E. Paulus, A. **688**, 127 (1965).

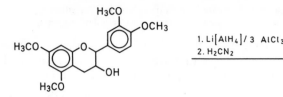

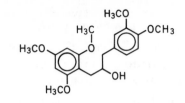

(−)-3-(3,4-Dimethoxy-phenyl-1-(2,4,6-
trimethoxy-phenyl)-propanol-(2);
30% d. Th.

+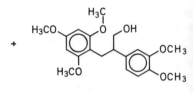

(−)-2-(3,4-Dimethoxy-phenyl)-3-
(2,4,6-trimethoxy-phenyl)-
propanol; 20% d. Th.

Auch sauerstoffhaltige Ringe mit höherer Gliederzahl, z. B. Oxepine, werden in Einzel-fällen durch Lithiumalanat reduktiv aufgespalten[1].

β₃) von Enoläthern

Enoläther werden von Lithiumalanat in der Regel nicht angegriffen und bleiben bei alkalischer Aufarbei-tung erhalten[2], so daß sie z. B. als geschützte Ketone in eine Reduktion mit Lithiumalanat eingesetzt werden kön-nen[3, 4].

Bis-[2-methyl-propyl]-aluminiumhydrid reduziert Enoläther in Kohlenwasser-stoff-Lösung zu den entsprechenden Olefinen[5, 6].

Cyclohexen[6]: 16,5 g (0,116 Mol) Bis-[2-methyl-propyl]-aluminiumhydrid werden unter Stickstoff und unter Rühren innerhalb 1,5 Stdn. zu einer am absteigenden Kühler erhitzten Lösung von 7,21 g (0,0572 Mol) 1-Äth-oxy-cyclohexen in 30 ml Isooctan getropft. Die Zugabe wird so geregelt, daß das Reduktionsprodukt langsam ab-destilliert. Man fängt ~ 31 ml Destillat auf, das durch Fraktionieren vom Lösungsmittel befreit wird; Ausbeute: 1,5 g (32% d. Th.); Kp 83°.

Unter gleichen Reaktionsbedingungen erhält man z. B. aus:

(2-Methyl-propyloxy)-äthylen	→ *2-Methyl-propanol*	90% d. Th.
	+ Äthylen	29% d. Th.
1-Äthoxy-penten-(1)	→ *Penten-(1)*	35% d. Th.
1-Methoxy-hexin-(1)	→ *Hexin-(1)*	32% d. Th.

Die präparativ wichtige Umsetzung von α-Oxo-enoläthern verläuft unter Reduktion der Oxo-Gruppe zu Hydroxy-enoläthern und deren nachfolgende saure Aufarbeitung führt zu α,β-ungesättigten Ketonen. Daher wird diese Reaktion auf S. 306f. besprochen. Zur Reduktion konjugierter Imino-enoläther s.S. 83.

Die Hydroborierung von Enoläthern liefert zumeist keine einheitlichen Reaktionsprodukte[7].

[1] F. Bickelhaupt, K. Stach u. M. Thiel, M. **95**, 485 (1964).
[2] H. Böhme et al., A. **642**, 49 (1961).
[3] S. Bernstein, R. H. Lenhard u. J. H. Williams, J. Org. Chem. **18**, 1166 (1953).
[4] G. Vollema u. J. F. Arens, R. **78**, 140 (1959).
[5] L. I. Zakharkin u. L. A. Savina, Izv. Akad. SSSR **1959**, 444.
[6] P. Pino u. G. P. Lorenzi, J. Org. Chem. **31**, 329 (1966).
[7] D. J. Pasto u. R. Snyder, J. Org. Chem. **31**, 2177 (1966).

γ) in Acetalen

γ₁) *in cyclischen Halbacetalen*

Da cyclische Halbacetale (Lactole) mit den Hydroxy-aldehyden bzw. Hydroxy-ketonen im Gleichgewicht stehen, hängt ihre Reduzierbarkeit durch komplexe Metallhydride davon ab, wie weit dieses in Richtung zur offenkettigen Hydroxy-carbonyl-Verbindung verschoben ist, da nur letztere reduziert wird[1]:

$$\underset{(H_2C)_n}{\overset{R}{\underset{O}{\overset{|}{C}-OH}}} \rightleftharpoons \underset{(H_2C)_n}{\overset{R}{\underset{OH}{\overset{|}{C}=O}}}$$

Dementsprechend können Lactone gegebenenfalls selektiv zu Lactolen reduziert werden (s.S. 221ff.).

Cyclische Halbacetale lassen sich durch Lithiumalanat bzw. Natriumboranat reduktiv zu Diolen aufspalten. Es werden z.B. aus 4-Hydroxy-1,3-dioxanen[2], 2-Hydroxy-tetrahydrofuranen[3] und aus 2-Hydroxy-tetrahydropyranen[4] 1,3-, 1,4- und 1,5-Diole erhalten, 2-Hydroxy-morpholine ergeben mit Lithiumalanat Bis-[2-hydroxy-äthyl]-amine[5,6] (zur ausführlichen Beschreibung der letzteren Reaktion s. Bd. VI/4, S. 610). 5-Hydroxy-1,3-oxazolidin-Derivate liefern nicht die erwarteten 2-Hydroxymethylaminoäthanole, da diese gleich weiter zu den 2-Amino-äthanolen reduziert werden[7] (s.a.S. 429).

2-Hydroxy-4-benzyl-5,6-diphenyl-2,3-dihydro-1,4-oxazin wird durch Lithiumalanat über das Enol-Salz zu *2-Hydroxy-4-benzyl-2,3-diphenyl-morpholin* reduziert[6]. Durch Ringöffnung und Schließung wird die Hydroxy-Gruppe verschoben.

Die Reduktion mit komplexen Metallhydriden semicyclischer Halbacetale hat ihre große Bedeutung in der Zucker-Chemie, da nur die echten Aldehyd- und Keton-zucker reduziert werden, so daß die Reduktion parallel der Mutarotation verläuft.

Mit Lithiumalanat tritt die Reaktion nur langsam ein, da in absolutem, protonenfreiem Medium auch die Mutarotation langsam abläuft. D-Glucose wird z.B. in siedendem 1,4-Dioxan in 6 Stdn. zu 20%, D-Fructose zu 40% reduziert (im zweiten Fall liegt also eine größere Menge Oxo-Form im Gleichgewicht vor[8]).

Am besten wird die Reduktion mit Natrium- oder Kaliumboranat in wäßrig alkalischem Milieu (vorteilhaft bei p_H10,3) bei 20° durchgeführt, worin die Mutarotation auch bei

[1] A. STOLL, A. HOFMANN u. T. PETRZILKA, Helv. **34,** 1544 (1951).
F. A. L. ANET u. R. ROBINSON, Soc. **1955,** 2253.
H. FRITZ, E. BESCH u. T. WIELAND, Ang. Ch. **71,** 126 (1959).
H. BÖHME et al., A. **642,** 49 (1961).
R. TSCHESCHE, S. GOENECHEA u. G. SNATZKE, A. **674,** 176 (1964).
W. ZÜRCHER, J. GUTZWILLER u. C. TAMM, Helv. **48,** 840 (1965).
[2] J. L. E. ERICKSON u. G. N. GRAMMER, Am. Soc. **80,** 5466 (1958).
[3] R. H. GROTH, J. Org. Chem. **24,** 1709 (1959).
[4] R. ZELINSKI u. H. J. EICHEL, J. Org. Chem. **23,** 462 (1958).
[5] C. E. GRIFFIN u. R. E. LUTZ, J. Org. Chem. **21,** 1131 (1956).
R. E. LUTZ u. J. W. BAKER, J. Org. Chem. **21,** 49 (1956).
N. R. EASTON, D. R. CASSADY u. R. D. DILLARD, J. Org. Chem. **28,** 448 (1963).
C. L. STEVENS et al., J. Org. Chem. **29,** 3146 (1964).
[6] R. E. LUTZ u. C. E. GRIFFIN, Am. Soc. **76,** 4965 (1954).
[7] J. KITCHIN u. R. J. STOODLEY, Soc. [Perkin I] **1973,** 22.
[8] H. ENDRES u. M. OPPELT, B. **91,** 478 (1958).

niedrigeren Temperaturen schnell verläuft[1, 2]. Auf diese Weise werden die meisten Zucke
in 1–2 Stdn. zu Zucker-alkoholen reduziert. In stark alkalischem Medium ($p_H \sim 14$) ver
läuft die Mutarotation und damit auch die Reduktion wieder langsam[4].

Ketosen werden durch komplexe Borhydride langsamer reduziert als Aldosen; z.B
wird D-Fructose bei p_H 10,3/22° innerhalb 15 Min. zu 54%, D-Glucose zu 67% reduzier
(s. a. S. 315). Der Endpunkt der Reaktion wird durch das Erreichen einer konstanter
Drehung indiziert, die sich beim Ansäuern wieder ändert, da der Borsäureester des Polyol
zersetzt wird[1]. Dieser ist oft stabil und kann nur schwierig zum Alkohol hydrolysiert wer
den[4] (weiteres s. S. 42f.). Als Beispiel sei die Reduktion von N-Acetyl-D-glucosamin
uronsäure mit Natriumboranat aufgeführt, wobei das Reduktionsprodukt nach Lactoni
sierung isoliert wird[5]:

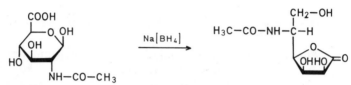

5-Acetylamino-5-desoxy-L-gulonolacton[5]: Eine Lösung von 2,5 g (10,6 mMol) N-Acetyl-D-glucos
amin-uronsäure in 30 *ml* Wasser stellt man mit Natriumhydrogencarbonat auf p_H8 ein, kühlt im Eisbad und redu
ziert durch langsame Zugabe von 0,8 g (21 mMol) Natriumboranat, gelöst in 20 *ml* Eiswasser. Das Gemisch wir
1 Stde. bei 20° stehen gelassen, nach Rühren mit 10 *ml* Amberlit IR 120 (H ⊕) dekantiert, über weitere 10 *ml* de
gleichen Kationenaustauschers gegeben, nachgewaschen und i. Vak. eingedampft. Zur Entfernung der Borsäure
wird 3 mal mit je 50 *ml* abs. Methanol abgedampft und die wäßrige Lösung des resultierenden Sirups über 15 *m*
Dowex 1-X1 (Formiat) gegeben. Nach dem Eindampfen i. Vak. wird der Rückstand aus Alkohol/Diisopropyl
äther kristallisiert; Ausbeute: 1,2 g (51% d. Th.); F: 189°; $[\alpha]_D^{22} = +47°$ (c = 3,6 in Wasser).

Analog erhält man aus N-Benzoyl-D-glucosamin-uronsäure *5-Benzoylamino-5-des-
oxy*-L-*gulonolacton* (70% d. Th.; F: 222–232°; Zers.).

Auch Lithiumboranat und Diboran reduzieren Halbacetale in THF bzw. Bis-[2-methoxy-äthyl]-äther in ähn
licher Weise, Diboran setzt sich allerdings mit Halbacetalen langsamer um als mit Carbonsäureestern[6]. Natrium
boranat/7 Bortrifluorid reduziert sterisch behinderte cyclische Halbacetale ähnlich den Lactonen (s. S. 225) zu
cyclischen Äthern[7].

2-Hydroxy-2,5-dihydro-furane werden durch Triphenyl-siliciumhydrid reduktiv zu 2,5-Dihydro-2,2'-
bi-furylen dimerisiert[8].

Gem. Amino-hydroxy-Verbindungen lassen sich durch Lithiumalanat[9, 10], Na-
trium-[9, 11] und Kaliumboranat[12] zu Aminen reduzieren:

[1] P. D. Bragg u. L. Hough, Soc. **1957**, 4347.
   A. B. Foster et al., Soc. **1960**, 2587.
[2] M. Abdel-Akher, J. K. Hamilton u. F. Smith, Am. Soc. **73**, 4691 (1951).
   E. Hardegger, H. Gempeler u. A. Züst, Helv. **40**, 1821 (1957).
   I. J. Goldstein, H. Sorger-Domenigg u. F. Smith, Am. Soc. **81**, 444 (1959).
   R. D. Guthrie u. J. Honeyman, Soc. **1959**, 853.
   L. Vargha, L. Toldy u. E. Kasztreiner, Acta chim. Acad. Sci. hung. **19**, 295 (1959).
   R. Lambert u. F. Zilliken, B. **96**, 2350 (1963).
[3] J. B. Lee, Chem. & Ind. **1959**, 1455.
[4] S. W. Chaikin u. W. G. Brown, Am. Soc. **71**, 122 (1949).
[5] H. Weidmann et al., A. **694**, 183 (1966).
[6] J. H. Manning u. J. W. Green, Soc. [C] **1967**, 2357.
[7] J. R. Dias u. G. R. Pettit, J. Org. Chem. **36**, 3485 (1971).
[8] L. A. Pawlowa, E. D. Wenus-Danilowa u. A. N. Orlowa, Ž. obšč. Chim. **35**, 2256 (1965).
[9] S. Bose, J. indian chem. Soc. **32**, 450 (1955); C. A. **50**, 10 748 (1956).
   M. F. Barlett et al., Am. Soc. **85**, 475 (1963).
[10] P. L. Southwick et al., J. Org. Chem. **28**, 3058 (1963).
[11] A. Chatterjee u. S. Bose, Sci. Culture **25**, 84 (1959); C. **1961**, 5804.
   K. Schreiber, C. Horstmann u. G. Adam, B. **97**, 2368 (1964).
   K. Schreiber u. H. Rönsch, Tetrahedron **21**, 645 (1965).
[12] R. Robinson, Chem. & Ind. **1955**, 285.

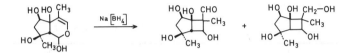

Die Reaktion verläuft wie die der quartären Immonium-Salze (s. S. 371 f.) und dient in erster Linie zum Nachweis der Hydroxymethyl-amino-Gruppe in Alkaloiden[1-3]. Die Hydroxymethyl-amin-Stufe läßt sich dagegen bei der selektiven Reduktion von Lactamen geeigneter Struktur isolieren (s. S. 245 f.).

Enol-halbacetale werden durch Natriumboranat in einigen Fällen unter Ringöffnung und Recyclisierung reduziert[4]; z. B.:

γ_2) *in Vollacetalen*

$\gamma\gamma_1$) von O,O-Acetalen

O,O-Acetale werden von Lithiumalanat in der Regel nicht angegriffen, so daß sie als geschützte Formen von Aldehyden und Ketonen[5] besonders in der Zucker-Chemie dienen können[6,7].

Acetale mit bestimmten strukturellen Merkmalen, z. B. von Chinonen[8], von halogenierten o-Diphenolen[9] und von *exo*cyclischen Ketonen mit elektronenanziehenden Gruppen (Isatinen)[10] werden durch Lithiumalanat

[1] S. Bose, J. indian chem. Soc. **32**, 450 (1955); C. A. **50**, 10748 (1956).
   M. F. Bartlett et al., Am. Soc. **85**, 475 (1963).
[2] A. Chatterjee u. S. Bose, Sci. Culture **25**, 84 (1959); C. **1961**, 5804.
   K. Schreiber, C. Horstmann u. G. Adam, B. **97**, 2368 (1964).
   K. Schreiber u. H. Rönsch, Tetrahedron **21**, 645 (1965).
[3] R. Robinson, Chem. & Ind. **1955**, 285.
[4] A. Bianco et al., Tetrahedron **35**, 1121 (1979).
[5] C. S. Marvel u. H. W. Hill, Am. Soc. **73**, 481 (1951).
   W. Swoboda, M. **82**, 388 (1951).
   J. C. Sheehan u. B. V. Bloom, Am. Soc. **74**, 3825 (1952).
   J. B. Wright, Am. Soc. **79**, 1694 (1957).
   J. Kennedy et al., Soc. **1961**, 4945.
   N. J. Hudak u. J. Meinwald, J. Org. Chem. **26**, 1360 (1961).
   H. Rapoport et al., Am. Soc. **89**, 1942 (1967).
   F. Sweet u. R. K. Brown, Canad. J. Chem. **46**, 707 (1968).
[6] D. A. Prins, Am. Soc. **70**, 3955 (1948).
   A. M. Creighton u. L. N. Owen, Soc. **1960**, 1024.
   S. M. Iqbal u. L. N. Owen, Soc. **1960**, 1030.
   H. Zinner u. C.-G. Dässler, B. **93**, 1597 (1960).
   H. Zinner u. W. Thielebeule, B. **93**, 2791 (1960).
   H. Zinner u. H. Schmandke, B. **94**, 1304 (1961).
   T. Golab u. T. Reichstein, Helv. **44**, 616 (1961).
[7] S. A. Szpilfogel et al., R. **77**, 157 (1958).
   P. Wieland, K. Heusler u. A. Wettstein, Helv. **41**, 1657 (1958).
   G. S. Fonken, J. Org. Chem. **23**, 1075 (1958).
   S. Karády u. M. Sletzinger, Chem. & Ind. **1959**, 1159.
   S. Bernstein u. R. Littell, J. Org. Chem. **24**, 429 (1959).
   S. Bernstein et al., Am. Soc. **81**, 4956 (1959).
   K. Heusler et al., Helv. **44**, 179 (1961).
[8] C. Martius u. H. Eilingsfeld, A. **607**, 159 (1957).
[9] N. Latif u. N. Mishriky, J. Org. Chem. **27**, 846 (1962).
[10] D. H. Kim u. A. A. Santilli, Tetrahedron Letters **1972**, 2301.

angegriffen. Alkoxy-oxirane werden analog den Oxiranen nicht nur von Lithiumalanat[1], sondern auch von Lithiumboranat[2] reduktiv aufgespalten. 2-Halogen-allylacetale lassen sich durch Lithiumalanat zu 2-Halogenallyläthern reduzieren[3], semicyclische Allylacetale zu cyclischen Vinyl-äthern reduktiv umlagern[4] und Propargylacetale werden zu Allyläthern reduziert[5].

Acetale können durch elektrophile Hydride in den meisten Fällen reduziert werden, aus acyclischen Acetalen werden Äther und Alkohole, aus cyclischen ω-Hydroxy-äther erhalten. Der erste Schritt, der durch Lewis-Säuren katalysiert wird, ist auch hier die Bildung des entsprechenden Carbenium-Ions (s. S. 409). Die Methode ermöglicht die einfache Herstellung von Äthern aus Aldehyden und Ketonen.

Bis-[2-methyl-propyl]-aluminiumhydrid reduziert Acetale ohne Lösungsmittel bei 70–80°; aus cyclischen Acetalen werden Aluminiumalkanolate gebildet, die mit verdünnter Säure hydrolysiert werden müssen.

Äthyl-butyl-äther[6]: Zu 5,4 g (0,037 Mol) Butanal-diäthylacetal werden unter Stickstoff 5,7 g (0,04 Mol) Bis-[2-methyl-propyl]-aluminiumhydrid gegeben. Man erhöht zuerst die Innentemp. auf 70–80° und destilliert danach das Reaktionsprodukt ab; Ausbeute: 3 g (80% d. Th.); Kp: 82°.

3-Methyl-butanal-diäthylacetal geht unter entsprechenden Bedingungen in *Äthyl-(3-methyl-butyl)-äther* (83% d. Th.; Kp: 110–112°) über. Bei cyclischen Acetalen muß nach der Reduktion das abgekühlte Reaktionsprodukt in Diäthyläther aufgenommen, mit verd. Schwefelsäure durchgeschüttelt und danach aufgearbeitet werden. Folgende ω-Hydroxyäther werden so hergestellt:

→ *2-[Butyl-(2)-oxy]-äthanol*   87,5% d. Th.; Kp: 155–156°

→ *2-(1-Phenyl-äthoxy)-äthanol*   80% d. Th.; Kp$_{12}$: 128–130°

→ *2-Cyclohexyloxy-äthanol*   91% d. Th.; Kp$_{20}$: 112°

Bei Lithiumalanat/Aluminiumchlorid-Mischungen hängt der Ablauf der Reduktion in erster Linie von der Struktur der reduzierten Verbindung, von der Zusammensetzung des Reduktionsmittels und von der relativen Menge des letzteren ab. Zur Erzielung guter Ausbeuten sind zwei Hydrid-Äquivalente, das Doppelte der theoretischen Menge, notwendig.

Offenkettige Acetale werden zweckmäßig mit Lithiumalanat/2–4 Aluminiumchlorid-Mischungen reduziert[7,8]. Bei dieser Methode wird zuerst die Hydrid-Lösung hergestellt, der man die Acetal-Lösung zutropft[8].

1-Äthoxy-1-phenyl-äthan[8]: Zu einer mit Eiswasser gekühlten Lösung von 13,33 g (0,1 Mol) Aluminiumchlorid in 100 ml abs. Diäthyläther werden unter Rühren und unter Stickstoff 25 ml (0,025 Mol) 1 m Lithiumalanat

[1] C. L. STEVENS u. T. H. COFFIELD, Am. Soc. **80**, 1919 (1958).
[2] C. L. STEVENS u. T. H. COFFIELD, J. Org. Chem. **23**, 336 (1958).
[3] F. NERDEL, W. BRODOWSKI u. J. SCHÖNEFELD, B. **102**, 3102 (1969).
[4] B. FRASER-REID u. B. RADATUS, Am. Soc. **92**, 6661 (1970).
   B. RADATUS, M. YUNKER u. B. FRASER-REID, Am. Soc. **93**, 3086 (1971).
   O. ACHMATOWICZ u. B. SZECHNER, Tetrahedron Letters **1972**, 1205.
   S. Y-K. TAM u. B. FRASER-REID, Tetrahedron Letters **1973**, 4897.
   B. FRASER-REID, S. Y.-K. TAM u. B. RADATUS, Canad. J. Chem. **53**, 2005 (1975).
[5] W. W. ZAJAC u. K. J. BYRNE, J. Org. Chem. **40**, 530 (1975).
[6] L. I. ZAKHARKIN u. I. M. KHORLINA, Izv. Akad. SSSR **1959**, 2255; engl. 2156.
[7] E. L. ELIEL u. M. N. RERICK, J. Org. Chem. **23**, 1088 (1958).
   M. M. BOKADIA et al., Soc. **1962**, 1658.
[8] E. L. ELIEL, V. G. BADDING u. M. N. RERICK, Am. Soc. **84**, 2371 (1962).

Lösung in abs. Diäthyläther getropft. Man rührt weitere 30 Min., tropft eine Lösung von 9,7 g (0,05 Mol) Acetohenon-diäthylacetal in 100 ml abs. Diäthyläther zu, entfernt das Eisbad, rührt 2 Stdn. ohne Kühlung und versetzt dann bei Eis-Kühlung zuerst tropfenweise mit Wasser und danach mit 100 ml 10%iger Schwefelsäure. Die Äther-Phase wird abgetrennt, die wäßr. Phase 3 mal mit je 50 ml Diäthyläther extrahiert, die Äther-Lösung mit Kaliumcarbonat getrocknet, eingeengt und der Rückstand destilliert; Ausbeute: 6,14 g (82% d.Th.); Kp_{15}: 72–74°.

Analog erhält man z.B. aus:

Cyclohexanon-dimethylacetal	→ *Methyl-cyclohexyl-äther*	74% d.Th.; Kp_{754}: 122°
Benzaldehyd-dimethylacetal	→ *Methyl-benzyl-äther*	88% d.Th.; Kp_{12}: 60°

Die Reduktionsgeschwindigkeit acyclischer Acetale des obigen Typs nimmt mit steigender I-Spannung des Ringes ab, da in diesem Fall das Oxo-carbenium-Ion schwieriger gebildet wird[1]. Trotzdem wird die Methode auch zur Reduktion cyclischer Acetale[2] und Spiroacetale[3, 4] angewendet.

Bei der Reduktion semicyclischer Acetale läuft die Spaltung der *exo-* und *endo-*cyclischen C−O-Bindungen meist parallel ab, so daß Gemische gebildet werden. Das Verhältnis der erhaltenen Reduktionsprodukte hängt in erster Linie von der Struktur der reduzierten Verbindung ab. 2-Alkoxy-tetrahydropyrane erleiden hauptsächlich Ringspaltung, wenn die Alkoxy-Gruppe eine verzweigte Alkyl-Gruppe enthält. Bei unverzweigten Alkyl-Gruppen werden die Reduktionsprodukte meist in vergleichbaren Mengen gebildet[5].

Unsubstituierte 2-Alkoxy-tetrahydrofurane liefern praktisch nur 4-Alkoxy-butanole. Alkyl-Substituenten in 5-Stellung erhöhen dagegen das Ausmaß der *exo*-Spaltung unter Bildung von 2-Alkyl-tetrahydrofuranen[6]. 2-Aryloxy-tetrahydropyrane und -tetrahydrofurane werden ausschließlich unter *exo*-Spaltung reduziert[5, 7]. Die Reduktion kann ähnlich wie bei den cyclischen Acetalen mit Lithiumalanat/4-Aluminiumchlorid und Lithiumalanat/Aluminiumchlorid durchgeführt werden. Mit der ersteren Methode erhält man aus 2-tert.-Butyloxy-tetrahydrofuran in 61%iger Ausbeute *4-tert.-Butyloxy-butanol*[8].

4-tert.-Butyloxy-butanol[8]: Zu einer gekühlten Lösung von 27,4 g (0,2 Mol) Aluminiumchlorid in 100 ml abs. Diäthyläther werden unter Rühren und unter Stickstoff 46 ml (0,05 Mol) einer 1,15 m Lithiumalanat-Lösung in abs. Diäthyläther gegeben. Man rührt weitere 30 Min., tropft eine Lösung von 15,2 g (0,1 Mol) 2-tert.-Butyloxy-tetrahydrofuran in 100 ml abs. Diäthyläther zu, läßt die Temp. auf 20° kommen, kocht 2 Stdn. am Rückfluß und versetzt unter Eiskühlung mit Wasser. Der Niederschlag wird mit 10%iger Schwefelsäure in Lösung gebracht, die wäßr. Schicht abgetrennt und mit Diäthyläther 85 Stdn. kontinuierlich extrahiert. Die vereinigten Äther-Lösungen werden mit Kaliumcarbonat getrocknet, eingeengt und fraktioniert; Ausbeute: 8,89 g (61% d.Th.); Kp_{10}: 72–74°.

Zur Reduktion cyclischer Acetale mit Lithiumalanat/Aluminiumchlorid wird zur Mischung von Acetal und Lithiumalanat die Aluminiumchlorid-Lösung getropft. Bei 1,3-Dioxolanen erleichtern elektronenliefernde Substituenten in 4-Stellung mit gewissen Ausnahmen die Spaltung der O−C-Bindung zwischen den 1−2 Stellungen unter Bildung des prim. Alkohols, während elektronenanziehende Gruppen die Öffnung zwischen

W. W. Zajac u. K. J. Byrne, J. Org. Chem. **35,** 3375 (1970).
E. L. Eliel u. V. G. Badding, Am. Soc. **81,** 6087 (1959).
J. Cheymol, J. Seyden-Penne u. J. M. Benoist, C. r. **252,** 3072 (1961).
A.-R. Abdun-Nur u. C. H. Issidorides, J. Org. Chem. **27,** 67 (1962).
D. Joniak, B. Košiková u. L. Kosáková, Collect. czech. chem. Commun. **43,** 769 (1978).
G. R. Pettit u. W. J. Bowyer, J. Org. Chem. **25,** 84 (1960).
G. R. Pettit, A. H. Albert u. P. Brown, Am. Soc. **94,** 8095 (1972).
A. H. Albert, G. R. Pettit u. P. Brown, J. Org. Chem. **38,** 2197 (1973).
H. M. Doukas u. T. D. Fontaine, Am. Soc. **73,** 5917 (1951); **75,** 5355 (1953).
U. E. Diner u. R. K. Brown, Canad. J. Chem. **45,** 2547 (1967).
P. C. Loewen, L. P. Makhubu u. R. K. Brown, Canad. J. Chem. **50,** 1502 (1972).
P. C. Loewen u. R. K. Brown, Canad. J. Chem. **50,** 3639 (1972).
E. L. Eliel et al., J. Org. Chem. **30,** 2441 (1965).

Atom 2 und 3 unter Bildung der sek. Alkohole fördern[1] (s.a. die folgende Zusammen
stellung). Die Reaktion verläuft bei *cis*-ständig substituierten 1,3-Dioxolanen schneller al
bei *trans*-Isomeren[1]. Bei der Reduktion von Acetalen bicyclischer[2] und polycyclischer
Ketone überwiegen ebenfalls die sterischen Faktoren. Zur Reduktion muß mindestens ei
Mol-Äquivalent Chlor-aluminiumhydrid genommen werden, da nur ein Hydrid-Ion aus
genützt wird; z.B.[4]:

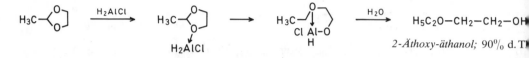

2-Äthoxy-äthanol; 90% d. Th

2-Hydroxy-äther aus cyclischen Acetalen; allgemeine Arbeitsvorschrift[5]:

$$R^2{\overset{R^1}{\underset{R^2}{\diagdown}}}{\overset{O}{\underset{O}{>}}}{\overset{R^3}{\underset{}{<}}}R^4 \xrightarrow{H_2AlCl} R^2-\overset{R^1}{\underset{}{CH}}-O-\overset{R^3}{\underset{R^4}{C}}-CH_2-OH \;+\; R^2-\overset{R^1}{\underset{}{CH}}-O-CH_2-\overset{R^3}{\underset{R^4}{C}}-OH$$

Unter Rühren wird zu einer Mischung von 1,9 g (50 mMol) Lithiumalanat und 50 mMol Acetal in 70 *ml* abs
Diäthyläther unter Stickstoff bei 20° eine Lösung von 6,7 g (50 mMol) Aluminiumchlorid in 30 *ml* abs. Diäthyl
äther gegeben. Die Reduktion ist in 1–2 Stdn. bei 20° beendigt. Man versetzt die Mischung mit Wasser und arbei
tet wie vorab beschrieben (S. 431) auf.

U.a. werden nach dieser Methode erhalten:

R¹	R²	R³	R⁴		
CH₃	CH₃	CH₃	H	2-Propyl-(2)-oxy-propanol	76% d. Th
				+ 1-Propyl-(2)-oxy-propanol-(2)	9% d. Th
CH₃	CH₃	CH₃	CH₃	2-(Propyl-(2)-oxy)-2-methyl-propanol	5% d. Th
				+ 3-Propyl-(2)-oxy-2-methyl-propanol-(2)	82% d. Th
CH₃	CH₃	C₆H₅	H	2-Isopropyloxy-2-phenyl-äthanol	42% d. Th
				+ 2-Isopropyloxy-1-phenyl-äthanol	39% d. Th
CH₃	CH₃	CH₂Cl	H	3-Chlor-2-isopropyloxy-propanol	5% d. Th
				+ 1-Chlor-3-isopropyloxy-propanol-(2)	91% d. Th

Die Methode wird auch zur Reduktion von Zucker-acetalen[6] und verwandten bicycli
schen Verbindungen[7] verwendet.

Die folgenden ω-Hydroxy-äther erhält man durch Reduktion mit Lithiumalanat/
Aluminiumchlorid aus:

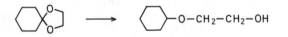

2-Cyclohexyloxy-äthanol[8];
83–94% d. Th.; Kp₁₃: 96–98°

---

[1] B. E. LEGGETTER u. R. K. BROWN, Canad. J. Chem. **43**, 1030 (1965).
[2] W. W. ZAJAC, B. RHEE u. R. K. BROWN, Canad. J. Chem. **44**, 1547 (1966).
   P. C. LOEWEN, W. W. ZAJAC u. R. K. BROWN, Canad. J. Chem. **47**, 4059 (1969).
   H. A. DAVIS u. R. K. BROWN, Canad. J. Chem. **51**, 361 (1973).
[3] M. S. AHMAD u. S. C. LOGANI, Austral. J. Chem. **21**, 1909 (1968); **24**, 143 (1971).
[4] H. A. DAVIS u. R. K. BROWN, Canad. J. Chem. **49**, 2166 (1971).
[5] B. E. LEGGETTER u. R. K. BROWN, Canad. J. Chem. **41**, 2671 (1963).
[6] S. S. BHATTACHARJEE u. P. A. J. GORIN, Canad. J. Chem. **47**, 1195 (1969).
[7] P. CLASPER u. R. K. BROWN, J. Org. Chem. **37**, 3346 (1972).
[8] R. A. DAIGNAULT u. E. L. ELIEL, Org. Synth., Coll. Vol. V, 303 (1973).

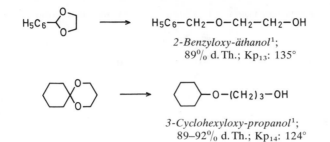

$$H_5C_6-CH_2-O-CH_2-CH_2-OH$$

2-Benzyloxy-äthanol[1];
89% d. Th.; Kp_{13}: 135°

$$\langle\rangle\!-O-(CH_2)_3-OH$$

3-Cyclohexyloxy-propanol[1];
89–92% d. Th.; Kp_{14}: 124°

Zur Reduktion von Acetalen wird auch Lithiumalanat/4 Bortrifluorid eingesetzt, a Bortrifluorid-Ätherat leichter zu handhaben, zu reinigen und zu lösen ist als Alumini-mchlorid, zudem sind die Ausbeuten oft besser.

5-Cyclohexyloxy-pentanol[2]: Zu 14,2 g (0,1 Mol) Bortrifluorid-Ätherat werden unter Rühren und Eiskühlung a reiner Stickstoff-Atmosphäre 21 *ml* (0,025 Mol) 1,2 m Lithiumalanat-Lösung in abs. Diäthyläther und 35 *ml* Diäthyläther gegeben. Man rührt 30 Min., versetzt mit einer Lösung von 9,2 g (0,05 Mol) 2-Cyclohexyloxy-tetra-ydropyran in 35 *ml* Diäthyläther, rührt 30 Min. bei 0°, 1 Stde. bei 20°, 2 Stdn. bei Rückflußtemp., kühlt ab und ropft Wasser und 10%ige Schwefelsäure zu. Die wäßr. Schicht wird 2 mal mit Diäthyläther ausgeschüttelt, der uszug mit der Äther-Schicht vereinigt, die Äther-Lösung mit ges. Natriumhydrogencarbonat- und Natrium-hlorid-Lösung gewaschen, mit Kaliumcarbonat getrocknet, eingeengt und der Rückstand fraktioniert. Nach ei-em Vorlauf von 0,6 g (12% d. Th.) Cyclohexanol (Kp_1: 32–34°) isoliert man 6,3 g (69% d. Th.); Kp_1: 110–111°.

Analog erhält man z.B. aus:

$\langle\rangle_{O}\!\!-OC_6H_{13}$ → *4-Hexyloxy-butanol*[2]; 66% d. Th.; Kp_2: 100–104°

$\langle\rangle_{O}\!\!-OC(CH_3)_3$ → *5-tert.-Butyloxy-pentanol*[2]; 46% d. Th.; Kp_{10}: 106°

$H_5C_6\!-\!\langle\rangle\!-C_6H_5$ → *2,2-Bis-[benzyloxymethyl]-propandiol-(1,3)*[3]; 82% d. Th.; F: 72–74°

Acetale von Alkanalen bzw. Alkanonen liefern mit Lithiumalanat/Titan(IV)-chlorid 2 : 1) in ätherischer Lösung die entsprechenden Äther in Ausbeuten von 70–90% d. Th., Acetale aromatischer Aldehyde und Ketone reagieren dagegen in Tetrahydrofuran bei 20° u Olefinen als Kopplungsprodukten; die Kopplungsreaktion tritt zuerst ein. So erhält nan z. B. aus Benzaldehyd-diäthylacetal 85% d. Th. *1,2-Diäthoxy-1,2-diphenyl-äthan* ne-ben 10% d. Th. *Stilben*[4]:

$$H_5C_6-CH(OC_2H_5)_2 \xrightarrow{\ \text{Li}[\text{AlH}_4]/\text{TiCl}_4\ } H_5C_6-\underset{\underset{H_5C_2O}{|}}{CH}-\underset{\underset{OC_2H_5}{|}}{CH}-C_6H_5 \ + \ H_5C_6-CH=CH-C_6H_5$$

Zur Reduktion mit Diboran in THF s. Lit.[5]. Natriumboranat/Aluminiumchlorid wird in Bis-[2-meth-oxy-äthyl]-äther in der gebräuchlichen (3 : 1, s. S. 10) oder äquimolaren Zusammensetzung eingesetzt, während ich mit den gemischten Hydriden Natriumboranat/1, 5, und 7 Bortrifluorid Reduktionen in Bis-[2-methoxy-

E. L. ELIEL, V. G. BADDING u. M. N. RERICK, Am. Soc. **84**, 2371 (1962).
E. L. ELIEL et al., J. Org. Chem. **30**, 2441 (1965).
A.-R. ABDUN-NUR u. C. H. ISSIDORIDES, J. Org. Chem. **27**, 67 (1962).
H. ISHIKAWA u. T. MUKAIYAMA, Bl. chem. Soc. Japan **51**, 2059 (1978).
B. FLEMING u. H. I. BOLKER, Canad. J. Chem. **52**, 888 (1974).
H. I. BOLKER u. B. FLEMING, Canad. J. Chem. **53**, 2818 (1975).

äthyl]-äther bzw. THF durchführen lassen[1, 2]. Das letztere Reduktionssystem wird zur Reduktion sterisch behin
derter Acetale empfohlen[2].

Benzo-1,3,2-dioxaborol in Chloroform besitzt ein ähnliches Reduktionsvermögen wie Diboran[3].

Eine einfache Methode zur Herstellung von Methyläthern stellt die Reduktion von Ace
talen mit Natrium-cyano-trihydrido-boranat in salzsaurem Methanol dar[4].

Methyl-äther aus Acetalen mit Natrium-cyano-trihydrido-boranat; allgemeine Arbeitsvorschrift[4]: 1 g Aceta
und 1,5 Mol-Äquivalente Natrium-cyano-trihydrido-boranat werden in 10 *ml* Methanol gelöst. Bei 0° wird s
lange Chlorwasserstoff-Gas eingeleitet bis die Lösung beständig sauer bleibt (∼ 10 Min.). Man gießt auf Eiswas
ser, extrahiert mit Pentan, wäscht den Auszug mit ges. Natriumhydrogencarbonat-Lösung, trocknet mit Kalium
carbonat, engt ein und destilliert.

Nach dieser Methode erhält man u.a. aus:

1,1-Dimethoxy-decan	→ *1-Methoxy-decan*	83% d.Th.
Benzaldehyd-dimethylacetal	→ *Methyl-benzyl-äther*	88% d.Th.
5,5-Dimethoxy-pentadien-(1,3)	→ *5-Methoxy-pentadien-(1,3)*	46% d.Th.
2-Methyl-2-phenyl-1,3-dioxolan	→ *1-Methoxy-1-phenyl-äthan*	76% d.Th.

Trichlorsiliciumhydrid reduziert acyclische Acetale zu Äthern bei γ-Bestrahlung[5], Tri
äthyl-siliciumhydrid in Gegenwart von Zink(II)-chlorid[6] oder in Trifluoressigsäure[7]. Vor
diesen Reaktionen hat die letztere praktische Bedeutung und stellt die gegenwärtig ein
fachste Methode zur Reduktion offenkettiger Acetale zu Äthern dar.

Äther aus Acetalen; allgemeine Arbeitsvorschrift[7]: Zu einer Mischung von 0,01 Mol Acetal und 1,3 g (0,01
Mol) Triäthyl-siliciumhydrid werden unter Rühren 3,42 g (2,3 *ml*; 0,03 Mol) Trifluoressigsäure getropft. Ma
erhitzt die Mischung 3 Stdn. bei 50°, kühlt ab, neutralisiert mit Natriumcarbonat-Lösung, schüttelt mit Diäthyl
äther aus, trocknet und destilliert den Auszug.

So gewinnt man z.B. aus:

$H_9C_4-CH(OC_2H_5)_2$	→ *Äthyl-pentyl-äther*	75% d.Th.
$H_5C_6-CH(OC_2H_5)_2$	→ *Äthyl-benzyl-äther*	98% d.Th.
1,1-Diäthoxy-cyclohexan	→ *Äthyl-cyclohexyl-äther*	89% d.Th.

$\gamma\gamma_2$) von O,S-Acetalen

Während 2,2-Dialkyl-1,3-oxathiolane mit Lithiumalanat in siedendem 1,4-Dioxan zu
sek. Alkoholen reduziert werden[8]

erhält man mit einem kleinen Lithiumalanat/4 Aluminiumchlorid-Überschuß übe
ein Sulfo-carbenium-Kation ω-Hydroxy-sulfane. 1,3-Oxathiolane lassen sich dagegen
mit zwei Hydrid-Äquivalenten bei längerer Reaktionsdauer in einem zweiten Teilschrit
bis zur Äthyl-sulfan-Stufe reduzieren[9, 10]:

[1] N. Janaki, K. D. Pathak u. B. C. Subba Rao, Curr. Sci. **32**, 404 (1963); Indian J. Chem. **3**, 123 (1965).
[2] J. R. Dias u. G. R. Pettit, J. Org. Chem. **36**, 3485 (1971).
[3] G. W. Kabalka, J. D. Baker u. G. W. Neal, J. Org. Chem. **42**, 512 (1977).
[4] D. A. Horne u. A. Jordan, Tetrahedron Letters **1978**, 1357.
[5] R. Nakao, T. Fukumoto u. J. Tsurugi, J. Org. Chem. **37**, 4349 (1972).
[6] E. Frainnet, R. Calas u. A. Bazouin, Bl. **1960**, 1480.
[7] N. M. Loim et al., Ž. Org. Chim. **8**, 896 (1972); C. A. **77**, 125841 (1972).
[8] P. Wetzel et al., A. **1978**, 1333.
[9] E. L. Eliel u. V. G. Badding, Am. Soc. **81**, 6087 (1959).
    E. L. Eliel, E. W. Della u. M. Rogic, J. Org. Chem. **30**, 855 (1965).
    K. Igarashi u. T. Honma, J. Org. Chem. **32**, 2521 (1967).
[10] E. L. Eliel, L. A. Pilato u. V. G. Badding, Am. Soc. **84**, 2377 (1962).

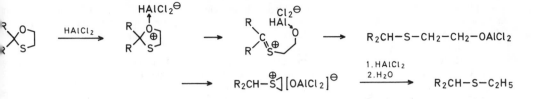

2-Hydroxy-äthyl-(1-phenyl-äthyl)-sulfan[1]: 8,33 g (0,0625 Mol) Aluminiumchlorid werden in einem mit Eis gekühltem 500-*ml*-Rührkolben vorgelegt. Unter Rühren werden 100 *ml* auf −8° gekühlter abs. Diäthyläther vorsichtig zugegeben. Zur erhaltenen Lösung tropft man unter Stickstoff 16,4 *ml* (0,0156 Mol) einer 1,05 m Lithiumalanat-Lösung in abs. Diäthyläther, versetzt nach 15 Min. langsam mit einer Lösung von 9 g (0,05 Mol) 2-Methyl-2-phenyl-1,3-oxathiolan in 100 *ml* abs. Diäthyläther, entfernt das Eisbad, erhitzt 2 Stdn. unter Rückfluß, kühlt ab, tropft vorsichtig 10 *ml* Wasser und 100 *ml* 10%ige Schwefelsäure zu, trennt die Äther-Schicht ab und schüttelt die wäßrige Phase 3 mal mit je 100 *ml* Diäthyläther aus. Die vereinigten Äther-Lösungen werden mit Wasser gewaschen, mit Magnesiumsulfat getrocknet und eingeengt. Der Rückstand wird i. Vak. destilliert; Ausbeute: 7,22 g (78,5% d. Th.); $Kp_{0,55}$: 112°.

Analog erhält man z. B. aus:

2,2-Dimethyl-1,3-oxathiolan   →   *2-Isopropylthio-äthanol*   83% d. Th.; Kp_{21}: 90°
2-Phenyl-1,3-oxathian   →   *3-Benzylthio-propanol*   98% d. Th.; $Kp_{0,4}$: 120°

Mit einem größeren Hydrid-Überschuß und bei längerer Reaktionsdauer liefert 1-Oxa-4-thia-spiro[4.5]decan 63% *Äthyl-cyclohexyl-sulfan* neben 20% *2-Cyclohexylthio-äthanol*[1]:

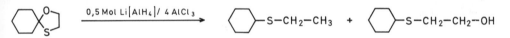

Bei der Reduktion mit äquimolaren Lithiumalanat/Aluminiumchlorid- (bzw. Bortrifluorid)-Mischungen wird die Lewis-Säure als Letzte zur Reaktionsmischung gegeben.

3-Benzylthio-propanol[2]: Zu einer gekühlten Mischung von 12 g (0,067 Mol) 2-Phenyl-1,3-oxathian und 2,7 g (0,067 Mol) Lithiumalanat in 150 *ml* abs. Diäthyläther wird unter Rühren und unter Stickstoff bei 20° innerhalb 5 Min. eine Lösung von 8,9 g (0,067 Mol) Aluminiumchlorid in 100 *ml* abs. Diäthyläther gegeben. Nach Abklingen der exothermen Reaktion rührt man weitere 2 Stdn., zersetzt mit Wasser, filtriert, trocknet das Filtrat mit Magnesiumsulfat und engt ein. Der Rückstand wird i. Vak. destilliert; Ausbeute: 6,5 g (54% d. Th.); $Kp_{1,6}$: 126°.

Auf ähnliche Weise erhält man u. a. aus:

2,2-Diphenyl-1,3-oxathiolan   →   *2-Diphenylmethylthio-äthanol*   73% d. Th.
2,2-Dimethyl-1,3-oxathiolan   →   *2-Isopropylthio-äthanol*   87% d. Th.

Semicyclische O,S-Acetale mit einer exocyclischen Thioäther-Gruppe werden infolge der leichteren Spaltbarkeit der C–O-Bindung selektiv zu ω-Hydroxy-sulfanen reduziert; z. B.[3]:

$$\text{(Abbildung)} \quad \xrightarrow{Li[AlH_4]/\ 4\ AlCl_3} \quad HO–(CH_2)_4–S–C(CH_3)_3$$

4-tert.-Butylthio-butanol[3]: Zu 50 *ml* abs. Diäthyläther werden unter Rühren und Eiskühlung 13,72 g (0,1 Mol) Aluminiumchlorid gegeben. Man rührt 30 Min. und tropft unter Stickstoff 20 *ml* (0,025 Mol) 1,29 m Lithiumalanat-Lösung in abs. Diäthyläther zu. Nach weiterem 0,5 stdg. Rühren wird das Eisbad entfernt. Man versetzt langsam mit 8 g (0,05 Mol) 2-tert.-Butylthio-tetrahydrofuran in abs. Diäthyläther bei 20°, kocht 2 Stdn. un-

[1] E. L. ELIEL, L. A. PILATO u. V. G. BADDING, Am. Soc. **84**, 2377 (1962).
[2] B. E. LEGGETTER u. R. K. BROWN, Canad. J. Chem. **41**, 2671 (1963).
[3] E. L. ELIEL, B. E. NOWAK u. R. A. DAIGNAULT, J. Org. Chem. **30**, 2448 (1965).

ter Rückfluß, kühlt ab, gibt wenig Wasser und 10%ige Schwefelsäure zu, trennt die Äther-Schicht ab und schüt
telt die wäßr. Phase mit Diäthyläther aus. Die vereinigten Äther-Lösungen werden mit Wasser gewaschen, mi
Kaliumcarbonat getrocknet und eingedampft. Der Rückstand wird i. Vak. destilliert; Ausbeute: 5,7 g (70%
d. Th.); Kp$_2$: 88–90°.

Bei der Reduktion von 1,3-Oxathiolanen mit Lithiumalanat/Bortrifluorid-Mischungen dürfen die Le
wis-Säure und das Hydrid vor der Reduktion nicht vermischt werden, da sonst keine Reaktion stattfindet[1]. Da
ferner beim Vermischen der Lewis-Säure mit Acetalen Verharzungen auftreten, wird am besten die Acetal-Hy
drid-Mischung mit der Lewis-Säure-Lösung versetzt[2] (s. Vorschriften auf S. 158 und 435).

γγ$_3$) von O,N-Acetalen

O,N-Acetale werden durch komplexe Metallhydride in der Regel unter C−O-Spaltung
angegriffen, was mit der großen Bildungstendenz der Carbenium-Immonium-Ionen erklärt wird. So werden semicyclische O,N-Acetale mit *exo*cyclischer Alkoxy-Gruppe durch
Lithiumalanat[3] und Natriumboranat[4] zu cyclischen Aminen (s. S. 450), solche mi
*exo*cyclischer Amino-Gruppe zu Amino-alkoholen reduziert[5, 6].

5-Piperidino-pentanol[6]:

100 *ml* (0,1 Mol) einer m Lithiumalanat-Lösung in abs. Diäthyläther werden unter Stickstoff mit 50 *ml* abs
Diäthyläther verdünnt und tropfenweise unter Rühren mit einer Lösung von 8,5 g (0,05 Mol) 2-Piperidino-tetra
hydropyran in 100 *ml* abs. Diäthyläther versetzt. Man kocht 2 Stdn. unter Rückfluß, kühlt ab und gibt 4 *ml* Was
ser, 4 *ml* 15%ige Natronlauge und 12 *ml* Wasser zu. Der Niederschlag wird abgesaugt, mit Diäthyläther gewa
schen, das Filtrat mit Kaliumcarbonat getrocknet, eingeengt und der Rückstand i. Vak. destilliert; Ausbeute: 7 g
(82% d. Th.); Kp$_{0,75}$: 99–101°.

Während 2-Morpholino-tetrahydropyran analog *5-Morpholino-pentanol* (92% d. Th.
Kp$_3$: 116–118°) liefert, führt 2-Benzylamino-tetrahydropyran zu *5-Benzylamino-penta-
nol* (67% d. Th.; Kp$_6$: 152–168°) und *Benzylamin* (20% d. Th.; Kp$_6$: 42–50°).

Cyclische O,N-Acetale vom Typ der 1,3-Oxazolidine und 2,5-Dihydro-1,3-oxazole
werden durch Lithiumalanat[7] und Natriumboranat[8,9] zu 2-Amino-alkoholen reduziert. Aus 3-Methyl-2-phenyl-1,3-oxazolidin wird z.B. mit Natriumboranat *2-(N-
Methyl-N-benzyl-amino)-äthanol* (74% d. Th) erhalten[8]:

H$_3$C−N⟩O $\xrightarrow{\text{Na[BH}_4]}$ H$_5$C$_6$−CH$_2$−N(CH$_3$)−CH$_2$−CH$_2$−OH
       C$_6$H$_5$

[1] E. L. ELIEL, L. A. PILATO u. V. A. BADDING, Am. Soc. **84**, 2377 (1962).

[2] B. E. LEGGETTER u. R. K. BROWN, Canad. J. Chem. **41**, 2671 (1963); **42**, 990 (1964); **43**, 1030 (1965).
    S. S. BHATTACHARJEE u. P. A. J. GORIN, Canad. J. Chem. **47**, 1195 (1969).

[3] M. J. HATCH u. D. J. CRAM, Am. Soc. **75**, 38 (1953).
    H. HELLMANN u. G. OPITZ, B. **90**, 15 (1957).

[4] K. SHIMIZU, K. ITO u. M. SEKIYA, Chem. Pharm. Bull. (Tokyo) **22**, 1256 (1974).
    M. SUGIURA u. Y. HAMADA, J. pharm. Soc. Japan **99**, 556 (1979).

[5] N. R. EASTON et al., Am. Soc. **80**, 2519 (1958).
    R. D. DILLARD u. N. R. EASTON, J. Org. Chem. **31**, 2580 (1966).
    I. FLEMING u. M. H. KARGER, Soc. [C] **1967**, 226.

[6] E. L. ELIEL u. R. A. DAIGNAULT, J. Org. Chem. **30**, 2450 (1965).

[7] E. D. BERGMANN, D. LAVIE u. S. PINCHAS, Am. Soc. **73**, 5662 (1951).
    A. P. GRAY, D. E. HEITMEYER u. E. E. SPINNER, Am. Soc. **81**, 4351 (1959).
    K. BLÁHA u. J. KOVÁŘ, Collect. czech. chem. Commun. **24**, 152 (1959).
    E. JASSMANN u. H. SCHULZ, Die Pharmazie **18**, 527 (1963); C.A. **60**, 10664 (1964).
    G. DREFAHL u. H.-H. HÖRHOLD, B. **94**, 1657 (1961).

[8] K. SHIMIZU, K. ITO u. M. SEKIYA, Chem. Pharm. Bull. (Tokyo) **22**, 1256 (1974).

[9] S. W. PELLETIER et al., Tetrahedron Letters **1979**, 4939.

Amine bzw. Amino-alkohole aus Amino-acetalen; allgemeine Arbeitsvorschrift[1]**:** Eine Lösung von 1,71 g (0,045 Mol) Natriumboranat in 9 *ml* Wasser wird mit 3 Tropfen 10%iger Natronlauge versetzt und bei 15±3° unter Rühren zu einer Suspension von 0,06 Mol O,N-Acetal in 150 *ml* Äthanol getropft. Man rührt 2 Stdn., gibt verd. Salzsäure bis zum p_H 5–6 zu, dampft das Äthanol ab, stellt mit verd. Kalilauge alkalisch, schüttelt mit Diäthyläther oder Benzol aus, trocknet und destilliert den Auszug.

Nach dieser Arbeitsvorschrift erhält man u.a. aus:

$$\underset{\quad\quad\quad\quad\quad CH_3}{H_9C_4O-CH_2-\overset{|}{N}-CH_2-C_6H_5} \quad\rightarrow\quad \textit{Dimethyl-benzyl-amin} \quad\quad\quad 62\% \text{ d. Th.}$$

$$\underset{\quad\quad\quad H_5C_6\quad CH_3}{H_9C_4O-\overset{|}{C}H-\overset{|}{N}-CH_2-C_6H_5} \quad\rightarrow\quad \textit{Methyl-dibenzyl-amin} \quad\quad\quad 62\% \text{ d. Th.}$$

$$\rightarrow\quad \textit{2-(N-Methyl-cyclohexylamino)-äthanol} \quad\quad\quad 76\% \text{ d. Th.}$$

Die Spaltung von Tetrahydro-1,3-oxazinen zu 3-Amino-alkoholen kann mit Lithiumalanat durchgeführt werden[2,3]; z.B. 5-Oxa-1-aza-bicyclo[4.4.0]decan zu *3-Piperidino-propanol* (77% d.Th.)[4]:

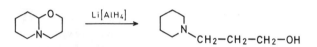

Die Spiro-O,N-acetal-Seitenkette der Spirosolan-Alkaloide wird durch Lithiumalanat[5,6], Lithiumalanat/Aluminiumchlorid[6], Natrium-[7] und Kaliumboranat[8] sowie Diboran[9] am Tetrahydrofuran-Ring aufgespalten. Infolge des verschiedenen sterischen Reaktionsablaufs ergeben die einzelnen Hydride unterschiedliche Anteile der entsprechenden Isomeren.

Oxaziridine werden durch Lithiumalanat[10] und Natriumboranat[11] zu Azomethinen bzw. sek. Aminen reduziert (weiteres s.ds. Handb., Bd. X/4, S. 469).

$$\underset{\quad O}{R-\overset{R}{\underset{|}{\overset{|}{C}}}-N-R^1} \quad\xrightarrow{Li[AlH_4]}\quad R_2C=N-R^1 \quad\xrightarrow{Li[AlH_4]}\quad R_2CH_2-NH-R^1$$

[1] K. Shimizu, K. Ito u. M. Sekiya, Chem. Pharm. Bull. (Tokyo) **22**, 1256 (1974).
[2] G. Drefahl u. H.-H. Hörhold, B. **94**, 1657 (1961).
[3] W. Schneider u. K. Schilken, Ar. **299**, 997 (1966).
    H.-P. Husson, P. Potier u. J. le Men, Bl. **1966**, 948.
    H.-P. Husson et al., Bl. **1966**, 3379.
[4] K. Winterfeld u. H. Michael, Ar. **294**, 65 (1961).
[5] L. H. Briggs u. R. H. Locker, Soc. **1950**, 3020.
    T. D. Fontaine, J. S. Ard u. R. M. Ma, Am. Soc. **73**, 878 (1951).
    R. Kuhn u. I. Löw, B. **85**, 416 (1952).
    Y. Sato u. H. G. Latham, Am. Soc. **78**, 3146 (1956).
    Y. Sato, H. G. Latham u. E. Mosettig, J. Org. Chem. **22**, 1496 (1957).
    K. Schreiber u. H. Rönsch, Tetrahedron **21**, 645 (1965).
    K. Schreiber, C. Horstmann u. G. Adam, B. **97**, 2368 (1964).
[6] G. R. Pettit u. W. J. Bowyer, J. Org. Chem. **25**, 84 (1960).
    Y. Sato u. N. Ikekawa, J. Org. Chem. **26**, 1945 (1961).
[7] G. Adam u. K. Schreiber, Z. **9**, 227 (1969).
[8] W. P. Jurjew, G. A. Tolstikow u. M. I. Gorjajew, Doklady Akad. SSSR **176**, 122 (1967).
[9] H. Plieninger, U. Lerch u. J. Kurze, Ang. Ch. **75**, 724 (1963).
    H. Plieninger et al., A. **680**, 69 (1964).
    C. L. Stevens, K. J. Ter-Beek u. P. M. Pillai, J. Org. Chem. **39**, 3943 (1974).
    R. E. Lyle u. D. A. Walsh, J. Organometal. Chem. **67**, 363 (1974).
[10] W. D. Emmons, Am. Soc. **78**, 6208 (1956); **79**, 5709 (1957).
[11] N. Katsui u. J. Ichinoe, Bl. chem. Soc. Japan **32**, 787 (1959).

δ) in Estern

δ₁) *von Schwefel- und Schwefligsäure-estern*

Schwefel- und Schwefligsäure-ester reagieren mit komplexen Metallhydriden analog den Sulfonsäureestern. In der Zucker-Reihe werden bei der Reduktion von Schwefel säure-estern mit Lithiumalanat die Hydroxy-Gruppen meist zurückgebildet[1]. Die Re duktion zum Kohlenwasserstoff kann mit guten Ausbeuten bei den Sulfaten von Benzyl und Allyl-alkoholen durchgeführt werden (vorteilhafte Methode). Der Alkohol wird mi dem Pyridin/Schwefeltrioxid-Komplex in das Pyridinium-Salz des Halbesters überführt und danach mit Lithiumalanat in THF bei 25° reduziert[2]:

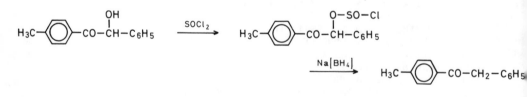

Kohlenwasserstoffe aus Allyl- und Benzylalkoholen; allgemeine Herstellungsvorschrift[2]: Zu einer Lösung von 0,5 mMol Alkohol in 2 *ml* abs. THF werden unter Stickstoff bei 0° 0,12–0,16 g (0,75–1 mMol) Pyri din/Schwefeltrioxid gegeben. Man rührt 3 (bei Allylalkoholen) bzw. 5–20 Stdn. (bei Benzylalkoholen) bei 0–3° versetzt mit 0,114 g (3 mMol) Lithiumalanat in 3 *ml* abs. THF, rührt 1 Stde. bei 0°, 3–5 Stdn. bei 25° und gibt be 0° 0,11 *ml* Wasser, 0,11 *ml* 15%ige Natronlauge und 0,33 *ml* Wasser zu. Die Mischung wird mit 20 *ml* Diäthyl äther verdünnt. Der Niederschlag wird abgesaugt und mit Diäthyläther gewaschen, das Filtrat eingeengt und de Rückstand auf Silicagel mit präparativer Dünnschichtchromatographie gereinigt.

So erhält man z.B. aus:

Geraniol	→ *trans-2,6-Dimethyl-octadien-(2,6)*	98% d.Th.
Farnesol	→ *trans,trans-2,6,10-Trimethyl-dodeca-*	95% d.Th.
	trien-(2,6,10)	
1-Hydroxy-indan	→ *Indan*	64% d.Th.
	+ *Inden*	11% d.Th.

Die Schwefelsäure-ester niedrigerer unverzweigter Alkohole reagieren mit Natrium boranat in apolarer Lösung nach dem S_N2-Mechanismus zu den Kohlenwasserstoffen[3]

Aus cyclischen Schwefligsäure-estern alicyclischer vicinaler Diole lassen sich durch Reduktion mit Lithium alanat die Ausgangsdiole regenerieren[4].

Die aus Alkoholen mit Thionylchlorid erhältlichen Chlorsulfite werden durch Na triumboranat in Äthanol zu Kohlenwasserstoffen reduziert[5, 6]; z.B. 4-Methyl-benzoi zum *1-Oxo-2-phenyl-1-(4-methyl-phenyl)-äthan* (74% d.Th.)[6]:

---

[1] D. Grant u. A. Holt, Chem. & Ind. **1959**, 1492.

[2] E. J. Corey u. K. Achiwa, J. Org. Chem. **34**, 3667 (1969).

[3] H. M. Bell, C. W. Vanderslice u. A. Spehar, J. Org. Chem. **34**, 3923 (1969).

[4] M. Mousseron-Canet, R. Jacquier u. A. Fontaine, Bl. **1953**, 474.

  M. Mousseron, F. Winternitz u. M. Mousseron-Canet, Bl. **1953**, 737.

[5] L. F. Fieser u. Y. Okumura, J. Org. Chem. **27**, 2247 (1962).

  Y. Okumura, J. Org. Chem. **28**, 1075 (1963).

[6] Y. Okumura u. S. Masui, J. Org. Chem. **30**, 2060 (1965).

δ₂) *von Salpetersäure- bzw. Salpetrigsäure-estern*

Salpeter- und Salpetrigsäure-ester werden durch Lithiumalanat i. a. unter gleichzeitiger Reduktion am Stickstoff-Atom zu Alkoholen reduzierend verseift. Stöchiometrisch werden pro Mol Nitrat 3,3 Mol, pro Mol Nitrit 1,8 Mol Lithiumalanat verbraucht[1]. Die Methode wird hauptsächlich zur reduktiven Verseifung von Zucker-Derivaten benutzt[1,2]. Salpetersäure-ester prim. und sek. Alkohole werden durch Natriumboranat dagegen nicht angegriffen, während die Glykosyl-nitrate von Hexa- und Pentapyranosen in wäßrigem 1,4-Dioxan Anhydro-zucker liefern[3].

β-Nitro-nitrate mit endständiger Nitro-Gruppe liefern bei der Reduktion mit 3,5 Mol-Äquivalenten Natriumboranat[4] die sonst nur schwierig zugänglichen terminalen Nitro-alkane.

5-Nitro-2,2,4-trimethyl-pentan[4]:

$$H_3C-\underset{\underset{CH_3}{|}}{\overset{\overset{CH_3}{|}}{C}}-CH_2-\underset{\underset{O-NO_2}{|}}{\overset{\overset{CH_3}{|}}{C}}-CH_2-NO_2 \quad\xrightarrow{Na[BH_4]}\quad H_3C-\underset{\underset{CH_3}{|}}{\overset{\overset{CH_3}{|}}{C}}-CH_2-\overset{\overset{CH_3}{|}}{CH}-CH_2-NO_2$$

1,25 g (0,033 Mol) Natriumboranat wird portionsweise unter Rühren zu einer Lösung von 2 g (0,009 Mol) 1-Nitro-2,4,4-trimethyl-pentyl-(2)-nitrat in 50 *ml* 95%igem Äthanol gegeben. Die Mischung wird kurz bei 20° gerührt und danach 2,5 Tage stehen gelassen. Man verdünnt mit 100 *ml* Wasser, säuert mit 1,2 n Salzsäure an und extrahiert mit Diäthyläther. Der Auszug wird mit Natriumchlorid-Lösung gewaschen, über Magnesiumsulfat getrocknet und eingedampft; Ausbeute: 1,2 g (83% d. Th.); n_D^{20}: 1,4317.

Analog werden u. a. gewonnen:

1-Nitro-octyl-(2)-nitrat	→ *1-Nitro-octan*	94% d. Th.
1-Nitro-4-methyl-pentyl-(2)-nitrat	→ *5-Nitro-2-methyl-pentan*	72% d. Th.
1-Nitro-tetradecyl-(2)-nitrat	→ *1-Nitro-tetradecan*	58% d. Th.

δ₃) *der Sulfonsäure-ester*

Die Reduktion von Sulfonsäure-estern mit komplexen Metallhydriden zu Kohlenwasserstoffen verläuft ähnlich der Reduktion von Halogeniden (s. S. 381 ff.) nicht nach einem einheitlichen Mechanismus. Dieser hängt von der Struktur der zu reduzierenden Verbindung, dem Reduktionsmittel und auch von den experimentellen Bedingungen ab. Es erfolgen meist S_N2-, S_N1-Reaktionen und Eliminierung zum Olefin sowie Reduktion des letzteren. Diese Vielfalt bestimmt auch das Ausmaß der auftretenden Nebenreaktionen, die oft zur Hauptreaktion entarten können. Als Nebenprodukte treten meist der regenerierte Alkohol und das entsprechende Olefin auf. Die Reaktion dient jedoch in erster Linie der Überführung von Alkoholen in die Kohlenwasserstoffe.

Mit Lithiumalanat verläuft die Reduktion theoretisch unter Verbrauch eines Hydrid-Äquivalents[5]:

$$4R-O-SO_2-R^1 + Li[AlH_4] \longrightarrow 4R-H + Li[Al(O-SO_2-R^1)_4]$$

Auch das gebildete Sulfonsäure-Salz wird reduziert, so daß in der Praxis ein bis drei Mol-Äquivalente eingesetzt werden. Phenylester[5,6] und Ester von tert., behinderten sek. und prim. Alkoholen, die die Hydroxymethyl-Gruppe an einem tert. Kohlenwasserstoff-

[1] L. M. Soffer, E. W. Parrotta u. J. Di Domenico, Am. Soc. **74**, 5301 (1952).
[2] E. G. Ansell u. J. Honeyman, Soc. **1952**, 2778.
  K. S. Ennor, J. Honeyman u. T. C. Stening, Chem. & Ind. **1956**, 1308.
  R. Boschan, Am. Soc. **81**, 3341 (1959).
[3] F. A. H. Rice u. M. Inatome, Am. Soc. **80**, 4709 (1958).
[4] J. M. Larkin u. K. L. Kreuz, J. Org. Chem. **36**, 2574 (1971).
[5] H. Schmid u. P. Karrer, Helv. **32**, 1371 (1949).
[6] P. Karrer u. G. Widmark, Helv. **34**, 34 (1951).
  P. Karrer u. K. Ehrhardt, Helv. **34**, 2202 (1951).

Atom tragen, werden unter Regenerierung des Ausgangsalkohols am Schwefel-Atom an gegriffen[1]:

$$2\,R\!-\!O\!-\!SO_2\!-\!R^1 \;+\; Li[AlH_4] \quad\xrightarrow[-2\,H_2]{}\quad Li[Al(OR)_2(O\!-\!SO\!-\!R^1)_2]$$

Die Reaktionsweise ist also umgekehrt als bei der katalytischen Hydrierung mit Raney-Nickel[2].

Bei der Reduktion von Sulfonsäure-estern sek. Alkohole lassen sich die beiden Reduktionsprodukte oft nebeneinander isolieren[3, 4]. Die Ester prim. Alkohole mit tert. gebundener Hydroxymethyl-Gruppe liefern vorwiegend Kohlenwasserstoffe[1, 5], wobei als Nebenreaktion eine *trans*-Eliminierung (E_2-Mechanismus) zum Olefin eintreten[4, 6, 7] kann. Da sich die Reduktion zum Kohlenwasserstoff in der Regel nach dem S_N2-Mechanismus vollzieht, verläuft sie im Fall eines Chiralitätszentrums bei der Reduktion mit Lithium-tetradeuterido-aluminat unter Walden-Umkehr[8]. Die Reaktion in siedendem Diäthyläther dauert oft mehrere Tage[9, 10], so daß bei schwer reduzierbaren Verbindungen höher siedende Lösungsmittel (THF[11], 1,4-Dioxan[12], Dipropyl-[13] und Dibutyläther[14]) eingesetzt werden. Codein-6-tosylat wird nicht in siedendem Diäthyläther, dagegen in THF zu 6-Desoxy-codein reduziert[15]. Im allgemeinen werden als Ausgangsmaterialien hauptsächlich Tosylester, weniger Mesyl-[16] und Brosylester[17] verwendet.

Die Reduktion zum Kohlenwasserstoff verläuft in erster Linie bei Tosylestern prim. Alkohole geeigneter Struktur[11, 16]. Dementsprechend eignet sich diese Methode zur Herstellung methylierter Cyclohexane[18, 17, 12, 13], bi- und polycyclischer Alkane[19] und heterocyclischer Verbindungen aus den Hydroxymethyl-Derivaten[20]. In der Stero-

[1] D. H. R. Barton u. C. J. W. Brooks, Soc. 1951, 257.
  J. Seyden-Penne, A. Habert-Somny u. P. Chabrier, C.r. 257, 3615 (1963).
  J. Seyden-Penne, A. Habert-Somny u. A. M. Cohen, Bl. 1965, 700.
  L. J. Dolby u. D. R. Rosencrantz, J. Org. Chem. 28, 1888 (1963).
[2] G. W. Kenner u. M. A. Murray, Soc. 1950, 406.
[3] E. Vis u. P. Karrer, Helv. 37, 378 (1954).
[4] H. C. Brown, P. M. Weissman u. N. M. Yoon, Am. Soc. 88, 1458 (1966).
[5] A. W. Kamernizki u. A. A. Achrem, Ž. obšč. Chim. 30, 754 (1960).
[6] D. J. Cram, Am. Soc. 74, 2149 (1952).
[7] D. J. Cram u. B. Rickborn, Am. Soc. 83, 2178 (1961).
[8] G. K. Helmkamp u. B. Rickborn, J. Org. Chem. 22, 479 (1957).
  G. K. Helmkamp u. N. Schnautz, J. Org. Chem. 24, 529 (1959).
  J. Kuszmann et al., Tetrahedron 30, 3905 (1974).
[9] H. van Bekkum et al., R. 80, 588, 595 (1961).
[10] A. Rosowsky u. D. S. Tarbell, J. Org. Chem. 26, 2255 (1961).
  E. L. Allred u. S. Winstein, Am. Soc. 89, 4008 (1967).
[11] L. L. Gelb, W. S. Port u. W. C. Ault, J. Org. Chem. 23, 2022 (1958).
[12] M. Eberle u. D. Arigoni, Helv. 43, 1508 (1960).
[13] D. S. Noyce u. D. E. Denney, Am. Soc. 74, 5912 (1952).
[14] M. F. Ansell u. B. Gandsby, Soc. 1959, 2994.
[15] P. Karrer u. G. Widmark, Helv. 34, 34 (1951).
[16] J. Strating u. H. J. Backer, R. 69, 638 (1950).
[17] A. Rosowsky u. D. S. Tarbell, J. Org. Chem. 26, 2255 (1961).
  E. L. Allred u. S. Winstein, Am. Soc. 89, 4008 (1967).
[18] H. van Bekkum et al., R. 80, 588, 595 (1961).
[19] K. Alder u. W. Roth, B. 87, 161 (1954); 88, 407 (1955).
  H. Stetter, M. Schwarz u. A. Hirschhorn, B. 92, 1629 (1959).
  H. N. Miller u. K. W. Greenlee, J. Org. Chem. 26, 3734 (1961).
  V. Franzen, H. J. Schmidt u. C. Mertz, B. 94, 2942 (1961).
  G. Traverso, Farmaco (Pavia), Ed. sci. 16, 472 (1961).
  H. Koch u. J. Franken, B. 96, 213 (1963).
[20] P. Karrer u. R. Saemann, Helv. 35, 1932 (1952).
  R. C. Elderfield et al., J. Org. Chem. 24, 1301 (1959).
  D. Gagnaire u. D. Butt, Bl. 1961, 312.
  B. K. Wasson et al., Canad. J. Chem. 39, 923 (1961).

d-Reihe ermöglicht sie z. B. die Überführung von Gallensäuren in Cholane[1] und der Methyl-osen aus Zuckern[2,3]. Aus 1-Tosyl-2,3;4,5-diisopropyliden-D-fructopyranose wird dagegen in 60%iger Ausbeute 2,3;4,5-Diisopropyliden-D-fructopyranose zurückgebildet[4] (bei Estern mit sek. Hydroxy-Gruppe wird diese in der Zucker-Reihe meist regeneriert[5,6]). Die Hydrogenolyse verläuft in der Zucker-Reihe in der Regel über ein Epoxid, das oft isoliert werden kann[6,7].

Anhydro-zucker mit Tosylester-Gruppierungen können mit Lithiumalanat selektiv reduziert werden. Bei 18° wird in THF in 6 Stdn. nur der Anhydro- (Epoxid-) Ring geöffnet, in siedendem THF in 1 Stde. dagegen auch die prim. Tosyloxy-Gruppe zur Methyl-Gruppe, nach 6 stdg. Kochen auch die sek. gebundene Tosyloxy-Gruppe unter Regenerierung der sek. Hydroxy-Gruppe reduziert[2].

Bei der Reduktion von Sulfonsäure-estern sek. Hydroxysteroide werden neben den gesättigten Kohlenwasserstoffen und Olefinen[8,9] in gewissen Fällen auch sek. Alkohole[9] und Cyclosteroide[9,10] gebildet. Bei Alkaloiden kann diese Methode hauptsächlich zur Herstellung von Desoxy-Verbindungen der Morphin-[11] und Yohimbin-Gruppe[12] angewendet werden. Bei behinderten Tropan-Derivaten ist die Methode nicht anwendbar[13]. In der Muscarin-Gruppe ist dagegen infolge der verschiedenen Behinderung der Alkohol-Funktionen eine selektive Reduktion möglich[14].

Sulfonsäureester von α-Alkinolen ergeben mit Lithiumalanat ein Gemisch aus Allenen und Acetylenen[15,16]. Aus 3-Mesyloxy-hexin-(1) erhält man z. B. 71% d. Th. *Hexadien-(1,2)* und 9% d. Th. *Hexin-(1)*[16]:

$$H_3C-(CH_2)_2-\underset{\underset{H_3C-SO_2-O}{|}}{CH}-C\equiv CH \xrightarrow{\text{Li[AlH}_4]} H_3C-(CH_2)_2-CH=C=CH_2 \ + \ H_3C-(CH_2)_2-CH_2-C\equiv CH$$

[1] I. Scheer, R. B. Kostic u. E. Mosettig, Am. Soc. **75**, 4871 (1953); **77**, 641 (1955).
I. Scheer u. E. Mosettig, Am. Soc. **77**, 1820 (1955).
I. Scheer, M. J. Thompson u. E. Mosettig, Am. Soc. **78**, 4733 (1956).
R. T. Blickenstaff u. F. C. Chang, Am. Soc. **80**, 2726 (1958); **81**, 2835 (1959).
A. L. Nussbaum et al., Am. Soc. **81**, 1228 (1959).
[2] H. R. Bolliger u. P. Ulrich, Helv. **35**, 93 (1952).
H. R. Bolliger u. M. Thürkauf, Helv. **35**, 1426 (1952).
H. R. Bolliger u. T. Reichstein, Helv. **36**, 302 (1953).
[3] H. Zinner, K. Wessely u. H. Kristen, B. **92**, 1618 (1959).
H. Zinner u. H. Wigert, B. **92**, 2893 (1959).
[4] H. Schmid u. P. Karrer, Helv. **32**, 1371 (1949).
[5] H. Zinner u. H. Schmandke, B. **94**, 1304 (1961).
[6] R. Allerton u. W. G. Overend, Soc. **1954**, 3629.
[7] A. K. Mitra u. P. Karrer, Helv. **38**, 1 (1955).
E. J. Reist, R. P. Spencer u. B. R. Baker, J. Org. Chem. **23**, 1759 (1958).
[8] H. Schmid u. K. Kägi, Helv. **33**, 1582 (1950); **35**, 2194 (1952).
G. H. R. Summers, Soc. **1959**, 2912.
G. Bancroft, Y. M. Y. Haddad u. G. H. R. Summers, Soc. **1961**, 3295.
S. G. Levine, N. H. Eudy u. C. F. Leffler, J. Org. Chem. **31**, 3995 (1966).
[9] P. Karrer et al., Helv. **34**, 1022 (1951).
P. Karrer u. H. Asmis, Helv. **35**, 1926 (1952).
R. Heiz u. P. Karrer, Helv. **36**, 1788 (1953).
J. H. Chapman et al., Soc. **1956**, 4344.
[10] H. Schmid u. P. Karrer, Helv. **32**, 1371 (1949).
M. E. Wall u. S. Serota, Am. Soc. **78**, 1749 (1956).
[11] H. Rapoport u. R. M. Bonner, Am. Soc. **73**, 2872 (1951).
P. Karrer u. R. Saemann, Helv. **36**, 605 (1953).
R. Bognár u. S. Makleit, Chem. & Ind. **1956**, 1239.
A. C. Currie et al., Soc. **1960**, 773.
M. Takeda, H. Inoue u. H. Kugita, Tetrahedron **25**, 1839, 1851 (1969).
[12] C. F. Huebner et al., Am. Soc. **77**, 472, 1071, 4335 (1955).
[13] K. Zeile u. A. Heusner, B. **90**, 2809 (1957).
[14] E. Hardegger et al., Helv. **40**, 2383 (1957); **41**, 229, 2401 (1958); **44**, 141 (1961).
[15] W. T. Borden u. E. J. Corey, Tetrahedron Letters **1969**, 313.
[16] J. K. Crandall, D. J. Keyton u. J. Kohne, J. Org. Chem. **33**, 3655 (1968).

Weiteres über die Reduktion von Sulfonsäure-estern zu Kohlenwasserstoffen mit Lithiumalanat sowie eine Arbeitsvorschrift s. ds. Handb., Bd. V/1a, S. 228f. Die Reaktion wird mit Lithium-tetradeuterido-aluminat ähnlich durchgeführt und ermöglicht die einfache Herstellung deuterierter Kohlenwssserstoffe[1].

Sulfonsäure-ester mit geeigneten Nachbargruppen gehen bei günstigen sterischen Verhältnissen reduktive Cyclisierungen ein. Durch Lithiumalanat reduziert werden mit Hydroxy-Gruppen cyclische Äther[2] (s. a. die Bildung von Anhydrozuckern, S. 441), mit vicinalen Aminocarbonyl-[3], Azido-[4] und Cyan-Gruppen[5] Aziridine gebildet. Daneben beobachtet man häufig Umlagerungen des Wagner-Meerwein-Typs unter Änderung des Molekulargerüstes[6] sowie Allyl-[7] und Homoallyl-Umlagerungen[8]. Im letzteren Fall werden Verbindungen mit einem Cyclopropan-Ring gebildet (s. a. S. 391). Bei Eliminierungsreaktionen kann neben dem Austritt der entsprechenden Sulfonsäure auch das Molekülgerüst reduktiv gespalten werden. Solche reduktiven Fragmentierungen treten besonders bei bicyclischen bzw. polycyclischen Verbindungen auf, wo die Ringspannung die reduktive Ringspaltung erleichtert. Die tert. gebundene Tosyloxy-Gruppe am Brückenkopf eines Bicyclo[2.2.2]octan-Derivates[9] wird mit Lithiumalanat (bzw. Dichlor-alan[10]) reduziert (weiteres s. S. 443).

Da bei der Reduktion das durch Rückspaltung von Lithiumalanat gebildete Lithiumhydrid schneller als Aluminiumhydrid verbraucht wird (s. S. 381f.), ist es möglich, die Reduktion mit Lithiumhydrid in Gegenwart katalytischer Mengen Lithiumalanat durchzuführen. Dieses System hat ein stärkeres Reduktionsvermögen als Lithiumalanat selbst.

endo-5,endo-6-Dimethyl-bicyclo[2.2.1]hepten-(2)[11]: Unter kräftigem Rühren werden zu einer Lösung von 8

[1] E. R. Alexander, Am. Soc. **72**, 3796 (1950).

  E. J. Corey u. W. R. Hertler, Am. Soc. **82**, 1657 (1960).

  A. C. Cope et al., Am. Soc. **82**, 6366 (1960).

  C. Djerassi u. B. Tursch, Am. Soc. **83**, 4609 (1961).

  W. E. Parham, P. E. Olson u. K. R. Reddy, J. Org. Chem. **39**, 2432 (1974).

[2] H. L. Goering u. C. Serres, Am. Soc. **74**, 5908 (1952).

  W. S. Allen et al., Am. Soc. **77**, 4787 (1955).

  M. Avram, E. Sliam u. C. D. Nenitzescu, A. **636**, 184 (1960).

  F. A. Turner u. J. E. Gearien, J. Org. Chem. **29**, 2105 (1964).

  F. Nerdel, H. Kaminski u. D. Frank, Tetrahedron Letters **1967**, 4973.

[3] D. H. Buss, L. Hough u. A. C. Richardson, Soc. **1963**, 5295.

[4] K. Ponsold, B. **97**, 3524 (1964).

  K. Ponsold u. D. Klemm, B. **99**, 1502 (1966).

  J. Cleophax et al., Bl. **1969**, 153.

[5] K. Ichimura u. M. Ohta, Bl. chem. Soc. Japan **43**, 1443 (1970).

[6] D. J. Cram Am. Soc. **74**, 2149, 2152 (1952).

  P. R. Jefferies u. B. Milligan, Chem. & Ind. **1956**, 487.

  A. Uffer, Helv. **39**, 1834 (1956).

  K. B. Wiberg, B. R. Lowry u. T. H. Colby, Am. Soc. **83**, 3998 (1961).

  G. Bancroft, Y. M. Y. Haddad u. G. H. R. Summers, Soc. **1961**, 3295.

  R. A. Appleton, J. C. Fairlie u. R. McCrindle, Chem. Commun. **1967**, 690.

  M. Mokotoff u. L. J. Sargent, J. Org. Chem. **33**, 3551 (1968).

  M. Mokotoff, J. Org. Chem. **33**, 3556 (1968).

  R. H. Starkey u. W. H. Reusch, J. Org. Chem. **34**, 3552 (1969).

  W. Kraus u. C. Chassin, Tetrahedron Letters **1970**, 1443.

  W. Kraus et al., A. **738**, 97 (1970).

[7] J. Lehmann, Ang. Ch. **77**, 863 (1965).

[8] L. A. Paquette u. M. K. Scott, Am. Soc. **94**, 6751 (1972).

  P. Courtot u. R. Rumin, Bl. **1972**, 3479.

[9] W. Kraus, Ang. Ch. **78**, 335 (1966).

  W. Kraus u. W. Rothenwöhrrer, Tetrahedron Letters **1968**, 1013.

  W. Kraus, C. Chassin u. R. Chassin, Tetrahedron **25**, 3681 (1969); Tetrahedron Letters **1970**, 1277.

  W. Kraus u. C. Chassin, Tetrahedron Letters **1970**, 1003, 1113.

[10] G. Lukacs, L. Cloarec u. X. Lusinchi, Tetrahedron Letters **1970**, 89.

[11] H. N. Miller u. K. W. Greenlee, J. Org. Chem. **26**, 3734 (1961).

, (0,21 Mol) Lithiumalanat in 3,5 *l* abs. THF unter Stickstoff 24 g (3 Mol) Lithiumhydrid (Korngröße < 300 μ) gegeben. Man versetzt bei Rückflußtemp. portionsweise mit 694 g (1,5 Mol) *endo*-2,*endo*-3-Bis-[p-tosyloxyme-hyl]-bicyclo[2.2.1]hepten-(2) und erhitzt weitere 4 Stdn. unter Rückfluß. Die Mischung wird 12 Stdn. bei 20° ge-ührt, i. Vak. eingeengt und der Rückstand mit 1 *l* Diäthyläther, Eiswasser und eiskalter verd. Schwefelsäure ver-etzt. Man trennt die Äther-Phase ab, extrahiert die wäßr. Schicht mit Diäthyläther, trocknet die Äther-Lösung nit Magnesiumsulfat und Magnesiumcarbonat und engt über eine Kolonne ein. Der Rückstand wird mit Wasser und verd. Natronlauge gewaschen, mit Magnesiumsulfat getrocknet und über eine Drehbandkolonne destilliert; Ausbeute: 146 g (79,5% d. Th.); Kp: 143,3°; F: 25,3°.

Zur Reduktion mit Natrium-bis-[2-methoxy-äthoxy]-dihydrido-aluminat s. Lit.[1].

Die Reduktion von Sulfonsäure-estern mit Natriumboranat kann in protonenhalti-ger, protonenfreier apolarer und protonenfreier polarer Lösung durchgeführt werden. Die drei Reaktionsweisen haben verschiedene Anwendungsbereiche. Auch die Mecha-nismen sind wahrscheinlich verschieden.

In protonenhaltiger Lösung hängt es vom Lösungsmittel, von der Struktur der zu reduzierenden Verbin-dung und von den experimentellen Bedingungen ab, in welchen Verhältnissen Kohlenwasserstoffe, Äther[2] in Alkoholen) und Alkohole[3, 4] (in wäßriger Lösung) gebildet werden. Infolge Eliminierung der Sulfonsäure entstehen z. Tl. zusätzlich Olefine.

Die Reduktion unter solvolytischen Bedingungen vollzieht sich meist nach zwei kompetitiven Mechanismen[4] (S_N1 und S_N2). Sie wird in der Regel zur Reduktion leicht ionisierbarer, sek. und tert. gebundener Sulfonyloxy-Gruppen angewendet. Man führt die Reaktion zur Vermeidung der Solvolyse in 65–90%igem Bis-[2-methoxy-äthyl]-äther bei 20–50° durch[5] (s. a. S. 386 f.).

Die mit Hydroxy- oder potentiellen Hydroxy- (Oxo- usw.) Gruppen substituierten Sul-fonsäure-ester können mit Natriumboranat in protonenhaltiger Lösung ähnlich wie mit Lithiumalanat in protonenfreier apolarer Lösung bei geeigneter Struktur der reduzierten Verbindung zu Äthern cyclisiert werden[6]. Ähnlich lassen sich auch reduktive Fragmen-tierungen mit Natriumboranat durchführen. Präparativ können sie zur Herstellung ali-cyclischer und heterocyclischer Verbindungen ausgenützt werden.

1-Methyl-4-methylen-1-formyl-cyclohexan[7]:

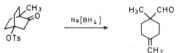

Zu einer Lösung von 0,6 g (16 mMol) Natriumboranat in 30 *ml* Methanol und 6 *ml* Wasser tropft man eine Lö-sung von 0,7 g (2,3 mMol) 4-Tosyloxy-2-oxo-1-methyl-bicyclo[2.2.2]octan in 90 *ml* Methanol, rührt 24 Stdn. bei 20°, gibt 300 *ml* ges. Calciumchlorid-Lösung hinzu, schüttelt mit Petroläther aus, trocknet über Natriumsulfat und destilliert; Ausbeute: 0,3 g (95% d. Th.); Kp$_{11}$: 108°.

Die reduktive Fragmentierung kann auch zur Herstellung von Aza-cyclodecenen aus Tosyloxy-decahy-dro-chinolinen[8] und zur Aufspaltung von Tosyloxy-chinolizidin-Derivaten[9] dienen. Zur Fragmentierung von Hydroborierungsprodukten s. Lit.[10].

Die Reduktion mit Natriumboranat verläuft in protonenfreier Lösung unter Dibo-ran-Entwicklung ab, so daß Diboran-empfindliche Gruppen angegriffen werden. In apola-

[1] A. ZOBÁČOVÁ, V. HEŘMANKOVÁ u. J. JARÝ, Collect. czech. chem. Commun. **42**, 2540 (1977).
[2] A. ROSOWSKY u. D. S. TARBELL, J. Org. Chem. **26**, 2255 (1961).
[3] S. WINSTEIN, A. H. LEWIN u. K. C. PANDE, Am. Soc. **85**, 2324 (1963).
[4] Z. MAJERSKI et al., Tetrahedron **23**, 661 (1967); **25**, 301 (1969).
[5] H. C. BROWN u. H. M. BELL, J. Org. Chem. **27**, 1928 (1962); Am. Soc. **85**, 2324 (1963); Am. Soc. **86**, 5006 (1964).
[6] F. NERDEL, H. KAMINSKI u. D. FRANK, Tetrahedron Letters **1967**, 4973.
   H.-R. KRÜGER et al., B. **105**, 3553 (1972); **106**, 91 (1973).
[7] W. KRAUS u. C. CHASSIN, A. **735**, 198 (1970).
[8] C. A. GROB et al., Helv. **50**, 416 (1967).
   J. A. MARSHALL u. J. H. BABLER, J. Org. Chem. **34**, 4186 (1969).
[9] F. BOHLMANN u. D. SCHUMANN, B. **98**, 3133 (1965).
[10] J. A. MARSHALL u. G. L. BUNDI, Chem. Commun. **1967**, 854.
   J. A. MARSHALL, Synthesis **1971**, 229.
   J. A. MARSHALL u. R. D. PEVELER, Synthetic Communications **3**, 167 (1973).

rem Medium überwiegt der S_N2-Mechanismus; es werden hauptsächlich prim.[1], weniger sek.[2] Sulfonsäure-ester reduziert[1].

In protonenfreier polarer Lösung erhält man in der Regel bessere Ausbeuten. Die Reduktion wird, besser bei 40–45° in trockenem Bis-[2-methoxy-äthyl]-äther[4], in Dimethylsulfoxid bei 25–85° oder in Sulfolan bei 100° durchgeführt. Sie kann zur Hydrogenolyse von Sulfonsäure-estern prim. und sek. Alkohole zu Kohlenwasserstoffen angewendet werden[1,3]; u.a. erhält man aus Dodecanol bzw. Cyclododecanol bei 85° 86% d.Th. *Dodecan* bzw. 54% d.Th. *Cyclododecan.*

Die Ester prim. Alkohole lassen sich auch mit Natrium-cyano-trihydrido-borat in HMPT bei 70° mit guten Ausbeuten zu Kohlenwasserstoffen reduzieren[4]. Die Reduktion kann selektiv neben Oxo-, Epoxy-, Alkoxycarbonyl-, Aminocarbonyl-, Nitro- und Cyan-Gruppen durchgeführt werden.

Tetrabutylammonium-cyano-trihydrido-borat reduziert Sulfonsäure-ester langsamer als die entsprechende Natrium-Verbindung, wodurch weitere selektive Reduktionen ermöglicht werden[5] (s.S. 387).

Prim. und sek. Sulfonsäure-ester lassen sich selektiv auch mit den Systemen 2 Lithium-trimethoxy-hydrido-aluminat/Kupfer(I)-jodid[6] und Lithium-butyl-hydrido-cuprat(I)[7] zu den Kohlenwasserstoffen umsetzen; z.B.[7,8]:

$$
\begin{array}{c}
\mathrm{O-SO_2-CH_3} \\
| \\
\mathrm{H_3C-(CH_2)_5-CH-(CH_2)_{10}-COOC_2H_5} \xrightarrow{\mathrm{Li[CuH(C_4H_9)]}} \mathrm{H_3C-(CH_2)_{16}-COOC_2H_5}
\end{array}
$$

Octadecansäure-äthylester;
85% d.Th.

Analog erhält man aus 4-Tosyloxy-cyclohexen 75% d.Th. *Cyclohexen.*

Alicyclische Sultone werden durch Lithiumalanat zumeist desulfuriert[9], aromatische zu Mercapto-phenolen reduziert[10].

δ_4) von Enol-lactonen

Enol-lactone der 2H-Pyron-Reihe werden unter Hydrogenolyse der Enol-Bindung zu ungesättigten Carbonsäuren reduziert. So erhält man z.B. aus 4,6-Dimethyl-2H-pyron mit Lithiumalanat in 47%iger Ausbeute *3-Methyl-hexadien-(2,4)-säure*[11]:

$$
\mathrm{4,6\text{-}Dimethyl\text{-}2H\text{-}pyron} \xrightarrow{\mathrm{Li[AlH_4]}} \underset{\mathrm{CH_3}}{\mathrm{H_3C-CH=CH-C=CH-COOH}}
$$

[1] H. M. BELL, C. W. VANDERSLICE u. A. SPEHAR, J. Org. Chem. **34**, 3923 (1969).
[2] P. R. STORY u. S. R. FAHRENHOLTZ, Am. Soc. **86**, 527 (1964).
[3] R. O. HUTCHINS et al., Tetrahedron Letters **1969**, 3495; J. Org. Chem. **43**, 2259 (1978).
[4] R. O. HUTCHINS, B. E. MARYANOFF u. C. A. MILEWSKI, Chem. Commun. **1971**, 1097; Org. Synth. **53**, 107 (1973).
   R. O. HUTCHINS et al., J. Org. Chem. **42**, 82 (1977).
[5] R. O. HUTCHINS u. D. KANDASAMY, Am. Soc. **95**, 6131 (1973).
[6] S. MASAMUNE, P. A. ROSSY u. G. S. BATES, Am. Soc. **95**, 6452 (1973).
[7] S. MASAMUNE, G. S. BATES u. P. E. GEORGHIOU, Am. Soc. **96**, 3686 (1974).
[8] G. M. WHITESIDES u. J. SAN FILIPPO, Am. Soc. **92**, 6611 (1970).
[9] J. WOLINSKY, D. R. DIMMEL u. T. W. GIBSON, J. Org. Chem. **32**, 2087 (1967).
   J. WOLINSKY, R. L. MARHENKE u. E. J. EUSTACE, J. Org. Chem. **38**, 1428 (1973).
[10] A. MUSTAFA et al., Am. Soc. **76**, 5447 (1954).
[11] K. YAMADA u. M. ISHIZAKA u. Y. HIRATA, Bl. chem. Soc. Japan **34**, 1873 (1961).

Während obige Verbindung durch Natriumboranat nicht angegriffen wird, werden die durch elektronenanziehende Substituenten in Stellung 5 substituierten 2H-Pyrone analog reduziert[1, 2]. 5-Methoxycarbonyl-2H-pyron wird z.B. bereits in der Kälte zu *4-Methylen-penten-(2)-disäure-5-methylester* (90% d.Th.) geöffnet[3]:

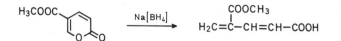

Der in herzaktiven Glykosiden und Aglykonen vorkommende Pentadien-(3,5)-1,5-olid- (Cumalin-) Ring wird dagegen von Natriumboranat i.a. nicht angegriffen[4] (s.S. 227), während Lithiumalanat den Ring unter Bildung verschiedener Reduktionsprodukte aufspaltet[5].

Zur Reduktion von 2-Acetoxy-1-nitro-alkenen bzw. -alkanen zu Nitro-alkenen bzw. -alkanen mit Natriumboranat in Äthanol s. Lit.[6].

δ_5) *von Orthocarbonsäure-triestern*

Orthocarbonsäure-triester werden durch Lithiumalanat zu Acetalen reduziert[7]:

$$4 R-C(OR^1)_3 + Li[AlH_4] \longrightarrow 4 R-CH(OR^1)_2 + Li[Al(OR^1)_4]$$

Die gebildeten Acetale reagieren nicht weiter[8]. In semicyclischen Orthocarbonsäure-triestern wird die *exo*cyclische Alkoxy-Gruppe abgespalten; z.B.[9]:

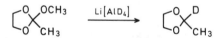

2-Methyl-2-deutero-1,3-dioxolan[9]: 26 g (0,22 Mol) 2-Methoxy-2-methyl-1,3-dioxolan werden mit Trockeneis-Aceton abgekühlt und unter Rühren in reiner Stickstoff-Atmosphäre vorsichtig 2,36 g (0,056 Mol) Lithium-tetradeuterido-aluminat zugegeben. Man läßt die Mischung langsam auf 20° erwärmen, kocht 3–4 Stdn. im Rückfluß und destilliert; Ausbeute: 6 g (32% d.Th.); Kp: 82–84°.

Die durch Lithiumalanat nur schwer reduzierbaren Orthocarbonsäure-triester z.B. 2-Methoxy-1,3-dioxane und Zucker-orthoester werden mit Aluminiumhydrid oder Chloraluminiumdihydrid (s.S. 10) in hoher Ausbeute zu den entsprechenden Acetalen reduziert[10].

[1] G. Vogel, Chem & Ind. **1962**, 268.
[2] K. Yamada et al., Bl. chem. Soc. Japan **33**, 1303 (1960).
K. Yamada, M. Ishizaka u. Y. Hirata, Bl. chem. Soc. Japan **34**, 1873 (1961).
[3] K. Yamada, Bl. chem. Soc. Japan **35**, 1329 (1962).
[4] A. Katz, Helv. **36**, 1417 (1953); **37**, 451 (1954); **40**, 831 (1957).
[5] C. Tamm, Helv. **43**, 338 (1960).
D. Rosenthal, Am. Soc. **85**, 3971 (1963).
[6] R. H. Wollenberg u. S. J. Miller, Tetrahedron Letters **1978**, 3219.
[7] C. J. Claus u. J. L. Morgenthau, Am. Soc. **73**, 5005 (1951).
A. Roedig u. E. Degener, B. **86**, 1469 (1953).
[8] C. S. Marvel u. H. W. Hill, Am. Soc. **73**, 481 (1951).
J. Kennedy et al., Soc. **1961**, 4945.
N.J. Hudak u. J. Meinwald, J. Org. Chem. **26**, 1360 (1961).
[9] P.R. Story u. M. Saunders, Am. Soc. **84**, 4876 (1962).
[10] E.L. Eliel u. F.W. Nader, Am. Soc. **92**, 3045 (1970).
S.S. Bhattacharjee u. P.A.J. Gorin, Canad. J. Chem. **47**, 1195 (1969); Carbohydrate Research **12**, 57 (1970).

Spirocyclische ortho-Dithiosäure-triester werden durch Lithiumalanat nicht angegriffen, sie haben daher als geschützte Lactone präparative Bedeutung[1] (s. S. 221).

Bis-[2-methyl-propyl]-aluminiumhydrid reduziert Orthocarbonsäure-triester in Benzol bei 30° ebenfalls zu Acetalen:

$$R\text{—}C(OR^1)_3 + [(H_3C)_2CH\text{—}CH_2]_2AlH \longrightarrow R\text{—}CH(OR^1)_2 +$$

$$[(H_3C)_2CH\text{—}CH_2]_2Al\text{—}OR^1$$

Bei höheren Temperaturen werden Äther (s. S. 430) bzw. Kohlenwasserstoffe (s. S 413)[2] erhalten.

Benzaldehyd-diäthylacetal[2]: Zu einer gekühlten Lösung von 7,6 g (0,034 Mol) Orthobenzoesäure-triäthyl-ester in 10 ml abs. Benzol wird unter Rühren und unter Stickstoff eine Lösung von 4,8 g (0,034 Mol) Bis-[2-me-thyl-propyl]-aluminiumhydrid in 10 ml Benzol getropft, wobei die Temp. nicht über 30° steigen darf. Man rührt 1 Stde. bei 30° und fraktioniert; Ausbeute: 5,8 g (95% d. Th.); Kp_{13}: 140–142°.

Analog erhält man aus Orthobutansäure-triäthylester *Butanal-diäthylacetal* (90% d. Th.; Kp: 145–145,5°).

Zur reduktiven N-Alkylierung von aromatischen Aminen mit Orthocarbonsäure-trial-kylestern und Natriumboranat s. S. 351.

3. der C—S-Einfachbindung

α) von Sulfanen

Die Reduktion von Sulfanen mit Hydriden verläuft z. Tl. anders als die der entsprechen-den Äther. So liefern Enolthioäther z. B. 2-Oxo-1-alkylthiomethylen-cyclohexane mit Li-thiumalanat hauptsächlich 1,2-Additionsprodukte[3] (vgl. S. 306 ff.), mit Natriumboranat in Isopropanol dagegen 1,4-Additionsprodukte[4] (die Hydroborierung verläuft analog der entsprechenden Enoläthern[5]). Sulfonium-Salze werden durch Natriumboranat ähnlich reduziert wie Oxonium-Salze[6]. Im folgenden wird die Reduktion von offenkettigen Sulfa-nen und von Thiiranen ausführlicher behandelt, da diese in der Regel schwieriger als die entsprechenden Sauerstoff-Derivate gespalten werden.

α₁) von offenkettigen Sulfanen

Sulfane werden durch Lithiumalanat[7], Aluminiumhydrid[8] und Diboran[9] in der Regel nicht angegriffen. 3-Alkylthio-2-oxo-2,3-dihydro-indole[10] und 3-Alkylthio-3H-indole[1]

[1] E. J. Corey u. D. J. Beames, Am. Soc. **95**, 5829 (1973).
[2] L. I. Zakharkin u. I. M. Khorlina, Izv. Akad. SSSR **1959**, 2255; engl.: 2156; C. A. **54**, 10837 (1960).
[3] J.-C. Richer u. C. Lamarre, Canad. J. Chem. **45**, 1581 (1967).
  J.-C. Richer u. J.-M. Hachey, Canad. J. Chem. **46**, 1572 (1968).
  J.-C. Richer u. W. A. MacDougall, Canad. J. Chem. **46**, 3703 (1968).
[4] J.-C. Richer u. C. Lamarre, Canad. J. Chem. **45**, 1581 (1967).
[5] D. J. Pasto u. J. L. Miesel, Am. Soc. **84**, 4991 (1962); **85**, 2118 (1963).
  D. J. Pasto u. R. Snyder, J. Org. Chem. **31**, 2777 (1966).
[6] B. D. Tilak et al., Tetrahedron **22**, 7 (1966).
  B. D. Tilak, R. B. Mitra u. Z. Muljiani, Tetrahedron **25**, 1939 (1969).
[7] F. G. Bordwell u. W. H. McKellin, Am. Soc. **73**, 2251 (1951).
  F. C. Brown et al., Am. Soc. **78**, 384 (1956).
  C. G. Overberger u. L. C. Palmer, Am. Soc. **78**, 666 (1956).
  R. E. Ireland u. H. A. Smith, Chem. & Ind. **1959**, 1252.
  H. C. Brown, P. M. Weissman u. N. M. Yoon, Am. Soc. **88**, 1458 (1966).
[8] H. C. Brown u. N. M. Yoon, Am. Soc. **88**, 1464 (1966).
[9] H. C. Brown, P. Heim u. N. M. Yoon, Am. Soc. **92**, 1637 (1970).
[10] T. Wieland u. D. Grimm, B. **98**, 1727 (1965).
[11] P. G. Gassman, D. P. Gilbert u. T. J. van Bergen, Chem. Commun. **1974**, 201.

...ssen sich dagegen mit Lithiumalanat zu Indolen reduzieren. Einige gemischte Hydride nd auch hier allgemeiner anwendbar, so kann man z.B. mit 2-Lithium-lanat/Kupfer(II)-chlorid Dibenzyl- und Diallyl-sulfane reduktiv spalten.

$$(H_5C_6)_2CH-S-C_6H_5 \xrightarrow{2\,Li[AlH_4]/CuCl_2} (H_5C_6)_2CH_2$$

Diphenyl-methan[1]: 2 Mol Kupfer(II)-chlorid und 4 Mol Lithiumalanat werden in abs. THF 1 Stde. unter Ar-...n gerührt. Es scheidet sich ein schwarzer Niederschlag aus. Man versetzt mit 1 Mol Diphenylmethyl-phenyl-...lfan und erhitzt 3 Stdn. unter Rückfluß. Die Mischung wird abgekühlt, mit Wasser hydrolysiert und aufgearbei-...t; Ausbeute: 73% d. Th.; F: 26°.

Das System 2 Lithiumalanat/Titan(IV)-chlorid reduziert Sulfane in THF zu den Koh-...enwasserstoffen[2] (Arbeitsvorschrift s. S. 450).

$$(H_5C_6-CH_2-CH_2)_2CH-S-C_2H_5 \xrightarrow{8\,Li[AlH_4]/\,4\,TiCl_4} \quad \textit{1,5-Diphenyl-pentan} \quad 83\% \text{ d. Th.}$$

$$H_5C_6-(CH_2)_2-\overset{\overset{\displaystyle S-C_2H_5}{|}}{C}=CH-CH_2-C_6H_5 \xrightarrow{4\,Li[AlH_4]/\,2\,TiCl_4} \quad \textit{1,5-Diphenyl-pentan} \quad 80\% \text{ d. Th.}$$

$$\xrightarrow{8\,Li[AlH_4]/\,4\,TiCl_4} \quad \textit{Naphthalin} \quad 56\% \text{ d. Th.}$$

Triphenyl-zinnhydrid reduziert thermisch oder mit einem Radikalbildner initiiert Sulfane ebenfalls zu Koh-...enwasserstoffen[3].

Zur Spaltung von Sulfanen unter milderen Bedingungen s. Lit.[4].

α_2) von cyclischen Sulfanen (Thiiranen usw.)

Thiirane werden mit Lithiumalanat zu Thiolen oder Olefinen reduziert. Bei der ...eduktiven Spaltung zum Thiol wird der Thiiran-Ring am niedriger substituierten Koh-...enwasserstoff-Atom angegriffen[5,6]. Chirale Verbindungen werden unter Walden-Um-...ehr geöffnet[7]. Die Reduktion verläuft meist schwieriger als bei den entsprechenden Ox-...ranen[8].

Hexanthiol-(2)[6]: Zu einer Lösung von 5,7 g (0,15 Mol) Lithiumalanat in 200 ml abs. Diäthyläther werden un-...er Rühren und unter Stickstoff innerhalb 30 Min. 34,6 g (0,3 Mol) Butyl-thiiran in 70 ml abs. Diäthyläther gege-...en. Man erhitzt 2 Stdn. unter Rückfluß, kühlt ab, versetzt mit 200 ml Wasser und 150 ml 10%iger Schwefelsäu-...e, trennt die Äther-Schicht ab und extrahiert die wäßr. Phase 2mal mit je 50 ml Diäthyläther. Die vereinigten Äther-Lösungen werden mit Wasser gewaschen, mit Natriumsulfat getrocknet und destilliert; Ausbeute: 25,3 g 73% d. Th.); Kp: 136–138°.

T. Mukaiyama et al., Bl. chem. Soc. Japan **44**, 2285 (1971).

T. Mukaiyama, M. Hayashi u. K. Narasaka, Chemistry Letters **1973**, 291.

M. Pang u. E. I. Becker, J. Org. Chem. **29**, 1948 (1964).

J. M. McIntosh u. C. K. Schram, Canad. J. Chem. **55**, 3755 (1977).

M. Augustin u. G. Jahreis, Z. **1978**, 91.

A. De Groot u. B. J. M. Jansen, R. **98**, 487 (1979).

M. Mousseron et al., Bl. **1952**, 1042.

A. M. Creighton u. L. N. Owen, Soc. **1960**, 1024.

F. G. Bordwell, H. M. Anderson u. B. M. Pitt, Am. Soc. **76**, 1082 (1954).

G. K. Helmkamp u. N. Schnautz, Tetrahedron **2**, 304 (1958).

J. F. McGhie et al., Chem. & Ind. **1962**, 1980.

Analog erhält man z. B. aus:

Hexyl-thiiran	→	*Octanthiol-(2)*[1]	20% d. Th.; Kp$_{23}$: 66–69°
Methoxymethyl-thiiran	→	*1-Methoxy-propanthiol-(2)*[2]	85% d. Th.; Kp$_{27}$: 32–33°
Butyloxymethyl-thiiran	→	*1-Butyloxy-propanthiol-(2)*[2]	74% d. Th.; Kp$_{13}$: 66°

cis- und *trans-*2-(7-Carboxy-heptyl)-3-octyl-thiiran werden in siedendem Diäthyläthei zu *cis-* und *trans-3-Octyl-2-(8-hydroxy-octyl)-thiiran*, in Bis-[2-methoxy-äthyl]-äther be 100° zu *cis-* und *trans-Octadecen-(9)-ol* reduziert[3]:

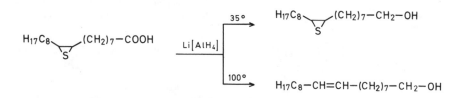

Tetraaryl-thiirane ergeben ausschließlich Tetraaryl-äthylene[4]:

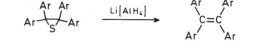

Tetraaryl-äthylene aus Tetraaryl-thiiranen; allgemeine Herstellungsvorschrift[4]: Zu einer Suspension von 1,⬤ g (0,05 Mol) Lithiumalanat in 30 *ml* abs. Diäthyläther werden unter Rühren und unter Stickstoff 0,01 Mol Te traaryl-thiiran gegeben. Man erhitzt 4 Stdn. unter Rückfluß, kühlt ab, zersetzt mit Eiswasser und verd. Salzsäure trennt die Äther-Schicht ab, schüttelt die wäßr. Phase mit Diäthyläther aus, wäscht die vereinigten Äther-Lösun gen mit Wasser, trocknet mit Natriumsulfat, engt ein, verrührt den Rückstand mit Methanol und saugt ab. Da Rohprodukt wird aus Benzol umkristallisiert.

Nach dieser Vorschrift werden u. a. hergestellt:

Tetraphenyl-äthylen	90% d. Th.; F: 222–224°
Tetrakis-[4-methyl-phenyl]-äthylen	85% d. Th.; F: 150°
Tetrakis-[4-methoxy-phenyl]-äthylen	80% d. Th.; F: 186–188°

Verbrückte Thiirane ergeben hauptsächlich Olefine[5⁻7]. Der Ablauf der Reaktioi hängt stark von experimentellen Bedingungen und von der Struktur des Thiirans ab.

5α-Cholesten-(2)[6]:

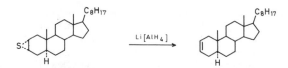

Eine Suspension von 0,5 g (13 mMol) Lithiumalanat und 0,5 g (1,25 mMol) 2α,3α-Epithio-cholestan in 30 *m*⬤ abs. THF wird unter Stickstoff 2 Stdn. bei 20° gerührt und 1 Stde. unter Rückfluß gekocht. Das Rohprodukt wird auf 30 g Aluminiumoxid chromatographiert und mit Petroläther eluiert; Ausbeute: 0,172 g (37% d. Th.); F 73–74°.

[1] C. G. Moore u. M. Porter, Soc. **1958**, 2062.

[2] R. L. Jacobs u. R. D. Schutz, J. Org. Chem. **26**, 3472 (1961).

[3] J. F. McGhie et al., Chem. & Ind. **1962**, 1980.

[4] N. Latif u. N. Mishriky, Chem. & Ind. **1969**, 491.
  N. Latif, N. Mishriky u. I. Zeid, J. pr. **312**, 421 (1970).

[5] T. Komeno, Chem. Pharm. Bull. (Tokyo) **8**, 672 (1960).
  K. Takeda u. T. Komeno, Chem. & Ind. **1962**, 1793.

[6] K. Takeda et al., Tetrahedron **21**, 329 (1965).

[7] Mit Natriumboranat: D. A. Lightner u. C. Djerassi, Chem. & Ind. **1962**, 1236; Tetrahedron **21**, 583 (1965)

Dagegen erhält man aus 7-Thia-bicyclo[4.1.0]heptan in Diäthyläther 85% d. Th. *Cyclo-exanthiol*[1].

Mit Natrium-trithio-dihydrido-borat werden aus Thiiranen die entsprechenden Polysulfane gebildet, die durch Lithiumalanat zu 1,2-Dithiolen reduziert werden. Polyaryl-thiirane werden dagegen auch mit dieser Methode in Polyaryl-äthylene übergeführt[2]:

$$H_5C_6O-CH_2-\underset{S}{\triangle} \xrightarrow{\text{Na[BH}_2\text{S}_3\text{]}} \left[\begin{array}{c} H_5C_6O-CH_2-\underset{S}{\overset{|}{C}H}-\underset{S}{\overset{|}{C}H_2} \\ \end{array} \right]_n \xrightarrow{\text{Li[AlH}_4\text{]}} H_5C_6O-CH_2-\underset{SH}{\overset{|}{C}H}-CH_2-SH$$

Während Phenyl-thiiran bei entsprechender Behandlung in *1-Phenyl-äthandithiol-(1,2)* (65% d. Th.) übergeht, ergibt *trans*-1,2-Diphenyl-thiiran *trans-1,2-Diphenyl-äthylen*. Bei Reduktionen von Thiiranen mit komplexen Metallhydriden behalten die gebildeten Olefine die Konfiguration des Ausgangsmaterials bei.

Thietane werden mit Lithiumalanat zu Thiolen[3], Thiophane mit Tributyl-zinnhydrid zu Olefinen gespalten[4].

Zur Reduktion von Thiiran-S,S-dioxiden zu Olefinen bzw. von α-Phenylsulfon-stilben zu Stilben s. S. 464.

β) von S,S-Acetalen bzw. Se,Se-Acetalen

Geminale Dithiole reagieren mit Lithiumalanat (mit Natriumboranat s. Lit.[5]) unter Bildung von Thiolen[6]:

$$4 R_2C(SH)_2 + 3 Li[AlH_4] \longrightarrow Li[(R_2CH-S)_4Al] + 2 LiAlS_2 + 8 H_2$$

So erhält man z. B. aus Propandithiol-(1,1) nach 30 Min. in siedendem Äther 52% d. Th. *Propanthiol*[6].

Acyclische und cyclische Thioacetale werden durch komplexe Metallhydride in der Regel nicht angegriffen, so daß Oxo-Gruppen durch Überführen in ihre Mercaptale bei Reduktionen mit Lithiumalanat[7], Lithiumboranat[8], Natrium-[8] und Kaliumboranat[9] geschützt werden können.

Auch Lithiumalanat/Aluminiumchlorid greift 1,3-Dithiolane nicht an[10]. Diboran reduziert dagegen infolge von Nachbargruppen-Beteiligung cyclische Thioacetale ungesättigter Ketone mit konjugierter C=C-Doppelbindung an der C–S-Bindung[11].

M. Mousseron et al., Bl. **1952**, 1042.

J. M. Lalancette u. M. Laliberte, Tetrahedron Letters **1973**, 1401.

J. Meinwald u. S. Knapp, Am. Soc. **96**, 6532 (1974).

J. M. McIntosh u. C. K. Schram, Canad. J. Chem. **55**, 3755 (1977).

H. Barrera u. R. E. Lyle, J. Org. Chem. **27**, 641 (1962).

T. L. Cairns et al., Am. Soc. **74**, 3982 (1952).

H. Zinner, K. Wessely u. H. Kristen, B. **92**, 1618 (1959).
H. Zinner u. H. Wigert, B. **92**, 2893 (1959).
H. Zinner u. W. Thielebeule, B. **93**, 2791 (1960).
H. Zinner u. H. Schmandke, B. **94**, 1304 (1961).

H. Zinner u. C.-G. Dässler, B. **93**, 1597 (1960).

C. Sannié, C. Neuville u. J. J. Panouse, Bl. **1958**, 635.

B. E. Leggetter u. R. K. Brown, Canad. J. Chem. **41**, 2671 (1963).

D. W. Theobald, J. Org. Chem. **30**, 3929 (1965).

Eine präparativ verwertbare Methode ist die Reduktion von Thioacetalen zu Kohlen‐ wasserstoffen mit Lithiumalanat/Übergangsmetall-Salz-Mischungen[1, 2]. Am besten ge‐ eignet ist das Reduktionssystem 2-Lithiumalanat/Titan(IV)-chlorid, mit dem zumei‐ Ausbeuten $> 80\%$ d.Th. erzielt werden[2].

Diphenyl-methan[2]:

$$H_5C_6 \diagdown \diagup S \diagdown \qquad \xrightarrow{2\ Li[AlH_4]/TiCl_4} \qquad H_5C_6-CH_2-C_6H_5$$
$$H_5C_6 \diagup \diagdown S \diagup$$

Zu einer Lösung von 1,9 g (10 mMol) Titan(IV)-chlorid in abs. THF wird unter Rühren und unter Argon ein Aufschlämmung von 0,76 g (20 mMol) Lithiumalanat in abs. THF gegeben. Man rührt 1 Stde., erhitzt auf Rück‐ flußtemp. und tropft zur siedenden Lösung 1,29 g (5 mMol) 2,2-Diphenyl-1,3-dithiolan in abs. THF. Die M‐ schung wird 3 Stdn. unter Rückfluß erhitzt, abgekühlt, mit Wasser versetzt, filtriert und das Filtrat mit Diäthy‐ äther ausgeschüttelt. Man filtriert den Auszug durch eine kurze Silicagel-Säule, engt ein und destilliert; Ausbe‐ te: 0,67 g (80% d.Th.); F: 26–27°.

Entsprechend erhält man z.B. aus:

2,2-Dibenzyl-1,3-dithian	→ *1,3-Diphenyl-propan*	84% d.Th.
2,2-Bis-[2-phenyl-äthyl]-1,3-dithian	→ *1,5-Diphenyl-pentan*	97% d.Th.

Zur Reduktion mit Tributyl-zinnhydrid s.Lit.[3].

Ketone können über die Se,Se-Acetale durch Triphenyl-zinnhydrid zu Kohlenwasserstoffen reduziert wer‐ den[4].

γ) von S,N-Acetalen

S,N-Acetale werden durch komplexe Metallhydride in der Regel langsamer reduzier‐ als die entsprechenden O,N-Acetale. Piperidinomethyl-butyl-sulfid ergibt z.B. mit Na‐ triumboranat bei 20° erst nach 10 Stdn. 53% d.Th. *1-Methyl-piperidin* (Arbeitsvorschri‐ auf S. 437)[5]:

$$H_9C_4-S-CH_2-N\bigcirc \qquad \xrightarrow{Na[BH_4]} \qquad H_3C-N\bigcirc$$

1,3-Thiazolidine, 2,5-Dihydro-1,3-thiazole, Tetrahydro-1,3-thiazine und 5,6-Dihy‐ dro-1,3-thiazine werden durch Lithiumalanat[6, 7] und meist auch durch Natriumboranat[7] z‐ den ω-Mercapto-aminen aufgespalten. 1,3-Thiazolidine lassen sich mit einem Lith‐ umalanat-Überschuß ähnlich den 4,5-Dihydro-1,3-oxathiolanen zu Äthylaminen wei‐ terreduzieren[7, 8]:

$$\begin{array}{c} R \diagdown N \diagup H \\ R \diagup \diagdown S \diagup \end{array} \xrightarrow{Li[AlH_4]} R_2CH-NH-CH_2-CH_2-SH \xrightarrow{Li[AlH_4]} R_2CH-NH-CH_2-CH_3$$

[1] T. MUKAIYAMA et al., Bl. chem. Soc. Japan **44**, 2285 (1971).
[2] T. MUKAIYAMA, M. HAYASHI u. K. NARASAKA, Chem. Letters **1973**, 291.
[3] J.M. McINTOSH u. C.K. SCHRAM, Canad. J. Chem. **55**, 3755 (1977).
   C. G. GUTIERREZ et al., J. Org. Chem. **45**, 3393 (1980).
[4] D.L. CLIVE, J. CHITTATTU u. C.K. WONG, Chem. Commun. **1978**, 41.
[5] K. SHIMIZU, K. ITO u. M. SEKIYA, Chem. Pharm. Bull. (Tokyo) **22**, 1256 (1974).
[6] M. THIEL et al., A. **622**, 107 (1959).
[7] E.E. ELIEL, E.W. DELLA u. M.M. ROGIĆ, J. Org. Chem. **27**, 4712 (1962).
[8] G. DREFAHL u. M. HÜBNER, J. pr. [4] **23**, 149 (1964).

3-Propylamino-propanthiol[1]:

$$H_5C_2-CH_2-NH-CH_2-CH_2-CH_2-SH$$

Zu einer Lösung von 7,5 g (0,057 Mol) 2-Äthyl-tetrahydro-1,3-thiazin in 100 *ml* abs. Diäthyläther werden unter Rühren und unter Stickstoff innerhalb 15 Min. 12,5 *ml* (0,016 Mol) 1,29 m Lithiumalanat-Lösung getropft. Es bildet sich unter Wasserstoff-Entwicklung ein farbloser Niederschlag, der sich nach weiterem Rühren (~15 Min.) auflöst. Man gibt weitere 12,5 *ml* (0,016 Mol) 1,29 m Lithiumalanat-Lösung in Diäthyläther zu, rührt 45 Min., erhitzt 45 Min. unter Rückfluß, kühlt ab, tropft 5 *ml* Wasser zu und rührt 30 Min. Der Niederschlag wird durch Celite filtriert, mit Diäthyläther gewaschen, die Äther-Schicht abgetrennt, mit Natriumsulfat getrocknet, eingeengt und der Rückstand destilliert; Ausbeute: 4 g (53% d. Th.); Kp$_9$: 69°.

Analog erhält man z. B. aus:

2,3-Diäthyl-tetrahydro-1,3-thiazin	→	*3-(Äthyl-propyl-amino)-propanthiol*[1]; 78% d. Th.; Kp$_{11}$: 88–91°
2-Phenyl-tetrahydro-1,3-thiazin	→	*3-Benzylamino-propanthiol*[1]; 56% d. Th.; Kp$_{0,28}$: 112,5°
2-Phenyl-1,3-thiazolidin	→	*2-Benzylamino-äthanthiol*[2]; 70% d. Th.; Kp$_{1-1,5}$: 105–108°
2-Methyl-2-phenyl-1,3-thiazolidin	→	*2-(1-Phenyl-äthyl-amino)-äthanthiol*[2]; 56% d. Th.; Kp$_7$: 127–128°

Die Methode ermöglicht die einfache Herstellung N-substituierter ω-Mercapto-amine aus Aldehyden bzw. Ketonen und ω-Amino-thiolen.

δ) von cyclischen Sulfonen

Tetrahydro-thiophen-1,1-dioxide werden als Anionen von Lithiumalanat unter Ringverengung zu Cyclo-butenen reduziert[3]. 3,4-Dihydro-thiophen-1,1-dioxide liefern dagegen offenkettige Diene[4].

4. der C–N-Bindung

α) von Aminen bzw. N,N-Acetalen

Die hydrogenolytische Spaltung von C–N-Bindungen in acyclischen und cyclischen Aminen mit Lithiumalanat[5] und Natriumboranat[6] kommt unter gewöhnlichen Bedingungen nur bei bestimmten Strukturen vor, z. B. bei gem. Diaminen. Prim. aromatische Amine lassen sich durch trockene Destillation mit Lithiumalanat in die Kohlenwasserstoffe überführen[7]. Aromatische N-Alkyl-N-allyl-amine liefern mit Lithiumalanat/Nikkel(II)-chlorid Alkyl-aryl-amine, *Propen* und *Propan*[8] (weiteres s. S. 414). Die Angabe über die Abspaltung von Ammoniak bei der Behandlung prim. Amine mit Triphenyl-zinnhydrid wurde später widerrufen[9].

Im Gegensatz zu anderen Hydriden spaltet Natriumboranat in HMPT bei 150–175° reduktiv sek. Sulfonamide unbehinderter aliphatischer Amine bzw. Benzylamine und aromatischer Sulfonsäuren unter Bildung der entsprechenden Kohlenwasserstoffe.

[1] E.L. ELIEL u. J. ROY, J. Org. Chem. **30**, 3092 (1965).
[2] E.E. ELIEL, E.W. DELLA u. M.M. ROGIĆ, J. Org. Chem. **27**, 4712 (1962).
[3] J.M. PHOTIS u. L.A. PAQUETTE, Am. Soc. **96**, 4715 (1974).
[4] Y. GAONI, Tetrahedron Letters **1977**, 947.
s.a. Y. UENO, S. AOKI u. M. OKAWARA, Am. Soc. **101**, 5414 (1979).
[5] H. RIVIÈRE-LARRAMONA, C.r. **244**, 1653 (1957).
B.G. GOWER u. E. LEETE, Am. Soc. **85**, 3683 (1963).
P. AEBERLI u. W.J. HOULIHAN, J. Org. Chem. **34**, 1720 (1969).
[6] M.G. BIRESSI, M. CARISSIMI u. F. RAVENNA, Tetrahedron Letters **1966**, 3949.
[7] T. SEVERIN u. I. IPACH, Synthesis **1973**, 796.
[8] V.L. TEWWDIE u. J.C. ALLABASHI, J. Org. Chem. **26**, 3676 (1961).
[9] G.J.M. VAN DER KERK, J.G. NOLTES u. J.G.A. LUIJTEN, R. **81**, 853 (1962).

Die Methode ermöglicht die Desaminierung der entsprechenden prim. Amine über di
N,N-Disulfonyl-amine; z.B.[1]:

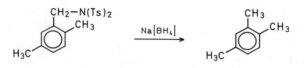

1,2,4-Trimethyl-benzol[1]: Eine Lösung von 3,55 g (8 mMol) N-(2,5-Dimethyl-benzyl)-ditosylamin und 0,60
g (16 mMol) Natriumboranat in 40 ml HMPT wird unter Stickstoff 4 Stdn. bei 150° erhitzt, abgekühlt, mit Wasse
verdünnt und 3 mal mit Cyclohexan extrahiert. Der Auszug wird 3 mal mit Wasser gewaschen, getrocknet un
eingeengt. Der Rückstand wird i. Vak. destilliert; Ausbeute: 0,747 g (78% d. Th.); Kp$_{22}$: 68°.

Die Reduktion acyclischer und cyclischer N,N-Acetale durch Lithiumalanat[2] und Na
triumboranat[3] zu N-Alkyl-aminen bzw. Diaminen hat präparative Bedeutung. Di
hierzu notwendige Reaktionsdauer und -temperatur ist stark strukturabhängig. Bernstein
säure- und Sulfonsäure-aminomethylimide werden durch Natriumboranat (Arbeitsvor
schrift s.S. 437) bereits bei 20° glatt reduziert; z.B.[3]:

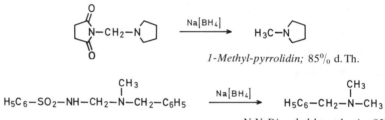

1-Methyl-pyrrolidin; 85% d. Th.

$$H_5C_6-SO_2-NH-CH_2-\overset{\overset{\displaystyle CH_3}{|}}{N}-CH_2-C_6H_5 \xrightarrow{Na[BH_4]} H_5C_6-CH_2-\overset{\overset{\displaystyle CH_3}{|}}{N}-CH_3$$

N,N-Dimethyl-benzylamin; 83% d. Th.

Diese Methode eignet sich besonders zur N-Methylierung aromatischer Amine[4,5]:

$$H_5C_6-NH_2 + HCHO + HN\underset{O}{\overset{O}{\diagdown}} \longrightarrow H_5C_6-NH-CH_2-N\underset{O}{\overset{O}{\diagdown}} \xrightarrow{Na[BH_4]} H_5C_6-NH-CH$$

N-Methyl-arylamine; allgemeine Herstellungsvorschrift[4,5]:
N-(Arylamino-methyl)-succinimid: Man erhitzt eine Lösung von 0,1 Mol Arylamin, 11,9 g (0,1
Mol) Succinimid und 9,1 ml 37%iger wäßr. Formaldehyd-Lösung in 100–150 ml Äthanol 2–5 Stdn. unter Rück
fluß. Die Lösung wird eingeengt oder abgekühlt, der Niederschlag kristallisiert nach Verrühren mit Wasser; Aus
beute: ~ 100% d. Th.
N-Methyl-arylamin: Die Lösung von 0,1 Mol N-Arylaminomethyl-succinimid in 50 ml DMSO wird unte
Rühren innerhalb 5–10 Min. mit 3,78 g (0,1 Mol) Natriumboranat portionsweise versetzt. Die Innentemp. de
exothermen Reaktion wird durch Kühlung < 100° gehalten. Man erhitzt 10–15 Min. am Dampfbad unter Rück
fluß, kühlt ab, gießt auf Eiswasser, schüttelt 3 mal mit Diäthyläther aus, trocknet und engt den Auszug ein. De
Rückstand wird kristallisiert oder destilliert.
Mit dieser Methode sind u. a. folgende Arylamine zugänglich[4]:

[1] R.O. Hutchins et al., J. Org. Chem. **40**, 2018 (1975).
[2] A. Larizza, G. Brancaccio u. G. Lettieri, J. Org. Chem. **29**, 3697 (1964).
  F. Asinger et al., M. **97**, 792 (1966).
[3] K. Shimizu, K. Ito u. M. Sekiya, Chem. Pharm. Bull. (Tokyo) **22**, 1256 (1974).
  J. Szuszkovicz et al., Tetrahedron Letters **1969**, 1309.
  s.a. G.E. Hardtmann u. H. Ott, J. Org. Chem. **34**, 2244 (1969).
  S. Yamada, K. Murato u. T. Shiori, Tetrahedron Letters **1976**, 1605; Chem. Pharm. Bull. (Tokyo) **25**, 155
  (1977).
[4] S.B. Kadin, J. Org. Chem. **38**, 1348 (1973).
[5] M.B. Winstead et al., J. Chem. Eng. Data **7**, 414 (1962).

N-Methyl-anilin	64% d.Th.	Kp: 193°
4-Chlor-N-methyl-anilin	70% d.Th.	Kp_{12}: 112–113°
4-Äthoxy-N-methyl-anilin	73% d.Th.	$Kp_{8,5}$: 120–122°
4-Methylthio-N-methyl-anilin	84% d.Th.	Kp_{10}: 142–146°
4-Methylamino-benzoesäure-äthylester	77% d.Th.	F: 62–63°
4-Methylamino-benzoesäure-amid	40% d.Th.	F: 143,5–145,5°
4-Methylamino-benzonitril	59% d.Th.	F: 88–89°
2-Methylamino-naphthalin	79% d.Th.	$Kp_{7,5}$: 150–155°
2-Methylamino-pyridin-Hydrochlorid	41% d.Th.	F: 172–173°

Zur Spaltung geminaler Diamine[1] bzw. von 2-Vinyl-aziridinen (zu Allyl-aminen)[2] mit Diboran s. Lit.

β) von quartären Ammonium-Salzen

Quartäre Methyl-ammonium-Salze lassen sich mit Lithiumalanat unter Entwicklung von Methan zu tert. Aminen demethylieren[3,4]:

$$[R_3N\text{---}CH_3]^{\oplus} + H^{\ominus} \longrightarrow R_3N + CH_4$$

Diese Methode ermöglicht die Herstellung tert. N,N-Dimethyl-amine aus prim. Aminen durch Quaternisieren mit Methyljodid und anschließende Reduktion.

N,N-Dimethyl-amine aus prim. Aminen; allgemeine Herstellungsvorschrift[4]:
Trimethyl-ammonium-Salz: 0,1 Mol prim. Amin, 0,3 Mol Natriumhydrogencarbonat und 0,3 Mol Methyljodid werden in Methanol (10faches Vol. des Amins) 75 Stdn. unter Erhitzen am Rückflußkühler gerührt. Nach 24 und 48 Stdn. gibt man jeweils 0,075 Mol Methyljodid zu. Die Mischung wird i. Vak. eingeengt und der Rückstand 3mal mit Chloroform (je 10faches Vol. des Amins) ausgekocht. Die vereinigten Auszüge werden abgekühlt, filtriert und eingeengt. Der Rückstand wird aus Äthanol umkristallisiert.

N,N-Dimethyl-amin: Zu einer Lösung von 0,5 Mol Lithiumalanat in abs. THF (15faches Vol. des quartären Salzes) werden unter Rühren und unter Stickstoff 0,1 Mol fein gepulvertes quartäres Salz gegeben. Man erhitzt am Rückfluß bis zum Aufhören der Methan-Entwicklung (24–160 Stdn.), kühlt ab, versetzt mit 2 Mol 25%iger Natronlauge und destilliert mit Wasserdampf.

Mit dieser Methode erhält man u.a. aus:

Cyclohexylamin	$\xrightarrow{160\,Stdn.}$	N,N-Dimethyl-cyclohexylamin	94% d.Th.
(−)-(1-Phenyl-äthyl)-amin	$\xrightarrow{43\,Stdn.}$	(−)-1-Dimethylamino-1-phenyl-äthan	40% d.Th.
trans-1,2-Diamino-cyclohexan	$\xrightarrow{48\,Stdn.}$	trans-1,2-Bis-[dimethylamino]-cyclohexan	96% d.Th.

Von Trimethyl-benzyl-ammoniumsalzen wird teilweise auch die Benzyl-Gruppe hydrogenolytisch abgespalten, so daß in diesem Fall schlechtere Ausbeuten erhalten werden.

Lithium-triäthyl-hydrido-borat in THF ist als stark nucleophiles Hydrid ein ausgezeichnetes Mittel zur Demethylierung quartärer Trimethylammonium-Salze.

N,N-Dimethyl-anilinium-pikrat[5]: Zu einer Suspension von 0,265 g (1 mMol) Trimethyl-phenyl-ammonium-jodid in 5 ml abs. THF tropft man unter Stickstoff und unter Rühren 1,5 ml (1,5 mMol) m Lithium-triäthyl-hydrido-borat-Lösung in THF. Man rührt 45 Min. bei 20°, versetzt mit 1 ml 10%iger Salzsäure, dampft das THF i. Vak. ab, stellt mit Natriumhydroxid alkalisch, schüttelt mehrmals mit wenig Diäthyläther und gibt den Auszug zu 5 ml ges. Pikrinsäure-Lösung in Äthanol; Ausbeute: 0,322 g (92% d.Th.); F: 161–162°.

R.C. NORTHROP u. P.L. RUSS, J. Org. Chem. **40**, 558 (1975).
R. CHAABOUNI, A. LAURENT u. B. MARQUET, Tetrahedron Letters **1976**, 757.
G.W. KENNER u. M.A. MURRAY, Soc. **1950**, 406.
J. McKENNA u. J.B. SLINGER, Soc. **1958**, 2759.
A.C. COPE et al., Am. Soc. **82**, 4651 (1960).
M.P. COOKE u. R.M. PARLMAN, J. Org. Chem. **40**, 531 (1975).

Auch N-Äthyl-Gruppen werden in quartären Salzen durch Lithium-triäthyl-hydrido borat teilweise abgespalten. Aus Methyl-diäthyl-phenyl-ammoniumjodid (45 Min., 25° wird z.B. neben 66% d.Th. *N,N-Diäthyl-anilin* 33% d.Th. *N-Methyl-N-äthyl-anilin* ge bildet[1].

Die C−N-Bindung monoquaternisierter geminaler Diamine kann bereits mit Na triumboranat gesprengt werden[2]. Ähnlich erleidet die C−N-Bindung zwischen de kernständigen Methylen-Gruppe und dem Stickstoff-Atom einer an ein elektronenreiche Ringsystem gebundenen Trimethylammoniono-methyl-Gruppe leicht Hydrogenolyse Die Reduktion verläuft analog der entsprechenden Reaktion von Alkoholen (s. S. 409ff. bzw. der in Alkohole überführbaren Carbonyl-Derivate (s.S. 170ff., 219ff. u. 285ff.). Si kann infolge der leicht austretenden Gruppe bereits mit Natriumboranat in Methano durchgeführt werden[vgl. a. 3].

2,5-Dimethyl-4-(3-chlor-2-nitro-phenyl)-3-äthoxycarbonyl-pyrrol[4]:

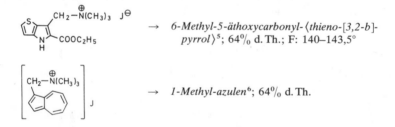

1 g (2 mMol) 5-Methyl-2-(trimethylammoniono-methyl)-3-(3-chlor-2-nitro-phenyl)-4-äthoxycarbonyl-pyr rol-jodid wird in 20 *ml* Methanol gelöst und unter Rühren bei 55–60° mit 0,156 g (4,1 mMol) Natriumboranat versetzt. Es entwickelt sich heftig Trimethylamin. Man rührt 20 Min., kühlt ab, dampft das Methanol i. Vak. ab löst den Rückstand in Essigsäure-äthylester, wäscht mit Wasser, trocknet und engt ein. Das Rohprodukt wird au Benzol/Ligroin umkristallisiert; Ausbeute: 0,4 g (63% d.Th.); F: 151–152°.

Durch entsprechende Behandlung erhält man z.B. aus:

→ *6-Methyl-5-äthoxycarbonyl-⟨thieno-[3,2-b]- pyrrol⟩*[5]; 64% d.Th.; F: 140–143,5°

→ *1-Methyl-azulen*[6]; 64% d.Th.

Dagegen verläuft die Reduktion der N-Alkyl-N-heteroaromaten-Salze nicht unter C−N-Spaltung (s. S. 242)

Natrium-cyano-trihydrido-borat in HMPT reduziert quartäre Ammoniumsalze vor Mannich-Basen bei 70° innerhalb 3–5 Stunden zu den entsprechenden **Methyl-arene**r in Ausbeuten von 70–90% d.Th.[7].

[1] M.P. COOKE u. R.M. PARLMAN, J. Org. Chem. **40**, 531 (1975).
[2] A.W. JELZOW u. W.N. CHOCHLOW, Ž. org. Chim. **6**, 2618 (1970).
[3] K. HAFNER u. G. SCHNEIDER, A. **672**, 194 (1964).
[4] S. UMIO et al., Chem. Pharm. Bull. (Tokyo) **17**, 605 (1969).
[5] W.W. GALE, A.N. SCOTT u. H.R. SNYDER, J. Org. Chem. **29**, 2160 (1964).
[6] A.G. ANDERSON, R.G. ANDERSON u. T.S. FUJITA, J. Org. Chem. **27**, 4535 (1962).
[7] K. YAMADA, N. ITOH u. T. IWAKUMA, Chem. Commun. **1978**, 1089.

γ) von Oximen und anderen Stickstoff-Verbindungen

Einfache Oxime werden in wäßrig-alkalischer Lösung durch Natriumboranat bei Rückflußtemperatur zu den Alkoholen umgesetzt[1,2]. Oxime α,β-ungesättigter Oxo-Verbindungen und Acyl-aromaten werden nicht reduziert[2]; dagegen liefert ω-Hydroximino-acetophenon in 74%iger Ausbeute *Phenyl-glykol*[2]:

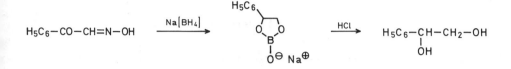

Phenyl-glykol[2]: 1,49 g (10 mMol) ω-Hydroximino-acetophenon wird zu einer Lösung von 0,788 g (20 mMol) Natriumboranat in 9 *ml* (20 mMol) 2,23 m Natriumhydroxid-Lösung gegeben und die Mischung 2 Stdn. unter Rückfluß erhitzt. Nach Abkühlen scheidet sich der komplexe Borsäure-ester aus (1,72 g; 93% d.Th.), der in 10 *ml* Wasser gelöst wird. Die Lösung wird mit verd. Salzsäure auf p_H6 angesäuert. Man extrahiert kontinuierlich 14 Stdn. mit Diäthyläther, trocknet den Auszug mit Natriumsulfat und engt ein; Ausbeute: 102 g (74% d.Th.); F: 65–66° (aus Petroläther).

Zur Spaltung der C–N-Bindung in Diazo-Verbindungen s.S. 381. N-Nitroso-amine werden in der Regel zu Hydrazinen reduziert. Die i.a. als Nebenprodukte anfallenden Olefine treten in Einzelfällen in den Vordergrund (s.S. 480) ebenso wie die unter Abspaltung von Stickstoff verlaufende C–C-Neuknüpfung zu Alkanen bzw. Cycloalkanen (s.S. 480).

Die reduktive Abspaltung der Nitro-Gruppe tritt mit Natriumboranat unter Standardbedingungen[3] besonders bei Chlor-nitro-benzolen mit flankierenden Chlor-Atomen ein (die Konjugation der Nitro-Gruppe mit dem Ring wird erschwert und damit die nucleophile Substitution unter Abspaltung eines Nitrit-Ions erleichtert). Die Reaktion verläuft gut in Dimethylsulfoxid bei 20°. Weitere Chlor-Atome in m-Stellung erleichtern die Reduktion.

1,2,4,5-Tetrachlor-benzol[4]: Zu einer Lösung von 7,83 g (0,03 Mol) 2,3,5,6-Tetrachlor-1-nitro-benzol in 90 *ml* Dimethylsulfoxid wird bei 20° eine Lösung von 1,7 g (0,045 Mol) Natriumboranat in 10 *ml* Dimethylsulfoxid gegeben. Man hält die Innentemp. durch Eiskühlung bei 25–30°. Nach 2,5 Stdn. wird die Mischung in 700 *ml* Wasser gegossen und 2 mal mit je 50 *ml* Chloroform extrahiert. Der Auszug wird mit Wasser gewaschen, getrocknet und eingeengt. Man kristallisiert den Rückstand aus Äthanol/1,4-Dioxan (9:1); Ausbeute: 5,79 g (89% d.Th.); F: 137–139°.

Analog erhält man aus 3,5-Dichlor-4-nitro-benzoesäure-äthylester *3,5-Dichlor-benzoesäure-äthylester* (49% d.Th.) bzw. aus 1,3,5-Trichlor-2,4,6-trinitro-benzol 45% d.Th. *1,3,5-Trichlor-2,4-dinitro-benzol*, das weiter zu *2,4,6-Trichlor-1-nitro-benzol* reduziert werden kann[5]:

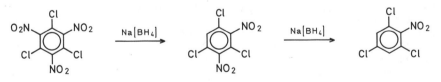

[1] M. HUDLICKY, Collect. czech. chem. Commun. **26**, 1414 (1961).
[2] K.H. BELL, Austral. J. Chem. **23**, 1415 (1970).
[3] H.J. SHINE u. M. TSAI, J. Org. Chem. **23**, 1592 (1958).
   K. ITO, H. FURUKAWA u. M. HARUNA, J. pharm. Soc. Japan **92**, 92 (1972).
   V. GOLD, A.Y. MIRI u. S.R. ROBINSON, Soc. [Perkin II] **1980**, 243.
[4] D.W. LAMSON, P. ULRICH u. R.O. HUTCHINS, J. Org. Chem. **38**, 2928 (1973).
[5] L.A. KAPLAN, Am. Soc. **86**, 740 (1964).

Zur Reduktion kondensierter Nitro-aromaten und Nitro-benzole durch Natriumboranat unter Photolyse s. Lit.[1].

1-Nitroso-1-nitro-alkane werden durch komplexe Hydride zu Oximen, Hydroxylaminen bzw. Aminen reduziert (s. S. 472); aus 1,1,1-Trinitro-alkanen werden Amine erhalten (s. S. 472).

d) am Heteroatom

1. am Sauerstoff-Atom in Peroxiden

Die Reaktion von Lithiumalanat bzw. Diboran mit Peroxiden oder peroxidhaltigen Lösungsmitteln ist äußerst **explosionsgefährdet**[2, 3].

Eine wenig beachtete Gefahrenquelle ist der Peroxid-Gehalt von Bortrifluorid-Ätherat der besonders bei der Arbeit mit der Lewis-Säure und Lithiumalanat in Diäthyläther **Explosionen** verursachen kann[3, 4]. Bortrifluorid-Ätherat sollte deshalb vor Gebrauch frisch destilliert werden (s. S. 5). Dagegen sind mit Natriumboranat bis jetzt keine Explosionen aufgetreten. Allerdings sollten auch hier Vorsichtsmaßregeln eingehalten werden (s. Bd VIII, S. 6 ff.).

Alkyl-hydroperoxide werden durch Lithiumalanat in Äthern zu Alkoholen reduziert[5, 6]. Der Hydrid-Gehalt des Reduktionsmittels wird nicht völlig ausgenützt. Leicht hydrogenolysierbare Alkyl-hydroperoxide werden bis zum Kohlenwasserstoff reduziert[7]. Von Hydroperoxymethyl-amin-Derivaten wird die Gruppe ebenfalls völlig abgespalten[8].

Auch Natriumboranat reduziert Alkyl-hydroperoxide in wäßriger oder alkoholischer Lösung zu Alkoholen[7, 9]; z. B.[10]:

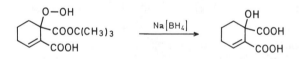

3-Hydroxy-cyclohexen-2,3-dicarbonsäure[10]: Zu einer Lösung von 0,074 g (0,29 mMol) 3-Hydroperoxy-cyclohexen-2,3-dicarbonsäure-3-tert.-butylester in 4 *ml* 0,1 n Natriumhydroxid (p$_H$9–10) gibt man unter Rühren 0,21 g (5,5 mMol) Natriumboranat in wenig Wasser. Die Mischung wird 12 Stdn. bei 20° gerührt, mit verd. Salzsäure angesäuert, mit Diäthyläther extrahiert und der Rückstand der getrockneten Diäthyläther-Lösung aus Essigsäure-äthylester/Methanol kristallisiert; Ausbeute: 0,045 g (84% d. Th.); F: 175–180° (Zers.).

Bei der Reduktion chiraler Hydroperoxide mit Lithiumalanat[11] und Natriumboranat[12] zum Alkohol bleibt die Konfiguration erhalten (nur die Peroxid-Bindung wird angegriffen).

[1] W. C. PETERSEN u. R. L. LETSINGER, Tetrahedron Letters **1971**, 2197.
[2] R. M. ADAMS, Chem. eng. News **31**, 2334 (1953).
    R. B. MOFFETT u. B. D. ASPERGREN, Chem. eng. News **32**, 4328 (1954).
[3] R. B. SCOTT, Chem. eng. News **45**, 7, 51 (1967).
[4] G. R. PETTIT u. T. R. KASTURI, J. Org. Chem. **26**, 4557 (1961).
[5] D. A. SUTTON, Chem. & Ind. **1951**, 272.
[6] G. A. RUSSELL, Am. Soc. **75**, 5011 (1953).
[7] B. WITKOP u. J. B. PATRICK, Am. Soc. **74**, 3855 (1952).
[8] J. BUCKINGHAM u. R. D. GUTHRIE, Soc. [C] **1968**, 1445.
[9] J. B. PATRICK u. B. WITKOP, J. Org. Chem. **19**, 1824 (1954).
    R. L. KENNEY u. G. S. FISCHER, Am. Soc. **81**, 4288 (1959).
    E. N. FRANKEL et al., J. Org. Chem. **26**, 4663 (1961).
    F. BELLESIA, U. M. PAGNONI u. R. TRAVE, Tetrahedron Letters **1974**, 1245.
[10] J. E. BALDWIN, D. H. R. BARTON u. J. K. SUTHERLAND, Soc. **1964**, 3312.
[11] A. G. DAVIES u. R. FELD, Soc. **1956**, 665.
[12] A. G. DAVIES u. J. E. PACKER, Chem. & Ind. **1960**, 1165; Soc. **1961**, 4390.

Dialkyl- und cyclische Peroxide werden durch Lithiumalanat zu Alkoholen bzw.
Diolen reduziert[1,2]. Der Hydrid-Gehalt des Reduktionsmittels wird nur zur Hälfte aus-
genützt. Die Reduktion ist besonders bei tert. Dialkyl-peroxiden schwierig, bei polymeren
Peroxiden dagegen verläuft sie glatt[1,3].

Lithiumalanat[4] und Natriumboranat[5,6] zeigen gegenüber Dialkyl-peroxiden deutliche
Unterschiede. Während transannulare Peroxide hauptsächlich durch Lithiumalanat aufgespalten[7] werden; z.B.:

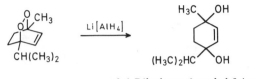

*3,6-Dihydroxy-6-methyl-3-iso-
propyl-cyclohexen*[3]; 47% d. Th.

verhalten sie sich gegenüber Natriumboranat inert[6].

Polymere Peroxide werden durch Lithiumalanat zu Diolen aufgespalten[3,8]; z.B.[3]:

$$\left[\begin{array}{c}O-CH-CH_2-O\\ \ \ \ \ |\\ \ \ \ \ C_6H_5\end{array}\right]_n \xrightarrow{Li[AlH_4]} HO-CH-CH_2-OH$$
$$\hspace{9cm}|$$
$$\hspace{9cm}C_6H_5$$

Die leichtere Reduzierbarkeit der polymeren Peroxide im Vergleich mit den monomeren Peroxiden läßt sich
durch die stufenweise Reaktion der ersteren erklären.

Dibenzoyl-peroxid reagiert mit Lithiumalanat unter **explosionsartiger Heftigkeit** zu *Benzylalkohol* (88%
d. Th.)[9,10].

Die bei der Ozonisierung von Cycloolefinen in Alkoholen gebildeten cyclischen α-
Hydroxy-α'-alkoxy-peroxide können mit Lithiumalanat[11,12] oder Natriumboranat[12,13] hauptsächlich zu Diolen reduziert werden:

[1] M. MATIC u. D.A. SUTTON, Soc. **1952**, 2679.

[2] G.A. RUSSELL, Soc. **1953**, 5011.

[3] G.A. RUSSELL, Am. Soc. **75**, 5011 (1953).

[4] A. MUSTAFA, Soc. **1952**, 2435.

[5] M. MATIC u. D.A. SUTTON, Chem. & Ind. **1953**, 666.

D.S. TRIFAN u. P.D. BARTLETT, Am. Soc. **81**, 5573 (1959).

G.O. SCHENCK et al., Ang. Ch. **73**, 707 (1961).

[6] E.H. JENSEN, *A Study on Sodium Borohydride*, Nyt Nordisk Forlag, Arnold Busck, Copenhagen 1954.

[7] F. DALTON u. G.D. MEAKINS, Soc. **1961**, 1880.

[8] M. LEDERER, Ang. Ch. **71**, 162 (1959).

[9] F.A. HOCHSTEIN, Am. Soc. **71**, 305 (1949).

[10] M. MATIC u. D.A. SUTTON, Soc. **1952**, 2679.

[11] H. LETTRE u. A. JAHN, A. **608**, 43 (1957).

J.L. WARNELL u. R.L. SHRINER, Am. Soc. **79**, 3165 (1957).

[12] H. LETTRE u. H. SCHELLING, A. **669**, 160 (1963).

[13] H.H. INHOFFEN et al., B. **92**, 1772 (1959).

L. KNOF, A. **647**, 53 (1961).

A.J. HUBERT, Soc. **1963**, 4088.

M.S.R. NAIR, H.H. MATHUR u. S.C. BHATTACHARYYA, Tetrahedron **19**, 905 (1963).

P.S. BAILEY et al., J. Org. Chem. **29**, 697 (1964).

E.J. COREY u. E. HAMANAKA, Am. Soc. **86**, 1641 (1964).

D. TAUB et al., Tetrahedron **24**, 2443 (1968).

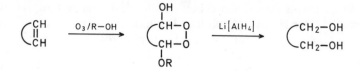

Aus Bullvalen erhält man z. B. nach Acetylierung in 53%iger Ausbeute *cis-1,2,3-Tris-[acetoxymethyl]-cyclopropan*[1]:

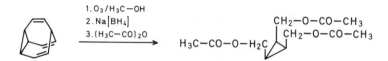

cis-1,2,3-Tris-[acetoxymethyl]-cyclopropan[1]: 1,3 g (0,01 Mol) Bullvalen in 70 *ml* Diäthyläther und 40 *ml* Me thanol werden bei −75° bis zur schwachen Blaufärbung des Lösungsmittels ozonisiert. Überschüssiges Ozon wird durch Stickstoff ausgeblasen. Bei −20° wird die ozonierte Lösung unter Rühren mit insgesamt 8,5 g (0,224 Mol festem Natriumboranat, die portionsweise eingetragen werden, reduziert. Man läßt 12 Stdn. stehen und kocht Stde. unter Rückfluß. Anschließend wird bei 0° bis zur sauren Reaktion konz. Salzsäure eingetropft. Man trenn die Äther-Schicht ab und extrahiert die breiige wäßr. Phase, die gegebenenfalls vorher filtriert wird, einmal mi 50 *ml* Diäthyläther. Die vereinigten Äther-Lösungen werden im Rotationsverdampfer bis zur Trockne einge dampft und der Rückstand in 21 *ml* Essigsäure-anhydrid aufgenommen. Das Reaktionsgemisch wird stark hand warm. Danach stellt man es noch für 1,5 Stdn. auf das siedende Wasserbad, engt ein, extrahiert 2 mal mit je 30 m Diäthyläther, wäscht den Auszug mit Natriumcarbonat-Lösung und Wasser, trocknet mit Natriumsulfat, dampf ein und kristallisiert den Rückstand aus Diäthyläther/Pentan; Ausbeute: 1,37 g (53% d. Th.); F: 55–58°.

Die eigentlichen Ozonide reagieren mit Lithiumalanat unter selektiver Abspaltung ei nes Sauerstoff-Atoms aus der Peroxid-Brücke[2]:

$$
\underset{R}{\overset{R}{>}}\!\!\overset{O-O}{\underset{O}{\diamond}}\!\!\underset{R}{\overset{R}{<}} + \ Li[AlH_4] \ \xrightarrow[-H_2]{} \ Li[AlO(OCHR_2)_2] \ \xrightarrow{\hspace{2cm}} \ R_2CH-OH
$$

Die Reduktion wird (z.B. auch mit Lithium-[3] und Natriumboranat[3−5]) entweder nach Isolierung des Ozonids oder einfacher durch Umsetzen der ozonisierten Olefin-Lösung mit dem Reduktionsmittel (nach Ausblasen des Ozons) durchgeführt[3,4,6].

[1] G. Schröder, Ang. Ch. **75**, 722 (1963); B. **97**, 3140 (1964).
[2] C.E. Bishop u. P.R. Story, Am. Soc. **90**, 1905 (1968).
   P.R. Story et al., Am. Soc. **90**, 1907 (1968).
[3] R. Criegee u. G. Schröder, B. **93**, 689 (1960).
[4] B. Witkop u. J.B. Patrick, Am. Soc. **74**, 3855 (1952).
[5] F.L. Benton u. A.A. Kiess, J. Org. Chem. **25**, 470 (1960).
   A.B. Foster et al., Soc. **1963**, 4471.
   W. Zürcher, J. Gutzwiller u. C. Tamm, Helv. **48**, 840 (1965).
   J.R. Dyer, W.E. McGonigal u. K.R. Rice, Am. Soc. **87**, 654 (1965).
[6] M. Hinder u. M. Stoll, Helv. **33**, 1308 (1950).
   W. Voser et al., Helv. **35**, 830 (1952).
   H. Lettré u. D. Hotz, Ang. Ch. **69**, 267 (1957); A. **620**, 63 (1959).
   W. von E. Doering u. H. Prinzbach, Tetrahedron **6**, 24 (1959).
   H.H. Inhoffen, G. Quinkert u. S. Schütz, B. **90**, 1283 (1957).
   H.H. Inhoffen et al., B. **91**, 781 (1958).
   H. Lettré, L. Knof u. A. Egle, A. **640**, 168 (1961).
   N.R. Raulins u. L.A. Sibert, J. Org. Chem. **26**, 1382 (1961).
   G. Maier, M. Schneider u. T. Sayrac, B. **111**, 3412 (1978).

Natriumboranat reagiert weniger heftig und die Ozonisierung kann in Chlor-kohlen-wasserstoff-Lösungen durchgeführt werden. Zur Reduktion wird ein großer Hydrid-Überschuß genommen. Beim Vorliegen weiterer reduzierbarer funktioneller Gruppen können Lithiumalanat und Natriumboranat verschiedene Reduktionsprodukte liefern.

Pentadecanol[1]: 5 g (0,022 Mol) Hexadecen-(1) werden in 50 *ml* Chloroform gelöst und bei −20° ozonisiert. Der Endpunkt der Reaktion wird durch das Verschwinden der IR-Absorption der C=C-Valenzschwingungs-bande bei 6,5 μ indiziert. Nach Ausblasen des Ozon-Überschusses mit Stickstoff wird unter kräftigem Rühren und Eiskühlung eine Lösung von 6,69 g (0,177 Mol) Natriumboranat in 50 *ml* 50%igem wäßr. Äthanol langsam zugesetzt. Die Innentemp. wird unter 25° gehalten. Man erhitzt 2,5 Stdn. unter Rückfluß, läßt 12 Stdn. bei 20° stehen, säuert mit 10%iger Schwefelsäure an, trennt die Chloroform-Schicht ab und schüttelt die wäßr. Phase mit Chloroform aus. Die vereinigten Chloroform-Lösungen werden mit Magnesiumsulfat getrocknet, eingeengt und der Rückstand aus wäßr. Äthanol umkristallisiert; Ausbeute: 4,01 g (79% d. Th.); F: 43,8°.

Entsprechend werden folgende Reaktionen durchgeführt:

Cyclohexen $\rightarrow$ *Hexandiol-(1,6)* 63% d. Th.
1,1-Diphenyl-äthylen $\rightarrow$ *Diphenylmethanol* 74% d. Th.

Bei der Reduktion des Ölsäure-ozonids mit Natriumboranat werden 62% d. Th. *Nona-nol* und 46% d. Th. *9-Hydroxy-nonansäure,* mit Lithiumalanat 79% d. Th. *Nonanol* und 50% d. Th. *Nonandiol-(1,9)* erhalten[1]:

Diboran in THF reagiert besonders bei normaler Zugabe sehr heftig mit Ozonid-Lösun-gen in Tetrachlormethan[2]. Da die Reaktion momentan abläuft, kann sie unter Erhaltung von Carboxy-Gruppen durchgeführt werden (vgl. S. 147f.).
Über die Reduktion der Schwefel-Analoga (Di- und Polysulfane) s. S. 466ff.

2. Reduktionen am Schwefel-Atom

Bei den organischen Schwefel-Verbindungen werden Hydride meist für die Reduktion von Sulfonsäure-estern zu Kohlenwasserstoffen eingesetzt. Die Reaktion dient in er-ster Linie der Überführung prim. und sek. Alkohole in die Kohlenwasserstoffe (s. S. 439ff.). Das anfallende Sulfonsäure-Salz wird ebenfalls reduziert, wobei die Phenylester sowie die Ester tert., behinderter sek. und prim. Alkohole mit Lithiumalanat fast aus-schließlich unter Regenerierung des Phenols bzw. Alkohols zu Sulfinsäuren reduziert werden[3] (s. S. 439f.). Weitere, präparativ weniger bedeutende Reaktionen organischer Schwefel-Verbindungen mit Hydriden sind in Tab. 34 (S. 460) zusammengestellt.
Lithiumalanat reduziert in THF mit Ausnahme von Sulfonsäuren die meisten schwefel-haltigen funktionellen Gruppen[4], Natriumboranat/Aluminiumchlorid greift auch Sulfone

---

[1] J. A. Sousa u. A. L. Bluhm, J. Org. Chem. **25**, 108 (1960).
[2] Als Nebenprodukt fallen geringe Mengen Aldehyd an: D. G. M. Diaper u. W. M. J. Strachan, Canad. J. Chem. **45**, 33 (1967).
[3] D. H. R. Barton u. C. J. M. Brooks, Soc. **1951**, 257.
   J. Seyden-Penne, A. Habert-Sommy u. P. Charbriv, C. r. **257**, 3615 (1963).
   J. Seyden-Penne, A. Habert-Sommy u. A. M. Cohen, Bl. **1965**, 700.
[4] H. C. Brown, P. M. Weissman u. N. M. Yoon, Am. Soc. **88**, 1458 (1966).

nicht an[1], Natriumboranat selbst reduziert Sulfonsäure-ester[2] und Disulfane[3], Lithium-trimethoxy-hydrido-aluminat[4] und Aluminiumhydrid[5] reduzieren Sulfoxide und Disulfane, Lithium-tri-tert.-butyloxy-aluminat reduziert nur aromatische Disulfane[6] und schließlich reagieren Diboran[7], Bis-[3-methyl-butyl-(2)]-boran[8] und 2,3-Dimethyl-butyl-(2)-boran[9] nur mit Sulfoxiden zu Sulfiden.

Tab. 34: Reduktion von Schwefel-Verbindungen mit Hydriden

Ausgangsverbindung	Seite	Reduktionsprodukt		Hydrid
$(R–SO_2)_2O$	461	$R–SO_2H$	Sulfinsäure	$Li[AlH_4]$
		$R–SH$	Thiol	$Li[AlH_4]$
$R–SO_2–X$	461	$R–SO_2H$	Sulfinsäure	$Li[AlH_4]$
		$R–SH$	Thiol	$Li[AlH_4]$
$R–SO_2–NR_2^1$	462	HNR_2^1	Amin	$Na[AlH_2(O–CH_2–CH_2–OCH_3)_2]$
$R–SO_2–N_3$	483	$R–SO_2-NH_2$	Sulfonsäure-amid	$Na[BH_4]$
$R–SO_2–NH–OH$	481	$R–SO_2–NH_2$	Sulfonsäure-amid	$Li[AlH_4]$
$R–SO_2–S–R^1$	460f.	$R–S–S–R^1$	Disulfan	$Li[AlH_4]$
$R–SO_2H$	461	$R–S–S–R$	Disulfan	$Li[AlH_4]$
$R–SO–X$	463	$R–S–S–R$	Disulfan	$Li[AlH_4]$
$R–SO_2–R^1$	463f.	$R–S–R^1$	Sulfan	$Li[AlH_4]$ $[(H_3C)_2CH–CH_2]_2AlH$
$R–SO–R^1$	465f.	$R–S–R^1$	Sulfan	$Li[AlH_4]$ $HBCl_2$
$[R_2–S^\oplus–OR^1]X^\ominus$	466	$R–S–R^1$	Sulfan	$Na[BH_4]$ $Na[BH_3CN]$
$R–S–S–R$	466f.	$R–SH$	Thiol	$Li[AlH_4]$ $Na[AlH_2(O–CH_2–CH_2–OCH_3)_2]$ NaH $Na[BH_4]/AlCl_3$ $Na[BH_4]$ $(H_5C_6)_3SnH$

α) von Sulfonsäure-Derivaten

Thiosulfonsäure-S-ester werden hauptsächlich zu Disulfanen reduziert. Als Nebenprodukte können Thiole gebildet werden[10]:

[1] H.C. Brown u. B.C. Subba Rao, Am. Soc. 78, 2582 (1956).
[2] H.C. Brown u. H.M. Bell, J. Org. Chem. 27, 1928 (1962).
[3] T. Wieland u. H. Schwahn, B. 89, 421 (1956).
[4] H.C. Brown u. P.M. Weissman, Am. Soc. 87, 5614 (1965).
[5] H.C. Brown u. N.M. Yoon, Am. Soc. 88, 1464 (1966).
[5] H.C. Brown u. P.M. Weissman, Israel J. Chem. 1, 430 (1963).
[7] H.C. Brown, P. Heim u. N.M. Yoon, Am. Soc. 92, 1637 (1970).
[8] H.C. Brown et al., Am. Soc. 92, 7161 (1970).
[9] H.C. Brown, P. Heim u. N.M. Yoon, J. Org. Chem. 37, 2942 (1972).
[10] J. Strating u. H.J. Backer, R. 69, 638 (1950).

$$R-S-SO_2-R \xrightarrow{\text{Li[AlH}_4]} R-S-S-R + R-SH$$

Sulfonsäure-anhydride geben mit Lithiumalanat in Äther je nach Reaktionsbedingungen Sulfinsäuren oder Thiole. Benzolsulfonsäure-anhydrid liefert z. B. bei inverser Zugabe von 0,6 Mol-Äquivalenten Lithiumalanat bei $-70°$ 63% d. Th. *Benzolsulfinsäure*, in siedendem Diäthyläther mit zwei Mol-Äquivalenten des Reduktionsmittels dagegen in quantitativer Ausbeute *Thiophenol*[1]:

$$H_5C_6-SO_2H \xleftarrow{\text{Li[AlH}_4]/-70°} (H_5C_6-SO_2)_2O \xrightarrow{\text{Li[AlH}_4]/35°} H_5C_6-SH$$

Aus Sulfonsäure-halogeniden werden bei inverser Zugabe eines Lithiumalanat-Unterschusses bei $-70°$ und $-20°$ Sulfinsäuren erhalten[1]:

$$2R-SO_2-Hal + Li[AlH_4] \xrightarrow[-2H_2]{} Li[AlHal_2(O_2S-R)_2]$$

Benzolsulfinsäure[1]: Eine Lösung von 2,76 g (0,073 Mol) Lithiumalanat in 85 *ml* abs. Diäthyläther wird innerhalb 1,5 Stdn. unter Stickstoff und unter Rühren zu einer auf $-65°$ gekühlten Lösung von 20,4 g (0,116 Mol) frisch destilliertem Benzolsulfonsäure-chlorid in 200 *ml* abs. Diäthyläther getropft. Man versetzt unter Kühlung mit Wasser und verd. Schwefelsäure bis p_H1, schüttelt die Äther-Schicht mit 10%iger Natronlauge aus, stellt den Auszug mit konz. Salzsäure auf p_H1, ein, extrahiert mit Diäthyläther, trocknet und dampft die Äther-Lösung i. Vak. ein; Ausbeute: 14,6 g (89% d. Th.); F: 74,5–76°.

Entsprechend werden u.a. *4-Methyl-benzolsulfinsäure* (93% d. Th.) und *Natrium-2-phenyl-äthylensulfinat* (78% d. Th.) hergestellt.

Mit einem großen Lithiumalanat-Überschuß (zwei bis vier Mol-Äquivalente) in siedendem Diäthyläther werden dagegen hauptsächlich **Thiole** gebildet[1,2]; z. B.:

$$2R-SO_2-Hal + 3Li[AlH_4] \xrightarrow[-6H_2]{} Li[AlHal_2(S-R)_2] + 2LiAlO_2$$

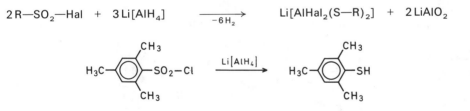

2,4,6-Trimethyl-thiophenol[3]: Zu einer siedenden Lösung von 60,7 g (0,28 Mol) 2,4,6-Trimethyl-benzolsulfonsäure-chlorid in 600 *ml* abs. Diäthyläther wird unter Stickstoff innerhalb 35 Min. eine Suspension von 26,8 g (0,671 Mol) 95%igem Lithiumalanat in 600 *ml* abs. Diäthyläther gegeben. Man erhitzt 4 Stdn. unter Rückfluß, versetzt unter Eiskühlung mit Wasser und 10%iger Schwefelsäure, trennt die Äther-Schicht ab und extrahiert die wäßrige Phase mit Diäthyläther. Die vereinigten ätherischen Lösungen werden mit Magnesiumsulfat getrocknet und destilliert; Ausbeute: 33,3 g (78,2% d. Th.); Kp₂: 79–82°.

Bei gleicher Arbeitsweise werden aus den entsprechenden Sulfonsäure-chloriden *4-Methyl-thiophenol*[1] (89% d. Th.) und *2-Methyl-pentanthiol-(3)*[4] (30% d. Th.) gewonnen.

Gelegentlich können auch die Zwischenstufen der Reduktion (Thiosulfonsäure-S-

L. FIELD u. F. A. GRUNWALD, J. Org. Chem. **16**, 946 (1951).

C. S. MARVEL u. P. D. CAESAR, Am. Soc. **72**, 1033 (1950).

F. G. BORDWELL, u. H. M. ANDERSEN, Am. Soc. **75**, 6019 (1953).

D. L. CHAMBERLAIN, D. PETERS u. N. KHARASCH, J. Org. Chem. **23**, 381 (1958).

W. E. TRUCE, H. G. KLEIN u. R. E. KRUSE, Am. Soc. **83**, 4636 (1961).

F. G. BORDWELL u. W. A. HEWETT, J. Org. Chem. **22**, 980 (1957).

ester[1], Disulfane[2,3]) isoliert werden. Die ersteren sind als Hauptprodukte durch Reduk tion von Sulfonsäure-chloriden mit Eisenpentacarbonyl/Bortrifluorid-Ätherat i Dimethylacetamid bei 65° erhältlich[4]:

$$2\,R{-}SO_2{-}Cl \xrightarrow{\ Fe(CO)_5/BF_3\ } R{-}S{-}SO_2{-}R$$

Prim. Sulfonsäure-amide werden durch Lithiumalanat in der Regel nicht reduziert[5]. Disubstituiert Amide aromatischer Sulfonsäuren lassen sich dagegen unter energischen Bedingungen zu einem Gemisch de entsprechenden Sulfinsäure, Thiophenol und sek. Amin aufspalten[2,6]. Natriumboranat[7] und Dioboran reduzieren Sulfonsäure-amide nicht.

Das Mittel der Wahl zur Spaltung von Sulfonsäure-amiden ist Natrium-bis-[2-me thoxy-äthoxy]-dihydrido-aluminat. Nach längerer Reaktiondauer in siedenden Benzol (bei N,N-disubstituierten Sulfonamiden) oder Toluol (bei N-monosubstituierte Derivaten) werden die abgespalteten aliphatischen oder aromatischen Amine in mittle ren Ausbeuten erhalten[9].

2-Methylaminomethyl-2-phenyl-1,3-dioxolan[9]:

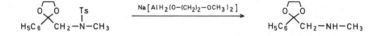

Eine Lösung von 172 g (0,59 Mol) Natrium-bis-[2-methoxy-äthoxy]-dihydrido-aluminat und 52,4 g (0,14 Mol) 2-(N-Tosyl-methylaminomethyl)-2-phenyl-1,3-dioxolan in 320 *ml* abs. Toluol wird unter Stickstoff 2 Stdn. unter Rückfluß erhitzt. Die Mischung wird abgekühlt, mit 200 *ml* 10%iger Natronlauge zersetzt und m Diäthyläther extrahiert. Der Auszug wird mit 10%iger Natronlauge, Wasser und ges. Natriumchlorid-Lösun gewaschen und danach mit 250 *ml* 1,1 m wäßr. Oxalsäure-Lösung ausgeschüttelt. Man wäscht die saure Lösun mit Diäthyläther, stellt mit 50%iger Natronlauge alkalisch, filtriert vom ausgefallenen Natriumoxalat ab und ex trahiert das Filtrat mit Diäthyläther. Der äther. Auszug wird mit Natriumsulfat getrocknet, eingeengt und destil liert; Ausbeute: 15,8 g (56% d. Th.); Kp$_{0,05}$: 73–75°.

Auf gleiche Weise erhält man z.B. in Benzol aus:

N-Tosyl-piperidin	→ *Piperidin*	75% d. Th.
N-Mesyl-desoxyephedrin	→ *Desoxyephedrin*	67% d. Th.
3-Methoxymethoxy-1-tosyl-3-phenyl-azetidin	→ *3-Methoxymethoxy-3-phenyl-azetidin*	69% d. Th.

in Toluol als Solvens aus:

N-Mesyl-anilin	→ *Anilin*	63% d. Th.
1-Tosyl-aziridin	→ *Äthylamin*	57% d. Th.

[1] E.A. Letho u. D.A. Shirley, J. Org. Chem. **22**, 1254 (1957).
[2] L. Field u. F.A. Grunwald, J. Org. Chem. **16**, 946 (1951).
[3] J. Strating u. H.J. Backer, R. **69**, 638 (1950).
   A.H. Weinstein et al., J. Org. Chem. **23**, 363 (1958).
[4] H. Alper, Tetrahedron Letters **1969**, 1239.
[5] C.S. Marvel u. P.D. Caesar, Am. Soc. **72**, 1033 (1950).
   P. Karrer u. K. Ehrhardt, Helv. **34**, 2202 (1951).
   E.L. Eliel u. K.W. Nelson, J. Org. Chem. **20**, 1657 (1955).
   R. Griot u. T. Wagner-Jauregg, Helv. **42**, 605 (1959).
[6] P. Karrer u. R. Saemann, Helv. **35**, 1932 (1952).
   D. Klamann, M. **84**, 651 (1953).
[7] J.H. Boyer u. S.E. Ellzey, J. Org. Chem. **23**, 127 (1958).
[8] H. Zinnes, R.A. Gomes u. J. Shavel, J. Heterocyclic Chem. **5**, 875 (1968).
[9] E.H. Gold u. E. Babad, J. Org. Chem. **37**, 2208 (1972).

N,N-Disulfonyl-amine lassen sich mit Lithiumalanat zu prim. Sulfonsäure-amiden und Thiolen umsetzen[1]:

$$R-N(SO_2-R^1)_2 \quad \xrightarrow{Li[AlH_4]} \quad R-NH-SO_2-R^1 \; + \; HS-R^1$$

Ähnlich werden Chinon-bis-sulfonimide durch Lithiumalanat zu Bis-sulfonamiden reduziert[2].

Zur Reduktion von Sulfonamiden mit Natriumboranat in HMPT zu Kohlenwasserstoffen s.S. 451 ff.

Sulfinsäuren, Sulfinsäuresalze, Sulfin- und Sulfensäure-halogenide liefern mit Lithiumalanat als Primärprodukte die entsprechenden Disulfane, die aber weiter zu den Thiolen reduziert werden können[3,4].

β) von Sulfonen und Sulfoxiden

Sulfone verhalten sich bei Hydrid-Reduktion häufig wie heteroanaloge Oxo-Verbindungen. So treten neben der Reduktion zum Sulfan auch Spaltung der C—S-Bindung (in Analogie zur C—C-Spaltung, s.S. 284), Sättigung konjugierter C=C–Doppelbindungen und Eliminierung zum Olefin auf.

Lithiumalanat reduziert Sulfone unter Verbrauch von vier Hydrid-Äquivalenten[5]:

$$R-SO_2-R^1 \; + \; Li[AlH_4] \quad \xrightarrow{-2H_2} \quad R-S-R^1 \; + \; LiAlO_2$$

In der Praxis werden drei bis sechs Mol-Äquivalente eingesetzt. Während offenkettige und sechsgliedrige cyclische Sulfone unter normalen Bedingungen praktisch nicht reduziert werden[5-7], können drei-[8], vier-[9] und fünfgliedrige cyclische Sulfone[5,10] bereits in siedendem Diäthyläther zu den entsprechenden cyclischen Sulfanen umgesetzt werden (zur reduktiven C—S-Spaltung fünfgliedriger Sulfone s.S. 451).

Die ersteren Verbindungen reagieren etwa 100 mal langsamer als die fünfgliedrigen cyclischen Sulfone, so daß sie bei höheren Temp. in siedendem Äthyl-butyl-äther bei 92°[5] oder siedendem 1,4-Dioxan[6] bei 101° reduziert werden müssen. Der Unterschied liegt wahrscheinlich in der verschiedenen Geschwindigkeit der Dianion-Bildung[6]. Die Reduktion der viergliedrigen cyclischen Sulfone mit Lithiumalanat kann auch unter Ringsprengung verlaufen[11].

A. MUSTAFA et al., Am. Soc. **76**, 5447 (1954).
A. MUSTAFA u. M. KAMEL, Am. Soc. **75**, 2939 (1953).
H. R. GUTMANN, J. G. BURTLE u. H. T. NAGASAWA, Am. Soc. **80**, 5551 (1958).
D. GRANT u. A. HOLT, Chem. & Ind. **1959**, 1492.
E. J. COREY u. K. ACHIWA, J. Org. Chem. **34**, 3667 (1969).
F. G. BORDWELL u. W. H. MCKELLIN, Am. Soc. **73**, 2251 (1951).
W. P. WEBER, P. STROMQUIST u. T. I. ITO, Tetrahedron Letters **1974**, 2595.
C. S. MARVEL u. P. D. CAESAR, Am. Soc. **72**, 1033 (1950).
O. EXNER, Collect. czech. chem. Commun. **24**, 3562 (1959).
G. HESSE, E. REICHOLD u. S. MAJMUDAR, B. **90**, 2106 (1957).
D. C. DITTMER u. F. A. DAVIS, J. Org. Chem. **29**, 3131 (1964).
G. OPITZ, H. SCHEMPP u. H. ADOLPH, A. **684**, 92 (1965).
H. MAZARGUIL u. A. LATTES, Bl. **1969**, 3713.
S. F. BIRCH et al., J. Org. Chem. **22**, 1590 (1957).
G. VAN ZYL et al., J. Org. Chem. **26**, 4946 (1961).
G. VAN ZYL u. R. A. KOSTER, J. Org. Chem. **29**, 3558 (1964).
T. A. WHITNEY u. D. J. CRAM, J. Org. Chem. **35**, 3964 (1970).
D. C. DITTMER u. M. E. CHRISTY, Am. Soc. **84**, 399 (1962).
W. E. TRUCE u. J. R. NORELL, Am. Soc. **85**, 3236 (1963).

Während Natriumboranat und Diboran Sulfonyl-Gruppen nicht angreifen, erhält ma
mit Bis-[2-methyl-propyl]-aluminiumhydrid unter energischen Bedingungen Sul
fane. Die Reaktion wird in Toluol oder Mineralöl durchgeführt. Zur Reduktion genüge
drei Hydrid-Äquivalente; z.B.:

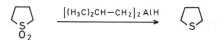

Tetrahydro-thiophen[1]: Zu einer 23,5%igen Lösung von Bis-[2-methyl-propyl]-aluminiumhydrid in 500 *m*
abs. Toluol (0,75 Mol) werden 500 *ml* leichtes Mineralöl gegeben. Man destilliert das Toluol im Stickstoff-Stron
bei 0,5 Torr bis 100° Innentemp. ab, kühlt auf 20–25° und versetzt langsam mit 30 g (0,25 Mol) Tetrahydro-thio
phen-1,1-dioxid. Die Mischung wird weitere 1,5 Stdn. gerührt und bei 3 Torr bis 125° Innentemp. destilliert. Ma
rührt weitere 72 Stdn. und destilliert noch einmal. Die vereinigten Destillate werden fraktioniert; Ausbeute: 16
(73% d. Th.); Kp: 121°.

Die Reduktion von Dibutyl-sulfon zum *Dibutyl-sulfan* (68% d. Th.) wird unter energi
scheren Bedingungen in siedendem Toluol durchgeführt.

Ungesättigte Sulfone mit konjugierter Doppelbindung lassen sich durch Lithium
alanat zu den gesättigten Sulfonen bzw. Sulfanen[2], mit Natriumboranat nur zu de
gesättigten Sulfonen umsetzen[3]. Ähnlich gelingt die Spaltung der durch elektronenan
ziehende Gruppen gelockerten C–S-Bindung nicht nur mit Lithiumalanat[4,5], sonder
auch mit Natriumboranat[6]. β-Oxo- und β-Hydroxy-sulfone werden durch Lithiumalana
zu den Alkylsulfonen reduziert[7].

Sulfone lassen sich mit Lithiumalanat in Olefine überführen[8]. Auch geminale Disulfo
ne[9] und phenylsubstituierte Thiiran-1,1-dioxide[10] ergeben hauptsächlich Olefine. Letz
tere Verbindungen werden durch Alkalimetallboranate in protonenfreier Lösung auch a
der C–C-Bindung des Thiiran-Ringes unter Bildung offenkettiger Sulfone aufgespal
ten; z.B.[5]:

$$H_5C_6\diagdown\underset{\underset{O_2}{S}}{\diagup}C_6H_5 \xrightarrow{\text{Li}[\text{BH}_4]} H_5C_6-CH_2-SO_2-CH_2-C_6H_5 \quad + \quad H_5C_6\diagdown\underset{H}{\overset{}{C}}=\underset{H}{\overset{C_6H_5}{C}}$$

Die Sulfonyl-Gruppe kann mit Lithiumalanat auch unter Ringschluß aus alicyclische
Verbindungen austreten[10].

Aus ungesättigten Phenylsulfonen mit konjugierter Doppelbindung wird durch Li
thiumalanat oder besser durch 2 Lithiumalanat/Kupfer(II)-chlorid Olefin abgespalten
Aus (1,2,2-Triphenyl-vinyl)-phenyl-sulfon erhält man z.B. *1,2,2-Triphenyl-äthylen* i
65%iger Ausbeute[11] (s.a. die analoge Spaltung der C–S-Bindung in offenkettigen Sulfa
nen; S. 446f.).

[1] J.N. GARDNER et al., Canad. J. Chem. **51**, 1419 (1973).
[2] F.G. BORDWELL u. W.H. McKELLIN, Am. Soc. **73**, 2251 (1951).
   G. VAN ZYL u. R.A. KOSTER, J. Org. Chem. **29**, 3558 (1964).
   G.A. RUSSELL, E. SABOURIN u. G.J. MIKOL, J. Org. Chem. **31**, 2854 (1966).
[3] W.E. TRUCE, H.G. KLEIN u. R.B. KRUSE, Am. Soc. **83**, 4636 (1961).
[4] N. KHARASCH u. J.L. CAMERON, Am. Soc. **75**, 1077 (1953).
[5] S. MATSUMURA, T. NAGAI u. N. TOKURA, Tetrahedron Letters **1966**, 3929; Bl. chem. Soc. Japan **41**, 635 (1968)
[6] T. OLIJNSMA, J.B.F.N. ENGBERTS u. J. STRATING, R. **86**, 1281 (1967).
[7] H.J. BACKER, J. STRATING u. J. DRENTH, R. **70**, 365 (1951).
   O. EXNER, Collect. czech. chem. Commun. **19**, 1191 (1954).
[8] J.M. PHOTIS u. L.A. PAQUETTE, Am. Soc. **96**, 4715 (1974).
[9] M.W. CRONYN, Am. Soc. **74**, 1225 (1952).
[10] A.L. CLINGMAN u. N.K. RICHTMYER, J. Org. Chem. **29**, 1782 (1964).
[11] V. PASCALI u. A. UMANI-RONCHI, Chem. Commun. **1973**, 351.

Disulfone lassen sich durch Lithiumalanat zu Disulfanen und Thiolen reduzie-
en[1]:

$$R—SO_2—SO_2—R \xrightarrow{Li[AlH_4]} R—S—S—R \ + \ R—SH$$

Lithiumalanat reduziert Sulfoxide theoretisch mit zwei Hydrid-Äquivalenten zu
ulfanen. In der Praxis wird die dreifache Menge eingesetzt. Die Reaktion verläuft bei of-
enkettigen Sulfoxiden rascher ab als bei den entsprechenden Sulfonen. Fünfgliedrige cy-
lische Sulfoxide werden zudem leicht reduziert[2, 3]. Ungesättigte Sulfoxide mit konjugier-
er C=C-Doppelbindung ergeben mit Lithiumalanat gesättigte Sulfane[3].

$$2\,R—SO—R \ + \ LiAlH_4 \xrightarrow[-2H_2]{} 2\text{-}R—S—R \ + \ LiAlO_2$$

Mit Lithiumalanat/Titan(IV)-chlorid werden Sulfoxide mit über 80% d.Th. zu
ulfanen reduziert[4].

Natriumboranat greift in der Regel das Sulfoxid nicht an, so daß Oxo-sulfoxide selek-
iv zu Hydroxy-sulfoxiden reduziert werden können[3]. Die Reduktion der ersteren
Verbindung wird in der Literatur ausführlich behandelt[5]. 9-Oxo-thioxanthen-10-oxid lie-
ert mit Natriumboranat in alkalischer Lösung unter Wasser-Abspaltung (vgl. Hydrogeno-
yse mancher phenolischer Hydroxy-Gruppen; s. S. 409) *9-Hydroxy-thioxanthen* in 79%
ger Ausbeute[6]:

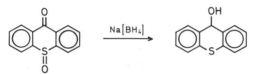

Natriumboranat/Kobalt(II)-chlorid (s. S. 115) reduziert aliphatische und aroma-
ische Sulfoxide in Äthanol mit guten Ausbeuten zu den entsprechenden Sulfanen. Mit
ieser Methode erhält man[7] z.B.: *Dibutyl-sulfan* (98% d.Th.), *Diphenyl-sulfan* (95%
. Th.) oder *Thioxanthen* (100% d. Th.). Dibenzyl-sulfoxid und Tetrahydro-thiophen-1-
xid werden praktisch nicht angegriffen.

Diboran[8] und Alkylborane[9] reduzieren Sulfoxide selektiv zu Sulfanen. Vorteilhafter
st die Reduktion mit Dichlorboran[10], das Oxo-, Alkoxycarbonyl-, Aminocarbonyl-
Gruppen und C=C-Doppelbindungen nicht angreift. Aliphatische Sulfoxide werden in
THF sehr schnell, aromatische nur langsam reduziert[10].

So erhält man z.B. *Dipropyl-sulfan* zu 86% d. Th. und *Tetrahydro-thiophen* zu 95%
. Th.

[1] J. STRATING u. H.J. BACKER, R. **69**, 638 (1950).
[2] J. ROMO et al., Am. Soc. **73**, 1528 (1951).
 JE. N. KARAULOWA u. G.D. GALPERN, Ž. obšč. Chim. **29**, 3033 (1959).
 JE. N. KARAULOWA, G.D. GALPERN u. B.A. SMIRNOW, Tetrahedron **18**, 1115 (1962).
[3] G.A. RUSSELL, E. SABOURIN u. G.J. MIKOL, J. Org. Chem. **31**, 2854 (1966).
[4] J. DRABOWICZ u. M. MIKOLAJCZYK, Synthesis **1976**, 527.
[5] G.A. RUSSELL et al., Am. Soc. **85**, 3410 (1963); **88**, 5498 (1966); J. Org. Chem. **34**, 2336 (1969); **35**, 764
 (1970).
[6] A.L. TERNAY u. D.W. CHASAR, J. Org. Chem. **32**, 3814 (1967).
[7] D.W. CHASAR, J. Org. Chem. **36**, 613 (1971).
[8] H.C. BROWN, P. HEIM u. N.M. YOON, Am. Soc. **92**, 1637 (1970).
[9] H.C. BROWN et al., Am. Soc. **92**, 7161 (1970).
 H.C. BROWN, P. HEIM u. N.M. YOON, J. Org. Chem. **37**, 2942 (1972).
[10] H.C. BROWN u. N. RAVINDRAN, Synthesis **1973**, 42.

Auch 9-Bora-bicyclo[3.3.1]nonan[1] und Benzo-1,3,2-dioxaborol[2] reduzieren Sulfoxide zu den entsprechen den Sulfanen.

Bei der Reduktion von Dialkyl- und Benzyl-sulfoxiden mit Trichlorsilan in Äther wir ein Gemisch aus Thioacetal und Sulfan erhalten[3], in der Gegenwart von α-Wasserstof Atomen läuft also die Reduktion unter Spaltung und Rekombination des Moleküls ab Dementsprechend werden Diaryl-sulfoxide in Äther praktisch quantitativ zu Sulfanen re duziert (z.B. Diphenyl-sulfoxid zu *Diphenyl-sulfid* mit 98% d.Th.).

Vorsicht: in Acetonitril als Lösungsmittel treten heftige **Explosionen** auf[4].

Sulfonium-Salze werden neben Lithiumalanat[5] auch durch Natriumboranat zu Sulfide reduziert[6]. Natrium-cyano-trihydrido-borat reduziert Alkoxysulfonium-Salze selektiv un ter Erhalt von Oxo-Gruppen[7]. Dies ermöglicht die Überführung von Oxo-sulfoxiden i Oxo-sulfane. Als Ausgangsmaterialien werden zweckmäßig die Methoxysulfonium fluorsulfonate eingesetzt, die im Reaktionsmedium aus dem Sulfoxid und Trimethyl-oxc nium-tetrafluoroborat hergestellt werden.

γ) von Di- und Polysulfanen

Disulfane werden durch Lithiumalanat zu Thiolen reduziert:

$$2\,R{-}S{-}S{-}R + Li[AlH_4] \xrightarrow[-2H_2]{} Li[Al(S{-}R)_4] \xrightarrow{4H_2O} 4\,R{-}SH + Li[Al(OH)_4]$$

Die Reaktion verläuft bei unverzweigten aliphatischen und bei aromatischen Disulfane in Diäthyläther heftig und schnell, bei verzweigten langsamer und bei ditert. aliphatische Disulfanen nur in siedendem Tetrahydrofuran vollständig. Es können nahezu quant. Aus beuten erhalten werden[8]. Weiteres s.ds. Handb., Bd. IX, S. 25f.

Lithiumalanat hat den Nachteil, daß es in substituierten Disulfanen auch andere funktionelle Gruppen an greift[9]. Ähnlich reduzieren auch Natriumhydrid[10], Natrium-bis-[2-methoxy-äthoxy]-dihydrido-aluminat[11] un Natriumboranat/Aluminiumchlorid[12] Disulfane nur wenig selektiv.

[1] H.C. Brown, S. Krishnamurthy u. N.M. Yoon, J. Org. Chem. **41**, 1778 (1976).
[2] G.W. Kabalka, J.D. Baker u. G.W. Neal, J. Org. Chem. **42**, 512 (1977).
[3] T.H. Chan, A. Melnyk u. D.N. Harpp, Tetrahedron Letters **1969**, 201.
   T.H. Chan u. A. Melnyk, Am. Soc. **92**, 3718 (1970).
[4] R.A. Benkeser, Chem. eng. News **56**, Nr. 32, 107 (1978).
[5] S. Asperger et al., J. Org. Chem. **33**, 2526 (1968).
[6] C.R. Johnson u. W.G. Phillips, J. Org. Chem. **32**, 1926, 3233 (1967).
[7] H.D. Durst, J.W. Zubrick u. G.R. Kieczykowski, Tetrahedron Letters **1974**, 1777.
[8] R.C. Arnold, A.P. Lien u. R.M. Alm, Am. Soc. **72**, 731 (1950).
   J. Strating u. H.J. Backer, R. **69**, 638 (1950).
   L. Field u. F.A. Grunwald, J. Org. Chem. **16**, 946 (1951).
   M. Mousseron et al., Bl. **1952**, 1042.
   W.E. Parham, H. Wynberg u. F.L. Ramp, Am. Soc. **75**, 2065 (1953).
   F. Asinger u. K. Halcour, M. **94**, 1029 (1963).
   A. Lüttringhaus u. R. Schneider, A. **679**, 123 (1964).
[9] H. Böhme, H. Bezzenberger u. H.D. Stachel, A. **602**, 1 (1957).
   C.W. Schimelpfenig, J. Org. Chem. **27**, 3323 (1962).
   R. Boudet u. D. Bourgoin-Legay, C.r. **262**, 596 (1966).
[10] L.H. Krull u. H. Friedman, Biochem. Biophys. Research Commun. **29**, 373 (1967).
[11] M. Wronski, Talanta **21**, 776 (1974).
[12] H.C. Brown u. B.C. Subba Rao, Am. Soc. **78**, 2582 (1956).
   C.R. Stahl u. S. Siggia, Anal. Chem. **29**, 154 (1957).

Das selektive **Natriumboranat** wird zur Reduktion acyclischer[1] und cyclischer[2] Disulfane zu **Thiolen** bzw. **Dithiolen** eingesetzt. Die Reaktion wird mit einem großen Reduktionsmittel-Überschuß meist in Methanol durchgeführt. In analoger Weise kann auch **Kaliumboranat** zur Spaltung von Disulfanen eingesetzt werden[3]. Oxo- und Imin-Gruppen werden gleichzeitig reduziert, so daß diese Methode zur Herstellung **N-monoalkylierter Amino-thiole** aus den leicht zugänglichen Azomethin-disulfanen dienen kann[4,5].

2-[Thienyl-(2)-methylamino]-äthanthiol[5]:

$$\text{[S]}-CH{=}N{-}CH_2{-}CH_2{-}S{-}S{-}CH_2{-}CH_2{-}N{=}CH-\text{[S]} \xrightarrow{\text{Na[BH}_4\text{]}} 2 \ \text{[S]}-CH_2{-}NH{-}CH_2{-}CH_2{-}SH$$

Eine Lösung von 2,99 g (70,2 mMol) 90%igem Natriumboranat in 60 *ml* abs. Methanol wird unter Rühren zu einer Lösung von 4 g (11,7 mMol) Bis-{2-[thienyl-(2)-methylenamino]-äthyl}-disulfan in 80 *ml* abs. Methanol getropft. Man erhitzt 15 Min. unter Rückfluß, kühlt unter Stickstoff ab und engt ein. Der Rückstand wird in 50 *ml* Wasser suspendiert, der p_H-Wert mit n Salzsäure auf 8–9 eingestellt, die Lösung nach Filtrieren 3mal mit je 25 *ml* Benzol extrahiert, der Auszug 2mal mit je 5 *ml* Wasser gewaschen, mit Magnesiumsulfat getrocknet und i. Vak. eingedampft; Ausbeute: 3,7 g (93% d. Th.); $Kp_{0,25}$: 82–84° (nach 2maliger Destillation i. Vak.).

Analog erhält man aus Bis-{2-[pyridyl-(3)-methylenamino]-äthyl}-disulfan 2-[*Pyridyl-(3)-methylamino*]-*äthanthiol* (85% d. Th.).

Triphenyl-zinnhydrid reduziert Diphenyl-disulfan zu *Thiophenol*, Dibenzyl-disulfan dagegen hauptsächlich zu *Toluol*[6].

Diselenane werden durch Natriumboranat ähnlich den Disulfanen zu **Selenolen** aufgespalten[7].

Mit sehr guten Ausbeuten verläuft die Reduktion von *erythro*-Bis-[1-hydroxy-1,2-diphenyl-äthyl]-disulfan mit Lithiumalanat zu *erythro-2-Mercapto-1,2-diphenyl-äthanol*[8].

erythro-2-Mercapto-1,2-diphenyl-äthanol[8]: Eine Lösung von 2,3 g (5 mMol) *erythro*-Bis-[2-hydroxy-1,2-diphenyl-äthyl]-disulfan in abs. Diäthyläther wird unter Rühren in reiner Stickstoff-Atmosphäre mit einer Lösung von 0,75 g (20 mMol) Lithiumalanat in 30 *ml* abs. Diäthyläther versetzt. Man erhitzt 3 Stdn. unter Rückfluß, kühlt ab, tropft 1,5 *ml* Wasser zu, filtriert, wäscht mit 50 *ml* Chloroform, trocknet das Filtrat, engt ein und kristallisiert den Rückstand aus Tetrachlormethan; Ausbeute: 2,1 g (91% d. Th.); F: 74–75°.

Aus Dibenzoyl-disulfan erhält man mit unterschüssigem Lithiumalanat 80–90% d. Th. *Thiobenzoesäure*[9].

Polysulfane lassen sich durch Lithiumalanat[10,11] bzw. Natriumboranat[12] zu **Thiolen** reduzieren[10,11].

Analog verhalten sich die cyclischen Polysulfane z. B. 1,2,4-Trithiolane[13], 1,2,4,5-Tetrathiane[14] und 1,2,3,5,6-Pentathiepane[14] gegenüber Lithiumalanat.

[1] T. WIELAND u. H. SCHWAHN, B. **89**, 421 (1956).
  H. FASOLD, G. GUNDLACH u. F. TURBA, Bio. Z. **334**, 255 (1961).
  T. P. JOHNSTON u. A. GALLAGHER, J. Org. Chem. **28**, 1305 (1963).
  C. L. STEVENS u. G. H. SINGHAL, J. Org. Chem. **29**, 34 (1964).
[2] I. C. GUNSALUS, L. S. BARTON u. W. GRUBER, Am. Soc. **78**, 1763 (1956).
  A. F. WAGNER et al., Am. Soc. **76**, 5079 (1956).
  U. SCHMIDT u. F. GEIGER, A. **664**, 168 (1963).
  R. V. JARDINE u. R. K. BROWN, Canad. J. Chem. **43**, 1293 (1965).
[3] H. E. SIMMONS, D. C. BLOMSTROM u. R. D. VEST, Am. Soc. **84**, 4756 (1962).
[4] D. FRÖHLING u. R. POHLOUDEK-FABINI, Ar. **298**, 617 (1965).
[5] T. P. JOHNSTON u. A. GALLAGHER, J. Org. Chem. **27**, 2452 (1962).
[6] M. PANG u. E. I. BECKER, J. Org. Chem. **29**, 1948 (1964).
[7] B. SJÖBERG u. S. HERDEVALL, Acta chem. scand. **12**, 1347 (1958).
  G. ZDANSKY, Ark. Kemi **19**, 559 (1962); **21**, 211 (1963).
  W. H. H. GÜNTHER, J. Org. Chem. **32**, 3931 (1967).
[8] J. M. LALANCETTE u. A. FRÊCHE, Canad. J. Chem. **49**, 4047 (1971).
[9] R. H. SCHLESSINGER u. I. S. PONTICELLO, Chem. Commun. **1969**, 1012.
[10] R. C. ARNOLD, A. P. LIEN u. R. M. ALM, Am. Soc. **72**, 731 (1950).
[11] T. L. CAIRNS et al., Am. Soc. **74**, 3982 (1952).
  R. W. GLAZEBROOK u. R. W. SAVILLE, Soc. **1954**, 2094.
  M. PORTER, B. SAVILLE u. A. A. WATSON, Soc. **1963**, 346.
  F. ASINGER u. H. HALCOUR, M. **94**, 1029 (1963).
[12] W. CARPENTER, M. S. GRANT u. H. R. SNYDER, Am. Soc. **82**, 2739 (1960).
[13] R. BOURDON, Bl. **1957**, 722.
[14] F. O. BOBBIO u. P. A. BOBBIO, B. **98**, 998 (1965).

3. Am Stickstoff-Atom

Bei der Reaktion des Stickstoff-Atoms in Stickstoff-Verbindungen mit Hydriden wird
die große Selektivität dieser Reduktionsmittel ausgenützt; z. B. können ausgehend von der
Nitro-Verbindungen prinzipiell alle Reduktionsstufen bis zum Amin erhalten werden (vgl
Bd. IV/1c, S. 507).

Bei der Reduktion von Nitro- und Nitroso-aromaten mit Lithiumalanat konnten radikalische Zwischen
produkte, z. B. Nitroxide nachgewiesen werden[1].

Nebenreaktionen bei der Hydrid-Reduktion von N$-$O-Bindungen können manchma
präparativ ausgenützt werden; z. B. Spaltung der Kohlenstoff-Kette in Nachbarstellung
bzw. der C$-$N-Bindung (S. 472f.) und Sextett-Umlagerungen (S. 471).

Die Tab. 35 gibt einen Überblick über die Reduktionen am Stickstoff-Atom.

Tab. 35: Reduktion am Stickstoff-Atom in Stickstoff-Verbindungen mit Hydriden

Reduzierte Gruppe bzw. Verbindung	Seite	Reduktionsprodukt	Hydrid
$-NO_2$	474	$-NO$	$Li[AlH_4]$ $Na[AlH_2(O-CH_2-CH_2O-CH_3)_2]$
	80 472	$=N-OH$	$Li[AlH_4]$ $Na[AlH_2(O-CH_2-OCH_3)_2]$ $Na[BH_4]$
	471 f. 474 ff.	$-NH-OH$	$Li[AlH_4]$ $Na[AlH_2(O-CH_2-CH_2-OCH_3)_2]$
	475 ff.	Ar$-$N$=$N$-$Ar $\downarrow$ O	$Li[AlH_4]$ $Na[AlH_2(O-CH_2-CH_2-OCH_3)_2]$ $Na[BH_4]$ $Na[BH_4]/CoCl_2$ $K[BH_4]$ $Li[BH_4]$
	473 ff.	Ar$-$N$=$N$-$Ar	$Li[AlH_4]$ $Na[AlH_2(O-CH_2-CH_2-OCH_3)_2]$ $Na[AlH(OC_2H_5)_3]$ $Mg[AlH_4]_2$ $Na[BH_4]/Sulfolan$
	476 481 f.	Ar$-$NH$-$NH$-$Ar	$Na[AlH_2(O-CH_2-CH_2-OCH_3)_2]$ $Li[AlH_4]/FeCl_3$ $Li[AlH_4]/PbCl_2$ $Na[BH_4]/Pyridin$
	79 f. 471 477 f.	$-NH_2$	$Li[AlH_4]$ $Na[AlH_4]$ $Na[BH_4]/Sulfolan$ $Na[BH_2S_3]$ $(H_3C-SiH-O-)_n/Pd$
$-NO$	478	$-NH-OH$ Ar$-$N$=$N$-$Ar $\downarrow$ O Ar$-$N$=$N$-$Ar $-NH_2$	$(H_5C_2)_3SnH$ $Na[BH_4]$ $(H_5C_2)_3SnH$ $Li[AlH_4]$ $(H_5C_2)_3SnH$ $Li[AlH_4]$ $Na[BH_2S_3]$ B_2H_6

---

[1] H. Lemaire, A. Rassat u. J.-P. Ravet, Tetrahedron Letters 1964, 3507.
A. Rassat u. J.-P. Ravet, Bl. 1968, 3679.

Tab.35 (Fortsetzung)

Reduzierte Gruppe bzw. Verbindung	Seite	Reduktionsprodukt	Hydrid
$NO_2^{\ominus}$	373	$=N-OH$	B_2H_6
	372	$-NH-OH$	B_2H_6
	373	$-NH_2$	$Li[AlH_4]$
$-O-NO_2$	439	$-OH$	$Li[AlH_4]$
$-O-NO$	439	$-OH$	$Li[AlH_4]$
$-NH-NO$	479 f.	$-NH-NH_2$	$Li[AlH_4]$
			$Na[BH_4]$
$=N\rightarrow O$	373	$-NH-OH$	$Li[AlH_4]$
			$Na[BH_4]$
			$K[BH_4]$
$=N-OH(R)$	374 ff.	$-NH-OH(R)$,	$Li[AlH_4]$
			B_2H_6
			$Na[BH_3(CN)]$
			$Na[BH(O-CO-CH_3)_3]$
	376 ff.	$-NH_2$	B_2H_6
	378 f.		AlH_3
	379 f.	$-NH_2$	$Na[AlH_2(O-CH_2-CH_2-OCH_3)_2]$
		$+-NH-$ $\overset{\bigtriangledown}{\underset{H}{N}}$	$Li[AlH_4]$
$-NH-OH$	481	$Ar-N=N-Ar$ $\downarrow$ O	$Na[BH_4]$
	481	$Ar-N=N-Ar$	$Li[AlH_4]$
			$Na[BH_4]$/Sulfolan
	480 f.	$-NH_2$	$Li[AlH_4]$
			B_2H_6
$Ar-N=N-Ar$ $\downarrow$ O	476	$Ar-N=N-Ar$	$Li[AlH_4]$
			$Na[BH_4]$/Sulfolan
	481	$Ar-NH-NH-Ar$	$Li[AlH_4]$
			$Li[AlH(OCH_3)_3]$
	481	$Ar-NH_2$	$Na[BH_4]$/Sulfolan
$Ar-N=N-Ar$	476	$Ar-NH-NH-Ar$	$Li[AlH_4]$
	481 f.		$Li[AlH_4]$/$FeCl_3$
			$Na[BH_4]$/Pyridin
			$Na[BH_4]$/$AlCl_3$
			$Na[BH_4]$/Pd
			$(H_5C_2)_3SnH$
			$(H_5C_6)_3SnH$
	481	$Ar-NH_2$	B_2H_6
			$Li[AlH_4]$
$=N_2$	381	$-NH_2$	$Li[AlH_4]$
$[R-N_2]^{\oplus}$	484	$R-H$	$Na[BH_4]$
$-N_3$	482 f.	$-NH_2$	NaH
			$Li[AlH_4]$
			$Na[BH_4]$
			B_2H_6
$\diagup N_3$	483 f.	$\overset{\bigtriangledown}{\underset{H}{N}}$	$Li[AlH_4]$
$-NH-NH-R$	484 f.	$R-NH_2$	$Li[AlH_4]$
$R-\overset{\frown}{N-N}-R$		$R-NH\frown NH-R$	B_2H_6

α) der Salpeter- und Salpetrigsäure-ester

Zur reduktiven Spaltung von Salpeter- und Salpetrigsäure-estern zu Alkoholen und Ammoniak s. S. 439.

β) der Nitro- bzw. Nitroso-Gruppe

Bei der Reduktion von Nitro- besonders von Polynitro-Verbindungen mit komplexen Aluminiumhydriden[1] und Borhydriden[2] kann die Reaktion mit **explosions**artiger Heftigkeit verlaufen. Reaktionsfähige Verbindungen sollten in entsprechend verdünnter und vorgekühlter Lösung mit der Lösung des Hydrids versetzt und nur stufenweise erhitzt werden. Da sich auch bei der Destillation von Reduktionsprodukten **Explosionen** ereignen können, müssen auch hier die Vorsichtsmaßnahmen beim Arbeiten mit explosiven Stoffen (s. ds. Handb., Bd. I/2, S. 397 ff. und Bd. X/1, S. 11 f.) berücksichtigt werden.

Nitro-Verbindungen mit weiteren funktionellen Gruppen werden mit Hydriden meist mit dem Ziel der selektiven Reduktion unter Erhalt der Nitro-Gruppe umgesetzt (s. S. 165 f., 212 ff., 310).

Da eine große Zahl dieser Reduktionsmittel, z. B. Natrium-[3], Kalium-[4], Lithium-[5] und Calciumboranat[6], Diboran[7], Dimethylsulfan-[8], Dimethylamin-[9], Pyridin-[10] und Poly-4-vinyl-pyridin-Boran[11], Lithium-tri-tert.-butyloxy-hydrido-aluminat[12], Lithiumalanat/Aluminiumchlorid[13] und Natriumboranat/Aluminiumchlorid[14] und unter kontrollierten Bedingungen auch Lithiumalanat[15] die Nitro-Gruppe nicht angreifen, wenn die Reaktionstemp. entsprechend gewählt wird, sind die selektiven Reduktionen meist gut durchführbar (weitere Einzelheiten s. bei den entsprechenden funktionellen Gruppen). Allerdings kann die Nitro-Gruppe das benachbarte Kohlenstoff-Atom positivieren und dadurch den nucleophilen Angriff des Hydrids am Kohlenstoff-Gerüst erleichtern.

[1] R.F. Nystrom u. W.G. Brown, Am. Soc. **70**, 3738 (1948).
   R.H. Wiley, N.R. Smith u. L.H. Knabeschuh, Am. Soc. **75**, 4482 (1953).
[2] G.J. Park u. R. Fuchs, J. Org. Chem. **21**, 1513 (1956).
   L.A. Kaplan u. A.R. Siedle, J. Org. Chem. **36**, 937 (1971).
[3] S.W. Chaikin u. W.G. Brown, Am. Soc. **71**, 122 (1949).
   A. Hajós, Z. Huszti u. M. Fekete, Acta chim. Acad. Sci. hung. **73**, 113 (1972).
[4] M.D. Banus, R.W. Bragdon u. A.A. Hinckley, Am. Soc. **76**, 3848 (1954).
   G. Berti u. A. Da Settimo, G. **91**, 737 (1961).
[5] R.F. Nystrom, S.W. Chaikin u. W.G. Brown, Am. Soc. **71**, 3245 (1949).
   A. Hajós u. J. Kollonitsch, Acta chim. Acad. Sci. hung. **15**, 175 (1958).
[6] J. Kollonitsch, O. Fuchs u. V. Gábor, Nature **175**, 346 (1955).
   A. Hajós u. O. Fuchs, Acta chim. Acad. Sci. hung. **24**, 411 (1960).
[7] H.C. Brown, P. Heim u. N.M. Yoon, Am. Soc. **92**, 1637 (1970).
[8] L.M. Braun et al., J. Org. Chem. **36**, 2388 (1971).
[9] J.H. Billman u. J.W. McDowell, J. Org. Chem. **26**, 1437 (1961).
[10] R.P. Barnes, J.H. Graham u. M.D. Taylor, J. Org. Chem. **23**, 1561 (1958).
[11] M.L. Hallensleben, Z. Naturf. **28b**, 540 (1973).
[12] H.C. Brown u. P.M. Weissman, Israel J. Chem. **1**, 430 (1963).
[13] R.F. Nystrom, Am. Soc. **77**, 2544 (1955).
[14] H.C. Brown u. B.C. Subba Rao, Am. Soc. **78**, 2582 (1956).
   R.L. Hinman u. K.L. Hamm, J. Org. Chem. **23**, 529 (1958).
[15] A. Dornow u. G. Winter, B. **84**, 307 (1951).
   E.D. Bergmann, H. Bendas u. W. Taub, Soc. **1951**, 2673.
   C.F. Huebner u. C.R. Scholtz, Am. Soc. **73**, 2089 (1951).
   K. Eiter u. E. Sackl, M. **83**, 123 (1952).
   G. Carrara, E. Pace u. G. Cristianj, Am. Soc. **74**, 4949 (1952).
   D.O. Holland, P.A. Jenkins u. J.H.C. Nayler, Soc. **1953**, 273.
   H. Feuer u. T.J. Kucera, Am. Soc. **77**, 5740 (1955).

β₁) in Nitro- und Nitroso-alkanen, Nitro-alkenen und aci-Nitro-Verbindungen

Aliphatische und alicyclische Nitro-Verbindungen werden durch Lithiumalanat unter Verbrauch von sechs Hydrid-Äquivalenten zu prim. Aminen reduziert[1] (s. Bd. XI/1, S. 450):

$$2\,R{-}NO_2 \ + \ 3\,Li[AlH_4] \quad \xrightarrow{-6H_2} \quad 2\,LiAlO_2 \ + \ Li[Al(NR)_2]$$

$$\xrightarrow{4H_2O} \quad 2\,R{-}NH_2 \ + \ Li[Al(OH)_4]$$

Analog reagieren Lithium-trimethoxy-hydrido-aluminat[2], Natriumalanat[3], Natrium-triäthoxy-hydrido-aluminat[4] und Natrium-bis-[2-methoxy-äthoxy]-dihydrido-aluminat[5]. Das Reduktionsvermögen von Aluminium-hydrid hängt von der Herstellungsmethode ab: das mit Aluminiumchlorid hergestellte Hydrid[6] (3 LiAlH₄/AlCl₃) reduziert Nitro-Gruppen schneller als das mit Schwefelsäure hergestellte[7] (2 LiAlH₄/H₂SO₄). Mit Bis-[2-methyl-propyl]-aluminiumhydrid erhält man dagegen eine Mischung aus prim. Amin und dessen Alkylierungsprodukt (2-Methyl-propyl)-alkyl-amin[8].

Die Reduktion chiraler Nitro-Verbindungen mit Lithiumalanat verläuft unter Racemisierung, da auch die C−N-Bindung in die Reaktion einbezogen wird[9]. Als Nebenprodukte lassen sich besonders bei der Reduktion von tert. Nitro-Verbindungen mit Lithiumalanat sek. Amine, Azoxy-Verbindungen, Hydroxylamine[10, 11] und Oxime[12] isolieren (das sek. Amin wird durch Umlagerung gebildet; s. S. 378f.).

Hydroxylamine werden bei der Reduktion sterisch gehinderter Nitro-Verbindungen als Hauptprodukte erhalten; z.B.[13]:

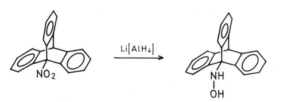

N-Triptycyl-(9)-hydroxylamin[13]: Zu einer Suspension von 3 g (0,079 Mol) Lithiumalanat in 200 *ml* abs. Diäthyläther gibt man unter Stickstoff eine Lösung von 3 g (0,01 Mol) 9-Nitro-triptycen in 300 *ml* abs. Diäthyläther in einem Zug, erhitzt 30 Min. zum Sieden, zersetzt dann mit 30 *ml* Wasser, filtriert und kocht den Rückstand 3 mal mit je 25 *ml* Diäthyläther aus. Die vereinigten Äther-Lösungen werden mit Natriumsulfat getrocknet und eingedampft; Ausbeute: 2,5 g (88% d. Th.); F: 194–197°.

Mit Natriumboranat/Zinn(IV)-chlorid in Tetrahydrofuran erhält man die entsprechenden Amine[14].

1 R.F. Nystrom u. W.G. Brown, Am. Soc. **70**, 3738 (1948).
  H.C. Brown, P.M. Weissman u. N.M. Yoon, Am. Soc. **88**, 1458 (1966).
2 H.C. Brown u. P.M. Weissman, Am. Soc. **87**, 5614 (1965).
3 A.E. Finholt et al., Am. Soc. **77**, 4163 (1955).
4 G. Hesse u. R. Schrödel, A. **607**, 24 (1957).
5 V. Bažant et al., Tetrahedron Letters **1968**, 3303.
  M. Kraus u. K. Kochloefl, Collect. czech. chem. Commun. **34**, 1823 (1969).
5 E. Wiberg u. A. Jahn, Z. Naturf. **7b**, 580 (1952).
  M. Ferles, Z. **6**, 224 (1966).
7 H.C. Brown u. N.M. Yoon, Am. Soc. **88**, 1464 (1966).
  N.M. Yoon u. H.C. Brown, Am. Soc. **90**, 2927 (1968).
8 H. Reinheckel, D. Jahnke u. G. Tauber, M. **100**, 1881 (1969).
9 N. Kornblum u. L. Fishbein, Am. Soc. **77**, 6266 (1955).
  P.L. Southwick u. J.E. Anderson, Am. Soc. **79**, 6222 (1957).
0 G.E. Lee et al., Nature **181**, 1717 (1958); Chem. & Ind. **1958**, 417.
1 H.J. Barber u. E. Lunt, Soc. **1960**, 1187.
2 N. Kharasch u. J.L. Cameron, Am. Soc. **75**, 1077 (1953).
3 W. Theilacker u. K.-H. Beyer, B. **94**, 2968 (1961).
4 S. Kano, Y. Yuasa u. S. Shibuya, Chem. Commun. **1979**, 796.

Natrium-trithio-dihydrido-borat ergibt mit prim. und sek. Nitro-Verbindungen haupt‹ sächlich Oxime und deren Umsetzungsprodukte, während tert. Nitro-Verbindunge‹ nicht reagieren. So erhält man z. B. aus Nitro-cyclohexan 45% *Cyclohexanon* (durch Hy‹ drolyse des Oxims gebildet), 30% *Cyclohexanon-oxim* und 19% *N-Cyclohexyl-hydroxyl‹ amin*[1].

Auch geminale Nitro-nitroso-Verbindungen (Pseudonitrole) sind mit einem Li‹ thiumalanat-Unterschuß zu Oximen bzw. mit einem Überschuß zu Aminen reduzier‹ bar[2]. Mit Diboran werden die entsprechenden Hydroxylamine erhalten[3]; z. B.:

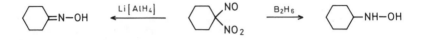

1,1,1-Trinitro-propyl-(2)-2-methyl-propyl-äther wird durch Lithiumalanat in 18%iger Ausbeute zu *2-(2 Methyl-propyloxy)-propylamin* reduziert[4].

Geminale Chlor-nitroso-Verbindungen werden durch Lithiumalanat in Diäthyl‹ äther (40–70% d. Th.) oder besser mit Natriumboranat in wäßrigem Äthanol (50–80%‹ d. Th.) zu Oximen reduziert. Als Nebenprodukte können gelegentlich Hydroxylamin‹ isoliert werden. So erhält man z. B. aus 1-Chlor-1-nitroso-cyclohexan mit Natriumboran‹ neben 61% d. Th. *Cyclohexanon-oxim* 11% d. Th. *N-Cyclohexyl-hydroxylamin*[5]. Dagege‹ werden bei der Reduktion von 1-Nitroso-1-acetoxy-cyclohexan *Cyclohexanol* (8% d. Th‹ und *N-Cyclohexyl-acetamid* (34% d. Th.) erhalten[6].

Diboran reduziert geminale Chlor-nitroso-Verbindungen zu Hydroxylaminen[3].

Vicinale Chlor-nitroso-Verbindungen liefern mit Lithiumalanat Amine[7] ode‹ Hydroxylamine[8]; z. B.:

$$(H_3C)_2\underset{\underset{Cl}{|}}{C}-\underset{\underset{NO}{|}}{C}(CH_3)_2 \quad \xrightarrow{\text{Li}[\text{AlH}_4]} \quad (H_3C)_2CH-\underset{\underset{NH-OH}{|}}{C}(CH_3)_2$$

N-[2,3-Dimethyl-butyl-(2)]-hydroxylaminium-oxalat[8]: 5,98 g (0,04 Mol) 3-Chlor-2-nitroso-2,3-dimethy‹ butan in 150 *ml* abs. Diäthyläther werden unter Stickstoff mit einer Lösung von 1,52 g (0,04 Mol) Lithiumalan‹ in 40 *ml* abs. Diäthyläther 4 Stdn. am Rückfluß erhitzt. Man kühlt die Mischung ab, zersetzt mit Wasser, filtrie‹ den Niederschlag, wäscht mit Diäthyläther, trocknet das Filtrat mit Natriumsulfat und gibt eine äther. Lösung v‹ wasserfreier Oxalsäure zu. Das isolierte Oxalat wird aus Alkohol/Diäthyläther umkristallisiert; Ausbeute: 3,6‹ (55% d. Th.); F: 156° (Zers.).

In vicinalen bzw. geminalen Chlor-nitro-Verbindungen wird durch Natriumboranat se‹ lektiv die C–Cl-Bindung hydrogenolysiert (s. S. 394).

Aliphatische Nitro-Verbindungen, besonders mit weiteren flankierenden elektro‹ nenanziehenden Gruppen wie α-Nitro-carbonsäure-ester[9, 10], α-Nitro-ketone[11], vic‹

[1] J. M. LALANCETTE u. J. R. BRINDLE, Canad. J. Chem. **49**, 2990 (1971).
[2] O. EXNER, Collect. czech. chem. Commun. **23**, 1965 (1958).
[3] H. FEUER u. D. M. BRAUNSTEIN, J. Org. Chem. **34**, 2024 (1969).
[4] H. SHECHTER u. H. L. CATES, J. Org. Chem. **26**, 51 (1961).
[5] E. MÜLLER, H. METZGER u. D. FRIES, B. **87**, 1449 (1954).
[6] H. KROPF u. R. LAMBECK, A. **700**, 1 (1966).
[7] R. PERROT u. P. WODEY, C. r. **246**, 283 (1958).
[8] A. DORNOW u. K. J. FUST, B. **90**, 1769 (1957).
[9] H. HELLMANN u. D. STARCK, Ang. Ch. **70**, 271 (1958).
    H. REINHECKEL u. D. RANKOFF, B. **95**, 876 (1962).
    H. REINHECKEL, D. JAHNKE u. G. TAUBER, M. **100**, 1881 (1969).
[10] A. DORNOW u. M. GELLRICH, A. **594**, 177 (1955).
[11] A. DORNOW u. A. MÜLLER, B. **93**, 26 (1960).

ale Dinitro-[1] und Nitro-nitroso-Verbindungen[2] (Pseudonitrosite, s. ds. Handb., Bd. X/1,
. 990 u. 1006) aber auch β-Nitro-alkohole und β-Nitro-amine[3], erleiden bei der Redukion mit Lithiumalanat häufig eine C—C-Spaltung zwischen den die obigen Gruppen tra-
genden C-Atomen. Bei Anwendung der inversen Zugabemethode ist die Spaltung geringer, da überschüssiges Reagens diese Nebenreaktion fördert. In 3-Nitro-butansäure wird
mit Lithiumalanat die Nitro-Gruppe zur Amino-Gruppe reduziert und man erhält *Pyrro-
idon*[4]. Zur Reduktion von Acetoxy-nitro-alkanen zu Nitro-alkanen s. S. 445.

Zur Reduktion von quaternären 1-(2-Nitro-benzyl)-isochinolinium-Salzen unter Abspaltung der 2-Nitro-
benzyl-Gruppe s. a. S. 453. Auch die reduktive Abspaltung der Nitro- und Nitroso-Gruppe kommt bei der Reduktion der entsprechenden aliphatischen Derivate mit Lithiumalanat vor[5, 1, 2].

Zur Reduktion von Aci-Nitro-Verbindungen s. S. 372f.
Nitro-olefine werden bei tiefen Temperaturen mit komplexen Hydriden zu Nitro-alkanen reduziert (S. 78–81). Bei höheren Temperaturen entstehen Amino-alkane (s. S. 79f.).
Unter kontrollierten Bedingungen können auch Oxime oder Hydroxylamine erhalten
werden (s. S. 80).

β_2) *in Nitro- und Nitroso-arenen bzw. -heteroarenen*

Lithiumalanat reduziert ungehinderte aromatische Nitro-Verbindungen in Äther in
der Regel unter Verbrauch von vier Hydrid-Äquivalenten zu Azo-Verbindungen[6]:

$$2\,Ar{-}NO_2 \;+\; 2\,Li[AlH_4] \quad\xrightarrow{-4H_2}\quad Ar{-}N{=}N{-}Ar \;+\; 2\,LiAlO_2$$

Die Reaktion verläuft meist heftig[7]. Bei der Reaktion aromatischer Halogen-nitro-Derivate mit Lithiumalanat lassen sich Jod und in bestimmten Stellungen auch Brom parallel mit der Reduktion der Nitro-Gruppe hydrogenolytisch abspalten[8].

Die Methode dient hauptsächlich zur Herstellung von Cinnolin-Derivaten und verwandten Ringsystemen durch intramolekularen Ringschluß der entsprechenden Dini-
tro-Verbindungen[9]. Während substituierte Cinnoline nur schwer zugänglich sind[10],

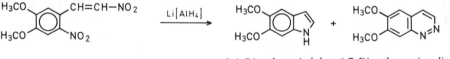

5,6-*Dimethoxy-indol;* 6,7-*Dimethoxy-cinnolin;*
20% d. Th.   9% d. Th.

[1] A. Dornow u. K. J. Fust, B. **90**, 1774 (1957).
[2] A. Dornow u. K. J. Fust, B. **90**, 1769 (1957).
[3] A. Dornow u. M. Gellrich, A. **594**, 177 (1955).
[4] V. C. Barry et al., Nature **166**, 303 (1950).
[5] R. Adams u. W. Moje, Am. Soc. **74**, 5557 (1952).
[6] R. F. Nystrom u. W. G. Brown, Am. Soc. **70**, 3738 (1948).
[7] G. M. Badger, J. H. Saidler u. B. Thomson, Soc. **1951**, 3207.
 N. G. Gaylord u. J. A. Snyder, R. **72**, 1007 (1953).
 T. W. Campbell, W. A. McAllister u. M. T. Rogers, Am. Soc. **75**, 864 (1953).
 W. Theilacker u. F. Baxmann, A. **581**, 117 (1953).
 A. Dornow u. K. J. Fust, B. **87**, 985 (1954).
 P. K. Banerjee u. D. N. Chaudhury, J. Org. Chem. **26**, 4344 (1961).
[8] J. F. Corbett u. P. F. Holt, Soc. **1963**, 2385.
[9] R. S. W. Braithwaite, P. F. Holt u. A. N. Hughes, Soc. **1958**, 4073.
 R. S. W. Braithwaite u. P. F. Holt, Soc. **1959**, 3025.
 J. F. Corbett, P. F. Holt u. A. N. Hughes, Soc. **1960**, 3643.
 J. F. Corbett u. P. F. Holt, Soc. **1960**, 3646.
 A. N. Hughes u. V. Prankprakma, Tetrahedron **22**, 2053 (1966).
[10] I. Baxter u. G. A. Swan, Soc. [C] **1968**, 468.

gelingt die Herstellung der Benzo-[c]-cinnoline mit sehr guten Ausbeuten; z.B.[1]:

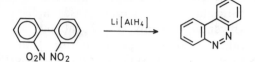

Benzo-[c]-cinnolin[1]: Zu einer Lösung von 3 g (0,079 Mol) Lithiumalanat in 15 ml abs. Diäthyläther wird unte Stickstoff und unter Rühren eine Lösung von 4 g (0,0164 Mol) 2,2′-Dinitro-biphenyl in 35 ml abs. Benzol ge tropft. Man erhitzt 4 Stdn. unter Rückfluß, kühlt ab, versetzt mit 5 ml Wasser, filtriert, wäscht das Filtrat un trocknet mit Natriumsulfat. Die organ. Lösung wird eingeengt und der Rückstand aus Benzol umkristallisiert Ausbeute: 2,7 g (92% d. Th.); F: 156°.

Entsprechend erhält man u. a.:

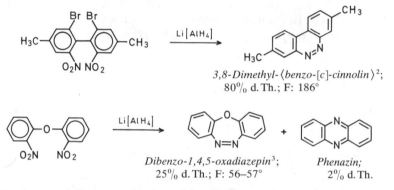

3,8-Dimethyl-⟨benzo-[c]-cinnolin⟩[2];
80% d. Th.; F: 186°

Dibenzo-1,4,5-oxadiazepin[3];   *Phenazin;*
25% d. Th.; F: 56–57°   2% d. Th.

Unter ähnlichen Bedingungen wird 2,2′-Dinitro-benzophenon reduktiv zu *Azobenzol* und *2-Amino-benzyl alkohol* gespalten[4].

Aus sterisch behinderten Nitro-benzolen werden in der Regel aromatische Amine gebildet, da die Kondensation der Nitroso- mit der Hydroxylamin-Stufe erschwer ist[5]; die Nitroso-Verbindungen können auch isoliert werden[6].

Nitro-benzol liefert mit einem Lithiumalanat-Unterschuß *N-Phenyl-hydroxylamin* und *Azoxybenzol*[7]. Mit fünf Hydrid-Äquivalenten erhält man dagegen in THF bei 0° *Hydrazo-benzol*[8]. Da die Reaktion langsam verläuft, wird sie zweckmäßig in Äther unter Zugabe eines Übergangsmetall-Salzes durchgeführt[9] (weiteres s. S. 481 f.).

Lithium-trimethoxy-hydrido-aluminat[10], Natriumalanat[11], Natrium-triäthoxy-hydrido-aluminat[12], Na trium-bis-[2-methoxy-äthoxy]-dihydrido-aluminat[13, 14] und Magnesiumalanat[15] reduzieren aromatische Ni-

[1] G.M. BADGER, J.H. SEIDLER u. B. THOMSON, Soc. **1951**, 3207.
[2] J.F. CORBETT u. P.F. HOLT, Soc. **1961**, 5029.
[3] M.F. GRUNDON, B.T. JOHNSTON u. A.S. WASFI, Soc. **1963**, 1436.
   M.F. GRUNDON u. A.S. WASFI, Soc. **1963**, 1982; in siedendem THF wird dagegen als Hauptprodukt *Phenazin* gebildet.
[4] R.B. JOHNS u. K.R. MARKHAM, Soc. **1962**, 3712.
[5] W. RIED u. F. MÜLLER, B. **85**, 470 (1952).
   H.J. SHINE u. M. TSAI, J. Org. Chem. **23**, 1592 (1958).
   F.A.L. ANET u. J.M. MUCHOWSKI, Canad. J. Chem. **38**, 2526 (1960).
[6] L.R.C. BARCLAY, I.T. McMASTER u. J.K. BURGESS, Tetrahedron Letters **1973**, 3947.
[7] A. RASSAT u. J.-P. RAVET, Bl. **1968**, 3679.
[8] H.C. BROWN, P.M. WEISSMAN u. N.M. YOON, Am. Soc. **88**, 1458 (1966).
[9] G.A. OLAH, Am. Soc. **81**, 3165 (1959).
[10] H.C. BROWN u. P.M. WEISSMAN, Am. Soc. **87**, 5614 (1965).
[11] A.E. FINHOLT et al., Am. Soc. **77**, 4163 (1955).
[12] G. HESSE u. R. SCHRÖDEL, A. **607**, 24 (1957).
[13] M. KRAUS u. K. KOCHLOEFL, Collect. czech. chem. Commun. **34**, 1823 (1969).
[14] J.F. CORBETT, Chem. Commun. **1968**, 1257.
[15] B.D. JAMES, Chem. & Ind. **1971**, 227.

ro-Verbindungen ebenfalls hauptsächlich zu Azo-Derivaten. Besonders Natrium-bis-[2-methoxy-
thoxy]-dihydrido-aluminat ist sehr leistungsfähig, da es unter geeigneten Bedingungen praktisch alle Reduktionsstufen liefern kann[1, 2].

Jod- und Brom-Atome werden auch hier reduktiv abgespalten[1]. Natrium-bis-[2-methoxy-äthoxy]-dihydri-
do-aluminat reduziert sterisch stark gehinderte Nitro-benzole unter partieller Ringhydrierung zu Cyclohexa-
dien-on-oximen[3].

Obgleich Nitro-benzol durch Aluminiumhydrid in THF bei 0° praktisch nicht angegriffen wird[4], ergibt 4-Nitro-benzoesäure-dimethylamid unter ähnlichen Bedingungen in
98%iger Ausbeute *Dimethyl-(4-amino-benzyl)-amin*[5]:

$$O_2N-\langle\bigcirc\rangle-CO-N(CH_3)_2 \quad \xrightarrow{AlH_3} \quad H_2N-\langle\bigcirc\rangle-CH_2-N(CH_3)_2$$

Die Reduktion aromatischer Nitro-Verbindungen mit komplexen Borhydriden und den
entsprechenden gemischten Hydriden verläuft äußerst selektiv und wird in erster Linie von
der Struktur des Ausgangsmaterials und den experimentellen Bedingungen beeinflußt
(Mechanismus s. Lit.[6]); praktisch können alle Reduktionsstufen erhalten werden. Natriumboranat[7], die entsprechende Kalium-[8] und Lithium-Verbindung[9], Natrium-trimethoxy-hydrido-borat[10] und Natriumboranat/Kobalt(II)-chlorid[11] ergeben zwischen
20–100° hauptsächlich Azoxy-Verbindungen:

$$2\ Ar-NO_2 \quad + \quad Na[BH_4] \quad \xrightarrow[-H_2]{} \quad \underset{\underset{O}{\downarrow}}{Ar-N=N-Ar} \quad + \quad Na[BO(OH)_2]$$

Die Reduktion wird durch elektronenziehende Substituenten erleichtert[8, 11].

Azoxy-benzol[7]: Zu einer Mischung von 12 g (0,1 Mol) Nitro-benzol und 20 ml abs. Bis-[2-methoxy-äthyl]-
äther gibt man unter Rühren 2 g (0,053 Mol) Natriumboranat und erhitzt 6 Stdn. bei 90–100°. Die Lösung wird
abgekühlt, mit Wasser verdünnt, angesäuert und mit Wasserdampf destilliert. Man extrahiert mit Hexan, trocknet, engt den Auszug ein und kristallisiert das Rohprodukt aus wäßrigem Äthanol um; Ausbeute: 5,2 g (55%
d. Th.); F: 35°.

Bei Nitro-benzolen mit elektronenanziehenden Substituenten kann die Reaktion sehr
einfach mit Natriumboranat/Kobalt(II)-chlorid durchgeführt werden[11].

Azoxy-benzole aus Nitro-benzolen; allgemeine Herstellungsvorschrift[11]: 5,5 mMol monosubstituiertes Nitrobenzol und 5,5 mMol Kobalt(II)-chlorid-Hexahydrat werden in 100 ml Methanol gelöst und unter Rühren bei
20° mit 16,5 mMol Natriumboranat portionsweise versetzt, wobei das Gemisch keine schwarze Farbe annehmen
soll. Man rührt 1 Stde. weiter, versetzt unter Eiskühlung mit 100 ml 3 n Salzsäure, rührt noch 30 Min., saugt das
Rohprodukt ab und kristallisiert um.

Nach dieser Methode erhält man u.a.:

Azoxybenzol	62% d. Th.
4,4'-Dimethyl-azoxybenzol	40% d. Th.
4,4'-Dicarboxy-azoxybenzol	71% d. Th.

---

[1] J. F. Corbett, Chem. Commun. **1968**, 1257.
[2] M. Kraus u. K. Kochloefl, Collect. czech. chem. Commun. **34**, 1823 (1969).
[3] L. R. C. Barclay, I. T. McMaster u. J. K. Burgess, Tetrahedron Letters **1973**, 3947.
[4] H. C. Brown u. N. M. Yoon, Am. Soc. **88**, 1464 (1966).
[5] H. Schnindlbauer, M. **100**, 1413 (1969).
[6] M. G. Swanwick u. W. A. Waters, Chem. Commun. **1970**, 63.
[7] C. E. Weill u. G. S. Panson, J. Org. Chem. **21**, 803 (1956).
  S. a. ds. Handb., Bd. X/3, S. 762.
[8] H. J. Shine u. H. E. Mallory, J. Org. Chem. **27**, 2390 (1962).
[9] M. Davis, Soc. **1956**, 3981.
[10] H. C. Brown u. E. J. Mead, Am. Soc. **75**, 6263 (1953).
[11] T. Satoh et al., Chem. & Ind. **1970**, 1626.

3,3'-Dimethoxycarbonyl-azoxybenzol	84% d. Th.
3,3'-Dichlor-azoxybenzol	84% d. Th.
4,4'-Dichlor-azoxybenzol	71% d. Th.

Analog verhält sich das gemischte Hydrid aus Natriumboranat und Kobalt(III)-polyamin-Komplexen[1] sowie Phosphin[2].

Die weitere Reduktion zu Azo-Verbindungen kann mit Natriumboranat in Dimethylsulfoxid bei 85° oder in Sulfolan bei 100° durchgeführt werden[3]. Während in Gegenwart elektronenentziehender Substituenten Amine als Nebenprodukte gebildet werden, versagt die Methode i. a. in Gegenwart elektronenliefernder Substituenten.

Auch Bis-[2-methoxy-äthyl]-äther[4] und Pyridin können als Lösungsmittel verwendet werden, wobei in Pyridin auch die Hydrazo-Stufe isoliert werden kann[5]. Natriumboranat in Dimethylsulfoxid greift bei 20° Nitro-Gruppen nicht an[6]; bei 55° tritt langsame, bei 85° rasche Reaktion zur Azoxy-Verbindung ein[3].

Aus 2,2'-Dinitro-biphenyl erhält man mit Natriumboranat in Dimethylsulfoxid 79% d. Th. *2,2'-Dinitroso-biphenyl*[3].

Interessanterweise werden 4-Nitro-chinoline auch mit einem großen Natriumboranat-Überschuß zu Hydroxylaminen reduziert[7, 8]; z. B.[8]:

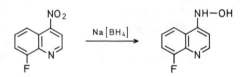

8-Fluor-4-hydroxylamino-chinolin[8]: Zu einer Suspension von 0,2 g (1,04 mMol) 8-Fluor-4-nitro-chinolin in 5 *ml* Äthanol/Wasser (1 : 4) werden unter Rühren bei 10° unter Stickstoff 2 g (53 mMol) Natriumboranat gegeben. Der gelbe Niederschlag wird nach 5 Tagen abgesaugt und mit Wasser gewaschen; Ausbeute: 0,14 g (75% d. Th.); F: 126°.

3-(2-Nitro-phenyl)-acrylsäureester und -propansäureester reagieren mit Natriumboranat in Gegenwart von Palladium/Kohle als Katalysator zu cyclischen Hydroxamsäuren mit Chinolin-Struktur; z. B.:

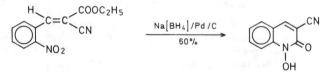

1-Hydroxy-2-oxo-3-cyan-1,2-dihydro-chinolin[9]: In einer Lösung von 0,75 g (20 mMol) Natriumboranat in 15 *ml* Wasser werden unter Rühren 75 mg Palladium-Knochenkohle suspendiert. Zur Suspension tropft man eine Lösung von 1,5 g (6 mMol) 3-(2-Nitro-phenyl)-2-cyan-acrylsäure-äthylester in 25 *ml* Methanol, während durch die Mischung langsam Stickstoff geblasen wird. Man rührt 30 Min., filtriert und säuert das Filtrat an. Das ausgeschiedene Produkt wird abgesaugt und mit Wasser gewaschen; Ausbeute: 0,632 g (60% d. Th.); F: 234–238°.

[1] Y. Arai, A. Mijin u. Y. Takahashi, Chemistry Letters **1972**, 743.
    Y. Arai et al., J. chem. Soc. Japan **1972**, 194; C. A. **76**, 85 484 (1972).
[2] S. A. Buckler et al., J. Org. Chem. **27**, 794 (1962).
    A. C. Bellaart, R. **83**, 718 (1964); Tetrahedron **21**, 3285 (1965).
[3] R. O. Hutchins et al., J. Org. Chem. **36**, 803 (1971).
[4] R. F. Evans u. H. C. Brown, J. Org. Chem. **27**, 1665 (1962).
[5] G. Otani, Y. Kikugawa u. S. Yamada, Chem. Pharm. Bull. (Tokyo) **16**, 1840 (1968).
[6] H. M. Bell, C. W. Vanderslice u. A. Spehar, J. Org. Chem. **34**, 3923 (1969).
[7] Y. Kawazoe u. M. Tachibana, Chem. Pharm. Bull. (Tokyo) **13**, 1103 (1965).
[8] Y. Kawazoe u. M. Araki, Chem. Pharm. Bull. (Tokyo) **16**, 839 (1968).
[9] R. T. Coutts, Soc. [C] **1969**, 713.

Analog reagieren z. B.:

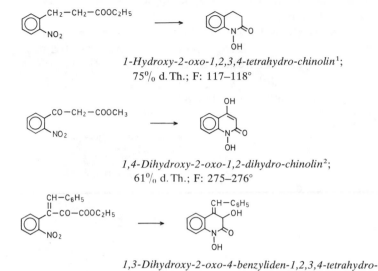

1-Hydroxy-2-oxo-1,2,3,4-tetrahydro-chinolin[1];
75% d. Th.; F: 117–118°

1,4-Dihydroxy-2-oxo-1,2-dihydro-chinolin[2];
61% d. Th.; F: 275–276°

1,3-Dihydroxy-2-oxo-4-benzyliden-1,2,3,4-tetrahydro-
chinolin[3]; 60% d. Th.; F: 244–245°

Aus den entsprechenden (2-Nitro-phenyl)-mercapto-essigsäure-Derivaten werden die analogen Benzo-1,4-thiazine erhalten[4].

Aryl-amine können mit komplexen Borhydriden nur schwer als alleinige Produkte erhalten werden[5,6]. Um das Reduktionsvermögen der Lösungen von Natrium- und Kalium-boranat entsprechend zu erhöhen, versetzt man sie mit Übergangsmetall-Salzen[7], Übergangsmetall-Komplexsalzen[8] bzw. Palladium/Aktivkohle[9]. Als Nebenprodukte bilden sich Azo- und Azoxy-Verbindungen. Mit 3 Mol.-Äquiv. Natriumboranat und 4 Mol-Äquiv. 1,2-Äthandithiol erhält man in THF (10 Stdn. Rückflußsieden) u. a. folgende Amine[10]:

4-Nitro-anisol	→ 4-Methoxy-anilin	85% d. Th.
4-Nitro-toluol	→ 4-Methyl-anilin	73% d. Th.
4-Brom-1-nitro-benzol	→ 4-Brom-anilin	61% d. Th.
1,3-Dinitro-benzol	→ 3-Nitro-anilin	100% d. Th.
1-Nitro-naphthalin	→ 1-Naphthylamin	100% d. Th.

Mit Natrium-boranat/Kupfer(II)-acetylacetonat in alkoholischer Lösung werden dagegen in glatter Reaktion bei 30° innerhalb 2–4 Stunden in Ausbeuten von 80–90% d. Th. die

[1] R. T. Coutts u. D. G. Wibberley, Soc. 1963, 4610.
[2] R. T. Coutts, D. Noble u. D. G. Wibberley, J. Pharm. Pharmacol. 16, 773 (1964).
[3] R. T. Coutts et al., Soc. [C] 1969, 2207.
[4] R. T. Coutts, H. W. Peel u. E. M. Smith, Canad. J. Chem. 43, 3221 (1965).
  R. T. Coutts, D. L. Darton u. E. M. Smith, Canad. J. Chem. 44, 1733 (1966).
  R. T. Coutts u. E. M. Smith, Canad. J. Chem. 45, 975 (1967).
  R. T. Coutts, S. J. Matthias u. H. W. Peel, Canad. J. Chem. 48, 2448 (1970).
[5] R. F. Nystrom, S. W. Chaikin u. W. G. Brown, Am. Soc. 71, 3245 (1949).
  H. J. Shine u. M. Tsai, J. Org. Chem. 23, 1592 (1958).
[6] R. O. Hutchins et al., J. Org. Chem. 36, 803 (1971).
[7] M. Pesez u. J. F. Burtin, Bl. 1959, 1996.
  T. Satoh et al., Tetrahedron Letters 1969, 4555; Chem. & Ind. 1970, 1626.
[8] A. A. Vlček u. A. Rusina, Pr. chem. Soc. 1961, 161.
  K. Hanaya, N. Fujita u. H. Kudo, Chem. & Ind. 1973, 794.
[9] T. Neilson, H. C. S. Wood u. A. G. Wylie, Soc. 1962, 371.
  R. A. Abramovitch, R. T. Coutts u. N. J. Pound, Chem. & Ind. 1967, 1871.
[10] Y. Maki et al., Chemistry Letters 1975, 1093.

entsprechenden aromatischen Amine erhalten[1]. Nitro-9,10-anthrachinone werden durch Natriumboranat in wäßriger oder alkoholischer Lösung selektiv zu *Amino-9,10-anthra-chinonen* reduziert[2].

Natrium-trithio-dihydrido-borat reduziert sehr selektiv aromatische Nitro-Verbindungen zu Aminen. Zur Reaktion genügen zwei Hydrid-Äquivalente, da auch die Schwefel-Atome an der Reduktion teilnehmen (THF, 24 Stdn. 20°); so erhält man u. a.[3]:

3-Nitro-1-vinyl-benzol	→	*3-Vinyl-anilin*	85% d. Th.
4-Fluor-1-nitro-benzol	→	*4-Fluor-anilin*	90% d. Th.
3-Nitro-benzoesäure- äthylester	→	*3-Amino-benzoesäure-äthylester*	88% d. Th.
1,3-Dinitro-benzol	→	*3-Nitro-anilin*	44% d. Th.
1,4-Dinitro-benzol	→	*4-Nitro-anilin*	70% d. Th.

Diaryl-zinndihydride reduzieren Nitro-ketone oder -aldehyde selektiv zu Amino-ketonen bzw. Aldehyden; z.B.[4]:

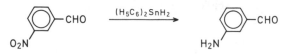

3-Amino-benzaldehyd; 63% d. Th.

Die Umsetzung entsprechend substituierter Nitro-heteroaromaten und komplexer Hydride zu ringhydrierten Derivaten (s. S. 90f.) bzw. von Polyhalogen-nitro-benzolen zu Polyhalogen-benzolen (s. S. 455) werden an anderer Stelle dieses Bandes abgehandelt.

Polymethyl-hydrosiloxane reduzieren in Gegenwart von Dibutyl-zinn-dilaurat[5] oder Palladium/Aktivkohle[6] Nitro-Verbindungen zu den entsprechenden Aminen.

Diboran greift Nitro-Gruppen auch bei höherer Temp. nicht an. Aromatische Nitroso-Verbindungen reduziert es dagegen bei 25° unter Verbrauch von drei Hydrid-Äquivalenten zu prim. Aminen[7].

4-Chlor-anilin[7]: Zu einer Lösung von 2,83 g (20 mMol) 4-Chlor-1-nitroso-benzol in 30 ml abs. THF wird bei 0° unter Stickstoff eine Lösung von 0,42 g (15,2 mMol) Diboran in abs. THF gegeben. Die Innentemp. wird durch Eiskühlung unter 10° gehalten. Man rührt weitere 20 Stdn. bei 20°, versetzt vorsichtig mit 4 ml Wasser und 10 ml 20%iger Kalilauge bei 0°, erhitzt 1 Stde. unter Rückfluß, extrahiert 24 Stdn. kontinuierlich mit Pentan, engt ein und kristallisiert den Rückstand aus Hexan; Ausbeute: 1,82 g (71% d. Th.); F: 71–72°.

Auch mit Natrium-trithio-dihydrido-borat[3] und Natriumboranat in Gegenwart von Palladium/Aktivkohle[8] werden Amine erhalten.

Mit Lithiumalanat werden aromatische Nitroso-Verbindungen zu Azo-Verbindungen[9] reduziert.

Natriumboranat reduziert Nitroso-benzol in Äthanol bei 30° zu *Azoxybenzol* (75% d. Th.), in Dimethylsulfoxid bei 85° zu *Azobenzol* (78% d. Th.)[10] und *4-Nitroso-phenol*, in Wasser bei 60° zu *4-Amino-phenol* (42%

[1] K. Hanaya et al., Soc. [Perkin Trans. I] **1979**, 2409.
[2] J.O. Morley, Synthesis **1976**, 528.
[3] J.M. Lalancette u. J.R. Brindle, Canad. J. Chem. **49**, 2990 (1971).
[4] H.G. Kuivila u. O.F. Beumel, Am. Soc. **83**, 1246 (1961).
[5] S. Nitzsche u. M. Wick, Ang. Ch. **69**, 96 (1957).
[6] J. Lipowitz u. S.A. Bowman, J. Org. Chem. **38**, 162 (1973).
[7] H. Feuer u. D.M. Braunstein, J. Org. Chem. **34**, 2024 (1969).
[8] T. Neilson, H.C.S. Wood u. A.G. Wylie, Soc. **1962**, 371.
[9] H. Gilman u. T.N. Goreau, Am. Soc. **73**, 2939 (1951).
   T. Weil, B. Prijs u. H. Erlenmeyer, Helv. **36**, 142 (1953).
   M.L. Burstall u. M.S. Gibson, Soc. **1958**, 3745.
   H. Lemaire, A. Rassat u. J.-P. Ravet, Tetrahedron Letters **1964**, 3507.
   A. Rassat u. J.-P. Ravet, Bl. **1968**, 3679.
[10] R.O. Hutchins et al., J. Org. Chem. **36**, 803 (1971).

l. Th.)[1]. o- und p-Dinitroso-Verbindungen ergeben Bis-oxime mit chinoider Struktur, die bei den o-Verbindungen bei höheren Temp. zu den entsprechenden Furazanen cyclisieren (s. a. S. 378). Aus 1,2-Dinitroso-benzol bzw. 1,2-Dinitro-naphthalin erhält man 54% d. Th. *1,2-Benzochinon-bis-oxim*[1] (F: 146–148°) bzw. 66% l. Th. *Naphtho-[1,2-c]-furazan*.

γ) der N-Nitroso- bzw. N-Nitro-Verbindungen

Die **cancerogenen**[2] aliphatischen[3,4], aromatischen[3,5] und heterocyclischen sek. Nitrosamine, in denen ein Stickstoff-Atom Bestandteil eines heterocyclischen Ringsystems ist[3,6], ergeben mit Lithiumalanat unsymmetrisch disubstituierte Hydrazine:

$$2\,R_2N{-}NO \;+\; 2\,Li[AlH_4] \xrightarrow[-4H_2]{} \quad LiAlO_2 \;+\; Li[Al(N{-}NR_2)_2]$$

$$\xrightarrow{H_2O} \quad 2\,R_2N{-}NH_2 \;+\; LiAlO_2$$

Die Reduktion mit Lithiumalanat ist nicht ungefährlich, da die Reaktion mit Verzögerung verläuft und dann sehr heftig anspringen kann. Deshalb wird sie zweckmäßig, besonders bei größeren Ansätzen in folgender Weise initiiert[7]:

Unter Rühren wird zu einer mit Eis gekühlten Lithiumalanat-Lösung in abs. Diäthyläther tropfenweise unter Stickstoff ein Zehntel der Nitrosamin-Lösung in abs. Diäthyläther gegeben. Nach ~ 1 Stde. springt die Reaktion unter heftigem Schäumen und Erwärmen an. In 10 Min. läuft die Reaktion ab, wonach das übrige Nitrosamin in abs. Diäthyläther langsam zugesetzt wird. Die weitere Reaktion ist weniger heftig. Die Zers. des Komplexes geschieht durch vorsichtige Zugabe von Diäthyläther/Äthanol (6:1). Weiteres über die Reaktion und mehrere Arbeitsvorschriften s. ds. Handb., Bd. X/2, S. 40 ff. u. S. 228 f.

Als Nebenreaktionen treten die Spaltung der C−N-[8], N−N-Bindung[9] (weiteres s. S. 484) und die Eliminierung von Stickstoff[10] auf. Die Spaltung der N−N-Bindung kann

[1] J. H. BOYER u. S. E. ELLZEY, Am. Soc. **82**, 2525 (1960).
[2] s. Bd. X/2, S. 38.
[3] C. HANNA u. F. W. SCHUELER, Am. Soc. **74**, 3693 (1952).
 G. NEURATH, B. PIRMANN u. M. DÜNGER, B. **97**, 1631 (1964).
[4] F. W. SCHUELER u. C. HANNA, Am. Soc. **73**, 4996 (1951).
 A. I. VOGEL et al., Soc. **1952**, 514.
 W. D. EMMONS, K. S. McCALLUM u. J. P. FREEMAN, J. Org. Chem. **19**, 1472 (1954).
 J. H. BIEL et al., Am. Soc. **81**, 2805 (1959).
 S. WAWZONEK u. T. P. CULBERTSON, Am. Soc. **81**, 3367 (1959).
 G. NEURATH u. M. DÜNGER, B. **97**, 2713 (1964).
 D. L. TREPANIER, V. SPRANCMANIS u. K. G. WIGGS, J. Org. Chem. **29**, 668 (1964).
 D. L. TREPANIER u. V. SPRANCMANIS, J. Org. Chem. **29**, 673 (1964).
 W. J. SERFONTEIN u. P. HURTER, Cancer Research **26**, 575 (1966).
[5] J. GOEDELER u. K. DESELAERS, B. **91**, 1025 (1958).
 G. E. FICKEN u. J. D. KENDALL, Soc. **1959**, 3202; **1961**, 584.
 A. D. CROSS, F. E. KING u. T. J. KING, Soc. **1961**, 2714.
[6] H. R. NACE u. E. P. GOLDBERG, Am. Soc. **75**, 3646 (1953).
 C. G. OVERBERGER et al., Am. Soc. **77**, 4100 (1955).
 C. G. OVERBERGER, J. G. LOMBARDINO u. R. G. HISKEY, Am. Soc. **79**, 6430 (1957).
 E. TESTA et al., A. **635**, 119 (1960).
 M. RINK u. M. METHA, Naturwiss. **48**, 51 (1961).
 H. ZIMMER, L. F. AUDRIETH u. M. ZIMMER, B. **89**, 1116 (1956).
 C. G. OVERBERGER u. L. P. HERIN, J. Org. Chem. **27**, 417, 2423 (1962).
 E. JUCKER u. A. LINDENMANN, Helv. **45**, 2316 (1962).
 S. WAWZONEK u. R. C. GUELDNER, J. Org. Chem. **30**, 3031 (1965).
[7] H. ZIMMER et al., Am. Soc. **77**, 790 (1955).
[8] N. N. OGIMACHI u. H. W. KRUSE, J. Org. Chem. **26**, 1642 (1961).
 W. RUNDEL u. E. MÜLLER, B. **96**, 2528 (1963).
[9] F. W. SCHUELER u. C. HANNA, Am. Soc. **73**, 4996 (1951).
 A. F. GRAEFE, J. Org. Chem. **23**, 1230 (1958).
 M. N. SHENG u. A. R. DAY, J. Org. Chem. **28**, 736 (1963).
 s. a. S. KANO, Synthesis **1980**, 741.
[10] G. SZEIMIES, B. **106**, 3695 (1973).

durch inverse Zugabe der theoretischen Menge Lithiumalanat in der Kälte vermieden werden[1]. Die Eliminierung von Stickstoff tritt besonders bei N-Benzyl- und N,N-Dibenzyl-nitrosaminen auf. So erhält man z.B. aus 1-Nitroso-4-methyl-2-phenyl-2,5-dihydro-pyrrol neben 21% d.Th. *1-Amino-4-methyl-2-phenyl-2,5-dihydro-pyrrol* 52% d.Th. *3-Methyl-1-phenyl-butadien-(1,3)*[2]:

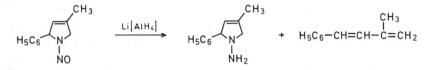

Die Reaktion kann ferner unter Bildung einer neuen C−C-Bindung verlaufen; z.B.:

cis-1,2-Diphenyl-cyclobutan[3]

1,2-Bis-[2,4,6-trimethyl-phenyl]-äthan[4]; 78% d.Th.

N-Nitroso-dibenzylamin selbst wird dagegen in 78%iger Ausbeute zu *1,1-Dibenzyl-hydrazin* reduziert[5].

Mit Natriumboranat[6] bzw. Natriumboranat/Aluminiumchlorid[7] als Reduktionsmittel s.Lit.[7].

N-Nitro-amine werden in der Regel durch Hydride nicht angegriffen (s.S. 365), Nitrone an der C=N-Doppelbindung hydriert (s.S. 373). Zur Reduktion von Furoxanen s.S. 378.

δ) der Hydroxylamine

Die Reduktion von Hydroxylaminen mit Hydriden läuft analog der Reaktion von Nitroso-Verbindungen bzw. Oximen. N-Alkyl-hydroxylamine werden durch Lithiumanalanat in der Regel zu prim. Aminen umgesetzt[8], doch können auch Umlagerungen zum sek. Amin ablaufen[9].

[1] R.H. Poirier u. F. Benington, Am. Soc. **74**, 3192 (1952).
[2] G. Szeimies, B. **106**, 3695 (1973).
[3] C.G. Overberger, M. Valentine u. J.-P. Anselme, Am. Soc. **91**, 687 (1969).
[4] R.W. Gleason u. J.F. Paulin, Chem. Commun. **1973**, 98.
[5] C.G. Overberger et al., Am. Soc. **77**, 4100 (1955).
[6] N.N. Ogimachi u. H.W. Kruse, J. Org. Chem. **26**, 1642 (1961).
[7] R.L. Hinman u. K.L. Hamm, J. Org. Chem. **23**, 529 (1958).
[8] R.T. Gilsdorf u. F.F. Nord, Am. Soc. **74**, 1837 (1952).
 J. Thesing, B. **87**, 507 (1954).
 O. Schneider, A. Brossi u. K. Vogler, Helv. **37**, 710 (1954).
 G.R. Delpierre u. M. Lamchen, Pr. chem. Soc. **1960**, 386.
[9] H.J. Barber u. E. Lunt, Soc. **1960**, 1187.
 M.N. Rerick et al., Tetrahedron Letters **1963**, 629.

N-Phenyl-hydroxylamin ergibt in siedendem Äther in vergleichbaren Mengen *Azobenzol* und *Anilin*[1].

Natriumboranat reduziert N-Phenyl-hydroxylamin in Äthanol bei 40° zu *Azoxybenzol* (54% d.Th.)[2] und in Dimethylsulfoxid bei 85° zu *Azobenzol* (82,8% d.Th.)[3]. Mit Diboran bildet sich in THF bei 20° *Anilin* (64,5% d.Th.)[4].

N-Alkyl-hydroxylamine werden durch Diboran[5] in Bis-[2-methoxy-äthyl]-äther bei 105–110° und durch Natrium-trithio-borat[6] in siedendem THF zu prim. Aminen reduziert.

O-Alkyl-[7] und O-Aryl-hydroxylamine[8] lassen sich mit Lithiumalanat in die Komponenten spalten bzw. reduktiv umlagern[9], O-Acyl-[10] bzw. N-Sulfonyl-hydroxylamine[11] im ersten Schritt zum Hydroxylamin und Alkohol bzw. Sulfonamid reduzieren.

Zur Reduktion von 1,2-Oxaziridinen s.S. 437.

Da es sich bei der Reduktion von Oximen und deren O-Derivaten um Reaktionen an der C=N-Doppelbindung handelt, werden diese Umsetzungen auf S. 374–380 besprochen.

ε) von Azo- und Azoxy-Verbindungen[12]

Azobenzol und Azoxybenzol werden durch Hydride meist zu Hydrazobenzol reduziert (s. Tab. 35, S. 469), die Reduzierbarkeit ist stark strukturabhängig. Azobenzol selbst wird in Äther nur bei einem großen Lithiumalanat-Überschuß zu Hydrazobenzol umgesetzt[13], substituierte Azobenzole werden leicht mit Lithiumalanat zu Hydrazobenzolen[14], schwierig zu Aminen reduziert[15]. Aus Cinnolinen werden mit Lithiumalanat bzw. Lithium-tri-tert.-butyloxy-hydrido-aluminat 1,4-Dihydro-cinnoline erhalten[16]. Benzo-[c]-cinnolin-N-oxide lassen sich dagegen durch Lithiumalanat selektiv in die Benzo-[c]-cinnoline überführen[17] (1,3,4-Oxadiazine werden zwischen Sauerstoff und C-2 aufgespalten[18]).

Durch Zugabe einer katalytischen Menge eines Übergangsmetall-Salzes wird die Re-

[1] M.L. Burstall u. M.S. Gibson, Soc. **1958**, 3745.

[2] J.H. Boyer u. S.E. Ellzey, Am. Soc. **82**, 2525 (1960).

[3] R.O. Hutchins et al., J. Org. Chem. **36**, 803 (1971).

[4] H. Feuer u. D.M. Braunstein, J. Org. Chem. **34**, 2024 (1969).

[5] H. Feuer u. D.M. Braunstein, J. Org. Chem. **34**, 1817 (1969).

[6] J.M. Lalancette u. J.R. Brindle, Canad. J. Chem. **48**, 735 (1970).

[7] G. Pifferi, P. Consonni u. E. Testa, G. **96**, 1671 (1966).

B.J.R. Nicolaus, G. Pagani u. E. Testa, Helv. **45**, 365, 1381 (1962).

[8] C.L. Bumgardner u. R.L. Lilly, Chem. & Ind. **1962**, 559.

[9] J.L. Charlton, C.C. Liao u. P. de Mayo, Am. Soc. **93**, 2463 (1971).

[10] L.S. Kaminsky u. M. Lamchen, Soc. [C] **1967**, 1683.

[11] M.H. Khorgami, Synthesis **1972**, 574.

[12] H.C. Brown, P.M. Weissman u. N.M. Yoon, Am. Soc. **88**, 1458 (1966).

H.C. Brown u. P.M. Weissman, Am. Soc. **87**, 5614 (1965); Israel J. Chem. **1**, 430 (1963).

H.C. Brown u. B.C. Subba Rao, Am. Soc. **78**, 2582 (1956).

T. Neilson, H.C.S. Wood u. A.G. Wylie, Soc. **1962**, 371.

H.C. Brown u. N.M. Yoon, Am. Soc. **88**, 1464 (1966).

H.C. Brown, P. Heim u. N.M. Yoon, Am. Soc. **92**, 1637 (1970).

H.C. Brown et al., Am. Soc. **92**, 7161 (1970).

J.G. Noltes, R. **83**, 515 (1964).

[13] R.F. Nystrom u. W.G. Brown, Am. Soc. **70**, 3738 (1948).

F. Bohlmann, B. **85**, 390 (1952).

[14] M.F. Grundon, B.T. Johnston u. A.S. Wasfi, Soc. **1963**, 1436.

A.N. Hughes u. V. Prankprakma, Tetrahedron **22**, 2053 (1966).

[15] N.L. Allinger u. G.A. Youngdale, Am. Soc. **84**, 1020 (1962).

[16] R.N. Castle u. M. Onda, J. Org. Chem. **26**, 4465 (1961).

L.S. Besford, G. Allen u. J.M. Bruce, Soc. **1963**, 2867.

[17] J.F. Corbett u. P.F. Holt, Soc. **1961**, 5029.

[18] W. Ried u. E. Kahr, B. **103**, 331 (1970).

duktionsgeschwindigkeit von Azobenzolen mit Lithiumalanat zu Hydrazobenzolen stark erhöht[1]. Als Katalysatoren werden Blei(II)-[2] oder Eisen(III)-chlorid[3] eingesetzt.

2-Phenyl-1-phenanthryl-(9)-hydrazin[3]: Eine Mischung von 0,564 g (2 mMol) 9-Phenylazo-phenanthren, 0,38 g (10 mMol) Lithiumalanat und einer Spur (~ 0,02 mMol) Eisen(III)-chlorid in 50 *ml* abs. Diäthyläther wird unter Stickstoff 1 Stde. gerührt und 2 Stdn. unter Rückfluß erhitzt. Man kühlt ab, zersetzt mit nassem Diäthyläther und verd. Salzsäure, trennt die Äther-Schicht ab, wäscht mit Wasser, trocknet und dampft ein. Der Rückstand wird in Benzol gelöst und das Produkt mit Petroläther gefällt; Ausbeute: 0,46 g (80% d. Th.); F 126–127°.

1,2-Bis-[triphenylmethyl-azo]-1,2-diphenyl-äthylen ergibt mit Lithiumalanat 46% *1,2-Bis-[triphenylmethyl-hydrazono]-1,2-diphenyl-äthan*[4]:

$$(H_5C_6)_3C-N=N-\underset{\underset{H_5C_6}{|}}{\overset{\overset{C_6H_5}{|}}{C}}=C-N=N-C(C_6H_5)_3 \quad \xrightarrow{\text{Li}[\text{AlH}_4]} \quad (H_5C_6)_3C-NH-N=\underset{\underset{H_5C_6}{|}}{\overset{\overset{C_6H_5}{|}}{C}}-C=N-NH-C(C_6H_5)_3$$

Zur Reduktion mit Natrium-[5] und Kaliumboranat[6] s. Lit.
Dimere Nitroso-Verbindungen vom Typ

$$\overset{\overset{O}{\uparrow}\ \overset{O}{\uparrow}}{-N=N-}$$

werden durch Lithiumalanat in der Regel zu den prim. Aminen aufgespalten. In Gegenwart von Nachbargruppen verlaufen aber auch gelegentlich Umlagerungen[7] (vgl. a. Reduktion der Nitro-Verbindungen S. 471).

Zur reduktiven Spaltung von 2-Arylazo-3-oxo-carbonsäure-estern s. S. 321.

ζ) von Aziden, Triazenen, Diazonium-Salzen und Hydrazinen

Aliphatische und aromatische Azide werden durch 1,2–1,5 Mol-Äquivalente Lithiumalanat in siedendem Diäthyläther zu prim. Aminen reduziert[8], chirale Azide werden nicht racemisiert[9].

---

[1] G.A. Olah, Am. Soc. **81**, 3165 (1959).
[2] G.J.F. Chittenden u. R.D. Guthrie, Soc. **1963**, 2358.
  J. Buckingham u. R.D. Guthrie, Soc. [C] **1968**, 1445.
[3] B.J. Auret et al., Soc. [Perkin I] **1974**, 2153.
[4] D.Y. Curtin, R.J. Crawford u. D.K. Wedegaertner, J. Org. Chem. **27**, 4300 (1962).
[5] A.R. Forrester u. R.H. Thomson, Soc. **1965**, 1224.
[6] J.P. Freeman, J. Org. Chem. **27**, 2881 (1962).
[7] W. Pritzkow et al., J. pr. [4] **29**, 123 (1965).
  R. Biela et al., J. pr. [4] **33**, 282 (1966).
  S.J. Dominianni u. P.V. Demarco, J. Org. Chem. **36**, 2534 (1971).
  S. Chen, Tetrahedron Letters **1972**, 7.
[8] J.H. Boyer, Am. Soc. **73**, 5865 (1951).
  C.D. Anderson et al., Am. Soc. **83**, 1900 (1961).
  L. Lábler, J. Hora u. V. Černý, Collect. czech. chem. Commun. **28**, 2015 (1963).
  F.-X. Jarreau, Q. Khuong-Huu u. R. Goutarel, Bl. **1963**, 1861.
  K. Ponsold, B. **96**, 1411 (1963).
  H.-P. Husson, P. Potier u. J. Le Men, Bl. **1965**, 1721.
[9] A. Streitwieser u. W.D. Schaeffer, Am. Soc. **78**, 5597 (1956).
  A. Streitwieser u. C.E. Coverdale, Am. Soc. **81**, 4275 (1959).

Die Reduzierbarkeit aliphatischer Azide mit Natriumboranat ist stark strukturabhängig[1]. α-Azido-ketone können z.B. manchmal selektiv zu 2-Azido-alkoholen reduziert werden[1, 2] (z.B. Herstellung von Aminozucker aus Mesyl-, Tosyl- bzw. Chlorzuckern durch Reduktion der entsprechenden Azidozucker mit Natriumboranat in siedendem Isopropanol)[3]. Die Reaktion wird durch Tris-[2,2'-bipyridyl]-kobalt(II)-bromid katalysiert[4]. Aromatische Azide werden durch Natriumboranat in der Regel gut reduziert[2, 5]. 2-Azido-benzoesäure ergibt z.B. in 85%iger Ausbeute 2-Amino-benzoesäure[2].

Aus Sulfonsäure-aziden werden am Stickstoff-Atom unsubstituierte Sulfonamide erhalten[2, 6, 7]. Azide werden auch mit Diboran[8] (schlechter mit Natriumhydrid)[9] zu Aminen reduziert.

Bei der Reduktion vicinaler Halogen-azide, z.B. β-Jod-[10, 11], β-Brom-[12] und β-Chlor-azide[13] sowie vicinaler Azido-sulfonate[14] mit Lithiumalanat werden als Hauptprodukte meist Aziridine und als Nebenprodukte Olefine bzw. prim. Amine erhalten. Da sich die ersteren Verbindungen aus den Olefinen durch *trans*-Addition von Halogenazid an die Doppelbindung stereospezifisch bilden, ist es möglich, aus *cis*- bzw. *trans*-Olefinen über die erhaltenen *threo*- bzw. *erythro*-Addukte *cis*- bzw. *trans*-Aziridine herzustellen.

Aziridine durch Reduktion von β-Jod-aziden mit Lithiumalanat; allgemeine Herstellungsvorschrift[10]: Zu einer mit Eis gekühlten Lösung von 2,5 g (0,066 Mol) Lithiumalanat in 90 ml abs. Diäthyläther werden unter Rühren und unter Stickstoff innerhalb 20–30 Min. 0,03–0,045 Mol β-Jod-azid in 15–20 ml abs. Diäthyläther gegeben. Man rührt weitere 8–12 Stdn. bei 20°, versetzt mit 10 ml 20%iger Natronlauge, rührt noch 30–45 Min., filtriert den Niederschlag, wäscht mit Diäthyläther, trocknet das Filtrat mit Magnesiumsulfat und engt i. Vak. ein. Der Rückstand wird kristallisiert oder destilliert.

Nach dieser Vorschrift erhält man u.a. aus:

$$H_5C_6-\overset{\overset{\displaystyle H}{|}}{\underset{\underset{\displaystyle J}{|}}{C}}-\overset{\overset{\displaystyle N_3}{|}}{\underset{\underset{\displaystyle H}{|}}{C}}-C_6H_5 \quad \rightarrow \quad \textit{cis-2,3-Diphenyl-aziridin} \qquad 41\% \text{ d. Th.;} \quad \text{F: 81–82}°$$

$$H_5C_6-\overset{\overset{\displaystyle H}{|}}{\underset{\underset{\displaystyle J}{|}}{C}}-\overset{\overset{\displaystyle H}{|}}{\underset{\underset{\displaystyle N_3}{|}}{C}}-CH_3 \quad \rightarrow \quad \textit{trans-2-Methyl-3-phenyl-aziridin} \qquad 95\% \text{ d. Th.;} \quad \text{F: 144–146}°$$

[1] J.I. DeGraw, J.G. Kennedy u. W.A. Skinner, J. Heterocyclic Chem. **3**, 9 (1966).

[2] J.H. Boyer u. S.E. Ellzey, J. Org. Chem. **23**, 127 (1958).

[3] L. Goodman u. J.E. Christensen, J. Org. Chem. **28**, 158 (1963); **29**, 1787 (1964).

    J.E. Christensen u. L. Goodman, J. Org. Chem. **28**, 2995 (1963).

    G. Casini u. L. Goodman, Am. Soc. **86**, 1427 (1964).

[4] K. Ponsold, J. pr. [4] **36**, 148 (1967).

[5] P.A.S. Smith, J.H. Hall u. R.O. Kan, Am. Soc. **84**, 485 (1962).

    I. Nabih u. M. Abbasi, J. Pharm. Sci. **60**, 1411 (1971).

[6] R.A. Abramovitch et al., Soc. [Perkin I] **1974**, 2169.

[7] M.H. Khorgami, Synthesis **1972**, 574.

[8] A. Hassner, G.J. Matthews u. F.W. Fowler, Am. Soc. **91**, 5046 (1969).

    J.N. Wells u. O.R. Tarwater, J. Pharm. Sci. **60**, 156 (1971).

[9] Y.-J. Lee u. W.D. Closson, Tetrahedron Letters **1974**, 381.

[10] A. Hassner, G.J. Matthews u. F.W. Fowler, Am. Soc. **91**, 5046 (1969).

[11] F.W. Fowler, A. Hassner u. L.A. Levy, Am. Soc. **89**, 2077 (1967).

    L. Avruch u. A.C. Oehlschlager, Synthesis **1973**, 622.

[12] A. Hassner u. F.P. Boerwinkle, Am. Soc. **90**, 216 (1968).

    D. van Ende u. A. Krief, Ang. Ch. **86**, 311 (1974).

[13] G. Snatzke u. A. Veithen, A. **703**, 159 (1967).

    G. Drefahl, K. Ponsold u. D. Eichhorn, B. **101**, 1633 (1968).

    K. Ponsold u. D. Eichhorn, Z. **8**, 59 (1968).

[14] K. Ponsold, B. **97**, 3524 (1964).

    K. Ponsold u. D. Klemm, B. **99**, 1502 (1966).

Durch Reduktion mit Lithiumalanat/3 Aluminiumchlorid und nachträglicher Zugabe von weiterem Lithium alanat erhält man aus 2-Jod-1,2-diphenyl-äthylazid *trans-2,3-Diphenyl-aziridin* (85% d. Th.; F: 43–44°). Mit L thiumalanat allein wird nur 80% d. Th. *trans-Stilben* gebildet.

In der Cyclobutan-Reihe verläuft diese Reaktion unter Ringverengung (vgl. S. 451 480); z.B.[1]:

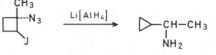

1-Amino-1-cyclopropyl-äthan;
70% d. Th.

α-Alkoxy-azide werden mit Lithiumalanat zu prim. Aminen reduziert[2].

Triazene lassen sich durch Lithiumalanat nicht reduzieren[3]. Tetramethyl-tetrazen liefert mit Trimethy amin-aluminium-hydrid *Dimethylamino-aluminium-hydrid* und *Trimethylamin*[4].

Aryldiazonium-tetrafluoroborate werden durch Natriumboranat in Methanol oder in wäßr. Lösung unter R duktion am endständigen Stickstoff-Atom zu Aryl-diazen reduziert, das in ein kompliziertes Gemisch ze fällt[5-8].

Acyclische und cyclische Hydrazine werden durch Lithiumalanat bei Vorliegen be stimmter Strukturen[9] bzw. bei höheren Temperaturen, in siedendem Xylol[10] oder Bis [2-methoxy-äthyl]-äther[11] zu prim. Aminen gespalten. Mit Natriumboranat gelingt di Reaktion nur selten[12]. Am bequemsten läßt sich die Spaltung mit einem großen Dibor an-Überschuß in siedendem THF durchführen. Allerdings verläuft die Umsetzung nu langsam.

1,4-Bis-[isopropylamino]-butan[13]: Zu einer Lösung von 3,4 g (20 mMol) 1,2-Bis-[isopropyl]-piperidazin i 60 ml abs. THF werden unter Rühren und unter Stickstoff bei 0° 10 ml (121 mMol) 12,1 n Boran-Lösung in ab THF so gegeben, daß die Innentemp. unter 5° bleibt. Man rührt 1 Stde. bei 0–5°, läßt auf 20° erwärmen und e hitzt 24 Stdn. unter Rückfluß. Die Lösung wird bei 0–5° tropfenweise mit 20 ml 20%iger Kalilauge versetzt, Stde. am Rückfluß erhitzt, abgekühlt und mit Diäthyläther extrahiert. Der Auszug wird mit Magnesiumsulfat g trocknet, eingedampft und der Rückstand destilliert; Ausbeute: 2,23 g (65% d. Th.); Kp_{0,3}: 45°. 0,77 g (23° d. Th.) Ausgangsmaterial werden zurückgewonnen.

N-Mono- und N-unsubstituierte Diaziridine ergeben mit Lithiumalanat unter Abspa tung von Ammoniak die entsprechenden sek. bzw. prim. Amine[14].

[1] M.J. O'HARE u. D. SWERN, Tetrahedron Letters **1973**, 1607.
[2] E.P. KYBA u. A.M. JOHN, Tetrahedron Letters **1977**, 2737.
[3] F. KLAGES u. W. MESCH, B. **88**, 388 (1955).
[4] N.R. FETTER u. B. BARTOCHA, Canad. J. Chem. **40**, 342 (1962).
[5] J.B. HENDRICKSON, Am. Soc. **83**, 1251 (1961).
   J.W. HUFFMAN, J. Org. Chem. **28**, 601 (1963).
   M. BLOCH, H. MUSSO u. U.I. ZAHORSZKY, Ang. Ch. **81**, 392 (1969).
   T. SEVERIN et al., B. **102**, 4152 (1969).
   C.E. MCKENNA u. T.G. TRAYLOR, Am. Soc. **93**, 2313 (1971).
[6] A. RIEKER, P. NIEDERER u. D. LEIBFRITZ, Tetrahedron Letters **1969**, 4287.
   E. KÖNIG, H. MUSSO u. U.I. ZÁHORSZKY, Ang. Ch. **84**, 33 (1972).
[7] S.W. CHAIKIN u. W.G. BROWN, Am. Soc. **71**, 122 (1949).
[8] J. NAKAYAMA, M. YOSHIDA u. O. SIMAMURA, Tetrahedron **26**, 4609 (1970).
[9] F.W. SCHUELER u. C. HANNA, Am. Soc. **73**, 4996 (1951).
   R.H. POIRIER u. F. BENINGTON, Am. Soc. **74**, 3192 (1952).
   A.F. GRAEFE, J. Org. Chem. **23**, 1230 (1958).
   M.N. SHENG u. A.R. DAY, J. Org. Chem. **28**, 736 (1963).
[10] A.N. KOST et al., Ž. org. Chim. **5**, 752 (1969).
[11] J.A. BLAIR u. R.J. GARDNER, Soc. [C] **1970**, 1714.
[12] E.E. GLOVER u. M. YORKE, Soc. [C] **1971**, 3280.
[13] H. FEUER u. F. BROWN, J. Org. Chem. **35**, 1468 (1970).
[14] S.R. PAULSEN u. G. HUCK, B. **94**, 968 (1961).
   E. SCHMITZ u. D. HABISCH, B. **95**, 680 (1962).

4. am Phosphor-Atom

Phosphonsäureester, Phosphinsäuren und deren Ester, tert. Phosphin-oxide und Halo-
gen-phosphine werden am einfachsten und in hohen Ausbeuten mit Silanen zu Phosphinen
reduziert (Lithiumalanat sollte nur in begründeten Fällen verwendet werden; vgl. ds.
Handb., Bd. XII/1, S. 60ff.), wobei die meisten funktionellen Gruppen und Mehrfachbindungen in der Regel nicht angegriffen werden. Da Phosphine an der Luft selbstentzündlich
sind, müssen alle Operationen unter Stickstoff durchgeführt werden.

Primäre Phosphine werden durch Reduktion von Phosphonsäureestern (vier Hydrid-Äquivalenten eines Organo-silans) oder aus Dihalogen-phosphinen (zwei Hydrid-Äquivalenten) bei 150–200° erhalten, wobei das Phosphin unmittelbar aus dem Ansatz herausdestilliert werden kann; z.B.:

$$H_9C_4-\overset{O}{\overset{\|}{P}}(OC_2H_5)_2 \xrightarrow{(H_5C_6)_2SiH_2} H_9C_4-PH_2$$

Butyl-phosphin[1]: 77,6 g (0,4 Mol) Butanphosphonsäure-diäthylester und 147,2 g (0,8 Mol) Diphenyl-silan
werden zusammen in einem Kolben mit Rückflußkühler (mittels Kryostat auf −30° gekühlt) und diesem aufge-
setzter Destillationsbrücke unter Stickstoff 3 Stdn. auf 150–200° erhitzt. Dann wird der Kryostat mit dem Kühler
der Destillationsbrücke verbunden, um diesen auf −30° zu bringen. Die Vorlage wird ebenfalls auf −30° gekühlt.
Man destilliert bei 200° im leichten Stickstoffstrom; Ausbeute: 27 g (75% d. Th.); Kp_{760}: 60°.
Mit Poly-(methyl-hydrido-siloxan) erhält man 90% d. Th.

Analog erhält man z.B. aus:

$(H_3C)_2CH-CH_2-P(O)(OC_2H_5)_2$	$\xrightarrow[(H_5C_6)_2SiH_2]{-[(HSiCH_3)-O]_n-}$	*(2-Methyl-propyl)-phosphin*	95% d. Th.
$H_5C_6-P(O)(OC_2H_5)_2$	$\xrightarrow{(H_5C_6)_2SiH_2}$	*Phenyl-phosphin*	87% d. Th.
$H_5C_6-PCl_2$	$\xrightarrow{(H_5C_6)_2SiH_2}$	*Phenyl-phosphin*	82% d. Th.

Sekundäre Phosphine werden durch Reduktion von Phosphinsäuren und deren
Derivaten mit Organo-silanen (wie die primären Phosphine) bzw. günstiger mit Trichlor-
silan erhalten.

Dibutyl-phosphin[1]: 19,65 g (0,1 Mol) Dibutyl-phosphinsäure-chlorid, 30 g (0,22 Mol) Trichlor-silan und 22 g
(0,22 Mol) Triäthylamin werden in 200 ml abs. Benzol in trockener Stickstoff-Atmosphäre 2 Stdn. unter Rückfluß gekocht. Man kühlt ab, versetzt mit 100 ml 30%iger Natronlauge, trennt die organ. Phase ab, wäscht mit
Wasser, trocknet über Calciumchlorid und destilliert; Ausbeute: 9,2 g (63% d. Th.); Kp_{14}: 70°.

Analog erhält man z.B. aus:

$(H_9C_4)_2\overset{O}{\overset{\|}{P}}-OH$	$\xrightarrow{(H_5C_6)_2SiH_2}$	*Dibutyl-phosphin*	77% d. Th.
$(H_5C_6)_2\overset{O}{\overset{\|}{P}}-Cl$	$\xrightarrow{(H_5C_6)_2SiH_2}$	*Diphenyl-phosphin*	88% d. Th.
	$\xrightarrow{H_5C_6-SiH_3}$	*4,5-Dihydro-phosphol*	73% d. Th.

Tertiäre Phosphin-oxide werden mit Organo-silanen oder Trichlor-silan (auch in Gegenwart von Oxo-Gruppen erfolgt selektive Reduktion[2]) in ähnlicher Weise zu tertiären
Phosphinen reduziert.

H. FRITZSCHE, U. HASSERODT u. F. KORTE, B. **98**, 1681 (1965).
Y. SEGALL, I. GRANOTH u. A. KALIR, Chem. Commun. **1974**, 501.
I. GRANOTH, Y. SEGALL u. H. LEADER, Soc. [Perkin Trans. I] **1978**, 465.

Zur Reduktion sind zwei Hydrid-Äquivalente erforderlich[1]. Aus Triphenyl-phosphin oxid erhält man z. B. mit Triphenyl-silan 90% d. Th. *Triphenyl-phosphin* (als Nebenpro dukt wird Hexaphenyl-siloxan gebildet). Mit Trichlor-silan in Gegenwart eines tertiärer Amins laufen die Reduktionen bei niedrigeren Temperaturen ab[2]. Die Reduktion von chi ralen tertiären Phosphin-oxiden mit Trichlor-silan verläuft bei Anwesenheit von Tri äthylamin unter Konfigurationsumkehr, mit Trichlor-silan allein oder bei Mitwirkung vor Pyridin bzw. N,N-Diäthyl-anilin unter Erhaltung der Konfiguration[3]. Zur Reduktion vor chiralen Phosphin-oxiden unter Retention kann Phenyl-silan[4] verwendet werden, das un verdünnt meistens exotherm bei 80–120° selektiv reagiert[1,5,6] (Ausbeuten: 85–96% c Th. stereospezifisch ohne Racemisierung[6]). Die entsprechende Reduktion unter Inversior kann mit Hexachlor-disilan erreicht werden[7].

5. am Metall-Atom

Reduzierte Verbindung	Hydrid	Reduktionsprodukt	Ausbeute [% d. Th.]	Vorschrift Bd., S.
$(H_3C)_2AlCl$	LiH	$LiAlH_2(CH_3)_2$	90	XIII/4, 58
$(H_5C_2)_2AlCl$	LiD	$LiAlD_2(C_2H_5)_2$	96	XIII/4, 57
R–Hg–X		R–H		XIII/2b, 298
$(H_3C)_3Pb–Cl$	$K[BH_4]$ usw.	$(H_3C)_3PbH$	75	XIII/7, 141
$(F_5C_6)_3Ge–Br$	$Li[AlH_4]$	$(F_5C_6)_3GeH$	79	XIII/6, 63
$(F_5C_6)_2GeBr_2$	$Li[AlH_4]$	$(F_5C_6)_2GeH_2$	86	XIII/6, 65
$\underset{\underset{H_3C}{\overset{\diagup}{}}{\overset{\diagup}{Ge}}\overset{CH_3}{}}{}$	$Li[AlH_4]$		~100	XIII/6, 65
$H_7C_3–GeCl_3$	$Li[AlH_4]$	$H_7C_3–GeH_3$	85	XIII/6, 66
$R_3Sn–X$		R_3SnH		
X = F; R = C₂H₅	$(H_5C_2)_2AlH$		97	XIII/6, 259
X = Cl; R = C₂H₅	$(H_5C_2)_2AlH$		83	XIII/6, 258
R = C₄H₉	$Na[BH_4]$		96	XIII/6, 256
R = C₆H₅	$Li[AlH_4]$		85	XIII/6, 257
X = N(CH₃)₂; R = CH₃	B_2H_6		78	XIII/6, 263
X = N(C₂H₅)₂; R = CH₃	$(H_9C_4)_2AlH$		99	XIII/6, 263
R = C₄H₉	B_2H_6		94	XIII/6, 263
X = OC₂H₅; R = C₂H₅	$(H_5C_2)_2AlH$		96	XIII/6, 260
R_2SnCl_2		R_2SnH_2		
R = CH₃	$(H_9C_4)_2SnH_2$		73	XIII/6, 259
R = C₆H₅	$(H_5C_2)_2AlH$		81	XIII/6, 258
$H_5C_6–SnCl_3$	a	$H_3–C_6–SnH_3$	87	XIII/6, 258
$[(H_9C_4)_3Sn]_2O$	$–[(HSiCH_3)–O]_n–$	$(H_9C_4)_3SnH_2$	79	XIII/6, 260
$(H_9C_4)_2SnO$	$–[(HSiCH_3)–O_{4n}–$	$(H_9C_4)_2SnH_2$	97	XIII/6, 260
$R_nSn(OR)_{4-n}$	B_2H_6	R_nSnH_{48n}		XIII/6, 259

a $[(H_3C)_2CH–CH_2]_2AlH$

[1] H. FRITZSCHE, U. HASSERODT u. F. KORTE, B. **97**, 1988 (1964).
[2] H. FRITZSCHE, U. HASSERODT u. F. KORTE, B. **98**, 171 (1965).
[3] L. HORNER u. W.D. BALZER, Tetrahedron Letters **1965**, 1157.
[4] R.A. BENKESER, H. LANDESMAN u. D.J. FOSTER, Am. Soc. **74**, 648 (1952).
[5] G. MÄRKL u. R. POTTHAST, Tetrahedron Letters **1968**, 1755.
[6] K.L. MARSI, Am. Soc. **91**, 4724 (1969); J. Org. Chem. **39**, 265 (1974).
[7] K. NAUMANN, G. ZON u. K. MISLOW, Am. Soc. **91**, 2788, 7012 (1969).
    W. EGAN et al., Chem. Commun. **1970**, 733.

IV. Metall-Salze als Reduktionsmittel

bearbeitet von

Dr. Hans Muth

Stuttgart/Erlangen

und

Priv. Doz. Michael Sauerbier

Rheinchemie, Mannheim

Als Reduktionsmittel in der organischen Chemie besitzen von den Metall-Salzen lediglich die Zinn-, Titan-, Vanadin-, Chrom- und Eisen-Salze größere Bedeutung. Metall-Salze mit kleinem Anwendungsbereich werden auf S. 523f. besprochen.

Von den Lithium-organometallaten kann das Lithium-diorganocuprat allgemeiner eingesetzt werden.

Da die meisten Reduktionen bereits in anderen Houben-Weyl-Bänden besprochen wurden, werden im folgenden keine detaillierten Ausführungen mehr gegeben.

a) mit Zinn(II)-Salzen

1. Reduktionen am C–Atom

Nitro-olefine werden von Zinn(II)-chlorid in wäßrigem Methanol zu einem Gemisch aus *Nitro-alkan* und *Oxim* (s. Bd. X/4, S. 153) reduziert.

Während sich verschiedene p-Chinone in verdünnter Salzsäure oder Eisessig/konz. Salzsäure zu *Hydrochinonen* reduzieren lassen (s. Bd. VII/3a, S.652), gehen in 2- und 3-Stellung substituierte 1,4-Naphthochinone unter gleichzeitiger Entfernung der Substituenten (Halogen-, Hydroxy-, Anilino-, Alkylthio-, Arylsulfonyl- und Sulfonsäure-Gruppen) in *1,4-Dioxo-tetraline* (s. ds. Handb., Bd. VI/1c, S. 566ff., Bd. VII/3a, S. 652f.) über. o-Chinone werden dagegen unter Dimerisierung hydriert; so erhält man z.B. aus 1,2-Naphthochinon *3,3',4,4'-Tetrahydroxy-1,1'-binaphthyl* (s. Bd. VII/3b, S.140).

Aus 3,3,3-Trichlor-1,2-dibrom-1-nitro-propan in wäßrigem Methanol wird *3,3,3-Trichlor-1-nitro-propan* erhalten. 1,2-Dibrom-1-nitro-2-phenyl-äthan geht dagegen unter identischen Bedingungen in *2-Methoxy-1-hydroximino-2-phenyl-äthan* über (Bd. X/4, S. 153).

Die früher wichtige Reduktion von Imidchloriden mit Zinn(II)-chlorid zu Iminen (Herstellung von *Aldehyden* durch Hydrolyse) hat wegen der bequemer durchführbaren Säurechlorid-Hydrierung ihre Bedeutung eingebüßt (s. Bd. VII/1, S. 293).

2-Oxo-1-(2-nitro-phenylacetyl)-cyclohexan wird in Äther unter Einleiten von trockenem Halogenwasserstoff unter Ringschluß zu *2-(2-Oxo-cyclohexyl)-indol* (72% d.Th.) und *5-Oxo-1,2,3,4,5,6-hexahydro-11H-⟨dibenzo-[b;f]-azepin⟩* (10% d.Th.) (s. Bd. X/1, S. 875) reduziert (vgl. a. S. 489):

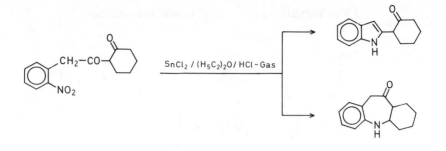

In einzelnen Fällen können Hydrazone zu *Hydrazinen* (s. Bd. X/2, S. 233 ff., 409) und Oximino-ketone zu *Amino-ketonen* in salzsaurer Lösung (Bd. VII/2c, S. 2276 u. Bd. XI/1, S. 508) reduziert werden.

Zur Reduktion von Pseudonitrolen zu *Oximen* kann neben anderen Reduktionsmitteln auch Zinn(II) chlorid eingesetzt werden (Bd. X/4, S. 121).

Während die Umsetzung von Diorgano-quecksilber-Verbindungen in Aceton unter Ummetallierung abläuft, wird in Alkoholen als Solvens das Quecksilber unter *Alkan* Bildung durch Wasserstoff ersetzt (s. Bd. XIII/2b, S. 312).

Die Stephen-Reduktion von Nitrilen mit Tetrachlor-zinn(II)-säure führt zu *Aldimin*-Komplexen bzw. nach Hydrolyse zu *Aldehyden* (s. Bd. VII/1, S. 299 ff. und Lit.[1]). Die Methode ist für viele aliphatische Nitrile ungeeignet, da bei ihnen die primär entstehenden Nitriliumsalze ein zweites Molekül Nitril addieren. In einzelnen Fällen bilden sich bei der Stephen-Reduktion auch Amine (s. Bd. XI/1, S. 546).

2. Reduktion am Heteroatom

Sulfochloride werden bei < 30° durch alkoholische salzsaure Zinn(II)-chlorid-Lösung ohne gleichzeitige Reduktion von Nitro-Gruppen zu *Sulfinsäuren* reduziert. Dies ist eine gute Methode zur Synthese von *Nitrobenzol-sulfinsäuren* (s. Bd. IX, S. 309).

Die Reduktion von Sulfoxiden zu *Sulfanen* ist in Salzsäure möglich, wobei aliphatische Sulfoxide wesentlich rascher als aromatische reagieren[2].

Sulfane aus Sulfoxiden; allgemeine Arbeitsvorschrift[2]: Eine Lösung von 5 mMol des Sulfoxids, 2,26 g (10 mMol) Zinn(II)-chlorid-Bis-hydrat und 2 *ml* konz. Salzsäure in 10 *ml* Methanol wird die angegebene Zeit unter Rückfluß gekocht. Nach dem Abkühlen wird mit 20 *ml* Wasser verdünnt und mit 2mal je 25 *ml* Benzol ausgeschüttelt. Die getrockneten Extrakte werden eingeengt und nach Filtrieren durch eine kurze Aluminiumoxid Säule i.Vak. destilliert oder sublimiert. Die Ausbeuten betragen 62–93% d. Th.

So sind u. a. zugänglich[2]:

Dibutyl-sulfan (2 Stdn.)	62% d. Th.
Dibenzyl-sulfan (2 Stdn.)	82% d. Th.
Methyl-phenyl-sulfan (2 Stdn.)	92% d. Th.
Diphenyl-sulfan (20 Stdn.)	93% d. Th.
Bis-[4-chlor-phenyl]-sulfan (22 Stdn.)	80% d. Th.
Dibenzothiophen (3 Stdn.)	68% d. Th.

[1] T. STEPHEN u. H. STEPHEN, Soc. **1956**, 4695.
[2] T.-L. HO u. C. M. WONG, Synthesis **1973**, 206.

Aliphatische Nitro-Verbindungen werden in salzsaurer Lösung lediglich bis zum *Oxim* reduziert (zur Reduktion von Nitro-alkanen s. ds. Handb., Bd. X/4, S. 133, von Nitro-alkenen s. Bd. X/4, S. 151, 153). Aus Nitro-ketonen erhält man unter ähnlichen Bedingungen *Amino-ketone* (Bd. VII/2 c, S. 2276), die nur dann isoliert werden können, wenn kein Ringschluß möglich ist (Bd. XI/1, S. 636) (vgl. a. S. 473, 487).

Aromatische Nitro-Verbindungen werden durch Natriumstannit-Lösung zu aromatischen *Azoxy*-Verbindungen reduziert (s. Bd. X/3, S. 760; Bd. VII/2 c, S. 2276), während mit Zinn(II)-chlorid/Salzsäure *Amine* entstehen (Bd. XI/1, S. 422, 994). Aus Polynitro-Verbindungen können selektiv bei Einsatz entsprechender Mengen Zinn(II)-chlorid *Nitro-amine* (Bd. XI/1, S. 474ff.) erhalten werden. Zur Reduktion von (Nitro-aryl)-hydrazinen zu *(Amino-aryl)-hydrazinen* s. Bd. X/2, S. 303.

2-Nitro-benzaldehyd wird unter Ringschluß zu *Benzo-[c]-1,2-oxazol* reduziert (Bd. X/1, S. 878).

In Nitro-pyrazol kann die Nitro-Gruppe durch Zinn(II)-chlorid in verdünnter Kalilauge zur Nitroso-Gruppe (*Nitroso-pyrazol*) reduziert werden (s. Bd. X/1, S. 1064).

Die selektive Reduktion einer Nitro-Gruppe zum Amin gelingt beim 2-Chlor-3-nitro-1,8-naphthyridin mit Zinn(II)-chlorid in salzsaurer Lösung[1]:

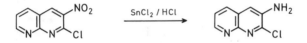

2-Chlor-3-amino-1,8-naphthyridin[1]: 1 g (4,77 mMol) 2-Chlor-3-nitro-1,8-naphthyridin gibt man innerhalb 5 Min. portionsweise zu einer auf 80–100° erwärmten Lösung von 4,1 g (21,8 mg-Atom) Zinn(II)-chlorid in 8,2 *ml* Salzsäure (D$_{20}$ = 1,19). Die Mischung erhitzt man 30 Min. auf dem Wasserbad. Nach Abkühlen versetzt man mit ~ 100 *ml* einer 50%igen wäßr. Natronlauge und extrahiert das Reaktionsgemisch 30 Stdn. mit Äther. Nach Abziehen des Äthers aus dem Extrakt kristallisiert man aus Wasser unter Zusatz von Aktivkohle um; Ausbeute: 280 mg (33% d. Th.); F: 213–215°.

Die Reduktion von 1-Chlor-2-nitroso-Verbindungen zu *1-Chlor-2-amino-*Verbindungen gelingt mit Zinn(II)-chlorid in Salzsäure (Bd. X/1, S. 990).

Zur Reduktion aliphatischer Hydroxylamine zu *Aminen* (s. Bd. XI/1, S. 515) bzw. von Diazo-Verbindungen zu *Aryl-hydrazinen* (Bd. X/2, S. 201ff.) s. ds. Handb.

Azide werden je nach Bedingungen zu Triazenen, Hydrazinen oder Aminen reduziert. Durch vorsichtige Reduktion mit ätherischer Zinn(II)-chlorid-Lösung in Salzsäure bei –20° bilden Arylazide *Triazene*, die jedoch sehr instabil sind und leicht in *Amine* zerfallen (s. Bd. X/3, S. 814). Aus 1-Azido-naphthalin wird dagegen *Naphthyl-(1)-hydrazin* (Bd. XI/1, S. 539) erhalten.

3,3′,4,4′-Tetrachlor-5-nitro-azoxybenzol wird durch Zinn/Salzsäure in Essigsäure mit 30%-iger Ausbeute zu *3,3′,4,4′-Tetrachlor-5-amino-hydrazobenzol* (F: 191°) reduziert[2]:

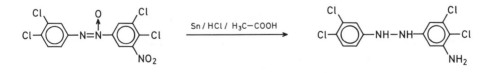

[1] W. Roszkiewicz u. M. Woźniak, Synthesis **1976**, 691.
[2] J. Singh, P. Singh, J. L. Boivin u. P. E. Gagnon, Canad. J. Chem. **40**, 1921 (1962).

Azoxymethan reagiert mit Zinn(II)-chlorid in Salzsäure zu *1,2-Dimethyl-hydrazin*[1].

Azo-Verbindungen wurden vor allem früher durch Zinn(II)-chlorid zu Aminen reduziert. Da das Zinn erst durch Schwefelwasserstoff oder elektrolytische Abscheidung entfernt werden muß, hat diese Methode nur in speziellen Fällen ihre Bedeutung behalten (Bd. XI/1, S. 527), z. B. zur Herstellung säurestabiler *Hydrazo*-Verbindungen, die nicht der Benzidin-Umlagerung unterliegen (s. Bd. X/2, S. 712).

Formazane werden durch Zinn(II)-chlorid, aber auch durch andere milde Reduktionsmittel zu Hydrazinen und Amidrazonen reduziert, wobei die Substituenten am Formazan-Kohlenstoff-Atom den Endpunkt der Reduktion beeinflussen (s. Bd. X/3, S. 689).

Arylazophosphonsäure-dialkylester lassen sich u. a. durch Zinn(II)-chlorid in äthanolischer Salzsäure zu *Phosphorsäure-arylhydrazid-dialkylestern* reduzieren (s. Bd. X/3, S. 590; andere Beispiele s. Bd. XII/2 S. 540).

Die Reduktion von tert.-Arsinoxiden zu *tert.-Arsinen* gelingt ebenfalls mit Zinn(II)-chlorid/Salzsäure. Da jedoch tert.-Arsinoxide umgekehrt aus tert.-Arsinen hergestellt werden, ist diese Methode nur in Ausnahmefällen präparativ sinnvoll (Bd. XIII/8, S. 91). Zur Reduktion einiger Aminobenzol-arsonsäuren zu *Arsonigsäure-dihalogeniden* s. Bd. XIII/8, S. 184.

Arsonsäuren lassen sich durch Zinn(II)-chlorid in salzsaurer Lösung bei Jodwasserstoff-Zusatz zu *polymeren Arsinen* reduzieren. Diese Methode ist besonders für empfindliche Verbindungen geeignet, da die Reaktion bereits in der Kälte eintritt (Bd. XIII/8, S 159).

Die Reduktion unsymmetrischer Orthostibinigsäure-trihalogenide (aus unsymmetrischen Diarylstibinsäuren) ist die beste Methode zur Herstellung unsymmetrischer *Stibinigsäure-halogenide* (Bd. XIII/8, S. 495 f.).

b) mit Titan-Salzen[2, 3]

Titan-Verbindungen finden als Reduktionsmittel in den Oxidationsstufen $Ti^{3\oplus}$, $Ti^{2\oplus}$ und $Ti°$ Verwendung, wobei zu beachten ist, daß $Ti^{2\oplus}$ nicht in wäßrigem Medium eingesetzt werden kann. Bisher sind Titan(II)-Verbindungen im Gegensatz zu Titan(III)-chlorid nicht käuflich, sondern müssen aus Titan(IV)- oder Titan(III)-chlorid hergestellt werden. Die Titan(III)-Ionen können in situ elektrochemisch aus dem Metall erzeugt werden (Eintopf-Verfahren); Elektrodenmaterial und Reaktionsbedingungen s. Lit.[4].

1. Reduktion am C–Atom

α) unter Erhalt des Kohlenstoffgerüsts

α₁) *von ungesättigten Kohlenwasserstoffen*

Alkine, z. B. 1- und 4-Octin, lassen sich durch Titan(IV)-chlorid/Lithiumalanat bei 0° reduzieren. 1-Octin liefert *Octan* (81% d. Th.), während 4-Octin zu einem Gemisch aus

---

[1] B. W. LANGLEY, B. LYTHGOE u. L. S. RAYNER, Soc. **1952**, 4191.
[2] J. E. McMURRY, Accounts Chem. Res. **9**, 281 (1974) (Übersichtsartikel).
[3] T.-L. Ho. Synthesis **1979**, 1 (Übersichtsartikel).
[4] O. CHRISTOFIS et al., Canad. J. Chem. **56**, 2269 (1978).

is- (59% d. Th.), *trans-4-Octen* (23% d. Th.) und *Octan* (13% d. Th.) reduziert wird[1] (bei tieferen Temperaturen erhöhen sich die Alken-Ausbeuten).

In Δ^2-ungesättigten 1,4-Dicarbonyl-Verbindungen (Diketone, Oxo-carbonsäureester, Dicarbonsäuren, jedoch nicht Diester) läßt sich die C=C-Doppelbindung mit Titan(III)-chlorid selektiv reduzieren[2]:

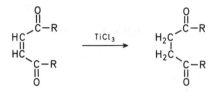

3,6-Dioxo-5α-cholestan[2]: 200 mg (0,5 mMol) 3,6-Dioxo-cholesten-(4) und 10 *ml* Aceton werden in einem 0-*ml*-Dreihalskolben mit Stickstoffeinlaß, Magnetrührer und Gummiverschluß vorgelegt. Dann wird kalte Titan(III)-chlorid-Lösung (0,62 *ml*, 1 mMol) eingespritzt. Man rührt 7 Min. bei 23°, gießt in 50 *ml* Kochsalz-Lösung und schüttelt mit Diäthyläther aus. Der Äther-Extrakt wird mit Natriumsulfat getrocknet, eingeengt und das Rohprodukt 2mal aus Diisopropyläther umkristallisiert; Ausbeute: 173 mg (86% d. Th.); F: 168–169°.

Auf ähnliche Weise erhält man u. a. aus Maleinsäure bzw. 4-Oxo-penten-(2)-säure-äthylester 45% d. Th. *Bernsteinsäure* bzw. 84% d. Th. *4-Oxo-pentansäure-äthylester*.

Zu Reduktionen ungesättigter Dicarbonsäuren eignet sich auch durch elektrochemische Oxidation erzeugtes Titan(III)[3].

α₂) von Carbonyl-Verbindungen

Benzile lassen sich mit Titan(III)-chlorid zu Benzoinen reduzieren. Die Ausbeuten sind hoch, liegen aber trotzdem unter denen der entsprechenden Reduktion mit Vanadium(II)-chlorid[4]:

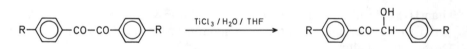

Benzoine; allgemeine Arbeitsvorschrift[4]: Eine Lösung von 500 mg des Benzils in 10 *ml* THF wird mit 10 *ml* einer ~ 1 m wäßr. Lösung von Titan(III)-chlorid gemischt. Man schüttelt 5 Min. bei 23° und schüttelt dann mit Benzol aus. Der Extrakt wird mit Wasser gewaschen, mit Magnesiumsulfat getrocknet und zur Trockene eingedampft. Zur Reinigung wird umkristallisiert; Ausbeute: ~ 90% d. Th.

2-Aroyl-pyridine werden mit Titan(III)-chlorid/Lithiumalanat mit bis zu 93% d. Th. zu den entsprechenden Alkoholen reduziert. Als Nebenprodukt fallen dimere Verbindungen an; z. B.[5]:

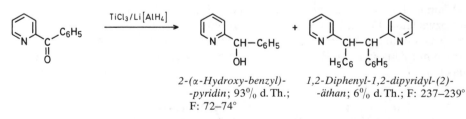

2-(α-Hydroxy-benzyl)-   1,2-Diphenyl-1,2-dipyridyl-(2)-
-pyridin; 93% d. Th.;   -äthan; 6% d. Th.; F: 237–239°
F: 72–74°

P. W. Chum u. S. E. Wilson, Tetrahedron Letters **1976**, 15.
L. C. Blaszczak u. J. E. McMurry, J. Org. Chem. **39**, 258 (1974).
O. Christofis, J. J. Habeeb, R. S. Steevensz u. D. G. Tuck, Canad. J. Chem. **56**, 2269 (1978).
T. L. Ho u. G. A. Olah, Synthesis **1976**, 815.
G. R. Newkome u. J. M. Roper, J. Org. Chem. **44**, 502 (1979).

3-Benzoyl-pyridin ergibt unter analogen Bedingungen unter Dimerisierung *1,2-Dipyri* *dyl-(3)-1,2-diphenyl-äthen*, und aus Dipyridyl-(2)-keton entstehen neben 50% d.Th. *Di* *pyridyl-(2)-carbinol* neben ~ 1% d.Th. *1,1,2,2-Tetrapyridyl-(2)-äthan*.

Benzochinon wird in 98%iger Ausbeute zu *Hydrochinon* reduziert[1].

α_3) von C–X-Einfachbindungen

$\alpha\alpha_1$) in C-Halogen-Verbindungen

i_1) einfache Reduktion

α-Halogen-ketone lassen sich in hohen Ausbeuten mit Titan(III)-chlorid [vgl. a.2] zu de¦ entsprechenden Ketonen reduzieren[3]:

$$R—CO—CH—R \xrightarrow{TiCl_3/H_2O/H_3CCN} R—CO—CH_2—R$$
$$\underset{X}{|}$$

X = Cl, Br

Ketone aus α-Halogen-ketonen; allgemeine Arbeitsvorschrift[3]: Eine Lösung von 10 mMol α-Halogen-keto¦ in 10 *ml* Acetonitril tropft man zu 15 *ml* einer 20%igen wäßr. Titan(III)-chlorid-Lösung. Man evakuiert au¦ ~ 60 Torr, verschließt das Reaktionsgefäß und kocht 18 Stdn. unter Rückfluß. Nach Abkühlen verdünnt man m¦ Wasser, schüttelt mit Chloroform aus und wäscht das Chloroform mit Natriumhydrogencarbonat-Lösung. Nac¦ Trocknen zieht man das Chloroform ab und destilliert oder sublimiert den Rückstand; Ausbeute: 84–100%¦ d.Th.

U. a. sind nach dieser Vorschrift zugänglich:

2-Brom-acetophenon   →   *Acetophenon*
2-Brom-1-oxo-cycloheptan   →   *Cycloheptanon*
d-3-Brom-campher   →   *Campher*

Mit Titan(III)-chlorid/Salzsäure werden α,α'-Dibrom-ketone zu α-Chlor-ketone¦ (bis 95% d.Th.) reduziert und substituiert; in gepufferter Lösung (schwach sauer) werde¦ die reinen Ketone erhalten[4].

Verschiedene Vinylhalogenide bzw. Halogen-aromaten lassen sich in guten Ausbeute¦ durch das System Titan(IV)-chlorid/Lithiumalanat zu den entsprechenden Kohlenwasser¦ stoffen reduzieren. So entsteht z. B. *Naphthalin* aus 1-Brom- oder 1-Chlor-naphthalin i¦ siedendem THF[5].

Zu den analogen Enthalogenierungen mit Titan(III)-chlorid/Magnesium s. Lit.[6].

i_2) reduzierende Eliminierung

Vicinale Dihalogen-alkane lassen sich durch das System Titan(III)-chlorid/Lithiumala¦ nat bzw. Titan(IV)-chlorid/Lithiumalanat unter Eliminierung der Halogen-Atome in gu¦ ten Ausbeuten zu Alkenen reduzieren (die Ausbeuten liegen höher als bei den Reduk¦ tionen mit Zink und die Reaktion verläuft einfacher als mit Natrium in flüssigem Ammo¦ niak)[7]:

---

[1] L. C. BLASZCAK u. J. E. MCMURRY, J. Org. Chem. **39**, 258 (1974).
[2] O. CHRISTOFIS, J. J. HABEEB, R. S. STEEVENSZ u. D. G. TUCK, Canad. J. Chem. **56**, 2269 (1978).
[3] T.-L. HO u. C. M. WONG, Synth. Commun. **3**, 237 (1973).
[4] D. BRIGHT-ANGRAND u. B. MUCKENSTURM, J. Chem. Res. [S] **1977**, 274.
[5] T. MUKAIYAMA, M. HAYASHI u. K. NARASAKA, Chem. Letters **1973**, 291; C.A. **78**, 124 178 (1973).
[6] S. TYRLIK u. I. WOLOCHOWICZ, Chem. Commun. **1975**, 781.
[7] G. A. OLAH u. G. K. S. PRÁKASH, Synthesis **1976**, 607.

$$R^1—CH—CH—R^2 \xrightarrow{\substack{TiCl_3/LiAlH_4/THF \text{ od.} \\ TiCl_4/LiAlH_4/THF}} R^1—CH=CH—R^2$$
$$\quad\quad |\quad\quad |$$
$$\quad\quad X\quad\quad X$$

Alkene aus vic. Dihalogen-alkanen; allgemeine Arbeitsvorschrift[1]:

Titan(II)-Reagens: Zu einer Aufschlämmung von 15,43 g (0,1 Mol) Titan(III)-chlorid bzw. 18 g (0,1 Mol) Titan(IV)-chlorid in 200 ml THF gibt man unter Stickstoff 1,9 g (50 mMol) Lithiumalanat. Man rührt unter Wasserstoffentwicklung 30 Min.

Reduktion: Zu der Titan(II)-Mischung gibt man tropfenweise unter Rühren eine Lösung von 100 mMol des vic. Dihalogenids in 50 ml trockenem THF (~ 30 Min.). Man kocht 8 Stdn. unter Rückfluß, gibt dann eine wäßr. Ammoniumchlorid-Lösung zu und schüttelt mit Diäthyläther aus. Der Extrakt wird getrocknet und das Produkt nach Abziehen des Äthers durch Destillation oder Umkristallisation gereinigt.

Nach dieser Methode erhält man u. a. aus den entsprechenden 1,2-Dibrom-Verbindungen[1]:

1-Octen	84% d. Th.
trans-Stilben	88% d. Th.
Cycloocten	72% d. Th.

Bromhydrine werden ebenfalls in hohen Ausbeuten zu Alkenen umgesetzt. Da die Reduktion in absolut säurefreiem Milieu durchgeführt wird, verhalten sich säureempfindliche Gruppen inert. Die Eliminierung verläuft allerdings mit geringer Stereoselektivität[2]:

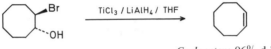

Cycloocten; 96% d. Th.

Analog erhält man z.B. aus:

2-Brom-1-decanol	→	*1-Decen;* 74% d. Th.
*erythro-*5-Brom-6-decanol	→	*5-Decen;* 91% d. Th. (4:1 *trans/cis*)
6-Brom-3β,5-dihydroxy-cholestan	→	*3β-Hydroxy-cholesten-(5);* 79% d. Th.

αα₂) in Äthern und Acetalen

Bei Alkanal-acetalen wird bei der Reduktion mit Titan(IV)-chlorid/Lithiumalanat selektiv eine Alkoxy-Gruppe reduktiv entfernt[3]; z. B.:

$$H_5C_6—CH_2—CH_2—CH(OCH_3)_2 \xrightarrow{\substack{TiCl_4/2\,LiAlH_4 \\ (H_5C_2)_2O/Rückfluß}} H_5C_6—(CH_2)_3—OCH_3$$

3-Methoxy-1-phenyl-propan;
87% d. Th.

Im Gegensatz dazu führt die entsprechende Reduktion von Acetalen aromatischer Aldehyde und Ketone zu C,C-Verknüpfung (s. S. 494ff.).

Oxirane lassen sich (nicht stereospezifisch) reduktiv in Alkene überführen, wobei als Reagens Titan(III)-chlorid/Lithiumalanat[4] eingesetzt wird:

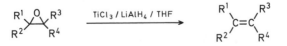

[1] G. A. OLAH u. G. K. S. PRAKASH, Synthesis **1976**, 607.
[2] J. E. McMURRY et al. J. Org. Chem. **40**, 3797 (1975); **43**, 3249 (1978).
[3] T. MUKAIYAMA, Ang. Ch. **89**, 858, 864 (1977) (Übersichtsartikel).
[4] J. E. McMURRY u. M. P. FLEMING, J. Org. Chem. **40**, 2555 (1975); **43**, 3249 (1978).

Mit Titanocen-dichlorid/Natrium werden dagegen Alkane und als Nebenprodukte Alkohole erhalten[1] (**Vorsicht:** Der bei der Aufarbeitung entstehende graue Niederschlag aus Titan-Polymeren ist an der Luft selbstentzündlich).

$\alpha\alpha_3$) in Thioacetalen

Dithioacetale werden durch Titan(IV)-chlorid/Lithiumalanat in hohen Ausbeuten reduktiv entschwefelt[2] z.B.:

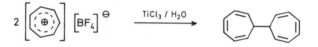

1,5-Diphenyl-pentan; 95% d.Th.

β) unter C–C-Neuknüpfung

Die reduktive C,C-Verknüpfung (inklusive Dimerisierung) mit Hilfe von Titan-Salzen tritt häufig bei Ketonen und Alkoholen, selten dagegen bei Carbokationen und bei Halogen-Verbindungen auf[3].

β_1) *von Tropylium-Kationen*

Bei Reduktion von Tropylium-tetrafluoroborat in wäßriger Lösung durch Titan(III)-chlorid[4] wird *7,7'-Bi-cycloheptatrienyl* erhalten:

$$2 \left[\text{⊕} \right] \left[BF_4 \right]^{\ominus} \xrightarrow{\text{TiCl}_3\ /\ H_2O} \qquad$$

7,7'-Bi-cycloheptatrienyl[4]: Zu einer Lösung von 1 g (5,6 mMol) Tropylium-tetrafluoroborat in 10 *ml* Wasser gibt man unter Rühren 20 *ml* einer ~ 1 m Lösung von Titan(III)-chlorid. Es tritt sofort ein Farbumschlag auf. Man schüttelt mit Diäthyläther aus, trocknet den äther. Extrakt, engt ein und kristallisiert aus Pentan um; Ausbeute; 488 mg (96% d.Th.); F: 58–60°.

β_2) *von Oxo-Verbindungen*

Oxo-Verbindungen lassen sich reduktiv mit guten bis sehr guten Ausbeuten zu Diolen (vgl. Bd. VI/1a, 2, S. 1498) verknüpfen, die durch weitere Reduktion in Alkene übergehen können. Bei günstiger Lage der Oxo-Gruppe lassen sich auch intramolekulare Ringschlüsse erreichen.

Als Reduktionsmittel werden Titan(III)-chlorid/Kalium in THF[5], Titan(III)-chlorid/Zink/Kupfer in 1,2-Dimethoxy-äthan[6] oder Cyclopentadienyl-titan(III)-chlorid/Lithiumalanat in THF[7] eingesetzt; z. B.:

[1] E.E. van Tamelen u. J. A. Gladysz, Am. Soc. **96**, 5290 (1974).
[2] T. Mukaiyama, M. Hayashi u. K. Narasaka, Chem. Lett. **1973**, 291; C.A. **78**, 124 178 (1973).
[3] H.Ishikawa u. T. Mukaiyama, Bl. chem. Soc. Japan **51**, 2059 (1978).
[4] G. A. Olah u. T.-L. Ho, Synthesis **1976**, 798.
[5] J. E. McMurry u. M. P. Fleming, J. Org. Chem. **41**, 896 (1976).
[6] J. E. McMurry u. K. L. Kees, J. Org. Chem. **42**, 2655 (1977).
[7] E. J. Corey, R. L. Danheiser u. S. Chandrasekaran, J. Org. Chem. **41**, 260 (1976).

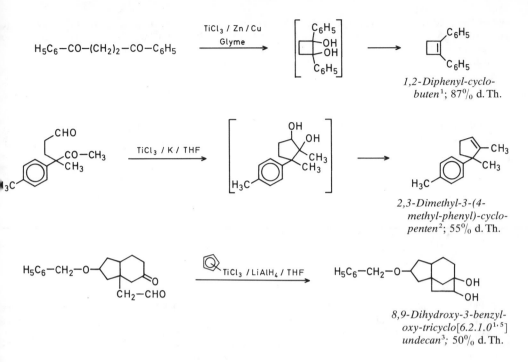

$H_5C_6-CO-(CH_2)_2-CO-C_6H_5$

$\xrightarrow[\text{Glyme}]{\text{TiCl}_3 \text{ / Zn / Cu}}$

1,2-Diphenyl-cyclo-buten[1]; 87% d. Th.

$\xrightarrow[\text{THF}]{\text{TiCl}_3 \text{ / K /}}$

2,3-Dimethyl-3-(4-methyl-phenyl)-cyclo-penten[2]; 55% d. Th.

$H_5C_6-CH_2-O$

$\xrightarrow{\text{TiCl}_3 \text{ / LiAlH}_4 \text{ / THF}}$

$H_5C_6-CH_2-O$

8,9-Dihydroxy-3-benzyl-oxy-tricyclo[6.2.1.0^{1,5}] undecan[3]; 50% d. Th.

1,2-Dibutyl-cycloundecen[1]: 1,031 g (6,68 mMol) Titan(III)-chlorid und 1,011 g (15,4 mMol) Zink-Kupfer-Verbindung (aus 9,8 g Zinkstaub, 40 *ml* sauerstoff-freiem Wasser und 750 mg Kupfersulfat; Mischung unter Stickstoff filtrieren, mit sauerstoff-freiem Wasser, Aceton und Äther waschen und trocknen) werden unter Argon über ein Schlenk-Rohr in einen Kolben eingebracht. Man gibt 20 *ml* wasserfreies 1,2-Dimethoxy-äthan zu und kocht 1 Stde. unter Rückfluß. Zur siedenden Mischung werden 182 mg (0,61 mMol) 5,15-Dioxo-nonadecan in 40 *ml* 1,2-Dimethoxy-äthan mit einer motorgetriebenen Spritze innerhalb 30 Stdn. eingebracht. Nach weiteren 14 Stdn. läßt man auf 23° abkühlen, läßt durch Florisil laufen, engt am Rotationsverdampfer ein und chromatographiert an einer kurzen Aluminiumoxid-Säule; Ausbeute: 122 mg (76% d. Th.); F: 80,5–82,5°.

Nach dieser Vorschrift werden Ringe mit 4–16 Gliedern in Ausbeuten von 50–95% d. Th. erhalten.

Mit dem System $Ti^{3\oplus}$- oder $Ti^{4\oplus}$/Metall lassen sich in analoger Weise auch Aldehyde oder Ketone intermolekular verknüpfen, so daß einerseits D i m e r i s i e r u n g s p r o d u k t e, andererseits u n s y m m e t r i s c h s u b s t i t u i e r t e A l k e n e erhalten werden können; z. B.[4]:

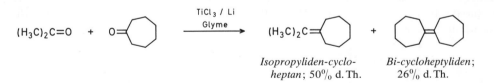

$(H_3C)_2C=O$ +

$\xrightarrow[\text{Glyme}]{\text{TiCl}_3 \text{ / Li}}$

$(H_3C)_2C=$ +

Isopropyliden-cyclo-heptan; 50% d. Th.   *Bi-cycloheptyliden*; 26% d. Th.

Reduktive Kupplung von Ketonen zu Alkenen mit Titan(IV)-chlorid/Zinkstaub; allgemeine Arbeitsvorschrift[5]: Unter Rühren und Eiskühlung läßt man im Stickstoff-Strom 14,2 g (8,2 *ml*, 75 mMol) reines Titan(IV)-chlorid zu 200 *ml* abs. THF oder 1,4-Dioxan tropfen. Anschließend gibt man portionsweise 10 g (150 mg-Atom) Zinkstaub zu, der sich wegen der Bildung von Titan(II)-salzen schwarz färbt. Nach Zusatz von 5 *ml* Pyridin gibt man eine Lösung von 70 mMol Keton in 20 *ml* THF oder 1,4-Dioxan zu. Das Gemisch wird 18 Stdn. bis 3 Tage am Rückfluß erhitzt. Nach dem Abkühlen läßt man 150 *ml* einer 10%igen Kaliumcarbonat-Lösung zutropfen

J. E. McMurry u. K. L. Kees, J. Org. Chem. **42**, 2655 (1977).

J. E. McMurry u. M. P. Fleming, J. Org. Chem. **41**, 896 (1976).

J. E. Corey, R. L. Danheiser u. S. Chandrasekaran, J. Org. Chem. **41**, 260 (1976); mit TiCl₃/Li [AlH₄].

J. E. McMurry u. L. R. Krepski, J. Org. Chem. **41**, 3929 (1976).

D. Lenoir, Synthesis **1977**, 553.

und schüttelt mit 5mal 50 *ml* Diäthyläther oder Pentan aus. Der Extrakt wird 2mal mit Wasser gewaschen, ge trocknet und i. Vak. eingeengt. Der Rückstand wird an 60 g Kieselgel (Merck 60, 0,2–0,6 mm) mit Pentan chro matographiert. Das Alken wird zur weiteren Reinigung destilliert oder umkristallisiert.

Nach diesem und ähnlichen Verfahren hergestellte Produkte s. Tab. 36 (S. 497).

β_3) von Halogen-Verbindungen

Allyl- und Benzylhalogenide werden mit Titan(III)-chlorid/ oder Titan(IV)-chlorid/Li thiumalanat in THF zu Alkanen, Aryl-dichlor-methane entsprechend zu arylsubstituier ten Alkenen reduziert[1]:

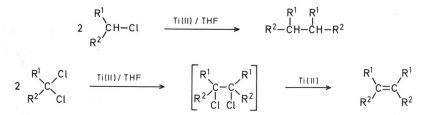

Reduktive Kupplung von Benzyl-, Allyl-halogeniden bzw. Aryl-dichlor-methanen; allgemeine Arbeitsvor schrift[1]; Zu einer Titan(II)-Lösung (Herstellung s. Arbeitsvorschrift S. 493) gibt man unter Rühren eine Lösung von 100 mMol Allyl- oder Benzylhalogenid bzw. 50 mMol Aryl-dichlor-methan in 50 *ml* THF. Man kocht 10 Stdn. im Rückfluß, gibt wäßr. Ammoniumchlorid zu und schüttelt mit Diäthyläther aus. Nach Trocknen des Ex trakts und Abziehen des Äthers wird durch Destillation oder Umkristallisieren gereinigt.

Auf diese Weise erhält man u. a. aus:

Benzylchlorid	→ *1,2-Diphenyl-äthan*	76% d. Th.
1-Chlor-1-phenyl-äthan	→ *2,3-Diphenyl-butan*	83% d. Th.; F: 123–124°
Chlor-diphenyl-methan	→ *1,1,2,2-Tetraphenyl-äthan*	85% d. Th.
Dichlor-phenyl-methan	→ *Stilben*	79% d. Th.
Dichlor-diphenyl-methan	→ *Tetraphenyl-äthen*	96% d. Th.
3-Chlor-2-methyl-propen	→ *2,5-Dimethyl-hexadien-(1,5)*	76% d. Th.; Kp$_{760}$: 116°

β_4) von Alkoholen

Die reduktive Dimerisierung durch Deoxygenierung gelingt nur mit Allyl-[2–4] und Benzylalkoholen[4]. Als Reduktionsmittel kommen Titan(IV)-chlorid in Alkohol (→ Dial koxy-titandichlorid) und nachfolgende Reduktion mit flüssigem Kalium in siedendem Benzol (→ Dialkoxytitan)[2] oder besser Titan(IV)-chlorid/Lithiumalanat in 1,2-Di methoxy-äthan[4] in Frage. Titan(III)-chlorid mit Alkyl- oder Aryl-lithium soll ähnliche Resultate liefern[3].

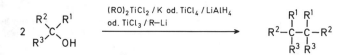

1,3-Diphenyl-1,3-propandiol wird dagegen mit Titan(III)-chlorid/Lithiumalanat zu ei nem Gemisch aus 12% *cis*- und 49% *trans-1,2-Diphenyl-cyclopropan*, 20% *1,3-Diphe nyl-propanol*, 15% *1,3-Diphenyl-propan* und 5% *trans-1,3-Diphenyl-propen* (Gesamt ausbeute der Cyclopropan-Verbindungen 40% d. Th.) reduziert[5]:

[1] G. A. Olah u. G. K. S. Prakash, Synthesis **1976**, 607.

[2] E. E. van Tamelen u. M. A. Schwartz, Am. Soc. **87**, 3277 (1965).

[3] K. B. Sharpless, R. P. Hanzlik u. E. E. van Tamelen, Am. Soc. **90**, 209 (1968).

[4] J. E. McMurry u. M. Silvestri, J. Org. Chem. **40**, 2687 (1975).

[5] A. L. Baumstark, C. J. McCloskey, T. J. Tolson u. G. T. Syriopoulos, Tetrahedron Letters **1977**, 3003.

Tab. 36: Reduktive C,C-Verknüpfung von Oxo-Verbindungen

Keton oder Aldehyd	Keton oder Aldehyd	Reduktionsmittel und Bedingungen	Reaktionsprodukte	Ausbeute [% d. Th.]	Kp [°C]	Kp [Torr]	Literatur
Aceton	Benzophenon	TiCl₃/Li in Glyme, 2 Stdn. 23°, 20 Stdn. unter Rückfluß. Verhältnis Aceton-Keton = 4:1	2-Methyl-1,1-diphenyl-propen	94			1
	4-Oxo-4-tert.-butyl-cyclohexan		4-tert.-Butyl-1-iso-propyliden-cyclohexan + 4,4'-Di-tert.-butyl-bi-cyclohexyliden	55 / 22			
	1-Indanon		1-Isopropyliden-indan + 1,1'-Bi-indanyliden	71 / 24			
	Fluorenon		9-Isopropyliden-fluoren	84			
Benzophenon	3-Oxo-cholestan	TiCl₃/Li in Glyme, 2 Stdn. 23°, 20 Stdn. unter Rückfluß. Verhältnis der Ketone 1:1	3-Diphenylmethylen-cho-lestan + Tetraphenyl-äthen + 3,3'-Bi-cholestanyliden	82 / 14 / 5			1
Dicyclopropylketon	—	TiCl₄/Zn/Pyridin in THF	Tetrakis-[cyclopropyl]-äthen	25	70–72	0,5	2
Benzaldehyd	—	TiCl₃/LiAlH₄	Stilben	85			3
Benzophenon	—	TiCl₃/LiAlH₄	Tetraphenyl-äthen	95			3
4-Methoxy-propio-phenon	—	TiCl₃/LiAlH₄	3,4-Bis-[4-methoxy-phenyl]-hexen-(3)	95			3
Pentanal	—	TiCl₃/K	Decen-(5) (cis/trans = 3:7)	77			4
2-Oxo-4-methyl-1-iso-propyl-cyclohexan	—	TiCl₄/Zn/Pyridin in THF	5,5'-Dimethyl-2,2'-diiso-propyl-bi-cyclohexyliden (cis/trans = 1:3)	51	80–82	0,7	2
Cycloheptanon	—	TiCl₃/LiAlH₄	Bi-cycloheptyliden	95			3
	—	TiCl₃/K		86			4
2-Oxo-homoadamantan	—	TiCl₃/LiAlH₄/THF	trans-4,4'-Bi-homoada-mantyliden	40	(F: 168–170°)		5

[1] J. E. McMurry u. M. P. Fleming, Am. Soc. 96, 4708 (1974).
[2] D. Lenoir, Synthesis 1977, 553.
[3] J. E. McMurry u. L. R. Krepski, J. Org. Chem. 41, 3929 (1976).
[3] J. E. McMurry u. M. P. Fleming, Am. Soc. 96, 4708 (1974).
[4] J. E. McMurry u. M. P. Fleming, J. Org. Chem. 41, 896 (1976).
[5] G. A. Olah, G. K. S. Prakash u. G. Liang, Synthesis 1976, 318.

$$H_5C_6-CH-CH_2-CH-C_6H_5 \xrightarrow{\text{TiCl}_3 \text{ / LiAlH}_4} \triangle \text{ (}H_5C_6 \text{ } C_6H_5\text{)} + \triangle \text{ (}C_6H_5, H_5C_6\text{)} + \text{offenkettige Produk}$$

Reduktive Dimerisierung von Alkoholen mit Titan(III)-chlorid/Lithiumalanat; allgemeine Arbeitsvo **schrift**[1]: Ein in einer Kugelmühle unter Stickstoff vorbehandeltes 3:1-Gemisch aus Titan(III)-chlorid und L thiumalanat (2,5 g; 15 mMol) gibt man, ebenfalls unter Stickstoff, zu 70 *ml* trockenem 1,2-Dimethoxy-ätha Die schwarze Suspension wird vor Gebrauch 10 Min. gerührt. 5 mMol des Alkohols, gelöst in einigen *ml* 1,2-D methoxy-äthan werden zugegeben und das Gemisch 16 Stdn. unter Rückfluß gekocht. Nach Abkühlen gibt m verd. wäßr. Salzsäure zu, verdünnt mit Wasser und schüttelt mit Diäthyläther aus. Der Äther-Extrakt wird m Kochsalz-Lösung gewaschen und mit Magnesiumsulfat getrocknet. Dann wird der Äther abgezogen und das Pr dukt durch Destillation oder Umkristallisation gereinigt.

Weitere Beispiele s. Tab. 37 (S. 499).

2. Reduktion am Heteroatom

α) am Schwefel-Atom

Sulfoxide lassen sich mit Titan(III), besser mit Titan in niedrigeren Oxidationsstufen, z Sulfanen reduzieren.

Insgesamt stehen drei Reduktionsmethoden zur Wahl:

① Titan(III)-chlorid in Chloroform und wäßrigem Methanol bzw. in Eisessig
② Titan(IV)-chlorid/Lithiumalanat in Diäthyläther
③ Titan(IV)-chlorid/Zink/Diäthyläther-Dichlormethan

Sulfane aus Sulfoxiden; allgemeine Arbeitsvorschrift:

Mit Titan(IV)-chlorid/Lithiumalanat[2]: Zu einer Suspension aus 40 *ml* Diäthyläther, Lithiumalana und 10 mMol Sulfoxid gibt man tropfenweise Titan(IV)-chlorid. Man hält die Temp. der stark exothermen Reak tion durch Kühlung bei 0°, rührt 15 Min. und hält dann einige Zeit bei 23°. Mit 30 *ml* wäßr. Ammoniumchlor zersetzt man überschüssiges Lithiumalanat, trennt die organ. Phase ab, wäscht sie mit Wasser und trocknet m Magnesiumsulfat. Zur Reinigung wird der durch Einengen erhaltene Rückstand chromatographiert.

Mit Titan(IV)chlorid/Zink[3]:

Methode 1: Im Reaktionskolben legt man 40 *ml* Diäthyläther und 5 mMol Sulfoxid vor und kühlt mit eine Wasserbad. Unter Rühren gibt man rasch das Titan(IV)-chlorid und anschließend in kleinen Portionen den Zink staub zu. Nach ~ 1 Min. gibt man 50 *ml* Wasser zu, trennt die organ. Phase ab, wäscht sie mit Wasser, trockne engt ein und chromatographiert den Rückstand mit Hexan oder Pentan an Kieselgel.

Methode 2: Man legt 30 *ml* Diäthyläther und den Zinkstaub vor, gibt unter Kühlung das Titan(IV)-chlorid un 2 Min. später das in 20 *ml* Dichlormethan gelöste Sulfoxid langsam zu. Die Aufarbeitung erfolgt wie bei Method 1.

Nach diesen und weiteren Verfahren hergestellte Sulfane s. Tab. 38 (S. 500).

β) am Stickstoff-Atom

β₁) in Nitro-Verbindungen

Aromatische Nitro-Verbindungen lassen sich durch Titan(III)-chlorid zu Aminen re duzieren, aliphatische Nitro-Verbindungen bilden dagegen Imine[4], die bei der Aufarbei tung in Aldehyde oder Ketone übergeführt werden:

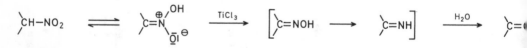

[1] J. E. McMurry u. M. Silvestri, J. Org. Chem. **40**, 2687 (1975).
[2] J. Drabowicz u. M. Mikolajezyk, Synthesis **1976**, 527.
[3] J. Drabowicz u. M. Mikolajezyk, Synthesis **1978**, 138.
[4] J. E. McMurry u. J. Melton, J. Org. Chem. **38**, 4367 (1973).

Tab. 57: Reduktive Dimerisierung von Alkoholen

Alkohol	Reduktionsmittel	Bedingungen	Reaktionsprodukt	Ausbeute [% d. Th.]	F [°C]	Literatur
$H_5C_6-CH_2-OH$	$TiCl_3/CH_3Li$	Glyme, −78°	⎱ 1,2-Diphenyl-äthan	68		[1]
	$TiCl_3/LiAlH_4$ (3:1)	Glyme, 12 Stdn. kochen	⎰	78	51 − 51,5	[2]
$H_5C_6-C(CH_3)_2-OH$	$Ti(OR)_2$	in siedendem Benzol	2,3-Dimethyl-2,3-diphenyl-butan	95	117 − 118	[2]
$H_2C=CH-CH_2-OH$	$TiCl_3/CH_3Li$	Glyme, −78°	1,5-Hexadien	38		[3]
(Struktur)			1,2-Bis-[2,6-dimethyl-cyclohexadien-(1,5)-yl]-äthan	71		[1]
(Struktur)	$TiCl_3/LiAlH_4$ (3:1)	Glyme, 12 Stdn. kochen	Bi-cyclohepten-(2)-yl	87		[2]

[1] K. B. Sharpless, R. P. Hanzlik u. E. E. van Tamelen, Am. Soc. 90, 209 (1968).
[2] J. E. McMurry u. M. Silvestri, J. Org. Chem. 40, 2687 (1975).
[3] E. E. van Tamelen u. M. A. Schwartz, Am. Soc. 87, 3277 (1965).

Tab. 38: Sulfane durch Reduktion von Sulfoxiden mit Titan-Salzen
$R^1\text{–}SO\text{–}R^2 \rightarrow R^1\text{–}S\text{–}R^2$

R^1	R^2	Bedingungen	...-sulfan	Ausbeute [% d. Th.]	Kp [°C]	Kp [Torr]	Literatur
CH_3	C_3H_7	Sulfoxid/LiAlH$_4$:TiCl$_4$ = 1:1,2; 1 Stde.	Methyl-propyl-...	82	95–97	760	[1]
	C_4H_9	Sulfoxid: TiCl$_4$: Zn = 1:1,5:3; Methode 1 (s. S. 498)	Methyl-butyl-...	80 / 84	120–121 / 122–123	760 / 760	[2]
	$CH_2\text{–}C_6H_5$	Sulfoxid/LiAlH$_4$:TiCl$_4$ = 1:1,1; 0,5 Stdn.	Methyl-benzyl-...	90	100	13	[1]
	C_2H_5	TiCl$_3$/N$_2$/HCCl$_3$/H$_3$COH/H$_2$O		80			[3]
		Sulfoxid/LiAlH$_4$:TiCl$_4$ = 1:1,1; 0,5 Stdn.	Methyl-phenyl-...	89	85–86	13	[1]
		Sulfoxid: TiCl$_4$: Zn = 1:2:4, Methode 1 (s. S. 498)		92	84–85	15	[2]
C_2H_5	$CH_2\text{–}C_6H_5$	Sulfoxid/LiAlH$_4$:TiCl$_4$ = 1:1,2; 45 Min.	Äthyl-benzyl-...	92	103	15	[1]
$(H_3C)_3C$	C_6H_5	Sulfoxid: TiCl$_4$: Zn = 1:3:6; Methode 2 (s. S. 498)	tert.-Butyl-phenyl-...	91	92–93	14	[2]
(2-Methylpiperidino structure) N–CH–CH$_2$– ; CH$_3$	$4\text{-}CH_3\text{–}C_6H_4$	TiCl$_3$/H$_3$C–COOH	(2-Piperidino-propyl)-(4-methyl-phenyl)-...	100	120	0,05	[4]
C_4H_9	C_4H_9	Sulfoxid: TiCl$_4$: Zn = 1:1,5:3; Methode 1 (s. S. 498)	Dibutyl-...	90	80	20	[2]

[1] J. DRABOWICZ u. M. MIKOLAJEZYK, Synthesis 1976, 527.

[2] J. DRABOWICZ u. M. MIKOLAJEZYK, Synthesis 1978, 128.

[3] T.-L. HO u. C. M. WONG, Synth. Commun. 3, 37 (1973).

[4] D. J. ABBOT, S. COLONNA u. C. J. M. STIRLING, Chem. Commun. 1971, 471; San. [Perkin Trans. I] 1976, 492.

Imine; allgemeine Arbeitsvorschrift[1]:

Mit wäßr. Titan(III)-chlorid bei p_H 1: Eine 0,2 m Lösung der Nitro-Verbindungen in THF oder 1,2-Dimethoxy-äthan wird mit 4 Äquivalenten einer 20%igen wäßr. Titan(III)-chlorid-Lösung unter Stickstoff versetzt und bei 23° gerührt. Man gießt in Diäthyläther und trennt die Phasen. Die wäßr. Phase wird mehrmals mit Diäthyläther ausgeschüttelt. Die vereinigten organ. Extrakte werden mit 5%iger Natriumhydrogencarbonat-Lösung und Kochsalz-Lösung gewaschen, getrocknet, eingeengt und destilliert.

Mit wäßr. Titan(III)-chlorid bei p_H 5: Durch Zugabe von 4,6 g (60 mMol) Ammoniumacetat in 15 ml Wasser unter Stickstoff zu 20%iger wäßr. Titan(III)-chlorid-Lösung (10 mMol) wird eine gepufferte Titan(III)-Lösung hergestellt. Man gibt die in einem geeigneten Lösungsmittel gelöste Nitro-Verbindung rasch zu und rührt bei 23°. Dann wird wie oben isoliert.

So erhält man u. a.:

Phenyl-acetaldehyd	80% d. Th.; bei pH < 1	
2,5-Dioxo-heptan	85% d. Th.; bei pH < 1 (aus 3-Nitro-6-oxo-heptan)	
Cyclooctanon	55% d. Th.; bei pH < 1	

Die Reduktion aromatischer Nitro-Verbindungen durch Titan(III)-chlorid dient der titrimetrischen Bestimmung der Nitro-Gruppe[2].

Der besondere Wert dieser milden Reduktion liegt in ihrer hohen Selektivität, da die anderen leicht reduzierbaren funktionellen Gruppen (z. B. Cyan) in der Regel nicht angegriffen werden[3].

Aniline; allgemeine Arbeitsvorschrift[3]: Eine Mischung aus 5 mMol Nitro-aren und 23 ml 20%igem wäßr. Titan(III)-chlorid (~30 mMol) wird in einen 100-ml-Kolben gegeben, auf 60 Torr evakuiert und 16 Stdn. bei 23° geschüttelt. Die Nitro-Verbindung wird gegebenenfalls mit wenigen ml Benzol gelöst. Man setzt Ammoniak bis zur basischen Reaktion zu, schüttelt mit Chloroform aus und filtriert. Der Filterkuchen wird mehrmals mit Chloroform ausgewaschen. Man vereinigt die Extrakte, trocknet, engt ein und reinigt durch Destillieren oder Umkristallisieren. Die Ausbeuten liegen bei 80–96% d. Th.

So erhält man u. a.:

2-Chlor-anilin	90% d. Th.; Kp_{760}: 206–208°
4-Methoxy-anilin	89% d. Th.; F: 55–57°
4-Amino-benzoesäure-methylester	80% d. Th.; F: 112–113°
4-Amino-benzonitril	82% d. Th.; F: 84–86°

In nichtwäßrigem Medium ist ein p_H-Wert von 2,5–4,1 optimal[4].

β_2) in N-Oxiden

Für eine ganze Reihe von heteroaromatischen N-Oxiden hat sich Titan(III)-chlorid in Methanol oder THF als gutes Reduktionsmittel erwiesen. Die entsprechenden Heteroaromaten werden dabei in 70–97%iger Ausbeute erhalten[5]; z. B. Pyridin[6, 7].

2,4-Diamino-6-piperidino-pyrimidin[5]:

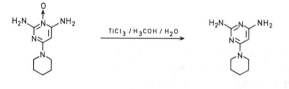

J. E. McMurry u. J. Melton, J. Org. Chem. **38**, 4367 (1973).

E. Knecht u. E. Hibbert, B. **36**, 166 (1903); **40**, 3819 (1907); **43**, 3455 (1910).

F. Sachs u. E. Sichel, B. **37**, 1861 (1904).

T.-L. Ho u. C. M. Wong, Synthesis **1974**, 45.

R. A. Dubinskii, Ž. obšč. Chim. **47**, 136 (1977); engl.: 124; C.A. **86**, 129937 (1977).

J. M. McCall u. R. E. Ten Brink, Synthesis **1975**, 335.

R. T. Brooks u. P. D. Sternglanz, Anal. Chem. **31**, 561 (1959).

T. Everton, A. P. Zipp u. R. O. Ragsdale, Soc. [Dalton Trans.] **1976**, 2449.

Unter Rühren gibt man zu einer Lösung von 500 mg (2,39 mMol) 2,4-Diamino-6-piperidino-pyrimidin-3-oxid in 20 *ml* Methanol tropfenweise eine 20%ige wäßr. Titan(III)-chlorid-Lösung so zu, daß die Titan(III)-chlorid-Farbe gerade noch erhalten bleibt. Nach ~ 15 Min. bleibt die Farbe bestehen. Man engt i. Vak. ein, versetzt mit ges. Natriumhydrogencarbonat-Lösung und schüttelt mit Dichlormethan aus. Die vereinigten organ. Phasen werden mit Natriumsulfat getrocknet und i. Vak. eingeengt. Man kristallisiert aus Essigsäure-äthylester/Cyclohexan um; Ausbeute: 450 mg (97% d. Th.); F: 135–136°.

Analog werden *4-Chlor-2,4-diamino-pyrimidin* (78% d. Th.; F: 197–200°) und *2-Amino-4-methyl-chinazolin* (83% d. Th.; F: 159–159,8°) erhalten[1].

3-Methyl-pyridin[1]: 10 g (91,7 mMol) 3-Methyl-pyridin-1-oxid werden in 40 *ml* THF gelöst und bei 0° mit wäßr. Titan(III)-chlorid-Lösung versetzt (s. obige Vorschrift). Die Mischung wird mit 50%iger Natronlauge neutralisiert und unter Druck durch Celite filtriert. Der anorgan. Rückstand wird mehrmals mit Dichlormethan aufgerührt und filtriert. Man wäscht die vereinigten organ. Phasen mit wäßr. Natriumhydrogencarbonat, trocknet mit Natriumsulfat und destilliert; Ausbeute: 6,05 g (71% d. Th.); Kp_{85}: 77°.

Entsprechend wird *4-Chlor-2-methyl-pyridin* zu 79% d. Th. erhalten[1].

β_3) in Oximen, Diazo-Verbindungen oder Aziden

Oxime lassen sich mit Titan(III)-chlorid über Imine zu Ketonen reduzieren[2,3]; z. B.[3]:

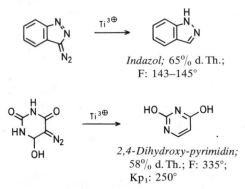

Acetophenon; 80% d. Th.

α-Halogen-oxime ergeben bei entsprechender Reduktion mit wäßrigem Titan(III)-chlorid halogenfreie Ketone[4].

Diazo-heterocyclen werden durch Titan(III)-chlorid [besser als Eisen(II)-Salz] unter Stickstoff-Abspaltung hydrogenolysiert[5]; z. B.:

Indazol; 65% d. Th.; F: 143–145°

2,4-Dihydroxy-pyrimidin; 58% d. Th.; F: 335°; Kp_1: 250°

Titan(III)-chlorid eignet sich in wäßrig-alkoholischer Lösung (je nach Löslichkeit des Azids mit oder ohne Zusatz von Dimethylformamid) zur Reduktion heterocyclischer Azide oder von Verbindungen mit aktivierter Azido-Gruppe (z. B. Benzolsulfonyl-azide oder p-Toluolsulfonyl-azide) zu prim. Aminen[6]: z. B.:

[1] J. M. McCall u. R. E. Ten Brink, Synthesis **1975**, 335.
[2] G. H. Timms u. E. Wildsmith, Tetrahedron Letters **1971**, 195.
[3] O. Christofis, J. J. Habeeb, R. S. Steevensz u. D. G. Tuck, Canad. J. Chem. **56**, 2269 (1978).
[4] C. T. Buse u. C. A. Heathcock, Tetrahedron Letters **1978**, 1685.
[5] B. Stanovnik, M. Tišler, M. Kočevar, B. Koren, M. Bešter u. V. Kermavner, Synthesis **1979**, 194.
[6] B. Stanovnik, M. Tišler, S. Polanc u. M. Gračner, Synthesis **1978**, 65.

$$\text{N}_3\text{-}\langle\text{imidazolo}\rangle \xrightarrow{\text{TiCl}_3} \text{H}_2\text{N}\text{-}\langle\text{imidazolo}\rangle$$

*6-Amino-⟨imidazolo-[1,2-b]-
pyridazin⟩*; 83% d. Th.;
F: 194–196°

$$\text{R}-\text{SO}_2-\text{N}_3 \xrightarrow{\text{TiCl}_3} \text{R}-\text{SO}_2-\text{NH}_2$$

R = C$_6$H$_5$; *Benzolsulfamid*;
61% d. Th.; F: 137°
R = 4-H$_3$C–C$_6$H$_4$; *Toluolsulfamid*;
78% d. Th.; F: 150–152°

Amine aus Aziden; allgemeine Arbeitsvorschrift[1]: Zu einer Lösung von 100 mg des Azids in 5 *ml* Äthanol
er einer 5:1-Äthanol/Dimethylformamid-Mischung tropft man 8 *ml* wäßr. 15%iges Titan(III)-chlorid. Man
cht so lange am Rückfluß, bis keine Azido-Verbindung mehr vorliegt (20–60 Min.). Dann wird zur Trockne
geengt und der Rückstand je nach Löslichkeit des Amins mit Methanol, Äthanol oder Chloroform mehrmals
sgeschüttelt. Die vereinigten Extrakte werden eingeengt und das Produkt durch Umkristallisieren aus Äthanol
er Äthanol/Dimethylformamid gereinigt.

c) mit Vanadin-Salzen

1. Reduktionen am C-Atom

Durch Fällen von Vanadin(II)-hydroxid und Magnesiumhydroxid mit 8 n Kalilauge er-
lt man ein Gel mit reduzierenden Fähigkeiten, das Alkine und Alkene zu Alkenen bzw.
lkanen reduziert[2]:

$$\text{HC}\equiv\text{CH} \xrightarrow{\text{V(OH)}_2/\text{Mg(OH)}_2/\text{H}_2\text{O}} \text{H}_2\text{C}=\text{CH}_2 \xrightarrow{\text{V(OH)}_2/\text{Mg(OH)}_2/\text{H}_2\text{O}} \text{C}_2\text{H}_6$$

α-Halogen-ketone werden dagegen unter Erhalt der Oxo-Funktion durch Vana-
n(II)-Verbindungen zu Ketonen hydrogenolysiert[2].

Ketone; allgemeine Arbeitsvorschrift[3]: Man mischt eine Lösung von 5 mMol α-Halogen-keton in 10 *ml* THF
t 25 *ml* einer 1 m wäßr. Vanadin(II)-chlorid-Lösung. Mit Ausnahme von ω-Brom-acetophenon kocht man
5 Min. unter Stickstoff und schüttelt mit Äther aus (ω-Brom-acetophenon wird ohne vorheriges Kochen auf-
arbeitet). Der Extrakt wird mit Wasser gewaschen, getrocknet und eingeengt. Das rohe Produkt wird destilliert
er umkristallisiert.

Nach dieser Methode erhält man u. a. aus:

ω-Brom-acetophenon	→ *Acetophenon*	92% d. Th.; Kp$_{760}$: 198–200°
4,ω-Dibrom-acetophenon	→ *4-Brom-acetophenon*	98% d. Th.; F: 48–50°
1-Brom-2-oxo-cycloheptan	→ *Cycloheptanon*	96% d. Th.; Kp$_{760}$: 178–180°

Vicinale Dibrom-alkane werden durch Vanadin(II) [aus Vanadin(III) und Lithiumala-
t] zu Alkenen dehalogeniert[4]:

3. STANOVNIK, M. TIŠLER, S. POLANC u. M. GRAČNER, Synthesis **1978**, 65.
. I. ZONES, T. M. VICKREY, J. G. PALMER u. G. N. SCHRAUZER, Am. Soc. **98**, 7289 (1976).
T.-L. HO u. G. A. OLAH, Synthesis **1976**, 807.
T.-L. HO u. G. A. OLAH, Synthesis **1977**, 170.

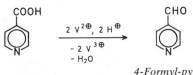

$$R^1—CH—CH—R^2 \xrightarrow{VCl_3/LiAlH_4} R^1—CH=CH—R^2$$
$$\quad\quad |\quad\ |$$
$$\quad\quad Br\ \ Br$$

$R^1 = R^3 = C_6H_5$; *Stilben*; 97% d. Th.; F: 125° (3 Stdn.)
R^1, $R^2 = -(CH_2)_6-$; *Cycloocten*; 68% d. Th.; Kp$_{760}$: 142–145° (20 Stdn

Vanadin(II)-Salze in wäßr. Lösung eignen sich zur Reduktion einiger heteroaromat scher Carbonsäuren zu den entsprechenden Aldehyden [für die Reaktionsgeschwindi keit gilt jedoch: $Cr^{2\oplus} > V^{2\oplus}$][1]; z. B.:

4-Formyl-pyridin

Benzile werden in 92–100%iger Ausbeute zu Benzoinen[2] reduziert:

Benzoine; allgemeine Arbeitsvorschrift[2]: Eine Lösung von 500 mg des Benzils in 10 *ml* THF wird mit 10 1 m wäßr. Vanadin(II)-chlorid-Lösung gemischt. Man schüttelt sofort mit Benzol aus, wäscht den organ. Extra mit Wasser, trocknet und engt ein. Der Rückstand wird durch Umkristallisieren gereinigt.

U. a. erhält man so:

R = H; *Benzoin*	100% d. Th.;	F: 135–137°
R = CH$_3$; *4,4'-Dimethyl-benzoin*	96% d. Th.;	F: 87–88°
R = C$_6$H$_5$; *4,4'-Diphenyl-benzoin*	92% d. Th.;	F: 167–169°
R = OCH$_3$; *4,4'-Dimethoxy-benzoin*	98% d. Th.;	F: 112–113°

Auf ähnliche Weise werden aus Chinonen in über 90%iger Ausbeute Hydrochinor erhalten[2]:

Aus α,β-ungesättigten Ketonen werden unter gleichzeitiger Reduktion der C=C-Do pelbindung Dimere erhalten (vgl. a. S. 518)[3]:

$$2\ R^1—CH=CH—CO—R^2 \xrightarrow{V^{2\oplus}} \begin{array}{l} R^1—CH—CH_2—CO—R^2 \\ \quad | \\ R^1—CH—CH_2—CO—R^2 \end{array}$$

$R^1 = C_6H_5$; $R^2 = CH_3$; *2,7-Dioxo-4,5-diphenyl-octan*; 50% d. Th; F: 16 $R^2 = C_6H_5$; *1,6-Dioxo-1,6-diphenyl-hexan*; 53% d. Th.

Die entsprechenden Aldehyde ($R^2 = H$) lassen sich nur mit mittleren bis schlecht Ausbeuten in die ungesättigten dimeren Diole umwandeln (Chrom$^{2\oplus}$ greift den ungesä tigten Aldehyd nicht an); z. B. Acrolein zu *3,4-Dihydroxy-hexadien-(1,5)* (30% d. Th vgl. Bd. VI/1a/2, S. 1497f. Benzaldehyd ergibt dagegen 92% d. Th. *1,2-Diphenyl-glyk

[1] E. Vrachnou-Astra u. D. Katakis, Am. Soc. **95**, 3814 (1973).
[2] T.-L. Ho u. G. A. Olah, Synthesis **1976**, 815.
[3] J. B. Conant u. H. B. Cutter, Am. Soc. **48**, 1016 (1926).

Mit guten Ausbeuten läßt sich das Tropylium-Kation dimerisieren[1]; z. B.:

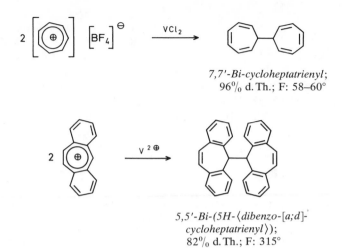

7,7'-*Bi-cycloheptatrienyl*;
96% d. Th.; F: 58–60°

5,5'-*Bi-(5H-⟨dibenzo-[a;d]-
cycloheptatrienyl⟩)*;
82% d. Th.; F: 315°

Halogen-phenyl-methane werden unter teilweiser Hydrogenolyse durch Vanadin(II)-chlorid in Pyridin zu *1,2-Diphenyl-äthanen* dimerisiert[2]:

$$R^1R^2CH-Hal \xrightarrow{VCl_2} R^1R^2CH_2 + R^1R^2CH-CHR^1R^2$$

$R^1 = C_6H_5$, subst. Aryl
$R^2 = $ Alkyl

Gut geeignet ist auch das Vanadin(III)/Lithiumalanat-System[3]:

$$2 Ar-CH-Br \xrightarrow{VCl_3/Li[AlH_4]} Ar-CH-CH-Ar$$
$$\quad\;\; | \qquad\qquad\qquad\qquad\quad | \quad\; |$$
$$\quad\;\; R \qquad\qquad\qquad\qquad\quad R \quad R$$

Ar = C_6H_5; R = C_6H_5; *1,1,2,2-Tetraphenyl-äthan*; 95% d. Th.; F: 212°
R = H; *1,2-Diphenyl-äthan*; 82% d. Th.; F: 51°
Ar–R = –$(CH_2)_3$–CH=CH –; *Bi-[cyclohexen-(2)-yl]*; 80% d. Th.; Kp$_5$: 90–93°

Schnell und quantitativ läßt sich Triphenylcarbinol mit Vanadin(II)-chlorid in einer Aceton-Salzsäure-Lösung (bei 23°/10 Min.) zu *Hexaphenyl-äthan* (isoliert als Peroxid) reduzieren[4,5]. Diphenylcarbinol reagiert in allerdings geringeren Ausbeuten zu *1,1,2,2-Tetraphenyl-äthan*.

2. Reduktion am Heteroatom

In Ausbeuten, die ~3–5% unter denen der entsprechenden Reaktion mit Molybdän-oxychlorid/Zink liegen, reduziert Vanadin(II)-chlorid Sulfoxide zu Sulfanen[6]:

G. A. OLAH u. T.-L. Ho, Synthesis **1976**, 798.
T. A. COOPER, Am. Soc. **95**, 4158 (1973).
T.-L. Ho u. G. A. OLAH, Synthesis **1977**, 170.
L. H. SLAUGH u. J. H. RALEY, Tetrahedron **20**, 1005 (1964).
J. B. CONANT, L. F. SMALL u. B. S. TAYLOR, Am. Soc. **47**, 1959 (1925).
G. A. OLAH, G. K. SURYA PRAKASH u. T.-L. Ho, Synthesis **1976**, 810.

$$R^1—SO—R^2 \quad \xrightarrow{\text{VCl}_2/\text{H}_2\text{O}/\text{THF}} \quad R^1—S—R^2$$

$R^1 = R^2 = CH_2—C_6H_5$; *Dibenzyl-sulfan*; 82% d. Th.
$R^1 = R^2 = C_4H_9$; *Dibutyl-sulfan*; 77% d. Th.
$R^1 = R^2 = C_6H_5$; *Diphenyl-sulfan*; 88% d. Th.
$R^1 - R^2 = -(CH_2)_4-$; *Tetrahydro-thiophen*; 75% d. Th.

Die Reduktion von prim. und sek. aliphatischen Nitro-Verbindungen mit wäßriger Va
nadin(II)-chlorid-Lösung in Dimethylformamid/Salzsäure bei $p_H < 0$ liefert Imine, die
bei $p_H = 4$ zu Carbonyl-Verbindungen hydrolysiert werden[1]; z. B.:

$$\underset{\substack{| \\ H_3C—CH—(CH_2)_5—CH_3}}{\overset{NO_2}{}} \quad \xrightarrow{\text{VCl}_2/23°/30 \text{ Min.}} \quad H_3C—CO—(CH_2)_5—CH_3$$

Octanon-(2)[1]: 2,47 g (15 mMol) 2-Nitro-octan werden in 10 *ml* Wasser, 30 *ml* 12 m Salzsäure und 70 *ml* Di
methylformamid gelöst. Man rührt unter Stickstoff bei 23° im Wasserbad und gibt innerhalb 20 Min. tropfenweise
150 *ml* 0,5 m Vanadin(II)-chlorid-Lösung (0,075 Mol) zu. Nach weiteren 30 Min. bei 23° verdünnt man mit
250 *ml* Wasser und stellt mit 20%iger Natronlauge den p_H auf 4 ein. Nach Zugabe von 100 *ml* Diäthyläther rührt
man 1 Stde., trennt den Äther ab und schüttelt die wäßr. Phase 4mal mit je 50 *ml* Diäthyläther aus. Die vereinig
ten organ. Extrakte werden 4mal mit je 25 *ml* Wasser gewaschen, mit Magnesiumsulfat getrocknet und einge
engt. Der Rückstand wird i. Vak. destilliert; Ausbeute: 1,36 g (71% d. Th.); Kp_{40}: 110°.

Analog werden *Phenyl-aceton* (65% d. Th.); *Octanal* (24% d. Th.) und *Cyclohexanon*
(53% d. Th.) erhalten[1].

Aromatische Nitro-Verbindungen werden mit Vanadin(II)-sulfat[2], Arylazide mit Va
nadin(II)-chlorid[3] zu Anilinen (bis 95% d. Th.) reduziert.

Aniline aus Aziden; allgemeine Arbeitsvorschrift[3]: Zu einer Lösung von 1 g Arylazid in 10 *ml* THF gibt man
unter Rühren 10 *ml* einer ~ 1 m wäßr. Lösung von Vanadin(II)-chlorid. Nach Ende des Aufschäumens gießt man
die Mischung in 30 *ml* wäßr. Ammoniak. Die entstehende Aufschlämmung wird mit Benzol gemischt, filtriert
und der Filterkuchen mit Benzol gewaschen. Das Filtrat trennt sich in 2 Phasen. Die wäßr. Phase wird mit Benzol
ausgeschüttelt und der Benzol-Extrakt getrocknet. Nach Abziehen des Lösungsmittels wird der Rückstand de
stilliert.

U. a. erhält man auf diese Weise:

2-Methyl-anilin	85% d. Th.; Kp_{760}:	196–199°
4-Fluor-anilin	95% d. Th.; Kp_{760}:	185–188°
4-Chlor-anilin	78% d. Th.; Kp_{760}:	230–232°
2-Trifluormethyl-anilin	78% d. Th.; Kp_{10}:	60–62°

d) mit Chrom(II)-Salzen[4]

Chrom(II)-Ionen lassen sich leicht aus Chrom(III)-Salzen durch Reduktion mit aktiviertem Zink und Salz
säure herstellen. Der Chrom(II)-Salz-Gehalt kann mit Eisen(III)-Ionen bestimmt werden, indem man die dabei
entstehenden Eisen(II)-Ionen mit Dichromat titriert[5].

Chrom(II)-chlorid, -sulfat und -perchlorat sind in ihren reduzierenden Eigenschaften ähnlich. Ein außeror
dentlich gutes Reduktionsmittel ist der Äthylendiamin-Chrom(II)-Komplex, auch Chrom(II)-hydroxid hat eine
sehr starke reduzierende Wirkung, während Chrom(II)-acetat ein schwaches Reduktionsmittel ist.

---

[1] R. KIRCHHOFF, Tetrahedron Letters **1976**, 2533.
[2] P. C. BANERJEE, J. Ind. Chem. Soc. **19**, 35 (1942); C. A. **36**, 5724 (1942).
[3] T.-L. HO, M. HENNINGER u. G. A. OLAH, Synthesis **1976**, 815.
[4] J. R. HANSON u. E. PREMUZIK, Ang. Ch. **80**, 271 (1968) (Übersichtsartikel).
  J. R. HANSON, Synthesis **1974**, 1 (Übersichtsartikel).
  T.-L. HO, Synthesis **1979**, 1 (Übersichtsartikel).
[5] H. A. FALES u. F. KENNEY, *Inorganic qualitative Analysis*, S. 430, D. Appleton-Century Co., New York 1939.

1. Reduktionen am C-Atom

α) unter Erhalt des Kohlenstoffgerüsts

α₁) *von Alkinen bzw. Alkenen*

Die partielle Reduktion von Alkinen zu Alkenen durch Chrom(II)-Lösungen in ammoniakalischer Ammoniumchlorid- oder salzsaurer Lösung ist nur teilweise möglich. Während Acetylen, Alkyl- und Aryl-alkine Alkene bilden, werden Dialkyl-alkine nicht angegriffen (s. Bd. V/1b, S. 584). Die durch Reduktion mit Chrom(II)-sulfat entstehenden Alkene besitzen überwiegend *trans*-Konfiguration (80–90% d. Th.; s. Bd. V/1b, S. 783, vgl. auch 584).

Bei der Reduktion von 1-Alkinen mit Chrom(II)-Alkylamin-Komplexen [hergestellt aus Chrom(II)-perchlorat und Äthylendiamin, Triäthylamin oder tert.-Butylamin] erhält man Alkene mit Umsätzen bis zu 100% d. Th. (zur Reduktion von 3-Oxo-alkenen s. S. 508)[1].

1-Alkene aus 1-Alkinen, allgemeine Herstellungsvorschrift:
Chrom(II)-Alkylamin-Komplex: 10 *ml* einer 1 M Chrom(II)-perchlorat-Lösung werden zu der entgasten Lösung von Äthylendiamin, Triäthylamin oder tert.-Butylamin in 30 *ml* eiskaltem DMF gegeben. Die Konzentration an Chrom(II) (~0,23 Mol) kann durch Titration bestimmt werden[2].
Alken: Das Alkin wird unter Argon-Atmosphäre direkt in die Lösung des Chrom(II)-Alkylamin-Komplexes gegeben, bis keine Reaktion mehr stattfindet (Gaschromatographie). Die Mischung wird in eine Mischung aus 3 N Salzsäure (Überschuß)/Pentan oder Äther gegeben und die organ. Phase mehrfach mit dem Lösungsmittel extrahiert. Die vereinigten Extrakte werden nacheinander mit 3 N Salzsäure, Wasser und Natriumhydrogencarbonat gewaschen, über Magnesiumsulfat getrocknet und eingedampft. Der Niederschlag wird durch Gaschromatographie gereinigt.

Alkane werden nur in Spuren gebildet. Dialkyl-alkine werden auch nach diesem Verfahren nicht angegriffen.

Mit Hilfe von Chrom(II)-Salzen in saurer Lösung und Chrom(II)-hydroxid in alkalischem oder neutralem Medium lassen sich die C≡C-Dreifachbindungen von En-inen und Diinen selektiv zu Dienen reduzieren (s. Bd. V/1c, S. 453). Das am häufigsten eingesetzte Reduktionsmittel ist jedoch Zink/Salzsäure (vgl. Bd. IV/1c, S. 709ff.).

Die Reduktion von Alkenen zu gesättigten Verbindungen mit Chrom(II)-hydroxid (z. B. aus dem Acetat mit Natronlauge in situ) ist nur bei kumulierten oder durch Elektronenacceptor-Gruppen substituierten konjugierten Mehrfachbindungen möglich. Beispielsweise läßt sich im Rahmen der Vitamin A-Synthese das Vinyl-allenyl-carbinol I in 78%iger Ausbeute zu einem 90:10-Gemisch zweier Isomerer (Kp$_{0,001}$: 110–125°) reduzieren[3]:

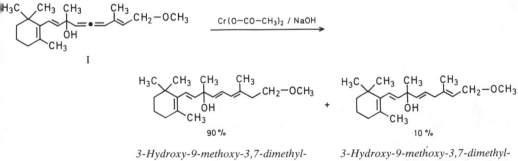

3-Hydroxy-9-methoxy-3,7-dimethyl-
1-[2,6,6-trimethyl-cyclohexen-(1)-yl]-
nonatrien-(1,4,6)

3-Hydroxy-9-methoxy-3,7-dimethyl-
1-[2,6,6-trimethyl-cyclohexen-(1)-
yl]-nonatrien-(1,4,7)

[1] J. K. CRANDALL u. W. R. HEITMANN, J. Org. Chem. **44**, 3471 (1979).
[2] H. A. FALES u. F. KENNEY, *Inorganic qualitative Analysis*, S. 430, D. Appleton-Century Co., New York 1939.
[3] W. OROSHNIK, A. D. MEBANE u. G. KARMAS, Am. Soc. **75**, 1050 (1953).

Zimtsäure kann sowohl mit Chrom(II)-sulfat in Dimethylformamid/Wasser[1], als auch mit Chrom(II)-chlorid[2] in Ammoniak bzw. mit Chrom(II)-chlorid und Natronlauge zu *3-Phenyl-propansäure* reduziert werden.

3-Phenyl-propansäure[2]: Zu einer Lösung aus 50 *ml* 0,8 m Chrom(II)-chlorid und 100 *ml* konz. Ammoniak gibt man 1,5 g (10 mMol) *trans*-Zimtsäure in 10 *ml* Ammoniak. Nach 5 Min. kühlt man auf 0° und gibt 150 *ml* 18n Schwefelsäure unter Sauerstoff-Ausschluß zu. Ebenfalls unter Sauerstoff-Ausschluß erhitzt man auf 80° (~30 Min. bis grüne Farbe auftritt) und schüttelt nach Abkühlen 3mal mit je 50 *ml* Diäthyläther aus. Den Äther-Extrakt trocknet man mit Magnesiumsulfat und engt zu einem purpurfarbenen Öl ein, das kristallisiert. Man behandelt mit 100 *ml* heißem Wasser und engt die klare wäßr. Lösung ein; Ausbeute: 620 mg (41%, d. Th.); F: 46–48°.

Maleinsäure bzw. Fumarsäure werden in Ligroin mit einem aus Chrom(III)-chlorid mit Zink und Salzsäure reduzierten sauren Chrom(II)-chlorid-Gemisch[3] oder mit Chrom-(II)-sulfat (86 bzw. 91% d. Th.)[1] zu *Bernsteinsäure* reduziert. Den entsprechenden *Diäthylester* erhält man aus Fumarsäure-[1,4] bzw. Maleinsäure-diäthylester[1] mit Chrom(II)-sulfat in Dimethylformamid/Wasser zu 88% bzw. 95% d. Th.

Auch ungesättigte Nitrile werden mit Chrom(II)-sulfat reduziert. So erhält man z. B. in quantitativer Ausbeute aus Acrylnitril in Wasser *Propansäure-nitril*[1] bzw. aus *trans*-2,3-Diphenyl-fumarsäure-dinitril in Dimethylformamid/Wasser (1:2) zu 84% d. Th. eine 1:1-Mischung aus *meso*- und D,L-*2,3-Diphenyl-bernsteinsäure-dinitril*[1].

α,β-ungesättigte Ketone werden im sauren Bereich nicht durch Chrom(II)-Salze reduziert. Dagegen gelingen die Reduktionen in Ammoniak[2] bzw. mit den Amin-Komplexen des Chrom(II)[5]. Die Reduktion läuft primär unter Bildung der Chrom(III)-enolate ab[2].

$$H_3C-CO-CH=C(CH_3)_2 \xrightarrow{Cr^{2\oplus}/NH_3} H_3C-CO-CH_2-CH(CH_3)_2$$

4-Oxo-2-methyl-pentan;
33% d. Th.

5-Oxo-2,2,6,6-tetramethyl-*trans*-hepten-(3) wird durch den Äthylendiamin-Methanol-Komplex des zweiwertigen Chroms (24 Stdn., 25°) mit 81%iger Ausbeute zu *2-Oxo-2,2,6,6-tetramethyl-heptan*[5] reduziert.

Analog lassen sich eine ganze Reihe von Oxo-cyclohexenen zu den entsprechenden Cyclohexanonen reduzieren, wobei die Ausbeuten stark vom Lösungsmittel und von den Zusatzliganden am Chrom-Atom abhängen. Allgemein wird der Komplex in Wasser, Methanol, Dimethylformamid, Essigsäure oder Lösungsmittel-Gemischen aus wäßr. Chrom(II)-acetat und Äthylendiamin hergestellt (gelegentlich wird ein Thiol zugesetzt)[5]:

$$Cr(O-CO-CH_3)_2\cdot H_2O + 2\ H_2N-CH_2-CH_2-NH_2 + Y \xrightarrow{R-SH} \begin{bmatrix} H_2Y\ H_2 \\ N\ |\ N \\ Cr \\ N\ |\ N \\ H_2Y\ H_2 \end{bmatrix}\cdot(O-CO-CH_3)_2$$

Y = H_2O, H_3COH, H_3C−COOH, DMF

So erhält man z. B. aus 6-Oxo-3,3-dimethyl-cyclohexen/Äthylendiamin zu 47% d. Th. *4-Oxo-1,1-dimethyl-cyclohexan*[5] [23 Stdn./25° mit Chrom(II)-acetat, Essigsäure, Metha-

[1] C. E. Castro, R. D. Stephens u. S. Mojé, Am. Soc. **88**, 4964 (1966).
[2] K. D. Kopple, Am. Soc. **84**, 1586 (1962).
[3] W. Traube u. W. Passarge, B. **49**, 1692 (1916).
[4] A. Zurquiyah u. C. E. Castro, Org. Synth., Coll. Vol. **5**, 993 (1973).
[5] H. O. House u. E. F. Kinloch, J. Org. Chem. **39**, 1173 (1974).

ol und Butanthiol]. 6-Oxo-2,4,4-trimethyl-cyclohexen geht unter analogen Bedingungen
1 *5-Oxo-1,1,3-trimethyl-cyclohexan*[1] (84% d.Th.) über.

Dioxo-cholestene lassen sich mit Chrom(II)-chlorid in THF bzw. Aceton in die entspre-
henden Dioxo-cholestane überführen.

3,6-Dioxo-5β-cholestan[2]: 503 mg (1,26 mMol) 3,6-Dioxo-cholesten-(4) in 70 *ml* THF werden unter Stick-
off mit 120 *ml* einer 0,1 n Chrom(II)-chlorid-Lösung unter Rückfluß gekocht. Man verdünnt mit Wasser und
immt das Produkt mit Äther auf und zieht den Äther ab. Der Rückstand wird aus Aceton umkristallisiert; Aus-
eute: 250 mg (49,5% d.Th.); F: 170–172°.

Auf analoge Weise erhält man z. B. aus

3,6-Dioxo-cholestadien-(1,4)	→	*3,6-Dioxo-cholesten-(1)*; F: 168–169°
2,7-Dioxo-cholestadien-(3,5)	→	*2,7-Dioxo-cholesten-(4)*; F: 158–160°

α₂) *von Carbonyl-Verbindungen bzw. deren Derivaten*

Pyridin-carbonsäuren (z. B. Isonicotinsäure, Methyl-pyridin-carbonsäuren, jedoch
icht Nicotinsäure) lassen sich selektiv mittels einer wäßrigen Chrom(II)-Salzlösung in ei-
em organ. Lösungsmittel in Gegenwart von Protonen zu den entsprechenden Aldehy-
en reduzieren[3]:

Oxalsäure ergibt dagegen *Glykolsäure*[4].

Chinone werden i. a. zu Phenolen reduziert; so erhält man z. B. aus 1,4-Benzo- bzw.
,4-Naphthochinonen mittels Chrom(II)-chlorid in stark salzsaurer, wäßrig-acetonischer
Lösung *Hydrochinone* bzw. *1,4-Dihydroxy-naphthaline*; die Ausbeuten schwanken sehr
tark (30–95% d.Th.; s. ds. Handb., Bd. VII/3a, S. 653).

Aus 4-Methoxy-benzaldehyd werden 30% d.Th. *1,2-Bis-[4-methoxy-phenyl]-glykol*
rhalten (s. Bd. VI/1a, 2, S. 1498).

Durch Zusatz von Ammoniak können aromatische Aldehyde mit Chrom(II)-Salzen re-
uziert werden[5]. Anstatt der Alkohole werden die entsprechenden Amine isoliert.

Die Reduktion kann auf Acyl-aromaten übertragen werden[5].

In über 80%iger Ausbeute lassen sich Imid-chloride mit Chrom(II)-chlorid zu Iminen
eduzieren, die infolge der sauren Reaktionsbedingungen als Aldehyde anfallen[6]:

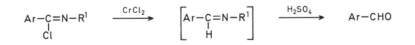

H. O. House u. E. F. Kinloch, J. Org. Chem. **39**, 1173 (1974).

J. R. Hanson u. E. Premuzic, Soc. [C] **1969**, 1201.

E. Vrachnou-Astra u. D. Katakis, Am. Soc. **95**, 3814 (1973).

P. Sevcik u. L. Treindl, Chem. Zvesti **27**, 306 (1973); C.A. **79**, 108500 (1973).

K. D. Kopple, Am. Soc. **84**, 1586 (1962).

J. v. Braun, W. Rudolph, H. Kröper u. W. Pinkernelle, B. **67**, 269 (1934).

α_3) *von C–X-Einfachbindungen*

$\alpha\alpha_1$) *in C–Hal-Verbindungen*

Die Enthalogenierung von Monohalogeniden führt, besonders bei gleichzeitiger Anwe senheit von H-Donatoren zur Hydrogenolyse der C–Cl-Bindung. Wasserfreie Lösunge begünstigen Dimerisierung (s. S. 519ff.).

Geht man von 1,2-Dihalogen-Derivaten oder 1,2-Halogenhydrinen aus, so werden ur ter Eliminierung Alkene erhalten.

i_1) einfache Reduktion

Für die Reaktivität der C–Hal-Bindung gegenüber einer Hydrogenolyse läßt sich fol gende Reihe angeben[1]:

$$
\underset{\substack{| \\ |}}{\overset{C_6H_5}{-C-X}} \approx \overset{O}{\underset{|}{-C-}}\overset{}{\underset{|}{-C-X}} > \overset{H_2C}{\underset{|}{-C-}}\overset{}{\underset{|}{-C-X}} > \overset{}{\underset{|}{-C-X}} > \overset{H}{\underset{|}{-C-X}} > -CH_2-X > \overset{}{\underset{X}{>}}C=C\overset{}{<} > \text{Aryl-X}
$$

X = J > Br > Cl

Monohalogen-alkane bzw. -alkene werden i.a. mit Chrom(II)-sulfat in Dimethylform amid in die entsprechenden Alkane bzw. Alkene überführt[2,3]. So erhält man z. B. au Isopropylbromid *Propan*[2] bzw. aus Allylbromid *Propen*[2] in jeweils ~quantitativer Aus beute. Niedriggliedrige Dihalogen-alkane und -alkene verhalten sich analog (z. B. Me than). Bei höhergliedrigen 1,2-Dihalogen-Verbindungen wird in der Regel Eliminierun beobachtet (s. S. 513). So tritt bereits bei der Reduktion von 2,3-Dibrom-propen mi Chrom/II)-sulfat/Dimethylformamid neben der Hydrogenolyse Eliminierung ein (*Pro pen: Allen* = 74:26)[2]. Beim *cis*-1,3-Dichlor-propen verhalten sich die Chlor-Atome wi isolierte Halogenide[2].

Beim 4,ω-Dibrom-acetophenon wird in Übereinstimmung mit der vorab gebrachtei Reaktivitätsreihe mit Chrom(II)-sulfat, Wasser- und Dimethylformamid *4-Brom-aceto phenon* (51% d.Th.) erhalten[2].

4-Brom-acetophenon[3]: In einem Dreihalskolben mit Tropftrichter, Rührer und Stickstoffeinleitungsroh werden 50 *ml* einer 0,317 m Chrom(II)-sulfat-Lösung (15,9 mMol) unter Stickstoff vorgelegt. Aus dem Tropf trichter läßt man ein Gemisch aus 2,3 g (7,9 mMol) 4,ω-Dibrom-acetophenon und 100 *ml* Dimethylformami zutropfen. Nach einigen Min. bilden sich erste Kristalle, die nach 12 Stdn. abfiltriert, mit Wasser gewaschen un getrocknet werden {~74 mg *1,4-Dioxo-1,4-bis-[4-brom-phenyl]-butan*; F: 182° (aus Benzol)}.

Das Filtrat wird der Dampfdestillation unterworfen. Dann werden sowohl Destillat wie auch der Rückstan mit Chloroform ausgeschüttelt, das Chloroform abgezogen und der Rückstand umkristallisiert; Ausbeute: 1,44 (91% d.Th.); F: 50°.

Zur Reduktion von Chinol-chloriden zu Phenolen s. Bd. VII/3b, S.741.

Die Reduktion geminaler Dibrom-cyclopropane mit Chrom(II)-acetat in Dimethylsulf oxid führt (in Abhängigkeit von Zeit und Temperatur) zu wechselnden Mengen an Brom cyclopropanen. Aus 2,2-Dibrom-1,1-diphenyl-cyclopropan entsteht dagegen ausschließ lich *1,1-Diphenyl-allen* (s. S.517), in wäßr. Dimethylformamid entstehen zusätzlic Acetoxy-Derivate[4]:

---

[1] D. H. R. Barton u. N. K. Basu, Tetrahedron Letters **1964**, 3151.

[2] C. E. Castro u. W. C. Kray, Am. Soc. **85**, 2768 (1963).

[3] W. C. Kray u. C. E. Castro, Am. Soc. **86**, 4603 (1964).

[4] T. Shirafuji, K. Oshima, Y. Yamamoto u. H. Nozaki, Bull. chem. Soc. Japan **44**, 3161 (1971).

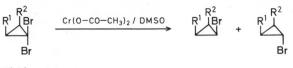

R^1, R^2 = Alkyl, Aryl

In vielen Fällen ist es von Vorteil, mit Äthylendiamin-Chrom(II)-Komplexen in wäßr. Dimethylformamid zu arbeiten (Ausnahme s. Umlagerung S. 517), da die Reduktionen ~100 mal schneller ablaufen.

Alkane bzw. Aromaten aus den entsprechenden Monohalogen-Verbindungen; allgemeine Arbeitsvorschrift[1]: Eine Lösung von Chrom(II)-perchlorat in wäßr. Dimethylformamid wird unter Luftausschluß mit der stöchiometrischen Menge Äthylendiamin behandelt. Man fügt die entsprechende Menge des Halogenids zu und läßt bei 23° reagieren. Das enthalogenierte Produkt fällt in quantitativer Ausbeute an.

Beispiele s. Tab. 39 (S. 512)

Die Reduktion von *cis*- oder *trans*-4-Chlor-4-methyl-1-tert.-butyl-cyclohexan mit Chrom(II)-Äthylendiamin-Komplexen mit oder ohne 1-Butanthiol zeigt, daß bei Zugabe des H-Donators überwiegend das *trans-4-Methyl-1-tert.-butyl-cyclohexan*, ohne H-Donator überwiegend (jedoch nicht mit der gleich hohen Selektivität) *cis-4-Methyl-1-tert.-butyl-cyclohexan* gebildet wird[2]:

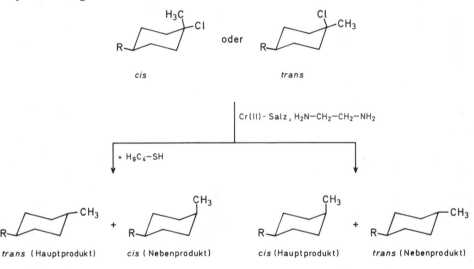

R = C(CH₃)₃

Die Verwendung von Thiolen als H-Donatoren führt auch bei 5α-Brom-6β-hydroxy-steroiden zu 6β-Hydroxy-steroiden[3].

6β-Hydroxy-3β-acetoxy-17-oxo-androstan[3]: 4,07 g (9,5 mMol) 5α-Brom-6β-hydroxy-3β-acetoxy-17-oxo-androstan gibt man unter Stickstoff zu einer Lösung von 5,3 g (31 mMol) Chrom(II)-acetat in 75 ml redestilliertem Dimethylsulfoxid und 1,6 ml Butanthiol. Die Mischung wird 2 Stdn. bei 28° gerührt und dann in 200 ml Wasser gegossen. Man nimmt das Steroid mit Dichlormethan auf und chromatographiert an Aluminiumoxid mit Dichlormethan; F: 182–184°.

Die Reduktion von 1,2,3,4,7,7-Hexachlor-5-*endo*-acetoxy-bicyclo[2.2.1]hepten mit Chrom(II)-acetat in Essigsäure führt zum *1,2,3,4,7-syn*- (78% d. Th.) und *1,2,3,4,7-anti*-(18% d. Th.) *Pentachlor-5-endo-acetoxy-bicyclo[2.2.1]hepten*[4]:

[1] J. K. KOCHI u. J. W. POWERS, Am. Soc. **92**, 137 (1970).
[2] R. E. ERICKSON u. R. K. HOLMQUIST, Tetrahedron Letters **1969**, 4209.
[3] M. AKHTAR, D. H. R. BARTON u. P. G. SAMMES, Am. Soc. **87**, 4601 (1965).
[4] K. L. WILLIAMSON, Y. F. L. HSU u. E. I. YOUNG, Tetrahedron **24**, 6007 (1968).

Tab. 39: Hydrogenolyse von Organo-halogen-Verbindungen mittels Cr(II)-Salzen

Ausgangsprodukt	Reduktionsmittel	Bedingungen	Reaktionsprodukte	Ausbeute [% d. Th.]	Literatur
H_5C_6–CH_2–Cl	$CrCl_2$		Toluol	60	[1]
Cl–CH_2–COOH	$CrSO_4$		Essigsäure		[2]
$(H_3C)_2$CH–Br(J)	$Cr(ClO_4)_2$-Äthylendi-amin-Komplex	in wäßr. DMF; bei 23° unter Luftausschluß Halogenid zur Reduktionsmischung tropfen	Propan	100	[3]
$(H_3C)_2$CH–J	$CrSO_4$	4 Stdn. in wäßr. 1,4-Dioxan	Isobutan	93	[4]
$(H_3C)_3$C–Cl(Br)	$Cr(ClO_4)_2$-Äthylendi-amin-Komplex		Isobutan	100	[3]
$(H_3C)_3$C–CH_2–Cl	$Cr(ClO_4)_2$-Äthylen-diamin-Komplex	4 Stdn. in wäßr. 1,4-Dioxan	2,2-Dimethyl-butan	100	[3]
H_2C=CH–CH–$(CH_2)_4$–Br			1-Hexen	100	[3]
(Cyclopropyl–Br)			Cyclopropan	100	[3]
H_2C=CH–CH_2–Cl	$CrSO_4$	in DMF; Reaktanten unter N_2 mischen, 12 Stdn. stehen lassen	Propen	72	[5]
H_2C=CH–CH_2–Br	$Cr(ClO_4)_2$	wäßrige Perchlorsäure	Propen	95	[1]
(o-Dijodbenzol)	$CrSO_4$	wäßr. THF oder Dioxan, 7 Stdn. Molverhältnis 2:1	Jodbenzol	>80	[4]
	Cr(II)-Äthylendi-amin-Komplex	Molverhältnis 1:5	Benzol	100	[6]
(3-Brom-steroid)	$CrCl_2$	Steroid in Aceton lösen und in einer CO_2-Atmosphäre zum Reduktionsmittel geben	3-Oxo-cholestan	85 (F: 128–129°)	[7]
(21-Jod-steroid)			17α-Hydroxy-3,20-dioxo-pregnen-(4)	83 (F: 207–212°)	[8]

[1] F. A. L. ANET u. E. LEBLANC, Am. Soc. 79, 2649 (1957).
[2] W. TRAUBE u. W. LANGE, B. 58, 2773 (1925).
[3] J. K. KOCHI u. J. W. POWERS, Am. Soc. 92, 137 (1970).
[4] L. H. SLAUGH u. J. E. RALEY, Tetrahedron 20, 1005 (1964).
[5] C. E. CASTRO u. W. C. KRAY, Am. Soc. 85, 2768 (1963).
[6] J. K. KOCHI, D. M. SINGLETON u. L. J. ANDREWS, Tetrahedron 24, 3503 (1968).
[7] J. J. BEEREBOOM, C. DJERASSI, D. GINSBURG u. L. F. FIESER, Am. Soc. 75, 3500 (1953).
[8] G. ROSENKRANZ, J. PATAKI, S. KAUFMANN, J. BERLIN u. C. DJERASSI, Am. Soc. 72, 4081 (1950).

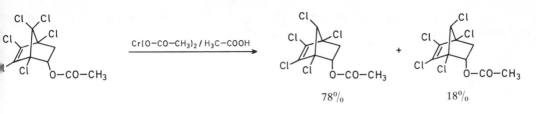

78% 18%

Steht keine 7-Chlor-Bindung zur Verfügung, so wird die Brückenkopf-C–Hal-Bindung angegriffen. So erhält man z. B. aus 1,2,3,4-Tetrachlor-7,7-dimethoxy-bicyclo[2.2.1]heptan mit Äthylendiamin-chrom(II)-perchlorat [32 Äquiv. Chrom(II) pro Mol zu reduzierende Substanz !] in wäßrigem Dimethylformamid *2,3-Dichlor-7,7-dimethoxy-bicyclo[2.2.1]hepten* (63% d. Th.; F: 54–54,5°) [mit weniger Chrom(II)-Komplex entsteht ein Gemisch aus 1,2,3-Trichlor- und 2,3-Dichlor-Derivat][1].

Bei der Reduktion mit Zink/Essigsäure erhält man ein schwer trennbares Gemisch verschieden hydrodehalogenierter Verbindungen.

2-Jod-3-oxo-Δ^4-steroide lassen sich allgemein in guten Ausbeuten mit Chrom(II)-chlorid enthalogenieren[2]:

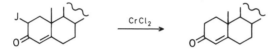

3-Oxo-Δ^4-steroide; allgemeine Arbeitsvorschrift[2]: Aus 10 g Zink-Staub, 0,8 g Quecksilber(II)-chlorid, 10 *ml* Wasser und 0,5 *ml* konz. Salzsäure wird amalgamiertes Zink hergestellt. Man läßt 5 Min. stehen und dekantiert die Lösung vorsichtig ab. Zu dem Metall gibt man 20 *ml* Wasser, 2 *ml* konz. Salzsäure und anschließend unter Kohlendioxid portionsweise 5 g Chrom(III)-chlorid. Die so entstehende blaue Lösung sollte bis zum Gebrauch unter Kohlendioxid gehalten werden.

Unter Kohlendioxid wird 1 g 2-Jod-3-oxo-Δ^4-steroid, gelöst in 50–100 *ml* Aceton, mit 20 *ml* der obig hergestellten Chrom(II)-chlorid-Lösung versetzt. Nach 20 Min. gibt man Wasser zu, filtriert entweder vom ausgefallenen Reduktionsprodukt ab oder schüttelt das Gemisch mit Diäthyläther aus. Zur Reinigung kristallisiert man aus Äther um; Ausbeute: 60–63% d. Th.

Die Reduktion von 9α-Brom-11β-hydroxy-steroiden zu 11β-Hydroxy-steroiden ist vom Anion am Chrom, dem Lösungsmittel und dem Vorhandensein eines H-Donators[3] abhängig. Mit Chrom(II)-acetat in Dimethylsulfoxid und in Gegenwart von Butanthiol tritt bevorzugt Hydrogenolyse ein[4] [z. B. erhält man 80% d. Th. *11β-Hydroxy-3,20-dioxo-pregnen-(4)* aus dem 9α-Brom-Derivat][4], mit Chrom(II)-chlorid ohne H-Donator wird unter C,C-Neuknüpfung ein Cyclopropan-Ring ausgebildet (s. S. 518ff.).

i₂) reduzierende Eliminierung

Die Reduktion von 1,2-Dihalogen-Verbindungen (Ausnahmen s. S. 510) mit Chrom(II) führt zur Entfernung des ersten Halogens durch Ligandentransfer zum Chrom. Das so entstehende β-Halogen-alkyl-Radikal zerfällt unter Eliminierung zum Alken[5,6]. Mit Ätha-

[1] W. H. OKAMURA, J. F. MONTHONY u. C. M. BEECHAN, Tetrahedron Letters **1969**, 1113.
[2] G. ROSENKRANZ, O. MANCERA, J. GATICA u. C. DJERASSI, Am. Soc. **72**, 4077 (1950).
[3] D. H. R. BARTON et al., Am. Soc. **88**, 3016 (1966).
[4] D. H. R. BARTON u. N. K. BASU, Tetrahedron Letters **1964**, 3151.
[5] C. E. CASTRO u. W. C. KRAY, Am. Soc. **88**, 4447 (1966).
[6] D. M. SINGLETON u. J. K. KOCHI, Am. Soc. **89**, 6547 (1967).

nol oder besser Dimethylformamid als Lösungsmittel oder Zugabe von Äthylendiamin er
höhen sich die Alken-Ausbeuten[1, 2]; so erhält man u. a.

mit Chrom(II)-sulfat/DMF/H$_2$O[2]

Hexachlor-äthan	→	*Tetrachlor-äthylen*; 45% d. Th.
1-Chlor-2-brom-1-phenyl-äthan	→	*Styrol*; 93% d. Th.
meso-2,3-Dibrom-butan	→	*Buten-(2)*; 99% d. Th. (*cis:trans* = 76:24)
meso-2,3-Dibrom-bernsteinsäure	→	*Fumarsäure*; 92% d. Th.

mit Chrom(II)-perchlorat/DMF oder /Äthanol/H$_2$O

1,2-Dibrom-cyclohexan	→	*Cyclohexen*[3]; 99% d. Th.

Dihalogen- und Trihalogen-methan-Derivate werden zu Methanen hydrodehaloge-
niert.

5,6-Dibrom-3-oxo-steroide werden durch Chrom(II)-chlorid-Lösungen rasch zu der
entsprechenden 3-Oxo-Δ ⁴-steroiden reduziert[4]; z. B.:

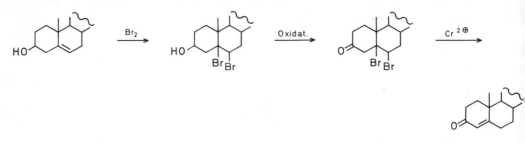

3,17-Dioxo-androsten-(4)[4]: Das durch Bromierung von 2 g (7 mMol) 3β-Hydroxy-17-oxo-androsten-(5) er-
haltene Dibromid wird in 80 *ml* Eisessig gelöst und mit 1,2 g (12 mMol) Chromsäureanhydrid (gelöst in 2 *m*
Wasser und 20 *ml* Essigsäure) 2 Stdn. bei 25° oxidiert. Das Dibrom-diketon wird mit Diäthyläther abgetrennt
von Säure freigewaschen, konzentriert, in 100 *ml* Aceton gelöst und unter Kohlendioxid mit 60 *ml* 1 m
Chrom(II)-chlorid-Lösung 2 Stdn. behandelt. Das Aceton wird teilweise abdestilliert, der Rückstand mi
Diäthyläther ausgeschüttelt und der Äther abgezogen; Ausbeute: 1,6 g (80% Gesamtausbeute); F: 168–170°

Analog erhält man ausgehend von 3β-Hydroxy-16α-acetoxy-20-oxo-pregnen-(5)
16α-Acetoxy-3,20-dioxo-pregnen-(4)[5].

Auch vicinale Brom-fluoride lassen sich zu Alkenen dehalogenieren; z. B.:

6β-Fluor-7α-brom-17α,21-diacetoxy-3,20-dioxo-pregnen-(4)	→	*17α,21-Diacetoxy-3,20-dioxo-pregnadien-(4,6)*[6]
11β-Fluor-9α-brom-3,17-dioxo-androstadien-(1,4)	→	*3,17-Dioxo-androstatrien-(1,4,9¹¹)*[7]

Die Reduktion von 9α-Halogen-11β-hydroxy-steroiden mit Chrom(II)-Salzen, besonders mit Chrom(II)-acetat kann zu drei Produkten führen[8]:
  Hydrogenolyseprodukt (s. S. 513)
  Eliminierungsprodukt
  5,9-Cyclo-steroid (s. S. 519 ff.)
Die Eliminierung tritt beim Chrom(II)-chlorid in wäßrigem Äthanol in den Vordergrund[8, 9]; z. B.:

[1] C. E. Castro u. W. C. Kray, Am. Soc. **85**, 2768 (1963).
[2] W. C. Kray u. C. E. Castro, Am. Soc. **86**, 4603 (1964).
[3] D. M. Singleton u. J. K. Kochi, Am. Soc. **89**, 6547 (1967).
[4] P. L. Julian, W. Cole, A. Magnani u. E. W. Meyer, Am. Soc. **67**, 1728 (1945).
[5] H. Hirschmann, F. B. Hirschmann u. J. W. Corcoran, J. Org. Chem. **20**, 572 (1955).
[6] A. Bowers, L. C. Ibañez, E. Denot u. R. Becerra, Am. Soc. **82**, 4001 (1960).
[7] C. H. Robinson, L. Finckenor, E. P. Oliveto u. D. Gould, Am. Soc. **81**, 2191 (1959).
[8] D. H. R. Barton et al., Am. Soc. **88**, 3016 (1966).
[9] F. Fried u. E. F. Sabo, Am. Soc. **79**, 1130 (1957).

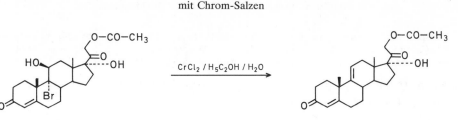

17α-Hydroxy-21-acetoxy-3,20-dioxo-pregnadien-(4,9[11])[1]: Zu einer Lösung von 200 mg (0,41 mMol) 9α-rom-11β,17α-dihydroxy-21-acetoxy-3,20-dioxo-pregnen-(4) in 10 *ml* 1,4-Dioxan gibt man bei 23° unter Kohndioxid 4 *ml* einer Chrom(II)-chlorid-Lösung. Nach 10 Min. wird mit Chloroform ausgeschüttelt und der nach bziehen des Chloroforms erhaltene Rückstand aus Aceton umkristallisiert; Ausbeute: 130 mg (80% d. Th.); F: 35–237°.

Analog wird *17α-Hydroxy-21-acetoxy-pregnatrien-(1,4,9[11])*[2] aus 9α-Brom-11β,17α-ihydroxy-21-acetoxy-3,20-dioxo-pregnadien-(1,4) erhalten.
Mit Zink/Eisessig werden erheblich niedrigere Ausbeuten erzielt.
Außer der Hydroxy-Gruppe können auch andere α-ständig zu einem Halogen stehende iruppen eliminiert werden. Als Reduktionsmittel wird der Äthylendiamin-chrom(II)-Komplex eingesetzt; z. B.[3]:

$$Hal-CH_2-CH_2-Y \longrightarrow H_2C=CH_2$$

$$Y = OR, O-SO_2-R, O-CO-R, NH_2 \qquad \textit{Äthen}; \sim 100\% \text{ d. Th.}$$

Bei 2-Phenylthio-, 2-Cyan- und 2-Alkoxycarbonylazido-äthylhalogeniden verlaufen ie reduktiven Eliminierungen unvollständig, 2-Nitrato-, 2-Sulfonyloxy-, 2-Benzoylami-o- und 2-Phthalimido-äthylhalogenide werden nicht angegriffen.

αα₂) in Äthern bzw. Estern

Oxirane werden mit Chrom(II)-Amin-Komplexen zu Alkenen reduziert[3]. Aus Acyl-oxiranen erhält man mit Chrom(II)-chlorid ein 3 : 1-Gemisch aus α,β-ungesättigtem Keton und β-Hydroxy-keton, mit Chrom(II)-acetat β-Hydroxy-ketone[4]:

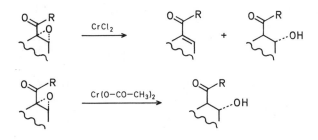

16α,17α-Epoxy-3,20-dioxo-pregnen-(4) reagiert mit Chrom(II)-chlorid zum *3,20-Dixo-pregnadien-(4,16),* mit Chrom(II)-acetat dagegen zum *16α-Hydroxy-3,20-dioxoregnen-(4)* (67% d. Th.)[4].

F. FRIED u. E. F. SABO, Am. Soc. **79**, 1130 (1957).
C. H. ROBINSON, O. GNOJ, E. P. OLIVETO u. D. H. R. BARTON, J. Org. Chem. **31**, 2749 (1966).
J. K. KOCHI, D. M. SINGLETON u. L. J. ANDREWS, Tetrahedron **24**, 3503 (1968).
W. COLE u. P. L. JULIAN, J. Org. Chem. **19**, 131 (1954).

16α-Hydroxy-3,20-dioxo-pregnen-(4)[1]: 2 g (6,1 mMol) 16α,17α-Epoxy-3,20-dioxo-pregnen-(4) und 4,4 (40 mMol) Chrom(II)-acetat in 45 *ml* Essigsäure und 15 *ml* Wasser rührt man 14 Stdn. unter Kohlendioxid. Ma gibt Wasser zu und schüttelt mit Dichlormethan aus; Ausbeute: 1,35 g (67% d. Th.); F: 218–222° (aus Aceton

Dagegen reagiert Obakunoesäure mit Chrom(II)-chlorid in Aceton zu *Deoxy Δ¹⁴⁽¹⁵⁾-obakunoesäure*[2]

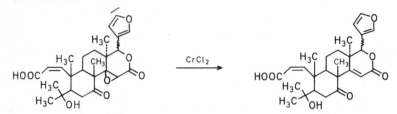

und 7-Deacetoxy-7-oxo-gedunin mit Chrom(II)-chlorid in Essigsäure zu *7-Deacetoxy-7 oxo-14(15)-deoxy-Δ¹⁴⁽¹⁵⁾-gedunin*[3]:

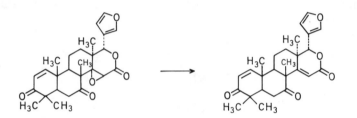

Chrom(II)-Salze spalten reduktiv Äther, Ester und Lactone, die in α-Stellung zu eine Carbonyl-Gruppe oder in Allyl-Stellung zu einer C=C-Bindung stehen, unter Reduktio der Alkohol-Komponente zum Kohlenwasserstoff[4]; z. B.:

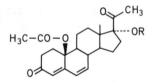

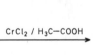

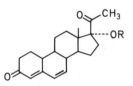

17α-Acyloxy-3-oxo-17β-acetyl-östra-dien-(4,6)[4]; ~80% d. Th.

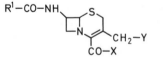

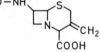

7-Acylamino-4-carboxy-3-methylen-cepham[5]

$R^1 = $ ⟨S⟩–CH₂–, CH₂–C₆H₅, CH₂–O–C₆H₅, CH(NH₂)–C₆H₅, H
Y = OCH₃, O–CO–R, S–CO–R
X = ONa, OCH₃

[1] W. Cole u. P. L. Julian, J. Org. Chem. **19**, 131 (1954).
[2] D. H. R. Barton, S. K. Pradhan, S. Sternhell u. J. F. Templeton, Soc. **1961**, 255.
[3] D. E. U. Ekong u. E. O. Olagbemi, Soc. [C] **1966**, 944.
[4] J. Kalvoda u. G. Anner, Helv. **50**, 269 (1967).
[5] M. Ochiai, O. Aki, A. Morimoto, T. Okada u. K. Morita, Tetrahedron **31**, 115 (1975).

Das als Zwischenprodukt bei der Synthese von Gibberellinsäure auftretende Lacton I läßt sich mit Chrom(II)-chlorid in Aceton zur Oxo-carbonsäure II spalten[1].

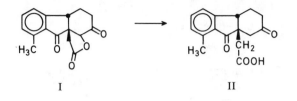

I   II

Steht jedoch in γ-Stellung zu der durch Reduktion des Lacton-Rings entstandenen Carboxy-Gruppe eine Hydroxy-Gruppe, so wird sofort wieder ein Lacton-Ring gebildet[2]; z. B.:

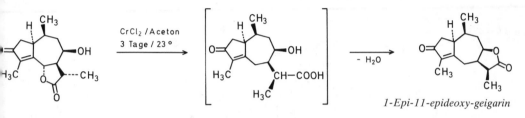

1-Epi-11-epideoxy-geigarin

αα₃) in Sulfanen

Mit wäßrigen Chrom(II)-Salzen gelingt es, die C–S-Bindung in Sulfanen bzw. Thioestern zu spalten (s. S. 16).

β) unter Veränderung des Kohlenstoffgerüsts

β₁) durch Umlagerungen

Cyclopropane können sich je nach Substitution bei der Reduktion mit Chrom(II)-Salzen zu verschiedenen Produkten umlagern (vgl. a. S. 510f.). 1,1-Dibrom-2,2-diphenyl-cyclopropan reagiert mit Chrom(II)-acetat in Dimethylsulfoxid[3] oder Chrom(III)-chlorid/Lithiumalanat[4] zum *1,1-Diphenyl-allen*:

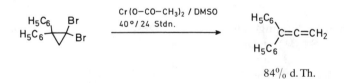

84% d. Th.

Phenyl-allen[4]:

Katalysator: 824 mg trockenes Chrom(III)-chlorid in 5 ml THF werden durch portionsweise Zugabe von 8,8 mg Lithium-alanat bei 0° reduziert. Nach 10 Min. Rühren bei 20° wird das Lösungsmittel i. Vak. entfernt und der Niederschlag mit 5 ml Dimethyl-formamid aufgenommen.

Phenyl-allen: Zum erhaltenen Katalysator werden 289 mg 1,1-Dibrom-2-phenyl-cyclopropan gegeben und 4 Stdn. bei 20° gerührt, anschließend wird destillativ aufgearbeitet; Ausbeute: 75 mg (62% d. Th.); Kp₂₀: 80–95°.

H. O. HOUSE u. R. G. CARLSON, J. Org. Chem. **29**, 74 (1964).

D. H. R. BARTON, J. T. PINHEY u. R. J. WELLS, Soc. **1964**, 2518.

T. SHIRAFUJI, K. OSHIMA, Y. YAMAMOTO u. H. NOZAKI, Bull. chem. Soc. Japan **44**, 3161 (1971).

Y. OKUDE, H. HIYAMA u. H. NOZAKI, Tetrahedron Letters **1977**, 3829.

Chlormethyl-cyclopropan bildet mit dem Äthylendiamin-Chrom(II)-Komplex in wäß rigem Dimethylformamid *1-Buten*[1] ($\sim 100\%$ d.Th.):

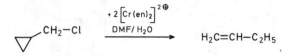

9,9-Dibrom-bicyclo[6.1.0]nonan wird quantitativ zu *1,2-Cyclononadien* reduktiv auf gespalten[2]:

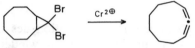

In 11-Stellung acetylierte 9α-Brom-steroide liefern u. a. Spiro-Produkte[3]; z. B.:

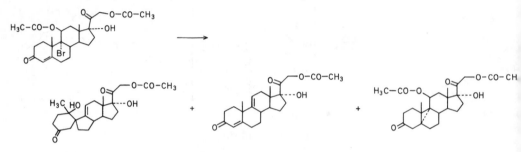

β₂) durch C–C-Neuknüpfung

ββ₁) von Alkenen bzw. carbocyclischen Kationen

Während die Reaktion von 1,1-Diphenyl-äthen mit Perchlorsäure [mit oder ohne Zu satz von Chrom(II)-Salzen] zu *1,1,3,3-Tetraphenyl-buten* führt, erhält man mi Chrom(II)-chlorid in konz. Salzsäure bei Abwesenheit von Perchlorat in 70%iger Aus beute *2,2,3,3-Tetraphenyl-butan*[4]:

$$2 \; H_2C=C\begin{smallmatrix}C_6H_5\\\\C_6H_5\end{smallmatrix} \;+\; 2\,H^{\oplus} \;+\; 2\,Cr^{2\oplus} \;+\; 6\,Cl^{\ominus} \longrightarrow \begin{smallmatrix}H_5C_6 \; C_6H_5\\H_3C-C-C-CH_3\\H_5C_6 \; C_6H_5\end{smallmatrix} \;+\; 2\,CrCl_3$$

Unter ähnlichen Bedingungen werden α,β-ungesättigte Ketone zu Diketonen redukti dimerisiert[5] (vgl. a. S.504); z. B.:

$$2 \; H_5C_6-CH=CH-CO-R \xrightarrow{Cr(II)} \begin{smallmatrix}H_5C_6-CH-CH_2-CO-R\\|\\H_5C_6-CH-CH_2-CO-R\end{smallmatrix}$$

Carbocyclische Kationen lassen sich ebenfalls reduktiv dimerisieren; z. B. Triphenyl cyclopropenium-, Diphenyl-propyl-cyclopropenium- und Phenyl-dipropyl-cycloprope nium-Kationen (Tripropyl-cyclopropenium-Kationen reagieren dagegen nicht)[6].

[1] J. K. Kochi u. J. W. Powers, Am. Soc. **92**, 137 (1970).
[2] Y. Okude, H. Hiyama u. H. Nozaki, Tetrahedron Letters **1977**, 3829.
[3] C. H. Robinson, O. Gnoj, E. P. Oliveto u. D. H. L. Barton, J. Org. Chem. **31**, 2749 (1966).
[4] C. E. Castro, Am. Soc. **83**, 3262 (1961).
   K. Ziegler, F. A. Fries u. F. Sälzer, A. **448**, 249 (1926).
[5] J.B. Conant u. H.B. Cutter, Am. Soc. **48**, 1016 (1926).
[6] K. Okamoto, K. Komatsu u. A. Hitomi, Bull. Chem. Soc. Japan **46**, 3881 (1973).

Hexaphenyl-3,3′-bi-cyclopropenyl[1,2]:

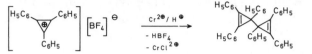

In einem 200 *ml* Vierhalskolben mit Rührer, Verschlußkappe und Stickstoff- Ein- und Auslaß werden 105 mg (295 mMol) Triphenyl-cyclopropenium-tetrafluoroborat in 100 *ml* 2,9 m Salzsäure vorgelegt. Unter Luftausschluß gibt man 20 *ml* einer 1,17 m Lösung von Chrom(II)-chlorid in 2,9 m Salzsäure zu und rührt 21 Stdn. bei 25° unter Stickstoff. Man schüttelt 4mal mit je 100 *ml* Hexan aus, wäscht mit 10%iger Kochsalz-Lösung, trocknet mit Magnesiumsulfat und zieht das Lösungsmittel i.Vak. ab; Ausbeute: 75,8 mg (96% d.Th.); F: 223–225°.

Auch Tropylium-[3], Benzopyrylium-[4], Flavylium-[3] und Acridinium-Salze[3] unterliegen dieser Dimerisierung.

$\beta\beta_2$) durch Substitution der Halogen-Gruppe

Die Reduktion von 9-Brom-11β-hydroxy-steroiden mit Chrom(II)-Salzen, insbesondere mit Chrom(II)-acetat führt zu 11β-Hydroxy-steroiden (s. S.515), $\Delta^{9(11)}$-Steroiden (s. S.518) und 5,9-Cyclo-steroiden. Die Cyclopropan-Bildung wird durch Chrom(II)-acetat in Dimethylsulfoxid bzw. Dimethylformamid begünstigt. So laufen beim 9α-Brom-11β-hydroxy-3-oxo-17β-acetyl-östren-(5¹⁰) in wäßr. Aceton, THF, 1,4-Dioxan oder N-Methyl-pyrrolidon Substitution, Eliminierung und Cyclisierung nebeneinander ab, in Dimethylsulfoxid oder Dimethylformamid erhält man fast ausschließlich *11β-Hydroxy-3-oxo-17β-acetyl-5,9-cyclo-östran*[5]:

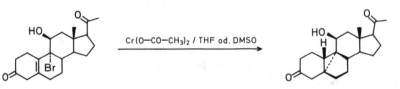

Cr(O—CO—CH₃)₂ / THF od. DMSO

11β-Hydroxy-3-oxo-17β-acetyl-5,9-cyclo-östran[5]: 500 mg (0,98 mMol) 9α-Brom-11β-hydroxy-3-oxo-17β-acetyl-östren-(5¹⁰) in 40 *ml* Dimethylsulfoxid werden bei 23° mit 850 mg (5 mMol) Chrom(II)-acetat 5 Min. bei 23° behandelt und 12 Stdn. stehen gelassen. Man verdünnt mit Wasser, schüttelt mit Dichlormethan aus und chromatographiert über 20 g sauer gewaschenes Aluminiumoxid mit Dichlormethan. Man eluiert mit 0,5%igem Methanol. Dichlormethan. Die 1. Zone enthält 24 mg 3,20-Dioxo-pregnadien-(4,1¹¹). Das Produkt der 2. Zone wird aus Essigsäure-äthylester/Hexan umkristallisiert; Ausbeute: 235 mg (55% d.Th.); F: 132–143°.

Behandelt man 9α-Brom-17α-hydroxy-11β,21-diacetoxy-3,20-dioxo-pregnadien-(1,4) mit Chrom(II)-chlorid in Aceton, so wird als einziges Reaktionsprodukt *17α-Hydroxy-11β,21-diacetoxy-3,20-dioxo-5,9-cyclo-pregnen-(1)* (36% d.Th.; F: 186–191°) erhalten[6]:

CrCl₂ / Aceton

K. Okamoto, K. Komatsu u. A. Hitomi, Bull. Chem. Soc. Japan **46**, 3881 (1973).
Ähnliche Ergebnisse erhält man mit Zink/Salzsäure, S.733.
W. T. Bowic u. M. R. Feldman, Am. Soc. **99**, 4721 (1977).
K. Ziegler, F. A. Fries u. F. Sälzer, A. **448**, 249 (1926).
J. B. Conant u. H. B. Cutter, Am. Soc. **48**, 1016 (1926).
D. H. R. Barton et al., Am. Soc. **88**, 3016 (1966).
C. H. Robinson, D. H. R. Barton et al., J. Org. Chem. **31**, 2749 (1966).

Aus 9α-Brom-11β,17α-dihydroxy-21-acetoxy-3,20-dioxo-pregnadien-(1,4) wird da
gegen das *17α-Hydroxy-21-acetoxy-1,11-epoxy-3,20-dioxo-5,9-cyclo-pregnan*[1] (F
177–180°) neben Eliminierungs- und Umlagerungsprodukten gebildet:

Allyl-halogenide und ihre Analogen lassen sich mit Chrom(II)-Salzen unter Enthaloge
nierung dimerisieren, wobei wasserfreie Lösungsmittel und langsames Zugeben de
Chrom(II)-Lösung zum organischen Halogenid die Bildung des Dimeren begünstigt. Häl
man z. B. Allylbromid nach Zugabe von Chrom(II)-chlorid in THF 88 Stdn. beim Siede
punkt der Mischung, so wird neben 7% Propen in 83%iger Ausbeute *Hexadien-(1,5)* iso
liert[2].

Benzylhalogenide bilden mit Chrom(II)-perchlorat Komplexe, die beim Erhitzen unte
Luftausschluß zu *1,2-Diphenyl-äthan* zerfallen[3]. Aus 1-Phenyl-äthylbromid bzw. -chlori
wird mit Chrom(II)-sulfat *2,3-Diphenyl-butan*[4] (96 bzw. 98% d. Th.; F: 123–125°) erhal
ten.

ββ₃) an der C–O-Gruppe

1,1-Diphenyl-äthanol wird durch Chrom(II)-chlorid in konz. Salzsäure in quantitative
Ausbeute zu *2,2,3,3-Tetraphenyl-butan* dimerisiert[5].

Unter Reduktion einer Carbonyl-Gruppe und unter gleichzeitiger Enthalogenierun
verläuft die Bildung von *β-Hydroxy-alkenen* aus Carbonyl-Verbindungen und α-Ha
logen-alkenen mit Chrom(II)-chlorid/Lithiumalanat oder wasserfreiem Chrom(II)-chlo
rid in THF oder Dimethylformamid[6]:

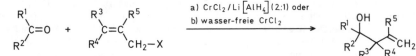

So erhält man z. B. aus:

Benzaldehyd + 1-Brom-buten-(2) (1:2)	$\xrightarrow{\text{THF}}$	*4-Hydroxy-3-methyl-4-phenyl-buten-(1)*; 96% d. Th.
Heptanal-al + 1-Brom-3-methyl-buten-(2) (1:1,2)	$\xrightarrow{\text{THF}}$	*4-Hydroxy-3,3-dimethyl-decen-(1)*; 83% d. Th.
Cyclohexanon + 1-Brom-3-methyl-buten-(2) (1:4)	$\xrightarrow{\text{DMF}}$	*3-Methyl-2-(1-hydroxy-cyclohexyl)-buten-(1)*; 74% d. Th.

[1] C. H. Robinson, O. Gnoj, E. P. Oliveto u. D. H. R. Barton, J. Org. Chem. **31**, 2749 (1966).
[2] L. H. Slaugh u. J. H. Raley, Tetrahedron **20**, 1005 (1964).
[3] F. A. L. Anet u. E. Leblanc, Am. Soc. **79**, 2649 (1957).
[4] C. E. Castro u. W. C. Kray, Am. Soc. **85**, 2768 (1963).
[5] C. E. Castro, Am. Soc. **83**, 3262 (1961).
[6] Y. Okude, S. Hirano, T. Hiyama u. H. Nozaki, Am. Soc. **99**, 3179 (1977).

2. Reduktion am Heteroatom

Sulfoxide (nicht jedoch Sulfone) lassen sich – in allerdings schlechten Ausbeuten – durch Kochen mit Chrom(II)-chlorid zu den entsprechenden Sulfanen[1] reduzieren.

Aliphatische Nitro-Verbindungen gehen mit Chrom(II)-Salzen z. Tl. in Amine über. In einigen Fällen werden Imine und Oxime gebildet, die unter den Reaktionsbedingungen z. Tl. sofort in die Oxo-Verbindungen hydrolysieren.

Die Reduktion von 17β-Nitro-3β-acetoxy-androsten-(5) mit Chrom(II)-chlorid liefert in 70%iger Ausbeute *3β-Acetoxy-17-hydroximino-androsten-(5)* (F: 178–179°)[2]. 6-Nitro-3β-acetoxy-cholesterin wird in THF zum *5α-Hydroxy-3β-acetoxy-6-hydroximino-cholestan*[3] (F: 128–131°) reduziert:

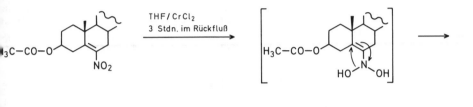

Während 5α-Chlor-6β-nitro-3β-acetoxy-cholestan mit wäßr. Chrom(II)-chlorid ebenfalls das *5α-Hydroxy-3β-acetoxy-6-hydroximino-cholestan* liefert[3],

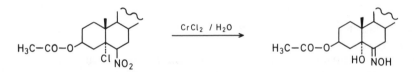

erhält man mit methanolischem Chrom(II)-chlorid *5α-Methoxy-3β-acetoxy-6-hydroximino-cholestan* F: 231–234°)[4].

Beim 6α- und 6β-Nitro-3-oxo-cholesten-(4) entfällt dagegen die Stabilisierung des Oxims, so daß unter den üblichen Reaktionsbedingungen direkt das *3,6-Dioxo-5α-cholestan*[2] (F: 171–172°) erhalten wird:

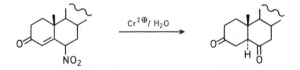

Auch primäre und sekundäre Nitro-alkane werden durch Chrom(II)-chlorid über die Imine in die entsprechenden Carbonyl-Verbindungen umgewandelt[1]:

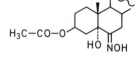

$$R-CH_2-NO_2 \xrightarrow{CrCl_2 / H_3COH} [R-CH=NH] \xrightarrow{H_3COH} R-CHO$$

Y. Akita, M. Inaba, H. Uchida u. A. Ohta, Synthesis **1977**, 792

J. R. Hanson u. T. D. Organ, Soc. [C] **1970**, 1182; dort weitere Beispiele.

J. R. Hanson u. E. Premuzic, Tetrahedron **23**, 4105 (1967).

A. Hassner u. C. Heathcock, J. Org. Chem. **29**, 1350 (1964).

Aromatische Nitro-Verbindungen mit Ausnahme von 1-Nitro- und 1,5-Dinitro-naph‌thalin, werden durch Chrom(II)-chlorid in methanolischer Lösung zu Aminen reduziert‌ So erhält man z. B. aus:

Nitro-benzol   →   *Anilin;* 97% d. Th.
2-Nitro-phenol   →   *2-Hydroxy-anilin;* 85% d. Th.; F: 173°
4-Chlor-1-nitro-benzol   →   *4-Chlor-anilin;* 88% d. Th.; F: 69–71°; Kp_{10}: 98–100°

Pyridin-N-oxide gehen mit Chrom(II)-Salzen mit hohen Ausbeuten in Pyridine über[2]

e) mit Eisen-Salzen

Als Reduktionsmittel sind Eisen-Salze nur in einigen Fällen interessant. Eingesetz‌werden u. a. Eisen(II)-chlorid, -sulfat und -oxalat, auch in Verbindung mit Natriumhydrid‌Eisenhydroxid in wäßrig alkalischer Lösung, Kaliumhexacyanoferrat(II).

1. Reduktionen am C–Atom

Alkine lassen sich mit schwach alkalischen Suspensionen von Eisen(II)-hydroxid zu einem Gemisch aus Al‌kenen, Alkanen, bei 1-Alkinen zusätzlich *Methan* reduzieren[3], Alkene werden zu Alkanen, 1-Alkene zu Al‌kanen und Methan reduziert[3].

Vorteilhaft werden Alkene mit einem Gemisch aus Eisen(II)-Salzen und Natriumhydri‌zu Alkanen reduziert[4,5].

Äthyl-benzol[5,6]: Man rührt ein Gemisch aus 510 mg (4 mMol) Eisen(II)-chlorid, 0,39 g 50%igem Natriumhy‌drid (8,1 mMol) und THF 15 Min. unter Eiskühlung. Dann gibt man 214 mg (2,2 mMol) Styrol zu und hält 2‌Stdn. bei 0–5°. Man zersetzt vorsichtig mit Wasser, neutralisiert, schüttelt mit Diäthyläther aus, trocknet, zieh‌das Lösungsmittel i.Vak. ab und chromatographiert; Ausbeute: 185 mg (85% d. Th.).

Analog erhält man aus 1-Phenyl-propen *1-Phenyl-propan*[6] bzw. aus 4-Methyl-cyclo‌hexen *4-Methyl-cyclohexan*[6].

Ferrocen, in Gegenwart von Aluminium(III)-chlorid, ist ein zur selektiven Reduktio‌der C=C-Bindung in Enonen geeignetes Reduktionsmittel[7]:

$$R^1-CO-CH=CH-CO-R^2 \xrightarrow{\text{Ferrocen/AlCl}_3} R^1-CO-CH_2-CH_2-CO-R^2$$

$R^1 = C_6H_5$, OCH_3
$R^2 = C_6H_5$, OH, OCH_3

Ketone werden durch ein Eisen(II)-Salz/Natriumhydrid-Gemisch zu Alkoholen re‌duziert[5,6].

1-Phenyl-äthanol[6]: 1,78 g (14 mMol) Eisen(II)-chlorid gibt man bei Eiskühlung unter Argon zu 1,34 g 50%‌igem Natriumhydrid (28 mMol), rührt 15 Min. und gibt 239 mg (2 mMol) Acetophenon, gelöst in etwas THF, zu‌Man rührt 45 Min. bei 0–5°, zersetzt vorsichtig mit Wasser, neutralisiert, schüttelt mit Diäthyläther aus, trocknet‌zieht das Lösungsmittel i.Vak. ab und chromatographiert; Ausbeute: 173 mg (72% d. Th.).

---

[1] Y. Akita, M. Inaba, H. Uchida u. A. Ohta, Synthesis **1977**, 792.
[2] A. P. Zipp u. R. O. Ragsdale, Soc. [Dalton Trans.] **1976**, 2452.
[3] G. N. Schrauzer u. T. D. Guth, Am. Soc. **98**, 3508 (1976).
[4] Japan Kokai 76 101 901 (1976), Sagami Chemical Research Center; Erf.: T. Fujisawa, K. Sugimoto u. H. Ota‌C. A. **86**, 43 163 (1977).
[5] T. Fujisawa, K. Sugimoto u. H. Ota, Chem. Letters **1976**, 581; C.A. **85**, 142 736 (1976).
[6] Japan Kokai 76 101 901, 76 91 202, Sagami Chemical Research Center; Erf.: T. Fujisawa, K. Sugimoto u. H‌Ota; C. A. **86**, 43 163 (1977); **85**, 142 799 (1976).
[7] Y. Omote, R. Kobayashi, C. Kashima u. N. Sugiyama, Bl. chem. Soc. Japan **44**, 3463 (1971).

1,4-Benzochinon und Tetrachlor-1,4-benzochinon werden durch Ferrocen/Alumini-umchlorid zu *Hydrochinon* bzw. *Tetrachlor-hydrochinon* reduziert[1]. Diese Methode ist allgemeingültig für Chinone.

Unter teilweiser Dimerisierung werden Methyl- und Äthyljodid durch Eisen(II)-hydroxid in schwach alkali-chen Suspensionen zu *Methan* bzw. *Äthan* reduziert[2].

Eisen(II)-sulfat vermag Benzoldiazonium-Salze u. a. auch an der C–N-Bindung zu hydrogenolysieren (s. Bd. X/3, S. 166).

Zur Reduktion von Chinol-chloriden zu Phenolen mit Eisen(II)-sulfat s. Bd. VII/3b, S. 741.

2. am Heteroatom

Nitro-Verbindungen können mit Eisen(II)-Verbindungen zu Nitroso-Verbindungen, Oximen (Bd. X/4, S. 134), Aminen (s. Bd. XI/1, S. 433 f.) und Hydrazinen reduziert wer-den; z. Tl. tritt auch Ringschluß ein.

Aromatische Nitroso-Verbindungen werden durch Reduktion von Nitro-benzolen mit Eisen(II)-oxalat erhalten[3]. Man leitet hierzu z. B. in eine Mischung von Nitro-benzol und Eisen(II)-oxalat langsam Stickstoff ein und kocht 5 Stdn. im Rückfluß:

Nitro-benzol	→	*Nitroso-benzol;* 20% d. Th.
1,3-Dinitro-benzol	→	*3-Nitroso-1-nitro-benzol*
4-Nitro-1-methoxy-benzol	→	*4-Nitroso-1-methoxy-benzol*

Zur Reduktion von Hydroxylaminen mit Eisen(II)-Salzen oder -hydroxid zu Aminen s. Bd. X/1, S. 1242.

Diazonium-Salze lassen sich durch Kaliumhexacyanoferrat(II) in schwach saurer bis neutraler Lösung zu Azo-Verbindungen reduzieren (s. Bd. X/3, S. 166), und Salze der Hydrazonoessigsäure werden aus Diazoessigsäureester mit Eisen(II)-hydroxid in alkali-scher Lösung (s. Bd. X/4, S. 889) erhalten.

f) Metall-Salze mit kleinem Anwendungsbereich (Aluminium-, Kupfer-, Silber-, Molybdän-, Wolfram-, Mangan-, Uran-Salze)

Sulfochloride werden durch Aluminiumchlorid in Schwefelkohlenstoff selektiv zu *Sulfinsäuren* reduziert; anwesende Nitro-Gruppen bleiben erhalten (s. Bd. IX, S. 309).

Zur Reduktion von Ketonen mit Isobornyloxy-aluminiumchlorid zu asymmetrisch substituierten Alkoholen s. Lit.[4].

Kupfer- und Silber(I)-Salze werden lediglich in beschränktem Umfang als Reduktionsmittel in der orga-nischen Chemie eingesetzt; z. B.:

Azophosphorsäure-diester	$\xrightarrow{Cu_2O}$	*Hydrazin-1,2-bis-[phosphorsäure-diester];* s. Bd. X/2, S. 221; Bd. X/3, S. 590
1,2-Dibrom-1-aryl-alkane	$\xrightarrow{Cu_2Cl_2}$	1-Aryl-alkene; s. Bd. V/1b, S. 202
Aryldiazonium-Salze	$\xrightarrow{Cu^{\oplus}}$	Bi-aryle; s. Bd. X/3, S. 161f.
meso-1,2-Dibrom-1,2-diphenyl-äthan	$\xrightarrow{Cu_2Cl_2}$	*trans*-Stilben; s. Bd. V/1b, S. 202
Dihalogen-triorgano-bismut	$\xrightarrow{Ag_2O}$	*Triorgano-bismut;* Bd. XIII/8, S. 601.

[1] Y. Omote, R. Kobayashi, C. Kashima u. N. Sugiyama, Bl. chem. Soc. Japan **44**, 3463 (1971).
[2] G. N. Schrauzer u. T. D. Guth, Am. Soc. **98**, 3508 (1976).
[3] Brit. P. 1 251 844 (1968), ICI, Erf.: D. Dodman, K. W. Pearson u. J. M. Wooley; C.A. **76**, 14 083 (1972).
[4] D. Nasipuri u. G. Sarkar, J. indian chem. Soc. **44**, 425 (1967); C.A. **67**, 107 902 (1967).

4-Alkyl- bzw. 4-Aryl-1,3-dioxane werden durch Kupfer(II)-chromit zu einwertigen Alkoholen reduziert (s. Bd. VI/1a/1, S. 305).

Molybdän-Verbindungen werden nur in Ausnahmefällen zur Reduktion herangezogen. So z. B. zur Reduktion von Alkenen zu Alkanen mit Aquo-oxo-tetracyano-molybdat(IV) im schwach sauren Medium[1].

Octachloro-dimolybdän(II)-Salze[2] und Molybdän-oxid-trichlorid/Zink reduzieren in guten Ausbeuten Sulfoxide zu Sulfanen[2, 3] (bessere Ausbeuten werden mit Trikalium-nonachloro-diwolframat erzielt); z. B.:

$$R^1\text{—SO—}R^2 \xrightarrow{\text{MoOCl}_3/\text{Zn/THF}} R^1\text{—S—}R^2$$

Sulfane; allgemeine Arbeitsvorschrift[3]: Zu 8,2 g Molybdän(V)-chlorid (30 mMol) in 40 ml THF gibt man 3 ml Wasser. Unter Rühren setzt man 3,25 g (50 g-Atom) Zinkstaub und dann 20 mMol des Sulfoxids, gelöst in 10 ml THF, zu. Man rührt noch 1 Stde. bei 23°, versetzt mit wäßr. Natriumhydroxid bis zur alkalischen Reaktion und schüttelt mit Diäthyläther aus. Nach Trocknen und Einengen wird destilliert oder umkristallisiert.

So erhält man u. a.

Dibenzyl-sulfan   91% d. Th.; F: 48–49°
Dibutyl-sulfan   86% d. Th.; Kp$_{760}$: 188–189°
Diphenyl-sulfan   91% d. Th.; Kp$_{16,5}$: 157–158°

Die Reduktion von Nitro- und Nitroso-Verbindungen mit dreiwertigem Molybdän zu *Aminen* verläuft quantitativ (Anwendung bei der Volumetrie)[4], Oxime und Hydrazone werden zu *Iminen* reduziert, die unter den Reaktionsbedingungen zu *Aldehyden* bzw. *Ketonen* verseift werden[5]:

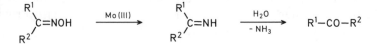

Mit Wolfram(IV)-Salzen werden vicinale Dialkoxy-Verbindungen und Diole in THF zu *Alkenen* reduziert[6]:

$$-\overset{|}{\underset{RO}{C}}-\overset{|}{\underset{OR}{C}}- \xrightarrow{K_2WCl_6 \ / \ THF} \ \text{\textbackslash}C=C\text{/}$$

So erhält man u. a. aus

1,2-Dimethoxy-docosan   → *Docosen-(1);* 44% d. Th.
trans-1,2-Dimethoxy-cyclododecan   → *Cyclododecen;* 50% d. Th. (92% Stereoselektivität)
cis-1,2-Dimethoxy-cyclododecan   → *Cyclododecen;* 66% d. Th. (73% Stereoselektivität)

Carbonyl-Verbindungen werden durch das Reduktionspaar Wolfram(VI)-chlorid/Organo-lithium zu *Alkenen* dimerisiert[7]:

$$2 \ \overset{R^1}{\underset{R^2}{\diagdown}}C=O \xrightarrow{WCl_6 \ / \ 2 \ R\text{-Li}} \overset{R^1}{\underset{R^2}{\diagdown}}C=C\overset{R^2}{\underset{R^1}{\diagup}}$$

$R^1 = C_6H_5$; $R^2 = H$; *Stilben*; 76% d. Th.
$R^1 = 4\text{–Cl–}C_6H_4$; $R^2 = H$; *4,4'-Dichlor-stilben*; 57% d. Th.
$R^1 = C_6H_5$; $R^2 = CH_3$; *2,3-Diphenyl-buten-(2)*; 44% d. Th.

[1] E. L. Moorehead, P. R. Robinson, T. M. Vickrey u. G. N. Schrauzer, Am. Soc. **98**, 6555 (1976).
[2] R. G. Nuzzo, H. J. Simon u. J. San Filippo, J. Org. Chem. **42**, 568 (1977).
[3] G. A. Olah, G. K. Surya Prakash u. T.-L. Ho, Synthesis **1976**, 810.
[4] M. V. Gapchenko, Zavod. Labor. **10**, 245 (1941); C.A. **35**, 7312 (1941).
[5] G.. Olah, J. Welch, G. K. Surya Prakash u. T.-L. Ho, Synthesis **1976**, 808.
[6] K. B. Sharpless u. T. C. Flood, Chem. Commun. **1972**, 370.
[7] K. B. Sharpless, M. A. Umbreit, M. T. Nieh u. T. C. Flood, Am. Soc. **94**, 6538 (1972).

Aus Epoxiden werden durch dasselbe Reduktionspaar bzw. durch Wolfram(VI)-chlo-
id/Lithiumjodid Alkene bis zu 75–98% d. Th. erhalten[1]:

Mit Trikalium-nonachlor-diwolfram(III) lassen sich Sulfoxide in ausgezeichneten Aus-
euten zu *Sulfanen* reduzieren[2]:

$$R^1{-}SO{-}R^2 \xrightarrow{K_3W_2Cl_9} R^1{-}S{-}R^2$$

$R^1 = CH_3$; $R^2 = CH_3$; *Dimethyl-sulfan*; 100% d. Th.
$R^2 = C_6H_5$; *Methyl-phenyl-sulfan*; 92% d. Th.
$R^1 = R^2 = C_4H_9$; *Dibutyl-sulfan*; 95% d. Th.

Zur Reduktion von Phenyl-diazonium-Salzen mit Mangan(II)-sulfat in neutraler oder schwach alkali-
her Lösung s. ds. Handb., Bd. X/3, S. 166.

Mit Uran(III)-Salzen werden aromatische Aldehyde über Radikale zu den entspre-
henden Alkoholen reduziert[3]:

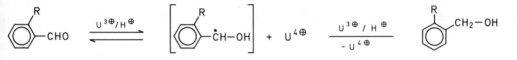

Uran(IV)-Komplexe in Nitromethan eignen sich zur Herstellung von stabilen Radi-
al-Kationen aus Phenazinen[4]:

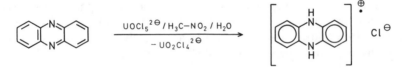

Eine einfache Methode zur Überführung von 1-Aryl-1-alkenen bzw. α-Aryl-alkoholen
:u Aryl-alkanen stellt die Transferhydrierung mit Cyclohexen/Aluminiumchlorid/Pal-
adium-Kohle dar (näheres s. hierzu Bd. IV/1c, S. 73f.)[5]:

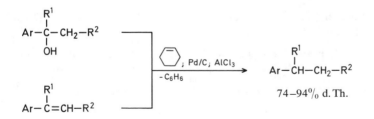

K. B. Sharpless, M. A. Umbreit, M. T. Nieh u. T. C. Flood, Am. Soc. **94**, 6538 (1972).
R. G. Nuzzo, H. J. Simon u. J. San Filippo, J. Org. Chem. **42**, 568 (1977).
L. Adamcikova u. L. Treindl, Collect. czech. chem. Comun. **39**, 1264 (1974).
J. Selbin, D. G. Durrett, H. J. Sherrill, G. R. Newkome u. M. Collins, J. Inorg. & Nuclear Chem. **35**, 3467 (1973).
G. A. Olah, G. K. Surya Prakash, Synthesis **1978**, 397.

V. Metallcarbonyle als Reduktionsmittel

bearbeitet von

Dr. Hans Muth

Stuttgart / Erlangen

Im Rahmen dieses Abschnitts werden die Metallcarbonyle als Reduktionsmittel berück
sichtigt, die kein Wasserstoff-Atom am Metall gebunden enthalten (Carbonyl-hydrid-me
tall-Komplexe werden im Rahmen der Reduktion mit komplexen Hydriden im Abschnit
B III besprochen). Da Metallcarbonyle mit Laugen oder protischen Lösungsmitteln in de
Regel zu Hydrid-Komplexen reagieren, sind auch diese Reduktionen ausgeklammert.

Die Reduktionen mit Metallcarbonylen verlaufen i.a. wegen der großen Komplexbil
dungstendenz der Reaktionspartner äußerst stereoselektiv und unter sehr milden Reak
tionsbedingungen.

a) Reduktionen am C-Atom

1. unter Erhalt des Kohlenstoffgerüsts

α) Reduktion von Carbonyl-Verbindungen

Carbonsäureanhydride werden durch Dinatrium-tetracarbonyl-eisen unter Argor
bei 23° in THF reduktiv zu Aldehyd und Carbonsäure gespalten. Gemischte Anhy
dride liefern ein Gemisch der jeweils möglichen Aldehyde und Carbonsäuren, cyclische
Anhydride führen zu Aldehyd-carbonsäuren[1,2]. Auch die Anhydride aus Carbonsäu
ren und Kohlensäureestern werden zu Aldehyden reduziert[3]:

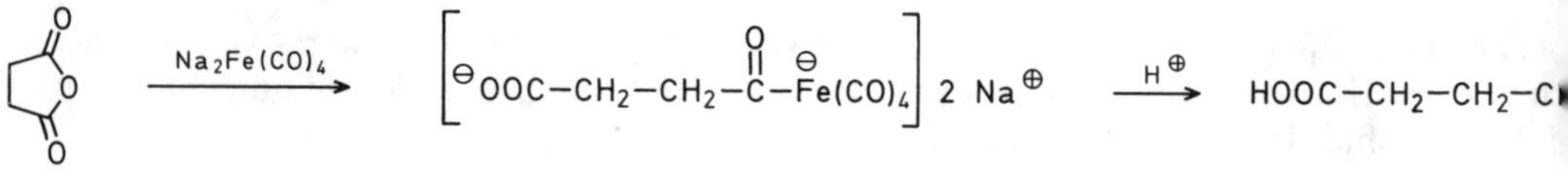

$$\text{(Anhydrid)} \xrightarrow{\text{Na}_2\text{Fe(CO)}_4} \left[{}^{\ominus}\text{OOC}-\text{CH}_2-\text{CH}_2-\overset{\overset{\text{O}}{\|}}{\text{C}}-\overset{\ominus}{\text{Fe(CO)}_4} \right] 2\,\text{Na}^{\oplus} \xrightarrow{\text{H}^{\oplus}} \text{HOOC}-\text{CH}_2-\text{CH}_2-\text{C}$$

Der Vorteil dieser Methode besteht in der hohen Selektivität, aus Dicarbonsäuren Al
dehyd-säuren herzustellen (s. Tab. 40, S. 529).

Aldehyd-säuren; allgemeine Herstellungsvorschrift[1]: Zu 11 mMol Dinatrium-tetracarbonyl-ferrat in THI
werden unter Rühren bei 20° unter Argon 11 mMol Dicarbonsäure-anhydrid tropfenweise zugegeben. Nachder
keine Anhydrid-Bande mehr im IR-Spektrum nachweisbar ist (nach einigen Minuten), wird die Mischung mit Es
sigsäureanhydrid bzw. Salzsäure versetzt und wie üblich aufgearbeitet; Ausbeuten: bis zu 85% d. Th. (vg
Tab. 40, S. 529).

---

[1] Y. Watanabe, M. Yamashita, T. Mitsudo, M. Tanaka u. Y. Takegami, Tetrahedron Letters **1973**, 3535.

[2] Y. Watanabe, M. Yamashita, T. Mitsudo, M. Igami u. Y. Takegami, Bl. chem. Soc. Japan **48**, 2490 (1975).

[3] Y. Watanabe, M. Yamashita, T. Mitsudo, M. Igami, K. Tomi u. Y. Takegami, Tetrahedron Letters **1975**, 1063

β) Reduktion der C–X-Einfachbindung

β₁) *in C–Hal-Verbindungen*

Die Substitution von Halogen-Atomen durch das Wasserstoff-Atom mit Hilfe von Metallcarbonylen ist nicht generell anwendbar, da sie in den meisten Fällen unvollständig verläuft.

Trihalogenmethyl-Gruppen enthaltende Verbindungen werden in der Regel durch einen Überschuß von Tetracarbonylnickel in THF zu den entsprechenden **Dihalogenmethyl-Gruppen** reduziert (Ausnahme: Trichlor-phenyl-methan s. S. 532), wobei weitere im Molekül vorhandene Halogen-Atome nicht angegriffen werden[1]; z. B.:

*2,2-Dichlor-1,1-bis-[4-chlor-phenyl]-
äthan*; 92% d. Th.

Analog erhält man aus 1,1,1,3-Tetrabrom-5-phenyl-pentan in 60%iger Ausbeute *1,1,3-Tribrom-5-phenyl-pentan* (Kp₀,₁: 122°). In stärker polaren Lösungsmitteln (DMF oder HMPT) entstehen **Alkene** [1].

Auch 4-Brom- und 4-Methoxy-2-oxo-5-trihalogenmethyl-1,3-dioxolane werden durch Tetracarbonylnickel ausschließlich an der Trihalogenmethyl-Gruppe reduziert, wobei die entsprechenden 4-Brom- und 4-Methoxy-2-oxo-5-dihalogenmethyl-1,3-dioxolane gebildet werden[5]:

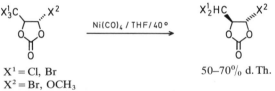

$X^1 = Cl, Br$
$X^2 = Br, OCH_3$

50–70% d. Th.

Dibrom-bis-[4-brom-2-oxo-1,3-dioxolan-5-yl]-methan wird in 71%iger Ausbeute mit der 6fachen molaren Menge Tetracarbonylnickel (3 Stdn./40°) zu *Brom-bis-[4-brom-2-oxo-1,3-dioxolan-5-yl]-methan* reduziert[1]:

Carbonsäure-chloride liefern in THF (0–60°) und anschließender Behandlung mit Eisessig **Aldehyde**[2]:

$$R—CO—Cl + Na_2[Fe(CO)_4] \xrightarrow[\text{2. Essigsäure}]{\text{1. THF}} R—CHO$$

R = CH(CH₃)₂ (60°/5 Stdn.); *2-Methyl-propanal*; 71% d. Th.
R = 2-Cl–C₆H₄ (0°/1 Stde.); *2-Chlor-benzaldehyd*; 65% d. Th.
R = 4-Cl–C₆H₄ (0°/1 Stde.); *4-Chlor-benzaldehyd*; 74% d. Th.

---

[1] T. Kunieda, T. Tamura u. T. Takigawa, Chem. Commun. **1972**, 885; Chem. Pharm. Bull. **25**, 1749 (1977); C.A. **88**, 22720 (1978).
[2] Y. Watanabe, T. Mitsudo, M. Tanaka, K. Yamamoto, T. Okajima u. Y. Takegami, Bl. chem. Soc. Japan **44**, 2569 (1971).

Aldehyde aus Carbonsäure-chloriden; allgemeine Herstellungsvorschrift: Zu 7,3 mMol Dinatrium-tetracar
bonylferrat in THF (hergestellt aus 1,0 *ml* Pentacarbonyleisen in 25 *ml* THF durch tropfenweise Zugabe vor
4 *ml* ~1%igem Natriumamalgam in 25 *ml* THF unter Argon bei 20°) werden unter Rühren und Argon bei 30
7,3 mMol Carbonsäure-chlorid gegeben; man rührt 1 Stde. und gibt 1,2 *ml* abs. Essigsäure zu. Man rührt weitere 5 Min., gießt die Lösung in Wasser, extrahiert mit 20 *ml* Pentan, danach mit 20 *ml* Diäthyläther, trocknet die
organischen Phasen und destilliert.

Zur Enthalogenierung von Benzhydroxamsäure-chlorid mit Pentacarbonyleisen in THF zu Nitrilen
s. S. 537.

Vinylhalogenide werden mit einem großen Überschuß an Pentacarbonyleisen (1 : 5–10)
in Dibutyläther zu Alkenen enthalogeniert (Ausbeuten ~30% d. Th.)[1].

Setzt man α-Brom-ketone mit äquivalenten Mengen Octacarbonyl-dikobalt bei Anwesenheit von Benzyl-triäthyl-ammoniumchlorid in Benzol und Natronlauge um, so erhält
man (trotz der Natronlauge in diesem Fall nicht über einen Hydrid-Komplex)[2] in fast
quantitativen Ausbeuten die reinen Ketone[2]; bei 20fachem Überschuß an Keton entstehen zusätzlich 1,4-Diketone (s. S. 533)[2]:

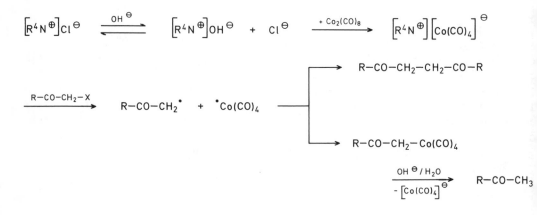

Ketone; allgemeine Arbeitsvorschrift[2]: Zu einer Lösung von 1 mMol α-Brom-keton in 10 *ml* Benzol und
1,0 mMol Octacarbonyl-dikobalt gibt man 10 *ml* 5 n Natronlauge und 0,11 g (0,5 mMol) Benzyl-triäthyl-ammoniumchlorid. Unter heftigem Rühren hält man 2 Stdn. bei 23°, trennt die Schichten mit einer Zentrifuge, trocknet
die organ. Phase, engt auf wenige *ml* ein und chromatographiert an Florisil. Eluieren mit Benzol-Petroläther liefert das Keton, anschließendes Eluieren mit Benzol/Chloroform oder Benzol/Dichlormethan ergibt das 1,4-Di-
keton.

Man isoliert z. B. beim Verhältnis α-Brom-keton: Octacarbonyl-dikobalt = 1 : 1 *4-Acetyl-biphenyl* (98%
d. Th.) sowie *2-Acetyl-naphthalin* (97% d. Th.).

β_2) in Äthern bzw. Estern

2,3-Dialkyl- und 2,3-Diaryl-oxirane bilden mit Natrium-cyclopentadienyl-dicarbonyl-
eisen ein Alkanolat, das thermisch unter Inversion in ein *trans-* Alken (>96% d. Th.) zerfällt[3]. Beim Behandeln des Alkanolats mit Tetrafluorborsäure bzw. Hexafluorophos-
phorsäure erhält man einen Alken-Komplex, der bei kurzzeitigem Erhitzen mit Jodid unter Erhalt der Konfiguration das *cis-* Alken liefert[4]:

[1] S. J. NELSON, G. DETRE u. M. TANABE, Tetrahedron Letters **1973**, 447.
[2] H. ALPER, K. D. LOGBO u. H. DES ABBAYES, Tetrahedron Letters **1977**, 2861.
[3] M. ROSENBLUM, M. R. SAIDI u. M. MADHAVARAO, Tetrahedron Letters **1975**, 4009.
[4] W. P. GIERING, M. ROSENBLUM u. J. TANCREDE, Am. Soc. **94**, 7170 (1972).

Tab. 40: Aldehyde durch Reduktion von Carbonsäureanhydriden mit Dinatrium-tetracarbonylferrat

R	R¹	Bedingungen	Aldehyd	Ausbeute [% d. Th.]	Literatur
C_2H_5	C_2H_5	äquimolare Mengen bei 23° unter Argon in THF. Nach Verschwinden der Anhydrid-Banden im IR mit Essigsäure oder Salzsäure behandeln	*Propanal*	90	[1,2]
CH_3	C_6H_5		*Acetaldehyd + Benzaldehyd* (64:36)	60–80	[2]
C_6H_5	$3\text{-}CH_3\text{-}C_6H_4$		*Benzaldehyd + 3-Methyl-benzaldehyd* (57:43)		[2]
	$2\text{-}OCH_3\text{-}C_6H_4$		*Benzaldehyd + 2-Methoxy-benzaldehyd* (39:61)		[2]
$2\text{-}Cl\text{-}C_6H_4$	C_6H_5		*Benzaldehyd + 2-Chlor-benzaldehyd* (82:18)		[2]
	$4\text{-}Cl\text{-}C_6H_4$		*2-Chlor-benzaldehyd +4-Chlor-benzaldehyd* (45:55)		[2]
OC_2H_5	$C_{10}H_{21}$		*Undecanal*	67	[3]
	$2\text{-}OCH_3\text{-}C_6H_4$		*2-Methoxy-benzaldehyd*	81	[3]
(Bernsteinsäureanhydrid)		Wie oben, jedoch mit Essigsäure behandeln, Lösungsmittel abziehen, Rückstand mit Natronlauge ausschütteln, Filtrat ansäuern und mit Äther ausschütteln	*Bernsteinaldehydsäure*	81	[1,2]
(Glutarsäureanhydrid)			*Glutaraldehydsäure*	60	[2]
(Tetrachlor-phthalsäureanhydrid)			*Tetrachlor-phthaldehyd-säure*	83	[2]
(Naphthalsäureanhydrid)			*8-Formyl-1-carboxy-naphthalin*	75	[2]

[1] Y. WATANABE, M. YAMASHITA, T. MITSUDO, M. TANAKA u. Y. TAKEGAMI, Tetrahedron Letters **1973**, 3535.

[2] Y. WATANABE, M. YAMASHITA, T. MITSUDO, M. IGAMI u. Y. TAKEGAMI, Bl. chem. Soc. Japan **48**, 2490 (1975).

[3] Y. WATANABE, M. YAMASHITA, T. MITSUDO, M. IGAMI, K. TOMI u. Y. TAKEGAMI, Tetrahedron Letters **1975**, 1063.

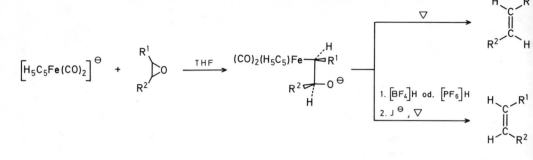

Nach dieser Methode kann z. B. über das entsprechende Oxiran aus *cis*-Stilben in 96%/₍
iger Ausbeute ein Gemisch aus ~ 99:1 *trans/cis-Stilben* und aus *trans*-Stilben in 92%/₍iger
Ausbeute ein Gemisch aus ~ 94:6 *cis/trans-Stilben* erhalten werden. *cis*-2-Buten liefert in
86%/₍iger Ausbeute ein Gemisch aus ~ 99:1 *trans/cis-2-Buten* und *trans*-2-Buten in 69%/₍
iger Ausbeute ein Gemisch aus ~ 99:1 *cis/trans-2-Buten*[1].

Mit Octacarbonyl-dikobalt wird 2-Methyl-2,3-dimethoxycarbonyl-oxiran bei 23° in
95%/₍iger Ausbeute zum *Methyl-maleinsäure-dimethylester reduziert*[2]:

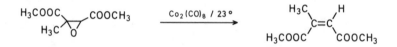

In O-Acetyl-enolen und α-Acetoxy-ketonen gelingt es mit Hilfe von Pentacarbonyleisen die C–O-Bindung des Enols bzw. der Alkohol-Komponente zu Alkenen bzw. Ketonen zu hydrogenolysieren[3]:

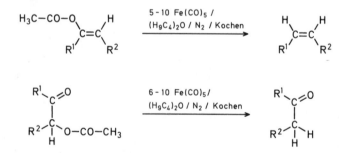

Auch cyclische O,O-Diester der Thiokohlensäure werden zu Alkenen gespalten[4]:

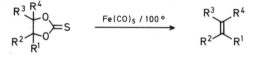

[1] M. Rosenblum, M. R. Saidi u. M. Madhavarao, Tetrahedron Letters **1975**, 4009.
[2] P. Dowd u. K. Kang, Chem. Commun. **1974**, 384.
[3] S. J. Nelson, G. Detre u. M. Tanabe, Tetrahedron Letters **1973**, 447.
[4] J. Daub, V. Trautz u. U. Erhardt, Tetrahedron Letters **1972**, 4435.

Tab. 41: Alkene bzw. Ketone durch Ester-Spaltung mit Pentacarbonyleisen

Acetat	Metallcarbonyl-Verbindung	Bedingungen	Reaktionsprodukte	Ausbeute [% d. Th.]	Literatur
		1:5; 30 Stdn.	*Cyclododecen*	40	1
	Fe(CO)$_5$/N$_2$ in Butanol kochen	1:10; 24 Stdn.	*3-Methoxy-östratetraen-(1,3,5[11],16)*	35	1
		1:10; 96 Stdn.	*3β-Acetoxy-pregnatrien-(5,16,20)*	40	1
C$_6$H$_5$ H$_5$C$_6$—CO—CH—O—CO—CH$_3$		1:6; 24 Stdn.	*1-Oxo-1,2-diphenyl-äthan*	75	1
	Fe(CO)$_5$/N$_2$	100°	*Stilben*	78	2
	Fe(CO)$_5$/N$_2$		*Dibenzo-bicyclo[2.2.2]octatrien*	79	2

[1] S. J. Nelson, G. Detre u. M. Tanabe, Tetrahedron Letters 1973, 447.
[2] J. Daub, V. Trautz u. U. Erhardt, Tetrahedron Letters 1972, 4435.

$$\beta_3)\ \ in\ Thiiranen$$

Thiirane werden durch Nonacarbonyl-dieisen in stereoselektiver Reaktion zu Alkene⟩ reduziert[1]:

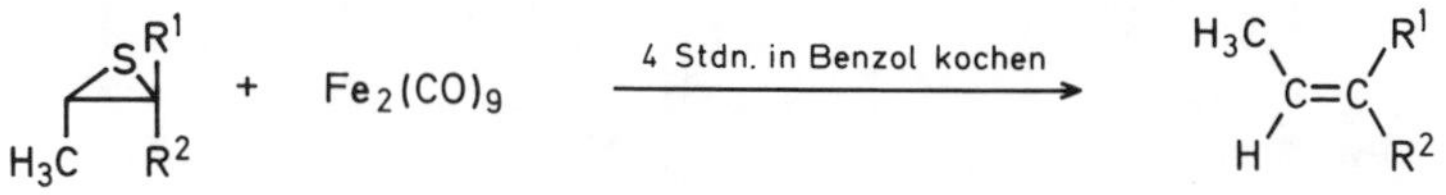

$$R^1 = H;\ R^2 = CH_3;\ 2\text{-}Buten;\ 82\%\ d.Th.\ (cis{:}trans = 3{:}97)$$
$$R^1 = CH_3;\ R^1 = H;\ 2\text{-}Buten;\ 80\%\ d.Th.\ (cis{:}trans = 93{,}6{:}6{,}4$$

2. unter Veränderung des Kohlenstoffgerüstes

α) C–C-Neuknüpfung

Die dehalogenierende Kupplung von Halogeniden ist eine schonende und häufig ver wendete Methode zur Dimerisierung organischer Moleküle. Die Ausbeuten sind in de Regel gut bis sehr gut.

Trichlor-phenyl-methan wird durch Tetracarbonylnickel in THF unter Dimerisierung i⟩ 73%iger Ausbeute zu *1,1,2,2-Tetrachlor-1,2-diphenyl-äthan* dimerisiert[2] (vgl. a. S.527⟩

$$H_5C_6\text{—}CCl_3 \quad \xrightarrow{Ni(CO)_4/THF} \quad H_5C_6\text{—}CCl_2\text{—}CCl_2\text{—}C_6H_5$$

Aus Dichlor(Dibrom)-aryl-methan erhält man mit Hexacarbonylwolfram unter gleich zeitiger Eliminierung von Halogen Alkene[3]:

$$Ar\text{—}CH\,Hal_2 \quad \xrightarrow{W(CO)_6} \quad Ar\text{—}CH{=}CH\text{—}Ar$$

Hal = Cl, Br

Die Alken-Ausbeuten sind wesentlich höher als bei der analogen Reduktion mi⟩ Wolfram(VI)-chlorid/Lithiumalanat (vgl. a. Bd. V/1b, S.425, 427).

Thioketone werden unter Desulfurierung durch Dicyclopentadienyl-tetracarbonyl⟨ dieisen[4], Octacarbonyl-dikobalt[4] und (Bis-[triphenylphosphino]-immonium)-tetracarbo nyl-kobalt[4] in Benzol, sowie durch Decacarbonyl-dimangan[5] in Heptan zu Alkene⟩ dimerisiert:

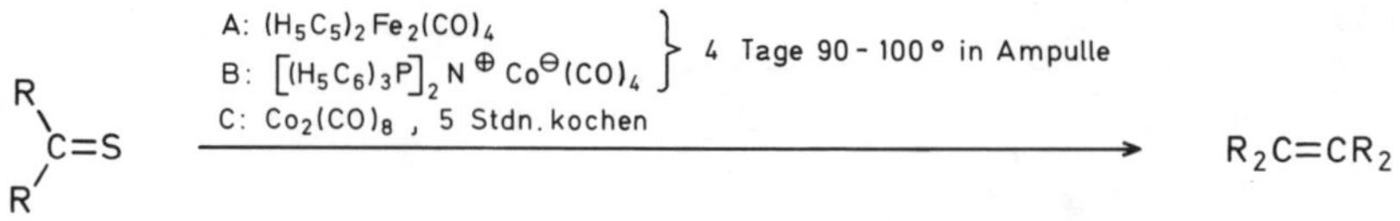

R = C₆H₅; *Tetraphenyl-äthen;* A: 55%; B: 45%; C: 71% d.Th.; F: 222–224°
R = 4-H₃CO-C₆H₄; *Tetrakis-[4-methoxy-phenyl]-äthen;* A: 68%; B: 70%; C: 75% d.Th.; F: 184–185°
R = 4-H₃C-C₆H₄; *Tetrakis-[4-methyl-phenyl]-äthen;* A: 68%; B: 58%; C: 83% d.Th.; F: 149–150°

[1] B. M. Trost u. S. D. Ziman, J. Org. Chem. **38**, 932 (1973).
[2] T. Kunieda, T. Tamura u. T. Takizawa, Chem. Commun. **1972**, 885.
[3] Y. Fujiwara, R. Ishikawa u. S. Teranishi, Bl. chem. Soc. Japan **51**, 589 (1978).
[4] H. Alper u. H.-N. Paik, J. Org. Chem. **42**, 3522 (1977).
[5] H. Alper, J. Organometal. Chem. **73**, 359 (1974).

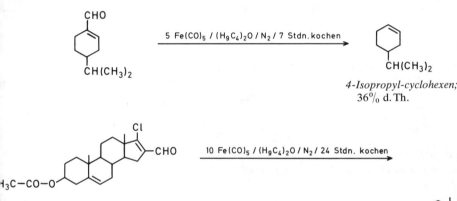

$$R_2C{=}S \xrightarrow{\text{Mn}_2(\text{CO})_{10} \text{ / Heptan ; } 24-28 \text{ Stdn. kochen}} R_2C{=}CR_2$$

R = C$_6$H$_5$; *Tetraphenyl-äthen;* 69% d. Th.; F: 223–225°
R = 4-F-C$_6$H$_4$; *Tetrakis-[4-fluor-phenyl]-äthen;* 72% d. Th.; F: 208–210°

Eine wichtige Anwendung dieser Reaktion ist die Entschwefelung von Brennstoffen. Zur reduktiven Dimerisierung von ω-Brom-acetophenon zu *1,4-Dioxo-1,4-diphenyl-**utan* kann auch Pentacarbonyleisen eingesetzt werden (s. ds. Handb., Bd. VII/2b, S. 877), obwohl in der Regel Zink/Kupfer verwendet wird.

Bei Einsatz katalytischer Mengen Octacarbonyl-dikobalt fallen stets wechselnde Mengen des Enthalogenie-ungsprodukts mit an (s. S. 527)[1].

β) unter C–C-Spaltung

α,β-Ungesättigte Aldehyde werden durch Kochen mit hohem Überschuß von Pentacar-onyleisen (1:5–10) in Dibutyläther unter Abspaltung der Formyl-Gruppe in Alkene ibergeführt[2]; z. B.:

4-Isopropyl-cyclohexen;
36% d. Th.

3β-Acetoxy-androstadien-(5,16);
36% d. Th.

b) Reduktion am Heteroatom

1. am Schwefel-Atom

α) in Sulfonsäure-halogeniden

Unter Enthalogenierung und gleichzeitiger Deoxygenierung verläuft die Dimerisierung von Sulfonylchloriden zu Disulfanen mit Hexacarbonylmolybdän in Tetramethylharn-toff[3].

H. ALPER, K. D. LOGBO u. H. DES ABBAYES, Tetrahedron Letters **1977**, 2861.
S. J. NELSON, G. DETRE u. M. TANABE, Tetrahedron Letters **1973**, 447.
H. ALPER, Ang. Ch. **81**, 706 (1969).

Disulfane aus Sulfonylchloriden; allgemeine Arbeitsvorschrift[1]: Ein Gemisch aus 5–35 mMol Sulfonylchlorid und der 1,1–1,3fachen molaren Menge Hexacarbonylmolybdän in 10–25 ml trockenem Tetramethyl-harnstoff wird unter Stickstoff und unter Rühren 2–2,5 Stdn. auf 70° erwärmt, während sich die Molybdän-Verbindung löst. Man erhitzt 10–15 Min. auf 100°, kühlt ab und filtriert vom unverbrauchten Hexacarbonylmolybdän ab. Das Filtrat wird zur 20fachen Menge Wasser gegeben. Feste Disulfane fallen aus und können durch Umkristallisieren gereinigt werden.

Flüssige Disulfane werden mit Äther ausgeschüttelt und durch Destillation gereinigt.

Auf diese Weise erhält man u. a.

Dimethyl-disulfan	68% d. Th.	Bis-[4-methyl-phenyl]-disulfan	80% d. Th.
Bis-[2-methyl-phenyl]-disulfan	60% d. Th.	Bis-[4-brom-phenyl]-disulfan	55% d. Th.

Mit einer äquimolaren Menge Pentacarbonyleisen und Diäthyläther-Trifluorboran in aprotischen Lösungsmitteln (z. B. Dimethylacetamid, Tetramethyl-harnstoff) erhält man aus Sulfonylchloriden Thiosulfonsäure-S-ester[2]:

$$2\,R\text{—}SO_2\text{—}Cl \xrightarrow{\ Fe(CO)_5/(H_5C_2)_2O/BF_3\ } R\text{—}SO_2\text{—}S\text{—}R$$

4-Methoxy-benzolthiosulfonsäure-S-(4-methoxy-phenylester)[2]: 1,73 g (12 mMol) Diäthyläther-Trifluorboran und 1,64 ml (12,2 mMol) Pentacarbonyleisen gibt man zu 2,23 g (10,8 mMol) 4-Methoxy-benzolsulfonylchlorid in 11 ml trockenem N,N-Dimethyl-acetamid. Man erhitzt unter Stickstoff, wobei bei 63–65° heftige Reaktion eintritt. Nach Abklingen (~ 10–15 Min.) erhitzt man 15 Min. auf 90–100°, kühlt, gießt in 200 ml Eiswasser, filtriert den Niederschlag ab und kristallisiert aus Heptan um; Ausbeute: 0,68 g (41% d. Th.); F 89–89,5°.

Analog erhält man z. B.:

4-Methyl-benzolthiosulfonsäure-S-(4-methyl-phenylester) (58°)	48% d. Th.; F: 75,5–77°
2-Nitro-benzolthiosulfonsäure-S-(2-nitro-phenylester) (0°)	66% d. Th.; F: 122–123°
Naphthalin-2-thiosulfonsäure-S-naphthyl-(2)-ester (60°)	45% d. Th.; F: 104,5–106,5°

β) in Sulfoxiden

Die Deoxygenierung von Dialkyl-, Diaryl- und heterocyclischen Sulfoxiden zu Sulfanen gelingt mit Pentacarbonyleisen in Diglyme oder Dibutyläther[3]:

$$\begin{array}{c} R \\ \diagdown \\ \quad S{=}O \\ \diagup \\ R \end{array} \xrightarrow[\text{Diglyme od. }(H_9C_4)_2O]{Fe(CO)_5\ /\ 130\text{-}150°} R\text{—}S\text{—}R$$

Dibutyl-sulfan[3]: In einem 100-ml-Dreihalskolben mit Rückflußkühler, Stickstoffeinlaß und Magnetrührer werden 5,67 g (34,9 mMol) Dibutylsulfoxid, 5,17 ml (38,4 mMol) Pentacarbonyleisen und 20 ml Diglyme vorgelegt. Unter Stickstoff wird unter Rühren 3 Stdn. auf 130–135° erhitzt. Nach Abkühlen filtriert man vom anorganischen Material, gibt das Filtrat in 300 ml Wasser und schüttelt 2mal mit je 50 ml Pentan aus. Der Extrakt wird 5mal mit je 100 ml Wasser gewaschen, getrocknet und nach Abziehen des Pentans destilliert; Ausbeute: 4,87 g (96% d. Th.); Kp$_{0,7}$: 26°.

Auf analoge Weise erhält man z. B.

Dibenzyl-sulfan	48% d. Th.
Diphenyl-sulfan	91% d. Th.
Tetrahydrothiophen	57% d. Th.

α-Brom-sulfoxide werden durch Hexacarbonylmolybdän in 1,2-Dimethoxy-äthan über (1-Brom-alkyl)-sulfane zu Thioacetalen reduziert[4]:

---

[1] H. ALPER, Ang. Ch. **81**, 706 (1969).

[2] H. ALPER, Tetrahedron Letters **1969**, 1239.

[3] H. ALPER u. E. C. H. KEUNG, Tetrahedron Letters **1970**, 53.

[4] H. ALPER u. G. WALL, Chem. Commun. **1976**, 263.

$$2 \; R^1\text{-SO-CH-R}^2 \quad \xrightarrow{\text{Mo(CO)}_6/\text{DME}} \quad 2 \; R^1\text{-S-CH-R}^2 \quad \longrightarrow \quad R^1\text{-S-CH-R}^2 \; + \; R^2\text{-CHBr}_2$$
(Br) (Br) (SR¹)

Bis-[2-naphthylthio]-methan[1]: Eine Mischung aus 2,24 g (8,31 mMol) 2-Brommethylsulfinyl-naphthalin und 1,1 g (4,15 mMol) Hexacarbonylmolybdän in 50 *ml* trockenem 1,2-Dimethoxy-äthan wird unter Stickstoff und unter Rühren 23 Stdn. gekocht. Nach Abkühlen wird filtriert, das Filtrat eingeengt, der Niederschlag mit Hexan digeriert, filtriert und das Filtrat eingeengt. Der Rückstand wird an Kieselgel mit Hexan chromatographiert; Ausbeute: 1,12 g (81% d. Th.); F: 87–88°.

Auf ähnliche Weise sind *1,1-Bis-[4-methyl-phenylthio]-* (64% d. Th.), *1,1-Bis-[4-meth-oxy-phenylthio]-methan* (75% d. Th.) und *1,1-Bis-[phenylthio]-propan* (44% d. Th.) zugänglich.

Nonacarbonyl-dieisen in Benzol bzw. Decacarbonyl-dimangan in Isooctan oder Heptan reduzieren Diarylsulfine u. a. zu Diaryl-thioketonen. Bei Decacarbonyl-dimangan wird als Nebenprodukt Tetraaryl-äthen gebildet[2]:

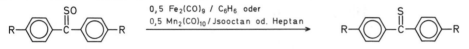

$R = CH_3$; *4,4'-Dimethyl-thiobenzophenon;* 48–54% d. Th.
$R = OCH_3$; *4,4'-Dimethoxy-thiobenzophenon;* 42–51% d. Th.

γ) in Sulfensäure-halogeniden

Die einkernigen Metallcarbonyl-Verbindungen von Chrom, Eisen und Nickel sind in der Lage, Sulfenylchloride unter besonders milden Bedingungen (<0° in THF) unter Enthalogenierung zu Disulfanen zu reduzieren[3]. Im Falle der Perhalogensulfenylchloride werden die Perhalogenalkyl-Gruppen z. Tl. enthalogeniert[3]:

$$2 R\text{-SCl} \; + \; M(CO)_x \quad \xrightarrow{\text{THF, } <0°} \quad MCl_2 \; + \; R\text{-S-S-R} \; + \; x \, CO$$

R = Alkyl, Aryl; ~90% d. Th.

Bis-[trifluormethyl]-disulfan[3]: Auf eine Lösung von 7,3 g (37,3 mMol) Pentacarbonyleisen in 75 *ml* THF kondensiert man bei −80° 6 *ml* Trifluormethylsulfenylchlorid. Nach beendeter Gasentwicklung wird vom farblosen Niederschlag abfiltriert und das Filtrat destilliert. Kp_{760}: 33–34°.

Bis-[trichlor-vinyl]-disulfan[3]:

$$2 \, Cl_3C\text{-CCl}_2\text{-SCl} \; + \; Fe(CO)_5 \quad \longrightarrow \quad Fe(CO)_4Cl_2 \; + \; CO \; + \; (Cl_3C\text{-CCl}_2)_2S_2$$

$$4 \, Fe(CO)_5 \; + \; 3 \, (Cl_3C\text{-CCl}_2)_2S_2 \quad \longrightarrow \quad 4 \, FeCl_3 \; + \; 20 \, CO \; + \; 3 \, (Cl_2C\text{=CCl})_2S_2$$

7,3 g (27 mMol) Pentachloräthylsulfenylchlorid in 200 *ml* THF werden bei −80° mit 5,6 g (28 mMol) Pentacarbonyleisen vereinigt. Nach 8 Stdn. zieht man das THF i. Vak. ab, nimmt den Rückstand mit Heptan auf und filtriert durch eine G 3-Fritte. Das Filtrat wird an basischem Aluminiumoxid (Aktivitätsstufe 1) mit Heptan chromatographiert; Ausbeute: 1,76 g (40% d. Th.).

2. am Stickstoff-Atom

α) in Nitro-Verbindungen

Nitro-Verbindungen lassen sich durch Metallcarbonyle zu Nitroso-, Amino-, Azoxy-, Azo- und Hydrazo-Verbindungen reduzieren.

[1] H. ALPER u. G. WALL, Chem. Commun. **1976**, 263.
[2] H. ALPER, J. Organometal. Chem. **84**, 347 (1975).
[3] E. LINDNER u. G. VITZTHUM, Ang. Ch. **81**, 532 (1969).

Die Photoreduktion aromatischer Nitro-Verbindungen in Gegenwart von Metallcarbonylen führt zu Nitroso-arenen[1]. Steht ein geeigneter Reaktionspartner zur Verfügung, so erhält man infolge sekundärer Reaktion Heterocyclen[2]; z.B.:

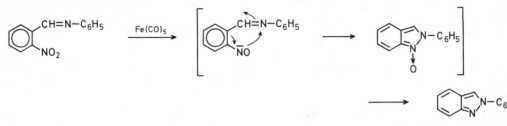

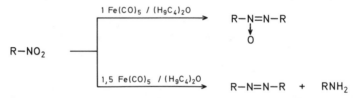

2-Phenyl-2H-indazol

Je nach Stöchiometrie erhält man bei der Reduktion von Nitro-aromaten mit Pentacarbonyleisen in Dibutyläther oder THF Azoxy- oder Azo-Verbindungen und Aniline[3]:

$$R-NO_2 \quad\begin{array}{l} \xrightarrow{1\ Fe(CO)_5\ /\ (H_9C_4)_2O} \quad \underset{\overset{\downarrow}{O}}{R-N=N-R} \\[3em] \xrightarrow{1{,}5\ Fe(CO)_5\ /\ (H_9C_4)_2O} \quad R-N=N-R \;+\; RNH_2 \end{array}$$

Azobenzol[3]: Eine Mischung aus 1,71 g (13,9 mMol) Nitro-benzol und 2,56 *ml* (19,5 mMol) Pentacarbonyleisen in 55 *ml* abs. THF wird 12 Stdn. bei 23° unter Stickstoff gerührt. Man filtriert, engt das Filtrat bei 30 Torr ein und schüttelt den Rückstand mit Petroläther aus. Dieser Extrakt wird an Florisil mit Petroläther chromatographiert. Zuerst wird Azobenzol (0,96 g, 76% d. Th.; F: 66–68°), anschließend Anilin eluiert.

2-Nitro-1-methoxy-benzol wird dagegen im wesentlichen zu *2-Methoxy-anilin* (74% d. Th.; Kp_{750}: 222–224°) reduziert[3], da ortho-Substituenten aus sterischen Gründen die Bildung von Azo-Gruppen verhindern. Elektronen-schiebende Substituenten in m- oder p-Stellung fördern die Bildung von Azo-Verbindungen.

Bei Einsatz stöchiometrischer Mengen Nitro-aromaten und Pentacarbonyleisen werden Azoxy-Verbindungen erhalten (z. B. *Azoxybenzol*; 64% d. Th.; F: 35–36°)[3].

Mit Octacarbonyl-dikobalt bzw. Cyclohexyl-nonacarbonyl-tetrakobalt in Benzol erhält man aus Nitro-aromaten ebenfalls Azo-Verbindungen[4].

Mit Pentacarbonyleisen (auch andere Metallcarbonyle sind geeignet) im alkalischen Medium werden dagegen Nitro-arene zu Aminen reduziert; die Ausbeuten sind quantitativ[5]; so erhält man z.B. aus

1,3-Dinitro-benzol	→ *1,3-Diamino-benzol*	100% d. Th.
2,6-Dinitro-toluol	→ *2,6-Diamino-toluol*	100% d. Th.

Aus Nitro-alkanen werden mit Pentacarbonyleisen in Diglyme Formamide und Harnstoffe erhalten (bis 18% d. Th.)[6]:

$$R-NO_2 \xrightarrow{Fe(CO)_5/Diglyme,\ 15–17\ Stdn./120–130°} R-NH-CHO + (R-NH)_2CO$$

[1] Japan Kokai 74 126 633 (1974), Mitsubishi Chemical Industries Co., Erf.: T. ONODA u. H. MASAI; C.A. **82**, 139 636 (1975).

[2] US.P. 3 833 606 (1974), American Cyanamid Co., Erf.: A. G. MOHAN; C.A. **82**, 43 410 (1975).

[3] H. ALPER u. J. T. EDWARD, Canad. J. Chem. **48**, 1543 (1970).

[4] H. ALPER u. H.-N. PAIK, J. Organometal. Chem. **144**, C 18 (1978).

[5] K. CANN, T. COLE, W. SLEGEIR u. R. PETTIT, Am. Soc. **100**, 3969 (1978).

[6] H. ALPER, Inorg. Chem. **11**, 976 (1972).

β) in Nitroso-Verbindungen, N-Oxiden, Nitriloxiden bzw. Benzhydroxamsäure-chloriden

Nitroso-Verbindungen lassen sich durch Pentacarbonyleisen[1] bzw. Dinatrium-decacarbonyl-dichrom[2] zu Azo-Verbindungen reduzieren. Diese Tautomerie kann auch bei p-Nitroso-phenolen und analogen Verbindungen vorliegen, obwohl das Gleichgewicht ausschließlich auf seiten der p-Chinon-oxime liegt.

Aminoxide werden durch Pentacarbonyleisen zu Aminen reduziert[1, 3]

Amine aus N-Oxiden; allgemeine Arbeitsvorschrift[1]: Eine Mischung aus 20–60 mMol N-Oxid und einer äquimolaren Menge Pentacarbonyleisen in 35–60 ml trockenem Dibutyläther wird 17 Stdn. unter Stickstoff und unter Rückfluß gekocht. Anschließend filtriert man von den anorgan. Bestandteilen ab.

Das Amin wird entweder durch Destillation (wenn die Siedepunkte von Dibutyläther und Amin weit genug auseinanderliegen) oder durch Einleiten von Chlorwasserstoffgas und Abfiltrieren des Hydrochlorids isoliert. Das Hydrochlorid wird mit wäßr. Hydrogencarbonat zersetzt, das Amin mit Diäthyläther ausgeschüttelt und der Äther abdestilliert; Ausbeute: 45–80% d. Th.

Zugänglich sind z. B. *Pyridin* (79% d. Th.), *4-Methyl-pyridin* (78% d. Th.) und *N,N-Dimethyl-anilin* (66% d. Th.).

Trimethylamin[3]: Tropfenweise gibt man eine Lösung aus 6,73 ml (50 mMol) Pentacarbonyleisen in THF bei –30° zu einer Suspension aus 7,5 g (100 mMol) Trimethylaminoxid in THF. Unter Rotfärbung entweicht Kohlendioxid. Man erhält einen orangeroten Komplex von Trimethylamino-tetracarbonyl-eisen, der beim Erwärmen auf 50° Trimethylamin freisetzt; Ausbeute: 1,33 g (45% d. Th.; bez. auf Pentacarbonyleisen).

Entsprechend den N-Oxiden reagieren Nitrone zu Iminen; z. B.[1]:

$$H_5C_6-CH=\overset{\displaystyle |}{\underset{\displaystyle C_6H_5}{N}}\!\!\rightarrow\! O \quad \longrightarrow \quad H_5C_6-CH=N-C_6H_5$$

N-Benzyliden-anilin[1]: 1,52 g (7,73 mMol) Benzaldehyd-phenylnitron und 1,14 ml (8,5 mMol) Pentacarbonyleisen werden in trockenem Dibutyläther 24 Stdn. gekocht. Die Mischung wird gekühlt, filtriert und das Filtrat bei 30 Torr eingeengt. Das erhaltene Öl wird aus Schwefelkohlenstoff umkristallisiert; Ausbeute: 0,85 g (61% d. Th.); F: 50–52°.

Nitriloxide bilden mit Pentacarbonyleisen Nitrile, die auch aus Benzhydroxamsäure-chloriden erhalten werden[4]:

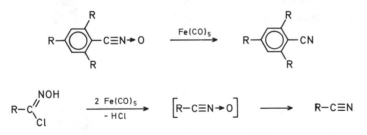

Nitrile

aus Benzhydroxamsäure-chloriden[4]: Zu 40–50 ml trockenem, sauerstoff-freiem THF gibt man 5–8,7 mMol Benzhydroxamsäure-chlorid und anschließend die doppelte Menge Pentacarbonyleisen. Die Mischung wird 18–24 Stdn. gekocht, gekühlt und filtriert. Das Filtrat wird mit 100 ml Pentan versetzt. Man läßt 12 Stdn. im Gefrierschrank stehen, filtriert und engt das Filtrat ein. Das Nitril wird durch Sublimation, Umkristallisieren (aus Heptan) oder Destillation gereinigt.

So wurden z. B. isoliert:

Benzonitril	76% d. Th.	*2,4,6-Trimethoxy-benzonitril*	44% d. Th.
4-Chlor-benzonitril	60% d. Th.	*4-Cyan-biphenyl*	33% d. Th.

[1] H. Alper u. J. T. Edward, Canad. J. Chem. **48**, 1543 (1970).
[2] R. B. King u. C. A. Harmon, J. Organometal. Chem. **86**, 139 (1975).
[3] J. Elzinga u. H. Hogeveen, Chem. Commun. **1977**, 705.
[4] N. A. Genco, R. A. Partis u. H. Alper, J. Org. Chem. **38**, 4365 (1973).

aus Nitriloxiden[1]: Eine äquimolare Menge Nitriloxid und Pentacarbonyleisen (0,5–4 mMol) in 20–50 m
THF wird 1–2 Stdn. unter Rückfluß gekocht und wie oben beschrieben aufgearbeitet.
So werden z. B. erhalten:

2,4,6-Trimethyl-benzonitril	64% d. Th.
2,4,6-Trimethoxy-benzonitril	47% d. Th.

γ) in Oximen

Oxime von Alkyl-aryl-ketonen und Benzamiden liefern mit Pentacarbonyleisen in trokkenem THF in guten Ausbeuten die entsprechenden Imine bzw. Amidine[2]:

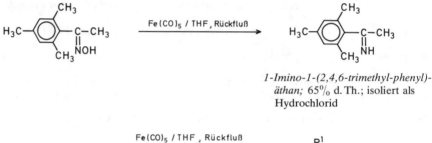

*1-Imino-1-(2,4,6-trimethyl-phenyl)-
äthan;* 65% d. Th.; isoliert als
Hydrochlorid

z. B.: R = (4-Cl-C_6H_5); R^1 = C_6H_5;
N-(4-Chlor-phenyl)-benzamidin; F: 117,5–118,5°

δ) in Azoxy-Verbindungen

Azoxy-Verbindungen werden durch Pentacarbonyleisen[3,4] bzw. Dinatrium-decacarbonyl-dichrom[5] zu den entsprechenden Azo-Verbindungen reduziert. So erhält man z. B
aus Hexafluor-azoxymethan 50% d. Th. *Hexafluor-azomethan* (Kp$_{760}$: −32°)[3] bzw. aus
2,2'-Dimethyl-azoxybenzol 65% d. Th. *2,2'-Dimethyl-azobenzol*[4].

ε) in Nitrosaminen

Nitrosamine reagieren mit Pentacarbonyleisen zu sek. Aminen. So erhält man z. B
aus N-Nitroso-diphenylamin in Isooctan 52% d. Th. *Tetraphenyl-hydrazin* und 27% d. Th
Diphenylamin, während mit Dibutyläther als Lösungsmittel ausschließlich *Diphenylamin*
(91% d. Th.) erhalten wird[4]:

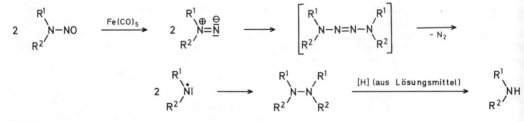

[1] N. A. GENCO, R. A. PARTIS u. H. ALPER, J. Org. Chem. **38**, 4365 (1973).
[2] A. DONDONI u. G. BARBARO, Chem. Commun. **1975**, 761.
[3] A. S. FILATOV u. M. A. ENGLIN, Ž. obšč. Chim. **39**, 783 (1969); engl.: 743.
[4] H. ALPER u. J. T. EDWARD, Canad. J. Chem. **48**, 1543 (1970).
[5] R. B. KING u. C. A. HARMON, J. Organometal. Chem. **86**, 139 (1975).

C. Organo-metall-Verbindungen als Reduktionsmittel

bearbeitet von

Dr. Hans Muth

Stuttgart / Erlangen

Unter den metallorganischen Verbindungen haben die Verbindungen der Alkalimetalle, des Magnesiums, Bors, Aluminiums, Zinks und Titans als Reduktionsmittel gewisse Bedeutung.

I. Mit Organo-alkalimetall-Verbindungen

Alkalimetall-organische Verbindungen eignen sich zur reduktiven Enthalogenierung. In 6%iger Ausbeute erhält man z. B. aus (2,2-Dichlor-vinyl)-cyclohexen mit Phenyl-lithium *1-Äthinyl-cyclohexen* (s. ds. Handb., Bd. V/1d, S. 655) bzw. aus Hexachlor-1,3-butadien mit Butyl-lithium *Tetrachlor-buten-(3)-in-(1)* (s. ds. Handb., Bd. V/1d, S. 657). Ist bei geminalen Dihalogeniden keine intramolekulare Chlorwasserstoff-Abspaltung möglich so erhält man unter C-C–Neuknüpfung die entsprechenden Olefine (s. Bd. V/1b, S. 425).

Aus Fluor-halogen-olefinen werden dagegen wegen der mit Fluor leicht ablaufenden nucleophilen Substitutionsreaktionen Substitutionsprodukte (z. B. *Tolan* mit Phenyl-lithium aus Trifluor-brom-äthylen oder 1,2-Difluor-1,2-dichlor-äthylen) erhalten (s. ds. Handb., Bd. V/2a, S. 42ff.).

Zur asymmetrischen Reduktion von Diaryl-ketonen mit (S)-Lithium-2-methyl-piperidid zu optisch aktiven Alkoholen mit im wesentlichen (R)-Konfiguration (Umsatz ~50%)[1] s. Lit.[1].

Phenylthio-eisen(III)-sulfid-Kluster können zum Elektronentransfer bei der Reduktion von Ketonen mit Butyl-lithium dienen. Neben < 10% Alkoholen werden infolge Dimerisierung bis zu 50% d.Th. 1,2-Diole erhalten[2] (vgl. Bd. VI/1a/2, S. 1497):

$$
\begin{array}{c}
R^1 \\
\diagdown \\
C=O \\
\diagup \\
R^2
\end{array}
+ \; H_9C_4-Li \;
\xrightarrow{[(H_5C_6-S)_4\,Fe_4S_4]^{2\ominus}}
\begin{array}{c}
R^2 \; R^2 \\
| \quad | \\
R^1-C-C-R^1 \\
| \quad | \\
HO \; OH
\end{array}
+ \;
\begin{array}{c}
R^2 \\
| \\
R^1-CH-OH
\end{array}
$$

In einer Art „Retro-Baeyer-Villiger-Oxidation" können aus Carbonsäure-estern mit Lithium-naphthalin bis zu 50% der entsprechenden Ketone entstehen. Als Nebenprodukte bilden sich infolge Dimerisierung 1,2-Diketone[3].

Aromatische Sulfochloride lassen sich mit Natrium-acetyleniden in bis zu 65%igen Ausbeuten zu den entsprechenden Sulfinsäuren reduzieren (s. ds. Handb., Bd. IX, S. 310). Mit anderen Reduktionsmitteln, besonders Sulfiten und Hydrogensulfiten, werden jedoch höhere Ausbeuten erzielt.

Eine Entsulfurierung ist bei der Reduktion von tert.-Arsinsulfiden zu tert. Arsinen mit Alkyl-lithium zu beobachten. Die Bedeutung dieser Reaktion liegt darin, daß sie oft bei optisch aktiven tert.-Arsinsulfiden unter Erhalt der Konfiguration am Arsen abläuft (s. ds. Handb. Bd. XIII/8, S. 92).

[1] O. Cervinka, V. Dudek u. I. Scholzova, Collect. czech. chem. Commun. **43**, 1091 (1978).
[2] H. Inoue, M. Suzuki u. N. Fujimoto, J. Org. Chem. **44**, 1722 (1979).
[3] R. G. H. Kirrstetter, B. **112**, 2804 (1979).

II. Mit Grignard-Verbindungen

Grignard-Verbindungen werden mit Erfolg zur Reduktion von Carbonyl-Verbindungen zu Alkoholen und zu Reduktionen an Heteroatomen eingesetzt.

a) Reduktionen am C-Atom

Grignard-Verbindungen vermögen die C–Cl-Bindung reduktiv zu spalten. So erhält man z.B. aus 2,5-Dichlor-hexin-(3) *Hexatrien-(2,3,4)* (s. Bd. XIII/2a, S. 444):

$$
\underset{\substack{|\\Cl}}{(H_3C)_2C}-C\equiv C-\underset{\substack{Cl\\|}}{C(CH_3)_2} \longrightarrow (H_3C)_2C=C=C=C(CH_3)_2
$$

Während Dichlor-aryl-methane zu 1,2-Dichlor-1,2-diaryl-äthane dimerisiert werden (Bd. XIII/2a, S. 443) erhält man aus Dialkyl- bzw. Diaryl-dichlor-methanen unter Dimerisierung die entsprechenden Olefine (s. Bd. V/1b, S. 424f.):

$$
2\,R_2CCl_2 \longrightarrow R_2C=CR_2
$$

Tetrachlor-1,2-diphenyl-äthan bzw. Trichlor-phenyl-methan werden durch Methylmagnesiumchlorid zu *1,2-Dichlor-1,2-diphenyl-äthen* reduziert (Bd. XIII/2a, S. 443).

Zur Reduktion von Trichlormethyl-oxiran zum *3,3-Dichlor-allylalkohol* s. Bd. XIII/2a S. 456.

Die Reduktionen von Carbonyl-Verbindungen mit Grignard-Verbindungen zu Alkoholen sind dann sinnvoll, wenn aus sterischen Gründen nur ein Molekül der magnesiumorganischen Verbindung mit einem Molekül der Carbonyl-Verbindung einen cyclischen Übergangszustand bildet:

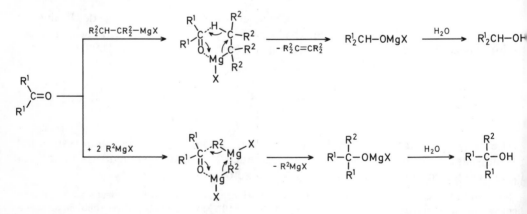

Erhalten werden primäre oder sekundäre Alkohole, wobei der organische Rest des Alkyl-magnesiumhalogenids als Olefin und des Aryl-magnesiumhalogenids über ein Radikal als Biaryl abgespalten wird. Die Reduktion tritt bei sterisch gehinderten und elektronegativ substituierten (z.B. Chlorid) Carbonyl-Verbindungen in den Vordergrund; ferner tritt sie häufiger bei in α-Stellung verzweigten Grignard-Verbindungen auf (s. Bd. XIII/2a, S 299). Das Lösungsmittel beeinflußt die Konkurrenz zwischen Addition und Reduktion kaum, dagegen begünstigen höhere Temperaturen die Reduktion. Zugabe von Magnesium-, Lithium- und Tetraalkylammonium-Salzen begünstigt die Addition, von Alkoxymagnesiumhalogeniden die Reduktion.

Voraussetzung für die Reduktion mit Grignard-Verbindungen ist ein β-H-Atom im or,anischen Rest der Grignard-Verbindung (s. Formelschema S. 540), mit Methyl-magneiumhalogeniden treten keine Reduktionen ein.

Wie die Anordnung des Sechsring-Übergangszustandes zeigt, sollten bei genügend großem Raumbedarf der Substituenten asymmetrische Reduktionen möglich sein; z. B. erhält nan bei der Reduktion von 3-Oxo-2,2-dimethyl-butan mit 2-Methyl-propyl-magneiumchlorid das optisch aktive *3,3-Dimethyl-butanol-(2)*[1]. Ausführlich wird diese Redukion im Bd. VI/1b besprochen.

Diaryl-ketone können zu Diaryl-carbinolen und 1,1,2,2-Tetraaryl-glykolen reduziert verden. Glykole entstehen bevorzugt bei Einsatz von überschüssigem Grignard-Reagenz ınd bei Zusatz von Magnesium-Metall (s. ds. Handb., Bd. XIII/2a, S. 300; s. a. Bd. VI/1b). Mit Diorgano-magnesium-Verbindungen, vor allem bei Anwesenheit von starken Elekronen-Donatoren, werden bevorzugt Carbinole erhalten.

Am Beispiel des Benzophenons wird der Anteil des Alkylierungsprodukts und des reiıen Reduktionsprodukts in Abhängigkeit vom Grignard-Reagens aufgezeigt (Tab. 42).

Tab. 42: Reduktions- und Alkylierungsprodukt aus Benzophenon und Grignard-Reagens[2]

Grignard-Verbindung	Reduktion [% d. Th.]	Alkylierung [% d. Th.]
H_5C_6–MgBr	0	90
H_5C_6–CH_2-MgCl	0	95
H_5C_6–CH_2–MgBr	0	52
4-Cl–C_6H_4–CH_2–MgCl	0	74
$(H_3C)_3C$–MgCl	0	63
$H_2C = CH$–CH_2–MgBr	5	72
$H_{11}C_6$–MgBr	71	0
H_5C_6–$(CH_2)_3$–MgBr	20	38,5
H_5C_6–$(CH_2)_2$–MgBr	32,6	43,2
H_9C_4–MgBr	58,6	0
H_9C_4–MgCl	76,2	0
$(H_3C)_2CH$–CH_2–MgBr	91	0
H_9C_5–MgBr	94	0

Weitere Einzelheiten entnehme man ds. Handb., Bd. XIII/2a, S. 285ff. und S. 297ff., sowie der Tab. 43 (S. 541). Das Verhältnis von Addition und Reduktion bei

Halogen-aldehyden	Bd. VI/1a/2, S. 998f.
sterisch gehinderten Ketonen	Bd. VI/1a/2, S. 1054ff., 1156, 1173

wird an anderer Stelle ds. Handb. ausführlich erklärt und belegt (Bd. VI/1a/2; VI/1b), so daß an dieser Stelle nicht näher darauf eingegangen werden soll.

2-Hydroxy-tetrahydropyran läßt sich durch Grignard-Reagentien unter C,C-Verknüpfung zu Alkan-1,5-diolen reduzieren (s. Bd. VI/4, S. 436), während bei Hydrierung oder Reduktion mit Aluminiumamalgam *1,5-Pentandiol* gebildet wird.

Phenyldiazonium-Salze bilden mit Methyl-magnesiumjodid ein Gemisch aus Biphenyl, Jodbenzol und Benzol-azomethan (s. ds. Handb., Bd. X/3, S. 167).

---

[1] H. S. Mosker u. E. LaCombe, Am. Soc. **72**, 3994 (1950).
[2] M. S. Kharasch u. S. Weinhouse, J. Org. Chem. **1**, 209 (1936).

Tab. 43: Alkohole durch Grignard-Reduktion von Carbonyl-Verbindungen[15]

Carbonyl-Verbindung	Grignard-Reagens	Bedingungen	Reaktionsprodukte	Ausbeute [% d. Th.]	Literatur
H_5C_6-CHO	H_5C_2-MgBr	3 Stdn. in Benzol kochen	Benzylalkohol	60	1
	$(H_3C)_2CH-CH_2-MgBr$	1 Stde. in Benzol kochen		56	2
				57	3
$H_5C_6-CH=CH-CHO$	$(H_3C)_2CH-CH_2-MgBr$		Zimtalkohol	35—40	1
$(H_3C)_2CH-CHO$	$(H_3C)_3C-MgCl$	in der Kälte	2-Methyl-propanol	50	4
$H_5C_6-CO-C_6H_5$	$(H_5C_6)_3C-MgBr$		Diphenylcarbinol	93	5
	$(H_5C_6)_3C-MgBr$			100	3, vgl. a. 6—8
$H_5C_6-CO-C_6H_4-C_6H_5$	$(H_5C_6)_3C-MgBr$		4-(α-Hydroxy-benzyl)-biphenyl	98	5
$4-Cl-C_6H_4-CO-C_6H_5$	$(H_3C)_3C-MgBr$		(4-Chlor-phenyl)-phenyl-carbinol	78	5
$(4-C_6H_5-C_6H_4)_2CO$	$(H_5C_6)_3C-MgBr$		Bis-[biphenylyl-(4)]-carbinol	86	5
$H_5C_6-CO-CH_2-CH(CH_3)_2$	$(H_3C)_2CH-CH_2-MgBr$	in der Kälte	3-Methyl-1-phenyl-butanol	100	3
$(H_3C)_2CH-CO-CH(CH_3)_2$	$(H_3C)_2CH-MgBr$		2,4-Dimethyl-pentanol-(3)	100	9, s. a. 10.11
$(H_3C)_3C-CO-C(CH_3)_3$	$(H_3C)_3C-MgBr$		2,2,4,4-Tetramethyl-pentanol-(3)	>50	10
[Cyclohexanon, Strukturformel]	$(H_3C)_2CH-MgBr$		Cyclohexanol	75	12
[Fluorenon, Strukturformel]	$(H_5C_6)_3C-MgBr$		9-Hydroxy-fluoren	80	5
[bicyclische Strukturformel, CH_3O, CH_3, CH_3]	$(H_3C)_3C-MgBr$		2-Hydroxy-1,3,3-trimethyl-bicyclo[2.2.1]heptan	100	13. vgl. 14
[bicyclische Strukturformel, H_3C, CH_3, CH_3O]	$(H_3C)_3C-MgBr$		2-Hydroxy-1,7,7-trimethyl-bicyclo[2.2.1]heptan	100	13

[1] K. Hess u. W. Wustrow, A. 437, 256 (1924).
[2] H. Rheinboldt u. H. Roleff, B. 57, 1921 (1924).
[3] H. Rheinboldt u. H. Roleff, J. pr. 109, 175 (1925).
[4] A. I. Faworsky, J. pr. 88, 652 (1913).
[5] W. E. Bachmann, Am. Soc. 53, 2758 (1931).
[6] F. F. Blicke u. L. D. Powers, Am. Soc. 51, 3378 (1929).
[7] C. R. Noller u. F. B. Hilmer, Am. Soc. 54, 2503 (1932).
[8] C. R. Noller, Am. Soc. 53, 635 (1931).
[9] J. Stas, Bl. Soc. chim. Belg. 34, 188 (1925); 35, 379 (1926).
[10] J. B. Conant et al., Am. Soc. 51, 1227, 1246 (1929).
[11] A. H. Blatt u. J. F. Stone, Am. Soc. 54, 1495 (1932).
[12] P. S. Sabatier u. A. M. Mailhe, C.r. 141, 301 (1905).
[13] M. J. Leroide, Ann. chim. 16, 354 (1921).
[14] I. Korvola, Suomen Kemistilehti B 46, 212 (1973); C.A. 80, 27391 (1974).
[15] s. a. J. Capillon u. J.-P. Guétté, Tetrahedron 35, 1817 (1979).

b) am Heteroatom

Sulfinsäuren lassen sich durch Reduktion von Sulfochloriden mit magnesiumorgani-chen Verbindungen herstellen. Je nach Grignard-Verbindung liegen die Ausbeuten bei ,5–53% d.Th. (s.ds. Handb. Bd. IX, S. 309).

Sulfonamide werden durch Grignard-Verbindungen in Amine und Thiophenole bzw. Sulfinsäuren ge-palten (s.ds. Handb. Bd. IX, S. 631). Dieser unspezifischen Reduktion kommt jedoch kaum präparative Bedeu-ung zu.

Zur Reduktion von Dibrom-diaryl-tellur-Verbindungen zu Diaryl-tellur s.ds. Handb. Bd. IX, S. 1069.

Die Reduktion von 1-Halogen-1-nitroso-Verbindungen mit Äthyl-magnesiumbromid zu Oximen ist in ds. Handb. Bd. X/4, S. 120 beschrieben. Da aber umgekehrt 1-Halogen-1-nitroso-Verbindungen in der Regel aus Oximen hergestellt werden, hat die Reduktion keine präparative Bedeutung.

Für die Reduktion von Hydroxylaminen zu Aminen konnten im Einzelfall auch Grignard-Verbindungen ingesetzt werden (s.ds. Handb. Bd. X/1, S. 1242; die üblicherweise verwendeten Reduktionsmittel sind in Bd. XI/1, S. 515f. beschrieben).

Während Azine mit Grignard-Verbindungen in der Regel unter Addition zu Hydrazo-en reagieren, erhält man aus Benzaldazin mit der zweifach molaren Menge Äthyl-ma-nesiumbromid hauptsächlich *Benzaldehyd-benzylhydrazon* (s.ds. Handb., Bd. X/2, S. 13f.).

Halogen- bzw. Organoxy-triorgano-silane werden durch Grignard-Verbindungen in Gegenwart katalytischer Mengen Bis-[triphenylphosphin]-dichloro-nickel[1] bzw. Dichlo-o-dicyclopentadienyl-titan[2] stereospezifisch zu Triorgano-silanen reduziert. Die Ausbeu-en sind in der Regel qutitativ (s. Bd. XIII/5, S. 91f.).

III. mit Organo-zink-Verbindungen

Dialkyl-zink-Verbindungen vermögen Acyl-aromaten zu Alkoholen zu reduzieren. Durch Einsatz der chiralen Verbindungen Bis-[2-methyl-propyl]-[3], (+)-Bis-[(S)-2-me-hyl-butyl]-[3,4], (+)-Bis-[(S)-3-methyl-pentyl]-[4] und (+)-Bis-[(S)-4-methyl-hexyl]-zink[4] werden chirale Alkohole erhalten (vgl. a. Bd. XIII/2a, S. 728); z.B.:

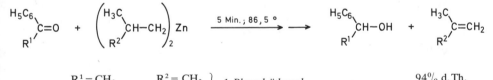

			% d.Th.
$R^1 = CH_3$	$R^2 = CH_3$	*1-Phenyl-äthanol*	94% d.Th.
	C_2H_5		97% d.Th.
$R^1 = C_2H_5$	$R^2 = CH_3$	*1-Phenyl-propanol*	75% d.Th.
	C_2H_5		75% d.Th.
$R^1 = CH(CH_3)_2$	$R^2 = CH_3$	*2-Methyl-1-phenyl-propanol*	69% d.Th.
	C_2H_5		66% d.Th.
$R^1 = C(CH_3)_3$	$R^2 = CH_3$	*2,2-Dimethyl-1-phenyl-propanol*	62% d.Th.
	C_2H_5		51% d.Th.
$R^1 = CF_3$	$R^2 = CH_3$	*2,2,2-Trifluor-1-phenyl-äthanol*	100% d.Th.
	C_2H_5		100% d.Th. bei 25°

R.J.P. Corriu u. B. Meunier, J. Organometal. Chem. **60**, 31 (1973).

R.J.P. Corriu u. B. Meunier, J. Organometal. Chem. **65**, 187 (1974).

G. Giacomelli, L. Lardicci u. R. Santi, J. Org. Chem. **39**, 2736 (1974).

L. Lardicci u. G. Giacomelli, Soc. [Perkin Trans. I] **1974**, 337.

(−)-S-2-Methyl-1-phenyl-propanol[1]: In einem trockenen Kolben, verbunden mit einer durch flüssige Luf gekühlten Falle, werden 2,453 g (11,8 mMol) (+)-Bis-[(S)-2-methyl-butyl]-zink vorgelegt. Man gibt 1,611 (10,8 mMol) 1-Oxo-2-methyl-1-phenyl-propan zu und heizt mit einem Ölbad 24 Stdn. auf 86,5 ± 0,3°. Die Mi schung wird auf 0° gekühlt, mit 20 ml wasserfreiem Äther versetzt und vorsichtig mit verd. Schwefelsäure (p_H = 5 hydrolysiert. Man trennt die organ. Phase ab, trocknet und zieht den Äther ab. Der Rückstand wird destilliert Ausbeute: 1,359 g (89% d. Th.); Kp_{18}: 102°.

In verd. Lösung wird Chloral mit Diäthyl-, Dipropyl- bzw. Bis-[2-methyl-propyl]-zink zum *2,2,2-Trichlor äthanol* reduziert (Bd. XIII/2a, S. 712f.) (Dimethyl-zink wird addiert).

Chinol-Derivate werden durch Diorgano-magnesium-Verbindungen im wesentlicher zu Phenolen reduziert (s. Bd. VII/3b, S. 741), Nebenprodukte sind die entsprechender Oxo-cyclohexadiene.

IV. Mit Organo-bor-Verbindungen[2]

Unter milden Bedingungen reduzieren 9-Alkyl-9-bora-bicyclo[3.3.1]nonane Aldehyde zu *Alkoholen*[3]. Dabei muß die mit dem 9-[3-Methyl-butyl-(2)]-Derivat entstehende 9 Alkoxy-Verbindung durch Zugabe von 2-Amino-äthanol zersetzt werden.

Alkohole aus Aldehyden; allgemeine Arbeitsvorschrift[4]: Ein 200-ml-Kolben mit Magnetrührer, mit durch ei nen Septumverschluß verschlossenem Seitenarm und mit Rückflußkühler, dessen Ausgang unter Quecksilbe mündet, wird mit Stickstoff gespült. Dann gibt man 62 ml einer 0,5 m Lösung von 9-Bora-bicyclo[3.3.1]nona (31 mMol) in THF und anschließend 3,4 ml destilliertes 2-Methyl-2-buten (32 mMol) zu. Man kocht 2 Stdn. un spritzt dann 30 mMol des frisch destillierten Aldehyds durch den Septumverschluß ein. Feste Aldehyde löst ma vorher in wenig THF. Nach 2 Stdn. Kochen läßt man abkühlen, spritzt ∼ 0,2 ml Acetaldehyd zur Zerstörung de überschüssigen Borans ein und rührt 15 Min. Bei 40° werden Lösungsmittel und flüchtige Anteile mit einem Ro tationsverdampfer abgezogen. Den öligen Rückstand löst man in 30 ml wasserfreiem Äther und kühlt die Mi schung auf dem Eisbad. Unter heftigem Rühren gibt man 1,85 ml (31 mMol) Äthanolamin zu, filtriert auf eine Glasfritte und wäscht mit 5 ml Äther. Das Filtrat wird mit 60 ml ges. Kochsalz-Lösung gewaschen, getrocknet un eingeengt. Der Alkohol wird durch Destillation oder Chromatographie isoliert.

Auf diese Weise erhält man u. a.

4-Chlor-benzylalkohol	80% d. Th.
4-Methoxy-benzylalkohol	65% d. Th.
3,3-Dimethyl-butanol	49% d. Th.

4-Oxo-1-methyl-cyclohexan wird in Gegenwart von Lithium-methanolat mit hoher Ste reoselektivität zu *trans-4-Methyl-cyclohexanol* (94% d. Th., *trans:* 90% d. Th.), in Gegen wart von Methanol zum *cis*-Derivat (91% d. Th., *cis:* 84% d. Th.) reduziert[5]. Das Reagenz unterscheidet spezifisch zwischen Aldehyd, Methylketon und anderen Ketonen. So rea giert es selektiv mit einem 1:1-Gemisch von Heptanal und Heptanon-(2) zu *1-Heptano* (95% d. Th.); *2-Heptanol* entsteht nur zu 2%. Das 1:1-Gemisch aus 2- und 4-Heptanor liefert ein 91:9-Gemisch von 2- und *4-Heptanol*[5].

Lithium-9,9-dialkyl-9-borata-bicyclo[3.3.1]nonane eignen sich zur Enthalogenierung von Allyl-, Benzyl- und tert.-Alkylchloriden bzw. -bromiden zu den entsprechender Kohlenwasserstoffen, wobei das Wasserstoff-Atom vom Brückenkopf-C-Aton stammt[6, 7]:

[1] L. Lardicci u. G. Giacomelli, Soc. [Perkin Trans. I] **1974**, 337.
[2] vgl. a. ds. Handb., Bd. XIII/3.
[3] M. M. Midland, A. Tramontano u. S. A. Zderic, J. Organometal. Chem. **134**, C 17 (1977).
H. C. Brown, Ang. Ch. **92**, 675 (1980).
[4] M. M. Midland u. A. Tramontano, J. Org. Chem. **43**, 1470 (1978).
[5] Y. Yamatoto, H. Toi, A. Sonoda u. S.-I. Murahashi, Am. Soc. **98**, 1965 (1976).
[6] Y. Yamamoto, H. Toi, S.-I. Murahashi u. I. Moritani, Am. Soc. **97**, 2558 (1975).
[7] G. W. Kramer u. H. C. Brown, Am. Soc. **98**, 1964 (1976).

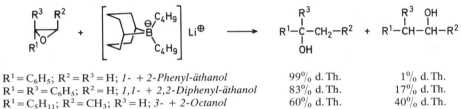

$$R^1 = R^2 = C_4H_9; \quad R^3 = H_5C_6-CH_2; \quad X = Cl; \; \textit{Toluol}; \; 81\% \; d.\,Th.$$

$$R^3 = \underset{}{\text{\Large<fig>}}C_2H_5 \; ; \; X = Br; \; \textit{Äthyl-cyclohexan}; \; 81\% \; d.\,Th.$$

Benzylchlorid wird auch mit Lithium-butyl-tributyl-(2)-boranat zu *Toluol*[1] reduziert.

Adamantan[2]: In einem 100-*ml*-Kolben mit Magnetrührer legt man unter Stickstoff 25 *ml* Pentan und 4,1 *ml* 20 mMol) 9-Butyl-9-bora-bicyclo[3.3.1]nonan vor. Bei 0° werden 20 mMol Butyl-lithium in Hexan (~ 14,4 *ml*) ugegeben. Dann rührt man 1 Stde. bei 20°, tropft 4,3 g (20 mMol) 1-Brom-adamantan bei 0° zu und rührt 12–15 tdn. bei 20°. Dann wird oxidiert. Man trennt die organ. Phase ab und filtriert durch eine Säule mit 40 g Aluminiumoxid. Man eluiert mit 60 *ml* Hexan und zieht das Lösungsmittel ab; Ausbeute: 2,43 g (89% d. Th.); F: 12–215° (Subl.).

Lithium-9,9-dibutyl-9-borata-bicyclo[3.3.1]nonan eignet sich auch zur Spaltung von)xiranen zu Alkoholen[2] (s. Bd. VI/1a/1, S. 356):

$$R^1 = C_6H_5; \quad R^2 = R^3 = H; \; \textit{1- + 2-Phenyl-äthanol} \qquad 99\% \; d.\,Th. \qquad 1\% \; d.\,Th.$$
$$R^1 = R^3 = C_6H_5; \quad R^2 = H; \; \textit{1,1- + 2,2-Diphenyl-äthanol} \qquad 83\% \; d.\,Th. \qquad 17\% \; d.\,Th.$$
$$R^1 = C_5H_{11}; \quad R^2 = CH_3; \quad R^3 = H; \; \textit{3- + 2-Octanol} \qquad 60\% \; d.\,Th. \qquad 40\% \; d.\,Th.$$

V. Organo-aluminium-Verbindungen

Das Hauptanwendungsgebiet aluminiumorganischer Verbindungen liegt bei der Reluktion von Aldehyden und Ketonen zu Alkoholen.

Während sich halogenierte und ungesättigte Carbonyl-Verbindungen durch Triorgano-aluminium zu Alkoholen reduzieren lassen, scheint diese Reduktion mit Alkanalen nicht zu gelingen (s. ds. Handb. Bd. XIII/4, S. 224 f. und Lit.[3]). Polyen-ale geben entsprechend Polyen-ole (s. Bd. V/1d, S. 184). Zur Reduktion von 4-Oxo-bicyclo[3.1.1]hepten-(2) mit Tris-[2-methyl-propyl]-aluminium zum *4β-Hydroxy-bicyclo[3.1.1]hepten-(2)* (F: 64°) s. Lit.[4] (weitere analoge Reduktion s. Lit[5].).

Interessant ist der Einsatz chiraler Organo-aluminium-Verbindungen (Tris-[2-methyl-butyl][6-8], Tris-[2,3-dimethyl-butyl]-[8], Tris-[2,3,3-trimethyl-butyl]-[8], Tris-[3-methyl-pentyl]-aluminium[9]) zur Reduktion achiraler Ketone, wobei die Alkohole in hoher optischer Reinheit anfallen.

[1] Y. Yamamoto, H. Toi, A. Sonoda u. S.-I. Murahashi, Am. Soc. **98**, 1965 (1976).
[2] Y. Yamamoto, H. Toi, A. Sonoda u. S.-I. Murahashi, Chem. Commun. **1976**, 672.
[3] G. E. Heinsohn u. E. C. Ashby, J. Org. Chem. **38**, 4232 (1973).
[4] P. Teisseire, P. Rouillier u. A. Galfre, Recherches **16**, 68 (1967); C.A. **69**, 27538 (1968).
[5] M. Itoh et al., Bl. chem. Soc. Japan **51**, 2669 (1978).
G. Giacomelli et al., J. Org. Chem. **43**, 1790 (1978).
[5] R. A. Kretchmer, J. Org. Chem. **37**, 801 (1972).
[7] G. Giacomelli, R. Menicagli u. L. Lardicci, J. Org. Chem. **39**, 1757 (1974).
[8] G. Giacomelli, R. Menicagli, A. M. Caporusso u. L. Lardicci, J. Org. Chem. **43**, 1790 (1978).
[9] L. Lardicci, G. P. Giacomelli u. R. Menicagli, Tetrahedron Letters **1972**, 687.

Die Spaltung von Oxiranen wird am besten mit Tris-[2-methyl-propyl]-aluminiu durchgeführt[1]; z.B.[2]:

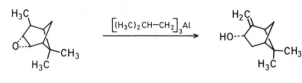

3β-Hydroxy-6,6-dimethyl-2-exo-methylen-bi-
cyclo[3.1.1]heptan

Im besonderen wird dieses Verfahren zur Äther-Spaltung von Alkyl-aryl-äthern be Steroiden eingesetzt, da eine Spaltung unter sauren Bedingungen wegen Umlagerungsge fahr in diesen Fällen nicht möglich ist[3]:

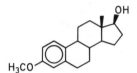
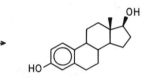

3,17β-Dihydroxy-östratrien-(1,3,5^{10});
81% d.Th.

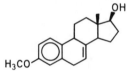
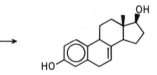

3,17β-Dihydroxy-östratetraen-(1,3,5^{10},7);
95% d.Th.

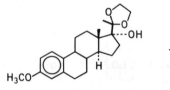
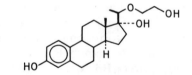

3,17α-Dihydroxy-17β-[1-(2-hydroxy-
äthoxy)-äthyl]-östratrien-(1,3,5^{10});
83% d.Th.

VI. Mit Organo-silicium-Verbindungen[4]

Dimethyl-phenyl-silyllithium eignet sich zur *trans*-stereospezifischen Deoxygenierun von Oxiranen zu Alkenen (Carbonyl-Gruppen stören die Reaktion)[5]:

---

[1] L. I. ZAKHARKIN u. I. M. KHORLINA, Izv. Akad. SSSR **1959**, 2255; C.A. **54**, 10837 (1960); *Phenol aus Äthyl* phenyl-äther.

[2] P. TEISSEIRE, A. GALFRE, N. PLATTIER u. B. CORBIER, Recherches **16**, 59 (1967); C.A. **69**, 27537 (1968).

[3] DBP. 2 409 991 (1974), Schering AG., Erf.: J. C. HILSCHER; C.A. **84**, 59862 (1976).

[4] M. R. DETTY, J. Org. Chem. **44**, 4528 (1979).

[5] M. T. REETZ u. M. PLACHKY, Synthesis **1976**, 199.

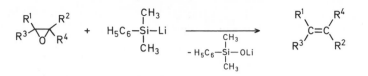

Da die Ringöffnung schnell, die Eliminierung langsam verläuft, ist bei Allyl- und Al-ken-(>2)-yl-oxiranen ein Zusatz von HMPT als Lösungsmittel und längere Reaktionszeit notwendig[1].

cis-Stilben[1]: Zu 4,9 g (25 mMol) *trans*-2,3-Diphenyl-oxiran in 35 *ml* abs. THF tropft man 19,5 *ml* einer frisch bereiteten 1,3 m Lösung von Dimethyl-phenyl-silyllithium in THF. Man rührt 4 Stdn. bei 23°, versetzt mit 15 *ml* 20%iger Ammoniumchlorid-Lösung, verdünnt mit 25 *ml* Äther, trocknet die organ. Phase und engt ein. Das Rohprodukt wird mit Tetrachlormethan an 150 g Kieselgel chromatographiert; Ausbeute: 3,4 g (75% d. Th.) 98%ige Stereospezifität).

Analog erhält man z. B. aus:

cis-2,3-Diphenyl-oxiran	→ *trans-Stilben;* 83% d. Th.; (> 99%ige Stereospezifität)
2-Propyl-oxiran	→ *1-Penten;* 60% d. Th.

Sulfoxide, Sulfone sowie die entsprechenden Selen- und Tellur-Verbindungen lassen sich durch Phenylseleno-trimethyl-silan zu Sulfanen, Selenanen bzw. Telluranen re-duzieren[2].

Dimethyl-sulfan[2]: 1,17 g (15 mmol) Dimethyl-sulfoxid in 50 *ml* Trichlormethan werden auf 0° gekühlt und in-nerhalb 1 Min. 6,87 g (30 mmol) Phenylseleno-trimethyl-silan zugefügt. Die Reaktionsmischung wird anschlie-ßend über eine 10-cm-Vigreux-Kolonne destilliert; Ausbeute: 0,91 g (98% d. Th.); Kp: 35–37°.

Auf analoge Weise erhält man u. a.:

Dibutyl-sulfan	96% d. Th.; Kp$_{20}$: 60–63°
Phenyl-benzyl-selenan	91% d. Th.; F: 33–36°
Diphenyl-telluran	95% d. Th.; Kp$_{20}$: 183–185°

Zur Reduktion von N- und P-Oxiden s. Lit.[3].

VII. Organo-kupfer-Verbindungen

Lithium-diorgano-cuprate(I) werden zur Hydrogenolyse von C−Hal-Bindungen, zur reduktiven Eliminierung von 1,2-Dihalogen-Verbindungen zu Alkenen und zur Hydro-genolyse von C−O-Bindungen eingesetzt. Allerdings tritt bei manchen Reduktionen gleichzeitig substituierende Alkylierung auf.

Die Reduktion von 2-Chlor-carbonsäureestern ist stark von der Reduktionstemperatur abhängig. Reduziert man z. B. 2,2-Dichlor-carbonsäureester bei 23°, so erhält man ne-ben 2-Chlor-2-methyl- die 2-Methyl-carbonsäureester. Bei Temperaturen von −90 bis −60° wird dagegen ein Chlor- gegen ein Wasserstoff-Atom unter Bildung von 2-Chlor-carbonsäureestern ausgetauscht[4]:

[1] M. T. REETZ u. M. PLACHKY, Synthesis **1976**, 199.
[2] M. R. DETTY, J. Org. Chem. **44**, 4528 (1979).
[3] A. G. HORTMANN, J. KOO u. C.-C. YU, J. Org. Chem. **43**, 2289 (1978).
[4] J. VILLIERAS, J.-R. DISNAR, D. MASURE u. J.-F. NORMANT, J. Organometal. Chem. **57**, C 95 (1973).

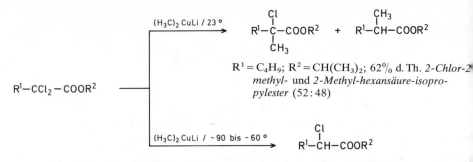

$R^1 = C_4H_9$; $R^2 = CH(CH_3)_2$; 62% d. Th. *2-Chlor-2-methyl-* und *2-Methyl-hexansäure-isopropylester* (52:48)

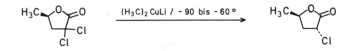

$R^1 = C_4H_9$; $R^2 = CH(CH_3)_2$; *2-Chlor-hexansäure-isopropylester;* 95% d. Th.
$R^1 = CH_2-CH=CH_2$; $R^2 = C(CH_3)_3$; *2-Chlor-penten-(4)-säure-tert.-butylester;* 90% d. Th.

Bei der entsprechenden Reduktion von 2,2-Dichlor-pentan-4-olid entsteht in 50%iger Ausbeute *trans-2α-Chlor-pentan-4-olid*[1]:

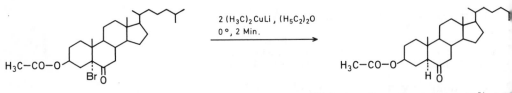

α-Brom-ketone der Steroid-Reihe werden durch Lithium-dimethylcuprat in bis zu 95%igen Ausbeuten enthalogeniert. Diese Reduktion gelingt besonders gut bei 5α-Halogen-6-oxo-cholestanen[2]; z. B.:

3β-*Acetoxy-6-oxo-5α-cholestan;* 95% d. Th.

Dagegen erhält man aus 2α-Brom-3-oxo-cholestan unter analogen Bedingungen neben 80% d. Th. *3-Oxo-cholestan* 12% d. Th. *3-Oxo-2α-methyl-cholestan*[2].

Mit sehr guten Ausbeuten (>90% d. Th.) werden 1,2-Dibrom-alkane in Äther zu Alkenen reduktiv eliminiert[3]:

$$R^1-\underset{Br}{\underset{|}{CH}}-\underset{Br}{\underset{|}{CH}}-R^2 \xrightarrow{\text{Li}\left[R_2^3\text{Cu}\right]\,/\,(H_5C_2)_2\text{O}} R^1-CH=CH-R^2$$

R^1, R^2 = Alkyl, Aryl
R^3 = CH$_3$, C$_4$H$_9$

Acyl-oxirane der Steroid-Reihe werden bei 0° im wesentlichen zu β-Hydroxy-ketonen reduziert[4]:

[1] J. Villieras, J.-R. Disnar, D. Masure u. J.-F. Normant, J. Organometal. Chem. **57**, C 95 (1973).
[2] J. R. Bull u. A. Tuinman, Tetrahedron Letters **1973**, 4349.
[3] G. H. Posner u. J. S. Ting, Synth. Commun. **3**, 281 (1973).
[4] J. R. Bull u. H. H. Lachmann, Tetrahedron Letters **1973**, 3055.

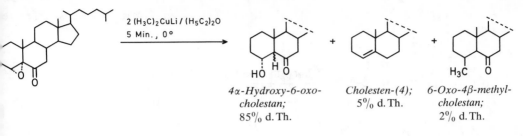

| 4α-Hydroxy-6-oxo-cholestan; 85% d. Th. | Cholesten-(4); 5% d. Th. | 6-Oxo-4β-methyl-cholestan; 2% d. Th. |

2-Trialkylsilyl-oxirane werden mit Cupraten in regio- und stereospezifischer Reaktion mit guten Ausbeuten zu β-Hydroxy-alkylsilanen[1] reduktiv gespalten; z.B.:

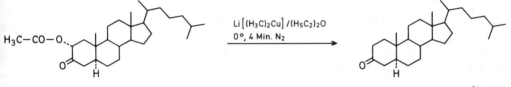

R = H; *2-Trimethylsilyl-hexanol-(1)*; 88% d. Th.
R = CH₃; *3-Trimethylsilyl-heptanol-(2)*; 79% d. Th.

In 2α- bzw. 2β-Acetoxy-3-oxo-steroiden wird die C_2-O-Bindung hydrogenolysiert und man erhält die 3-Oxo-steroide in mittleren Ausbeuten[2]; z.B.:

$H_3C-CO-O$ ... $\xrightarrow{\substack{Li[(H_3C)_2Cu]/(H_5C_2)_2O \\ 0°, 4 \text{ Min. } N_2}}$

3-Oxo-5α-cholestan; 82% d. Th.

Auf analoge Weise erhält man aus 5α-Acetoxy-6-oxo-5α-cholestan 50% d. Th. *6-Oxo-5α-cholestan*. Bei der Reduktion von Allyl-äthern mit Magnesium-bis-[diäthyl-cuprat] erhält man im wesentlichen unter C–O-Spaltung das entsprechende **Alken**[3]. Die Reduktion verläuft i.a. ohne wesentliche Allyl-Umlagerung ab.

$H_5C_6-CH=CH-CH_2-OCH_3 \xrightarrow{Mg[(H_5C_2)_2Cu]THF}$

$H_5C_6-CH=CH-CH_3 \ [+ \ H_5C_6-CH_2-CH=CH_2 \ + \ H_5C_6-CH=CH-C_3H_7]$

1-Phenyl-propen;
90% d. Th.

VIII. Mit Organo-titan-Verbindungen

Das Reduktionspaar Titanocen-dichlorid/Natrium in Benzol ist zur Reduktion von Carbonsäure-estern zu Alkanen hervorragend geeignet[4]:

$R^1-COOR^2 \xrightarrow{[(H_5C_5)_2Ti]Cl_2/Na/C_6H_6} R^1-CH_3 \ [+ \ R^2-OH]$

z.B.: $R^1 = H_{23}C_{11}$; $R^2 = CH_3$; *Dodecan*; 66% d. Th.
$R^2 = C_2H_5$; *Dodecan*; 64–69% d. Th.

---

[1] P. F. HUDRLIK, D. PETERSON u. R. J. RONA, J. Org. Chem. **40**, 2263 (1975).
[2] J. R. BULL u. A. TUINMAN, Tetrahedron Letters **1973**, 4349.
[3] A. CLAESSON u. C. SUHLBERG, Tetrahedron Letters **1978**, 5049.
[4] E. E. VAN TAMELEN u. J. A. GLADYSZ, Am. Soc. **96**, 5290 (1974).

Auf analoge Weise werden auch Aldehyde und Ketone zu Kohlenwasserstoffen re duziert[1]:

$$R^1-\underset{\underset{O}{\|}}{C}-R^2 \xrightarrow{[(H_5C_5)_2Ti]\,Cl_2/Na\,/C_6H_6} R^1-CH_2-R^2$$

$$R^1 = H,\ Alkyl$$
$$R^2 = Alkyl$$

Mit Bis-[benzol]-titan werden Ketone ebenfalls zu Kohlenwasserstoffen reduziert[2], re duziert man dagegen unter Zusatz von Lewissäuren so werden Alkohole erhalten[3].

Dodecan; allgemeine Arbeitsvorschrift[1]: In eine abs. sauerstoff-freie Schlenk-Apparatur werden 2,5 g (1 mMol) aus Chloroform umkristallisiertes Titanocen-dichlorid, 500 mg (22 mg-Atom) fein gekörntes Natriun und 12 ml trockenes, sauerstoff-freies Benzol eingebracht. Man rührt mit einem Teflon-Rührer bei höchst mögli cher Geschwindigkeit, bis die Flüssigkeit dunkelgrüne Farbe annimmt (10–48 Stdn.). Man filtriert sofort durc eine Glas-Fritte und wäscht mit Benzol nach (**Vorsicht**: der Filterkuchen kann an der Luft brennen!). Zum Filtra gibt man 36,8 mg (0,2 mMol) Dodecanal und rührt 72 Stdn. Unter sauerstoff-freier Atmosphäre gibt man 5 m entgastes Wasser zu. Während 4–8 Stdn. färbt sich die Lösung dunkelpurpurn. Man zieht das Benzol ab un schüttelt den Rückstand mit Petroläther aus. Nach Trocknen und Einengen wird an Kieselgel chromatographiert Ausbeute: 24,1 mg (71% d.Th.).

Als Nebenprodukt fallen 15–20% d.Th. Dodecanol an.

Die Reduktion von Halogen-alkanen zu Alkanen gelingt in hohen Ausbeuten mit Ti tanocen-dichlorid/Magnesium[4].

Oxirane werden ebenfalls durch Titanocen-dichlorid/Natrium in Benzol zu Alkaner und Alkoholen (Nebenprodukt) reduziert (vgl. a. S. 547)[1]:

$$R^1\underset{\underset{R^2\ R^4}{}}{\overset{O}{\triangle}}R^3 \xrightarrow{(H_5C_5)_2Ti/Cl_2/Na\,/C_6H_6} R^2-\underset{\underset{}{\overset{R^1}{|}}}{CH}-\underset{\underset{}{\overset{R^3}{|}}}{CH}-R^4 \left[+\ R^2-\underset{\underset{}{\overset{R^1}{|}}}{CH}-\underset{\underset{OH}{|}}{\overset{\overset{R^4}{|}}{C}}-R^4 \right]$$

z.B.: $R^1 = C_8H_{17}$; $R^2 = R^3 = R^4 = H$; *Decan;* bis 80% d.Th.
       $R^1 = C_7H_{15}$; $R^2 = R^3 = H$; $R^4 = CH_3$; *Decan;* 58% d.Th.
       $R^1 = CH_3$; $R^2 = C_9H_{19}$; $R^3 = R^4 = H$; *2-Methyl-undecan;* 52% d.Th

Zur Reduktion von Azo-Verbindungen zu 1,2-Diaryl-hydrazinen mit Dicarbonyl-dicyclopentadienyl titan(II) s.Lit.[5].

Bis-[benzol]-titan reduziert Alkohole und Äther zu Kohlenwasserstoffen[2].

[1] E. E. VAN TAMELEN u. J. A. GLADYSZ, Am. Soc. **96**, 5290 (1974).
[2] H. LEDON, I. TKATCHENKO u. D. YOUNG, Tetrahedron Letters **1979**, 173.
[3] E. J. COREY, R. L. DANHEISER u. S. CHANDRASEKARAN, J. Org. Chem. **41**, 260 (1976).
    J. E. McMURRY u. M. SILVESTRI, J. Org. Chem. **40**, 2687 (1975).
[4] T. R. NELSON u. G. J. TUFARIELLO, J. Org. Chem. **40**, 3154 (1975).
[5] G. FACHINETTI, G. FOCHI u. C. FLORIANI, J. Organometal. Chem. **57**, C 51 (1973).

D. Mit organischen Reduktionsmitteln

bearbeitet von

DR. HANS MUTH

Stuttgart / Erlangen

Im Rahmen dieses Abschnitts wird eine Auswahl bewährter organischer Reduktionsmittel besprochen, die keinen Anspruch auf Vollständigkeit erhebt. Nicht behandelt werden

1. Reduktionen, bei denen organische Verbindungen lediglich als Hydrid-Quelle dienen
   (s. Bd. IV/1c, s. S. 67 ff.)
2. Katalytische Hydrierungen mit organischen Wasserstoff-Donatoren (Transferhydrierung s. Bd. IV/1c, s. S. 73 ff.)
3. Redoxreaktionen, die geschlossen in keinem Band dieser Auflage besprochen werden
4. Reduktive Alkylierungen

I. Mit Alkanen bzw. Alkenen

In dem hyperaciden Medium aus Fluorwasserstoffsäure/Antimon(V)-fluorid sind Kohlenwasserstoffe, insbesondere Cyclohexan, in der Lage, Enone und Phenole zu gesättigten Ketonen zu reduzieren. Als Nebenprodukte können umgelagerte Produkte und (aus
Phenolen) Enone entstehen[1]:

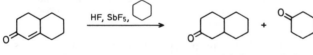

2-Oxo-dekalin;   3-Oxo-8-methyl-
80–85% d. Th.   bicyclo[4.3.0]nonan;
                  7% d. Th.

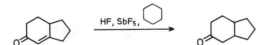

3-Oxo-bicyclo[4.3.0]nonan;
97% d. Th.

Die Reduktion von 3,17-Dioxo-östren-(4) bzw. -östradien-(4,9¹⁰) mit Cyclohexan oder
Methyl-cyclopentan führt zu einem 85:15 bzw. 8:1-Gemisch der beiden Isomeren *3,17-
Dioxo-8β,14β-* und *3,17-Dioxo-8α,14β-östran*[2]:

J.-M. COUSTARD, M.-H. DOUTEAU, J.-C. JACQUESY, R. JACQUESY et al., Tetrahedron Letters **1975**, 2029.
J.-C. JACQUESY, R. JACQUESY u. G. JOLY, Bl. **1975**, 2281, 2289.

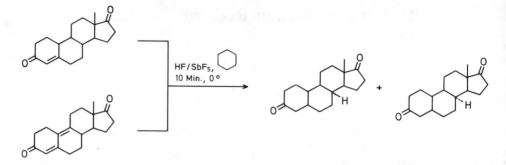

6-Hydroxy-tetralin bildet in entsprechender Reaktion 60% d.Th. *2-Oxo-dekalin* (
neben 30% d.Th. *4-Oxo-bicyclo[4.4.0]decen-(2)* (II)[1]:

I; 60% d. Th.   II; 30% d. Th.

Analog erhält man aus 5-Hydroxy-indan in 97%iger Ausbeute *3-Oxo-bicyclo[4.3.0*
nonan[1].

Mit „flüssigem Paraffin" (Kp: ~400°)[2] werden Nitro-arene und Diaryldiazene mit aus
gezeichneten Ausbeuten zu **Aminen** reduziert[3]:

$$Ar\text{—}NO_2 \ + \ R^1\text{—}CH_2\text{—}CH_2\text{—}R^2 \longrightarrow Ar\text{—}NH_2 \ + \ R^1\text{—}CH\text{=}CH\text{—}R^2$$

$$Ar\text{—}N\text{=}N\text{—}Ar \ + \ 2\,R^1\text{—}CH_2\text{—}CH_2\text{—}R^2 \longrightarrow 2\,Ar\text{—}NH_2 \ + \ 2\,R^1\text{—}CH\text{=}CH\text{—}R^2$$

Aryl-amine aus Nitro-arenen; allgemeine Arbeitsvorschrift[3]: 50 *ml* „flüssiges Paraffin" werden zum Koche
gebracht und dann innerhalb 5 Min. mit einer Lösung von 5 g Nitro-aren in etwas „flüssigem Paraffin" (b
schlecht löslichen Verbindungen erwärmen) versetzt. Dabei destillieren Wasser, Kohlenwasserstoff und Anil
ab. Sobald nur noch Paraffin übergeht wird das Destillat in Äther gelöst und mit 2 n Salzsäure extrahiert. Dur
Zusatz von Lauge zu den Extrakten erhält man das Aryl-amin in sehr reiner Form (>99%).

Zur katalytischen Transferhydrierung mit Alkenen (s. Bd. IV/1c, S.68ff.) bzw. mit 1
(Aminocarbonyl-methyl)-3-aminocarbonyl-1,4-dihydro-pyridin s. Lit.[4].

II. Mit Halogen-alkanen

Alkylhalogenide werden nur in speziellen Fällen zur Reduktion organischer Verbindungen herangezoge
Hauptanwendungsgebiet ist die Reduktion sekundärer Nitro-cycloalkane mit primären und sekundären Alky
und Aralkyl-halogeniden in Gegenwart von Basen zu **Oximen** (s. ds. Handb. Bd. X/4, S. 139). Über eine Ve
esterung der Nitro-Gruppe mit anschließender Disproportionierung zum Oxim scheint die Bildung von *Hyd*
oximino-acetamid aus dem Silbersalz des Nitro-acetamids mit Jod-alkanen zu verlaufen (s. Bd. X/4, S. 145

---

[1] J.-M. COUSTARD, M.-H. DOUTEAU, J.-C. JACQUESY, R. JACQUESY et al., Tetrahedron Letters **1975**, 2029.
[2] *Liquid paraffin, S. G. 0.885/0.830;* Fisons Scientific Apparatus Ltd., Bishop Meadow Road Loughboroug
[3] L. BIN-DIN, J. M. LINDLEY u. O. METH-COHN, Synthesis **1978**, 23.
[4] R. STEWART, L. K. NY u. K. C. TEO, Tetrahedron Letters **1979**, 3061; Acyl-arene zu 1-Phenyl-1-alkanol
    T. ENDO, H. KAWASAKI u. M. OKAWARA, Tetrahedron Letters **1979**, 23; 2-Oxo-alkansäure-ester zu 2-Hyd
    oxy-alkansäure-estern.
    R. A. GASE u. M. K. PANDIT, Am. Soc. **101**, 7059 (1979); α,β-ungesättigte Ketone selektiv zu Alkanone
    unter Zusatz von Magnesium- bzw. Zink-Salzen.

Unter geeigneten Bedingungen können die aus tert.-Arsinsulfiden mit Jod-alkanen als Zwischenstufe der Alkylierung entstehenden Triaryl-arsine isoliert werden (s. Bd. XIII/8, S. 92). In der Regel wird man jedoch zur Desulfurierung Quecksilber in benzolischer Lösung oder Alkyl-lithium einsetzen.

III. Mit Organo-sauerstoff-Verbindungen

a) mit Alkoholen

Primäre, besser sekundäre und phenyl-substituierte Alkohole können zu Reduktionen m C– und Hetero-Atom herangezogen werden.

1. Reduktionen am C-Atom

α) in der C=C- bzw. C=Y-Doppelbindung

α₁) von ungesättigten Kohlenwasserstoffen

2-Phenyl-3-aryl-acrylnitrile werden durch Benzylalkohol in Kalilauge mit mittleren Ausbeuten zu den entsprechenden 2-Phenyl-3-aryl-propansäure-nitrilen reduziert[1] (als Ausnahme erhält man aus 2,3-Diphenyl-2-acrylnitril *2,3-Diphenyl-propansäure*; 70% d.Th.)[1]:

$$R-CH=\underset{\underset{C_6H_5}{|}}{C}-CN \xrightarrow{\text{H}_5\text{C}_6-\text{CH}_2\text{OH/KOH, Kochen}} R-CH_2-\underset{\underset{C_6H_5}{|}}{CH}-CN$$

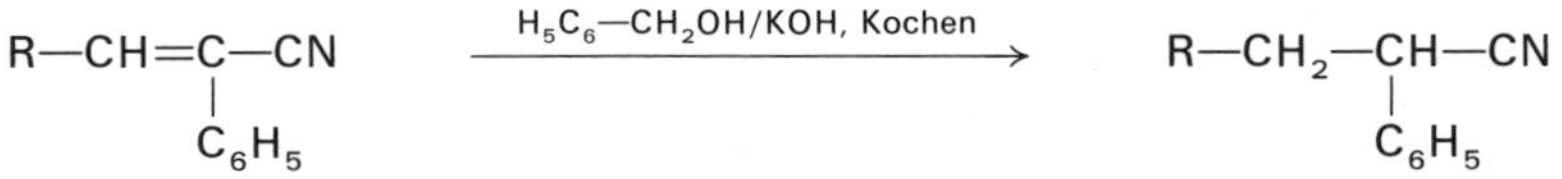

2-Phenyl-3-...-propansäure-nitril

R = 2-Cl–C₆H₄; ...-(2-chlor-phenyl)-...; 33% d.Th. (90 Min.)
R = 4-Cl–C₆H₄; ...-(4-chlor-phenyl)-...; 58% d.Th. (60 Min.)
R = 4-H₃C–C₆H₄; ...-(4-methyl-phenyl)-...; 55% d.Th. (30 Min.)
R = 1-C₁₀H₇; ...-[naphthyl-(1)]-...; 56% d.Th. (60 Min.)

Auf ähnliche Weise erhält man aus 9-Benzyliden-fluoren *9-Benzyl-fluoren*[2] (97% d.Th.; F: 134–134,5°) bzw. aus 9,9'-Bi-fluorenyliden *9,9'-Bi-fluorenyl*[2] (100% d.Th.; F: 247–250°):

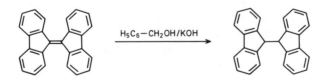

H₅C₆–CH₂OH/KOH

α₂) in Aldehyden bzw. Ketonen

Alkohol-Lauge-Gemische reduzieren bei 240° Ketone in mittleren Ausbeuten zu sek. Alkoholen[3].

M. Avramoff u. Y. Sprinzak, Am. Soc. **80**, 493 (1958).
Y. Sprinzak, Am. Soc. **78**, 466 (1956).
G. H. Hargreaves u. L. N. Owen, Soc. **1947**, 750.

Die Umsetzung von Carbonyl-Verbindungen mit Alkohol/Alkalimetall-hydroxiden is
ein wesentlicher Zwischenschritt bei der Guerbet-Reaktion (und verwandten Reak
tionen) in Abwesenheit von Raney-Nickel.

Bei der Reduktion von 1-Tetralon, 1-Oxo-2,2-dimethyl-tetralin bzw. 1-Oxo-2,2-dime
thyl-1,2-dihydro-naphthalin mit Methanol an Aluminiumoxid (220–420°) wird im erste
Reaktionsschritt der Alkohol gebildet. In Abhängigkeit von den Reaktionsbedingunge
(Acidität des Aluminiumoxids, Temperatur) werden z. T. unter Umlagerung sowie bei hö
heren Temperaturen unter Methylierung bzw. Dehydrierung 1,2-Dihydro-naphtha
line bzw. Naphthaline gebildet[1]:

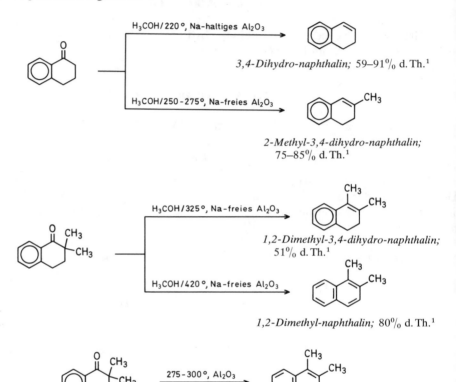

Von präparativem Interesse ist die Reduktion mit Aluminiumalkanolat/Alkanol (bzw
Magnesiumalkanolat), vorzugsweise mit Aluminiumisopropanolat/Isopropanol (Reduk
tion nach Meerwein-Ponndorf-Verley)[3]. Die Methode zeichnet sich durch ihre groß
Selektivität aus; auch aromatische Nitro-Gruppen werden nicht angegriffen. α,β-Ungesät
tigte Carbonyl-Verbindungen lassen sich in die entsprechenden Allylalkohole überfüh
ren.

[1] J. Shabtai, L. H. Klemm u. D. R. Taylor, J. Org. Chem. 35, 1075 (1970).
[2] J. Shabtai, L. H. Klemm u. D. R. Taylor, J. Org. Chem. 33, 1489 (1968).
[3] A. L. Wilds, Organic Reactions 2, 178 (1944).
   T. Bersin, in W. Foerst, Neuere Methoden der präparativen organischen Chemie, Bd. I, S. 137, Verlag Chemie
       Weinheim 1963.
   Organikum, 14. Aufl., S. 541 (1975).

1-Hydroxy-2-buten[1]: Man stellt aus 23,5 g (0,83 Mol) Aluminium-Folie, 0,5 g Quecksilber(II)-chlorid und 50 *ml* abs. Isopropanol eine Lösung von Aluminiumisopropanolat her. Nach Zugabe von 105 g (1,5 Mol) frisch estilliertem 2-Butenal(Crotonaldehyd; Kp: 102–103°) und 500 *ml* abs. Isopropanol setzt man eine wirksame raktionierkolonne (zweckmäßig mit Rektifizieraufsatz) auf den Reaktionskolben und erhitzt in einem Ölbad auf ~ 110°, sodaß das entstehende Aceton sofort abdestilliert (Kopftemp. 60–70°). Wenn das Destillat keinen ositiven Test auf Aceton (mit 2,4-Dinitro-phenylhydrazin; 8–9 Stdn.) mehr gibt, destilliert man die Hauptnenge des überschüssigen Isopropanols, zweckmäßig i. Vak., ab. Nach Kühlen auf 40° gibt man 450 *ml* kalte 3 m chwefelsäure (aus 72,5 *ml* konz. Schwefelsäure und 395 *ml* Wasser), gegebenenfalls unter Kühlen, zu. Die oran. Phase wird abgetrennt, einmal mit Wasser gewaschen und bei 60–70° destilliert, wobei der Druck langsam on 275 auf 60 Torr vermindert wird; schließlich destilliert man bei 100°/20 Torr. [man trennt dadurch das 1-Hyroxy-buten-(2) von höher siedenden Polymeren]. Die vereinigten wäßr. Phasen destilliert man, bis das Destillat nit einer verd. Brom-Tetrachlormethan-Lösung keinen positiven Test auf C=C-Doppelbindungen mehr gibt, ättigt das Destillat mit Kaliumcarbonat, trennt die organ. Phase ab und vereinigt sie mit dem destillierten 1-Hyroxy-buten-(2). Nach Trocknen mit 5 g wasserfreiem Kaliumcarbonat destilliert man an einer wirksamen Konne; Ausbeute: 55 g (50% d. Th.); Kp: 119–121°.

Zahlreiche weitere Beispiele sind in Lit.[2,3] zusammengestellt.

β-Dicarbonyl-Verbindungen lassen sich infolge der leichten Enolat-Bildung nicht reduieren.

Die Reduktion von Carbonyl-Verbindungen mit Alkoholen kann auch photochemisch lurchgeführt werden. Dabei erhält man aus Ketonen in Gegenwart von Alkalimetall-ılkanolat sekundäre Alkohole (vgl. Bd. IV/5b, S. 811; Bd. VI/1b; Lit.[4]), aus Aldeyden und Ketonen unter Zusatz geringer Mengen Essigsäure 1,2-Diole (vgl. Bd. V/5b, S. 813; Bd. VI/1a2, S. 1499; Lit.[5]).

α₃) *in Ketiminen*

2-Imino-3-oxo-butansäure-anilide werden selektiv an der C=N-Doppelbindung unter Bildung von *3-Oxo-2-anilino-butansäure* reduziert[6]:

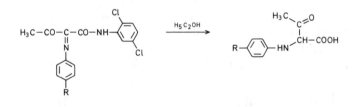

β) in der C–X-Einfachbindung

1-Brom- und 1-Jod-1-alkine können durch alkoholische Kalilauge zu 1-Alkinen reluziert werden. Im Gegensatz dazu bilden aryl-substituierte 1-Brom- und 1-Chlor-1-alkine neben wenig 1-Alkin infolge Hydrolyse des Ausgangsalkins Aryl-essigsäuren (s. Bd. V/2a, S. 332f.).

Die reduktive Substitution von Diazonium-Gruppen gegen Wasserstoff mit Hilfe von Alkoholen (in der Hitze oder in Gegenwart von Metallen bzw. beim Belichten) zu Kohenwasserstoffen ist präparativ interessant und wird auch zur Konstitutionsermittlung herangezogen (s. ds. Handb. Bd. X/3, S. 115–129).

Vogel's Textbook of Practical Organic Chemistry, 4. Aufl., S. 357, Longman, New York · London 1978.

T. BERSIN, in W. FOERST, *Neuere Methoden der präparativen organischen Chemie*, Bd. I, S. 137, Verlag Chemie, Weinheim 1963.

Organikum, 14. Aufl., S. 541 (1975).

A. SCHÖNBERG, *Preparative Organic Photochemistry*, 2. Aufl., S. 194, Springer-Verlag, Berlin · Heidelberg · New York 1968.

A. SCHÖNBERG, *Preparative Organic Photochemistry*, 2. Aufl., S. 203, Springer-Verlag, Berlin · Heidelberg · New York 1968.

J. MOSKAL, Roczniki Chem. **48**, 2169 (1974); C.A. **83**, 77990 (1975).

Methanolische Kalilauge spaltet die C—Si-Bindung in 2-(Trichlorsilyl-methyl)-biphe nyl unter Bildung von *2-Methyl-biphenyl*[1] (74–80% d.Th.; $Kp_{0,5}$: 76–78°). Die eigentli che Bedeutung dieser Reaktion liegt in der mehrstufigen Reduktion aromatischer Carbo nyl-Gruppen zur Methyl-Gruppe[2]:

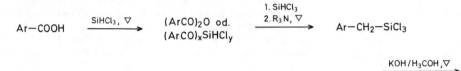

Alkohole wandeln bei höherer Temp. quecksilberorganische Verbindungen und Organo-quecksilber-Salze z Kohlenwasserstoffen um, wobei der übertragene Wasserstoff nicht aus der alkoholischen Hydroxy-Grupp stammen soll (s. Bd. XIII/2b, S. 312).

2. Reduktionen am Heteroatom

α) am Schwefel-Atom

Trichlormethyl-phenyl-sulfan und 4-Acetoxy-1-methylthio-benzol lassen sich in 100 bzw. 86%iger Ausbeu durch Methanol/Amberlyt 15 zu *Thiophenol* bzw. *4-Mercapto-phenol* reduzieren[3]:

$$H_5C_6-S-CCl_3 \xrightarrow{H_3COH/Amberlyt~15} H_5C_6-SH$$

β) am Stickstoff-Atom

Aci-nitro-Verbindungen können durch Alkohole zu Oximen reduziert werden, wobe es zweckmäßig ist, die Reduktion bei einem p_H-Wert von ~3 durchzuführen und als Re duktionsmedium Wasser oder organische Lösungsmittel einzusetzen (s. Bd. X/4, S. 138) Das Verfahren wird speziell zur Herstellung von *Cyclohexanon-oxim* aus Nitro-cyclo hexan verwendet (s. Bd. X/4, S. 146).

Benzylalkohole dagegen reduzieren Nitro-benzole zu Azoxy-Verbindungen[4]:

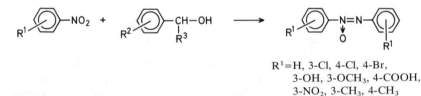

$$R^1=H, 3\text{-}Cl, 4\text{-}Cl, 4\text{-}Br,$$
$$3\text{-}OH, 3\text{-}OCH_3, 4\text{-}COOH,$$
$$3\text{-}NO_2, 3\text{-}CH_3, 4\text{-}CH_3$$

Auch beim längeren Erhitzen mit methanolischer Natriummethanolat-Lösung werden Nitro-arene zu Az oxy-Verbindungen reduziert (s. Bd.X/3, S.758f.). Auch Formaldehyd unter Zusatz von Reduktionsförderer kann eingesetzt werden (Bd. X/3, S. 758f.).

Die Photoreduktion von Nitro-Verbindungen mit Isopropanol im salzsauren Medium liefert Hydroxyl amine[5].

In 2-Oxo-2,3-dihydro-⟨naphtho-[1,2-e]-1,2,4-triazin⟩-1-oxiden werden die N-oxid Gruppen durch Äthanol schnell und in guten Ausbeuten reduziert. Dagegen werden di

---
[1] G. S. Li, D. F. Ehler u. R. A. Benkeser, Org. Synth. **56**, 83 (1977).
[2] R. A. Benkeser, K. M. Foley, J. M. Gaul u. G. S. Li, Am. Soc. **92**, 3232 (1970).
[3] J. M. Lavanish, Tetrahedron Letters **1973**, 3847.
[4] I. Shimao, Nippon Kagaku Kaishi **1974**, 515; C.A. **80**, 145 115 (1974).
[5] N. Levy u. M. D. Cohen, Soc. [Perkin II] **1979**, 553.

-Methylthio-Derivate erst durch Kaliummethanolat/Methanol in geringer Ausbeute un-
er gleichzeitiger Substitution der Methylthio- durch die Methoxy-Gruppe angegriffen[1]:

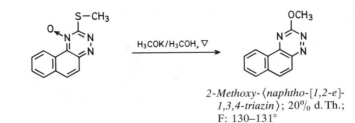

*2-Methoxy-⟨naphtho-[1,2-e]-
1,3,4-triazin⟩*; 20% d.Th.;
F: 130–131°

2-Hydroxy-⟨naphtho-[1,2-e]-1,3,4-triazin⟩[1]:

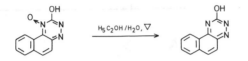

0,6 g (0,3 mMol) 2-Hydroxy-⟨naphtho-[1,2-e]-1,2,4-triazin⟩-1-oxid werden in möglichst wenig 50%igem
wäßr. Äthanol gelöst. Unter Durchleiten von Stickstoff und Rühren wird zum Rückflußkochen erhitzt. Nach ~ 1
tde. ist die gelbe Farbe verschwunden und die entstandene rotbraune Lösung zeigt eine grüne Fluoreszenz. Nach
 Stdn. engt man i.Vak. ein und kristallisiert den Rückstand aus wäßr. Äthanol um; Ausbeute: 4,4–4,95 g
80–90% d.Th.); F: 272–273°.

Analog wird *2-Oxo-3-methyl-2,3-dihydro-⟨naphtho[1,2-e]-1,2,4-triazin⟩* 91% d.Th.;
F: 180°) erhalten.

b) mit Äthern

Äther besitzen als Reduktionsmittel lediglich untergeordnete Bedeutung. Eingesetzt werden sie
① zur Reduktion von Aluminiumtrichlorid-Triphenylchlormethan-Addukten zu *Triphenylmethan*[2].
② zur Reduktion von Nitro-cyclohexan (durch Oxiran) zu *Cyclohexanon-oxim* (s. ds. Handb., Bd. X/4, S. 144).
③ zur reduktiven Substitution der Diazonium-Gruppe gegen Wasserstoff (vorzugsweise cyclische Äther wie
   1,4-Dioxan, 1,3-Dioxolan, THF, aber auch 1,2-Dimethoxy-äthan)[3]:

$$[Aryl-N_2]^{\oplus}Cl^{\ominus} \quad \longrightarrow \quad Aryl-H$$

Ar = 4-Cl−C₆H₄;	1,4-Dioxan:	*4-Chlor-benzol;*	84% d.Th.
	1,3-Dioxolan:	*4-Chlor-benzol;*	98% d.Th.
Ar = 4-NO₂−C₆H₄;	1,4-Dioxan, 1,3-Dioxolan, THF:	*4-Nitro-benzol;*	84% d.Th.

c) mit Aldehyden bzw. Zuckern

Höhere Aldehyde[4] und Ketone[5] können durch Formaldehyd in Gegenwart von Alkalilauge zu Alkoholen reduziert werden. In dieser als gekreuzte Cannizzaro-Reak-

[1] F. J. Lalor, F. L. Scott, G. Ferguson u. W. C. Marsh, Soc. [Perkin Trans. I] **1978**, 789.
[2] J. F. Norris, Org. Synth. Coll. Vol. **1**, 548 (1932).
[3] H. Meerwein et al., Ang. Ch. **70**, 211 (1958).
[4] D. Davidson u. M. Weiss, Org. Synth. Coll. Vol. **2**, 590 (1943).
[5] H. Wittcoff, Org. Synth. **31**, 101 (1951); Coll. Vol. **4**, 907 (1963).

tion[1] bekannten Redoxreaktion fungiert der Formaldehyd als Hydrid-Donator (allge
meine Arbeitsvorschrift[2], Mechanismus[3]):

$$R—CHO \quad + \quad CH_2O \quad \longrightarrow \quad R—CH_2—OH \quad + \quad HCOOH$$

Besitzen Aldehyd und Keton α-H-Atome, so werden diese zunächst durch Hydroxy
methyl-Gruppen ersetzt. Auf diese Weise erhält man z. B. aus Acetaldehyd und vier Molen
Formaldehyd *Pentaerythrit* (73% d. Th.)[4] bzw. aus Cyclohexanon mit fünf Molen Formal
dehyd *2-Hydroxy-1,1,3,3-tetrakis-[hydroxymethyl]-cyclohexan* (73–85% d. Th.). Da e
sich hierbei zunächst um eine Aufbaureaktion handelt, wird diese Umsetzung in Bd
VI/1a/2, S. 1314f. geschlossen abgehandelt (vgl. auch Lit.[5]).

Zur Reduktion ohne Aufbaureaktion mit Formaldehyd werden daher allgemein aromatische bzw. heteroaromatische Aldehyde eingesetzt. Die entsprechenden Alkohole werden i. a. in guten bis sehr guten Ausbeuten gebildet; z. B. erhält man aus

2-Chlor-benzaldehyd	→ *2-Chlor-benzylalkohol*[2]	90% d. Th.; F: 69°
4-Methoxy-benzaldehyd	→ *4-Methoxy-benzylalkohol*[2]	90% d. Th.; Kp_{12}: 136°; F: 36°
4-Methyl-benzaldehyd	→ *4-Methyl-benzylalkohol*[6]	90% d. Th.; Kp_{20}: 116–118°; F: 61°
Furfural	→ *Furfurylalkohol*[2]	60% d. Th.; Kp_{25}: 83°

Setzt man Ammoniumchlorid mit zwei Molekülen Formaldehyd um, so wird durch Ad
dition des ersten Mols Formaldehyd an Ammoniak Amino-methanol gebildet, der durch
das zweite Formaldehyd-Molekül zu *Methylamin* reduziert wird (s. ds. Handb. Bd. XI/1, S.
671).

Die Reduktion von Diazonium-Verbindungen mit Formaldehyd zu Kohlenwasserstoffen ist nicht so breit anwendbar wie andere Verfahren, kann aber in manchen Fällen herangezogen werden, wenn die alkoholische Reduktion versagt (s. ds. Handb. Bd. X/3, S.
135).

4-Chlor-1-nitro-benzol wird in $\sim 30\%$iger Ausbeute durch Äthanal, Propanal, 3-Phenyl-propanal oder Pipe
ronal in 0,5 n äthan. Kalilauge zu *4,4'-Dichlor-azoxybenzol* reduziert[7].

Glucose hat gute reduzierende Eigenschaften und wird in einigen Fällen zu Reduktionen herangezogen. In natron-alkalischer Lösung kann Bis-[2-nitro-phenyl]-disulfan selektiv zu *2-Nitro-thiophenol* reduziert werden (s. ds. Handb. Bd. IX, S. 27). Ebenfalls selektiv werden Nitro-diaryldiselenane in Alkohol zu *Nitro-selenophenolen* reduziert (s. Bd
IX, S. 1103).

Glucose vermag ferner Nitro-Gruppen anzugreifen. So wird z. B. 1-Nitro-9,10-anthra-
chinon-2-natriumsulfonat zu *1-Hydroxylamino-2-sulfo-9,10-anthrachinon* reduziert
[s. ds. Handb. Bd. X/1, S. 1148 (Tabelle)]. Aromatische Nitro-Verbindungen können in
stark alkalisch-wäßrigem, manchmal auch alkoholischem (s. aber Selenophenol-Bildung`
Medium zu *Azoxy-* und *Azo-Verbindungen* reduziert werden (s. Bd. X/3, S. 347ff.)
2,2'-Dinitro-benzophenon wird in Kalilauge zu *11-Oxo-11H-⟨dibenzo-[c;f]-1,2-diaze-
pin⟩* reduziert (s. Bd. X/1, S. 878):

[1] T. A. Geissmann, Org. Reactions **2**, 94 (1944).
[2] *Organikum*, S. 543 (1975).
[3] R. R. Baker u. D. A. Yorke, J. chem. Educ. **49**, 351 (1972).
[4] *Organikum*, S. 544 (mit Arbeitsvorschrift) (1975).
[5] H. Wittcoff, Org. Synth. **31**, 101 (1951); Coll. Vol. **4**, 907 (1963).
[6] D. Davidson u. M. Weiss, Org. Synth. Coll. Vol. **2**, 590 (1943).
[7] E. S. Bacon u. D. H. Richardson, Soc. **1932**, 884.

d) mit Carbonsäuren

1. mit Ameisensäure

α) unter Erhalt des Kohlenstoffgerüsts

α₁) *in Olefinen*

Die Reduktion von C=C-Doppelbindungen durch Ameisensäure ist nur bei Aktivierung durch eine weitere ungesättigte Gruppe, wie einer C,C-Mehrfachbindung, einer Carbonyl-, Cyan- oder Nitro-Gruppe möglich. Auch bei En-aminen wird (nach Protonierung) die C=C-Doppelbindung hydriert.

α,β-ungesättigte Ketone lassen sich durch Triäthylammoniumformiat bei 145–150° zu gesättigten Ketonen reduzieren[1]:

R¹ = R² = CH₃; R³ = C₆H₅; *2,4-Dioxo-3-benzyl-pentan;* 72% d.Th.
R¹ = CH₃; R² = R³ = C₆H₅; *1,3-Dioxo-1-phenyl-2-benzyl-butan;* 71% d.Th.
R¹ = R² = C₆H₅; R³ = 4-NO₂–C₆H₄; *1,3-Dioxo-1,3-diphenyl-2-(4-nitro-benzyl)-propan;* 59% d.Th.

α-Cyan- und α-Nitro-alkene werden analog unter Zusatz von DMF reduziert:

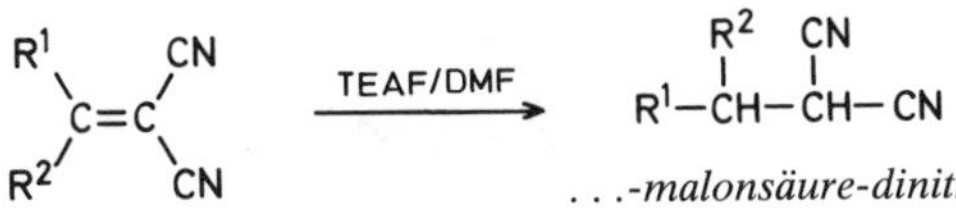

$$R^1\diagdown C=C\diagup{}^{CN}_{CN} \quad \xrightarrow{TEAF/DMF} \quad R^1-\overset{R^2}{\underset{|}{CH}}-\overset{CN}{\underset{|}{CH}}-CN$$

...-*malonsäure-dinitril*

R¹ = C₆H₅; R² = H; *Benzyl-...;* 90% d.Th.[2,3]
R² = C₂H₅; *(1-Phenyl-propyl)-...;* 77% d.Th.[2]
R² = CH₂–C₆H₅; *(1,2-Diphenyl-äthyl)-...;* 90% d.Th.[2]
R¹ = R² = –(CH₂–)₅; *Cyclohexyl-...;* 99% d.Th.[3]

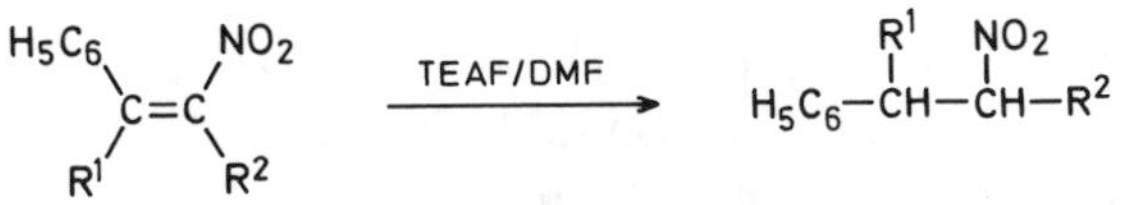

$$H_5C_6\diagdown C=C\diagup{}^{NO_2}_{R^2} \quad \xrightarrow{TEAF/DMF} \quad H_5C_6-\overset{R^1}{\underset{|}{CH}}-\overset{NO_2}{\underset{|}{CH}}-R^2$$

R¹ = H; R² = C₂H₅; *2-Nitro-1-phenyl-butan;* 83% d.Th.[2]
R² = C₆H₅; *1-Nitro-1,2-diphenyl-äthan;* 47% d.Th.[2]
R¹ = C₆H₅; R² = H; *2-Nitro-1,1-diphenyl-äthan;* 57% d.Th.[2]

En-amine und Dien-amine werden durch Ameisensäure reduziert, wobei in Dien-aminen zumeist eine C=C-Doppelbindung hydriert wird. Da zusätzlich oft Isomerisierung eintritt, entstehen meist Produktgemische (s. ds. Handb. Bd. V/1c, S. 874).

1-Amino-cyclohexene werden durch Ameisensäure zu Cyclohexylaminen reduziert (<86% d.Th.; *cis/trans*-Verhältnis bei 6-substituierten 1-Amino-cyclohexenen ~9:1)[4]:

[1] M. Sekiya u. K. Suzuki, Chem. Pharm. Bull. **18**, 1530 (1970); C.A. **73**, 98065 (1970).
[2] K. Nanjo, K. Suzuki u. M. Sekiya, Chem. Letters **1976**, 1169; C.A. **86**, 55132 (1977).
  K. Nanjo u. M. Sekiya, Chem. Pharm. Bull. **27**, 198 (1979).
[3] K. Nanjo, K. Suzuki u. M. Sekiya, Chem. Pharm. Bull. **25**, 2396 (1977); C.A. **88**, 22322 (1978).
[4] J. Madsen u. P. E. Iversen, Tetrahedron **30**, 3493 (1974).

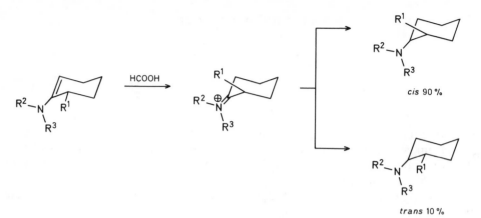

$R^1 = CH_3$; $R^2 = R^3 = -(CH_2)_4-$; *2-Pyrrolidino-1-methyl-cyclohexan;* 87% d. Th.; Kp_{10}: 92–94°

$R^2 = R^3 = -(CH_2)_5-$; *2-Piperidino-1-methyl-cyclohexan;* 86% d. Th.; Kp_{13}: 112–113°

$R^1 = CH_2-CH_2-CN$; $R^2 = R^3 = -(CH_2)_4-$; *2-Pyrrolidino-1-(2-cyan-äthyl)-cyclohexan;* 83% d. Th.; $Kp_{0,3}$: 106–108°

$R^2 = R^3 = -(CH_2)_5-$; *2-Piperidino-1-(2-cyan-äthyl)-cyclohexan;* 69% d. Th.; $Kp_{0,35}$: 114–116°

Cyclohexylamine durch Reduktion von Enaminen; allgemeine Arbeitsvorschrift[1]**:** Zu 0,05–0,1 Mol des Enamins gibt man einen 50–100%igen Überschuß Ameisensäure. Meist beginnt sofort die Reaktion unter heftiger Gasentwicklung. Man kocht 1 Stde. (in einigen Fällen 12–15 Stdn). Um unverändertes Ausgangsprodukt zu hydrolysieren, wird das Gemisch einige Stdn. mit 100–200 *ml* 4 n Salzsäure gerührt. Man schüttelt 2 mal mit Äther aus, versetzt die wäßr. Phase bis zur stark alkal. Reaktion mit Natronlauge und schüttelt 3 mal mit je 100 *m* Äther aus. Die vereinigten Äther-Phasen werden über festem Kaliumhydroxid getrocknet, das Lösungsmittel abgezogen und der ölige Rückstand i. Vak. fraktioniert.

α_2) in Carbonsäuren

Aldehyde lassen sich relativ einfach aus Carbonsäuren herstellen, wenn man die Calciumsalze der Carbonsäure und der Ameisensäure am besten unter Durchleiten von Kohlendioxid trocken destilliert (Reaktion nach Piria; s. ds. Handb., Bd. VII/1, S. 277ff.).

α_3) in Aldehyden bzw. Ketonen

Die reduktive Verknüpfung von Ammoniak oder Aminen mit Aldehyden und Ketonen gelingt mit Ameisensäure als Reduktionsmittel (**Leukart-Wallach-Reaktion**). Man erreicht in vielen Fällen nicht die gleichen Ausbeuten wie bei der Reaktion von Aminen (bzw. Ammoniak) mit Carbonyl-Verbindungen, auf der anderen Seite können mit Hilfe der Leukart-Wallach-Reaktion Amine hergestellt werden, die unter katalytischen Bedingungen reduzierbare oder den Katalysator vergiftende Gruppen enthalten. Die Reaktion ist ausführlich in ds. Handb. Bd. XI/1, S. 648ff. beschrieben (vgl. a. Bd. IV/1c, S. 411ff.).

α_4) in Iminen

Imine werden beim Erhitzen mit Trimethylammoniumformiat auf 95–100° in 80–100%igen Ausbeuten unter Formylierung zu **N-formylierten sek. Aminen** reduziert[2]:

---

[1] J. Madsen u. P. E. Iversen, Tetrahedron **30**, 3493 (1974).

[2] K. Mori, H. Sugiyama u. M. Sekiya, Chem. Pharm. Bull. **19**, 1722 (1971); C.A. **75**, 118050 (1971).

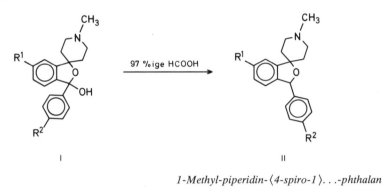

R=H, 4-CH$_3$, 4-COOH, 3-NO$_2$, 4-NO$_2$, 4-OH, 4-Cl
R^1=H, 4-CH$_3$, 4-OCH$_3$, 3-NO$_2$, 4-Cl

α_5) in Alkoholen bzw. Halbacetalen

Die Reduktion von Triaryl-carbinolen zu Triaryl-methanen mit 96%iger Ameisensäure wird selten angewendet[1,2]. So erhält man z. B. aus Diphenyl-(4-fluor-phenyl)-carbinol *Diphenyl-(4-fluor-phenyl)-methan* (79% d.Th.; F: 62–63°), als Nebenprodukt entsteht *4-Diphenylmethyl-phenol* (13% d.Th.; F: 109–111°)[3].

Die semicyclischen Spiro-halbacetale I lassen sich durch 97%ige Ameisensäure zu den entsprechenden cyclischen Äthern II reduzieren[3,4]:

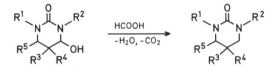

1-Methyl-piperidin-⟨4-spiro-1⟩...-phthalan

I; R^1=R^2=H   II; R^1=R^2=H; ...-3-phenyl-...; 92% d.Th.; F: 120–123°[4]
R^1=H; R^2=F   II; R^1=H; R^2=F; ...-3-(4-fluor-phenyl)-...; 71% d.Th.; F: 124–125°[3]
                     +R^1=H; R^2=OH; ...-3-(4-hydroxy-phenyl)-...; 14% d.Th.; F: 272° (Zers.)[3]
R^1=F; R^2=H   II; R^1=F; R^2=H; ...-6-fluor-3-phenyl-...; 36% d.Th.; F: 123–124°[3]
                     +R^1=OH; R^2=H; ...-6-hydroxy-3-phenyl-...; 41% d.Th.; F: 200–202° (Zers.)[3]
R^1=R^2=F   II; R^1=R^2=F; ...-6-fluor-3-(4-fluor-phenyl)-...; 42% d.Th.; F: 131–133°[3]
                     +R^1=OH; R^2=F; ...-6-hydroxy-3-(4-fluor-phenyl)-...; 23% d.Th.; F: 219–221°
                                                                                        (Zers.)[3]

Ameisensäure reduziert auch 4-Hydroxy-2-oxo-hexahydro-pyrimidine zu 2-Oxo-hexahydropyrimidinen[5]:

$$R^1-N-C(=O)-N-R^2,\ R^5,\ R^3,\ R^4,\ OH \quad \xrightarrow[-H_2O,\ -CO_2]{HCOOH} \quad R^1-N-C(=O)-N-R^2,\ R^5,\ R^3,\ R^4$$

2-Oxo-1,3,5,5-tetramethyl-hexahydro-pyrimidin[5]: 172 g (1,0 Mol) 4-Hydroxy-2-oxo-1,3,5,5-tetramethyl-hexahydro-pyrimidin werden mit 250 g 100%iger Ameisensäure gerührt und dann als Lösung 3 Stdn. auf 80° erwärmt. Das entstehende Kohlendioxid kann entweichen. Die überschüssige Ameisensäure und das entstandene Wasser werden i. Vak. abgezogen. Der Rückstand wird fraktionierend destilliert; Ausbeute: 145 g (93% d.Th.); Kp$_{0,2}$: 80–82°.

[1] H. Kaufmann u. P. Pannwitz, B. **45**, 766 (1912).
[2] A. F. Andrews, R. K. Mackie u. J. T. Walton, Soc. [Perkin II] **1980**, 96.
[3] G. M. Shutske, J. Org. Chem. **42**, 374 (1977).
[4] A. Marxer, H. R. Rodriguez, J. M. McKenna u. H. M. Tsai, J. Org. Chem. **40**, 1427 (1975).
[5] DOS 1 545 614 (1965), BASF, Erf.: H. Petersen; zitiert in H. Petersen, Synthesis **1973**, 243, 276.

β) unter Veränderung des Kohlenstoffgerüsts

α,α'-Diacyl- bzw. α,α'-Dicyan-1,5-diketone werden durch Triäthylammoniumformiat (Ameisensäure/Triäthylamin) zu 1,3-Diketonen bzw. α-Cyan-ketonen gespalten[1]:

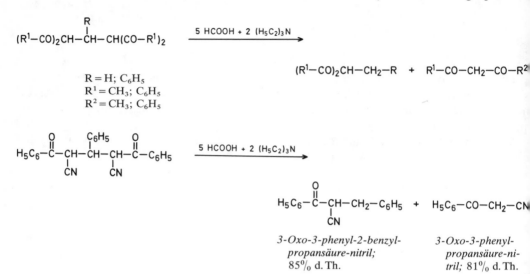

$$(R^1{-}CO)_2CH{-}\overset{\displaystyle R}{\underset{\displaystyle |}{CH}}{-}CH(CO{-}R^1)_2 \xrightarrow{\text{5 HCOOH + 2 (H}_5\text{C}_2)_3\text{N}}$$

$$(R^1{-}CO)_2CH{-}CH_2{-}R \;+\; R^1{-}CO{-}CH_2{-}CO{-}R^2$$

R = H; C_6H_5
R^1 = CH$_3$; C_6H_5
R^2 = CH$_3$; C_6H_5

3-Oxo-3-phenyl-2-benzyl-
propansäure-nitril;
85% d. Th.

3-Oxo-3-phenyl-
propansäure-ni-
tril; 81% d. Th.

2. Ascorbinsäure

Ascorbinsäure wird zur Reduktion freier Radikale und einiger Stickstoff-Verbindungen eingesetzt.

So läßt sich das Perchlor-triphenylmethyl-Radikal in 97%iger Ausbeute zu *Tris-[pentachlor-phenyl]-methan* reduzieren[2]; Nitroxyl-Radikale reagieren zu Hydroxylaminen[3]:

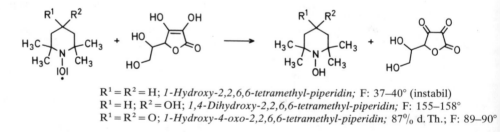

$R^1 = R^2 = H$; *1-Hydroxy-2,2,6,6-tetramethyl-piperidin;* F: 37–40° (instabil)
$R^1 = H$; $R^2 = OH$; *1,4-Dihydroxy-2,2,6,6-tetramethyl-piperidin;* F: 155–158°
$R^1 = R^2 = O$; *1-Hydroxy-4-oxo-2,2,6,6-tetramethyl-piperidin;* 87% d. Th.; F: 89–90°

Chinon-acylhydrazone lassen sich in milder Reduktion durch Erwärmen mit Ascorbinsäure in wäßriger Lösung zu Aryl-hydrazinen reduzieren (s. ds. Handb. Bd. X/2, S. 233). Die Herstellung des sehr empfindlichen *2-Hydroxylamino-1-nitro-benzols* ist aus 1,2-Dinitro-benzol mit Ascorbinsäure möglich (s. Bd. X/1, S. 1149). Aryl-diazoniumsalze werden über Oxalsäure-monoarylhydrazide zu Aryl-hydrazinen reduziert (s. Bd. X/2, S. 219).

[1] M. Sekiya u. K. Suzuki, Chem. Pharm. Bull. **20**, 343 (1972); C.A. **76**, 112829 (1972).
   N. A. Cortese u. R. F. Heck, J. Org. Chem. **43**, 3985 (1978).
[2] M. Ballester, J. Riera, J. Castañer u. M. Casulleras, Tetrahedron Letters **1978**, 643.
[3] C. M. Paleos u. P. Dais, Chem. Commun. **1977**, 345.

IV. Mit Organo-schwefel-Verbindungen

a) mit Thiolen bzw. Thiolaten

1. Reduktion am C-Atom

α) unter Erhalt des Kohlenstoffgerüstes

Zur Reduktion von 2-(2-Phenyl-vinyl)-chinolin zu *2-(2-Phenyl-äthyl)-chinolin* 80–87% d.Th.)[1] mit Thiophenol bzw. Thiokresol[1] bzw. von 3-Halogen-4-oxo-bicyclo[3.2.1]octenen-(2) mit Thiolen zu Gemischen aus ungesättigtem Keton und Methylthio-keton[2] s.Lit.

Mit wesentlich besseren Ausbeuten werden Phenylimine zu Anilinen reduziert; z.B.:

$$H_5C_6-CH=N-C_6H_5 \xrightarrow{\text{4-H}_3\text{C}-\text{C}_6\text{H}_4-\text{SH/Xylol/20 Stdn. Rückfluß}} H_5C_6-CH_2-NH-C_6H_5$$

N-Benzyl-anilin[3]; 76% d.Th.

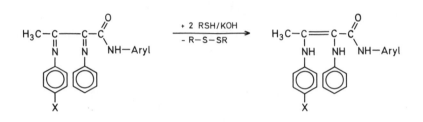

2,3-Dianilino-buten-(2)-säure-anilide; allgemeine Arbeitsvorschrift[4]: Zu einer Mischung aus 2 g 2,3-Bis-[arylimino]-butansäure-anilid und 5 *ml* frisch destilliertem Äthanthiol oder Thiophenol gibt man unter Rühren ,06 *ml* einer 40%igen Kalilauge in Methanol. Die Lösung färbt sich gelb. Ein farbloser Niederschlag beginnt auszufallen und die Mischung wird fest. Durch Absaugen, Waschen mit Petroläther und Umkristallisieren aus Benzol wird das Anilid isoliert.

Auf diese Weise erhält man u.a.:

2,3-Dianilino-		96% d.Th.; F: 216–217°
2-Anilino-3-(4-brom-anilino)-	} *buten-(2)-säure-2,5-dichlor-anilid*	97% d.Th.; F: 223–224°
2-Anilino-3-(4-dimethylamino-anilino)-		68% d.Th.; F: 201–202°
2-Anilino-3-(4-methoxy-anilino)-buten-(2)-säure-anilid		98% d.Th.; F: 192–193°
2-Anilino-3-(4-methoxy-anilino)-buten-(2)-säure-2,5-dimethyl-anilid		96% d.Th.; F: 200–201°

α-Halogen-ketone und α-Alkylthio-ketone (auch α-Halogen-carbonsäureester) lassen sich durch Thiolat-Ionen in der Regel mit hohen Ausbeuten enthalogenieren bzw. desulfurieren[5]:

H. GILMAN, J. L. TOWLE u. R. K. INGHAM, Am. Soc. **76**, 2920 (1954).
B. CHEMINAT u. B. MÈGE, Bl. **1974**, 2233.
H. GILMAN u. J. B. DICKEY, Am. Soc. **52**, 4573 (1930).
J. MOSKAL, Synthesis **1975**, 380.
Y. AUFAUVRE, M. VERNY u. R. VESSIÈRE, Bl. **1973**, 1373.

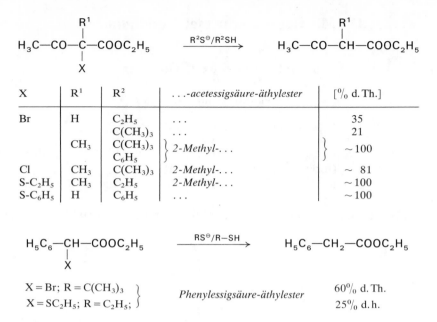

X	R¹	R²	...-acetessigsäure-äthylester	[% d. Th.]
Br	H	C₂H₅	...	35
		C(CH₃)₃	...	21
	CH₃	C(CH₃)₃	2-Methyl-...	~100
		C₆H₅		
Cl	CH₃	C(CH₃)₃	2-Methyl-...	~81
S-C₂H₅	CH₃	C₂H₅	2-Methyl-...	~100
S-C₆H₅	H	C₆H₅	...	~100

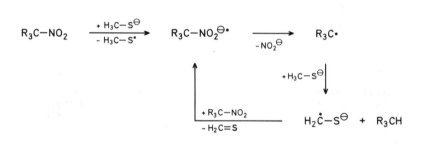

X = Br; R = C(CH₃)₃
X = SC₂H₅; R = C₂H₅;
Phenylessigsäure-äthylester
60% d. Th.
25% d. h.

In Nitro-alkanen gelingt es bei 23° im Tageslicht mit Natriummethanthiolat die Nitro Gruppe hydrogenolytisch abzuspalten[1]:

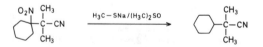

2-Methyl-2-cyclohexyl-propansäure-nitril[1]:

Ein 200-*ml*-Dreihalskolben wird mit einem Gaseinleitungsrohr und zwei durch Drehung zu entleerende Kölbchen bestückt. Der Kolben wird mit einem Magnetrührer versehen. Dann werden 20 *ml* Dimethylsulfoxi vorgelegt. Ein Kölbchen enthält 392 mg (2 mMol) 2-Methyl-2-(1-nitro-cyclohexyl)-propansäure-nitril, das an dere 420 mg (6 mMol) Natriumthiomethanolat. Dann wird durch Evakuieren der Luftsauerstoff entfernt und m Stickstoff gespült (3 mal).

Der Kolben wird ans Tageslicht gestellt und man gibt das Thiomethanolat zu. Nach seiner Auflösung wird d Nitro-Verbindung zugegeben. Man rührt 3 Stdn. bei 23°. Anschließend gießt man in Wasser, schüttelt mit Diä thyläther und Pentan aus, wäscht die org. Phase mit Wasser und trocknet mit wasserfreiem Magnesiumsulfat. D Lösungsmittel wird über eine kurze Säule abdestilliert. Zum verbleibenden Öl gibt man etwas Kieselgel und gi das Gemisch auf eine Kieselgelsäule. Mit Hexan werden niedrig siedende Verunreinigungen entfernt. Man elu iert mit Hexan/Diäthyläther (9 : 1), destilliert das Lösungsmittel über eine kurze Säule ab und fraktioniert mitte eines Kugelrohres; Ausbeute: 287 mg (95% d. Th.); Kp₁: 70°.

---

[1] N. Kornblum, S. C. Carlson u. R. G. Smith, Am. Soc. **101**, 647 (1979).

Auf ähnliche Weise erhält man aus[1]:

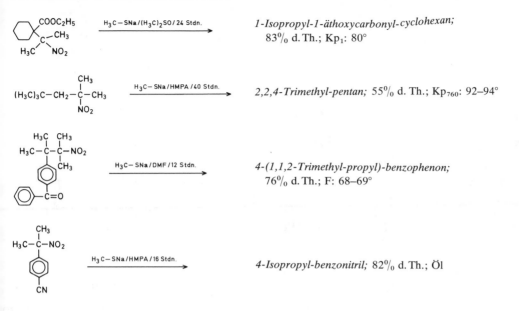

1-Isopropyl-1-äthoxycarbonyl-cyclohexan;
83% d. Th.; Kp₁: 80°

2,2,4-Trimethyl-pentan; 55% d. Th.; Kp₇₆₀: 92–94°

4-(1,1,2-Trimethyl-propyl)-benzophenon;
76% d. Th.; F: 68–69°

4-Isopropyl-benzonitril; 82% d. Th.; Öl

Zu beachten ist, daß β-arylierte Nitro-alkane bei der Reduktion umlagern können (s. unten).

1-(2-Oxo-alkyl)-pyridinium-Salze werden durch Thiole in Anwesenheit von Schwefelkohlenstoff unter Belichtung an der C–N-Bindung gespalten[2]:

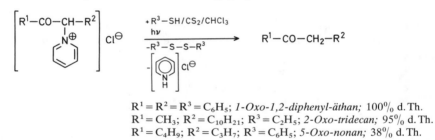

R¹ = R² = R³ = C₆H₅; 1-Oxo-1,2-diphenyl-äthan; 100% d. Th.
R¹ = CH₃; R² = C₁₀H₂₁; R³ = C₂H₅; 2-Oxo-tridecan; 95% d. Th.
R¹ = C₄H₉; R² = C₃H₇; R³ = C₆H₅; 5-Oxo-nonan; 38% d. Th.

β) unter Veränderung des Kohlenstoffgerüsts

β-Arylierte Nitro-alkane können sich während der reduktiven Spaltung mit Methylthiolat umlagern; z.B.[3]:

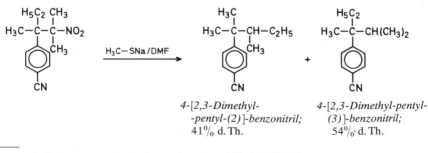

4-[2,3-Dimethyl-
-pentyl-(2)]-benzonitril;
41% d. Th.

4-[2,3-Dimethyl-pentyl-
(3)]-benzonitril;
54% d. Th.

[1] N. Kornblum, S. C. Carlson u. R. G. Smith, Am. Soc. 101, 647 (1979).
[2] T. Takeda u. T. Mukaiyama, Chem. Letters 1976, 477.
[3] N. Kornblum, J. Widmer u. S. C. Carlson, Am. Soc. 101, 658 (1979).

Acridin wird durch Thiophenol oder Thiokresol zu *9,9'-Bi-acridanyl* (70% d. Th.) reduziert[1]:

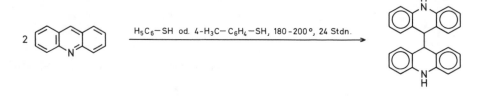

2. Reduktionen am Heteroatom

Sulfochloride reagieren mit Thiolen und Thiophenolen in alkalischer Lösung zunächst zu Estern der Thiosulfonsäure, die durch überschüssiges Thiol zu Sulfinsäure und Disulfan gespalten werden, so daß im Endeffekt eine Reduktion des Sulfochlorids zur Sulfinsäure stattfindet (s. Bd. IX, S. 310; s. a. S. 71). In fast quantitativen Ausbeuten werden Selenensäuren durch Reduktion von Seleninsäuren mit Thiolen erhalten[2]:

$$R^1\text{—SeO}_2H \xrightarrow{\text{R}^2\text{SH/23°/5 Stdn.}} R^1\text{—SeOH}$$

...-*benzolselenensäure*

2-*Nitro*-...; 98% d. Th. ($R^2 = C_2H_5$);   F: 164–165°(Zers.)
; 98,6% d. Th. ($R^2 = 4\text{-}H_3C\text{—}C_6H_4$);
4-*Chlor*-2-*nitro*-...; 98% d. Th. ($R^2 = C_2H_5$);   F: 184–185°
100% d. Th. [$R^2 = C(CH_3)_3$];
2-*Nitro*-4-*methoxy*-...; 98% d. Th. ($R^2 = C_2H_5$);   F: 167–169° (Zers.)

Formazane lassen sich durch milde Reduktionsmittel, u. a. auch durch Thiole zu Hydrazidinen und Amidrazonen reduzieren, wobei allein die Substitution am Formazan-C-Atom für das Endprodukt verantwortlich ist (s. Bd. X/3, S. 689).

Azide werden bei Anwesenheit von C—C-Mehrfachbindungen, Carboxy-, Amid-Ester-, Nitro-, Halogenaryl-, Oxo- und Cyan-Gruppen bzw. Phosphoramidaten selektiv durch 1,3-Propandithiol zu *Aminen* reduziert[3]:

$$RN_3 + HS\text{—}(CH_2)_3\text{—}SH \xrightarrow{\text{N}(C_2H_5)_3/H_3COH/N_2/23°} R\text{—}NH_2$$

$R = 4\text{-}NO_2\text{—}C_6H_4$; *4-Nitro-anilin;* 100% d. Th. (1 Min.)
$R = 4\text{-}H_3COOC\text{—}C_6H_4$; *4-Amino-benzoesäure-methylester;* 90% d. Th. (5 Min.)
$R = H_5C_6\text{—}CH\text{=}CH\text{—}CH_2\text{—}$; *3-Amino-1-phenyl-propen;* 90% d. Th. (12 Stdn.)

Dehydro-methionin wird reduktiv zum *Methionin* gespalten[4]:

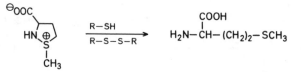

---

[1] H. GILMAN, J. L. TOWLE u. R. K. INGHAM, Am. Soc. **76**, 2920 (1954).
[2] H. RHEINBOLDT u. E. GIESBRECHT, B. **88**, 1037 (1955).
[3] H. BAYLEY, D. N. STANDRING u. J. R. KNOWLES, Tetrahedron Letters **1978**, 3633.
[4] D. O. LAMBETH, Am. Soc. **100**, 4808 (1978).
s. a. US.P. 2465461 (1949), Lankenau Hospital, Erf.: T. F. LAVINE; C.A. **43**, 5807 (1949).

b) mit Sulfinsäure-Derivaten, Sulfoxiden, bzw. Thioharnstoff-S,S-dioxiden

Sulfinsäure-Derivate werden nur in Spezialfällen zu Reduktionen organischer Verbindungen herangezogen; z.B. zur Reduktion von Oxo- zu *Hydroxy-cholestanen* mit Amino-imino-methansulfinsäure[1]. Sulfoxide werden durch Formamidin-sulfinsäure[2] oder Methan bzw. 4-Nitro-benzolsulfinylchlorid[3] zu Disulfanen reduziert.

Dimethylsulfoxid (bzw. Diphenylsulfoxid) in Schwefelsäure eignet sich zur Reduktion von N-Oxiden zu den entsprechenden *N-Heteroaromaten*[4]; so erhält man z.B. bei 50–195° aus:

Pyridin-N-oxid → *Pyridin;* 94% d.Th.

x-Methyl-pyridin-N-oxid → *x-Methyl-pyridin;* 48% d.Th. *(2-)*; 87% d.Th. *(3-)*; 91% d.Th. *(4-)*

4-Phenyl-pyridin-N-oxid → *4-Phenyl-pyridin;* 92% d.Th.

Chinolin-N-oxid → *Chinolin;* 80% d.Th.

Isochinolin-N-oxid → *Isochinolin;* 95% d.Th.

Mit Thioharnstoffdioxid lassen sich Ketone zu Alkoholen[5-7], Chinone zu Hydrochinonen[8], aromatische Nitro-Verbindungen zu Aminen[8-10], Nitroso-Verbindungen zu Hydrazo-Verbindungen[10] und Azoxy- sowie Azo-Verbindungen zu Aminen[8] bzw. Hydrazo-Verbindungen[9,10] reduzieren, wobei unterschiedliche Reaktionsbedingungen, insbesondere unterschiedliche Laugenkonzentrationen und Lösungsmittel zu den verschiedenen Reduktionsprodukten führen.

V. Mit Organo-stickstoff-Verbindungen (Hydroxylaminen, Diazomethan, Phenyl-hydrazin bzw. Hydrazobenzol)

Bei der Reduktion von Chinonen mit N,N-Diäthyl-hydroxylamin in Essigsäure-äthylester zu *Hydrochinonen* werden weder Aryl-, Halogen- noch Azo-Gruppen angegriffen (s.Bd. VII/3a, S. 650).

Das an sich als Reduktionsmittel kaum eingesetzte Diazomethan vermag *Oxime* aus Nitro-alkanen herzustellen, wobei ein 2–3facher Überschuß des Diazomethans einzusetzen ist (s.Bd. X/4, S. 147).

Acridin läßt sich durch Phenyl-hydrazin in DMF (5 Stdn. 130°) in 72%iger Ausbeute zu *9,9'-Bi-acridanyl* reduzieren. N-Methyl-acridiniumjodid liefert entsprechend (30 Min. Kochen in Äthanol od. Erhitzen auf 110° in DMF) *10,10'-Dimethyl-9,9'-bi-acridanyl* (73 bzw. 88% d.Th.)[11].

[1] J. E. Herz u. L. A. de Márquez, Soc. [Perkin Trans. I] **1973**, 2633.

[2] J. Drabowicz u. M. Mikolajczyk, Synthesis **1978**, 542.

[3] T. Numata, K. Ikura, Y. Shimano u. S. Oae, Org. Prep. and Proceed. **1976**, 119.

[4] M. E. C. Biffin, J. Miller u. D. B. Paul, Tetrahedron Letters **1969**, 1015.

[5] K. Nakagawa u. K. Minami, Tetrahedron Letters **1972**, 343.

[6] Shui-Lung Huang u. Teng-Yueh Chen, J. chin. chem. Soc. **21**, 235 (1974); C.A. **82**, 139916 (1975).

[7] Japan Kokai 7354005 (1973), Shionogi u. Co., Erf.: K. Nakagawa; C.A. **80**, 3239 (1974).

[8] P. H. Gore, Chem. & Ind. **1954**, 1355.

[9] Shui-Lung Huang u. Teng-Yueh Chen, J. chin. chem. Soc. **22**, 91 (1975). C.A. **83**, 42945 (1975).

[10] K. Nakagawa, S. Mineo, S. Kawamura u. K. Minami, Yakugaku Zasshi **97**, 1253 (1977); C.A. **88**, 190270 (1978).

[11] O. N. Chupakhin, V. L. Rusinov u. I. Y. Postovskii, Chim. geterocikl. Soed. **1972**, 284; C.A. **76**, 140463 (1972).

Aus 1,5-Dinitro-9,10-anthrachinon wird *5-Nitro-1-hydroxyamino-9,10-anthrachinon* erhalten (s. Bd. X/1, S. 1149), während bei der Reduktion mit Zinn(II)-chlorid/Natron lauge beide Nitro-Gruppen zur Hydroxylamino-Gruppe reduziert werden. Nitro-aroma ten ohne Acyl-Substituenten werden dagegen zu Anilinen reduziert (s. ds. Handb. Bd XI/1, S. 453).

Auch Nitroso-Verbindungen werden gelegentlich durch Phenyl-hydrazin zu Aminen reduziert (s. ds. Handb Bd. XI/1, Tab. S. 494).

Isatogensäure-methylester werden in der Kälte durch stark verdünntes Phenyl-hydrazin deoxygeniert, während bei leichtem Erwärmen auch die Oxo-Gruppe angegriffen wird[1]

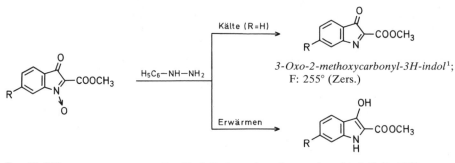

Kälte (R=H)

3-Oxo-2-methoxycarbonyl-3H-indol[1];
F: 255° (Zers.)

$H_5C_6-NH-NH_2$

Erwärmen

R = H; NO₂

R = H; *3-Hydroxy-2-methoxycarbonyl-indol*[1]; F: 156°
R = NO₂; *6-Nitro-3-hydroxy-2-methoxycarbonyl-indol*[1]; F: 215

3-Arylimino-2-phenyl-3H-indol-1-oxide werden zusätzlich an der Imino-Grupp reduziert[2]:

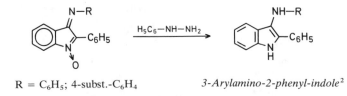

$H_5C_6-NH-NH_2$

R = C₆H₅; 4-subst.-C₆H₄   *3-Arylamino-2-phenyl-indole*[2]

Azobenzol wird in fast quantitativer Ausbeute zu *Hydrazobenzol* reduziert (s. Bd. X/2 S. 716). Die Reduktion von 1-Aryl-2-(4-nitro-benzoyl)-diazenen führt unter Erhalt de Nitro-Gruppe zu *2-Aryl-1-(4-nitro-benzoyl)-hydrazinen* (s. Bd. XI/1, S. 453). In 4-Ami no-azobenzol dagegen wird die Azo-Gruppe zum Amin reduziert, so daß *1,4-Diamino benzol* isoliert wird (s. Bd. XI/1, S. 592).

Aus Formazanen werden *Hydrazidine* bzw. *Amidrazone* je nach Substituenten am For mazan-Kohlenstoff (s. Bd. X/3, S. 689) erhalten.

Die Reduktion von Arenarsonsäuren zu *Arsonigsäure-anhydriden* (s. Bd. XIII/8, S. 167) ist auf Einzelfälle b schränkt, wobei manchmal zusätzlich Katalyse durch Kupferbronze erforderlich ist.

Hydrazobenzol reduziert bei höheren Temperaturen Diorgano-quecksilber-Verbindungen zu Kohlenwa serstoffen und metallischem Quecksilber (s. Bd. XIII/2b, S. 312).

[1] P. RUGGLI u. A. BOLLINGER, Helv. **4**, 639, 642 (1921).
    P. RUGGLI, O. SCHMID u. A. ZIMMERMANN, Helv. **17**, 1328 (1934).
[2] M. COLONNA u. P. BRUNI, Boll. Sci. Fac. Chim. Ind. Bologna **25**, 41 (1967); C.A. **68**, 48894 (1968).

VI. Mit Triorgano-phosphanen

1. Reduktionen am C-Atom

Während 2-Halogen-1-oxo-1-phenyl-alkane mit Triphenyl-phosphan zu (2-Oxo-2-phenyl-äthyl)-triphenyl-phosphoniumhalogeniden reagieren, werden sek. und tert.-α-Brom-ketone in siedendem Benzol-Methanol-Gemisch (auch mit Zusatz von Salzsäure) (bestes Verhältnis 8,4:1) zum Keton enthalogeniert[1]:

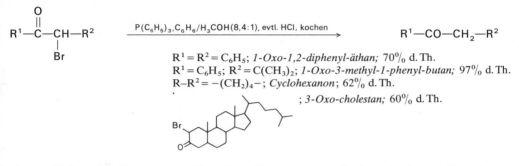

$R^1 = R^2 = C_6H_5$; *1-Oxo-1,2-diphenyl-äthan*; 70% d. Th.
$R^1 = C_6H_5$; $R^2 = C(CH_3)_2$; *1-Oxo-3-methyl-1-phenyl-butan*; 97% d. Th.
$R-R^2 = -(CH_2)_4-$; *Cyclohexanon*; 62% d. Th.

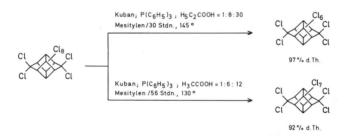

; *3-Oxo-cholestan*; 60% d. Th.

Aus α-Halogen-sulfonen sind auf analoge Weise in quantitativer Ausbeute die entsprechenden Sulfone zugänglich[2]:

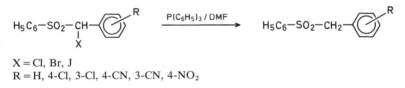

X = Cl, Br, J
R = H, 4-Cl, 3-Cl, 4-CN, 3-CN, 4-NO$_2$

Zur Reduktion von Perchlor-dihomokuban zu *Decachlor-* bzw. *Undecachlor-dihomokuban*[3] s. Lit.[3]:

α,α-Dihalogen-carbonsäure-amide lagern sich bei der Reduktion mit Trialkyl-phosphanen oder Triphenyl-phosphin in Halogen-en-amine um[4,5]:

$$Cl_2C-\overset{O}{\overset{\|}{C}}-N(R^3)_2 \quad \xrightarrow{(R^2)_3P} \quad Cl-\overset{Cl}{\overset{|}{C}}=\overset{}{\underset{R^1}{C}}-N(R^3)_2$$

[1] I. J. BOROWITZ et al., Tetrahedron Letters **1962**, 471; J. Org. Chem. **31**, 4031 (1966); **33**, 3686 (1968), s.a. **34**, 1595 (1969); s. a. Am. Soc. **94**, 6817 (1972).
[2] B. B. JARRIS u. J. C. SAUKAITIS, Am. Soc. **95**, 7708 (1973).
[3] R. M. KECHER, M. B. SHIBINSKAYA, O. S. GALLAI u. N. S. ZEFIROV, Ž. org. Chim. **10**, 411 (1974); C.A. **80**, 145546 (1974).
[4] A. J. SPEZIALE u. R. C. FREEMAN, Am. Soc. **82**, 909 (1960).
A. J. SPEZIALE u. L. R. SMITH, Am. Soc. **84**, 1868 (1962).
[5] A. J. SPEZIALE u. R. C. FREEMAN, Org. Synth. Coll. Vol. **5**, 387 (1973).

1,2,2-Trichlor-1-diäthylamino-äthylen[1]: Unter Stickstoff gibt man 40,5 g (0,2 Mol) Tributyl-phosphan be 25° zu 43,7 g (0,2 Mol) N,N-Diäthyl-2,2,2-trichlor-acetamid. Die Temp. steigt auf 50°. Die Zugabe ist nach ~ 3 Min. bei Kühlen mit einem Wasserbad beendet. Man erhitzt weitere 4 Stdn. auf 50–55° und destilliert anschlie ßend durch eine 15 × 150-mm-Vigreux-Kolonne; Ausbeute: 33,4 g (82% d. Th.); Kp_7: 63–64°.

Auf ähnliche Weise erhält man u. a.:

1,2-Dichlor-2-diäthylamino-1-phenyl-äthylen   70% d. Th.; $Kp_{0,5}$: 98–103°
1,2,2-Trichlor-1-diphenylamino-äthylen   55% d. Th.; F: 50–50,5°

Oxirane lassen sich durch **Methyl-diphenyl-phosphan** unter Konfigurationsum kehr (98%ige Stereospezifität) zu **Alkenen** reduzieren (Phosphor-Betain-Methode)[2]:

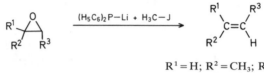

$$R^1 = H; \ R^2 = CH_3; \ R^3 = C_5H_{11}; \ \textit{trans-Octen-(2)}$$
$$R^2 = R^3 = C_6H_5; \ \textit{trans-Stilben}$$
$$R^1 = CH_3; \ R^2 = H; \ R^3 = C_5H_{11}; \ \textit{cis-Octen-(2)}$$

Analog verhalten sich Thiirane gegenüber Triphenyl-phosphan[3]:

$$R^1 = H; \ R^2 = C_6H_{13}; \ \textit{1-Octen;} \ 64\% \text{ d. Th.}; \ Kp_{760}: 118–120°$$

$$R^1 = CH_3; \ R^2 = -CH_2 - \overset{S}{\underset{H_3C}{\triangle}}; \ \textit{2,5-Dimethyl-hexadien-(1,5);} \ 40\% \text{ d. Th.}; \ Kp_{760}: 110–112°$$

$$R^1-R^2 = -(CH_2)_7-; \ \textit{Methylen-cyclooctan;} \ 47\% \text{ d. Th.}; \ Kp_{760}: 154–156°$$

Carbonyl-Verbindungen werden durch Triorgano-phosphane unter Dimerisierung zu Diolen reduziert (Bd. VI/1a/2, 1498); Chinole und deren Derivate gehen in Phenole übe (s. Bd. VII/3b, S. 741).

2. Reduktionen am Heteroatom

α) am Sauerstoff-Atom

Die Reduktion von Hydroperoxiden mit Trialkyl- und Triphenyl-phosphan führt in z. T hohen Ausbeuten zu **Alkoholen**[4, 5]:

$$R^1 - OOH \xrightarrow{\ PR_3^2\ } R^1 - OH$$

$R^1 = C(CH_3)_3; \ \textit{tert.-Butanol}[1]; \ 90\% \text{ d. Th. } (R^2 = C_6H_5)$
$R^1 = C(CH_3)_2 - C_6H_5; \ \textit{2-Phenyl-propanol-(2)}[1]; \ 92\% \text{ d. Th. } (R^2 = C_4H_9);$
                                               $88\% \text{ d. Th. } (R^2 = C_6H_5); \ Kp_{760}: 218°$
$R^1 = \textit{Tetralyl-(1); 1-Hydroxy-tetralin}[1]; \ 99\% \text{ d. Th. } (R^2 = C_2H_5); \ Kp_{16}: 138°$
$R^1 = \textit{Dekalyl-(9); 9-Hydroxy-trans-dekalin}[2]; \ 51\% \text{ d. Th. } (R^2 = C_4H_9)$

[1] A. J. Speziale u. R. C. Freeman, Am. Soc. **82**, 909 (1960).
     A. J. Speziale u. L. R. Smith, Am. Soc. **84**, 1868 (1962).
[2] W. Vedejs u. P. L. Fuchs, Am. Soc. **93**, 4070 (1971).
[3] A. I. Meyers u. M. E. Ford, Tetrahedron Letters **1975**, 2861; J. Org. Chem. **41**, 1735 (1976).
[4] L. Horner u. W. Jurgeleit, A. **591**, 138 (1955).
[5] D. B. Denney, W. F. Goodyear u. B. Goldstein, Am. Soc. **82**, 1393 (1960).

Aus α-Hydroperoxy-dialkyldiazenen bilden sich mit Triphenyl-phosphan in z. Tl. guten Ausbeuten *trans*-α-Hydroxy-dialkyldiazene[1]:

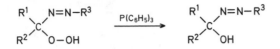

R¹ = H; R² = C₃H₇; R³ = C(CH₃)₃; *(1-Hydroxy-butyl)-tert.-butyl-diazen;* 50% d.Th.; Kp$_{0,1}$: 25°
R² = CH(CH₃)₂; R³ = C(CH₃)₃; *(1-Hydroxy-2-methyl-propyl)-tert.-butyl-diazen;* 52% d.Th.;
Kp$_{0,1}$: 25°
R¹–R² = –(CH₂)₄–; R³ = C(CH₃)₃; *tert.-Butyl-(1-hydroxy-cyclopentyl)-diazen;* 65% d.Th.; Kp$_{0,1}$: 23°
R¹–R² = –(CH₂)₅–; R³ = C₂H₅; *Äthyl-(1-hydroxy-cyclohexyl)-diazen;* 81% d.Th.; Kp$_{0,1}$: 25°

Aus Persäuren[2] bzw. Diacylperoxiden[2, 3] bilden sich analog Carbonsäuren:

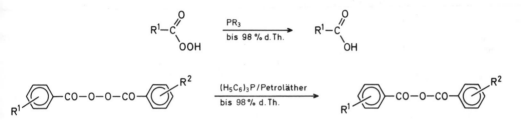

Bei der Reduktion von Ascardiol wird ein Oxiran aufgebaut[4]:

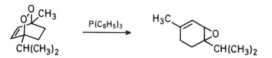

3,4-Epoxy-1-methyl-4-iso-
propyl-cyclohexen; Kp₃: 59–62°

Auch acyclische Peroxide bilden mit guten Ausbeuten Äther[2]:

$$R^1{-}O{-}O{-}R^2 \xrightarrow{\text{PR}_3/\text{Benzol}} R^1{-}O{-}R^2$$

Ozonide werden durch Triphenyl-phosphan reduziert. So erhält man z.B. aus Stilben-ozonid *Benzaldehyd* bzw. aus Triphenyl-äthen-ozonid *Benzophenon* und *Benzaldehyd*[5]. Diese Reduktion kann zur quantitativen Bestimmung der Ozonide durch Titration des Reduktionsprodukts herangezogen werden[6].

β) am Schwefel-Atom

Zur Reduktion von Benzolsulfochlorid bzw. -bromid mit Triäthyl- oder Triphenyl-phosphan zu *Benzolsulfinsäure, Thiophenol* und *Diphenyl-disulfan* s.Lit.[7].

M. SCHULZ, U. MISSOL u. H. BOHM, J. pr. **316**, 47 (1974).
L. HORNER u. W. JURGELEIT, A. **591**, 138 (1955).
F. CHALLENGER u. V. K. WILSON, Soc. **1927**, 209.
G. O. PIERSON u. O. A. RUNQUIST, J. Org. Chem. **34**, 3654 (1969).
J. CARLES u. S. FLISZAR, Canad. J. Chem. **47**, 1113 (1969).
O. LORENZ, Anal. Chem. **37**, 101 (1965).
L. HORNER u. H. NICKEL, A. **597**, 20 (1955).

Sulfoxide lassen sich durch Triphenyl-phosphan mit z. Tl. sehr guten Ausbeuten zu Sulfanen reduzieren[1]:

$$R-SO-R \xrightarrow{\quad P(C_6H_5)_3, \; CCl_4, \; 2 \; Stdn. \; Rückfluß \quad} R-S-R$$

R = CH$_3$; *Dimethyl-sulfan;* 82% d. Th.; F: 157,5–163,5°
R = 4-Br–C$_6$H$_4$; *Bis-[4-brom-phenyl]-sulfan;* 94% d. Th.; F: 114,5–115,5°
R = 4-NO$_2$–C$_6$H$_4$; *Bis-[4-nitro-phenyl]-sulfan;* 83% d. Th.; F: 150–153°
R = 4-HO–C$_6$H$_4$; *Bis-[4-hydroxy-phenyl]-sulfan;* 27% d. Th.; F: 135,5–147,5°
R = 4-H$_3$CO–C$_6$H$_4$; *Bis-[4-methoxy-phenyl]-sulfan;* 90% d. Th.; F: 38,5–42,5°
R = 4-H$_3$C–C$_6$H$_4$; *Bis-[4-methyl-phenyl]-sulfan;* 100% d. Th.; F: 54–57,5°

Diaryl-disulfane werden in wäßrigem 1,4-Dioxan zu Thiolen[2] reduziert:

Thiophenole; allgemeine Arbeitsvorschrift[2]: Eine Lösung von 19 mMol Diaryl-disulfan und 20 mMol Triphenyl-phosphan in 60 *ml* 1,4-Dioxan und 15 *ml* Wasser, das zwei Tropfen konz. Salzsäure enthält, wird (Zeit s. u.) bei 40° unter Stickstoff gerührt. Nach Abziehen des Lösungsmittels i. Vak. wird mit Diäthyläther aufgenommen, mit Magnesiumsulfat getrocknet, der Äther abgezogen und der Rückstand destilliert.

Auf diese Weise erhält man u. a.:

Thiophenol (20 Min.)	68% d. Th.; Kp$_{760}$: 164–168°
3-Nitro-thiophenol (10 Min.)	81% d. Th.
2-Mercapto-benzoesäure-methylester (60 Min.)	70% d. Th.

Als Lösungsmittel kann auch feuchtes Benzol verwendet werden[3–5].

Unter Wasser-Ausschluß werden dagegen Disulfane zu Sulfanen reduziert[3, 4, 6]:

$$R-S-S-R \xrightarrow{\quad P(C_6H_5)_3 \quad} R-S-R$$

R = Alkyl[4], Aryl[4, 6], Alkenyl[6], Acyl[3]

Sulfane aus Disulfanen mit Triphenyl-phosphan; allgemeine Arbeitsvorschrift[4]: 10 mMol des Phosphans und 10 mMol des Disulfans in 30 *ml* Benzol werden 8 Stdn. unter Rückfluß erhitzt. Man läßt abkühlen und zieht das Benzol i. Vak. ab. Die entstandenen Kristalle werden gepulvert und 15 Min. mit 200 *ml* destilliertem Wasser gekocht. Man filtriert heiß und kristallisiert die aus dem Filtrat ausfallenden Kristalle in verd. Äthanol um.
So erhält man u. a.
Diallyl-, Diphenyl- und *Dibenzoyl-sulfan* mit fast quantitativen Ausbeuten.

γ) am Stickstoff-Atom

1-Brom-1-nitro-alkane werden durch Triphenyl-phosphan zu Nitrilen reduziert[7]:

$$\underset{R-CH-NO_2}{\overset{Br}{|}} \xrightarrow{\quad P(C_6H_5)_3 \quad} R-C\equiv N\rightarrow O \xrightarrow{\quad P(C_6H_5)_3 \quad} R-CN$$

R = C$_3$H$_7$; *Butansäure-nitril;* 63% d. Th.
R = C$_8$H$_{17}$; *Nonansäure-nitril;* 72% d. Th.

[1] J. P. A. CASTRILLON u. H. H. SZMANT, J. Org. Chem. **30**, 1338 (1965).
  s. a. G. A. OLAH, B. G. B. GUPTA u. S. C. NARANG, Synthesis **1978**, 137.
[2] L. E. OVERMAN, J. SMOOT u. J. D. OVERMAN, Synthesis **1974**, 59.
[3] A. SCHÖNBERG, B. **68**, 163 (1935).
[4] A. SCHÖNBERG u. M. Z. BARAKAT, Soc. **1949**, 892.
[5] R. E. HUMPHREY u. J. M. HAWKINS, Anal. Chem. **36**, 1812 (1964).
[6] F. CHALLENGER u. D. GREENWOOD, Soc. **1950**, 26.
[7] S. TRIPPETT u. D. M. WALKER, Soc. **1960**, 2976.

Die Nitro-Verbindung I geht infolge Reduktion bis zum Amin und anschließendem Ringschluß in ein Chinoxalin-Derivat über[1]:

4-Methoxy-3-methoxycarbonyl-⟨1,2,3-triazolo-[3,4-a]-chinoxalin⟩[1]: Eine Lösung von 8,46 g (42 mMol) Tributyl-phosphan in 50 *ml* Benzol gibt man über 50 Stdn. verteilt zu einer siedenden Mischung von 6,13 g (20 mMol) 1-(2-Nitro-phenyl)-4,5-dimethoxycarbonyl-1,2,3-triazol in 50 *ml* Toluol. Die entstehenden Kristalle 1,97 g (38% d. Th.)] werden getrocknet, mit Pentan gewaschen und 2 mal aus Methanol umkristallisiert; F: 193,8–195°.

Die Reduktion von 1-Chlor-1-nitro-[2] bzw. 1-Chlor-1-nitroso-cycloalkanen[3] durch Triphenyl-phosphan kann zur Herstellung von Lactamen verwendet werden; z. B.:

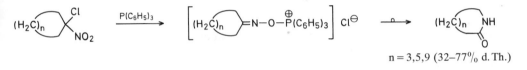

$$n = 3,5,9 \ (32\text{–}77\% \ \text{d. Th.})$$

Im Gegensatz hierzu läuft die Reduktion von 1-Chlor-1-nitroso-cycloalkanen zu Lactamen exotherm und mit höheren Ausbeuten ab[3].

ε-Caprolactam[3]: 16,5 g (68 mMol) Triphenyl-phosphan in 100 *ml* Benzol gibt man langsam bei 23° zu 10 g (68 mMol) 1-Chlor-1-nitroso-cyclohexan in 100 *ml* Benzol. Die tiefblaue Farbe verschwindet nach ~ 15 Min. und die Temp. steigt auf ~ 70°. Nach 30 Min. behandelt man die Mischung mit 1 n Salzsäure und isoliert nach Abtrennen der benzolischen Schicht aus der wäßr. Phase 7,4 g (96% d. Th.).

Auf analoge Weise erhält man z. B.:

2-Oxo-piperidin	57% d. Th.
2-Oxo-azonan	83% d. Th.
2-Oxo-azacyclotridecan	78% d. Th.

2-Nitroso-1-aryl-benzole lassen sich durch Triphenyl-phosphan oder Triäthyl-phosphit unter Cyclisierung zu Heterocyclen reduzieren (s. Bd. X/1, S. 1076).

1,2-Dinitroso-benzol wird durch Tributyl- oder Triphenyl-phosphan zu *Benzofurazan*, 1,2-Dinitroso-naphthalin (2 Stdn. Kochen unter N_2) zu *Naphtho-[1,2-c]-furazan* (65% d. Th.; F: 77–78°) und 4,5-Dinitroso-3,6-diphenyl-pyridazin zu *4,7-Diphenyl-⟨furazano-[3,4-d]-pyridazin⟩* (36% d. Th.; F: 193–195°) reduziert[4]:

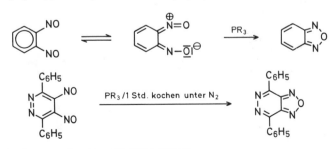

[1] J. C. KAUER u. R. A. CARBONI, Am. Soc. **89**, 2633 (1967).
[2] M. OHNO u. N. KAWABE, Tetrahedron Letters **1966**, 3935.
[3] M. OHNO u. I. SAKAI, Tetrahedron Letters **1965**, 4541.
[4] J. H. BOYER u. S. E. ELLZEY, J. Org. Chem. **26**, 4684 (1961).

Benzofurazan[1]: Beim Mischen von 1,36 g (10 mMol) 1,2-Dinitroso-benzol mit 2,86 g (10,9 mMol) Triphenyl-phosphan in 25 *ml* 95%igem Äthanol wird Wärme frei und die Mischung färbt sich rot. Man kocht 30 Min unter Rückfluß und schließt eine Dampfdestillation an. Schüttelt man das Destillat nach Abtrennen des ausgefallenen Benzofurazans (0,68 g; F: 52–53°) mit Äther aus und zieht den Äther ab, so werden weitere 0,13 g isoliert Gesamtausbeute: 0,81 g (68% d. Th.).

Pyridin-1-oxide werden durch Triphenyl-phosphan zu Pyridinen desoxygeniert[2]; analog bildet 3,4-Dihydro-chinolin-1-oxid *3,4-Dihydro-chinolin* (s. Bd. X/4, S. 439).

Obwohl Triphenyl-phosphan Oxalsäure-bis-nitriloxid quantitativ zu *Dicyan* reduziert (s. Bd. X/3, S. 868), is diese Reaktion nicht auf andere Nitriloxide übertragbar.

Während sich Diazonium-Salze durch Triphenyl-phosphan zu Hydrazinen reduzieren lassen (s. Bd. X/2, S 218), werden Hydroxylamine durch tert.-Phosphane und Azide durch Triphenyl-phosphan zu Aminen reduziert (s. Bd. X/1, S. 1242 bzw. Bd. X/3, S. 882). Bedeutung zur Herstellung von Aminen haben diese Verfahren nicht. Oxaziridine werden durch Triphenyl-phosphan zu Iminen reduziert (s. Bd. X/4, S. 468).

VII. Radikale als Reduktionsmittel

Das beim Erhitzen von Tetraphenyl-glykol entstehende Radikal ist in der Lage, Diketone zu Hydroxy-ketonen und o- bzw. p-Chinone zu Hydrochinonen zu reduzieren (näheres s. Lit.[3]):

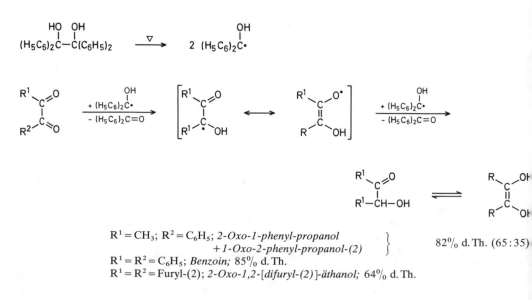

$R^1 = CH_3$; $R^2 = C_6H_5$; *2-Oxo-1-phenyl-propanol* $\left. \atop + \textit{1-Oxo-2-phenyl-propanol-(2)} \right\}$ 82% d. Th. (65:35)

$R^1 = R^2 = C_6H_5$; *Benzoin;* 85% d. Th.

$R^1 = R^2 = $ Furyl-(2); *2-Oxo-1,2-[difuryl-(2)]-äthanol;* 64% d. Th.

Hydrochinon fällt zu ~87% d. Th. an.

Zur Reduktion von 3-*exo*-Chlormercuri-5-*exo*-acetoxy-tricyclo[2.2.1.0^{2,6}]heptan zu *3-exo-Acetoxy-* und *3-exo-Hydroxy-tricyclo[2.2.1.0^{2,6}]heptan* durch das Radikal-Anion des Naphthalins s. Bd. XIII/2b, S. 313:

[1] J. H. Boyer u. S. E. Ellzey, J. Org. Chem. **26**, 4684 (1961).
[2] E. Howard u. W. F. Olszewski, Am. Soc. **81**, 1483 (1959).
   C. Kaneko et al., Tetrahedron Letters **1978**, 2799.
[3] M. B. Rubin u. J. M. Ben-Bassat, Tetrahedron Letters **1971**, 3403.

D. Elektrochemische Reduktion

bearbeitet von

Dr. Jürgen Bracht

Hoechst AG, Frankfurt-Hoechst

Allgemeines

Die elektrochemische Reduktion organischer Verbindungen hat bisher größere Bedeutung als die elektrochemische Oxidation, da auf der kathodischen Seite die Grenzen durch Zersetzung von Lösungsmittel und Leitsalz nicht so rasch erreicht werden wie i. a. auf der anodischen Seite. Auch die anodische Auflösung von Metallelektroden begrenzt die Einsatzmöglichkeiten.

Da die Grundlagen der organischen Elektrochemie bereits in Bd. IV/2, S. 461–502 ausführlich besprochen wurden, wird an dieser Stelle lediglich auf eine neuere Übersichtsarbeit hingewiesen[1].

Während anodische Elektrooxidationen außer der direkten Hydroxylierung zumeist in nichtwäßrigen, aprotischen Solventien durchgeführt werden, können kathodische Reduktionen i. a. in wäßriger, zumeist wäßrig saurer Lösung vorgenommen werden (so z. B. technische Prozesse, hier ggf. in Suspension).

Für reproduzierbare Ergebnisse sind Angaben über Elektrodenform und -größe, Stromdichte und/oder Potential der Arbeitselektrode sowie die von anderen Parametern nahezu unabhängige und zuverlässige Größe des Kathodenpotentials, die gegen eine Referenz- oder Bezugselektrode gemessen wird, unerläßlich. Die Bezugs- oder Referenzelektrode besteht aus einer Halbzelle mit bekanntem Standardpotential, das von der in der Zelle zwischen Anode und Kathode herrschenden Klemmenspannung unabhängig ist. Mit Potentiostaten erreicht man eine stromlose Bezugselektrode. Als Referenzelektrode wird überwiegend die gesättigte Kalomelelektrode (SCE) verwendet, die nur in wäßrigem Milieu arbeitet. Deshalb sollte zu nichtwäßrigen Solventien eine Salzbrücke zwischengeschaltet werden.

Die damit mögliche potentiostatische Arbeitsweise erlaubt es, gezielte Reduktionen an einzelnen funktionellen Gruppen oder bestimmten Substraten (in Gemischen) durchzuführen.

Die apparativ einfacher vorzunehmende galvanostatische Arbeitsweise ist dann sinnvoll, wenn nur eine bestimmte Ladungsmenge eingesetzt werden soll, um eine Weiterreduktion – insbesondere bei ähnlichem Potential – zu vermeiden.

Im Folgenden werden daher bei den Einzelreduktionen fast immer Kathodenspannung bzw. Ladungsmenge angegeben; dazu das Solvens-Leitsalz-System sowie das verwendete Elektrodenmaterial. Ist das Kathodenpotential gegen die gesättigte Kalomelelektrode gemessen, und dies ist die Regel, so wird auf die Angabe der Bezugselektrode verzichtet.

Für kathodische Reduktionen ist Quecksilber das beliebteste Elektrodenmaterial, das als Bodenquecksilber ('pool') in der elektrochemischen Zelle (oft ein einfaches Becherglas) denkbar einfach zu handhaben ist. Auch ist seine Wasserstoff-Überspannung ausreichend hoch. Ferner können analytische Voruntersuchungen (Polarographie!) leichter auf das präparative Verfahren übertragen werden. Zuweilen stört jedoch die Bildung von Organo-quecksilber-Verbindungen. Auch Graphit, Glaskohlenstoff (glassy carbon) und Platin können verwendet werden.

Wenn die reduzierte Spezies anodisch wieder oxidiert werden kann, ist es sinnvoll, die Elektrodenräume zu trennen. Als Trennmedium sind Ton- und Glassinter-Diaphrag-

---

[1] F. Beck, *Elektroorganische Chemie*, Verlag Chemie, Weinheim 1974.

men[1] sowie in zunehmendem Maße Ionenaustauscher-Membranen[2] in Gebrauch. Ein erhöhter Widerstand zwingt allerdings zu einer höheren Klemmenspannung, um dasselbe Kathodenpotential zu erreichen.

Als Lösungsmittel[3,4] können zum einen Wasser, Alkohole und deren Gemische dienen. Als nichtwäßrige aprotische Solventien werden vor allem Dimethylformamid und Acetonitril aufgrund ihrer guten Lösungseigenschaften für organische Substrate und anorganische Leitsalze sowie ihrer relativ hohen Dielektrizitätskonstanten eingesetzt.

In verdünnten Säuren erübrigt sich der Zusatz von Leitsalzen[5,6], der in Neutralmedien aus Leitfähigkeitsgründen notwendig ist. Verwendet werden vor allem Alkalimetall- und Tetraalkylammonium-halogenide, -perchlorate und -tetrafluoroborate.

Die Aufarbeitung der elektrochemischen Ansätze wird fast immer nach dem Prinzip durchgeführt, daß vor einer evtl. Trennung der Elektrolyseprodukte Solvens und Leitsalz entfernt werden. Dies geschieht entweder dadurch, daß der Ansatz in viel Wasser gegossen und sodann mit Äther, Chloroform, Petroläther o. ä. extrahiert wird. Oder aber man destilliert das Lösungsmittel ab, fraktioniert den Rückstand oder extrahiert ihn, um das Leitsalz abzutrennen. Die weitere Trennung bzw. Reinigung erfolgt dann substratspezifisch.

Hat ein elektrochemischer Prozeß industrielle Bedeutung, so wird dies mit den entsprechenden Patenten belegt. Bei technischen Prozessen ist die Stromausbeute (S. A.) neben der Materialausbeute von Bedeutung.

I. Reduktion am C-Atom

a) unter Erhalt des C-Gerüstes

1. am sp—C-Atom

α) von Alkinen

Alkine können je nach Kathodenmaterial zu Alkenen, Alken/Alkan-Gemischen und Alkanen (s. a. Bd. V/1a, S. 226) reduziert werden. So erhält man z. B. an den Kathoden Zink, Platin, Palladium, Kobalt und Nickel zumeist Alkane oder Alkan/Alken-Gemische. Quecksilber kann nur bei aktivierten Alkinen eingesetzt werden.

Von großem präparativem und industriellem Interesse ist die selektive Hydrierung von Alkinen zu Alkenen, die am besten mit Silber- und Silber/Kupfer-Kathoden gelingt. Diese Katalysator-Elektronen (auch Raney-Nickel, Platin auf Tantal) vermögen selbst in Anwesenheit von C=C-Doppelbindungen selektiv die C≡C-Dreifachbindungen zu hydrieren (vgl. a. Bd. V/1b, S. 596f.).

Im allgemeinen wird in wäßrig-organischen Lösungsmitteln gearbeitet, wobei das Leitsalz ein schwach alkalisches Milieu erzeugen sollte (Übersicht s. Lit.[6]).

So gelingt es, Acetylen in 2 n Schwefelsäure an einer Platin-Elektrode zu *Äthylen* zu reduzieren, wobei die Selektivität durch Erhöhung von Temperatur, Druck und Kathodenpotential gesteigert werden kann[7]. Auf diese Weise liefern auch Acetylen/Äthen-Gemische einheitliches *Äthen*.

[1] C. WAGNER, J. Electrochem. Soc. **101**, 181 (1954).
[2] A. T. KUHN, *Industrial Electrochemical Processes,* Elsevier, New York 1971.
[3] C. RÜCHARDT u. U. DIMROTH, Fortschr. chem. Forsch. **11**, 1 (1968).
    J. M. SAVÉANT, J. Electroanal. Chem. **29**, 87 (1971).
[4] C. K. MANN, *Elektroanalytical Chemistry*, Vol. 3, Dekker, New York 1969.
[5] H. O. HOUSE, E. FENG u. N. P. PEET, J. Org. Chem. **36**, 16 (1971).
[6] A. P. TOMILOV, Russ. Chem. Rev. **31**, 569 (1962).
    s. ds. Handb., Bd. V/1b, S. 596f.
[7] H. J. DAVITT u. E. E. ALBRIGHT, J. Electrochem. Soc. **118**, 236 (1971).

Buten-(3)-in-(1) wird in hoher Ausbeute an Kupfer auf Platin in 1,4-Dioxan/Natrium-
carbonat zu *Butadien-(1,3)* (95% d.Th.) reduziert[1].

Alkin-ole werden ebenfalls selektiv zu Alken-olen reduziert (s. a. Bd. V/1c, S. 467).
So erhält man z. B. aus 5-Hydroxy-5-methyl-hexin-(1)-en-(3) an einer Kupfer/Silber-Ka-
thode in Äthanol/Natriumcarbonat 80–90% d.Th. *5-Hydroxy-5-methyl-hexadien-(1,3)*[2].
Dagegen tritt beim 2,7-Dihydroxy-2,7-dimethyl-octadiin-(3,5) an einer Kupfer-Kathode
in Äthanol/Natronlauge gleichzeitig Wasser-Abspaltung und Isomerisierung ein und man
gewinnt *7-Hydroxy-2,7-dimethyl-octadien-(2,4)* (39% d.Th.; Kp$_2$: 70–72°)[3]:

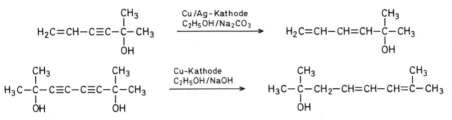

Zur selektiven Reduktion von 3-Hydroxy-3-äthyl-pentin-(1) in einer geteilten Zelle an einer mit Silber überzogenen Kupfer-Kathode in wäßr. Äthanol mit Natronlauge-Zusatz zu *3-Hydroxy-3-äthyl-penten-(1)* (80%
d.Th. nach 7,75 Ah; Kp: 131–133°) s. Lit.[4].

An mit Silber überzogenen Kupfer-Kathoden gelingt auch die selektive Hydrierung von
1,4-Dihydroxy-butin zu praktisch reinem *1,4-Dihydroxy-buten-(2)* (Kalilauge mit Äthanol-Zusatz)[5].

Bei der kathodischen Reduktion in Methylamin/Lithiumchlorid ist wahrscheinlich das
kathodisch erzeugte Lithium das Reduktionsmittel. Auf diese Weise erhält man z. B. bei
Totalausbeuten von 70–100% d.Th. fast ausschließlich *trans*-Olefine (92–98%). Allerdings muß mit Isomerisierungen gerechnet werden, die auf das intermediäre Auftreten von
Lithiummethylamid zurückzuführen sind. So isoliert man z. B. aus 3-Octin (geteilte Zelle)
94% Octen-Gemisch bestehend aus *trans-2-*, *3-* und *4-Octen*. In der ungeteilten Zelle wird
das Lithiummethylamid durch Methylamin-Hydrochlorid wieder zerstört, und man erhält
reines *trans-3-Octen*[6]. Bei der analogen Reduktion von Trimethyl-phenyläthinyl-silan
entsteht dagegen kein Olefin (s. S. 638)[7].

In wäßrigem Methanol mit Tetramethylammonium-chlorid als Leitsalz werden funktionell substituierte Alkine an einer Quecksilber-Kathode zu Alkanen reduziert[8] (wird die
Reduktion nach Durchfluß der halben Elektrizitätsmenge abgebrochen, liegen zu etwa
gleichen Teilen Alkin und Alkan vor). So erhält man z. B. bei ~ 48 V Klemmspannung
(geteilte Zelle) aus

Tolan	→	*1,2-Diphenyl-äthan*; 67% d.Th.
1-Phenyl-propin	→	*1-Phenyl-propan*; 50% d.Th.
Acetylendicarbonsäure	→	*Bernsteinsäure*; 70% d.Th.
3-Oxo-1,5-diphenyl-pentadiin-(1,4)	→	*1,5-Diphenyl-pentanol-(3)*; 64% d.Th.

Eine Ausnahme bildet das 3-Phenyl-propinal, das mit hoher Ausbeute *Zimtaldehyd* liefert[9]. Nicht an der C≡C-Dreifachbindung funktionell substituierte Alkine werden dagegen mit guten Ausbeuten zu den entsprechenden Alkenen reduziert[8]; z. B.:

[1] L. LEBEDEV, A.J. GULYAEVA u. A.L. VASILEV, Ž. obšč. Chim. 5, 1421 (1935); C.A. 30, 2169 (1936).
[2] A.J. LEBEDEVA, Dokl. Akad. Nauk SSSR 42, 71 (1944); C.A. 39, 4287 (1945).
[3] A.J. LEBEDEVA, Ž. obšč. Chim. 21, 1825 (1951); C.A. 46, 3427 (1952).
[4] A.J. LEBEDEVA u. K. MISHNINA, Ž. obšč. Chim. 21, 1124 (1951); C.A. 46, 4989 (1952).
[5] J. KATO, M. SAKUMA u. T. YAMADA, J. Electrochem. Soc. Japan 25, 331 (1957); C.A. 52, 4469 (1958).
[6] R.A. BENKESER u. C.A. TINCHER, J. Org. Chem. 33, 2727 (1968).
[7] R.A. BENKESER u. C.A. TINCHER, J. Organometal. Chem. 13, 139 (1968).
[8] L. HORNER u. H. RÖDER, A. 723, 11 (1969).
[9] G. CAPOBIANCO, E. VIANELLO u. G. GIACOMETTI, G. 97, 243 (1967).

4-Phenyl-butin-(1)   → *4-Phenyl-buten-(2)*; 69% d. Th.
5-Phenyl-pentin-(2)   → *5-Phenyl-penten-(2)*; 65% d. Th.

Dagegen wird 3-Methoxy-3-phenyl-propin in Dimethylformamid/Tetrabutylammc niumjodid an Quecksilber (-2,3 V) quantitativ zu *3-Methoxy-3-phenyl-propen* reduziert

Zur Hydrierung von Penten-(3)-in-(1) in wäßr. 1,4-Dioxan mit Tetrabutylammoniumjodid als Leitsalz z' *Penten-(2)* s. Lit.[2].

Verschiedene Alkine werden an Nickel-Kathoden in 96%igem Äthanol mit gute Stromausbeuten zu Olefinen reduziert (mit Schwefelsäure oder Kaliumhydroxid)[3].

An Kathoden aus Silber-Palladium (Platin-Anode) in 5%iger Schwefelsäure erzeugte Wasserstoff kann ebenfalls zur selektiven Reduktion von Alkinen herangezogen werde So erhält man z. B. in jeweils quantitativer Ausbeute aus

1-Hexin   → *1-Hexen*
Acetylendicarbonsäure   → *Maleinsäure*
Propargylalkohol   → *Allylalkohol*

C=C- und C=O-Doppelbindungen werden nicht angegriffen[4].

Auch indirekte Elektrolysen[5] sind durchführbar. So ist z.B. die selektive Hydrierung z Olefinen mittels kathodisch erzeugtem Chrom(II)-chlorid Inhalt mehrerer Patente (He stellung von *1,3-Butadien* aus Butadiin bzw. Buten-in)[6] (vgl. a. S.668).

Bei der Reduktion von 6-Brom-1-phenyl-hexin-(1) bei −2,85 V wird unter gleich zeitiger C–Br-Hydrogenolyse *1-Phenyl-hexen-(1)* (100% d. Th.) erhalten (vgl. a. ͧ 620)[7].

Neben einer C–Si-Spaltung im Trimethyl-phenyläthinyl-silan wird in Methylamin a Platin die C≡C-Dreifachbindung reduziert (s. S. 638).

β) von Nitrilen

In wäßriger Schwefelsäure können aliphatische wie aromatische Nitrile an Quecksilbe oder Blei elektrochemisch zu Aminen reduziert werden[8].

An einer mit Palladium bedeckten Graphit-Kathode wird Phenylacetonitril in methano lischer Salzsäure in einer geteilten Zelle zu *2-Phenyl-äthylamin* (85% d. Th.) reduziert[ᶜ]

In der geteilten Zelle wird Wasserstoff erzeugt, der in situ das Nitril hydriert (eine relativ geringe Stromdicht ist vorteilhaft), wobei Wasser die Imin-Zwischenstufe zum Benzaldehyd[2] hydrolysieren kann, der nicht weit angegriffen wird.

Je nach p_H-Wert und Kathodenpotential wird 2,3,5,6-Tetrafluor-terephthalsäure dinitril zu *2,3,5,6-Tetrafluor-* oder *2,3,5,6-Tetrafluor-4-aminomethyl-benzonitril* re duziert[10]:

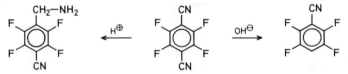

[1] E. SANTIAGO u. J. SIMONET, Electrochim. Acta **20**, 853 (1975).
[2] A.A. PETROV u. V.P. PETROV, Ž. obšč. Chim. **29**, 3987 (1959); C.A. **54**, 20830 (1960).
[3] K. CAMPBELL u. E. YOUNG, Am. Soc. **65**, 965 (1943).
[4] J.B. LEE u. P. CASHMORE, Chem. & Ind. **1966**, 1758.
[5] Übersicht: R. CLARKE, A. KUHN u. E. OKOH, Chem. Ber. **11**, 59 (1975).
[6] A.P. TOMILOV, Russ. Chem. Rev. **31**, 569 (1962).
[7] W.M. MOORE u. D.J. PETERS, Tetrahedron Letters **1972**, 433.
[8] Y. HATTA, N. YUI, T. NANAKA u. K. ODO, Nippon Kagaku Kaishi **1974**, 2277; C.A. **82**, 104821 (1975).
[9] V. KRISHNAN, H.V.K. UDUPA et al., Electrochim. Acta **21**, 449 (1976); J. Chem. Technol. Biotechnol. **29**, 16
    (1979); C.A. **91**, 219308 (1979); hier auch die Reduktion von Benzonitril zu *Benzylamin*.
[10] J. VOLKE, O. MANOUSEK u. T.V. TROYEPOLSKAYA, J. Electroanal. Chem. **85**, 163 (1977).

Zur analogen Reduktion von Nitrilen mit dem Ziel, die intermediär entstehenden Radikale durch ESR-Spektrometrie zu erfassen, s. Lit.[1].

3-Aminomethyl-pyridin (als Bis-hydrochlorid) kann galvanostatisch (4A) im kg-Maßstab aus 3-Cyan-pyridin erhalten werden (geteilte Zelle, 10%ige Salzsäure, 80% d.Th.)[2, gl. 3]. In Phosphatpuffer-Lösung werden 2- und 4-Cyan-pyridin an einer Quecksilber-Kathode analog zu *2-* bzw. *4-Aminomethyl-pyridin* (70 bzw. 80% d.Th.)[4] reduziert.

α,β-Ungesättigte Nitrile können unter Erhalt der C=C-Doppelbindung (in bis zu 9 n Mineralsäure[5], konzentrierter Schwefel- oder Phosphorsäure[6]) in Allylamine übergeführt werden, allerdings werden manchmal infolge partieller Hydrolyse auch die gesättigten Alkohole (bis zu 10% d.Th.)[5] erhalten:

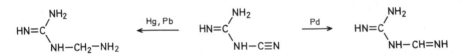

$$R^2-CH=\underset{\underset{R^1}{|}}{C}-CN \xrightarrow[\text{bis 65\% Stromausbeute}]{Hg} R^2-CH=\underset{\underset{R^1}{|}}{C}-CH_2-NH_2 \quad (+ \quad R^1-CH_2-CH_2-CH_2-OH)$$

z. B.: $R^1 = H$; $R^2 = H$; *Allylamin*
$R^2 = CH_3$; *1-Amino-buten-(2)*
$R^2 = C_6H_5$; *3-Amino-1-phenyl-propen*
$R^2 = CN$; *1,4-Diamino-buten-(2)*
$R^1 = CH_3$; $R^2 = H$; *3-Amino-2-methyl-propen*

Aus 4-Cyan-benzophenon erhält man unter Erhalt der Carbonyl-Gruppe *4-Aminomethyl-benzophenon*[7].

Dicyanamid wird in saurem Medium je nach Elektrodenmaterial zu unterschiedlichen Produkten reduziert. Allgemein wird 5%ige Schwefelsäure oder ein Salzsäure/Kaliumchlorid-Puffer als Lösungsmittel verwendet (bei $p_H > 4$ tritt keine Reduktion mehr ein). An Palladiumschwarz entsteht *Guanyl-formamidin*, an Quecksilber- oder Blei-Kathoden dagegen *Aminomethyl-guanidin* (beide Verbindungen müssen als Pikrate ausgefällt werden)[8]:

$$\underset{NH-CH_2-NH_2}{\overset{NH_2}{HN=C}} \xleftarrow{Hg, Pb} \underset{NH-C\equiv N}{\overset{NH_2}{HN=C}} \xrightarrow{Pd} \underset{NH-CH=NH}{\overset{NH_2}{HN=C}}$$

Bei der Reduktion von Hexandisäure-dinitril werden neben *1,6-Diamino-hexan* stets wechselnde Mengen an *6-Amino-hexansäure-nitril* (bis zu 70%) erhalten. Günstige Bedingungen für die Amin-Gewinnung sind niedrige Stromdichte, verdünnte Natronlauge als Elektrolyt sowie die Zugabe eines löslichen Kupfer(II)-Salzes. An Eisen-Elektroden mit Kupferschwamm bildet sich vorzugsweise das Diamin; wird stattdessen ein Nickelschwamm aufgebracht, so dominiert das Aminonitril[9].

P.H. RIEGER, I. BERNAL, W.H. REINMUTH u. G.K. FRÄNKEL, Am. Soc. **85**, 683 (1963).
V. KRISHNAN, K. RAGHUPATY u. H.V.K. UDUPA, J. Electroanal. Chem. **88**, 433 (1978).
V. KRISHNAN, H.V.K. UDUPA et al., Electrochim. Acta **21**, 449 (1974); J. Chem. Technol. Biotechnol. **29**, 163 (1979); C.A. **91**, 219308 (1979).
J. VOLKE u. A.M. KARDOS, Collect. czech. chem. Commun. **33**, 2560 (1968).
s. u. J. CARELLI, M.E. CARDINALI u. A. CASINI, J. Elektroanal. Chem. **105**, 205 (1979); **107**, 391 (1980).
Y.D. SMIRNOV, A.P. TOMILOV u. S.K. SMIRNOV, Ž. Org. Chim. **11**, 522 (1975); C.A. **83**, 67848 (1975).
USSR.P. 181656 (1966), S.L. VARSHAVSKII, A.P. Tomilov, L.V. KAABAK u. N.Y. SHANDRINOV; C.A. **66**, 28382 (1967).
P. ZUMAN u. O. MANOUSEK, Collect. czech. chem. Commun. **34**, 1580 (1969).
K. ODO u. E. ICHIKAWA, Denki Kagaku **30**, 559 (1962); C.A. **63**, 11013 (1965).
USSR.P. 132214 (1960), A.P. TOMILOV et al.; C.A. **55**, 6214 (1961).
A.P. TOMILOV et al., Chim. Prom. **41**, 329 (1965); C.A. **63**, 11013 (1965).

2. am sp^2–C-Atom

α) von Alkenen

Olefine lassen sich kathodisch nur schwer reduzieren, insbesondere wenn die C=C Doppelbindung nicht durch Substituenten aktiviert ist (vgl. a. Bd. V/1a, S. 226). Aus nahmen sind Propen und Hexen-(1), die in der Gasphase an mit Platinschwarz beschich teten Teflon-Elektroden bei 100° zu *Propan* (99% d. Th.) bzw. *Hexan* (98% d. Th.) redu ziert werden[1].

Octen-(1) läßt sich nur in Methylamin/Lithiumchlorid (in geteilter Zelle) mit vertretba ren Ausbeuten kathodisch hydrieren[2].

Während in wäßrigem Methanol (Leitsalz Tetramethylammoniumchlorid) Alkene mi isolierter C=C-Doppelbindung an Quecksilber in geteilter Zelle nicht reduziert werden erhält man aus aktivierten Alkenen mit guten Ausbeuten die entsprechenden Alkane z. B.[3]:

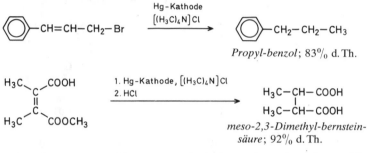

Propyl-benzol; 83% d. Th.

meso-2,3-Dimethyl-bernstein-säure; 92% d. Th.

Konjugierte Diene können zu Monoenen reduziert werden. Zu näheren Untersuchun gen, ob 1,2- oder 1,4-Hydrierung eintritt und wann bevorzugt *cis-* und *trans*-Olefine ent stehen, s. Lit.[3].

In Gegenwart von Tetrakis-[pyridin]-nickel-diperchlorat oder Nickel(II)-chlorid i Äthanol mit Tetrabutylammonium-perchlorat als Leitsalz erhält man unter partieller Hy drierung und Oligomerisation aus Butadien-(1,3) *all-trans-Hexadecatetraen-(1,6,10,14)* in Gegenwart von Bis-[triphenylphosphin]-nickel(II)-chlorid wird *Octatrien-(1,3,7)* er halten[4].

Hexen-(2)-disäure-dinitril kann in neutraler Lösung (Leitsalz Kaliumphosphat) z *Hexandisäure-dinitril* (90% d. Th.) hydriert werden[5].

Malein- und Fumarsäure werden an Blei-Kathoden (in 5%iger Schwefelsäure) in seh hohen Ausbeuten zu *Bernsteinsäure* reduziert[6]. Analog erhält man *Succinimid* in salzsau rer Kochsalz-Lösung aus Maleinsäure-imid[7].

N-Äthyl-maleinsäure-imide werden bei p$_H$ 6 zu den 2,2'-Dimeren umgesetzt; bei p$_H$ 2,2 wird die N-Äthyl Bindung reduktiv gespalten[8].

Maleinsäureanhydrid wird in verdünnter Schwefelsäure an Quecksilber (85°) zu *Bern steinsäure* (79% d. Th.) reduziert[9].

Die isomeren Bis-[benzyliden]-bernsteinsäuren werden an Quecksilber zu *3-Benzyl 2-benzyliden-* bzw. *2,3-Dibenzyl-bernsteinsäure* hydriert[9]:

[1] H.J. BARGER, J. Org. Chem. **34**, 1489 (1969).
[2] R.A. BENKESER u. S.J. MELS, J.Org. Chem. **34**, 3970 (1969).
[3] L. HORNER u. H. RÖDER, A. **723**, 11 (1969).
[4] J.M. LEHN u. J. WAGNER, Chem. Commun. **1968**, 147.
  vgl. a. Bd. V/1b, S. 577.
[5] Y.D. SMIRNOV, S.K. SMIRNOV u. A.P. TOMILOV, Ž. Org. Chim. **4**, 216 (1968); C.A. **68**, 104 466 (1968).
[6] R. KANAKAM, M.S.V. PATHY u. H.V.K. UDUPA, Electrochim. Acta **12**, 329 (1967).
[7] R.G. BARRADAS, S. FLETCHER u. J.D. PORTER, J. Electroanal. Chem. **75**, 533 (1977).
[8] P.H. ZOUTENDAM u. P.T.KISSINGER, J. Org. Chem. **44**, 758 (1979).
[9] P.C. CONDIT, Ind. Engn. Chem. **48**, 1252 (1956).

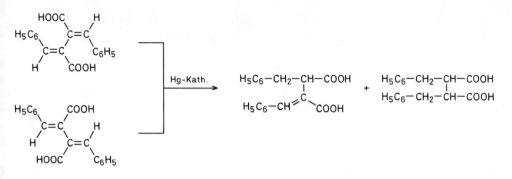

Analog erhält man aus N-Methyl-bis-[benzyliden]-succinimid *N-Methyl-3-benzyl-2-benzyliden-* und *N-Methyl-2,3-dibenzyl-succinimid*[1].

Allyl-benzol wird nur in mittlerer Ausbeute zu *Propyl-benzol* hydriert. Vor allem in Gegenwart von Äthanol erhält man unter Reduktion des Aromaten überwiegend die 1-Allyl- und 1-Propyl-1,4-dihydro-benzole (letztere bei doppelter Strommenge). Analog verhalten sich andere nichtkonjugierte Phenyl-alkene[2].

Sehr leicht werden Vinyl-benzole zu Äthyl-benzolen reduziert; z. B.:

R¹ = R² = R³ = H (in CH₃NH₂/LiCl, an Pt); *Äthyl-benzol*; 50% d. Th.[2]
R¹ = CO–CH₃; R² = R³ = H (in alkohol. KOH, an Hg); *3-Oxo-1-phenyl-butan;* bis 35% d. Th.[3]
R¹ = CO–C(CH₃)₃; R² = R³ = H (DMF/Li ClO₄, an Hg, –2,5 V); *3-Oxo-4,4-dimethyl-1-phenyl-pentan*[4]; 25% d. Th.
R¹ = COOH; R² = R³ = CH₃ (in verd. H₂SO₄, an Pb); *3-(2,4-Dimethyl-phenyl)-propansäure*; 90% d. Th.[5]
R¹ = CO–C₆H₅; R² = R³ = H (in Äthanol/Äther/Wasser 7:3:3, an Hg); *1-Oxo-1,3-diphenyl-propan*; 70% d. Th.[3]

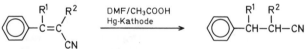

z. B.:
R¹ = C(CH₃)₃; R² = CN; *(2,2-Dimethyl-1-phenyl-propyl)-malonsäure-dinitril*[6]; ∼80% d. Th.
R¹ = C₆H₅; R² = COOC₂H₅; *Diphenylmethyl-malonsäure-äthylester-nitril*[6]; ∼80% d. Th.

X = NH–C₆H₅; R = C₆H₅ {DMF, [(H₅C₂)₄N]ClO₄, -1,75 V vs. Ag/Ag⊕}; *3-Anilino-1,2-diphenyl-propansäure-nitril*[7]; 80% d. Th.

X = O-Alk; R = H (C₂H₅OH/LiCl); *3-Alkoxy-3-phenyl-propansäure-nitril*[8]
X = OC₆H₅; O–CH₂–C₆H₅; R = H (C₂H₅OH/LiCl); unter Ätherspaltung entsteht *3-Phenyl-propansäure-nitril* (+ wenig β-Dimere)[8]

[1] J. ANDERSSON u. L. EBERSON, Nouv. J. Chim. **1**, 413 (1977); C. A. **88**, 12479 (1978).
[2] R. A. BENKESER u. S. J. MELS, J. Org. Chem. **34**, 3970 (1969).
[3] Unter anderen Bedingungen bilden sich aus diesen Chalkonen dimere Produkte (s. S. 641); G. SHIMA, Mem. Coll. Sci. Kyoto Imp. Univ. **12A**, 327 (1929); C. A. **24**, 2118 (1930).
[4] A. ALBISSON u. J. SIMONET, Bl. **1974**, 4213; überwiegend erhält man dimere Derivate (s. S. 640 ff.).
[5] S. MUNAVALLI, Bl. **1965**, 785.
[5] L. A. AVACA u. J. H. P. UTLEY, Soc. [Perkin I] **1975**, 971.
[7] G. MABON u. G. LE GUILLANTON, C. r. [C] **286**, 245 (1978).
[8] G. LE GUILLANTON u. M. CARIOU, Electrochim. Acta **22**, 619 (1977).

α,β-ungesättigte Aldehyde geben bei der kathodischen Hydrierung in wäßriger Lösung in Abhängigkeit von weiteren Substituenten gesättigte Aldehyde oder ungesättigte Alko hole[1]:

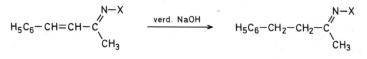

R[1]; R[2] = H, Alkyl, Aryl
R = H, Alkyl, Aryl

Auch α-Hydrazono- bzw. α-Hydroximino-alkene lassen sich selektiv an der C=C-Dop pelbindung hydrieren; z. B.[2]:

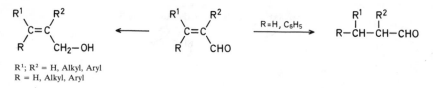

X = OH; *3-Hydroximino-1-phenyl-butan*; 89% d. Th.
X = NH–CO–NH$_2$; *3-(Aminocarbonyl-hydrazono)-1-phenyl-butan*; 65% d. Th.

Zur Reduktion von 1,3,5-Tri-tert.-butyl-1,4-benzochinol zum *4,6-Dioxo-1,3,5-tri-tert.-butyl-cyclohexan* s. Bd. VII/3b, S. 736.

Aus Bis-[2-phenyl-2-cyan-vinyl]-amin erhält man neben dem *(2-Phenyl-2-cyan-äthyl)-(2-phenyl-2-cyan-vi nyl)-amin* das *(2-Phenyl-2-cyan-äthyl)-bis-[2-phenyl-2-cyan-vinyl]-amin*[3].

Das Lacton I kann mit Hilfe von trockenem Bromwasserstoff-Gas in wasserfreien Acetonitril in geteilter Zelle unter Erhalt der Lacton-Gruppe reduziert werden[4]:

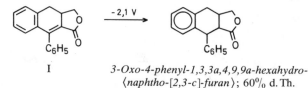

I   *3-Oxo-4-phenyl-1,3,3a,4,9,9a-hexahydro-*
                     ⟨*naphtho-[2,3-c]-furan*⟩; 60% d. Th.

1-Oxo-indene werden in äthanolischer Lösung mit ~quantitativer Ausbeute zu 1-Oxo-indanen reduziert; im sauren Milieu (1 n Schwefelsäure od. Acetatpuffer, –0,9 V) überwiegt das *cis-*, im basischen (0,5 m Ammoniak, –1,2 V) das *trans*-Addukt. Im basischen Medium werden bei –1,6 V die entsprechenden 1-Hydroxy-indane erhalten[5]:

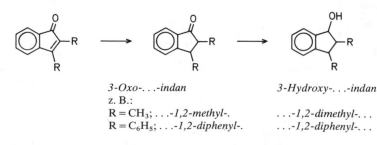

3-Oxo-...-indan   3-Hydroxy-...-indan
z. B.:
R = CH$_3$; ...-1,2-methyl-.   ...-1,2-dimethyl-...
R = C$_6$H$_5$; ...-1,2-diphenyl-.   ...-1,2-diphenyl-...

[1] P. ZUMAN u. L. SPRITZER, J. Electroanal. Chem. **69**, 433 (1976).
[2] J. ARMAND, L. BOULARES u. J. PINSON, C.r. [C] **273**, 120 (1971).
[3] G. MABON u. G. LE GUILLANTON, C.r. [C] **286**, 245 (1978).
[4] L.H. KLEMM, V.T. TRAN u. D.R. OLSON, J. Heterocycl. Chem. **13**, 741 (1976).
[5] J. SARRAZIN u. A. TALLEC, Tetrahedron Letters **1977**, 1579; Electrochim. Acta **22**, 1189 (1977); **24**, 239
    (1979); Nouv. J. Chim. **3**, 571 (1979).

Östratetraene-(1,3,5[10],8) werden an Graphit bevorzugt *trans*-hydriert (die katalytische Hydrierung liefert das physiologisch unwirksame *cis*-Produkt)[1]:

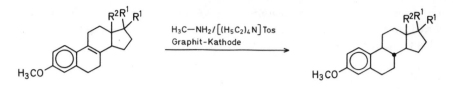

In flüssigem Ammoniak/Natriumchlorid (ungeteilte Zelle, an Platin) erhält man in Abhängigkeit von Zusätzen auch *cis*-Derivate (Diphenylamin 31%, Äthanol 29% *cis*)[2]. Die Materialausbeuten (bei sehr geringen Stromausbeuten) schwanken zwischen 83% ($R^1 = H/OH$, $R^2 = CH_3$) und 30% ($R^1 = H/OH$, $R^2 = C_2H_5$). Es muß eine relativ geringe Stromdichte gewählt werden, da sonst auch der aromatische Ring reduziert wird (bis zu 51% Dihydro-Produkt). Das 17-Äthinyl-Derivat ($R^1 = OH/C\equiv CH$; $R^2 = CH_3$) gibt 44% des analogen Dihydro-Produkts. Zu 56% wird aber gleichzeitig die Alkin- zur Alken-Gruppe reduziert (100% d. Th. Gesamtausbeute!)[1].

Durch Reduktion von Canthaxanthin (4,4'-Diketo-β-carotin) an Quecksilber ist die Herstellung des *5,5',6,6'-Tetrahydro-carotins* in hoher Ausbeute möglich[3]:

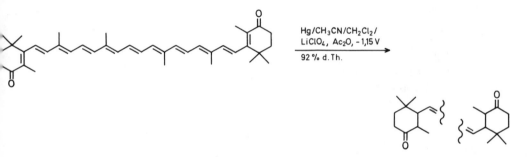

Cyclooctatetraen kann elektrochemisch zum *Cyclooctatetraenyl-Dianion* reduziert werden. In wäßrigem Alkohol bzw. DMF bildet sich mit bis zu 92% Umsatz (bei −2,1 V) hauptsächlich *Cyclooctatrien-(1,3,5)*. Dagegen kann bei niedrigeren Kathodenpotentialen (außer in reinem DMF) der Anteil des isomeren *Cyclooctatriens-(1,3,6)* auf bis zu 67% steigen[4].

Analog verhält sich Cyclooctatetraen-tricarbonyl-eisen[5]:

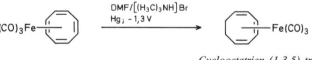

*Cyclooctatrien-(1,3,5)-tri-
carbonyl-eisen*; 100% d. Th.

[2$_4$]-Paracyclophan-tetraen wird in DMF/Tetraäthylammoniumperchlorid in Gegenwart von Essigsäure an Quecksilber gezielt zum [2$_4$]-*Paracyclophantrien* (geteilte Zelle, −1,7V; 62% d. Th.) hydriert, bei negativerem Potential werden das Dien bzw. Monen erhalten[6].

K. Junghans, B. **106**, 3465 (1973).

K. Junghans, B. **109**, 395 (1976).

E. A. H. Hall, G. P. Moss, J. H. P. Utley u. B. C. L. Weedon, Chem. Commun. **1976**, 586.

R. D. Allendörfer u. P. H. Rieger, Am. Soc. **87**, 2336 (1965).

vgl. Bd. V/1 c, S. 468, dort Arbeitsvorschrift.

N. el Murr, R. Riveccie u. E. Laviron, Tetrahedron Letters **1976**, 3339.

K. Ankner, B. Lamm, B. Thulin u. O. Wennerström, Acta chem. scand. **B 32**, 155 (1978); **B 33**, 391 (1979).

Allyl-äther und -thioäther können in wäßrig-organischen Solventien mit einer quartä-ren Ammonium-Verbindung als Leitsalz zu den entsprechenden gesättigten Alkoholen bzw. Mercaptanen reduktiv gespalten werden[1].

Bei der Gewinnung von *Tryptophan* bzw. *Phenylalanin* aus 3-Formyl-indol bzw. Benzaldehyd und 2,4-Dioxo-imidazolidin bedient man sich der elektrochemischen Reduktion des zunächst entstehenden Methylen-Derivats I[2]:

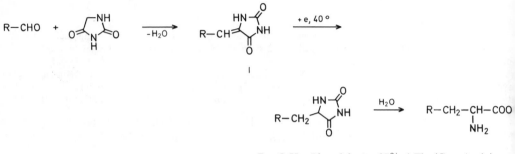

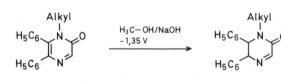

R = C_6H_5; *Phenylalanin*; 87% d. Th. (Ges. Ausb.)
R = Indolyl-(3); *Tryptophan*; 90% d. Th. (Ges. Ausb.)

Während 2-Oxo-1-alkyl-5,6-diphenyl-1,2-dihydro-pyrazin in Methanol/Natronlauge bei –1,35 V selektiv an der C=C-Doppelbindung hydriert werden kann[3], gelingt dies beim 2,5-Diphenyl-1,2-dihydro-pyrazin[4] nicht:

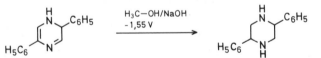

z. B. R = CH_3; *2-Oxo-1-methyl-5,6-diphenyl-1,2,5,6-tetrahydro-pyrazin*; 81% d. Th.; F: 164°

2,5-Diphenyl-hexahydropyrazin; 59% d. Th.

Zur Reduktion von Harnsäure und seinen N-Alkyl-Derivaten s. S. 597

Auch 2,3-Dihydro-1,4-diazepinium-Salze werden in Äthanol/Perchlorsäure an Kupfer im wesentlichen zu 1,4-Diazepanen reduziert. Während beim 1,4-Diphenyl-Derivat hauptsächlich das Ringsystem erhalten bleibt, erhält man aus dem 5,7-Diphenyl-Derivat unter Ringspaltung *1,2-Diamino-äthan, 3-Oxo-1,3-diphenyl-propan* und *Chalkon*[5]:

[1] V. G. MAIRANOVSKIJ, A. Y. VEINBERG u. G. I. SAMOKHVALOV, Izobret. Prom. Obraztsy, Tovarnye Znaki **45**, 1 (1968); C. A. **70**, 28383 (1969).
[2] T. G. TSARHKOVA, I. A. AVRUTSKAYA, M. Y. FIOSHIN et al., Elektrokhimiya **11**, 1803 (1975); C. A. **84**, 81636 (1976); Tezisy Dokl. Vses. Soveshch. Elektrokhim. 5. **1974**, 339; C. A. **83**, 185453 (1975).
[3] Y. ARMAND u. L. BOULARES, C. r. [C] **284**, 13 (1977).
[4] J. PINSON u. Y. ARMAND, Bl. **1971**, 1764.
[5] H. P. CLEYHORN u. J. E. GASKIN, Soc. [B] **1971**, 1615.

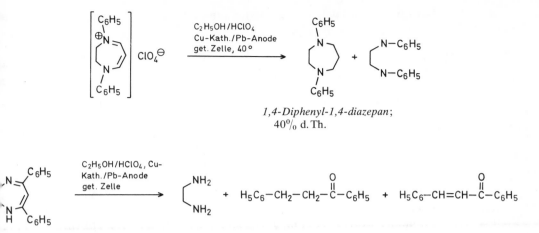

1,4-Diphenyl-1,4-diazepan;
40% d. Th.

In saurem Milieu erhält man bei der Elektrolyse von Oxo-buten selektiv *Bis-[3-oxo-bu-yl]-quecksilber* in hoher Stromausbeute[1].

Acrylnitril wird in wäßriger Natriumhydrogencarbonat-Lösung[2] oder in verd. Natron-lauge in Gegenwart von Zinn(IV)-chlorid zu *Bis-[2-cyan-äthyl]-zinndichlorid* (44% bzw. 50% d. Th.) umgesetzt[3] {in 0,5 n-Dikaliumhydrogenphosphat-Lösung hingegen bildet sich *Hexakis-[2-cyan-äthyl]-dizinn*}[4].

β) von Aromaten bzw. carbocyclischen π-Elektronen-Systemen

Nicht funktionell substituierte Aromaten wie auch Benzol sind elektrochemisch nur un-ter Bedingungen reduzierbar, die der Birch-Reduktion ähneln. Es darf daher auch in die-sem Fall von der Existenz solvatisierter Elektronen ausgegangen werden. Die Produkte sind ebenfalls denen der Birch-Reduktion entsprechend: Es bilden sich überwiegend 1,4-Dihydro-aromaten und nicht die stabileren 1,2-Dihydro-Derivate.

Aus Benzol erhält man in ~quantitativer Ausbeute *Cyclohexadien-(1,4)* auf folgende Weise

α) an Platin- oder Aluminium-Kathoden in flüssigem Ammoniak und etwas Alkohol (im Autoklaven; 40% Stromausbeute)[5]
β) an einer Platin-Kathode in Methylamin/Lithiumchlorid/Trockeneiskühler in ungeteilter Zelle[6]

Nach der letzten Methode wird in geteilten Zellen (Trennmedium: Asbest) *Cyclohexen* erhalten[6]; Isopropyl-benzol wird dagegen auch hier zum *1-Isopropyl-cyclohexadien-(1,4)* (78% d. Th.) reduziert[6].

In nicht konjugierten reinen Alkenyl-benzolen (zum Verhalten von Vinyl-benzolen s. S. 580ff.) wird in Methylamin/Äthanol/Lithiumchlorid bevorzugt der aromatische Kern hy-driert und man erhält 1-Alkenyl-cyclohexadien-(1,4). Wird weiter reduziert, so werden als nächstes die 1-Alkyl-cyclohexadiene-(1,4) erhalten[7].

[1] L. Holleck u. D. Marquarding, Naturwiss. **49**, 468 (1962).
[2] L. N. Brago, L. V. Kaabak u. A. P. Tomilov, Zh. Vses. Khim. Obsh. **12**, 472 (1967); C. A. **67**, 104513 (1967).
[3] A. P. Tomilov u. L. V. Kaabak, Ž. prikl. chim. **32**, 2600 (1959); C. A. **54**, 7374 (1960).
[4] A. P. Tomilov, Y. D. Smirnow u. S. L. Varshavskii, Ž. obšč. Chim. **35**, 391 (1965); engl.: 390. s.a. Bd. XIII/6, S. 403.
[5] US.P. 3488266, 3493477 (1970), Continental Oil Co., Erf.: E. C. French; C. A. **72**, 62291, 96106 (1970).
[6] R. A. Benkeser, E. M. Kaiser u. R. F. Lambert, Am. Soc. **85**, 2858 (1963); **86**, 5272 (1964); dort weitere Bei-spiele.
[7] R. A. Benkeser u. S. J. Mels, J. Org. Chem. **34**, 3970 (1969).

Bei Alkinyl-aromaten wird dagegen bevorzugt die C≡C-Bindung zum Olefin reduziert das sich dann analog den Alkenyl-aromaten verhält[1]; z. B.:

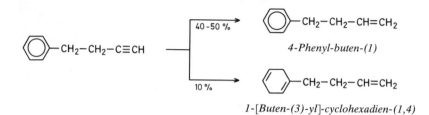

4-Phenyl-buten-(1)

1-[Buten-(3)-yl]-cyclohexadien-(1,4)

In 1,2-Diamino-äthan/Lithiumchlorid kann Naphthalin an einer Graphit-Kathode mit Stromausbeuten bis zu 80% zu *Tetralin* reduziert werden[2]. In einem Gemisch von HMPT Äthanol und Lithiumchlorid entsteht hingegen an Platin-Kathoden *1,4-Dihydro-naphthalin* (100% d. Th. bei 50% SA; bei −1,7V vs. Ag-Draht)[3]; in Isopropanol/HMPTA (7:3) überwiegt *1,2-Dihydro-naphthalin* (90% d. Th. bei 100% SA); mit nur 10% HMPTA entsteht *Dekalin* (88% d. Th.)[3].

Ohne solvatisierte Elektronen kommt man bei der kathodischen Hydrierung von Anthracen zum *9,10-Dihydro-anthracen* aus (Acetonitril mit Tetrabutyl-ammoniumbromid als Elektrolyt)[4].

Elektrochemisch erzeugte Anthracen-Anionradikale können ihrerseits reduzierend wirken (s. S. 648).

Perylen gibt in Dimethylformamid/Tetraäthylammoniumperchlorat bei −1,7 V an Quecksilber *Dihydro-* bei −2,05 V *Tetrahydro-perylen*[5].

Aus polycyclischen Aromaten kann man in aprotischen Solventien (zuweilen auch mit anderen Partnern) abwechselnd das Kation- und das Anion-Radikal erzeugen. Die Rekombination beider Radikale führt zur Lichterscheinung[5−11].

Trimethylsilyl-benzol wird in ungeteilter Zelle an Platin (Methylamin/Lithiumchlorid) zum *3-Trimethylsilyl-cyclohexadien-(1,4)* (76% d.Th.) reduziert; in geteilter Zelle wird *3-Trimethylsilyl-cyclohexen* (36% d.Th.) gebildet[12].

Aus Phthalsäure erhält man bei der Reduktion in heißer verdünnter Schwefelsäure an Blei-[13] und Quecksilber-Kathoden (das Quecksilber wird kontinuierlich entfernt und mit Alkalilauge gereinigt)[14] aufgrund der relativ hohen Temperatur in der Regel Isomerengemische (s. u. Bd. V/1c, S. 467f.). Wird dagegen bei 48° ein 1,4-Dioxan-Wasser-Phthalsäure-Schwefelsäure-Gemisch (55:20:20:5) elektrolysiert, so erhält man 99% d. Th. *Cyclohexadien-(1,3)-5,6-dicarbonsäure*[15], in Kalilauge an Quecksilber *Cyclohexen-1,6-di-*

[1] R.A. BENKESER u. C.A. TINCHER, J. Org. Chem. **33**, 2727 (1968).
[2] H.W. STERNBERG, R. MARKBY u. I. WENDER, J. Electrochem. Soc. **110**, 425 (1963).
[3] T. ASAHARA, M. SENO u. H. KANAKA, Bl. Chem. Soc. Japan **41**, 2985 (1968).
[4] R. POINTEAU, Ann. Chim. 7, 669 (1962); C.A. **58**, 4165 (1963).
[5] L. RAMPAZZO u. A. ZEPPA, J. Electroanal. Chem. **105**, 221 (1979).
[6] A. ZWEIG, A.H. MAURER u. B.G. ROBERTS, J. Org. Chem. **32**, 1322 (1967).
   R. BEZMAN u. L.R. FAULKNER, Am. Soc. **94**, 6317, 6324 (1972).
[7] D.M. HERCULES, Acc. Chem. Res. **2**, 301 (1969).
[8] M.B. MALBIN u. H.B. MARK, J. Phys. Chem. **73**, 2786 (1969).
[9] F. PRAGST, Z. Phys. Chem. (Leipzig) **256**, 312 (1975).
[10] K. ITAYA, M. KAWAI u. S. TOSHIMA, Am. Soc. **100**, 5996 (1978).
[11] G.J. HOIJTINK, Disc. Faraday Soc. **45**, 193 (1968).
[12] R.A. BENKESER u. C.A. TINCHER, J. Organomet. Chem. **13**, 139 (1968).
[13] C. METTLER, B. **39**, 2933 (1906); in Kalilauge 78% Ausbeute.
[14] US.P. 2477579/580 (1949), California Research Corp., Erf.: P.C. CONDIT; C.A. **43**, 7839ᵃ (1949).
[15] DOS 1618078 (1967); Fr.P. 1559752 (1969), BASF; C.A. **72**, 74127 (1970).

arbonsäure zu 78% d.Th.[1]. Terephthalsäure wird an Blei-[2] oder Quecksilber-Kathoden[3] bei erhöhter Temperatur in geteilter Zelle und in verdünnter Schwefelsäure zu *Cyclohexa-dien-(1,4)-3,6-dicarbonsäure* (bis 100% d.Th.) reduziert. Unter analogen Bedingungen wird Benzoesäure nicht zur Cyclohexen-3-carbonsäure sondern zu *Benzylalkohol* reduziert. Im alkalischen wird dagegen *Cyclohexen-3-carbonsäure* in guten Ausbeuten erhalten[4].

Benzonitril wird in Gegenwart von Phenol an einer Quecksilber-Kathode in geteilter Zelle bei $-2,1$ V (vs. Ag/AgBr) zu *1-Cyan-cyclohexen* (75% auf Zusatz) bei $-2,4$ V zu *Cyan-cyclohexan* (80% auf Zusatz) reduziert[5]. Dagegen tritt in DMF/Tetrabutylammoniumperchlorat bei $-2,1$ V Spaltung in *Benzol* und Cyanid-Ion ein[5].

In geteilter Zelle und 2 n Schwefelsäure läßt sich Phenol an Platin-Kathoden zu *Cyclohexanol* hydrieren (niedrige Stromdichte; 56% d.Th.)[6, 7]. Analog reagieren Methyl-phenole, -aniline und -benzoesäuren sowie Methoxy-toluole usw.[7]. 1-Naphthol wird zu *1-Hydroxy-dekalin* und 2-Naphthol zu *6-Hydroxy-tetralin* in mittleren Ausbeuten reduziert[7].

In Methylamin/Lithiumchlorid wird 3-Methoxy-17-oxo-östratrien-(1,3,5[10]) an Platin auch an der Oxo-Gruppe reduziert, und man erhält *17β-Hydroxy-3β-methoxy-östradien-(2,5[10])* (93% d.Th.; 44% Stromausbeute; F: 116,5–117,5°)[8]:

In THF/Lithiumchlorid/Ammoniak werden 17α- und 17β-Hydroxy-3-methoxy-östrapentaen-(1,3,5[10],6,8) bei $-40°$ an Platin in hoher Ausbeute zu *17α-* bzw. *17β-Hydroxy-3-methoxy-ostratetraen-(2,5[10],6,8)* reduziert. Wird statt Ammoniak Methylamin verwendet, so erhält man bei $-10°$ *17α-* und *17β-Hydroxy-3-methoxy-östratrien-(2,5[10],7)*[9]:

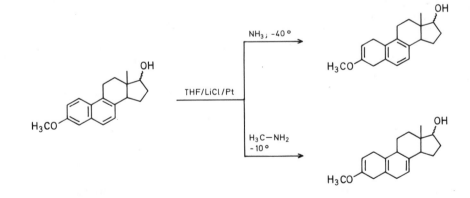

F. FICHTER u. C. SIMON, Helv. **17**, 1219 (1934).
C. METTLER, B. **39**, 2933 (1906).
US.P. 2477579 (1949), California Res. Co., Erf.: P.C. CONDIT; C.A. **43**, 7839 (1949).
M.C. MARIC, C.r. **136**, 1331 (1903).
A.M. ROMANIN, A. GENNARO u. E. VIANELLO, J. Electroanal. Chem. **88**, 175 (1978).
F. FICHTER u. R. STOCKER, B. **47**, 2003 (1914).
L.L. MILLER u. L. CHRISTENSEN, J. Org. Chem. **43**, 2059 (1978).
A.F. FENTIMAN u. R.H. POIRIER, Chem. & Ind. **1966**, 813.
H. JUNGHANS, G.-A. HOYER u. G. CLEVE, B. **112**, 2631 (1979).

Mit sehr guter Ausbeute werden Alkoxy-naphthaline an Quecksilber zu den Alkoxy-1,4-dihydro-naphthalinen reduziert[1]:

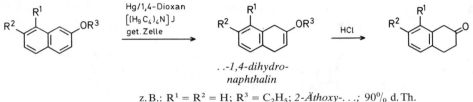

...-1,4-dihydro-naphthalin

z.B.: $R^1 = R^2 = H$; $R^3 = C_2H_5$; 2-Äthoxy-...; 90% d.Th.
$R^1 = H$; $R^2 = OCH_3$; $R^3 = CH_3$; 2,7-Dimethoxy-8-methyl-...; 80% d.Th
$R^1 = R^2 = OCH_3$; $R^3 = CH_3$; 2,7,8-Trimethoxy-...; 95% d.Th.

1-Methoxy-naphthaline liefern je nach Aufarbeitung unterschiedliche Produkte; so erhält man z.B. nach der destillativen Aufarbeitung des Elektrolyse-Gemisches von 1,6-Dimethoxy-naphthalin *1,6-Dimethoxy-5,6-dihydro-naphthalin*, die extraktive Aufarbeitung liefert dagegen *1,6-Dimethoxy-5,8-dihydro-naphthalin* (jeweils 87% d.Th.)[2,3]. Analoge Resultate erhält man z.B. bei 2-Äthoxy- und 2-Methoxy-naphthalin[2].

Werden 2-Alkoxy-naphthaline in geteilten Durchflußzellen mit Kationenaustauscher-Membran in Methanol mit max. 5% Wasser reduziert (Cadmium-, Graphit-Elektroden), so werden zunächst ebenfalls die 1,4-Dihydro-Derivate erhalten (87−97% d.Th.), die bei der destillativen Aufarbeitung weitgehend in die 3,4- bzw. 1,2-Dihydro-Derivate umgelagert werden[2]; z.B.:

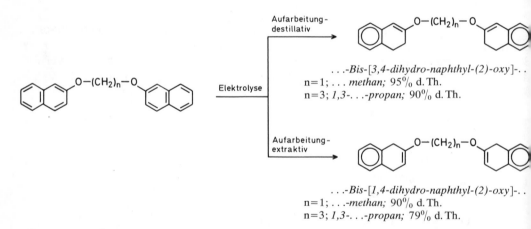

Aufarbeitung-destillativ

...-Bis-[3,4-dihydro-naphthyl-(2)-oxy]-..
n=1; ... methan; 95% d.Th.
n=3; 1,3-...-propan; 90% d.Th.

Elektrolyse

Aufarbeitung-extraktiv

...-Bis-[1,4-dihydro-naphthyl-(2)-oxy]-..
n=1; ...-methan; 90% d.Th.
n=3; 1,3-...-propan; 79% d.Th.

2-Oxo-tetralin ($\sim 80\%$ d.Th.) kann auf diesem Wege ausgehend von 2-Hydroxy-naphthalin und Oxiran in einer „Eintopfreaktion" erhalten werden[2].

Hierzu wird 2-Hydroxy-naphthalin mit Oxiran im Katholyten Methanol/Tetramethylammoniumchlorid : Stdn. auf 95−100° erhitzt (Druckkessel), das Gemisch in einer geteilten Durchflußzelle mit Kationaustauscher membran an einer amalgamierten Kupfer-Kathode elektrolysiert (25 A/dm²), das Lösungsmittel abdestilliert und der Äther mit verd. Salzsäure ($p_H 1$) hydrolysiert.

Das relativ stabile Triphenyl-cyclopropenyl-Kation wird mit Guanidinium-perchlora als Leitsalz zum *1,2,3-Triphenyl-cyclopropen* (12% d.Th.) reduziert[4].

[1] G.B. DIAMOND u. M.D. SOFFER, Am. Soc. 74, 4126 (1952).
[2] DOS 2618276 (1977), Hoechst AG, Erf.: D.H. SKALETZ; C.A. 88, 62213 (1978).
[3] DOS 2743762 (1979), Hoechst AG., Erf.: D.H. SKALETZ; C.A. 90, 212317 (1979).
[4] R. BRESLOW u. R.F. DRURY, Am. Soc. 96, 4702 (1974).

Während Tropylium-tetrafluoroborat zum *Cycloheptatrien* reduziert wird, erhält man aus Heptaphenyl-tropyliumbromid bei −1,4 V (vs. Ag) das *Heptaphenyl-cycloheptatrinyl-Radikal* [geteilte Zelle; $CH_3CN/ (C_4H_9)_4NClO_4$][1].

Potentialselektiv gelingt es, [16]-Annulen zum *Radikal-Anion* bzw. *Dianion* zu reduzieren[2].

γ) von Heteroaromaten[3]

Im folgenden wird nur die Reduktion von aromatischen bzw. maximal ungesättigten Heterocyclen besprochen, da sie sich von den gesättigten bzw. nicht maximal ungesättigten Derivaten aufgrund ihres mehr oder weniger aromatischen Charakters unterscheiden. Die nicht maximal ungesättigten Heterocyclen werden nach der Disposition an den Stellen besprochen, deren System angegriffen wird; z. B.:

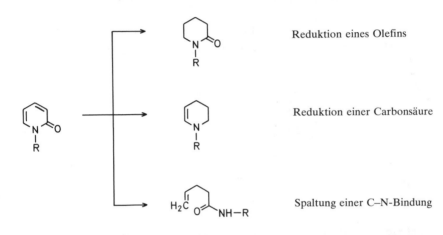

Reduktion eines Olefins

Reduktion einer Carbonsäure

Spaltung einer C–N-Bindung

Pyrrole des Typs I werden je nach Substitution am N-Atom tetra- oder dihydriert[4]:

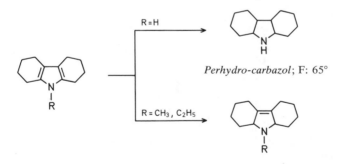

Perhydro-carbazol; F: 65°

z.B.: R=CH₃; *5-Methyl-1,2,3,4,4a,5a,5,6,7,8-decahydro-carbazol*; 77% d.Th.; Kp: 128−129°

---

[1] J.M. LEAL, T. TEHERANI u. A.J. BARD, J. Electroanal. Chem. **91**, 275 (1978).
[2] J.F.M. OTH, H. BAUMANN, J.-M. GILLES u. G. SCHRÖDER, Am. Soc. **94**, 3498 (1972).
[3] s.a. Bd. XI/1, S. 730f.
  Übersicht: H. LUND, Disc. Faraday Soc. **45**, 193 (1968); Chemie Ing. Techn. **44**, 180 (1972).
[4] W.H. PERKIN u. S.G.P. PLANT, Soc. **125**, 1503 (1924).

1,2,3,4-Tetrahydro-carbazole werden in Schwefelsäure/verd. Äthanol an Blei-Elektro den in geteilter Zelle in fast quantitativer Ausbeute zum 1,2,3,4,4a,9b-Hexahydro-Deri vat reduziert[1]:

R = H ..... } *1,2,3,4,4a,9b-hexahydro-carbazol*
R = CH₃; *5-Methyl*-}

Zur elektrochemischen Reduktion von Porphyrinen und Chlorinen an Quecksilbe s. Lit.[2].

2-Carboxy-thiophene können in wäßriger Lithiumhydroxid-Lösung zu 2-Carboxy 2,5-dihydro-thiophenen reduziert werden[3]:

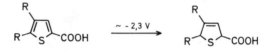

z. B.: R = H; *2-Carboxy-2,5-dihydro-thiophen;* 90% d. Th.
R = CH₃; *4,5-Dimethyl-2-carboxy-2,5-dihydro-thiophen;* 90% d. Th

Unsymmetrisch substituierte 1,3-Oxazole und 1,3,4-Oxadiazole werden unter Auf nahme von sechs Elektronen zu offenkettigen Acetal-amiden bzw. -hydraziden redu ziert[4]:

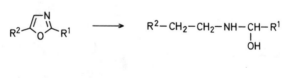

R^1; $R^2 = C_6H_5$, $H_3C{-}C_6H_4$, $H_3CO{-}C_6H_4$, Naphthyl u. a.

[1] W.H. PERKIN u. S.G.P. PLANT, Soc. **125**, 1503 (1924).
[2] H.H. INHOFFEN, P. JÄGER, R. MÄHLHOP u. C.-D. MENGLER, A. **704**, 188 (1967).
[3] V.P. GULTYAI, I.V. PROSKUROVSKAYA, T.Y. RUBINSKAYA, A.V. LOZANOVA, A.M. MOISEENKOV u. A.V. SEMENOVSKII, Izv. Akad. Nauk SSSR, Ser. Khim. **1979**, 1576; C.A. **91**, 157538 (1979).
[4] V.D. BEZUGLYI, N.P. SHIMANSKAYA u. E.M. PERESLENI, Ž. obšč. Chim. **34**, 3596 (1964); engl.: 3588.

Symmetrisch substituierte 1,3,4-Oxadiazole liefern dagegen die Tetrahydro-,3,4-oxadiazole, während 5(2)-Phenyl-2(5)-naphthyl-(2)-1,3-oxazole nur zu *5(2)-phenyl-2(5)-naphthyl-(1)-2,3-dihydro-1,3-oxazolen* reduziert werden[1]:

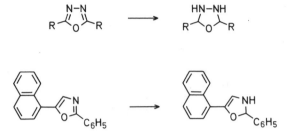

Die kathodische Reduktion von Benzofuroxan (Leitsalz Kaliumchlorid) führt zu unterchiedlichen Produkten:

Im alkalischen Medium (Kaliumphosphat, p_H 9,9) entsteht überwiegend *1,2-Diamino-benzol* (61% d. Th.), neben 28% d. Th. *1,2-Benzochinon-bis-oxim* und wenig 2,3-Diamino-phenazin. In saurem Milieu (Phosphorsäure, p_H 2,12) ist die Gesamtausbeute deutlich schlechter; der Anteil des Phenazins nimmt zu (16% d. Th.). Eine ähnliche Produktverteilung ist bei der analogen Reduktion des Bis-oxims zu beobachten[2]. Zum Einsatz des Benzofuroxans in Primärzellen s. Lit.[3].

Die Elektrolyse von Benzo-1,2,5-thiadiazol bzw. -selenadiazol in wäßriger Lösung an Quecksilber führt ebenfalls zu *1,2-Diamino-benzol*[4]:

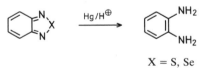

X = S, Se

Zur Reduktion des mesoionischen 2,3-Bis-[2-chlor-phenyl]-2H-tetrazolium-5-thiolats s. Lit.[5].

Cumarin und einige seiner Derivate werden in methanolischer Pufferlösung (Natriumcitrat/Salzsäure, p_H 5,4; Leitsalz Lithiumchlorid) in Gegenwart von Alkaloiden reduziert; in unterschiedlichen Anteilen entstehen Cumarane I und 4,4'-Bicumaranyle[6] II:

V. D. Bezuglyi, N. P. Shimanskaya u. E. M. Peresleni, Ž. obšč. Chim. **34**, 3596 (1964); engl.: 3588.
C. D. Thompson u. R. T. Foley, J. Electrochem. Soc. **119**, 177 (1972).
F. Beck, *Elektroorganische Chemie*, S. 317, Verlag Chemie, Weinheim 1973.
V. S. Tsveniashvili, S. I. Zhdanov u. Z. V. Todres, Z. anal. Chem. **224**, 389 (1967).
B. A. Abd-el-Nabey u. A. M. Kiwan, J. Elektroanal. Chem. **105**, 365 (1979).
R. N. Gourley, J. Grimshaw u. P. G. Millar, Soc. [C] **1970**, 2318.

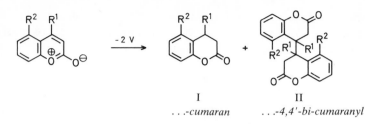

I　　　　　　　　　　　　　II
...-cumaran　　　　...-4,4'-bi-cumaranyl

z.B.: $R^1 = R^2 = H$: I;... mit 2,5% Yohimbin: 67% d.Th.
　　　　　　II;... mit 7% Spartein: 93% d.Th.
$R^1 = CH_3$; $R^2 = H$: I; 4-Methyl-...: mit 7% Yohimbin: 57% d.Th.
　　　　　　II; 4,4'-Dimethyl-...; ohne Alkaloid: 93% d.Th.
$R^1 = CH_3$, $R^2 = OCH_3$: I; 5-Methoxy-4-methyl-...; mit 7% Emetin: 84% d.Th.
　　　　　　II; 5,5'-Dimethoxy-4,4'-dimethyl-...; mit 7% Spartein: 75% d.Th.

Mit Nicotin, Codein, Brucin liegen die Ausbeuten ähnlich.

Pyridin[1] wird in verdünnter Schwefelsäure an Blei-Kathoden zu *Piperidin* (90% d.Th.) reduziert[2,3]. 2,2'-Bi-pyridyl (III) kann dagegen je nach den Elektrolysebedingungen zu *1,4-Dihydro-* (IV) bzw. *2,3,4,5-Tetrahydro-2,2'-bi-pyridyl* (V) reduziert werden (Queck-silber-Kathode, geteilte Zelle)[4]:

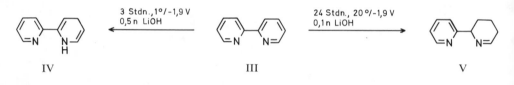

3 Stdn., 1%/-1,9 V
0,5 n LiOH

24 Stdn., 20%/-1,9 V
0,1 n LiOH

IV　　　　　　　　　　　　　III　　　　　　　　　　　　　V

Das isomere 3,3'-Bi-pyridyl wird an Blei-Kathoden in verdünnter Mineralsäure voll-ständig hydriert und man erhält – nach der Neutralisation mit 30%iger Kalilauge – gleiche Mengen an *erythro-* und *threo-3,3'-Bi-piperidyl* (geteilte Zelle; −1,15 V; 44% d.Th.)[5]

Während man in verdünnter Schwefelsäure aus Chinolin bzw. Methyl-chinolinen an Blei-Kathoden jeweils Gemische der Dihydro- und der Tetrahydro-Derivate[2] erhält, läuft in stärker saurem Medium (Schwefelsäure bzw. Perchlorsäure) die Reduktion des Chino-lins bis zum *Tetrahydro-chinolin* (67% d.Th.)[6]. Je nach angelegtem Kathodenpotential entstehen aus 3-Cyan-chinolin dimere Produkte (−1,3 V vs. SCE) oder *3-Cyan-1,4-dihy-dro-chinolin* (−1,6 V; 60% d.Th., F: 120–122°; in 95%igem Äthanol mit Ammonium-acetat, geteilte Zelle, Quecksilber-Kathode)[7].

4-[2-Hydroxy-propyl-(2)]-chinolin sowie 1-Methyl-4-[2-hydroxy-propyl-(2)]-chinoli-nium-methylsulfat werden in 20%iger Schwefelsäure in geteilter Zelle galvanostatisch an Blei unter C–O-Spaltung (s. S. 628) reduziert. Hauptprodukt ist *4-Isopropyl-* bzw. *1-Me-thyl-4-isopropyl-1,2,3,4-tetrahydro-chinolin*[8]:

[1] H. Lund, Disc. Faraday Soc. **45**, 193 (1968); Chemie-Ing. Techn. **44**, 180 (1972).
[2] F.B. Ahrens, Z. Elektrochemie **2**, 577 (1895).
[3] Brit.P. 395741 (1933), Robinson Bros. Ltd.; C.A. **28**, 421 (1934).
[4] H. Erhard u. W. Jänicke, J. Electroanal. Chem. **81**, 79 (1977); mit Zellskizze!
[5] Y.N. Forostyan, E.I. Lyushina, V.M. Artemova u. V.G. Govorukha, Elektrokhimiya **12**, 73 (1976); C.A. **84**, 157098 (1976).
[6] USSR.P. 162145 (1963), N.A. Dzbanovskii, V.V. Tsodikov u. N.E. Khomutov; C.A. **61**, 9475 (1964).
s.a. USSR.P. 166654 (1964), Institute of Chemical Reagents, Erf.: N.A. Dzbanovskii u. L.D. Borkhi; C.A. **62**, 11789 (1965).
USSR. P. 172330 (1963); Institute of Chemical Reagents, Erf.: V.V. Tsodikov et al.; C.A. **63**, 18052 (1965)
M.Y. Fioshin, Khim. Prom. **44**, 882 (1968); C.A. **70**, 63434 (1969).
[7] D.N. Schluter, T. Biegler, E.V. Brown u. H.H. Bauer, Electrochim. Acta **21**, 753 (1976).
[8] M. Ferles, O. Kocian u. J. Lovy, Collect. czech. chem. Commun. **41**, 758 (1976).

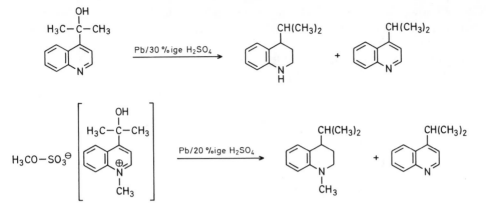

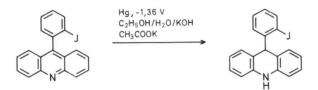

10-(2-Jod-phenyl)-acridin wird in wäßrigem Äthanol an Quecksilber bei −1,36 V nahezu quantitativ in das *10-(2-Jod-phenyl)-9,10-dihydro-acridin* (F: 152–153°) überführt zur Weiterreduktion bei −1,7 V, s. S. 623)[1]:

Analog den Pyridinen, Chinolinen usw. werden auch die entsprechenden N-Alkyl-Derivate im Heteroaromaten-Kern hydriert. So erhält man z. B. aus 3-Hydroxy-4-methyl-pyridinium-methylsulfat u. a. *3-Hydroxy-1-methyl-piperidin* (20%ige Schwefelsäure/Blei-Kathode; geteilte Zelle)[2].

In hoher Ausbeute werden Pyridiniumchloride in halbkonzentrierter Salzsäure zu den entsprechenden Piperidinen reduziert[3]:

R = CH₃; *1-Methyl-piperidin;* 87% d. Th.
R = CH₂–C₆H₅; *1-Benzyl-piperidin;* 98% d. Th.

1-Benzyl-4-methoxycarbonyl-pyridinium-jodid ergibt bei der Reduktion ein im Dunkeln stabiles Radikal, erst bei Belichtung wird *Isonicotinsäure-methylester*[4] erhalten.

In neutraler wäßriger Lösung (Britton-Robinson-Puffer, p_H 7) kann 1-Methyl-4-cyan-chinolinium-perchlorat bei −1,5 V (vs. SCE) zum *1-Methyl-4-cyan-1,4-dihydro-chinolin* reduziert werden. Bei −0,7 V bildet sich das relativ stabile Neutral-Radikal[5].

Benzo-pyridazine werden stets am heteroaromatischen Ring angegriffen. Neben der (teilweisen) Hydrierung werden Ringöffnungs- und Ringverengungsreaktionen beobachtet (vgl. a. S. 594 ff.).

[1] J.L. LINGANE, C.G. SWAIN u. M. FIELDS, Am. Soc. 65, 1348 (1943).
[2] M. FERLES, A. HAMID ATTIA u. H. HRUBA, Collect. czech. chem. Commun. 36, 2057 (1971).
[3] L. HORNER u. H. RÖDER, B. 101, 4179 (1968).
[4] Y. IKEGAMI u. H. WATANABE, Chem. Letters 1976, 1007; C.A. 86, 88706 (1977).
[5] S. KATO, J. NAKAYA u. E. IMOTO, Bl. Japan 44, 1928 (1971).

Cinnolin sowie dessen 3-Phenyl- und 4-Methyl-Derivate können in verdünnter alkoho lischer Salzsäure bei −0,4 bis −0,5 V in guter Ausbeute zu *3,4-Dihydro-cinnolin* (F 81–82,5°) bzw. *3-Phenyl-* (93% d. Th.; F: 150–152°) oder *4-Methyl-3,4-dihydro-cinnoli* (F: 63–65°) kathodisch reduziert werden. Bei −1,0 V erhält man allerdings aus 4-Methyl cinnolin unter Ringverengung 93% d. Th. *Skatol*[1]:

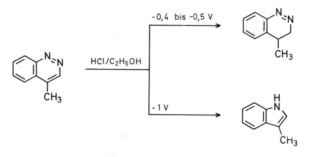

4-Mercapto-3-phenyl- und 3-Phenyl-4-carboxy-cinnolin werden dagegen unter Ab spaltung der Mercapto- bzw. Carboxy-Gruppe zu *3-Phenyl-1,4-dihydro-cinnolin* redu ziert[1].

Die Anhydrobase vom 4-Hydroxy-2-methyl-cinnolinium-hydroxid liefert in Acetat gepufferter Lösung *4-Oxo-2-methyl-1,2,3,4-tetrahydro-cinnolin*[1]:

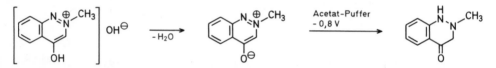

Phthalazine werden in verdünnter Kalilauge (0,2–0,5 n) mit 20% Äthanol-Zusatz zu 1,2-Dihydro-phthalazinen reduziert:

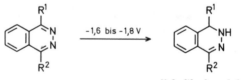

...-*1,2-dihydro-phthalazin*

$R^1 = R^2 = H$; ...[2]; 83% d. Th.; F: 84–85°
$R^1 = CH_3$; $R^2 = N(CH_3)_2$; *4-Dimethylamino-1-methyl-*...[3]; sehr leicht oxidierbar[3]
$R^2 = OCH_3$; *4-Methoxy-1-methyl-*...[3];
$R^1 = C_6H_5$; $R^2 = N(CH_3)_2$; *4-Dimethylamino-1-phenyl-*...[3]; 90% d. Th.; F: 143–144°
$R^2 = OCH_3$; *4-Methoxy-1-phenyl-*...[3]; 44% d. Th.; F: 125–126°

Einige 4-substituierte 1-Phenyl-phthalazine werden in 1 n Salzsäure (mit 30–40% Äthanol) unter Abspaltung der 4-ständigen Substituenten und Ringverengung zu *1-Phe nyl-2,3-dihydro-isoindol* (70–95% d. Th.) reduziert[3]:

X = N(CH₃)₂, OCH₃, SH

[1] H. Lund, Acta chem. scand. **21**, 2525 (1967).
[2] H. Lund u. E. T. Jensen, Acta chem. scand. **24**, 1867 (1970).
[3] H. Lund u. E. T. Jensen, Acta chem. scand. **25**, 2727 (1971).

Beim 4-Methoxy-1-phenyl-phthalazin werden bei −0,82 V neben *1-Phenyl-2,3-dihydro-isoindol* 66% d. Th. *?-Methoxy-1-phenyl-2,3-dihydro-isoindol* (F: 109–110°) erhalten; wird bei der Aufarbeitung das Solvens i. Vak. entfernt, anstatt es zu extrahieren, so wird infolge Hydrolyse *2-(α-Amino-benzyl)-benzoesäure-methylester* isoliert[1]. Die Abspaltung der Dimethylamino-Gruppe erfolgt erst nach Zugabe von Ammoniak; ansonsten wird *2-(α-Amino-benzyl)-N,N-dimethyl-benzamidin-Bis-hydrochlorid* (88% d. Th.) erhalten[1].

Phthalazin selbst kann bei −1,95 V zum *1,2,3,4-Tetrahydro-phthalazin* reduziert werden[2]. In 8 n Salzsäure entsteht bei −0,85 V *1,2-Bis-[aminomethyl]-benzol* (72% d. Th.); in 0,2 n Salzsäure bei −1 V hingegen *2,3-Dihydro-isoindol* (85% d. Th.). Auch dimere Produkte können auftreten[2].

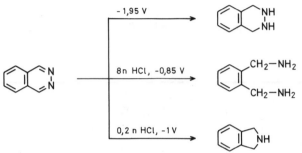

Einige Pyrimidine und 2-Hydroxy-pyrimidine liefern in schwach saurem Medium neben den Tetrahydro-pyrimidinen Dihydro-Dimere. Amino-Substituenten werden als Ammoniak abgespalten (geteilte Zelle, Quecksilber-Kathode)[3].

Substituierte 2-Phenyl-pyrimidine werden in wäßrig alkoholischer Acetat-Pufferlösung (p_H 4,5) unter Ammoniak-Abspaltung zu 2-Phenyl-pyrrolen reduziert[4]:

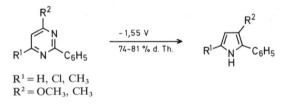

R^1 = H, Cl, CH_3
R^2 = OCH_3, CH_3

In einem Elektrolyt aus Methanol und verdünnter Natronlauge werden 2,3-Diphenyl- (−1,4 V)[5] und 2,3,5,6-Tetramethyl-pyrazin (−1,3 V)[6] zu *2,3-Diphenyl-1,2-dihydro-* bzw. *2,3,5,6-Tetramethyl-1,2-dihydro-pyrazin* reduziert:

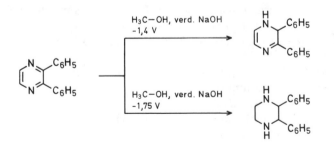

[1] H. LUND u. E. T. JENSEN, Acta chem. scand. **25**, 2727 (1971).
[2] H. LUND u. E. T. JENSEN, Acta chem. scand. **24**, 1867 (1970).
[3] D. L. SMITH u. P. J. ELVING, Am. Soc. **84**, 2741 (1962).
[4] P. MARTIGNY u. H. LUND, Acta chem. scand. B **33**, 575 (1979).
[5] J. ARMAND, K. CHEKIR u. J. PINSON, Canad. J. Chem. **52**, 3971 (1974).
[6] J. ARMAND, P. BASSINET, K. CHEKIR u. J. PINSON, C.r. [C] **265**, 279 (1972).

Die Dihydro-Derivate sind bei diesen Potentialen offenbar beständig; das 2,3-Diphenyl-5,6-dihydro-pyrazin jedoch wird bei −1,4 V (vs. SCE) unter Argon zum *2,3-Diphenyl-1,4,5,6-tetrahydro-pyrazin* weiterreduziert (an Quecksilber in geteilter Zelle; 70% d. Th.; F: 106°). 2,3-Diphenyl-pyrazin (−1,75 V; 15% d. Th.) und 2,5-Diphenyl-1,2-dihydro-pyrazin (−1,55 V; 59% d. Th.) wird im selben basischen Milieu dagegen zu *2,3-Diphenyl-* bzw. *2,5-Diphenyl-piperazin* reduziert[1]:

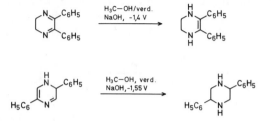

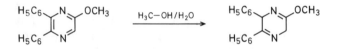

In wäßrig-alkalischem Methanol kann 5-Methoxy-2,3-diphenyl-pyrazin zum *5-Methoxy-2,3-diphenyl-3,6-dihydro-pyrazin* (34% d. Th.; F: 125°; $E_K = -1,7$ V) reduziert werden[2] (zur analogen Reaktion von 2-Pyrazonen s. S. 602):

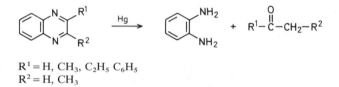

Aus 5-Hydroxy-2,3-diphenyl-pyrazin wird auf analoge Weise *5-Oxo-2,3-diphenyl-3,4,5,6-tetrahydro-pyrazin* (20% d. Th.; F: 190°, Zers.) erhalten.

Chinoxaline gehen bei der kathodischen Reduktion in geteilter Zelle und 0,2 n Salzsäure in *1,2-Diamino-benzol* und ein Keton über[3]:

$$\text{Chinoxalin} \xrightarrow{\text{Hg}} \text{1,2-Diamino-benzol} + R^1-\overset{\text{O}}{\overset{\|}{C}}-CH_2-R^2$$

$$R^1 = H, CH_3, C_2H_5\ C_6H_5$$
$$R^2 = H, CH_3$$

3,5,6-Triphenyl-1,2,4-triazin wird in einem Elektrolysegemisch aus Zitronensäure/1n Natronlauge/Wasser/Acetonitril und Natriumperchlorat (p_H 3,6) bei −0,7 V zum *3,5,6-Triphenyl-1,2-dihydro-* (23% d. Th.; F: 264,5°) und *3,5,6-Triphenyl-4,5-dihydro-1,2,4-triazin* (63% d. Th.; F: 249,5°) reduziert. Bei −1,3 V entsteht neben *3,5,6-Triphenyl-1,4,5,6-tetrahydro-1,2,4-triazin* (20% d. Th.) das *2,4,5-Triphenyl-imidazol* (80% d. Th. F: 282°). In Acetonitril/verdünnte Natronlauge (p_H 13,5) bildet sich bei −1,3 V ausschließlich *3,5,6-Triphenyl-4,5-dihydro-1,2,4-triazin* (80% d. Th.)[4].

Aus 3-Hydroxy- (bzw. 3-Mercapto)-5,6-diphenyl-1,2,4-triazin wird ein Gemisch aus 1,4-Dihydro- (sehr oxidationsempfindlich) und 4,5-Dihydro-Derivat erhalten[4]:

[1] J. PINSON u. J. ARMAND, Bl. **1971**, 1764.
[2] Y. ARMAND u. L. BOULARES, C.r. [C] **284**, 13 (1977).
[3] M. FEDORONKO u. I. JEZO, Collect. czech. chem. Commun. **37**, 1781 (1972).
[4] J. PINSON, J.P. M'PACKO, N. VINOT, J. ARMAND u. P. BASSINET, Canad. J. Chem. **50**, 1581 (1972).

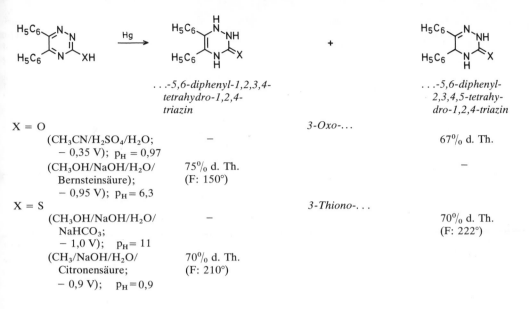

...-5,6-diphenyl-1,2,3,4-
tetrahydro-1,2,4-
triazin

...-5,6-diphenyl-
2,3,4,5-tetrahy-
dro-1,2,4-triazin

X = O   3-Oxo-...

(CH$_3$CN/H$_2$SO$_4$/H$_2$O;		67% d. Th.
− 0,35 V); p$_H$ = 0,97	−	
(CH$_3$OH/NaOH/H$_2$O/	75% d. Th.	−
Bernsteinsäure);	(F: 150°)	
− 0,95 V); p$_H$ = 6,3		

X = S   3-Thiono-...

(CH$_3$OH/NaOH/H$_2$O/		70% d. Th.
NaHCO$_3$;	−	(F: 222°)
− 1,0 V); p$_H$ = 11		
(CH$_3$/NaOH/H$_2$O/	70% d. Th.	
Citronensäure;	(F: 210°)	
− 0,9 V); p$_H$ = 0,9		

Die Reduktion kann bis zum *3-Oxo(Thiono)-5,6-diphenyl-hexahydro-1,2,4-triazin* weitergeführt werden, dabei wird jedoch beim 3-Oxo-tetrahydro-Derivat in Acetonitril bei p$_H$ ~ 1 (−1,0 V) unter Ringverengung das *2-Hydroxy-4,5-diphenyl-imidazol* (50% d.Th.; F: 318°) gebildet. Zur Reduktion der N-Alkyl-1,2,4-triazinone s. S. 613.

Während 6-Hydroxy-9H-allopurin in 1 n Essigsäure zum *6-Oxo-1,2,3,6-tetrahydro-9H-allopurin* (80% d.Th.; F: 210°) reduziert werden kann, werden in 2n Schwefelsäure *6-Oxo-perhydro-allopurin* neben *3-Amino-4-aminocarbonyl-2,3-dihydro-pyrazol* (an Quecksilber; beide Produkte isolierbar) erhalten[1, s.a.2]:

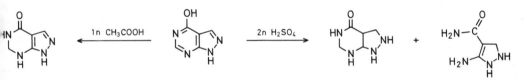

Harnsäure wird in 25,8 n Schwefelsäure bei 5−8° zur *Perhydro-harnsäure* (34% d. Th.) reduziert, bei 20−24° bildet sich *Pyrimidin* (11% d.Th.)[3].

Zur Reduktion von N-Methyl-harnsäuren s. S. 602.

9H-Purin und 6-Amino-purin (unter Ammoniak-Abspaltung) liefern in wäßrigen Pufferlösungen an Quecksilber *1,2,3,6-Tetrahydro-9H-purin*, das zu 5-Amino-4-(hydroxy-methylamino-methyl)-imidazol hydrolysiert werden kann[2].

Bei der Reduktion von Purinen wird zumeist der Fünfring aufgespalten. Die galvanostatische Elektrolyse (3–4 A/8 V für mehrere Stdn.) von 2,8-Diamino-purin in 25,8 n Schwefelsäure an Blei-Kathoden liefert neben *2,8-Diamino-1,2,3,4,5,6-hexahydro-9H-purin* *2-Amino-5-guanidino-6-oxo-3,4,5,6-tetrahydro-* und *2-Amino-5-guanidino-3,4-dihydro-pyrimidin* (nur das Tetrahydro-pyrimidin-Derivat ist abtrennbar (Totalausbeute: ~45% d.Th.)[3].

P.K. DE u. G. DRYHURST, J. Electrochem. Soc. **119**, 837 (1972).
D.L. SMITH u. P.J. ELVING, Am. Soc. **84**, 1412 (1962).
W.L.F. ARMAREGO u. P.A. REECE, Soc. [Perkin I] **1976**, 1414.
s.a. J. TAFEL, B. **34**, 258, 279, 1181 (1901).

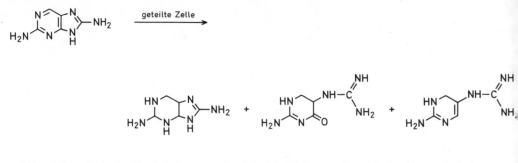

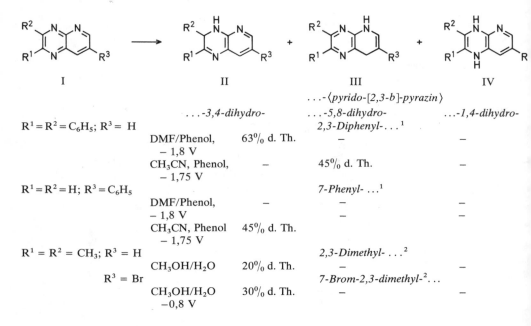

Die elektrolytische Reduktion von Pyrido-[2,3-b]-pyrazinen liefert je nach Solvens un
terschiedliche Dihydroprodukte:

	II	III	IV
I		...-⟨pyrido-[2,3-b]-pyrazin⟩	
	...-3,4-dihydro-	...-5,8-dihydro-	...-1,4-dihydro-
$R^1 = R^2 = C_6H_5$; $R^3 = H$		2,3-Diphenyl-...[1]	
DMF/Phenol, −1,8 V	63% d. Th.	−	−
CH$_3$CN, Phenol, −1,75 V	−	45% d. Th.	−
$R^1 = R^2 = H$; $R^3 = C_6H_5$		7-Phenyl- ...[1]	
DMF/Phenol, −1,8 V	−	−	−
CH$_3$CN, Phenol −1,75 V	45% d. Th.	−	−
$R^1 = R^2 = CH_3$; $R^3 = H$		2,3-Dimethyl- ...[2]	
CH$_3$OH/H$_2$O	20% d. Th.	−	−
R^3 = Br		7-Brom-2,3-dimethyl-[2]...	
CH$_3$OH/H$_2$O −0,8 V	30% d. Th.	−	−

In wäßrig-alkalischen Alkoholen oder in Gegenwart von Acetanhydrid bilden sic
mehrfach hydrierte Substitutionsprodukte (Alkoxy- und N-Acetyl-Verbindungen, s. S
651).

2,3-Diphenyl-⟨pyrido-[3,4-b]-pyrazin⟩ kann in alkalischem Methanol mit hoher Aus
beute in das *2,3-Diphenyl-3,4-dihydro-⟨pyrido-[3,4-b]-pyrazin⟩* (90% d.Th.; F: 247°
überführt werden[2]:

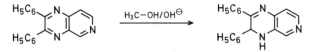

[1] J. ARMAND, K. CHEKIR u. J. PINSON, C.r. [C] **284**, 391 (1977).

[2] J. ARMAND, K. CHEKIR, J. PINSON u. N. VINOT, C.r. [C] **284**, 547 (1975); Canad. J. Chem. **56**, 1 804 (1978

δ) von Carbonyl-Verbindungen

δ₁) *von Carbonsäuren bzw. deren Derivaten*

Da Aldehyde i. a. leichter elektrochemisch reduziert werden als Carbonsäuren, erhält man bei beiden Stoffklassen zumeist die Alkohole als Endprodukt. Dennoch ist es unter bestimmten Umständen möglich, die Reduktion der Carbonsäuren und ihrer Derivate auf der Aldehyd-Stufe als Hydrate zu stoppen, da diese nicht oder erst bei wesentlich negativeren Kathoden-Potentialen reduziert werden (vgl. a. Bd. VII/1, S. 280ff.). Die unter C–C-Aufbau ablaufenden Reaktionen werden auf S. 654 besprochen.

Die elektrolytische Reduktion von Carbonsäure-amiden und -imiden zu Aminen ist präparativ nicht mehr interessant, da sie auf der einen Seite viel Erfahrung voraussetzt und zum anderen zu viele Parameter berücksichtigt werden müssen. Es wird daher an dieser Stelle auf die ausführliche Abhandlung in ds. Handb., Bd. XI/1, S. 581–591 sowie 671 verwiesen. Die nachfolgend aufgeführten Beispiele dienen in der Regel anderen Zielsetzungen.

Verschiedene substituierte Benzoesäuren werden in schwach saurem, gepuffertem Milieu zu Benzaldehyden reduziert; in stärker saurem Medium werden die entsprechenden Benzylalkohole erhalten. Benzoesäure[1], Methoxy-[2], Brom-, Amino-, Chlor- (usw.) benzoesäuren[2,3] werden an Blei-Kathoden in 30%iger Schwefelsäure in guter Ausbeute zu *Methoxy-, Chlor-, Brom-, Amino-benzylalkoholen* (60–85% d. Th.) hydriert. Analog verhalten sich Naphthalin-carbonsäuren[2].

Aus 4-substituierten Tetrafluor-benzoesäuren werden in geteilter Zelle an Quecksilber in stark saurem Milieu hauptsächlich die 4-substituierten *Tetrafluor-benzylalkohole* erhalten; in neutraler wäßriger Lösung (Leitsalz Tetrabutylammoniumtetrafluoroborat) entsteht überwiegend *2,3,5,6-Tetrafluor-benzylalkohol* (vgl. a. S. 616)[4]:

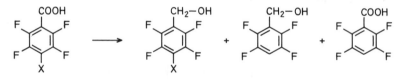

X = H, F, Cl, OCH₃, NH₂

Aus Pentafluor-benzamid wird ein Alkohol-Gemisch erhalten, das bis zu 75% *Pentafluor-benzylalkohol* enthält[5].

Im schwach sauren Milieu borsäurehaltiger wäßriger Lösungen können Salicylsäure[6], halogensubstituierte Salicylsäuren[2] und eine Reihe weiterer Benzoesäuren bzw. Methoxy-benzoesäuren[7] zu Benzaldehyden reduziert werden (37–80% d. Th.); die Reduktion von Salicylsäure an einer rotierenden amalgamierten Kupfer-Kathode in geteilter Zelle zu *2-Hydroxy-benzaldehyd* wird in der Technik durchgeführt (35% SA)[6] (ohne Borsäure sind die Ausbeuten gering). Isophthalsäure liefert in schwefelsaurer Lösung *1,3-Bis-[hydroxymethyl]-benzol* (50% d. Th.)[2].

[1] C. METTLER, B. **38**, 1745 (1905).
[2] C. METTLER, B. **39**, 2933 (1906).
[3] D. BIRKETT u. A. T. KUHN, Electrochim. Acta **21**, 991 (1976).
[4] P. CARRAHAR u. F. G. DRAKESMITH, Chem. Commun. **1968**, 1562; Soc. [Perkin I] **1972**, 184.
[5] F. G. DRAKESMITH, Soc. [Perkin I] **1972**, 184.
[6] K. S. UDUPA, G. S. SUBRAMANIAN u. H. V. K. UDUPA, Ind. Chem. **39**, 238 (1963); C. A. **59**, 10986 (1963).
   s. a. Bd. VII/1, S. 283.
[7] J. H. WAGENKNECHT, J. Org. Chem. **37**, 1513 (1972).
   vgl. a. J. A. HARRISON u. D. W. SHOESMITH, J. Electroanal. Chem. **32**, 125 (1971).

41*

Die Reduktion von Oxalsäure zu *Glyoxylsäure* (85% d.Th.) wird an Blei- oder Queck silber-Kathoden bei hoher Stromdichte und 6,5 V Klemmenspannung (70% SA!) bei 15 durchgeführt (vgl. a. Bd. VII/1, S. 280); ab 40° wird *Glykolsäure* gebildet[1].

In alkoholischer schwefelsaurer Lösung entsteht aus Oxalsäure-diäthylester in geteilte Zelle an Quecksilber oder amalgamierter Blei-Kathode (Klemmspannung 7–13 V) *Gly oxylsäure-äthylester* (bis 53% d.Th.)[2].

In schwach sauren Pufferlösungen erhält man aus Pyridin-2- und -4-carbonsäure a amalgamierter Kupfer-Kathode mit sehr guten Ausbeuten *2-* bzw. *4-Formyl-pyridin*[3] [i wäßriger Citronensäure (p_H 2,6) mit Kaliumchlorid als Leitsalz bei >5° und −1 V liege die Ausbeuten bei 60 bzw. 76% d.Th.][4]. Reduziert man jedoch in ∼30%iger wäßrig-alko holischer Schwefelsäure an Quecksilber- oder Blei-Kathoden, so werden in mittlerer Aus beute *2-* bzw. *4-Methyl-pyridin* (33 bzw. 31% d.Th.; geteilte Zelle; unter 10°) gebildet[5].

Die Reduktion von Imidazol-carbonsäuren bzw. deren Amiden an einer Quecksilber Kathode bleibt gleichfalls auf der Aldehyd-Stufe stehen[6]:

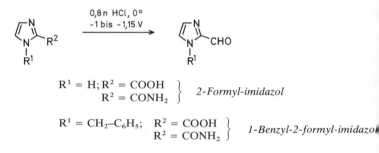

$$R^1 = H; R^2 = COOH$$
$$R^2 = CONH_2$$ } *2-Formyl-imidazol*

$$R^1 = CH_2-C_6H_5; \quad R^2 = COOH$$
$$R^2 = CONH_2$$ } *1-Benzyl-2-formyl-imidazo*

1,3-Thiazol-2-carbonsäure bzw. deren Ester oder Amide liefern in 0,8–2 n Salzsäure a einer Quecksilber-Kathode *2-Formyl-1,3-thiazol* (42–86% d.Th.)[7]:

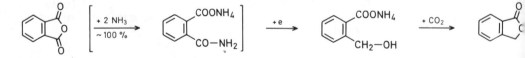

$$R = OH, OC_2H_5, NH_2, NH-NH_2, NH-CH_2-C_6H_5$$

In wäßr. Äthanol mit Acetatpuffer erhält man dagegen aus 2-Aminocarbonyl- bzw. in 1 n Salzsäure aus 2 (N-Methyl-anilinocarbonyl)-1,3-thiazol *2-Hydroxymethyl-1,3-thiazol* (59 bzw. 67% d.Th.). *2-Anilinomethyl 1,3-thiazol* (50% d.Th.) wird aus dem Anilid in 0,8 n Salzsäure bei −0,7 V gebildet[7].

Die kathodische Reduktion von Phthalsäureanhydrid in ammoniakalischer Lösung (ge teilte Zelle, Anolyt Schwefelsäure) ergibt das Salz der *2-Hydroxymethyl-benzoesäure*[8] das durch Einleiten von Kohlendioxid zu *Phthalid* (95% d.Th.) umgewandelt wird:

[1] DOS 1950282 (1971), BASF, Erf.: F. BECK, P. JÄGER u. H. GUTHKE; C.A. **74**, 140980 (1971).
[2] W. OROSHNIK u. P.E. SPOERRI, Am. Soc. **63**, 3338 (1941).
[3] M.D. BHATTI u. O.R. BROWN, J. Electroanal. Chem. **68**, 85 (1976).
[4] H. LUND, Acta chem. scand. **17**, 972 (1963).
[5] J.P. WIBAULT u. H. BOER, R. **68**, 72 (1949).
[6] P. IVERSEN u. H. LUND, Acta chem. scand. **21**, 279 (1967).
[7] P. IVERSEN u. H. LUND, Acta chem. scand. **21**, 389 (1967).
[8] DOS 2144419 (1973), BASF, Erf.: F. BECK, E. SCHEFCZIK u. F.P. WÖRNER; C.A. **78**, 147778 (1973).

Auch Phthalsäure wird in schwach saurer Lösung zu *Phthalid* reduziert[1]:
Verschiedene Benzoesäureester lassen sich an Blei-Kathoden galvanostatisch (2 A/5,5 √)[2] in 30%iger[3] bzw. 50%iger[2] Schwefelsäure mit Äthanol-Zusatz bei guter Strom- und mittlerer Materialausbeute zu Benzyläthern reduzieren:

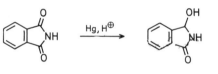

R = CH$_3$; *Methyl-benzyl-äther*[2]
R = C$_2$H$_5$; *Äthyl-benzyl-äther*[2]; 55% d. Th.
R = C$_6$H$_5$; *Phenyl-benzyl-äther*[3]
R = CH$_2$–C$_6$H$_5$; *Dibenzyl-äther*[3]

Phthalsäure-monoäthylester liefert unter sauren Bedingungen *Phthalid*, ebenso der Dimethylester[4] und Phthalimid in DMF/Tetrabutylammoniumperchlorat (geteilte Zelle, –2,45 V) an Quecksilber (60% d.Th.)[4].

N-Phenyl-phthalimid ergibt unter analogen Bedingungen ein Gemisch aus *2-Hydroxymethyl-benzanilid* 15% d. Th.), *Phthalid* (35% d. Th.) und Anilin. In Gegenwart von Phenol kehren sich die prozentualen Anteile um[5].

In saurer wäßriger Acetonitril-Lösung kann aus Phthalimid hingegen ein normales C=O-Reduktionsprodukt erhalten werden[6]:

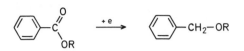

1,3-Dihydroxy-1H-isoindol

Isophthalsäure-dimethylester wird zu *3-Hydroxymethyl-benzoesäure* reduziert[4].
Terephthalsäure-diester lassen sich in hohen Ausbeuten in 4-Hydroxymethyl-benzoesäure-ester umwandeln (geteilte Zelle mit Kationenaustauscher-Membran)[7]:

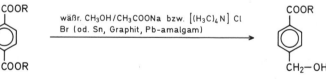

wäßr. CH$_3$OH/CH$_3$COONa bzw. [(H$_3$C)$_4$N] Cl
Br (od. Sn, Graphit, Pb-amalgam)

4-Hydroxymethyl-benzoesäure-...

R = CH$_3$; ...-*methylester;* 94% d.Th.
R = C$_2$H$_5$; ...-*äthylester;* 93% d.Th.
R = C$_4$H$_9$; ...-*butylester;* 82% d.Th.

---

[1] P.R.Jones, Chem. Rev. **63**, 461 (1963).
[2] J.Tafel u. G.Friedrichs, B.**37**, 3187 (1904).
[3] C.Mettler, B.**38**, 1745 (1905).
[4] S.Ono, Nippon Kagaku Zaisshi **75**, 1195 (1954); C.A. **51**, 12704 (1957).
[5] D.W. Leedy u. D.L. Munk, Am. Soc. **93**, 4264 (1971).
[6] O.R. Brown, S.Fletcher u. J.A. Harrison, J. Electroanal. Chem. **57**, 351 (1974).
[7] DOS 2428878 (1976), Hoechst AG, Erf.: L. Horner, B.H. Skaletz u. H. Hönl; C. A. **84**, 105228 (1976).

Die Reduktion der γ-Lactone von On-säuren verschiedener Monosaccharide zu den entsprechenden Monosacchariden wird in einer geteilten Zelle an einer Quecksilber Kathode und Blei- bzw. Platin-Anode in schwach saurem, wäßrigen Milieu (Borat-Puffer ausgeführt. Auf diese Weise sind D-*Arabinose*, D-*Mannose*, D-*Talose*, D-*Ribose* u. a. mi guter Ausbeute zugänglich[1-4].

Zur Herstellung von α-Amino-aldehyden bzw. α-Amino-aldosen aus den ent sprechenden Säuren s. Bd. VII/1, S. 284.

Aus Benzanilid bzw. Benzoesäure-4-tosylamino-anilid erhält man in Äthanol/Tetrame thylammoniumhydroxid zu 91% bzw. 92% d.Th. infolge reduktiver Spaltung *Benzylalko hol* und *Anilin*[5] bzw. *p-Toluolsulfonsäure-4-amino-anilid*[6]. 2-Anilinocarbonyl-naphthalir wird dagegen auch unter Hydrierung der Aromaten angegriffen und man erhält in mäßige Ausbeute *2-Anilinomethyl-1,4-dihydro-naphthalin*[6]:

29% d.Th.   43% d.Th.

Propansäure-amid kann in flüssigem Ammoniak/Kaliumbromid an Platin bei hohe Stromdichte selektiv zum *Propanol* (80% d.Th.), bei niedriger Stromdichte selektiv zun *Propanal* reduziert werden. In Butanol/Kaliumbromid entsteht ausschließlich *Propano* (90% d.Th.)[7].

Die aus Nitrilen mit Alkoholen in Gegenwart von Salzsäure entstehenden Carbonsäu re-ester-imide werden in 2 n Schwefelsäure mit guten Ausbeuten an einer Blei-Kathode zu Aminen reduziert[8].

1-Acetyl-1,2,3,4-tetrahydro-chinolin kann mit guter Ausbeute in Schwefelsäure zu *1 Äthyl-1,2,3,4-tetrahydro-chinolin* reduziert werden (an Blei; 76% d.Th.)[9].

2,5-Dioxo-piperazine werden analog den anderen Amiden mit guter Ausbeute zu Pipe razinen reduziert (Katholyt: Eisessig mit 25% halbkonz. Schwefelsäure, Blei-Elektroden Ausbeuten: ∼70% d.Th.)[10]:

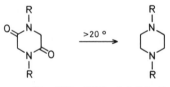

R = CH₂−C₆H₅; *1,4-Dibenzyl-piperazin*; F: 91–92°
R = CH₂−CH₂−C₆H₅; *1,4-Bis-[2-phenyl-äthyl]-piperazin*; F: 87°

In Harnsäure bzw. ihren N-Methyl-Derivaten kann selektiv neben der C=C-Doppel bindung die 6-Oxo-Gruppe zur Methylen-Gruppe reduziert werden[11]:

[1] T. SATO, Bull. Tokyo Inst. Technol. **13**, 133 (1948); C.A. **44**, 10548 (1950).
[2] T. SATO, J. Chem. Soc. Japan, Pure Chem. Sect. **71**, 194, 310 (1950); C.A. **45**, 4580, 7022 (1951).
[3] Jap. P.4359 (1950), T. HOSHINO u. T. SATO; C.A. **47**, 3341 (1953).
[4] M. Y. FIOSHIN, I. A. AVRUTSKAYA, E. V. GROMOVA, E. V. ZAPOROZHETS, T. G. TSARKOVA u. V. T. NOVIKOV, 5.
       Vses. Soveshch. Electrokhim. 1974; C.A. **83**, 185453 (1975).
[5] L. HORNER u. H. NEUMANN, B. **98**, 3462 (1965).
[6] L. HORNER u. R.-J. SINGER, A. **723**, 1 (1969).
[7] O. R. BROWN u. P. D. STOKES, J. Electroanal. Chem. **57**, 425 (1974).
[8] H. WENKER, Am. Soc. **57**, 772 (1935).
[9] J. TAFEL u. T. B. BAILLIE, B. **32**, 68 (1899).
[10] T. YAMAZAKI u. M. NAGATA, Yakugaku Zaisshi **79**, 1222 (1959); C.A. **54**, 4596 (1960).
[11] J. TAFEL, B. **34**, 258, 279, 1181 (1901).

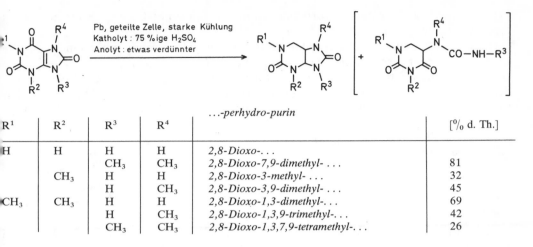

...-perhydro-purin

R¹	R²	R³	R⁴		[% d. Th.]
H	H	H	H	2,8-Dioxo-...	
		CH₃	CH₃	2,8-Dioxo-7,9-dimethyl- ...	81
	CH₃	H	H	2,8-Dioxo-3-methyl- ...	32
		H	CH₃	2,8-Dioxo-3,9-dimethyl- ...	45
CH₃	CH₃	H	H	2,8-Dioxo-1,3-dimethyl-...	69
		H	CH₃	2,8-Dioxo-1,3,9-trimethyl-...	42
		CH₃	CH₃	2,8-Dioxo-1,3,7,9-tetramethyl-...	26

1,4-Dioxo-2,3-dimethyl-1,2,3,4-tetrahydro-phthalazin wird in Acetat-Puffer im wesentlichen zum *1-Oxo-2,3-dimethyl-1,2,3,4-tetrahydro-phthalazin* (80% d. Th.) reduziert, in 4 n Salzsäure wird dagegen unter Methylamin-Abspaltung *1-Oxo-2-methyl-2,3-dihydro-isoindol* (46% d. Th.) erhalten[1] (vgl. a. S. 595f.):

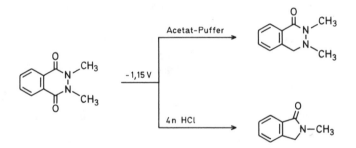

Auf analoge Weise erhält man aus N-Anilino-phthalimid in schwach saurer Lösung *2-Anilino-3-hydroxy-1-oxo-2,3-dihydro-isoindol* (79% d. Th.; F: 148°)[1]:

Zur Reduktion von Thiobenzanilid zu *Benzaldehyd*, *Anilin* und *Benzaldehyd-phenylimin* s. Lit.[2].

Zur Reduktion von Thioharnstoff und 2-Thiono-1,3-dithiolan bzw. deren Selen-Analogen s. S. 677.

δ₂) *von Aldehyden*

δδ₁) zu Alkoholen

Aldehyde können elektrochemisch selektiv zu Alkoholen reduziert werden (zur dimerisierenden Reduktion von Aldehyden zu Diolen s. S. 654ff.). So erhält man z. B. aus 3-Hydroxy-propanal an einer Zink-Kathode in Kaliumhydrogencarbonat-Lösung 68% d. Th.

[1] H. LUND, Collect. czech. chem. Commun. **30**, 4237 (1965).
[2] K. KINDLER, A. **431**, 187 (1923).

Propandiol-(1,3)[1] bzw. aus Gycerinaldehyd in Natriumsulfat-Lösung an einer Blei-Ka thode bis zu 97% d.Th. *Glycerin*[2].

Bernsteinaldehydsäure-nitril wird in saurer bis neutraler Lösung mit Ammoniumsulfa als Leitsalz unter Erhalt der Cyan-Gruppe zu *4-Hydroxy-butansäure-nitril* reduziert[3] Analog verhalten sich Aryl-substituierte Malonaldehydsäure-nitrile, wobei die entstehen den 3-Hydroxy-2-aryl-propansäure-nitrile im schwach sauren Milieu der Elek trolyse zu 2-Aryl-acrylnitrilen dehydratisieren[4] (Gesamtausbeute: 50–90% d. Th.):

$$Ar-\underset{\underset{CN}{|}}{C}H-CHO \xrightarrow[\text{LiCl/etw. } H^{\oplus}]{\text{Hg, } C_2H_5OH/} Ar-\underset{\underset{CN}{|}}{C}H-CH_2-OH \xrightarrow[-H_2O]{+H^{\oplus}} Ar-\underset{\underset{CN}{|}}{C}=CH_2$$

...-*acrylnitril*

$R = C_6H_5$; *2-Phenyl-*. . .
R = 2-Naphthyl; *2-Naphthyl-(2)-*. .

Da der Elektrolyt durch Protonenentladung während der Elektrolyse basisch werden kann, muß der Lösung zu Beginn Mineralsäure zugesetzt werden. Im Basischen tritt in folge Enolat-Bildung Hydrolyse zu Aryl-acetonitril und Ameisensäure ein[4] (analog rea gieren 3-Oxo-2-aryl-butansäure-nitrile, s. S. 605).

α,β-Ungesättigte Aldehyde wie z. B. Acrolein[5], Zimtaldehyd[6], Buten-(2)-al[7] sowie des sen alkylsubstituierte Derivate[7] lassen sich in wäßriger Lösung zu ungesättigten Alkoholen [*Allylalkohol*[5], *Zimtalkohol*, *1-Hydroxy-butene-(2)*] reduzieren.

Aus Pentafluor-benzaldehyd wird ein Gemisch aus *Pentafluor-* und *2,3,5,6-Tetrafluor-benzylalkohol* erhalten (vgl. S. 616)[8].

2- und 3-Methyl-benzaldehyd liefern in schwefelsaurem wäßrigem Äthanol neben *Xylol* und *1,2-Bis-[2-(bzw. 3-)-methyl-phenyl]-glykol* 30% d.Th. *2-Methyl-* bzw. 74% d.Th *3-Methyl-benzylalkohol*. Analog erhält man aus 2,4-Dimethyl-benzaldehyd 74% d.Th *2,4-Dimethyl-benzylalkohol*.

Bei 2-Methoxy- und 4-Isopropyl-benzaldehyd treten zusätzlich substituierte Stilbene auf (bis zu 12% d. Th.)[9] Zur Reduktion verschiedener Zucker (z. B. Glucose zu *Sorbit*) mit hohen Ausbeuten in ungeteilter Zelle s Lit.[10].

$\delta\delta_2$) zu Kohlenwasserstoffen

Glykolaldehyd und Glyoxal können an Platin in 2 n Schwefelsäure zu *Äthan* (neben et was Acetaldehyd) reduziert werden[11].

Aus Pyridoxal wird unter Erhalt der Alkohol-Gruppe *3-Hydroxy-2,4-dimethyl-5-hydroxymethyl-pyridin* erhalten (s. a. S. 628)[12]:

[1] US.P.3526581 (1970), Continental Oil; C.A. **74**, 49102 (1971).

[2] USSR.P. 167846 (1961), A.P. TOMILOV et al.; C.A. **62**, 16055 (1965).

[3] Jap.P. 6915767 (1969), Ajinomoto, Erf.: H. WAKAMATSU et al.; C.A. **71**, 87216 (1969).

[4] G. LE GUILLANTON, Bl. **1973**, 3458.

[5] US.P.3227640 (1966), Standard Oil Co., Erf.: R.W. FOREMAN u. F. VEATCH; C.A. **64**, 14094 (1966).

[6] L.A. TARAN, S.I. BEREZINA, L.G. SMOLENTSEVA u. Y.P. KITAEV, Elektrokhimiya **11**, 601 (1975); C.A. **83**, 123184 (1975).

[7] P. ZUMAN u. L. SPRITZER, J. Electroanal. Chem. **69**, 433 (1976).

[8] F.G. DRAKESMITH, Soc. [Perkin I] **1972**, 184.

[9] H.D. LAW, Soc. **91**, 748 (1907).

[10] US.P. 2507973 (1950), H. R. HEFTI u. W. KOLB; C. A. **45**, 2340 (1951).

[11] G. HORANYI u. G. INZELT, J. Electroanal. Chem. **91**, 287 (1978).

[12] Jap. P.7041582 (1970), Tanabe Seiyaku Co., Erf.: S. MATSUMOTO; C.A. **75**, 5719 (1971).

δ₃) *von Ketonen*

Alkyl-ketone werden in der Regel elektrochemisch zu sekundären Alkoholen reduziert; n sauren Medien treten zusätzlich die entsprechenden Kohlenwasserstoffe auf, vor allem n stark saurem Medium. Zur dimerisierenden Reduktion von Ketonen zu Diolen s. S. 654.

δδ₁) zu Alkoholen (bzw. seinen Derivaten)

Ketone werden in z. Tl. guten Ausbeuten an verschiedenen Elektroden (z. B. Zink, Platin, Iridium) kathodisch zu Alkoholen reduziert[1-4]:

$$R-CO-R^1 \longrightarrow R-\overset{\overset{\displaystyle OH}{|}}{C}H-R^1$$

z. B. $R = R^1 = CH_3$; *Isopropanol*
$R = CH_3$; $R^1 = CH(CH_3)_2$; *3-Methyl-butanol-(2)*
$R = R^1 = C_2H_5$; *Pentanol-(3)*
$R = R^1 = CH(CH_3)_2$; *2,4-Dimethyl-pentanol-(3)*; 85% d.Th.

Das Keton I wird an Quecksilber in 35%iger Schwefelsäure ausschließlich zum Alkohol reduziert[5]; in wäßrigem Acetonitril tritt C–N-Spaltung ein (s. S. 636):

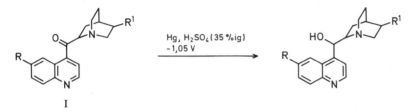

I

Werden prochirale Ketone (Acetyl-pyridine, Benzoyl-Verbindungen) in Gegenwart optisch aktivier Ephedrinium-Salze elektrolysiert, so bilden sich die jeweils anderen Enantiomere des sekundären Alkohols im Überschuß[6].

Bei der elektrochemischen Reduktion von Cycloalkanonen steht i. a. der stereochemische Aspekt (*cis/trans*; *axial/äquatorial*) im Vordergrund, so z. B. bei der Reduktion der Methyl- und anderer Alkyl-cyclohexanone, substituierter 2-Oxo-bicyclo[2.2.1]heptane und bei Oxo-dekalinen. Mit zumeist Alkoholen als Solvens fallen die entsprechenden cyclischen sekundären Alkohole zu 47–60% d.Th. an[7-11].

Werden 3-Oxo-2-aryl-butansäure-nitrile in stark saurer Lösung reduziert, so erhält man über die 3-Hydroxy-Derivate infolge Wasser-Abspaltung 2-Aryl-buten-(2)-säure-nitrile[12].

Aus 2-Hydroxy-4-oxo-2-methyl-pentan wird in verdünnter Schwefelsäure *2,4-Dihydroxy-2-methyl-pentan* erhalten, in konzentrierter Schwefelsäure entsteht über das *2-Hydroxy-2-methyl-pentan* *2-Methyl-penten-(2)*[13].

[1] S. SZABO u. G. HORANYI, Mag. Kem. Foly. **82**, 420 (1976); C.A. **86**, 16050 (1977).
[2] S. SZABO u. G. HORANYI, Acta Chim. Acad. Sci. Hung. **96**, 1 (1978); C.A. **90**, 5597 (1979).
[3] S. SWANN, D.K. EADS u. L.H. KRONE, J. Electrochem. Soc. **113**, 274 (1966).
[4] R.A. BENKESER u. S.J. MELS, J. Org. Chem. **35**, 261 (1970).
[5] E. KARIV, J. HERMOLIN u. I. RUBINSTEIN, Tetrahedron **27**, 3707 (1971).
[6] L. HORNER u. W. BRICH, A. **1978**, 710.
[7] T. SHONO u. M. MITANI, Tetrahedron **28**, 4747 (1972).
[8] J.P. COLEMAN, R.J. HOLMAN u. J.H.P. UTLEY, Soc. [Perkin II] **1976**, 879.
[9] R.J. HOLMAN u. J.H.P. UTLEY, Soc. [Perkin II] **1976**, 884.
[10] T. NONAKA, S. WACHI u. T. FUCHIGAMI, Chem. Letters **1977**, 47; C.A. **86**, 154944 (1977).
[11] G. LE GUILLANTON u. M. LAMANT, Nouv. J. Chim. **2**, 157 (1978).
[12] G. LE GUILLANTON, Bl. **1973**, 3458.
[13] R.R. READ u. F.A. FLETCHER, Trans. Am. electrochem. Soc. **47**, 93 (1925).

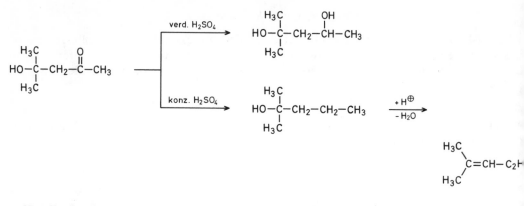

Zur Reduktion von Butandion bzw. 2-Oxo-propanal s. Lit.[1].

Die kathodische Reduktion von Hexandion-(2,5) an Quecksilber in 0,5 m Salzsäure führt dagegen zu einem Substanzgemisch, das u. a. *Hexandiol-(2,5)* und *2,5-Dimethyl-tetrahydrofuran* enthält[2].

6-Oxo-3-methyl-3-trichlormethyl-cyclohexadien-(1,4) wird überwiegend zu *p-Kresol* (76% d. Th.) reduziert, der Mechanismus ist nicht klar[3].

Die elektrochemische Reduktion von 1,4-Benzochinon zu *Hydrochinon* hat den Vorteil, daß technisches Chinon eingesetzt werden kann (3%ige Lösung in 2%iger Schwefelsäure). An Blei-Kathoden in geteilter Zelle erhält man bei 65° 85% d. Th. reines Hydrochinon[4].

Bei p_H-Wert < 9 entsteht aus 3-Mercapto-2-oxo-propansäure *3-Mercapto-2-hydroxypropansäure* (vgl. S. 634)[5].

Eine asymmetrische Elektrosynthese tritt bei der Reduktion (Quecksilber-Kathode, Äthanol/Aceton) von Phenylglyoxalsäure-menthylester ein; man erhält überwiegend den *R(–)-Phenyl-glykolsäure-menthylester*[6].

Bei der kathodischen Reduktion von Alkyl-aryl-ketonen bilden sich neben dem Alkohol stets infolge Dimerisierung 1,2-Diaryl-glykole (ausführliche Untersuchungen s. Lit.[7]) (vgl. S. 654).

Bei der Reduktion von Acetophenon zum *1-Phenyl-äthanol* wird trotz optisch aktiver Leitsalze[8, 9] bzw. optisch aktiver, homöopolar an der Graphit-Kathode fixierter Gruppen[10] keine optische Induktion beobachtet. Lediglich das Verhältnis von *1-Phenyl-äthanol* (28–64% d. Th.) zu *2,3-Diphenyl-butandiol-(2,3)* (16–49% d. Th.) wird beeinflußt.

Die Elektroreduktion von Benzil an Quecksilber ist p_H-abhängig. In neutralem Milieu entsteht *1,2-Diphenyl-glykol*, wobei das *threo/erythro*-Verhältnis potentialabhängig ist. In schwach saurem Milieu bildet sich *Benzoin* und stark saurem Milieu *1,2-Diphenyl-äthan*[11].

Ninhydrin liefert in saurem Milieu über das *1,3-Dihydroxy-2-oxo-indan 1,2,3-Trihydroxy-indan*. In alkalischem Milieu wird der Fünfring reduktiv aufgespalten, und man erhält u. a. *(2-Formyl-phenyl)-glykolsäure*[12].

[1] M. FEDERONKOV, J. KÖNIGSTEIN u. K. LINCK, Coll. czech. chem. Commun. **32**, 1497, 3998 (1967).
[2] M. LACAN, I. TABAKOVIC u. Z. CEKOVIC, Croat. Chim. Acta **47**, 587 (1975).
[3] A. MAZZENGA, D. LOMNITZ, J. VILLEGAS u. C. J. POLOWCZYK, Tetrahedron Letters **1969**, 1665.
[4] USSR. P. 271528 (1968), L. D. BROKHI et al.; C. A. **73**, 120328 (1970).
[5] J. TOHIER u. M.-B. FLEURY, Bl. **1971**, 3075.
[6] M. JUBAULT, E. RAOULT u. D. PELTIER, Electrochim. Acta **22**, 67 (1977).
[7] H. LUND, Acta chem. scand. **14**, 1927 (1960).
[8] D. BROWN u. L. HORNER, A. **1977**, 77.
[9] L. HORNER u. W. BRICH, B. **111**, 574 (1978).
[10] L. HORNER u. W. BRICH, A. **1977**, 1354.
[11] A. VINCENZ-CHODKOWSKAJA u. Z. R. GRABOWSKI, Electrochim. Acta **9**, 789 (1964).
[12] L. HOLLECK u. O. LEHMANN, Collect. czech. chem. Commun. **30**, 4024 (1965).

In verdünnter Natronlauge wird Benzophenon praktisch quantitativ zu *Benzhydrol* reduziert (vgl. S. 654, 608)[1].

Acetyl-pyridine werden (ähnlich wie Acetophenon) bei Anwesenheit optisch aktiver Alkaloide in Äthanol/wäßr. Acetatpuffer (1:1) bei $-0,7$ bis $-0,8$ V an Quecksilber zu den entsprechenden Alkoholen reduziert. In Gegenwart von Strychnin wird *1-Pyridyl-(2)-äthanol* zu 50% d. Th. (47,5% opt. Ausbeute) *1-Pyridyl-(4)-äthanol* zu 40% d. Th. (40% opt. Ausbeute) gebildet. Mit Brucin sind die optischen Ausbeuten stets deutlich geringer (max. 27%). Aus 3-Acetyl-pyridin entsteht stets das inaktive *1-Pyridyl-(3)-äthanol* (40% d. Th.)[2].

An einer Graphit-Kathode erhält man ($-1,1$ V) aus 4-Acetyl-pyridin 90% d. Th. *1-Pyridyl-(4)-äthanol*, das ($-$)-Enantiomere ist jedoch nur mit 2% Überschuß vorhanden[3].

Selektiv wird 6,6'-Diacetyl-5,5'-bi-acenaphthenyl in 1,4-Dioxan/Äthanol/Tetrabutyl-ammoniumchlorid an Quecksilber bei $-1,9$ Volt zu *6'-(1-Hydroxy-äthyl)-6-acetyl-5,5'-bi-acenaphthenyl* (71% d. Th.) reduziert[4]:

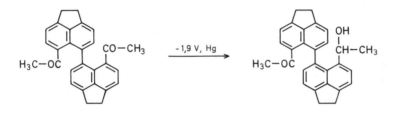

1,3-Dioxo-2-phenyl-indan kann in methanolischer Schwefelsäure selektiv zu *3-Hydroxy-1-oxo-2-phenyl-indan* ($-0,9$ V, 62% d. Th.) oder *1,3-Dihydroxy-2-phenyl-indan* ($-1,15$ V; 35% d. Th.) reduziert werden[5]:

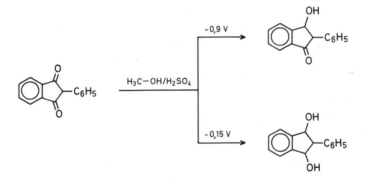

4-Brom-ω-diazo-acetophenon wird an Quecksilber ($-0,8$ V) in McIlvain-Pufferlösung stufenweise bis zum *1-(4-Brom-phenyl)-äthanol* reduziert (vgl. a. S. 609, 654)[6].

4-Oxo-carbonsäuren lassen sich an Blei-Kathoden in verdünnter alkoholischer Schwefelsäure direkt zu γ-Lactonen reduzieren; z. B.[7]:

[1] S. SWANN, Trans. Electrochem. Soc. **80**, 163 (1941).
[2] J. KOPILOV, E. KARIV u. L. L. MILLER, Am. Soc. **99**, 3450 (1977).
[3] B. E. FIRTH, L. L. MILLER et al., Am. Soc. **98**, 8271 (1976).
[4] G. N. VOROZHTSOV, N. S. DOKUNIKHIN, E. Y. KHMELNITSKAYA u. K. A. ROMANOVA, Ž. Org. Chim. **15**, 388 (1979); C. A. **91**, 5036 (1979).
[5] P. BASSINET, L. BOULAIRÈS u. J. ARMAND, C.r. [C] **288**, 399 (1979).
[6] M. BAILES u. L. L. LEVESON, Soc. [B] **1970**, 34.
[7] A. P. TOMILOV, B. L. KLYUEW u. V. D. NECHEPURNOI, Ž. Org. Chim. **11**, 1984 (1975); C. A. **84**, 23 698 (1976).

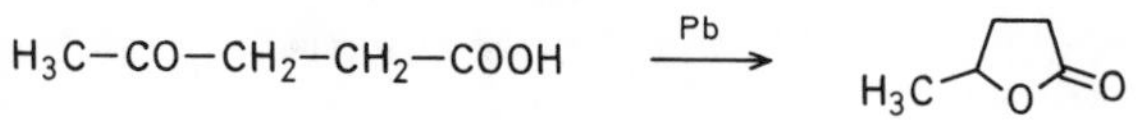

$$H_3C-CO-CH_2-CH_2-COOH \xrightarrow{Pb}$$

Pentan-4-olid

$\delta\delta_2$) zu Kohlenwasserstoffen

Bei der Reduktion von Ketonen zu sekundären Alkoholen treten im sauren Bereich die Kohlenwasserstoffe als Nebenprodukte auf, die in stärker sauren Medien in den Vorder grund rücken können (auch C–C-Verknüpfungen sind möglich s. S. 654).

Alkanone werden in schwefelsaurer Lösung an verschiedenen Kathoden (zur verglei chenden Reduktion von Cyclohexanon s. Bd. V/1a, S. 278) ohne Schwierigkeiten zu Al kanen reduziert:

$$R-CO-R^1 \longrightarrow R-CH_2-R^1$$

an Platin[1]: $R, R^1 = CH_3, C_2H_5, C_3H_7, CH(CH_3)_2$
an Cadmium[2]: $R = R^1 = CH(CH_3)_2$; *2,4-Dimethyl-pentan*
an Blei[3] $= R = CH_3$; $R^1 = CH_2 - C(CH_3)_2 - OH$; *2-Methyl-pentanol-(2)*

Da diese Reduktionen ausführlich im Bd. V/1a, S. 276–279 besprochen worden sind wird im folgenden neben der neueren Literatur die selektive Reduktion besprochen.

2-Oxo-4-methyl-1-isopropyl-cyclohexan (Menthon) wird an verschiedenen Metall-Ka thoden in sehr guter Ausbeute zum *4-Methyl-1-isopropyl-cyclohexan* (Menthan) reduzier (in starker Schwefelsäure[4] oder in Äthanol/Lithiumperchlorat[5]).

Aus 2-Hydroxy-4-oxo-2-methyl-pentan wird in konz. Schwefelsäure über das 2-Hy droxy-2-methyl-pentan infolge Wasser-Abspaltung *2-Methyl-penten-(2)* erhalten.

Die Oxo-Gruppe in Oxo-steroiden kann in Gemischen aus 1,4-Dioxan/10%iger Schwefelsäure (3:2) an Blei-Kathoden zur Methylen-Gruppe reduziert werden. So erhält man z. B. aus 3β-Hydroxy-7-oxo-5α-cholestan 70% d. Th. *3β-Hydroxy-5α-cholestan* (mit Dideutero-Schwefelsäure *3β-Hydroxy-7,7-dideutero-5α-cholestan*)[6].

In stark saurem Milieu ist sowohl Benzophenon (zu *Diphenylmethan*, 75% d. Th.)[7] wie Benzil (zu *1,2-Diphenyl-äthan*, 88% d. Th.)[8] bis zum Kohlenwasserstoff reduzierbar.

Butandion, Pentandion-(2,4) und Hexandion-(2,5) werden in 1 n Schwefelsäure an Pla tin mit $\sim 90\%$ d. Th. zu *Butan, Pentan* bzw. *Hexan* reduziert[9].

3-Mercapto-2-oxo-propansäure kann je nach Reaktionsbedingungen zu verschiedener Produkten reduziert werden. Während im sauren Medium nur die Oxo-Gruppe reduzier wird (*2-Hydroxy-3-mercapto-propansäure*), erhält man bei p_H 10–12 *Milchsäure* und oberhalb p_H 12 *Polymere*[10]:

[1] S. Szabo u. G. Horanyi, Mag. Kem. Foly. **82**, 420 (1976); C. A. **86**, 16050 (1977); Acta Chim. Acad. Sci. Hung. **96**, 1 (1978); C. A. **90**, 5597 (1979).
[2] S. Swann, D. K. Ends u. L. H. Krone, J. Electrochem. Soc. **113**, 274 (1966).
[3] R. R. Read u. F. A. Fletcher, Trans. Am. Electrochem. Soc. **47**, 93 (1925).
[4] G. Horanyi, G. Inzelt u. K. Torkes, J. Electroanal. Chem. **106**, 305, 319 (1979).
[5] C. Schall u. W. Kirst, Z. Elektrochemie **29**, 537 (1923).
[6] R. J. Holman u. J. H. P. Utley, Soc. [Perkin II] **1976**, 884.
[7] J. A. Blair et al., Austral. J. Chem. **32**, 2327, 2767 (1979).
[8] S. Swann, Trans. Electrochem. Soc. **80**, 163 (1941).
[9] A. Vincenz-Chodkowskaja u. Z. R. Grabowski, Electrochim. Acta **9**, 789 (1964).
[10] J. Tohier u. M. B. Fleury, Bl. **1971**, 2760.

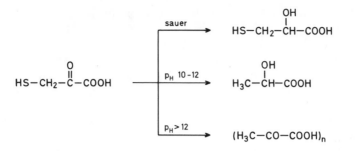

δδ₃) zu Organo-phosphor- bzw. -quecksilber-Verbindungen

Wird Cyclohexanon in Gegenwart von Phosphor reduziert, so erhält man das Alkohol-analoge Acetal I zu ~16%[1] (näheres s. Lit. [1,2]):

I
Cyclohexyl-(1-hydroxy-cyclohexyl)-phosphinigsäure

Ketone können reduktiv zu Dialkyl-quecksilber reduziert werden. Die Elektrolyse wird in mineralsaurem Medium durchgeführt, erbringt aber nur mäßige Ausbeuten:

$$ \underset{R^2}{\overset{R^1}{\diagdown}}C=O \quad \overset{Hg}{\longrightarrow} \quad R^2-\underset{R^1}{\overset{R^1}{\underset{|}{C}H}}-Hg-\underset{R^1}{\overset{R^1}{\underset{|}{C}H}}-R^2 $$

z. B.: $R^1 = R^2 = CH_3$; *Diisopropyl-quecksilber*[3]
$R^1 - R^2 = -(CH_2)_5-$; *Dicyclohexyl-quecksilber*[4] 25–30% d.Th. (bei 55°)
$R^1 = R^2 = C_6H_5$; *Bis-[diphenylmethyl]-quecksilber*[5] 7% d.Th.
$R^1 = 1$-Naphthyl, $R^2 = CH_3$; *Bis-[1-naphthyl-(1)-äthyl]-quecksilber*[6] 26% d.Th.

Auf ähnliche Weise erhält man am Blei aus Aceton *Tetraisopropyl-*[7] bzw. *Tetrabutyl-(2)-blei* aus Butanon[8].

ε) von C=N-Doppelbindungen[9]

Imine werden i. a. elektrochemisch zu Aminen reduziert, Dimerisierung zu 1,2-Diaminen tritt selten ein.

Bei der enantioselektiven Elektrolyse mit Hilfe optisch aktiver Leitsalze (zumeist Ephedrin- und Chinin-Derivate) entstehen neben 1,2-Diaminen (die Hydrodimeren) se-

---

[1] I. M. Osadchenko u. A. P. Tomilov, Ž. obšč. Chim. **39**, 469 (1969); engl.: 445.
[2] L. V. Kaabak, M. I. Kabachnik, A. P. Tomilov u. S. L. Varshavskii, Ž. obšč. Chim. **36**, 2060 (1966); engl.: 2052.
[3] G. Haggarty, Trans. Electrochem. Soc. **56**, 421 (1926).
[4] T. Orai, Bl. chem. Soc. Japan **32**, 184 (1959).
[5] T. Arai u. T. Ogura, Bl. chem. Soc. Japan **33**, 1018 (1960).
[6] J. Grimshaw u. E. Rea, Soc. [C] **1967**, 2628.
[7] J. Tafel, B. **44**, 323 (1911).
[8] G. Renger, B. **44**, 337 (1911).
[9] Übersicht: H. Lund in S. Patai, *Electrochemistry of the carbon-nitrogen double bond*, Wiley-Interscience, New York 1970.

kundäre Amine, die bis zu 11% optische Induktion aufweisen (bei $-10°$ in 86%igem Äthanol)[1]. Benzaldehyd-arylimine werden in Essigsäure-äthylester/Äthanol/Wasser (1:2:1) mit Kaliumacetat an einer Blei-Kathode zu **Aryl-benzyl-aminen** reduziert, zuweilen fallen 1,2-Bis-[arylamino]-1,2-diphenyl-äthane an[2]. Auf ähnliche Weise erhält man aus Acetophenon-phenylimin *1-Anilino-1-phenyl-äthan*[3] bzw. aus Acetophenon-2-phenyl-propyl-(2)-imin in borat-gepufferter Lösung (p_H 10) (THF: Äthanol: Wasser = 2:1:2) 91% d. Th. *(1-Phenyl-äthyl)-[2-phenyl-propyl-(2)]-amin*[4].

Man kann auch über in situ erhaltene Imine zu Aminen gelangen. So werden z. B. aus cyclischen Ketonen in wäßriger Alkylamin-Lösung direkt mit guten Ausbeuten Amine erhalten[5].

Bei α-Oxo-iminen wird in neutralem Milieu (Methanol/verd. Natronlauge/Bernstein-säure: p_H 7,15; geteilte Zelle) nur die Imin-Funktion reduziert[6]:

$$\begin{array}{ccccc} & \overset{H_3COH\ aq./Hg}{\underset{\sim 0,9\ V}{\longrightarrow}} & & \longrightarrow & \\ R-\underset{\underset{O}{\|}}{C}-\underset{\underset{N-R^1}{\|}}{C}-R & & R-\underset{\underset{HO}{\|}}{C}=\underset{\underset{NH-R^1}{\|}}{C}-R & & R-\underset{\underset{O}{\|}}{C}-\underset{\underset{NH-R^1}{|}}{CH}-R \end{array}$$

z. B.: $R=C_6H_5$; $R^1=C_6H_{11}$; *2-Cyclohexylamino-1-oxo-1,2-diphenyl-äthan*; 90% d. Th.

$R=2$-Pyridyl; $R^1=4$-CH_3–C_6H_4; *2-(4-Methyl-anilino)-1-oxo-1,2-dipyridyl-(2)-äthan*; 66% d. Th.

Bis-imine werden im alkalischen Medium ebenfalls nur bis zur Amino-imin- bzw. En-diamin-Stufe reduziert[7]:

$$\begin{array}{ccc} R^1-\underset{\underset{R^2-N}{\|}}{C}-\underset{\underset{N-R^2}{\|}}{C}-R^1 & \overset{Argon,\ Hg,\ alkal.,\ get.\ Zelle}{\longrightarrow} & R^1-\underset{\underset{R^2-NH}{|}}{C}=\underset{\underset{NH-R^2}{|}}{C}-R^1 \end{array}$$

$R^1=R^2=C_6H_5$ [Äthanol/0,5 n NaOH (4:1)]; *α,β-Dianilino-stilben*; 80% d. Th.

$R^1=C_6H_5$; $R^2=C_6H_{11}$ (80%iges DMF); *α,β-Bis-[cyclohexylamino]-stilben*; 80% d. Th.

$R^1=2$-Pyridyl; $R^2=4$-CH_3–C_6H_4 [DMF/0,5 n NaOH (4:1)]; *1,2-Bis-[4-methyl-anilino]-1,2-dipyridyl-(2)-äthan*; 80% d. Th.

$$\begin{array}{ccc} H_3C-\underset{\underset{H_5C_6-N}{\|}}{C}-\underset{\underset{N-C_6H_5}{\|}}{C}-CH_3 & \overset{\underset{0,5\ n-NaOH\ (4:1)}{Hg\ /C_2H_5OH}}{\longrightarrow} & H_3C-\underset{\underset{H_5C_6-N}{\|}}{C}-\underset{\underset{NH-C_6H_5}{|}}{CH}-CH_3 \end{array}$$

3-Anilino-2-phenylimino-butan; 65% d. Th.

Aus 2-Phenylimino-bicyclo[2.2.1]heptanen werden in DMF/Tetraäthylammonium-bromid in einer geteilten Zelle überwiegend ($R = H$) bzw. ausschließlich ($R = CH_3$) *endo*-2-Anilino-Derivate erhalten[8] (Ausbeuten: $50-70\%$ d. Th.):

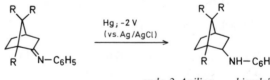

endo-2-Anilino-...-bicyclo[2.2.1]heptan

$R = H$; ...; 70% d. Th.

$R = CH_3$; ...-1,7,7-trimethyl-...; 65% d. Th.

[1] L. HORNER u. D. H. SKALETZ, A. **1977**, 1365.

[2] H. D. LAW, Soc. **101**, 154 (1912).

[3] J. TAFEL u. E. PFEFFERMANN, B. **35**, 1510 (1902).

[4] C. P. ANDRIEUX u. J. M. SAVEANT, J. Electroanal. Chem. **33**, 453 (1971).

[5] H. LUND, Acta chem. scand. **13**, 249 (1959).

[6] J. ARMAND, L. BOULARES, J. PINSON u. P. SOUCHAY, Bl. **1971**, 1918.

[7] J. PINSON u. J. ARMAND, Bl. **1971**, 1764.

[8] A. J. FRY et al., Am. Soc. **89**, 6374 (1967); **91**, 6448 (1969).

Während Heptafluor-1-methylamino-3-methylimino-cyclohexen sich ohne Schwierig-keit unter C–F-Hydrogenolyse zum entsprechenden Benzol-Derivat reduzieren läßt (s. S. 615), wird beim entsprechenden Cyclopenten-Derivat lediglich die C=N-Doppelbindung hydriert[1]:

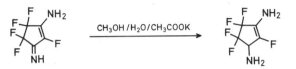

2,4,4,5,5-Pentafluor-1,3-diamino-cyclopenten; 21% d. Th.; F: 70–72°

Das cyclische Bis-Imin I kann unter 1,4-Reduktion zum *2,3-Diphenyl-1,4,5,6-tetrahy-dro-pyrazin* hydriert werden[2]:

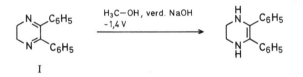

I

2,5-Diphenyl-1,2-dihydro-pyrazin wird dagegen unter analogen Bedingungen zum *2,5-Diphenyl-piperazin* reduziert (s. S. 584); analog verhalten sich 2,3-Dihydro-1,4-diaz-epin-Derivate (S. 585).

Bei den 2,3-Dihydroxy-5-aryl-3H-⟨benzo-[e]-1,4-diazepinen⟩ kann nach der C–OH-Hydrogenolyse der 3-Hydroxy-Gruppe[3] selektiv die C=N-Doppelbindung reduziert[4] (erst im stark basischen Medium wird auch die Carbonsäure-amid-Gruppe angegriffen) werden:

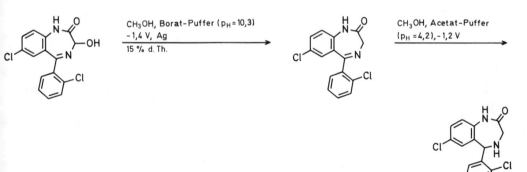

7-Chlor-2-oxo-5-(2-chlor-phenyl)-2,3,4,5-tetrahydro-1H-⟨benzo-[e]-1,4-diazepin⟩

[1] A.M. Doyle u. A.E. Pedler, Soc. [C] **1971**, 282.
[2] J. Pinson u. J. Armand, Bl. **1971**, 1764.
[3] H. Oelschläger u. F.I. Segün, B. **108**, 3303 (1975).
[4] M.M. Ellaithy, J. Volke u. J. Hlavaty, Collect. czech. chem. Commun. **41**, 3014 (1976).

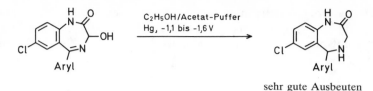

sehr gute Ausbeuten

Phenyl- und Acyl-hydrazone werden im sauren Milieu in der Regel unter N–N-Spaltung zu Aminen reduziert; z. B.:

$$\begin{array}{c}R^1\\[-2pt]{}^{\diagdown}C=N-NH-C_6H_5\\[-2pt]{}^{\diagup}\\R^2\end{array}\xrightarrow[-\,H_5C_6-NH_2]{Pb\,/\,50\%\ H_2SO_4}\begin{array}{c}R\\|\\R-CH-NH_2\end{array}$$

$R^1 = CH_3$; $R^2 = H$; *Äthylamin*[1]; 60% d. Th.
$R^2 = CH_3$; *Isopropylamin*[1]; 65% d. Th.
$R^1 = C_6H_5$; $R = H$; *Benzylamin*[1]; 43% d. Th.

$$\begin{array}{c}H_5C_6\\[-2pt]{}^{\diagdown}C=N-NH-CO-NH_2\\[-2pt]{}^{\diagup}\\R\end{array}\xrightarrow[-\,CO(NH_2)_2]{\substack{H_3COH/H_2O\\p_H=4,5}}\begin{array}{c}H_5C_6\\|\\R-CH-NH_2\end{array}$$

$R = H$; *Benzylamin*[2]
$R = CH_3$; *1-Amino-1-phenyl-äthan*[2]
$R = C_6H_5$; *Amino-diphenyl-methan*[2]

Analog erhält man aus den Phenylhydrazonen von α-Oxo-carbonsäuren an Quecksilber α-Aminosäuren (geteilte Zelle, Graphit-Anode; 0,5 m wäßrig. alkohol. Salzsäure)[3]:

$$\begin{array}{c}R-C=N-NH-C_6H_5\\|\\COOH\end{array}\xrightarrow[-C_6H_5NH_2]{-0,9\ V}\begin{array}{c}R-CH-COOH\\|\\NH_2\end{array}$$

$R = CH_3$; *Alanin*; 51% d. Th.
$R = C_6H_{13}$; *2-Amino-octansäure*; 55% d. Th.
$R = (CH_2)_2-COOH$; *Glutaminsäure*; 50% d. Th.

Als Nebenprodukte werden α-Hydroxy-carbonsäuren erhalten.

Aus Isatin-3-hydrazon (bzw. 3-Diazo-2-oxo-2,3-dihydro-indol) entsteht in wäßriger Pufferlösung *3-Amino-2-oxo-2,3-dihydro-indol*[4].
Im alkalischen Medium bleibt die N–N-Spaltung aus und man erhält Hydrazine[5]; z. B.:

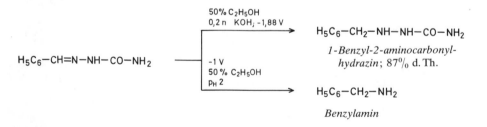

$H_5C_6-CH=N-NH-CO-NH_2$

50% C_2H_5OH
0,2 n KOH; -1,88 V
$\longrightarrow$ $H_5C_6-CH_2-NH-NH-CO-NH_2$
1-Benzyl-2-aminocarbonyl-hydrazin; 87% d. Th.

-1 V
50% C_2H_5OH
p_H 2
$\longrightarrow$ $H_5C_6-CH_2-NH_2$
Benzylamin

[1] J. Tafel, u. E. Pfeffermann, B. **35**, 1510 (1902).
[2] J. Armand, L. Boularès u. J. Pinson, C. r. [C] **273**, 120 (1971).
[3] I. Tabakovic, M. Trkovnik u. M. Dzepina, Croat. Chim. Acta **49**, 497 (1977); C. A. **87**, 168378 (1977).
[4] M. E. Cardinali, I. Carelli u. A. Trazza, J. Electroanal. Chem. **34**, 545 (1972).
[5] H. Lund, Tetrahedron Letters **1968**, 3651.

In geringer Ausbeute gelingt die Reduktion von α-Oxo-hydrazonen zu Ketonen[1]:

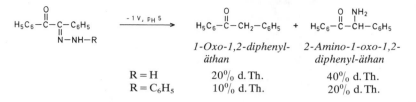

	1-Oxo-1,2-diphenyl-äthan	2-Amino-1-oxo-1,2-diphenyl-äthan
R = H	20% d. Th.	40% d. Th.
R = C₆H₅	10% d. Th.	20% d. Th.

Acyl-hydrazone vom Typ der 3-Oxo-2-methyl-2,3-dihydro-1,2,4-triazine werden im sauren Medium unter Reduktion einer C=N-Doppelbindung im alkalischen unter 1,4-Addition angegriffen[2]:

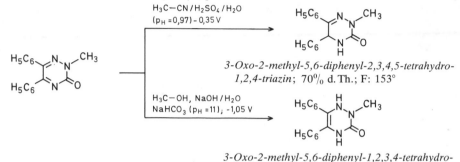

3-Oxo-2-methyl-5,6-diphenyl-2,3,4,5-tetrahydro-1,2,4-triazin; 70% d. Th.; F: 153°

3-Oxo-2-methyl-5,6-diphenyl-1,2,3,4-tetrahydro-1,2,4-triazin; 70% d. Th.; F: 195°

Die 3-Oxo-2,3,4,5-tetrahydro-1,2,4-triazine werden dagegen im sauren Medium unter Ammoniak-Abspaltung zu 2-Hydroxy-imidazol reduziert[2]:

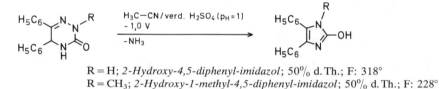

R = H; *2-Hydroxy-4,5-diphenyl-imidazol*; 50% d. Th.; F: 318°
R = CH₃; *2-Hydroxy-1-methyl-4,5-diphenyl-imidazol*; 50% d. Th.; F: 228°

Oxime und deren Chloride (Chlorimine) werden in saurer Lösung vorwiegend zu gesättigten Aminen reduziert (im alkalischen Milieu können auch anwesende olefinische Gruppen angegriffen werden[1]):

$$\underset{R^2}{\overset{R^1}{>}}C=N-OH \xrightarrow{Pb/H_2SO_4} R^2-\underset{\underset{R^1}{|}}{C}H-NH_2$$

R¹ = H; R² = C₆H₅; *Benzylamin*[3]; 69% d. Th.
R¹ = R² = CH₃; *Isopropylamin*[3]; 66% d. Th.
R¹ = CH₃; R² = C₆H₅; *1-Amino-1-phenyl-äthan*[4]; 90% d. Th. (in Äthanol/Wasser/Essigsäure/Natriumacetat)
R¹ = C₆H₅; R² = H₅C₆–CH=CH; *3-Amino-1,3-diphenyl-propen*[1]
R¹ = R² = COOC₂H₅; *Amino-malonsäure-diäthylester*[1]

J. Armand, L. Boularès u. J. Pinson, C.r. [C] **273**, 120 (1971).
s.a. Bd. XI/1, S.501.
J. Pinson, J.P.M'Packo, N. Vinot, J. Armand u. P. Bassinet, Canad. J. Chem. **50**, 1581 (1972).
J. Tafel u. E. Pfeffermann, B. **35**, 1510 (1902).
L. Ramberg u. E. Hannerz, Svensk Khim. Tidskr. **36**, 125 (1924).

Aus 2-Hydroximino-bicyclo[2.2.1]heptanen werden analog den Iminen Amine erhal
ten[1,2]:

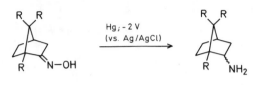

2-Amino-...-bicyclo[2.2.1]heptan
R = H; ...; 72% d.Th. (100% endo-); F: 159–161°
R = CH₃; ...-1,7,7-trimethyl-... (~100% exo)

Auf ähnliche Weise ist *3β-Amino-17β-propanoyloxy-androsten-(4)* (96% d.Th.) zu
gänglich[3]:

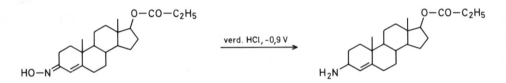

Bei −1,2 V wird das Imin erhalten (s. S. 699).

Bei der quantitativ ablaufenden Reduktion des Oxims der Phenyl-glyoxylsäure ar
Quecksilber zu *Phenylglycin* in wäßriger Acetatpuffer-Lösung (pH 4,7) in Gegenwart vor
Strychnin wird bei einem Kathodenpotential von −1,1 V bevorzugt das (−)-(R)-Enantio
mere, bei negativeren Potentialen das (+)-(S)-Derivat erhalten[4].

Das Dioxim von Pentandion-(2,4) wird überwiegend unter Ringschluß reduziert (s. S. 699), *2,4-Diamino*
pentan entsteht als Nebenprodukt[5].

Bei der Reduktion an Quecksilber von Benzaldoxim zu *N-Benzyl-hydroxylamin* wird ir
Phosphatpuffer-Lösung bei 0° gearbeitet[6].

Beim 2,4-Dihydroxy-benzophenon-oxim kann durch potentialkontrollierte Reduktior
(−0,7 V) an Quecksilber in 1 n Salzsäure mit etwas Äthanol die Imin-Zwischenstufe al
Hydrochlorid abgefangen werden[7] (s. S. 699).

1,2-Benzochinon-bis-oxim wird in alkalischem Medium (alkoholische Natronlauge) be
−1,4 V zum schwer zugänglichen α-*Nitroso-anilin* (8,5% d.Th.)[6], in saurem Medium
(Schwefelsäure) zu *1,2-Diamino-benzol* (Hauptprodukt) neben *2,3-Diamino-phenazir*
reduziert[8,9]:

[1] J. TAFEL u. E. PFEFFERMANN, B. **35**, 1510 (1902).
[2] A.J. FRY et al., Am. Soc. **89**, 6374 (1967); **91**, 6448 (1969).
[3] H. LUND, Acta chem. scand. **13**, 249 (1959).
[4] M. JUBAULT, E. RAOULT, J. ARMAND u. L. BOULARÈS, Chem. Commun. **1977**, 250.
[5] J. TAFEL u. E. PFEFFERMANN, B. **36**, 219 (1903).
[6] H. LUND, Tetrahedron Letters **1968**, 3651.
[7] H. LUND, Acta chem. scand. **18**, 563 (1964).
[8] A. DARCHEN u. D. PELTIER, Bl. **1973**, 1608.
[9] C.D. THOMPSON u. R.T. FOLEY, J. Electrochem. Soc. **119**, 177 (1972).

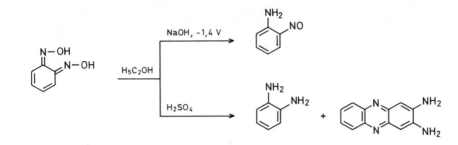

3. von C–X-Einfachbindungen

α) von C–Hal-Bindungen[1]

α₁) *unter Ersatz des Halogen-Atoms*

αα₁) gegen ein Wasserstoff-Atom

An dieser Stelle werden nur die C–Hal-Reduktionen beschrieben, die sich nicht von Acyl-halogeniden ableiten. Zur Reduktion der Acyl-halogenide s. S. 675.

Die Reduktion der C–Hal-Bindung verläuft in der Regel unter Ersatz der Halogen-Funktion gegen ein Wasserstoff-Atom. Neben radikalischen Mechanismen werden auch nukleophile Substitutionen diskutiert[2]. Auf den Radikal-Mechanismus sind die in zum Teil beachtlichen Mengen auftretenden dimeren Produkte zurückzuführen[3]. Um eine Dimerisierung bzw. Cyclisierung zu verhindern, wird in wäßrig-organischen Lösungsmitteln reduziert, meistens in saurem Milieu.

Die C–F-Bindung kann nur in wenigen Fällen hydrogenolytisch gespalten werden. Die Reduktion fluorierter Cyclohexadiene[4] und -hexenone[5] an Quecksilber zu Phenolen o. ä. wird durch die damit verbundene Aromatisierung begünstigt. So bildet sich mit hoher Stromausbeute z. B. *Hexafluor-benzol* aus den Octafluor-cyclohexadienen[4]:

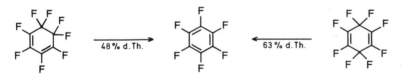

Unter Aromatisierung verläuft die Elektrolyse des folgenden Imins:

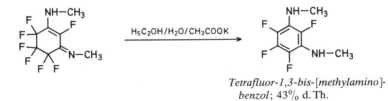

Tetrafluor-1,3-bis-[methylamino]-benzol; 43% d. Th.

Werden Alkylbromide in Gegenwart von Sauerstoff kathodisch reduziert, so erhält man unter Substitution des Brom-Atoms *Dialkyl-peroxide*, s. S. 676.

[2] O. R. Brown u. J. A. Harrison, J. Electroanal. Chem. **21**, 387 (1969).

[3] L. Eberson u. H. Schäfer, Fortschr. chem. Forsch. **21**, 132f. (1971).

[4] A. M. Doyle, A. E. Pedler u. I. C. Tatlow, Soc. [C] **1968**, 2740.

[5] A. M. Doyle u. A. E. Pedler, Soc. [C] **1971**, 282.

Bei der analogen Reduktion von Pentafluor-1-amino-3-imino-cyclopenten wird infolge fehlender Aromatisierungsmöglichkeit nur die C=N-Doppelbindung hydriert[1].

Ein Elektronenzug erleichtert also generell die C–F-Spaltung; so wird z. B. 4-Trifluor methyl-benzoesäure zu *4-Methyl-benzoesäure* (60% d. Th.)[2] reduziert. Analog verhalten sich entsprechende Sulfonsäure-Derivate; z. B.[3]:

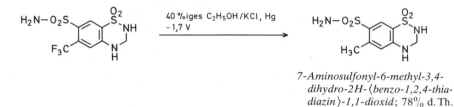

7-Aminosulfonyl-6-methyl-3,4-dihydro-2H-⟨benzo-1,2,4-thia-diazin⟩-1,1-dioxid; 78% d. Th.

Ein interessantes Beispiel für den Einfluß von Kathodenpotential und Medium ist die Reduktion von Pentafluor-benzoesäure[4]:

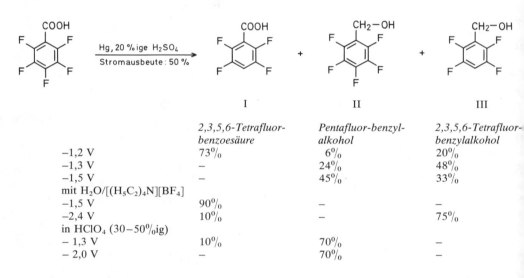

	I	II	III
	2,3,5,6-Tetrafluor-benzoesäure	*Pentafluor-benzyl-alkohol*	*2,3,5,6-Tetrafluor-benzylalkohol*
−1,2 V	73%	6%	20%
−1,3 V	−	24%	48%
−1,5 V	−	45%	33%
mit H$_2$O/[(H$_5$C$_2$)$_4$N][BF$_4$]			
−1,5 V	90%	−	−
−2,4 V	10%	−	75%
in HClO$_4$ (30−50%ig)			
− 1,3 V	10%	70%	−
− 2,0 V	−	70%	−

Auch aus Pentafluor-benzaldehyd oder -benzamid bzw. Pentafluor-4-chlor- (bzw. -amino- oder -methoxy)-benzoesäure werden bevorzugt die entsprechenden Benzylalko- hole II und III erhalten[4].

In Perfluor-octansäure-äthylester kann ebenso wie in Perfluor-glutarsäure-diäthylester bei −2 V ein Fluor- durch ein Wasserstoff-Atom ersetzt werden; bei −2,41 V wird der Glutarsäure-diester zum *2,3,3,4-Tetrafluor-glutarsäure-diäthylester* reduziert[5]:

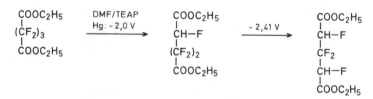

[1] A.M. Doyle u. A.E. Pedler, Soc. [C] **1971**, 282.
[2] J.P. Coleman, H.G. Gilde, I.H.P. Utley u. B.C.L. Weedon, Chem. Commun. **1970**, 738.
[3] H. Lund, Acta chem. scand. **13**, 192 (1959).
[4] P. Carrahar u. F.G. Drakesmith, Chem. Commun. **1968**, 1562; Soc. [Perkin I] **1972**, 184.
[5] A. Inesi, L. Rampazzo u. A. Zeppa, J. Electroanal. Chem. **69**, 203 (1976).

Da C–Cl bzw. C–Br-Bindungen leichter hydrogenolytisch gespalten werden als die C–F-Bindung, erhält man aus Difluor-dichlor-methan in organischen Lösungsmitteln bei -70° neben *Difluor-chlor-methan* (29% d.Th.) Dimere (s. a. S. 667)[1].

In verschiedenen trockenen organischen Lösungsmitteln wird (R)-(–)-3-Chlor-3,7-dimethyl-octan mit hoher optischer Ausbeute (bis zu 36%) zu *3,7-Dimethyl-octan* reduziert. In Acetonitril beträgt die Ausbeute 96% d.Th. (geteilte Zelle, Quecksilber- oder Blei-Kahode; Leitsalz Tetraäthylammoniumchlorid; konst. Stromdichte von 2 $A/dm^2 = ~ -2,4$ V vs. Ag/AgCl)[2].

Die Reduktion von Tetrachlor-methan zu *Chloroform* durch anodisch erzeugtes Eisen(II)-hydroxid ist als indirekte Elektrolyse anzusprechen (vgl. S. 698)[3].

Trichlor-nitro-methan wird in Äthanol/Schwefelsäure stufenweise bis zu *Methylamin* reduziert (einige Zwischenstufen können isoliert werden)[4].

Der Einfluß des Elektrolyten wurde an einer Reihe von Trichlormethyl-Verbindungen aufgezeigt; z. B.[5]:

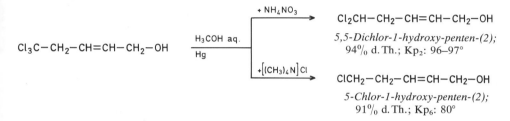

Mittels Deuteriumoxid kann in Dimethylformamid oder 1,4-Dioxan durch Reduktion von Chlor-Verbindungen gezielt deuteriert werden (z. B. 2-Halogen-naphthaline zu 2-Deutero-naphthalinen[6]; 90% d.Th.; Deuterierungsgrad bis zu 95%). Beim 4,5,6,6-Tetrachlor-1,1-dimethyl-spiro[2.3]hexen-(4) können die erhaltenen Stereoisomeren isoliert werden[7]:

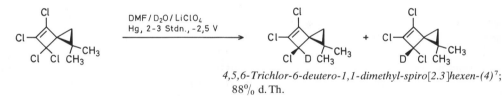

4,5,6-Trichlor-6-deutero-1,1-dimethyl-spiro[2.3]hexen-(4)[7]; 88% d.Th.

Das 4,5,6,6-Tetrachlor-1,2-dimethyl-spiro[2.3]hexadien-(1,4) liefert nur ein Isomeres:

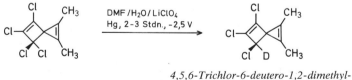

4,5,6-Trichlor-6-deutero-1,2-dimethyl-spiro[2.3]hexadien-(1,4); 88% d.Th.

[1] N.S. Stepanova, M.M. Goldin u. L.G. Feoktistov, Elektrokhimiya **12**, 1166 (1976); C.A. **85**, 132633 (1976).

[2] T. Nonaka, T. Ota u. K. Odo, Bl. Chem. Soc. Japan **50**, 419 (1977).

[3] Brit. P. 225174 (1925), Soc. Chim. Usines Rhône, Erf.: P. Prier; C. **1926** I, 230.

[4] H. Brintzinger, H.W. Ziegler u. E. Schneider, Z. Elektrochemie **53**, 109 (1949).

[5] M. Nagao, N. Sato, T. Akashi u. T. Yoshida, Am. Soc. **88**, 3448 (1966).

[6] R.N. Renaud, Canad. J. Chem. **52**, 376 (1974).

[7] M.F. Semmelhack, R.J. de Franco u. J. Stock, Tetrahedron Letters **1972**, 1371.

Mit Tritiumoxid wird das entsprechende Tritium-Derivat erhalten[1].

1-Chlor-4-chlormethyl-naphthalin wird in DMF-/Lithiumperchlorat an Quecksilber zu *1-Chlor-4-methyl-naphthalin* (66% d. Th.) reduziert[2] und die 2,2,2-Trichlor-1,1-diacet-oxy-äthane in Essigsäure/Natriumacetat zu den Dichlor-Derivaten[3]:

$$Cl_3C-CH(O-CO-CH_2-R)_2 \quad \xrightarrow{+e} \quad Cl_2CH-CH(O-CO-CH_2-R)_2$$

R = H; *2,2-Dichlor-1,1-diacetoxy-äthan*; 70% d. Th.
R = Cl; *2,2-Dichlor-1,1-bis-[chloracetoxy]-äthan*; 80% d. Th.

Trichlor-hydroxy-äthanphosphonsäure-diester können zu den Dichlor-Verbindungen reduziert werden, die anschließend durch den sauren Elektrolyten (0,5 n methanol. Schwefelsäure) dehydratisiert werden (geteilte Zelle, Quecksilber-Kathode, Platin-Anode; keine Potentialkontrolle, Kathodenstromdichte 6–15 mA/cm²)[4]:

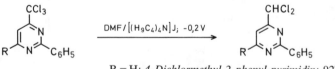

z. B.: $R^1 = R^2 = CH_3$; *2,2-Dichlor-äthen-phosphonsäure-dimethylester*; 60% d. Th. $Kp_{0,5}$: 79°
$R^1 = R^2 = CH(CH_3)_2$; *2,2-Dichlor-äthenphosphonsäure-diisopropylester*; 63% d. Th.; $Kp_{0,2}$: 79°

Die sehr gut untersuchte Reduktion von Trichlor- und Dichloressigsäure zur *Chloressig-säure* kann in einer dreigeteilten Zelle durchgeführt werden. Mit wäßrigem Ammoniak/Ammoniumchlorid erhält man an Quecksilber (Anolyt Kochsalzlösung; Graphit-Anode; Kathodenpotential −1,15 V vs. Ag/AgCl) 84% d. Th. Chloressigsäure[5].
Industriell werden Mutterlaugen der Chloressigsäure-Produktion in ähnlicher Weise behandelt, da sie erhebliche Mengen Di- und Trichloressigsäure enthalten. Die Reduktion (Magnetit-Kathode/mineralsaures Medium/65°) bleibt bei der Stufe der Chloressigsäure stehen, da das letzte Chlor-Atom nur schwer abzuspalten ist[6].
4-Trichlormethyl-2-phenyl-pyrimidine können selektiv mit hoher Ausbeute in die entsprechenden 4-Dichlormethyl-2-phenyl-pyrimidine übergeführt werden[7]:

R = H; *4-Dichlormethyl-2-phenyl-pyrimidin;* 92% d. Th.
R = Cl; *6-Chlor-4-dichlormethyl-2-phenyl-pyrimidin*; 92% d. Th.

N-Alkyl-Derivate des 2,2-Dichlor-3-oxo-butansäure-amids lassen sich im kg-Maß-stabe bei niedrigen Potentialen selektiv zu 2-Chlor-3-oxo-butansäure-alkylamiden reduzieren[8]:

[1] M. F. SEMMELHACK, R. J. DE FRANCO u. J. STOCK, Tetrahedron Letters **1972**, 1371.
[2] R. N. RENAUD, Canad. J. Chem. **52**, 376 (1974).
[3] H. MATSCHINER, R. VOIGTLÄNDER u. B. HESSE, Z. Chem. **17**, 102 (1977).
[4] H. MATSCHINER u. C. RICHTER, J. pr. **318**, 768 (1976).
[5] P. E. IVERSEN, J. Chem. Educ. **48**, 136 (1971).
[6] DOS 848807 (1952), Lech-Chemie Gersthofen, Erf.: P. HEISEL; C. A. **50**, 6229 (1956).
[7] P. MARTIGNY u. H. LUND, Acta chem. scand. B **33**, 575 (1979).
[8] DOS 1924189 (1969), Shell, Erf.: D. L. PEARSON; C. A. **72**, 50390 (1970).

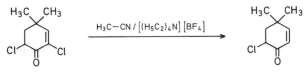

$$\text{H}_3\text{C}-\text{CO}-\text{CCl}_2-\text{CO}-\text{NR}^1\text{R}^2 \xrightarrow[\text{C-Anode}]{\text{HCl/H}_2\text{O, Cu-Kathode}} \text{H}_3\text{C}-\text{CO}-\overset{\overset{\text{Cl}}{|}}{\text{CH}}-\text{CO}-\text{NR}^1\text{R}^2$$

z. B.: $R^1 = H$; $R^2 = CH_3$ (–0,4 V);
2-Chlor-3-oxo-butansäure-methylamid; 89% d. Th.

In manchen Fällen ist ein Harnstoff-Zusatz vorteilhaft[1].

1-Chlor-3-oxo-, 1-Chlor-3-oxo-6,6-dimethyl- sowie 1,4-Dichlor-3-oxo-6,6-dime-thyl-cyclohexen werden in Acetonitril/Tetrabutylammonium-tetrafluoroborat mit guter Ausbeute unter Ersatz des C_{vinyl}-Cl-Atoms reduziert ($E_K = -2,05$ V vs. $Ag/Ag^{\oplus}$ an Quecksilber, geteilte Zelle)[2]:

$$\text{H}_3\text{C-CN}/[(\text{H}_5\text{C}_2)_4\text{N}][\text{BF}_4]$$

4-Chlor-3-oxo-6,6-dimethyl-cyclohexen; 66% d. Th.

Zur selektiven Dechlorierung von 3-Chlor-2-acyl-5,6-dihydro-4H-pyranen in wäßrigem Medium zu 2-Acyl-5,6-dihydro-4H-pyranen s. Lit.[3].

Bei der reduktiven Elektrolyse von 1-Chlor-2-methyl-2-phenyl-propan in wäßrigem DMF (Leitsalz Tetrabutylammoniumtosylat) an Quecksilber (–2,4 V; Platin-Anode) wird neben *tert.-Butyl-benzol* (~70% d. Th.) auch *Isobutyl-benzol* erhalten[4].

Zu unter Dechlorierung bzw. Dehydrochlorierung verlaufenden Reduktionen von Polychlor-diphenyl-äthanen bzw. Polychlor-styrolen s. S. 626 ff.

Bei 2,2,2-Trichlor-äthanolen bzw. deren O-Sulfonyl- bzw. O-Acyl-Derivaten wird in saurem Medium in einer Sekundär-Reaktion teilweise unter Abspaltung von Sulfonsäure bzw. Carbonsäure das 1,1-Dichlor-äthen-Derivat erhalten:

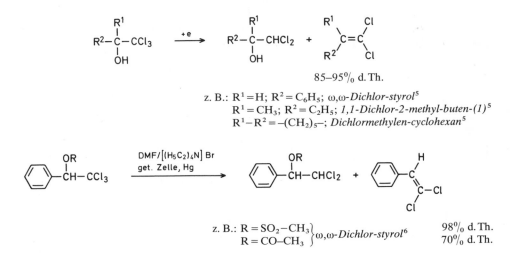

$$\text{R}^2-\overset{\overset{\text{R}^1}{|}}{\underset{\underset{\text{OH}}{|}}{\text{C}}}-\text{CCl}_3 \xrightarrow{+e} \text{R}^2-\overset{\overset{\text{R}^1}{|}}{\underset{\underset{\text{OH}}{|}}{\text{C}}}-\text{CHCl}_2 \; + \; \overset{\text{R}^1}{\underset{\text{R}^2}{>}}\text{C}=\text{C}\overset{\text{Cl}}{\underset{\text{Cl}}{<}}$$

85–95% d. Th.

z. B.: $R^1 = H$; $R^2 = C_6H_5$; *ω,ω-Dichlor-styrol*[5]
$R^1 = CH_3$; $R^2 = C_2H_5$; *1,1-Dichlor-2-methyl-buten-(1)*[5]
$R^1-R^2 = -(CH_2)_5-$; *Dichlormethylen-cyclohexan*[5]

$$\xrightarrow[\text{get. Zelle, Hg}]{\text{DMF}/[(\text{H}_5\text{C}_2)_4\text{N}]\text{Br}}$$

z. B.: R = SO$_2$–CH$_3$ $\Big\}$ *ω,ω-Dichlor-styrol*[6]   98% d. Th.
      R = CO–CH$_3$ 70% d. Th.

[1] DOS 1924189 (1969), Shell, Erf.: D.L. PEARSON; C.A. **72**, 50390 (1970).
[2] P. TISSOT u. P. MARGARETHA, Electrochim. Acta **23**, 1049 (1978); vgl. Helv. **60**, 1472 (1977).
[3] A. LEBOUC, H. VAN ROOIJEN, O. RIOBÉ u. G. LE GUILLANTON, Electrochim. Acta **24**, 1119 (1979).
[4] L. EBERSON, Acta chem. scand. **22**, 3045 (1968).
[5] A. MERZ, Ang. Ch. **89**, 54 (1977).
[6] A. MERZ, Electrochim. Acta **22**, 1271 (1977).

Dagegen erhält man aus 2,2,2-Trichlor-1-methoxy-1-phenyl-äthan und 2,2,2-Trichlor-1-phenyl-äthan ausschließlich *2,2-Dichlor-1-methoxy-1-phenyl-äthan* bzw. *2,2-Dichlor-1-phenyl-äthan*[1].

ω,ω-**Dichlor-styrol; allgemeine Herstellungsvorschrift**[2]**:** In einer geteilten Elektrolysezelle mit Kühlmantel, magnetisch gerührter Quecksilber-Kathode und Graphit-Anode werden Kathoden- und Anodenraum mit Grundelektrolyt (1,5 m HCl, 0,1 m [(C$_2$H$_5$)$_4$N]$^\oplus$ TOS$^\ominus$, 0,5 m [(C$_2$H$_5$)$_3$NH]Cl in 95%igem Äthanol) beschickt. Man stellt das Kathodenpotential ein (je nach Substanz −1,3 bis −1,5 V vs. SCE) und mißt den resultierenden Grundstrom. Nach Zugabe des Trichlor-äthanols (∼ 0,35 m) wird elektrolysiert, bis der Elektrolysestrom unter den Grundstrom gefallen ist. Nach Eingießen des Katholyten in Wasser extrahiert man mit Pentan und destilliert.

Bei der Reduktion aromatischer Kohlenwasserstoffe in Gegenwart von Alkylhalogeniden kann Elektrochemilumineszenz auftreten; ebenso bei der Elektrolyse von 9,10-Dichlor-9,10-dihydro-9,10-diphenyl-anthracen in aprotischen Solventien[3].

Zur Reduktion von 4-Chlor-chinazolin zum *Chinazolin* (100% d. Th.) s. Lit.[4].

Bei bicyclischen 1,1-Dichlor(Dibrom)-cyclopropanen erhält man als Reduktionsprodukt überwiegend das *exo*-Chlor(Brom)-Derivat I (61–100%) bei 80–90% d. Th. Totalausbeute. Reduziert wird in geteilter Zelle an Quecksilber (in DMF oder Methanol mit Lithiumchlorid, auch mit Zusatz von Wasser oder Salzsäure; Anolyt identisch mit zus. 10% Hydrazin)[5]:

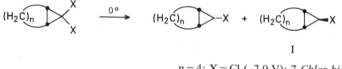

I

n = 4; X = Cl (−2,0 V); *7-Chlor-bicyclo[4.1.0]heptan*
X = Br (−1,1 V); *7-Brom-bicyclo[4.1.0]heptan*
n = 6; X = Br (−1,1 V); *9-Brom-bicyclo[6.1.0]nonan*

Analog erhält man aus 7,7-Dibrom-bicyclo[4.1.0]hepten-(3) *7-Brom-bicyclo[4.1.0]hepten-(3)* (80–90% d. Th.).

Bei 6-Chlor(Brom)-1-phenyl-hexinen-(1) wird bei verschiedenen Kathodenpotentialen stets die C-Hal-Bindung gespalten, als Nebenreaktion tritt Dehydrohalogenierung, Reduktion der C≡C-Dreifachbindung und Cyclisierung (s. S. 578) ein[6]:

$$\text{C≡C−(CH}_2)_4\text{−X} \xrightarrow{+e/DMF} \text{C≡C−(CH}_2)_3\text{−CH}_3 + \text{C≡C−(CH}_2)_2\text{−CH=CH}_2$$

I; *1-Phenyl-hexin-(1)*   II; *1-Phenyl-hexen-(5)-in-(1)*

$$+ \quad \text{CH=CH−(CH}_2)_3\text{−CH}_3 + \text{(CH}_2)_5\text{−CH}_3$$

III; *1-Phenyl-hexen-(1)*   IV; *1-Phenyl-hexan*

	Volt	I	II	III	IV	
X = Cl	−2,45	15%	–	13%	23%	+ cycl. Derivate
X = Br	−2,45	58%	9%	–	–	+ cycl. Derivate
	−2,60	17%	–	13%	–	+ cycl. Derivate
	−2,85	–	–	–	100	–

[1] A. MERZ, Electrochim. Acta **22**, 1271 (1977).
[2] A. MERZ, Ang. Ch. **89**, 54 (1977).
[3] T.M. SIEGEL u. H.B. MARK, Am. Soc. **93**, 6281 (1971).
[4] H. LUND, Acta chem. scand. **18**, 1984 (1964).
[5] A.J. FRY u. R.H. MOORE, J. Org. Chem. **33**, 1283 (1968).
[6] W.M. MOORE u. D.G. PETERS, Tetrahedron Letters **1972**, 453.

α-Brom(Chlor)-ketone der allgemeinen Formel I werden in Acetonitril/Wasser (6:1) mit Tetraäthylammonium-tosylat als Leitsalz quantitativ zu den halogenfreien Ketonen reduziert[1]:

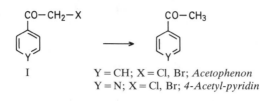

I   Y = CH; X = Cl, Br; *Acetophenon*
           Y = N; X = Cl, Br; *4-Acetyl-pyridin*

Dichlor(Dibrom)-sulfone können in saurem Milieu (Phenol oder Essigsäure) selektiv in die Chlor(Brom)-sulfone überführt werden[2]:

$$(R-SO_2)_2CX_2 \xrightarrow[DMF/[(H_5C_2)_4N]ClO_4]{Hg\ oder\ Pt} (R-SO_2)_2CH-X$$

z. B.: X = Cl; R = C_2H_5; *Chlor-bis-[äthylsulfonyl]-methan*
        R = C_6H_5; *Chlor-bis-[phenylsulfonyl]-methan*
X = Br; R = CH_3; *Brom-bis-[methylsulfonyl]-methan*
        R = C_4H_9; *Brom-bis-[butylsulfonyl]-methan*

Nitrobenzol und dessen Anion-Radikal (ESR!) entstehen bei der Reduktion von Chlor(Brom)-nitro-benzolen in organischen Solventien (ungeteilte Zelle). In Trideuteroacetonitril/Tetraäthylammoniumperchlorat werden Deutero-nitro-benzole erhalten[3].

Auf ähnliche Weise erhält man aus Chlor(Brom)-benzonitrilen (Platin-Elektroden; DMF; –2,1 V) unter Helium in ungeteilter Zelle *Benzonitril* (85–92% d. Th.)[4].

Bei der Elektrolyse von Alkylbromiden werden i. a. die dimeren Kohlenwasserstoffe (s. S. 677ff.) erhalten; monomere Kohlenwasserstoffe und Olefin sind Nebenprodukte[5]. Dennoch erhält man z. B. aus 1-Brom-decan in DMF an Quecksilber bei –1,9 V überwiegend das *Decan* (44%)[6].

Aus 1,4-Dibrom-bicyclo[2.2.1]heptan wird dagegen *Bicyclo[2.2.1]heptan* bei –20° bis –30°C an Pt als Hauptprodukt erhalten (vgl. a. S. 669)[7].

Zur Reduktion von 1-Brom-adamantan zum *Adamantan* in Methanol/Tetramethylammoniumchlorid s. Lit.[8].

α,α'-Dibrom-ketone können in Essigsäure zu den halogenfreien Ketonen reduziert werden[9]:

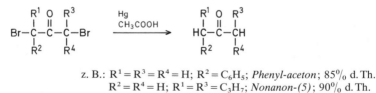

z. B.: $R^1 = R^3 = R^4 = H$; $R^2 = C_6H_5$; *Phenyl-aceton*; 85% d. Th.
        $R^2 = R^4 = H$; $R^1 = R^3 = C_3H_7$; *Nonanon-(5)*; 90% d. Th.
        $R^1-R^3 = -(CH_2)_3-$; *Cyclohexanon*; 89% d. Th.

I. Rubinstein u. E. Kariv, Tetrahedron **32**, 1487 (1976).
J.-G. Gourcy, G. Jeminet u. J. Simonet, Bl. **1975**, 1713.
R.F. Nelson, A.K. Carpenter u. E.T. Seo, J. Electrochem. Soc. **120**, 206 (1973).
D.E. Bartak, K.J. Houser, B.C. Rudy u. M.D. Hawley, Am. Soc. **94**, 7526 (1972).
P.W. Jennings, D.G. Pillsbury, J.L. Hall u. V.T. Brice, J. Org. Chem. **41**, 719 (1976); **43**, 4364 (1978).
G.M. McNamee, B.C. Willett, B.M. La Perriere u. D.G. Peters, Am. Soc. **99**, 1831 (1977).
K.B. Wiberg, W.F. Bailey u. M.E. Jason, J.Org. Chem. **41**, 2711 (1976).
vgl. a. W.F. Carroll u. D.G. Peters, J. Org. Chem. **43**, 4633 (1978); Tetrahedron Letters **1978**, 3543.
L. Horner u. H. Röder, B. **101**, 4179 (1968).
A.J. Fry u. J.J. O'Dea, J. Org. Chem. **40**, 3625 (1975).

Die Reaktion läuft beim 2,5-Dibrom-cyclopentanon auch ohne Säure-Zusatz ab (43%/ d. Th. *Cyclopentanon*); in Gegenwart von Säure erhält man die α,β-ungesättigten Ketone So erhält man z. B. aus 4-Brom-3-oxo-2,4-dimethyl-cyclopenten 32% d. Th. *3-Oxo-2,4 dimethyl-cyclopenten*[1]:

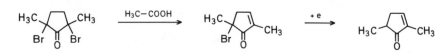

Wird an Quecksilber in Gegenwart von Nucleophilen elektrolysiert, so resultieren α Alkoxy-, α-Hydroxy- bzw. α-Acyloxy-ketone[1-3]:

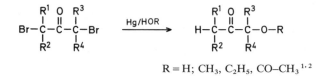

$$R = H;\ CH_3,\ C_2H_5,\ CO-CH_3\ ^{1,2}$$

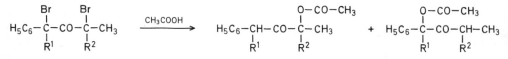

z. B.: $R^1 = CH_3$; $R^2 = H$; *2-Acetoxy-3-oxo-2-phenyl-pentan*[4]; 64% d. Th.
$R^1 = H$; $R^2 = CH_3$; *2-Acetoxy-3-oxo-2-methyl-4-phenyl-butan*[4]; 83% d. Th

Auf analoge Weise erhält man aus 1,2-Dibrom-3-oxo-bicyclo[3.2.1]octan 73% d. Th *2-Acetoxy-3-oxo-bicyclo[3.2.1]octan*[5]:

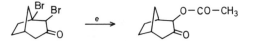

Aus Benzylbromid wird in Acetonitril/Tetraäthylammoniumbromid an Quecksilber be niedrigeren Potentialen überwiegend *Dibenzyl-quecksilber*, bei höherem Potential 100%/ d. Th. *Toluol* gebildet[3]. *Trypticen* erhält man zu 84% d. Th. aus dem 1-Brom-Derivat i Methanol/Tetramethylammoniumchlorid[6].

Bei der Reduktion von Bis-[α-brom-alkyl]-phosphinsäure-methylester wird neben de C–Br-Hydrogenolyse auch unter zusätzlicher C–P-Spaltung Dimerisierung beobachtet[7]

[1] A.J. Fry u. J.J. O'Dea, J. Org. Chem. **40**, 3625 (1975).
[2] J.P. Dirlam, L. Eberson u. J. Casanova, Am. Soc. **94**, 240 (1972).
[3] O.R. Brown, H.R. Thirsk u. B. Thornton, Electrochim. Acta **16**, 495 (1971).
[4] A.J. Fry u. J.P. Bujanauskas, J. Org. Chem. **43**, 3157 (1978).
[5] A.J. Fry u. G.S. Ginsburg, Am. Soc. **101**, 3927 (1979).
[6] L. Horner u. H. Röder, B. **101**, 4179 (1968).
[7] L. Horner u. H. Fuchs, Tetrahedron Letters **1963**, 1573.
L. Horner, F. Röttger u. H. Fuchs, B. **96**, 3143 (1963).

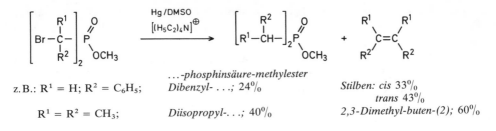

z.B.: R^1 = H; R^2 = C_6H_5; *...-phosphinsäure-methylester* *Stilben: cis* 33%
  Dibenzyl- ...; 24% *trans* 43%

R^1 = R^2 = CH_3; *Diisopropyl-*...; 40% *2,3-Dimethyl-buten-(2);* 60%

Unter stereochemischen Gesichtspunkten wurde die kathodische Reduktion von Brom-malein- und -fumarsäure sowie deren Diäthylestern in wäßrigen Pufferlösungen an einer Quecksilber-Kathode untersucht. Stets überwiegt im Produktgemisch *Fumarsäure*; lediglich aus Brom-maleinsäure werden max. 37% d. Th. *Maleinsäure* (bei p_H 4,3) neben erheblichen Mengen *3,4-Dicarboxy-hexadien-(2,4)-disäure* erhalten[1].

In Acetonitril/Tetraäthylammoniumperchlorat wird die C_{Aryl}-Br-Bindung an Quecksilber hydrogenolysiert; so erhält man *Benzol* (100% d. Th.) aus Brombenzol bzw. *Pyridin* (60% d. Th.) aus 2-Brom-pyridin[2].

Auch substituierte Brombenzole unterliegen dieser Reduktion:

Br—⟨ ⟩—R $\xrightarrow{[(H_5C_2)_4N]\ Br/Hg}$ ⟨ ⟩—R

R = 4–(Cl–CH$_2$–CH$_2$) (DMF, get. Zelle); *2-Chlor-1-phenyl-äthan*[3]; 99% d. Th.
R = CO–CH$_3$ (DMF, get. Zelle) ⎫
  (Acetonitril, –2 V) ⎬ *Acetophenon* 94% d. Th.[3]
          70% d. Th.[4]

10-Brom-9-methyl-phenanthren liefert *9-Methyl-phenanthren* [Hg(–1,8 V vs Ag/AgJ/DMF), DMF/NaClO$_4$][5].

Jod-Verbindungen setzen sich elektrolytisch oft zu dimeren Kohlenwasserstoffen und Alkyl-metall-Verbindungen um (s. S. 624, 677ff.). In DMF werden jedoch aus Jod-alkanen neben Alkanen auch Alkene gebildet[6] (vgl. a. Bd. V/1a, S. 290).

So erhält man z. B. aus 1-Jod-decan in DMF/TEAP an Quecksilber lediglich bei –1,1 V vs. Cd(Hg)/CdCl$_2$/NaCl] ausschließlich *Didecyl-quecksilber*; ansonsten werden wechselnde Gemische von *Decan, Decen-(1), Decanol-(1)* sowie *N-Methyl-N-decyl-formamid* (bei –1,9 V; 40% d. Th.) erhalten[7]. Zur Reduktion von 3-Brom-1-phenyl-propan zu *Propyl-benzol* s. S. 619.

9-(2-Jod-phenyl)-9,10-dihydro-acridin wird nahezu quantitativ in das *9-Phenyl-9,10-dihydro-acridin* überführt (s. a. S. 593)[8].

Perfluorhexyljodid wird in DMF/Lithiumchlorid/Tetrabutylammoniumjodid zu *1H-Perfluor-hexan* reduziert. Mit Lithiumperchlorat als Leitsalz entstehen quecksilberorganische Verbindungen (s. S. 615)[9].

Durch Zugabe von Deuteriumoxid zum Dimethylformamid (Leitsalz Tetraäthylammoniumbromid) kann Jod-benzol an Quecksilber mit bis zu 70% d. Th. in *Deutero-benzol* überführt werden[10].

[1] P. J. ELVING, J. ROSENTHAL, J. R. HAYES u. A. J. MARTIN, Anal. Chem. **33**, 330 (1961).
[2] J. E. O'REILLY u. P. J. ELVING, J. Electroanal. Chem. **75**, 507 (1977).
[3] A. J. FRY, M. MITNICK u. R. G. REED, J. Org. Chem. **35**, 1232 (1970).
[4] W. J. M. VAN TILBORG u. C. J. SMIT, Tetrahedron Letters **1977**, 3651.
[5] C. ADAMS, N. M. KAMKAR u. J. H. P. UTLEY, Soc. [Perkin II] **1979**, 1767.
[6] J. GRIMSHAW u. J. S. RAMSAY, Soc. [B] **1968**, 60.
[7] G. M. McNAMEE, B. C. WILLETT, D. M. LA PERRIERE u. D. G. PETERS, Am. Soc. **99**, 1831 (1977).
[8] J. L. LINGANE, C. G. SWAIN u. M. FIELDS, Am. Soc. **65**, 1348 (1943).
[9] P. CALAS u. A. COMMEYRAS, J. Electroanal. Chem. **89**, 363 (1978).
[10] R. A. DE LA TORRE u. J. W. SEASE, Am. Soc. **101**, 1687 (1979).

Aus 4-Brom-1-jod-benzol wird in ungeteilter Zelle (90%iges Äthanol/Tetraäthylammoniumjodid, Hydrazin-Hydrat als anod. Depolarisator) 94% d.Th. *Brombenzol*[1] erhalten.

Zum Austausch des Jods in 4-Jod-1-nitro-benzol durch ein C-Atom s. S. 672. Zur stereoselektiven Deuterolyse von 3α- und 3β-Jod-cholestan zum *3β-Deutero-cholestan*[2] in Gegenwart eines Cobalt-Komplexes s. Lit.

$\alpha\alpha_2$) durch Metall

Halogen-Atome können in Halogen-alkanen oder -arenen durch ein Metall-Atom ersetzt werden. Dies gelingt entweder durch Umsetzung von Metallsalzen mit dem organischen Substrat an einer inerten Elektrode oder durch Einsatz einer „Opferelektrode", hier also einer Kathode aus dem betreffenden Metall. Da eine direkte Auflösung nur anodisch erfolgen kann, wird kathodisch ein reaktives Anion-Radikal des organischen Substrates die Metall-Kathode angreifen[3].

Eingehend wurde die Herstellung von *Tetraäthyl-blei* durch Elektrolyse von Äthylbromid an Blei-Kathoden untersucht, die auch großtechnische Bedeutung besitzt. Als Lösungsmittel werden aprotische Solventien (DMF) eingesetzt; quartäre Ammoniumsalze als Leitsalze haben den Vorteil, daß das Solvens nicht streng wasserfrei sein muß. Es sind Stromausbeuten bis zu 92% und Materialausbeuten bis zu 75% d.Th. realisierbar[4].

Tetramethyl-blei ist auf ähnliche Weise (SA 85%; 80% d.Th.) aus Methylbromid herstellbar; in Acetonitril/Wasser oder Äthanol werden Ausbeuten bis zu 92% d.Th. erreicht[5].

Tetramethyl-zinn wird durch Elektrolyse von Methyljodid an einer Zinn-Kathode (in DMF/Tetrabutylammoniumperchlorat; −1,92 V; 67% SA) gewonnen. Dagegen wird bei der Elektrolyse von Äthyl-, Propyl- oder Butyljodid hauptsächlich Butan, Hexan bzw. Octan gebildet[6]. 3-Jod-propansäure-nitril liefert in 0,5 n Schwefelsäure mit guten Ausbeuten wiederum *Tetrakis-[2-cyan-äthyl]-zinn*[7] (65% d.Th.); *Tetrakis-[2-cyan-äthyl]-blei* hingegen nur zu 13% d.Th.[7].

An einer Magnesium-Kathode kann Zinn(II)-bromid mit Butylbromid in Butanol elektrolytisch zu *Dibutyl-zinndibromid* umgesetzt werden[8].

Verhältnismäßig leicht verläuft die – oft unerwünschte – Bildung von Alkyl-quecksilber-Verbindungen bei der Elektrolyse von Halogen-Verbindungen an einer Quecksilber-Kathode. So erhält man z. B. aus Perfluor-1-jod-hexan in DMF/Lithiumperchlorat an einer Quecksilber-Kathode bei −0,35 V bzw. bei −0,75 bis −0,85 V *Perfluor-hexyl-quecksilberjodid* und *Bis-[perfluor-hexyl]-quecksilber* (∼100% d.Th.)[9].

Potentialspezifisch bildet sich aus 1-Jod-decan in DMF/Tetrabutylammoniumperchlorat bei −1,1 V [Cd(Hg)/CdCl$_2$/Cl$^\ominus$] quantitativ *Didecyl-quecksilber*; bei negativeren Po-

[1] A.J. FRY, M. MITNICK u. R.G. REED, J. Org. Chem. **35**, 1232 (1970).
[2] L. WALDER, G. RYTZ, K. MEIER u. R. SCHEFFOLD, Helv. **61**, 3013 (1978).
[3] Eine gute Übersicht (mit Zellskizze) gibt G.A. TEDORADZE in J. Organometal. Chem. **88**, 1 (1975); s. auch D. G. TRUCK, Pure Appl. Chem. **51**, 2005 (1979).
[4] Holl. P. 6 508 049 (1964), DuPont; C.A. **64**, 17 048 (1966).
  US.P. 1 567 159 (1925), General Motors Co., Erf.: G. BEAD; C. **1926** I, 2052.
  M. FLEISCHMANN, D. PLETCHER u. C.J. VANCE, J. Electroanal. Chem. **29**, 325 (1971).
[5] US.P. 3 392 098 (1968), Atlas Chem. Ind., Erf.: A.J. RESTAINO u. R.F. HORNBERKE; C.A. **69**, 86 470 (1968).
[6] M. FLEISCHMANN, G. MENGOLI u. D. PLETCHER, Electrochim. Acta **18** 231 (1973).
[7] A.P. TOMILOV, Y.D. SMIRNOV u. S.L. WARSCHAWSKIJ, Ž. obšč. Chim. **35**, 391 (1965); engl.: 390.
[8] USSR.P. 184 853 (1965), L.C. ARMENSKAJA; C.A. **66**, 71 949 (1967).
  s. auch USSR.P. 172 785 (1964), L.C. ARMENSKAJA et al., C.A. **64**, 1662 (1966).
[9] P. CALAS et al., J. Electroanal. Chem. **78**, 271 (1977); **89**, 363 (1978).

entialen treten andere Verbindungen in den Vordergrund (Decan, Decen, etc.)[1]. Ähnlich ind die Verhältnisse bei Benzylhalogeniden:

$$H_5C_6—CH_2—X \xrightarrow{\ \ Hg\ \ } (H_5C_6—CH_2)_2Hg$$

Dibenzyl-quecksilber

X = Cl {DMF/[(C$_4$H$_9$)$_4$N]ClO$_4$[2] bzw. C$_2$H$_5$OH/CH$_3$COOH/CH$_3$COONa, –1,0 V}; 30% SA[3]
X = Br {CH$_3$CN/[(C$_2$H$_5$)$_4$N]Br, –1,35 V vs. Ag/Ag$^{⊕}$}; 65% SA[3]

Bei negativeren Potentialen bildet sich stets fast nur Toluol. Wird Benzylchlorid in Gegenwart des Leitsalzes Tetraäthylammoniumbromid elektrolysiert, so tritt Benzylbromid als Nebenprodukt auf[3].

In Methanol/Lithiumbromid werden auf ähnliche Weise *Bis-[4-methyl-* (bzw. *4-tert.-butyl-*; bzw. *-3,4-dichlor)-benzyl]-quecksilber* (27–64% d. Th.) gewonnen[4].

Aus α,ω-Dibromiden (DMF oder CH$_3$CN/Tetrabutylammonium-tetrafluoroborat) sind symmetrische offenkettige Organo-quecksilber-Verbindungen zugänglich[5].

Diphenyl-quecksilber läßt sich in mittlerer Ausbeute durch Elektrolyse von Diphenyl-jodoniumhydroxid an Quecksilber (bei –1,6 V) herstellen[6]. Analog erhält man *Bis-[4-methyl-* (bzw. *-4-methoxy)-phenyl]-quecksilber*.

α$_3$) *durch Halogen-Abspaltung unter Ausbildung einer C–C-Mehrfachbindung*

Mehrfach halogenierte vicinale Verbindungen vom Tetrachloräthan- oder -äthen-Typ werden in z. Tl. guten Ausbeuten zu den entsprechenden Äthen- oder Äthin-Derivaten enthalogeniert und damit reduziert (vgl. S. 615). So werden z. B. 1,2,2,2-Tetrachlor-1-methoxy- oder -1-acetoxy-äthan in Essigsäure mit 75% Ausbeute zu *2,2-Dichlor-1-methoxy-* bzw. *2,2-Dichlor-1-acetoxy-äthen* reduziert[7]:

$$\begin{array}{c} Cl \\ | \\ Cl_3C—CH—OR \end{array} \xrightarrow{+ e / CH_3COOH} Cl_2C=CH—OR$$

R = CH$_3$, CO–CH$_3$

Perchlorierte 1,1-Diphenyl-äthane können vollständig dechloriert werden, wobei auch das betreffende Styrol-Derivat entsteht (Kathode: Quecksilber-Pool, Anode: Silberdraht; Elektrolyt: 85%iges Äthanol/Tetramethylammoniumchlorid, ungeteilte Zelle)[8]; z. B.:

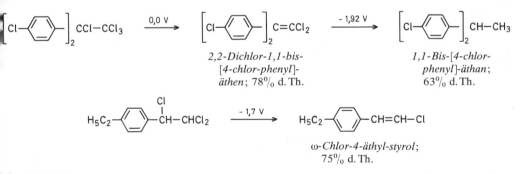

2,2-Dichlor-1,1-bis-
[4-chlor-phenyl]-
äthen; 78% d. Th.

1,1-Bis-[4-chlor-
phenyl]-äthan;
63% d. Th.

$$H_5C_2—\!\!\left\langle\ \right\rangle\!\!—\!\!\begin{array}{c}Cl\\|\\CH—CHCl_2\end{array} \xrightarrow{-1,7\ V} H_5C_2—\!\!\left\langle\ \right\rangle\!\!—CH=CH—Cl$$

ω-Chlor-4-äthyl-styrol;
75% d. Th.

[1] G.M. McNamee, B.C. Willett, D.M. la Perriere u. D.G. Peters, Am. Soc. 99, 1831 (1977).
[2] S. Wawzonek, R.C. Duty u. I.H. Wagenknecht, J. Electrochem. Soc. 111, 74 (1964).
[3] O.R. Brown, H.R. Thirsk u. B. Thornton, Electrochim. Acta 16, 495 (1971).
[4] J. Grimshaw u. J.S. Ramsay, Soc. [B] 1968, 60.
[5] J. Casanova u. H.R. Rogers, Am. Soc. 96, 1942 (1974).
[5] J.A. Azoo, F.G. Coll u. J. Grimshaw, Soc. [C] 1969, 2521.
[7] H. Matschiner, R. Voigtländer u. B. Hesse, Z. Ch. 17, 102 (1977).
[8] I. Rosenthal u. R.J. Lacoste, Am. Soc. 81, 3268 (1959).

Die Elektrolyse von 1,2-Dichlor(brom)-1,2-diphenyl-äthanen in Dimethylformamid führt zu einem Gemisch von *cis*- und *trans-Stilben* (Totalausbeuten bis 85% d.Th.). Sie kann sowohl direkt (am Quecksilber-pool) als auch indirekt (durch kathodisch erzeugte Anion-Radikale) durchgeführt werden. Das Verhältnis von *cis*- zu *trans*-Stilben ist Leit-salz-abhängig; nur beim Tetraalkylammoniumbromid überwiegt die *cis*-Verbindung[1].

Die Reduktion von 1-Fluor-1,1,2,2-tetrabrom-äthan in verdünnter Salzsäure (geteilte Zelle; Blei-Kathode und Platin-Anode) liefert unter vollständiger Debromierung neben *Fluoracetylen* das *Acetylen* selbst (zusammen 67–75% d.Th.), als Zwischenstufe entsteh *1-Fluor-1,2-trans-brom-äthen*, das direkt elektrolysiert ausschließlich Acetylen liefert[2]:

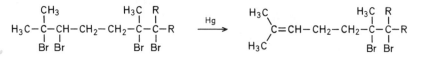

In Essigsäure/Natriumacetat wird 1,1,1-Trifluor-2-chlor-2-brom-äthan (Halothan) bzw. 1,2,2-Trifluor-1,1,2-trichlor-äthan an Quecksilber zu *2,2-Difluor-1-chlor-äther* (80% d.Th.) bzw. *1,2,2-Trifluor-1-chlor-äthen* (85% d.Th.) reduziert[3].

2,4-Dibrom-3-oxo-2,4-dimethyl-pentan wird kathodisch (an Quecksilber in aproti-schen Solventien) zu *3-Oxo-2,4-dimethyl-penten-(1)* reduziert[3]. Das intermediär gebil-dete Cyclopropanon-Derivat kann mit Nukleophilen (z.B. Alkoholen, Essigsäure) abge-fangen werden (s.S. 669)[3,4].

Bis-vicinale Tetrabrom-Verbindungen können selektiv unter Mono-debromierung zum vicinalen Dibrom-olefin reduziert werden; z.B.[5]:

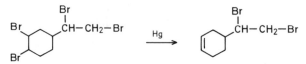

R = H; *6,7-Dibrom-2,6-dimethyl-hepten-(2)*; 61% d.Th.
R = CH₃; *6,7-Dibrom-2,6,7-trimethyl-octen-(2)*; 79% d.Th.

4-(1,2-Dibrom-äthyl)-cyclohexen; 62% d.Th.

Die Reduktion von 2,4-Dibrom-3-oxo-1,5-diphenyl-pentadien-(1,4) an Quecksil-ber/Dimethylformamid /Tetramethylammoniumperchlorat bei −1,1 Volt führt zu *3-Oxo-1,5-diphenyl-penten-(4)-in-(1)*[6]:

$$H_5C_6-CH=C-C-C=CH-C_6H_5 \xrightarrow[\text{HCO-N(CH}_3)_2\text{ / }[\text{(H}_3\text{C)}_4\text{N]ClO}_4]{-1,1\,V,\,Hg} H_5C_6-C\equiv C-\overset{O}{\overset{\|}{C}}-CH=CH-C_6H_5$$

2,4-Dibrom-3-oxo-2,4-dimethyl-bicyclo[*3.2.1*]octan liefert kathodisch *3-Oxo-2-me-thyl-4-methylen-bicyclo[3.2.1]octan* in hoher Ausbeute[7]:

[1] H. LUND u. E. HOBOLTH, Acta chem. scand. **B 30**, 895 (1976).
[2] K.M. SMIRNOW u. A.P. TOMILOV, Elektrokhimiya **11**, 784 (1975); C.A. **83**, 138931 (1975).
[3] H. MATSCHINER, R. VOIGTLÄNDER u. B. HESSE, Z. Chem. **17**, 102 (1977).
[4] J.P. DIRLAM, L. EBERSON u. J. CASANOVA, Am. Soc. **94**, 240 (1972).
[5] A.J. FRY u. J.J. O'DEA, J. Org. Chem. **40**, 3625 (1975).
[6] H. HUSSTEDT u. H.J. SCHÄFER, Synthesis **1979**, 964.
[7] A.J. FRY u. G.S. GINSBURG, Am. Soc. **101**, 3927 (1979).

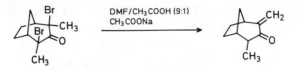

4-Chlor-1-brom-bicyclo[2.2.0]hexan wird an Quecksilber zu *Bicyclo[2.2.0]hexen-(1⁴)* reduziert[1]:

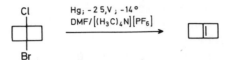

Perchlor-styrol kann elektrolytisch in Methanol/1,2-Dimethoxy-äthan (1:1) zu *(Pen-achlor-phenyl)-acetylen* dechloriert werden. Daneben treten, je nach p_H und Elektro-denmaterial, verschiedene Nebenprodukte in wechselnden Ausbeuten auf[2]:

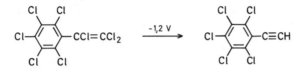

Das gleiche Ergebnis erhält man bei perchlorierten Vinyl-pyridinen[2]:

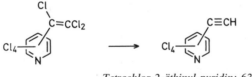

Tetrachlor-2-äthinyl-pyridin; 63% d. Th.
Tetrachlor-3-äthinyl-pyridin; 69% d. Th.

Nach dieser Methode gelingt auch die Herstellung des *Octachlor-4,4'-diäthinyl-biphe-nyl* (48% d. Th.)[3]:

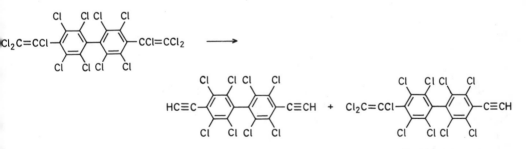

Zur elektrolytisch initiierten Fritsch-Buttenberg-Wiechell-Umlagerung von 1,1-Diaryl-1,2-dibrom-äthylen zu Tolanen s. Lit. [4].

Die Reduktion von 2-Brom-1-jod-bicyclo[2.2.1]heptan führt zu *Bicyclo[2.2.1]hepten-(1)*, das als Diels-Al-der-Addukt mit Furan isoliert wird[5].

---

[1] J. Casanova, J. Bragin u. F.D. Cotrell, Am. Soc. **100**, 2264 (1978).
[2] J.N. Seiber, J. Org. Chem. **36**, 2000 (1971).
[3] M. Ballester, J. Castaner, J. Riera, I. Tabernero u. C. Cornet, Tetrahedron Letters **1977**, 2353.
[4] A. Merz u. G. Thumm, A **1978**, 1526.
[5] E. Stamm, L. Walder u. R. Keese, Helv. **61**, 1545 (1978).

Durch Elektroreduktion von 1,2-Dibrom-benzolen in Äther werden Arine erzeugt, die als Diels-Alder-Addukte nachgewiesen werden können[1].

β) von C–O-Einfachbindungen

Bei der Elektrolyse von Alkoholen kann die Hydroxy-Gruppe durch ein Wasserstoff Atom ersetzt werden, wenn die Hydroxy-Gruppe durch C,C-Mehrfachbindungen aktiviert ist. Besonders leicht werden daher Benzylalkohole reduziert. In einigen weniger Fällen kann ein zweiter β-ständiger Substituent unter Ausbildung einer C=C-Doppel bindung miteliminiert werden.

1,2-Diaryl-glykole werden oft unter C–C-Spaltung reduziert (s. S. 666) bei den α-Hydroxy-ketonen bleibt i.a. die Oxo-Funktion erhalten.

So wird z.B. in 4-(1-Hydroxy-alkyl)-pyridinen die Hydroxy-Gruppe mit sehr guter Ausbeuten hydrogenolytisch unter Racemisierung entfernt[2]:

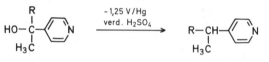

R = C_2H_5; *4-Butyl-(2)-pyridin*; 92% d. Th.
R = C_6H_5; *4-(1-Phenyl-äthyl)-pyridin*; 94% d. Th.

Demgegenüber bleibt die Konfiguration bei der Reduktion des optisch aktiven 2-(1-Hydroxy-1-phenyl-propyl)-pyridins zum *2-(1-Phenyl-propyl)-pyridin* (−1,36 V; 62% d. Th.) erhalten[2].

Auch 2- bzw. 4-[2-Hydroxy-propyl-(2)]-chinolin werden in *2-* und *4-Isopropyl-chinolin* (∼25% Umsatz; geteilte Zelle galvanostat. an Blei-Kathoden; 20%ige Schwefelsäure) überführt[3]. Beim 4-[2-Hydroxy-propyl-(2)]-chinolin wird als Nebenprodukt *4-Isopropyl-1,2,3,4-tetrahydro-chinolin* erhalten.

Pyridoxin-Hydrochlorid kann in 1n Salzsäure selektiv an der 4-Hydroxymethyl-Gruppe zum *3-Hydroxy-2,4-dimethyl-5-hydroxymethyl-pyridin* (∼99% d. Th.) reduziert werden (vgl. a. S.604)[4]:

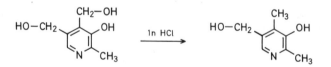

Endprodukt der Reduktion von Hydroxy- und 1,3-Dihydroxy-aceton in Ammoniak/Ammoniumchlorid (p_H 9,3) an Quecksilber (−1,7 V) ist *Aceton*[5]. In wäßrigem 1,4-Dioxan (Leitsalz Natriumacetat) erhält man bei 75–80° aus 4,4'-Dimethoxy-benzoin 70% d. Th. *1-Oxo-1,2-bis-[4-methoxy-phenyl]-äthan*[6].

In mineralsaurer Lösung werden 1-Hydroxy-butene-(2) sowie 1,4-Dihydroxy-butene-(2) in hoher Ausbeute zu *Butan* reduziert[7].

[1] S. WAWZONEK u. J.H. WAGENKNECHT, J. Elektrochem. Soc. **110**, 420 (1963).
[2] T. NONAKA, T. OTA u. T. FUCHIGAMI, Bl. Chem. Soc. Japan **50**, 2965 (1977).
[3] M. FERLES, O. KOCIAN u. J. LÖVY, Collect. czech. chem. Commun. **41**, 758 (1976).
[4] Jap.P. 7 041 582 (1970), Tanaba Seiyaku Co., Erf.: S. MATSUMOTO: C.A. **75**, 5719 (1971).
[5] M. FEDORONKO, J. KÖNIGSTEIN u. K. LINEK, Collect. czech. chem. Commun. **30**, 4297 (1965).
[6] Fr.P. 1 422 001 (1958), J. GHILARDI; C.A. **65**, 8827 (1966).
[7] G. HORANYI, G. INZELT u. K. TORKOS, J. Electroanal. Chim. **101**, 101 (1979).

Zur Reduktion von β-Hydroxy-sulfiden s. S. 633 bzw. von 7-Chlor-2,3-dihydroxy-5-aryl-3H-⟨benzo-[e]-1,4-diazepinen⟩ s. S. 611.

Alloxan und Alloxantin werden in einer Acetatpuffer-Lösung (get. Zelle) zu *Dialursäure* reduziert. Aus dem Elektrolysegemisch fällt das Natriumsalz der Dialursäure (Hg-Kathode, C-Anode; Hydrazin im Anolyten)[1] aus:

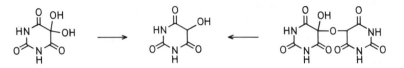

Auch bei den Äthern unterliegen praktisch nur die Benzyläther der Hydrogenolyse:

$$R-\langle\!\langle\rangle\!\rangle-CH_2-O-CH_3 \xrightarrow[H_3C-COONa]{Hg,\ H_3C-OH,} R-\langle\!\langle\rangle\!\rangle-CH_3$$

R = COOCH₃; *4-Methyl-benzoesäure-methylester*[2]; 70% d. Th.
R = CN; *4-Methyl-benzonitril*[2]; 93% d. Th.

$$(H_5C_6)_2CH-OR \xrightarrow[-2,2\ bis\ -2,4\ V(vs.\ Ag/AgCl)]{DMF/[(H_9C_4)_4N]\ Br} (H_5C_6)_2CH_2$$

Diphenyl-methan[3]

R = CH(C₆H₅)₂; 50% d. Th. (Verlust durch Hydrolyse)
R = CH₃; 90% d. Th.

Auf analoge Weise erhält man *Triphenylmethan* (100% d. Th.)[3].

Die leichtere reduktive Spaltung der Diphenylmethyläther gegenüber den Benzyläthern nutzt man bei der Verwendung von 10-Hydroxy-10-phenyl-anthron als Schutzgruppe für die Hydroxy-Gruppe aus[4]:

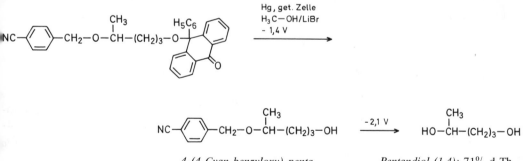

4-(4-Cyan-benzyloxy)-penta-nol; 74% d. Th.

Pentandiol-(1,4); 71% d. Th.

---

[1] W. A. STRUCK u. P. J. ELVING, Am. Soc. **86**, 1229 (1964).
[2] R. F. GARWOOD, N. U. DIN u. B. C. L. WEEDON, Chem. Commun. **1968**, 923.
[3] E. SANTIAGO u. J. SIMONET, Electrochim. Acta **20**, 853 (1975).
[4] C. VAN DER STOUWE u. H. J. SCHÄFER, Tetrahedron Letters **1979**, 2643.

Aceton ist das Reduktionsprodukt der Elektrolyse von 1,3-Dimethoxy-aceton [Ammoniak/Ammoniumchlorid (p_H 9,3), Hg, $-1,7$ V][1].

Mit guten Ausbeuten gelingt auch die Spaltung eines Aryl-benzyl-äthers; z. B.[2]:

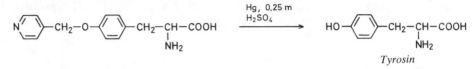

Tyrosin

Zur reduktiven Äther-Spaltung bei der Elektrolyse von 4-Nitro-1-alkoxy-benzolen zu 4-Amino-phenolen s.S. 684.

Bei der Reduktion von Bis-[2-phenyl-2-cyan-vinyl]-äther zum gesättigten Äther tritt zusätzlich Äther-Spaltung ein (s.S. 581).

Zur Reduktion von 1-Methoxy-phthalazinen zu 2,3-Dihydro-isoindolen s.S. 594f.

Aryl-oxirane lassen sich in Dimethylformamid/Tetrabutylammoniumperchlorat mit guter Ausbeute zu den isomeren Alkoholen und den gesättigten Kohlenwasserstoffen reduzieren. Aus 1,2-Diphenyl-oxiran entsteht überwiegend *trans-Stilben*[3].

Carbonsäureester können ebenfalls kathodisch unter Reduktion der Alkohol-Komponente gespalten werden. So entsteht z. B. aus 4-Acetoxymethyl-benzoesäure-äthylester der *4-Methyl-benzoesäure-methylester* (Methanol/Natriumacetat; 93% d. Th.)[4]. Die optisch aktive 2-Benzoyloxy-2-phenyl-propansäure sowie deren Methylester werden unter nahezu totaler Racemisierung reduziert[5]:

$$
\begin{array}{c}
\underset{\overset{|}{O-CO-C_6H_5}}{\overset{\overset{CH_3}{|}}{H_5C_6-C-COOR}}
\end{array}
\xrightarrow[\text{Hg-Kath./Pt-Anode}]{C_2H_5OH(95\%ig)/[(H_5C_2)_4N]Br}
\underset{\overset{|}{}}{\overset{\overset{CH_3}{|}}{H_5C_6-CH-COOR}}
$$

R = H ($-1,8$ V); *2-Phenyl-propansäure*
R = CH$_3$ ($-1,9$ V); *2-Phenyl-propansäure-methylester*

o-Acetyl-benzoin wird in 1,4-Dioxan/Wasser an Quecksilber zu *1-Oxo-1,2-diphenyl-äthan* (66% d.Th.) reduziert[6].

Vitamin A-acetat läßt sich in Acetonitril/Essigsäure/Tetrabutylammoniumacetat an Quecksilber in geteilter Zelle zu *Axerophten* (71% d.Th.) reduzieren ($-1,35$ V, vs Ag/AgJ). Unter Ausbildung von Doppelbindungen verläuft die kathodische Reduktion von Crustaxanthin-tetraacetat in Acetonitril/Tetrabutylammoniumchlorat[7]:

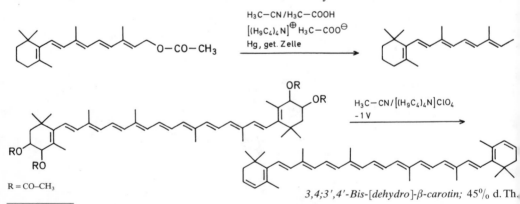

R = CO–CH$_3$

3,4;3′,4′-Bis-[dehydro]-β-carotin; 45% d.Th.

[1] M. Fedoronko, J. Königstein u. K. Linek, Collect. czech. chem. Commun. **30**, 4297 (1965).
[2] A. Gosden u. G.T. Young et al., Chem. Commun. **1972**, 1123; J. Chem. Res. [S] **1977**, 22.
[3] K. Boujlel u. J. Simonet, Electrochim. Acta **24**, 481 (1979).
[4] R.F. Garwood, N.U. Din u. B.C.L. Weedon, Chem. Commun. **1968**, 923.
[5] R.E. Erickson u. C.M. Fischer, J. Org. Chem. **35**, 1604 (1970).
[6] H. Lund, Acta chem. scand. **14**, 1927 (1960).
[7] J.G. Gourcy, M. Holder, B. Terem u. J.H. P. Utley, Chem. Commun. **1976**, 779.

Beim Cephalosporin sowie 7-Amino-cephalosporinsäure wird unter C–O-Spaltung und Allyl-Verschiebung eine *exo*-Methylen-Gruppe erhalten[1]:

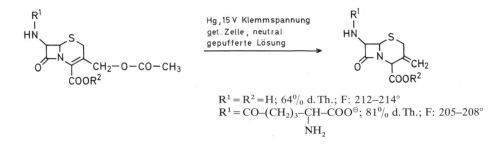

$$R^1 = R^2 = H;\ 64\%\ d.\,Th.;\ F:\ 212\text{–}214°$$
$$R^1 = CO\text{–}(CH_2)_3\text{–}\underset{\underset{NH_2}{|}}{CH}\text{–}COO^{\ominus};\ 81\%\ d.\,Th.;\ F:\ 205\text{–}208°$$

Die Reduktion von *cis*- und *trans*-α,β-Diacetoxy-stilben in DMF/Tetrabutylammoniumjodid an Quecksilber ($-1,5$ V; vs. Ag/AgJ) führt zu *Tolan* und bei $-1,8$ Volt zu *trans-Stilben*[2]. 2-Oxo-4-methyl-1,3-dioxolan wird an Graphit mit Lithiumperchlorat als Leitsalz unter C–O-Spaltung zu *Propen* reduziert[3]:

$$\xrightarrow[-Li_2CO_3]{C/LiClO_4}\quad H_3C\text{–}CH=CH_2$$

Benzoesäure-4-methoxy-2-cyan-benzylester wird an Quecksilber in 1,4-Dioxan (50%)/Tetrabutylammoniumjodid zu *4-Methoxy-phenylacetonitril* (65% d.Th.) und Benzoesäure gespalten[4]:

$$H_5C_6\text{–CO–O–}\underset{\underset{CN}{|}}{CH}\text{—}\langle\text{—}\rangle\text{–OCH}_3 \xrightarrow{Hg} H_5C_6\text{–COOH} + H_3CO\text{—}\langle\text{—}\rangle\text{–CH}_2\text{–CN}$$

Zur Reduktion von Tubercidin und anderen Nucleosiden unter Ausbildung einer C=C-Doppelbindung im Glycosid-Teil s. Lit.[5].

Zur Spaltung von [2-Hydroxy(alkoxy)-alkyl]-aryl-sulfonen zu Alkenen s. S. 633.

Äthoxy-sulfonium-Salze werden in Abhängigkeit vom Leitsalz an der C–O- und S–O-Bindung gespalten. Mit Natriumperchlorat erhält man ein 1:1-Gemisch aus Sulfoxid und Sulfid, mit Tetraäthylammoniumperchlorat überwiegt das Sulfid (85:15)[6]:

$$[H_5C_2O\text{—}SR_2][PF_6] \xrightarrow[80\%\,d.\,Th.]{CH_3CN} SR_2 + R_2SO$$

Phosphorsäure-diäthylester-arylester liefern bei der Reduktion das entsprechende Aren[7]:

M. Ochiai, O. Aki, A. Morimoto, T. Okada, V. Shinozaki u. Y. Asahi, Tetrahedron Letters **1972**, 2341.

P. Martigny, M.-A. Michel u. J. Simonet, J. Electroanal. Chem. **73**, 373 (1976).

J.O. Besenhard u. H.P. Fritz, J. Electroanal. Chem. **53**, 329 (1974).

S. Wawzonek u. I.D. Frederickson, J. Electrochem. Soc. **106**, 325 (1959).

R. Mengel u. J.-M. Seifert, Tetrahedron Letters **1977**, 4203.

T. Adachi et al., J. Org. Chem. **44**, 1404 (1979).

J.Q. Chambers, P.H. Maupin u. C.-S. Liao, J. Electroanal. Chem. **87**, 239 (1978).

T. Shono, Y. Matsumura, K. Tsubata u. Y. Sugihara, J. Org. Chem. **44**, 4508 (1979).

$$R \underset{R}{\overset{}{\bigcirc}} \!\!-O-P(O)(OC_2H_5)_2 \quad \xrightarrow[\text{DMF}/[(H_5C_2)_4N] \text{ Tos}]{\text{Pb; } -2,6 \text{ bis } -2,7 \text{ V, get. Zelle}} \quad \bigcirc\!\!-R$$

Z.B.: 2-OCH$_3$; *Methoxy-benzol*; 61% d. Th.

2-CH(CH$_3$)$_2$; 4-CH$_3$; *3-Methyl-1-isopropyl-benzol;* 44% d. Th

2,4-(OCH$_3$)$_2$; *1,3-Dimethoxy-benzol;* 54% d. Th.

Analog erhält man aus dem entsprechenden Naphthyl-(2)-ester unter gleichzeitige Reduktion eines aromatischen Ringes *Tetralin* (59% d. Th.)[1].

γ) von C–S-Bindungen

Die C–S-Bindung verschiedener Organo-schwefel-Verbindungen kann elektroche misch gespalten werden (zur Reduktion am Schwefel-Atom unter Erhalt aller C–S-Bin dungen s. S. 680.

9,10-Anthrachinon-2-sulfonsäuren können bei 60° in wäßriger Lösung dann desul foniert werden, wenn ortho-ständige Hydroxy- oder Amino-Gruppen anwesend sin (Anodenraum: Graphit-Anode, 10%ige Natronlauge; Kathodenraum: amalg. Kupfer gefäß als Kathode, verd. Ammoniak-Lösung/Natronlauge, p$_H$ 12,5; Klemmenspannun 3,7 V)[2].

Sulfone werden nicht am Schwefel-Atom, sondern unter C–S-Spaltung zur Sulfinsäur und Kohlenwasserstoff an einer Quecksilber-Kathode reduziert.

Die aus Diaryl-, Aryl-benzyl- und Alkyl-aryl-sulfonen zugänglichen Sulfinsäuren falle mit hohen Ausbeuten an, wobei die C$_{Benzyl}$- vor der C$_{Alkyl}$- und C$_{Aryl}$–S-Bindung gespalte wird[3] (praktische Ausführung s. Lit.[4]). Bei der Reduktion wird zunächst das Tetraalkyl ammonium-Kation zum Radikal reduziert, das dann das Elektron auf ein Sulfon-Moleki überträgt[4].

Auch sterische Aspekte können eine Rolle spielen. So erhält man z.B. in DMF/Tetra butylammoniumperchlorat bzw. in Methanol/Tetramethylammoniumchlorid in geteilte Zelle an Quecksilber aus Methyl-(2-methyl-phenyl)-sulfon *2-Methyl-benzolsulfinsäur* (bis 93% d. Th.) bzw. aus Methyl-(2-tert.-butyl-phenyl)-sulfon *Methansulfinsäure* (bi 91% d. Th.). (2-tert.-Butyl-phenyl)-benzyl-sulfon wiederum wird zur *2-tert.-Butyl-ben zolsulfinsäure* (86% d. Th.) gespalten[5].

Während bei Methyl-aryl-sulfonen die S–C$_{Alkyl}$-Bindung gespalten wird, öffnet sich be cyclischen Sulfonen der Ring zwischen dem Schwefel-Atom und dem Aromaten (Ausbeu te: >50% d. Th.). Die Sulfinat-Anionen werden als Benzylsulfone abgefangen[6]:

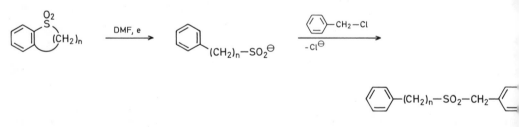

[1] T. Shono, Y. Matsumura, K. Tsubata u. Y. Sugihara, J. Org. Chem. **44**, 4508 (1979).

[2] DOS 1927785 (1969), Sandoz, Erf.: P. Bücheler; C.A. **72**, 117233 (1970).

[3] L. Nucci, F. del Cima u. M. Cavazza, Tetrahedron Letters **1977**, 3099.

[4] L. Horner u. H. Neumann, B. **98**, 1715 (1965).

[5] B. Lamm u. K. Ankner, Acta chem. scand. [B] **31**, 375 (1977).

[6] B. Lamm, Tetrahedron Letters **1972**, 1469.

Naphthyl-benzyl-sulfone spalten vorwiegend in *Naphthalinsulfinsäuren* und Toluol. Lediglich Methyl-naphthyl-sulfone bilden hauptsächlich Naphthalin und *Methansulfinsäure*[1].

(2-Hydroxy- bzw. 2-Alkoxy-alkyl)-phenyl-sulfone können in DMF in Gegenwart von Essigsäure oder Phenol als Protonendonator an Quecksilber kathodisch an der S–C$_{Alkyl}$-Bindung unter Bildung von Olefinen (bis 90% d. Th.) gespalten werden. Mit zunehmender Protonendonator-Konzentration nimmt der Anteil des Alkans zu (bis zu 40% d. Th.):

$$\text{C}_6\text{H}_5-\overset{\underset{|}{OR^1}}{\text{CH}}-\overset{\underset{|}{R^2}}{\text{CH}}-\text{SO}_2-\text{C}_6\text{H}_4-\text{R}^3 \xrightarrow[{[(H_9C_4)_4N]J}]{DMF}$$

$$\text{C}_6\text{H}_5-\text{CH}=\text{CH}-\text{R}^2 \ + \ \text{C}_6\text{H}_5-\text{CH}_2-\text{CH}_2-\text{R}^2 \ + \ \text{R}^3-\text{C}_6\text{H}_4-\text{SO}_2\text{H}$$

R^1 = H, CH$_3$CO, –(Tetrahydropyranyl)

R^2 = H, CH$_3$, C$_6$H$_5$

R^3 = H, CH$_3$

Ohne Protonendonator wird 1-Phenyl-2-phenylsulfonyl-propanol unter Dimerisierung und C–C-Spaltung reduziert[2]:

$$\text{H}_5\text{C}_6-\overset{\underset{|}{HO}}{\text{CH}}-\overset{\underset{|}{CH_3}}{\text{CH}}-\text{SO}_2-\text{C}_6\text{H}_5 \longrightarrow \begin{array}{c} \text{H}_5\text{C}_6-\overset{\underset{|}{OH}}{\text{CH}} \\ \text{H}_5\text{C}_6-\underset{}{\text{CH}}-\text{OH} \end{array} + 2\ \text{H}_5\text{C}_6-\text{SO}_2-\text{C}_2\text{H}_5$$

1,2-Diphenyl-glykol;   *Äthyl-phenyl-sulfon;*
40% d. Th.   40% d. Th.

β-Oxo-sulfone werden in schwach alkalischem wäßrigen Dimethylformamid unter Erhalt der C=O-Doppelbindung zu Ketonen und Sulfinsäuren gespalten[3]:

$$\text{R}^1-\text{CO}-\overset{\underset{|}{R^2}}{\text{CH}}-\text{SO}_2-\text{R}^3 \xrightarrow[{-R^3SO_2^{\ominus}}]{Hg\,/\,DMF} \text{R}^1-\text{CO}-\text{CH}_2-\text{R}^2 \ + \ \text{R}^1-\text{CO}-\overset{\underset{|}{R^2}}{\text{CH}}-\overset{\underset{|}{R^2}}{\text{CH}}-\text{CO}-\text{R}^1$$

z. B.: R^3 = CH$_3$, C$_6$H$_5$

R^1 = C$_6$H$_{13}$; R^2 = CH$_2$–COOC$_2$H$_5$; *4-Oxo-decansäure-äthylester;* 75% d. Th.

      R^2 = CH$_2$–C$_6$H$_5$; *3-Oxo-1-phenyl-nonan;* 72% d. Th.

R^1 = CH$_2$–C$_6$H$_5$; R^2 = H; *Phenyl-aceton;* 88% d. Th.

      R^2 = CH$_2$–C$_6$H$_5$; *3-Oxo-1,5-diphenyl-pentan;* 69% d. Th.

R^1 = 4-OCH$_3$–C$_6$H$_5$; R^2 = H; *4-Methoxy-acetophenon;* 57% d. Th.

      R^2 = CH$_2$–COOC$_2$H$_5$; *4-Oxo-4-(4-methoxy-phenyl)-butansäure-äthylester;*
          72% d. Th.

Lediglich beim Methylsulfon (R^3 = CH$_3$) entstehen nennenswerte Mengen dimere Ketone (bis zu 20% bei einer Keton-Ausbeute von 57–95% d. Th.).

Als Leitsalz wird Lithium-p-toluolsulfinat empfohlen, ein p$_H$ von 8 wird durch Titration mit Lithiumhydroxid konstant gehalten. Das Sulfinat-Ion fungiert an der Anode als Depolarisator, so daß vorteilhafterweise in einer ungeteilten Zelle gearbeitet wird (Apparatur s. Lit.[3]).

Vinyl-phenyl-sulfone werden überwiegend an der C$_{Vinyl}$–S-Bindung gespalten[4-6]:

---

[1] B. LAMM u. K. ANKNER, Acta chem. scand. [B] **32**, 264 (1978).

[2] S. GAMBINO, P. MARTIGNY, G. MOUSSETT u. J. SIMONET, J. Electroanal. Chem. **90**, 105 (1978).

[3] B. LAMM u. B. SAMUELSSON, Acta chem. scand. **24**, 561, 3070 (1970).

[4] J.-Y. PAPA u. J. SIMONET, Electrochim. Acta **23**, 445 (1978).

[5] K. ANKNER, B. LAMM u. J. SIMONET, Acta chem. scand. [B] **31**, 742 (1977).

[6] B. LAMM u. K. ANKNER, Acta chem. scand. [B] **32**, 31 (1978).

$$H_5C_6-SO_2-\overset{R^1}{\underset{R^3}{C}}=C\overset{R^2}{\diagdown} \quad \xrightarrow{\;+e\;} \quad H_5C_6-SO_2^{\ominus} \;+\; \overset{R^1}{\underset{H}{\diagup}}C=C\overset{R^2}{\underset{R^3}{\diagdown}}$$

z. B.: $R^1 = H$; $R^2 = R^3 = C_6H_5$; *1,1-Diphenyl-äthen*[1]; 98% d. Th.

Auch Oxo-sulfoxide werden unter Bildung von Ketonen gespalten. Das sich abspaltende Sulfenat-Anion kann bis zur Thiol-Stufe weiterreduziert werden, was die Strombilanz ungünstiger gestaltet. Das optimale Milieu ist p_H 11 (Titration mit Säure; geteilte Zelle).

Ketone; allgemeine Arbeitsvorschrift[2]: In einem 500-*ml*-Becherglas werden 0,05 m des β-Oxo-sulfons bzw. -sulfoxids in 200 *ml* DMF und 20 *ml* Wasser gelöst; 2 g Lithium-4-toluolsulfinat werden zugefügt. Wenn 2 F/Mol bei Potentialkontrolle ($-1,5$ bis $-1,75$ V) durch die Zelle geflossen sind, wird die Elektrolyse abgebrochen. Nachdem der Elektrolyt mit verd. Schwefelsäure neutralisiert wurde, gibt man 300 *ml* Wasser und 250 *ml* Pentan hinzu und schüttelt die Mischung. Bei Dimeren-Bildung fällt dieses aus und kann abfiltriert werden (Umkristallisation aus Äthanol).

Die wäßr. Phase wird mit Natriumchlorid gesättigt und 2mal mit 250 *ml* Pentan extrahiert. Die vereinigten Pentan-Phasen werden mit Wasser gewaschen und über wasserfreiem Magnesiumsulfat getrocknet, filtriert und eingedampft. Der Rückstand wird destilliert.

Bei relativ niedrigem Kathodenpotential wird Anthracen zum Anion-Radikal reduziert (DMF/Tetrabutyl-ammoniumjodid, Quecksilber), das dann verschiedene Sulfone reduktiv spalten kann[3].

Mercapto-essigsäure und 2-Mercapto-propansäure können in verd. Salzsäure bei getrennten Elektrodenräumen zu *Essigsäure* bzw. *Propansäure* entschwefelt werden (67 bzw. 62% d. Th.). Ebenso wird Cystin zu *Cystein* gespalten. Isocystin und Isocystein liefern β-*Alanin* (bis 62% d. Th.)[4].

Von S-Benzyl-cystein wird die Schutzgruppe in flüssigem Ammoniak elektrolytisch entfernt (Platin-Kathode)[5].

Für Peptidsynthesen ist es zuweilen zweckmäßig, die Mercapto-Gruppe in Cystein als Pyridyl-(4)-methylthioäther zu schützen. Sowohl die reduktive Abspaltung am Cystein selbst (88% d. Th. *Cystein*) als auch im Peptid-Verband ist möglich (in 0,5 n-Schwefelsäure an Quecksilber)[6].

Zur Abspaltung der Tosyl-Schutzgruppe von Aminen s. Lit.[7,8].

3-Mercapto-2-oxo-propansäure wird im p_H-Bereich von 10–12 kathodisch reduziert und entschwefelt[9]:

$$HS-CH_2-CO-COOH \quad \xrightarrow[-S]{+e/H_2O} \quad H_3C-\overset{\overset{\textstyle OH}{|}}{CH}-COOH \;+\; S$$

Milchsäure; 60% d. Th.

in saurem Milieu erhält man dagegen 3-Mercapto-milchsäure (s. S. 608). Im stark alkalischen Bereich entstehen schwefelfreie Polymere der 2-Oxo-propansäure (Parapyruvate). Hier ist keine Reduktion der Carbonyl-Gruppe mehr möglich[9].

4-Mercapto-3-phenyl-cinnolin wird unter gleichzeitiger Reduktion des heteroaromatischen Ringes und unter C–S-Spaltung zum *3-Phenyl-3,4-dihydro-cinnolin* umgewandelt[10]:

[1] K. ANKNER, B. LAMM u. J. SIMONET, Acta chem. scand. [B] **31**, 742 (1977).

[2] B. LAMM u. B. SAMUELSSON, Acta chem. scand. **23**, 691 (1969).

[3] J. SIMONET u. H. LUND, Acta chem. scand. [B] **31**, 909 (1977).

[4] P. RAMBACHER u. S. MÄKE, Ang. Ch. **80**, 664 (1968).

s. a. US. P. 2 907 703 (1959), Aschaffenburger Zellstoffwerke; C. A. **54**, 3015 (1960).

[5] D. A. J. IVES, Canad. J. Chem. **47**, 3697 (1969).

[6] A. GOSDEN, G. T. YOUNG et al., Chem. Commun. **1972**, 1123; J. Chem. Res. [S] **1977**, 22.

[7] V. G. MAIRANOVSKIJ u. N. F. LOGINOVA, Ž. obšč. Chim. **41**, 2581 (1971); engl.: 2615.

[8] R. KOSSAI, J. SIMONET u. G. JEMINET, Tetrahedron Letters **1979**, 1059.

[9] J. TOHIER u. M.-B. FLEURY, Bl. **1971**, 2760.

[10] H. LUND, Collect. czech. chem. Commun. **36**, 4237 (1965).

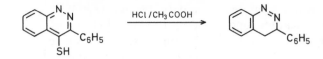

Zur Reduktion von 1-Mercapto-phthalazinen zu 2,3-Dihydro-isoindolen s. S. 594.

Eine Alternative zur Wittig-Reaktion bietet die Elektrolyse von β-Hydroxy-sulfiden, die unter 1,2-Eliminierung Methylen-Verbindungen liefert[1]:

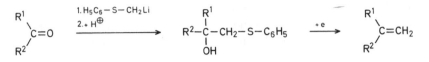

1-Alkene; allgemeine Arbeitsvorschrift[1]: In einer geteilten Zelle mit Platin-Anode und Blei-Kathode werden 10 mMol Hydroxy-sulfid in 40 ml trock. DMF und 4 g Tetraäthylammoniumtosylat bei einem Kathodenpotential von $-1,8$ bis $-2,2$ V reduziert. Nach Durchfluß von 4 F/Mol wird wie üblich aufgearbeitet.

Auf diese Weise erhält man u. a.

Methylen-cyclooctan 68% d. Th.
2-Methyl-undecen-(1) 96% d. Th.
5-Methyl-2-isopropyl-1-methylen-cyclohexan 80% d. Th.

Ähnlich kann mit Methylestern und Grignard-Verbindungen verfahren werden.

Phenyl-thiocyanat kann in alkoholischer 2 n Schwefelsäure in *Thiophenol* überführt werden (Blei-Kathode). (Nitro-phenyl)-cyan-sulfide ergeben neben etwas *Amino-thiophenol* überwiegend dimere und heterocyclische Verbindungen (s. S. 687)[3].

Bei der Elektrolyse von 2-Thiocyanat-1-acyl-benzolen in 50%igem Äthanol an Quecksilber wird die Thiocyanat-Gruppe abgespalten[4]:

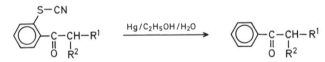

$R^1 = R^2 = H$ (Acetat-Puffer; 0,85 V); *Acetophenon*; 89% d. Th.
$R^1 = CH_3$; $R^2 = C_2H_5$ (1 n HCl; $-0,65$ V); *1-Oxo-2-methyl-1-phenyl-butan*; 96% d. Th.

2-Phenylthio-3-phenyl-acrylnitril liefert bei $-1,32$ bis $-1,45$ V 18% S. A. *2-Mercapto-3-phenyl-propansäure-nitril*[5].

An Quecksilber ist die Bildung von Sulfoniumamalgam durch Reduktion von Triorganosulfonium-Salzen in polaren, aprotischen Medien möglich[6]. Zur Reduktion von Sulfonium-Salzen unter C–S-Spaltung und anschließender Dimerisierung bzw. Addition s. S. 678.

δ) von C–N-Bindungen

Da an Quecksilber-Kathoden bei der Reduktion von C–N-Verbindungen zuweilen Ammoniumamalgame gebildet werden[7], sollte man auf andere Kathodenmaterialien zurückgreifen.

[1] T. SHONO, Y. MATSUMURA, S. KASHIMURA u. H. KYUTOKU, Tetrahedron Letters **1978**, 2807.
[2] T. SHONO, Y. MATSUMURA u. S. KASHIMURA, Chem. Letters **1978**, 69.
[3] F. FICHTER u. T. BECK, B. **44**, 3636 (1911).
[4] H. LUND, Acta chem. scand. **14**, 1927 (1960).
[5] M.M. BAIZER, J. Org. Chem. **31**, 3847 (1966).
[6] W.R.T. COTTRELL u. R.A.N. MORRIS, Chem. Commun. **1968**, 409.
[7] J.D. LITTLEHAILES u. B.J. WOODHALL, Disc. Faraday Soc. **45**, 187 (1968).

Der Einfluß des Kathodenpotentials auf die Produktverteilung wurde bei der Elektrolyse (hohe negative Kathodenpotentiale!) von Trialkyl-benzyl-ammonium-nitraten in DMF[1] bzw. -bromiden in Acetonitril[2] näher untersucht. An Quecksilber[2] bzw. Platin[1] bildet sich mit bis zu 100% Stromausbeute *Toluol*, an Aluminium $(-3,3$ V vs. $Ag/Ag^{\oplus})$ wird mit bis zu 35% Stromausbeute *1,2-Diphenyl-äthan* gebildet.

Zur kathodischen Elektropolymerisation von quartären Benzyl-ammonium-Salzen s. Lit.[3].

Bei der Elektrolyse von Trialkyl-phenyl-ammonium-Salzen wird die C_{Aryl}–N-Bindung[4,5] bei Dialkyl-allyl-aryl-ammonium-Salzen die C_{Allyl}–N-Bindung gespalten[5].

Die kathodische Reduktion cyclischer Dimethylammonium-jodide an Quecksilber führt überwiegend (bis 90% d.Th.) zum Bruch der C_{Aryl}–N-Bindung[6]:

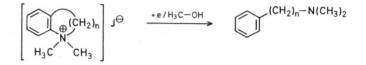

2-Acyl-1-aza-bicyclo[2.2.2]octane werden in wäßrigem Acetonitril (85%ig) und Tetraäthylammonium-tosylat als Leitsalz an Quecksilber bei $-1,4$ V zum 4-(3-Oxo-alkyl)-piperidin gespalten während in 35%iger Schwefelsäure ausschließlich die Carbonyl-Gruppe angegriffen wird[7]:

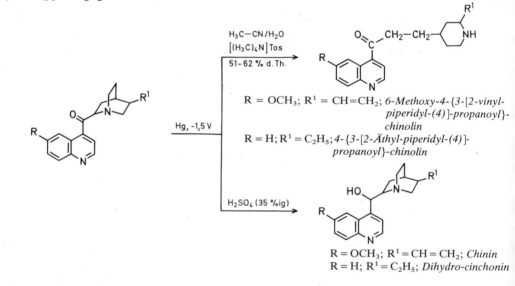

H_3C–CN/H_2O
[($H_3C)_4$N]Tos
51-62 % d.Th.

R = OCH_3; R[1] = CH=CH_2; *6-Methoxy-4-{3-[2-vinyl-piperidyl-(4)]-propanoyl}-chinolin*

R = H; R[1] = C_2H_5; *4-{3-[2-Äthyl-piperidyl-(4)]-propanoyl}-chinolin*

Hg, -1,5 V

H_2SO_4 (35 %ig)

R = OCH_3; R[1] = CH = CH_2; *Chinin*
R = H; R[1] = C_2H_5; *Dihydro-cinchonin*

Analoge Reduktionen werden in Bd. XI/1, S. 975 abgehandelt. Zur Reduktion von Acyl-aminen bzw. -hydrazinen (Harnsäure-Derivate, Phthalazine, 3-Oxo-1,2,4-triazine) bzw. 1,4-Diazepinium-Salzen s. S. 665.

Zur reduktiven Abspaltung der Alkoxycarbonyl-Gruppen in 1,2-Dialkoxycarbonyl-1,2-diaza-cycloalkanen zu 1,2-Diaza-cycloalkanen s. Lit.[8].

[1] S.D. Ross, M. Finkelstein u. R.C. Peterson, Am. Soc. **92**, 6003 (1970).
[2] O.R. Brown u. E.R. Gonzales, J. Electroanal. Chem. **35**, 13 (1972).
[3] S.D. Ross u. D.J. Kelley, J. Appl. Polym., Sci. **11**, 1209 (1967).
[4] B. Emmert, B. **42**, 1507 (1909); **45**, 430 (1912).
[5] s. ds. Handb., Bd. XI/1, S. 975.
[6] L. Horner u. H. Röder, B. **101**, 4179 (1968).
[7] E. Kariv, H. Hermolin u. I. Rubinstein, Tetrahedron **27**, 3707 (1971).
[8] R.D. Little u. G.L. Caroll, J. Org. Chem. **44**, 4720 (1979).

ε) von C–P- bzw. C–As-Bindungen

Während in Bis-[1-brom-alkyl]-phosphinsäure-estern die Elektrolyse in DMSO sowohl unter C–P-Spaltung bei gleichzeitiger Eliminierung des Brom-Atoms als unter reiner Br-Abspaltung abläuft[1]:

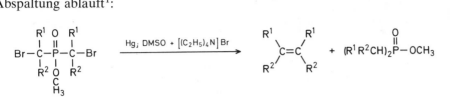

erhält man aus Triphenyl-phosphinoxid in Acetonitril Diphenyl-phosphinigsäure-ester[2]:

$$(H_5C_6)_3PO \xrightarrow[-C_6H_6]{H_3C-CN/[R_4N][BF_4]} (H_5C_6)_2P-OR$$

...-diphenyl-phosphin
R = C_2H_5; Äthoxy-...; 70% d. Th.
R = C_4H_9; Butyloxy-...; 80% d. Th.

Phosphonium-Salze und damit Ylide werden in saurem Milieu reduktiv gespalten (geteilte Zelle; Blei-Kathode bei 2–3 A und 24–30 V Klemmenspannung)[3]:

$$R-CO-\underset{R^1}{C}=P(C_6H_5)_3 \quad \left[+ HCl \longrightarrow R-CO-\underset{R^1}{CH}-\overset{\oplus}{P}(C_6H_5)_3 \atop Cl^\ominus \right] \xrightarrow[-P(C_6H_5)_3]{Pb} R-CO-CH_2-R^1$$

R = CH_3; R^1 = H; Aceton; 60% d. Th.
R^1 = C_3H_7; Hexanon-(2); 72% d. Th.
R = CH_2–CH_2–C_6H_5; R^1 = CH_3; 3-Oxo-1-phenyl-pentan; 66% d. Th.

Da sich die verschiedenen Liganden unterschiedlich leicht abspalten lassen, können auf diese Weise gezielt Ketone hergestellt werden[4].

An Quecksilber können sich in aprotischen Lösungsmitteln analog den Ammonium-Verbindungen auch mit Phosphonium-Salzen Phosphonium-amalgame bilden (vorwiegend bei der Reduktion entsprechender Jodide)[5].

Durch Einelektronen-Oxidation werden aus Phosphonium-Salzen die entsprechenden Ylide erhalten, die mit Ketonen in einer Wittig-Reaktion zu Olefinen (bis zu 95% Ausbeute) umgesetzt werden können[6]. Zuweilen treten neben dem Ylid auch die Spaltprodukte auf:

$$2 R^2-\underset{R^1}{CH}-\overset{\oplus}{P}(C_6H_5)_3 \xrightarrow[ClO_4^\ominus]{H_3C-CN(DMF) \atop [(H_9C_4)_4N]^\oplus} R^2-\underset{R^1}{C}=P(C_6H_5)_3 + P(C_6H_5)_3 + R^2-\underset{R^1}{CH_2}$$

A.J. Fry u. L.-L. Chung, Tetrahedron Letters 1976, 645.
P.E. Iversen, Tetrahedron Letters 1971, 55.
H.J. Bestmann u. B. Arnason, B. 95, 1513 (1962).
Übersicht: H.J. Bestmann in Ang. Ch. 77, 651 (1965).
s.a. J.M. Savéant u. S.K. Binh, J. Org. Chem. 42, 1242 (1977).
L. Horner et al., Tetrahedron Letters 1961, 161; Pure appl. Chem. 9, 225 (1964).
W.R.T. Cottrell u. R.A.N. Morris, Chem. Commun. 1968, 409.
T. Shono u. M. Mitani, Am. Soc. 90, 2728 (1968).
P.E. Iversen u. H. Lund, Tetrahedron Letters 1969, 3523.
J.M. Savéant u. S.K. Binh, Bl. 1972, 3549.

Alkyl-triphenylphosphonium-halogenide werden in 50%igem Alkohol an Quecksilber (geteilte Zelle) an der C–P-Bindung gespalten[1]:

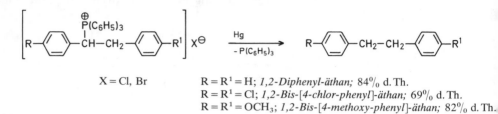

X = Cl, Br   R = R^1 = H; *1,2-Diphenyl-äthan;* 84% d. Th.
                          R = R^1 = Cl; *1,2-Bis-[4-chlor-phenyl]-äthan;* 69% d. Th.
                          R = R^1 = OCH$_3$; *1,2-Bis-[4-methoxy-phenyl]-äthan;* 82% d. Th.

Die Reduktion von Alkyl-triphenyl-phosphoniumbromiden (bei −1,5 V) in Gegenwart von Acrylnitril oder Styrol (s. S. 679) ergibt Triphenylphosphin und Additionsverbindungen des abgespaltenen Restes mit dem Akzeptor[2]. Im Butyl-triphenyl-phosphoniumbromid wird überwiegend der Butyl-Rest abgespalten und man erhält neben *Triphenyl-* das *Butyl-diphenyl-phosphin*[3]:

$$2\,[H_9C_4{-}\overset{\oplus}{P}(C_6H_5)_3]X^{\ominus} \quad \xrightarrow[-2,0\ V]{DMF/[(C_4H_9)_4N]J} \quad P(C_6H_5)_3 \quad + \quad H_9C_4{-}P(C_6H_5)_2$$

                                                               63% d. Th.   14% d. Th.

Die Reduktion von Benzyl-triphenyl-phosphoniumbromid in Gegenwart von quartären Ammonium-Verbindungen und Benzaldehyd liefert das Wittig-Produkt *Stilben*, wobei nicht sicher ist, ob Protonenabgabe oder Reduktion hierfür verantwortlich sind (s. S. 679)[4].

Die elektrochemische Reduktion von Triphenyl-phosphin am polarographischen Stufenfuß (in DMF/Tetrabutylammoniumtetrafluoroborat) liefert *Butyl-diphenyl-phosphin* (60% d. Th.)[3]. Analog reagiert Triphenyl-phosphinoxid zu *Butyloxy-diphenyl-phosphin*[3].

Allgemein werden Phosphonium-Salze leichter reduziert als die analogen Ammonium-Verbindungen, aber schwerer als die entsprechenden Arsonium-Salze, die unter Konfigurationserhalt zu Arsinen gespalten werden können[5]. Die Elektrolyse der 2-Amino-benzolarsonsäure zum *(2-Amino-phenyl)-arsin* (75–80% d. Th.) an Quecksilber muß unter Argon durchgeführt werden[6]:

ζ) von C–Metall-Bindungen

Organo-silane werden durch Elektrolyse an der C–Metall-Bindung gespalten. So erhält man z. B. aus Trimethyl-phenyläthinyl-silan in Methylamin/Lithiumchlorid (s. a. S. 577) an Platin-Elektroden *Phenyl-acetylen* (38% d. Th.). Als Nebenprodukte fallen infolge Hydrierung *Trimethyl-(2-phenyl-äthyl)-silan* (10% d. Th.) und *Äthyl-benzol* (30% d. Th.)

[1] H.-J. Bestmann, E. Vilsmaier u. G. Graf, A. **704**, 109 (1967).
[2] M.M. Baizer, J. Org. Chem. **31**, 3847, 3885 (1966).
[3] J.M. Savéant u. S.K. Binh, J. Electroanal. Chem. **88**, 27 (1978).
[4] P.E. Iversen, Tetrahedron Letters **1971**, 55.
[5] L. Horner u. H. Fuchs, Tetrahedron Letters **1963**, 1573.
    L. Horner, F. Röttger u. H. Fuchs, B. **96**, 3143 (1963).
[6] A. Tzschach u. H. Bierung, J. Organometal. Chem. **133**, 293 (1977).

sowie 20% Hexamethyl-disiloxan an. Die analoge Elektrolyse von Phenyl-trimethyl-silan führt zu im aromatischen Ring hydrierten Produkten (s. S. 586)[1].

Zur Reduktion von Ferrocenen (s. S. 703) bzw. des Eisen-tricarbonyl-Komplexes von Cyclooctatetraen s. S. 703.

Platin(II)-chlorid-Phosphin-Komplexe werden an Quecksilber zu den reaktiven halogenfreien Platin(0)-Komplexen reduziert (H-Zellen)[2]:

$$\{PtCl_2[P(CH_3)_x(C_6H_5)_{3-x}]_2\} \xrightarrow[\text{30% Benzol}]{Hg/H_3C-CN/[(H_9C_4)_4N]ClO_4} \{Pt[P(CH_3)_x(C_6H_5)_{3-x}]_2\}$$

x = 3 (−2,2 V) bis x = 0 (−1,6 V)

b) unter Veränderung des C-Gerüstes

1. am sp-C-Atom

Während bei der Elektrolyse von Tolan fast ausschließlich 1,2-Diphenyl-äthan entsteht (s. S. 577), erhält man in Gegenwart von Kohlendioxid neben *meso-2,3-Diphenyl-bernsteinsäure* (27% d.Th.) und wenig *2,3-Diphenyl-bernsteinsäure-anhydrid* 9% d.Th. *Diphenyl-maleinsäure*[3].

6-Brom-(bzw. 6-Jod)-1-phenyl-hexin-(1) wird an Quecksilber in DMF/Tetrabutylammoniumperchlorat zu *Benzyliden-cyclopentan* (24% d.Th.) cyclisiert[4].

Während die Co-reduktion von Propinsäure-äthylester und Methyljodid in DMF/Tetrabutylammoniumjodid an Platin das Hauptprodukt *2,2-Dimethyl-pentin-(3)-säure-äthylester* nur zu 37% d.Th. liefert[5], reagiert Pentin-(2)-säure-äthylester einheitlicher[5]:

$$H_5C_2-C{\equiv}C-COOC_2H_5 \;+\; R-J \xrightarrow{Pt} H_3C-C{\equiv}C-CR_2-COOC_2H_5$$

...-pentin-(3)-säure-äthylester

R = CH₃; *2,2-Dimethyl-...*; 71% d.Th.
R = C₂H₅; *2,2-Diäthyl-...*; 59% d.Th.
R = C₄H₉; *2,2-Dibutyl-...*; 82% d.Th.
R = CH₂−CH = CH₂; *2,2-Diallyl-...*; 74% d.Th.

Aliphatische Nitrile wie Acetonitril, das wohl am häufigsten eingesetzte aprotische dipolare Solvens bei Elektrolysen[6], können indirekt reduktiv dimerisiert und trimerisiert werden. Primär werden Komplexe gebildet[7] bzw. Alkalimetallkationen reduziert, die dann das Nitril attackieren[6]:

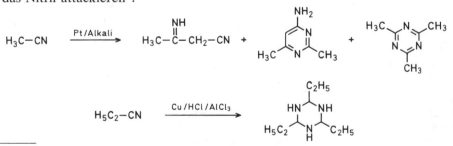

[1] R.A. Benkeser u. C.A. Tincher, J. Organometal. Chem. **13**, 139 (1968).
[2] G. Mazzocchin et al., Inorg. Chim. Acta **18**, 159 (1976).
[3] S. Wawzonek u. D. Wearring, Am. Soc. **81**, 2067 (1959).
[4] B.C. Willett, W.M. Moore, A. Salajegheh u. D.G. Peters, Am. Soc. **101**, 1162 (1979).
[5] M. Tokuda u. O. Nishio, Chem. Commun. **1980**, 188.
[6] B.F. Becker u. H.P. Fritz, A. **1976**, 1015.
[7] G. Henze u. G. Gromke, Z. Chem. **15**, 406 (1975).

2. am sp²-C-Atom

α) in Alkenen

α₁) unter Hydrodimerisierung

Die bekannteste Reaktion ist die elektrochemische Hydrodimerisierung von Acrylnitril zu *Hexandisäure-dinitril*. Sie hat großtechnische Bedeutung und ist Gegenstand mehrerer Patente[1]. Durch geeignete Wahl der Reaktionsbedingungen können auch 1,2- oder 1,4-Polymere gewonnen werden[2]. In Acetonitril mit Tetraalkyl-ammonium-tosylaten werden zusätzlich Verbindungen mit Naphthyridin-Struktur erhalten[2].

Auch 1,4-Diacryloyloxy-butan (an Quecksilber, in DMF/Tetraäthylammonium-tosylat)[3] und Methacrylsäure-methylester[4] können kathodisch polymerisiert werden; ferner erhält man u. a. aus:

Acrolein	→ *Hexandiol* (70% d. Th.) + *1-Formyl-cyclopenten* (16% d. Th.)[5]
Acrylsäure-äthylester	→ *Hexandisäure-diäthylester* (87% S.A.)[5,6]
2-Methyl-acrylnitril	→ *2,5-Dimethyl-hexandisäure-dinitril* (75% S.A.)[6]
3-Oxo-buten-(1)	→ *2,7-Dioxo-octan*(70% d. Th.)[6,7] + *2-Methyl-3-acetyl-cyclopenten*
	→ (7% d. Th.)
4-Oxo-2-methyl-penten-(2)	→ *2,7-Dioxo-4,4,5,5-tetramethyl-octan* (90% d.Th.)[8]

Die kathodische Hydrodimerisierung von Acrylsäureestern kann mit der oxidativen anodischen Dimerisierung von Malonsäure-diestern zu 2,3-Dialkoxycarbonyl-bernstein-säure-diestern gekoppelt werden[9,10].

Buten-(3)-säure-äthylester und -nitril hydrodimerisieren mit hohen Ausbeuten zu *3,4-Dimethyl-hexandisäure-diäthylester* (60% S.A.) bzw. *-dinitril* (100% d.Th.). Ersteres erhält man zu 73% d.Th. aus Buten-(2)-säure-äthylester[11].

$$H_2C=CH-CH_2-CN \xrightarrow{DMF/[(H_5C_2)_4N]\ Tos} \begin{array}{l} H_3C-CH-CH_2-CN \\ \qquad | \\ H_3C-CH-CH_2-CN \end{array}$$

$$H_3C-CH=CH-COOC_2H_5 \xrightarrow{DMF/[(H_5C_2)_4N]\ Tos} \begin{array}{l} H_3C-CH-CH_2-COOC_2H_5 \\ \qquad | \\ H_3C-CH-CH_2-COOC_2H_5 \end{array}$$

Zimtaldehyd und 3-Oxo-1-phenyl-1-alkene liefern ebenfalls Hydrodimere; z. B.:

[1] M.M. Baizer, J. Electrochem. Soc. **111**, 215 (1964).
   DOS 1804809 (1968), BASF, Erf.: F. Beck, K.H. Illers u. J.G. Floss; C.A. **72**, 128147 (1970).
   F. Beck, J. Appl. Electrochemistry **2**, 59 (1972).
[2] F. Beck u. H. Leitner, Ang. makromol. Chem. **2**, 51 (1968); mit Zellbeschreibungen.
[3] DOS 1210186 (1964), BASF, Erf.: F. Beck, K.H. Illers u. J.G. Floss; C.A. **64**, 12904 (1966).
[4] W. Kern u. H. Quast, Makromol. Chem. **10**, 202 (1953).
[5] A. Misono, T. Osa u. T. Yamagishi, Kogyo Kagaku Zaisshi **69**, 945 (1966).
[6] M.M. Baizer u. J.D. Anderson, J. Electrochem. Soc. **111**, 223 (1964).
   US.P. 3193476, 3193478/9, 3193482/3 (1964), Monsanto, Erf.: M.M. Baizer; C.A. **63**, 13092 (1965).
[7] J. Wiemann u. M.L. Bouguerra, A.ch. **3**, 215 (1968).
[8] H.D. Law, Soc. **101**, 1544 (1912).
[9] H.G. Thomas u. E. Lux, Tetrahedron Letters **1972**, 965.
[10] M.M. Baizer u. R.C. Hallcher, J. Electrochem. Soc. **123**, 809 (1976).
[11] M.R. Ort u. M.M. Baizer, J. Org. Chem. **31**, 1646 (1966).

$$2 \ H_5C_6-CH=CH-\overset{\overset{O}{\|}}{C}-R \longrightarrow \begin{array}{c} H_5C_6-CH-CH_2-CO-R \\ | \\ H_5C_6-CH-CH_2-CO-R \end{array}$$

R = OH (verd. H_2SO_4/Pb);*3,4-Diphenyl-hexandisäure*[1]; 70% d. Th.

R = CH_3 (wäßr.-alkoh. NaOH/Hg); *2,7-Dioxo-4,5-diphenyl-octan*[2]; bis 74% d. Th.

R = C_3H_7 ⎤   *4,9-Dioxo-6,7-diphenyl-dodecan*[3]; 25% d. Th.

R = $CH(CH_3)_2$ ⎮ [DMF/$(C_2H_5)_4NClO_4$; ~–1,9 V]; *3,8-Dioxo-2,9-dimethyl-,5,6-diphenyl-decan*[3];
                                               65% d. Th.

R = $C(CH_3)_3$ ⎦   *3,8-Dioxo-2,2,9,9-tetramethyl-5,6-diphenyl-decan*[3];
                                              95% d. Th.

R = C_6H_5 (wäßr.-alkoh.NaOH/Hg); *1,6-Dioxo-1,3,4,6-tetraphenyl-hexan*[2]; bis 40% d. Th.

Bei der Reduktion in DMF bei –2,4 V (Leitsalz Lithiumperchlorat) entsteht dagegen das gesättigte monomere Keton[3].

4-Oxo-4-phenyl-buten-(2)-säure-nitril dimerisiert hingegen ausschließlich zu *2,3-Bis-[2-oxo-2-phenyl-äthyl]-bernsteinsäure-dinitril* (5% d. Th.)[4].

Zur kathodischen Dimerisierung von 1,1-Diphenyl-äthen zur Dilithium-Verbindung s.S. 645.

Leitsalzabhängig ist die Dimerisierung von Zimtsäure-Derivaten. Während α-Phenyl-zimtsäure-nitril mit Tetraäthylammoniumperchlorat überwiegend *3-Imino-2,4,5-triphenyl-2-benzyl-pentansäure-nitril* (I; 82% d. Th.) liefert, erhält man mit Natrium- oder Lithiumperchlorat als Leitsalz *2,3,4,5-Tetraphenyl-hexandisäure-dinitril* (II; 83% d. Th.)[5]:

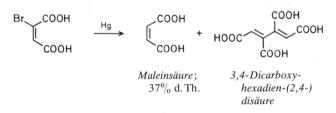

Ähnliche Resultate werden mit Zimtsäure-nitril und -dimethylamid erzielt,[5] während Brom-maleinsäure an Quecksilber an der C–Br-Bindung angegriffen wird[6]:

                       Maleinsäure;   *3,4-Dicarboxy-*
                       37% d. Th.   *hexadien-(2,4-)*
                                         disäure

[1] C.L. WILSON u. K.B. WILSON, Trans. Electrochem. Soc. **80**, 139 (1941).

[2] R. PASTERNAK, Helv. **31**, 753 (1948).
Vgl. a. G. SHIMA, Mem. Coll. Sci. Kyoto Imp. Univ. **12 A**, 327 (1929); C.A. **24**, 2118 (1930); zusätzlich werden Alkanone und Pinakole gebildet.

[3] A. ALBISSON u. J. SIMONET, Bl. **1971**, 4213.

[4] J.P. PETROVICH, M.M. BAIZER u. M.R. ORT, J. Electrochem. Soc. **116**, 743, 749 (1969).

[5] J.P. PETROVICH u. M.M. BAIZER, J. Electrochem. Soc. **118**, 447, 450 (1971).

[6] P.J. ELVING, I. ROSENTHAL, J.R. HAYES u. A.J. MARTIN, Anal. Chem. **33**, 330 (1961).

Maleinsäure-diäthylester liefert *3,4-Diäthoxycarbonyl-hexandisäure-diäthylester* (62 S. A.)[1] und 3-Oxo-cyclohexen dimerisiert in Methanol zum *3,3'-Dioxo-bicyclohexyl* (80% d. Th.)[2].

Zur Hydrodimerisierung von N-Alkyl-succinimiden s.S. 580. Zur kathodischen Polymerisation von 4-Vinyl-pyridin s. Lit.[3].

Tropylium-tetrafluoroborat gibt bei der Reduktion leicht *Bitropyl* und das Cyclopropenylium-Kation *3,3'-Bi-cyclopropenyl*[4]. Zur Reduktion zu Cycloheptatrien s.S. 589.

α_2) unter Hydrocyclisierung

Aktivierte Diolefine können mit guter Ausbeute zu gesättigten cyclischen Verbindungen hydrocyclisiert werden[5,6]; z.B.:

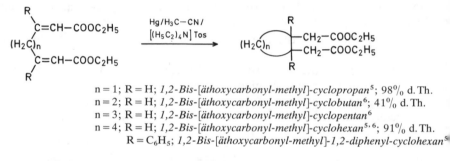

n = 1; R = H; *1,2-Bis-[äthoxycarbonyl-methyl]-cyclopropan*[5]; 98% d.Th.
n = 2; R = H; *1,2-Bis-[äthoxycarbonyl-methyl]-cyclobutan*[6]; 41% d.Th.
n = 3; R = H; *1,2-Bis-[äthoxycarbonyl-methyl]-cyclopentan*[6]
n = 4; R = H; *1,2-Bis-[äthoxycarbonyl-methyl]-cyclohexan*[5,6]; 91% d.Th.
R = C_6H_5; *1,2-Bis-[äthoxycarbonyl-methyl]-1,2-diphenyl-cyclohexan*[5]

Eine hohe Stromausbeute kann bei der reduktiven Cyclisierung von 1,2-Bis-[2-äthoxycarbonyl-vinylamino]-benzol an Quecksilber in Acetonitril/Tetrabutylammoniumtosylat zu *2,3-Bis-[äthoxycarbonylmethyl]-1,2,3,4-tetrahydro-chinoxalin* (86% SA) realisiert werden[7]:

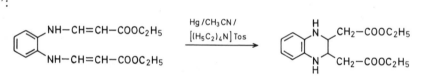

1,2-Bis-[2-äthoxycarbonyl-vinyloxy]-äthan bildet bei der kathodischen Elektrohydrocyclisierung in gleichfalls hoher Ausbeute *2,3-Bis-[äthoxycarbonylmethyl]-1,4-dioxan* (89% d.Th.)[8]:

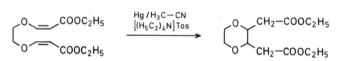

Zur Synthese von Acetoxy-barbaralanen s. S. 660.

Die kathodische Cyclisierung von 8-Oxo-nonen-(2) führt in guter Ausbeute (50% d.Th.) zu *1-Methyl-2-äthyl-cyclohexanol*[9,10].

[1] M.M. BAIZER u. J.D. ANDERSON, J. Electrochem. Soc. **111**, 223 (1964).
[2] E. TOUBOUL, F. WEISBUCH u. J. WIEMANN, Bl. **1968**, 4291.
[3] G. PARRAVANO et al., J. Polym. Sci. **C22**, 103 (1968); A-1 **8**, 225 (1970).
[4] R. BRESLOW u. R.F. DRURY, Am. Soc. **96**, 4702 (1974).
[5] J.D. ANDERSON u. M.M. BAIZER, Tetrahedron Letters **1966**, 511.
[6] C.P. ANDRIEUX, D.I. BROWN u. J.M. SAVÉANT, Nouv. J. Chim. **1**, 157 (1977); C.A. **87**, 21823 (1977).
[7] J.D. ANDERSON u. M.M. BAIZER, Tetrahedron Letters **1966**, 511; J. Org. Chem. **31**, 3890 (1966).
[8] B.F. BECKER u. H.P. FRITZ, B. **108**, 3292 (1975).
[9] T. SHONO u. M. MITANI, Am. Soc. **93**, 5284 (1971).
[10] J.P. PETROVICH, J.D. ANDERSON u. M.M. BAIZER, J. Org. Chem. **31**, 3890 (1966); dort weitere Beispiele.

Die Elektrolyse von 4-Oxo-2-methyl-buten-(2) (Mesityloxid) bei 60–70° an Quecksilber in Essigsäure/Natriumacetat führt zu *2,3,3,5-Tetramethyl-2-(2-methyl-propyl)-2,3-dihydro-furan* (25% d.Th.; 50% Umsatz), als Nebenprodukt fallen 20% d.Th. *2,7-Dioxo-4,4,5,5-tetramethyl-octan* an[1].

Während 1-Chlor-6-oxo-3,3-dimethyl-cyclohexen bei −2,05 V in wasserfreiem Acetonitril zum *6-Oxo-3,3-dimethyl-cyclohexen* (66% d.Th.) reduziert wird, erhält man in wasserhaltigem Acetonitril, ebenfalls bei −2,05 V, *2,12-Dichlor-1-hydroxy-3-oxo-6,6,9,9-tetramethyl-tricyclo[6.3.1.0²˒⁷]dodecan* (18% d. Th.)[2]:

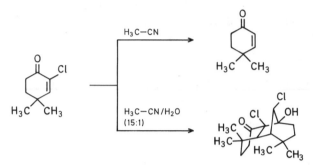

Benzyliden-malonsäure-dinitrile werden in DMF/Essigsäure zu Cyclopentenen cyclisiert[3]:

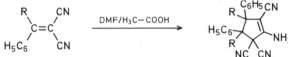

2-Amino-...-4,5-diphenyl-1,3,3-tricyan-cyclopenten

R = H; ...; 82% d. Th.
R = CH₃ ...-4,5-dimethyl-...; 90% d.Th.

Der ungesättigte Ester I wird in Acetonitril/Tetrabutylammoniumacetat an Quecksilber zu Octalin II cyclisiert[4]:

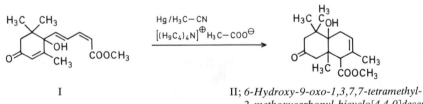

I   II; *6-Hydroxy-9-oxo-1,3,7,7-tetramethyl-2-methoxycarbonyl-bicyclo[4.4.0]decen-(3)*; 55% d.Th.

Durochinon liefert bei der Elektrolyse an Platin *7-Hydroxy-1,4-dioxo-2,3,4a,5,6,8,9a-heptamethyl-1,4,4a,9a-tetrahydro-xanthen* (69% d.Th.; *Didurochinon*)[5]:

[1] Fr.P. 1532273 (1966), CNRS, Erf.: J. WIEMANN u. M.L. BOUGUERRA; C.A. **71**, 60721 (1969).
[2] P. TISSOT u. P. MARGARETHA, Electrochim. Acta **23**, 1049 (1978).
[3] L.A. AVACA u. J.H.P. UTLEY, Soc. [Perkin I] **1975**, 971.
[4] B. TEREM u. J.H.P. UTLEY, Electrochim. Acta. **24**, 1081 (1979).
[5] R.D. RIEKE, T. SAJI u. N. KUJUNDZIC, J. Electroanal. Chem. **102**, 397 (1979).

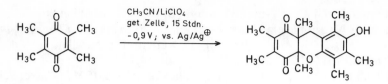

Zur kathodischen Herstellung von *2,3-Bis-[äthoxycarbonyl-methyl]-1,2,3,4-tetrahydro-chinoxalin* aus 1,2-Bis-[2-äthoxycarbonyl-vinylamino]-benzol s.S. 642 bzw. zur Hydrodimerisierung von Phenanthren zum *9,9',10,10'-Tetrahydro-9,9'-bi-phenanthry* (44% d.Th.) s. Lit.[1].

Die Hydrodimerisierung von 1,2-Bis-[2-methoxycarbonyl-vinyl]-benzol führt unter Cyclisierung zum *6,12-Bis-[methoxycarbonyl-methyl]-5,11-dimethoxycarbonyl-4b,5,6,10b,11,12-hexahydro-chrysen* (29% d.Th.; F 157–157,5°) neben einem Tetralin- und einem Hexandisäure-dimethylester-Derivat (2:0,5:0,5)[2]:

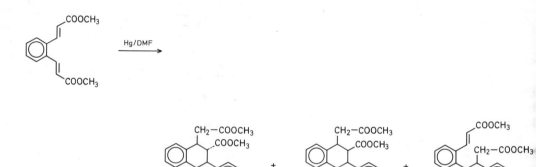

α_3) *unter Hydro-C-Addition*

Durch elektrolytische Reduktion von Olefinen in Gegenwart von Carbonyl-Verbindungen ist die gezielte Herstellung von Additionsverbindungen möglich, die sonst nur durch mehrstufige Synthesen zugänglich sind. So erhält man z. B. bei der Elektrolyse von 1,3-Butadien in Gegenwart von Kohlendioxid *Hexen-(3)-disäure* (–2,7 V; 50% d.Th.)[3] bzw aus Stilben in DMF mit quartären Ammoniumsalzen als Elektrolyt an Quecksilber *meso-2,3-Diphenyl-bernsteinsäure* (92% d.Th.)[4].

In Gegenwart von Acetanhydrid werden Stilbene bzw. Zimtsäure-Derivate reduktiv ir α-Stellung zum Aryl-Ring acetyliert. Man elektrolysiert in DMF als Lösungsmittel an Quecksilber-Kathoden in Gegenwart von Aluminiumoxid:

[1] S. WAWZONEK u. D. WEARRING, Am. Soc. **81**, 2067 (1959).
[2] J. ANDERSSON, L. EBERSON u. C. SVENSSON, Chem. Commun. **1976**, 565; Acta chem. scand. B**32**, 234 (1978).
[3] US.P. 3032489 (1959), Sun Oil, Erf.: J.W. LOVELAND; C.A. **57**, 4470 (1962).
[4] S. WAWZONEK, E.W. FLAHA, R. BERKEY u. M.E. RUNNER, J. Electrochem. Soc. **102**, 235 (1955).

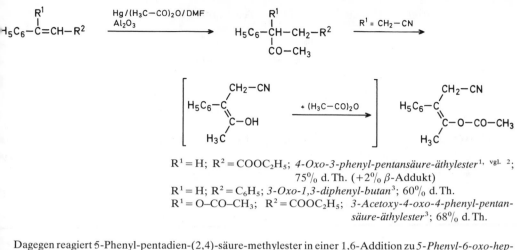

R¹ = H; R² = COOC₂H₅; *4-Oxo-3-phenyl-pentansäure-äthylester*[1, vgl. 2];
    75% d. Th. (+2% β-Addukt)
R¹ = H; R² = C₆H₅; *3-Oxo-1,3-diphenyl-butan*[3]; 60% d. Th.
R¹ = O–CO–CH₃; R² = COOC₂H₅; *3-Acetoxy-4-oxo-4-phenyl-pentan-*
    säure-äthylester[3]; 68% d. Th.

Dagegen reagiert 5-Phenyl-pentadien-(2,4)-säure-methylester in einer 1,6-Addition zu *5-Phenyl-6-oxo-hep-*
en-(2)-säure-methylester (15% d. Th.)[3] und unter 1,4-Addition zum *5-Phenyl-3,3-diacetyl-penten-(4)-säure-*
methylester (30% d. Th.).

In Acetonitril reagiert Zimtsäure-nitril unter α-Addition zum *3-Imino-2-benzyl-butan-*
säure-nitril[2].

Die Reaktion läßt sich auch auf andere α,β-ungesättigte Carbonsäureester und -nitrile
übertragen. Mit den Anhydriden der Essigsäure, Propansäure und Butansäure werden
hierbei die Acylierungsaddukte mit Ausbeuten von 50 bis 82% d. Th. (get. Zelle; Graphit-
kathode; CH₃CN/(C₂H₅)₄ NTs; –2,3 bis –2,5 V) hergestellt[2].

So erhält man z. B. *2-Acetyl-1-äthoxycarbonyl-cyclohexan* zu 74% d. Th. aus 1-Äthoxy-
carbonyl-cyclohexen mit Essigsäure[2].

Arylsäure-methylester kann elektrochemisch mit Acetaldehyd zum *Pentan-4-olid* gekuppelt werden (Ausbeute 100% d. Th.)[4]:

$$H_2C=CH-COOCH_3 \quad + \quad H_3C-CHO \quad \longrightarrow$$

Die Reduktion von N-Chlor-äthylcarbamat in Gegenwart von Olefinen liefert 1-
Chlor-2-äthoxycarbonylamino-Addukte (s. S. 675)[5].

Styrol und 2-Phenyl-propen werden in wasserhaltigen Nitrilen (get. Zelle, –10°;
LiClO₄; Pt-Netz-Kathode) zu Ketonen elektrolysiert; z. B.[6]:

$$H_5C_6-C=CH_2 \xrightarrow{R^1-CN/H_2O} H_5C_6-CH-CH_2-CO-R^1$$

R = H; R¹ = CH₃; *3-Oxo-1-phenyl-butan*; 20% d. Th.
    + *1,4-Diphenyl-butan*; 48% d. Th.
R = CH₃; R¹ = CH₃; *4-Oxo-2-phenyl-pentan*; 68% d. Th.
    R¹ = CH(CH₃)₂; *3-Oxo-2-methyl-5-phenyl-hexan*; 54% d. Th.

H. LUND u. C. DEGRAND, Tetrahedron Letters **1977**, 3543.
T. SHONO, I. NISHIGUCHI u. H. OHMIZU, Am. Soc. **99**, 7396 (1977).
H. LUND u. C. DEGRAND, Acta chem. scand. [B] **33**, 57 (1979); hier auch die analoge Reduktion von 2- und 4-
    (2-Phenyl-vinyl)-pyridin bzw. Phenyl-propargylsäure-methylester.
A. P. TOMILOV, B. L. KLYNEV u. V. D. NECHEPUVURI, Ž. Org. Chim. **11**, 1984 (1975); C. A. **84**, 23698 (1976).
D. BÉRBÉ, J. CAZA, F. M. KIMMERLE u. J. LESSARD, Canad. J. Chem. **53**, 3060 (1975).
R. ENGELS u. H. J. SCHÄFER, Ang. Ch. **90**, 483 (1978).

In wasserhaltigem DMF gelingt in hoher Ausbeute die 1,2-Diformylierung[1]:

$$H_5C_6-\underset{R}{\overset{}{C}}=CH_2 \quad \xrightarrow{DMF/H_2O} \quad H_5C_6-\underset{R}{\overset{CHO}{C}}-CH_2-CHO$$

R = H; *Phenyl-butandial*; 82% d. Th.
R = CH₃; *2-Methyl-2-phenyl-butandial*; 86% d. Th.

Die Reduktion zweier aktiver Olefine führt neben den Hydrodimeren zu gekoppelten Addukten. So erhält man z. B. aus Pentadien-(2,4)-säure-nitril und Acrylsäure-Derivaten bei nachfolgender Hydrierung Octandisäure-Derivate[2]:

$$H_2C=CH-CH=CH-CN \; + \; H_2C=CH-R \quad \xrightarrow[2.\,H_2]{1.\,-1,7V} \quad NC-(CH_2)_6-R$$

Octandisäure-...

R = CN; ...-*dinitril;* 55% d. Th.
R = COOC₂H₅; ...-*äthylester-nitril;* 20% d. Th.

Maleinsäure-diäthylester und Acrylnitril koppeln zu *4,5-Bis-[äthoxycarbonyl]-octandi säure-dinitril* (−1,5 V; 74% d. Th.)[2], Fumarsäure-diäthylester und 3-Oxo-buten ergeben *(3-Oxo-butyl)-bernsteinsäure-diäthylester* (85% d. Th.)[3]. Auch Butadien-(1,3) kann an ungesättigte Ester hydroaddiert werden[4]:

$$H_3C-\underset{R}{\overset{}{C}}=CH-COOC_2H_5 \; + \; H_2C=CH-CH=CH_2 \quad \xrightarrow{DMF/[(H_9C_4)_4N]X/Graphit}$$

$$H_3C-CH=CH-CH_2-\underset{CH_3}{\overset{R}{C}}-CH_2-COOC_2H$$

...-*hepten-(5)-säure-äthylester*
R = H; X = J; *3-Methyl-trans-*...; 12% d. Th.
R = CH₃; X = ClO₄; *3,3-Dimethyl-trans-*...; 58% d. Th.

Dagegen stehen bei Acrylsäure- und Buten-(2)-säure-äthylester die Hydrodimeren im Vordergrund (s. S 640 f.) (bis 69% d. Th.)[2]

Mit Isopren bzw. 2,3-Dimethyl-butadien liefert 3-Methyl-buten-(2)-säure-äthylester nur geringe Mengen an Additionsprodukten[4].

Aus Zimtsäure-Derivaten werden bei der reduktiven Alkylierung mit tert. Butylchlorid bzw. -bromid überwiegend die in Benzyl-Stellung alkylierten Derivate erhalten[5]:

$$H_5C_6-CH=CH-R \; + \; (H_3C)_3C-X \quad \xrightarrow{DMF/[(H_9C_4)_4N]J} \quad H_5C_6-CH_2-\underset{C(CH_3)_3}{\overset{}{C}H}-R \; + \; H_5C_6-\underset{C(CH_3)_3}{\overset{}{C}H}-CH_2-R$$

	I	II

X = Cl, Br   R = CN; *3,3-Dimethyl-2-benzyl-* *4,4-Dimethyl-3-phenyl*
butansäure-nitril;   *pentansäure-nitril;*
29% d. Th.   38% d. Th.
R = COOC₂H₅; ...-*äthylester;*   ...-*äthylester;*
27% d. Th.   57% d. Th.

[1] D. Bérubé, J. Caza, F. M. Kimmerle u. J. Lessard, Canad. J. Chem. **53**, 3060 (1975).
[2] M. M. Baizer, J. Org. Chem. **29**, 1670 (1964).
[3] US.P. 3193479 (1964), Monsanto, Erf.: M. M. Baizer; C.A. **63**, 13092 (1965).
[4] H. G. Thomas u. F. Thönnessen, B. **112**, 2786 (1979).
[5] C. Degrand u. H. Lund, Nouv. J. Chim. **1**, 35 (1977); C.A. **87**, 5105 (1977).

Styrol, Stilben, Phenyl-propen und Fumarsäure-diäthylester liefern mit Alkylhalogeniden in HMPTA/Lithiumchlorid Addukte mit 2 vicinalen Alkyl-Gruppen[1].

Die Elektrokatalyse mittels (5,5,7,7,12,12-Hexamethyl-1,4,8,11-tetraaza-cyclotetradecan)-nickel(II) am Platin erlaubt die reduktive Kupplung von 2-Brom-butan mit Olefinen:

$$\underset{\substack{H_3C-\overset{\displaystyle |}{C}H-C_2H_5}}{\overset{\displaystyle Br}{}} + R^1-CH=CH-R^2 \xrightarrow[\substack{[(H_9C_4)_4N][BF_4]}]{-1,4\ V,\ Pt/H_3C-CN/} \underset{\substack{H_5C_2-\overset{\displaystyle |}{C}H-\overset{\displaystyle |}{C}H-CH_2-R^2}}{\overset{\substack{H_3C\quad R^1}}{}}$$

$R^1 = H, CH_3, C_3H_7, C_6H_5, COOC_2H_5$
$R^2 = CN, CHO, CO-C_2H_5, COOC_2H_5$

z. B.: $R^1 = H$; $R^2 = CN$; *4-Methyl-hexansäure-nitril*; 94% S.A.
$R^1 = C_6H_5$; $R^2 = CHO$; *4-Methyl-3-phenyl-hexanal*; 22% S.A.

Aus Acrylnitril wird auf analoge Weise mit 1-Brom-butan bzw. tert.-Butylbromid *Heptansäure-nitril* (84% S.A.) bzw. *4,4-Dimethyl-pentansäure-nitril* (100% S.A.) erhalten[2].
Bei einer Elektrolyse mit gekoppelten Elektrodenreaktionen erhält man aus Acrylsäure-methylester in Gegenwart von Acetessigsäure-äthylester neben *Hexandisäure-dimethylester 4-Methyl-hexandisäure-6-äthylester-4-olid*[3].
In vergleichbarer guter Ausbeute (s. S. 667) gelingt die Herstellung von *Hexandisäuredinitril* durch kathodische Kopplung von 3-Chlor-propansäure-nitril mit Acrylnitril (90% d. Th.)[4].
Acrylsäure- bzw. 2-Methyl-acrylsäure-äthylester kann nur in ungeteilter Zelle mittels Trialkyl-boran reduktiv an Platin in Acrylnitril/Tetrabutylammoniumjodid alkyliert werden[5]:

$$\underset{\substack{H_2C=\overset{\displaystyle |}{C}-COOC_2H_5}}{\overset{\displaystyle R^1}{}} + R_3B \xrightarrow{Pt/H_3C-CN} \underset{\substack{R-CH_2-\overset{\displaystyle |}{C}H-COOC_2H_5}}{\overset{\displaystyle R^1}{}}$$

$R = CH_3$; $R^1 = CH_3$; *2-Methyl-butansäure-äthylester*; 94% d. Th.
$R = C_3H_7$; $R^1 = H$; *Hexansäure-äthylester*; 77% d. Th.
$R^1 = CH_3$; *2-Methyl-hexansäure-äthylester*; 85% d. Th.
$R = {}^cC_5H_9$; $R^1 = H$; *3-Cyclopentyl-propansäure-äthylester*; 51% d. Th.

Thioindigo hydroaddiert Kohlendioxid, Acrylnitril sowie Zimtsäure-nitril mit guten Ausbeuten[6]:

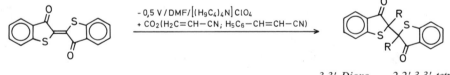

3,3'-Dioxo-...-2,2',3,3'-tetra-hydro-2,2'-bi-⟨benzo-[b]-thienyl⟩

$R = COOH$; ...-2,2'-dicarboxy-
$R = CH_2-CH_2-CN$; ...-2,2'-bis-[2-cyan-äthyl]-...
$R = CH(C_6H_5)-CH_2-CN$; ...2,2'-bis-[1-phenyl-2-cyan-äthyl]-...

S. Satoh, T. Taguchi, M. Itoh u. M. Tokuda, Bl. chem. Soc. Japan **52**, 951 (1979).
K.P. Healy u. D. Pletcher, J. Organomet. Chem. **161**, 109 (1978).
H.G. Thomas u. E. Lux, Tetrahedron Letters **1972**, 965.
DBP. 1151791 (1963), Knapsack-Griesheim AG., Erf.: K. Sennewald et al.; C.A. **60**, 1604 (1964).
Y. Takahashi, K. Ynasa, M. Tokuda, M. Itoh, A. Suzuki, Bl. chem. Soc. Japan **51**, 339 (1978).
L.S.R. Yeh u. A.J. Bard, J. Electroanal. Chem. **81**, 319 (1977).

Die Reduktion von Acrylnitril in Anwesenheit von Sulfonium-tosylaten führt ebenfalls zu gekoppelten Verbindungen. Die Elektrolyse wird in überschüssigem Acrylnitril (mit etwas Wasser) durchgeführt, Leitsatz ist Tetraäthylammonium-tosylat[1].

$$H_2C=CH-CN \ + \ \left[(H_3C)_2\overset{\oplus}{S}-CH_2-R \right] Tos \xrightarrow[-S(CH_3)_2]{} R-(CH_2)_3-CN$$

R = CN; *Glutarsäure-dinitril;* 20% d. Th.
R = C$_6$H$_5$; *4-Phenyl-butansäure-nitril;* 29% d. Th

Die gekreuzte kathodische Kupplung von Aceton und Allylalkohol führt in saurer Lösung primär zu *4-Methyl-1,4-pentandiol*; isoliert wird mit fast quantitativer Ausbeute *2,2-Dimethyl-tetrahydrofuran*[2].

β) in Aromaten

Phenanthren wird zum *9,9′,10,10′-Tetrahydro-9,9′-bi-phenanthryl* hydrodimerisiert (s. S. 644).

Die Alkylierung von Aromaten mit Halogeniden oder Onium-Verbindungen ist in der Regel mit dem Verlust der Aromatizität im substituierten Ring verbunden. Ist dies nicht der Fall, so ist zumeist Luftsauerstoff für die Rückoxidation verantwortlich.

Anthracen liefert an Quecksilber (−1,4 V vs. Ag/AgJ) in Gegenwart von Trimethylsulfonium-Kationen *2-Methyl-1,2-dihydro-* (40%) und *9-Methyl-9,10-dihydro-anthracen* (60%) (Stromausbeute 31%)[3]:

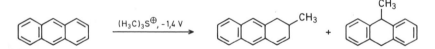

Wird das Anion-Radikal des Anthracens in Gegenwart von Methylchlorid an Quecksilber erzeugt [DMF/(C$_4$H$_9$)$_4$NJ, bei −2 V], so erhält man zusätzlich *9,10-Dimethyl-9,10-dihydro-anthracen*[4]. Mit tert.-Butylchlorid entstehen dagegen überwiegend 1- und 2-Addukte[4].

Mit Naphthalin erhält man dagegen mit Butyl- oder tert.-Butylchlorid, Isopropyl- und Cyclohexylchlorid komplexe Produktgemische von 1,2- und 1,4-Addukten[4]. Mit Trimethyl-tert.-butyl-ammonium-Salzen wird *1*- und *2-tert.-Butyl-tetralin* zu gleichen Teilen erhalten (83% SA)[3].

Bei der Reduktion in Gegenwart von Acetanhydrid in DMF an Quecksilber wird *9-(1-Acetoxy-äthyliden)-9,10-dihydro-anthracen* (~80% d. Th.) erhalten[5]:

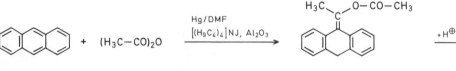

[1] M.M. Baizer, J. Org. Chem. **31**, 3847 (1966).
[2] A.P. Tomilov u. B.L. Klyuev, Ž. obšč. Chim. **39**, 470 (1969); engl.: 446.
[3] P. Martigny u. J. Simonet, J. Electroanal. Chem. **101**, 275 (1979).
[4] J. Simonet, M.-A. Michel u. H. Lund, Acta chem. scand. [B] **29**, 498 (1975).
[5] H. Lund, Acta chem. scand. [B] **31**, 424 (1977).

Die Elektrolyse in Gegenwart von Schwefeltrioxid führt zu *9,10-Disulfo-9,10-dihydro-anthracen* {DMF/[(C$_2$H$_5$)$_4$N]Br; an Hg}[1] (es kann auch mit Schwefeldioxid/Luft-Gemischen gearbeitet werden[2]).

Acenaphthylen wird an Glaskohlenstoff bei −1,1 V (vs. Ag/AgJ) mit Dimethyl-tert.-butyl-sulfonium-Salzen in *7-tert.-Butyl-acenaphthen* (48% SA) umgewandelt[3].

Bei der Elektrolyse von Pyren mit tert.-Butylchlorid in DMF/Tetrabutylammoniumjodid (−1,5 V vs. Ag/AgJ) und Zusatz von Chloranil überwiegt *1-tert.-Butyl-pyren* (52% d.Th.) (durch den Zusatz von Chloranil werden die bei der Luftoxidation entstehenden Teere vermieden)[4]:

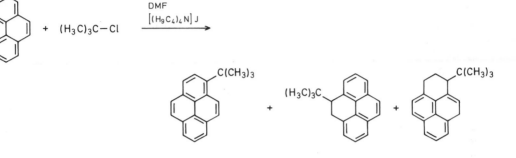

Aus Stilben wird mit tert.-Butylchlorid bei −2,3 V ein 3:2-Gemisch aus *3,3-Dimethyl-1,2-diphenyl-butan* und *2-Phenyl-1-(4-tert.-butyl-phenyl)-äthan*[5] erhalten.

Zur Alkylierung von Anthracen und Alkylhalogeniden, s. S. 672 f., zur Phenylierung von Aromaten mit Phenyl-Radikalen s. S. 672.

Auch Quasiaromaten können hydrodimerisiert bzw. alkyliert werden; z. B.:

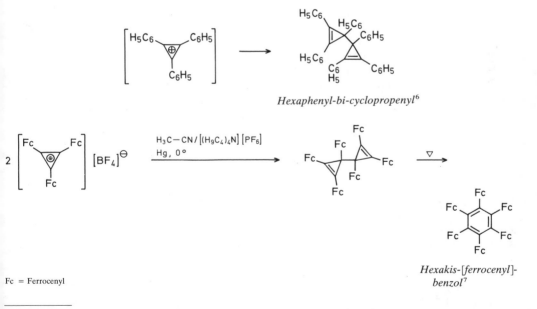

Fc = Ferrocenyl

[1] US.P. 3214356 (1963), Sun Oil, Erf.: J. W. LOVELAND; C. A. **64**, 671 (1966).
[2] US.P. 3344047 (1964), Sun Oil, Erf.: W. C. NEIKAM; C. A. **68**, 35370 (1968).
[3] P. MARTIGNY u. J. SIMONET, J. Electroanal. Chem. **101**, 275 (1979).
[4] P. E. HANSEN, A. BERG u. H. LUND, Acta chem. scand. **B30**, 267 (1976).
[5] J. SIMONET, M.-A. MICHEL u. H. LUND, Acta chem. scand. [B] **29**, 489 (1975).
[6] R. W. JOHNSON, T. WIDLANSKI u. R. BRESLOW, Tetrahedron Letters **1976**, 4685.
[7] A. J. FRY, R. L. KRIEGER, I. AGRANAT u. E. AHARAN-SHALOM, Tetrahedron Letters **1976**, 4803.

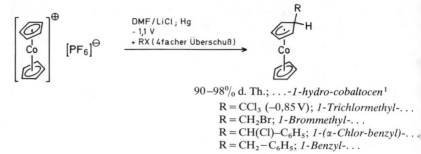

90–98% d. Th.; ...-*1-hydro-cobaltocen*[1]

R = CCl$_3$ (–0,85 V); *1-Trichlormethyl-*...

R = CH$_2$Br; *1-Brommethyl-*...

R = CH(Cl)–C$_6$H$_5$; *1-(α-Chlor-benzyl)-*...

R = CH$_2$–C$_6$H$_5$; *1-Benzyl-*...

Analog läßt sich bei –2 V Kohlendioxid addieren *(1-Carboxy-1-hydro-cobaltocen)*. Beim Dimethyl-cobaltocen werden Isomerengemische erhalten (Ausbeute jeweils 96% d. Th.)[1]. Zur Reduktion von Rhodocen s. Lit.[2].

Cyclopentadienyl-(methyl-benzol)- und (Äthyl-cyclopentadienyl)-(benzol)-eisen-(II)- Salze werden unter Reduktion des Eisens und des Aromaten dimerisiert[3]:

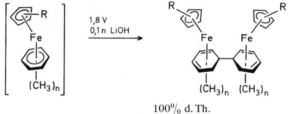

100% d. Th.

tritt nur ein bei R = H; n = 1–5

R = C$_2$H$_5$; n = 0.

γ) in Heteroaromaten

γ$_1$) *unter Dimerisierung*

Zur kathodischen Dimerisierung von Purin, substituierten Purinen bzw. Adenin s. Lit.[4].

Leichter als die zugrundeliegenden N-Heteroaromaten werden die N-substituierten Onium-Verbindungen reduktiv dimerisiert. In der Regel erfolgt Kupplung über die p-Stellung zum N-Atom. Insgesamt gesehen hat die Methode lediglich geringes präparatives Interesse[5–8].

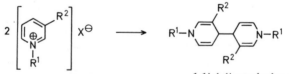

...-*1,1',4,4'-tetrahydro-4,4'-bi-pyridyl*

R^1 = CH$_3$; R^2 = CN; X = J (in NH$_3$/NH$_4$Cl; –1,2 V; Hg); *1,1'-Dimethyl- 3,3'- dicyan-*...[6];

R^2 = COOC$_2$H$_5$; X = J (in CH$_3$CN; –1,4 V); *1,1'- Dimethyl-3,3'- diäthoxycarbonyl-*...[8];

R^1 = C$_2$H$_5$; R^2 = H; X = Cl; *1,1'- Diäthyl-*...[5]; 43% d. Th.

R^1 = CH$_2$–C$_6$H$_5$; R^2 = CONH$_2$; X = Cl (in NH$_3$/NH$_4$Cl; –1,3 V; Hg); *1,1'-Dibenzyl- 3,3'-bis-[aminocarbonyl]-* ...[7]; 79% d. Th.

R^2 = H; X = Cl; *4,4'-Dibenzyl-*[5]...; 52% d. Th.

[1] N. el Murr u. E. Laviron, Canad. J. Chem. **54**, 3350 (1976).

[2] N. el Murr, J. E. Sheats, W. E. Geiger u. J. D. L. Holloway, Inorg. Chem. **18**, 1443 (1979).

[3] C. Moinet, E. Roman u. D. Astruc, J. Organometal. Chem. **128**, C 45 (1977).

[4] K. S. V. Santhanam u. P. J. Elving, Am. Soc. **96**, 1653 (1974).
  s. a. B. Czochrulska et al., Am. Soc. **99**, 2583 (1977).

[5] B. Emmert, B. **42**, 1997 (1909); **46**, 1716 (1913).

[6] I. Carelli, M. E. Cardinali, A. Casini u. A. Arnone, J. Org. Chem. **41**, 3967 (1976).

[7] V. Carelli et al., J. Org. Chem. **43**, 3420 (1978).

[8] R. Raghavan u. R. T. Iwamoto, J. Electroanal. Chem. **92**, 101 (1978); **102**, 85 (1979).

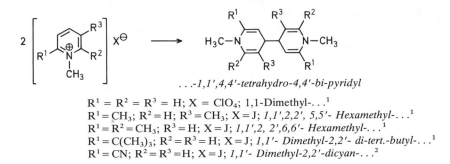

...-1,1',4,4'-tetrahydro-4,4'-bi-pyridyl

$R^1 = R^2 = R^3 = H$; $X = ClO_4$; 1,1-Dimethyl-...[1]
$R^1 = CH_3$; $R^2 = H$; $R^3 = CH_3$; $X = J$; 1,1',2,2', 5,5'- Hexamethyl-...[1]
$R^1 = R^2 = CH_3$; $R^3 = H$; $X = J$; 1,1',2, 2',6,6'- Hexamethyl-...[1]
$R^1 = C(CH_3)_3$; $R^2 = R^3 = H$; $X = J$; 1,1'- Dimethyl-2,2'- di-tert.-butyl-...[1]
$R^1 = CN$; $R^2 = R^3 = H$; $X = J$; 1,1'- Dimethyl-2,2'-dicyan-...[2]

Zur Hydrodimerisierung von Chinazolin s. Lit.[3].

Dagegen erhält man aus 1,2,6-Trimethyl-3,5-diäthoxycarbonyl-pyridinium-perchlorat in Acetonitril und Tetraäthylammoniumperchlorat als Leitsalz ein Gemisch aus (−1,1 V) 4,4'- und 2,4'-Dihydro-Dimeren[4].

Ist die para-Position besetzt, so entstehen 2,2'-Dimere; z. B.[5]:

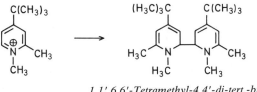

1,1',6,6'-Tetramethyl-4,4'-di-tert.-butyl-
1,1',2,2'-tetrahydro-2,2'-bi-pyridyl

1,2-Bis-[3-aminocarbonyl-pyridinio]-äthan-dibromid läßt sich ebenfalls kathodisch (gepufferte Lösung, an Hg, −1,0 V) dimerisieren und man erhält *3,10-Bis-[aminocarbonyl]-6,7,12a,12b-tetrahydro-⟨dipyrido-[1,2-a; 1',2'-c]-pyrazin⟩*[6]:

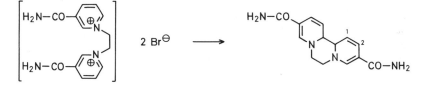

N-Alkyl-chinolinium-Salze reagieren analog[7].

2,2',6,6'-Tetraphenyl-4,4'-bi-4H-pyranyliden wird in einfacher Weise durch Elektroreduktion und nachfolgende Dehydrierung von 2,6-Diphenyl-pyrylium-perchlorat in Acetonitril/Tetrabutylammoniumperchlorat zu 48% d.Th. erhalten (als Nebenprodukt fällt 15% d.Th. *1,5-Dioxo-1,5-diphenyl-pentan* an)[8]:

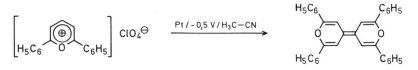

[1] R. RAGHAVAN u. R.T. IWAMOTO, J. Electroanal. Chem. **92**, 101 (1978); **102**, 85 (1979).
[2] J. CARELLI, M.E. CARDINALI u. A. CASINI, J. Electroanal. Chem. **105**, 205 (1979); **107**, 391 (1980).
[3] H. LUND, Acta chem. scand. **18**, 1984 (1964).
[4] F.T. MCNAMARA, J.W. NIEFT, J.F. AMBROSE u. E.S. HUYSER, J.Org. Chem. **42**, 988 (1977).
[5] R. RAGHAVAN u. R.T. IWAMOTO, J. Electroanal. Chem. **102**, 85 (1979).
[6] D.J. MCCLEMENS, A.K. GARRISON u. A.L. UNDERWOOD, J. Org. Chem. **34**, 1867 (1969).
[7] B. EMMERT, B. **42**, 1997 (1909); **46**, 1716 (1913).
[8] F. PRAGST u. U. SEYDEWITZ, J.pr. **319**, 952 (1977).

Cumarin und 3-Phenyl-cumarin werden zu *3,3',4,4'-Tetrahydro-* (93% d. Th.)[1] bzw. *3,3'-Diphenyl-3,3',4,4'-tetrahydro-4,4'-bi-cumarinyl*(85% d. Th.) hydrodimerisiert[2].

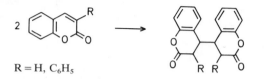

R = H, C_6H_5

In beide Halbzellen wird das Elektrolysegemisch (16,9 g LiCl, 61,5 ml 0,1 n HCl, 9,75 g Natriumcitrat, 66 g Wasser, 274 g Methanol) eingefüllt, in den Katholyten kommt zusätzlich 0,2 g 3-Phenyl-cumarin. Dann wird an der Hg-Kathode (Silber-Anode) bei −1,65 V vs. Ag/AgCl elektrolysiert[2].

Zur kathodischen Dimerisierung von Acetyl-heteroarenen s. S. 655; von Chinazolin s. Lit.[3].

γ_2) *unter Addition bzw. Substitution*

Bei der tert.-Butylierung der Pyridin-2- und -3-carbonsäureamide sowie der 1-Äthyl- und 1-Benzyl-pyridinium-Verbindungen mit tert.-Butylchlorid tritt die tert.-Butyl-Gruppe überwiegend in para-Stellung zur Aminocarbonyl-Gruppe ein {DMF/[$(H_9C_4)_4N$] [PF_6]}. Mit Isonicotinsäure-amid gelingt die Alkylierung nicht[4].

Zur reduktiven Alkylierung von Chinolin in wasserfreiem flüssigem Ammoniak s. Lit.[5].

In DMF/Tetrabutylammoniumjodid bei −2,2 V liefert die Elektrolyse von Chinolin an Quecksilber in Gegenwart von tert.-Butyl-chlorid ein komplexes Reaktionsgemisch mit z. T. partiell hydrierten Verbindungen[6].

Bei Isochinolin bzw. 3-Methyl-isochinolin tritt bevorzugt Addition zum 5,6-Dihydro-Derivat ein, daneben wird Substitution am C_1-Atom beobachtet[6]; z. B.:

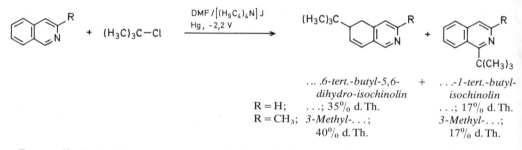

	... .6-tert.-butyl-5,6-dihydro-isochinolin	+	...-1-tert.-butyl-isochinolin
R = H;	...; 35% d. Th.		...; 17% d. Th.
R = CH_3;	3-Methyl-...; 40% d. Th.		3-Methyl-...; 17% d. Th.

Das cyclische Sulfon I wird bei −1,8 V zur Sulfinsäure II reduziert, die beim Erhitzen mit Schwefelsäure unter Eliminierung von Schwefeldioxid *2-Methyl-⟨pyrazolo-[1,5-f]-phenanthridin⟩* (60% d. Th.) ergibt[7]:

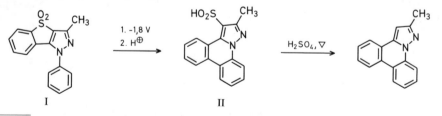

I   II

[1] R. N. Gourley, J. Grimshaw u. P. G. Miller, Chem. Commun. **1967**, 127.
[2] J. F. Archer u. J. Grimshaw, Soc. [B] **1969**, 266.
[3] H. Lund, Acta chem. scand. **18**, 1984 (1964).
[4] C. Degrand, D. Jacquin u. P.-L. Compagnon, J. Chem. Res. (S) **1978**, 246.
[5] W. H. Smith u. A. J. Bard, Am. Soc. **97**, 6491 (1975).
[6] C. Degrand u. H. Lund, Acta chem. scand. **B 31**, 593 (1977).
[7] J. Grimshaw u. J. Trocha-Grimshaw, Soc. [Perkin I] **1979**, 799.

4-Carboxymethyl-1-äthyl-pyridiniumjodid wird in Gegenwart von Kohlendioxid zu *4,4-Bis-[carboxymethyl]-1-äthyl-1,4-dihydro-pyridin* {Hg, −2,0 V (vs Ag/Ag$^\oplus$)/DMF/ [H$_9$C$_4$)$_4$N] J; 41% d. Th.} umgesetzt (nach der Elektrolyse wird Methylchlorid zugegeben[1]).

Zur reduzierenden Acetylierung von 3-Phenyl- bzw. 2,3-Diphenyl-⟨pyrido-[2,3-b]-pyrazin⟩ in Acetonitril/Acetanhydrid zu *2-Phenyl-1,4-diacetyl-1,4-dihydro-* (25% d.Th.) bzw. *2,3-Diphenyl-5-acetyl-5,8-dihydro-⟨pyrido[2,3-b]-pyrazin⟩* (91% d.Th.) s. Lit.[2]:

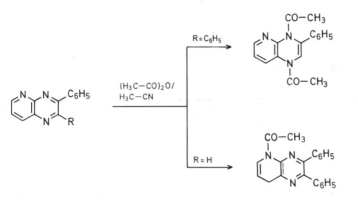

δ) in Kohlendioxid bzw. Kohlenmonoxid

Interessante Perspektiven eröffnet die kathodische Bildung von *Oxalsäure* aus Kohlendioxid. Während in wäßrigen Elektrolyten vorzugsweise die direkte Reduktion zu Formiat abläuft, bildet sich in aprotischen Solventien (Acetonitril, DMF, geteilte Zelle mit Ionenaustauschermembran) *Oxalsäure* neben wenig Ameisen-, Glykol-, Wein- und Äpfelsäure[3,4].

Die Cyclotetramerisierung von Kohlenmonoxid zum Dianion der *Quadratsäure* gelingt an verschiedenen Kathoden (in DMF/Tetrabutylammoniumbromid):

Edelstahl	60% d. Th.
Platin	49% d. Th., 34% SA
Aluminium	47% d. Th.; 38% SA
Graphit	39% d. Th., 31% SA

Mit Tetrabutylammoniumjodid als Leitsalz sind an Aluminium 65% d. Th. (44% SA) möglich. Die Elektrolyse wird in einer ungeteilten Hochdruckzelle durchgeführt; Initialdruck (CO): 346 atm[5].

Aromaten können durch Elektrolyse bei Anwesenheit von Kohlendioxid mit mittlerer Ausbeute in die entsprechenden *x,y-Dicarboxy-x,y-dihydro-arene* überführt werden (DMF/(C$_4$H$_9$)$_4$NJ). So erhält man z. B. aus

Naphthalin	→ *1,4-Dicarboxy-1,4-dihydro-naphthalin*[5]; 33% d.Th.
Phenanthren	→ *9,10-Dicarboxy-9,10-dihydro-phenanthren*[5]; 21% d.Th.

[1] H. LIND u. L.H. KRISTENSEN, Acta chem. scand. [B] **33**, 495 (1979).
[2] J. ARMAND, K. CHEKIR u. J. PINSON, C.r. [C] **284**, 391 (1977).
[3] U. KAISER u. E. HEITZ, Ber. Bunsenges. **77**, 818 (1973).
[4] J.C. GRESSIN, D. MICHELET, L. NADJO u. J.M. SAVÉANT, Nouv. J. Chim. **3**, 545 (1979); ausführliche Versuchsbeschreibungen und Literaturübersicht.
[5] G. SILVESTRI, S. GAMBINO, G. FILARDO et al., G. **102**, 818 (1972); Electrochim. Acta **23**, 413 (1978). Zellbeschreibung: M. GUAINAZZI et al., Soc. [Dalton] **1972**, 927.

Die Elektrolyse von Tolan (S. 577) oder Azobenzol (S. 701) in Gegenwart von Kohlendioxid wird an anderer Stelle besprochen.

ε) in Carbonyl-Verbindungen

ε₁) *unter Dimerisierung*
(vgl. a. Bd. VI/1a/2; S. 1514 ff.)

Die Elektroreduktion von Carbonyl-Verbindungen wird zumeist zur Herstellung der entsprechenden Alkohole durchgeführt (s. S. 605 f.). Jedoch hat auch die reduktive Dimerisierung zu 1,2-Diolen (Pinakolen) präparatives Interesse, da oftmals nahezu quantitative Ausbeuten erzielt werden[1]; z.B. in DMF/Natriumperchlorat bei Gegenwart von Chrom(III)-chlorid-Hexahydrat[2].

So läßt sich Aceton in sehr guten Ausbeuten zu *2,3-Dimethyl-butandiol-(2,3) (Pinakol)* dimersieren[3]. Mit guten Ausbeuten verlaufen die analogen reduktiven Dimerisierungen von Propanal zu *Hexandiol-(3,4)*[4] bzw. von Glycerinaldehyd zu *Hexit* (an Zink)[5].

In größerem Maßstab wird die reduktive Dimerisierung von 4-Hydroxy-benzaldehyd zu *1,2-Bis-[4-hydroxy-phenyl]-glykol* an Quecksilber durchgeführt[6].

Bis zu 96% d.Th. *2,3-Diphenyl-butandiol-(2,3)* werden bei der Reduktion von Acetophenon erhalten; in Methanol/Lithiumbromid unter Zusatz von (S,S)-(+)-1,4-Bis-[dimethylamino]-2,3-dimethoxy-butan mit optischen Ausbeuten von bis zu 6,4% (Ammoniumsalze führen zu vollständiger Racemisierung)[7].

4-Hydroxy-propiophenon wird in 10%-iger Natronlauge an Zinn-beschichteter Kupfer-Kathode zu *3,4-Bis-[4-hydroxy-phenyl]-hexandiol-(3,4)* (96% d.Th.) dimerisiert[8]:

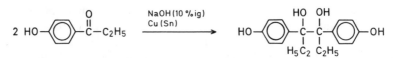

Nur eine Carbonyl-Gruppe wird bei der Hydrodimerisierung von 1,3-Dioxo-1,3-diphenyl-propan an Quecksilber reduziert [90% d.Th. *1,6-Dioxo-1,6-diphenyl-hexandiol-(3,4)*][9]; analog verhält sich 3,5-Dioxo-1,1-dimethyl-cyclohexan (Dimedon)[10]:

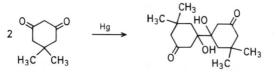

1,1'-Dihydroxy-5,5'-dioxo-3,3,3',3'-tetramethyl-bi-cyclohexyl; 70% SA

Zur Herstellung von *9,9'-Dihydroxy-9,9',10,10'-tetrahydro-9,9'-bi-phenanthryl* s. Lit.[11].

[1] W.J.M. VAN TILBORG u. C.J. SMITH, Tetrahedron Letters **1977**, 3651.

[2] D.W. SOPHER u. J.H.P. UTLEY, Chem. Commun. **1979**, 1087.

[3] S. hierzu F. BECK, *Elektroorganische Chemie*, S. 217, Verlag Chemie, Weinheim 1974.
S.ds. Handb., Bd. IV/2, S. 499.

[4] V.G. KHOMYAKOW, A.P. TOMILOV, B.G. SOLDATOV u. J.P. TKACEVA, Elektrokhimiya **6**, 1094 (1970); C.A. **73**, 115731 (1970).

[5] USSR.P. 167847 (1961), S.L. VARSHAVSKII, A.P. TOMILOV u. A.A. SERGO; C.A. **62**; 14186 (1965).

[6] C.J.H. KING, J. Chem. Technol. Biotechnol. **22**, 741 (1979); C.A. **92**, 171532 (1980).
S.a. M.J. ALLEN, Am. Soc. **72**, 3797 (1950).

[7] D. SEEBACH, H.-A. OEI u. H. DAUM, B. **110**, 2316 (1977).
J.H. STOCKER et al., J. Org. Chem. **33**, 294, 2145 (1968); **34**, 2810 (1969).

[8] M.Y. FIOSHIN et al., Elektrokhimiya **5**, 1371 (1969); C.A. **72**, 27691 (1970).
USSR. P. 245753 (1968), M.Y. FIOSHIN et al.; C.A. **71**, 112609 (1969).

[9] D.H. EVANS u. E.C. WOODBURY, J. Org. Chem. **32**, 2158 (1967).

[10] E. KARIV u. E. GILEADI, Collect. czech. chem. Commun. **36**, 476 (1971).

[11] E. TOUBOUL u. G. DANA, J. Org. Chem. **44**, 1397 (1979).

Zur Hydrodimerisierung von Hydroxy-tetraoxo-cyclopentan (Krokonsäure) s. Lit.[1,2].

Acrolein kann unter Erhalt der C=C-Doppelbindung kathodisch über die Carbonyl-Funktion polymerisiert werden (Mol.-Gewicht bis 10000; SA 2 kg/Ah)[3].

Bei beliebigem p_H-Wert oder Kathodenpotential entstehen aus 2-Formyl-[4] bzw. 2-Acetyl-selenophen[5] die entsprechenden 1,2-Diole:

R = H; *1,2-Diselenolyl-(2)-glykol*
R = CH$_3$; *2,3-Diselenolyl-(2)-butandiol-(2,3)*

Ebenfalls gute Ausbeuten sind bei der Hydrodimerisierung von 2- und 3-Acetyl-pyridin[6] bzw. 2-Benzoyl-thiophen[7] zu erzielen. Praktisch quantitativ verläuft die Elektrolyse von 6-Oxo-3,3-diphenyl-cyclohexadien-(1,4) zu *6,6'-Dihydroxy-3,3,3',3'-tetraphenyl-5,6'-bi-cyclohexadien-(1,4)-yl*[8]:

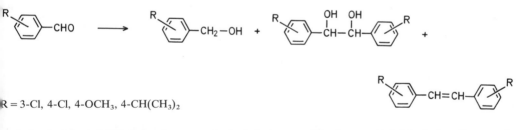

Während in Boratpuffer-Lösung (p_H 9,3) Buten-(2)-al bei –1,5 V an Quecksilber selektiv zu *1-Hydroxy-buten-(2)* reduziert wird, erhält man in Acetatpuffer-Lösung (Leitsalz Lithiumchlorid; p_H 4,7) bei –1,2 V *4,5-Dihydroxy-octadien-(2,6)*[9].

Bei der Reduktion substituierter Benzaldehyde werden neben den Benzylalkoholen und 1,2-Diolen auch Stilbene (5–12% d.Th. in wäßr. alkal. Äthanol) isoliert[10]:

R = 3-Cl, 4-Cl, 4-OCH$_3$, 4-CH(CH$_3$)$_2$

Sehr hohe 1,2-Diol-Ausbeuten sind dabei ausgehend von 3,4-Methylendioxy-, 4-Methoxy- und 4-Isopropyl-benzaldehyd zu erreichen[11].

Substituierte Benzoine gehen elektrolytisch (verd. Äthanol/5% Kaliumhydroxid) in die entsprechenden Tetraaryl-erythrite über[11]:

[1] M.B. FLEURY, P. SOUCHAY, M. GOUZERK u. P. GRACIAN, Bl. **1968**, 2562.
[2] Z. RUTKOWSKI, Rocz. Chem. **45**, 169 (1971); C.A. **75**, 63193 (1971).
[3] R.C. SCHULZ u. W. STROBEL, M. **99**, 1742 (1968).
[4] D. GUEROUT u. C. CAULLET, C.r. [C] **281**, 643 (1975).
[5] D. GUEROUT u. C. CAULLET, C.r. [C] **281**, 667 (1975).
[6] J.H. STOCKER u. R.M. JENEVEIN, J. Org. Chem. **34**, 2807 (1969).
[7] P. FOULATIER, J.-P. SALAÜN u. C. CAULLET, C.r. [C] **279**, 779 (1974).
[8] A. MAZZENGA, D. LOMNITZ, J. VILLEGAS u. C.J. POLOWCZYK, Tetrahedron Letters **1969**, 1665.
[9] D. BARNES u. P. ZUMAN, Soc. [B] **1971**, 1118.
[10] H.D. LAW, Soc. **91**, 748 (1907); **99**, 1113 (1911).
[11] H.D. LAW, Soc. **89**, 1512 (1906).

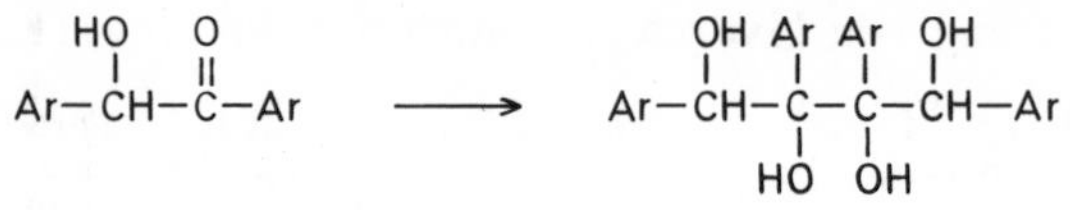

$$
\underset{\text{Ar}-\text{CH}-\overset{\text{O}}{\overset{\|}{\text{C}}}-\text{Ar}}{\overset{\text{HO}}{\overset{|}{}}} \longrightarrow \underset{\text{Ar}-\text{CH}-\overset{\text{Ar}}{\overset{|}{\text{C}}}-\overset{\text{Ar}}{\overset{|}{\text{C}}}-\text{CH}-\text{Ar}}{\overset{\text{OH}\quad\quad\quad\text{OH}}{}\;\;\underset{\text{HO}\quad\text{OH}}{}}
$$

Ar = 4-OCH$_3$–C$_6$H$_4$; *1,2,3,4-Tetrakis-[4-methoxy-phenyl]-butantetraol-(1,2,3,4)*
Ar = 4-CH(CH$_3$)$_2$–C$_6$H$_4$; *1,2,3,4-Tetrakis-[4-isopropyl-phenyl]-butantetraol-(1,2,3,4)*
Ar = 3,4-(O–CH$_2$–O)–C$_6$H$_3$; *1,2,3,4-Tetrakis-[3,4-methylendioxy-phenyl]-butantetraol-(1,2,3,4)*

Pinakole entstehen bei der Reduktion von α- bzw. β-Ionon an Quecksilber in wäßrigem DMF (−1,5 V vs. Ag/AgJ) zu 46 bzw. 56% d. Th. bzw. von Retinal (−1,0 V) zu 11% d. Th. In Acetonitril mit Tetrabutylammoniumacetat als Leitsalz werden aus β-Ionon 71% d. Th. Diol erhalten[1].

Bei der Elektrolyse von 1-Acetyl-naphthalin in 2 n äthanol. Kalilauge wird 59% d. Th. *9-Methyl-9-naphthyl-(1)-6-acetyl-⟨benzo-6-oxa-bicyclo[3.2.1]octen-(2)⟩* erhalten[2]:

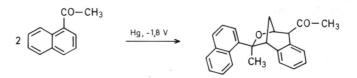

Das bei der Dimerisierung von 2-Methyl-propanal zunächst entstehende *3-Hydroxy-2,2,4-trimethyl-pentanal* bildet mit weiterem 2-Methyl-propanal ein cyclisches Acetal[3]:

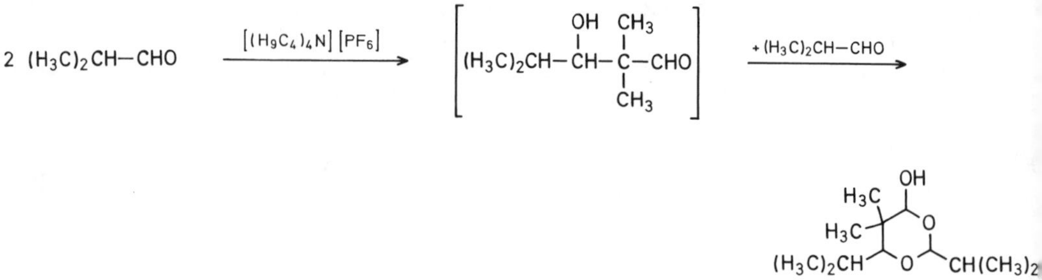

$$
2\ (\text{H}_3\text{C})_2\text{CH}-\text{CHO} \xrightarrow{[(\text{H}_9\text{C}_4)_4\text{N}]\,[\text{PF}_6]} \left[(\text{H}_3\text{C})_2\text{CH}-\underset{}{\overset{\text{OH}\;\;\text{CH}_3}{\text{CH}-\text{C}}}-\text{CHO} \right] \xrightarrow{+\,(\text{H}_3\text{C})_2\text{CH}-\text{CHO}}
$$

6-Hydroxy-5,5-dimethyl-2,4-diisopropyl-1,3-dioxan; 90% d. Th.

Ähnliche heterocyclische Dimere werden aus Tetramethyl-1,4-benzochinon (s. S. 644) bzw. 1-Chlor-6-oxo-3,3-dimethyl-cyclohexen (s. S. 643) erhalten.

ε$_2$) *unter Cyclisierung*

Analog zur Dimerisierung können Dicarbonyl-Verbindungen zu cyclischen 1,2-Diolen reduziert werden.

1,3-Diketone geben so 1,2-Dihydroxy-cyclopropane, wobei sämtliche Isomeren möglich sind[4]:

[1] R.E. Sioda, B. Terem, J.H.P. Utley u. B.C.L. Weedon, Soc. [Perkin I] **1976**, 561.
[2] J. Grimshaw u. E.J.F. Rea, Soc. [C] **1967**, 2628.
[3] D.F. Becker u. H.P. Fritz, B. **108**, 3292 (1975).
[4] J. Armand u. L. Boularès, Canad. J. Chem. **54**, 1197 (1976).

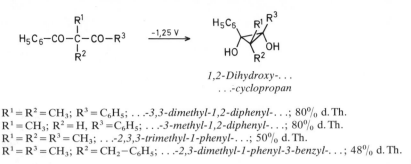

1,2-Dihydroxy-...
...-cyclopropan

$R^1 = R^2 = CH_3$; $R^3 = C_6H_5$; ...-3,3-dimethyl-1,2-diphenyl-...; 80% d. Th.
$R^1 = CH_3$; $R^2 = H$, $R^3 = C_6H_5$; ...-3-methyl-1,2-diphenyl-...; 80% d. Th.
$R^1 = R^2 = R^3 = CH_3$; ...-2,3,3-trimethyl-1-phenyl-...; 50% d. Th.
$R^1 = R^3 = CH_3$; $R^2 = CH_2-C_6H_5$; ...-2,3-dimethyl-1-phenyl-3-benzyl-...; 48% d. Th.

Auf gleiche Weise wird 2-Oxo-1-methyl-2-acetyl-cyclohexan in THF/Acetanhydrid mit Äthyl-tributyl-ammonium-tetrafluoroborat als Leitsalz an Quecksilber zu *1,7-Dihydroxy-6,7-dimethyl-bicyclo[4.1.0]heptan*[1] (33% d. Th.) cyclisiert:

Beim 2,4,6-Trioxo-1,1,3,3,5,5-hexamethyl-cyclohexan in Gegenwart von Acetanhydrid/Acetonitril reagieren zwei Oxo-Gruppen zum *1,5-Diacetoxy-3-oxo-2,2,4,4,6,6-hexamethyl-bicyclo[3.1.0]hexan* (71% d. Th.)[1]:

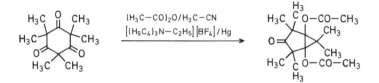

In Acetonitril und Tetraäthylammoniumperchlorat als Leitsalz erhält man bei ~–2 V an Quecksilber aus 1,5-Dioxo-1,5-diphenyl-pentan *1,2-Dihydroxy-1,2-diphenyl-cyclopentan* (76% d. Th.)[2], [vgl. 3] und aus 1,6-Dioxo-1,6-bis-[4-hydroxy-phenyl]-hexan *1,2-Dihydroxy-1,2-bis-[4-hydroxy-phenyl]-cyclohexan*[3]:

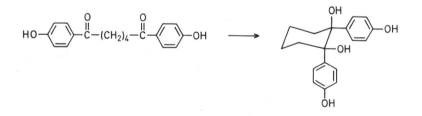

2,2'-Diacyl-biphenyle[4] gehen bei der Reduktion in 9,10-Dihydroxy-9,10-dihydro-phenanthrene (70–90% d. Th. *cis/trans*-Gemische) über[3,4]:

[1] T.J. CURPHEY, C. AMELOTTI, T.P. LAYLOFF, R.L. McCARTNEY u. J.H. WILLIAMS, Am. Soc. **91**, 2817 (1969).
[2] C.P. ANDRIEUX, J.M. DUMAS-BONCHIAI u. J.M. SAVÉANT, J. Electroanal. Chem. **83**, 355 (1977).
[3] R.N. GOURLEY u. J. GRIMSHAW, Soc. [C] **1968**, 2388.
[4] C. METTLER, B. **39**, 2933 (1906).

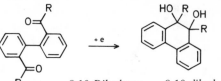

9,10-Dihydroxy-. . .-9,10-dihydro-phenanthren

R = OH; . . .; 40% d. Th. $\xrightarrow{O_2}$ *9,10-Phenanthrenchinon*[1]
R = 4-OH-C$_6$H$_4$; . . .-*9,10-bis-[4-hydroxy-phenyl]-*. . .[2]; 73% d. Th.
R = 4-OCH$_3$–C$_6$H$_4$; . . .-*9,10-bis-[4-methoxy-phenyl]-*. . .[2]; 90% d. Th.

Analog sind aus den 1,8-Diacyl-naphthalinen 1,2-Dihydroxy-acenaphthene zugänglich. In wasserhaltigen Solventien variiert das potentialabhängige *cis-trans*-Verhältnis von 49:51 bis 100:0[3].

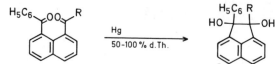

1,2-Dihydroxy-. . .-acenaphthen

R = CH$_3$; . . .-*2-methyl-1-phenyl-*. . .; 80% d. Th. (in CH$_3$COOH/CH$_3$COONa)
R = C$_6$H$_5$; . . .-*1,2-diphenyl-*. . .; 87% d. Th. (in THF/H$_2$SO$_4$)
R = 4-OCH$_3$–C$_6$H$_5$; . . .-*2-phenyl-1-(4-methoxy-phenyl)-*. . .; ~ 100% d. Th. (in THF/H$_2$SO$_4$)

1,8-Bis-[4-hydroxy-benzoyl]-naphthalin bildet dagegen hauptsächlich *2-Oxo-1,1-bis-[4-hydroxy-phenyl]-acenaphthen*[2].

1,3-Dioxo-1,3-diaryl-propane dimerisieren reduktiv zu 3,4-Dihydroxy-1,6-dioxo-1,3,4,6-tetraaryl-hexanen I, 1,3,5,6-Tetraaryl-2,4,7-trioxa-tricyclo[3.2.1.1^{3,6}]nonanen II und 1,2,4-Trihydroxy-1,2,4-triaryl-3-aroyl-cyclopentanen III[4]:

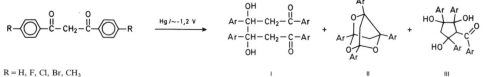

R = H, F, Cl, Br, CH$_3$ I   II   III

Phthalsäure-Derivate liefern in geringer Ausbeute die entsprechenden Phthalide (5–28% d. Th.)[5]. Bei der Elektrolyse von Hexandion-(2,5) tritt u. a. *2,5-Dimethyl-tetrahydrofuran* auf[6].

Ungesättigte Ketone lassen sich an Graphit gleichfalls reduktiv cyclisieren; z. B.[7]:

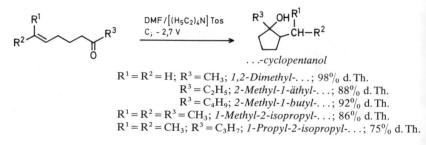

. . .-*cyclopentanol*

R^1 = R^2 = H; R^3 = CH$_3$; *1,2-Dimethyl-*. . .; 98% d. Th.
                 R^3 = C$_2$H$_5$; *2-Methyl-1-äthyl-*. . .; 88% d. Th.
                 R^3 = C$_4$H$_9$; *2-Methyl-1-butyl-*. . .; 92% d. Th.
R^1 = R^2 = R^3 = CH$_3$; *1-Methyl-2-isopropyl-*. . .; 86% d. Th.
R^1 = R^2 = CH$_3$; R^3 = C$_3$H$_7$; *1-Propyl-2-isopropyl-*. . .; 75% d. Th.

[1] C. METTLER, B. **39**, 2933 (1906).
[2] R. N. GOURLEY u. J. GRIMSHAW, Soc. [C] **1968**, 2388.
[3] T. NONAKA u. M. ASAI, Bl. chem. Soc. Japan **51**, 2976 (1978).
[4] A. J. KLEIN u. D. H. EVANS, J. Org. Chem. **42**, 2560 (1977).
[5] W. M. RODIONOW u. V. C. ZVORYKINA, Bl. **5**, 840 (1938).
[6] M. LACAN, I. TABAKOVIC u. Z. CEKOVIC, Croat. Chim. Acta **47**, 587 (1975); C. A. **84**, 163872 (1976).
[7] T. SHONO, I. NISHIGUCHI, H. OHMIZU u. M. MITANI, Am. Soc. **100**, 545 (1978).

8-Oxo-nonen-(2) läßt sich auf diese Weise in *1-Methyl-2-äthyl-cyclohexanol* (50%
d.Th.) überführen[1].

Aus 7-Oxo-octen-(1) entsteht bei −2,7 V *1,2-Dimethyl-cyclohexanol* (50% d.Th.) in
1,4-Dioxan mit wenig Methanol und Tetraäthylammoniumtosylat als Leitsalz[1].

Auf analoge Weise erhält man galvanostatisch (200 mA) aus 5-Oxo-cycloocten *1-
Hydroxy-bicyclo[3.3.0]octan* (69% d. Th.) bzw. aus 2-[Buten-(3)-yl]-cyclohexanon *1-
Hydroxy-9-methyl-bicyclo[4.3.0]nonan* (67% d. Th.)[2]:

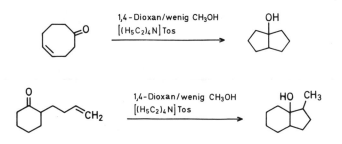

Piperidine sind aus Allyl-(3-oxo-alkyl)-aminen zugänglich[2]; z. B.:

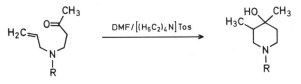

4-Hydroxy-3,4-dimethyl-. . .-piperidin

$R = H_2C–CH=CH_2$; ...-*1-allyl-*...; 36% d.Th.
$R = C_3H_7$; ...-*1-propyl-*...; 34% d.Th.
$R = C_4H_9$; ...-*1-butyl-*...; 26% d.Th.

In 20%iger Schwefelsäure wird Methyl-(4-oxo-pentyl)-amin an Blei-Kathoden reduktiv zu *1,2-Dimethyl-pyrrolidin* (65% d.Th.) cyclisiert[3]. In verdünnter Schwefelsäure führt
die Coelektrolyse von Aceton mit Allylalkohol zu *2,2-Dimethyl-tetrahydrofuran* (95%
d.Th.)[4].

α,β-ungesättigte Aldehyde liefern bei der Elektrolyse (äthanol. Acetat-Puffer; Hg-Kathode) unter Dimerisierung als Hauptprodukt stets 5-Hydroxy-2-[alken-(1)-yl]-te-
trahydrofurane; das entsprechende 1,2-Diol fällt nur als Nebenprodukt an[5]:

[1] T. Shono u. M. Mitani, Am. Soc. **93**, 5284 (1971).
[2] T. Shono, I. Nishiguchi, H. Ohmizu u. M. Mitani, Am. Soc. **100**, 545 (1978).
[3] M. Ferles, A. Hamid Atta u. H. Hruba, Collect. czech. chem. Commun. **36**, 2057 (1971).
[4] A.P. Tomilov u. B.L. Klyuev, Ž. obšč. Chim **39**, 470 (1969); engl.: 446.
[5] L. Mandell, R.A. Day et al., J. Org. Chem. **36**, 1683 (1971).
 vgl. a. J.C. Johnston, J.D. Faulkner, L. Mandell u. R.A. Day, J. Org. Chem. **41**, 2611 (1976).

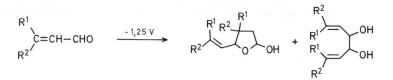

5-Hydroxy-...-tetrahydrofuran   max. 27% d.Th.

$R^1 = R^2 = CH_3$; ...-3,3-dimethyl-2-(2-methyl-propenyl)-...; 46% d.Th.
$R^1 = CH_3$; $R^2 = CH_2-CH_2-CH=C(CH_3)_2$; ...-3-methyl-3-[4-methyl-penten-(3)-yl]-2-[2,6-dimethyl-hepta-
dien-(1,5)-yl]-...; 43% d.Th.
$R^1 = CH_3$; $R^2 = CH_2-CH_2-CH=C(CH_3)-CH_2-CH_2-CH=C(CH_3)_2$; ...-3-methyl-3-[4,8-dimethyl-nonadi-
en-(3,7)-yl]-2-[2,6,10-trimethyl-undecatrien-(1,5,9)-yl]-...; 33% d.Th.

8,8-Diformyl-1,1'-binaphthyl läßt sich praktisch quantitativ zu *Anthanthren* cyclisieren
(get. Zelle, Cellophan-Diaphragma; Hg-Kathode, Graphit-Anode)[1]:

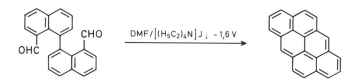

Zur Reduktion von 4,4',6,6'-Tetranitro-biphenyl-2,2'-dicarbonsäure zum Isochi-
nolino-[5,4,3-c,d]-isochinolin-Ringsystem s. S. 689.

2-Acetoxy-6-oxo-1,4-dimethyl-tricyclo[3.2.2.0²,⁸]nonen-(3) (17% d.Th.) wird durch elektrochemische Reduktion des ungesättigten bicyclischen Keton I an Platin in Acetonitril/Acetanhydrid erhalten[2]:

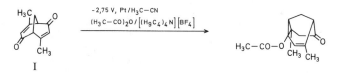

ε_3) *unter kathodischer Substitution*

Die Reduktion von Benzil liefert bei Gegenwart von Methylchlorid, -bromid, -jodid
oder -tosylat als Hauptprodukt *2-Methoxy-1-oxo-1,2-diphenyl-propan* neben *cis-* und
trans-1,2-Dimethoxy-1,2-diphenyl-äthylen:

$$H_5C_6-\overset{O}{\overset{\|}{C}}-\overset{O}{\overset{\|}{C}}-C_6H_5 \quad \xrightarrow[H_3C-X]{DMF/[(H_9C_4)_4N]\,J} \quad H_5C_6-\overset{O}{\overset{\|}{C}}-\overset{OCH_3}{\underset{CH_3}{\overset{|}{\underset{|}{C}}}}-C_6H_5 + H_5C_6-\overset{H_3CO}{\overset{|}{C}}=\overset{OCH_3}{\overset{|}{C}}-C_6H_5$$

Auf analoge Weise erhält man aus 9,10-Anthrachinon in Acetonitril bei −1,2 V 80%
d.Th. *9,10-Dimethoxy-anthracen*[3].

Mit Dimethylsulfat (Leitsalz: Lithiumchlorid oder Tetraäthylammoniumchlorid) isoliert man dagegen bei −1,0 bis −1,2 Volt als Hauptprodukt *2-Methoxy-4,5-diphenyl-1,3-
dioxol* (56% d.Th.)[4].

[1] G.N. Vorozhtsov, N.S. Dokunikhin, E.Y. Khmelnitskaya u. K.A. Romanova, Ž. Org. Chim. **15**, 1930
(1979); C.A. **92**, 41 615 (1980).
[2] J.M. Meller, B.S. Pous u. J.H.A. Stibbard, Chem. Commun. **1979**, 759.
[3] J. Simonet u. H. Lund, Bl. **1975**, 2547.
[4] T. Troll, H. Leffler u. W. Elbe, Electrochim. Acta **24**, 969 (1979).

Die Coelektrolyse von Benzophenon und Äthyljodid führt in einer gekreuzten Kupplung zu *1,1-Diphenyl-propanol* (DMF/KJ, an Hg)[1].

Benzophenon ergibt mit Dimethyl-tert.-butyl-sulfonium-Salzen an ‚glassy carbon‘ neben *2,2-Dimethyl-1,1-diphenyl-propanol 4-tert.-Butyl-benzophenon* (3:2; 56% SA)[2]:

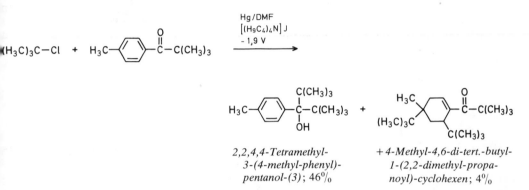

Andere Acyl-aromaten liefern mit tert.-Butylchlorid in DMF/Tetrabutylammoniumjodid ähnliche Produkte; z. B.[3]:

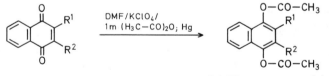

2,2,4,4-Tetramethyl-
3-(4-methyl-phenyl)-
pentanol-(3); 46%

+ 4-Methyl-4,6-di-tert.-butyl-
1-(2,2-dimethyl-propa-
noyl)-cyclohexen; 4%

Die reduktive Acylierung von Carbonyl-Verbindungen zu den entsprechenden (zumeist Essigsäure-) Estern gelingt sehr oft durch Zugabe des Carbonsäureanhydrids zum Elektrolysegemisch. So bildet Chlor-acetophenon bei –2,2 V in DMF/Tetraäthylammonium-tetrafluoroborat mit höchstens 5% Acetanhydrid neben Acetophenon *1-Acetoxy-1-phenyl-äthylen* (56% d. Th.)[4]. Benzophenon wird in Acetonitril/Tetraäthylammoniumbromid bei –1,9 V an Quecksilber durch Acetanhydrid reduktiv zu *1-Acetoxy-1,1-diphenyl-aceton* (66% d.Th.) umgewandelt[5].

1,4-Naphthochinone geben mit guter Ausbeute 1,4-Diacycloxy-naphthaline[6]:

1,4-Diacetoxy-. . .-naphthalin

R^1 = Cl; R^2 = H; . . .-2-chlor-. . .; 70% d. Th.

R^1 = CH$_3$; R^2 = CH$_2$—N(CH$_3$)—⟨ ⟩—Br; . . .-3-methyl-2-(4-brom-N-methyl-anilinomethyl)-. . .; 65% d.Th.

Das Carotinoid Canthaxanthin bildet bei –1,55 V (vs. Ag-Draht) an Quecksilber das ‚*Retro-diacetat*‘[7]:

[1] S. Wawzonek u. A. Gundersen, J. Electrochem. Soc. **107**, 537 (1960).
[2] P. Martigny u. J. Simonet, J. Electroanal. Chem. **101**, 275 (1979).
[3] L. H. Kristensen u. H. Lund, Acta chem. scand. **B 33**, 735 (1979).
[4] A.F. Diaz, Y.Y. Cheng u. M. Ochoa, Am. Soc. **99**, 6319 (1977).
[5] T.J. Curphey, L.D. Trivedi u. T. Layloff, J. Org. Chem. **39**, 3831 (1974).
[6] T. V. Glezer, J. Stradins u. J. Dregeris, Ž. Org. Chim. **15**, 1776 (1979); C.A. **91**, 183 934 (1979).
[7] E.A. Hall, G.P. Moss, J.H.P. Utley u. B.C.L. Weedon, Chem. Commun. **1976**, 586.

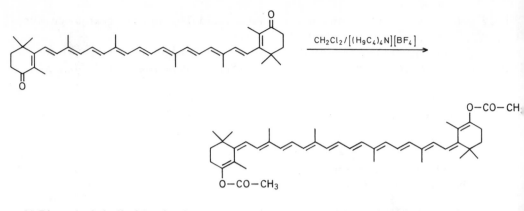

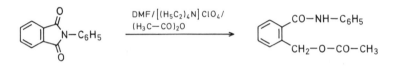

N-Phenyl-phthalimid – in Gegenwart von Acetanhydrid elektrolysiert – liefert unter Ringöffnung *2-(Acetoxy-methyl)-benzanilid*[1] (67% d. Th.):

Butanal läßt sich mit Acrylnitril reduktiv an Graphit in 1n Trikaliumphosphat-Lösung (geteilte Zelle) koppeln und man erhält *4-Hydroxy-heptansäure-nitril* in mittleren Ausbeuten[2].

Analoge gekreuzte kathodische Kupplungen von Acrylnitril können auch mit Aceton[3], Acetaldehyd[4], Propanal[4] und anderen Ketonen[5] durchgeführt werden. Aceton kann reduktiv in 20%iger Schwefelsäure an Quecksilber auch mit Pyridin gekuppelt werden; es entsteht *2-[2-Hydroxy-propyl-(2)]-1,2-dihydro-pyridin* (73% SA)[6].

Aus aromatischen Ketonen und Enol-acetaten sind so unsymmetrische Pinakole herstellbar.[7]

Methylketone lassen sich durch reduzierende Aminierung in Amine überführen (vernickelte Palladium-Kathode, in 5%-iger wäßr. Natronlauge, in Gegenwart von Ammoniak; geteilte Zelle). Die Ausbeuten nehmen mit zunehmender Kettenlänge ab[8]:

$$R-CH_2-\overset{\overset{O}{\|}}{C}-CH_2-R^1 \quad \xrightarrow{+e/NH_3} \quad R-CH_2-\overset{\overset{NH_2}{|}}{CH}-CH_2-R^1$$

$R = H, CH_3, C_2H_5, C_3H_7, CH(CH_3)_2, C_4H_9, C_5H_{11}; R^1 = H$
$R = R^1 = CH_3$
$R-R^1 = -(CH_2)_3-$

Die Elektrolyse von Heptanon-(2) in siedendem Methylamin (Trockeneis-Rückflußkühler; Leitsalz: Lithiumchlorid) führt mit 77% Ausbeute zu *2-Methylamino-heptan*[9].

[1] D. W. LEEDY u. D. L. MUCK, Am. Soc. **93**, 4264 (1971).
[2] N. L. ASKEROV, S. I. MEKHTIEV, V. M. MAMEDOVA u. A. P. TOMILOV, Ž. obšč.Chim **48**, 863 (1978); engl.: 787.
[3] K. SUGINO u. T. NONAKA, J. Electrochem. Soc. **112**, 1241 (1965).
[4] A. P. TOMILOV, B. L. KLYUEV u. V. D. NECHEPURNOI, Ž. Org. Chim. **11**, 1344 (1975); C. A. **83**, 105366 (1975).
[5] S. M. MAKAROCHKINA u. A. P. TOMILOV, Ž. obšč. Chim. **44**, 2566 (1974); engl.: 2563.
[6] T. NONAKA u. K. SUGINO, J. Electrochem. Soc. **116**, 615 (1969).
[7] T. SHONO, H. OHMIZU u. S. KAWAKAMI, Tetrahedron Letters **1979**, 4091.
[8] I. V. KIRILYUS, V. L. MIRZOYAN u. D. V. SOKOLSKII, Elektrokhimiya **10**, 859 (1974); C. A. **81**, 57568 (1974).
[9] R. A. BENKESER u. S. J. MILLS, J. Org. Chem. **35**, 261 (1970).

In z. T. hohen Produkt- und Stromausbeuten können 2-Oxo-carbonsäuren in wäßriger Ammoniak- gesättigter Ammoniumchlorid-Lösung an Platin-Kathoden zu 2-Amino-carbonsäuren umgewandelt werden[1].

Acyl-benzole können durch Reduktion in Acetonitril zu Propansäure-nitrilen bzw. Glutarsäure-dinitrilen umgewandelt werden[2]:

$$H_5C_6-\overset{\displaystyle O}{\overset{\|}{C}}-R \xrightarrow{\quad H_3C-CN, [(H_5C_2)_4N][BF_4]/Hg \quad} H_5C_6-\underset{\displaystyle R}{\underset{|}{CH}}-CH_2-CN \;+\; H_5C_6-\underset{\displaystyle R}{\underset{|}{\overset{\displaystyle CH_2-CN}{\overset{|}{C}}}}-CH_2-CN$$

Aldehyde kuppeln mit Acrylsäure-methylester zu γ-Lactonen[3]; z.B.:

$$H_3C-CHO \;+\; H_2C=CH-COOCH_3 \xrightarrow{\quad Phosphat-Puffer \quad} H_3C\text{—}\langle \rangle\text{=}O$$

Pentan-4-olid; 92% d. Th.

Das aus Tetrachlormethan bei $-0{,}75$ V (an Hg, in DMF/LiClO$_4$, bei 0°) entstehende Trichlormethyl-carbanion läßt sich ebenfalls an Carbonyl-Verbindungen addieren[4]:

$$CCl_4 \xrightarrow[30-70\,\%]{\quad R^1-CO-R^2/+e \quad} Cl_3C-\underset{\displaystyle OH}{\underset{|}{\overset{\displaystyle R^1}{\overset{|}{C}}}}-R^2$$

$R^1 = H$; $R^2 = C_3H_7$; *1,1,1-Trichlor-pentanol-(2)*; 32% S.A.
$R^2 = CH(CH_3)_2$; *1,1,1-Trichlor-3-methyl-butanol-(2)*; 30% S.A.
$R^2 = C_6H_5$; *2,2,2-Trichlor-1-phenyl-äthanol*; 70% S.A.
$R^1-R^2 = -(CH_2)_4$; *1-Trichlormethyl-cyclopentanol*; 25% S.A.

ζ) in Iminen[5]

Während bei der Elektrolyse von Iminen neben der kathodischen Hydrierung nur selten Dimerisierung zu beobachten ist (z.B. bei den Benzaldehyd-alkyliminen[6], vgl. S. 609), entstehen bei der Elektrolyse von Immonium-Salzen (in CH$_3$CN/Alk$_4$NClO$_4$; an Hg oder Pt; get. Zelle) vorwiegend Dimere[7]:

$R^1 = R^2 = CH_3$; *2,3-Pyrrolidino-2,3-dimethyl-butan*
$R^1 = H$; $R^2 = C_6H_5$; *2,3-Pyrrolidino-2,3-diphenyl-butan*

[1] E.A. JEFFERY et al., Austral. J. Chem. **31**, 73, 79 (1978).
[2] E.M. ABBOT, A.G. BELLAMY u. J. KERR, Chem Ind. **1974**, 828.
[3] A.P. TOMILOV, B.L. KLYUEV u. V.D. NECHEPURNOI, Ž. org. Chim. **11**, 1984 (1975); C.A. **84**, 23 698 (1976).
[4] F. KARRENBROCK u. H.J. SCHÄFER, Tetrahedron Letters **1978**, 1521.
[5] s. auch L. NADJO u. J. M. SAVÉANT, J. Electroanal. Chem. **73**, 163 (1976).
[6] H.D. LAW, Soc. **101**, 154 (1912).
[7] C.P. ANDRIEUX u. J.M. SAVÉANT, J. Electroanal. Chem. **26**, 223 (1970).

An Benzaldehyd-phenylimine lassen sich Kohlendioxid (bei 140°)[1] und 1,ω-Dibrom-alkane[2] kathodisch addieren:

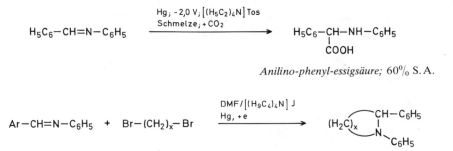

$$\text{H}_5\text{C}_6-\text{CH}=\text{N}-\text{C}_6\text{H}_5 \xrightarrow[\text{Schmelze}; +\text{CO}_2]{\text{Hg}; -2,0 \text{ V}; [(\text{H}_5\text{C}_2)_4\text{N}] \text{ Tos}} \text{H}_5\text{C}_6-\underset{\underset{\text{COOH}}{|}}{\text{CH}}-\text{NH}-\text{C}_6\text{H}_5$$

Anilino-phenyl-essigsäure; 60% S.A.

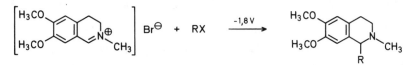

$$\text{Ar}-\text{CH}=\text{N}-\text{C}_6\text{H}_5 \quad + \quad \text{Br}-(\text{CH}_2)_x-\text{Br} \xrightarrow[\text{Hg}, +\text{e}]{\text{DMF}/[(\text{H}_9\text{C}_4)_4\text{N}] \text{ J}}$$

Ar = C_6H_5: x = 4 (E_K = $-1,8$ V); *1,2-Diphenyl-piperidin;* 59% d.Th.
Ar = 2-Pyridyl: x = 3 (E_K = $-1,56$ V); *1-Phenyl-2-pyridyl-(2)-pyrrolidin;* 23% d.Th.

6,7-Dimethoxy-2-methyl-3,4-dihydro-isochinolinium-bromid wird mit Benzylbromi-den in DMF an Platin mit guten Ausbeuten reduktiv alkyliert[3]:

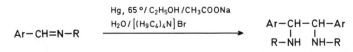

$$\left[\text{H}_3\text{CO}\ldots\overset{\oplus}{\text{N}}-\text{CH}_3\right] \text{Br}^{\ominus} + \text{RX} \xrightarrow{-1,8 \text{ V}} \text{H}_3\text{CO}\ldots\underset{\text{R}}{\text{N}}-\text{CH}_3$$

6,7-Dimethoxy-2-methyl-...-1,2,3,4-tetrahydro-isochinolin

z.B.: RX = $\text{H}_5\text{C}_6-\text{CH}_2\text{Br}$; ...-1-benzyl-...; 65% S.A.
RX = 3,4-$(\text{OCH}_3)_2-\text{C}_6\text{H}_3-\text{CH}_2\text{Br}$; ...-1-(3,4-dimethoxy-benzyl)-...; 85% d.Th.

Benzaldehyd-imine ergeben *meso*-D,L-Gemische der Hydrodimeren[4]:

$$\text{Ar}-\text{CH}=\text{N}-\text{R} \xrightarrow[\text{H}_2\text{O}/[(\text{H}_9\text{C}_4)_4\text{N}] \text{ Br}]{\text{Hg}, 65°/ \text{C}_2\text{H}_5\text{OH}/\text{CH}_3\text{COONa}} \underset{\underset{\text{R}-\text{NH} \quad \text{NH}-\text{R}}{| \quad |}}{\text{Ar}-\text{CH}-\text{CH}-\text{Ar}}$$

z.B.: Ar = R = C_6H_5; *1,2-Dianilino-1,2-diphenyl-äthan;* 45% d.Th.
Ar = R = 4-$\text{CH}_3-\text{C}_6\text{H}_5$; *1,2-Bis-[4-methyl-anilino]- 1,2-bis-[4- methyl- phenyl]-äthan;* 67% d.Th.
Ar = 4-Cl-C_6H_5; R = $\text{CH}_2-\text{C}_6\text{H}_5$; *1,2-Bis-[benzylamino]- 1,2-bis- [4-chlor- phenyl]- äthan;* 23% d.Th

Benzil-bis-[phenylimin] kann durch Reduktion in DMF mit Tetraalkylammoniumsal-zen bei Gegenwart von Methylhalogeniden zu Gemischen wechselnder Zusammensetzung von *cis*- und *trans-1,2-Diamino-, 1,2-Bis-[methylamino]*- bzw. *1,2-Bis-[dimethylamino]*-*1,2-diphenyl-äthen* umgesetzt werden (vgl. S. 616)[5].

Eine interessante α-Amino-carbonsäure-Synthese stellt die Elektrolyse von α-Benzyl-imino-carbonsäureestern in Gegenwart von Alkylhalogeniden (in DMF/Tetrabutylam-moniumbromid, an Hg mit Pt-Anode, get. Zelle) dar[6]:

[1] N.L. WEINBERG, A.K. HOFFMAN u. T.B. REDDY, Tetrahedron Letters **1971**, 2271.
[2] C. DEGRAND, C. GROSDEMONGE u. P.-L. COMPAGNON, Tetrahedron Letters **1978**, 3023.
[3] T. SHONO et al., Tetrahedron Letters **1978**, 4819.
[4] L. HORNER u. D.H. SKALETZ, Tetrahedron Letters **1970**, 1103; s. a. A. **1977**, 1365.
[5] J. SIMONET u. H. LUND, Bl. **1975**, 2547.
[6] T. IWASAKI u. K. HARADA, Soc. [Perkin I] **1977**, 1730.

$$H_5C_6-CH_2-N=C\begin{smallmatrix}CH_3\\CO-O-CH_2-R\end{smallmatrix} \quad + \quad R^1-X \quad \xrightarrow{Hg} \quad H_5C_6-CH_2-NH-\underset{R^1}{\overset{CH_3}{\underset{|}{\overset{|}{C}}}}-CO-O-CH_2-R$$

$$\xrightarrow{H_2/Pt} \quad R^1-\underset{NH_2}{\overset{CH_3}{\underset{|}{\overset{|}{C}}}}-COOH$$

z.B.: R = CH$_3$; R^1 = CH$_2$–CN; X = Cl (–1,6 V); *α-Methyl-asparaginsäure;* 70% d. Th.

R = C$_6$H$_5$; R^1 = CH$_2$–C$_6$H$_5$; X = Cl (–1,9 V); *α-Methyl-phenylalanin;* 86% d. Th.

Benzaldazin kann bei der Reduktion in Gegenwart von Dimethyl- bzw. Diäthylsulfat alkylierend dimerisiert werden[1]:

$$H_5C_6-CH=N-N=CH-C_6H_5 \quad \xrightarrow[\substack{Hg, DMF/LiCl, -1,8 V}]{+ (RO)_2SO_2} \quad H_5C_6-CH=N-N-\underset{R}{\overset{H_5C_6}{\underset{|}{\overset{|}{CH}}}}-\underset{C_6H_5}{\overset{R}{\underset{|}{\overset{|}{CH}}}}-N-N=CH-C_6H_5$$

1,2-Bis-[2-benzyliden-1-... -hydrazino]-1,2-diphenyl-äthan

R = CH$_3$; ...-*methyl-...;* 82% d. Th.

R = C$_2$H$_5$; ...-*äthyl-...;* 30% d. Th.

Eine ungewöhnliche Dimerisierung ist bei der Reduktion von 2,3-Dihydro-6-phenyl-1,4-diazepin-Hydroperchlorat zu beobachten. Es entsteht – unter Verlust von 1,2-Diamino-äthan – in hoher Ausbeute *2,9-Diphenyl-* (R = H) bzw. *7-Methyl-2,9-diphenyl-6,7-dihydro-5H-⟨pyrrolo-[1,2-d]-1,4-diazepin⟩* (R = CH$_3$):[2]

6-Phenyl-1,4-dibenzyl-2,3-dihydro-1,4-diazepinium-perchlorat liefert dagegen ein Gemisch aus 5,5'-Dimerem und einen Butadien-Derivat, dessen Zusammensetzung von den Reaktionsbedingungen abhängig ist[3]:

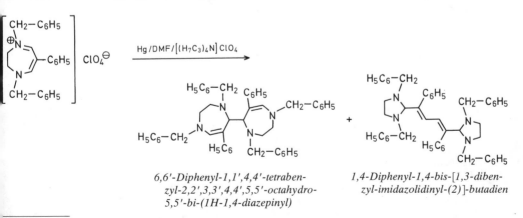

6,6'-Diphenyl-1,1',4,4'-tetraben-
zyl-2,2',3,3',4,4',5,5'-octahydro-
5,5'-bi-(1H-1,4-diazepinyl)

1,4-Diphenyl-1,4-bis-[1,3-diben-
zyl-imidazolidinyl-(2)]-butadien

[1] T. Troll, G. W. Ollmann u. H. Leffler, Tetrahedron Letters **1979**, 4241.

[2] D. Lloyd et al., Chem. Commun. **1978**, 499.

[3] J. Lloyd et al., Bl. Belg. **88**, 113 (1979).

2. am sp³-C-Atom

Die Reduktion von Nitrilen verläuft i. a. ohne C–C-Spaltung, allerdings wird in einige₁
Fällen die Cyan-Gruppe durch ein Wasserstoff-Atom ersetzt. Allgemeine Regeln lasse₁
sich nicht angeben. So erhält man z. B. aus Cyan-cycloheptan, Nonansäure-nitril bzw. Di-
hydro-abietinsäure-nitril in wasserfreiem Äthylamin mit Lithiumchlorid als Leitsalz a₁
Platin (~0,5 A, 31–43 V Klemmenspannung, Trockeneis/Aceton) mit guten Ausbeute₁
Cycloheptan, Octan bzw. *Dehydroabietin*[1]. Im alkalischen Medium wird Tetrafluor-tere-
phthalsäure-dinitril unter Abspaltung einer Cyan-Gruppe zu *2,3,5,6-Tetrafluor-benzo-
nitril* reduziert (s. S. 578).

Zur Abspaltung der Cyano-Gruppe aus 2-Oxo-1-cyan-cycloalkanen s. Lit.[2].

Acetonitril wird an Zinn in DMF/Acetonitril (5%) (Leitsalz Tetrabutylammonium
perchlorat) bei 45°/−2,9 V zu *Tetramethyl-zinn* gespalten[3] (s. a. S. 624).

Bei der reduktiven Elektrolyse von Pinakolen (in DMF/(C₄H₉)₄NJ/Phenol) wird nebe₁
der C−O-Bindung auch die zentrale C−C-Bindung aufgespalten; z.B.:

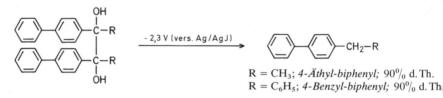

R = CH₃; *4-Äthyl-biphenyl;* 90% d. Th.
R = C₆H₅; *4-Benzyl-biphenyl;* 90% d. Th

Die Reaktion läßt sich auch auf 9,9′-Dihydroxy-9,9′,10,10′-tetrahydro-9,9′-bi-anthry₁
bzw. 9,9′-Dihydroxy-9,9′-bi-bifluorenyl übertragen, und man erhält *9,10-Dihydro-an-
thracen* (−2 V, aprotisch, 90% d. Th.) bzw. *Fluoren* (−2,1 V; 70% d. Th.)[4].

Acyl-cyclopropane werden unter Ringöffnung zu offenkettigen Ketonen reduziert[5,6]:

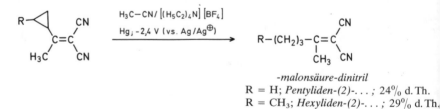

z.B.: R¹ = CH₃; R² = H {DMF/[(H₉C₄)₄N)]J; −2,55 bis +2,75 V}; *Pentanon-(2)*[5]
R¹ = R² = C₆H₅; (C₂H₅OH/Na₂HPO₄; −1,2 V); *1-Oxo-1,4-diphenyl-butan*[6]; 70% d. Th.

Beim Benzoyl-cyclopropan (−1,38 V) erhält man dagegen neben *1-Oxo-1-phenyl-butan* überwiegend infolge
Dimerisierung *1,2-Dicyclopropyl-1,2-diphenyl-glykol*[6].

Bei der Elektrolyse von (1-Cyclopropyl-äthyliden)-malonsäure-dinitrilen an Quecksilber wird der Cyclopropan-Ring aufgespalten[7]:

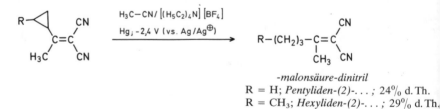

-malonsäure-dinitril
R = H; *Pentyliden-(2)-...;* 24% d. Th.
R = CH₃; *Hexyliden-(2)-...;* 29% d. Th.

[1] P. G. ARAPAGOS u. M. K. SCOTT, Tetrahedron Letters **1968**, 1975.
[2] G. LE GUILLANTON u. M. LAMANT, Nouv. J. Chim. **2**, 157 (1978).
[3] M. FLEISCHMANN, G. MENGOLI u. D. PLETCHER, J. Electroanal. Chem. **43**, 308 (1973).
[4] M.-A. MICHEL, G. MOUSSET, J. SIMONET u. H. LUND, Electrochim. Acta, **20**, 143 (1975).
[5] S. G. MAIRANOWSKII, L. I. KOSYCHENKO, G. A. KUTRYAVTSEVA u. S. V. KUTRYAVTSEV, Elektrokhimiya **15**, 1246
    (1979); C. A. **91**, 192493 (1979).
[6] L. MANDELL, J. C. JOHNSTON u. R. A. DAY, J. Org. Chem. **43**, 1116 (1978).
[7] A. J. BELLAMY u. J. B. KERR, Acta chem. scand. B. **33**, 370 (1979).

Zur Reduktion von 6-Oxo-3-methyl-3-trichlormethyl-cyclo-hexadien-(1,4) zu p-Kresol s. S. 606.

Während (2-Hydroxy-2-phenyl-äthyl)-phenyl-sulfon in Gegenwart von Protonen-Donatoren zu Stilben gespalten wird (s. S. 633), erhält man bei Abwesenheit der Donatoren unter C–C-Spaltung *1,2-Diphenyl-glykol* und *Äthyl-phenyl-sulfon* (s. S. 633).

Interessante Trimere liefert 2-Methyl-propanal. Bei der Beschickung der beiden Elektrodenräume einer geteilten Zelle (Platin-Elektroden) mit 2-Methyl-propanal/Tetrabutylammonium-hexafluorophosphat entsteht an der Anode *2,4,6-Triisopropyl-1,3,5-trioxan* (95% d. Th.) und an der Kathode *4-Hydroxy-5,5-dimethyl-2,6-diisopropyl-1,3-dioxan* (90% d. Th.), jeweils in sehr hoher Ausbeute[1]:

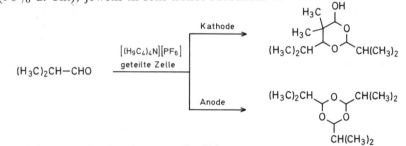

Zur Reduktion von Aryl-oxiranen s. S. 630.

4. von C–X-Einfachbindungen

α) der C–Hal-Bindung

α₁) unter Dimerisierung

Alkylhalogenide liefern bei der Elektrolyse neben dem dimeren Kohlenwasserstoff die monomeren Alkane und Alkene (vgl. S. 615 ff.). Wird in Gegenwart von Eisen- oder Nickel-acetylacetonat elektrolysiert, so werden die Dimere als Hauptprodukt erhalten. So erhält man z. B. aus Benzylbromid oder -chlorid in Gegenwart von Nickel-acetylacetonat 85 bzw. 87% d. Th. *1,2-Diphenyl-äthan* oder aus Brombenzol 65% d. Th. *Biphenyl* in DMF/$(C_2H_5)_4$NBr; ungeteilte Zelle; an Cu, Ni oder Al][2].

Bei der Elektrolyse von 2-Nitro-benzylhalogeniden in Acetonitril wird als Hauptprodukt *1,2-Bis-[2-nitro-phenyl]-äthan* gebildet[3]. Auch Brom-maleinsäure gibt p_H-abhängig (in wäßrigen Pufferlösungen) neben Maleinsäure beträchtliche Mengen an *3,4-Dicarboxy-2,4-hexadiendisäure* (vgl. S. 641)[4].

Bei der Reduktion von 1,2-Dibrom-benzocyclobuten wird als einziges Dimerisationsprodukt *6a,10b-Dihydro-⟨benzo-[a]-biphenylen⟩* isoliert[5]:

Aus Difluor-dichlor-methan erhält man in verschiedenen Elektrolytsystemen an einer amalgamierten Kupfer-Elektrode bei −70° bei sehr geringer Stromausbeute als Hauptprodukte *Difluor-chlor-methan* (29% d. Th.)

[1] B. F. Becker u. H. P. Fritz, B. **108**, 3292 (1975).
[2] P. W. Jennings, J. L. Hall et al., J. Org. Chem. **41**, 719 (1976). **43**, 4364 (1978); genaue Beschreibung der Versuchsanordnung.
[3] J. G. Lawless, D. E. Bartak u. M. D. Hawley, Am. Soc. **91**, 7121 (1969).
[4] P. J. Elving, I. Rosenthal, J. R. Hayes u. A. J. Martin, Anal. Chem. **33**, 330 (1961).
[5] R. D. Rieke u. P. M. Hudnall, Am. Soc. **95**, 2646 (1973).

und *Tetrafluor-äthen* (25% d. Th.), neben *Tetrafluor-dichlor-* und *Tetrafluor-äthan*[1]. An Natriumamalgam in DMF erhält man 98% d. Th. *Tetrafluor-äthen*[2].

Zur kathodischen Elektro-polymerisation von 1,4-Bis-[difluor-brom-methyl]-benzol unter Debromierung s. Lit.[3]. Zur Polymerisation von 1,4-Bis-[brommethyl]-benzol zu *Poly-p-xylylen* s. Lit.[4].

9,9-Dibrom-fluoren wird zu einem Gemisch aus *9,9'-Dibrom-9,9'-bi-fluorenyl* und *9,9'-Bi-fluorenyliden* umgesetzt[5].

Cyclische Dimere mit Cyclobuten-Struktur entstehen bei der Elektrolyse von Perfluor-2-trifluormethyl-penten-(2) (Pt/CH_3CN, 10A/cm²; 60% d. Th.)[6]:

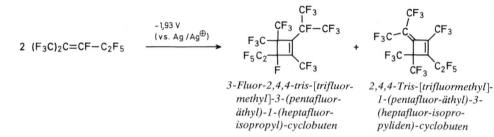

$$2 \ (F_3C)_2C=CF-C_2F_5$$

3-Fluor-2,4,4-tris-[trifluor-
methyl]-3-(pentafluor-
äthyl)-1-(heptafluor-
isopropyl)-cyclobuten

2,4,4-Tris-[trifluormethyl]-
1-(pentafluor-äthyl)-3-
(heptafluor-isopro-
pyliden)-cyclobuten

Diphenylmethyl-bromid bzw. -chlorid liefert bei niedrigen Potentialen überwiegend *1,1,2,2-Tetraphenyl-äthan*, bei negativen Potentialen überwiegend *Diphenylmethan*[5]. Auch 9-Brom-(bzw. Chlor)-fluoren wird überwiegend zu *9,9'-Bi-fluorenyl* dimerisiert[5].

Zur kathodischen Dimerisierung von 3-Chlor-propansäure-nitril zu *Hexandisäure-dinitril*[7] s. Lit.

1-Chlor-3-oxo-3-aryl-propene liefern überwiegend 1,6-Dioxo-1,6-diaryl-hexene-(3) (~80%), als Nebenprodukte werden 1,6-Dioxo-1,6-diaryl-hexadiene-(2,4) erhalten (total 35–49% d. Th.)[7]:

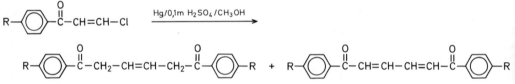

R = CH_3, C_2H_5, OCH_3, F, Cl, Br

3-Brom-cyclohexen wird durch elektrolytisch kontinuierlich gebildetes Chrom(II)-chlorid (in DMF, an Glaskohlenstoff) zu *3,3'-Bi-cyclohexenyl* (77% d. Th.) umgesetzt[8]. Analog erhält man *1,2-Diphenyl-äthan* (60% d. Th.) aus Benzylbromid (vgl. a. S. 622)[8].

α_2) *unter Cyclisierung*

Der präparativ interessanteste Aspekt der kathodischen Reduktion von Halogenverbindungen ist zweifellos die Möglichkeit, unter Dehalogenierung zu cyclischen Systemen zu gelangen. Besonders die Ausbildung von Dreiringen aus 1,3-ständigen Dibrom-Verbindungen hat präparative Bedeutung erlangt.

[1] N.S. STEPANOVA, M.M. GOLDIN u. L.G. FEOKTISTOV, Elektrokhimiya **12**, 1166 (1976); C.A. **85**, 132633 (1976).
[2] Belg. P. 751481 (1969), Montecatini; Erf.: M. VECCHIO u. I. CAMMARATA; C.A. **74**, 54367 (1971).
[3] H. GILCH, J. Polym. Sci. **A-1**, 1351 (1966); C.A. **65**, 3972 (1966).
[4] F.H. COVITZ, Am. Soc. **89**, 5403 (1967).
[5] F.M. FRIEBE, K.J. BORHANI u. M.D. HAWLEY, Am. Soc. **101**, 4637 (1979).
[6] I.L. KNUNYANTS et al., Dokl. Akad. Nauk SSSR **248**, 1128 (1979); C.A. **92**, 66748 (1980).
[7] H. MATSCHINER, R. VOIGTLÄNDER, R. LIESENBERG u. G.W. FISCHER, Electrochim. Acta **24**, 331 (1979). US.P. 3475298 (1969), DuPont, Erf.: S. ANDREADES; C.A. **72**, 27823 (1970).
[8] J. WELLMANN u. E. STECKHAN, Synthesis **1978**, 901.

2,4-Dibrom-pentan kann bei –2,2 V in DMSO/Tetraäthylammoniumbromid (Vorelektrolyse!) in hoher Ausbeute zu *1,2-Dimethyl-cyclopropan* reduziert werden (die Stereoisomeren entstehen zu ~ gleichen Teilen)[1]. In Methanol gelingt die quantitative Herstellung von 2-*Hydroxy-2-methoxy-1,1-dimethyl*- bzw. *3-Hydroxy-3-methoxy-tetramethyl-cyclopropan* aus 1,3-Dibrom-2-oxo-3-methyl-butan bzw. 2,4-Dibrom-3-oxo-2,4-dimethyl-pentan[2].

Ebenfalls über einen Dreiring *(Bis-[benzyliden]-cyclopropanon)* verläuft die Reduktion von 2,4-Dibrom-3-oxo-1,5-diphenyl-1,4-pentadien in DMF [isoliert wird *3-Oxo-1,5-diphenyl-penten-(4)-in-(1)*]. In Methanol hingegen bildet sich *5-Oxo-2,3-diphenyl-cyclopenten*[3].

Eine dagegen nur bescheidene Ausbeute erbringt die reduktive Cyclisierung von 1,4-Dibrom-butan zu *Cyclobutan* [an Hg; in DMF/$(C_4H_9)_4NClO_4$; 25% d. Th.][4].

Die Elektrolyse von 6-Brom(Jod)-1-phenyl-hexin-(1) liefert u. a. *Benzyliden-cyclopropan* (max. 24% d. Th.)[5].

Unterschiedliche Ausbeuten liefert die Elektrolyse von 2,(ω-1)-Dibrom-alkandisäure-diestern; neben den cyclischen Verbindungen entsteht wenig bromfreier Diester[6].

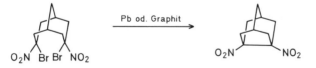

	... 1,2-dicarbonsäure-dimethylester	... disäure-dimethylester
$n = 1$	Cyclopropan ...; 74%	–
$n = 2$	Cyclobutan ...; 32%	–
$n = 3$	Cyclopentan ...; 52%	–
$n = 4$	Cyclohexan ...; 60%	Octan ...; 4%
$n = 5$	Cycloheptan ...; 20%	Nonan ...; 12%

Die elektrochemische Cyclisierung von 3,7-Dibrom-3,7-dinitro-bicyclo[*3.3.1*]nonan kann in wäßrigem Aceton/LiClO$_4$ selektiv zum *3,7-Dinitro-tricyclo[$3.3.1.0^{3,7}$]nonan* (~ –0,6 V; 75–80% d. Th.) geführt werden[7]:

[1] A.J. Fry u. W.E. Britton, Tetrahedron Letters **1971**, 4363; J. Org. Chem. **38**, 4016 (1973).
[2] A.J. Fry u. R. Scoggins, Tetrahedron Letters **1972**, 4079.
[3] L. Rampazzo, A. Inesi u. A. Zappa, J. Electroanal. Chem. **76**, 175 (1977).
[4] M.R. Rifi, Tetrahedron Letters **1969**, 1043.
[5] W.M. Moore, D.G. Peters et al., Tetrahedron Letters **1972**, 453; Am. Soc., **101**, 1162 (1979).
[6] S. Satoh, M. Itoh u. M. Tokuda, Chem. Commun. **1978**, 481.
[7] V.N. Leibzon et al., Elektrokhimiya **11**, 349 (1975); C.A. **83**, 105363 (1975).

Die Elektrolyse von 1-Chlor (bzw. Brom, Jod)-1-phenyl-1-hexin liefert in Abhängigkeit vom Kathodenpotential verschiedene Produkte. So wird z.B. bei −2,85 V ausschließlich *1-Phenyl-hexan* erhalten, bei anderen Potentialen fallen Gemische von *1-Phenyl-cyclohexen, Benzyl-cyclopentan* und *1-Phenyl-hexen-(5)-in-(1)* an. 1-Brom-5-decin liefert bei −2,7 V neben *5-Decin* (59% d.Th.) *1-Butyl-cyclohexen* (38% d.Th.)[1].

Ausgehend von 1,3-Dihalogen-cyclobutanen sind Bicyclane zugänglich, z.B. *Bicyclo[1.1.0]butan* (60% d.Th.) oder *Bicyclo [2.1.1]hexan* (94% d.Th.)[2]:

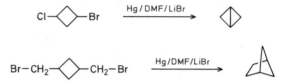

Potentialkontrolliert ist die Elektrolyse von Neopentyl-tetrabromid zum *1,1-Bis-[brommethyl]-cyclopropan* (47% d.Th.) bzw. *Spiro[2.2]pentan*[3] (40% d.Th.):

Zur Herstellung von *Bicyclo[1.1.1]pentan* wird von 1-Brom-1-brommethyl-cyclobutan ausgegangen[4]:

Das aus 1-Chlor-4-brom-bicyclo[2.2.0]hexan sich bildende *Bicyclo[2.2.0]hexen-(1*[4]) kann mit Cyclopentadien abgefangen werden[5]:

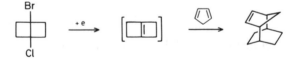

Ein Benzocyclobutadien-Dimeres (*6a,10b-Dihydro-⟨benzo-[a]-biphenylen⟩*) entsteht bei der Elektrolyse von 1,2-Bis-[dibrommethyl]-benzol in DMF; mit Tetraäthylammoniumperchlorat als Leitsalz bei −1,4 V; bei −0,7 V wird *1,2-Dibrom-benzocyclobuten* (30% d.Th.) erhalten (vgl. a.S. 667)[6,7]:

[1] D.G. PETERS et al., Tetrahedron Letters **1972**, 453; Am. Soc.**101**, 1162 (1979).
[2] M.R. RIFI, Am. Soc. **89**, 4442 (1967).
[3] M.R. RIFI, J. Org. Chem. **36**, 2017 (1971).
[4] K.B. WIBERG u. D.S. CONNOR, Am. Soc. **88**, 4437 (1966).
[5] J. CASANOVA u. H.R. ROGERS, J. Org. Chem. **39**, 3803 (1974).
[6] L. RAMPAZZO, A. INESI u. R. Marini-BETTOLO, J. Electroanal. Chem. **83**, 341 (1977).
[7] R.D. RIEKE u. P.M. HUDNALL, Am. Soc. **95**, 2646 (1973).

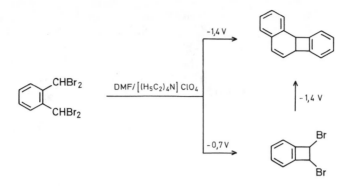

2-(2-Brommethyl-benzyl)- bzw. 5,6-Dimethoxy-2-(3,4-dimethoxy-2-brommethyl-benzyl)-isochinolinium-bromid wird in DMF unter Dehydrohalogenierung zu *5,6,11,12-Tetrahydro-5-aza-1,2-benzanthracen* bzw. *Xylopinin* cyclisiert[1]:

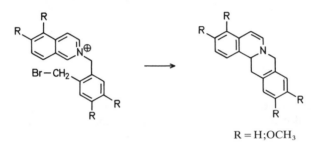

R = H;OCH₃

Weitere Beispiele mit heterocyclischen Systemen s. Lit.[2].

2-(Methyl-1-(2-jod-benzyl)-isochinolinium-jodide werden analog zu glaucin-ähnlichen Heterocyclen reduziert (in Acetonitril/Tetraäthylammonium-bromid; geteilte Zelle; vs. Ag-Draht)[3]:

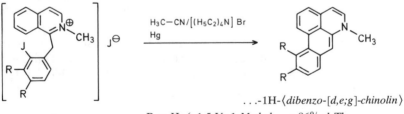

. . .-1H-⟨*dibenzo-[d,e;g]-chinolin*⟩

R = H; (–1,5 V; *1-Methyl-*. . .; 86% d. Th.
R = OCH₃ (–1,3 V); *7,8-Dimethoxy-1-methyl-*. . .; 74% d. Th.

Auch durch Reaktion mit einem olefinischen Partner können aus Halogen-Verbindungen cyclische Derivate erhalten werden, so z.B. aus Difluor-dibrom-methan *1,1-Difluor-cyclopropane* [get. Zelle, Pt-Elektroden, in $CH_2Cl_2/(C_4H_9)_4NBr$]. Ohne Olefin-Zusatz werden Poly-(tetrafluor-äthylene) gebildet[4]. Ausgehend von Tetrachlormethan oder Chloroform entstehen analoge *1,1-Dichlor-cyclopropane*[5].

[1] T. Shono, H. Hamaguchi, Y. Usui u. K. Yoshida, Heterocycles 9, 114 (1978).
[2] T. Shono et al., Tetrahedron Letters 1978, 4819.
[3] R. Gottlieb u. J. L. Neumayer, Am. Soc. 98, 7108 (1976).
[4] H.P. Fritz u. W. Kornrumpf, J. Electroanal. Chem. 100, 217 (1979).
[5] H.P. Fritz u. W. Kornrumpf, A. 1978, 1416.

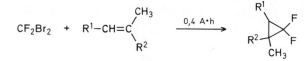

R^1 = H; R^2 = C$_6$H$_5$; *2,2-Difluor-1-methyl-1-phenyl-cyclopropan;* 61% S.A.
R^1 = R^2 = CH$_3$; *3,3-Difluor-1,1,2-trimethyl-cyclopropan;* 54% S.A.

Die Dijodide der Desoxyribose von Thymin bzw. Uracil können ebenfalls reduzierend cyclisiert werden[1]:

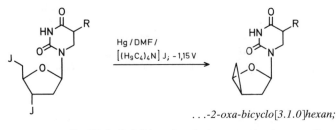

...*-2-oxa-bicyclo[3.1.0]hexan;*

R = H; *3-(2,4-Dioxo-hexahydropyrimidino)-...;* 31% d.Th.
R = CH$_3$; *3-(2,4-Dioxo-5-methyl-hexahydropyrimidino)-...;* 36% d.Th.

Die Elektrolyse von 1, ω-Dibrom-alkanen in Gegenwart von Azobenzol führt in HMPTA/Lithiumchlorid zu gesättigten heterocyclischen Systemen[2]:

$$H_5C_6-N=N-C_6H_5 \; + \; Br-(CH_2)_n-Br \xrightarrow{\text{Hg (geteilte Zelle)}}$$

n = 3; *1,2-Diphenyl-pyrazolidin;* 62% d.Th.
n = 4; *1,2-Diphenyl-hexahydro-pyridazin;* 81% d.Th.
n = 5; *1,2-Diphenyl-1,2-diazepan;* 58% d.Th.
n = 6; *1,2-Diphenyl-1,2-diazocan;* 14% d.Th.

Wird als Halogenid 2-Chlor-propionitril gewählt, so entsteht *N-(2-Cyan-äthyl)-hydrazobenzol* (48% d.Th.). Die analogen Elektrolysen von Azobenzol mit 3-Chlor-propen, 1-Chlor-2-buten oder 2-Brommethyl-1-buten ergeben stets N,N'-Bis-[2-alkenyl]-hydrazobenzole (38–57% d.Th.) als Hauptprodukt[3].

α_3) *durch Substitution des Halogen-Atoms*

Ist während der Elektrolyse, die normalerweise zum halogenfreien Substrat führt, ein zweiter zumeist nukleophiler Reaktionspartner anwesend, so vermag dieser das Halogen zu substituieren.

So liefert die Reduktion von Anthracen in Gegenwart von Methyl- oder tert.-Butylchlorid Alkyl-dihydro-anthracene[4] und 4-Jod-1-nitro-benzol, in Gegenwart von Benzol reduziert, *4-Nitro-biphenyl* (in CH$_3$CN, 20% d.Th.)[2]. Analog verhält sich Toluol[5].

[1] T. ADACHI, T. IWASAKI, M. MIYOSHI u. I. INOUE, Chem. Commun. **1977**, 248.
[2] T. Troll u. W. ELBE, Electrochim. Acta **22**, 615 (1977).
[3] J. SIMONET, M.A. MICHEL u. H. LUND, Acta chem. scand. [B] **29**, 489 (1975).
[4] R.F. NELSON, A.K. CARPENTER u. E.T. SEO, J. Electrochem. Soc. **120**, 206 (1973).
[5] W.J.M. van TILBORG, C.J. SMIT u. J.J. SCHEELE, Tetrahedron Letters **1977**, 2113.

Jeweils zwei Produkte werden bei der Elektrolyse mit 1,ω-Dihalogeniden isoliert: mit 1,2-Dichlor-äthan erhält man aus Anthracen *9-(2-Chlor-äthyl)-9,10-dihydro-anthracen* (I) und *Dibenzo-bicyclo[2.2.2]octadien* (II)[1]:

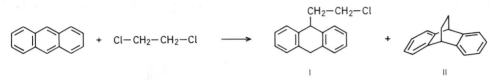

I II

Beim fünffachen 1,2-Dichlor-äthan-Überschuß überwiegt das Derivat II (57% d. Th.), bei 37fachem Überschuß I (50% d. Th.). 1,3-Dibrom-propan und 3-Chlor-1-brom-propan reagieren ähnlich[1]:

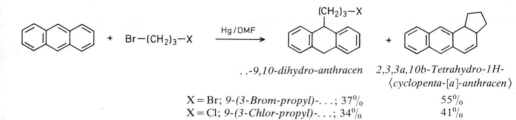

. .-9,10-dihydro-anthracen   2,3,3a,10b-Tetrahydro-1H-
⟨cyclopenta-[a]-anthracen⟩

X = Br; *9-(3-Brom-propyl)-*. . .; 37%   55%
X = Cl; *9-(3-Chlor-propyl)-*. . .; 34%   41%

Aromatisch gebundenes Brom kann elektrolytisch gegen das Leitsatz-Anion ausgetauscht werden; z.B.:

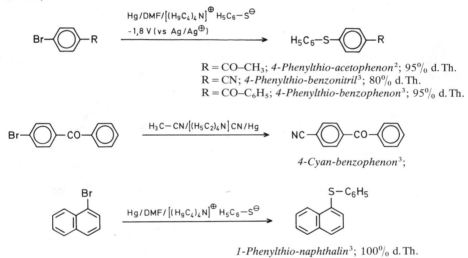

R = CO–CH₃; *4-Phenylthio-acetophenon*[2]; 95% d. Th.
R = CN; *4-Phenylthio-benzonitril*[3]; 80% d. Th.
R = CO–C₆H₅; *4-Phenylthio-benzophenon*[3]; 95% d. Th.

4-Cyan-benzophenon[3];

1-Phenylthio-naphthalin[3]; 100% d. Th.

In flüssigem Ammoniak/Kaliumbromid kann durch Zusatz von Thiophenol das Chlor im 2-Chlor-chinolin gegen das Thiolat ausgetauscht werden[3]:

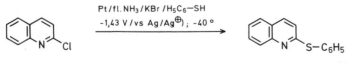

2-Phenylthio-chinolin; 100% d. Th.

[1] E. HOBOLTH u. H. LUND, Acta chem. scand. **B 31**, 385 (1977).
[2] J. PINSON u. J.M. SAVÉANT, Am. Soc. **100**, 1506 (1978).
[3] C. AMATORE, J. CHAUSSARD, J. PINSON, J.M. SAVÉANT u. A. THIEBAULT, Am. Soc. **101**, 6012 (1979).

Wird 4-Brom-benzophenon in DMSO mit Tetraäthylammoniumperchlorat elektrolysiert, so erhält man u. a. *4-Methylthio-* und *4-Methylsulfinyl-benzophenon*[1].

Die Elektrolyse von Phenazin in Gygenwart von Dimethyl- bzw. Diäthylsulfat oder
Äthylbromid führt in Acetonitril/Tetraäthylammoniumperchlorat zu 9,10-Dialkyl-
9,10-dihydro-phenazinen[2]:

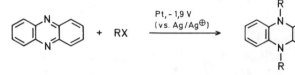

...-*9,10-dihydro-phenazin*

$RX = (H_3CO)_2SO_2$; *9,10-Dimethyl-*...; 91% d. Th.
$RX = (H_5C_2O)_2SO_2$ ⎫   91% d. Th.
                        ⎬ *9,10-Diäthyl....*
$RX = C_2H_5Br$ ⎭   92% d. Th.

Durch intermolekulare Verknüpfung ist *Laudanosin* in bemerkenswert guter Ausbeute
herstellbar[3]:

Die kathodische Reduktion von 1,4-Dibrom-bicyclo[2.2.1]heptan in DMF ergibt neben
Bicyclo[2.2.1]nonan (I) und *Pentacyclo[4.2.2.2^{2,5}1^{1,6}1^{2,5}]tetradecan* (II) *1-(N-Methyl-N-
formyl-amino)-bicyclo[2.2.1.]heptan* (III)[4]:

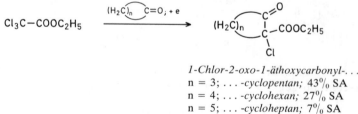

I   II   III

Trichloressigsäure-äthylester kann bei $-1,0$ V mit cyclischen Ketonen umgesetzt werden[5]:

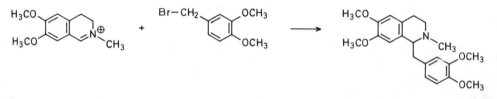

1-Chlor-2-oxo-1-äthoxycarbonyl-...
n = 3; ... *-cyclopentan;* 43% SA
n = 4; ... *-cyclohexan;* 27% SA
n = 5; ... *-cycloheptan;* 7% SA

Im Falle des Cyclohexanons (n = 5) entsteht zusätzlich infolge Dehydrohalogenierung *7-Oxo-1-äthoxycarbo-
nyl-cyclohepten*[5].

[1] F. M'HALLA, J. PINSON u. J.M. SAVÉANT, J. Electroanal. Chem. **89**, 347 (1978).
[2] D. K. ROOT, R.O. PENDARVIS u. W.H. SMITH, J. Org. Chem. **43**, 778 (1978).
[3] T. SHONO, I. NISHIGUCHI u. H. OMIZU, Chem. Letters **1977**, 1021.
[4] K.B. WIBERG, W.F. BAILEY u. M.E. JASON, J. Org. Chem. **41**, 2711 (1976).
[5] F. KARRENBROCK u. H.J. SCHÄFER, Tetrahedron Letters **1978**, 1521.

Zur Elektrolyse von Tetrachlormethan bzw. Trichlormethyl-phosphonsäureestern in Gegenwart von Ketonen s.S. 679.

Bei der reduktiven Kopplung von Benzyl- und Acyl-halogeniden werden α-Aryl-ketone bis 70% d.Th.) erhalten[1]:

$$H_5C_6-\underset{\underset{R^1}{|}}{C}H-Cl \;+\; R^2-CO-Cl \xrightarrow{+e} H_5C_6-\underset{\underset{R^1}{|}}{C}H-CO-R^2$$

$$R^1 = H, CH_3$$
$$R^2 = CH_3, C_2H_5, C_3H_7, CH(CH_3)_2, C(CH_3)_3, (CH_2)_2-COOCH_3,$$
$$(CH_2)_4-COOC_2H_5$$

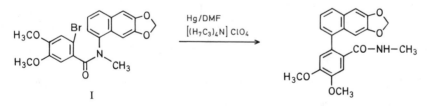

3-Methyl-1-[3(4)-chlor-phenyl]-butanon-(2)
3-Methyl-1-(4-methyl-phenyl)-butanon-(2)

3-Phenyl-allylchlorid und Carbonsäure-chloride setzen sich analog zu den isomeren ungesättigten und gesättigten Ketonen um[1]:

$$H_5C_6-CH=CH-CH_2-Cl \;+\; R-CO-Cl \longrightarrow$$

$$H_5C_6-\underset{\underset{CO-R}{|}}{C}H-CH=CH_2 \;+\; H_5C_6-CH=CH-CH_2-CO-R \;+\; H_5C_6-CH_2-\underset{\underset{CO-R}{|}}{C}H-CH_3 \;\; usw.$$

Zur reduktiven Kupplung von Alkyl-halogeniden mit Olefinen s.S. 646ff. bzw. Ketonen .S. 660.

Pentyl- bzw. Hexylbromid bilden in Acetonitril (Leitsatz Tetrabutylammonium-tetrafluoroborat) an Platin *Heptansäure-nitril* (42% d.Th.; 80% Umsatz) bzw. *Octansäure-nitril* (41% d.Th.; 89% Umsatz)[2].

Das Naphthyl-benzamid I liefert bei der Reduktion {an Hg, in DMF/[(C₃H₇)₄N]ClO₄} mit mittlerer Ausbeute (44% d. Th.) das *6,7-Methylendioxy-1-(4,5-dimethoxy-2-methylaminocarbonyl-phenyl)-naphthalin*[3]:

$$ \text{(Struktur I)} \xrightarrow[\text{[(H_7C_3)_4N] ClO_4}]{\text{Hg/DMF}} \text{(Produkt)} $$

I

N-Chlor-äthylurethan liefert bei der Reduktion hauptsächlich das chlorfreie Urethan (s.S. 698). In Gegenwart von Cyclohexen entsteht neben 66% Urethan *cis-* (6%) und *trans-* (12%) *N-(2-chlor-cyclohexyl)-äthyl-carbamat.* Analog reagieren Acrylnitril, Acrylsäure-methylester und Bicyclo[2.2.1]hepten[4].

Brombenzol gibt bei der Elektrolyse in DMF mit Tetrabutylammoniumchlorid als Leitsalz an Quecksilber in Gegenwart von Kohlendioxid nur wenig Benzoesäure[5]; Benzylchlorid führt zu *Phenylessigsäure*[6].

[1] T. Shono, I. Nishiguchi u. H. Ohmizu, Chem. Letters **1977**, 1021.
[2] G.C. Barrett u. T.J. Graham, Tetrahedron Letters **1979**, 4237.
[3] W.J. Begley u. J. Grimshaw, Soc. [Perkin I] **1977**, 2324.
[4] D. Bérubé, J. Caza, F.M. Kimmerle u. J. Lessard, Canad. J. Chem. **53**, 3060 (1975).
[5] L. Horner u. H. Röder, B. **101**, 4179 (1968).
[6] S. Wawzonek, R. C. Duty u. J. H. Wagenknecht, J. Electrochem. Soc. **111**, 74 (1964).

Kathodisch erzeugte Sauerstoff-Anionenradikale wandeln Alkylbromide zu Dialkyl-peroxiden um[1] (Hg;DMF/[(H₉C₄)₄N]ClO₄; ~ 80% d. Th.).

β) der C–O- und C–S-Bindung

Der Bis-[2-phenyl-2-cyan-vinyl]-äther (I) wird überwiegend zum *2,5-Diphenyl-hexen-(2)-disäure-nitril* (III) reduziert. Je nach Kathodenpotential wird zusätzlich *2,5-Diphenyl-hexadien-(2,4)-disäure-dinitril* (II) bzw. bei ~–2 V das *2,5-Diphenyl-hexandisäure-dinitril (IV)* erhalten. Da es sich hier primär um die Rekombination zweier radikalischer Spaltprodukte des Äthers I handelt, ist eine hohe Depolarisator-Konzentration vorteilhaft[2]:

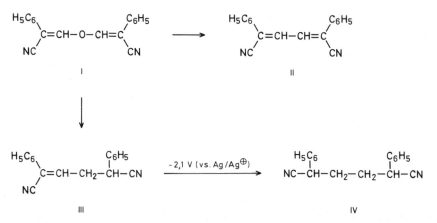

Durch Elektrolyse von 3-Sulfonyloxy-alkansulfensäure-chloriden bzw. 3-Sulfonyloxy-thioäthern bei –1,65 bis –1,8 V {in DMF/[(C₂H₅)₄N]Tos; get. Zelle; Pb-Kathode, Pt-Anode} sind in hoher Ausbeute Cyclopropane zugänglich[3]:

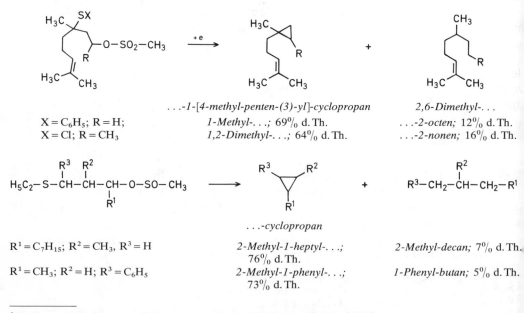

...-1-[4-methyl-penten-(3)-yl]-cyclopropan   2,6-Dimethyl-...

X = C₆H₅; R = H;   *1-Methyl-...;* 69% d. Th.   *...-2-octen;* 12% d. Th.
X = Cl; R = CH₃   *1,2-Dimethyl-...;* 64% d. Th.   *...-2-nonen;* 16% d. Th.

...-cyclopropan

R¹ = C₇H₁₅; R² = CH₃, R³ = H   *2-Methyl-1-heptyl-...;*   *2-Methyl-decan;* 7% d. Th.
          76% d. Th.
R¹ = CH₃; R² = H; R³ = C₆H₅   *2-Methyl-1-phenyl-...;*   *1-Phenyl-butan;* 5% d. Th.
          73% d. Th.

[1] R. Dietz, M. E. Peover u. P. Rothbaum, Chem. Ing.-Techn. **42**, 185 (1970).
[2] G. Mabon u. G. le Guillanton, C. r. [C] **282**, 319 (1976).
[3] T. Shono, Y. Matsumura, S. Kashimura u. H. Kyutoku, Tetrahedron Letters **1978**, 1205.

Das bei der Reduktion von Schwefelkohlenstoff bei –1,4 bis –2,0 V in Acetonitril bzw. DMF mit einem Tetrabutylammoniumhalogenid entstehende Dianion I kann z.B. mit Methyljodid[1,2] bzw. Thiophosgen-Ätherat in Äthanol abgefangen werden[3]:

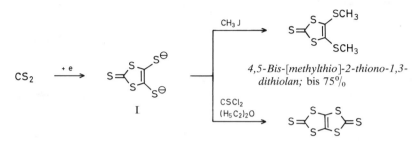

4,5-Bis-[methylthio]-2-thiono-1,3-dithiolan; bis 75%

2,5-Dithiono-1,3,4,6-tetrathiapentalen

Mit Kohlenstoff-diselenid (an Pt bei –1,35 V in DMF) werden analoge Ergebnisse erzielt (55% d.Th.)[4].

Wird 4,5-Bis-[methylthio]-2-äthylthio-1,3-dithiolium-tetrafluoroborat in Acetonitril/ Tetrabutylammoniumperchlorat (–0,6 V/1 F) elektrolysiert, so entsteht das *4,4',5,5'-Tetrakis-[methylthio]-2,2'-bis-[äthylthio]-2,2'-bi-1,3-dithiolyl* (II) in guten Ausbeuten[2]:

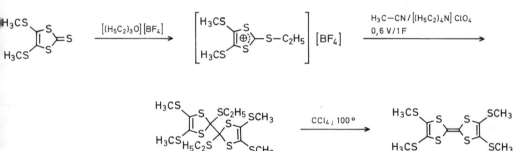

II; 99% d. Th.

2-Thiono-1,3-dithiolan wird an Platin (–1,4 bis –1,6 V) zum Dianion III unter Äthylen-Abspaltung reduziert, das z.B. mit Methyljodid zum *1,2-Bis-[methylthio-thiocarbonylthio]-äthan* (IV) bzw. mit 1,2-Dibrom- oder 1,2-Dijod-äthan zum *1,4,6,9-Tetrathiaspiro[4.4]nonan* {V; in DMF/[(C₄H₉)₄N]Br} weiterreagiert[5]:

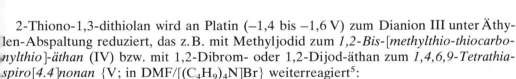

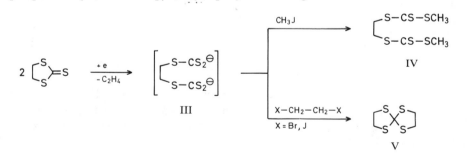

[1] S. WAWZONEK u. S.M. HEILMANN, J. Org. Chem. **39**, 511 (1974).
[2] P.R. MOSES u. J.Q. CHAMBERS, Am. Soc. **96**, 945 (1974).
[3] W.P. KRUG, A.N. BLOCH u. D.O. COWAN, Chem. Commun. **1977**, 660.
[4] E.M. ENGLER, D.C. GREEN u. J.Q. CHAMBERS, Chem. Commun. **1976**, 148.
[5] F.J. GOODMAN u. J.Q. CHAMBERS, J. Org. Chem. **41**, 626 (1976).

Tertiäre Sulfoniumsalze werden bereits bei niedrigen negativen Potentialen (so daß z. B. die Nitro-Gruppe nicht angegriffen wird) zu Sulfiden reduziert. Der abgespaltene Ligand kann dimerisieren (Kupfer- oder Platin-Kathode, Graphit-Anode; 0,04 m in 0,5 m wäßr. Kaliumchlorid-Lösung)[1].

$$2 \ (H_3C)_2\overset{\oplus}{S}{-}CH_2{-}\!\!\left\langle\text{---}\right\rangle\!\!{-}NO_2 \xrightarrow{+e} O_2N{-}\!\!\left\langle\text{---}\right\rangle\!\!{-}CH_2{-}CH_2{-}\!\!\left\langle\text{---}\right\rangle\!\!{-}NO_2 \ + \ 2 \ S(CH_3)_2$$

Bei Alkyl-Substitution im Ring verläuft die Reaktion analog[1].
Der abgespaltene Ligand kann auch von Acrylnitril abgefangen werden[2]:

$$[(H_3C)_2SR]^{\oplus}\,Tos^{\ominus} \quad\xrightarrow[-S(CH_3)_2]{\overset{H_2C=CH-CN/H_2O/}{[(H_5C_2)_4N]Tos}}\quad R{-}CH_2{-}CH_2{-}CN$$

R = CH$_2$–CN; *Glutarsäure-dinitril*; 20% S. A.
R = CH$_2$–C$_6$H$_5$; *3-Phenyl-butansäure-nitril*; 30% S. A.

γ) der C–N-Bindung

Die bei der kathodischen Elektrolyse von Phenyldiazonium-Salzen zunächst entstehenden Phenyl-Radikale können zur Phenylierung von Aromaten herangezogen werden (z. B. Benzol, Toluol, Anisol, Benzonitril, Nitrobenzol, Brombenzol, Naphthalin). Die Reaktion wird unter Kühlung in Acetonitril/Tetrabutylammoniumperchlorat an Quecksilber in geteilter Zelle unter Stickstoff bei 0 V (vs.SCE) durchgeführt. Die Ausbeuten liegen bei 14–33% d.Th. Stets überwiegt das ortho-Isomere deutlich; mit Naphthalin bildet sich vorwiegend *1-Phenyl-naphthalin*[3].

Die Diazoniumsalze von 2-Amino-benzophenonen geben bei der Reduktion an Quecksilber hauptsächlich *Benzophenon, Fluorenon* und Quecksilber-Verbindungen. In aprotischen Solventien (Acetonitril, Sulfolan; Leitsalz Tetrabutylammoniumperchlorat) überwiegen die Bis-[2-benzoyl-phenyl]-quecksilber-Verbindungen (bei 0–5° und 0 V bis 55% d.Th.) und das desaminierte Benzophenon (bei 20° und −1,6 V in Sulfolan bis 71% d.Th.). In 0,6 n-Schwefelsäure (bei −1,6 V) werden 42% *Fluorenone* erhalten.

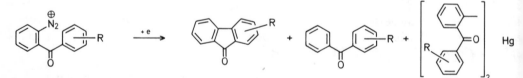

R = H, 4-CH$_3$, 4-OCH$_3$, 3-NO$_2$

Analoge Ergebnisse erzielt man mit dem Diazoniumsalz von 2-Amino-1-benzoyl-naphthalin[4].

Diphenyl-diazomethan liefert bei der Elektrolyse an Platin in DMF/Tetrabutylammoniumperchlorat *Diphenylmethan, Amino-diphenyl-methan* und *Benzophenon-azin*. Bei hohen negativen Potentialen (−1,9 bis −2,2 V) und niedriger Ausgangskonzentration überwiegt Diphenylmethan (bis 51% d.Th.); das Azin dominiert erwartungsgemäß bei

[1] US.P. 3 480 527 (1969), Dow Chemicals, Erf.: R. A. WESSELING u. E. J. SETTINERI; C. A. **72**, 66 593 (1970).
[2] M.M. BAIZER, J. Org. Chem. **31**, 3847 (1966).
[3] F.F. GADALLAH u. R.M. ELOFSON, J. Org. Chem. **34**, 3335 (1969).
[4] F.F. GADALLAH, A.A. CANTU u. R.M. ELOFSON, J. Org. Chem. **38**, 2386 (1973).

höheren Konzentrationen an Diazomethan und niedrigeren Potentialen (bis −1,6 bis −1,8 V bis über 82% d. Th.)[1].

Die gesamte Nitro-Gruppe wird eliminiert, wenn 8,8′-Dinitro-1,1′-bi-naphthyl-4,4′,5,5′-tetracarbonsäure-4,5;4′,5-bis-anhydrid in DMF reduziert wird[2]:

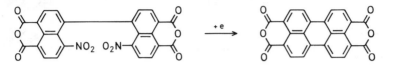

Perylen-3,4,9,10-tetracarbonsäure-3,4;
9,10-bis-anhydrid

Die Elektrolyse von Benzyl-trimethyl-ammonium-nitrat an Platin liefert in Kohlendio-xid-gesättigter DMF-Lösung neben *Toluol* bis zu 53% d. Th. *Phenylessigsäure*[3].

δ) von C–P-Verbindungen

Wird die Elektrolyse von (ω-Cyan-alkyl)-triphenyl-phosphoniumsalzen in DMF in Gegenwart von Styrol durchgeführt, so erhält man neben Triphenyl-phosphin 10% d. Th. ω-Phenyl-alkansäure-nitrile[4]:

$$\left[NC-(CH_2)_n-\overset{\oplus}{P}(C_6H_5)_3 \right] X^{\ominus} \xrightarrow{+e/H_5C_6-CH=CH_2} H_5C_6-(CH_2)_{n+2}-CN \;+\; P(C_6H_5)_3$$

n = 1–4

Aus Trichlormethan-phosphonsäureester erhält man in Gegenwart von Ketonen 1,1-Dichlor-1-alkene[5].

ε) von C–M-Bindungen

Mit z. Tl. sehr guten Ausbeuten werden Alkyl-magnesium-, -lithium-, -cadmium- und -zink-Verbindungen unter Dimerisierung zu Alkanen bzw. Cycloalkanen reduziert, s. ds. Handb., Bd. V/1a, S. 398 f.

$$2\,R-M \longrightarrow R-R \;+\; 2M$$

II. Reduktion am Heteroatom

An dieser Stelle werden lediglich Reduktionen besprochen, die ausschließlich am Hete-roatom ablaufen. Wird das C-Atom mitreduziert, so sind diese Reaktionen bei den betref-fenden Kohlenstoff-Verbindungen beschrieben.

[1] R. N. McDonald, J. R. Jannary, K. J. Borhani u. M. D. Hawley, Am. Soc. **99**, 1268 (1977).
[2] V. A. Ryabinin, V. F. Starichenko, G. N. Vorozhtsov u. S. M. Shein, Ž. Org. Chim. **15**, 1038 (1979); C. A. **91**, 73955 (1979).
[3] S. D. Ross, M. Finkelstein u. R. C. Petersen, Am. Soc. **92**, 6003 (1970).
[4] J. H. Wagenknecht u. M. M. Baizer, J. Org. Chem. **31**, 3885 (1966).
[5] F. Karrenbrock, H. J. Schäfer u. I. Langer, Tetrahedron Letters **1979**, 2915.

a) am Sauerstoff- bzw. Schwefel-Atom

Quantitativ verläuft in alkalischer Lösung die Reduktion von Cumolhydroperoxid zum *2-Phenyl-propanol-(2)*[1]. Die Reduktion von 2-Nitro-1-thiocyanat-benzolen führt überwiegend zu *2-Amino-1,3-benzothiazolen* (s. S. 692)[2]. Phenylthiocyanat liefert *Thiophenol*[2].

In 9,10-Anthrachinon-sulfonsäuren kann die C–S-Bindung reduktiv gespalten werden (s. S. 632); i. a. jedoch werden Sulfonsäuren zu Sulfinsäuren reduziert.

2- und 4-Toluolsulfonylchlorid werden in Äthanol/Schwefelsäure an Blei-Elektroden bei kurzer Elektrolysezeit bevorzugt zu 2- bzw. *4-Benzol-sulfinsäure* (max. 20% d. Th.) nach längerer Zeit überwiegend zum 2- bzw. *4-Thiokresol* (max. 23%) reduziert. Als Nebenprodukt entsteht u. a. *Bis-[2-(bzw.-4)-methyl-phenyl]-disulfan-1,2-bis-oxid* (max. 2% d. Th.)[3].

Ähnlich verlaufen die Reaktion mit Sulfonsäureestern und -amiden. So werden z. B. optisch aktive Tosylester unter Konformationserhaltung kathodisch zu Alkohol und Sulfinsäure gespalten[4]:

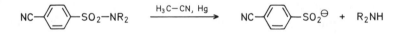

Auf diese Weise erhält man u. a.

1-Phenyl-propanol-(2)   85% d. Th.
2-Hydroxy-1,7,7-trimethyl-bicyclo[2.2.1]heptan   95% d. Th.
3β-Hydroxy-cholesten-(5)   95% d. Th.

Alkansulfonsäureester werden dagegen nicht gespalten.

Bei der Elektrolyse von Sulfonsäure-2-mercapto-alkylestern werden in hohen Ausbeuten Cyclopropane gebildet (s. S. 676).

Aus Sulfonamiden erhält man auf analoge Weise Amine und Sulfinsäuren, wobei bei Ditosyl-aminen nur eine S–N-Bindung gespalten wird[5,6]:

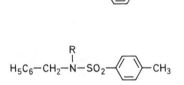

R = CH₃; –2,0 V; 95% d. Th.
R = Tos; –1,5 V; 93% d. Th.

---

[1] S. Molnar u. F. Peter, J. Electroanal. Chem. **22**, 63 (1969).
  US.P. 2543763 (1949), Hercules Powder, Erf.: J. C. Conner; C.A. **45**, 5048 (1951).
[2] F. Fichter u. T. Beck, B. **44**, 3636 (1911).
[3] S. Takagi, T. Suzuki et al., J. Pharm. Soc. Japan **69**, 358 (1949); **71**, 126 (1951); C. A. **44**, 1832 (1950); **45**, 6091 (1951).
[4] L. Horner u. R.-J. Singer, B. **101**, 3329 (1968).
[5] P. T. Cottrell u. C. K. Mann, Am. Soc. **93**, 3579 (1971).
[6] R. Kossai, G. Jeminet u. J. Simonet, Electrochim. Acta **22**, 1395 (1977).

$$\left[H_3C-\!\!\!\left\langle\!\!\bigcirc\!\!\right\rangle\!\!-SO_2-\right]_2 N-\!\!\!\left\langle\!\!\bigcirc\!\!\right\rangle\!\!-N\left[-SO_2-\!\!\!\left\langle\!\!\bigcirc\!\!\right\rangle\!\!-CH_3\right]_2 \xrightarrow{-1,8\,V}$$

$$H_3C-\!\!\!\left\langle\!\!\bigcirc\!\!\right\rangle\!\!-SO_2-NH-\!\!\!\left\langle\!\!\bigcirc\!\!\right\rangle\!\!-NH-SO_2-\!\!\!\left\langle\!\!\bigcirc\!\!\right\rangle\!\!-CH_3$$

Aliphatische und aromatische Sulfonamide werden auch in Methanol/Tetramethylammonium-chlorid (Elektroden s. o.) in Amine und Sulfinsäuren gespalten. Sulfoschutzgruppen an Peptiden können auf diese Weise abgespalten werden; z.B. erhält man aus N^ε-(4-Methyl-benzoyl)-N^α-benzolsulfonyl]-D,L-lysin in geteilter Zelle und neutraler wäßrig-alkoholischer Lösung *Benzolsulfinsäure* und *N^ε-(4-Methoxy-benzoyl)-lysin* (94% d. Th.; F: 265°). Das Leitsalzkation in seiner reduzierten Form spielt hierbei offensichtlich die Rolle eines Elektronenüberträgers[1].

Die bei der elektrochemischen Reduktion von Nitro-benzolen intermediär entstehenden Nitroso-benzole können mit Arensulfinsäuren abgefangen werden[2]. Obwohl sie in diesem Fall als Schutzgruppe dienen, können Sulfinsäuren elektrochemisch zu Thiolen weiterreduziert werden oder auch disproportionieren[3].

Zur Weiterreduktion der Sulfensäuren, die bei der Spaltung von β-Oxo-sulfoxiden entstehen, s. S. 633f. Zur Reduktion von Bis-[carboxymethyl]-disulfan zur *Mercapto-essigsäure* s.Bd.IX, S.27.

Die elektrochemische Reduktion von Phenylmethansulfenylchlorid führt zu *Diphenyldisulfan* (in $CH_3CN/NaClO_4$, Pt-Kathode, get. Zelle), in Gegenwart von Spuren Wasser zu *Diphenyl-Disulfan-Monoxid*[4].

Die Reduktion von Dialkyl-disulfanen in Gegenwart von Sauerstoff führt (nach Umsetzung der sulfinsauren Salze mit Diphenylmethylbromid) zu Sulfinsäure-diphenylmethylestern[5]:

$$R-S-S-R \xrightarrow{O_2/e} 2\ R-SO_2^{\ominus} \xrightarrow[DMF]{2\ (H_5C_6)_2CH-Br/} 2\ R-SO-O-CH(C_6H_5)_2$$

-sulfinsäure-diphenylmethylester

R = C_3H_7; *Propan- . . .;* 68% d. Th.
R = $C(CH_3)_3$; *2-Methan-propan-2- . . .;* 87% d. Th.

b) am Stickstoff-Atom

1. der Nitro-Gruppe

α) unter Erhaltung des Molekülgerüstes

α₁) in aliphatischen Nitro-Verbindungen

Aliphatische Nitro-Verbindungen werden i. a. elektrolytisch zu Aminen reduziert (vgl. Bd.XI/1, S.472–474).

---

[1] L. HORNER u. H. NEUMANN, B. **98**, 3462 (1965).
L. HORNER u. R.-J. SINGER, A. **723**, 1 (1969).
s. Holl.P. 6 509 235 (1964), Hoechst AG; C.A. **66**, 105 195 (1967).
[2] A. DARCHEN u. C. MOINET, Chem. Commun. **1976**, 820.
[3] J. SIMONET u. G. JEMINET, Bl. **1971**, 2754.
[4] G. BONTEMPELLI, F. MAGNO, R. SEEBER u. G.A. MAZZOCCHIN, J. Electroanal. Chem. **87**, 73 (1978).
[5] C. DEGRAND u. H. LUND, Acta chem. scand. B **33**, 512 (1979).

In verdünnter wäßrig-alkoholischer Mineralsäure bleibt die Reduktion auf der Stufe der Hydroxylamine stehen[1-3]:

$$R-NO_2 \xrightarrow[-H_2O]{+2e/2H} R-NO \xrightarrow{+2e/2H} R-NH-OH$$

R = CH$_3$ (3 n HCl/C$_2$H$_5$OH, Ni-, Hg-Kathode, 20°); *N-Methyl-hydroxylamin*[1]; 77% d.Th.
R = CH(CH$_3$)$_2$ (3 n HCl/C$_2$H$_5$OH, Ni-, Hg-Kathode, 20°); *N-Isopropyl-hydroxylamin*[1]; 81% d.Th.
R = C(CH$_3$)$_3$ [konz. HCl/C$_2$H$_5$OH (1:1), Hg, −0,9 V]; *N-tert.-Butyl-hydroxylamin*[2]; 85–90% d.Th.
R = C$_6$H$_{11}$ (4%-ige HCl/CH$_3$OH, Pt, 60°
(H$_2$O/NaHCO$_3$, Hg, 25°) } *N-Cyclohexyl-hydroxylamin*[3]; 80% d.Th.

Weitere Einzelheiten s.Bd.X/1, S.1161.

Bei erhöhter Temperatur kann aus der intermediär entstehenden Nitroso-Verbindung (via Oxim, das lediglich bei Nitro-cycloalkanen abgefangen werden kann)[4] das entsprechende Amin entstehen[5].

Trichlor-nitro-methan wird in wäßrig-alkoholischer Schwefelsäure stufenweise bis zum *Methylamin* reduziert, wobei die Zwischenstufen Trichlor-nitroso-methan, Dichlor-form-aldehyd-oxim und N-Methyl-hydroxylamin[6] isoliert werden können. Als Kathode dient ein von Kühlflüssigkeit durchströmtes Zinn-Rohr[6].

Leucin- und Threoninester sind in guter Ausbeute (60–80% d.Th.) aus den entsprechenden 2-Nitro-carbonsäureestern zugänglich (0,5–1 m Salzsäure, 20–50°, Blei-, Quecksilber- oder amalg. Kupfer-Kathoden)[7].

Aliphatische und aromatische Nitro-Verbindungen liefern bei Zugabe von 12% Acetanhydrid N-Alkyl(Aryl)-N,O-diacetyl-hydroxylamine[8]:

$$R-NO_2 + (H_3C-CO)_2O \xrightarrow[(vs.\,Ag/Ag^{\oplus})]{Hg,\,get.\,Zelle} \begin{array}{c} CO-CH_3 \\ | \\ R-N-O-CO-CH_3 \end{array}$$

...-N,O-diacetyl-hydroxylamin

z.B.: R = CH$_3$ (-1,0 V,; CH$_3$CN/NaClO$_4$); *N-Methyl-* ...; 41% d.Th.
R = C(CH$_3$)$_3$ (-1,1 V, DMF/[(H$_9$C$_4$)$_4$N]J); *N-tert.-Butyl-* ...; 65% d.Th.
R = C$_6$H$_5$ (-0,6 V, DMF/[(H$_9$C$_4$)$_4$N]J); *N-Phenyl-* ...; 86% d.Th.

. α$_2$) *in aromatischen Nitro-Verbindungen*

Nitro-arene können gezielt zu N-Aryl-hydroxylaminen (s.Bd. X/1, S. 1154f.), 1,2-Di-aryl-hydrazinen (s.S. 703–705, Bd. X/2) oder Amino-arenen (s.Bd. X/1, S. 472ff.) reduziert werden. Allgemeine Regeln lassen sich hierzu nicht aufstellen. Nitro-benzol wird z.B. in verdünnter Essigsäure/Natriumacetat an Nickel- oder Silber-Kathoden selektiv zu *N-Phenyl-hydroxylamin* (70% d.Th.) reduziert[9]. Aus 1,4-Dinitro-benzol wird in saurer Lö-sung das *N-(4-Nitro-phenyl)-hydroxylamin* erhalten[10]. Die intermediär sich zunächst bil-

[1] P.E. IVERSEN u. H. LUND, Acta chem. scand. **19**, 2303 (1965); Zellskizze; Tetrahedron Letters **1967**, 4027.
[2] P.E. IVERSEN u. T.B. CHRISTENSEN, Acta chem. scand. [B] **31**, 733 (1977).
[3] V.G. KHOMYAKOW, M.Y. FIOSHIN u. J.A. AVRUTSKAYA, Ž. prikl. Chim. **38**, 1889 (1965); C.A. **64**, 1643 (1966).
[4] s.a. Brit.P. 867773 (1961), I.C.I., Erf.: A. HILL u. R.G.A. NEW; C.A. **55**, 23129^i (1961).
[5] P. PIERRON, Bl. **21**, 780 (1899).
[6] H. BRINTZINGER, H.W. ZIEGLER u. E. SCHNEIDER, Z. Elektrochem. **53**, 109 (1949). s.a. Bd. X/4, S. 149.
[7] I.A. AVRUTSKAYA, M.Y. FIOSHIN et al., Elektrokhimiya **11**, 1803 (1975); **12**, 1066 (1976); C.A. **84**, 81630 (1976); **85**, 168811 (1976).
[8] L. CHRISTENSEN u. P.E. IVERSEN, Acta chem. scand. [B] **33**, 352 (1979).
[9] K. BRAND, B. **38**, 3076 (1905).
[10] A. DARCHEN u. C. MOINET, J. Electroanal. Chem. **78**, 81 (1977). vgl. a. A. DARCHEN u. D. PELTIER, Bl. **1972**, 4061.

denden Nitroso-benzole können mit Arensulfinsäuren unter Addukt-Bildung abgefangen werden[1].

Zur Reduktion von 1-(2-Nitro-phenyl)-alkenen zu 1-(2-Hydroxylamino-phenyl)-alkenen (Zwischenstufe) s.S. 698.

Auch funktionell substitutierte Nitro-benzole werden in neutraler Lösung[2] bzw. in verdünnter Schwefelsäure (evtl. mit Äthanol-Zusatz) bei $-0,15$ bis $-0,4$ V quantitativ zu den entsprechenden N-Aryl-hydroxylaminen reduziert[3]:

$$R\text{–}\langle\bigcirc\rangle\text{–}NO_2 \xrightarrow{\text{Hg}} R\text{–}\langle\bigcirc\rangle\text{–}NH\text{–}OH$$

R = Hal, OH, CH_3, CN, COOH, CO–NH_2, COOR, SO_2–R^1

Bei $-0,75$ bis $-0,95$ V entstehen dagegen in verdünnter Schwefelsäure quantitativ die Aniline. Somit kann offenbar mit Hilfe der Spannung die Reduktion eindeutig gelenkt werden. Hierfür ist auch die Reduktion von 3-Nitro-benzoesäure[4] bzw. 4-Nitro-1-alkyl(aryl)thio-benzol[5] Beweis:

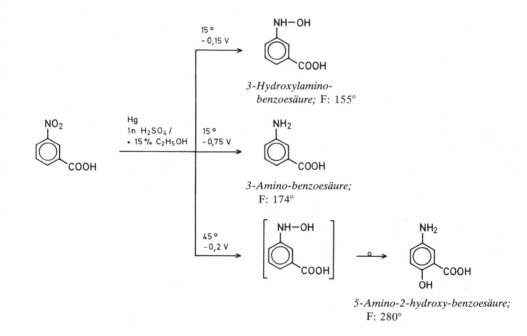

<hr>

[1] A. Darchen u. C. Moinet, Chem. Commun. **1976**, 820.
[2] A. Darchen u. C. Moinet, J. Electroanal. Chem. **61**, 373 (1975); **68**, 173 (1976).
[3] M. Le Guyader, Bl. **1966**, 1848.
[4] M. LeGuyader u. D. Peltier, C.r. **253**, 2544 (1961).
[5] M. LeGuyader u. A. Darchen, C.r. [C] **267**, 1352 (1968).

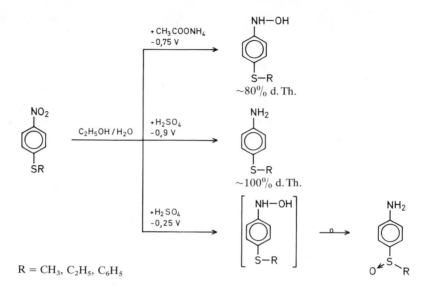

R = CH$_3$, C$_2$H$_5$, C$_6$H$_5$

Wie die vorab stehenden Beispiele zeigen, kann bei geeigneten Bedingungen die Hydroxylamin-Stufe einer N-Phenyl-hydroxylamin-4-Amino-phenol-Umlagerung (Bamberger-Umlagerung), die generell in stärker saurem Medium eintritt[1], gefaßt werden.

Die Bamberger-Umlagerung zu Amino-phenolen ist oft Ziel der elektrochemischen Reduktion, so z.B. bei der kathodischen Reduktion von 6-Chlor-2-nitro-toluol zu *2-Chlor-4-amino-3-methyl-phenol* (an Pt bis 78% d.Th.)[2] und von 2-Chlor-1-nitro-benzol zu *3-Chlor-4-amino-phenol* (bis 63% d.Th.)[3] (die leicht zu 1,4-Benzochinonen oxidiert werden können).

Auch 1-(2-Nitro-phenyl)-alkene geben in 0,5n-äthanol. Schwefelsäure 4-Amino-3-[alken-(1)-yl]-phenole (zur Indol-Synthese)[4]. Auch 5-Nitro-isochinolin kann so zu *5-Amino-8-hydroxy-isochinolin* reduziert werden[5]. Analog erhält man aus 4-Nitro-benzotriazol an Platin/konzentrierter Schwefelsäure *4-Amino-7-hydroxy-benzotriazol*[5].

In basischer Pufferlösung lassen sich bei −1 V aus Nitro-alkoxy(aryloxy)-benzolen selektiv die Hydroxylamine herstellen; in schwach saurem Milieu (Acetatpuffer, bei −1,6 V) erhält man Amine. In stärker saurem Milieu entstehen aus den 4-Alkoxy-Derivaten unter Ätherspaltung Amino-phenole[6]:

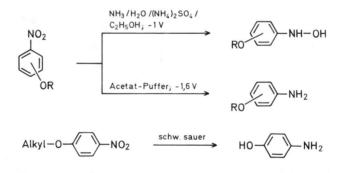

---

[1] L. Gattermann, B. **26**, 1844 (1893); **29**, 3034 (1896); dort weitere Beispiele.

[2] J. Cason, C.F. Allen u. S. Goodwin, J. Org. Chem. **13**, 403 (1948).

[3] R.E. Harnson, Org. Synth., Coll. Vol. IV, 148 (1963).

[4] R. Hazard u. A. Tallec, Bl. **1974**, 121.

[5] L.F. Fieser u. E.L. Martin, Am. Soc. **57**, 1835, 1840 (1935).

[6] A. Darchen u. D. Peltier, Bl. **1972**, 4061.

4-Amino-phenol wird aus Nitro-benzol mit guten Ausbeuten in halbkonzentrierter Schwefelsäure bei 25–80° an Nickel-, Platin-, Kupfer- oder Graphit-Elektroden[1, 2] bzw. in 20%iger Schwefelsäure bei 90° an Monelamalgam (72% d.Th.; 99% Stromausbeute) gewonnen[3].

Die elektrochemische Reduktion von Nitro-benzolen zu Anilinen bietet nur dann Vorteile gegenüber der chemischen Synthese, wenn eine zweite reduzierbare Gruppierung vorhanden ist, die bei potentialkontrollierter Reduktion nicht angegriffen wird.

Anilin (95% d.Th.) selbst wird aus Nitro-benzol in verdünnter Schwefelsäure an Blei-Kathoden erhalten[4].

1,3-Dinitro-benzol kann in 20%iger Schwefelsäure bei 70–90° quantitativ zu *1,3-Diamino-benzol* reduziert werden (Stromausbeute 96,5%)[5]. Ebenfalls auf industrieller Basis wird aus 2,4-Dinitro-toluol *2,4-Diamino-toluol* (Pb, −0,9 V, 50°, in Gegenwart von 1,4-Dimethyl-benzolsulfonsäure; 71% d.Th.) hergestellt[6].

Folgende 2- bzw. 4-funktionell-substituierte Nitro-benzole lassen sich in z.Tl. theoretischen Ausbeuten zu den entsprechenden Aminen reduzieren:

R = OH; (in saurem Medium) *2-Amino-phenol*[7]; ~100% d.Th.
R = N(C$_6$H$_5$)$_2$ (in saurem Medium); *2-Diphenylamino-anilin*[8]
R = COOH (NaOH, 60°); *2-Amino-benzoesäure*[9]; 96% d.Th.

R = OH; *4-Amino-phenol*[10]; 90% d.Th.
R = NH$_2$; *1,4-Diamino-benzol*[11]; 92% d.Th.
R = SCN; *4-Thiocyanato-anilin*[12]
R = COOH; *4-Amino-benzoesäure*[13]; 92% d.Th. (bei 70°)
R = CH$_3$; *4-Methyl-anilin*[14]; ~100% d.Th.
R = C$_6$H$_{11}$; *4-Cyclohexyl-anilin*[15]; ~100% d.Th.

[1] F.M. Brigham u. H.S. Lukens, Trans. Electrochem. Soc. **61**, 281 (1932).
[2] Brit.P. 1132617 (1965), Miles Lab.; C.A. **70**, 67889 (1969).
[3] C.L. Wilson u. H.V.K. Udupa, J. Electrochem. Soc. **99**, 289 (1952).
[4] C.N. Otin, Z. Elektrochemie **16**, 674 (1910).
[5] R. Chandra, P.N. Anantharaman u. H.V.K. Udupa, J. Indian Chem. Soc. **53**, 627 (1976).
[6] F. Goodrigde u. K.C. Nath, Electrochim. Acta **20**, 685 (1975).
[7] USSR.P. 39111 (1934), W.A. Kirchhof, M.O. Spektor u. S.M. Butjugin; C. **1935** II, 3011.
[8] A. Darchen u. D. Peltier, Bl. **1974**, 673.
[9] R. Yasukuochi, Denki Kagaku **35**, 890 (1967); C.A. **69**, 15327 (1968).
[10] Im wäßr. Natrium-2,4-dimethyl-benzolsulfonat 90% d.Th.: R.H. McKee et al., Trans. Electrochem. Soc. **62**, 203 (1932); **65**, 301 f (1934).
    In alkoholischer 2 n Schwefelsäure werden neben *4-Amino-thiophenol* hauptsächlich Dimere und Heterocyclen erhalten; F. Fichter u. F. Beck, B. **44**, 3636 (1911).
[11] konz. Salzsäure, Graphit-Kathode, J.F. Norris u. E.O. Cummings, Ind. Engn. Chem.; **7**, 306 (1925).
[12] F. Fichter u. T. Beck, B. **44**, 3636 (1911).
[13] P.H. Ravenscroft, R.W. Lewis u. O.W. Brown, Trans. Electrochem. Soc. **84**, 145 (1943).
    s.a. H.V.K. Udupa et al., Electrochim. Acta **16**, 423 (1971).
[14] W. Löb, Z. Elektrochemie **4**, 428 (1898).
[15] K. Neunhoeffer, J. pr. **133**, 107 (1932).

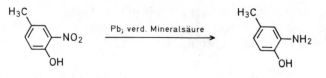

Pb; verd. Mineralsäure

2-Amino-4-methyl-phenol[1]; 94% d. Th.

Zur Reduktion von 2-Nitro-1-thiocyanato-benzolen zu 1,3-Benzothiazolen s.S. 692. Zur Reduktion von Bis-[2-nitro-phenyl]-sulfan (S. 695), 4-Nitro-1-phenylthioazo-benzol (s.S. 700) und zur Herstellung von *3-Amino-benzolsulfonsäure* aus 3-Nitro-benzolsulfonsäure im Fließbett-[2] oder Wirbelschicht-Zellen[3] s.Lit.

An Eisen wird 2-Nitro-benzolarsonsäure über die 2-Amino-benzolarsonsäure zum *(2-Amino-phenyl)-arsin* (bis 80% d.Th.) reduziert[4].

Auch Nitro-pyridine werden mit guten Ausbeuten zu Amino-pyridinen reduziert; z.B.:

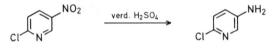

verd. H₂SO₄

2-Chlor-5-amino-pyridin[5]; 55% d.Th.

Die Reduktion von Nitro-benzolen zu *1,2-Diphenyl-hydrazinen (Hydrazobenzol)* wurde ausführlich in ds. Handb., Bd. X/2, S. 703–705, Vorschrift, Apparatur) besprochen. Die Reduktion wird im Alkalischen an einer Eisen/Zink-Kathode durchgeführt, näheres s.Bd. X/2.

Bei der Reduktion von 3-Nitro-zimtsäure zu *3-Amino-zimtsäure* tritt anschließende Cyclisierung zum *8-Amino-cumarin* ein (der Äthylester erbringt bessere Ausbeuten an 8-Amino-cumarin)[6].

α₃) in N-Nitro-Verbindungen

In der Technik wird Nitro-harnstoff zum *Semicarbazid* (verd. Schwefelsäure; Blei-Kathode; 70% d.Th.)[7] und Nitro-guanidin zu *Amino-guanidin* (91% d.Th.)[8] reduziert:

$$H_2N-\underset{\underset{NH_2}{|}}{C}=N-NO_2 \xrightarrow[\text{rotier. Zn-Kathode}]{(NH_4)_2SO_4/H_2O} H_2N-\underset{\underset{NH}{\|}}{C}-NH-NH_2$$

[1] A. Auwers u. F. Eisenlohr, A. **369**, 223 (1909).
[2] J.R. Backhurst et al., J. Electrochem. Soc. **116**, 1600 (1969).
[3] DOS 1 910 286 ≡ Brit. P. 1 203 001 (1970), Nat. Res. Dev. Corp., Erf.: J.R. Backhurst et al.; C.A. **73**, 115 783 (1970).
[4] A. Tzschach u. H. Biering, J. Organometal. Chem. **133**, 293 (1977).
[5] A. Binz u. O. von Schiekh, B. **68**, 320 (1935).
[6] L. Gattermann, B. **27**, 1937 (1894).
[7] M.Y. Fioshin u. A.P. Tomilow, Chim. Prom. **43**, 243 (1967); C.A. **67**, 1715 (1967).
[8] M. Yamashita u. K. Sugino, J. Electrochem. Soc. **104**, 100 (1957).

β) unter Dimerisierung (Azoxy-, Azo-Verbindungen) bzw. Umlagerung (Aminen) oder O,N-Dialkylierung (Hydroxylaminen)

Bei der Elektrolyse von Nitro-Verbindungen können auch Azoxy-, Azo- und Hydrazo-Verbindungen gebildet werden. So sind z.B. Azoxybenzole aus Nitrobenzolen mit 80–90% d.Th. (an Pb, Cu oder Ni) zugänglich:

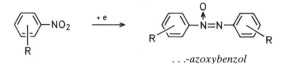

...-azoxybenzol

R = H; ...[1]; 76% S.A.
R = 3-Br; *3,3'-Dibrom-*...[2]; 90% d.Th.
R = 3-CN; *3,3'-Dicyan-*...[2]; bis 90% d.Th.
R = 4-C_6H_5; *4,4'-Diphenyl-*...[2]; 91% d.Th.
R = 4-SCN; *4,4'-Bis-[thiocyanato]-*...[3]
R = 2-O−CH(CH$_3$)$_2$; *2,2'-Bis-[isopropyloxy]-*...[4]; 39% d.Th.

Auch ausgehend von Nitrosobenzol wird *Azoxybenzol* erhalten[5,6].

Die Isolierung der Azoxybenzole gelingt aufgrund ihrer Schwerlöslichkeit (Eiskühlung), normalerweise sollte die Reduktion über die Azobenzole zu den Hydrazobenzolen weiterlaufen[4] (zum Mechanismus s.Lit.[7]).

In wäßrig-alkoholischen Medien entstehen Azobenzole (auch aus Azoxybenzolen, die sich hier besser lösen; keine Kühlung!). Bei längeren Elektrolysezeiten werden Hydrazobenzole erhalten[4]:

R = H (70°) *Azobenzol*[4]; ~100% d.Th.
R = 2-Cl; *2,2'-Dichlor-azobenzol*[8]; 80% d.Th.
R = 2-CN; *2,2'-Dicyan-azobenzol*[2]; 30% d.Th.

Azobenzole werden ebenfalls bei der Elektrolyse von Nitro-benzoesäure-hydraziden erhalten[9]:

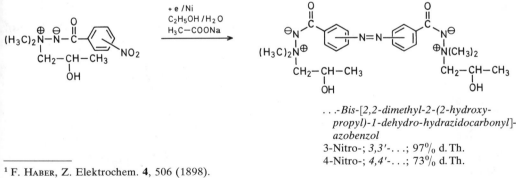

...-Bis-[2,2-dimethyl-2-(2-hydroxy-propyl)-1-dehydro-hydrazidocarbonyl]-azobenzol
3-Nitro-; *3,3'-*...; 97% d.Th.
4-Nitro-; *4,4'-*...; 73% d.Th.

[1] F. Haber, Z. Elektrochem. **4**, 506 (1898).
[2] K. Elbs, Z. Elektrochem. **7**, 133 (1900).
[3] F. Fichter u. T. Beck, B. **44**, 3636 (1911).
[4] S. Wawzonek, Synthesis **1971**, 285.
[5] F. Beck, Ang. Ch. **84**, 798 (1972).
[6] T.T. Tsai, W.E. McEven u. J. Kleinberg, J. Org. Chem. **25**, 1186 (1960).
[7] A. Darchen u. C. Moinet, J. Electroanal. Chem. **68**, 173 (1976).
[8] K. Brand, J. pr. **67**, 145 (1903).
[9] S. Wawzonek, D. Aelony u. W.J. McKillip, Org. Prep. Proceed. Int. **8**, 215 (1976).

Unter alkalischen Bedingungen wird 2,2'-Dichlor-azobenzol zu *2,2'-Dichlor-hydrazobenzol* weiterreduziert[1].

Nitro-methan kann in einer Gesamtausbeute von 54% bis zum *1,2-Dimethyl-hydrazin* reduziert werden:

In einer H-Zelle wird Nitro-methan zunächst bei max. $-0,9$ V (vs. Ag/AgCl) in 1n-Salzsäure reduziert. Dann wird mit Kalilauge alkalisch gestellt und die Zelle umgepolt (Anodenpotential $-0,2$ V vs. Ag/AgCl, ~ 14 Stdn.). Anschließend wird erneut umgepolt und bei max. $-1,6$ V weiterreduziert; Gesamtdauer $\sim$ drei Tage[2]:

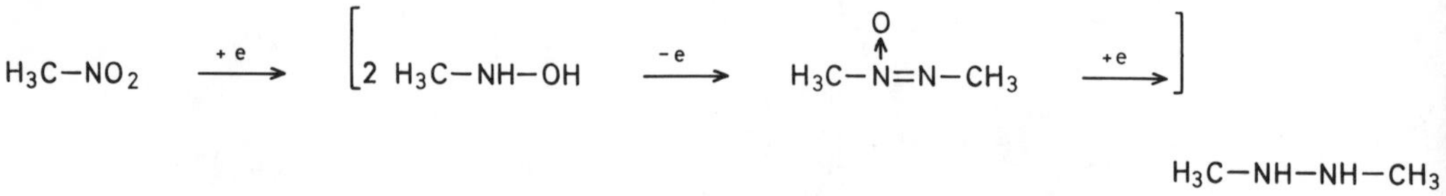

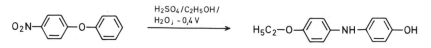

$$H_3C-NH-NH-CH_3$$

Sollen Hydrazobenzole hergestellt werden, so elektrolysiert man am besten in alkalischer Lösung, um eine Benzidin-Umlagerung zu vermeiden. So erhält man z.B. bei der Elektrolyse einer Emulsion von Nitro-benzol in Natronlauge an rotierenden Blei-Kathoden 88% d.Th. *Hydrazobenzol*[3].

In einer Strömungszelle mit Platin-Netzelektrode läßt sich Kalium-4-nitro-benzoat in *4,4'-Dicarboxy-hydrazobenzol* umwandeln (0,02m $-$ KOH/KCl; $-0,94$ V)[4].

4-Nitro-1-phenoxy-benzol unterliegt während der Reduktion in schwefelsaurem, verdünntem Äthanol bei $-0,4$ V einer Umlagerung, und man erhält *4-(4-Äthoxy-anilino)-phenol* (18% d.Th.)[5]:

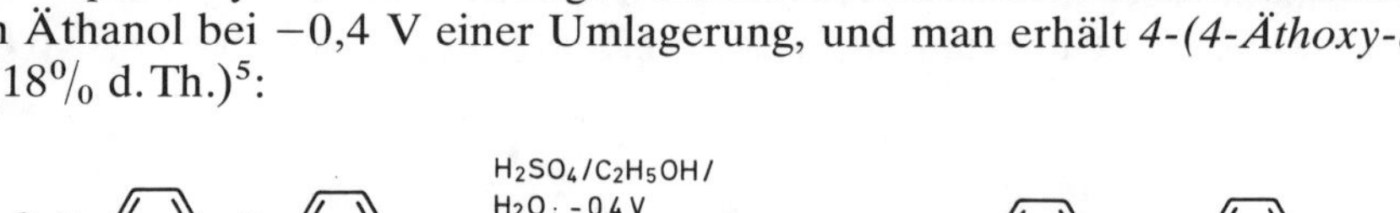

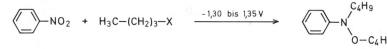

Wird Nitro-benzol in Gegenwart von Alkylhalogeniden elektrolysiert, so werden **Hydroxylamine** gebildet:

O,N-Dibutyl-N-phenyl-hydroxylamin; 69% d.Th. (X = Cl);
90% d.Th. (X = Br); 83% d.Th. (X = J)

O,N-Dimethyl-N-phenyl-hydroxylamin; 80% d.Th.

Nitroso-benzol erbringt mit Butylbromid lediglich 27% *O,N-Dibutyl-N-phenyl-hydroxylamin*[6].

[1] K. Brand, J. pr. **67**, 145 (1903).
[2] P.E. Iversen, B. **104**, 2195 (1971).
[3] K.S. Udupa, G.S. Subrahmanian u. H.V.K. Udupa, J. Electrochem. Soc. **108**, 373 (1961).
[4] R.E. Sioda u. W. Kemula, Electrochim. Acta **17**, 1171 (1972).
[5] A. Darchen u. D. Peltier, Bl. **1972**, 4061.
[6] J.H. Wagenknecht, J. Org. Chem. **42**, 1836 (1977).

γ) unter Ringschluß zu heterocyclischen Verbindungen

Durch Elektrolyse geeigneter Nitro-Verbindungen gelingt es, die verschiedensten N-Heterocyclen herzustellen.

Aus 2,2',4,4'-Tetranitro-biphenyl-6,6'-dicarbonsäure läßt sich bei $-1,8$ V (in 20% igem Äthanol mit Phosphat-Alkali-Puffer) *2,7 - Bis - [hydroxyamino] - 4,9 - dihydroxy - 5,10-dioxo-4,5,9,10-tetrahydro-⟨pyrido -[2,3,4,5-1,m,n]-phenanthridin⟩* (F: >400°) gewinnen[1]:

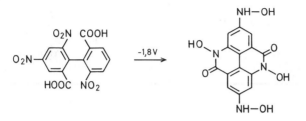

Mit über 90% Ausbeute lassen sich aus (2-Nitro-phenyl)-essigsäure, -glykolsäure bzw. -glyoxylsäure in 1 n Schwefelsäure/Äthanol (1:1) an Quecksilber bei $-0,4$ V cyclische Hydroxamsäuren herstellen (bei negativerem Potential werden daneben bis zu 20% d. Th. Lactame gebildet)[2]:

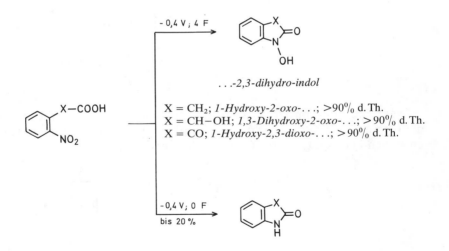

...-2,3-dihydro-indol

X = CH₂; *1-Hydroxy-2-oxo-*...; >90% d. Th.
X = CH−OH; *1,3-Dihydroxy-2-oxo-*...; >90% d. Th.
X = CO; *1-Hydroxy-2,3-dioxo-*...; >90% d. Th.

Analog reagieren (2-Nitro-phenoxy)-, (2-Nitro-phenylthio)-essigsäuren bzw. 3-Oxo-3-(2-nitro-phenyl)-propansäuren[2]:

[1] E. Y. Khmelnitskaya, E. A. Zalogina, G. I. Migachev u. A. M. Andrievskii, Ž. obšč. Chim. **47**, 2603 (1977); engl.: 2376.
[2] A. Tallec, G. Mennereau u. G. Robie, C. r. [C] **273**, 1378 (1971).

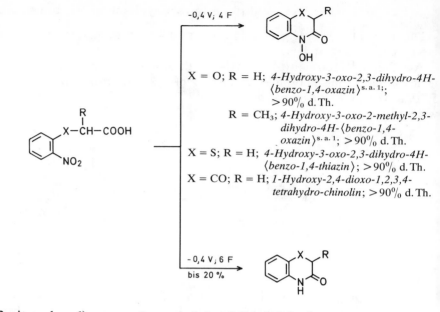

X = O; R = H; *4-Hydroxy-3-oxo-2,3-dihydro-4H-⟨benzo-1,4-oxazin⟩*[s. a. 1];
>90% d. Th.

R = CH₃; *4-Hydroxy-3-oxo-2-methyl-2,3-dihydro-4H-⟨benzo-1,4-oxazin⟩*[s. a. 1]; >90% d. Th.

X = S; R = H; *4-Hydroxy-3-oxo-2,3-dihydro-4H-⟨benzo-1,4-thiazin⟩*; >90% d. Th.

X = CO; R = H; *1-Hydroxy-2,4-dioxo-1,2,3,4-tetrahydro-chinolin*; >90% d. Th.

2-Oxo-3-(2-nitro-phenyl)-propansäure wird ebenfalls cyclisiert[2]:

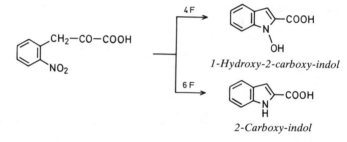

1-Hydroxy-2-carboxy-indol

2-Carboxy-indol

Die Elektrolyse von 3-Nitro-2-phenyl-acrylnitrilen führt in wäßrigem Acetonitril über die Oxime quantitativ zu 5-Amino-4-phenyl-1,2-oxazolen. In saurem Acetonitril entstehen infolge Hydrolyse Carbonyl-Verbindungen[3]:

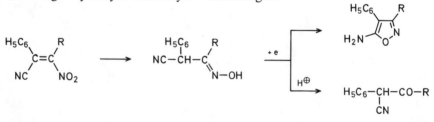

2-Nitro-benzophenon wird an Blei (geteilte Zelle, Äthanol/Wasser/Natriumacetat) zu *3-Phenyl-⟨benzo-[c]-1,2-oxazol⟩* (86% d. Th.) cyclisiert[4]:

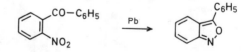

[1] vgl. a. H. LUND u. L. G. FEOKTISTOV, Acta chem. scand. **23**, 3482 (1969).
[2] A. DARCHEN u. D. PELTIER, Bl. **1974**, 673.
[3] C. BELLEC, R. COLAN, S. DESWATE, J.-C. DORÉ u. C. VIEL, C. r. [C] **281**, 885 (1975).
[4] C. BAEZNER u. H. GARDIOL, B. **39**, 2512 (1906).

Auf ähnliche Weise erhält man aus 2-Nitro-benzaldehyd in wäßrig-alkoholischer Acetatpuffer-Lösung *Benzo-[c]-1,2-oxazol* (51% d.Th.)[1]:

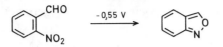

Die entsprechenden Nitro-carbonsäuren werden zu den 3-Hydroxy-⟨benzo-[c]-
1,2-oxazolen⟩ cyclisiert; z.B.[2,3]:

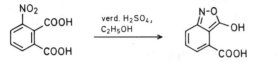

3-Hydroxy-4-carboxy-⟨benzo-[c]-1,2-
oxazol⟩; 100% d.Th.

In neutraler gepufferter Lösung erhält man aus 1-Nitro-2-cyan-naphthalin *3-Ami-*
no-⟨naphtho-[1,2-c]-1,2-oxazol⟩[4,5]:

Bei −0,15 bis −0,4 V entsteht *3-Hydroxy-⟨naphtho-[1,2-c]-oxazol⟩* bzw. *1-Hydr-*
oxy-⟨naphtho-[2,1-c]-1,2-oxazol⟩ aus 1-Nitro-2-aminocarbonyl- bzw. 2-Nitro-1-amino-
carbonyl-naphthalin[5]:

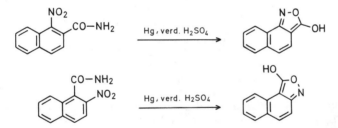

Analog reagieren 3-Nitro-2-aminocarbonyl- und 8-Nitro-1-aminocarbonyl (bzw.
carboxy)-naphthalin[5] zum *1-Hydroxy-⟨naphtho-[2,3-c]-1,2-oxazol⟩* bzw. *8-Amino-*
naphthalin-1-carbonsäure-lactam:

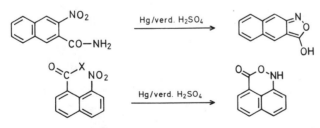

[1] H. Lund u. N.H. Nilsson, Acta chem. scand. [B] 30, 5 (1976).
[2] K. Gleu u. K. Pfannstiel, J. pr. 146, 129 (1936).
[3] M. le Guyader u. D. Peltier, C.r. 253, 2544 (1961).
[4] M. Jubault, C.r. [C] 270, 1671 (1970).
[5] M. Jubault u. D. Peltier, Bl. 1972, 1561.

2-Nitro-1-thiocyanato-benzol liefert bei der Elektrolyse an Quecksilber-Kathoden (in 0,5 nHCl) bis 88% d. Th. *2-Amino-1,3-benzothiazol-3-oxid*[1]. An Blei-Kathoden wird als Hauptprodukt *2-Amino-1,3-benzthiazol* neben 2-Amino-thiophenol[1,2], an Kupfer-Kathoden ausschließlich *3-Amino-4-thiocyanato-phenol* gebildet.

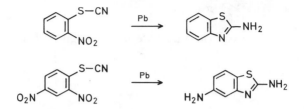

2-Nitro-1-isothiocyanato-benzol wird reduktiv zu *2-Mercapto-benzimidazol-3-oxid* cyclisiert[3]:

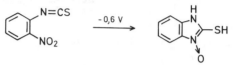

N-Formyl-2-nitro-anilin wird in acetatgepuffertem wäßrigem Äthanol zu *Benzimidazol-3-oxid* reduziert[3]:

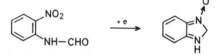

Auf ähnliche Weise wird 4-Chlor-2-piperidino-1-nitro-benzol zum Benzimidazol-Derivat cyclisiert[4]:

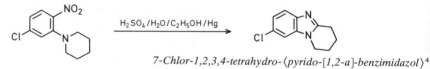

7-Chlor-1,2,3,4-tetrahydro-⟨pyrido-[1,2-a]-benzimidazol⟩[4]

Aus 1-Acetylamino-8-nitro-naphthalin entsteht so auf ähnliche Weise[5] *2-Methyl-1H-⟨benzo-[d,e]-chinazolin⟩* bzw. sein *3-Oxid:*

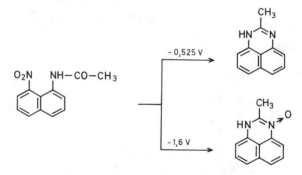

[1] J. HLAVATY, J. VOLKE u. O. MANOUSEK, Collect. czech. chem. Commun. **40**, 3751 (1975).
[2] F. FICHTER u. T. BECK, B. **44**, 3636 (1911).
[3] H. LUND u. L. G. FEOKTISTOW, Acta chem. scand. **23**, 3482 (1969).
[4] A. DARCHEN u. D. PELTIER, Bl. **1974**, 673.
[5] M. JUBAULT u. D. PELTIER, Bl. **1972**, 1561.

Analog reagiert 3-Acetamino-2-nitro-naphthalin[1]:

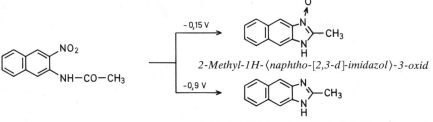

2-Methyl-1H-⟨naphtho-[2,3-d]-imidazol⟩-3-oxid

2-Methyl-1H-⟨naphtho-[2,3-d]-imidazol⟩

2-Nitro-azobenzole werden primär zu den analogen Hydrazobenzolen reduziert. In Ammoniakpuffer-Lösung bildet sich an Quecksilber bei −0,5 bis −0,65 V quantitativ das *2-Aryl-2H-benzotriazol-1-oxid*. Bei −1,0 bis −1,4 V entsteht ebenfalls quantitativ das *2-Aryl-2H-benzotriazol*[2]:

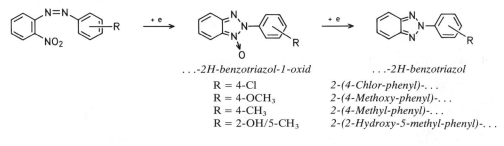

...-2H-benzotriazol-1-oxid	...-2H-benzotriazol
R = 4-Cl	2-(4-Chlor-phenyl)-...
R = 4-OCH₃	2-(4-Methoxy-phenyl)-...
R = 4-CH₃	2-(4-Methyl-phenyl)-...
R = 2-OH/5-CH₃	2-(2-Hydroxy-5-methyl-phenyl)-...

2-Nitro-styrole können reduktiv via Hydroxylamin zu Chinolin-1-oxiden cyclisiert werden[3]:

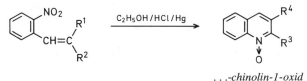

...-chinolin-1-oxid

R¹ = R² = CO−CH₃ (−0,35 V); R³ = CH₃; R⁴ = CO−CH₃; *2-Methyl-3-acetyl-*...; 77% d.Th.
R¹ = CN; R² = COOC₂H₅ (−0,2 V); R³ = NH₂; R⁴ = COOH; *2-Amino-3-carboxy-*...; 77% d.Th.

Aus 2-Nitro-2′-formyl-biphenyl wird bei −1,05 V 41% d.Th. *Phenanthridin*, bei −0,7 V überwiegend das entsprechende *5-Oxid* erhalten[4]:

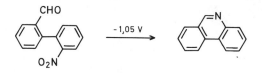

Sind auch die anderen ortho-Positionen analog substituiert, so tritt doppelter Ringschluß ein; z.B.[4]:

[1] M. Jubault u. D. Peltier, Bl. **1972**, 1561.
[2] R. Hazard, A. Tallec et al., C.r. [C] **273**, 1114 (1971); Electrochim. Acta **22**, 857 (1977).
[3] H. Lund u. L.J. Feoktistov, Acta chem. scand. **23**, 3482 (1969).
[4] Y. Mugnier u. E. Laviron, J. Heterocycl. Chem. **14**, 351 (1977); Bl. **1978**, II−39; dort weitere Beispiele.

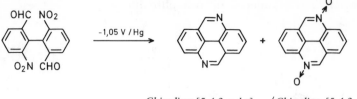

Chinolino-[5,4,3-c,d,e]-chinolin; 26% d. Th.   ⟨*Chinolino-[5,4,3-c,d,e]-chinolin*⟩-*4,9-bis-oxid* (13% d. Th. bei −0,75 V)

10-Hydroxy-phenanthridin ist das Hauptprodukt der Reduktion von 2-Nitro-2'-carboxy(bzw. äthoxycarbonyl)-biphenyl in wäßrig äthanolischer Lösung an Quecksilber[1]:

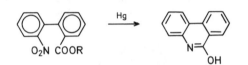

Analog wird 6,6'-Dinitro-2'-formyl-2-carboxy-formyl-biphenyl cyclisiert:

4-Hydroxy-5-oxo-4,5-dihydro-⟨*chinolino-[5,4,3-c,d,e]-chinolin*⟩-*9-oxid*; 76% d. Th.

1,8-Dinitro-naphthalin liefert nach der Elektrolyse bei −0,7 V an Quecksilber letztlich ⟨*Benzo-[c,d]-indazol*⟩-*N-oxid* (32% d. Th.)[2]:

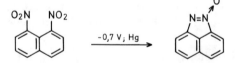

In alkoholischer Acetatpuffer-Lösung können 2-Nitro-1-(2-nitro-phenyl)-äthanole bei −0,5 V zur Hydroxylamin-Verbindung I und bei −1,2 V zum Bis-hydroxylamin reduziert werden. Der Ringschluß zum *Cinnolin* wird durch Luftsauerstoff verursacht[3]:

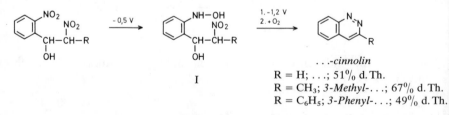

...-*cinnolin*
R = H; ...; 51% d. Th.
R = CH₃; *3-Methyl-*...; 67% d. Th.
R = C₆H₅; *3-Phenyl-*...; 49% d. Th.

[1] H. HLAVATY, J. VOLKE, O. MANOUSEK u. V. BAKES, Electrochim. Acta **24**, 541 (1979).
[2] D. BERNARD, Y. MUGNIER, G. TAINTURIER u. E. LAVIRON, Bl. **1975**, 2364.
[3] H. LUND u. N.H. NILSSON, Acta chem. scand. [B] **30**, 5 (1976).

Durch Spaltung der Seitenkette kann 2-Hydroxylamino-benzaldehyd entstehen, der anschließend zum *Benzo-[d]-1,2-oxazol* cyclisiert (s. S. 691).

Die kathodische Cyclisierung von 2,2'-Dinitro-biphenyl zu *Benzo-[c]-cinnolin* verläuft an Blei-Kathoden in Natronlauge nahezu quantitativ[1]; ebenso leicht bilden sich 3,8-disubstituierte Benzo-[c]-cinnoline[2]:

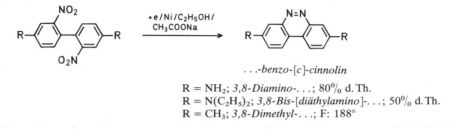

... -benzo-[c]-cinnolin

R = NH$_2$; *3,8-Diamino-*...; 80% d. Th.
R = N(C$_2$H$_5$)$_2$; *3,8-Bis-[diäthylamino]-*...; 50% d. Th.
R = CH$_3$; *3,8-Dimethyl-*...; F: 188°

2,2',6,6'-Tetranitro-biphenyl wird zunächst zum *2,2',6,6'-Tetrakis-[hydroxylamino]-biphenyl* reduziert. Mit Luftsauerstoff wird dann ein Gemisch der Mono- bis Tris-oxide der Cinnolino-[5,4,3-c,d,e]-cinnoline erhalten, die elektrolytisch an Quecksilber (KNO$_3$-Puffer: p$_H$ 5,33) zum *Cinnolino-[5,4,3-c,d,e]-cinnolin* (72% d. Th.) reduziert werden[3]:

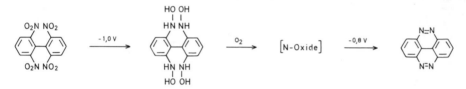

4,5-Dinitro-phenanthren gibt in einem Gemisch von Äthanol, DMF und Wasser (Leitsalz: Kaliumnitrat) an Quecksilber nur wenig *Naphtho-[1,8,7-c,d,e]-cinnolin* (16% d. Th.) und dessen *N-Oxid* (12% d. Th.)[4].

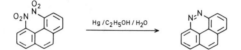

Die Elektrolyse von 2,2'-Dinitro-diphenylsulfid an Quecksilber führt in saurem Milieu zum Diamin, sonst zum *Dibenzo-1,4,5-thiadiazepin*, das zum *9,10-Dihydro-Derivat* (Klemmenspannung 40–65 V) weiter reduziert werden kann[5]:

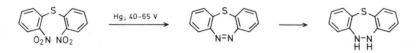

N-Alkyl-2-nitro-aniline mit α-ständigem Wasserstoff lassen sich in saurem Milieu mit guten Ausbeuten zu Benzimidazolen cyclisieren[6]:

[1] T. WOHLFAHRT, J. pr. **65**, 295 (1902).
  vgl. a. G. HLAVATY, J. VOLKE u. O. MANOUSEK, Electrochim. Acta **24**, 157 (1979).
[2] F. ULLMANN u. P. DIETERLE, B. **37**, 28 (1904).
[3] D. BERNARD, G. TAINTURIER u. E. LAVIRON, Bl. **1973**, 1645.
[4] Y. MUGNIER u. E. LAVIRON, Bl. **1978**, II–39; dort weitere Beispiele.
[5] J. HLAVATY, J. VOLKE u. O. MANOUSEK, Electrochim. Acta **23**, 589 (1978).
[6] A. DARCHEN u. D. PELTIER, Bl. **1974**, 673.

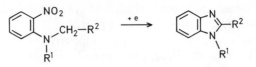

... -benzimidazol

R¹ = R² = CH₃; *1,2-Dimethyl-...*
R¹ = R² = C₃H₇; *1,2-Dipropyl-...*
R¹ – R² = –(CH₂)₄–; *1,2,3,4-Tetrahydro-⟨pyrido-[1,2-a]-benzimidazol⟩*

N-(2-Nitro-phenyl)-glycin wird kathodisch zu *2-Oxo-1,2,3,4-tetrahydro-chinoxalin* reduziert[1]:

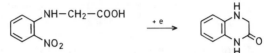

In Gegenwart von 1,5-Dibrom-pentan wird Nitro-benzol unter Cyclisierung in guter Ausbeute zum *2-Phenyl-1,2-oxazepan* umgesetzt[2]:

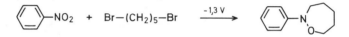

2. der Nitroso- bzw. Dichloramino-Gruppe

Die Reduktion von Nitroso-Verbindungen führt in der Regel zu Aminen; andere Produkte, insbesondere dimerer Natur, treten seltener auf als bei Nitro-Verbindungen.

1,2-Dinitroso-benzol (analog verhält sich 1,2-Benzochinon-bis-oxim, S. 614) wird in 1 n äthanolischer Schwefelsäure bei 0 V (vs. SCE) überwiegend zu *1,2-Diamino-benzol* (51% d. Th.) reduziert, daneben fällt hauptsächlich *2,3-Diamino-phenazin* (39% d. Th.) (s. S. 700)[3] an.

In saurer Lösung wird Methyl-phenyl-nitrosamin an Blei zu *N-Methyl-N-phenyl-hydrazin* reduziert (80% d. Th.)[4]. Analog verhalten sich Dialkyl-nitrosamine (~ –0,9 V, bis 82% d. Th.) in alkoholischer Salzsäure[5]. Zur Herstellung von *N,N-Dimethyl-hydrazin* aus dem N-Nitroso-Derivat s. ds. Handb., Bd. X/2, S. 42 (zu N,N-Dialkyl-hydrazinen s. Lit.[6]).

Die Reduktion der relativ leicht herstellbaren N-Nitroso-Verbindungen cyclischer Amine führt ebenfalls zu Hydrazinen, wobei teilweise N–N-Spaltung zum cyclischen Amin eintritt[7]; z. B.:

[1] A. TALLEC, G. MENNEREAU u. G. ROBIE, C. r. [C] **273**, 1378 (1971).
[2] J. H. WAGENKNECHT, J. Org. Chem. **42**, 1836 (1977).
[3] A. DARCHEN u. D. PELTIER, Bl. **1973**, 1608.
[4] J. E. WELLS, D. E. BABCOCK u. W. G. FRANCE, Am. Soc. **58**, 2630 (1936).
  s. a. H. J. BACKER, R. **32**, 44 (1913).
  vgl. a. ds. Handb., Bd. X/2, S. 230.
[5] P. E. IVERSEN, Acta chem. scand. **25**, 2337 (1971).
[6] s. ds. Handb., Bd. X/2, S. 42.
  DOS 1078134, 1085535 (1958), Chemische Fabrik Kalk, Erf.: N. J. SCHMIDT u. H. NEU; C. A. **55**, 14309 (1961).
[7] F. B. AHRENS, Z. Elektrochemie **2**, 577 (1896).

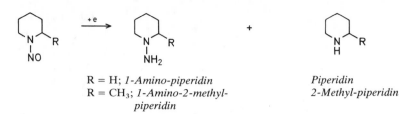

R = H; *1-Amino-piperidin*
R = CH₃; *1-Amino-2-methyl-*
piperidin

Piperidin
2-Methyl-piperidin

1,4-Dinitroso-piperazin läßt sich in Essigsäure (25 A/60°) zu *1,4-Diamino-piperazin* bis 95% d.Th.) reduzieren[1].

N,N-Dichlor-amine werden über die Nitrene zu A m i n e n, in Gegenwart von 1,4-Dioxan zu 2-A m i n o - 1 , 4 - d i o x a n e n umgesetzt[2]:

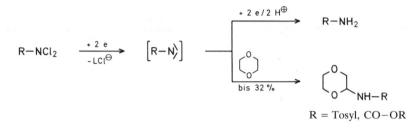

R = Tosyl, CO−OR

Die kathodische Reduktion von N,N-Dichlor-tosylamid führt zum entsprechenden Nitren, in Gegenwart von 1,4-Dioxan entsteht neben *Tosylamid* (Graphit-Kathode, max. 90% d.Th.) bis zu 32% d.Th. (Platin) *2-Tosylamino-1,4-dioxan* (in Acetonitril/Lithium-perchlorat)[3].

Zur Elektrolyse von Nitroso-benzol zu *Azoxybenzol* s. Lit.[4,5].

N-Nitroso-N-cyclohexyl-hydroxylamin liefert in verdünnter Schwefelsäure/Methanol an Cadmium 55% d.Th. *Cyclohexyl-hydrazin*[6].

Durch Reduktion der 5-Nitroso-4-amino-pyrimidindione I an Platin oder Graphit werden in verdünnter Schwefelsäure die entsprechenden Diamine erhalten[7]:

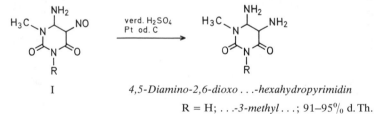

I

4,5-Diamino-2,6-dioxo...-hexahydropyrimidin

R = H; ...-*3-methyl*...; 91–95% d.Th.
R = CH₃; ...-*1,3-dimethyl-*...; 96–99% d.Th.

Die Reduktion von Nitroso-Verbindungen in Gegenwart von Acetanhydrid (12% der Elektrolyse-Lösung) führt analog den Nitro-Verbindungen (s. S. 682) zu N,O-Diacetyl-hydroxylaminen[8]:

[1] P.E. IVERSEN, B. **105**, 358 (1972).
[2] T. FUCHIGAMI et al., Chem. Commun. **1976**, 954; Chem. Letters **1977**, 1087.
[3] T. FUCHIGAMI, T. NONAKA u. K. IWATA, Chem. Commun. **1976**, 951.
[4] F. BECK, Ang. Ch. **84**, 798 (1972).
[5] T.T. TSAI, W.E. McEVEN u. J. KLEINBERG, J. Org. Chem. **25**, 1186 (1960).
[6] DOS 1 961 364 (1971), BASF, Erf.: F. BECK et al., C.A. **75**, 63 246 (1971).
[7] A.N. DOLGACHEV, M.Y. FIOSHIN et al., Elektrokhimiya **15**, 927 (1979); C.A. **91**, 91 593 (1979).
[8] L. CHRISTENSEN u. P.E. IVERSEN, Acta chem. scand. [B] **33**, 352 (1979).

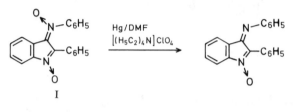

$$R{-}NO \quad + \quad (H_3C{-}CO)_2O \xrightarrow[\text{(vs. Ag/Ag}^\oplus)]{Hg\,/\,CH_3CN\,)\,NaClO_4} \begin{array}{c} CO{-}CH_3 \\ | \\ R{-}N{-}O{-}CO{-}CH_3 \end{array}$$

...-O,N-diacetyl-hydroxylamin

R = C(CH₃)₃ (-0,8 V); *N-tert.-Butyl-* ...; 58% d. Th.

R = C₆F₅ (0 V); *N-(Pentafluor-phenyl)-* ...; 63% d. Th.

3. der N-Oxide

Pyridin-, Chinolin- und N,N-Dimethyl-anilin-N-oxid werden elektrolytisch an Queck-silber in Methanol/Tetramethylammoniumchlorid zu *Pyridin* (81% d. Th.), *Chinolin* (78% d. Th.) bzw. *N,N-Dimethyl-anilin* (78% d. Th.) (galvanostat. bei 5 A/65°C) redu-ziert[1]. Analog verhalten sich 2- und 4-Methyl-pyridin-N-oxide (*2-Methyl-pyridin* 96%, *4-Methyl-pyridin* 80% d. Th.)[1].

Ebenfalls mit guten Ausbeuten wird *3-Phenylimino-2-phenyl-3H-indol-1-oxid* unter Reduktion einer N-Oxid-Funktion aus dem Bis-oxid I erhalten[2]:

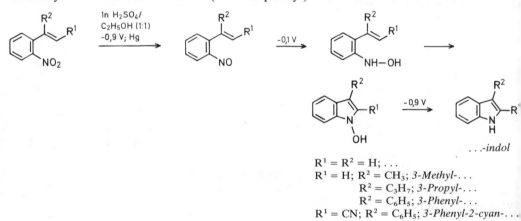

4. der Hydroxylamine, Oxime bzw. N-Chlor-amine

Die Reduktion von N-Hydroxy-piperidin zu *Piperidin* (82% d. Th.) in 0,2 m wäßr. Oxalsäure ist als indi-rekte elektrolytische Reduktion anzusehen, weil das gleichzeitig anwesende Titan(IV)-chlorid bei −0,5 V zu Titan(III) reduziert wird, das dann seinerseits das Hydroxylamin reduziert[3].

Die Reduktion von N-Hydroxy-indolen zu Indolen ist der letzte Reaktionsschritt der elektrolytischen Reduktion von 1-(2-Nitro-phenyl)-alkenen[4]:

R¹ = R² = H; ...

R¹ = H; R² = CH₃; *3-Methyl-*...

R² = C₃H₇; *3-Propyl-*...

R² = C₆H₅; *3-Phenyl-*...

R¹ = CN; R² = C₆H₅; *3-Phenyl-2-cyan-*...

Hydroxylamine werden i. a. an der N–O-Bindung gespalten; so entsteht aus N-Methoxy-N-methyl-benzamid *N-Methyl-benzamid* (33% d. Th. bei geringem Gesamtumsatz)[5].

---

[1] L. Horner u. H. Röder, B. **101**, 4179 (1968).

[2] R. Andruzzi, I. Corelli, A. Trazza, P. Bruni u. M. Colonna, Tetrahedron **30**, 3741 (1974).

[3] G. Feroci u. H. Lund, Acta chem. scand. [B] **30**, 651 (1976).

[4] R. Hazard u. A. Tallec, Bl. **1974**, 121.

[5] L. Horner u. M. Jordan, A. **1978**, 1518.

Analog den Hydroxylaminen werden auch deren Chloride (N-Chlor-amine) zu Aminen reduziert. So liefert die kathodische Reduktion von N-Chlor-acetamiden in z.T. sehr guten Ausbeuten Acetamide[1]:

$$R-CO-NH-Cl \xrightarrow[\begin{array}{c}\text{get. Zelle/Hg}\\ \text{CH}_3\text{CN od. CH}_3\text{OH}\\ +\text{LiClO}_4\end{array}]{} R-CO-NH_2$$

z.B.: R = CHCl₂; *Dichlor-acetamid*
R = CCl₃; *Trichlor-acetamid*; 70% d.Th.
+ *Dichlor-acetamid*; 19% d.Th.

Analog erhält man aus

N-Chlor-carbamidsäure-äthylester → *Carbamidsäure-äthylester*; 90% d.Th.
N-Chlor-succinimid → *Succinimid*
Pentansäure-N-chlor-tert.-butylamid → *Pentansäure-tert.-butylamid*; 55% d.Th.
+ *4-Chlor-pentansäure-tert.-butylamid*; 37% d.Th.

Obwohl in der Regel Oxime zu Aminen reduziert werden (s.S. 700), gelingt es beim potential kontrollierten Arbeiten, die N−O-Bindung unter Erhalt der C=N-Doppelbindung zu Iminen zu spalten; z.B.:

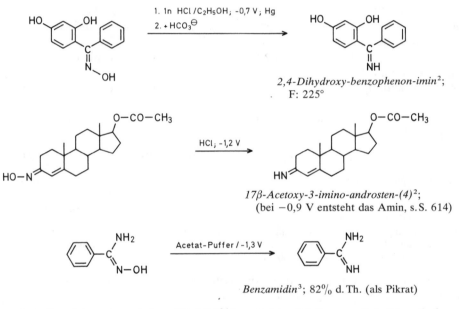

2,4-*Dihydroxy-benzophenon-imin*[2];
F: 225°

17β-*Acetoxy-3-imino-androsten-(4)*[2];
(bei −0,9 V entsteht das Amin, s.S. 614)

Benzamidin[3]; 82% d.Th. (als Pikrat)

Pentan-2,4-dion-bis-oxim wird an Blei/30%iger Schwefelsäure zu *3,5-Dimethyl-pyrazolidin* (40% d.Th.) cyclisiert[4]:

Phenazine können nach der Elektrolyse von 1,2-Benzochinon-bis-oxim bzw. 1,2-Dinitroso-benzol isoliert werden (1n H₂SO₄/Äthanol 1:1; 0 V). In Acetatpuffer/Äthanol wird bei −0,4 V ausschließlich *2,3-Diamino-phenazin* erhalten[5]:

[1] D. Bérubé, J. Caza, F.M. Kimmerle u. J. Lessard, Canad. J. Chem. **53**, 3060 (1975).
[2] H. Lund, Acta chem. scand. **18**, 563 (1964).
[3] H. Lund, Acta chem. scand. **13**, 249 (1959).
[4] J. Tafel u. E. Pfeffermann, B. **36**, 219 (1903).
[5] A. Darchen u. D. Peltier, Bl. **1973**, 1608.

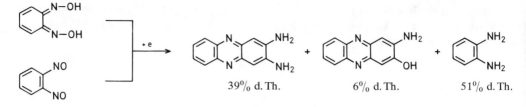

39% d. Th.   6% d. Th.   51% d. Th.

5. in anderen Stickstoff-Verbindungen

Zur Reduktion von Hydrazonen unter N−N-Spaltung zu Aminen s.S. 611.

Bei der Reduktion von 4-Brom- ω-diazo-acetophenon, die stufenweise bis zum 4-Brom-1-phenyl-äthanol läuft, kann die Zwischenstufe *2-(4-Brom-phenyl)-glyoxal-hydrazon* bei der Reduktion in McIlvaine-Pufferlösung an Quecksilber (−0,8 V) isoliert werden[1]:

$$Br\text{---}\langle\ \rangle\text{---}\overset{O}{\underset{||}{C}}\text{---}CHN_2 \xrightarrow{\ Hg; -0,8\ V\ } Br\text{---}\langle\ \rangle\text{---}\overset{O}{\underset{||}{C}}\text{---}CH{=}N\text{---}NH_2$$

Die Reduktion von Benzoldiazoniumchlorid zu *Phenylhydrazin* ist sowohl in verdünnter Salzsäure (an Quecksilber)[2] wie auch in Natronlauge (an Graphit)[3] in technischem Maßstab durchführbar. Die Ausbeuten sind mit 72% an Quecksilber und 90% d.Th. an Graphit günstiger als bei der chemischen Reduktion[2,3]. Da diese Reaktion ausführlich in ds. Handb., Bd. X/2, S. 222f. besprochen wurde, soll an dieser Stelle nicht näher darauf eingegangen werden.

Zur Vermeidung von Folgereaktionen muß bei Temperaturen unter 5° gearbeitet werden.

Eine vorteilhafte Methode zur Herstellung von *Phenylhydrazin* geht von 1,3-Diphenyl-triazen aus[4]:

$$H_5C_6\text{---}N{=}N\text{---}NH\text{---}C_6H_5 \longrightarrow H_5C_6\text{---}NH\text{---}NH_2 + H_5C_6\text{---}NH_2$$

Zur Durchführung der Elektrolyse wird überschüssiges Anilin mit Schwefelsäure halb neutralisiert und dann mit Natriumnitrit in THF/wenig Methanol umgesetzt (Kupplung des Diazonium-Salzes mit überschüssigem Anilin zum Triazen). Nach Zugabe von Natronlauge wird das ausgefallene Natriumsulfat abfiltriert. Das nunmehr vorliegende Gemisch wird bei 7 V (Klemmenspannung) in einer geteilten Durchflußzelle mit hoher Strömungsgeschwindigkeit (um eine Spaltung des erhaltenen Phenylhydrazins zu vermeiden) bei 60° an Graphit-Elektroden (Platten, Netze, Gitter, Schüttung) elektrolysiert. Abschließend wird destilliert und das Anilin wieder in den Prozeß rückgeführt); Ausbeute: 85–92% d.Th.; 80–82% S.A.

Bei der Reduktion von 4-Nitro-1-phenylthioazo-benzol wird *4-Nitro-anilin* (bei −0,6 V) bzw. *1,4-Diamino-benzol* (bei −1,2 V) erhalten[5]:

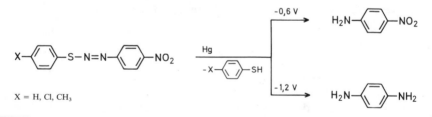

X = H, Cl, CH₃

[1] M. Bailes u. L.L. Leveson, Soc. [B] **1970**, 34.

[2] P. Rüetschi u. G. Trümpler, Helv. **36**, 1649, 1657 (1953).

s.a. M.Y. Fioshin, J.P. Girina u. V.P. Mamaev, Ž. obšč. Chim. **26**, 2311 (1956); engl.: 2585.

[3] B. Jambor, Pharmaz. **13**, 277 (1958).

[4] DOS 2157608 (1973), Hoechst AG., Erf.: H. Alt, H. Clasen u. J. Cramer; C.A. **79**, 48729 (1973).

DOS 2305574 (1974), Hoechst AG., Erf.: J. Cramer u. H. Alt; C.A. **81**, 135690 (1974).

H. Alt u. J. Cramer, Chem. Ing. Techn. **52**, 58 (1980).

[5] N.B. Sukla, H.M. Fahing u. M.A. Aboutabl, J. Electroanal. Chem. **90**, 261 (1978).

Cyclische α-Amino-ketone erleiden bei der Elektroreduktion eine Strukturveränderung: 1-Methyl-2-äthyl-3-oxo-piperidin wandelt sich in 30%iger Schwefelsäure hauptsächlich in *1-Methyl-2-propyl-pyrrolidin* um (an Cd bei 60°, 41% d. Th.). Daneben entstehen an anderen Kathoden zusätzlich *Methyl-heptyl-amin* bzw. an Kupfer *1-Methyl-2-propyl-4,5-dihydro-pyrrol*[1]:

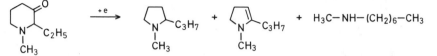

Nach dieser Methode werden einige bicyclische Amino-ketone in höhergliedrige Monocyclen umgewandelt; z.B. 1-Oxo-chinolizidin zum *5-Hydroxy-azacyclodecan* (59% d. Th.) bzw. 1-Oxo-octahydropyrrocolin zum *4-Hydroxy-azacyclononan* (48% d. Th.)[2]:

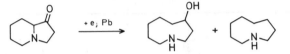

Azobenzol kann mit guter Ausbeute im Kohlendioxid-Strom reduktiv unter CO_2-Addition zum *1,2-Diphenyl-1,2-dicarboxy-hydrazin* reduziert werden (geteilte Zelle)[3]:

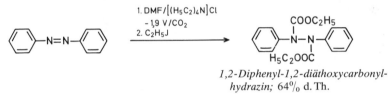

1,2-Diphenyl-1,2-diäthoxycarbonyl-hydrazin; 64% d. Th.

Die Elektrolyse in Gegenwart von Methyljodid liefert bei ~ 100% Gesamtausbeute Gemische von *1-Methyl-* und *1,2-Dimethyl-1,2-diphenyl-hydrazin* (DMF/LiCl, Hg). Beim 8fachen Überschuß erhält man 85% Monoaddukt, beim 16fachen Überschuß 80% Diaddukt[4].

Azobenzol liefert in Gegenwart von Bernsteinsäure-dichlorid in guter Ausbeute *3,6-Dioxo-1,2-diphenyl-hexahydro-pyrazin* (49% d. Th.)[5]:

$$H_5C_6-N=N-C_6H_5 \quad + \quad Cl-OC-CH_2-CH_2-CO-Cl \quad \xrightarrow{\substack{Hg, -1,2 \text{ V/DMF} \\ [(H_9C_4)_4N]\,J}}$$

Analog reagieren Cinnolin und Benzo-[c]-cinnolin[5].

Zur reduktiven N–N-Spaltung in offenkettigen und cyclischen Hydrazin-Abkömmlingen s. Lit.[6].

c) am Phosphor- bzw. Arsen-Atom

Da bei der Reduktion von Phosphinoxiden stets die C–P-Bindung gespalten wird, sind diese Reaktionen auf S. 637 abgehandelt.

2-Amino-benzolarsonsäure wird an Quecksilber unter Argon in verd. Salzsäure zum *(2-Amino-phenyl)-arsin* reduziert[7].

[1] N.J. Leonard, S. Swann u. H.L. Dryden, Am. Soc. **74**, 2871 (1952).
[2] N.J. Leonard, S. Swann u. J. Figueras, Am. Soc. **74**, 4620 (1952).
[3] R.C. Hallcher u. M.M. Baizer, A. **1977**, 737.
[4] T. Troll u. M.M. Baizer, Electrochim. Acta **20**, 33 (1975).
[5] A. Tzschach u. H. Biering, J. Organometal. Chem. **133**, 293 (1977).
[6] L. Horner u. M. Jordan, A. **1978**, 1505.
[7] C. Degrand u. D. Jacquin, Tetrahedron Letters **1978**, 4955.

d) am Metall-Atom[1]

Dichlor-diphenyl-silan und -german werden in 1,2-Dimethoxy-äthan an Quecksilber (get. Zelle) zu *Diphenyl-silan* bzw. *-german* reduziert[2]:

$$(C_6H_5)_2MCl_2 \xrightarrow{+e} (C_6H_5)_2MH_2$$

M = Si [−1,9 V vs. Ag/Ag$^\oplus$ (10^{-3}m)]
M = Ge (−2,6 V)

und aus Diorgano-zinn-dihalogeniden werden die entsprechenden Dizinn-Verbindungen erhalten:

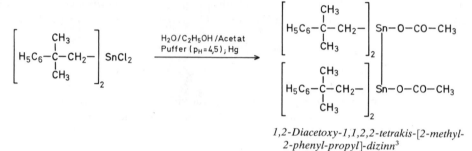

1,2-Diacetoxy-1,1,2,2-tetrakis-[2-methyl-2-phenyl-propyl]-dizinn[3]

Trimethyl- und Triphenyl-chlor-stannan dimerisieren in 1,2-Dimethoxy-äthan/Tetrabutylammoniumperchlorat (Platinkathode) zu *Hexamethyl-* bzw. *Hexaphenyl-dizinn*[4,5].

$$(H_5C_6)_3SnCl \xrightarrow{H_3C-CN/Hg} (H_5C_6)_3Sn-Sn(C_6H_5)_3$$

Hexaphenyl-dizinn[5]

Die kathodische Reduktion von Organo-metall-π-komplexen Verbindungen unter präparativen Aspekten wurde bisher wenig bearbeitet. Dagegen finden sich Untersuchungen mittels Polarographie, linearer und cyclischer Voltammetrie häufiger in der Literatur. Letztere Methoden liefern Aussagen über die sich ändernde Wertigkeit des Metall-Atoms, insbesondere des Zentralatoms in Komplexen. Zuweilen bleibt die Wertigkeit des Metalls erhalten und es bildet sich ein Anionradikal[6]. Vor allem Nickel-[6,7] und Eisen-Komplexe[8,9] wurden ESR-spektrometrisch untersucht[6,10]. Dies ist oft neben der coulometrischen Analyse das einzige Motiv für eine präparative Reduktion[10,11]; Zellen für Elektrolysen mit kombinierten ESR- und Coulometrie-Untersuchungen[12] oder für Vakuumelektrolysen sind ausführlich beschrieben[12].
Zur Elektrochemilumineszenz von Chlorophyll durch kathodische Reduktion bei Anwesenheit von Sauerstoff s. Lit.[13].

[1] Übersicht bei R.E. DESSY u. L.A. BARES, Acc. Chem. Res. **5**, 415 (1972).
   D. DE MONTANZON, R. POILBLANC, P. LEMOINE u. M. GROSS, Electrochim. Acta **23**, 1247 (1978).
[2] R.E. DESSY, W. KITCHING u. T. CHIVERS, Am. soc. **88**, 453 (1966).
[3] M. DEVAND u. D. GULA, Electrochim. Acta **23**, 565 (1978).
[4] E. HENGGE u. G. LITSCHER, M. **109**, 1217 (1978).
[5] G.-A. MAZZOCCHIN, R. SEEBER u. G. BONTEMPELLI, J. Organometal. Chem. **121**, 55 (1976).
[6] F.V. LOVECCHIO, E.S. GORE u. D.H. BUSCH, Am. Soc. **96**, 3109 (1974).
[7] D.C. OLSON u. J. VASILEVSKIS, Inorg. Chem. **8**, 1611 (1969).
[8] M.C. RAKOWSKI u. D.H. BUSCH, Am. Soc. **97**, 2570 (1975).
[9] R. CHANT, A.R. HENDRICKSON, R.L. MARTIN u. N.M. RHODE, Inorg. Chem. **14**, 1894 (1975).
[10] A. MISONO, Y. UCHIDA, M. HIDAI, T. YAMAGISHI u. H. KAGEYAMA, Bl. Chem. Soc. Japan **46**, 2769 (1973).
[11] R.E. DESSY u. R.L. POHL, Am. Soc. **90**, 1995 ff. (1968).
[12] W.E. GEIGER, T.E. MINES u. F.C. SENFTLEBER, Inorg. Chem. **14**, 2141 (1975).
[13] T. SAJI u. A.J. BARD, Am. Soc. **99**, 2235 (1977); Zellskizze!

Kobalt(III)-Komplexe mit makrocyclischen Tetraminen können kathodisch in Acetonitril/Tetraäthylammoniumperchlorat bis zu den Kobalt(I)-Komplexen reduziert werden (weitere Reduktion führt zur Freisetzung der Liganden)[1]. Analog verhalten sich entsprechende Kupfer(II)-Komplexe[2,3].

In Aceton/Tetrabutylammoniumperchlorat wird Bis-[dithiocarbamato]-ruthenium(III) an Platin ($-0,5$ V) zum *Bis-[dithiocarbamato]-ruthenium(II)* reduziert[4]. Tris-[2,2'-bi-pyridyl]-ruthenium(II) kann bei $-1,42$ Volt selektiv zum entsprechenden Ruthenium(I)-, bei $-1,65$ zum Ruthenium(0)-Komplex reduziert werden[5].

Auf ähnliche Weise erhält man aus Tris-[diäthyl-dithiocarbamato]-nickel(IV) bei $-0,4$ V in Acetonitril/Tetraäthylammoniumperchlorat das *Bis-[diäthyl-dithiocarbamato]-nickel(II)*[6].

Bis-[triphenylphosphin]-carbonyl-organo-rhodium(0) bzw. -iridium(0) sind aus den entsprechenden Dichloro-Komplexen bzw. Carbonyl-tris-[triphenylphosphin]-rhodium(0) bzw.-iridium(0) aus den Chloro-Komplexen zugänglich[7]:

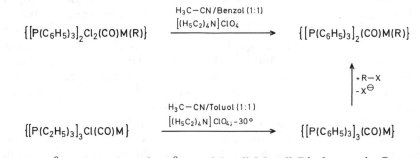

Zur Spaltung[8] und Neuknüpfung[9] von Metall-Metall-Bindungen in Organo-π-Komplexen s. Lit.

Durch Umsetzung von Quecksilber(II)-chlorid und Cyanmethyl-lithium entsteht überwiegend Cyanmethyl-quecksilberchlorid; dessen Elektrolyse in wäßr. DMF (80%iges DMF/H$_2$O, 1 m Natriumacetat) an Quecksilber liefert *Bis-[cyan-methyl]-quecksilber* (92% d. Th.)[10].

Die Elektroreduktion eines Rhodium-Äthylendiamin-Komplexes an Quecksilber führt zu einem gemischten Komplex[11]:

$$[Rh(en)_2Cl_2]^{\oplus} \xrightarrow[\text{NaOH / H}_2\text{O / H}_3\text{C}-\text{SO}_2-\text{ONa}]{\text{Hg; } -1,2 \text{ V}} [Rh(en)_2]\,Hg^{4\oplus}$$

Nickel-acetylacetonat wird in Gegenwart von 1,5-Cyclooctadien oder Cyclooctatetraen am Aluminium zu *Bis-[cyclooctadien-(1,5)]-(SA 70%)* bzw. *Cyclooctatetraen-nickel(0)* (SA 93%)[12] reduziert.

Die Elektrolyse von Titan(IV)-chlorid in Pyridin oder THF bei Anwesenheit von Cyclooctatetraen führt zu Komplexen von Titan(I), mit Cyclooctatetraen und dem jeweiligen Solvens (77% bzw. 68% d. Th., Al-Kathode)[13]. Eine Übersicht gibt Lit.[14].

[1] T. Saji u. A. J. Bard, Am. Soc. **99**, 2235 (1977); Zellskizze!

[2] J. M. Palmer, E. Papaconstantinou u. J. F. Endicott, Inorg. Chem. **8**, 1516 (1969).
R. R. Gagné, Am. Soc. **98**, 6709 (1976); **101**, 4571 (1979).

[4] A. R. Hendrickson, J. M. Hope u. R. L. Martin, Soc. [Dalton] **1976**, 2032.

[5] H. D. Abruna, A. Y. Teng, G. J. Samuels u. T. J. Meyer, Am. Soc. **101**, 6745 (1979).

[6] D. Lachenal, Inorg. Nucl. Chem. Lett. **11**, 101 (1975).

[7] S. Zecchin, G. Schiavon, G. Pilloni u. M. Martelli, J. Organomet. Chem. **110**, C 45 (1976).

[8] R. E. Dessy, P. M. Weissman u. R. L. Pohl, Am. Soc. **88**, 5117 (1966).

[9] R. E. Dessy u. P. M. Weissman, Am. Soc. **88**, 5124 (1966).

[10] J. W. Grimm, K. C. Röber, G. Öhme, J. Alm, H. Mennenga u. H. Pracejus, J. pr. **316**, 557 (1974).

[11] J. Gulen u. F. C. Anson, Inorg. Chem. **12**, 2568 (1973).

[12] H. Lehmkuhl et al., J. Organomet. Chem. **23**, C 30 (1970); A **1973**, 692.

[13] H. Lehmkuhl u. K. Mehler, J. Organomet. Chem. **25**, C 44 (1970).

[14] H. Lehmkuhl, E. Janssen, S. Kintopf, W. Leuchte u. K. Mehler, Chem.-Ing.-Techn. **44**, 170 (1972).

E. Biochemische Reduktion
mit Mikroorganismen

bearbeitet von

Priv. Doz. Dr. Peter Hartter

Physiologisch-Chemisches Institut
der Universität Tübingen

Die biochemische Reduktion ist besonders für die Hydrierung von Aldehyden und Ketonen zu Alkoholen geeignet. Es werden aber auch die selektive oder gleichzeitige Hydrierung von Alkenen, die Hydrogenolyse von C-Halogen-Bindungen sowie Reduktionen am Stickstoff-Atom beschrieben. Die Reaktionen können mit Hefen, Bakterien und Pilzen (zur Definition und Morphologie s. Lit.[1]) auch als immobilisierte Mikroorganismen sowie schließlich mit isolierten Enzymen durchgeführt werden. Die Verwendung isolierter Enzyme beschränkt sich allerdings derzeit noch auf einige vereinzelte Beispiele, Hauptanwendungsgebiet ist die Oxidation, so daß im Bd. IV/1a die biochemischen Reaktionen mit isolierten Enzymen zusammenfassend beschrieben werden.

Vorteile der biochemischen Arbeitsweise sind die oftmals hohe Selektivität sowie vor allem die große Stereospezifität. Zudem sind häufig Synthesen möglich, die beim klassischen chemischen Arbeiten mehrere Stufen erfordern. Dem steht gegenüber, daß grundlegende Kenntnisse mikrobiologischer Arbeitstechniken erforderlich sind und ein entsprechend eingerichtetes Laboratorium zur Verfügung stehen muß.

Ausführliche Beschreibungen mikrobiologischer und biochemischer Arbeitsweisen sowie von Laboratoriumsausrüstungen finden sich in diesem Handb., Bd. IV/2, S. 855 ff., Bd. VI/1 d, S. 303, s. a. Lit.[2-13].

Die Anzucht der jeweiligen Zellkultur, verschiedene Kultivierungsmethoden, Abtrennung der Zellmasse[14], Aufarbeitung der Kulturbrühe und Isolierungsmöglichkeiten des Reaktionsproduktes werden eingehend dargestellt.

[1] W. Charney u. H.L. Herzog, *Microbial transformations of steroids*, Academic Press, New York 1967.

[2] H. Kretzschmar, *Technische Mikrobiologie*, Pary-Verlag, Berlin 1968.

[3] H.J. Rehm, *Industrielle Mikrobiologie*, Springer-Verlag, Berlin 1967.

[4] G. Drews, *Mikrobiologisches Praktikum für Naturwissenschaftler*, Springer-Verlag, Berlin 1968.

[5] M.J. Pelczar Jr. u. R.D. Reid, *Microbiology*, 3. Aufl., Mac Graw-Hill, New York 1972.

[6] G.L. Solomons, *Materials and Methods in Fermentation*, Academic Press, London·New York 1969.

[7] S. Aiba, A.E. Humpfrey u. N.F. Millis, *Biochemical Engineering*, Academic Press, New York 1965.

[8] L.E. Casida, *Industrial Microbiology*, John Wiley & Sons, New York·London·Sydney 1968.

[9] J. Malek u. F. Zdenek, übersetzt durch J. Liebster, *Theoretical and methodological basis of continuous culture of microorganisms*, Prague, Publ. House of the Geelios lava Acad. of Sciences, Academic Press, New York·London 1966.

[10] J.R. Norris u. D.W. Ribbons, *Methods in Microbiology*, Bd. 2, Academic Press, London·New York 1970.

[11] E.O. Powell et al., *Proceedings of the third international Symposium: Microbial physiology and continuous culture*, Verlag Her Majesty's Stationary Office, London 1967.

[12] R.O. Thomson u. W.H. Foster in J.R. Norris u. D.W. Ribbons, *Methods in Microbiology*, Vol. 2, S. 377, Academic Press, London·New York 1970.

[13] J.B. Jones, C.J. Sih u. D. Perlman, *Application of Biochemical Systems in Organic Chemistry*, Part I u. II (1976), in A. Weissberger, *Techniques of Chemistry*, Vol. X, J. Wiley & Sons, New York·London·Toronto 1976.

[14] M.J. Pelczar Jr. u. R.D. Reid, *Microbiology*, 3. Aufl., Mac-Graw-Hill, New York 1972.

1. Bezugsquellen für Mikroorganismen[1, 2]

Um die Spezifität und Selektivität einer mikrobiologischen Reaktion zu gewährleisten, ist es unabdingbar notwendig, mit reinen Stämmen zu arbeiten. Sie können selbst gezüchtet werden, indem man aus einer Population eine Zelle abimpft, steril auf einen Nährboden überimpft, die entstehende Population wieder abimpft und auf einem Nährboden wieder fein verteilt. Auf diese Weise bilden sich Zellpopulationen, die durch Vermehrung einer Zelle entstanden sind. Einfacher ist es aber, die Stämme als Reinkulturen von Mikroorganismenbanken zu beziehen. Eine Auswahl der zur Verfügung stehenden Depots ist in Tab. 44 aufgeführt. Man erhält die Kulturen entweder gefriergetrocknet, auf verschiedenen Trägermaterialien oder auf Schrägagar gewachsen[2, 3].

Tab. 44: Verzeichnis von Mikroorganismen-Bezugsquellen

Abkürzung	Adresse
ATCC	American Type Culture Collection, Parklawn Drive, Rockville, Md./USA
C	Ciba Pharmaceutical Products, Inc., Summit, N.J. und Basel, Schweiz
CBS	Centraalbureau voor Schimmelcultures, Baarn, Niederlande. Schimmelpilze und Actinomyceten werden in Baarn, Hefen in Delft gelagert
CCTM	Centre de Collections de Types Microbiens, Lausanne, Schweiz
CMI	Commenwelath Mycological Institut, Kew, Surrey, England
	Culture Collection of Algae an der Indiana Universität, Bloomington, Indiana
EM	E. Merck AG, Darmstadt, BRD
Hoechst	Hoechst AG, Frankfurt, BRD
IAM	Institute of Applied Microbiology, University of Tokyo, Japan
IFO	Institute of Fermentation, 4–54, Juso Nisbinomachi, Higashiyodogawa-ku, Osaka, Japan
NCIB	National Collection of Industrial Bacteria, Chemical Research Laboratory, Teddington, Middlesex, England
NCTC	National Collection of Type Cultures, Central Public Health Laboratory, London N.W. 9, England
NCYC	National Collection of Yeasts Cultures, maintained of the Brewing Ind. Res. Foundation, Natfield, Surrey, England
NRRL	Northern Regional Research Laboratories, Northern Utilization Branch, Agricultural Research Service, US, Department of Agriculture, Peoria, I 11./USA
PCC	Pringsheim Culture Collection of Algae and Protozoae, University of Cambridge, England
QM	Quatermaster Culture Collection, Quatermaster Research and Engineering Command, US Army, Natick, Mass./USA
SAG	Schering AG, Berlin, BRD
WC	Waksman Collection, Institute of Microbiology, Rutgers University, New Brunswick, N.J./USA

2. Anzucht von Zellen[4-6]

Zum Wachstum von Pilzen und Bakterien ist ein minimaler Wassergehalt von 12–20% erforderlich. Neben Nährstoffquellen für C, H, N, O, S, P müssen K, Ca, Mg, Fe und

---

[1] Y. Tsunematsu, T. Nei, Y. Okami, J. Yasuda u. E. Yabuuchi, in H. Izuka u. T. Hasegawa, *Culture Collections of Microorganisms*, University Park Press, Baltimore 1970.

[2] S.P. Lapage et al. in J.R. Norris u. D.W. Ribbons, *Methods in Microbiology*, Vol. 3 A, S. 135, Academic Press, London·New York 1970.

[3] R.J. Heckley, Advan. Appl. Microbiol. **3**, 1 (1961).

[4] G. Drews, *Mikrobiologisches Praktikum für Naturwissenschaftler*, Springer Verlag, Berlin 1968.

[5] R. Dickscheit, *Handbuch der mikrobiologischen Laboratoriumstechnik*, Steinkopff-Verlag, Dresden 1969.

[6] K.I. Johnstone in J.R. Norris u. D.W. Ribbons, *Methods in Microbiology*, Vol. 1, S. 455, Academic Press, London·New York 1969.

Spurenelemente wie Mn, Mb, Zn, Cu, Co, Ni, Na, B, Cl, Si u. a. im Nährmedium enthalten sein[1-7].

Anspruchsvolle Stämme benötigen außerdem Wachstumsfaktoren, d. h. Substanzen, die vom Organismus nicht selbst synthetisiert werden können. Solche auxotrophen Organismen sind auf Aminosäuren, Vitamine, Purine und andere Stoffe angewiesen, die dem Nährboden zugefügt werden müssen. Man ist aus Kostengründen bestrebt, solchen anspruchsvollen Bakterien und Pilzen ein Minimalmedium anzubieten. Im technischen Maßstab werden jedoch sogenannte komplexe Substrate als Nährböden verwendet. Die wichtigsten sind Saccharose (verschiedenen Reinheitsgrades), Melasse aus Zuckerrüben, Zellstoffablaugen, Holzzuckerlösungen, Stärke, Schlempen aus Fermentationsprozessen, Maisquellwasser, Sojamehl, Fischmehl, Würze (Brauereimalz-Extrakt), Fleischextrakt, Hefeextrakt und Pepton. Minimalmedien und Vitamin-Lösungen werden als fertige Mischungen auch von Firmen vertrieben.

Bei Bedarf von festem Nährboden wird überwiegend Agar, ein komplexes Polysaccharid aus Meeresalgen, in Konzentrationen von 1–2% der Nährlösung zugefügt. Dieses stark vernetzte Polysaccharid verflüssigt sich bei 100° und verfestigt sich erst unter 45°, so daß feste Nährböden gegossen werden können. Als Verfestigungsmittel kann auch Silicagel angewandt werden, wenn keine organischen Substanzen im Nährboden enthalten sein dürfen.

3. Sterilisation, Impfmaterial und Beimpfung[8-12]

Beim Arbeiten mit Mikroorganismen ist auf äußerste Sterilität des Arbeitsmaterials zu achten. Dazu müssen Luft, Nährboden und Geräte sterilisiert werden. Die Abtötung der Keime kann durch ein- oder mehrmaliges Abkochen (30 Min./100°) erfolgen. Eine Teilentkeimung (Pasteurisation) wird durch Erhitzen auf 60–87° erreicht. Das gebräuchlichste Verfahren ist die Sterilisation durch Dampf und Überdruck (autoklavieren). Im Autoklaven wird Wasserdampf entwickelt und so die Luft verdrängt. Der Dampf wird auf 120° erhitzt und erzeugt dadurch einen Druck von 1 atü. Nach 30–60 Min. ist eine gute Entkeimung von Nährboden und Arbeitsmaterial erreicht. Die darauffolgende Belüftung des Autoklaven erfolgt mit steriler Luft. Sie wird durch Passieren eines Wattefilters sterilisiert.

Ferner sind Sterilisation durch trockene Hitze und Membranfiltration gebräuchlich. Die Desinfektion von Räumen kann chemisch mit Oxiran, Formaldehyd, schwefliger Säure, phenolischen Verbindungen, aktivchlorhaltigen Verbindungen und amphoteren Substanzen (Detergenzien) erreicht werden. Zur Teilentkeimung im Klinik- und Forschungsbe-

[1] C. BOOTH, *Methods in Microbiology,* Vol. 4, Academic Press, London·New York 1971.

[2] Herstellerfirmen:
E. MERCK, Darmstadt.
Difco Laboratories, Detroit, Michigan über Fa. Nordwald KG, 2000 Hamburg 50, Heinrichstr. 5
Oxoid Ltd., 20, Southwark Bridge Road, London S. E. 1 über Fa. Nährböden und Chemie GmbH, 4230 Wesel 1, Postfach 1127.

[3] C.H. COLLINS, *Microbiological Methods*, Butterworth, London 1967.

[4] J.R. NORRIS u. D. W. RIBBONS, *Methods in Microbiology*, Vol. 3 A, Academic Press, London·New York 1970.

[5] J.-J. REHM, *Einführung in die industrielle Mikrobiologie*, Springer-Verlag, Heidelberg 1971.

[6] A.H. ROSE, *Chemical Microbiology*, Butterworth, London 1968.

[7] G.L. SOLOMONS, *Materials and Methods in Fermentation*, Academic Press, London·New York 1969.

[8] K.H. WALLHÄUSER u. H. SCHMIDT, *Sterilisation, Desinfektion, Konservierung, Chemotherapie*, G. Thieme, Stuttgart 1967.

[9] G. SYKES, *Disinfection and Sterilization*, 2nd edn., Spon, London 1965.

[10] G. SYKES in J.R. NORRIS u. D. W. RIBBONS, *Methods in Microbiology*, Vol. 1, S. 77, Academic Press, London·New York 1969.

[11] R. SPRINGER, *Grundlagen und Anwendung mikrobiologischer Verfahren*, Wissenschaftliche Verlagsgesellschaft, Stuttgart 1967.

[12] R. DICKSCHEIT, *Handbuch der mikrobiologischen Laboratoriumstechnik*, Steinkopff, Dresden 1969.

eich wird häufig UV-Bestrahlung angewandt. ^{60}Cobalt- und ^{137}Cäsium-Bestrahlung können zur Sterilisation von Behältnissen, Geräten und Gaze herangezogen werden.

Die Anzucht der gekauften Stämme erfolgt meist auf Schräg- oder Schichtagar. Nach
Sterilisation von Impfnadeln, Impfösen, Trigalskispateln, Pipetten und Nährmedium
schwemmt man den Stamm von einem Schrägagarröhrchen mit $1-2$ *ml* physiologischer
Kochsalz-Lösung ab und überimpft zur Vermehrung auf Schrägröhrchen, Platten (Agar)
oder in einen kleinen Erlenmeyerkolben.

4. Transformationsreaktionen mit Sporen[1]

Zur Transformation organischer Verbindungen können auch Pilzsporen verwendet
werden. Sie werden durch Sporulation aus den Klassen der Ascomyceten, Deuteromyce-
ten (*Fungii imperfecti*) und Phycomyceten (*Mucorales*) gewonnen[2-5].

Tab. 45: Reduktion von Steroiden mit Hilfe von Pilz- und Streptomyceten-Sporen

Spezies	Oxo $\rightarrow$ Hydroxy	C=C-Reduktion Stellung	Literatur
Aspergillus ochraceus	$14- \rightarrow 14\alpha-$	16	6, 9
Cylindrocarpon radicicola	$20- \rightarrow 20\alpha-$	[16,17-Epoxid-Spaltung zu 16α-OH und $16\alpha,17\beta$-(OH)$_2$]	10, 11
Didymella lycopersici	$20- \rightarrow 20\beta-$	–	12, 8
Fusarium solani	$20- \rightarrow 20\alpha-$	[16,17-Epoxid-Spaltung zu 16α-OH und $16\alpha,17\beta$-(OH)$_2$]	10,13,14,8
Mucor griseo-cyanus	$3- \rightarrow 3\alpha-$	–	8,9,15
Septomyxa affinis	$11- \rightarrow 11\beta-$ $17- \rightarrow 17\beta-$	4	8,9,14,16, 17,18
Streptomyces lavendulae	$20- \rightarrow 20\beta-$	–	8,14
Streptomyces roseochromogenus	$20- \rightarrow 20\beta-$	–	8

[1] D.J. Fisher, P.J. Holloway u. D.V. Richmond, J. Gen. Microbiol. **72**, 71–78 (1972).
[2] C. Vezina u. K. Singh in: J.E. Smith u. D.R. Berry, *The Filamentous Fungii*, Bd. 1: *Industrial Mycology*, Edward Arnold Publishers, USA 1975.
[3] R.F. Gehrig u. S.G. Knight, Nature **182**, 1237 (1958).
[4] C. Vezina, S.N. Sehgal u. K. Singh, Advan. Appl. Microbiol. **10**, 221–268 (1968).
[5] W.J. Marsheck, Progress in Industrial Microbiology **10**, 49–103 (1971).
[6] R. Deghenghi, M. Boulerice, J.G. Rochefort, S.N. Sehgal u. D.J. Marshall, J. med. Chem. **9**, 513–516 (1966).
[7] S.N. Sehgal, K. Singh u. C. Vezina, Canad. J. of Microbiol. **14**, 529–532 (1968).
[8] C. Vezina, S.N. Sehgal u. K. Singh, Appl. Microbiol. **11**, 50–57 (1963).
[9] C. Vezina, S.N. Sehgal u. K. Singh, Adv. Appl. Microbiol. **10**, 221–268 (1968).
[10] H. Hafez-Zedan u. R. Plourde, Appl. Microbiol. **21**, 815–819 (1971).
[11] H. Hafez-Zedan, O.M. El-Tayeb u. M. Abdel-Aziz, Second Conference of Microbiology (Kairo, Ägypten), S. 71–72 (1970).
[12] S.N. Sehgal u. C. Vezina, Steroids **2**, 93–97 (1963).
[13] R. Plourde, O.M. El-Tayeb u. H. Hafez-Zedan, Appl. Microbiol. **23**, 601–612 (1972).
[14] K. Singh, S.N. Sehgal u. C. Vezina, Canad. J. of Microbiol. **11**, 351–364 (1965).
[15] K. Singh, S.N. Sehgal u. C. Vezina, Canad. J. of Microbiol. **13**, 1271–1281 (1967).
[16] K. Singh u. S. Rakhit, Biochimica biophys. Acta **144**, 139–144 (1967).
[17] K. Singh, S.N. Sehgal u. C. Vezina, Steroids **2**, 513–520 (1963).
[18] C. Vezina, S.N. Sehgal, K. Singh u. D. Kluepfel, Progress in Industrial Microbiology **10**, 1–47 (1971).

Die Transformation mit Hilfe der Sporen erfolgt analog der bekannten Verfahren wie Submerskultur, Fermentation oder durch immobilisierte Sporen[1] (Poly-acrylamid, Adsorption an Ionenaustauschern). Am häufigsten werden Sporen zur Transformation von Steroiden eingesetzt; mögliche Reduktionsreaktionen[2] zeigt Tab. 45 (S. 707).

5. Enzyme aus Mikroorganismen[3–24]

Bei der mikrobiellen Produktion von Enzymen muß zwischen zwei Arbeitsrichtungen unterschieden werden:

(1) für analytische Zwecke
(2) für technische Zwecke

Um die Produktion eines bestimmten Enzyms in der Zelle zu induzieren, kann wie folgt verfahren werden.

Enzym-Produktion in Zellen: Die Organismen werden in einer Nährlösung herangezogen, die eine optimale Bildung des gewünschten Enzyms gestattet. Das kann erreicht werden, indem man ein im Stoffwechsel der Zelle vorkommendes Substrat, das durch das zu isolierende Enzym umgesetzt wird, der Nährlösung in höherer Kon-

[1] D.E. Johnson u. A. Ciegler, Arch. Biochem. **130**, 384–388 (1969).

[2] S.N. Sehgal u. C. Vezina, Bacteriological Proceedings (69th Annual ASM Meeting, Miami Beach, Fla.), S. 3 A5 (1969).

[3] H.A. Sober, R.W. Hartley, Jr., W.R. Carroll u. E.A. Peterson in H. Neurath, *The Proteins*, Vol. 3, 2nd Ed., S. 2, Academic Press, New York 1964.

[4] V.H. Edwards in D. Perlman, *Advances in Applied Microbiology*, Vol. 11, S. 159, Academic Press, New York · London 1969.

[5] M. Nozaki u. O. Hayaishi in J.R. Norris u. D.W. Ribbons, *Methods in Microbiology,* Vol. 5B, S. 425, Academic Press, London · New York 1971.

[6] S.P. Colowick u. N.O. Kaplan, *Methods in Enzymology*, Vol. XXII, *Enzyme Purification and Related Techniques*, Academic Press, New York · London 1971.

[7] H.U. Bergmeyer, *Methoden der enzymatischen Analyse*, 3. Aufl., Verlag Chemie, Weinheim/Bergstr. 1974.

[8] C. Rhodes, J. Germershausen u. S.R. Suskind in S.P. Colowick u. N.O. Kaplan, *Methods in Enzymology*, Vol. XXII, *Enzyme Purification and Related Techniques*, S. 85, Academic Press, New York · London 1971.

[9] A.A. Green u. W.L. Hughes in S.P. Colowick u. N.O. Kaplan, *Methods in Enzymology*, Vol. I, S. 67, Academic Press, New York 1955.

[10] M. Dixon, Biochem. J. **54**, 457 (1953).

[11] S.P. Colowick in S.P. Colowick u. N.O. Kaplan, *Methods in Enzymology*, Vol. I, S. 90, Academic Press, New York 1955.

[12] M. Dixon u. E.C. Webb in M. Dixon u. C.E. Webb, *Enzyme*, 2nd Ed., S. 27, Verlag Longmans Green Ltd., London 1964.

[13] C.H.W. Hirs in S.P. Colowick u. N.O. Kaplan, *Methods in Enzymology*, Vol. I, S. 113, Academic Press, New York 1955.

[14] P. Cuatrecasas u. C.B. Anfinsen in S.P. Colowick u. N.O. Kaplan, *Methods in Enzymology*, Vol. XXII, S. 345, Academic Press, New York · London 1971.

[15] N. Catsimpoolas, Separation Science **8**, 71 (1973).

[16] O. Vesterberg in S.P. Colowick u. N.O. Kaplan, *Methods in Enzymology*, Vol. XXII, S. 389, Academic Press, New York · London 1971.

[17] O. Vesterberg in J.R. Norris u. D.W. Ribbons, *Methods in Microbiology*, Vol. 5B, S. 595, Academic Press, London · New York 1971.

[18] H. Haglund, *Methods of Biochemical Analysis*, Vol. 19, LKB-Produkter AB, Stockholm Schweden 1973.

[19] B.J. Radola, Ann. N.Y. Acad. Sci. **209**, 127 (1973).

[20] P. O'Carra, Fed. Europ. Biochem. Soc. Meet. [Proc.] **30**, 107 (1974).

[21] J.B. Jones, C.J. Sih und D. Perlman in A. Weissberger, *Techniques of Chemistry*, Vol X, John Wiley u. Sons, New York 1976.

[22] M.D. Lilly u. P. Dunnill in D. Perlman, *Fermentation Advances*, Vol. 3, S. 225, Academic Press, New York 1969.

[23] P. Dunnill u. M.D. Lilly in L.B. Wingard Jr., *Enzyme Engineering*, S. 97, Interscience Publishers, John Wiley & Sons, New York 1972.

[24] H. Ruttloff, J. Huber, F. Zickler u. K.-H. Mangold, in H. Ruttloff, *Industrielle Enzyme*, VEB Fachbuchverlag, Leipzig 1979.

zentration zugibt. Die sich in der Zelle ausbildende erhöhte Substratkonzentration wird infolge eines Rückkopp-
lungs-Vorgangs die Bildung einer größeren Enzym-Menge induzieren, da die Zelle bestrebt ist, möglichst ihre
physiologische Konzentration des betreffenden Substrats wieder herzustellen.

Nach einer genügenden Induktionszeit läßt man die Zellen wieder absitzen, wäscht sie durch mehrmaliges
Zentrifugieren und zerkleinert sie mit den üblichen Methoden (Ultraschall, Osmolyse, mechanisches Zerklei-
nern). Liegt das gewünschte Enzym in der Pufferlösung, die bei der Zellzerstörung eingesetzt wurde, gelöst vor,
so kann man nach dem Abzentrifugieren der Rückstände das Protein durch schonende Methoden fällen (Aceton,
Äthanol, Ammoniumsulfat, Hitze, Salzkonzentration) und durch chromatographische bzw. elektrophoretische
Verfahren reinigen. Soll ein membrangebundenes Enzym isoliert werden, so führt man eine Zellfraktionierung
durch und löst das Protein durch geeignete Methoden vom betreffenden Zellorgan ab. Durch Umzucht von Mikroben versucht man heute, Stämme zu erhalten, die besonders große Mengen des gewünschten Enzyms bilden.

Zur Herstellung von Enzymen für t e c h n i s c h e Zwecke verwendet man Bakterien, Schimmelpilze und Hefen.
Bei der Aufarbeitung achtet man weniger auf den Reinheitsgrad der Präparation als auf eine möglichst billige
Massenproduktion.

Die Reduktion mit isolierten Enzymen wird im Zusammenhang mit der Oxidation durch
isolierte Enzyme im Bd. IV/1a beschrieben.

6. Immobilisierung von Mikroorganismen

α) Allgemeines

Viele Mikroorganismen können auf Kieselsteinen, Sandkörnern, Holzspänen, Zähnen,
Kunststoffen und anderen Materialien hartnäckig haftende Filme bilden, die nur mit Hilfe
starker Detergenzien und mechanischer Zerstörung entfernt werden können[1-4]. Diese
immobilisierten Zellen werden seit langem bei der Abwasseraufbereitung und zur Essig-
Produktion (Essigsäurebakterien auf Holzspänen) als Biokatalysatoren eingesetzt[4].
Durch die Entwicklung von unlöslichen Trägern zur Fixierung von Enzymen[5] war dann
eine Möglichkeit geboten, auch Zellen an diesen Materialien zu immobilisieren[6-19].

Die Anwendung immoblisierter Zellen hat gegenüber dem Arbeiten mit immobilisierten Enzymen folgende V o r t e i l e :

1. Die Isolierung, Reinigung und Fixierung des Enzyms entfällt, was zu einem günstigeren Kosten-Nutzungs-
Faktor beim präparativen Einsatz des Systems im Bioreaktor führt.
2. Oxidoreduktasen und viele andere Enzyme sind während der Katalyse auf die Anwesenheit von energierei-
chen Molekülen (z. B. ATP), Reduktionsäquivalenten (NADPH, FAD) oder gruppenübertragende Verbin-

[1] H.N. NEWMAN, Microbios 9, 247 (1974).

[2] O. HABORSKY, Immobilized Enzymes, CRC Press Cleveland, Ohio, USA 1973.

[3] D. ZVYAGINTSEV, A.F. PERTOSOSKAYA, E.D. YAKHNIN u. E.I. AVERBACH, Mikrobiologiya 40, 1024 (1971).

[4] A.L. VAN WEZEL in M.K. PATTERSON u. P. KRUUSE jr., Tissue Culture Methods and Applications, S. 372, Academic Press, New York 1973.

[5] K. MOSBACH in S.P. COLOWICK u. N.O. KAPLAN, Methods in Enzymology, Band XIIV, Academic Press, New
York 1976.

[6] I. CHIBATA, T. TOSA, T. SATO, T. MORI u. K. YAMAMOTO, Enzyme Engineering 2, 303–314 (1974).

[7] I. CHIBATA, T. TOSA u. T. SATO, Appl. Microbiol. 27, 878–885 (1974).

[8] T. TOSA, T. SATO u. I. CHIBATA, Appl. Microbiol. 27, 886–889 (1974).

[9] B.J. ABBOTT, Adv. Appl. Microbiol. 20, 203 (1976).

[10] T.R. JACK u. J.E. ZAJC, Adv. Biochem. Engineering 5, 125 (1977).

[11] E.J. VANDAMME, Chem. Ind. 1976, 1070.

[12] I. CHIBATA, T. TOSA u. T. SATO, Fermentation Technology, in H.-J. PEPPLER u. D. PERLMAN, Microbiol. Technology, Vol. II, S. 433 (1979), Academic Press, New York.

[13] G. DURAND u. J.M. NAVARRO, Process Biochemistry 13, 14 (1978).

[14] E.J. VANDAMME, Natuurwet. Tijdschr. 59, 129 (1977).

[15] T. CHANG, Biomed. Appl. of Immol. Enzymes and Proteins 1, 69 (1977).

[16] J. KLEIN u. F. WAGNER, Dechema-Monographien 82, 142 (1978).

[17] I. CHIBATA u. T. TOSA, Appl. Biochemistry and Bioengineering 1, 329 (1976).

[18] K. VENKATASUBRAMANIAN, A. CONSTANTINIDES u. W.R. VIETH, Enzyme Engineering 3, 29 (1978).

[19] I. CHIBATA u. K. MOSBACH, Enzyme Engineering 4, 287–348 (1978).

dungen (Co-A, Glucose-6-Phosphat) als Co-Faktoren angewiesen. Die Bereitstellung dieser Co-Faktoren in vitro beim Arbeiten mit immobilisierten Enzymen ist schwierig oder bei vielen Reaktionen unmöglich. Immobilisierte, stoffwechselaktive Zellen können dagegen diese Verbindungen laufend regenerieren und in unmittelbarer Nähe des zellulären Enzyms bereitstellen.

3. Das Enzym wird in seiner natürlichen Umgebung belassen. Die intrazelluläre Aktivität eines Enzyms ist meist höher als die des isolierten oder immobilisierten Enzyms.

4. Die synthetische Fähigkeit ganzer Enzym-Systeme oder von Multienzym-Komplexen kann genützt werden.

Weiterhin haben Reaktoren, die mit immobilisierten Zellen arbeiten, gegenüber den herkömmlichen Fermentationsverfahren den Vorteil, daß der Katalysator leicht abgetrennt werden kann und mehrmals verwendbar und lagerungsfähig ist. Seine biologische Halbwertszeit kann bis zu einigen Hundert Tagen betragen. Wird in einem Säulenreaktor gearbeitet, so kann sich nach der Optimierung der Durchflußbedingungen ein Fließgleichgewicht (steady-state) einstellen[1]: Die zufließende Substrat-Lösung wird quantitativ umgesetzt und das gewünschte Produkt kann direkt aus dem Säuleneluat isoliert werden. Bei Fermentationsverfahren müssen zur Aufarbeitung Zellen, Substrat-Reste, Zelltrümmer und bei der Zell-Lyse freiwerdende Zellbestandteile abgetrennt werden.

Diesen Vorteilen stehen einige Probleme gegenüber, die beim Arbeiten mit immobilisierten Zellen im Batch- oder Durchfluß-Verfahren berücksichtigt werden müssen:

1. Der Immobilisierungsvorgang (s. S. 711 ff.) sollte ohne gravierende Zellschädigung verlaufen. Die Stoffwechselaktivität der Zelle muß in den meisten Fällen erhalten bleiben.

2. Die Zellwand stellt eine Diffusionsbarriere für Substrat und Produkt dar. Beim Arbeiten mit eingeschlossenen Zellen muß außerdem die Matrix für die Nährlösung gut permeabel sein. Häuft sich das Produkt innerhalb der Zelle an, so kann das Enzym durch Produkthemmung inaktiviert werden.

3. Daraus folgt, daß Fermentationsreaktionen nicht auf Reaktoren mit immobilisierten Zellen übertragen werden können, wenn zur Isolierung des Reaktionsproduktes die Zellen aufgeschlossen werden müssen.

4. Die steady-state Bedingungen müssen sorgfältig ermittelt werden.

5. Vergleicht man immobilisierte Enzyme mit immobilisierten Zellen, so muß berücksichtigt werden, daß die Zellen ihr komplettes Enzym-Muster besitzen und das Substrat in anderen Stoffwechselwegen zu Nebenprodukten umgesetzt werden kann. Eine Enzym-Induktion, ausschließlicher Umsatz durch ein Enzym oder einen Multienzym-Komplex oder die Hemmung von Nebenreaktionen ist deshalb erforderlich.

Trotz dieser Probleme werden immer häufiger Reaktionen mit immobilisierten Zellen industriell, im Labor und bei analytischen Untersuchungen durchgeführt und durch intrazelluläre Oxidoreduktasen, Transferasen, Hydrolasen, Isomerasen, Ligasen und Lyasen katalysiert.

Es ist zu erwarten, daß in den nächsten Jahren immer mehr pharmazeutisch wichtige Substanzen und optisch aktive Verbindungen auf diese Weise synthetisiert werden.

Obwohl bisher nur einige Reduktions-Reaktionen auf dieser Basis durchgeführt werden (Nitrat-, Nitrit-[2], Steroid-Reduktion[3], Produktion von H_2 aus Glucose: H_2-Batterie[4]), soll hier ein kurzer Abriß über die Techniken zur Immobilisierung von Zellen und ihrer präparativen Anwendung gegeben werden. Die Anzahl der Reaktionen, die durch Oxido-Reduktasen katalysiert werden, dürfte sich bald vergrößern, da bei diesem Reaktionstyp lebende Zellen in Bezug auf Regenerierung der erforderlichen Co-Faktoren Vorteile gegenüber den immobilisierten Enzymen bieten.

β) Methoden

β_1) Einschluß in polymere und makromolekulare wasserunlösliche Träger

Der Einschluß von Zellen in eine polymere Matrix stellt die wichtigste Methode zur Immobilisierung dar. Das Trägermaterial muß so beschaffen sein, daß eine gute Permeabilität

---

[1] M.D. LILLY, DECHEMA-Monographien (Dt. Ges. für Apparatewesen) **82**, 165 (1978).

[2] R.R. MOHAN u. N.N. LI, Biotechnol. Bioeng. **17**, 1137 (1975).

[3] G.K. SKYRABIN, 5th Ferment. Symp. Berlin, 1976, S. 326.

[4] I. KARUBE, T. MATSUNAGA, S. TSURU u. S. SUZUKI, Biochem. Biophys. Acta **444**, 338 (1976).

für Substrat, Produkt und Nährlösung gewährleistet ist und gleichzeitig ein Ausspülen der Zellen verhindert wird. Das Polymerisat oder das entstehende Gel muß mechanisch so stabil sein, daß es zu Granula, Scheibchen oder Schuppen zerkleinert werden und gut abfiltriert bzw. in Reaktorsäulen gefüllt werden kann.

Von den in Tab. 46 (S. 714) aufgeführten Materialien zum Einschluß von Zellen hat Polyacrylamid die breiteste Anwendung gefsnden[1]. Eingehende Untersuchungen zur Immobilisierung von Bakterien mit Polyacrylamid[2-5] führten zu Reaktoren, die eine industrielle Produktion ermöglichten; z. B.:

Urocaninsäure aus Histidin (mit Achromobacter liquidum IAM 1667)[3]
L-*Asparaginsäure* aus Ammoniumfumarat (mit Escherichia Coli ATCC 11303)[4, 5, 2, 6]
L-*Citrullin* aus Arginin (mit Pseudomonas Putida ATCC 4359)[7].

Zur Quervernetzung der Polymeren hat sich Bis-[propenoylamino]-methan bewährt. Da organische Lösungsmittel, Polymerisationszeit, Polymerisationstemperatur und die Konzentration der Monomeren die Aktivität der eingeschlossenen Zellen beeinflussen können, müssen diese Parameter für jeden Zelltyp optimiert werden.

Als Matrix zum Einschluß von Zellen können auch das Polysaccharid Carrageenin[8, 9] sowie Kollagen, Gelatine[10, 11], Calcium-alginat[12] und Metallhydroxide[12] verwendet werden. Diese Verfahren gestatten eine besonders schonende Immobilisierung, ebenso die photoinduzierte Polymerisation und Einschluß von Zellen in Urethane[13].

Eine kovalente Anknüpfung von Zellen an modifizierte Hydroxyalkyl-methacrylat-Gele ist ebenfalls möglich[14].

Das Methacrylat-Gel (Separon 1000) wird dabei mit 1,6-Diamino-hexan bei p_H 12 umgesetzt[15]. Nach 3 Tagen erhält man H_2N-Separon (1000 E) mit einem Stickstoff-Gehalt von 753 μmol/g Trockengel. An dieses Gel wird nun als Spacer mittels löslichem Carbodiimid β-Alanin, Glycin oder 6-Amino-hexansäure ankondensiert. Dieses Gel wird mit einer 5%-igen Lösung von Glutardialdehyd aktiviert und mit der Zellkultur mehrere Tage bei 22° inkubiert.

Inkubation mit einer wachsenden Kultur Saccharomyces paradoxus führt zu einem Biokatalysator, der für stereospezifische Steroid-Reduktionen eingesetzt werden kann[16-18].

---

[1] K. MOSBACH u. R. MOSBACH, Acta chem. scand. **20**, 2807 (1966).

[2] I. CHIBATA, T. TOSA u. T. SATO, Appl. Microbiol. **27**, 878–885 (1974).

[3] K. YAMAMOTO, T. SATO, T. TOSA u. I. CHIBATA, Biotechnol. Bioeng. **16**, 1601 (1974).

[4] T. TOSA, T. SATO, T. MORI u. I. CHIBATA, Appl. Microbiol. **27**, 886 (1974).

[5] T. SATO, T. MORI, T. TOSA, I. CHIBATA, M. FURUI, K. YAMASHITA u. A. SUMI, Biotechnol. Bioeng. **17**, 1797 (1975).

[6] I. TAKATA, K. YAMAMOTO, T. TOSA u. I. CHIBATA, Europ. J. Appl. Microbiol. Biotechnol. **7**, 161 (1979).

[7] K. YAMAMOTO, T. SATO, T. TOSA u. I. CHIBATA, Biotechnol. Bioeng. **16**, 1589 (1974).

[8] T. TOSA, T. SATO, K. YAMAMOTO, I. TAKATA, Y. NISHIDA u. I. CHIBATA, Int. Congr. Pure Appl. Chem. **26**, 267 (1977).

[9] M. WADA, J. KATO u. I. CHIBATA, Europ. J. Appl. Microbiol. Biotechnol. **8**, 241 (1980).

[10] W.R. VIETH, S.S. WANG u. R. SAINI, Biotechnol. Bioeng. **15**, 565 (1973).

[11] K. VENKATASUBRAMANIAN, R. SAINI u. W.R. VIETH, J. Ferment. Technol. **52**, 268 (1974).

[12] S. OHLSON, P.-O. LARSSON u. K. MOSBACH, Europ. J. Appl. Microbiol. Biotechnol. **7**, 103 (1979).

[13] T. OMATA, T. IDA, A. TANAKA u. S. FUKUI, Europ. J. Appl. Microbiol. Biotechnol. **8**, 143 (1979).

[14] V. JIRKU, J. TURKOVA, A. KUCHYNKOVA u. V. KRUMPHANZL, Eur. J. Appl. Microbiol. Biotechnol **6**, 217 (1979).

[15] V.E. GULAYA, J. TURKOVA, V. JIRKU, A. FRYDRYCHOVA, J. COUPEK u. S.N. ANANCHENKO, Europ. J. Appl. Microbiol. Biotechnol. **8**, 43 (1979).

[16] H. GIBIAN, K. KIESLICH u. H. KOSMOL in: *Abstracts of the Second International Congress of the Hormonal Steroids*, Milan, Italy, 23.–28. Mai 1966, S. 234.

[17] L.M. KOGAN, V.E. GULAYA u. J.V. TORGOV, Tetrahedron Letters **1967**, 47: 4673.

[18] V.E. GULAYA, L.M. KOGAN u. I.V. TORGOV, Izv. Akad. Nauk, **8**, 1811 (1970).

Sacch. cerevisiae[1] und *Sacch. paradoxus* reduzieren z. B. das Diketon I stereospezifisch zum optisch aktiven Alkohol II[2,3]:

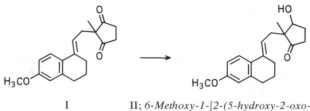

I   II; *6-Methoxy-1-[2-(5-hydroxy-2-oxo-1-methyl-cyclo-
pentyl)-äthyliden]-tetralin*; 50% d. Th.

Das erhaltene Granulat kann zur Erhöhung der mechanischen Festigkeit an der Oberfläche mit Tannin, Glutaraldehydsäure oder Glutardialdehyd und 1,6-Diamino-hexan behandelt werden. Gleichzeitig wird dadurch ein Auswaschen der Zellen beim Reaktorbetrieb verhindert[4,5].

β_2) *Immobilisierung von Escherichia coli in Polyacrylamid*[6]

Zellkultur zur Anzucht von Escherichia coli: *Escherichia coli ATCC 11303* wird unter aeroben Bedingungen bei 37° 16–24 Stdn. kultiviert. Nährmedium: 3 kg Ammoniumfumarat, 200 g Kalium-dihydrogenphosphat, 50 g Magnesiumsulfat-Heptakis-hydrat, 60 g Calciumcarbonat und 4 kg Corn steep liquor (Maisquellwasser) in 100 l Wasser. Die Zellen werden abzentrifugiert (Ausbeute: 1 kg) und die Aspartaseaktivität bestimmt (1500–2000 μmol/Stde./g Naßzellen).

Immobilisierung von Escherichia coli: Die oben abzentrifugierten Zellen (1 kg) werden in 2 l physiol. Kochsalz-Lösung suspendiert und auf 8° gekühlt.

750 g monomeres Acrylamid und 40 g Bis-[propenoylamino]-methan werden in physiol. Kochsalz-Lösung gelöst und ebenfalls auf 8° gekühlt. Dann werden bei 8° beide Lösungen gemischt und mit 100 ml 25%iger 3-Dimethylamino-propannitril-Lösung (v/v) (Beschleuniger) und 500 ml 1%ige Kaliumpersulfat-Lösung (als Initiator) versetzt, gut durchgemischt und bei 20–25° gehalten. Man läßt stehen, wobei nach 5 Min. Polymerisation einsetzt. Sobald die Polymerisationstemp. 30° erreicht, wird das feste Gel im Eisbad gekühlt. Man läßt 15–20 Min. weiterreagieren und achtet darauf, daß die Reaktionstemp. im Gel 50° nicht übersteigt. Das Gel wird in 3–4 mm große Granula zermahlen, mit Wasser gewaschen und die Asparatase-Aktivität bestimmt. (1300–1800 μmol/Stde./10 ml Gel = 1 g Naßzellen).

Sollen die immobilisierten Zellen zur Asparaginsäure-Produktion eingesetzt werden, kann man sie zusätzlich **aktivieren.**

Das granulierte Gel wird in 1m Ammoniumfumarat p ≪ 8,5 suspendiert. Man gibt 1 mMol Magnesium-Ionen hinzu und hält 24–38 Stdn. bei 37°. Dabei steigert sich die Aspartase-Aktivität in den immobilisierten Zellen um den Faktor 9–10[7,8]. Der Katalysator besitzt eine biologische Halbwertszeit von 120 Tagen.

β_3) *Immobilisierung von Zellen mittels Carrageenin*[5]

Immobilisierung: 5 g Zellen (Naßgewicht) werden in 5 ml physiol. Kochsalz-Lösung suspendiert und auf 45–50° erwärmt. Dazu gibt man eine 45–60° warme Lösung von 1,7 g $\varkappa$-Carrageenin in 35 ml physiol. Kochsalz-Lösung. Nach gutem Durchmischen wird auf 10° gekühlt. Die entstehende Gallerte wird mehrmals mit 0,3 m Kaliumchlorid-Lösung behandelt (gut einziehen lassen), um die Gelierung zu beschleunigen. Das resultierende

[1] V. E. GULAYA, E. G. KRUYTCHENKO, N. N. RATTEL, O. V. MESSINOVA, S. N. ANANCHENKO u. I. V. TORGOV, Prikl. Biokhim. Mikrobiol. **11**, 657 (1975).

[2] V. E. GULAYA, S. N. ANANCHENKO, I. V. TORGOV, K. A. KOSCHEENKO u. G. G. BUCHKOVA, Bioorg. Chem. **5**, 768 (1979).

[3] S. N. ANANCHENKO u. I. V. TORGOV, Tetrahedron Letters **23**, 1553 (1963).

[4] T. R. JACK u. J. E. ZAIJC, Adv. Biochem. Engineering **5**, 125 (1977).

[5] I. CHIBATA, T. TOSA u. T. SATO, *Fermentation Technology* in H. J. PEPPLER u. D. PERLMAN, *Microbiol. Technology*, Vol. II, S. 433, Academic Press, New York (1979).

[6] I. CHIBATA, T. TOSA u. T. SATO in K. MOSBACH, *Methods Enzymology* XLIV, S. 739, Academic Press, New York 1976.

[7] I. CHIBATA, T. TOSA u. T. SATO, Appl. Microbiol. **27**, 878 (1974).

[8] I. CHIBATA, T. TOSA, T. SATO, T. MORI u. K. YAMAMOTO, Enzyme Engineering **2**, 303 (1974).

Gel wird granuliert und zur Erhöhung der mechanischen Stabilität und der Zellhaftung mit Tannin, Glutardialdehyd oder Glutardialdehyd/1,6-Diamino-hexan behandelt. Man erhält so eingeschlossene Zellen mit sehr hohen zellulären Enzymaktivitäten, wie die unten angeführten Beispiele zeigen:

Zelle	Enzym	spez. Aktivität des Biokatalysators [μMol/Stde./g Zellen]	Halbwertszeit [Tage]
E. coli	Aspartase	21	686
Streptomyces phaeochromogenes	Glucose-isomerase	4,3	289
Brevibacterium flavum	Fumarase	9,1	120

β_4) Immobilisierung von Zellen durch Adsorption[1]

Mikroorganismen können nichtkovalent an unlösliche Träger gebunden werden[2,3]. Als Matrix werden u. a. die in Tab. 46 (S. 714) aufgeführten Materialien verwendet. Zellwände von Hefen oder Bakterien können durch ihren Peptid-, 2,6-Diamino-heptandisäure- oder Hexosamin-Anteil mit Ionenaustauschern in Wechselwirkung treten[4,5]. Damit lassen sich Zellen auf Grund ihrer unterschiedlichen Oberflächenladung fraktionieren.

Vor allem die Adsorption von Hefen an Holz, PVC, Concanavalin-A/Magnetit, Zellulose oder Kieselgur führt zu wirksamen Biokatalysatoren, die in der Nahrungsmittelproduktion (z. B. Essigsäure-[6] und Bier-Gewinnung[7-9]) und zur Abwasserreinigung im Säulendurchlaufverfahren eingesetzt werden können. Ein langsames Auswaschen der adsorbierten Zellen und Aktivitätsabnahme des Katalysators durch Zell-Lyse kann während des Reaktorbetriebs nicht verhindert werden[2].

Eine weitere Möglichkeit zur Fixierung von Zellen besteht in einer kovalenten Bindung der Zellwand oder von Zellfragmenten an einen unlöslichen Träger[1,2,10]. Zellen oder Zellbestandteile können mit Hilfe von Carbodiimid an ein Agarose-Gel, an ein Copolymerisat aus Äthylen und Maleinsäureanhydrid oder an Carboxymethyl-cellulose gebunden werden.

Als weitere Vernetzungsreagenzien eignen sich Toluoldiisocyanat oder Glutardialdehyd. Diese Verfahren werden zur Fixierung lebender, stoffwechselaktiver Zellen kaum angewandt, da die Immobilisierungsreaktion Zellwand und Zelle schädigt.

Häufiger wählt man diesen Weg der Immobilisierung, wenn Zellpartikel gebunden werden sollen, deren Enzym oder Enzyme unter Erhaltung ihrer katalytischen Aktivität zuvor durch Hitze- oder Chemikalienbehandlung fixiert wurden (z. B. zu Isomerisierungsreaktionen, die keine Co-Faktoren benötigen)[11].

[1] T.R. Jack u. J.E. Zajic, Adv. Biochem. Engineering **5**, 125 (1977).

[2] G. Durand u. J.M. Navarro, Process Biochemistry **13**, 14 (1978).

[3] S.L. Daniels, Ev. Ind. Microbiol. **13**, 211 (1972).

[4] B. Rotman, Bac. Reviews **24**, 251 (1960).

[5] D.G. Zvyagintsev, Mikrobiologiya **31**, 339 (1971).

[6] H.A. Conner u. R.J. Allgeier, Adv. Appl. Microbiol. **20**, 82 (1976).

[7] DOS. 2212263 (1971), P. Berdellle-Hilge; C.A. **79**, 144877 (1973).

[8] P. Berdelle-Hilge, Brauwelt **112**, 24 (1972).

[9] Fr.P. 73 23397 (1973), TEPRAL-Groupement d'Interet Economique, Erf.: M. Moll; C.A. **83**, 41526 (1975).

[10] I. Chibata, T. Tosa u. T. Sato, Appl. Microbiol. **27**, 878–885 (1974).

[11] US.P. 3817832 (1974), Standard Brands Inc., Erf.: N.E. Lloyd; C.A. **81**, 118550 (1974).

Tab. 46: Materialien und Methode zur Immobilisierung von Mikroorganismen

Einschluß-Systeme[1]	Adsorption[34,35,36]	Kovalente Bindung, Vernetzung und Immobilisierung ohne Träger
Polyacrylamid[2,3,4]	DEAE-Cellulose[37]	Glutaraldehyd + Glycidyl-metha-
Kollagen[5,6,7,8]	CM, TEAE-Cellulose[38]	crylat[52]-Polymer
Cellulose[9,10]	DOWEX-1[39,40]	Agarose + Carbodiimid[53]
Cellulose-triacetat[11,12]	Sephadex[41]	Zr(IV)-, Ti(IV)-oxid[54]
Cellulose-nitrat[13]	Cellulose[42,43]	Glutaraldehyd/Toluoldiisocyanat[55]
Agar-Gel[14,15,16,17]	Ecteola-Cellulose[43]	Diazotierte Diamine[56]
Carrageenin[18,19]	Gelatine[44]	Ausflocken durch Polyelektrolyte[57,58]
Aluminium-alginat[20]	PVC[45]	Chitosan + Citrat[59]
Calcium-alginat[21,22,23]	Glasperlen[46]	Hitze + Glutardialdehyd[60,61]
Metall-hydroxyde[24,25]	Keramik[47,48]	Pelletierung[62]
Polystyrol[26]	Holz[45,49]	
Polyurethan[27]	Anthrazit[50]	
Liquid-Membranen[28]	Acrylglas[51]	
Polymere auf Acryl-, Urethan-[29-33], Butadien- oder Styrol-Basis; hergestellt mit Licht-aktivierbaren Ver-netzungsreagenzien		

[1] T.S. CHANG, Biomed. Appl. of immol. Enzymes and Prot. 1, 69 (1977).

[2] K. MOSBACH u. R. MOSBACH, Acta chem. scand. 20, 2807 (1960).

[3] K. MOSBACH u. P. LARSSON, Biotechnol. Bioeng. 12, 19 (1970).

[4] G. DURAND u. J.M. NAVARRO, Process Biochemistry 13, 14 (1978).

[5] W.R. VIETH et al., Biotechnol. Bioeng. 15, 565 (1973).

[6] R. SAINI und W.R. VIETH, J. Appl. Chem. Biotechnol. 25, 115 (1975).

[7] W.R. VIETH u. K. VENKATARASUBRAMANIAN, Chem. Technol. 4, 42 (1974).

[8] G. DURAND u. J.M. NAVARRO, Process Biochemistry 13, 14 (1978).

[9] Y.-Y. LINKO, L. POHJOLA, R. VICKARI u. P. LINKO, Enzyme Eng. 4, 345 (1978).

[10] Y.-Y. LINKO et al., 5th Int. Ferment. Symp., Berlin, 1976, S. 274.

[11] DBP 2422374 (1974), Glaxo Laboratories Ltd.; Erf.: I.D. FLEMING et al.; C.A. 82, 57712 (1975).

[12] D. DINELLI, Process Biochem. 1972, 7, 8, 9.

[13] D.E. JOHNSON u. A. CIEGLER, Arch. Biochem. Biophys. 130, 384 (1969).

[14] K. TODA u. M. SHODA, Biotechnol. Bioeng. 17, 481 (1975).

[15] K. TODA, Biotechnol. Bioeng. 17, 1729 (1975).

[16] H.H. WEETALL u. M.A. BENNETT, 5th Int. Ferment. Symp., Berlin, 1976, S. 299. (Aus Melat Wasserstoff + Kohlendioxid mit *Thodospirillium rubrum*.)

[17] Jap.P. Kokai 76, 133484, Snow Brand Milk Products Co. Ltd., Erf.: N. MIYATA u. T. KIKUCHI; C.A. 86, 152388 (1977).

[18] I. CHIBATA, T. TOSA, T. SATO, K. YAMAMOTO, I. TAKATA u. Y. NISHIDA, Enzyme Eng. 4, 335 (1978).

[19] T. TOSA, T. SATO, K. YAMAMOTO, I. TAKATA, Y. NISHIDA u. CHIBATA, Int. Congr. Pure Appl. Chem. 26, 267 (1977).

[20] J. KLEIN et al., 5th Int. Ferment. Symp. (H. DELLWEG), S. 295, Berlin, 1976.

[21] M. KIERSTAN u. C. BUCKE, Biotechnol. Bioeng. 19, 387 (1977).

[22] S. OHLSON, P.-O. LARSSON u. K. MOSBACH, Europ. J. Appl. Microbiol. and Biotechnol. 7, 103 (1979).

[23] J. KLEIN u. F. WAGNER, DECHEMA-Monographien 82, 142 (1978).

[24] J.F. KENNEDY et al., Nature 1976, 261, 242.

[25] J.F. KENNEDY, Enzyme Engineering 4, 323 (1978).

[26] U. HACKEL, J. KLEIN, R. MEGNET u. F. WAGNER, Europ. J. Appl. Microbiol. 1, 291 (1975).

[27] A. KIMURA, Y. TATSUTOMI, N. MIZUSHIMA, A. TANAKA, R. MATSUNO u. H. FUKUDA, Europ. J. Appl. Microbiol. Biotechnol. 5, 13 (1978).

[28] R.R. MOHAN u. N.N. LI, Biotechnol. Bioeng. 17, 1137 (1975).

[29] T. OMATA, A. TANAKA, T. YAMANE, u. S. FUKUI, Europ. J. Appl. Microbiol. Biotechnol. 6, 207 (1979).

[30] V. JIRKU, J. TURKOVA, A. KUCHYNKOVA u. V. KRUMPHANZL, Europ. J. Appl. Microbiol. Biotechnol. 6, 217 (1979).

[31] A. TANAKA, S. YASUHARA, G. GELLF, M. OSUMI u. S. FUKUI, Europ. J. Appl. Microbiol. Biotechnol. 5, 17 (1978).

Fortsetzung Lit. S. 715

β_5) Reaktionsbedingungen für immobilisierte Zellen[1]

Für jede zu katalysierende Reaktion muß das Verfahren im Hinblick auf Trägermaterial, Immobilisierungsmethode, p≪ des Reaktionsmediums, Reaktionstemperatur, Stabilität und biologische Halbwertszeit des Biokatalysators sowie Nährlösungs- und Substrat-Konzentration optimiert werden, um eine gute Umsatz- bzw. Durchsatzrate und hohe Produktreinheit zu erzielen. Weiterhin sollte versucht werden, durch Voraktivierung der immobilisierten Zellen eine Ausbeute-Steigerung durch Enzym-Aktivierung oder - Induktion zu erreichen und mögliche Nebenreaktionen durch Zugabe von spezifischen Inhibitoren oder Oberflächenbehandlung zu vermeiden[2-5].

[1] I. CHIBATA, T. TOSA u. T. SATO, *Fermentation Technology,* in H. J. PEPPLER u. D. PERLMAN, *Microbial Technology,* Vol. II, S. 433 (1979), Academic Press, New York.

[2] I. CHIBATA, T. TOSA u. T. SATO, Appl. Microbiol. **27**, 878–885 (1974).

[3] C. K. A. MARTIN u. D. PERLMAN, Europ. J. Appl. Microbiol. Biotechnol. **3**, 91 (1976).

[4] K. YAMAMOTO, T. TOSA, K. YAMASHITA u. I. CHIBATA, Europ. J. Appl. Microbiol. Biotechnol. **3**, 169 (1976).

[5] S. SHIMIZU, H. MORIOKA, Y. TANI u. K. OGATA, J. Ferment. Technol. **53**, 77 (1975).

Forts. Lit. v. S. 714

[32] K. SONOMOTO, A. TANAKA, T. OMATA, T. YAMANE u. S. FUKUI, Europ. J. Appl. Microbiol. Biotechnol. **6**, 325 (1979).

[33] S. FUKUI, A. TANAKA u. G. GELLF, Enzyme Engineering **4**, 299 (1978).

[34] V. S. ISAEVA et al., Prikl. Biokhim. Mikrobiol. **12**, 866 (1976); C. A. **86**, 53869 (1977).

[35] Jap. P. 76-86142 (1976), Denki Kaga Ku Kogyo K.K., Erf.: Y. ISHIMATSU et al.; C. A. **85**, 175612 (1976).

[36] Jap. P. 76-86142 (1976), Erf.: Y. ISHIMATSU et al.; C. A. **85**, 175612 (1976).

[37] Jap. P. 73-99393 (1973), Toyo Jozo Co. Ltd., Erf.: T. FUJII et al.; C. A. **81**, 103222 (1974).

[38] Brit. P. 1347665 (1974), Toyo Jozo Comp., Erf.: T. FUJII; C. A. **79**, 77007 (1973).

[39] T. HATTORI u. C. FURUSAKA, J. Biochem. (Tokyo) **48**, 831 (1960).

[40] T. HATTORI u. C. FURUSAKA, J. Biochem. (Tokyo) **50**, 312 (1961).

[41] Jap. P. 75-81590, Erf.: S. SHIGESADA, Y. ISHIMATSU u. S. KIMURA; C. A. **84**, 162925 (1976).

[42] G. K. SKYRABIN et al., 5th Int. Ferment. Symp. (H. DELLWEG), S. 326, Berlin, 1976.

[43] D. E. JOHNSON u. A. CIEGLER, Arch. Biochem. Biophys. **130**, 384 (1969).

[44] A. L. COMPERE u. W. L. GRIFFITH, Dev. Ind. Microbiol. **17**, 247 (1976).

[45] G. CORRIEU, A. BLACHERE, A. RAMIREZ, J. M. NAVARRO, G. DURAND, B. DUTEURTE u. M. MOLL, 5th Ferment. Symp., S. 113, Berlin 1976.

[46] J. M. NAVARRO u. G. DURAND, Europ. J. Appl. Microbiol. **4**, 243 (1977).

[47] Fr. P. 23397 (1973); US. P. 484868 (1974), Tepral-Groupement d'Interet Economique, Erf.: M. MOLL et al.; C. A. **83**, 41526 (1975).

[48] J. M. NAVARRO et al., Ind. Alim. Agr. **93**, 695 (1976).

[49] J. M. NAVARRO, Fermentation en continu à l'aide de microorganismes fixés, Thesis Doct. Ing. Univ. Toulouse, 1975.

[50] C. D. SCOTT u. C. W. HANCHER, Biotechnol. Bioeng. **18**, 1893 (1976).

[51] M. KUMAKURA, M. YOSHIDA u. I. KAETSU, Europ. J. Appl. Microbiol. Biotechnol. **6**, 13 (1978).

[52] US. P. 3957580 (1976), Pfizer Inc., Erf.: R. P. NELSON; C. A. **84**, 2022 (1976).

[53] T. R. JACK u. J. E. ZAJIC, Biotechnol. Bioengin. **19**, 631 (1977).

[54] J. F. KENNEDY, S. A. BARKER u. J. D. HUMPHREYS, Nature **361**, 242 (1976).

[55] I. CHIBATA, T. TOSA u. T. SATO, Appl. Microbiol. **27**, 878 (1974).

[56] US. P. 3939041 (1976), Corning Glass Works, Erf.: D. J. LARTIGUE u. H. WEETALL; C. A. **85**, 44940 (1976).

[57] US. P. 3821086 (1974), Reynolds Tobacco Co., Erf.: G. K. LEE u. M. E. LONG; C. A. **81**, 167835 (1974).

[58] US. P. 3935069 (1976), Reynolds Tobacco Co., Erf.: M. E. LONG; C. A. **85**, 19099 (1976).

[59] N. TSUMURA u. T. KASAMI, 5th Int. Ferment. Symp., S. 291 Berlin 1976.

[60] Y. TAKASAKI et al. in D. PERLMAN, *Fermentation Advances,* S. 561, Vol. 3, Academic Press, New York · London 1969.

[61] Y. KOSUGI u. H. SUZUKI, J. Ferment. Technol. **51**, 895 (1973).

[62] R. MCGINIS, Sugar J. **38**, 8 (1975).

β_6) Synthesen mit immobilisierten Zellen in Bioreaktoren

Das biologisch aktive Granulat kann im Batch- oder im Säulen-Durchlauf-Verfahren eingesetzt werden. Wird die Polymerisations-Reaktion in dünner Schicht auf einer inerten Oberfläche oder in einer Hohlfaser (Hollow fiber) durchgeführt, erhält man dünne, biologisch aktive Filme, auf deren Oberflächen die Katalyse durchgeführt werden kann.

Beim Batch-Verfahren wird analog zum Fermentations-Verfahren gearbeitet. Man hat jedoch den Vorteil, daß sich der „Katalysator" schnell und einfach abtrennen läßt. Für die

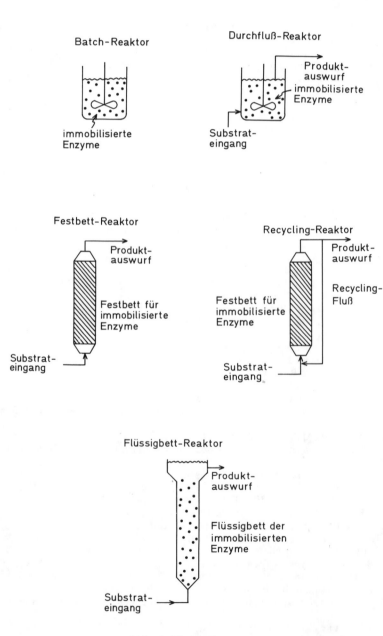

Abb.: 1. Bio-Reaktortypen

industrielle Produktion ist jedoch der Säulenreaktor effektiver, da mit ihm kontinuierlich gearbeitet werden kann und eine Automation des Verfahrens möglich ist[1].

Die in Abb. 1 (S. 716) wiedergegebenen Reaktoren werden zur Gewinnung und Transformation von Steroiden, Antibiotika, Peptiden, Coenzymen, Nucleinsäuren und optisch aktiven Verbindungen sowie zur Trennung von optischen Isomeren eingesetzt[2-4] (Tab. 47).

Tab. 47: Reduktionen mit immobilisierten Zellen

Substrat	Mikroorganismus	Immobilisierung	Produkt	Literatur
Xylose	*Candida utilis*	Polyacrylamid	*Xylit*	5
Ribose	*Candida utilis*	Polyacrylamid	*Ribit*	5
	Saccharomyces cerevisiae			6
		Methacrylat (Separon 1000)		
	Saccharomyces paradoxys		*17β-Hydroxy-3-methoxy-14-oxo-8,14-seco-östratetraen-(1,3,5^{10},9^{11})*	7
	Curvularia lunata	Polyacrylamid	*17α,20β,21-Trihydroxy-3,11-dioxo-pregnen-(4)*	
20-Oxo-steroide	*Corynebacterium simplex*	Collagen	*20β-Hydroxy-steroide*	8
17-Oxo-steroide	*Mycobacterium globiforme*	Cellulose	*17β-Hydroxy-steroide*	9

[1] B.J. Abbot, Adv. Appl. Microbiol. **30**, 203 (1976).

[2] I. Chibata, T. Tosa u. T. Sato. *Fermentation Technology* in H.J. Peppler u. D. Perlman, *Microbial Technology*, Vol. II, S. 433 (1979), Academic Press, New York.

[3] G. Durand u. J.M. Navarro, Process Biochemistry **13**, 14 (1978).

[4] I. Chibata u. T. Tosa, Applied Biochemistry and Bioengineering **1**, 329 (1976).

[5] O.N. Okunev, V.M. Anan'in, E.L. Golavlev u. G.K. Skyabiu, Prikl. Biokhim. Mikrobiol. **12**, 356 (1976); C.A. **85**, 44859 (1976).

[6] H. Giban, K. Kieslich u. H. Kosmol in: *Abstracts of the Second International Congress on Hormonal Steroids*, Milan, Italy, 23.–28. Mai 1966, S. 234.
  L.M. Kogan, V.E. Gulaya u. J.V. Torgov, Tetrahedron Letters **1967**, 4673.
  V.E. Gulaya, L.M. Kogan u. I.V. Torgov, Izv. Akad. Nauk **8**, 1811 (1970); C.A. **74**, 13334 (1971).
  V.E. Gulaya, E.G. Kruytchenko, N.N. Rattel, O.V. Messinova, S.N. Ananchenko u. I.V. Torgov, Prikl. Biokhim. Mikrobiol. **11**, 657 (1975); C.A. **84**, 3240 (1976).

[7] K. Mosbach u. P.O. Larsson, Biotechnol. Bioengin. **12**, 19 (1970).

[8] K. Venkatasubramanian, A. Constantimides u. W.R. Vieth, Enzyme Engin. **3**, 29 (1978).

[9] G.K. Skyrabin et al., 5th Int. Ferment. Symp. (H. Dellweg), S. 326, Berlin 1976.

Ein weiteres Anwendungsgebiet der immobilisierten Zellen liegt in der Entwicklung von mikrobiellen Elektroden, die nach dem Prinzip der Enzym-Elektroden aufgebaut sind und zu analytischen Bestimmungen von Substanzen eingesetzt werden können, die dem Mikroorganismus als Substrat dienen[1]. Der Vorteil dieser Elektroden gegenüber den Enzym-Elektroden liegt in ihrer geringeren Störanfälligkeit gegenüber Verbindungen und Ionen, die das immobilisierte Enzym hemmen, während der Substratumsatz durch die immobilisierte Zelle unter diesen Bedingungen ungestört verläuft[2].

Synthesen mit immobilisierten Zellen können gegenüber den herkömmlichen Fermentationsverfahren und dem Arbeiten mit immobilisierten Enzymen wesentliche Vorteile bringen, wenn folgende Voraussetzungen gegeben sind:

1. Schwierige Isolierung des katalytisch wirksamen Enzyms, Aktivitätsverlust des Enzyms in Lösung oder bei seiner Fixierung an einen polymeren Träger.
2. Das Enzym darf nicht von der Zelle ins Reaktionsmedium abgegeben werden (intrazelluläres Enzym).
3. Mögliche Nebenreaktionen, die das Substrat in der immobilisierten Zelle eingehen kann, müssen gehemmt werden oder sollten weit langsamer ablaufen als die gewünschte Umsetzung.
4. Weder Substrat noch Produkt dürfen hochmolekulare Verbindungen sein.
5. Die Reaktion wird durch eine Enzymkaskade oder einen Multienzymkomplex katalysiert.

Beim Arbeiten mit diesen Bioreaktoren sind Lösungsmittelmengen, Reaktionsvolumina, Raumbedarf bei industrieller Produktion und Energieaufwand gegenüber den üblichen Fermentations-Verfahren reduziert, was zu einer kostengünstigeren Produktion führt.

I. Reduktion am C-Atom

a) von Alkenen

Die Hydrierung olefinischer Doppelbindungen ist sowohl mit Hefen[3] (phytochemische Reduktion) als auch mit Bakterien möglich. Eine schnelle und mit hoher Ausbeute verlaufende Reduktion kann erreicht werden, wenn das Substrat folgende Bedingungen erfüllt:

① Die zu reduzierende C=C-Doppelbindung steht in α,β-Stellung zu einer Carbonyl-Gruppe bzw. einer weiteren C=C-Doppelbindung, in β,γ- zu einer primären Hydroxy- oder einer anderen aktivierenden Gruppe.
② Die C=C-Doppelbindung trägt am C_{vinyl}-Atom 2 C-Substituenten.

Eine sekundäre, allyl- oder homoallyl-ständige Hydroxy-Gruppe kann Einfluß auf die Reduktionsgeschwindigkeit haben.

In der Zelle ist die Reduktion mit dem Kohlenhydrat-Stoffwechsel gekoppelt. Das p_H-Optimum der Reaktion liegt dabei zwischen p_H 8 und 9, da unter diesen Bedingungen die Bildung von Äthanol zurückgedrängt und dafür vermehrt Glycerin aus Triosen und Essigsäure aus Acetaldehyd gebildet wird. Der Zelle stehen dadurch mehr Reduktionsäquivalente zur Verfügung ($NADH_2$).

Aus diesem Grund werden die mit Hilfe von Hefen zu reduzierenden Substrate einer stark gärenden Kultur zugesetzt. So erhält man z. B. aus Zimtalkohol mit gärender Hefe 50% d. Th. *3-Phenyl-propanol*[4]:

[1] S. Suzuki u. I. Karube, Enzym Engineering **4**, 329 (1978).
[2] I. Karube, S. Mitsuda u. S. Suzuki, Europ. J. Appl. Microbiol. Biotechnol. **7**, 343 (1979).
[3] F. G. Fischer u. H. Eysenbach, A. **529**, 87 (1937).
[4] F. G. Fischer u. O. Wiedemann, A. **513**, 260 (1934).

Selektive Reduktion von C=C-Doppelbindungen bzw. Carbonyl-Gruppen sind mit gärenden Hefen möglich (vgl. S. 720ff.). Bei der Bildung von optisch aktiven Reduktionsprodukten sind die mikrobiellen Verfahren i. a. den chemischen Reduktionsmitteln überlegen.

Die Gesetzmäßigkeiten der Hefe-Reduktion treffen auf die bakterielle reduktive Transformation nicht zu. So können B a k t e r i e n C=C-Doppelbindungen reduzieren, die durch Hefen nicht oder nur sehr langsam hydriert werden; z.B.[1]:

$$H_3C-CH=CH-CH=CH-COOH \xrightarrow{E.\ coli} H_3C-(CH_2)_4-COOH$$

Hexansäure; 61% d. Th.

Zu Reduktionsreaktionen an Steroiden und cyclischen Verbindungen werden häufig Mikroorganismen herangezogen. In der sterisch hoch spezifischen Substratauswahl und Produktbildung dieser Biokatalysatoren liegt der wesentliche Vorteil dieser Methode[2,3].

Folgende Vorteile bieten sich dem präparativ arbeitenden Chemiker durch das Arbeiten mit Mikroorganismen:

ⓐ empfindliche Verbindungen können unter schonenden Bedingungen hydriert werden
ⓑ selektive Reduktion von C=C-Doppelbindungen oder funktionellen Gruppen unter Erhalt anderer reduzierbarer Gruppen
ⓒ Reaktionsmöglichkeit im technischen Maßstab
ⓓ Möglichkeit zur Trennung von Racematen, da oft nur ein optischer Antipode verändert wird

Durch die Heranziehung von mikrobiologischen Verfahren zur Herstellung von Naturstoffen und deren Derivaten und die Ausnutzung der biosynthetischen Leistungsfähigkeit von Mikroben können komplizierte Synthesen stark vereinfacht werden (Übersicht s. Lit.[2,4-13]).

[1] J. Schönbrunner, Biochem. **304**, 26 (1940).

[2] W. Charney u. H.L. Herzog, *Microbial Transformations of Steroids*, Academic Press, New York 1967.

[3] A. Čapek, O. Hanč u. M. Tadra, *Microbial Transformations of Steroids*, Dr. W. Junk Publishers, Den Haag (Niederl.) 1966.

[4] J.F.T. Spencer u. P.A.J. Gorin, *Microbiological Transformations of Sugars and Related Compounds*, Progr. in Ind. Microbiol. **7**, 177 (1965).

[5] R.E. Kallio, *Microbial Transformations of Alkanes*, in D. Perlman, *Fermentation Advances*, S. 649, Academic Press, New York 1969.

[6] W.C. Evans, *Microbial Transformations of Aromatic Compounds*, in D. Perlman, *Fermentation Advances*, S. 649, Academic Press, New York 1969.

[7] K. Kieslich, *Microbial Transformations of non-Steroid Cyclic Compounds*, G. Thieme Verlag, Stuttgart 1976.

[8] A.A. Achrem u. Yu.A. Titow, *Microbiological Transformations of Steroids*, Nauka-Press, Moskau 1965.

[9] A. Capek, O. Hanc u. M. Tadra, *Microbial Transformations of Steroids*, Akademic Press, Prague 1966.

[10] H. Izuka u. A. Naito, *Microbial Transformations of Steroids and Alkaloids*, University of Tokyo Press, Tokyo 1967.

[11] L.L. Wallen, F.H. Stodola u. R.W. Jackson, *Type Reactions in Fermentation Chemistry*, Agriculture Res. Service, US. Dept. of Agriculture, 1959.

[12] G.E. Wolstenholme u. C.M. O'Connor, *Steric Course of Microbial Reactions*, J. & A. Churchill Ltd., London 1959.

[13] G.S. Boyd u. R.M.S. Smellic, *Biological Hydroxylation Mechanisms*, Academic Press, London · New York 1972.

1. selektive Reduktion der C=C-Doppelbindung

α) in ungesättigten Alkoholen

α₁) *mit der Hydroxy-Gruppe in Homoallyl-Stellung*

Für mikrobielle Verfahren ist die Reduktion isolierter C=C-Doppelbindungen von geringer Bedeutung, da nichtaktivierte C=C-Doppelbindungen nur sehr langsam umgesetzt werden und chemische Reduktionsverfahren schneller arbeiten. Zu erwähnen sind in diesem Zusammenhang die bakterielle Reduktion an Steroid-Gerüsten durch fäcale und intestinale Mikroorganismen[1,2]; z. B.:.

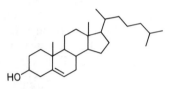 →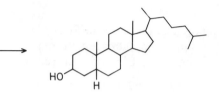

3β-Hydroxy-5β-cholestan
Intestinale Bakterien
Mit fäcalen Mikroorganismen aus Ratten[2];
74% d. Th.

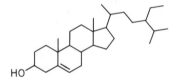 →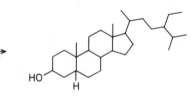

3β-Hydroxy-5β-sitostan
Fäcale Mikroorganismen[1]

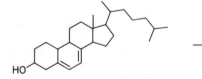 →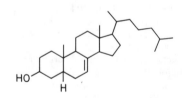

3β-Hydroxy-5β-cholesten-(7)
Fäcale Mikroorganismen[1]

[1] D.L. Coleman u. C.A. Baumann, Arch. Biochem. Biophys. **72**, 219 (1957).
[2] A. Snog-Kjaer, I. Prange u. H. Dam, J. Gen. Mikrobiol. **14**, 256 (1956).

$3\beta,17\beta$-Dihydroxy-androsten-(5) kann durch Saccharomyceten zu *3β/ 17β-Dihydr-oxy-5α-androstan*, $3\alpha,17\beta$-Dihydroxy-androsten-(5) durch Bakterien zu *$3\alpha,17\beta$-Dihydr-oxy-5α-androstan* reduziert werden[1]:

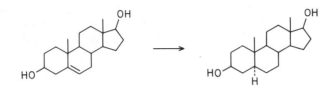

α_2) mit der Hydroxy-Gruppe in Allyl-Stellung[2, 3]

Setzt man Allylalkohole, die eine hinreichende Wasserlöslichkeit besitzen, der phyto-chemischen Reduktion mit gärenden Hefen aus, so gelangt man zu den entsprechenden ge-sättigten Alkoholen. Eine Verzweigung an der C=C-Doppelbindung verlangsamt die Re-aktion; erhalten werden optisch aktive, einheitliche Alkohole; z.B. erhält man aus

1-Hydroxy-buten-(2)	→	*Butanol;* $>50\%$ d.Th.
Zimtalkohol	→	*3-Phenyl-propanol;* 50% d.Th.
1-Hydroxy-2-methyl-buten-(2)	→	*(–)-Methyl-butanol;* 30% d.Th.

Sind weitere konjugierte oder isolierte C=C-Doppelbindungen anwesend, so werden diese nicht angegriffen; z.B.:

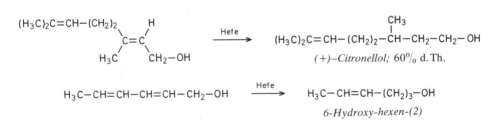

Längere Gärzeiten bewirken keine weitere Reduktion, sondern führen zum Abbau der Alkohole (Assimilation).

β) in α,β-ungesättigten Aldehyden

Werden α,β-ungesättigte Aldehyde phytochemisch reduziert, so entstehen oft interme-diär die entsprechenden Allylalkohole, die dann zu den gesättigten Alkoholen reduziert werden.

[1] G. SCHRAMM u. L. MAMOLI, B. **71**, 1322 (1938).

[2] F.G. FISCHER u. O. WIEDEMANN, A. **513**, 260 (1934).

[3] F.G. FISCHER in W. FOERST, *Neuere Methoden der präparativen organischen Chemie*, Bd. 1, S. 168, Verlag Che-mie, Weinheim 1963.

γ) in α,β-ungesättigten Ketonen[1]

Bei der Reduktion α,β-ungesättigter Ketone werden die Carbonyl-Gruppen durch Hefen langsamer reduziert als die C=C-Doppelbindungen[2,3]. Die entstehenden gesättigten Ketone werden erst bei sehr langen Fermentationszeiten zu der entsprechenden Hydroxy-Verbindung reduziert. Verzweigungen an der C=C-Doppelbindung verlangsamen die Reaktionsgeschwindigkeit. Über die gleichzeitige Reduktion von C=C-Doppelbindung und konjugierter Oxo-Gruppe s.S. 731ff.

γ₁) allgemeine Reduktion

Analog den Polyen-olen (s.S. 721) wird auch bei den Polyen-onen durch phytochemische Reduktion die zur Oxo-Gruppe α,β-ständige C=C-Doppelbindung hydriert; z. B.:

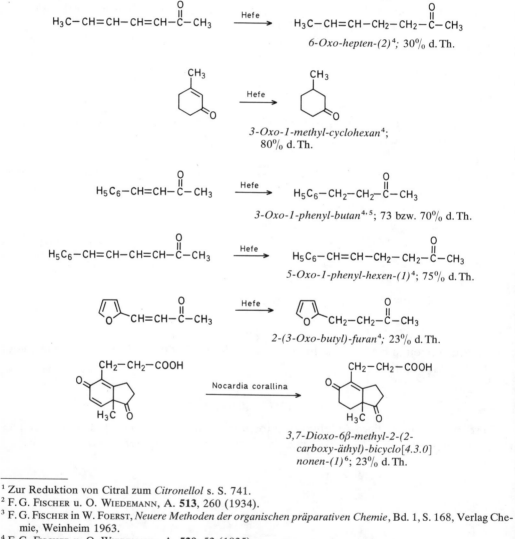

$H_3C-CH=CH-CH=CH-\overset{\overset{O}{\|}}{C}-CH_3 \xrightarrow{\text{Hefe}} H_3C-CH=CH-CH_2-CH_2-\overset{\overset{O}{\|}}{C}-CH_3$

6-Oxo-hepten-(2)[4]; 30% d. Th.

3-Oxo-1-methyl-cyclohexan[4];
80% d. Th.

$H_5C_6-CH=CH-\overset{\overset{O}{\|}}{C}-CH_3 \xrightarrow{\text{Hefe}} H_5C_6-CH_2-CH_2-\overset{\overset{O}{\|}}{C}-CH_3$

3-Oxo-1-phenyl-butan[4,5]; 73 bzw. 70% d. Th.

$H_5C_6-CH=CH-CH=CH-\overset{\overset{O}{\|}}{C}-CH_3 \xrightarrow{\text{Hefe}} H_5C_6-CH=CH-CH_2-CH_2-\overset{\overset{O}{\|}}{C}-CH_3$

5-Oxo-1-phenyl-hexen-(1)[4]; 75% d. Th.

2-(3-Oxo-butyl)-furan[4]; 23% d. Th.

3,7-Dioxo-6β-methyl-2-(2-
carboxy-äthyl)-bicyclo[4.3.0]
nonen-(1)[6]; 23% d. Th.

[1] Zur Reduktion von Citral zum Citronellol s. S. 741.
[2] F.G. Fischer u. O. Wiedemann, A. **513**, 260 (1934).
[3] F.G. Fischer in W. Foerst, Neuere Methoden der organischen präparativen Chemie, Bd. 1, S. 168, Verlag Chemie, Weinheim 1963.
[4] F.G. Fischer u. O. Wiedemann, A. **520**, 52 (1935).
[5] Brit.P. 1 230 455 (1968; Jap. Prior. 1967), Takeda Chem. Ind., Erf.: M. Isono, T. Takahashi, Y. Yamasaki u. T. Miki; C.A. **72**, 90 738 (1970).
[6] S.S. Lee u. C.J. Sih, Biochem. **6**, 1395 (1967).

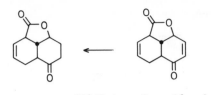

10β-Hydroxy-7-oxo-2β-carboxy-trans-
bicyclo[4.4.0]decen-(3)-lacton[1−3]

Rh. nigricans	*P. notatium*
A. globosus	*A. oryzae*
M. griseo cyanus	*F. larteritum*

Diese selektive Reduktion kann auch zur Hydrierung von Prostaglandinen des A_2-Typs angewandt werden. Pilze und Bakterien reduzieren die C=C-Doppelbindung im Cyclopenten-Ring, *Corguespora cassiicola* die im Cyclopenten-Ring von 15-epi-PGA$_2$[4,5] (zur vollständigen Hydrierung des En-on-Systems s. S. 731ff.):

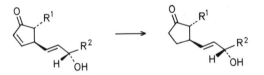

Am häufigsten wird diese Reduktion bei Steroiden durchgeführt. Sie kann als Rückreaktion des Keto-Steroid-Dehydrogenase-Systems betrachtet werden. Als Protonendonator bzw. Akzeptor kann ein Flavoprotein, ein Chinon oder ein anderer Redoxpartner dienen. Die bei der Reduktion eingeführten Wasserstoff-Atome stehen im Molekül axial, also in *trans*-Stellung (1α, 2β)[6]; z.B.:

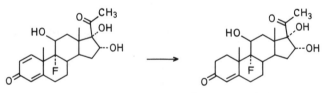

9α-Fluor-11β,16α,17α-trihydroxy-3,20-dioxo-pregnen-
(4) (1,2-Dihydro-triamcinolon)
Corynebacterium simplex
Bacterium cyclooxydans

Mit *Bacillus paraputrificus*[7] gelingt es 3-Oxo-androstene-(4) zu 3-Oxo- und 3β-Hydroxy-5β-androstanen zu reduzieren; vorteilhafter sind jedoch *Clostridium paraputrificum*[8] und *Streptomyces sp.*[9] (Beispiele s. S. 733).

[1] M. Protiva, A. Čapek, J.O. Jilek, B. Kakáč u. M. Tadra, Collect. czech. chem. Commun. **26**, 1537 (1961).
[2] K. Mori, D.M.S. Wheeler, J.O. Jilek, B. Kakáč u. M. Protiva, Collect. czech. chem. Commun. **30**, 2236 (1965).
[3] A. Čapek, M. Tadra, B. Kakáč, B. Ernest u. M. Protiva, Folia Microbiol. (Prague) **7**, 253 (1962).
[4] US.P. 3788947 (1972), D.G. Searle u. Co., Erf.: C.F. Shu, J. Jiu u. S.S. Mizuba; C.A. **81**, 24194 (1974).
[5] US.P. 3928134 (1973), American Home Prod. Corp., Erf.: G. Greenspan u. M.R.G. Leeming; C.A. **84**, 103848 (1976).
[6] J.J. Goodman, M. May u. L.L. Smith, J. Biol. Chem. **235**, 965 (1960).
[7] L. Mamoli u. G. Schramm, B. **71**, 2698 (1938).
[8] K. Schubert, J. Schlegel u. C. Hörhold, Z. Naturforsch. **18b**, 284 (1963).
[9] G. Greenspan, C.P. Schaffner, W. Charney, M.J. Gentles u. H.L. Herzog, J. Org. Chem. **26**, 1676 (1961).

17α,21-Dihydroxy-3,11,20-trioxo-5β-pregnen-(1)[1]:

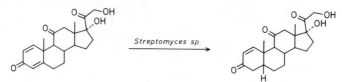

Streptomyces sp.

4 Erlenmeyerkolben werden mit je 50 *ml* 1%igem Hefeextrakt-Dextrose-Medium und Sporen von *Strepto-myces sp. W 3808* versetzt. Nach 64 Stdn. Inkubation bei 30° auf einer Schüttelmaschine werden die Kulturen auf 4 2-*l*-Erlenmeyerkolben verteilt, von denen jeder 400 *ml* Medium enthält. Nach weiteren 48 Stdn. Inkubation werden jeweils 130 mg Prednison zugegeben. Nach 112 Stdn. wird das Mycel abfiltriert, mit Wasser gewaschen und die wäßr. Phase mehrmals mit Chloroform extrahiert. Die vereinigten organ. Auszüge werden eingeengt und der verbleibende Rückstand an Kieselgel chromatographiert (Elutionsmittel: Chloroform); Ausbeute: 70 mg; F 185–189°.

Im folgenden werden Beispiele für die Reduktion von C=C-Doppelbindungen in 3-Oxo-Δ⁴- bzw. Δ¹,⁴-steroiden aufgeführt:

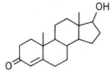

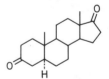

17β-Hydroxy-3-oxo-5β-androstan
Bacillus Putrificus[2]; 70% d. Th.

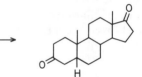

3,17-Dioxo-5β-androstan
Putrefaktive Bakterien[3]
Clostridium lentoputrescens
(*Bacillus putrificus*; 70–80%)[2]

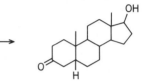

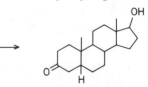

3,17-Dioxo-5α-androstan
Streptomyces griseus[4]

17β-Hydroxy-3-oxo-5β-androstan
Clostridium Rentoputrescens (*Bacillus putrificus*)[2]; 39% d. Th.

[1] G. GREENSPAN, C. P. SCHAFFNER, W. CHARNEY, M. J. GENTLES u. H. L. HERZOG, J. Org. Chem. **26**, 1676 (1961).
[2] L. MAMOLI, R. KOCH u. H. TESCHEN, H. **261**, 287 (1939).
[3] L. MAMOLI u. G. SCHRAMM, B. **71**, 2083 (1938).
[4] E. VISCHER u. A. WETTSTEIN, Experientia **16**, 355 (1960).

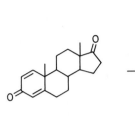

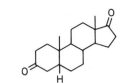

3,17-Dioxo-5β-androstan
Clostrium paraputrificum[1]

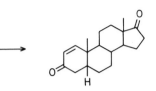

3,17-Dioxo-5β-androsten-(1)
Clostrium paraputrificum[1]; 80% d. Th.

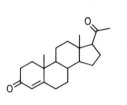

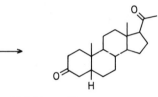

3,20-Dioxo-5β-pregnan
Clostridium lentoputrescens[2]; 80% d. Th.
(*Bacillus putrificus*)

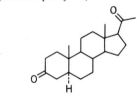

3,20-Dioxo-5α-pregnan
Cortinarius evernius C-351[3]
Streptomyces griseus[4]
Mycobacterium smegmatis[5]; 30%
Penicillium urticae[6]; 9%

[1] K. Schubert, J. Schlegel u. C. Hörhold, H. **332**, 310 (1963).

[2] L. Mamoli, R. Koch u. H. Teschen, H. **261**, 287 (1939).

[3] E. C. Schuytema, M. P. Hargie, D. H. Siehr, L. Merits, J. R. Schenk, M. S. Smith u. E. L. Varner, Appl. Microbiol. **11**, 256 (1963).

[4] E. Vischer u. A. Wettstein, Experientia **16**, 355 (1960).

[5] K. Schubert, K.-H. Böhme u. C. Hörhold, Z. Naturforsch. **16b**, 595 (1961).

[6] US. P. 2 602 769 (1952), Upjohn Co., Erf.: H. C. Murray u. D. H. Peterson; C. A. **46**, 8331 (1952).

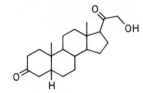

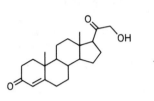

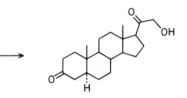

21-Hydroxy-3,20-dioxo-5β-pregnan
Alternaria bataticola[1]

21-Hydroxy-3,20-dioxo-5α-pregnan
Streptomyces griseus[2,3]; 40%

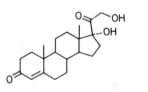

→

11β,21-Dihydroxy-3,20-dioxo-5β-pregnan
Alternaria bataticola[1]

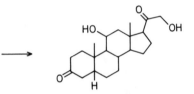

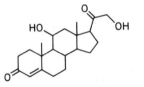

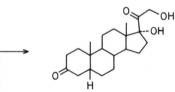

17α,21-Dihydroxy-3,20-dioxo-5β-pregnan
Alternaria bataticola[1]

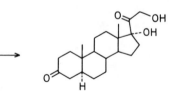

17α,21-Dihydroxy-3,20-dioxo-5α-pregnan
Streptomyces griseus[2]

[1] M. SHIRASAKA u. M. TSURUTA, Arch. Biochem. Biophys. **87**, 337 (1960).
[2] E. VISCHER u. A. WETTSTEIN, Experientia **16**, 355 (1960).
[3] US.P. 3 056 838 (1962), F.L. WEISENBORN u. C.J. SIH; C.A. **57**, 17 218 (1962).

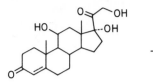 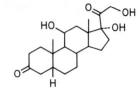

11β,17α,21-Trihydroxy-3,20-dioxo-5β-pregnan
Alternaria bataticola[1]

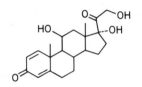 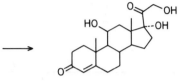

11β,17α,21-Trihydroxy-3,20-dioxo-pregnen-(4)
Bacillus megaterium[2]

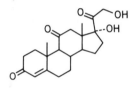 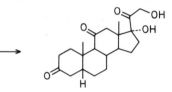

17α,21-Dihydroxy-3,11,20-trioxo-5β-pregnan
Alternaria bataticola[1]

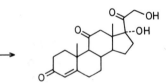

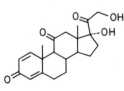

17α,21-Dihydroxy-3,11,20-trioxo-pregnen-(4)
(Cortison)
Bacillus megaterium[2]

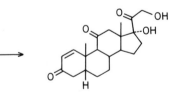

17α,21-Dihydroxy-3,11,20-trioxo-5β-pregnen-(1)
Streptomyces sp. W 3808[3]

[1] M. SHIRASAKA u. M. TSURUTA, Arch. Biochem. Biophys. **87**, 337f. (1960).
[2] H. L. HERZOG, M. J. GENTLES, W. CHARNEY, D. SUTTER, E. TOWNLEY, M. YUDIS, P. KABASAKULIAN u. E. B. HERSHBERG, J. Org. Chem. **24**, 691 (1959).
[3] G. GREENSPAN, C. P. SCHAFFNER, W. CHARNEY, M. J. GENTLES u. H. L. HERZOG, J. Org. Chem. **26**, 1676 (1961).

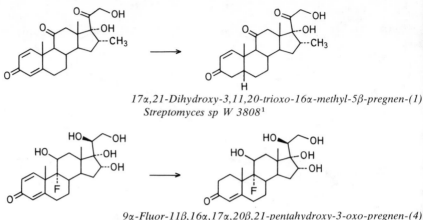

17α,21-Dihydroxy-3,11,20-trioxo-16α-methyl-5β-pregnen-(1)
Streptomyces sp W 3808[1]

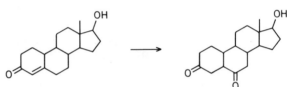

9α-Fluor-11β,16α,17α,20β,21-pentahydroxy-3-oxo-pregnen-(4)
Bacterium cyclooxydans[2]
Corynebacterium simplex[2]

γ₂) unter gleichzeitiger Oxygenierung eines anderen C-Atoms

Die selektive Reduktion einer C=C-Doppelbindung im En-on-System eines Steroids kann mit der gleichzeitigen Einführung einer Hydroxy- oder Oxo-Gruppe an anderer Stelle des C-Systems gekoppelt sein; z.B.:

17β-Hydroxy-3,6-dioxo-östran
Rhizopus reflexus[3] *(5α + 5β)*

1β-Hydroxy-3,17-dioxo-5α-androstan
Penicillum sp ATCC 12556[4]

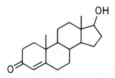 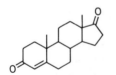 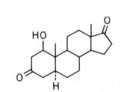 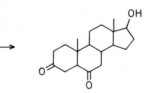

17β-Hydroxy-3,6-dioxo-androstan
Rhizopus reflexus[5] *(5α + 5β)*

[1] G. Greenspan, C.P. Schaffner, W. Charney, M.J. Gentles u. H.L. Herzog, J. Org. Chem. **26**, 1676 (1961).
[2] J.J. Goodman, M. May u. L.L. Smith, J. Biol. Chem. **235**, 965 (1960).
[3] US.P. 2692273 (1954), Upjohn Comp., Erf.: H.C. Murray u. D.H. Peterson; C.A. **48**, 6084 (1954).
[4] R.M. Dodson, A.H. Goldkamp u. R.D. Muir, Am. Soc. **82**, 4026 (1960).
[5] S.H. Eppstein, P.D. Meister, H.M. Leigh, D.H. Peterson, H.C. Murray, L.M. Reineke u. A. Weintraub, Am.Soc. **76**, 3174 (1954).

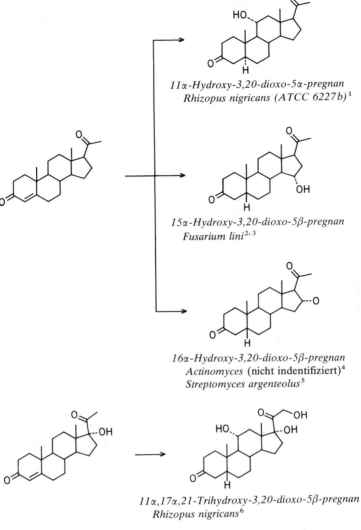

11α-Hydroxy-3,20-dioxo-5α-pregnan
Rhizopus nigricans (ATCC 6227b)[1]

15α-Hydroxy-3,20-dioxo-5β-pregnan
Fusarium lini[2, 3]

16α-Hydroxy-3,20-dioxo-5β-pregnan
Actinomyces (nicht indentifiziert)[4]
Streptomyces argenteolus[5]

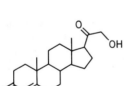

11α,17α,21-Trihydroxy-3,20-dioxo-5β-pregnan
Rhizopus nigricans[6]

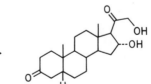

16α,21-Dihydroxy-3,20-dioxo-5β-pregnan
Streptomyces argenteolus[5]

[1] D. H. Petersen, H. C. Murray, S. H. Eppstein, L. M. Reineke, A. Weintraub, P. D. Meister u. H. M. Leigh, Am. Soc. **74**, 5933 (1952).

[2] A. Gubler u. C. Tamm, Helv. **41**, 301 (1958).

[3] C. Tamm, A. Gubler, G. Juhasz, E. Weiss-Berg u. W. Zurcher, Helv. **46**, 889 (1963).

[4] D. Perlman, E. Titus u. J. Fried, Am. Soc. **74**, 2126 (1952).
   s. a. D. H. Petersen, S. H. Eppstein, P. D. Meister, B. J. Magerlein, H. C. Murray, H. M. Leigh, A. Weintraub u. L. M. Reineke, Am. Soc. **75**, 412 (1953).

[5] US. P. 2855343 (1958), Olin Mathieson Chem. Corp., Erf.: G. Fried, D. Perlman, A. F. Langlykke u. E. O. Titus, C. A. **53**, 8211 (1959).

[6] US. P. 2602769 (1952), Upjohn Comp., Erf.: H. C. Murray u. D. H. Peterson; C. A. **46**, 8331 (1952).

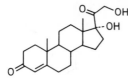 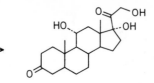

11α,17α,21-Trihydroxy-3,20-dioxo-pregnan
Rhizopus nigricans (5α-[1,2]; 5β-[3])

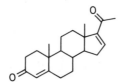 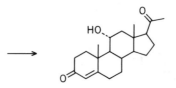

11α-Hydroxy-3,20-dioxo-pregnen-(4)
Rhizopus nigrians ATCC 6227b[4]; 24%
Aspergillus niger[5]

2. gemeinsame Reduktion von Oxo-Gruppe und C=C-Doppelbindung

Da die Reduktionsgeschwindigkeiten von Oxo-Gruppe und C=C-Doppelbindung nicht sehr verschieden sind, gelingt es in verschiedenen Fällen, besonders bei konjugierten En-on-Systemen, das Gesamtsystem zum gesättigten Alkohol zu reduzieren.

Der geschwindigkeitsbestimmende Schritt der Reduktion von 3-Oxo-Δ^4-steroiden zu 3-Hydroxy-steroiden ist die Wasserstoff-Übertragung von NAD(P)H$_2^{\oplus}$ auf die Carbonyl-Funktion. Dabei ist zu beachten, daß mit abnehmender Elektronendichte an der Carbonyl-Gruppe die Reaktionsgeschwindigkeit steigt. So vermag z.B. ein zellfreier Extrakt aus *Pseudomonas testosteroni* die En-on-Funktion im 17β-Hydroxy-3-oxo-androsten-(4) (Testosteron) sowie deren 2α- und 6β-Methyl-Derivate nicht zu reduzieren, dagegen werden die 2α-Fluor (Chlor)-, 4- und 6-Fluor- ebenso wie die 2α-Hydroxy-Verbindungen reduziert[6, vgl. 7].

α) in nicht konjugierten En-onen[8]

Mit *Saccharomyces cerevisiae* gelingt es, die isolierten Carbonyl-Gruppen und die isolierte C=C-Doppelbindung im 3,17-Dioxo-androsten-(5) gleichzeitig zu reduzieren[9]:

[1] US.P. 2602769 (1952), Upjohn Co., Erf.: H.C. MURRAY u. D.H. PETERSON; C.A. **46**, 8331 (1952).

[2] D.H. PETERSON, S.H. EPPSTEIN, P.D. MEISTER, B.J. MAGERLEIN, H.C. MURRAY, H.M. LEIGH, A. WEINTRAUB u. L.M. REINEKE, Am. Soc. **75**, 412 (1953).

[3] US.P. 2659743 (1953), Upjohn Co., Erf.: H.C. MURRAY u. D.H. PETERSON; C.A. **48**, 13737 (1954).

[4] P.D. MEISTER, D.H. PETERSON, H.C. MURRAY, S.H. EPPSTEIN, L.M. REINEKE, A. WEINTRAUB u. H.M. LEIGH, Am. Soc. **75**, 55 (1953).

[5] US.P. 2649402 (1953); vgl. a. 2659741 (1953), Upjohn Comp., Erf.: H.C. MURRAY u. D.H. PETERSON; C.A. **48**, 13737 (1954).

[6] H.J. RINGOLD, J. GRAVES, M. HAYANO u. H. LAWRENCE Jr., Biochem. Biophys. Research Commun **13**, 162 (1963).

[7] C.H. ROBINSON, N.F. BRUCE u. E.P. OLIVETO, J. Org. Chem. **28**, 975 (1963).

[8] weitere Beispiele s. Bd. VI/1d, S. 421.

[9] L. MAMOLI u. A. VERCELLONE, B. **70**, 2079 (1937).

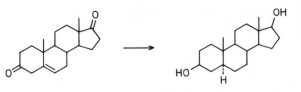

3β,17β-Dihydroxy-5α-androstan

Analoge Reduktionen zeigen die folgenden Beispiele:

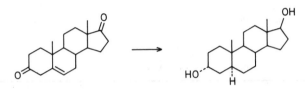

3α,17β-Dihydroxy-5α-androstan (mit Bakterien)[1]

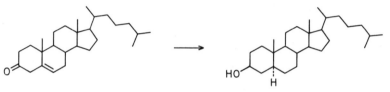

3β-Hydroxy-5α-cholestan
Saccharomyces[2]

β) in konjugierten En-onen

β₁) *allgemeine Reduktion*[3]

α,β-ungesättigte Aldehyde werden schneller reduziert als die entsprechenden Alkohole, wobei die Formyl-Gruppe vor der C=C-Doppelbindung angegriffen wird. Mit Hefen erhält man daher als Zwischenprodukt den α,β-ungesättigten Alkohol, der dann bei längerer Fermentationszeit zum **Alkanol** weiterhydriert wird[4,5]; z.B.:

$$H_3C-CH=CH-CH=CH-CH=CH-CHO \xrightarrow{\text{Hefe}} H_3C-CH=CH-CH=CH-(CH_2)_2-CH_2-OH$$

8-Hydroxy-octadien-(2,4); 35% d.Th.

Die Reduktion eines α,β-ungesättigten Ketons führt zum entsprechenden sekundären Alkohol[6]; z.B.:

$$H_5C_6-CH=CH-\overset{\overset{\text{O}}{\|}}{C}-CH_3 \xrightarrow{\text{Hefe}} H_5C_6-CH_2-CH_2-\overset{\overset{\text{OH}}{|}}{CH}-CH_3$$

4-Phenyl-butanol-(2); 60% d.Th.

[1] G. Schramm u. L. Mamoli, B. **71**, 1322 (1938).
[2] US.P. 2186906 (1940), L. Mamoli; C.A. **34**, 3436 (1940).
[3] weitere Beispiele s. Bd. VI/1d, S. 414ff.
[4] F.G. Fischer u. O. Wiedemann, A. **522**, 1 (1936).
[5] F.G. Fischer in W. Foerst, *Neuere Methoden der präparativen organischen Chemie*, Bd. 1, S. 168, Verlag Chemie, Weinheim 1963.
[6] Brit.P. 1230455 (1968), Takeda Chem. Ind., Erf.: M. Isono, T. Takahashi, Y. Yamasaki u. T. Miki; C.A. **72**, 90738k (1970).

Im 1,6-Dioxo-dien-(2,4)-System der Prostaglandine gelingt es, das nichtcyclische En-on-System zu reduzieren[1]; z. B.:

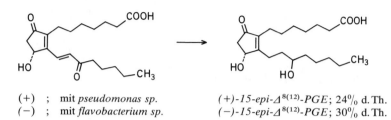

| (+) ; mit *pseudomonas sp.* | (+)-15-epi-$\Delta^{8(12)}$-PGE; 24% d. Th. |
| (−) ; mit *flavobacterium sp.* | (−)-15-epi-$\Delta^{8(12)}$-PGE; 30% d. Th. |

Werden 2-Oxo-alken-(3)-säuren der Hefereduktion ausgesetzt, so wird im ersten Reaktionsschritt unter Decarboxylierung ein Alken-(2)-al gebildet, das dann zum α,β-ungesättigten gesättigten Alkohol und weiter zum gesättigten Alkohol reduziert wird; z. B.:

$$H_3C-CH=CH-CH=CH-CH=CH-\overset{\overset{\textstyle O}{\|}}{C}-COOH \xrightarrow{\text{Hefe}}$$

$$H_3C-CH=CH-CH=CH-CH_2-CH_2-CH_2-OH$$

8-Hydroxy-octadien-(2,4)[2]

$$H_5C_6-CH=CH-\overset{\overset{\textstyle O}{\|}}{C}-COOH \xrightarrow{\text{Hefe}} H_5C_6-CH_2-CH_2-CH_2-OH$$

3-Phenyl-propanol[3]; 75% d. Th.

Wie umfangreiche Untersuchungen[3−6] zeigen, werden 3-Oxo-cycloalkene mit Hefen stereoselektiv zu Cycloalkanolen reduziert; z. B.:

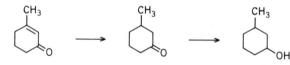

cis-3-Methyl-cyclohexanol[3]; 80% d. Th.

Mit *Curvularia falcata* können Oxo- und Dioxo-dekaline ebenfalls zu sterisch einheitlichen α-Alkoholen reduziert werden[7] (weitere Beispiele s. S. 764). Auch 3-Oxo-bicyclo[4.3.0]nonene unterliegen dieser Reaktion[8,9]; z. B.:

[1] M. MIYANO, C. R. DORN, F. B. COLTON u. W. J. MARSHEK, Chem. Commun **1971**, 425.
[2] F. G. FISCHER u. O. WIEDEMANN, A. **522**, 1 (1936).
[3] F. G. FISCHER u. O. WIEDEMANN, A. **520**, 52 (1935).
[4] C. NEUBERG, Biochem. biophys. Acta **4**, 170 (1950); Adv. Carbohydrate Chem. **4**, 74 (1949).
[5] K. KIESLICH, *Microbiol Transformation of Non-Steroid Cyclic Compounds*, S. 16, Georg Thieme Publishers, Stuttgart 1976.
[6] S. AKAMATSU, Bio. Z. **142**, 188 (1923).
[7] P. BAUMANN u. V. PRELOG, Helv. **41**, 2362 (1958).
[8] S. S. LEE u. CH. J. SIH, Biochem. **6**, 1395 (1967).
[9] Weitere Reaktionen s. K. KIESLICH, *Microbial Transformations of Non-Steroid Cyclic Compounds*, G. Thieme Verlag, Stuttgart 1976.

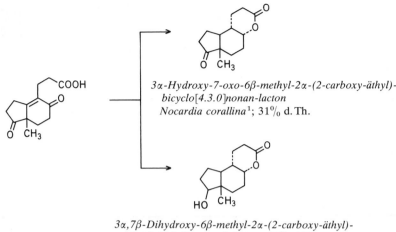

3α-Hydroxy-7-oxo-6β-methyl-2α-(2-carboxy-äthyl)-
bicyclo[4.3.0]nonan-lacton
Nocardia corallina[1]; 31% d. Th.

3α,7β-Dihydroxy-6β-methyl-2α-(2-carboxy-äthyl)-
bicyclo[4.3.0]nonan-δ-lacton; 25% d. Th.
Pseudomonas testosteroni[1]

Zur Reduktion von 2,7-Dioxo-bicyclo[4.4.0]decen-(1⁶) s.S. 764.
Das Hauptanwendungsgebiet der gemeinsamen Reduktion eines konjugierten En-on-Systems liegt in der Steroidchemie; z. B.[2]:

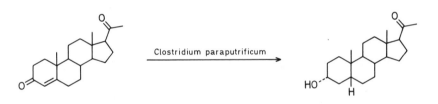

3α-Hydroxy-20-oxo-5β-pregnan[2]: Zu 24 Stdn. alten Kulturen von *Clostridium paraputrificum* im gesamtanaeroben Medium[3] werden 800 *ml* Kulturlösung, die 25 mg 3,20-Dioxo-pregnen-(4) (Progesteron) gelöst in 2,5 *ml* Aceton enthalten, unter sterilen Bedingungen zugegeben. Bei 37° werden die Kulturen unter anaeroben Bedingungen bebrütet. Nach 2–3 Tagen wird der Hydrierungsverlauf papierchromatographisch untersucht und kontrolliert. Nach beendeter Inkubation wird die Kultur 3 mal mit Äther extrahiert, die Äther-Extrakte mit Wasser gewaschen, über Natriumsulfat getrocknet und das Lösungsmittel abdestilliert. Der getrocknete Extrakt wird über Aluminiumoxid chromatographiert (Elutionsmittel: Petroläther 30–50°/Benzol, Benzol und Benzol/Äthanol). Die Substanz wird dann mehrmals aus Petroläther umkristallisiert; Ausbeute: 20 mg (80% d. Th.) F: 149–150°; $\alpha_D^{20} = +108°$ (in Chloroform).

Die folgenden Beispiele sollen einen Überblick über die Möglichkeiten der Reduktion von konjugierten En-onen unter Erhalt weiterer Oxo-Gruppen zu gesättigten Alkoholen in der Steroid-Reihe geben.

---

[1] S.S. LEE u. CH.J. SIH, Biochem. **6**, 1395 (1967).

[2] K. SCHUBERT, J. SCHLEGEL u. C. HÖRHOLD, Z. Naturforsch. **18b**, 284 (1963).

[3] H. HAENEL u. CH. KUNDE, Zbl. Bakteriol., Parasitenkunde, Infektionskrankheiten Hyg., I. Abt., Orig. **165**, 107 (1956).

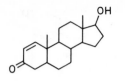 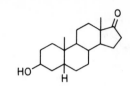

3β-Hydroxy-17-oxo-5β-androstan
Bäckerhefe[1]

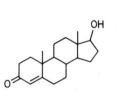 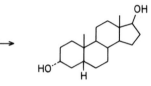

3α,17β-Dihydroxy-5β-androstan
Clostridium lentoputrescens (*Bacillus putrificus*)[2]

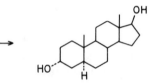

3α,17β-Dihydroxy-5α-androstan
Putrefactive Bakterien[3]

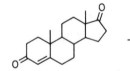 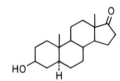

3β-Hydroxy-17-oxo-5α-androstan (vgl. a. S. 755)
Streptomyces griseus[4]

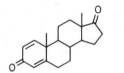 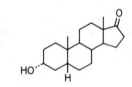

3α-Hydroxy-17-oxo-5β-androstan
Clostridium paraputrificum[5]

[1] A. Butenandt, H. Dannenberg u. L. A. Suranyi, B. **73**, 818 (1940).
[2] L. Mamoli, R. Koch u. H. Teschen, H. **261**, 287 (1939).
[3] L. Mamoli u. G. Schramm, B. **71**, 2698 (1938).
[4] E. Vischer u. A. Wettstein, Experientia **16**, 355 (1960).
[5] K. Schubert, J. Schlegel u. C. Hörhold, H. **332**, 210 (1963).

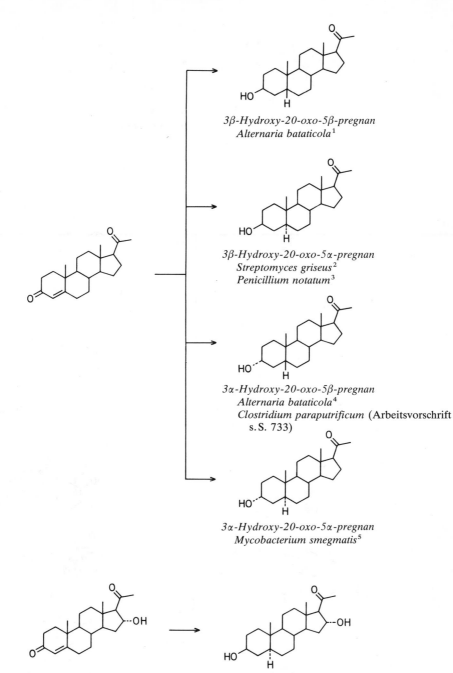

3β-Hydroxy-20-oxo-5β-pregnan
Alternaria bataticola[1]

3β-Hydroxy-20-oxo-5α-pregnan
Streptomyces griseus[2]
Penicillium notatum[3]

3α-Hydroxy-20-oxo-5β-pregnan
Alternaria bataticola[4]
Clostridium paraputrificum (Arbeitsvorschrift
s. S. 733)

3α-Hydroxy-20-oxo-5α-pregnan
Mycobacterium smegmatis[5]

3β,16α-Dihydroxy-20-oxo-5α-pregnan
Streptomyces griseus[2]

[1] M. Shirasaka u. M. Ozaki, J. Agr. Chem. Soc. (Japan) **35**, 200 (1961).
[2] E. Vischer u. A. Wettstein, Experientia **16**, 355 (1960).
[3] B. Camerino, R. Modelli u. C. Spalla, G. **86**, 1226 (1956).
[4] M. Shirasaka u. M. Tsuruta, Arch. Biochem. Biophys. **85**, 277 (1959).
[5] K. Schubert, K.-H. Böhme, u. C. Hörhold, Z. Naturforsch. **16b**, 595 (1961).

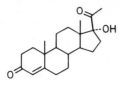 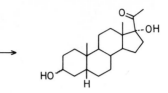

3β,17α- und *3α,17α-Dihydroxy-20-oxo-5β-pregnan*
Alternaria bataicola[1]

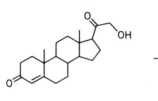

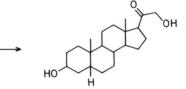

3β,21-Dihydroxy-20-oxo-5β-pregnan
Alternaria bataicola[1]
Clostridium paraputrificum[2]; 57% d. Th.

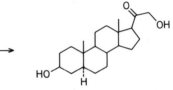

3β,21-Dihydroxy-20-oxo-5α-pregnan
Streptomyces griseus[3]; 85% d. Th.

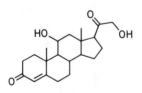

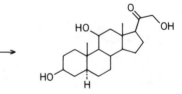

3α,11β,21-Trihydroxy-20-oxo-5β-pregnan
Alternaria bataicola[1]

3β,11β,21-Trihydroxy-20-oxo-5α-pregnan
Streptomyces griseus[3]

[1] M. Shirasaka u. M. Ozaki, J. Agr. Chem. Soc. (Japan) **35,** 200 (1961).
[2] M. Shirasaka u. M. Tsuruta, Arch. Biochem. Biophys. **85,** 277 (1959).
[3] E. Vischer u. A. Wettstein, Experientia **16,** 355 (1960).

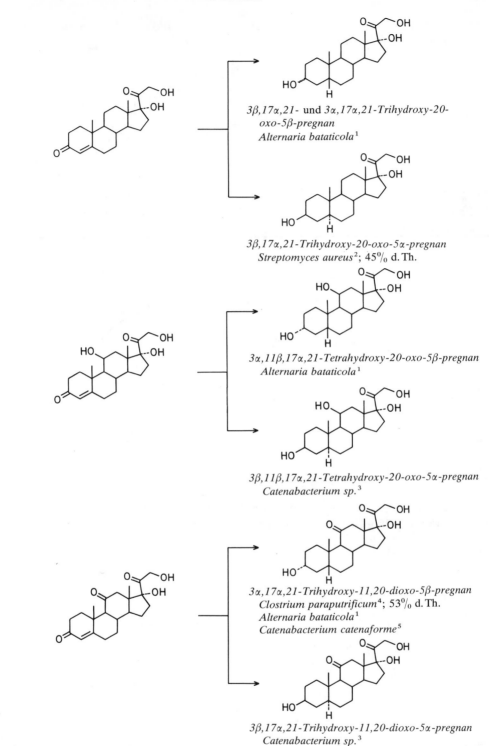

3β,17α,21- und 3α,17α,21-Trihydroxy-20-
oxo-5β-pregnan
Alternaria bataticola[1]

3β,17α,21-Trihydroxy-20-oxo-5α-pregnan
Streptomyces aureus[2]; 45% d. Th.

3α,11β,17α,21-Tetrahydroxy-20-oxo-5β-pregnan
Alternaria bataticola[1]

3β,11β,17α,21-Tetrahydroxy-20-oxo-5α-pregnan
Catenabacterium sp.[3]

3α,17α,21-Trihydroxy-11,20-dioxo-5β-pregnan
Clostrium paraputrificum[4]; 53% d. Th.
Alternaria bataticola[1]
Catenabacterium catenaforme[5]

3β,17α,21-Trihydroxy-11,20-dioxo-5α-pregnan
Catenabacterium sp.[3]

[1] M. Shirasaka u. M. Ozaki, J. Agr. Chem. Soc. (Japan) **35,** 200 (1961).
[2] E. Kondo, T. Mitsugi u. E. Masuo, Agr. Biol. Chem. (Tokyo) **26,** 22 (1962).
[3] N. D. Tam, Ann. Pharm. Franc. **20,** 556 (1962).
[4] K. Schubert, J. Schlegel u. C. Hörhold, Z. Naturforsch. **18b,** 284 (1963).
[5] A.-R. Prévot, M.-M. Janot u. N.-D. Tam, Compt. Rend. Soc. Biol. **256,** 3785 (1963).

Durch *Trametes sanguinea* läßt sich auch (+)-Codeinon selektiv stereospezifisch zum *(+)-Dihydro-isocodein* reduzieren[1]:

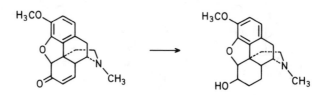

Beim 14β-Brom-Derivat wird nach der En-on-Reduktion unter Bromwasserstoff-Abspaltung eine neue C=C-Doppelbindung aufgebaut[2]:

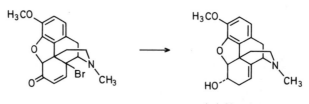

(−)-Neopin
Trametes sanguinea

β₂) *unter gleichzeitiger Reduktion weiterer Oxo-Gruppen*[3]

In manchen Fällen wird die Reduktion des konjugierten En-on-Systems durch die Reduktion der 17-Oxo-Gruppe zur Hydroxy-Gruppe begleitet; z. B.:

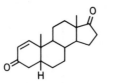 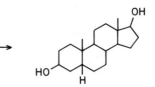

3β,17β-Dihydroxy-5β-androstan
Bäckerhefe[4]
Saccharomyces cerevisiae[5]; 83% d. Th.

---

[1] K. TSUDA, *Chemistry of Microbial Products* (6th Symposium of the Inst. Appl. Microbiol. Univ. of Tokyo), S. 167 (1964); als Nebenprodukt entsteht *(+)-Dihydro-codeinon*.
[2] M. YAMADA, K. IIZUKA, S. OKUDA, T. ASAI u. K. TSUDA, Chem. Pharm. Bull. (Japan) **11**, 206 (1963).
[3] Weitere Beispiele s. Bd. VI/1d, S. 421.
[4] A. BUTENANDT, H. DANNENBERG u. L. A. SURANYI, B. **73**, 818 (1940).
[5] A. BUTENANDT u. H. DANNENBERG, B. **71**, 1681 (1938).

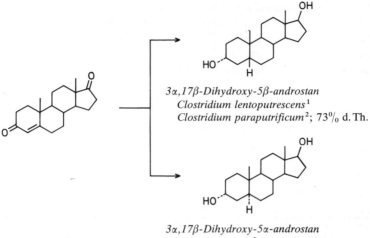

3α,17β-Dihydroxy-5β-androstan
Clostridium lentoputrescens[1]
Clostridium paraputrificum[2]; 73% d.Th.

3α,17β-Dihydroxy-5α-androstan
Euglena gracilis[3]
Clostridium lentoputrescens (*Bacillus putrificus*)[1]

Zur Reduktion von 3,7-Dioxo-6β-methyl-2-(2-carboxy-äthyl)-bicyclo[4.4.0]decen-(1) s.S. 764.

β₃) unter gleichzeitiger Hydroxylierung eines anderen C-Atoms

3,17-Dioxo-androsten-(4) wird mit *Penicillium sp ATCC 12556* mit geringen Ausbeuten zu *1α,3β-Dihydroxy-17-oxo-5α-androstan* unter gleichzeitiger Hydroxylierung reduziert[4]:

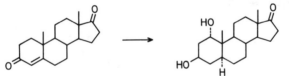

b) von Carbonyl-Gruppen[5]

Die Reduktion von Carbonyl-Gruppen kann an zahlreichen Aldehyden und Ketonen durchgeführt werden. Zur Reduktion werden Hefen und Bakterien verwendet. Bakteriell durchgeführte Reaktionen erfordern eine kürzere Reaktionszeit als Hefe-Reduktionen. Als Wasserstoff-Lieferanten dienen $NAD(P)H_2$, reduziertes FAD und andere Coenzyme. Der geschwindigkeitsbestimmende Schritt ist die Übertragung eines Hydrid-Ions auf die Carbonyl-Gruppe. Eine geringere Elektronendichte an der Carbonyl-Funktion wird deshalb die Reduktionsgeschwindigkeit erhöhen. Die Oxidation der Coenzyme ist in vielen Fällen eng mit dem Kohlenhydrat-Abbau der Zelle verknüpft (Glykolyse, Pentose-Phosphat-Cyclus, Entner-Doudoroff-Abbau). Die Coenzyme werden von den Dehydrogen-

[1] L. MAMOLI, Hoppe Seyler **261,** 287 (1939).
[2] K. SCHUBERT, J. SCHLEGEL u. C. HÖRHOLD, Z. Naturforsch. **18b,** 284 (1963).
[3] P.F. GUEHLER, H.M. TSUCHIYA u. R.M. DODSON, Abstr. 148th Meeting Am. Chem. Soc., Chicago, 1964, S.60.
[4] R.M. DODSON, A.H. GOLDKAMP u. R.D. MUIR, Am. Soc. **82,** 4026 (1960).
[5] s. a. Bd. VI/1d, S. 406.

asen reduziert, können abdissoziieren und den Wasserstoff an eine andere Oxidoreduktase wieder abgeben. Diese Wasserstoff-Transportmetaboliten, die auch aus anderen in der Zelle ablaufenden Oxidationsreaktionen stammen können, dienen dann zur Reduktion von Gärungs-Stoffwechselprodukten und als Wasserstoff-Donatoren für die Atmungskette oder als $NADPH_2$ zu Reduktionsreaktionen in Biosynthese-Ketten.

1. in Aldehyden

Biochemisch werden Aldehyde i. a. zu den entsprechenden Alkoholen reduziert, wobei sie gelegentlich der mikrobiologischen Cannizzaro-Disproportionierung zu Carbonsäure und Alkohol unterliegen können [z. B. 3,7-Dimethyl-octen-(6)-al (Citronellal) zu *8-Hydroxy-2,6-dimethyl-octen-(2)* und *3,7-Dimethyl-octen-(6)-säure*][1].

Normalerweise sind die chemischen Methoden zur Aldehyd-Reduktion im präparativen Bereich den mikrobiologischen Verfahren überlegen. Sie werden aber dann eingesetzt, wenn eine Formyl-Gruppe selektiv reduziert oder reduktiv deuteriert werden soll und eine selektive Reduktion mit chemischen Methoden nicht möglich ist.

α) in Alkanalen[2-8]

Aliphatische Aldehyde können durch Hefen[9], Clostridien (phytochemische Reduktion), Coli-Bakterien und Aerobacter-Stämme reduziert werden[10, 11].

Die erste Bearbeitung dieser Transformationsreaktionen wurde von C. Neuberg intensiv vorangetrieben. Eine gute Zusammenfassung der bis 1958 bekannten Reaktionen findet sich in Lit.[4].

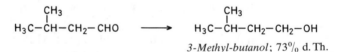

d-Form

2-Methyl-butanol
Acetobacter pasteuria[12] (*d...*)
(*Bac. pasteurianum*)
Acetobacter ascendes[12] (*l-...*)

Hefen reduzieren aliphatische Aldehyde mit Ausbeuten zwischen 30–90% d. Th. zu den entsprechenden primären Alkoholen[12]; z. B.:

$$H_3C-\overset{\underset{\displaystyle |}{CH_3}}{CH}-CH_2-CHO \longrightarrow H_3C-\overset{\underset{\displaystyle |}{CH_3}}{CH}-CH_2-CH_2-OH$$

3-Methyl-butanol; 73% d. Th.

[1] R. Molinari, Biochem. **216**, 187 (1929).
[2] F. G. Fischer in W. Foerst, *Neuere Methoden in der präparativen organischen Chemie*, Bd. 1, S. 163, Verlag Chemie, Berlin 1943.
[3] K. Kieslich, Synthesis **1969**, 120 u. 147.
[4] L. Lowell, F. H. Stodola u. R. W. Jackson, *Type Reactions in Fermentation Chemistry*, Agricultural Research Service, United States Department of Agriculture ARS-71-13, 1959.
[5] C. J. Lintner u. H. J. v. Liebig, H. **72**, 449 (1911).
[6] C. Neuberg u. H. Steenbock, Bio. Z. **52**, 494 (1913).
[7] C. Oppenheimer, *Fermente*, Bd. II, S. 1547 ff., Georg Thieme Verlag, Leipzig 1929.
[8] C. Neuberg u. G. Gorr, *Handbuch der biologischen Arbeitsmethoden*, Bd. 3, S. 1212, Urban und Schwarzenberg, Leipzig 1929.
[9] K. Bernhauer, *Gärungschemisches Praktikum*, 2. Aufl., Springer Verlag, Berlin 1939.
[10] C. Neuberg u. E. Simon, Biochem. **190**, 226 (1927).
[11] K. C. Blanchard u. J. McDonald, J. Biol. Chem. **110**, 145 (1935).
[12] C. Neuberg u. E. Simon, Bio. Z. **179**, 443 (1926).

β) in Alken-alen

Die C=C-Doppelbindung ungesättigter Aldehyde bleibt bei der Reduktion normalerweise erhalten[1], lediglich α,β-ungesättigte Aldehyde werden nach langer Reaktionszeit zum gesättigten Alkohol reduziert[2] (s. a. S. 721); z. B.[3]:

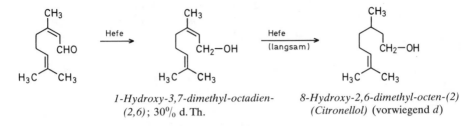

1-Hydroxy-3,7-dimethyl-octadien-
(2,6); 30% d. Th.

8-Hydroxy-2,6-dimethyl-octen-(2)
(Citronellol) (vorwiegend *d*)

Coniferaldehyd wird selektiv zum *Coniferylalkohol* (59–74% d. Th.) reduziert[4]:

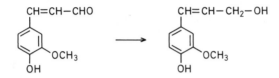

Während Citronellal bereits 1915 mit Hefe zu *Citronellol*[1] (59% d. Th.) reduziert wurde und aus einem *d,l*-Gemisch mit *Candida reukaufii* nur die die *l*-Form reduziert wird[5], unterliegt Citronellal mit *Acetobacter xylinum* oder *Acetobacter ascendens* der Cannizzaro-Disproportionierung[6].

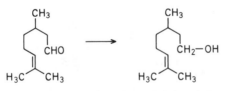

8-Hydroxy-2,6-dimethyl-octen-(2)
(Citronellol); 59% d. Th.

Durch die entsprechende Wahl eines Mikroorganismus lassen sich Aldehyde mit isolierten oder konjugierten C=C-Doppelbindungen unterscheiden, oder man kann eine Racemattrennung durchführen.

In der Steroid-Reihe kann die Reduktion von ungesättigten Aldehyden zur Herstellung homologer ungesättigter Hydroxy-Verbindungen eingesetzt werden. Zum Teil verlaufen diese Reduktionen unter gleichzeitiger Hydroxylierung des Steroids; z. B.:

---

[1] P. MAYER u. C. NEUBERG, Bio. Z. **71**, 174 (1915).

[2] F. G. FISCHER u. O. WIEDEMANN, A. **522**, 1 (1936).

[3] C. NEUBERG u. E. KERB, Bio. Z. **92**, 111 (1918).

[4] H. PAULY u. K. FEUERSTEIN, B. **62**, 297 (1929).

[5] Jap. P. 73 16 191 (1970), Takesago Perfumery Co. Ltd., Erf.: M. ASO, Y. YAMAGUCHI, T. YOSHIDA u. A. KOMATSU; C. A. **79**, 51 841 (1973).

[6] E. MOLINARI, Bio. Z. **216**, 187 (1929).

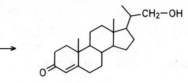

21-Hydroxy-3-oxo-20-methyl-pregnen-(4)
Penicillium lilacinum[1]

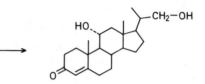

11α,21-Dihydroxy-3-oxo-20-methyl-pregnen-(4)
Rhizopus nigricans[2, 3]

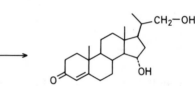

15α,21-Dihydroxy-3-oxo-20-methyl-pregnen-(4)
Rhizopus nigricans[4]

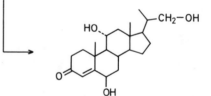

6β,11α,21-Trihydroxy-3-oxo-20-methyl-pregnen-(4)
Rhizopus nigricans[2]
Rhizopus arrhizus[3]

γ) in Aryl-substituierten Aldehyden

Aromatische Aldehyde werden von Hefen in mäßigen Ausbeuten reduziert[5, 6]. Handelt es sich dabei um Verbindungen, die schlecht wasserlöslich sind, so kann man sie adsorbiert an pulverförmige Cellulose oder Cellit als Suspension den Fermenten zuführen[7]. So erhält man z. B. aus

---

[1] D. H. Petersen, Record Chem. Progr. **17**, 211 (1956).
   US.P. 3 070 611 (1962), Upjohn Comp., Erf.: W. J. Wechter; C. A. **58**, 10 272 (1963).
[2] US.P. 2 602 769 (1952), Upjohn Co., Erf.: H. C. Murray u. D. H. Peterson; C. A. **46**, 8331 (1952).
[3] P. D. Meister, D. H. Petersen, S. H. Eppstein, H. C. Murray, L. M. Reineke, A. Weintraub u. H. M. Leigh, Am. Soc. **76**, 5679 (1954).
[4] S. W. Eppstein, P. D. Meister, H. C. Murray u. D. H. Peterson, Vitamins, Hormones **14**, 359 (1956).
[5] C. Neuberg u. F. F. Nord, B. **52**, 2237 (1919).
[6] V. E. Althouse, D. M. Feigl, W. A. Sanderson u. H. S. Mosher, Am. Soc. **88**, 3595 (1966).
[7] R. MacLeod, H. Prosser, L. Finkentscher, J. Lanyi u. H. S. Mosher, Biochem. **3**, 838 (1964).

Benzaldehyd	→	*Benzylalkohol*[1,2]; 32–50% d. Th.
2-Nitro-benzaldehyd	→	*2-Nitro-benzylalkohol*[3]; 10% d. Th.
2-Hydroxy-benzaldehyd	→	*2-Hydroxy-benzylalkohol*[4]

Zum sterischen Verlauf der Reaktion s. Lit.[2].

Bessere Ausbeuten erhält man bei der Reduktion araliphatischer Aldehyde. Die entstehenden Alkohole kann man durch Extraktion, Rektifikation oder Wasserdampfdestillation isolieren. So erhält man z. B. aus Phenyl-acetaldehyd 61–70% d. Th. *2-Phenyl-äthanol*[1].

δ) in Oxo-aldehyden

Oxo-aldehyde können nur in Einzelfällen selektiv an der Formyl-Gruppe reduziert werden. Beispiel hierfür ist die Reduktion von 14β-Hydroxy-3,19-dioxo-cardadien-(4,20^{22})-olid mit *Penicillium thomii* zu *14β,19-Dihydroxy-3-oxo-cardadien-(4,20^{22})-olid* (55% d. Th.)[5]; die an sich reaktive 3-Oxo-Gruppe (s. S. 748) ist durch Konjugation mit der $C^4 = C^5$-Doppelbindung desaktiviert (s. a. S. 742):

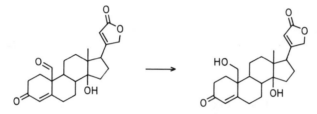

9α-Fluor-11β,17α-dihydroxy-3,20,21-trioxo-pregnen-(4) wird ebenfalls nur an der Formyl-Gruppe angegriffen[6]:

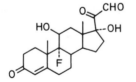 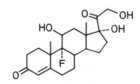

9α-Fluor-11β,17α,21-trihydroxy-3,20-dioxo-pregnen-(4)
Streptomyces roseochromogenus

In der Regel erhält man mit Hefen das entsprechende Diol oder der Oxo-aldehyd unterliegt der biochemischen Cannizzaro-Reaktion:

---

[1] C. Neuberg u. E. Welde, Bio. Z. **62**, 477 (1914).
[2] V. E. Althouse, D. M. Feigl, W. A. Sanderson u. H. S. Mosher, Am. Soc. **88**, 3595 (1966).
[3] F. F. Nord, Bio. Z. **103**, 315 (1920).
[4] P. Mayer, Bio. Z. **62**, 459 (1914).
[5] C. J. Sih, S. M. Kupchan, N. Katsui u. O. M. El Tayeb, J. Org. Chem. **28**, 854 (1963).
[6] L. L. Smith, T. Foell u. J. J. Goodman, Biochemistry **1**, 353 (1962); daneben entstehen erhebliche Mengen an
    9α-Fluor-11β,17α,20,21-tetrahydroxy-3-oxo-pregnen-(4).

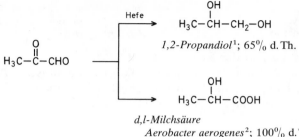

$$1,2\text{-}Propandiol^1; \; 65\% \text{ d. Th.}$$

d,l-Milchsäure
Aerobacter aerogenes²; 100% d. Th.
Aerobacter suboxydans³; 68% d. Th.

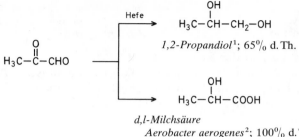

$$1,3\text{-}Butandiol^4$$

Phenyl-glyoxal[5-7] bzw. Thienyl-(2)-glyoxal[8] werden ausschließlich zu *Phenyl-(Mandelsäure)* bzw. *Thienyl-(2)-glykolsäure* disproportioniert.

ε) in Halogen-alkanalen

Halogen-alkanale werden durch Hefe selektiv zu Halogen-alkanolen reduziert. Ein klassisches Verfahren ist die Reduktion von 2,2,2-Tribrom-acetaldehyd (Bromal) zu *2,2,2-Tribrom-äthanol*[9]:

2,2,2-Tribrom-äthanol[9]: Eine Lösung von 6 kg Zucker in 95 *l* Wasser wird mit 2 kg abgepreßter, untergäriger Hefe versetzt. Sobald Gärung eintritt, wird unter leichtem Rühren langsam innerhalb 10 Stdn. eine Lösung von 120 g Bromal-Hydrat in 5 *l* Kohlendioxid-haltigem Wasser zugegeben. Nach 2 Tagen fügt man nochmals 1 kg Zucker zu, läßt nochmals 2 Tage reagieren und saugt dann die Hefe unter Zusatz von Kieselgur ab. Der Rückstand wird gut mit Äther gewaschen und die Kulturbrühe mehrmals mit Äther extrahiert. Die vereinigten organ. Phasen werden durch mehrmaliges Extrahieren mit Wasser Bromal-frei gewaschen und dann abgedampft. Der Rückstand wird aus Petroläther kristallisiert; Ausbeute: 33,6 g (30% d. Th.); F: 80°; Kp_{11-12}: 92–94°.

Die Reduktion gelingt nur, wenn die Konzentration der stark giftigen Brom-Verbindungen unter 0,2% gehalten wird.

Auf ähnliche Weise erhält man u. a. aus

2,2,2-Trichlor-acetaldehyd → *2,2,2-Trichlor-äthanol*[9,10]; 40–70% d. Th.
2,2,3-Trichlor-butanal → *2,2,3-Trichlor-butanol*[11]; 74% d. Th.

[1] C. Neuberg u. A. Vercellone, Bio. Z. **279**, 140 (1935).
[2] C. Neuberg u. E. Simon, Bio. Z. **186**, 331 (1927).
[3] E. Simon, Bio. Z. **224**, 253 (1930).
[4] S. Grzycki, Bio. Z. **265**, 195 (1933).
[5] R. Dakin, J. Biol. Chem. **18**, 91 (1914); mit Hefe (*l*- . . .).
[6] E. Mayer, Bio. Z. **174**, 420 (1926); mit *Acetobacter ascendens* (95% d. Th.); mit *Lactobacillus* (96% d. Th. *d*- . . .).
[7] C. Neuberg u. E. Simon, Bio. Z. **186**, 331 (1927); mit *Aerobacter aerogenes* (100% d. Th.).
[8] S. Fujise, Bio. Z. **236**, 241 (1931); mit Hefe.
[9] R. Willstätter u. W. Duisburg, B. **56**, 2283 (1923).
[10] C. J. Lintner u. H. Lüers, H. **88**, 122 (1913).
[11] H. Rosenfeld, Bio. Z. **156**, 54 (1925).

ζ) in Hydroxy-aldehyden und Aldosen

Eingehend untersucht wurde die Reduktion von Hydroxy-aldehyden[1,2] und Aldosen zu den entsprechenden Diolen bzw. Polyolen. Mit *Enterobacter liguefaciens* gelingt z. B. die Reduktion von Xylose zu *Xylit*[3].

Mit Candida-Zellen, an Polyacrylamid immobilisiert, werden *Xylit* bzw. *Ribit* bis zu 90% d. Th. aus Xylose bzw. Ribose erhalten[4] (vgl. a. S. 717).

Nachfolgende Aufstellung gibt einen Überblick über die Reduktion von Hydroxy-aldehyden:

Glykolaldehyd	$\xrightarrow{\text{Hefe}}$	*Glykol*[2]
2-Hydroxy-propanal	$\xrightarrow{\text{Hefe}}$	*1,2-Propandiol*[5]; 65% d. Th. (Hauptprodukt *l*-isomer)
3-Hydroxy-butanal	$\longrightarrow$	*d-1,3-Butandiol* Hefe[1] *Acetobacter ascendens*[6]
2-Hydroxy-pentanal	$\xrightarrow{\text{Hefe}}$	*d-1,2-Pentandiol*[7]
2-Hydroxy-hexanal	$\xrightarrow{\text{Hefe}}$	*d-1,2-Hexandiol*[7]
D-Ribose	$\longrightarrow$	*Ribit* *Candida polymorpha* (30–40% d. Th.)[8] *Corynebacterium Nr. 28*[9]
L-Arabinose	$\longrightarrow$	*L-Arabit* *Candida polymorpha* (30–40% d. Th.) *Corynebacterium Nr. 28*
D-Xylose	$\longrightarrow$	*Xylit* *Candida polymorpha* (30–40% d. Th.) *Corynebacterium Nr. 28* (35% d. Th.) *Penicillium chrysogenum NRRL 1951-B-25*[10] (zellfr. Enzym)
Glucose	$\longrightarrow$	*Mannit* *Aspergillus elegans* (78% d. Th.)[11]
D-Mannose	$\longrightarrow$	*Mannit* *Torulopsis versatilis*[12] *Torulopsis anomala*[12] Hefe[13] *Aspergillus* (37% d. Th.)
Galactose	$\longrightarrow$	*Dulcit*[14] *Hansenula anomala* *Pichia miso* *Pichia farinosa* *Candida polymorpha* *Candida tropicalis* *Torulopsis versatilis*

---

[1] C. NEUBERG u. J. KERB, Bio. Z. **92**, 96 (1918).

[2] C. NEUBERG u. E. SCHWENK, Bio. Z. **71**, 114 (1914).

[3] J. YOSHITAKE, H. ISHIZAKI, M. SHIMAMURA u. T. IMAI, Agr. Biol. Chem. (Tokyo) **37**, 2261 (1973).

[4] O. N. OKUNEV, V. M. ANAN'IN, E. L. GOLAVLEV u. G. K. SKYABIU, Prikl. Biokhim. Mikrobiol. **12**, 356 (1976); C. A. **85**, 44859 (1976).

[5] C. NEUBERG u. A. VERCELLONE, Bio. Z. **279**, 140 (1935).

[6] G. BINDER-KOTRBA, Bio. Z. **174**, 448 (1926).

[7] P. A. LEVENE u. A. WALLI, J. Biol. Chem. **94**, 361 (1931).

[8] H. ONISHI u. T. SUZUKI, Agr. Biol. Chem. (Tokyo) **30**, 1139 (1966).

[9] Goto Shusei Kabushiki Kaisha, Neth. 6912943 (1969).

[10] CH. CHIANG, C. J. SIH u. S. G. KNIGHT, Biochim. Biophys. Acta **29**, 664 (1958).

[11] J. H. BIRKINSHAW et al., Trans. Roy. Soc (London) **B220**, 153 (1931).

[12] H. ONISHI u. T. SUZUKI, Appl. Microbiol. **16**, 1847 (1968).

[13] P. FENAROLI, Giom. Chim. ind. applicato **4**, 85 (1922).

[14] H. ONISHI u. T. SUZUKI, J. Bacteriol. **95**, 1745 (1968).

2. in Ketonen

Die mikrobielle Reduktion von Ketonen zu sekundären Alkoholen wird dann durchgeführt, wenn unsymmetrisch substituierte Ketone zu optisch aktiven Hydroxy-Verbindungen reduziert werden sollen. Die Umsetzung verläuft langsamer als bei den Aldehyden und liefert auch geringere Ausbeuten. Aufwendige Racemat-Trennungen fallen jedoch bei dieser Arbeitsmethode weg. Hydroxy-ketone und Ketosen lassen sich leichter reduzieren.

Die Stereoselektivität der Carbonyl-Reduktionen wurde eingehend untersucht[1]. Es gilt folgende Regel: Eine unsymmetrisch substituierte Carbonyl-Funktion, an der sich die Substituenten wesentlich durch ihre räumliche Größe unterscheiden, wird so reduziert, daß das zu bildende chirale C-Atom die folgende absolute Konfiguration besitzt (diese Regel wurde durch Untersuchungen an ∼50 1-Oxo-dekalinen bestätigt)[2]:

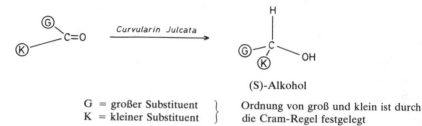

(S)-Alkohol

G = großer Substituent } Ordnung von groß und klein ist durch
K = kleiner Substituent } die Cram-Regel festgelegt

Durch stark polare Gruppen in der Umgebung der Keto-Funktion kann die Stereospezifität beeinflußt werden. Werden racemische Ketone zur Reduktion eingesetzt, so gelangt man zu diastereomeren Alkoholen, die dann durch fraktionierte Kristallisation oder durch chromatographische Methoden getrennt werden können. Auf Grund dieser Fähigkeiten lassen sich sekundäre Alkohole mit hoher optischer Reinheit einfach mit Hilfe dieser Biokatalysatoren herstellen.

Das Hauptanwendungsgebiet der Reduktion von Ketonen liegt auf dem Steroid-Sektor. Sie bietet dann Vorteile, wenn Verbindungen hergestellt werden sollen, die auf chemischem Wege schwer oder nicht zugänglich sind[3,4].

Zur Reduktion stehen eine Vielzahl von Mikroorganismen zur Verfügung (zu den Reduktionseigenschaften von Saccharomyceten s. Lit.[5-8]).

Durch Hefen werden 3-, 7-, 9-, 16-, 17-, 19-, 20-, 21- und 22-Oxo-steroide reduziert (Verfahren s. Lit.[5-9]).

α) in Alkanonen

α₁) in Mono-ketonen

Als Beispiel für die Reduktion von Mono-ketonen mag die Reduktion von 2-Oxo-pentan gelten[10]:

[1] W. Acklin u. V. Prelog et al., Helv. **48**, 1725 (1965).
[2] V. Prelog, Industrie chimique Belge **27**, 1309 (1962).
[3] W. Charney u. H.L. Herzog, *Microbial Transformations of Steroids*, Academic Press, New York 1967.
[4] A. Capek, O. Hanc u. M. Tadra, *Microbial Transformations of Steroids*, Academic Press, Prague 1966.
[5] L. Mamoli u. A. Vercellone, H. **245**, 93 (1937).
[6] L. Mamoli u. A. Vercellone, B. **70**, 470 (1937).
[7] L. Mamoli u. A. Vercellone, B. **70**, 2079 (1937).
[8] A. Vercellone u. L. Mamoli, H. **248**, 277 (1937).
[9] A. Wettstein, Helv. **22**, 250 (1939).
[10] C. Neuberg u. F.F. Nord, B. **52**, 2237 (1919).

d-Pentanol-(2)[1]:

Gäransatz: 2 l Leitungswasser (30–40°), 200 g Rohrzucker, 200 g Hefe und 10–15 g Pentanon-(2).

Die Gärung wird in einem 5-l-Kolben durchgeführt. Zum gärenden Gemisch gibt man langsam 10 g Pentanon-(2) zu und rührt die Kultur langsam durch. Man läßt 3 Tage bei 20° rühren, stellt dann in einen Brutschrank und gibt nochmals 200 g Hefe und 200 g Rohrzucker zu. Nach 2 Wochen wird wasserdampfdestilliert. Das Destillat wird mit Petroläther extrahiert und die vereinigten organ. Phasen mit Wasser gewaschen. Der Petroläther wird abdestilliert und das Keton vom Alkohol durch Zugabe von Phenylhydrazin abgetrennt. Durch fraktionierte Destillation wird der Alkohol gereinigt; Ausbeute: 4,3 g (43% d. Th.); Kp: 117–119°; $[\alpha]_D^{16} = 6,3°$ (c = 100).

Auf analoge Weise erhält man z.B. aus

Butanon-(2)	→	d-2-Butanol[1]
Octanon-(2)	→	d-2-Octanol[1]
Undecanon-(2)	→	d-2-Undecanol[1]

Auch cyclische Ketone können eingesetzt werden; z. B.:

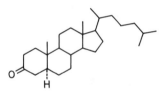

cis-2-Hydroxy-1-methyl-cyclohexan[2]

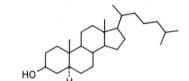

3β-Hydroxy-5α-cholestan
Saccharomyces cerevisiae[3]; 65% d. Th.

Zur Reduktion von Oxo-dekalinen s. Lit.[4].

α₂) in Di- und Triketonen

Während Aryl-1,2-diketone in der Regel zu α-Hydroxy-ketonen reduziert werden, erhält man aus Alkan-1,2-dionen auch die entsprechenden Glykole; z. B.:

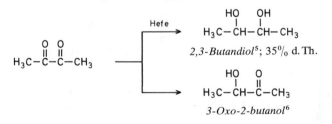

2,3-Butandiol[5]; 35% d. Th.

3-Oxo-2-butanol[6]

---

[1] C. Neuberg u. F. F. Nord, B. 52, 2237 (1919).
[2] S. Akamatsu, Bio. Z. 142, 188 (1923).
[3] US.P. 2 186 906 (1940), L. Mamoli, C.A. 34, 3436 (1940).
[4] P. Baumann u. V. Prelog, Helv. 41, 2362 (1958).
[5] C. Neuberg u. F. F. Nord, B. 52, 2248 (1919).
[6] G. Nagelschmidt, Bio. Z. 186, 317 (1927).

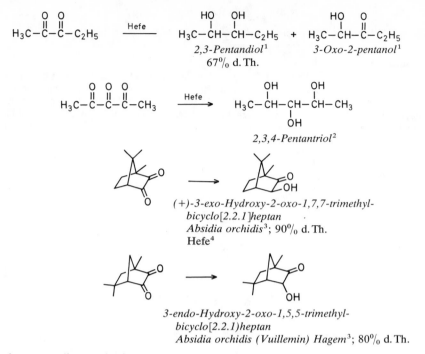

$$H_3C-\overset{\overset{O}{\|}}{C}-\overset{\overset{O}{\|}}{C}-C_2H_5 \quad \xrightarrow{\text{Hefe}} \quad H_3C-\overset{\overset{HO}{|}}{CH}-\overset{\overset{OH}{|}}{CH}-C_2H_5 \;+\; H_3C-\overset{\overset{HO}{|}}{CH}-\overset{\overset{O}{\|}}{C}-C_2H_5$$

2,3-Pentandiol[1]   *3-Oxo-2-pentanol*[1]
67% d. Th.

$$H_3C-\overset{\overset{O}{\|}}{C}-\overset{\overset{O}{\|}}{C}-\overset{\overset{O}{\|}}{C}-CH_3 \quad \xrightarrow{\text{Hefe}} \quad H_3C-\overset{\overset{OH}{|}}{CH}-\underset{\underset{OH}{|}}{\overset{\overset{OH}{|}}{CH}}-CH-CH_3$$

2,3,4-Pentantriol[2]

(+)-3-exo-Hydroxy-2-oxo-1,7,7-trimethyl-
bicyclo[2.2.1]heptan
Absidia orchidis[3]; 90% d. Th.
Hefe[4]

3-endo-Hydroxy-2-oxo-1,5,5-trimethyl-
bicyclo[2.2.1]heptan
Absidia orchidis (Vuillemin) Hagem[3]; 80% d. Th.

1,3-Cyclopentandione mit einer weiteren Oxo-Gruppe in der Alkyl-Seitenkette können selektiv an einer Ring-Oxo-Gruppe reduziert werden; z. B.:

 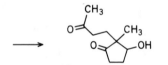

(5S,1S)-5-Hydroxy-2-oxo-1-methyl-1-
(3-oxo-butyl)-cyclopentan
Rh. arrhizus ATCC 11 145[5]

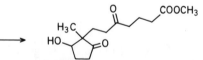

(5S,1S)-5-Hydroxy-2-oxo-1-methyl-1-(3-oxo-6-methoxycarbonyl-
hexyl)-cyclopentan[6]
Rh. arrhizus ATCC 11 145; 75% d. Th.
S. cerevisia NC 1299
Streptomyces platensis NRRL 2364
Ps. aeruginosa ATCC 10 145

Von den Di- und Triketonen der Steroid-Reihe wird zunächst selektiv die 3-Oxo-Gruppe zur Hydroxy-Gruppe reduziert. Will man also andere Oxo-Gruppen reduzieren, so gelingt dies nur, wenn in 3-Stellung keine isolierte Oxo-Gruppe vorhanden bzw. diese

[1] S. Veibel u. E. Bach, Kgl. Danske Videnskab. Selskab., Math.-fys. Medd. **13,** 19 (1936).
[2] C. Neuberg u. W. M. Cahill, Enzymologia **1,** 42 (1936).
[3] B. Pfrunder u. C. Tamm, Helv. **52,** 1630 (1969).
[4] C. Neuberg, Biochim. Biophys. Acta **4,** 170 (1950).
[5] US. P. 3 432 393 (1969; Fr. Prior. 1965) ≡ Holl. Anm. 6 605 744 (1966), Roussel UCLAF, Erf.: P. Bellet u.
     T. van Thuong; C. A. **67,** 2097 (1967).
[6] P. Bellet, G. Nominé u. J. Mathieu, C.r. **263,** 88 (1966).

geschützt ist (s. S. 754). Zur Reduktion von Hydroxy-oxo- und Oxo-carboxy-steroiden s. S. 756, 768.

Im folgenden werden einige Beispiele der Reduktion von Dioxo- und Trioxo-steroiden aufgeführt:

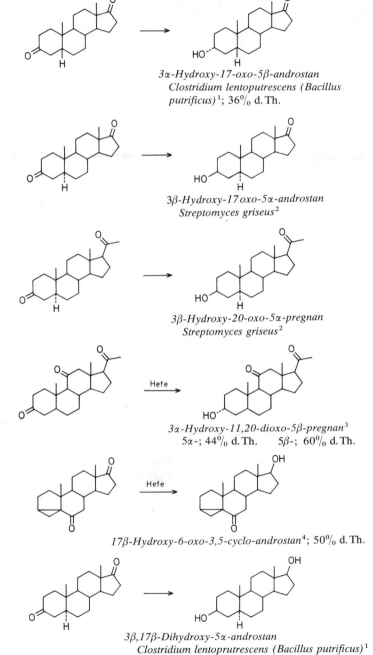

3α-Hydroxy-17-oxo-5β-androstan
Clostridium lentoputrescens (Bacillus putrificus)[1]; 36% d. Th.

3β-Hydroxy-17 oxo-5α-androstan
Streptomyces griseus[2]

3β-Hydroxy-20-oxo-5α-pregnan
Streptomyces griseus[2]

Hefe

3α-Hydroxy-11,20-dioxo-5β-pregnan[3]
5α-; 44% d. Th.   5β-; 60% d. Th.

Hefe

17β-Hydroxy-6-oxo-3,5-cyclo-androstan[4]; 50% d. Th.

3β,17β-Dihydroxy-5α-androstan
Clostridium lentoprutrescens (Bacillus putrificus)[1]
Hefe[5]

[1] L. MAMOLI, R. KOCH u. H. TESCHEN, Hoppe Seyler **261,** 287 (1939).
[2] E. VISCHER u. A. WETTSTEIN, Experientia **16,** 355 (1960).
[3] B. CAMERINO, C. G. ALBERTI u. A. VERCELLONE, Helv. **36,** 1945 (1953).
[4] A. BUTENANDT u. L. A. SURANYI, B. **75B,** 591 (1942).
[5] L. MAMOLI u. A. VERCELLONE, Hoppe Seyler **245,** 93 (1937).

β) in Alken-onen

Neben der selektiven Reduktion von C=C-Doppelbindungen in En-onen (s. S. 722 ff.) bzw. der gemeinsamen Reduktion eines konjugierten En-on-Systems (s. S. 731 ff.) sind auch selektive Reduktionen von Oxo-Gruppen neben einer C=C-Doppelbindung bzw. einem konjugierten En-on-System oder von Oxo-Gruppen in konjugierten En-on-System möglich.

β₁) unter Reduktion einer bzw. mehrerer isolierter Carbonyl-Gruppen

ββ₁) mit isolierter C=C-Doppelbindung

Neben der Reduktion von 5-Oxo-hexen-(1) mit Hefe zum *5-Hydroxy-hexen-(1)* (80% d. Th.) sind bisher nur Beispiele aus der Reihe der 3-Hydroxy-17-oxo-androstene-(4) sowie der 14,17-Dioxo-8,14-seco-östratetraene-(1,3,5¹⁰,9¹¹) bekannt[1]. Dabei ist zu beachten, daß neben der Reduktion der 17-Oxo-Gruppe oft eine C=C-Doppelbindungsverschiebung in 4 Stellung unter gleichzeitiger Oxidation der 3-Hydroxy-Gruppe zur Oxo-Gruppe eintritt. Ist diese Nebenreaktion unerwünscht, so muß die 3-Hydroxy-Gruppe geschützt werden:

3β,17β-Dihydroxy-androsten-(5)
  Clostridium lentoputrenscens (Bacillus putrificus)[2]; 67% d. Th.
  Hefe[3, 4]
  Trichomonas foetus[5]; 86% d. Th.

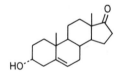
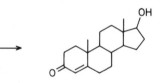

17β-Hydroxy-3-oxo-androsten-(4) (Testosteron)
  Bäckerhefe[6]; 81% d. Th.
  oxidierende Bakterien[6]

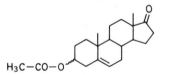
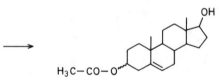

17β-Hydroxy-3-acetoxy-androsten-(5)
  3α; Hefe[7]
  3β; Saccharomyces cerevisiae[6]; 67% d. Th.
    Trichomonas gallinae[5]; 71% d. Th.

[1] F. G. Fischer u. O. Wiedemann, A. **520**, 52 (1935).
[2] L. Mamoli, R. Koch u. H. Teschen, H. **261**, 287 (1939).
[3] L. Mamoli u. A. Vercellone, H. **245**, 93 (1937).
[4] US. P. 2 186 906, L. Mamoli; C. A. **34**, 3436 (1940).
[5] O. K. Sebek u. R. M. Michaels, Nature **179**, 210 (1957).
[6] L. Mamoli, B. **71**, 2278 (1938).
[7] L. Mamoli, B. **71**, 2696 (1938).

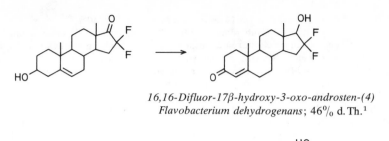

16,16-Difluor-17β-hydroxy-3-oxo-androsten-(4)
Flavobacterium dehydrogenans; 46% d. Th.[1]

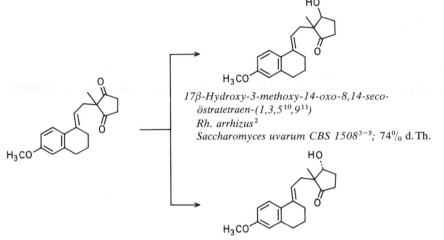

17β-Hydroxy-3-methoxy-14-oxo-8,14-seco-
östratetraen-(1,3,5^{10},9^{11})
Rh. arrhizus[2]
Saccharomyces uvarum CBS 1508[3-5]; 74% d. Th.

17α-Hydroxy-3-methoxy-14-oxo-8,14-seco-östratetraen-(1,3,5^{10},9^{11})[6-10]
Aspergillus niger
Bacillus thuringiensis; 87% d. Th.

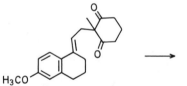   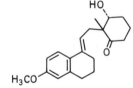

17aα-Hydrxy-3-methoxy-14-oxo-D-homo-8,14-seco-östratetraen-
(1,3,5^{10},9^{11})
Saccharomyces uvarum[11]; 78% d. Th.

[1] C.H. ROBINSON, N.F. BRUCE u. E.P. OLIVETO, J. Org. Chem. **28**, 975 (1963).
[2] US.P. 3432393 (1969; Fr. Prior. 1965) ≡ Holl. Anm. 6605744 (1966), Roussel UCLAF, Erf.: P. BELLET u. T. VAN THUONG; C.A. **67**, 2097 (1967).
[3] H. GIBIAN, K. KIESLICH, H.J. KOCH, H. KOSMOL, C. RUFER, E. SCHRÖDER u. R. VÖSSING, Tetrahedron Letters **21**, 2321 (1965).
[4] H. KOSMOL, K. KIESLICH, R. VÖSSING, H.J. KOCH, K. PETZOLDT u. H. GIBIAN, A. **701**, 198 (1967).
[5] DOS 1493171 (1965) ≡ Holl. Anm. 6612878 (1967), Schering AG, Erf.: H. GIBIAN, K. KIESLICH, H. KOSMOL, C. RUFER u. E. SCHRÖDER; C.A. **67**, 72459 (1967).
[6] Brit. P. 1230455 (1968; Jap. Prior. 1967) ≡ Fr.P. 1565986 (1968), Takeda Chem. Ind., Erf.: U. ISONO, T. TAKAHASHI, Y. YAMASAKI u. T. MIKI; C.A. **72**, 90738 (1970).
[7] US.P. 3481974 (1967), Searle Co., Erf.: S. KRAYCHY, R.B. GARLAND, S.S. MIZUBA u. W.M. SCOTT; C.A. **72**, 55761 (1970).
[8] DOS 2038926 (1971; US. Prior. 1969), Syntex, Erf.: K. WANY; C.A. **74**, 139563 (1971).
[9] DOS 1922035 (1969; US. Prior. 1968), American Home Prod. Corp., Erf.: G.N. GREENSPAN, G.C. BUZKY u. J.L. BETON; C.A. **72**, 65395 (1970).
[10] H. HEIDEPRIEM, C. RUFER, H. KOSMOL, E. SCHRÖDER u. K. KIESLICH, A. **712**, 155 (1968).
[11] Fr.P. 1581108 (1969; Jap. Prior. 1967), Erf.: Takeda Chem. Ind.; C.A. **73**, 75654 (1970).

17β-Hydroxy-3-methoxy-14-oxo-8,14-seco-östratetraen-(1,3,5^{10},9^{11})[1]:

Anzucht: Drei 2-*l*-Erlenmeyerkolben mit je 500 *ml* Nährlösung aus 5% Glucose und 2% corn steep liquor werden sterilisiert und dann jeweils mit einer Suspension von Saccharomyces uvarum beimpft. Die Anzucht wird 1 Tag lang bei 30° und einer Schwingungszahl von 145 U/Min. geschüttelt.

Fermentation: Ein 380-*l*-Fermenter aus rostfreiem Stahl wird mit 235 *l* obiger Nährlösung beschickt, sterilisiert und dann mit 15 *l* Vorkultur beimpft. Dazu gibt man 250 g 3-Methoxy-14,17-dioxo-8,14-seco-östratetraen-(1,3,5^{10},9^{11}) gelöst in 6,7 *l* Äthanol. Die gleiche Zugabe wiederholt man 2, 4 und 6 Stdn. später und fermentiert dann, bis das Substrat sich zu ~95% umgewandelt hat (~40 Stdn.).

Isolierung: Danach wird 2mal mit je 100 *l* 4-Oxo-2-methyl-pentan extrahiert und der Extrakt bei ~45° Badtemp. i. Vak. auf 1,2–1,3 *l* eingeengt. Nach 16 Stdn. werden Kristalle abgesaugt, mit ~100 *ml* eiskaltem 4-Oxo-2-methyl-pentan gewaschen und bei 60° i. Vak. getrocknet.

Man erhält 644 g, aus der Mutterlauge nochmals 93 g. Man trocknet nochmals über Phosphor(V)-oxid bei 60°/0,02 Torr; Ausbeute: 737 g (74% d. Th.); F: 112–113°; $[\alpha]_D^{20} = -38,7°$ (c = 1; 1,4-Dioxan).

ββ₂) mit einem konjugierten En-carbonsäure-System

Die 3-Oxo-Funktion in Herzglycosiden (Digitalis) kann mikrobiell selektiv reduziert werden, wobei die Reduktion unter gleichzeitiger Hydroxylierung an einem anderen C-Atom ablaufen kann; z. B.:

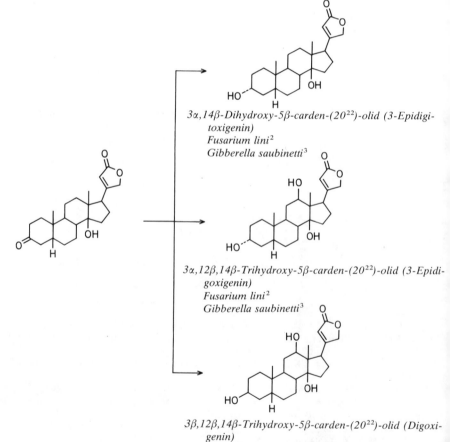

3α,14β-Dihydroxy-5β-carden-(20^{22})-olid (3-Epidigitoxigenin)
Fusarium lini[2]
Gibberella saubinetti[3]

3α,12β,14β-Trihydroxy-5β-carden-(20^{22})-olid (3-Epidigoxigenin)
Fusarium lini[2]
Gibberella saubinetti[3]

3β,12β,14β-Trihydroxy-5β-carden-(20^{22})-olid (Digoxigenin)
Psilocybe semperva[4]

[1] H. KOSMOL, K. KIESLICH, R. VÖSSING, H. J. KOCH, K. PETZOLDT u. H. GIBIAN, A. **701**, 198 (1967).
[2] A. GUBLER u. C. TAMM, Helv. **41**, 297 (1958).
[3] M. OKADA, A. YAMADA u. M. ISHIDATE, Chem. Pharm. Bull. (Japan) **8**, 530 (1960).
[4] E. WEISS-BERG u. C. TAMM, Helv. **46**, 2435 (1963).

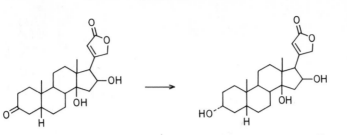

3α,14β,16β-Trihydroxy-5β-carden-(20²²)-olid (3-Epi-gitoxigenin)
Fusarium lini[1]

ββ₃) mit einem konjugierten En-on-System

Die Reduktion von isolierten Oxo-Gruppen bei gleichzeitiger Anwesenheit eines konjugierten En-on-Systems besitzt große Bedeutung in der Octalin- und Steroid-Reihe. Gleichzeitig mitanwesende Halogen- oder Hydroxy-Gruppen beeinflussen die Reduktion nur unwesentlich. Bei langen Reaktionszeiten kann allerdings auch die konjugierte En-on-Gruppe hydriert werden.

i₁) ohne weitere funktionelle Gruppen

Die Reduktion von Dioxo-methyl-octalinen ist auf Grund ihrer Struktur in Bezug auf das Steroid-Gerüst interessant und wurden daher eingehend untersucht (vgl. a. S. 764); z. B.[2]:

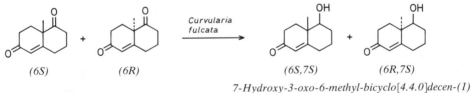

(6S)   *(6R)*   *(6S,7S)*   *(6R,7S)*

7-Hydroxy-3-oxo-6-methyl-bicyclo[4.4.0]decen-(1)

Zur Reduktion von 2,7-Dioxo-bicyclo[4.4.0]decen-(1⁶) s. S. 764.

Beim 3,7-Dioxo-6-methyl-bicyclo[4.3.0]nonen-(1) vermag *Curvularia falcata (Tehon) Boedijn* bei Einhaltung bestimmter Bedingungen zwischen der *(6R)*- und der *(6S)*-Form zu unterscheiden[3] (nur das *S*-Derivat wird reduziert):

(6S,7S)-7-Hydroxy-3-oxo-6-methyl-bicyclo[4.3.0]nonen-(1); 80% d. Th.

Dioxo-cyclopentene sowie Oxo-enone der hydrierten Phenanthren-Reihe verhalten sich analog; z. B.:

[1] C. Tamm u. A. Gubler, Helv. **41**, 1762 (1958).
[2] V. Prelog u. W. Acklin, Helv. **39**, 748 (1956).
   vgl. a. V. Prelog u. D. Züch, Helv. **42**, 1862 (1959).
[3] W. Acklin et al., Helv. **48**, 1725 (1965).

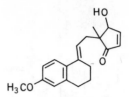

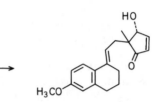

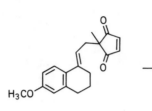

17β-Hydroxy-3-methoxy-14-oxo-8,14-seco-
östrapentaen-(1,3,5¹⁰,9¹¹,15)
Hansenula holstii[1]; 78% d.Th.

17α-Hydroxy-3-methoxy-14-oxo-8,14-seco-
östrapentaen-(1,3,5,¹⁰9¹¹,15)
Kloeckera magna[1]

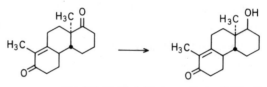

(+)-(1S,10aR)-1-Hydroxy-7-oxo-8,10a-dimethyl-4a,4b-trans,4a,10a-
trans-dodecahydro-Δ⁸-phenanthren
Curvularia falcata[2]

In der Steroid-Reihe ist vor allem die Reduktion der 17- und 20-Oxo-Gruppe von Bedeutung. Durch die Einbeziehung der 3-Oxo-Gruppen in ein konjugiertes En-on-System
wird diese sonst leicht reduzierbare Funktion (s. S. 722, 747) nicht angegriffen; z. B.:

17β-Hydroxy-3-oxo-östren-(4)
Bacillus megaterium[3]
Cephalosporium arreomonium[3]
Streptomyces roseochromogenus[3]

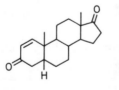

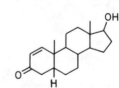

17β-Hydroxy-3-oxo-5β-androsten-(1)
Bäckerhefe[4]; 83% d.Th.

[1] Fr. P. 1581108 (1969; Jap. Prior. 1967), Takeda Chem. Ind.; C.A. **73**, 75 654 (1970).
[2] W. ACKLIN et al., Helv. **48**, 1725 (1965).
[3] K.J. SAX et al., Chem. Pharm. Bull. **11**, 1579 (1963).
[4] A. BUTENANDT u. H. DANNENBERG, B. **71**, 1681 (1938).
    P.F. GUEHLER, R.M. DODSON u. H.M. TSUCHIYA, Proc. Natl. Acad. Sci. U.S **48**, 377 (1962).

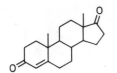 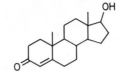

17β-Hydroxy-3-oxo-androsten-(4)
 Chlorella pyrenoidosa[1]; 85% d. Th.
 Rhizobium sp.[2]; 60–75% d. Th.
 Trichomonas gallinae[3]; 91% d. Th.
 Wojnowicia graminis[4]; 41% d. Th.
 Clostridium lentoputrescens (Bacillus putrifucus)[5]
 Hefe[6]; 59% d. Th.

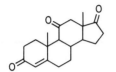 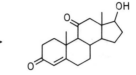

17β-Hydroxy-3,11-dioxo-androsten-(4)
 Saccharomyces cerevisiae[7]; 62% d. Th.
 Trichomonas gallinae[8]; 94% d. Th.

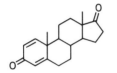 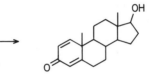

17β-Hydroxy-3-oxo-androstadien-(1,4)
 Saccharomyces cerevisiae[9]; 84% d. Th.
 Trichomonas gallinae[10]
 Fusarium lateritium[11]

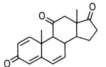 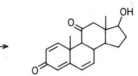

17β-Hydroxy-3,11-dioxo-androstatrien-(1,4,6)
 Saccharomyces cerevisiae[12]

[1] C. Casas-Campillo, F. Esparza u. D. Balandrano, Bacteriol. Proc., S. 11, 1964.
[2] O. K. Sebek u. R. M. Michaels, Nature **179**, 210 (1957).
[3] H. L. Herzog, M. J. Gentles, A. Basch, W. Coscarelli, M. E. A. Zeitz u. W. Charney, J. Org. Chem. **25**, 2177 (1960).
[4] L. Mamoli, R. Koch u. H. Teschen, H. **261**, 287 (1939).
[5] L. Mamoli u. A. Vercellone, B. **70**, 470, 2079 (1937).
[6] A. Butenandt u. H. Dannenberg, B. **71**, 1681 (1938).
[7] H. L. Herzog, M. A. Jevnik, P. L. Perlman, A. Nobile u. E. B. Hershberg, Am. Soc. **75**, 266 (1953).
[8] US. P. 2877161 (1959), Upjohn Comp., Erf.: O. K. Sebek u. R. M. Michaels; C. A. **53**, 16285 (1959).
[9] H. Dannenberg u. H. G. Neumann, A. **646**, 148 (1961).
[10] W. Charney, A. Nobile, C. Federbush, D. Sutter, P. L. Perlman, H. L. Herzog, C. C. Payne, M. E. Tully, M. J. Gentles u. E. B. Hershberg, Tetrahedron **18**, 591 (1962).
  O. K. Sebek u. R. M. Michaels, Nature **179**, 210 (1957).
[11] A. Capek, O. Hanc u. M. Tadra, Folia Microbiol. **8**, 120 (1963).
[12] US. P. 2899447 (1959), Schering Corp., Erf.: D. H. Gould, H. L. Herzog u. E. B. Hershberg; C. A. **54**, 2439 (1960).

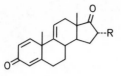
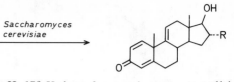

R = H; *17β-Hydroxy-3-oxo-androstatrien-(1,4,9[11])*[1]; 55% d. Th.
R = CH₃; *17β-Hydroxy-3-oxo-16α-methyl-androstatrien-(1,4,9[11])*[1]

Die selektive Reduktion der 20-Oxo-pregnene führt zu pharmazeutisch wichtigen Corticosteroiden (Progesteron, Corticosteron, Cortisol, Cortison u. a.); z. B.:

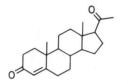
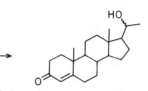

20-Hydroxy-3-oxo-pregnen-(4)
   Rhodotorula longissima OFU No. 2[2] *(20α)*
   Penicillium lilacinum[3]
   Streptomyces lavendulae[4]   *(20β)*

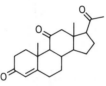
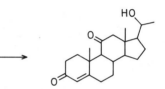

20β-Hydroxy-3,11-dioxo-pregnen-(4)
   Rhodotorula longissima[2]

i₂) mit weiteren funktionellen Gruppen

Wie bereits erwähnt, werden weitere funktionelle Gruppen wie Halogen, Hydroxy-, Carboxy-Funktionen nicht angegriffen. Bedeutung besitzen die Reduktionen bei der Herstellung von 17β- und 20-Hydroxy-3-oxo-Δ⁴- bzw. -Δ¹,⁴-steroiden. Im folgenden sollen ausgewählte Beispiele einen Überblick über die Möglichkeiten dieser Reduktion innerhalb der Steroidchemie geben.

9α-Fluor-11β,17β-dihydroxy-3-oxo-androstadien-(1,4)
   Saccharomyces cerevisiae[5]

[1] C.H. Robinson, L.E. Finckenor, R.Tiberi, M.Eisler, R.Neri, A.Watnick, P.L. Perlman, P.Holroyd, W.Charney u. E.P. Oliveto, Am. Soc. **82**, 4611 (1960).
[2] V.M.Chang u. D.R. Idler, Can. J.Biochem. Physiol. **39**, 1277 (1961).
[3] O.K. Sebek, L.M. Reineke u. D.H. Peterson, J. Bacteriol. **83**, 1327 (1962).
[4] J.Fried, R.W. Thoma u. A.Klingsberg, Am. Soc. **75**, 5764 (1953).
[5] US.P. 2955118 (1960), Schering Corp., Erf.: A.Nobile, C.A. **55**, 4592 (1961).

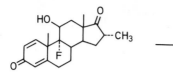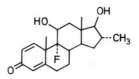

9α-Fluor-11β-17β-dihydroxy-3-oxo-16α-methyl-
-androstadien-(1,4)
Saccharomyces cerevisiae[1]

9α-Fluor-17β-hydroxy-3,11-dioxo-androstatrien-(1,4,6)
Saccharomyces cerevisiae[2]

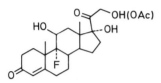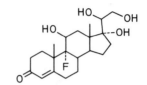

9α-Fluor-11β,17α,20β,21-tetrahydroxy-3-oxo-
pregnen-(4)
Streptomyces roseochromogenus[3, vgl. a. 4,5]

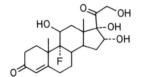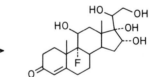

9α-Fluor-11β,16α,17α,20β,21-pentahydroxy-3-oxo-
androsten-(4)
Bacterium cyclooxydans[6] (auch für das *Androstadien-(1,4)*-Derivat)
Corynebacterium simplex[6] (auch für das *Androstadien-(1,4)*-Derivat)
Mycobacterium rhodochorus[6]

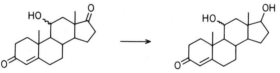

11,17β-Dihydroxy-androsten-(4)
Trichomonas gallinae[7] *(11α; 90% d. Th.)*
(11β; 86% d. Th.)

[1] US.P. 3010958 (1961), Schering Corp., Erf.: R. RAUSSER u. E.P. OLIVETO; C.A. **57**, 3524 (1962).
[2] US.P. 2899447 (1959), Schering Corp., Erf.: D.H. GOULD, H.L. HERZOG u. E.B. HERSHBERG, C.A. **54**, 2439 (1960).
[3] L.L. SMITH, T. FOELL u. J.J. GOODMAN, Biochem. **1**, 353 (1962).
[4] US.P. 2982694 (1961), Merck u. Co. Inc., Erf.: T.H. STOUDT, M.A. KOZLOWSKI u. W.J. MCALEER, C.A. **56**, 525 (1962).
[5] W.J. MCALEER, M.A. KOZLOWSKI, T.H. STOUDT u. J.M. CHEMERDA, J. Org. Chem. **23**, 508 (1958).
[6] J.J. GOODMAN, M. MAY u. L.L. SMITH, J. Biol. Chem. **235**, 965 (1960).
   L.L. SMITH, J.J. GARBARINI, J.J. GOODMAN, M. MARX u. H. MENDELSOHN, Am. Soc. **82**, 1437 (1960).
[7] US.P. 2877161 (1959), Upjohn Comp., Erf.: O.K. SEBEK u. R.M. MICHAELS; C.A. **53**, 16285 (1959).

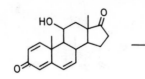 →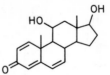

*11β,17β-Dihydroxy-3-oxo-
androstatrien-(1,4,6)
Saccharomyces cerevisiae*[1]

Saccharomyces cerevisiae

$X^1 = OH$; $X^2 = H$; *12β,17β-Dihydroxy-3-oxo-androsten-(4)*[2]
$X^1 = H$; $X^2 = OH$; *16β,17β-Dihydroxy-3-oxo-androsten-(4)*[3]; 40% d. Th.

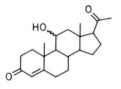 →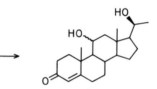

*11,20-Dihydroxy-3-oxo-pregnen-(4)
11β → 11β,20α; Rhodotorula longissima*[4]
11α → 11α,20β; Penicillium lilacinum[5]

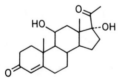 →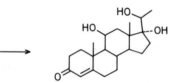

*11β,17α,20-Trihydroxy-3-oxo-pregnen-(4)
Rhodotorula glutinis IFO 0395*[6], 45% d. Th.

[1] US.P. 2 899 447 (1959), Schering Corp., Erf.: D. H. GOULD, H. L. HERZOG u. E. B. HERSHBERG; C. A. 54, 2439 (1960).
[2] G. RASPE u. K. KIESLICH, Naturwiss. 48, 479 (1961).
[3] H. L. HERZOG et al., J. Org. Chem. 24, 691 (1959).
[4] V. M. CHANG u. D. R. IDLER, Canad. J. Biochem. Physiol. 39, 1277 (1961).
[5] O. K. SEBEK, L. M. REINEKE u. D. H. PETERSON, J. Bacteriol 83, 1327 (1962).
[6] T. TAKAHASHI u. Y. UCHIBORI, Agr. Biol. Chem. (Japan) 26, 89 (1962).

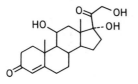

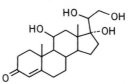

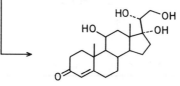

11β,17α,20β,21-Tetrahydroxy-3-oxo-pregnen-(4)
Streptomyces albus[1]; 59% d. Th.
Streptomyces griseus[2]; 16% d. Th.
Streptomyces hydrogenans[3]; 80% d. Th.
Rhizobium sp.[4]; 40–60% d. Th.

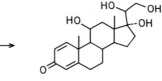

11β,17α,20α,21-Tetrahydroxy-3-oxo-pregnen-(4)
Rhodotorula longissima[5]

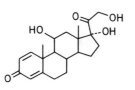

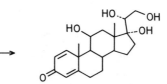

11β,17α,20β,21-Tetrahydroxy-3-oxo-pregnadien-(1,4)
Streptomyces griseus[2]

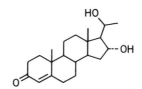

11β,17α,20α,21-Tetrahydroxy-3-oxo-pregnadien-(1,4)
Streptomyces albus[1]
Streptomyces hydrogenans[3]; 95% d. Th.

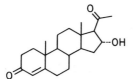

16α,20β-Dihydroxy-3-oxo-pregnen-(4)
Streptomyces lavendulae[6] (vgl. a. S. 729)

[1] L. M. KOGAN et al., Izv. Akad. Nauk SSR, Otd. Khim Nauk, 1962, 302; C. A. 57, 3863 (1962).
[2] F. CARVAJAL et al., J. Org. Chem. 24, 695 (1959).
[3] F. LINDNER, R. JUNK, G. NESEMANN u. J. SCHMIDT-THOMÉ, H. 313, 117 (1958).
J. SCHMIDT-THOMÉ, Ang. Ch. 69, 238 (1957).
[4] C. CASAS-CAMPILLO, F. ESPARZA u. D. BALANDRANO, Bacteriol. Proc. 1964, 11.
[5] V. M. CHANG u. D. R. IDLER, Canad. J. Biochem. Physiol. 39, 1277 (1961).
[6] J. FRIED, R. W. THOMA, D. PERLMAN, J. E. NERZ u. A. BORMAN, Recent. Progr. Hormone Res. 11, 149 (1955).

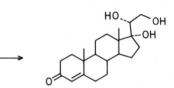

17α,20β,21-Trihydroxy-3-oxo-pregnen-(4)
  Candida pulcherrima IFO 0964[1]; 60% d. Th.
  Curvularia lunata NRRL 2380[2]
  Didymella lycopersici ATCC 11847[3]
  Didymella lycopersici, conidia[4]
  Epicoccum oryzae[5]
  Pseudomonas fluorescens[6]
  Pythium ultimum[7]
  Sporotrichum gougeroti IFO 5982[1]; 60–70% d. Th
  Penicillium citrinum[8]; 31% d. Th.
  Streptomyces albus[9]; 54% d. Th.
  Streptomyces diastaticus[10] 64% d. Th.
  Streptomyces sp.[11]; 48% d. Th.

17α,20α,21-Trihydroxy-3-oxo-pregnen-(4)
  Rhizobium sp[12]; 40–60% d. Th.
  Rhodotorula glutinis[1]; 65% d. Th.
  Rhodotorula longissima[1]

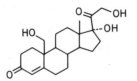 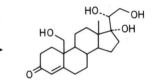

17α,19,20α,21-Tetrahydroxy-3-oxo-pregnen-(4)
  Rhodotorula glutinis IFO 0395[1]

[1] T. TAKAHASHI u. Y. UCHIBORI, Agr. Biol. Chem. (Japan), **26**, 89 (1962).
[2] J.D. TOWNSLEY, H.J. BRODIE, M.HAYANO u. R.I. DORFMAN, Steroids **3**, 341 (1964).
[3] S.N. SEHGAL, K.SINGH u. C.VEZINA, Steroids, **2**, 93 (1963).
[4] C.VEZINA, S.N. SEHGAL u. K.SINGH, Appl. Microbiol. **11**, 50 (1963).
[5] G.M. SHULL, Trans. N.Y. Acad. Sci. **19**, 147 (1956).
[6] Brit. P. 859694, (1961), Takeda Pharmaceutical Ind.; C.A. **55**, 15827 (1961).
[7] M.SHIRASAKI u. M.OZAKI, J. Agr. Chem. Soc. (Japan) **35**, 206 (1961).
[8] US.P. 2809919 (1957), Pfizer u. Co. Inc., Erf.: G.M. SHULL; C.A. **52**, 2954 (1958).
[9] L.M. KOGAN, M.S. ORANSKAYA, N.N. SUVOROV, G.K. SKRYABIN u. I.V. TORGOV, Izv. Akad. Nauk SSSR, Otd.
  Khim. Nauk, S.302 (1962).
[10] E.KONDO, T.MITSUGI u. E.MASUO, Agr. Biol. Chem. (Tokyo) **26**, 16 (1962).
[11] F.CARVAJAL, O.F. VITALE, M.J. GENTLES, H.L. HERZOG u. E.B. HERSHBERG, J. Org. Chem. **24**, 695 (1959).
[12] C. CASAS-CAMPILLO, F. ESPARZA u. D. BALANDRANO, Bacteriol. Proc. S. 11, 1964.

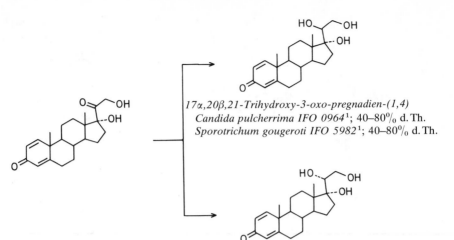

17α,20β,21-Trihydroxy-3-oxo-pregnadien-(1,4)
Candida pulcherrima IFO 0964[1]; 40–80% d.Th.
Sporotrichum gougeroti IFO 5982[1]; 40–80% d.Th.

17α,20α,21-Trihydroxy-3-oxo-pregnadien-(1,4)
Rhodotorula glutinis IFO 0395[1]; 80% d.Th.

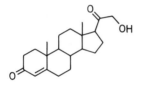 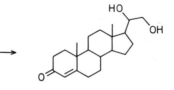

20β,21-Dihydroxy-3-oxo-pregnen-(4)
Streptomyces sp.[2]
Penicillium sp[2]

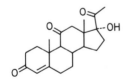 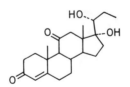

17α,20α-Dihydroxy-3,11-dioxo-pregnen-(4)
Rhodotorula longissima[3]

[1] T. Takahashi u. Y. Uchibori, Agr. Biol. Chem. (Japan) **26**, 89 (1962); C.A. **56**, 14739 (1962).
[2] D.H. Peterson in C.B. van Niels, *Perspectives and Horizons in Microbiology*, S.121, Rütgers Univ. Press, New Brunswick, N.J. 1955.
[3] V.M. Chang u. D.R. Idler, Canad. J. Biochem. Physiol. **39**, 1277 (1961).

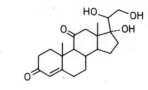

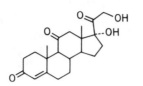

17α,20β,21-Trihydroxy-3,11-dioxo-pregnen-(4)
Fusarium solani var. eumartii[1]
Gloeosporium olivarum[2]
Rhizobium sp.[3]; 40–60% d. Th.

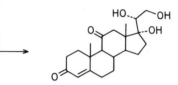

17α,20α,21-Trihydroxy-3,11-dioxo-pregnen-(4)
Streptomyces albus[4]; 57% d. Th.
Streptomyces griseus[5]; 50% d. Th.
Streptomyces hydrogenans[6]; 68% d. Th.

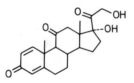 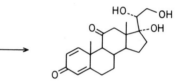

17α,20α,21-Trihydroxy-3,11-dioxo-pregnadien-(1,4)
Rhodotorula longissima[7]; 22% d. Th.

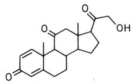 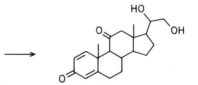

20β,21-Dihydroxy-3,11-dioxo-pregnadien-(1,4)
Streptomyces albus[8]; 69% d. Th.
Streptomyces griseus[7]; 75% d. Th.
Streptomyces hydrogenans[6]; 60% d. Th.

---

[1] S. A. Szpilfogel, M. S. DeWinter u. W. J. Alsche, R. **75**, 402 (1956).

[2] E. Kondo u. E. Masuo, J. Agr. Chem. Soc. (Japan) **34**, 847 (1960).

[3] C. Casas-Campillo, F. Esparaza u. D. Balandrano, Bacteriol. Proc., **1964**, 11.

[4] L. M. Kogan, I. V. Ulezlo, G. K. Skryabin, N. N. Suvorov u. I. V. Torgov, Izv. Akad. Nauk SSSR, Otd. Khim. Nauk, S. 328 (1963); C. A. **59**, 699 (1963).

[5] F. Carvajal, O. F. Vitale, M. Gentles, H. L. Herzog u. E. B. Hershberg, J. Org. Chem. **24**, 695 (1959).

[6] F. Lindner, R. Junk, G. Nesemann u. J. Schmidt-Thomé, Z. Physiol. Chem. **313**, 117 (1958).

[7] F. Carvajal et al., J. Org. Chem. **24**, 695 (1959).

[8] L. M. Kogan et al., Izv. Akad. Nauk SSR, Otd. Khim Nauk **1962**, 302; C. A. **57**, 3863 (1962).

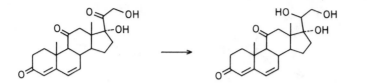

17α,20β,21-Trihydroxy-3,11-dioxo-pregnadien-(4,6)
Curvularia lunata NRRL 2380[1]; 20–25% d. Th.

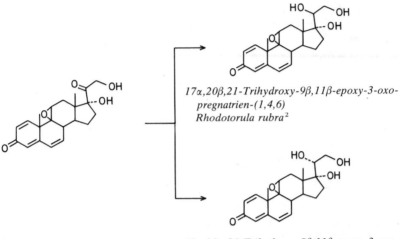

17α,20β,21-Trihydroxy-9β,11β-epoxy-3-oxo-
pregnatrien-(1,4,6)
Rhodotorula rubra[2]

17α,20α,21-Trihydroxy-9β,11β-epoxy-3-oxo-
pregnatrien-(1,4,6)
Corynebacterium simplex[2]

β₂) Reduktion einer Carbonyl-Gruppe im konjugierten En-on-System

Auch im konjugierten En-on System kann die Oxo-Gruppe selektiv reduziert werden (zur selektiven Reduktion der C=C-Doppelbindung s. S. 720). Beispiele hierfür sind die Reduktion von Codein-Derivaten; z. B.:

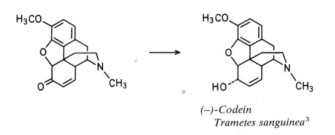

(–)-Codein
Trametes sanguinea[3]

[1] D. GOULD, J. ILAVASKY, R. GUTEKUNST u. E. B. HERSHBERG, J. Org. Chem. **22**, 829 (1957).
[2] US. P. 2819264 (1958), Schering Corp., Erf.: D. H. GOULD u. H. L. HERZOG; C. A. **52**, 9233 (1958).
[3] K. TSUDA, Chemistry of Microbial Products (6th Symposium of the Inst. Appl. Microbiol. Univ. of Tokyo), S. 167 (1964).

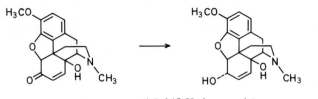

(−)-14β-Hydroxy-codein
Trametes sanguinea (Polystitus sanguineus)[1];
55% d. Th.

Zur Reduktion entsprechender 14-Brom-Derivate s. S. 738.

Das En-dion-System im 2,7-Dioxo-bicyclo[4.4.0]decen-(1⁶)(I) wird im wesentlichen unter Reduktion einer Carbonyl-Gruppe (>80% d. Th.) zum *7(S)-Hydroxy-2-oxo-bicyclo[4.4.0]decen-(1⁶)* (II) reduziert; als Nebenprodukt (bis 20%) entsteht *7(S)-Hydroxy-2-oxo-(1R)-bicyclo[4.4.0]decan* (III)[2]:

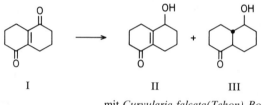

I   II   III

mit *Curvularia falcata(Tehon) Boedijn*
Rhizopus nigricans

7(S)-Hydroxy-2-oxo-bicyclo[4.4.0]decen-(1⁶)[2]: 154 mg 2,7-Dioxo-bicyclo[4.4.0]decen-(1⁶) werden in 440 *ml* Phosphatpuffer (p_H 7) mit 4 g Saccharose und 20 g feuchtem, abzentrifugiertem Mycel von Curvularia falcata 20 Stdn. in einem rotierenden Rundkolben umgesetzt. Durch Extraktion des Kulturfiltrats mit Äther und Eindampfen des Auszugs erhält man 194 mg dunkles Harz, das an 11,6 g Aluminiumoxid chromatographiert wird. Mit Benzol wird zunächst ein Gemisch aus 2 Komponenten erhalten (5 mg), das u. a. *(1R,7S)-7-Hydroxy-2-oxo-bicyclo[4.4.0]decan* enthält. Mit Benzol und Benzol/Äther (9:1; v/v) werden 120 mg erhalten, die aus Äther/Heptan umkristallisiert werden; Ausbeute: 120 mg (80% d. Th.); F: 93–94°; $[\alpha]_D = -55°$ (c = 0,76 in 1,4-Dioxan).

γ) von Diaryl- bzw. Aralkyl-ketonen

γ₁) *mit einer Oxo-Gruppe*

Entsprechend der Reduktion aliphatischer Ketone kann auch in Aryl- bzw. Aralkyl-ketonen die Carbonyl-Gruppe selektiv zum Alkohol reduziert werden; z. B. Acetophenon zu *1-Phenyl-äthanol* [3-7].

Der sterische Verlauf sowie die Bildung des Enzym-Substratkomplexes in Abhängigkeit von der Struktur des Substrats wurden eingehend untersucht[8-10].

[1] K. Izuka, M. Yamada, J. Suzuki, I. Seki, K. Aida, S. Okuda, T. Asai u. K. Tsuda, Chem. Pharm. Bull. (Japan) **10**, 67 (1962).

[2] P. Baumann u. V. Prelog, Helv. **42**, 736 (1959).

[3] C. Neuberg u. E. Welde, Bio. Z. **62**, 477 (1914).

[4] C. Neuberg u. F. F. Nord, B. **52**, 2237 (1919).

[5] V. E. Althouse, D. M. Feigl, W. A. Sanderson u. H. S. Mosher, Am. Soc. **88**, 3595 (1966).

[6] P. Mayer, Bio. Z. **62**, 459 (1914).

[7] F. F. Nord, Bio. Z. **103**, 315 (1920).

[8] R. MacLeod, H. Prosser, L. Fikentscher, J. Lanyi u. H. S. Mosher, Biochem. **3**, 838 (1964).

[9] O. Cervinka u. L. Hub, Collect. czech. chem. Commun. **31**, 2615 (1966).

[10] US. P. 3 379 620 (1965) ≡ Franz. P. 1 482 920 (1967), Sterling Drug Inc., Erf.: S. Archer u. D. Rosi; C. A. **69**, 36 175 (1968).

Die Stereoselektivität der Reaktion ist abhängig vom Substitutionsort und -grad des Phenyl-Restes. Bevorzugt wird der S-konfigurierte Alkohol gebildet, wenn der aromatische Kern in 4-Stellung mit einem kleinen Rest substituiert ist[1]. So werden z.B. 4-Methoxy- oder 4-Nitro-acetophenon zum entsprechenden S-Carbinol reduziert [*1-(4-Methoxy-* bzw. *4-Nitro-phenyl)-äthanol*]. 2-Methyl- oder 2,4,6-Trimethyl-benzophenon bzw. Benzoyl-cyclopropan bis -cyclopentan werden dagegen von dieser Dehydrogenase nicht reduziert, da die Substituenten die Ausbildung des Enzym-Substrat-Komplexes verhindern. Die beiden am Carbonyl-C-Atom befindlichen Substituenten beeinflussen daher die Ausbildung und, wenn sie entsprechend klein sind, die Spezifität des sterischen Reaktionsablaufes (s. S. 746). Bicyclische aromatische Substituenten in α-Stellung zur Oxo-Funktion werden mit *Rhodatorula mucilaginosa* ebenfalls zu den entsprechenden S-Carbinolen reduziert[2].

Ist die Oxo-Funktion durch eine Methylen-Gruppe oder einen längeren aliphatischen Rest vom aromatischen Ring entfernt, erhält man nahezu unabhängig vom Substitutionsgrad des Aromaten den entsprechenden Alkohol; z.B.[3]:

$$H_5C_6-CH_2-\overset{\overset{\displaystyle O}{\|}}{C}-CH_3 \xrightarrow{\text{Hefe}} H_5C_6-CH_2-\overset{\overset{\displaystyle OH}{|}}{CH}-CH_3$$

1-Phenyl-2-propanol

Weitere reduktionsfähige Funktionen werden in der Regel nicht angegriffen[4]. Die folgenden Beispiele mögen ein Überblick über die Reduktionen von Diaryl- und Aralkyl-Ketonen geben:

$$H_5C_6-\overset{\overset{\displaystyle O}{\|}}{C}-CH_3 \longrightarrow H_5C_6-\overset{\overset{\displaystyle OH}{|}}{CH}-CH_3$$

(–)-1-Phenyl-äthanol
Rhodotorula mucilaginosa[5]; 82% d.Th.
Hefe[1,6]; 45% d.Th. (zu *1S-*)

$$H_5C_6-\overset{\overset{\displaystyle O}{\|}}{C}-(CH_2)_2-CH_3 \longrightarrow H_5C_6-\overset{\overset{\displaystyle OH}{|}}{CH}-(CH_2)_2-CH_3$$

(–)-(1S)-1-Phenyl-butanol
Hefe (*Saccharomyces cerevisiae*)[5]; 45% d.Th.

(–)-1-(1-Hydroxy-äthyl)-naphthalin
Rhodotorula mucilaginosa[5]; 100% d.Th.

(–)-1-Hydroxy-1,2,3,4-tetrahydro-phenanthren
Rhodotorula mucilaginosa[5]; 27% d.Th.

[1] R.MacLeod, H.Prosser, L.Fikentscher, J.Lanyi u. H.S. Mosher, Biochem. **3,** 838 (1964).
[2] F.G. Fischer u. O.Wiedemann, A. **513,** 260 (1934).
[3] G.C. Whiting u. J.G. Carr, Nature **160,** 1479 (1957).
[4] F.G. Fischer u. W. Robertson, A.**529,** 84 (1937).
[5] A. Siewinski, Bull. Acad. Polon Sci. **17,** 475 (1969).
[6] C.Neuberg u. F.F. Nord, B. **52,** 2237 (1919).

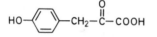

(−)-4-Hydroxy-1,2,3,4-tetrahydro-phenanthren
Rhodotorula mucilaginosa[1]; 73% d. Th.

    Hefe

l-1-Phenyl-1,2-propandiol[2]

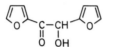   ⟶   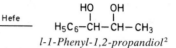

1,2-Diphenyl-glykol
Curvularia falcata(Tehon) Boedijn[3]
(R,S) 42% d. Th.; *(S,S)* 48% d. Th.

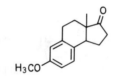   Hefe   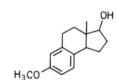

1,2-Difuryl-(2)-glykol[4]

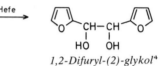   ⟶   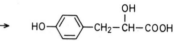

2-Hydroxy-3-(4-hydroxy-phenyl)-propansäure
Geotrichum candidum[5]

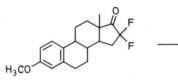

3β-Hydroxy-7-methoxy-3aβ-methyl-
2,3,3a,4,5,9b-hexahydro-1H-⟨cyclopenta-[a]-naphthalin⟩
Saccharomyces orivar ellepsoides (Hansen)[6]; 80% d. Th.

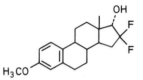

16,16-Difluor-17α-hydroxy-3-methoxy-östratrien-(1,3,5¹⁰)
Flavobacterium dehydrogenans[7]; 35% d. Th.

[1] A. Siewinski, Bull. Acad. Polon Sci. **17**, 475 (1969).
[2] C. Neuberg u. W. Komarewsky, Bio. Z. **182**, 285 (1927).
[3] W. Acklin, Z. Kis u. V. Prelog, Croat. Chem. Acta **37**, 11 (1965).
[4] C. Neuberg et al., Arch. Biochem. **1**, 391 (1943).
[5] Y. Kotake et al., H. **143**, 218 (1925).
[6] Y. Kurosawa, H. Shimojima u. Y. Osawa, Steroids Suppl. **1**, 185 (1965).
[7] C. H. Robinson, N. F. Bruce u. E. P. Oliveto, J. Org. Chem. **28**, 975 (1963).

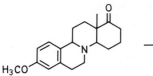
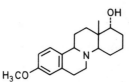

17aα-Hydroxy-3-methoxy-8-aza-D-homo-östratrien-(1,3,5¹⁰)
Aspergillus ochraceus[1]

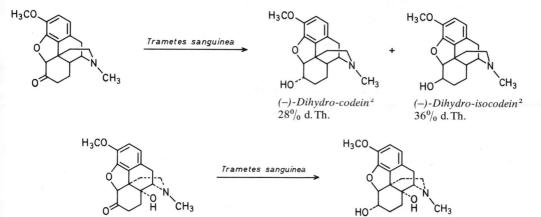

(−)-Dihydro-codein[2]
28% d. Th.

(−)-Dihydro-isocodein[2]
36% d. Th.

(+)-14α-Hydroxy-dihydro-codein[3]

3,17β-Dihydroxy-östratrien-(1,3,5¹⁰) (α-Östradiol)[4,5]:

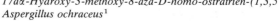

Man läßt ein Gemisch von 200 g reiner Glucose, 100 g frischer Preßhefe und 1,2 *l* Leitungswasser im verschlossenen Gefäß mit Gasableitungsrohr unter heftigem Rühren bei 37° kurz angären, nachdem die ganze Apparatur und die Reagenzien (außer Hefe) bei 105° sterilisiert worden sind. Dann wird eine Lösung von 1 g reinem 3-Hydroxy-17-oxo-östratrien-(1,3,5¹⁰)(Östron) in 50 *ml* destilliertem 1,4-Dioxan eingetropft und das Ganze weitere 24 Stdn. bei 37° gerührt. Man gibt erneut 100 g Hefe, 200 g Glucose und 300 g Wasser zu und wiederholt die Zugabe 4mal nach je 24 Stdn. Schließlich wird 42 Stdn. nachgerührt. Man äthert das Reaktionsgemisch erschöpfend aus, wäscht die Äther-Extrakte mehrmals mit Wasser, ges. Natriumhydrogencarbonat-Lösung und Wasser, trocknet die organ. Phase und dampft sie ein. Der Rückstand wird zur Abtrennung unveränderten Östrons nach Girard mit Trimethylammoniono-essigsäure-hydrazid-chlorid[6] umgesetzt und danach in einen wasser- und ätherlöslichen Anteil getrennt.

Die wäßr. Lösung (Östron-haltig) wird mit Schwefelsäure versetzt, der Niederschlag wird abgesaugt, mit Wasser gewaschen und unter Zusatz von Aktivkohle aus verd. Methanol umkristallisiert; 300 mg *Östron* werden so zurückgewonnen.

Die äther. Lösung wäscht man mit Wasser, Hydrogencarbonat-Lösung und Wasser, trocknet und dampft ein. Der Rückstand wird aus verd. Methanol umkristallisiert, wobei die erste kleine, unreine Fraktion verworfen wird.

[1] P. J. CURTIS, Biochem. J. **97**, 148 (1965).
[2] M. YAMADA, Chem. Pharm. Bull. **11**, 356 (1963).
s. a. K. TSUDA, *Chemistry of Microbial Products* (6th Symp. of the Inst. Appl. Microbiol. Univ. of Tokyo), S. 164 (1964).
[3] K. TSUDA, *Chemistry of Microbial Products* (6th Symp. of the Inst. Appl. Microbiol. Univ. of Tokyo), S. 167 (1964).
[4] A. WETTSTEIN, Helv. **22**, 250 (1939).
[5] L. MAMOLI, B. **71**, 2696 (1938).
[6] A. GIRARD u. G. SANDULESCO, Helv. **19**, 1095 (1936).

Dann wird nochmals aus abs. Methanol umkristallisiert; Ausbeute: 500 mg (71% d. Th.; bez. auf umges.Östron); F: 177–179,5°; $[\alpha]_D^{21} = +83° \pm 2°$ (c = 1,02 in abs. Äthanol).

Die analoge Reduktion gelingt auch mit

Rhizobium sp.[1]   60–75% d. Th.
Trichomonas gallinae[2]   77% d. Th.

Mit *Saccharomyces sp.* (Preßhefe) gelingt eine Racemat-Trennung (*d-Östradiol* aus *d,l-*Östron)[3] und mit *Streptomyceten* wird Östron zusätzlich in 16-Stellung hydroxyliert [*3,16α,17-Trihydroxy-östratrien-(1,3,5^{10})*][4].

γ_2) mit zwei Oxo-Gruppen

1,2-Diaryl-1,2-diketone können zu Hydroxy-ketonen bzw. Glykolen reduziert werden; z. B.:

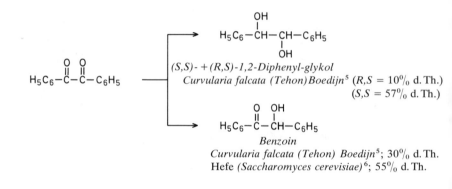

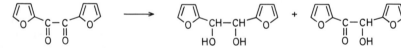

Hefe[7]: *1,2-Difuryl-(2)-*   *Furoin*
glykol 20% d. Th.;

δ) von Oxo- bzw. Hydroxy-oxo-alkansäuren

In Oxo- bzw. Hydroxy-oxo-alkansäuren wird die Carbonyl-Gruppe selektiv zur Hydroxy-Gruppe reduziert, wenn die Oxo-Gruppe nicht in α-Stellung zur Carboxy-Funktion steht (zur Reduktion von α-Oxo-carbonsäuren s. S. 766). Hauptanwendungsgebiete dieser biochemischen Reduktion sind die offenkettigen Oxo-alkansäuren sowie die Oxo-cholansäuren. Im folgenden wird ein kurzer Überblick gegeben.

[1] C. Casas-Campillo u. L. Jimenez, Proc. 4th Natt. Mex. Congr. Microbiol., S. 7 (1962)
[2] O. K. Sebek u. R. M. Michaels, Nature **179**, 210 (1957).
[3] E. Vischer, J. Schmidlin u. A. Wettstein, Experientia **12**, 50 (1956).
[4] D. A. Kita, J. L. Sardinas u. G. M. Shull, Nature **190**, 627 (1961).
[5] W. Acklin, Z. Kis u. V. Prelog, Croat. Chem. Acta **37**, 11 (1965).
[6] C. Neuberg u. F. F. Nord, B.**52**, 2248 (1919).
[7] C. Neuberg, A. Lustig u. R. N. Cogan, Arch. Biochem. Biophys. **1**, 391 (1943).

3-Oxo-butansäure   ⟶   *d-3-Hydroxy-butansäure*[1];
                      Hefe: 44−84% d. Th.

5-Oxo-octansäure   →   *d-5-Hydroxy-octansäure*
                      Saccharomyces cerevisiae[2]; 54% d. Th.

4-Oxo-nonansäure   →   *d-4-Hydroxy-nonansäure*
                      Saccharomyces cerevisiae[3]; 77% d. Th.

4-Oxo-decansäure   →   *d-4-Hydroxy-decansäure*
                      Saccharomyces cerevisiae[3]; 85% d. Th.

5-Oxo-decansäure   →   *5-Hydroxy-decansäure*
           d-;   *Saccharomyces cerevisiae*[3,4]; 80% d. Th.
                      Saccharomyces fragilis[3,4]; 51% d. Th.
                      Candida globiformis[3,4]; 52% d. Th.
                      Candida pseudotropicalis[3,4]; 56% d. Th.
                      Candida dalbila[3,4]; 51% d. Th.
            l-;   *Sarcina lutea*[2,3]; 67% d. Th.
                      Pichia membranaefaciens[2,3]
                      Cladosporium butyri[2,3]; 56% d. Th.
                      Margarinomyces bubaki

4-Oxo-dodecansäure   →   *d-4-Hydroxy-dodecansäure*
                      Saccharomyces cerevisiae[3]; 60% d. Th.

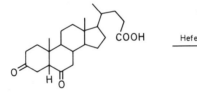

(1 S,5 S)-5-Hydroxy-2-oxo-1-methyl-1-(3-oxo-6-methoxycarbonyl-hexyl)-cyclopentan
Rhizopus nigricans (Fischer)[5]; 70% d. Th.

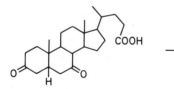

3α-Hydroxy-6-oxo-5β-cholansäure[6]

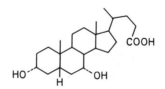

3α,7α-Dihydroxy-5β-cholansäure
Escherichia coli[7]

[1] E. FRIEDMANN, Naturwissensch. **19**, 400 (1931); C.A. **25**, 5951[9] (1931).
[2] US.P. 3 076 750 (1959), Lever Brothers Comp., Erf.: G.T. MUYS, B. VAN DER VEN u. A.P. DE JONGE; C.A. **58**, 11 928 d (1963).
[3] G.T. MUYS, B. VAN DER VEN u. A.P. DE JONGE, Appl. Microbiol. **11**, 389 (1963).
[4] A. FRANKE, Nature **197**, 384 (1963).
[5] P. BELLET, G. NOMINE u. J.C.R. MATHIEU, Acad. Sci. **263**, 88 (1966).
[6] A. ERCOLI u. P. DE RUGGIERI, Farm. sci. e tec. **7**, 287 (1952); C.A. **47**, 3325 (1953).
[7] T.S. SIHN, J. Biochem. (Japan) **28**, 165 (1938).

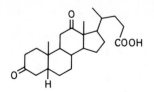 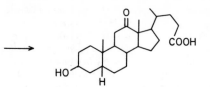

3β-Hydroxy-12-oxo-5β-cholansäure
Preßhefe[1]
Saccharomyces cerevisiae[2]; 60% d. Th.

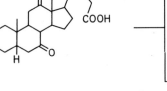 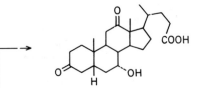

7α-Hydroxy-3,12-dioxo-5β-cholansäure
Escherichia coli[3]

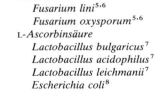

3α,7α-Dihydroxy-12-oxo-5β-cholansäure
Bacillus coli[4]

Hydroxy-oxo-carbonsäuren werden ebenfalls selektiv an der Keto-Gruppe zu Di- oder Polyhydroxy-carbonsäuren reduziert; z.B.:

5-Oxo-D-gluconsäure → L-*Idonsäure*
    Fusarium lini[5,6]
    Fusarium oxysporum[5,6]

Dehydroascorbinsäure → L-*Ascorbinsäure*
    Lactobacillus bulgaricus[7]
    Lactobacillus acidophilus[7]
    Lactobacillus leichmanii[7]
    Escherichia coli[8]

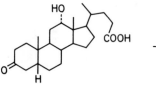 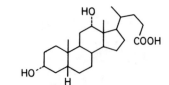

3α,12α-Dihydroxy-5β-cholansäure
Saccharomyces cerevisiae[9]; 33% d. Th.
(Zur Reduktion der entsprechenden *12α-Acetoxy*-Verbindung mit Bierhefe[9])

[1] C.H. Kim, Enzymologia 4, 119 (1937).
[2] US.P. 2186906 (1940), L.Mamoli; C.A. 34, 3436 (1940).
[3] T.Fukui, J.Biochem. (Japan) 25, 61 (1937).
[4] M.Machida, J. Biochem. (Japan) 40, 435 (1953).
[5] Y.Tagaki, Agr. Biol. Chem. (Tokyo) 26, 717 (1962).
[6] Jap.P. 622608 (1959), Fujisawa Pharm. Co. Erf.: Y.Tagaki; C.A. 58, 9601 (1963).
[7] E.S. Tkachenko, Biokhimia 1, 579 (1936); C.A. 31, 7461⁵ (1937).
[8] B.P. Eddy, M.Ingran u. L.W. Mapson, Biochem. J. 58, 254 (1954).
[9] C.H. Kim, Enzymologia 6, 105 (1939).

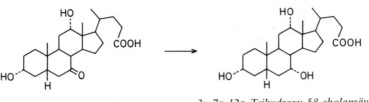

3α,7α,12α-Trihydroxy-5β-cholansäure
Escherichia coli[1]

ε) in Halogen-ketonen

Halogen-ketone werden i.a. selektiv zu **Halogen-alkoholen** reduziert; z.B.:

$$H_3C-\underset{\underset{Cl}{|}}{CH}-\underset{\underset{O}{\|}}{C}-CH_3 \xrightarrow{Hefe} H_3C-\underset{\underset{Cl}{|}}{CH}-\underset{\underset{OH}{|}}{CH}-CH_3$$

3-Chlor-2-butanol[2]

$$Cl-CH_2-\underset{\underset{O}{\|}}{C}-CH_2-Cl \xrightarrow{Hefe} Cl-CH_2-\underset{\underset{OH}{|}}{CH}-CH_2-Cl$$

1,3-Dichlor-2-propanol[3]; 53% d. Th.

$$H_3C-\underset{\underset{O}{\|}}{C}-CHCl_2 \xrightarrow{Hefe} H_3C-\underset{\underset{OH}{|}}{CH}-CHCl_2$$

1,1-Dichlor-2-propanol[4]; 55% d. Th.

Lediglich in der Codein-Reihe wird in einigen Fällen die 14-Brom-Funktion durch eine Hydroxy-Gruppe ersetzt (s.S. 763) bzw. es wird Dehydrohalogenierung beobachtet (s. S. 738).

ζ) in Hydroxy-ketonen

Bei den Hydroxy-ketonen ist vor allem die stereospezifische Reduktion von Ketosen von Interesse, da ein neues optisch aktives Zentrum im Molekül entsteht. Sowohl mit Hefen (Xylulose → D-*Arabit*[5]) als auch mit Lactobacillen (Dehydroascorbinsäure → *l-Ascorbinsäure,* s.S. 745) und E. coli-Stämmen lassen sich Hydroxy-ketone reduzieren. Folgende Beispiele mögen für diese Reduktionen charakteristisch sein:

$$H_3C-\underset{\underset{O}{\|}}{C}-CH_2-OH \longrightarrow H_3C-\underset{\underset{OH}{|}}{CH}-CH_2-OH$$

l-1,2-Propandiol
Hefe[6]; 55% d. Th.
Saccharomyces cerevisiae[7]; 68% d. Th.

[1] M. Machida, J. Med. Sci. **2**, 291 (1953).
[2] P. Santomauro, Bio. Z. **151**, 48 (1924); C.A. **19**, 1581⁴ (1925).
[3] H.K. Sen u. C. Barat, Quart. J. Indian Chem. Soc. **2**, 77 (1925); C.A. **20**, 50⁸ (1926).
[4] H.K. Sen, Quart. J. Indian Chem. Soc. **1**, 1 (1924); C.A. **19**, 816² (1925).
[5] E.R. Blakey u. J.F.T. Spencer, J. Biochem. Physiol. **40**, 1737 (1962).
[6] E.Fräber, F.F. Nord u. C.Neuberg, Bio. Z. **112**, 313 (1920).
[7] P.A. Levene u. A.Walti, Org. Synth. **10**, 84 (1930).

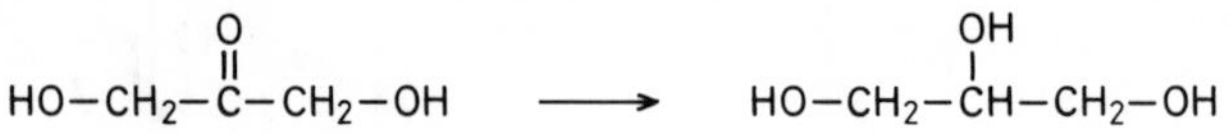

$$HO-CH_2-\overset{\overset{\textstyle O}{\|}}{C}-CH_2-OH \longrightarrow HO-CH_2-\overset{\overset{\textstyle OH}{|}}{CH}-CH_2-OH$$

Glycerin
Escherichia coli[1]; 50% d. Th.

$$H_3C-\overset{\overset{\textstyle O}{\|}}{C}-CH_2-CH_2-OH \xrightarrow{\text{Hefe}} H_3C-\overset{\overset{\textstyle OH}{|}}{CH}-CH_2-CH_2-OH$$

d,l-1,3-Butandiol[2]

$$H_3C-\overset{\overset{\textstyle O}{\|}}{C}-\overset{\overset{\textstyle OH}{|}}{CH}-CH_3 \longrightarrow H_3C-\overset{\overset{\textstyle HO}{|}}{CH}-\overset{\overset{\textstyle OH}{|}}{CH}-CH_3$$

2,3-Butandiol
Hefe[3]; 60% d. Th.
Streptococci[4]
Leuconostoc Arten[3]; 60% d. Th.

$$H_3C-\overset{\overset{\textstyle HO}{|}}{CH}-\overset{\overset{\textstyle O}{\|}}{C}-CH_2-OH \xrightarrow{\text{Hefe}} H_3C-\overset{\overset{\textstyle HO}{|}}{CH}-\overset{\overset{\textstyle OH}{|}}{CH}-CH_2-OH$$

1,2,3-Butantriol[5]

$$H_3C-(CH_2)_4-\overset{\overset{\textstyle O}{\|}}{C}-CH_2-OH \xrightarrow{\text{Hefe}} H_3C-(CH_2)_4-\overset{\overset{\textstyle OH}{|}}{CH}-CH_2-OH$$

d-1,2-Heptandiol[6]

Fructose → *Mannitol*
      Lactobacillus brevis[7,8]; 80% d. Th.
      Escherichia coli[9]; 93% d. Th.
      Leuconostoc mesentericus[10]; 33% d. Th.

Xylulose → D-*Arabitol*[11]

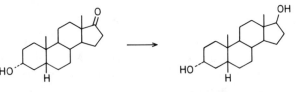

3α,17β-Dihydroxy-5β-androstan
Trichomonas vaginalis[12]

[1] S. GRZYCKI, Bio. Z. **265**, 195 (1933).
[2] A. I. VIRTANEN, H. KARSTRÄM u. O. TURPEINEN, H. **187**, 7 (1930).
[3] C. NEUBERG u. M. KOBEL, Bio. Z. **160**, 250 (1925).
[4] B. W. HAMMER, G. L. STAHLY, C. H. WERKMAN u. M. B. MICHAELIAN, Research Bull. Agricultural. Experiment Station Iowa State Coll. **191**, 381 (1935).
[5] P. A. LEVENNE u. A. WALTI, J. Biol. Chem. **94**, 361 (1931).
[6] P. A. LEVENNE u. A. WALTI, J. Biol. Chem. **98**, 735 (1932).
[7] L. WÜNSCHE, K. SATTLER u. U. BEHRENS, Z. allg. Mikrobiol. **6**, 323 (1966).
[8] DDR. P. 51 818 (1966), U. BEHRENS, K. SATTLER u. L. WÜNSCHE, C. A. **66**, 64 393 (1967).
[9] V. BOLCATO u. G. PASQUINI, Ind. Saccar. Ital. **32**, 408 (1939).
[10] J. K. N. JONES u. D. L. MITCHEL, Canad. J. Chem. **37**, 1561 (1959).
[11] E. R. BLAKEY u. J. F. T. SPENCER, J. Biochem. Physiol. **40**, 1737 (1962).
[12] US. P. 2 877 161 (1959), Upjohn Comp., Erf.: O. K. SEBEK u. R. M. MICHAELS; C. A. **53**, 16285 (1953).

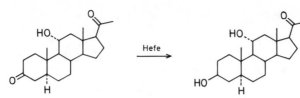

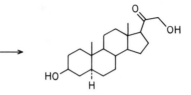

3β,11α-Dihydroxy-20-oxo-5α-pregnan[1]; 60% d. Th.

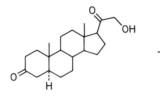

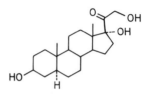

3β,21-Dihydroxy-20-oxo-5α-pregnan
Streptomyces griseus[2]

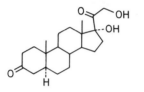

3β,17α,21-Trihydroxy-20-oxo-5α-pregnan
Streptomyces griseus[2]

η) nicht selektive Keton-Reduktionen

Bei den nicht selektiven Keton-Reduktionen kann zwischen folgenden Reaktionen unterschieden werden

① zusätzliche Reduktion weiter funktioneller Gruppen; z. B.:

Oxo-aldehyde → Diole, s. S. 743
En-one → gesättigten Alkoholen s. S. 730

② zusätzliche Substitution eines Brom-Atoms durch die Hydroxy-Gruppe; z. B.

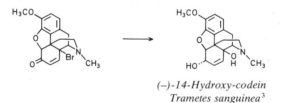

(−)-14-Hydroxy-codein
Trametes sanguinea[3]

③ zusätzliche Hydroxylierung an einem anderen C-Atom; z. B. mit *Trametes sanguinea* in der Codein- bzw. Steroid-Reihe (weitere Beispiele s. S. 739, 774):

[1] B. CAMERINO, C. G. ALBERTI u. A. VERCELLONE, Helv. **36**, 1945 (1953).
[2] E. VISCHER u. A. WETTSTEIN, Experientia **16**, 355 (1960).
[3] M. YAMADA, K. IIZUKA, S. OKUDA, T. ASAI u. K. TSUDA, Chem. Pharm. Bull. (Japan) **11**, 206 (1963).

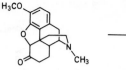 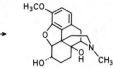

(−)-14β-Hydroxy-dihydro-codein[1]; 38% d. Th.

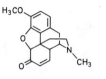 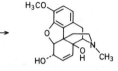

(−)-14β-Hydroxy-codein[2]; 70% d. Th.

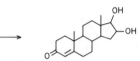

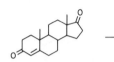

16β,17β-Dihydroxy-3-oxo-androsten-(4)
Corticum centrifugum[3,4]

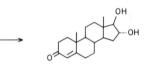

16α,17β-Dihydroxy-3-oxo-androsten-(4)
Wojnowicia graminis[5]

 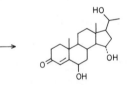

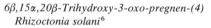

6β,15α,20β-Trihydroxy-3-oxo-pregnen-(4)
Rhizoctonia solani[6]

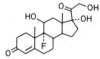 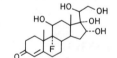

9α-Fluor-11β,16α,17α,20β,21-pentahydroxy-3-oxo-pregnen-(4)
Streptomyces roseochromogenus[7]

[1] K. TSUDA, *Chemistry of Microbial Products* (6th Symp. of the Inst. Appl. Microbiol. Univ. of Tokyo), S. 164 (1964).
[2] M. YAMADA, K. IIZUKA, S. OKUDA, T. ASAI u. K. TSUDA, Chem. Pharm. Bull. **11,** 206 (1963).
vgl. a. M. YAMADA et al., Chem. Pharm. Bull. **10,** 981 (1962).
vgl. a. K. IIZUKA et al., Chem. Pharm. Bull. **10,** 67 (1962).
[3] R. M. DODSON u. S. MIZUBA, J. Org. Chem. **27,** 698 (1962).
[4] R. VISCHER u. A. WETTSTEIN, Experientia **16,** 355 (1960).
[5] H. L. HERZOG et al., J. Org. Chem. **25,** 2177 (1960).
[6] G. GREENSPAN, Ph. D. Thesis, Rutgers University (1960).
[7] L. L. SMITH, T. FOELL u. J. J. GOODMAN, Biochem. **1,** 353 (1962).

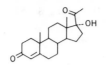

11β,17α,20β-Trihydroxy-3-oxo-pregnen-(4)
Curvularia lunata[1]

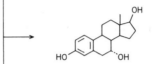

3,6β,17β-Trihydroxy-östratrien-(1,3,5¹⁰)
Mortierella alpina[2]

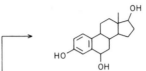

3,7α,17β-Trihydroxy-östratrien-(1,3,5¹⁰)[3,4]
Aspergillus carneus
Glomerella fusaroides
Glomerella glycines; ~40% d. Th.

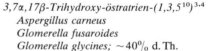

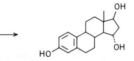

3,15α,17β-Trihydroxy-östratrien-(1,3,5⁵)
Aspergillus carneus[2]
Glomerella fusaroides[2]
Glomerella glycines[2]; ~40% d. Th.

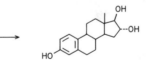

3,16α,17β-Trihydroxy-östratrien-(1,3,5¹⁰)
Streptomyces halstedii[3]
Streptomyces mediocidicus[3]

④ zusätzliche Einführung einer Oxo-Funktion; z. B.:

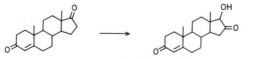

17β-Hydroxy-3,16-dioxo-androsten-(4)
Corticum centrifugum[5]

[1] G. M. Shull, Trans. N. Y. Acad. Sci **19,** 147 (1956).
[2] US. P. 3 155 443 (1963), Olin Mathieson Chem. Corp., Erf.: A. I. Laskin u. J. Fried; C. A. **60,**6184 (1964).
[3] A. I. Laskin u. J. Fried, Bacteriol. Proc. **1963,** 106.
   L. Labler u. F. Sorm, Chem. & Ind. **1961,** 1114.
[4] A. I. Laskin, B. Grabowich, B. Junta, C. de L. Meyers u. J. Fried, J. Org. Chem. **29,** 1333 (1964).
[5] R. M. Dodson u. S. Mizuba, J. Org. Chem. **27,** 698 (1962).

⑤ unter Isomerisierung einer C=C-Doppelbindung (weitere Beispiele s. S. 751); z. B.:

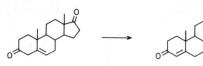

17β-Hydroxy-3-oxo-androsten-(4)(Testosteron)
Saccharomyces cerevisiae[1]

17β-Hydroxy-3-oxo-androsten-(4) (Testosteron)
(Streptomyces globisporus[2]

⑥ zusätzliche Epoxidierung einer C=C-Doppelbindung; z. B.:

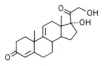 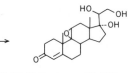

17α,20β,21-Trihydroxy-9β,11β-epoxy-3-oxo-
pregnen-(4)
Curvularia lunata[3]

⑦ zusätzlicher Aufbau einer C=C-Doppelbindung; z. B.:

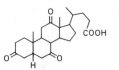 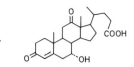

7α-Hydroxy-3,12-dioxo-cholen-(4)-säure
Cornynebacterium sp.[4]
Streptomyces gelaticus[5]

 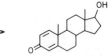

17β-Hydroxy-3-oxo-androstadien-(1,4)
Pseudomonas testosteroni[6]

[1] L. MAMOLI u. A. VERCELLONE, B. **70**, 2079 (1937).
[2] O. HANČ, A. ČAPEK u. M. TADRA, Cesk. Farm. **6**, 373 (1957).
[3] G. M. SHULL, Trans. N. Y. Acad. Sci. **19**, 147 (1956).
[4] K. TAMAKI, J. Biochem. (Tokyo) **45**, 299 (1958).
[5] S. HAYAKAWA, Y. SABURI u. K. TAMAKI, Proc. Japan Acad. **33**, 221 (1957).
[6] H. R. LEVY u. P. TALALAY, J. Biol. Chem. **234**, 2009 (1959).

17β-Hydroxy-3-oxo-androstadien-(1,4)
Pseudomas testosteroni[1]

 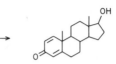

17β-Hydroxy-3-oxo-androstadien-(1,4)[2, 3]
  Fusarium caucasicum
  Fusarium lateritium
  Fusarium solani
  Pseudomonas testosteroni
  Septomyxa affinis

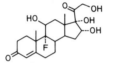 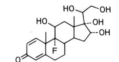

9α-Fluor-11β,16α,17α,20β,21-pentahydroxy-3-oxo-
  pregnadien-(1,4)
  Bacterium cyclooxidans[4]
  Corynebacterium simplex[4]

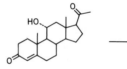

11α,20β-Dihydroxy-3-oxo-pregnadien-(1,4)
  Bacterium cyclooxidans[5]
  Corynebacterium simplex[6]; 57% d. Th.

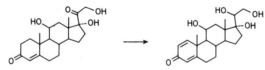

11β,17α,20β,21-Tetrahydroxy-3-oxo-pregnadien-(1,4)
  Streptomyces sp.[7]

[1] H. R. Levy u. P. Talalay, J. Biol. Chem. **234**, 2009 (1959).

[2] A. Čapek u. O. Hanč, Folia Microbiol. (Prague) **5**, 251 (1960); C. A. **55**, 3729 (1961).

[3] A. Čapek u. O. Hanč, Folia Microbiol. (Prague) **7**, 181 (1962); C. A. **57**, 10355 (1962).

[4] L. L. Smith et al., Am. Soc. **82**, 1437 (1960).

[5] US. P. 2822318 (1958), Olin Mathieson Chem. Corp., Erf.: H. A. Kroll, J. F. Pagano u. R. W. Thoma; C. A. **52**, 11981 (1958).

[6] US. P. 2880217 (1959), Olin Mathieson Chem. Corp., Erf.: R. W. Thoma u. J. Fried; C. A. **53**, 17197 (1959).

[7] E. Kondo, T. Mitsugi u. E. Masuo, Agr. Biol. Chem. (Tokyo) **26**, 16 (1962); C. A. **59**, 6946 (1963).

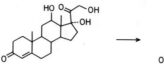 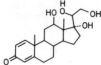

12β,17α,20β,21-Tetrahydroxy-3-oxo-pregnadien-(1,4)
Corynebacterium simplex[1]

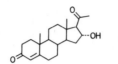 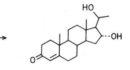

16α,20β-Dihydroxy-3-oxo-pregnadien-(1,4)
Streptomyces lavendulae[2]

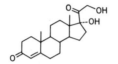 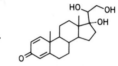

17α,20β,21-Trihydroxy-3-oxo-pregnadien-(1,4)
Alcaligenes sp.[3]
Corynebacterium simplex[3]; bis 60% d. Th.[4]
Mycobacterium lactiocola[3]

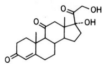 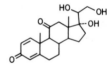

17α,20β,21-Trihydroxy-3,11-dioxo-pregnadien-(1,4)
Corynebacterium simplex[4]
Mycobacterium flavum[5]

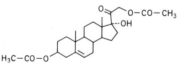 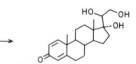

17α,20β,21-Trihydroxy-3-oxo-pregnadien-(1,4)
Corynebacterium simplex[6]; 35% d. Th.

⑧ Gleichzeitige Decarboxylierung bei der Reduktion von 2-Oxo-carbonsäuren. So erhält man z. B. aus 2-Oxo-butansäure mit Hefe 66% d. Th. *Propanol*[7].

---

[1] G. RASPE u. K. KIESLICH, Naturwiss. **48**, 479 (1961).

[2] US.P. 2 879 280 (1959), Olin Mathieson Chem. Corp., Erf.: J. FRIED, R. W. THOMA, D. PERLMAN u. J. R. GERKE; C. A. **53**, 17 200 (1959).

[3] D. SUTTER, W. CHARNEY, P. L. O'NEILL, F. CARVAJAL, H. L. HERZOG u. E. B. HERSHBERG, J. Org. Chem. **22**, 578 (1957).

[4] H. L. HERZOG, C. C. PAYNE, M. T. HUGHES, M. J. GENTLES, E. B. HERSHBERG, A. NOBILE, W. CHARNEY, C. FEDERBUSH, C. SUTTER u. P. L. PERLMAN, Tetrahedron **18**, 581 (1962).

[5] A. ČAPEK u. O. HANČ, Folia Microbiol. (Prague) **7**, 181 (1962); C. A. **57**, 10 355 (1962).

[6] C. CASAS-CAMPILLO u. L. JIMINEZ, Proc. 4th Natl. Mex. Congr. Microbiol., S. 17 (1962).

[7] C. NEUBERG u. J. KERB, Bio. Z. **61**, 184 (1914).

⑨ unter gleichzeitiger oxidativer C–C-Spaltung (mit Oxiran-Spaltung); z. B.:

3β,4β,5α-Trihydroxy-17-oxo-androstan
Saccharomyces cerevisiae[1]; 92% d. Th.

⑩ unter gleichzeitiger Reduktion eines Oxirans, Aufbau einer C=C-Doppelbindung und Gerüstumlagerung; z. B.

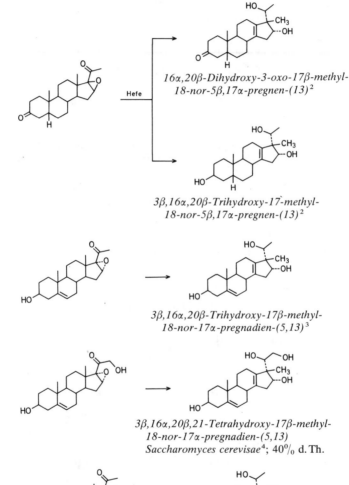

16α,20β-Dihydroxy-3-oxo-17β-methyl-
18-nor-5β,17α-pregnen-(13)[2]

3β,16α,20β-Trihydroxy-17-methyl-
18-nor-5β,17α-pregnen-(13)[2]

3β,16α,20β-Trihydroxy-17β-methyl-
18-nor-17α-pregnadien-(5,13)[3]

3β,16α,20β,21-Tetrahydroxy-17β-methyl-
18-nor-17α-pregnadien-(5,13)
Saccharomyces cerevisae[4]; 40% d. Th.

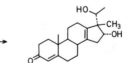

16α,20β-Dihydroxy-3-oxo-17β-methyl-
18-nor-17α-pregnadien-(4,13)[5]

---

[1] B. CAMERINO u. R. SCIAKY, G. **89**, 654 (1959).

[2] B. CAMERINO u. A. VERCELLONE, G. **86**, 260 (1956).

[3] B. CAMERINO, R. MODELLI u. C. SPALLA, G. **86**, 1226 (1956).

[4] US.P. 2880141 (1959), Farmaceutici Italia Soc. anon., Erf.: B. CAMERINO u. A. VERCELLONE; C. A. **54**, 644 (1960).

[5] B. CAMERINO u. R. MODELLI, G. **86**, 1219 (1956).

3. in Chinonen

Mikrobielle Reduktionen an Chinonen und Chinon-Derivaten[1] besitzen nur geringe präparative Bedeutung, da chemische Methoden einfacher durchzuführen sind. Daher werden im folgenden lediglich einige Beispiele gegeben.

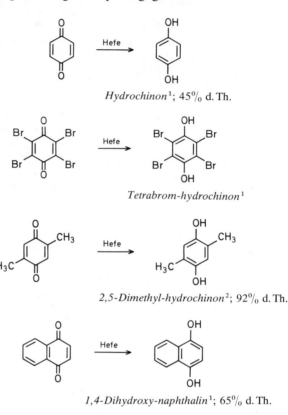

Hydrochinon[1]; 45% d. Th.

Tetrabrom-hydrochinon[1]

2,5-Dimethyl-hydrochinon[2]; 92% d. Th.

1,4-Dihydroxy-naphthalin[1]; 65% d. Th.

1,4-Diamino-benzol[1]

c) von C–Hal-Verbindungen

Von Interesse ist die reduktive Dehalogenierung von 1,1,1-Trichlor-2-aryl-alkanen mit Hefen zu den entsprechenden Dichlor- bzw. Monochlor-Verbindungen. Durch Untersuchungen mit markierten Substanzen konnte gezeigt werden, daß eine reduktive Chlor-Eliminierung stattfindet; z. B.:

[1] H. LÜERS u. J. MENGELE, Bio. Z. **179**, 238 (1926).
[2] C. NEUBERG u. E. SIMON, Bio. Z. **190**, 226 (1927).

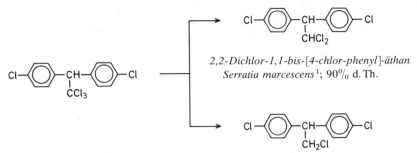

2,2-Dichlor-1,1-bis-[4-chlor-phenyl]-äthan
Serratia marcescens[1]; 90% d. Th.

2-Chlor-1,1-bis-[4-chlor-phenyl]-äthan
Aerobacter aerogenes[2]

Eine reduktive Debromierung an Steroiden kann mit *Cyclindrocarpon radicicola* durchgeführt werden[3]. Die Reduktion bietet allerdings keine Vorteile gegenüber den anderen üblichen Reduktionsmitteln.

II. Reduktion am N-Atom[4,5]

a) in Nitro-Verbindungen

Nitro-Gruppen können mikrobiell zu A m i n e n reduziert werden. So erhält man z. B. mit Hefen aus Nitro-benzol *Anilin*[6], während Pikrinsäure je nach Bakterium verschiedene Resultate liefert[7]:

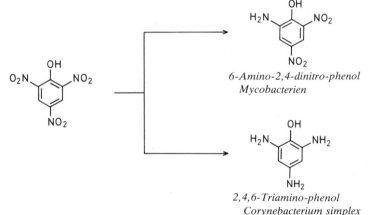

6-Amino-2,4-dinitro-phenol
Mycobacterien

2,4,6-Triamino-phenol
Corynebacterium simplex

Das Antibiotikum Chloromycetin wird durch *Bacillus subtilis*[8], *Escherichia coli*[8,9] und *Pseudomonas vulgaris*[10] zum biologisch inaktiven *2-Amino-3-oxo-3-(4-amino-phenyl)-propanol* reduziert unter gleichzeitiger Deacylierung an der Seitenkette:

[1] J. H. V. Stenersen, Nature **207**, 660 (1965).
[2] B. J. Kallman u. A. K. Andrex, Sci. **141**, 1050 (1963).
[3] A. I. Laskin u. P. A. Diassi, Federation Proc. **22**, 354 (1963).
[4] R. Walker, R. Gingell u. D. F. Murrels, Xenobiotica **1**, 222 (1971); Reduktion von Azo-Gruppen.
[5] R. Walker u. A. J. Ryan, Xenobiotica **1**, 483 (1971); Reduktion von Azo-Gruppen.
[6] C. Neuberg u. E. Welde, Bio. Z. **60**, 472 (1914).
   G. N. Smith u. C. S. Worrel, J. Bacteriol. **65**, 313 (1953).
[7] M. Tsukamura, Am. Rev. Respir. Deseases **84**, 87 (1961); C. A. **55**, 6593 (1961).
[8] G. N. Smith u. C. S. Worrel, Arch. Biochem. **24**, 216 (1949).
[9] G. N. Smith u. C. S. Worrel, J. Bacteriol. **65**, 313 (1953).
[10] F. Egami, M. Ebata u. R. Sato, Nature **167**, 118 (1951).

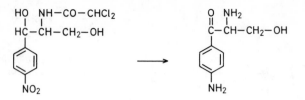

Auch in Nitro-Gruppen-haltigen Herbiziden und Pestiziden kann die Nitro- zur Amino-Gruppe reduziert werden.

Im folgenden soll ein Überblick über diese Reduktion gegeben werden:

$$H_3C-NO_2 \xrightarrow{Hefe} H_3C-NH_2$$

Methylamin[1]

 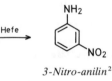

3-Nitro-anilin[2]

4-Amino-1-(dichloracetylamino)-benzol
Escherichia coli[3]; 49% d.Th.

 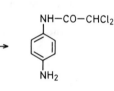

3-Amino-5-nitro-2-methyl-phenol[4]
Pseudomonas NCIB 9771
Rhizobien
Acetobacter

 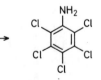

Pentachlor-anilin
Streptomyces aureofaciens[5]

[1] C. NEUBERG u. E. WELDE, Bio. Z. **62**, 470 (1914).
[2] C. NEUBERG u. E. REINFURTH, Bio. Z. **138**, 561 (1923).
[3] G.N. SMITH u. C.S. WORREL, J. Bacteriol. **65**, 313 (1953).
[4] M.S. TEWFIK u. W.C. EVANS, Biochem. J. **99**, 31 (1966).
[5] C.I. CHACKO, J.L. LOOKWOOD u. M. ZABIK, Science **154**, 893 (1966).

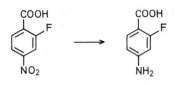

2-Fluor-4-amino-benzoesäure
Nocardia erythropolis[1]

b) von anderen Stickstoff-Verbindungen

Pyridin-1-oxid wird mit Hefe glatt zum *Pyridin* reduziert[2]. Aus Nitroso-benzolen werden mit Hilfe von Hefen N-Phenyl-hydroxylamine[3] bzw. Aniline[4] (z. B. aus 4-Nitroso-phenol 40% d. Th. *4-Amino-phenol*) erhalten.

Zur Reduktion von N-Phenyl-hydroxylamin mit Hefe zu *Anilin* (40% d. Th.) und *Diphenyl-diazen* (11% d. Th.)[3] bzw. von 1,4-Benzochinon-bis-oxim zu *1,4-Diamino-benzol*[4] s. Lit. (S. 780).

F. Bibliographie

I. Katalytische Reduktion

K. E. ZIEMENS sowie R. H. GRIFFITH in G. M. SCHWAB, *Handbuch der Katalyse, Heterogene Katalyse I,* Bd. IV, Springer Verlag, Wien 1943.

V. MIGRIDICHIAN, *The Chemistry of Organo Cyanogen Compounds,* Reinhold, Publ. Corp., New York 1947.

W. G. FRANKENBURG, V. I. KOMAREWSKY u. E. K. RIDEAL, später D. D. ELEY, H. PINES u. P. B. WEISZ, *Advances in Catalysis and Related Subjects*, Academic Press, London · New York, seit 1948.

W. J. HICKINBOTTOM, *Reactions of Organic Compounds*, Longmans-Green, London 1950.

R. B. WAGNER u. H. D. ZUCK, *Synthetic Organic Chemistry,* John Wiley & Sons, New York 1953.

W. H. HARTUNG u. R. SIMONOFF, *Organic Reactions,* Vol. VII, S. 263 ff., J. Wiley & Sons, New York 1953.

P. H. EMMET, *Catalysis*, Reinhold Publishing Corporation, New York seit 1954.

W. B. INNES, Catalysis **1**, 245 (1954).

E. MOSETTIG, *Organic Reactions*, Vol. VIII, S. 218 ff., John Wiley & Sons, New York 1954.

A. WEISSBERGER, *Technique of Organic Chemistry,* Vol. II, Interscience Publ. Inc., New York · London 1956.

G. NATTA u. R. RIGAMONTI in G. M. SCHWAB, *Handbuch der Katalyse, Heterogene Katalyse II*, Bd. V, Springer Verlag, Wien 1957.

H. A. SMITH u. R. G. THOMPSON, *Advances in Catalysis*, Vol. IX, Academic Press, New York 1957.

B. M. BOGOSLOWSKI u. S. S. KASAKOWA, *Skelettkatalysatoren in der organischen Chemie*, VEB Deutscher Verlag der Wissenschaften, Berlin 1960.

G. R. PETTIT u. E. E. VAN TAMELEN, *Organic Reactions,* Vol. XII, S. 356 ff. (1962).

W. H. HARTUNG u. R. SIMONOFF, *Hydrogenolysis of Benzyl Groups Attached to Oxygen, Nitrogen, or Sulfur*, Organic Reactions, Vol. VII, S. 263–326, John Wiley & Sons, London 1963.

R. SCHRÖTER in W. FOERST, *Neuere Methoden der präparativen organischen Chemie, Hydrierungen mit Raney-Katalysatoren*, Bd. 1, S. 75–116, Verlag Chemie, Weinheim 1963.

R. AUGUSTINE, *Catalytic Hydrogenation*, Marcel Dekker Inc., New York 1965.

H. O. HOUSE, *Modern Synthetic Methods,* W. A. Benjamin, New York 1965.

F. ZYMALKOWSKI, *Katalytische Hydrierungen im organisch-chemischen Laboratorium*, Ferdinand Enke Verlag, Stuttgart 1965.

S. SIEGEL, *Advances in Catalysis* Vol. XVI, 123 (1966); Stereochemie.

---

[1] R. B. CAIN, E. K. TRANTER u. J. A. PARRAH, Biochem. J. **106**, 211 (1968).

[2] A. MAY, Enzymologia **18**, 142 (1957).

[3] C. NEUBERG u. E. WELDE, Bio. Z. **67**, 18 (1914).

[4] H. LÜERS u. J. MENGELE, Bio. Z. **179**, 238 (1926).

P. N. Rylander, *Catalytic Hydrogenation over Platinum Metals*, Academic Press, New York · London 1967.

M. Rabinovitz, *The Chemistry of the Cyano-Group*, Interscience Publ., Inc. London 1970.

J. Zabicky, *Chem. Alkenes*, S. 175–214, Interscience, London 1970.

M. Freifelder, *Practical Catalytic Hydrogenation*, Wiley-Interscience, New York · London · Sidney · Toronto 1971.

K. Hata, *Urushibara Catalysts*, University of Tokyo Press, Tokyo 1971.

E. G. Schlosser, *Heterogene Katalyse*, Verlag Chemie, Weinheim 1972.

B. R. James, *Homogeneous Hydrogenation*, John Wiley & Sons, New York · London · Sydney · Toronto 1973.

J. S. Pezey, *Synthetic Reagents*, Vol. II, John Wiley & Sons, New York 1974.

B. Delman u. G. Jannes, *Catalysis,* Elsevier, Amsterdam 1975.

R. L. Augustine, *Advances in Catalysis*, Vol. XXV, Academic Press, New York · San Francisco · London 1976.

A. J. Birch u. D. H. Williamson, *Homogeneous Hydrogenation Catalysts in Organic Synthesis*, Organic Reactions, Vol. XXIV, S. 4–186, 1976.

J. D. Morrison u. W. F. Masler, *Asymmetric Homogenous Hydrogenation, Advances in Catalysis,* Vol. XXV, S. 81–125, Academic Press, New York · London 1976.

P. N. Rylander u. H. Greenfield, *Catalysis in Organic Synthesis 1976*, Academic Press, New York · San Francisco · London 1976.

J. Falbe u. U. Hasselrodt, *Katalysatoren, Tenside und Mineralöladditive*, S. 7 ff., Georg Thieme Verlag, Stuttgart 1978.

II. Reduktion mit anorganischen Reduktionsmitteln

a) mit Nichtmetallen, Metallen, Metall-Salzen bzw. Metall-carbonylen

J. K. Kochi, D. M. Singleton u. L. J. Andrews, *Alkenes from Halides and Epoxides by Reductive Eliminations with Cr(II)-Complexes*, Tetrahedron **24**, 3503 (1968).

R. F. Evans, *Reduction methods*, Mod. React. Org. Synth. *1970*, 3–53.

J. W. Price, *Inorganic tin Compounds*, Conf. Tin Consumption (London) **1972**, 199.

J. R. Hanson, *Applications of Chromium(II)-Salts in preparative organic chemistry*, Synthesis **1974**, 1.

J. E. McMurry, *Organic Chemistry of Low valent Titanium*, Accounts Chem. Res. **7**, 281 (1974).

D. Caine, *Reduction and related reaction of α, β-unsaturated carbonyl compounds with metals in liquid ammonia*, Organic Reaktions, Vol. XXIII, 1 (1976).

M. Hiroshi u. T. Hideki, *Recovery of values from aqueous ferrous chloride solutions*, Suiyo Kaishi **18**, 497 (1977); C. A. **90**, 110684 (1979).

T. L. Ho, *Reduction of organic compounds with low-valent species of Group IV B, V B and VI B metals*. Synthesis **1979**, 1.

U. T. Ruegg u. J. Rüdinger, *Reductive Cleavage of cystine disulfides with tributylphosphins*, Methods Enzymol. **47**, 111 (1977).

K. M. Nicholas, M. O. Nestle u. D. Seyfert in H. Alper, *Transition Metall Organometallics in Organic Synthesis*, Vol. 2, Academic Press, New York 1978.

R. L. Sandridge u. H. B. Staley, *Amines by reduction*, Kirk-Othmer Encycl. Chem. Technol., 3. Aufl. **2**, 355 (1978).

b) mit Metallhydriden bzw. komplexen Hydriden

1. Monographien

W. G. Brown, *Reductions by Lithium Aluminium Hydride*, Organic Reactions, Vol. VI, S. 469, John Wiley & Sons, New York 1951.

V. M. Mićović u. M. L. Mihailović, *Lithium Aluminium Hydride in Organic Chemistry*, NAUCNA KNJIGA, Beograd 1955.

N. G. Gaylord, *Reduction with Complex Metal Hydrides*, Interscience Publishers Inc., New York 1956.

H. C. Brown, *Hydroboration*, W. A. Benjamin Inc., New York 1962.

A. Hajós, *Komplexe Hydride*, VEB Deutscher Verlag der Wissenschaften, Berlin 1966,

R. E. Lyle u. P. S. Anderson, *The Reduction of Nitrogen Heterocycles with Complex Metal Hydrides, Advances in Heterocyclic Chemistry*, Vol. 6, S. 45, Academic Press, New York 1966.

E. Schenker, *Anwendung von komplexen Borhydriden und von Diboran in der organischen Chemie*, in W. Foerst, *Neuere Methoden der präparativen organischen Chemie*, Bd. 4, S. 173, Verlag Chemie, Weinheim 1966.

M. N. Rerick, *The Chemistry of the Mixed Hydrides, Reduction Techniques*, S. 1, Marcel Dekker Inc., New York 1968.

H. O. House, *Metal Hydride Reductions and Related Reactions*, Synthetic Reactions, S. 45, W. A. Benjamin Inc., Menlo Park 1972.

S. S. Pizey, *Lithium Aluminium Hydride, Synthetic Reagents*, Vol. 1, S. 101, Ellis Horwood Ltd., Chichester 1074.

H. C. Brown, *Organic Syntheses via Boranes*, John Wiley & Sons, New York 1975.

C. F. Lane, *Diborane*, Synthetic Reagents, Vol. 3, S. 1, Ellis Horwood Ltd., Chichester 1977.

A. Hajós, *Complex Hydrides and Related Reducing Agents in Organic Synthesis*, Elsevier Publishing Comp., Amsterdam 1979.

2. Themenspezifische Übersichtsartikel

E. H. Jensen, *A Study on Sodium Borohydride*, Nyt Nordisk Forlag, Copenhagen 1954.

E. L. Eliel, *Reductions with Lithium Aluminum Hydride – Aluminum Halide Combinations*, Record Chem. Progress **22**, 129 (1961).

H. G. Kuivila, *Reduction of Organic Compounds by Organotin Hydrides*, Synthesis **1970**, 499.

J. M. Lalancette et al., *Reduction of Functional Groups with Sulfurated Borohydrides*, Synthesis **1972**, 526.

J. Málek u. M. Černy, *Reduction of Organic Compounds by Alkoxyaluminohydrides*, Synthesis **1972**, 217.

S.-C. Chen, *Molecular Rearrangements in Lithium Aluminium Hydride Reduction*, Synthesis **1974**, 691.

D. N. Kursanow, Z. N. Parnes u. N. M. Loim, *Applications of Ionic Hydrogenation to Organic Syntheses*, Synthesis **1974**, 633.

E. Negishi u. H. C. Brown, *Thexylborane*, Synthesis **1974**, 77.

C. F. Lane, *Sodium Cyanoborohydride*, Synthesis **1975**, 135.

E. Winterfeldt, *Applications of Diisobutylaluminium Hydride in Organic Syntheses*, Synthesis **1975**, 617.

C. F. Lane, *Reductions of Organic Compounds with Diborane*, Chem. Reviews **76**, 773 (1976).

A. Pelter, *Reductions Involving Diborane and Its Derivatives*, Chem. & Ind. **1976**, 888.

E. R. H. Walker, *The Functional Group Selectivity of Complex Hydride Reducing Agents*, Soc. Reviews **5**, 23 (1976).

H. C. Brown u. S. Krishnamurthy, *Forty Years of Hydride Reductions*, Tetrahedron **35**, 567 (1979).

Metallges. AG, *III. Hydride Symposium*, Lectures, Frankfurt am Main 1979.

D. C. Wigfield, *Stereochemistry and Mechanism of Ketone Reductions by Hydride Reagents*, Tetrahedron **35**, 449 (1979).

III. Reduktion mit organischen Reduktionsmitteln

D. A. Shirley, *The Synthesis of Ketones from Acidhalides and Organometallic Compounds of Magnesium, Zinc and Cadmium*, Organic Reaktions, Vol. VIII, 28 (1954).

R. J. P. Corriu u. B. Meunier, *Reduction des Organosilanes Fonctionnels avec les Reactifs de Grignard saturés*, J. Organometal. Chem. **60**, 31 (1973).

IV. Elektrochemische Reduktion

F. D. Popp u. H. P. Schultz, *Electrolytic Reduction of organic Compounds*, Chem. Reviews **62**, 19 (1962).

G. J. Hoijtink, *Perspektive für die elektro-organische Synthese*, Chem.-Ing.-Techn. **35**, 333 (1963).

M. Y. Fioshin u. A. P. Tomilov, *Electrochemical Dimerisation – a promising Method for the Synthesis of organic Compounds*, Khim. Prom. **1964**, 649.

S. Wawzonek, *Synthetic Electroorganic Chemistry*, Science **155**, 39 (1967).

M. M. Baizer, *Recent Developments in Electro-Organic Synthesis*, Naturwiss. **56**, 405 (1969).

O. R. Brown u. J. A. Harrison, *Reaction of cathodically generated Radicals and Anions*, J. Electroanal. Chem. **21**, 387 (1969).

J. D. Anderson, J. P. Petrovich u. M. M. Baizer, *Electrochemical preparation of cyclic Compounds*, Adv. Org. Chem. **6**, 257 (1969).

M. M. Baizer u. J. P. Petrovich, *Synthetic and mechanistic aspects of reductive coupling*, Progr. Phys. Org. Chem. **7**, 189 (1970).

F. Beck, *Entwicklungsstand der Elektrosynthese organischer Verbindungen*, Chem.-Ing.-Techn. **42**, 153 (1970).

P. E. Iversen, *Elektrolyse in der organischen Chemie*, Chemie in unserer Zeit **5**, 179 (1971).

L. Eberson u. H. Schäfer, *Organic Electrochemistry*, Fortschr. Chem. Forsch. **21**, 1 (1971).

S. Wawzonek, *Electroorganic Syntheses*, Synthesis **1971**, 285.

F. Beck, *Kathodische Dimerisierung*, Ang. Ch. **84**, 798 (1972).

J. W. Breitenbach, O. F. Olaj u. F. Sommer, *Polymerisationsanregung durch Elektrolyse*, Adv. Polym. Sci. **9**, 47 (1972).

M. M. Baizer, *Elektro Chemistry*, M. Dekker Verlag, New York 1973.

F. Beck, *Elektroorganische Chemie*, Verlag Chemie, Weinheim 1974.
O. R. Brown, *Organic Elektrochemistry – synthetic aspects,* Elektrochim. **5**, 220 (1975); **6**, 1 (1976/1978).
M. Fleischmann u. D. Pletcher, *Industrial Electrosyntheses*, Chem. Brit. **11**, 50 (1975).
V. G. Mairanovsky, *Elektro-Deblockierung – Elektrochemische Abspaltung von Schutzgruppen,* Ang. Ch. **88**, 283 (1976).
A. Schmidt, *Angewandte Elektrochemie*, Verlag Chemie, Weinheim 1976.

V. Biochemische Reduktion

S. P. Colowick u. N. O. Kaplan, *Methods in Enzymology*, Vol. 1 ff., Academic Press, New York 1955.
F. H. Stodola, *Chemical Transformations by Microorganisms*, John Wiley & Sons, New York 1958.
S. C. Prescott u. D. G. Dunn, *Industrial Microbiology*, McGraw Hill, New York · Toronto · London 1959.
W. W. Umbreit, *Advances in Applied Microbiology*, S. 1 ff., Academic Press, New York 1959.
L. L. Wallen, F. H. Stodola u. R. W. Jackson, *Type Reactions in Fermentation Chemistry*, US Dept. Agriculture, 1959.
G. E. Wolstenholme u. C. M. O'Connor, *Steric Course of Microbial Reactions*, J. & A. Churchill Ltd., London 1959.
G. W. Fuhs, *The microbial Degradation of Hydrocarbons*, Arch. Mikrobiol. **39**, 374 (1961).
W. W. Umbreit, *Advances in Applied Microbiology*, Academic Press, New York · London 1961.
C. Tamm, *Umwandlung von Naturstoffen durch mikrobielle Enzyme*, Ang. Ch. **74**, 225 (1962).
F. G. Fischer in W. Foerst, *Neuere Methoden der präparativen organischen Chemie*, Bd. 1, S. 168, Verlag Chemie, Weinheim 1963.
C. Rainbow u. A. H. Rose, *Biochemistry of Industrial Microorganisms*, Academic Press, London 1963.
Chemistry of Microbial Products (6th Symposium of the Inst. Appl. Microbiol. Univ. of Tokyo), Tokyo 1964.
J. Müller u. H. Melchinger, *Methoden der Mikrobiologie*, Franckh, Stuttgart 1964.
H. A. Sober, R. W. Hartley, Jr., W. R. Carroll u. E. A. Peterson in H. Neurath, *The Proteins*, Vol. 3, 2. Aufl., S. 2, Academic Press, New York 1964.
A. A. Achrem u. Y. A. Titow, *Microbiological Transformations of Steroids*, Nauka Press, Moskau 1965.
S. Aiba, A. E. Humphrey u. N. F. Millis, *Biochemical Engineering*, Academic Press, New York 1965.
D. W. Ribbons, *The Microbiological Degradation of Aromatic Compounds*, Ann. Rep. Chem. Soc. **62**, 445 (1965).
H. G. Schlegel u. E. Kröger, *Anreicherungskultur und Mutantenauslese, Zentralblatt für Bakteriologie, Parasitenkunde, Infektionskrankheiten und Hygiene*, I. Abteilung, Supplementheft 1, Gustav Fischer Verlag, Stuttgart 1965.
J. F. F. Spencer u. P. A. J. Gorin, *Microbiological Transformations of Sugars and Related Compounds*, Progr. Ind. Microbiol. **7**, 177 (1965).
A. Čapek, O. Hanč u. M. Tadra, *Microbial Transformations of Steroids*, Akademia Press, Prag 1966.
A. Čapek, O. Hanč u. M. Tadra, *Microbial Transformations of Steroids*, Dr. W. Junk Publishers, Den Haag (Niederl.) 1966.
J. Malek u. F. Zdenek, *Theoretical and Methodological Basis of Continuous Culture of Microorganisms*, Academic Press, New York · London 1966.
J. Malek u. F. Zdenek, übersetzt durch J. Liebster, *Theoretical and methodological basis of continuous culture of microorganisms*, Prague, Publ. House of the Geelios lava Acad. of Science, Academic Press, New York · London 1966.
W. Charney u. H. L. Herzog, *Microbial Transformations of Steroids*, Academic Press, New York 1967.
C. H. Collins, *Microbiological Methods*, Butterworth, London 1967.
H. Iizuka u. A. Naito, *Microbial Transformations of Steroids and Alkaloids*, University of Tokyo Press, Tokyo 1967.
E. O. Powell et al., *Proceedings of the third international Symposium: Microbial physiology and continuous culture*, Verlag Her Majesty's Stationary Office, London 1967.
H. J. Rehm, *Industrielle Mikrobiologie*, Springer-Verlag, Berlin 1967.
K. H. Wallhäusser u. H. Schmidt, *Sterilisation, Desinfektion, Konservierung, Chemotherapie*, Thieme-Verlag, Stuttgart 1967.
L. E. Casida, *Industrial Microbiology*, John Wiley & Sons, New York · London · Sydney 1968.
H. Kretzschmar, *Technische Mikrobiologie*, Parey-Verlag, Berlin 1968.
A. H. Rose, *Chemical Microbiology*, Butterworth, London 1968.
G. Drews, *Mikrobiologisches Praktikum für Naturwissenschaftler*, Springer-Verlag, Berlin 1968.
K. I. Johnstone in J. R. Norris u. D. W. Ribbons, *Methods in Microbiology*, Vol. 1, S. 455, Academic Press, London · New York 1969.
G. L. Solomons, *Material and Methods in Fermentation*, Academic Press, London · New York 1969.
R. Dickscheit, *Handbuch der mikrobiologischen Laboratoriumstechnik*, Steinkopff-Verlag, Dresden 1969.

V. H. EDWARDS in D. PERLMAN, *Advances in Applied Microbiology*, Vol. 11, S. 159, Academic Press, New York · London 1969.

S. N. SEHGAL u. C. VEZINA, *Bacteriological Proceedings* (19th Annual ASM Meeting, Miami Beach, Fla.), S. 3 A 5 (1969).

W. C. EVANS, *Microbial Transformations of Aromatic Compounds*, in D. PERLMAN, *Fermentation Advances*, S. 649, Academic Press, New York 1969.

A. H. ROSE u. J. S. HARRISON, *The Yeasts*, Academic Press, London, Vol. 1–3, 1969/1970.

T. E. BARMAN, *Enzyme Handbook*, Vol. I, II, Suppl. I, Springer Verlag, Heidelberg · New York 1969 und 1974.

J. R. NORRIS u. D. W. RIBBONS, *Methods in Microbiology*, Vol. 2, Academic Press, New York · London 1970.

J. R. NORRIS u. D. W. RIBBONS, *Methods in Microbiology*, Vol. 3 A, Academic Press, London · New York 1970.

Y. TSUNEMATSU, T. NEI, Y. OKAMI, J. YASUDA u. E. YABUUCHI, in H. IZUKA u. T. HASEGAWA, *Culture Collections of Microorganisms*, University Park Press, Baltimore 1970.

C. BOOTH, *Methods in Microbiology*, Vol. 4, Academic Press, London · New York 1971.

S. P. COLOWICK u. N. O. KAPLAN, *Methods in Enzymology*, Vol. XXII, *Enzyme Purification and Related Techniques*, Academic Press, New York · London 1971.

J. R. NORRIS u. D. W. RIBBONS, *Methods in Microbiology*, Vol. 5 B, Academic Press, London · New York 1971.

M. NOZAKI u. O. HAYAISHI in J. R. NORRIS u. D. W. RIBBONS, *Methods in Microbiology*, Vol. 5 B, S. 425, Academic Press, London · New York 1971.

H.-J. REHM, *Einführung in die industrielle Mikrobiologie*, Springer-Verlag, Heidelberg 1971.

C. RHODES, J. GERMERSHAUSEN u. S. R. SUSKIND in S. P. COLOWICK u. N. O. KAPLAN, *Methods in Enzymology*, Vol. XXII, *Enzyme Purification and Related Techniques*, S. 85, Academic Press, New York · London 1971.

M. J. PELCZAR Jr. u. R. D. REID, *Microbiology*, 3. Aufl., Max-Graw-Hill, New York 1972.

D. A. SHAPTON u. R. G. BOARD, *Safety in Microbiology*, Academic Press, London · New York 1972.

L. B. WINGARD, Jr., *Enzyme Engineering*, John Wiley & Sons, New York 1972.

L. B. WINGARD, Jr., *Enzyme Engineering*, S. 97, Interscience Publishers, John Wiley & Sons, New York 1972.

S. AIBA, A. E. HUMPHREY u. N. F. MILLIS, *Biochemical Engineering*, 2. Aufl., Academic Press, New York 1973.

Enzyme Nomenclature: Recommendations (1972) of the International Union of Pure and Applied Chemistry and the International Union of Biochemistry, Elsevier Scientific Publishing Comp., Amsterdam 1973.

O. HABORSKY, *Immobilized Enzymes*, CRC Press Cleveland, Ohio, USA, 1973.

H. U. BERGMEYER, *Methoden der enzymatischen Analyse*, 3. Aufl., Verlag Chemie, Weinheim/Bergstr. 1974.

T. D. BROCK, *Biology of Microorganisms*, 2. Aufl., Prentice-Hall, New York 1974.

E. K. PYE u. L. B. WINGARD Jr., *Enzyme Engineering*, Vol. 1–3, Plenum Press, New York 1974.

J. M. NAVARRO, *Fermentation en continu à l'aide de microorganismes fixés*, Thesis Doct. Ing. Univ. Toulouse, 1975.

C. VEZINA u. K. SINGH in J. E. SMITH u. D. R. BERRY, *The Filamentous Fungii*, Vol. 1: *Industrial Mycology*, Edward Arnold Publishers, USA 1975.

L. B. WINGARD Jr., E. KATCHALSKI-KATZIR u. L. GOLDSTEIN, *Applied Biochemistry and Bioengineering*, Vol. 1: *Immobilized Enzyme Principles*, Academic Press, New York 1976.

H. DELLWEG, 5th Int. Ferment. Symp., Berlin 1976.

J. B. JONES, C. J. SIH u. D. PERLMAN, *Application of Biochemical Systems in Organic Chemistry*, Part I und II (1976), in A. WEISSBERGER, *Techniques of Chemistry*, Vol. X, J. Wiley & Sons, New York · London · Toronto 1976.

K. KIESLICH, *Microbial Transformations on Non-Steroid Cyclic Compounds*, G. Thieme Publishers, Stuttgart 1976.

K. MOSBACH, *Methods in Enzymology XLIV: Immobilized Enzymes*, Academic Press, New York 1976.

K. MOSBACH in S. P. COLOWICK u. N. O. KAPLAN, *Methods in Enzymology*, Vol. XLIV, Academic Press, New York 1976.

H. G. SCHLEGEL, *Allgemeine Mikrobiologie*, G. Thieme, Stuttgart 1976.

T. CHANG, *Biomed. Appl. of Immol. Enzymes and Proteins,* Vol. 1, Plenum Press, New York 1977.

W. E. HORNBY u. G. A. NOY in Z. BOHAK u. N. SHARON, *Biotechnological Applications of Proteins and Enzymes*, S. 267, Academic Press, New York 1977.

T. K. GHOSE, A. FIECHTER u. N. BLAKEBROUGH, *Advances in Biochemical Engineering,* Vol. 1–15, Springer-Verlag, Heidelberg · New York 1978.

H. RUTTLOFF, J. HUBER, F. ZICKLER u. K.-H. MANGOLD in H. RUTTLOFF, *Industrielle Enzyme*, VEB Fachbuchverlag, Leipzig 1979.

I. CHIBATA, T. TOSA u. T. SATO, *Fermentation Technology*, in H. J. PEPPLER u. D. PERLMAN, *Microbial Technology*, Vol. II, S. 433, Academic Press, New York 1979.

Autorenregister

Aaland, S. E., vgl. Sommers, A. H. 356
Abbasi, M., vgl. Nabih, I. 483
Abbayes, H. des, s. Des Abbayes, H.
Abbot, E. M., Bellamy, A. G., u. Kerr, J. 663
Abbot, D. J., Colonna, S., u. Stirling, C. J. M. 500
Abbott, B. J. 709, 717
Abdel-Akher, M., et al. 294
–, M., Hamilton, J. K., u. Smith, F. 42, 428
Abdel-Azis, M., vgl. Hafez-Zedan, H. 707
Abd Elhafez, F. A., vgl. Cram, D. J. 322
Abd-El-Nabey, B. A., u. Kiwan, A. M. 591
Abdun-Nur, A.-R., u. Issidorides, C. H. 431, 433
Abe, K., Onda, M., u. Okuda, S. 384
Aboutabi, M. A., vgl. Sukla, N. B. 700
Abraham, E. P., vgl. Swallow, D. L. 197
Abraham, K., vgl. Cásenský, B. 32
Abramova, A. N., vgl. Borisov, A. E. 85, 390, 408
Abramovitch, R. A., et al. 483
–, Coutts, R. T., u. Pound, N. J. 477
Abruna, H. D., Teng, A. Y., Samuels, G. J., u. Meyer, T. J. 703
Abts, L. M., Langland, J. T., u. Kreevoy, M. M. 13, 17
Accary, A., vgl. Langin-Lantéri, M.-T. 298
Acharya, S. P., u. Brown, H. C. 55
Achiwa, K., vgl. Corey, E. J. 438, 463
–, vgl. Yamada, S. 203
Achmatowicz, O., u. Szechner, B. 430
Achrem, A. A., u. Titow, Y. A. 719, 786
Acker, D. S. 319
Ackerman, J. F., vgl. Campbell, K. N. 277
Acklin, W., et al. 753, 754
–, Kis, Z., u. Prelog, V. 766, 768

–, vgl. Prelog, V. 753
–, u. Prelog, V. 746
Adachi, T., et al. 631
–, Iwasaki, T., Miyoshi, M., u. Inoue, J. 672
Adam, C., Gold, V., u. Reuben, D. M. E. 46
Adam, G., vgl. Lischewski, M. 174
–, vgl. Schreiber, K. 428, 429, 437
–, u. Schreiber, K. 437
Adam, M., vgl. Severin, T. 91
Adam, W., vgl. Greene, T. D. 325
Adamcikova, L., u. Treindl, L. 525
Adams, C., Kamkar, N. M., u. Utley, J. H. P. 623
Adams, E. P., et al. 266
Adams, P. T., vgl. Ostwald, R. 173
Adams, R., Harfenist, M., u. Loewe, S. 167
–, Miyano, S., u. Nair, M. D. 273
–, u. Moje, W. 473
–, u. Samuels, W. P. 290
Adams, R. M. 5, 27, 456
Adams, W. J., et al. 420
Adank, K., et al. 216, 298
–, vgl. Viscontini, M. 284
Adapa, S. R., et al. 382
Addleburg, J. W., vgl. Buehler, C. A. 43
Adel, R. E., vgl. Lyle, R. E. 92, 383
Adickes, H. W., Politzer, I. R., u. Meyers, A. I. 348
Adlington, M. G., vgl. Fry, J. L. 68, 411
–, Orfanopoulos, M., u. Fry, J. L. 412
Adolph, H., vgl. Opitz, G. 463
Advani, B. G., vgl. Rajagopalan, P. 119
Aeberli, P., u. Houlihan, W. J. 262, 383, 384, 451
Aelony, D., vgl. Wawzonek, S. 687
Aftandilian, V. D., Miller, H. C., u. Muetterties, E. L. 21, 400
Agami, C., et al. 327
–, Kazakos, A., u. Levisallles, J. 327

Ager, J. H., vgl. Fullerton, S. E. 92
–, u. May, E. L. 92
Agnello, E. J., et al. 329
Agranat, I., vgl. Fry, A. J. 649
Agre, C. L., vgl. Finholt, A. E. 122, 123, 124
Aharan-Shalom, E., vgl. Fry, A. J. 649
Ahlbrecht, A., vgl. Husted, D. R. 27, 146, 147, 160, 236, 237
Ahmad, A. 375
Ahmad, M. S., u. Logani, S. C. 432
Ahmad, T., u. Khundar, M. J. 148
Ahmed, Q., et al. 253, 255
Ahrens, F. B. 592, 696
Ahsan, A. M., u. Linnell, W. H. 308
Aiba, S., Humphrey, A. E., u. Millis, N. F. 704, 786, 787
Aida, K., vgl. Izuka, K. 764
Aimi, N. 352
Ainsworth, C. 111
Ajinomoto 604
Akagi, K., vgl. Toda, F. 399, 400
Akamatsu, S. 732, 747
Akashi, T., vgl. Nagao, M. 617
Åkerfeldt, S., u. Hellström, M. 8
–, Wahlberg, K., u. Hellström, M. 8
Akhrem, A. A., vgl. Kamernitzky, A. V. 326, 440
Akhtar, M., Barton, D. H. R., u. Sammes, P. G. 511
–, u. Clark, H. C. 402
–, u. Marsh, S. 328
Aki, O., vgl. Ochiai, M. 516, 631
Akimoto, H., vgl. Yamada, S. 120, 121
Akita, Y., Inaba, M., Uchida, H., u. Ohta, A. 521, 522
Akroyd, P., Haworth, R. D., u. Jefferies, P. R. 274
Albanesi, U., et al. 325
Alberola, A. 11
Albert, A., u. Matsuura, S. 88
–, vgl. Pettit, G. R. 431
–, –, u. Brown, P. 431
Alberti, C. G., vgl. Camerino, B. 749, 773

Andrisano, R., Angeloni, A.S., u. Marzocchi, S. 30, 277

–, u. Angiolini, L. 323

Andruzzi, R., Corelli, I., Trazza, A., Bruni, P., u. Colonna, M. 698

Anet, F.A.L., u. Leblanc, E. 512, 520

–, u. Muchowski, J.M. 474

–, u. Robinson, R. 427

Angelini, C., Grandolini, G., u. Mignini, L. 247

Angeloni, A.S., vgl. Andrisano, R. 30, 277

Angier, R.B., vgl. Curran, W.V. 132, 239

–, vgll. Murdock, K.C. 421

Angiolini, L., vgl. Andrisano, R. 323

–, u. Tramontini, M. 323

Anh, N.T., et al. 322

–, u. Eisenstein, O. 322

Anhoury, M.-L., et al. 118

Anifsen, C.B., vgl. Cuatre-Casas, P. 708

Ankner, K., vgl. Lamm, B. 632, 633

–, –, u. Simonet, J. 633, 634

–, –, Thulin, B., u. Wennerström, O. 583

Annan, W.D., Hirst, E., u. Manners, D.J. 294

Anner, G., vgl. Kalvoda, J. 516

Anno, K., vgl. Wolfrom, M.L. 42, 215, 224, 315

Annunziata, R., Cinquini, M., u. Cozzi, F. 338

Ansell, E.J., u. Honeyman, J. 439

Ansell, M.F., u. Brown, S.S. 406

–, u. Gandsby, B. 440

Anselme, J.-P., vgl. Nakajima, M. 263

–, vgl. Overberger, C.G. 480

Anson, F.C., vgl. Gulen, J. 703

Anteunis, M.J.O., et al. 124

Anthony, W.C., vgl. Speeter, M.E. 242

Antonov, I.S., vgl. Shigatsch, A.F. 51

Antonucci, R., et al. 268

Anvarova, T.J., vgl. Lapkin, I.I. 282

Aoki, S., vgl. Ueno, Y. 451

Applegate, H.E., vgl. Weisenborn, F.L. 313

Appleton, R.A., Fairlie, J.C., u. McCrindle, R. 442

Aprahamian, N.S., vgl. Issidores, C.H. 423

Arai, T., u. Ogura, T. 609

Arai, Y., et al. 476

–, Mijin, A., u. Takahashi, Y. 476

Araki, M., vgl. Kawazoe, Y. 373, 476

Arapagos, P.G., u. Scott, M.K. 666

Arata, Y., Kato, H., u. Shioda, T. 37

Archer, J.F., et al. 15, 364

–, u. Grimshaw, J. 652

Archer, S., u. Rosi, D. 764

Ard, J.S., vgl. Fontaine, T.D. 437

Aren, A.K., vgl. Sarin, P.P. 92, 93

Arens, J.F., vgl. Sperna Weiland, J.H. 268

–, vgl. Vollema, G. 426

Aresi, V., vgl. Testa, E. 243

Arient, J., u. Dvořak, J. 286

–, Havlíčková, L., u. Šlosar, J. 247

Arigoni, D., et al. 229

–, vgl. Eberle, M. 440

Arita, H., Ueda, M., u. Matsushima, Y. 397

Armand, J., vgl. Bassinet, P. 607

–, –, Chekir, K., u. Pinson, J. 595

–, u. Boulares, L. 584, 596, 656

–, –, u. Pinson, J. 582, 612, 613

–, –, –, u. Souchay, P. 610

–, Chekir, K., u. Pinson, J. 595, 598, 652, 653

–, –, –, u. Vinot, N. 598

–, vgl. Jubault, M. 614

–, vgl. Pinson, J. 584, 596, 610–613

Armarego, W.L.F., u. Reece, P.A. 597, 598

Armenskaja, L.C. 624

Armour, A.G., vgl. Kuivila, H.G. 281

Armstrong, M.D., vgl. Kappe, T. 79

Arnac, M., vgl. Lalncette, J.M. 22

Arnason, B., vgl. Bestmann, H.J. 637

Arnaud, C., et al. 328

Arnaud, P., vgl. Pierre, J.-L. 278, 279

–, vgl. Vidal, M. 207

Arnod, R.C., Lien, A.P., u. Alm, R.M. 466, 467

Arnone, A., vgl. Carelli, J. 650

Arreguin, M., vgl. Alvarez, F.S. 76

Artemova, V.M., vgl. Forostyan, Y.N. 592

Arth, G.E. 221

–, et al. 42

Arthur, H.R., Hui, W.H., u. Ng, Y.L. 249

Arumugam, N., vgl. Kesavan, V. 80

–, u. Shenbagamurthi, P. 376

Arwater, N.W. 298

Arya, V.P., u. Engel, B.G. 312

Arzoumanian, H., vgl. Zweifel, G. 51, 59, 401

Asahara, T., Seno, M., u. Kanaka, H. 586

Asahi, Y., vgl. Ochiai, M. 631

Asai, A. 114

Asai, M., vgl. Nonaka, T. 658

Asai, T., vgl. Izuka, K. 764

–, vgl. Yamada, M. 738, 773, 774

Asakawa, H., et al. 212

Asami, M., et al. 337

Aschaffenburger Zellstoffwerke 634

Ashby, E.C. 4, 8, 25, 31, 51

–, et al. 9

–, vgl. Beach, R.G. 12

–, u. Boone, J.R. 4, 47, 326

–, Brendel, G.J., u. Redman, H.E. 25, 31

–, vgl. Cooke, B. 11, 415, 416

–, u. Cooke, B. 10, 415

–, vgl. Dilts, J.A. 12

–, Dobbs, F.R., u. Hopkiins, H.P. 12

–, u. Foster, W.E. 8, 12

–, u. Goel, A.B. 4

–, –, u. Lin, J.J. 4, 36

–, vgl. Heinsohn, G.E. 545

–, Korenowski, T.F., u. Schwartz, R.D. 36

–, u. Kovar, R. 12

–, u. Laemmle, J.T. 11

–, u. Lin, J.J. 36, 61, 302, 385, 407

–, –, u. Goel, A.B. 4, 36

–, –, u. Kovar, R. 36

–, u. Noding, S.A. 3, 47, 61

–, –, u. Goel, A.B. 4

–, u. Prather, J. 9, 415

–, Schwartz, R.D., u. James, B.D. 25

–, Sevenair, J.P., u. Dobbs, F.R. 11, 28, 333

Ashby, J., u. Ramage, E.M. 247

Ashmore, J.W., vgl. Dauben, W.G. 299

Asinger, F., et al. 346, 452

–, vgl. Fell, B. 61

–, u. Fell, B. 61

–, –, u. Janssen, R. 61

–, –, u. Osberghaus, R. 61

–, –, u. Steffan, G. 64

–, –, u. Theissen, F. 61

–, u. Halcour, K. 466, 467

–, vgl. Warwel, S. 41, 202

Flowers, W.T., Haszeldine, R.N., u. Majid, S.A. 406

Floyd, W.C., vgl. Kozikowski, A.P. 321

Fluharty, A.L., vgl. Giudici, T.A. 223

Fochi, G., vgl. Fachinetti, G. 550

Focken, P., vgl. Röder, E. 359

Foell, T., vgl. Smith, L.L. 743, 757, 774

Foerst, W. 196, 554, 555, 721, 722, 731, 784–786

Foggio, R.D., vgl. Burger, A. 364

Foglia, T.A., Gregory, L.M., u. Maerkel, G. 204

Foin, J. de, s. Defoin, J.

Foley, K.M., vgl. Benkeser, R.A. 556

Foley, R.T., vgl. Thompson, C.D. 591, 614

Folli, U., vgl. Benassi, R. 224

Folmer, O.F., vgl. Muth, C.W. 188

Foltz, C.M., vgl. Witkop, B. 314

Fondy, T.P., vgl. Gawron, O. 418

Fonken, G.J., vgl. Dauben, W.G. 46, 326

Fonken, G.S. 268, 429

Fontaine, A., vgl. Mousseron-Canet, M. 438

Fontaine, T.D., Ard. J.S., u. Ma, R.M. 437

–, vgl. Doukas, H.M. 431

Fontanella, L., vgl. Testa, E. 243, 246

Ford, D.D. de, s. DeFord, D.D.

Ford, M.E., vgl. Meyers, A.J. 570

Foreman, R.W., u. Veatch, F. 604

Forge, R.A. la, s. LaForge, R.A.

Formaceutici Italia Soc. 779

Fornasier, R., vgl. Balcells, J. 337

–, vgl. Colonna, S. 337

Forostyan, Y.N., Lyashina, E.J., Artemova, V.M., u. Govorukha, V.G. 592

Forrester, A.R., u. Thomson, R.H. 373, 482

Fort, A.W., u. Roberts, J.D. 110

Fort, R.C., u. Hiti, J. 390

Fortunanto, J.M., vgl. Ganem, B. 299

Foster, A.B., et al. 294, 428, 458

–, u. Overend, W.G. 419

Foster, D.J., vgl. Benkeser, R.A. 486

–, vgl. Tobler, E. 308, 310

Foster, R.T., vgl. Stille, J.K. 282

Foster, W.E., vgl. Ashby, E.C. 8, 12

Foster, W.H., vgl. Thomson, R.O. 704

Fouché, J. 380

Foulatier, P., Salaün, J.-P., u. Caullet, C. 655

Fouquey, C., vgl. Brienne, M.J. 323

Four, P., vgl. Guibe, F. 180

Fournier, A., vgl. Cope, A.C. 201

Fowler, F.W., vgl. Hassner, A. 363, 483

–, –, u. Levy, L.A. 483

Fowler, J.S., et al. 118

Fox, B.L., u. Doll, R.J. 230, 231, 232

Fox, B.W., vgl. Clemo, G.R. 249

Fox, J.J., vgl. Otter, B.A. 275

Fox, S.W., vgl. Shaw, K.N.F. 211

Foxton, M.W., vgl. Eisch, J.J. 64, 65

Fräber, E., Nord, F.F., u. Neuberg, C. 771

Fränkel, G.K., vgl. Rieger, P.H. 579

Frahm, A.W., vgl. Zymalkowski, F. 234

Frainnet, E., vgl. Bonastre, J. 295

–, vgl. Calas, R. 279

–, Calas, R., u. Bazouin, A. 434

–, u. Causse, J. 178

–, u. Paul, M. 191, 221

France, H.G., vgl. Lutz, R.E. 277, 308, 323

–, vgl. Wells, J.E. 696

Franck, R.W., vgl. Johnson, W.S. 76

Franco, R.J. de, s. DeFranco, R.J.

Frangatos, G., Kohan, G., u. Chubb, F.L. 159

Franguyàn, G.A., vgl. Sokolova, L.W. 211

Frank, D., vgl. Nerdel, F. 282, 384, 442, 443

Frank, R.L., u. Hall, H.K. 306

Frankel, E.N., et al. 456

Frankel, M., et al. 110, 363

Franken, J., vgl. Koch, H. 440

Frankenburg, W.G., Komazewsky, V.J. u. Rideal, E.K. 784

Frankenfeld, J.W., u. Tyler, W.E. 296

Frankl, A. 769

Franklin, C.S., vgl. Bowman, R.E. 260, 366

–, u. White, A.C. 377

Frankus, E., vgl. Birkofer, L. 232

Franzen, V., Schmidt, H.J., u. Mertz, C. 197, 440

Franzus, B., u. Snyder, E.I. 71

Fraser, J., vgl. Pasto, D.J. 422

Fraser, M., u. Reid, D.H. 94

Fraser-Reid, B., vgl. Radatus, B. 430

–, u. Radatus, B. 430

–, vgl. Tam, S.Y.–K. 430

–, –, u. Radatus, B. 430

Fray, G.I. 409

Frêche, A., vgl. Lalancette, J.M. 22, 269, 276, 422, 467

Frederickson, I.D., vgl. Wawzonek, S. 631

Freedman, L., vgl. Shapiro, S.L. 112, 356

Freeguard, G.F., vgl. Long, L.H. 414

–, u. Long, L.H. 414

Freeman, J.H. 166

Freeman, J.P. 364, 365, 482

–, vgl. Eliel, E.L., 160, 210

–, vgl. Emmons, W.D. 479

–, u. Hawthorne, M.F. 228

Freeman, P.K., vgl. Skell, P.S. 65

Freeman, R.C., vgl. Speziale, A.J. 569, 570

Freidel, R.A., vgl. Wender, I. 28

Freifelder, M. 784

French, E.C. 585

Freppel, C., vgl. Richer, J.-C. 419

Frérejacque, M., Sigg, H.P., u. Reichstein, T. 224

Freudenberg, K., u. Bittner, F. 208

–, u. Dillenburg, R. 208

–, u. Eisenhut, W. 208

–, u. Gehrke, G. 208

–, u. Heel, W. 208

–, Hübner, H.H. 208

–, u. Kempermann, T. 208

–, Kraft, R., u. Heimberger, W. 208

–, u. u. Lwowski, W. 160

–, u. Müller, H.G. 208, 413

–, u. Wilke, G. 208, 413

Freund, T., u. Nuenke, N. 44, 271

Frey, H.H., vgl. Dornow, A. 82, 83, 165, 205, 208

Fricke, H., vgl. Müller, E. 85

Fried, F., u. Sabo, E.F. 514, 515

Fried, G., Perlman, D., Langlykke, A.F., u. Titus, E.O., 729

Herranz, E., u. Sharpless, K.B. 162

Herrmann, H.J., vgl. Ried, W. 304

Herscheid, J.D.M., u. Otten-heijm, H.C.J. 374

Hershberg, E.B., vgl. Carvajal, F. 760, 762

–, vgl. Charney, W. 755

–, vgl. Gould, D.H. 755, 757, 758, 763

–, vgl. Herzog, H.L. 727, 755, 778

–, vgl. Oliveto, E.P. 295

–, vgl. Shapiro, E.L., 720

–, vgl. Sutter, D. 778

Hertler, W.R., vgl. Corey, E.J. 120, 163, 442

Herz, J.E., u. DeMárquez, L.A. 567

Herz, W. 111, 210

–, u. Courtney, C.F. 290

Herzog, H.L., et al. 197, 295, 305, 758, 774

–, vgl. Carvajal, F. 760, 762

–, vgl. Charney, W. 704, 719, 746, 755, 786

–, Gentles, M.J., Basch, A., Coscarelli, W., Zeitz, M.E.A., u. Charney, W. 755

–, –, Charney, W., Sutter, D., Townley, E., Yudis, M., Ka-basakulian, P., u. Hershberg, E.B. 727

–, vgl. Greenspan, G. 723, 724, 727, 728

–, vgl. Gould, D.H. 755, 757, 758, 763

–, Jevnik, M.A., Perlman, P.L., Nobile, A., u. Hershberg, E.B. 755

–, Payne, C.C., Hughes, M.T., Gentles, M.J., Hershberg, E.B., Nobile A., Charney, W., Federbush, C., Sutter, D., u. Perlman, D. 778

–, vgl. Shapiro, E.L. 720

–, vgl. Sutter, D. 778

Hess, H.M., vgl. Brown, H.C. 298, 300

Hess, K., u. Wustrow, W. 542

Hesse, B., vgl. Matschiner, H. 618, 625, 626

Hesse, G., Reichold, E., u. Majmudar, S. 463

–, u. Schrödel, R. 31, 106, 107, 108, 109, 174, 181, 191, 270, 385, 407, 471, 474

Hetzheim, A., Haack, H., u. Beyer, H. 87

Heusler, K., et al. 222, 268, 429

–, u. Wettstein, A. 222

–, vgl. Wieland, P. 222, 268, 419, 429

–, –, u. Meystre, C. 215, 332

Heusner, A., vgl. Zeile, K. 320, 441

Heusser, H., vgl. Plattner, P.A. 419

Heuvel, W.J.A. van den, s. Van den Heuvel, W.J.A.

Hewett, W.A., vgl. Bordwell, F.G. 461

Heya, Y., u. Watanabe, Y. 75

Heyl, F.W., u. Herr, M.E. 76, 268

Heymann, E., vgl. Neumann, W.P. 71, 82, 125, 280, 362

Heymann, H., u. Fieser, L.F. 295, 317

Heyns, K., Molge, K., u. Wal-ter, W. 207

–, u. Stange, K. 127

Hibbert, E., vgl. Knecht, E. 501

Hibino, S., vgl. Kano, S. 60

Hickinbottom, W.J. 784

–, vgl. Blackwell, J. 287, 288, 410

Hickman, J., vgl. Pasto, D.J. 401, 421

Hickner, R.A., vgl. Benkeser, R.A. 67

Hidai, M., vgl. Misono, A. 702

Hideki, T., vgl. Hiroshi, M. 784

Higashi, M., vgl. Toda, F. 400

Higgins, J.F., vgl. McBee, E.T. 146, 160

Higuchi, T., u. Zuck, T.A. 45

Hilal, M. 29

Hildahl, G.T., vgl. Van Tame-len, E.E. 306

Hill, A., u. New, R.G.A. 682

Hill, C.M., et al. 125, 227

–, vgl. Spriggs, A.S. 227

Hill, E.A., u. Milosevich, S.A. 47

Hill, H.A.O., vgl. Bacon, R.G.R. 36, 388, 407

Hill, H.W., vgl. Marvel, C.S. 268, 429, 445

Hill, M.E., u. Ross, L.O. 190, 194, 211

Hillarp, N.A., vgl. Corrodi, H. 364

Hillgärtner, H., vgl. Neumann, W.P. 408

Hills, D.W., vgl. Bartels-Keith, J.R. 131

Hilmer, F.B., vgl. Noller, C.R. 542

Hilmy, M.K., vgl. Mustafa, A. 292, 346

Hilscher, J.C. 546

Hinckley, A.A., vgl. Banus, M.D. 22, 269, 275, 470

–, vgl. Sullivan, E.A. 23, 191, 270

Hinder, M., u. Stoll, M. 222, 458

Hinkley, D.F., vgl. Lutz, R.E. 300

Hinman, J.W., vgl. Kelly, R.B. 219

Hinman, R.L. 134, 135, 258, 259, 261, 351

–, Elefson, R.D., u. Campbell, R.D. 260

–, u. Hamm, K.L. 359, 470, 480

–, u. Theodoropulos, S. 171, 220, 290

Hinshaw, J.C. 260

Hirai, K., vgl. Nambara, T. 368

Hirano, H. 95

Hirano, S., vgl. Okude, Y. 520

Hirao, A., et al. 337

Hirata, Y., et al. 310

–, vgl. Yamada, K. 444, 445

Hirobe, M., vgl. Itoh, T. 35

Hirsohi, M., u. Hideki, T. 784

Hirowatari, H., u. Walborsky, H.M. 53, 357, 362

Hirs, C.H.W. 708

Hirsch, J.A., u. Cross, F.J. 159, 311, 312, 314, 320

Hirschhorn, A., vgl. Stetter, H. 440

Hirschmann, F.B., vgl. Hir-schmann, H. 514

Hirschmann, H., Hirschmann, F.B., u. Corcoran, J.W. 514

Hirschmann, R., et al. 419

–, Steinberg, N.G., u. Walker, R. 229

Hirshfeld, A., vgl. Mechoulam, R. 345

Hirst, E., vgl. Annan, W.D. 294

–, Percival, E., u. Wold, J.K. 168, 218

Hiskey, R.G., vgl. Overberger, C.G. 479

Hismat, O.H., vgl. Mustafa, A. 292

Hiti, J., vgl. Fort, R.C. 390

Hitome, H., et al. 42

Hitomi, A., vgl. Okamoto, K. 518, 519

Hiyama, T., vgl. Okude, Y. 384, 399, 517, 518, 520

Hlavaty, J., vgl. Ellaithy, M.M. 611

–, Volke, J., u. Manousek, O. 692, 695

–, –, –, u. Bakes, V. 694

Ho, B., u. Castagnoli, N. 237

Ho, T.-L. 490, 506, 784
–, Henninger, M., u. Olah,
G.A. 506
–, vgl. Olah, G.A. 494, 505, 524
–, u. Olah, G.A. 384, 399, 491,
503, 504, 505
–, u. Wong, C.M. 488, 489,
492, 500, 501
Hoagland, P.D., Pfeffer, P.E.,
u. Valentine, K.M. 359
Hobbs, J.J., vgl. Collins, D.J.
82, 384
Hoberg, H. 381
–, u. Bukowski, P. 101
Hobolth, E., vgl. Lund, H. 626
–, u. Lund, H. 673
Hoch, D., vgl. Viscontini, M.
294
Hoch, H., u. Karrer, P. 256
Hochstein, F.A. 26, 106, 224,
227, 278, 376, 457
–, u. Brown, W.G. 47, 71, 155,
207, 300
Hochstetter, A.R., vgl. Marshall, J.A. 192, 204, 219
Hockett, R.C., Miller, R.E., u.
Scattergood, A. 30
Hodges, R., vgl. Halsall, T.G.
273
Hodnett, E.M., u. Gallagher,
R. 13
Hodosan, F., u. Ciurdaru, V.
17, 375
–, u. Serban, N. 17, 18
–, –, u. Ciurdaru, V. 17, 18
Hodrová, J., vgl. Weichet, J.
357
Höbold, W., vgl. Beger, J. 347,
353, 384
Hoechst, AG 588, 601, 681,
700
Hönigschmid-Grossich, R., vgl.
Amberger, E. 2
Hönl, H., vgl. Horner, L. 601
Hörhold, C., vgl. Schubert, K.
723, 725, 733, 734, 735, 737,
739
Hörhold, H.-H., vgl. Drefahl,
G. 316, 323, 436, 437
Hörmann, H., et al. 197
–, vgl. Grassmann, W. 197
Hofer, P., Linde, H., u. Meyer,
K. 419
Hoffman, A.K., vgl. Weinberg,
N.L., 664
Hoffman, A.S., vgl. Kissman,
H.M. 114
Hoffman, J.H., vgl. Gribble,
G.W. 87
Hoffmann, D., vgl. Biekert, E.
224
Hoffmann, K., vgl. Sury, E.
248, 256

Hoffmeister, W., vgl. Briska, M.
44
Hoffsommer, R.D., vgl. Taub,
D. 309, 329, 366
Hofheinz, W., vgl. Grisebach,
H. 223
Hofinger, G., vgl. Hromatka,
O. 364
Hofman, J., vgl. Lukeš, R. 256
Hofmann, A., et al. 241
–, vgl. Stoll, A. 427
–, vgl. Troxler, F. 241
Hofmann, D., vgl. Wallenfels,
K. 92
Hofmann, H., vgl. Dann, O.
420
Hofmann, V., vgl. King, J.A.
245
Hofstetter, A., vgl. Burger, A.
201
Hogeveen, H., vgl. Elzinga, J.
537
–, u. Kwant, P.W. 382
Hogg, J.A., et al. 268
Hohenlohe-Oehringen, K. et al.
317
Hohnstedt, L.F., u. Schaeffer,
G.W. 7
Hoijtink, G.G. 586, 785
Hokama, T., vgl. Bachman,
G.B. 377
Hoke, D., vgl. Hutchins, R.O.
383, 386
Holder, M., vgl. Gourcy, J.G.
630
Holding, A.F.C., u. Ross, W.A.
13, 28
Holik, M., vgl. Ferles, M. 249,
251
–, u.– 93, 251
–, vgl. Silhankova, A. 94
–, Tesařová, A., u. Ferles, M.
251
Holland, D.O., Jenkins, P.A.,
u. Nayler, J.H.C. 470
Holland, H.L., u. Johnson,
G.B. 132, 242
Holleck, L., u. Lehmann, O.
606
–, u. Marquarding, D. 585
Holliday, A.K., vgl. Duffy, R. 2
Holliday, R.E., vgl. Hamer, J.
87
Holliman, F.G., vgl. Anderson,
E.L. 179
Hollingsworth, C.A., vgl. Mal-
ter, D.J. 381, 382
–, vgl. Podder, S. 63
–, vgl. Sammul, O.R. 403
Holloway, J.D.L., vgl. ElMurr,
N. 650
Holloway, P.J., vgl. Fisher, D.J.
707

Hollyhead, W.B., vgl. Burdon,
J. 405
Holman, R.J., vgl. Coleman,
J.P. 605
–, u. Utley, J.H.P. 605, 608
Holmes, J.L., vgl. Challanger,
F. 293
Holmquist, R.K., vgl. Erickson,
R.E. 511
Holroyd, P., vgl. Robinson,
C.H. 756
Holt, A., vgl. Grant, D. 438,
463
Holt, A.S. 294
Holt, P.F., vgl. Braithwaite,
R.S.W. 473
–, vgl. Corbett, J.F. 406, 473,
474, 481
Holý, A., u. Vystrcil, A. 297
Homgu, T., vgl. Kasahara, A.
81
Honeycutt, J.B., u. Riddle, J.M.
19, 387
Honeyman, J., vgl. Ansell, E.J.
439
–, vgl. Ennor, K.S. 439
–, vgl. Guthrie, R.D. 428
Hong, S.-J., vgl. Haubenstock,
H. 327
Honma, T., vgl. Igarashi, K. 434
Hooper, M., u. Pitkethly, W.N.
303
Hooz, J., et al. 15, 334
–, vgl. Kono, H. 50
Hope, J.M., vgl. Hendrickson,
A.R. 703
Hopkins, H.P., vgl. Ashby,
E.C. 12
Hora, J., vgl. Černy, J.V. 201,
482
–, vgl. Lábler, L. 103
Horák, V., vgl. Kucharczyk, N.
292
Horanyi, G., u. Inzelt, G. 604
–, –, Tomilov, A.P., u. Var-
shavskii, S.L. 608
–, –, u. Torkos, K. 608, 628
–, vgl. Szabo, S. 605, 608
Horeau, A., Kagan, H.-B., u.
Vigneron, J.-P. 30, 217
–, vgl. Mea-Jacheet, D. 31
Horii, Z., et al. 76, 77, 229
–, Iwata, C., u. Tamura, Y. 254,
255
–, Sakai, T., u. Inoi, T. 357
Hornbaker, E.D., vgl. Burger,
A. 117, 407
Hornberger, P., vgl. Wittig, G.
16, 231, 232
Hornberke, A.F., vgl. Restaino,
A.J. 624
Hornby, W.E., u. Noy, G.A.
787

Mićović, V.M., u. Mihailovic, M.L. 25, 41, 232, 236, 237, 784
–, Rogič, M.M., u. Mihailovič, M.L. 125
Midgley, I., u. Djerassi, C. 305
Midland, M.M., et al. 337, 544
–, vgl. Brown, H.C. 50
–, u. Tramontano, A. 294, 544
–,–, u. Zderic, S.A. 7, 294, 337, 544
Miesel, J.L., vgl. Pasto, D.J. 446
Migachev, G.I., vgl. Khmelnits-kaya, E.Y. 689
Mignini, L., vgl. Angelini, C. 247
Mihai, G., vgl. Balaban, A.T. 97
Mihailovič, M.J., et al. 417
–, vgl. Mićović, V.M. 25, 41, 125, 232, 236, 237, 784
Mijin, A., vgl. Arai, Y. 476
Mijovič, M.P.V., u. Walker, J. 212
Miki, T., vgl. Isono, M. 722, 731, 751
Mikol, G.J., vgl. Russell, G.A. 464, 465
Mikolajczak, K.L., u. Smith, C.R. 369
Mikolajczyk, M., vgl. Drabo-wicz, J. 465, 498, 500, 567
Miksche, G.E., vgl. Kratzl, K. 216
Miles Laboratory 685
Milewich, L., vgl. Robinson, C.H. 297
Milewski, C.A., vgl. Hutchins, R.O. 21, 285, 368, 369, 387, 392, 394, 396, 444
Mill, T., et al. 398, 399
Millar, P.G., vgl. Gourley, R.N. 591, 652
Millard, F.W., vgl. Schuetz, R.D. 187
Miller, A.E.G., Biss, J.W., u. Schwartzmann, L.H. 110, 145, 149, 279
Miller, B.J., vgl. Landor, S.R. 30, 74, 337
Miller, D.B. 11
Miller, E.G., vgl. Huffmann, J.W. 95
Miller, F.M. 291
Miller, H.C., vgl. Aftandilian, V.D. 21, 400
Miller, H.N., u. Greenlee, K.W. 440, 442
Miller, J., vgl. Biffin, M.E.C. 567
Miller, J.B. 292
Miller, L.L., u. Christensen, L. 587

–, vgl. Firth, B.E. 607
–, vgl. Kopilov, J. 607
Miller, N., vgl. Cerutti, P. 139, 140
Miller, R.B., u. McGarvey, G. 63
Miller, R.E., vgl. Hockett, R.C. 30
Miller, R.L., vgl. Zweifel, G. 65
Miller, S.J., vgl. Wollenberg, R.H. 445
Milligan, B., vgl. Jefferies, P.R. 442
Millis, N.F., vgl. Aiba, S. 704, 786, 787
Milosevich, S.A., vgl. Hill, E.A. 47
Minabe, M., vgl. Eda, N. 365
Minami, K., vgl. Nakagawa, K. 567
Minami, N., u. Kijima, S. 128, 289
Minato, H., u. Nagasaki, T. 226
–, vgl. Takeda, K. 268
Minbaew, B.V., vgl. Schosta-kowski, M.F. 76
Mincione, E. 184, 269, 290, 301
Mindermann, F., vgl. Wittig, G. 249, 257
Mineo, S., vgl. Nakagawa, K. 567
Mines, T.E., vgl. Geiger, W.E. 702
Minsk, L.M., vgl. Cohen, H.L. 203, 248, 293
Mion-Coatleven, J., vgl. Rio, G. 408
Miri, A.Y., vgl. Gold, V. 406, 455
Miro, P., vgl. Zahn, H. 248
Mironow, B.F., vgl. Petrow, A.D. 2
Mirza, R. 94
Mirzoyan, V.L., vgl. Kirilyus, I.V. 662
Mishnina, K., vgl. Lebedeva, A.J. 577
Mishriky, N., vgl. Latif, N. 429, 448
Misiti, D., vgl. Cacchi, S. 10, 337
Mislow, K., vgl. Dvorken, L.V. 213
–, vgl. Naumann, K. 486
–, vgl. Newman, P. 214
Misono, A., Osa, T., u. Yama-gishi, T. 640
–, Uchida, Y., Hidai, M., Ya-magishi, T., u. Kageyama, H. 702
Missol, U., vgl. Schulz, M. 571

Misti, D., vgl. Rosnati, V. 308
Mitani, M., vgl. Shono, T. 605, 637, 642, 659
Mitchel, D.L., vgl. Jones, J.K.N. 772
Mitchell, J.C., vgl. Landis, M.E. 258, 259
Mitchell, T.R.B., vgl. Henbest, H.B. 35
Mitgau, R., vgl. Weygand, F. 232
Mitnick, M., vgl. Fry, A.J. 623, 624
Mitra, A.K., u. Karrer, P. 441
Mitra, R.B., vgl. Tilak, B.D. 98, 446
Mitscher, L.A., vgl. Albright, J.D. 192
Mitsubishi, Chemical Industries Co. 536
Mitsuda, S., vgl. Karube, I. 718
Mitsudo, T., et al. 35
–, vgl. Watanabe, Y. 526, 527, 529
Mibugi, T., vgl. Kondo, E. 737, 760, 777
Mitsui, S., vgl. Matsueda, S. 339
Mitsuido, T., et al. 78
Miyadera, T., u. Kishida, Y. 94
–, u. Tachikawa, R. 94
Miyake, A., vgl. Hata, G. 61
Miyano, M., Dorn, C.R., Col-ton, F.B., u. Marshek, W.J. 732
Miyano, S., vgl. Adams, R. 273
Miyata, N., u. Kikuchi, T. 714
Miyazaki, S., vgl. Kotera, K. 380
Miyoshi, M., vgl. Adachi, T. 672
Mizuba, S., vgl. Dodson, R.M. 774, 775
–, vgl. Kraychy, S. 751
–, vgl. Shu, C.F. 723
Mizukami, S. 103
–, vgl. Takeda, K. 398
Mizushima, N., vgl. Kimura, A. 714
Mletzko, A. v., vgl. Bersch, H.W. 164, 165
Moal, H. le, s. LeMoal, H.
Modelli, R., vgl. Camerino, B. 735, 779
Moed, H.D., vgl. Van Dijk, J. 323
Möhring, H., vgl. Kühlein, K. 34, 189, 311, 388, 389, 395, 396
Möhrle, H., u. Mayer, S. 352
Moen, P.J.H. de, s. De Moen, P.J.H.
Moerikofer, A.W., vgl. Brown, H.C. 52

Peterson, E.A., vgl. Sober,
H.A. 708, 786

Peterson, J.O., vgl. Lansbury,
P.T. 49, 85, 190, 270, 272,
273, 275, 295

Peterson, R.C., vgl. Ross, S.D.
636, 679

Petit, Y., vgl. Boutigue, M.-H.
275, 299

Petrarca, A.E., u. Emery, E.M.
378

Petree, H.E., vgl. Podall, H.E. 31

Petrocine, D.V., vgl. Cawley,
J.J. 327

Petrov, A.A., vgl. Malzeva,
J.N. 66

–, vgl. Markova, W.W. 65

–, u. Petrov, V.P. 578

Petrov, A.D., Mironov, B.F.,
u. Ponomarenko, W.A. 2

–, vgl. Sadych-Sade, S.I. 302

Petrov, V., vgl. Ellis, B. 331

–, vgl. Kirk, D.N. 321

–, u. Stephenson, O. 155

Petrov, V.P., vgl. Petrov, A.A.
578

–, vgl. Yakabson, G.G. 624

Petrovich, J.P., vgl. Anderson,
J.D. 785

–, –, u. Baizer, M.M. 642

–, vgl. Baizer, M.M. 785

–, u. Baizer, M.M. 641

–, –, u. Ort, M.R. 641

Petrzilka, T., vgl. Stoll, A. 427

Petsch, G., vgl. Dornow, A. 79

Pettee, J.M., vgl. Southard,
G.L. 293

Pettit, G.R., et al. 191, 218,
222, 225, 411, 425

–, vgl. Albert, A.H. 431

–, –, u. Brown, P. 431

–, u. Bowyer, W.J. 431, 437

–, vgl. Dias, J.R. 219, 222, 225,
428, 434

–, u. – 219, 225

–, u. Evers, W.J. 127, 217, 218,
225, 341

–, Gupta, S.K., u. Whitehouse,
P.A. 388

–, u. Kasturi, T.R. 191, 217,
218, 222, 225, 456

–, Knight, J.C., u. Evers, W.J.
222, 225

–, u. Piatak, D.M. 218, 225

–, van Tamelen, E.E. 784

Pettit, R., vgl. Cann, K. 536

–, vgl. Cole, T.E. 180, 185

Petty, W.L., vgl. Jacobs, T.L.
403, 404

Petzold, K., vgl. Kosmol, H.
751, 752

Peveler, R.D., vgl. Marshall,
J.A. 443

Pews, R.G., vgl. King, J.F. 40,
383, 387

Pezey, J.S. 784

Pfaffenberger, C.D., vgl.
Brown, H.C. 53

Pfannstiel, K., vgl. Gleu, K. 691

Pfeffer, P.E., vgl. Hoagland,
P.D. 359

Pfefferman, E., vgl. Tafel, J.
610, 612, 613, 614, 699

Pfeifer, C.R., vgl. Bailey, W.J.
403, 404

Pfeil, E., u. Barth, H. 376

Pfenninger, H.A., vgl. Viscontini, M. 216

Pfizer Inc. 715

Pfizer u. Co. Inc. 760

Pfleger, R., u. Reinhardt, F. 381

Pfleiderer, W., u. Taylor, E.C.
88

Pfeiffer, U., vgl. Colonna, S.
337

Pfrunder, B., u. Tamm, C. 748

Phelps, D.J., vgl. Wigfield,
D.C. 46, 272, 273, 326, 327,
328

Philbin, E.M., vgl. Marathe,
K.G. 98, 303

Philips, J.C., u. Perianayagam,
C. 380

Philips, J.R., u. Stone, F.G.A.
400

Phillips, A.P., u. Maggiolo, A.
162

–, u. Mentha, J. 300

Phillips, D.D. 224

Phillips, W.G., vgl. Johnson,
C.R. 466

Photis, J.M., u. Paquette, L.A.
451, 464

Piancatelli, G., vgl. Corsano, S.
212, 420

Piasek, E.J., vgl. Filler, R. 227,
228

Piatak, D.M., u. Caspi, E. 229

–, vgl. Pettit, G.R. 218, 225

Picot, A., u. Lusinchi, X. 104,
105

Pierce, O.R., vgl. Cook, D.J.
79

–, u. Kane, T.G. 192

–, vgl. McBee, E.T. 146, 147,
160, 188, 210, 383

–, vgl. Steward, O.W. 32

Pierre, J.-L., u. Arnaud, P. 278,
279

–, u. Chautemps, P. 323

–, vgl. Handel, H. 46, 47, 298,
300, 322, 323, 324

–, u. Handel, H. 46, 47

–, –, u. Baret, P. 323

–, –, u. Perraud, R. 47

Pierron, P. 682

Pierson, G.O., u. Runquist,
O.A. 571

Pietrusza, E.W., vgl. Sommer,
L.H. 67

–, vgl. Whitmore, F.C. 32, 391

Pigulewski, G.W., u. Sokolowa,
A.E. 170

Piferi, G., Consonni, P., u. Testa, E. 481

Pihlaja, K., u. Ketola, M. 296

Pike, J.E., vgl. Beal, P.F. 76

–, Lincoln, F.H., u. Schneider,
W.P. 335

Pike, M.T., vgl. Marshall, J.A.
204

Pilato, L.A., vgl. Eliel, E.L.
434–436

Pillai, P.M., vgl. Stevens, C.L.
237, 328, 437

Pillar, C., vgl. Hassner, A. 52

Pilloni, G., vgl. Zecchin, S. 703

Pillsbury, D.G., vgl. Jennings,
P.W. 621

Pinchas, S., vgl. Bergmann,
E.D. 356, 436

Pines, H., vgl. Eley, D.D. 784

–, vgl. Ipatieff, V.N. 151

–, Rodenberg, H.G., u. Ipatieff,
V.N. 151

–, Rudin, A., u. Ipatieff, V.N. 151

Pinhey, J.T., vgl. Barton,
D.H.R. 517

Pinkernelle, W., vgl. Braun, J.v.
509

Pino, P., u. Lorenzi, G.P. 426

Pinson, J., vgl. Amatore, C. 673

–, vgl. Armand, J. 582, 595,
598, 610, 612, 613, 652, 653

–, u. – 584, 596, 610, 611

–, vgl. M'Halla, F. 674

–, M'Packo, J.P., Vinot, N.,
Armand, J., u. Bassinet, P.
596, 613

–, u. Savéant, J.M. 673

Pirmann, B., vgl. Neurath, G.
479

Piťha, J., Heřmánek, S., u. Vít,
J. 145, 148, 149, 151, 181,
190, 197, 198

Pitkethley, W.N., vgl. Hooper,
M. 303

Pitt, B.M., vgl. Bordwell, F.G.
447

Pittman, C.U., u. McManus,
S.P. 204

Pitzel, L., vgl. Schulze, P.-E.
336

Piwnizki, K.K., vgl. Korobizina,
I.K. 306

Pizey, J.S. 6

Pizey, S.S. 25, 785

Plachky, M., vgl. Reets, M.T.
546, 547

57*

Sihn, S. 769

Silhankova, A., vgl. Ferles, M. 93, 94

–, Holik, M., u. Ferles, M. 94

Silva, R. A., vgl. Hendrickson, J. B. 364

Silberman, G., vgl. Metlesics, W. 373

Silverstein, R. M., vgl. Ryskiewicz, E. E. 274

–, Ryskivicz, E. E., u. Chaikin, S. W. 274

Silvestri, G., Gambimo. S., Filardo, G., et al. 653

Silvestri, M., vgl. McMurry, J. E. 412, 496, 498, 499, 550

Simamura, O., vgl. Nakayama, J. 484

Simmons, H. E., vgl. Anastassiou, A. G. 105

–, Blomstrom, D. C., u. Vest, R. D. 467

Simon, C., vgl. Fichter, F. 587

Simon, E. 744

–, vgl. Neuberg, C. 740, 744, 780

Simon, H. 18

Simon, H. J., vgl. Nuzzo, R. G. 524, 525

Simon, W., vgl. Meuche, D. 275

Simonet, J., vgl. AlBisson, A. 581, 641

–, vgl. Ankner, K. 633, 634

–, vgl. Boujlel, K. 630

–, vgl. Gambino, S. 633

–, vgl. Gourcy, J.-G. 621

–, u. Jeminet, G. 681

–, vgl. Kossai, R. 634, 680

–, u. Lund, H. 634, 660, 664

–, vgl. Martigny, P. 631, 648, 649, 661

–, vgl. Michel, M.-A. 666

–, –, u. Lund, H. 648, 649, 672

–, vgl. Papa, J.-Y. 633

–, vgl. Santiago, E. 578, 629

Simonoff, R., vgl. Hartung, W. H. 784

Simpson, J. E., u. Daub, G. H. 290

Simůnek, I., u. Kraus, M. 407

Sinaÿ, P., u. Beau, J.-M. 245, 247

Singaram, B., vgl. Brown, H. C. 14, 52, 336

–, u. Schwier, J. R. 52

Singer, L., vgl. Zimmermann, H. E. 156

Singer, R.-J., vgl. Horner, L. 602, 680, 681

Singh, H., vgl. Meyers, A. J. 363

Singh, J., Singh, P. Boivin, J. L., u. Gagnon, P. E. 489

Singh, K., u. Rakhit, S. 707

–, vgl. Sehgal, S. N., 707, 760

–, –, u. Vezina, C. 707

–, vgl. Vezina, C. 707, 760, 787

Singh, N., Sandhu, J. S., u. Mohan, S. 357

Singh, P., vgl. Singh, J. 489

Singhal, G. H., vgl. Stevens, C. L. 467

Singleton, D. M., vgl. Kochi, J. K., 512, 514, 515, 784

– ,u. Kochi, J. K. 513

Sinhababu, A. K., vgl. Nair, V. 370

Sinnhuber, R. O., vgl. Pawlowski, N. E. 84

Sioda, R. E., u. Kemula, W. 688

–, Terem, B., Utley, J. H. P., u. Weedon, B. C. L. 656

Sircar, J. C., vgl. Meyers, A. J. 80

Siret, P., vgl. Duhamel, P. 194, 232

Sirowej, H., Khan, S. A., u. Plieninger, H. 251

Sirrenberg, W., vgl. Thesing, J. 373

Siryatskaya, W. H., vgl. Shigatsh, A. F. 51

Sisido, K., Utimoto, K., u. Isida, T. 210

Sixma, F. L. J. vgl. Bigot, J. A. 199

Sjöberg, B., u. Herdevall, S. 467

Skála, V., vgl. Kuthan, J. 84

Skaletz, D. H. 588

–, vgl. Horner, L. 601, 610, 664

Skattebøl, L., Jones, E. R. H., u. Whiting, M. C. 40

–, vgl. Syndnes, L. K. 385, 390

Skell, P. S., u. Freeman, P. K., 65

Skingle, D. C., vgl. Clark-Lewis, J. W. 227

Skinner, G. S., Hall, R. H., u. Susi, P. V. 112, 113, 120

Skinner, W. A., vgl. De Graw, J. J. 250, 284, 291, 311, 483

–, vgl. Horner, J. K., 129

Skyrabin, G. K. 710

–, et al. 714, 717

–, vgl. Kogan, L. M. 760, 762

–, vgl. Okunev, O. N. 717, 745

Slabey, V. A., u. Wise, P. H. 277, 278

Slates, H. J., u. Wendler, N. L. 268

Slaugh, L. H. 182

–, vgl. Magoon, E. F. 62, 65

–, u. Raley, J. H. 505, 512, 520

Slaugh, L. S. 65

Slaytor, M., vgl. Birch, A. J. 410

Slegeir, W., Vgl. Cann, K. 536

Sletzinger, M. vgl. Karády, S. 268, 429

Sliam, E., vgl. Avram, M. 442

Slice, C. W. van der, s. Van der Slice, C. W.

Slimowicz, C. E., vgl. Zeiss, H. H. 166

Slinger, J. B., vgl. McKenna, J. 453

Sloan, A. D. B., vgl. Gensler, W. J. 24, 221, 270, 318

Sloan, M. F., vgl. Goering, H. L. 298

–, Matlack, A. S., u. Breslow, D. S. 35

Šlosar, J., vgl. Arient, J. 247

Small, A., vgl. Breslow, R. 187

Small, L. F., vgl. Conant, J. B. 505

Smellic, R. M. S., vgl. Boyd, G. S. 719

Smirnov, B. A., vgl. Karaulova, J. N. 465

Smirnov, K. M., u. Tomilov, A. P. 626

Smirnov, S. K., vgl. Smirnov, Y. D. 579, 580

Smirnov, Y. D., Smirnov, S. K., u . Tomilov, A. P. 580

–, vgl. Tomilov, A. P. 585, 624

–, –, u. Smirnov, S. K. 579

Smirnova, A. P., vgl. Schabarow, J. S. 253, 345

Smissman, E. E., Matuszak, A. J., u. Corder, C. N. 140, 141

–, Muren, J. F., u. Dahle, N. A. 114

Smith, B. C., vgl. Sheldon, J. C. 7

Smith, C. A., vgl. Davies, N. 12

Smith, C. J., vgl. Van Tilborg, W. J. M. 623, 654, 672

Smith, C. R., vgl. Mikolajczak, K. L. 369

Smith, D. C. C. 272

–, vgl. O'Brien, S. 76

Smith, D. D., vgl. McBee, E. T. 188, 210, 383

Smith, D. K., vgl. McBee, E. T. 398

Smith, D. L., u. Elving, P. J. 595, 597

Smith, D. R., Maienthal, M., u. Tipton, J. 376, 379

Smith, E. M. vgl. Coutts, R. T. 477

Smith, F., vgl. Abdel-Akher, M. 42, 428

–, vgl. Bahl, O. P. 294

–, vgl. Christensen, J. M. 294

–, vgl. Goldstein, I. J. 294, 428

–, vgl. Hamilton, J. K., 294, 317

–, u. Srivastava, H. C. 294

–, u. Stephen, A. M. 153, 154, 168, 169

Tauber, G., vgl. Reinheckel, H.
214, 471, 472

Tavares, R., vgl. Metlesics, W.
364

Tavella, M., u. Strani, G. 353

Taylor, B.S., vgl. Conant, J.B.
505

Taylor, D.R., vgl. Shabtai, J.
554

Taylor, E.C., u. Hand, E.S. 216

–, McKillop, A., u. Ross, R.E.
244

–, vgl. Pfleiderer, W. 88

–, u. Sherman, W.R. 88

Taylor, E.J., u. Djerassi, C. 370

Taylor, H.T., vgl. Baddeley, G.
256

Taylor, J.B., vgl. Bentley, K.W.
425

Taylor, K.G., vgl. Stevens, C.L.
356, 365

Taylor, M.D., vgl. Barnes, R.P.
145, 149, 181, 189, 269, 278,
470

–, Grant, L.R., u. Sands, C.A.
8

Taylor, N.F., u. Kent, P.W. 317

Taylor, R.E., vgl. Tarrant, P.
160, 186

Taylor, R.P. 84, 90

Taylor, W.I., vgl. Bartleff, M.F.
103

Taymaz, K., vgl. Wigfield, D.C.
191, 220, 410

Tchelitcheff, S., vgl. Paul, R.
377

Tchoubar, B., vgl. Chauvière,
G. 119

Teach, E.G., vgl. Jacobs, T.L.
403, 404

Techer, H., vgl. Granger, R.
177

Tedoradze, G.A. 624

Teege, G., vgl. Mondon, A. 155

Teherani, T., vgl. Leal, J.M.
589

Teichner, S.J., vgl. Fauroux,
J.C. 12

Teisseire, P., Galfre, A., Plattier, N., u. Corbier, B. 546

–, Rouillier, P., u. Galfre, A.
545

Telford, R.P., vgl. Johnstone,
R.A.W. 180, 183

Temme, H.-L., vgl. Severin, T. 91

Temple, D.L., vgl. Meyers, A.I.
204

Templeton, J.F., vgl. Barton,
D.H.R. 516

Ten Brink, R.E., vgl. McCall,
J.M. 501, 502

Teng, A.Y., vgl. Abruna, H.D.
703

Teo, K.C., vgl. Stewart, R. 552

Teotino, U.M., et al. 309, 384,
395

Tepral-Groupement d'Interet
Economique 713, 715

Teranishi, S., vgl. Fujiwara, Y.
384, 399, 532

Terashima, S., Tanno, N., u.
Koga, K. 300

–, S., vgl. Yamada, S. 337

Terbeek, K.J., vgl. Stevens,
C.L. 237, 328, 437

Ter Borg, A.P., u. Kloosterziel,
H. 274

Terem, B., vgl. Gourcy, J.G.
630

–, vgl. Sioda, R.E. 656

–, u. Utley, J.H.P. 643

Ternay, A.L., u. Chasar, D.W.
465

Tesarova, A., vgl. Ferles, M. 85

–, vgl. Holík, M. 251

Teschen, H., vgl. Mamoli, L.
724, 725, 734, 749, 750, 755

Testa, A.C., vgl. Trotter, W. 34

Testa, E., et al. 133, 205, 224,
243, 246, 256, 479

–, u. Fontanella, L. 246

–, –, u. Aresi, V. 243

–, –, u. Bovara, M. 246

–, –, u. Cristiani, G.F. 246

–, vgl. Nicolaus, B.J.R. 133,
247, 481

–, vgl. Piferi, G. 481

–, vgl. Winters, G. 213

Tewfik, M.S., u. Evans, W.C.
782

Tewwdie, V.L., u. Allabashi,
J.C. 451

Thacher, A.F., vgl. Jorgenson,
M.J. 173, 408

Thakar, G.P., Janaki, N., u.
Subba Rao, B.C. 298, 305

–, vgl. Subba Rao, B.C. 18,
107, 118, 145, 150, 159, 166,
168, 199

–, u. Subba Rao, B. C. 290, 292

Theidel, H., vgl. Dornow, A.117

Theilacker, W., u. Baxmann, F.
473

–, u. Beyer, K.-H. 471

Theissen, F., vgl. Asinger, F. 61

Theobald, D.W. 449

Theodoropulos, S., vgl. Hinman,
R.L. 171, 220, 290

Thesing, J. 274, 480

–, u. Mayer, H. 373

–, –, u. Klüssendorf, S. 291

–, u. Sirrenberg, W. 373

–, u. Willersinn, C.H. 366

Theuer, W., vgl. Buchta, E. 201

Theuer, W.J., vgl. Houlihan,
W.J. 371

Thiebault, A., vgl. Amatore, C.
673

Thiel, M., et al. 450

–, vgl. Bickelhaupt, F. 132, 358,
426

–, vgl. Stach, K. 93

Thiele, K., vgl. Hückel, W. 25,
335

Thielebeute, W., vgl. Zinner,
H. 268, 277, 429, 449

Thio, P.A., vgl. Kornet, M.J.
205, 213, 238, 250, 261

Thirsk, H.R., vgl. Brown, O.R.
622, 625

Thönnessen, F., vgl. Thomas,
H.G. 646

Thom, E., vgl. Liu, Y.-Y. 163

Thom, E., vgl. Harfenist, M.
212

Thoma, R.W., vgl. Fried, J.
756, 759, 778

–, u. Fried, J. 777

–, vgl. Kroll, H.A. 777

Thomas, A.F., vgl. Bentley,
K.W. 295

Thomas, D.F., vgl. Burdon, J.
405

Thomas, E.J., vgl. John, D.I.
101

Thomas, G.H., vgl. Djerassi, C.
317

–, u. Lux, E. 640, 647

–, u. Thönnessen, F. 646

Thomas, G.H.S., vgl. Wolfrom,
M.L. 154

Thomas, J.J., vgl. Lyle, R.E.
96

Thomas, J.L. 35

Thompson, C.D., u. Foley, R.T.
591, 614

Thompson, H.V., u. McPherson, E. 70, 71

Thompson, M.J., vgl. Scheer,
J. 441

Thompson, R.G., vgl. Smith,
H.A. 784

Thompson, Q.E., vgl. Speziale,
A.J. 306

Thomson, B., vgl. Badger, G.M.
292, 406, 473, 474

Thomson, R.H., vgl. Forrester,
A.R. 373, 482

Thomson, R.O., u. Foster,
W.H. 704

Thornton, B., vgl. Brown, O.R.
622, 625

Thürkauf, M., vgl. Bolliger,
H.R. 419, 441

Thuillier, G., et al. 94

Thulin, B., vgl. Ankner, K. 583

Thum, J., vgl. Awe, W. 94

Thumm, G., vgl. Merz, A. 626,
627

Sachregister

Wegen der Kompliziertheit vieler Verbindungen wurde das Sachregister nach Stammverbindungen geordnet. Entstehende Verbindungen wurden grundsätzlich aufgenommen. Da der präparativ arbeitende Chemiker sich oft die Frage stellt, wie kann ich eine Verbindung selektiv und optimal reduzieren, wurden auch alle zu reduzierenden Substanzen mit aufgenommen (in diesen Fällen weisen kursiv gesetzte Seitenzahlen auf diese Tatsache hin). Substituenten werden in der Reihenfolge nach Beilstein genannt. Dicarbonsäure-anhydride bzw. -imide sind als Substituenten, selten als zusätzliches Ringsystem registriert. Allen clyclischen und spirocyclischen Verbindungen sind Strukturformeln vorangestellt.

Die Verbindungen und Begriffe der Punkte A, E, F und G sind alphabetisch geordnet. Bei der Einordnung der Verbindungen innerhalb der Punkte B–D hat der kleinste Ring Vorrang vor den größeren, der weniger komplizierte vor den komplizierteren, innerhalb desselben Ringsystems erfolgt die Einordnung nach Carbo, Monohetero (O, S. N usw), Dihetero usw., sowie nach Oxidationsgrad; z.B. Cyclohexadien vor Benzol.

Fettgedruckte Seitenzahlen weisen auf Vorschriften hin.

Inhalt

A. Offenkettige Verbindungen

A

Acetaldehyd 174, 529, *558*, 596, *645*, 662 f.
Aryl- ; -oxime *379* f.
Brom- ; -tert.-butylimin *357*
Brom- ; -cyclohexylimin *357*
Chlor- 192
Cycloalken-(2)-yl- 234
Cyclohexen-(2)-yl-
   aus 4,4,6-Trimethyl-2-[cyclohexen-(2)-ylmethyl]-tetrahydro-1,3-oxazin und Oxalsäure **349**
Cyclopentyliden-
   aus 4,4,6-Trimethyl-2-(cyclopentyliden-methyl)-tetrahydro-1,3-oxazin und Oxalsäure **349**
Difluor-nitro- ; -isopropylhalbacetal
   aus Difluor-nitro-essigsäure-isopropylester und Natriumboranat **194**
Diphenyl- 125
   aus Diphenyl-essigsäure-methylester und Natrium-bis-[2-methoxy-äthoxy]-dihydrido-aluminat **193**
Fluor-
   aus Fluor-acetylchlorid und Lithium-tri-tert.-butyloxy-hydrido-aluminat **183**
Hydroxy- *745*
(2-Hydroxymethyl-phenyl)- 227
Methoxy-phenyl- ; -oxim 487
(4-Methyl-phenyl)-
   aus 3,5-Dimethyl-1-(4-methyl-phenylacetyl)-pyrazol und Lithiumalanat **233**
(N-Morpholinocarbonyl-anilino)-phenyl- *136* f.
Phenyl- *743*
   aus 2-Nitro-1-phenyl-äthan und Titan(III)-chlorid **501**

aus Phenyl-acetronitril/Triäthyloxonium-tetrafluoroborat und Triäthyl-silan **122**
aus Phenyl-essigsäure-methylester und Natrium-bis-[2-methoxy-äthoxy]-dihydrido-aluminat **193**
-phenylhydrazon *611*
Tribrom- *744*
Trichlor- *544*, *744*
Trifluor-
   aus Trifluoracetonitril und Lithiumalanat, danach P_2O_5 **108**
   aus Trifluor-essigsäure und Lithiumalanat, danach Schwefelsäure **147**

Acetamid
N-Alkyl-
   aus Ketonen bzw. Aldehyden/Acetonitril und Triäthyl-silan **284**
N-Benzyl- 284
N-(4-Chlor-phenyl)-N-(4-chlor-benzyl)-
   aus 4-Chlor-benzaldehyd-4-chlor-phenylimin/Essigsäure und Boran-Trimethylamin **362**
N-Cyclohexyl- 472
Dichlor- 699
Dichlor-N-(4-amino-phenyl)- 782
Dichlor-N,N-diäthyl- *570*
Dichlor-N-(4-nitro-phenyl)- *782*
N,N-Dimethyl-phenyl- *240*
N-Diphenylmethyl-
   aus Benzophenon/Acetonitril und Triäthyl-silan **284**
Fluor- *238* f.
Hydroximino- 552
N-(3-Hydroxy-propyl)-phenyl- 228

Äthan (Forts.)
1-Oxo-1-cyclohexyl- *338*
1-Oxo-1,2-diphenyl- 531, 565, 569, 613, 630
2-Oxo-2-(2-oxo-cyclohexyl)-1-(2-nitro-phenyl)-
    487f.
1-Oxo-2-phenyl-1-(4-methyl-phenyl)- 438
Oxo-triphenyl- *284*
Phenyl- 55, 581, 633, 638
    aus Styrol und
        Eisen(II)-chlorid **522**
        Natriumhydrid **50**
2-Phenyl-1-(4-tert.-butyl-phenyl)- 649
2-Phenylhydrazono-1-oxo-1,2-diphenyl- *613*
1-Phenylimino-1-phenyl- *610*
1-[2-Phenyl-propyl-(2)-imino]-1-phenyl- *610*
1,2,2,2-Tetrachlor-1-acetoxy- *625*
Tetrachlor-1,1-bis-[4-chlor-phenyl]- *625*
Tetrachlor-1,2-diphenyl- 532, *540*
1,2,2,2-Tetrachlor-1-methoxy- *625*
Tetrafluor- 668
Tetrafluor-dichlor- 668
1,1,2,2-Tetraphenyl- 505, 668
    aus Chlor-diphenyl-methan und Titan(II)-
        chlorid **496**
1,1,2,2-Tetrapyridyl-(2)- 492
2,2,2-Trichlor-1-acetoxy-1-phenyl- 619
1,2,2-Trichlor-1-(4-äthyl-phenyl)- 625
2,2,2-Trichlor-1,1-bis-[chloracetoxy]- *618*
2,2,2-Trichlor-1,1-bis-[4-chlor-phenyl]- *527, 781*
2,2,2-Trichlor-1,1-diacetoxy- *618*
2,2,2-Trichlor-1-methansulfonyloxy-1-phenyl- *619*
2,2,2-Trichlor-1-methoxy-1-phenyl- *620*
2,2,2-Trichlor-1-phenyl- *620*
2,2,2-Trifluor-1-chlor-1-brom- *626*
2,2,2-Trifluor-1-dimethylamino- 239
2,2,2-Trifluor-1-methylamino- 239
Trifluor-1-oxo-1-phenyl- *543*
1,1,2-Trifluor-1,2,2-trichlor- *626*
2-Trimethylsilyl-1-phenyl- 638
1,1,2-Triphenyl- 418

Äthanol 173
    aus Methyl-magnesiumjodid/CO$_2$ und Lithium-
        alanat **173**
2-Äthoxy- 432
2-Äthylamino- 165
2-Alkylamino-2-(2-alkylamino-phenyl)- 247
2-Amino- 164
2-Amino-1-aryl-
    aus 2-Oxo-2-aryl-äthanhydroxamsäure-chlorid
    und Lithiumalanat, danach Salzsäure **354**
2-Amino-1-(3-chlor-5-hydroxy-4-methoxy-phenyl)-
    118
2-Amino-1-(4-hydroxy-3-methoxy-phenyl)-
    aus (4-Hydroxy-3-methoxy-phenyl)-glykolsäure-
    nitril und Diboran **118**
2-Amino-1-(3-jod-5-hydroxy-4-methoxy-phenyl)-
    118
2-Amino-1-(4-methyl-phenyl)- *354*
2-Amino-1-phenyl- 117f., 354
2-Anilino-2-phenyl- 136f.
2-Azulenyl-(1)-
    aus Azulenyl-(1)-essigsäure und Natriumboranat/
    Bortrifluorid **150**
2-Benzoylamino-1-phenyl- 117
2-Benzylamino- 165, 213f., 228
Benzylmercapto- 435
2-Benzyloxy- 433
2-Brom-1-(4-brom-phenyl)- 308
1-(4-Brom-phenyl)- 308, 607, 700

2-[Butyl-(2)-oxy]- 430
2-Chlor- 160f.
3-Chlor-1- (bzw. 2)-isopropyloxy-
    aus 2,2-Dimethyl-4-chlormethyl-1,3-dioxolan
    und Lithiumalanat/Aluminiumchlorid **432**
1-[Cyclohexen-(1)-yl]-
    aus 1-Acetyl-cyclohexen und Dibutyl-stannan
    281
(+)-(S)-1-Cyclohexyl-
    aus Acetyl-cyclohexan und Lithiumalanat **338**
2-Cyclohexyloxy- 430, 432
2-Cyclohexylthio- 435
1-Cyclopropyl- 278, 281
2-Diäthylamino-
    aus Diacetylamino-essigsäure-äthylester und
    Lithiumalanat **240**
2,2-Dichlor-
    aus Dichlor-acetylchlorid und Lithiumalanat **186**
2-(2,4-Dichlor-phenoxy)- 125
2,2-Difluor-2-nitro- 194
    aus Difluor-nitro-essigsäure-benzylester und
    Natriumboranat **211**
2-Dimethylamino- 130
1,1-Diphenyl- *411*, 418, *520*, 545
1,2-Diphenyl- 60, *411*
2,2-Diphenyl- 151. 545
2-Diphenylmethylthio- 435
2-Isopropyloxy-1- (bzw. 2)-phenyl-
    aus 2,2-Dimethyl-4-phenyl-1,3-dioxolan und
    Lithiumalanat/Aluminiumchlorid **432**
2-Isopropylthio- 435
erythro-2-Mercapto-1,2-diphenyl- 422
    aus Bis-[2-hydroxy-1,2-diphenyl-äthyl]-disulfan
    und Lithiumalanat **467**
2-Mercapto-1-phenyl- 340
2-(2-Methoxy-äthoxy)- 414
1-(4-Methoxy-phenyl)- 765
2-Methylamino- 130
2-Methylamino-2-phenyl- 165
2-(N-Methyl-benzylamino)- 436
2-(N-Methyl-cyclohexylamino)-
    aus 4-Methyl-1-oxa-4-aza-spiro[4.5]decan
    und Natriumboranat **437**
1-Naphthyl-(1)- 765
2-(2-Nitro-3,4-dimethoxy-phenyl)- 188
2-Nitro-1-(2-hydroxylamino-phenyl)- 694
2-Nitro-1-(2-nitro-phenyl)- *694*
1-(4-Nitro-phenyl)- 765
2-[2-(bzw. -4)-Nitro-phenyl]-
    aus 2-(bzw. 4)-Nitro-phenylessigsäure und
    Natriumboranat bzw. Boran **165**
2-Nitro-2-phenyl-1-(2-hydroxylamino-phenyl)- 694
2-Nitro-2-phenyl-1-(2-nitro-phenyl)- *694*
2-Oxo-1,2-bis-[biphenylyl-(4)]-
    aus 4,4'-Diphenyl-benzil und Vanadin(II)-
    chlorid **504**
2-Oxo-1,2-bis-[4-isopropyl-phenyl]- 656
2-Oxo-1,2-bis-[4-methoxy-phenyl]- *628, 656*
    aus 4,4'-Dimethoxy-benzil und Vanadin(II)-
    chlorid **504**
2-Oxo-1,2-bis-[3,4-methylendioxy-phenyl]- 656
2-Oxo-1,2-bis-[4-methyl-phenyl]-
    aus 4,4'-Dimethyl-benzil und Vanadin(II)-
    chlorid **504**
2-Oxo-1,2-diaryl-
    aus 1,2-Dioxo-1,2-diaryl-äthane und Titan(III)-
    chlorid **491**
2-Oxo-1,2-difuryl-(2)- 574, *766*, 768
2-Oxo-1,2-diphenyl- 295, *323, 325*, 574, 606, *768*
    aus Benzil und Vanadin(II)-chlorid **504**

Methanol (Forts.)
Bis-[biphenylyl-(4)]- 542
(4-Chlor-phenyl)-(4-methoxy-phenyl)- *410*
Cyclobutyl- 151
Cyclohexyl- 151
Cyclohexyl-[2- (bzw. 4)-methoxy-phenyl]- *410*
Diaryl- 541
Dicyclohexyl- 274
Dinaphthyl-(1)- *411*
Diphenyl- 273 f., 276, *409, 411,* 459, 505, 541 (Tab.), 542, 607
Diphenyl-deutero- ; -O-D 276
Diphenyl-(4-fluor-phenyl)- *561*
Dipyridyl-(2)- 492
Furyl-(2)- 558
(4-Methyl-cyclohexyl)- 151
(4-Methyl-phenyl)-(4-hydroxymethyl-phenyl)- 159
Phenyl- *499*
Phenyl-(4-chlor-phenyl)- 542
Phenyl-(4-fluor-phenyl)- *410*
Phenyl-[4-(3-hydroxy-butyl)-phenyl]- 296
Phenyl-(2-hydroxymethyl-phenyl)- 229
Phenyl-(4-hydroxymethyl-phenyl)- 324
Phenyl-(2-hydroxy-phenyl)- 159
Phenyl-(3-methoxy-phenyl)- *410*
Phenyl-(4-methyl-phenyl)- *410*
Phenyl-naphthyl-(1)- *411*
Phenyl-[4-(3-oxo-butyl)-phenyl]- 296
Phenyl-pyridyl-(2)- 492
Phenyl-(2,4,6-trimethyl-phenyl)- *411*
Triaryl- *561*
Trideutero-
  aus 2-Oxo-4-methyl-1,3-dioxolan und Lithium-tetradeuterido-aluminat **126**
Triphenyl- *409 f., 505*
Tris-[2,6-dimethoxy-phenyl]- *412*

Methanthiol 339
(4-Methoxy-phenyl)- 266
Phenyl- 267
  aus Benzoethiosäure-S-benzylester und Lithium-alanat **266**

Methyl-Radikal
Tris-[pentachlor-phenyl]- *562*

N

Nickel(0)
Bis-[1,5-cyclooctadien]- 703
Cyclooctatetraen- 703

Nickel(II)
Bis-[diäthyl-dithiocarbamato]- 703

Nickel(IV)
Tris-[diäthyl-dithiocarbamato]- *703*

Nitronsäure *372 f.*

Nitrosamin
N-Benzyl- *480*
N,N-Bis-[2,4,6-trimethyl-benzyl]- *480*
N,N-Dibenzyl- *480*

Nonadecan
5,15-Dioxo- *495*

Nonadecanal 233

Nonadecansäure
-3,5-dimethyl-pyrazolid *233*

2,6-Nonadien
9-Hydroxy-2,6-dimethyl-
  aus 4,8-Dimethyl-nonadien-(3,7)-säure und Lithiummalanat **155**

3,5-Nonadien
7-Oxo-2,2,5,8,8-pentamethyl- 97 f.

Nonadien-(2,7)-disäure
-diäthylester *642*

Nonadien-(5,6)-in-(3)
9-Hydroxy-2,2-dimethyl-
  aus 1-Hydroxy-8,8-dimethyl-*trans*-nonen-(2)-diin-(4,6) und Lithium-dimethoxy-dihydrido-aluminat **74**

Nonadien-(3,7)-säure
4,8-Dimethyl- *155*

Nonan
5,5-Bis-[hydroxymethyl]- 142
1-Brom-1-nitro- *572*
4,6-Dibrom-5-oxo- *621*
1-Dimethylamino- 358
4-Dimethylamino- 360
Hexadecafluor-1-amino-1H,1H,9H- 117
2-Methylsulfonyl-3-oxo-1-phenyl- *633*
4-Oxo- *360*
5-Oxo- 565, 621
3-Oxo-1-phenyl- 633
2-Phenylsulfonyl-3-oxo-1-phenyl- *633*

Nonanal
  aus Nonansäure-chlorid und Natriumboranat **183**

1,9-Nonandiol 459

Nonandisäure
2,8-Dibrom- ; -dimethylester *669*
-dimethylester 669

Nonanol 149, 151, 198, 459

Nonansäure *149, 183, 358*
Hexadecafluor-9H- ; -nitril *117*
d-4-Hydroxy- 769
9-Hydroxy- 459
-methylester *198*
-nitril 572, *666*
4-Oxo- 316, *769*

1,3,5,7-Nonatetraen
9-Acetoxy-3,7-dimethyl-1-[2,6,6-trimethyl-cyclo-hexen-(1)-yl]- *630*
3,7-Dimethyl-1-[2,6,6-trimethyl-cyclohexen-(1)-yl]- 630
9-Hydroxy-3,7-dimethyl-1-[2,6,6-trimethyl-cyclo-hexen-(1)-yl]- 186

1,4,5,7-Nonatetraen
3-Hydroxy-9-methoxy-3,7-dimethyl-1-[2,6,6-trime-thyl-cyclohexen-(1)-yl]- *507*

Nonatetraen-(2,4,6,8)-al
3,7-Dimethyl-9-[2,6,6-trimethyl-cyclohexen-(1)-yl]- 110, 233, 287, 656

2-Amino-3-hydroxy-2-methyl-
  aus Acetamino-methyl-malonsäure-äthylester-
  nitril und Natriumboranat **206**
2-Amino-3-hydroxy-3-(4-nitro-phenyl)- ; -butylester
  213
  D-*threo-* *212*
2-Amino-3-(4-hydroxy-phenyl)- 630
2-Amino(^{15}N)-3-indolyl-(3)-
  aus 3-Oxo-3-indolyl-(3)-propansäure/Ammoni-
  um(^{15}N)-nitrat und Natrium-cyano-trihydrido-
  borat **360**
2-Amino-3-mercapto- *634*
3-Amino-2-mercapto- *634*
2-Amino-2-methyl- *163*
2-Amino-3-phenyl- *163*, 360
2-Amino-3-phenyl- ; -äthylester *211*
2-Amino-3-phenyl- ; -piperidid *240*
2-Amino-3-{4-[pyridyl-(4)-methoxy]-phenyl}- *630*
-anhydrid *529*
3-Anilino-2,3-diphenyl- ; -nitril 581
2-Benzoylamino-3-phenyl- ; -O-Äthyl-kohlensäure-
  Anhydrid *127*
3-(2-Benzoyl-hydrazino)- *117*
2-Benzoyloxy-2-phenyl- *630*
2-Benzoyloxy-2-phenyl- ; -methylester *630*
2-Benzylamino- ; -äthylester *212*
2-Benzylamino-2-methyl-3-phenyl- ; -benzylester 665
2-Benzylamino-3-phenyl- ; -äthylester 212
2-Benzylimino- ; -äthylester *665*
2-Benzylimino- ; -benzylester *665*
L-2-Benzyloxycarbonylamino- ; -äthylester *212*
3-Brom- ; -chlorid *187*
3-Brom- ; -methylester *210*
2-Brom-2-nitro-3-methoxy- ; -methylester *394*
2-(2-Carboxy-benzoylamino)-3-oxo-3-(4-nitro-
  phenyl)- ; -äthylester *325*
3-Chlor- *161*
2-Chlor- ; -chlorid *186*
3-Chlor-2-cyclohexylamino- ; -nitril *116*
-chlorid *675*
2-Chlor- ; -nitril *672*
3-Chlor- ; -nitril *647*, 668
3-Cyclopentyl- ; -äthylester 647
2-(bzw. 3)-Deutero- ; -nitril 83
1,3-Dibrom- *664*, *672*
L-2-Dichloracetamino-3-(4-acetamino-phenyl)-
  163, 165
2-Dichloracetamino-3-hydroxy-3-(4-nitro-phenyl)-
  ; -azid *463 f.*
2,2-Dideutero- *150*
2,2-Dideutero- ; -nitril *111*
2,2-Dimethyl- ; -äthylester-äthylimid *350*
2-(Dimethylamino-methyl)-3-(2-hydroxy-phenyl)-
  ; -methylester 361
2-Dimethylamino-3-phenyl- *121*
2,2-Dimethyl- ; -aziridid *234*
2,2-Dimethyl- ; -chlorid *675*
2,2-Dimethyl- ; -dimethylamid *234 f.*, 238
2,2-Dimethyl- ; -nitril *109*, *122*, *185*, *350*
3-(2,4-Dimethyl-phenyl)- 581
2,2-Dimethyl- ; -phenylester *192*
2,2-Diphenyl- *149*
3,3-Diphenyl- ; -methylester *198*
2-Fluor- ; -chlorid *183*
3-Heteroaryl- ; -ester 209
3-Hydroximino-2-phenyl- ; -nitril *690*
2-Hydroxy- 316, 608f., 634, 744
3-Hydroxy-2-äthyl-3,3-diphenyl- ; -nitril *115*
3-Hydroxy-3-aryl- ; -nitril 604
3-Hydroxy-2-benzyl- ; -nitril 206

3-Hydroxy-2-cyclohexyl- ; -nitril
  aus Cyclohexyliden-malonsäure-äthylester-ni-
  tril und Natriumboranat **206**
3-Hydroxy-2-diphenylmethyl- ; -nitril 206
2-Hydroxy-3-(4-hydroxy-phenyl)- 766
3-Hydroxy- ; -lacton *243*
2-Hydroxy-3-mercapto- 608f., 634
3-Hydroxy-2-(4-methoxy-benzyl)- ; -nitril 206
3-(2-Hydroxymethyl-cyclohexyl)- ; -äthylester 188
2-Hydroxymethyl-3,3-diphenyl- ; -nitril 206
3-Hydroxy-2-methyl-2-phenyl- ; -äthylester
  aus Methyl-phenyl-malonsäure-äthylester-chlorid
  und Natriumboranat **188**
3-Jod- ; -nitril 624
2-Mercapto- *634*
3-Mercapto- *167*
3-Mercapto-2-hydroxy- 606
3-Mercapto-2-oxo- *606*, 608f., *634*
2-Mercapto-3-phenyl- *167*
2-Mercapto-3-phenyl- ; -nitril 635
1-Methylamino-2-methyl-1-phenyl- 360
2-Methylamino-3-phenyl- ; -dimethylamid *240*
2-Methyl- ; -chlorid *185*, 527, *675*
2-Methyl-2-cyclohexyl- ; -nitril
  aus 2-Methyl-2-(1-nitro-cyclohexyl)-propan-
  säure-nitril und Natrium-methanthiolat **564**
2-Methyl- ; -nitril *111*, 122
2-Methyl-2-(1-nitro-cyclohexyl)- ; -nitril *564*
2-Methyl-2-(2-oxo-cyclopentyl)- *312*
3-(4-Methyl-phenyl)- *151*
-nitril 508, 585, *639*, 663
2-Nitro-3-methoxy- ; -methylester 394
2-(2-Nitro-phenoxy)- *690*
2-(2-Nitro-phenoxy)-2-methyl- ; -äthylester *212*
3-(2-Nitro-phenyl)- ; -äthylester *477*
2-Oxo- 360, 634
  -Natrium-Salz *316*
3-(2-Oxo-cyclohexyl)- ; -Natrium-Salz *316*
3-Oxo-2-diazo-3-phenyl- ; -methylester *381*
2-Oxo-3-(4-hydroxy-phenyl)- 766
2-Oxo-3-indolyl-(3)- 360
3-(2-Oxo-1-methyl-cyclohexyl)- ; -Natrium-Salz
  316
3-Oxo-3-(2-nitro-phenyl)- 690
3-Oxo-3-(2-nitro-phenyl)- *689f.*
3-Oxo-3-(2-nitro-phenyl)- ; -methylester *477*
3-Oxo-3-phenyl-2-benzyl- ; -nitril 562
3-Oxo-3-phenyl- ; -nitril 562
Pentafluor- *147*
2-Phenyl- 630
3-Phenyl- *146*, *151*, *175*
  aus Zimtsäure und Chrom(II)-chlorid **508**
2-Phenyl- ; -äthylester 210
2-Phenyl-3-[2-(bzw. -4)-chlor-phenyl]- ; -nitril 553
3-Phenyl- ; -ester *196 f.*
2-Phenylhydrazono- *612*
2-Phenyl- ; -methylester 630
3-Phenyl- ; -methylester *193 f.*
2-Phenyl-3-(4-methyl-phenyl)- ; -nitril 553
2-Phenyl-3-naphthyl-(1)- ; -nitril 553
3-Phenyl- ; -nitril *116*, 581, 679
3-Phenyl-2-(4-nitro-phenyl)-2-deutero- ; -methyl-
  ester 210
3-[2-Piperidino-cyclohexen-(2)-yl]- ; -nitril *560*
3-(2-Piperidino-cyclohexyl)- ; -nitril 560
3-Pyrrolidino- ; -äthylester 355
3-[2-Pyrrolidino-cyclohexen-(2)-yl]- ; -nitril *560*
3-(2-Pyrrolidino-cyclohexyl)- ; -nitril 560
3-Pyrrolidino- ; -nitril 355
3,3,3-Trideutero- ; -nitril *111*

B. Cyclische Verbindungen

I. monocyclische

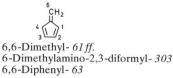

2-Methyl-2-phenyl- *430, 434*
4-Oxo- (subst.) *230*
2-Oxo-4-methyl- *126, 631*
2-Phenyl- *433*
2,2,4,4-Tetramethyl- *432*
2-Thiono- (subst.) *530*
2-Thiono-4,5-diphenyl- *531*
2-(N-Tosyl-methylamino-methyl)-2-phenyl- *462*
2,2,3-Trimethyl- *432*

1,3-Dioxol

2-Methoxy-4,5-diphenyl- 660

1,3-Oxathiolan *434*

2,2-Dimethyl- *435*
2,2-Diphenyl- *435*
2-Methyl-2-phenyl- *435*

1,2-Oxazol

5-Amino-4-phenyl- 690
3,5-Diphenyl-4,5-dihydro- *380*
3-Phenyl-4,5-dihydro- *380*

1,3-Oxazolidin

subst. *436*
2,5-Dioxo- (subst.) *128*
2,5-Dioxo-4-benzyl- *128*
5-Hydroxy- *427*
3-Methyl-2-phenyl- *436*
2-Oxo-3,4-diphenyl- *136 f.*
2-Oxo-5-(2-methoxy-phenoxymethyl)- *132*

1,3-Oxazol

4-Alkoxycarbonyl-4,5-dihydro- *347*
2,5-Dialkyl- *590*
2,5-Dihydro- *436*
5,5-Dimethyl-2-(5-hydroxy-pentyl)-4,5-dihydro-
    aus 5,5-Dimethyl-2-(4-methoxycarbonyl-butyl)-
    4,5-dihydro-1,3-oxazol und Lithiumalanat **205**
5,5-Dimethyl-2-(4-methoxycarbonyl-butyl)-4,5-
    dihydro- *205*
4-Hydroxymethyl-4,5-dihydro- *347*
4-Hydroxymethyl-2-phenyl- 188
threo-5-Methyl-4-hydroxymethyl-2-phenyl-4,5-di-
    hydro-
    aus *threo*-5-Methyl-2-phenyl-4-äthoxycarbonyl-
    4,5-dihydro-1,3-oxazol und Lithiumalanat **347**
5-Methyl-2-phenyl-4-äthoxycarbonyl-4,5-dihydro-
    214, 347
5-Oxo-4,4-dimethyl-2-benzyl-4,5-dihydro- *228*
5-Oxo-4-methyl-2-benzyliden-2,5-dihydro- *228*
5-Oxo-2-phenyl-4-benzyliden-4,5-dihydro- *228*
5-Oxo-2-phenyl-4,5-dihydro- *228*
2-Phenyl-4-chlorcarbonyl- *188*
2-Phenyl-5-naphthyl-(1)- *591*
2-Phenyl-5-naphthyl-(1)-2,3-dihydro- *591*

1,3-Dithiolan

subst. *449*
2,2-Bis-[2-phenyl-äthyl]- *450, 494*
2,2-Dibenzyl- *450*
2,2-Diphenyl- *450*
4,5-Diphenyl- *342*
4-Phenyl- *342*
2-Thiono- *341, 677*

1,3-Dithiol

4,5-Bis-[methylthio]-2-thiono- *677*
2-Thiono- *341*

1,3-Dithiolium

4,5-Bis-[methylthio]-2-äthylthio- ; -tetrafluoro-
    borat *677*

1,2-Thiazol

4-Brom-3-methyl-5-formyl- *182*
3-Methyl-5-cyan- *109*
3-Methyl-5-formyl- 109

1,2-Thiazolium

1-Methyl-3-carboxy-tetrahydro- 566

1,3-Thiazol

2-Äthoxycarbonyl- *600*
2-(Äthoxymethylen-amino)- 351
2-Alkylthio-4,5-dihydro- *347*
2-Amino- *351*
2-Aminocarbonyl- *600*
2-Benzylaminocarbonyl- *600*
2-Carboxy- *600*
2,5-Dihydro- (Der.) *450*
2-Formyl- 600
2-Hydrazinocarbonyl- *600*
2-Hydroxymethyl- 600
2-Mercapto-4,5-dihydro- *347*
2-Methylamino- 351
2-(N-Mehyl-anilinocarbonyl)- *600*
4-Methyl-3-benzyl-tetrahydro- 96
2-Methyl-2-phenyl-tetrahydro- *451*
3-Organo-2,3-dihydro- 95 f.
3-Organo-tetrahydro- 95 f.
2-Oxo-3-acyl-tetrahydro- *235*
4-Oxo-3-alkyl-2-phenyl-tetrahydro- *247*
4-Oxo-2-thiono-3-phenyl-tetrahydro- *344*
4-Oxo-2,3,5-triphenyl-tetrahydro-
    aus 2,3,5-Triphenyl-1,3-thiazon-(4) und Na-
    triumboranat **97**
2-Phenyl-tetrahydro- *451*
Tetrahydro-
    subst. *450*
2-Thiono-4-hydroxymethyl-5-(4-nitro-phenyl)- 213
2-Thiono-5-(4-nitro-phenyl)-4-äthoxycarbonyl-
    tetrahydro- *213*

1,3-Thiazolium

4-Methyl-3-benzyl- ; -chlorid *96*
3-Organo- *95 f.*
4-Oxi-2,3,5-triphenyl- *97*

1,3-Diselenol

4,5-Bis-[methylseleno]-2-seleno- 677

Pyrazolidin

1,2-Diäthyl-3-äthoxycarbonyl-
    aus 5-Oxo-1,2-diäthyl-3-äthoxycarbonyl-pyra-
    zolidin und Diboran **261**
3,5-Dimethyl- 699
1,3-Dimethyl-4-phenyl- 96
1,2-Diphenyl- 672
2-Methyl-1-acyl- 262
2-Methyl-4-äthyl-3-propyl- 262
3-Oxo- *260*
5-Oxo-1,2-diäthyl-3-äthoxycarbonyl- *261*

Pyrazol

1-Aryl-4,5-dihydro- *262*
1-Alkyl-4,5-dihydro- 262
5-Amino-4-aminocarbonyl-2,3-dihydro- 597
4,4-Dimethyl-1-äthyl-5-isopropyl-4,5-dihydro- 262
3,5-Dimethyl-1-(9,10-dihydroxy-octadecanoyl)- *233*
4,4-Dimethyl-5-isopropyl-1-acetyl-4,5-dihydro- *262*
3,5-Dimethyl-1-(4-methyl-phenylacetyl)- *233*
3,5-Dimethyl-1-nonadecanoyl- *233*
3,5-Dimethyl-1-(9,10,12-trihydroxy-octadecanoyl)-
    233
3-(3-Hydroxy-propyl)-4-phenyl- *263*
5-Hydroxy-3,4,4-trimethyl-1-phenyl-4,5-dihydro-
    262
3-Methyl-1-äthyl-5-phenyl-4,5-dihydro- 262
3-Methyl-5-phenyl-1-acetyl-4,5-dihydro- *262*
Nitro- *489*
Nitroso- 489
3-Oxo-2,3-dihydro- *260*
5-Oxo-3,4,4-trimethyl-1-phenyl-4,5-dihydro- *262*
3-Phenyl-1-propanoyl-4,5-dihydro- *262*
1-Propyl-3-phenyl-4,5-dihydro- 262
3,5,5-Trimethyl-1-acetyl-4,5-dihydro- *262*
3,5,5-Trimethyl-1-äthyl-4,5-dihydro-
    aus 3,5,5-Trimethyl-1-acetyl-4,5-dihydro-pyrazol
    und Lithiumalanat **262**
3,4,4-Trimethyl-1-phenyl-4,5-dihydro- 262

Pyrazolium

1,2-Dimethyl-3-phenyl- ; -jodid *96*

Imidazolidin

3-Alkyl- 138
2-(2-Dimethylamino-äthyl)- 345
1,3-Dimethyl-4-phenyl- *96*
2,4-Dioxo- (subst.) *138*
2,4-Dioxo-3-äthyl-5,5-diphenyl- 139
2,4-Dioxo-3-alkyl- *138*
2,5-Dioxo-4-benzyl- 584
2,5-Dioxo-4-benzyliden- *584*
2,4-Dioxo-5,5-bis-[2-methyl-propyl]- *138*
2,4-Dioxo-5,5-diphenyl- *138*
2,4-Dioxo-5,5-diisopropyl- *138*
2,4-Dioxo-3-(2-hydroxy-äthyl)-5,5-diphenyl- *139*
2,5-Dioxo-4-[indolyl-(3)-methyl]- 584
2,5-Dioxo-4-[indolyl-(3)-methylen]- *584*
2,4-Dioxo-5-methyl-5-(2-methyl-propyl)- *138*
2,4-Dioxo-5-methyl-5-nonyl- *138*
2,4-Dioxo-3-methyl-5-phenyl- *138*
2,4-Dioxo-5-propyl-5-phenyl- *138*
4-Hydroxy-2-oxo-3-(2-hydroxy-äthyl)-5,5-diphenyl-
    139
4-Hydroxy-2-thiono-5-methyl-1-phenyl- 252
2-Mercapto-
    aus 4-Oxo-2-thiono-imidazolidin und Natrium-
    bzw. Lithiumboranat **252**
2-Mercapto-5-(3-carboxy-propyl)-1-phenyl-
    aus 4-Oxo-2-thiono-5-(3-carboxy-propyl)-1-
    phenyl-imidazolidin und Natriumboranat **252**
2-Mercapto-1,5-dimethyl-
    aus 4-Oxo-2-thiono-1,5-dimethyl-imidazolidin
    und Natriumboranat **252**
2-Mercapto-1-methyl-5-phenyl-
    aus 4-Oxo-2-thiono-1-methyl-5-phenyl-imida-
    zolidin und Lithiumboranat **252**
2-Mercapto-4-(2-methyl-propyl)-
    aus 4-Oxo-2-thiono-4-(2-methyl-propyl)-imida-
    zolidin und Lithiumboranat **252**
2-Mercapto-1-phenyl-
    aus 4-Oxo-2-thiono-1-phenyl-imidazolidin und
    Lithiumboranat **252**
1-Methyl-4-phenyl- 138
4-Oxo-3-äthyl-5,5-diphenyl- 139
2-Oxo-4,4-bis-[2-methyl-propyl]- 138
2-Oxo-4,4-diphenyl- 138
2-Oxo-4,4-diisopropyl- 138
4-Oxo-3-(2-hydroxy-äthyl)-5,5-diphenyl- 139
2-Oxo-4-methyl-4-(2-methyl-propyl)- 138
2-Oxo-4-methyl-4-nonyl- 138
2-Oxo-4-propyl-4-phenyl-
    aus 2,4-Dioxo-4-propyl-4-phenyl-imidazolidin
    und Lithiumalanat, danach Natronlauge **138**
4-Oxo-2-thiono- *345*
4-Oxo-2-thiono-5-(3-carboxy-propyl)-1-phenyl- *252*
4-Oxo-2-thiono-1,5-dimethyl- *252*
4-Oxo-2-thiono-5,5-diphenyl- *252*
4-Oxo-2-thiono-1-methyl-5-phenyl- *252*
4-Oxo-2-thiono-5-methyl-1-phenyl- *252*
4-Oxo-2-thiono-4-(2-methyl-propyl)- *252*
4-Oxo-2-thiono-1-phenyl- *252*
2-Thiono-5,5-diphenyl- 252

1H-Imidazol 136

1-Acyl- *233*
Aminocarbonyl- *600*
5-Amino-4-(methylamino-hydroxy-methyl)- 597
1-Anilinocarbonyl- *136*
1-Benzyl-2-aminocarbonyl- *600*

Cyclohexen (Forts.)
2-Piperidino-3-methyl- *560*
1-Propenyl- *69*
1-Pyrrolidino-6-butyl- 77
2-Pyrrolidino-3-(2-cyan-äthyl)- *560*
2-Pyrrolidino-3-methyl- *560*
1-Pyrrolidino-6-phenyl- 77
(1-Tosylhydrazono-äthyl)- *371*
4-Tosyloxy- *444*
1,3,5-Tricyan- 84
2,4,4-Trimethyl-3-[3-oxo-buten-(1)-yl]- *656*
2,6,6-Trimethyl-1-[3-oxo-buten-(1)-yl]- *656*
3-Trimethylsilyl- 586

1,3-Cyclohexadien

5,6-Bis-[hydroximino]- *591, 614f., 700*
5,6-Dicarboxy- 586
1,3-Dimethyl-2-hydroxymethyl- *499*
Fluor- *615*
Octafluor- *615*

1,4-Cyclohexadien 585

1-Alkenyl- 585
1-Alkyl- 585
1-Allyl- 581
3,6-Bis-[hydroximino]- *780, 783*
1-Buten-(3)-yl- 586
3,6-Dicarboxy- 587
1-Isopropyl- 585
Octafluor- *615*
6-Oxo-3,3-dimethyl- *655*
6-Oxo-3,3-diphenyl- *606*
1-Propyl- 581
3-Trimethylsilyl- 586

Benzol 512, *585*, 587, 623

4-Acetoxy-1-methylthio- *556*
Acyl- *663*
4-Äthoxy-1-methylamino-
  aus N-(4-Äthoxy-anilinomethyl)-succinimid und
  Natriumboranat **453**
Äthyl- 55, 389, 392, 581
  aus Styrol und
  Eisen(II)-chlorid **522**
  Natriumhydrid **50**
Äthylamino- 240
4-Äthylamino-1-methoxy- 379
4-Äthyl-1-(2-chlor-vinyl)- *625*
4-Alkoxysulfonyl-1-methyl- *680*
Allyl- 370, *580*
2-Allyloxy-1-methyl- *414*
Amino- 124, 129, 462, 481, 522, 602 f., 685, 700, 783
4-Amino-1-äthylthio- 684
Amino-alkoxy- 684
4-Amino-1-allyl- 220
2-Amino-1-arsino- 686
2-Amino-1-arsinyl- 701
2-Amino-1-arso- 686, *701*
Amino-aryloxy- 684
4-Amino-1-cyclohexyl- 685
4-Amino-1-dichloracetamino- 782

4-Amino-1-(dimethylamino-methyl)- 475
2-Amino-1-diphenylamino- 685
2-Amino-1-methoxy- 536
4-Amino-1-methoxy- 477
  aus 4-Nitro-1-methoxy-benzol und Titan(III)-
  chlorid **501**
Aminomethyl- 112, 612
  aus Benzonitril und Natriumboranat, danach
  Salzsäure **115**
2-Amino-1-methyl- 220, 409
  aus Anthranilsäure und Natrium-bis-[2-methoxy-
  äthoxy]-dihydrido-aluminat **171**
  aus 2-Azido-1-methyl-benzol und Vanadin(II)-
  chlorid **506**
4-Amino-1-methyl- 170, 220, 477, 684 f.
  aus 4-Amino-benzoesäure und Natrium-bis-[2-
  methoxy-äthoxy]-dihydrido-aluminat **171**
  aus Natrium-4-amino-benzoat und Natrium-bis-
  [2-methoxy-äthoxy]-dihydrido-aluminat
  174
2-Amino-1-(methylamino-methyl)- 352 f.
2-Amino-5-methylthio-1,3-dimethyl- 102
4-Amino-1-nitro- *685*
2-Amino-1-nitroso- 614 f.
4-Amino-1-phenylthio- 684
4-Amino-1-propenyl- 220
2-Amino-1-propyl- 86
3-Amino-1-sulfo- 686
4-Aminosulfonyl-1-methyl- *680*
4-Amino-1-thiocyanat- 685
2-Amino-5-thiocyanat-1,3-dimethyl- *102*
2-Amino-1-trifluormethyl-
  aus 2-Azido-1-trifluormethyl-benzol und Vana-
  din(II)-chlorid **506**
3-Amino-1-vinyl- 478
4-Anilino-1-(methylamino-methyl)-
  aus 4-Oxo-1-phenyl-1,2,3,4-tetrahydro-chinazo-
  lin und Lithiumalanat **248**
1-Arsino-2-amino- 638
2-Arso-1-amino- *638*
2-Azido-1-methyl- *506*
4-Azido-1-trifluormethyl- *506*
4-Benzoylamino-1-benzyl-
  aus 4-Benzoylamino-benzophenon und Natriumboranat **289**
4-Benzylaminosulfonyl-1-methyl- *680*
4-Benzylamino-1-thiocyanato- *102*
1,4-Bis-[acetoxymethyl]-
  aus Phthalsäure-dimethylester und Bis-[2-methyl-
  propyl]-alan, danach Acetanhydrid **202**
1,2-Bis-[2-äthoxycarbonyl-vinylamino]- *642, 644*
1,2-Bis-[aminomethyl]- 595
1,2-Bis-[dibrommethyl]- *670 f.*
1,4-Bis-[difluor-brom-methyl]- *668*
1,4-Bis-[ditosyl-amino]- *681*
1,2-Bis-[hydroxymethyl]- 152
  aus Dinatrium-phthalat und Natrium-bis-[2-
  methoxy-äthoxy]-dihydrido-aluminat **174**
  aus Phthalsäure-anhydrid und Lithiumalanat
  178
  aus Phthalsäure-bis-[2-methyl-propylester] und
  Natriumalanat **202**
1,3-Bis-[hydroxymethyl]- 599
1,4-Bis-[hydroxymethyl]- 203
1,2-Bis-[methoxycarbonyl-vinyl]- *644*
1,4-Bis-[tosylamino]- 681
Brom- *623*, 624, *675*
(2-Brom-äthyl)- *389*
4-Brom-1-amino- 477
4-Brom-1-(2-brom-1-hydroxy-äthyl)- 308

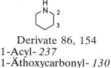

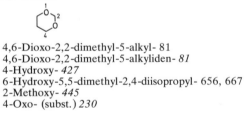

4H-1,3-Oxazin

Morpholin

4H-1,4-Oxazin

1,3-Dithian

2H-1,3-Thiazin

4H-1,3-Thiazin

Pyridazin

Pyrimidin 597

1,2-Diazocan

2,8-Dioxo-1,2-diphenyl- *260*
1,2-Diphenyl- 260, 672

1,2-Cyclononadien 518

1,5-Cyclononadien

1,9-Dibrom- *398f.*

1,2,6-Cyclononatrien 57

Azonan 701

4-Hydroxy- 701

Cyclodecan 444

Hydroxy- *444*

Cyclodecen

cis-1,2-Dideutero- 57

Cyclodecin *57*

Cycloundecen

1,2-Dibutyl-
 aus 5,15-Dioxo-nonadecan und Cyclopenta-
 dienyl-titantrichlorid/Lithiumalanat **495**

Cyclododecan

1-Chlor-1-nitro- *573*
1,2-Dimethoxy- *524*

Cyclododecen 524, 531

cis-
 aus Cyclododecin und Bis-[2-methyl-propyl]-
 aluminiumhydrid, danach Methanol **64**
1-Acetoxy- *531*

Cyclododecin 64

Aza-cyclotridecan

2-Oxo- 573

[16]Annulen *589*

-Radikal-Anion 589
-Dianion 589

II. bicyclische

Bicyclo[1.1.0]butan 670

Bicyclo[3.1.0]hexan

1,5-Diacetoxy-3-oxo-hexamethyl- 657
3-Hydroxy-4-methyl-1-isopropyl- 322
3-Oxo-4-methyl-1-isopropyl- *322*

2-Oxa-bicyclo[3.1.0]hexan

3-(2,4-Dioxo-hexahydropyrimidino)- 672
3-(2,4-Dioxo-5-methyl-hexahydropyrimidino)- *672*

6-Oxa-bicyclo[3.1.0]hexan

1-Methyl- *421*

Bicyclo[4.1.0]heptan

7-Brom- 620
7-Chlor- 620
7,7-Dibrom- *620*
7,7-Dichlor- *620*
6,7-Dihydroxy-1,7-dimethyl- 657

7-Oxa-bicyclo[4.1.0]heptan *420, 422 f.*

1-Methyl- *421*

7-Oxa-bicyclo[4.1.0]hepten-(2)

3-Methyl-6-isopropyl- 571

7-Thia-bicyclo[4.1.0]heptan 103, *449*

Bicyclo[6.1.0]nonan

9-Brom- 620
9,9-Dibrom- *518, 620*

9-Thia-bicyclo[6.1.0]nonan *570*

Bicyclo[2.2.0]hexan

4-Chlor-1-brom- *627, 670*

Bicyclo[2.2.0]hexen-(1⁴) 627, 670

Bicyclo[1.1.1]pentan 607

Bicyclo[3.2.0]heptan

2,4,5,7-Tetrahydroxy-2,6-dimethyl-6-formyl- 429
2,4,5,7-Tetrahydroxy-2,6-dimethyl-6-hydroxy-
    methyl- 429

Bicyclo[2.1.1]hexan 670

3-Oxa-bicyclo[3.2.0]heptan

2-Oxo-
    aus Cyclobutan-1,2-dicarbonsäure-anhydrid und
        Lithiumalanat **177**
    Natriumboranat **176**

2-Thia-5-aza-bicyclo[3.2.0]heptan

7-Phenylacetamino-6-oxo-3,3-dimethyl-4-(äth-
    oxycarbonyloxy-carbonyl)- *127*
7-Phenylacetamino-6-oxo-3,3-dimethyl-4-azidocar-
    bonyl- *264*
7-Phenylacetamino-6-oxo-3,3-dimethyl-4-hy-
    droxymethyl-
    aus Benzylpenicillin/Chlorameisensäure-äthyl-
        ester und Natriumboranat **127**
    aus Benzylpenicillin-triäthylammonium-Salz/
        Chlorameisensäure-äthylester/Natriumazid,
        danach Natriumboranat **264**

Bicyclo[4.2.0]octen-(3)

7-Brom- 620
7,7-Dibrom- *620*

Benzocyclobuten

1,2-Dibrom- *667*, 670 f.

Bicyclo[3.1.1]heptan

3,4-Epoxy-2,6,6-trimethyl- *545*
3β-Hydroxy-6,6-dimethyl-2-*exo*-methylen- 545

Bicyclo[3.1.1]hepten-(2)

4β-Hydroxy- *545*
4-Oxo- *545*

5-Thia-1-aza-bicyclo[4.2.0]octan

7-Acylamino-3-methylen-2-carboxy- 516
7-Amino-8-oxo-3-methylen-2-carboxy- 631
7-(5-Carboxy-pentanoylamino)-8-oxo-3-methylen-
    2-carboxy- 631

5-Thia-1-aza-bicyclo[4.2.0]octen-(2)

7-Acylamino-3-acyloxymethyl-2-carboxy- *516*
7-Acylamino-3-methoxymethyl-2-carboxy- *516*
7-Amino-6-oxo-3-acetoxymethyl-4-carboxy- *631*
7-(5-Carboxy-pentanoylamino)-6-oxo-3-acetoxy-
    methyl-4-carboxy- *631*

Bicyclo[3.3.0]octan

1-Hydroxy- 659

2,4,6,8-Tetrathia-bicyclo[3.3.0]octen-(1⁵)

3,7-Dithiono- 677

2,4,6,8-Tetraselena-bicyclo[3.3.0]octen-(1⁵)

3,7-Diseleno- 677

1,3,5,7-Tetraaza-bicyclo[3.3.0]octan

4,8-Dioxo-2,6-diphenyl- *142*

Bicyclo[4.3.0]nonan

8-Benzyloxy-3-oxo-1-(formyl-methyl)- *495*
exo-4, *exo*-9-Dihydroxy-*exo*-1-methyl-*endo*-5-(2-
  carboxy-äthyl)-*trans*- 312
3,7-Dihydroxy-6-methyl-2-(2-carboxy-
  äthyl)- ; -3-lacton 733
4,9-Dioxo-1-methyl-5-(2-carboxy-äthyl)- *312*
1-Hydroxy-9-methyl- 659
3-Hydroxy-7-oxo-6-methyl-2-(2-carboxy-äthyl)-
  ; -lacton 733
3-Oxo- 551 f.
7-Oxo-8-carboxymethyl- ; -Natrium-Salz *316*
3-Oxo-8-methyl- 551

Bicyclo[4.3.0]nonen-(1)

3,7-Dioxo- *753*
3,7-Dioxo-6-methyl-2-(2-carboxy-äthyl)- *733*
7-Hydroxy-3-oxo- 753
3-Oxo- *551*

Bicyclo[4.3.0]nonadien-(1,5)

3,7-Dioxo-6-methyl-2-(2-carboxy-äthyl)- *722*

Bicyclo[4.3.0]nonadien-(3,7)

9-Oxo-
  aus 7-Methoxy-9-oxo-bicyclo[4.3.0]nonadien-
  (3,7) und Lithiumalanat **307**

Indan

aus 1-Hydroxy-indan und Schwefeltrioxid/Pyri-
  din, danach Lithiumalanat **438**
trans-1-Brom-2-hydroxy- *394*
1,3-Dihydroxy-2-oxo- 606
1,3-Dihydroxy-2-phenyl- 607
1,3-Dioxo-2-(4-methyl-benzyl)-
  aus 1,3-Dioxo-2-(4-methyl-benzyliden)-indan
  und Triäthyl-silan 302

1,3-Dioxo-2-(4-methyl-benzyliden)- *301 f.*
1,3-Dioxo-2-phenyl- *607*
1,3-Diphenyl- 63
1-Hydroxy- *438*
5-Hydroxy- *552*
1-Hydroxy-2-carboxymethyl- 316
  -lacton 316
3-Hydroxy-1,2-dimethyl- 582
3-Hydroxy-1,2-diphenyl- 582
3-Hydroxy-1-oxo-2-phenyl- 607
1-Isopropyliden- 497
1-Methyl-1-chlorcarbonyl- *182*
1-Methyl-1-formyl- 182
1-Oxo- *497*
3-Oxo-1,2-dimethyl- 582
3-Oxo-1,2-diphenyl- 582
1,2,3-Trihydroxy- 606
1,2,3-Trioxo- *606*

Inden 438

aus *trans*-1-Brom-2-hydroxy-indan und Lithium-
  alanat/Titan(III)-chlorid **394**
1,3-Diphenyl- *63*
1-Oxo-2,3-dimethyl- *582*
1-Oxo-2,3-diphenyl- *582*

Bicyclo[3.2.1]octan

1,2-Dibrom-3-oxo- *622*
2-Acetoxy-3-oxo- 622
2,4-Dibrom-3-oxo-2,4-dimethyl- *626 f.*
3-Oxo-4-methyl-2-methylen- 627

Bicyclo[3.2.1]octen-(2)

3-Halogen-4-oxo- *563*

7-Oxa-bicyclo[4.3.0]nonen-(1⁹)

8-Oxo-9-methyl- *226*

7-Oxa-bicyclo[4.3.0]nonadien-(1⁶,8)

9-Methyl-
  aus 8-Oxo-9-methyl-7-oxa-bicyclo[4.3.0]nonen-
  (1⁹) und Bis-[2-methyl-propyl]-alan **226**

8-Oxa-bicyclo[4.3.0]nonan

7-Oxo-
  aus Cyclohexan-1,2-dicarbonsäure-anhydrid und
  Natriumboranat **176**
7-Oxo-1-methyl-
  aus 1-Methyl-cyclohexan-1,2-dicarbonsäurean-
    hydrid und
    Lithiumalanat **177**
    Natriumboranat **176**

8-Oxa-bicyclo[4.3.0]nonen-(2)

7-Oxo-
  aus Cyclohexen-3,4-dicarbonsäureanhydrid und
  Lithiumalanat **177**

8-Oxa-bicyclo[4.3.0]nonen-(3)

7-Oxo-
  aus Cyclohexen-4,5-dicarbonsäure-anhydrid und
  Natriumboranat **176**
7-Oxo-1-methyl-
  aus 4-Methyl-cyclohexen-1,2-dicarbonsäure-
  anhydrid und Lithiumalanat **177**

Phthalan

1,1-Diaryl- 226

Phthalid 185, 189, 254f., 267, 568, 600

  aus Phthalsäure-methylester und Lithiumalanat,
    danach Natriumhydroxid **199**
3-Chlor- 189
7-Chlor- 199
7-Chlorcarbonyl- *188*
3-Hydroxy- 200
3-Hydroxy-5,7-dimethoxy- 175, 178
7-Hydroxymethyl- 188
3-(5-Methyl-2-isopropyl-cyclohexyloxy)-3-phenyl-
  229f.
3-Oxo- *600f.*
3-Phenyl- 230, 313, 316

3-Oxa-bicyclo[4.3.0]nonen-(4)

2,6,7,9-Tetrahydroxy-5,9-dimethyl- *429*

Benzo-[b]-thiophen 292

3-Brom- *407*
3-Deutero- 407
6-Methoxy-
  aus 6-Äthoxy-3-oxo-2,3-dihydro-⟨benzo-[b]-
  thiophen⟩ und Natriumboranat **292**
6-Methoxy-3-oxo-2,3-dihydro- *292*
2- (bzw. 3)-Methyl- 99
2- (bzw. 3)-Methyl-2,3-dihydro- 99
3-Oxo-2,3-dihydro- 292

Benzo-[c]-thiophen

1,3-Dihydro- 266f.
1,3-Dioxo-1,3-dihydro- 266f.

8-Aza-bicyclo[4.3.0]nonen-(3)

7,9-Dioxo-8-phenyl- *257*
8-Hydroxy- 265
8-Hydroxy-7,9-dioxo- *265*
8-Phenyl- 257

1H-Indol *86*, 251, 698

subst.
  aus 2-Oxo-2,3-dihydro-indol-Derivaten
    und Boran **251**
3-(2-Acetamino-äthyl)- *175, 239*
3-Acetyl- *291*
1-Acyl- *237*
3-Äthoxycarbonyl- *221*
3-Äthyl- 291
3-(2-Äthylamino-äthyl)- 239
1-Äthyl-2,3-dihydro- 86
3-Alkyl- *352*
1-Alkyl-3-acyl- *291*
3-Alkylthio-2-oxo-2,3-dihydro- *446*
(2-Amino-äthyl)- 79
3-(2-Amino-äthyl)- 242
  aus 3-Cyanmethyl-indol und Lithiumalanat, da-
    nach Salzsäure **111**
3-(2-Amino-2-alkoxycarbonyl-äthyl)- *87*
3-(2-Amino-2-alkoxycarbonyl-äthyl)-2,3-dihydro-
  87
3-[2-Amino(^{15}N)-2-carboxy-äthyl]-
  aus 3-Oxo-3-indolyl-(3)-propansäure/Ammo-
    nium(^{15}N)-nitrat und Natrium-cyano-trihydrido-
    borat **360**
3-Aminooxalyl- *241f., 321*
3-Amino-2-oxo-2,3-dihydro- 612
3-Amino-2-phenyl- 568
3-Arylamino-2-phenyl- 568
2-Benzyl- 303
5-Benzylmercapto-3-(2-dimethylamino-alkyl)- 129
5-Benzyloxy-3-(2-amino-äthyl)- 111
5-Benzyloxy-3-cyanmethyl- 111
5-Benzyloxy-3-dibenzylaminooxalyl- *242*
4-Benzyloxy-3-formyl- *291*
4-Benzyloxy-3-methyl- 291
5-Benzylthio-3-(2-methoxycarbonylamino-propyl)-
  aus 5-Benzylthio-3-(2-amino-propyl)-indol und
    Chlorameisensäure-methylester **129**
5-Benzylthio-3-(2-methylamino-propyl)-
  aus 5-Benzylthio-3-(2-methoxycarbonylamino-
    propyl)-indol und Lithiumalanat **129**
5-Brom- *407*
5-Brom-3-formyl- *291*
5-Brom-3-methyl-
  aus 5-Brom-3-formyl-indol und Lithiumalanat
    291
2-Carboxy- 690
3-(3-Carboxy-propanoyl)- *309, 360*
3-(Chloracetyl)- *309*
3-(α-Chlor-acyl)- *309*
3-(Chlor-phenyl-acetyl)- *309*
3-Cyanmethyl- *111*
5-Deutero- 407
1,3-Dialkyl- *291*
3-Diazo-2-oxo-2,3-dihydro- *612*

3H-Indol

1H-Isoindol 595

Phthalimid *254 f., 601, 662*

1-Aza-bicyclo[4.3.0]nonan

Indolizin

8-Aza-bicyclo[3.2.1]octan

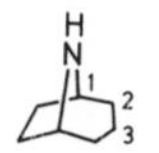

trans-6,7-Diacetoxy-3-oxo-8-methyl- **320**
3-Hydroxy-*trans*-6,7-diacetoxy-8-methyl- 320

Benzo-[c]-1,2-oxazol 489, 691, 695

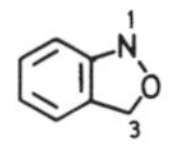

3-Hydroxy-4-carboxy- 691
3-Phenyl- 690 f.

7-Oxa-9-aza-bicyclo[4.3.0]nonan

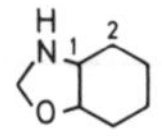

2-Thiono- *343*
8-Thiono-9-chlormethyl- *343*

Benzo-1,3-oxazol

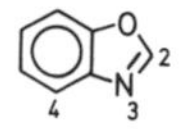

2-Alkyl- *91*
2-Mercapto- *343*
2-Oxo-3-chlormethyl-2,3-dihydro- *132 f.*
2-Oxo-2,3-dihydro- *132*
2-Thiono-3-chlormethyl-2,3-dihydro- *343*

Furo-[3,4-c]-pyridin

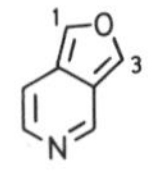

aus 3-Hydroxy-2-methyl-4,5-dicarboxy-pyridin
und Diboran **158**

7,9-Dithia-bicyclo[4.3.0]nonan

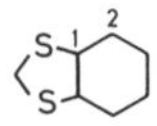

8-Thiono- *342*

7,9-Dithia-bicyclo[4.3.0]nonen-(3)

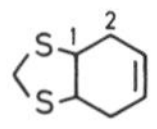

8-Thiono- *342*

Benzo-[d]-1,2-thiazol 247

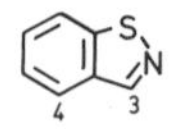

3-Oxo-2-acyl-2,3-dihydro- ; -1,1-dioxid *265*
3-Oxo-2-(4-chlor-benzoyl)-2,3-dihydro- ; -1,1-dioxid *265*
3-Oxo-2-cyclohexylcarbonyl-2,3-dihydro- ; -1,1-dioxid *265*
3-Oxo-2-(4-nitro-benzoyl)-2,3-dihydro- ; -1,1-dioxid *265*
3-Oxo-2-(3-phenyl-acryloyl)-2,3-dihydro- ; -1,1-dioxid *265*

Benzo-1,3-thiazol

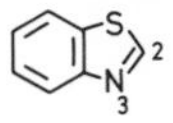

2-Amino- 680, 692
2,5-Diamino- 692

1,6-Diaza-bicyclo[4.3.0]nonan

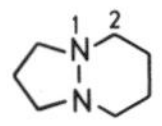

aus 2,5-Dioxo-1,6-diaza-bicyclo[4.3.0]nonan
und Lithiumalanat **260**
2,5-Dioxo- *260*

1,7-Diaza-bicyclo[4.3.0]nonen-(6)

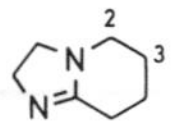

8-Phenyl- *352*

1,8-Diaza-bicyclo[4.3.0]nonan 137

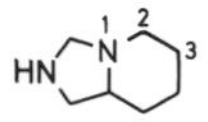

9-Oxo- *137*

1H-Indazol 502

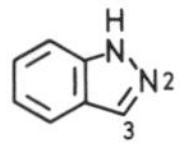

3-(2-Amino-äthyl)- 111
3-Cyanmethyl- *111*

2H-Indazol

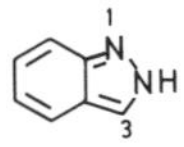

2-Phenyl- 536

3H-Indazol

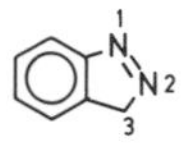

3-Diazo- *502*

Benzimidazol

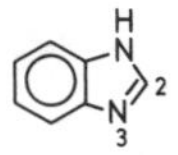

1,2-Dimethyl- 696
1,2-Dipropyl- 696
2-Mercapto- *345*
2-Mercapto- ; -3-oxid 692
-3-oxid 692
2-Oxo-1,3-bis-[chlormethyl]-2,3-dihydro- *137*
2-Thiono-1,3-bis-[chlormethyl]-2,3-dihydro- *345, 395*
2-Thiono-1,3-dimethyl-2,3-dihydro- 345, 395

Benzo-1,3,2-dioxaborol 7, 53

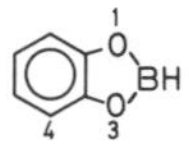

Benzo-furazan *378,* 573

aus 1,2-Dinitroso-benzol und Triphenyl-phosphan **574**

Benzo-furoxan *378,* 591

4,5,6,7-Tetrahydro- *378*

Benzo-1,2,5-thiadiazol *591*

Benzo-1,2,5-selenadiazol *591*

1H-⟨Benzotriazol⟩

1-Acyl- *237*
4-Amino-7-hydroxy- 684

2H-⟨Benzotriazol⟩

2-(4-Chlor-phenyl)- 693
2-(4-Chlor-phenyl)- ; -1-oxid 693
2-(2-Hydroxy-4-methyl-phenyl)- 693
2-(2-Hydroxy-5-methyl-phenyl)- ; -1-oxid 693
2-(4-Methoxy-phenyl)- 693
2-(4-Methoxy-phenyl)- ; -1-oxid 693

1,6,8-Triaza-bicyclo[4.3.0]nonen-(3)

8-(4-Brom-phenyl)- 253, 345
9-Oxo-7-thiono-8-(4-brom-phenyl)- *253, 345*
9-Thiono-8-(4-brom-phenyl)- 253, 345

Imidazo-[3,4-c]-pyrimidin

5-Hydroxy-7,8-dihydro- *137*
5-Thiono-6-methyl-5,6,7,8-tetrahydro- *345*

Imidazo-[1,2-b]-pyridazin

6-Amino- 503
6-Azido- *503*

9H-Purin *650*

quartäre *95f.*
6-Amino- *597, 650*
2,8-Diamino- *598*
2,8-Diamino-1,2,3,4,5,6-hexahydro- 598
2,8-Dioxo-1,3- (bzw. 3,9 ; bzw. -7,9)-dimethyl-perhydro- 603
2,8-Dioxo-3-methyl-perhydro- 603
2,8-Dioxo-perhydro- 603
2,8-Dioxo-1,3,7,9-tetramethyl-perhydro- 603
2,8-Dioxo-1,3,9-trimethyl-perhydro- 603
6-Hydroxy- 597
1,2,3,6-Tetrahydro- 597
2,6,8-Trihydroxy- *597, 603*
2,6,8-Trihydroxy-perhydro- 597
2,6,8-Trioxo-1,3- (bzw. 3,7- ; bzw. 7,9)-dimethyl-1,2,3,6,7,8-hexahydro- *603*
2,6,8-Trioxo-3-methyl 1,2,3,6,7,8-hexahydro- *603*
2,6,8-Trioxo-1,3,7,9-tetramethyl 1,2,3,6,7,8-hexahydro- *603*
2,6,8-Trioxo-1,3,9-trimethyl 1,2,3,6,7,8-hexahydro- *603*

1H-⟨Pyrazolo-[3,4-d]-pyrimidin⟩

6-Hydroxy- *597*
6-Oxo-perhydro- 597
6-Oxo-1,2,3,6-tetrahydro- 597

1,3,4-Triazolo-[4,3-b]-pyridazin *367*

7,8-Dihydro- 367
5,6,7,8-Tetrahydro- 367

Furazano-[4,5-d]-pyridazin

4,7-Diphenyl- 573

Bicyclo[5.3.0]decen-(1¹⁰)

2,4-Dihydroxy-9-oxo-6,10-dimethyl-3-(1-carboxy-äthyl)- ; - 2,3'-lacton *517*
4-Hydroxy-9-oxo-6,10-dimethyl-3-(1-carboxy-äthyl)- ; -4,3'-lacton 517

Azulen

1-Carboxymethyl- *149f.*
1-Formyl- *277*
1-(2-Hydroxy-äthyl)-
   aus 1-Carboxymethyl-azulen und Natriumboranat/Bortrifluorid **150**
1-Hydroxy-methyl- 277
1-Methyl- 454

1-(Trimethylammoniono-methyl)- ; -jodid *454*
4,6,8-Trimethyl-1-formyl- *277*
4,6,8-Trimethyl-1-hydroxymethyl- *277*

7H-⟨Pyrrolo-[1,2-d]-1,4-diazepin⟩

2,9-Diphenyl-5,6-dihydro- *665*
7-Methyl-2,9-dimethyl-5,6-dihydro- *665*

Dekalin 586

cis/trans- 69, 401
9-Carboxy- *151*
4α,9-Dimethyl-8-carboxymethyl-4β,9α-dimeth-
 oxycarbonyl- *201*
4α,9-Dimethyl-7α-hydroxymethyl-8β-carboxyme-
 thyl-4β-methoxycarbonyl-
 aus 4α,9-Dimethyl-8β-carboxymethyl-4β,7α-
 dimethoxycarbonyl-dekalin und Natriumtrime-
 thoxy-hydrido-borat **201**
Dioxo- *732*
9-Hydroperoxy- *570*
Hydroxy- 605, 732, 747
9-Hydroxy- *570*
9-Hydroxy-9,10-dimethyl-1-methoxycarbonyl- 320
9-Hydroxymethyl-*cis*- 151
Hydroxy-oxo- 732
5-Hydroxy-1-oxo- 764
9-Methyl-*cis*- 151
Oxo- *605, 732, 747*
2-Oxo- 551 f.
8-Oxo-1α-carboxy-*cis*- 312
9-Oxo-9,10-dimethyl-1α-methocycarbonyl- *320*

Bicyclo[4.4.0]decen-(1)

3,7-Dioxo-6-methyl- *753*
9-Hydroxy- 75
7-Hydroxy-3-oxo-6-methyl- *753*
3-Oxo- *551*

Bicyclo[4.4.0]decen-(1¹⁰) 69

2,7-Dioxo- *764*
7-Hydroxy-2-oxo-
 aus 2,7-Dioxo-bicyclo[4.4.0]decen-(1⁶) mit *Curvularia falcala* **764**

Bicyclo[4.4.0]decen-(2)

4-Oxo- *552*

Bicyclo[4.4.0]decen-(3)

10-Hydroxy-7-oxo- ; -2-carbonsäure-lacton 723
6-Hydroxy-9-oxo-1,3,7,7-tetramethyl-2-methoxy-
 carbonyl- 643

Bicyclo[4.4.0]decadien-(1¹⁰,2)

3-Benzoyloxy- *75*

Bicyclo[4.4.0]decadien-(3,8)

-1,6-dicarbonsäure-anhydrid *177*
10-Hydroxy-7-oxo- ; -2-carbonsäure-lacton *723*

Tetralin 285, 586, 632

2-(2-Acyl-hydrazino)-x-alkoxy-
 aus 2-Acylhydrazono-x-alkoxy-tetralin und Natriumboranat **367**
2-Acylhydrazono-x-alkoxy- *367*
2-[2-(2-Amino-benzoyl)-hydrazino]-8-methoxy-
 aus dem Hydrazon und Natriumboranat **367**
2-[(2-Amino-benzoyl)-hydrazono]-8-methoxy- *367*
2-(2-Benzoyl-hydrazino)-7-methoxy-
 aus dem Hydrazon und Natriumboranat **367**
2-(Benzoyl-hydrazono)-7-methoxy- *367*
1,4-Bis-[methoxycarbonyl-methyl]-2-[2-(2-meth-
 oxycarbonyl-vinyl)-phenyl]-3-methoxycarbo-
 nyl- 644
1- (bzw. 2)-tert.-Butyl- 648
8-Chlor-5-methoxy-4,4-äthylendioxy-2-cyanmethyl-
 109
8-Chlor-5-methoxy-4,4-äthylendioxy-2-formyl-
 methyl- 109
7,8-Dimethoxy-2-oxo- 588
1,4-Dioxo- 487
1-Hydroperoxy- *570*
1-Hydroxy- 570
6-Hydroxy- *552*
 aus 6-Hydroxy-1-oxo-tetralin und Natriumboranat **288**
1-Hydroxy-6,7-methylendioxy-3-methyl-1-(3,4,5-
 trimethoxy-phenyl)-2-carboxy- 318 f.
6-Hydroxy-1-oxo- *288 f.*
1-Oxo- *285, 554*
2-Oxo- 588
1-Oxo-2,2-dimethyl- *554*
2-{2-[Pyridyl-(4)-carbonyl]-hydrazino}-8-methoxy-
 aus dem Hydrazon und Natriumboranat **367**
2-[Pyridyl-(4)-carbonyl-hydrazono]-8-methoxy- *367*
2-{2-[Thienyl-(2)-carbonyl]-hydrazino}-7-methoxy-
 aus dem Hydrazon und Natriumboranat **367**
2-[Thienyl-(2)-carbonyl-hydrazono]-7-methoxy- *367*

8,14-Seco-östratetraen-(1,3,5¹⁰,9¹¹)

17α(17β)-Hydroxy-3-methoxy-14-oxo- 712, 717,
 751
 aus 3-Methoxy-14,17-dioxo-8,14-seco-östra-
 tetraen-(1,3,5¹⁰,9¹¹) und *Saccharomyces
 uvarum* **752**
3-Methoxy-14,17-dioxo- *712, 717, 751 f.*

2-Methylamino-
  aus 2-(Succinimido-methylamino)-naphthalin
  und Natriumboranat **453**
7-Methyl-1,2-bis-[hydroxymethyl]- 179
2-Methyl-6-carboxy- 172
7-Methyl- ; -1,2-dicarbonsäure-anhydrid *179*
2-Methyl-3,4-dihydro- 554
6,7-Methylendioxy-1-(2-brom-4,5-dimethoxy-
  benzoylamino)- *675*
1-Nitro- *477, 522*
1- (bzw. 2; bzw. 3; bzw. 8)-Nitro-2-aminocarbonyl-
  691
8-Nitro-1-carboxy- *691*
1-Nitro-2-cyan- *691*
3-Nitro-2-formylamino- *693*
8-Nitro-1-formylamino- *692*
4-Nitro-3-methoxy- ; -1,8-dicarbonsäure-anhydrid
  180
4-Oxo-3,3-dimethyl-3,4-dihydro- *554*
1-Phenyl- *678*
1-Phenylthio- *447, 673*
2-(Succinimido-methylamino)- *453*
2,7,8-Trimethoxy- *588*
2,7,8-Trimethoxy-1,4-dihydro- 588

1,2-Naphthochinon *487*

1,4-Naphthochinon *487, 509, 780*

2-Chlor- *661*
3-Methyl-2-(4-brom-N-methyl-anilinomethyl)- *661*

Bicyclo[3.3.1]nonan

3,7-Dibrom-3,7-dinitro- *669*

Bicyclo[3.3.1]nonadien-(2,6)

4,8-Dioxo-2,6-dimethyl- *660*

Bicyclo[2.2.2]octan 442

1-Tosyloxy- *442*
4-Tosyloxy-2-oxo-1-methyl- *443*

Bicyclo[2.2.2]octen

5-Methoxycarbonylamino- *130*
5-Methylamino- 130

2-Oxa-bicyclo[4.4.0]decan

3-Oxo- 316
3-Oxo-6-methyl- 316

Chroman

2,4-Dioxo- *228*
4-Hydroximino- *379*
6-Mercapto-2,5,7,8-tetramethyl-2-(4,8,12-tri-
  methyl-tridecyl)- *102*
5-Methoxy-2-oxo-4-methyl- 591f.
2-Oxo- 591f.
2-Oxo-3-benzoyl-
  aus 3-Benzoyl-cumarin und Natriumboranat **299**
2-Oxo-4-methyl- 591f.
6-Thiocyanato-2,5,7,8-tetramethyl-2-(4,8,12-tri-
  methyl-tridecyl)- *102*

4H-Chromen

subst. 99

Benzo-[b]-pyrylium 519

subst. *99*

Flavan 292

3-Hydroxy-3',4',5,7-tetramethoxy- *426*
4'-Methoxy- 304, *425*
4-Oxo- *292*

4H-Flaven

aus Flavylium-perchlorat und Natriumboranat/
Acetonitril **98**

Flavylium *519*

-perchlorat *98*

Cumarin *228, 591f., 652*

8-Amino- *686*
3-Benzoyl-*299*
4-Methyl- *591f.*
5-Methyl-4-methyl- *591f.*
3-Phenyl- *652*

Isochroman

6,7-Dimethoxy-1-oxo- 200

Isochromen

1-Oxo- *227*

Chinolin *86, 121, 311, 567, 592, 652, 698*

Derivate *86*
  1,2-Dihydro- 86
  1,2,3,4-Tetrahydro- 86
1-Acetyl-1,2,3,4-tetrahydro- 86, *602*
4-{3-[2-Äthyl-piperidyl-(4)]-propanoyl}- 636
1-Äthyl-1,2,3,4-tetrahydro- 86, 602
2-Amino-3-carboxy- ; -1-oxid 693
2,3-Bis-[3,5-dimethyl-pyrazolocarbonyl]- *233*
2-Chlor- *673*
3-Cyan- *89, 592*
4-Cyan- *89, 121*
6-Cyan- *89*
3-Cyan-1,4-dihydro- 89, *592*
4- (bzw. 6)-Cyan-1,2,3,4-tetrahydro- 89
2,3-Diformyl- *233*
Dihydro- *592*
3,4-Dihydro- *574*
3,4-Dihydro- ; -1-oxid *574*
2,4-Dihydroxy- 690
1,4-Dihydroxy-2-oxo-1,2-dihydro- 477
1,3-Dihydroxy-2-oxo-1,2,3,4-tetrahydro- 477
8-Fluor-4-hydroxylamino-
  aus 8-Fluor-4-nitro-chinolin und Natriumboranat
  476
8-Fluor-4-nitro- *476*
1-Hydroxy-2,4-dioxo-1,2,3,4-tetrahydro- 690
1-Hydroxy-2-oxo-3-cyan-1,2-dihydro-
  aus (2-Nitro-benzyliden)-malonsäure-äthylester-
  nitril und Natriumboranat/Pd/C **476**
1-Hydroxy-2-oxo-1,2,3,4-tetrahydro- 477
4-[2-Hydroxy-propyl-(2)] *592f., 628*
2- (bzw. 4)-Isopropyl- *628*
4-Isopropyl-1,2,3,4-tetrahydro- 592f., *628*
6-Methoxy-4-{3-[2-vinyl-piperidyl-(4)]-propan-
  oyl}- 636
Methyl- *592*
2-Methyl-3-acetyl- ; -1-oxid 693
1-Methyl-4-cyan-1,4-dihydro- 593
Methyl-dihydro- *592*
1-Methyl-4-isopropyl-1,2,3,4-tetrahydro- 592 f.
Methyl-tetrahydro- *592*
5- (bzw. 6; bzw. 7; bzw. 8)-Nitro- *91*
5- (bzw. 6; bzw. 7; bzw. 8)-Nitro-1,2-dihydro-
  aus 5-(bzw. 6; bzw. 7; bzw. 8)-Nitro-chinolin
  und Natriumboranat/Essigsäure **90 f.**
1-Organo-1,2-dihydro- 94 f.
1-Organo-1,2,3,4-tetrahydro- 94 f.
-1-oxid *567, 698*
2-(2-Phenyl-äthyl)- 563
2-Phenylthio- *673*

2-(2-Phenyl-vinyl)- *563*
Tetrahydro- *592*
1,2,3,4-Tetrahydro- 121
  aus Chinolin und Natrium-cyan-trihydrido-borat,
  danach Essigsäure **86**
Tosyloxy- *443*

Chinolinium

1-Alkyl- *651*
1-Methyl-4-cyan- ; -perchlorat *593*
1-Methyl-4-[2-hydroxy-propyl-(2)]- *592 f.*
1-Organo- *94*

Isochinolin *86, 567, 652*

aus 2-Benzoyl-1-cyan-1,2-dihydro-isochinolin
  und Natriumboranat, danach Salzsäure 121
1-Alkyl-
  aus 1-Alkyl-2-benzoyl-1-cyan-1,2-dihydro-iso-
  chinolin und Natriumboranat, danach Salzsäure
  121
5-Amino-4-hydroxy- 684
1-Aminomethyl-1,2,3,4-tetrahydro- 89
1-Benzyl-
  aus 1-Benzyl-2-benzoyl-1-cyan-1,2-dihydro-
  isochinolin und Natriumboranat, danach Salzsäure **121**
1-Benzyl-2-benzoyl-1-cyan-1,2-dihydro- *121*
2-Benzyl-1-cyan-1,2-dihydro- *121*
1-Butyl-
  aus 1-Butyl-2-benzoyl-1-cyan-1,2-dihydro-iso-
  chinolin und Natriumboranat, danach Salzsäure
  121
1-tert.-Butyl- *652*
1-Butyl-2-benzoyl-1-cyan-1,2-dihydro- *121*
6-tert.-Butyl-5,6-dihydro- *652*
1-Cyan- *89*
3-Cyan- *121*
4-Cyan- *89*
4-Cyan-1,2-dihydro- 89
6,7-Dimethoxy-2-methyl-1-benzyl-1,2,3,4-tetrahy-
  dro- 664
6,7-Dimethoxy-2-methyl-1-(3,4-dimethoxy-ben-
  zyl)-1,2,3,4-tetrahydro- 664, 674
3-Methyl- *652*
3-Methyl-1-tert.-butyl- 652
3-Methyl-6-tert.-butyl-5,6-dihydro- *652*
2-Methyl-3-cyan-1,2,3,4-tetrahydro- *121*
2-Methyl-1,2,3,4-tetrahydro- 121
5-Nitro- *90*
5-Nitro-1,2-dihydro- 90 f.
6-Nitro-1,2-dihydro-
  aus 6-Nitro-isochinolin und Natriumboranat/
  Essigsäure **90 f.**
5-Nitro-1,2,3,4-tetrahydro-
  aus 5-Nitro-isochinolin/Natriumboranat und
  Essigsäure **90 f.**
2-Organo-1,2-dihydro- 94 f.
2-Organo-1,2,3,4-tetrahydro- 94 f.
1,2,3,4-Tetrahydro- 86, 121
1,3,3-Trimethyl-3,4,5,6,7,8-hexahydro- *365*
1,3,3-Trimethyl-1,2,3,4,5,6,7,8-octahydro- 365

Isochinolinium

2-(2-Brommethyl-benzyl)- *671*
5,6-Dimethoxy-2-(3,4-dimethoxy-2-brommethyl-
   benzyl)- *671*
6,7-Dimethoxy-2-methyl-3,4-dihydro- ; -bromid
   664, 674
2-[2-Indolyl-(3)-äthyl]- *94f.*
2-Methyl-1-(2-jod-benzyl)- *671*
2-Methyl-1-(2-jod-3,4-dimethoxy-benzyl)- *671*
2-Organo- *94*
2-[2-Oxo-2-indolyl-(3)-äthyl]- *94f.*
2-[2-Oxo-2-indolyl-(3)-äthyl]-5,6,7,8-tetrahydro- *95*

1-Aza-bicyclo[4.4.0]decan 120

6-Cyan- *120*
6-Deutero-
   aus 6-Cyan-1-aza-bicyclo[4.4.0]decan und Lithium-tetradeutero-aluminat **120**
4-Oxo- *249*
2-Oxo-5-hydroxymethyl- 205
2-Oxo-5-methoxycarbonyl- *205*
3-Piperidyl-(2)- 243

Chinolizinium

Salze *94*

1-Aza-bicyclo[2.2.2]octan

2-Acyl- *636*
2-[Chinolyl-(4)-carbonyl]-5-äthyl- *636*
2-{Hydroxy-[chinolyl-(4)-methyl]-5-äthyl- 636
2-{Hydroxy-[6-methoxy-chinolyl-(4)]-methyl}-5-
   vinyl- 636
2-[6-Methoxy-chinolyl-(4)-carbonyl]-5-vinyl- 636

9-Bora-bicyclo[3.3.1]nonan 7

Herstellung 53

2,3-Dioxa-bicyclo[2.2.2]octen-(5)

1-Methyl-4-isopropyl- *457, 571*

4H-⟨Benzo-[d]-1,3-oxazin⟩

4-Oxo-2-trifluormethyl- *229*

4H-⟨Benzo-1,4-oxazin⟩

3-Hydroxy- 690
3-Hydroxy-2-methyl- 690
4-Hydroxy-3-oxo-2,3-dihydro- 690
4-Hydroxy-3-oxo-2-methyl-2,3-dihydro- 690

2-Oxa-6-aza-bicyclo[4.4.0]decan *437*

4H-⟨Benzo-[e]-1,3-thiazin⟩

4-Oxo-2-phenyl- *247*

4H-⟨Benzo-1,4-thiazin⟩

3-Hydroxy- 690
4-Hydroxy-3-oxo-2,3-dihydro- 690
3-Oxo-2,3-dihydro- *247*

Cinnolin *594*, 694, *701*

subst. *481*
4-Chlorcarbonyl-1,2-dihydro- *182*
1,4-Dihydro- (subst.) 481
3,4-Dihydro- 594
6,7-Dimethoxy- *473*
4-Formyl-1,2-dihydro- 982
3-Hydroxy- *87*
3-Hydroxy-4-phenyl- *87*
4-Mercapto-3-phenyl- *594, 634f.*
3-Methyl- 694
4-Methyl- *594*
4-Methyl-3,4-dihydro- 594
4-Oxo-2-methyl-1,2,3,4-tetrahydro- 594
3-Phenyl- *594*, 694
3-Phenyl-4-carboxy- *594*
3-Phenyl-1,4-dihydro- 594
3-Phenyl-3,4-dihydro- 594, 634f.
4-Phenyl-1,2,3,4-tetrahydro- *87*
1,2,3,4-Tetrahydro- *87*

Cinnolinium

4-Hydroxy-2-methyl- *594*

Chinazolin *87*, 620, 652

Hydrodimerisierung *651*
2-Amino-4-methyl- 502
2-Amino-4-methyl- ; -1-oxid *502*
4-Chlor- 620
1,2-Dihydro- *87*

Chinazolin (Forts.)
3,4-Dihydro- 87
4-Oxo-1-aryl-1,4-dihydro- *352*
4-Oxo-1,4-dihydro- *248*
4-Oxo-1-phenyl-1,4-dihydro- *352 f.*
4-Oxo-1-phenyl-1,2,3,4-tetrahydro- *248*, 352
   aus 4-Oxo-1-phenyl-1,4-dihydro-chinazolin und
     Natriumboranat **353**
1,2,3,4-Tetrahydro- 87

Chinoxalin *87, 596*

2-Äthyl- *596*
2,3-Bis-[äthoxycarbonyl-methyl]-1,2,3,4-tetrahydro-
   642, 644
2,3-Dimethyl- *596*
2-Methyl- *596*
3-Methyl-2-äthyl- *596*
3-Methyl-2-phenyl- *596*
5-Nitro- *90 f.*
5-Nitro-1,2,3,4-tetrahydro-
   aus 5-Nitro-chinoxalin und Natriumboranat/
     Essigsäure **90 f.**
2-Oxo-1,2,3,4-tetrahydro- 696
2-Phenyl- *596*
1,2,3,4-Tetrahydro- 87
6-Trifluormethyl- *88*
6-Trifluormethyl-1,2,3,4-tetrahydro- *88*

Phthalazin *594 f.*

1,2-Dihydro- *594*
4-Dimethylamino-1-methyl- *594*
4-Dimethylamino-1-methyl-1,2-dihydro- *594*
4-Dimethylamino-1-phenyl- *594*
4-Dimethylamino-1-phenyl-1,2-dihydro- *594*
1,4-Dioxo-2,3-dimethyl-1,2,3,4-tetrahydro- 603
1-Hydroxy- *262*
4-Mercapto-1-phenyl- *594*
4-Methoxy-1-phenyl- *594 f.*
4-Methoxy-1-phenyl-1,2-dihydro- *594*
2-Methyl-1,2-dihydro- *96*
4-Methoxy-1-methyl- *594*
4-Methyl-1-methyl-1,2-dihydro- *594*
1-Oxo-2,3-dimethyl-1,2,3,4-tetrahydro- 603
1,2,3,4-Tetrahydro- 595

Phthalazinium

2-Methyl- ; -jodid *96*

1,8-Naphthyridin

2-Chlor-3-amino-
   aus 2-Chlor-3-nitro-1,8-naphthyridin und
     Zinn(II)-chlorid **489**
2-Chlor-3-nitro- *489*

1,6-Diaza-bicyclo[4.4.0]decan 260

2,5-Dioxo- *260*

2-Oxa-6,10-diaza-bicyclo[4.4.0]decen-(1¹⁰)

3,5-Dioxo-4,4-dibutyl- *142*

2H-⟨Benzo-1,2,4-thiadiazin⟩

7-Aminosulfonyl-6-methyl-3,4-dihydro- ; -1,1-
   dioxid 616
7-Aminosulfonyl-6-trifluormethyl-3,4-dihydro- ;
   -1,1-dioxid *616*

Pyrido-[3,2-d]-pyrimidin

4-Oxo-2-methyl-3-phenyl-3,4-dihydro- *352*

Pyrido-[2,3-b]-pyrazin

7-Brom- *88*
7-Brom-2,3-dimethyl- *598*
7-Brom-2,3-dimethyl-1,4-(bzw. 3,4; bzw. 5,8)-
   dihydro- *598*
7-Brom-2,3-diphenyl- *88*
7-Brom-2,3-diphenyl-5,6-dihydro- *88*
7-Brom-1,2,3,4-tetrahydro- *88*
2,3-Dimethyl- *598*
2,3-Dimethyl-1,4-(bzw. 3,4; bzw. 5,8)-dihydro- *598*
2,3-Diphenyl- *598*
7-Phenyl- *598*
7-Phenyl-1,4-(bzw. 3,4; bzw. 5,8)-dihydro- *598*

Pyrido-[3,4-b]-pyrazin

2,3-Diphenyl- *598, 653*
2,3-Diphenyl-5-acetyl-5,8-dihydro- *598*
2,3-Diphenyl-5,8-diacetyl-5,8-dihydro- *653*
3-Phenyl- *653*
3-Phenyl-1,4-diacetyl-1,4-dihydro- *653*

Pteridin

   quartäre *95 f.*
2-Äthylamino-7-hydroxy-6-carboxy- *88*
2-Äthylamino-7-hydroxy-6-carboxy-5,6-dihydro- *88*
2,4-Dichlor-5,6,7,8-tetrahydro- *88*
7,8-Dihydro- (Der.) 364
2-Hydroxy- *88*
2-Hydroxy-3,4-dihydro- 88
4-Hydroxy-6-methyl- *88*
4-Hydroxy-6-methyl-5,6,7,8-tetrahydro- *88*
2-Oxo-1,2,3,4-tetrahydro- 88
2,4,6,7-Tetrachlor- *88*

5H-⟨Benzo-cycloheptatrien⟩

5-Hydroxy- 275
5-Oxo- *275*

Benzo-tropylium 275

3H-⟨3-Benzazepin⟩

2,4-Dioxo-1,2,4,5-tetrahydro- *255*
7-Methoxy-
    aus 7-Methoxy-2-oxo-1,2,4,5-tetrahydro-3H-⟨3-
    benzazepin⟩ und Diboran **250**

7-Methoxy-2-oxo-1,2,4,5-tetrahydro- *250*
2-Oxo-1,2,4,5-tetrahydro- 255

Benzo-[b]-1,4-oxazepin

2,3,4,5-Tetrahydro- 379

3H-⟨Benzo-[e]-1,4-diazepin⟩

7-Chlor-2,3-dihydroxy-5-aryl- *612*
7-Chlor-2,3-dihydroxy-5-(2-chlor-phenyl)- *612*
7-Chlor-2-hydroxy-5-(2-chlor-phenyl)- 612
7-Chlor-2-oxo-5-aryl-1,2,4,5-tetrahydro- 612
7-Chlor-2-oxo-5-(2-chlor-phenyl)-1,2,4,5-tetra-
    hydro- 612

III. tricyclische

Tricyclo[2.2.1.0²,⁶]heptan 391

3-*exo*-Acetoxy- 574
3-Brom- *391*
3-*exo*-Chlormercuri-5-*exo*-acetoxy- *574*
7,7-Dimethyl-1-chlorcarbonyl- *234*
7,7-Dimethyl-1-formyl- 234
3-*exo*-Hydroxy- 574

Tricyclo[3.3.1.0²,⁸]nonen-(3)

2-Acetoxy-6-oxo-4,8-dimethyl- 660

Bullvalen *458*

Tricyclo[5.2.1.0²,⁶]decen-(3)

endo-5-Hydroxy-3-methyl-*endo*- 301
5-Oxo-3-methyl-*endo*- *301*

4-Oxa-tricyclo[5.2.1.0²,⁶]decan

3-Oxo-2-*exo*-methyl-*endo*- 177

4,10-Dioxa-tricyclo[5.2.1.0²,⁶]decen-(8)

3-Oxo-
    aus 7-Oxa-bicyclo[2.2.1]hepten-4,5-dicarbonsäu-
    re-anhydrid **176**

Tricyclo[6.2.1.0¹,⁵]undecan

8,9-Dihydroxy-3-benzyloxy- 495

3-Oxa-tricyclo[6.4.0.0²,⁶]dodecan

4-Oxo- 316

Benzo-[d]-pyrazolo-[4,3-b]-thiophen

3-Methyl-1-phenyl- ; -4,4-dioxid *653*

2,4,6-Trioxa-tricyclo[3.2.1.1³,⁷]nonan

1,3,5,7-Tetraaryl- 659

1H-⟨Cyclopenta-[a]-naphthalin⟩

3β-Hydroxy-7-methoxy-3a-methyl-2,3,3a,4,5,9b-
    hexahydro- 766
7-Methoxy-3-oxo-3a-methyl-2,3,3a,4,5,9b-hexa-
    hydro- *766*

Fluoren 666

9-Acetoximino- *378*
9-Amino- 378
9-Benzyl- 553
9-Benzyliden- *553*
9-Brom- *668*
9-Chlor- *668*
9-(1,2-Diäthoxycarbonyl-hydrazino)- *134*
9,9-Dibrom- *628, 668*
2,9-Dioxo-8-methyl-9a-carboxymethyl-1,2,3,4,4a,
    9a-hexahydro- 517
7-Hydroximino- 373
9-Hydroxy- 278, 542
1-Hydroxy-2,9-dioxo-8-methyl-9a-carboxymethyl-
    1,2,3,4,4a,9a-hexahydro- ; -lacton *517*
9-Isopropyliden- 497
3-Methoxy-9-oxo- 678
9-(1-Methyl-2-äthoxycarbonyl-hydrazino)- 134
2-Nitro- 373
2-Nitro-9-oxo- 678
9-Oxo- *278, 497, 542, 678*
9-Oxo-3-methyl- 678

Acenaphthylen *83 f., 649*

7-tert.-Butyl-1,2-dihydro- 649
1,2-Dihydro- 82
    aus Acenaphthylen und Lithiumalanat **83**
1,2-Dihydroxy-1,2-diphenyl-1,2-dihydro- 658
1,2-Dihydroxy-2-methyl-1-phenyl-1,2-
    dihydro- 657
1,2-Dihydroxy-2-phenyl-1-(4-methoxy-phenyl)-
    1,2-dihydro- 657
1-Hydroxy-5,6-dimethyl-1,2-dihydro- 278
2-Oxo-1,1-bis-[4-hydroxy-phenyl]-1,2-dihydro- 658
1-Oxo-5,6-dimethyl-1,2-dihydro- *278*

Tricyclo[6.3.1.0²,⁷]dodecan

2,12-Dichlor-1-hydroxy-3-oxo-6,6,9,9-tetra-
    methyl- 643

Tricyclo[3.3.0.0³,⁷]octan

3,7-Dinitro- 669

Tricyclo[4.2.2.1²,⁵]undecen-(3) 670

Naphtho-[2,3-c]-furan

4-Hydroxy-6,7-methylendioxy-1-oxo-9-(3,4,5-tri-
    methoxy-phenyl)-1,3,3a,4,9,9a-hexahydro-
    aus Podophyllotoxon und Zinkboranat **318f.**
6,7-Methylendioxy-1,4-dioxo-9-(3,4,5-trimethoxy-
    phenyl)-1,3,3a,4,9,9a-hexahydro- *318*
3-Oxo-4-phenyl-1,3,3a,4,9,9a-hexahydro- 582
3-Oxo-4-phenyl-1,3,9,9a-tetrahydro- 582

10-Oxa-tricyclo[7.4.0.0²,⁶]tridecan

5,11-Dioxo-6-methyl- 733
5-Hydroxy-11-oxo-6-methyl- 733

Benzo-6-oxa-bicyclo[3.2.1]octen-(2)

9-Methyl-9-naphthyl-(1)-6-acetyl- 656

12-Oxa-tricyclo[4.4.3.0¹,⁶]tridecadien-(3,8)

11-Oxo-
    aus Bicyclo[4.4.0]decadien-(3,8)-1,6-dicarbon-
    säure-anhydrid und Lithiumalanat **177**

Dibenzo-thiophen

    aus dem 5,5-Dioxid und Zinn(II)-chlorid **488**
-5,5-dioxid *488*

Carbazol

9-Acyl- (subst.) *232*
9-Äthoxycarbonyl- *129*
9-Alkyl- (subst.) 232
1-Formyl- 246
1,2,3,4,4a,9b-Hexahydro- 590
9-Hydroxymethyl- 129
9-Methyl-1,2,3,4,5,6,7,8,8 a,9 a-decahydro- *589*
9-Methyl-1,2,3,4a,9 b-hexahydro- 590
9-Methyl-1,2,3,4,5,6,7,8-octahydro- *589*
9-Methyl-1,2,3,4-tetrahydro- *590*
Perhydro- *589*
1,2,3,4-Tetrahydro- *590*

Naphtho-[1,2-c]-1,2-oxazol

3-Amino- 691
3-Hydroxy- 691

Naphtho-[2,1-c]-1,2-oxazol

1-Hydroxy- 691

Naphtho-[2,3-c]-1,2-oxazol

3-Hydroxy- 691

1H-⟨Naphtho-[2,3-d]-imidazol⟩

2-Methyl- 693
2-Methyl- ; -3-oxid *693*

9H-⟨Pyrido-[3,4-b]-indol⟩

2-Methyl-1,2,3,4-tetrahydro- 96

9H-⟨Pyridio-[3,4-b]-indol⟩

2-Methyl- ; -jodid *96*

Pyrido-[1,2-a]-benzimidazol 696

7-Chlor-1,2,3,4-tetrahydro- 692

Benzo-[c,d]-indazol 694

-1-oxid *694*

Naphtho-[1,2-c]-furazan 479, 573

1,2,3-Triazolo-[3,4-a]-chinoxalin

4-Methoxy-3-methoxycarbonyl-
  aus 1-(2-Nitro-phenyl)-4,5-dimethoxycarbonyl-
  1,2,3-triazol und Tributyl-phosphan **573**

Anthracen *83,* 290, 339, *586, 648f., 672f.*

9-(1-Acetoxy-äthyliden)-9,10-dihydro- 648
9-Acetyl-9,10-dihydro- 948
9-Aminomethyl-9,10-dihydro- 380
9-Benzyl- 290
9-(3-Brom-propyl)-9,10-dihydro- 673
9-tert.-Butyl-9,10-dihydro- 672
9-(2-Chlor-äthyl)-9,10-dihydro- 673

9-(3-Chlor-propyl)-9,10-dihydro- 673
9-[4-(4-Cyan-benzyloxy)-pentyloxy]-10-oxo-9-
  phenyl- *629*
9,10-Dihydro- 83, 289, 586, 666
9,10-Dihydroxy- 339
9,10-Dimethoxy- 660
9,10-Dimethyl-9,10-dihydro- 948
9,10-Disulfo-9,10-dihydro- 949
2-Methyl-1,2-dihydro- 648
9-Methyl-9,10-dihydro- 648, 672
10-Oxo-9-benzyliden-9,10-dihydro- *290*
9-Oxo-9,10-dihydro- *289*

9,10-Anthrachinon *290, 339, 660*

Acetoxy-carboxy- *153f.*
1-Acetoxy-3-carboxy- *154*
Acetoxy-hydroxymethyl- 153f.
Amino- 478
Carboxy- *339*
1,8-Diacetoxy-3-carboxy- *154*
1,8-Dihydroxy-3-hydroxymethyl- 154
1,5-Dinitro- *568*
1-Hydroxy-3-hydroxymethyl- *154*
1-Hydroxylamino-2-sulfo- *558*
Nitro- *478*
5-Nitro-1-hydroxylamino- *568*
1-Nitro-2-natriumsulfo- *558*
Sulfo- *680*
2-Sulfo- *632*
1,6,8-Triacetoxy-3-carboxy- *154*
1,6,8-Trihydroxy-3-hydroxymethyl- 154

Phenanthren *644, 648, 653*

7α-Acetoxy-4bβ-methyl-1β-(2-carboxy-äthyl)-2α-
  (2-carboxy-propyl)-2β-methoxycarboxy-
  4aα,8aβ,10aβ-perhydro- *153*
7α-Acetoxy-4bβ-methyl-1β-(3-hydroxy-propyl)-2α-
  (3-hydroxy-2-methyl-propyl)-2β-methoxycar-
  bonyl-4aα,8aβ,10aβ-perhydro- *153*
10-Brom-9-methyl- *623*
9,10-Dihydroxy-9,10-bis-[4-hydroxy-phenyl]- 658
9,10-Dihydroxy-9,10-bis-[4-methoxy-phenyl]- 658
9,10-Dihydroxy-9,10-dihydro- 653, 658
3,4-Dimethoxy-8a-acetoxy-6,6-äthylendioxy-4b-
  [2-(N-cyan-methylamino)-äthyl]-4b,5,6,7,8,8a,
  9,10-octahydro- *104*
4b,8-Dimethyl-3-isopropyl-8-cyan-dodeca-
  hydro- 666
4,5-Dinitro- *695*
2,8-Dioxo-1,8a-dimethyl-2,3,4,4a,4b,5,6,7,8,8a,9,
  10-dodecahydro- *754*
8a-Hydroxy-3,4-dimethoxy-6,6-äthylendioxy-4b-
  (2-methylamino-äthyl)-4b,5,6,7,8,8a,9,10-
  octahydro- 104
3-Hydroxy-4b,8-dimethyl-8-carboxy-4b,5,6,7,8,8a,
  9,10-octahydro- *166*
3-Hydroxy-4b,8-dimethyl-8-hydroxymethyl-4b,5,
  6,7,8,8a,9,10-octahydro- 166
8-Hydroxy-2-oxo-1,8a-dimethyl-2,3,4,4a,4b,5,6,7,
  8,8a,9,10-dodecahydro- *754*
1-Hydroxy-1,2,3,4-tetrahydro- *765*

Phenanthren (Forts.)
4-Hydroxy-1,2,3,4-tetrahydro- 766
4-Isocyanat-1,1,4a-trimethyl-7-isopropyl-dodeca-
  hydro- *123*
9-Methyl- 623
4-Methylamino-1,1,4a-trimethyl-7-isopropyl-dode-
  cahydro-
  aus 1-Isocyannat-dehydro-abietan und Lithiumalanat **123**
9-Oxo-9,10-dihydro- *654*
1-Oxo-1,2,3,4-tetrahydro- *765*
4-Oxo-1,2,3,4-tetrahydro- *766*
9-Phenylazo- *482*
9-(2-Phenyl-hydrazino)-
  aus 9-Phenylazo-phenanthren und Lithium-
  alanat/Eisen(III)-chlorid **482**
4b,8,8-Trimethyl-2-isopropyl-octahydro-
  666

1H-Phenalen

3,6,9-Trimethyl- 85

Phenalenium

1,4,7-Trimethyl- ; -perchlorat *85*

Adamantan 346, 369, 385, *412*, 621

aus 1-Brom-adamantan und
  9-Butyl-9-bora-bicyclo[3.3.1]nonan **545**
  Triäthyl-silan **392**
1-Brom- *385, 545, 621*
2-Brom- *392*
1-Carboxy- *148*
2,2-Dideutero- 346
1-Formyl-
  aus 1-Cyan-adamantan/Triäthyloxonium-tetra-
  fluoroborat und Triäthyl-silan **122**
1-Hydroxy- *412*
1-Hydroxymethyl-
  aus 1-Carboxy-adamantan und Boran **148**
2-Hydroxy-2-methyl- *412*
2-Methyl- 412
2-Oxo- 369
1,3,5,7-Tetrakis-[hydroxymethyl]- 198
1,3,5,7-Tetramethoxycarbonyl- *198*
Thiono- *346*
2-Tosylhydrazono- *369*

Xanthen

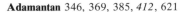

aus Xanthon und Diboran **292**
7-Hydroxy-1,4-dioxo-2,3,4a,5,6,8,9a-heptamethyl-
  1,4,4a,9a-tetrahydro- 643 f.
9-Hydroxy-9-phenyl- *411 f.*

9-Phenyl-
  aus 9-Hydroxy-9-phenyl-9H-xanthen und Triäthyl-silan **411 f.**

Xanthon *292*

1H-⟨Naphtho-[2,1-b]-pyran⟩

3-Phenyl- 98

3H-⟨Naphtho-[2,1-b]-pyran⟩

1-Alkyl- 99

Naphtho-[2,1-b]-pyrylium

1-Alkyl- *99*
3-Phenyl- ; -perchlorat *98*

5-Oxa-tricyclo[8.4.0.0²,⁷]tetradecen-(2)

4,14-Dioxo-1,7,11-trimethyl-12-[2-hydroxy-propyl-
  (2)]-11-(2-carboxy-vinyl)-6-furyl-(3)- 516

6H-⟨Dibenzo-[b;d]-pyran⟩

7,8,9,10-Tetrahydro- 98

Dibenzo-[b;d]-pyrylium

7,8,9,10-Tetrahydro- ; -perchlorat *98*

1H,3H-⟨Naphtho-[1,8a,8-c,d]-pyran⟩ 225

aus Naphthalin-1,8-dicarbonsäure-anhydrid und
  Diboran **179 f.**
6-Nitro-5-methoxy- 180
1-Oxo- *225*

9H-Thioxanthen 465

9-Acetoximino- ; -10,10-dioxid *378*
9-Amino- ; 10,10-dioxid 378
9-Hydroxy- 465
9-Oxo- ; -10-oxid *465*

Acridin *566f.*

10-Acyl-perhydro- *237*
10-(2-Jod-phenyl)- *593*
9-(2-Jod-phenyl)-9,10-dihydro- *623*
10-(2-Jod-phenyl)-9,10-dihydro- *593*
9-Phenyl-9,10-dihydro- *623*

Acridinium *519*

10-Methyl- ; -jodid *567*

Phenanthridin *88*, 693

5,6-Dihydro- 88
6-Hydroxy- 694
5-Methyl-5,6-dihydro- 95
-5-oxid 693

Phenanthridinium

5-Methyl- ; -jodid *95*

9bH-⟨9b-Borata-phenalen⟩

Lithium-perhydro- 14

10H-Phenoxazin

1-Formyl- 246

1H,3H-⟨Naphtho-[1,8a,8-c,d]-1,2-oxazin⟩

3-Oxo- 691

10H-Phenothiazin 477

subst. 477
10-[3-(4-Äthoxycarbonylamino-piperazino)-pro-
   pyl]- *130*
1-Formyl-
   aus Dimethylamino-1,3-dioxo-2-äthyl-2,3-di-
   hydro-1H-⟨pyrido-[3,2,1-k,l]-phenothiazin⟩ und
   Lithiumalanat, danach Salzsäure/Natronlauge **246**
10-[3-(4-Methyl-piperazino)-propyl]- 130

Phenazin *525, 674*

3-Amino-2-hydroxy- 699f.
9,10-Diäthyl-9,10-dihydro- 674
2,3-Diamino- 591, 614f., 696, 699f.
5,10-Dihydro- ; -Kation 525
9,10-Dimethyl-9,10-dihydro- 674

4,7-Phenanthrolin

4-Methyl-3,4-dihydro- 95

4,7-Phenanthrolinium-(4)

4-Methyl- ; -jodid *95*

Benzo-[c]-cinnolin 701

   aus 2,2'-Dinitro-biphenyl und Lithiumalanat **474**
subst. *481*
3,8-Bis-[diäthylamino]- 695
3,8-Diamino- 695
3,8-Dimethyl- 474, 695
-N-oxide *481*

1H-⟨Benzo-[d,e]-chinazolin⟩

2-Methyl- 692
2-Methyl- ; -3-oxid 692

Dipyrido-[1,2-a; 2′,1′-c]-pyrazin

3,10-Bis-[aminocarbonyl]-6,7,12a,12b-tetrahydro-
   651

2,4,10-Trioxa-adamantan

3-(Chlorcarbonyl-methyl)- *182*
3-Formylmethyl- 182

Naphtho-[1,2-e]-1,2,4-triazin

2-Hydroxy-
 aus 2-Oxo-2,3-dihydro-⟨naphtho-[1,2-e]-
 1,2,4-triazin⟩-1-oxid und Äthanol **557**
2-Methoxy- 557
2-Methylthio- ; -1-oxid *557*
2-Oxo-2,3-dihydro- ; -1-oxid *556f.*
2-Oxo-3-methyl-2,3-dihydro- 557
2-Oxo-3-methyl-2,3-dihydro- ; -1-oxod *557*

1,3,8,10-Tetraaza-tricyclo[8.4.0.0³·⁸]tetradecan 135

5,13-Dimethyl- 135

Benzo-[g]-pteridin

2,4-Dioxo-1,3,7,8,10-pentamethyl-1,2,3,4-tetra-
 hydro- ; -10-onium-perchlorat *142*
2,4-Dioxo-1,3,7,8-tetramethyl-1,2,3,4,5,10-hexa-
 hydro- 141
2,4-Dioxo-1,3,7,8-tetramethyl-1,2,3,4-tetrahydro-
 141
4-Hydroxy-2-oxo-1,3,7,8-tetramethyl-1,2,3,4-tetra-
 hydro- 141

5H-⟨Dibenzo-[a;d]-cycloheptatrien⟩

10-Hydroximino-9,10-dihydro- *386*

Dibenzo-[a;d]-tropylium *505*

Homoadamantan

2-Oxo- *497*

5H-⟨Dibenzo-[b;f]-azepin⟩

10-Oxo-1,2,3,4,10,11-hexahydro- 487f.

11H-⟨Dibenzo-[c;f]-1,2-diazepin⟩

11-Oxo- 558

Dibenzo-1,4,5-oxadiazepin 474

Dibenzo-1,4,5-thiadiazepin 695

9,10-Dihydro- 695

IV. tetracyclische

Dibenzo-[a;e]-azirido-[c]-cycloheptatrien

1,1a,6,10b-Tetrahydro- 380

12,15-Dioxa-tetracyclo[8.5.0.0¹·¹⁴.0²·⁷]pentadecan

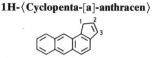

3,13-Dioxo-2,6,10-trimethyl-5-[2-hydroxy-propyl-
 (2)]-6-(2-carboxy-vinyl)-11-furyl-(3)- *516*

Benzo-[a]-biphenylen

6a,10b-Dihydro- 667, *670f.*

1H-⟨Cyclopenta-[a]-anthracen⟩

2,3-Dihydro- 673

Östran

3,17-Dioxo-8α(8β),14β- 551f.
17β-Hydroxy-3,6-dioxo- 728

4-Östren

3,17-Dioxo- *551f., 754*
17β-Hydroxy-3-oxo- *728, 754*

5¹⁰-Östren

9α-Brom-11β-hydroxy-3-oxo-17β-acetyl- *519*

2,5¹⁰-Ostradien

17β-Hydroxy-3-methoxy- 587

4,6-Östradien

17α-Acyloxy-3-oxo-17β-acetyl- 516
17α-Alkoxy-10-acetoxy-2-oxo-17β-acetyl- *516*

4,9-Östradien

3,17-Dioxo- 551 f.

5,8-Östradien

7α-(1,2-Dimethoxycarbonyl-hydrazino)-17β-acetoxy-
3-oxo-4,4-dimethyl- *134*

1,3,5¹⁰-Östratrien

16,16-Difluor-17α-hydroxy-3-methoxy- 766
16,16-Difluor-3-methoxy-17-oxo- *766*
3,17β-Dihydroxy- 546, 768
   aus 3-Hydroxy-17-oxo-ostratrien-(1,3,5¹¹) mit
   Hefe **769**
3,17α-Dihydroxy-17β-[1-(2-hydroxy-äthoxy)-
   äthyl]- 546
17β-Hydroxy-3-methoxy- *546*, 583
17-Hydroxy-3-methoxy-17-äthinyl- 583
17α-Hydroxy-3-methoxy-17β-[1-methyl-1,3-dioxo-
   lanyl-(2)]- *546*
3-Hydroxy-17-oxo- 767 f., 775
3-Methoxy-17-oxo- *587*
3,6β,17β-Trihydroxy- 775
3,7α,17β-Trihydroxy- 775
13,15α,17β-Trihydroxy- 775
3,16α,17β-Trihydroxy- 708, 775

2,5¹⁰,7-Östratrien

17-Hydroxy-3-methoxy- 587

5¹⁰,6,8-Östratrien

3β-Hydroxy-17β-acetoxy-4,4-dimethyl- 134

1,3,5¹⁰,7-Östratetraen

3,17β-Dihydroxy- 546
17β-Hydroxy-3-methoxy- *546*

1,3,5¹⁰,8-Östratetraen

17-Hydroxy-3-methoxy- *583*
17-Hydroxy-3-methoxy-17-äthinyl- *583*
17-Hydroxy-3-methoxy-18-methyl- *583*

1,3,5¹⁰,16-Östratetraen

3-Methoxy- 531
3-Methoxy-17-acetoxy- *531*

2,5¹⁰,6,8-Östratetraen

17-Hydroxy-3-methoxy- 587

1,3,5¹⁰,6,8-Östrapentaen

17-Hydroxy-3-methoxy- *587*

19-Nor-cholestadien-(5,8)

7α-(1,2-Dimethoxycarbonyl-hydrazino)-3-oxo-4,4-
   dimethyl- 134

19-Nor-cholestatrien-(5¹⁰,6,8)

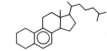

3β-Hydroxy-4,4-dimethyl- 134

64*

Androstan

5α-Brom-6β-hydroxy-3β-acetoxy-17-oxo- *511*
5,6-Dibrom-3,20-dioxo- 514
3α,17-Dihydroxy-5α- 721, 731, 739
3β,17β-Dihydroxy-5α- 721, 731, 749
3β,17β-Dihydroxy-5β- 738
1α,3β-Dihydroxy-17-oxo-5β- 739
3,17-Dioxo-5α- 724, *749, 776*
3,17-Dioxo-5β- 724 f., *749*
3β-Hydroxy-5β- 723
6β-Hydroxy-3β-acetoxy-17-oxo-
     aus 5α-Brom-6β-acetoxy-17-oxo-
     androstan und Chrom(II)-acetat **511**
1β-Hydroxy-3,17-dioxo-5α- 728
17β-Hydroxy-3,6-dioxo- 728
3α-Hydroxy-17-oxo-5β- 734, 749, *772*
3β-Hydroxy-17-oxo-5α- 734, 749
3β-Hydroxy-17-oxo-5β- 734
17β-Hydroxy-3-oxo-5β- 724
3-Oxo-5β- 723

1-Androsten

3,17-Dioxo- *754*
3,17-Dioxo-5β- *725, 777*
17β-Hydroxy-3-oxo- *734*, 754

3-Androsten

17-Oxo-
     aus 3-Oxo-17,17-äthylendioxy-androsten-(4)
     und Diboran **305**

4-Androsten

17,17-Äthylendioxy-3-oxo- *305*
3β-Amino-17β-propanoyloxy- 614
16,16-Difluor-17β-hydroxy-3-oxo- 751
11,17β-Dihydroxy-3-oxo- 757
12β,17β-Dihydroxy-3-oxo- 758
16,17β-Dihydroxy-3-oxo- 774
16β,17β-Dihydroxy-3-oxo- 758
3,17-Dioxo- *724, 728, 734, 739, 755, 774 f., 777*
     aus 5,6-Dibrom-3,17-dioxo-androstan und
     Chrom(II)-chlorid **514**
4-Hydroximino-19β-acetoxy- 699
3-Hydroximino-17β-propanoyloxy- *614*
7β-Hydroxy-3,11- (bzw. 3,16)-dioxo- 755
11-Hydroxy-3,17-dioxo- *757*
12β- (bzw. 16β)-Hydroxy-3,17-dioxo- *758*
17β-Hydroxy-3-oxo- *724, 728, 734,* 750, 755, 776
3-Imino-17β-acetoxy- 699
3-Oxo- *723*
3,11,17-Trioxo- *755*

5-Androsten

3β-Acetoxy-17-hydroximino- *394*, 521
3-Acetoxy-17-oxo- *750*
16,16-Difluor-3β-hydroxy-17-oxo- *751*
3α,17β-Dihydroxy- 75, *721*
3β,17β-Dihydroxy- 75, *721*, 750
3,17-Dioxo- *731, 776*
17β-Hydroxy-3-acetoxy- 750
3α-Hydroxy-17-oxo- *750*
3β-Hydroxy-17-oxo- 514, *756, 776*
17β-Nitro-3β-acetoxy- *521*
     aus 3β-Acetoxy-17-hydroximino-androsten-(5)/
     N-Brom-succinimid und Natriumboranat **394**

1,4-Androstadien

3,17-Dioxo- *725, 734, 755*
11β-Fluor-9α-brom-3,17-dioxo- *514*
9α-Fluor-11β,17β-dihydroxy-3-oxo- 756
9α-Fluor-11β,17β-dihydroxy-3-oxo-16α-methyl- 757
9α-Fluor-11β-hydroxy-3,17-dioxo- *756*
9α-Fluor-3,11,17-trioxo-16α-methyl- *757*
17β-Hydroxy-3-oxo- 755, 776 f.

3,5-Androstadien

3,17β-Diacetoxy- *75*

5,16-Androstadien

3β-Acetoxy- *533*
17-Chlor-3β-acetoxy-16-formyl- *533*

1,4,6-Androstatrien

11β,17β-Dihydroxy-3-oxo- *758*
9α-Fluor-17β-hydroxy-3,11-dioxo- 757
9α-Fluor-3,11,17-trioxo- *757*
11β-Hydroxy-3,17-dioxo- *758*
17β-Hydroxy-3,11-dioxo- *755*
3,11,17-Trioxo- *755*

1,4,9¹¹-Androstatrien

3,17-Dioxo- 514, *756*
3,17-Dioxo-16α-methyl- *756*
17β-Hydroxy-3-oxo- *756*
17β-Hydroxy-3-oxo-16α-methyl- 756

18-Nor-17α-pregnen-(13)

16α,20-Dihydroxy-3-oxo-7β-methyl-5β- 779
3β, 16β,20-Trihydroxy-17β-methyl-5β- 779

18-Nor-17α-pregnadien-(4,13¹⁴)

16α, 20-Dihydroxy-3-oxo-17β-methyl- 779
16α-Hydroxy-3,20-dioxo-17β-methyl- 720

18-Nor-17α-pregnadien-(5,13)

3β,16α,20,21-Tetrahydroxy-17β-methyl- 779
3β,16α,20-Trihydroxy-17β-methyl- 779

Pregnan

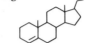

20-tert.-Butyloxycarbonyl-5α- *218*
20-tert.-Butyloxymethyl-5α- 218
11β,21-Dihydroxy-3,20-dioxo-5β- 726
16α,21-Dihydroxy-3,20-dioxo-5α- 726
16α,21-Dihydroxy-3,20-dioxo-5β- 726, 729
17α,21-Dihydroxy-3,20-dioxo-5α- *773*
3β,11α-Dihydroxy-20-oxo-5β- 773
3β,16α-Dihydroxy-20-oxo-5β- 735
3β,17α-Dihydroxy-20-oxo-5β- 736
3β,21-Dihydroxy-20-oxo-5α- 736, 773
3β,21-Dihydroxy-20-oxo-5β- 736
17α,21-Dihydroxy-2,11,20-trioxo- 727
3,20-Dioxo-5α- 725
3,20-Dioxo-5β- 725, *749*
5,6-Epoxy-3,20-dioxo- *779*
16α,17α-Epoxy-3,20-dioxo-5β- *779*
3α-Hydroxy-11,20-dioxo-5β- *749*
11α-Hydroxy-3,20-dioxo-5β- 729, 773
15α-Hydroxy-3,20-dioxo-5β- 729
16α-Hydroxy-3,20-dioxo-5β- 729
21-Hydroxy-3,20-dioxo-5α- 726, 773
21-Hydroxy-3,20-dioxo-5β- 726
3α-Hydroxy-20-oxo-5α- 735
3α-Hydroxy-20-oxo-5β- 735
    aus 3,20-Dioxo-pregnen-(4) durch Reduktion mit
      Clostridium paraputrificum **733**
3β-Hydroxy-20-oxo-5α- 735, 749
3β-Hydroxy-20-oxo-5β- 735
3β,11β,17α,21-Tetrahydroxy-20-oxo-5α(5β)- 737
3α,17α,21-Trihydroxy-11,20-dioxo-5β- 737
3β,17α,21-Trihydroxy-11,20-dioxo-5α- 737
11α,17α,21-Trihydroxy-3,20-dioxo-5β- 729 f.
11β,17α,21-Trihydroxy-3,20-dioxo-5β- 727
3β,4β,5α-Trihydroxy-17-oxo- 779
3α,11β,21-Trihydroxy-20-oxo-5β- 736
3β,11β,21-Trihydroxy-20-oxo-5α- 736
3β,17α,21-Trihydroxy-20-oxo-5α- 737, 773
3β,17α,21-Trihydroxy-20-oxo-5β- 737
3,11,20-Trioxo-5β- *749*

1-Pregnen

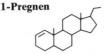

17α,21-Dihydroxy-3,11,20-trioxo-5β- 727
    aus 17β-Hydroxy-3,11,20-trioxo-androstadien-
      (1,4) durch Reduktion mit *Streptomyces sp.* **724**
17α,21-Dihydroxy-3,11,20-trioxo-16α-methyl-5β-
728
3,20-Dioxo-5β- *738*

4-Pregnen

16α-Acetoxy-3,20-dioxo- 514
9α-Brom-11β,17α-dihydroxy-21-acetoxy-3,20-
    dioxo- *515*
9α-Brom-17α-hydroxy-11β,21-diacetoxy-3,20-
    dioxo- *518*
9α-Brom-11β-hydroxy-3,20-dioxo- 513
11β,21-Dihydroxy-3,20-dioxo- 726, 736, 758
17α,20-Dihydroxy-3,11-dioxo- 761
17α,21-Dihydroxy-3,20-dioxo- 726, 730, 737, 760,
778
11,20-Dihydroxy-3-oxo- 758
16α,20-Dihydroxy-3-oxo- 759
20,21-Dihydroxy-3-oxo- 761
11α,21- (bzw. 15α,21)-Dihydroxy-3-oxo-20-methyl-
742
17α,21-Dihydroxy-3,11,20-trioxo- 727, 737, 762,778
3,20-Dioxo- 725, 729, 733, 735, 756, 774
16α,17α-Epoxy-3,20-dioxo- 515 f., 779
6β-Fluor-7α-brom-17α,21-diacetoxy-3,20-dioxo-*514*
6α-Fluor-11β,17α-dihydroxy-3,20,21-trioxo- *743*
9α-Fluor-11β,16α,17α,20,21-pentahydroxy-3-oxo-
728, 757, 774
9α-Fluor-11β,16α,17α,21-tetrahydroxy-3,20-dioxo-
757, 777
9α-Fluor-11β,17α,20,21-tetrahydroxy-3-oxo- 757
9α-Fluor-11β,17α,21-trihydroxy-3,20-dioxo- 723,
743, 757, 774
11α-Hydroxy-3,20-dioxo- 730, 758, 777
11β-Hydroxy-3,20-dioxo- 512 f., 758
16α-Hydroxy-3,20-dioxo- 515, 735, 759, 778
    aus 16,17-Epoxy-3,20-dioxo-pregnen-(4) und
      Chrom(II)-acetat **516**
17α-Hydroxy-3,20-dioxo- 729, 736, 775
20-Hydroxy-3,11-dioxo- 756
21-Hydroxy-3,20-dioxo- 726, 729, 736, 761
20-Hydroxy-3-oxo- 756
21-Hydroxy-3-oxo-20-methyl- 742
17α-Hydroxy-3,11,20-trioxo- *761*
2β-Jod-11β,17α-dihydroxy-3,20-dioxo- *512*
3-Oxo-20-formyl- *742*
11β,17α,20,21-Tetrahydroxy-3-oxo- 759
17α,19,20,21-Tetrahydroxy-3-oxo- 760
11β,17α,21-Trihydroxy-3,20-dioxo- 727, 737, 759,
777
12β,17α,21-Trihydroxy-3,20-dioxo- *778*
17α,19,21-Trihydroxy-3,20-dioxo- 760
17α,20,21-Trihydroxy-3,11-dioxo- 717, 762
17α,20,21-Trihydroxy-9,11-epoxy-3-oxo- 776
6β,15α,20-Trihydroxy-3-oxo- 774
11β,17α,20-Trihydroxy-3-oxo- 758, 775
17α,20,21-Trihydroxy-3-oxo- 760
6β,11α,21-Trihydroxy-3-oxo-20-methyl- 742
3,11,20-Trioxo- 756

5-Pregnen

3β,20β-Dihydroxy-16α-carboxy- 157
3β,21-Dihydroxy-16α,17α-epoxy- *779*
3,20-Dioxo-16α-carboxy- *157*
3β-Hydroxy-16α-acetoxy-20-oxo- *514*
17α-Hydroxy-3β,21-diacetoxy-20-oxo- *778*
3β-Hydroxy-16α,17α-epoxy-20-oxo- *779*

1,4-Pregnadien

9α-Brom-11β,17β-dihydroxy-21-acetoxy-3,20-
  dioxo- *514*
9α-Brom-17α-hydroxy-11β,21-diacetoxy-3,20-di-
  oxo- *519f.*
17α,21-Dihydroxy-3,20-dioxo- *761*
20,21-Dihydroxy-3,11-dioxo- 762
11α,20-Dihydroxy-3-oxo- 777
16α,20-Dihydroxy-3-oxo- 778
17α,21-Dihydroxy-3,11,20-trioxo- *724, 727, 762*
17α,21-Dihydroxy-3,11,20-trioxo-16α-methyl- *728*
9α-Fluor-11β,16α,17α,20,21-pentahydroxy-3-oxo-
  728, 777
9α-Fluor-11β,16α,17α-trihydroxy-3,20-dioxo-
  723
21-Hydroxy-3,11,20-trioxo- *762*
11β,17α,20,21-Tetrahydroxy-3-oxo- 759, 777
12β,17α,20,21-Tetrahydroxy-3-oxo- 778
11β,16α,21-Trihydroxy-3,20-dioxo- *727*
11β,17α,21-Trihydroxy-3,20-dioxo- *759*
17α,20,21-Trihydroxy-3,11-dioxo- 762, 778
17α,20,21-Trihydroxy-3-oxo- 761, 778

4,6-Pregnadien

17α,21-Diacetoxy-3,20-dioxo- 514
17α,21-Dihydroxy-3,11,20-trioxo- *763*
17α,20,21-Trihydroxy-3,11-dioxo- 763

4,9¹¹-Pregnadien

17α,21-Dihydroxy-3,20-dioxo- *776*
17α-Hydroxy-21-acetoxy-3,20-dioxo- 518
  aus 9α-Brom-11β,17α-dihydroxy-21-acetoxy-
    3,20-dioxo-pregnen-(4) und Chrom(II)-
    chlorid **515**

4,16-Pregnadien

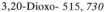

3,20-Dioxo- 515, *730*

1,4,6-Pregnatrien

17α,21-Dihydroxy-9,11-epoxy-3,20-dioxo- *763*
17α,20,21-Trihydroxy-9,11-epoxy-3-oxo- 763

1,4,9¹¹-Pregnatrien

17α-Hydroxy-21-acetoxy- 514

5,16,20-Pregnatrien

3β-Acetoxy- 531
3β,20-Diacetoxy- *531*

Cholan

24-Butyloxy-5β- 218
24-tert.-Butyloxy-5β-
  aus 5β-Cholan-24-säure-tert.-butylester und
  Natriumboranat **218**

Cholan-24-säure

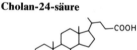

-5β- ; -butylester *218*
-5β- ; -butyl-(2)-ester *218*
-5β- ; -tert.-butylester *218*
3α,7α-Dihydroxy-5β- 769
3α,12α-Dihydroxy-5β- 770
3α,7α-Dihydroxy-12-oxo-5β- 770
3α,12α-Dihydroxy-7-oxo-5β- *771*
3,6- (bzw. 3,7)-Dioxo-5β- *769*
3,12-Dioxo-5β- *770*
7α-Hydroxy-3,12-dioxo-5β- 770
3α-Hydroxy-6-oxo-5β- 769
3β-Hydroxy-12-oxo-5β- 770
12α-Hydroxy-3-oxo-5β- 770
3α,7α,12α-Trihydroxy-5β- 771
3,7,12-Trioxo-5β- 770, 776

Cholen-(4)-24-säure

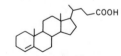

7α-Hydroxy-3,12-dioxo- 776

Carden-(20²²)-olid

3α,14β-Dihydroxy-5β- 752
14β,16β-Dihydroxy-5β- 753
14β-Hydroxy-3-oxo-5β- 752
3,12β,14β-Trihydroxy-5β- 752
3α,14β,16β-Trihydroxy-5β- 753

Cardadien-(4,20²²)-olid

14β,19-Dihydroxy-3-oxo- 743
14β-Hydroxy-3,19-dioxo- 743

Cholestan 369

aus 3β-Thiobenzoyloxy-5α-cholestan und Tri-
butyl-stannan **346**
5α-Acetoxy-3- (bzw. -6)-oxo- 549
3-Acetoxy-6-oxo-5α- 548
2β-(Äthoxy-thiocarbonylthio)-3-oxo- 340
3,3-Äthylendioxy-5α-cyan- 109
3,3-Äthylendioxy-5α-formyl- 109
5α-Brom-3β-acetoxy-6-oxo- 548
16α-Brom-22,26-cyanimino-3β-acetoxy-
6-Brom-3β,5-dihydroxy- 493
6β-Brom-3β,6a-dihydroxy- 394
2α-Brom-3-oxo- 512, 548
4-Brom-3-oxo- 569
5α-Chlor-6β-nitro-3-acetoxy- 521
3β-Deutero- 623
3,6-Dioxo-5α- 521
aus 3,6-Dioxo-cholesten-(4) und Titan(III)-
chlorid **491**
3,6-Dioxo-5β-
aus 3,6-Dioxo-cholesten-(4) und Chrom(II)-
chlorid **509**
3-Diphenylmethylen- 497
2α(S),3α(O)-Dithiocarbonato- 340
22,26-Epimino-3β-hydroxy-5α- 104
2α,3α-Epithio- 340, 448
4α,5α-Epoxy-6-oxo- 549
Hydroxy- 567
3α-Hydroxy- 75, 731
3β-Hydroxy- 75, 608, 720, 747
5β-Hydroxy-3β-acetoxy-6-hydroximino- 521
3β-Hydroxy-2α-(äthoxy-thiocarbonylthio)- 340
3β-Hydroxy-7,7-dideutero-5α- 608
3β-Hydroxy-5α,6α-epoxy- 423
2β-Hydroxy-3α-mercapto- 102
3α-Hydroxy-2β-mercapto- 102
3β-Hydroxy-2β-mercapto- 340
3β-Hydroxy-7-oxo-5α- 608
4α-Hydroxy-6-oxo-5α- 549
2β-Hydroxy-3α-thiocyanato- 102
3α-Hydroxy-2β-thiocyanato- 102

3-Jod- 624
5α-Methoxy-3-acetoxy-6-hydroximino- 521
3β-Methyl-5α-
aus 3-Methyl-5α-cholesten-(2) und Triäthyl-
stannan, anschließend Trifluoressigsäure **68**
Oxo- 567
3-Oxo- 369, 497, 512, 548, 569
-5α- 549, 747
6-Oxo-5α- 549
3-Oxo-2α-methyl- 548
6-Oxo-4-methyl- 549
5α-Thiobenzoyloxy- 346
3-Tosylhydrazono- 369

1-Cholesten

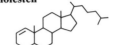

3,6-Dioxo- 509

2-Cholesten 340

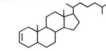

-5α-
aus 2α3α-Epithio-5α-cholestan und Lithiumalanat **448**
3-Methyl-5α- 68

3-Cholesten

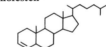

3-Acetoxy-5α- 75

4-Cholesten 304, 549

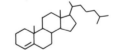

2,7-Dioxo- 509
3,6-Dioxo- 491, 509
3β-Mercapto-
aus 3β-Thiocyanat-cholesten-(4) und Lithiumalanat, danach Salzsäure **102**
6-Nitro-3-oxo- 521
3-Oxo- 304
3β-Thiocyanato- 102

5-Cholesten 391

16α-Brom-22,26-cyanepimino-3β-acetoxy- 104
22,26-Epimino-3β-hydroxy- 104
3α-Hydroxy- 75
3β-Hydroxy- 75, 493, 680, 720
aus 6β-Brom-5β,5α-dihydroxy-cholestan und
Lithiumalanat/Titan(III)-chlorid **394**
aus 3β-Hydroxy-5α,6α-epoxy-cholestan und
Lithiumalanat/Titan(III)-chlorid **423**
6-Nitro-3β-acetoxy- 521
3-Oxo- 731

7-Cholesten

3β-Hydroxy-5β- *720*

1,4-Cholestadien

3,6-Dioxo- *509*

3,5-Cholestadien

3-Acetoxy- *75*
2,7-Dioxo- *509*

5,7-Cholestadien

3β-Hydroxy- *720*

5,8¹⁴-Cholestadien

7β-(1,2-Dimethoxycarbonyl-hydrazino)-3-oxo-4,4-
dimethyl- *134*

5,7,22-Cholestatrien

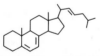

3β-Mercapto-24-methyl- *102*
3β-Thiocyanato-24-methyl- *102*

Sitostan

5β-Hydroxy-5β- *720*

5-Sitosten

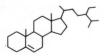

3β-Hydroxy- *720*

Lanostan

3β-(2,2-Dimethyl-propanoyloxy)-5α- *219*
3β-(2,2-Dimethyl-propyloxy)-5α-
aus 3β-(2,2-Dimethyl-propanoyloxy)-5α-lanostan
und Diboran **219**

4-Oxa-androstan

17β-Benzoyloxy-3-oxo-
aus 5α-Hydroxy-17β-benzoyloxy-3-oxo-4-oxa-
androstan und Natriumboranat **229**
5α-Hydroxy-17β-benzoyloxy-3-oxo- *229*
17β-Hydroxy-5α- *225*
17β-Hydroxy-3-oxo-5α- *225*

4-Oxa-cholestan

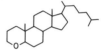

14α-Methyl-
3-Oxo-14α-methyl-4-oxa-5β-cholestan und
Natriumboranat **225**
3-Oxo-14α-methyl-5β- *225*

6-Aza-cholestan

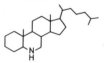

3β-Hydroxy-6-methyl- 123

1H-⟨Pyrido-[3,2,1-j,k]-carbazol⟩

2-Dimethylamino-1,3-dihydroxy-2-äthyl-2,3-di-
hydro- *246*
2-Dimethylamino-1,3-dioxo-2-äthyl-2,3-dihydro-
246

Pyrazolo-[2,3-f]-phenanthridin

2-Methyl- 653
1-Sulfo-2-methyl- 653

Chrysen

6,12-Bis-[methoxycarbonyl-methyl]-5,11-dimeth-
oxycarbonyl-4b,5,6,10b,11,12-hexahydro- 644

Pyren *649*

1-tert.-Butyl- 949
4-tert.-Butyl-4,5-dihydro- 649
1-tert.-Butyl-1,2,3,9-tetrahydro- 649

Dibenzo-bicyclo[2.2.2]octadien

·2,7-Bis-[hydroxymethyl]-1,6-dimethoxycarbonyl-
    153
2,7-Dicarboxy-1,6-dimethoxycarbonyl- *153*
11,12-Thiocarbonyldioxy- *531*

Dibenzo-bicyclo[2.2.2]octatrien *531,* 673

**5-Oxa-tetracyclo[8.8.0.0^{2,7}.0^{11,16}]octadecadien-
    (2,12)**

4,14,18-Trioxo-1,7,11,15,15-pentamethyl-6-furyl-
    (3)- 516

Benzo-[a]-acridin

12-Benzyl- *88*
12-Benzyl-7,12-dihydro- 88

Benzo-[c]-acridin *84*

1H-⟨Dibenzo-[d,e;g]-chinolin⟩

7,8-Dimethoxy-1-methyl- 671
1-Methyl- 671

5H-⟨Dibenzo-[a;g]-chinuclidin⟩

12b,13-Dihydro- 671
1,2,9,10-Tetramethoxy-12b,13-dihydro- 671

8-Aza-D-homo-östratrien-(1,3,5^{10})

17β-Hydroxy-3-methoxy- 767
3-Methoxy-17a-oxo- *767*

1H-[Pyrido-[3,2,1-k,l]-phenoxazin⟩

2-Dimethylamino-1,3-dihydroxy-2,3-dihydro- 246
2-Dimethylamino-1,3-dioxo-2-äthyl-2,3-dihydro- *246*

1H-⟨Pyrido-[3,2,1-k,l]-phenothiazin⟩

2-Dimethylamino-1,3-dihydroxy-2-äthyl-2,3-di-
    hydro- 246
2-Dimethylamino-1,3-dioxo-2-äthyl-2,3-dihydro- *246*

Naphtho-[1,8,7-c,d,e]-cinnolin 695

-N-oxid 695

Pyrido-[2,3,4,5-l,m,n]-phenanthridin 694

-4,9-bis-oxid 494
4-Hydroxy-5-oxo-4,5-dihydro- ; -9-oxid 494

Pyrido-[5,4,3,2-l,m,n]-phenanthridin

2,7-Bis-[hydroxyamino]-4,9-dihydroxy-5,10-dioxo-
    4,5,9,10-tetrahydro- 689

Cinnolino-[5,4,3-c,d,e]-cinnolin 695

Pleiaden

2,3-Bis-[isocyanat]- *123*
2,3-Bis-[methylamino]-
    aus 2,3-Bis-[isocyanat]-pleiaden und Lithium-
    alanat **123**

V. pentacyclische

3,5-Cyclo-androstan

6,17-Dioxo- *749*
17β-Hydroxy-6-oxo- 749

3α,5α-Cyclo-cholestan 391

6-Chlor- *391*

5,7-Cyclo-pregnan

17α-Hydroxy-21-acetoxy-3,20-oxo- 518

5,9-Cyclo-östran

11β-Hydroxy-3-oxo-17β-acetyl-
   aus 9α-Brom-11β-hydroxy-3-oxo-17β-acetyl-
   östren-(5¹⁰) und Chrom(II)-acetat **519**

5,9-Cyclo-pregnan

17α-Hydroxy-11β,21-diacetoxy-1,11-epoxy-
   3,20-dioxo- 520

5,9-Cyclo-pregnen-(1)

17α-Hydroxy-11β,21-diacetoxy-3,20-dioxo- 519

**3,6-Dioxa-pentacyclo[9.8.0.0²,⁴.0²,⁸.0¹²,¹⁷]nona-
decen-(13)**

5,15,19-Trioxo-1,8,12,16,16-pentamethyl-7-furyl-
   (3)- *516*

Pentacyclo[5.2.1.0²,⁶.0³,⁹.0⁵,⁸]decan

Decachlor- 569
Dodecachlor- *569*
Undecachlor- 569

Pentacyclo[4.2.2.2²,⁵.1¹,⁶1²,⁵]tetradecan 674

Nor-conan

   aus N-Cyan-conan und Lithiumalanat **105**
N-Cyan- *104 f.*

Nor-conen-(5)

3β-Dimethylamino- 104
3β-Dimethylamino-N-cyan- *104*

Benzo-[g]-indolo-[2,3-a]-chinolizin

1,2,3,4,5,7,8,13,13,14-Decahydro-
   aus 2-[2-Oxo-2-indolyl-(3)-äthyl]-5,6,7,8-tetra-
   hydro-isochinolinium-chlorid und Natriumboranat **95**

Perylen 586

Dihydro- 586
Tetrahydro- 586
-3,4,9,10-tetracarbonsäure-3,4;9,10-bis-anhydrid 679

Trypticen 385, 622

1-Brom- *385, 622*
1-Hydroxylamino-
   aus 1-Nitro-trypticen und Lithiumalanat **471**
1-Nitro- *471*

[2₄]Paracyclophantetraen *583*

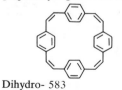

Dihydro- 583

VI. hexa- und polyclische

Demissidan

3β-Hydroxy- 104

5-Solaniden

3β-Hydroxy- 104

Anthanthren 660

C. Bi-Verbindungen

3,3′-Bi-cyclopropenyl 642

Hexaferrocenyl- 649
Hexaphenyl- 649
    aus Triphenyl-cyclopropenylium-tetrafluoro-
    borat und Chrom(II)-chlorid **519**

Bi-cyclopentyl

1,1′-Dihydroxy-octaoxo- 655

1,1′-Bi-indanyliden 497

9,9′-Bi-fluorenyl 553, 668

9,9′-Dibrom- 628, 668
9,9′-Dihydroxy- 666

9,9′-Bi-fluorenyliden 553, 668

2,2′-Bi-(2,5-dihydro-furyliden) 428

2,2′-Bi-⟨benzo[b]-thiophen⟩-yl

3,3′-Dioxo-2,2′-bis-[2-cyan-äthyl]-2,2′,3,3′-tetra-
  hydro- 647
3,3′-Dioxo-2,2′-bis-[1-phenyl-2-cyan-äthyl]-2,2′,
  3,3′-tetrahydro- 647
3,3′-Dioxo-2,2′-dicarboxy-2,2′,3,3′-tetrahydro- 647

2,2′,3,3′-Tetrahydro-2,2′-bi-⟨benzo-[b]-thienyliden⟩

3,3′-Dioxo- *647*

1,1′-Bi-pyrrolidinyl 260

2,2′,5,5′-Tetraoxo- *260*

3,3′-Bi-pyrrolidinyl

2,2′,5,5′-Tetraoxo-1,1′-diäthyl- 580

2,2′-Bi-1,3-dithiolyl

4,5,4′,5′-Tetrakis-[methylthio]- 677
4,5,4′,5′-Tetrakis-[methylthio]-2,2′-bis-[äthylthio]-
  677

4,4′-Bi-1,3-dithiolanyl

2,2′-Dithiono- *342*

4,4′-Bi-1,3-thiazolyl

2-Methoxycarbonyl- *198*
2-Hydroxymethyl- 198

3,3′-Bi-indol 251

Bi-cyclohexyl 369

1,1′-Dihydroxy-5,5′-dioxo-3,3,3′,3′-tetramethyl-
    654
3,3′-Dioxo- 642
2-Oxo- *369*
2-Tosylhydrazono- *369*

Bi-cyclohexyliden

4,4′-Di-tert.-butyl- 497
5,5′-Dimethyl-2,2′-diisopropyl- 497

3,3′-Bi-cyclohexenyl 505, 668

3,3′-Bi-cyclohexadien-(1,4)-yl

3,3′-Dihydroxy-6,6,6′,6′-tetraphenyl- 655

5,5′-Bi-cyclohexadien-(1,3)-yl

Bis-[äthyl-cyclopentadienyl-eisen]-methyl- 589
Bis-[cyclopentadienyl-eisen]-methyl- 589

Biphenyl 406, 541, 667, 678

4-Acetyl- 528
4-Äthyl- 666
4-Benzoyl- *542*
4-Benzyl- 666
2,2′-Bis-[4-hydroxy-benzoyl]- 658
2,2′-Bis-[4-methoxy-benzoyl]- *658,* 678
2,2′-Bis-[4-methyl-benzoyl]- 678
2,2′-Bis-[3-nitro-benzoyl]- 678
Brom- 678
4-Brom- *406*
2′-Carboxy-2-aminocarbonyl- 164f.
Cyan- 678
4-Cyan-
    aus Biphenyl-4-hydroxamsäure-chlorid und
    Pentacarbonyl-eisen **537**
2,2′-Dibenzoyl- 678

6,6′-Dibrom-2,2′-dinitro-4,4′-dimethyl- *474*
2,2′-Dicarboxy- *658*
2′-(Dimethylamino-methyl)-2-hydroxymethyl-
    aus 2′-Carboxy-2-(dimethylaminocarbonyl)-
    biphenyl und Lithiumalanat **165**
2,2′-Dinitro- *474,* 476, *695*
6,6′-Dinitro-2,2′-bis-[chlorcarbonyl]- *188*
2,2′-Dinitro-4,4′-bis-[diäthylamino]- *695*
4,4′-Dinitro-2,2′-bis-[hydroxymethyl]- 213
6,6′-Dinitro-2,2′-bis-[hydroxymethyl]- 188
2,2′-Dinitro-4,4′-diamino- *695*
6,6′-Dinitro-2,2′-diformyl- *694*
4,4′-Dinitro-2,2′-dimethoxycarbonyl- *213*
2,2′-Dinitro-4,4′-dimethyl- *695*
6,6′-Dinitro-2′-formyl-2-carboxy- *694*
2,2′-Dinitroso- 476
-4-hydroxamsäure-chlorid *537*
4-(α-Hydroxy-benzyl)- *542*
Methoxy- 678
2-Methyl- 556
Nitro- 672, 678
4-Nitro- *687*
2′-Nitro-2-äthoxycarbonyl- *694*
2′-Nitro-2-carboxy- *694*
2-Nitro-2′-formyl- *693*
Octachlor-4,4′-bis-[trichlor-vinyl]- *627*
Octachlor-4,4′-diäthinyl- 627
Octachlor-4′-(trichlor-vinyl)-4-äthinyl- 627
2,2′,6,6′-Tetrakis-[hydroxyamino]- *695*
2,2′,6,6′-Tetranitro- *695*
2,2′,4,4′-Tetranitro-6,6′-dicarboxy- *689*
4,4′,6,6′-Tetranitro-2,2′-dicarboxy- *660*
2-(Trichlorsilyl-methyl)- *555*

1,1′-Bi-naphthyl

8,8′-Diformyl- *660*
8,8′-Dinitro- ; -4,5; 4,5′-bis-(dicarbonsäure-an-
    hydrid) *679*
3,3′,4,4′-Tetrahydroxy- 487

5,5′-Bi-acenaphthenyl

6,6′-Diacetyl- *607*
6-(1-Hydroxy-äthyl)-6′-acetyl- 607

9,9′-Bi-anthryl

9,9′-Dihydroxy-9,9′,10,10′-tetrahydro- *654, 666*

9,9′-Bi-phenanthryl

9,9′,10,10′-Tetrahydro- 644, 648

4,4′-Bi-homoadamantanyliden

3,3′-Bi-cholestanyliden 497

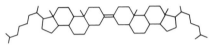

7,7′-Bi-östradien-(6,9)-yl

3β,3′β-Dihydroxy-17β,17′β-diacetoxy-4,4,4′,4′-
tetramethyl- 134

7,7′-Bi-cholestadien-(5,8¹⁴)-yl

3β,3′β-Dihydroxy-4,4,4′,4′-tetramethyl- 134

7,7′-Bi-19-nor-cholestadien-(6,9)-yl

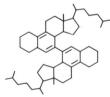

3β,3′β-Dihydroxy-4,4,4′,4′-tetramethyl- 134

4,4′-Bi-4H-pyranyliden

2,2′,6,6′-Tetraphenyl- 651

4,4′-Bi-chromanyl

5,5′-Dimethoxy-2,2′-dioxo-4,4′-dimethyl- 591f.
2,2′-Dioxo- 591f., 652
2,2′-Dioxo-3,3′-diphenyl- 652
2,2′-Dioxo-4,4′-dimethyl- 591f.

1′,4-Bi-piperidyl 120

4-Cyan- *120*

2,2′-Bi-pyridyl 592

1,4-Dihydro- 592
2,3,4,5-Tetrahydro- 592
1,1′,6,6′-Tetramethyl-4,4′-di-tert.-butyl-1,1′,2,2′-
tetrahydro- 651

2′,4-Bi-pyridyl

1,1′,2,2′,6,6′-Hexamethyl-3,3′,5,5′-tetraäthoxy-
carbonyl-1,1′,2,4′-tetrahydro- 651

3,3′-Bi-pyridyl *592*

4,4′-Bi-pyridyl

1,1′-Diäthyl-1,1′,4,4′-tetrahydro- 650f.
1,1′-Dibenzyl-3,3′-bis-[aminocarbonyl]-1,1′,4,4′-
tetrahydro- 650
1,1′-Dibenzyl-1,1′,4,4′-tetrahydro- 650
1,1′-Dimethyl-3,3′-diäthoxycarbonyl-1,1′,4,4′-
tetrahydro- 650
1,1′-Dimethyl-2,2′-di-tert.-butyl-1,1′,4,4′-tetra-
hydro- 651
1,1′-Dimethyl-2,2′-dicyan-1,1′,4,4′-tetrahydro- 651
1,1′-Dimethyl-3,3′-dicyan-1,1′,4,4′-tetrahydro- 650
1,1′,2,2′,6,6′-Hexamethyl-3,3′,5,5′-tetraäthoxy-
carbonyl-1,1′,4,4′-tetrahydro- 651
1,1′,2,2′,5,5′-Hexamethyl-1,1′,4,4′-tetrahydro- 651
1,1′,2,2′,6,6′-Hexamethyl-1,1′,4,4′-tetrahydro- 651
1,1′,4,4′-Tetrahydro- 651

9,9′-Bi-acridyl 566, 567

10,10′-Dimethyl-9,10,9′,10′-tetrahydro- 567
9,10,9′,10′-Tetrahydro- 567

4′,5-Bi-pyrimidyl

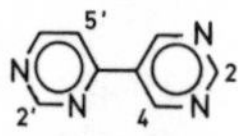

4-Amino-2,2′-dihydroxy- *140*
4-Amino-2,2′-dihydroxy-5,6-dihydro-
  aus 4-Amino-2,2′-dihydroxy-4′,5-bi-pyrimidyl
  und Natriumboranat, danach Natronlauge **140**
2,2′-Dihydroxy-4-mercapto- *140*
2,2′-Dihydroxy-4-mercapto-5,6-dihydro- 140
2,2′,4-Trihydroxy- *140*
2,2′,4-Trihydroxy-5,6-dihydro- 140

5,5′-Bi-pyrimidyl

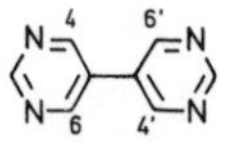

5-Hydroxy-2,2′,4,4′,6,6′-hexaoxo-perhydro- 629

Bi-cycloheptyliden 287, 495, 497

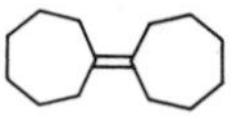

3,3′-Bicycloheptenyl 413, 499

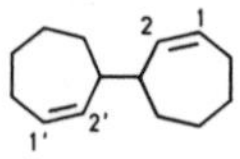

7,7′-Bi-cycloheptatrienyl 505, 519

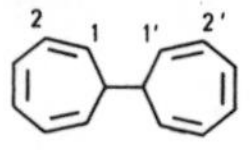

aus Tropylium-tetrafluoroborat und Titan(III)-
chlorid **494**

5,5′-Bi-5H-⟨dibenzo-[a;d]-cycloheptatrien⟩-yl

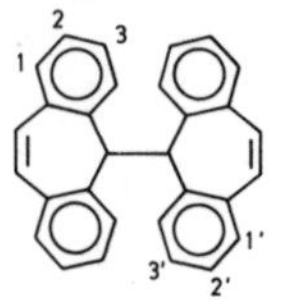

Bi-tropyl 642

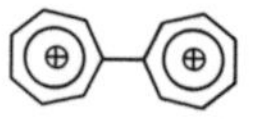

5,5′-Bi-5H-1,4-diazepinyl

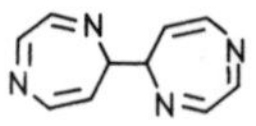

6,6′-Diphenyl-1,1′4,4′-tetrabenzyl-1,1′,2,2′,3,3′,
  4,4′-octahydro- 665

D. Spiro-Verbindungen

Spiro[2.2]pentan 670

Spiro[2.3]hexen-(4)

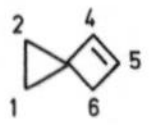

4,5,6,6-Tetrachlor-1,1-dimethyl- *617*
4,5,6-Trichlor-6-deutero-1,1-dimethyl- 617

Spiro[2.3]hexadien-(1,4)

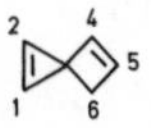

4,5,6,6-Tetrachlor-1,2-dimethyl- *617*
4,5,6-Trichlor-6-deutero-1,2-dimethyl- 617
4,5,6-Trichlor-6-trithio-1,2-dimethyl- 618

4-Oxa-bicyclo[2.3]hexan *424*

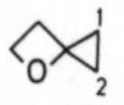

1,4,6,9-Tetrathia-spiro[4.4]nonan 677

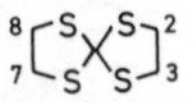

Spiro[4.5]decan 401

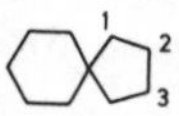

9,10-Seco-5,9-cyclo-pregnen-(9¹¹)

$$9,10\text{-Seco-5,9-cyclo-pregnen-}(9^{11})$$

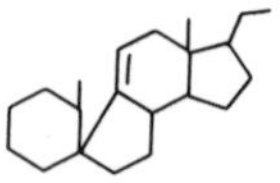

10,17α-Dihydroxy-21-acetoxy-3,20-dioxo- 518

Piperidin-⟨4-spiro-1⟩-phthalan

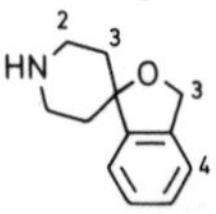

1-Methyl- ; -6-fluor-3-(4-fluor-phenyl)- 561
1-Methyl- ; -6-fluor-3-hydroxy-3-(4-fluor-phenyl)-
  561
1-Methyl- ; -6-fluor-3-hydroxy-3-phenyl- *361*
1-Methyl- ; -3-(4-fluor-phenyl)- 561
1-Methyl- ; -6-fluor-3-phenyl- 561
1-Methyl- ; -3-hydroxy-3-(4-fluor-phenyl)- *561*
1-Methyl- ; -6-hydroxy-3-(4-fluor-phenyl)- 561
1-Methyl- ; -6-hydroxy-3-phenyl- 561
1-Methyl- ; -3-(4-hydroxy-phenyl)- 561
1-Methyl- ; -3-hydroxy-3-phenyl- *561*
1-Methyl- ; -3-phenyl- 561

1,4-Dioxa-spiro[4.5]decan *430,* 432

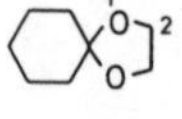

1-Oxa-4-thia-spiro[4.5]decan *435*

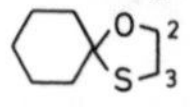

1-Oxa-4-aza-spiro[4.5]decan

4-Methyl- *437*

**4H-Imidazol-⟨4-spiro-2⟩-1,2,3,4-tetrahydro-chin-
oxalin**

2,5-Dioxo-1,3-dimethyl-tetrahydro- ; -4,6,7-tri-
methyl-
aus 2,4-Dioxo-1,3,7,8,10-pentamethyl-1,2,3,4-
tetrahydro-⟨benzo-[g]-pteridin⟩-10-iumper-
chlorat und Natriumboranat **142**

1,5-Dioxa-spiro[5.5]undecan *433*

2,4,8,10-Tetraoxa-spiro[5.5]undecan

3,9-Diphenyl- *433*

Dispiro[5.1.5.1]tetradecan

7-Oxo-14-hydroximino- *379*

6,7,13,14-Tetrathia-spiro[4.2.4.2]tetradecan 276

14-Aza-dispiro[5.1.5.2]pentadecan

7-Hydroxy-
aus 7-Oxo-14-hydroximino-dispiro[5.1.5.1]te-
tradecan und Lithiumalanat **379**

E. Allgemeine Begriffe, Stoffklassen, Trivialnamen

A

Abietan

1-Methylamino-dehydro-
aus 1-Isocyan-dihydro-abietan und Lithiumalanat
123

Abietin

Dehydro- 666

Abietinsäure

Dihydro- ; -nitril *666*

Acetale 445f.
O,O- *427–434*, 445f.
O,S- *434*
O,N- *436f.*, 590
S,S- *449f.*, *534f.*
S,N- *450*
Se,Se- *449f.*
N,N- 103, *451*

Adenin *597, 650*

Adipinsäure *150, 152f.*

$$HOOC-(CH_2)_4-COOH$$

subst. s. Hexandisäure
-äthylester *127, 152*, 640
-dimethylester *203*
-dinitril *579*, 580, 640, 668, 676
-methylester-chlorid *675*

Äpfelsäure

-dimethylester *204*
-propylimid *257*

Äther 179f., 217ff., 225, 282 ff., *413–426*, 433f.
aus Acetalen und Triäthyl-silan **434**
aus Lactonen und Trichlor-silan **226**
cycl. 175ff.
2-Hydroxy-
aus 1,3-Dioxolan und Lithiumalanat/Aluminium-
chlorid **432**
Methyl-
aus einem Acetal und Natrium-cyano-trihydrido-
borat **434**

9H-Allopurin

Alloxan *629*

Alloxantin *629*

Alloxazin

Aloeemodin 154

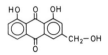

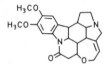

β-Carotin *287*

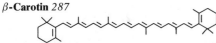

Carotinoide
5,6-Epoxy- *422*

Cephalosporin *631*

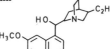

Chalcon 301 f., *504, 581, 585, 641*

$$H_5C_6-\overset{O}{\overset{\|}{C}}-CH=CH-C_6H_5$$

-oxim *380, 613*

Chinin 605, 636

Dehydro- *605, 636*

Chinone *338f.,* 509, *567, 574*
   p. *387, 504*

Chinon-Test 45

Chloral *544*

$$Cl_3C-CHO$$

65*

Chloramphenicol 263, 782

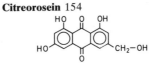

aus L-(+)-*threo*-2-Dichloracetamino-3-hydroxy-
   3-(4-nitro-phenyl)-propansäure-hydrazid
   und Lithiumalanat **264**

Chloroform 390, 617, 671

Chloromycetin 325, *781f.*

Chlorophyll *702*

Cholesterin 75, 493, 680, *720*

aus 6β-Brom-3β,5α-dihydroxy-cholestan und
   Lithiumalanat/Titan(III)-chlorid **394**
aus 3β-Hydroxy-5α,6α-epoxy-cholestan und
   Lithiumalanat/Titan(III)-chlorid **423**

Cinchonin

Dehydro-desoxy- *636*
Dehydro- 636

Citreorosein 154

Citronellol 721, *740*

(+)-Codein *597*

Dihydro- 767

(−)-Codein 763

(+)-Codeinon 763

14-Brom- *773*
Dihydro- *767*
14-Hydroxy- *764*
14α-Hydroxy-dihydro- *767*

(–)-Codeinon *774*

Brom- *738*
Dihydro-(–)- *774*

Coniferylalkohol *741*

Cyanamide *103 ff.*

Cyanurchlorid *407*

Cyclosteroide 391, 441, 514, 518 ff., 749

Cystein 634

HS—CH₂—CH—COOH
                NH₂

S-Benzyl- *634*

Cystin *634*

                NH₂
S—CH₂—CH—COOH
S—CH₂—CH—COOH
                NH₂

D

Demissidin 104

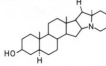

Dialdehyde 192, *293 f.*

Diamine 452
   1,3- 361
   geminale 103

Diazo-Verbindungen *381*

Dicarbonsäure
-anhydride *526*

Diene 567
   cis,cis-58

Digoxigenin *752*

Diketone *656 ff.*
1,2- 539, *574*
1,3- *555,* 559, 562
1,4- 528
1,5-
   α,α'-Diacyl- *562*
   α,α'-Dicyan- *562*
1,6- 668

Dimedon 654

Diole 150–152, 159 f., 170, 175, 178 f., 202,
   215 ff., 221 ff., 224 f., 229, 296 f., 455,
   457 f., 494, 570, 744 ff.
   aus Dicarbonsäure-diester und Bis-[2-methyl-
      propyl]-allen **202**
   trans- 157
   1,2- 539, 555, 654 ff., 657 f.
   1,3- (bzw. 1,4)- 427
   1,5- 427, 541
Amino- 214
Deutero- 201

Disulfane 460–463, 465, *466 ff.,* 567
   aus Sulfonylchloriden und Hexacarbonylmolyb-
      dän **534**

Dithiole 340–343, 467
1,2- 449
1,ω- 341

Durochinon *643 f.*

E

En-amine *76 ff.,* 86–97

cis-**En-ine** 58

Enol-ester *75 f., 444 f.*

Enzyme 708 ff.
aus Mikroorganismen 708 f.
-Produktion in Zellen **708 f.**

3-Epidigitoxigenin 752

3-Epidigoxigenin 752

3-Epigitoxigenin 753

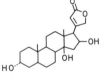

Escherichia coli
   in Polyacrylamid
      Immobilisierung **712**
      Zellkultur zu Anzucht **712**

F

Farnesol *438*

Fenchol 542

   aus Fenchon und Lithium-trimethoxy-hydrido-
   aluminat **334**

Fenchon *334, 542*

Flavoproteine *142*

Formamidine 122 f.

Formazane 352 ff., *490, 566, 568*

Fürst-Plattner-Regel 419

Furfural 558

$\langle\!\!\!\!\overset{O}{}\!\!\!\!\rangle$—CHO

Furfurylalkohol 558

$\langle\!\!\!\!\overset{O}{}\!\!\!\!\rangle$—$CH_2$—OH

2,2′-Furil *574, 768*

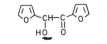

2,2′-Furoin 574, *766*, 768

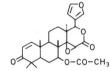

G

Gedunin

O—CO—CH_3

7-Deacetoxy-7-oxo- *516*
7-Deacetoxy-7-oxo-14(15)-deoxy- 516

Geigerin

11-Epideoxy- 517

Geraniol *438*

—OH

Glutaminsäure 612

$HOOC-CH_2-CH_2-\underset{\underset{NH_2}{|}}{CH}-COOH$

Glycerin 604, *772*

$HO-CH_2-\underset{\underset{OH}{|}}{CH}-CH_2-OH$

Glycerinaldehyd *604, 654*

$H_2C-\underset{\underset{HO}{|}}{CH}-CHO$
$\underset{OH}{}$

Glycin

H_2N-CH_2-COOH

N-Äthyl- *165*
N-Benzoyl- ; -methylester *213 f.*
N-Benzyl- *165*
N-Benzyl- ; -methylester 213
N,N-Diacetyl- ; -äthylester *240*
N,N-Dimethyl- ; -äthylester 205, 238
Phenyl- 614

Glycyl-asparaginsäure *164*

Glycyl-leucyl-glycin *164*

Glycyl-prolin *164*

Guerbet-Reaktion 554

H

Halbacetale 221 ff.

Halothan *626*

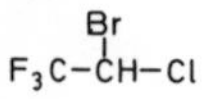

$$F_3C-\overset{Br}{\underset{}{CH}}-Cl$$

Harnsäure *597, 603*

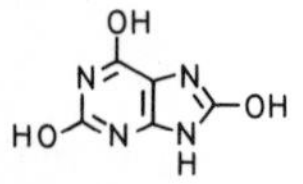

Derivate *603*
Perhydro- 597

Hetarene *589 ff.*
O- 97 ff.
S- 99
N- *85–90*, 138, 311, 470 ff., 476
        Reduktion mit Natriumboranat in Essig-
        säure **90**
        quartäre *91–97*

Hippursäure

$$H_5C_6-CO-NH-CH_2-COOH$$

-methylester *213*

Histamin

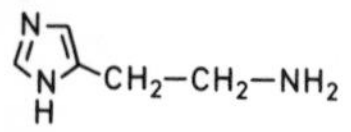

$$\overset{N}{\underset{\underset{H}{N}}{}}CH_2-CH_2-NH_2$$

N-Methyl- 137

Hydrazidine 566, 568

Hydrazone *365–371, 524*, 543, *562*

Hydrochinone 338 f., 487, 504, 509, 567, 574

Hydroxamsäure 264 f.
-chloride *353 ff.*, 537

I

Imine 83, 106–110, 121 f., *355–365*, 502, 521, 538,
        560 f., 574, 609 f.
        aus Nitro-alkanen und Titan(III)-chlorid **501**
α-Oxo- *610*

Immobilierung
        s. u. Mikroorganismen

Immonium-Salze
        quartäre *371 f.*

Impfmaterial 706

In-amine *76–78*

Indikator-Test 45

α-Ionon *656*

β-Ionon *656*

Isatogensäure

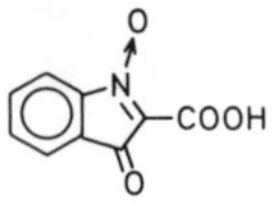

-methylester *568*

Isoborneol 333

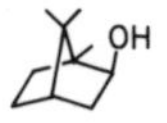

aus Campher und Lithiumalanat **332**

Isobutan 101, 414, 512

Isocamphenilanol 151

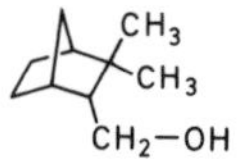

Isocodein

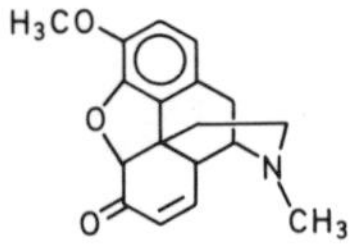

Dihydro- 738

Isonicotinsäure *504, 509, 600*

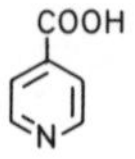

-methylester 593

Isopren 646

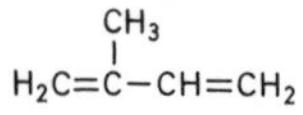

$$H_2C=\overset{CH_3}{\underset{}{C}}-CH=CH_2$$

Isothujol 322

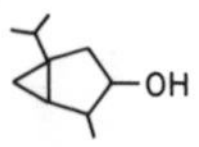

Isothujon-(3) *322*

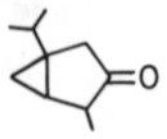

K

Ketene *125*

Ketone *267–297*, 498, 502, *522*, 524, 530, *539 f.,
        545 f., 550*, 552 ff., *557 f., 560, 563 f.,
        567, 569, 605 ff., 621 f., 634 f.*, 675,
        679

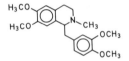

$(H_3C)_2CH-CH_2-\overset{\underset{\displaystyle NH_2}{|}}{CH}-COOH$

$H_2N\diagdown\diagup\diagdown\diagup\overset{\underset{\displaystyle NH_2}{|}}{\diagdown}COOH$

$H_5C_6-\overset{\underset{\displaystyle}{\overset{\displaystyle OH}{|}}}{CH}-COOH$

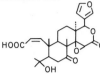

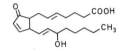
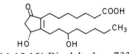

Podocarpinol 166

Podocarpinsäure *166*

Podophyllotoxin

aus Podophyllotoxon und Natriumboranat **318 f.**

Podophyllotoxon *318*

Poly
-acrolein *293*
-allylalkohol 293
-chalkone *293*
-ole 203, 428, 745
-3-oxo-buten *293*
-sulfane *466 ff.*
-p-xylylen 668

Polyen
-carbonsäure *155*
-ole *155*

Prolin

N-Benzyloxycarbonyl-*allo*-4-hydroxy-L-
    aus 4-Oxo-2-carboxy-1-benzyloxycarbonyl-L-
    pyrrolidin und Natriumboranat **313**
N-Benzyloxycarbonyl-4-oxo- *313*
allo-4-Hydroxy-D/L- 314
4-Oxo-D/L- *314*

Prostaglandin F₂α *335*

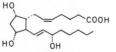

aus Prostaglandin F₂ und Lithium-perhydro-9b-
    borata-phenalen **335**

Prostaglandin F₂ *335*

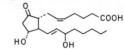

Pseudonitrole *488*

Pyridoxal *604*

Pyridoxin 157, 179, *628*

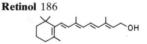

aus 3-Hydroxy-2-methyl-3,4-dicarboxy-pyridin
    und Natriumboranat/Aluminiumchlorid **158**

Q

Quadratsäure

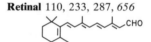

-Dianion 653

R

Retinal 110, 233, 287, *656*

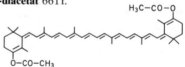

Retinol 186

Retinsäure

-chlorid *186*
-imidazolid *233*
-nitril 110

Retro-diacetat 661 f.

S

Saccharomyces uvarum
    Anzucht **752**

Salicylaldehyd 146, 599, *743*

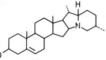

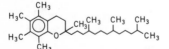

U

Uridin *140*

Dihydro- 140

V

L-Valin

(H₃C)₂CH–CH–COOH
                |
               NH₂

N-Benzyl- *165*

Vilsmaier-Komplexe *372*

Vitamin A 186

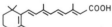

-acetat 630

Vitamin-A-aldehyd 110, 233, 287, 656

Vitamin-A-säure

-chlorid *186*
-imidazolid *233*
-nitril *110*

Vitamin B₆ 157, 179

aus 3-Hydroxy-2-methyl-4,5-dicarboxy-pyridin
und Natriumboranat/Aluminiumchlorid **158**

Vitamin C 770 f.

Dehydro- *770 f.*

W

Wasserstoff-Test 45

L-Weinsäure

COOH
|
CH–OH
|
CH–OH
|
COOH

-dimethylester *203 f.*

X

Xanthogensäure
s. u. Dithiokohlensäure

o-Xylol 172, 604

p-Xylol 604

aus 4-Methyl-benzoesäure und Triäthyl-silan **172**

Xylopinin 671

Y

$\Delta^{15(20)}$-**Yohimben**

aus 2-[2-Oxo-2-indolyl-(3)-äthyl]-5,6,7,8-tetra-
hydro-isochinolinium-chlorid und Lithiumalanat
95

Yohimbine
Desoxy- 441

Z

Zapotidin *345*

F. Zucker, Zucker-Derivate

G. Reduktionsmittel (Allgemeines, Herstellung)